テイツ／ザイガー

植物生理学

第3版

L.テイツ／E.ザイガー編
西谷和彦／島崎研一郎監訳

Plant Physiology

THIRD EDITION

培風館

PLANT PHYSIOLOGY
Third Edition
by
Lincoln Taiz
Eduardo Zeiger

Original English language edition published by Sinauer Associates, Inc.

序　文

達成感と感謝をもって，「植物生理学（第3版）」を読者の皆様にお届けする。達成感は第3版の卓越した内容によるもので，感謝の念は，本書の制作に参画し，出版にまでこぎ着けてくれた多数のスタッフの方々に対するものである。

1991年に出版した本書第1版は565ページの分量であったが，1998年に出版した第2版では792ページとなった。第3版の企画が進むにつれ，植物科学の新しい領域を取り入れていけば，ページ数は膨らむばかりで，学部の植物生理学の講義で扱うべき項目さえ削らざるをえないことが誰の目にも明らかとなってきた。この難題に対してわれわれは，教科書の冊子体のページ数を減らし，かわりに，専用のコンパニオンWebサイト（www.plantphys.net）を開き，そこに詳細な解説を載せるという方法を選択した。

このWebサイトには第2版の2章「エネルギーと酵素」，14章「遺伝子発現と情報伝達」を載せ，本書の主要項目を理解するうえで必要な概念について基礎から復習できるようにした。また，第2版で囲み記事として載せていた項目や，やや高度な内容で，通常の学部の講義では扱わないものもこのWebサイトに載せた。

コンパニオンWebサイトを導入したことで，教科書のサイズを自在に変えることが可能となり，劇的な効果が得られた。冊子体のようにページ数の制約を受けることがないため，本書では，各分野の先端領域の話題について，専門家による短い書き下ろしの解説記事（Webエッセイ）をWebサイトに多数掲載している。このWebエッセイの内容は，今後，頻繁に改訂していく予定である。また，興味深い大発見がなされ，新たな研究領域の展開があれば，それに関する書き下ろしWebエッセイを随時，掲載していく予定である。それだけでなく，Webサイトの導入により，本書にはマルチメディアの機能が加わり，旧来の教科書では扱えなかった動画や音声を掲載することもできる。冊子体とWebサイトを統合した，この新しい形態の教科書は，学部生から大学院生まで幅広く活用されるものと確信している。

使いやすく，読みやすいことを，第一の目標にして第3版の編集を進めてきた。文章は簡潔，明快を旨として大幅に改訂した。図表と写真は多くをカラーとし，本格的な用語集を巻末に付けた。Webサイトにはそれぞれの章に練習問題集を載せている。編集を進めるにあたっては，「ポストゲノム時代」に大きく展開している成果を，極力取り入れるように努めた。

旧版同様，第3版においても，多数の専門家の参画なくしては出版は不可能であった。とりわけ，すぐれた専門家からなる執筆陣が各章を刷新し，正確で遺漏のない内容となった。旧版同様，監修責任は各章ごとに，われわれ二人のどちらかに割り振ったうえで，全体としての統一を図った。E. Zeigerは3～12と18，25の各章を担当し，L. Taizは1と2，13～17，19～24の各章を担当した。また，Paul Bernasconiをはじめ，Malcolm Drew，James W. Siedow，Wendy K. Silkの各氏にも感謝する。これら4名の諸氏は第3版には参画しなかったが，第2版の執筆陣として本書に貢献し，諸氏の知的遺産は第3版に継承されている。

われわれが本書の出版に携わるようになった当初より，企画編集者を務めたJames Funstonからは，常々助言をいただいた。われわれが，教育という目標に向かって，自らを律しつづけるうえで，同氏の的確な助言は不可欠であった。Sinauer出版社の管理編集者Kathaleen Emersonには特に感謝の意を表する。編集や制作は，予定通りに進まない大変な作業で，潮の流れが刻々と変わる危険海域の中を小舟で漕ぎ渡るようなものだったが，同氏は，その作業を，品位と優しさ，それにすぐれた技量をもってやり遂げた。Stephanie Hiebertにもお世話になった。同氏は原稿整理と文法のチェックに手腕を発揮した。David McIntyreはインターネットの隅々まで，夥しい画像情報を探索した。第1版の際に制作に加わったElizabeth Moralesは，この第3版でも再び参画し感謝している。同氏の絵のお陰で図版の質が格段によくなった。また，Webサイトの管理担当のJason Dirksをはじめ，Chris Small，Susan McGlew，Joan Gemme，Marie Scavotto，Sydney Carrollの諸氏にも感謝する。

本書の出版者であるAndy Sinauerの，出版方針についての的確な判断，忍耐，内容を高めるための犠牲を厭わぬ誠実さに対して，深く感謝の意を表する。同氏は，誠に，生まれながらの創造的出版者で，これ以上の人物と巡り会えることは考えられない。

最後に，大学の同僚や研究室の仲間，それに学生やポスドク諸君など，周囲の方々の忍耐と理解がなければ，これだけの時間を本書の出版のためにつぎ込むことは到底不可能であった。特に，Taizの妻LeeとZeigerの妻Yaelには，この出版を始める段階から最後まで，関心をもち，支えとなったことに感謝する。

2002年7月

Lincoln Taiz
Eduardo Zeiger

訳者まえがき

植物生理学の国際標準の教科書として広く世界各地で読まれてきたTaiz，Zeigerの“Plant Physiology”が2002年に全面的に刷新され，第3版として生まれ変わったのを機に，各分野の専門家23名による分担翻訳により，およそ一年をかけて完成したのが本書である。

19世紀にヨーロッパで体系化された植物生理学は，20世紀には，植物科学のコアをなす学問として領域を大きく広げるとともに，細分化と深化がすさまじい勢いで進んだ。水と溶質の輸送現象，光合成をはじめとする物質代謝，植物ホルモン，成長と分化，環境応答など，それぞれの領域が植物関連の諸科学を支える柱として独自の方法論を築きながら大きく進展した。特に1990年以降の展開はほとんど爆発的であった。この間，パラダイムの組換えが植物生理学の随所で行われた。また，基礎科学としてだけでなく，バイオテクノロジーや食糧生産，地球環境保全などのグローバルサイエンスの基礎としても，植物生理学はその重要性をいっそう増しつつある。

原書第3版は，このような植物生理学の歴史の変わりめにふさわしく，Webサイトを活用した新しい形態の教科書として再編されている。また，その内容は最先端の学問の進展を遺漏なく取り入れながらも，精選された項目に限った，コンパクトな教科書となっている。各章では，研究の歴史，基本概念から現在の学問の到達点までを鳥瞰している点で，教科書として，より理想に近い構成である。学部学生諸君にとっては，「最初の植物生理学の教科書」として，また大学院学生・研究者の諸氏にとっては，「植物生理学全般を見通すことのできるハンドブック」として，本書を役立てていただければ翻訳に携わったものとして，望外の喜びである。

翻訳にあたっては，なによりも内容を正確に伝えることに努めた。そのために，各章ごとに，その分野の専門家が翻訳を担当し，原書の内容を専門家の目で詳細に吟味しながら翻訳を進めた。原書の記述の明確な誤りは翻訳の段階で改め，遺漏のある事項はこれを追加した。さらに，2004年現在の研究の到達点の知見に照らして，不適切と判断される内容については，訳者と監訳者の見識に基づいてパラグラフレベルで思い切った削除・加筆・訂正を行い，内容の整合性と正確さを期した。原書の段階ですでにその内容は，原著者，原書査読者，原書編者の三者の吟味をへているので，今回の訳者，監訳者による翻訳により，合計五段階にわたって，内容が吟味されたことになる。

内容の正確さと同時に，読みやすく，使いやすい訳書とすることを重視し，翻訳調の文体を極力排し，日本語らしい文章を目指して翻訳を進めた。そのため，監訳者が「学部2年生の読者」になったつもりで，翻訳原稿を精読し，難解な表現については，逐一，訂正していただく労を訳者にお願いした。限られた時間の中で最善の努力を尽くしたが，なお，難解な表現が残っているかもしれない。それは監訳者の責任であるので，読者の皆様からのご指摘をいただければ幸いである。

専門用語の訳語は，原則として「学術用語集 植物学編（増訂版）」，「化学編（増訂2版）」，「岩波生物学辞典（第4版）」に準拠した。これらに掲載されていない用語については，翻訳者による造語を含め，翻訳段階で決定し，本書の中での統一を図った。

巻末の充実した用語集と索引は原書第3版の特徴である。訳書においても，その特徴を生かすため，用語集，索引には，日本語訳以外に英語をつけ，日本語と英語の用語を対比できるようにした。

Webサイトには，さまざまな発展課題や練習問題が載せられている。Webサイトのコンテンツは邦訳されていないが，そちらはそちらで，英文のままで活用していただくことにより教科書としての効果がいっそう上がるものと考えている。

最後に，本書の表紙とカバーには東京都立大学の和田正三氏撮影の植物写真を，ご厚意により使わせていただいた。ここに厚く御礼申し上げる。また，本書の刊行にあたっては培風館の社長 山本格氏，編集部の松本和宣氏，馬場育子氏に大変お世話になった。この場を借りて感謝申し上げる。

2004年5月

翻訳者を代表して

西谷　和彦

島崎研一郎

著　　者

Lincoln Taiz はカリフォルニア大学サンタクルズ校の生物学の教授。1971年にカリフォルニア大学バークレー校より植物学のPh. D.を授与された。長年，液胞膜H^+-ATPaseの研究を行い，さらに，植物の金属耐性やフラボノイドの役割，オーキシン輸送におけるアミノペプチダーゼについて研究した。現在，紫外線B (UV-B) 受容体や光屈性と気孔開口におけるこの受容体の役割を研究している。

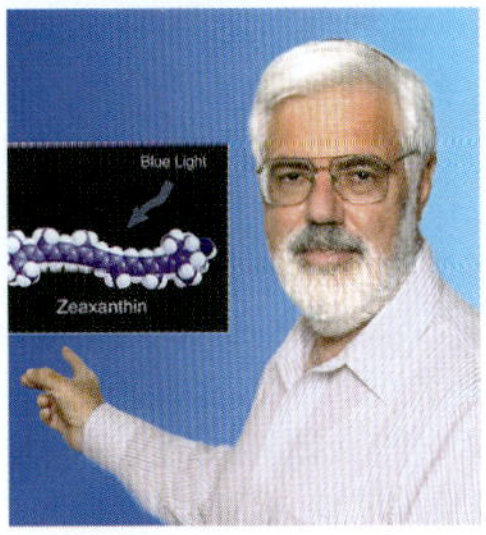

Eduardo Zeiger はカリフォルニア大学ロサンゼルス校の生物学の教授。1970年にカリフォルニア大学デービス校より植物遺伝学のPh. D.を授与された。気孔の機能，青色光反応の情報伝達，さらに，作物収量の増加と関連する気孔の馴化機構に興味をもっている。

おもな寄稿者

Richard Amasino はウィスコンシン大学マジソン校の生化学の教授。インディアナ大学のCarlos Millerの研究室で花成の誘導機構の研究に触発され，1982年に生物学のPh. D.を授与された。今なお，植物がどのようにして花成の開始時間を制御するかに興味をもちつづけている。(24章)

Robert E. Blankenship はアリゾナ州立大学の化学・生化学の教授。1975年にカリフォルニア大学バークレー校より化学のPh. D.を授与された。光合成生物のエネルギーと電子伝達の機構，および光合成の起源と初期進化に興味をもっている。(7章)

Arnold J. Bloom はカリフォルニア大学デービス校の作物学科の教授。1979年にスタンフォード大学生物学科よりPh. D.を授与された。植物と窒素との関係が研究テーマで，特に，窒素源としてアンモニア態と硝酸態を与えたときの植物の応答の違いを研究している。(5章と12章)

Ray A. Bressan はパーデュー大学の植物生理学の教授。1976年にコロラド州立大学より植物生理学のPh. D.を授与された。この数年，塩耐性と乾燥耐性の基礎を研究している。最近，植物が昆虫やカビの病毒からどのように身をまもるかについての研究に興味が向いている。(25章)

John Browse はワシントン州立大学の生物化学研究所の教授。1977年にニュージーランドのオークランド大学からPh. D.を授与された。脂質代謝の生化学的研究と低温に対する植物の応答に研究の興味がある。(11章)

Bob B. Buchanan はカリフォルニア大学バークレー校の植物・微生物学の教授。1963年にデューク大学より微生物学のPh. D.を授与された。光合成のすぐれた仕事をしたのち，種子の発芽に興味をもち，発芽機構に新たな発見と視点をもたらし，有望な技術を生み出した。(8章)

Daniel J. Cosgrove はペンシルヴァニア州立大学の生物学の教授。スタンフォード大学より生物科学のPh. D.を授与された。植物の成長，特に，細胞の拡大と細胞壁の伸展を決めている生化学的，分子的機構に研究の興味がある。細胞壁のゆるみを引きおこすタンパク質を発見し，エクスパンシンと名づけ，現在，この遺伝子ファミリーの構造，機能，進化について研究している。(15章)

Peter J. Davies はコーネル大学の植物生理学の教授。英国のレディング大学より植物生理学のPh. D.を授与された。現在，ジャガイモの塊茎化，茎の伸長，植物の老化におけるホルモンの役割を解明するため，遺伝子型，ポリジーン解析を用いて研究している。植物ホルモンに関する重要なモノグラフの編集者で，ジベレリン生合成遺伝子の単離の研究もしている。(20章)

Susan Dunford はシンシナティ大学の生物科学の準教授。1973年にデイトン大学より植物細胞生理学のPh. D.を授与された。植物体内の長距離輸送系，特に篩部転流と水分生理に研究の興味がある。(10章)

Ruth Finkelstein はカリフォルニア大学サンタバーバラ校の分子・細胞・発生生物学科の教授。1987年に分子・細胞・発生生物学のPh. D.をインディアナ大学から授与された。アブシジン酸への応答機構，アブシジン酸と他のホルモン，環境，そして養分シグナル経路との相互作用に研究の興味がある。(23章)

Donald E. Fosket はカリフォルニア大学アーバイン校の発生および細胞生物学の教授。アイダホ大学より生物学のPh. D.を授与された後，ブルックヘイブン国立研究所とハーバード大学でポスドクを勤めた。(25章)

Jonathan Gershenzon はドイツのイエナに新設されたマックスプランク化学生態学研究所のディレクター。1984年にテキサス大学より Ph. D.を授与された後，ワシントン州立大学でポスドクを勤めた。植物の二次代謝産物の生合成および植物-草食動物相互作用に焦点をあてた研究を進めている。(13章)

Paul M. Hasegawa はパーデュー大学の植物生理学教授。カリフォルニア大学リバーサイド校よりPh. D.を授与された。植物の形態形成と遺伝形質転換に焦点をあてて研究を進めている。これらの研究領域の先端的な方法を用いて植物のストレス耐性，特にイオンのホメオスタシスに関して多彩な研究を展開している。(25章)

N. Michele Holbrook はハーバード大学の有機体および進化生物学科教授。1995年にスタンフォード大学よりPh. D.を授与された。水分生理学と道管輸送に関する研究を進めている。(3，4章)

Joseph Kieber はノースキャロライナ大学生物学科の準教授。1990年にマサチューセッツ工科大学より生物学の Ph. D.を授与された。植物の発生過程でのホルモンの役割に興味をもち，特にエチレン生合成サイクルの制御と，エチレンやサイトカイニンの情報伝達経路に焦点をあてた研究をおこなっている。(21，22章)

Robert D. Locy はアラバマのアーバン大学の生物科学科教授。1974年にパーデュー大学より植物生化学の Ph. D.を授与された。専門分野は，非生物ストレスに対する植物耐性の分子機構と植物科学の学部教育。(25章)

Ian Max Møller はデンマークのリソ国立研究所の植物生化学教授。ロンドン大学インペリアルカレッジよりPh. D.を授与された後，スウェーデンのルンド大学での研究生活が長かった。一貫して植物の呼吸に関する研究を進めてきた。現在は呼吸系のNAD(P)H脱水素酵素類および活性酸素種の発生，植物のミトコンドリアの機能プロテオーム解析に興味をもっている。(11章)

Angus Murphy はパーデュー大学園芸および造園学科助教授。1996年にカリフォルニア大学サンタクルズ校より生物学のPh. D.を授与された。オーキシン輸送の制御と，細胞内に輸送タンパク質が不均等に分布する機構に関する研究をおこなっている。(19章)

Ronald J. Poole はカナダのマックギル大学の生物学教授。1960年にイギリスのバーミンガム大学よりPh. D.を授与された。イオンポンプやチャネルの電気生理学，生化学，分子生物学などの，植物細胞のイオン輸送に興味をもっている。(6章)

Allan G. Rasmusson はスウェーデンのルンド大学の準教授。1994年に同大学より Ph. D.を授与された。現在，呼吸系酵素，特にNAD(P)H脱水素酵素の遺伝子発現制御とその生理学的意味に関する研究を中心に進めている。(11章)

Jane Silverthorne はカリフォルニア大学サンタクルズ校の生物学の準教授。1980年に英国のウォリック大学より生物学のPh. D.を授与された。植物の発生の諸過程の制御におけるフィトクロムの役割に焦点をあてた研究をおこなっている。(17章)

Thomas C. Vogelmann はベルモント大学州立農学カレッジの教授。1980年にシラキュース大学よりPh. D.を授与された。専門は植物の発生。現在は植物と光の相互作用に焦点をあてた研究を進めている。研究対象としている分野は，植物の組織光学，光合成や環境ストレスとの関連での葉構造の機能，および環境への植物の適応。(9章)

Ricardo A. Wolosiuk はブエノスアイレス大学の生化学研究所教授。1974年に同大学より化学のPh. D.を授与された。葉緑体代謝の制御および植物タンパク質の構造，機能の制御に興味をもって研究を進めている。(8章)

査読者

Steffen Abel
カリフォルニア大学，デービス校

Lisa Baird
サンディエゴ大学

Wade Berry
カリフォルニア大学，ロサンゼルス校

Mary Bisson
バッファロー大学

Nick Carpita
パーデュー大学

James Ehleringer
ユタ大学

Steven Huber
ノースキャロライナ大学

柿本 辰男
大阪大学

J. Clark Lagarias
カリフォルニア大学，デービス校

Park S. Nobel
カリフォルニア大学，ロサンゼルス校

David J. Oliver
アイオワ州立大学

Anne Osbourn
サンズベリー研究所，ノリッジ（英国）

Phil Reid
スミスカレッジ

Eric Schaller
ニューハンプシャー大学

Julian Schroeder
カリフォルニア大学，サンディエゴ校

Susan Singer
カールトンカレッジ

Edgar Spalding
ウィスコンシン大学，マジソン

Tai-Ping Sun
デューク大学

Heven Sze
メリーランド大学

Robert Turgeon
コーネル大学

Jan Zeevaart
ミシガン州立大学

監 訳 者

西谷和彦は東北大学大学院生命科学研究科生命機能科学専攻の教授。1981年に大阪市立大学より理学博士を授与された。細胞伸長におけるキシログルカンとXTHファミリーの役割に関する研究を行ってきた。現在は，ゲノム情報を活用しながら，細胞壁遺伝子群全般を視野に入れ，形態形成における細胞壁の役割を包括的に解析している。(15章)

島崎研一郎は九州大学大学院理学研究院生物科学部門の教授。1980年に九州大学より理学博士を授与された。気孔の開・閉機構，特に，青色光による気孔開口とアブシジン酸による気孔閉鎖に興味をもち孔辺細胞をモデル材料として生理・生化学，細胞生物学，遺伝学的手法を用いて，植物の光，およびホルモンの情報伝達機構の研究を行っている。(18章と23章)

訳　　者

駄澤盛一郎は東京大学大学院新領域創成科学研究科先端生命科学専攻の教授。1983年に東京大学より理学博士を授与された。植物の分化・脱分化から形態形成に興味をもち，タバコBY-2細胞やシロイヌナズナを用いて，主に細胞骨格や液胞の視点から植物細胞の形態制御機構の研究を行っている。(1章)

岡﨑芳次は大阪医科大学医学部医学科の准教授。1987年に東京大学より理学博士を授与された。植物細胞における浸透調節の一つである膨圧調節が研究テーマで，低張ストレスおよび高張ストレスによって引きおこされる膨圧調節の際のイオン輸送について，電気生理学的手法を用い，汽水産車軸藻類を材料にして研究している。(3章と4章)

山本洋子は岡山大学資源生物科学研究所の准教授。1979年に九州大学より理学博士を授与された。現在，環境ストレスに対する植物の防御機構に関心をもち，特に，酸性土壌に見られるアルミニウムイオンによる障害や耐性機構の解析を行っている。(5章)

三村徹郎は神戸大学理学部生物学科の教授。1984年に東京大学より理学博士を授与された。植物細胞生物学が専門で，現在，植物細胞の膜輸送制御機構の解析を進めている。(6章)

伊藤　繁は名古屋大学大学院理学研究科物質理学専攻の教授。1974年に東京大学より理学博士を授与された。専門は生物物理学，植物生理学である。現在，レーザー分光，光合成系の分子機構と進化，分子レベルでの地球環境と生命の相互作用と共進化を研究している。(7章)

柴田　穣は名古屋大学大学院理学研究科物質理学専攻の助教。1997年に大阪大学より理学博士を授与された。現在，フェムト秒，ピコ秒，ナノ秒のレーザー分光法により，色素タンパク質や光機能タンパク質の反応ダイナミクスを研究している。(7章)

牧野　周は東北大学大学院農学研究科応用生命科学専攻の准教授。1985年に東北大学より農学博士を授与された。現在，イネやコムギなどの主要作物を中心とした光合成の生理生化学の研究を行っている。(8章)

彦坂幸毅は東北大学大学院生命科学研究科の准教授。1995年に東京大学より博士（理学）を授与された。専門は植物生態学で，光合成と窒素の関係に着目し，葉レベルから生態系レベルまでさまざまなスケールで研究を行っている。(9章)

藤原　徹は東京大学生物生産工学研究センターの准教授であり，同時に科学技術振興機構の研究員を兼務している。1992年東京大学より博士（農学）を授与された。植物の養分吸収や植物体内での物質の輸送に興味をもって研究を進めており，カリフォルニア大学デービス校留学中に原形質連絡を通じたタンパク質の移行の証明を行った。最近は生物界で初めてのホウ素トランスポーターを同定し，その解析などを行っている。(10章)

和田　元は東京大学大学院総合文化研究科広域科学専攻の准教授。1990年に東京大学より理学博士を授与された。専門分野は植物分子生理学，植物分子生物学であり，現在，光合成生物における脂質の生合成と生理機能，植物の低温馴化について研究している。(11章)

山谷知行は，東北大学大学院農学研究科応用生命科学専攻の教授であり，同時に理化学研究所植物科学研究センターのグループディレクターを兼務している。1977年に東北大学より農学博士を授与された。イネの生産性向上を目指した窒素利用の分子生理学的・分子遺伝学的研究を行っており，代謝のコンパートメンテーションと器官間・細胞間の情報伝達機構，ならびにQTL解析に基づく原因遺伝子単離などの研究を進めている。(12章)

小関良宏は東京農工大学大学院共生科学技術研究部生命機能科学部門の教授。1985年に東京大学より理学博士を授与された。長年，植物色素合成系の酵素とその遺伝子発現，特に植物の主要な色素であるアントシアニンの合成系の遺伝子発現制御機構について研究を行っている。(13章)

田坂昌生は奈良先端科学技術大学院大学バイオサイエンス研究科細胞生物学専攻の教授。1980年に京都大学より理学博士を授与された。植物の体づくりの中心である分裂組織の形成とそこからの器官の分化，および植物の環境応答の一つである重力屈性に関して分子・細胞・組織レベルでの解明をめざしている。(16章)

長谷あきらは京都大学大学院理学研究科生物科学専攻の教授。1984年に東京大学より理学博士を授与された。大学院学生時代より，植物の光応答に興味をもち，一貫して，フィトクロムのシグナル伝達機構の研究を行ってきた。最近では，フォトトロピン，クリプトクロムなどの青色光受容体の研究も進めている。(17章)

山本興太朗は北海道大学大学院理学研究院生命理学部門の教授。1980年に東京大学より理学博士を授与された。植物の発生過程におけるオーキシンの作用を研究している。植物の特徴を支えている分子的基盤と，その進化的成立機構を追求したいと考えている。(19章)

高橋陽介は広島大学大学院理学研究科生物科学専攻の准教授。1987年に大阪大学より理学博士を授与された。専門は植物分子生物学である。伸長成長に関する転写制御系，信号伝達の解析を行っている。(20章)

柿本辰男は大阪大学大学院理学研究科生物科学専攻の教授。1991年に大阪大学より理学博士を授与された。サイトカイニンの受容体と合成酵素の研究を進めてきた。広く細胞間シグナル伝達分子を介した植物形態形成機構に興味をもっている。(21章)

森　仁志は名古屋大学大学院生命農学研究科生命技術科学専攻の教授。1990年に名古屋大学より農学博士を授与された。エチレン生合成の調節機構および頂芽優勢の分子機構を研究している。農業上の諸現象を植物生理学的観点から分子レベルで解析したいと考えている。(22章)

服部束穂は名古屋大学生物機能開発利用研究センターの教授。1983年に名古屋大学より農学博士を授与された。植物分子生物学が専門で，現在，種子形成における遺伝子発現制御の解析や水分ストレス応答におけるシグナル伝達機能の解析などアブシジン酸に関わりの深い現象に関する研究を行っている。(23章)

荒木　崇は京都大学大学院生命科学研究科統合生命科学専攻の教授。1992年に東京大学より博士（理学）を授与された。高等植物の生活環の制御機構，特に花成の制御機構に興味をもっている。(24章)

西田生郎は埼玉大学大学院理工学研究科生命科学部門の教授。1985年に東京大学より理学博士を授与された。専門は，植物の耐凍性研究と植物脂質代謝生物学である。(25章)

目　次

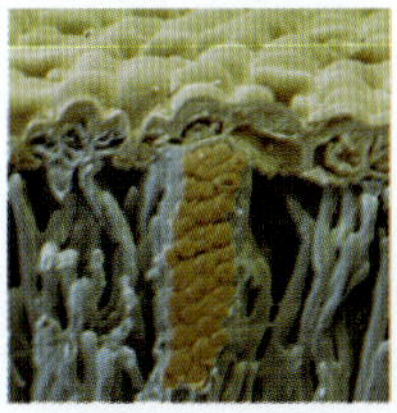

I 編 水と溶質の輸送

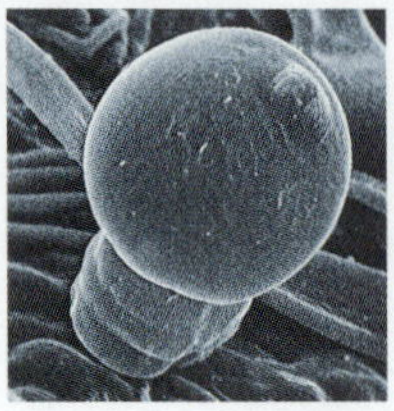

II 編
光合成・代謝・栄養

13 二次代謝産物と植物の防御機構　282

III 編
成長と発生

14 遺伝子発現と情報伝達　315
［Webサイト］

15 細胞壁：構造，構築，伸展過程　317

16 成長と発生　345

17 フィトクロムと光による植物の発生制御　381

18 青色光反応：気孔運動と形態形成　409

1 植物細胞

細胞（cell）という言葉は，小部屋や貯蔵室を意味するラテン語の *cella* に由来する。この言葉を最初に生物学に用いたのは英国の科学者 Robert Hooke で，1665年のことである。彼は一種の複式顕微鏡を用いて観察を行っていたが，コルクの切片を見ていた際に蜂の巣状の構造を見つけ，その一つひとつの区画を「細胞」と形容した。Hookeの見た細胞は，実際には細胞壁に囲まれた死んだ細胞の空の内腔であったが，細胞が植物体を作る基本の構成単位であることから，この言葉は適切である。

本書では，植物の生理的あるいは生化学的な機能に重点がおかれているが，一方でこれらの機能が構造に依存しているとの認識をもつことも重要である。葉におけるガス交換，木部での水の移動，葉緑体での光合成，原形質膜を通したイオン輸送などのすべてのレベルにおいて，構造と機能は生物個体を異なる視点から説明するものである。

本章では，植物の基本的な解剖学的構造について，器官レベルから電子顕微鏡的な細胞小器官レベルまでを概説する。つづく章では，植物の生活環における生理的な機能という視点から，これらの構造について詳説する。

植物の生についての統一的な原理

植物の大きさや形に著しい多様性があることはよく知られている。大きさでいえば1cmの高さに満たないものから100mを超える植物まであり，形についても驚くほどの多様性を示す。一見したところでは，小さなアオウキクサはベンケイサボテンやアメリカスギと共通点があるようには見えない。しかし，これらの特殊化した適応形態にもかかわらず，すべての植物は基本的に似通った生理機能をもち，共通の設計理念で構築されている。その植物の基本的なデザインの原理について次に要約する。

- 地球上の第一生産者として，緑色植物は究極の太陽エネルギー収集者である。緑色植物は光エネルギーを化学エネルギーに変換することで太陽光のエネルギーを収穫し，二酸化炭素と水から炭水化物を合成する際に作られる化学結合に蓄える。
- ある種の生殖細胞は別として植物には運動能力はない。植物は動くかわりに，必須な栄養源である光，水，ミネラルなどの供給源に向かって一生を通じて成長をつづける能力を進化させた。
- 陸生植物は重力に抗して陽光に向かって成長できるように，自らの質量を支えるべく構造的に強化されている。
- 陸生植物は蒸散により絶えず水分を失っており，乾燥から身を守る機構を進化させている。
- 陸生植物は土壌から得た水とミネラルを光合成や成長をする部位に運ぶ機構をもつと同時に，光合成産物を光合成を行わない器官や組織に運ぶ機構をもっている。

植物の構造の概観

外見の違いにもかかわらず，すべての種子植物（**Webトピック1.1**参照）は同じボディプランをもっている（図1.1）。栄養成長する部位は**葉**（leaf），**茎**（stem），**根**（root）の三つの器官からなっている。葉の主要な機能は光合成であり，茎は支持，根は固着とともに水やミネラルの吸収である。葉は**節**（node）の箇所で茎についており，二つの節の間の茎は**節間**（internode）とよばれる。葉のついた茎は一般に**シュート**（shoot）とよばれる。

種子植物は**裸子植物**（gymnosperms：「裸の種」を意味するギリシャ語に由来）と**被子植物**（angiosperms：「器に入った種」のギリシャ語由来）の二つに分類される。裸子植物は進化的に下等な型とされるが，約700種が知られている。そ

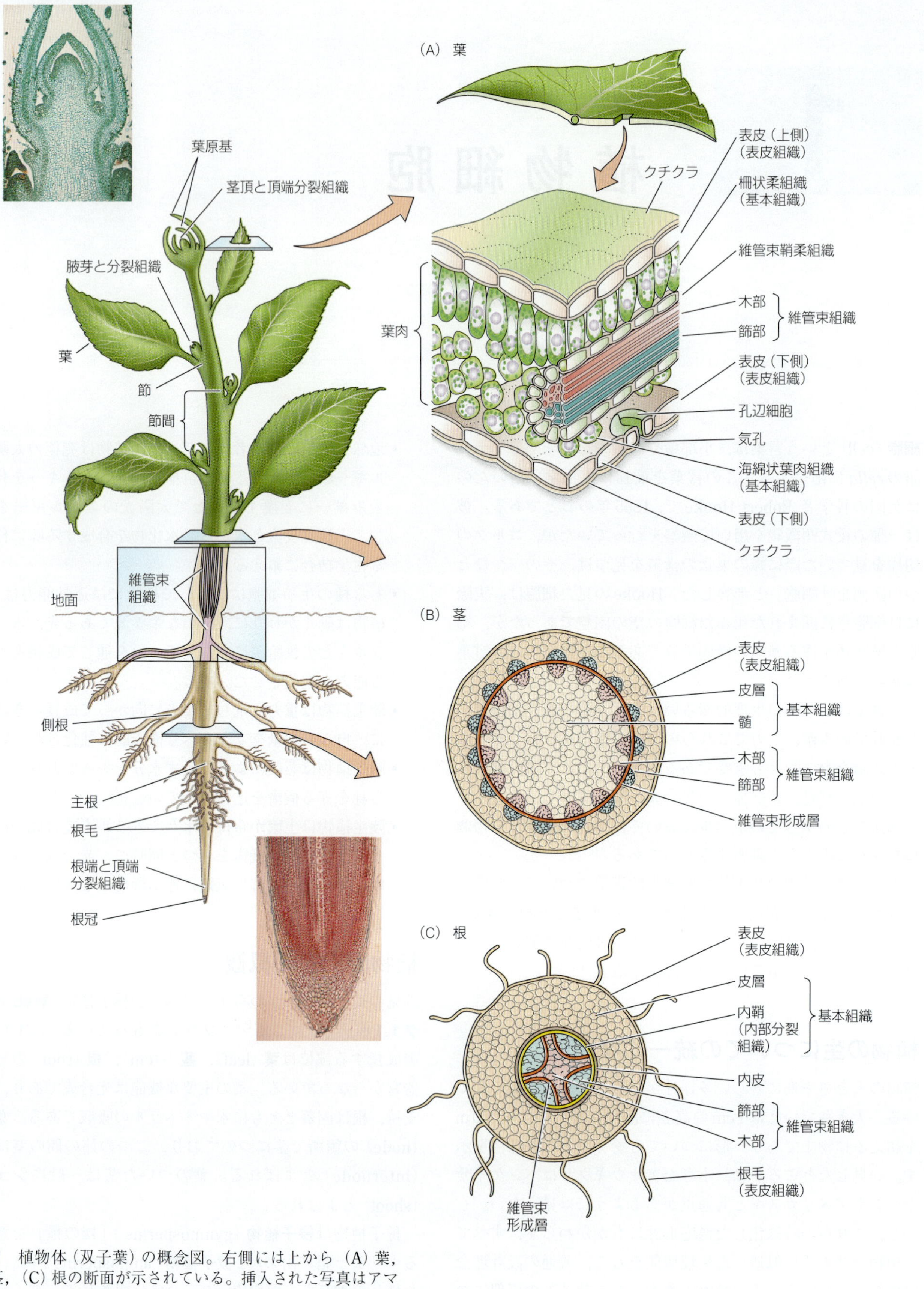

図 1.1 植物体(双子葉)の概念図。右側には上から (A) 葉, (B) 茎, (C) 根の断面が示されている。挿入された写真はアマ (*Linum usitatissimum*) の茎頂と根端の断面で, 頂端分裂組織を示す。(写真 © J. Robert Waaland/Biological Photo Service)

の最大のグループは針葉樹で，マツ，モミ，トウヒ（エゾマツ），アメリカスギなど，商業的に重要な森林植物が含まれる。

被子植物は種子植物の中でも比較的進化した型とされ，約1億年前の白亜紀の間に大躍進を遂げた。今日では，被子植物は景観でも優位を占めており，裸子植物をはるかに凌駕している。約250,000種が知られているが，さらに多くのものが未同定である。被子植物の新機軸は花であり，ゆえにこれらは‘顕花植物類’とも称される（**Webトピック1.2**参照）。

植物細胞はかたい細胞壁に囲まれている

植物細胞と動物細胞の根本的な違いの一つは，個々の植物細胞がかたい**細胞壁**（cell wall）に囲まれていることである。動物細胞では胚の細胞は，ある場所から別の場所へ移動することができる。その結果，組織や器官発生では出自（しゅつじ）の異なる細胞が含まれることになる。

植物では，細胞壁をもつ個々の細胞は隣接する細胞と**中葉**（middle lamella）を介してかたく結びついており，動物細胞のような移動は妨げられる。したがって，動物と異なり，植物の発生は細胞分裂と細胞肥大のみによる。

植物細胞は二つの型の壁，すなわち**一次細胞壁**（primary cell wall）と**二次細胞壁**（secondary cell wall）をもつ（図1.2）。一次細胞壁は1 μm以下と概して薄く，若い成長中の細胞の特色をなす構造である。二次細胞壁は一次細胞壁より厚く強固で，多くの場合，細胞の肥大成長が終わってから沈着する。二次細胞壁の強さと丈夫さは**リグニン**（lignin）というそれ自体は脆い接着剤のような物質による（13章参照）。

リグニン化した二次細胞壁をもつように進化したことで，植物は土の上でまっすぐに伸びるのに必要な構造的強度を獲得し，陸上に根づくことができた。リグニン化した細胞壁をもたないコケ植物類では，地表から数センチメートル以上の高さに伸びることはできない。

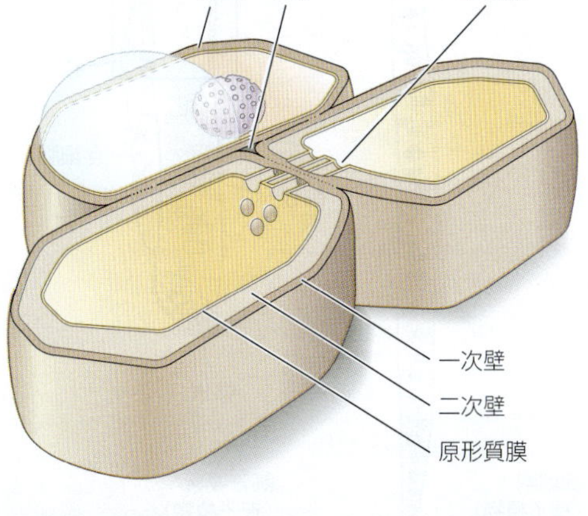

図1.2　細胞壁の模式図。一次壁および二次壁と細胞のほかの構造との関係を示す。

新しい細胞は分裂組織で生み出される

植物の分裂成長の機能は，**分裂組織**（meristem）という細胞分裂がおこる領域に集中している。ほとんどすべての核分裂（有糸分裂）と細胞分裂（細胞質分裂）は，これらの分裂組織の領域でおこる。若い植物ではもっとも活動的な分裂組織は茎や根の先端部に位置する**頂端分裂組織**（apical meristem）である（図1.1）。節の部位の**腋芽**（えきが）（axillary bud）にも，枝分かれができるように頂端分裂組織がある。側根は**内鞘**（pericycle）から生じるが，そこには内部分裂組織がある（図1.1C）。分裂組織にもっとも近い位置に一部重なるように細胞伸長域があり，そこで細胞の劇的な伸長と肥厚がおこる。細胞はふつうは伸長した後で分化して特殊化する。

新しい器官を形成して基本的な植物形態を生み出す植物の発生段階を**一次成長**（primary growth）という。一次成長では，頂端分裂組織の活動の結果として，分裂組織での細胞分裂とそれにつづく細胞の累進的な肥大成長（主として細胞伸長）がおこる。その領域での細胞伸長が終わった後に，**二次成長**（secondary growth）がおこるようである。二次成長には**維管束形成層**（vascular cambium，複数形はcambia）と**コルク形成層**（cork cambium）という二つの側方分裂組織が関与している。維管束形成層は二次木部（木材）と二次篩部を生じる。コルク形成層は大部分がコルク細胞からなる周皮を生じる。

三つの主要な組織系が植物体を造る

表皮組織（dermal tissue），**基本組織**（ground tissue），**維管束組織**（vascular tissue）という三つの主要な組織系は，すべての植物器官で見られる。これらの組織を図1.3に図解して示す。これらの植物組織の詳細については，**Webトピック1.3**を参照されたい。

植物細胞

多くの植物は，それぞれ特殊化した機能をもった何百万もの細胞から成り立っている多細胞生物である。成熟した暁には，これらの特殊化した細胞はたがいに非常に異なった構造になるようである。しかしながら，すべての植物細胞は同じ基本的な真核細胞の構造をもつ。細胞には核，細胞質，細胞小器官が含まれ，それらは各々の構造の境界をなす固有の膜によって包まれている（図1.4）。核を含む一部の構造は細胞の分化成熟の過程で失われることがあるが，すべての植物細胞は「当初は」同じ構成の細胞小器官をもっている。

もう一つの植物細胞の特徴は，植物細胞がセルロースからなる細胞壁によって囲まれていることである。以下の項では

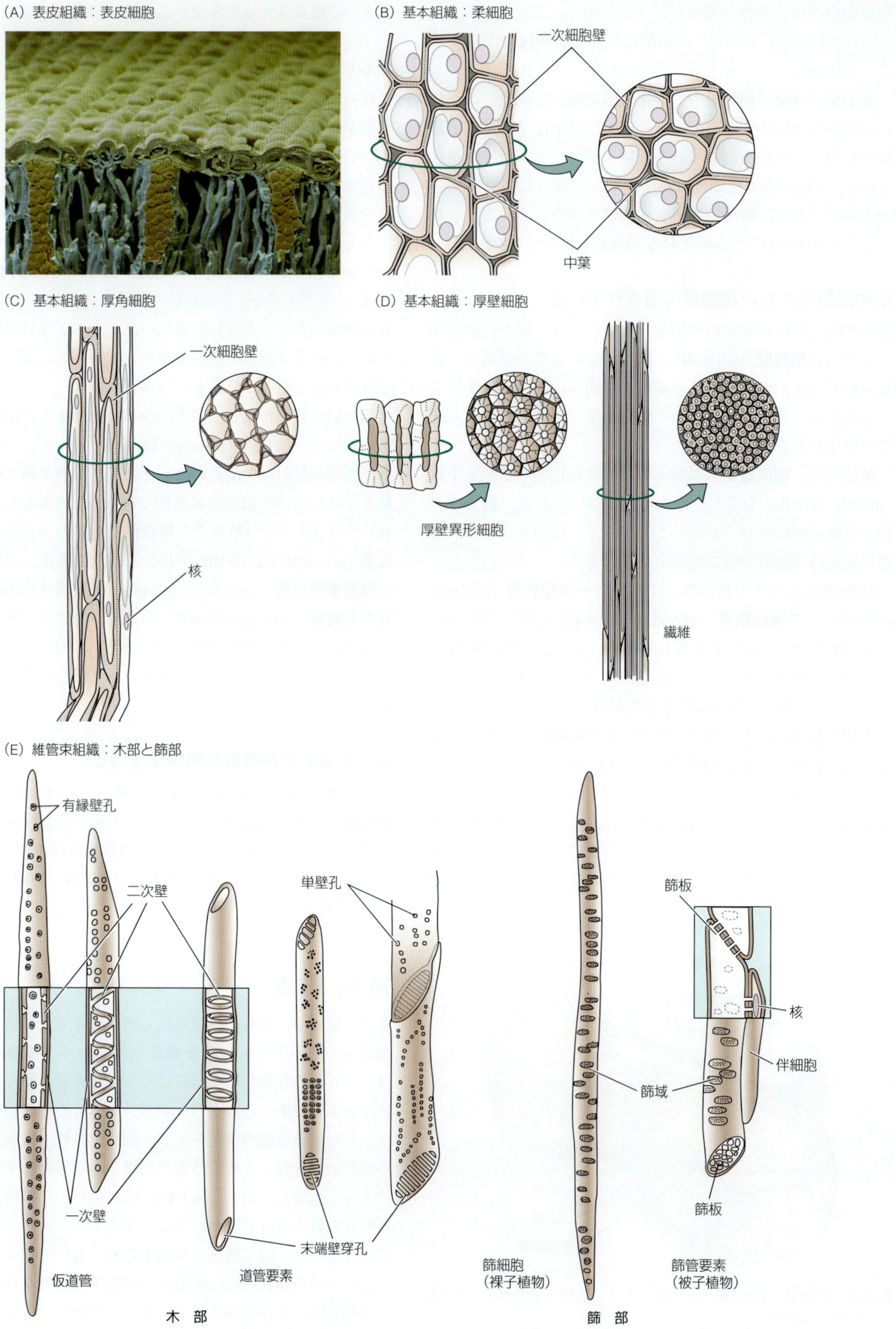
(A) 表皮組織：表皮細胞
(B) 基本組織：柔細胞
一次細胞壁
中葉
(C) 基本組織：厚角細胞
一次細胞壁
核
(D) 基本組織：厚壁細胞
厚壁異形細胞
繊維
(E) 維管束組織：木部と篩部
有縁壁孔
二次壁
単壁孔
一次壁
末端壁穿孔
仮道管
道管要素
木　部
篩板
核
伴細胞
篩域
篩板
篩細胞
(裸子植物)
篩管要素
(被子植物)
篩　部

◀**図 1.3**　植物の各組織の概念図。(A) サバクオモト (*Welwischia mirabilis*) の表皮組織 (120×)。三つの基本組織である (B) 柔細胞，(C) 厚角細胞，(D) 厚壁細胞，(E) 木部と篩部からなる通道組織。((A) は© Meckes/Ottawa/Photo Researchers, Inc.)

植物細胞の膜や細胞小器官について概観する。細胞壁の構造と機能については15章で詳しく扱う。

生体膜はタンパク質を含むリン脂質二重層である

どの細胞も細胞質を外部環境から隔てる境界をなす膜に包まれている。この**原形質膜** (plasma membrane あるいは plasmalemma) により，細胞はある種の物質を取り込み保持するが，他の物質は閉め出すという性質を示す。原形質膜に埋め込まれたさまざまな輸送タンパク質が膜を通過する溶質の選択的透過性を受け持っている。輸送タンパク質の活動によって細胞質へイオンや分子が蓄積される際には，代謝によるエネルギーが消費される。膜はそれぞれに特殊化した細胞小器官の境界にもなっており，それらの細胞小器官におけるイオンや代謝物の流れを制御している。

流動モザイクモデル (fluid-mosaic model) によれば，すべての生体膜で基本の分子構成は同じである。タンパク質が埋め込まれたリン脂質 (葉緑体の場合にはグリセロ糖脂質) の二重層より構成されている (図 1.5A, B)。ほとんどの生体膜ではタンパク質が総量の約半分を占めている。しかし，脂質の構成とタンパク質の特性があいまって，各々の膜に固有の機能的な特性を与えている。

リン脂質　リン脂質は二つの脂肪酸が共有結合でグリセロ

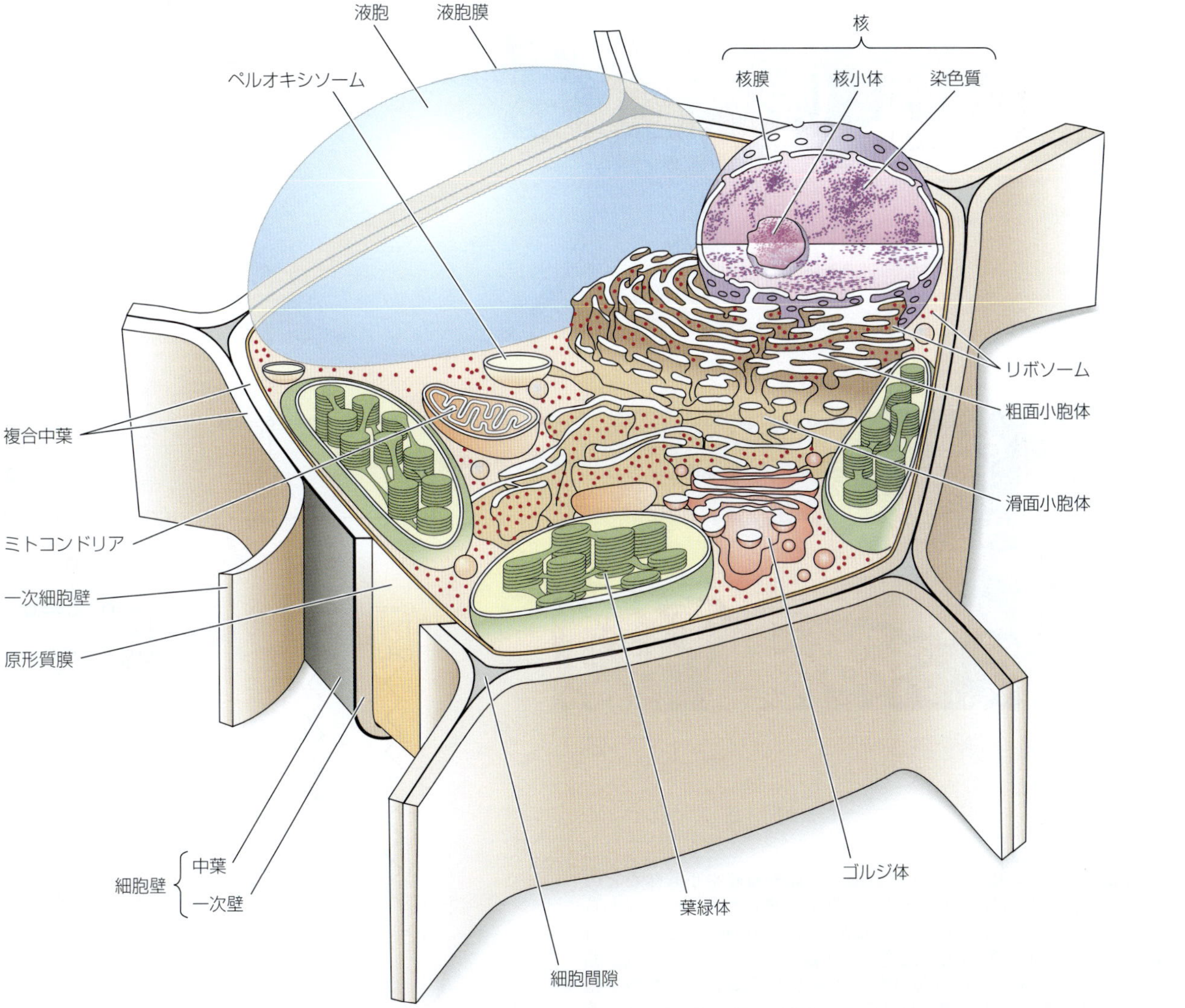

図 1.4　植物細胞の模式図。さまざまな細胞内構造 (細胞小器官) が液胞膜，核膜といった固有の膜に包まれて存在している。細胞の外側では隣り合う二つの細胞それぞれの一次壁とその間にある中葉から複合中葉が形成される。

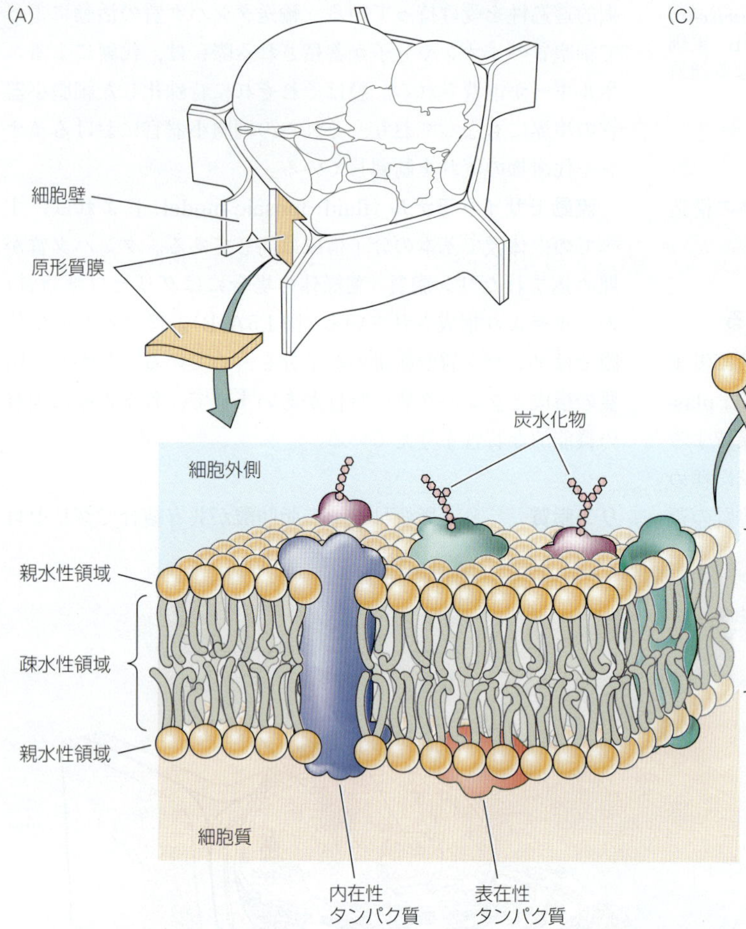

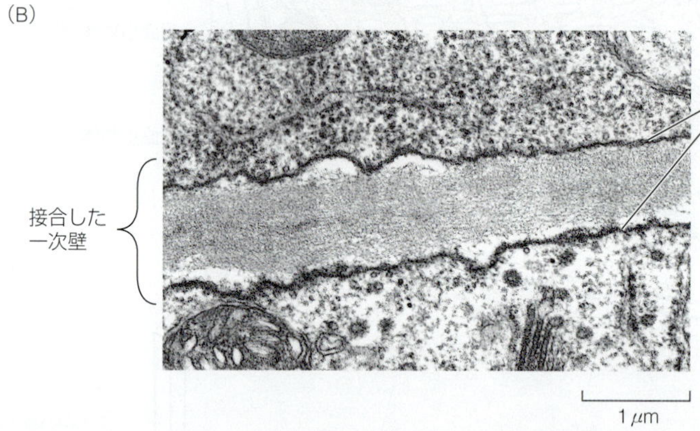

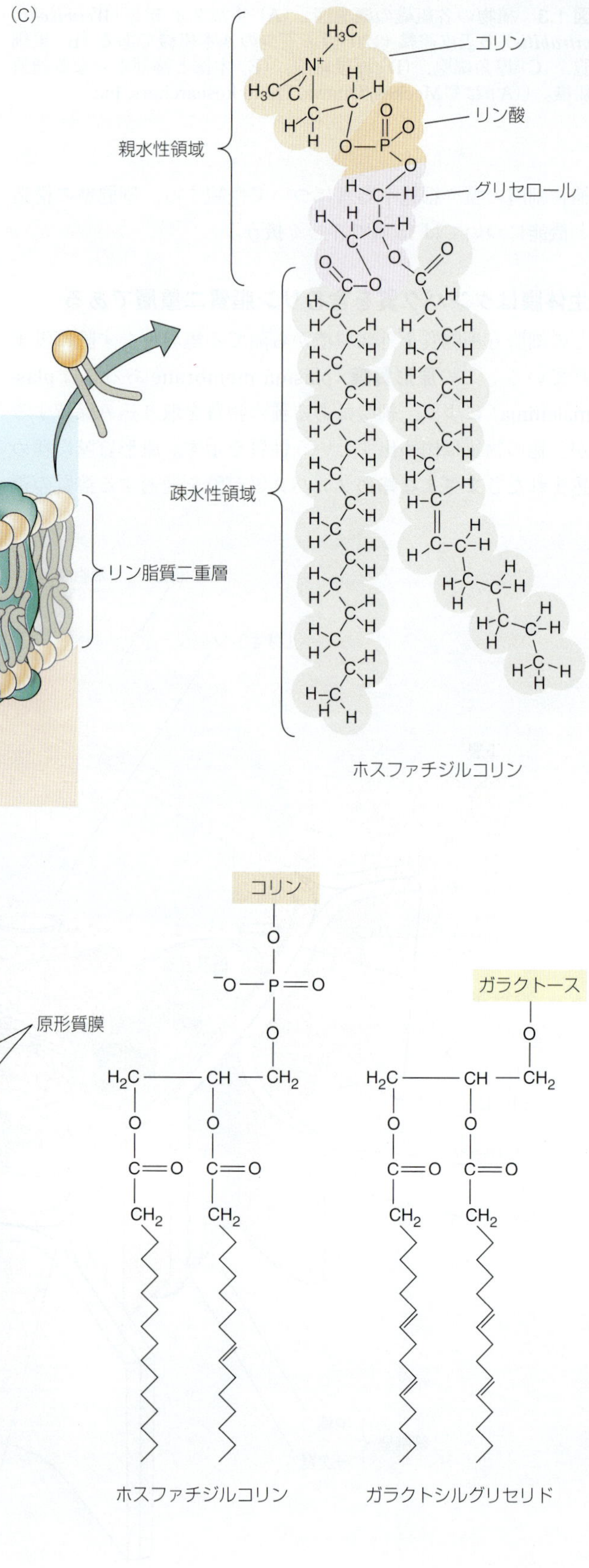

図 1.5 生体膜の構造。(A) 植物細胞の原形質膜や小胞体などの生体膜は，リン脂質二重層とそこに埋め込まれたタンパク質から成り立っている。(B) カラシナ (*Lepidium sativum*) の根端分裂組織における原形質膜付近の透過型電子顕微鏡写真 (以下，電子顕微鏡写真は，特に断りのないかぎり透過型で撮影したものを指す)。原形質膜は2本の濃く見える線と中間の空隙からなるが，その厚みは約8 nmである。(C) ホスファチジルコリンとガラクトシルグリセリドからなるリン脂質の化学構造と立体モデル。((B) はGunning and Steer 1996より)

ールにつながり，それがリン酸基と結合した脂質の一種である。リン酸基に結合する部分は可変でセリン，コリン，グリセロール，イノシトールなどの化合物が結合するが，これらはまとめて‘ヘッドグループ’とよばれる（図1.5C）。ヘッドグループは脂肪酸とは違って高い極性を示すので，結果としてリン脂質は親水性と疎水性の両方の性質を合わせもつことになる（‘両親媒性’）。脂肪酸の非極性の炭化水素鎖は著しい疎水性，つまり水をはじく特性の領域をつくる。

色素体の膜は，その脂質部分がリン脂質というよりほとんどすべて**グリセロ糖脂質**（glycosylglyceride）で構成される独特のものである。グリセロ糖脂質では，極性のあるヘッドグループは，ガラクトース，ジガラクトース，硫酸ガラクトースで構成されており，リン酸基を含まない（**Webトピック1.4**参照）。

リン脂質やグリセロ糖脂質の脂肪酸鎖の長さはさまざまであるが，通常は14～24炭素鎖からなる。二種の脂肪酸のうち一方は概して‘飽和型’（二重結合がない）であるが，もう一方の脂肪酸鎖は通常は1か所かそれ以上のシス形二重結合をもつ（つまり‘不飽和型’である）。

シス形二重結合があると鎖に屈曲を生じるので，二重層のリン脂質の中にきっちりと収まらなくなる。その結果，膜の流動性が高まることになる。この膜の流動性は，連鎖的に多

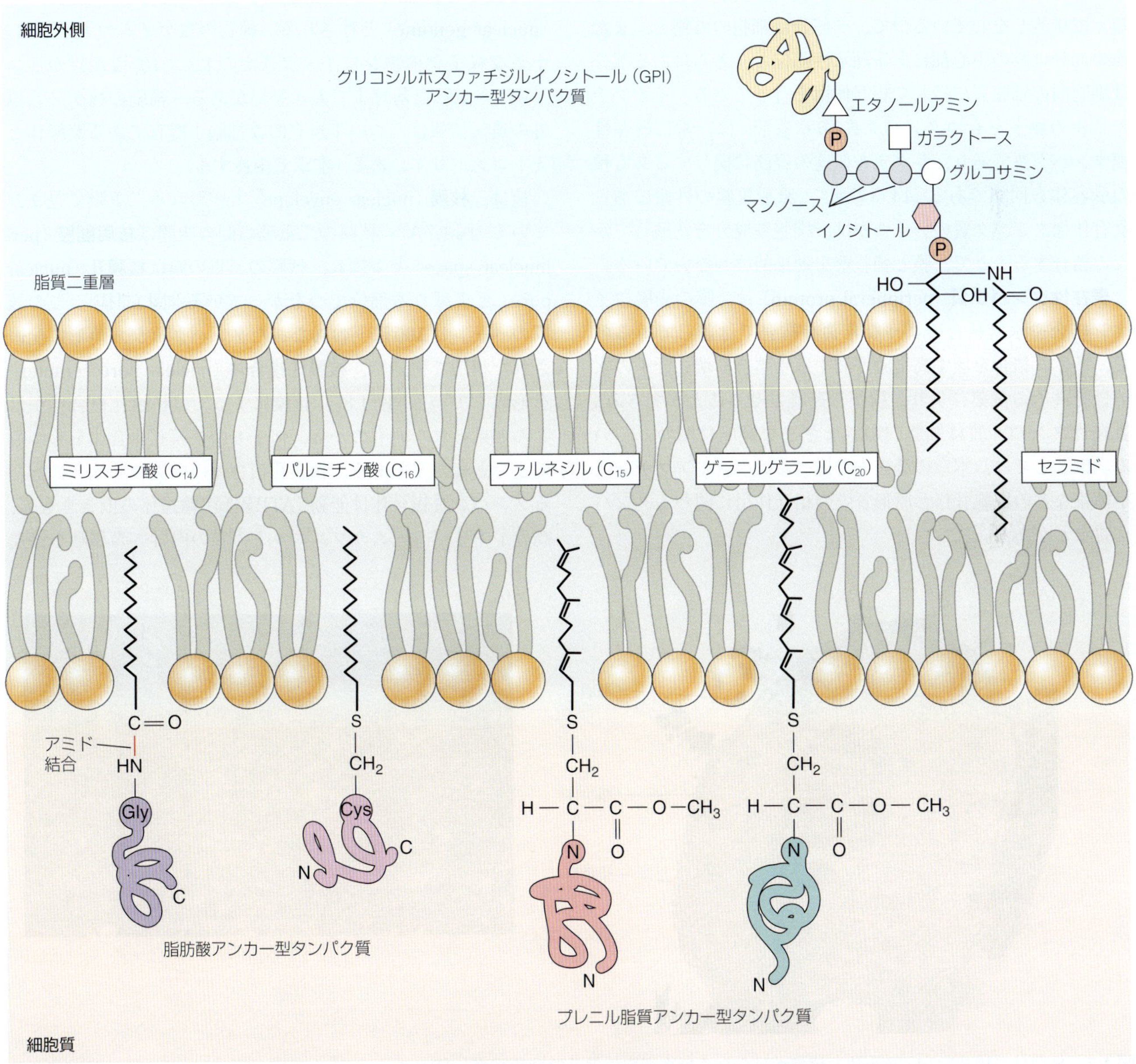

図1.6　膜にアンカー結合した各種の膜タンパク質。脂肪酸，プレニル基，ホスファチジルイノシトールなどを介して膜に結合している。（Buchanan et al. 2000より）

くの膜機能において重要な役割を果たしていく。流動性は温度にも大きく依存している。植物は一般に体温調節ができないので，膜の流動性が減じる低温下で流動性を維持しなくてはならないという問題にしばしば直面する。したがって，植物のリン脂質は高い割合で，ある種の不飽和脂肪酸を含むことで，膜の流動性を高めている。そのような不飽和脂肪酸としてはオレイン酸（一つの二重結合），リノール酸（二つの二重結合），α-リノレン酸（三つの二重結合）などがある。

タンパク質　脂質二重層に付随するタンパク質には内在性，表在性およびアンカー型の三つの型がある。**内在性タンパク質**（integral protein）は，脂質二重層の内に埋め込まれている。ほとんどの内在性タンパク質は脂質二重層の厚みを超えて橋渡しをしているので，一部分は細胞の外側と，また他の部分は膜の中心部にある疎水性部位と，さらにある部分は細胞内の細胞質に接して相互作用を行っている。イオンチャネルの働きをもつタンパク質（6章参照）は，常に内在性膜タンパク質であり，シグナル伝達の経路に関与するある種の受容体も同様である（14章参照）。原形質膜の外側にある受容体様タンパク質のいくつかは，細胞壁成分を認識してかたく結合することで，膜と細胞壁を効果的につないでいる。

表在性タンパク質（peripheral protein）は，膜の表層にイオン結合や水素結合のような非共有結合で付着しているので，イオン結合を壊す高塩濃度液や水素結合を壊し分子の水溶性を高める試薬により，膜から遊離させることができる。表在性タンパク質は細胞内のさまざまな機能に関わっている。例としては，本章の後の方で述べる微小管やアクチン微小繊維などの細胞骨格と原形質膜の相互作用に関わるタンパク質などがある。

アンカー型タンパク質（anchored protein）は，膜の表層と脂質分子を介してつながっているもので，その脂質分子とは共有結合で結びついている。これらの脂質分子にはミリスチン酸やパルミチン酸などの脂肪酸，ファルネシル基やゲラニルゲラニル基のようなイソプレノイド経路から派生したプレニル基，グリコシルホスファチジルイノシトール（GPI）アンカー型タンパク質などが含まれる（図1.6）（Buchanan et al. 2000）。

核は細胞の遺伝物質の大部分を含む

核（nucleus，複数形はnuclei）は，細胞の代謝，成長，分化などを制御する主要な遺伝情報を含む細胞小器官である。核に存在する遺伝子と介在配列を合わせたものが**核ゲノム**（nuclear genome）と称される。植物の核ゲノムの大きさは，小さな双子葉植物シロイヌナズナの1.2×10^8塩基対からユリの1×10^{11}塩基対まで大きな幅がある。細胞の核ゲノム以外の遺伝情報は二つの半自立的な細胞小器官である葉緑体とミトコンドリアにある（本章で後述する）。

核は，**核膜**（nuclear envelope）といわれる二重膜で包まれている（図1.7A）。核膜の二重膜の間の空間は**核周囲腔**（perinuclear space）とよばれ，核膜の二重の膜は**核膜孔**（nuclear pore）とよばれる部位でつながっている（図1.7B）。この核膜の「孔」は100以上の異なったタンパク質が八角形に配置された精巧な構造で，**核膜孔複合体**（nuclear pore complex）を形成している（図1.8）。核膜によっては核膜孔複合体がほとんど見られないものから，何千もの核膜孔複合体をもつものまでさまざまである。核膜孔複合体の中央の「栓」にあたるタンパク質複合体は能動（ATP駆動）輸送体の働きをもち，高分子やリボソームサブユニットの核の内外への移動を促進

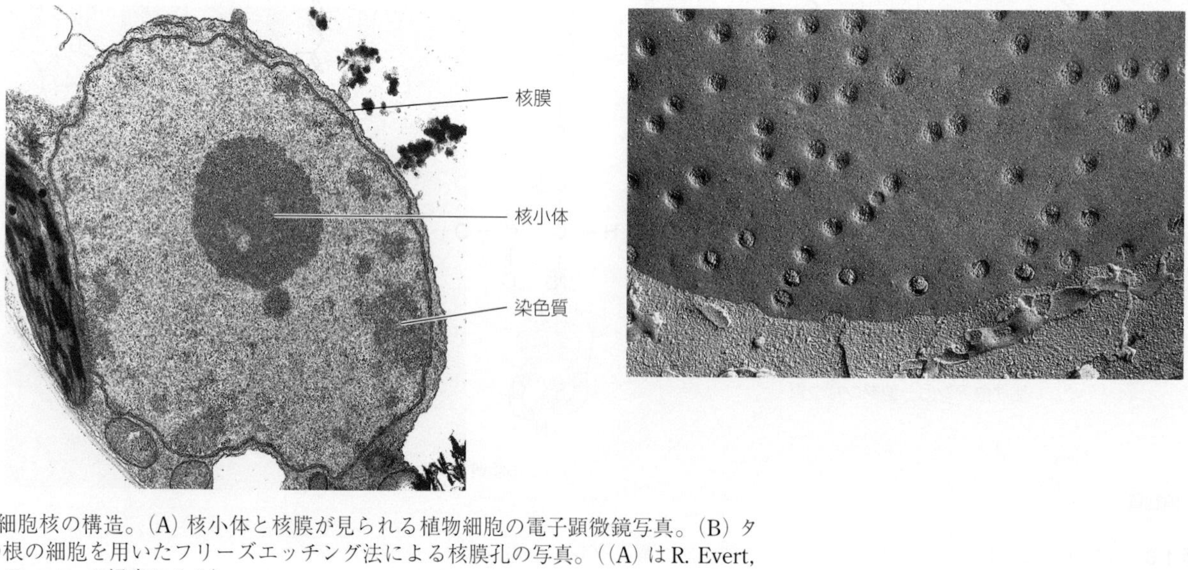

図1.7　細胞核の構造。（A）核小体と核膜が見られる植物細胞の電子顕微鏡写真。（B）タマネギの根の細胞を用いたフリーズエッチング法による核膜孔の写真。（（A）はR. Evert,（B）はD. Brantonの好意による）

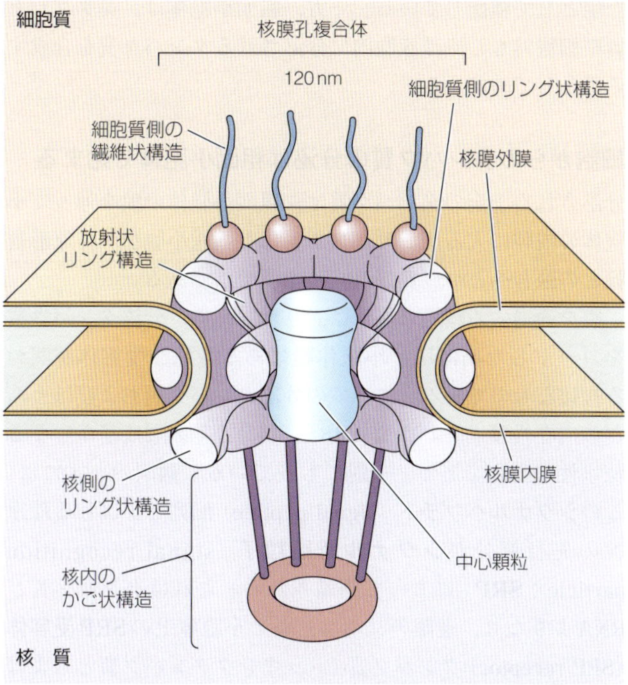

図 1.8　核膜孔複合体の模式図。核膜の内膜と外膜付近に平行に並んだリング状構造がある。リングの各々には，八つのサブユニットが八角形の辺をなすように配置されている。その他にもさまざまなタンパク質がリング状，放射状，顆粒状，繊維状，かご状構造を形成し，それらが組み合わさって複合体を形成している。

している（能動輸送の詳細については6章で述べる）。タンパク質が核内に入るには**核移行シグナル**（nuclear localization signal）とよばれる特殊なアミノ酸配列が必要である。

核は，DNAと付随タンパク質からなる**染色体**（chromosome）の貯蔵と複製の場所である。このDNA–タンパク質複合体は**染色質**（chromatin）として知られている。核の中にある植物のゲノムの全DNAを伸ばした長さは，通常核の直径の何百万倍にもなる。そこで染色体DNAを核内に収納するという問題を解決するために，DNAの二重らせんの糸は八つの**ヒストン**（histone）タンパク質分子からなるかたいシリンダーに二重に巻きつけられて，**ヌクレオソーム**（nucleosome）を形成している。ヌクレオソームは染色体の全長にそって糸に通したビーズのように並べられている。

有糸分裂では染色質が凝縮するが，まず一巻きにつき六つのヌクレオソームがかたく巻きつけられて**30 nm 染色質繊維**（30 nm chromatin fiber）になり，つづいてタンパク質と核酸の相互作用により，さらに折りたたまれてパッキングされる（図1.9）。一方，分裂間期には**異質染色質**（heterochromatin）と**真正染色質**（euchromatin）の二種の染色質が見られる。約10％のDNAが異質染色質，すなわち高度に折りたたまれて転写に関して不活性型になっている染色質である。残りのDNAは真正染色質，つまり折りたたまれていない染色質で，転写活性型である。ただし，転写活性を示す真正染色質は常に全体の10％程度にすぎない。残りのものは，むしろ異質染色質と転写活性型の真正染色質の中間的な凝縮状態を示している。

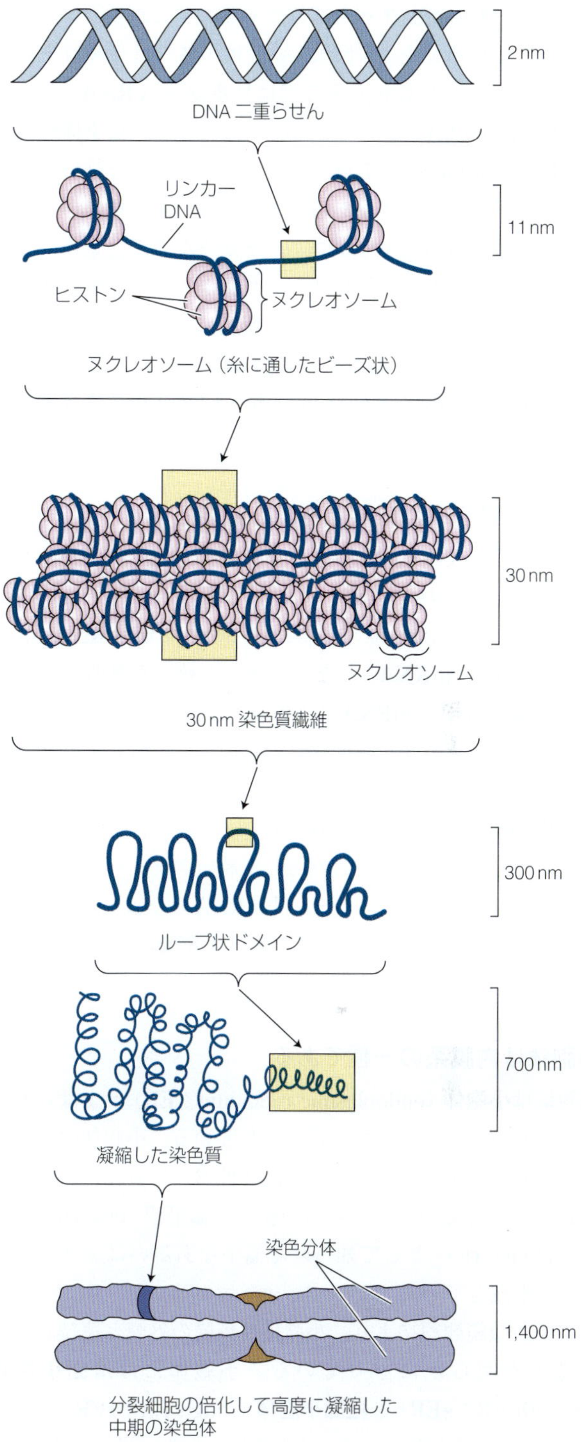

図 1.9　細胞分裂中期の染色体に見られるDNAのパッケージング。DNAはまず凝集してヌクレオソームになり，次に巻きつけられて30 nmの染色質繊維になる。さらにその繊維が巻かれて凝縮した中期の染色体が形成される。（Albert et al. 2002による）

核には，**核小体**（nucleolus，複数形はnucleoli）とよばれる粒子状のものが詰まった部位があり，そこがリボソームの合成される場所である（図1.7A）。核小体には染色質を含む部分が1か所以上あり，そこでは**リボソームRNA**（ribosomal RNA：**rRNA**）遺伝子が鈴なりになって，**核小体形成体**（nucleolar organizer）を形成している。典型的な細胞では核には一つ以上の核小体がある。ここで作られた個々の80Sリボソームは一対の大小サブユニットからなるが，個々のサブユニットはrRNAと特殊なタンパク質が集まった集合体である。この二つのサブユニットは，個別に核膜孔を通って核から出て，細胞質中で結合することでリボソームが完成する（図1.10A）。**リボソーム**（ribosome）はタンパク質合成の場である。

タンパク質合成は転写と翻訳を必要とする

タンパク質合成の複雑な過程は，個別の遺伝子に相補的な塩基配列をもつRNAの合成，すなわち**転写**（transcription）から始まる。このRNA転写産物は加工されて**伝令RNA**（messenger RNA：**mRNA**）となり，それが核から細胞質に移動する。細胞質中でmRNAはまずリボソームの小サブユニットに結合し，それから大サブユニットにも結合して翻訳を開始する。

翻訳（translation）は，mRNAにコードされた塩基配列情報に従って，アミノ酸を材料として特定のタンパク質を合成する過程である。リボソームはmRNAの全長を辿りつつ，mRNAの塩基配列で指定されたアミノ酸を次々につないでいく（図1.10B）。

小胞体は内膜系の一種である

細胞には**小胞体**（endoplasmic reticulum：**ER**）とよばれる内膜の緻密な網状構造が張り巡らされている。小胞体の膜は典型的な脂質二重層で，そこには内在性および表在性のタンパク質が点在している。これらの膜は，偏平槽（cisternae，単数形はcisterna）として知られる偏平なあるいはチューブ状の嚢を形成している。

電子顕微鏡観察により，小胞体は核膜の外膜と連続していることが明らかになっている。小胞体には**滑面小胞体**（smooth ER：**sER**）と**粗面小胞体**（rough ER：**rER**）の二種類があり（図1.11），たがいに連結している。粗面小胞体は，活発にタンパク質合成を行っているリボソームが滑面小胞体に付着して，それを覆ったものである。また粗面小胞体はラメラ構造（二つの単位膜からなる平らなシート状構造）をとることが多く，一方滑面小胞体はチューブ状構造をとることが多いが，ほとんどすべての細胞でいろんな程度の中間型を見ることができる。

小胞体の二つの型の構造的な違いは，そのまま機能的な違いに結びつく。滑面小胞体は，脂質の合成と膜の重合の主要な場として機能している。一方，粗面小胞体は，膜タンパク質や細胞外もしくは液胞内に分泌されるタンパク質を合成する場として機能する。

細胞からのタンパク質の分泌は粗面小胞体で始まる

分泌される予定のタンパク質は，粗面小胞体の膜を通って小胞体の内腔に入る。これがゴルジ体と輸送小胞をへて原形質膜との融合へとつづく分泌経路の開始点である。

膜を通過する輸送の機構は，リボソーム，分泌タンパク質をコードしたmRNA，小胞体膜にある特殊な受容体が関わる複雑なものである。すべての分泌タンパク質およびほとんどの内在性膜タンパク質は18～30のアミノ酸残基からなる疎水性の配列をアミノ末端にもっている。翻訳のときには，この**シグナルペプチド**（signal peptide）配列とよばれる疎水性の先行部分が**シグナル認識粒子**（signal recognition particle：**SRP**）によって認識される。これはタンパク質とRNAよりなり，遊離のリボソームと小胞体上の**SRP受容体**（SRP receptor）タンパク質（ドッキングタンパク質ともよばれる）との結合を促進する（図1.10A）。次に，シグナルペプチドは伸長してきたポリペプチドが小胞体膜を通って内腔へ輸送されるのを仲介する（内在性膜タンパク質の場合には，完成したポリペプチドの一部は膜の中に埋め込まれてそこに留まる）。

一度小胞体の内腔に入ると，シグナル配列はシグナルペプチダーゼによって切り離される。場合によっては*N*-アセチルグルコサミン（GlcNac），マンノース（Man），グルコース（Glc）からなる分岐した少糖の鎖で化学量論的組成の$GlcNac_2Man_9Glc_3$をもつものが，特定のアスパラギン側鎖からなる遊離のアミノ基に付着する。この炭水化物の集合体は‘*N*結合型多糖’（*N*-linked glycan）とよばれる（Faye et al. 1992）。ついでこの末端の三つのグルコース残基が特定のグルコシダーゼにより除かれることで，これらの糖タンパク質（糖に共有結合したタンパク質）はゴルジ装置に運ばれる準備が整う。その後，これらのいわゆる***N*結合型糖タンパク質**（*N*-linked glycoprotein）は小胞を介してゴルジ装置に輸送される。小胞は細胞質中を移動して，ゴルジ装置のシス面上の偏平槽と融合する（図1.12）。

図1.10 遺伝子発現の基本的な過程。（A）転写，プロセシング，細胞質への輸送，翻訳が順次行われる。タンパク質合成は遊離のリボソームか小胞体に付着したリボソーム上で行われる。分泌タンパク質は疎水性のシグナル配列をもち，細胞質中でそこにシグナル認識粒子（SRP）が結合する。次にSRP-リボソーム複合体は小胞体に移動し，そこでSRP受容体に付着する。翻訳が進むと伸長したポリペプチドは小胞体の内腔に挿入される。そこでシグナル配列は除かれ，糖が添加されて糖タンパク質となり，輸送小胞によりゴルジ体に運ばれる。（B）リボソーム上では**転移RNA**（transfer RNA：**tRNA**）の運んできたアミノ酸が重合して，長く伸びたポリペプチド鎖が形成される。 ▶

(A)

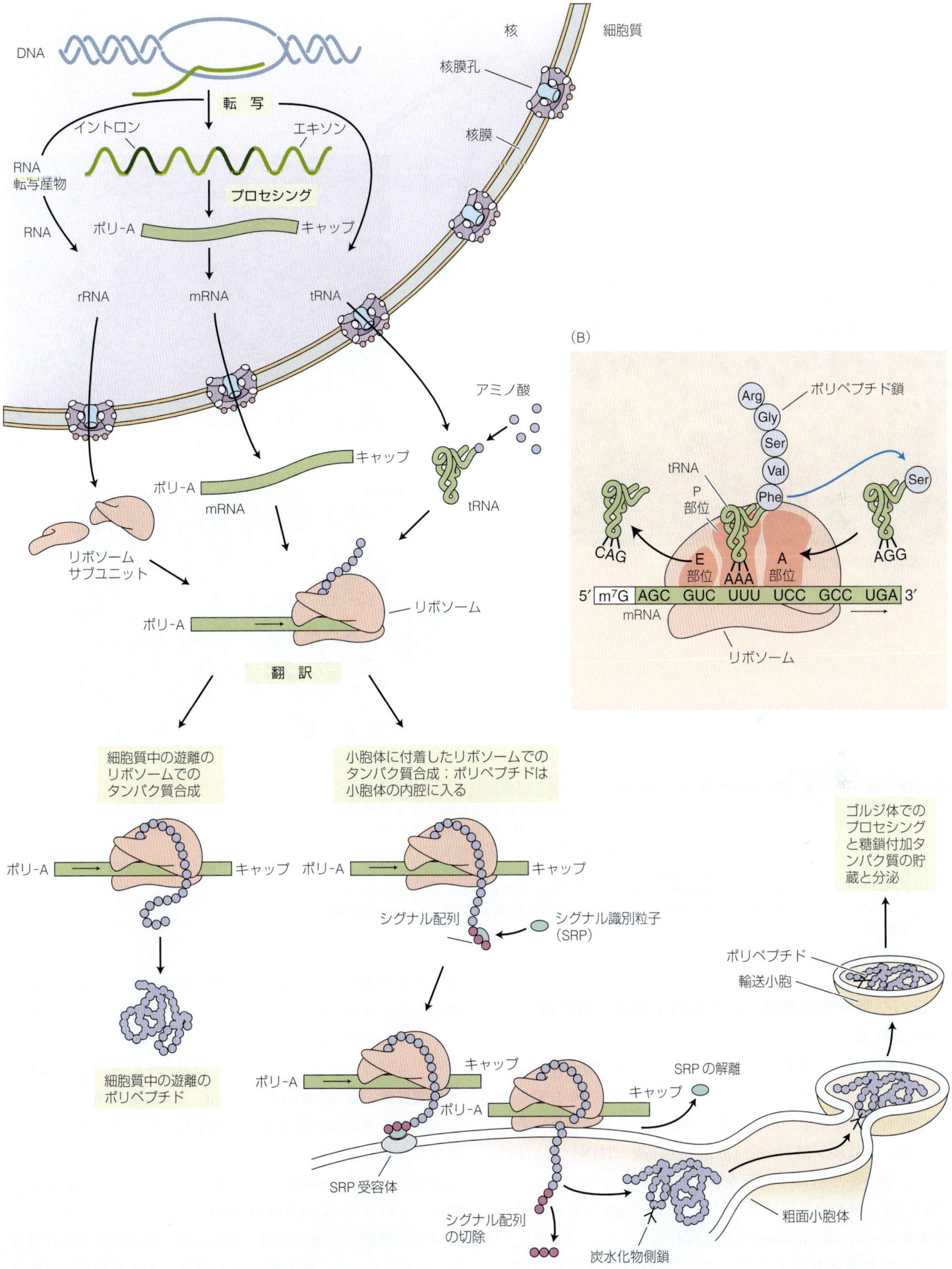
DNA
核
細胞質
核膜孔
転 写
イントロン
エキソン
RNA
転写産物
核膜
プロセシング
RNA
ポリ-A
キャップ
rRNA
mRNA
tRNA
アミノ酸
キャップ
ポリ-A
mRNA
tRNA
リボソーム
サブユニット
リボソーム
ポリ-A
翻 訳
細胞質中の遊離の
リボソームでの
タンパク質合成
小胞体に付着したリボソームでの
タンパク質合成；ポリペプチドは
小胞体の内腔に入る
ポリ-A
キャップ
ポリ-A
キャップ
シグナル配列
シグナル識別粒子
(SRP)
細胞質中の遊離の
ポリペプチド
ポリ-A
キャップ
ポリ-A
キャップ
SRPの解離
SRP受容体
シグナル配列
の切除
炭水化物側鎖
粗面小胞体
ゴルジ体での
プロセシング
と糖鎖付加タ
ンパク質の貯
蔵と分泌
ポリペプチド
輸送小胞
(B)
Arg
Gly
Ser
Val
Phe
ポリペプチド鎖
tRNA
P
部位
Ser
CAG
E
部位
AAA
A
部位
AGG
5′
m7G
AGC GUC UUU UCC GCC UGA
3′
mRNA
リボソーム

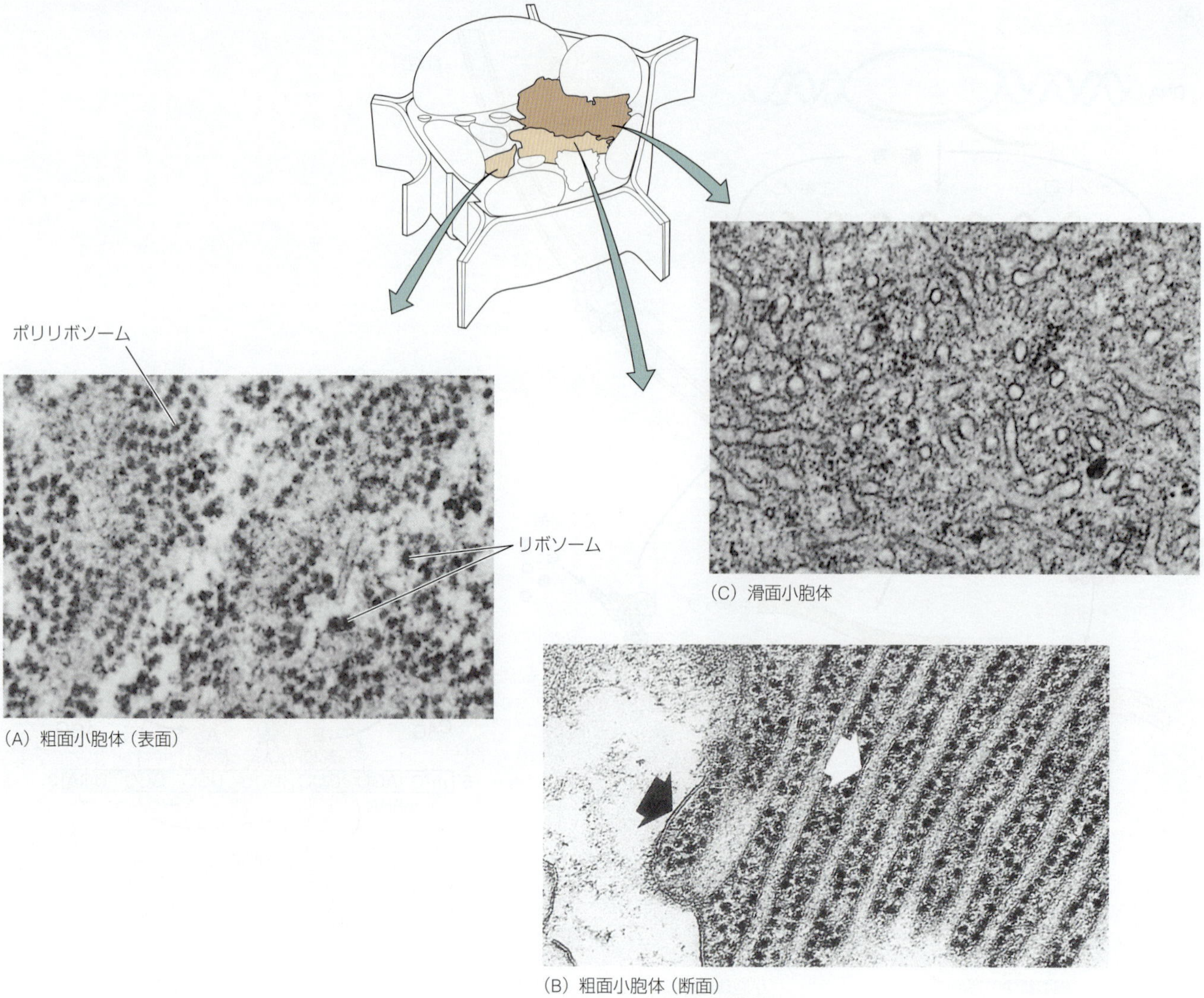

図 1.11　小胞体。(A) 粗面小胞体の表面が見られるこの電子顕微鏡写真は，ブルボケーテ属のソウ類のもので，ポリリボソーム (リボソームがmRNAに付着して連なって糸状になったもの) が粗面小胞体にはっきりと見られる (75,000×)。(B) 整然と配列した粗面小胞体の層板 (白い矢印)。キンランジソ (*Coleus blumei*) の腺性の毛状突起を用いている。黒い矢印で示された原形質膜，その外側は細胞壁である (75,000×)。(C) 滑面小胞体は，しばしばこのサクラソウ (*Primula kewensis*) の若い花弁の電子顕微鏡写真で見られるようなチューブの網状構造を形成する (45,000×)。(これらの電子顕微鏡写真はGunning and Steer 1996より)

タンパク質や多糖類はゴルジ装置で加工された後に分泌される

植物細胞の**ゴルジ装置** (Golgi apparatus, **ゴルジ複合体** (Golgi complex) ともよばれる) は動的な構造で，3～10の平らな膜の嚢あるいは偏平槽からなる一つかそれ以上の層板，そして**トランスゴルジ網** (*trans* Golgi network：TGN) とよばれるチューブや小胞の不規則な網状構造から成り立っている (図 1.12)。個々の層板は**ゴルジ体** (Golgi body あるいは**ディクチオソーム** (dictyosome)) とよばれる。

図 1.12 に見られるように，ゴルジ体ははっきりと区別できる別個の機能領域，すなわち原形質膜にもっとも近い偏平槽であるトランス面と細胞の中心にもっとも近いシス面をもっている。中間槽はトランス槽とシス槽の間に位置している。トランスゴルジ網はトランス面に位置している。全体の構造は**槽間要素** (intercisternal element) という偏平槽どうしをつないでいるタンパク質によって安定化している。動物細胞ではゴルジ体が細胞の一部分に集まってチューブでつながれているのに対して，植物細胞では数百のゴルジ体が細胞質中に散在している (Driouich et al. 1994)。

ゴルジ装置は，複合多糖 (異なる型の糖で構成された重合体) の合成と分泌，また糖タンパク質への少糖側鎖の付加に

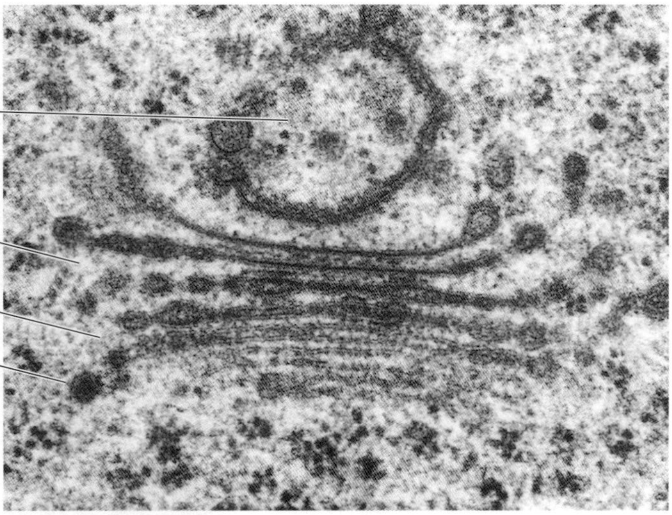

図 1.12　ゴルジ装置。タバコ（*Nicotiana tabacum*）の根冠の細胞におけるゴルジ装置の電子顕微鏡写真。シス領域，中間領域，トランス領域の偏平槽（cisternae）が示されている。トランス槽に添ってトランスゴルジ網（TGN）が見られる（60,000×）。（Gunning and Steer 1996 より）

中心的な役割を担っている（Driouich et al. 1994）。すでに述べたように，将来糖タンパク質になるポリペプチド鎖はまず粗面小胞体上で合成され，小胞体の膜を通過して，アスパラギン残基の NH_2 基が糖鎖付加を受ける。さらなる少糖側鎖への修飾や付加はゴルジで行われる。分泌される予定の糖タンパク質は，粗面小胞体から出芽した小胞を介してゴルジに至る。

植物のゴルジ装置を通した糖タンパク質の正確な経路は，まだわかっていない。連続する偏平槽の間には直接の膜のつながりはないようなので，各槽の内容物は動物のゴルジ装置でおこるように，各槽の端から出芽する小胞を介して次の偏平槽に移送されるらしい。しかし，場合によっては槽全体がゴルジ体を通過してトランス側から出現することもあるらしい。

ゴルジ偏平槽の内腔では，糖タンパク質は酵素によって修飾される。マンノースなどの糖が少糖鎖から除かれる一方で他の糖が付加される。これらの修飾に加えて，水酸化プロリン，セリン，スレオニン，チロシン残基など（***O* 結合型少糖：***O*-linked oligosaccharide）の OH 基への糖鎖付加もゴルジで行われる。ゴルジ内での加工処理の後で糖タンパク質は，通常はトランス側の層板からゴルジと分離して他の小胞に移る。これらの加工処理はすべて，それぞれのタンパク質に細胞の内外にある最終的な目的地を特定するための荷札や目印にあたるものを付けるために行われているらしい。

植物細胞では，ゴルジ体は細胞壁形成に重要な役割を果たす（15章参照）。セルロース以外の細胞壁多糖類（ヘミセルロースやペクチン）が合成され，さまざまな糖タンパク質（水酸化プロリンに富んだ糖タンパク質を含む）がゴルジ内で加工処理される。

ゴルジ由来の**分泌小胞**（secretory vesicle）は，多糖類や糖タンパク質を原形質膜まで運び，そこで原形質膜と融合して内容物を細胞壁の領域に放出する。分泌小胞には滑らかなものとタンパク質によって覆われたものがある。小胞体由来の小胞は一般に滑らかで，ゴルジ由来の小胞のほとんどはなんらかの**タンパク質の被覆**（protein coat）をもっている。これらのタンパク質は小胞の形成過程における出芽の際に役立つ。小胞体からゴルジへの輸送やゴルジ体内の槽間の輸送，ゴルジからトランスゴルジ網への輸送に関わる小胞はタンパク質の被覆をもっている。**クラスリン被覆小胞**（clathrin-coated vesicle，図 1.13）はゴルジから特殊化したタンパク質蓄積型液胞への貯蔵タンパク質の輸送に関わっている。この小胞は，また可溶性タンパク質や膜結合タンパク質を細胞内

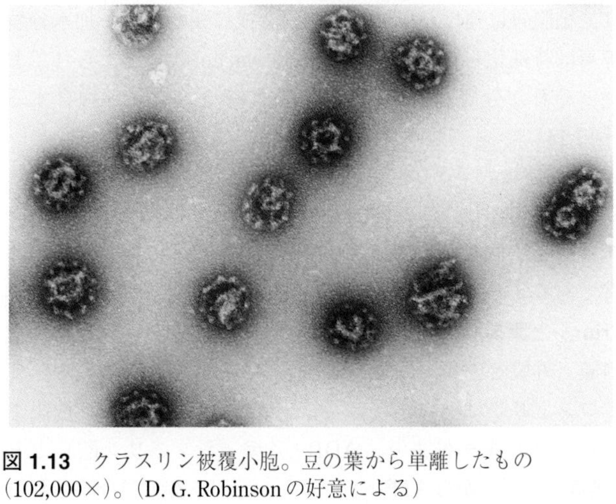

図 1.13　クラスリン被覆小胞。豆の葉から単離したもの（102,000×）。（D. G. Robinson の好意による）

に取り込む**エンドサイトーシス**（endocytosis）の過程にも関与している。

中央液胞は水と溶質を含んでいる

成熟した植物の生細胞は，ときに全体積の80～90％を占める水の詰った巨大な中央液胞をもつことがある（図1.4）。各液胞は，**液胞膜**（vacuolar membrane あるいは tonoplast）で囲まれている。多くの細胞では原形質糸が液胞の中を貫通しているが，これらの原形質糸も液胞膜に取り囲まれている。

分裂組織では液胞はそれほど目立たないが，小さな**前液胞**（provacuole）として常に存在している。前液胞はトランスゴルジ網で作られる（図1.12）。細胞が成熟しはじめると，前液胞はたがいに融合して，たいていの成熟した植物細胞の特徴である大きな中央液胞を形成する。そのような細胞では，細胞質は液胞を取り巻く薄い層に押し込められている。

液胞には，水のほかに無機塩，有機酸，糖，酵素，各種の二次代謝産物が溶解しており（13章参照），しばしば植物の防御機構にも関与する。溶質の能動的な蓄積により，液胞による吸水のための浸透駆動力が生み出されるが，これは植物細胞の肥大に必要なものである。草本植物には木本植物のようなリグニン化した支持組織がないので，この吸水によって生じた膨圧により，直立を保つのに必要な構造的強度を生み出している。

動物のリソソームと同様に，植物の液胞もプロテアーゼ，リボヌクレアーゼ，グリコシダーゼなどの加水分解酵素を含んでいる。一方，動物のリソソームとは違って，植物の液胞は細胞の一生を通じてずっと高分子の代謝回転に関わることはない。そのかわりに，それらの分解酵素は細胞の老化に際して細胞質に漏出し，有用な栄養素を植物体の生きている部位へと再利用するのを手助けする。

タンパク質を貯蔵する特殊な液胞は**タンパク粒**（protein body）とよばれ，種子の内に多く見られる。発芽の段階でタンパク粒中の貯蔵タンパク質は加水分解されてアミノ酸となり，細胞質に運ばれてタンパク質合成に使われる。加水分解酵素は特殊化した**分解型液胞**（lytic vacuole）に蓄えられており，それが分解過程のはじまる際にタンパク粒と融合する（図1.14）。

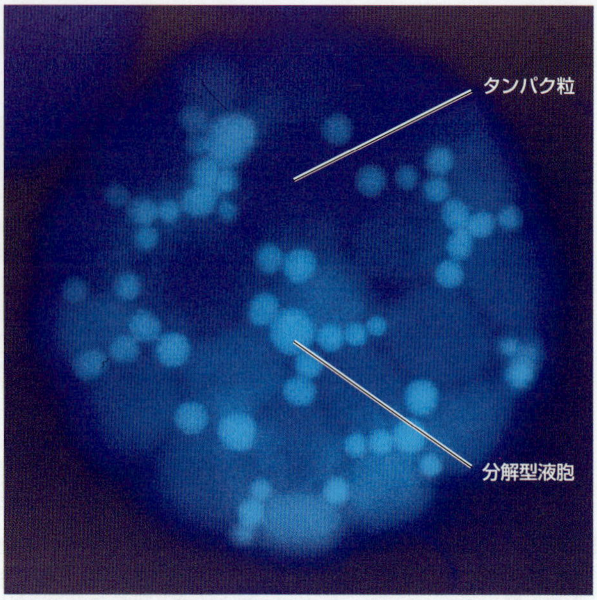

図 1.14 液胞。種子の糊粉層より単離したプロトプラストの蛍光顕微鏡写真。蛍光染色により大きなタンパク粒（V_1）と比較的小さな分解型液胞（V_2）という2種類の液胞が見られる。（P. Bethke と R. L. Jones の好意による）

ミトコンドリアと葉緑体はエネルギー転換の場である

典型的な植物細胞は，エネルギー生産を行う二種の細胞小器官である**ミトコンドリア**（mitochondria，単数形は mitochondrion）と**葉緑体**（chloroplast）をもっている。どちらも二重の膜（外膜と内膜）によって細胞質から隔てられている。ミトコンドリアは細胞呼吸の場で，そこでは糖の代謝で放出されたエネルギーにより，ADP（アデノシン二リン酸）と P_i（無機リン酸）からATP（アデノシン三リン酸）が合成される（11章参照）。

ミトコンドリアの形は，球形からチューブ状までさまざまに変わりうるが，いずれも凹凸のない外膜とかなり入り組んだ内膜構造をもっている（図1.15）。この内膜の折りたたみ部分を**クリステ**（cristae，単数形は crista）とよび，内膜によって囲まれた区画であるミトコンドリアの**マトリックス**（matrix）には，クレブス回路とよばれる中間代謝経路の酵素が含まれている。

ミトコンドリアの外膜や細胞中に存在するその他すべての膜とは違って，ミトコンドリアの内膜は70％にもなるタンパク質と特有のリン脂質（たとえばカルジオリピン）を含んでいる。これら内膜の内や表面に存在するタンパク質は特殊な触媒能力と輸送能力をもっている。

内膜はプロトン（H^+）に対して高度に不透性，すなわちプロトンの移動の障壁として働いている。この重要な特性により電気化学的勾配が形成される。膜貫通酵素である**ATP合成酵素**（ATP synthase）を通るプロトンの移動を制御することにより，このような勾配の散逸（さんいつ）と共役して，ADPがリン酸化されてATPが産生される。これらのATPは，特定の反応を進めるためにエネルギーを必要としている細胞の他の部位に送られる。

葉緑体（図1.16A）は，二重膜に包まれた細胞小器官のもう一つのグループである**色素体**（plastid）に属している。葉緑体の膜はグリセロ糖脂質に富んでいる（**Webトピック1.4**）。葉緑体の膜はクロロフィルとその付随タンパク質を含み，光合成の場となっている。葉緑体は内膜と外膜に加えて

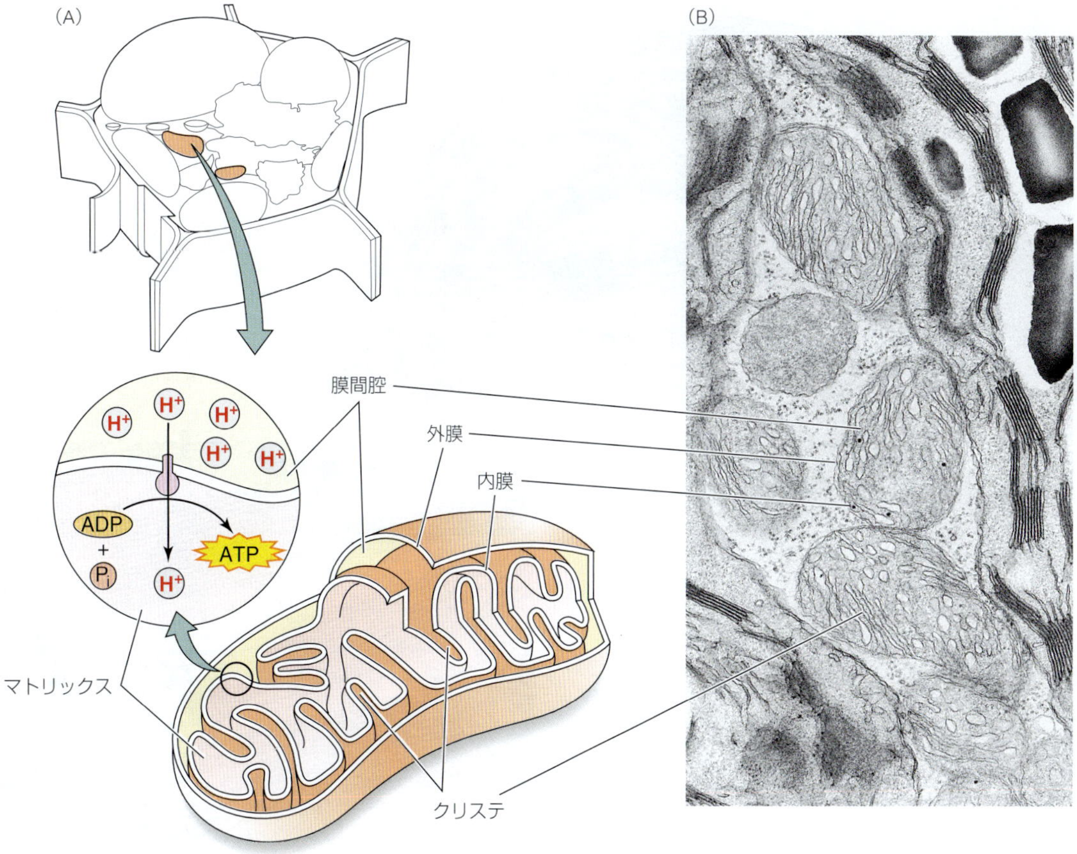

図 1.15 ミトコンドリア。(A) ミトコンドリアの模式図。内膜の H^+–ATPase により ATP の合成を行う。(B) ギョウギシバ (*Cynodon dactylon*) の葉の細胞に見られるミトコンドリアの電子顕微鏡写真 (26,000×)。(写真は S. E. Frederick と E. H. Newcomb の好意による)

チラコイド (thylakoid) とよばれる三つめの膜系をもっている。チラコイドの積層は**グラナ** (grana, 単数形は granum) を形成する (図 1.16B)。光合成の光化学反応で働くタンパク質と色素 (クロロフィルとカロチノイド) はチラコイド膜に埋め込まれている。チラコイドを囲む流動性の部分は**ストロマ** (stroma) とよばれ, ミトコンドリアのマトリックスに類似のものである。隣接したグラナは**ストロマラメラ** (stroma lamella, 複数形は lamellae) とよばれる積層していない膜系でつながれている。

光合成装置の異なる構成要素は, グラナやストロマラメラの異なる領域に局在している。葉緑体の ATP 合成酵素はチラコイド膜上にある (図 1.16C)。光合成が行われている間, 光を原動力とした電子伝達反応によりチラコイド膜を挟んでプロトンの勾配が生じる。ミトコンドリアの場合と同様に, ATP 合成酵素を介してプロトンの勾配の散逸の際に ATP が合成される。

色素体でクロロフィルよりむしろ高密度のカロチノイド系色素を含むものを**有色体** (chromoplast) という。これらは, 多くの果実, 花, 紅葉が黄色, オレンジ色, 赤色を呈する要因の一つである (図 1.17)。

色素を含まない色素体を**白色体** (leucoplast) という。もっとも重要な白色体としては, **アミロプラスト** (amyloplast) というデンプンを貯蔵する色素体がある。アミロプラストはシュートや根の貯蔵組織や種子に多く見られる。根端の特殊なアミロプラストは, 根が土壌の下方に伸びるための重力センサーとしての役割も果たしている (19 章参照)。

ミトコンドリアと葉緑体は半自立性の細胞小器官である

ミトコンドリアも葉緑体も自前の DNA とタンパク質合成の装置 (リボソーム, tRNA など) をもっており, 内部共生細菌から進化したと考えられている。色素体もミトコンドリアも分裂して増えるが, ミトコンドリアは広範囲に融合することで長く伸びた構造や網状構造を形成することもできる。

これらの細胞小器官の DNA は細菌に似た環状の染色体を形成しており, 核のもつ直鎖状の染色体とはかなり異なっている。これらの環状の DNA はミトコンドリアのマトリックスや色素体のストロマの特定の領域にあり, **核様体**

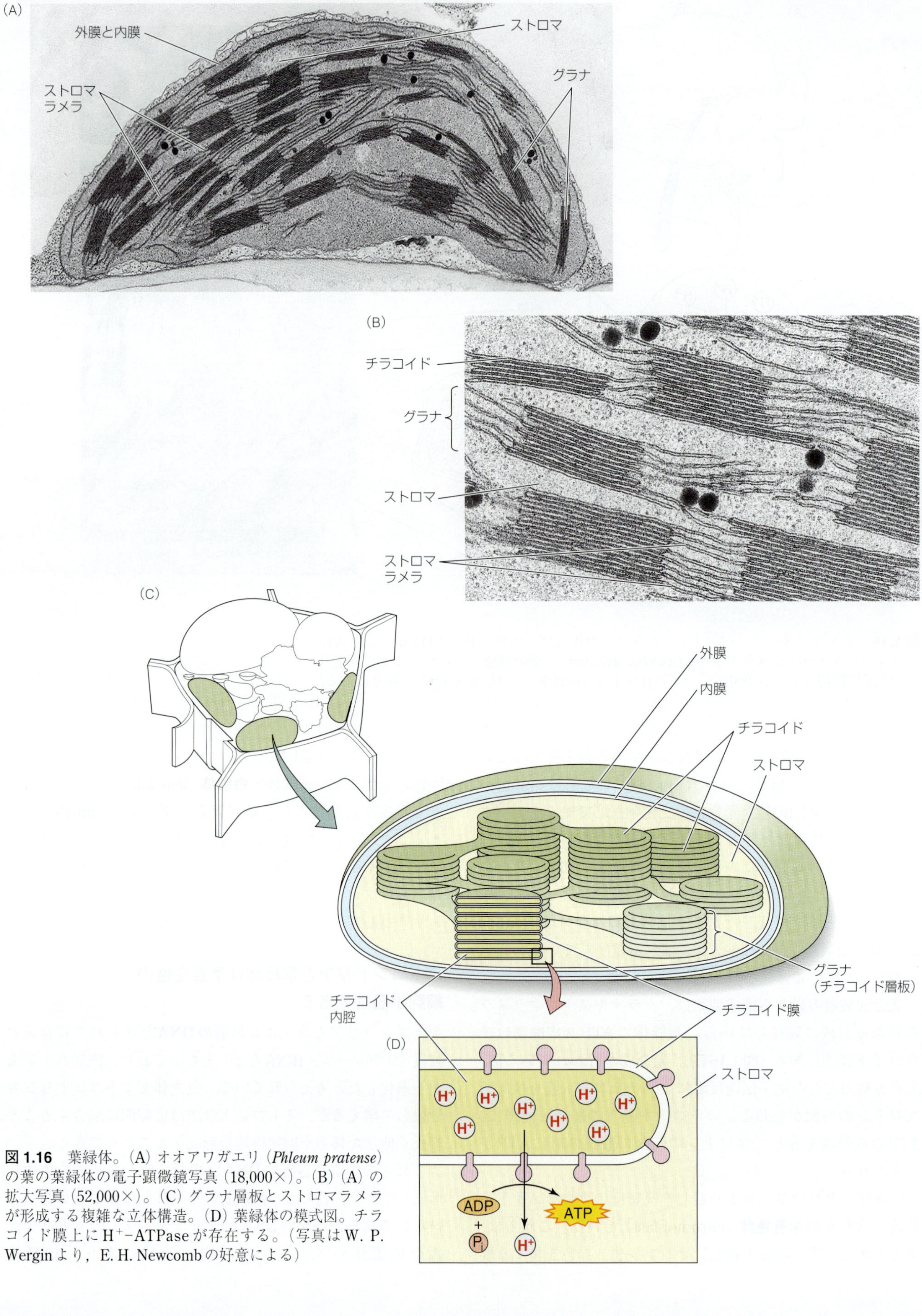

図 1.16　葉緑体。(A) オオアワガエリ (*Phleum pratense*) の葉の葉緑体の電子顕微鏡写真 (18,000×)。(B) (A) の拡大写真 (52,000×)。(C) グラナ層板とストロマラメラが形成する複雑な立体構造。(D) 葉緑体の模式図。チラコイド膜上に H^+-ATPase が存在する。(写真は W. P. Wergin より，E. H. Newcomb の好意による)

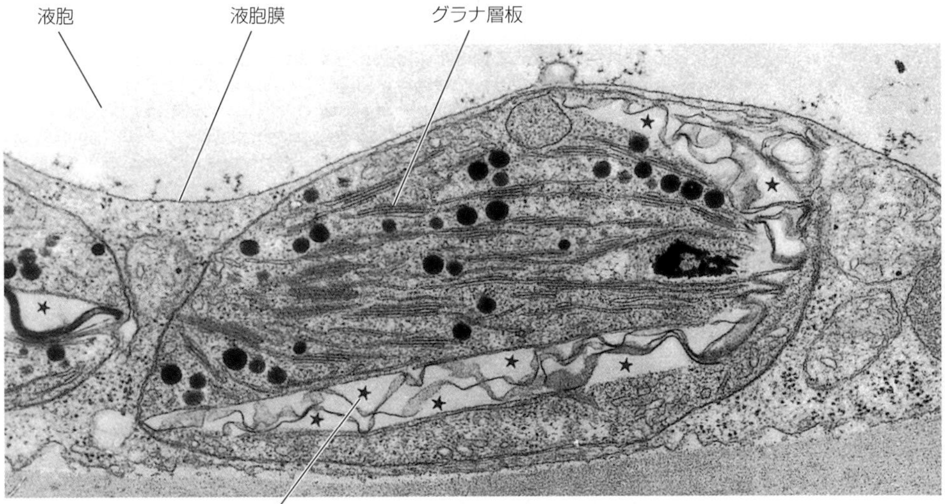

図 1.17　有色体。トマト（*Lycopersicon esculentum*）の果実で有色体に変化する初期段階にある葉緑体。小さなグラナ層板がまだ見られる一方で，星印で示すカロチノイドのリコピン結晶も見られる（27,000×）。（Gunning and Steer 1996 より）

（nucleoid）とよばれている。ミトコンドリアと葉緑体のどちらのDNA複製も核のDNA複製とは独立している。一方，同種の細胞ではこれらの細胞小器官の数がほぼ一定していることは，細胞小器官の複製はある面で細胞の制御を受けていることを示唆している。

植物のミトコンドリアのゲノムは約20万塩基対からなり，多くの動物のミトコンドリアのものよりかなり大きい。分裂細胞のミトコンドリアは通常は倍数体で，複数の環状の染色体を含んでいる。しかしながらミトコンドリアはDNA合成なしでも分裂をつづけるので，細胞が成熟するにつれて一つのミトコンドリアあたりのコピー数は徐々に減ってゆく。

ミトコンドリアのゲノムにコードされているタンパク質のほとんどは，原核生物型の70Sリボソームタンパク質と電子伝達系の構成要素である。クレブス回路のものを含めミトコンドリアのタンパク質の大部分は，核ゲノムにコードされていて，細胞質から搬入される。

葉緑体のゲノムは，ミトコンドリアのゲノムより小さく，約14.5万塩基対である。ミトコンドリアが分裂組織でのみ倍数体であるのに対して，葉緑体は細胞成熟の過程で倍数化する。したがって，葉緑体あたりのDNA量の平均値はミトコンドリアのものよりずっと大きい。ミトコンドリアと色素体のDNA量の総計は，核ゲノムの約3分の1である（Gunning and Steer 1996）。

葉緑体のDNAは，rRNA，tRNA，二酸化炭素固定の酵素（ribulose-1,5-bisphosphate carboxylase/oxygenase：Rubisco）の大サブユニット，およびいくつかの光合成に関与するタンパク質をコードしているが，ミトコンドリアと同様に葉緑体のタンパク質の大部分は核の遺伝子にコードされており，細胞質で合成されて葉緑体に運ばれてくる。ミトコンドリアや葉緑体は自前のゲノムをもち細胞とは独立に分裂するにもかかわらず，それらが‘半自立性の細胞小器官’とされるのは，構成タンパク質の大半を核に負っているためである。

異なる型の色素体は相互変換できる

分裂組織の細胞は**原色素体**（proplastid）を含むが，これは内膜，クロロフィルをほとんど，またはまったくもたず，光合成に必要な酵素もまだ揃っていない（図1.18A）。被子植物やある種の裸子植物では，原色素体から葉緑体への発達は光によって引きおこされる。照光下では，酵素が原色素体内で作られたり，細胞質から運ばれたりする。さらに光を吸収する色素が産生され，ストロマラメラやグラナ層板を作り出すために膜の急速な増加がおこる（図1.18B）。

種子は通常は光のあたらない土の中で発芽し，若いシュートが光にさらされたときにのみ葉緑体が発達する。種子を暗所で発芽させると，原色素体は**エチオプラスト**（etioplast）に分化する。エチオプラストの中には**プロラメラボディー**（prolamellar body）として知られる，管状に並んだ半結晶状の膜構造が存在する（図1.18C）。エチオプラストはクロロフィルのかわりに薄い黄緑色の**プロトクロロフィル**（protochlorophyll）という色素前駆体を含んでいる。

光にさらされると，数分以内にプロラメラボディーはチラコイドとストロマラメラに変わり，プロトクロロフィルがクロロフィルに変換されることで，エチオプラストは葉緑体に分化する。葉緑体の構造の保持も光依存性であり，成熟した葉緑体でも暗中に長時間おけばエチオプラストに戻りうる。

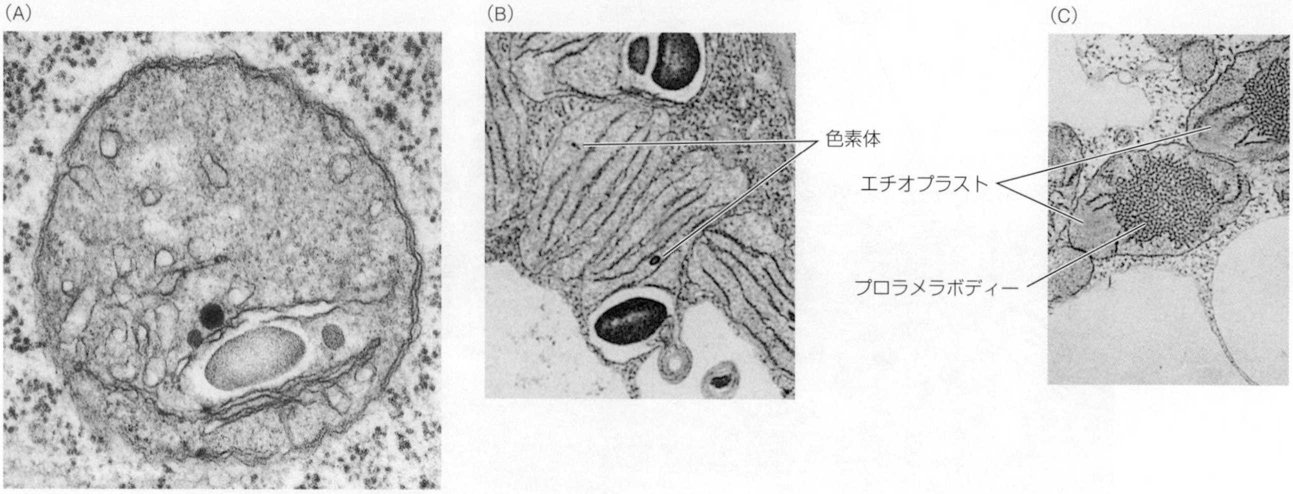

図 1.18　さまざまな発達段階にある色素体の電子顕微鏡写真。(A) ソラマメ (*Vicia faba*) の根の頂端分裂組織で見られる原色素体の高倍率写真。内膜系はまだ十分に発達しておらず，グラナは存在しない (47,000×)。(B) 光により分化が始まった若いオートムギの葉肉細胞。色素体の中でグラナ層板が発達しつつある。(C) 暗中で育てたオートムギの芽ばえの若い葉の細胞。色素体はエチオプラストとして発達しており，膜でできたチューブからなる精巧な半結晶状格子を伴うプロラメラボディーとよばれる構造を作る。エチオプラストは光があたるとプロラメラボディーを壊してグラナ層板を形成し，葉緑体に変化することができる (72,000×)。(Gunning and Steer 1996 より)

紅葉や果実の成熟時など，葉緑体は有色体にも変化しうるが，場合によってはこの過程は可逆的である。アミロプラストも葉緑体に変化できる。このことは光にさらされたときに根が緑化することの説明になる。

ミクロボディーは葉と種子の代謝において特殊な役割を果たしている

植物細胞は**ミクロボディー** (microbody) を含むが，これらは単膜で包まれた球形の細胞小器官の一群で，ある種の代謝機能のために特殊化している。二つの主要な型のミクロボディーは，**ペルオキシソーム** (peroxisome) と**グリオキシソーム** (glyoxysome) である。

ペルオキシソームはすべての真核生物で見られるが，植物では光合成を行う細胞に存在する (図 1.19)。ペルオキシソームの機能は以下の化学反応に従って，酸素を消費して有機物から水素を除くことである：

$$RH_2 + O_2 \longrightarrow R + H_2O_2 \qquad (R：有機物)$$

この反応で生じる潜在的に有害な過酸化水素は，ペルオキシソームで酵素カタラーゼによって，以下のように分解される：

$$H_2O_2 \longrightarrow H_2O + \frac{1}{2}O_2$$

カタラーゼの反応でいくらか酸素が産生されるものの，全体

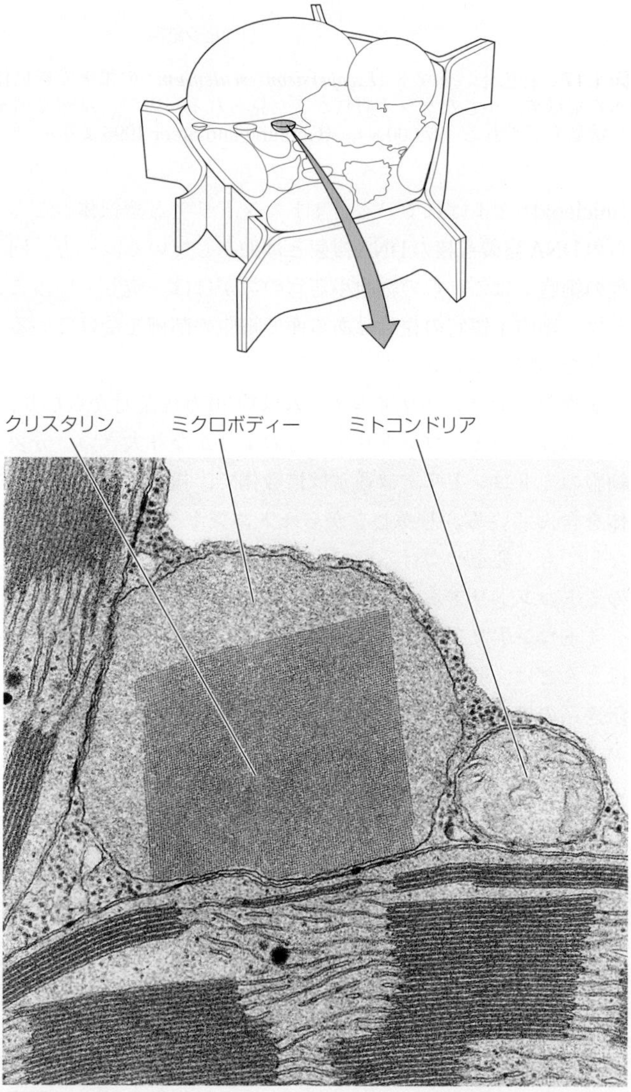

図 1.19　ペルオキシソーム。クリスタリンのコアが見られる葉肉細胞のペルオキシソームの電子顕微鏡写真 (27,000×)。このペルオキシソームには，二つの葉緑体とミトコンドリアが近接して見られるが，おそらくこの 3 種類の細胞小器官が光呼吸に関して協調して働いていることを反映していると考えられる。(Huang 1987 より)

的に見ると正味の酸素消費が生じる。

もう一つの型のミクロボディーはグリオキシソームで，油脂を貯蔵している種子に存在する。グリオキシソームは‘グリオキシル酸回路’の酵素を含み，これらは貯蔵脂肪酸の糖への変換を助ける。糖は幼植物体に運ばれて成長のエネルギーとなる（11章参照）。どちらの型のミクロボディーも酸化反応を行うことから見て，ミクロボディーはミトコンドリアにより役割を奪われた呼吸に関する原始的な細胞小器官から進化したものかもしれない。

オレオソームは油脂を蓄える細胞小器官である

デンプンやタンパク質に加えて，多くの植物は種子の発達過程で，多量のトリアシルグリセロールを油脂の形に合成して蓄えている。これらの油脂は**オレオソーム**（oleosome），あるいは‘リピッドボディー’や‘スフェロソーム’とよばれる細胞小器官に蓄積する（図1.20A）。

オレオソームは，小胞体由来の「半単位膜」つまりリン脂質一重層に包まれたユニークな細胞小器官である（Harwood 1997）。この半単位膜のリン脂質は，極性をもつ頭部を水相に，疎水性の脂肪酸尾部を内腔に向けて貯蔵油脂に溶け込んでいる。オレオソームは二重層それ自体の中に油脂が溜まって生じたものと考えられる（図1.20B）。

半単位膜には，**オレオシン**（oleosin）とよばれるタンパク質が存在する（図1.20B）。オレオシンの機能の一つは，融合を妨げることで各オレオソームの独立性を保つことらしい。オレオシンはまた他のタンパク質がオレオソーム表面に付着することを促す役割ももっているようである。前述のように，種子の発芽過程でオレオソームの油脂は，グリオキシソームの助けにより分解されて糖に変えられる。その第一段階は，酵素リパーゼによってグリセロール主鎖から脂肪酸鎖を加水分解することである。リパーゼはおそらくオレオシンに付着して，半単位膜の表面にかたく結びついている。

細胞骨格

細胞質には**細胞骨格**（cytoskeleton）とよばれる三種の繊維状タンパク質の網が立体的に張り巡らされている。この網状構造は細胞小器官の空間配置をつかさどるのみならず，細胞小器官やほかの細胞骨格成分に移動のための足場を提供している。さらに細胞骨格は有糸分裂，減数分裂，細胞質分裂，細胞壁の沈着，細胞形態の維持，細胞分化においてその基盤となる役割を担っている。

植物細胞には微小管，微小繊維，中間径フィラメントがある

植物細胞では**微小管**（microtubule），**微小繊維**（microfilament），**中間径フィラメント**（intermediate filament）様構造の三種の細胞骨格構成要素の存在が示されている。いずれも

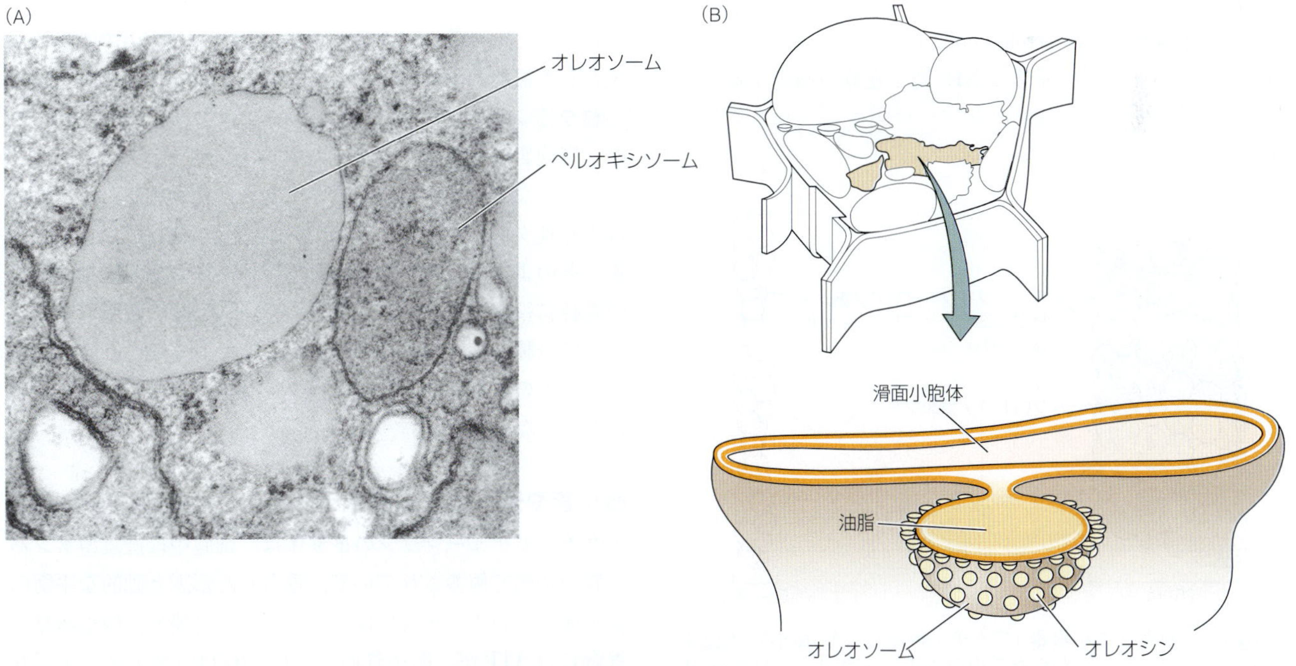

図1.20 オレオソーム（脂肪体）。(A) ペルオキシソームを伴ったオレオソームの電子顕微鏡写真。(B) オレオソーム形成の模式図。滑面小胞体のリン脂質二重層内で油脂が合成されて蓄えられる。小胞体から出芽によって分離したオレオソームは，オレオシンタンパク質を含む一重の膜に包まれている。((A) はHuang 1987，(B) はBuchanan et al. 2000より)

繊維状で決まった直径をもつが，長さは多様で数 μm 以上になることもある。

微小管と微小繊維は，多くの球状タンパク質の高分子集合体である。微小管は外直径25 nmの中空の管で，**チューブリン**（tubulin）タンパク質の重合体からなっている。微小管の構成単位は，分子量約55,000ダルトンのよく似た2種のポリペプチド鎖である α-チューブリンと β-チューブリンからなるヘテロダイマーである（図1.21A）。一本の微小管は何十万ものチューブリンヘテロダイマーよりなり，それらは‘プロトフィラメント’とよばれる柱構造が13本配列している。

微小繊維は隙間のない径5～8 nmの繊維で，筋肉にも見られる特殊な型のタンパク質である球状アクチン分子（もしくは**G-アクチン**（G-actin））からなっている。一つのアクチン分子は分子量約42,000ダルトンの一つのポリペプチドから構成されている。一本の微小繊維は，らせん状に絡み合った2本の重合したアクチン分子鎖よりなっている（図1.21B）。

中間径フィラメントは，らせん状に巻いた繊維状の構成要素からなる多様な一群で，10 nmの直径をもつ。中間径フィラメントはさまざまな糸状のポリペプチド単量体からなる。たとえば，動物細胞では**核ラミン**（nuclear lamin）は一つの特殊なポリペプチド単量体から構成されている。一方，細胞質中に存在する別の中間径フィラメントである**ケラチン**（keratin）は，それとは別種のポリペプチド単量体から構成されている。

動物の中間径フィラメントでは，2本の平行な単量体の鎖が NH_2 基を同じ側にして，たがいにらせん状に巻きつき合って，**コイルドコイル**（coiled coil）になっている。次に，このコイルドコイルの二量体が NH_2 基を逆側の端にするように逆平行に二つ並んで四量体を形成する。つづいて四量体が集合して最終的な中間径フィラメントをつくる（図1.22）。

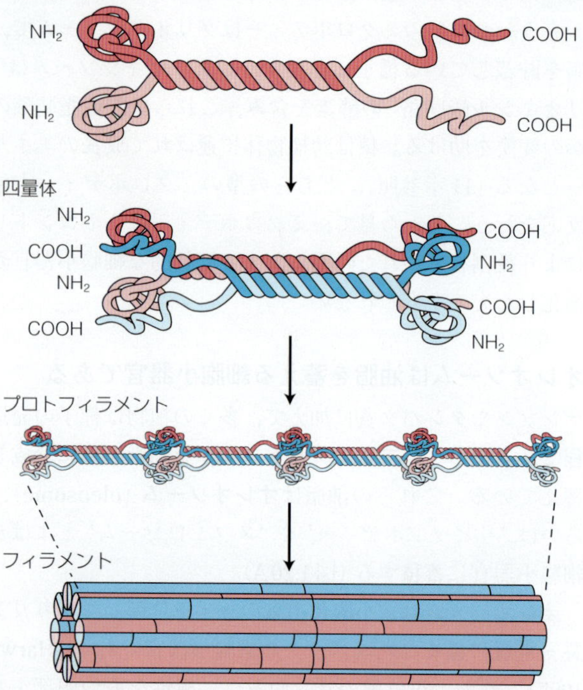

図 1.22 中間径フィラメントのタンパク質単量体から形成までの模式図。(A) 平行に巻きあってコイルドコイル構造の二量体を形成する。このときアミノ末端とカルボキシル末端は同じ側にある。(B) 二量体が二つ合わさって四量体となる。このとき逆平行に少しずれて結合することに注意。(C) 四量体がつながっていく。(D) 四量体からなる糸が組み合わさって中空のチューブを作り，10 nmの中間径フィラメントとなる。(Albert et al. 2002より)

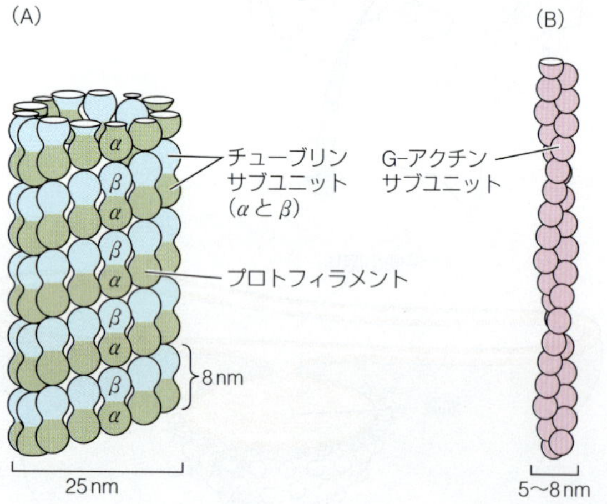

図 1.21 微小管と微小繊維（アクチン繊維）。(A) 微小管は13本のプロトフィラメントからなる中空のチューブで，一対の α-チューブリンと β-チューブリンからなるサブユニット（ヘテロダイマー）から構成されている。(B) 微小繊維は球状のアクチン分子（G-アクチン）が連なった2本の糸が巻きあって構成されている。

核ラミンは植物細胞にもあるらしいことがわかっているが，細胞質中に植物ケラチンの中間径フィラメントがあるという確かな証拠はない。前述のように，植物細胞の原形質膜は内在性タンパク質によりかたい細胞壁に結びつけられている。そのような壁との結合が原形質体を安定化し，細胞形態の維持に役立っていることは疑いない。植物の細胞壁はこのように一種の細胞外骨格として働いているので，細胞の構造を支えるのにケラチン型中間径フィラメントは必要がないのかもしれない。

微小管や微小繊維は重合と脱重合を可逆的に行う

アクチンやチューブリンの単量体は，細胞中に遊離型タンパク質の状態で備蓄されていて，重合した形態と動的な平衡関係を保っている。重合にはエネルギーが必要で，微小繊維の重合にはATPが，微小管の重合にはGTP（グアノシン三リン酸）が必要とされる。重合体中のサブユニット間の付着は非共有結合であるが，細胞中では安定な構造を供するのに十分な強度がある。

微小管も微小繊維も極性をもつ。つまり，両端の性質は異なっている。微小管では，極性はα-とβ-チューブリンヘテロダイマーの向きに起因するが，微小繊維ではアクチンの単量体それ自体の極性による。微小管と微小繊維の両端は‘プラス’と‘マイナス’と名づけられ，重合はプラス端でより速くおこる。

微小管や微小繊維は，一度形成されても分解することができる。重合と脱重合の正味の‘速度’は，遊離したサブユニットと集合したサブユニットの相対的な濃度に影響される。一般に，微小管は微小繊維よりも不安定である。動物細胞では個々の微小管の半減期は約10分である。このように微小管は‘動的不安定性’の状態で存在しているといわれる。

微小管や微小繊維に対して，中間径フィラメントは二量体が逆平行になって四量体を作っているので，極性をもたない。さらに中間径フィラメントは微小管や微小繊維よりずっと安定のようである。植物細胞の中間径フィラメント様の構造については知見に乏しいが，動物細胞ではほとんどすべての中間径フィラメントタンパク質は重合した状態にある。

微小管は有糸分裂と細胞質分裂で働く

有糸分裂（mitosis）は，あらかじめ複製された染色体が一列に並び，分離し，娘細胞に規則正しく分配される過程である（図1.23）。微小管は有糸分裂に必要不可欠なものである。有糸分裂の始まる前に表層（周辺部）の細胞質の微小管は脱重合して，それを構成するサブユニットに分解する。そのサブユニットは前期のはじまる前に再重合して，核を取り巻くリング状の微小管の束である**前期前微小管束**（preprophase band：**PPB**）を形成する（図1.23 C～F参照）。この前期前微小管束は有糸分裂完了後に将来の細胞壁が形成される領域に出現するので，細胞分裂面の制御に関わると考えられている。

前期の間に，微小管は核の両側にある二つの焦点に集合しはじめ，**前期紡錘体**（prophase spindle）を形成する（図1.24）。そこには特別な構造が見られないのに，二つの焦点は動物の中心体と同様に微小管を形成させ，集合させる働きを担っている。

前中期に核膜は崩壊して，前期前微小管束も消失し，新しい微小管が重合して有糸分裂紡錘体を形成する。動物細胞では，紡錘体微小管は離れた二つの極の焦点（中心体）からたがいに相手の方向に微小管を放射状に伸ばし，その結果全体として回転楕円体もしくはフットボール型の微小管の配列を作る。植物細胞の有糸分裂紡錘体は中心体を欠くため，もう少し箱型に近い形をとる。これは細胞両端の複数の焦点からなるやや広がった領域から微小管が生じ，そこから細胞中心部に向かって微小管束が平行に近い形で伸びるからである（図1.24）。

紡錘体装置を構成する微小管の一部は**動原体**(kinetochore)の部分で染色体に付着しはじめるが，残りの微小管は付着しない。動原体は染色体の**セントロメア領域**（centromeric region）にある。動原体に付着しない微小管の一部は，反対

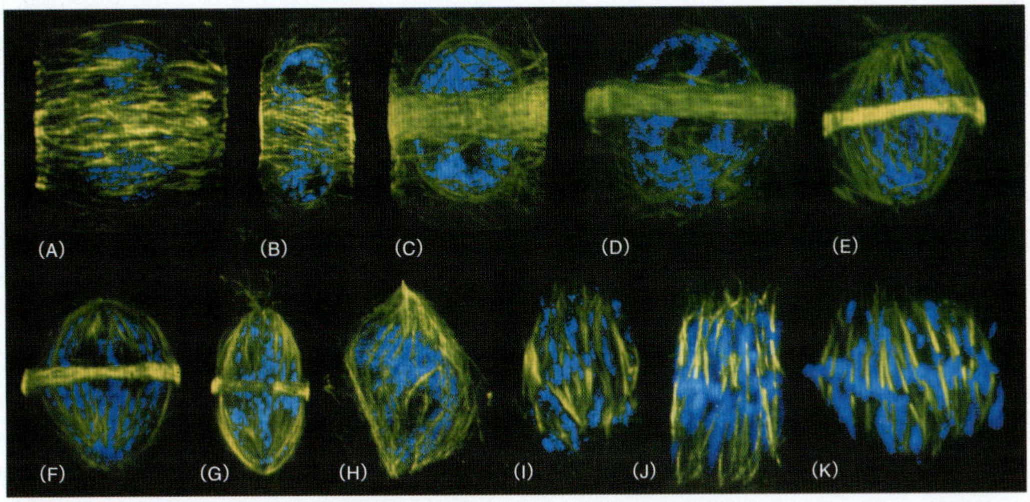

図 1.23　微小管のダイナミクス。共焦点レーザー顕微鏡で観察した，コムギの根端分裂組織に見られる細胞周期各期の微小管構造。微小管は黄緑。DNAは青で示されている。（A～D）表層微小管の消失に伴い，将来の細胞板の部位に核を取り巻くリング状の前期前微小管束が形成される。（E～H）極で束ねられるように前期の紡錘体が形成される。（G, H）前期前微小管束は前期の終わりに消失する。（I～K）核膜が崩壊して二つの極はさらに広がる。紡錘体の微小管はやや平行に配列し，その一部は動原体と結合する。（Gunning and Steer 1996より）

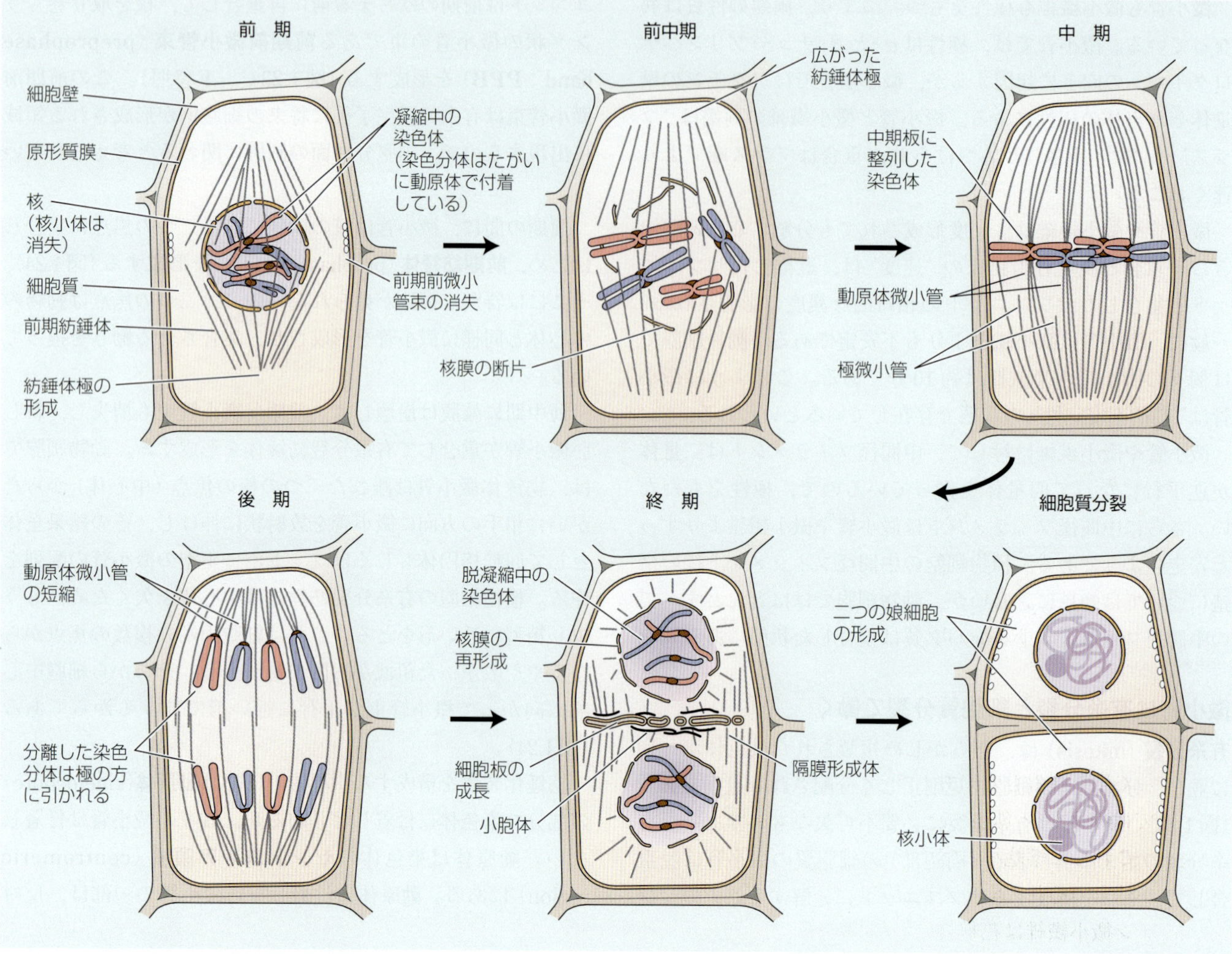

図 1.24 植物細胞の有糸分裂の模式図

側の極領域から伸びてきた微小管と紡錘体の中央で重なり合う。

細胞質分裂（cytokinesis）は一つの細胞が仕切られて，二つの次代の細胞になる過程である。細胞質分裂は，通常有糸分裂の終わりのころに始まる。**細胞板**（cell plate）という未熟な細胞壁が初期の娘細胞の間に形成されるが，それはペクチン質に富んでいる（図 1.25）。高等植物細胞の細胞板形成は何段階もの過程をへる（**Web トピック 1.5** 参照）。後期の終わりから終期の初めにかけて，紡錘体の分解産物を用いて**隔膜形成体**（phragmoplast）という微小管や微小繊維などの複合体が形成され，その働きにより紡錘体中央部であった場所に小胞が集められる。

微小繊維は原形質流動や頂端成長に関わる

原形質流動（cytoplasmic streaming）は細胞質の中を，顆粒や細胞小器官が曲がりくねった道筋で細胞の一方の側では上に他方では下にというように，調整のとれた流れ方をするものである。原形質流動はほぼすべての植物細胞で見られるが，特にシャジクモやフラスコモなどの緑藻の巨大細胞で広く研究されており，それらの細胞では 75 μm s^{-1} もの速さに達することが計測されている。

原形質流動の機構には微小繊維が関わっており，縦方向に平行に並んだ繊維の束に沿って顆粒が動く。この運動に必要な力は，微小繊維のアクチンタンパク質とミオシンタンパク質の相互作用によって発生するが，その様式は筋肉が収縮するときにおこる両タンパク質の相互作用に類似のものである。

ミオシン（myosin）は，アクチン微小繊維に結合して活性化されたときには，ATP を ADP と無機リン酸に加水分解する触媒能力をもつタンパク質である。ATP の加水分解によって放出されたエネルギーは，ミオシン分子をアクチン微小繊維のマイナス端からプラス端の方向へ推し進める。したがって，ミオシンは細胞内での原形質流動を駆動したり細胞小器官を動かしたりする**モータータンパク質**（motor protein）

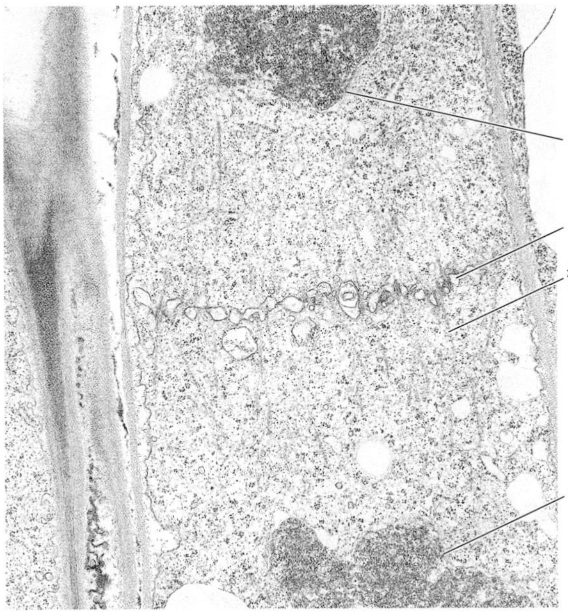

図 1.25 細胞板形成の見られるカエデの苗の電子顕微鏡写真（10,000×）。（©E. H. Newcomb and B. A. Palevitz/Biological Photo Service）

としてよく見られるものである。他のモータータンパク質の例としては**キネシン**（kinesin）や**ダイニン**（dynein）が含まれるが，これらは細胞小器官やほかの細胞骨格構成要素の移動を微小管上でそれに沿って駆動するものである。

アクチン微小繊維は花粉管の伸長にも関わっている。花粉の発芽に伴い，花粉粒はチューブ状の突起を出し，それは花柱に沿って下方の胚嚢の方へ伸長する。その花粉管の先端が伸びるときには，常時新しい細胞壁成分が沈着して細胞壁の強度を保っている。

細胞壁の前駆体を含む小胞はゴルジ体で作られ，微小繊維のネットワークにより細胞質を通過して，新しい壁が作られる先端部に誘導されるらしい。運ばれてきた小胞は原形質膜と融合することで壁の前駆体を細胞外に沈着させるが，それらの前駆体はその場所で壁を組み立てる材料として使われる。

中間径フィラメントは植物細胞の細胞質と核に存在する

植物の中間径フィラメントについては比較的情報に乏しい。中間径フィラメント様の構造が植物細胞の細胞質中に見い出されているが（Yang et al. 1995），植物ではケラチンの遺伝子がまだ見つかっていないので，その構造は動物細胞のようにケラチンを主体としたものではないようである。ほかの型の中間径フィラメントで核膜の内表面に密な網状構造を作る核ラミンについては，植物細胞でも同定されており（Frederick et al. 1992），シロイヌナズナのゲノム中にラミン様タンパク質をコードする遺伝子の存在が確認されている。おそらく，植物のラミンは動物のそれに似た機能を果たし，核膜の構成要素の一つになっていると考えられる。

細胞周期の制御

細胞周期（cell cycle），もしくは細胞分裂周期とは，細胞が自らとその遺伝物質である核DNAを複製する過程である。細胞周期の四つの時期は各々G_1期，S期，G_2期，M期と名づけられている（図1.26A）。

細胞周期各期はそれぞれに特有な一連の生化学的・細胞学的活性を示す

核のDNAは，G_1期に染色質全域に存在する複製開始点に複製前複合体が集合することにより，複製の準備がなされる。DNAはS期の間に複製され，G_2期の細胞は有糸分裂の準備を行う。

細胞が有糸分裂期に入ると，細胞全体の構造が変化する。核膜が崩壊し，染色質が凝縮してはっきりとした染色体の形をとり，紡錘体が作られて，複製された染色体が紡錘糸とつながる。この時期の染色体は，各々が複製された染色体である二つの染色分体からなり，動原体の部分でたがいに付着している。分裂中期から後期への移行は，染色体が分離して二つの娘染色体となり，各々が紡錘糸により両極へ引かれていくことが転換点となる。

細胞周期のG_1期初めの主要な制御点において，細胞はDNA合成を開始するための準備を始める。酵母ではこの点はSTARTとよばれている。一度細胞がSTARTを通過するとDNA合成の開始が不可逆的におこり，有糸分裂と細胞質分裂をへて細胞周期を完了することになる。有糸分裂を終えた細胞では，次の1周期が始まる（G_1期から有糸分裂期へ）か，あるいは細胞周期を離脱して分化するかのいずれかがおこる。この選択は，細胞がDNA複製を始める前のG_1期の開始点でなされる。

DNA複製と有糸分裂は哺乳類の細胞では連動している。哺乳類の細胞では分裂の止まった細胞が，さまざまなホルモンや成長因子の作用で再度細胞周期に入ることが頻繁にある。その際には細胞はG_1期初めの開始点から再び細胞周期に入る。一方，植物細胞はDNA合成の前でも後でも（つまりG_1期でもG_2期でも），細胞周期を離脱することができる。結果として，大多数の動物細胞は二倍体（2組の染色体をもつ）であるが，植物細胞ではしばしば四倍体（4組の染色体をもつ）やさらに多倍数体（多数の組の染色体をもつ）であり，これは有糸分裂をせずに余剰の核DNA複製の周期をへたことによる。

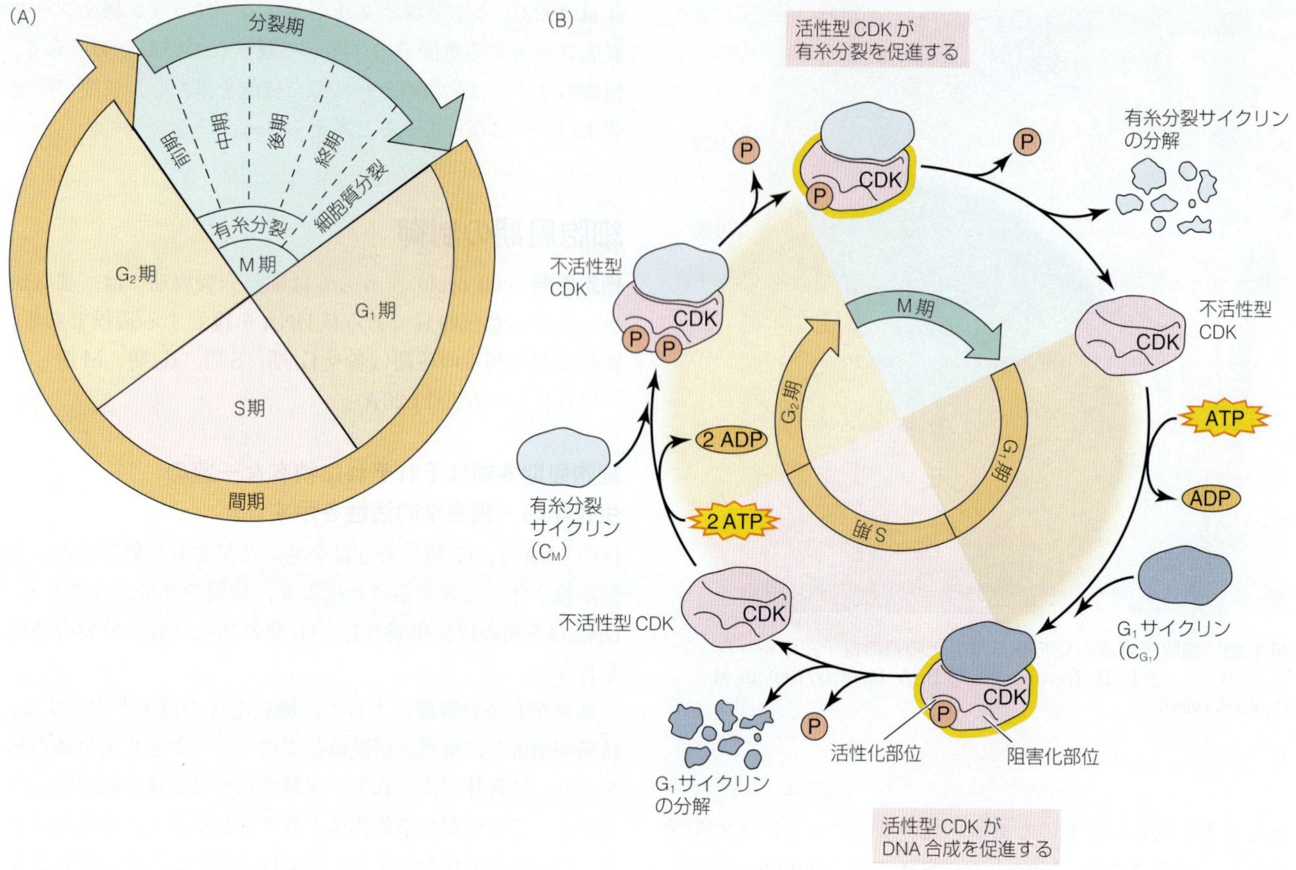

図 1.26 細胞周期。(A) 細胞周期の概念図。(B) サイクリン依存性タンパク質キナーゼ (CDK) による細胞周期調節の模式図。G_1期の間はCDKは不活性型である。G_1サイクリン (C_{G_1}) との結合と活性化部位のリン酸 (P) 化によってCDKが活性化される。活性型のCDK-C_{G_1}複合体によりS期に入りDNA合成がおこる。S期の終わりにはC_{G_1}が分解されるとともに脱リン酸化によりCDKは不活性型になり，G_2期に入る。G_2期の間に不活性型CDKと有糸分裂サイクリン (C_M) が結合する。同時に活性化部位と阻害化部位のリン酸化がおこり，複合体は不活性型のまま保たれる。タンパク質ホスファターゼにより阻害化部位からリン酸が除かれた後で複合体の活性化がおこり，G_2期から有糸分裂期に移行する。有糸分裂期の終わりにC_Mが分解され，活性化部位のリン酸も除かれて不活性型に戻り，細胞は再びG_1期に入る。

細胞周期はタンパク質キナーゼによって制御されている

細胞分裂周期の進行を制御する機構は進化の過程でよく保存されており，植物もこの機構の基本的な要素を保持している (Renaudin et al. 1996)。細胞周期の異なる期の間の移行を制御し，また非分裂細胞を細胞周期に導き入れる鍵となる酵素は**サイクリン依存性タンパク質キナーゼ** (cyclin-dependent protein kinase : **CDK**) である (図1.26B)。タンパク質キナーゼは，ATPを使ってタンパク質をリン酸化する酵素である。大部分の多細胞真核生物は数種のタンパク質キナーゼを用いており，それらは細胞周期の異なる期に活性をもつ。これらの酵素はすべて，サイクリンとよばれるサブユニットにその活性を制御されている。このCDKの活性制御は，G_1期からS期およびG_2期からM期への移行や非分裂細胞の細胞周期への導入に必須のものである。

CDKの活性はさまざまな方法で制御できるが，もっとも重要な二つの機構は，(1) サイクリンの合成と分解，(2) CDKタンパク質中の鍵になるアミノ酸残基のリン酸化と脱リン酸化である。CDKは，サイクリンと結合していない場合には不活性型である。多くのサイクリンは速やかに代謝回転される。細胞周期の特異点でサイクリンは合成され，そして積極的に (ATPを使って) 分解される。サイクリンは，**プロテアソーム** (proteasome) とよばれる大きなタンパク質分解複合体により，細胞質中で分解される。プロテアソームによる分解に先立って，壊される予定のサイクリンは‘ユビキチン’とよばれる小さなタンパク質の付加により印が付けられるが，この過程にはATPが必要とされる。ユビキチン化は，代謝回転予定の細胞内タンパク質に印を付けるための常套手段である（14章参照）。

G_1期からS期への移行には，ひとそろいのサイクリン（**G_1サイクリン**として知られる）が必要とされるが，これはG_2期からM期への移行の際にCDKを活性化させる**有糸分裂サイクリン**とは異なるものである（図1.26B）。CDKは二つのチロシンリン酸化部位をもっており，一つは酵素の活性化，他方は不活性化を引きおこす。促進性および阻害性の二種のリン酸化は，それぞれに特異的なキナーゼにより行われる。

同様に，タンパク質ホスファターゼはCDKからリン酸を除くことによりタンパク質の働きを促進したり阻害したりするが，この促進と阻害は除去されるリン酸基の位置によって決まる。CDKによるリン酸基の付加や除去は細胞周期の進行のために高度に制御された重要な機構である（図1.26B）。サイクリン阻害因子は動物の細胞周期の制御において重要な役割を担っている。植物ではサイクリン阻害因子についてはほとんど知られていないが，おそらく同じように働くのであろう。

最後に，本書にも後ほど出てくるが，ある種の植物ホルモンは制御経路の主要酵素の合成を制御することで，細胞周期の制御ができることを記しておく。

原形質連絡

原形質連絡（plasmodesmata，単数形はplasmodesma）は原形質膜がチューブ状に変形した突起で，40～50 nmの直径をもち，細胞壁を貫通して，隣接した細胞の細胞質を連絡している。ほとんどの植物細胞がこのようにたがいに連絡しあっているので，それらの細胞質は**シンプラスト**（symplast）と称される連続体を形成している。ゆえに原形質連絡を通した溶質の細胞間輸送は**シンプラスト輸送**（symplastic transport）とよばれる（4章および6章参照）。

原形質連絡には一次と二次の二つの型がある

一次原形質連絡（primary plasmodesmata）は，細胞壁の前駆体を含むゴルジ由来の小胞が融合して，細胞板（将来の中葉）を作る時期である細胞質分裂の間に作られる。連続した切れ目のないシートを作るというより，新しく沈着した細胞板には小胞体や微小管からなる紡錘装置の残渣があって小胞の融合を妨げているために，元々無数の孔が開いている（図1.27A）。さらに壁の高分子の沈着が進み，中葉の両側にある二つの一次細胞壁の厚みが増すと，膜に裏打ちされた細長い通路が生じる（図1.27B）。一次原形質連絡の発達において

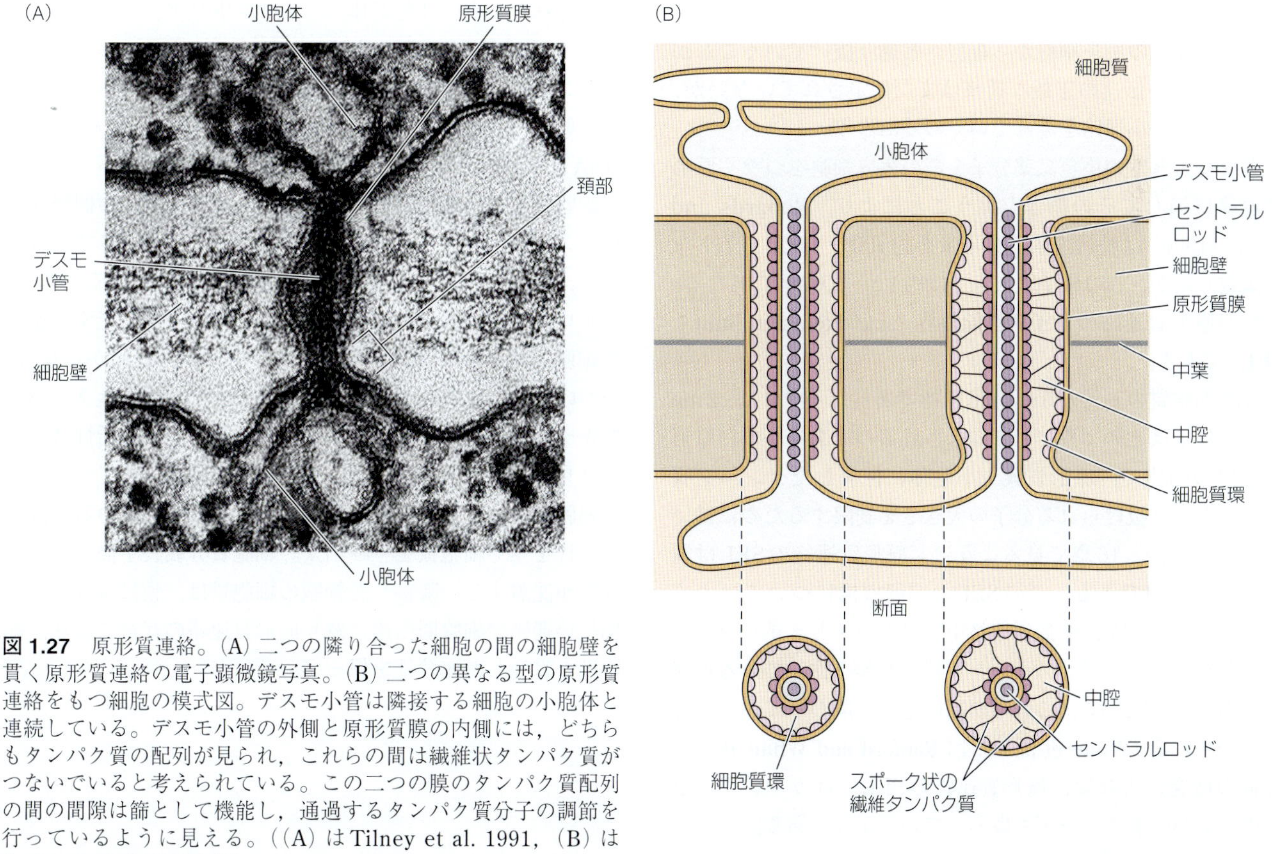

図1.27　原形質連絡。(A) 二つの隣り合った細胞の間の細胞壁を貫く原形質連絡の電子顕微鏡写真。(B) 二つの異なる型の原形質連絡をもつ細胞の模式図。デスモ小管は隣接する細胞の小胞体と連続している。デスモ小管の外側と原形質膜の内側には，どちらもタンパク質の配列が見られ，これらの間は繊維状タンパク質がつないでいると考えられている。この二つの膜のタンパク質配列の間の間隙は篩として機能し，通過するタンパク質分子の調節を行っているように見える。((A) はTilney et al. 1991，(B) はBuchanan et al. 2000より)

はこのように直接の連続性が得られるので，単一起源の細胞（つまり同じ母細胞由来）の間に連絡が生まれる。

二次原形質連絡（secondary plasmodesmata）は，細胞壁の沈着後に細胞間に形成されるものである。これらは原形質膜の細胞表層への突出，あるいは一次原形質連絡からの分岐によって生じる（Lucas and Wolf 1993）。単一起源の細胞どうしの間で連絡が増えることに加えて，二次原形質連絡は異なる起源の細胞間のシンプラスティックな連続性をもたらす。

原形質連絡は複雑な内部構造をもっている

核膜孔と同様に，原形質連絡は複雑な内部構造をもっているが，それは細胞から細胞への高分子輸送の制御に働いている。個々の原形質連絡は，**デスモ小管**（desmotubule）とよばれる小胞体由来の幅の狭いチューブ状構造を含んでいる（図1.27）。このデスモ小管は，隣接する細胞の小胞体とつながっている。したがって，シンプラストでは近隣の細胞の細胞質のみならず小胞体の内腔までがつながっている。しかし，デスモ小管が実際に通路といえるかどうかははっきりしない。なぜなら，かたく押し付けられた膜の間には空隙がほとんどなさそうだからである。

デスモ小管の膜にも孔の内側の原形質膜にも球状タンパク質が付着している（図1.27B）。これらの球状タンパク質は放射状の突起でたがいに連結して，孔を8～10の小さな通路に分割しているようである（Ding et al. 1992）。ある種の分子は原形質連絡の中を細胞から細胞へと通り抜けていくことができる。この伝達の正確な道筋はまだ確定されていないが，おそらくこの小通路を流れていくのであろう。

異なる大きさの染色試薬分子を葉の表皮細胞をつなぐ原形質連絡に通してその動きを追うことにより，Robards and Lucas（1990）は輸送の限界分子量を約700～1,000ダルトンと決定したが，この分子の大きさは約1.5～2.0 nmにあたる。これが原形質連絡の**サイズ排除限界**（size exclusion limit：**SEL**）である。

もし細胞質の套管（とうかん）が5～6 nmの幅であったとすれば，2 nm以上の分子はどのようにして排斥されるのであろうか。原形質連絡の内側で，原形質膜や小胞体に付着したタンパク質が，孔を通り抜けられる分子の大きさを制限するために働いているらしい。16章で見るように，原形質連絡のSELは制御することができる。このSELの制御機構についてはよくわかっていないが，原形質連絡中にアクチンとミオシンがともに存在することで「スポーク」状の突起を作っている可能性があり（図1.27B），これらが制御過程に関わっていることが示唆される（White et al. 1994；Radford and White 1996）。最近の研究によれば，原形質連絡のSELにはカルシウム依存性タンパク質キナーゼも関わっているようである。

まとめ

植物の形や大きさには著しい多様性があるが，すべての植物は似通った生理的作用を営んでいる。植物は一次生産者として太陽エネルギーを化学エネルギーに変換する。植物は移動できないので光の方向に成長せざるをえず，また植物体全体に水，無機栄養素，光合成産物をゆきわたらせるための効率的な維管束系をもたざるをえない。緑色の陸上植物はまた乾燥を避ける機構をももたざるをえない。

種子植物の主要な成長器官系は，シュートと根である。シュートは2種の器官である茎と葉からなっている。動物の発生とは異なり，植物の成長はつかみ所のないものである。それはシュートと根の頂端に永続的な分裂組織をもち，それらが生活環の栄養成長期を通して新しい組織や器官を生み出していくからである。側部分裂組織（維管束形成層とコルク形成層）は，肥大成長あるいは二次成長を生み出す。

三つの主要な組織系として表皮組織，基本組織，維管束組織が識別されている。これらの組織の各々は，異なる機能のために特殊化したさまざまな型の細胞を含んでいる。

植物は真核生物なので，その細胞は典型的な真核細胞の体制，すなわち核と細胞質からなっている。核ゲノムは，その有機的組織体の成長や発生の指令を出す。細胞質は原形質膜によって包まれ，膜に包まれた無数の細胞小器官を含んでいる。それらの中には色素体，ミトコンドリア，ミクロボディー，オレオソーム，巨大な中央液胞などがある。葉緑体とミトコンドリアは半自立的な細胞小器官で自前のDNAを内包している。それにもかかわらず，そのタンパク質の大半は核DNAにコードされており，細胞質から搬入される。

細胞骨格の構成要素である微小管，微小繊維，中間径フィラメントは，細胞内の動きを伴うさまざまな過程に関わる。たとえば有糸分裂，原形質流動，分泌小胞輸送，細胞板形成，セルロース微繊維の沈着などである。細胞を再生産する過程を細胞周期とよぶ。細胞周期はG_1，S，G_2，M期からなる。一つの期から次の期への移行は，サイクリン依存性タンパク質キナーゼによって制御されている。この酵素の活性は，サイクリンとタンパク質リン酸化によって制御されている。

隔膜形成体は，細胞質分裂の間に小胞融合の関わる多段階の過程をへて細胞板を生み出す。細胞質分裂終了後，一次細胞壁が沈着する。隣接した細胞の細胞質は，膜に縁取られた細長い通路で細胞間伝達に働く原形質連絡の存在により，細胞壁を貫通した連続性を保っている。

Webマテリアル

Webトピック

1.1 植物界

植物界の主要なグループを概観して解説する。

1.2 花の構造と被子植物の生活環

被子植物の生殖様式の過程について議論し，図解する。

1.3 植物の組織系：表皮組織，基本組織および維管束組織

植物の解剖学的構造についてさらに詳しく取り扱う。

1.4 葉緑体のグリセロ糖脂質の構造

葉緑体の脂質の化学構造について図解する。

1.5 有糸分裂につづく細胞板構築の多段階過程

植物の細胞質分裂における細胞板産生の詳細について述べる。

参考文献

Alberts, B., Johnson, A., Lewis, J., Raff, M., Roberts, K., and Walter, P. (2002) *Molecular Biology of the Cell*, 4th ed. Garland, New York.

Buchanan, B. B., Gruissem, W., and Jones, R. L. (eds.) (2000) *Biochemistry and Molecular Biology of Plants.* Amer. Soc. Plant Physiologists, Rockville, MD.

Ding, B., Turgeon, R., and Parthasarathy, M. V. (1992) Substructure of freeze substituted plasmodesmata. *Protoplasma* 169: 28–41.

Driouich, A., Levy, S., Staehelin, L. A., and Faye, L. (1994) Structural and functional organization of the Golgi apparatus in plant cells. *Plant Physiol. Biochem.* 32: 731–749.

Esau, K. (1960) *Anatomy of Seed Plants.* Wiley, New York.

Esau, K. (1977) *Anatomy of Seed Plants*, 2nd ed. Wiley, New York.

Faye, L., Fitchette-Lainé, A. C., Gomord, V., Chekkafi, A., Delaunay, A. M., and Driouich, A. (1992) Detection, biosynthesis and some functions of glycans N-linked to plant secreted proteins. In *Post-translational Modifications in Plants* (SEB Seminar Series, no. 53), N. H. Battey, H. G. Dickinson, and A. M. Heatherington, eds., Cambridge University Press, Cambridge, pp. 213–242.

Frederick, S. E., Mangan, M. E., Carey, J. B., and Gruber, P. J. (1992) Intermediate filament antigens of 60 and 65 kDa in the nuclear matrix of plants: Their detection and localization. *Exp. Cell Res.* 199: 213–222.

Gunning, B. E. S., and Steer, M. W. (1996) *Plant Cell Biology: Structure and Function of Plant Cells.* Jones and Bartlett, Boston.

Harwood, J. L. (1997) Plant lipid metabolism. In *Plant Biochemistry*, P. M. Dey and J. B. Harborne, eds., Academic Press, San Diego, CA, pp. 237–272.

Huang, A. H. C. (1987) Lipases in *The Biochemistry of Plants: A Comprehensive Treatise.* In Vol. 9, *Lipids: Structure and Function*, P. K. Stumpf, ed. Academic Press, New York, pp. 91–119.

Lucas, W. J., and Wolf, S. (1993) Plasmodesmata: The intercellular organelles of green plants. *Trends Cell Biol.* 3: 308–315.

O'Brien, T. P., and McCully, M. E. (1969) *Plant Structure and Development: A Pictorial and Physiological Approach.* Macmillan, New York.

Radford, J., and White, R. G. (1996) Preliminary localization of myosin to plasmodesmata. Third International Workshop on Basic and Applied Research in Plasmodesmal Biology, Zichron-Takov, Israel, March 10–16, pp. 37–38.

Renaudin, J.-P., Doonan, J. H., Freeman, D., Hashimoto, J., Hirt, H., Inze, D., Jacobs, T., Kouchi, H., Rouze, P., Sauter, M., et al. (1996) Plant cyclins: A unified nomenclature for plant A-, B- and D-type cyclins based on sequence organization. *Plant Mol. Biol.* 32: 1003–1018.

Robards, A. W., and Lucas, W. J. (1990) Plasmodesmata. *Annu. Rev. Plant Physiol. Plant Mol. Biol.* 41: 369–420.

Tilney, L. G., Cooke, T. J., Connelly, P. S., and Tilney, M. S. (1991) The structure of plasmodesmata as revealed by plasmolysis, detergent extraction, and protease digestion. *J. Cell Biol.* 112: 739–748.

White, R. G., Badelt, K., Overall, R. L., and Vesk, M. (1994) Actin associated with plasmodesmata. *Protoplasma* 180: 169–184.

Yang, C., Min, G. W., Tong, X. J., Luo, Z., Liu, Z. F., and Zhai, Z. H. (1995) The assembly of keratins from higher plant cells. *Protoplasma* 188: 128–132.

2 エネルギーと酵素

内容（英文）はwww.plantphys.net
に掲載

エネルギーの流れは，生命体に普遍的に見られる特徴の一つである。また，この過程は，非生命体の特徴である原子や分子の運動や反応などにおいても，その基盤となるものである。水分子が土壌の中を移動し，植物体内に入り，道管を上昇し葉に達して，そこから大気中に蒸散していくことができるのは，それらの過程を駆動しうる適切なエネルギー勾配があるからである。陽の光，すなわち太陽からの電磁波スペクトルのなかの可視光線が生物に捕捉され，化学エネルギーに変換されなければ，生命に必要な複雑な化合物の合成には利用できない。なんらかの形でエネルギー変換を伴わない物理過程や化学過程は，植物体内においては一つとしてないといってよい。この点で，生命体内のエネルギーに関する科学，すなわち生体エネルギー学は植物生理学を理解するうえで，その基盤となるものである。

本章では，熱力学とよばれるエネルギー変換に関する科学の基本概念や法則のうち，植物などへの応用について概説することにする。自由エネルギーの概念は，反応が自発的に進む方向を理解する際に重要なものである。生細胞内には，さまざまな半透膜が存在し，その膜を隔てできるエネルギーの勾配により，生命活動に不可欠な膨大な数の反応を進めることができるのである。膜輸送については，本章ではその基本概念を紹介するにとどめ，詳しくは，水分生理の各章（3，4章）と溶質輸送の章（6章）で扱う。

最後に，酵素とよばれるタンパク質触媒がなければ，生命現象がありえないことについて述べる。進行が非常に遅い化学反応を，酵素が介在することにより，生命現象に適した速い速度で進めることが可能となる。そこで，本章の後半では，タンパク質の構造についての概説と，

生命体内のエネルギーの流れ

エネルギーと仕事

- 熱力学第一法則：エネルギーの総和は常に保存される。
- ある系内の内部エネルギー変化は，その系がなしえる仕事の最大量を表す。
- どの形態のエネルギーも，ポテンシャルと容量により表すことができる。

自発的過程の方向

- 熱力学第二法則：エントロピーの総和は常に増加する。
- ある系とその周辺の系のΔSがいずれも正であれば，その系の過程は自発的に進む。

自由エネルギーと化学ポテンシャル

- 温度と圧力が一定の条件下では，系のΔGが負であれば，系の過程は自発的に進行する。
- 反応分子と生成分子の濃度が1 Mのときの自由エネルギー変化を標準自由エネルギー変化，ΔG°と定義する。
- Gの値は，平衡状態からの変位の関数である。
- エンタルピー変化は，熱に変換されるエネルギーの尺度である。

酸化還元反応

- 酸化・還元反応時の自由エネルギー変化は標準酸化還元電位として，電気化学単位で表すことができる。

電気化学ポテンシャル

- 電荷をもたない溶質を濃度勾配に逆らって輸送すると，系内のエントロピーは減少する。
- 膜電位は，膜を横切って，イオンを移動させる際に必要

生細胞内での酵素機能の制御様式の基本的なところを概説する。

な仕事量のことである。
- 電気化学ポテンシャル差 $\Delta\mu$ は，濃度と電位の二つの項を含む。

酵素：生体触媒

- タンパク質は，アミノ酸がペプチド結合でつながったものである。
- タンパク質は階層構造をなしている。
- 酵素はタンパク質でできた，特異性の高い触媒である。
- 酵素は，基質と産物を隔てる自由エネルギーの障壁を低くする。
- 酵素に触媒される反応は，簡単な速度論の方程式で記述できる。
- 酵素はいろいろな種類の阻害剤の影響を受ける。
- pH と温度は酵素触媒反応の速度に影響する。
- 協調系では，基質に対する反応性が高まり，アロステリック効果を生むことが多い。
- 膜輸送過程のある種のものでは，ミハエリス・メンテン方程式で記述できるものがある。
- 酵素活性は多くの場合，制御を受ける。

まとめ

水と溶質の輸送

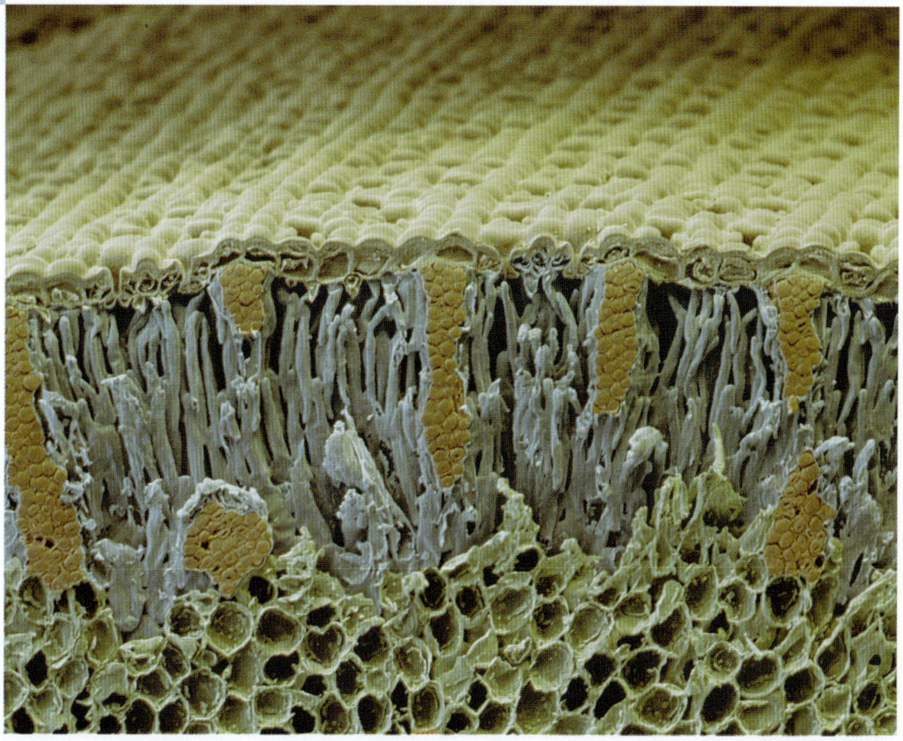

3 水と植物細胞

水は，植物が生きていくうえで，きわめて重要な働きをしている。1gの有機物を合成するために，約500gの水が根で吸収され植物体内を輸送された後，大気中に放出される。この水の流れの均衡が少しでも破れると，水不足や細胞の多くの代謝活動に重大な機能不全がおこる。したがって，あらゆる植物は，水の吸収と損失の収支を微妙に保たなければならない。この水収支の均衡は，陸上植物にとっては重要な課題である。光合成を行うためには，植物は大気中から二酸化炭素を取り入れるが，その際水損失や脱水にさらされることになる。

植物細胞における水収支は，細胞壁があることによって動物細胞と大きく異なる。すなわち，細胞壁は植物細胞内に**膨圧**（turgor pressure）とよばれる高い静水圧（hydrostatic pressure）を形成させる。膨圧は細胞伸張，葉におけるガス交換，篩部輸送，膜を介したさまざまな輸送過程など，多くの生理学的過程にかかわっている。また，膨圧は木化していない植物組織のかたさや力学的安定性にも寄与している。本章では，どのようにして水は植物細胞を出入りするかを，水の物理的性質と細胞レベルで水の移動に影響を与える物理的要因を強調しながら述べる。その前に，まず植物の生活における水の主な機能についてふれる。

植物の生活と水

水は，植物細胞の重量のほとんどを占めており，それは成熟した細胞の顕微鏡切片を見ればすぐにわかる。すなわち，各々の細胞には水で満たされた大きな液胞がある。そのような細胞では，細胞質は全細胞体積の5～10％しか占めておらず，残りは液胞である。水は成長している植物組織の重量のほぼ80～95％を占めている。ニンジンやレタスなどの野菜では，85～95％の水を含んでいる。ほとんど死んだ細胞からできている樹木は，それより含水量が少ない。木部（xylem）の中で輸送にかかわる辺材（sapwood）は，35～75％の水を含み，心材（heartwood）はそれより含水量が少し少ない。5～15％の水を含む種子は植物組織の中ではもっとも乾燥しているので，発芽する前に大量の水を吸収しなくてはならない。

水は，もっとも豊富で利用しやすい最良の溶媒である。溶媒として，細胞内や細胞間の分子の移動のための媒体になっている。そして，タンパク質，核酸，多糖類やほかの細胞構成成分の構造に影響も与える。また，水は細胞内でおこる生化学的反応の場を提供し，多くの重要な化学反応に直接かかわっている。

植物は常に水を吸収・放出している。植物から失われる水のほとんどは，光合成に必要なCO_2を大気中から吸収するとき葉から蒸発する。暖かく，乾燥し，晴れた日には，1枚の葉は1時間でもっている水を全部交換する。植物の生活史の中で新鮮重量の100倍に匹敵する水が葉の表面から失われる。そのような水損失は**蒸散**（transpiration）とよばれる。

蒸散は，太陽光放射による入射熱を分散させる重要な手段である。大気中に拡散していく水分子は，液体における水分子間の結合を切るに必要なエネルギーより高い平均運動エネルギーをもっているため，熱は失われていく。水が葉から出て行くとき，水分子はより低い平均運動エネルギーをもつ水分子集団，すなわち温度の低い水分子集団をおいていく。典型的な葉では，太陽光から入射する正味の熱のほとんど半分は蒸散によって失われていく。また，水が根で吸収されることによって生じる水の流れは，土壌に溶けた無機成分を吸収するために，根の表面までそれらを引き寄せる重要な働きがある。

植物が成長し機能するのに必要なすべての資源の中で，水はもっとも豊富であると同時に，農業生産性をもっとも制限

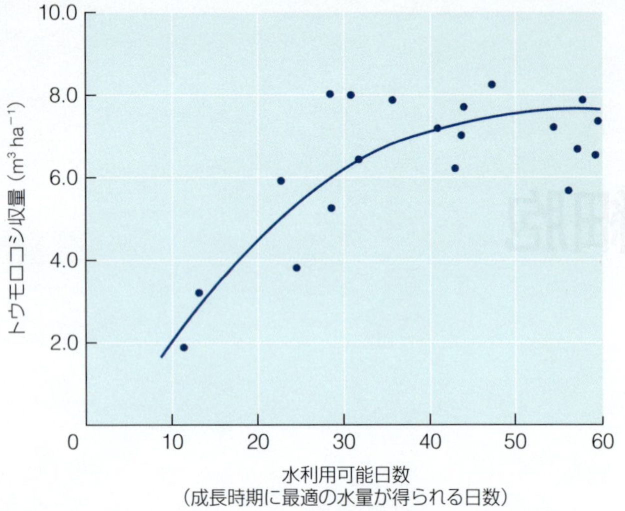

図 3.1 水の利用可能日数とトウモロコシ収量の関係。使われている数値はアイオワ州のある農家で4年にわたって集められた。水の利用可能日数は，9週間の成長時期中の水ストレスのない日数として表されている。（*Weather and Our Food Supply* 1964による）

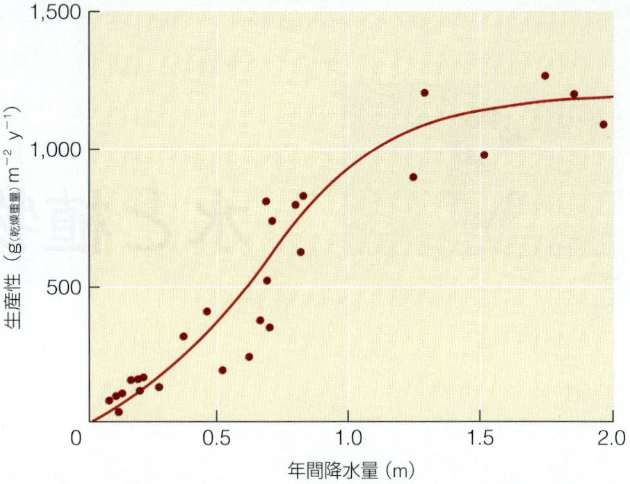

図 3.2 年間降水量とさまざまな生態系の生産性の関係。生産性は，地上における成長と再生産による有機物の正味の蓄積として推定されている。（Whittaker 1970による）

する要因となる（図3.1）。水が制限要因となっているので，穀物生産のため灌漑をしなければならない。水の利用可能性は，同じように自然の生態系の生産性を制限する要因となる（図3.2）。このように，植物による水の吸収と放出を理解することはきわめて重要となる。

本章ではまず，水の構造がどのように水の独自な物理的性質に関わっているかを扱う。次に，水輸送の物理的基礎，水ポテンシャル（water potential）の概念，およびこの概念の細胞と水の関係への応用を扱う。

水の構造と性質

水は，溶媒として働くことができ，また植物体内を容易に移動できる特別な性質をもっている。これらの性質は，主に水分子の極性から生じる。この節では，生命に必要な水の性質に水素結合がどのように寄与しているかを述べる。

水分子の極性が水素結合を作る

水分子は，酸素原子に二つの水素原子が共有結合してできている。その二つの酸素原子–水素原子間の結合角度は105°である（図3.3）。酸素原子は，水素原子より**電気陰性度**（electronegativity）が大きいので，共有結合に使われている電子を酸素原子の方へ引き付ける傾向がある。この電子の誘引は水分子の酸素原子を負に，各々の水素原子を正に帯電させることになる。これらの部分的帯電は等価で，水分子は‘正味’の電荷をもたない。

この部分的電荷の分離と原子配置は水分子を‘極性分子’にし，隣り合う水分子間の部分的反対電荷はたがいに誘引しあう。この水分子間の弱い静電的引力は**水素結合**（hydrogen bond）として知られ，水の異常な物理的性質の原因となっている。

水素結合は，水分子と電気陰性度が大きい原子（酸素原子，窒素原子）をもつ分子との間でも形成される。また，水溶液中の水分子間の水素結合は，局部的な秩序のある水分子の集団を作り出す。その集団は，水分子の連続的な熱運動によって常時形成と解離を繰り返している（図3.4）。

水分子の極性が水を優れた溶媒にする

水は優れた溶媒である。すなわち，水はほかの似たような溶媒よりも多量に，いろいろな種類の物質を溶かす。この溶媒としての優れた能力は，分子サイズが小さいことと極性による。その極性によって，イオン化する物質や極性基である水酸基あるいはアミノ基を含む糖やタンパク質などの物質の特

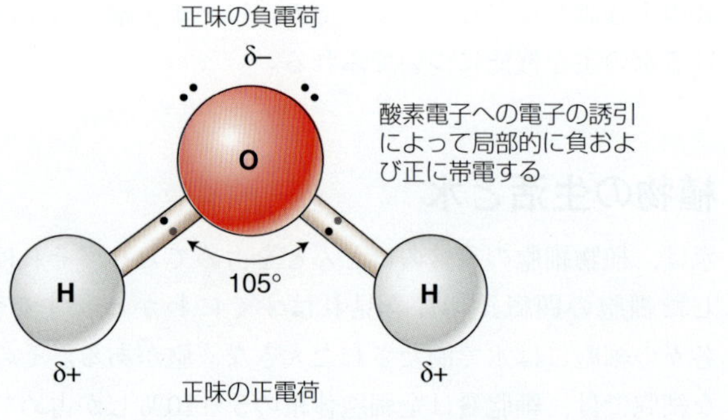

図 3.3 水分子の模式図。二つの水素原子–酸素原子間の結合角度は105°である。水分子における局所的な反対電荷（δ−とδ+）は，他の水分子との水素結合を作り出す。酸素原子は外殻に六つの電子を，水素原子は一つの電子をそれぞれもっている。

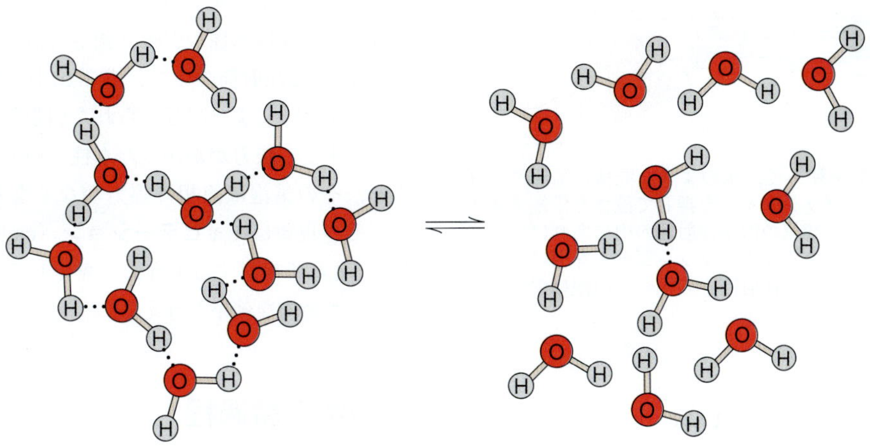

図 3.4 (A) 水分子間の水素結合は水分子の局所的集合をもたらす。(B) 水分子の連続的熱運動のために，水の集団は非常に短命である。それらの集団は壊れて，すばやくランダムな配置をとる。

に優れた溶媒になる。

水分子とイオン間または水分子と極性物質間の水素結合は，溶液中で帯電した物質どうしの静電的相互作用を効果的に減らし，それら物質の溶解度を増加させる。さらに，水分子の極性端は巨大分子の帯電した部分を向いて配向し，**水和の殻** (shell of hydration) を形成する。巨大分子と水分子間の水素結合は巨大分子間の相互作用を減らし，溶液に溶けやすくする。

水の熱力学的性質は水素結合から生じる

水分子間の水素結合は，高い比熱や高い気化潜熱のような異常な熱力学的性質を水にもたらす。**比熱** (specific heat) とは，ある重量をもったある物質の温度を上げるために必要な熱エネルギーのことである。

水温があがると水分子はより速く，より大きく振動するようになる。この動きをおこすためには，水分子間の水素結合を切るのに必要な熱エネルギーがその系に加えられねばならない。すなわち，他の液体に比べ水はその温度を上げるためにエネルギーを比較的多く必要とする。この大きなエネルギー要求性は，植物にとって温度変化を緩和してくれるので大切である。

気化潜熱 (latent heat of vaporization) とは，ある一定温度で液相から分子を分離し，気相へと移動させる (蒸散の際おこる過程) ために必要な熱エネルギーのことである。25℃の水では，気化するのに必要なエネルギーは 44 kJ mol^{-1} で，これは液体の中では知られている最高の値である。この熱エネルギーのほとんどは，水分子間の水素結合を切るために使われる。

水のこの高い気化潜熱のために，植物は太陽からの入射熱によって温度が増加しがちな葉の表面から水を蒸発させ，葉を冷やすことが可能となる。蒸散は植物の温度調節において重要な要素である。

水分子の凝集と付着は水素結合による

空気–水界面にある水分子は空気中の水分子と比べ，隣りあっている水中の水分子により強く引きつけられている。この不均等な引力の結果，空気–水界面はその表面積が最小になる。空気–水界面の面積を増やそうとすれば水素結合を切らねばならず，エネルギー供給がいる。この表面積を増やすのに必要なエネルギーは，**表面張力** (surface tension) として知られている。表面張力は液体表面の形に影響するのみならず，内部の液体に圧力を生じさせる。後で述べるように，葉内の水が蒸発する場所で発生する表面張力は植物の維管束を通して水を引き上げる力を生じさせる。

また，水分子間の水素結合はそれらの間の相互誘引である**凝集** (cohesion) として知られる性質を水に与える。さらに，関連した性質である**付着** (adhesion) は，細胞壁やガラス表面のような固体表面へ水が誘引されることである。凝集や付着，表面張力は毛細管内の水の動きである**毛管現象** (capillarity) の原因となる。

垂直に立てたガラス毛細管内での水の上昇は，(1) 極性をもつガラス管内表面への水の誘引 (付着) および (2) 空気–水界面の面積を最小にしようとする表面張力によっておこる。付着と表面張力は一体となって水分子を引っ張りあげ，上に向かう力が水柱の重さとつりあうまでガラス管内を上昇する。管が細ければ細い程，その水柱は高く上昇する。水柱の上昇に関する計算については，**Web トピック 3.1** を参照。

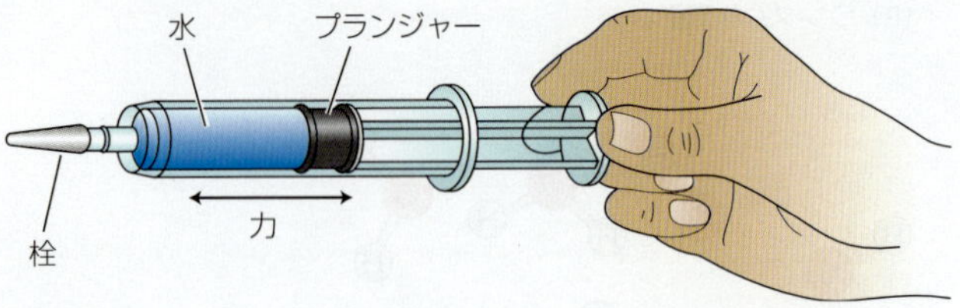

図 3.5 栓をした注射筒を使って，水のような液体に陽圧や陰圧をかけることができる。プランジャーを押して液体を圧縮すると陽圧がかかる。もし小さな空気の泡が注射筒の中にあれば、その泡は圧力が増すに従って小さくなる。プランジャーを引けば液体に張力あるいは陰圧がかかる。注射筒中のすべての泡は陰圧が増せば膨張する。

水は大きい引張り強さをもっている

水の大きい**引張り強さ**（tensile strength）は，水の凝集という性質から生じる。引張り強さとは，連続した水柱が引張りの力を受けて破壊される単位面積あたりの最大応力（破壊応力）として定義される。一般的には水が強い引張り強さをもっているとは考えにくいが，この性質は毛細管の中の水を引張りあげるためにはなくてはならないものである。

水の引張り強さを，栓をした注射筒を使って示すことができる（図3.5）。プランジャーを‘押し込めば’水は圧縮され，正の**静水圧**（hydrostatic pressure）が発生する。圧力は‘パスカル’(Pa)，あるいはもっと便利な‘メガパスカル’(MPa)という単位で測定できる。1 MPa は 9.9 気圧にほぼ等しい。圧力は，単位面積あたりにかかる力（$1\,\mathrm{Pa} = 1\,\mathrm{N\,m^{-2}}$），あるいは単位体積あたりのエネルギーである（$1\,\mathrm{Pa} = 1\,\mathrm{J\,m^{-3}}$）。1 N（ニュートン）$= 1\,\mathrm{kg\,m\,s^{-1}}$．表 3.1 は圧力の単位を比較したものである。

もしプランジャーを押すかわりに‘引っ張れば’，張力あるいは‘負の静水圧’が引張りに対して発生する。水分子がたがいに引き裂かれ，水柱が壊れるのに，どのくらいプランジャーを引かねばならないだろうか？ その水柱を壊すのには水分子をたがいに引きつけあっている水素結合を切るための十分なエネルギーが必要である。

注意深い研究によって，細い毛細管中の水は -30 MPa 以上の張力に耐えられることがわかった（負は圧縮とは反対の張力を示す）。この値は水素結合の力に基づいて計算された

表 3.1 圧力単位の比較

1 気圧	=	14.7 lb in^2（ポンド平方インチ）
	=	760 mmHg（海水面，緯度 45°）
	=	1.013 bar
	=	0.1013 MPa
	=	1.013×10^5 Pa

車のタイヤの気圧は約 0.2 MPa
家庭の水道の水圧は通常 0.2 ～ 0.3 MPa
水面下 5 m（15 ft（フィート））の水圧は 0.05 MPa

理論的引張り強さのほんの一部にすぎない。にもかかわらず，その値で十分大きい。

気泡の存在は水柱の引張り強さを減少させる。たとえば図3.5 に示した注射筒の中で，非常に小さな気泡の体積増加はプランジャーによって与えられた引張りに抵抗する水の能力に影響する。張力がかかった水柱の中で小さな気泡が発生すると，その気泡は液相の張力がなくなる結果，無限に膨れる。その現象は**キャビテーション**（cavitation）として知られる。4 章で検討するように，キャビテーションは木部の水輸送に致命的な効果を与える。

水輸送の諸過程

土壌から植物体内を通って大気中に移動するとき，水は非常に変化にとんだ媒体（細胞壁，細胞質，生体膜，空気間隙（air space））を通過し，水輸送の機構もその媒体の種類によって変化する。何年もの間，水が植物の生体膜をどのようにして移動するかは明確ではなかった。特に，植物細胞の中へ水が移動するのは細胞膜の脂質二重層を介した拡散に限られているのか，あるいは細胞膜の中の膜タンパク質でできた孔（protein-lined pore）も関与しているのかについては，不明であった（図3.6）。

いくつかの過去の研究によって，脂質二重層を直接横切る拡散では，実際の生体膜を横切る水の輸送量を説明できないことが明らかになっていた。しかし，水を通す非常に小さい孔の存在を示す決定的証拠はなかった。この不明確さは，最

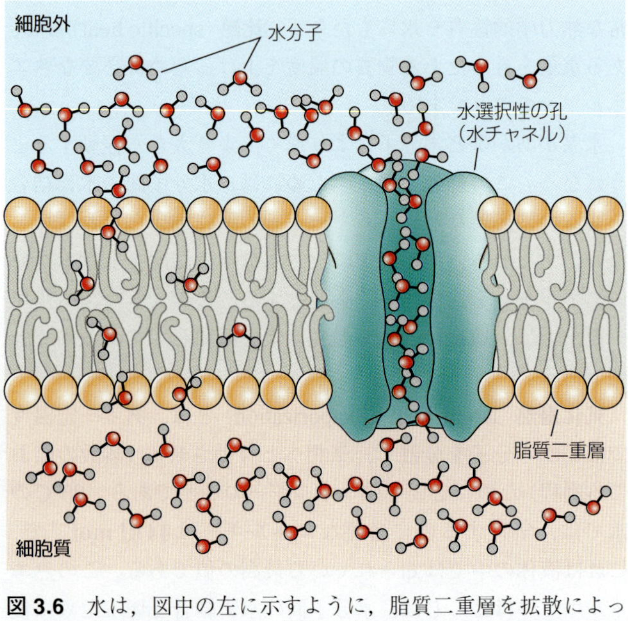

図 3.6 水は，図中の左に示すように，脂質二重層を拡散によって通ることができる。また，図中の右に示すように，水チャネルのような内在性膜タンパク質によって形成される水に選択的な孔を通って，顕微鏡的な大きさの体積流として通ることができる。

近の**水チャネル**（aquaporin，アクアポリン）の発見によって解消した（図3.6）。水チャネルは膜を介して水選択性チャネルを形成する内在性の膜タンパク質である。水は脂質二重層よりも早くこのチャネル内を拡散するので，水チャネルは水の植物細胞内への移動を促進する（Weig et al. 1997；Schäffner 1998；Tyerman et al. 1999）。水チャネルの存在は膜を介した水輸送の‘速度’を変化させるが，輸送方向や水輸送のための駆動力（driving force）を変化させないことに注意しなくてはならない。水チャネルの作用機作は現在活発に研究されている（Tajkhorshid et al. 2002）。

以下では，拡散と体積流という二つの主な水輸送の過程について述べる。

拡散はランダムな熱運動による分子の動きである

溶液中の水分子は静的ではない。すなわち，水分子は連続的に動いており，たがいにぶつかりあって運動エネルギーを交換している。水分子はそのランダムな熱的運動の結果として混ざりあう。このランダムな動きは**拡散**（diffusion）とよばれる。ほかの力が分子に働いていないかぎり，拡散は高濃度の場所から低濃度の場所へ分子の正味の移動を引きおこす。すなわち，濃度勾配に従う（図3.7）。

1880年代にドイツの科学者Adolf Fickは，拡散速度は直接濃度勾配（$\Delta c_s/\Delta x$），すなわち距離Δx離れた2点間の物質の濃度差（Δc_s）に正比例することを発見した。この関係はフィックの第一法則といわれる：

$$J_s = -D_s \frac{\Delta c_s}{\Delta x} \qquad (3.1)$$

ここで，**輸送速度**あるいは**フラックス**（flux density：J_s）は単位時間に単位面積を通過する物質の量である（すなわち，フラックスは1秒あたりの1平方メートルあたりのモル数（mol m^{-2} s^{-1}）という単位をもっている）。**拡散係数**（diffusion coefficient：D_s）は，ある物質がある特定の媒体をいかに容易に移動するかということを示す比例定数である。拡散係数は分子が大きいほど拡散係数が小さくなるというように，特定の物質の固有の性質であり，媒体に依存する（たとえば，空気中の拡散は液体中より速いというように）。式(3.1)の負の符号は，その流れが濃度勾配を下る方向におこることを示している。

フィックの第一法則は，ある物質の拡散は濃度勾配（Δc_s）が大きいほど，また拡散係数が大きいほどより速いことを示している。この式は濃度勾配によって引きおこされる運動を説明するだけであって圧力，電場などのほかの力によって引きおこされる運動を説明するものではない。

拡散は短距離では速いが長距離では極端に遅い

フィックの第一法則から，ある物質が決まった距離を移動す

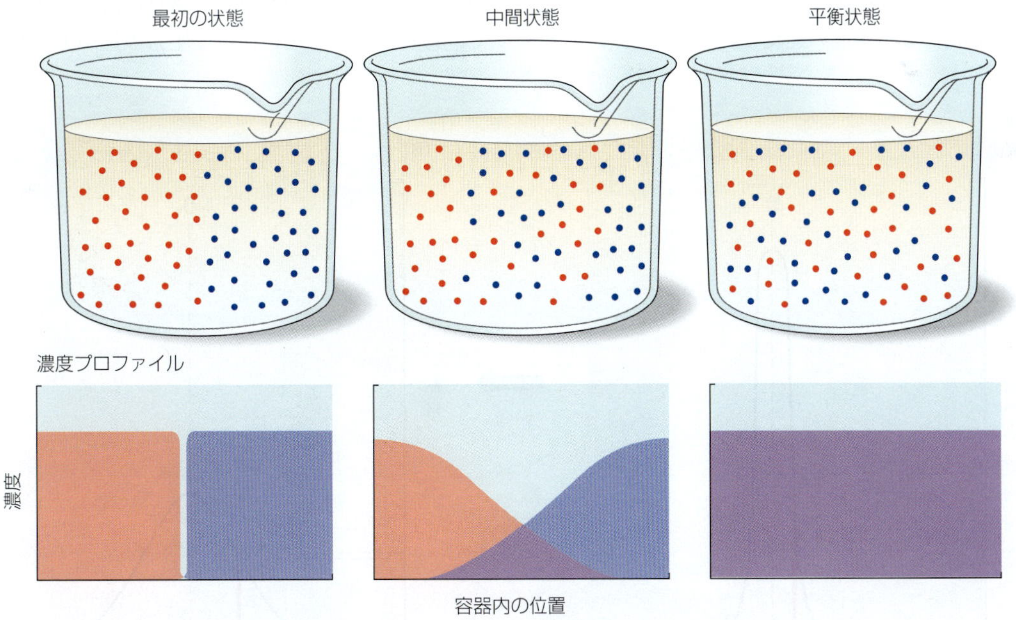

図 3.7 分子の熱運動は拡散となる――徐々にすすむ異分子の混合と結果としておこる濃度差の消失――。最初，二つの異なる分子からなる物質を接触させる。その物質は気体，液体あるいは固体かもしれない。拡散は気体中でもっとも速く，液体中では遅くなり，固体中ではもっとも遅くなる。その最初の分子の分離は上図に模式的に示してあり，それに対応する濃度プロファイルは容器中の位置の関数として下図に示してある。時間がたつにつれ，分子の混合と無秩序化は正味の移動を停止させる。平衡状態では2種類の分子はランダム（均等に）分布している。

る時間を導きだすことができる。もし初期状態としてすべての溶質分子がスタート地点（図3.8A）で濃縮されていたとする。そしてある時間たつと，もっとも速く拡散する溶質は図3.8Bに示すようにスタート地点から離れていく。溶質がスタート地点から拡散して離れていくと濃度勾配の傾斜はゆるくなり（Δc_sの減少），正味の移動は遅くなる。

ある粒子が距離Lを拡散するのに必要な平均時間はL^2/D_s（D_sは拡散係数）に等しい。拡散係数はその粒子の性質と，拡散していく媒体の両方に依存している。すなわち，ある物質がある距離を拡散するに必要な平均時間は，距離の‘2乗’に比例して増加する。水中におけるブドウ糖分子の拡散係数は10^{-9} m^2 s^{-1}である。ブドウ糖分子が直径50 μmの細胞を横切るのに必要な平均時間は2.5秒である。しかし同じブドウ糖分子が水中を1 m拡散するのに約32年かかる。これらの値は溶液中の拡散は細胞の次元で有効であるが，長距離にわたる物質の輸送にはあまりにも遅すぎることを示している。拡散時間に関する詳しい計算については，**Webトピック3.2**を参照すること。

圧力による体積流は水の長距離輸送を駆動する

水が動く2番めの過程としては，**体積流**（bulk flow）あるいは**マスフロー**（mass flow）が知られている。体積流は，たいていの場合，圧力差に対応しておこる一体となった分子集団の協調的な動きのことをいう。体積流のよくある例は庭園のホースを通って動く水，川の流れあるいは降水などである。

ある管を通って流れる体積流の速度は，管の半径（r），液体の粘性（η，ギリシア文字のエータ）と流れを駆動する圧力差（$\Delta\Psi_p/\Delta x$）に依存する。いま述べた関係は，次のポアズイユ（Jean-Léonard-Marie Poiseuille（1797-1869），フランスの物理学者であり生理学者でもある）の関係式として与えられる：

$$\text{体積流速度} = \left(\frac{\pi r^4}{8\eta}\right)\left(\frac{\Delta\Psi_p}{\Delta x}\right) \qquad (3.2)$$

単位は毎秒立方メートル（m^3 s^{-1}）で与えられる。この関係式から，圧力によって駆動される体積流は管の半径に依存することがわかる。もし半径が2倍になれば体積流の速度は16倍（2^4）増加する。

水の圧力駆動による体積流は，木部の水の長距離輸送を支配する機構である。また，水の土壌中や植物組織の細胞壁中の移動の機構の多くを説明できる。拡散とは違って圧力駆動による体積流は，粘性が無視できるかぎり溶質の濃度には無関係である。

浸透は水ポテンシャル勾配によって駆動される

植物細胞の生体膜は**選択的に物質を透過**（selectively permeable）させる。すなわち，生体膜は水と分子量の小さい物質を，分子量が大きくて荷電をもった物質より速やかに通過させる（Stein 1986）。

分子の拡散や圧力駆動の体積流のように，**浸透**（osmosis）はある駆動力に応じて自発的におこる。単純な拡散では濃度勾配に従って濃度の低い方に物質は動き，圧力駆動の体積流では物質は圧力勾配に従って圧力の低い方に動き，浸透では

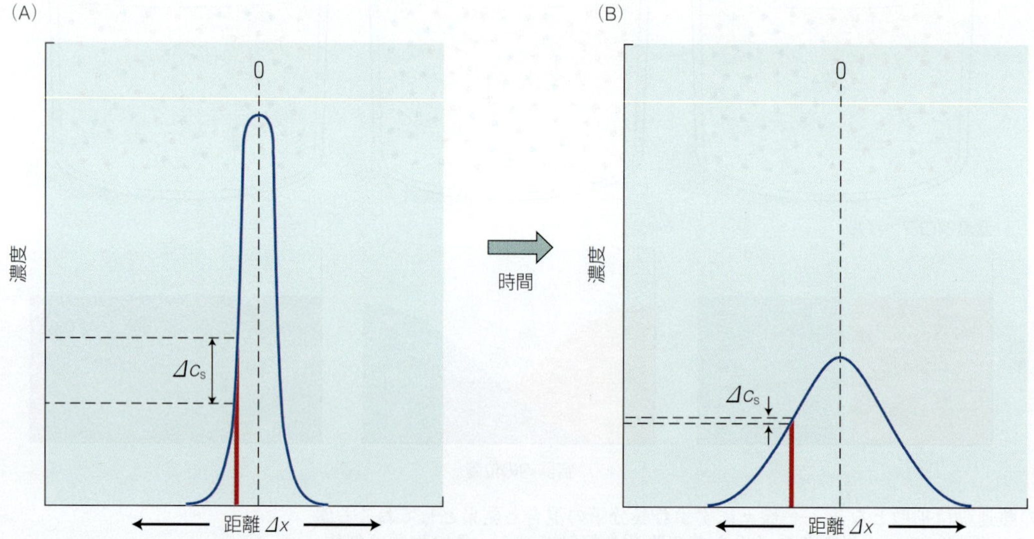

図3.8 フィックの法則に従って拡散している一つの溶質の濃度勾配の模式的表現。溶質分子は，最初x軸の破線で示された平面に存在していた。(A) 原点から移動して少したった溶質分子の分布。原点からの距離（x）が増加するにつれ，急激に濃度が減少している。(B) 一定時間がたってからの溶質分子の分布。原点からの拡散していく分子の平均距離は増加し，濃度勾配の傾斜は小さくなっている。(Nobel 1999による)

両方の種類の勾配が輸送に影響する（Finkelstein 1987）。‘生体膜を介した水の流れの方向と速度は，水の濃度勾配あるいは圧力勾配によってのみ決まるのではなく，その二つの駆動力の和によって決まる。’

浸透がどのように生体膜を介した水の動きを駆動するのかを以下に扱う。しかしその前に，統合された駆動力あるいは全駆動力である水の自由エネルギー勾配の概念について述べよう。

水の化学ポテンシャルは水の自由エネルギーの状態を示す

植物を含むすべての生物は，高度に組織化された構造を保ちながら自らを修復するとともに成長し再生産するのに，連続した自由エネルギーの入力を必要とする。生化学的反応，物質の蓄積，そして長距離の輸送のような過程はすべて植物への自由エネルギーの入力によって駆動されている（詳しい自由エネルギーの熱力学的概念については，Webサイト2章を参照）。

水の**化学ポテンシャル**（chemical potential）は，水の自由エネルギーの定量的表現である。熱力学では，自由エネルギーは仕事をするための能力（potential）を表す。化学ポテンシャルは相対値であることに注意をする必要がある。すなわち化学ポテンシャルとは，ある状態におけるある物質の化学ポテンシャルと同じ物質の標準状態における化学ポテンシャルの差で表される。化学ポテンシャルの単位は，モルあたりのエネルギー（$J\ mol^{-1}$）である。

歴史的な理由から，植物生理学者はしばしば**水ポテンシャル**（water potential）とよばれる化学ポテンシャルと関連したパラメーターを使用してきた。水ポテンシャルは液体の水の部分モル体積（1 molの水の体積：$18 \times 10^{-6}\ m^3\ mol^{-1}$）で水の化学ポテンシャルを割ったものとして定義される。水ポテンシャルは単位体積あたりの水の自由エネルギーを表す（$J\ m^{-3}$）。これらの単位は，通常水ポテンシャルを測定するときの単位であるパスカル（Pa）のように圧力単位と同じである。次に，この重要な水ポテンシャルの概念についてもっと詳しく見よう。

三つの主要な要素が細胞の水ポテンシャルに寄与する

植物の水ポテンシャルに影響を与える主な要素は，‘濃度’，‘圧力’そして‘重力’である。水ポテンシャルはΨ_w（ギリシア文字のプサイ）で表され，さらに溶液の水ポテンシャルは個々の構成要素に分けられ，たいてい以下につづく3項の和として表現される：

$$\Psi_w = \Psi_s + \Psi_p + \Psi_g \qquad (3.3)$$

Ψ_s，Ψ_pとΨ_g項はそれぞれ溶質，圧力そして重力の水の自由エネルギーに対する寄与を表す（水ポテンシャルの構成要素の別の取り決めは，**Webトピック3.3**で扱われている）。水ポテンシャルを定義する標準状態は，周囲の圧力と温度における純水である。式（3.3）の右項のそれぞれについて考えよう。

溶質　Ψ_s項は，**溶質ポテンシャル**（solute potential）あるいは**浸透ポテンシャル**（osmotic potential）とよばれ，水ポテンシャルにおける溶質の効果を表している。溶質は水を薄めることにより水の自由エネルギーを減少させる。これは原理的にはエントロピーの効果である。すなわち，水と溶質の混合はその系の無秩序さを増加させ，そのことにより自由エネルギーを減少させる。すなわち，浸透ポテンシャルはその溶質の固有の性質には依存しないことを意味する。ショ糖のように解離しない物質の希薄溶液では，浸透ポテンシャルは次の**ファント・ホッフ**（van't Hoff）**式**によって計算できる。

$$\Psi_s = -RT c_s \qquad (3.4)$$

ここでRは気体（ガス）定数（$8.31\ J\ mol^{-1}\ K^{-1}$），$T$は絶対温度（ケルビン；K），$c_s$は**オスモル濃度**（osmolality）（水1 lに溶けているすべての溶質のモル数（$mol\ l^{-1}$））で表される溶液中の溶質濃度である（訳者注；osmolalityは，正確には重量オスモル濃度で，単位は$mol\ kg^{-1}$である）。負の符号は，溶質が溶液の水ポテンシャルを純水のそれより減少させることを示している。

表3.2は，さまざまな温度におけるRTの値と，異なる溶

表3.2　さまざまな温度の溶液におけるRTと浸透ポテンシャルの値

温度（℃）	RT*（l MPa mol^{-1}）	溶液の浸透ポテンシャル（MPa）と溶質濃度（mol l^{-1}） 0.01	0.10	1.00	海水の浸透ポテンシャル（MPa）
0	2.271	−0.0227	−0.227	−2.27	−2.6
20	2.436	−0.0244	−0.244	−2.44	−2.8
25	2.478	−0.0248	−0.248	−2.48	−2.8
30	2.519	−0.0252	−0.252	−2.52	−2.9

＊　$R = 0.0083145\ l\ MPa\ mol^{-1}\ K^{-1}$

質濃度の溶液におけるΨ_sを示している。二つないしそれ以上の粒子に分かれるイオン性の溶質では，c_sは増加した溶質粒子にあわせるために，解離した粒子の数をかけなければならない。

式(3.4)は希薄濃度における「理想」溶液(ideal solution)で成立する。実際の溶液は理想的な値から，特に高濃度(たとえば$0.1\ \mathrm{mol}\ l^{-1}$以上)で，しばしばそれる。本書における水ポテンシャルは，理想溶液を扱っているものとする(Friedman 1986；Nobel 1999)。

圧力　Ψ_p項は溶液の**静水圧**(hydrostatic pressure)である。陽圧は水ポテンシャルを増加させ，陰圧は減少させる。Ψ_pは'圧ポテンシャル'(pressure potential)，細胞内の陽圧は'膨圧'ともよばれている。Ψ_pの値は，'張力'あるいは'負の静水圧'が生じる木部中や細胞間隙での場合のように，負にもなりうる。これから述べるように，細胞外の陰圧は植物体内における長距離にわたる水の移動の際に，とても重要である。

静水圧は大気圧からの変化として測定される(詳しくは**Webトピック3.5**を参照)。標準状態の水は大気圧下で定義されるので，標準状態の水のΨ_pは0 MPaである。したがって，ビーカーの中にある水のΨ_pの値は絶対圧約0.1 MPa(1気圧)にもかかわらず0 MPaである。

重力　重力は大きさが等しくて方向が反対の力と拮抗していなければ，水を下方向へ移動させる。Ψ_g項は標準状態の水からの高さ(h)，水の密度(ρ_w)，そして重力加速度(g)に依存する：

$$\Psi_g = \rho_w g h \qquad (3.5)$$

ここで$\rho_w g$の値は$0.01\ \mathrm{MPa\ m^{-1}}$である。すなわち垂直距離10 mは水ポテンシャルの0.1 MPaに対応する。

細胞レベルの水輸送を扱うとき，重力項(Ψ_g)は浸透ポテンシャルや圧ポテンシャルに比べて無視できるので，一般的には除外される。この場合，式(3.3)は次のように簡単化される：

$$\Psi_w = \Psi_s + \Psi_p \qquad (3.6)$$

乾燥した土壌，種子や細胞壁のことを議論する際には，しばしば別の水ポテンシャルの要素であるマトリックポテンシャル(matric potential)(**Webトピック3.4**参照)が使われる。

植物における水ポテンシャル　細胞の成長，光合成や穀物生産性はすべて水ポテンシャルやその構成要素によって強く影響を受ける。人間の体温と同じように，水ポテンシャルは植物全体の健康のよいバロメーターである。植物科学者たちは，植物の水分状態を評価する正確で信頼のおける方法の改良に多くの努力をしてきた。Ψ_w，Ψ_sやΨ_pを測定するために用いられる装置のいくつかは，**Webトピック3.5**でふれられている。

水は水ポテンシャル勾配に従って細胞に入る

この節では，定量的な例を用いて植物細胞の浸透的挙動を説明する。最初に20℃の純水で満たされたビーカーを考える(図3.9A)。その水は大気と接触しているので，水の静水圧は大気と同じ圧力($\Psi_p = 0$ MPa)である。水の中には溶質はなにも含まれていないので$\Psi_s = 0$ MPa，したがって水ポテンシャルは0 MPa($\Psi_w = \Psi_p + \Psi_s$)である。

純水にショ糖を0.1 Mの濃度に溶かす(図3.9B)。これによって液の浸透ポテンシャル(Ψ_s)は−0.244 MPa(表3.2参照)に下がり，水ポテンシャル(Ψ_w)も−0.244 MPaに減少する。

次に，細胞内の全溶質濃度が0.3 Mで，しおれた，やわらかい(すなわち膨圧のない)植物細胞を考える(図3.9 C)。その溶質濃度は浸透ポテンシャル(Ψ_s)にして−0.732 MPaになる。その細胞はしおれているので，細胞内静水圧は周囲の大気と同じである。したがって，膨圧(Ψ_p)は0 MPaで，細胞の水ポテンシャルは−0.732 MPaである。

もしこの細胞を0.1 Mショ糖溶液の入ったビーカーに入れたら，どうなるであろうか(図3.9C)。ショ糖溶液の水ポテンシャル($\Psi_w = -0.244$ MPa，図3.9 B)は細胞の水ポテンシャルより高いので，水はショ糖溶液から細胞内へ移動するであろう(水ポテンシャルの高い所から低い所へ)。

植物細胞は機械的に比較的強固な細胞壁で囲まれているので，少しの細胞体積の増加でも細胞内では大きな膨圧の増加をもたらす。細胞内に水が入ると，膨張するプロトプラスト(protoplast)によって細胞壁は引き伸ばされる。細胞壁はこのような伸びの力に対してプロトプラストを押し戻すように働く。この現象は空気でバスケットボールを膨らますのに似ているが，空気は圧縮されるのに水はほとんど圧縮されない点が違う。

水が細胞内に入ると静水圧(膨圧)(Ψ_p)は増加する。結果的に細胞の水ポテンシャル(Ψ_w)は増加し，細胞内外の水ポテンシャル差($\Delta\Psi_w$)は減少する。最後には細胞の圧ポテンシャル(Ψ_p)は細胞の水ポテンシャル(Ψ_w)をショ糖溶液のそれと同じ値まで増加させる。その点で平衡に達し($\Delta\Psi_w = 0$)，正味の水輸送は止まる。

ビーカーの体積は細胞体積より十分に大きいので，細胞によって吸収された少量の水はショ糖溶液の溶質濃度にほとんど影響しない。したがって，ショ糖溶液のΨ_w，Ψ_s，Ψ_pは変化しない。ゆえに平衡状態では，$\Psi_{w(細胞)} = \Psi_{w(溶液)} = -0.244$ MPaである。

正確なΨ_sとΨ_pの計算には，細胞体積の変化量の値が必要である。しかし，もし細胞がきわめて強固な細胞壁をもっていたとすると，細胞体積の増加は小さいものになるであろ

(A) 純水

$\Psi_p = 0$ MPa
$\Psi_s = 0$ MPa
$\Psi_w = \Psi_p + \Psi_s$
    $= 0$ MPa

(B) 0.1 M ショ糖溶液

0.1 M ショ糖溶液
$\Psi_p = 0$ MPa
$\Psi_s = -0.244$ MPa
$\Psi_w = \Psi_p + \Psi_s$
    $= 0 - 0.244$ MPa
    $= -0.244$ MPa

(C) しおれた細胞をショ糖溶液に入れる

しおれた細胞
$\Psi_p = 0$ MPa
$\Psi_s = -0.732$ MPa
$\Psi_w = -0.732$ MPa

平衡後の細胞
$\Psi_w = -0.244$ MPa
$\Psi_s = -0.732$ MPa
$\Psi_p = \Psi_w - \Psi_s = 0.488$ MPa

(D) ショ糖濃度を上げる

膨れた細胞
$\Psi_p = 0.488$ MPa
$\Psi_s = -0.732$ MPa
$\Psi_w = -0.244$ MPa

平衡後の細胞
$\Psi_w = -0.732$ MPa
$\Psi_s = -0.732$ MPa
$\Psi_p = \Psi_w - \Psi_s = 0$ MPa

0.3 M ショ糖溶液
$\Psi_p = 0$ MPa
$\Psi_s = -0.732$ MPa
$\Psi_w = -0.732$ MPa

(E) 細胞に圧力を加える

加圧によって半分の水が絞り出され、Ψ_s は -0.732 MPa の 2 倍の -1.464 MPa になる

0.1 M ショ糖溶液

最初の状態の細胞
$\Psi_w = -0.244$ MPa
$\Psi_s = -0.732$ MPa
$\Psi_p = \Psi_w - \Psi_s = 0.488$ MPa

最後の状態の細胞
$\Psi_w = -0.244$ MPa
$\Psi_s = -1.464$ MPa
$\Psi_p = \Psi_w - \Psi_s = 1.22$ MPa

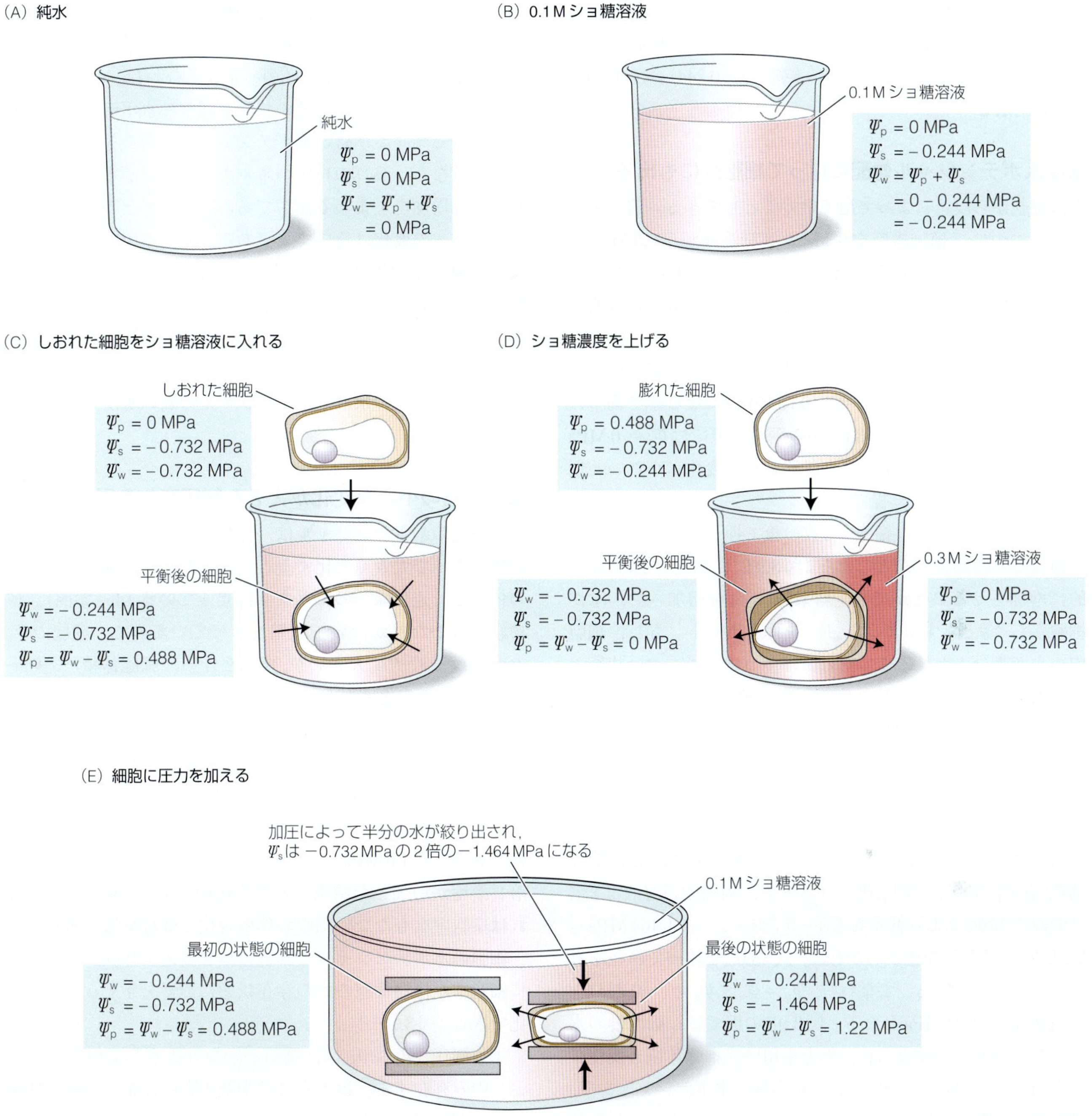

図 3.9 水ポテンシャルとその構成要素の概念を説明する五つの例。(A) 純水。(B) 0.1 M ショ糖溶液。(C) 空気中でしおれてへこんだ細胞を 0.1 M ショ糖溶液に入れる。細胞の最初の水ポテンシャルは，溶液の水ポテンシャルより低いので細胞は水を吸収する。平衡に達した後では，細胞の水ポテンシャルは増加して溶液のそれと同じになり，細胞は正の膨圧をもつ。(D) 溶液中のショ糖の濃度を増加させると細胞は水を失う。増加したショ糖濃度は溶液の水ポテンシャルを減少させ，細胞から水を引き出し，細胞の膨圧が減少する。この場合，プロトプラストは細胞壁から離れていく（原形質分離 (plasmolysis)）。なぜなら，ショ糖分子は細胞壁中の比較的大きい孔を通り抜けることができるからである。対照的に細胞が空気中で乾燥した場合（すなわち (C) の膨圧のない細胞），原形質分離はおこらない。なぜなら，細胞壁中の毛細管力に捕捉されている水は，細胞膜と細胞壁の間のどのような空間にも空気を侵入させないからである。(E) 細胞から水を失わせる別の方法は，二つの板の間で細胞をゆっくり押すことである。この場合，細胞内の水の半分は失われ，細胞の浸透ポテンシャルは 2 倍になる。

う。そうした場合，$\Psi_{s(細胞)}$は平衡に達するまでの過程で変化せず，-0.732 MPaの値に留まり，式（3.6）から細胞内静水圧を得ることができる：$\Psi_p = \Psi_w - \Psi_s = (-0.244) - (-0.732) = 0.488$ MPa

水は水ポテンシャル勾配に従って細胞外にも出る

水は細胞から浸透によって出ていくこともできる。前の例からひきつづいて植物細胞を0.1 Mショ糖溶液から0.3 Mショ糖溶液に移すと（図3.9 D），$\Psi_{w(溶液)}$（-0.732 MPa）は$\Psi_{w(細胞)}$（-0.244 MPa）より小さくなり，水は膨れた細胞から溶液へ移動する。

水が細胞から出ていくと細胞体積は減少する。細胞体積が減少すると$\Psi_{w(細胞)} = \Psi_{w(溶液)} = -0.732$ MPaになるまで細胞のΨ_wとΨ_pは減少する。式（3.6）から平衡状態では$\Psi_p = 0$ MPaが得られる。前と同じように，細胞体積の変化は小さいと仮定するとΨ_sの変化は無視できる。

もし，膨圧で膨れた細胞を2枚の板で押し付けることによりゆっくり締め付けたとしたら（図3.9 E），細胞のΨ_pを効果的に増加させることができ，結果的にΨ_wを増加させ，水が細胞から‘流出’するような$\Delta\Psi_w$を作り出せる。もし，細胞内の水が半分失われるまで締め付けつづけた後，その状態のままおいておくと，細胞は別の平衡状態に達するであろう。前の例と同じように$\Delta\Psi_w = 0$で，溶液に加わる水の量は無視できるほど少ない。その細胞は締め付ける前のΨ_wの値に戻るであろう。しかし，細胞のΨ_wの構成要素はまったく違ったものになる。

溶質が細胞内に残る一方（細胞膜は選択透過性である），細胞内の半分の水が押し出されるので，細胞内の溶液は2倍に濃縮されΨ_sはより低くなる（$-0.732 \times 2 = -1.464$ MPa）。Ψ_wとΨ_sの最終的な値がわかれば，式（3.6）を使って膨圧を計算することができる。すなわち，$\Psi_p = \Psi_w - \Psi_s = (-0.244) - (-1.464) = 1.22$ MPaとなる。図3.9Eの例では，細胞外の水ポテンシャルの変化なしに，外力を用いて細胞体積を変化させた。自然界で変わるのはたいてい環境の水ポテンシャルで，細胞はそのΨ_wをその環境のΨ_wと一致するまで水を出し入れする。

ここで，これらすべての例に共通する一つの点を強調しておきたい。それは，‘水の流れは受動的な過程である。すなわち，水は低い水ポテンシャルあるいは自由エネルギーの場所に向かって，物理的力に応じて移動する’ということである。水をある場所から別の場所に押し上げる代謝依存の「ポンプ」（ATPの加水分解によって駆動される反応）は存在しない。これは水が輸送される唯一の物質であるかぎり正しい。しかし，膜を介した短距離の輸送（6章参照）のように溶質が輸送される場合，水輸送は溶質輸送と共役し，この共役は水を水ポテンシャル勾配に逆らって移動させることがある。

たとえば，糖，アミノ酸や他の小さな分子のさまざまな膜タンパク質による輸送は，輸送される溶質分子あたり膜を介して260個に及ぶ水分子を「引っ張りこむ」（Loo et al. 1996）。このような水の輸送は，その移動が通常の水ポテンシャル勾配に逆らって（より高い水ポテンシャルの方へ）いてもおこる。なぜなら，溶質の自由エネルギーの減少が水の自由エネルギーの増加を上まわるからである。そのときの正味の自由エネルギーの変化は負のままである。篩部の中の篩管の中では，溶質と水の体積流は浸透による静水圧（膨圧）の勾配に従っておこる。そうして，篩部では水はより水ポテンシャルの低い部分（葉）からより高い部分（根）に輸送されることができる。‘このような場合があるにもかかわらず，ほとんどの場合，植物内の水は水ポテンシャルの高い所から低い所へ移動する。’

細胞体積の小さな変化が大きな膨圧変化を引きおこす

植物細胞の水ポテンシャルは，光合成に関連しておこる水の蒸散によって大きく変化する。それに対して，細胞壁は細胞の体積を一定に保つのにかなり役立っている（4章参照）。植物細胞はかなりかたい細胞壁をもっているので，細胞のΨ_wの変化は一般的に大きいΨ_p変化を伴い，細胞体積（プロトプラスト）の変化はかなり小さい。

この現象は，相対的細胞体積とΨ_w，Ψ_pとΨ_sの関係から見ることができる。図3.10に仮想的な細胞の例が示されているが，細胞のΨ_wが0から約-2 MPaまで減少しても細胞体積は5％しか減少しない。細胞のΨ_wの減少のほとんどは，Ψ_pの減少（約1.6 MPa）による。一方，Ψ_sは細胞が水を失い，溶質濃度が増加した結果として約0.4 MPaだけ減少する。これは細胞壁をもたない細胞の体積変化とは対照的である。

細胞の水ポテンシャルと細胞体積を測定すれば，どのように細胞壁が植物細胞の水の存在状態に影響を与えるかを定量化できる（図3.10）：

1. 膨圧（$\Psi_p > 0$）は，細胞がかなり吸水しているときにのみ存在する。ほとんどの細胞の膨圧は相対的細胞体積が10～15％減少すると0に近づく。しかし，とてもかたい細胞壁をもつ細胞（たとえば多くのヤシの葉の葉肉細胞）では，膨圧がなくなることによる細胞体積の減少はかなり小さくなる。一方，多くのサボテンの茎の中にある水を貯蔵する細胞のように極端に弾性的な細胞壁をもつ細胞では，細胞体積変化はかなり大きくなる。
2. 図3.10のΨ_pの曲線から，ε（ギリシア文字のエプシロン）；（$\varepsilon = \Delta\Psi_p$（相対的細胞体積変化）$^{-1}$として表される体積弾性率（volumetric elastic modulus，細胞壁の相対的かたさ）を計算することができる。εはΨ_pの曲線の傾きにあたる。εは一定ではなく，膨圧が減少すると値が小さくなる。それは木化していない植物の細胞壁は，通

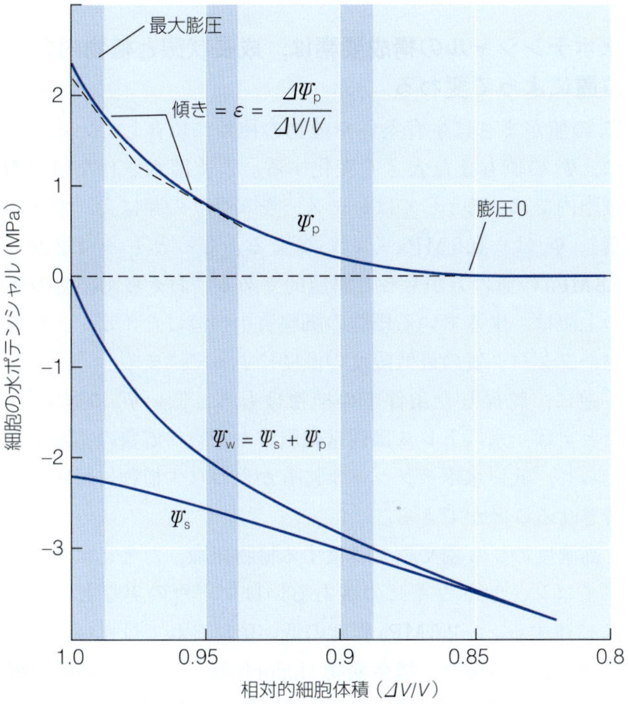

図 3.10　細胞の水ポテンシャル（Ψ_w）とその構成成分（Ψ_s と Ψ_p）と相対細胞体積（$\Delta V/V$）の関係。曲線は，細胞体積が最初5％減少するとき膨圧（Ψ_p）が急に減少するが，浸透ポテンシャル（Ψ_s）は少ししか変化しないことを示している。この例では細胞体積が0.9より小さくなると状況は逆転する。水ポテンシャルの変化のほとんどは，細胞の Ψ_s の減少によっており相対的に膨圧は少ししか変化していない。Ψ_p と相対細胞体積の関係を示す曲線の傾きは細胞の体積弾性率（ε）（細胞壁のかたさを示す尺度）を表す。ε は一定ではなく細胞が膨圧を失っていくと減少していく。(Tyree and Jarvis 1982，アラスカトウヒの若枝に基づくデータ)

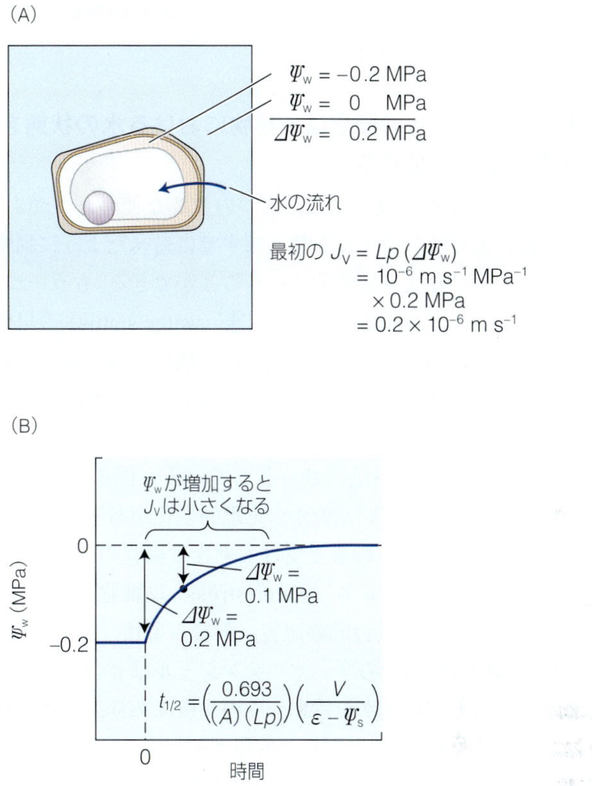

図 3.11　細胞内への水輸送速度は，細胞内外の水ポテンシャル差（$\Delta\Psi_w$）と細胞膜の水透過性（Lp）に依存する。(A) この図の例では最初の水ポテンシャル差は0.2 MPaで，Lp は 10^{-6} m s^{-1} MPa^{-1} である。これらの値から最初の水輸送速度（J_v）0.2×10^{-6} m s^{-1} が得られる。(B) 細胞が水を吸収すると水ポテンシャル差は時間とともに減少し，水吸収速度の減少につながる。この効果は指数関数的に半減値 $t_{1/2}$ で減少していく。$t_{1/2}$ は以下の細胞パラメーター，体積（V），表面積（A），Lp，体積弾性率（ε），そして浸透ポテンシャル（Ψ_s）に依存する。

常膨圧が細胞壁を押して張力が加わった状態でのみ，かたいからである。そのような細胞は，バスケットボールのように振舞う。すなわちバスケットボールが膨れているときは細胞壁がかたい（ε が大きい）が，そのボールが圧力を失うとやわらかく，つぶれやすくなる（$\varepsilon = 0$）。

3. ε と Ψ_p が低いときは，水ポテンシャルの変化は Ψ_s の変化によって支配される（相対体積が85％に近づくと，Ψ_w と Ψ_s の曲線は収束していく）。

水輸送速度は駆動力と水透過性できまる

いままで，水は水ポテンシャルの勾配に従って膜を介して移動することを見てきた。その流れの向きは水ポテンシャル勾配の方向によって決まり，水移動の速度は駆動する水ポテンシャル勾配の大きさに比例する。しかし，環境の水ポテンシャルの変動を経験する細胞にとっては（すなわち図3.9），細胞膜を介して移動する水の移動は細胞内と細胞外の水ポテンシャルの値が近づくと減少する（図3.11）。その速度は次の式（3.7）で与えられる半減時間（半減時間は指数関数的に時間変化する過程を比較するのに便利である）で指数関数的に0に近づく（Dainty 1976）：

$$t_{1/2} = \left(\frac{0.693}{(A)(Lp)}\right)\left(\frac{V}{\varepsilon - \Psi_s}\right) \qquad (3.7)$$

ここで V と A はそれぞれ細胞の体積と表面積を表し，Lp は細胞膜の**水透過性**（hydraulic conductivity，水伝導係数 hydraulic conductivity coefficient ともいう）である。水透過性は水がいかに早く細胞膜を横切って移動するかを表し，単位は駆動力あたり，単位時間あたり，単位面積あたりの水の体積（m^3 m^{-2} s^{-1} MPa^{-1}）である。水透過性のこれ以上の議論については，**Webトピック3.6** を参照のこと。

短い半減時間は速い平衡を示している。したがって細胞体積あたりの表面積が大きく，高い水透過性，およびかたい細胞壁（大きい ε）をもつ細胞は，環境の水ポテンシャルとすばやく平衡に達する。細胞がもつ半減値はたいてい1～10秒で，もっと小さい値も知られている（Steudle 1989）。このような小さい半減時間は，一つの細胞は1分より短い時間で環境と平衡に達することを意味する。多細胞の組織では半減時間はもっと大きくなる。

水ポテンシャルの概念は，植物における水の状態を評価するのに役立つ

水ポテンシャルの概念には，二つの主要な使われ方がある。一つは，水ポテンシャルを使えばすでに述べたように細胞膜を介した水の輸送を定量的に扱うことができる。もう一つは，水ポテンシャルは植物の‘水分状態’(water status) の尺度としてしばしば用いられる。大気への蒸散によって水が失われるために，植物が十分に水を保持している (hydrate) ことはほとんどない。植物は成長や光合成の阻害やその他の有害な結果につながる水不足にさらされている。図3.12に植物が乾燥すると経験するいくつかの生理的変化があげてある。

水不足でもっとも影響を受ける過程は細胞の成長である。よりひどい‘水ストレス’(water stress) は細胞分裂の阻害，細胞壁やタンパク質合成の阻害，溶質の蓄積，気孔の閉鎖，光合成の阻害をもたらす。水ポテンシャルはどのくらい植物が水を保持しているかを示す一つの尺度であり，植物が経験している‘水ストレス’の相対的指標を与える。

図3.12は，また水ストレスのさまざまな段階における代表的Ψ_wの値を示している。よく灌水された植物の葉ではΨ_wは-0.2～-0.1 MPaの値をとるが，乾燥した気候ではより低い値，極端な条件では-5～-2 MPaの値をとりうる。水輸送は受動的な過程なので，植物はその水ポテンシャルが土壌より低いときにのみ水を吸収できる。土壌が乾くと植物も同じように水を失っていく（より低いΨ_wに達する）。もしそうならなければ，土壌は植物から水を奪い始める。

水ポテンシャルの構成要素は，成長状態と植物内の位置によって変わる

Ψ_wの値がまさに生育条件や植物の種類に依存しているように，Ψ_sの値もまた大きく変化する。よく灌水された植物の細胞内では（例としてはレタス，キュウリの芽ばえ，マメの葉），Ψ_sは-0.5 MPaくらいになる。もっとも -1.2～-0.8 MPaの値の方がもっと典型的である。おそらく細胞のΨ_sの上限は，生きている細胞の細胞質中の溶けたイオン，代謝物，タンパク質の最低限度の濃度によって決まる。

逆に，乾燥した条件下の植物はもっと低いΨ_sに達する。たとえば，水ストレスは通常細胞質や液胞に溶質の蓄積をもたらし，低い水ポテンシャルにもかかわらず植物に膨圧を維持させることができる。

高濃度のショ糖や糖を蓄積する植物組織，たとえばサトウダイコン，サトウキビの茎あるいはブドウの実などは低いΨ_sに達する。-2.5 MPa程度の低い値はまれではない。塩環境で生育する植物，**塩生植物** (halophyte) はたいてい低いΨ_sをもっている。低いΨ_sは，過剰な濃度の塩類が同時に入らないようにしながら，海水から水を吸収するのに十分なくらい細胞のΨ_wを下げる。ほとんどの穀物は海水中で生育できない。というのは，その組織が機能性を保ちながら達しうる水ポテンシャルより溶けこんだイオンによる低い水ポテンシャルを海水がもっているからである。

細胞‘内’のΨ_sはかなり負であるにもかかわらず，細胞を取り囲むアポプラストの溶液――細胞壁や木部中――は低い濃度の溶質しか含まない。そうすると，その植物のアポプラストの部分のΨ_sはより高く，たとえば-0.1～0 MPaにな

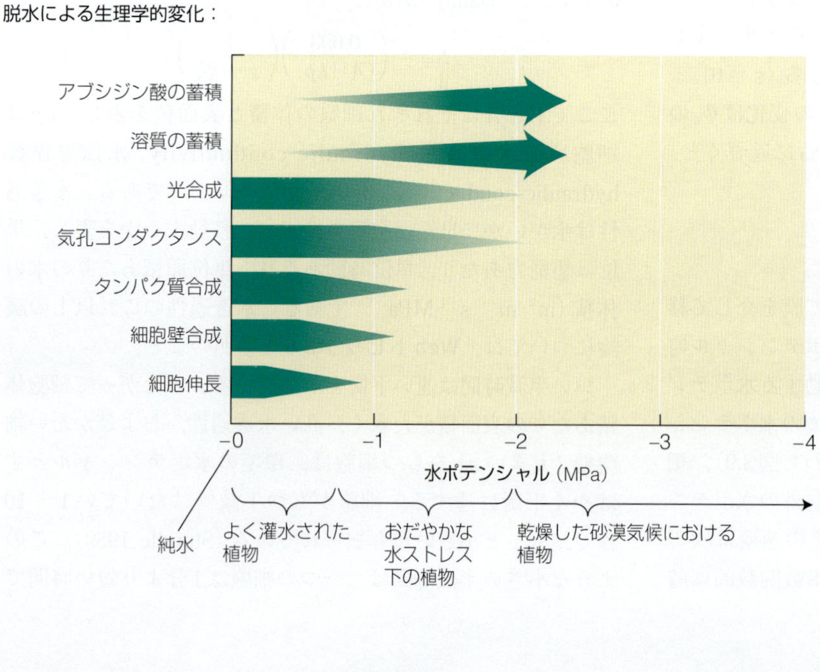

図 3.12 さまざまな生育条件下での植物の水ポテンシャルと，さまざまな生理学的過程の水ポテンシャルに対する感受性。バーの色の濃さはそれぞれの反応の強さに対応している。たとえば，細胞伸長は水ポテンシャルが低く（より負に）なると減少する。アブシジン酸は，水ストレス下で気孔閉鎖を誘導するホルモンである（23章参照）。(Hsiao 1979による)

る。木部や細胞壁中の負のΨ_wはΨ_pの寄与が大きいことが多い。よく灌水された庭の植物の細胞内のΨ_pの値は，細胞内のΨ_sの値に依存して，おそらく0.1～1 MPaの値をとる。

正の膨圧（Ψ_p）は，二つの基本的理由から重要である。一つは，植物細胞の成長は細胞壁を伸展させるために膨圧を必要とする。したがって，水不足によって膨圧（Ψ_p）がなくなると植物の成長はすぐに影響をうける（25章参照）。二つめの正の膨圧が重要な理由は，膨圧が細胞や組織の機械的かたさを増加させるからである。この機能は，高い膨圧なしには自らを支えることができない，特に若い木化していない組織で重要である。植物は，そのような組織の細胞内の膨圧が0に向かって減少していくと**しおれる**（柔らかくなる）。**Webトピック3.7**で溶液中の細胞が水を失うときにおこる原形質分離（plasmolysis），すなわちプロトプラストが細胞壁から離れて収縮する現象について議論している。

細胞内の溶液は正の大きいΨ_pをもつ一方，細胞外の水は負のΨ_pをもつ可能性がある。さかんに蒸散している植物の木部中では，Ψ_pは負で－1 MPaかそれ以下の値に達する。細胞壁や木部中のΨ_pの値は蒸散速度や植物の高さに依存して大きく変動する。日中で蒸散が最大のとき，木部のΨ_pは最低値（もっとも負の値）に達する。蒸散が少なく，植物が水を再吸収する夜ではΨ_pは増加する傾向になる。

まとめ

水は植物の生活にとって重要である。なぜならば，水は生命にとって必須のほとんどの生化学的反応がおきる基盤であり媒体であるからである。水の構造と性質はタンパク質，膜，核酸や細胞の構成成分の構造や性質に強く影響を与える。

ほとんどの陸上植物では水は連続的に大気に失われ，土壌から取り入れられる。水の移動は自由エネルギーの減少によって駆動され，拡散や体積流あるいはこれら基本的な輸送機構が組み合わさって水は移動する。水分子はある一定の熱運動をしているので，濃度差がなくなるように水は拡散する。水は，体積流のための通路が適当にあればいつでも圧力差に応じて体積流として移動する。浸透，すなわち膜を介しての水の移動は膜を介しての自由エネルギー勾配――水ポテンシャルの差として一般に測定される勾配――に依存する。

溶質濃度と静水圧は，水ポテンシャルに影響を与える二つの主要な因子である。ほかに，大きい垂直距離の差があれば重力もまた重要である。これら水ポテンシャルの構成要素は以下のように加算できる：$\Psi_w = \Psi_s + \Psi_p + \Psi_g$．植物細胞は，水を吸収したり失ったりしてその局所的環境と水ポテンシャル平衡に達する。たいてい細胞体積の変化は，細胞のΨ_sに少しの変化を伴いながら細胞のΨ_pの変化となる。膜を介した水輸送の速度は，膜を介した水ポテンシャル差と水透過性に依存する。

水輸送における重要性に加え，水ポテンシャルは植物の水分状態を示す有用な尺度である。4章で扱うように，拡散，体積流，そして浸透は，すべて水が土壌から植物体を通って大気に移動するのを助ける。

Webマテリアル

Webトピック

3.1　毛細管内の水上昇の計算
毛細管内の水上昇の定量化によって，植物の水移動における毛細管上昇の機能的役割を評価することができる。

3.2　拡散の半減時間の計算
ブドウ糖のような分子が細胞，組織，器官を拡散するに必要な時間の計算は，拡散が短距離においてのみ生理学的意味があることを示している。

3.3　水ポテンシャルの構成要素に関する別の取り決め
植物生理学者は，植物の水ポテンシャルを定義するうえでいくつかの取り決めを作った。これらの取り決めの定義を比較することは，水分生理の文献をよりよく理解するうえで役に立つ。

3.4　マトリックポテンシャル
土壌や種子，細胞壁の水の化学ポテンシャルを定量化するのに使われるマトリックポテンシャルの概念の簡単な説明。

3.5　水ポテンシャルの測定
植物細胞や組織の水ポテンシャルを測定する方法の詳細な説明。

3.6　水透過性
水の膜透過の尺度である水透過性は，植物内での水移動速度を決める要素の一つである。

3.7　しおれと原形質分離
原形質分離とは，浸透による多量の水の損失からおこる構造上の変化である。

参考文献

Dainty, J. (1976) Water relations of plant cells. In *Transport in Plants*, Vol. 2, Part A: *Cells* (Encyclopedia of Plant Physiology, New Series, Vol. 2.), U. Lüttge and M. G. Pitman, eds., Springer, Berlin, pp. 12–35.

Finkelstein, A. (1987) *Water Movement through Lipid Bilayers, Pores, and Plasma Membranes: Theory and Reality*. Wiley, New York.

Friedman, M. H. (1986) *Principles and Models of Biological Transport*. Springer Verlag, Berlin.

Hsiao, T. C. (1979) Plant responses to water deficits, efficiency, and drought resistance. *Agricult. Meteorol.* 14: 59–84.

Loo, D. D. F., Zeuthen, T., Chandy, G., and Wright, E. M. (1996) Cotransport of water by the Na^+/glucose cotransporter. *Proc. Natl. Acad. Sci. USA* 93: 13367–13370.

Nobel, P. S. (1999) *Physicochemical and Environmental Plant Physiology*, 2nd ed. Academic Press, San Diego, CA.

Schäffner, A. R. (1998) Aquaporin function, structure, and expression: Are there more surprises to surface in water relations? *Planta* 204: 131–139.

Stein, W. D. (1986) *Transport and Diffusion across Cell Membranes*. Academic Press, Orlando, FL.

Steudle, E. (1989) Water flow in plants and its coupling to other processes: An overview. *Methods Enzymol.* 174: 183–225.

Tajkhorshid, E., Nollert, P., Jensen, M. Ø., Miercke, L. H. W., O'Connell, J., Stroud, R. M., and Schulten, K. (2002) Control of the selectivity of the aquaporin water channel family by global orientation tuning. *Science* 296: 525–530.

Tyerman, S. D., Bohnert, H. J., Maurel, C., Steudle, E., and Smith, J. A. C. (1999) Plant aquaporins: Their molecular biology, biophysics and significance for plant-water relations. *J. Exp. Bot.* 50: 1055–1071.

Tyree, M. T., and Jarvis, P. G. (1982) Water in tissues and cells. In *Physiological Plant Ecology*, Vol. 2: *Water Relations and Carbon Assimilation* (Encyclopedia of Plant Physiology, New Series, Vol. 12B), O. L. Lange, P. S. Nobel, C. B. Osmond, and H. Ziegler, eds., Springer, Berlin, pp. 35–77.

Weather and Our Food Supply (CAED Report 20). (1964) Center for Agricultural and Economic Development, Iowa State University of Science and Technology, Ames, IA.

Weig, A., Deswarte, C., and Chrispeels, M. J. (1997) The major intrinsic protein family of *Arabidopsis* has 23 members that form three distinct groups with functional aquaporins in each group. *Plant Physiol.* 114: 1347–1357.

Whittaker R. H. (1970) *Communities and Ecosystems*. Macmillan, New York.

4 植物における水収支

地球大気は，陸上植物が生活するには厳しい環境である。というのは，大気は光合成に必要な二酸化炭素の供給源なので植物は大気といつでも接している必要がある。その一方で，大気は比較的乾燥していて植物から水を奪いやすい。水損失を少なくしながらできるだけ多くの二酸化炭素を取り入れるという矛盾した要求にこたえるために，植物は葉からの水損失を制御し，大気に失われていく水を補うことができるように適応してきた。

本章では，植物体内および植物とその環境間での水輸送に関する機構と駆動力について検討する。葉からの蒸散による水の損失は，水蒸気の濃度勾配によって駆動されている。木部（xylem）の中の長距離輸送は，土壌中と同じように圧力差によって駆動されている。根の皮層のような細胞層を通っての水輸送は複雑であるが，組織間の水ポテンシャル勾配に応じておこる。

水が移動するとき，その自由エネルギーが減少するという意味において，水輸送は受動的である。しかし，この受動的な性質にもかかわらず，水輸送は大気への蒸散を調節し，脱水を最小限にすることによって精巧に制御されている。まず，土壌中の水に焦点を絞って水輸送を検討する。

土壌中の水

土壌中の含水量と水移動速度は，その土壌の種類とその構造に大きく依存している。表4.1は，さまざまな土壌の物理的性質は非常に違っていることを示している。極端な例では，土壌粒子の直径が1 mmかそれ以上の砂の場合である。砂質の土壌は1 gあたりの表面積がかなり小さいため，土壌粒子の間に空間や通路がある。

逆の極端な例は，土壌粒子の直径が2 μm以下である粘土である。粘土質の土壌は1 gあたりの表面積がより大きく，粒子間の通路はより狭くなっている。腐食質（分解しつつある有機物）のような有機物の助けによって粘土の粒子は集合して，空気の流通や水の浸透をよくする「団粒」(crumb) を作る。

土壌が雨や灌水によってかなり水で満たされている場合，その水は重力に従って土壌粒子間の間隙を通って，この中に存在する空気と部分的に置換し，場合によっては空気を取り込んで部分的には下へしみこんでいく。土壌中の水は土壌粒子に付着する薄い膜として存在する場合と，粒子間のすべての間隙を満たしている場合がある。

砂質の土壌では，粒子間の空間があまりにも大きいので，水は間隙から流出して，粒子の表面か粒子間の小さな間隙だけに存在する傾向がある。粘土質の土壌では粒子間の通路は狭くて水は自由にそれから流出することができず，より強く保持されている（**Web トピック 4.1** 参照）。土壌水分を保持する能力は**圃場（野外）容水量** (field capacity) とよばれる。圃場容水量とは，土壌が水で飽和して過剰な水が流出した後の土壌の含水量をいう。粘土質の土壌あるいは多くの腐食質を含む土壌は，大きい土壌容水量をもっている。水が飽和した数日後，粘土質の土壌は体積にして40%の水を含んでいる。対照的に砂質の土壌は飽和後，3%の水しか保持していない。

次の節では，土壌中の水の陰圧がどのように土壌の水ポテ

表 4.1 いろいろな土壌の物理的性質

土壌	粒子の直径 (μm)	1 gあたりの表面積 (m^2)
粗砂	2,000～200	<1～10
細砂	200～20	<1～10
シルト（沈泥）	20～2	10～100
粘土	<2	100～1,000

ンシャルを変化させるか，土壌中をどのようにして水は移動するか，また植物に必要な水はどのように根に吸収されるかについて述べる。

土壌中の水の負の静水圧が土壌の水ポテンシャルを減少させる

植物細胞の水ポテンシャルと同様に，土壌の水ポテンシャルは二つの構成要素，浸透ポテンシャルと圧ポテンシャルに分けられる。土壌の水の浸透ポテンシャル（Ψ_s；3章参照）は，溶質濃度が一般的には低いので無視できる。典型的な値は

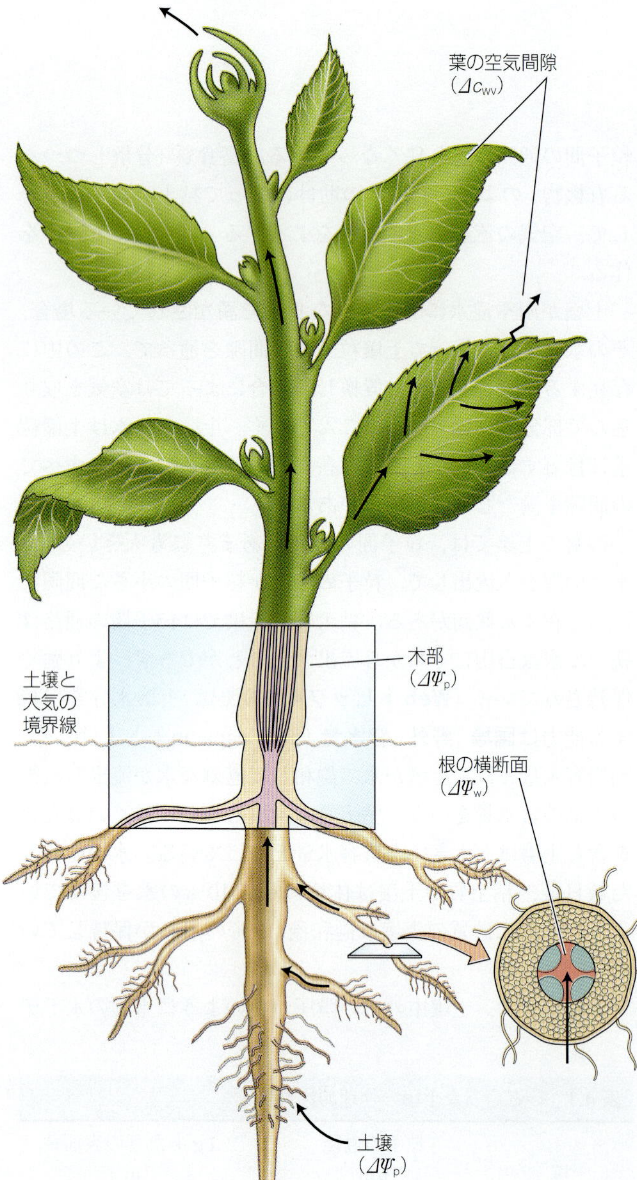

図 4.1　土壌から植物を通って大気に至る水輸送の主な駆動力。水蒸気の濃度（Δc_{wv}），静水圧（$\Delta\Psi_p$）そして水ポテンシャル（$\Delta\Psi_w$）。

-0.02 MPaである。塩類を高濃度に含む土壌に関して，Ψ_sは無視できなくなり，おそらく-0.2 MPaかそれ以下である。

水ポテンシャルの2番めの構成要素は，圧ポテンシャルである（Ψ_p）（図4.1）。湿った土壌ではΨ_pは0に近い。土壌が乾燥していくとΨ_pは減少し，負にもなりうる。この土壌の水の陰圧はどこから生じるのであろうか。

水は空気–水界面の面積を最小にしようとする強い表面張力をもっているという，3章の毛細管現象の議論を思いだそう。土壌が乾いていくと，最初水は土壌粒子間のいちばん大きい間隙の中心から失われていく。付着力（adhesive force）によって水は土壌粒子の表面に密着する傾向にあり，土壌の水と土壌の空気の間の表面積が大きくなっていく（図4.2）。

土壌の含水量が減少していくと，水は土壌間のすきまに後退していき，空気–水界面は湾曲していく。湾曲した表面をもった水は，以下のような式で推測できる陰圧をもつようになる：

$$\Psi_p = \frac{-2T}{r} \qquad (4.1)$$

ここでTは水の表面張力（7.28×10^{-8} MPa m），rは空気–水界面の曲率半径である。

土壌の水におけるΨ_pの値は，乾燥した土壌では空気–水界面の曲率半径がとても小さくなるので，かなり減少することがある。たとえば，$r = 1\,\mu$m（ほぼいちばん大きい粘土粒子の大きさ）は，Ψ_pにして-0.15 MPaに相当する。そのΨ_pの値は，空気–水界面が粘土粒子間のより小さな裂け目の中に

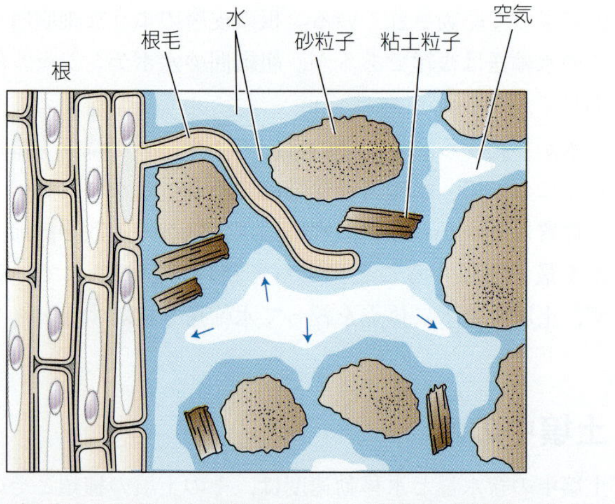

図 4.2　根毛は土壌粒子と密接に接触し，植物の水吸収のために使われる表面積を大きく増やしている。土壌は粒子（砂，粘土，シルトと有機物），水，溶質そして空気の混合物である。水は土壌粒子の表面に付着する。植物によって水が吸収されるとき，土壌中の溶液は土壌粒子間のより小さなくぼみ，通路，あるいは間隙に後退する。空気–水界面では，この後退は土壌中の溶液に凹型のメニスカス（矢印で示してある空気と水の間の湾曲した界面）を発達させ，溶液に表面張力によって張力（陰圧）を生じさせる。水がさらに土壌から失われると，もっと湾曲したメニスカスが形成され，より大きい張力（陰圧）が生じる。

後退していくと，容易に−2〜−1MPaに達するであろう。

土壌科学者たちは，しばしばマトリックポテンシャル（matric potential）を用いて，土壌水ポテンシャルを表す（Jensen et al. 1998）。マトリックポテンシャルと水ポテンシャルの関係は，**Webトピック3.4**を参照すること。

水は土壌中を体積流として動く

主に水は，土壌の間を圧力差で駆動される体積流によって移動する。加えて，水蒸気の拡散がある程度の水移動を担う。植物は水を土壌から吸収するので，根の表面近くの水を減少させる。それによって根の表面近くのΨ_pが減少し，隣り合う部分の土壌のΨ_pの方が高くなり圧力勾配が形成される。‘土壌中の水で満たされた孔はたがいにつながっているので，水は圧力勾配に従ってこれら通路を通って，体積流として根の表面まで移動する。’

土壌中の水移動速度は二つの要素に依存している。すなわち，土壌中での圧力勾配の大きさと土壌の水透過性である。**土壌水透過性**（soil hydraulic conductivity）は，土壌中の水の通りやすさの一つの尺度となり，土壌の種類や含水量によって変化する。砂質の土壌では粒子間の間隙が大きく，大きい土壌水透過性をもつ。一方，粘土質の土壌は粒子間の間隙が小さく，土壌水透過性がかなり小さくなる。

土壌の水分量（結果的に水ポテンシャル）が減少すると，土壌水透過性は劇的に減少する（**Webトピック4.2**を参照）。この土壌水透過性の減少は，主に土壌間隙の水が空気に置換することによって生ずる。水で満たされていた通路に空気が入り込むと，水の移動は，その通路の周囲に制限される。土壌中の間隙がだんだん空気で満たされていくと，水はより少ない，より狭い通路を通って流れるようになり，土壌水透過性は減少する。

非常に乾燥した土壌では，水ポテンシャル（Ψ_w）は**永久しおれ点**（permanent wilting point）とよばれる値より低くなってしまう。この点では，たとえ蒸散による水損失がすべてなくなったとしても，膨圧を維持できないほど土壌の水ポテンシャルは低い。このことは，土壌の水ポテンシャル（Ψ_w）は植物のΨ_sと同じかそれ以下であることを意味している。細胞のΨ_sは種によって変わるので，永久しおれ点は明らかに土壌に特有の性質ではなく，植物種にも依存する。

根による水の吸収

根の表面と土壌の密接な接触は，根による水の吸収に関して本質的に重要である。この接触は水吸収に必要な表面積を提供し，根や**根毛**（root hair）の土壌への成長によって最大限に増える。根毛は表皮細胞が顕微鏡的な大きさで伸張したもので，根の表面積を顕著に増やし，土壌からのイオンや水の吸収能力を高める働きがある。たとえば播種後4か月のライ麦（*Secale*）を調べてみたところ，それらの根毛は根の表面積の60%以上を占めていることがわかった（図5.6）。

水は，根毛の生えている領域を含む根の先端の部分にもっとも容易に入る。より成熟した根の領域は，‘外皮’（exodermis）あるいは‘下皮’（hypodermis）とよばれる根を保護する組織を外表面にもつことがよくある。この部分は，細胞壁内に疎水的物質を含み比較的水は透過しにくい。

土壌と根の表面の密接な接触は，土壌が攪乱されると簡単に断たれてしまう。このために，新しく移植した芽ばえや植物は，移植直後数日間は水が植物から失われないように守ってやる必要がある。そうしておくと，土壌中へ新しい根が成長することによって土壌–根間の接触が新しく作られ，その植物は水ストレスに，耐えやすくなる。

以下で，根の中の水はどのようにして移動するのか，および根の中への水の吸収速度に影響を与える要因について述べる。

水は根のアポプラスト，膜，シンプラストを通る

土壌中では，水は主に体積流によって輸送される。しかし，水が根の表面と接触するようになると水輸送の性質がもっと複雑になる。根の表皮から内皮まで水が流れることができる三つの通路がある（図4.3）：アポプラスト（apoplast），膜横断（transmembrane），そしてシンプラスト（symplast）の通路である。

1. アポプラストの通路では，水は細胞膜を通らずに細胞壁中だけを移動する。アポプラストは，植物組織中の細胞壁と細胞間の空気間隙からなる連続した系である。
2. 膜横断の通路は，水が細胞の一方の側から入り，別の側から出て行き，また隣の細胞に連続して入る通路である。この通路では，水はその経路の中で少なくとも各々の細胞の二つの膜（入るときと出るときの細胞膜）を横切る。液胞膜を介した輸送が関係する場合もある。
3. シンプラストの通路では，水は一つの細胞から別の細胞へ原形質連絡（plasmodesmata）を通って移動する（1章参照）。シンプラストは，原形質連絡でたがいにつながりあった細胞質のネットワーク全体からなる。

アポプラスト，膜横断とシンプラストの通路の相対的重要性はまだよくわかっていないが，プレッシャープローブ法（pressure probe，**Webトピック3.6**参照）による実験では，アポプラストの通路が，若いトウモロコシの根における水吸収では特に重要であることが示されている（Frensch et al. 1996；Steudle and Frensch 1996）。

内皮では，アポプラストの通路を介した水の輸送は，**カスパリー線**（Casparian strip，図4.3）によって妨害される。カスパリー線は内皮（endodermis）の放射方向の細胞壁にある

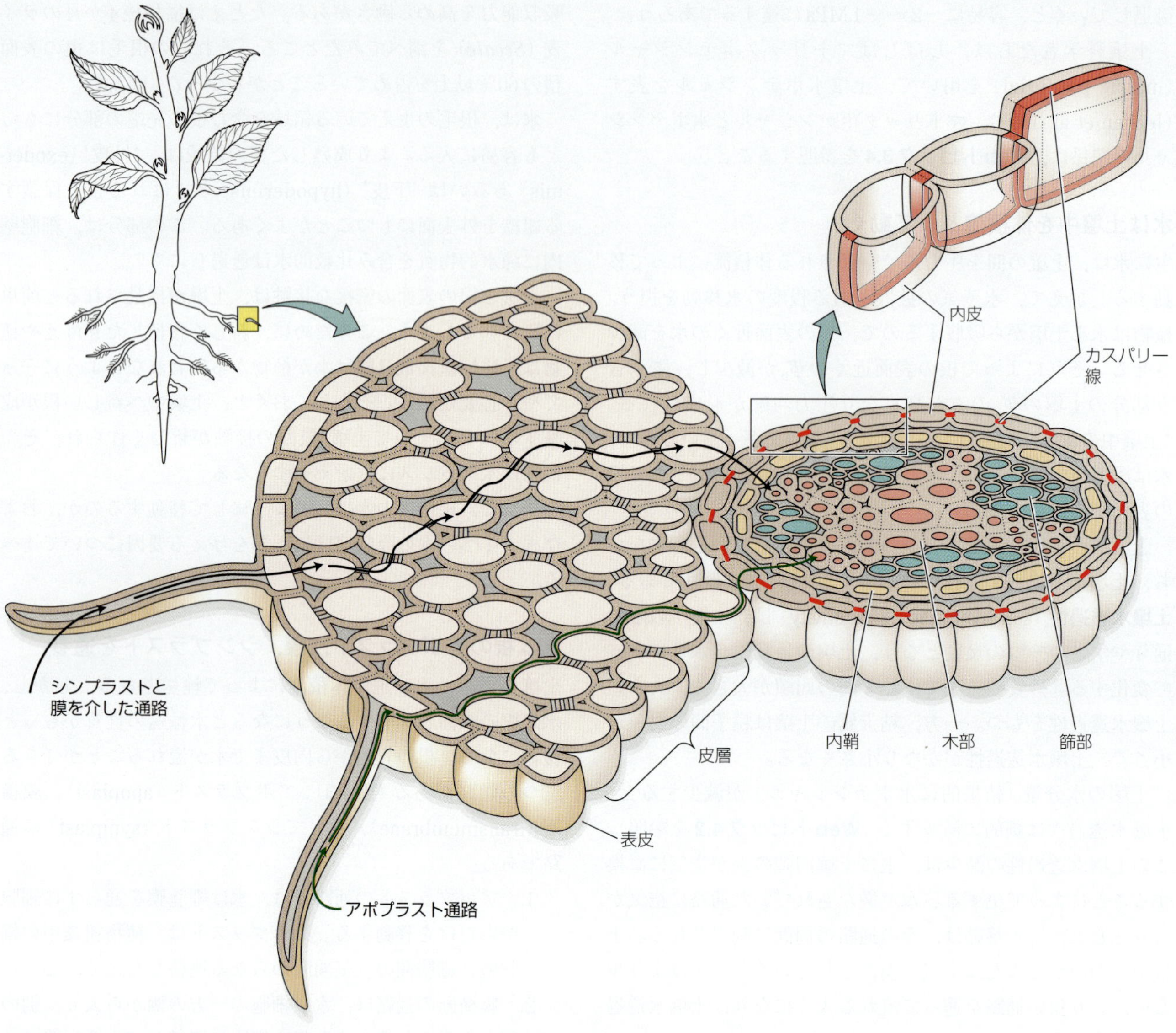

図 4.3　根による水の吸収通路。水は皮層を通るとき，アポプラストの通路，膜を横断する通路，そしてシンプラストの通路を通って移動しうる。シンプラストの通路では，水は細胞膜を横切らずに原形質連絡を通って細胞間を流れる。膜を横断する輸送では，水は細胞壁の空間を少し通っただけで細胞膜を横断する。内皮では，アポプラストの通路はカスパリー線によってさえぎられる。

帯状構造で，ろう質の疎水性物質**スベリン**（suberin）を含んでいる。スベリンは，水と溶質移動の障壁として働く。その内皮は，根の伸長していない部分，すなわち根端から数mm離れ，最初の原生木部（protoxylem）要素が成熟する場所でスベリン化する（Esau 1953）。カスパリー線はアポプラスト通路の連続性を断ち，その結果水と溶質は細胞膜を通り内皮を横切って移動することになる。こうして，根の皮層（cortex）と中心柱（stele）におけるアポプラスト通路は重要ではあるが，内皮を介した水輸送についてはシンプラストを通っておこる。

根を通る水の移動を理解するもう一つの方法は，根を単一の水透過性をもつ一つの通路とみなすことである。この考え方は，**根の水透過性**（root hydraulic conductance）という概念へと発展した（詳しくは**Webトピック4.3**参照）。

根の先端部分は，もっとも水が通りやすいところである。先端部分から離れると，外皮はスベリン化し水の吸収が制限される（図4.4）。しかし，ある程度古い根でも水吸収は，おそらく二次根（secondary root）の成長に関連した皮層の亀裂を通じておこりうる。

根が，低温や嫌気的条件下あるいは呼吸阻害剤（たとえばシアン化物）にさらされると，水吸収は減少する。これらの処理は根の呼吸を阻害し，根は水をあまり輸送しなくなる。

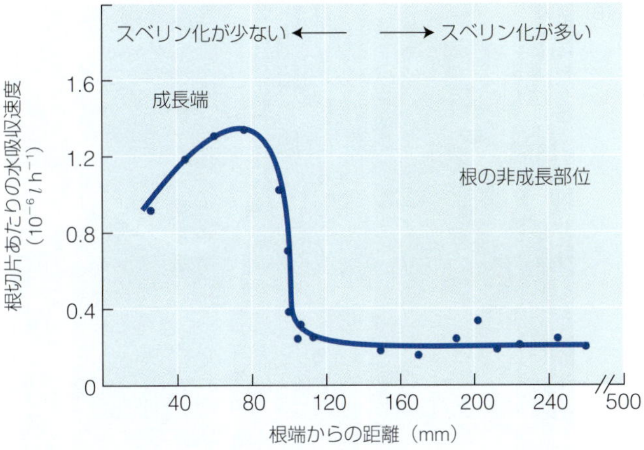

図 4.4 カボチャの根のさまざまな場所における水吸収速度 (Kramer and Boyer 1995による)

この現象の厳密な説明はまだない。一方，根の水輸送の減少は，水浸しになった土壌における植物のしおれを説明することができる。水に浸った根は，通常土壌の空気間隙から拡散によって供給される酸素をすぐに使い尽くしてしまう (気体中の拡散は水中の拡散の10^4倍以上も速い)。嫌気的条件にある根は茎への水輸送を減らす。その結果，正味の水損失がおきてしおれ始める。

木部における溶質の蓄積が「根圧」を作り出す

植物は，ときどき**根圧** (root pressure) といわれる現象を示す。たとえば，もし若い芽ばえの茎を土壌からちょうど出たところで切断すると，何時間にもわたってその切り口の木部から液を排出することが多い。もし，切り口から圧力が逃げないように圧力計をつないでおくと，陽圧が測定できる。それらの圧力は0.05～0.5 MPaにも達する。

根は土壌中の希薄な溶液からイオンを吸収し，それらを木部中に輸送することによって正の静水圧を発生させる。木部液中の溶質の蓄積は木部の浸透ポテンシャル (Ψ_s) を減少させ，結果的に木部の水ポテンシャル (Ψ_w) を減少させる。この木部のΨ_wの低下は水吸収の駆動力となり，結果的に木部中に陽圧を発生させる。あたかも根全体は一つの細胞のようにふるまう。すなわち多細胞系からなる根の組織は，溶質の蓄積によって木部中に陽圧を生じさせ，まるで細胞膜であるかのようにふるまう。

根圧は土壌の水ポテンシャルが高く，蒸散速度が低いときにもっともおこりやすい。蒸散速度が大きいと，水はすばやく葉の中へ吸収され，大気へ失われるので，陽圧は木部中では生じない。

根圧を発達させる植物は，葉縁に水滴をつけることが多い。それは**排水** (guttation) として知られる現象である (図4.5)。木部の陽圧は，葉縁の葉脈の末端と関連した‘排水組織’ (hydathode) とよばれる特殊化した孔を通し木部液を排出する。朝，草の葉の先端に見られる「露滴」は，実際はそのような特殊化した孔から排出された液である。排水は蒸散が抑えられ，相対湿度が高い夜間などにもっとも顕著である。

図 4.5 オランダイチゴ (*Fragaria grandiflora*) の葉における排水。早朝，葉縁にある排水組織から水滴を分泌する。若い花も同じような排水をする。(写真はR. Aloniの好意による)

木部中の水輸送

ほとんどの植物では，木部が水輸送の通路ではいちばん長い部分を占めている。1 mの高さの木では，その植物体を通しての水輸送の通路の99.5%以上が木部中にある。そして高木では，木部は水輸送通路のさらに多い割合を占めている。根の組織を横切る複雑な通路に比べ，木部は抵抗の少ない簡単な通路である。次の節では，木部を通る水の輸送がどのように根から葉へ水を運ぶのに最適化されているか，またどのように蒸散によって生じた陰圧が木部を通して水を引き上げるかを述べる。

木部は2種類の管状要素からなる

木部中の通道細胞 (conducting cell) は，多量の水を効率よく輸送することを可能にする特別な構造をもっている。木部中には二つの重要な**管状要素** (tracheary element) である**仮道管** (tracheid) と**道管要素** (vessel element) (図4.6) がある。道管要素は，被子植物とグネツム目 (*Gnetales*) とよばれる裸子植物の中の1グループと，いくつかのシダ植物にのみ知られている。仮道管は被子植物，裸子植物，シダ類や他の維

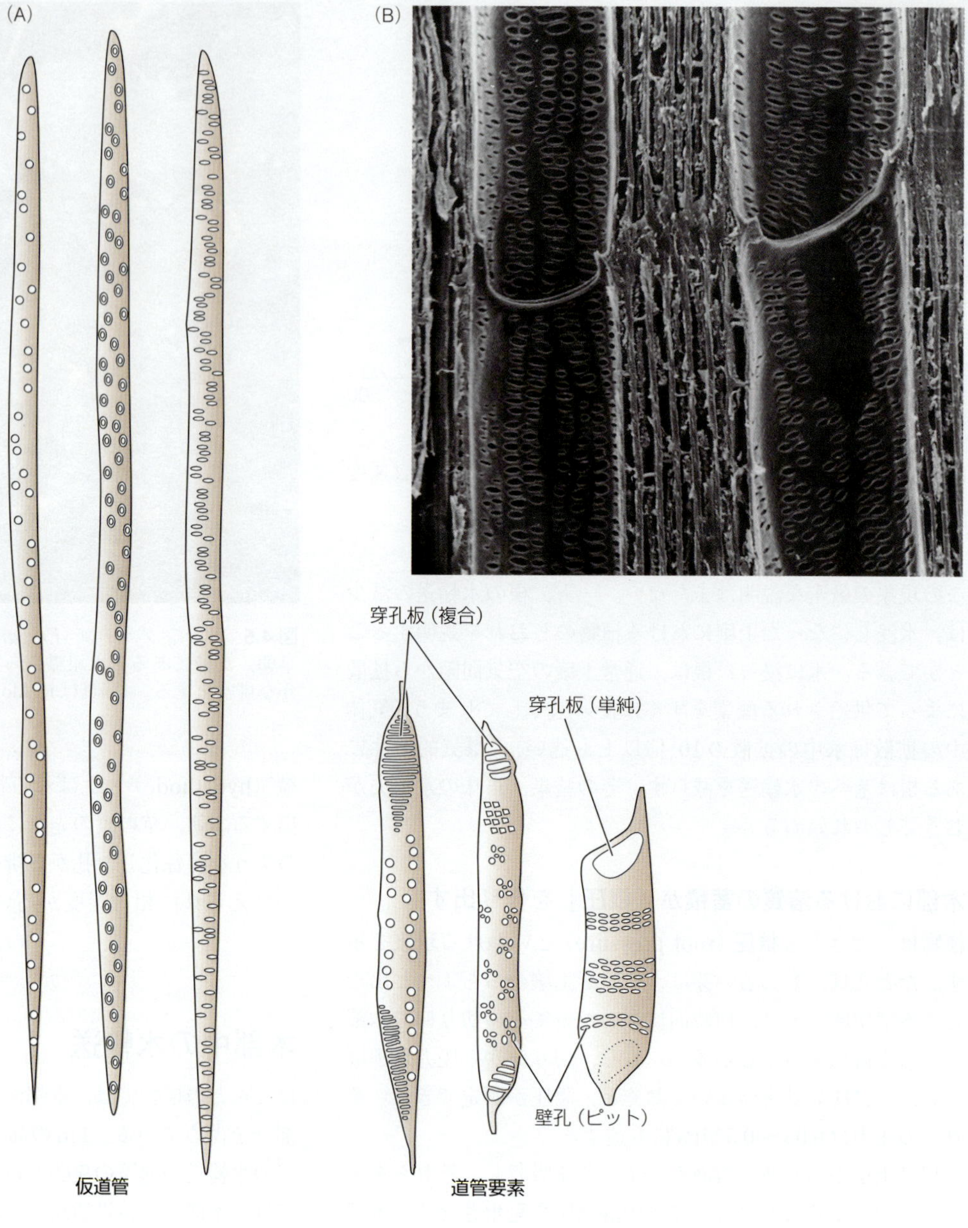

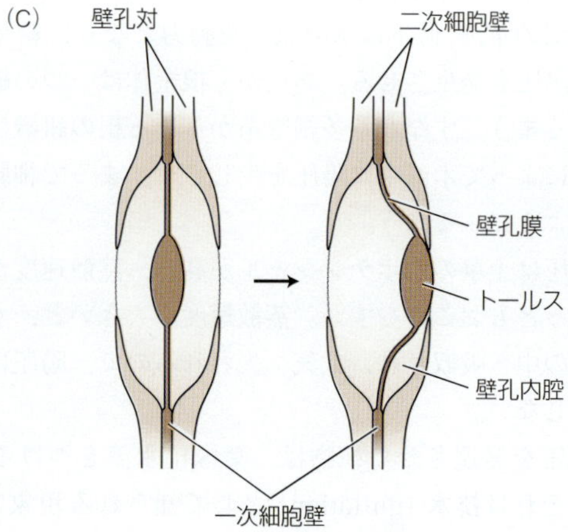

図 4.6 管状要素とその相互連絡。(A) 木部で水輸送に関わる2種類の管状要素，仮道管と道管要素の構造比較。仮道管は長く伸びた中空の木化した細胞壁をもつ死んだ細胞である。その細胞壁は多くの壁孔――二次細胞壁がなく一次細胞壁が残っている場所――をもっている。壁孔の形とパターンは種と器官の種類によって変わる。仮道管はすべての維管束植物にある。道管は，二ないし三つの道管要素が積み重なってできている。仮道管と同じように道管要素は死んだ細胞で，たがいに穿孔板 (perforation plate) ――孔が発達した細胞壁の部分――を通して連絡している。道管は他の道管や仮道管と壁孔を通して連絡している。道管はほとんどの被子植物にあり，ほとんどの裸子植物には欠けている。(B) オーク材の道管の一部を構成する二つの道管要素の走査型電子顕微鏡像。(C) トールスを壁孔内腔の中心あるいは縁にもつ（したがって水を通さない）有縁壁孔の模式図。((B) は©G. Shih-R. Kessel/Visuals Unlimited，(C) は Zimmermann 1983 による)

管束植物に存在する。

仮道管と道管要素の成熟には，「細胞死」が関わっている。水を通す機能をもつ細胞は，膜と細胞内小器官をもっていない。あるのは，水が比較的抵抗が少なく流れることができる中空の管を形成する厚い木化した細胞壁である。

仮道管は長く伸びた紡錘状の形（図4.6A）をした細胞で，垂直な通路が重なり合って配置されている。水は仮道管の間を側壁にある多くの**壁孔**（**ピット**：pit）を通って流れる（図4.6B）。壁孔の部分は二次細胞壁がなく，一次細胞壁が薄く多孔性の非常に小さい領域である（図4.6C）。一つの仮道管の壁孔は，たいてい隣り合う仮道管の壁孔と向かい合うように配置されており，**壁孔対**（pit pair）を形成している。壁孔対は仮道管の間の水の移動に対する抵抗を少なくする通路となっている。壁孔対の間の水を通す層は二枚の一次細胞壁と中葉（middle lamella）からなり，**壁孔膜**（pit membrane）とよばれている。

針葉樹のいくつかの種では仮道管の壁孔膜は中心が厚くなっており，**トールス**（torus，複数形はtori）とよばれている（図4.6C）。トールスは，壁孔の境界をなす円形あるいは楕円形の厚くなった部分を移動させることにより壁孔を閉じて，あたかもバルブのように働く。そのようなトールスの移動は，危険な気泡が隣の仮道管に侵入するのを防ぐ有効な方法である（この気泡の発生，キャビテーション（cavitation）については後で簡単に扱う）。

道管要素は仮道管より短く，幅が広くなる傾向があり，末端壁（end wall）には穿孔（perforation）が開き，その部分で**穿孔板**（perforation plate）が形成される。仮道管と同じように道管要素は側壁に壁孔をもっている（図4.6B）。仮道管と違って，道管要素はその穴のあいた末端壁をたがいに端と端で重ね合わせて，**道管**（vessel）とよばれる大きい通路を形成する（再び図4.6B）。道管の長さは同種内でも異種間でも異なる。道管の最大の長さは，10 cmから数十mまである。穿孔をもった末端壁のおかげで，道管は水の移動にとってとても効率がよい低抵抗の通路を提供する。末端にある最後の道管要素は，その末端壁の穿孔板を欠き，隣の道管要素と壁孔を介して通じている。

木部内の水移動は，生細胞を介した移動より圧力を必要としない

木部は，水移動に関して抵抗の低い通路を提供し，土壌から葉へ水を輸送するために必要な圧力勾配を少なくする。数値を使うと，木部の効率がどれほど高いかわかる。水をある典型的な速度で木部を通して輸送するための駆動力を計算し，それを細胞間輸送で必要とされる駆動力と比べてみよう。その比較のために，木部での輸送速度を4 mm s^{-1}，道管の半径を40 μmとする。この速度はそのような狭い道管にとって速い速度であり，木部中の水輸送を支えるのに必要な圧力勾配を増加させる傾向にある。ポアズイユ式（式（3.2））の変形式を用い，均一な内半径40 μmの‘理想的な’管を通って速度4 mm s^{-1}で水が移動するに必要な圧力勾配が計算できる。計算によれば，その値は0.02 MPa m^{-1}となる。仮定，方程式，そして計算の詳細は**Webトピック4.4**にある。

もちろん，‘本当の’木部の通路は内部に不規則な細胞壁をもち，穿孔板や壁孔は水流の別の抵抗となる。理想的な管からのこのようなずれは，ポアズイユ式から計算される値以上に摩擦抵抗（frictional drag）を増大させる。しかし，測定によると，実際の抵抗はそのおよそ2倍くらいである（Nobel 1999）。すなわち，0.02 MPa m^{-1}という推定値は実際の樹木での圧力勾配に関して正しい範囲内にある。

この値（0.02 MPa m^{-1}）を，細胞から細胞へ細胞膜をそのたびに横切って同じ速度で水を移動させるのに必要な駆動力と比較しよう。ポアズイユ式を用いると（**Webトピック4.4**），4 mm s^{-1}で細胞のある層を通って水を輸送するのに必要な駆動力は2×10^8 MPa m^{-1}となる。この値は，40 μmの半径の道管を通って水が輸送されるのに必要な駆動力より10桁大きい。この計算は，明らかに，木部を通る水の流れは生細胞の膜を横切る水の流れよりもはるかに効率的なことを示している。

水を樹高100 mの木の頂上に上げるためにどのくらいの圧力差が必要か

前節の計算例を記憶にとどめておいて，とても高い木の頂上まで水を移動させるのに必要な圧力勾配はどのくらいか，検討してみよう。世界でいちばん高い木は，北米のセコイア（*Sequoia sempervirens*）とオーストラリアのユーカリ（*Eucalyptus regnans*）である。両方の種の樹高は100 mを超える。もし，木の幹を長い管のようなものと考えると，土壌から木の頂上に水が移動するための摩擦抵抗に打ち勝つのに必要な圧力勾配を，前節で計算した圧力勾配の値（0.02 MPa m^{-1}）に木の高さをかけることによって推定できる（0.02 MPa $m^{-1} \times$ 100 m ＝ 2 MPa）。

摩擦抵抗に加え，重力も考慮にいれなくてはならない。100 mの高さの水柱の重量は，その水柱の底に対して1 MPa（100 m × 0.01 MPa m^{-1}）の圧力を与える。この重力による圧力勾配は，木部の水輸送を引きおこすのに必要な圧力勾配に加えねばならない。すなわち，基部から頂上の枝まで水を引き上げるのに，おおよそ3 MPaの圧力勾配が必要なことがわかる。

凝集力説は木部の水輸送を説明する

理論的には，木部を通して水を引き上げるのに必要な圧力勾配は，植物の基部で陽圧を発生させるか，植物の頂上で陰圧

を発生させることによって得ることができる。根では木部に陽圧——いわゆる根圧——を発達させることができるものがあることを前に述べた。しかし，典型的な陽圧は0.1 MPa以下で，蒸散速度が大きいときには消えてしまうので，高木で水を引き上げるのには明らかに適当ではない。

かわりに，木の頂上の水は大きい張力（負の静水圧）を発達させ，この張力が木部を通して水を‘引き上げる’。この機構は最初19世紀の終わりにかけて提案され，**水分上昇の凝集力説**（cohesion–tension theory of sap ascent）とよばれた。それは，木部中の水柱の中の大きい張力を支えるために水の凝集的性質が必要だからである（詳しくは，水移動に関する研究の歴史を述べた**Webエッセイ4.1**を参照）。

魅力的な説にもかかわらず，その凝集力説は一世紀にわたって議論がつづき，いまでも新しい議論を生み出している。主な議論は，木部中の水柱が高木に水を引き上げるのに必要な大きい張力（陰圧）に耐えられるかどうかをめぐってである。

最新の議論は，研究者たちが直接道管内の張力を測定するため，いままで細胞の膨圧測定に使われてきたプレッシャープローブ法（pressure probe）を改良したときに始まった（Balling and Zimmermann 1990）。この技術が開発される前は，木部内圧力の推定は葉の水ポテンシャルを測定するプレッシャーチェンバー法（pressure chamber）によっていた（プレッシャーチェンバー法については**Webトピック3.6**を参照）。

最初，木部プレッシャープローブ法による測定は，期待される陰圧を測定することができなかった。その理由は，おそらく，プレッシャープローブ法の圧力測定用ガラス細管先端で細胞壁に孔を開けるとき入る小さな気泡によって，キャビテーションが生じたことによる（Tyree 1997）。しかし，その技術を注意深く改良することにより，最後にはプレッシャープローブ法による測定結果とプレッシャーチャンバー法によって推定される張力が一致することが示された（Melcher et al. 1998；Wei et al. 1999）。さらに，これとは別の研究によって，木部中の水は大きい負の張力を支えることができること（Pockman et al. 1995），蒸散していない葉のプレッシャーチェンバー法によって得られる値は木部中の張力を反映することが示された（Holbrook et al. 1995）。

ほとんどの研究者は，凝集力説の基本は正しいと結論している（Steudle 2001）（別の仮説についてはCanny（1998）と**Webエッセイ4.1**，**4.2**参照）。木部の張力は，蒸散している植物の茎の木部に穴をあけ，茎の表面にインクを1滴たらすことで簡単に示すことができる。木部中の張力が働くと，そのインクはすぐに木部に吸い込まれ，茎に沿って線が見えるようになる。

樹木における水の木部輸送には物理的な問題がある

樹木や他の植物の木部で発達する大きな張力には，いくつかの問題がある（**Webエッセイ4.3**参照）。一つめの問題は，張力が発達した水は木部の壁に内向きの力を及ぼすことである。もし，細胞壁が機械的に弱く，柔軟であったとすると，木部の壁はこの張力の影響によってつぶれてしまうであろう。二次細胞壁の肥厚や仮道管や道管の木化は，この傾向をなくそうとする適応である。

二つめの問題は，そのような張力下の水は物理的に‘準安定状態’（physically metastable state）にあるということである。3章で述べたように，脱気した水（気体を除くために煮沸した水）の実測の破壊応力（breaking strength）は，30 MPa以上である。この値は，いちばん高い樹木の頂上へ水を引き上げるのに必要な3 MPaという推定値よりはるかに大きく，通常は木部中の水が不安定化する張力まで達しない。

しかし，水の張力が増加してくると，空気が木部の細胞壁の非常に小さい穴に吸引される傾向が増してくる。この現象は‘気泡核生成’（air seeding）とよばれる。気泡が木部の通路で形成される2番めの方式は，氷中での気体の溶存率の減少による（Davis et al. 1999）。木部通路の凍結は気泡の発生につながる。張力下で水柱の中に一つでも気泡が発生すると，その気泡は，引張りの力に抵抗できないので膨張する。この気泡発生の現象は，キャビテーションあるいは**エンボリズム**（embolism）として知られている。自動車の燃料管の蒸気閉塞（vapor lock）あるいは血管中の気泡発生と似ている。キャビテーションは水柱の連続性を破壊し，木部の水輸送を妨げる（Tyree and Sperry 1989；Hacke et al. 2001）。

そのような植物の中の水柱の破壊は，めずらしくはない。適当な装置を使って，水柱の破壊を「聴く」ことができる（Jackson et al. 1999）。植物から水が奪われるときに音のパルスが検出できる。このパルスあるいは鋭い音は，木部中に気泡が形成され，その急激な膨張の結果生じる高周波の音衝撃波に対応していると考えられている。木部中の水の連続性の破壊は，もし，修復されなければその植物にとっては致命的になる。水の主な輸送経路を遮断することで，そのようなエンボリズムは葉の脱水と死を引きおこす。

植物は木部のキャビテーションを最小限にする

植物体内の木部キャビテーションは，いくつかの方法によって最小限に抑えられている。木部中の仮道管はたがいに連絡しているので，一つの気泡が広がって原理的にはすべての仮道管を満たしてしまう可能性がある。実際には，膨張する気泡が壁孔膜の小さな穴を簡単に通っていくことができないので，遠くまでは広がらない。木部中の毛細管はたがいにつな

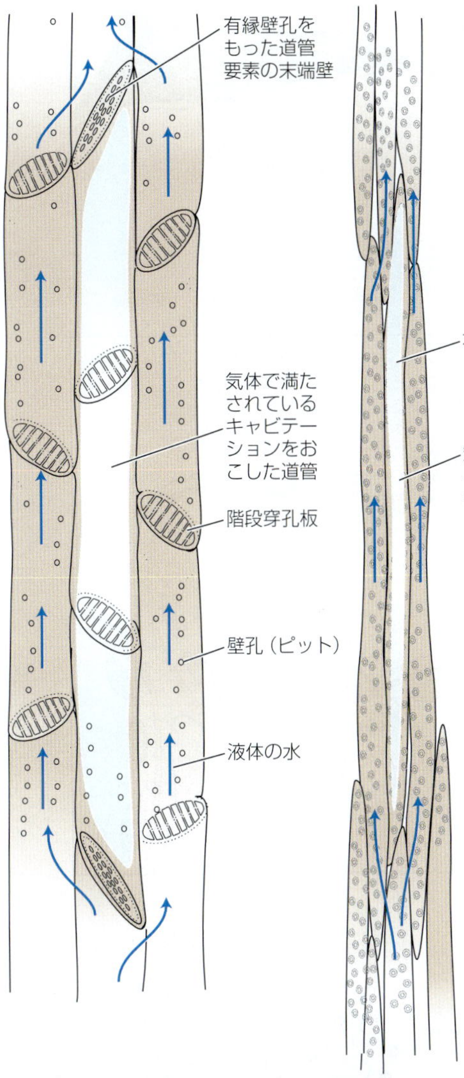

図 4.7 仮道管（右）と道管（左）は，ひとつづきの平行した，たがいにつながり合った水の移動のための通路を形成する。キャビテーションは，気体で満たされた（詰まった）道管を形成することにより水の移動を妨げる。木部の通路はたがいに厚い二次細胞壁の中の孔（有縁壁孔，bordered pit）を通して連絡しており，水は隣の管状要素を通ることによって，その遮断された道管を迂回することができる。壁孔膜の中のとても小さな孔は木部の通路間でエンボリズムが広がるのを防ぐ。そうして右図にあるように，発生した気体は一つのキャビテーションがおきた仮道管内に留まる。左図では，階段穿孔板（scalariform perforation plate）で仕切られている三つの道管のうちの一つに完全にキャビテーションがおきて，気体で満たされている。通常道管は非常に長く（数m以上），多くの道管要素から成り立っている。

がっているので，一つの気泡は完全には水の流れを止めることはできない。かわりに，水はその遮断された箇所をつながった隣の通路を通って迂回することができる（図4.7）。すなわち，木部中の仮道管と道管の長さに限りがあることは，水の流れに対する抵抗は増すものの，キャビテーションを制限する一つの手段となっている。

気泡は木部中から減らすこともできる。夜，蒸散が少ないとき，木部のΨ_pは増加し，水蒸気や他の気体は簡単に木部の溶液の中に溶け込んで戻っていく。さらに，すでに述べたように，ある植物は陽圧（根圧）を木部中に発達させる。そのような陽圧は気泡を収縮させ，気体を溶液に溶け込ませる。最近の研究では，キャビテーションは木部中の水が張力を受けているときでも修復されることがあることを示している（Holbrook et al. 2001）。そのような修復の機構はまだわかっておらず，活発な研究の課題となっている（**Webエッセイ4.4**参照）。最後に，多くの植物は新しい木部を毎年形成しながら二次成長を行っている。その新しい木部は，古い木部が気泡や植物から分泌される物質で，閉塞して機能を停止する前に機能を果たすようになる。

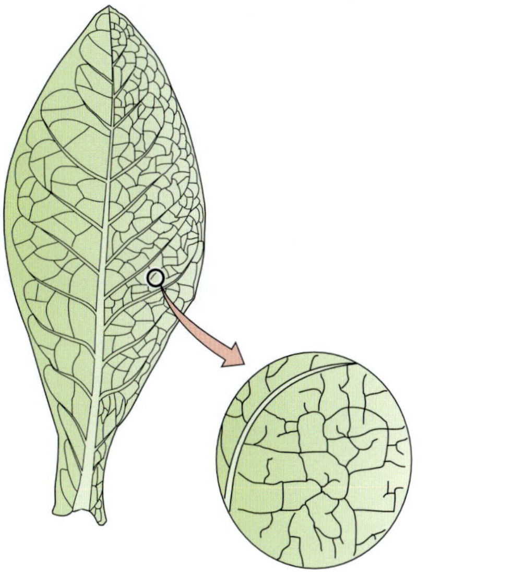

図 4.8 中ろく（midrib）から細かい側脈への分枝をしているタバコの葉の脈系（venation）。この脈系は木部の水を葉の中のあらゆる細胞の近くまでもたらす。（Kramer and Boyer 1995による）

葉における蒸散は木部中の負の静水圧を形成する

木部を通して水を引き上げるのに必要な張力は，葉からの水の蒸発の結果である。正常な植物では，微細でときには複雑な**葉脈**（vein）のネットワークへと分岐している葉の維管束の木部を通って，水は葉へ供給される（図4.8）。この**脈系**（venation pattern）は細かく分岐しており，典型的な葉のほとんどの細胞は細い葉脈から0.5 mm以内の範囲に存在する。水は葉の細胞の中やその細胞壁に沿って木部から引き込まれる。

水の引き上げをおこす陰圧は，木部を通して葉内の細胞壁の表面で発達する。この状況は土壌中と似ている。細胞壁は，水に浸したとても細い毛細管を束ねたロウソクの芯のように機能する。水はセルロースミクロフィブリルや細胞壁のほかの親水性成分に付着する。葉の中の葉肉細胞は，細胞間の間隙を作る広い空間を通して大気と直接接している。

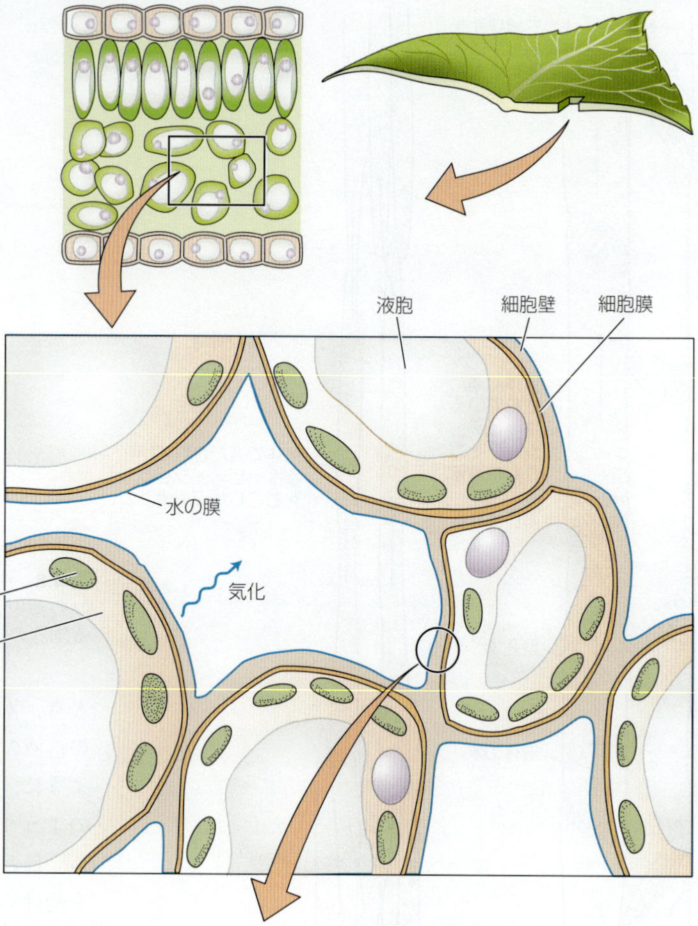

	曲率半径 (μm)	静水圧 (MPa)
(A)	0.5	−0.3
(B)	0.05	−3
(C)	0.01	−15

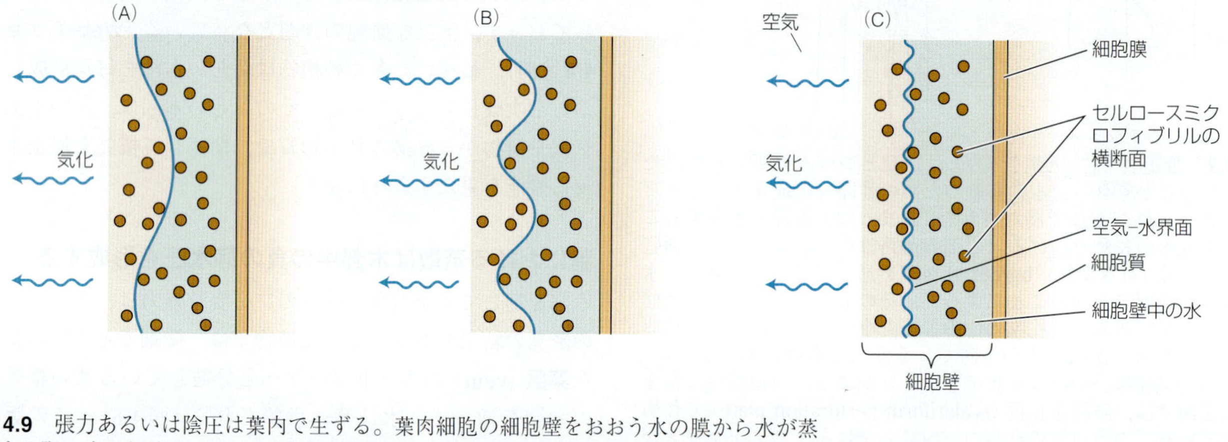

図 4.9　張力あるいは陰圧は葉内で生ずる。葉肉細胞の細胞壁をおおう水の膜から水が蒸発する際，水は細胞壁の小さい間隙まで後退し，表面張力は液体中に陰圧を発生させる。水の膜の曲率半径が小さくなると，式 (4.1) からわかるように，その圧力は増加する（より負に）。

最初，水はこれらの空気間隙と細胞間の薄い膜から蒸発する。水が空気へ失われると，残っている水の表面は細胞壁の隙間（図4.9）の中へ引き込まれ，そこで湾曲した空気–水界面が形成される。水の高い表面張力によって，この界面の湾曲は張力あるいは陰圧を水の中に発生させる。さらに細胞壁から水が失われると空気–水界面の曲率半径は減少し，水の圧力はより負になる（式 (4.1) 参照）。こうして木部輸送の駆動力は，葉の中の空気–水界面で作られる。

葉から大気への水の移動

水が細胞表面から細胞間の空気間隙に蒸発してしまうと，拡散が葉から水が移動する主な方法となる。葉の表面を覆う，ろう質のクチクラ（cuticle）はとても強力な水移動の障壁となっている。クチクラを通って失われる水は，全体の約5%しかないと推定されている。典型的な葉から失われるほとんどの水は，たいてい葉の下側に多い気孔装置（stomatal apparatus，stomatal complexともいう）の小さな穴（気孔stomata）を通る水蒸気分子の拡散によって失われる。

葉から大気への途中で，水は木部から葉肉細胞の細胞壁の中へ引き込まれる。細胞壁中では水は葉の空気間隙の中へ蒸発する（図4.10）。水蒸気はそれから気孔を通って葉から出て行く。この通路では水は主に拡散によって移動するので，その移動は水蒸気の‘濃度勾配’によって調節されている。

これから，葉の蒸散の駆動力，葉から大気に至る拡散経路の主な抵抗，そして蒸散を調節する解剖学的特徴を扱う。

水分子は空気中ではすばやく拡散する

3章で述べたように拡散は液体中では遅く，したがって細胞内の移動にのみ有効である。一つの水分子が葉の内側の細胞壁表面から外の大気へ拡散するのに，どれくらい時間がかかるであろうか。3章で1分子が距離Lを拡散するに必要な時間はL^2/D_s（D_sは拡散係数）と等しいことを述べた。1分子の水が葉内の蒸発する場所から外気まで拡散していかなければならない距離はおよそ1 mm（10^{-3} m）で，空気中の水分子の拡散係数は2.4×10^{-5} m^2 s^{-1}である。そうすると，1分子の水が葉から逃げ出すのに必要な平均時間はおよそ0.042秒となる。このことから，水蒸気が葉の中の気相を通って移動するには拡散で十分であることになる。この時間が1分子のブドウ糖が50 μmの細胞を横切って拡散するのに必要な時間として3章で計算した2.5秒よりもはるかに短い理由は，その拡散が液体中より気体中ではるかに速いことによる。

葉からの蒸散は，二つの主な要因に依存している。(1) 葉内の空気間隙と外気の間の**水蒸気濃度**（water vapor concentration）**の差**と，(2) この通路の**拡散抵抗**（diffusional resistance；r）である。以下で，水蒸気濃度の違いがどのように蒸散を調節するかをまず議論する。

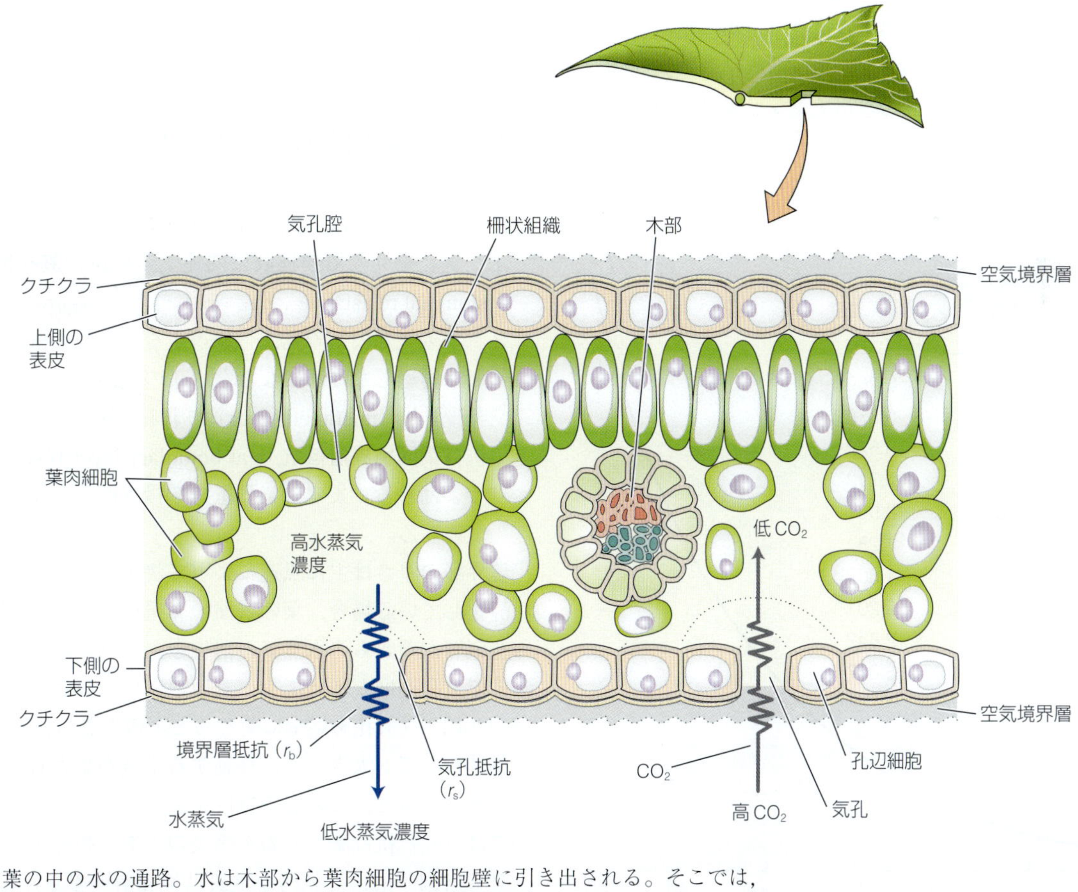

図 4.10 葉の中の水の通路。水は木部から葉肉細胞の細胞壁に引き出される。そこでは，水は葉の中の空気間隙へと蒸発する。そして水蒸気は葉の空気間隙を通って拡散し，気孔を通り，葉の表面近くにある静止空気（still air）の境界層を横切る。CO_2は逆の方向を濃度勾配（中が低く，外が高い）に従って拡散する。

表 4.2 葉からの水損失の通路4か所における相対湿度，水蒸気濃度と水ポテンシャルの代表値

場所	相対湿度	水蒸気 濃度 (mol m^{-3})	水蒸気 水ポテンシャル (MPa)*
葉内空気間隙（25℃）	0.99	1.27	−1.38
気孔のすぐ内側（25℃）	0.95	1.21	−7.04
気孔のすぐ外側（25℃）	0.47	0.60	−103.7
外気（20℃）	0.50	0.50	−93.6

Nobel 1999 より。
図 4.10 参照。
＊ **Web トピック 4.5** の式（4.5.2）から計算；$RT/\overline{V}_w$ = 135 MPa（20℃）= 137.3 MPa（25℃）

水損失の駆動力は水蒸気濃度の差である

水蒸気濃度の差は，$c_{wv(葉)} - c_{wv(大気)}$ として表される。大気の水蒸気濃度（$c_{wv(大気)}$）は簡単に測定できるが，葉の水蒸気濃度を決定するのはそれより難しい。

葉内の空気間隙の体積は小さいが，水が蒸発する湿った細胞表面は比較的大きい（空気間隙の体積はマツの葉では葉の体積の約5%，トウモロコシの葉では10%，オオムギでは30%，タバコの葉では40%）。空気間隙の体積とは対照的に，水が蒸発する葉内の表面積は葉面積の7～30倍である。体積に対する表面積の割合がこのように高いため，葉内の速い蒸気平衡が可能となる。このことから，葉の中の空気間隙は水が蒸発している細胞壁表面と水ポテンシャルについては平衡に近いと仮定できる。

この関係で重要な点は，蒸散する葉内の水ポテンシャルの範囲（一般的には2.0 MPa以内）では，平衡水蒸気濃度は飽和水蒸気濃度と数%以内の差しかないということである。このことは，測定しやすい葉温から葉内の水蒸気濃度を推定することを可能にする（**Web トピック 4.5** は葉内の空気間隙の水蒸気濃度を計算する方法と，葉内の水分生理（water relation）の別の見方を扱っている）。

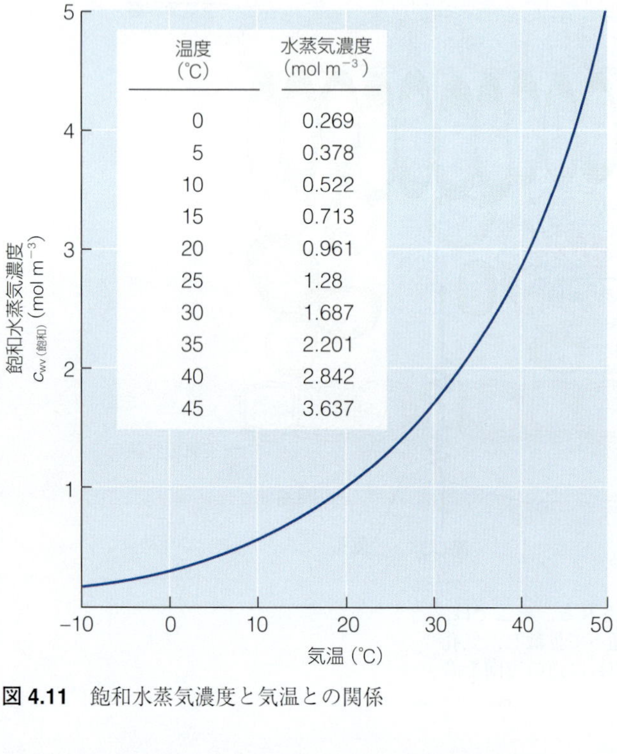

図 4.11 飽和水蒸気濃度と気温との関係

水蒸気濃度（c_{wv}）は蒸散経路に沿ってさまざまに変化する。表4.2は，c_{wv} は細胞壁の表面から葉の外の大気にいたる各経路で減少していくことを示している。覚えておかねばならない重要な点は，(1) 葉からの水損失のための駆動力は水蒸気の絶対濃度差（c_{wv} の差，mol m^{-3}）であり，(2) この差は図4.11に示すように，温度に依存するということである。

水損失は通路の抵抗にも影響される

葉の水損失に関わる2番めの重要な因子は，蒸散経路の拡散抵抗である。これは，異なる二つの要素からなる：

1. 気孔を介しての拡散に関連する抵抗，**気孔抵抗**（leaf stomatal resistance；r_s）。
2. 水蒸気が大気の乱流へ到達するために，拡散していくとき通過しなければならない葉の表面の近くに存在する非撹拌層（unstirred layer）による抵抗。この2番めの抵抗は**葉面境界層抵抗**（leaf boundary layer resistance；r_b）とよばれる。まず，気孔抵抗を扱う前にこの抵抗について述べる。

境界層の厚さは主に風速によって決まる。葉の周囲の空気が静止している場合，葉の表面の非撹拌層はとても厚く，その空気層が葉からの水蒸気の消失を主に抑える。このような条件で気孔開度が増しても，蒸散速度にはほとんど影響しない（図4.12）（気孔を完全に閉じると蒸散をさらに減少する）。

風速がとても大きいと，移動する空気が葉表面の境界層の厚さを減少させ，この層の抵抗を減少させる。このような条件では気孔抵抗は葉からの水損失の大半を制御する。

葉の解剖学的，形態的な性質は境界層の厚さに影響する。葉の表面にある毛は非常に小さい風除けとして働く。植物の中には気孔の外側に風除けの場所をもち，埋もれた気孔をも

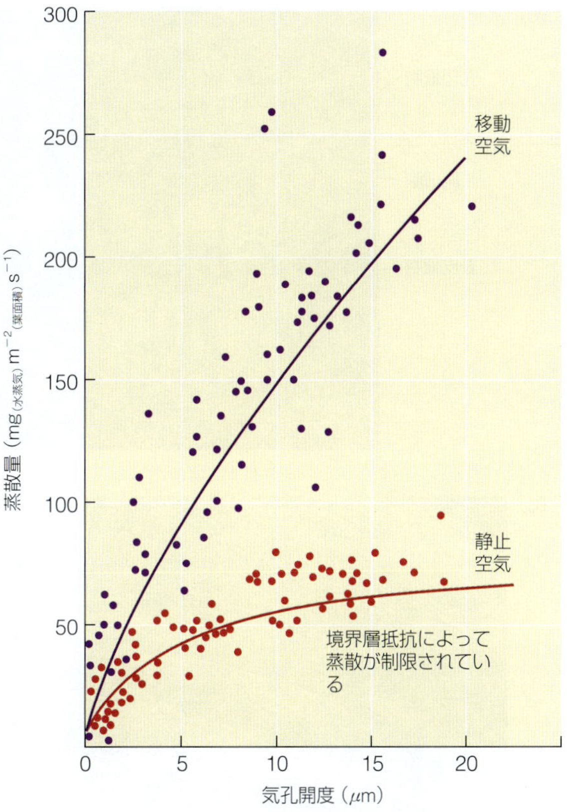

図 4.12 シマフムラサキツユクサ（*Zebrina pendula*）の蒸散速度の静止大気中と移動大気中における気孔開度依存性。境界層は移動する空気中よりも静止した空気中でより大きく，より制限要因となる。その結果，気孔は静止空気の中では蒸散をあまり制御することができない。（Bange 1953）

つものがある。葉の大きさや形は風が葉の表面を横切って吹きぬける通路にも影響する。これらや他の因子は境界層に影響を与えるにもかかわらず，1時間ごとあるいは1日ごとでも変えられる特徴ではない。短期の調節については，孔辺細胞による気孔開度の調節がきわめて重要な役割を果たす。

気孔開度の調節は葉からの蒸散を葉の光合成と関係づけている

葉を被うクチクラは水をほとんど通さないので，葉からの蒸散のほとんどは気孔を通る水蒸気の拡散によっている（図4.10）。顕微鏡的大きさの気孔は，表皮細胞やクチクラを横切る気体の拡散による移動の‘低抵抗の通路’（low-resistance pathway）となっている。すなわち，気孔は葉からの水損失に関与する拡散抵抗を下げている。気孔抵抗の変化は，植物による水損失を調節するうえで，また光合成によるCO_2固定を続けて行うために，CO_2の取り入れ速度を調節するうえで重要である。

すべての陸上植物は，水損失を抑えながら一方で大気からCO_2を取り入れるという競合する要求にさらされている。むき出しの植物表面を被うクチクラは水損失の一つの強力な障壁として役立ち，植物を乾燥から守る。しかし，植物は葉からの水の拡散を阻止しながらCO_2だけは通すということはできない。この問題はCO_2の濃度勾配が，水損失を駆動する濃度勾配よりもかなり小さいがゆえに複雑である。

水が豊富に得られるならば，このジレンマに対する機能的な解決策は気孔開度の‘時間的’調節——昼間は開け，夜は閉じる——である。夜は光合成が行われないので，葉の中ではCO_2の要求がなく，不必要な水損失をしないように気孔開度は小さく保たれる。水の供給が豊富で，葉への太陽光線の入射が高い光合成反応が可能な晴れた日の午前中は，葉の中のCO_2の要求は高く，気孔は広く開き，CO_2の拡散に対する抵抗を下げる。このような条件では，蒸散による水損失も大きいものの水供給が豊富なので，植物にとっては水を，成長と再生産に欠くことができない光合成産物と交換取引することの方が有利となる。

一方，土壌中の水があまり豊富でないと気孔はあまり開かないか，あるいは晴れた午前中でも閉じた状態に留まるであろう。乾燥条件で気孔を閉じたままにすることによって，植物は脱水をさける。水蒸気濃度差（$c_{wv(葉)} - c_{wv(大気)}$）と境界層抵抗（r_b）は生物学的制御が簡単ではない。しかし，気孔抵抗（r_s）は気孔を開閉することで調節することができる。この生物学的調節は気孔を囲む一対の特殊化した表皮細胞，**孔辺細胞**（guard cell）で行われる（図4.13）。

孔辺細胞の細胞壁は特殊化している

孔辺細胞はすべての維管束植物の葉に見られ，苔類や蘚類のようなもっと簡単な構造をもつ植物にも存在する（Ziegler 1987）。孔辺細胞は形態的にはきわめて多様性が高いが，主に2種類の型がある。一つの型はイネ科草本や他の少数の単子葉植物（たとえばヤシ）に特徴的で，もう一つの型はすべての双子葉植物，多くの単子葉植物，蘚類，シダ類，そして裸子植物に見られる。

イネ科草本（図4.13 A）では，孔辺細胞はふくらんだ端をもつダンベル（亜鈴（あれい））状の特徴的な形をしている。孔そのものは二つのダンベルの「取手」の間にある長い隙間である。これらの孔辺細胞はいつでも孔辺細胞が気孔を調節するのを助ける**副細胞**（subsidiary cell）とよばれる一対の表皮細胞が分化した細胞に接している（図4.13 B）。孔辺細胞，副細胞と孔はまとめて**気孔装置**（stomatal complex）とよばれる。

双子葉植物とイネ科以外の単子葉植物においては，腎臓の形をした孔辺細胞の中央に楕円形の外形をした孔がある（図4.13 C）。副細胞は腎臓の形をした孔辺細胞をもつ種では一般的でないことはないものの，直接孔辺細胞がふつうの表皮細胞に囲まれていて存在しないことが多い。

孔辺細胞の明らかな特徴は，その特殊化した細胞壁の構造

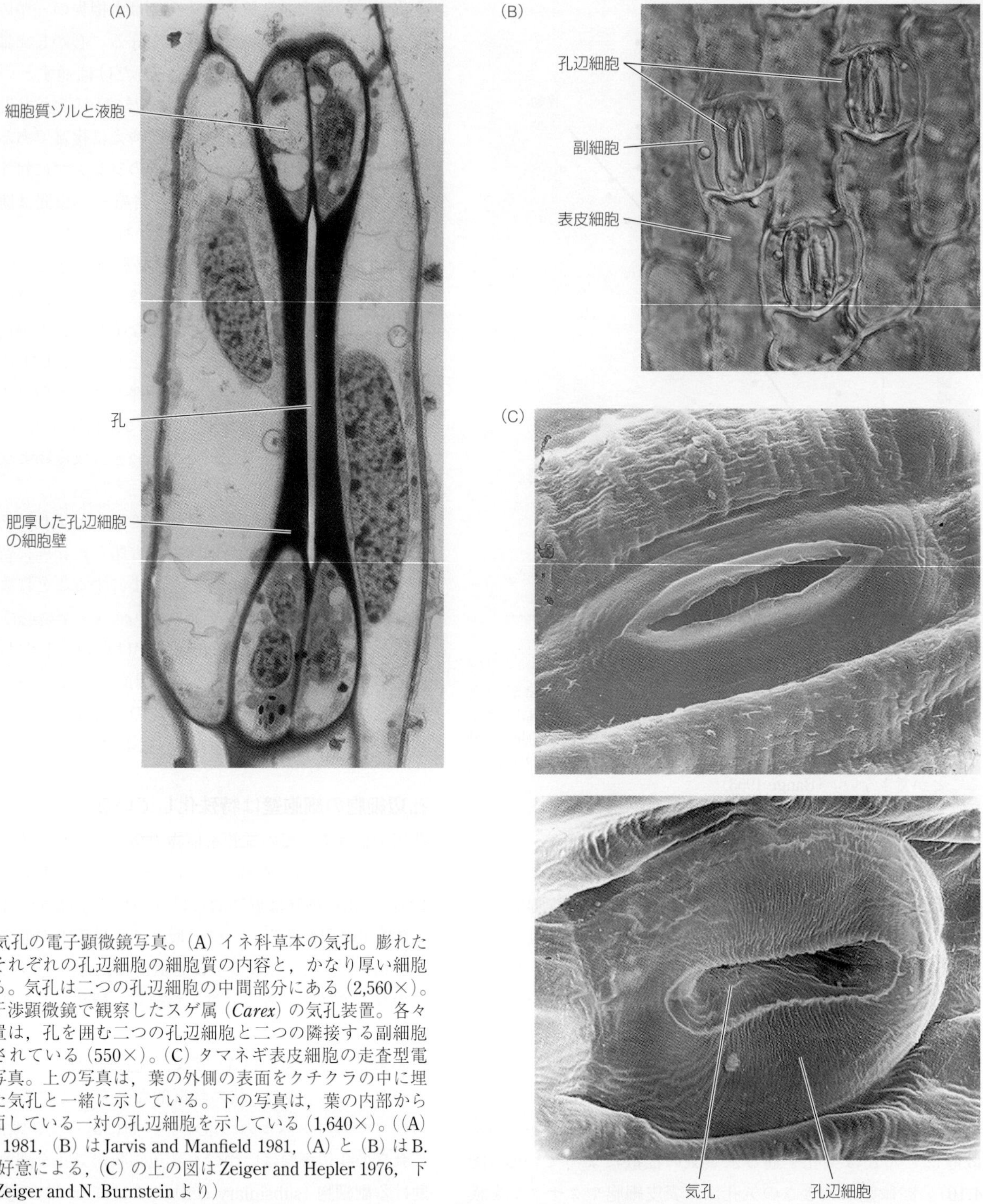

図 4.13　気孔の電子顕微鏡写真。(A) イネ科草本の気孔。膨れた端をもつそれぞれの孔辺細胞の細胞質の内容と，かなり厚い細胞壁が見える。気孔は二つの孔辺細胞の中間部分にある (2,560×)。(B) 微分干渉顕微鏡で観察したスゲ属 (***Carex***) の気孔装置。各々の気孔装置は，孔を囲む二つの孔辺細胞と二つの隣接する副細胞から構成されている (550×)。(C) タマネギ表皮細胞の走査型電子顕微鏡写真。上の写真は，葉の外側の表面をクチクラの中に埋め込まれた気孔と一緒に示している。下の写真は，葉の内部から気孔腔に面している一対の孔辺細胞を示している (1,640×)。((A) は Palevitz 1981,(B) は Jarvis and Manfield 1981,(A) と (B) は B. Palevitz の好意による，(C) の上の図は Zeiger and Hepler 1976，下の図は E. Zeiger and N. Burnstein より)

である。細胞壁はかなり厚くなっており (図 4.14)，厚さが 5 μm まで達することもある。これは，典型的な表皮細胞の細胞壁の厚さ 1～2 μm とは対照的である。腎臓の形をした孔辺細胞では，かなり厚い内側と外側の細胞壁，表皮細胞と接している側の細胞壁，そしていくらか厚くなった孔側の細胞壁からなっている (図 4.14)。大気と接する細胞壁の部分は，孔自身を形成するよく発達した出っ張り (ledge) として突き出ている。

すべての植物細胞の細胞壁を強化し，細胞の形をきめる重要な決定要素である**セルロースミクロフィブリル** (cellulose microfibril) の配列 (15 章) は気孔を開閉するのに重要な働きをする。円柱状の形をもつ通常の細胞では，セルロースミクロフィブリルは細胞の長軸と直角に配向をしている。その結果，セルロースによる補強がその配向に対してもっとも抵抗

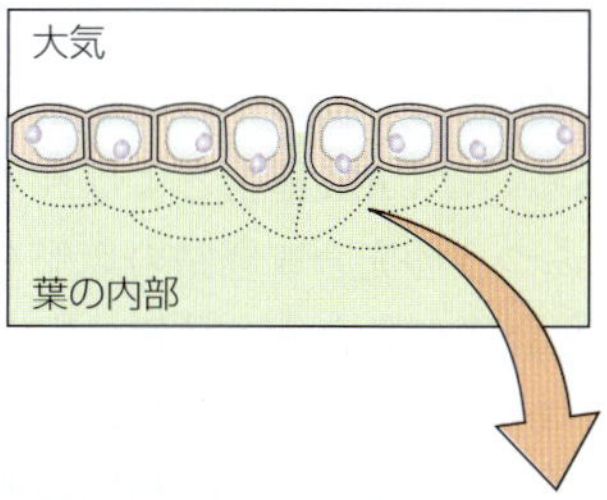

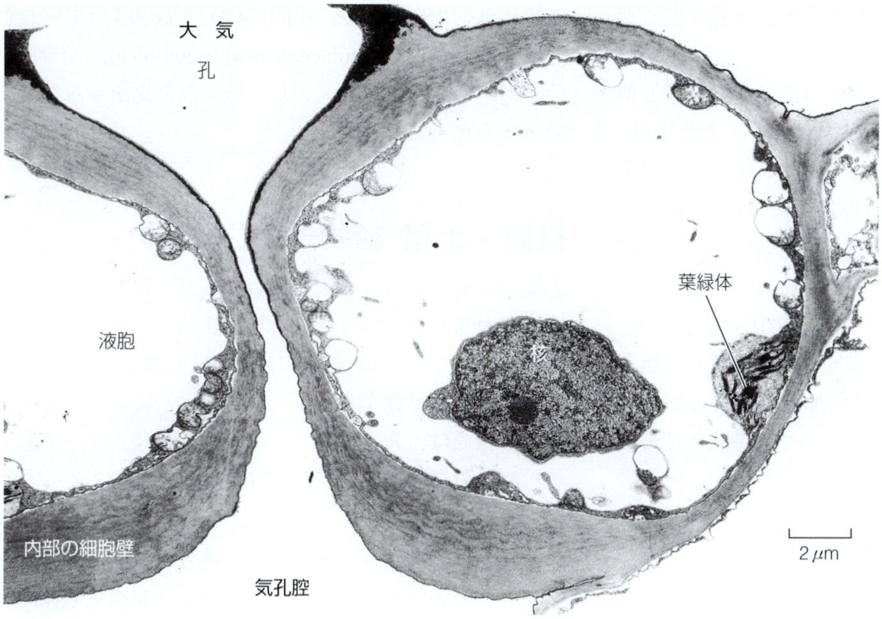

図 4.14 双子葉類タバコ（*Nicotiana tabacum*）の一対の孔辺細胞を示す電子顕微鏡写真。切片は葉の表面と垂直になっている。孔は大気と接している；下は葉内の気孔腔と接している。気孔が開くとき，体積が増加する孔辺細胞の非対称的変形の原因となる不均等な細胞壁の厚さに注目。（Sack 1987より，F. Sackの好意による）

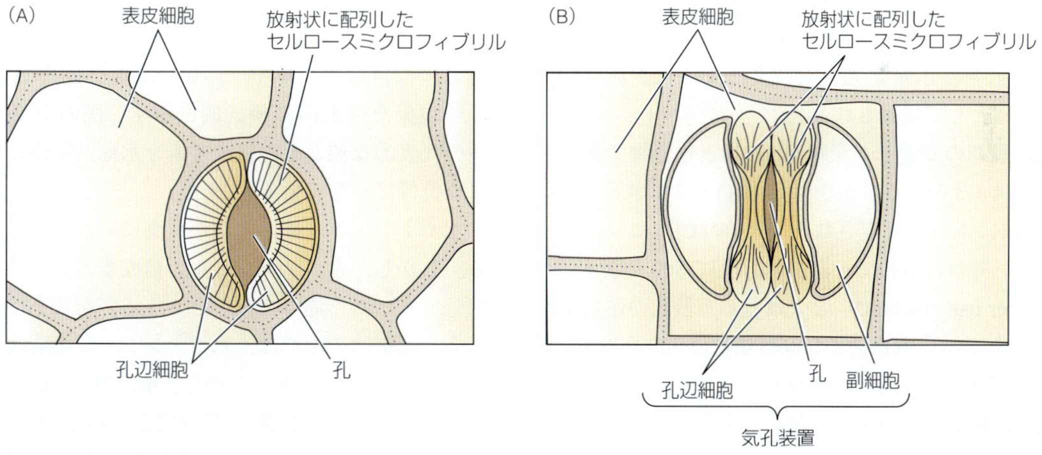

図 4.15 腎臓型気孔（A）とダンベル型気孔（B）の孔辺細胞におけるセルロースミクロフィブリルの放射状配向と表皮細胞（Meidner and Mansfield 1968）

の少ない角度を決めるので，細胞はその長軸方向に伸長する。

孔辺細胞では，そのセルロースミクロフィブリルの配列が異なっている。腎臓の形をした孔辺細胞はその穴から放射状に扇形に広がるセルロースミクロフィブリルをもっている（図4.15A）。そうすると，細胞の周囲は鋼鉄の帯をしたラジアルタイヤのように補強され，孔辺細胞は開くとき外に向かって湾曲する（Sharpe et al. 1987）。イネ科草本では，膨張させることができる両端をもった梁（はり）のように，ダンベル型の孔辺細胞が働く。細胞の球根状の端の体積が増加し膨張すると，その梁はたがいに離れ，それらの間の隙間が広がる（図4.15B）。

孔辺細胞の膨圧の増加が気孔をあける

孔辺細胞は，多くのセンサーをもった水圧バルブとして機能する。光強度，光質，温度，相対湿度や細胞内CO_2濃度のような環境要因は孔辺細胞によって受容され，これらの信号は詳しく解明されている気孔の応答反応の中に組み込まれる。もし，暗闇の中におかれた葉に光を当てると，光刺激は気孔を開ける信号として孔辺細胞に受容され，気孔を開くための一連の反応を引きおこす。

この過程の初期反応は，孔辺細胞におけるイオン吸収と他の代謝変化である（詳しくは18章で扱われる）。ここでは，孔辺細胞におけるイオン吸収と有機分子の生合成によって生ずる浸透ポテンシャル（Ψ_s）の減少の効果について述べる。孔辺細胞における水分生理は他の細胞と同じ規則に従う。Ψ_sが減少すると水ポテンシャルが減少し，水は結果的に孔辺細胞の中に移動する。水が細胞の中に入ると膨圧が増加する。細胞壁の弾性的性質によって，孔辺細胞はその体積を植物種によっては40～100％まで可逆的に増加させることができる。孔辺細胞の細胞壁の厚みに差があるので，細胞体積の変化は気孔の開閉を引きおこすことになる。

蒸散比は水分損失と炭素利得の関係を表す

光合成のための十分なCO_2の吸収する一方で，水損失を適度にする効率は**蒸散比**（transpiration ratio，蒸散係数（transpiration coefficient）あるいは要水量（water requirement）ともいう）とよばれるパラメーターで表される。この値は，植物によって蒸散する水量を光合成によって同化されるCO_2の量で割った値として定義される。

炭素固定の最初の安定した産物が，3炭素化合物である典型的な植物では（そのような植物はC_3植物とよばれる；8章参照），光合成によって固定される1分子のCO_2について約500分子の水が失われるので，蒸散比にして500となる（水利用効率（water use efficiency）とよばれる蒸散比の逆数が使われることもある。蒸散係数が500の植物は500分の1，あるいは0.002の‘水利用効率’をもつ）。

CO_2の流入に対するH_2O流出の割合が大きいことに，三つの要因が関わる：

1. 水損失を駆動する濃度勾配は，CO_2の流入を駆動する濃度勾配の約50倍となる。大部分，この差は空気中の低いCO_2濃度（0.03％）と葉の中のかなり高い水蒸気濃度による。
2. CO_2は空気中を水が拡散する速度の約1.6倍ゆっくり拡散する（CO_2分子はH_2O分子より大きくて，より小さい拡散係数をもっている）。
3. CO_2は葉緑体によって同化されるまで細胞膜，細胞質，葉緑体膜を横切らなくてはならない。これらの膜はCO_2の拡散経路の抵抗に加わる。

植物の中には，特に乾燥環境や1年間の中の乾燥期に適応しているものがある。C_4あるいはCAM植物とよばれている植物は，CO_2固定のためにふつうの光合成経路の変形を利用する。C_4光合成系（4炭素化合物が光合成の最初の安定した産物である；8章参照）をもつ植物は，一般的に1分子のCO_2を固定する際に蒸散で失う水は少ない；C_4植物の典型的蒸散比は約250である。夜間にCO_2が最初4炭素化合物に固定されるCAM（crassulacean acid metabolism）光合成を行う砂漠に適応した植物は，さらに低い蒸散比をもっていて，約50という値もまれではない。

概観：土壌-植物-大気連続体

土壌から植物を通って大気にいたる水の移動には，異なる輸送機構が関わっていることを見てきた：

- 土壌や木部では，水は圧力勾配（$\Delta\Psi_p$）に応じた体積流によって移動する。
- 気相では，水は少なくとも対流（体積流の一形態）が優勢な外気に到達するまでは，主に拡散によって移動する。
- 水が膜を横切って輸送される場合，駆動力は膜を介した水ポテンシャル差である。そのような浸透的流れは，細胞が水を吸収するときや根が水を土壌から木部へ輸送するときおこる。

これらのすべての状況において，‘水は水ポテンシャル，あるいは自由エネルギーの低い場所へ向かって移動する’。この現象を図4.16に模式的に示す。図の中で水ポテンシャルの代表的な値とその構成要素を水輸送経路に沿ってさまざまな位置で示している。

水ポテンシャルは，土壌から葉に至るまで連続的に減少する。しかし，水ポテンシャルの構成要素はその経路の異なる部分でまったく違った値をとりうる。たとえば，葉肉細胞のような葉細胞の中では，水ポテンシャルは隣接する木部のそれとほぼ同じである。しかし，Ψ_wの構成要素はまったく異なる。木部中の主なΨ_wの構成要素は陰圧（Ψ_p）であるが，葉の細胞の中ではたいてい正である。このΨ_pの大きい差は，葉の細胞の細胞膜を隔てておこる。葉の細胞内では，水ポテンシャルは高い溶質濃度（低いΨ_s）によって減少している。

ま と め

水は生命に必須な媒体である。陸上植物は，大気への水損失によってきわめて致命的な乾燥にさらされている。この問題は葉の広い表面積，高放射エネルギーの入射そしてCO_2吸収のために開いた通路をもつ必要性によって悪化する。こう

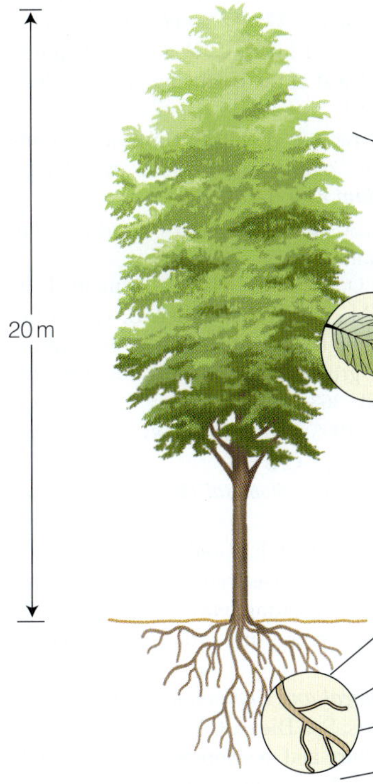

場所	水ポテンシャルとその構成要素（MPa） 水ポテンシャル（$\varPsi_w$）	圧力（$\varPsi_p$）	浸透ポテンシャル（$\varPsi_s$）	重力（$\varPsi_g$）	気相の水ポテンシャル $\left(\frac{RT}{\overline{V}_w}\ln(RH)\right)$
外気（相対湿度＝50%）	−95.2				−95.2
葉内の空気間隙	−0.8				−0.8
葉肉細胞の細胞壁（10 m）	−0.8	−0.7	−0.2	0.1	
葉肉細胞の液胞（10 m）	−0.8	0.2	−1.1	0.1	
葉の木部（10 m）	−0.8	−0.8	−0.1	0.1	
根の木部（表面近く）	−0.6	−0.5	−0.1	0.0	
根の細胞の液胞（表面近く）	−0.6	0.5	−1.1	0.0	
根近くの土壌	−0.5	−0.4	−0.1	0.0	
根から 10 mm 離れた土壌	−0.3	−0.2	−0.1	0.0	

図 4.16　土壌から植物を介して大気までの水輸送経路の各点における水ポテンシャルとその構成要素の代表的値。水ポテンシャル（$\varPsi_w$）は各点で測定できるが，その構成要素はそれぞれ異なる。液体として通る通路では，圧力ポテンシャル（$\varPsi_p$），浸透ポテンシャル（$\varPsi_s$），そして重力（$\varPsi_g$）が$\varPsi_w$を決める。空気中では相対湿度（relative humidity）（$RT/\overline{V}_w \times \ln(RH)$）が重要である。葉肉細胞の液胞と取りまく細胞壁中の水ポテンシャルは同じであるが，$\varPsi_w$の構成要素は大きく異なることに注意すること（すなわち，この場合$\varPsi_p$は葉肉細胞中で0.2 MPa，細胞外では−0.7 MPa）。（Nobel 1999による）

して水の保持の必要とCO_2同化の必要の間には矛盾がある。

この生死に関わる矛盾を解決する必要は，多くの陸上植物の構造のほとんどを決定している：(1) 土壌から水を集めるための多くの根系；(2) 水を葉までもたらす道管要素と仮道管を通る低い抵抗の通路；(3) 蒸発を減らすための植物の表面をおおう疎水的なクチクラ；(4) ガス交換を可能にする葉表面の小さい気孔；(5) 気孔開度（と拡散抵抗）を調節する孔辺細胞。

その結果多くの陸上植物は，水を土壌から大気まで純粋に物理的な力に応じて輸送する生物となった。効率的で制御された水輸送に必要な構造の発達と維持には多くのエネルギー入力が必要ではあるが，エネルギーは水を輸送するために直接的に植物によって消費されることはない。

植物の体を通って土壌から大気までの水輸送の機構は拡散，体積流と浸透が含まれる。それらの過程の各々は違った駆動力に関連している。

植物中の水は，土壌の水を大気の水蒸気と結ぶ連続した水系（hydraulic system，あるいはsoil-plant-atmosphere continuum）とみなすことができる。蒸散は，CO_2吸収の光合成需要を満たしながら一方で大気への水損失を最小限にするために気孔開度を調節する孔辺細胞によって主に調節される。葉肉細胞の細胞壁からの水蒸発は，大きな陰圧（あるいは張力）をアポプラストにある水の中に生じさせる。この陰圧は木部へと伝えられ長い木部の通路を通って水を引き上げる。

水分上昇の凝集力説は繰り返し議論されてきたが，多くの証拠が木部の水輸送は圧力勾配によって駆動されているという説を支持している。蒸散が活発だと，木部の水の中の陰圧はキャビテーション（エンボリズム）を木部中に引きおこす可能性がある。そのようなエンボリズムは水輸送を阻害し，葉に重大な水損失をもたらす。植物にとって水損失はごくふつうのことであり，それを防ぐために生理機能や発生を改変する多くの適応を植物は行ってきた。

Webマテリアル

Webトピック

4.1　灌　漑

広く使われている灌漑法とその穀物収量および土壌塩濃度に及ぼす影響。

4.2 土壌の水透過性と水ポテンシャル
土壌の水透過性は土壌に対する水の通りやすさを表し，土壌の水ポテンシャルと密接に関係している。

4.3 根の水透過性
根の水透過性とその定量化。

4.4 木部の中と生きている細胞内での水移動速度の計算
木部を通って木の幹を上がり組織中の細胞の細胞膜を横切る水移動速度の計算と，水輸送機構との密接な関係。

4.5 葉の蒸散と水蒸気濃度勾配
葉からの蒸散と気孔コンダクタンスの分析と，葉内および空気中の水蒸気濃度の関係。

Webエッセイ

4.1 木部における水輸送研究の簡単な歴史
植物内，特に樹木の中の水上昇の研究の歴史は，植物に関する知識がどのように得られてきたかを理解するうえでよい例となる。

4.2 現段階における凝集力説
植物内の水上昇に関する凝集力説の詳細な議論といくつかの他の説。

4.3 どのようにして水は112mの高さの木の頂上まで上昇するか
112mの木の光合成と蒸散の測定結果は，頂上にある葉が経験するいくつかの環境条件は極限の砂漠のそれに例えられることを示している。

4.4 キャビテーションとその修復
キャビテーションが修復される機構については，現在活発に研究されている。

参考文献

Balling, A., and Zimmermann, U. (1990) Comparative measurements of the xylem pressure of *Nicotiana* plants by means of the pressure bomb and pressure probe. *Planta* 182: 325–338.

Bange, G. G. J. (1953) On the quantitative explanation of stomatal transpiration. *Acta Botanica Neerlandica* 2: 255–296.

Canny, M. J. (1998) Transporting water in plants. *Am. Sci.* 86: 152–159.

Davis, S. D., Sperry, J. S., and Hacke, U. G. (1999) The relationship between xylem conduit diameter and cavitation caused by freezing. *Am. J. Bot.* 86: 1367–1372.

Esau, K. (1953) *Plant Anatomy*. John Wiley & Sons, Inc. New York.

Frensch, J., Hsiao, T. C., and Steudle, E. (1996) Water and solute transport along developing maize roots. *Planta* 198: 348–355.

Hacke, U. G., Stiller, V., Sperry, J. S., Pittermann, J., and McCulloh, K. A. (2001) Cavitation fatigue: Embolism and refilling cycles can weaken the cavitation resistance of xylem. *Plant Physiol.* 125: 779–786.

Holbrook, N. M., Ahrens, E. T., Burns, M. J., and Zwieniecki, M. A. (2001) In vivo observation of cavitation and embolism repair using magnetic resonance imaging. *Plant Physiol.* 126: 27–31.

Holbrook, N. M., Burns, M. J., and Field, C. B. (1995) Negative xylem pressures in plants: A test of the balancing pressure technique. *Science* 270: 1193–1194.

Jackson, G. E., Irvine, J., and Grace, J. (1999) Xylem acoustic emissions and water relations of *Calluna vulgaris* L. at two climatological regions of Britain. *Plant Ecol.* 140: 3–14.

Jarvis, P. G., and Mansfield, T. A. (1981) *Stomatal Physiology*. Cambridge University Press, Cambridge.

Jensen, C. R., Mogensen, V. O., Poulsen, H.-H., Henson, I. E., Aagot, S., Hansen, E., Ali, M., and Wollenweber, B. (1998) Soil water matric potential rather than water content determines drought responses in field-grown lupin (*Lupinus angustifolius*). *Aust. J. Plant Physiol.* 25: 353–363.

Kramer, P. J., and Boyer, J. S. (1995) *Water Relations of Plants and Soils*. Academic Press, San Diego, CA.

Meidner, H., and Mansfield, D. (1968) *Stomatal Physiology*. McGraw-Hill, London.

Melcher, P. J., Meinzer, F. C., Yount, D. E., Goldstein, G., and Zimmermann, U. (1998) Comparative measurements of xylem pressure in transpiring and non-transpiring leaves by means of the pressure chamber and the xylem pressure probe. *J. Exp. Bot.* 49: 1757–1760.

Nobel, P. S. (1999) *Physicochemical and Environmental Plant Physiology*, 2nd ed. Academic Press, San Diego, CA.

Palevitz, B. A. (1981) The structure and development of guard cells. In *Stomatal Physiology*, P. G. Jarvis and T. A. Mansfield, eds., Cambridge University Press, Cambridge, pp. 1–23.

Pockman, W. T., Sperry, J. S., and O'Leary, J. W. (1995) Sustained and significant negative water pressure in xylem. *Nature* 378: 715–716.

Sack, F. D. (1987) The development and structure of stomata. In *Stomatal Function*, E. Zeiger, G. Farquhar, and I. Cowan, eds., Stanford University Press, Stanford, CA, pp. 59–90.

Sharpe, P. J. H., Wu, H.-I., and Spence, R. D. (1987) Stomatal mechanics. In *Stomatal Function*, E. Zeiger, G. Farquhar, and I. Cowan, eds., Stanford University Press, Stanford, CA, pp. 91–114.

Steudle, E. (2001) The cohesion-tension mechanism and the acquisition of water by plant roots. *Annu. Rev. Plant Physiol. Plant Mol. Biol.* 52: 847–875.

Steudle, E., and Frensch, J. (1996) Water transport in plants: Role of the apoplast. *Plant and Soil* 187: 67–79.

Tyree, M. T. (1997) The cohesion-tension theory of sap ascent: Current controversies. *J. Exp. Bot.* 48: 1753–1765.

Tyree, M. T., and Sperry, J. S. (1989) Vulnerability of xylem to cavitation and embolism. *Annu. Rev. Plant Physiol. Plant Mol. Biol.* 40: 19–38.

Wei, C., Tyree, M. T., and Steudle, E. (1999) Direct measurement of xylem pressure in leaves of intact maize plants: A test of the cohesion-tension theory taking hydraulic architecture into consideration. *Plant Physiol. Plant Mol. Biol.* 121: 1191–1205.

Zeiger, E., and Hepler, P. K. (1976) Production of guard cell protoplasts from onion and tobacco. *Plant Physiol.* 58: 492–498.

Ziegler, H. (1987) The evolution of stomata. In *Stomatal Function*, E. Zeiger, G. Farquhar, and I. Cowan, eds., Stanford University Press, Stanford, CA, pp. 29–58.

Zimmermann, M. H. (1983) *Xylem Structure and the Ascent of Sap*. Springer, Berlin.

5 無機栄養

無機養分とは，植物が，無機イオンの形態で土壌から獲得する元素をいう。無機養分は，すべての生物の間を循環しつづけているが，大部分が植物の根系から吸収され生物圏に入ってくることから，植物は地殻における「抗夫」の役割を担っているといえるだろう（Epstein 1999）。根はその広大な表面積で，土壌水の中に存在する低濃度の無機イオンを吸収できるため，植物による無機養分の吸収効率は非常によい。根から吸収された無機養分は植物のさまざまな部位に運ばれ，多くの生物反応に利用されている。菌根菌や窒素固定細菌のような植物以外の生物も根とともに養分獲得に関わっている。

植物がどのようにして無機養分を獲得し利用しているかについて研究する領域を**無機栄養**（mineral nutrition）とよび，現代農業や環境保護における中心的な研究領域である。農業の生産性は，無機養分からなる肥料に強く依存し，実際，大部分の作物において収量の増加は吸収した肥料の量に比例している（Loomis and Conner 1992）。食糧増産の要求に伴い，基本的な無機元素の肥料である窒素，リン，カリウムの消費量は，世界中で1980年の1.12×10^8トンから1990年の1.43×10^8トンまで増加しつづけ，その後10年間は横ばい状態である。一方，作物は，与えられた肥料の半分以下しか利用できない場合がほとんどで（Loomis and Connor 1992），利用されなかった無機養分は表層水や地下水に溶け込んだり，土の粒子に結合したり，空気汚染の原因になる。米国の井戸水の多くは，肥料が溶け込むことにより，飲料水のために定められた硝酸の基準値を超えている（Nolan and Stoner 2000）。一方，植物は，これまで動物由来の廃棄物をリサイクルするために使われてきたが，廃棄場から有害な無機物を除去することにも有効である（Macek et al. 2000）。このように植物–土壌–大気圏の三者の関係は複雑であり，無機栄養の研究には，大気圏の化学，土壌科学，水循環の研究を行う水文学（hydrology），微生物学，生態学および植物生理学の研究者が関わっている。

本章では，まず植物に必要な養分について述べ，ついで各々の養分に特異的な欠乏症状について述べる。さらに植物の栄養状態を適切に維持するための肥料について述べ，植物が周辺の無機養分を吸収する際の，土壌や根系構造の関わりについて見ていきたい。最後に，菌根についてのトピックを紹介しよう。なお，本章に関連した内容として6章では溶質の輸送，12章では無機養分の同化について述べている。

必須養分とその欠乏による植物の障害

植物の生育には特定の元素が必要である。**必須元素**（essential element）の定義は，その元素がないことにより植物がその生活環をまっとうできないもの（Arnon and Stout 1939），もしくは生理的役割が明確な元素（Epstein 1999）である。植物は必須元素を与えられ，さらに太陽光のエネルギーを得ることによって，通常の生育に必要なすべての植物成分を合成することができる。表5.1は，大部分の高等植物にとって必須である元素を示している。最初に掲げている三つの元素——水素，炭素，酸素——については，植物は，水や二酸化炭素から得ていることから無機養分とは考えられていない。

必須元素は，通常，植物組織内の相対的な濃度の違いから，多量養分と微量養分に分類されている。しかし，組織内での多量養分と微量養分の含量の違いは必ずしも表5.1ほど大きくない場合があり，例として，葉肉細胞には，硫黄やマグネシウムとほぼ同量の鉄やマンガンが存在する。必須元素の多くは，必要最小量以上の濃度で植物組織内に存在することが多い。

多量養分と微量養分の区別は，生理学的に困難であるという研究者もいる。Mengel and Kirkby（1987）は，必須元素を

表 5.1 植物に必要な元素の組織内濃度

元素	元素記号	乾物重あたりの濃度（%もしくはppm）*	モリブデン原子の数に対する相対数
水もしくは二酸化炭素由来の元素			
水素	H	6	60,000,000
炭素	C	45	40,000,000
酸素	O	45	30,000,000
土壌由来の元素			
•多量養分			
窒素	N	1.5	1,000,000
カリウム	K	1.0	250,000
カルシウム	Ca	0.5	125,000
マグネシウム	Mg	0.2	80,000
リン	P	0.2	60,000
硫黄	S	0.1	30,000
ケイ素	Si	0.1	30,000
•微量養分			
塩素	Cl	100	3,000
鉄	Fe	100	2,000
ホウ素	B	20	2,000
マンガン	Mn	50	1,000
ナトリウム	Na	10	400
亜鉛	Zn	20	300
銅	Cu	6	100
ニッケル	Ni	0.1	2
モリブデン	Mo	0.1	1

Epstein 1972, 1999 より。
* 無機元素ではない H, C, O および多量養分の値は百分率で示され，微量養分の値は ppm で表示されている。

その生化学的な役割や生理学的な機能に従って分類することを提案している。表5.2にその分類が示されており，植物の養分を四つの基本グループに分けている：

1. グループ1に所属する必須元素は，植物の有機（炭素）化合物を形成している。植物は，これらの養分を酸化還元反応などの生化学的反応によって有用物質に作りかえている（同化）。
2. グループ2には，エネルギーの蓄積反応や正常な構造体の維持にとって重要な元素が含まれる。このグループの元素は，植物組織中で有機分子の水酸基に結合しリン酸，ホウ酸，ケイ酸のエステルとして存在している場合が多い。（例，糖-リン酸）。
3. グループ3の元素は，植物組織内で遊離のイオンとして，もしくは組織内の物質，たとえば細胞壁のペクチンに結合して存在する。これらのイオンの特に重要な役割は，酵素の補助因子であることや浸透ポテンシャルを調節することである。
4. グループ4の元素は，生体内のエネルギー転移反応に重要な働きをする。

自然界に存在する元素で，表5.1に示されている元素以外のものも植物組織内に蓄積している。たとえば，アルミニウムは必須元素とは考えられていないが，植物は一般に0.1～500 ppmのアルミニウムを含んでおり，養液に少量のアルミニウムを添加することによって，植物の生育が促進される場合もある（Marschner 1995）。ゲンゲ属，クシロリザ属および*Stanleya*属（アブラナ科の一属）の多くの種においてセレンの蓄積が見られるが，セレンが植物にとって特に必要であるということは示されていない。

窒素固定微生物の酵素の中には，コバラミン（cobalamin）を含むものがあり，コバラミンはコバルトを含んでいる。したがって，コバルト欠乏は窒素固定を行う根粒の発達や機能を阻害する。しかし，アンモニアもしくは硝酸を与えると，窒素固定をしない植物のみならず，窒素固定を行う植物であっても，コバルトは必要でなくなる。作物の場合，必須元素以外の元素の蓄積量は比較的少ない。

植物栄養の研究に用いられる特殊な技術

ある元素が必須であることを示すためには，その元素だけが欠乏している実験条件のもとで植物を生育させることが必要であるが，土壌のような複雑な媒体でそのような実験条件を作り出すことはきわめて困難である。この問題に対して，19世紀，Nicolas-Théodore de Saussure，Julius von Sachs，Jean-Baptiste-Joseph-Dieudonné Boussingault および Wilhelm Knop らの研究者達は，植物を生育させる際に根の部分を無機塩のみを含む**養液**（nutrient solution）に浸ける方法を考案し，植物が土壌や有機物がなくても無機元素と太陽光のみで正常に生育できることを明瞭に証明した。

植物の根を土壌ではなく養液に浸漬して育てる方法は，溶液による栽培すなわち**水耕**（hydroponics）（Gericke 1937）とよばれている。水耕栽培を成功させるためには，大量の養液を用いるか養液の調整を頻繁に行うことによって，根が養分を吸収することによる養分濃度やpHの劇的な変動を防がねばならない。根系に酸素を供給することも必要で，これについては養液中に空気の気泡を十分に送り込むことで可能である。

市場に出ているハウス栽培による作物の多くは，水耕栽培で育てられている。業務用に用いられている水耕栽培法の一例を示すと，まず植物を砂，礫（れき），バーミキュライトもしくは膨張性粘土鉱物などの支持体の中で生育させ，養液を支持体の上から流し込むもので，古い養液は徐々に除かれていく。水耕栽培の別の方法では，植物の根をトイ状の培養槽の表面におき，養液が薄い層となって根の上を流れるようにしており（Cooper 1979；Asher and Edwards 1983），この**養液フィルム栽培システム**（nutrient film growth system）では，十分量の酸素が根に供給される（図5.1B）。

水耕に変わる未来の栽培方法として，**気耕栽培システム**

表 5.2 生化学的な機能に基づく植物無機養分の分類

無機養分	機　能
グループ 1	**炭素化合物の構成成分となる養分**
N	アミノ酸，アミド，タンパク質，核酸，ヌクレオチド，補酵素，ヘキソアミンなどの構成成分。
S	システイン，シスチン，メチオニン，タンパク質の構成成分。リポ酸，コエンチーム A，チアミン，ピロリン酸，グルタチオン，ビオチン，アデノシン-5′-ホスホ硫酸，3-ホスホアデノシンの構成成分。
グループ 2	**エネルギーの保存もしくは構造維持に重要な養分**
P	糖リン酸，核酸，ヌクレオチド，補酵素，リン脂質，フィチン酸などの成分。ATP が関連する反応において不可欠なもの。
Si	細胞壁に非晶質のケイ素として分泌される。細胞壁において，剛性や伸展性などの物理的性質に関与。
B	マンニトール，マンナン，ポリマンヌロン酸などの細胞壁構成成分に結合。細胞伸長や核酸代謝に関わる。
グループ 3	**イオン形態で存在する養分**
K	40 以上の酵素の補助因子として必要。細胞の膨圧形成や電気的なバランスの維持において主要な陽イオン。
Ca	細胞壁の中葉の成分。リン脂質や ATP の加水分解に関わる酵素の中には補助因子として要求するものがある。代謝調節のセカンドメッセンジャーとして働く。
Mg	リン酸転移反応に関わる酵素の多くに必要。クロロフィル分子の構成成分。
Cl	光合成反応のうち，酸素発生に関わるものに必要。
Mn	デヒドロゲナーゼ，デカルボキシラーゼ，キナーゼ，オキシダーゼ，ペルオキシダーゼの中には，その活性に必要なものがある。そのほか，陽イオンによって活性化される酵素や光合成の酸素発生に関わる。
Na	C_4 や CAM 植物において，ホスホエノールピルビン酸の再生に関与。ある種の反応において K の代替として働く。
グループ 4	**酸化還元に関わる養分**
Fe	光合成，窒素固定，呼吸に関わるシトクロムおよび非ヘム鉄の成分。
Zn	アルコールデヒドロゲナーゼ，グルタミン酸デヒドロゲナーゼ，カルボニックアンヒドラーゼなどの構成成分。
Cu	アスコルビン酸オキシダーゼ，チロシナーゼ，モノアミンオキシダーゼ，ウリカーゼ，シトクロムオキシダーゼ，フェノラーゼ，ラッカーゼ，プラストシアニンの構成成分。
Ni	ウレアーゼの成分。窒素固定細菌においてデヒドロゲナーゼの成分。
Mo	ニトロゲナーゼ，硝酸レダクターゼ，キサンチンデヒドロゲナーゼの成分。

Evans and Sorger 1966 と Mengel and Kirkby 1987 より。

（aeroponic growth system）がある（Weathers and Zobel 1992）。このシステムでは，根を空気中に固定し養液を連続的に噴霧することにより生育させる（図 5.1 C）。この方法では，根のまわりの気体環境の調節は容易であるが，早い生育速度を維持するためには，水耕栽培よりも高濃度の養液を必要とする。

養液を用いることにより植物は早い速度で生育しつづける

多くの養液調製法が長年にわたって用いられている。ドイツの Knop によって考案された初期の調製法では，KNO_3，$Ca(NO_3)_2$，KH_2PO_4，$MgSO_4$ および鉄が含まれているだけであった。当時，この培養液には植物が要求するすべての無機養分が含まれていると信じられていたが，実は，今日必須元素と考えられている，たとえばホウ素やモリブデンといった元素が不純物として混入した試薬を用いて，水耕試験が行われていた。表 5.3 にあげられているのは，新たに考案された養液調製法で，Dennis R. Hoagland の名前にちなみ，改良型**ホーグランド液**（Hoagland solution）とよばれている。Hoagland は米国において近年の無機養分研究の発展に重要な貢献をした。

改良型ホーグランド液は，植物が早い速度で生育するのに必要なすべての無機元素を含んでいる。これらの元素の濃度は，植物が過剰害や塩ストレスを受けない程度にまで高く設定されており，土壌中の根圏に見られる濃度の数桁高い濃度である。たとえば，土壌水のリン濃度は通常 0.06 ppm よりも低いが，改良ホーグランド液では 62 ppm である（Epstein 1972）。このように，改良型ホーグランド液では養分の設定濃度が高いために，植物は栽培開始後養分の再添加がなくとも長時間生育が可能である。しかし，多くの研究者は養液を数倍に稀釈したものを調製し，それを頻繁に再添加することによって，養液中や植物組織内の養分濃度の変動が最小になるようにしている。

改良型ホーグランド調製法のもう一つの重要な特徴としては，窒素源としてアンモニア（NH_4^+）と硝酸塩（NO_3^-）の両方が加えられていることである。一般に窒素源として硝酸イオンのみを用いると，養液の pH が急激に上昇するが，窒素を陽イオンと陰イオンのバランスのとれた混液として供給すると，pH の上昇は緩和される（Asher and Edwards 1983）。たとえ養液の pH が中性に維持されている場合でも，植物は NH_4^+ と NO_3^- の両方が供給される方がよい生育を示す。これは，この 2 種の窒素態をともに吸収し同化することによって植物体内の陽イオンと陰イオンのバランスがよくなるためである（Raven and Smith 1976；Bloom 1994）。

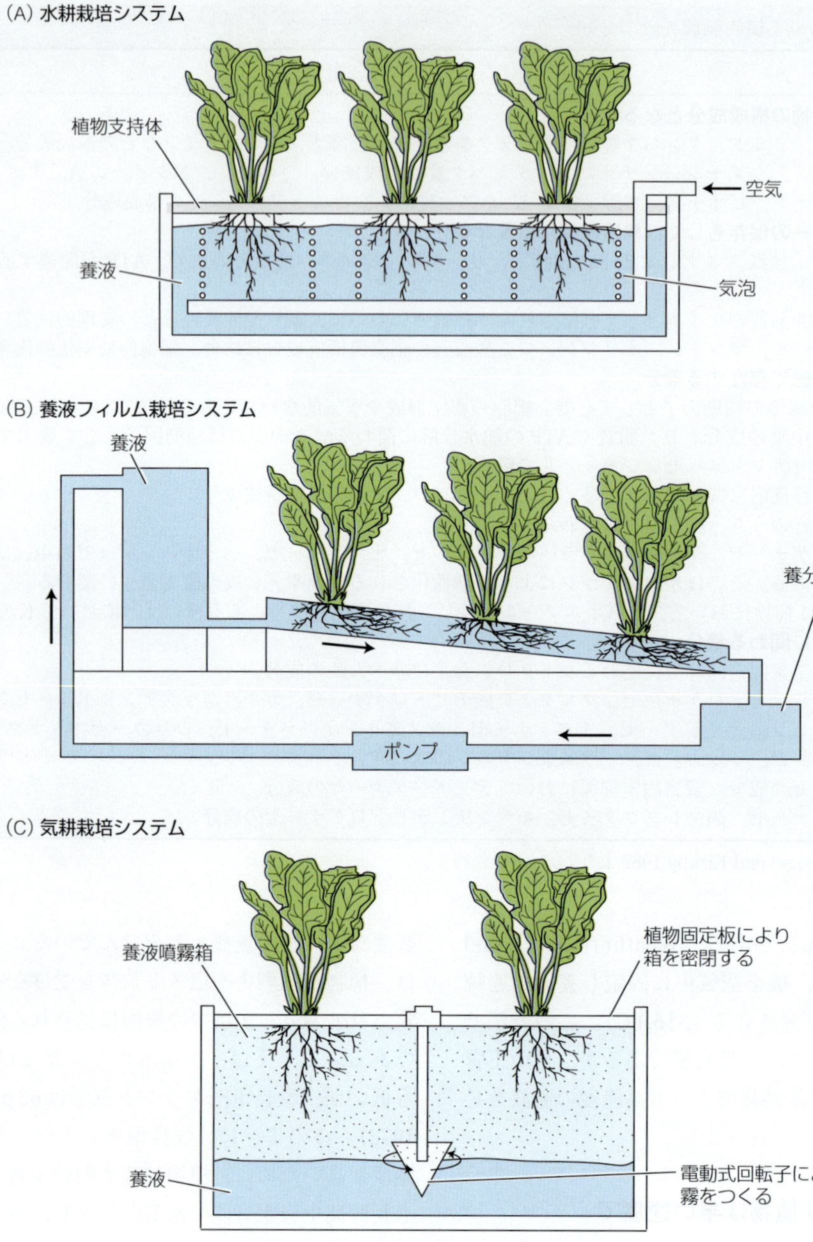

図 5.1 養液の組成ならびにpHの自動制御による水耕および気耕栽培法。(A) 水耕システムでは，根を養液に浸し，空気の泡を通す。(B) 業務用に用いられている養液フィルムによる水耕栽培法。トイ状の培養槽の表面に育っている根のまわりに養液の薄い層を流し，ポンプで循環させる。このシステムでは，養液の組成ならびにpHの自動制御が可能である。(C) 気耕システムでは，根を養液の上方に固定し，電動式回転子によってつくり出される霧状の養液を吹きつける。((C) はWeathers and Zobel 1992より)

養液調製に関する重要な問題の一つに，鉄の利用効率の維持がある。鉄を$FeSO_4$や$Fe(NO_3)_2$のような無機塩として供給すると，水酸化鉄として沈殿してしまうし，リン酸塩が共存すると，この場合も不溶性のリン酸化鉄を形成する。溶液中の鉄が沈殿してしまうと，頻繁に鉄塩を添加しないかぎり植物は鉄を利用できないことになる。この問題に対して，初期には鉄とともにクエン酸や酒石酸を添加する方法がとられた。これらの化合物は**キレーター**（chelator）とよばれ，鉄やカルシウムのような陽イオンと可溶性の錯体を形成する。キレーターと陽イオンによる錯体形成は共有結合よりもむしろイオン結合であるために，これら錯体中の陽イオンは植物にとって利用しやすいものとなっている。

最近の養液には，エチレンジアミン四酢酸（EDTA）もしくはジエチレントリアミン五酢酸（DTPA）をキレート試薬として用いる（Sievers and Bailar 1962）。図5.2にDTPAの化学構造を示している。根の細胞が鉄を取り込むときに錯体が

表 5.3　植物生育用改良型ホーグランド養液の組成

化合物	分子量	貯蔵液の濃度		最終調製液 $1\,l$ あたりの貯蔵液の容量	元素	元素の最終濃度	
	$g\ mol^{-1}$	mM	$g\ l^{-1}$	ml		μM	ppm
多量養分							
KNO_3	101.10	1,000	101.10	6.0	N	16,000	224
$Ca(NO_3)_2 \cdot 4H_2O$	236.16	1,000	236.16	4.0	K	6,000	235
$NH_4H_2PO_4$	115.08	1,000	115.08	2.0	Ca	4,000	160
$MgSO_4 \cdot 7H_2O$	246.48	1,000	246.49	1.0	P	2,000	62
					S	1,000	32
					Mg	1,000	24
微量養分							
KCl	74.55	25	1.864	2.0	Cl	50	1.77
H_3BO_3	61.83	12.5	0.773		B	25	0.27
$MnSO_4 \cdot H_2O$	169.01	1.0	0.169		Mn	2.0	0.11
$ZnSO_4 \cdot 7H_2O$	287.54	1.0	0.288		Zn	2.0	0.13
$CuSO_4 \cdot 5H_2O$	249.68	0.25	0.062		Cu	0.5	0.03
H_2MoO_4 (85% MoO_3)	161.97	0.25	0.040		Mo	0.5	0.05
NaFeDTPA (10% Fe)	468.20	64	30.0	0.3～1.0	Fe	16.1～53.7	1.00～3.00
その他*							
$NiSO_4 \cdot 6H_2O$	262.86	0.25	0.066	2.0	Ni	0.5	0.03
$Na_2SiO_3 \cdot 9H_2O$	284.20	1,000	284.20	1.0	Si	1,000	28

Epstein 1972 より。
多量養分は，沈殿しないように各々別々に貯蔵液をつくり，養液調製時に，各々の貯蔵液から添加する。微量養分の場合は，鉄以外すべてまとめて貯蔵液を作成する。鉄は，鉄とジエチレントリアミン五酢酸ナトリウムの錯体（NaFeDTPA，商品名 Ciba–Geigy Sequestrene 330；図 5.2）として添加する。植物によっては（たとえばトウモロコシ），表に示しているような高い鉄濃度を要求する。
＊　ニッケルは，通常他の試薬に不純物として存在するために，必ずしも添加しなくてもよい。ケイ素を添加する必要がある場合は，最初に添加し，塩酸で pH を調整することによって，あとから加える養分が沈殿しないようにする。

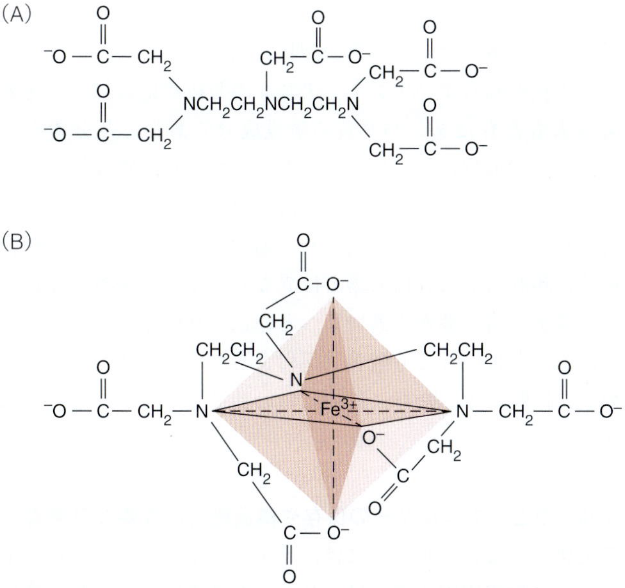

図 5.2　キレート物質 DTPA の化学構造（A）と Fe^{3+} との錯体構造（B）。鉄は，DTPA の 3 個の窒素原子ならびに 3 個のカルボキシル基に存在するイオン化した酸素原子と配位する（Sievers and Bailar 1962）。その結果，鉄は環状構造の中に固定され，溶液中での反応性が低下する。根の表面では，Fe^{3+} が Fe^{2+} に還元される結果，Fe^{2+} は DTPA–鉄錯体から遊離し，植物に吸収されるようである。DTPA は再び Fe^{3+} との結合が可能となる。

どう変化するかは明らかではないが，錯体中の鉄は根の表面で Fe^{3+} から Fe^{2+} に還元され錯体から遊離し，キレーターは再び養液（もしくは土壌水）の他の Fe^{3+} や他の陽イオンと錯体を形成すると思われる。植物体内に取り込まれた鉄は，植物細胞内に存在する有機化合物と錯体を形成し溶けた状態で存在する。鉄との錯体形成や鉄錯体による道管中の長距離輸送に主として関わっているのは，クエン酸であろう。

無機養分の欠乏は植物の代謝や機能を阻害する

必須元素の供給が適切に行われないと，栄養障害となり特徴的な欠乏症状が現れる。水耕の場合，必須元素の欠乏は，いくつかの急性欠乏症状によってたやすく判定できるが，土壌で生育している植物に対する診断はより難しい。その理由として：

- 複数の元素による慢性ならびに急性の欠乏が同時に現れる可能性がある。
- 一つの元素の欠乏もしくは過剰が，他の元素の欠乏もしくは過剰を誘発する可能性がある。
- ある種のウイルス感染による症状と無機養分欠乏のそれとが類似している可能性がある。

植物における栄養欠乏の症状は，必須元素の不足が引きおこす代謝異常によるものである。これらの代謝異常は，必須元素が植物の正常な代謝や機能において果たしている役割に関連して表れる。表5.2に必須元素の役割を列挙した。必須元素はそれぞれ多くの異なる代謝反応に関わっているが，必須元素の働きをある程度一般化すると，必須元素は植物の構造，代謝および細胞の浸透調節において機能しているといえるだろう。より特異的な役割としては，カルシウムやマグネシウムなどの2価の陽イオンによる膜透過性の調節がある。さらに，必須元素に特異的な機能を明らかにするための研究がつづけられており，たとえば，カルシウムがシグナルとなって細胞質に存在する重要な酵素を調節することなどが明らかになっている（Hepler and Wayne 1985；Sanders et al. 1999）。このように，必須元素の大部分は植物の代謝において複数の役割を果たしている。

急性の欠乏症状からその原因となる必須元素を特定する際の重要な手がかりは，それぞれの元素が古い葉から若い葉へリサイクルされる程度の違いである。窒素，リン，カリウムのような元素は葉から葉へ容易に移動するが，ホウ素，鉄，カルシウムなどは多くの植物種において動きにくい元素である（表5.4）。動きやすい必須元素であれば，欠乏症状はまず古い葉に現れ，動きにくい必須元素の場合はまず若い葉に出るであろう。養分移動に関する詳細な機構はまだ十分に解明されていないが，サイトカイニンのような植物ホルモンが関与しているようである（21章参照）。次に，表5.2に示したグループごとに，必須元素の特異的な欠乏症状と機能的な役割について述べる。

グループ1：炭素化合物を構成する無機養分の欠乏　この最初のグループには窒素と硫黄が含まれる。自然生態系ならびに農業生態系における植物の生産性は，植物が利用できる土壌中の窒素含量によって決まり，一方，窒素とは対照的に，土壌中の硫黄は，通常，過剰に存在している。このような違いがあるにもかかわらず，窒素と硫黄はともに広い範囲の酸化還元状態をとりうる（12章参照）。生体反応の中でも，土壌から吸収した高い酸化状態の無機イオンを，たとえばアミノ酸のような有機化合物に見られる高い還元状態へ変換する反応は，もっともエネルギーを必要とする反応である。

表5.4　植物体内での易動性ならびに欠乏時における再転流のされやすさに基づく無機元素の分類

可動性	不動性
窒素	カルシウム
カリウム	硫黄
マグネシウム	鉄
リン	ホウ素
塩素	銅
ナトリウム	
亜鉛	
モリブデン	

植物体内で多い順に，元素を並べている。

窒素　窒素は，植物がもっとも多量に要求する無機元素である。窒素は植物の細胞成分（アミノ酸や核酸など）を構成しているため，窒素欠乏は植物の生育を急速に阻害する。窒素欠乏が継続すると，多くの植物種において葉が黄変する**クロロシス**（chlorosis）が見られ，特に基部に近い古い葉に現れる（窒素欠乏ならびに本章に記載されている窒素以外の無機元素の欠乏を示す写真については，**Webトピック5.1**参照）。窒素欠乏がひどくなると，葉は完全に黄色（もしくは黄褐色）になり落葉する。より若い葉では，窒素が古い葉から若い葉へ転送されることから，欠乏の初期においてはこれらの症状が見られない場合がある。以上のことから，窒素欠乏の植物では，上位葉で明緑色を，下位葉で黄色もしくは黄褐色を呈する場合が多い。

窒素欠乏がゆっくりと進行する場合に，茎が顕著に細くかつ木のようになる植物がある。この茎の木質化は，炭水化物がアミノ酸や他の窒素化合物の合成に使われずに余剰となり，それを用いて作られていると思われる。また，窒素代謝に使われなかった炭水化物はアントシアニンの合成にもまわされて，アントシアニン色素が蓄積する。このような状態は，たとえばトマトやトウモロコシのある特定の品種において見られ，葉，葉柄および茎が紫色になる。

硫黄　硫黄は2種類のアミノ酸の中に存在するとともに，代謝に必須の補酵素やビタミンの構成成分でもある。硫黄欠乏の症状の多くは窒素欠乏の症状に類似しており，クロロシス，生長抑制およびアントシアニンの蓄積が見られる。硫黄も窒素もともにタンパク質の構成成分であることを考えれば，この類似性は驚くにあたらない。しかし，硫黄欠乏によって引きおこされるクロロシスは，窒素欠乏のクロロシスが古い葉に見られるのとは異なり，通常，まず成熟した葉や若い葉に現れる。これは窒素とは異なり，多くの植物種において，硫黄が古い葉から若い葉へと転送されにくいことが原因である。とはいっても硫黄欠乏によるクロロシスが，すべての葉に同時に生じたり，最初に古い葉で生じる場合もあるであろう。

グループ2：エネルギーの保存や構造維持に重要な無機養分の欠乏　このグループには，リン，ケイ素，ホウ素が含まれる。植物組成内の濃度は，リンとケイ素で高く，多量養分として分類されているが，ホウ素ははるかに低く微量養分と考えられている。植物体内においてこれらの元素は，通常，炭素分子にエステル結合をしている。

リン　リン（化学構造はリン酸塩として，PO_4^{3-}）は，細胞内の重要な化合物において不可欠の成分であり，たとえば呼吸や光合成の中間体である糖–リン酸や，膜を構成するリン脂質がこれに含まれる。またリンは，エネルギー代謝に用いられるヌクレオチド（ATPなど）やDNAおよびRNA中のヌクレオチドの成分である。リン欠乏に特徴的な症状は，若い植物にみられる生育阻害と葉が濃緑色になることであり，異常形態や**壊死斑**（necrotic spot）（写真は**Webトピック5.1**参照）も見られる。

窒素欠乏と同様に，過剰なアントシアニンを合成する植物種もあり，葉がやや紫色を呈する。一方，窒素欠乏と対照的に，リン欠乏における紫色化はクロロシスを伴わず，実際，葉が暗緑色の紫色である場合もあろう。そのほかリン欠乏に見られる症状としては，細い（しかし木質化していない）茎の形成と古い葉の枯死である。植物体の成熟が遅れる場合もある。

ケイ素　トクサ科に所属する植物は，昔，その灰が砂のような珪石粉を多く含むことから食器をみがくために用いられ砥草（とくさ）とよばれていたものであるが，これらの植物のみがその生活環をまっとうするのに，ケイ素を要求する。しかし，他の多くの植物種でも適切な量のケイ素を与えると，相当量のケイ素を組織内に蓄積し，生育や稔性が促進される（Epstein 1999）。ケイ素欠乏の植物は倒伏（たおれること）しやすく，カビの感染を受けやすい。ケイ素は小胞体，細胞壁，細胞間隙に不定形（amorphous）のケイ酸（$SiO_2 \cdot nH_2O$）としてまず沈着する。さらに，ケイ素はポリフェノールと複合体を形成し，リグニンの代替物として細胞壁を強化する。さらに，ケイ素は多くの重金属毒性を緩和することができる。

ホウ素　植物の代謝におけるホウ素の機能については，細胞伸長，核酸合成，ホルモン応答，膜機能への関わりが示唆されている（Shelp 1993）（訳者注；なかでも，細胞壁におけるホウ素の機能は重要で，その詳細については15章を参照して頂きたい）。ホウ素欠乏の症状は，植物種によりまた生育段階によりきわめて多様である。

特徴的な症状は，若い葉や頂芽が黒くなり壊死をおこすことであり，若い葉の壊死はまず葉身の基部に生じる。茎は異常にかたくもろくなる。頂芽優性が失われる結果，高度に枝分かれする場合があるが，枝の末端分裂組織での細胞分裂が阻害されていることから，まもなく壊死に至る。果実，太い根，塊茎においては，内部の組織が破壊され壊死や異常を示す場合がある。

グループ3：イオン形態で存在する無機養分の欠乏　このグループには，もっとも一般的な無機元素が含まれ，多量養分のカリウム，カルシウム，マグネシウム，微量養分の塩素，マンガンおよびナトリウムである。これらの元素は，細胞質や液胞に存在し，また，比較的大きい炭素化合物に電気的もしくはリガンドとして結合している。

カリウム　カリウムは，植物体内で陽イオンのK^+として存在し，細胞の浸透ポテンシャルの調節に重要な役割を果たしている（3章および6章参照）。また，呼吸や光合成に関わる多くの酵素を活性化する。カリウム欠乏として最初に見られる症状は，葉における斑点状もしくは葉縁にそったクロロシスであり，その後，葉の先端，葉縁，そして葉脈と葉脈の間の壊死へと発展する。単子葉植物では，カリウム欠乏によって誘発される壊死は最初葉の先端や葉縁に現れ，それから葉の基部に向かって広がるものが多い。

カリウムは古い葉から若い葉に移動できるため，欠乏症状は植物の基部に近い成熟葉に現れる。葉が巻き込んだり，縮れたりすることもある。カリウム欠乏の植物では茎が細く弱く，節間部分が異常に短い場合がある。カリウム欠乏のトウモロコシでは，土壌中に生息している根腐れ病菌に根が感染しやすくなる。このように，カリウム欠乏植物では，根腐れ病菌への感染のしやすさと茎に対する影響の両方があいまって，植物体が簡単に折れ曲がる（倒伏）傾向がある。

カルシウム　カルシウムイオン（Ca^{2+}）は，新しい細胞壁，特に分裂後の細胞どうしを分ける中葉部分の合成に用いられ，細胞分裂の際に現れる紡錘体の中にも多く含まれている。膜が正常に機能するためにも必要であり，また環境からのシグナルや植物ホルモンのシグナルに対するさまざまな応答反応において，セカンドメッセンジャーとしても働いている（Sanders et al. 1999）。カルシウムがセカンドメッセンジャーとして機能する際に，**カルモジュリン**（calmodulin）という細胞質に存在するタンパク質に結合する場合があり，カルモジュリン–カルシウム複合体によって，多くの代謝経路が調節されている。

カルシウム欠乏に特徴的な症状は，根の先端や若い葉のように細胞分裂や細胞壁の形成がさかんな分裂域における壊死である。生育速度の遅い植物では，壊死がおこる前に，若い葉において一般的なクロロシスや葉がかぎ状に曲がり下を向く現象や変形が見られる場合がある。カルシウム欠乏植物の根系では，褐色の短い根と多くの枝分かれを生じる場合や分裂域が未熟な段階で死んでしまい，極端に矮化する場合がある。

マグネシウム　マグネシウムイオン（Mg^{2+}）は，呼吸，光合成，DNA合成，RNA合成に関わる酵素を特異的に活性化する。マグネシウムはクロロフィル分子内の環状構造の一部でもある（図7.6A）。マグネシウム欠乏に特徴的な症状は，葉脈と葉脈の間に見られるクロロシスであり，この元素が転送されやすいことから，まず古い葉に現れる。葉脈間においてのみクロロシスが現れる理由は，マグネシウム欠乏の影響を維管束中のクロロフィルは受けず，維管束と維管束の間にある細胞中のクロロフィルが受けるためである。欠乏が著しい場合には，葉が黄色や白色になることもある。その他マグネシウム欠乏に見られる症状として，成熟前の落葉がある。

塩素　植物体内において塩素は塩素イオン（Cl^-）として存在する。塩素は，光合成において水を分解し酸素を発生する反応（7章参照）に必要である（Clarke and Eaton-Rye 2000）。さらに，塩素は，葉および根における細胞分裂に必要と考えられている（Harling et al. 1997）。塩素欠乏の植物では葉の先端がしおれ，つづいて一般的に見られる葉のクロロシスと壊死が見られる。葉の生育が遅れる場合もあり，ブロンズ様の色を呈する場合もある（「ブロンズ化」）。塩素欠乏植物の根は，先端が短く太い場合がある。

塩素イオンは，水に大変溶けやすく，また，風によって空気に混じった海水が雨とともに土壌に運ばれるため，通常の土壌では植物が利用できる状態にあり，したがって，自然環境や農地に生育している植物に塩素欠乏が見られることはない。大部分の植物は，一般に，正常な機能に必要な量よりもはるかに高いレベルの塩素を吸収している。

マンガン　細胞中にはマンガンイオン（Mn^{2+}）によって活性化される酵素がいくつか存在し，特に，トリカルボン酸回路（クレブス回路（Krebs cycle））に関わるデカルボキシラーゼやデヒドロゲナーゼは，マンガンによって特異的に活性化される。マンガンの機能としてもっとも明らかなものは，光合成における酸素発生反応に関わるものである（Marschner 1995）。マンガン欠乏の主な症状は，葉脈間のクロロシスで小さな壊死斑形成を伴う。植物種やその生育速度により，クロロシスが若い葉に生じる場合と古い葉に生じる場合とがある。

ナトリウム　炭素固定においてC_4経路およびCAM経路を利用する植物種（8章参照）の多くは，ナトリウムイオン（Na^+）を必要とする。これらの植物では，C_4およびCAM経路における最初のカルボキシル化反応の基質であるホスホエノールピルビン酸の再生にナトリウムが不可欠である（Johnstone et al. 1988）。ナトリウム欠乏になると，クロロシスや壊死が現れ，花の形成ができなくなる場合すらある。C_3植物の多くの種においても，低濃度のナトリウムイオンが有益な場合があり，ナトリウムは細胞伸長を促進し，その結果生育を促進する。また，カリウムの部分的な代替が可能で，浸透圧調節のための溶質として働く。

グループ4：酸化還元反応に関わる無機養分の欠乏　このグループに含まれる微量養分は，鉄，亜鉛，銅，ニッケル，モリブデンの五種である。これらの元素はすべて可逆的に酸化と還元状態をとることができ（例；$Fe^{2+} \rightleftharpoons Fe^{3+}$），電子伝達およびエネルギー転移において重要な働きをしている。これらの元素は通常，シトクロム，クロロフィル，タンパク質（通常酵素）などの大きい分子に結合して存在する。

鉄　鉄はシトクロムのような電子伝達（酸化還元反応）に関わる酵素の構成成分として重要な働きをしており，電子伝達においては可逆的にFe^{2+}からFe^{3+}に酸化される。マグネシウム欠乏と同様，鉄欠乏の特徴的な症状は葉脈間のクロロシスであるが，鉄の古い葉から若い葉への転送が容易ではないために，マグネシウム欠乏の症状とは違って，症状はまず若い葉に現れる。極端な欠乏や長期にわたる欠乏状態では，維管束もクロロシスをおこし葉全体が白色になる。

鉄は葉緑体中に存在するクロロフィル–タンパク質複合体の合成に必要であるために，鉄欠乏により葉のクロロシスが引きおこされる。鉄が転送されにくい理由は，おそらく，古い葉において不溶性の酸化物やリン酸塩を形成して沈殿したり，葉やそれ以外の組織にも存在する鉄結合タンパク質のフィトフェリチンと複合体を形成しているためであろう（Oh et al. 1996）。鉄が沈殿すると，篩管に入り長い距離を転送される鉄も減少することになる。

亜鉛　亜鉛は多くの酵素の活性に必要であり，植物の中にはクロロフィル生合成に亜鉛を要求するものがある。亜鉛欠乏は，節間伸長の減少を特徴とし，その結果，葉が地表もしくは地表近くで同心円状に広がりロゼット状に生育することがある。葉が小さく曲がり，葉の縁がひだ状になる場合もあり，その原因は，オーキシンであるインドール酢酸を十分量合成できないために生じているらしい。ある種の植物では（トウモロコシ，ソルガム，豆類），古い葉の葉脈間にクロロシスを生じ，ついで白い壊死斑を生じることがあるが，このクロロシスは，クロロフィルの生合成のために亜鉛の要求度が高まった結果生じたものであろう。

銅　鉄と同様，銅も酸化還元反応に関わる酵素に結合し，可逆的にCu^+からCu^{2+}に酸化される。このような酵素の一例は，プラストシアニンであり，光合成の明反応における電子伝達に関わっている（Haehnel 1984）。銅欠乏の初期症状は，濃緑色の葉の形成であり，そのような葉に壊死斑が見られる場合もある。壊死斑は最初若い葉の先端に現れ，ついで葉縁をへて葉の基部方向へと広がる。葉がねじれたり変形したりする場合もある。極端な銅欠乏では，成熟前の落葉が見られる場合もある。

ニッケル　高等植物において，ニッケル含有酵素として知られているのは唯一ウレアーゼであるが，窒素固定微生物では，窒素固定の際に生成する水素ガスを再利用するための酵素（水素を取り込むヒドロゲナーゼ）がニッケルを要求する（12章参照）。ニッケル欠乏の植物では葉に尿素が蓄積し，その結果，葉の先端が壊死に至る。土壌で生育している植物にニッケル欠乏症状はほとんど見られないが，それは植物が要求するニッケルの量がきわめて少ないことによる。

モリブデン　モリブデンイオン（Mo^{4+}からMo^{6+}）は，硝酸還元酵素やニトロゲナーゼなどの酵素の構成成分である。硝酸還元酵素は，植物細胞による同化において硝酸から亜硝酸への還元を触媒し，ニトロゲナーゼは，窒素固定微生物において，窒素ガスをアンモニアへ変換する（12 章参照）。モリブデン欠乏の兆候としては，葉脈と葉脈の間に見られる一般的なクロロシスと古い葉に見られる壊死がある。カリフラワーやブロッコリーのような植物の葉は，壊死ではなく，ねじれた鞭状となったのち枯死する場合もある。花の形成が阻害されたり成熟前に落花する場合もある。

モリブデンは，硝酸同化および窒素固定の両方に関わっている。したがって，植物の窒素源が主に硝酸の場合や，共生による窒素固定に植物が依存している場合には，モリブデン欠乏によって窒素欠乏が引きおこされる。植物はごくわずかのモリブデンしか要求しないが，土壌によってはモリブデンの供給量が不十分な場合がある。このような場合には，少量のモリブデンを添加することで，わずかな出費にもかかわらず作物や飼料の生産量を大きく上げることができる。

植物組織を解析することによって，無機養分の欠乏が明らかになる

植物の無機養分に対する要求の程度は，生育時期や発生段階で異なる。作物の場合，特定の生育時期における体内の養分状態によって，農産物として重要な組織（塊茎，子実など）の収量が変わる。収量の最適化をめざし，農業従事者は土壌および植物組織の養分状態を示す分析データをもとに，施肥計画をたてている。

土壌分析（soil analysis）では，根圏から採取した土壌試料を用いて養分含量を化学的に分析する。本章の後半で論ずるが，土壌は化学的にも生物学的にも複雑で，分析結果は試料の採取法や保存状態，また，養分の抽出方法によっても変化する。さらに重要なことは，土壌分析結果が示している値は，植物の根が‘潜在的に’利用可能な養分量であって，植物が実際に必要としている養分量や実際に土壌から吸収できる量を示しているわけではない。これらの情報を得るもっともよい方法は，植物組織の分析である。

植物組織分析（plant tissue analysis）の結果を正しく利用するためには，植物の生育（もしくは収量）と組織試料に含まれる無機元素濃度との関係を理解しておく必要がある（Bouma 1983）。図 5.3 に示されているように，組織試料中の養分濃度が低いときには，生育が抑制される。図の曲線で，**欠乏領域**（deficiency zone）と書いてある領域では，植物が吸収し利用できる養分量を増加させると，それが直接植物の生育もしくは収量の増加につながる。さらに，利用できる養分量を増加させると，ある量から上では，組織の養分濃度は増加しつづけるものの生育や収量の増加は見られない。すなわち，この領域での養分濃度は，植物の生育にとって必要十分量を満たしており，この領域を**適切領域**（adequate zone）とよぶ。

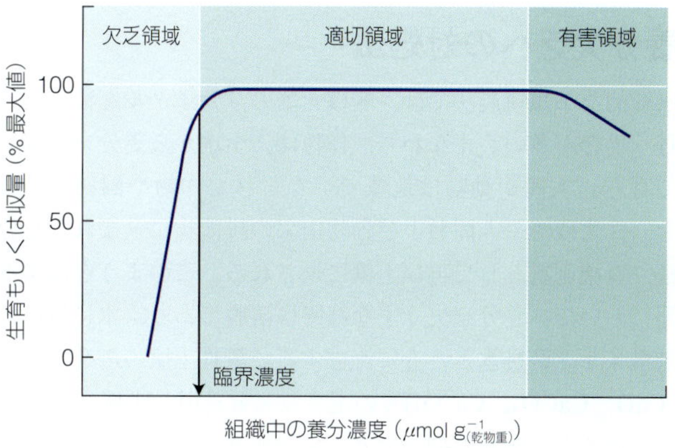

図 5.3　植物組織の収量（もしくは生育）と養分濃度との関係。収量を測るパラメーターとして地上部の乾物重，もしくは高さを用いることができる。図には，欠乏，適切そして有害の三つの領域が示されている。この種の図を作成するためには，1 種類の必須元素の濃度だけを変化させ，他の元素はすべて十分に供給した養液中で植物を生育させる。そうすることにより，注目している元素の濃度変化が生育もしくは収量に反映される。養分の臨界濃度とは，その濃度以下では収量もしくは生育が減少する濃度のことである。

欠乏領域から適切領域への移行時に見られる組織中の養分濃度を**臨界濃度**（critical concentration）（図 5.3）とよぶ。ある養分の臨界濃度とは，その養分によって最大の増殖もしくは収量が得られるときに，その養分の組織内含量の最小値，と定義することができる。適切領域を超えて組織の養分濃度が増加すると，養分の毒性によって生育や収量は減少することから，この領域を**有害領域**（toxic zone）とよぶ。ある養分について，生育と組織の養分濃度との関係を評価するには，植物を土壌や水耕で育て，注目している養分以外はすべて必要十分量を与える。実験開始時には，まず植物をいくつかの試験区に分け，ついで注目している養分の濃度を変えて与え，組織の養分濃度と生育もしくは収量を測定し，両者の関係を求める。このような組織の養分濃度と生育（収量）との相関曲線は，各元素に対してつくられており，組織ごとにその生育段階に応じたものがある。

農地では，窒素，リン，カリウムが欠乏しやすいため，上記の曲線のうち少なくともこれらの元素に関するものは，多くの農業従事者によって日常的に利用されている。養分欠乏が予想される場合には，生育や収量が減少に至る前に，欠乏症状の改善策をとらねばならない。そして，多くの作物において植物組織の分析は，収量の維持と食糧の質を確保するための施肥計画を立てる際に，有用であることが証明されている。

養分欠乏への対処法

伝統的な小規模農法では，無機元素のリサイクルを積極的に行う場合が多い。すなわち，作物は，土壌から養分を吸収して育ち，人間や動物は地域でつくられた作物や飼料を消費し，作物残渣や人間および動物由来の排泄物に含まれる養分は，有機肥料として再び土壌に返される。このような農業形態において，養分を失う主な経路は溶脱であり，水に溶けた無機イオンが排水とともに流亡する。酸性土壌の場合，石灰（CaO，$CaCO_3$，$Ca(OH)_2$の混合物）を施用し土壌をアルカリ化すると，溶脱が抑制できる場合がある。これは，無機元素の多くが6以上のpHで溶けにくい複合体を形成するためである（図5.4）。

発展工業国に見られる多収量をめざす農業経営においては，産物の大部分を収穫するために，養分は土壌から作物へと一方向に流れ循環しない。植物はその成分のすべてを無機元素と太陽光から合成していることから，土壌から失われた養分を肥料によって回復させることが重要である。

図 5.4 有機質土壌に含まれる養分元素の利用効率に対する土壌pHの影響。各元素において，根が利用できる程度を図に示した幅の広さによって表している。これら元素のすべてが利用可能なpHは5.5～6.5の間である。（Lucas and Davis 1961 より）

作物収量は施肥により改善する

ほとんどの化学肥料には，多量養分の窒素，リン，カリウムの無機塩が含まれている（表5.1）。これら三つの養分のうち一つだけを含む肥料を**単肥**（straight fertilizer）とよび，過リン酸石灰，硝酸アンモニウム，カリウムの塩化物などがある。2種もしくはそれ以上の無機養分を含む肥料を**化成肥料**（compound fertilizer）もしくは**配合肥料**（mixed fertilizer）とよび，梱包紙のラベルに，たとえば10-14-10と書かれた表示は，肥料中のN，P_2O_5およびK_2Oの有効百分率を各々表している。

長期にわたって農業生産をつづけると，微量養分もその消費が進み，肥料として与えることが必要になる。土壌に微量元素を加えることで初めて欠乏症状が改善される場合がある。例をあげると，米国の土壌の中には，ホウ素，銅，亜鉛，マンガン，モリブデン，鉄の欠乏が見られ（Mengel and Kirkby 1987），これらの養分を補うことは有効である。

土壌に化学物質を投入して土壌のpHを変える場合もある。図5.4に示しているように，土壌のpHは，すべての無機養分の利用効率に影響を与える。石灰投与は，先に述べたように，酸性土壌のpHを上げ，硫黄の投与はアルカリ土壌のpHを下げる。後者では，硫黄を吸収した微生物が硫酸と水素イオンを放出することによって，土壌を酸性化する。

有機肥料（organic fertilizer）は，化学肥料とは対照的に，植物や動物に由来するものや天然の岩石の堆積物に由来している。動植物由来の残留物に含まれる養分元素の多くは，有機化合物の形態で存在する。作物がこれらの残留物から養分元素を吸収するためには，まず有機化合物の分解が必要で，通常，土壌微生物の働きによる**無機化**（mineralization）とよばれるプロセスで分解される。無機化の効率は多くの要因に依存し，温度や水と酸素の供給に加え，土壌中に存在する微生物の種類と数にも依存する。

その結果，無機化の速度は大きく変動し，植物が有機性残留物の養分を利用できるようになるのが，数日から数か月さらに数年後である場合がある。有機肥料にのみ依存している農地で無機化の速度が遅い場合には，肥料として効率よく利用できないため，窒素やリンをかなり施用する必要があり，さらに化学肥料を用いている農地に比べ養分流失の被害が強く出ることもある。一方，有機肥料に含まれる動植物由来の残留物は，多くの土壌においてその物理構造を改善し，乾燥時に保水性を高め雨天時に排水を促進する。

葉から吸収される無機養分がある

植物に養分を与える方法としては，肥料として土壌に施すだけでなく，無機養分によっては葉に噴霧する**葉面散布**（foliar application）とよばれる方法もあり，散布された養分は葉から吸収される。葉面散布の方が土壌への施肥よりも有利な場合がある。葉面散布では，散布から植物による吸収までの時間が少なくてすみ，このことは急速に生長している植物にとっては特に重要であろう。また，葉面散布では，土壌に施用した養分吸収に見られる問題を回避することができる。たとえば，鉄，マンガン，銅の場合，これらの養分は土壌の粒子に吸着し根に吸収されにくいため，葉面散布の方が土壌に施肥するよりも有効である。

葉面散布では，養液が葉の表面に薄い膜状になって付着している場合に，葉からの養分吸収効率がもっともよい（Mengel and Kirkby 1987）。薄膜になるように，合成洗剤Tween 80のような界面活性剤を養液に加え，表面張力を減少させて散布する。養分は，クチクラを通って葉の内部に拡散し細胞に取り込まれるようである。気孔の穴からの取り込みも一つの経路のようであるが，穴の構造（図4.13，4.14）は，液体の侵入を強く阻害することが報告されている（Ziegler 1987）。

葉面散布を成功させるためには，葉の損傷を最小限にしなければならない。葉面散布を暑い日に行うと，蒸発しやすいために葉表面に塩が集積し，肥焼けや枯死をおこす。この問題を緩和するためには，冷涼な日や夕方に散布すればよい。散布液に石灰をいれると，多くの場合，養分の溶解度が低下し毒性が低下する。葉面散布は，主として木本性の作物やブドウのようなツル性植物において，経営面からも有効な方法であることが証明されているが，穀類に用いられる場合もある。たとえば，欠乏症状を改善するのに，土壌への施肥では時間がかかり過ぎる場合，葉面散布は果樹園やブドウ畑を救うことになろう。また，コムギでは，窒素を生育の後期に葉面散布することにより種子中のタンパク含量が増加する。

土壌，根そして微生物

土壌は，物理的，化学的そして生物学的に複雑な物質であり，固相，液相，気相と異なる相からなる（4章参照）。これらの相はどれも無機元素との関わりをもつ。固相の粒子は無機元素からできており，カリウム，カルシウム，マグネシウム，鉄の貯蔵庫である。また，窒素，リン，硫黄を含む有機化合物も他の元素とともに固相に付着している。液相には，土壌水があり，無機イオンが溶け込み根の表面に移動するための媒体となっている。酸素，二酸化炭素，窒素のようなガスは土壌水に溶解しているものの，根でのガス交換は，主に土壌間隙の空気を通して行われる。

生物学的に見ると，土壌はさまざまな生態系から成り立っており，その中で植物の根と微生物とは無機養分をめぐってはげしく奪いあっている。この競争関係にもかかわらず，根と微生物とがたがいの利益のために協力関係を成立させる場合もあり，**共生**（symbioses，単数形はsymbiosis）とよぶ。この節では，土壌がもつ重要な特性，根の構造，植物の無機栄養に関して菌根にみられる共生関係について述べる。植物と窒素固定細菌との共生関係については12章で述べている。

土壌粒子は負に荷電しているため，無機養分の吸着に影響を与える

無機物からなる土壌粒子であれ有機物を含む土壌粒子であれ，その表面は負に荷電していることが多い。無機性の土壌粒子の多くは，正電荷のアルミニウムやケイ素（Al^{3+}やSi^{4+}）が酸素原子と結合して形成する四面体構造の結晶格子であり，アルミニウム鉱物やケイ酸塩鉱物を形成している。Al^{3+}やSi^{4+}よりも少ない正電荷をもつイオンがAl^{3+}やSi^{4+}と置換すると，粒子は負電荷を帯びる。

有機物からなる粒子は，植物，動物，微生物の遺体を微生物が分解したあとの産物からできている。有機性粒子に含まれるカルボン酸やフェノールから水素イオンが解離すると，粒子の表面は負に帯電する。しかし，世界中の土壌粒子のほとんどは，無機性の粒子である。

無機性粒子は，粒子径から分類されている。

- 礫は2 mmよりも大きい粒子。
- 粗砂は0.2～2 mmの粒子。
- 細砂は0.02～0.2 mmの粒子。
- シルトは0.002～0.02 mmの粒子。
- 粘土は0.002 mm以下の粒子（表4.1）。

表 5.5 土壌に見られる主なケイ酸塩粘土鉱物3種の特性比較

性 質	粘土鉱物のタイプ		
	モンモリロナイト	イライト	カオリナイト
大きさ（μm）	0.01～1.0	0.1～2.0	0.1～5.0
形	不規則層	不規則層	六方結晶
凝集力	高	中	低
膨潤性（水分を吸収して膨れる性質）	高	中	低
陽イオン交換容量（ミリ当量$100\,g^{-1}$）	80～100	15～40	3～15

Brady 1974より。

ケイ酸塩を含む粘土鉱物は，さらにその構造や物理的性質に基づき大きく三つのグループに分類され，各々カオリナイト，イライト，モンモリロナイトである。カオリナイトは，一般によく風化した土壌に見られ，一方，モンモリロナイトやイライトは風化の少ない土壌に見られる。

アンモニウムイオン（NH_4^+）やカリウムイオン（K^+）などの無機の陽イオンは，無機性および有機性土壌粒子の表面負荷電に吸着する。陽イオンの粒子表面への吸着は土壌肥沃度を決める重要な因子となっている。粒子の表面に吸着した無機の陽イオンは，土壌に水が通っても簡単に溶脱されないことから，土壌粒子は植物の根が利用可能な養分の貯蔵庫でもある。粒子に吸着している無機養分は，**陽イオン交換**（cation exchange）とよばれるプロセスをへて，他の陽イオンと置換される。土壌がイオンを吸着したり交換する程度は，'陽イオン交換容量'（cation exchange capacity：CEC）と定義されており，CECは土壌の種類によって大きく変化する。一般にCECの大きい土壌ほど，より多くの無機養分を貯蔵している。

硝酸イオン（NO_3^-）や塩素イオン（Cl^-）などの無機の陰イオンは，土壌粒子の表面の負荷電によってはね返され，土壌水の中に溶けた状態で存在する。したがって，耕作地の土壌における陰イオン交換容量は，陽イオン交換容量に比較して小さい。陰イオンの中では，硝酸イオンが土壌水の中を動くことができるため，溶脱されやすい。

リン酸イオン（$H_2PO_4^-$）は，アルミニウムや鉄を含む土壌粒子に結合している場合があるが，それは，粒子表面の正に荷電した鉄やアルミニウムイオン（Fe^{2+}, Fe^{3+}, Al^{3+}）がもつ水酸基（OH^-）とリン酸とが置換することによる。その結果，リン酸は土壌粒子に強く結合し，動きにくく利用されにくいことから，植物の生育阻害の原因となっている。

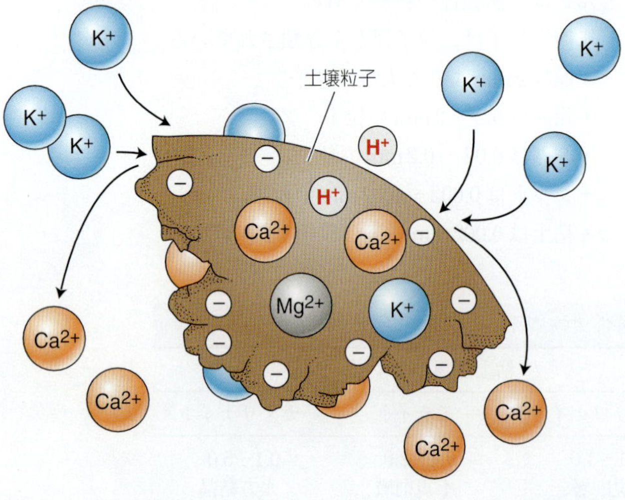

図 5.5　土壌粒子表面での陽イオン交換の原理。粒子表面は負に荷電しているために，陽イオンが結合している。カリウム（K^+）のような陽イオンを添加すると，粒子表面に結合している別の陽イオン，たとえばカルシウムイオン（Ca^{2+}）と置き換わり，遊離した陽イオンは根にとって吸収可能なイオンとなる。

硫酸イオン（SO_4^{2-}）は，カルシウムイオン（Ca^{2+}）の共存により石膏（$CaSO_4$）となる。石膏は水にごくわずか溶けるにすぎないが，植物の生育にとって十分量の硫酸イオンを放出し生育を助けている。大部分の非酸性土壌は，かなりの量のカルシウムを含んでいるため，硫酸イオンの移動度が低く水による溶脱はおこりにくい。

土壌のpHは養分の有効性や土壌微生物，植物根の生育に影響をおよぼす

水素イオン濃度（pH）は，植物根や土壌微生物に影響を与える土壌の重要な性質である。一般に根の生長は，pHが5.5～6.5の弱酸性土壌で良好であり，細菌はアルカリ土壌を好む。土壌pHは，土壌養分の利用のされやすさ（有効性）を決定する（図5.4）。土壌の酸性化によって岩石の風化が促進され，K^+, Mg^{2+}, Ca^{2+}, Mn^{2+}が遊離するとともに，炭酸塩，硫酸塩，リン酸塩の溶解度が増加する。養分の溶解度が増すと根も利用しやすくなる。

土壌pHを下げる主な因子は，有機物質の分解と降雨量である。有機物が分解する結果，二酸化炭素が生成し，土壌水と次の反応式に示すような平衡関係にある。

$$CO_2 + H_2O \rightleftharpoons H^+ + HCO_3^-$$

この反応によって水素イオン（H^+）が遊離し，土壌のpHを下げる。微生物が有機物を分解することよって生じるアンモニアと硫化水素も，土壌中で酸化されて各々強酸である硝酸（HNO_3）と硫酸（H_2SO_4）になる。水素イオンは土壌中の陽イオン交換体に結合しているK^+, Mg^{2+}, Ca^{2+}, Mn^{2+}と置換し，これらの金属イオンが土壌の中を流れる水とともに溶脱したあとは，さらに強い酸性土壌となる。これとは対照的に，乾燥地において岩石が風化すると，同じくK^+, Mg^{2+}, Ca^{2+}, Mn^{2+}が土壌中に放出されるが，降水量が少ないため，これらのイオンが土壌の上層から雨で流出することはなく，土壌はアルカリ性のままである。

土壌中の過剰な無機物は植物の生育を阻害する

過剰な無機物が存在する土壌を塩類土壌とよび，無機イオンの濃度が高まり，植物の吸水を阻害したり，養分としての適切な濃度範囲を超えると，植物の生育が抑制される（25章参照）。塩類土壌で見られる塩は，塩化ナトリウムと硫酸ナトリウムが一般的である。乾燥地や半乾燥地では，十分な雨水がなく，土壌表層から無機イオンが溶脱されにくいため，無機物の過剰害が大きな問題となる。水の供給が不十分なために根圏より下層に存在する塩を溶脱できない場合には，土壌の塩類化が助長されることになる。たとえば，灌漑用水には無機物が100～1,000 g m^{-3}含まれているが，平均的な作物は

1エーカー（約4,046.8 m^2）あたり4,000 m^3 の水を要求することから，灌漑により土壌に400～4,000 kgの無機物が加えられることになる（Marshner 1995）。

塩類土壌では，**塩ストレス**（salt stress）を受ける。比較的低濃度の塩でも悪い影響を受ける植物が大半であるが，中には高濃度の塩でも生存できる植物（**塩耐性植物**，salt-tolerant plant）や，むしろ生育が盛んになる植物（**塩生植物**，halophyte）もいる。植物の耐塩機構は複雑で，新たな分子の合成，酵素の誘導，膜輸送が関わっている。塩耐性植物の中には，過剰な無機質を吸収しないものや，無機質を取り込んだあと葉にある塩類腺によって排出するものがある。また，無機イオンが細胞質に蓄積するのを防ぐために，植物の多くは無機イオンを液胞に隔離している（Stewart and Ahmad 1983）。古典的な育種法および分子生物学的手法を用いて，塩に弱い作物種に塩耐性を付与するための試みがつづけられている（Hasegawa et al. 2000）。

無機物の過剰害に関連してもう一つの重要な問題は，土壌中への重金属の集積であり，重金属は人間のみならず植物に対しても強い毒性を示す（**Webエッセイ5.1**参照）。重金属には，亜鉛，銅，コバルト，ニッケル，水銀，鉛，カドミウム，銀，クロムが含まれる（Berry and Wallace 1981）。

植物は広く根系を発達させている

植物が土壌から水および無機養分を獲得する能力は，根系を発達させる能力と相関がある。1930年代の後半に，H. J. Dittmerは播種後16週めの冬コムギの根系について調べ，1個体で 13×10^6 本の主根および側根をもち，長さにして500 km以上，表面積にして200 m^2 にわたると推定した（Dittmer 1937）。さらに，この植物は 10^{10} 本以上の根毛をもつが，これは300 m^2 の表面積に匹敵する。メスキート（mesquite, *Prosopis*属）の根は，砂漠では地下深く50 m以上ものびて地下水に到達している場合がある。一年生の作物の場合，通常，根は深さ0.1～2 mの間，横0.3～1 mの間に発達している。果樹園で，1 m間隔で植えられた木々の主要な根系は，1本あたり全長12～18 kmにも達する。自然の生態系においても，1年間に形成される根の量は地上部の量をはるかに上まわり，あらゆる点で植物1個体における地上部は「氷山の一角」にすぎない。

根は年間を通じて成長しつづけているが，その生育は，根のまわりに直接接している微細環境――いわゆる**根圏**（rhizosphere）――における水および無機養分の利用効率に依存する。根圏の養分が少なかったり乾燥しすぎていると，根の生育は緩慢になり，根圏の状態が改善されると生育はよくなる。施肥や灌漑により過剰の養分や水が供給されると，根の生育速度が地上部の生育速度に間に合わず，そのような状態では炭水化物が不足し，地上部よりも相対的に小さい根部で植物体全体に必要な養分を吸収することになる（Bloom et al. 1993）。地面の下で生育している根に関する研究は，特殊な技術を使って行うことができる（**Webトピック5.2**参照）。

根系は多様な形態にもかかわらず共通の構造でつくられている

根系の形態は，植物種間で著しく異なっている。単子葉植物の場合，根の分化は種子が発芽すると，まず3～6本の**初生根**（primary root）（もしくは種子根（seminal root））が出る。さらに生育するにつれて，いわゆる**節根**（nodal root）（もしくは支持根（brace root））とよばれる不定根（adventitious root）が新たに伸びてくる。時間がたつにつれ，初生根と節根はさかんに伸び，枝分かれをして複雑なひげ状の根系を形成する（図5.6）。ひげ根の場合，環境や病原菌の影響で根の構造が変化しないかぎり，根の直径はすべて同じで，中心となる根を見い出すことは難しい。

単子葉植物とは対照的に，双子葉植物の根系は，中心となる1本の根，いわゆる**主根**（taproot）を発達させており，主根は二次形成層の働きによりさらに太くなっている場合もある。この中心となる根から側根がつくられ，さかんに枝分かれした根系を形成する（図5.7）。

単子葉植物であれ双子葉植物であれ，その根系の発達は，根端分裂組織の活性および側根の分裂組織の形成に依存している。図5.8は，一般的な根の先端領域を示したもので，その働きにより分裂，伸長，成熟の三つの領域に分けられる。

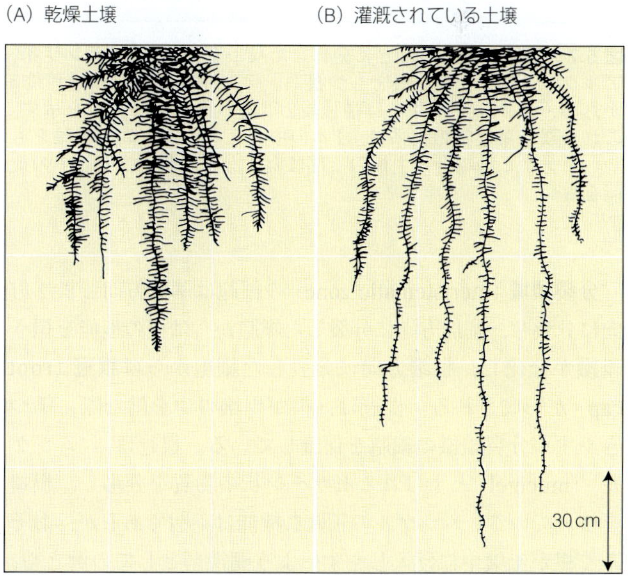

図5.6 コムギ（単子葉植物）のひげ状の根系。(A) 乾燥土壌で生育している成熟個体（播種後3か月）の根系。(B) 灌漑土壌で生育している個体の根系。根系の形態は，土壌の水分含量によって影響を受ける。ひげ根では，初生根を見分けることはできない。（Weaver 1926より）

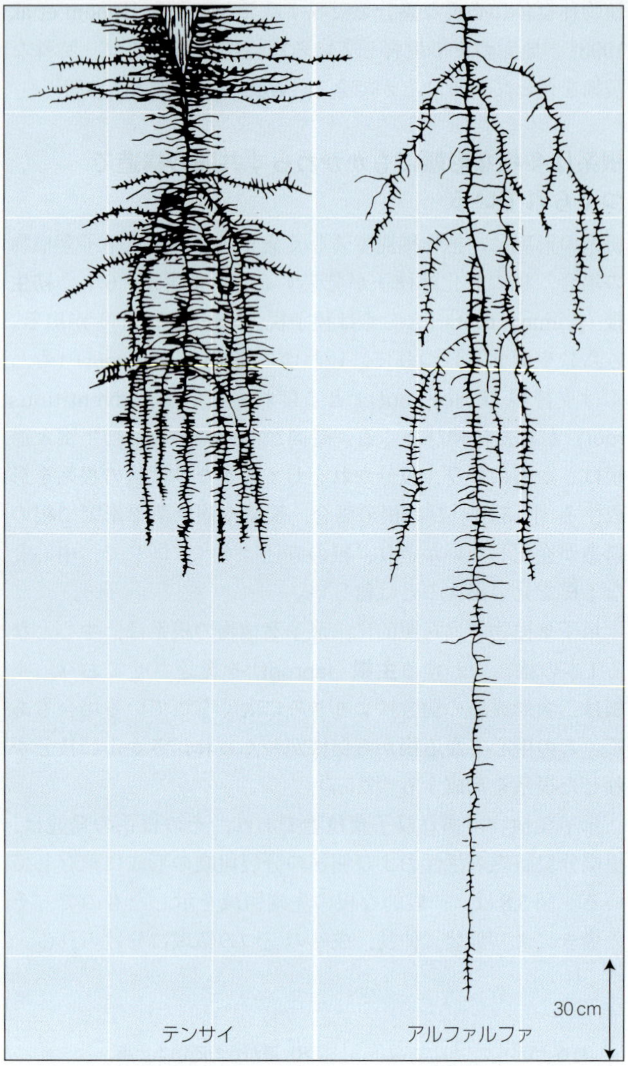

図 5.7 適切な灌水のもとに発育した双子葉植物2種（テンサイ，アルファルファ）の主根をもつ根系。テンサイの根系は播種後5か月め，アルファルファは播種後2年めの典型的なものを示す。これら双子葉植物の根系は，1本の中心となる縦方向の根軸をもつ。テンサイの場合，主根の上部は太くなり貯蔵組織としての機能をもつ。

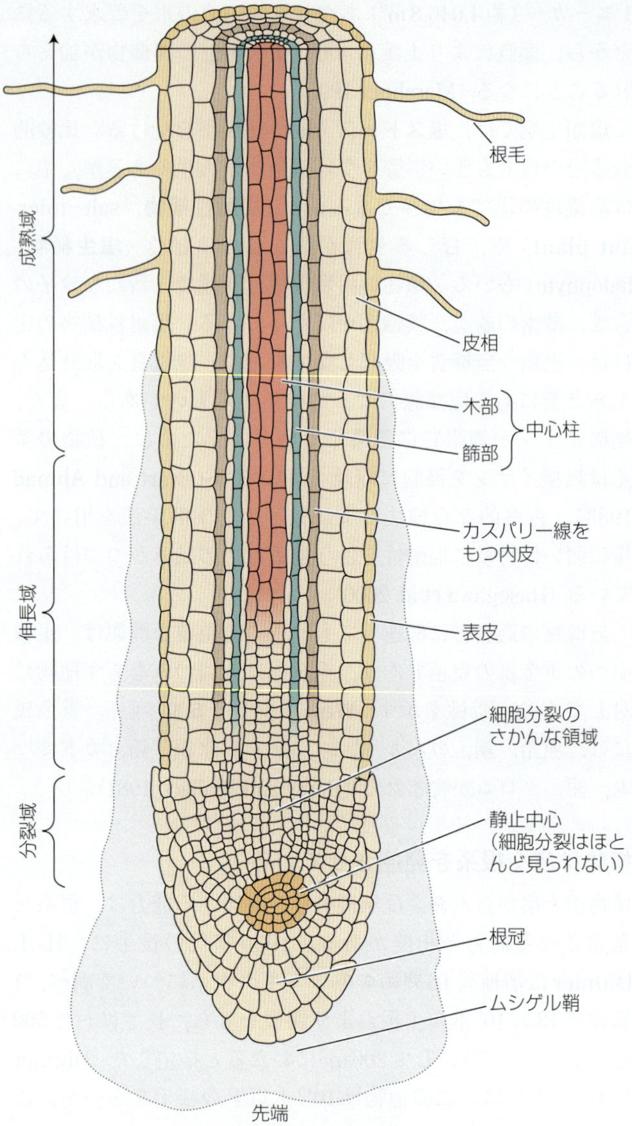

図 5.8 根端領域の縦断面図。分裂組織の細胞は根の先端付近に存在し，根冠と上部の組織をつくる。伸長域では，細胞は分化して，木部，篩部，皮層を形成する。根毛は表皮細胞からつくられ，最初に現れるのは成熟域からである。

分裂領域（meristematic zone）の細胞は基部方向と根端方向に分裂し，基部方向に分裂した細胞からは根の機能を担う組織が分化し，根端方向に分裂した細胞からは**根冠**（root cap）が形成される。根冠は，根が土壌の中を進む際，傷つきやすい分裂組織の細胞を保護している。根冠は，‘ムシゲル’（mucigel）とよばれるゼラチン状の物質を分泌し，根端を被っている。ムシゲルの正確な機能は不明であるが，おそらく根が土壌中に侵入しやすいよう潤滑剤としての働きや，乾燥から根端を守り，根に向かう養分の移動を促進するとともに，根と土壌微生物との相互作用にも影響を与えていると思われる（Russell 1977）。根冠は重力を感知する中心部位であり，重力シグナルによって根は下方向に生育する。この過程は**重力応答**（gravitropic response）とよばれている（19章参照）。

根端での細胞分裂は相対的に緩慢であり，この部位を**静止中心**（quiescent center）とよんでいる。緩慢な細胞分裂を数回つづけた細胞は，根端からおよそ0.1 mm離れたあたりから速い分裂を開始する。根端からおよそ0.4 mmのところから再び細胞分裂がしだいに減少し，細胞はすべての方向に均一に膨張する。

伸長域（elongation zone）は，根端0.7～1.5 mmにかけて始まる（図5.8）。この領域では，細胞は急速に伸長するとともに最後の細胞分裂をし，**内皮**（endodermis）とよばれる根の中心に環状に存在する細胞群を形成する。内皮細胞の壁は肥厚し，スベリンを分泌して**カスパリー線**（Casparian strip）を形成している。カスパリー線は疎水性の構造のため，水や溶質のアポプラスト経由の移動がここで妨げられる。内皮によって根は二つに仕切られ，外側が**皮層**（cortex），内側が**中心柱**（stele）である。中心柱は維管束を含み，**篩部**（phloem）では地上部から根に向けて代謝産物を輸送し，**木部**（xylem）では水や溶質を地上部へ輸送する。

篩部は木部よりも早く発達するが，これは篩管の機能が根端近傍できわめて重要であるという事実に合っている。大量の炭水化物が篩管を通して根端部へ運ばれることで，細胞の分裂や伸長が可能になる。炭水化物は，増殖のさかんな細胞のエネルギー源であると同時に，有機化合物の合成に必要な炭素骨格の材料である。六炭糖（ヘキソース）は根の組織において浸透調節を行う溶質としても働いている。根端では，篩部がまだ発達していないために，炭水化物の移動はシンプラスト経由の拡散に依存しているため比較的遅い（Bret-Harte and Silk 1994）。静止中心における細胞分裂の速度が遅い理由として，静止中心への炭水化物の供給が不十分である可能性や，この領域が酸化状態に保たれていることが原因である可能性が考えられる（**Webエッセイ5.2**参照）。

根毛は，その総体として広い表面積から水や溶質を吸収している。根毛が最初に現れるのは**成熟域**（maturation zone）であり（図5.8），成熟域で発達した道管を通して，多量の水や溶質を地上部へ輸送している。

根は異なる部位で異なる無機イオンを吸収している

根系において，無機養分が入る部位を明らかにすることは，興味深い課題である。養分の吸収は，側根を含む根の先端領域からのみとする研究者や（Bar-Yosef et al. 1972），根の表面全体で行われているという研究者がいる（Nye and Tinker 1977）。次に示す実験結果は両方の可能性を支持しており，吸収部位は植物種や調べた養分に依存して変わる。

- オオムギにおけるカルシウムの吸収は，根端に限定されている。
- 鉄の吸収は，オオムギに見られるような根端からのものと（Clarkson 1985），トウモロコシに見られるように根表面全体からのものがある（Kashirad et al. 1973）。
- カリウム，硝酸塩，アンモニウム，リン酸塩は根表面のすべての場所で問題なく取り込まれるが（Clarkson 1985），トウモロコシにおけるカリウムの集積や（Sharp et al. 1990）硝酸塩の吸収（Taylor and Bloom 1998）は伸長域において最大速度を示す。
- トウモロコシやイネにおいて，アンモニアの吸収は伸長域よりも根端で速い（Colmer and Bloom 1998）。
- 植物種の中には，リン酸の吸収が根毛でさかんなものもある（Foehse et al. 1991）。

養分吸収速度は根端領域で速いが，その理由は，根端組織での養分要求度が高いことと，根端周辺の土壌に利用できる養分が相対的に多いことによる。たとえば，細胞伸長には細胞内の浸透圧を高めるために，カリウム，塩素，硝酸塩といった溶質の集積が必要である（15章参照）。ところで，分裂域での細胞分裂には窒素源としてアンモニアの方が適しており，その理由は，分裂組織は炭水化物が欠乏しやすく，硝酸に比べアンモニアの方が同化のために消費するエネルギーが少ないためである（12章参照）。根端や根毛は，養分がまだ使われずに残っている新しい土壌に向かって成長しつづける。

土壌中における養分は，体積流（bulk flow）と拡散の両方によって根表面まで移動する（3章参照）。体積流では，養分は根の水吸収の流れに沿って運ばれる。体積流によって供給される養分の量は，根に向かって流れる水の速度に依存し，それを決めるのは植物による蒸散速度と土壌水中の養分濃度である。したがって，土壌水の流速と養分濃度の両方が高いとき，養分供給における体積流の役割が大きくなる。

拡散では，無機養分は高濃度領域から低濃度領域へと移動する。根が養分を吸収すると，根表面の養分濃度が下がり，根周辺の土壌水に濃度勾配が形成される。この濃度勾配にそって養分が拡散することと，上記の蒸散によってもたらされる体積流の両方によって，根表面で利用できる養分量が増加する。

根による養分の吸収量が大きく，一方土壌の養分濃度が低い場合，体積流で供給される養分は植物の養分要求量の一部にすぎない（Mengel and Kirkby 1987）。このような場合根表面への養分の移動を律速する因子は，拡散速度である。拡散速度が遅すぎて根近傍で高い養分濃度を維持することが難しい場合，根表面近くに**養分欠乏領域**（nutrient depletion zone）

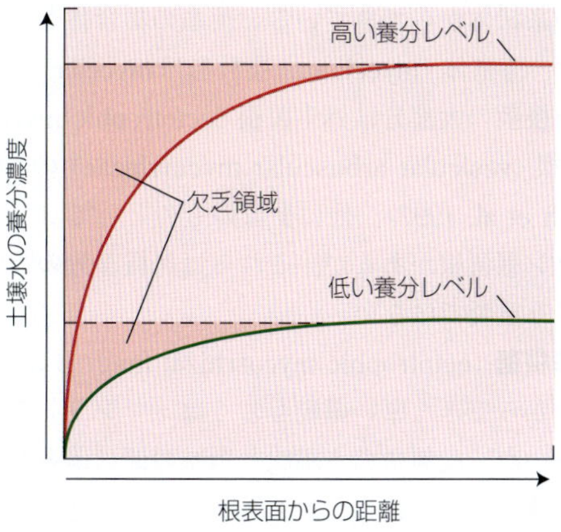

図5.9 植物根近傍の土壌に見られる養分欠乏領域。養分欠乏領域は，根の細胞による養分吸収速度が，土壌水中の養分が拡散によって供給される速度を上まわったときに形成される。この欠乏によって，根表面に近接した土壌領域に，局地的な養分濃度の低下が生じる。（Mengel and Kirkby 1987）

が生じる（図5.9）。この領域の大きさは，土壌中における養分の移動度に依存し，根表面からおよそ0.2～2.0 mmに広がっている。

欠乏領域の形成から，われわれは無機養分に関する重要なことがらを学ぶことができる。すなわち，根はいずれ根圏の無機養分を使いつくし枯渇させるため，植物が抗夫のように土壌から無機養分を掘り出す効率は，植物が土壌水から養分を吸収する速度のみならず，根が絶え間なく生育しつづけることに依存している。‘根の生育がなければ，根はその周辺の土壌養分をまたたくまに使いつくしてしまうであろう。したがって，養分の獲得を最適にするためには，養分吸収能力と根系が成長して新しい土壌に入っていく能力の両方が必要である。’

菌根菌は根による養分吸収を促進する

これまでの議論では，根による直接的な無機養分の獲得についてふれたが，無機養分の獲得は根系に菌根菌が共存することによっても変わる。**菌根**（mycorrhizae，単数はmycorrhiza，ギリシア語の「菌」と「根」に由来する）は，異常なものではなく，自然状態で広く見られる。世界中の草木の大部分がその根に菌根菌が存在し，双子葉植物の83％，単子葉植物の79％，そしてすべての裸子植物は常に菌根を形成している（Wilcox 1991）。

一方，アブラナ科（キャベツ），アカザ科（ホウレンソウ），ヤマモガシ科（マカダミアナッツ）の植物および水生植物が菌根を形成することはまれである。菌根は，乾燥が強い場合や塩類土壌，または洪水を受けた土壌や土壌肥沃度が極端に高かったり低かったりする土壌では見られない。特に，水耕で育っている植物や若く急速に生育している作物が菌根を有することはほとんどない。

菌根菌は‘菌糸’（hypha，複数形はhyphae）とよばれる細い管状の糸状体からできている。菌糸の集合体が糸状菌の本体であり，菌糸体（mycelium，複数形はmycelia）とよばれている。菌根菌の大部分は外生菌根（ectotrophic mycorrhizae）とVA菌根（vesicular arbuscular mycorrhizae）の2種類であり（Smith et al. 1997），他に少数のものとしてツツジ型菌根およびラン型菌根があるが，これらは無機養分の吸収に関してはあまり重要ではない。

外生菌根菌（ectotrophic mycorrhizal fungi）は，根のまわりに菌糸からできた厚い菌鞘もしくは「マント」を形成する場合が多いが，皮層にある細胞と細胞の間に菌糸を侵入させるものもある（図5.10）。この場合，皮層細胞の中に菌糸が侵入することはなく，**ハルティヒネット**（Hartig net）とよばれる菌糸の網目状構造でかこまれている。菌糸体の量は非常に多く，その全量が根の全量に匹敵する場合もしばしばである。菌糸体は菌鞘のかたまりから土壌中にも広がり，独立の

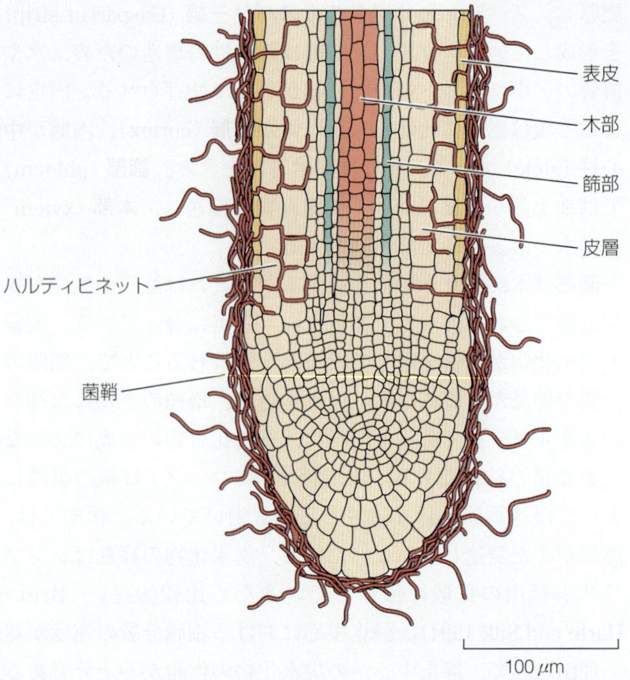

図 5.10 外生菌根菌が感染した根。菌糸が根を囲み厚い菌鞘を形成するとともに，皮層の細胞間隙に侵入してハルティヒネットを形成する。菌糸の総量は，根自身の総量に匹敵する程である。(Rovira et al. 1983)

菌糸を形成したり子実体をもつ菌糸束を形成する。

根の外にある菌糸の存在によって，根系の養分を吸収する能力は改善される。それは，根の外の菌糸が植物の根よりもはるかに細く，養分が枯渇した根周辺の土壌領域のさらに先にまでのびることができるためである（Clarkson 1985）。外生菌根菌は，裸子植物種や木本性の被子植物種の中でも，もっぱら樹木に感染している。

外生菌根菌とは異なり，**VA菌根菌**（vesicular arbuscular mycorrhizal fungi）は，根のまわりに菌糸体からなる菌鞘をつくることはなく，菌糸はより低い密度で根そのものの内部や根から周辺の土壌に向かって広がっている（図5.11）。菌糸は，表皮や根毛から根の中に入り，細胞間隙に広がるだけでなく皮層の個々の細胞の中にも侵入する。細胞内では**嚢状体**（vesicle）とよばれる球状の構造と，**樹枝状体**（arbuscule）とよばれる枝分かれ構造を形成する。樹枝状体は，菌と宿主植物間とで養分のやりとりをしている部位と思われる。

外生菌糸体は根から数cm先に広がっており，胞子体構造も存在する。外生菌根菌と異なり，VA菌根菌は，菌糸の量は少なく，根重量の10％を超えることはない。VA菌根菌は，草本性の被子植物に属する大部分の植物の根に見ることができる（Smith et al. 1997）。

植物根はVA菌根菌を伴うことによって，リンおよび亜鉛や銅のような微量金属の吸収がよくなる。外生菌糸体は，根

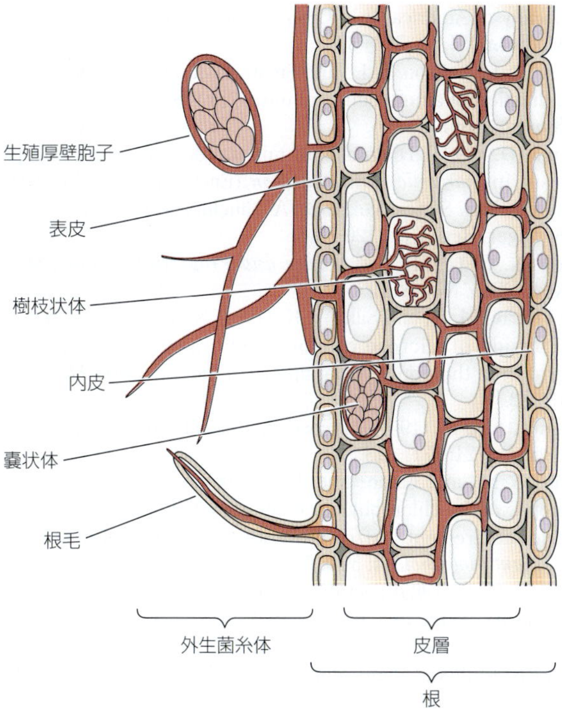

図 5.11 根の一部に共存するVA菌根菌。菌糸は皮層の細胞壁内に増殖し，個々の皮層細胞に侵入する。細胞に到達した際に，菌糸は宿主細胞の細胞膜や液胞膜を破壊することなく，かわりに，これらの膜に囲まれ樹枝状体とよばれる構造を形成する。樹枝状体では，宿主である植物と菌との間の養分イオンの交換を行っている。(Mauseth 1988より)

周辺のリンが消費されてしまった領域からさらに遠くに広がることにより，リンの吸収をよくする。菌根菌を伴う根は伴わない根に比較して，4倍以上の速度でリン酸を取り込みうるという計算結果もある (Nye and Tinker 1977)。外生菌根の外生菌糸体もまた，リン酸を吸収し植物が利用できるようにしている。さらに外生菌根菌は土壌中の落葉や落枝からなる有機層の中で増殖し，有機性のリン化合物を加水分解して根に輸送しているようである (Smith et al. 1997)。

養分は菌根菌から根の細胞へと移動する

菌根菌が吸収した無機養分が根の細胞に輸送される機構については，ほとんど不明である。外生菌根の場合，無機のリン酸は，ハルティヒネットの中の菌糸から単に拡散するだけで，それを根の皮層細胞が吸収しているのかもしれない。VA菌根の場合は，もう少し複雑である。養分は樹枝状体から皮層細胞へ拡散しているようにも思えるし，一方，根の樹枝状体の中には，常に古いものが分解され新しいものがつくられつづけていることから，樹枝状体の分解によって，その中身が宿主根の細胞に放出されているのかもしれない。

根と菌根菌との共生を決める主な因子は，宿主植物の栄養状態である。リンなどの養分が中程度に欠乏している場合は菌根菌の感染が促進され，十分量の養分をもっている場合では抑制される。

肥沃な土壌では，植物と菌根菌の共生関係は感染関係に移行する場合がある。この場合，宿主植物にとっては，もはや共生によって養分吸収が改善されるという利益はないにもかかわらず，菌根菌は植物から炭水化物を得ている。このような条件のもとでは，宿主植物が菌根菌に対して病原菌に対するのと同様の応答反応をする場合がある (Brundrett 1991；Marshner 1995)。

まとめ

植物は，太陽光から得たエネルギーを用い，二酸化炭素，水，無機養分から自らのすべての成分を合成する独立栄養を営む生物である。植物の栄養を研究することによって，特定の無機養分が植物の生存に必須であることがわかってきた。これらの無機養分は，植物体内での存在比から，多量養分と微量養分に分類されている。

高等植物では，外観に現れた症状から欠乏している無機養分の診断ができる。無機養分は植物の代謝において重要な働きをしていることから，無機養分の欠乏は生育障害となって現れる。無機養分は，エネルギーを貯えたり，植物の構造体を形成する有機化合物の構成成分や補酵素として，そして電子伝達反応の成分として働いている。水耕や気耕栽培を用いることによって，無機養分に対する要求特性を明らかにすることができる。土壌や植物組織の分析によって，植物–土壌系の養分状態に関する情報を得ることができれば，無機養分の欠乏障害や過剰害を避けるための正しい方策を立てることができる。近代的な高収量をめざす農法では，作物を栽培することで相当量の養分が土壌から取り除かれる。このような欠乏状態を補うために，無機養分を肥料の形で土壌に戻している。無機態の養分のみからなる肥料を化学肥料とよび，植物や動物に由来するものを有機肥料とよぶ。どちらの場合でも，植物は養分をまず無機態のイオンとして吸収する。肥料の大部分は土壌に施用するが，葉に噴霧する場合もある。

土壌は物理的，化学的，生物学的に複雑な物質である。土壌粒子の大きさと土壌の陽イオン交換容量によって，土壌が貯蔵できる水や養分の量が決まる。土壌のpHも植物による無機養分の利用効率に大きな影響を与えている。

ナトリウムや重金属のような無機養分が土壌中に過剰に存在すると，植物の生育に悪い影響を与える。植物の中には過剰な無機養分に耐えられるものがあり，さらに極端な条件下でも生育できるものがある。たとえばナトリウムの場合は，塩生植物がこれにあたる。

土壌から養分を得るために，植物は根系をおおいに発達させている。根は，比較的単純な構造をしており，放射相称であり，分化した細胞の種類も少ない。根は常に周辺土壌の養分を消費しつづけているが，その簡単な構造のおかげで，新しい土壌領域への生育が迅速にできるのかもしれない。

植物根は，菌根菌を伴っていることが多い。菌根の細い菌糸が根から遠くにのびることによって，根は無機養分を獲得しやすくなり，特に土壌中で比較的移動しにくいリンのような無機養分の獲得が容易になる。そのかわりに，植物は菌根菌に炭水化物を提供している。養分が十分供給される状況では，植物は菌根菌との共生関係を抑える傾向にある。

Webマテリアル

Webトピック

5.1 必須元素の欠乏症状

各々の欠乏症状には特徴があり，欠乏診断に用いることができる。ここでは，トマトに見られる必須元素の欠乏症状をカラー写真で示す。

5.2 地下の根を観察する

自然状態で生育している根を研究するためには，地面より下の根を観察する手段が必要となる。このトピックでは，最新式の方法について述べている。

Webエッセイ

5.1 食物から金属の回収まで

重金属の蓄積は植物にとっても有毒である。集積経路を分子レベルで理解することによって，よりすぐれたファイトレメディエーション用の作物を創生することができるであろう。

5.2 根の静止中心における酸化還元による制御

静止中心の酸化還元状態によって，この領域に存在する細胞の周期が制御されているようだ。

参考文献

Arnon, D. I., and Stout, P. R. (1939) The essentiality of certain elements in minute quantity for plants with special reference to copper. *Plant Physiol.* 14: 371–375.

Asher, C. J., and Edwards, D. G. (1983) Modern solution culture techniques. In *Inorganic Plant Nutrition* (Encyclopedia of Plant Physiology, New Series, Vol. 15B), A. Läuchli and R. L. Bieleski, eds., Springer, Berlin, pp. 94–119.

Bar-Yosef, B., Kafkafi, U., and Bresler, E. (1972) Uptake of phosphorus by plants growing under field conditions. I. Theoretical model and experimental determination of its parameters. *Soil Sci.* 36: 783–800.

Berry, W. L., and Wallace, A. (1981) Toxicity: The concept and relationship to the dose response curve. *J. Plant Nutr.* 3: 13–19.

Bloom, A. J. (1994) Crop acquisition of ammonium and nitrate. In *Physiology and Determination of Crop Yield*, K. J. Boote, J. M. Bennett, T. R. Sinclair, and G. M. Paulsen, eds., Soil Science Society of America, Inc., Crop Science Society of America, Inc., Madison, WI, pp. 303–309.

Bloom, A. J., Jackson, L. E., and Smart, D. R. (1993) Root growth as a function of ammonium and nitrate in the root zone. *Plant Cell Environ.* 16: 199–206.

Bouma, D. (1983) Diagnosis of mineral deficiencies using plant tests. In *Inorganic Plant Nutrition* (Encyclopedia of Plant Physiology, New Series, Vol. 15B), A. Läuchli and R. L. Bieleski, eds., Springer, Berlin, pp. 120–146.

Brady, N. C. (1974) *The Nature and Properties of Soils*, 8th ed. Macmillan, New York.

Bret-Harte, M. S., and Silk, W. K. (1994) Nonvascular, symplasmic diffusion of sucrose cannot satisfy the carbon demands of growth in the primary root tip of *Zea mays* L. *Plant Physiol.* 105: 19–33.

Brundrett, M. C. (1991) Mycorrhizas in natural ecosystems. *Adv. Ecol. Res.* 21: 171–313.

Clarke, S. M., and Eaton-Rye, J. J. (2000) Amino acid deletions in loop C of the chlorophyll a-binding protein CP47 alter the chloride requirement and/or prevent the assembly of photosystem II. *Plant Mol. Biol.* 44: 591–601.

Clarkson, D. T. (1985) Factors affecting mineral nutrient acquisition by plants. *Annu. Rev. Plant Physiol.* 36: 77–116.

Colmer, T. D., and Bloom, A. J. (1998) A comparison of net NH_4^+ and NO_3^- fluxes along roots of rice and maize. *Plant Cell Environ.* 21: 240–246.

Cooper, A. (1979) *The ABC of NFT: Nutrient Film Technique: The World's First Method of Crop Production without a Solid Rooting Medium*. Grower Books, London.

Dittmer, H. J. (1937) A quantitative study of the roots and root hairs of a winter rye plant (*Secale cereale*). *Am. J. Bot.* 24: 417–420.

Epstein, E. (1972) *Mineral Nutrition of Plants: Principles and Perspectives*. Wiley, New York.

Epstein, E. (1999) Silicon. *Annu. Rev. Plant Physiol. Plant Mol. Biol.* 50: 641–664.

Evans, H. J., and Sorger, G. J. (1966) Role of mineral elements with emphasis on the univalent cations. *Annu. Rev. Plant Physiol.* 17: 47–76.

Foehse, D., Claassen, N., and Jungk, A. (1991) Phosphorus efficiency of plants. II. Significance of root radius, root hairs and cation-anion balance for phosphorus influx in seven plant species. *Plant Soil* 132: 261–272.

Gericke, W. F. (1937) Hydroponics—Crop production in liquid culture media. *Science* 85: 177–178.

Haehnel, W. (1984) Photosynthetic electron transport in higher plants. *Annu. Rev. Plant Physiol.* 35: 659–693.

Harling, H., Czaja, I., Schell, J., and Walden, R. (1997) A plant cation-chloride co-transporter promoting auxin-independent tobacco protoplast division. *EMBO J.* 16: 5855–5866.

Hasegawa, P. M., Bressan, R. A., Zhu, J.-K., and Bohnert, H. J. (2000) Plant cellular and molecular responses to high salinity. *Annu. Rev. Plant Physiol. Plant Mol. Biol.* 51: 463–499.

Hepler, P. K., and Wayne, R. O. (1985) Calcium and plant development. *Annu. Rev. Plant Physiol.* 36: 397–440.

Johnstone, M., Grof, C. P. L., and Brownell, P. F. (1988) The effect of sodium nutrition on the pool sizes of intermediates of the C_4 photosynthetic pathway. *Aust. J. Plant Physiol.* 15: 749–760.

Kashirad, A., Marschner, H., and Richter, C. H. (1973) Absorption and translocation of ^{59}Fe from various parts of the corn plant. *Z. Pflanzenernähr. Bodenk.* 134: 136–147.

Loomis, R. S., and Connor, D. J. (1992) *Crop Ecology: Productivity and Management in Agricultural Systems*. Cambridge University Press, Cambridge.

Lucas, R. E., and Davis, J. F. (1961) Relationships between pH values of organic soils and availabilities of 12 plant nutrients. *Soil*

Sci. 92: 177–182.
Macek, T., Mackova, M., and Kas, J. (2000) Exploitation of plants for the removal of organics in environmental remediation. *Biotech. Adv.* 18: 23–34.
Marschner, H. (1995) *Mineral Nutrition of Higher Plants*, 2nd ed. Academic Press, London.
Mauseth, J. D. (1988) *Plant Anatomy*. Benjamin/Cummings Pub. Co., Menlo Park, CA.
Mengel, K., and Kirkby, E. A. (1987) *Principles of Plant Nutrition*. International Potash Institute, Worblaufen–Bern, Switzerland.
Nolan, B. T. and Stoner, J. D. (2000) Nutrients in groundwater of the center conterminous United States 1992–1995. *Environ. Sci. Tech.* 34: 1156–1165.
Nye, P. H., and Tinker, P. B. (1977) *Solute Movement in the Soil–Root System*. University of California Press, Berkeley.
Oh, S.-H., Cho, S.-W., Kwon, T.-H., and Yang, M.-S. (1996) Purification and characterization of phytoferritin. *J. Biochem. Mol. Biol.* 29: 540–544.
Raven, J. A., and Smith, F. A. (1976) Nitrogen assimilation and transport in vascular land plants in relation to intracellular pH regulation. *New Phytol.* 76: 415–431.
Rovira, A. D., Bowen, C. D., and Foster, R. C. (1983) The significance of rhizosphere microflora and mycorrhizas in plant nutrition. In *Inorganic Plant Nutrition* (Encyclopedia of Plant Physiology, New Series, Vol. 15B) A. Läuchli and R. L. Bieleskis, eds., Springer, Berlin, pp. 61–93.
Russell, R. S. (1977) *Plant Root Systems: Their Function and Interaction with the Soil*. McGraw–Hill, London.
Sanders, D., Brownlee, C., and Harper J. F. (1999) Communicating with calcium. *Plant Cell* 11: 691–706.
Sharp, R. E., Hsiao, T. C., and Silk, W. K. (1990) Growth of the maize primary root at low water potentials. 2. Role of growth and deposition of hexose and potassium in osmotic adjustment. *Plant Physiol.* 93: 1337–1346.
Shelp, B. J. (1993) Physiology and biochemistry of boron in plants. In *Boron and Its Role in Crop Production*, U. C. Gupta, ed., CRC Press, Boca Raton, FL, pp. 53–85.
Sievers, R. E., and Bailar, J. C., Jr. (1962) Some metal chelates of ethylenediaminetetraacetic acid, diethylenetriaminepentaacetic acid, and triethylenetriaminehexaacetic acid. *Inorganic Chem.* 1: 174–182.
Smith, S. E., Read, D. J., and Harley, J. L. (1997) *Mycorrhizal Symbiosis*. Academic Press, San Diego, CA.
Stewart, G. R., and Ahmad, I. (1983) Adaptation to salinity in angiosperm halophytes. In *Metals and Micronutrients: Uptake and Utilization by Plants*, D. A. Robb and W. S. Pierpoint, eds., Academic Press, New York, pp. 33–50.
Taylor, A. R., and Bloom, A. J. (1998) Ammonium, nitrate and proton fluxes along the maize root. *Plant Cell Environ.* 21: 1255–1263.
Weathers, P. J., and Zobel, R. W. (1992) Aeroponics for the culture of organisms, tissues, and cells. *Biotech. Adv.* 10: 93–115.
Weaver, J. E. (1926) *Root Development of Field Crops*. McGraw–Hill, New York.
Wilcox, H. E. (1991) Mycorrhizae. In *Plant Roots: The Hidden Half*, Y. Waisel, A. Eshel, and U. Kafkafi, eds., Marcel Dekker, New York, pp. 731–765.
Ziegler, H. (1987) The evolution of stomata. In *Stomatal Function*, E. Zeiger, G. Farquhar, and I. Cowan, eds., Stanford University Press, Stanford, CA, pp. 29–57.

6 物質輸送

植物細胞は，わずか脂質2分子分の厚さしかない細胞膜で，まわりの環境から隔てられている。この薄い層は，きわめて変化の激しい外部環境に対して，内部の比較的安定した環境を維持することができる。細胞膜は，物質の拡散に対する疎水的バリアーを形成するだけではなく，細胞が必要とする栄養の取り込み，老廃物の排出，あるいは膨圧の調節などのため，特定の物質やイオンの内向きあるいは外向きの連続的な輸送を維持し，かつ調節しなければならない。同じ働きは，それぞれの細胞の中のさまざまな区画（コンパートメント）を区分する内膜系でもいえることである。

細胞が環境と接する唯一の場として，細胞膜は，まわりの物理環境，他の細胞からの分子情報，そして攻撃を仕掛けてくる病原体に関する情報を伝える役割を担っている。これらの情報伝達過程は，しばしば膜を介したイオン輸送によって担われている。

ある場所から他の場所への分子やイオンの移動は，**輸送**（transport）として理解されている。細胞内へ，あるいは細胞内での局所的な輸送の多くは膜によって調節されている。植物個体と環境の間，あるいは葉と根の間で行われるような大量の輸送も，細胞レベルではやはり膜によって調節されている。たとえば，葉から根への篩管を経由するショ糖の輸送，これは**転流**（translocation）とよばれるが，葉における篩管細胞内への膜輸送系によって担われ，調節を受け，篩管から根の貯蔵細胞へと輸送される（10章参照）。

本章では，初めに溶液中の分子の移動を支配する物理的および化学的原理について考察する。その後，この原理が膜や生物系にどのように適応されうるかを示す。さらに，生細胞における輸送の分子機構と，植物細胞において特徴的な輸送系を担うさまざまな膜輸送タンパク質について述べる。最後に，イオンが根に取り込まれる経路，道管への積み込み，すなわち中心柱においてイオンが道管（要素）や仮道管内に放出されるための機構について検討する。

受動および能動輸送

フィックの第一法則（式（3.1））によれば，拡散による分子の移動は，常に濃度か化学ポテンシャルの勾配に従って，平衡が成立するまで自発的に進行する（Webサイトの2章参照）。分子が勾配に従って（downhill）自発的に移動することを**受動輸送**（passive transport）とよぶ。平衡状態においては，全体としての溶質の移動は，外部から駆動力が与えられないかぎり決して生じえない。

化学ポテンシャル勾配に逆らった（すなわち高濃度側への）物質の移動は，**能動輸送**（active transport）とよばれる。それは自発的に生じることはなく，細胞内におけるエネルギーの投入により，その系で仕事がなされる必要がある。この仕事を遂行するための一つの方法（もちろん，唯一ではないが）は，輸送とATPの加水分解を共役させることである。

拡散に必要な力を計算した3章を思い出して欲しい。濃度差の関数としてのエネルギー勾配に逆らって物質を動かすのに必要な力は，ポテンシャルエネルギー勾配を測定することで計算できる。生物における輸送は，四つの主要な力で駆動されている。すなわち，濃度，静水圧，重力，そして電場である（ただし，3章からもわかるように，重力は輸送の駆動力としてはほとんど働いていない）。

あらゆる溶質の**化学ポテンシャル**（chemical potential）は，濃度，電場，静水圧ポテンシャル（と標準状態での化学ポテンシャル）として定義される：

$$\underbrace{\tilde{\mu}_j}_{\substack{\text{溶質}j\text{の化学}\\\text{ポテンシャル}}} = \underbrace{\mu_j^*}_{\substack{\text{標準状態における溶質}j\\\text{の化学ポテンシャル}}} + \underbrace{RT\ln C_j}_{\substack{\text{濃度（活動度）}\\\text{の項}}} + \underbrace{z_jFE}_{\text{電場の項}} + \underbrace{\overline{V}_jP}_{\text{静水圧の項}} \qquad (6.1)$$

ここで，$\tilde{\mu}_j$は溶質j種の化学ポテンシャル（J mol^{-1}）を表している。$\mu_j{}^*$は標準状態での化学ポテンシャルを表している（この後の式では相殺されるので，無視してもかまわない）。Rは気体定数，Tは絶対温度，C_jは溶質jの濃度（正確には活動度）を表している。

電場の項は，z_jFEで，イオンにのみ適用される。zはイオンの電荷（1価の陽イオンでは+1，1価の陰イオンでは−1，2価の陽イオンでは+2となる），Fはファラデー定数（1 mol のプロトンがもつ電荷総量に等しい），そしてEは溶液のもつ全体としての電場（基準値に対する）である。最後の項$\overline{V}_jP$は，溶質jの部分モル体積と圧力の化学ポテンシャルへの寄与を表している（物質jの部分モル体積とは，物質j 1 molをその系に加えたときの体積の変化，すなわち極小の追加を意味する）。

この最後の項$\overline{V}_jP$は，浸透的水輸送の場合には大変重要であるが，それ以外は，濃度と電場の項に比べるとμへの寄与率はきわめて小さい。3章で論じたように，水の化学ポテンシャル（すなわち水ポテンシャル）は溶液中に溶けている溶質の濃度と系の静水圧に依存している。

‘化学ポテンシャル概念の重要性は，それが分子に働いて輸送を引きおこす力のすべてを表しているからである’(Nobel 1991)。

一般に拡散（や受動輸送）は，必ずより高い化学ポテンシャルの場からより低い化学ポテンシャルの場へ分子を移動させる。化学ポテンシャル勾配に逆らった移動は，能動輸送（図6.1）を意味している。

たとえば，膜を介したショ糖の拡散を考える。われわれは，（その溶液が，静水圧を作り出すほどには濃くないなら）濃度の値だけでその場のショ糖の化学ポテンシャルを正確に推定できる。式(6.1)から細胞内ショ糖の化学ポテンシャルは以下のように記述できる（次の三つの式では，下付のsはショ糖(sucrose)を意味し，上付のiとoはそれぞれ細胞の中と外を表す）：

$$\underset{\text{細胞内におけるショ糖溶液の化学ポテンシャル}}{\tilde{\mu}_s{}^i} = \underset{\text{標準状態におけるショ糖溶液の化学ポテンシャル}}{\mu_s{}^*} + \underset{\text{濃度の項}}{RT\ln C_s{}^i} \tag{6.2}$$

細胞外のショ糖の化学ポテンシャルは，次のように計算される：

$$\tilde{\mu}_s{}^o = \mu_s{}^* + RT\ln C_s{}^o \tag{6.3}$$

細胞内外における溶液中のショ糖の化学ポテンシャル差は，$\Delta\mu_s$として計算される。それは輸送の機構に関わらない。値を正しく理解するには，内向き輸送では，細胞の外側から除かれる（−）ことと細胞内につけ加えられる（+）ことを思い出そう。輸送されたショ糖の自由エネルギー（J mol^{-1}）の変化は，次のように表現される：

$$\Delta\tilde{\mu}_s = \tilde{\mu}_s{}^i - \tilde{\mu}_s{}^o \tag{6.4}$$

式(6.2)から式(6.3)を引くということで式(6.4)を書き換えると，次の式を得ることができる：

$$\begin{aligned}\Delta\tilde{\mu}_s &= (\mu_s{}^* + RT\ln C_s{}^i) - (\mu_s{}^* + RT\ln C_s{}^o)\\ &= RT(\ln C_s{}^i - \ln C_s{}^o)\\ &= RT\ln\frac{C_s{}^i}{C_s{}^o}\end{aligned} \tag{6.5}$$

化学ポテンシャルの差が負ならば，ショ糖は自発的に内向きに拡散しうる（膜がショ糖への十分な透過性をもっているという条件のもとで。このことについては次節を参照）。言い換えるならば，溶質の拡散を引きおこす力は濃度勾配に比例するということである。

もし溶質が電荷をもっているならば（たとえばカリウムイオンのように），化学ポテンシャルの式の中に電場の項を考慮しなければならない。いま，膜がショ糖よりは，K^+とCl^-に透過性があると考えよう。イオン（K^+とCl^-）はそれぞれ独立に拡散するから，個別の化学ポテンシャルをもつ。こうして，K^+の内向きの拡散は

$$\Delta\tilde{\mu}_K = \tilde{\mu}_K{}^i - \tilde{\mu}_K{}^o \tag{6.6}$$

となり，式(6.1)の適当な項を式(6.6)に当てはめると，次式が得られる：

$$\Delta\tilde{\mu}_K = (RT\ln[K^+]^i + zFE^i) - (RT\ln[K^+]^o + zFE^o) \tag{6.7}$$

ここで，K^+の電荷は+1だから，$z=+1$となって，

$$\Delta\tilde{\mu}_K = RT\ln\frac{[K^+]^i}{[K^+]^o} + F(E^i - E^o) \tag{6.8}$$

となる。この式の大きさと正負の値は，膜を介したK^+の拡散の駆動力とその方向性を表している。同様の表現は，Cl^-にも可能である（ただし，Cl^-では$z=-1$）。

式(6.8)は，イオン（たとえばK^+）が濃度勾配と二つの区画間の電位差に応じて拡散することを意味している。この式におけるもっとも重要な点は，イオンは二つの区画の間に適当な電場が与えられるなら，その濃度勾配に逆らった場合でも受動的に動くということである。生物輸送におけるこのような電場の重要性から，μはしばしば電気化学ポテンシャルとよばれる。ここで$\Delta\mu$は二つの区画の間の**電気化学ポテンシャル**の差を意味している。

膜を介したイオンの輸送

上に示した二つの区画中のKCl溶液が，生体膜で隔てられているなら，その拡散はイオンが自由溶液の中を移動するのと同様に，膜の中を動かなければならないという事実によって相当複雑になる。膜が物質の移動を可能にする大きさのことを**膜透過性**(membrane permeability)とよぶ。後述するように，透過性は，溶質の化学的性質だけでなく，膜の組成にもよっている。不正確ないい方ではあるが，透過性は膜の中に

区画Aにおける化学ポテンシャル	区画Bにおける化学ポテンシャル	説　明
$\tilde{\mu}_j^A$ →	$\tilde{\mu}_j^B$	受動輸送（拡散）は，化学ポテンシャル勾配に従って自然に生じる。 $\tilde{\mu}_j^A > \tilde{\mu}_j^B$
$\tilde{\mu}_j^A$ ↔	$\tilde{\mu}_j^B$	平衡状態では，$\tilde{\mu}_j^A = \tilde{\mu}_j^B$。能動輸送が行われないならば，定常状態になる。
$\tilde{\mu}_j^A$ →	$\tilde{\mu}_j^B$	能動輸送は，化学ポテンシャル勾配に逆らって行われる。 $\tilde{\mu}_j^A < \tilde{\mu}_j^B$ 分子jをAからBに移動させるのに必要なモルあたりの自由エネルギー変化（ΔG）は，$\tilde{\mu}_j^B - \tilde{\mu}_j^A$に等しい。反応に必要な$\Delta G$を供給するために，分子の輸送は，$\tilde{\mu}_j^B - \tilde{\mu}_j^A$よりも大きいエネルギー供給と共役する必要がある。

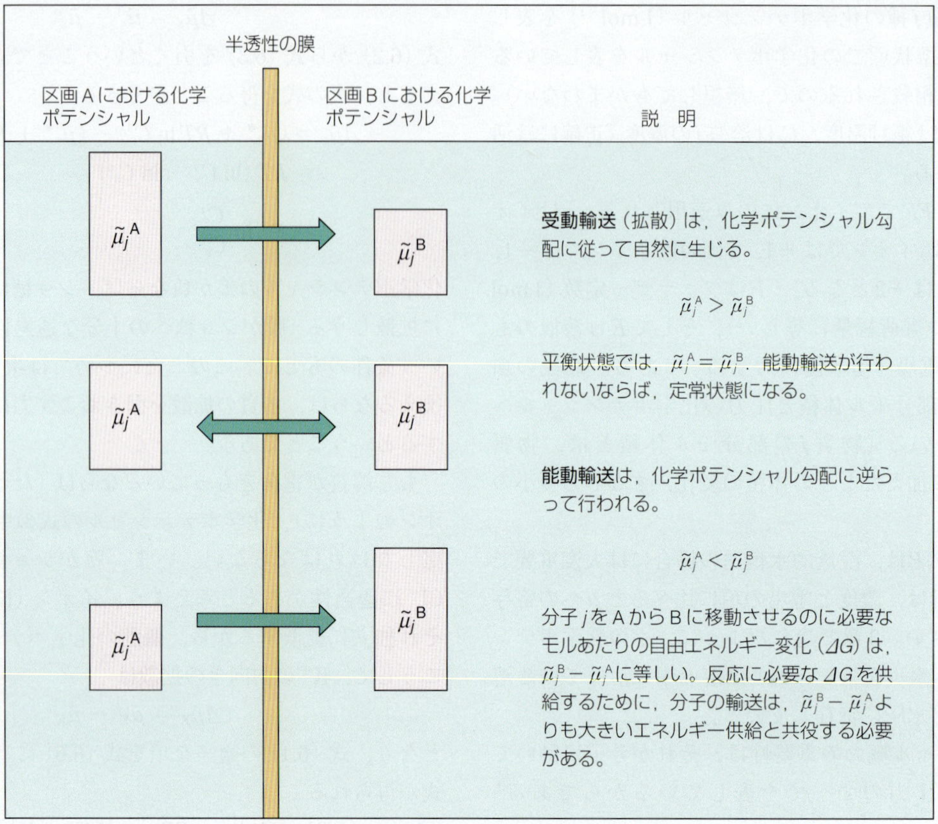

図 6.1 化学ポテンシャルμと透過障害となる膜を横切る分子の輸送の関係。区画AとBの間で生じる分子種jの全体としての移動量は，それぞれの区画における化学ポテンシャルの大きさに依存する。ここでは，それをボックスの大きさで表している。ポテンシャル勾配に従った移動は自然に生じ，受動輸送とよばれる。ポテンシャル勾配に逆らった移動はエネルギーを必要とし，能動輸送とよばれる。

おける拡散定数ということもできる。ただ，この膜透過性はいくつかの別の要因によっても影響を受ける。たとえば，物質の膜への入り込みやすさなどであるが，これは測定困難である。

理論的にはきわめて複雑になるが，ある条件下で溶質が膜を透過する速度を測定することによって，透過性を決めることができる。一般に，膜は拡散を妨げ，イオンの移動が平衡になるのを遅らせる。透過性や膜自身の抵抗は，最終的な平衡状態を変えることができるわけではない。平衡は$\Delta\mu_j = 0$で生じる。

次の節では，膜を介したイオンの受動輸送に影響する要因について議論する。これらのパラメーターは，電位勾配とイオンの濃度勾配の間の関係を明らかにできる。

対になる電荷をもつイオンが，膜を介して異なる速度で動くと，拡散電位が生じる

塩が膜を介して拡散すると，膜電位差が形成される。図6.2のように膜によって隔てられた二つのKCl溶液を考えよう。K^+とCl^-は独立に膜を透過し，それぞれの電気化学勾配に応じて拡散する。もし，膜が孔だらけでないならば，二つのイオンの透過性は異なるだろう。

この異なる透過性の結果として，K^+とCl^-は，最初異なる速度で膜を介して拡散することになる。その結果，ごくわずかだが電荷の分離が生じ，即座に膜を介した電位勾配が形成される。生体系では，膜は通常，Cl^-よりもよりK^+に透過性が高い。こうして，K^+はCl^-よりも速く細胞（図6.2における区画A）の外に拡散していく，このとき溶液には負の電荷が残される。拡散の結果形成される電位を**拡散電位**（diffusion potential）とよぶ。

膜を介したイオンの移動に際して忘れてならない重要な原理は，電気的中性の法則である。それは，溶液全体では，陰イオンと陽イオンは常に同じだけ含まれていなければならないというものである。膜電位の存在は，膜を介した電荷の分布を不均一にするが，実際に不均一なイオンの数は，化学的な条件としては無視できるほどに少ない。実際，$-100\,\text{mV}$の膜電位は，これは多くの植物細胞で見られる値だが，細胞内の100,000個の陰イオンにつき1個の陰イオンの存在によるものである。その濃度比はわずかに0.001%である。

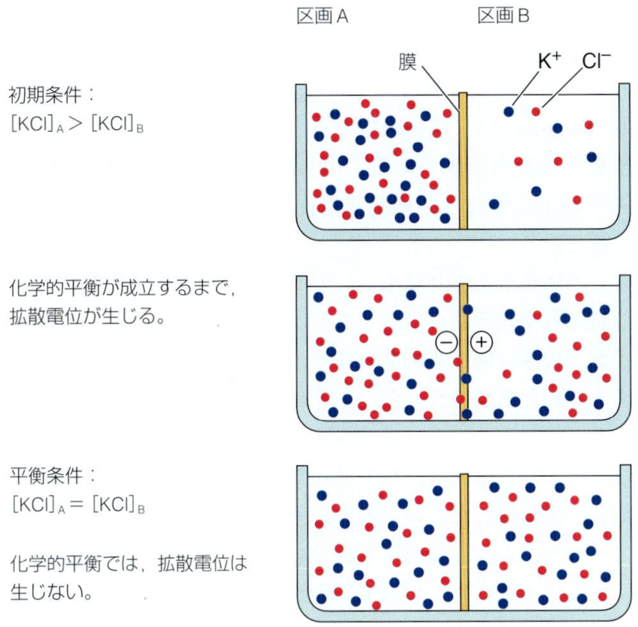
区画A
区画B
膜
K⁺
Cl⁻
初期条件：
[KCl]A > [KCl]B
化学的平衡が成立するまで，
拡散電位が生じる。
平衡条件：
[KCl]A = [KCl]B
化学的平衡では，拡散電位は
生じない。

図 6.2 拡散電位の形成と膜で仕切られた二つの区画の間の電荷の分離。ここでは，K^+に選択性のある膜を考える。もし，区画AのKCl濃度が区画Bより高い場合（$[KCl]_A > [KCl]_B$）には，K^+もCl^-も速い速度で区画Bへと拡散していき，ここに拡散電位が形成される。膜の透過性が，Cl^-よりK^+に対して高い場合は，K^+がCl^-より速く拡散するので，電荷の分離が生じる。（訳者注；この図における膜は，K^+にもCl^-にも透過性をもつが，K^+に対してより透過性が高いということに注意（多くの参考書で議論される理想的条件とは異なり，より生体膜に近い条件である）。したがって，最終的には二つの区画の間では濃度勾配も電位勾配もなくなって，平衡状態が成立する。）

図6.2に示すように，こういった過剰な陰イオンのすべては膜表面のごく近傍に存在し，細胞全体から見るといかなる電荷の不均等も生じていない。膜を介したKClの拡散の例では，電気的中性条件は維持されている。K^+は膜の中でCl^-に先だって移動するが，成立した拡散電位が，K^+の動きを抑制し，Cl^-を促進する。最終的には，両イオンは同じ速度で拡散するが，膜電位はそのまま残り測定も可能になる。系が平衡に近づくにつれて，濃度勾配は壊れ，結果として拡散電位も消える。

ネルンストの式は，平衡状態におけるイオンの分布と膜電位を関係づける

生体膜は，K^+とCl^-の両者に透過性をもつから，上に述べた例における平衡状態は，実際には濃度勾配がゼロになるまで成立しない。しかし，もし膜がK^+にのみ透過性をもつなら，K^+の拡散が膜を介して電荷を運ぶので，膜電位が濃度勾配とバランスすることができる。電位の変化はほとんどイオンを必要としないので，このバランスは即座に成立する。その結果，濃度勾配はほとんど変化しなくても，輸送は平衡状態に達する。

膜を介し溶質の分布が平衡にあるとき，受動的フラックスJ（すなわち，単位時間単位面積あたりで膜を横切る溶質の量）は，二つの方向——外側から内側へと内側から外側へ——とも同じになる：

$$J_{o \to i} = J_{i \to o}$$

フラックスは$\Delta\mu$と関係づけられる（フラックスと$\Delta\mu$についての議論は，Webサイトの2章を参照），こうして平衡状態では，電気化学ポテンシャルが同じになる：

$$\tilde{\mu}_j^{o} = \tilde{\mu}_j^{i}$$

あるイオンにおいて（ここでは下付のjで表されている），

$$\mu_j^* + RT\ln C_j^{o} + z_jFE^{o} = \mu_j^* + RT\ln C_j^{i} + z_jFE^{i} \tag{6.9}$$

式（6.9）を変形すると，平衡状態における二つの区画間の電位差（E^i-E^o）が得られる：

$$E^{i} - E^{o} = \frac{RT}{z_jF}\left(\ln\frac{C_j^{o}}{C_j^{i}}\right)$$

この電位差が，そのイオン（j）に関する**ネルンスト電位**（Nernst potential）として知られるものである：

$$\Delta E_j = E^{i} - E^{o}$$

は，

$$\Delta E_j = \frac{RT}{z_jF}\left(\ln\frac{C_j^{o}}{C_j^{i}}\right)$$

すなわち

$$\Delta E_j = \frac{2.3RT}{z_jF}\left(\log\frac{C_j^{o}}{C_j^{i}}\right)$$

この関係は**ネルンストの式**（Nernst equation）として知られていて，平衡状態において，二つの区画の間のイオンの濃度差は，区画間の電位差で相殺されるということを示している。ネルンストの式はさらに，1価陽イオン，温度25℃で次のように書き表せる：

$$\Delta E_j = 59\ \log\frac{C_j^{o}}{C_j^{i}} \tag{6.11}$$

10倍の濃度差（$C_o/C_i = 10/1$；$\log 10 = 1$）は，ネルンスト電位の59 mVに一致する。すなわち，59 mVの膜電位は，受動拡散によって運ばれるイオンについて，10倍の濃度差を維持できるということを意味している。同様に，膜を介して10倍の濃度差がある場合は，そのイオンの濃度勾配に従った受動拡散は（平衡に近づくことが許されている場合には），膜に59 mVの電位差をもたらすことになる。

すべての生きている細胞は膜電位をもつ。それは細胞内外のイオンの不均等な分布によって生じている。われわれは，この膜電位を細胞に微小電極を刺入し，細胞の内側と外液の間の電位差を測定することによって，明確に決定できる。

ネルンストの式は，そのイオンが膜を介して平衡状態にあるかどうかを決定するのにも使用できる。しかし，平衡（equilibrium）と定常状態（steady state）ははっきり区別され

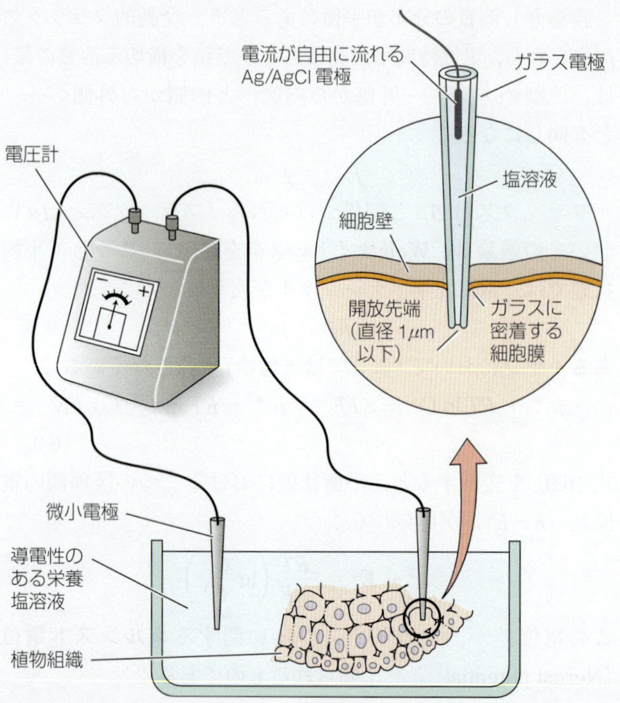

図 6.3 細胞膜を介して生じる膜電位の測定に使用される微小電極法の模式図。ガラス微小電極の内の一本は細胞内に刺入される（通常は液胞か細胞質にある）。もう一本は，参照電極として外液の中に置かれる。両電極とも電圧計に接続し，細胞内と外液の間の電位差が記録される。通常，細胞膜に生じる膜電位は，－60～－240 mV である。拡大図は，細胞内電位が，ガラス微小電極の開放先端を通して，細胞内部と電気的につながっていることを示している。ガラス内には伝導度の高い塩溶液が詰められている。

ねばならない。**定常状態**では，ある溶質のインフラックスとエフラックスが同じ状態であり，イオン濃度は時間にかかわらず一定である。定常状態は平衡ではない（図 6.1）；定常状態では，膜を介した能動輸送の存在は，多くの拡散によるフラックスが平衡に到達することを妨げている。

ネルンストの式は，能動輸送と受動輸送の区分にも使用できる

表 6.1 は，定常状態にあるエンドウ根細胞で，実験的に測定したイオン濃度を，ネルンストの式から計算した推定値と比較して示した（Higinbotham et al. 1967）。この例では，組織を浸している溶液のイオン濃度と，測定した膜電位をネルンストの式に当てはめ，細胞内濃度の予測値を計算した。

表 6.1 に示されたすべてのイオンの中で，K^+ だけが平衡近くにある。NO_3^-，Cl^-，$H_2PO_4^-$，SO_4^{2-} などの陰イオンは，予想されたものより細胞内濃度が高いので，それらの取り込みは能動的である。Na^+，Mg^{2+}，Ca^{2+} などの陽イオンは予想されたものより細胞内濃度が低いので，細胞内へは電気化学ポテンシャル勾配に従って拡散で入り，能動的に排出されているものと予想された。

表 6.1 の例は，実際にはあまりに単純化しているかもしれない。植物細胞は，ふつう複数の細胞内区画をもち，それぞれのイオン組成は異なっている。細胞質基質（cytosol）と液胞（vacuole）は，植物細胞のイオン代謝において，もっとも重要な細胞内区画である。中心液胞はしばしば細胞体積の 90％以上にもなり，細胞質基質は細胞周辺のごく薄い領域に限られる。

その体積があまりに小さいので，多くの高等植物細胞の細胞質基質を化学的に調べることは難しい。そのため，植物のイオン代謝に関する初期の多くの研究は，*Chara* や *Nitella* のような緑色藻類で行われた。それらの細胞は，しばしば長さ数センチにもなり，十分な細胞質基質を含んでいる。図 6.4 はこのような研究と，高等植物で行われた研究から得られた結論を模式化したものである。

- カリウムは，細胞質基質でも液胞でも受動的に蓄積されていく。ただ，外液 K^+ 濃度が極端に低いときは，能動的に取り込まれうる。
- ナトリウムは，細胞質基質から細胞外と液胞へ能動的に排出される。
- 細胞内の代謝活動で産成された過剰のプロトンも，能動的に細胞質基質から排出される。この過程は，細胞質 pH を中性付近に維持するとともに，液胞と細胞外液を通常，1～2 pH 単位細胞質より酸性にする。
- すべての陰イオンは，能動的に細胞質基質に取り込まれる。
- カルシウムは細胞膜と液胞膜（トノプラスト（tonoplast）とよばれる）で細胞質基質の外へと能動的に排出される。

多くの異なるイオンが生細胞の膜を同時に通っていくが，植物細胞では，K^+，Na^+，Cl^- がもっとも濃度が高く，もっとも大きい透過性をもっている。ネルンストの式を変形した

表 6.1 エンドウ根におけるイオン濃度の測定値と予想値の比較

イオン	外液濃度 (mmol l^{-1})	細胞内濃度 (mmol l^{-1}) 予測値	細胞内濃度 (mmol l^{-1}) 測定値
K^+	1	74	75
Na^+	1	74	8
Mg^{2+}	0.25	1,340	3
Ca^{2+}	1	5,360	2
NO_3^-	2	0.0272	28
Cl^-	1	0.0136	7
$H_2PO_4^-$	1	0.0136	21
SO_4^{2-}	0.25	0.00005	19

Higinbotham et al. 1967 より。
膜電位は－110 mV である。

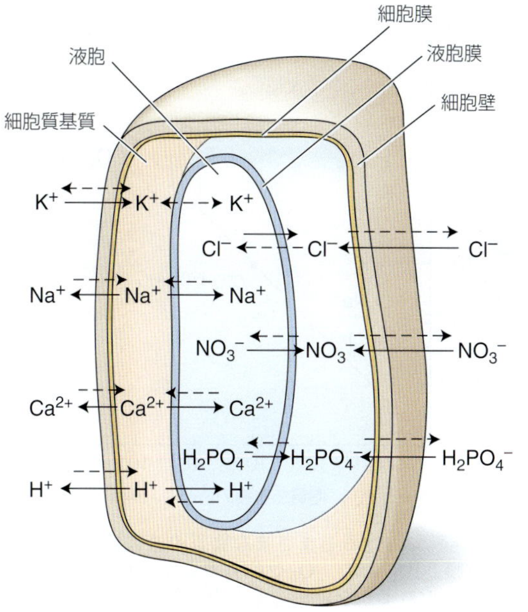

図 6.4　細胞質基質および液胞のイオン濃度は，受動輸送（破線矢印）や能動輸送（実線矢印）の輸送過程によって制御されている。多くの植物細胞で，液胞は細胞体積の90％近くを占め，大量の細胞内溶質を含んでいる。細胞質基質のイオン濃度を調節することは，代謝反応の制御に重要である。細胞膜のまわりにある細胞壁は透過性の障害にはならないので，物質輸送では考慮しない。

ゴールドマンの式（Goldman equation）は，この三つのイオンをすべて考慮しているので，より正確な拡散電位の値を与える。ゴールドマンの式から計算された拡散電位は，‘ゴールドマンの拡散電位’とよばれる（ゴールドマンの式の詳細な議論は，**Webトピック6.1**参照）。

プロトン輸送が膜電位の大半を決める

膜の透過性とイオンの濃度勾配がわかると，ゴールドマンの式から膜の拡散電位を計算することができる。多くの細胞では，K^+がもっとも高い濃度であり，膜の透過性ももっとも高いので，いわゆる拡散電位はE_K，K^+のネルンスト電位に近い。

いくつかの生物あるいは組織，たとえば神経などでは，細胞の静止電位はE_Kに近い。しかし，このことは植物や菌類にはあてはまらない。実験的に測定された植物や菌類の膜電位はしばしば－100～－200 mVで，ゴールドマンの式で計算された－50～－80 mVに比べはるかに負である。こうして植物細胞では，拡散電位に加えて，もう一つの電位が存在することがわかってきた。この過剰な電位は，細胞膜にある電位差形成（このことを起電性とよぶ）H^+-ATPase（細胞膜H^+輸送性ATP加水分解酵素）によって形成される。

イオンが細胞に出入りする際に，反対の電荷をもつイオンによる相殺的移動がおこらなければ，膜を介した電位差が生じる。全体として電荷の移動を引きおこす能動輸送機構は，必ずゴールドマンの式で予想される値から離れる方向に膜電位を作り出す。こういった輸送機構は‘起電性ポンプ’とよばれ，生きている細胞に共通に働いている。

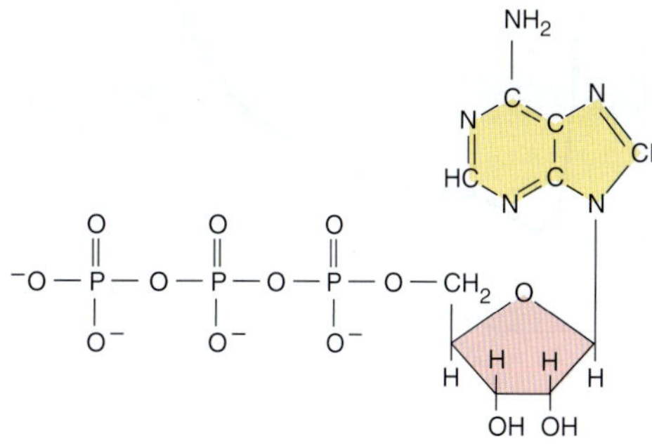

アデノシン三リン酸（ATP^{4-}）

能動輸送に必要なエネルギーは，しばしばATPの加水分解から供給される。植物では，シアンが膜電位に影響をもつことから，膜電位のATP依存性が調べられた（図6.5）。シアンはミトコンドリアを害し，結果として細胞内ATP濃度を低下させる。ATP合成が阻害されるので，膜電位はゴールドマンの拡散電位に近づく。その値は，前節で議論したように，K^+，Cl^-，Na^+の受動輸送によって決定されるものである（**Webトピック6.1**参照）。

こうして，植物細胞の膜電位は，二つの成分からできあがっている。すなわち，拡散電位と起電性イオン輸送（膜電位の形成に働くイオン輸送のこと）で形成される成分である（Spanswick 1981）。シアンが起電性イオン輸送を阻害すると，細胞外液のpHが上昇し，一方細胞内ではH^+が残るため，細胞質基質が酸性化する。このことは，H^+の細胞外への能動輸送が起電的に働いているということの一つの証拠である。

以前に述べたように，起電性ポンプによって形成された膜電位の変化は，膜を介したすべてのイオンの拡散に働く駆動力を変化させることになる。たとえば，H^+の外向きの輸送は，K^+の細胞内への受動拡散のための駆動力を作り出す。細胞膜におけるH^+の起電的輸送は，植物だけでなく，バクテリア，藻類，およびいくつかの動物細胞でも知られている。たとえば，腎臓の上皮におけるものなどである。

ミトコンドリアや葉緑体におけるATP合成もまた，H^+-ATPaseによる。これらのオルガネラでは，この輸送タンパク質は，しばしば‘ATP合成酵素’とよばれる。それはATPを加水分解するというより，ATP合成に働くからである（11章参照）。植物細胞で，能動輸送や受動輸送に働いている膜タンパク質の構造と機能は後述する。

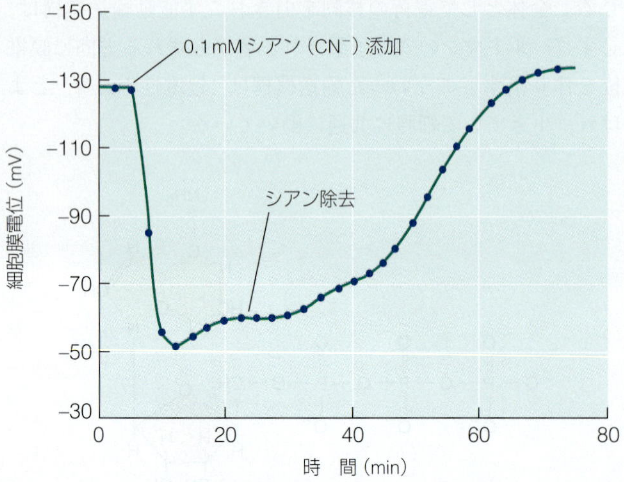

図 6.5　エンドウ細胞の膜電位は，外液にシアン（CN^-）が添加されると，電位を維持できなくなる。シアンがミトコンドリアに働いて，細胞内でのATP合成を阻害する。シアンの添加による膜電位の消失は，電位の維持にATP供給が必要であることを示している。シアンを洗い流すと，ATP産成がゆっくりと回復し，膜電位が回復する。(Higinbotham et al. 1970 より)

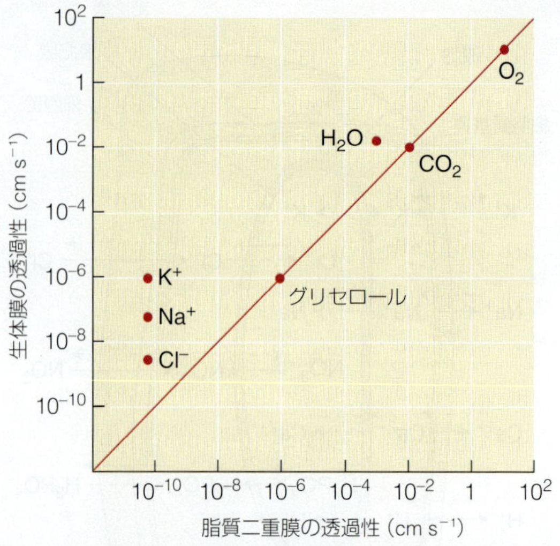

図 6.6　生体膜におけるさまざまな物質の透過性（P）を，人工リン脂質二重膜と比較した。O_2やCO_2のような非極性分子，あるいはグリセロールのような電荷をもたない低分子では，透過性は生体膜でも人工膜でも変わらない。イオンや水のような極性分子では，生体膜の透過性が一桁あるいはそれ以上高い。これは，生体膜には輸送体タンパク質が存在することによる。対数スケールで描かれていることに注意すること。

膜輸送過程

純粋なリン脂質で作られた人工膜が，膜透過性の研究に広範囲に使用されてきた。人工リン脂質二重膜のイオンや分子に対する透過性を生体膜のそれと比較すると，重要な類似性と相違が明らかになる（図6.6）。

生体膜も人工膜も，非極性分子や多くの極性低分子については似た透過性を示す。一方，生体膜はイオンやいくつかの巨大極性分子，たとえば糖などに対しては，人工膜よりはるかに透過性が高い。その理由は，人工膜と違って，生体膜はイオンやその他の極性分子を選択的に透過させる**輸送タンパク質**（transport protein）をもつからである。

輸送タンパク質は，輸送する溶質に選択性を示し，きわめて多様なタンパク質が細胞に存在する。単純な原核生物であるインフルエンザ菌，それは全ゲノムが明らかにされた最初の生物であり，全部で1,473個の遺伝子をもつと推定されているが，そのうちの200以上（すなわち，ゲノムの10%以上）は，膜輸送に関連するタンパク質をコードしている。シロイヌナズナでは，849遺伝子，全遺伝子の4.8%が膜輸送に関連するタンパク質をコードしている。

特定の輸送タンパク質は，一般に輸送基質に対して強い特異性を示すが，その特異性はかならずしも絶対的なものではない。輸送タンパク質は，通常，関連する一連の基質を輸送することができる。たとえば植物では，細胞膜のK^+輸送体は，K^+のほかにRb^+やNa^+も輸送する。ただ，K^+に対する特異性が強いのである。一方，H^+輸送体は，Cl^-のような陰イオンや，ショ糖のような非荷電物質は決して輸送しない。同じことは，中性アミノ酸を輸送するタンパク質にもいえる。それはグリシン，アラニンやバリンは等しく輸送するが，アスパラギン酸やリジンは受け付けない。

この後の数ページを使って，これまで植物細胞のさまざまな膜，特に細胞膜と液胞膜で見い出されてきた膜輸送体の構造，機能，生理的役割について考えていきたい。まず，膜を介して溶質の拡散を促進する輸送体（チャネルとキャリアー）の役割から議論を始める。そして，一次，および二次能動輸送の違いを考え，起電性H^+ポンプの役割と，H^+で駆動される二次能動輸送系であるさまざまなシンポーター（共輸送体，二つの物質を同方向に同時に輸送するタンパク質）について議論する。

チャネル輸送体は，膜を介してイオンと水の拡散を促進する

3種類の膜輸送体が，膜を介した溶質の移動を担っている。すなわち‘チャネル’，‘キャリアー’，‘ポンプ’である（図6.7）。**チャネル**（channel）は，膜貫通型のタンパク質で，選択性の孔をもち，分子やイオンがその孔を通って膜の中を拡散していく。孔の大きさと孔の内側表面の電荷密度が，その輸送の特異性を決定する。チャネルによる輸送はかならず受動的であり，輸送の特異性がチャネルと輸送基質の選択的結合ではなく，孔の大きさと単なる電荷に依存しているため，チャネル輸送は主にイオンと水に限られている（図6.8）。

チャネルによる輸送は，チャネルタンパク質と輸送基質の一過的結合が関与しているか，あるいはしていないかはまだ

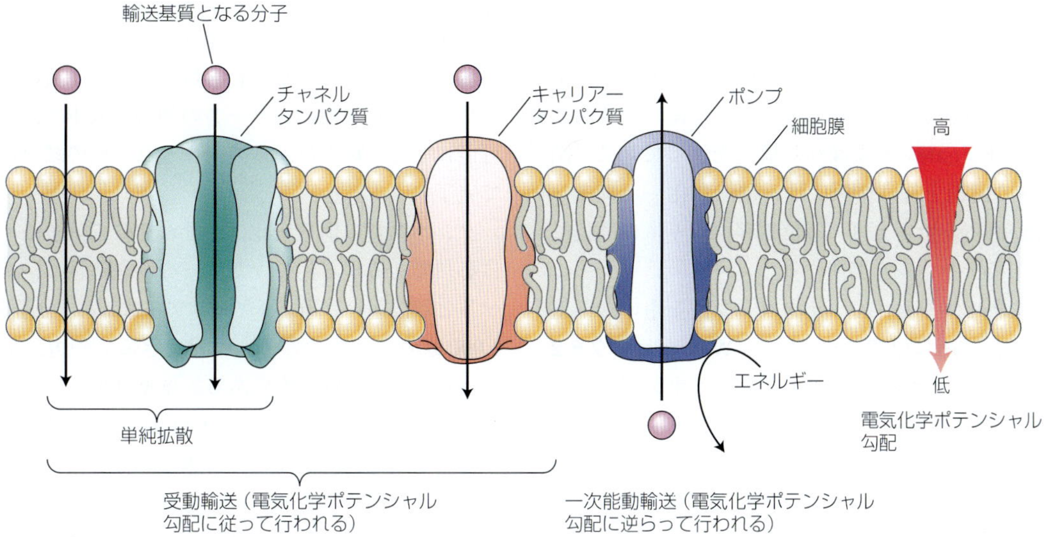

図 6.7 生体膜における3種類の輸送タンパク質，チャネル，キャリアー，ポンプ。チャネルとキャリアーは，膜を介した，電気化学ポテンシャル勾配に従った，溶質の受動輸送を仲介する（それは，単純拡散や促進拡散による）。チャネルタンパク質は，膜に孔を形成し，その特異性はチャネルの生物物理学的性質によって決定される。キャリアータンパク質は，膜の片側で輸送基質となる分子に結合し，もう一方の側でそれを離す。一次能動輸送は，ポンプによって行われ，ATPの加水分解のような直接的エネルギー投入を必要とする。ポンプは，基質を電気化学ポテンシャル勾配に逆らって輸送する。

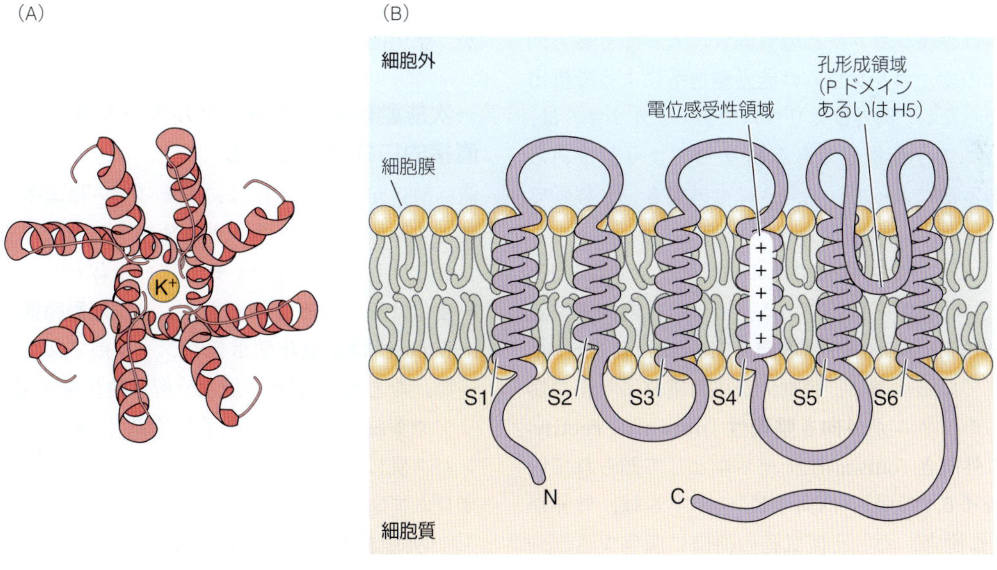

図 6.8 植物における K^+ チャネルのモデル。(A) チャネルを上から見た図。タンパク質の中に孔を見い出すことができる。膜を貫通している四つのサブユニットのヘリックスが，一緒になって逆三角錐を作り中心に孔が開く。四つのサブユニットのうち，孔を形成する部分は膜に少し埋まっていて，孔の外側（ごく近傍）に K^+ 選択性を規定する領域をもつ（このチャネルの構造に関するより詳細な議論は，**Webエッセイ 6.1** を参照）。(B) 内向き整流性 K^+ チャネルを側方から見た図。一つのサブユニットを形成するポリペプチド鎖には，六つの膜貫通ヘリックスがある。四番めのヘリックスには，正電荷をもつアミノ酸が並んでいて，電位センサーとして働く。第五と第六ヘリックスの間のループが，孔を形成する。((A) は Leng et al. 2002 から，(B) は Buchanan et al. 2000 による)

わかっていない。いずれの場合も，孔が開いている場合は，基質は孔の中をきわめて速く拡散していく。1個のチャネルタンパク質で1秒間におよそ10^8個のイオンを通す。チャネルタンパク質は，外部からの情報に応じて孔を開けたり閉じたりできる**ゲート**（gate）とよばれる構造をもっている（図6.8B）。ゲートの開閉を行う情報には，電位変化，ホルモン結合，光などがある。たとえば，電位依存性チャネルは膜電位の変化に応じてチャネルを開閉する。

個々のイオンチャネルは，パッチクランプ法を用いた電気生理学によって，詳細に研究されている（**Webトピック6.2**参照）。この方法は，一つのチャネルを通るイオンによって運ばれる電流を測定できる。パッチクランプ法による研究は，対象となるイオン，たとえばカリウムだけを考えても，一つの実験材料の膜中に，多様なチャネルが存在することを示している。これらのチャネルは，電位依存性が異なっていたり，異なる環境情報，たとえば，K^+，Ca^{2+}，pH，プロテインキナーゼなどに反応する。こういった特異性が，それぞれのイオン輸送を，その場の環境に微調整できるようにする。こうして，イオンの膜透過性は，複数のイオンチャネルがそれぞれ特定の開き方をすることで常に変化する。

表6.1の実験からわかるように，大部分のイオンの分布は，膜を介した平衡からは遠い。陰イオンチャネルは，いつも陰イオンが細胞から外に拡散していくように働くから，陰イオンを取り込むためには別の機構が必要である。同様に，カルシウムチャネルはカルシウムが細胞質基質に入ってくる方向でのみ機能するので，カルシウムは能動輸送系によって排出されなければならない。例外はカリウムである。カリウムは，膜電位がカリウムの平衡電位であるE_Kより，より負であるか，より正であるかによって，内向きにも外向きにも移動できる。

より負の電位のときだけ開放されるK^+チャネルは，K^+の内向きの拡散に特化して働いている。これは，**内向き整流性**（inward-rectifying），簡単には**内向き**（inward）**K^+チャネル**として知られている。逆に，膜電位が平衡電位より正の場合のみ開くK^+チャネルが**外向き整流性**（outward-rectifying），あるいは**外向き**（outward）チャネルとして知られている（**Webエッセイ6.1**参照）。内向きK^+チャネルは，外界からのK^+の蓄積に働き，たとえば気孔の開口に関与する。一方，複数の外向きK^+チャネルが気孔の閉鎖や道管へのK^+の放出，あるいは膜電位の調節に働いている。

キャリアーは特定の物質と結合し，それを輸送する

チャネルと違って，**キャリアー**（carrier）タンパク質は，膜を完全に貫通した孔をもっているわけではない。キャリアーによって仲介される輸送では，輸送される物質は最初，キャリアータンパク質の特定の場所に結合する。この結合の必要性が，キャリアーによって輸送される特定の物質の選択性を保証する。したがって，キャリアーは，特定の有機代謝産物の輸送に特化している。結合は，タンパク質の構造変化をもたらし，それが膜のもう一方の側の溶液中で，基質の放出を可能にする。輸送は，基質がキャリアーの結合部位から外れて完了する。

タンパク質の構造変化は，それぞれの分子やイオンの輸送に必須であるから，キャリアーの輸送活性は，チャネルに比べると数桁遅い。通常，キャリアーは毎秒1分子あたり100～1,000個のイオンや分子を輸送できる。一方，チャネルによる輸送はその100万倍である。キャリアーによる輸送をつかさどるタンパク質が，特定の部位で基質を結合したり離したりできるのは，酵素反応で酵素が基質を結合したり離したりすることと同様である。後述されるように，酵素のキネティクス（動力学）は，キャリアータンパク質による輸送を説明することに用いられてきた（キネティクスに関する詳細な説明は，Webサイト2章参照）。

キャリアーによる輸送は，チャネルと違って，受動的なものと能動的なものの両方がある。そして，はるかに多様な物質を運ぶことができる。キャリアーによる受動輸送は，しばしば，**促進拡散**（facilitated diffusion）ともよばれる。これは，よけいなエネルギーの投入がなく，電気化学ポテンシャル勾配に従って物質を輸送するという点で，拡散に似ている（この言葉は，本来ならチャネルを介した輸送により適しているが，歴史的にチャネルでは使われて来なかった）。

一次能動輸送は代謝エネルギーや光エネルギーと直接的に共役している

能動輸送が進行するには，キャリアーはエネルギー投入を必要とする輸送と，エネルギー放出を可能にする輸送とを共役させなければならない。そして，全体としての自由エネルギー変化は負になるはずである。**一次能動輸送**（primary active transport）は電気化学ポテンシャル差ではない他のエネルギー源，たとえばATPの加水分解，酸化還元反応（ミトコンドリアや葉緑体における電子伝達系），あるいはキャリアータンパク質による光吸収（ハロバクテリアにおける，バクテリオロドプシン）などと，直接的に共役している。

一次能動輸送をつかさどる膜タンパク質は，**ポンプ**（pump）とよばれている（図6.7）。ほとんどのポンプは，H^+やCa^{2+}などのイオンを輸送する。しかし，後述するように，「ATP結合カセット」（ATP binding cassette：ABC）ファミリーに属するポンプは，分子量の大きい有機分子を運ぶことができる。

イオンポンプはよく研究されていて，起電性のものと電気的に中立なものがある。通常，**起電性輸送**（electrogenic transport）は膜を介して，全体として電荷を一方向に移動さ

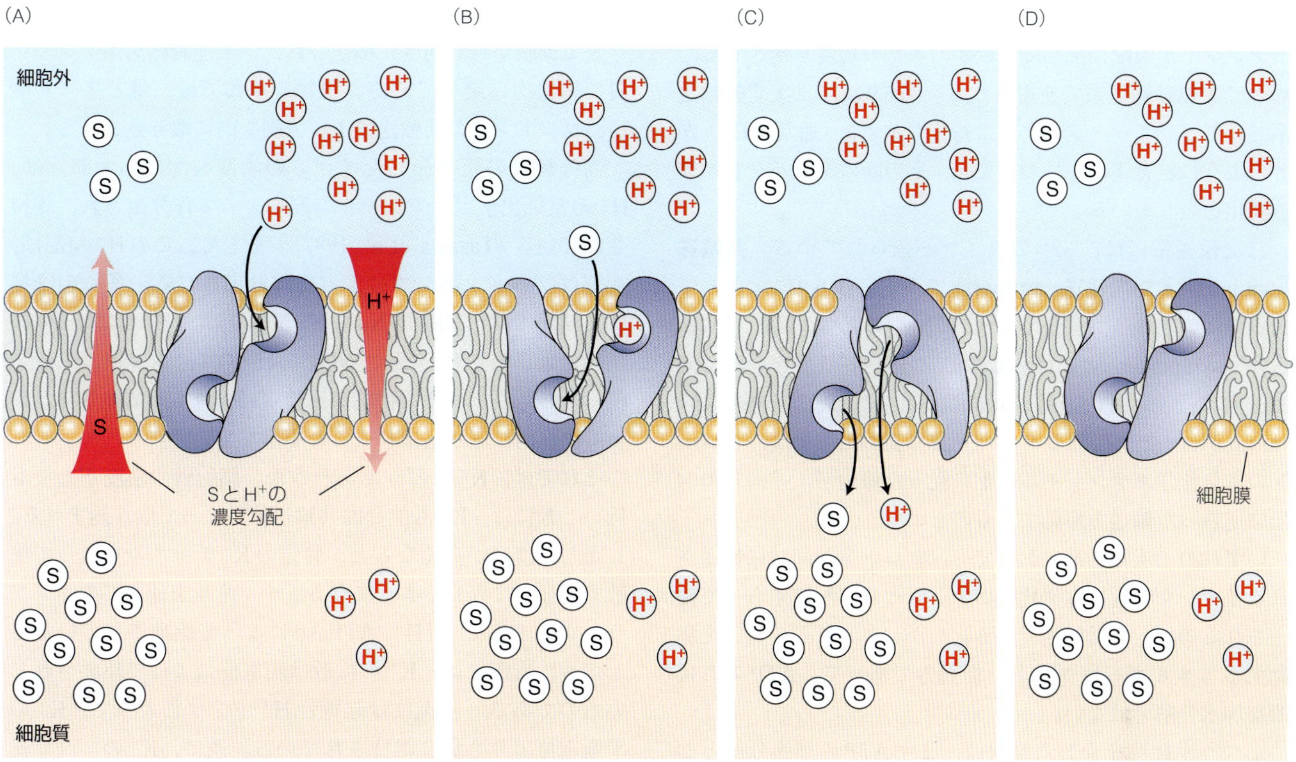

図 6.9　二次能動輸送機構のモデル。輸送過程を駆動するエネルギーは$\Delta\mu_{H^+}$（図Aの右に赤矢印で示してある）に蓄積され，輸送基質（S）の濃度勾配（左の赤矢印）に逆らった輸送に利用される。(A) 初期状態では，タンパク質の結合サイトは，細胞の外側を向いていて，プロトンと結合できる。(B) この結合がタンパク質の構造変化を引きおこし，基質分子Sの結合を引きおこす。(C) Sの結合は，さらなる構造変化を引きおこし，その結合箇所と基質分子を細胞質側にさらす。(D) プロトンと基質分子Sを細胞質に離すとともに，キャリアーの元の構造を回復し，新たな輸送サイクルに備える。

せることができるものをいう。逆に，**電気的に中立な輸送**（electroneutral transport）は，名前の示すとおり，電荷の移動がおこらない。たとえば，動物細胞におけるNa^+/K^+–ATPaseは，三つのNa^+を細胞外に運び，二つのK^+を細胞内に運び入れるので，全体として一つの正電荷が運び出されることになる。したがって，Na^+/K^+–ATPaseは，起電性イオンポンプである。逆に，動物の胃粘膜にあるH^+/K^+–ATPaseは一つのH^+を細胞外に運び出し，一つのK^+を細胞内に運び入れるので，膜を介した電荷の移動はおこらない。このようにH^+/K^+–ATPaseは電気的中性ポンプである。

植物，菌類，細菌類の細胞膜では，植物の液胞膜や動物の内膜と同様に，H^+が，膜を介して起電的に運びだされる主要なイオンである。**細胞膜 H^+-ATPase**（plasma membrane H^+–ATPase）は，細胞膜を介したH^+の電気化学ポテンシャル勾配を作り出す。一方，**液胞膜 H^+-ATPase**（vacuolar H^+–ATPase）や**H^+-ピロホスファターゼ**（H^+–pyrophosphatase）は，液胞の内腔やゴルジ内腔内にプロトンを起電的に輸送している。

植物の細胞膜では，もっとも代表的なポンプはH^+やCa^{2+}を運ぶものである。いずれも外向きである。細胞が必要とする栄養塩の能動的取り込みには，別の機構が必要である。溶質を電気化学ポテンシャル勾配に逆らって，膜を介して能動的に輸送する別の重要なやり方は，電気化学ポテンシャル勾配に逆らう輸送を，電気化学ポテンシャル勾配に従う輸送と共役させることである。この種のキャリアーは**二次能動輸送**（secondary active transport）とよばれる共輸送をつかさどる。それは，ポンプによって間接的に駆動されるものである。

二次能動輸送は，電気化学ポテンシャル勾配に蓄えられたエネルギーを利用する

プロトンは，細胞膜や液胞膜で働いている起電性H^+–ATPaseによって，細胞質基質から運び出される。その結果として，ATPの加水分解エネルギーを利用して，膜電位とpH勾配が形成される。このH^+の電気化学ポテンシャル勾配，すなわち$\Delta\mu_{H^+}$（別の単位を使うなら）**プロトン駆動力**（proton motive force：**PMF**），すなわちΔpが，H^+勾配の形で蓄えられた自由エネルギーを表している（**Webトピック6.3**参照）。

起電的H^+輸送で産成されたプロトン駆動力は，電気化学ポテンシャル勾配に抗して，ほかの多くの物質を輸送するための二次能動輸送系で使用される。図6.9は，二次能動輸送系で，キャリアータンパク質に基質やイオン（通常はH^+）がどのように結合するかについてと，その際のタンパク質の構造変化を表している。

二次輸送系には，二つのタイプが知られている。**共輸送**（symport）と**対向輸送**（antiport）である。図6.9に示されているのはいわゆる共輸送で（そこに働くタンパク質は，‘共輸送体’（symporter）とよばれる），二つの物質は膜を介して同じ方向に動く（図6.10A）。対向輸送（これは‘対向輸送体’（antiporter）とよばれるタンパク質に担われる）は，プロトンの電気化学ポテンシャル勾配に従った輸送が，逆向きの勾配に逆らった輸送を駆動するものをいう。

いずれの二次輸送系においても，プロトンと同時に輸送されるイオンや物質は電気化学ポテンシャル勾配に逆らって輸送されるので，能動輸送である。しかし，これらの輸送を駆動するエネルギーはプロトン駆動力であって，ATPの直接的な加水分解ではない。

ふつう生体膜を介した輸送は，まずATPの加水分解と共役した一次能動輸送系によって駆動される。そのイオン（たとえばH^+）の輸送は，イオンの濃度勾配と電位勾配を作り出す。多くの他のイオンや有機物質は，さまざまな二次能動輸送系によって輸送される。その輸送は，一つないし二つのH^+のエネルギー勾配に従った輸送を同時におこすことで，それぞれの基質の輸送を駆動する。こうして，H^+は膜を介して循環することになる。すなわち，一次能動輸送系タンパク質で細胞から外向きに輸送され，二次能動輸送系タンパク質で細胞内に戻ってくる。植物や菌類では，糖とアミノ酸は，プロトンとの共輸送によって細胞内に取り込まれる。

高等植物の膜を介したイオンの濃度勾配は，大部分は，H^+の電気化学ポテンシャル勾配によって作り出され，維持されている（Tazawa et al. 1987）。そして，このH^+勾配は，起電性プロトンポンプによって作り出される。多くの証拠は，植物では，Na^+はNa^+–H^+アンチポーターによって細胞外に運び出され，Cl^-，NO_3^-，$H_2PO_4^-$，ショ糖，アミノ酸，その他さまざまな物質が，特定のプロトン共輸送体によって細胞内に取り込まれることを示している。

それでは，K^+はどうであろうか。細胞外の濃度がとても低いときには，K^+も能動的共輸送体によって取り込まれる。しかし，濃度が高くなると，特定のK^+チャネルを通って拡散で細胞内に入れるようになる。チャネルを通してのインフラックス（流入）がH^+–ATPaseによって駆動されているとしても，実際には，K^+の拡散は膜電位によって駆動されているのである。膜電位は起電性H^+ポンプによって，K^+の平衡電位よりも負に維持されている。逆に，K^+のエフラックス（流出）は，膜電位がE_Kより正に保たれていることが必要で，それは，Cl^-チャネルを通して生じるCl^-のエフラックスによって成し遂げられる。細胞膜と液胞膜で働いていることが知られている代表的な輸送機構を図6.11にまとめておく。

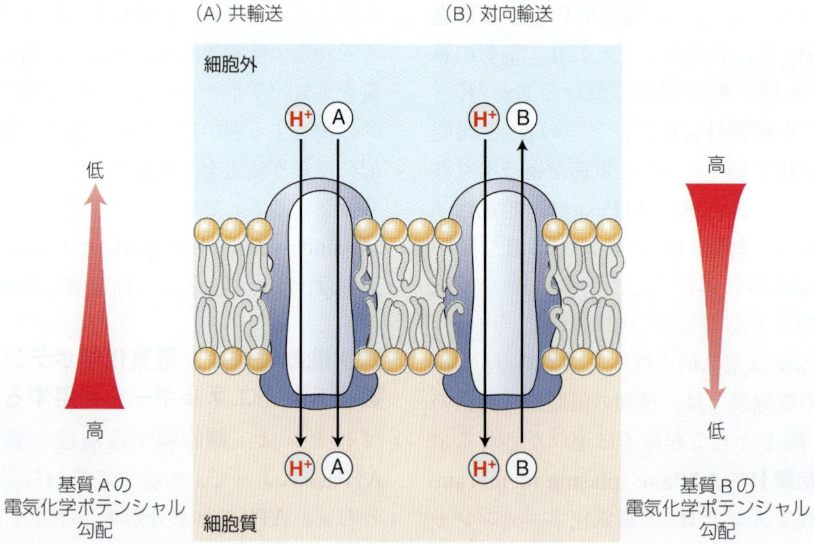

図6.10　一次輸送で形成されたプロトン勾配と共役する二次能動輸送系の二つの例。(A) 共輸送では，プロトンが細胞内に戻っていくときのエネルギーと，輸送基質（たとえば，糖）の細胞内への輸送が共役する。(B) 対向輸送では，プロトンが細胞内に戻っていくときのエネルギーと，物質（たとえば，ナトリウムイオン）排出の能動輸送が共役する。いずれの場合も，輸送基質は，電気化学ポテンシャル勾配に逆らって能動的に動いていく。中性基質も電荷をもった基質も，こういった二次能動輸送機構で運ばれる。

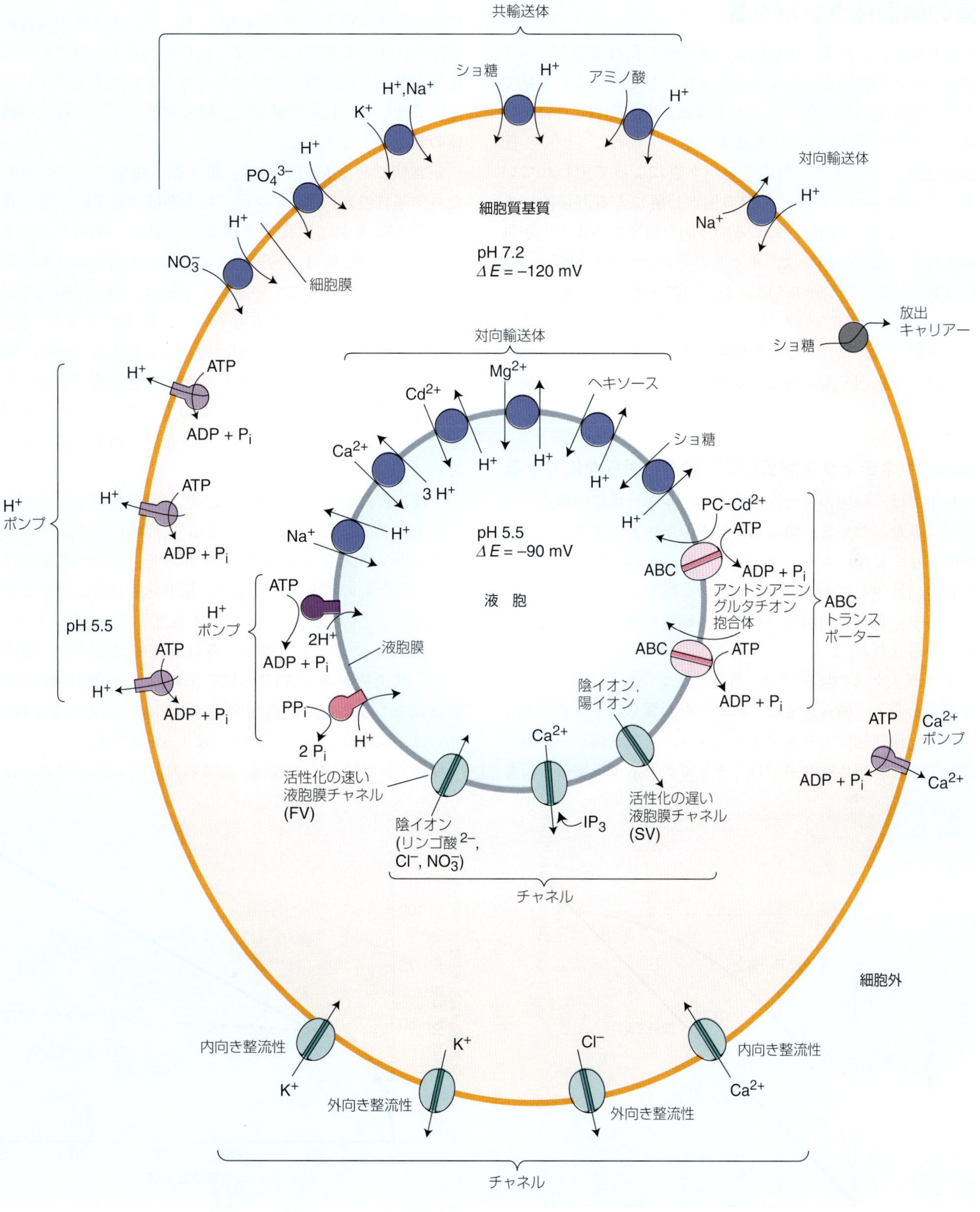

図 6.11 植物細胞の細胞膜と液胞膜におけるいろいろな輸送系

膜の輸送体タンパク質

われわれは，これまでの説明で，ある種の膜貫通型タンパク質がイオンの拡散を調節するチャネルとして働くことを見てきた。また他の膜貫通型タンパク質は，別の物質（たいていは，小分子やイオンだが）を運ぶキャリアーとして働く。能動輸送は，キャリアー型のタンパク質によって担われている。このタンパク質は，ATPの加水分解による直接的，あるいは共輸送や対向輸送による間接的な形でエネルギーが供給される。後者の系では，イオンのポテンシャル勾配（一般にはH^+のポテンシャル勾配）が，他のイオンや物質のポテンシャル勾配に逆らった輸送のためのエネルギーを供給する。次節では，こういった膜輸送体タンパク質の分子レベルの性質，細胞内分布，あるいは遺伝子操作などの詳細を検討する。

輸送のキネティクス解析は輸送機構を明らかにできる

これまでは，細胞の膜輸送機構をエネルギー供給の観点から述べてきた。しかし，輸送系は酵素のキネティクスとしても理解することができる。なぜなら，輸送とは，輸送体タンパク質の活性中心における分子の結合と解離にほかならないからである。動力学的解析の利点は，輸送の調節機構に新たな視点が得られる。

キネティクスの解析では，外部イオン（あるいは物質）濃度が変わると，輸送速度にどのような影響を与えるかが測定される。輸送速度のキネティクスから，異なる輸送体が区別されてきた。担体輸送系では，そしてチャネル系でもしばしば，基質濃度がどんなに高くなっても，最大輸送速度（V_{max}）以上の輸送は行えない（図6.12）。V_{max}は，輸送体の基質結合部位が，すべて基質によって占められたときの値である。輸送体の数が，基質の濃度ではなくて，速度限界を意味している。こうして，V_{max}の測定は，膜で機能している特定の輸送体の数を表すことになる。

定常値であるK_m（それは，最大輸送速度の半分の値をもたらす基質濃度に等しい）は，結合部位の分子的性質を表している（K_mとV_{max}に関する詳細な説明は，Webサイト2章参照）。低いK_m値は，輸送体の結合部位の基質に対する親和性が高いことを意味している。この値は，通常，輸送系がどのように働いているかを表している。K_m値のより高い値は，結合部位の基質への親和性が低いことを意味している。親和性は，しばしばあまりにも低いので，輸送速度が実際にV_{max}に達することはほとんどない。このように，キネティクスの解析だけでは，キャリアーとチャネルを区別することはできないことが多い。

一般に，ある物質の輸送系は，広い濃度範囲で測定をすると高親和性と低親和性の両方を示す。図6.13は，ダイズ子葉プロトプラストのショ糖の取り込みを，外液の濃度に対して測定したものである。はじめ，取り込み速度は濃度とともに急勾配で上昇し，およそ10 mMあたりで飽和しはじめる。10 mM以上になると，取り込みは直線的に上昇し，飽和しない。代謝阻害剤でATP合成を止めると，低濃度側の飽和成分はなくなるが，高濃度側の非飽和成分はそのまま残る。これは，低濃度では，ショ糖の取り込みが能動的なキャリアー輸送（ショ糖/H^+共輸送）によるためであると考えられて

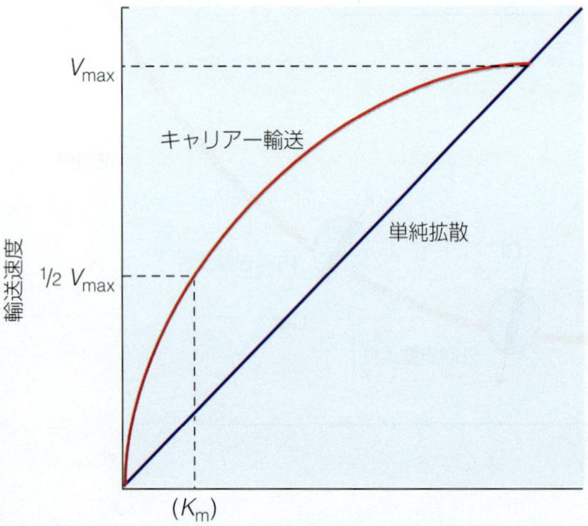

図 6.12 キャリアーによる輸送は，しばしば飽和型のキネティクス（V_{max}）を示す（Webサイト2章参照）。それは結合サイトが基質で飽和するからである。理想的にはチャネルを介した拡散は，基質の濃度や，イオンの場合は膜を介した電位差に直接比例する。

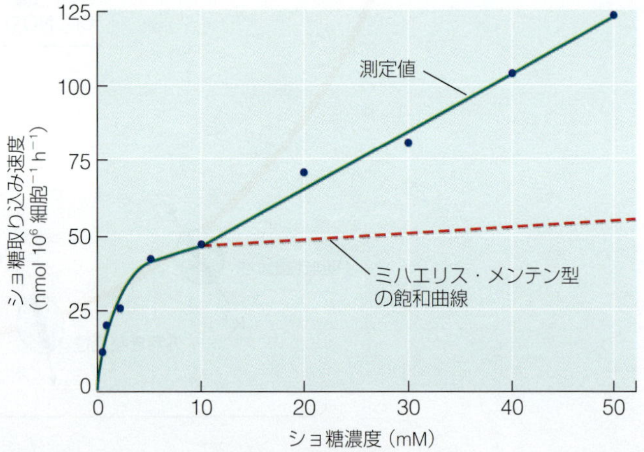

図 6.13 物質の輸送過程は，濃度によって変化する。たとえば，ダイズ細胞におけるショ糖の取り込み速度は，低濃度（1〜10 mM）では，キャリアーによる典型的な飽和曲線を示し，計算値はV_{max}が10^6細胞あたり，1時間で57 nmolになることを示している。一方，高濃度では，非常に広い範囲の濃度で，取り込み速度は直線的に増加し，基質に対してきわめて低い親和性しかもたないキャリアーが働いていることを示唆している。（Lin et al. 1984）

いる。高濃度では，ショ糖はその濃度勾配に依存した拡散により，細胞内に取り込まれる。その過程は代謝阻害剤では止まらない。しかし，この非飽和過程が親和性のとても低いキャリアーによるのか，チャネルによるのかを知るには，さらに情報が必要である（ショ糖のような分子の場合は，キャリアーによる輸送の方が本当らしい）。

多くの輸送体遺伝子がすでにクローニングされている

輸送体遺伝子の同定，単離，クローニングによる情報は，輸送体タンパク質の分子レベルの性質を知るために，大変役に立ってきた。硝酸輸送は，植物の栄養塩輸送として重要だっただけでなく，それがいかに複雑に成立しているかを知るうえで，興味深い例である。硝酸輸送のキネティクス解析は，図6.13に示されたショ糖輸送の場合と同様，高親和性（低 K_m 値）と低親和性（高 K_m 値）の輸送活性の存在を示した。ショ糖と違って，硝酸は負電荷をもち，どんな濃度においても電荷をもつ分子としてのエネルギーが輸送に必要になる。そのエネルギーは，H^+ との共輸送によって供給される。

硝酸輸送は，硝酸の利用可能性で，強く調節されている。硝酸輸送に必要な酵素は，その同化に必要な酵素と同様（12章参照），環境に硝酸が存在するときに誘導され，細胞内の硝酸濃度が十分に高くなると，取り込み活性は抑制される。

硝酸輸送や硝酸還元の突然変異体は，塩素酸（chlorate）（ClO_3^-）の存在下でも成長ができるものとして選択された。塩素酸は，硝酸のアナログで，野生型の植物に取り込まれ還元されたときに，毒性の高い亜塩素酸（chlorite）を作り出す。もし塩素酸に抵抗性の植物が選択されたなら，それらは硝酸輸送か還元系に異常のある突然変異体である可能性が高い。

遺伝子研究に有用な小型の十字花科植物として著名なシロイヌナズナで，そのような突然変異体が複数同定されている。この方法で同定された最初の輸送体遺伝子は，低親和性で誘導性の硝酸-プロトン共輸送体をコードしていた。さらに多くの硝酸輸送体遺伝子が同定され調べられるにつれて，その様相はかなり複雑になっている。輸送のキネティクス解析におけるそれぞれの輸送成分には，一つ以上の遺伝子産物が関与しており，さらに少なくとも一つの遺伝子は，高親和性と低親和性の両方の輸送活性に関与する二重親和性キャリアーをコードしていた（Chrispeels et al. 1999）。

植物における輸送体遺伝子を考えると，個々の遺伝子というより，輸送体遺伝子ファミリーが全体として，輸送機能をつかさどるものとしてゲノム上に存在するように見える。その遺伝子ファミリーの中で，調節機構や異なる組織での発現における輸送活性（たとえば K_m）の多様性が，きわめて多様な環境条件に，植物を適応させる柔軟性を与えている。

多くの植物輸送体遺伝子のクローニングは，植物の輸送体遺伝子とその他の生物，たとえば酵母輸送体遺伝子と類似の配列をもつ領域を同定することで，可能になった（Kochian 2000）。ある場合には，輸送体タンパク質を純化してからその遺伝子を同定することもできたが，大抵は配列の類似性は限られていて，個々の輸送体タンパク質の量は，全タンパク質に比べてあまりに小さい。輸送体遺伝子を同定するもう一つの手法は，酵母における輸送活性の欠如を補完する遺伝子を，植物のcDNA（complementary DNA）ライブラリーから見つけることである。酵母では多くの輸送突然変異体が知られていて，補完機能に基づいて同じ機能をもつ植物の遺伝子を同定するために用いられてきた。

イオンチャネルの遺伝子の場合は，研究者はアフリカツメガエルの卵母細胞内で遺伝子を発現させることによって，チャネルタンパク質の性質を研究してきた。アフリカツメガエルの卵母細胞はとても大きいので，電気生理学的解析が容易である。内向き整流性と外向き整流性の二つの K^+ チャネル遺伝子が，この方法でクローニングされ研究されている。これまでに同定された内向き整流性 K^+ チャネル遺伝子のうち，一つは孔辺細胞で強く発現し，一つは根で，三つめは葉で強く発現している。これらのチャネルは，植物細胞における低親和性の K^+ 取り込みに働いていると考えられている。

根の中心柱細胞から死細胞である木部道管への K^+ 排出に働く外向き整流性の K^+ チャネルが，クローニングされている。また，高親和性の K^+ キャリアーの遺伝子も複数同定されいてる。それぞれが，K^+ の取り込みにどのように機能しているか，また必要なエネルギーをどのように手に入れているか（**Webトピック6.4**参照）を決めることが，今後必要となるであろう。植物の液胞で働く H^+–Ca^{2+} 対向輸送体の遺伝子や，アミノ酸や糖のプロトンとの共輸送体も，さまざまな遺伝的手法を用いて同定されている（Hirshi et al. 1996；Tanner and Caspari 1996；Kuehn et al. 1999）。

水チャネルの遺伝子も同定されている

アクアポリンは，植物の膜に比較的多量に存在するタンパク質である（3章参照）。アクアポリンは，卵母細胞に発現させてもいかなるイオン電流も示さなかったが，外液の浸透圧を下げると，このタンパク質が発現している卵母細胞では，卵が膨潤し，最終的に破裂した。通常は水透過性が大変小さい卵母細胞細胞膜における，急速な水の流入が，その破裂を引きおこしたのである。これらの実験結果は，アクアポリンが膜に水チャネルを形成することを示している（図3.6）。

アクアポリンの存在は，はじめ大変な驚きをもって迎えられた。なぜなら，脂質二重膜自身が十分な水透過性をもっていると考えられていたからである。にもかかわらず，アクアポリンは植物膜にも動物膜にも共通に存在する。その発現と活性は，水の利用能に応じて，タンパク質リン酸化などによって調節されているようである。

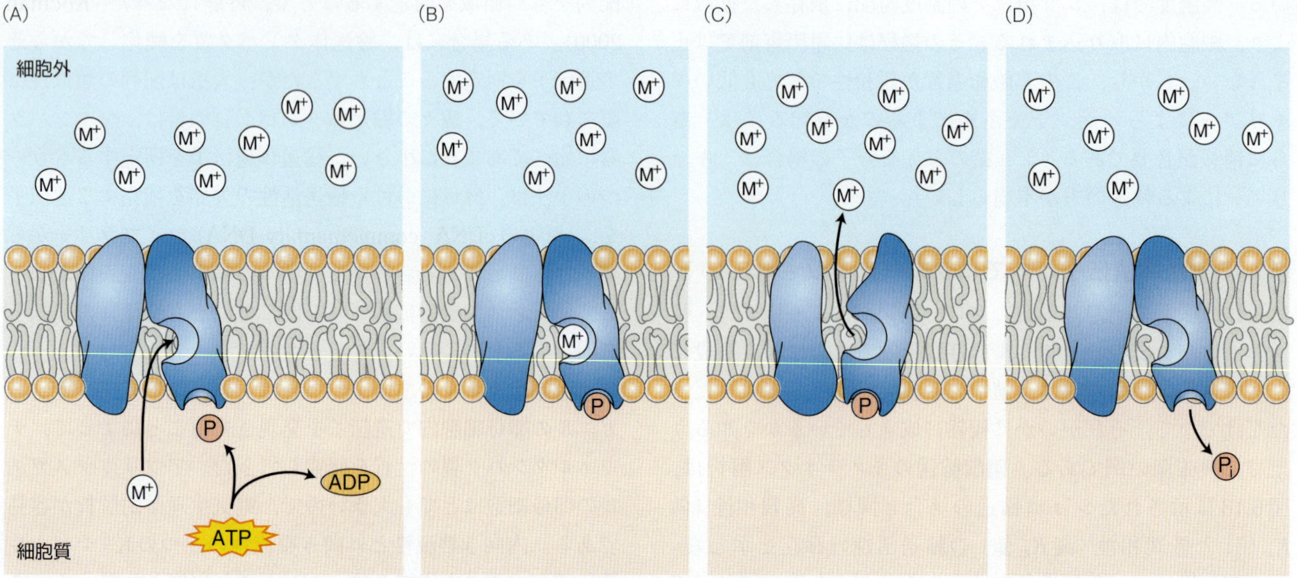

図 6.14 起電性イオンポンプによる，電気化学ポテンシャル勾配に逆らった陽イオン（仮想的M^+）の輸送モデル。膜内に存在するタンパク質が，細胞質側で陽イオンと結合し(A)，ATPによってリン酸化される（B）。このリン酸化がタンパク質の構造変化を引きおこし，細胞の外側に陽イオンを運び，陽イオンは流れ出る（C）。ポンプタンパク質からはリン酸基（P）が細胞質内にはずれ（D），膜タンパク質は初めの構造に戻るとともに，新たな輸送過程が始まる。

細胞膜H^+-ATPaseは複数の機能ドメインをもっている

細胞膜を介した外向き，能動的なH^+輸送は，ほかの多くの物質（イオンや低分子物質）が，二次能動輸送タンパク質を介して輸送される場合の駆動力となるpHと電位の勾配を作り出す。図6.14は，膜のH^+-ATPaseがどのように働いているかを図示している。

植物と菌類の細胞膜H^+-ATPaseとCa^{2+}-ATPaseは，P型ATPaseとよばれるタンパク質の一員である。それらはATPを加水分解する反応の一部として，タンパク質がリン酸化される。このリン酸化過程において，細胞膜ATPaseはオルトバナジン酸（HVO_4^{2-}）で強く阻害される。オルトバナジン酸はリン酸（HPO_4^{2-}）のアナログで，酵素の活性中心であるアスパラギン酸が，ATPの分解で生じるリン酸によってリン酸化されるのを強く阻害する。酵素がバナジン酸に強く結合することは，バナジン酸が加水分解過程におけるリン酸の一過的構造とよく似ているという事実による。

細胞膜H^+-ATPaseは，およそ10の遺伝子を含むファミリーにコードされている。それぞれの遺伝子は酵素のアイソフォームをコードしている（Sussman 1994）。アイソフォームは組織特異的で，それぞれ根，種子，篩管などで別々に発現する。それぞれのアイソホームの機能的特異性は，まだよく理解されていない。いくつかのアイソフォームでは至適pHが異なることが知られている。また輸送活性は，それぞれの組織で異なった形で調節をうけているようである。

図6.15は，酵母の細胞膜H^+-ATPaseの機能ドメインのモデル結果を示している。その様相は植物のものにもよく似ている。ATPaseタンパク質は，10の膜貫通領域，すなわち膜を突き抜けて行ったり来たりするループをつくる部分をもっている。膜貫通領域のいくつかが，プロトンの通り道を作っている。酵素の活性部位，そこには反応過程でリン酸化されるアスパラギン酸が存在し，膜の細胞質側に存在する。

多くの酵素と同様に，細胞膜ATPaseは，基質（ATP）濃度，pH，温度などさまざまな要因によって調節されている。さらに，H^+-ATPase分子は，特定の環境シグナル，たとえば光，ホルモン，病原体の攻撃などによって，可逆的に活性化されたり不活性化されたりする。このような調節は，ポリペプチド鎖のC末端にあり自己阻害領域とよばれる特異的な部分に依存している。その領域は，プロトンポンプの活性を調節することができる（図6.15）。プロテアーゼなどの処理によって自己阻害領域を除くと，酵素は不可逆的に活性化される（Palmgren 2001）。

C末端領域の自己阻害作用は，タンパク質リン酸化酵素とタンパク質ホスファターゼの作用による，自己阻害領域のセリン，スレオニン残基へのリン酸基の結合や解離を通しても調節される。たとえば，トマトが病原体に反応する機構の一つは，細胞膜H^+-ATPaseがタンパク質ホスファターゼによ

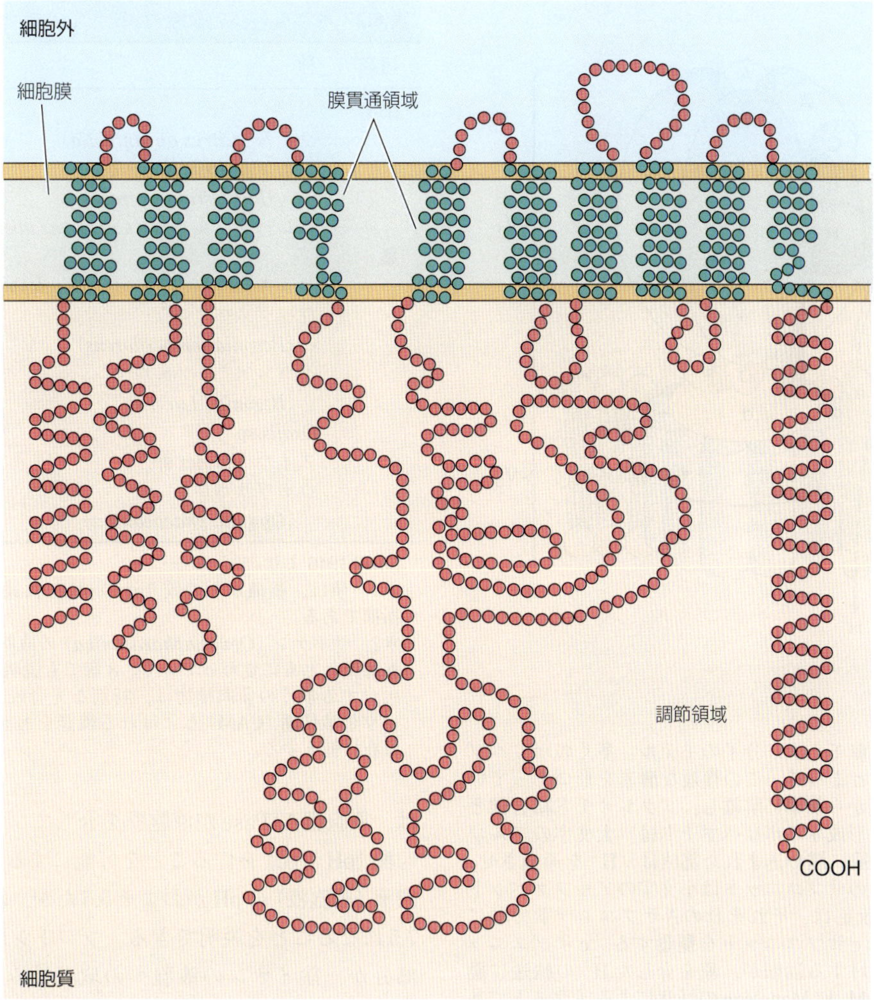

図 6.15 細胞膜 H^+–ATPase の 2 次元モデル。H^+–ATPase は 10 個の膜貫通領域をもつ。調節領域は自己阻害部位である。(Palmgren 2001)

って脱リン酸化され，その結果ポンプが活性化されることによる (Vera–Estrella et al. 1994)。これは，植物のもつ病原体抵抗機構における，一連の作用の第一歩である。

液胞膜 H^+-ATPase は，溶質を液胞内に蓄積することができる

植物細胞は，巨大中心液胞の中に水を取り込むことによって元来その大きさを増加している。そこで，液胞の浸透圧は，細胞質から水を取り入れるために十分に高く維持されていなければならない。液胞膜は，細胞質と液胞の間で，イオンや代謝産物の行き来を調節している。それは，細胞膜が細胞に対して示す働きと同じである。液胞膜輸送はインタクト液胞や液胞膜小胞を単離するための新しい手法の発展 (**Web トピック 6.5** 参照) とともに活発な研究分野となってきた。これらの研究の中から，液胞内にプロトンを運び入れる新しいプロトン輸送性の ATPase が発見されてきた (図 6.11)。

液胞膜 H^+–ATPase (**V–ATPase**，液胞膜 H^+ 輸送性 ATP 加水分解酵素ともよばれる) は，構造的にも機能的にも，細胞膜 H^+–ATPase とは大きく異なっている。液胞膜 H^+–ATPase は，むしろ，ミトコンドリアや葉緑体の F–ATPase にずっと近い (11 章参照)。液胞膜 ATPase による ATP の加水分解はリン酸化中間体を形成しないので，液胞膜 ATPase はバナジン酸に感受性がない。バナジン酸は，細胞膜 ATPase の特異的阻害剤で，すでに説明した。液胞膜 ATPase は，抗生物質の一種バフィロマイシンで特異的に阻害される。また，高濃度の硝酸でも阻害を受ける。これらはいずれも細胞膜 ATPase は阻害しない。こういった特異性の高い阻害剤を用いることで，異なる型の ATPase を区別して，その活性を測定することが可能になる。

液胞膜 ATPase は，すべての真核生物の内膜系に存在する ATPase に属している。いずれも，巨大な酵素複合体を形成していて，分子量は 750 kDa に近く，少なくとも 10 の異な

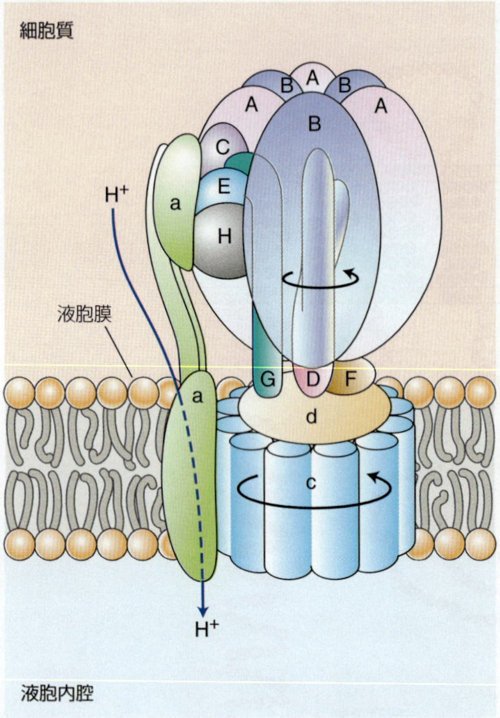

図 6.16 V-ATPase 回転モーター分子のモデル。多くのポリペプチドサブユニットがまとまって，この複雑な酵素を形づくっている。V_1触媒部位は，膜から簡単に解離し，ヌクレオチド結合部と活性中心をもつ。V_1を形成するポリペプチドは，大文字のアルファベットで示される。膜に埋め込まれた部位は，H^+を通過させ，V_0とよばれている。そのサブユニットは小文字のアルファベットで示される。ATPase 反応は，それぞれのAサブユニットで順に進行し，軸Dと六つのcサブユニットを駆動する。cサブユニットのaサブユニットに対する回転が，膜を介したH^+の輸送に働くと予想されている。(M. F. Manolson の好意によるイラストに基づいた。)

るサブユニットからなる（Lüettge and Ratajczak 1997）。これらのサブユニットは，膜結合型の触媒部位を形成するV_1と膜貫通型のチャネル部位を形成するV_0からなる（図6.16）。F-ATPaseとの類似性から，液胞膜ATPaseも小さい回転モーターとして働くものと考えられている（11章参照）。

液胞膜ATPaseは，細胞質から液胞内にプロトンを輸送し，液胞膜にプロトン駆動力を形成する起電性のプロトンポンプである。起電性のプロトン輸送は，液胞が細胞質に対して，通常は，20～30 mVの正の電位をもつことを説明する。ただし，それでも細胞外液に対しては，まだ負の電位をもっている。電気的中立条件を成立させるために，Cl^-やリンゴ酸（$malate^{2-}$）のような陰イオンが，膜のイオンチャネルを通して，細胞質から液胞に輸送される（Barkla and Pantoja 1996）。このプロトンの輸送と同時におきる陰イオンの移動がない場合には，液胞膜を介した電荷の分離が生じるため，それ以上のプロトンの輸送はエネルギー的に不可能になる。

陰イオンの輸送による，全体としての電気的中性の維持

表 6.2 酸性度の高い液胞の pH

組織	種	pH*1
果実		
	ライム（*Citrus aurantifolia*）	1.7
	レモン（*Citrus limonia*）	2.5
	チェリー（*Prunus cerasus*）	2.5
	グレープフルーツ（*Citrus paradisi*）	3.0
葉		
	ラッキークローバー（*Oxalis deppei*）	1.3
	ワックスベゴニア（*Begonia semperflorens*）	1.5
	ベゴニア“ルツェルナ”（*Begonia* “*Lucerna*”）	0.9～1.4
	Oxalis sp.	1.9～2.6
	スイバ（*Rumex* sp.）	2.6
	ウチワサボテン（*Opuntia phaeacantha*）*2	1.4（6:45 A.M.） 5.5（4:00 P.M.）

Small 1946 より。
＊1 値は，組織からの絞り汁の pH で，通常は液胞 pH のよい指標である。
＊2 サボテン（*Opuntiaphaeacantha*）の液胞 pH は，一日の中でも時間とともに変わっていく。8章でも説明するように，砂漠に生育する多くの多肉植物は，特別な光合成，すなわちベンケイソウ型酸代謝（CAM）とよばれる機能をもっていて，液胞の pH は夜に低下する。

は，液胞膜ATPaseが液胞膜を介してプロトンの大きな濃度勾配（pH勾配）を作ることを可能にする。この勾配は，液胞内液（細胞液）のpHがおよそ5.5だが，細胞質のpHが7.0～7.5になることを説明できる。プロトン駆動力のうちの電位部分が，陰イオンの液胞への取り込みを促進する一方で，H^+の電気化学ポテンシャル（$\Delta\mu H^+$）は，二次能動輸送系（対向輸送）による陽イオンや糖の取り込みに利用される（図6.11）。

多くの植物細胞の液胞内pHは，弱酸性（およそ5.5）であるが，ある種の液胞のpHはそれよりはるかに低い。これは‘過酸性化’（hyperacidification）とよばれる。液胞の過酸性化は，果物（レモン）や野菜（ダイオウ）類の酸味の原因である。表6.2に具体例が示されている。レモンを用いた生化学的研究は，レモン液胞（特に，果実の細胞）の低pHが複数の要因で生じることを示した：

- 液胞膜のプロトンに対する低透過性が，大きいpH勾配の形成を可能にする。
- 液胞の特別のATPaseが，ふつうの植物液胞のATPaseよりもずっと効率的（エネルギーの浪費を少なく）にH^+を輸送できる。
- ある種の有機酸，たとえばクエン酸，リンゴ酸，シュウ酸などの蓄積が緩衝剤として働いて，液胞内のpHを低く維持することを可能にする。

植物の液胞は，第二のプロトンポンプであるH^+–ピロホスファターゼでもエネルギーが与えられる

別のタイプのプロトンポンプ，H^+–ピロホスファターゼ（H^+–PPase，H^+輸送性ピロリン酸加水分解酵素）（Rea et al. 1998）が，液胞膜を介したプロトン勾配の形成に，液胞膜ATPaseと協同的に働いている（図6.11）。この酵素は，分子量80 kDaの一本のポリペプチド鎖からなっている。H^+–PPaseは，無機ピロリン酸（PP_i）の加水分解からエネルギーを得ている。

PP_iの加水分解で得られる自由エネルギーは，ATPの加水分解から得られるエネルギーよりは小さい。しかし，液胞膜PPaseは，1分子のPP_iの分解で1個のプロトンを輸送するが，液胞膜ATPaseは，ATPの加水分解あたり2個のプロトンを輸送できる。こうして，1個のプロトンを運ぶのに必要なエネルギーはほぼ同じで，2種類の酵素は，同じようにH^+勾配の形成に働いている。

ある種の植物では，液胞膜H^+–PPaseの合成が，低酸素や低温によって誘導される。このことは，液胞膜H^+–PPaseが，ATP供給の制限されるような条件，すなわち低酸素や低温では呼吸が阻害されるから，そのような場合に，もっとも大切な細胞内代謝機構を維持するためのバックアップシステムとして働いていることを示唆している。液胞膜H^+–PPaseが細菌や原生生物には存在するのに，動物や酵母には見い出されていないのは，面白いことである。

フラボノイドやアントシアン，二次代謝産物などの巨大分子も，液胞に蓄積される。これらの巨大分子は，**ABCトランスポーター**（ATP–binding cassette（ABC）transporter）によって，液胞内に輸送される。ABCトランスポーターによる輸送はATPを消費するが，電気化学ポテンシャル勾配を必要とするわけではない（**Webトピック6.6**参照）。最近の研究は，ABCトランスポーターが，細胞膜やミトコンドリアにもあることを示している（Theodoulou 2000）。

カルシウムポンプ，アンチポーター，チャネルは，細胞内カルシウムによって制御される

カルシウムは，その濃度が厳密に調節されているもう一つの重要なイオンである。細胞壁やアポプラスト（細胞外空間）のCa^{2+}濃度は，通常ミリモルあたりにあるが，細胞質のCa^{2+}濃度は，細胞外Ca^{2+}が大きい電気化学ポテンシャル勾配に従って細胞内に流入してくるのに逆らって，マイクロモルレベル（10^{-6} M）に維持されている。

細胞質Ca^{2+}濃度のわずかな変動は，多くの酵素活性を劇的に変動させる，このときCa^{2+}は情報伝達系における重要なセカンドメッセンジャーとして働いている。細胞内に存在するCa^{2+}の大部分は，液胞に蓄えられている。液胞へのCa^{2+}の蓄積に働くのはプロトンの電気化学ポテンシャル勾配を利用する，Ca^{2+}–H^+アンチポーターである。ミトコンドリアや小胞体もCa^{2+}を蓄積できる。

液胞から細胞質へのCa^{2+}の放出は，イノシトール三リン酸（IP_3）によって引きおこされることが知られている。IP_3は，ある種の情報伝達系でセカンドメッセンジャーとして働き，液胞膜や小胞体（ER）膜上のIP_3感受性カルシウムチャネルを開口に導く（これらの刺激伝達機構についての詳細な説明は，Webサイト14章参照）。

カルシウムATPaseが，細胞膜（Chung et al. 2000）や，その他の内膜系に見い出されている（図6.11）。植物細胞は，Ca^{2+}の拡散に働くCa^{2+}チャネルの活性や，Ca^{2+}を細胞外に運び出すCa^{2+}ポンプの活性を調節することで，細胞質Ca^{2+}濃度を調節している。細胞膜上のCa^{2+}ポンプは，細胞外にCa^{2+}を運び出すのに働くが，ER膜上にあるCa^{2+}ポンプは，Ca^{2+}をER内腔に運び込む。

根におけるイオン輸送

根によって吸収された栄養塩は，木部を通る蒸散流によって，シュートに運ばれる（4章参照）。栄養塩を取り込み，根表層から皮層を通り抜けて木部まで運ぶ機構は，きわめて特異的かつ厳密に制御された過程である。

根におけるイオン輸送も，細胞におけるイオン輸送を支配するのと同じ物理化学的法則に従う。しかし，水の輸送で見たように（4章参照），根の形態学的特徴が，イオンの通り道を制限する。本節では，根の表面から木部の道管要素に至るイオンの放射方向（根の横断面に平行に生じる）輸送についての機構を議論する。

溶質のアポプラストあるいはシンプラスト輸送

ここまでの細胞におけるイオン輸送の議論には，細胞壁はいっさい関係がなかった。低分子の輸送に関しては，細胞壁の多糖でできた格子構造の中を，栄養塩は抵抗なく拡散していくことができる。すべての植物細胞は，細胞壁で仕切られているから，イオンは細胞内に入らなくても細胞壁だけを通って組織の中を移動していくことができる（受動的な水の流れにのっていくことができる）。この細胞壁の一連のつながりを‘細胞外空間’，すなわち‘アポプラスト’とよぶ（図4.3）。

われわれは，植物組織の切片を用い，^{3}Hラベルした水と^{14}Cラベルしたマンニトールの取り込み量を比較することで，アポプラストの体積を知ることができる。マンニトールは，細胞壁中は自由に拡散するが，細胞内にはほとんど入らない非透過性の糖アルコールである。一方，水は細胞内へも細胞壁中も自由に通過することができる。この種の測定から，ふつう植物組織の全体積の5～20％が細胞壁であることがわか

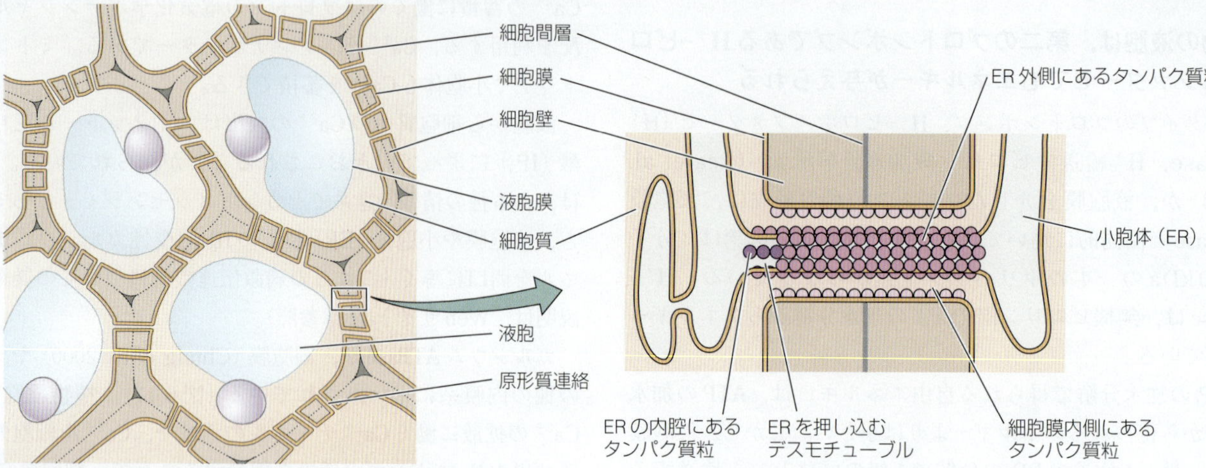

図 6.17 隣り合った植物細胞の細胞質が，どのように原形質連絡でつながっているかの模式図。原形質連絡は直径およそ40nmで，細胞から細胞へと水や低分子の拡散を可能にしている。さらに，その孔の大きさは内部タンパク質の並びかたによって調節され，高分子を通すことも可能な場合がある。

った。

細胞壁が連続した状態を作っているのと同様に，隣り合った細胞の細胞質もひとつながりになっていて，それを‘シンプラスト’とよぶ。隣り合った植物細胞は，20～60nmの直径で円柱状の構造をした原形質連絡（プラズモデスマータ）とよばれる細胞質の橋で結ばれている（1章参照）。それぞれの原形質連絡は，細胞膜に囲まれていて小胞体のつながった，細いチューブ状のデスモチューブルとよばれる構造を中にもつ。

細胞間輸送が活発な組織では，隣り合った細胞の間に多数の原形質連絡が存在し，その数は細胞表面1平方マイクロメーターあたり15個にもなる（図6.17）。花の蜜腺や葉の塩腺のような，特異的に分化した分泌細胞では，原形質連絡の密度が高い。大部分の栄養塩吸収が行われる根端近くの細胞でも同様である。

原形質連絡を多くもつ細胞で，色素を注入したり，細胞間の電気抵抗を測定することで，研究者達は，イオン，水，低分子物質が，この孔を通って細胞から細胞へと移動できることを明らかにした。個々の原形質連絡には，デスモチューブルやそこに付随するタンパク質が詰まっているから（1章参照），タンパク質のような高分子が原形質連絡を通るには，特別の機構が必要である（Ghoshroy et al. 1997）。一方，イオンは，このシンプラストを介した単純拡散により，植物体全体を動くことができる（4章参照）。

イオンは，シンプラスト空間とアポプラスト空間の両者を横切って移動していく

根によるイオンの吸収（5章参照）は，分裂領域や伸長領域よりは，根毛でより顕著である。根毛領域の細胞は，成長を終えた後は，二次成長は行わない。特定の表皮細胞から根毛が伸びはじめ，それがイオン吸収に働く表面積を劇的に増大させる。

根に入ったイオンは，表皮細胞の細胞膜を横切り即座にシンプラストに入る，あるいはアポプラストに入って，表皮細胞間の細胞壁中を拡散していく。さらにそのイオンは，皮層細胞の細胞膜を介して，皮層からシンプラストに入るか，そのままアポプラストを通って内皮まで拡散していく。いずれの場合も，イオンは中心柱に入る前にシンプラストに入らなければならない，なぜならそこにカスパリー線があるからである。

アポプラストは，根の表面から皮層を通って一つの連続体を作っている。維管束（中心柱）と皮層の境界には，特異的に分化した細胞層が存在する，それが内皮である。4章と5章で議論したように，内皮のスベリン化した細胞は，カスパリー線として知られていて，水や無機イオンがアポプラストを通って中心柱に入ることを妨げている。

イオンが，いったん内皮を介したシンプラストを通って中心柱に入ると，後は細胞間を木部へと拡散していく。最終的には，イオンは再びアポプラストに出て，木部の仮道管や道管要素へと拡散していく。ここで，カスパリー線は，イオンがアポプラストを通って根の外に出てしまうことを防いでいる。カスパリー線は，根のまわりの土壌水より，木部中のイオン濃度が高くなるように働いている。

木部柔細胞は木部への積み込みを行う

イオンが，内皮や皮層で根のシンプラストに取り込まれる

と，それらがシュートに輸送されるには，中心柱の仮道管や道管要素に運び込まれなければならない。中心柱は，死んだ細胞である道管要素と，生きた細胞である木部柔細胞からなっている。木部道管要素は死んだ細胞だから，周囲の木部柔細胞との間で細胞質の連続性は保っていない。イオンは道管要素中に入るためには，再び細胞膜を通ってシンプラストから出ていく必要がある。

イオンがシンプラストから出て，木部の道管細胞に入る過程を，**木部への積み込み**（xylem loading）とよぶ。木部積み込みの機構は，長いこと科学者達を悩ませてきた。イオンは，木部の仮道管や道管に単純拡散で入っていくことができる。この場合には，根の表層から木部までのイオンの移動において，代謝エネルギーを必要とするのは一か所だけである。それは，根の表皮細胞，皮層細胞，あるいは内皮細胞の細胞膜におけるイオン輸送過程である。この受動的拡散モデルでは，イオンはシンプラストをへて中心柱まで，受動的に電気化学ポテンシャル勾配に従って移動していき，最終的に中心柱の生きている細胞から木部の死んだ道管細胞中へと出ていく（これは，根の中での低酸素状態が原因だとされていた）。

受動的拡散モデルは，イオン選択性電極を使って，トウモロコシ根のさまざまなイオンの電気化学ポテンシャルを測定した実験が支持している（図 6.18）（Dunlop and Bowling 1971）。これらの一連の実験では，K^+，Cl^-，Na^+，$SO_4{}^{2-}$，$NO_3{}^-$ のすべてが表皮や皮層細胞で能動的に取り込まれ，木部まで土壌水中に比べて，高い電気化学ポテンシャル勾配を維持していることを示している。そして，どのイオンも木部中の電気化学ポテンシャルは，皮層細胞や中心柱の生細胞に比べて高い値にはならなかった。こうして，木部道管へのイオンの最後の移動は，受動的拡散によるとされていた。

一方，別の観察では，木部積み込みの最後の段階も，中心柱内での能動的過程を示唆している（Lüttge and Higinbotham 1979）。たとえば，タンパク質合成阻害のシクロヘキシミドや，サイトカイニンであるベンジルアデニンで処理すると，皮層での取り込みには影響がないのに，木部積み込みだけが阻害される。このことは，中心柱細胞からのイオンの流出が，皮層細胞における取り込みとは独立に制御されていることを示唆している。

最近の生化学的研究は，木部柔細胞が木部積み込みに特別な役割を果たしているということを支持している。木部柔細胞の細胞膜は，プロトンポンプ，水チャネル，そして取り込みにも流出にも働くさまざまなイオンチャネルをもっていることがわかってきた（Maathuis et al. 1997）。オオムギの木部

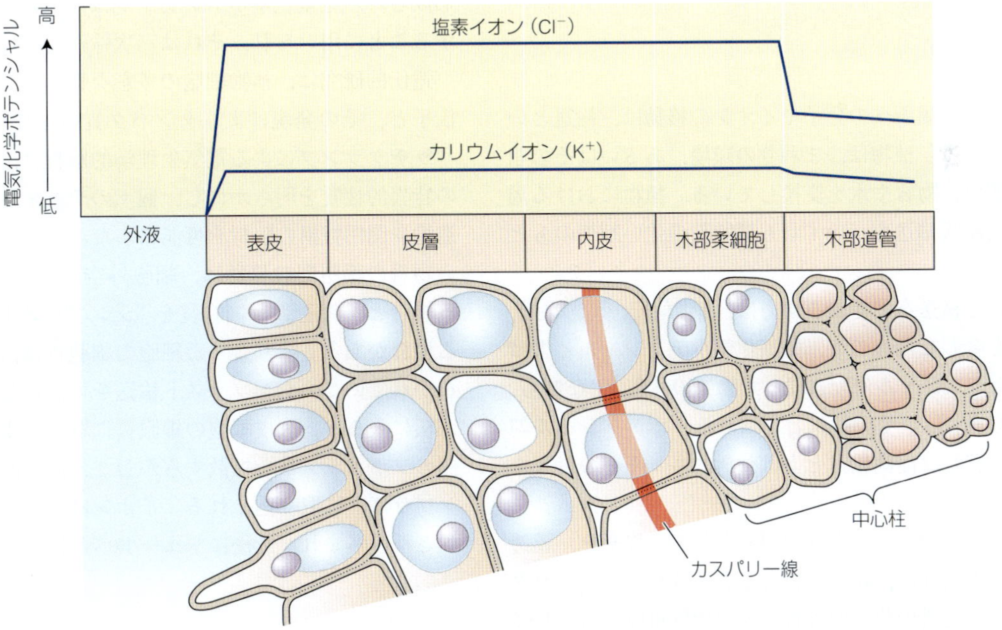

図 6.18 トウモロコシ根を横切って考えられる K^+ と Cl^- の電気化学ポテンシャルの想定図。それぞれの電気化学ポテンシャルを決定するために，根は 1 mM KCl と 0.1 mM $CaCl_2$ からなる外液に浸けた。参照電極は，この溶液中に置き，イオン選択性電極が根のそれぞれの細胞に刺入された。図の水平の軸は，根の横断面におけるそれぞれ異なる組織を表している。外液と表皮の間での K^+ と Cl^- の電気化学ポテンシャルの増加は，両イオンが能動輸送過程によって根に取り込まれていることを意味している。逆に，木部道管ではポテンシャルが減少するが，それはイオンが電気化学ポテンシャル勾配に従って受動的に木部に輸送されることを意味している。（Dunlop and Bowling 1971 による）

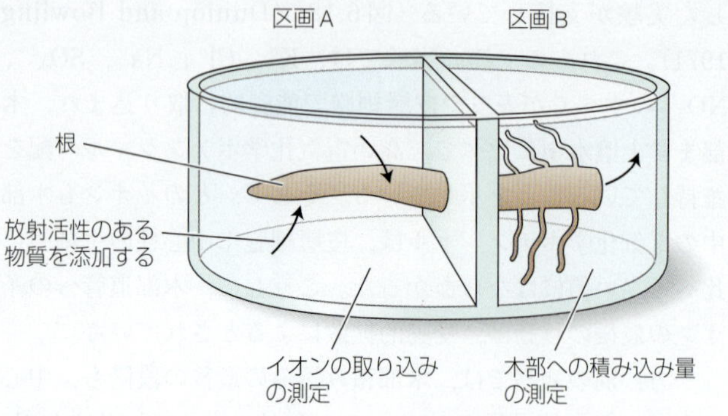

図 6.19 イオンの根への取り込みと木部積み込みの関係は，根を二つの区画にわたし，片方（この場合は区画A）に放射活性のあるトレーサーを入れることで測定することができる。区画Aからの放射活性の消失は，根への取り込みを意味し，区画Bでの放射活性の出現は，木部積み込みの測定を可能にする。(Lüttge and Higinbotham 1979)

柔細胞では，2種類の陽イオンチャネルが同定された。一つはK^+特異的で，もう一つは非選択性の陽イオンチャネルである。いずれのチャネルも，膜電位と細胞質カルシウム濃度によって制御されていた (De Boer and Wegner 1997)。この知見は，木部柔細胞から木部道管要素へのイオンの流出が，単なる細胞からの漏れというより，細胞膜H^+-ATPaseとイオン流出チャネルの制御に基づいた，正確な代謝調節のもとにあることを意味している。

まとめ

ある場所から別の場所への分子やイオンの移動は，輸送という言葉で表される。植物は，まわりの環境，あるいはその組織や器官の間で，物質や水を交換している。植物における局所的輸送も長距離輸送も，いずれも細胞膜の強い制御のもとにある。

生物において輸送を引きおこす力は，濃度勾配，電位勾配，静水圧勾配を合わせたもので，電気化学ポテンシャルとよばれている。ポテンシャル勾配に従った物質の移動（すなわち，拡散による移動）は，受動輸送とよばれる。ポテンシャル勾配に逆らった移動は能動輸送とよばれ，エネルギーの投入を必要とする。

膜が，物質の移動を許したり制限したりする程度を，膜透過性とよぶ。透過性は，特定の物質を透過させる膜タンパク質の存在，その物質の化学的性質と膜の脂質組成に依存している。

陽イオンと陰イオンが，それぞれ膜を異なる速度で受動的に移動するとき，拡散電位とよばれる電位が形成される。それぞれのイオンにおいて，膜を介した電位差と平衡状態におけるイオン分布は，ネルンストの式で表現できる。ネルンストの式は，二つの区画におけるイオンの濃度差が，区画間の電位差でバランスされるということを意味している。電位差，いわゆる膜電位は，生きているあらゆる細胞に存在する。それは，細胞の内外でイオンが不均等に分布するからである。

異なるイオンが，細胞膜を介して自由に拡散するときの電位効果は，ゴールドマンの式で表現できる。一方，能動輸送により電荷の移動を引きおこす起電性ポンプは，拡散によって形成された電位と，実際の膜電位を異なったものにする。

生体膜は，特別の役割をもったタンパク質を含んでいる。それがチャネル，キャリアー，ポンプである。いずれも物質輸送をつかさどっている。チャネルは，膜を貫通していて，電気化学ポテンシャル勾配に従って物質の拡散を可能にする孔を形成する輸送体タンパク質である。キャリアーは，膜の片側で物質と結合し，別の片側でそれを放出することができる。輸送の特異性は，大半はチャネルとキャリアーの性質によって決定されている。

H^+輸送性のATPase群は，植物の細胞膜において輸送のための一次的駆動力を供給している。液胞膜ではこのために2種類の起電性プロトンポンプが働いている。植物細胞は，さらに細胞質のカルシウム濃度を調節するためにカルシウム輸送性のATPaseをもち，さらに巨大陰イオン分子を輸送するためにATPのエネルギーを使うことができるATP結合型カセットトランスポーターももっている。H^+輸送によって形成された電気化学ポテンシャルは，他の物質の輸送を駆動することに用いられ，それは二次輸送とよばれる。

遺伝的研究は，植物細胞の多彩な輸送能を支える多くの遺伝子と，その発現によるタンパク質の存在を明らかにした。パッチクランプによる電気生理学的解析は，イオンチャネルの特異的性質を明らかにし，個々のチャネルタンパク質の透過性や開閉機構の解析を可能にした。

物質の細胞間の移動は，細胞外空間（アポプラスト）を通る場合と，細胞質と細胞質を（シンプラストをへて）移動する場合がある。隣り合った細胞の細胞質は，原形質連絡でつながれていて，シンプラスト輸送を可能にしている。イオンが根に入ると，表皮細胞の細胞質に取り込まれるか，皮層の間のアポプラストを拡散するかして，最終的に皮層細胞のシンプラストに取り込まれる。イオンはシンプラストから木部へと積み込まれ，最後にシュートへと輸送されていく。

Webマテリアル

Webトピック

6.1 膜電位と膜を介した複数のイオンの分布の関係：ゴールドマンの式

ゴールドマンの式を用いて，複数のイオンの膜透過性を測定する手法についての簡単な説明。

6.2 パッチクランプ法の植物細胞への応用

植物細胞にパッチクランプ法を応用する電気生理学的手法の説明と，その実例。

6.3 化学浸透作用

電位勾配と濃度勾配が，細胞内でどのように働いているかを，化学浸透説で説明する。

6.4 複合輸送系の動力学的解析

輸送機構への酵素動力学的解析を応用することで，異なるキャリアーが働く輸送系を効率的に検討する。

6.5 単離液胞や膜小胞を用いた輸送機構の解析

ある種の実験手法は，液胞膜や細胞膜を，輸送機構の研究のために単離できるようにした。

6.6 植物におけるABCトランスポーター

ATP結合型カセット（ABC）トランスポーターは，ATPのエネルギーを直接利用できる輸送体のグループである。

Webエッセイ

6.1 カリウムチャネル

複数の植物カリウムチャネルの諸性質が明らかにされてきた。

参考文献

Barkla, B. J., and Pantoja, O. (1996) Physiology of ion transport across the tonoplast of higher plants. *Annu. Rev. Plant Physiol. Plant Mol. Biol.* 47: 159–184.

Buchanan, B. B., Gruissem, W., and Jones, R. L., eds. (2000) *Biochemistry and Molecular Biology of Plants*. Amer. Soc. Plant Physiologists, Rockville, MD.

Bush, D. S. (1995) Calcium regulation in plant cells and its role in signaling. *Annu. Rev. Plant Physiol. Plant Mol. Biol.* 46: 95–122.

Chrispeels, M. J., Crawford, N. M., and Schroeder, J. I. (1999) Proteins for transport of water and mineral nutrients across the membranes of plant cells. *Plant Cell* 11: 661–675.

Chung, W. S., Lee, S. H., Kim, J. C., Heo, W. D., Kim, M. C., Park, C. Y., Park, H. C., Lim, C. O., Kim, W. B., Harper, J. F., and Cho, M. J. (2000) Identification of a calmodulin–regulated soybean Ca^{2+}–ATPase (SCA1) that is located in the plasma membrane. *Plant Cell* 12: 1393–1407.

De Boer, A. H., and Wegner, L. H. (1997) Regulatory mechanisms of ion channels in xylem parenchyma cells. *J. Exp. Bot.* 48: 441–449.

Dunlop, J., and Bowling, D. J. F. (1971) The movement of ions to the xylem exudate of maize roots. *J. Exp. Bot.* 22: 453–464.

Ghoshroy, S., Lartey, R., Sheng, J., and Citovsky, V. (1997) Transport of proteins and nucleic acids through plasmodesmata. *Annu. Rev. Plant Physiol. Plant Mol. Biol.* 48: 27–50.

Higinbotham, N., Etherton, B., and Foster, R. J. (1967) Mineral ion contents and cell transmembrane electropotentials of pea and oat seedling tissue. *Plant Physiol.* 42: 37–46.

Higinbotham, N., Graves, J. S., and Davis, R. F. (1970) Evidence for an electrogenic ion transport pump in cells of higher plants. *J. Membr. Biol.* 3: 210–222.

Hirshi, K. D., Zhen, R.–G., Rea, P. A., and Fink, G. R. (1996) CAX1, an H^+/Ca^{2+} antiporter from *Arabidopsis*. *Proc. Natl Acad. Sci. USA* 93: 8782–8786.

Kochian, L. V. (2000) Molecular physiology of mineral nutrient acquisition, transport and utilization. In *Biochemistry and Molecular Biology of Plants*, B. Buchanan, W. Gruissem, and R. Jones, eds., American Society of Plant Physiologists, Rockville, MD, pp. 1204–1249.

Kuehn, C., Barker, L., Buerkle, L., and Frommer, W. B. (1999) Update on sucrose transport in higher plants. *J. Exp. Bot.* 50: 935–953.

Leng, Q., Mercier, R. W., Hua, B–G., Fromm, H., and Berkowitz, G. A. (2002) Electrophysical analysis of cloned cyclic nucleotide–gated ion channels. *Plant Physiol.* 128: 400–410.

Lin, W., Schmitt, M. R., Hitz, W. D., and Giaquinta, R. T. (1984) Sugar transport into protoplasts isolated from developing soybean cotyledons. *Plant Physiol.* 75: 936–940.

Lüttge, U., and Higinbotham, N. (1979) *Transport in Plants*. Springer–Verlag, New York.

Lüttge, U., and Ratajczak, R. (1997) The physiology, biochemistry and molecular biology of the plant vacuolar ATPase. *Adv. Bot. Res.* 25: 253–296.

Maathuis, F. J. M., Ichida, A. M., Sanders, D., and Schroeder, J. I. (1997) Roles of higher plant K^+ channels. *Plant Physiol.* 114: 1141–1149.

Müller, M., Irkens–Kiesecker, U., Kramer, D., and Taiz, L. (1997) Purification and reconstitution of the vacuolar H^+–ATPases from lemon fruits and epicotyls. *J. Biol. Chem.* 272: 12762–12770.

Nobel, P. (1991) *Physicochemical and Environmental Plant Physiology*. Academic Press, San Diego, CA.

Palmgren, M. G. (2001) Plant plasma membrane H^+–ATPases: Powerhouses for nutrient uptake. *Annu. Rev. Plant Physiol. Plant Mol. Biol.* 52: 817–845.

Rea, P. A., Li, Z–S., Lu, Y–P., and Drozdowicz, Y. M.(1998) From vacuolar Gs–X pumps to multispecific ABC transporters. *Annu. Rev. Plant Physiol. Plant Mol. Biol.* 49: 727–760.

Small, J. (1946) *pH and Plants, an Introduction to Beginners*. D. Van Nostrand, New York.

Spanswick, R. M. (1981) Electrogenic ion pumps. *Annu. Rev. Plant Physiol.* 32: 267–289.

Sussman, M. R. (1994) Molecular analysis of proteins in the plant plasma membrane. *Annu. Rev. Plant Physiol. Plant Mol. Biol.* 45: 211–234.

Tanner, W., and Caspari, T. (1996) Membrane transport carriers. *Annu. Rev. Plant Physiol. Plant Mol. Biol.* 47: 595–626.

Tazawa, M., Shimmen, T., and Mimura, T. (1987) Membrane control in the *Characeae*. *Annu. Rev. Plant Phsyiol.* 38: 95–117.

Theodoulou, F. L. (2000) Plant ABC transporters. *Biochim. Biophys. Acta* 1465: 79–103.

Tyerman, S. D., Niemietz, C. M., and Bramley, H. (2002) Plant aquaporins: Multifunctional water and solute channels with expanding roles. *Plant Cell Envir.* 25: 173–194.

Vera–Estrella, R., Barkla, B. J., Higgins, V. J., and Blumwald, E. (1994) Plant defense response to fungal pathogens. Activation of host–plasmamembrane H^+–ATPase by elicitor–induced enzyme dephosphorylation. *Plant Physiol.* 104: 209–215.

光合成・代謝・栄養

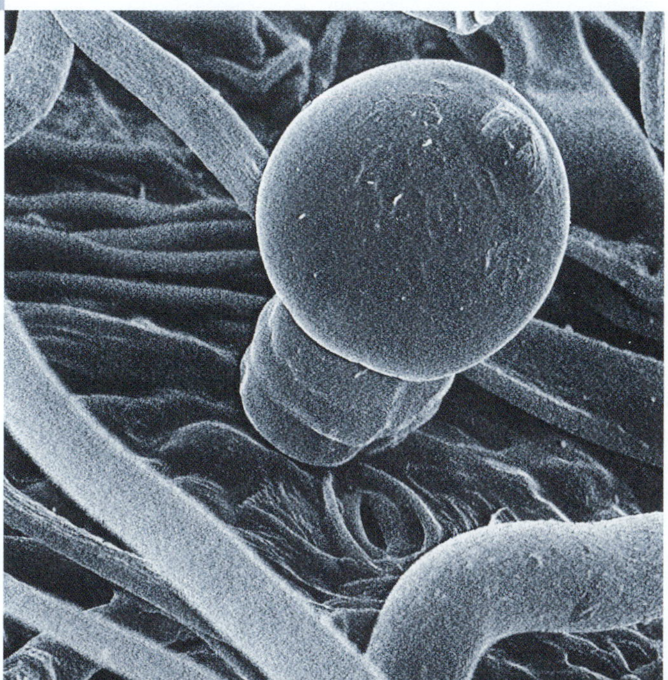

7 光合成：光反応

生命は，究極的には太陽からの光エネルギーに依存する。光合成は，太陽エネルギーを捕獲するために生物が行う唯一の過程である。地球のエネルギー資源の大部分は，太古の昔から現在に至るまでの光合成活動による。本章では，光合成によるエネルギー蓄積の物理的な基礎を解説するとともに，いままでに明らかとされた光合成の分子装置となるタンパク質の構造と機能を解説する (Blankenship 2002)。

‘光合成’という言葉は，文字通り「光を使う合成」を意味する。本章で述べるように，光合成生物は，エネルギー入力なしには合成できない炭素化合物を，太陽光エネルギーを利用して合成する。光は，二酸化炭素と水から酸素と炭水化物の合成反応を駆動する：

$$\underset{\text{二酸化炭素}}{6CO_2} + \underset{\text{水}}{6H_2O} \longrightarrow \underset{\text{炭水化物}}{C_6H_{12}O_6} + \underset{\text{酸素}}{6O_2}$$

こうして分子に蓄えられたエネルギーは，植物の細胞活動に使われるとともに，すべての生命活動のエネルギー源となる。

本章では，光合成における光の役割，光合成器官の構造，クロロフィルの光励起で始まり，ATP，NADPHに至る一連の反応過程について解説する。

高等植物の光合成

高等植物のもっとも活発な光合成器官は，葉の葉肉である。葉肉細胞は，多くの葉緑体をもつ。葉緑体は，緑色をした特殊な色素，**クロロフィル** (chlorophyll) をもっている。光合成では，植物は太陽のエネルギーを使って水を酸化し，その結果として酸素を発生する。それとともに二酸化炭素を還元して，主に糖などのより大きな炭素化合物を合成する。CO_2を還元する一連の複雑な反応は，チラコイド膜上での反応と炭酸固定反応に大別される。

光合成における**チラコイド反応** (thylakoid reaction) は，葉緑体内のチラコイド (1章参照) とよばれる特殊な内膜構造での反応である。チラコイド反応の最終生成物は，高エネルギーのATPとNADPHであり，**炭酸固定反応** (carbon fixation reaction) で糖の合成に使われる。こうした合成過程は，葉緑体中のチラコイドを囲むストロマとよばれる水溶液領域で行われる。本章では，光合成のチラコイド反応を扱い，炭酸固定反応は次章で解説する。

葉緑体内では，二つの異なる光化学系とよばれる反応単位で，光エネルギーが化学エネルギーに変換される。光エネルギーは，電子供与体や電子受容体として働く一連の要素を通る電子伝達を駆動するのに使われる。電子の流れは，最終的には$NADP^+$を還元してNADPHを生成し，H_2Oを酸化してO_2を生み出す。光エネルギーはまた，チラコイド膜を横断する水素イオン駆動力 (6章参照) を生み出すのに使われ，水素イオン駆動力はATP合成に利用される。

一般的な概念

この節では，光合成の基礎を理解するのに必要な基本概念を解説する。これらの概念には，光の性質，色素の性質と，その多様な役割が含まれる。

光の粒子性と波動性

20世紀初期の物理学の成果によると，光は粒子と波動の二つの性質をあわせもつ。波動は，λで表される**波長** (wavelength) と，νで表される**振動数** (frequency) で特徴づけられる (図7.1)。波長は，連続する波の頂上間の距離であり，振動数は，一定の時間間隔で一定の場所を通過する波の頂上の個数を意味する。波長，振動数と波動の進行速度は，以下の簡単な数式で関係づけられる：

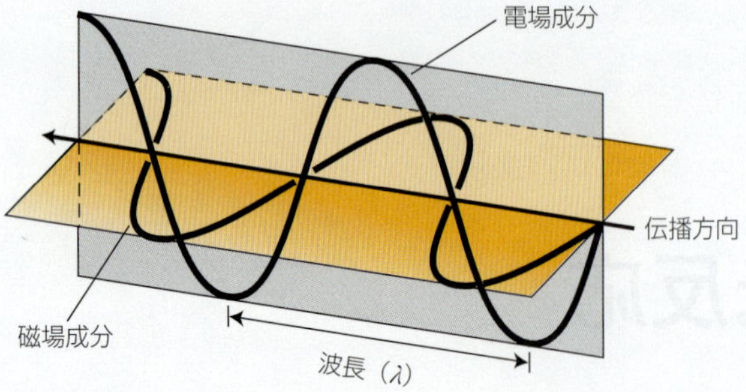

図 7.1　光は，振動する電場と磁場がつくる波動である。電場，磁場の方向はたがいに直行しており，それらは光の進行方向にも直行する横波である。光の進行速度は 3×10^8 m s^{-1} である。波長（λ）とは，連続する波の頂点間の距離である。

$$c = \lambda\nu \quad (7.1)$$

ここで c は波動の進行速度であり，いまの場合は光速（3.0×10^8 m s^{-1}）である。光は横波の電磁波であり，電場と磁場はどちらも波動の進行方向に垂直な方向に振動するとともに，たがいに 90° の方向を向いている。

光は同時に粒子性も兼ね備えている。光の粒子は**光量子**とよばれ，それぞれの光量子はあるエネルギーをもつ。光のエネルギーは連続的ではなく，一つの光量子のエネルギーを単位とした離散的な値となる。光量子のエネルギー（E）は光の振動数に依存し，プランクの法則として知られる次の関係を満たす：

$$E = h\nu \quad (7.2)$$

ここで h はプランク定数（6.626×10^{-34} J s）である。

太陽光はいわばさまざまな振動数をもつ光量子の雨のようなものである。われわれの眼は，太陽光のうちのごく限られた可視光領域（図 7.2）の振動数の光にのみ感度がある。これよりわずかに高い振動数（または短い波長）をもつ光は紫外線に属し，逆により低い振動数（長い波長）をもつ光は赤外線に属する。地表における太陽光のエネルギー密度スペクトルを図 7.3 に示す。図 7.3 の曲線 C は，クロロフィル a の吸収スペクトルであり，植物はおよそこの範囲の光を利用する。ここで**吸収スペクトル**（absorption spectrum，複数形は spectra）とは，試料に含まれる分子，物質が吸収する光のエネルギーの大きさを光の波長の関数として表したものである。ある透明な溶媒中に分散した物質の吸収スペクトルは，図 7.4 に表した分光装置によって測定できる。試料の光吸収を測定する手法である分光測光については，**Web トピック 7.1** に詳しく述べている。

光の吸収，放出と電子状態

クロロフィルが緑色に見えるのは，クロロフィルが主に赤色と青色の波長領域の光を吸収するので，われわれの目に入る反射光は相対的に緑色（～550 nm）の波長の光が多く含まれるからである（図 7.3）。

光の吸収は，式（7.3）によって表される。ここで，Chl はクロロフィル分子が最低エネルギー状態または基底状態とよばれる電子状態にあること，これが $h\nu$ のエネルギーの光量子を吸収することで高エネルギー状態，励起状態とよばれる電子状態 Chl* に遷移することを示している：

$$\text{Chl} + h\nu \longrightarrow \text{Chl}^* \quad (7.3)$$

励起状態の分子中の電子の空間分布は，基底状態の分子とはいくぶん異なっている（図 7.5）。より短波長の青色の光量子は，赤色の光量子より大きなエネルギーをもつ。そのため，青い光の吸収でクロロフィルは赤色の光を吸収するより高いエネルギー状態へと遷移する。このクロロフィルの高い励起状態はきわめて短寿命で，エネルギーをまわりの媒体へ熱として放出し，すぐに最低励起状態へと移る。最低励起状態に

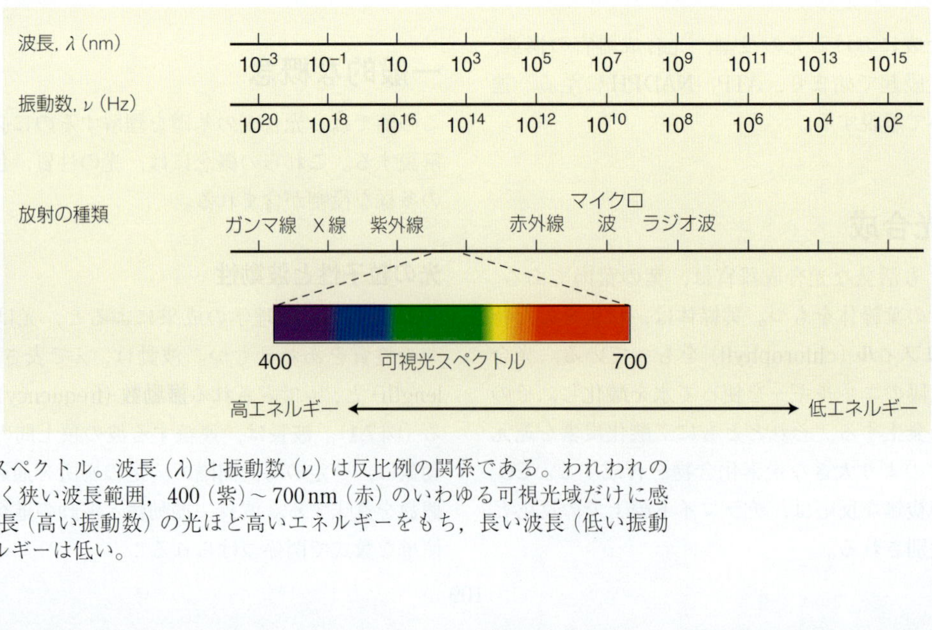

図 7.2　電磁波のスペクトル。波長（λ）と振動数（ν）は反比例の関係である。われわれの眼は，電磁波のごく狭い波長範囲，400（紫）～700 nm（赤）のいわゆる可視光域だけに感度がある。短い波長（高い振動数）の光ほど高いエネルギーをもち，長い波長（低い振動数）の光ほどエネルギーは低い。

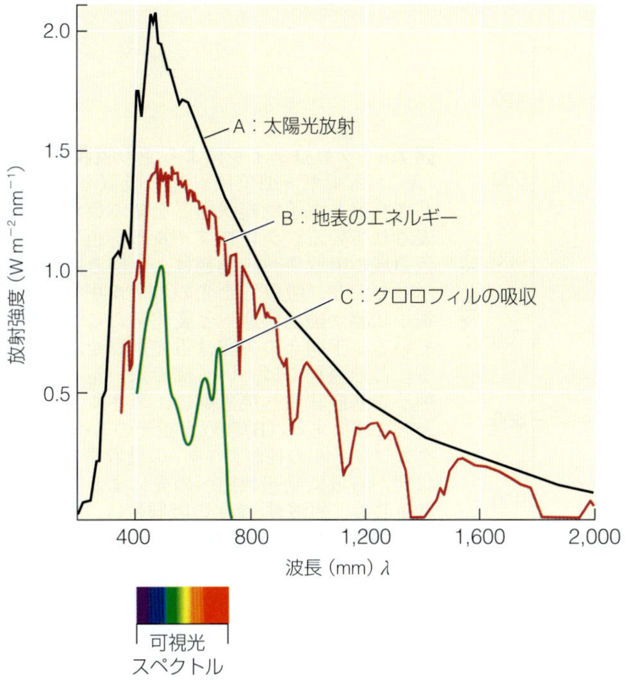

図 7.3 太陽光スペクトルとクロロフィルの吸収との比較。曲線Aは，各波長での太陽光の強度を示す。曲線Bは，地表での太陽光強度であり，地球大気の影響が含まれる。700 nm以上の波長で見られるスペクトルの鋭い谷は，主に水蒸気による吸収の影響である。曲線Cは，クロロフィルの吸収スペクトルであり，青色光（約430 nm）領域と赤色光（660 nm）領域に強い吸収が見られる。可視光領域のうち緑色領域の光は，強い吸収がないので強く散乱され，そのため植物は特有の緑色を呈するようになる。

クロロフィルは，最長数ナノ秒間滞在し，基底状態へと戻る。励起状態はこのように非常に短寿命なので，そのエネルギーを別の形に変換，蓄積する過程はとても高速でなければならない。

最低励起状態のクロロフィルは，次の四つの過程を通してそのエネルギーを放出する。

1. 光量子を放出して，基底状態へと戻る——**蛍光放出**（fluorescence）**過程**。このとき，蛍光の波長は吸収光の波長より少し長い（つまり低エネルギーとなる）。これは，吸収された光量子のエネルギーの一部が熱に変わったためである。クロロフィルは，赤い蛍光を発する。
2. 光ではなく，熱としてエネルギーを放出し基底状態へと戻る。
3. 励起状態のエネルギーを，別のクロロフィル分子に渡す**エネルギー移動**（energy transfer）**過程**により，励起されていたクロロフィルが，もとの基底状態に戻る。
4. 励起状態にあるクロロフィルが，そのエネルギーを利用して化学反応をおこす**光化学**（photochemistry）**過程**。光合成の光化学反応は，現在わかっているもっとも高速な化学反応の一つである。光化学反応がきわめて高速なのは，上にあげた三つの過程よりはやくおこる必要があるからである。

光合成色素は，エネルギー源となる光を吸収する

太陽光のエネルギーはまず，植物の色素で吸収される。光合成に必要な色素はすべて，葉緑体中に見られる。いくつかの光合成色素の分子構造と吸収スペクトルを，図7.6と7.7に示す。光合成生物では，クロロフィルと**バクテリオクロロフィル**（bacteriochlorophyll，バクテリアで見られる色素）が典型的な色素だが，常にほかに何種類かの色素が共存し，それぞれ固有の機能をもつ。

クロロフィル *a* と *b* は，緑色植物で豊富に見られる色素で，クロロフィル *c* と *d* は藻類やシアノバクテリアに見られる。何種類かのバクテリオクロロフィルが見つかっている。もっとも広く見られるのは，*a* 型のものである。**Webトピック7.2**は，いろいろな光合成生物での色素分布を示す。

すべてのクロロフィルは，複雑な環状構造をもち，化学的にはヘモグロビンやシトクロムなどとともに，ポルフィリンのグループに属する（図7.6A）。ほぼすべてのクロロフィルでは，長い炭化水素鎖がこの環状構造に結合している。この鎖により，クロロフィルは疎水環境中で安定に存在できる。環状構造内にはゆるく束縛された電子が存在し，電子遷移や

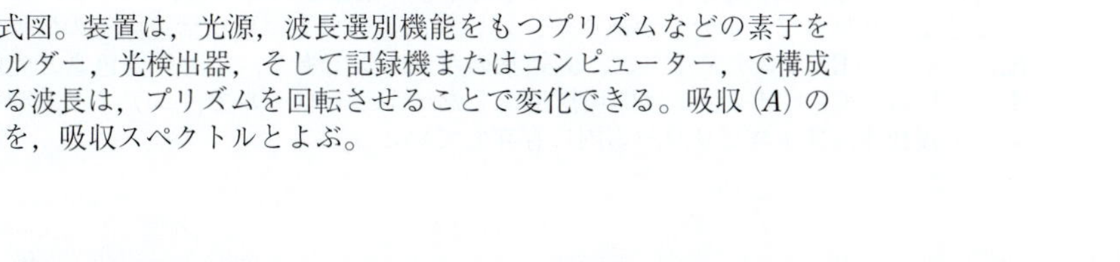

図 7.4 分光光度計の模式図。装置は，光源，波長選別機能をもつプリズムなどの素子を含む分光器，サンプルホルダー，光検出器，そして記録機またはコンピューター，で構成される。分光器の選別する波長は，プリズムを回転させることで変化できる。吸収（*A*）の波長（λ）に対するグラフを，吸収スペクトルとよぶ。

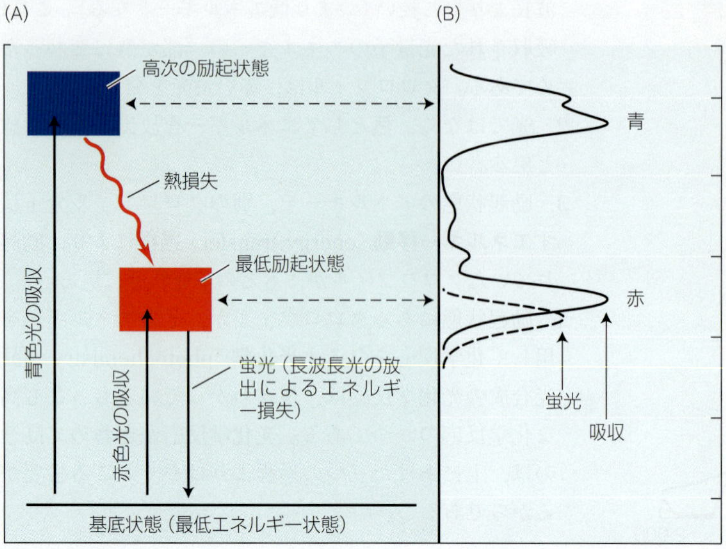

図 7.5　クロロフィルによる光の吸収と発光。(A) エネルギー準位図。光の吸収と放出は，基底状態と電子励起状態とを結ぶ縦の矢印で表されている。クロロフィルの青色領域と赤色領域の吸収帯への励起は，上向きの矢印で示しており，吸収した光のエネルギーを得て電子状態が励起状態へと変化したことを表している。下向きの矢印は蛍光過程を表している。この過程では，いちばん低い電子励起状態から基底状態へ戻る際に，エネルギーを光として放出する。(B) 吸収と蛍光のスペクトル。クロロフィルの長波長（赤）の吸収帯は，基底状態から最低励起状態への光による遷移により生じる。短波長（青）の吸収帯は，より高い励起状態への光による遷移で生じている。

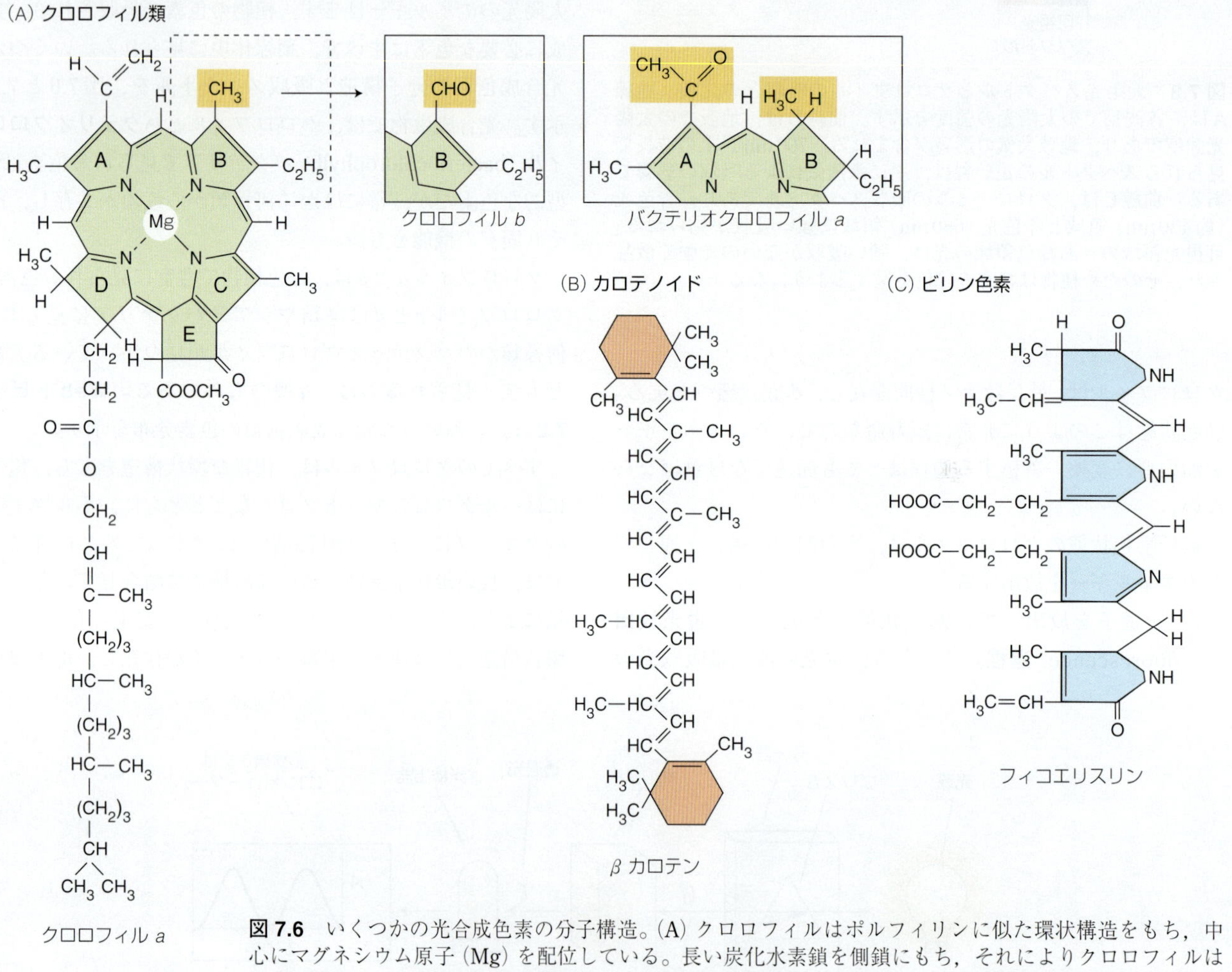

図 7.6　いくつかの光合成色素の分子構造。(A) クロロフィルはポルフィリンに似た環状構造をもち，中心にマグネシウム原子 (Mg) を配位している。長い炭化水素鎖を側鎖にもち，それによりクロロフィルは光合成膜タンパク質内部の疎水性部分に安定に存在できるようになっている。励起されたときに電子配置が変化し，酸化または還元されたときに不対電子が形成されるのは，ポルフィリン環に似た中心部である。さまざまなクロロフィル分子があるが，違いがあるのは主に環状構造周辺の置換基の種類や，二重結合の配置である。(B) カロテノイドは，直鎖状のポリエンであり，アンテナ色素と光障害防御の両方の機能をもっている。(C) ビリン色素は開環構造をしたテトラピロールで，シアノバクテリアや紅藻で見られるアンテナ複合体，フィコビリソーム内に存在している。

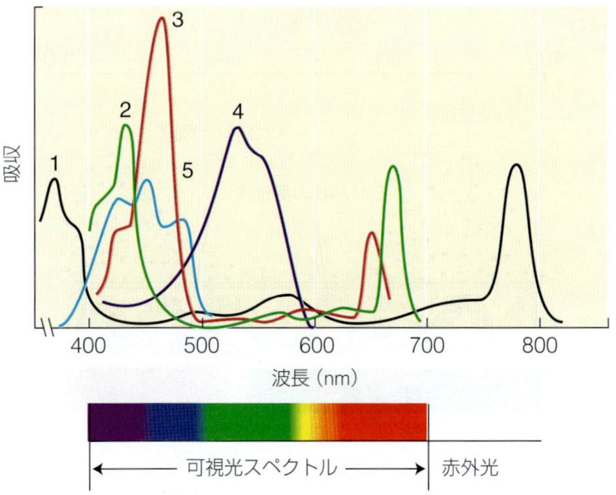

図 7.7　いくつかの光合成色素の吸収スペクトル。曲線 1；バクテリオクロロフィル *a*，曲線 2；クロロフィル *a*，曲線 3；クロロフィル *b*，曲線 4；フィコエリスロビリン，曲線 5；βカロテン。これらのスペクトルは，精製した色素を非極性溶媒中に溶かしたもので得られた。ただし曲線 4 についてのみ，フィコエリスロビリンが共有結合で結合しているシアノバクテリアのタンパク質，フィコエリスリンの水溶液のスペクトルである。生体中でのスペクトルは，多くの場合光合成膜内部の環境が影響して，精製した色素とはかなり異なることが多い。(Avers 1985 より)

酸化還元反応に寄与する。

光合成生物には，何種類かの**カロテノイド** (carotenoid) がある。これらはすべて直鎖状分子で，複数の共役二重結合をもつ (図 7.6B)。400 ～ 500 nm にある吸収帯により，カロテノイドは独特のオレンジ色を呈する。たとえば，ニンジンの色は，βカロテンというカロテノイドによるものである。βカロテンの構造と吸収スペクトルをそれぞれ図 7.6 と 7.7 に示す。

実験室外では生きられない変異体を除いて，カロテノイドはすべての光合成生物に見られる。チラコイド膜の不可欠な構成要素で，通常はアンテナタンパク質や反応中心色素タンパク質に結合している。カロテノイドによって吸収された光エネルギーはクロロフィルに伝達され光合成に利用される。このためカロテノイドは，**補助色素** (accessory pigment) ともよばれる。

光合成を理解する鍵となった実験

光合成全体の反応を表す化学式が明らかになるまでに，数百年の歳月がかかり，その間多くの科学者の寄与があった (光合成研究の歴史に関する参考文献は Web で見られる)。1771 年に Joseph Priestley は，密閉容器内でろうそくを燃やして火がつかなくした後，ハッカの小枝を入れておくと，再びろうそくに火をともすことができることを観測している。彼は植物による酸素発生を発見したのである。オランダ人の Jan Ingenhousz は，1779 年に光合成には光が必要不可欠であることを記述している。ほかの科学者達は，CO_2 と H_2O の役割を明らかにし，有機物，特に炭水化物が酸素とともに光合成の産物であることを明らかにした。19 世紀の終わりには，光合成の化学反応は，

$$6CO_2 + 6H_2O \xrightarrow{\text{光，植物}} C_6H_{12}O_6 + 6O_2 \qquad (7.4)$$

と書かれるようになった。ここで，$C_6H_{12}O_6$ はグルコースのような単純な糖類である。8 章で論じるように，実際にはグルコースは炭酸固定反応の産物ではない。しかし，実際の反応のエネルギー収支は，式 (7.4) で表される反応とほぼ同じである。このことから，式 (7.4) は，正確ではないが便宜状よく使われている。

光合成の化学反応は複雑である。現在，少なくとも 50 の中間反応段階が明らかにされ，今後さらなる反応段階が発見されることは間違いない。光合成の化学反応の本質を明らかにする端緒は，1920 年代の酸素発生をしない光合成細菌の研究で得られた。光合成細菌の研究から，C. B. Van Niel は，光合成は酸化還元反応であることを結論づけた。彼の結論は実証され，その後の光合成研究の基本概念となった。

ここで，光合成活性とその光吸収スペクトルとの関係に話を戻す。以下では，現在の光合成の理解に決定的な寄与をしたいくつかの実験について述べ，光合成の基本的な化学反応式を考える。

光吸収と光合成活性を関係づける作用スペクトル

作用スペクトルの測定は，光合成研究の発展において中心的役割を果たしてきた。**作用スペクトル** (action spectrum) とは，対象とする生体試料の光に対する応答の強さを，照射光の波長の関数として表したものである。光合成の作用スペクトルは，たとえば異なる励起光の波長における酸素発生を測定することで得られる (図 7.8)。作用スペクトルは，ある光によって引きおこされる現象のもとになる色素を同定するのに使われる。

作用スペクトルが初めて測定されたのは，1800 年代末，T. W. Engelmann によってだった (図 7.9)。彼は，プリズムで太陽光を虹色に分散させ，糸状の水棲藻類に照射した。そこへ酸素要求性の細菌を入れる。すると，細菌は糸状藻類の酸素を多く発生する部分に集まっていく。実際に細菌が集まった場所は，青い光と赤い光が当たっている部分だった。これは，クロロフィルが強く吸収する波長に相当する。現代では，作用スペクトルは部屋ぐらいの大きさの巨大な分光装置で得られる単色光を試料に照射して測定することもできる。しかし測定原理は，Engelmann とまったく同じである。

作用スペクトルは，酸素発生をする光合成生物のもつ二つの光化学系の発見に重要な寄与をした。だが，二つの光化学

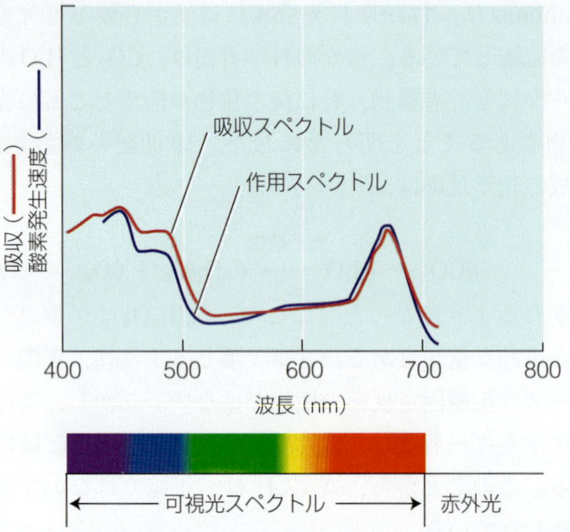

図 7.8 作用スペクトルと吸収スペクトルの比較。吸収スペクトルは，図7.4のような装置により測定された。作用スペクトルは，光に対する応答，たとえば酸素発生量などを励起波長に対してプロットして得られた。もしも，作用スペクトルを測定するときに用いた光に対する応答を引きおこす色素と，吸収スペクトルに寄与する色素が等しければ，作用スペクトルと吸収スペクトルは一致するはずである。ここで示した例では，酸素発生で測定した作用スペクトルと，葉緑体の吸収スペクトルはほぼ重なり合い，クロロフィルによる光吸収が酸素発生を誘起することを示している。両者が一致しないのは，450～550 nmのカロテノイドの吸収帯の部分であり，カロテノイドからクロロフィルへのエネルギー移動はクロロフィル間のものに比べて効率が悪いということを意味している。

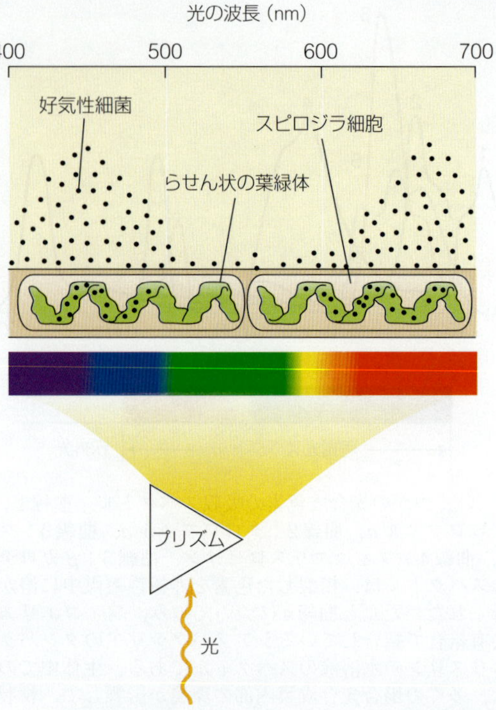

図 7.9 T. W. Engelmannによる作用スペクトル測定の模式図。Engelmannは，糸状緑藻スピロジラのらせん状に並んだ葉緑体を，プリズムを用いて場所ごとに異なる波長の光で照射した。そして，酸素要求性の細菌を添加し，それがどの波長部分に多く集まるかを観察した。こうして得られた作用スペクトルは，補助色素の光吸収が，光合成を駆動するのに寄与していることを初めて示すものであった。

系の説明の前に，光を集めるアンテナ系と，光合成にどれだけのエネルギーが必要かについて議論する必要がある。

光合成活動は光捕集アンテナと光化学反応中心複合体で進む

クロロフィルとカロテノイドに吸収された光エネルギーの一部は，最終的には化学結合を生成し，化学エネルギーとして蓄積される。このエネルギー変換は複雑で，多くの色素分子や電子伝達タンパク質の連携のうえに成り立っている。

色素の大部分は，**アンテナ複合体**（antenna complex）として機能し，光エネルギーを捕獲し**反応中心複合体**（reaction center complex）へと伝達する。そこでは酸化還元反応が誘起され，長寿命のエネルギー蓄積が達成される（図7.10）。いくつかのアンテナ複合体と反応中心複合体の分子構造を本章の後半で説明する。

植物は，アンテナ色素と反応中心色素を分けることで，どのような利益を得るのだろう。非常に明るい太陽光のもとでも，クロロフィル分子は1秒間に数個の光量子しか吸収できない。したがって，もし一つのクロロフィルに一つの反応中心が結合しているなら，反応中心は1秒間に数回しか光吸収で活性化されず，ほとんどの時間をなにもせずに過ごすこととなる。しかし，たくさんの色素が同じ反応中心にエネルギーを伝達すれば，反応中心が光で活性化される頻度は飛躍的に向上する。

1932年Robert EmersonとWilliam Arnoldは，光合成で多くのクロロフィル分子が協同してエネルギー変換をする証拠を初めて示す画期的な実験をした。彼らは，非常に短い（10^{-5} s）閃光を緑藻*Chlorella pyrenoidosa*に照射し，そのときに発生する酸素量を測定した。光パルスは，0.1秒間隔で照射された。閃光の間隔を0.1秒以上にすれば，次のフラッシュがくるまでに，一連の反応過程が終了することを彼らはこの前に確認していた。実験では，閃光強度を徐々に上げ，酸素発生量がそれ以上増加しなくなる強度を求めた。光合成が飽和する光強度である（図7.11）。

光合成が飽和する強度での酸素発生量と閃光エネルギーの関係を求めることで，EmersonとArnoldは1個の酸素分子が発生するのに何分子のクロロフィルが関与するかを見積もった。その結果，驚くべきことに1個の酸素分子の発生には約2,500個のクロロフィルが関与するという値を導き出した。現在われわれは，一つの反応中心には数百個の色素分子が結合しており，一つの反応中心が4回光化学反応を行うことにより一つの酸素分子が発生することを知っている。

EmersonとArnoldによって得られた，1分子の酸素発生に関与するクロロフィルが2,500個という値は，これらの事実とつじつまが合う。

反応中心と大部分のアンテナ複合体は光合成膜の必要不可欠な要素である。真核光合成生物では，光合成膜は葉緑体中にある。原核光合成生物では，光合成は細胞膜かそこから派生した膜構造中で進行する。

図7.11のグラフから，光合成の光反応の，別の重要な量，量子効率を計算することができる。光合成の**量子収率**（quantum yield）は，

$$\phi = \frac{\text{光化学反応産物の数}}{\text{吸収された全光量子数}} \qquad (7.5)$$

と定義される。線形領域（弱光条件下）では，光量子数が増加すると酸素発生量も比例して増加する。つまり図7.11のグラフの傾きが，酸素発生の量子収率の目安となる。ある過程の量子収率は，0（光にまったく応答しない）～1（吸収された光量子のすべてがその過程に利用される）の間の値をとる。量子収率のより詳しい説明は，**Webトピック7.3**にある。

活性な葉緑体では，弱光下での量子収率は約0.95，蛍光の量子収率は約0.05，残りの過程の量子収率はほとんど0である。励起されたクロロフィル分子のほとんどが，光化学過程を引きおこす。

光合成の化学反応は光で誘起される

式（7.4）で表される化学反応で重要なのは，この反応の平衡が反応物側に大きく偏っていることである。式（7.4）の反応の平衡定数は，各化合物を生成するのに必要な自由エネルギー値から計算できて，およそ10^{-500}と見積もられる。この値は，H_2OとCO_2からのグルコースの自発的生成は，宇宙の年齢ほどの時間がたっても達成されず，外部からのエネルギー入力が必要であることを意味している。この光合成を駆動するのに必要なエネルギーは光で供給される。式（7.4）をより簡単に表すと，

$$CO_2 + H_2O \xrightarrow{\text{光，植物}} (CH_2O) + O_2 \qquad (7.6)$$

となる。ここで（CH_2O）はグルコース分子の6分の1である。式（7.6）の反応には，9～10個の光量子が必要となる。

光化学反応の量子収率は，最適条件下ではほぼ100％だが，光エネルギーの化学エネルギーへの‘変換効率’は，ずっと小さな値となる。波長680 nmの赤色光の吸収を想定すると，エネルギー入力（式（7.2））は，1モルの酸素発生あたり1,760 kJとなる。このエネルギーは，式（7.6）の反応の駆動に必要なエネルギーである標準状態の自由エネルギー変化（$+467\ \mathrm{kJ\ mol^{-1}}$）と比べて大きい。このように光エネルギーの化学エネルギーへの変換効率は，最適波長で約27％程度である。この値は，エネルギー変換システムとしては際立って高い。こうして蓄えられるエネルギーの大半は，細胞の維持に利用され，生物体量となるのはわずかである（図9.2）。

光化学反応の量子効率（量子収率）がほぼ1（100％）であるということと，エネルギー変換効率が27％しかないということは，なんら矛盾しない。‘量子効率’とは，吸収された光量子中で光化学過程に利用されたものの割合を示す。一方‘エネルギー効率’とは，吸収された光量子のエネルギーのうち化学エネルギーとして蓄えられたエネルギーの割合を

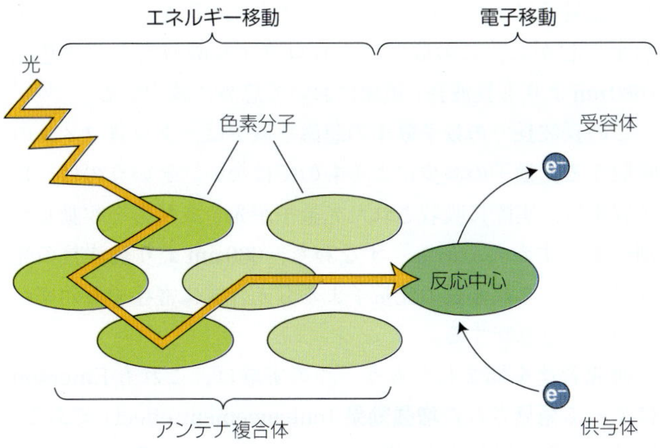

図7.10 光合成におけるエネルギー移動の原理。多くの色素はアンテナとして働き，捕集した光エネルギーを反応中心へと受け渡す。反応中心では集められた光エネルギーの一部を，電子受容体への電子移動を介して化学的なエネルギーへと変換する。電子供与体はクロロフィルを再還元する。アンテナでのエネルギー移動は，純粋に物理的な過程であり，化学変化は含まれない。

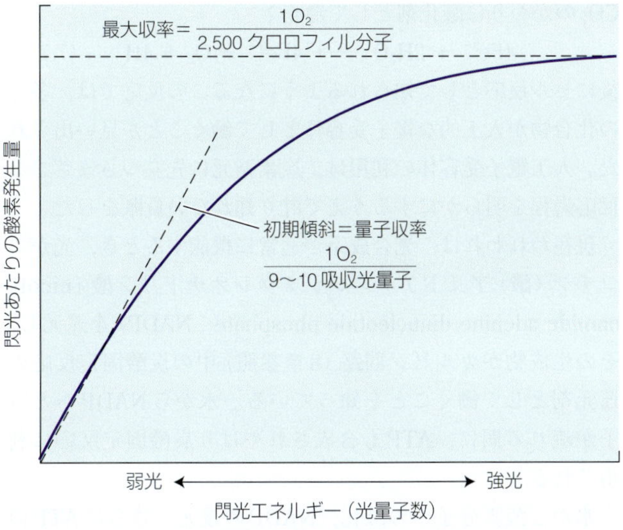

図7.11 酸素発生量と閃光強度との関係。この測定により，初めてアンテナ色素と反応中心との相互作用を示す証拠が示された。飽和する閃光強度では，一つの酸素分子を発生するのに，約2,500個のクロロフィル分子の励起が必要である。

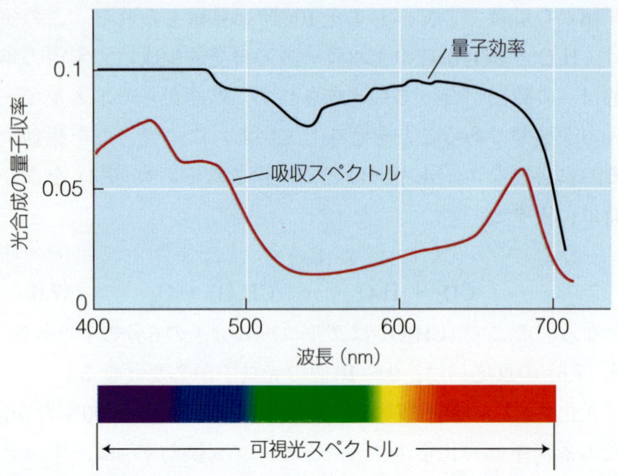

図 7.12　赤色低下効果。光合成の量子効率（黒の曲線）は，680 nm 以上の長波長側で，顕著な減少を示す。このことは，680 nm 以上の光だけでは，光合成を駆動するのに十分ではないことを示唆する。500 nm でのわずかな減少は，補助色素であるカロテノイドの光吸収でおこる光合成効率が若干低いことを反映している。

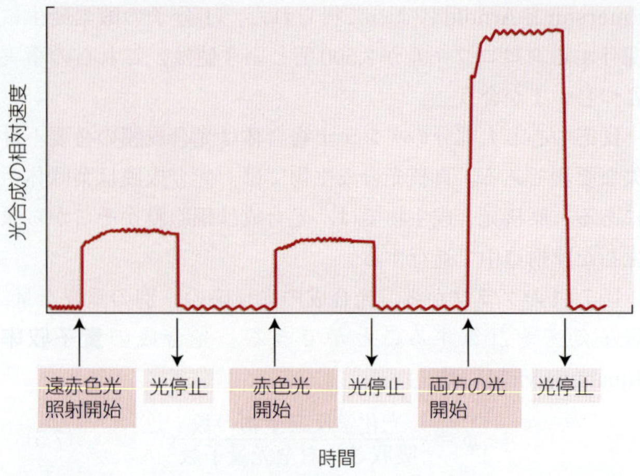

図 7.13　増強効果。光合成効率は，赤色光と遠赤色光を同時に照射する場合，それぞれの光を独立に照射したときの効率を足し合わせたものよりも大きくなる。増強効果の発見は，吸収波長の若干異なる二つの光化学系が連結して光合成が駆動されることを，強く示唆する証拠となった。

示す。上の値は，吸収された光量子はほぼすべて光化学過程に利用され，その光量子一つひとつのエネルギーの4分の1のみが実際に蓄積されることを意味する。残りのエネルギーは熱として放出される。

光は NADP の還元と ATP の合成を駆動する

光合成の全体過程は，酸化還元反応として理解できる。ある化合物から電子が引き抜かれて化合物を酸化し，別の化合物へと電子を渡し還元する。1937 年 Robert Hill は，単離した葉緑体チラコイドを光照射下におくと，鉄塩などさまざまな化合物が還元されることを見い出した。これらの化合物は，CO_2 のかわりに酸化剤として働く：

$$4Fe^{3+} + 2H_2O \longrightarrow 4Fe^{2+} + O_2 + 4H^+ \quad (7.7)$$

後にヒル反応として知られるようになるこの反応では，多くの化合物が人工的な電子受容体として働くことが見い出された。人工電子受容体の利用は，炭素還元に先立つさまざまな反応過程を明らかにするうえで計り知れない貢献をした。

現在われわれは，光合成系が通常に機能するとき，光がニコチン（酸）アミドアデニンジヌクレオチドリン酸（nicotinamide adenine dinucleotide phosphate：NADP）を還元し，その生成物がカルビン回路（8 章参照）中の炭酸固定反応の還元剤として働くことを知っている。水から NADP へと電子が流れる間に，ATP も合成されやはり炭酸固定反応に利用される。

水から酸素分子への酸化，NADP の還元，さらに ATP の合成，という化学反応はほとんどすべてチラコイド膜内でおこり，そのため‘チラコイド反応’とよばれる。一方，炭素の固定と還元反応は，葉緑体の水溶液領域，ストロマで進行するので，‘ストロマ反応’とよばれる。こうした区別はやや任意性はあるが，有用である。

酸素発生をする光合成生物には二つの光化学系があり，直列に働いている

1950 年代末ころまでには，いくつかの実験結果が光合成を研究していた科学者達を悩ましていた。一つは，Emerson らによる実験で，光合成の量子収率を励起波長の関数として測定し，赤色低下（red drop）とよばれる現象（図 7.12）を明らかにしていた。

クロロフィルが光を吸収する波長域では，ほぼ一定の量子収率が得られる。これは，クロロフィルや他の色素に吸収された光量子によりどれも効率的に光合成が駆動されることを示す。しかし，この収率はクロロフィル吸収帯の遠赤色光（680 nm よりも長波長）領域において急激に減少する。

この長波長での量子効率の急激な減少は，クロロフィルの吸収する光量子の減少によるものではない。というのは，量子収率は，実際に吸収された光量子が光合成反応を駆動した割合を示すからである。すなわち，680 nm より長波長の光量子は，より短波長の光量子よりも光合成に寄与する効率が低いことを意味する。

研究者達を悩ましたもう一つの実験は，これも Emerson によって発見された**増強効果**（enhancement effect）である。彼は，二色の励起光を同時に照射した場合と，それぞれの光を独立に照射した場合の光合成の効率を比較した（図 7.13）。赤色光と，遠赤色光を同時に照射すると，光合成効率はそれぞれの光を独立に照射した際の効率を足したよりも，さらに大きくなった。これは衝撃的かつ驚くべき発見だった。

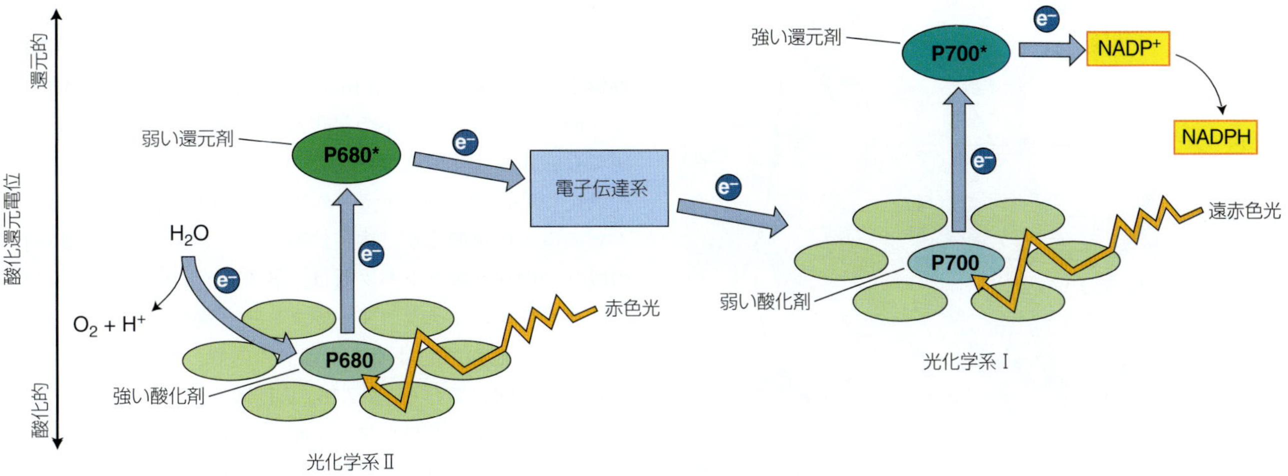

図 7.14 光合成Zスキーム。赤色光は光化学系II（PSII）を励起し，強い酸化力と弱い還元力を生み出す。遠赤色光は光化学系I（PSI）に吸収され，弱い酸化力と強い還元力を生み出す。PSIIで生成する強い酸化力は水を酸化し，PSIによる強い還元力は$NADP^+$を還元する。このスキームは，光合成の電子移動を理解するための基礎となる。P680とP700というよび方はそれぞれ，PSIIとPSIの反応中心クロロフィルの吸収ピーク波長からきている。

これらの観測結果は，1960年代に入って行われた実験でようやく説明された（**Webトピック7.4**）。これらの実験が，現在**光化学系**（photosystem）**I**と**II**（**PSI**と**PSII**）とよばれる二つの光化学系複合体の発見へとつながった。二つの光化学系は，光エネルギー変換の初期過程で直列に働く。

光化学系Iは，680 nmより長波長の光を優先的に吸収する。光化学系IIは680 nmの赤色光を吸収し，より長波長の光ではほとんど駆動されない。この波長依存性が，増強効果と赤色低下の原因であった。ほかにも，二つの光化学系には以下のような違いがある。

- 光化学系Iは強い還元力を生じ，$NADP^+$を還元する。酸化力は弱い。
- 光化学系IIは非常に強い酸化力を生み出し，水を酸化する。還元力は，光化学系Iよりも弱い。

光化学系IIで生成された還元物は，光化学系Iで生成された酸化物を再還元する。このような二つの光化学系の性質は，図7.14に模式的に表されている。

図7.14に示された光合成の反応模式図は，‘Zスキーム’とよばれ，酸素発生型の光合成生物の機構を理解する基礎となっている。物理的，化学的に異なる二つの光化学系は，各々固有のアンテナ色素と光化学反応中心をもっており，各々の働きをZスキームは説明している。二つの光化学系は，電子伝達鎖で連結されている。

光合成分子装置の組織化

前節では，光合成を理解するうえで基礎となる物理的原理を説明するとともに，さまざまな色素の役割，光合成生物中で行われる化学反応についても説明した。ここでは，光合成をつかさどる分子器官の構築や，個々の要素の構造に目を向ける。

光合成が実際に行われる場所，葉緑体

真核生物の光合成は，葉緑体として知られる細胞内の小器官内で行われる。図7.15は，エンドウの葉緑体切片の，透過型電子顕微鏡像である。葉緑体の構造中でもっとも目立つのは，**チラコイド**（thylakoid）とよばれる内膜構造の発達である。すべてのクロロフィルはこの膜中に存在し，光合成の光反応もここで行われる。

炭素還元反応は，水溶性の酵素で触媒され，**ストロマ**（stroma，複数形はstromata）とよばれるチラコイド外側の葉緑体内の水溶液中で行われる。チラコイド膜の大部分は，たがいに密着した積層構造をしている。このような膜が積み重なった構造を**グラナラメラ**（grana lamella，複数形はgrana lamellae）とよび，積層していないストロマにむき出しの膜構造を**ストロマラメラ**（stroma lamella）とよんでいる。

葉緑体自体は，2枚の独立した脂質二重膜に包まれ，この膜は**包膜**（envelope）とよばれる（図7.16）。これらの膜中には，代謝に必要なさまざまな輸送システムが含まれる。葉緑体はまた，独自のDNA，RNAとリボソームをもつ。多くの葉緑体タンパク質は，葉緑体内での転写，翻訳の産物だが，それ以外のタンパク質は核のDNAにコードされ細胞質リボソームで合成される。このような，核DNAと葉緑体DNAの分業は数多く，複数のサブユニットからなる一つの酵素複合

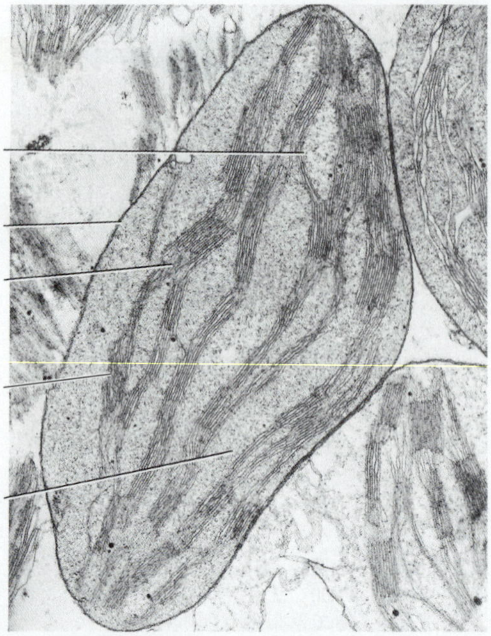

図 7.15 エンドウ（*Pisum sativum*）の葉緑体の透過型電子顕微鏡像。超ミクロトームを用いて，プラスチック樹脂上にグルタルアルデヒドと OsO_4 により固定化したもの（14,500 ×）。（J. Swafford の好意による）

体内でも見られる。これについては，本章で後に詳しく説明する。葉緑体の動的な構造については，**Webエッセイ 7.1** に載せている。

内在性膜タンパク質を含むチラコイド

光合成に必須の多様なタンパク質が，チラコイド膜に埋め込まれている。多くの場合，これらのタンパク質の一部は，チラコイド膜表面から水中へと突き出している。これらの**内在性膜タンパク質**（integral membrane protein）は，疎水性アミノ酸を多くもち，膜中の炭化水素部分に囲まれた領域で安定に存在する（図 1.5A）。

反応中心，アンテナ色素–タンパク質複合体，そしてほとんどの電子伝達酵素が，内在性膜タンパク質である。葉緑体の既知の内在性膜タンパク質は，各々固有の向きで膜中に埋め込まれている。チラコイド膜タンパク質の一方はストロマ側を向き，他の方向はチラコイドの内側，‘ルーメン’とよばれる側を向いている（図 7.16，7.17）。

チラコイド中のクロロフィルや，光捕集系の補助色素とタンパク質とは，共有結合ではないが，常に特定の結合様式で結びつけられている。アンテナ複合体中でのエネルギー移動や，反応中心複合体中での電子移動が効率よく進み，むだな過程がなるべくおこらないように，アンテナ色素や反応中心クロロフィルを結合したタンパク質の配置は，チラコイド膜内で最適化されている。

光化学系 I，II はチラコイド膜上で空間的に分離されている

光化学系 II（photosystem II：PSII）反応中心は，そのアンテナクロロフィルと電子伝達タンパク質とともに，主にグラナ部分に存在する（図 7.18）（Allen and Forsberg 2001）。光化学系 I（photosystem I：PSI）反応中心のアンテナ色素および電子伝達タンパク質は，ATP 合成を触媒する酵素とともに，ストロマラメラ部分あるいはグラナラメラの縁にある。二つ

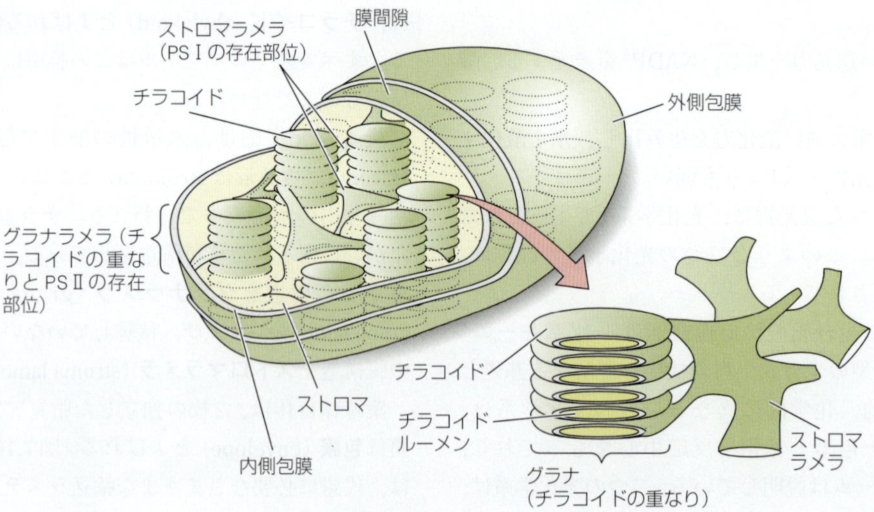

図 7.16 葉緑体の膜構造の概観図。高等植物の葉緑体は，内側と外側の 2 枚の膜（包膜）によって包まれている。内側包膜とチラコイド膜の間の空間は，ストロマとよばれる。炭酸固定に関わる酵素や，他の生合成をつかさどるタンパク質がここに含まれる。チラコイド膜は，高度に折りたたまれた構造をしており，積み重なった硬貨のような図で表されることも多い。実際には，厳密に内側と外側のある，一枚から数枚の袋状をしている。チラコイド内側の空間は，ルーメンとよばれる。（Becker 1986）

の反応中心間の電子伝達を仲介するシトクロム b_6f 複合体（図7.21）は，ストロマラメラとグラナラメラの両方に均等に分布している。

このように，酸素発生型光合成の二つの光化学過程は，空間的に離れた領域で進む。これは，二つの光化学系をつなぐ電子伝達体が少なくとも一つ，グラナ領域からストロマ領域へと拡散して，PSIへ電子を運ぶことを示唆している。

PSIIでは，二つの水分子の酸化で四つの電子と四つの水素イオン，一つの酸素分子が生成する（式（7.8））。水の酸化で生成した水素イオンも，ATP合成で消費されるためにストロマ領域へと拡散する必要がある。このようなPSIとPSIIの（数十ナノメートルにも達する）大きな空間的分離の意味は，完全には明らかではない。二つの光化学系間のエネルギー分配の効率を上げていると考えられている（Trissl and Wilhelm 1993；Allen and Forsberg 2001）。

PSIとPSIIの空間分離は，二つの光化学系が化学量論的に1：1で存在する必要がないことを示している。PSII反応中心は，還元された生成物を膜内在性の電子担体（プラストキノン，plastoquinone）として，二つの反応中心に共通の中間的な貯蔵プールに蓄える。これについては，本章で後に詳しく説明する。PSI反応中心は，共通の貯蔵プールから還元型生成物を受け取り，PSII反応中心からは直接受け取らない。

PSIとIIの相対量を測定した多くの実験から，葉緑体中にはPSIIの方が多いことが示されている。通常，PSIIとIの量比は1.5：1程度だが，生育の光条件を変えると変わる。

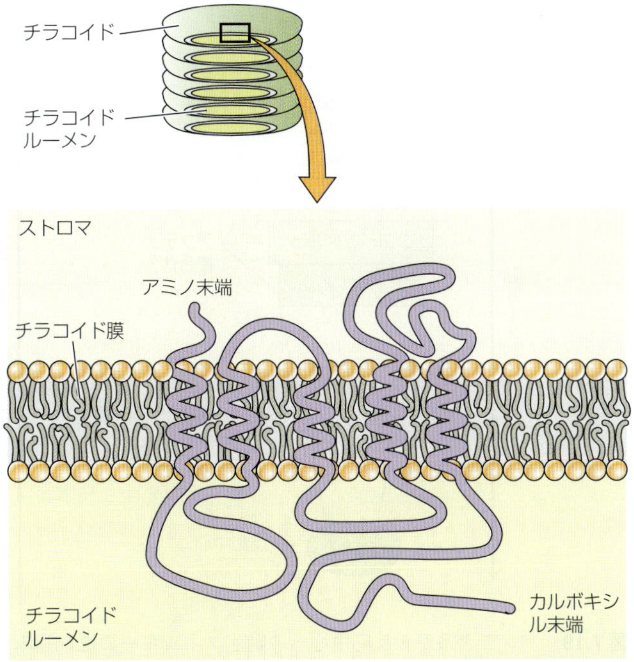

図 7.17　PSII反応中心のD1タンパク質の予想される折りたたみパターン。ポリペプチド鎖の疎水的アミノ酸を多く含む部分が，疎水的な膜内部を5回貫通している。タンパク質は，チラコイド膜に非対称的に埋め込まれており，常にアミノ（NH_2）末端がストロマ側に，カルボキシル（COOH）末端がルーメン側にくるようになっている。（Trebst 1986）

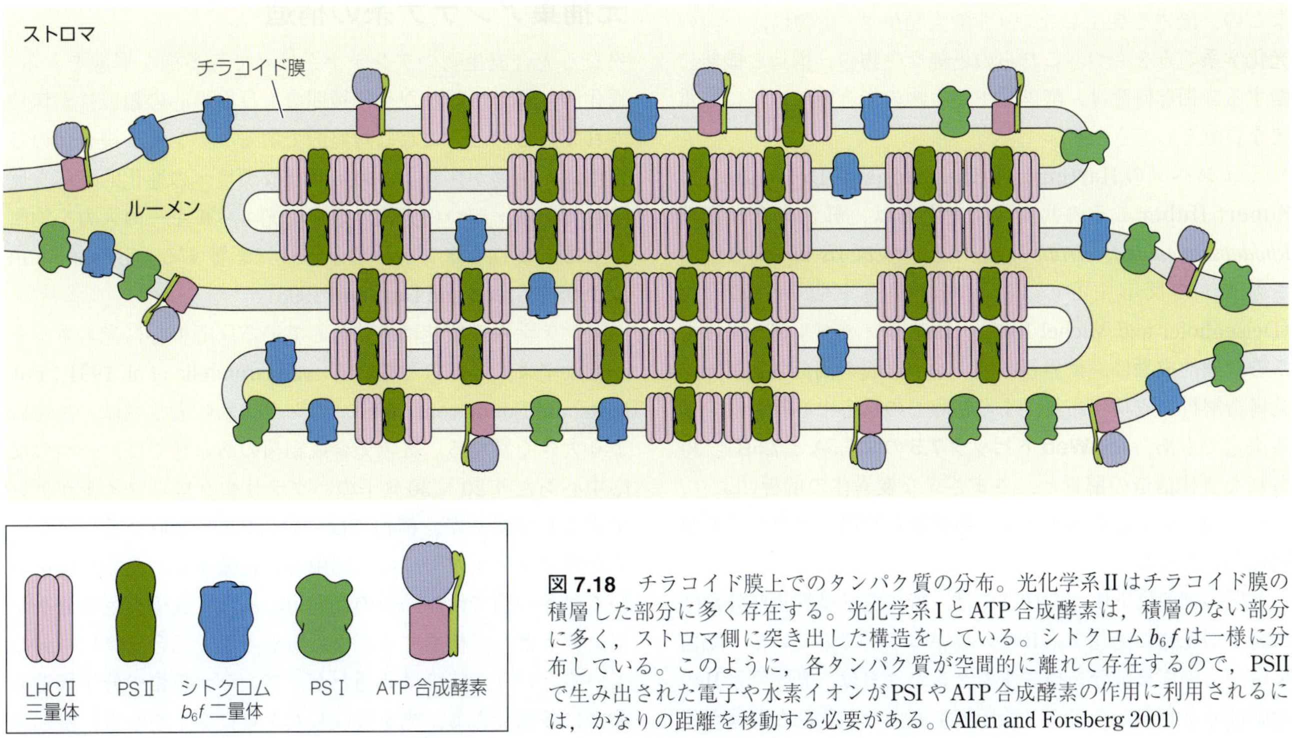

図 7.18　チラコイド膜上でのタンパク質の分布。光化学系IIはチラコイド膜の積層した部分に多く存在する。光化学系IとATP合成酵素は，積層のない部分に多く，ストロマ側に突き出した構造をしている。シトクロム b_6f は一様に分布している。このように，各タンパク質が空間的に離れて存在するので，PSIIで生み出された電子や水素イオンがPSIやATP合成酵素の作用に利用されるには，かなりの距離を移動する必要がある。（Allen and Forsberg 2001）

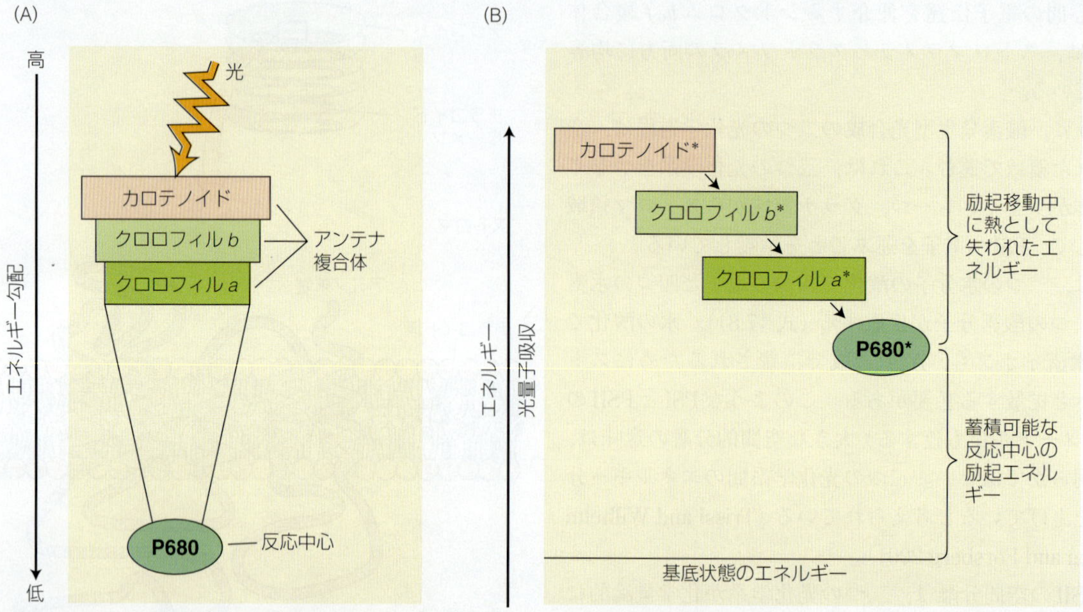

図 7.19 アンテナ系から反応中心への励起エネルギーの流れ込み。(A) 反応中心からの距離が遠くなるほど，色素の励起エネルギーは高くなる。すなわち，反応中心に近い色素は，遠くにあるものよりも低い励起エネルギーをもつ。このように，アンテナ色素の配置にエネルギー的な勾配があるため，反応中心へと向かうエネルギー移動は自発的に進行するが，逆に反応中心から遠ざかるエネルギー移動は，熱エネルギーの入力がないと進行しないようになっている。(B) この過程でエネルギーの一部は熱として失われるが，理想的な条件では，アンテナ複合体で吸収された光エネルギーはほぼ100％反応中心に運ばれる。＊は，励起状態を示す。

光化学系IIに似た反応中心をもつ非酸素発生型細菌

*Rhodobacter*や*Rhodopseudomonas*属のような紅色光合成細菌などの，酸素を発生しない（非酸素発生型）生物は，一つの光化学系のみをもつ。これらの単純な生物の，構造と機能に関する詳細な研究は，酸素発生型生物の光合成の理解にも重要な貢献をしてきた。

ミュンヘンのHartmut Michel，Johann Deisenhofer，Robert Huberとその共同研究者たちは，紅色光合成細菌*Rhodopseudomonas viridis*（現在は*Blastochloris viridis*と改名された）の反応中心の3次元立体構造を明らかにした（Deisenhofer and Michel 1989）。1988年ノーベル賞を受けたこの画期的成果は，世界初の膜タンパク質の高分解能X線結晶構造解析の成功であり，また初めての反応中心複合体の構造決定でもあった（**Webトピック7.5**の図7.5Aと7.5B）。得られた立体構造の解析と，さまざまな変異体の解析により，すべての反応中心のエネルギー蓄積過程で働くメカニズムが明らかとなった。

上記の細菌反応中心の構造では，特に電子受容体部分が酸素発生型生物の光化学系IIといろいろな面で似ている。細菌反応中心の中核部分を構成するタンパク質は，光化学系IIの対応部分と類似したアミノ酸配列をもち，進化的な関連が示唆されている。

光捕集アンテナ系の構造

異なる光合成生物のアンテナ系はとても多様な形態をとる。進化的に非常に離れた生物種間でも反応中心の類似性が保持されているのと，これは対照的である。アンテナ複合体の多様性は，生物が住むきわめて多様な環境への進化的適応を反映している。二つの光化学系への光エネルギーの入力を均衡させる必要性もアンテナの多様性に影響する（Grossman et al. 1995；Green and Durnford 1996）。

アンテナ系の機能は，結合している反応中心に光エネルギーを効率よく運ぶことである（van Grondelle et al. 1994；Pullerits and Sundstrom 1996）。アンテナ系の大きさは，生物により大きく異なる。紅色光合成細菌のある種では，一つの反応中心あたり20～30分子のバクテリオクロロフィルがアンテナとして働くが，植物では一般に200～300分子のアンテナクロロフィルが一つの反応中心に付随する。藻類や細菌のいくつかの種では，一つの反応中心あたり数千の色素分子がアンテナとして機能する。なんらかの形で光合成膜に結合しているという意味では共通だが，アンテナ色素の分子構造も非常に多様である。光を吸収したクロロフィルから，励起エネルギーが反応中心へと渡される物理的機構は，いわゆる**共鳴励起移動**（resonance transfer）という機構と考えられる。励起エネルギーは，この機構により一つの分子から別の分子へ光量子の輻射を伴わずに移動する。

共鳴励起移動のたとえとして，二つの音叉間でのエネルギーの受け渡し現象を考えることができる。一つの音叉が鳴っているときに，もう一つの音叉を近くにおくと，その音叉もエネルギーを受けて振動しはじめる。アンテナ複合体での共鳴励起移動と同様に，音叉間のエネルギー伝達の効率は距離や相対的な向きと振動数に依存する。

アンテナ複合体内でのエネルギー移動は，非常に高効率でおこる。アンテナ色素で吸収された光量子のおよそ95～99％が，励起エネルギーとして反応中心へと移動し光化学反応に利用される。ここで，アンテナ色素間でおこるエネルギー移動と，反応中心でおこる電子移動との間には，重要な違いがあることを指摘しておく。エネルギー移動は純粋に物理的な過程であるのに対し，電子移動は分子構造の変化を伴う化学的な過程である。

反応中心へとエネルギーを流し込むアンテナ

アンテナ系内の一連の色素は，反応中心へとエネルギーを流し込むように，吸収スペクトルのピーク波長が反応中心に近いほど長波長になるように配置されている（図7.19）。つまり，反応中心に近いアンテナ色素は，遠いものより低エネルギーの励起状態をもつ。この並びかたの結果，たとえば650 nmに吸収波長をもつクロロフィル*b*から670 nmに吸収をもつクロロフィル*a*に励起移動がおこる際には，両分子の励起エネルギー差が熱としてまわりの媒質に散逸することになる。

クロロフィル*b*へ励起エネルギーが戻る場合には，励起状態間のエネルギー差を埋め合わせるために媒質からのエネルギー供給が必要となる。したがって，媒質からの熱エネルギーの供給が必要な分だけ，逆向きの励起移動がおこる確率は小さくなる。この効果により，アンテナによるエネルギー捕集過程に方向性，不可逆性が生まれ，反応中心への励起エネルギー移動は非常に効率的になる。本質的には，系は各光量子のエネルギーの一部を熱として犠牲にするかわりに，吸収されたすべての光量子が反応中心励起に寄与するようにしている。

多くのアンテナ複合体に見られる共通の構造モチーフ

クロロフィル*a*とクロロフィル*b*をもつすべての真核光合成生物で，もっとも豊富に存在するアンテナタンパク質は，構造の類似したタンパク質群を形成している。これらのタンパク質のいくつかは，光化学系IIに優先的に結合しており，**light-harvesting complex II**（**LHCII**）とよばれる。光化学

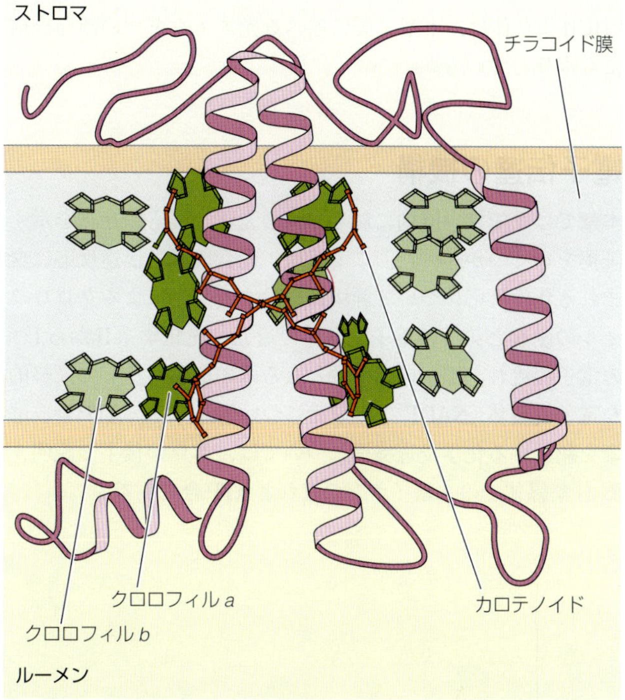

図7.20　高等植物のアンテナ複合体，LHCIIを膜の横側から見た構造。この構造は，電子顕微鏡と電子線結晶構造解析法により決定された。X線結晶構造解析と同様に，電子線結晶構造解析では低エネルギー電子線の回折パターンを用いて巨大分子の構造を明らかにする。このアンテナ複合体は，膜貫通型の色素タンパク質であり，膜の非極性部分を貫通する三つのヘリックス領域をもつ。クロロフィル*a*と*b*が合わせて約15分子結合しており，その他にもいくつかのカロテノイドが含まれる。いくつかのクロロフィルの場所が示されている。二つのカロテノイドは，複合体の中心あたりで交差している。膜中では，この複合体は三量体を形成し，PSIIの周辺に凝集している。（Kühlbrandt et al. 1994）

系Iに結合するものは，‘LHCI’とよばれる。これらのアンテナ複合体は，**クロロフィル*a/b*アンテナタンパク質**（chlorophyll *a/b* antenna protein）として知られている（Paulsen 1995；Green and Durnford 1996）。

いくつかあるLHCIIのうち一つについては，電子顕微鏡と電子線結晶構造解析の手法で，構造が決定されている（図7.20）（Kühlbrandt et al. 1994）。このタンパク質は，三つのαヘリックス領域を含み，15分子のクロロフィル*a*，*b*，数分子のカロテノイドを結合している。これらの分子のうちいくつかが，決定された構造内に観測される。LHCIタンパク質の構造はまだ決定されていないが，おそらくLHCIIと似た構造と考えられる。これらのタンパク質はすべてアミノ酸配列に顕著な相同性があり，ほぼ確実に一つの共通の祖先型タンパク質から進化してきたと考えられる（Grossman et al. 1995；Green and Durnford 1996）。

LHCタンパク質内でカロテノイドやクロロフィル*b*に吸収された光は，すみやかにクロロフィル*a*に伝達され，さらに

反応中心近傍にある別のアンテナ色素へと伝達される。LHCII複合体は，本章で後に述べる光エネルギーの調節機構にも寄与している。

電子伝達の機構

本章ではすでに，直列に働く二つの光化学反応の存在を示す証拠をいくつか述べた。ここでは，光合成電子伝達反応に含まれる化学反応について詳細に議論する。光によるクロロフィルの励起と第一の電子受容体の還元，光化学系IIからIへの電子の流れ，電子の供給源となる水の酸化，そして最終的な電子受容体（$NADP^+$）の還元について述べる。ATP合成酵素を駆動する化学浸透機構については，本章の後半で説明する（「葉緑体での水素イオンの流れとATP合成」参照）。

クロロフィルから一連の電子担体を経由しての電子伝達と「Zスキーム」

図7.21は，現在確認されている電子伝達経路を示すZスキームである。水から$NADP^+$に至るまでの，既知のすべての電子担体が描かれ，縦軸は個々の電子担体の酸化還元電位を表している（詳細は**Webトピック7.6**参照）。直接電子を受け渡す構成成分間は，矢印でつながれている。このように，Zスキームは，反応動力学と熱力学的な情報の両方を含んでいる。縦軸方向の太い矢印は，系への光エネルギー入力を表す。

光量子は，反応中心内の特殊なクロロフィル（PSIIではP680，PSIではP700）を励起し，電子を放出させる。電子は一連の電子担体を経由して，最終的に（PSIIから出た電子は）

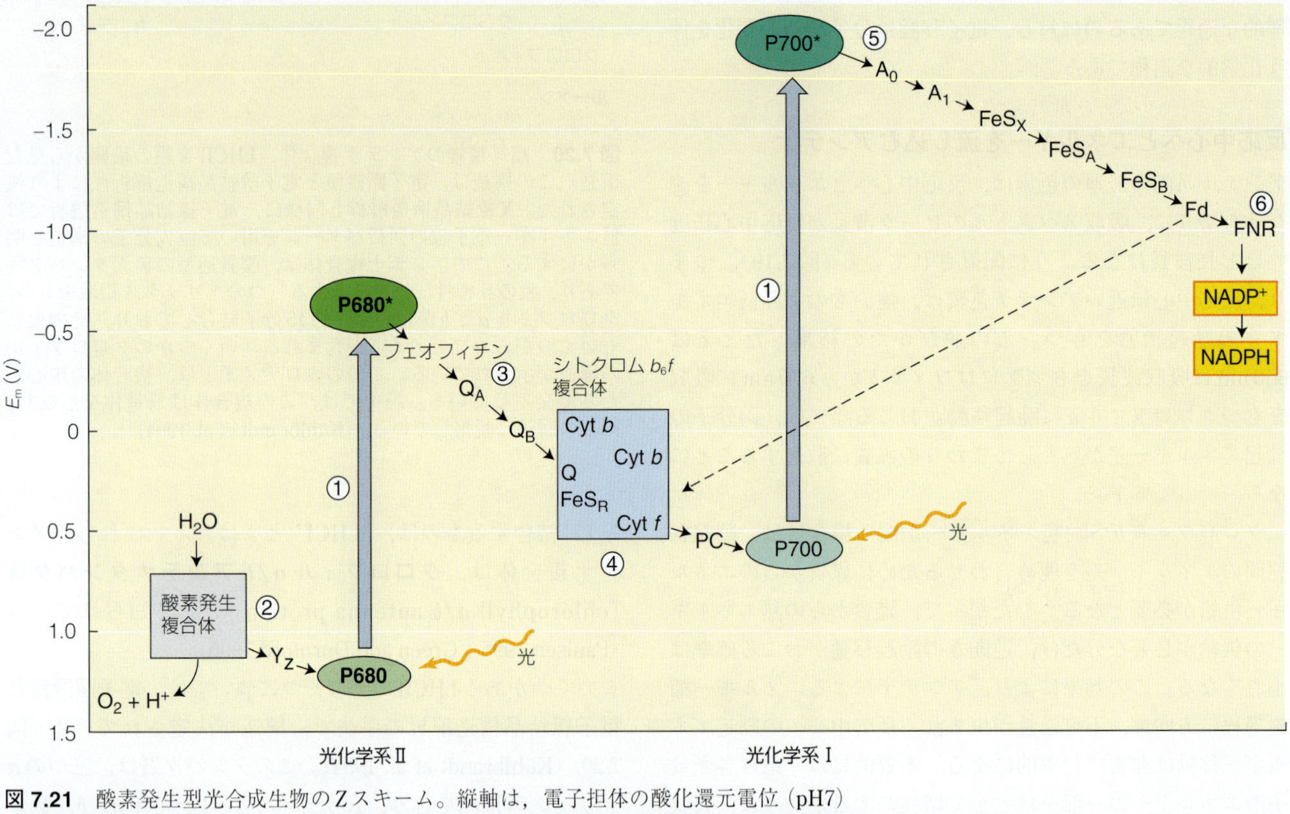

図7.21 酸素発生型光合成生物のZスキーム。縦軸は，電子担体の酸化還元電位（pH7）を表す。①垂直の矢印は，反応中心クロロフィルによる光量子の吸収を示す。P680が光化学系II（PSII），P700が光化学系I（PSI）の反応中心である。励起されたPSII反応中心クロロフィル，P680*は，フェオフィチン（Pheo）に電子を渡す。②PSIIの酸化側（P680とP680*を結ぶ矢印の左側）では，水の酸化により電子を受け取ったY_Zが，光により酸化されたP680を再還元する。③PSIIの還元側（P680とP680*を結ぶ矢印の右側）では，フェオフィチンが電子受容体プラストキノン，Q_A，Q_Bへと電子を伝達する。④シトクロムb_6f複合体は，水溶性タンパク質プラストシアニン（PC）へ電子を渡し，プラストシアニンが$P700^+$（酸化されたP700）を還元する。⑤P700*からの最初の電子受容体（A_0）は，クロロフィルであり，その次はキノン（A_1）である。膜に結合した鉄-硫黄タンパク質（FeS_X，FeS_AとFeS_B）を介して，電子は水溶性のフェレドキシン（Fd）に渡される。⑥水溶性のフラビンタンパク質，フェレドキシン-NADP/酸化還元酵素（FNR）が$NADP^+$を還元し，CO_2を還元するカルビン回路に利用されるNADPHを生成する（8章参照）。破線で示したのは，PSIのまわりに働く循環的電子伝達である。（Blankenship and Prince 1985）

P700と，(PSIから出た電子は) $NADP^+$を還元する。以下に，電子伝達経路や電子担体の性質を議論する。

光合成の光反応のほとんどすべての化学反応は，四つの主要なタンパク質複合体内でおこる。それらは光化学系II，シトクロム b_6f 複合体，光化学系I，そしてATP合成酵素である。これら四つは，チラコイド膜上に方向性をもって並べられ，以下のように機能する。

- 光化学系IIはチラコイドのルーメン側で水を酸化してO_2を生成し，さらに同じ過程でルーメン内に水素イオンを放出する。
- シトクロム b_6f はPSIIから電子を受け取り，PSIへと伝達する。同時にストロマ側からルーメン側への水素イオンの輸送を行う。
- 光化学系Iは，ストロマでフェレドキシン (Fd) を還元し，これとフラビンタンパク質であるフェレドキシン–NADP酸化還元酵素 (FNR) の作用で，$NADP^+$を還元してNADPHを生成する。
- ATP合成酵素は，ルーメン側へ運ばれた水素イオンがストロマ側へ再び拡散して戻るときに，ATPを合成する。

励起されたクロロフィルが電子受容体を還元し，エネルギーが獲得される

すでに述べたように，光は直接反応中心クロロフィルに吸収されるか，(より) 多くはアンテナ色素からのエネルギー移動を介して，反応中心内にある特殊なクロロフィル二量体を励起する。分子の励起過程は，電子の詰まった電子軌道のうちでもっともエネルギーの高い軌道から，もっとも低いエネルギーをもつ空の電子軌道への電子の遷移として理解できる (図7.23)。高エネルギーの電子軌道では，電子のクロロフィル分子への束縛は比較的弱いので，近くに電子を受け取る分子があれば，容易にその分子への電子移動がおこる。

電子のエネルギーを化学エネルギーに変換する最初の過程，すなわちもっとも初期の光化学過程は，励起状態にある反応中心クロロフィルから電子受容体分子への電子移動である。別の見方をするとこの過程は，光の吸収で反応中心クロロフィル内の電子の再配置が誘起され，その後におこる電子移動反応により，光エネルギーの一部が酸化還元エネルギーとして (系により) 捕捉された，ともいえる。

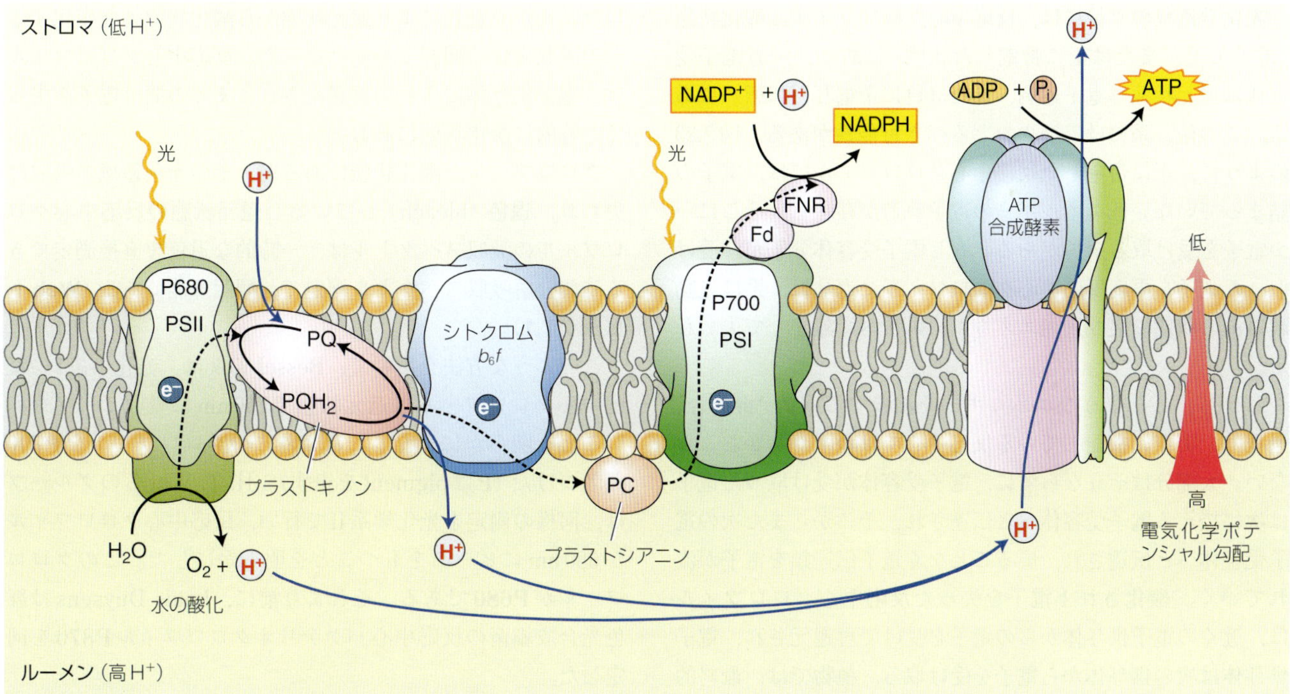

図 7.22 チラコイド膜での電子移動と水素イオンの移動は，四つのタンパク質複合体によって方向性をもって行われる。PSIIでは水が酸化され，水素イオンがルーメン側に放出される。PSIは，フェレドキシン (Fd) とフラビンタンパク質，フェレドキシン–NADP/酸化還元酵素 (FNR) の作用により，ストロマにおいて$NADP^+$を還元してNADPHを生成する。シトクロム b_6f 複合体も水素イオンをルーメン側に輸送し，膜内外の水素イオン濃度勾配の生成に寄与する。水素イオンは，ATP合成酵素の場所まで拡散し，そこで水素イオン濃度勾配を解消するようにストロマ側へと流れる際に，ATP合成に利用される。還元されたプラストキノン (PQH_2) とプラストシアニンはそれぞれ，シトクロム b_6f 複合体とPSIに電子を渡す。破線は電子移動，実線は水素イオンの動きを表す。

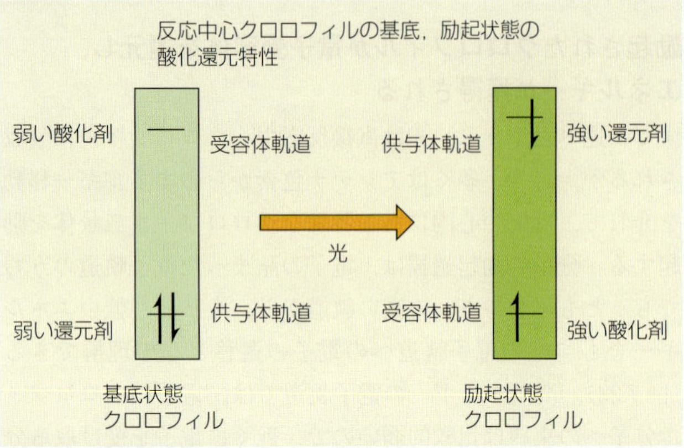

図 7.23 反応中心クロロフィルの基底状態，励起状態の電子軌道の電子配置。基底状態では，クロロフィルは非常に弱い還元剤であり（電子を，低エネルギーの軌道から出す必要がある），また非常に弱い酸化剤でもある（高い電子軌道に電子を受け入れなければならない）。一方励起状態では，高エネルギーの電子軌道にある電子を受け渡すことができるため，極端に強い還元剤となる。これが，図 7.21 に見られるように P680* と P700* が極端に低い酸化還元電位を示す理由である。励起状態はまた，低エネルギーの空いている電子軌道に電子を受け入れることができるため，強い酸化剤ともなりえる。しかし，反応中心ではこのような経路は実際には働いていない。(Blankenship and Prince 1985)

光化学過程の直後には，反応中心クロロフィルは酸化状態（電子欠乏，または正に帯電した状態）にあり，一方電子受容体は還元状態（電子過剰，または負に帯電した状態）にある。この後，系には二つのたどるべき可能性がある。図 7.23 のように，正に帯電した反応中心クロロフィルには，電子の詰まっていない低エネルギーの電子軌道が存在し，そこに一つ電子を受け取る余地がある。もし電子受容体分子が，受け取った電子を再度反応中心クロロフィルに返せば，系は光励起以前の状態に戻り，光エネルギーはすべて熱として失われる。

しかし，このようなエネルギーを浪費する電荷‘再結合’過程は，実際に機能している反応中心ではわずかしかおこらない。大部分はそうならずに，電子受容体が受け取った電子は次に控える電子受容体へと伝達され，そこからまた次の電子受容体へと伝達され，戻ることなく電子伝達鎖を電子が流れていく。酸化され 1 電子を失った反応中心クロロフィルは，近くの電子供与体からの電子を受けて再還元され，電子供与体は次の供与体から電子を受け取る。植物では，最終的な電子供与体は H_2O であり，最終的な電子受容体は $NADP^+$ である（図 7.21）。

このように，光合成におけるエネルギー獲得の基本的メカニズムは，励起されたクロロフィルからの電子移動と，その後におこる高速な電子伝達による正の電荷と負の電荷の空間的な分離である。電子伝達反応によって，正と負の電荷はチラコイド膜の反対側まで，およそ 200 ps（$1 \text{ ps} = 10^{-12} \text{ s}$）で運ばれる。

このように電荷が空間的に離されると，逆反応である電荷再結合過程は数桁遅くなるので，エネルギーが効率的に獲得される。電子伝達過程でおこる各電子移動反応では，エネルギーの一部が熱として失われるが，これにより反応の不可逆性が保証されている。精製された細菌の反応中心では，安定な光化学反応の量子収率は 1.0 と見積もられている。すなわち，吸収された光量子はすべて安定な光化学反応の最終状態を実現し，逆反応はまったくおこらない。

精製された植物の反応中心については，このような測定は行われていない。最適条件（弱光）での酸素発生量とそれに必要な光量子の量を測定した結果は，初期光化学過程の量子収率はほぼ 1.0 であることを示している。反応中心の構造は，光化学反応を高効率にして，かつエネルギーを浪費する逆反応の速度は抑えるように，きわめて精密に最適化されているようである。

異なる波長の光を吸収する二つの光化学系の反応中心クロロフィル

本章ですでに述べたように，PSI と PSII は異なる吸収スペクトルをもっている。吸収波長の正確な測定は，反応中心クロロフィルが光励起により還元状態から酸化状態へと変化する際の吸収変化の観測で可能となった。反応中心クロロフィルは，電子供与体によって再還元されるまでの間は電子を失って一時的に酸化状態にある。

クロロフィルが酸化状態にある間，その赤色領域の吸収は失われ，**退色**（bleach）している。還元状態の反応中心クロロフィルの吸収スペクトルは，一時的な退色を直接測定できる時間分解吸収スペクトル測定で，観測可能である（**Web トピック 7.1**）。

このような方法を用いて，Bessel Kok は，光化学系 I の反応中心クロロフィルは還元状態で 700 nm に吸収ピークをもつことを明らかにした。これよりこのクロロフィルを **P700** と名づけた（P は pigment を表す）。H. T. Witt らのグループは，同様の測定を光化学系 II で行い，反応中心クロロフィルが 680 nm にピークをもつことを明らかにした。このクロロフィルが **P680** である。それより前に，Louis Duysens は紅色光合成細菌の反応中心バクテリオクロロフィル **P870** を同定した。

紅色細菌の反応中心の X 線結晶構造（**Web トピック 7.5** の図 7.5A と 7.5B）を見ると，P870 は明らかに対になっており，単一の分子というよりはむしろバクテリオクロロフィルの二量体であることがわかる。光化学系 I の第一電子供与体 P700 も，クロロフィル *a* 分子の二量体である。光化学系 II もクロロフィルの二量体をもつが，第一電子供与体 P680 がこの二量体と完全に対応していない可能性もある。酸化状態の反応中心クロロフィルは，不対電子をもつ。不対電子をもつ分子は，磁気共鳴の一種，**電子スピン共鳴**（electron spin resonance：**ESR**）法により検出可能である。上述の可視分光法とともに，ESRによる研究により光合成の電子伝達鎖に含まれる多くの中間電子担体が発見された。

複数のサブユニットからなる色素-タンパク質複合体である光化学系II

光化学系IIは，複数のサブユニットからなるタンパク質複合体を構成している（図7.24）（Barber et al. 1999）。植物では，この複合体に二つの反応中心といくつかのアンテナ複合体が含まれる。反応中心の中核部分は，D1，D2として知られる二つの膜タンパク質で構成されている。他のタンパク質とともにその構造を，図7.25に示している（Zouni et al. 2001）。

第一電子供与体クロロフィル（P680）と，その他のクロロフィル，カロテノイド，フェオフィチンとプラストキノン（後節で述べるように，後二者は電子受容体）はすべて，膜タンパク質D1，D2に結合している。これらのタンパク質は，紅色細菌の反応中心タンパク質のL鎖，M鎖とアミノ酸の相同性を示す。複合体内の他のタンパク質は，アンテナ複合体や，酸素発生の補助機能をもつ。シトクロムb_{559}を含むいくつかのタンパク質の機能は未知だが，おそらく光化学系II周辺の防御機構になんらかの機能があると考えられている。

光化学系IIで水が酸化され酸素が発生する

水は，以下の化学反応に従って酸化される（Hoganson and Babcock 1997）：

$$2H_2O \longrightarrow O_2 + 4H^+ + 4e^- \qquad (7.8)$$

この化学式は，二つの水分子から四つの電子が引き抜かれ，一つの酸素分子と四つの水素イオンが生成されることを示し

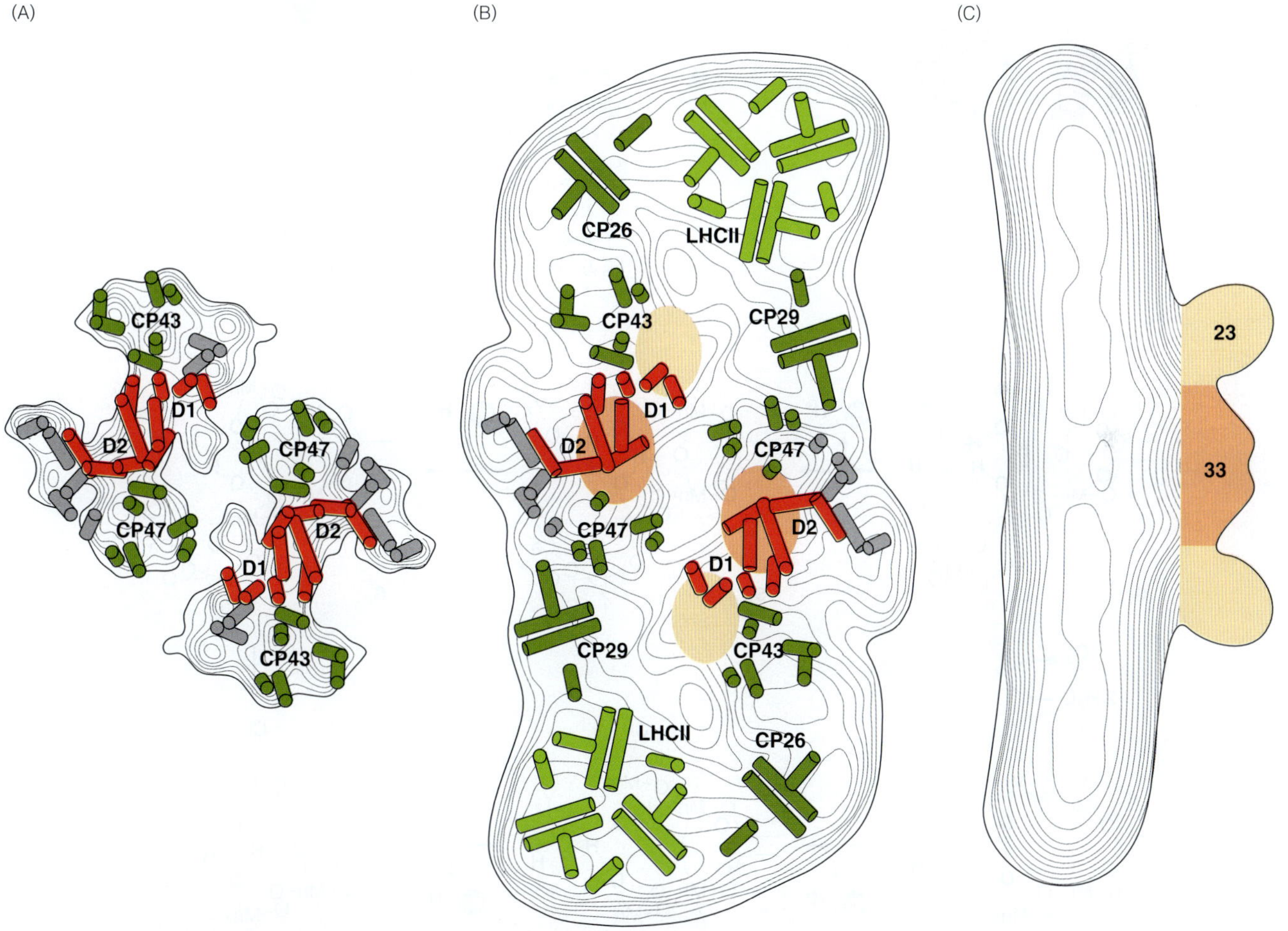

図 7.24　電子顕微鏡で決定された，高等植物の光化学系IIの二量体構造。図には，それぞれが二量体である完全な反応中心が，二つ会合した超複合体の構造が描かれている。(A) コア部分を形成する，D1，D2（赤）とCP43，CP47（緑）タンパク質のヘリックス配置。(B) ルーメン側から見た，タンパク質超複合体の構造。LHCII，CP26，CP29のアンテナ複合体も含まれる。膜の外側表面の酸素発生系は，オレンジ色と黄色の楕円で表している。どのタンパク質のものかわからないヘリックスは，灰色で表した。(C) 酸素発生系の配置を示す，超複合体を横から見た図。(Barber et al. 1999)

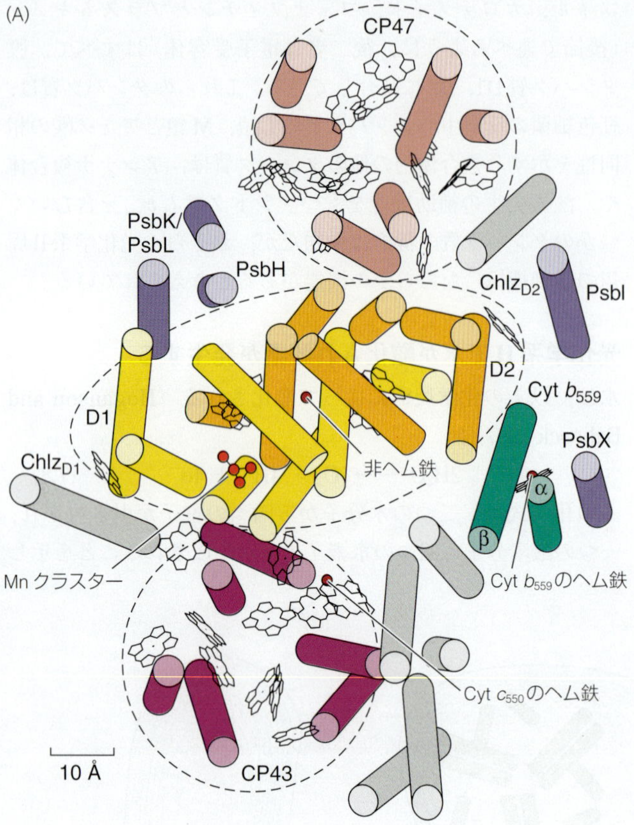

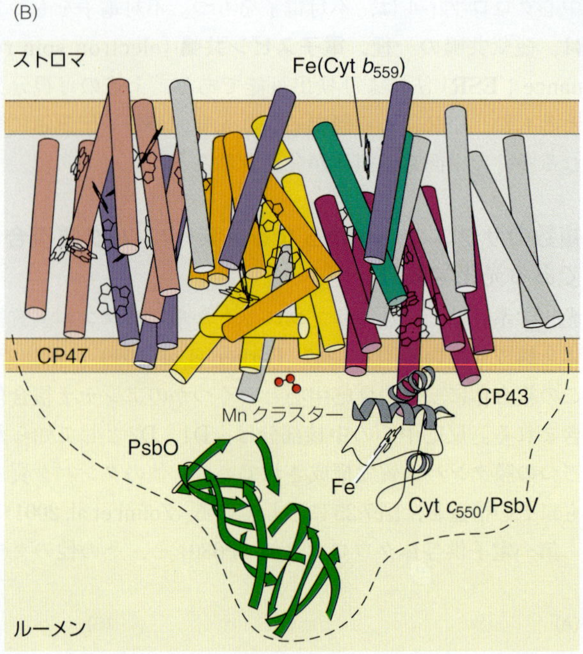

図 7.25　分解能3.8Åで解かれた，シアノバクテリア，*Synechococcus elongatus*の光化学系II反応中心の構造。D1，D2コアタンパク質，CP43，CP47アンテナタンパク質，シトクロムb_{559}，c_{550}と，膜外に結合する33 kDaの酸素発生系タンパク質PsbOと，色素その他の補欠因子を含む。どのタンパク質に属するか不明の7本のヘリックスは灰色で示している。(A) ルーメン側，チラコイド膜に垂直な方向から見た図。(B) 膜に平行な方向から見た，横方向からの図。(Zouni et al. 2001)

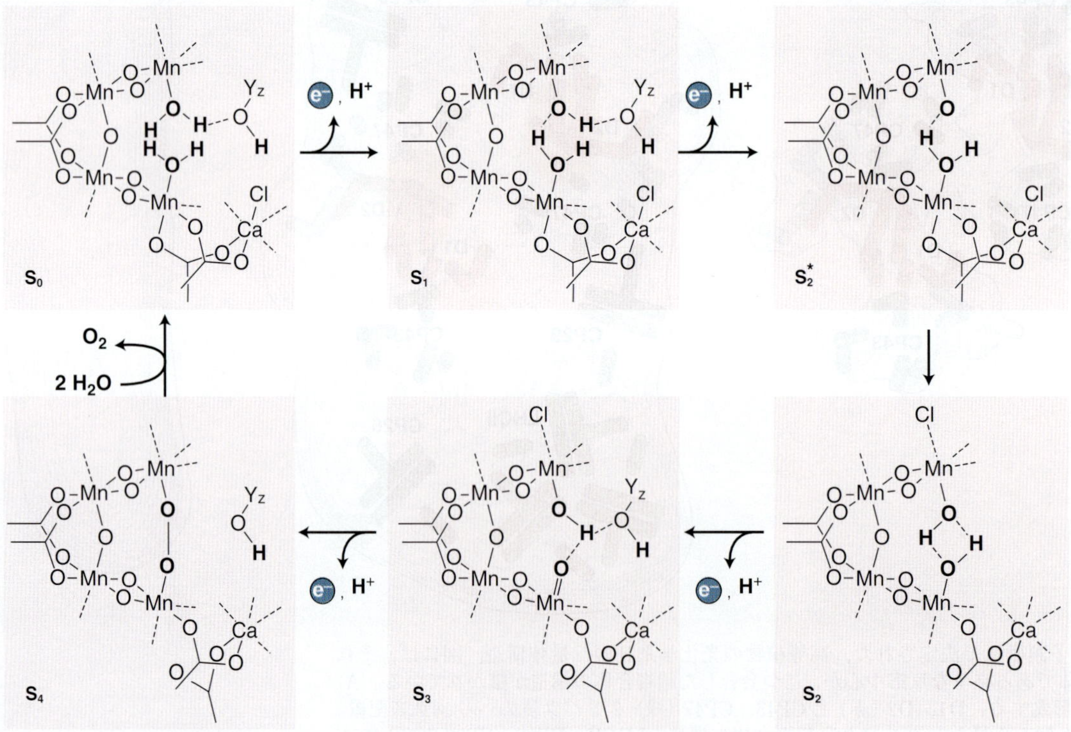

図 7.26　PSII酸素発生系でのS状態モデル。酸素発生マンガン複合体で，水の酸化が段階的に進む。Y_Zの実体はチロシンラジカルであり，P680とマンガンクラスターの間にある中間的な電子担体である。(Tommos and Babcock 1998)

ている（酸化還元反応の詳細については，Webサイトの2章と**Webトピック7.6**を参照）。

水は非常に安定な分子である。水の酸化は大変難しい反応で，光合成における酸素発生複合体がこの反応を行う唯一の既知の生体反応系である。光合成による酸素発生は，地球大気中のほぼ全部の酸素の源である。

光合成における水の酸化反応の化学的なメカニズムは，いまだ明らかではないが，多くの研究によりこの過程に関するかなりの知見が得られている（**Webトピック7.7**と図7.26）。水の酸化により発生する水素イオンは，ストロマ側ではなくルーメン側に放出される（図7.22）。これは，膜には表と裏が厳密に存在し，酸素発生複合体はチラコイドの内側表面に存在するからである。この水素イオンは，最終的にはATP合成酵素を通ってストロマ側へ流れだす。こうして水の酸化の際に生成する水素イオンは，ATP合成酵素を駆動する電気化学ポテンシャル差を生み出すのに貢献する。以前から，水の酸化過程にはマンガン（Mn）が必要不可欠な補助因子であることが知られている（5章参照）。マンガンイオンが酸化反応を行って，S_0，S_1，S_2，S_3，S_4とよばれる一連の 'S状態' をとることが，光合成研究での古典的な前提である。このマンガンイオンの状態変化が，おそらくH_2Oの酸化とO_2の発生に関係している（図7.26）。この仮説はさまざまな実験から強く支持されるが，その中でもX線吸収とESRの実験で直接にマンガンが観測されている（Yachandra et al. 1996）。成分分析から，四つのマンガンイオンが酸素発生複合体に結合していることが示されている。他の実験からは，Cl^-イオンとCa^{2+}イオンもO_2発生に不可欠であることが示されている（図7.26と**Webトピック7.7**）。

一般にY_zとよばれる一つの電子担体が，酸素発生複合体とP680間で機能している（図7.21と7.26）。この位置で電子担体として働くには，Y_zが非常に強力な電子保持力をもつことが必要である。Y_zは，D1タンパク質に含まれるチロシン残基から形成されるラジカルであることが明らかにされている。

光化学系IIで電子を受け取るフェオフィチンと二つのキノン

分光法およびESRによる実験から，光化学系IIのフェオフィチンが初期の電子受容体として働くことが示された。その後電子は，鉄原子の近傍にある二つのプラストキノン分子へと渡る。**フェオフィチン**（pheophytin）は，クロロフィル分子の中心マグネシウム原子が二つの水素と置換した分子である。中央原子の置換で，クロロフィルとは若干異なる光学的，化学的性質をもつ。受容体側の電子担体の正確な配置は明らかではないが，紅色光合成細菌の反応中心に類似していると考えられる（詳細は，**Webトピック7.5**の図7.5B）。

二つのプラストキノン（Q_AとQ_B）は，反応中心に結合しており，フェオフィチンからの電子を順番に受け取る（Okamura et al. 2000）。Q_Bへの2回の電子移動により，Q_B^{2-}が生成する。還元されたQ_B^{2-}は，ストロマ側から二つの水素イ

(A)

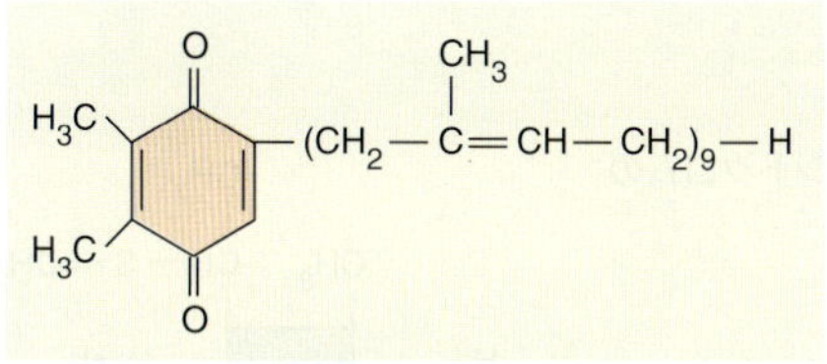

プラストキノン

(B)

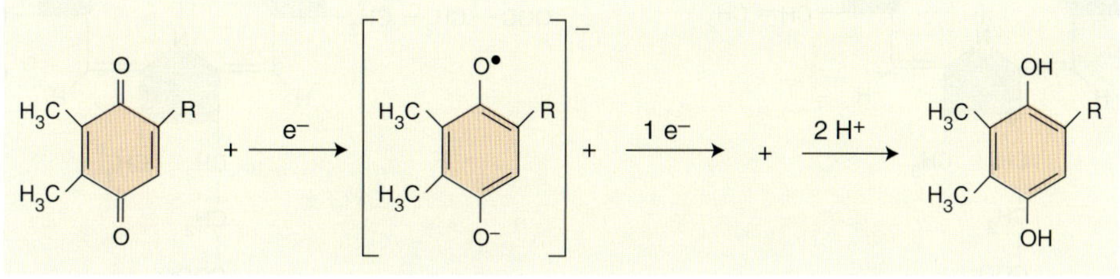

プラストキノン (Q)　プラストセミキノン ($Q^{\bar{\cdot}}$)　プラストヒドロキノン (QH_2)

図7.27 光化学系IIで働くプラストキノンの構造と反応。(A) プラストキノンは，キノイド部分に，膜への錨の働きをする長い非極性の側鎖が結合した構造をしている。(B) プラストキノンの還元反応。完全に酸化された状態にあるキノン（Q），負イオンのセミキノン（$Q^{\bar{\cdot}}$）と，還元されたヒドロキノン（QH_2）の構造が示されている。Rは側鎖である。

オンを取り込んで，完全に還元された**プラストヒドロキノン**（plastohydroquinone：QH_2）となる（図7.27）。還元されてプラストヒドロキノンとなると，反応中心複合体との結合が外れ，膜内の炭化水素鎖に囲まれた領域に出て，シトクロム b_6f 複合体へと電子を渡す。大きなタンパク質複合体と違って小さな無極性分子であるヒドロキノンは脂質二重膜の非極性部分を速やかに拡散する。

シトクロム b_6f 複合体内での電子の流れによっても水素イオンが運ばれる

シトクロム b_6f 複合体（cytochrome b_6f complex）は，複数のサブユニットといくつかの補欠分子団からなる大きなタンパク質である（Cramer et al. 1996；Berry et al. 2000）。二つの *b* 型ヘムと一つの *c* 型ヘムを含む（**シトクロム**（cytochrome）***f***）。*c* 型シトクロムのヘムは，共有結合でポリペプチド鎖に結合しているが，*b* 型シトクロムではプロトヘムが非共有結合で結合している（図7.28）。さらにこの複合体には**リスケ鉄-硫黄タンパク質**（Rieske iron–sulfur protein，発見者の名前Rieskeにより名づけられた）も含まれ，その中には鉄原子と硫黄原子が二つずつ，たがいに結合して存在する。

シトクロム *f* 部分および，（シトクロム b_6f 複合体によく対応する）シトクロム bc_1 複合体の構造はすでにわかっており，電子移動，水素イオン移動の機構が示唆されている。シトクロム b_6f 複合体内での電子移動，水素イオン移動の詳細な経路は完全にはわかっていないが，**Qサイクル**（Q cycle）として知られている機構で，ほとんどの観測結果は説明される。この機構では，まずプラストヒドロキノン（QH_2）が酸化され，二つある過剰電子のうち，一つが電子伝達鎖を通って光化学系Iへと流れる。一方もう一つの電子は，（シトクロム b_6f 複合体内を）循環する経路を流れて（図7.29），膜を横切る水素イオンの流れを増加させる。

光化学系Iへと流れる電子伝達経路では，酸化されたリースキータンパク質複合体（$\mathbf{FeS_R}$）がプラストヒドロキノン（QH_2）から電子を受け取りシトクロム *f* へと渡す（図7.29A）。シトクロム *f* は，さらに青色をした銅タンパク質プラストシアニン（PC）に電子を渡し，PCはPSIの酸化型P700を再還元する。循環経路では（図7.29B），プラストセミキノン（図7.27）がもう一つの電子を *b* 型ヘムに渡し，それとともに二つの水素イオンを膜のルーメン側へと放出する。*b* 型ヘムは，第2の *b* 型ヘムを介して，酸化されたキノン分子に電子を渡し還元し，結果的に複合体のストロマ側表面近傍でセミキノンを生成する。もう一度同様の電子伝達がおこり，セミキノンをさらに還元して完全還元されたプラストキノンを生成する。そして，ストロマ側で水素イオンが二つ付加されプラストヒドロキノンとなり，b_6f 複合体から離れる。

この複合体内の電子伝達の2回回転で，以下の結果がもたらされる。2電子がP700へ運ばれ，2分子のプラストヒドロキノンが酸化されてプラストキノンとなる。1分子の酸化型プラストキノンが還元されヒドロキノンとなる。さらに，4水素イオンがストロマ側からルーメン側へと運ばれる。

この機構で，PSII反応中心の電子受容体側とPSI反応中心の電子供与体側を結ぶ電子の流れが，水素イオン濃度差を生み出し，膜両側の溶液相間での電気化学ポテンシャル差の形成に寄与する。このポテンシャル差が，ATP合成のエネル

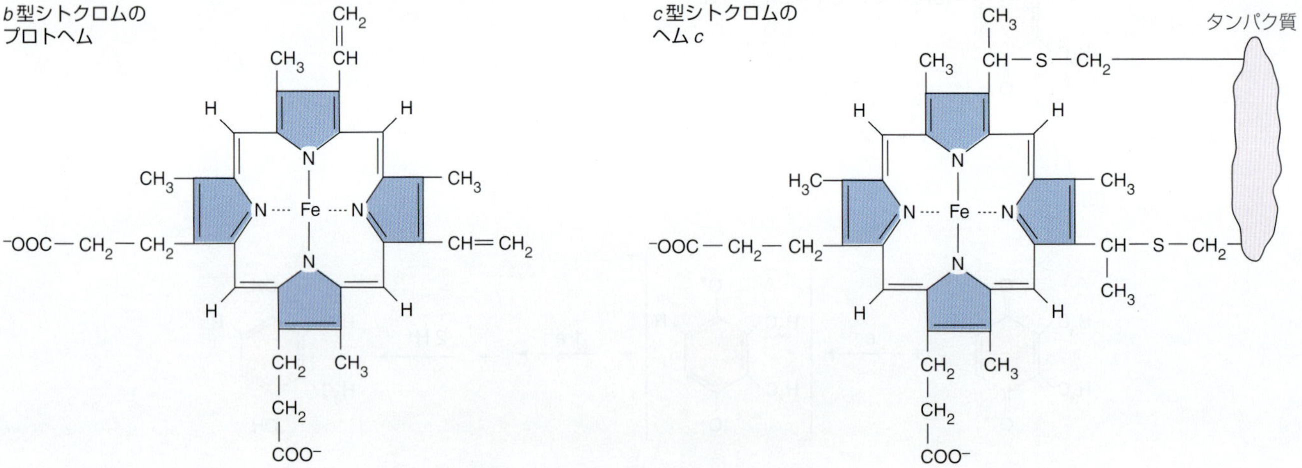

図 7.28 *b* 型および *c* 型シトクロムの補欠分子族の構造。*b* 型シトクロムでは，プロトヘム（プロトポルフィリンIXともよばれる）が，*c* 型シトクロムではヘム *c* が結合している。ヘム *c* は，タンパク質の二つのシステイン残基とのチオエーテル結合を介して，タンパク質と共有結合している。プロトヘムは，タンパク質とは共有結合していない。シトクロムが還元状態にあるとき，鉄イオンは2＋の状態であり，酸化されたシトクロムでは3＋の鉄イオンになっている。

ギーを供給する。シトクロムbとプラストキノンを介する循環的な電子伝達は，この経路がない場合より，輸送される水素イオン数を増加する。

光化学系IIとIの間で電子を運ぶプラストキノンとプラストシアニン

二つの光化学系が，チラコイド膜上の異なる場所に存在する（図7.18）ことから，少なくとも一つの電子担体が膜に沿って，または膜内を移動する必要がある。そうでなければ，光化学系IIで生成した電子を光化学系Iへ運べない。シトクロムb_6f複合体はグラナラメラとストロマラメラの領域に均一に分布している。しかし，このような大きなタンパク質複合体が動的な電子担体とは考えにくい。プラストキノンやプラストシアニン，おそらくその両方が二つの光化学系間をつなぐ動的な電子担体と考えられている。

プラストシアニン（plastocyanin）は，銅を含む小さな（10.5 kDa）水溶性タンパク質で，シトクロムb_6f複合体とP700間の電子伝達を行う。ルーメン領域に存在する(図7.29)。

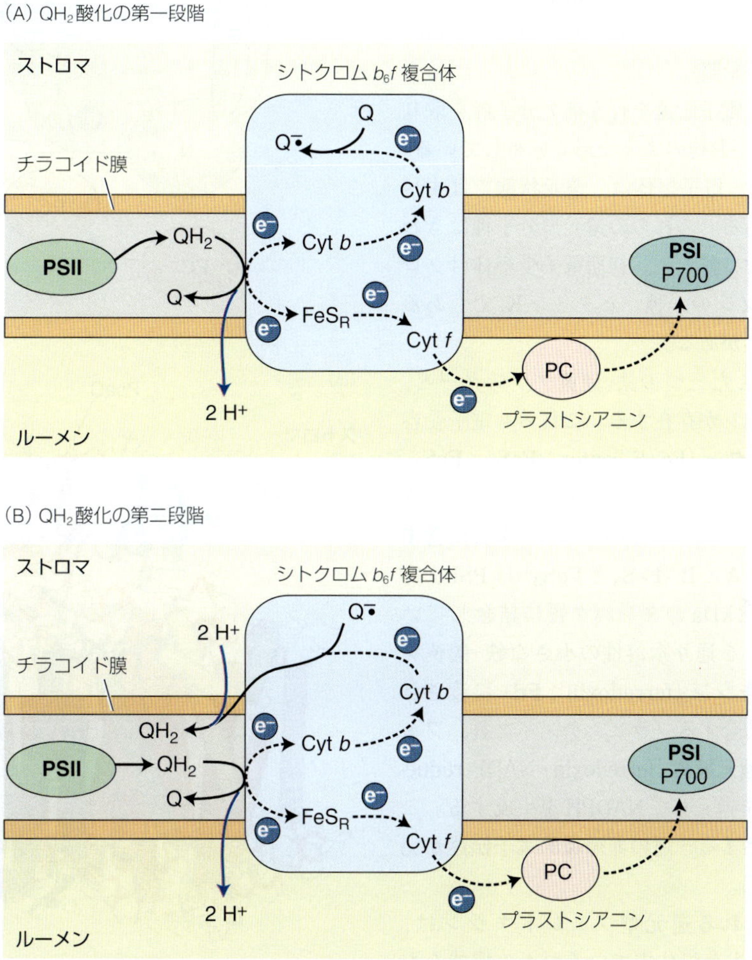

図 7.29 シトクロムb_6f複合体による電子移動と水素イオン移動のメカニズム。シトクロムb_6f複合体は，二つのb型シトクロム（Cyt$b$）と，一つのc型シトクロム（Cyt$c$であるが，歴史的にはシトクロムfと名づけられた），リスケ鉄-硫黄タンパク質（FeS$_R$）と二つのキノン酸化還元部位を含む。(A) 非循環的，または直列過程。PSIIで生成された（図7.27）一つのプラストヒドロキノン（QH_2）分子が，複合体のルーメンに近い部位で酸化され，二つの電子はリスケ鉄-硫黄タンパク質とb型シトクロムの一つへと渡される。同時に，ルーメンに二つの水素イオンを放出する。FeS$_R$へと渡された電子は，シトクロムf（Cyt$f$）を通ってプラストシアニン（PC）に渡され，PSIのP700を再還元するのに利用される。b型シトクロムに渡った電子は，もう一つのb型シトクロムに渡され，そこでキノン（Q）を還元してセミキノン（$Q^{\bar{\cdot}}$）を生成する（図7.27）。(B) 循環過程。2番めのQH_2が酸化され，一つの電子は (A) と同様FeS$_R$，PCを経由して最終的にP700を還元する。もう一方の電子も (A) と同様に，二つのb型シトクロムを経由し，セミキノンを還元してプラストヒドロキノンを生成する。その際ストロマ側から二つの水素イオンを取り込む。全過程を通して，二つの電子がP700に渡されるたびに四つの水素イオンが輸送される。

一部の緑藻類やシアノバクテリアでは，プラストシアニンのかわりに*c*型シトクロムが働く場合もある。どちらが合成されるかは，その生物が住む環境にどれだけ銅があるかに依存する。

$NADP^+$を還元する光化学系I反応中心

PSI反応中心複合体は，複数のサブユニットからなる巨大複合体である（図7.30）（Jordan et al. 2001）。PSIIと違い，約100分子のクロロフィルからなるコアアンテナが，PSI反応中心P700と同じタンパク質に含まれている。コアアンテナとP700は，分子量がそれぞれ66 kDaと70 kDaの二つのタンパク質PsaAとPsaBに結合している（Brettel 1997；Chitnis 2001；**Webトピック7.8**も参照）。

複合体の中心に位置して電子伝達を行う補欠分子群を取り囲んで，コアアンテナ色素がお椀のような形で分布している。光化学系Iの受容体側で働く電子担体は，還元状態ではすべて非常に強力な還元剤である。これらの還元型分子種はきわめて不安定で，同定は非常に難しい。初期電子受容体はクロロフィル分子で，次はキノンの一種，ビタミンK_1でもあるフィロキノンだという証拠がある。

このほかに，直列に並んだ三つの鉄–硫黄クラスターと，膜に結合するフェレドキシンが存在する。これらも電子受容体として働き，**Fe–Sセンター**（Fe–S center；**FeS_X**，**FeS_A**，そして**FeS_B**）として知られる（図7.30）。Fe–SセンターX（FeS_X）は，P700を結合するPsaAとPsaBタンパク質に含まれており，Fe–SセンターAとB（FeS_AとFeS_B）はPSI反応中心複合体の一部である8 kDaのタンパク質に結合している。電子は，FeS_AとFeS_Bを通り水溶性の小さな鉄–硫黄タンパク質である**フェレドキシン**（ferredoxin：**Fd**）に渡される（図7.21，7.30）。膜に結合するフラビンタンパク質，**フェレドキシン-NADP/酸化還元酵素**（ferredoxin–NADP reductase：**FNR**）が，$NADP^+$を還元してNADPHを生成する。これにより，水の酸化から始まる一連の非循環的電子伝達が完結する（Karplus et al. 1991）。

光化学系Iで生み出される還元型フェレドキシンは，$NADP^+$を還元する以外にも葉緑体内でいくつかの機能をもつ。たとえば，硝酸塩を還元するための還元力を供給したり，炭酸固定反応を触媒する酵素の働きを調節したりする（8章参照）。

ATPを合成するがNADPHは生み出さない循環型電子伝達

シトクロムb_6f複合体は，膜のストロマ領域にも光化学系Iとともに存在する。特定の条件下では，光化学系Iの還元側からb_6f複合体を経由して再度P700に戻る**循環型電子伝達**（cyclic electron flow）がおこることが知られている。この循

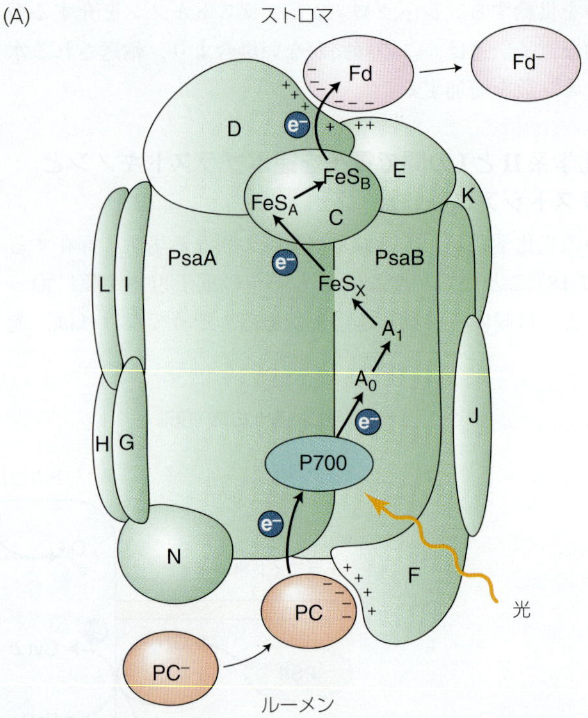

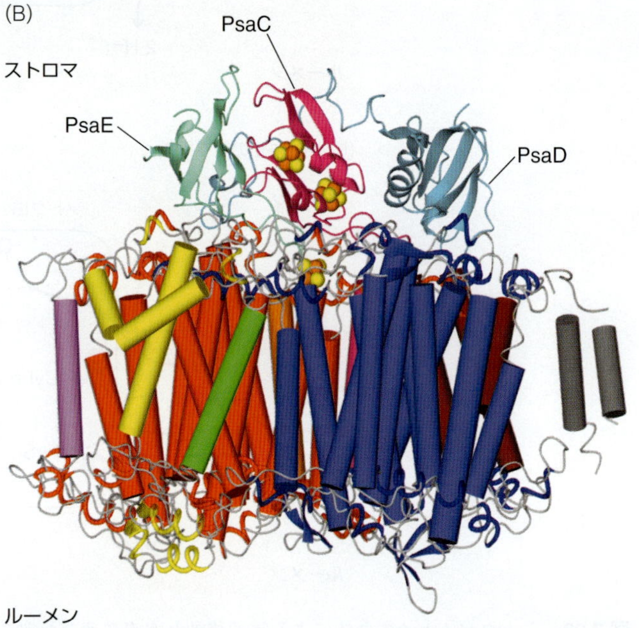

図 7.30 光化学系Iの構造。(A) PSI反応中心の構造モデル。二つの主要タンパク質，PsaA，PsaBを中心に，いくつかのサブユニットが会合している。PsaCからPsaNというように，CからNまでの小さなサブユニットがある。電子は，プラストシアニン（PC）からP700，クロロフィル分子（A_0），フィロキノン（A_1），FeS_X，FeS_A，FeS_Bの鉄–硫黄中心へと渡り，最終的に水溶性鉄–硫黄タンパク質フェレドキシン（Fd）に伝達される。(B) 分解能2.5 Åで解かれた，シアノバクテリア，*Synechococcus elongatus*のPSI単量体の，膜に平行な方向から見た構造。膜のストロマ側を上に，ルーメン側が下になるように描かれている。PsaAとPsaBの膜貫通αヘリックスは，それぞれ青色と赤色の筒として表されている。（(A) はBuchanan et al. 2000，(B) はJordan et al. 2001より）

環型電子伝達では，水素イオンをルーメン側へくみ上げてATP合成に貢献するが，水の酸化や$NADP^+$の還元は行わない。循環型電子伝達は，特にC_4光合成（8章参照）を行う植物の維管束鞘細胞の葉緑体でのATP合成に重要な役割を果たす。

ある種の除草剤は電子伝達を止める

近代農業では，好ましくない植物を死滅させるために，除草剤が広く利用される。さまざまな除草剤が開発され，アミノ酸，カロテノイドや脂質の生合成を阻害するもの，また細胞分裂を乱すものなどがある。DCMU（dichlorophenyl-dimethylurea）やパラコートといった除草剤は，光合成の電子伝達を阻害する（図7.31）。DCMUはジウロンとして知られている。パラコートは，大麻畑に使用され多くの中毒患者を出したことで悪名高い。

多くの除草剤，とりわけDCMUは，光化学系IIのプラストキノンQ_Bの結合部位に競争的に結合して，キノンへの電子伝達を阻害することで作用する。パラコートは，光化学系Iの電子受容体からの電子を受け取った後，酸素分子と直接反応して葉緑体，特に脂質に有害なスーパーオキシド，O_2^-を生成する。

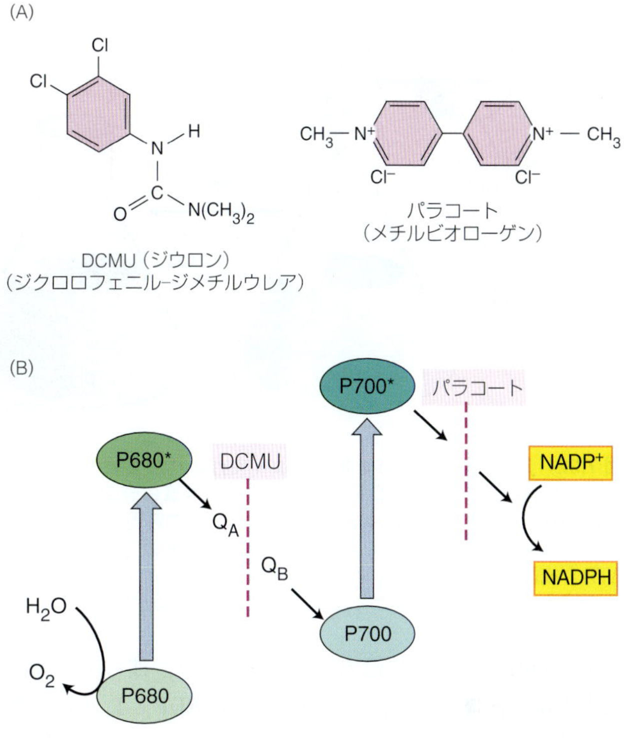

図7.31　二つの重要な除草剤の化学構造と，作用メカニズム。（A）電子伝達鎖の電子の流れを阻害する二つの除草剤，dichlorophenyl-dimethylurea（DCMU）とmethyl viologen（パラコート）の化学構造。DCMUは，ジウロンとしても知られている。（B）二つの除草剤が作用する部位。DCMUは光化学系IIのプラストキノンB結合部位に競争的に結合して，その位置での電子伝達を阻害する。パラコートは，光化学系Iの初期電子受容体からの電子を受け取る。

葉緑体での水素イオンの流れとATP合成

前節で，どのようにして光のエネルギーが，$NADP^+$をNADPHへと還元するエネルギーに変換されるかを見た。吸収された光のエネルギーは，ほかにも**光リン酸化**（photo phosphorylation）として知られるATP合成に利用される。この過程は，Daniel Arnonと共同研究者によって1950年代に発見された。通常の細胞では，光リン酸化には電子の流れが必要だが，ある条件下では光リン酸化と電子伝達はたがいに独立に進行する。光リン酸化を伴わない電子伝達は，脱共役（uncoupled）電子伝達とよばれる。

現在では広く認められているが，光リン酸化反応は1960年代にPeter Mitchellによって提唱された**化学浸透圧機構**（chemiosmotic mechanism）によって進行する。細菌やミトコンドリアの酸素呼吸におけるリン酸化も，同じ機構で説明される（11章参照）。さまざまなイオンや代謝産物の膜を透過する輸送も，同様である（6章参照）。化学浸透圧機構は，すべての生命における膜を介する過程で，普遍的な原理のようである。6章で，細胞膜における化学浸透圧とイオン輸送に対するATP合成酵素の役割を述べた。細胞膜のATP合成分解酵素に必要なATPは，葉緑体内の光リン酸化反応と，ミトコンドリア内の酸化的リン酸化反応によって合成される。ここでは，葉緑体でのATP合成に利用される，化学浸透圧と膜内外の水素イオン濃度差について議論する。

化学浸透圧説の基本原理は，細胞に利用される自由エネルギーの源が，膜の両側のイオン濃度と電位の差により生み出される，というものである。熱力学第二法則によれば（詳細な議論はWebサイト2章参照），物質やエネルギーの不均一な分布はすべて自由エネルギーの源となりえる。どんな化学種についても，膜内外での**化学ポテンシャル**（chemical potential）の差（濃度差）があれば，自由エネルギーの源となる。

すでに，光合成膜の非対称性と，電子伝達が進行する際に膜の一方から反対側へ水素イオンが輸送されるという事実について述べた。電子伝達過程と連動した水素イオン輸送は，ストロマがよりアルカリ性（低濃度H^+）に，ルーメン側はより酸性（高濃度のH^+）になる方向に，行われる（図7.22と7.29）。光合成光リン酸化における化学浸透説を支持する最初の証拠は，Andre Jagendorfと共同研究者によって行われたエレガントな実験で示された（図7.32）。彼らは葉緑体チラコイドをpH4の緩衝液中に懸濁し，膜内外ともに酸性pHになるように平衡化させた。その後このチラコイドをpH8の緩衝液にすばやく移し，膜の内側がpH4，外側がpH8に

図 7.32　Jagendorfと共同研究者によって行われた実験の概要。pH 8の緩衝液に懸濁しておいた単離葉緑体チラコイドを，pH 4の酸性溶液に懸濁し平衡化する。その後チラコイドを，ADPとP_iを含むpH 8の緩衝液に移す。この処理により，膜内外の水素イオン濃度勾配が形成され，光がなくてもATP合成酵素に駆動力を与えることになる。この実験は，ATP合成酵素が働くためのエネルギーは，チラコイド膜内外の水素イオンの化学ポテンシャル差として供給されるとした化学浸透圧説を実証した。

して，4 pH単位の差を膜内外に作り出した。彼らは，光の入力や電子伝達なしに，この処理の後にADPとP_iから大量のATPが合成されることを見い出した。この結果は，以下に述べる化学浸透圧説の予言を支持するものであった。

Mitchellは，ATP合成に利用できるエネルギーの総量は，膜の両側での水素イオンの化学ポテンシャルの差と膜電位を足し合わせたもの（彼はこれを**水素イオン駆動力**（proton motive force：Δp）とよんだ）であることを主張した。膜の外側に対する内側の水素イオン駆動力は，これら二つの要素を用いて，以下のように表される：

$$\Delta p = \Delta E - 59\,(\mathrm{pH_i} - \mathrm{pH_o}) \qquad (7.9)$$

ここでΔEは膜電位であり，$\mathrm{pH_i} - \mathrm{pH_o}$（または$\Delta$pH）は膜内外のpH差である。比例定数59 mV（pH単位）$^{-1}$（25℃）は，1 pH単位の水素イオン濃度差が59 mVの膜電位差に対応することを意味している。

定常的な電子移動を行っている葉緑体では，イオンの膜輸送がおこるため，膜電位はきわめて小さな値となっている。そのため，Δpの値はΔpHによりほぼ決定される。ATP合成の際に輸送される水素イオンの化学量論が最近明らかにされ，それによると，4水素イオンが運ばれて1ATPが合成される（Haraux and De Kouchkovsky 1998）。

チラコイド膜内で光化学系IIとI，ATP合成酵素の数が異なること（図7.18）は，動的な電子担体の必要性とともに，ATP合成に関してもいくつかの問題を提起した。ATP合成酵素は，ストロマラメラと，グラナ領域の端にしか存在しない。シトクロムb_6f複合体と水の酸化によって水素イオンは，膜内のグラナ領域に生成される。これがATP合成酵素で利用されるためには，数ナノメートルも移動する必要がある。

ATPは，大きな（400 kDa）酵素複合体で合成される。この複合体は，**ATP合成酵素**（ATP synthase），（逆反応であるATP加水分解も触媒することから）**ATP加水分解酵素**（ATPase），またたんに**CF_0-CF_1**ともよばれる（Boyer 1997）。

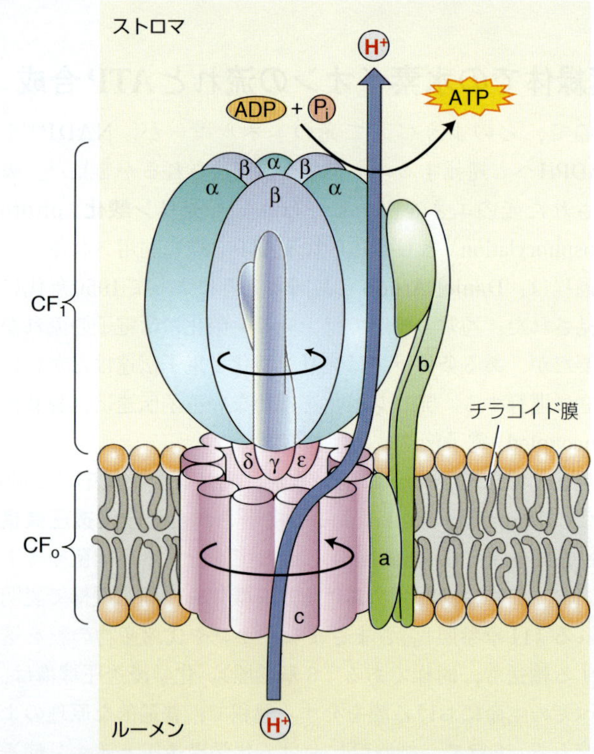

図 7.33　ATP合成酵素の構造。この酵素は，膜内に埋まったCF_0とよばれる部分と，そのストロマ側に結合した複数サブユニットからなる大きな複合体，CF_1から構成される。CF_1は，5種類のポリペプチド鎖，α，β，γ，δ，εからなり，そのうちα鎖とβ鎖は複合体中に3本ずつ含まれる。CF_0は，おそらく4種類のポリペプチド鎖，a，b，b'，c_{12}で構成され，そのうちc鎖については一つの複合体に12本含まれる。

この酵素は二つの部分から構成される。疎水的な膜結合部位はCF_0とよばれ，ストロマに突き出した部分はCF_1とよばれる。

CF_0は水素イオンが通過できるチャネルを形成する。CF_1は，いくつかのポリペプチド鎖で構成され，その中でα鎖とβ鎖はそれぞれ3コピーずつあり，オレンジの房のように交互に配置されている。触媒部位は主にβ鎖部分にあり，他の大部分のポリペプチド鎖は制御機能をもつと考えられている。複合体中で，CF_0がATP合成を駆動する部分である。ミトコンドリアのATP合成酵素の分子構造は，X線結晶構造解析により決定された（Stock et al. 1999）。葉緑体由来とミトコンドリア由来のATP合成酵素は，かなり違う部分もあるが，全体の構造や触媒部位の場所はおそらく共通であろう。実際，葉緑体，ミトコンドリア，紅色光合成細菌において，ほぼ同じように電子伝達と膜を横断する水素イオン輸送とが連動して働いている（図7.34）。そのほかATP合成酵素については，内部にある軸のような部分とおそらくCF_0の大部分が，触媒反応を行う際に回転する，という興味深い機構が知

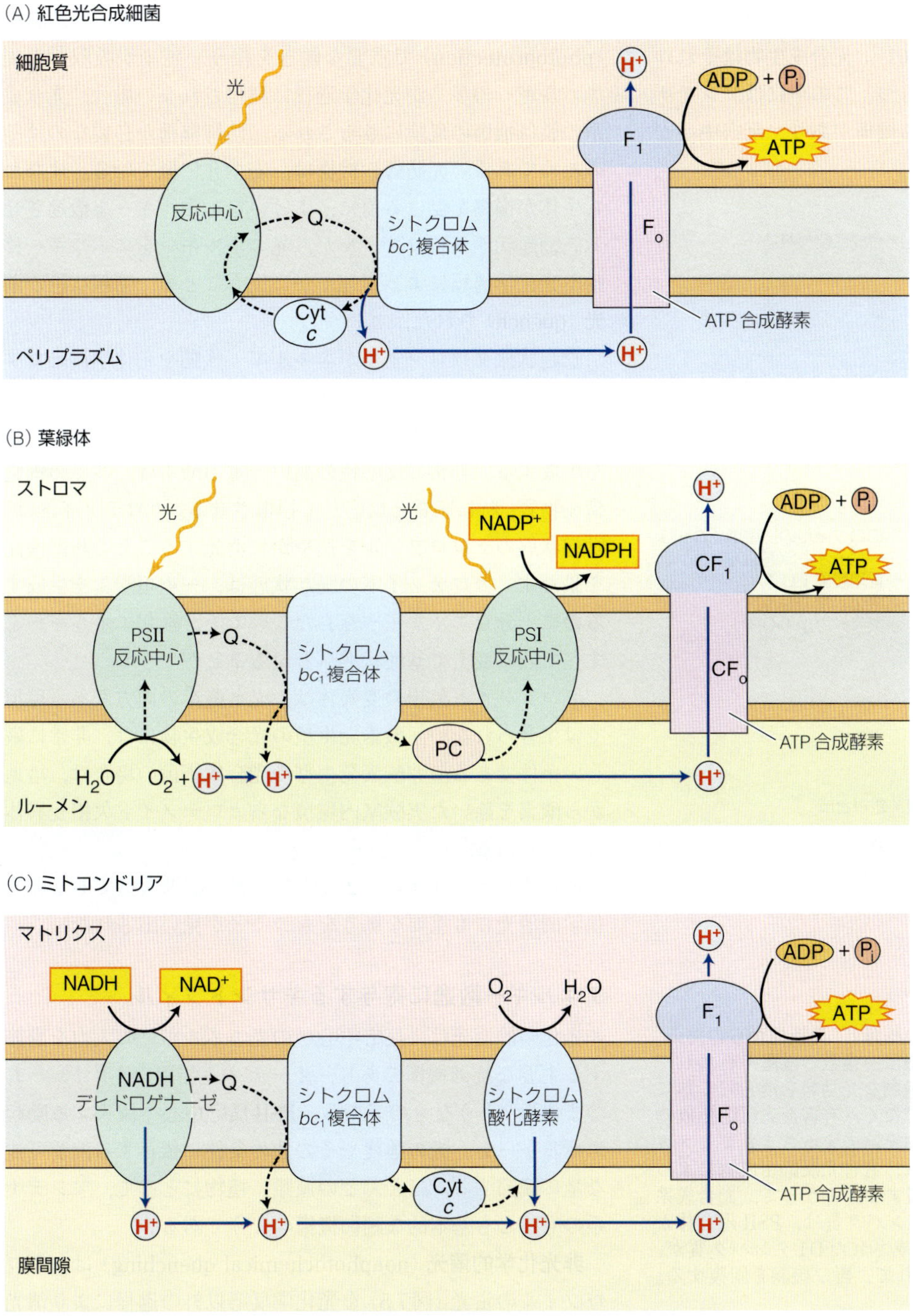

図 7.34　細菌，葉緑体，ミトコンドリアに見られる，光合成系と呼吸系の電子伝達系の類似性。三つの電子伝達系すべてで，水素イオン輸送が連動しており，水素イオン駆動力（Δp）を生み出している。水素イオン駆動力のエネルギーにより，ATP合成酵素でATPが合成される。(A) 紅色光合成細菌の反応中心（RC）は，循環型の電子伝達を行い，シトクロムbc_1複合体の作用により水素イオン濃度勾配を作り出す。(B) 葉緑体では，非循環型の電子伝達が働き，水を酸化し$NADP^+$を還元する。水素イオンは，水の酸化とシトクロムb_6fでのPQH_2の酸化により生じる。(C) ミトコンドリアでは，NADHが酸化されてNAD^+を生成し，酸素が還元され水になる。水素イオンは，NADH脱水素酵素，シトクロムbc_1複合体，シトクロム酸化酵素という酵素複合体の作用によって輸送される。三つの系に見られるATP合成酵素の構造は，かなり類似している。

られている（Yasuda et al. 2001）。この酵素はまさに微小な分子モーターである（**Webトピック7.9，11.4**）。

光合成分子機械の修復と制御機構

光合成系には，固有の深刻な問題がある。そこでは，大きな光エネルギーが吸収され，化学エネルギーへの変換が行われる。分子レベルでは，光量子の大きなエネルギーは，特に好ましくない条件下では非常に有害となりうる。もし過剰な光エネルギーが流入し，そのエネルギーが安全に散逸されないと，有害な化学種が生成される。それは，たとえばスーパーオキシドや，一重項酸素，過酸化物である（Horton et al. 1996；Asada 1999；Müller et al. 2001）。光合成生物はそれゆえ，複雑な制御機構，修復機構をもつ。この中にはアンテナ系でのエネルギーの流れを制御する機構があり，反応中心が過剰に光励起されないように，また二つの光化学系が均等に励起されるように調節する。こうした機構は，非常に有効だが常に完璧ではなく，時として有害物質が生成されてしまう。このような有害物質，特に有害酸素種を無害化する，別の機構も必要となる。

こうした保護機能や，有害物質の除去機能があっても，障害がおこる場合もある。そのため系を修復する機構も必要となる。図7.35に，いくつかの段階の制御機構と修復機構をまとめた。

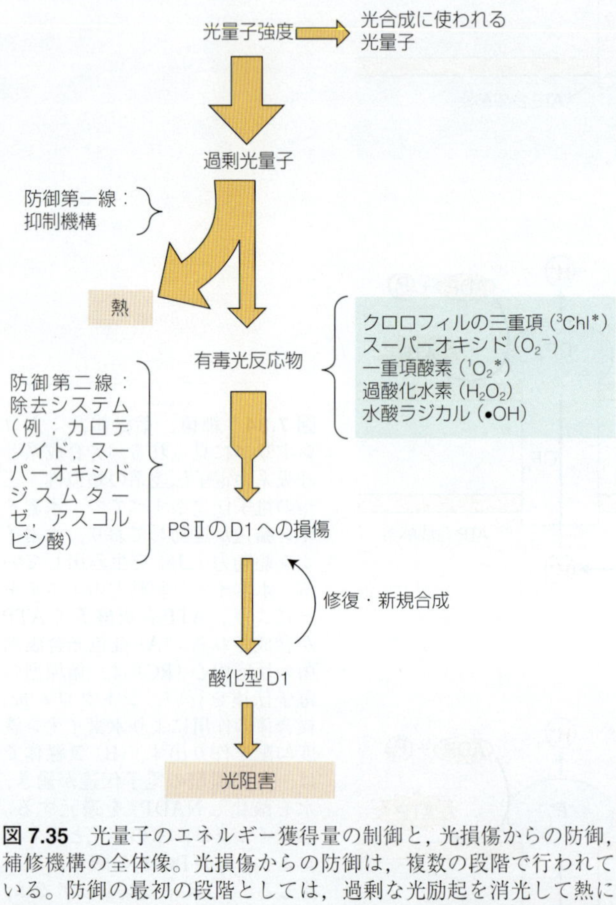

図7.35　光量子のエネルギー獲得量の制御と，光損傷からの防御，補修機構の全体像。光損傷からの防御は，複数の段階で行われている。防御の最初の段階としては，過剰な光励起を消光して熱に変換する。この防御システムが十分でなく，有害な光反応生成物ができた場合には，そのような有害物を除去するさまざまなメカニズムが働く。それでもだめな場合は，有害光反応生成物によって光化学系IIのD1タンパク質が損傷する。こうして，光合成系の光阻害が進行する。損傷したD1タンパク質は，PSII複合体から取り除かれ分解される。新たに合成されたD1タンパク質が，損傷を受けたPSII反応中心に補充されて，再び機能を回復する。(Asada 1999)

光防御機構としてのカロテノイド

カロテノイドは，補助色素としての機能以外に，**光防御**（photoprotection）で重要な働きを担う。色素が吸収した光エネルギーの多くが光化学過程に利用されない場合，光合成系の膜は損傷の危険にさらされる。防御機構が必要なのはそのためである。光防御の機構は，安全弁に似ている。すなわち生体が損傷を受ける前に，よけいなエネルギーを散逸させる。励起状態クロロフィルが，光エネルギーをエネルギー移動や光化学過程によって速やかに失うことを，励起状態が**消光**（quench）された，という。

励起状態クロロフィルがエネルギー移動や光化学反応ですぐに消光されない際には，酸素分子と反応して一重項酸素（singlet oxygen；$^1O_2^*$）として知られる酸素分子の励起状態を生成する。非常に反応性の高い一重項酸素は，多くの細胞構成物質，特に脂質と反応して損傷させる。カロテノイドは，励起状態のクロロフィルを速やかに消光することで防御機能を果たす。カロテノイドの励起状態は，一重項酸素を生成するのに十分なエネルギーをもたないので，励起エネルギーをすべて熱に変えて基底状態へと戻ることができる。

カロテノイド欠損の変異体は，光と酸素の両方がある環境では生きられない。酸素発生型の光合成生物には，非常に厳しい条件である。非酸素発生型の光合成細菌の場合は，培地から酸素を除いた実験室内環境ならカロテノイド欠損変異体も生きられる。

最近カロテノイドは，2次的な防御，制御機構である非光化学的消光にも重要な働きをもつことが見い出された。

エネルギー散逸に寄与するキサントフィル

非光化学的消光は，反応中心への光エネルギーの入力を調節する主要な制御機構であり，オーディオ装置の‘ボリュームつまみ’のようなものである。PSII反応中心へ流入する励起エネルギーを，光の強度やその他の条件に依存する消費可能な量に調節する。ほとんどの藻類，植物にとって，アンテナ系のもっとも基本的な制御機構のようである。

非光化学的消光（nonphotochemical quenching）は，クロロフィルの蛍光（図7.5）を光化学反応以外の過程により消光することである。非光化学的消光により，アンテナ系への強い光照射で引きおこされる励起状態の大部分は熱に変換される（Krause and Weis 1991）。非光化学的消光は，過剰な励起とそれによっておこる損傷から光合成系の分子機械を守ると考えられている。

非光化学的消光の分子レベルの機構はよくわかっていないが，チラコイドルーメンのpHとアンテナ複合体の凝集が重要因子であることは明らかである。**キサントフィル**（xanthophyll）とよばれる3種類のカロテノイド，ビオラザンチン，アントラザンチンとゼアザンチン，がこの過程に寄与する（図7.36）。

強光下では，ビオラザンチンはアントラザンチン，ゼアザンチンへと変換される。この変換には，ビオラザンチンジエポキシダーゼという酵素が働いている。この過程は可逆的で，光が弱くなると逆の反応がおこる。水素イオンとゼアザンチンの結合が，光捕集アンテナタンパク質のコンフォメーション変化を誘導し，結果として励起エネルギーの消光と熱への変換がおこると考えられている（Demmig-Adams and Adams 1992；Horton et al. 1996）。非光化学的消光には，主に光化学系IIの周辺アンテナ複合体，PsbSタンパク質が関連しているようである（Li et al. 2000）。

損傷を受けやすい光化学系II反応中心

光合成系の安定性に重要な他の機構として，光阻害がある。これは，PSIIが過剰に光励起されたときにおこり，PSIIが損傷を受けて活性を失う（Long et al. 1994）。**光阻害**（photoinhibition）は，さまざまな分子過程の総称であり，過剰な光による光合成系の阻害として定義される。

9章で詳しく述べるが，初期の段階では光阻害は可逆的である。しかし，長い間阻害を受けると，PSII反応中心が分解して修復が必要な程の損傷を受ける（Melis 1999）。損傷を受ける部位は，主にPSII反応中心を構成するD1タンパク質である（図7.24）。過剰な光でD1が損傷すると，膜から取り除かれ新たに合成された分子と置き換わる。このときPSIIの他の部分は損傷を受けず，そのまま新しいD1タンパク質と結合して利用されると考えられている。つまりD1タンパク質だけが新規に合成される。

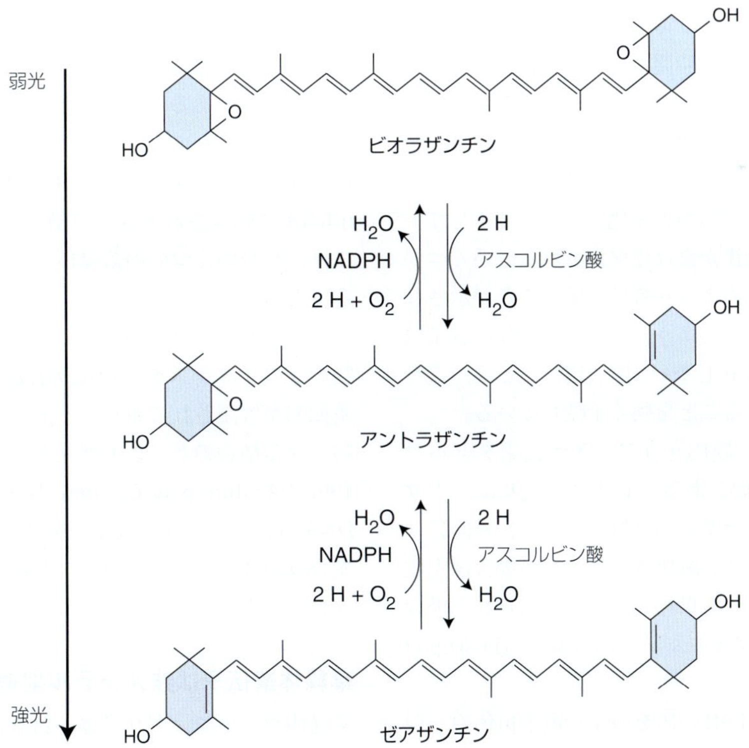

図7.36 ビオラザンチン，アントラザンチン，ゼアザンチンの化学構造。消光される確率が高い光化学系IIには，ゼアザンチンが結合しており，消光のおこらないときにはビオラザンチンが結合している。このカロテノイドの二つの状態は，光環境の変化に応じて酵素によって可逆的に変換され，そのときの中間生成物がアントラザンチンである。ゼアザンチンへの変換には，補助因子としてアスコルビン酸が必要であり，ビオラザンチンへの変換にはNADPHが必要である。（Pfündel and Bilger 1994）

光化学系Iの活性酸素からの防御

光化学系Iは，特に活性酸素による阻害を受けやすい。PSIの電子受容体フェレドキシンは，非常に強い還元剤であり，容易に酸素分子を還元してスーパーオキシド（O_2^-）を生成する。この反応は，通常の電子の流れである$NADP^+$の還元や他の過程と競合する。スーパーオキシドは，生体膜を破壊する性質のある一連の活性酸素種の一種である。スーパーオキシドは，スーパーオキシドジスムターゼやアスコルビン酸ペルオキシダーゼ等の酵素群によって，除去される（Asada 1999）。

チラコイドの積層が二つの光化学系間にエネルギーを分配する

高等植物の光合成は，異なる波長の光を吸収する二つの光化学系で駆動されるという事実は，以下の特異的な問題を提起する。PSIとPSIIへのエネルギー入力量が異なり，光が十分弱く，光強度で光合成活性が決まる（弱光条件）場合，電子伝達速度は受け取る光エネルギーが少ない方の光化学系の速度で決まることになる。もっとも効率がいいのは，二つの光化学系が同量の光エネルギーを受ける場合である。しかし，ある1パターンの色素配置だけでは，この要請を満たすのは不可能である。なぜなら，1日の異なった時間帯には光の強度もスペクトルも異なるので，時間帯によってはどちらか一方の光化学系により多くのエネルギーが供給されてしまうからである（Trissl and Wilhelm 1993；Allen and Forsberg 2001）。

この問題は，環境に応じて二つの光化学系へのエネルギーの割り振りを変化させる機構が働けば解決される。いくつかの異なる実験条件下で，このような機構が働くことが示されている。本章の前の方で述べたように，光合成全体の量子収率がほとんど励起波長に依存しない（図7.12）ことは，こうした機構が確かに働いていることを強く示唆している。

本章の初めの方で述べた膜内在性アンテナ色素タンパク質，LHCII（図7.20）の表面にあるスレオニン残基は，チラコイド膜に存在するキナーゼタンパク質によって特異的にリン酸化される。LHCIIは，リン酸化されていない場合は光化学系IIに多くの光エネルギーを供給し，リン酸化された場合には光化学系Iに優先的にエネルギーを供給する（Haldrup et al. 2001）。

このキナーゼは，PSIとPSIIの間をつなぐ電子担体の一つであるプラストキノンの還元型が多いと活性化される。還元型プラストキノンが蓄積されるのは，PSIよりPSIIがより強く光を受けるときである。このときはLHCIIがリン酸化されて，チラコイドの積層した領域から積層のない領域（図7.18）へと移動する。おそらく，隣り合った膜間での，負電荷の反発力がこの移動の引き金になるのだろう。

LHCIIの移動で，ストロマラメラに多く存在する光化学系Iへのエネルギー供給を増やし，積層したグラナ領域の膜に存在する光化学系IIへのエネルギー供給が減る。この状態は，‘状態2’とよばれる。一方，光化学系Iの過剰な光励起により，プラストキノンの多くが酸化状態になるときは，キナーゼの活性は下がり，膜に存在する脱リン酸化酵素の作用でLHCIIは脱リン酸化される。こうしてLHCIIは再びグラナ領域へと移動し，‘状態1’とよばれる状態になる。結果的に，二つの光化学系間でのエネルギー供給は精密につり合い，常にもっとも効率よくエネルギーを利用できる状況に保たれる。

光合成系の遺伝学，構造構築と進化

葉緑体は，独自のDNA，mRNAとタンパク質合成器官をもつが，いくつかの葉緑体タンパク質は核の遺伝子にコードされており，葉緑体へ輸送される。この節では，葉緑体の主要成分の遺伝学，構造構築と進化について議論する。

すでに遺伝情報が解読された葉緑体，シアノバクテリア，核

いくつかの生物について，葉緑体の全遺伝情報がすでに解読されている。葉緑体DNAは環状であり，120～160 kbaseほどの大きさである。葉緑体ゲノムには，約120個のタンパク質がコードされている。そのうちのいくつかのタンパク質には，まだ同定されていないものもある。すべての遺伝子がmRNAに転写されタンパク質が合成されているか不明であるが，今後いくつかの葉緑体タンパク質が，新たに同定されるであろう。

シアノバクテリアの*Synechocystis*（PCC 6803株）と高等植物のシロイヌナズナ（*Arabidopsis*）については，全ゲノム塩基配列が解読されており，イネやトウモロコシなど重要な穀物となる植物のゲノムも解読されている（Kotani and Tabata 1998；Arabidopsis Genome Initiative 2000）。葉緑体と核DNA両方のゲノム情報は，植物における他の作用とともに，光合成のメカニズムについても新たな知見をもたらすであろう。

葉緑体遺伝子は非メンデル型遺伝を示す

葉緑体やミトコンドリアは，新たに作り出される（**デノボ合成**：*de novo* synthesis）のではなく，分裂によって増殖する。こうした増殖方式は，これらの器官が独自の遺伝情報をもっていることから，特に驚くべきことではない。細胞分裂の間，葉緑体は二つの娘細胞間で分配される。しかし多くの有性植物では，母側の葉緑体のみが接合子に渡される。これらの植

物では，子は片方の親の葉緑体のみを受け継ぐため，その葉緑体の遺伝子は通常のメンデル型遺伝形式には従わない。結果として**非メンデル型遺伝**（non-Mendelian inheritance），あるいは**母性遺伝**（maternal inheritance）となる。多くの形質がこのように遺伝する。一つの例として，除草剤に対する耐性に関する形質を**Webトピック7.10**で議論している。

多くの葉緑体タンパク質は細胞質から運ばれてくる

葉緑体タンパク質は，葉緑体DNAか核DNAのどちらかにコードされている。葉緑体DNAにコードされたタンパク質は，葉緑体リボソームで合成される。一方核にコードされたタンパク質は，細胞質リボソームで合成され葉緑体に輸送されてくる。多くの核遺伝子には，イントロン，すなわちタンパク質をコードしていない塩基配列，が含まれている。まずmRNAのイントロンの部分が取り除かれ，その後細胞質でタンパク質が合成される。

葉緑体の機能に必須の遺伝子は，核と葉緑体のゲノムに分布しているが，その並びかたに特に明らかなパターンは見られない。どちらの遺伝子群も，葉緑体の存続にはきわめて重要である。ヘムや脂質の合成などに関係するいくつかの葉緑体遺伝子は，葉緑体以外の細胞活動にも不可欠である。核遺伝子の発現を制御している機構は複雑で，フィトクロム（17章）や青色光強度（18章），その他いくつかの要因が関わっている（Bruick and Mayfield 1999；Wollman et al. 1999）。

細胞質で合成された葉緑体タンパク質の輸送は，厳密に制御された過程である（Chen and Schnell 1999）。たとえば，炭酸固定に働く酵素のルビスコタンパク質（8章参照）は，葉緑体DNAにコードされた大サブユニットと，核DNAにコードされた小サブユニットの，二つから構成される。小サブユニットは細胞質で合成され，葉緑体中に運ばれた後サブユニットどうしが会合して酵素となる。

上の例やその他の場合で，核DNAにコードされた葉緑体タンパク質は，N末端に**運搬ペプチド**（transit peptide）として知られるアミノ酸配列をもつ前駆体タンパク質として，最初合成される。この末端アミノ酸配列があることで，前駆体タンパク質は葉緑体へ運ばれ，二重の包膜を通り抜けて葉緑体内にたどりつく。そこで，末端アミノ酸配列は切り取られる。電子担体であるプラストシアニンは核DNAにコードされた水溶性タンパク質だが，葉緑体ルーメン中で働く。そのためこのタンパク質は，合成されてから機能する場所に到着するまでに膜を3回通り抜ける必要がある。プラストシアニンの運搬ペプチドは，非常に長く最終的に全部切り取られるまでには，複数のステップをへる。

複雑な経路を辿るクロロフィルの生合成と分解

クロロフィルは，光合成で営まれる光吸収，エネルギー移動，電子移動といった機能に非常に適した，複雑な構造をもつ分子である（図7.6）。他の生体物質と同様に，クロロフィルもより単純な化合物を原料として生合成される（Porra 1997；Beale 1999）。生合成の各段階は，酵素によって触媒される。

クロロフィルの生合成経路は，1ダース以上の素過程からなる（**Webトピック7.11**）。独立したいくつかの段階に分けられる（図7.37）が，細胞内ではそれらの段階は高度に組織化され制御されている。タンパク質に結合していない遊離のクロロフィルやその生合成中間生成物は，細胞組織に損傷を引きおこす有害物質である。そのため，クロロフィル合成を高度に制御することは，非常に重要である。遊離のクロロフィルが有害な理由は，もしタンパク質に結合していないと，効率よく吸収される光エネルギーをうまく熱に変換する経路をもたないため，高効率で有害な一重項酸素を生成してしまうからである。

老化した葉のクロロフィル分解経路は，生合成経路とはまったく異なる（Matile 1996）。第一段階では，酵素クロロフィラーゼの作用でフィトール鎖が取り除かれる。その後Mg-デキラターゼの作用で中央のマグネシウムが除かれる。次に酸素に依存する酵素オキシゲナーゼにより，ポルフィリン環が開かれ開環構造のテトラピロールとなる。

テトラピロールはさらに，水溶性の無色の化合物へと変換される。これら無色の代謝産物は，老化した葉緑体から排出され液胞へと輸送され蓄積される。クロロフィルの代謝産物は，さらに変換されて新しいクロロフィル合成の原料として再利用されることはない。一方，クロロフィルが結合していたタンパク質の方は，新しいタンパク質合成に再利用される。こうしたタンパク質の再利用は，植物が窒素を有効に利用するうえで重要である。

複雑な光合成生物は，単純な形態から進化した

植物，藻類で見られる複雑な光合成器官は，長い進化の過程の産物である。この進化の過程を研究するには，非酸素発生型の光合成細菌や，シアノバクテリアのような，より単純な光合成原核生物の解析が有効である。葉緑体は，独自のDNAと完全なタンパク質生合成のための器官をもっており，半自立した細胞内器官といえる。光合成器官を形づくっている多くのタンパク質や，クロロフィル，脂質などは，葉緑体内で合成される。他の一部のタンパク質は細胞質で合成され，核遺伝子にコードされている。このような興味深い分業体制はどのようにして実現されたのか？ 現在多くの専門家は，葉緑体はシアノバクテリアが単純な非光合成真核生物と共生したなれの果てである，と考えている。このような関係を**内部共生**（endosymbiosis）とよんでいる（Cavalier-Smith 2000）。

もともとは，共生していたシアノバクテリアは自立した生

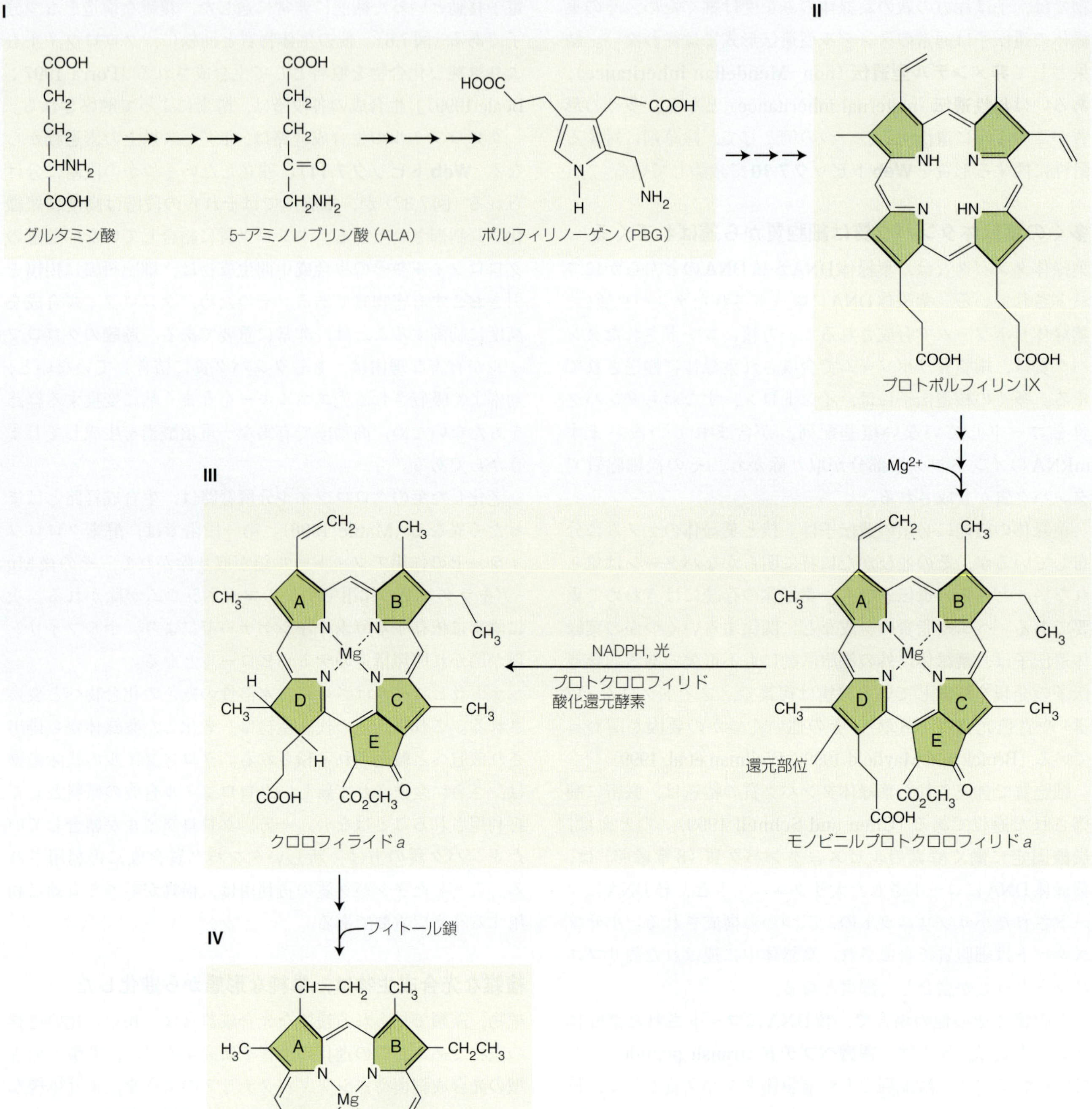

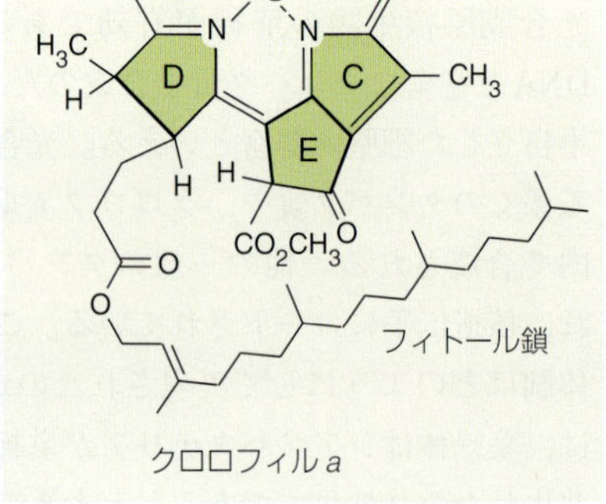

図 7.37　クロロフィルの生合成経路。生合成の最初の化合物はグルタミン酸であり，5-アミノレブリン酸（ALA）に変換される。2分子のALAが反応して一体となり，ポルフィリノーゲン（PBG）を生成する。4分子のPBGがつながって，プロトポルフィリンIXが合成される。マグネシウム（Mg）が挿入され，光に依存したE環の環化反応，D環の還元，フィトール鎖の結合を通して，クロロフィル合成が完結する。この図では，多くの段階が省略されている。

命活動をしていたのだが，時間の経過とともに細胞活動に必要な遺伝情報の大部分が失われ，さらに光合成活動に必要な遺伝子の一部も核に移行していった。こうして葉緑体はもはや，その宿主の外では自立した生命活動は営めなくなり，最終的には宿主の細胞内器官となった。

いくつかの藻類では，共生していた真核光合成生物が葉緑体へと変化したと考えられている（Palmer and Delwiche 1996）。これらの生物では，葉緑体は3枚，ときには4枚の膜に包まれており，これが共生していた生物の細胞膜の名残と考えられている。ミトコンドリアも，内部共生が起源と考えられており，葉緑体形成よりもずっと以前におこったと考えられている。

光合成の進化に関する他の事象に関しては，あまり多くわかっていない。もっとも最初の光合成系はどのようなものであったか，どのようにして二つの光化学系が統合されたのか，酸素発生系の進化的起源は，というような問題が残されている（Blankenship and Hartman 1998；Xiong et al. 2000）。

まとめ

光合成は，植物，藻類，光合成細菌によって行われる太陽光エネルギーの獲得，蓄積過程である。光吸収でクロロフィル分子が励起され，励起されたクロロフィルは得られたエネルギーを，熱や蛍光として放出するか，エネルギー移動，光化学過程に利用する。光の大部分は葉緑体チラコイド膜上にあるクロロフィル，補助色素，タンパク質でできたアンテナ複合体によって吸収される。

光合成アンテナ色素は，反応中心とよばれる特別なクロロフィル–タンパク質複合体へと光エネルギーを伝達する。反応中心は，いくつかのタンパク質サブユニットからなる複合体で，数百から時には数千のアンテナクロロフィルとつながる。アンテナ複合体と反応中心は，チラコイド膜に必須の要素である。反応中心は，新しい化学結合の生成という形で光エネルギーを獲得するための一連の複雑な化学反応をスタートさせる。

吸収された光量子数と，それによって駆動される光化学反応過程の回数の比が，反応の量子収率である。光合成の初期過程の量子収率はおよそ0.95であり，吸収された光量子のほとんどが，反応中心での初期電荷分離を誘起することを示している。

植物といくつかの真核光合成生物は，直列に働く二つの光化学系である光化学系Iと光化学系IIをもっている。二つの光化学系は，空間的に分離して存在する。PSIは，主に膜の積層が発達していないストロマ領域に分布している。PSIIは膜の積層したグラナ領域に見られる。PSI反応中心のクロロフィルはおよそ700 nmでもっとも光を効率的に吸収するが，PSII反応中心クロロフィルは，680 nmに吸収スペクトルのピークがある。光化学系IIとIは，各々，水を酸化して酸素分子を生み出し，$NADP^+$を還元してNADPHにして，非循環的な電子伝達鎖を形成する。水を酸化して酸素分子へ変換するのは，非常に高いエネルギーを要する過程である。この過程を実現できる生体器官は，光合成の酸素発生系のみであり，地球大気に含まれる酸素分子のほとんどは，光合成によって生成された。水の酸化は，5段階のS状態機構により進行するというモデルで説明される。マンガンは酸素発生過程に必須の補助因子であり，5段階のS状態は，マンガンを含む酵素がこの反応過程中で順番に示す五つの酸化状態を表しているようである。

PSII反応中心にあるD1タンパク質中の一つのチロシン残基が，酸素発生複合体とP680との間をつなぐ電子担体として働く。フェオフィチンと二つのプラストキノンが，P680と大きなタンパク質複合体シトクロム b_6f 間の電子担体である。シトクロム b_6f とP700との間は，プラストシアニンが電子担体として働いている。P700から電子を受け取る電子担体は非常に強い還元剤であり，キノン，膜結合フェレドキシンとして知られるタンパク質に結合した三つの鉄–硫黄中心がその機能を担う。電子伝達の流れは，膜結合酵素，フェレドキシン–NADP/酸化還元酵素の働きで$NADP^+$を還元してNADPHを生成することで完結する。

光量子のエネルギーの一部は，化学ポテンシャル，すなわち主にチラコイド膜内外のpH差という形でも獲得される。このエネルギーは，ATP合成酵素とよばれる酵素複合体の作用によりATP合成に利用され，速やかに化学的エネルギーへと変換される。ATP合成酵素によるADPの光リン酸化反応は，化学浸透圧機構によって進行する。光合成の電子伝達は，チラコイド膜を横断する水素イオン移動と連動している。つまり光によって，ストロマがより塩基性に，ルーメンがより酸性になる。この水素イオンの濃度勾配がATP合成酵素を駆動し，その化学量論は四つの水素イオンが膜を横断すると一つのATPが合成されるとして表される。光反応により生成したNADPHとATPは，炭素還元反応のエネルギー源として利用される。

過剰な光エネルギーの流入は，光合成系を損傷する危険があり，いくつかの機構がこのような損傷を最小にするように働いている。カロテノイドは，励起状態クロロフィルを速やかに消光することで，光防御の機能を果たしている。アンテナ色素タンパク質のリン酸化状態が変化すると，光化学系IとII間の光エネルギーの配分比も変化し，それぞれの光化学系が均等に光励起されるように調節されている。ザントフィルサイクルとよばれるメカニズムでは，非光化学的消光作用によって光エネルギーを熱に変換し，過剰なエネルギー入力から系を守っている。

葉緑体は独自のDNAをもち，光合成に必須のタンパク質の多くはこれにコードされており，葉緑体内で合成される。ほかの葉緑体タンパク質は核DNAにコードされ，細胞質で合成され葉緑体へと運ばれる。クロロフィルは12以上の素過程からなる生合成経路を介して合成され，その一つひとつの段階は注意深く制御されている。合成されたタンパク質と色素は，チラコイド膜に組み込まれる。

Webマテリアル

Webトピック

7.1 分光光度測定の原理
分光測定は，光反応を研究するための鍵となる技術である。

7.2 クロロフィルやその他の光合成色素の分布
クロロフィルその他の光合成色素の含有量は，植物の種によって異なっている。

7.3 量子収率
量子収率とは，光生物反応を光がどの程度効率よく誘起するかを表す。

7.4 シトクロムの酸化反応に対する光の制御効果
いくつかの巧妙な実験から，光化学系IとIIの存在が明らかにされた。

7.5 二つの光合成細菌反応中心の構造
X線回折の実験により，光化学系IIの反応中心の構造が，原子レベルで解かれた。

7.6 還元反応の中点電位
中点電位の測定は，光化学系IIを通る電子の流れを解析するのに重要である。

7.7 酸素発生
S状態機構は，PSIIでの水の分解を説明する有用なモデルである。

7.8 光化学系I
PSI反応中心は，複数のポリペプチドからなる複合体を形成する。

7.9 ATP合成酵素
ATP合成酵素は，分子モーターとして機能する。

7.10 いくつかの除草剤の作用機構
除草剤のいくつかは，光合成の電子伝達鎖をブロックすることで作用している。

7.11 クロロフィルの生合成
クロロフィルとヘムは，生合成過程の初期には共通のステップをへている。

Webエッセイ

7.1 葉緑体構造の最新モデル
ストロミュール（stromule）とよばれるチューブ状のものが，葉緑体間をつないでいる。

参考文献

Allen, J. F., and Forsberg, J. (2001) Molecular recognition in thylakoid structure and function. *Trends Plant Sci.* 6: 317–326.

Arabidopsis Genome Initiative. (2000) Analysis of the genome sequence of the flowering plant *Arabidopsis thaliana*. *Nature* 408: 796–815.

Asada, K. (1999) The water–water cycle in chloroplasts: Scavenging of active oxygens and dissipation of excess photons. *Annu. Rev. Plant Physiol. Plant Mol. Biol.* 50: 601–639.

Avers, C. J. (1985) *Molecular Cell Biology.* Addison–Wesley, Reading, MA.

Barber, J., Nield, N., Morris, E. P., and Hankamer, B. (1999) Subunit positioning in photosystem II revisited. *Trends Biochem. Sci.* 24: 43–45.

Beale, S. I. (1999) Enzymes of chlorophyll biosynthesis. *Photosynth. Res.* 60: 43–73.

Becker, W. M. (1986) *The World of the Cell.* Benjamin/Cummings, Menlo Park, CA.

Berry, E. A., Guergova–Kuras, M., Huang, L.–S., and Crofts, A. R. (2000) Structure and function of cytochrome *bc* complexes. *Annu. Rev. Biochem.* 69: 1005–1075.

Blankenship, R. E. (2002) *Molecular Mechanisms of Photosynthesis.* Blackwell Science, Oxford.

Blankenship, R. E., and Hartman, H. (1998) The origin and evolution of oxygenic photosynthesis. *Trends Biochem. Sci.* 23: 94–97.

Blankenship, R. E., and Prince, R. C. (1985) Excited–state redox potentials and the Z scheme of photosynthesis. *Trends Biochem. Sci.* 10: 382–383.

Boyer, P. D. (1997) The ATP synthase: A splendid molecular machine. *Annu. Rev. Biochem.* 66: 717–749.

Brettel, K. (1997) Electron transfer and arrangement of the redox cofactors in photosystem I. *Biochim. Biophys. Acta* 1318: 322–373.

Bruick, R. K., and Mayfield, S. P. (1999) Light–activated translation of chloroplast mRNAs. *Trends Plant Sci.* 4: 190–195.

Buchanan, B. B., Gruissem., W., and Jones, R. L., eds. (2000) *Biochemistry and Molecular Biology of Plants.* Amer. Soc. Plant Physiologists, Rockville, MD.

Cavalier–Smith, T. (2000) Membrane heredity and early chloroplast evolution. *Trends Plant Sci.* 5: 174–182.

Chen, X., and Schnell, D. J. (1999) Protein import into chloroplasts. *Trends Cell Biol.* 9: 222–227.

Chitnis, P. R. (2001) Photosystem I: Function and physiology. *Annu. Rev. Plant Physiol. Plant Mol. Biol.* 52: 593–626.

Cramer, W. A., Soriano, G. M., Ponomarev, M., Huang, D., Zhang, H., Martinez, S. E., and Smith, J. L. (1996) Some new structural aspects and old controversies concerning the cytochrome b_6f complex of oxygenic photosynthesis. *Annu. Rev. Plant Physiol. Plant Mol. Biol.* 47: 477–508.

Deisenhofer, J., and Michel, H. (1989) The photosynthetic reaction center from the purple bacterium *Rhodopseudomonas viridis.* *Science* 245: 1463–1473.

Demmig–Adams, B., and Adams, W. W., III. (1992) Photoprotection and other responses of plants to high light stress. *Annu. Rev. Plant Physiol. Plant Mol. Biol.* 43: 599–626.

Green, B. R., and Durnford, D. G. (1996) The chlorophyll–carotenoid proteins of oxygenic photosynthesis. *Annu. Rev. Plant Physiol. Plant Mol. Biol.* 47: 685–714.

Grossman, A. R., Bhaya, D., Apt, K. E., and Kehoe, D. M. (1995) Light–harvesting complexes in oxygenic photosynthesis: Diversity, control, and evolution. *Annu. Rev. Genet.* 29: 231–288.

Haldrup, A., Jensen, P. E., Lunde, C., and Scheller, H. V. (2001) Balance of power: A view of the mechanism of photosynthetic state transitions. *Trends Plant Sci.* 6: 301–305.

Haraux, F., and De Kouchkovsky, Y. (1998) Energy coupling and ATP synthase. *Photosynth. Res.* 57: 231–251.

Hoganson, C. W., and Babcock, G. T. (1997) A metalloradical mechanism for the generation of oxygen from water in photosynthesis. *Science* 277: 1953–1956.

Horton, P., Ruban, A. V., and Walters, R. G. (1996) Regulation of light harvesting in green plants. *Annu. Rev. Plant Physiol. Plant Mol. Biol.* 47: 655–684.

Jordan, P., Fromme, P., Witt, H. T., Klukas, O., Saenger, W., and Krauss, N. (2001) Three-dimensional structure of cyanobacterial photosystem I at 2.5 Å resolution. *Nature* 411: 909–917.

Karplus, P. A., Daniels, M. J., and Herriott, J. R. (1991) Atomic structure of ferredoxin-$NADP^+$ reductase: Prototype for a structurally novel flavoenzyme family. *Science* 251: 60–66.

Kotani, H., and Tabata, S. (1998) Lessons from sequencing of the genome of a unicellular cyanobacterium, *Synechocystis* sp. PCC6803. *Annu. Rev. Plant Physiol. Plant Mol. Biol.* 49: 151–171.

Krause, G. H., and Weis, E. (1991) Chlorophyll fluorescence and photosynthesis: The basics. *Annu. Rev. Plant Physiol. Plant Mol. Biol.* 42: 313–350.

Kühlbrandt, W., Wang, D. N., and Fujiyoshi, Y. (1994) Atomic model of plant light-harvesting complex by electron crystallography. *Nature* 367: 614–621.

Li, X. P., Bjorkman, O., Shih, C., Grossman, A. R., Rosenquist, M., Jansson, S., and Niyogi, K. K. (2000) A pigment-binding protein essential for regulation of photosynthetic light harvesting. *Nature* 403: 391–395.

Long, S. P., Humphries, S., and Falkowski, P. G. (1994) Photoinhibition of photosynthesis in nature. *Annu. Rev. Plant Physiol. Plant Mol. Biol.* 45: 633–662.

Matile, P., Hörtensteiner, S., Thomas, H., and Kräutler, B. (1996) Chlorophyll breakdown in senescent leaves. *Plant Physiol.* 112: 1403–1409.

Melis, A. (1999) Photosystem-II damage and repair cycle in chloroplasts: What modulates the rate of photodamage in vivo? *Trends Plant Sci.* 4: 130–135.

Müller, P., Li, X.-P., and Niyogi, K. K. (2001) Non-photochemical quenching: A response to excess light energy. *Plant Physiol.* 125: 1558–1566.

Okamura, M. Y., Paddock, M. L., Graige, M. S., and Feher, G. (2000) Proton and electron transfer in bacterial reaction centers. *Biochim. Biophys. Acta* 1458: 148–163.

Palmer, J. D., and Delwiche, C. F. (1996) Second-hand chloroplasts and the case of the disappearing nucleus. *Proc. Natl. Acad. Sci. USA* 93: 7432–7435.

Paulsen, H. (1995) Chlorophyll *a/b*-binding proteins. *Photochem. Photobiol.* 62: 367–382.

Pfündel, E., and Bilger, W. (1994) Regulation and the possible function of the violaxanthin cycle. *Photosynth. Res.* 42: 89–109.

Porra, R. J. (1997) Recent progress in porphyrin and chlorophyll biosynthesis. *Photochem. Photobiol.* 65: 492–516.

Pullerits, T., and Sundström, V. (1996) Photosynthetic light-harvesting pigment-protein complexes: Toward understanding how and why. *Acc. Chem. Res.* 29: 381–389.

Stock, D., Leslie, A. G. W., and Walker, J. E. (1999) Molecular architecture of the rotary motor in ATP synthase. *Science* 286: 1700–1705.

Tommos, C., and Babcock, G. T. (1999) Oxygen production in nature: A light-driven metalloradical enzyme process. *Acc. Chem. Res.* 37: 18–25.

Trebst, A. (1986) The topology of the plastoquinone and herbicide binding peptides of photosystem II in the thylakoid membrane. *Z. Naturforsch. Teil C.* 240–245.

Trissl, H.-W., and Wilhelm, C. (1993) Why do thylakoid membranes from higher plants form grana stacks? *Trends Biochem. Sci.* 18: 415–419.

van Grondelle, R., Dekker, J. P., Gillbro, T., and Sundström, V. (1994) Energy transfer and trapping in photosynthesis. *Biochim. Biophys. Acta* 1187: 1–65.

Wollman, F.-A., Minai, L., and Nechushtai, R. (1999) The biogenesis and assembly of photosynthetic proteins in thylakoid membranes. *Biochim. Biophys. Acta* 1411: 21–85.

Xiong, J., Fisher, W., Inoue, K., Nakahara, M., and Bauer, C. E. (2000) Molecular evidence for the early evolution of photosynthesis. *Science* 289: 1724–1730.

Yachandra, V. K., Sauer, K., and Klein, M. P. (1996) Manganese cluster in photosynthesis: Where plants oxidize water to dioxygen. *Chem. Rev.* 96: 2927–2950.

Yasuda, R., Noji, H., Yoshida, M., Kinosita, K., and Itoh, H. (2001) Resolution of distinct rotational substeps by submillisecond kinetic analysis of F 1-ATPase. *Nature* 410: 898–904.

Zouni, A., Witt, H.-T., Kern, J., Fromme, P., Krauss, N., Saenger, W., and Orth, P. (2001) Crystal structure of photosystem II from *Synechococcus elongatus* at 3.8 Å resolution. *Nature* 409: 739–743.

8 光合成：炭素還元反応

5章では，植物の成長とライフサイクルを完結させるための無機栄養素と光の必須性について議論した。生物は相互にそして自らの環境とかかわりながら，生物界を通して栄養素を循環させている。この栄養素の循環は複雑に関連しながら，個々のサイクルを独自に成立させている。生物界では物質としての総量に変化はないので，この栄養素循環のサイクルを維持するためには，エネルギーが必要となる。もしエネルギーの供給がなければ，増大するエントロピーによって，物質循環の流れは止まってしまうからである。

植物などの独立栄養生物は，化学エネルギー源を炭水化物中に変換する能力をもっている。多くのエネルギーが，CO_2を細胞の基本骨格である—CHOH—という還元型炭素に変換するのに用いられている。最近の見積りでは，年間おおよそ2,000億トンのCO_2がバイオマスに変換されていると推定されている。このバイオマス生産のおおよそ40%が，海洋プランクトンによるものであるという（残り40%が森林であると推定されている）。CO_2は光合成の炭素還元反応によって有機化されている。

7章では，水からの酸素発生に始まる光化学反応が，どのように葉緑体チラコイド膜でのATPとNADPHの生産にかかわっているかを見てきた。CO_2の炭水化物への還元反応は葉緑体の液相であるストロマ中の酵素群によって，チラコイド膜で生産されるATPとNADPHを消費しながら行われている。

長い間，このストロマにおける反応は光に依存しない反応と考えられていたので，‘暗反応’（dark reaction）とよばれていた。しかし，実際はストロマ内で行われる反応は光化学反応の生産物に依存し，光によって直接制御されるものもあることから，光合成の‘炭素還元反応’（carbon reduction）とよぶほうがより適切である。

本章では，CO_2の固定とその炭素還元反応について述べ，CO_2固定酵素によって同時に触媒される光呼吸とよばれる代謝がどのように光合成効率に影響しているかを考察する。また，本章では，C_4光合成やCAM（crassulacean acid metabolism）光合成に見られる光呼吸を抑制するCO_2の濃縮の生化学的メカニズムについても述べる。さらに，ショ糖とデンプン合成についても解説する。

カルビン回路

もっとも原始的な藻類からもっとも進化した被子植物までのすべての真核光合成生物は，基本的には同じ機構によってCO_2を固定し，炭水化物に還元している。この光合成における炭素還元回路は**カルビン回路**（Calvin cycle）または**還元的ペントースリン酸回路**（reductive pentose phosphate cycle）とよばれている。他に，このカルビン回路に付随する代謝としては，光呼吸回路と一部の植物に見られるC_4炭酸同化回路（C_4回路）などがある。

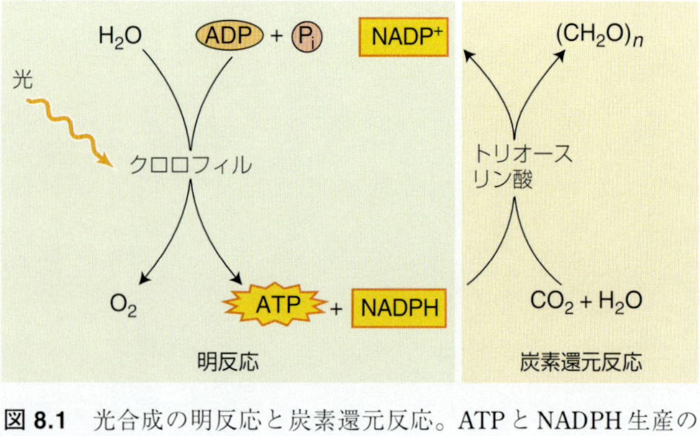

図 8.1　光合成の明反応と炭素還元反応。ATPとNADPH生産のために光が必要とされる。そのATPとNADPHは，炭素還元反応によって，CO_2が炭水化物（トリオースリン酸）に還元されるのに使われる。

本節では，光化学反応から生産されたATPとNADPHを利用しながら，カルビン回路によってどのようにCO_2が同化され（図8.1），そのカルビン回路がどのように制御されているかについて解説する。

カルビン回路には三つの段階がある：カルボキシレーション，炭素還元，およびCO_2受容体の再生産

カルビン回路は，1950年代，Melvin Calvinらの研究グループのすぐれた実験によって全貌が明らかにされた。Calvinはこの業績で1961年にノーベル化学賞を受賞している（**Webトピック8.1**参照）。カルビン回路では，まず，外界から取り込まれたCO_2と水が酵素反応によってCO_2の受容体である5炭素糖分子に固定され，2分子の3炭素化合物が生産される。次に，この3炭素化合物（3-ホスホグリセリン酸（3-phosphoglycerate））が，光化学反応によって生産されたATPとNADPHを消費しながら，炭水化物に還元される。そして，回路はCO_2の受容体である5炭素糖（リブロース-1,5-二リン酸（ribulose-1,5-bisphosphate：RuBP））を再生し，完結する。

カルビン回路は，三つの段階をへて進行する（図8.2）。

1. カルボキシレーション反応：リブロース-1,5-二リン酸を基質にCO_2が固定され，カルビン回路の初期産物である3-ホスホグリセリン酸が生産される反応。

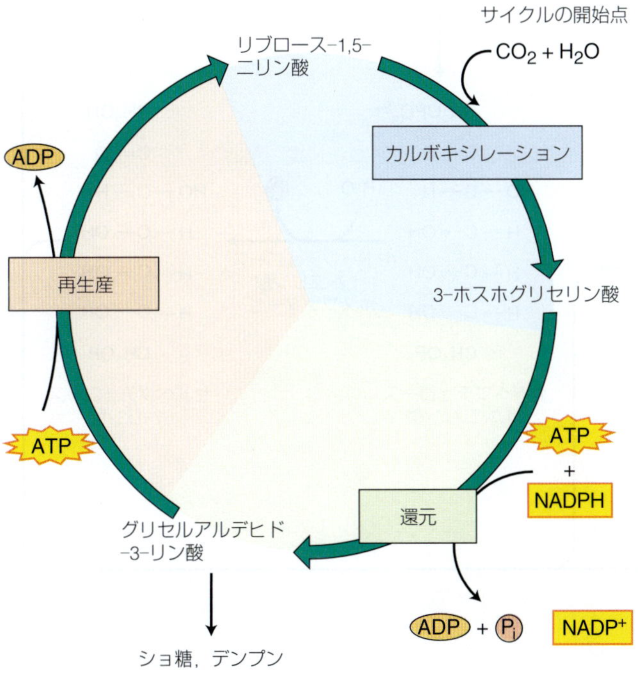

図 8.2 カルビン回路は三つの反応過程をへて進行する。(1) CO_2をCO_2受容体の炭素骨格に連結させるカルボキシレーション反応，(2) 光化学的に生産されたATPとNADPHのエネルギーと還元力を使って炭水化物を生成する還元反応，(3) CO_2の受容体であるリブロース-1,5-二リン酸を生成する再生産反応。

2. 炭素還元反応：3-ホスホグリセリン酸からグリセルアルデヒド-3-リン酸（glyceraldehyde-3-phosphate）をへて炭水化物が生産される反応。
3. リブロース-1,5-二リン酸再生産反応：3-ホスホグリセリン酸からCO_2の受容体であるリブロース-1,5-二リン酸が再生産される反応。

CO_2の炭素は，自然界ではもっとも酸化された炭素形態である（酸化レベル＋4）。初期産物，3-ホスホグリセリン酸中の炭素の酸化レベルは酸化レベル＋3で，グリセルアルデヒド-3-リン酸で酸化レベル＋1まで還元される。全体を通して見ると，カルビン回路の初期の反応で炭素の還元が行われ，有機化合物の変換が容易になっているのがわかる。

リブロース-1,5-二リン酸のカルボキシレーションは，酵素Rubiscoによって触媒される

葉緑体ストロマに局在する酵素，リブロース-1,5-二リン酸カルボキシラーゼ/オキシゲナーゼ（ribulose-1,5-bisphosphate carboxylase/oxygenase）通称**Rubisco**（ルビスコ）（**Webトピック8.2**参照）が，リブロース-1,5-二リン酸から2分子の3-ホスホグリセリン酸を生成する。この反応によって，CO_2はカルビン回路に取り込まれる（図8.3と表8.1）。この酵素の正式名にあるように，Rubiscoはリブロース-1,5-二リン酸を共通の基質にCO_2と拮抗しながらO_2を取り込むオキシゲナーゼ活性も有する（Lorimer 1983）。後述するが，この反応が炭酸固定を大きく制限している。

図8.4に示したように，CO_2はリブロース-1,5-二リン酸のC-2の位置に結合し，Rubisco分子上で不安定な中間体をへて安定な2分子の3-ホスホグリセリン酸に加水分解される（表8.1，反応1）。図中では$^*CO_2$で標識された新たに取り込まれたCO_2分子を含む分子を上に表して区別した。

カルボキシラーゼ反応は，特に二つの面で重要である。

1. リブロース-1,5-二リン酸のカルボキシレーション反応は，大きな負の自由エネルギー変化（2章の自由エネルギーのWebサイト参照）を伴うので，反応は不可逆である。
2. 葉緑体において見い出されるCO_2濃度で十分Rubiscoが機能するだけ，RubiscoのCO_2に対する親和性は高い。（訳者注；高等植物RubiscoのCO_2に対する親和性はすべての光合成生物の中ではもっとも高いが，それでもK_mは現在の大気CO_2分圧程度である。したがって，それより30～50% CO_2濃度の低い葉緑体中ではRubiscoが十分機能するとはいえず，さらに共存するO_2がCO_2への酵素の親和性を低下させている。ゆえに，RubiscoのCO_2に対する親和性は決して高いとは表現できない。そのために，以下に述べるように多量に存在するタンパク質であると理解されている。）

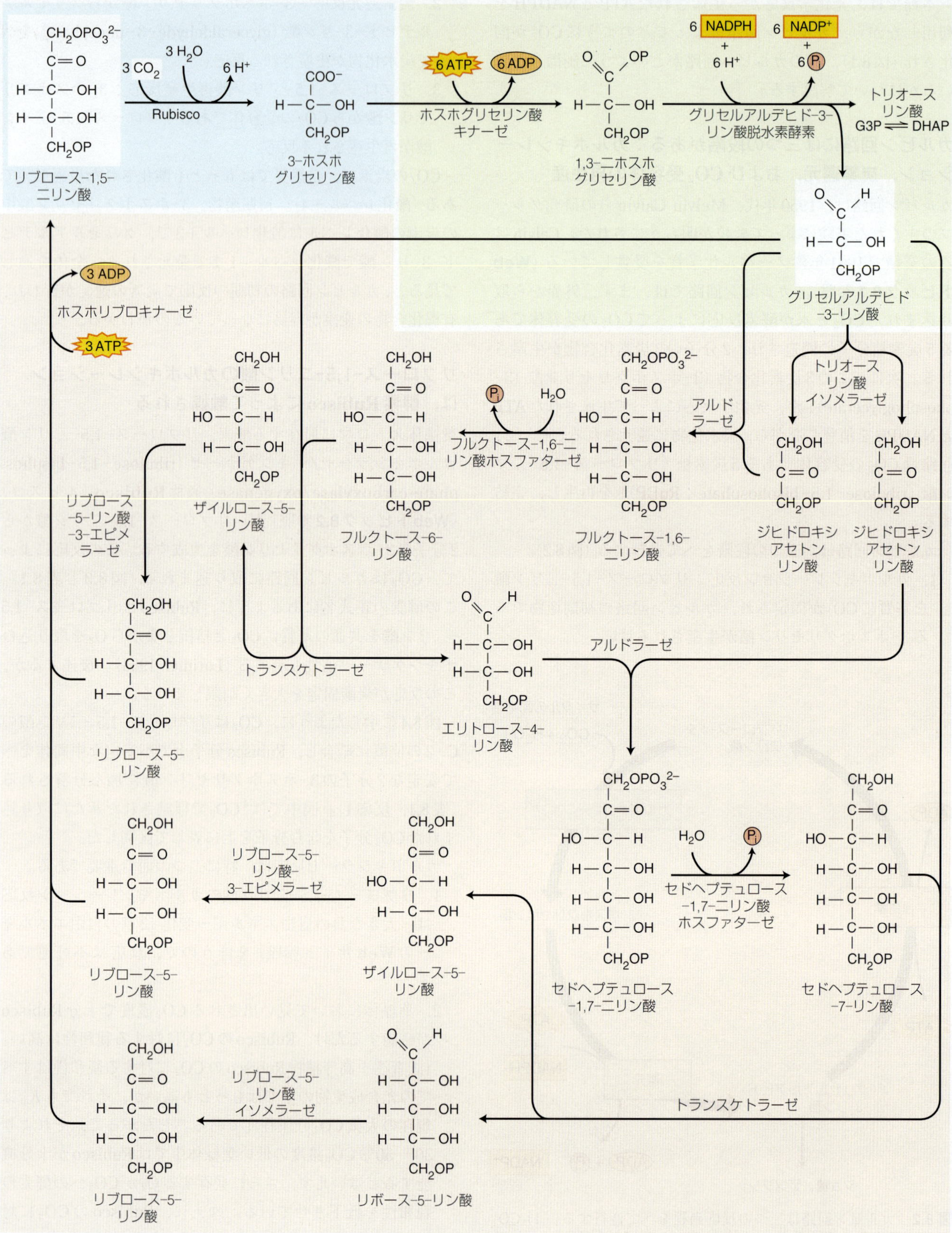

図 8.3　カルビン回路。3分子のCO_2受容体リブロース-1,5-二リン酸のカルボキシレーション反応によって正味1分子のグリセルアルデヒド-3-リン酸が生産されることになり，3分子のCO_2受容体が再生産される。この過程は反応経路の循環を反映すべく3分子のリブロース-1,5-二リン酸に始まり，3分子のリブロース-1,5-二リン酸に終わっている。

表 8.1 カルビン回路の反応

酵 素	反 応
1. リブロース-1,5-二リン酸カルボキシラーゼ/オキシゲナーゼ	6リブロース-1,5-二リン酸＋6 CO_2＋6 H_2O ⟶ 12 (3-ホスホグリセリン酸)＋12 H^+
2. 3-ホスホグリセリン酸キナーゼ	12 (3-ホスホグリセリン酸)＋12 ATP ⟶ 12 (1,3-二ホスホグリセリン酸)＋12 ADP
3. NADP：グリセルアルデヒド-3-リン酸脱水素酵素	12 (1,3-二ホスホグリセリン酸)＋12 NADPH＋12 H^+ ⟶ 12グリセルアルデヒド-3-リン酸＋12 $NADP^+$＋12 P_i
4. トリオースリン酸イソメーゼ	5グリセルアルデヒド-3-リン酸 ⟶ 5ジヒドロキシアセトン-3-リン酸
5. アルドラーゼ	3グリセルアルデヒド-3-リン酸＋3ジヒドロキシアセトン-3-リン酸 ⟶ 3フルクトース-1,6-二リン酸
6. フルクトース-1,6-二リン酸ホスファターゼ	3フルクトース-1,6-二リン酸＋3 H_2O ⟶ 3フルクトース-6-リン酸
7. トランスケトラーゼ	2フルクトース-6-リン酸＋2グリセルアルデヒド-3-リン酸 ⟶ 2エリトロース-4-リン酸＋2ザイルロース-5-リン酸
8. アルドラーゼ	2エリトロース-4-リン酸＋2ジヒドロキシアセトン-3-リン酸 ⟶ 2セドヘプテュロース-1,7-二リン酸
9. セドヘプテュロース-1,7-二リン酸ホスファターゼ	2セドヘプテュロース-1,7-二リン酸＋2 H_2O ⟶ 2セドヘプテュロース-7-リン酸＋2 P_i
10. トランスケトラーゼ	2セドヘプテュロース-7-リン酸＋2グリセルアルデヒド-3-リン酸 ⟶ 2リボース-5-リン酸＋2ザイルロース-5-リン酸
11a. リブロース-5-リン酸エピメラーゼ	4キシロース-5-リン酸 ⟶ 4リブロース-5-リン酸
11b. リブロース-5-リン酸イソメラーゼ	2リボース-5-リン酸 ⟶ 2リブロース-5-リン酸
12. リブロース-5-リン酸キナーゼ	6リブロース-5-リン酸＋6 ATP ⟶ 6リブロース-1,5-二リン酸＋6 ADP＋6 H^+

正味：6 CO_2＋11 H_2O＋12 NADPH＋18 ATP ⟶ フルクトース-6-リン酸＋12 $NADP^+$＋6 H^+＋18 ADP＋17 P_i

P_iは無機リン酸を示す。

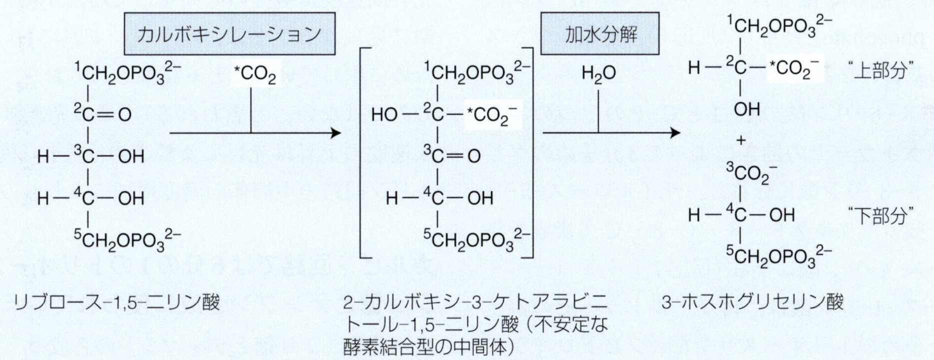

図 8.4 Rubiscoによるリブロース-1,5-二リン酸のカルボキシレーション反応

Rubiscoは非常に量的に多いタンパク質で，多くの植物葉において全可溶性タンパク質の40%を占める。葉緑体ストロマでのRubiscoの触媒部位の濃度は約4 mM程度にも達し，これは同じ葉緑体内のCO_2濃度の約500倍以上にも相当する（**Webトピック8.3**参照）。

トリオースリン酸はカルビン回路の還元反応で作られる

カルビン回路の次のステップにおいて（図8.3と表8.1），カルボキシレーション反応によって作られた3-ホスホグリセリン酸は，以下の二つの修飾を受ける。

1. 3-ホスホグリセリン酸は，3-ホスホグリセリン酸キナーゼの働きによって，明反応で生成されたATPの利用に伴いリン酸化され，1,3-二ホスホグリセリン酸になる（表8.1，反応2）。
2. 次に1,3-二ホスホグリセリン酸は，明反応で生成されたNADPHによってグリセルアルデヒド-3-リン酸に還元される。葉緑体酵素，NADP-グリセルアルデヒド-3-

リン酸脱水素酵素がこの反応を触媒する。この酵素は細胞質の解糖系の脱水素酵素と同じ働きをするが（11章参照），補酵素としてNADではなくNADPを利用する特徴をもつ。葉緑体の発達（緑化）に伴いNADP型の酵素が合成され，この酵素がその触媒反応を担う。

カルビン回路の駆動はリブロース-1,5-二リン酸の再生産を必要とする

CO_2同化のためには，CO_2の受容体であるリブロース-1,5-二リン酸の再生産が不可欠である。5分子のトリオースリン酸（5×3＝15炭素）からの一連の反応によって3分子のリブロース-1,5-二リン酸（3×5＝15炭素）が再生産されている。この一連の反応は表8.1の反応4～12に相当する（図8.3も参照）。

1. 1分子のグリセルアルデヒド-3-リン酸は，トリオースリン酸イソメラーゼが触媒するイソメラーゼ反応によってジヒドロキシアセトン-3-リン酸（dihydroxyacetone-3-phosphate）になる（反応4）。
2. ジヒドロキシアセトン-3-リン酸は，もう1分子（2分子め）のグリセルアルデヒド-3-リン酸とアルドラーゼ（aldolase）の働きによってアルドール縮合し，フルクトース-1,6-二リン酸（fructose-1,6-bisphosphate）になる（反応5）。
3. フルクトース-1,6-二リン酸は，カルビン回路の中枢的な位置を占め，脱リン酸されフルクトース-6-リン酸（fructose-6-phosphate）となり（反応6），酵素トランスケトラーゼの基質となる。
4. フルクトース-6-リン酸のC-1とC-2の二つの炭素が，トランスケトラーゼの働きによって3分子めのグリセルアルデヒド-3-リン酸に転移し，ザイルロース-5-リン酸ができ，残ったフルクトースのC-3～C-6炭素骨格がエリトロース-4-リン酸になる（反応7）。
5. エリトロース-4-リン酸は，再びアルドラーゼの働きによって4分子めのトリオースリン酸（ジヒドロキシアセトン-3-リン酸）に結合し，7炭素糖であるセドヘプテュロース-1,7-二リン酸になる（反応8）。
6. この7炭素二リン酸は，特異的なホスファターゼによって加水分解され，セドヘプテュロース-7-リン酸となる（反応9）。
7. セドヘプテュロース-1,7-二リン酸のC-1とC-2の二つの炭素が，トランスケトラーゼの働きによって5分子め（最後）のグリセルアルデヒド-3-リン酸に転移し，キシルロース-5-リン酸ができ，残ったセドヘプチュロースのC-3～C-7骨格がリボース-5-リン酸となる（反応11）。
8. 2分子のザイルロース-5-リン酸は，リブロース-5-リン酸イソメラーゼによって2分子のリブロース-5-リン酸に変換される（反応11a）。リボース-5-リン酸はリブロース-5-リン酸イソメラーゼによって3分子めのリブロース-5-リン酸（ribulose-5-phosphate）に変換される（反応11b）。
9. 最後に，リブロース-5-リン酸キナーゼ（ホスホリブロキナーゼ）がATPとともにリブロース-5-リン酸をリン酸化し，3分子のCO_2受容体であるリブロース-1,5-二リン酸を再生産する（反応12）。

カルビン回路は自らの回路中間体を再生産している

カルビン回路の反応は，回路循環に必要な中間体物質をすべて再生産している。さらに重要なことは，回路の駆動速度そのものが中間体物質の濃度増加に伴い加速されることである。すなわち，回路は自己加速的な触媒反応である。その結果として，カルビン回路はトリオースリン酸が回路から逸れないかぎり，消費の方向ではなく基質を増産する方向に進む。たとえば，

$$5\,RuBP^{4-} + 5\,CO_2 + 9\,H_2O + 16\,ATP^{4-} + 10\,NADPH \longrightarrow 6\,RuBP^{4-} + 14\,P_i + 6\,H^+ + 16\,ADP^{3-} + 10\,NADP^+$$

となる。

この自己加速的な触媒特性の重要性は，暗処理した葉や葉緑体を光照射した実験によって示されている。CO_2固定は光照射後，誘導期とよばれるラグが認められた後スタートし，光合成速度は数分の時間をへて増加する（訳者注；この誘導期に見られるラグは，チラコイド膜におけるpH勾配形成のために生じていることも指摘されており，中間体物質の蓄積のみではない，と思われる）。この光誘導過程における光合成速度の上昇は光による酵素の活性化（後に議論する）とカルビン回路の中間体の濃度増加によるものである。

カルビン回路では6分の1のトリオースリン酸だけがショ糖とデンプン合成に使われている

炭水化物（ショ糖とデンプン）の合成は，CO_2固定が進行する条件におけるカルビン回路からある一定割合で炭素を流すシンクに相当する。重要な点は，回路全体を通しての量的な関係にある。光照射直後は，代謝産物の濃度確保のために大部分のトリオースリン酸は回路内で循環する。しかしながら，光合成が定常状態に達したときは，6分子中5分子のトリオースリン酸がリブロース-1,5-二リン酸の再生産に利用され，6分子に1分子のトリオースリン酸がショ糖（sucrose）合成のため細胞質に輸送されるか，葉緑体におけるデンプン（starch）合成のためほかの代謝産物に変換される。

ATPとNADPHによるエネルギーと還元力の供給は，CO_2固定をつづける回路駆動の維持のために不可欠である。表8.1で計算したように1分子のヘキソースを合成するために

は，18分子のATPと12分子のNADPHを消費し，6分子のCO_2が固定されることになる。言い換えれば，1分子のCO_2を炭水化物に固定するために，カルビン回路は3分子のATPと2分子のNADPHを消費することになる。

光エネルギー量，最小光量子要求量（1分子のCO_2を固定するのに吸収された光量子量（7章参照），および炭水化物（ヘキソース）1分子の貯蔵エネルギー量がわかれば，光合成全体を通しての熱力学的な効率を計算することができる。

680 nmの赤色光は，1光量子あたり175 kJ（42 kcal）のエネルギーを含む。1分子のCO_2固定のために必要な最小光量子数は，実験的には9～10 photonと見積もられているが，理論的には8 photonとされている。ゆえに，6分子のCO_2を1分子のヘキソースに変換するのに必要な最小の光エネルギー量はおおよそ$6 \times 8 \times 175$ kJ = 8,400 kJ（2,016 kcal）となる。しかしながら，実際には1分子のヘキソース，たとえば1分子のフルクトースを完全に酸化しても2,804 kJ（673 kcal）しか得られない。

この8,400と2,804 kJという数値比較から，光合成の最大熱力学的効率は約33％と見積もられる。しかしながら，実際に利用されなかった光エネルギーの大部分は，カルビン回路ではなく明反応におけるATPとNADPH生産の際に失われたものである（7章参照）。

カルビン回路でのエネルギー効率は，ATPの加水分解とNADPHの酸化に伴う自由エネルギーの変化がそれぞれ1分子あたり29と217 kJ（7と52 kcal）であることから，直接見積もることができる。カルビン回路の反応を要約すると，6分子のCO_2から1分子のフルクトース-1,6-二リン酸を合成するときに18ATPと12NADPHが利用されることになるので，そのATPとNADPHの自由エネルギー変化から計算すると，$(18 \times 29) + (12 \times 217) = 3{,}126$ kJ（750 kcal）となり，カルビン回路での熱力学的効率は90％に近いことがわかる。

これらの見積りは，CO_2から炭水化物への変換に必要なエネルギーの多くはNADPHに由来していることも示している。すなわち，2 molのNADPHで104 kcal（$= 84\ \mathrm{kcal\ mol^{-1}} \times 2$ mol）であるが，3 molのATPは21 kcal（$= 7\ \mathrm{kcal\ mol^{-1}} \times 3$ mol）である。すなわち，83％（125 kcalのうちの104 kcal）のエネルギーは還元型NADPHに由来しているのである。

カルビン回路は，すべての独立栄養生物に存在する代謝ではない。いくつかの嫌気性細菌では異なる代謝系が利用されている。たとえば，

- クエン酸回路の逆経路によるアセチルCoAとサクシニルCoAからのフェレドキシンを媒介した有機酸合成（緑色硫黄細菌に見られる還元型カルボキシル酸回路）
- グリオキシル酸生成回路（緑色非硫黄細菌のヒドロキシプロピオネート経路）

などである。このようにカルビン回路は独立栄養生物のCO_2固定のもっとも重要な経路であるので，他のものについての紹介は割愛する。

カルビン回路の制御

カルビン回路のエネルギー効率が高いのは，回路のすべての代謝産物が適度な濃度に維持されるように調節されていることや，暗所などで回路の駆動不要時は，サイクルが停止するなどのいくつかの制御機構が存在することによって成り立っている。多くの場合は，酵素の濃度や比活性の変化が触媒速度を制御し，回路の代謝産物量を調節している。

遺伝子発現やタンパク質の合成量の変化が，酵素濃度を制御している。タンパク質の翻訳後の修飾（posttranslational modification）も酵素活性の制御に関与している。また，核と葉緑体ゲノムでの発現調節をし，遺伝子レベルで葉緑体ストロマに存在する各々の酵素量が制御されている場合もある（Maier et al. 1995；Purton 1995）。

カルビン回路の短期的な応答の制御は，代謝産物の濃度を最適化するいくつかの機構によっている。これらの機構は，産物の消費を助長する逆方向への反応を最小限に抑えるものでもある（Wolosiuk et al. 1993）。

酵素の活性を制御する二つの代表的な機構がある。

1. 酵素の直接的な化学修飾であるジスルフィド基（disulfide bond）の還元やアミノ基のカルバミル化（carbamylation）など。
2. 代謝産物の結合や細胞環境の構成成分変化（たとえばpH）などによる酵素との相互作用による修飾。さらに，特定の酵素のチラコイド膜への結合などはカンビン回路の効率を高め，基質の高効率な輸送や保護に関与する。

酵素の光活性化はカルビン回路を制御する

光活性化を受けるカルビン回路の酵素は，五つある。

1. Rubisco
2. NADP-グリセルアルデヒド-3-リン酸脱水素酵素（NADP-glyceraldehyde-3-phosphate dehydrogenase）
3. フルクトース-1,6-二リン酸ホスファターゼ（fractose-1,6-bisphophatase）
4. セドペプテュロース-1,7-二リン酸ホスファターゼ（sedoheptulose-1,7-bisphosphatase）
5. リブロース-5-リン酸キナーゼ（ホスホリブロキナーゼ）（ribulose-5-phosphate kinase）

2～5の酵素は一つないし複数のシスルフィド基（—S—S—）を有する。これら四つの酵素は，Bob Buchananと彼の研究グループにより発見されたチオール基の酸化還元に基づく**フェレドキシン-チオレドキシンシステム**（ferredoxin-thioredoxin system）による光活性化の機構をもつ

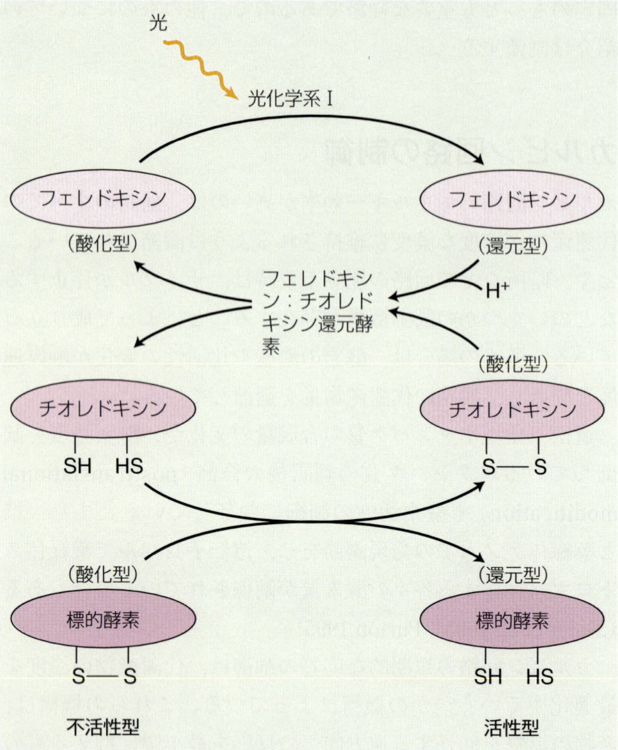

図 8.5 フェレドキシン–チオレドキシンシステムは，光存在下で特異的な酵素を還元する。還元されることによって，酵素は不活性型から活性型へ変換する。酵素の還元は，光存在下で光化学系I近傍のフェレドキシン（7章参照）によって行われる。還元型フェレドキシンと二つのプロトンが，鉄–硫黄酵素であるフェレドキシン：チオレドキシン還元酵素のジスルフィド基を還元し，それが小さな制御タンパク質であるチオレドキシンのジスルフィド基を還元する（詳細は **Webトピック8.4**）。次に，還元型のチオレドキシンのスルフヒドリル基（—SH HS—）が標的酵素のジスルフィド基—S—S—を—SH HS—に還元し，酵素は活性化する。すなわち，光シグナルはフェレドキシンと酵素フェレドキシン–チオレドキシン還元酵素を介して，酵素をスルフヒドリル基（—SH）に変換し，活性化している。

（Buchanan 1980, Wolosiuk et al. 1993, Besse and Buchanan 1997, Schürmann and Jacquot 2000）。暗所では，このジスルフィド基は酸化型となり（—S—S—型），酵素を不活性化する。明所では—S—S—基はスルフヒドリル基（—SH HS—型）に還元される。この酸化還元システムが酵素の活性化を調節している（図8.5）。このフェレドキシン–チオレドキシンシステムとその標的酵素であるNADP–グリセルアルデヒド–3–リン酸脱水素酵素とフルクトース–1,6–二リン酸ホスファターゼとの結晶構造が解析され（Dai et al. 2000），それらの結果はフェレドキシン–チオレドキシンシステムと酵素の活性化機構に関する貴重な情報を提供した。

制御タンパク質であるチオレドキシンのジスルフィド（ジチオール）基の酸化還元シグナルは標的の酵素へ伝達され，結果として酵素を活性化している（**Webトピック8.4**参照）。また，たとえばフルクトース–1,6–二リン酸ホスファターゼなどでは，チオレドキシンにリンクした活性化機構を有し，基質であるフルクトース–1,6–二リン酸のエフェクター効果によって促進される場合などもある。暗所で観察される酵素の不活性化は活性化過程（還元反応）の逆反応で生じると考えられている。すなわち，チオレドキシンの酸化が，標的酵素を還元状態（—SH HS—）から酸化状態（—S—S—）に変換し，それが酵素の不活性化に結びついているのである（図8.5および**Webトピック8.4**参照）。ここであげた2～4の四つの酵素はチオレドキシンによって直接制御されるものであるが，1の酵素Rubiscoは，チオレドキシン依存酵素であるRubiscoアクチベース（Rubisco activase）によって2次的に制御されている（訳者注；チオレドキシン結合部位をもたないRubiscoアクチベースを有する植物種もあり，アクチベースのチオレドキシン制御は現在の段階では明確ではない）。

Rubisco活性は明所で増加する

Rubiscoの活性も光によって制御されるが，酵素自身はチオレドキシンには応答しない。George Lorimerと彼の研究グループは，Rubiscoが，実際固定される基質のCO_2とは異なるCO_2（活性化CO_2）と酵素の活性化部位に位置するε–アミノ基とゆっくりした反応で結合することを見い出した。そして，その結果生じたカルバミル化酵素は，次に早い反応でMg^{2+}と結合し，活性型複合体を形成するのである（図8.6）。

活性型複合体，Rubisco–CO_2–Mg^{2+}を形成するとき，2個のプロトンが放出され，活性化はpHとMg^{2+}濃度によって促進される。このように，光に依存したストロマ内のpHとMg^{2+}の濃度の変化が，光によるRubiscoの活性化に関与している。

活性化状態にあるRubiscoは，もう一つのCO_2と結合し，リブロース–1,5–二リン酸の2,3–エンジオール基（P—O—CH_2—COH＝COH—CHOH—CH_2O—P）と反応し，2–カルボキシ–3–ケトアラビニトール–1,5–二リン酸を形成する（訳者注；Rubisco分子上でのCO_2とリブロース–1,5–二リン酸の結合はリブロース–1,5–二リン酸が最初で，次にCO_2が結合すると推定されている）。この中間体は非常に不安定であるので，C–2とC–3の位置で解裂を生じ，その結果Rubiscoは2分子の3–ホスホグリセリン酸を放出する。

リブロース–1,5–二リン酸を含めた糖リン酸のRubiscoへの結合は，Rubiscoのカルバミル化を阻害する。Rubiscoへ結合した糖リン酸の解離は，酵素Rubiscoアクチベースが ATPの加水分解を得て行う。このRubiscoアクチベースの第一の役割はRubiscoに結合した糖リン酸の除去であり，Rubiscoがカルバミル化をするための前準備を行うことである（Salvucci and Ogren 1996, **Webトピック8.5**参照）。

Rubiscoは夜間に生産される別の糖リン酸，カルボキシアラビニトール–1–リン酸（carboxyarabinitol–1–phosphate：

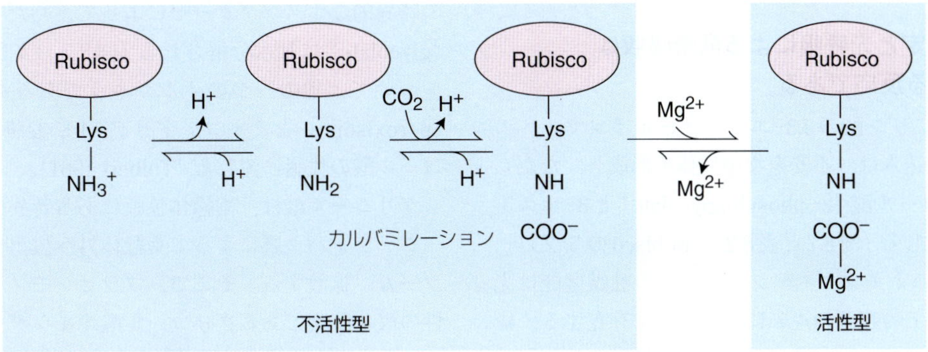

図 8.6 Rubiscoの活性化。Rubiscoの活性化部位であるリジンのε-アミノ基上でカルバミル-Mg^{2+}複合体を形成することによってRubiscoは活性型となる。二つのプロトンが放出されている。活性化は光照射に伴うMg^{2+}の濃度増加とpHの上昇で促進される。カルバミル-Mg^{2+}反応に関与するCO_2は，リブロース-1,5-二リン酸のカルボキシレーション反応をつかさどる基質CO_2と同じではない。

CA1P）によって強く阻害される。この糖リン酸は，Rubisco上でのカルボキシレーション反応で生ずる6炭素化合物2-カルボキシ-3-ケトアラビニトール-1,5-二リン酸中間体物質に非常に似た構造を有する。多くの植物ではこの阻害物質は低濃度で存在するが，ダイズやインゲンなどのマメ科植物では高濃度で存在する。（訳者注；決してマメ科植物に多い物質ではない。たとえばエンドウではまったく検出されないなど，種依存性に分類学的な相関は認められない。）カルボキシアラビニトール-1-リン酸のRubiscoへの結合は夜間に生じ，早朝光強度の上昇に伴いRubiscoアクチベースがRubiscoから外す。

最近，いくつかの植物において，Rubiscoアクチベースがフェレドキシン-チオレドキシンシステムによって制御されることが示された（Zhang and Portis 1999）。このように，カルビン回路における五つすべての制御酵素がチオレドキシンに関係することがわかり，この知見はカルビン回路の酵素の光制御における新しい機構を提供する（訳者注；チオレドキシン-フェレドキシンシステムの制御が明確でないRubiscoアクチベースも発見されていることは，上記でも注釈したとおりである）。

光に依存したイオン移動によるカルビン回路酵素の制御

光によって生じるストロマ内での可逆的なイオン交換は，Rubiscoをはじめ他の葉緑体酵素の活性に影響する。光照射に伴い，ストロマからチラコイド膜内のルーメンにプロトン輸送が行われる。このプロトン輸送はストロマのプロトン濃度低下をもたらし（pHは7から8へ上昇），逆にMg^{2+}濃度を増加させる。暗所ではこれらと反対のイオン交換がおこる。

いくつかのカルビン回路酵素（Rubisco，フルクトース-1,6-二リン酸ホスファターゼ，セドヘプツロース-1,7-二リン酸ホスファターゼ，リブロース-5-リン酸キナーゼ）はpH 7よりpH 8で，より高い活性を示し，活性のコファクターとしてMg^{2+}を必要とする。このように，これらの光に依存したイオンの流れもカルビン回路の主要酵素の活性化に関係している。

光に依存した膜輸送はカルビン回路を制御する

葉緑体外への炭素の輸送速度もカルビン回路を制御している。葉緑体包膜にあるリン酸トランスロケーター（phosphate translocator）は無機リン酸と交換で葉緑体外へトリオースリン酸の形で炭素を輸送する（Flügge and Heldt 1991）。カルビン回路の駆動を維持するためには，少なくとも6分子のうち5分子のトリオースリン酸はリサイクルされなければならない（表8.1および図8.3）。このように，最大で6分子のうち1分子のトリオースリン酸がショ糖合成のため細胞質に輸送されるか，葉緑体内でデンプン合成に使われる。この光合成における炭素代謝の制御機構については，本章後半でのショ糖とデンプン合成の詳細な論議のところで述べる。

酸化的C_2炭素回路（光呼吸）

Rubiscoの重要な機能として，リブロース-1,5-二リン酸のカルボキシレーション反応のみならず，オキシゲネーション（酸素添加）反応を触媒することにある。オキシゲネーション反応は，**光呼吸**（photorespiration）として知られる代謝の最初の反応に位置する。光合成と光呼吸はまったく反対の方向に機能する代謝で，光呼吸はカルビン回路でせっかく固定したCO_2を同時に放出させているのである（Ogren 1984, Leegood et al. 1995）。

ここでは，酸化反応を通して失う炭素の部分回収の反応である，酸化的C_2炭素回路について述べる。

光合成のCO_2固定と光呼吸による酸素吸収はたがいに拮抗する反応である

リブロース-1,5-二リン酸の2,3-エンジオールイソマーへの1分子のO_2の取り込みは，不安定な中間体を形成し，ただちに2-ホスホグリコール酸（2-phosphoglycolate）と3-ホスホグリセリン酸を生じる（図8.7と表8.2）。Rubiscoのリブロース-1,5-二リン酸のオキシゲネーション反応の触媒機能は光合成生物の分類学上の起源の違いにかかわらず存在する。嫌気性の光合成細菌のRubiscoでさえ，酸素に暴露されるとオキシゲネーション反応を触媒する。

Rubiscoの二つの反応であるリブロース-1,5-二リン酸へのCO_2とO_2の取り込み反応は，酵素の同じ触媒部位で生じる反応であるので，たがいの濃度に依存して拮抗する。試験管内で同濃度のCO_2とO_2条件で，被子植物のRubiscoを用いて反応を触媒させると，CO_2固定は酸素吸収より約80倍高い。しかし，25℃で大気条件と平衡状態での溶存CO_2：O_2濃度比は0.0416であり（**Webトピック8.2**と**8.3**参照），これらの濃度下では，カルボキシレーション反応速度はオキシゲネーション反応の3倍程度である。

酸化的C_2炭素回路は，Rubiscoのオキシゲネーション反応による光呼吸の過程で失う炭素を回収するための代謝である（**Webトピック8.6**）。リブロース-1,5-二リン酸の酸化反応で葉緑体中で生成された2-ホスホグリコール酸は，葉緑体の特異的なホスファターゼによって，ただちにグリコール酸（glycolate）に加水分解される（図8.7および表8.2，反応2）。つづいて，他の二つのオルガネラであるペルオキシソーム（peroxisome）とミトコンドリア（1章参照）に連結するグリコール酸の代謝に流れる（Tolbert 1981）。

グリコール酸は，葉緑体包膜にある特異的なトランスロケータータンパク質によって葉緑体外へ放出され，ペルオキシソームへ拡散する。そこで，フラビンモノヌクレオチド依存性の酸化酵素であるグリコール酸オキシダーゼによってグリオキシル酸と過酸化水素（H_2O_2）に酸化される（図8.7および表8.2，反応3）。グリオキシル酸がトランスアミネーション（アミノ基転移反応，transamination）を受ける（反応5）間に，ペルオキシソーム内で発生した多量の過酸化水素はカタラーゼの働きによって消去される（表8.2，反応4）。このアミノ基転移反応のアミノ供与体はグルタミン酸で，生成物はアミノ酸の一つであるグリシンである。

グリシンはペルオキシソームからミトコンドリアに移る（図8.7）。そこで，グリシンデカルボキシラーゼ複合体（glycine decarboxylase multienzyme complex）とセリンヒドロキシメチルトランスフェラーゼの働きによって，2分子のグリシンと1分子のNAD^+から各々1分子ずつのセリン，NADH，NH_4^+およびCO_2が生産される（表8.2，反応6および7）。この複合酵素は植物のミトコンドリアのマトリクス中に高濃度で存在し，四つのタンパク質から構成されている。

表 8.2 酸化的C_2炭素回路の反応

酵 素	反 応
1. リブロース-1,5-二リン酸カルボキシラーゼ/オキシゲナーゼ（葉緑体）	2リブロース-1,5-二リン酸＋2O_2 ⟶ 2ホスホグリコール酸＋2 3-ホスホグリセリン酸＋4H^+
2. 2-ホスホグリコール酸ホスファターゼ（葉緑体）	2ホスホグリコール酸＋2H_2O ⟶ 2グリコール酸＋2P_i
3. グリコール酸オキシダーゼ（ペルオキシソーム）	2グリコール酸＋2O_2 ⟶ 2グリオキシル酸＋2H_2O_2
4. カタラーゼ（ペルオキシソーム）	2H_2O_2 ⟶ 2H_2O＋O_2
5. グリオキシル酸：グルタミン酸アミノトランスフェラーゼ（ペルオキシソーム）	2グリオキシル酸＋2グルタミン酸 ⟶ 2グリシン＋2α-ケトグルタル酸
6. グリシンデカルボキシラーゼ（ミトコンドリア）	グリシン＋NAD^+＋H^+＋H_4-葉酸 ⟶ NADH＋CO_2＋NH_4^+＋メチレン-H_4-葉酸
7. セリンヒドロキシメチルトランスフェラーゼ（ミトコンドリア）	メチレン-H_4-葉酸＋H_2O＋グリシン ⟶ セリン＋H_4-葉酸
8. セリンアミノトランスフェラーゼ（ペルオキシソーム）	セリン＋α-ケトグルタル酸 ⟶ ヒドロキシピルビン酸＋グルタミン酸
9. ヒドロキシピルビン酸レダクターゼ（ペルオキシソーム）	ヒドロキシピルビン酸＋NADH＋H^+ ⟶ グリセリン酸＋NAD^+
10. グリセリン酸キナーゼ（葉緑体）	グリセリン酸＋ATP ⟶ 3-ホスホグリセリン酸＋ADP＋H^+

葉緑体からグリコール酸が放出される反応（反応2→3）に基づいて，ペルオキシソームとミトコンドリアとの相互作用により，次の反応が駆動されている：

2グリコール酸＋グルタミン酸＋O_2 ⟶ グリセリン酸＋α-ケトグルタル酸＋NH_4＋CO_2＋H_2O

葉緑体でつくられた3-ホスホグリセリン酸（反応10は），カルビン回路の還元反応と再生産反応によって，リブロース-1,5-二リン酸に変換される。アンモニアとα-ケトグルタル酸は，フェレドキシングルタミン酸合成酵素（GOGAT）によって，葉緑体でグルタミン酸に変換される。

P_iは無機リン酸を示す。

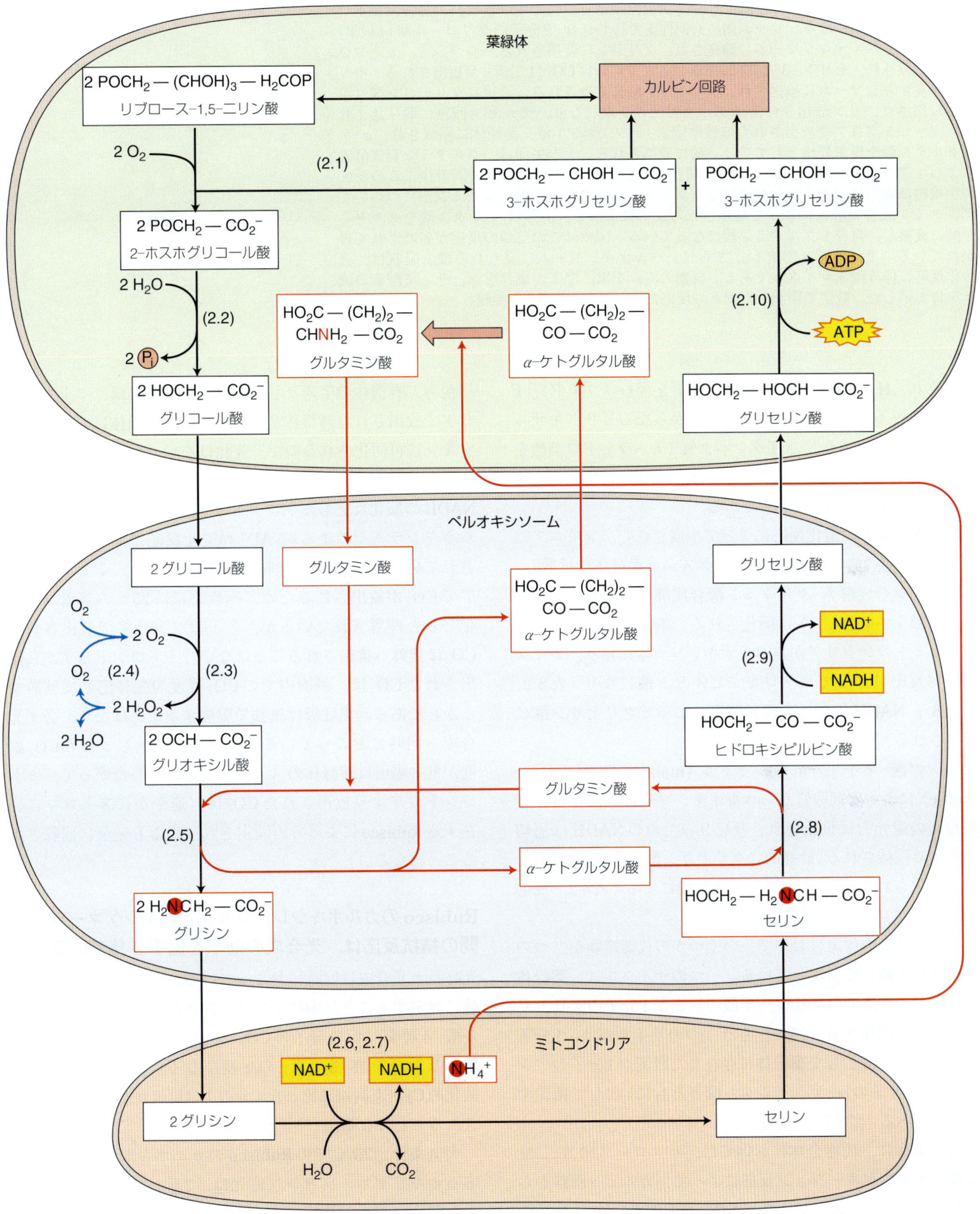

葉緑体
2 POCH2 — (CHOH)3 — H2COP
リブロース-1,5-ニリン酸
カルビン回路
2 O2
(2.1)
2 POCH2 — CHOH — CO2−
3-ホスホグリセリン酸
+
POCH2 — CHOH — CO2−
3-ホスホグリセリン酸
2 POCH2 — CO2−
2-ホスホグリコール酸
2 H2O
(2.2)
2 Pi
HO2C — (CH2)2 —
CHNH2 — CO2
グルタミン酸
HO2C — (CH2)2 —
CO — CO2
α-ケトグルタル酸
ADP
(2.10)
ATP
2 HOCH2 — CO2−
グリコール酸
HOCH2 — HOCH — CO2−
グリセリン酸
ペルオキシソーム
2 グリコール酸
グルタミン酸
HO2C — (CH2)2 —
CO — CO2
α-ケトグルタル酸
グリセリン酸
O2
2 O2
O2
(2.4)
(2.3)
2 H2O2
2 H2O
NAD+
(2.9)
NADH
2 OCH — CO2−
グリオキシル酸
HOCH2 — CO — CO2−
ヒドロキシピルビン酸
グルタミン酸
(2.5)
(2.8)
α-ケトグルタル酸
2 H2NCH2 — CO2−
グリシン
HOCH2 — H2NCH — CO2−
セリン
(2.6, 2.7)
ミトコンドリア
NAD+
NADH
NH4+
2 グリシン
セリン
H2O
CO2

◀ **図 8.7** 光呼吸回路の主要反応。酸化的C_2炭素回路は三つのオルガネラ，葉緑体，ミトコンドリアおよびペルオキシソーム間の共同作業で行われる。2分子のグリコール酸（4炭素）が葉緑体からペルオキシソームに輸送され，グリシンに変換される。つづいて，ミトコンドリアに移され，セリン（3炭素）になる。ここで同時にCO_2（1炭素）が放出される。セリンはペルオキシソームに輸送され，グリセリン酸に変換される。最後にグリセリン酸は葉緑体に戻され，リン酸化され3-ホスホグリセリン酸になり，カルビン回路に取り込まれる。ミトコンドリアで放出された無機態窒素（アンモニア）は，葉緑体に回収され，α-ケトグルタル酸を炭素骨格としてアミノ酸に変換される。太赤矢印は，グルタミン合成酵素によってアンモニアがグルタミン酸に同化される経路を示している。（訳者注；この反応の生成物は実際はグルタミン酸ではなくグルタミンである。そのグルタミンが，つづいてグルタミン酸合成酵素によって触媒される反応によって，α-ケトグルタル酸をグルタミン酸に変換し，自身もグルタミン酸になっている。図ではこの二つの反応が省略されて書かれているので，注意を要する。）さらに，ペルオキシソームに見られる酸素吸収は，過酸化反応に伴う酸素サイクルである。炭素の流れを黒，窒素の流れを赤，そして酸素の流れを青で示した。数字で明記した個々の反応については，表8.2を参照。

それぞれ，Hタンパク質（リポ酸アミドを含むペプチド），Pタンパク質（分子量200 kDaの二量体からなるピリドキサルリン酸を含むペプチド），Tタンパク質（テトラヒドロ葉酸を有するペプチド）およびLタンパク質（フラビンアデニンヌクレオチドを含むペプチド）である。

このグリシンの酸化反応によって生成されたアンモニアはただちにミトコンドリアのマトリクスから葉緑体に拡散し，グルタミン合成酵素-グルタミン酸合成酵素の働きによってアミノ酸（グルタミン）に同化される。新たに生成されたセリンはミトコンドリアからペルオキシソームに移り，アミノ基転移反応によってヒドロキシピルビン酸になり（表8.2，反応8），NADH依存性の還元酵素によってグリセリン酸に変換される（反応9）。

リンゴ酸-オキサロ酢酸シャトル（malate-oxaloacetate shuttle）によって細胞質からペルオキシソームへNADH生産のための還元力は供給され，反応9のためのNADHは適切な濃度で維持される。最終的にグリセリン酸は葉緑体へ戻り，リン酸化されて3-ホスホグリセリン酸になる（表8.2，反応10）。

この光呼吸の代謝において，いくつかの代謝産物が二つのサイクルを通して循環している。一つのサイクルは，葉緑体に存在した2分子のグリコール酸の炭素が1分子のグリセリン酸として循環する経路で，もう一つのサイクルは，1分子のグルタミン酸として葉緑体に存在した窒素が1分子のアンモニア（1分子のα-ケトグルタル酸とともに）として循環する経路である（図8.7）。

このように，代謝全体においては，リブロース-1,5-二リン酸のオキシゲネーション反応によって，カルビン回路から逸れた2分子のホスホグリコール酸（炭素四つ）が，1分子の3-ホスホグリセリン酸（炭素三つ）と1分子のCO_2に変換されている。言い換えれば，リブロース-1,5-二リン酸の酸化によって75％の炭素が酸化的C_2炭素回路をへて，カルビン回路に回収されているのである（Lorimer 1981）。

他方，有機体の窒素としての収支に関しては，ミトコンドリアで放出された無機体窒素（NH_4^+）が葉緑体においてグルタミンに再同化されるので，変化はない。同様に，ペルオキシソームにおける（ヒドロキシピルビン酸還元酵素による）NADHの酸化反応もミトコンドリアにおける（グリシンデカルボキシラーゼによる）NAD^+の還元反応によってバランスされている。（訳者注；光呼吸経路によって，ミトコンドリアでCO_2が放出されるため，一般的には25％の炭素ロスが生じると理解されているが，ミトコンドリアで放出されたCO_2は葉外へ排出されることはない。ミトコンドリアから放出されたCO_2は，細胞内でのCO_2濃度勾配に応じて拡散するからである。光呼吸は単独で駆動することはなく，必ず光合成も同時におこっているので細胞内で，もっともCO_2濃度が低い場所は葉緑体のストロマとなる。したがって，ミトコンドリアより放出されたCO_2は，速やかにストロマに局在するRubiscoによって再固定され，炭素も完全に回収されることになる。）

Rubiscoのカルボキシレーションとオキシゲネーション間の拮抗反応は，光合成の効率を低下させている

光呼吸と光合成は同時におこっているので，光呼吸速度を正確に測定することは困難である。2分子の2-ホスホグリコール酸（4炭素）は，1分子のCO_2放出を伴った1分子の3-ホスホグリセリン酸（3炭素）の生産になるので，理論的には，酸化的C_2炭素回路に流れた4分の1の炭素がCO_2として放出されることになる。

大気条件，25℃でのRubiscoのカルボキシレーション反応：オキシゲネーション反応比は，2.5～3と計算され，オキシゲネーション反応による2-ホスホグリコール酸の生産速度は高い。また，光呼吸は光合成のCO_2固定効率を50～90％も低下させているとも計算されている。このようにRubiscoのカルボキシレーションとオキシゲネーション間の拮抗反応は，光合成の効率を低下させている。

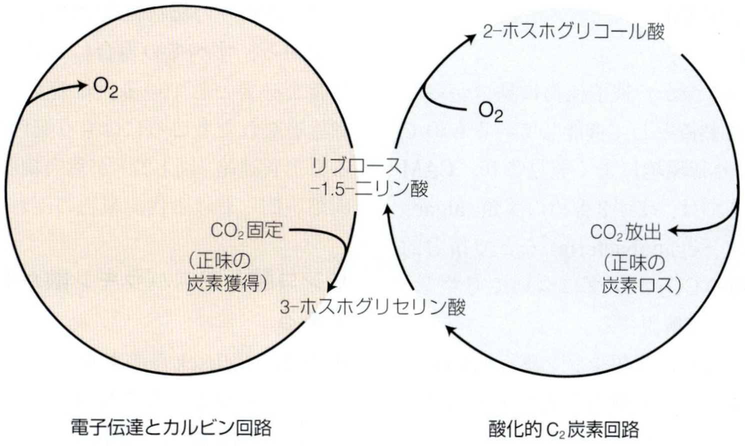

図 8.8　たがいに拮抗する光合成と光呼吸間のバランスによって決まっている葉における炭素の流れ。カルビン回路は，光合成電子伝達の生産物の供給があれば，独立して回路を駆動させることができるが，酸化的C_2炭素回路はリブロース-1,5-二リン酸の再生産を行うカルビン回路の駆動を必須としている。

カルボキシレーション反応とオキシゲネーション反応は密接に連結している

光合成の炭素代謝は，相反する二つの連結した回路のバランスで成り立っている（図8.8）。カルビン回路は単独でも機能するが，酸化的C_2炭素回路はカルビン回路からのリブロース-1,5-二リン酸の供給に依存している。この二つの回路のバランスは三つの要因によって決定されている。Rubiscoのキネティクス（酵素的性質），基質CO_2とO_2濃度，および温度である。

温度が上昇すると，大気と平衡状態にある溶存CO_2濃度は溶存O_2濃度より大きく減少する（**Webトピック8.3**参照）。結果として，温度上昇に伴いCO_2のO_2に対する濃度比は減少する。そのため，温度上昇に伴い光合成（カルボキシレーション）に対する光呼吸（オキシゲネーション）比は上昇する。さらに，この現象は，高温では酵素Rubiscoのキネティクス特性によって相対的にオキシゲネーション反応の触媒速度が促進される効果もあって助長されている（Ku and Edwards 1978）。このように，温度上昇はカルビン回路から酸化的炭素回路へバランスを移行させているのである（9章参照）。

光呼吸の生物学的意味はわかっていない

酸化的C_2炭素回路は，カルビン回路から2-ホスホグリコール酸として失ってしまった炭素を75％回収する機能をもっているが，そもそもなぜ2-ホスホグリコール酸を生産するのであろうか？　一つの可能性としては，2-ホスホグリコール酸の生産はカルボキシレーションの反応化学の一連の結果であって，CO_2とO_2の両者と反応する中間体を必要としたのかもしれない。

光合成生物の誕生初期の頃は，今日よりCO_2：O_2濃度比は非常に高かったので，そうしたオキシゲネーション反応はほとんど生じなかったであろう。しかしながら，現在のような低CO_2：O_2比が，2-ホスホグリコール酸の炭素回収以外なんら意味をもたない光呼吸をつくりあげたのかもしれない。

もう一つの可能性としては，光呼吸は，強光で葉内のCO_2濃度が低下するような条件で（たとえば，水ストレスなどで気孔が閉じた場合など），明反応によって生産される過剰ATPや過剰還元力を消去し，光合成器官の損傷を回避するために重要なのかもしれない。光呼吸機能を失ったアラビドプシスの変異体は，2％ CO_2では正常に生育するが，通常の大気条件に移すとただちに枯死してしまう。光呼吸が光酸化や光阻害から身を守っているという形質転換体の研究もある（Kozaki and Takeba 1996）。光呼吸の機能の理解を進めるためには，さらなる研究が必要である。

CO_2濃縮機構（その1）：藻類とラン藻のポンプ

光呼吸をまったく行わないか，限られた程度しか行わない多くの植物（光合成生物）が存在する。それらの生物はふつうのRubiscoをもつが，RubiscoのまわりにCO_2を濃縮する機構を有して，オキシゲネーション反応を抑えて光呼吸を行わないのである。

ここでは，カルボキシレーション部位での三つのCO_2濃縮の機構について解説する。

1. C_4光合成炭酸固定（C_4）

2. ベンケイソウの酸代謝（CAM）

3. 原形質膜でのCO_2ポンプ

1と2のCO_2濃縮機構はいくつかの被子植物に見つかったもので，カルビン回路の付加装置として機能しているものである。C_4代謝をもつ植物は熱帯環境によく発見され，CAM植物は砂漠環境に多い。ここでは，まず3番めの藻類（algae）やラン藻（シアノバクテリア，cyanobacteria）などで精力的に研究されてきた水生植物のCO_2ポンプについて考察し，次に1と2の各々の機構について解説する。

5% CO_2の高CO_2環境で生育した藻類やラン藻を低CO_2条件で平衡化した培養液に移すと，典型的な光呼吸活性（低CO_2条件での酸素阻害）の兆候を示す。しかし，それらの細胞を0.03% CO_2の大気条件で生育させると，細胞内に無機炭素（CO_2とHCO_3^-）を濃縮する能力を迅速に発現する。それらの細胞は，低CO_2条件ではすでに光呼吸を行わない。

水生環境で見い出されるCO_2濃度では，Rubiscoは最大比活性よりはるかに低い活性でしか機能しない。海洋や淡水の生物は，原形質膜にCO_2やHCO_3^-のポンプをもち，無機炭素を濃縮することによりこのデメリットを克服してきた。明反応によって生成されたATPがCO_2やHCO_3^-の能動的吸収のための必要エネルギーとなっている。いくつかのラン藻の細胞内では無機炭素濃度が50 mMまで濃縮されることが示されている（Ogawa and Kaplan 1987）。最近の研究では，藻類のCO_2濃縮を担う構成成分の遺伝子群の発現を一つの遺伝子にコードされた転写因子が制御していることがわかった（Xiang et al. 2001）。

CO_2とHCO_3^-ポンプを担うタンパク質は，高CO_2で生育した細胞には見い出されず，低CO_2に曝されたときに誘導される。濃縮されたHCO_3^-は酵素カーボニックアンヒドラーゼ（carbonic anhydrase）によってCO_2に変換され，そのCO_2がカルビン回路に入る。

この高CO_2代謝がリブロース-1,5-二リン酸のオキシゲネーション反応を抑制し，光呼吸を抑えるのである。この適応へのエネルギー源はCO_2濃縮のための新たなATPである。

CO_2濃縮機構（その2）：C_4炭素回路

C_4炭素回路をもつ植物（C_4植物とよぶ）とカルビン回路のみで光合成を行う植物（C_3植物とよぶ）には，葉の構造上に違いが見られる。典型的なC_3植物の横断面を見ると，葉肉とよばれる葉緑体をもった型の細胞が見られるのに対し，典型的なC_4植物葉では二つの異なる葉緑体を有する細胞が見られる。**葉肉細胞**（mesophyll cell）と**維管束鞘細胞**（bundle sheath cell）とよばれるものである（首飾りの意のドイツ語で，‘クランツ細胞’とよぶこともある）（図8.9）。

葉肉細胞や維管束細胞に対して，維管束鞘細胞の並びかたには，かなりの細胞組織学的な違いが認められている。しかしながら，すべての場合においてC_4回路の駆動は両細胞の分業を必要としている。維管束鞘細胞の近傍から2および3細胞層離れたところにはもう葉肉細胞はなく，広範囲にわたる原形質連絡（図1.27）が葉肉細胞と維管束鞘細胞を連結し，両細胞間における代謝産物の流れを容易にしている。

リンゴ酸とアスパラギン酸がC_4回路のCO_2固定産物である

H. P. Kortschackらのグループがサトウキビで，Y. Karpilovらのグループがトウモロコシで，$^{14}CO_2$固定標識実験によって，C_4の初期産物を発見した。葉を光条件下で数秒間$^{14}CO_2$に曝したところ，70～80%の標識化合物がリンゴ酸とアスパラギン酸で入ったことを見い出した。これはカルビン回路のみで炭酸固定をしている葉での観察とまったく異なるパターンであった。

これらの最初の発見につづいて，M. D. HatchとC. R. SlackがC_4光合成炭素回路（C_4回路）として今日知られる回路の全貌を明らかにした（図8.10）。彼らは，C_4酸であるリンゴ酸（malate）とアスパラギン酸（aspartate）は，サトウキビ葉における最初の安定したC_4光合成の中間体物質であり，リンゴ酸のC-4が3-ホスホグリセリン酸のC-1となることを見い出した（Hatch and Slack 1966）（訳者注；表8.3にもあるように，最初の産物は正確にはオキサロ酢酸であるが，このオキサロ酢酸はただちにリンゴ酸に変換されている）。これらの葉における最初のカルボキシレーション反応は，Rubiscoによって触媒されるのではなく，ホスホエノールピルビン酸（phosphoenolpyruvate：PEP）カルボキシラーゼ（PEP carboxylase）とよばれる酵素によって行われる（Chollet et al. 1996）。

リンゴ酸のC-4が，3-ホスホグリセリン酸のC-1に移る機構は，葉肉細胞と維管束鞘細胞の関与が明らかになることに合わせて解明された。これらの反応に関与する酵素の二つの細胞への局在からである。PEPカルボキシラーゼとピルビン酸リン酸ジキナーゼ（pyruvate orthophosphate dikinase）は葉肉細胞に，脱炭酸酵素と全カルビン回路の酵素群は維管束鞘細胞に局在する。（訳者注；カルビン回路の酵素のうち，3-ホスホグリセリン酸キナーゼ，NADPH-グリセルアルデヒド脱水素酵素およびトリオースリン酸イソメラーゼは，葉肉細胞の葉緑体と維管束鞘細胞の葉緑体の両方に活性が見い出されている。両細胞の葉緑体間において効率よくカルビン回路を駆動させるため，3-ホスホグリセリン酸/トリオースリン酸のシャトルが働いているとの裏づけともなっている。）この知見をもって，HatchとSlackはC_4回路の基本的なモデルを確立した（図8.11と表8.3）。

(A)

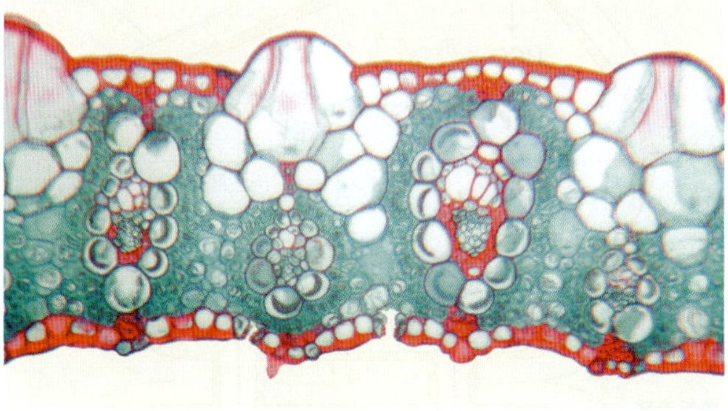

(B)

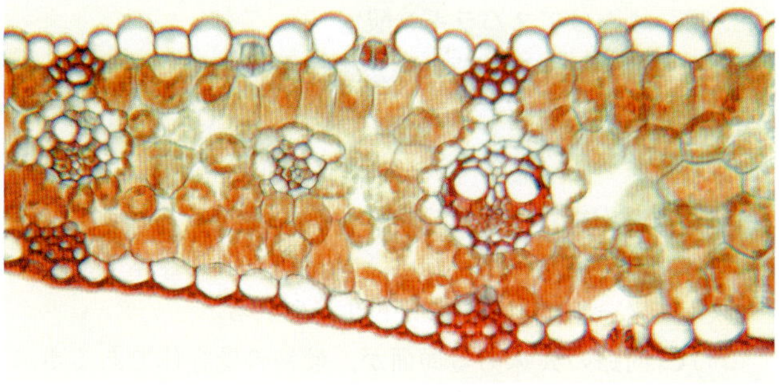

(C)

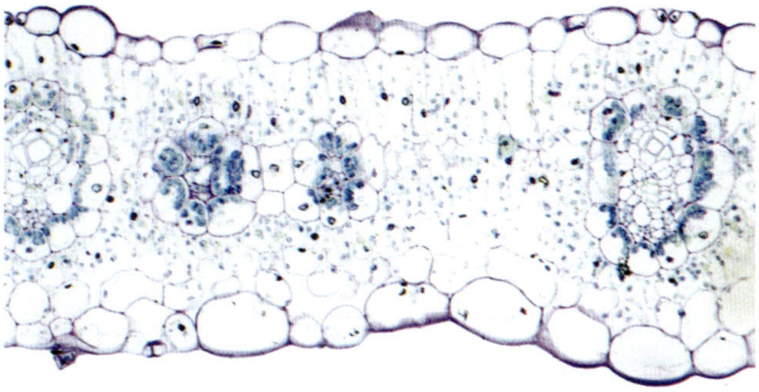

(D)

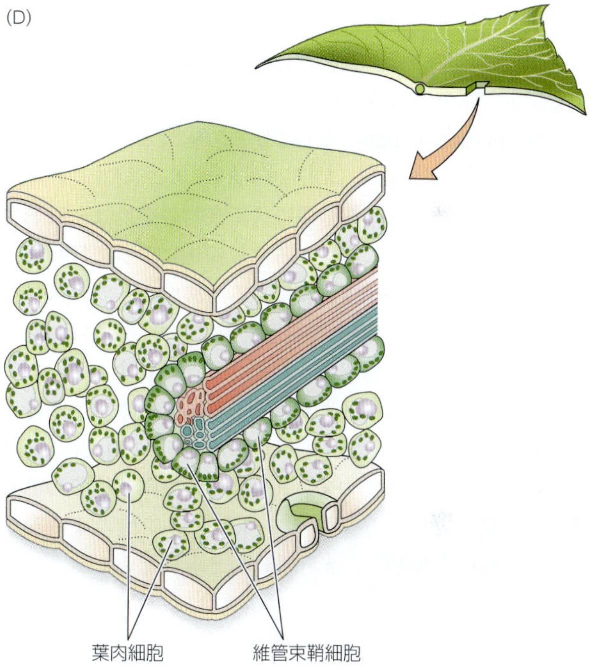

(E)

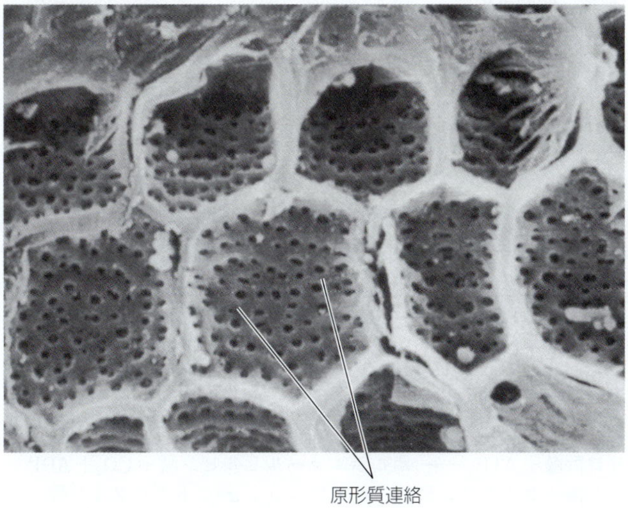

図 8.9　C_3とC_4植物葉の構造上の違いを示す葉の横断面。(A) C_4単子葉類，サトウキビ（*Saccharum officinarum*）(135×)。(B) C_3双子葉類，ポア（イチゴツナギ属の草本）(240×)。(C) C_4双子葉類，***Flaveria australasica***（キク科）(740×)。C_4植物葉の維管束鞘細胞は大型であり（AとC），その維管束鞘細胞近傍には1か2細胞層までの葉肉細胞しか存在しない。これらの構造上の特徴はC_3植物葉には見られない（B）。(D) C_4植物葉の3次元モデル。(E) 葉肉細胞と維管束鞘細胞間に多数の原形質連絡が高範囲に認められる。((A) と (B) は©David Webbより，(C) はAthena McKownの好意による，(D) はLüttge and Higinbothamの改変，(E) はCraig and Goodchild 1977より)

C_4 回路は，維管束鞘細胞内の CO_2 を濃縮する

C_4 回路は，四つの段階から成り立っている。

1. 葉肉細胞におけるホスホエノールピルビン酸のカルボキシレーションによる CO_2 固定は C_4 酸を生成する（リンゴ酸，またはアスパラギン酸）。
2. C_4 酸は維管束鞘細胞に輸送される。
3. 維管束鞘細胞内で C_4 酸は脱炭酸され CO_2 は放出，それがカルビン回路をへて炭水化物に還元される。
4. 脱炭酸の過程で生成された C_3 酸（ピルビン酸またはアラニン）は葉肉細胞に輸送され，CO_2 の受容体であるホスホエノールピルビン酸が再生産される。

この C_4 回路の興味ある局面が，最初の受容体であるホスホエノールピルビン酸の再生産にある。ホスホエノールピルビン酸の再生産のために，二つの「高エネルギー」リン酸結合が消費されている。一つはピルビン酸リン酸ジキナーゼによる反応であり，もう一つはピロホスファターゼによるピロリン酸（pyrophosphate）から2分子の無機リン酸への変換である（反応9，図8.11）。

葉肉細胞と維管束鞘細胞間の代謝産物の交換は，原形質連絡を介した濃度勾配に依存する拡散輸送によって行われ，細胞内での輸送は，葉緑体包膜にある特異的なトランスロケーター（translocator）の働きと濃度勾配により制御されている。このような回路が，効率よく機能することによって，CO_2 が大気から維管束鞘細胞へ送り込まれるのである。この輸送システムが大気の平衡状態よりはるかに高い CO_2 環境を維管束鞘細胞内につくっている。Rubisco の触媒部位での高 CO_2 環境は，結果としてリブロース-1,5-二リン酸のオキシゲネーション反応を抑制し，光呼吸は抑えられている。

サトウキビとトウモロコシで C_4 光合成が発見されて以来，現在では単子葉類および双子葉類を含め16の科に C_4 回路を有する種の存在が知られている。特に，イネ科（トウモロコ

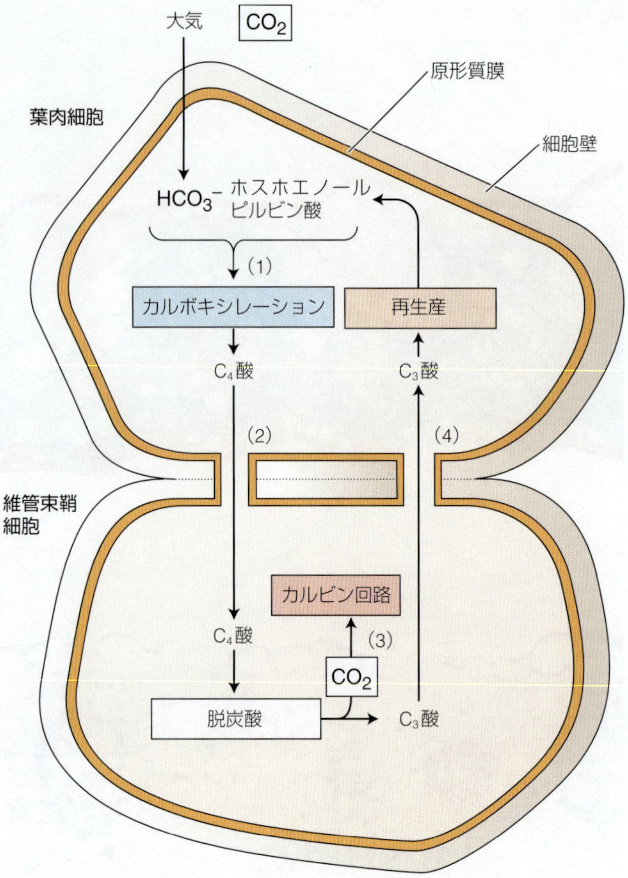

図 8.10　2種の細胞間で，四つの段階からなる C_4 光合成炭素代謝回路。(1) 葉肉細胞における CO_2 固定と C_4 酸の生成。(2) C_4 酸の葉肉細胞から維管束鞘細胞への輸送。(3) 維管束鞘細胞での C_4 酸の脱炭酸と CO_2 濃縮。放出された CO_2 は Rubisco によって再固定され，カルビン回路をへて炭水化物に変換される（訳者注；ショ糖の合成場所は葉肉細胞の細胞質である）。(4) 残った C_3 酸の葉肉細胞への輸送と，そこでの CO_2 受容体であるホスホエノールピルビン酸の再生産。

表 8.3　C_4 炭素回路の反応

酵　素	反　応
1. ホスホエノールピルビン酸（PEP）カルボキシラーゼ	ホスホエノールピルビン酸＋ HCO_3^- ⟶ オキサロ酢酸＋ P_i
2. NADP：リンゴ酸脱水素酵素	オキサロ酢酸＋ NADPH ＋ H^+ ⟶ リンゴ酸＋ $NADP^+$
3. アスパラギン酸アミノトランスフェラーゼ	オキサロ酢酸＋グルタミン酸 ⟶ アスパラギン酸＋ α-ケトグルタミン酸
4. NAD（P）リンゴ酸酵素	リンゴ酸＋ NAD $(P)^+$ ⟶ ピルビン酸＋ CO_2 ＋ NAD（P）H ＋ H^+
5. ホスホエノールピルビン酸カルボキシキナーゼ	オキサロ酢酸＋ ATP ⟶ ホルホエノールピルビン酸＋ CO_2 ＋ ADP
6. アラニンアミノトランスフェラーゼ	ピルビン酸＋グルタミン酸 ⟶ アラニン＋ α-ケトグルタミン酸
7. アデニル酸キナーゼ	AMP ＋ ATP ⟶ 2 ADP
8. ピルビン酸リン酸ジキナーゼ	ピルビン酸＋ P_i ＋ ADP ⟶ ホルホエノールピルビン酸＋ AMP ＋ PP_i
9. ピロホスファターゼ	PP_i ＋ H_2O ⟶ 2 P_i

P_i と PP_i は，それぞれ無機リン酸とピロリン酸を示す。

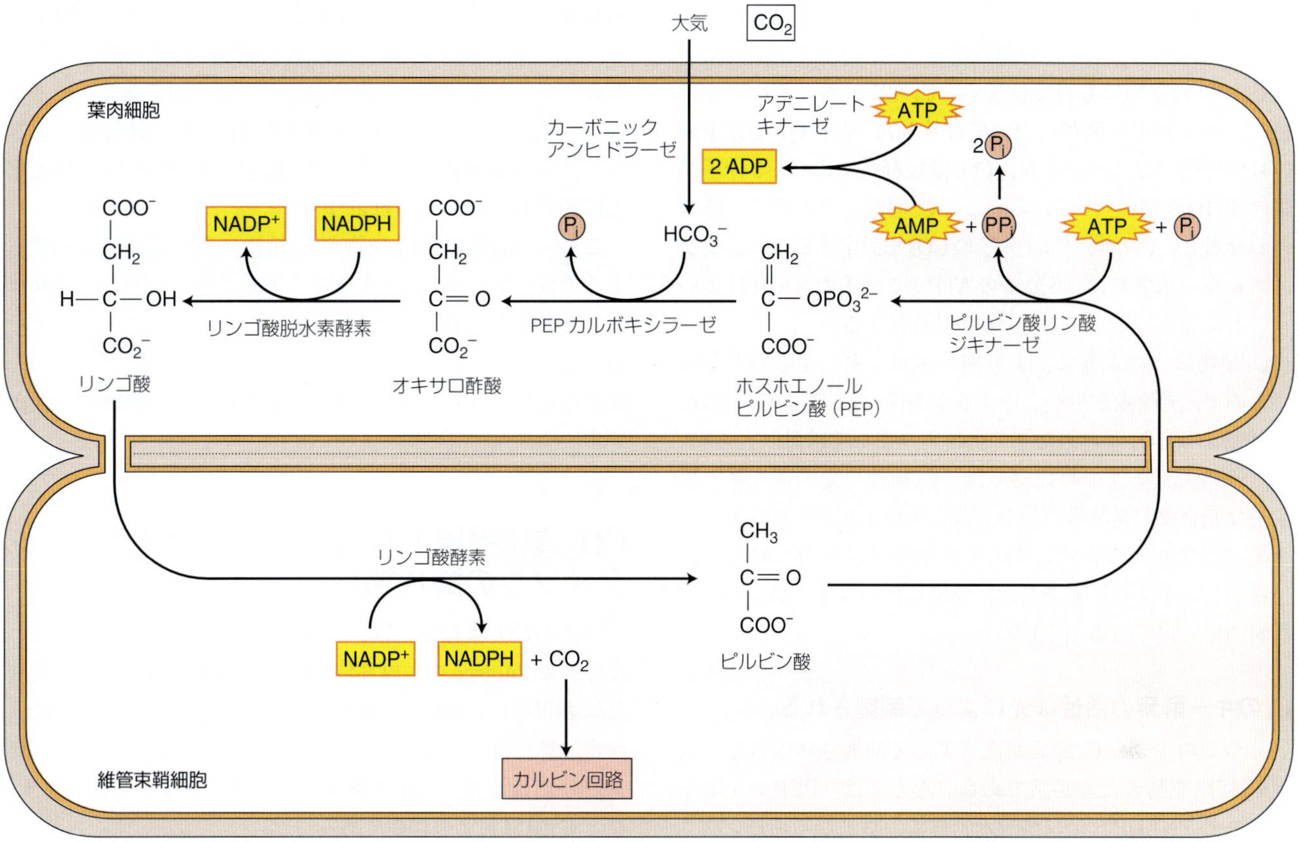

図 8.11 C_4光合成経路。2分子のATPの加水分解によって，大気から維管束鞘細胞の葉緑体のカルビン回路へのCO_2濃縮が行われている経路について矢印で示した。

シ，キビ，ソルガム，サトウキビ），アカザ科（アカザ）およびカヤツリグサ科（スゲ類）に多い。地球上の約1％の種がC_4植物であるとされている（Edwards and Walker 1983）。

C_4経路には，種に依存した三つの変異がある（**Webトピック8.7**参照）。この変異は，維管束鞘細胞に送られるC_4酸の違い（リンゴ酸かアスパラギン酸）とそこでの脱炭酸の違いによるものである。

維管束鞘細胞でのCO_2濃縮はエネルギーが必要

C_4回路の役割は，葉肉細胞に希釈されたCO_2を維管束鞘細胞内に濃縮することにある。PEPカルボキシラーゼを欠損したアマランサス（*Amaranthus edulis*）の研究において，維管束鞘細胞での効果的なCO_2濃縮がおこらず，C_4植物であるにもかかわらず，光呼吸の高まることが観察された（Dever et al. 1996）。

熱力学的な考察によれば，維管束鞘細胞へのCO_2濃度の

表 8.4 C_4炭素回路におけるエネルギーコスト

ホスホエノールピルビン酸＋H_2O＋NADPH＋CO_2（葉肉）	⟶	リンゴ酸＋$NADP^+$＋P_i（葉肉）
リンゴ酸＋$NADP^+$	⟶	ピルビン酸＋NADPH＋CO_2（維管束鞘）
ピルビン酸＋P_i＋ATP	⟶	ホルホエノールピルビン酸＋AMP＋PP_i（葉肉）
PP_i＋H_2O	⟶	2 P_i（葉肉）
AMP＋ATP	⟶	2 ADP
正味：CO_2（葉肉）＋2 ATP＋2 H_2O	⟶	CO_2（維管束鞘）＋2 ADP＋2 P_i

表8.3の反応1で示したように，この表の最初の反応式におけるH_2OとCO_2は，実際はホスホエノールピルビン酸とHCO_3^-として反応している。
P_iとPP_iはそれぞれ無機リン酸とピロリン酸を示す。

濃度勾配の形成と維持にはエネルギーが必要であることを意味する（Webサイト2章の熱力学での議論参照）。この原理はC_4回路の駆動にも当てはまる。C_4回路における反応を要約し，エネルギー消費について計算した（表8.4）。1分子のCO_2を輸送することにより，CO_2濃縮経路によって2分子当量のATPが消費されている。このC_4回路とカルビン回路を合わせると，C_4植物では1分子のCO_2を固定するのに必要なエネルギー消費量は，5分子のATPと2分子のNADPHということになる（表8.1と8.4からの計算による）。

C_4植物はこのように，より高いエネルギーを必要としているので，光呼吸が生じないような条件（高CO_2低O_2）では，C_3植物よりCO_2固定あたりの光エネルギー要求量は大きい。ふつうの大気条件での観察では，C_3植物の光エネルギー要求量は光合成と光呼吸のバランスに影響するような要因，たとえば温度などの変化によって影響を受けるのに対し，C_4植物の光エネルギー要求量は，環境条件の変化にかかわらず相対的に一定である（図9.23）。

C_4のキー酵素の活性は光によって制御される

いくつかの主要なC_4酵素が光によって制御されるので，光はC_4回路駆動のため必須である。たとえば，PEPカルボキシラーゼ，NADPリンゴ酸脱水素酵素，およびピルビン酸リン酸ジキナーゼの活性（表8.3）は，光強度の変化に応答して2種の過程，すなわちチオールグループの酸化還元やリン酸化・脱リン酸化（phosphorylation−dephosphorylation）などによって制御されている。

NADPリンゴ酸脱水素酵素は，葉緑体のチオレドキシンシステムによって制御される（図8.5）。酵素は光によって還元され（活性化），暗所で酸化される（不活性化）。PEPカルボキシラーゼは光に依存したリン酸化・脱リン酸化機構によって活性が制御されるが，詳細はまだ解明されていない。

C_4経路における3番めの制御機構は，ピルビン酸リン酸ジキナーゼ活性の制御に見られる。この酵素は光強度が低下すると，ADPがリン酸供与体である特殊な調節酵素によるリン酸化で迅速に不活性化される（Burnell and Hatch 1985）。活性化はこのリン酸基の脱リン酸である。この両反応，すなわちピルビン酸リン酸ジキナーゼのリン酸化と脱リン酸は一つの調節酵素によって行われていると推定されている。

C_4回路は，暑く，乾燥した気候で，光呼吸を抑え水ストレスから守っている

C_4植物のC_4回路には，高温で不利になる光合成の初期段階にある特性を克服する二つの特徴がある。一つめは，PEPカルボキシラーゼのHCO_3^-への親和性が，大気レベルのCO_2と平衡状態にあるHCO_3^-の溶存濃度で十分機能するという点である。さらに，基質がCO_2ではなくHCO_3^-であるため，Rubiscoのように酸素と拮抗することはない。また，PEPカルボキシラーゼの高い活性は，C_4植物の気孔の開口を抑えることができるので，体内の水分保持に有利である。結果として，気孔の開度あたりのCO_2固定速度はC_3植物より大きい。二つめの利点は，維管束鞘細胞での高CO_2ゆえの光呼吸抑制にある（Maroco et al. 1998）。

これらの特徴は，C_4植物がC_3植物に比べ高温でより効率よく光合成を行うことができることを意味しており，それゆえ，熱帯の乾燥地域で相対的にC_4植物が豊富である理由であると推定されている。また，まわりの自然環境に順応して，厳密な意味ではC_3とC_4の中間的な性格をもつ植物も存在する。

CO_2濃縮機構（その3）：CAM光合成（ベンケイソウの酸代謝）

三つめのCO_2濃縮機構は，ベンケイソウの酸代謝，CAMとよばれるRubiscoの触媒部位での濃縮機構である。その名前とは裏腹に，CAMはベンケイソウ科に留まらず多くの被子植物に見い出される。パイナップル，バニラ，リュウゼツランだけではなく，サボテンやユーホリビア（タカトウダイ）なども CAM植物の仲間である。

CAMは，植物の水利用効率（water−use efficiency）を大きく改善している。C_4植物とC_3植物では1gのCO_2を固定するのに失われる水は，それぞれ250～300gと400～500gであるが（4章参照），典型的なCAM植物は50～100g程度である。このように，CAM植物は乾燥環境に対して有利である。

CAMには，C_4回路と多くの類似点がある。C_4植物では，葉肉細胞でC_4酸を生成し，維管束鞘細胞でC_4酸から脱炭酸しカルビン回路でCO_2の再固定を行う立体配置的な分業によって光合成を行っている。CAM植物ではC_4酸の生成・脱炭酸は時間的な分業で完成させている。夜間にCO_2は細胞質にあるPEPカルボキシラーゼによって固定され，オキサロ酢酸からリンゴ酸に変換された後，液胞に蓄えられる（図8.12）。そして，蓄えられたリンゴ酸は，昼間葉緑体へ輸送され，NADP−リンゴ酸酵素（NADP−malic enzyme）によって脱炭酸される。放出したCO_2はカルビン回路によって固定され，NADPHは脱炭酸されたトリオースリン酸生成物がデンプンへ合成されるのに使われる。（訳者注；NADPHは，脱炭酸で生じたピルビン酸が3−ホスホグリセリン酸に変換された後，トリオースリン酸（ジヒドロキシアセトンリン酸）に代謝される過程（一部細胞質での代謝となる）で消費されると推察されるが，その過程においてカルビン回路の駆動とデンプン合成の代謝には区別がない。したがってNADPHがデンプン生成のために使われるという記述は正しくなく，カルビン回路で消費されると記述されるべきである。）

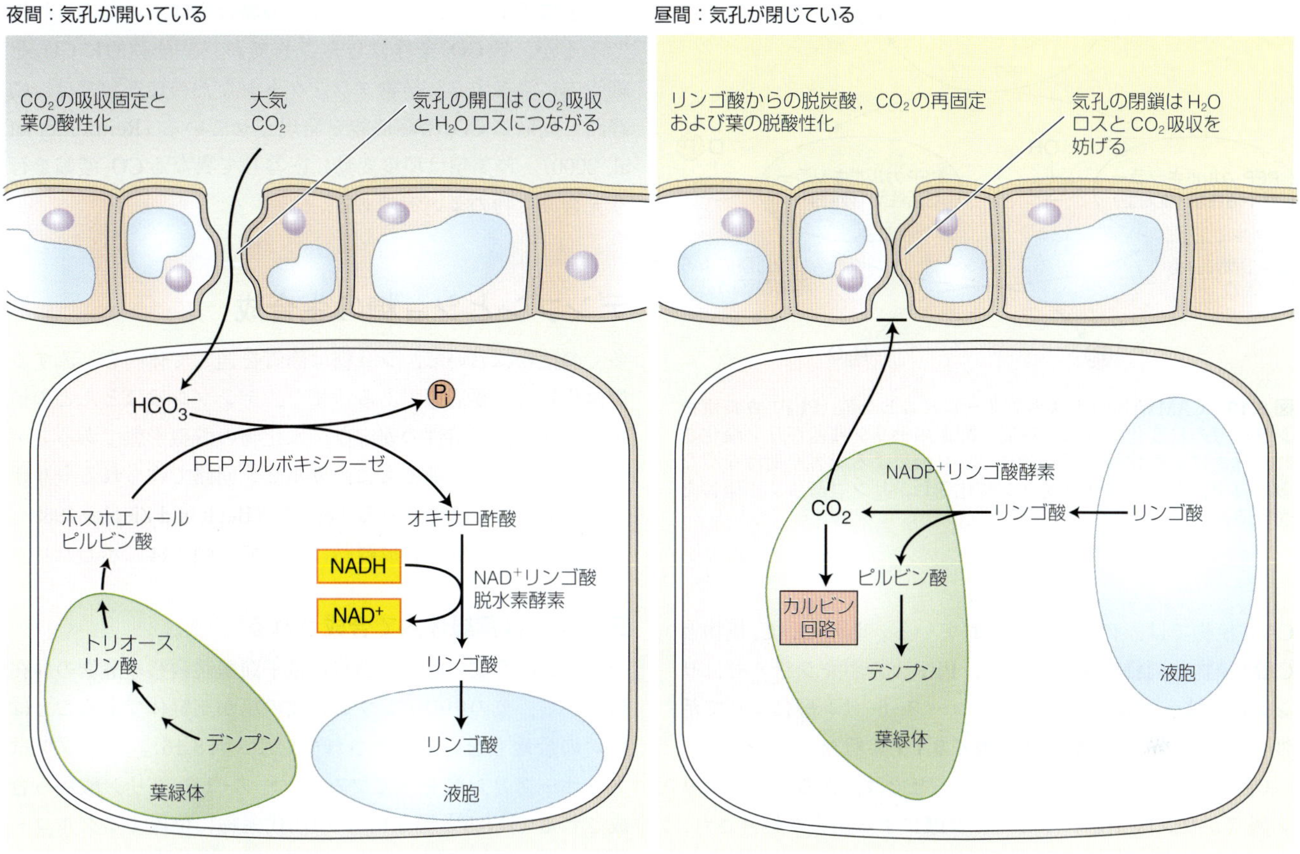

図 8.12　CAM光合成。光合成反応のCO_2固定の時間的な分業。夜間にCO_2が取り込まれ，固定される。日中に脱炭酸とCO_2の再固定が葉の中で行われる。CAM植物の有利な点は，夜間のみ気孔を開口し，日中閉じるため，蒸散による水分ロスを大きく抑制できることにある。

CAM植物の気孔は夜開き，昼間閉じる

たとえばサボテンなどのCAM植物は，涼しい夜間に気孔を開き，暑くて乾燥する昼間に気孔を閉じているので，水の利用効率が高い。昼間気孔を閉じることは水分ロスを最小限に抑えるのに有効ではあるが，水とCO_2は同じ拡散経路をへているわけであるから，CO_2は夜間に取り込まなければならない。

CO_2は，ホスホエノールピルビン酸からオキサロ酢酸生成の過程で取り込まれ，オキサロ酢酸はリンゴ酸に還元される。リンゴ酸は蓄積し，CAM植物の葉肉細胞ではしばしば観察される大きな液胞に蓄えられる（図8.12）。夜間，固定されるCO_2はすべて液胞のリンゴ酸蓄積となるわけであるから，その膨大な蓄積が夜間の葉の酸性化（noctural acidifi-cation）として発見された（Bonner and Bonner 1948）。

昼間，気孔を閉じるので水分ロスは抑えられ，さらにCO_2固定も行われる。液胞のリンゴ酸が消費されるにつれ，葉肉細胞の脱酸性化（中性化）が進む。脱炭酸はNADP–リンゴ酸酵素によって行われる（Drincovich et al. 2001）。気孔は閉じているので，CO_2が細胞外に漏れ出すことはなく，カルビン回路によって固定され炭水化物に変換される。

細胞内CO_2濃度は高まるので，光呼吸のリブロース–1,5–二リン酸のオキシゲネーション反応は抑えられ効率よくCO_2固定は進む。脱炭酸の過程で生じたC_3酸（ピルビン酸）は，まずトリオースリン酸に変換された後，デンプンやショ糖に合成され，最初のCO_2受容体源として再生産されている。

C_4植物とCAM植物のPEPカルボキシラーゼの活性は，リン酸化によって制御される

ここまで述べてきたCAM光合成では，無用な回路の代謝空転を避けるため，最初のCO_2固定と後半の脱炭酸の完全分離が必須となる。すなわち，C_4植物とCAM植物に見られるそれぞれの立体配置的，時間的分離に加えて，無用な回路の代謝空転はPEPカルボキシラーゼの活性制御によっても避けられている（図8.13）。C_4植物では，日中PEPカルボキシラーゼが「スイッチオン」され活性化されるのに対し，

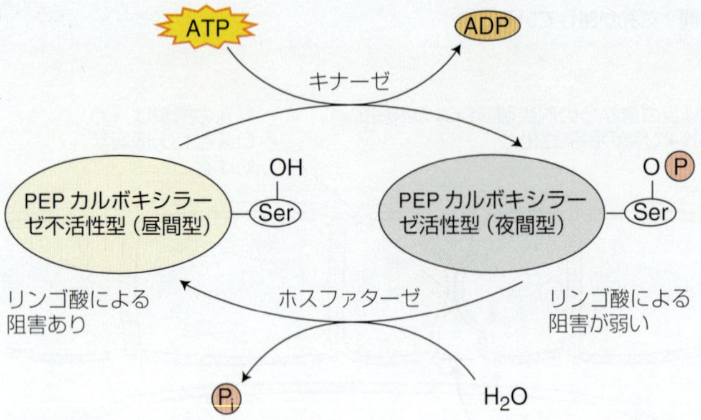

図 8.13 CAM 植物のホスホエノールピルビン酸（PEP）カルボキシラーゼの日変化の制御。夜間に酵素のセリン残基がリン酸化され，酵素は活性化し，相対的にリンゴ酸による阻害を受けなくなる。日中，セリン残基は脱リン酸化され，リンゴ酸による阻害を受ける。

CAM 植物では，夜間活性化されている。しかし，C_4 植物と CAM 植物の両種ともにおいて，PEP カルボキシラーゼはリンゴ酸によって阻害され，グルコース-6-リン酸によって活性化される（詳細は **Web エッセイ 8.1** を参照）。

CAM 植物の PEP カルボキシラーゼでは，ある一つのセリン残基がリン酸化されるとリンゴ酸による阻害が軽減され，グルコース-6-リン酸による効果が促進されるので，酵素はより活性化する（Chollet et al. 1996，Vidal and Chollet 1997）（図 8.13）。酵素 PEP カルボキシラーゼキナーゼがこのリン酸化を触媒する。このキナーゼの生合成は，液胞から細胞質への Ca^{2+} イオンの流出によって促進される Ca^{2+}/カルモジュリンタンパク質キナーゼにより活性化される（Giglioli-Guivaec'h et al. 1996，Coursol et al. 2000，Nimmo 2000，Bakrim et al. 2001）。

環境条件に応答して CO_2 の吸収パターンを変える植物もある

植物は，栄養成長と生殖成長の過程で，水と CO_2 を最大限利用するための多くのメカニズムをもっている。C_3 植物は，昼間は気孔の開口を制御し，夜間は閉じている。C_4 と CAM 植物は CO_2 固定のため PEP カルボキシラーゼを利用し，C_4 植物では立体配置的に，CAM 植物では時間的に，Rubisco の反応と分業させている。

CAM 植物の仲間には，環境条件に応じて CO_2 の吸収パターンを変化させる長期的な制御を示すものもある。たとえば，アイスプラント（*Mesembryanthemum crystallinum*）は非ストレス条件下では C_3 光合成を行うが，高温，水不足，および塩ストレス条件下で CAM 光合成にシフトする。ストレスシグナルによる多くの CAM 酵素群の遺伝子の発現が関与している（Adams et al. 1998，Cushman 2001）。

水生環境下では，ラン藻や緑藻の場合水はふんだんに利用できるが，低 CO_2 条件にさらされており，能動的に CO_2 を細胞内に濃縮する。植物プランクトンなどの珪藻類では，C_4 経路と同時に CO_2 濃縮機能を発現させている（Reinfelder et al. 2000）。珪藻類は環境変動に応答して異なる CO_2 濃縮を行う光合成生物のよい例である。

デンプンとショ糖の生合成

多くの植物において，ショ糖は篩管を通して体内を転流する炭水化物の主要形態である。また，デンプンはほとんどの植物に存在し，不溶性の安定な炭水化物の貯蔵形態である。デンプンおよびショ糖ともに，カルビン回路で作られるトリオースリン酸から合成される（表 8.1）（Beck and Ziegler 1989）。デンプンとショ糖の合成経路について，図 8.14 に示した。

デンプンは葉緑体内で合成される

デンプンの合成・貯蔵を調べた電子顕微鏡観察や酵素の局在研究から，葉の中のデンプン合成の場が葉緑体であることは疑いの余地もないものとされている（図 8.16）。デンプンはトリオースリン酸をへてフルクトース-1,6-二リン酸から合成される（表 8.5 と図 8.14）。中間代謝物に位置するグルコース-1-リン酸が ADP-グルコースピロホスホリラーゼ（ADP-glucose pyrophosphorylase）によって ADP-グルコースに変換され（図 8.14 と表 8.5，反応 5），この反応は ATP を必要とし，ピロリン酸（PP_i，$H_2P_2O_7^{2-}$）が生成されている。

多くの生合成反応と同様に，ピロリン酸は特異的なピロホスファターゼによって，ただちに 2 分子の無機リン酸（P_i）に加水分解される（表 8.5，反応 6）。したがって，反応 5 は ADP-グルコースを生成する方向のみに進む。つづけて，ADP-グルコースのグルコース部分が伸張をつづけるデンプン側鎖末端のグルコースの非還元末端（C-4）部分に転移され，このようにしてデンプン合成の反応はつづけられる。

ショ糖は細胞質で合成される

ショ糖の合成場所は，オルガネラを分離単離する細胞分画実験によって調べられた。さらに，酵素解析の実験によって，デンプンと似た経路，すなわち，トリオースリン酸からフルクトース-1,6-二リン酸とグルコース-1-リン酸をへて，細胞質で合成されることが示された（図 8.14 と表 8.6，反応 2～6）。このグルコース-1-リン酸は，葉緑体の ADP-グルコースピロホスホリラーゼの類似酵素である UDP-グルコースピロホスホリラーゼによって UDP-グルコースに変換される（表 8.6，反応 7）。この段階で，次の連続した二つの反応でショ糖合成が完了する（Huber and Huber 1996）。最初に，ショ糖-6-リン酸合成酵素（sucrose-phosphate synthase）

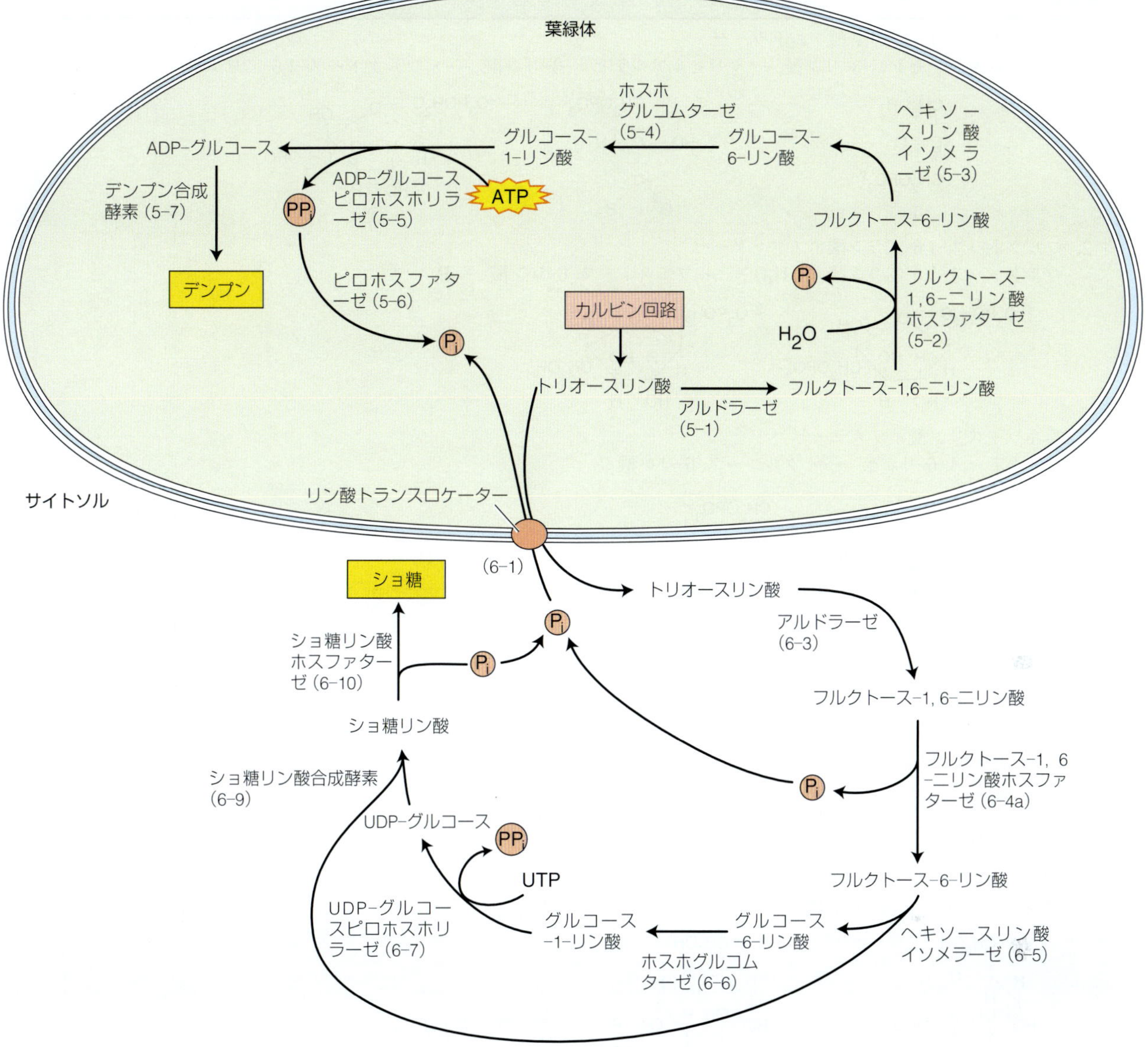

図 8.14 デンプンとショ糖合成の経路。両合成は，それぞれ葉緑体と細胞質で拮抗して行われる。細胞質のリン酸濃度が高いとき，葉緑体のトリオースリン酸はリン酸との交換経路で細胞質に送られ，ショ糖が合成される。細胞質のリン酸濃度が低いときは，トリオースリン酸は細胞質に輸送されることなく，葉緑体内でデンプン合成に使われる。図中の括弧内数字は表8.5と8.6の反応に相当する。

が，UDP-グルコースとフルクトース-6-リン酸からショ糖-6-リン酸とUDPを生成する。次に，ショ糖-6-リン酸ホスファターゼ（ホスホヒドロラーゼ，sucrose-6-phosphatase）がショ糖-6-リン酸を脱リン酸し，ショ糖を生成する（表8.6，反応10）。後者の反応は本質的に不可逆であるため，前者の反応をショ糖合成の方向に引っ張っている。

デンプン合成と同じように，UDP-グルコースピロホスホリラーゼによって生成されたピロリン酸は加水分解されるが，葉緑体中のような早い反応ではない（表8.6，反応7）。ピロホスファターゼが細胞質に存在しないため，ピロリン酸はほかの酵素によってリン酸転移反応で利用されるからである。一つの例はフルクトース-6-リン酸リン酸基転移酵素である。この酵素は，ホスホフルクトキナーゼによって触媒される反応と似た反応を触媒する酵素であるが，ホスホフルクトキナーゼがリン酸供与体としてATPを用いるのに対し，フルクトース-6-リン酸リン酸転移酵素はピロリン酸を用いている。

表8.5と8.6の反応および図8.14から明らかなように，トリオースリン酸からグルコース-1-リン酸までの反応は，デンプン合成とショ糖合成において，いくつかの共通のステッ

表 8.5　葉緑体におけるトリオースリン酸からデンプン合成への反応

1. フルクトース-1,6-二リン酸アルドラーゼ
ジヒドロキシアセトン-3-リン酸 ＋ グリセルアルデヒド-3-リン酸 ⟶ フルクトース-1,6-二リン酸

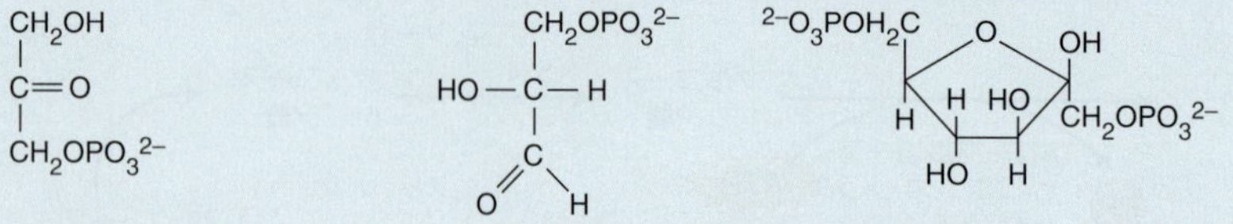

2. フルクトース-1,6-二リン酸ホスファターゼ
フルクトース-1,6-二リン酸 ＋ H_2O ⟶ フルクトース-6-リン酸 ＋ P_i

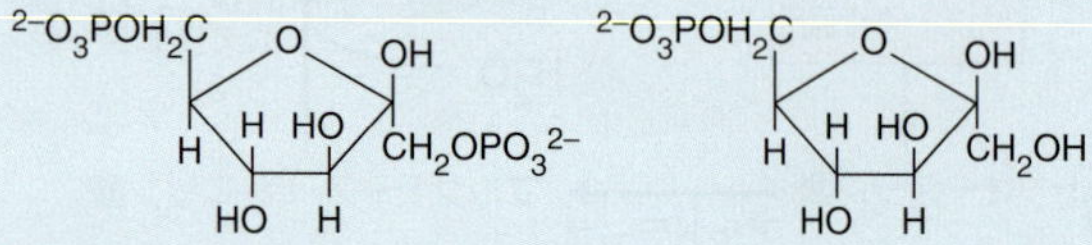

3. ヘキソースリン酸イソメラーゼ
フルクトース-6-リン酸 ⟶ グルコース-6-リン酸

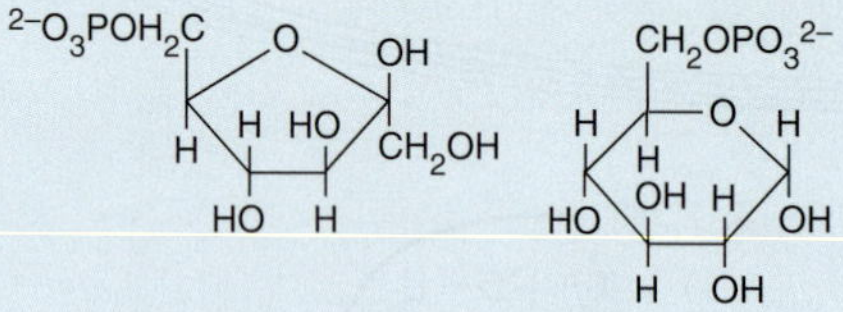

4. ホスホグルコムターゼ
グルコース-6-リン酸 ⟶ グルコース-1-リン酸

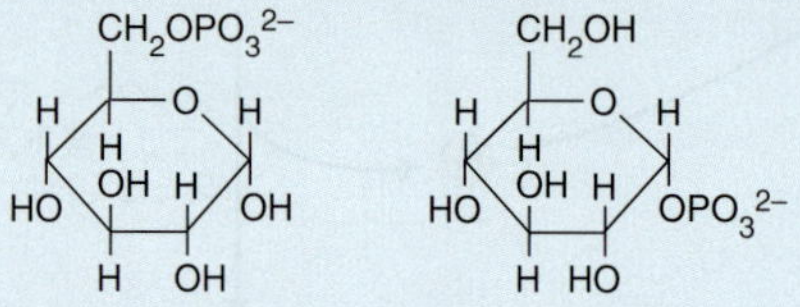

5. ADP-グルコースピロホスホリラーゼ
グルコース-1-リン酸 ＋ ATP ⟶ ADP-グルコース ＋ PP_i

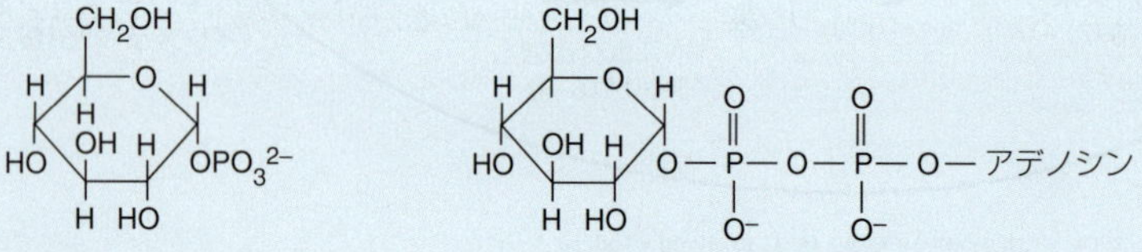

6. ピロホスファターゼ
$PP_i + H_2O \longrightarrow 2P_i + 2H^+$

7. デンプン合成酵素
ADPグルコース ＋ $(1,4\text{-}\alpha\text{-D-グルコシル})_n \longrightarrow$ ADP ＋ $(1,4\text{-}\alpha\text{-D-グルコシル})_{n+1}$

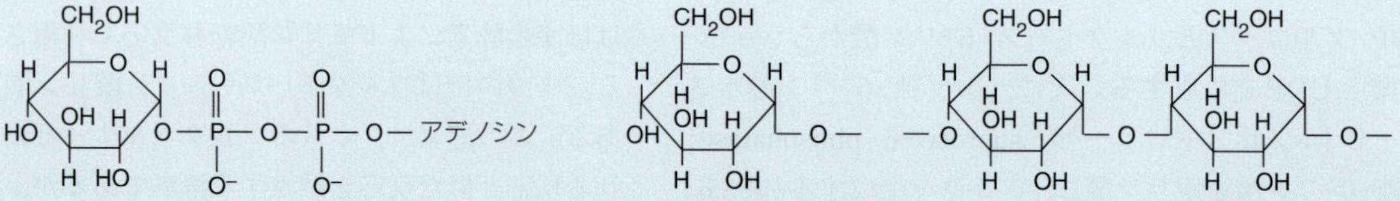

デンプン側鎖の非還元末端　　伸長したデンプン側鎖

反応 6 が不可逆であるため，反応を右側へ進行させている。
P_i と PP_i は，それぞれ無機リン酸をピロリン酸を示す。

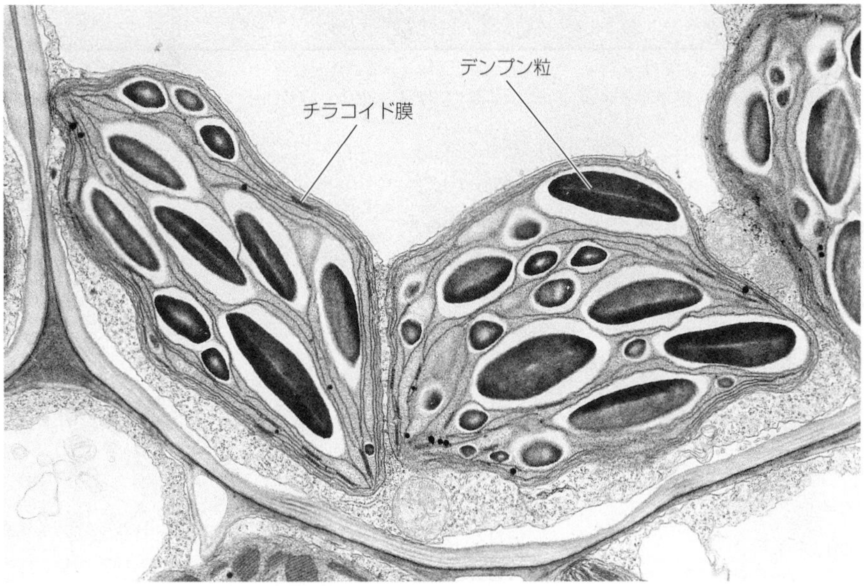

図 8.15 デンプン粒が観察されるトウモロコシの維管束鞘細胞葉緑体の電子顕微鏡写真（15,800 ×）。（写真は S. E. Frederick, E. H. Newcomb の好意による）

プがある。しかしながら，これらの経路はそれぞれ葉緑体と細胞質の局在する別々の酵素（アイソザイム（isozyme）：同じ反応を触媒する異なる型の酵素）によって行われている。

アイソザイムは，たがいに異なる特性を示す。たとえば，葉緑体型フルクトース-1,6-二リン酸ホスファターゼはチオレドキシン-フェレドキシンシステムによって制御されるが，フルクトース-2,6-二リン酸や AMP によって影響を受けない。逆に細胞質型フルクトース-1,6-二リン酸ホスファターゼはフルクトース-2,6-二リン酸によって制御され，特にフルクトース-2,6-二リン酸存在下で AMP に対する感受性が強く，他方，チオレドキシンによる影響は受けない。

細胞質型のフルクトース-1,6-二リン酸ホスファターゼとともに（詳細は後述），ショ糖合成はショ糖リン酸合成酵素によって制御されている。この酵素は，グルコース-6-リン酸によって活性化され，無機リン酸によって阻害されるアロステリックな酵素である。酵素は暗所下でプロテインキナーゼにより，あるセリンの一残基がリン酸化されて不活性化する。明所下では，プロテインホスファターゼによって脱リン酸化され活性化する。グルコース-6-リン酸はこのキナーゼを阻害し，リン酸はホスファターゼを阻害する。

イネ葉からのショ糖-6-リン酸ホスファターゼの精製とクローン実験から，最近この酵素の分子的な機能に新しい知見が得られている（Lund et al. 2000）。これらの研究によって，ショ糖-6-リン酸合成酵素とショ糖-6-リン酸ホスファターゼが超分子複合体をつくることによって単独酵素として存在するよりも高い活性を示すことが明らかにされた（Salerno et al. 1996）。ショ糖合成の最終段階での二つのステップに関与する二つの酵素が，このような非共有的な相互作用をもつことは，植物の炭水化物代謝が高度に制御されたものであることを反映しているといえる。

ショ糖とデンプン合成はたがいに競合する反応である

無機リン酸とトリオースリン酸の相対的な濃度が，光合成の最終産物を葉緑体のデンプンに分配するのか，細胞質のショ糖にするのかを決めている主要な要因である。このデンプンまたはショ糖への分配は，無機リン酸とトリオースリン酸をたがいに 1：1 で交換するアンチポーター，リン酸トランスロケーターによって分けられている（表 8.6，反応 1）。

リン酸トランスロケーターは，葉緑体と細胞質間の無機リン酸とトリオースリン酸をたがいに交換輸送するタンパク質である。細胞質のリン酸濃度が低い場合は，トランスロケーターをへて葉緑体から輸送されるトリオースリン酸は制限される。そのため，葉緑体内でのデンプン合成が促進される。逆に，細胞質のリン酸濃度が高い場合，葉緑体のデンプン合成を抑えられ，細胞質へのトリオースリン酸の輸送が促進され，ショ糖合成が進む。

無機リン酸とトリオースリン酸は，ショ糖とデンプン合成の経路にかかわるいくつかの酵素の活性も制御している。葉緑体の酵素 ADP-グルコースピロホスホリラーゼ（表 8.5，反応 5）は，グルコース-1-リン酸からデンプンの合成を支配するキー酵素である。この酵素は，3-ホスホグリセリン酸によって活性化され，無機リン酸によって阻害される。光が照射され，デンプンが活発に合成されている葉緑体では，3-ホスホグリセリン酸：無機リン酸の濃度比は高い。逆に，

表 8.6　細胞質におけるトリオースリン酸からショ糖合成への反応

1. リン酸/トリースリン酸トランスロケーター
   トリオースリン酸（葉緑体）＋ P_i（サイトソル）⟶ トリオースリン酸（サイトソル）＋ P_i（葉緑体）

2. トリオースリン酸イソメラーゼ
   ジヒドロキシアセトン–3–リン酸 ⟶ グリセルアルデヒド–3–リン酸

3. フルクトース–1,6–二リン酸アルドラーゼ
   ジヒドロキシアセトン–3–リン酸 ＋ グリセルアルデヒド–3–リン酸 ⟶ フルクトース–1,6–二リン酸

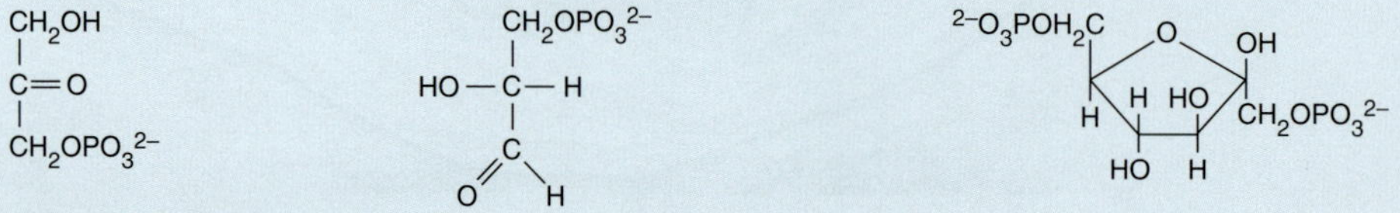

4a. フルクトース–1,6–二リン酸ホスファターゼ
   フルクトース–1,6–二リン酸 ＋ H_2O ⟶ フルクトース–6–リン酸 ＋ P_i

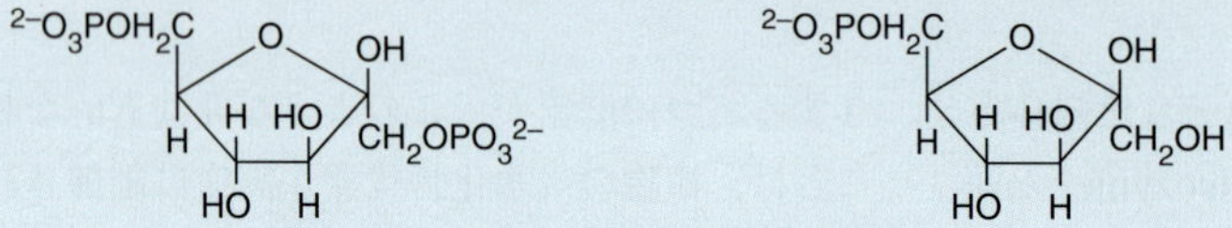

4b. ピロリン酸ホスホフラクトキナーゼ
   フルクトース–6–リン酸 ＋ PP_i ⟶ フルクトース–1,6–二リン酸 ＋ P_i

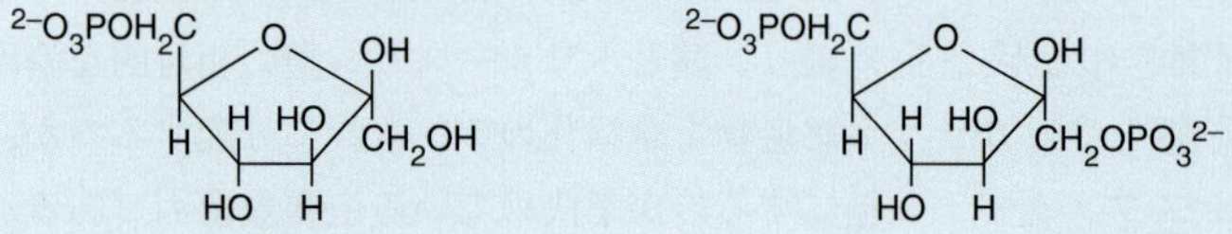

5. ヘキソースリン酸イソメラーゼ
   フルクトース–6–リン酸 ⟶ グルコース–6–リン酸

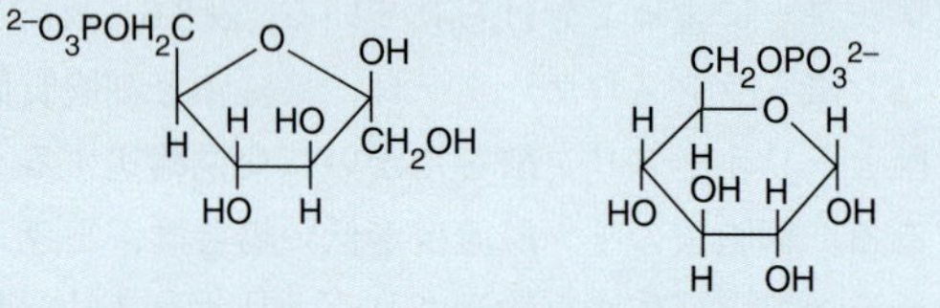

6. ホスホグルコムターゼ
   グルコース–6–リン酸 ⟶ グルコース–1–リン酸

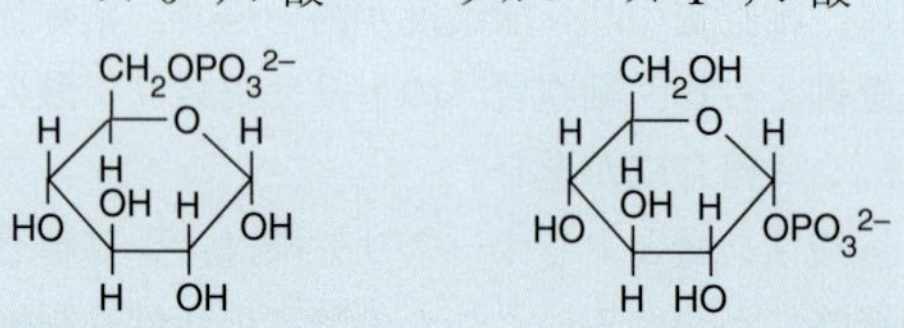

7. UDP–グルコースピロホスホリラーゼ
   グルコース–1–リン酸 ＋ UTP ⟶ UDP–グルコース ＋ PP_i

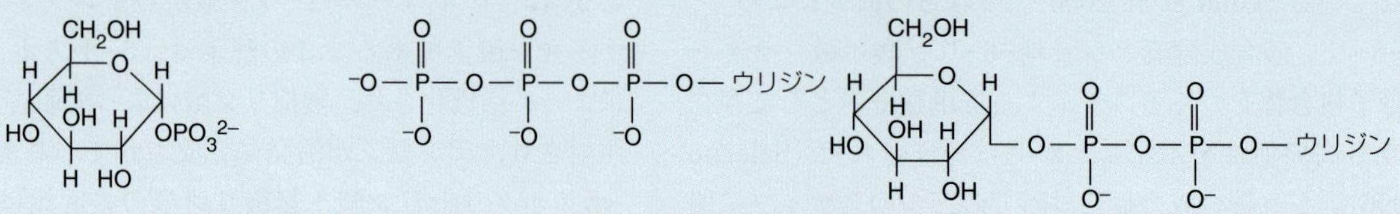

表 8.6 (続き)

8. ピロホスファターゼ
$PP_i + H_2O \longrightarrow 2P_i + 2H^+$

9. ショ糖リン酸シンテターゼ
UDP–グルコース ＋ フルクトース–6–リン酸 ⟶ UDP ＋ ショ糖–6–リン酸

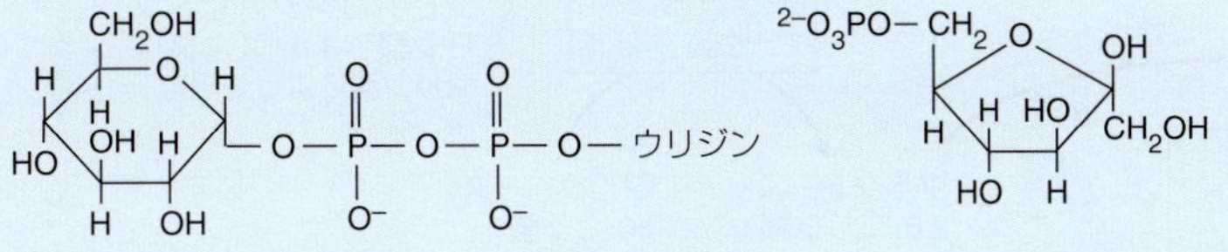

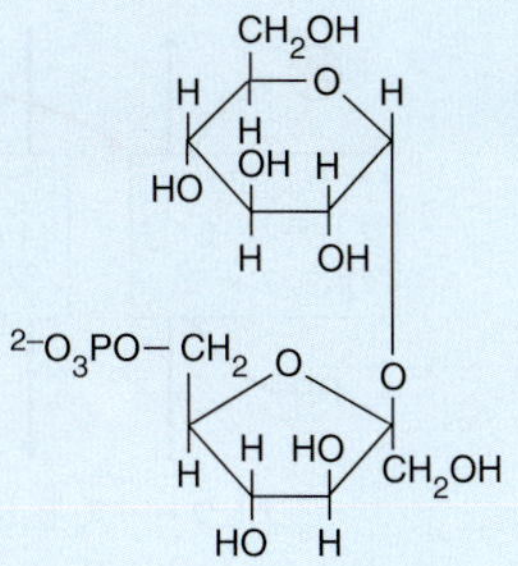

10. ショ糖リン酸ホスファターゼ
ショ糖–6–リン酸 ＋ H_2O ⟶ ショ糖 ＋ P_i

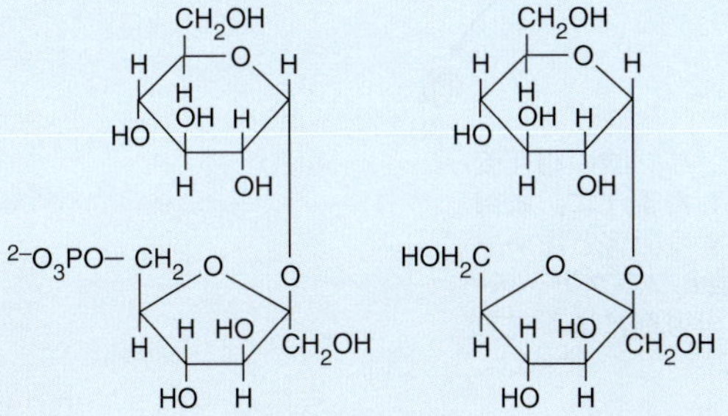

反応1は葉緑体包膜の内膜で生じる。反応2～10は細胞質で行われる。反応8は不可逆であるため反応を右側へ進行させている。P_iとPP_iは，それぞれ無機リン酸をピロリン酸を示す。

暗所では低い。

フルクトース–2,6–二リン酸は，明所でのショ糖合成増加，暗所でのショ糖合成減少の重要な制御物質である。この物質は細胞質に非常に低濃度で見い出されるものであるが，細胞質でのフルクトース–1,6–二リン酸からフルクトース–6–リン酸への変換を厳密に制御している（Huber 1986, Stitt 1990）。

フルクトース–2,6–二リン酸は，細胞質型フルクトース–1,6–二リン酸ホスファターゼの強い阻害剤であるので，フルクトース–2,6–二リン酸濃度増加は，ショ糖合成速度の低下につながる（表8.6，反応4a）。また，フルクトース–2,6–二リン酸はピロリン酸依存性（PP_i–linked）ホスホフルクトキナーゼの活性化剤でもある（反応4 b）。しかし，それではいったいなにがこのフルクトース–2,6–二リン酸の細胞質内の濃度を制御しているのであろうか？

フルクトース–2,6–二リン酸は，フルクトース–6–リン酸2–キナーゼによってフルクトース–6–リン酸から合成され（解糖系で働くフルクトース–6–リン酸1–キナーゼと混同しないこと），フルクトース–2,6–二リン酸ホスファターゼによって分解される（カルビン回路のフルクトース–1,6–二リン酸ホスファターゼと混同しないこと）。最近の知見によれば，植物の活性も動物細胞と同様に，単一のポリペプチド鎖にあるとされている。

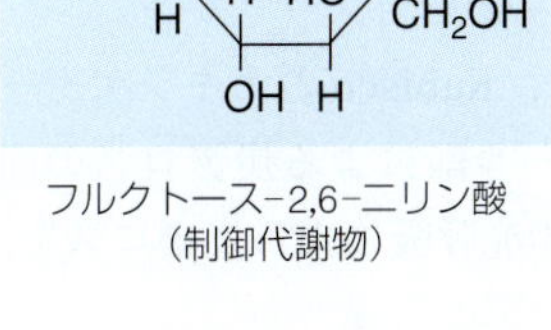

フルクトース–2,6–二リン酸
（制御代謝物）

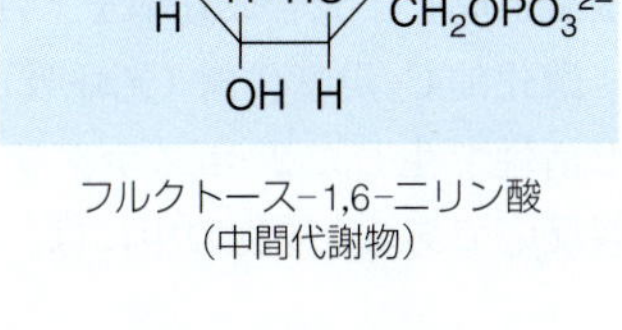

フルクトース–1,6–二リン酸
（中間代謝物）

キナーゼとホスファターゼ活性は，無機リン酸とトリオースリン酸によって厳密に制御されている。無機リン酸はフルクトース–6–リン酸2–キナーゼを活性化し，フルクトース–2,6–ビスリン酸ホスファターゼを阻害する。一方，トリオースリン酸は，フルクトース–6–リン酸2–キナーゼを阻害する（図8.16）。すなわち，細胞質のトリオースリン酸：無機リン酸の比が低下した場合，フルクトース–2,6–二リン酸の生成が促進され，その結果，細胞質でのフルクトース–1,6–二リン酸の加水分解が阻害されるため，ショ糖合成速度は低下する。細胞質のトリオースリン酸：無機リン酸が高い場合は，その逆の現象となる。

これらの活性化剤や阻害剤の濃度は，光合成に付随するいくつかの反応を通して，光によって制御されている。それゆえに，フルクトース–2,6–二リン酸の濃度が光によってコントロールされた形となる。解糖系の酵素，ホスホフルクトキ

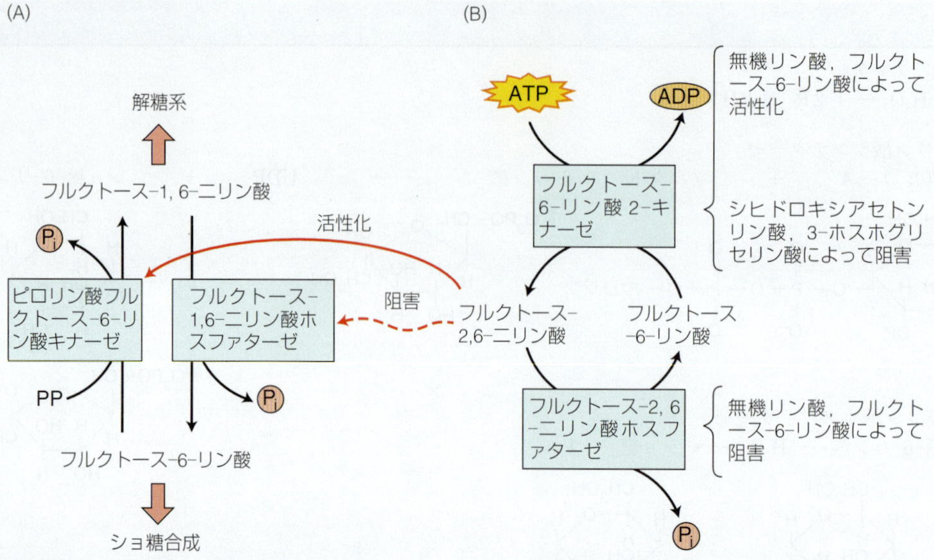

図 8.16 細胞質におけるフルクトース-6-リン酸とフルクトース-1,6-二リン酸の相互変換の制御機構。(A) 解糖系とショ糖合成への分配の主要機構。図中に示したように，制御機構の中枢物質であるフルクトース-2,6-二リン酸がホスファターゼによる阻害とキナーゼによる活性化をコントロールすることにより，フルクトース-6-リン酸とフルクトース-1,6-二リン酸の相互変換を制御している。(B) 図中に示した活性化剤と阻害剤によるフルクトース-2,6-二リン酸の生合成の厳密な制御機構。

ナーゼもフルクトース-6-リン酸をフルクトース-1,6-二リン酸に変換するが，植物の場合，この酵素はフルクトース-2,6-二リン酸に実質的に影響されない。

植物のホスホフルクトキナーゼの活性は，ATP，ADP，およびAMPの相対的な濃度によってコントロールされているようである。植物が示す高い順応性は，組換体タバコを用いた遺伝子欠失実験によって証明された。この実験によると，組換体植物はピロリン酸依存性のフルクトース-6-リン酸キナーゼを欠いても生育できたのである。すなわち，この場合は，フルクトース-6-リン酸からフルクトース-1,6-二リン酸への変換はホスホフルクトキナーゼのみによって行われていることを意味している (Paul et al. 1995)。

まとめ

光合成の炭素代謝によるCO_2から炭水化物への還元は，チラコイド膜で生じる明反応によって合成されたNADPHとATP消費を伴っている。真核生物の光合成では，葉緑体のストロマで機能するカルビン回路によってCO_2を還元している。CO_2と水が，リブロース-1,5-二リン酸に結合し，2分子の3-ホスホグリセリン酸を産出し，それが還元され炭水化物に変換される。カルビン回路の連続回転は，リブロース-1,5-二リン酸の再生産によって行われている。1分子のCO_2を固定するため，カルビン回路は2分子のNADPHと3分子のATPを消費し，この回路の熱力学的効率は90%に近い。

いくつかの光に依存した生化学反応が，カルビン回路の駆動を制御している。たとえば，イオン濃度 (Mg^{2+}やH^+)，回路の中間代謝物 (酵素の基質) や，タンパク質を仲介した反応 (Rubiscoアクチベース，フェレドキシン-チオレドキシンシステム) などである。

フェレドキシン-チオレドキシンシステムは，炭素代謝以外の葉緑体での代謝，たとえばデンプン分解，光リン酸化反応，脂肪酸の生合成，およびmRNAの翻訳などの光制御においてもさまざまな役割を果している。光によるこれらの反応への関与は合成と分解の過程を厳密に分離し，それらの過程が同時に生じても産物の消費が最小限になるようにコントロールしている。

Rubiscoは，リブロース-1,5-二リン酸のカルボキシレーション反応を触媒する酵素であると同時に，オキシゲネーション反応も触媒する。Rubiscoが両反応を触媒する場合，酵素は十分に活性化される必要があり，そのためにはカルバミル化されなければならない。カルボキシレーション反応とオキシゲネーション反応は，Rubiscoの共通の触媒部位で生じる。酸素が存在すると，RubiscoはCO_2からは2分子の3-ホスホグリセリン酸を生成する反応のほかに，リブロース-1,5-二リン酸から2-ホスホグリコール酸と3-ホスホグリセリン酸を生成し，光合成効率を下げている。

酸化的C_2炭素代謝 (光呼吸) は，Rubiscoのオキシゲナーゼ活性で生じた2-ホスホグリコール酸による炭素ロスの回収反応である。植物の中には，この光呼吸による炭素ロスを，

Rubiscoの活性部位でのCO_2濃度を濃縮することで抑えているものもある。CO_2濃縮には，被子植物に見られるC_4光合成炭素回路とCAM代謝，および藻類やラン藻に見られる「CO_2ポンプ」などがある。

カルビン回路で合成された炭水化物は，ショ糖またはデンプンとして，炭素やエネルギーの貯蔵形態に変換されている。ショ糖は多くの植物における炭素とエネルギーの輸送形態で，細胞質で合成される。その生合成はショ糖合成酵素のリン酸化によって制御されている。デンプンは葉緑体内で作られる。ショ糖とデンプン合成のバランスは，生体内での代謝産物（無機リン酸，フルクトース-6-リン酸，3-ホスホグリセリン酸，ジヒドロキシアセトンリン酸など）の相対的な濃度によって決まっている。

これらの代謝産物は，ショ糖とデンプンに光合成産物を分配するのに主要な役割を果している制御代謝物であるフルクトース-2,6-二リン酸の生成・分解を担う酵素を細胞質内でコントロールしている。また，これらの代謝産物である3-ホスホグリセリン酸と無機リン酸はADP-グルコースピロホスファターゼの活性のアロステリックな制御に関与して，葉緑体内でのデンプン合成をも調節している。このように，日中に生じるトリオースリン酸からデンプンの合成は夜間のエネルギー供給のためのデンプン分解とは分けられている。

Webマテリアル

Webトピック

8.1 カルビン回路はどのようにして解明されたか

1950年代に行われた実験によって，CO_2固定の経路が解明された。

8.2 Rubisco：タンパク質の構造と機能を研究のためのモデル酵素

Rubiscoは，地球上にもっとも多量に存在する酵素タンパク質であるがゆえに，その構造と触媒機能を解明するのに十分量を得ることが可能であった。

8.3 二酸化炭素：いくつかの重要な物理化学的特性

植物はCO_2固定反応を触媒する方法を変えることで，CO_2の特性に適応してきた。

8.4 チオレドキシン

チオレドキシンは，当初葉緑体の活性制御タンパク質として発見されたが，現在ではあらゆる細胞に存在する活性制御タンパク質であることが知られている。

8.5 Rubiscoアクチベース

Rubiscoは，カルビン回路の酵素の中で唯一，特殊なタンパク質であるRubiscoアクチベースによって活性調節を受ける酵素である。

8.6 酸化的C_2炭素回路の駆動

酸化的C_2炭素回路の酵素は，三つの異なるオルガネラに局在する。

8.7 C_4代謝の三つの変異

C_4光合成経路にはC_4植物種によって異なる反応がある。

Webエッセイ

8.1 C_4とCAM植物におけるホスホエノールカルボキシラーゼの調節機構

CO_2固定酵素ホスホエノールカルボキシラーゼの調節機構は，C_4植物とCAM植物で異なる。

参考文献

Adams, P., Nelson, D. E., Yamada, S., Chmara, W., Jensen, R. G., Bohnert, H. J., and Griffiths, H. (1998) Tansley Review No. 97; Growth and development of *Mesembryanthemum crystallinum. New Phytol.* 138:171-190.

Bakrim, N., Brulfert, J., Vidal, J., and Chollet, R. (2001) Phosphoenolpyruvate carboxylase kinase is controlled by a similar signaling cascade in CAM and C_4 plants. *Biochem. Biophys. Res. Commun.* 286: 1158-1162.

Beck, E., and Ziegler, P. (1989) Biosynthesis and degradation of starch in higher plants. *Annu. Rev. Plant Physiol. Plant Mol. Biol.* 40: 95-118.

Besse, I., and Buchanan, B. B. (1997) Thioredoxin-linked plant and animal processes: The new generation. *Bot. Bull. Acad. Sinica* 38: 1-11.

Bonner, W., and Bonner, J. (1948) The role of carbon dioxide in acid formation by succulent plants. *Am. J. Bot.* 35: 113-117.

Buchanan, B. B. (1980) Role of light in the regulation of chloroplast enzymes. *Annu. Rev. Plant Phsyiol.* 31: 341-394.

Burnell, J. N., and Hatch, M. D. (1985) Light-dark modulation of leaf pyruvate, P_i dikinase. *Trends Biochem. Sci.* 10: 288-291.

Chollet, R., Vidal, J., and O'Leary, M. H. (1996) Phosphoenolpyruvate carboxylase: A ubiquitous, highly regulated enzyme in plants. *Annu. Rev. Plant Physiol. Plant Mol. Biol.* 47: 273-298.

Coursol, S., Giglioli-Guivarc'h, N., Vidal, J., and Pierre J.-N. (2000) An increase in the phosphoinositide-specific phospholipase C activity precedes induction of C_4 phosphoenolpyruvate carboxylase phosphorylation in illuminated and NH_4Cl-treated protoplasts from *Digitaria sanguinalis. Plant J.* 23: 497-506.

Craig, S., and Goodchild, D. J. (1977) Leaf ultrastructure of *Triodia irritans*: A C_4 grass possessing an unusual arrangement of photosynthetic tissues. *Aust. J. Bot.* 25: 277-290.

Cushman, J. C. (2001) Crassulacean acid metabolism: A plastic photosynthetic adaptation to arid environments. *Plant Physiol.* 127: 1439-1448.

Dai, S., Schwendtmayer, C., Schürmann, P., Ramaswamy, S., and Eklund, H. (2000) Redox signaling in chloroplasts: Cleavage of disulfides by an iron-sulfur cluster. *Science* 287: 655-658.

Dever, L. V., Bailey, K. J., Lacuesta, M., Leegood, R. C., and Lea P. J. (1996) The isolation and characterization of mutants of the C_4 plant *Amaranthus edulis. Comp. Rend. Acad. Sci., III.* 919-959.

Drincovich, M. F., Casati, P., and Andreo, C. S. (2001) NADP-malic enzyme from plants: A ubiquitous enzyme involved in different metabolic pathways. *FEBS Lett.* 490: 1-6.

Edwards, G. E., and Walker, D. (1983) C_3, C_4: *Mechanisms and Cellular and Environmental Regulation of Photosynthesis.* University of California Press, Berkeley.

Flügge, U. I., and Heldt,. H. W. (1991) Metabolite translocators of the chloroplast envelope. *Annu. Rev. Plant Physiol. Plant Mol. Biol.* 42: 129–144.

Frederick, S. E., and Newcomb, E. H. (1969) Cytochemical localization of catalase in leaf microbodies (peroxisomes). *J. Cell Biol.* 43: 343–353.

Giglioli–Guivarc'h, N., Pierre, J.–N., Brown, S., Chollet, R., Vidal, J., and Gadal, P. (1996) The light–dependent transduction pathway controlling the regulatory phosphorylation of C_4 phosphoenolpyruvate carboxylase in protoplasts from *Digitaria sanguinalis. Plant Cell* 8: 573–586.

Hatch, M. D., and Slack, C. R. (1966) Photosynthesis by sugarcane leaves. A new carboxylation reaction and the pathway of sugar formation. *Biochem. J.* 101: 103–111.

Heldt, H. W. (1979) Light–dependent changes of stromal H^+ and Mg^{2+} concentrations controlling CO_2 fixation. In *Photosynthesis II* (*Encyclopedia of Plant Physiology,* New Series, vol. 6) M. Gibbs and E. Latzko, eds. Springer, Berlin, pp. 202–207.

Huber, S. C. (1986) Fructose–2,6–bisphosphate as a regulatory metabolite in plants. *Annu. Rev. Plant Physiol.* 37: 233–246.

Huber, S. C., and Huber, J. L. (1996) Role and regulation of sucrose–phosphate synthase in higher plants. *Annu. Rev. Plant Physiol. Plant Mol. Biol.* 47: 431–444.

Kozaki, A., and Takeba, G. (1996) Photorespiration protects C_3 plants from photooxidation. *Nature* 384: 557–560.

Ku, S. B., and Edwards, G. E. (1978) Oxygen inhibition of photosynthesis. III. Temperature dependence of quantum yield and its relation to O_2/CO_2 solubility ratio. *Planta* 140: 1–6.

Leegood, R. C. Lea, P. J., Adcock, M. D., and Haeusler, R. D. (1995) The regulation and control of photorespiration. *J. Exp. Bot.* 46: 1397–1414.

Lorimer, G. H. (1981) The carboxylation and oxygenation of ribulose 1,5–bisphosphate: The primary events in photosynthesis and photorespiration. *Annu. Rev. Plant Physiol.* 32 349–383.

Lorimer G. H. (1983) Ribulose–1,5–bisphosphate oxygenase. *Annu. Rev. Biochem.* 52: 507–535.

Lund, J. E., Ashton, A. R., Hatch, M. D., and Heldt, H. W. (2000) Purification, molecular cloning, and sequence analysis of sucrose–6–phosphate phosphohydrolase from plants. *Proc. Natl. Acad. Sci. USA* 97: 12914–12919.

Lüttge, U., and Higinbotham, N. (1979) *Transport in Plants.* Springer–Verlag, New York.

Maier, R. M., Neckermann, K., Igloi, G. L., and Koessel, H. (1995) Complete sequence of the maize chloroplast genome: Gene content, hotspots of divergence and fine tuning of genetic information by transcript editing. *J. Mol. Biol.* 251: 614–628.

Maroco, J. P., Ku, M. S. B., Lea P. J., Dever, L. V., Leegood, R. C., Furbank, R. T., and Edwards, G. E. (1998) Oxygen requirement and inhibition of C_4 photosynthesis: An analysis of C_4 plants deficient in the C_3 and C_4 cycles. *Plant Physiol.* 116: 823–832.

Nimmo, H. G. (2000) The regulation of phosphoenolpyruvate carboxylase in CAM plants. *Trends Plant Sci.* 5: 75–80.

Ogawa, T., and Kaplan, A. (1987) The stoichiometry between CO_2 and H^+ fluxes involved in the transport of inorganic carbon in cyanobacteria. *Plant Physiol.* 83: 888–891.

Ogren, W. L. (1984) Photorespiration: Pathways, regulation and modification. *Annu. Rev. Plant Physiol.* 35: 415–422.

Paul, M., Sonnewald, U., Hajirezaei, M., Dennis, D., and Stitt, M. (1995) Transgenic tobacco plants with strongly decreased expression of pyrophosphate: Fructose–6–phosphate 1–phosphotransferase do not differ significantly from wild type in photosynthate partitioning, plant growth or their ability to cope with limiting phosphate, limiting nitrogen and suboptimal temperatures. *Planta* 196: 277–283.

Purton, S. (1995) The chloroplast genome of *Chlamydomonas. Sci. Prog.* 78: 205–216.

Reinfelder, J. R., Kraepiel, A. M. L., and Morel, F. M. M. (2000) Unicellular C_4 photosynthesis in a marine diatom. *Nature* 407: 996–999.

Salerno, G. L., Echeverria, E., and Pontis, H. G. (1996) Activation of sucrose–phosphate synthase by a protein factor/sucrose–phosphate phosphatase. *Cell. Mol. Biol.* 42: 665–672.

Salvucci, M. E., and Ogren, W. L. (1996) The mechanism of Rubisco activase: Insights from studies of the properties and structure of the enzyme. *Photosynth. Res.* 47: 1–11.

Schürmann, P., and Jacquot, J.–P. (2000) Plant thioredoxin systems revisited. *Annu. Rev. Plant Physiol. Plant Mol. Biol.* 51: 371–400.

Stitt, M. (1990) Fructose–2,6–bisphosphate as a regulatory molecule in plants. *Annu. Rev. Plant Physiol. Plant Mol. Biol.* 41: 153–185.

Tolbert, N. E. (1981) Metabolic pathways in peroxisomes and glyoxysomes. *Annu. Rev. Biochem.* 50: 133–157.

Vidal, J., and Chollet, R. (1997) Regulatory phosphorylation of C_4 PEP carboxylase. *Trends Plant Sci.* 2: 230–237.

Wolosiuk, R. A., Ballicora, M. A., and Hagelin, K. (1993) The reductive pentose phosphate cycle for photosynthetic carbon dioxide assimilation: Enzyme modulation. *FASEB J.* 7: 622–637.

Xiang, Y., Zhang, J., and Weeks, D. P. (2001) The Cia5 gene controls formation of the carbon concentrating mechanism in *Chlamydomonas reinhardtii. Proc. Natl. Acad. Sci. USA* 98: 5341–5346.

Zhang, N., and Portis, A. R. (1999) Mechanism of light regulation of Rubisco: A specific role for the larger Rubisco activase isoform involving reductive activation by thioredoxin–f. *Proc. Natl. Acad. Sci. USA* 96: 9438–9443.

9 光合成：生理学的・生態学的考察

太陽エネルギーの有機化合物への変換は，電子伝達や光合成炭素代謝などで構成される複雑な過程である（7章，8章参照）。これらの過程は生物の体内でおこっており，常に生物の内部環境・外部環境の変化にさらされ，応答しつづけている。本章では，一枚の葉の光合成特性が環境にどのように応答するかに焦点を当てる。光合成系のストレス応答については，25章を参照されたい。

環境が光合成にどのような影響を及ぼすのか，ということは植物生理学者や農学者にとって重要な問題である。生理学的な視点では，光合成が光，大気CO_2濃度，温度といった環境要因の変化にどのように応答するかが重要である。農学者にとっても，光合成過程がどのように環境に左右されるかは重要である。なぜなら植物の生産性，さらには農業収穫量が光合成速度に強く依存するからである。

光合成の環境応答において重要な問題は，「いったいどれだけの数の環境要因が光合成を同時に律速できるのか？」ということである。1905年に英国の植物生理学者F. F. Blackmanは，ある特定の環境では光合成速度はもっとも遅い反応段階に制限（律速）されることを示唆した。制限する環境要因を‘律速要因’，制限される反応段階を律速段階という。この仮説により，「光合成速度は光かCO_2濃度のどちらかに律速されるが，同時に両方に律速されることはない」ということがいえるようになった。この仮説は，植物生理学者の実験方法に大きな影響を与えた。「他の環境を一定にしたまま一つの環境要因だけを変える」といった実験が有効なのは，この仮説が成り立つからである。

一枚の葉では，光合成速度を律速しうる三つの重要な反応段階があることがわかっている：

1. Rubisco（ルビスコ）活性
2. リブロース二リン酸（RuBP）の再生
3. トリオースリン酸の代謝

自然界では1と2が主な律速段階である。表9.1は，光やCO_2がこれらの反応段階にどのように影響するのか，いくつか例を示している。以下の項では，葉の光合成について生物物理学，生化学，環境の面から詳しく論じる。

光，葉そして光合成

7章と8章では，視点が葉緑体レベルにあった。この視点のスケールを大きくし，葉レベルに移すと，光合成は生化学だけではなく，さまざまな要因の影響を受けることに気づくだろう。葉では形態的・機能的な特性が光合成速度に影響している。

ここでは，まず葉がその内部構造の工夫や葉緑体・葉の運動によって，光の吸収をどのようにコントロールしているかを考えてみよう。次に，葉緑体や葉がその光環境にどのよう

表 9.1 光合成速度の律速段階の性質

	律速がおこる環境条件		この律速がおきているときの以下の環境要因の変化に対する応答		
律速段階	CO_2	光	CO_2	酸素	光
Rubiscoの活性	低い	強い	強い	強い	ない
RuBP再生	高い	弱い	中間	中間	強い

に適応しているかを考える。弱光，強光で育った葉の光合成がそれぞれの環境でどれだけ適応的かについて述べる。植物が環境変化に対し可塑的に，そして適応的に応答することを理解してほしい。

光の量とCO_2の量は，どちらも葉の光合成応答の決定要因である。ある条件では光合成は光またはCO_2の不十分な供給によって律速される。また別の条件では過剰な光の吸収が問題を引きおこし，特殊な機構が光合成系を過剰な光から守っている。植物は光合成をさまざまなレベルで調節することにより，変動する環境や異なる生育条件でうまく育つことを可能にしている。

光の測定における概念と単位

光の測定においては，三つのパラメーターが特に重要である。(1) 波長組成，(2) 量，そして (3) 方向である。波長組成は，7章において考察した（図7.2，7.3，**Webトピック7.1**を参照）。植物に達する光の量と方向を考察するためには，植物の光を受ける部分の形状について考えなければいけない。ここでいう形状とは，植物の器官が平面か，それとも円柱状かということである。

平面状の光センサは，平らな葉の受光を考えるのに適している。植物に達する光はエネルギーとして測定することができ，単位面積あたり，単位時間あたりに平面のセンサ上に降り注ぐエネルギーの量を**入射光量**（irradiance）として定量化できる（表9.2）。単位は平方メートルあたりのワット（W m^{-2}）といったエネルギーとして表される。ワットには時間（秒）が含まれている（1 W = 1 J s^{-1}）。

光は**入射光量子数**（quantum，複数形はquanta）として測定することもできる。単位は平方メートル・秒あたりの光量子モルとして表される（mol m^{-2} s^{-1}）。ここで，1モルは6.02×10^{23}光量子数を意味するアボガドロ数である。この指標は**光量子入射**（photon irradiance）あるいは光量子束密度（photon flux density）とよばれる。光量子とエネルギーの単位は，その光の波長λがわかれば比較的容易に相互変換できる。光量子の1モルのエネルギーは，以下のように波長に依存している：

$$E = \frac{hc}{\lambda}$$

ここで，cは光速（3×10^8 m s^{-1}），hはプランク定数（6.63×10^{-34} J s），そしてλは波長で，通常nmで表される（1 nm = 10^{-9} m）。この式から，400 nmの光量子は，800 nmの光量子の2倍のエネルギーをもっていることがわかる（**Webトピック9.1**参照）。

さて，ここで光の方向の話に移ろう。光は直上あるいは斜めに直接平らな面に届く。光が垂直線からそれる場合には，

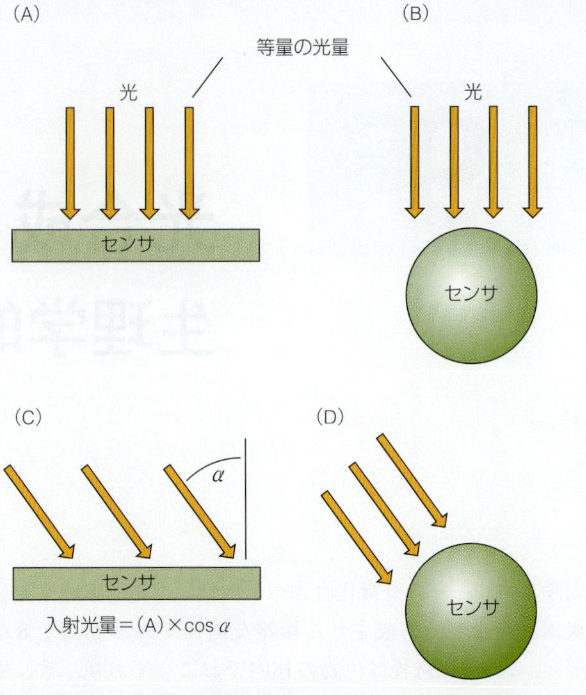

図9.1　平面光センサと球面光センサ。同量の平行光が平面光センサ（A）と球面センサ（B）に当たっている。平行光が垂直に当たっていれば（A）と（B）は同じ値を示す。しかし光の方向が45°傾くと，球面センサの値は変わらない（D）のに対し，平面光センサの量は，その角度のコサインを乗じたものに変わる。(Björn and Vogelmann 1994)

表9.2　光の量の概念と単位

	エネルギー測定 (W m^{-2})	光量子測定 (mol m^{-2} s^{-1})
平面光センサ	入射光量	光量子入射
	光合成有効放射 (PAR，400～700 nm エネルギー単位)	光合成有効放射（光量子単位）
	—	光合成光量子束密度（PPFD）
球面光センサ	フルエンス速度（エネルギー単位）	フルエンス速度（光量子単位）
	スカラー入射光量	光量子スカラー入射

入射光量は光線がセンサにあたる角度のコサインに比例する（図9.1）。

光を受ける物体が平面でない例は，自然界に多くある（たとえば，複雑なシュート（枝），植物個体全体，葉緑体）。加えて，光が同時に多くの方向から入射する場合もある（たとえば，太陽からの直射光に加えて砂，土壌，雪に反射した上向きの光が入射する場合）。このような状況では，全方向からの光を測定できる球面状のセンサが役立つ。

この全方向測定では，フルエンス速度（fluence rate）という用語が使われ，この量は平方メートルあたりのワット（$W\ m^{-2}$）や平方メートル秒あたりのモル（$mol\ m^{-2}\ s^{-1}$）という単位が使われる。これらの単位から，エネルギーとして測られたのか光量子として測られたのかがわかる。

平面センサと異なり，球面状センサの感度は方向に依存しない（図9.1）。平面センサと球面状センサでは，同じ光を受けてもその光が平行光か散乱光かで，その値が異なる（図9.1）（詳細はBjörn and Vogelman 1994を参照）。

光合成有効放射（photosynthetically active radiation：**PAR**, 400～700 nm）もエネルギーや光量子として表すことができる。PARは入射光量として測定される。光合成研究では，PARを光量子として表すときには，**光合成光量子束密度**（photosynthetic photon flux density：**PPFD**）が使われる。ただし，‘密度’は省略したほうが好ましい。なぜなら，SI単位では‘密度’は面積と体積の両方を表すことができるためである。

まとめると，光を定量するには，その植物にあった形と波長応答のセンサを選ぶことが重要である。平面で，コサイン補正をしたセンサは，葉の表面にあたる光の量を測るのに理想的である。球面状のセンサは，葉緑体懸濁液や樹木の枝のようなケースで測定するのに適している（表9.2）。

晴れた日には，PARは光量子入射・フルエンス速度とともに約2,000 $\mu mol\ m^{-2}\ s^{-1}$という値になる。この値は標高が高いほど高くなる。また，2,000 $\mu mol\ m^{-2}\ s^{-1}$は，およそ400 $W\ m^{-2}$となる。

葉の形態は光吸収を最大化する

おおよそ1.3 $kW\ m^{-2}$のエネルギーが太陽から地球に降り注ぐ。しかし，葉において炭水化物に変換される光エネルギーはその5%でしかない（図9.2）。このように変換される割合が低い理由は，入射光の大半が波長が短すぎるか長すぎるかの理由で光合成色素によって吸収されないことである（図7.3）。吸収された光エネルギーも，多くの割合は熱として失われ，一部は蛍光として失われる（7章）。

太陽光はさまざまな波長の光から構成される（7章）。400～700 nmの光量子（PAR）だけが光合成に使われる。葉はPARのうち85～90%を吸収し，残りは葉の表面で反射され

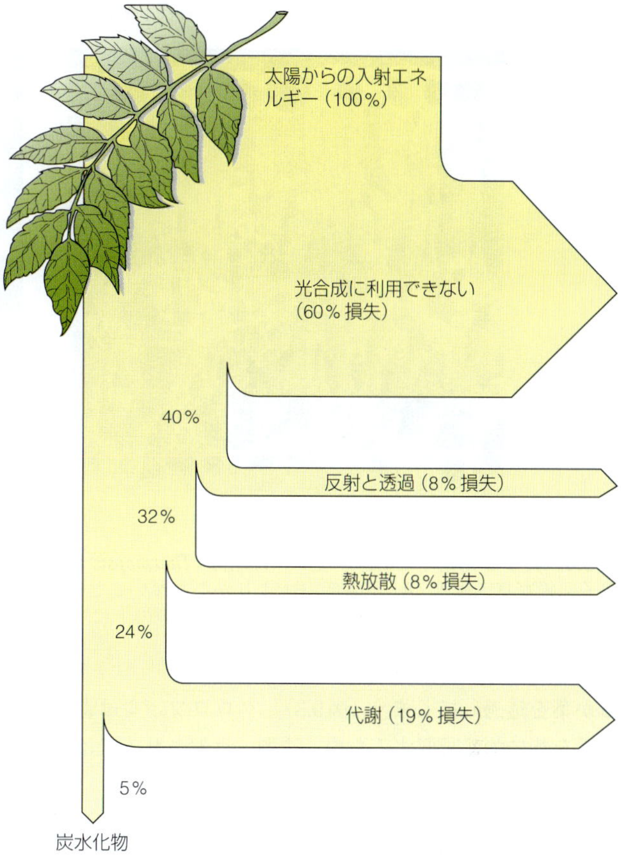

図 9.2　葉における太陽エネルギーから炭水化物への変換。入射エネルギーのわずか5%しか炭水化物合成に利用できない。

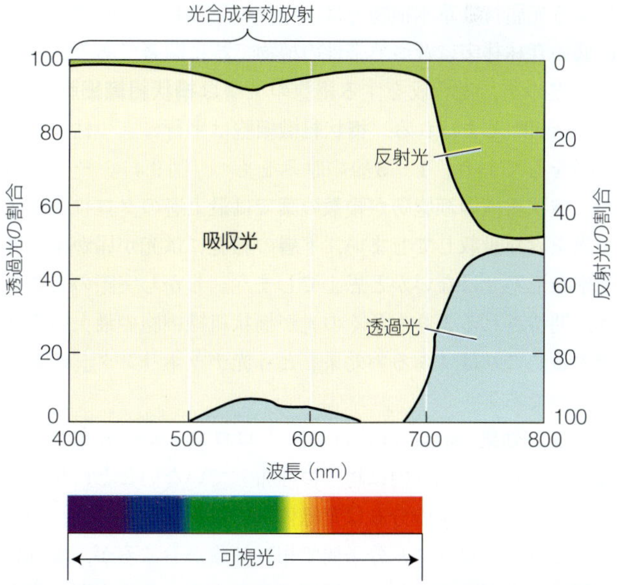

図 9.3　インゲン葉における光学的性質。入射光が吸収・反射・透過される割合を波長別に示す。波長500～600 nmの緑の光が比較的透過または反射されるために葉は緑に見える。700 nm以上では葉は光をほとんど吸収しない。（Smith 1986より）

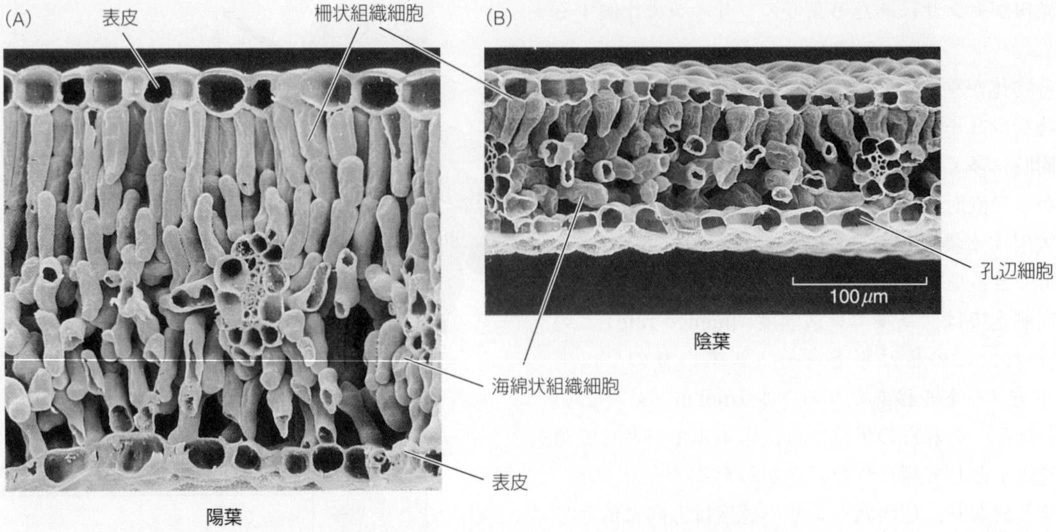

図 9.4 異なる光環境で生育したマメ科植物（*Thermopsis montana*）の葉の内部構造の走査電子顕鏡写真。陽葉（A）が陰葉（B）よりかなり厚いことや柵状組織細胞（円柱状）が長いことに注目。海綿状組織の細胞層は柵状組織細胞の下に見える。（T. Vogelmannの好意による）

るか葉を透過してしまう（図9.3）。クロロフィルは青と赤の波長を特に強く吸収するため，透過・反射される光は緑が多い――このため植生は緑色に見える。

葉の内部構造は，光吸収のために高度に特殊化されている（Terashima and Hikosaka 1995）。もっとも外側の細胞層である表皮は，可視光を非常によく透過し，個々の細胞は凸型にふくらんでいることがある。凸型の細胞はレンズのように光を屈折させ，一部の葉緑体がもとの光よりも強い光を受けるように焦点が合うこともある（Vogelman et al. 1996）。表皮による光屈折は草本植物ではふつうに見られ，光強度が非常に低い森林林床に育つ熱帯性の植物で特に顕著である。

表皮の下，光合成をする細胞の上層は**柵状組織細胞**（palisade cell）とよばれる。柵状組織細胞は平行に立つ柱のような形をしており，1～3層の厚みをもつ（図9.4）。一見すると，柵状組織の細胞層が複数の葉では最上層のクロロフィルが光をみな吸収してしまい，下層の細胞には光が届かず，非効率な形態ではないかと思えてしまう。しかし実際のところは，期待されるよりも多くの光が柵状組織細胞の最上層を透過する。これは「ふるい効果」と「光チャネリング」がおこるためである。

ふるい効果（sieve effect）は，クロロフィルの分布が葉緑体内に限られ，細胞内に均一に分布していないことに起因する。クロロフィルの分布は葉緑体内に偏っているため，その内部ではクロロフィル分子間で相互被陰がおこるが，葉緑体の間には光が吸収されない空間が存在する。この空間を光が通過する様を「ふるい」にたとえたわけである。同じクロロフィル濃度で比較すると，クロロフィル溶液中を通過する場合に比べ，柵状組織細胞を通過する場合のほうが吸収光量が少ない。

光チャネリング（light channeling）は，入射光が高い透過率で物質を通過する様を意味し，光が柵状組織細胞内の液胞を通過する場合や細胞間隙の空気中を通過する際におこる。これは液胞や細胞間隙が光を透過しやすいように配置されているためである。

柵状組織細胞層の下には，**海綿状組織**（spongy mesophyll）が存在する。海綿状組織細胞は不規則な形をしており，組織内は空気（細胞間隙）の体積の割合が大きい。細胞間隙が大きいため，空気と水（細胞表面）の接する面積が大きくなり，光の反射や屈折が多くなる。反射や屈折がおこると光の方向が変わる。この現象を光散乱とよぶ。

光散乱は光吸収において重要な役割をもつ。光散乱がおこると光量子が葉の中を移動する距離が長くなり，光が吸収される確率が高まる。実際，葉の中を光量子が進む距離は葉の厚さの4倍かそれ以上である（Richter and Fukshansky 1996）。このように，柵状組織細胞はより光を通過させるように，海綿状組織細胞はより光を散乱させるように作られており，葉の中の個々の葉緑体の光吸収量をより均一にする働きがある。

砂漠のような特殊な環境では，光が過剰で，葉に害を与えかねない。このような環境に生育する種の葉には，しばしば特殊な形態が見られる。たとえば毛，塩腺やクチクラのワックスなどが葉表面の光反射率を増加させる（Ehleringer et al. 1976）。このような性質をもつことにより，光吸収率を最大40％低下させ，過剰光によって引きおこされる高熱やさまざまな問題を回避することができる。

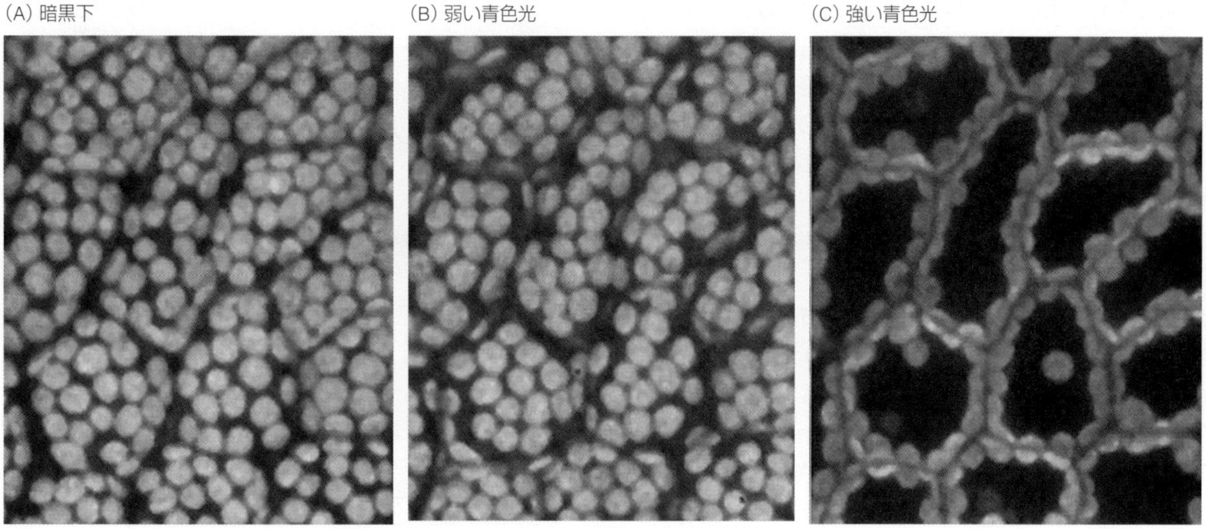

図 9.5　ウキクサ（*Lemna*）の光合成細胞内の葉緑体の分布。表面から同じ細胞を見ている。葉を暗黒下においた場合（A），弱い青色光にさらした場合（B），強い青色光にさらした場合（C）。（A）と（B）では葉緑体は細胞の上表面に接して存在し，光吸収を最大化している。強い光にさらされた場合（C），葉緑体は細胞側面に移動し，過剰な光の吸収を最小化する。（M. Tlalka と M. D. Fricker の好意による）

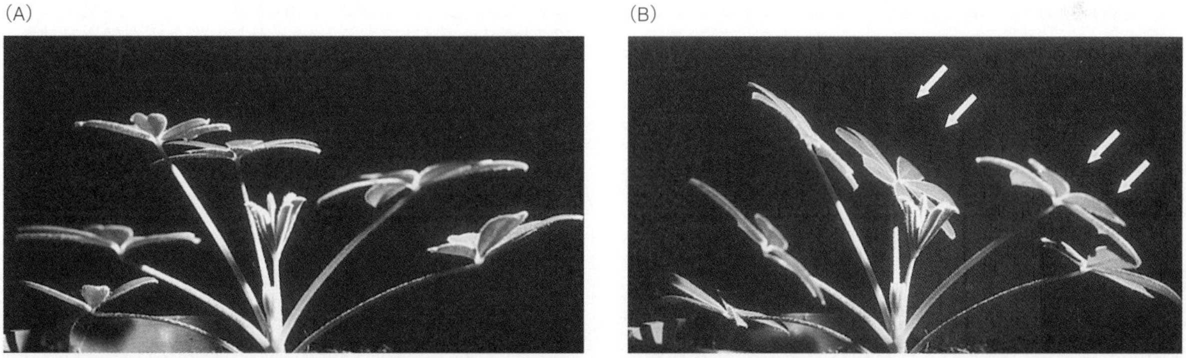

図 9.6　太陽追跡植物における葉の運動。（A）ルピナス（*Lupinus succulenthus*）の光を当てる前の葉の位置。（B）斜めからの光をあてて4時間後の葉の位置。光の方向を矢印で示している。葉の運動は，葉身と葉柄の間をつなぐ葉沈の増大によって生じる。自然界では，葉は太陽の軌道を追って動く。（Vogelmann and Björn 1983，T. Vogelmann の好意による）

葉緑体運動と葉の運動が光吸収を調節する

葉緑体運動は藻類，コケ類，高等植物の葉に広く見られる（Haupt and Scheuerlein 1990）。葉緑体の方向と位置を調節することにより，その葉の光吸収率をある程度制御できる。弱い光のもとでは，葉緑体は葉の表面と平行な細胞表面に集まり，入射光に対して垂直に整列する（図 9.5B）。このとき光吸収率は最大になる。

強い光のもとでは，葉緑体は入射光に対し平行に並び，過剰な光の吸収を防ぐ（図 9.5C）。このような葉緑体の配列変化により光吸収率が15％低下することもある（Gorton et al. 1999）。葉の葉緑体運動は青色光に応答する（18章）。青色光は多くの下等植物でも葉緑体配列の調節作用をもつが，一部の藻類では葉緑体運動はフィトクロムによって調節される（Haupt and Scheuerlein 1990）。葉では，葉緑体は細胞質内のアクチンミクロフィラメントにそって移動し，カルシウムがその移動を調節している（Tlalka and Fricker 1999）。

葉は，葉身が入射光に対し垂直になったときに，最大の光吸収率をもつ。ある種では**葉が太陽を追跡すること**（solar tracking）により光吸収を調節している（Koller 2000）。葉身の向きが太陽光線に対して垂直になるように変化するのである（図 9.6）。太陽追跡（追尾）を行う種の例として，アルファルファ，ワタ，ダイズ，インゲン，ルピナスや野生のアオイ科植物などがある。

太陽追跡を行う葉は，夜明けにはほぼ垂直に立って東の水平線に向く。陽が昇ると葉身は上昇する太陽を追跡し，その正確さは誤差15°以内である。陽が沈むときには葉身は西を向いて垂直になる。夜の間に葉は水平になり，夜明け直前に再び東を向く。葉が太陽を追跡するのは晴れた日だけで，雲が太陽を覆い隠すと追跡は止まる。雲がとぎれると，1時間に90°の速度で方向を変え，再び太陽を追跡できるような葉もある（Koller 1990）。

太陽追跡も青色光に対する応答である。葉のどこが青色光を感じるかは種によって異なる。アオイ科*Lavatera*属のある種では，葉の主脈の中またはその付近にある（Koller 1990）。ルピナス（マメ科）では葉は5枚以上の小葉からなり，光受容部位はそれぞれの小葉の根元の部分に存在する。

多くの種では，葉の向きは**葉沈**（pulvinus，複数形はpulvini）とよばれる葉身と葉柄の間にある器官によって調節されている。葉沈には運動細胞があり，この浸透圧の変化によって物理的力が働き，葉身の向きが変わる。葉柄の長さの小さな変化や茎の若い部分の動きによって，葉の向きを変える種もある。

一部の太陽追跡植物では，光を避けるように葉が動くこともある。これは加熱や水の損失を防ぐのに役立つ。**向日性**（heliotropism）という用語は，太陽によって誘導される葉の運動だが，強光を避けるように動く葉は‘負向日性’（paraheliotrpic）とよばれ，太陽追跡によって受光を最大化する葉は‘正向日性’（diaheliotropic）とよばれる。ある種の植物では，水が十分にあるときには正向日性になり，水ストレスがかかると負向日性になる。

太陽からの直射光は，多くの場合光合成に利用しきれないほど強い。太陽追跡にはどのような利益があるのだろうか？葉を太陽に対して垂直にしておくことは，早朝や夕方などの時間に光合成速度を最大に維持することに役立つ。早朝や夕方は気温が低いため，水ストレスがかからない。したがって太陽追跡は乾燥地域に育つ植物に有利な場合もあるかもしれない。

植物は明所・暗所に適応する

植物が生育する光環境はさまざまで，もっとも暗いものは無被陰状態の1%にも満たない。一部の植物は幅広い光環境に可塑的に適応できる。しかし，とても明るい環境，あるいはとても暗い環境に適応している葉は，その逆の環境では生きていけない場合もある（図9.9）。陽葉と陰葉は異なる特性をもっている：

- ‘陰葉’は反応中心あたりの総クロロフィル数が多く，クロロフィル*a*に対するクロロフィル*b*の量が多く，陽葉より葉の厚さが薄い。
- ‘陽葉は’陰葉より多くのRubiscoをもち，ザントフィルサイクルの構成要素を多くもつ。

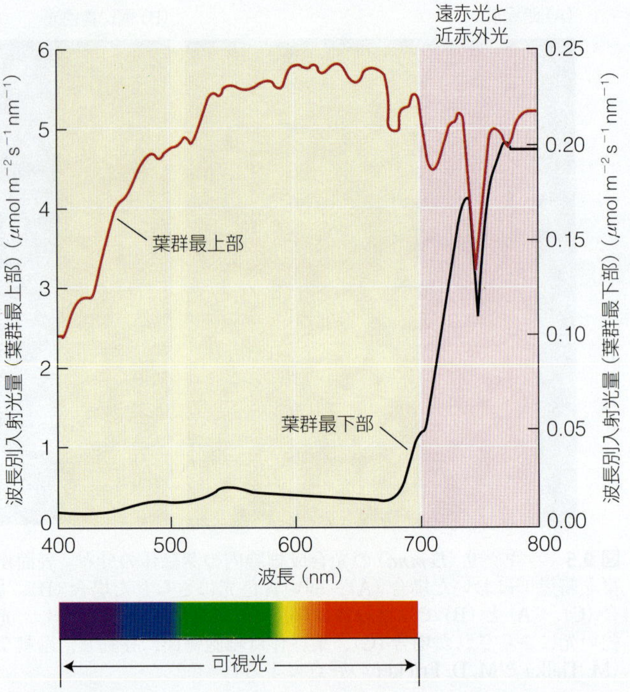

図 9.7　葉群の上と下の光の波長組成。遮蔽されていない太陽光は総入射光量が1,900 μmol m^{-2} s^{-1}で，葉群の下では17.7 μmol m^{-2} s^{-1}である。ほとんどの光合成有効放射は葉群の葉に吸収されてしまう。（Smith 1994 より）

同一種の陽葉と陰葉の解剖学的特性の違いを図9.4に示す。陽葉は厚く，柵状組織細胞が長い。一つの葉の中でも細胞によって光環境が異なり，表面付近の細胞は裏面付近の細胞よりも強い光を受ける。各細胞はその光環境に適応している。たとえば，表面付近の細胞の葉緑体はクロロフィル*a*/*b*比やクロロフィルあたりのRubisco量が裏面付近の細胞の葉緑体よりも高い（Terashima and Hikosaka 1995）。

これらの形態学的・生化学的な違いは，その機能に関連している。遠赤光（近赤外光）は，光化学系Iには吸収されるが光化学系IIには吸収されない。このため遠赤光の割合が変化すると，光化学系IとIIの比が変わったり，光化学系に結合しているクロロフィルの量が変化するなどし，両光化学系の間の電子の流れのバランスが偏らないような応答がおこる（Melis 1996）。これらの適応は自然界でも見られる。ある陰生植物では，光化学系II反応中心と光化学系I反応中心の比が3：1であるのに対し，別の陽生植物では2：1という比が見られる（Anderson 1986）。他の陰生植物では，反応中心の数の比を変えるのではなく，反応中心あたりのアンテナクロロフィル量が変化する。これらの適応は，遠赤光が相対的に多い被陰環境での光吸収やエネルギー伝達の増加に貢献している。（訳者注；光化学系II/I比の調節は複雑で，二つの要因が関係している。一つは原文にも書かれている波長組成

（光質）の問題，もう一つはPAR（つまり光量）の問題である。PARが同じで波長組成が違う場合は，原文のように遠赤光が多いほど光化学系IIが相対的に増える傾向がある。波長組成が同一でPARが変わる場合は，光化学系II内でアンテナクロロフィルと反応中心の比が変化し，強光環境ほどアンテナクロロフィルあたりの反応中心の数が多くなる。ただし，光化学系I内ではこのような変化はあまりおこらない。この結果，強光環境ほど光化学系II/I比は大きくなる。自然環境では，被陰環境ほどPARが低く遠赤光が多くなるという傾向がある（図9.7）。（ここでいう「被陰」とは，他の葉に光を遮られることをいう。葉は赤外線を透過しやすい。）PARの低下と遠赤光の増加は，光化学系II/I比に対して相反する影響を与えるが，実際にはPARの影響が大きく，被陰環境では光化学系II/I比が低下することが多い。）

植物は太陽光を求めて競争する

植物は太陽光を求めて競争する。茎や幹などによって葉群が高い位置に形成されれば，その下の植物の光合成や成長は大きな影響を受ける。

他の葉によって被陰された葉は低い光合成速度をもつ。ある植物では葉が厚くなり，光を透過しにくくなる。他の植物，たとえばタンポポはロゼットを形成し，葉を放射状に並べて葉どうしの重なりを少なくする。

樹木は光を吸収するための適応的性質をもっている。樹木の分枝構造は光吸収の効率を高くするように精巧に形成されている。森林に降り注ぐPARのほとんどは葉に吸収され，林床にはわずかな割合しか届かない（図9.7）。

被陰環境の特徴の一つとして，**サンフレック**（**陽斑**）（sunfleck，木漏れ日）があげられる。これは葉群にある小さなギャップを通ってさしこむ太陽光を指す。サンフレックがあたる位置は，太陽の移動や上部の葉が風によって動くことなどによって変化する。よく繁った森林では，林床にある葉の光環境はサンフレックがあたるか否かで光環境が数秒のうちに10倍以上変化してしまう。サンフレックが一日の受光量の半分近くを占める場合もあるが，サンフレックの多くは一度に数分程度しかつづかない。

サンフレックは，農作物の群落において被陰された葉の炭素代謝にも影響する。光合成系や気孔は，サンフレックに対し敏感に応答する。サンフレックのエネルギーを有効に利用するためにさまざまな工夫があることもわかっており，植物生理学や生態学における重要なテーマである（Pearcy et al. 1997）。

葉における光に対する光合成の応答

光は植物にとって重要な資源であり，しばしば植物の成長や繁殖を制限する。葉の光合成特性は植物の光環境を理解するうえで重要である。

この節では，光−光合成曲線を通して光合成の光応答を概説する。また，光−光合成曲線を特徴づける重要なパラメーターである光補償点と陽生・陰生植物の性質の関連を考察する。さらに葉の光合成量子収率がC_3植物，C_4植物の間でどのように違うかを説明する。最後に，過剰な光への適応と熱放散のさまざまな経路について述べる。

光−光合成曲線から見た光合成特性

光−光合成曲線は異なる光強度でCO_2吸収速度を測定することにより得られ（図9.8），ここから葉の光合成について多くの情報を知ることができる。暗黒下では光合成によるCO_2同化はおこらず，呼吸によって植物からCO_2が放出される（11章）。したがってここではCO_2同化は負の値をもつように表される。光量子束密度が増加するに従い，光合成によるCO_2同化が増加する。CO_2同化速度がミトコンドリア呼吸によるCO_2放出速度と等しくなり，CO_2の同化速度が見かけ上ゼロになる点を**光補償点**（light compensation point）とよぶ。

光補償点の光量子束密度は種や生育環境によって異なる。特に陰生植物と陽生植物の間の違いがよく知られている（図

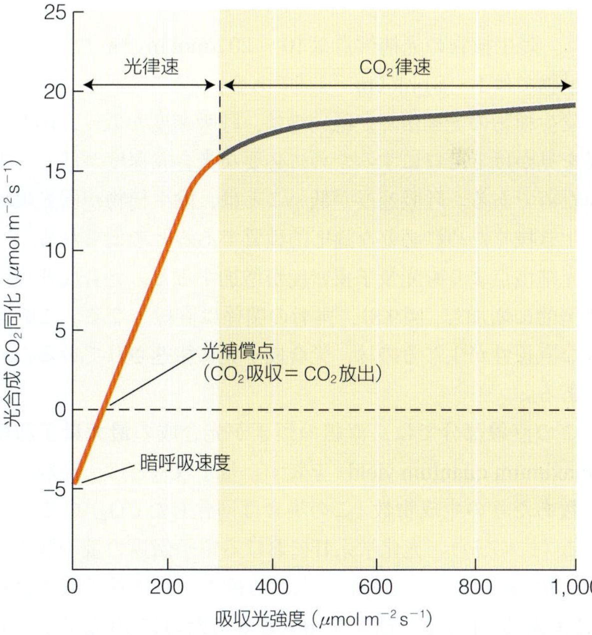

図 9.8 C_3植物の光合成速度の光強度に対する応答。暗黒下では呼吸によってCO_2が放出される。光補償点では光合成のCO_2吸収が呼吸のCO_2放出とつりあう。光補償点より強い光では光合成速度は光強度に比例して増加し，光強度が電子伝達を律速することにより光合成速度が制限されていることがわかる。この部分を光律速という。さらに光強度が増加すると光合成はRubiscoのカルボキシレーション能力（またはトリオースリン酸代謝）によって律速される。この部分をCO_2律速という。

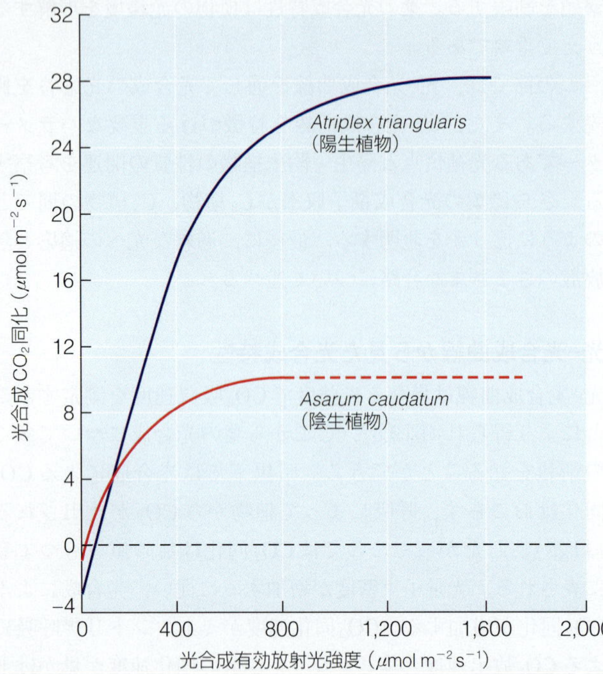

図 9.9　陽生植物，陰生植物における光−光合成曲線。*Atriplex triangularis*（ハマアカザ属）は陽生植物で，*Asarum caudatum*（野生のショウガ）は陰生植物である。陽生植物に比べ，陰生植物は低い光補償点と低い最大光合成速度をもつ。点線は測定部分からの延長。（Harvey 1979 より）

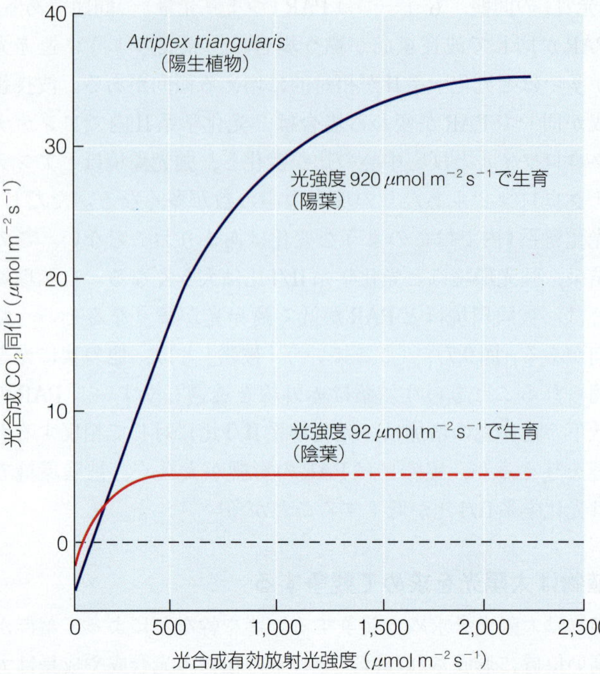

図 9.10　異なる光条件で育成した陽生植物の光−光合成曲線。上の曲線は *Atriplex triangularis* の陽葉で得られたもの，下の曲線は同じ植物の陰葉で得られたものである。陰葉では光合成速度は低い光強度で飽和し，光合成特性が生育環境に依存することを示している。点線は測定部分からの延長。（Björkman 1981 より）

9.9）。陽生植物の光補償点は 10 ～ 20 μmol m^{-2} s^{-1} だが，陰生植物では 1 ～ 5 μmol m^{-2} s^{-1} である。

陰生植物の光補償点が低いのは，呼吸速度が低く，CO_2 交換を見かけ上ゼロにするために必要な光合成速度が低くてよいためである。呼吸速度が低いことは，陰生植物が弱光環境で生き抜くために必要な適応的性質であると考えられる。

光補償点よりも光量子束密度が増加すると，光合成速度は比例的に増加し（図 9.8），両者の関係は直線となる。このような直線性が生じるのは，光合成が光に律速されているためである。

この直線部分では，直線の傾きが光合成の**最大量子収率**（maximum quantum yield）を表す。量子収率とは，吸収光量子数あたりの生成物数（この場合は同化した CO_2）のことである（式（7.5））。光化学系 II における電子伝達の量子収率は約 0.8 であり，単離葉緑体における酸素発生の量子収率は約 0.1 である（1 分子の酸素を発生させるために 10 光量子が必要）。

多くの C_3 植物の健康な葉では，光呼吸が阻害されるような低い酸素濃度で測定すると CO_2 吸収の量子収率は 0.1 になる。通常の空気では光呼吸がおこるため量子収率は低くなり，0.04 ～ 0.06 である。

C_3 植物では，CO_2 吸収の量子収率は温度や CO_2 濃度によって変化する。これは，これらの要因がカルボキシレーションとオキシゲネーション反応の速度比に影響するためである（8 章参照）。CO_2 濃度が高い，あるいは温度が低いほど量子収率は高くなる。一般に，30 ℃以下では C_3 植物の量子収率は C_4 植物の量子収率より高い（図 9.23）。陽葉と陰葉，あるいは陽生植物と陰生植物の間では量子収率に大きな違いはない。

強光下では，光合成速度は光強度に依存しなくなり，‘飽和’する（図 9.8）。いったん飽和点に達すると，光強度をあげても光合成速度は上昇しない。これは光以外の要因が光合成速度を律速するようになり，CO_2 濃度が律速要因となる。このときの律速段階は電子伝達速度であったり，Rubisco 活性であったり，トリオースリン酸代謝であったりする。陰生植物における飽和状態での光合成速度は，陽生植物のそれよりもかなり低い（図 9.9）。また，陽葉と陰葉の間でも異なる（図 9.10）。

光合成が飽和する光強度は多くの葉で 500 ～ 1,000 μmol m^{-2} s^{-1} にあり，これは直射日光（約 2,000 μmol m^{-2} s^{-1}）よりかなり低い。個々の葉は直射日光を十分に利用しきることはできず，植物個体の中では葉の間で相互被陰がおきている。たとえば，樹木では直射光を常に受けることができる葉はほんの一握りで，他の葉は一時的に他の葉の間を通過する光を受けることができるにすぎない。個体の光合成は葉の光合成の総和であり，個体の中には光飽和していない葉が多いため，個体レベルや葉群レベルの光合成速度はなかなか光飽和しない（図9.11）。農作物の生産力は生育期間中にどれだけ光を吸収できたかで決まる。水・栄養塩環境が一定ならば，吸収光量が多いほど生産力が高い（Ort and Baker 1988）。

葉は過剰エネルギーを散逸させなければならない

過剰な光にさらされると，葉は光合成系に害が及ばないよう過剰な吸収エネルギーを散逸させなければならない（図9.12）。過剰エネルギーを散逸させる系はいくつかある。その一つは非光化学的消光（nonphotochemical quenching）とよばれる（7章参照）。本来，非光化学的消光とは，クロロフィル蛍光の強度が，光化学反応以外の機構によって低下する現象のことをいう。この機構の分子機作は不明だが，クロロフィルが吸収した光エネルギーを奪って熱に変換・放散させるものだと考えられている（訳者注；この機構がエネルギーを奪うためにクロロフィル蛍光の低下が見られる）。ザントフィルサイクルがこの熱放散に関与していることがわかっている。

ザントフィルサイクル（xanthophyll cycle）　7章で見たように，ザントフィルサイクルは三つのカロテノイド色素（ビオラザンチン，アンテラザンチン，ゼアザンチン）によって構成され，葉の過剰光エネルギーの散逸に関連している（図7.36）。強光では，ビオラザンチンはアンテラザンチンに変換され，さらにゼアザンチンに変換される。ビオラザンチンでは両端の二つの芳香環にそれぞれ酸素が結合しているが，アンテラザンチンでは片方にしか酸素がなく，ゼアザンチンではどちらの芳香環にも酸素が結合していない（図7.36）。実験によればゼアザンチンがもっとも熱放散効果をもち，アンテラザンチンの効果はその半分である。アンテラザンチンの量は日中比較的一定だが，ゼアザンチンの量は強光ほど多く，弱光で少なくなる。

直射日光のもとで育つ葉では，日中もっとも光が強いときには，ゼアザンチンとアンテラザンチンはザントフィルサイクルのプール（訳者注；つまりゼアザンチン＋アンテラザンチン＋ビオラザンチンの総量）の60%に達する（図9.13）。これらの条件では，チラコイド膜に吸収される過剰光エネルギーのかなりの量が熱として放散され，葉緑体の光合成機構を傷害から守っている（7章参照）。光エネルギーのうち熱として放散される割合は光強度・種・生育条件・栄養条件・気温などによって異なる（Demmig-Adams and Adams 1996）。

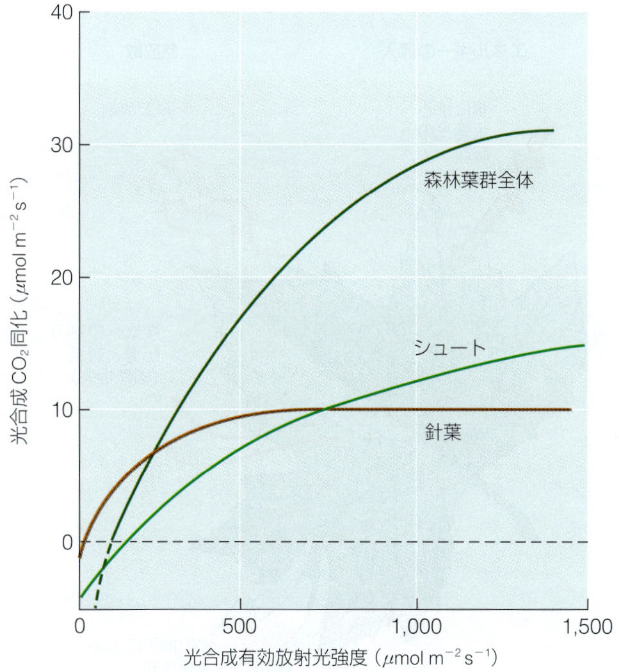

図 9.11　トウヒ（*Picea sitchensis*）の針葉レベル，シュート（枝）レベル，森林レベルの光合成速度（面積あたり）の光強度依存性。ここでいうシュートとは，針葉のついた枝のことで，針葉どうしの相互被陰がおこっている。相互被陰の結果，光合成を飽和させるためには針葉レベルよりも強い光強度が必要である。点線は測定部分からの延長。（Jarvis and Leverenz 1983 より）

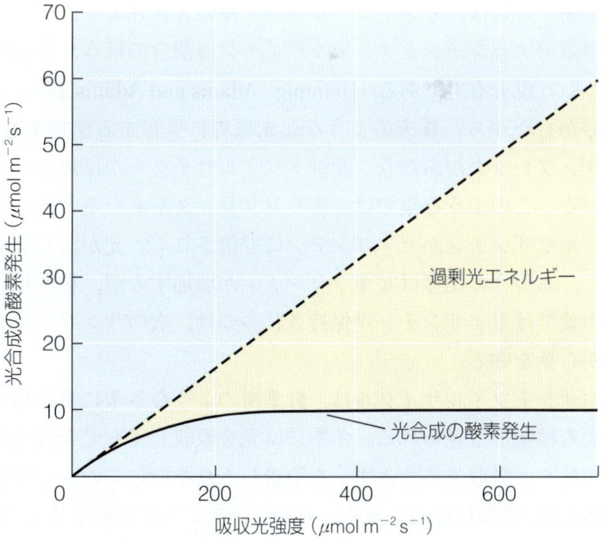

図 9.12　吸収エネルギーと光合成，過剰エネルギーの関係。点線は光合成にまったく制限がない場合の理論的な酸素発生速度である。光強度が150 μmol m^{-2} s^{-1}までは陰葉は吸収した光のほとんどを光合成に利用できる。しかし，それ以上になると光合成は飽和し，光強度が増加すると吸収した光を放散しなくてはいけない。光強度がかなり高いと，光合成で利用できる光エネルギーと放散されなくてはいけない光エネルギー（過剰エネルギー）の違いが大きくなる。この違いは陽葉より陰葉で大きい。（Osmond 1994 より）

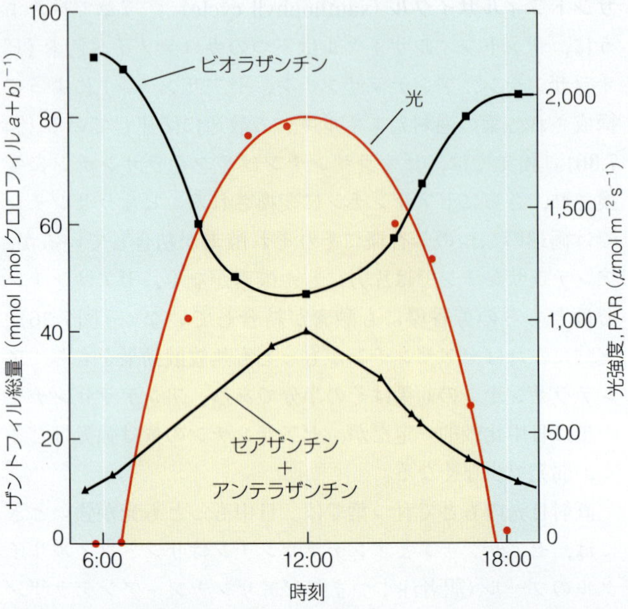

図 9.13 ヒマワリ（*Helianthus annuus*）における，光強度に依存したザントフィル含量の日変化。葉に当たる光の量が増加すると，多くのビオラザンチンがアンテラザンチンとゼアザンチンに変換され，過剰なエネルギーの放散や光合成系の防御に働く。（Demmig-Adams and Adams 1996 より）

陽葉・陰葉とザントフィルサイクル　陽葉は陰葉に比べザントフィルのプールが大きく，放散する過剰エネルギーの量が大きい（訳者注；ザントフィルサイクルによる熱放散エネルギーの量は，ザントフィルのプールの大きさより，プール中のゼアザンチンとアンテラザンチンの割合のほうが重要だという説も有力である（Demmig-Adams and Adams 1996））。しかしながら，林床のような弱光環境に生育する植物でも，サンフレックがあたり，ザントフィルサイクルがはたらいている。このような葉では一度サンフレックがあたると多くのビオラザンチンがゼアザンチンに変換される。光が弱くなると，ふつうの葉ではビオラザンチンが増加するが，林床植物の葉ではゼアザンチンが保持されつづけ，次のサンフレックから葉を守る。

ザントフィルサイクルは，針葉樹のような冬季に葉を保持する植物でも見られる。冬季には光を吸収しても光合成速度が低く，吸収光エネルギーを消費しきれない。このような植物では，夏季には暗くなるとゼアザンチンの量が低下するが，冬季には一日中光の有無にかかわらずゼアザンチンをもちつづける。これは，おそらくエネルギーの放散能力を最大化し，冬季の光酸化から葉を守るためのメカニズムである（Adams et al. 2001）。

ザントフィルサイクルは，強光に対して光合成系を守るだけでなく，高温に対しての防御としても働くかもしれない。葉緑体は，ゼアザンチンをためこんだときに，より熱に耐性をもつ（Havaux et al. 1996）。植物は過剰な熱の有害な影響から守るために，複数の生化学的メカニズムをもっているのかもしれない。

葉は膨大な量の熱を放散しなければならない

直射日光にさらされている葉にかかる熱負荷は，非常に大きい。もし，水で満たされた300 μm の厚さをもつ葉に直射日光があたり，熱がまったく葉から出ていかなければ，たった1分で葉温が100℃に達してしまう。しかし，このような大量の熱負荷も，長波放射や顕熱，蒸発（潜熱）により放散される（図9.14）。

- 葉の温度が空気の温度よりも高ければ，葉の周囲の空気の対流が葉の表面から熱を奪う。これを**顕熱損失**（sensible heat loss）という。
- 水の蒸発にはエネルギーが必要であり，**蒸発熱損失**（evaporative heat loss，潜熱損失）が生じる。葉が蒸散を行うと，気化熱が奪われ，葉を冷やす。人体でも発汗により同様の冷却がおこる。

顕熱損失と蒸発熱損失は，葉温調節においてもっとも重要な過程である。両者の比を**ボーエン比**（Bowen ratio）とよぶ（Campbell 1977）：

$$ボーエン比 = \frac{顕熱損失}{蒸発熱損失}$$

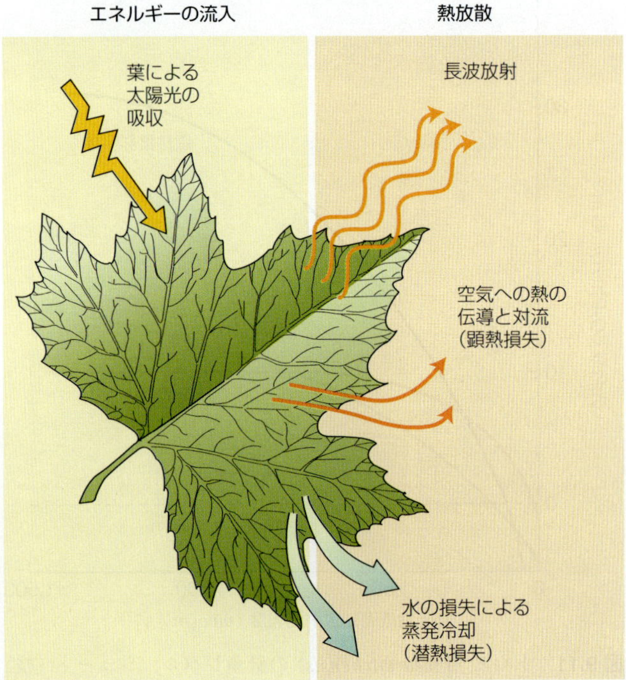

図 9.14 葉における太陽からのエネルギーの吸収と放散。エネルギー吸収によって生じた熱負荷は，葉へのダメージを避けるために放散されなければならない。熱負荷は長波放射放出，周囲の空気への顕熱損失，蒸散による蒸発冷却によって放散される。

よく灌水された農作物では蒸散（4章参照）つまり葉からの水の蒸発が多く，ボーエン比が低い（**Webトピック9.2**）。一方，蒸発による冷却が限られていれば，ボーエン比は高くなる。たとえば，サボテンでは気孔が閉じており，蒸発による冷却がおこらない。熱はすべて顕熱として放散され，ボーエン比は無限大である。

高いボーエン比をもつ植物は水をよく保持するが，葉と空気の間の温度勾配を高く維持するため，非常に高い葉温に耐えなければいけない。このような適応的性質をもつ植物は多くの場合成長速度が犠牲になる。

イソプレン合成が葉の熱耐性を促進する

すでに，強光に対してザントフィルが光合成系を防御することを見てきた。多くの場合，葉温が高くなるときには光が強いが，そのような場合に葉緑体はどのようにして対処するのだろうか？ イソプレン合成が，強光・高温での光合成膜の安定化に寄与しているようである。ナラ（*Quercus*属），ポプラ（*Populus*属），クズ（*Pueraria lobata*）などがイソプレン（2-メチル-1,3-ブタジエン，13章）などの気体状のC_5化合物を放出する。

地球レベルでは，これらの化合物の大気への放出は年に5×10^{14} gにもなる。これらの気体炭化水素は針葉樹林のマツの香り（α-ピネンとβ-ピネン）の原因であり，暑い日には針葉樹林上で青い霞を形成することもある。イソプレンなどの炭化水素は大気化学に重要であるため，多くの大気研究者が興味をもっている。

葉からのイソプレン放出量は，炭素収支の面からも重要である。たとえば，ポプラやナラの葉を30℃の気温にさらすと，光合成で固定した炭素の2%に相当する炭素がイソプレンとして失われる（Sharkey 1996）。陽葉は陰葉より多くのイソプレンを放出し，合成量は葉温と水ストレスに比例する。

イソプレンが高温下で光合成膜の安定性に貢献するという証拠は，3種類の実験結果から示されている：

1. 阻害剤によってイソプレン放出をとめると，熱によるダメージを受けやすくなるが，イソプレンを合成しない植物にイソプレンを加えると熱耐性が増加する（Sharkey et al. 2001）。
2. イソプレンを合成できない突然変異体は，野生型よりも高温に弱い（Sharkey and Singsaas 1995）。
3. イソプレンは，温度上昇がおこるとすみやかに酵素反応によって合成される。

過剰光の吸収は光阻害をもたらす

7章では**光阻害**（photoinhibition）について説明した。光阻害とは，葉が利用可能以上の光にさらされた場合（図9.12），光化学系IIの反応中心が不活性化し，傷害を受けることをいう。葉における光阻害の性質は，その植物がさらされる光の量に依存し（図9.15），2種類の光阻害があることが知られている。それは動的な光阻害と慢性的な光阻害である（Osmond 1994）。

中程度に過剰な光のもとでは，**動的な光阻害**（dynamic photoinhibition）が観察される。量子収率は低下するが（図9.15の曲線の傾きに注目），最大光合成速度は変わらない。動的な光阻害は吸収光エネルギーを熱放散に回すことによって引きおこされる。このため量子収率が低下する。この低下は多くの場合一時的なもので，光強度が飽和レベルより低下すると，量子収率は回復する。

慢性的光阻害（chronic photoinhibition）は非常に強い光が光合成系にダメージを与え，量子収率と最大光合成速度の両方を低下させるものである（図9.15）。慢性的光阻害は光化学系IIの反応中心のD1タンパク質へのダメージと置換に関係している（7章参照）。動的光阻害と異なり，これらの影響は長期間（数週間から数か月）持続する。

光阻害についての初期の研究では，量子収率の低下はすべて光合成系のダメージとみなされていた。現在では，短期的

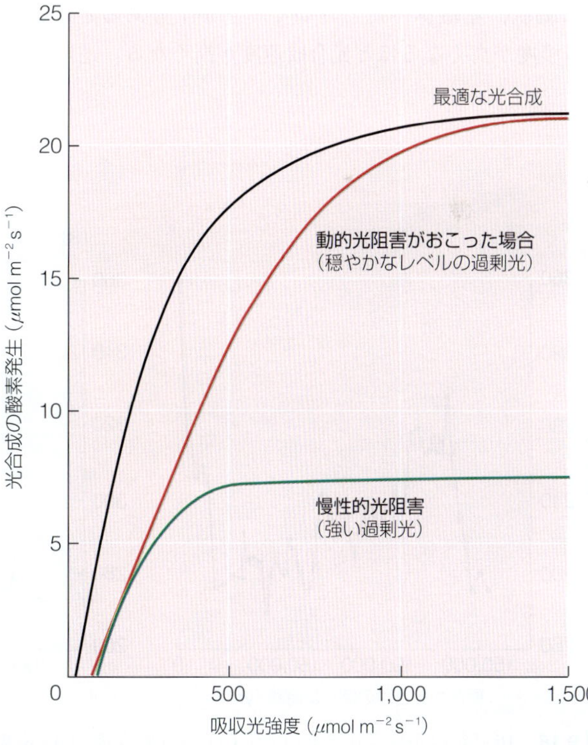

図 9.15　光阻害によって引きおこされる光-光合成曲線の変化。穏やかなレベルの過剰光にさらされると，最大光合成速度が低下することなく量子収率（曲線の傾き）の低下がおこる。これを動的光阻害という。高いレベルの過剰光にさらされると，葉緑体へのダメージがおこり，量子収率と最大光合成速度が低下する。（Osmond 1994より）

な量子収率の低下は防御機構であるとみなされている(7章)。一方，慢性的光阻害は過剰光による，あるいは防御の失敗による葉緑体へのダメージとみなされている。

光阻害は，自然界ではどれだけ重要なのだろうか？ 動的光阻害は，葉がもっとも強い光強度にさらされ，炭素固定が低下するような日中におこりやすい。光阻害は低温でおこりやすく，極端な気候条件で慢性的になりやすい。

ヤナギの自然集団やアブラナ（*Brassica napus*），トウモロコシ（*Zea mays*）を使った研究では，光阻害による光合成の低下により，生育期間中の生産量が10％下がっていることが示されている（Long et al. 1994）。これは特に大きな影響には見えないかもしれないが，自然環境の植物個体群における資源の競争では重要かもしれない。繁殖器官への炭素投資が低くなると，その繁殖成功や生存に大きな負の影響をもたらすことがありうるからである。

二酸化炭素に対する光合成の応答

ここまで，植物の成長や葉の内部構造が光によってどのように影響されるかを見てきた。ここで，CO_2がどのように光合成に影響するかに目を転じることにしよう。CO_2は大気から葉に拡散する。最初に気孔を通過し，細胞間隙を通り，最終的に細胞，葉緑体へたどりつく。光が十分あるときには，CO_2濃度が高くなるほど光合成速度が高くなる。逆に，CO_2濃度が低くなれば，これが光合成を律速する。

この項では，まず大気CO_2濃度の変遷を述べ，次に炭素固定系に対するその影響を考察する。そして，CO_2がどのように光合成を律速するか，そしてC_4植物におけるCO_2濃縮メカニズムの効果について考える。

大気CO_2濃度は上昇しつづけている

二酸化炭素は大気中の微量ガスで，現在は大気の約0.037％（または370 ppm）存在する。大気中のCO_2分圧は，海抜0 mで約37 Paである（**Webトピック9.3**参照）。水蒸気分圧は大気の最大2％，酸素分圧は約20％である。大気の大部分，約80％は窒素である。

南極の氷の気泡中のガスを調べた研究によれば，現在の大気CO_2濃度はこの1万6千年の間に約2倍に増加している（図9.16A）。最近200年を除けば，CO_2濃度は180～260 ppmの間で変動していた。この低いCO_2濃度は白亜紀後からつづいている。白亜紀には地球は現在より暖かく，CO_2濃度は1,200～2,800 ppmであった（Ehleringer et al. 1991）。

現在の大気CO_2濃度は，化石燃料の燃焼により年に約1 ppmのペースで増加している（図9.16C）。ハワイのマウナロアでCO_2測定が始まった1958年以来，大気CO_2濃度は17％増加し（Keeling et al. 1995），2020年までに大気CO_2濃度は600 ppmに達する可能性がある。

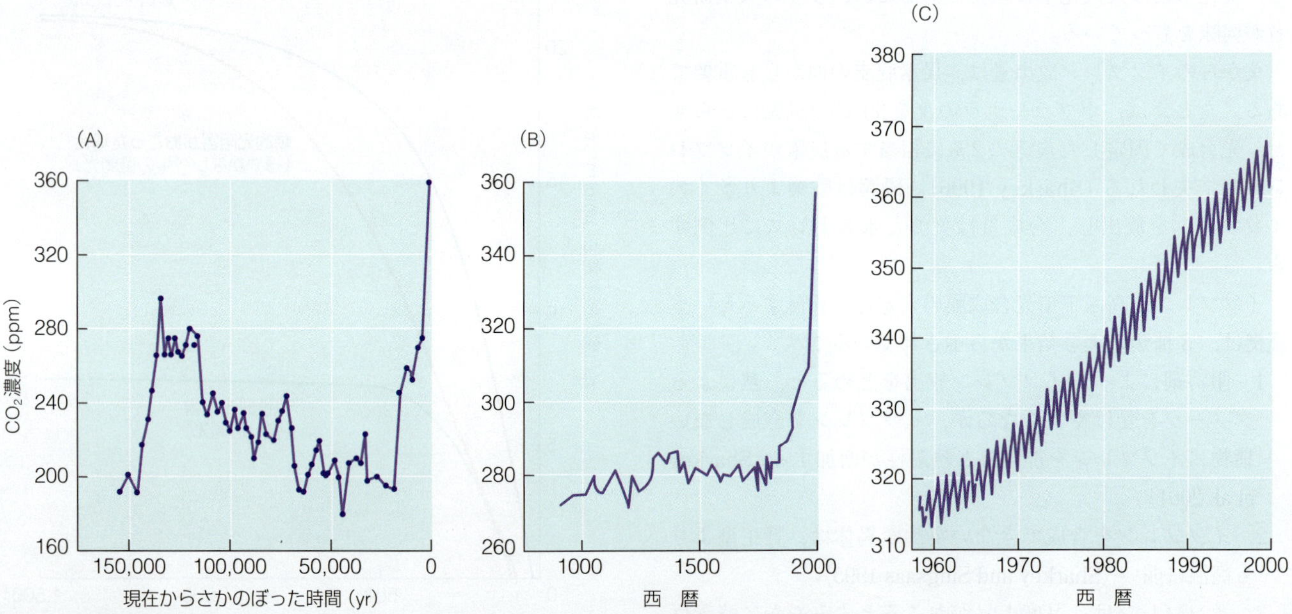

図9.16 16万年前から現在までの大気CO_2濃度の変遷。(A) 南極の氷河中の泡から測定した過去の大気CO_2濃度は，現在のレベルよりかなり低い。(B) この1000年では，CO_2濃度の上昇は産業革命とともに始まり，化石燃料の利用とともに増加しつづけている。(C) ハワイマウナロアで測定されている現在のCO_2濃度は増加しつづけている。変化が波形を示すのは，大気CO_2濃度の変化が農作物の成長と関係している。それぞれの年において，CO_2濃度は北半球において植物の生育が始まる5月にもっとも高く，10月に最低となる。(Barnola et al. 1994, Keeling and Whorf 1994, Neftel et al. 1994, Keeling et al. 1995より)

温室効果　大気CO_2濃度の増加は，科学者や各国政府の機関によって監視されている。これは，温室効果が地球の気候を変えてしまうという予測に基づいている。**温室効果**(greenhouse effect)とは，大気による長波放射の吸収が地球を温暖化させることをいう。

ガラス温室の屋根は可視光を透過する。可視光は植物や他の表面に吸収され，熱に変換される。熱の一部は長波放射として再放出される。ガラスは長波放射をあまり透過しないので，エネルギーが温室から放出されず，内部の温度を増加させる。

CO_2やメタンなどのガスは温室のガラスと同じ役割をもつ。CO_2濃度の上昇と，温室効果による温度上昇は光合成に影響を及ぼす。現在の大気CO_2濃度では，C_3植物の光合成はCO_2に律速されている(詳しくは後述)が，大気CO_2濃度上昇はこの状況を変えるかもしれない。実験室で育てられた植物では，多くのC_3植物の光合成速度はCO_2濃度が2倍になると30～60%増加する。成長速度の変化は，栄養条件に依存する(Bowes 1993)。また，多くのケースではCO_2濃度上昇の効果は一時的で，高CO_2濃度で長期間育成すると促進効果が見られなくなる。

トマトやレタス，キュウリ，バラなど最適な栄養環境のもとで育成される多くの農作物では，温室内のCO_2濃度を増加させると生産性が増加する。高CO_2濃度でC_3植物の光合成速度が増加するのは，光呼吸が抑制されるためである(8章)。

葉緑体へのCO_2の拡散が光合成には重要である

光合成がおこるためには，二酸化炭素が大気から葉の中へ，そしてRubiscoのカルボキシレーション部位まで拡散しなければならない。拡散速度は濃度勾配に依存する(3章，6章参照)ため，葉の表面から葉緑体への十分なCO_2拡散を確保するためには，適度な濃度勾配が必要である。

葉を覆うクチクラはCO_2をほとんど透過しない。このため葉へのCO_2の流入はほとんど気孔のみでおこる。CO_2は気孔から，その直下にある気孔腔をへて細胞間隙に入り，葉肉細胞に達する。ここまでの経路ではCO_2は気相を拡散する。残りの葉緑体までの経路は液相で，CO_2はまず水にとけ，細胞壁を通り，細胞膜，細胞質，そして葉緑体に達する(CO_2のとけ込みやすさについては，**Webトピック8.3**参照)。

気相・液相の経路ともCO_2拡散抵抗が生じており，光合成へのCO_2供給は何度か抵抗にさらされることになる(図9.17)。それぞれの抵抗の大きさを評価することは，光合成のCO_2律速の理解に重要である。

二酸化炭素が葉の中においてたどる経路は，そのまま水が蒸散においてたどる経路の逆である。CO_2と水が同じ経路を通っていることは，植物にとって機能的なジレンマを引きおこしている。高湿度の大気では，葉内外の水蒸気濃度の勾配は小さいため，水の損失はCO_2の吸収の50倍程度ですむ。しかし，空気が乾くとその勾配はより大きくなる。このような状況では，気孔を開いて気孔抵抗を下げるとかなりの量の水を失ってしまう。

4章で見たように，気相におけるCO_2拡散は境界層，気孔，細胞間隙の三つの部分に分けることができる。それぞれがCO_2拡散に対して抵抗をもつ(図9.17)。

境界層は葉の表面にできる，比較的動きにくい空気からなる。ここでの抵抗を境界層抵抗(boundary layer resistance)とよぶ。境界層抵抗の大きさは，葉の大きさや風速が大きいほど小さくなる。先に述べたように，水蒸気に対する境界層抵抗は，顕熱損失に対する境界層抵抗に物理学的に関係している。

葉が小さいと，CO_2や水蒸気，顕熱損失に対する境界層抵抗も小さくなる。砂漠の植物は小さい葉をもつことが多く，顕熱損失が大きい。湿潤な熱帯では大きな葉をもった植物が見られるが，これらの植物は熱負荷を蒸発によって放散している(潜熱損失)。これは水分が十分あり，高い蒸散速度を確保できるためである。

境界層を拡散した後に，CO_2は気孔を通って葉に入る。この際，次の抵抗である**気孔抵抗**(stomatal resistance)がかかる。多くの自然条件では葉の周囲の空気は静止しておらず，境界層抵抗は気孔抵抗よりはるかに小さい。つまり気孔抵抗

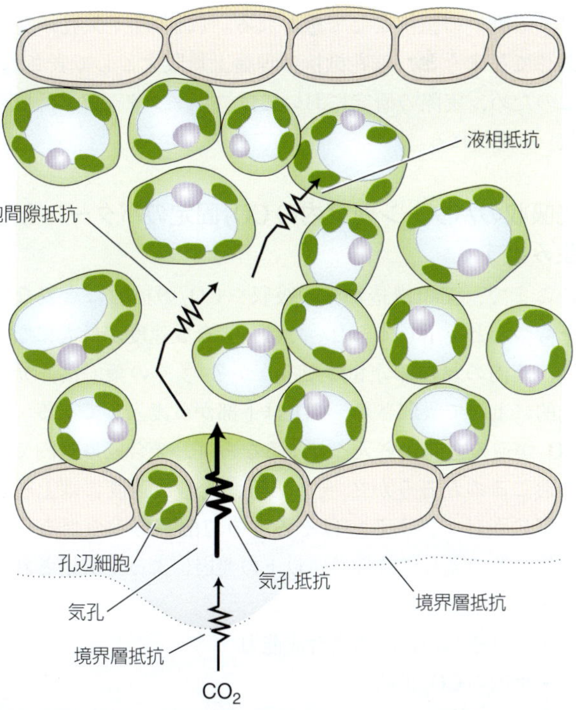

図9.17　葉の外部から葉緑体までのCO_2の拡散に抵抗がおこるポイント。気孔がもっとも大きな抵抗をもたらしている。

がCO_2拡散の主要な制限となっている。

気孔腔から葉肉細胞の細胞壁までの，細胞間隙においてもCO_2拡散抵抗はかかっており，**細胞間隙抵抗**（intercellular air space resistance）とよばれる。この抵抗は通常小さく，細胞間隙抵抗によって低下するCO_2分圧はわずかに0.5 Paでしかない（大気CO_2分圧が36 Paのとき）（訳者注；ちなみに，大気CO_2分圧が36 Paで，光合成速度が最大に近いとき，気孔抵抗によって低下するCO_2分圧（境界層と細胞間隙のCO_2分圧の差）は，多くの場合5～10 Paである）。液相におけるCO_2拡散への抵抗は，**液相抵抗**（liquid phase resistance）あるいは**葉肉抵抗**（mesophyll resistance）とよばれ，細胞間隙から葉緑体のカルボキシレーション部位への拡散経路すべてをひとまとめに扱っている。（訳者注；現在では確度の高い葉肉抵抗測定法が開発されており，気孔がもっとも開いているときの気孔抵抗と葉肉抵抗は同程度の大きさがあるとされている。液相中のCO_2の拡散経路は非常に短いが，CO_2の拡散係数（拡散しやすさ）は気相中の拡散係数の1万分の1であるため，抵抗が大きくなるのである。）

葉緑体の位置が細胞表面に近いことと，葉内における細胞間隙の体積の割合が大きいこと（20～40%）は，葉内のCO_2拡散と吸収を容易にするために特殊化した構造的な性質である（Evans 1999）。通常気孔は，CO_2吸収と水蒸気の損失の拡散経路としてもっとも大きな抵抗をもつため，気孔開度の調節は葉と大気の間のガス交換の調節にもっとも重要な役割を果たす。実験におけるガス交換測定では，境界層抵抗や細胞間隙抵抗はふつう無視され，気孔抵抗が気相のCO_2拡散に対する唯一の抵抗として扱われる。（訳者注；気孔が完全に閉じてしまうと，気孔抵抗は理論上無限大として表される。このため，実際の研究においてはコンダクタンス（抵抗の逆数）が使われる。）

光吸収のパターンが葉内のCO_2固定のパターンを生み出す

ここまで，葉の構造が光の吸収やCO_2の拡散に重要な意味をもつことを示してきた。では，光合成速度が最大になるのは，葉内のどの部分なのだろうか？ 多くの葉では，光は優先的に上層で吸収され，CO_2は下部から流入してくる。光とCO_2が逆の方向から入ってくるならば，光合成は葉内で均一におこるのだろうか？ それとも，光合成速度には上層から下層にかけて，あるいはその逆の勾配があるのだろうか？ 一枚の葉の光合成特性は，以下の要因によって決定される：

- 葉肉中の光吸収のパターン
- それぞれの組織の光合成能力
- 葉内のCO_2供給

多くの葉では，葉内のCO_2拡散は速く，葉内の光合成のパターンはCO_2供給以外の要因によって生み出される。白い光が上面から入ってきた場合，青と赤の光は上面付近の葉緑体によって優先的に吸収される（図9.18）。これはクロロフィルの吸収が青と赤で特に強いためである（図7.5）。一方，緑の光はクロロフィルに吸収されにくいため，より深く葉の中を通過する。緑の光も吸収されれば光合成には有効であるため，青と赤の光が少なくなってしまった下層の葉緑体には重要である。

葉の組織の光合成のCO_2同化の能力は，かなりの部分をその組織のRubisco量によって説明することができる。ホウレンソウやソラマメ（*Vicia faba*）ではRubisco量は最上面では少なく，中央に向かって多くなり，さらに下部ではまた少なくなる。結果的に，葉内の同化速度パターンは中央が高いベル型になる（図9.19）。ホウレンソウでは海綿状組織（図9.4）は葉が吸収する炭素の40%を吸収する。Rubiscoの垂直分布がこのようになっている理由は明らかではない。おそら

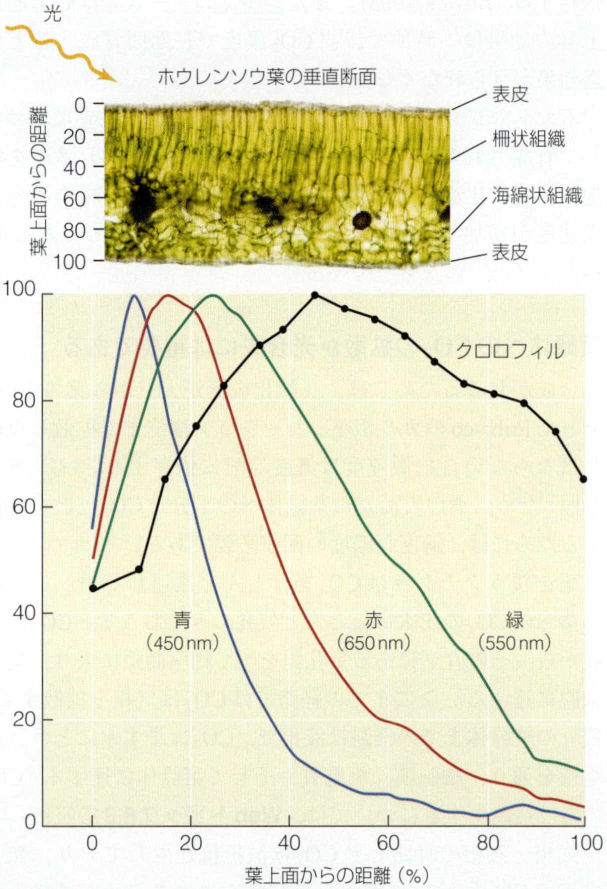

図 9.18　ホウレンソウ陽葉における光吸収の垂直分布。青，緑，赤の光は，それぞれ異なる吸収パターンを示す。このグラフの上の写真はホウレンソウ葉の垂直断面図で，柵状組織細胞が葉の厚さの約半分を占めている。光吸収パターンの形にはクロロフィルの垂直分布パターンが一部影響している。（Nishio et al. 1993とVogelmann and Han 2000より。写真はT. Vogelmannの好意による）

く葉内の光合成の垂直分布は葉の内部構造や生育環境によって変化するであろう。

CO_2は光合成を律速する

光合成速度を細胞間隙のCO_2分圧（C_i）に対してプロットすることにより（**Webトピック9.4**参照），CO_2供給がどのように光合成を律速するかを評価できる。かなり低いCO_2濃度では，光合成速度はCO_2によって律速されるが，呼吸速度は影響を受けない。その結果，光合成によるCO_2吸収を呼吸によるCO_2放出が上まわり，葉レベルではCO_2が放出される。

CO_2濃度を上げていけば，光合成と呼吸のバランスがつりあい，CO_2の出入りがゼロになる。このCO_2濃度を**CO_2補償点**（CO_2 compensation point）とよぶ（図9.20）。これは光補償点と同様の概念である。'CO_2補償点は光合成と呼吸のCO_2濃度依存性を反映し，光補償点は光強度依存性を反映する。'

C_3植物では，広い範囲のCO_2濃度において，CO_2濃度の増加が光合成速度を促進する。低～中間のCO_2濃度では，光合成はRubiscoのカルボキシレーション能力に律速される。高CO_2濃度では，光合成はカルビン回路におけるRuBP（リブロース-1,5-二リン酸）の再生能力に律速される。この能力は電子伝達速度に依存する。多くの葉では，気孔コンダクタンスを制御することにより，カルボキシレーション能力とRuBP再生能力が同時に光合成を律速するようにC_iを調節している。

細胞間隙CO_2分圧に対してCO_2同化速度をプロットすると，CO_2が光合成をどのように調節しているかを気孔の影響を排除して知ることができる（図9.20）。このような図をC_3植物とC_4植物についてそれぞれ描いてみると，両タイプの炭素代謝の違いが明らかになる：

- 'C_4植物'では，光合成速度はC_iが15 Pa程度で飽和する。これはCO_2濃縮機構が働いているためである（8章）。
- 'C_3植物'では，C_iの増加による光合成の促進がより広い範囲のC_iで見られる。

CO_2濃度と光合成の関係から，大気のCO_2濃度上昇はC_3植物に大きな利益をもたらすことが期待される（図9.16）。対照的に，C_4植物の光合成はより低いCO_2濃度で飽和し，大気CO_2濃度上昇による利益は期待できない。図9.20はC_4

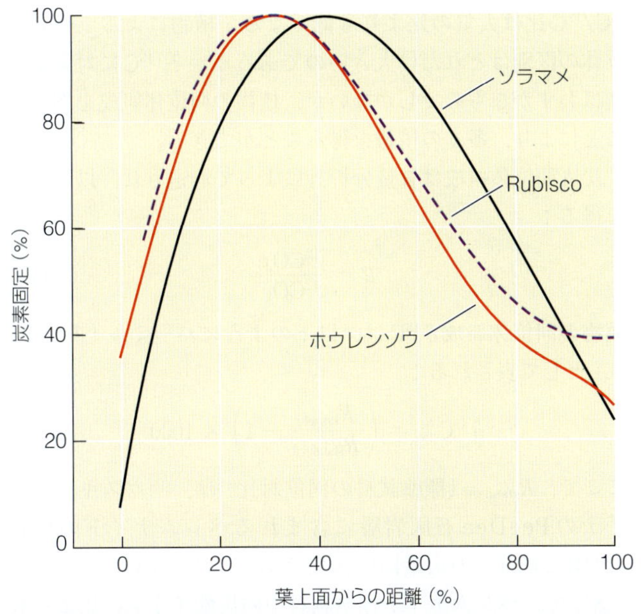

図9.19　葉内のRubiscoと炭素固定の垂直分布。ホウレンソウでは炭素固定（実線）はRubisco（点線）の分布と同様なパターンを示す。炭素同化のパターンはソラマメとホウレンソウで同様である。（Nishio et al. 1993とJeje and Zimmermann 1983より）

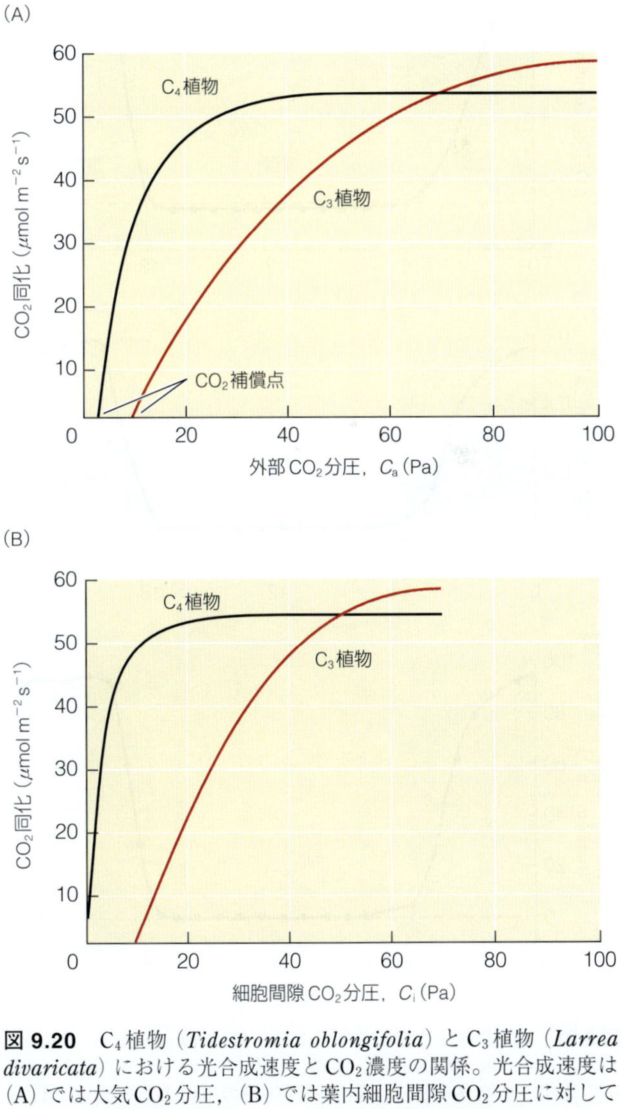

図9.20　C_4植物（*Tidestromia oblongifolia*）とC_3植物（*Larrea divaricata*）における光合成速度とCO_2濃度の関係。光合成速度は（A）では大気CO_2分圧，（B）では葉内細胞間隙CO_2分圧に対してプロットしてある（**Webトピック9.4**の式5参照）。CO_2吸収が0になる分圧がCO_2補償点である。（Berry and Downton 1982より）

植物のCO_2補償点がひじょうに低いことを示している。これはC_4植物がほとんど光呼吸をしないためである（8章）。低O_2濃度ではC_3植物でも光呼吸が抑制されるため，C_3植物とC_4植物のCO_2補償点の違いは見られなくなる。

CO_2濃縮機構が葉の光合成応答に与える影響

C_4植物ではCO_2濃縮機構が働いているため，葉緑体内のCO_2濃度はRubisco活性が飽和するほど高い。このため，C_4植物はC_3植物に比べRubisco量が少なくても同程度の光合成速度をもつことができ，少ない窒素量で育つことができる（von Caemmerer 2000）。

加えて，CO_2濃縮機構があることにより，葉は低いC_iでも高い光合成速度を維持でき，高い気孔コンダクタンスをもつ必要がない。このようにC_4植物はC_3植物に比べ水や窒素の利用効率が高い。一方，濃縮機構が働くためにはエネルギーが必要であるため，光の利用効率が低い。これは，ほとんどの陰生植物がC_3植物である理由の一つであろう。

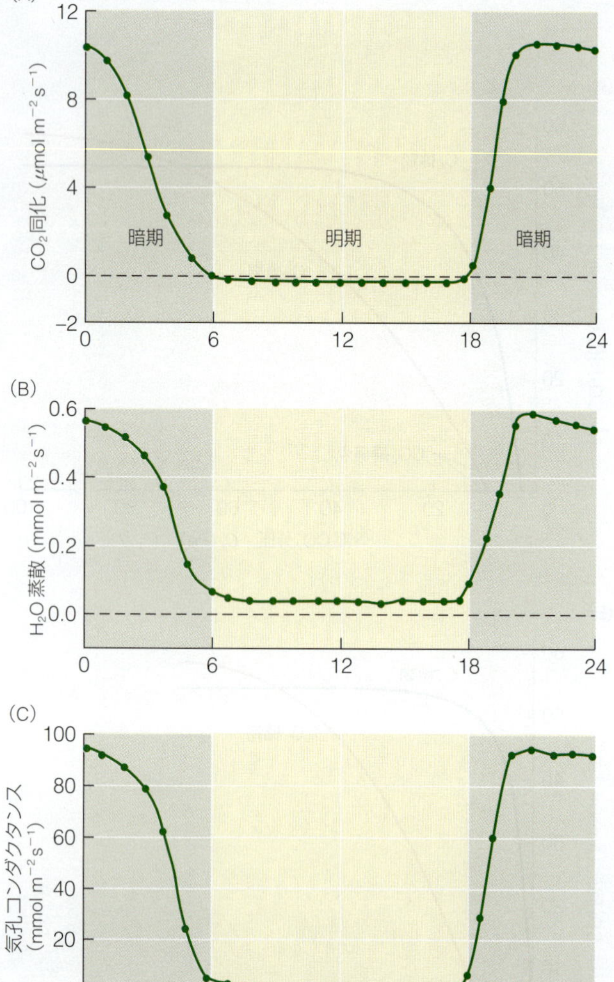

図 9.21　CAM植物であるサボテンの一種（*Opuntia ficus-indica*）における光合成のCO_2吸収，蒸散，気孔コンダクタンスの24時間中の変化。植物体全体を実験室の同化箱の中に入れて測定を行った。影部分が暗期にあたる。C_3やC_4代謝と異なり，CAM植物は夜に気孔を開き，CO_2を固定する。（Gibson and Nobel 1986）

サボテンなど多くの多肉植物はCAM代謝をもち，気孔を夜に開け，昼に閉じる（図9.21）。CO_2は夜に吸収され，リンゴ酸として固定される（8章参照）。気温は昼より夜に低いので，水の損失が少なくてすむ。

CAM代謝における主要な制約は，リンゴ酸を貯蔵する能力に限界があることで，この能力がCO_2吸収量を制限する。しかし，多くのCAM植物は夕方気温が低くなると，カルビン回路を使ってCO_2を固定するようになる。

サボテンの葉状枝（平たい茎）は植物体から切り離し，水を与えなくても数か月生存できる。気孔は常に閉じており，呼吸によって放出されたCO_2は再びリンゴ酸に固定される。この過程は，‘CAMアイドリング’（空まわし）とよばれ，水を失うことなく長期間生存するために有効である。

炭素同位体の分別によって光合成タイプの違いがわかる

大気のCO_2の炭素は，3種類の天然炭素同位体^{12}C，^{13}C，^{14}Cからなり，その存在比はそれぞれ98.9%，1.1%，10^{-10}%である。^{14}Cの存在量は少なく，生理学的には無視できるが，^{13}Cは違う。$^{13}CO_2$の化学的特性は$^{12}CO_2$と同じだが，質量が2.3%大きいため，多くの植物は$^{13}CO_2$よりも$^{12}CO_2$を多く同化する。言い換えれば，植物は重い炭素を分別し，植物体の$^{13}C/^{12}C$比は大気の比よりも低くなる。植物による二つの同位体の区別はどれだけ大きいのであろうか？ ^{13}Cに対する分別はわずかなものでしかないが，植物の同位体組成を調べることにより，多くの情報を得ることができる。

炭素同位体組成は質量分析計によって測定され，以下の比を得る：

$$R = \frac{^{13}CO_2}{^{12}CO_2} \tag{9.1}$$

植物の同位体組成$\delta^{13}C$は，以下のようにパーミル（千分率，‰）として表される：

$$\delta^{13}C\,‰ = \left(\frac{R_{sample}}{R_{standard}} - 1\right) \times 1000 \tag{9.2}$$

ここで，$R_{standard}$（標準試料の同位対比）は，サウスキャロライナのPeeDee石灰岩層に含まれるベレムナイトの化石（PDBと略す）の炭素同位体比である。大気CO_2の$\delta^{13}C$は−8‰で，ベレムナイト標準試料中の炭酸イオンの比よりも低い。では，植物の同位体組成はどれくらいであろうか？ C_3植物の$\delta^{13}C$は約−28‰，C_4植物は−14‰である（Farquhar et al. 1989）。C_3，C_4植物双方とも標準試料よりも低い同位対比をもつ。これは光合成過程において^{13}Cに対して分別がおこっていることを示す。

1,000をかけてパーミルで表していることからわかるように，実際におこっている同位体分別は小さい。しかしながら，このような小さな差でも質量分析計によって容易に検出することができる。たとえば，家庭で使うふつうの砂糖（ショ糖）でも，$\delta^{13}C$を測定することにより，それがテンサイ（C_3）から作られたのかサトウキビ（C_4）から作られたのかを判別できる。

^{13}Cが吸収されにくいのは，どうしてだろうか？ 理由の一つは，拡散である。これはC_3，C_4植物両方でおこる。CO_2は葉外の大気から葉内のカルボキシレーション部位まで拡散する。$^{12}CO_2$は$^{13}CO_2$よりも軽いので，カルボキシレーション部位までわずかながら速く到達し，−4.4‰の同位体分別をもたらす。しかし，もっとも大きな同位体分別はRubiscoのカルボキシレーション部位でおこる（Farquhar et al. 1989）。

Rubiscoは^{13}Cに対して−30‰という大きな分別を行う。対照的に，C_4植物の最初のCO_2固定酵素であるPEPカルボキシラーゼは小さな同位体分別効果しかもたない（−2〜−6‰）。この酵素の同位体分別効果の違いがC_3・C_4植物の同位体組成の大きな違いをもたらしている（Farquhar et al. 1989）。

他にも，同位体組成に影響を与える生理学的特性がある。一つは細胞間隙のCO_2分圧（C_i）である。C_3植物ではRubiscoの分別−30‰は常におこるわけではない。なぜなら，カルボキシレーション部位でCO_2濃度が下がると，同位体分別が制限され，$^{13}CO_2$も比較的多く固定されるようになるためである。同位体分別はC_iが高いほど，つまり気孔がより開いているときにおこりやすい。気孔を大きく開いていることは水の損失につながるので，同位体分別の大きさと水利用効率は負の相関がある（Farquhar et al. 1989）。

化石燃料は，その炭素がもともとC_3植物が固定した有機物に由来するため，$\delta^{13}C$が−26‰と低い値をもつ。炭酸イオンを含む土壌や歯の化石から，C_4植物が比較的最近出現し，分布を広げてきたことが明らかになっている（**Webトピック9.5**参照）。

CAM植物の$\delta^{13}C$は，C_3植物とC_4植物の中間の値である。夜にPEPカルボキシラーゼによってCO_2を固定するCAM植物は，$\delta^{13}C$の値はC_4植物の値に近い。しかし，ある種のCAM植物は十分に水を与えられると昼にも気孔を開き，RubiscoによってCO_2を固定する。こういった条件では同位体組成はC_3植物に近くなる。したがってCAM植物の同位体組成は炭素がC_3経路とC_4経路のどちらで固定されるか，その割合で決まる（**Webトピック9.5**参照）。

植物は$^{18}O/^{16}O$や$^{15}N/^{14}N$といった他の同位体分別も行う。これらの元素の同位体分別は特定の代謝経路や植物の特性の指標として利用できる。

温度に対する光合成の応答

光合成速度を温度に対してプロットすると曲線はベル型となる（図9.22）。低温側では温度の上昇とともに光合成速度が上がる。これは光合成速度が温度に依存して促進されることを示し，高温側では有害な影響によって光合成速度が低下する。この低下は可逆的な場合もあれば不可逆な場合もある。

温度は，光合成におけるすべての生化学反応に影響を与える。このため，光合成の温度応答は非常に複雑である。光合成の温度応答を通常のCO_2濃度と高CO_2濃度で比較すると，どのようなメカニズムが温度応答に影響しているかを知ることができる。高CO_2濃度では（図9.22A），カルボキシレーション部位には十分なCO_2が供給され，光合成速度は電子伝達にかかわる生化学反応に律速される（8章）。このような条件では，温度変化はCO_2固定速度に大きな影響を与える。

通常のCO_2濃度では（図9.22B），光合成はRubiscoの活性に律速され，二つの相反する要因が働く。一つは，温度上昇とともにカルボキシレーション速度が上がることと，もう一つはRubiscoのCO_2に対する親和性が低下することである（8章）。この二つの影響がうち消し合うことにより，通常の

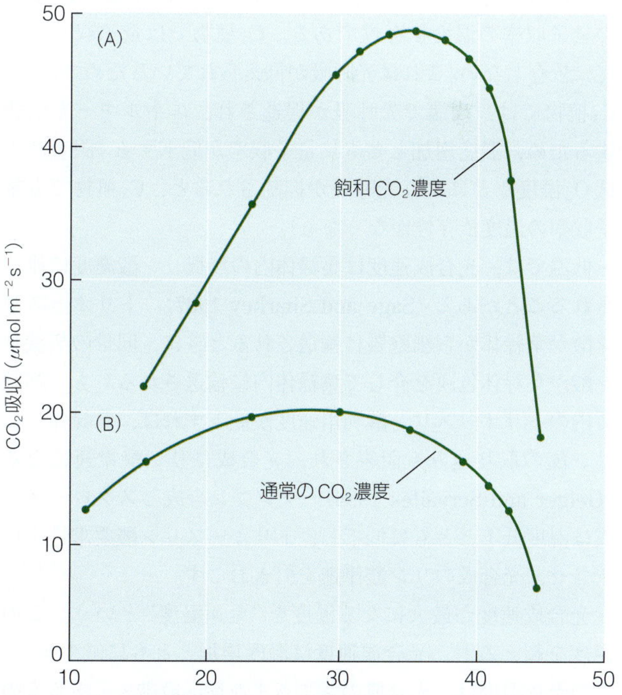

図 9.22 高CO_2濃度（A）と通常のCO_2濃度（B）における光合成速度の温度応答。CO_2濃度が高いと光合成速度の温度依存性が大きくなる。（Berry and Björkman 1980 より）

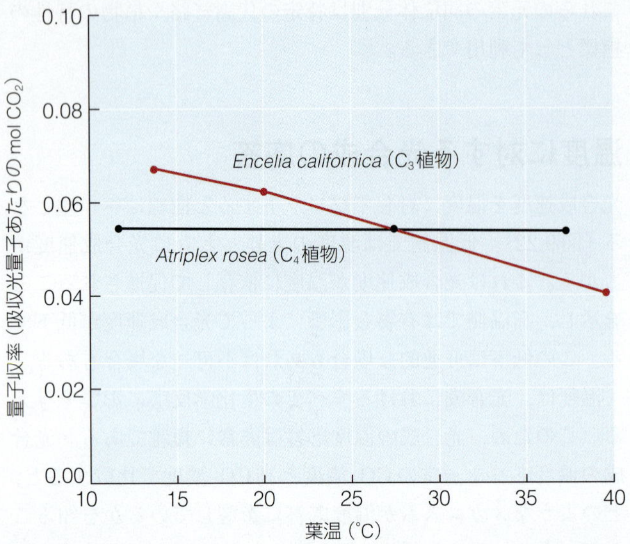

図 9.23 C_3植物とC_4植物におけるCO_2吸収の量子収率の温度応答。C_3植物では温度が上がると光呼吸が増加するため，温度が上がるとCO_2を固定するためのエネルギーコストが上がる。エネルギーコストが上がるため，高温では量子収率が下がる。C_4植物ではCO_2濃縮機構があるため光呼吸があまりおこらず，量子収率は温度に依存しない。低温ではC_3植物の量子収率はC_4植物より高く，C_3植物の光合成は低温で効率がよいと考えられる。（Ehleringer and Björkman 1977 より）

CO_2濃度では光合成の温度依存性は鈍い。

温度が増加すると呼吸速度も増加し，光呼吸と光合成の相互作用も温度によって変化する。図9.23はC_3植物とC_4植物の量子収率の温度依存性である。C_4植物では量子収率は温度に依存しない。これは光呼吸が抑えられているためである。C_3植物では，高温で光呼吸が促進され，エネルギーを消費するため，温度増加とともに量子収率が低下する（訳者注；低O_2濃度などにより光呼吸が抑制されると，C_3植物でも量子収率の温度依存性がなくなる）。

低温では，光合成速度は葉緑体内の無機リン酸濃度に律速されることがある（Sage and Sharkey 1987）。トリオースリン酸が葉緑体から細胞質に輸送されるときに，同量の無機リン酸が葉緑体包膜を介して葉緑体内に輸送される。もし細胞質内のトリオースリン酸利用速度が低下すれば，葉緑体へのリン酸の取り込みも阻害され，光合成はリン酸律速になる（Geiger and Servaites 1994）。デンプン合成とスクロース合成は温度低下とともに低下し，トリオースリン酸要求性を低下させ，光合成のリン酸律速を引きおこす。

光合成速度が最大になる温度を‘至適温度’という。この温度を超えると，光合成速度は温度増加とともに減少する。この至適温度は，光合成のさまざまな反応段階――あるものは温度増加に対して速度が上昇し，あるものは低下する――のバランスがとれている点であると考えられている。

至適温度の調節には，遺伝的な要因，生理学的な要因，両方が強くかかわっている。異なる温度環境に分布する種は異なる至適温度をもち，また，同一種でも異なる温度で育てば至適温度が変化する。至適温度はその生育温度と相関がある。低温で育った植物は，高温で育った植物よりも低温での光合成速度が高い。

温度に対する光合成特性の変化は，異なる環境に適応するにあたり重要な意味をもつ。植物は非常に可塑的に温度環境に適応する。低温域に適応した植物は0℃付近でも光合成を行うことができ，デスバレーに生育している植物は50℃近くに光合成の至適温度がある。

まとめ

葉の光合成活性は，多くの生化学反応の積み重ねである。異なる環境要因が光合成速度を律速しうる。

葉の内部構造は光を吸収するために特殊化しており，柵状組織や海綿状組織の細胞は，葉内の各細胞の光吸収量が均一になるような形態になっている。さらに，細胞内の葉緑体運動や葉の対応追跡が光吸収を最大化する。上層の葉を透過した光はその下の葉に吸収される。

光合成系の多くの特性は，光強度によって変化する。光補償点は陰葉より陽葉で高い。光-光合成曲線の直線部分の傾きは葉の光合成の量子収率を表す。温帯ではC_3植物の量子収率はC_4植物の量子収率より高い。

太陽光は葉に多大な熱負荷をもたらす。これは長波放射，顕熱損失，蒸散熱損失によって放散されている。大気のCO_2濃度が増加することにより，生物圏中の熱負荷が増大している。この過程は地球の気候に大きなダメージを与えるかもしれないが，光合成のCO_2律速を軽減するかもしれない。強い光のもとでは，多くの植物の光合成はCO_2に律速されているが，C_4植物やCAM植物にはCO_2濃縮機構があるためその律速はかなり小さい。

葉へのCO_2拡散は，いくつかの抵抗によって制約を受けている。もっとも大きな抵抗は気孔において生じており，植物は気孔開度の調節を通して植物の水の損失とCO_2吸収のバランスを調節している。気孔要因も気孔以外の要因も光合成のCO_2律速に影響している。

光合成の温度応答は光合成の生化学反応の温度感受性を反映しており，高CO_2濃度で著しい。C_3植物の量子収率は光呼吸の影響のため温度に依存するが，C_4植物では温度に対しほぼ一定である。

冷涼な気候で育った葉は，温暖な気候で育った葉に比べ低温で高い光合成速度を維持することができる。高温で育った葉は高温で高い光合成速度をもつ。生育環境に対する光合成系の機能的な変化が，多様な生育地で生き抜くために重要である。

Webマテリアル

Webトピック

9.1 光の作用

量，方向，波長組成は，光の測定において重要なパラメーターである。

9.2 葉からの熱放散：ボーエン比

顕熱損失と蒸散熱損失が，葉温の調節に重要な過程である。

9.3 気体の作用

気体のモル比やその他の物理的パラメーターの作用について説明。

9.4 葉のガス交換における重要なパラメーターの計算

ガス交換法によって光合成や気孔コンダクタンスを測定できる。

9.5 同位体分別

植物の炭素同位体組成により多くの情報を得ることができる。

参考文献

Adams, W. W., Demmig-Adams, B., Rosenstiel, T. N., and Ebbert, V. (2001) Dependence of photosynthesis and energy dissipation activity upon growth form and light environment during the winter. *Photosynth. Res.* 67: 51–62.

Anderson, J. M. (1986) Photoregulation of the composition, function, and structure of thylakoid membranes. *Annu. Rev. Plant Physiol.* 37: 93–136.

Barnola, J. M., Raynaud, D., Lorius, C., and Korothevich, Y. S. (1994) Historical CO_2 record from the Vostok ice core. In *Trends '93: A Compendium of Data on Global Change* (ORNL/CDIAC-65), T. A. Boden, D. P. Kaiser, R. J. Sepanski, and F. W. Stoss, eds., Carbon Dioxide Information Center, Oak Ridge National Laboratory, Oak Ridge, TN, pp. 7–10.

Berry, J., and Björkman, O. (1980) Photosynthetic response and adaptation to temperature in higher plants. *Annu. Rev. Plant Physiol.* 31: 491–543.

Berry, J. A., and Downton, J. S. (1982) Environmental regulation of photosynthesis. In *Photosynthesis: Development, Carbon Metabolism and Plant Productivity*, Vol. II, Govindjee, ed., Academic Press, New York, pp. 263–343.

Björkman, O. (1981) Responses to different quantum flux densities. In *Encyclopedia of Plant Physiology*, New Series, Vol. 12A, O. L. Lange, P. S. Nobel, C. B. Osmond, and H. Zeigler, eds., Springer, Berlin, pp. 57–107.

Björn, L. O., and Vogelmann, T. C. (1994) Quantification of light. In *Photomorphogenesis in Plants*, 2nd ed., R. E. Kendrick and G. H. M. Kronenberg, eds., Kluwer, Dordrecht, Netherlands, pp. 17–25.

Bowes, G. (1993) Facing the inevitable: Plants and increasing atmospheric CO_2. *Annu. Rev. Plant Physiol. Plant Mol. Biol.* 44: 309–332.

Campbell, G. S. (1977) *An Introduction to Environmental Biophysics.* Springer-Verlag, New York.

Demmig-Adams, B., and Adams, W. (1996) The role of xanthophyll cycle carotenoids in the protection of photosynthesis. *Trends Plant Sci.* 1: 21–26.

Demmig-Adams, B., Adams WW III (1996) Xanthophyll cycle and light stress in nature: uniform response to excess direst sunlight among higher plant species. *Planta* 198: 460–470.

Ehleringer, J. R., Björkman, O., and Mooney, H. A. (1976) Leaf pubescence: Effects on absorptance and photosynthesis in a desert shrub. *Science* 192: 376–377.

Ehleringer, J. R., and Björkman, O. (1977) Quantum yields for CO_2 uptake in C_3 and C_4 plants. *Plant Physiol.* 59: 86–90.

Ehleringer, J. R., Sage, R. F., Flanagan, L. B., and Pearcy, R. W. (1991) Climate change and the evolution of C_4 photosynthesis. *Trends Ecol. Evol.* 6: 95–99.

Evans, J. R. (1999) Leaf anatomy enables more equal access to light and CO_2 between chloroplasts. *New Phytol.* 143: 93–104.

Farquhar, G. D., Ehleringer, J. R., and Hubick, K. T. (1989) Carbon isotope discrimination and photosynthesis. *Annu. Rev. Plant Physiol. Plant Mol. Biol.* 40: 503–538.

Geiger, D. R., and Servaites, J. C. (1994) Diurnal regulation of photosynthetic carbon metabolism in C_3 plants. *Annu. Rev. Plant Physiol. Plant Mol. Biol.* 45: 235–256.

Gibson, A. C., and Nobel, P. S. (1986) *The Cactus Primer.* Harvard University Press, Cambridge, MA.

Gorton, H. L., Williams, W. E., and Vogelmann, T. C. (1999) Chloroplast movement in *Alocasia macrorrhiza*. *Physiol. Plant.* 106: 421–428.

Harvey, G. W. (1979) Photosynthetic performance of isolated leaf cells from sun and shade plants. *Carnegie Inst. Washington Yearbook* 79: 161–164.

Haupt, W., and Scheuerlein, R. (1990) Chloroplast movement. *Plant Cell Environ.* 13: 595–614.

Havaux, M., Tardy, F., Ravenel, J., Chanu, D., and Parot, P. (1996) Thylakoid membrane stability to heat stress studied by flash spectroscopic measurements of the electrochromic shift in intact potato leaves: Influence of the xanthophyll content. *Plant Cell Environ.* 19: 1359–1368.

Jarvis, P. G., and Leverenz, J. W. (1983) Productivity of temperate, deciduous and evergreen forests. In *Encyclopedia of Plant Physiology*, New Series, Vol. 12D, O. L. Lange, P. S. Nobel, C. B. Osmond, and H. Zeigler, eds., Springer, Berlin, pp. 233–280.

Jeje, A., and Zimmermann, M. (1983) The anisotropy of the mesophyll and CO_2 capture sites in *Vicia faba* L. leaves at low light intensities. *J. Exp. Bot.* 34: 1676–1694.

Keeling, C. D., and Whorf, T. P. (1994) Atmospheric CO_2 records from sites in the SIO air sampling network. In *Trends '93: A Compendium of Data on Global Change* (ORNL/CDIAC-65), T. A. Boden, D. P. Kaiser, R. J. Sepanski, and F. W. Stoss, eds., Carbon Dioxide Information Center, Oak Ridge National Laboratory, Oak Ridge, TN, pp. 16–26.

Keeling, C. D., Whorf, T. P., Wahlen, M., and Van der Plicht, J. (1995) Interannual extremes in the rate of rise of atmospheric carbon dioxide since 1980. *Nature* 375: 666–670.

Koller, D. (1990) Light-driven leaf movements. *Plant Cell Environ.* 13: 615–632.

Koller, D. (2000) Plants in search of sunlight. *Adv. Bot. Res.* 33: 35–131.

Long, S. P., Humphries, S., and Falkowski, P. G. (1994) Photoinhibition of photosynthesis in nature. *Annu. Rev. Plant Physiol. Plant Mol. Biol.* 45: 633–662.

McCree, K. J. (1981) Photosynthetically active radiation. In *Encyclopedia of Plant Physiology*, New Series, Vol. 12A, O. L. Lange, P. S. Nobel, C. B. Osmond, and H. Zeigler, eds., Springer, Berlin, pp. 41–55.

Melis, A. (1996) Excitation energy transfer: Functional and dynamic aspects of Lhc (cab) proteins. In *Oxygenic Photosynthesis: The*

Light Reactions, D. R. Ort and C. F. Yocum, eds., Kluwer, Dordrecht, Netherlands, pp. 523–538.

Neftel, A., Friedle, H., Moor, E., Lötscher, H., Oeschger, H., Siegenthaler, U., and Stauffer, B. (1994) Historical CO_2 record from the Siple Station ice core. In *Trends '93: A Compendium of Data on Global Change* (ORNL/CDIAC-65), T. A. Boden, D. P. Kaiser, R. J. Sepanski, and F. W. Stoss, eds., Carbon Dioxide Information Center, Oak Ridge National Laboratory, Oak Ridge, TN, pp. 11–15.

Nishio, J. N., Sun, J., and Vogelmann, T. C. (1993) Carbon fixation gradients across spinach leaves do not follow internal light gradient. *Plant Cell* 5: 953–961.

O'Leary, M. H. (1988) Carbon isotopes in photosynthesis. *BioScience* 38: 328–333.

Ort, D. R., and Baker, N. R. (1988) Consideration of photosynthetic efficiency at low light as a major determinant of crop photosynthetic performance. *Plant Physiol. Biochem.* 26: 555–565.

Osmond, C. B. (1994) What is photoinhibition? Some insights from comparisons of shade and sun plants. In *Photoinhibition of Photosynthesis: From Molecular Mechanisms to the Field*. N. R. Baker and J. R. Bowyer, eds., BIOS Scientific, Oxford, pp. 1–24.

Pearcy, R. W., Gross, L. J., and He, D. (1997) An improved dynamic model of photosynthesis for estimation of carbon gain in sunfleck light regimes. *Plant Cell Environ*. 20: 411–424.

Richter, T., and Fukshansky, L. (1996) Optics of a bifacial leaf: 2. Light regime as affected by leaf structure and the light source. *Photochem. Photobiol.* 63: 517–527.

Rupert, C. S., and Letarjet, R. (1978) Toward a nomenclature and dosimetric scheme applicable to all radiations. *Photochem. Photobiol.* 28: 3–5.

Sage, R. F., and Sharkey, T. D. (1987) The effect of temperature on the occurrence of O_2 and CO_2 insensitive photosynthesis in field grown plants. *Plant Physiol.* 84: 658–664.

Sharkey, T. D. (1996) Emission of low molecular mass hydrocarbons from plants. *Trends Plant Sci.* 1: 78–82.

Sharkey, T. D., and Singsaas, E. L. (1995) Why plants emit isoprene. *Nature* 374: 769.

Sharkey, T. D., Chen, X., and Yeh, S. (2001) Isoprene increases thermotolerance of fosmidomycin-fed leaves. *Plant Physiol.* 125: 2001–2006.

Smith, H. (1986) The perception of light quality. In *Photomorphogenesis in Plants*, R. E. Kendrick and G. H. M. Kronenberg, eds., Nijhoff, Dordrecht, Netherlands, pp. 187–217.

Smith, H. (1994) Sensing the light environment: The functions of the phytochrome family. In *Photomorphogenesis in Plants*, 2nd ed., R. E. Kendrick and G. H. M. Kronenberg, eds., Nijhoff, Dordrecht, Netherlands, pp. 377–416.

Syvertsen, J. P., Lloyd, J., McConchie, C., Kriedemann, P. E., and Farquhar, G. D. (1995) On the relationship between leaf anatomy and CO_2 diffusion through the mesophyll of hypostomatous leaves. *Plant Cell Environ.* 18: 149–157.

Terashima, I. (1992) Anatomy of non-uniform leaf photosynthesis. *Photosynth. Res.* 31: 195–212.

Terashima, I., and Hikosaka, K. (1995) Comparative ecophysiology of leaf and canopy photosynthesis. *Plant Cell Environ.* 18: 1111–1128.

Tlalka, M., and Fricker, M. (1999) The role of calcium in blue-light-dependent chloroplast movement in *Lemna trisulca* L. *Plant J.* 20: 461–473.

Vogelmann, T. C. (1993) Plant tissue optics. *Annu. Rev. Plant Physiol. Plant Mol. Biol.* 44: 231–251.

Vogelmann, T. C., and Björn, L. O. (1983) Response to directional light by leaves of a sun-tracking lupine (*Lupinus succulentus*). *Physiol. Plant.* 59: 533–538.

Vogelmann, T. C., and Han, T. (2000) Measurement of gradients of absorbed light in spinach leaves from chlorophyll fluorescence profiles. *Plant Cell Environ.* 23: 1303–1311.

Vogelmann, T. C., Bornman, J. F., and Yates, D. J. (1996) Focusing of light by leaf epidermal cells. *Physiol. Plant.* 98: 43–56.

von Caemmerer, S. (2000) *Biochemical Models of Leaf Photosynthesis*. CSIRO, Melbourne, Australia.

10 篩部転流

水中で生活していた植物が陸上で生活するようになるためには，解決しなくてはならない点がいくつかあったと考えられるが，その中でも，もっとも重要なのは，水を獲得して保持することである。陸上という環境条件に適応するため，植物は根と葉を進化させた。根は植物を大地に固定し，水や栄養を吸収する。葉は光を受けてガス交換を行う。植物が大きくなるにつれ，根と葉は物理的に離れていった。これに伴って，根や葉が吸収したり代謝した物質を効率よく交換するために，長距離輸送システムが進化してきた。

4章および6章で述べたように，木部（xylem）は，水や無機養分を根から地上部へと運ぶ組織であり，**篩部**（phloem）は，成熟葉から根などの成長しつつある部分や貯蔵器官へ光合成産物を輸送する組織である。本章で述べるように，篩部はさまざまな物質や水を植物体内で再転流させる役割も担っている。篩部で輸送される化合物には，木部を通じて成熟葉に運ばれてきたものも含まれており，化学的な変化を受けずに葉から他の部分へ輸送される物質もあれば，代謝されたうえで再分配されるものもある。

本章においては，主に被子植物の篩部転流について議論する。篩部転流の研究は，ほとんど被子植物について行われてきたためである。裸子植物に関しては，通道組織の形態上の比較や転流機構の違いの可能性について述べるに留める。本章では最初に，これまでによく研究され理解されている，篩部転流に関するいくつかの点について検討する。よく理解されている点とは，転流経路と転流パターン，篩部を転流する物質，輸送の速度である。

それにつづいて，本章では，篩部転流のうち，今後さらなる研究が必要な領域についても検討を加える。これらの領域には，篩部への物質の積み込みと積み下ろし，光合成産物の輸送と分配が含まれる。これらは，現在さかんに研究が進められている領域である。

転流経路

二つの長距離輸送経路――篩部と木部――は，植物体内にくまなく張り巡らされている。篩部は一般的には外側に存在していて，一次維管束，二次維管束のいずれにおいても篩部は外側にある（図10.1および10.2）。二次成長（secondary growth）がおこる植物では，樹皮の内層（inner bark）に篩部が存在する。

篩部のうち，糖類や他の有機化合物を植物体全体に輸送する細胞は，**篩要素**（sieve element）とよばれている。篩要素は，種子植物に特有な高度に分化した**篩管要素**（sieve tube element）とシダ植物の比較的特化していない**篩細胞**（sieve cell）の両方を含む言葉である。篩要素に加えて，篩管組織には伴細胞（companion cell，以下の記述を参照）および柔細胞（parenchyma cell）が存在する。柔細胞は養分を蓄えたり送り出す役割をもっている。篩部組織には繊維組織（fiber）や厚壁異形細胞（sclereid）を含んでいる場合もある。これらの組織は篩部に強度を与え，篩部を保護する役割をもっている。また，ゴムを分泌する細胞（lacticifer）を含む場合もある。しかし，これらの組織のうち，物質の転流に直接関与するのは篩要素だけである。

葉の小維管束や茎の一次維管束は，**維管束鞘**（bundle sheath，図10.1）に包まれている場合が多い。維管束鞘は一層もしくは複層の密に並んだ細胞からなる（8章において，維管束鞘がC_4光合成に重要な役割を担っていると述べたことを思い出そう）。葉の維管束組織では，維管束鞘が小維管束を末端にわたるまで全体を包んでおり，維管束を葉の他の細胞から隔離している。

転流経路についての考察の手はじめに，篩要素が篩部の通道組織であることを示す実験的な証拠を示す。さらにこれらの特殊な細胞の構造と生理について調べていくことにする。

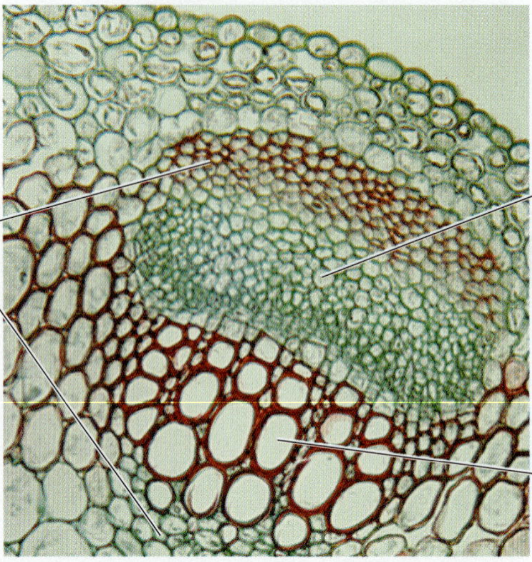

図 10.1　クローバー（*Trifolium*）の維管束の横断面（130×）。一次篩部は茎の外側に近い部分にある。一次篩部と一次木部は，維管束の細胞壁の肥厚した厚膜組織細胞によって取り囲まれている。厚膜組織細胞が維管束と他の細胞を分けている。（©J. N. A. Lott/Biological Photo Service）

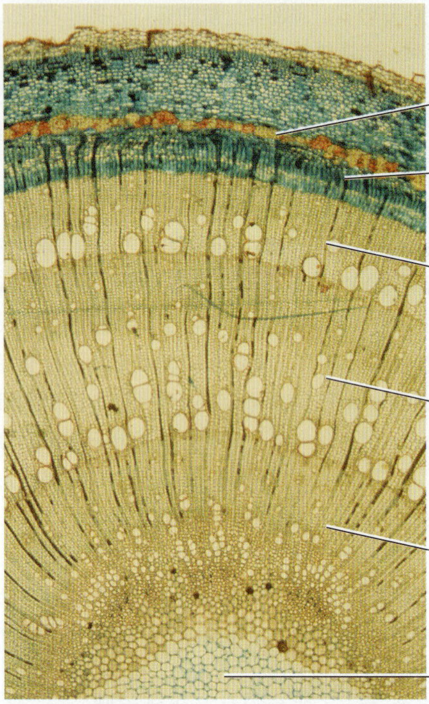

図 10.2　トネリコ（*Faxinus excelsior*）の木の発生から3年が経過した枝の断面図（27×）。1，2，3という番号は二次木部の年輪を表している。古い二次篩部は木部の成長によって押しつぶされている。二次木部では最近形成された層（もっとも内側の層）だけが機能をもっている。（©P. Gates/Biological Photo Service）

糖は篩要素内を転流する

篩部を通じた物質輸送の研究は，19世紀にまでさかのぼることができる。植物における長距離輸送の研究は，それほど重要である（**Webトピック 10.1** 参照）。これらの古典的な実験によって，篩部を含む樹木の樹皮を環状に取り去ると，木部を通じた水の輸送に影響を及ぼすことなく，糖類の葉から根への輸送が，効果的に止まることが示されている。放射性同位元素が実験に使えるようになると，^{14}Cで放射ラベルされた二酸化炭素を使った実験によって，光合成で作られた糖が篩部の篩要素を通じて転流することが示された（**Webトピック 10.1** 参照）。

成熟した篩要素は「生きた」細胞であり，転流のために特化している

篩要素の微細構造について詳細に知ることは，篩部を通じた転流機構を論ずるために必須である。成熟した篩要素は「生きた」植物細胞としては特徴的な性質をもっている（図 10.3, 10.4）。篩要素には，「生きた」細胞に通常存在する構造の多くが存在していない。成熟した篩要素に分化する過程にある未分化の細胞に存在する多くの構造が，成熟した篩要素では観察されなくなってしまう。たとえば，篩要素は核と液胞膜を分化の過程で失う。マイクロフィラメントや微小管，ゴルジ体，リボソームも成熟細胞には見られない。細胞膜といくつかのオルガネラは維持されている。維持されているオルガネラは，いくぶん変形したミトコンドリア，色素体，滑面小胞体などである。細胞壁がリグニン化することはないが，二次肥厚が見られる場合もある。

このように，篩要素は木部の管状要素（tracheary element，成熟時には「死んだ」細胞である）とは異なる構造をもっている。管状要素は細胞膜をもたず，細胞壁にはリグニンが蓄積する。これから述べるように，「生きた」細胞は，篩部を

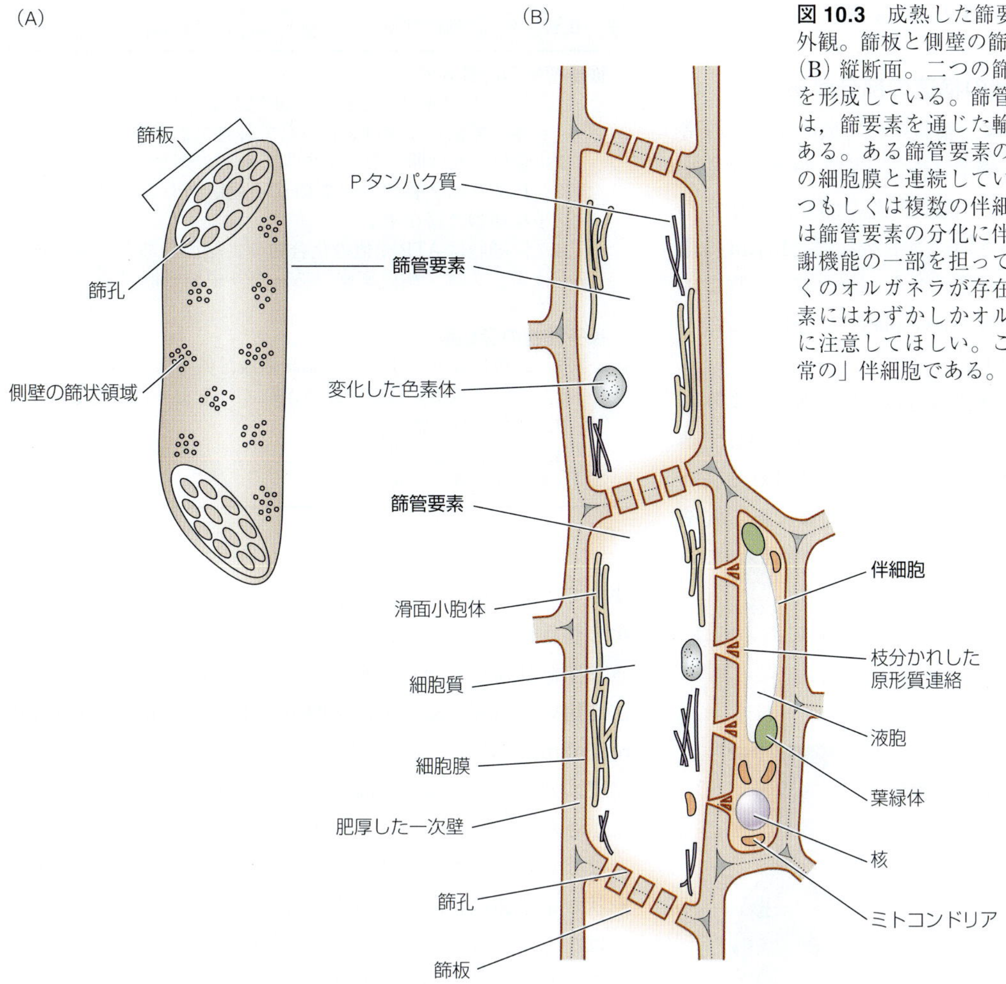

図 10.3 成熟した篩要素（篩管要素）の概要図。(A) 外観。篩板と側壁の篩状構造の領域が示されている。(B) 縦断面。二つの篩管要素が連結して一つの篩管を形成している。篩管要素の間にある篩板にある穴は，篩要素を通じた輸送のための開いたチャネルである。ある篩管要素の細胞膜は，隣接する篩管要素の細胞膜と連続している。それぞれの篩管要素は一つもしくは複数の伴細胞と隣り合っている。伴細胞は篩管要素の分化に伴って失われていく，重要な代謝機能の一部を担っている。伴細胞の細胞質には多くのオルガネラが存在しているのに対して，篩管要素にはわずかしかオルガネラが存在していないことに注意してほしい。この図に描かれた伴細胞は「通常の」伴細胞である。

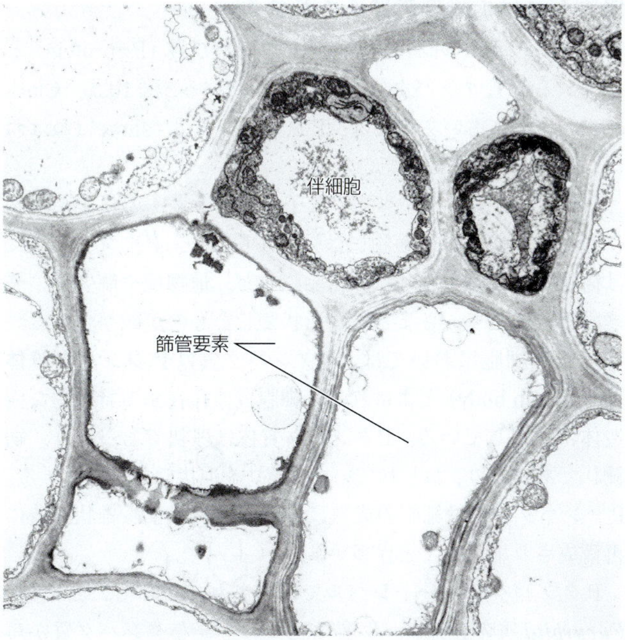

図 10.4 「通常の」伴細胞および成熟した篩管要素の横断面の電子顕微鏡写真（3,600×）。篩管要素では，細胞内容物は細胞壁に沿った部分に存在している。(Warmbrodt 1985 より)

通じた転流機構に必須な役割を果たしている。

篩要素には，特徴的な篩状の構造の部分がある

篩要素（篩細胞と篩管要素）は，細胞壁に特徴的な篩状（ふるい）の構造の部分がある。この篩状の構造にある「穴」が隣接する篩要素を連絡している（図10.5）。篩状構造の部分に存在する「穴」の直径は，1 μmより小さいこともあれば，15 μmに達することもある。裸子植物では見られないが，被子植物では篩部要素の隣接する部分が**篩板**（sieve plate）に分化することができる（図10.5および表10.1）。

篩板に存在する穴はほかの篩状構造の部分にある穴よりも大きく，一般に篩管要素の両端に存在する。篩板を通じて細胞はたがいに連結されて，**篩管**（sieve tube）とよばれる長い構造を形成している（図10.3）。篩管要素の篩板にある穴を通じて，隣り合った細胞間での物質のやり取りが行われている（図10.5）。

これに対して，コニファー類などの裸子植物においては，すべての篩状構造をした部分はほぼ同じ形態である。裸子植物の篩状構造の部分に存在する穴は，細胞壁の中央にある大きな空洞状構造を通じて連絡している。小胞体特異的な染色法を用いた研究によって，滑面小胞体（smooth endoplasmic reticulum：SER）が篩部領域を覆っており（図10.6），SERは篩部の穴を通じて壁中央部の空洞も含めて連続していることが示されている。共焦点レーザー走査顕微鏡によって，生きたままの細胞が観察されるようになり，このようなSERの形状が電子顕微鏡観察に必要な固定操作によって生じたものではなく，生きた細胞でもともと存在するものであることが示唆されている（Schulz 1992）。

表 10.1　種子植物に見られる2種類の篩要素の特徴

被子植物の篩管要素
1. 篩状の領域のうち篩板に分化するものがあり，それを通じて篩管要素は連結されて篩管を形成する。
2. 篩板の穴は開いたチャネルである。
3. Pタンパク質がすべての双子葉植物および多くの単子葉植物に存在する。
4. 伴細胞はATPや他の化合物の供給源であり，植物種によっては，輸送細胞であったり中間細胞であったりする。

裸子植物の篩細胞
1. 篩板はなく，すべての篩状領域は似通っている。
2. 篩状領域の穴は膜でふさがれているように見える。
3. Pタンパク質は存在しない。
4. 有胚乳細胞（albuminous cell）が，伴細胞としての機能を果たすことがある。

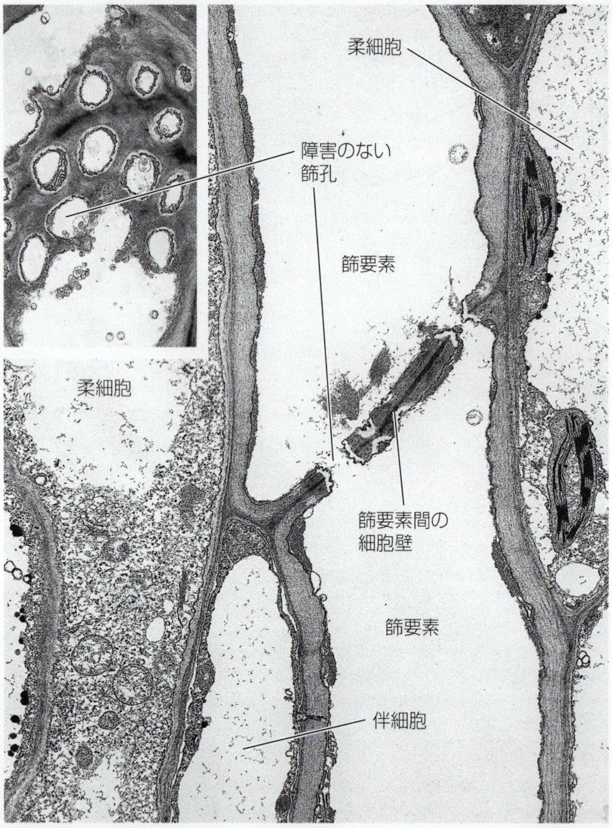

図 10.5　篩要素と開いた篩板の穴。(A) カボチャ（*Cucurbita maxima*）の上胚軸の中にある二つの成熟した篩要素（篩管要素）の縦断面の電子顕微鏡写真（3,685×）。二つの篩要素の間の細胞壁（篩板とよばれる）の様子が見られる。(B) 枠囲みの写真は篩板を正面から見た写真である（4,280×）。(A)，(B) のいずれでも篩板の穴は開いており，Pタンパク質でふさがれていない。（Evert 1982より）

Pタンパク質とカロースの沈着によって，傷害をうけた篩要素はふさがれる

被子植物の多くの篩管要素は，**Pタンパク質**（P-protein）とよばれる篩管タンパク質を多く含んでいる（図10.3）（Clark et al. 1997）（古い文献では，Pタンパク質は 'slime'（ねばねばしたもの）とよばれている）。

Pタンパク質は，すべての双子葉植物と多くの単子葉植物に存在するが，裸子植物には見つからない。Pタンパク質には筒状，繊維状，粒子状，結晶状など，植物種や篩要素の発達段階に応じて，さまざまな形状をしたものが観察される。

未成熟細胞においては，Pタンパク質は**Pタンパク質体**（P-protein body）とよばれる，細胞質に存在する特徴的な構造体に存在している。Pタンパク質体は球状であったり，紡錘状であったり，ねじれていたり，コイル状であったりする。Pタンパク質体は細胞の成熟に伴って，筒状や繊維状構造に再構成されていくことが多い。

Pタンパク質は分子レベルで同定されている。たとえば，*Cucurbita*属のPタンパク質は二つの主要なタンパク質から構成されていることが知られている。一つはPP1で篩部の繊

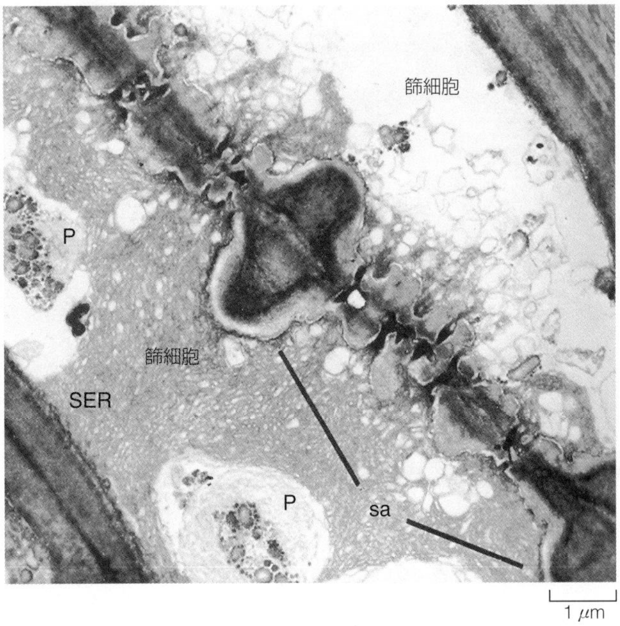

図 10.6　コニファー（*Pinus resinosa*）の二つの篩細胞が隣接した部分の電子顕微鏡写真。どちらの細胞においても滑面小胞体（smooth endoplasmic reticulum：SER）が篩状領域を覆っており，穴の内部や，壁の中央部にできる穴の広がった部分にもSERが観察される。色素体はSERで包み込まれている。（Schulz 1990 より）

維状のタンパク質である。もう一つはPP2で，篩部のレクチンである。カボチャ（*Cucurbita maxima*）のPP1をコードする遺伝子は，システインプロテイナーゼインヒビターに相同性があり，篩部を吸汁する昆虫に対する防御にPP1が関与している可能性が考えられる。PP1およびPP2は伴細胞で合成され（次節で議論する），原形質連絡（plasmodesma，複数形はplasmodesmata）を通じて篩要素に運ばれると考えられている。篩要素に運ばれたPタンパク質は重合してPタンパク質繊維やPタンパク質体を形成する（Clark et al. 1997）。

Pタンパク質は，篩要素が傷つくと篩板の穴をふさいで，傷害を受けた篩要素を傷ついていない篩要素から隔離する役割をもっているようである。篩管の内部はとても高い膨圧をもっており，篩管の中の篩要素はおたがいに開いた篩板の穴を通じてつながっている。篩管が切断されたり，篩管に穴が開いたりすると，膨圧が解除されるに伴って，篩管の内容物が切断面に集まってくる。もし，植物が篩管をふさぐしくみをもっていなければ，切断部分から糖濃度の高い篩管液（phloem sap）を多量に失ってしまうことになる。（‘sap’という言葉は，植物細胞の液状の内容物を指す一般的な言葉である。）篩管液が切断部から流れ出始めると，Pタンパク質や他の細胞内容物が篩板の穴に入り込む。これによって，篩管はふさがれて，それ以上，篩管液は流出しなくなる。

篩管の傷害から時間がたつと，篩板に**カロース**（callose）が合成されるようになる。カロースはβ-1,3-グルカンで，細胞膜に存在する酵素によって合成され，細胞膜と細胞壁の間に蓄積していく。篩管が傷害を受けたり，機械的な刺激や高温等のストレスにさらされたときに，カロースは機能を維持している篩要素内で合成される。また，休眠など通常の発達段階でおこる現象に対する準備としても合成される。**傷害誘導性のカロース**（wound callose）が篩板で合成されることによって，傷害を受けた篩要素を隔離し，周辺の正常な細胞を守ることになる。そして，篩要素が傷害から回復するにつれて，カロースはこれらの穴から消失していく。

伴細胞は高度に特殊化した篩部要素の機能を補助する

それぞれの篩管要素には，一つもしくは複数の**伴細胞**（companion cell）（図 10.3B，10.4 および 10.5）が隣接している。単一の母細胞の細胞分裂によって篩管要素と伴細胞が分化してくる。多数の原形質連絡（1章参照）が，伴細胞と篩管要素間の細胞壁を貫いており，これらの二つの細胞間が溶液の交換などの緊密な機能的関係をもっていることを示唆している。原形質連絡は多くの場合複雑な形状をしており，伴細胞側で枝分かれした構造になっていることが多い。

伴細胞は，成熟葉の光合成産物を合成する細胞から葉の小維管束の篩要素への光合成産物の輸送に，重要な役割を果たしている。篩要素のタンパク質の合成能は分化に伴って縮小化し失われるのであるが，伴細胞はまた，篩要素が必要とするタンパク質合成などの成熟した篩要素で失われてしまった重要な代謝機能を，篩要素のかわりに受け持っていると考えられている（Bostwick et al. 1992）。さらに，伴細胞に存在する多くのミトコンドリアが篩要素へATPを供給している可能性がある。

光合成産物を供給している成熟した葉に存在する伴細胞は，少なくとも三つの異なるタイプに区別できる。これらは「通常の」伴細胞，輸送細胞，中間細胞である。これらの三つのタイプはすべて細胞質に富み，多くのミトコンドリアをもっている。

「通常の」伴細胞（ordinary companion cell）（図 10.7A）はよく発達したチラコイド（thylakoid）をもつ葉緑体をもっており，細胞壁の内面が滑らかである。もっとも重要なことは，このタイプの伴細胞は隣接する篩要素以外の周辺部の細胞とは，まれにしか原形質連絡で連絡されていないことである。その結果，篩要素と伴細胞のシンプラストは，周辺の細胞のシンプラストから比較的隔離されている。この隔離は完全である場合も，不完全な場合もある。

輸送細胞（transfer cell）は「通常の」伴細胞に似ているが，細胞壁が突起状に細胞内部に向けて肥厚している点が異なっている。この肥厚は，篩要素と接していない部分の細胞壁に，特によく見られる（図 10.7B）。これらの細胞壁の肥厚は細胞膜の表面積を増大させ，それによって，溶質が細胞膜を通過

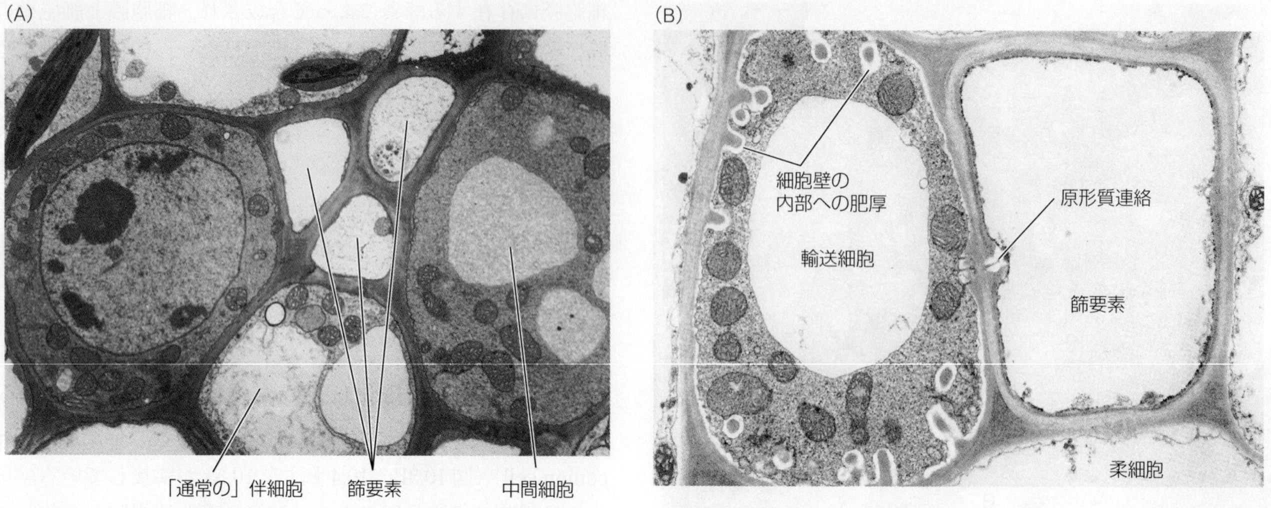

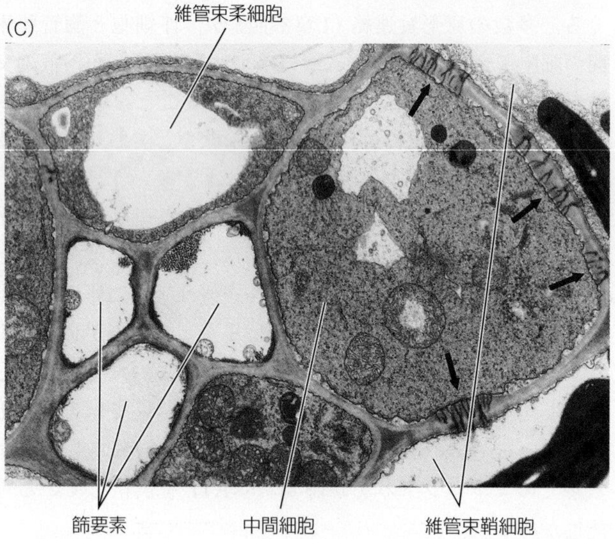

図 10.7 成熟葉の小維管束にある伴細胞の電子顕微鏡写真。(A) *Mimulus cardinalis* の小維管束に存在する三つの篩要素と，それをはさむ二つの中間細胞，およびより薄く染色されている一つの「通常の」伴細胞 (6,585 ×)。(B) エンドウ (*Pisum sativum*) 輸送細胞に隣接する篩要素 (8,020 ×)。輸送細胞では細胞壁の一部が細胞の内部方向へ成長した部分が多く見られる。このような内側への生長は輸送細胞の細胞膜の表面積を大幅に拡大しており，葉肉細胞からの物質の輸送を増加させている可能性がある。(C) 多くの原形質連絡 (矢印) が存在する典型的な中間細胞。これらの原形質連絡は，両側の細胞への出口で複数に枝分かれしているが，中間細胞の側の方が原形質連絡の分かれた枝が長く，細くなっている。ベニコチョウ (*Alonsoa warscewiczii*) から小維管束の篩部が採取された (4,700 ×)。((A) と (C) は Turgeon et al. 1993 から，R. Turgeon の好意による，(B) は Brentwood 1978 より)

する可能性を高めている。

細胞壁の肥厚した輸送細胞と周辺の細胞の間には，原形質連絡はまれにしか見られないために，「通常の」伴細胞と輸送細胞は，アポプラスト (apoplast，細胞壁が作る空間) から溶質を取り込む特別の能力をもっていると考えられている。木部柔細胞 (xylem parenchyma cell) は輸送細胞に変化することがあるが，このような場合はおそらく木部 (アポプラストの一部) を移行する溶質を吸収し，輸送の行き先を変換することに関与していると考えられている。

「通常の」伴細胞と輸送細胞は，それらを取り巻く細胞とのシンプラストを介した連絡が比較的少なく，単離されている。しかし，伴細胞とそれを取り巻く細胞の間には，原形質連絡はまちがいなく存在している。これらの原形質連絡の機能はわかっていない。これらの原形質連絡が存在することは，なんらかの機能をもっていることを意味しており，重要な機能をもっている可能性が高い。なぜなら，これらの原形質連絡を形成し維持することに伴う代償——植物ウイルスは，この原形質連絡を通じて植物体全体に感染する——は高いためである。これらの原形質連絡は，組織の内部にあって実験的な操作をすることが困難であり，研究対象とするのは難しい。

中間細胞 (intermediary cell) は，溶質をシンプラスト経由で取り込むことに適した細胞であると考えられる(図 10.7C)。中間細胞は，取り巻く細胞，特に維管束鞘細胞 (bundle sheath cell) との間に多くの原形質連絡をもっている。これら多数の原形質連絡の存在が，中間細胞のもっとも特徴的な性質であるが，中間細胞は数多くの小型の液胞をもつこと，葉緑体が未発達のチラコイドをもつこと，デンプン顆粒を蓄積しないことも特徴としてあげることができる。

一般的には，「通常の」伴細胞と輸送細胞は，葉肉細胞から篩要素への糖の輸送に，アポプラストを経由する段階をもっている植物に見られる細胞である。伴細胞と輸送細胞は，アポプラストの糖をソース組織の篩要素や伴細胞のシンプラストへ輸送する機能を担っている。これに対して，中間細胞は葉肉細胞の糖をシンプラスト経由で篩要素へ輸送する機能を担っており，中間細胞が機能している植物においては，ソース葉からの糖の積み込みにはアポプラストが関与していないと考えられている。

ソースからシンクへの輸送様式

篩管液は，「上向き」(upward) または「下向き」(downward) にだけ輸送されるというものではなく，また，篩管液の輸送方向は重力に従うというものでもない。むしろ，篩管液は，糖の供給源──‘ソース’とよばれる──から，代謝や貯蔵の場──‘シンク’とよばれる──へと輸送されている。

ソース (sourse) とは，糖を組織外へ輸送するすべての器官を指しており，多くの場合は成熟葉を指している。成熟葉は，‘光合成産物’(photosynthate) を成熟葉自身が必要とする量以上に合成する能力をもっている。光合成産物という言葉は，光合成によって合成された物質のことを指す。ほかのソース組織の例としては，貯蔵物質を他の器官へ輸送する生育段階にある貯蔵組織をあげることができる。たとえば，二年生の野生のサトウダイコン (*Beta maritima*) の貯蔵根は，一年めにはシンクとしてソースである葉から輸送されてくる糖を貯蔵するが，二年めの成長期には，今度はソースとして貯蔵した糖を地上部へ輸送する。輸送された糖は新しい茎の成長に使われ，新しく成長した茎はいずれ生殖成長を行うようになる。

興味深いことに，栽培品種のサトウダイコンは，生育のすべての段階でシンクとして機能する能力のある貯蔵根をもつものが選ばれている。したがって，栽培品種のサトウダイコン (*Beta vulgaris*) の根は，乾燥重量（水分を含めない根の重量）を，一年めも二年めも増加させる能力をもっており，葉は開花期も結実期もソースとして機能する。

シンク (sink) とは，すべての光合成を行わない組織と，自らの成長や貯蔵に必要な光合成産物を生み出すことのできない光合成組織である。根，塊茎，成長中の果実，および未成熟な葉は，正常な発達のために炭水化物の供給を受ける必要があり，すべてシンク組織である。環状剥皮 (girdling) と標識化合物を用いた実験によって，篩部における輸送は，ソースからシンクへというパターンに従っていることが明らかにされてきている。

ソースからシンクへの輸送経路は，形態と発達段階によって規定される

篩部を通じた輸送を全体的なパターンとしてとらえると，単純にソースからシンクへの輸送であると記述することができる。しかし，特定の輸送経路に注目すると，輸送のパターンはそれほど単純ではない。すべてのソース組織が，すべてのシンク組織へ糖を供給しているわけではなく，特定のソースから供給される糖は，特定のシンク組織へ輸送される傾向が認められる。草本植物であるサトウダイコンやダイズなどでは，以下の一般的な傾向が認められる。

近さ　ソースとシンクの距離が近いか遠い (proximity) かは，重要な要因である。成熟葉のうち植物の上部に位置するものは，一般的に成長する茎の先端部分や若い葉への光合成産物の供給を行い，植物の下部に位置するものは，主に根系への光合成産物の供給を行う。中間に位置する葉からは，根と茎の両方向へ糖が輸送され，これらの糖は経路の途中に存在する成熟葉を経由することなく，茎の先端や根のシンクへと到達する。

成長　それぞれのシンク組織の重要度は，植物の成長 (development) に伴って変化する。根や茎の先端部分は栄養成長期にはもっとも重要なシンク組織であるが，生殖成長期になると，果実がもっとも重要なシンク組織になることが多く，果実の近傍に位置する成熟葉から光合成産物が供給されるようになる。

維管束のつながり　ソース葉からの糖の供給は，維管束系が直接つながった (vascular connection) シンクへ優先的に行われる。たとえば地上部では，ある葉は一般的に，位置的に真上もしくは真下にある葉と維管束で直接結ばれている。このような縦の葉の列のことを**直列** (orthostichy) とよんでいる。直列の関係にある葉の間にある節の数は，植物種によって異なっている。図10.8Aにダリア (*Dahlia pinnata*) の節間 (internode) における篩部の3次元的な構造を示している。

輸送経路の変化　傷害を受けたり剪定によって輸送経路が阻害されると，これまでに解説した近さや維管束のつながりなどによって決められてきた輸送パターンが変化する。ソースとシンクの直接的なつながりがないと，**交差連絡** (anastomoses，単数形はanastomosis) とよばれる維管束の新たなつながりができて，代替の輸送経路となることがある。サトウダイコンを例にとると，植物体の片側のソース葉を取り去ると，光合成産物が，ソース葉の取り除かれた側にある若い葉（シンク葉）に輸送されるようになる（図10.8C）。植物の下位に存在するソース葉を取り除くと，上位にあるソース葉から光合成産物が根へと輸送されるようになるし，植物の上位に存在するソース葉を取り除くと，下位葉の光合成産物が，植物体の上部に輸送されるようになる。

このような，輸送経路の柔軟さは，維管束間の連絡の程度に依存しており，植物種や器官によって異なる。ある種の植物においては，果実の実っていない側枝についた葉から，葉のない隣接する側枝についた果実に光合成産物を供給できないことが知られている。その一方で，ダイズ (*Glycine max*)

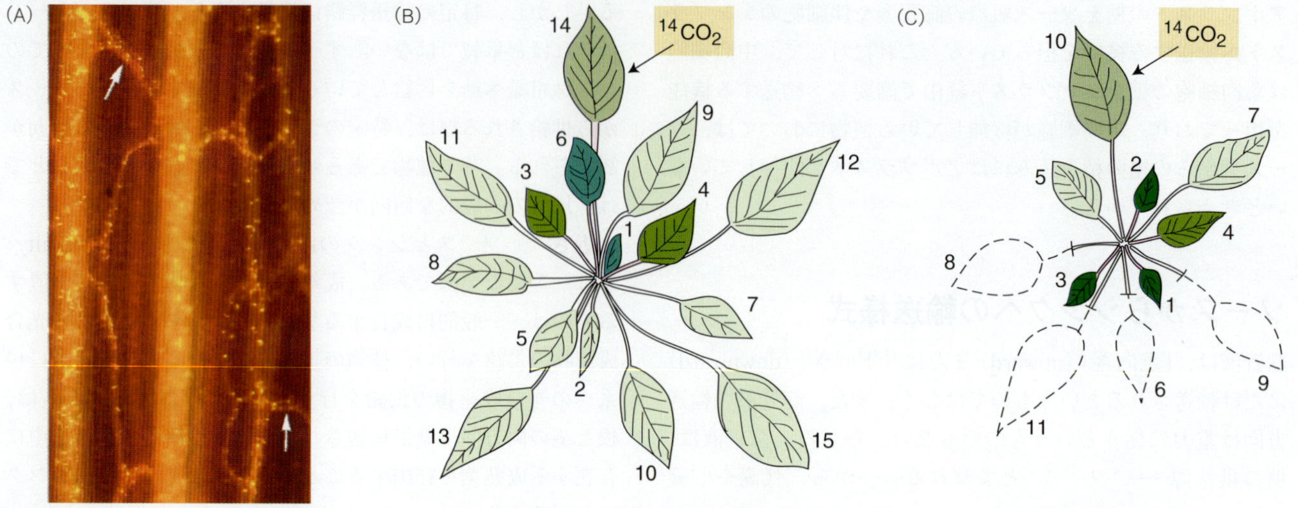

図 10.8 (A) ダリア (*Dahlia pinnata*) 節間の比較的厚い切片中の篩管の典型的な3次元構造。縦方向が上下方向となっている。切片を脱色し，アニリンブルーで染色したものを，蛍光顕微鏡で観察した。篩状構造の領域に存在するカロースが黄色く染色されて見えるので，篩板は多くの小さな点として見えており，二つの直列状の維管束がはっきり見える。この染色によって，繊細な個々の篩部がネットワークを構成している様子が見えている。二つの篩部の交差連絡 (anastomoses) は矢印で示されている。(B) 無傷の植物の一枚 (矢印で示した) のソース葉に供給された放射性同位元素の分布。サトウダイコン (***Beta vulgaris***) の単一のソース葉に $^{14}CO_2$ を4時間供給して，1週間後に放射同位性元素の葉での分布を調べた。放射性化合物の標識の程度が強いものほど暗い色をつけて表示した。葉の番号は，展開してきた順番にふったもので，もっとも若い，最近現れてきた葉を1とした。^{14}C 化合物はソース葉のすぐ上にあるシンク葉に主に転流していった (つまり，ソースの葉の同じ直列上 (orthostichy) にあるシンク。たとえば，葉1～葉6はソースである葉14の直接上位にある)。(C) Bと同じだが，標識したソース葉の反対側にあるすべてのソース葉を，標識実験の24時間前に取り除いたもの。この場合には，シンク葉は植物のどちら側にあっても，^{14}C ラベルされた光合成産物をソースから受け取る。(R. Aloniの好意による，(B) および (C) はJoy 1964のデータに基づく)

などの植物種においては，光合成産物は，部分的に果実を除かれた側から，部分的に葉を除かれた側に容易に輸送されるようになることが知られている。

篩部を輸送される物質：ショ糖，アミノ酸，ホルモンと無機イオン

篩部を通じてもっとも多量に輸送される物質は水である。水には転流する溶質が溶け込んでおり，主には炭水化物である (表10.2)。篩要素を輸送される糖でもっとも一般的なものはショ糖である。篩要素の内容物には常にショ糖が含まれており，その濃度は0.3～0.9Mに達することがある。

窒素は，篩部の中では主にアミノ酸 (amino acid) やアミド (amide) として輸送されており，特にグルタミン酸とアスパラギン酸，およびそのアミドである，グルタミンとアスパラギンが，篩管液に含まれる窒素を含む化合物の主要形態である。これまでに論文として報告されているアミノ酸や有機酸の濃度は，報告によって大幅に違っており，同じ植物種においても，変動幅は大きい。しかし，アミノ酸の濃度は，炭水化物の濃度に比べると一般的に低いレベルに抑えられている。

オーキシン，ジベレリン，サイトカイニン類およびアブシジン酸などのほとんどすべての植物の内在性ホルモンは，篩要素で検出されている (19，20，21および23章参照)。ホルモンの長距離輸送の少なくとも一部は，篩部を通じて行われていると考えられている。リン酸化された核酸やタンパク質も篩管液中に検出されている。

篩管に存在するタンパク質として同定されているタンパク質の例は，以下に述べる通りである。繊維状のPタンパク質 (傷ついた篩要素の修復に関与している)，タンパク質リン酸化酵素 (タンパク質のリン酸化を行う)，チオレドキシン (S—S結合の反応を仲介)，ユビキチン (タンパク質の代謝回転に関与)，シャペロン (タンパク質の折りたたみに関与)，およびタンパク質分解酵素の阻害剤 (篩管のタンパク質を分解から守り，吸汁昆虫に対して篩部を防御する役割をもつ) である (Schobert et al. 1995, Yoo et al. 2000)。

篩部を転流する無機成分としては，カリウム，マグネシウム，リン酸，塩素 (表10.2) などがあげられる。これに対し

表 10.2　篩部の切り口からの滲出液として採取したヒマ（*Ricinus communis*）の篩管液組成

成　分	濃度（mg ml^{-1}）
糖類	80.0 ～ 106.0
アミノ酸	5.2
有機酸	2.0 ～ 3.2
タンパク質	1.45 ～ 2.20
カリウム	2.3 ～ 4.4
塩素	0.355 ～ 0.675
リン酸	0.350 ～ 0.550
マグネシウム	0.109 ～ 0.122

Hall and Baker 1972 より。

て，硝酸，カルシウム，硫黄，鉄は篩部を通じて比較的移行しにくい。

ここからは，篩部の議論を，篩管の内容物を同定するために使われてきた方法に焦点を当てて進めたい。そのうえで，植物における転流糖類や窒素輸送の複雑さについて，議論を進めていくことにする。

篩管液を採取して分析することができる

篩管液の採取実験は，容易ではなかった（**Web トピック 10.2** 参照）。篩要素に傷をつけたときに，篩管液を切断面から分泌する植物種がいくつか知られており，これらの植物種では比較的純粋な篩管液のサンプルを採取することができる。ほかには，アブラムシ（aphid）の口針（stylet）を「天然の注射器」として利用する方法がある。

アブラムシは，四つの筒状の口針からなる口の部分を，葉や茎の篩要素に挿入して吸汁する小さな昆虫である。篩管液は口針を切断することによって得ることができる。切断にはアブラムシを二酸化炭素で麻酔してからレーザーで切断する方法がよく使われる。篩要素には高い膨圧があり，細胞内容物は口針から外へ押し出されてくるので，口針の切断面から篩管液を採取することができる。切断された口針から採取された液を分析することによって，篩管液の組成を比較的正確に知ることができる（**Web トピック 10.2** 参照）。切断された口針からの篩管液の分泌は数時間に及ぶことがある。アブラムシは，植物がもつ傷を受けたときに篩要素をふさぐ機構をなんらかの方法で阻害していると考えられる。

炭水化物は非還元糖として輸送されている

採取された篩管液を分析することによって，篩管液に含まれる炭水化物はすべて非還元糖（nonreducing sugar）であることが明らかにされた。グルコース（glucose）やフルクトース（fructose）などの還元糖（reducing sugar）は，アルデヒドやケトン基をもっている（図 10.9A）。ショ糖（sucrose）などの非還元糖ではケトンやアルデヒド基は還元されて水酸基になったり，ほかの糖分子のケトンやアルデヒド基と結合したりしている（図 10.9B）。非還元糖が篩管を転流する主要な糖である理由は，非還元糖は対応する還元糖に比べて反応性が低いためであると考えられている。

転流する糖としてもっとも多いのはショ糖である。多くの他の転流する糖は，ショ糖が一つもしくは複数のガラクトース（galactose）に結合した構造になっている。ラフィノース（raffinose）は 1 分子のショ糖と 1 分子のガラクトースからなっており，スタキオース（stachyose）は 1 分子のショ糖と 2 分子のガラクトースからなっている。ベルバスコース（verbascose）は 1 分子のショ糖と 3 分子のガラクトースからなっている（図 10.9B）。転流される糖アルコール（sugar alcohol）には，マニトール（mannitol）やソルビトール（sorbitol）がある。

篩部と木部は相互作用しながら，窒素化合物を輸送する

窒素は植物体全体に，無機または有機態として輸送されているが，どのような化合物が優先種となるかは，輸送経路を含めたいくつかの要因によって決まる。窒素は篩部ではほとんどすべて有機態として輸送されるが，木部では，硝酸または有機態分子の一部として輸送される（12 章参照）。通常は同じグループに属する有機化合物が木部と篩部の両方において輸送されている。

木部における窒素の輸送形態は，植物種によって異なっている。窒素固定（nitrogen fixation）を行う微生物と共生（symbiosis）を行わない植物においては，土壌の硝酸が主要な窒素源である（12 章参照）。このような植物の木部においては，窒素は，窒素を多く含む有機化合物および硝酸の，両方の形態で存在することが多い。窒素を多く含む化合物としては，アミドであるアスパラギンとグルタミンが多い（図 10.9B）。

窒素固定を行う根粒（nodule，12 章参照）をつける植物種は，土壌の硝酸ではなく，空気中の分子状の窒素を主な窒素源として利用している。空気中の窒素は，有機化合物に変換されたあと，木部を経由して地上部に輸送される。輸送形態としては，アミドやアラントイン（allantoin），アラントイン酸（allantoic acid），シトルリン（citrulline）といったウレイド（ureide）であることが多い（図 10.9B）。

根において窒素が有機化合物に同化される場合には，同化に必要なエネルギーと炭素骨格は，篩部を通じて根に送られてくる光合成産物に依存している。成熟葉の窒素含量は比較的一定に保たれていることが知られており，木部を通じて輸送されてくる窒素のうち，余剰分の少なくとも一部は篩部を経由して果実や若い葉へ再輸送されていると考えられる（ダ

(A) 篩部を通常転流しない化合物：還元糖

アルデヒド基およびケトン基が，還元活性をもつ。

アルデヒド
$$\begin{array}{c} H-C=O \\ H-C-OH \\ HO-C-H \\ H-C-OH \\ H-C-OH \\ CH_2OH \end{array}$$
D-グルコース

アルデヒド
$$\begin{array}{c} H-C=O \\ HO-C-H \\ HO-C-H \\ H-C-OH \\ H-C-OH \\ CH_2OH \end{array}$$
D-マンノース

ケトン
$$\begin{array}{c} CH_2OH \\ C=O \\ HO-C-H \\ H-C-OH \\ H-C-OH \\ CH_2OH \end{array}$$
D-フルクトース

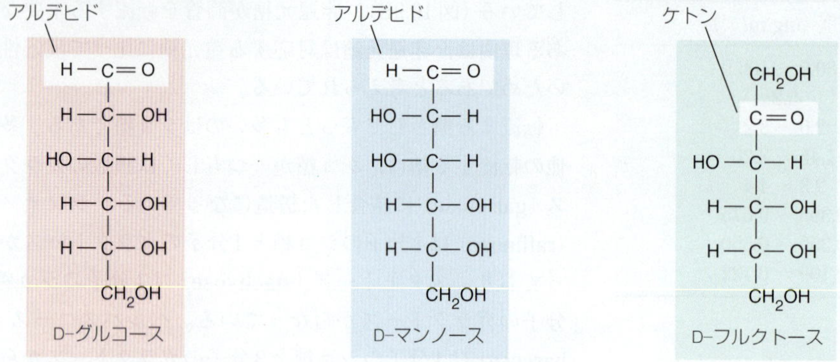

(B) 篩部を通常転流する化合物

ショ糖はグルコース1分子とフルクトース1分子からなる二糖である。ラフィノース，スタキオースおよびベルバスコースは，それぞれショ糖に一つ，二つ，および三つのガラクトース分子が結合したものである。

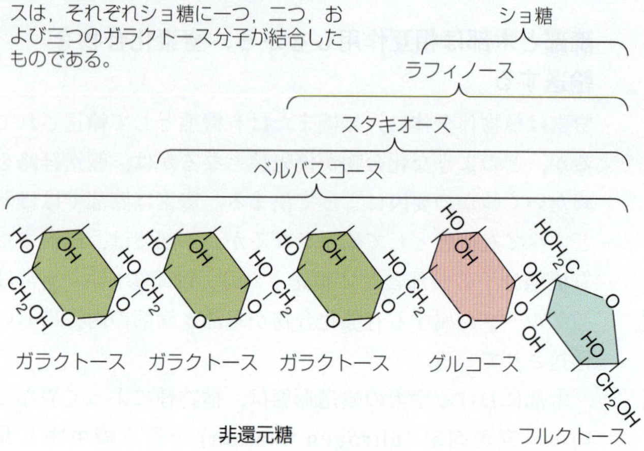

マニトールは，マンノースのアルデヒド基が還元されてできる糖アルコールである。

{ショ糖}
{ラフィノース}
{スタキオース}
{ベルバスコース}

ガラクトース ガラクトース ガラクトース グルコース フルクトース

非還元糖

$$\begin{array}{c} CH_2OH \\ HO-C-H \\ HO-C-H \\ H-C-OH \\ H-C-OH \\ CH_2OH \end{array}$$
D-マニトール

糖アルコール

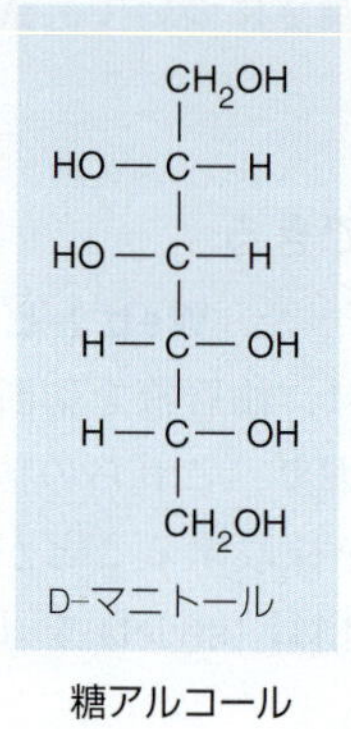

アミノ酸であるグルタミン酸およびそのアミドであるグルタミンは，アスパラギン酸やアスパラギンと並んで篩部の重要な窒素化合物である。

グルタミン酸
アミノ酸

グルタミン
アミド

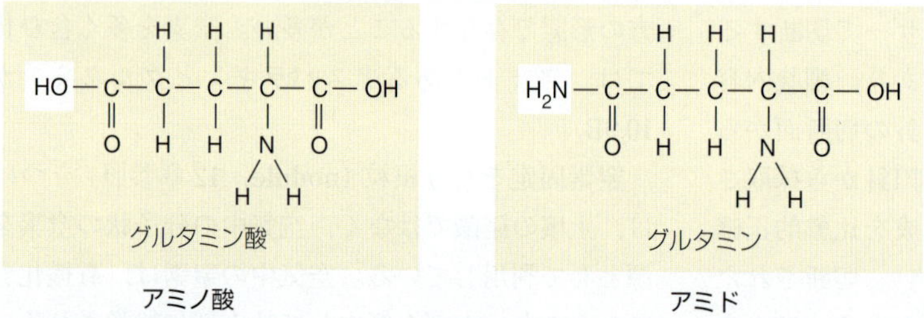

窒素固定を行う根粒を作る種では，ウレイドも窒素の輸送形態として用いられている。

アラントイン酸   アラントイン   シトルリン

ウレイド

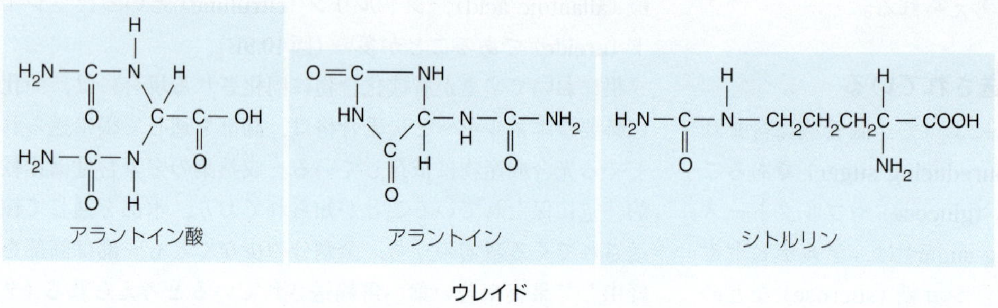

図 10.9 篩部を通常転流しない化合物の構造（A）と篩部を通常転流する化合物の構造（B）

イズでの窒素輸送が**Webトピック10.3**に説明されているので参照のこと)。

葉が老化していく過程においては，篩管中の窒素を含む化合物の濃度が，かなり高まることが知られている。樹木では，老化過程にある葉は窒素化合物を変換し，輸送して幹に蓄える。草本植物では，老化過程にある葉からは窒素を種子に輸送することが多い。無機イオンなどの他の物質も窒素化合物と同様に老化過程にある葉から再転流されていく。

輸送の速度

篩要素における物質の移動の速度は，2種類の方法で表現される。一つは，**移動速度**(velocity)である。移動速度とは，単位時間あたりの移動距離である。もう一つの表現方法は，**輸送速度**(mass transfer rate)であり，篩部または篩要素のある断面を単位時間あたりに通過する物質の量として表現される。篩要素が篩部の通道組織であるので，篩要素の横断面あたりの輸送速度を使って表現するほうが好まれる。輸送速度は篩要素において，1～15 $g\ h^{-1}\ cm^{-2}$ の範囲にある(**Webトピック10.4**参照)。

篩部の移動速度に関する初期の論文では，速度の単位は，1時間あたりのセンチメートル値($cm\ h^{-1}$)が，輸送速度の単位としては，篩部もしくは篩要素について1時間，1平方センチメートルあたりのグラム数($g\ h^{-1}\ cm^{-2}$)が使われていた。最近はSI単位系を用いて数値を表記することが好まれており，長さの単位としてはメートル(m)もしくはミリメートル(mm)，時間の単位としては秒(s)，重量の単位としてはキログラム(kg)が用いられる。

篩部における移動速度は拡散速度よりもかなり速い

移動速度および輸送速度は，放射性同位元素をトレーサーとして用いることで測定することができる(輸送速度の測定方法は，**Webトピック10.4**に記述されている)。移動速度を測定するもっとも単純な方法は，^{11}Cまたは^{14}Cで標識された二酸化炭素をソース葉に短時間吸収させ(パルス標識法)，シンク組織もしくは転流経路上のある場所への標識化合物の到達時間を，適当な検出器を用いて測定する，というものである。

転流経路の長さを，標識化合物が最初にシンク器官で検出されるまでに要した時間で割ると，移動速度を計算することができる。より正確に移動速度を測定するには，転流経路の2点で標識化合物が最初に検出されるようになるまでの時間を測定すればよい。この方法をとることで，標識した二酸化炭素がソース葉において光合成によって固定され，糖として輸送される形態に変換され，篩要素に蓄積するために要する時間を除くことができる。

一般的には，さまざまな方法で測定された移動速度は平均して約1 $m\ h^{-1}$であり，0.3～1.5 $m\ h^{-1}$ (30～150 $cm\ h^{-1}$)の範囲である。篩部の輸送速度がかなり速いことは明らかで，物質の長距離にわたる拡散速度をはるかに上まわっている。篩部の転流機構の議論の際には，この速い輸送速度を考えに入れる必要がある。

篩部の転流機構：圧流説について

被子植物の篩部の転流機構は，圧流説(pressure-flow model)によってもっともよく説明される。圧流説はこれまでに蓄積された実験的なデータや篩部の構造観察の結果に基づいて提唱されたものである。以下に述べるように，圧流説はソースとシンクの間で形成される浸透圧の違いによっておこる溶液の流れ(体積流，bulk flow)として篩部の転流を説明するものである。

篩部転流の研究の初期には，能動的および受動的機構の両方が議論されていた。能動的および受動的機構のいずれも，ソースとシンクにおけるエネルギーの消費を想定したものであった。ソースにおいては，光合成産物を生産する細胞から篩要素に移行させるためにエネルギーが必要である。この光合成産物の篩要素への移動のことを，'篩部への積み込み'(phloem loading)とよぶ。篩部への積み込みについては，本章の後半で詳しく議論する。輸送されてきた糖を代謝したり蓄積したりするシンクにおいては，篩部で運ばれてきた物質のシンク細胞への輸送においてエネルギーが必要である。この篩部要素からシンク細胞への光合成産物の輸送を，'篩部からの積み下ろし'(phloem unloading)とよんでおり，これについても本章の後半で議論する。

篩部の輸送機構を受動的であると想定すれば，上記に述べたプロセスに加えて，篩部から漏れ出した糖を転流経路に戻すためや，篩要素の細胞膜などの構造を単に維持するためにもエネルギーが必要になる。圧流説は受動的な輸送機構モデルの一つである。これに対して，能動的な機構においては，これに加えて転流経路である篩要素がさらにエネルギーを使って物質を移動させていることを想定する(Zimmermann and Milburn 1975)。

内圧の差が転流を引きおこす

篩要素内の物質の移動速度は，物質の拡散速度よりもかなり早い。移動速度は平均で1時間に1m程度であるが，拡散で移動するには1mで32年かかる計算になる(3章の拡散速度の議論と，拡散で有効に移動できる距離についての議論を参照せよ)。

圧流説(pressure-flow model)は，ErnstとMünchによって1930年に最初に提唱されたものであり，篩要素内の溶液

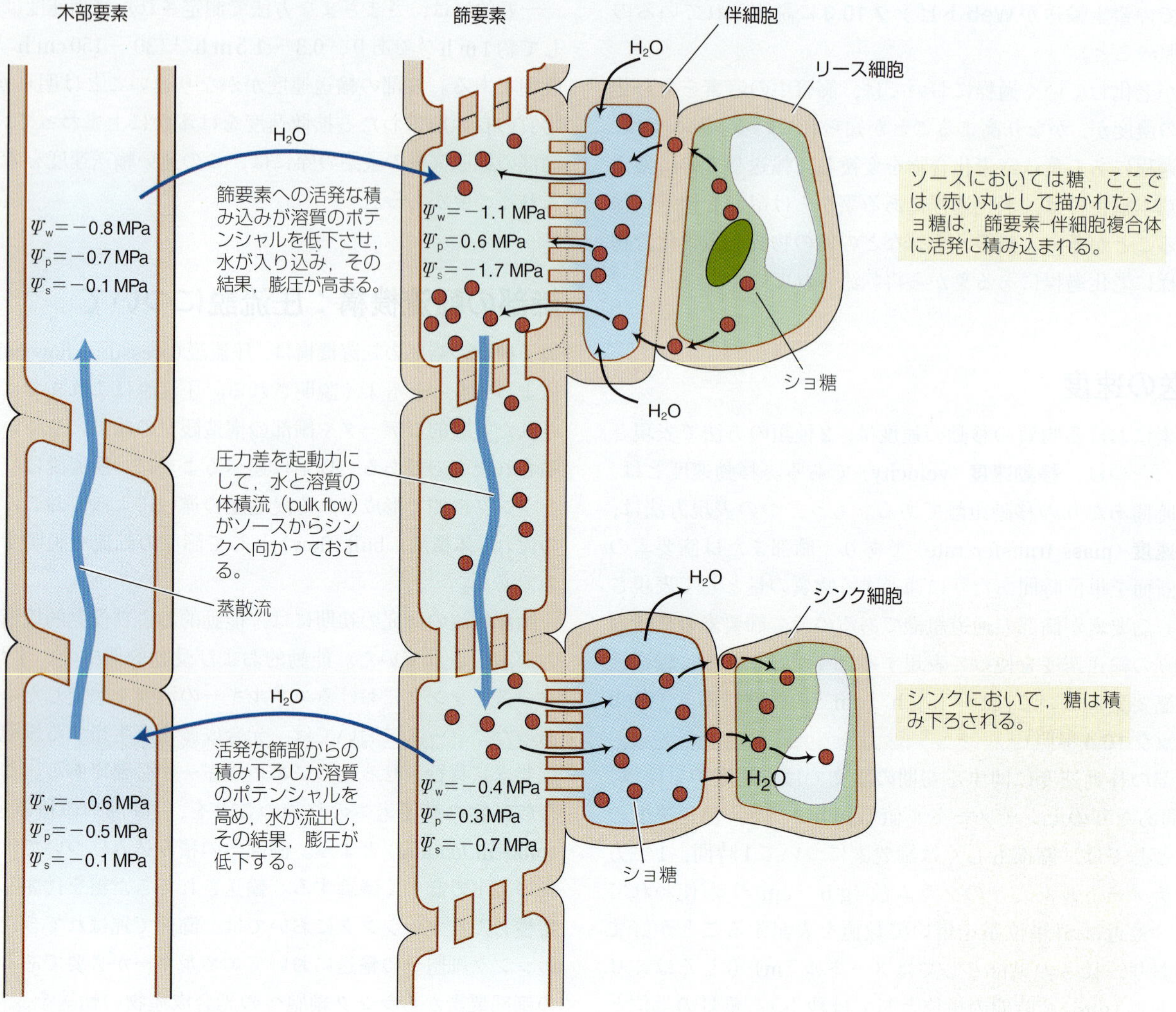
木部要素
篩要素
伴細胞
リース細胞
H_2O
H_2O
篩要素への活発な積み込みが溶質のポテンシャルを低下させ，水が入り込み，その結果，膨圧が高まる。
$\Psi_w = -0.8$ MPa
$\Psi_p = -0.7$ MPa
$\Psi_s = -0.1$ MPa
$\Psi_w = -1.1$ MPa
$\Psi_p = 0.6$ MPa
$\Psi_s = -1.7$ MPa
ソースにおいては糖，ここでは（赤い丸として描かれた）ショ糖は，篩要素-伴細胞複合体に活発に積み込まれる。
ショ糖
H_2O
圧力差を起動力にして，水と溶質の体積流（bulk flow）がソースからシンクへ向かっておこる。
蒸散流
H_2O
シンク細胞
H_2O
シンクにおいて，糖は積み下ろされる。
活発な篩部からの積み下ろしが溶質のポテンシャルを高め，水が流出し，その結果，膨圧が低下する。
H_2O
$\Psi_w = -0.6$ MPa
$\Psi_p = -0.5$ MPa
$\Psi_s = -0.1$ MPa
$\Psi_w = -0.4$ MPa
$\Psi_p = 0.3$ MPa
$\Psi_s = -0.7$ MPa
ショ糖

図 10.10 篩部転流の圧流説。木部と篩部のΨ_w，Ψ_s，Ψ_pの考えられる値を示した。（Nobel 1991より）

の流れは，ソースとシンクの間にできる内圧の差（$\Delta\Psi_p$）によって駆動されているとするものである。内圧差は，ソースでの篩部への積み込みと，シンクでの篩部からの積み下ろしの結果，形成される。

3章（式（3.6））を思い出そう。$\Psi_w = \Psi_s + \Psi_p$である。つまり，$\Psi_p = \Psi_w - \Psi_s$である。ソース組織においては，エネルギーを使って行われる篩部への積み込みによって，篩要素の糖濃度は高まる。これによって，低い（マイナスの）溶質ポテンシャル（$\Delta\Psi_s$）と水ポテンシャル（$\Delta\Psi_w$）の急激な低下がおこる。水ポテンシャルの低下によってできるポテンシャルの勾配に従って，水が篩要素に流入し，膨圧（Ψ_p）を高める。

転流物質を受け取る部分では，篩部からの積み下ろしがおこることによって，篩要素の糖濃度が減少し，溶液ポテンシャルが高まることになる。木部の水ポテンシャルよりも篩管の水ポテンシャルが高くなると，水は水ポテンシャルの勾配に従って篩要素から流出する。これによって，篩要素の膨圧は低下する。図10.10に圧流説を図示した。

もしも転流経路に細胞壁という障害がなかったら，つまりもしも全体の転流経路が膜に包まれた単一のコンパートメントであるならば，シンクとソースの間の圧力差は急速に平衡化してしまうであろう。しかし実際には篩板が存在することによって，経路の抵抗性が高まっており，シンクとソースの間でかなりの内圧差ができ，かつ維持されることになる。篩要素の内容物は物理的に転流経路に従って押されて，液自体が流れる体積流（bulk flow）を形成する。体積流はホースの中の水の流れに似ている。

図10.10に示された水ポテンシャル値をよく見ると，‘篩要素の中の水は，ソースからシンクへ向かって水ポテンシャルの勾配に逆らって動いている’ことがわかる。このような水の動きは，熱力学の法則に反しているわけではない。なぜなら，水は浸透現象ではなく，体積流として流れているからである。つまり，一つの篩要素から隣接する篩要素への輸送

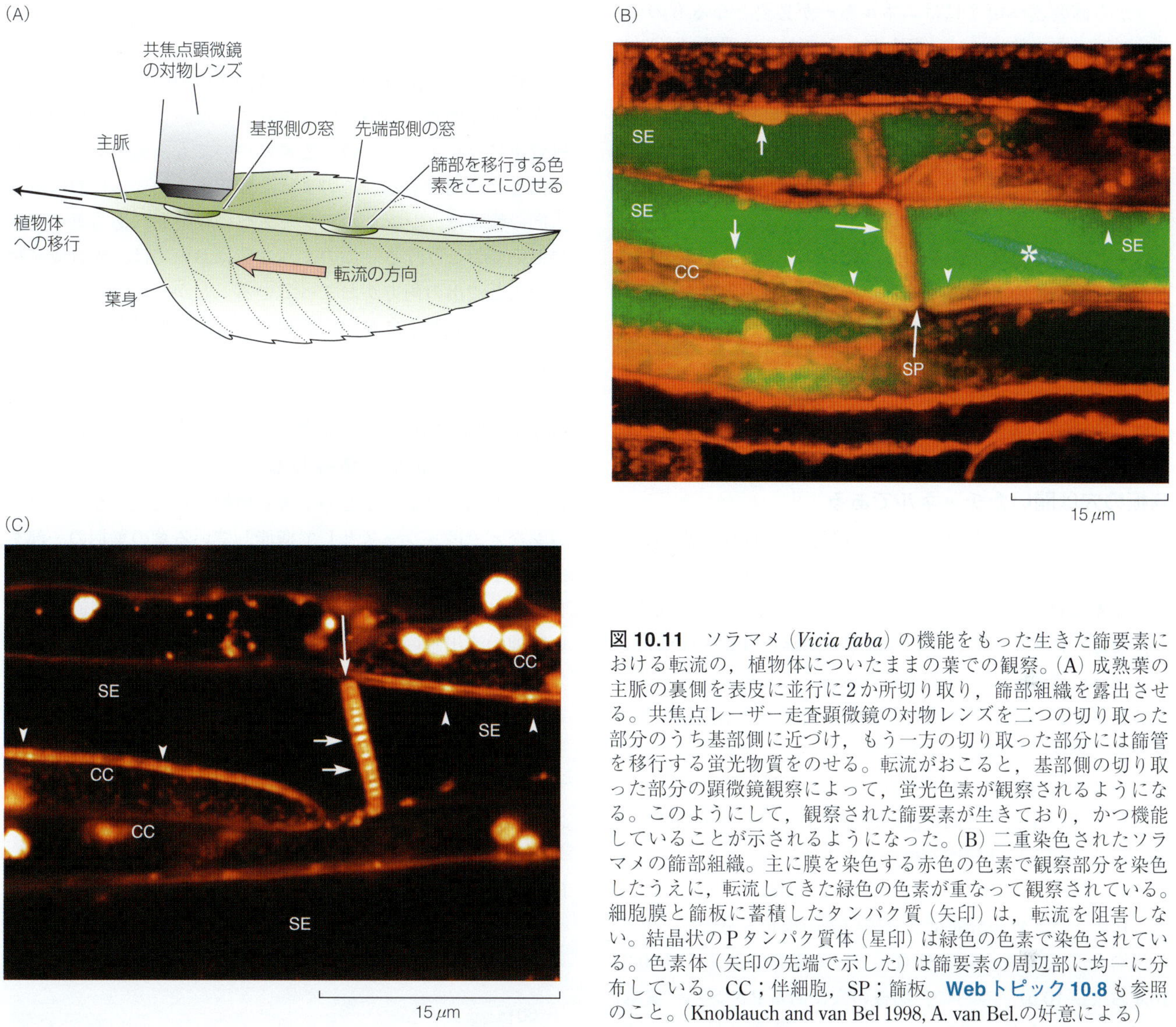

図 10.11　ソラマメ（*Vicia faba*）の機能をもった生きた篩要素における転流の，植物体についたままの葉での観察。(A) 成熟葉の主脈の裏側を表皮に並行に2か所切り取り，篩部組織を露出させる。共焦点レーザー走査顕微鏡の対物レンズを二つの切り取った部分のうち基部側に近づけ，もう一方の切り取った部分には篩管を移行する蛍光物質をのせる。転流がおこると，基部側の切り取った部分の顕微鏡観察によって，蛍光色素が観察されるようになる。このようにして，観察された篩要素が生きており，かつ機能していることが示されるようになった。(B) 二重染色されたソラマメの篩部組織。主に膜を染色する赤色の色素で観察部分を染色したうえに，転流してきた緑色の色素が重なって観察されている。細胞膜と篩板に蓄積したタンパク質（矢印）は，転流を阻害しない。結晶状のPタンパク質体（星印）は緑色の色素で染色されている。色素体（矢印の先端で示した）は篩要素の周辺部に均一に分布している。CC；伴細胞，SP；篩板。**Webトピック 10.8** も参照のこと。(Knoblauch and van Bel 1998, A. van Bel.の好意による)

は膜を介さず，かつ，溶質は水と同じ速度で流れているのである。

　このような条件のもとでは，溶質のポテンシャルΨ_sは，水ポテンシャルに影響を及ぼすものの，水の動きの原動力には必ずしもならない。転流経路における水の動きは，圧力の勾配に従っているのであり，水ポテンシャルの勾配に従っているわけでは必ずしもないのである。このような受動的な，圧力差によっておこる篩要素中の長距離の物質輸送は，篩部への積み込みと積み下ろしという，エネルギー依存的な比較的近距離の輸送に，最終的には依存している。篩部への積み込みと積み下ろしという積極的な輸送機構が，篩部の転流に必要な圧力差を生み出しているのである。

圧流説から予想される現象は実験的に証明された

圧流説に基づくと，いくつかの重要な現象が予想される：

- 篩板の穴は輸送に障害のない状態で維持されていなくてはならない。もしも，Pタンパク質や他の物質が穴をふさいでいるとすると，篩管液が流れるための抵抗が強くなりすぎることになる。
- 真の意味での‘両方向への輸送’（両方向へ物質が同時に輸送されること）は，単一の篩要素内ではおこりえないことになる。溶液がマスフロー（mass flow）によって流れているとすると，このような両方向への物質輸送はおこりえない。なぜなら，溶液は篩要素の中をどの時間においても一方向にしか流れることができないためである。全体として見ると，篩部を溶液は両方向に動くことができるように見えることがあるが，これは，異なる維管束や異なる篩要素において異なる方向への流れがある場合である。
- 篩要素の構造を維持したり，漏れ出た糖をアポプラストから篩要素へ戻すにはエネルギーが必要となるものの，篩要素内の輸送には，多大なエネルギーの消費は必要ではないことになる。したがって，経路へのATPの供給を制限するような，低温処理，脱酸素処理，代謝阻害剤による処理などをしても，転流は止まらないはずである。

- 圧流説は，正の圧力差があることを前提としている。ソース組織の篩要素の膨圧は，シンク組織の篩要素の膨圧よりも高くなくてはならない。また，圧力差は与えられた経路の抵抗に対して，実験的に観察される転流速度を維持できる程度に高い必要がある。

これらの予想があてはまるかどうかを調べたこれまでの実験では，圧流説を支持する結果が得られている。

篩板の穴は開いたチャネルである

篩要素の電子顕微鏡レベルでの構造解析は，膨圧が高いことに伴う難しさがある。篩部が切断されたり，化学固定剤によって徐々に殺されたりすると，篩要素の膨圧が解除されることになる。Pタンパク質を含む細胞の内容物は膨圧が解放される部分に流れ込み，篩管要素の場合には篩板に蓄積することになる。この細胞内容物の蓄積が，研究の初期段階に行われた多くの電子顕微鏡による観察において，篩板にものが詰まったように見えた理由であると考えられる。

近年の急速凍結法と固定法の進歩によって，通常状態のままの篩要素に近い観察像が得られるようになってきた。このような方法で固定された篩管要素の電子顕微鏡写真においては，Pタンパク質の分布は，篩管要素の周辺部分に沿っている場合や，細胞質全体に分布している場合がある（図10.3，10.4および10.5）。さらに，篩板の穴にあるPタンパク質も，穴に沿っていたり，緩やかにつながった構造になっている。篩板の穴が開いていることは，ウリ類やサトウダイコン，マメ類など多くの植物種について観察されており，圧流説を支持している。

電子顕微鏡観察による証拠に加えて，生きた植物において篩板が開いていることを確認することが重要である。共焦点レーザー顕微鏡を用いると，生きた篩要素内の転流を直接観察することができる（Knoblauch and van Bel 1998）。このような実験によって，転流を行っている生きた篩要素の篩板の穴は開いていることが確認されている（図10.11）。

単一の篩要素においては，両方向への転流は観察されない

二つの異なる種類の放射性同位元素を，二枚の異なる葉に与える実験を通じて，両方向への輸送に関する研究が行われてきた（Eschrich 1975）。それぞれの葉には，異なる種類の放射性同位元素が与えられ，二つの葉の間の部分で，両方の放射性同位元素が検出されるようになるかどうかが調べられてきた。

これまでに，両方向への転流は，茎の中の異なる維管束に存在する篩要素において検出されてきた。また，葉柄の同じ維管束に存在する二つの篩要素についても，両方向の輸送が検出された例がある。このような隣接する篩要素における両方向の輸送は，シンクからソースへの転換期にある葉の葉柄においておこりうる。このような葉においては，光合成産物の流入と流出の両方がおこっている。しかしながら，これまでに単一の篩要素において同時に両方向の輸送が観察された例はない。

転流速度は通常，転流経路に存在する組織へのエネルギーの供給に依存しない

低温の期間に耐えることのできる植物，たとえばサトウダイコンなどでは，ソースとして機能している葉の葉柄の一部を急激に1℃程度にまで低下させても，葉からの物質の流出に長時間にわたる影響は及ぼさない（図10.12）。処理直後の短い時間の流出量の低下の後に，徐々に通常の流出速度に戻っていく。葉柄の温度をこのように低下させると，ATPの合成量と消費量は通常の10%程度に低下するが，このような条件でも流出は通常の速度に回復していき，その後正常につづいてゆく。これらの実験結果に基づいて，実験に用いられた植物においては，転流を維持するために，転流経路へエネルギーを供給する必要性は低い，と考えられている。これは，圧流説を支持するものである。

すべてのエネルギー代謝を止めてしまうような極端な処理

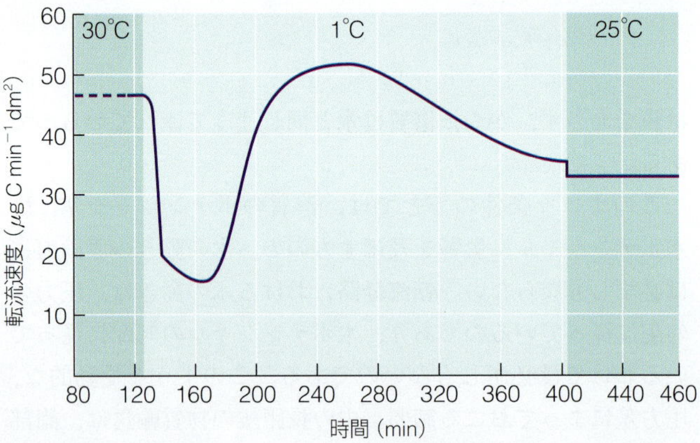

図10.12 サトウダイコン（*Beta vulgaris*）の葉柄を冷やすことによって代謝エネルギーを低下させると，転流速度がある程度低下するが，時間がたつと転流速度は元に戻る。ATPの合成や利用が低温処理によってかなり阻害されていても，転流が元に戻るという事実は，転流自体に必要なエネルギー量はわずかであることを示している。この実験では，$^{14}CO_2$をソース葉に与え，葉柄の2cm幅程度を1℃に冷やした。転流はシンク葉に到達する^{14}Cの量として測定した（dm（デシメーター）＝0.1 m）。（Geiger and Sovonick 1975より）

をすると，転流は止まってしまう。たとえば，インゲンマメ（*Phaseolous vulgaris*）では，ソース葉の葉柄を代謝阻害物質（シアン酸）で処理すると，葉から外部への転流が阻害された。しかしながら，処理された組織を電子顕微鏡で観察したところ，篩板の穴が死んだ細胞の残骸でふさがれていた（Giaquinta and Geiger 1977）。したがって，このような結果は転流に経路上でエネルギーが必要とされるかどうかという疑問を考察するうえで，意味あるものとはいえないことは明らかである。

圧力差があれば溶液はマスフローで移動する

篩要素内の膨圧は，水ポテンシャルと溶質のポテンシャルから計算する（$\Psi_p = \Psi_w - \Psi_s$）か，直接測定することで得ることができる。もっとも効果的な方法は，マイクロマノメーターを用いる方法か，アブラムシの口針に取り付けられた圧力変換機を用いる方法である（**Webトピック10.2**の図10.2Aを参照）（Wright and Fisher 1980）。アブラムシを用いて得られたデータは正確である。なぜなら，アブラムシは単一の篩要素から吸汁しており，細胞膜はアブラムシの口針を効率よくシールして細胞内の圧力が口針に効率よく伝わっていると思われるためである。この方法で篩要素の膨圧を測定すると，ソース葉における圧力は，シンクにおける圧力よりも高いことがわかる。

ダイズにおいては，ソースとシンクの間で測定された圧力の差は，篩部を溶液が通過するときの抵抗と篩部の転流速度を考慮にいれてもなお，篩部を通じたマスフローを引きおこすのに十分な差であることが示されている（Fisher 1978）。実際のソースとシンクの間の圧力差を，水ポテンシャルと溶質のポテンシャルから計算すると，0.41 M Paと計算されている。一方，圧流説によって実際に転流がおこるために必要な圧力差は，0.12～0.46 M Paと計算されている。したがって，観測された圧力差は，篩部を通じてマスフローをおこすために十分な圧力差であると考えられる。

以上のことから，これまでに述べたすべての実験とそのデータに基づくと，被子植物において，篩部転流は圧力差の違いによって駆動される流れであると考えることができる。経路上でエネルギーを必要としないこと，および，篩板の穴が開いていること，の2点は，篩部の転流が比較的受動的におこっていることを示す確定的な証拠である。両方向への転流が観察されないことや，駆動タンパク質（motility protein）が見つからないこと，および，圧力差が実際に存在することを示すデータは，圧流説を支持するものである。

裸子植物における篩部転流のしくみは異なっている可能性がある

圧流説は被子植物の転流をよく説明するが，裸子植物においては，圧流説だけでは転流は説明できないかもしれない。裸子植物の生理学的研究はほんのわずかしか行われておらず，この種の植物における転流のしくみについての考察は，電子顕微鏡観察の結果に基づいた推測によっている。先に述べたように，裸子植物の篩部細胞は，被子植物の篩要素と似た点が多いが，篩部細胞の篩状構造の領域は分化が比較的進んでいない状態になっており，篩板には貫通した穴はないと考えられている（図10.6）。

裸子植物の篩板の穴は，篩板周辺に存在する滑面小胞体に連なる膜系でふさがれている。このような穴の形状は圧流説には適合しない。これらの電子顕微鏡観察においては，生きたままの構造が維持されず，固定作業で人為的な変化がおこった可能性は考えられるものの，裸子植物における転流機構は圧流説以外の機構によっているかもしれない。この点については今後の検討課題である。

篩部への積み込み：葉緑体から篩要素まで

成熟した葉肉細胞の葉緑体から篩要素への光合成産物の移行は，数段階の輸送プロセスから成り立っている。この移行過程を**篩部への積み込み**（phloem loading）とよんでいる（Oparka and van Bel 1992）：

1. 日中，光合成によって合成されたトリオースリン酸（8章参照）は，葉緑体から細胞質へ輸送される。細胞質では，輸送されたトリオースリン酸からショ糖が合成される。夜になると，貯蔵されたデンプン由来の炭素はおそらくブドウ糖として存在しており，ショ糖に変換されていく（ある種の植物においては，他の転流される糖類がその後ショ糖から合成される）。
2. ショ糖は葉肉細胞から，葉の中のもっとも小さな葉脈の篩要素の近傍に存在する細胞まで移動する（図10.13）。この，**短距離輸送**（short distance transport）は通常，2～3個分の細胞間の輸送を担っている。
3. **篩要素への物質の積み込み**（sieve element loading）の段階になると，糖は篩要素や伴細胞へ輸送されるようになる。これまで研究材料とされたほとんどの植物種では，糖は篩要素内や伴細胞内に濃縮されている。篩部への物質の積み込みを考える場合には，篩要素と伴細胞は，両方あわせて一つの機能的単位を構成していると考えられることが多く，この単位を‘篩要素–伴細胞複合体’（sieve element–companion cell complex）とよんでいる。一度，篩要素へ取り込まれると，ショ糖や他の溶質はソースから輸送されて運び去られていく。このプロセスを**運び出し**（export）とよんでいる。通道組織を通じてシンクへと運ばれるプロセスを**長距離輸送**（long distance transport）

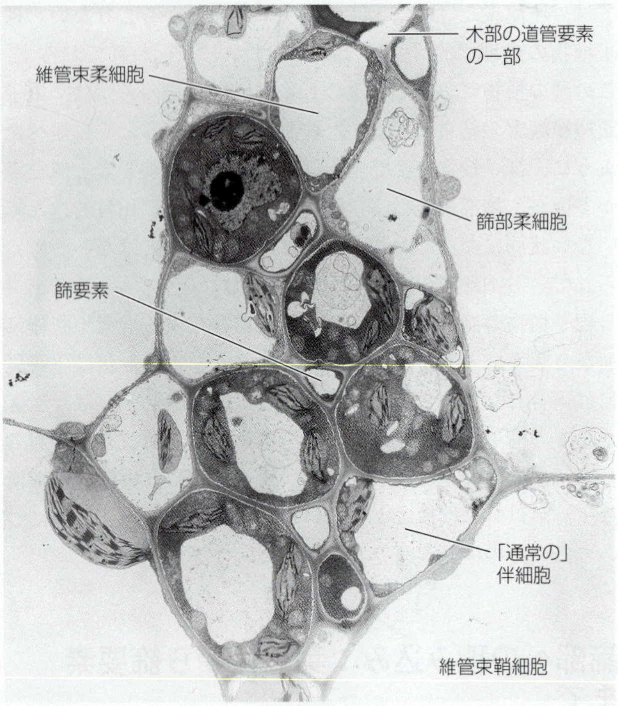

図 10.13 サトウダイコン (*Beta vulgaris*) のソース葉の，小維管束に存在するさまざまなタイプの細胞間の関係を示す電子顕微鏡写真。葉肉細胞 (mesophyll cell) が密に並んだ維管束鞘細胞を取り巻いている。葉肉細胞からの光合成産物は，篩要素に積み込まれるまでに，細胞数個の直径に相当する距離を移行しなければならない。(Evert and Mierzwa 1985より，R. Evertの好意による)

とよんでいる。

先に議論したように，ソースでの篩部への積み込みとシンクでの篩管からの積み下ろしによって，篩管液を長距離にわたって動かすための圧力差が生じている。したがって，これらの過程は基礎科学としても，農業上も非常に重要な過程である。これらの現象を引きおこす機構を完全に理解すれば，穀物の生産性を高めたり，穀物の種子のような可食なシンク組織に光合成産物をより多く蓄積させる技術を開発するための基礎となるであろう。

光合成産物は，葉肉細胞から篩要素へアポプラストまたはシンプラストを経由して移動することができる

ソース葉の溶質（主に糖）は，光合成を行っている細胞から維管束へ移動しなくてはならない。糖は，原形質連絡を通過してシンプラスト（細胞質）だけを経由して移動する可能性もあるし，篩部へ至る過程のどこかで，アポプラストに入っている可能性もある（図10.14）（シンプラストとアポプラストの一般的な概念に関しては，図4.3参照）。後者の場合には，糖はアポプラストから篩要素および伴細胞へと，細胞膜に存在する選択的かつエネルギー依存的なトランスポーターによって積極的に積み込まれる。実際には，アポプラスト経由で積み込むか，シンプラスト経由で積み込むかは，植物種によってほぼ決まっている。

篩部への積み込みの研究の初期段階においては，アポプラスト経由の積み込みに焦点がおかれていた。アポプラストを経由した篩部への積み込みを仮定すると，三つの基本的な推測が導かれる (Grusak et al. 1996)：(1) 輸送されてきた糖がアポプラストに存在していなくてはならない。(2) アポプラストに実験的に糖を供給すると，供給した糖は篩要素および伴細胞に蓄積しなくてはならない。それに加えて，(3) アポプラストからの糖の取り込みを阻害すると，葉からの糖の流出が阻害されるはずである。これまでに多くの研究がこれらの推測を検証するために行われてきており，いくつかの植物種においては，篩部への積み込みはアポプラスト経由でおこることがほぼ証明されている (**Webトピック10.5**参照)。

アポプラスト経由でのショ糖の篩管への積み込みにはエネルギーが必要である

ソース葉においては，糖は葉肉細胞に比べて，篩要素および伴細胞により濃縮されている。溶質濃度の違いは，これまで研究材料となった植物種のほとんどで観察されており，葉に存在するさまざまな種類の細胞での浸透圧 (Ψ_s) を測定することで示すことができる。

サトウダイコンにおいては，葉肉細胞の浸透圧はほぼ −1.3 M Paであり，篩要素と伴細胞の浸透圧はほぼ − 3.0 M Paである (Geiger et al. 1973)。浸透圧の差のほとんどは，糖の蓄積に由来するものと考えられており，糖の中でもショ糖の濃度差によるものと考えられる。なぜなら，サトウダイコンではショ糖が転流するもっとも主要な糖であるからである。実験的に外部から供給したショ糖も，光合成によって合成されたショ糖も，いずれもサトウダイコンのソース葉の小維管束の篩要素と伴細胞に蓄積することが証明されている（図10.15）。

篩要素と伴細胞におけるショ糖濃度が，周囲の細胞よりも高いことは，ショ糖がこれらの細胞に化学ポテンシャルの勾配に逆らって能動的に輸送されていることを示している。ショ糖の蓄積が能動的な輸送に依存しておこっていることは，ソース葉を呼吸阻害剤で処理すると，ATPの濃度が減少するとともに，外部から与えた糖の篩部への積み込みを阻害することからも支持される。一方で，有機酸やホルモンなどの他の代謝産物は篩要素に受動的に積み込まれている可能性がある (**Webトピック10.6**参照)。

アポプラスト経由の篩要素への積み込みには，ショ糖-プロトン共輸送体が関与する

ショ糖-プロトン共輸送体は，篩要素と伴細胞へのアポプラ

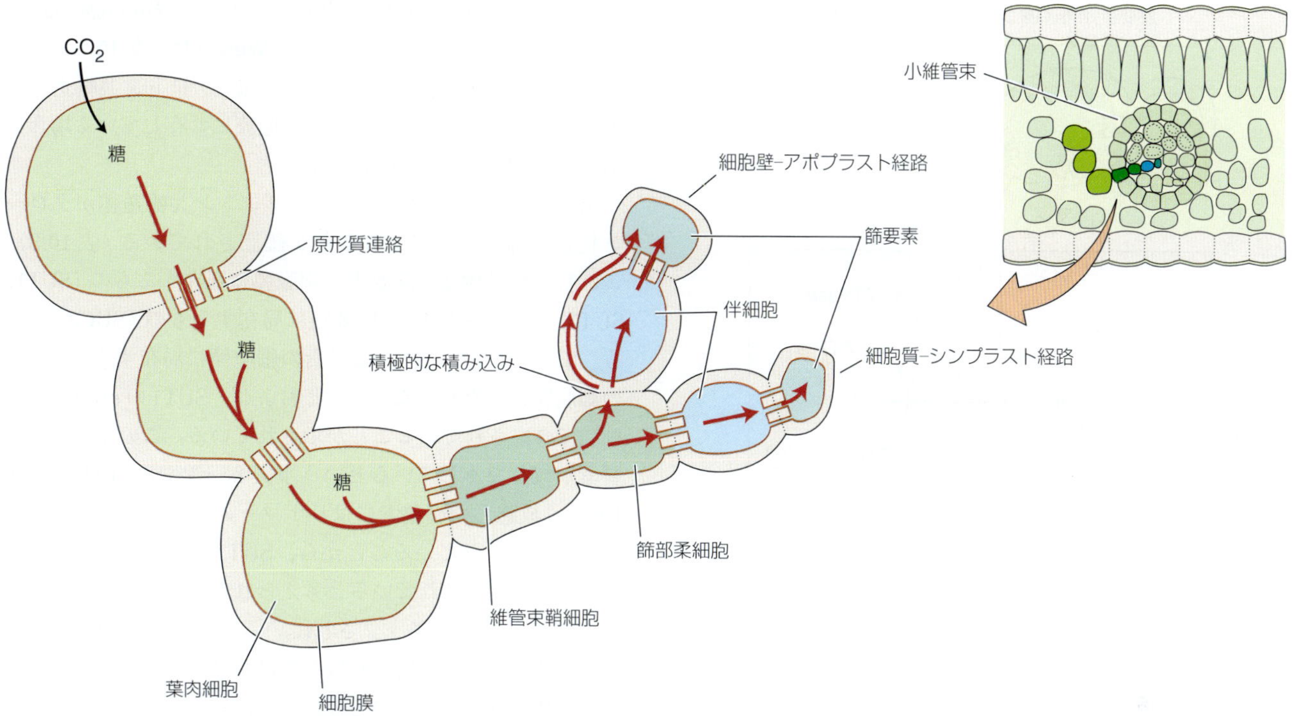

図 10.14 ソース葉における篩部への積み込み経路の概略図。完全にシンプラストを経由の経路では，糖は葉肉細胞から篩要素に至るまで細胞から細胞へと原形質連絡を経由して移行する。部分的にアポプラストを経由する経路では，糖はある段階でアポプラストに入る。簡略化のため，ここでは糖は篩要素–伴細胞複合体の近くにおいて，アポプラストに入るものとして描かれているが，糖は輸送経路の初期段階にアポプラストに入り，小維管束へ動くこともある。いずれの場合も，糖は伴細胞と篩要素にアポプラストから積極的に積み込まれる。伴細胞に積み込まれた糖は，原形質連絡を通って篩要素へ移行すると考えられている。

ストからのショ糖の積み込みを行っていると考えられている。6章を思い出してほしい。共輸送は，プロトンポンプによって作られたエネルギーを用いておこる二次的な輸送過程である（図6.10A）。基質（この場合にはショ糖）の取り込みと共役して，プロトンが細胞に取り込まれることによってエネルギーが消費されていく（図10.16）。

アポプラストのpHが高い（プロトン濃度が低い）と，外部から与えたショ糖の篩要素および伴細胞への取り込みが低下してしまうことが，ソラマメを用いた実験によって示されている。この効果は，アポプラストのプロトン濃度が低くなると，ショ糖–プロトン共輸送体が必要とするシンプラストへのプロトンの放出が低下してしまうためにおこると考えられる。

分子生物学的研究によって得られた知見も，ショ糖–プロトン共輸送体が篩要素への積み込み過程に働いていることを支持している。H^+輸送性ATP加水分解酵素は，抗体を用いた局在解析によると，シロイヌナズナの伴細胞の細胞膜に存在することと，ソラマメの輸送細胞の細胞膜に存在することが示されている。輸送細胞においては，プロトン輸送性

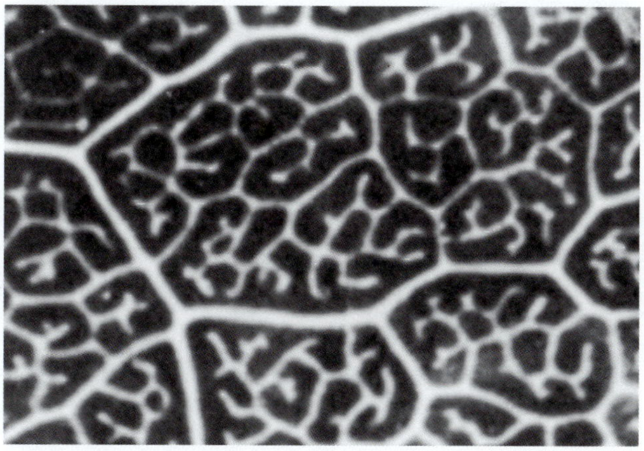

図 10.15 このオートラジオグラフは，標識された糖がアポプラストから篩要素と伴細胞へ，濃度勾配に逆らって移動することを示している。^{14}Cで標識されたショ糖を含む溶液を，暗所に3時間置いたサトウダイコン（*Beta vulgaris*）の葉の上側の表面に30分間与えた。葉のクチクラは，葉の内部への溶液の浸透を助けるために取り除かれている。標識化合物はソース葉の小維管束，篩要素，および伴細胞に蓄積する。このことは，これらの細胞が濃度勾配に逆らってショ糖を輸送する能力があることを示している。（Fondy 1975による，D. Geigerの好意による）

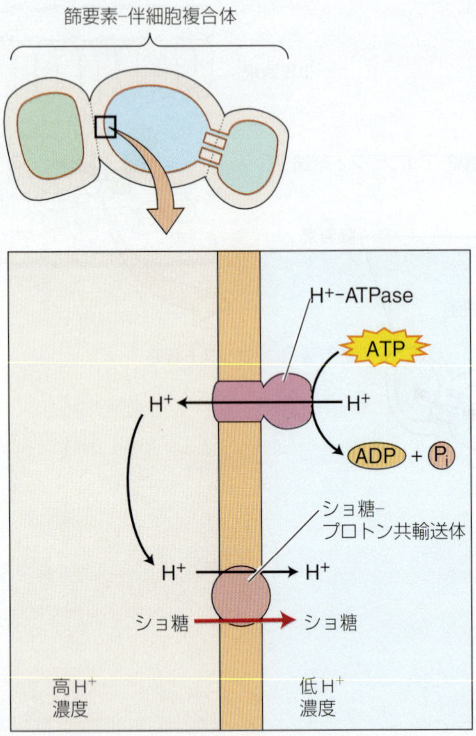

図 10.16 篩要素への積み込みにおけるATP依存のショ糖の膜輸送。篩要素–伴細胞複合体の，シンプラストへのショ糖の積み込みに関する共輸送モデルにおいては，細胞膜プロトン輸送性ATP加水分解酵素がプロトンを細胞からアポプラストへ排出しており，これによって，アポプラストのプロトン濃度が高まっている。このプロトンの濃度勾配に由来するエネルギーがショ糖の篩要素–伴細胞複合体のシンプラストへのショ糖–プロトン共輸送体を介した輸送の駆動力になっている。

ATP加水分解酵素分子は，維管束鞘細胞と篩部柔細胞と接する部分に存在する細胞膜の内側への折れ重なり部分にもっとも濃縮されている（詳しくは**Webトピック10.7**参照）。

このような局在パターンは，これらのH^+輸送性ATP加水分解酵素がアポプラストから篩要素への光合成産物の輸送に必要なエネルギーを供給していることを示唆している（Bouche–Pillon et al. 1994）。さらに，シロイヌナズナにおいては，H^+輸送性ATP加水分解酵素が伴細胞に分布しているが，この分布はショ糖–プロトン共輸送体SUC2の分布とおおむね一致している（DeWitt and Sussman 1995，Truernit and Sauer 1995）。SUC2輸送体は，オオバコ（*Plantago major*）においても伴細胞に存在している（**Webトピック10.7**参照）。H^+輸送性ATP加水分解酵素とショ糖–プロトン共輸送体の両方が，伴細胞でなく篩要素の細胞膜に共存している場合もある（Langhans et al. 2001）。

SUC2以外にも数種のショ糖–プロトン共輸送体がクローン化され篩管に存在することが確認されている（表10.3）。これらの輸送体は，篩要素の細胞膜に局在するもの（SUT1，SUT2，およびSUT4）や伴細胞に局在するもの（SUC2）がある。SUT1については，篩要素の細胞膜に局在する（伴細胞の細胞膜には存在しない）ことおよび，SUT1のmRNAは伴細胞で合成されていることが示されている。この発見は，篩要素が核をなくしているという事実と一致する（Kühn et al. 1997）。成熟した篩要素にはリボソームは定常的には存在しないと推測されていることから，SUT1タンパク質はおそらく伴細胞で合成されていると考えられる。

表10.3にリストアップされているさまざまな輸送体の役割の解明は，今後の研究を待たなければならない。ほとんどの輸送体はソースでも輸送経路でも，シンクでも検出される。SUT1は高親和性で，単位時間の輸送量があまり多くない輸送体であるとされており，ソース葉の小維管束で検出されることから，篩管への積み込み過程に重要であると考えられている。SUT1のアンチセンスDNAを導入したジャガイモにおいては，輸送体活性が低下しており，根や塊茎の成長が低下し，さらにソース葉においてデンプンや脂質が集積することが示されている（Schulz et al. 1998）。

SUT1は，輸送過程で失われる糖を再吸収するためにも重要な役割を果たしていると考えられている。このSUT1の篩部への積み込みに果たす機能は，SUT4によって補われているようである。SUT4は，親和性は低いが単位時間の輸送量が多い輸送体である（Weise et al. 2000）。一方，SUT2はショ糖のセンサーとして機能していると考えられている。SUT2はシンクと輸送系路上に存在する細胞でより強く発現しており，酵母の糖センサーと構造的に多くの点でよく似ていることから，センサーであると推定されている（Lalonde et al. 1999；Baker et al. 2000）。また，糖の伴細胞への取り込みはSUC2によって担われていると考えられている。

表 10.3 篩管に存在するショ糖–プロトン共輸送体

輸送体	存在場所	植物種	アフィニティー	文献
SUT1	篩要素	タバコ，トマト，ジャガイモ	高い	Kühn et al. 1997
SUT2	篩要素	トマト	センサー	Baker et al. 2000
SUT4	篩要素	シロイヌナズナ，トマト，ジャガイモ	低い	Weise et al. 2000
SUC2	伴細胞	シロイヌナズナ，オオバコ	—	Truenit and Sauer 1995 Stadler et al. 1995

ショ糖の積み込みの制御　ショ糖–プロトン共輸送体によるアポプラストから篩要素へのショ糖の積み込みの制御機構を正確に理解するには，今後の研究を待たなければならないが，以下に制御機構の可能性として考えられているいくつかの説を紹介しよう：

- ‘篩要素の溶質のポテンシャル，または，より高い可能性のあるものとして，膨圧による制御’；篩要素の膨圧がある閾値より低下すると，積み込み速度がこれを補うように増加する可能性。
- ‘アポプラストのショ糖濃度’；アポプラストのショ糖濃度が高くなると篩部への積み込み速度が高まる，という可能性。
- ‘機能をもっている輸送体分子の数’；SUT1輸送体とSUT1 mRNAの蓄積量は，暗黒下に15時間おいた植物では，明条件におかれた植物に比べて低下していることが示されている。この結果は，SUT1トランスポーターの分子数が篩部への積み込みを制御する可能性を示している。

アポプラストへのショ糖の輸送は，アポプラストのカリウム濃度が高まると，向上することが示されており，栄養状態がよいとシンクへの輸送やシンクの成長を改善すると考えられる。

中間細胞をもつ植物においては，篩部への積み込みはシンプラスト経由でおこると考えられている

先に議論したように，小維管束に通常の伴細胞または輸送細胞をもっており，ショ糖だけを長距離輸送するような植物においては，篩部への積み込みはアポプラスト経由であることが，多くの研究によって示されている。しかしながら，ショ糖に加えてラフィノースやスタキオースを篩管輸送し，小維管束に中間細胞が観察される種では，シンプラスト経由での篩部への積み込みがおこっていることが明らかにされてきている。このような植物の例としては，コリウス（*Coleus blumei*）やスクワッシュ（*Cucurbita pepo*），メロン（*Cucumis melo*）をあげることができる（**Webトピック10.8**参照）。

シンプラスト経由での積み込みが機能するには，経路上にある異なる種類の細胞間に存在する原形質連絡が開いた状態にあることが必要である。多くの植物種では篩要素–伴細胞複合体とその周辺に存在する細胞の間に，多数の原形質連絡が存在している（図10.7）。また，ある種の植物では，ソース葉でシンプラストが一つに連絡していることを示す実験も行われている（**Webトピック10.8**参照）。

ポリマートラッピングモデルが，ソース葉でのシンプラスト経由の積み込み機構を説明する

篩要素の内容物の組成は，篩部を取り巻く細胞の溶液組成とは異なっていることが多い。この違いは，ある種の糖がソース葉内で選ばれて輸送されていることを意味している。共輸送体がアポプラスト経由の篩部への積み込みに関与していることは，この段階で選択的な積み込みがおこっていることを示唆している。なぜなら，共輸送体は特定の糖を特異的に輸送するからである。シンプラスト経由の積み込みは，これに対して，葉肉細胞から篩要素への原形質連絡を経由した拡散に依存している。シンプラスト経由の積み込みに際しておこる原形質連絡を通じた拡散が，特定の糖に対して特異的となりうる可能性は考えにくい。

さらに，シンプラスト経由の積み込みを行う数種の植物から得られたデータによると，篩要素と伴細胞は葉肉細胞より高い浸透圧を保っている。拡散に依存したシンプラスト経由の積み込みが，これまでに報告されている輸送される分子の特異性や糖の濃度勾配に逆らった蓄積を説明できるのであろうか？

ポリマートラッピングモデル（polymer trapping model，図10.17）が，この問題を解決するモデルとして提案されている（Turgeon and Gowan 1990）。このモデルによると，葉肉細胞で合成されたショ糖は維管束鞘細胞から中間細胞へと，この二つの細胞間に多く存在する原形質連絡を通じて拡散する。中間細胞においてはラフィノースとスタキオース（それぞれ三つおよび四つの六炭糖からなるポリマー：図10.9B）が，拡散してきたショ糖とガラクトースから合成される。ラフィノースとスタキオースは比較的大きい分子であるために，これらのポリマーは維管束鞘細胞へと拡散によって戻っていくことができない。ショ糖は葉肉細胞で合成されつづけ，中間細胞では利用されつづけるために，濃度勾配が保たれ，拡散によって中間細胞に流入しつづけることになる（図10.17）。

ポリマートラッピングモデルによると，以下の三点が予想される：

1. 葉肉細胞のショ糖濃度の方が，中間細胞のショ糖濃度よりも高い。
2. ラフィノースとスタキオースの合成酵素は，中間細胞に主に存在している。
3. 維管束鞘細胞と中間細胞をつなぐ原形質連絡は，ショ糖よりも大きい分子を通過させない。

多くの研究結果は，ポリマートラッピングモデルを支持している。たとえば，ショ糖からスタキオースを合成するために必要なすべての酵素は中間細胞で見つかっている。メロンにおいては，ラフィノースとスタキオースは中間細胞で高濃度に存在しているが，葉肉細胞では濃度が低い。

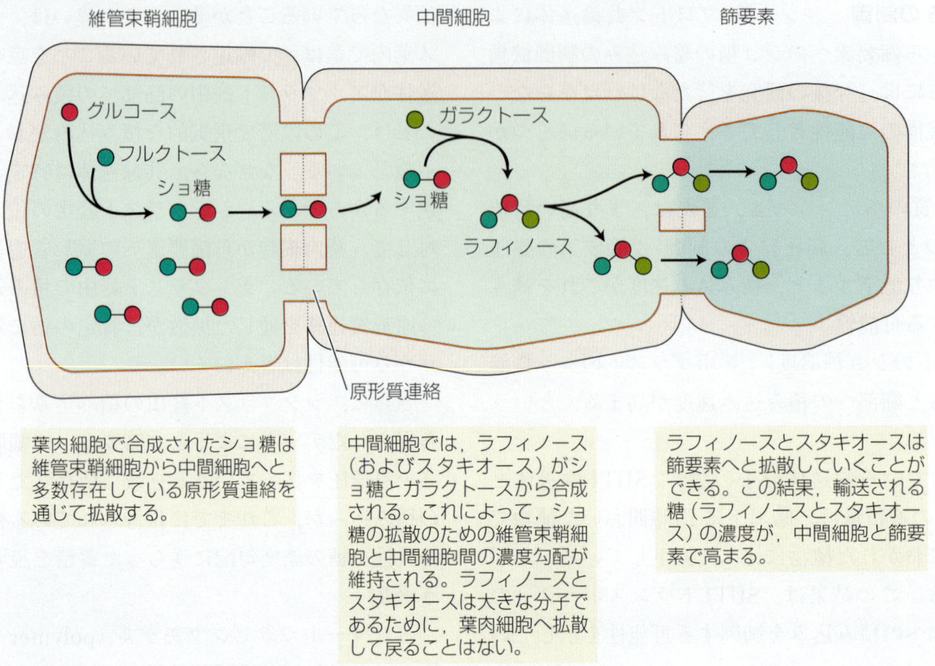

図 10.17 篩部への積み込み機構の一つ，ポリマートラッピングモデル。簡略化のために，四糖のスタキオースは省略されている。(van Bel 1992 より)

篩部への積み込みの方式は，植物種や気候と相関がある

先に議論したように，アポプラスト経由の積み込みを行うか，シンプラスト経由の篩部への積み込みを行うかは，輸送される糖の種類，小維管束にある伴細胞の種類，篩要素–伴細胞複合体と周辺の光合成を行う細胞との間にある原形質連絡の数，などと相関がある（表 10.4）(van Bel et al. 1992)：

- アポプラスト経由の積み込みを行う植物種は，ほとんどショ糖だけを転流させ，小維管束には「通常の」伴細胞か輸送細胞があり，篩要素–伴細胞複合体と周辺の細胞との間にほとんど原形質連絡が見られない。
- シンプラスト経由の積み込みを行う植物種においては，ショ糖に加えてラフィノースなどのオリゴ糖を転流し，小維管束には中間細胞が存在しており，篩要素–伴細胞複合体と周辺の細胞の間には多くの原形質連絡が存在している。

篩部と周辺細胞の間に多くの原形質連絡をもつ植物種は，樹木 (trees) や灌木 (shrubs) やつる性の植物 (vines) であることが多い。原形質連絡のつながりがほとんどない植物は，草本 (herbaceous plants) であることが多い。一般的に，篩部と周辺の細胞の間に多くの原形質連絡が存在している植物は，熱帯 (tropical) や亜熱帯 (subtropical) に自生していることが多く，ほとんど原形質連絡が存在しない植物は，温帯や乾燥 (arid) 地帯に自生していることが多い。

当然のことながら，これらの典型的な例にあてはまらない中間的な場合や例外もある。ある種のアポプラスト経由で積み込みを行う植物種では，伴細胞と周辺の細胞の間に，アポプラスト経由で積み込みを行う一般的な種に比べて，多くの原形質連絡をもっている (Goggin et al. 2001)。小維管束に 2 種類以上の伴細胞をもっている植物種も多い。たとえば，コリウスは中間細胞と通常の伴細胞の両方をもっている。アポプラスト経由の積み込みと，シンプラスト経由の積み込みが共存している植物種が存在すると考えられている。これらの種では，両方の積み込みが同時におこったり使い分けられたり，同じ維管束の中の異なる篩要素で使い分けられたり，大きさの異なる維管束で使い分けられたりしている可能性がある (Turgeon et al. 2001)。

今後，新たな積み込みの経路や，異なる経路の組合せで積み込みを行っている例などが発見されるかもしれない (Flora and Madore 1996)。積み込み経路の解明がより多くの植物種で進められるのに伴って，異なる積み込み方式がどのように進化してきたのか，また，これらの積み込み方式が植物の環境適応にどのような役割を果たしてきたのかについての研究が，将来の重要な研究領域になると思われる。

篩部からの積み下ろしと，シンクからソースへの変換

これまでに，ソースからの糖の積み出しまでの過程を見てき

た。これからは，篩部からの積み下ろしを見ていくことにしよう。シンク組織でおこることは，多くの点において単純にソースでの過程を逆向きにしたものである。生長しつつある根，塊茎，および生殖器官などのシンク器官への輸送は，**運び込み**（import）とよばれている。以下の段階をへてシンク細胞への糖の運び込みが行われる：

1. ‘篩要素からの積み下ろし’；シンク組織において輸送されてきた糖が篩要素を離れる過程である。
2. ‘短距離輸送’；篩要素からの積み下ろしの後，糖はシンクの細胞へ短距離輸送経路を通じて輸送されていく。この経路は，‘篩要素後の輸送’ともよばれる。
3. ‘蓄積と代謝’；最後に糖はシンク細胞で貯蔵されたり代謝されたりする。

これら三つの段階をあわせて，**篩部からの積み下ろし**（phloem unloading）とよばれている。篩管からの積み下ろしは，光合成産物の篩要素からの移動と，光合成産物を蓄積したり代謝したりするシンク細胞への分配過程である（Oparka and van Bel 1992）。

本章では，以下の問題を議論する。篩部からの積み下ろしは，シンプラスト経由なのかアポプラスト経由なのか。この過程でショ糖は分解されるのか。積み下ろしにはエネルギーが必要なのか。最後に，糖の供給を受けている若い葉が，ソース葉となる変換過程について議論する。

篩部からの積み下ろしはシンプラスト経由またはアポプラスト経由でおこりうる

シンク組織においては，篩要素から，糖を蓄積し代謝する細胞へと糖は動いていく。さまざまな組織がシンクとなる。成長しつつある栄養器官（根の先や若い葉）から貯蔵組織（根や茎），また，生殖や散布のための器官（果実や種子）などである。シンクの構造と機能は器官によって大きく違っているので，篩部からの積み下ろしは一つのスキームで理解することはできない。ソースと同様に，糖は原形質連絡を経由してシンプラストのみを経由して動くこともあれば，輸送のある段階でアポプラストに入る可能性も考えられる。

図10.18に，可能性のあるいくつかの篩部からの積み下ろし経路を示した。積み下ろし経路は，サトウダイコンやタバコなど，ある種の若い双子葉類の葉ではシンプラストだけを経由しているようである（図10.18A）。シンプラスト経由の積み下ろしがおこっている証拠としては，PCMBS（*p*-chloromercuribenzensulfornic acid）に対する感受性が見られないことをあげることができる。PCMBSはショ糖の細胞膜を介した輸送を阻害するが，細胞膜を透過できないためにシンプラストには到達しない試薬である。分裂組織や主根の伸長領域でも，篩部からの積み下ろしはシンプラスト経由でおこっていると思われる。これらの組織では原形質連絡が積み下ろし経路上に多く存在しており，シンプラスト経由での積み下ろしがおこっている可能性を支持している。

いくつかのシンク組織においては，篩部からの積み下ろし過程の一部はアポプラストを経由する（図10.18B）。原則として，アポプラストを経由する段階は，篩要素–伴細胞複合体からの積み下ろしの段階にある可能性がある（図10.18Aのタイプ1）が，この可能性を支持する実験結果はいまのところ知られていない。アポプラストを経由する過程は，篩要素からさらに離れた部分でおこる可能性も考えられる（タイプ2）。これは，発達中の種子で典型的に見られるもので，アポ

表 10.4 アポプラストおよびシンプラスト経由の積み込みのパターン

	アポプラスト経由の積み込み	シンプラスト経由の積み込み
輸送される糖	ショ糖	ショ糖とオリゴ糖
小維管束の伴細胞のタイプ	通常の伴細胞もしくは輸送細胞	中間細胞
篩要素–伴細胞複合体とその周辺の細胞を連絡する原形質連絡の数	わずか	多い

van Bel et al. 1992をもとに描いた。
＊ ある植物種では，異なるタイプの伴細胞が観察される。これらの植物種では，アポプラスト経由の積み込みと，シンプラスト経由の積み込みの両方を用いて篩部への積み込みを行うと考えられている。

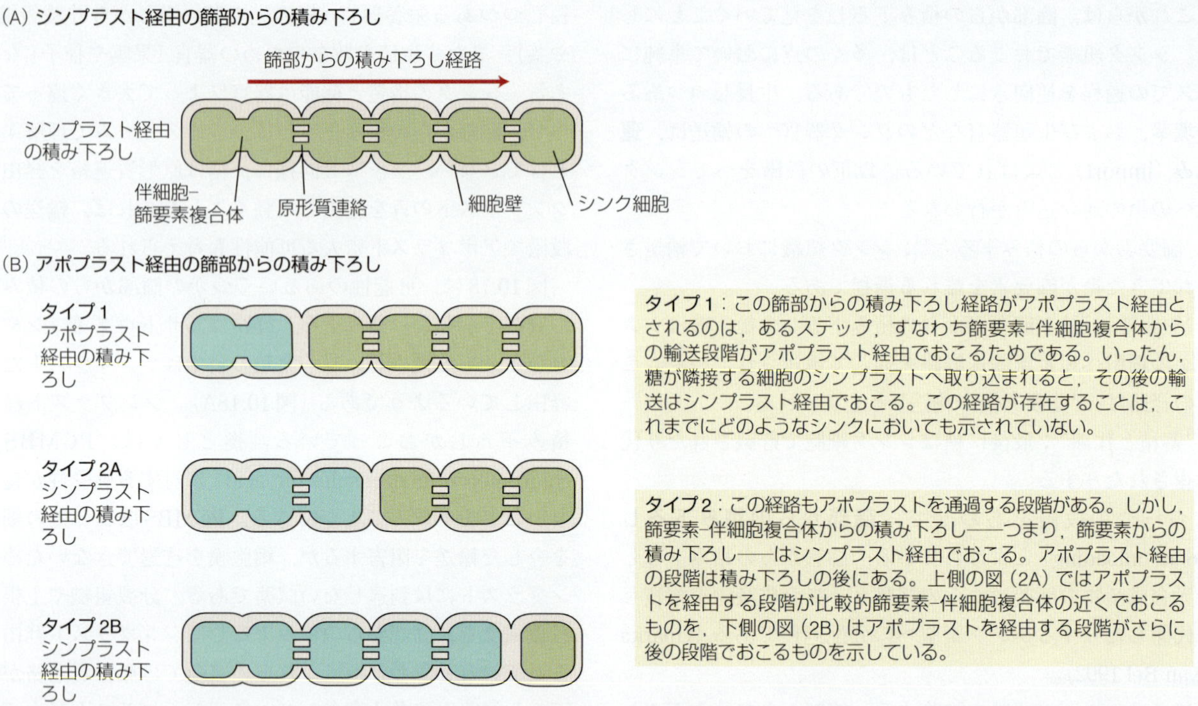

(A) シンプラスト経由の篩部からの積み下ろし
篩部からの積み下ろし経路
シンプラスト経由の積み下ろし
伴細胞–篩要素複合体
原形質連絡
細胞壁
シンク細胞
(B) アポプラスト経由の篩部からの積み下ろし
タイプ1 アポプラスト経由の積み下ろし
タイプ2A シンプラスト経由の積み下ろし
タイプ2B シンプラスト経由の積み下ろし
タイプ1：この篩部からの積み下ろし経路がアポプラスト経由とされるのは，あるステップ，すなわち篩要素–伴細胞複合体からの輸送段階がアポプラスト経由でおこるためである。いったん，糖が隣接する細胞のシンプラストへ取り込まれると，その後の輸送はシンプラスト経由でおこる。この経路が存在することは，これまでにどのようなシンクにおいても示されていない。
タイプ2：この経路もアポプラストを通過する段階がある。しかし，篩要素–伴細胞複合体からの積み下ろし――つまり，篩要素からの積み下ろし――はシンプラスト経由でおこる。アポプラスト経由の段階は積み下ろしの後にある。上側の図（2A）ではアポプラストを経由する段階が比較的篩要素–伴細胞複合体の近くでおこるものを，下側の図（2B）はアポプラストを経由する段階がさらに後の段階でおこるものを示している。

図 10.18 各種の篩部からの積み下ろし経路。篩要素–伴細胞複合体は単一の機能単位と考えられている。これは，原形質連絡が存在するところでは，機能的なシンプラスト（細胞質どうしが連絡していること）を形成しているとの前提に基づくモデルである。細胞間に原形質連絡がないところは，アポプラスト経由での輸送が行われていることを示唆している。(A) シンプラスト経由の篩部からの積み下ろし。(B) 三つのタイプのアポプラスト経由の積み下ろし。(Oparka and van Bel 1992 より)

プラスト経由の篩部からの積み下ろしにもっともよく見られるタイプである。

発達中の種子における篩部からの積み下ろしに，アポプラストを経由する段階が必要なのは，胚の組織と親植物の組織の間にシンプラストのつながりがないからである。糖は篩要素からシンプラスト経由で積み下ろされ（篩要素からの積み下ろし），篩要素–伴細胞複合体から離れたところでシンプラストからアポプラストへ移される（図 10.18B タイプ 2）。アポプラストを経由する段階があるということは，細胞膜を 2 回通過しなければならないわけで，胚に供給される物質を，細胞膜を通過する段階で制御することが可能になる。

篩部からの積み下ろしがアポプラスト経由でおこる場合には，転流してきた糖はアポプラストで部分的に代謝される場合もあるし，代謝されずにアポプラストを通過する場合もある（**Web トピック 10.9** 参照）。たとえば，ショ糖を分解する活性をもつインベルターゼ（invertase）の作用によって，ショ糖はブドウ糖とフルクトースに分解されて，生成したブドウ糖や果糖はその後シンクの細胞に取り込まれる。後に議論するように，このようなショ糖を分解する酵素はシンク組織による篩部転流の制御に重要な役割を担っているのである。

シンク組織への輸送には代謝エネルギーが必要である

阻害剤を用いた研究によって，シンク組織への糖の輸送はエネルギー依存的であることが示されている。生長しつつある葉，根，および炭素をデンプンやタンパク質として蓄積する貯蔵器官は，シンプラスト経由の積み下ろしを行っている。転流してくる糖は，呼吸の基質として使われたり，貯蔵用の高分子物質に代謝されたり，生長に必要な化合物を合成することに使われている。ショ糖の代謝は，シンク細胞のショ糖濃度を低下させる効果があり，糖の吸収のために必要な濃度勾配を維持している。シンプラスト経由の積み下ろしでは，シンクの細胞への糖の取り込みは原形質連絡を通過しておこり，細胞膜を横切ることはない。転流されてきた糖は，高いショ糖濃度の篩要素内から，ショ糖濃度の低いシンク細胞へと輸送されるわけであり，原形質連絡を通過する積み下ろしの過程は受動的な過程である。したがって，代謝エネルギーはこれらのシンク器官での積み下ろしではなく，呼吸や代謝反応に必要なのである。

アポプラストを経由する篩部からの積み下ろし過程においては，糖は少なくとも二つの膜を横切らなくてはならない。一つは糖を送り出す細胞の細胞膜であり，もう一つはシンク細胞の細胞膜である。糖がシンク細胞の液胞に輸送される場合には，さらに液胞膜を横切る必要が出てくる。

先に議論したように，アポプラストを経由する径路における膜を横切る輸送は，エネルギー依存的である可能性がある。成熟中の種子は篩部からの積み下ろし過程の研究のための貴重な実験系である。ダイズのようなマメ科植物では，胚を種子から取り除くことができ，種皮からの物質の積み下ろしを胚の影響を受けずに研究することができる。胚による物質の取り込みも，積み下ろしとは別に研究することができる。このような研究によって，ショ糖のアポプラストへの積み下ろし過程と，ダイズの胚のショ糖の取り込みの両方が，エネルギー依存的なトランスポーターによっておこっていることが示されている（**Webトピック10.10**）。

葉のシンクからソースへの変換はゆっくり進む

トマトやマメ類などの双子葉植物の葉の発達の初期はシンク器官である。発達が進むと，シンクからソークへの変換がおこっていくが，変換は葉が25％程度展開した段階で始まり，展開が40～50％くらいになるまでに完了する。

葉からの糖の運び出しは葉の先端から始まり，葉の基部に向かって進んでいき，最終的には葉全体から糖の運び出しがおこるようになる。この変換期には，葉の先端は糖の運び出しを行うのに対して，葉の基部は他のソース葉からの糖の供給を受ける（図10.19）。

葉の成熟に伴って，多くの形態的，機能的な変化がおこる。これらの変化の多くは光合成産物の運び出しに必要な変化である。シンクからソースへの変化は，アポプラスト経由の積み込みを行う種と，シンプラスト経由で積み込みを行う種で，かなり違っている。アポプラスト経由の積み込みを行う種の葉では，シンプラスト経由での積み下ろし経路から，アポプラスト経由での積み込みへという，劇的な変換がおこらなくてはならない。

アポプラスト経由での積み込みを行うように変化する葉の発達過程において，糖の取り込みがおこらなくなることと，糖の輸出（export）がおこりはじめることは，二つの独立した過程であることが示されている（Turgeon 1984）。タバコのアルビノの葉は葉緑体をもたないため光合成を行うことができず，発達が進行しても糖を輸出することができないが，このようなアルビノの葉においても糖の流入は，緑の葉において糖の流入の止まる発達段階と同じ段階で止まる。したがって，糖を輸出しはじめる，ということ以外のなんらかの変化がタバコの葉の発達に伴っておこって，糖の流入が止まるようになると考えられる。

このような変化は，葉の成熟のある段階で，積み下ろし経路がふさがれることが理由となっておこっている可能性が考えられる。シンプラスト経由の積み込みを行う双子葉植物のシンク葉においては，積み下ろしが止まるためには原形質連絡の閉鎖，原形質連絡の頻度の低下，あるいは，それ以外の連続したシンプラストになんらかの変化がおこるなどの現象が必要である。アポプラストで積み込みを行う植物の成熟葉においては，積み下ろしの経路がふさがれていることが実験的に示されている。

糖の輸出は，篩部への積み込みによって十分量の光合成産物が篩要素に蓄えられ，葉からの転流を引きおこすようにな

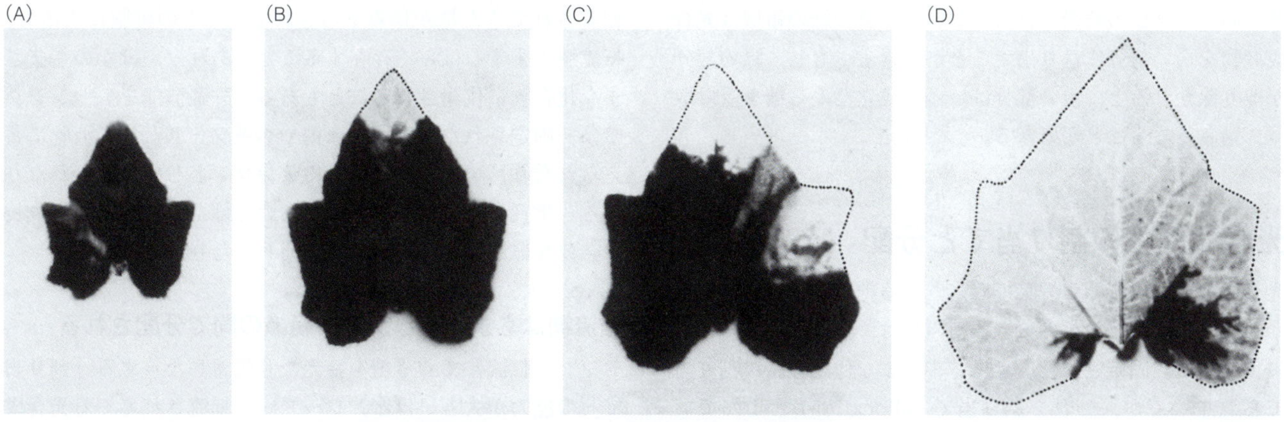

図10.19 ズッキーニ（*Cucurbita pepo*）の葉のオートラジオグラフィー。葉のシンクからソースへ移り変わる過程を示している。いずれの場合も，葉は植物のソース葉からの^{14}Cの供給を2時間にわたって受けた。標識化合物のある領域は黒く観察される。(A) 葉全体がシンクの状態であり，ソースからの糖を受け取っている。(B～D) 葉の基部はシンクのままであるが，葉の先端部分はしだいに篩部からの積み下ろしを行えなくなり，糖の取り込みは止まってくる（黒く観察されない部分が増えていくことによって示されている）。それに伴って，糖を篩部へ積み込み，葉の外部へと輸送する能力を得るようになってくる。(Turgeon and Webb 1973より)

ったときに始まる。アポプラスト経由の積み込みを行う通常の葉において，糖の輸出は以下の状態になったときに始まる：

- シンプラスト経由の積み下ろし経路がふさがれる。
- 葉が十分に光合成産物を生産して，そのうちの一部を輸出できるようになる。
- ショ糖を合成するために必要な遺伝子が発現されるようになる。
- ショ糖–プロトン共輸送体が篩要素–伴細胞複合体の細胞膜に埋め込まれている。

サトウダイコンやタバコの葉においては，外部から与えた^{14}C標識ショ糖を篩要素–伴細胞複合体に蓄積する能力は，シンクからソースへの変換がおこるに伴って獲得される。この能力があるということは，糖の積み込みに必須な共輸送体が機能しはじめていることを意味している。シロイヌナズナの発達中の葉においては，糖の積み込みのときに糖の輸送を担うと考えられている共輸送体の発現は，葉の先端から始まって，シンクからソースへの変換に伴って葉の基部の方でも発現するようになる。輸送能力の発達に関しても同様の発達パターンが観察されている。

タバコや他の*Nicotiana*族の植物においては，積み込みのほとんどを担うことになる小維管束は糖の流入が止まるまでは成熟しない。つまり，糖の積み下ろしと積み込みは，ほぼ完全に異なった維管束を経由しておこっているのである(Roberts et al. 1997)。

シンプラスト経由の積み下ろしの経路が，積み込みのために維持されるような種の葉においては，糖の流入と流出への変換はある範囲では可逆的である。コリウスの斑入りの葉には，緑の部分と白い部分があるが，成熟葉の白い部分では，多くのシンク様の特徴を維持している。葉の緑の領域は光合成産物を白い部分に送り出すことができる。もし，緑の部分が取り除かれると，白い部分はほかの成熟葉から糖を受け取り，積み下ろすことができる。

光合成産物の割り当てと分配

光合成速度が決まると，葉で固定される糖の量が決まる。しかし，転流に使うことのできる糖の量は，光合成の後の代謝に依存する。固定された炭素はさまざまな代謝経路に割り当てられていくが，これを**割り当て**(allocation)とよんでいる。

植物個体の中にある維管束は一つのパイプ状のシステムを形成しており，未成熟葉，茎，根，果実，種子などさまざまなシンクへの光合成産物の流れを制御している。しかし，維管束系においては，個々の維管束がたがいに多くのほかの維管束と結びついており，ソース葉は多くのシンクと結びついていることになる。このような状況のもとで，なにがあるシンクへの糖の輸送量を決めているのであろうか？ 植物個体内で光合成産物がシンクごとに異なる分布をすることを**分配**(partitioning)とよんでいる。

以上が，割り当てと分配についての概要である。次に，デンプンとショ糖合成がたがいに調整されて行われていることを検証していこう。そして本章では，シンクがたがいに競争しあう方法や，シンクからの要求量がソース葉の光合成速度を制御するか，またシンクがおたがいに関係しあうか，について議論をする。

割り当てでは，固定された炭素の貯蔵，利用，輸送を考える必要がある

ソースの細胞で固定された炭素は，貯蔵，利用，輸送に利用されうる：

- ‘貯蔵物質の合成’；デンプンは葉緑体で合成され蓄積される。ほとんどの植物種において，デンプンは暗期の転流の際に利用されるもっとも主要な貯蔵形態である。炭素を主にデンプンとして蓄える植物は，‘デンプン貯蔵植物’とよばれる。
- ‘代謝への利用’；固定された炭素は光合成を行っている細胞内のさまざまなコンパートメントで利用され，細胞のエネルギー要求を満たしたり，細胞で必要な化合物の炭素骨格のもととなったりする。
- ‘転流物質の合成’；固定された炭素は，転流に利用される糖へ変換され，さまざまなシンク組織へと運ばれる。転流糖の一部は，一時的に液胞に蓄えられることがある(**Webトピック10.9**参照)。

割り当てはシンク組織においても重要なプロセスである。転流されてきた糖が積み下ろされてシンクの細胞に入ると，転流糖のまましばらく存在することもあれば，ほかのさまざまな化合物に代謝されることもある。貯蔵機能をもつシンクでは，固定された炭素はショ糖やヘキソースとして液胞に蓄えられたり，アミロプラストにデンプンとして蓄えられたりする。生長しつつあるシンクにおいては，糖は呼吸や，成長に必要なほかの化合物の合成に使われたりする。

転流糖はさまざまなシンク組織の間で分配される

シンクの転流してくる糖を蓄えたり代謝したりする「割り当て」の能力が大きいほど，ソースから転流されてくる光合成産物を競争的に得る能力が高い。このような競争によって，転流する糖がさまざまな植物に存在するシンク組織間でどのように分配されるか(光合成産物の分配)が，少なくとも短期間の間は決められている。

もちろん，ソースとシンクでおこることは，たがいに呼応しあっている必要がある。分配は生長のパターンを決め，地

上部の生長（光合成能力）は根の生長（水と養分の吸収）とバランスをとりながらおこらなくてはならない。このようなバランスをとるために，光合成産物の供給側と需要側の間でのたくみな制御が行われている。

篩要素の膨圧が，ソースとシンク間のコミュニケーションの重要な方法である可能性が考えられる。膨圧を介して，積み込みと積み下ろしの速度が協調的に制御されている可能性が考えられる。化学的な情報伝達物質も，ある器官から他の器官へ状況を伝えるために重要である。このような化学的な情報伝達物質には，植物ホルモンや栄養素が含まれる。このような栄養素としては，カリウムやリン酸が含まれ，また，転流糖自身が情報伝達物質である場合もある。

穀類の高収量を達成することは，光合成産物の割り当てや分配の研究の目指す目標の一つである。穀物や果実は，食糧として利用できる収穫物であるが，総生産量としては，食用にならない部分も含まれる。分配を理解することによって，植物の育種家が植物の可食部により多くの光合成産物を分配する植物を選抜することが可能になる。これまでに，地上部の総生産量に占める可食部などの経済的に利用できる部分への分配が，かなり改善されてきている。

植物体全体での割り当てや分配は，全体のバランスを崩さない形でおこらなくてはならない。可食部への転流の増加が，植物に必須な過程や構造の形成を犠牲にしておこったのでは，収量の増加には結びつかない。穀類の収量は，通常の植物で「失われる」光合成産物が保持されるようになれば増加するであろう。たとえば，不必要な呼吸や根からの分泌を抑えることができる可能性がある。根からの分泌を抑える際には，植物の外側でおこる必須な現象，たとえば根からの分泌物から養分を得て根の周辺で生育する有益な微生物の増殖，を抑制しないように注意しながら行わなくてはならない。

ソース葉での割り当ては制御されている

ソース葉の光合成速度が増加すると，ソースからの転流速度が高まることが多い。光合成産物の割り当ての制御においては，トリオースリン酸を以下の三つのどの経路に分配するかが重要である：

- C_3の光合成の炭酸還元サイクル（カルビン回路；8章参照）の反応中間産物の再生。
- デンプン合成。
- ショ糖合成およびショ糖を転流と一時貯蔵プールへ振り分けること。

これらの経路にはさまざまな酵素が関与しており，光合成産物を変換する。これらのステップの制御は複雑である（Geiger and Servaites 1994）。

日中の葉緑体におけるデンプンの合成速度は，細胞質におけるショ糖の合成速度と協調していなくてはならない。C_3カルビン回路（8章参照）によって，葉緑体で合成されたトリオースリン酸（グリセルアルデヒド-3-リン酸およびジヒドロキシアセトンリン酸）はデンプン合成に用いられるか，ショ糖の合成に用いられるかのいずれかである。トリオースリン酸からショ糖が細胞質で合成されると，トリオースリン酸はデンプン合成や貯蔵に使われなくなる。たとえば，ダイズにおいて，植物のほかの部分からのショ糖の要求量が高まると，ソース葉においてはデンプンとして蓄えられる炭素量が減少することが示されている。細胞質におけるショ糖合成の制御をつかさどる重要な酵素は，ショ糖リン酸合成酵素であり，葉緑体におけるデンプン合成を制御する重要な酵素はADP-グルコースピロホスホリラーゼである（8章，図10.20，および**Webトピック10.9**参照）。

しかし，炭素を主にデンプンとして蓄える種においては，通常デンプン合成に使われる炭素からショ糖合成にまわすこ

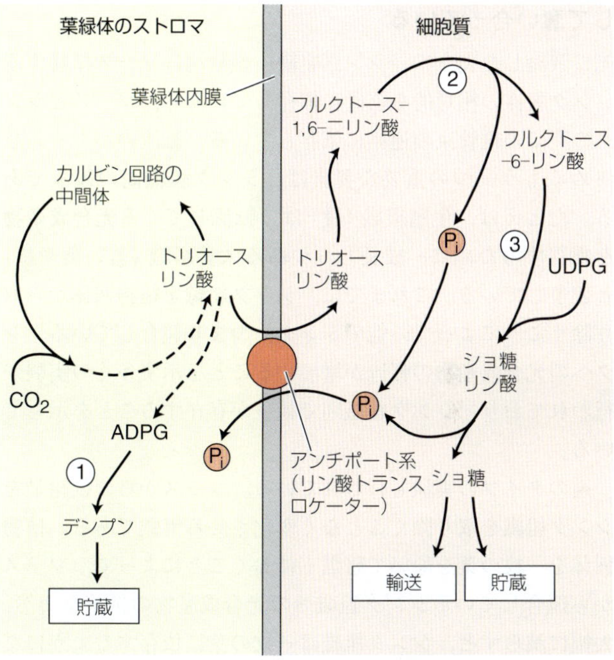

図10.20 日中におけるデンプンとショ糖の合成過程の概要図。カルビン回路で合成されるトリオースリン酸は2通りの使われ方をする。一つは，葉緑体におけるデンプン合成に利用されるもので，もう一つは，葉緑体の内膜に存在するリン酸トランスロケーターによって，無機リン酸との交換で，細胞質に輸送されるものである。葉緑体の外膜は小さな分子を透過させる性質があるので，この図では簡略化のために省略した。細胞質に輸送されると，トリオースリン酸はショ糖に変換されたのち，液胞に蓄積される場合もあれば，転流されていく場合もある。これらの過程に関与する重要な酵素としては，デンプン合成酵素①，フルクトース-1,6-二リン酸脱リン酸化酵素②，ショ糖リン酸合成酵素③があげられる。②と③の酵素は，アデノシン二リン酸グルコース（ADPG）をつくるADP-グルコースピロホスホリラーゼとともに，ショ糖とデンプン合成において，制御を受ける酵素である（8章参照）。UDPG，ウリジン二リン酸グルコース。（Preiss 1982より）

とのできる量には限界がある。さまざまな条件のもとで，デンプンとショ糖の間での炭素がどのように分配されるかを調べたところ，比較的一定の転流速度を24時間にわたって保つことが，ほとんどの植物種でもっとも重要なことのようである。

変異株や形質転換植物を用いた研究によって，炭素の割り当てに関する新たないくつかの疑問が解決されてきた。たとえば，たがいに競合する炭素の利用経路のうち，一つが阻害されたり完全に妨害されてしまったりしたときに，なにがおこるのか？ という疑問をあげることができる。研究結果は植物の驚くべき柔軟さを示している。たとえば，タバコのデンプン欠損変異株はごくわずかしかデンプン合成ができないにもかかわらず，日中のショ糖の合成速度を2倍にし，成長を日中に行うことで，貯蔵炭素がないことを補って生長する（Geiger et al. 1995）。一方で日中のデンプン合成が促進された植物は，夜間に貯蔵された炭素をより多く転流させる。

シンク組織は転流してくる光合成産物をたがいに競争して奪い合っている

先に議論したように，シンク組織への転流はソースに対するシンク組織の相対的な位置に依存しているし，ソースとシンクの間での維管束の連絡に依存している。転流のパターンを決めるもう一つの重要な要素は，シンク組織間の競争である。たとえば，生殖組織（種）は，転流してくる光合成産物を獲得するために，成長しつつある栄養組織（若い葉や根）と競争している。これまでに，シンク組織を植物個体から取り除くことによって，他のシンク，つまり競合しているシンクへの光合成産物の転流が増加することを示す多くの実験が行われており，シンク組織間で競争が存在することを示している。

逆のタイプの実験も行われている。ソースからの供給量をシンク組織を取り除くことなく変化させる実験である。植物個体を一枚の葉を除いて暗黒下におくことによって，ソースから競合しているシンク組織への光合成産物の供給を突然，大幅に減らすと，シンク組織は一枚の葉に依存するようになる。サトウダイコンやインゲンマメでは，残った一枚のソース葉からの光合成と転流の速度は短期間（約8時間）にはあまり変化しない（Fondy and Geiger 1980）。しかし，根は残された一枚の葉からは比較的わずかな糖しか供給されないが，若い葉はより多くの供給を受ける。つまり，この実験条件においては，若い葉は根よりも強いシンクであることがわかる。強いシンクは篩要素に含まれる糖をより効率よく減少させ，それによって圧力差を大きくし，自身のシンクへの糖の転流速度を高めるのである。

圧力差の効果は，最近別の実験によっても示された。シンクの水ポテンシャルをより負にすることによって，シンクへの転流を促進することが示されている。エンドウの幼植物を350 mMのマニトール溶液で処理すると，^{14}C標識されたショ糖の取り込みが300％以上増加した。おそらくこれは，シンクにおける膨圧が低下したためと考えられる（Schulz 1994）。

シンク強度はシンクの大きさとシンクの活性によって決まる

さまざまな実験によって，シンクが光合成産物をひきつける能力——**シンク強度**（sink strength）とよばれる——は，二つの因子——シンクの大きさとシンクの活性——によって，以下の式に従って決まっていることが示されている。

$$シンク強度 = シンクの大きさ \times シンクの活性$$

シンクの大きさ（sink size）とはシンク組織の総重量のことであり，**シンクの活性**（sink activity）とはシンク組織の単位重さあたりの光合成産物の取り込み速度である。シンクの大きさや活性を変化させると，転流パターンが変化する。たとえば，エンドウのサヤが炭素を取り込む能力は，そのサヤの乾燥重の全体のサヤに対する相対値で決まる（Jeuffroy and Warembourg 1991）。

シンク強度の変化は複雑である。なぜなら，シンク組織のさまざまな活性がシンクの光合成産物の取り込み量を制限する可能性があるからである。さまざまな活性の例としては，篩部要素からの積み下ろし，細胞壁での代謝，アポプラストからの吸収，光合成産物を生長や貯蔵に使う代謝プロセスなどをあげることができる。

シンク組織を冷却すると，エネルギー依存的な過程が阻害され，シンクへの転流速度が低下する。トウモロコシでは，デンプン合成に関与する酵素に欠損のある変異株が知られており，異常な子実と正常な子実をつけさせることができる。そのようにすると，異常をもつ子実への転流量は，正常な子実への転流量に比べて少なくなる（Koch et al. 1982）。この変異株においては，光合成産物の貯蔵がうまくできず，転流が阻害されているのである。

シンクの活性，つまりシンクの強度は，ショ糖の利用の最初の段階を触媒する分解酵素である酸性インベルターゼ（invertase）とショ糖合成酵素（sucrose synthase）の存在と，それらの活性によっても影響を受けていると考えられている。これらの酵素がシンク強度を制御しているのか，あるいは，単にこれらの酵素の活性がシンクの代謝や生長と相関があるだけであるのかについては，現在さかんに研究が進められている。興味深いことに，ショ糖合成酵素遺伝子とインベルターゼ遺伝子は，炭水化物の供給量に依存して制御される。一般的に炭水化物が使い果たされると，光合成に関与する遺伝子や，貯蔵物質の利用や炭素の積み込みに関与する遺伝子の発現を高める。炭素の供給が十分にあるときには，貯蔵や利用に関わる遺伝子の発現が増加する（Koch 1996）。

しかしながら，異なる複数の遺伝子によってコードされているショ糖合成酵素のアイソフォームが存在し，炭水化物の供給に応じてそれぞれの遺伝子が異なる応答をすることが明らかにされるようになってくると，全体の制御システムはより複雑であると認識されるようになってきた。たとえば，トウモロコシのあるショ糖合成酵素遺伝子は根で広く発現しており，糖が十分に存在する条件で発現が最大限に誘導される。別のショ糖合成酵素遺伝子のmRNAは根の表皮と外側の組織にもっとも多く，この遺伝子は，糖が欠乏すると強く発現する。これらの結果の意味することは，他の組織から輸送されてきたショ糖は，糖が十分に存在するときには広く多くの組織で活性化され最大限利用されるが，ショ糖の供給が少なくなると，水やミネラルの吸収に必須な部分においてのみショ糖が利用されるようになってくる，ということであると考えられる（Koch et al. 1996）。

さらに，インベルターゼやショ糖合成酵素の遺伝子は，シンクの発達過程の異なる時期に発現されることが多い。インゲンのサヤやトウモロコシの子実においては，インベルターゼ活性の変化は，光合成産物の流入量が変化する前におこることが明らかになっている。これらの結果は，インベルターゼやショ糖合成酵素が光合成産物の流入に応じて変化するのではなく，インベルターゼやショ糖合成酵素の変化が光合成産物の流入パターンを決めていることを，示唆している。インベルターゼやショ糖合成酵素の変化は，シンク組織の遺伝的に定められた発達過程や環境条件に応じた反応過程で，特に重要な役割を果たしている。

ソースのシンクに対する比率が変化すると，ソースが長期間にわたる変化を受ける

ある程度の期間（たとえば8日間），ダイズ植物の葉を，一枚を除いて暗黒下におくと，一枚残されたソース葉において，以下に述べるような多くの変化がおこる。デンプンの濃度は低下し，光合成速度，Rubisco活性，ショ糖濃度，ソースからの転流，およびオルトリン酸の濃度がいずれも上昇する（Thorne and Koller 1974）。これらの結果は，これまでに見てきた異なるシンク間での光合成産物の分配が短期間に変化することに加えて，ソースの代謝が，長期間にわたる処理条件に適応することを示している。

光合成速度（単位時間に単位面積の葉が固定する炭素の総量）は，シンクの要求量が増加すると数日間にわたって増加することが多い。また，シンクの要求量が減少すると，光合成速度は低下する。光合成は，ショ糖でなくデンプンを蓄積する植物において，シンクの要求量が日中に低下するともっとも強く阻害される。デンプンを蓄積する植物においては，光合成産物（デンプン，ショ糖，ヘキソース）のソース葉における蓄積が，シンクの要求量と光合成速度を結びつけているのであろう（**Webトピック10.11**参照）。

長距離輸送されるシグナルによって，ソースとシンクの活性が協調する

光合成産物の長距離輸送という重要な役割に加えて，篩部はある器官から他の器官へのシグナル分子の輸送経路でもある。ソースとシンクの間でやりとりされるシグナルは物理的なもの（たとえば，膨圧など）である可能性も，化学的なもの（たとえば，植物ホルモンや炭水化物）である可能性も，両方考えられる。膨圧の変化を示すシグナルは，篩要素がたがいに連絡しあって形成されている篩部系を通じて，すばやく伝わる可能性が考えられる。

たとえば，シンク組織において，糖の利用速度が高い条件下で篩部からの積み下ろしが速いとすれば，シンクにおける篩要素の膨圧は減少し，この減少がソースへと伝わっていくであろう。もしも，ソース組織の篩要素の膨圧によって，積み込みが部分的にであっても制御されているならば，シンクからのシグナルに応じて積み込みは増加するであろう。シンクにおける積み下ろし速度が低いときには，逆の変化が見られるはずである。細胞の膨圧が細胞膜に存在するプロトン輸送性ATP加水分解酵素の活性を変化させ，それによって，転流速度が制御されている可能性を示唆するデータが報告されている。

植物の地上部は，オーキシン（19章参照）のような生長制御物質を合成する。オーキシンは，篩部を通じて根へとすばやく輸送されうる。根は，サイトカイニンを合成し，合成されたサイトカイニンは木部を通じて地上部へ移行する。ジベレリン（GA）やアブシジン酸（ABA）（20章および23章参照）も，維管束を通じて植物体全体に運ばれる。植物ホルモンは，ソースとシンクの関係を制御する働きがある。植物ホルモンは，シンクの生長，葉の老化，および他の分化過程に影響を与えることを通じて，光合成産物の分配に影響を与えている。

ヒマにおけるショ糖の積み込みは，オーキシンを外部から与えると促進され，ABAを処理すると阻害される。一方，ABAはサトウダイコンの主根組織のショ糖の取り込みを促進し，オーキシンは阻害する。積み込みや積み下ろしの制御を行ううえで，細胞膜に存在する活性のあるトランスポーターは，植物ホルモンが作用する対象の一つである。ホルモンによる積み下ろしの制御が他の段階でおこる可能性もある。液胞膜に存在するトランスポーターや，供給されるショ糖の代謝酵素，細胞壁の伸展性調節である。さらに，シンプラスト経由の積み下ろしにおいては，原形質連絡の透過性を可能性のある制御段階としてあげることができる（次の項を参照）。

先に述べたように，炭水化物レベルは，光合成に関与する

因子をコードする遺伝子やショ糖の加水分解に関与する遺伝子の発現に影響を及ぼしうる。多くの遺伝子が，糖の欠乏や過剰に応答することが示されている（Koch 1996）。したがって，篩部を輸送されるだけでなく，ソースやシンクの活性を制御するシグナルとしてもショ糖やその代謝産物は機能しうるのである。たとえば，サトウダイコンにおいては，ソース葉に木部経由で外部からショ糖を与えたうえで細胞膜を単離して，プロトン–ショ糖共輸送体の活性を測定すると，ショ糖を与えないで単離した場合に比べて，活性が低下していることが示されている。

共輸送体の活性が失われるのに伴って，共輸送体mRNAの蓄積量の低下がおこることは，共輸送体遺伝子の転写もしくはmRNAの安定性に，糖が影響を及ぼすことを示唆している。現時点で考えられているモデルは以下のステップからなる：(1) シンクの要求量が低下することで，維管束組織のショ糖濃度が高まる。(2) 高いショ糖濃度に伴って，ソース組織での共輸送体の活性が抑制されるようになる。(3) 積み込み量の減少がソース組織でのショ糖濃度の増加につながる（Chiou and Bush 1998）。ソース組織でのショ糖濃度が高まると，光合成速度が低下する可能性が考えられる（**Webトピック10.11**参照）。ショ糖共輸送体SUT1のアンチセンスDNAを導入した植物を作成したところ，ソース葉においてデンプン蓄積が増加した。このことはこのモデルが正しいことを示唆している（Schulz et al. 1998）。

糖と他の代謝産物が，ホルモンによるシグナルと影響しあって，遺伝子の発現を制御していることがいくつかのソース–シンク系において示されている（Thomas and Rodriguez 1994）。

長距離のシグナルが植物の生長や分化を制御する可能性がある

篩部の中をウイルスが移行することは古くから知られた事実である。ウイルスは，タンパク質と核酸の複合体として移動することもあれば，ウイルス粒子として移動することもある。最近，篩管液の中に植物由来のmRNA分子やタンパク質が存在していることが示され，これらの物質のいくつかは，シグナル分子である可能性が考えられている。

ソースの伴細胞からソースの篩要素へ移行し，さらに篩部という経路をへてシンクの篩要素へ，さらにシンクの伴細胞へ，最後はシンクの細胞へと移行する経路においては，比較的大きな分子も通過可能で，それらの分子が長距離輸送されていると考えられる。

伴細胞で合成されるタンパク質は，篩要素と伴細胞を連絡する原形質連絡を通じて，篩要素へ移行することができることは明らかである。先に述べたように，篩要素の細胞膜に存在するSUT1輸送体や，ウリ類の篩管液に存在するPタンパク質（PP1およびPP2）は，伴細胞で合成されると考えられている。したがって，伴細胞と篩要素を連絡する原形質連絡は，これらの高分子量の物質を移行させる能力をもっているに違いない。ウイルス粒子が，伴細胞と篩要素の間の原形質連絡に観察されたとの報告がこれまでになされている。

これらの篩要素に移行するタンパク質には，単純に原形質連絡を通じて篩要素へ拡散していくものもあれば，自らの移行を助ける活性のあるものもあれば，特異的な制御タンパク質の助けを借りて移行するものもあると考えられる（Mezitt and Lucas 1996）。これまでに，シロイヌナズナの*SUC2*プロモーターの制御下でクラゲ由来の緑色蛍光タンパク質（GFP）を発現する形質転換シロイヌナズナとタバコを用いた実験によって，伴細胞から篩要素へタンパク質が受動的に移行することが示されている。以下に実験内容を詳しく述べる。

SUC2ショ糖–プロトン共輸送体は伴細胞内で合成される。したがって，*SUC2*遺伝子のプロモーターの制御下でタンパク質を発現すると，伴細胞で発現するようになる。GFPは青色光の照射によって蛍光を発するので，蛍光によってGFPの存在場所を同定することができるのである。*SUC2*プロモーターによってGFPを発現させると，伴細胞から原形質連絡を通じて篩要素へ移行し，さらに篩部を転流してシンク組織へと移動する。クラゲ由来のGFPが原形質連絡と相互作用するための特異的な配列をもっているとは考えにくいので，篩要素への移行はおそらく受動的な拡散によっておこっていると考えられる（Imlau et al. 1999）。

篩要素に入ると，ある種のタンパク質（たとえばSUT1）は，細胞膜や他の細胞内の特定の場所に局在するが，篩部に存在する流れに従ってシンク組織へと転流していくタンパク質も多い。篩管を経由してシンクへ転流するタンパク質の例としては，PP1とPP2の二つのPタンパク質をあげることができる。キュウリにカボチャを接木したところ，キュウリのPタンパク質を構成するサブユニットは，キュウリの台木から接木の継ぎ目を通って，カボチャの接穂へと移行した。また，より分子量の小さいPP2タンパク質が，接穂の篩要素から伴細胞へと移行できることを示す実験も報告されている。これに対して，分子量の大きいPP1タンパク質の伴細胞での検出は報告されていない。PP1もPP2も，篩要素–伴細胞複合体から外側の細胞へと移行することはなかった（Golecki et al. 1999）。外側の細胞へ移行しなかった理由として二つの可能性が考えられる。一つは，これらのタンパク質は，篩要素–伴細胞をとりまく原形質連絡を通過するには大きすぎるという可能性であり，もう一つは，原形質連絡との相互作用に必要な因子をもっていないため移行できなかったという可能性である（Oparka and Santa Cruz 2000）。一方，クラゲの緑色蛍光タンパク質の場合は，種皮，葯，根端，糖の供給を受けている葉の葉肉細胞等のシンク組織にシンプラスト経由で原形質連絡を通過して，積み下ろされる（Imlau et al. 1999）。

これらの結果から，ソースの伴細胞で合成されたタンパク質が篩要素を経由してシンクの伴細胞へと輸送されうることは明らかである。しかし，このようなタンパク質の輸送が，伴細胞の外側で合成されたタンパク質についてもおこることを示す証拠は，ほとんど知られていない。篩要素–伴細胞複合体の外部に由来する他のシグナルが，移行しうるタンパク質の合成を伴細胞で誘導する可能性もある。シンク組織の分化に関与するmRNA分子が篩管を経由して輸送されることも実験的に示されている（Oparka and Santa Cruz 2000）。高分子物質が植物においてシグナルを輸送する物質であるとするならば，高分子物質は篩要素–伴細胞複合体から積み下ろされる必要があるうえに，輸送される高分子物質が，シンクにおける特定の細胞の機能を変化させる能力をもっていることが必須であると考えられる（Oparka and Santa Cruz 2000）。このような分子が存在することの証明は，将来の研究課題である。

原形質連絡は，分子量の小さい分子の細胞間の拡散をダイナミックに制御しうる（Lucas et al. 1993；Baluska et al. 2001）。植物においては，RNAやタンパク質も原形質連絡を経由して細胞から細胞へ移行することができる。ウイルスにコードされる「移行タンパク質」（movement protein）は，原形質連絡と直接相互作用し，ウイルスの核酸の細胞間移行を可能にする働きがある。タバコモザイクウイルスの移行タンパク質を発現させたジャガイモでは，ソース葉における炭素の割り当て（allocation）のパターンが変化し（Olesinski et al. 1996），植物体全体での炭素の分配（partitioning）パターンが変化した（Almon et al. 1997）。ソース葉における割り当ての変化のしかたは，移行タンパク質が葉肉細胞と維管束鞘細胞で発現されるか，篩部柔細胞と伴細胞で発現されるか，によって違っている。

原形質連絡は，篩部を経由した転流のほとんどすべての段階に関与している。篩部への積み込みから，輸送（篩要素の篩の穴は原形質連絡が変化したものであることを思い出そう），さらに割り当てと分配に関与している。今後，植物の成長と分化において篩部転流と原形質連絡がどのような役割を果たしているかについての研究は，たがいに関連しながら展開されていくであろう。

ま と め

篩部転流は，光合成によって合成された物質が成熟葉から成長もしくは貯蔵を行っている部分への移動である。篩部は同時に，水とさまざまな化合物を植物体全体に再分配する機能を担っている。

篩部転流については，これまでの長年にわたる精力的な研究によって，以下に列挙するいくつかの点が明らかにされてきている：

- ‘転流経路’；糖や他の有機化合物は篩部を通じて植物体全体に運ばれる。篩部の中で輸送経路となっているのは，篩要素とよばれる細胞で，転流に適するためのさまざまな構造的な適応が篩要素には観察される。
- ‘転流のパターン’；物質は篩部を，ソース（光合成産物を供給する植物体の部分）からシンク（光合成産物を代謝し貯蔵する植物体の部分）へと転流する。ソースは多くの場合成熟葉であり，シンクは根や若い葉や果実などである。
- ‘篩部を転流する物質’；炭水化物が篩部を転流するもっとも主要な化合物であり，糖の中ではショ糖が転流される場合が多い。篩管液には，アミノ酸，タンパク質，植物ホルモン等の有機物や無機イオンが含まれている。
- ‘転流速度’；篩部の転流速度はかなり早く，拡散速度よりもかなり早い。移動速度は平均で$1\,\mathrm{m\,h^{-1}}$であり，輸送速度は篩要素で$1 \sim 15\,\mathrm{g\,h^{-1}\,cm^{-2}}$である。

篩部転流のほかの特徴については，今後の研究が重要であり，現在すでに重点的に研究が進められている。現在行われている研究を以下にあげる：

- ‘篩部への積み込みと積み下ろし’；糖の篩要素内への輸送と，篩要素から外への輸送を，篩要素への積み込みと積み下ろしとよんでいる。ある種の植物では，糖はソース葉での篩要素への積み込みの前にアポプラストへ出る必要がある。これらの植物では篩要素への積み込みにはエネルギーが必要であり，このエネルギーはプロトンの勾配によって供給されている。ソース葉において，光合成を行う細胞から篩要素へ至るすべての経路がシンプラスト経由でおこる種もある。いずれの場合でも，転流される糖が特異的に篩部へ積み込まれる。篩部からの積み下ろしも代謝エネルギーを必要とするが，輸送経路や転流されてきた糖が代謝される場所，およびエネルギーが消費される場所は，植物種や組織によって違っている。
- ‘転流のしくみ’；圧流説が篩部転流のしくみとして，もっとも可能性の高いものと考えられている。この説によると，篩管液の流れは，浸透圧によって形成された圧力差に反応しておこるとされる。さまざまな構造および生理的な研究結果によると，被子植物の篩部における物質輸送は圧流説によると考えられる。裸子植物における転流機構に関しては，今後さらなる研究が必要である。
- ‘光合成産物の割り当てと分配’；割り当て（allocation）は，固定された炭素がさまざまな代謝経路のそれぞれにどれだけの量分配されるかの制御である。ソースでは，割り当てによっておこる制御が，貯蔵（ふつうデンプンとして）される炭素量，ソースの細胞内で代謝される量，あるいは，シンク組織にただちに輸送される量が決められる。シンクにおいては，転流してきた糖は生長に使われたり，貯蔵にまわされたりする。分配（partitioning）は，植物個体において光合成産物が組織ごとに違った量転流されていく現象である。分配機構が，それぞれのシンク組織への固定された炭素の輸送量を決定する。篩管への積み込みと積み下ろし，および光合成産物の割り当てと分配は，穀物の生産性を決める重要な要素であり，多くの研究が行われている分野である。

Webマテリアル

Webトピック

10.1 古典的な篩部転流研究

古典的な実験によって，篩部転流のいくつかの基本的な性質が明らかにされた。

10.2 篩管液の採取

アブラムシの口針は，篩管液を採取するために適している。

10.3 ダイズにおける窒素輸送

根で合成された窒素化合物は，木部から篩部へと移される。

10.4 糖の「高速道路」の輸送量の測定

篩部における糖の輸送速度は，放射性同位元素を用いて測定される。

10.5 篩要素へのアポプラストを経由した積み込みがおこっている証拠

形質転換植物を用いた研究によって，アポプラストを経由した積み込みがおこっている可能性が示された。

10.6 篩部へ拡散によって入る化合物がある。

植物ホルモンのような物質は，篩部へ拡散によって入る可能性が考えられる。

10.7 アポプラスト経由で積み込みを行う植物の篩部におけるショ糖–プロトン共輸送体の局在

伴細胞におけるショ糖–プロトン共輸送体の局在が，蛍光色素を用いた実験によって示された。

10.8 ソース葉においてシンプラスト系が存在することの生理学的根拠

蛍光色素は，ソース葉においてシンプラスト系が存在することを示す実験にも用いられてきている。

10.9 篩部の中の糖類

篩部の糖の輸送，割り当て，および代謝は厳密に制御されている。

10.10 未熟種子や貯蔵器官における積み下ろし過程のエネルギー必要性

種子に貯蔵される糖が積み下ろされ，胚に取り込まれる過程には活性のあるトランスポーターが関与している。

10.11 デンプンを貯蔵する植物における，シンクの要求量に応じた光合成速度の制御機構の可能性

光合成産物が蓄積すると，シンクの要求量を増やすことになる。

参考文献

Almon, E., Horowit, M., Wang, H.-L., Lucas, W. J., Zamski, E., and Wolf, S. (1997) Phloem-specific expression of the tobacco mosaic virus movement protein alters carbon metabolism and partitioning in transgenic potato plants. *Plant Physiol.* 115: 1599–1607.

Baluska, F., Cvrckova, F., Kendrick-Jones, J., and Volkmann, D. (2001) Sink plasmodesmata as gateways for phloem unloading. Myosin VIII and calreticulin as molecular determinants of sink strength? *Plant Physiol.* 126: 39–46.

Barker, L., Kuehn, C., Weise, A., Schulz, A., Gebhardt, C., Hirner, B., Hellmann, H., Schulze, W., Ward, J. M., and Frommer, W. B. (2000) SUT2, a putative sucrose sensor in sieve elements. *Plant Cell* 12: 1153–1164.

Bostwick, D. E., Dannenhoffer, J. M., Skaggs, M. I., Lister, R. M., Larkins, B. A., and Thompson, G. A. (1992) Pumpkin phloem lectin genes are specifically expressed in companion cells. *Plant Cell* 4: 1539–1548.

Bouche-Pillon, S., Fleurat-Lessard, P., Fromont, J.-C., Serrano, R., and Bonnemain, J.-L. (1994) Immunolocalization of the plasma membrane H^+-ATPase in minor veins of *Vicia faba* in relation to phloem loading. *Plant Physiol.* 105: 691–697.

Brentwood, B., and Cronshaw, J. (1978) Cytochemical localization of adenosine triphosphatase in the phloem of *Pisum sativum* and its relation to the function of transfer cells. *Planta* 140: 111–120.

Chiou, T.-J., and Bush, D. R. (1998) Sucrose is a signal molecule in assimilate partitioning. *Proc. Natl. Acad. Sci. USA* 95: 4784–4788.

Clark, A. M., Jacobsen, K. R., Bostwick, D. E., Dannenhoffer, J. M., Skaggs, M. I., and Thompson, G. A. (1997) Molecular characterization of a phloem-specific gene encoding the filament protein, phloem protein 1 (PP1), from *Cucurbita maxima*. *Plant J.* 12: 49–61.

DeWitt, N. D., and Sussman, M. R. (1995) Immunocytological localization of an epitope-tagged plasma membrane proton pump (H^+-ATPase) in phloem companion cells. *Plant Cell* 7: 2053–2067.

Eschrich, W. (1975) Bidirectional transport. In *Transport in Plants*, 1: *Phloem Transport* (Encyclopedia of Plant Physiology, New Series, Vol. 1), M. H. Zimmermann and J. A. Milburn, eds., Springer, New York, pp. 245–255.

Evert, R. F. (1982) Sieve-tube structure in relation to function. *BioScience* 32: 789–795.

Evert, R. F., and Mierzwa, R. J. (1985) Pathway(s) of assimilate movement from mesophyll cells to sieve tubes in the *Beta vulgaris* leaf. In *Phloem Transport. Proceedings of an International Conference on Phloem Transport, Asilomar, CA*, J. Cronshaw, W. J. Lucas, and R. T. Giaquinta, eds. Liss, New York, pp. 419–432.

Fisher, D. B. (1978) An evaluation of the Munch hypothesis for phloem transport in soybean. *Planta* 139: 25–28.

Flora, L. L., and Madore, M. A. (1996) Significance of minor-vein anatomy to carbohydrate transport. *Planta* 198: 171–178.

Fondy, B. R. (1975) Sugar selectivity of phloem loading in *Beta vul-*

garis, *vulgaris* L. and *Fraxinus americanus*, *americana* L. Thesis, University of Dayton, Dayton, OH.

Fondy, B. R., and Geiger, D. R. (1980) Effect of rapid changes in sink–source ratio, on export and distribution of products of photosynthesis in leaves of *Beta vulgaris* L. and *Phaseolus vulgaris* L. *Plant Physiol.* 66: 945–949.

Geiger, D. R., and Servaites, J. C. (1994) Diurnal regulation of photosynthetic carbon metabolism in C_3 plants. *Annu. Rev. Plant Physiol. Plant Mol. Biol.* 45: 235–256.

Geiger, D. R., and Sovonick, S. A. (1975) Effects of temperature, anoxia and other metabolic inhibitors on translocation. In *Transport in Plants*, 1: *Phloem Transport* (Encyclopedia of Plant Physiology, New Series, Vol. 1), M. H. Zimmerman and J. A. Milburn, eds., Springer, New York, pp. 256–286.

Geiger, D. R., Giaquinta, R. T., Sovonick, S. A., and Fellows, R. J. (1973) Solute distribution in sugar beet leaves in relation to phloem loading and translocation. *Plant Physiol.* 52: 585–589.

Geiger, D. R., Shieh, W.-J., and Yu, X.-M. (1995) Photosynthetic carbon metabolism and translocation in wild–type and starch–deficient mutant *Nicotiana sylvestris* L. *Plant Physiol.* 107: 507–514.

Giaquinta, R. T., and Geiger, D. R. (1977) Mechanism of cyanide inhibition of phloem translocation. *Plant Physiol.* 59: 178–180.

Goggin, F. L., Medville, R., and Turgeon, R. (2001) Phloem loading in the tulip tree. Mechanisms and evolutionary implications. *Plant Physiol.* 124: 891–899.

Golecki, B., Schulz, A., and Thompson, G. A. (1999) Translocation of structural P proteins in the phloem. *Plant Cell* 11: 127–140.

Grusak, M. A., Beebe, D. U., and Turgeon, R. (1996) Phloem loading. In *Photoassimilate Distribution in Plants and Crops: Source–Sink Relationships*, E. Zamski and A. A. Schaffer, eds., Dekker, New York, pp. 209–227.

Hall, S. M., and Baker, D. A. (1972) The chemical composition of *Ricinus* phloem exudate. *Planta* 106: 131–140.

Imlau, A., Truernit, E., and Sauer, N. (1999) Cell–to–cell and long–distance trafficking of the green fluorescent protein in the phloem and symplastic unloading of the protein into sink tissues. *Plant Cell* 11: 309–322.

Jeuffory, M.-H., and Warembourg, F. R. (1991) Carbon transfer and partitioning between vegetative and reproductive organs in *Pisum sativum* L. *Plant Physiol.* 97: 440–448.

Joy, K. W. (1964) Translocation in sugar beet. I. Assimilation of $^{14}CO_2$ and distribution of materials from leaves. *J. Exp. Bot.* 15: 485–494.

Knoblauch, M., and Van Bel, A. J. E. (1998) Sieve tubes in action. *Plant Cell* 10: 35–50.

Koch, K. E. (1996) Carbohydrate–modulated gene expression in plants. *Annu. Rev. Plant Physiol. Plant Mol. Biol.* 47: 509–540.

Koch, K. E., Tsui, C.-L., Schrader, L. E., and Nelson, O. E. (1982) Source–sink relations in maize mutants with starch deficient endosperms. *Plant Physiol.* 70: 322–325.

Koch, K. E., Wu, Y., and Xu, J. (1996) Sugar and metabolic regulation of genes for sucrose metabolism: Potential influence of maize sucrose synthase and soluble invertase responses on carbon partitioning and sugar sensing. *J. Exp. Bot.* 47 (special issue): 1179–1185.

Kühn, C., Franceschi, V. R., Schulz, A., Lemoine, R., and Frommer, W. B. (1997) Macromolecular trafficking indicated by localization and turnover of sucrose transporters in enucleate sieve elements. *Science* 275: 1298–1300.

Lalonde, S., Boles, E., Hellmann, H., Barker, L., Patrick, J. W., Frommer, W. B., and Ward, J. M. (1999) The dual function of sugar carriers: Transport and sugar sensing. *Plant Cell* 11: 707–726.

Langhans, M., Ratajczak, R., Luetzelschwab, M., Michalke, W., Waechter, R., Fischer–Schliebs, E., and Ullrich, C. I. (2001) Immunolocalization of plasma–membrane H^+–ATPase and tonoplast–type pyrophosphatase in the plasma membrane of the sieve element–companion cell complex in the stem of *Ricinus communis* L. *Planta* 213: 11–19.

Lucas, W. J., Ding, B., and Van der Schoot, C. (1993) Plasmodesmata and the supracellular nature of plants. *New Phytol.* 125: 435–476.

Mezitt, L. A., and Lucas, W. J. (1996) Plasmodesmal cell–to–cell transport of proteins and nucleic acids. *Plant Mol. Biol.* 32: 251–273.

Münch, E. (1930) *Die Stoffbewegungen in der Pflanze*. Gustav Fischer, Jena, Germany.

Nobel, P. S. (1991) *Physicochemical and Environmental Plant Physiology*. Academic Press, San Diego, CA.

Olesinski, A. A., Almon, E., Navot, N., Perl, A., Galun, E., Lucas, W. J., and Wolf, S. (1996) Tissue–specific expression of the tobacco mosaic virus movement protein in transgenic potato plants alters plasmodesmal function and carbohydrate partitioning. *Plant Physiol.* 111: 541–550.

Oparka, K. J., and Santa Cruz, S. (2000) The great escape: Phloem transport and unloading of macromolecules. *Annu. Rev. Plant Physiol. Plant Mol. Biol.* 51: 323–347.

Oparka, K. J., and van Bel, A. J. E. (1992) Pathways of phloem loading and unloading: a plea for a uniform terminology. In *Carbon Partitioning within and between Organisms*, C. J. Pollock, J. F. Farrar, and A. J. Gordon, eds., BIOS Scientific, Oxford, pp. 249–254.

Preiss, J. (1982) Regulation of the biosynthesis and degradation of starch. *Annu. Rev. Plant Physiol.* 33: 431–454.

Roberts, A. G., Santa Cruz, S., Roberts, I. M., Prior, D. A. M., Turgeon, R., and Oparka, K. J. (1997) Phloem unloading in sink leaves of *Nicotiana benthamiana*: Comparison of a fluorescent solute with a fluorescent virus. *Plant Cell* 9: 1381–1396.

Schobert, C., Grossmann, P., Gottschalk, M., Komor, E., Pecsvaradi, A., and zur Nieden, U. (1995) Sieve–tube exudate from *Ricinus communis* L. seedlings contains ubiquitin and chaperones. *Planta* 196: 205–210.

Schulz, A. (1990) Conifers. In *Sieve Elements: Comparative Structure, Induction and Development*. H.-D. Behnke and R. D. Sjolund, eds. Springer–Verlag, Berlin.

Schulz, A. (1992) Living sieve cells of conifers as visualized by confocal, laser–scanning fluorescence microscopy. *Protoplasma* 166: 153–164.

Schulz, A. (1994) Phloem transport and differential unloading in pea seedlings after source and sink manipulations. *Planta* 192: 239–248.

Schulz, A., Kuhn, C., Riesmeier, J. W., and Frommer, W. B. (1998) Ultrastructural effects in potato leaves due to antisense–inhibition of the sucrose transporter indicate an apoplasmic mode of phloem loading. *Planta* 206: 533–543.

Stadler, R., Brandner, J., Schulz, A., Gahrtz, M., and Sauer, N. (1995) Phloem loading by the PmSUC2 sucrose carrier from *Plantago major* occurs into companion cells. *Plant Cell* 7: 1545–1554.

Thomas, B. R., and Rodriguez, R. L. (1994) Metabolite signals regulate gene expression and source/sink relations in cereal seedlings. *Plant Physiol.* 106: 1235–1239.

Thorne, J. H., and Koller, H. R. (1974) Influence of assimilate demand on photosynthesis, diffusive resistances, translocation, and carbohydrate levels of soybean leaves. *Plant Physiol.* 54: 201

–207.

Truernit, E., and Sauer, N. (1995) The promoter of the *Arabidopsis thaliana* SUC2 sucrose–H^+ symporter gene directs expression of β–glucuronidase to the phloem: Evidence for phloem loading and unloading by SUC2. *Planta* 196: 564–570.

Turgeon, R. (1984) Termination of nutrient import and development of vein loading capacity in albino tobacco leaves. *Plant Physiol.* 76: 45–48.

Turgeon, R., and Gowan, E. (1990) Phloem loading in *Coleus blumei* in the absence of carrier–mediated uptake of export sugar from the apoplast. *Plant Physiol.* 94: 1244–1249.

Turgeon, R., and Webb, J. A. (1973) Leaf development and phloem transport in *Cucurbita pepo*: Transition from import to export. *Planta* 113: 179–191.

Turgeon, R., Beebe, D. U., and Gowan, E. (1993) The intermediary cell: Minor–vein anatomy and raffinose oligosaccharide synthesis in the Scrophulariaceae. *Planta* 191: 446–456.

Turgeon, R., Medville, R., and Nixon, K. C. (2001) The evolution of minor vein phloem and phloem loading. *Am. J. Bot.* 88: 1331–1339.

van Bel, A. J. E. (1992) Different phloem–loading machineries correlated with the climate. *Acta Bot. Neerl.* 41: 121–141.

van Bel, A. J. E., Gamalei, Y. V., Ammerlaan, A., and Bik, L. P. M. (1992) Dissimilar phloem loading in leaves with symplasmic or apoplasmic minor–vein configurations. *Planta* 186: 518–525.

Warmbrodt, R. D. (1985) Studies on the root of *Hordeum vulgare* L.—Ultrastructure of the seminal root with special reference to the phloem. *Am. J. Bot.* 72: 414–432.

Weise, A., Barker, L., Kuehn, C., Lalonde, S., Buschmann, H., Frommer, W. B., and Ward, J. M. (2000) A new subfamily of sucrose transporters, SUT4, with low affinity/high capacity localized in enucleate sieve elements of plants. *Plant Cell* 12: 1345–1355.

Wright, J. P., and Fisher, D. B. (1980) Direct measurement of sieve tube turgor pressure using severed aphid stylets. *Plant Physiol.* 65: 1133–1135.

Yoo, B.–C., Aoki, K., Xiang, Y., Campbell, L. R., Hull, R. J., Xoconostle–Cazares, B., Monzer, J., Lee, J.–Y., Ullman, D. E., and Lucas, W. J. (2000) Characterization of *Cucurbita maxima* phloem serpin–1 (CmPS–1): A developmentally regulated elastase inhibitor. *J. Biol. Chem.* 275: 35122–35128.

Zimmermann, M. H., and Milburn, J. A., eds. (1975) *Transport in Plants*, 1: *Phloem Transport* (Encyclopedia of Plant Physiology, New Series, Vol. 1). Springer, New York.

11 呼吸と脂質代謝

光合成は，植物やその他のほとんどすべての生物の生存に必要な有機物を供給する。呼吸は，それに関連した炭素代謝とともに，炭素化合物に蓄えられたエネルギーをたくみに遊離させ，そのエネルギーは細胞で利用される。また，それと同時に種々の物質の生合成に必要な多くの前駆体を生産する。本章の最初の項では，植物に特徴的な点を強調しながら，代謝と関連づけて，また，植物ミトコンドリアの生化学や分子生物学の分野における最近の知見もふまえて，呼吸について概説する。

本章の2番めの項では，多くの植物が炭素源やエネルギー源として貯蔵する油脂の蓄積に関連した脂質の生合成経路について述べ，脂質の生合成と膜の性質に及ぼす脂質の影響についてもふれる。最後に，脂質の分解に関わっている異化経路，種子が発芽するときにおこる脂質の分解産物の糖への変換について述べる。

植物における呼吸の概略

酸素を必要とする好気呼吸は，ほぼすべての真核生物に共通の過程であり，植物でおこる呼吸は大まかには動物や下等な真核生物でみられる呼吸とほぼ同じである。しかし，植物の呼吸はいくつかの点で動物のものと異なっている。**好気呼吸**（aerobic respiration）とは，還元された有機化合物を巧妙なしくみで酸化して，利用しやすいように変換するプロセスである。呼吸によって自由エネルギーが放出され，そのエネルギーは一時的にATPとして貯えられ，植物の生命維持や成長に利用される。

グルコースは，呼吸の基質としてもっとも一般的に使われている。しかし植物細胞において還元炭素は，二単糖のショ糖，ヘキソースリン酸，トリオースリン酸などのような光合成やデンプンの分解によって得られる糖，フルクトースを含んだポリマー（フルクタン），その他の糖，あるいは脂質（主としてトリアシルグリセロール），有機酸であり，ときにはタンパク質から誘導される（図11.1）。

化学的に見ると，植物の呼吸は12個の炭素からなるショ糖分子の酸化と12分子の酸素の還元として表される：

$$C_{12}H_{22}O_{11} + 13\,H_2O \longrightarrow 12\,CO_2 + 48\,H^+ + 48\,e^-$$

$$12\,O_2 + 48\,H^+ + 48\,e^- \longrightarrow 24\,H_2O$$

全体では：

$$C_{12}H_{22}O_{11} + 12\,O_2 \longrightarrow 12\,CO_2 + 11\,H_2O$$

と表すことができる。

この反応は，光合成の逆反応である。共役した酸化還元反応であり，酸素が電子受容体として働いて水に還元され，ショ糖が完全にCO_2に酸化される。標準自由エネルギーは，この酸化反応によってショ糖1モル（342 g）あたり5,760 kJ（1,380 kcal）減少する。ATPの合成に共役したこの自由エネルギーの放出が，呼吸の主な機能である。

細胞の機能が損なわれるのを防ぐために，細胞は一連の反応によってショ糖が酸化されるときに得られる大量の自由エネルギーを利用する。これらの反応は，四つの主な過程，すなわち解糖系，クエン酸回路，ペントースリン酸経路，酸化的リン酸化に分けることができる。呼吸の基質は，図11.1にまとめられているように，各過程の異なったところで呼吸系に入る：

- **解糖**（glycolysis）は，サイトソルとプラスチドの両方に存在する水溶性の酵素群によって触媒される一連の反応である。たとえば，ショ糖はヘキソースリン酸やトリオースリン酸をへて部分的に酸化されて有機酸，たとえば，ピルビン酸となる。この過程で少量のエネルギーがATPとして，また還元型のピリジンヌクレオチドNADHが還元力として生じる。
- 解糖系と同様に，サイトソルとプラスチドに存在する

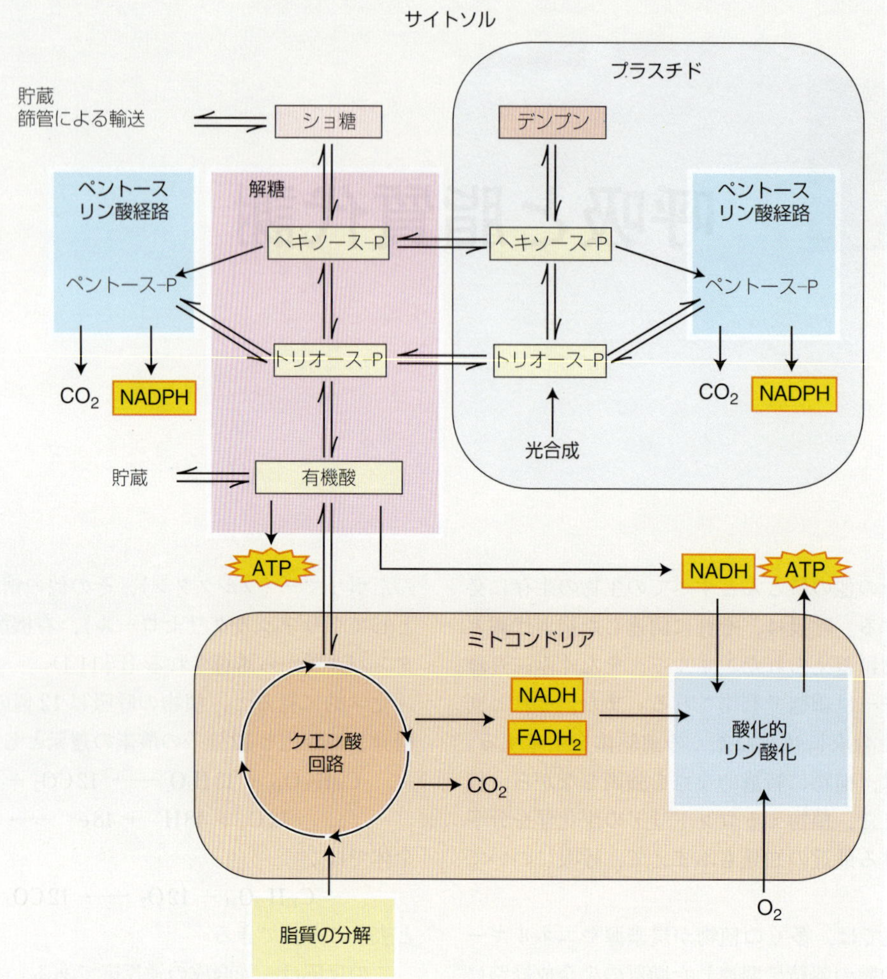

図 11.1 呼吸の概要。呼吸の基質は細胞でおこるその他の過程で合成され，呼吸の経路に入る。サイトソルとプラスチドにある解糖系とペントースリン酸経路は，糖をヘキソースリン酸とトリオースリン酸をへて有機酸に変換し，NADHまたはNADPHとATPを生成する。有機酸は，ミトコンドリアのクエン酸回路で酸化され，そのとき生産されるNADHと$FADH_2$は，酸化的リン酸化における電子伝達鎖とATP合成酵素によるATP合成にエネルギーを供給する。糖新生において，脂質の分解によって得られる炭素は，グリオキシソームでさらに分解され後，クエン酸回路で代謝され，それから，サイトソルで解糖系の逆反応による糖の合成に使われる。

ペントースリン酸経路（pentose phosphate pathway）では，六炭糖であるグルコース-6-リン酸はまず五炭糖のリブロース-5-リン酸に酸化される。炭素はCO_2として失われ，還元力は2分子の別の還元型ヌクレオチドであるNADPHとして保存される。その後の平衡に近い反応によって，リブロース-5-リン酸は三炭糖から七炭糖へと変換される。

- **クエン酸回路**（citric acid cycle）では，ピルビン酸はCO_2にまで完全に酸化され，大量の還元力が生産される（ショ糖1分子あたり，16個のNADHと4個の$FADH_2$）。一つの例外（コハク酸脱水素酵素）を除いて，ミトコンドリアの内部に存在する水溶性のコンパートメントであるマトリックスに局在する酵素によって，これらの反応は担われている（図11.5）。後で述べるように，コハク酸脱水素酵素はミトコンドリアの内膜に存在する。
- 酸化的リン酸化において，電子はミトコンドリアの内膜に結合したタンパク質からなる**電子伝達鎖**（electron transport chain）に沿って伝達される。このシステムは，解糖系，ペントースリン酸経路，クエン酸回路で生じたNADHから電子を酸素へと伝達する。この電子伝達は，大量の自由エネルギーを放出し，そのエネルギーの大部分は**ATP合成酵素**（ATP synthase）によって触媒されるADPとリン酸（無機リン酸）からのATP合成を通して保存される。電子伝達鎖の酸化還元反応とATP合成は**酸**

化的リン酸化（oxidative phosphorylation）とよばれる。この最後の段階でショ糖の酸化が完結する。

ニコチンアミドアデニンジヌクレオチド（NAD^+/NADH）は，細胞内での酸化還元反応を触媒する酵素が要求する補因子（補酵素）である。NAD^+はその補因子の酸化型であり，可逆的な2電子反応を受けてNADHを生じる（図11.2）：

$$NAD^+ + 2e^- + H^+ \longrightarrow NADH$$

この酸化還元反応の標準還元ポテンシャルは-320 mVであり，NAD^+を相対的に強い還元体，すなわち電子供与体として働くNADHにする。したがって，NADHは解糖系やクエン酸回路の段階的な酸化の過程で生じた電子によって得られる自由エネルギーを保存するのに都合のよい分子である。関連した化合物であるニコチンアミドアデニンジヌクレオチドリン酸（$NADP^+$/NADPH）は，光合成（8章参照）や酸化的ペントースリン酸経路の酸化還元反応で働いているが，ミトコンドリアでの代謝にも部分的に関与している（Møller and Rasmusson 1998）。この点については本章の最後で述べる。

電子伝達鎖を介したNADHの酸素による酸化は，ATPの

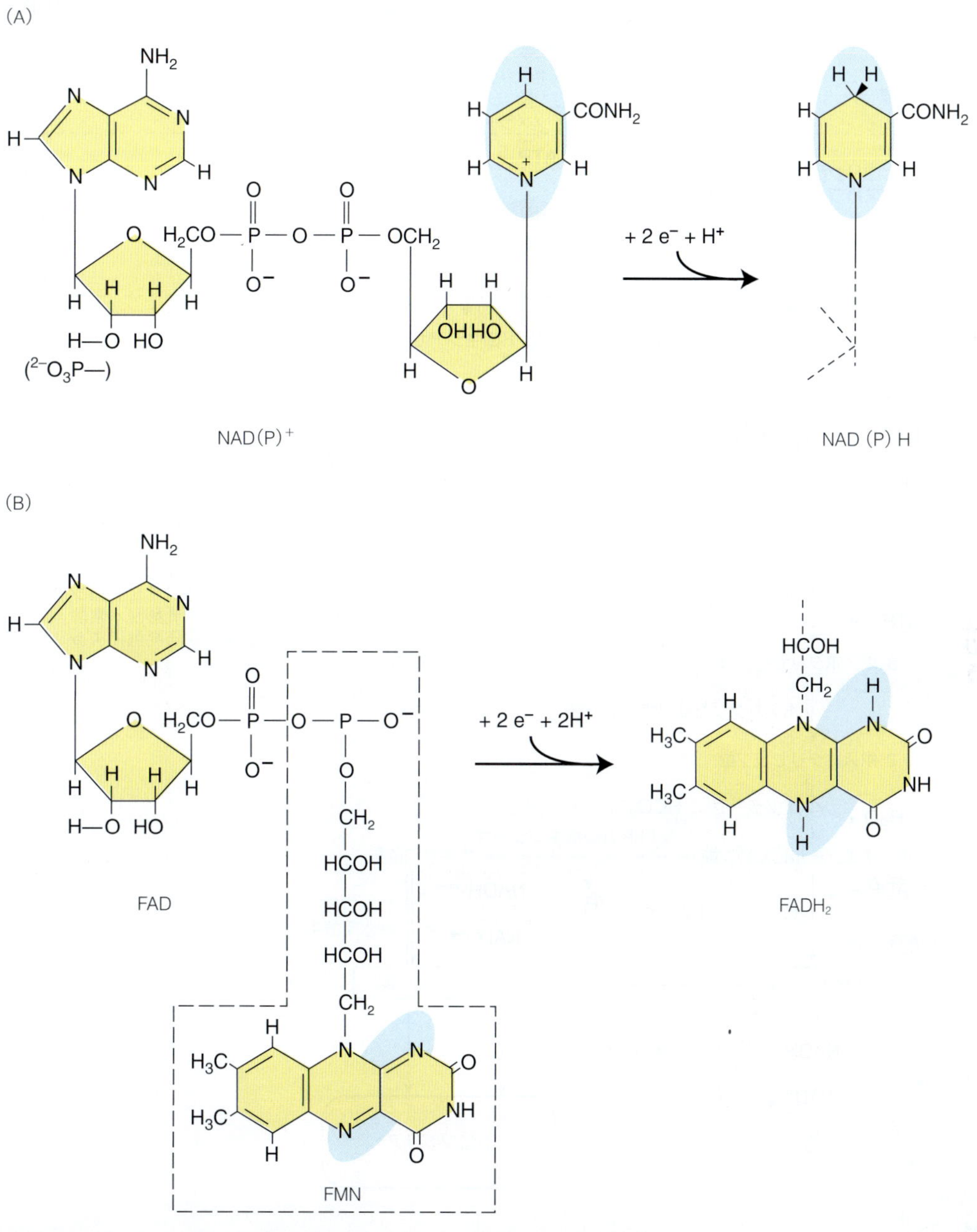

図 11.2 呼吸によるエネルギー生産において，電子を伝達する主な補因子の構造と反応。(A) $NAD(P)^+$のNAD(P)Hへの還元，(B) FADの$FADH_2$への還元。FMNは，FADのフラビンの部分と同じで，破線のボックスで示されている。青く塗られた領域は，酸化還元反応に関わっている分子内の部分を示している。

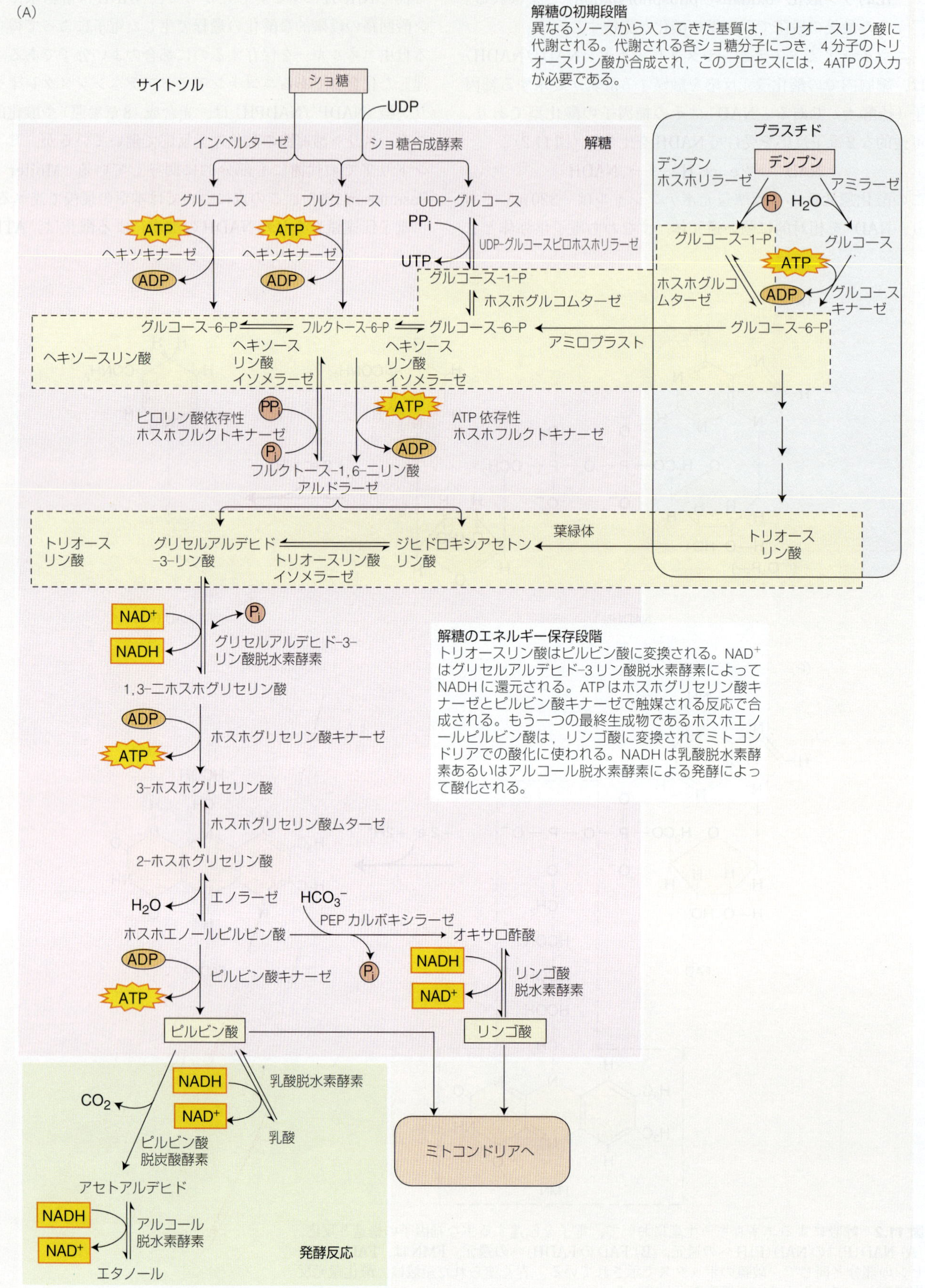
(A)
解糖の初期段階
異なるソースから入ってきた基質は，トリオースリン酸に代謝される。代謝される各ショ糖分子につき，4分子のトリオースリン酸が合成され，このプロセスには，4ATPの入力が必要である。
サイトソル
ショ糖
UDP
インベルターゼ
ショ糖合成酵素
解糖
プラスチド
デンプン
デンプンホスホリラーゼ
アミラーゼ
P_i
H_2O
グルコース
フルクトース
UDP-グルコース
PP_i
UDP-グルコースピロホスホリラーゼ
UTP
ATP
ヘキソキナーゼ
ADP
グルコース-1-P
グルコース
グルコースキナーゼ
ホスホグルコムターゼ
グルコース-6-P
フルクトース-6-P
ヘキソースリン酸
ヘキソースリン酸イソメラーゼ
アミロプラスト
ピロリン酸依存性ホスホフルクトキナーゼ
ATP依存性ホスホフルクトキナーゼ
フルクトース-1,6-二リン酸
アルドラーゼ
葉緑体
トリオースリン酸
グリセルアルデヒド-3-リン酸
ジヒドロキシアセトンリン酸
トリオースリン酸イソメラーゼ
NAD^+
NADH
グリセルアルデヒド-3-リン酸脱水素酵素
1,3-二ホスホグリセリン酸
ホスホグリセリン酸キナーゼ
3-ホスホグリセリン酸
ホスホグリセリン酸ムターゼ
2-ホスホグリセリン酸
エノラーゼ
HCO_3^-
PEPカルボキシラーゼ
ホスホエノールピルビン酸
オキサロ酢酸
リンゴ酸脱水素酵素
ピルビン酸キナーゼ
ピルビン酸
リンゴ酸
CO_2
乳酸脱水素酵素
乳酸
ピルビン酸脱炭酸酵素
ミトコンドリアへ
アセトアルデヒド
アルコール脱水素酵素
エタノール
発酵反応
解糖のエネルギー保存段階
トリオースリン酸はピルビン酸に変換される。NAD^+はグリセルアルデヒド-3リン酸脱水素酵素によってNADHに還元される。ATPはホスホグリセリン酸キナーゼとピルビン酸キナーゼで触媒される反応で合成される。もう一つの最終生成物であるホスホエノールピルビン酸は，リンゴ酸に変換されてミトコンドリアでの酸化に使われる。NADHは乳酸脱水素酵素あるいはアルコール脱水素酵素による発酵によって酸化される。

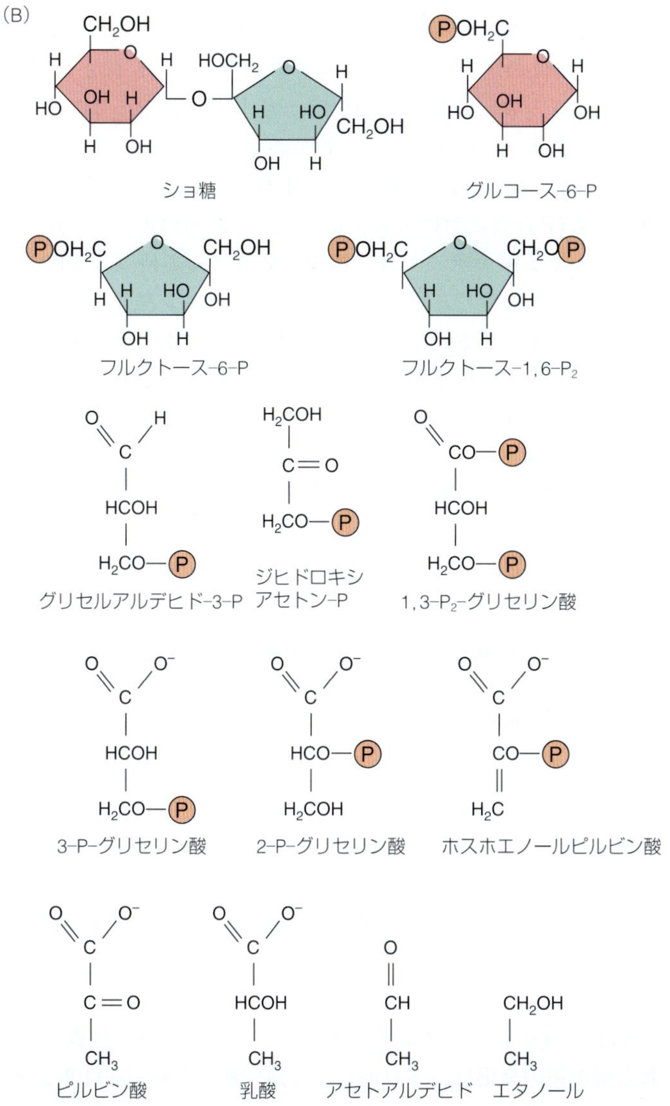

図 11.3 植物の解糖と発酵でおこる反応。(A) 主要な経路でショ糖は有機酸であるピルビン酸に酸化される。両方向の矢印は，可逆反応を示している。一方向への矢印は，本質的に不可逆な反応を示している。(B) 代謝中間体の構造。P；リン酸，P_2；二リン酸。

合成を駆動する自由エネルギー（220 kJ mol^{-1}，または 52 kcal mol^{-1}）を放出する。ここで，次の二つの反応を結びつけることにより，呼吸を細胞内エネルギー代謝での役割に関連づけてもっと完全な形で定義することができる：

$$C_{12}H_{22}O_{11} + 12\,O_2 \longrightarrow 12\,CO_2 + 11\,H_2O$$

$$60\,ADP + 60\,P_i \longrightarrow 60\,ATP + 60\,H_2O$$

呼吸の代謝系に入った炭素がすべてCO_2として放出されるわけではないことを覚えておく必要がある。呼吸で生じる多くの代謝中間体は，窒素を有機物に同化する経路やヌクレオチド，脂質，その他の物質を合成する経路の出発点となる（図 11.13）。

解糖：サイトソルとプラスチドにおける過程

解糖（glycolysis，糖と分解を意味するギリシア語の glykos と lysis に由来する）の最初の段階において，炭水化物はヘキソースリン酸に変換され，それから二つのトリオースリン酸に分解される。次のエネルギーを保存する段階では，トリオースリン酸が酸化され，それから再結合されて有機酸であるピルビン酸2分子が合成される。解糖は，クエン酸回路での酸化に使われる基質を合成するほかに，ATP と NADH として少量の化学エネルギーも生産する。

酸素分子が利用できない，たとえば，浸水した植物の根では，解糖は主なエネルギー源となる。サイトソルに存在する**発酵経路**（fermentation pathway）は，解糖によって生産された NADH をリサイクルするためにピルビン酸を還元する。この項では，基本的な解糖系や発酵経路について，植物細胞に特徴的な点を強調して述べる。最後に，ペントースリン酸経路について述べる。

解糖系は炭水化物をピルビン酸へ変換し，NADH と ATP を生産する

解糖はすべての生物（原核生物と真核生物）でおこる。植物の解糖と発酵の主要な反応は，動物細胞でおこるものとほとんど同じである（図 11.3）。しかし，植物の解糖系は，サイトソルだけでなく一部の反応経路がプラスチドにも存在しており，それに加えてユニークな調節機構も備えている。動物では解糖の基質はグルコースであり，最終産物はピルビン酸である。ショ糖は，ほとんどの植物において転流に利用される主要な糖であり，非光合成組織がソース組織から受けとる糖であることから，植物の呼吸における真の基質であると考えることができる。ピルビン酸に加えて，別の有機酸であるリンゴ酸も植物の解糖の最終産物である。

解糖の最初のステップで，ショ糖は二つの単糖グルコースとフルクトースに分解され，すぐに解糖系へ入る。植物ではショ糖を分解する二つの経路が知られており，両方の経路は篩管からのショ糖の移入にも関わっている（10章参照）。

ほとんどの植物組織において，サイトソルに存在するショ糖合成酵素はショ糖を UDP と反応させてフルクトースと UDP-グルコースを合成するので，ショ糖の分解に使われている。UDP-グルコースピロホスホリラーゼは，UDP-グルコースとピロリン酸を UTP とグルコース-6-リン酸に変換する（図 11.3）。いくつかの組織では，細胞壁，液胞，またはサイトソルに存在するインベルターゼがショ糖を二つのヘキソース（グルコースとフルクトース）に加水分解する。その後，ヘキソースは ATP を用いた反応によってリン酸化される。ショ糖合成酵素の反応は平衡に近いが，インベルターゼの反応は不可逆であるのに十分なエネルギーを放出する。

葉緑体やアミロプラストのようなプラスチド（1章参照）は，解糖の基質を供給することができる。デンプンはプラスチドでのみ合成され異化作用を受け，分解によって得られた炭素はヘキソースリン酸（アミロプラストの外に輸送される）またはトリオースリン酸（クロロプラストの外に輸送される）として主にサイトソルに存在する解糖系へ入る。光合成産物は，トリオースリン酸として直接解糖系に入る。

プラスチドは，サイトソルに存在するヘキソースリン酸をトリオースリン酸に変換する酵素とは異なる，別のセットの解糖系酵素を使ってデンプンをトリオースリン酸に変換する。図11.3に示されているすべての酵素は，植物の無傷組織で観察される呼吸の速度を説明するのに十分なレベルで検出される。

解糖系の初期の段階で，各ヘキソースユニットは2回リン酸化され，それから二つに分かれて最終的には2分子のトリオースリン酸となる。この一連の反応は，ショ糖がショ糖合成酵素またはインベルターゼによって分解されるかどうかに依存するが，ショ糖1分子あたり2～4分子のATPを消費する。これらの反応は，ヘキソキナーゼとホスホフルクトキナーゼによって触媒される解糖の三つの不可逆的な反応のうちの二つを含んでいる（図11.3）。ホスホフルクトキナーゼ反応は，植物と動物の両方における解糖系の調節反応の一つである。

解糖におけるエネルギー保存段階　これまで述べてきた反応では，多くの基質プールから炭素をトリオースリン酸へと変換する。一度，グリセルアルデヒド-3-リン酸が形成されると，解糖は利用可能なエネルギーをエネルギー保存段階で得ることができるようになる。グリセルアルデヒド-3-リン酸脱水素酵素は，NAD^+のNADHへの還元を伴う，アルデヒドのカルボン酸への酸化反応を触媒する。この反応は十分なエネルギーを放出し，グリセルアルデヒド-3-リン酸を無機リン酸を使ってリン酸化して1,3-二ホスホグリセリン酸にする。1,3-二ホスホグリセリン酸の1位の炭素のリン酸化されたカルボン酸は，加水分解の大きな標準自由エネルギーをもつため，強力なリン酸基の供与体となる。

ホスホグリセリン酸キナーゼによって触媒される解糖系の次の段階で，1位の炭素のリン酸はADPに転移し，ATPと3-ホスホグリセリン酸が生じる。1分子のショ糖が解糖系に入ると，この反応によって4分子のATPが合成される。

このタイプのATP合成は，基質分子からADPへの直接的なリン酸基の転移によるATP合成なので，**基質レベルのリン酸化**（substrate-level phosphorylation）とよばれている。後で述べるように，基質レベルのリン酸化によるATP合成は，ミトコンドリアでの酸化的リン酸化（本章で後ほど述べる）や葉緑体での光リン酸化によるATP合成（7章参照）とは機構的に異なっている。

次の反応では，3-ホスホグリセリン酸に結合しているリン酸が，2位の炭素に転移され，それから水分子が除かれ，ホスホエノールピルビン酸（PEP）が生じる。PEPのリン酸基は，加水分解の大きな標準自由エネルギー（$-61.9\,\mathrm{kJ\,mol^{-1}}$あるいは$-14.8\,\mathrm{kcal\,mol^{-1}}$）をもち，このことは，PEPをATP合成における非常によいリン酸基の供与体にする。ピルビン酸キナーゼは，PEPを基質として使ってATPとピルビン酸を生じる2番めの基質レベルのリン酸化を触媒する。解糖系の3番めの不可逆的なステップであるこの最後のステップは，解糖系に入ってくる各ショ糖分子に対してさらに四つのATP分子を生成する。

植物はもう一つの解糖反応系をもっている

グルコースからピルビン酸を生成する一連の反応は，解糖を行うすべての生物でおこる。さらに，生物は有機酸から糖を合成するためにこの反応系を逆に動かすことができる。このプロセスは，**糖新生**（gluconeogenesis）として知られている。

糖新生は植物に一般に存在するわけではないが，ヒマやヒマワリのように油（トリアシルグリセロール）を大量に炭素貯蔵物質として蓄える植物の種子において働いている。種子が発芽したあと，油の大部分は糖新生によってショ糖に変換され，実生の成長に利用される。解糖の最初の段階で，糖新生は8章で述べられている植物に特徴的な光合成で合成されるトリオースリン酸からショ糖を合成する経路と重複している。

ATPに依存したホスホフルクトキナーゼによって触媒される解糖系の反応は，本質的に不可逆であるため（図11.3），もう一つの酵素であるフルクトース-1,6-ビスホスファターゼが，糖新生においてフルクトース-1,6-二リン酸をフルクトース-6-リン酸とリン酸に変換する。ATPに依存したホスホフルクトキナーゼとフルクトース-1,6-ビスホスファターゼは，植物におけるショ糖合成の場合と同じように（8章参照），植物と動物の解糖/糖新生でおこる炭素代謝の主な調節酵素である。

植物におけるフルクトース-6-リン酸とフルクトース-1,6-二リン酸の相互変換は，ピロリン酸に依存したホスホフルクトキナーゼ（ピロリン酸：フルクトース-6-リン酸1ホスホトランスフェラーゼ）という，もう一つの酵素の存在によってもっと複雑になる。この酵素は以下の可逆的な反応を触媒する（図11.3）：

$$\text{フルクトース-6-P} + PP_i \longrightarrow \text{フルクトース-1,6-}P_2 + P_i$$

ここで，Pはリン酸を，P_2は二リン酸を示している。ピロリン酸に依存したホスホフルクトキナーゼは，ATPに依存したホスホフルクトキナーゼよりもかなり高いレベルでほとんどの植物の組織の細胞質に見い出される（Kruger 1997）。形質転換ジャガイモでピロリン酸に依存したホスホフルクトキナーゼを抑制した研究から，この酵素が解糖系の流れに影響を与えるが，生存には必要不可欠ではないことが示されている。このことは，他の酵素がこの酵素の機能をかわりに担うことができることを示している。

ピロリン酸に依存したホスホフルクトキナーゼによって触媒される反応は可逆的であるが，ショ糖合成では働いていないようである（Dennis and Blakely 2000）。ATPに依存したホスホフルクトキナーゼやフルクトースビスホスファターゼのように，いくつかの酵素が細胞内での代謝の変動によって制御されていることは明らかであり（本章で後ほど述べる），植物での解糖の作用がほかの生物のものとは異なっていることを示している。

解糖反応の最後の段階で，植物はPEPを代謝する別の経路をもっている。一つの経路では，PEPはあらゆる組織に存在するサイトソル酵素であるPEPカルボキシラーゼによってカルボキシル化され，有機酸であるオキサロ酢酸になる。オキサロ酢酸は，それから電子供与体としてNADHを使うリンゴ酸脱水素酵素の作用によってリンゴ酸に還元され，この酵素は発酵における脱水素酵素群と同じような役割を担う（図11.3）。合成されたリンゴ酸は，液胞に運ばれて貯蔵されるか，ミトコンドリアへ輸送されてクエン酸回路に入る。したがって，ピルビン酸キナーゼとPEPカルボキシラーゼは，ミトコンドリアでの呼吸のために，有機酸であるピルビン酸またはリンゴ酸を生産することができる。このとき，ほとんどの組織で主にピルビン酸が生産される。

嫌気的な条件下での発酵は，解糖に必要なNAD^+を再生する

嫌気的な条件下では，クエン酸回路や酸化的リン酸化は機能しない。したがって，解糖は細胞でのNAD^+の供給が制限されるために機能しつづけることができなくなる。一度，すべてのNAD^+が還元状態のNADHになると，グリセルアルデヒド-3-リン酸脱水素酵素によって触媒される反応は，おこりえなくなってしまう。この問題を解決するために，植物やその他の生物は，一つまたはそれ以上の型の**発酵代謝**（fermentation metabolism）を行うことによって，ピルビン酸をさらに代謝することができる（図11.3）。

植物一般に見い出されるが，ビール酵母でもっとよく知られているアルコール発酵では，二つの酵素，ピルビン酸脱炭酸酵素とアルコール脱水素酵素がピルビン酸に作用し，最終的にエタノールとCO_2を合成して，NADH を酸化する。哺乳類の筋肉で一般に見られるばかりでなく，植物でも見られる乳酸発酵では，乳酸脱水素酵素がNADHを使ってピルビン酸を乳酸に還元し，NAD^+を再生する。

ある特定の環境下では，植物の組織は微酸素状態や無酸素状態に曝され，発酵代謝を行うことを強いられるかもしれない。もっともよく研究された例は，水浸しになった土壌で，酸素の拡散がかなり制限されて根が微酸素状態になった場合である。

トウモロコシの低酸素への最初の応答は，乳酸発酵であるが，その後の応答はアルコール発酵である。エタノールは細胞壁を透過することができるので，毒性の低い発酵の最終産物であるが，乳酸は細胞内に蓄積しサイトソルの酸性化を引きおこすと考えられている。他の多くの場合では，植物は嫌気条件に近い条件下でいくつかの型の発酵を行うことで応答する。

発酵は各糖分子のもつ全エネルギーを遊離させるわけではない

解糖系の話題から離れる前に，発酵の効率について考えておく必要がある。ここで，‘効率’とはショ糖が潜在的にもつエネルギーのうち，ATPとして保存されるエネルギーと定義する。ショ糖が完全に酸化されるときの標準自由エネルギー変化（$\Delta G^{\circ\prime}$）は，$-5{,}760\,\mathrm{kJ\,mol^{-1}}$（$1{,}389\,\mathrm{kcal\,mol^{-1}}$）である。ATP合成に必要な$\Delta G^{\circ\prime}$の値は，$32\,\mathrm{kJ\,mol^{-1}}$（$7.7\,\mathrm{kcal\,mol^{-1}}$）である。しかし，哺乳類や植物の細胞が通常おかれている非標準的な条件下では，ATP合成に約$50\,\mathrm{kJ\,mol^{-1}}$（$12\,\mathrm{kcal\,mol^{-1}}$）の自由エネルギーが必要である（自由エネルギーの議論については，Webサイトの2章を参照）。

1分子のショ糖分子がエタノールまたは乳酸に変換されるとき，正味4分子のATPが合成されるとすると，発酵の効率は約4％である。ショ糖のもつエネルギーの大部分は，発酵の副産物である乳酸またはエタノールに残っている。嫌気的な呼吸において，解糖によって合成されるピルビン酸はミトコンドリアへ輸送されて酸化され，ショ糖のもつ自由エネルギーがもっと効率よくATPに変換される。

発酵ではエネルギー変換効率が低いため，細胞が生き残るには解糖の速度を高めてATPを生産しつづけることが必要である。この現象は，酵母が好気的な呼吸からアルコール発酵に切り替えたときにおこり，そのことに最初に気づいた，フランスの微生物学者Louis Pasteurにちなんで‘パスツール効果’とよばれる。解糖速度の増加は，解糖や発酵に関わっている酵素をコードしている遺伝子の発現の増加や代謝物のレベルの変化によって生じる（Sachs et al. 1996）。

植物の解糖系は，その過程で生じた生成物によって制御されている

細胞内では，解糖はフルクトース-6-リン酸のリン酸化とPEPの代謝回転によって制御されている（**Webエッセイ11.1**参照）。動物とは対照的に，AMPとATPは植物のホス

ホフルクトキナーゼやピルビン酸キナーゼの主なエフェクターではない。ATP依存性のホスホフルクトキナーゼを阻害するPEPのサイトソル濃度が，植物の解糖系を制御しているもっと重要な因子である。

ホスホフルクトキナーゼに関するPEPの阻害効果は，無機リン酸によって著しく軽減される。そのため，サイトソルのPEPとP_iの比は，植物の解糖系を制御する決定的な因子となる。解糖の最後の段階でPEPを代謝するピルビン酸キナーゼとPEPカルボキシラーゼ（図11.3）は，ともにクエン酸回路の代謝中間体やそれらの誘導体であるリンゴ酸，クエン酸，2-オキソグルタル酸，グルタミン酸などによるフィードバック阻害を受ける。

したがって，植物における解糖系の制御は，ピルビン酸キナーゼとPEPカルボキシラーゼによるPEPの代謝レベルでの第一の制御，フルクトース-6-リン酸をフルクトース-1,6-二リン酸（図11.3）へ変換するときのPEPによる第二の制御といった「ボトムアップ」（図11.12）によっておこる。動物では，第一の制御はホスホフルクトキナーゼでおこり，第二の制御はピルビン酸キナーゼでおこる。

解糖系をボトムアップで制御する場合に考えられる一つの利点は，植物がカルビン回路やショ糖，トリオースリン酸，デンプンの相互変換といった解糖系に関係している代謝系とは独立に，ピルビン酸への正味の解糖系の流れを制御できるようにすることである（Plaxton 1996）。この制御機構のもう一つの利点は，解糖系が種々の物質の生合成に必要な前駆体の供給に合わせて働くことであろう。

植物細胞にPEPを代謝する二つの酵素，ピルビン酸キナーゼとPEPカルボキシラーゼが存在することは，解糖系の制御を複雑なものにしている。二つの酵素は同じような代謝産物によって阻害されるけれども，PEPカルボキシラーゼはある特定の条件下では，ピルビン酸キナーゼの付近でバイパス反応を行うことができる。その反応を介して合成されるリンゴ酸は，ミトコンドリアにあるクエン酸回路に入る。このために，ボトムアップ制御は，植物の解糖系の制御に高い柔軟性をもたせる。

PEP代謝に多様な経路が存在することは，サイトソルのピルビン酸キナーゼを通常の5%以下しかもたない形質転換タバコの葉を用いた研究から，実験的に支持されている（Plaxton 1996）。それらの形質転換タバコでは，野生株と同じレベルのピルビン酸キナーゼをもったコントロールの植物に比較して，葉の呼吸と光合成の両方の速度が影響を受けなかった。しかし，根での成長抑制がおこることから，ピルビン酸キナーゼの低下が有害な効果をもたらすことが示された。

フルクトース-6-リン酸をフルクトース-1,6-二リン酸に変換する場合の制御も複雑である。もう一つのヘキソースリン酸であるフルクトース-2,6-二リン酸は，サイトソルにさまざまなレベルで存在する（8章参照）。フルクトース-2,6-二リン酸は，サイトソルのフルクトース-1,6-ビスホスファターゼの活性を著しく阻害するが，しかし，ピロリン酸に依存したホスホフルクトキナーゼの活性を活性化する。これらの結果は，ショ糖合成と解糖系の交差するステップで，フルクトース-2,6-二リン酸が，フルクトースリン酸代謝のATP依存性とピロリン酸依存性の経路間の流れを分配するのに中心的な役割を果たしていることを示唆している。

解糖系の制御を深く理解するためには，代謝物レベルの時間的な変化を調べる必要がある。多くの代謝物をすばやく抽出して同時に分析する方法，たとえば，質量分析計を用いた方法が現在使われており，‘メタボリックプロファイリング’とよばれている（**Webエッセイ11.2**参照）。

ペントースリン酸経路は，NADPHや物質の生合成に必要な代謝中間体を生産する

植物細胞において解糖系は，糖を酸化するための唯一の経路ではない。共通の代謝物を解糖系と共有して，**酸化的ペントースリン酸経路**（oxidative pentose phosphate pathway）（‘ヘキソース一リン酸シャント’としても知られている）も糖を酸化することができる（図11.4）。この経路の反応は，サイトソルとプラスチドに存在する可溶性の酵素によって触媒される。一般に，プラスチドの経路の方がサイトソルの経路よりも主要な経路である（Dennis et al. 1997）。

この経路の最初の二つの反応は，六炭糖であるグルコース-6-リン酸を五炭糖であるリブロース-5-リン酸に変換する酸化的な反応であり，1分子の炭酸ガスの消失と2分子のNADPH（NADHではなくて）の生成を伴う。この経路の残りの反応では，リブロース-5-リン酸を解糖系の代謝中間体であるグリセルアルデヒド-3-リン酸とフルクトース-6-リン酸に変換する。グルコース-6-リン酸は，解糖系の酵素によってグリセロアルデヒド-3-リン酸とフルクトース-6-リン酸から再生されるため，回路が6回転したときの反応は以下のように書くことができる：

$$6\,\text{グルコース-6-リン酸} + 2\,NADP^+ + 7\,H_2O \longrightarrow$$
$$5\,\text{グルコース-6-リン酸} + 6\,CO_2 + P_i + 12\,NADPH + 12\,H^+$$

全体の反応は，12分子のNADPHの生成を伴う，1分子のグルコース-6-リン酸のCO_2への完全な酸化である。

放射性同位元素でラベルしたグルコースからの$^{14}CO_2$の放出を調べた研究から，解糖がほとんどの植物組織における全炭素フラックスの80～95%を占め，主要な分解経路であることが示されている。しかし，ペントースリン酸経路もそのフラックスに貢献しており，発生学的な研究から植物細胞がメリステマティックな状態からもっと分化した状態へ変化するときに，ペントースリン酸経路の貢献度が増加することが示されている（Ap Rees 1980）。酸化的リン酸経路は，植物の

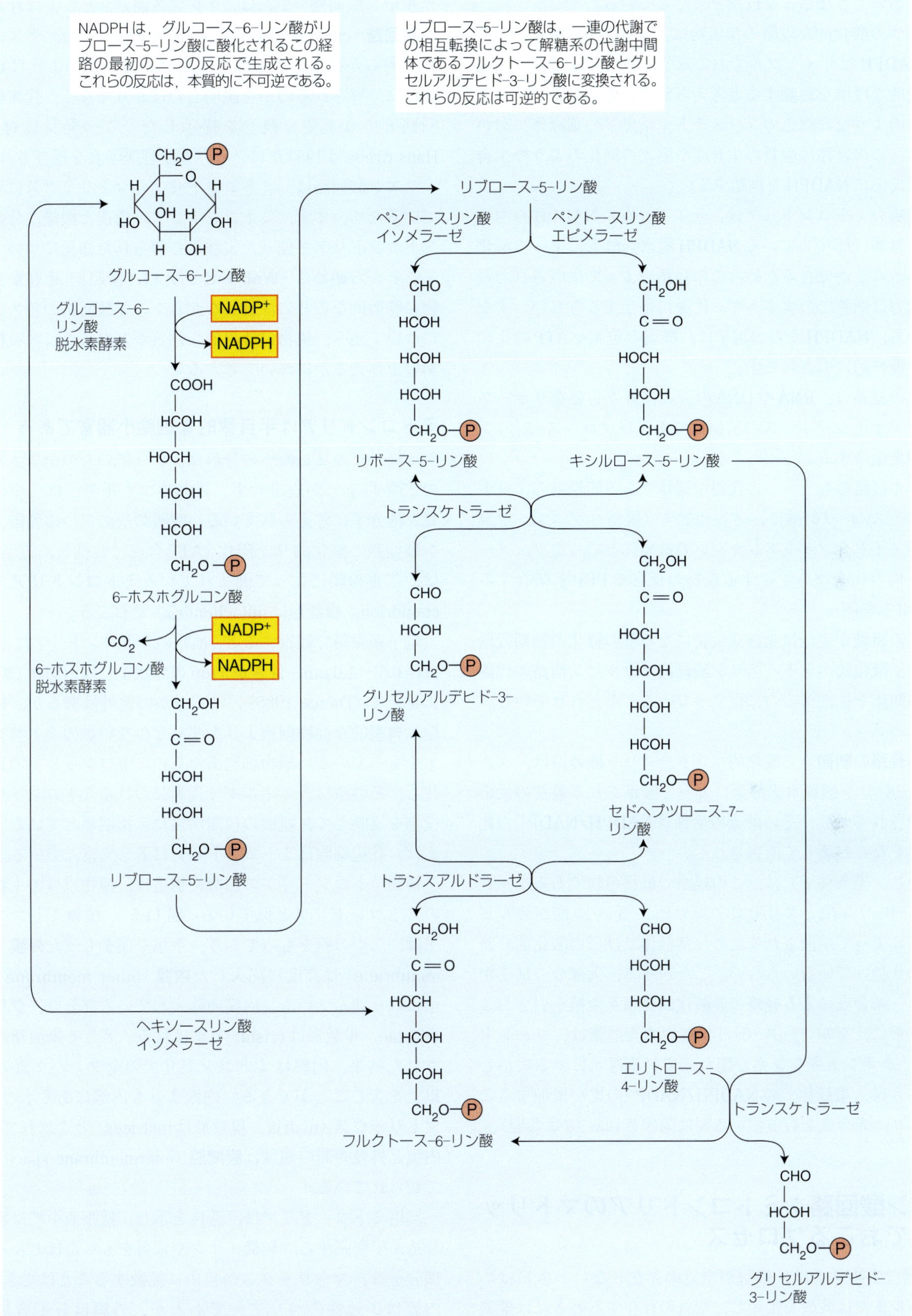

図 11.4 高等植物の酸化的リン酸経路での反応。P；リン酸。

代謝においてさまざまな役割を果たしている。

- 二つの酸化的な段階の生成物は，NADPHであり，このNADPHはサイトソルでおこる多くの生合成反応での還元的な段階を駆動すると考えられている。アミロプラストのような非緑色のプラスチドや暗黒下の葉緑体において，この経路は脂質の生合成や窒素の同化のような生合成反応にNADPHを供給する。
- 植物のミトコンドリアは，サイトソルのNADPHを内膜の外側に局在しているNADPH脱水素酵素によって酸化することができるため，この経路によって生成された還元力は細胞でのエネルギー代謝に寄与するらしい。すなわち，NADPHからの電子は，酸素の還元やATPの生産を最終的に引きおこす。
- この経路は，RNAやDNAの合成に各々必要なリボースやデオキシリボースの前駆体であるリブロース-5-リン酸を生産する。
- この経路のもう一つの代謝中間体である四炭糖のエリトロース-4-リン酸は，芳香族アミノ酸やリグニン，フラボノイド，フィトアレキシンの前駆体といったフェノール性の化合物を生産する最初の反応でPEPと結合する（13章参照）。
- 葉の組織が完全に光独立栄養になる前の緑化の初期段階で，酸化的ペントースリン酸経路はカルビン回路の代謝中間体を生成するのに役立っていると考えられている。

酸化的経路の制御　酸化的ペントースリン酸経路は，グルコース-6-リン酸脱水素酵素によって触媒される最初の反応で制御されており，その酵素の活性は$NADPH/NADP^+$の比が大きくなると著しく阻害される。

しかし，光条件下では，この経路の最終産物であるフルクトース-6-リン酸とグリセロアルデヒド-3-リン酸がカルビン回路によって生産されるため，葉緑体ではこの酸化的経路はあまり動いていないらしい。したがって，大部分の反応がペントース合成に入る経路の非酸化的な相互変換を引きおこす。さらに，グルコース-6-リン酸脱水素酵素は，フェレドキシン-チオレドキシン系が関わっている還元による失活と同じように，葉緑体での$NADPH/NADP^+$の比が増加することにより，光合成を行っている間は阻害される（8章参照）。

クエン酸回路：ミトコンドリアのマトリックスでおこるプロセス

19世紀に生物学者は，細胞が空気の存在しないときにはエタノールまたは乳酸を生産し，空気の存在するときには酸素を消費してCO_2とH_2Oを生産することを発見した。ドイツ生まれの英国の生化学者Hans A. Krebesは，1937年に‘トリカルボン酸回路’または‘クレブス回路’ともよばれる**クエン酸回路**（citric acid cycle）の発見を報告した。クエン酸回路を明らかにしたことは，ピルビン酸がどのようにCO_2とH_2Oに分解されるのかを説明したばかりでなく，代謝経路に回路という重要な概念を提示した。この発見に対して，Hans Krebsは1953年にノーベル生理医学賞を授与された。

クエン酸回路は，ミトコンドリアのマトリックスに局在しているため，まず，ミトコンドリアの構造と機能，分離したミトコンドリアを使った実験から得られた知見について述べることから始める（**Webトピック11.1**参照）。それから，植物に特徴的なことに注目しながらクエン酸回路の各ステップについて述べ，植物に特異的な性質がどのように呼吸機能に影響を与えるかについて考える。

ミトコンドリアは半自律的な細胞小器官である

ショ糖のピルビン酸への分解は，ショ糖のもつ全エネルギーの25％以下しか放出せず，残りのエネルギーは二つのピルビン酸分子に貯えられている。呼吸の次の二つの段階，クエン酸回路と酸化的リン酸化（ATP合成に共役した電子伝達）は，二重の膜によって囲まれている**ミトコンドリア**（mitochondrion，複数形はmitochondria）でおこる。

電子顕微鏡で観察すると，植物のミトコンドリアは，通常，直径0.5～1.0 μm，長さが3 μmの球状または円筒状（図11.5）に見える（Douce 1985）。いくつかの例外はあるが，植物細胞は典型的な動物細胞よりもずっと少ない数のミトコンドリアをもっている。植物細胞あたりのミトコンドリアの数は変化し，その数は，エネルギー代謝におけるミトコンドリアの役割を反映して，組織の代謝活性に直接関係している。たとえば，孔辺細胞はミトコンドリアに著しく富んでいる。

植物ミトコンドリアの超微細構造は，植物以外の生物組織のミトコンドリアと似ている（図11.5）。植物ミトコンドリアは，二つの膜をもっており，平坦な面をもった**外膜**（outer membrane）は高度に陥入した**内膜**（inner membrane）を完全に取り囲んでいる。内膜の陥入している部分は，**クリステ**（cristae，単数形はcrista）とよばれる。著しく表面積が拡大された結果，内膜はミトコンドリアの全タンパク質の50％以上を含むことができる。内膜よりも内部にある水の相は，**マトリックス**（matrix，複数形はmatrices）とよばれており，内膜と外膜の間の領域は**膜間腔**（intermembrane space）として知られている。

無傷ミトコンドリアは浸透性を示し，低張液中では水を取り込んで膨張する。無機イオンや電荷をもったほとんどの有機分子は，マトリックスへ自由に拡散することはできない。内膜は半透性のバリアーであるが，外膜は分子質量が約1,000 Da以下の溶質を透過させる（ほとんどの代謝物質やイオンは透過させるが，タンパク質は透過させない）。両方の

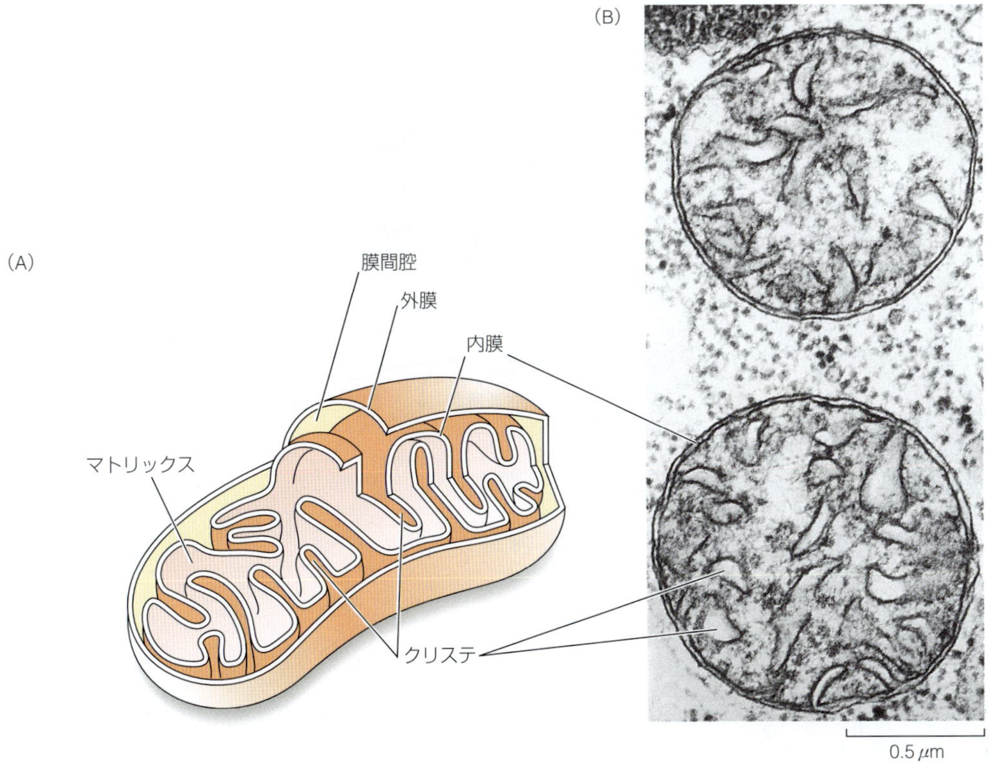

図 11.5　植物ミトコンドリアの構造。(A) ミトコンドリアの三次元的な模式図　マトリックスや膜間腔の位置とともに，クリステとよばれる内膜の陥入が示されている（図11.10）。(B) ソラマメ葉肉細胞のミトコンドリアの電子顕微鏡写真。(写真はGunning and Steer 1996より)

膜の脂質部分は主にリン脂質でできており，その80％はホスファチジルコリンまたはホスファチジルエタノールアミンである。

葉緑体のように，ミトコンドリアはリボソーム，RNA，限られた数のミトコンドリアタンパク質をコードしているDNAをもっているので，半自律的な細胞小器官である。植物ミトコンドリアは，タンパク質を合成することができ，遺伝情報を伝達することもできる。ミトコンドリアは，新規に形成されるのではなく，既存のミトコンドリアの分裂によって増殖する。

ピルビン酸はミトコンドリアに入り，クエン酸回路によって酸化される

すでに述べたように，クエン酸回路は回路の初めの段階の代謝中間体として，クエン酸やイソクエン酸などの重要なトリカルボン酸を生成するため，トリカルボン酸回路としても知られている（図11.6）。この回路は呼吸の第二段階を構成しており，ミトコンドリアのマトリックスでおこる。この回路が動くには，後で簡潔に述べられるように，サイトソルの解糖系で合成されたピルビン酸が，特異的な輸送タンパク質によってミトコンドリアの不透過性の内膜を介して，ミトコンドリア内へ輸送される必要がある。

一度，ミトコンドリアのマトリックスに入ると，ピルビン酸はピルビン酸脱水素酵素による酸化反応で脱炭酸される。反応生成物は，NAD^+から生じるNADH，CO_2，硫黄を含む補酵素である補酵素A（CoA）に酢酸がチオエステル結合したアセチルCoAである（図11.6）。ピルビン酸脱水素酵素は，多種類の酵素から構成される大きな複合体であり，脱炭酸，酸化，CoAへの結合といった三つの段階からなる全反応を触媒する。

次の反応で，クエン酸合成酵素は，アセチルCoAのアセチル基を四つの炭素からなるジカルボン酸であるオキサロ酢酸（oxaloacetate：OAA）に結合させ，六つの炭素からなるトリカルボン酸であるクエン酸（citrate）を合成する。クエン酸は，それからアコニターゼによってイソクエン酸に異性化される。

次の二つの反応は，酸化的な脱炭酸であり，各反応は1分子のNADHを生産するとともに1分子のCO_2を放出し，四つの炭素からなる分子であるサクシニルCoAが生成する。ここまでの反応で，ミトコンドリアに入ってきたピルビン酸あたり3分子，すなわち，酸化されたショ糖分子あたり12分子のCO_2が生産される。

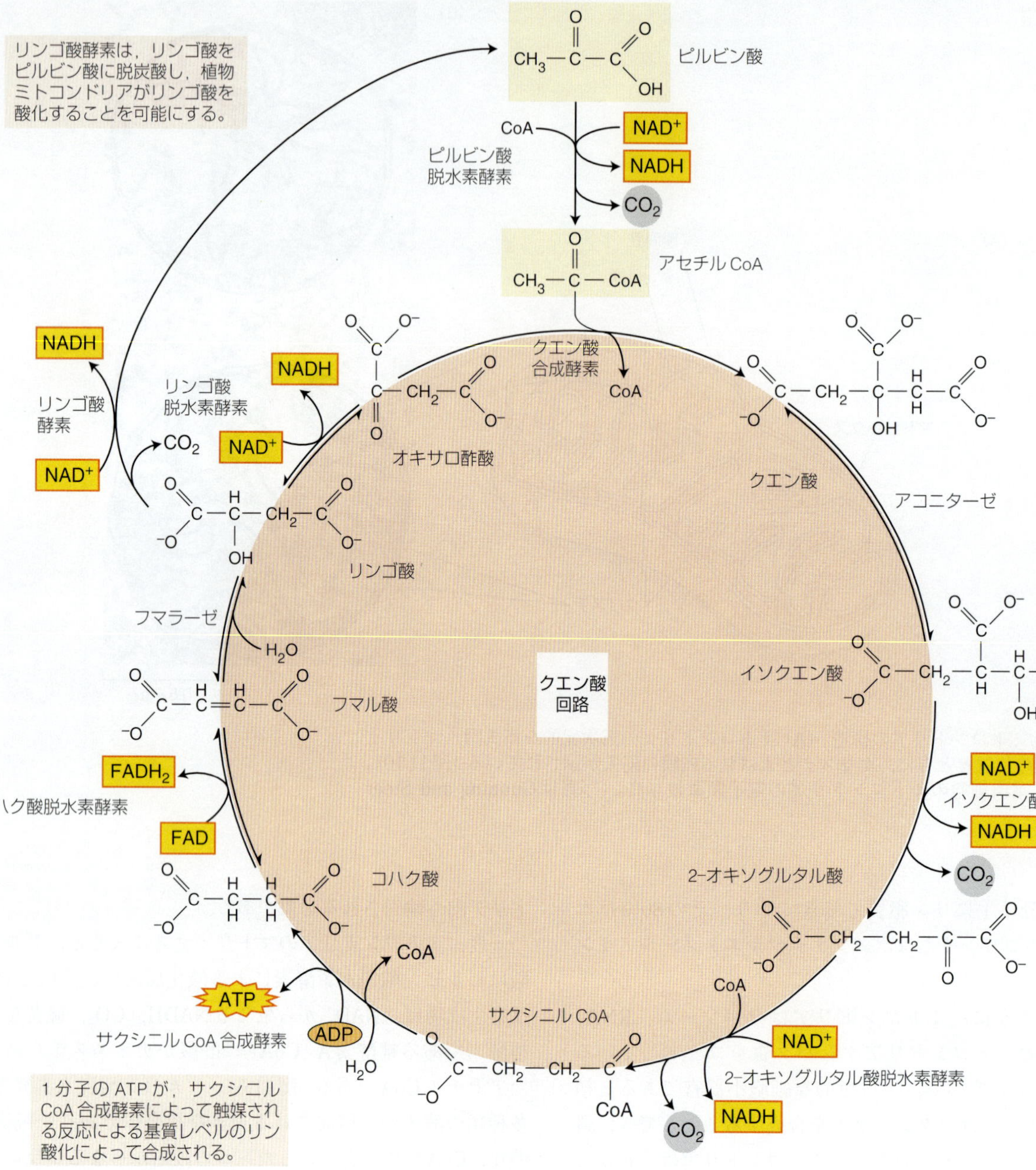

図 11.6　植物のクエン酸回路における反応と酵素。クエン酸は，3分子のCO_2に完全に酸化される。これらの酸化で遊離した電子は，4分子のNAD^+のNADHへの還元と1分子のFADの$FADH_2$への還元に使われる。

クエン酸回路の残りの反応では，サクシニルCoAが酸化されてOAAになり，回路が持続する。サクシニルCoAのチオエステル結合がもつ自由エネルギーの大部分は，サクシニルCoA合成酵素によって触媒される基質レベルのリン酸化によるADPとP_iからのATP合成によって保存される（アセチルCoAのチオエステル結合がもつ自由エネルギーは，クエン酸合成酵素によって触媒される反応で炭素–炭素結合の形成に使われることを思い出そう）。この反応によって生じるコハク酸はコハク酸脱水素酵素によってフマル酸に酸化される。コハク酸脱水素酵素は，クエン酸回路の酵素のなかで唯一の膜結合性の酵素で，本章で述べる次の主なトピックである電子伝達鎖の一部でもある。

コハク酸から取り出された電子とプロトンは，NAD^+には渡されず，酸化還元反応に関わっているもう一つの補因子であるFAD（flavin adenine dinucleotide）に渡される。FADはコハク酸脱水素酵素の活性部位に共有結合し，可逆的な2電子還元を受けて$FADH_2$になる（図11.2）。

クエン酸回路の最後の二つの反応で，フマル酸は水和されてリンゴ酸となり，さらにOAAの再生ともう一つのNADH分子を生産するために，リンゴ酸脱水素酵素によって酸化される。生成したOAAは別のアセチルCoAと反応し，回路を持続させる。

ミトコンドリアでの1分子のピルビン酸の段階的な酸化は，3分子のCO_2を生じ，これらの反応によって生じた自由エネルギーの大部分は4分子のNADHと1分子の$FADH_2$の形で保存される。さらに，1分子のATPがクエン酸回路で基質レベルのリン酸化によって生産される。

クエン酸回路に関わっているすべての酵素は，植物ミトコンドリアに見い出されている。それらの酵素のいくつかは，酵素間での代謝物の動きを促進すると考えられる多酵素複合体として結合しているかもしれない。

植物のクエン酸回路はユニークな特徴をもっている

図11.6に概要が示されているクエン酸回路の反応は，動物のミトコンドリアでおこる反応とすべてが同じであるというわけではない。たとえば，サクシニルCoA合成酵素によって触媒される反応は，植物ではATPを生産するが，動物ではGTPを生産する。

他の多くの生物にはない植物のクエン酸回路の一つの特徴は，NAD^+リンゴ酸酵素の活性があることであり，この酵素はこれまでに調べられたすべての植物のミトコンドリアのマトリックスに見い出されている。この酵素は，リンゴ酸の酸化的な脱炭酸反応を触媒する：

$$\text{リンゴ酸} + NAD^+ \longrightarrow \text{ピルビン酸} + CO_2 + NADH$$

NAD^+リンゴ酸酵素が存在することは，植物ミトコンドリアが解糖系からきたPEPを別の経路で代謝することを可能にする。すでに述べたように，リンゴ酸はサイトソルにおいてPEPからPEPカルボキシラーゼとリンゴ酸脱水素酵素の働きによって合成されうる（図11.3）。リンゴ酸は，次に，ミトコンドリアのマトリックスに輸送され，そこでNAD^+リンゴ酸酵素がリンゴ酸を酸化してピルビン酸にすることができる。この反応は，リンゴ酸（図11.7A）またはクエン酸（図11.7B）のようなクエン酸回路の代謝中間体の完全な酸化を可能にする（Oliver and McIntosh 1995）。

そのほかに，PEPカルボキシラーゼによる反応をへて合成されたリンゴ酸は，生合成に使われたクエン酸回路の代謝中間体のかわりとなることができる。ある代謝回路の代謝中間体を補充することができる反応は，‘アナプレロティック反応’として知られている。たとえば，葉緑体での窒素同化のための2-オキソグルタル酸の輸送は，クエン酸合成酵素の反応で必要なリンゴ酸の不足を引きおこすことになる。このリンゴ酸は，PEPカルボキシラーゼ経路を通じて補充される（図11.7C）。

リンゴ酸の酸化の別の経路の存在は，ベンケイソウ型の酸

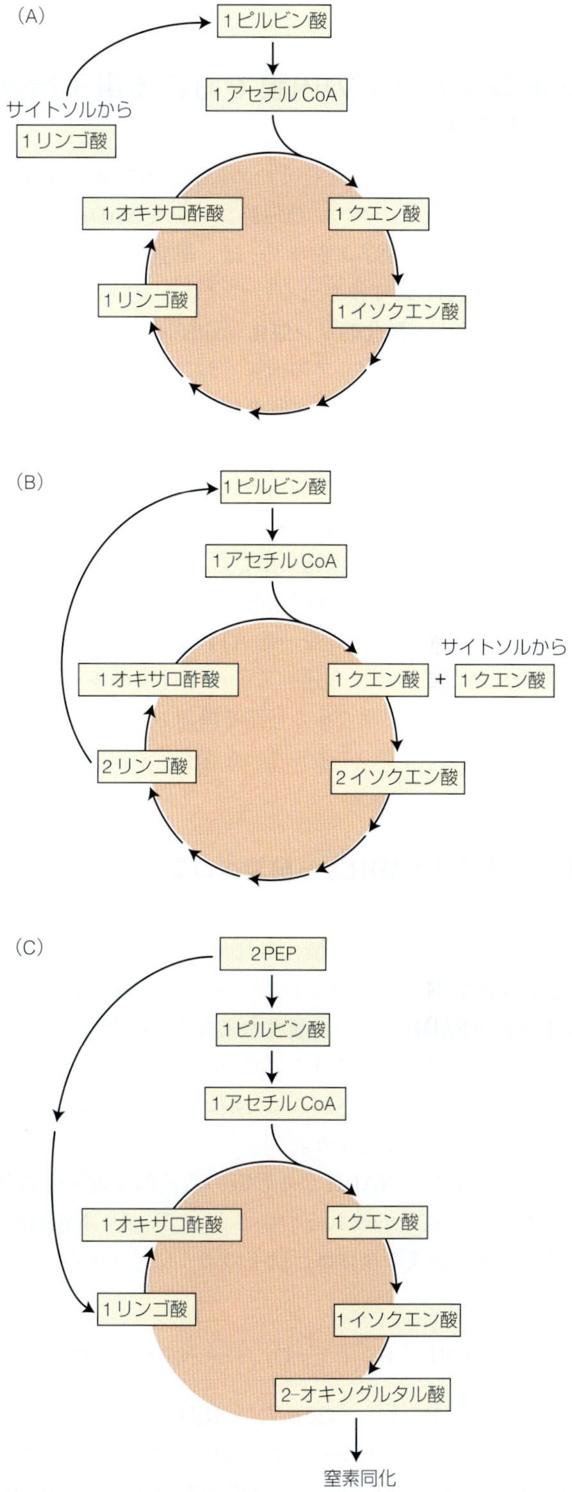

図 11.7　リンゴ酸酵素とPEPカルボキシラーゼは，植物のホスホエノールピルビン酸代謝に柔軟性をもたせる。リンゴ酸酵素は，解糖系から供給されるピルビン酸に関係なく，植物ミトコンドリアがリンゴ酸（A）とクエン酸（B）の両方を酸化することを可能にする。PEPカルボキシラーゼとピルビン酸キナーゼが一緒に作用することで，解糖で生じたPEPは2-オキソグルタル酸に変換され，そして，窒素同化に使われる（C）。

代謝を行う植物（8章参照）に加えて，多くの植物が液胞に顕著な量のリンゴ酸を蓄積するという観察と矛盾しない。

ミトコンドリアの内膜でおこる電子伝達とATP合成

ATPは細胞が生命活動を行うために使われるエネルギーのキャリアーであり，クエン酸回路においてNADHや$FADH_2$として保存された化学エネルギーは，細胞での大切な仕事をするためにATPに変換されなければならない。この酸素に依存した過程は，**酸化的リン酸化**（oxidative phosphorylation）とよばれ，ミトコンドリアの内膜でおこる。

本節では，電子のエネルギー準位が段階的に低下し，ミトコンドリアの内膜を介したプロトンの電気化学的な勾配として保存される過程について述べる。基本的にはすべての好気性の生物で同じであるが，植物とカビの電子伝達鎖は，哺乳類のミトコンドリアには見い出されていない多様なNADH脱水素酵素やシアン耐性呼吸末端酸化酵素をもっている。

プロトン勾配のエネルギーをATP合成に使う酵素F_0F_1-ATP合成酵素についても述べる。ATP合成の多くの段階について述べてから，異なった経路を協調させる制御機構に加えて，各々の段階でのエネルギーを保存する段階についてもまとめる。

電子伝達鎖はNADHから酸素への電子伝達を担っている

解糖系とクエン酸回路で酸化されたショ糖1分子に対して，4分子のNADHがサイトソルで合成され，16分子のNADHと4分子の$FADH_2$（コハク酸脱水素酵素と結合している）がミトコンドリアのマトリックスで合成される。これらの還元された化合物は再酸化されるにちがいない。そうでなければ，呼吸全体が停止してしまう。

電子伝達鎖は，NADHから呼吸の最終的な電子受容体である酸素への電子の流れをつかさどっている。NADHの酸化での2電子伝達の全体は，以下のように記述することができる：

$$\mathrm{NADH} + \mathrm{H}^+ + \frac{1}{2}\mathrm{O}_2 \longrightarrow \mathrm{NAD}^+ + \mathrm{H_2O}$$

NADH-NAD^+系（−320 mV）とH_2O-1/2 O_2（+810 mV）系の還元ポテンシャルから，この反応全体で得られる標準自由エネルギー（$-nF\Delta E^{\circ\prime}$）は2電子あたり約220 kJ mol^{-1}（52 kcal mol^{-1}）であると計算することができる（標準自由エネルギーの詳細な記述は，Webサイトの2章参照）。コハク酸-フマル酸系の還元ポテンシャルは高い（+30 mV）ため，コハク酸が酸化されたときに生じる2個の電子に対して，152 kJ mol^{-1}（36 kcal mol^{-1}）のエネルギーしか得られない。電子伝達鎖の役割は，NADHや$FADH_2$の酸化を引きおこすことであり，その過程で生じた自由エネルギーをミトコンドリアの内膜を介したプロトンの電気化学的勾配（$\Delta\tilde{\mu}_{H^+}$）を形成するのに利用する。

植物の電子伝達鎖は，その他の生物のミトコンドリアで見い出されているものと同じ電子キャリアーのセットをもっている（図11.8）（Siedow 1995；Siedow and Umbach 1995）。個々の電子伝達タンパク質は，ローマ数字のI～IVで示されている四つのタンパク質複合体を形成しており，すべてのタンパク質はミトコンドリアの内膜に存在している。

複合体I（NADH脱水素酵素）　クエン酸回路によってミトコンドリアのマトリックスで合成されたNADHからの電子は，複合体I（NADH脱水素酵素）を流れ，NADHは酸化される。複合体Iの電子キャリアーは，強く結合した補因子（化学的にはFADに似ているフラビンモノヌクレオチド（FMN），図11.2B）と，多くの鉄-硫黄センターである。複合体Iは，電子をユビキノンに渡す。2個の電子が複合体を通るごとに，4個のプロトンがマトリックスから膜間腔へ汲み上げられる。

小さな脂溶性の電子とプロトンのキャリアーである**ユビキノン**（ubiquinone）は，内膜に存在している。タンパク質とは強くは結合しておらず，膜の脂質二重層の疎水的な領域を拡散することができる。

複合体II（コハク酸脱水素酵素）　クエン酸回路でのコハク酸の酸化は，この複合体によって触媒され，コハク酸の酸化によって生じた電子は，$FADH_2$と一群の鉄-硫黄タンパク質をへてユビキノンプールに伝達される。この複合体はプロトンを汲み上げない。

複合体III（シトクロムbc_1複合体）　この複合体は還元型のユビキノンを酸化し，電子を鉄-硫黄センター，二つのb型のシトクロム（b_{565}とb_{560}），膜結合性のシトクロムc_1を介してシトクロムcに渡す。2個の電子あたり4個のプロトンが複合体IIIによって汲み上げられる。シトクロムcは，内膜の表面に緩く結合した小さなタンパク質で，複合体IIIと複合体IVの間の電子伝達における可動性のキャリアーとして働く。

複合体IV（シトクロムcオキシダーゼ）　この複合体は，二つの銅センター（Cu_AとCu_B）とシトクロムaとa_3を含んでいる。複合体IVはターミナルオキシダーゼであり，2分子の水を生じる酸素の4電子還元を引きおこす。2個の電子あたり2個のプロトンが汲み上げられる。

ユビキノンとシトクロムbc_1複合体は，構造と機能の両方の点で，光合成の電子伝達鎖のプラストキノンとシトクロムb_6f複合体に各々たいへんよく似ている（7章参照）。

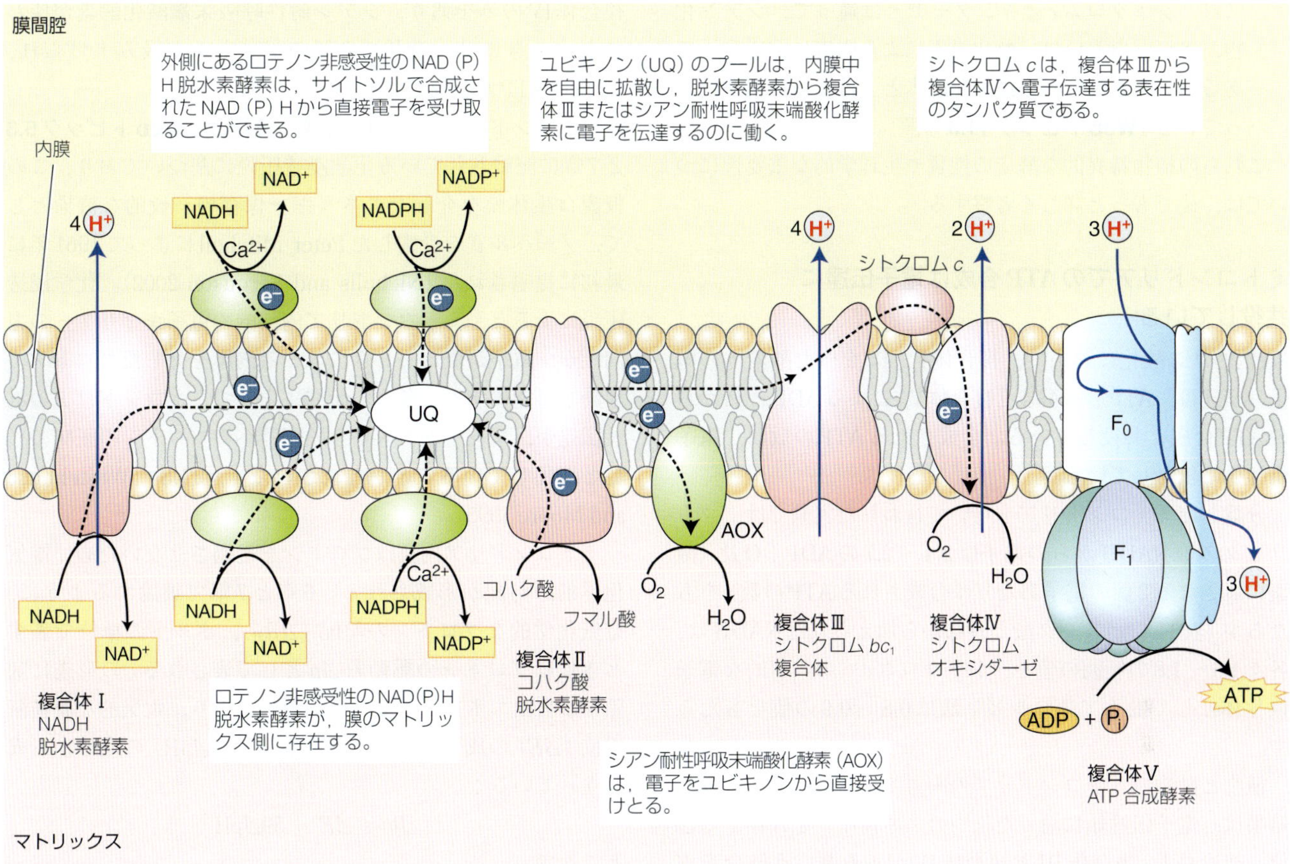

図 11.8 植物ミトコンドリアの内膜で組織化された電子伝達鎖とATP合成。植物以外のほとんどすべての生物のミトコンドリアで見い出される一般的なタンパク質複合体に加えて，植物ミトコンドリアの電子伝達鎖は緑で示された五つの酵素をもっている。これらの酵素はどれもプロトンを汲み上げない。特異的な阻害剤である，複合体Iに対するロテノン，複合体IIIに対するアンチマイシン，複合体IVに対するシアン，シアン耐性呼吸末端酸化酵素に対するサリチルヒドロキサム酸(SHAM)は，植物ミトコンドリアの電子伝達鎖を調べる重要な道具である。

電子伝達に関わっているいくつかの酵素は，植物ミトコンドリアに特徴的である

植物ミトコンドリアは，前項で述べた電子キャリアーのセットに加えて，哺乳類のミトコンドリアには見い出されないいくつかの成分を含んでいる(図11.8)。これらの酵素はどれもプロトンを汲み上げず，したがって，それらが使われるときにはいつもエネルギー保存の効率が低下することに注意した方がよい。

- 二つのNADH脱水素酵素は両方ともCa^{2+}依存性で，膜間腔に面した内膜の外表面に結合しており，サイトソルのNADHとNADPHを酸化することができる。これらの膜の外側にあるNADH脱水素酵素であるND_{ex}(NADH)とND_{ex}(NADPH)からの電子は，ユビキノンプールのところで電子伝達鎖に入る(**Webトピック11.2**参照)(Møller 2001)。
- 植物ミトコンドリアは，マトリックスのNADHを酸化する二つの経路をもっている。前項で述べた複合体Iを介した電子の流れは，ロテノンやピエリシジンなどの多くの化合物による阻害に対して感受性である。さらに，植物のミトコンドリアは，クエン酸回路で合成されたNADHを酸化するために，ロテノン耐性の脱水素酵素ND_{in}(NADH)をもっている。この経路の役割は，後で簡潔に述べるように，光呼吸が活発におこっている条件下のような，複合体Iに負荷がかかり過ぎているとき(Møller and Rasmusson 1998；Møller 2001)に働くバイパスかもしれない(**Webトピック11.2**も参照)。
- 一つのNADPH脱水素酵素ND_{in}(NADPH)が，マトリックス側の表面に存在する。この酵素については，あまりわかっていない。
- すべての植物ではないにしても，ほとんどの植物は酸素を還元するシアン耐性呼吸経路をもっている。この経路

には，シトクロムcオキシダーゼとは違って，シアン化物，アジドあるいは一酸化炭素による阻害に非感受性であるシアン耐性呼吸末端酸化酵素とよばれる酵素が関わっている（**Webトピック11.3**参照）。

これらの植物特異的な酵素の性質や生理学的な重要性については，後でもっと詳しく考察する。

ミトコンドリアでのATP合成は電子伝達に共役している

酸化的リン酸化において，複合体I～IVをへた酸素への電子の伝達は，ATP合成酵素（複合体V）によるADPとP_iからのATP合成と共役している。合成されるATPの数は，電子供与体に依存している。

分離したミトコンドリアを用いて行われた実験では，マトリックスのNADHからの電子は2.4～2.7のADP：O比（酸素に渡される2個の電子あたりに合成されるATPの数）をもたらす（表11.1）。コハク酸と外部から加えられたNADHは，各々1.6～1.8の範囲の値を，シトクロムcへの人工的な電子供与体として働くアスコルビン酸は0.8～0.9の値をもたらす。

植物と動物のミトコンドリアの両方で得られたこのような結果は，電子伝達鎖に沿った三つのエネルギーを保存する部位，複合体I，複合体IIIと複合体IVがあるという概念を導いた。

実験的に求めたADP：O比は，複合体I，複合体IIIと複合体IVによって汲み上げられるプロトンの数と1分子のATPを合成するのに4分子のプロトンが必要であることをもとにして計算した値とよく一致する（次の項と表11.1を参照）。たとえば，内膜の外側のNADHからの電子は，複合体IIIと複合体IVのみを通り，シアン耐性呼吸末端酸化酵素が使われないときには，全体で6個のプロトンが汲み上げられ，1.5個のATPが合成される。

表11.1　分離された植物ミトコンドリアの理論および実験によるADP：O比

基質	ADP：O比	
	理論値*1	実験値
リンゴ酸	2.5	2.4～2.7
コハク酸	1.5	1.6～1.8
NADH（ミトコンドリア外）	1.5	1.6～1.8
アスコルビン酸	1.0 *2	0.8～0.9

*1　複合体I，III，IVが2個の電子につき，4，4，2個のH^+を各々汲み上げること，一つのATPを合成してサイトソルに運ぶのに4個のプロトンがコストとしてかかわること，非リン酸化的経路が不活性であるということが仮定されている。

*2　シトクロムcは，アスコルビン酸を電子供与体として測定されるとき，2個のプロトンのみを汲み上げる。しかし，2個の電子は内膜の外側（ここで，電子が供与される）から内側のマトリックス側の方に動く。結果として，2個のH^+がマトリックス側で消費される。これは，H^+と電荷の全体としての移動が全部で4個のH^+に相当し，ADP：O比が1.0であることを意味している。

ミトコンドリアでのATP合成の機構は，**Webトピック6.3**と7章に記載されている化学浸透圧説に基づいており，この仮説は生体膜を介したエネルギー保存の一般的な機構として，ノーベル賞を受賞したPeter Mitchellによって1961年に最初に提唱された（Nicholls and Ferguson 2002）。化学浸透圧説によると，ミトコンドリア内膜内の電子キャリアーの方向性が，電子が流れるときにおこる内膜を介したプロトンの移動を可能にする。多くの研究によってミトコンドリアの電子伝達が，マトリックスから膜間腔へのプロトンの正味の移動と関係していることが確認された（図11.8）（Whitehouse and Moore 1995）。

ミトコンドリア内膜はプロトンを透過させないため，電気化学的な勾配が形成される。6章と7章で議論するように，電気化学的なプロトンの勾配（$\Delta\tilde{\mu}_{H^+}$，ボルトの単位で表すときにはプロトンの駆動力Δpとして表される）の形成に関係する自由エネルギーは，以下の式により，電気的な膜横断電位（ΔE）の成分と化学ポテンシャル（ΔpH）の成分から成り立っている：

$$\Delta p = \Delta E - 59\Delta \mathrm{pH}$$

ところで，

$$\Delta E = E_{\mathrm{inside}} - E_{\mathrm{outside}}$$

$$\Delta \mathrm{pH} = \mathrm{pH}_{\mathrm{inside}} - \mathrm{pH}_{\mathrm{outside}}$$

である。

ΔEは膜を介する電荷をもったプロトンの非対称分布によって生じ，ΔpHは膜の内外でのプロトンの濃度差によって生じる。プロトンはミトコンドリアのマトリックスから膜間腔へ輸送されるため，内膜を介したΔEは負になる。

ΔEは，大きなpH変化を防いでいるサイトソルとマトリックスの高い緩衝能のために，ΔpHに比べて大きいことが見い出されているけれども，この式はΔEとΔpHの両方が植物ミトコンドリアでのプロトン駆動力に寄与することを示している。この状況は，チラコイド膜を介したプロトンの駆動力のほとんどすべてがプロトンの勾配によって作り出される葉緑体の場合とは対称的である（7章参照）。

$\Delta\tilde{\mu}_{H^+}$を形成するために必要な自由エネルギーは，電子伝達において放出される自由エネルギーから生じる。電子伝達がどのようにプロトンの輸送と共役しているかについては，すべての場合においてよくわかっているわけではない。プロトンに対する内膜の低い透過性のため，プロトンの電気化学的な勾配は一度形成されると安定で，自由エネルギー$\Delta\tilde{\mu}_{H^+}$は化学的な仕事（ATPの合成）を行うのに利用される。$\Delta\tilde{\mu}_{H^+}$は内膜に結合したもう一つのタンパク質複合体であるF_0F_1–ATP合成酵素によってATP合成に利用される。

F_0F_1-ATP合成酵素（F_0F_1-ATP synthase）（‘複合体V’ ともよばれる）は，二つの主な成分F_1とF_0から構成されている（図11.8）。F_1は表在性の膜タンパク質複合体で，少なくとも五つのサブユニットからなり，ADPとP_iをATPに変換する触媒部位をもっている。この複合体は，内膜のマトリックス側に結合している。F_0は内在性の膜タンパク質複合体で，少なくとも三つの異なるポリペプチドからなり，プロトンが内膜を透過するためのチャネルを形成している。

チャネルを介したプロトンの透過は，ATP合成酵素のF_1成分の触媒サイクルと共役しており，ATP合成の進行と$\Delta\tilde{\mu}_{H^+}$の利用を同時におこさせる。合成された各ATP分子に対して，3個のプロトン がF$_0$を通り抜けて膜間腔からマトリックスに透過し，電気化学的なプロトンの勾配が小さくなる。

高分解能のX線構造解析で得られた哺乳類のミトコンドリアのATP合成酵素のF_1の構造は，ATP合成に関する回転モデルを支持している（**Webトピック11.4**参照）（Abrahams et al. 1994）。ミトコンドリアATP合成酵素の構造と機能は，光リン酸化に関わっているCF_0–CF_1 ATP合成酵素と似ている（7章参照）。

ATP合成が化学浸透圧説による機構でおこることは，多くの意味を含んでいる。まず第一に，ミトコンドリア内膜でのATP合成の場が，複合体I，複合体IIIまたは複合体IVではなく，ATP合成酵素であることである。これらの複合体は，エネルギーを保存する場として働いており，電子伝達が$\Delta\tilde{\mu}_{H^+}$の形成に共役している。

二つめとして，化学浸透圧説は，脱共役剤（2,4-ジニトロフェノールとFCCP（*p*-トリフルオロメトキシカルボニルシアナイドフェニルヒドラゾン）など）の作用機構を明確にしている（**Webトピック11.5**参照）。これらの脱共役剤はATPの合成を抑えるが，電子伝達の速度を高める作用のある，化学的に関連のない多様な化合物である。これらの化合物のすべては，内膜のプロトン透過性を高め，ATP合成に見合った十分に大きな$\Delta\tilde{\mu}_{H^+}$の形成を妨げる。

分離したミトコンドリアを用いた実験で，酸素の取り込みとして測定された電子伝達の速度が，コハク酸のような基質の存在下ではADPを加えると（状態3とよばれる），加えていない場合よりも早くなることが観察されている（図11.9）。ADPは，F_0F_1-ATP合成酵素によるATP合成で，$\Delta\tilde{\mu}_{H^+}$の消失を促進する基質である。一度，すべてのADPがATPに変換されると，$\Delta\tilde{\mu}_{H^+}$が再び形成され電子伝達の速度を低下させる（状態4）。ADPがある場合とない場合の速度の比（状態3と状態4の比）は，‘呼吸調節比’ とよばれる。

トランスポーターは基質と生成物を交換する

電気化学的なプロトンの勾配は，ミトコンドリアの中と外の間でおこるクエン酸回路に関わっている有機酸の移動やATP合成の基質や産物の移動においても重要な役割を担っている。ATPはミトコンドリアのマトリックスで合成されるけれども，そのほとんどはミトコンドリアの外で使われるので，ADPをミトコンドリアの中に，ATPを外に移動させる効率のよい機構が必要となる。

アデニル酸の輸送には，内膜に結合したもう一つのタンパク質であるADP/ATP（アデニンヌクレオチド）トランスポーターが関わっており，内膜を介したADPとATPの交換を行っている。ADP^{3-}と交換しておこる，もっと負の電荷を帯びたATP^{4-}のミトコンドリアの外への移動，すなわち，正味一つの電荷が外にでることになる移動は，プロトンポンプによって形成される電気ポテンシャルの勾配（ΔE，外が正になる）によって駆動される。

無機リン酸（P_i）の取り込みには，リン酸輸送タンパク質が関わっており，このタンパク質は，プロトン駆動力のうち

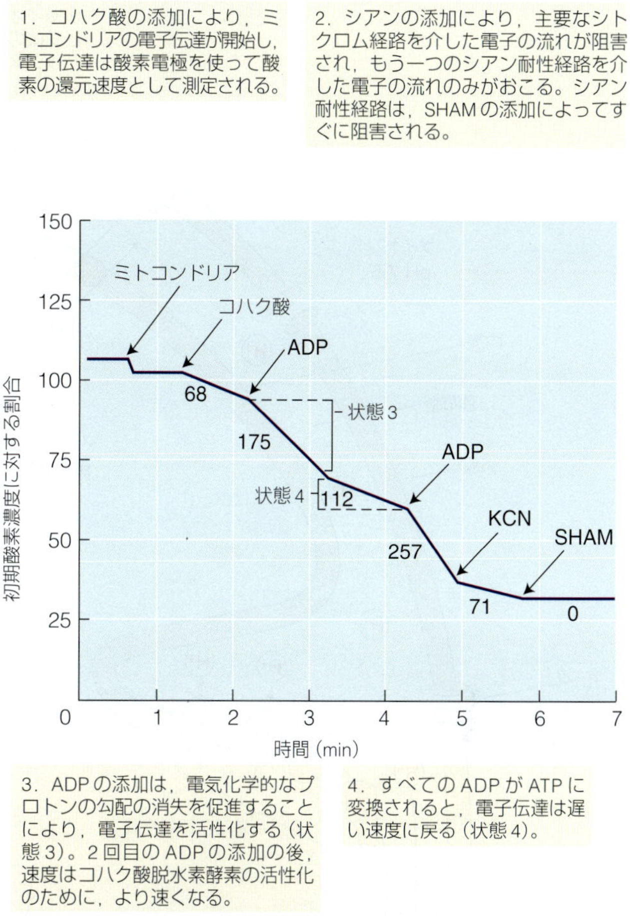

1. コハク酸の添加により，ミトコンドリアの電子伝達が開始し，電子伝達は酸素電極を使って酸素の還元速度として測定される。
2. シアンの添加により，主要なシトクロム経路を介した電子の流れが阻害され，もう一つのシアン耐性経路を介した電子の流れのみがおこる。シアン耐性経路は，SHAMの添加によってすぐに阻害される。
150
125
100
75
50
25
0
1
2
3
4
5
6
7
初期酸素濃度に対する割合
時間（min）
ミトコンドリア
コハク酸
ADP
68
状態3
175
状態4
112
ADP
257
KCN
71
SHAM
0
3. ADPの添加は，電気化学的なプロトンの勾配の消失を促進することにより，電子伝達を活性化する（状態3）。2回目のADPの添加の後，速度はコハク酸脱水素酵素の活性化のために，より速くなる。
4. すべてのADPがATPに変換されると，電子伝達は遅い速度に戻る（状態4）。

図11.9　ヤエナリ（*Vigna radiata*）から分離したミトコンドリアで，コハク酸が酸化されるときにおこる呼吸速度のADPによる制御。グラフ線の下の数字は，消費されたO_2で表された酸素の取込み速度（nmol min^{-1} mg タンパク質$^{-1}$）である。（データはSteven J. Stegink の好意による）

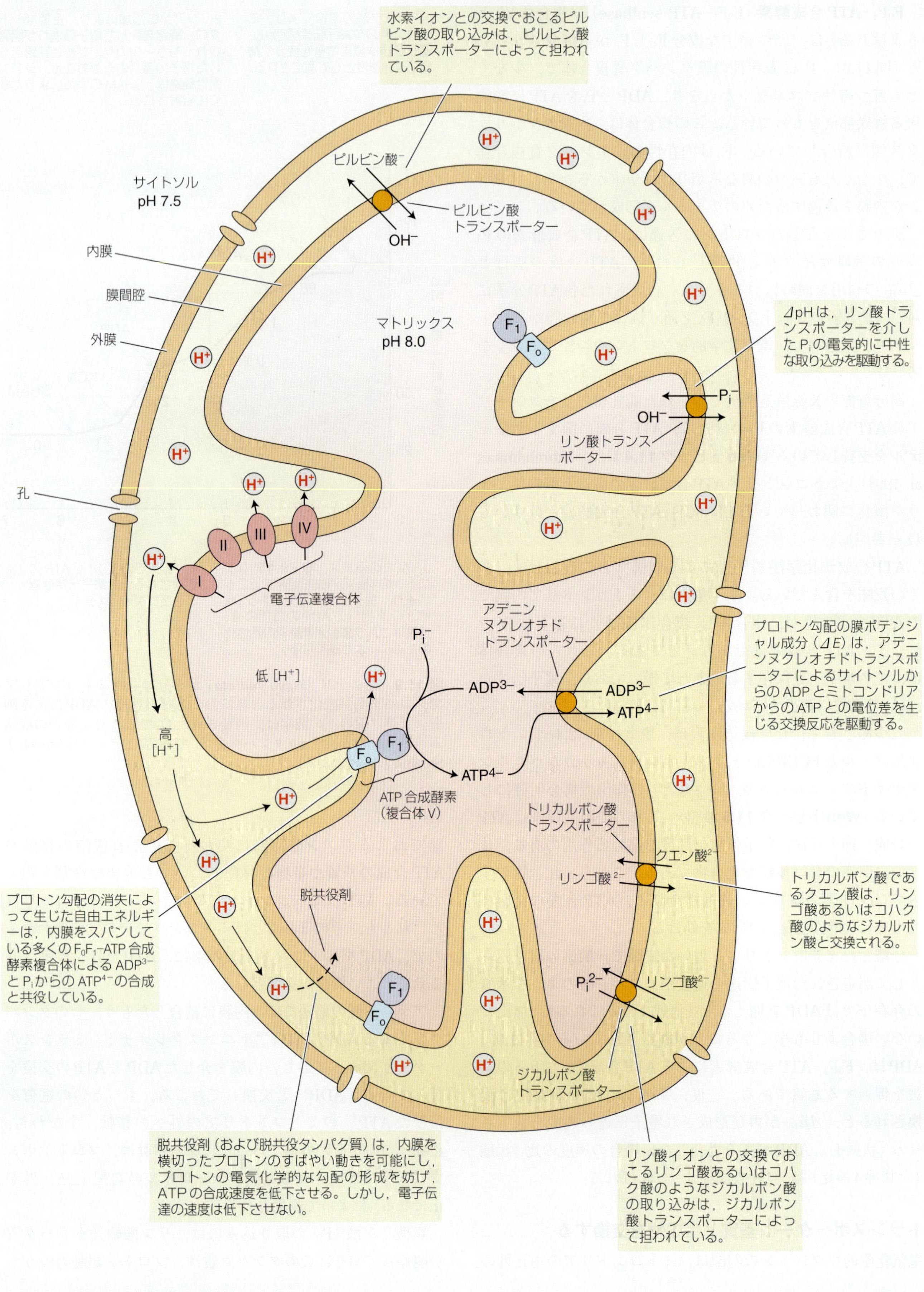
水素イオンとの交換でおこるピルビン酸の取り込みは，ピルビン酸トランスポーターによって担われている。
ピルビン酸⁻
OH⁻
ピルビン酸トランスポーター
サイトソル pH 7.5
内膜
膜間腔
外膜
マトリックス pH 8.0
孔
電子伝達複合体
ΔpH は，リン酸トランスポーターを介した Pi の電気的に中性な取り込みを駆動する。
リン酸トランスポーター
低 [H+]
高 [H+]
アデニンヌクレオチドトランスポーター
ADP3−
ATP4−
ATP 合成酵素（複合体 V）
プロトン勾配の膜ポテンシャル成分（ΔE）は，アデニンヌクレオチドトランスポーターによるサイトソルからの ADP とミトコンドリアからの ATP との電位差を生じる交換反応を駆動する。
トリカルボン酸トランスポーター
クエン酸2−
リンゴ酸2−
トリカルボン酸であるクエン酸は，リンゴ酸あるいはコハク酸のようなジカルボン酸と交換される。
脱共役剤
プロトン勾配の消失によって生じた自由エネルギーは，内膜をスパンしている多くの F0F1−ATP 合成酵素複合体による ADP3− と Pi からの ATP4− の合成と共役している。
ジカルボン酸トランスポーター
脱共役剤（および脱共役タンパク質）は，内膜を横切ったプロトンのすばやい動きを可能にし，プロトンの電気化学的な勾配の形成を妨げ，ATP の合成速度を低下させる。しかし，電子伝達の速度は低下させない。
リン酸イオンとの交換でおこるリンゴ酸あるいはコハク酸のようなジカルボン酸の取り込みは，ジカルボン酸トランスポーターによって担われている。

◀**図 11.10** 植物ミトコンドリアでの膜を介した物質の輸送。膜ポテンシャル（ΔE，-200 mV，膜の内側がマイナス）とΔpH（膜の内側がアルカリ性）からなる電気化学的な勾配（$\Delta\tilde{\mu}_{H^+}$）は，本文中で述べられているように，電子伝達の間に内膜を介して形成される。特定の代謝物質は，トランスポーターまたはキャリアーとよばれる特異的なタンパク質によって内膜を横切って輸送される。（Douce 1985より）

のプロトン勾配（ΔpH）を利用して，P_i^-（中へ）とOH^-（外へ）を電気的な変化を伴わずに交換する。ΔpHが内膜を介して維持される間は，マトリックスのP_iの量が高く保たれる。同様のことがピルビン酸の取り込みにもあてはまり，ピルビン酸の取り込みはOH^-との電気的に中性な交換によっておこり，サイトソルからのピルビン酸の連続的な取り込みを可能にする（図11.10参照）。

1個のリン酸を取り込み（一つのOH^-が出ていくことは一つのH^+が入ってくることと同じである），ADPとATPを交換する（一つの負の電荷が出ていくことは，一つの正の電荷が入ってくることと同じである）には，1個のプロトンが必要である。このプロトンも，一つのATPを合成するときにかかるコストの計算に含めるべきである。したがって，全コストはATP合成酵素によって消費される$3H^+$に，内膜を介した交換に必要な$1H^+$を足した，合計$4H^+$である。

内膜にはまた，トリカルボン酸に対するトランスポーターが存在し，リンゴ酸またはコハク酸をP_i^{2-}と交換するトランスポーターと，クエン酸をリンゴ酸と交換するトランスポーターがある（図11.10と**Webトピック11.5**参照）。

好気呼吸はショ糖1分子あたり約60分子のATPを生産する

ショ糖の完全な酸化により，基質レベルでのリン酸化による8分子のATP（解糖系で4分子，クエン酸回路で4分子），サイトソルで4分子のNADH，およびミトコンドリアのマトリックスで16分子のNADHおよびコハク酸脱水素酵素をへて4分子の$FADH_2$が正味生産される。理論的なADP：O比をもとにすると（表11.1），ショ糖1分子あたり正味おおよそ52分子のATPが酸化的リン酸化によって生産されることになる。このことは，ショ糖1分子あたり合計60分子のATPが生産されることを意味している（表11.2）。

細胞内でのATP合成で実際に必要な自由エネルギーを50 kJ mol^{-1}（12 kcal mol^{-1}）とすると，好気呼吸で酸化されるショ糖1モルあたり約3,000 kJ mol^{-1}（720 kcal mol^{-1}）の自由エネルギーがATPとして保存されることがわかる。この量は，ショ糖の完全酸化によって得られる標準自由エネルギーの約52%に相当し，残りは熱として失われる。これは，ショ糖のもつエネルギーのたった4%だけをATPに変換する発酵を大きく凌いでいる。

表 11.2 好気的な呼吸とクエン酸回路で，ショ糖がCO_2に完全に酸化されるときに得られるサイトソルATPの最大収量

反　応		ショ糖1分子あたりのATP *
解　糖		
基質レベルのリン酸化		4
4 NADH	4 × 1.5	6
クエン酸回路		
基質レベルのリン酸化		4
4 $FADH_2$	4 × 1.5	6
16 NADH	16 × 2.5	40
合　計		60

Brand 1994より。
サイトソルのNADHは，内膜の外側にあるNADH脱水素酵素によって酸化されると仮定されている。非酸化的リン酸化の経路は働いていないと仮定されている。
＊　表11.1の理論値を使って計算した。

呼吸に関与するタンパク質複合体の多くのサブユニットは，ミトコンドリアゲノムによってコードされている

植物ミトコンドリアDNAの全塩基配列が，シロイヌナズナで最初に決定されると（Marienfeld et al. 1999），ミトコンドリアゲノムに関する理解が飛躍的に進んだ。

植物ミトコンドリアの遺伝のシステムのいくつかの特徴は，動物，原生動物，カビでさえも見られないユニークなものである。もっとも大きな違いは，RNAのプロセシングが植物のミトコンドリアと他のほとんどの生物のミトコンドリアとの間で異なっているということである。多くの植物ミトコンドリア遺伝子はイントロンを含み，いくつかの遺伝子では転写分子が分断されており，それらはスプライシングによって連結されなければならない。また，植物ミトコンドリアDNAは，翻訳されるmRNAとの厳密な相補性をももっていない（**Webトピック11.6**参照）。植物ミトコンドリアの遺伝システムのもう一つの特徴は，このシステムが普遍的な遺伝コードに厳密に従っているということであり，このことは，そのほかのすべての生物界のミトコンドリアDNAで見つかっている例外的な遺伝コードが使われていないことを示している。

植物ミトコンドリアゲノムは，一般に動物のものよりも非常に大きい。植物ミトコンドリアのDNAのサイズは，近接の植物種でも大きな違いがあり，200～2,400キロ塩基対の範囲である。このサイズは，哺乳類のミトコンドリアの小型で均一な16キロ塩基対のゲノムとは対照的である。サイズの違いは，主に植物ミトコンドリアにイントロンを含む多くの非コード配列が存在することに起因する。シロイヌナズナのミトコンドリアDNAが35個のタンパク質をコードしているのに対して，哺乳類のミトコンドリアDNAは13個のタン

パク質のみをコードしている。植物と哺乳類の両方のミトコンドリアDNAがrRNAとtRNAをコードしている。

ミトコンドリアDNAに存在する遺伝子は，二つの主なグループ，ミトコンドリア遺伝子の発現に必要な遺伝子（tRNA，rRNA，リボソームタンパク質をコードした遺伝子）と酸化的リン酸化に関与したタンパク質複合体の遺伝子とに分けることができる。植物ミトコンドリアDNAは，複合体Iの九つのサブユニット，複合体IIIの一つのサブユニット，複合体IVの三つのサブユニット，ATP合成酵素の三つのサブユニット，シトクロムの生合成に関わっている五つのタンパク質をコードしている（Marienfeld 1999）。ミトコンドリアにコードされたサブユニットは，呼吸に関わっている複合体の活性に必要不可欠であり，このことはバクテリアのホモログにアミノ酸配列が保存されていることからも明らかである。核ゲノムは，ミトコンドリアDNAにコードされていないすべてのミトコンドリアタンパク質をコードしており，核にコードされているタンパク質は，ミトコンドリアタンパク質の大部分を占めている。たとえば，クエン酸回路のすべてのタンパク質は核にコードされている。核にコードされたミトコンドリアタンパク質は，サイトソルのリボソームで合成され，ミトコンドリアの外膜と内膜にあるトランスロケーターを介して輸送される。そのため，酸化的リン酸化は二つの別々のゲノムに存在する遺伝子の発現に依存する。刺激に対する応答，あるいは発生の過程でおこる遺伝子発現の変化は，両ゲノムに存在する遺伝子の間で協調的におこらなければならない。

ミトコンドリアタンパク質をコードした核遺伝子は，他の核遺伝子と同じように制御されているらしいが，ミトコンドリア遺伝子の発現についてはあまりよく知られていない。植物ミトコンドリアDNAのマスターサークルは，通常，多くの小さなサブゲノムセグメントに分断されており，遺伝子の発現はミトコンドリアDNAのセグメントのコピー数が減少することにより抑えられている（Leon et al. 1998）。ミトコンドリアDNAに存在する遺伝子のプロモーターには，多くの種類があり，異なった転写活性をもっている。しかし，ミトコンドリア遺伝子の主な発現制御は，過剰に生産されたポリペプチドの分解による翻訳後のレベルでおこることが明らかになっている（McCabe et al. 2000）。

植物はATPの収率を低下させる多くの機構をもっている

これまで見てきたように，酸化的リン酸化でエネルギー保存の高い効率を得るには複雑な装置が必要である。したがって，植物ミトコンドリアがこの効率を下げる多くのタンパク質をもつことは驚きである。おそらく植物は，窒素やリン酸などの環境因子に比べて，太陽光によるエネルギー供給によって制限されていないので，その結果として，エネルギーの効率よりも環境への適応に対する柔軟性の方が重要なのかもしれない。

次の項では，リン酸化を伴わない呼吸の機構とそれらの有用性について議論する。

シアン耐性呼吸末端酸化酵素　もし，1 mMのシアンが活発に呼吸している動物の組織に与えられると，シトクロムオキシダーゼが阻害され，呼吸の速度は初期のレベルの1%以下に急激に低下する。しかし，ほとんどの植物組織はあるレベルのシアン耐性の呼吸を行う。それは，シアンで処理をしていないコントロール組織の呼吸の10～25%，ある組織の場合には100%にもなる。この酸素吸収を行っている酵素は，植物ミトコンドリアの電子伝達鎖のシアン耐性オキシダーゼとして同定されており，**シアン耐性呼吸末端酸化酵素**（alternative oxidase）とよばれる（図11.8と**Webトピック11.3**参照）（Vanlerberghe and McIntosh 1997）。

主要な電子伝達鎖を離れた電子は，ユビキノンプールのところでシアン耐性経路に入る（図11.8参照）。シアン耐性経路の唯一の成分であるシアン耐性呼吸末端酸化酵素は，酸素の水への4電子還元を触媒し，多くの化合物，中でもサリチルヒドロキサム酸（SHAM）によってもっとも顕著に特異的に阻害される。

電子がユビキノンプールからシアン耐性経路へ入るとき，電子はプロトンを汲み上げる二つの場である複合体IIIと複合体IVを迂回して流れる。シアン耐性経路のユビキノンと酸素の間にはエネルギーを保存するサイトがないので，電子がシアン耐性経路の方に流れるとき，通常ATPとして保存される自由エネルギーは熱として失われる。

シアン耐性経路のように，見たところエネルギー的には無駄な過程が，どのように植物の代謝に寄与することができるのだろうか？ シアン耐性呼吸末端酸化酵素が機能的に有用であることの一つの例は，サトイモ科の特定の仲間，たとえばブードゥーユリ（*Sauromatum guttatum*）の花の発生過程で見られる同酵素の活性である。ちょうど受粉の前に，雄花と雌花にある付属体（appendix）とよばれるこん棒状の花茎の組織において，シアン耐性経路を介した呼吸速度の劇的な増加がおこる。これによって，付属体の上部の温度が約7時間，周囲の温度より25℃以上も増加する。

この異常な熱生産のバーストの間に，特定のアミン，インドール，テルペンが揮発するので，植物は腐敗臭を発し，それは受粉を媒介する昆虫を引きつける。アスピリンと関係があるフェノール性の化合物であるサリチル酸は，ボーデゥーユリの熱生産を開始する化学シグナルとして同定されている（Raskin et al. 1989）（**Webエッセイ11.3**参照）。しかしながら，ほとんどの植物において，呼吸とシアン耐性呼吸の両方の速度は，温度を顕著に増加させるのに十分な熱を生成するにはあまりにも遅すぎる。シアン耐性経路は，なにかほかの役割をしているのだろうか？

シアン耐性経路はエネルギーのオーバーフロー経路として機能することが示唆されている。このオーバーフロー経路は，成長，貯蔵またはATP合成に必要な量を超えて蓄積している呼吸の基質を酸化する（Lambers 1985）。この考察は，電子伝達の主経路の活性が飽和したときにのみ，シアン耐性経路を介して電子が流れることを示唆している。そのような飽和は，試験管の中では状態4でおこり（図11.9），細胞内では，もし呼吸の速度がATP合成に必要な速度を超えるならば，すなわち，もしADPのレベルが非常に低ければ，おこるかもしれない。しかし，現在では，シトクロム経路が飽和する前にシアン耐性呼吸末端酸化酵素が活性をもつことが明らかになっている。したがって，シアン耐性呼吸末端酸化酵素は，ミトコンドリアにおけるATP生産の相対速度と生合成に必要な炭素骨格の合成の調節を可能にしている。

シアン耐性経路の可能性のあるもう一つの機能は，リン酸欠乏，低温，乾燥，浸透圧ストレスなどの種々のストレスに植物が応答するときの機能である。これらのストレスの多くは，ミトコンドリアの呼吸を阻害する（25章と**Webエッセイ11.1**参照）（Wagner and Krab 1995）。

電子伝達鎖から電子を排出することによって，シアン耐性経路はユビキノンプールの過剰な還元を防ぐ（図11.8参照）。ユビキノンプールが過剰に還元されてそのままにされると，スーパーオキシドアニオンやヒドロキシラジカルのような有害な活性酸素種の生成を促す。この点で，シアン耐性経路は，呼吸に対するストレスの有害な効果を軽減するのかもしれない（**Webエッセイ11.4**参照）（Wagner and Krab 1995；Møller 2001）。

脱共役タンパク質　哺乳類のミトコンドリアの内膜で見つかった**脱共役タンパク質**（uncoupling protein）は，膜のプロトンに対する透過性を著しく増加させ，脱共役剤として機能する。その結果，ATP生産が低下し，より多くの熱が生産される。熱生産は，哺乳類における脱共役タンパク質の主な機能の一つであるらしい。

植物のシアン耐性呼吸末端酸化酵素と哺乳類の脱共役タンパク質は，同じ目的のための二つの異なる手段であるとずっと考えられてきた。そのため，脱共役タンパク質に似たタンパク質が植物のミトコンドリアで発見されたときは驚きであった（Vercesi et al. 1995；Laloi et al. 1997）。このタンパク質はストレスによって誘導されるので，シアン耐性呼吸末端酸化酵素のように電子伝達鎖の過剰な還元を妨げる機能をもつのかもしれない（**Webトピック11.3**，**Webエッセイ11.4**参照）。しかしながら，植物のミトコンドリアがなぜ両方の系をもつ必要があるのかについてはまだわかっていない。

内膜の内側にあるロテノン耐性NADH脱水素酵素，ND_{in}(NADH)　これは，植物ミトコンドリアに見られる多くのNADH脱水素酵素の一つである（図11.8）。この酵素は，複合体Iに負荷がかかり過ぎたとき，プロトンを汲み出さないバイパスとして機能することが示唆されている。複合体Iは，ND_{in}(NADH)よりもNADHに対して高い親和性（10倍低いK_m値）をもっている。マトリックスのNADHレベルが低いとき，典型的にはADPが利用できる状態3のとき，複合体Iが優位に働く。一方，ADPが制限されている状態4では，NADHのレベルが増加し，ND_{in}(NADH)がより活性化される。しかし，この酵素の生理学的な重要性はまだはっきりわかっていない。

ミトコンドリアでの呼吸は，鍵となる代謝物によって制御されている

ATP合成の基質であるADPとP_iは，ミトコンドリアのクエン酸回路や酸化的リン酸化と同様に，サイトソルの解糖系の速度を調節する重要なレギュレーターであるらしい。制御部位が呼吸の三つのすべての段階に存在する。ここでは，いくつかの主な特徴について概略を述べることにする。

クエン酸回路でもっともよく調べられている制御部位は，ピルビン酸脱水素酵素複合体である。この酵素は，活性を制御しているキナーゼとホスファターゼによって可逆的にリン酸化される。ピルビン酸脱水素酵素は，リン酸化された状態では不活性であり，活性を制御しているキナーゼはピルビン酸によって阻害され，基質が利用できるときに酵素が活性をもつようになっている（図11.11）。さらに，ピルビン酸脱水素酵素や2-オキソグルタル酸脱水素酵素などのクエン酸回路の多くの酵素は，NADHによって直接的に阻害される。

クエン酸回路での酸化とそれに引きつづいておこる呼吸は，アデニンヌクレオチドの細胞内レベルによって劇的に制御されている。サイトソルでのATPの需要がミトコンドリアでの合成速度に対して減少すると，利用できるADPが減少し，そして電子伝達鎖は遅い速度で動くようになる（図11.10）。この速度の低下は，マトリックスのNADHの増加を介してクエン酸回路の酵素に伝えられ，クエン酸回路の多くの脱水素酵素の活性が阻害される（Okiver and McIntosh 1995）。

クエン酸やグルタミン酸のようなクエン酸回路の代謝中間体の蓄積は，サイトソルのピルビン酸キナーゼの作用を阻害し，サイトソルのPEPの濃度を増加させる。このPEPの増加は，フルクトース-6-リン酸からフルクトース-1,6-二リン酸への変換速度を減少させる。つまり，解糖系を阻害する。

まとめとして，植物の呼吸速度は，ADPの細胞レベルによってボトムアップに制御されている（図11.12）。ADPは最

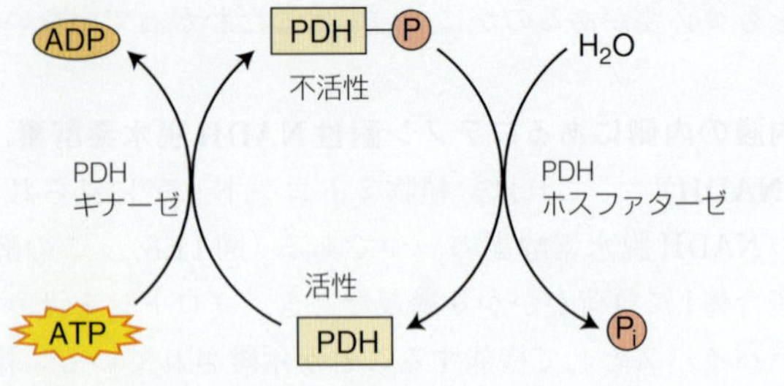

ピルビン酸 ＋ CoA ＋ NAD^+ ⟶ アセチル CoA ＋ CO_2 ＋ NADH

PDH 活性に対する効果	機　構
活性化	
ピルビン酸	キナーゼを阻害
ADP	キナーゼを阻害
Mg^{2+} (または Mn^{2+})	ホスファターゼを活性化
不活性化	
NADH	PDHを阻害 キナーゼを活性化
アセチル CoA	PDHを阻害 キナーゼを活性化
NH_4^+	PDHを阻害 キナーゼを活性化

図 11.11　可逆的なリン酸化やその他の代謝物質によるピルビン酸脱水素酵素活性の制御

初に電子伝達の速度とATP合成を制御し，それからクエン酸回路の活性，最後に解糖の反応の速度を制御する。

呼吸は他の代謝経路と密接に連携している

解糖，ペントースリン酸経路，クエン酸回路は，他の多くの重要な代謝系にリンクしている。それらのいくつかの代謝系については，13章で詳細に述べる。呼吸経路は，アミノ酸，脂質とそれに関連した化合物，イソプレノイド，ポルフィリンなど，植物の多種の代謝物質の生産において，中心的な役割を果している（図11.13）。実際に，解糖やクエン酸回路によって代謝される還元炭素の大部分は，CO_2に酸化されずに種々の物質の生合成のために転用される。

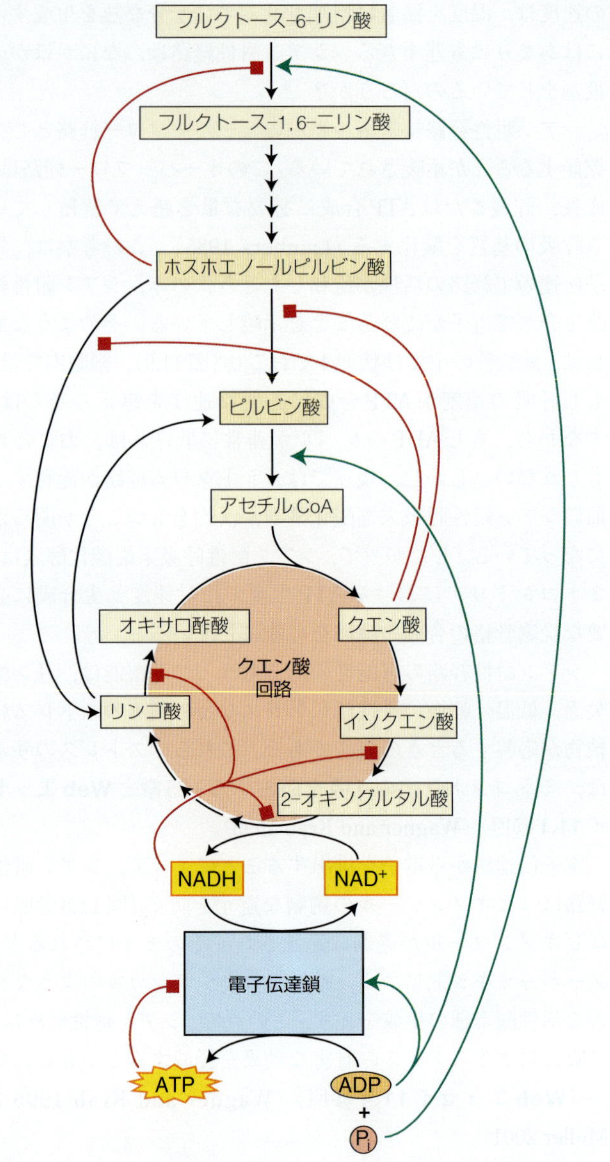

図 11.12　植物の呼吸のボトムアップ制御の概略。多くの呼吸の基質（たとえば，ADP）は，経路の最初の段階に位置する酵素を活性化する（緑の矢印）。対照的に，生成物（たとえば，ATP）の蓄積は，初期の反応（赤の四角）を一つずつ順番に阻害する。たとえば，ATPは電子伝達鎖を阻害し，NADHの蓄積を促す。NADHは，イソクエン酸脱水素酵素や2-オキソグルタル酸脱水素酵素のようなクエン酸回路の酵素を阻害する。それから，クエン酸のようなクエン酸回路の代謝中間体は，サイトソルのPEPを代謝する酵素を阻害する。最後に，PEPはフルクトース-6-リン酸のフルクトース-1,6-二リン酸への変換を阻害し，解糖系への炭素の供給を制限する。

植物個体や組織における呼吸

植物の呼吸やその制御に関する多くの優れた研究が，植物組織から分離した細胞小器官や無細胞抽出物を用いてなされた。しかし，それらの研究によって得られた知見は，自然に生育している，あるいは農業で栽培されている植物体全体の機能とどのような関わりがあるのだろうか？

この項では，種々の条件にある植物体全体という視点で，呼吸とミトコンドリアの機能について検討する。最初に，緑色組織に光を照射すると，呼吸と光合成が同時におこり，複雑に相互作用するということについて述べ，次に，組織の呼吸速度が異なる点について議論する。組織の呼吸速度の違いは，細胞質雄性不稔という大変興味深い現象と同じように，発育段階での制御を受けているのかもしれない。最後に，呼吸の速度に対する種々の環境因子の影響についてみる。

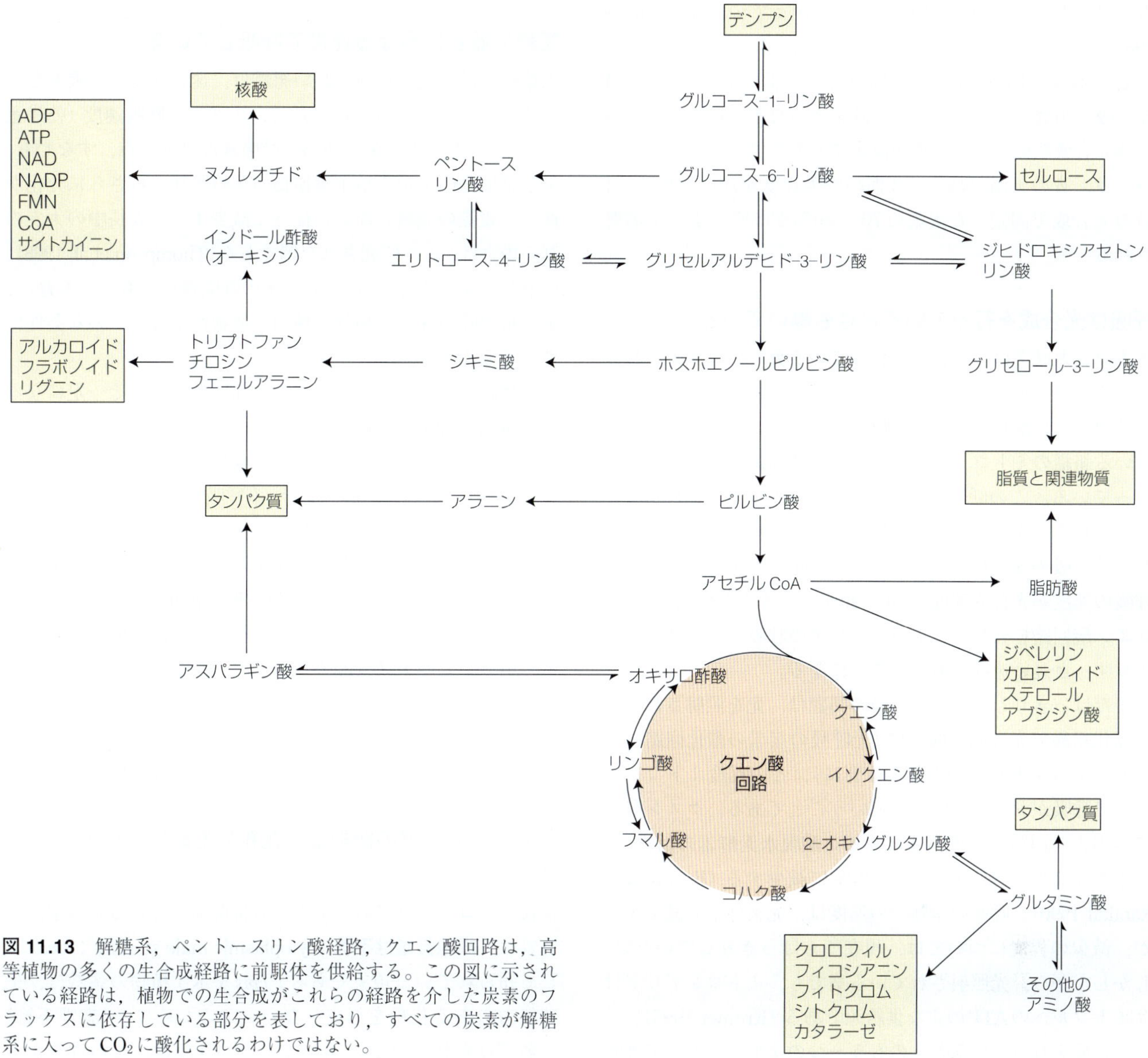

図 11.13　解糖系，ペントースリン酸経路，クエン酸回路は，高等植物の多くの生合成経路に前駆体を供給する。この図に示されている経路は，植物での生合成がこれらの経路を介した炭素のフラックスに依存している部分を表しており，すべての炭素が解糖系に入ってCO_2に酸化されるわけではない。

植物は毎日の光合成によって生産した物質の約半分を呼吸によって消費する

多くの因子が植物体，あるいは植物体の各器官の呼吸の速度に影響を与える。それらの因子には，植物の種や生息地，器官のタイプや齢，また，外部の酸素濃度，温度，栄養，水の供給のような環境の変化が含まれている（25章，**Webトピック11.7**，**Webエッセイ11.5**参照）。

植物全体の呼吸の速度は，特に新鮮重量あたりで考えると動物の組織で報告されている呼吸の速度より一般的に遅い。この差は，植物細胞にミトコンドリアの存在しない大きな中心液胞や細胞壁のコンパートメントが存在することによるところが大きい。しかし，植物のいくつかの組織の呼吸速度は，活発に呼吸を行っている動物の組織で観察されるのと同じぐらい速く，植物の呼吸が動物の呼吸よりも先天的に遅いわけではない。実際に，分離した植物ミトコンドリアは，mgタンパク質あたりで表現すると，哺乳類のミトコンドリアよりも速く呼吸する。

植物は，一般に遅い呼吸速度をもつけれども，植物の全体の炭素収支への呼吸の寄与は大きい（**Webトピック11.7**参照）。緑化組織のみが光合成を行うが，すべての組織は1日24時間呼吸を行う。もし，1日にわたって積算するならば，光合成を活発に行っている組織においてでさえ，呼吸は光合成全体の大部分に相当することになる。多くの草本植物の調査から，1日の光合成で固定した炭素の30～60%が，これらの値は植物が年をとるに従って減少する傾向を示すけれども，呼吸によって失われることがわかっている（Lambers 1985）。

若い木は，1日の光合成で固定した炭素のおよそ3分の1を呼吸で消費し，この消費は，齢をとった木では光合成組織の非光合成組織に対する比が減少するので倍になる。熱帯地域では，夜の気温が高くて夜間の呼吸速度が速いために，1日の光合成で固定した炭素の70～80％が呼吸によって消費される。

呼吸は光合成を行っているときも働いている

ミトコンドリアは，光合成を行っている葉での代謝に関わっている。光呼吸によって生成したグリシンは，ミトコンドリアでセリンに酸化される（8章参照）。同時に，光合成を行っている組織のミトコンドリアはクエン酸回路を使って呼吸も行っている。この呼吸は，光を要求しないので‘暗呼吸’ともよばれる。光合成の最大速度に比べて，緑化組織で測定された暗呼吸の速度は，6～20分の1の範囲でずっと遅い。光呼吸の速度が光合成速度の20～40％に達すると仮定すると，クエン酸回路を介したミトコンドリアの呼吸も光呼吸の速度よりずっと遅い速度でおこることになる。

まだはっきりしていない一つの問題は，光を照射されている緑化組織で光合成と同時に（光呼吸の炭素の酸化回路におけるミトコンドリアの関与とは別に），どの程度ミトコンドリアで呼吸がおこっているかということである。クエン酸回路への入り口の一つであるピルビン酸脱水素酵素の活性は，光条件下で暗黒下での活性の25％に減少する（Budde and Randall 1990）。呼吸の全体での速度は，光条件下で減少するが，減少の程度については，現在でもはっきりしていない。しかしながら，光照射されている葉でも，ミトコンドリアはサイトソルへのATPの主な供給源である（Krömer 1995）。

光合成を行っているときのもう一つのミトコンドリア呼吸の役割は，生合成反応に必要な炭素代謝産物を供給することである。たとえば，窒素同化に必要な2-オキソグルタル酸を合成して供給する。葉のミトコンドリアは，電子伝達鎖において高い非リン酸化経路の能力をもっている。低いATP収率でNADHを酸化することによって，ミトコンドリアは，サイトソルでのATPの需要に制限されることなしに，呼吸経路による効率のよい2-オキソグルタル酸の生産性を維持することができる（図11.7Cと11.12）（Hoefnagel et al. 1998 and Foyer 1998）。

光合成を行っている葉で，ミトコンドリア呼吸が重要な機能を担っているというもう一つの事実は，呼吸に関わっている複合体が欠損したミトコンドリア変異株を用いた研究から得られ，変異株では葉の成長や光合成に悪影響を生じることが示されている（Vedel et al. 1999）。

組織や器官は異なる速度で呼吸している

大雑把には，代謝活性の高い組織は，速い速度で呼吸をしている。成長している芽は，通常，大変速い呼吸速度（乾燥重量あたり）を示し，栄養組織の呼吸速度は成長点，すなわち，双子葉植物の茎頂や単子葉植物の葉の基部からさらに分化が進んだ組織の領域になるに従って減少する。成長中の大麦の葉の場合は，よく研究された例である（Thompson et al. 1998）。成熟した栄養組織では，一般に茎の呼吸速度がもっとも遅く，葉と根の呼吸速度は植物の種類や植物が生育している条件によって変化する。

植物組織が成熟すると，呼吸の速度はおおよそ一定になるか，組織が齢をとり最終的に老化すると，ゆっくりと減少する。このようなパターンで呼吸が変化しない例外は，クライマクテリックとして知られている呼吸の著しい増加である。これは，果実（アボカド，リンゴ，バナナ）が熟し始めるときや，切り取った葉や花が老化するときにおこる。果実の熟成とクライマクテリックによる呼吸の増加は，外からエチレンを与えたときと同じように，エチレンの内生的な生産によって引きおこされる（22章参照）。一般に，エチレンによって引きおこされる呼吸の増加は，活性の高いシアン耐性のオルタナティブ経路と関係しているが，果実の熟成におけるこの経路の役割ははっきりしていない（Tucker 1993）。

ミトコンドリアの機能は，花粉の形成において きわめて重要である

植物ミトコンドリアのゲノムと直接関係している生理学的な性質は，**細胞質雄性不稔**（cytoplasmic male sterility：*cms*）として知られている現象である。*cms*を示す植物の系統は，生殖能力のある花粉を形成しない。このために，‘雄性不稔’と名づけられている。‘細胞質’という語は，この性質がメンデル則に従わずに伝達されるためであり，*cms*の表現型はいつもミトコンドリアゲノムとともに母性遺伝する。安定な雄性不稔の系統はハイブリッド種子の生産を容易にするため，*cms*は植物育種において大変重要である。雄性不稔であることを除き，*cms*は植物の生活環を通して，植物の性質に影響を及ぼさないということが，多くの植物種において明らかになっている。

分子レベルで調べられている*cms*の性質をもつすべての植物は，野生株と比較して，mtDNAに再編成がおこっていることが，わかっている。これらの再編成は，新規の読み枠を生じさせ，多くの植物で見られる*cms*と密接に関わり合っている。*cms*を回復させる核遺伝子はmtDNAの再編成の効果を抑え，*cms*の表現型をもった植物の雄性不稔を回復させる。もし，種子が収穫される生産物であるならば，そのような*cms*を回復させる遺伝子は，*cms*の商業的な利用に大変有用

である。

*cms*遺伝子の使用によって面白いことが1960年代の後半におこった。このとき，米国で栽培されているハイブリッドトウモロコシの85％が，*cms*-T (Texas) とよばれるトウモロコシの*cms*系統を用いて得られたものだった。*cms*-Tトウモロコシでは，mtDNAの再編成によって一つのユニークな13 kDaタンパク質，URF13が生じている (Levings and Siedow 1992)。どのようにURF13タンパク質が雄性不稔を引きおこすのかはわかっていないが，1960年代の後半に*Bipolaris maydis*というカビの一種 (*Cochliobolus heterostrophus*ともよばれる) による病気が流行した。この特定の種は，HmT-毒素という化合物を合成する。この化合物は，ミトコンドリアの内膜に孔を形成するURF13と特異的に相互作用し，その結果，選択的な膜の透過性が失われる。

HmT-毒素とURF13の相互作用で，*Bipolaris maydis*のレースTが*cms*-Tトウモロコシに感染する病原菌となり，米国のトウモロコシを栽培している地域にsouthern corn leaf blightとして知られた病気が流行した。この病気のため，ハイブリッドトウモロコシの生産に*cms*-Tを使うことは中止された。*cms*-Tのかわりに使える適当な*cms*トウモロコシはまだ見つかっていない。それで，現在のハイブリッドトウモロコシの種子生産は，トウモロコシの雄穂を手で除いて自家受粉を防ぐ，以前に使われていた方法で行われている。

発達中の葯では，他の器官と比較して，細胞あたりのミトコンドリアの数が大変多く，呼吸に関係しているタンパク質の発現量が大変高い。花粉の形成は，エネルギーを必要とする過程である (Huang et al. 1994)。細胞質雄性不稔は，酸化的リン酸化に関係している複合体のサブユニットのミトコンドリア遺伝子に突然変異が生じたときに共通に見られる表現型である (Vedel et al. 1999)。そのような突然変異株は，酸化的リン酸化をおこさないシアン耐性呼吸経路が存在するために，生存することができる。

プログラム細胞死 (programmed cell death：PCD) は，正常な葯が形成するときにおこる現象の一つである。これまでに，ミトコンドリアが植物のPCDに関わっており，PCDが*cms*を示すヒマワリの葯では十分におこらないという知見が得られている (**Webエッセイ 11.6**参照)。

環境因子は呼吸速度を変化させる

多くの環境因子は，代謝経路の作用や呼吸の速度を変化させる。ここで，酸素 (O_2)，温度，二酸化炭素 (CO_2) といった環境因子の役割について検討する。

酸素　酸素は呼吸の基質として働いているため，植物の呼吸に影響を与える。空気 (21% O_2) で飽和した水溶液の平衡状態での酸素濃度は，25℃で約250 μMである。シトクロム*c*によって触媒される反応の酸素に対するK_m値は，1 μM以下であるので，呼吸の速度は外部の酸素濃度に依存しないはずである (K_mの議論についてのWebサイトのある2章を参照)。しかし，もし，大気中の酸素濃度が，組織全体の場合には5％以下，あるいは，組織の薄片の場合には2～3％以下になると，呼吸の速度は減少する。これらの知見は，組織の水相を通した酸素の拡散が植物の呼吸に制限を与えることを示している。

水相による酸素の拡散の制限は，ミトコンドリアで酸素を有効に利用するのに，植物組織に見られる細胞間の空隙が重要であることを示している。もし，植物に気相による拡散の経路がなかったならば，多くの植物の細胞の呼吸速度は不十分な酸素の供給によって制限されるであろう (**Webエッセイ 11.3**参照)。

水飽和/低O_2　酸素の拡散の制限は，植物の器官が水耕培地で成長しているときにより顕著である。植物を水耕栽培するとき，根の付近の酸素濃度を高く保つために，溶液に通気しなければならない。酸素供給の問題は，大変湿度の高いところ，あるいは水に浸った土壌で生育している植物でもおこる (25章参照)。

いくつかの植物，特に木本植物は根への酸素の供給を維持する必要があるため，地理的な分布が制限されている。たとえば，ドッグウッドやユリの木は，根が水に浸った条件にわずかの間でも耐えることができないので，水はけがよく，通気性のよい土壌でのみ生育することができる。一方，多くの植物種は，水に浸った土壌でも生育できるように適応している。イネやヒマワリのような草本性の種では，葉から根に向かって発達している細胞間空隙のネットワーク (通気組織，aerenchyma) に頼っている。このネットワークは，水に浸った根に酸素を移動させる連続的なガス状の経路となっている。

酸素供給の制限は，湿った土壌で，かなり深いところまで根を張って生育している植物ではもっと深刻である。そのような根をもつ植物は，嫌気的な代謝 (発酵)，または根への酸素の移動を促進する構造を発達させることによって，生き残らなければならない。そのような構造の例は，'気泡体' (pneumatophore) とよばれる根の外にできる構造であり，水の外へ伸び出て，根に酸素を拡散させるガス状の経路となる。気泡体は，ずっと水に浸っているマングローブの生えた湿地に生育している*Avicennia*や*Rhizophora*という木に見られる。

温度　呼吸は，通常は温度の増加に伴って増加する (しかし，そうならない場合もある，**Webエッセイ 11.3**参照)。0℃と30℃の間では，周囲の温度が10℃増加するときの呼吸速度の増加（一般には次元のない温度係数Q_{10}として表される）は，約2である。30℃以上では，呼吸の速度はもっと緩やかに増加し，40～50℃でプラトーに達して，それ以上の温度では減少する。熱帯植物が高い呼吸活性を示すのは，夜間の温度が高いことが原因であると考えられている。

低温は，果実や野菜を貯蔵するとき，収穫後の呼吸を抑えるのに利用されている。しかし，そのような貯蔵から複雑なことがわかってきた。たとえば，ジャガイモが10℃以上の温度で貯蔵されるとき，呼吸とそれに伴っておこる代謝の活性は高く，発芽を引きおこす。5℃以下では，呼吸と発芽がほとんどの組織で抑えられるが，貯蔵デンプンの分解やショ糖への転換は，イモに不必要な甘さを与える。解決策として，ジャガイモは，デンプンの分解を抑え，そして呼吸と発芽を最小限に抑える7～9℃の温度で貯蔵されている。

CO_2濃度　商業的な果物の貯蔵に，呼吸に及ぼす大気中の酸素や温度の効果を利用することは，一般的に行われている。果物は，低温で2～3%の酸素，3～5%のCO_2のもとで貯蔵されている。温度の低下は，酸素濃度を低下させたときと同じように，呼吸速度を低下させる。発酵代謝を活性化するまで組織の酸素濃度が下がるのを防ぐために，無酸素条件のかわりに，低濃度の酸素が使われている。

二酸化炭素は，大気中の通常の濃度（360 ppm）よりもはるかに高い3～5%の濃度で，わずかに呼吸速度を直接的に阻害する効果をもっている。大気中のCO_2濃度は，人間の活動により急激に増加しており，21世紀が終わる前に2倍の700 ppmになると推測されている（9章参照）。

350 ppmのCO_2で育てた植物に比べて，700 ppmのCO_2で育てた植物は，15～20%低い暗黒下での呼吸速度（乾燥重量あたり）をもつことが報告されている（Drake et al. 1999）が，しかし，この報告は疑問視されている（Jahnke 2001；Bruhn 2002）。細胞あたりのミトコンドリアの数は，CO_2濃度の高い環境では2倍に増加する。これらのデータは，光条件下での呼吸活性が周囲のCO_2濃度が高くなると増加するかもしれないということを意味している（Griffin et al. 2001）。より高いCO_2濃度で生育した植物がどのように地球の炭素サイクルに寄与するかという問題は，現在の議論の的となっている。

脂質代謝

動物は油脂（脂肪）をエネルギー源として使うが，植物は主に炭素源として使う。油脂は，ダイズ，ヒマワリ，ピーナッツ，ワタのような農業上重要な植物の種子を含む，多くの種子での重要な還元炭素の貯蔵形態である。油脂は小さな種子を作る非栽培種の主な貯蔵物質としても役立っている。オリーブやアボカドのような果実も油脂を貯蔵する。

本章の最後の項では，二つのタイプのグリセロ脂質，‘トリアシルグリセロール’（種子に貯蔵される油脂）と‘極性グリセロ脂質’（細胞に存在する膜の脂質二重層を形成する脂質）の生合成について述べる（図11.14）。トリアシルグリセロールや極性グリセロ脂質の生合成が，プラスチドと小胞体の二つの細胞小器官が協調的に働くことによっておこることを見ていく。植物は，エネルギー生産に油脂を使うこともできる。したがって，発芽種子が油脂の酸化から代謝エネルギーを獲得する複雑な過程についても述べることになる。

油脂は大量のエネルギーを蓄えている

油脂は，有機溶媒に溶けるが水には溶けにくい，構造的に多様な疎水性の化合物の仲間である‘脂質’に属する。脂質は炭水化物に比べてより還元された炭素態であり，1 gの油脂（約40 kJあるいは9.3 kcalのエネルギーをもつ）の完全な酸化は，1 gのデンプン（約15.9 kJあるいは3.8 kcal）の酸化よりもずっと多くのATPを生じる。逆に，油脂，またそれらに関連した膜の成分であるリン脂質のような分子の生合成には，多大な代謝エネルギーが必要である。

その他の脂質は，植物の構造や機能において重要であるが，エネルギーの貯蔵には使われていない。それらの脂質には，植物組織からの水の消失を抑え，保護的な作用のあるクチクラを形成するワックスや，光合成に関わっているカロテノイドを含むテルペノイド（イソプレノイドとしても知られている），植物の多くの生体膜に存在するステロールが含まれている（13章参照）。

トリアシルグリセロールはオレオソームに蓄積されている

油脂は，主にトリアシルグリセロール（‘アシル’は脂肪酸の部分にちなんでいる），またはトリグリセリドとして存在し，脂肪酸分子はグリセロールの三つの水酸基にエステル結合によって結合している（図11.14）。

植物の脂肪酸は，ふつう，偶数の炭素原子をもつ直鎖状のカルボン酸である。炭素鎖は，12ユニットほどの短いものや20ユニットの長いものもあるが，一般には16または18の長さである。‘油’は，構成成分である脂肪酸に二重結合が存在するために室温では液体である。飽和脂肪酸の割合が多い‘脂’は，室温では固体である。植物脂質に含まれる主な脂肪酸を表11.3に示す。

植物脂質の脂肪酸の組成は，種によって異なる。たとえば，ピーナッツの油脂は9%のパルミチン酸，59%のオレイン酸，21%のリノール酸を含むが，綿の種子の油脂は，20%のパルミチン酸，30%のオレイン酸と45%のリノール酸を含んでいる。これらの脂肪酸の生合成については後で簡潔に述べる。

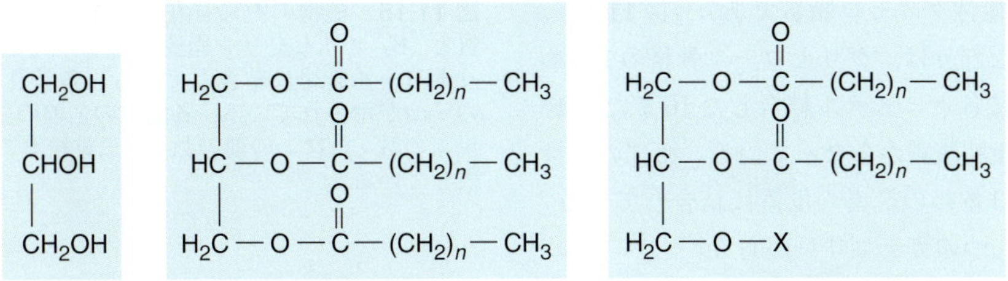

グリセロール　トリアシルグリセロール（主な貯蔵脂質）　グリセロ脂質

X = H	ジアシルグリセロール（DAG）
X = HPO_3^{2-}	ホスファチジン酸
X = $PO_3^{2-}—CH_2—CH_2—\overset{+}{N}(CH_3)_3$	ホスファチジルコリン
X = $PO_3^{2-}—CH_2—CH_2—NH_2$	ホスファチジルエタノールアミン
X = ガラクトース	ガラクト脂質

図 11.14　高等植物のトリアシルグリセロールとグリセロ脂質の構造的な特徴。脂肪酸の炭素鎖の長さはいつも偶数で，12 ～ 20 の範囲であるが，典型的には 16 または 18 である。したがって，***n*** の値はふつう 14 または 16 である。

ほとんどの種子のトリアシルグリセロールは，子葉かまたは胚乳の細胞質で，**オレオソーム**（oleosome）（‘スフェロソーム’または‘オイルボディ’ともよばれている）として知られている細胞小器官に蓄積している（1 章参照）。‘オレオソーム’は水溶性の細胞質からトリアシルグリセロールを隔てる特殊な単膜のバリアーをもっている。一層のリン脂質（すなわち，二重層の半分）がオイルボディを取り囲んでおり，リン脂質の親水性の部分がサイトソルに露出し，疎水的な脂肪酸の炭化水素鎖の部分が内側のトリアシルグリセロールの方を向いている（1 章参照）。オレオソームは特殊なタンパク質，オレオシンによって安定化されており，オレオシンはオイルボディの表面をコートし，リン脂質が近接したオイルボディと接触して融合することを防いでいる。

この独特なオレオソームの膜構造は，トリアシルグリセロールの生合成の様式から生じている。トリアシルグリセロールの合成は，小胞体の膜に局在する酵素によって担われており，合成された油脂は小胞体の膜二重層の二つの層の間に蓄積する。油脂が蓄積するに従って二重層が膨張し，最終的には成熟したオイルボディが ER から分離する（Napier et al. 1996）。

極性グリセロ脂質は膜の主な構成脂質である

1 章で概説したように，細胞に存在する各々の膜は‘両親媒性’（すなわち，疎水的な領域と親水的な領域の両方をもつ）の脂質分子からなる二重層であり，脂質の極性基は水相と相互作用し，疎水的な脂肪酸鎖は膜の中心部を構成する。この疎水的な部分は，細胞のコンパートメント間の溶質のランダムな拡散を防ぎ，細胞内での生化学反応を組織化する。

表 11.3　高等植物の組織に一般に存在する脂肪酸

名　称*	構　造
飽和脂肪酸	
ラウリル酸（12：0）	$CH_3(CH_2)_{10}CO_2H$
ミリスチン酸（14：0）	$CH_3(CH_2)_{12}CO_2H$
パルミチン酸（16：0）	$CH_3(CH_2)_{14}CO_2H$
ステアリン酸（18：0）	$CH_3(CH_2)_{16}CO_2H$
不飽和脂肪酸	
オレイン酸（18：1）	$CH_3(CH_2)_7CH = CH(CH_2)_7CO_2H$
リノール酸（18：2）	$CH_3(CH_2)_4CH = CH - CH_2 - CH = CH(CH_2)_7CH_2H$
リノレン酸（18：3）	$CH_3CH_2CH = CH - CH_2 - CH = CH - CH_2 - CH = CH—(CH_2)_7CO_2H$

＊　各脂肪酸は，数字による省略形で表されている。コロンの前の数字は炭素の総数を，コロンの後の数字は二重結合の数を表している。

膜の主な構成脂質は極性グリセロ脂質であり（図11.14），グリセロ脂質の疎水的な部分は，グリセロール骨格の1番めと2番めの炭素の位置に各々エステル結合した16または18の炭素からなる二つの脂肪酸鎖からなっている。頭部の極性基は，グリセロールの3番めの炭素の位置に結合している。極性グリセロ脂質には二つのカテゴリーがある。

1. 糖が頭部を形成している**グリセロ糖脂質**（glyceroglycolipid）（図11.15A）
2. 頭部がリン酸を含む**グリセロリン脂質**（glycerophospholipid）（図11.15B）

植物の膜には，これらに加えてスフィンゴ脂質やステロール（13章参照）などの構成脂質が存在するが，それらの脂質は少量の成分である。その他の脂質は，光合成やその他の過程で特異的な機能を発揮している。それらの脂質にはクロロフィル，プラストキノン，カロテノイドやトコフェロールが含まれ，植物の葉に含まれる脂質の約3分の1に相当する。

図11.15は，植物に存在する九つの主な脂質クラスを示しており，各々の脂質には多くの異なった組合せの脂肪酸が結合している。図11.15に示された構造は，一般的な分子種の構造を示している。

光合成をしている組織の膜脂質の70％を含む葉緑体の膜は，グリセロ糖脂質を主成分とし，その他の膜はグリセロリン脂質を主に含んでいる（表11.4）。非光合成組織では，リン脂質が主な膜を構成するグリセロ脂質である。

脂肪酸の生合成は2個の炭素を付加するサイクルからなっている

脂肪酸の生合成には，アセチルCoAを前駆体とした2炭素ユニットの周期的な縮合反応が含まれている。植物では，脂肪酸はもっぱらプラスチドで合成され，動物では主にサイトソルで合成される。

脂肪酸の合成経路に関わる酵素は，‘脂肪酸合成酵素’とよばれる複合体として，おたがいに結合していると考えられている。複合体は，酵素が物理的におたがいに離れているときよりも，効率よく一連の反応を進行させることができるであろう。さらに，伸長途中の脂肪酸鎖は，**アシルキャリアタンパク質**（acyl carrier protein：**ACP**）とよばれる低分子量の酸性タンパク質に共有結合している。アシルキャリアータンパク質に結合している脂肪酸は，**アシルACP**（acyl-ACP）とよばれる。

図 11.15 植物の膜に存在する主な極性脂質。(A) グリセロ糖脂質と (B) グリセロリン脂質，少なくとも六つの異なる脂肪酸がグリセロール骨格に結合している。各脂質クラスの一般的な分子種の一つが示されている。各脂質の名前の下に書かれている数字は，炭素の数（コロンの前の数）と二重結合の数（コロンの後の数）を表している。▶

脂肪酸合成経路の最初の段階（すなわち，脂肪酸の合成に特徴的な最初の段階）は，アセチルCoAカルボキシラーゼによるアセチルCoAとCO_2からのマロニルCoAの合成である（図11.16）（Sasaki et al. 1995）。アセチルCoAカルボキシラーゼの制御が，脂肪酸合成の全体の速度を支配するようである（Ohlrogge and Jaworski 1997）。マロニルCoAは，それからACPと反応し，マロニルACPを生じる。

1. 脂肪酸合成の最初のサイクルでは，アセチルCoAのアセチル基が‘縮合酵素’（3-ケトアシルACP合成酵素）の特定のシステイン残基に転移され，それからマロニルACPと結合してアセトアセチルACPが生成する。
2. 次に3番めの炭素の位置にあるケト基が三つの酵素の作用によって除かれ，炭素数4の長さをもつ新しいアシル鎖（ブチリルACP）が生成する。
3. 合成された炭素数4の脂肪酸ともう一つのマロニルACPは，縮合酵素の新たな基質となり，伸長鎖にもう一つの2炭素ユニットを付加する。そして，サイクルは炭素数16または18の脂肪酸が合成されるまでつづく。
4. いくつかの16：0-ACPは脂肪酸合成酵素から外れるが18：0-ACPに伸長される大部分の分子は，不飽和化酵素

表 11.4 細胞に存在する膜のグリセロ脂質成分

	脂質組成（全脂質に対する割合）		
	葉緑体	小胞体	ミトコンドリア
ホスファチジルコリン	4	47	43
ホスファチジルエタノールアミン	—	34	35
ホスファチジルイノシトール	1	17	6
ホスファチジルグリセロール	7	2	3
ジホスファチジルグリセロール	—	—	13
モノガラクトシルジアシルグリセロール	55	—	—
ジガラクトシルジアシルグリセロール	24	—	—
スルホ脂質	8	—	—

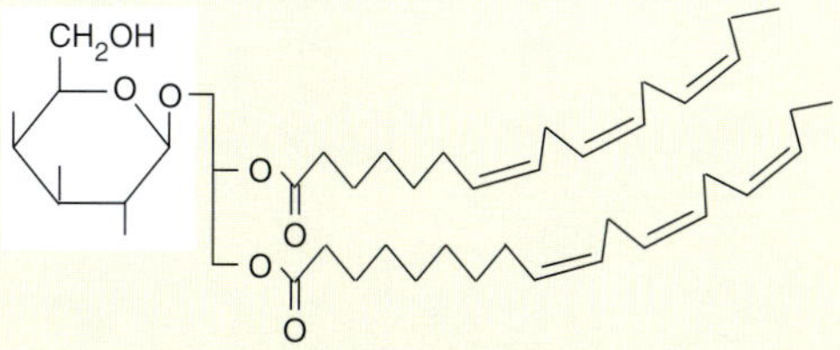

モノガラクトシルジアシルグリセロール
(18:3 | 16:3)

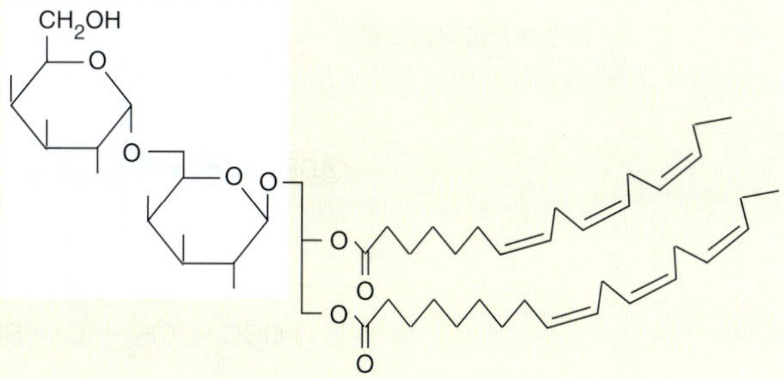

ジガラクトシルジアシルグリセロール
(18:3 | 16:3)

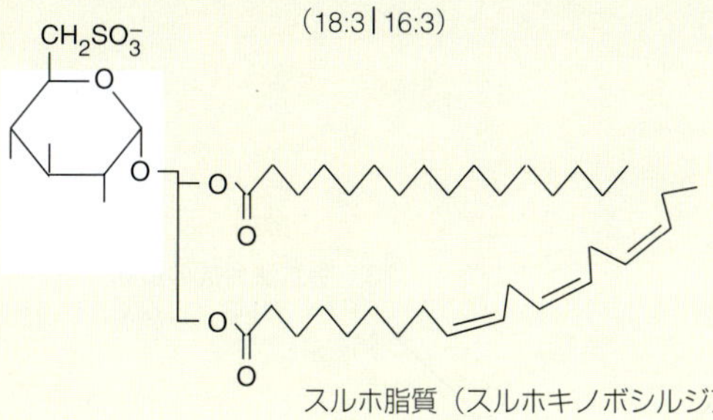

スルホ脂質（スルホキノボシルジアシルグリセロール）
(18:3 | 16:0)

(A) **グリセロ糖脂質**

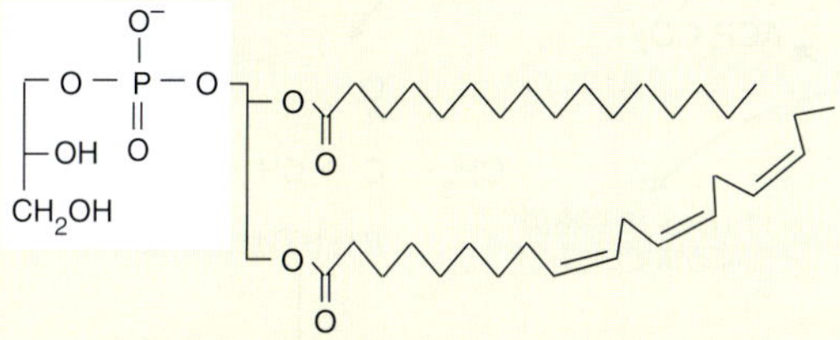

ホスファチジルグリセロール
(18:3 | 16:0)

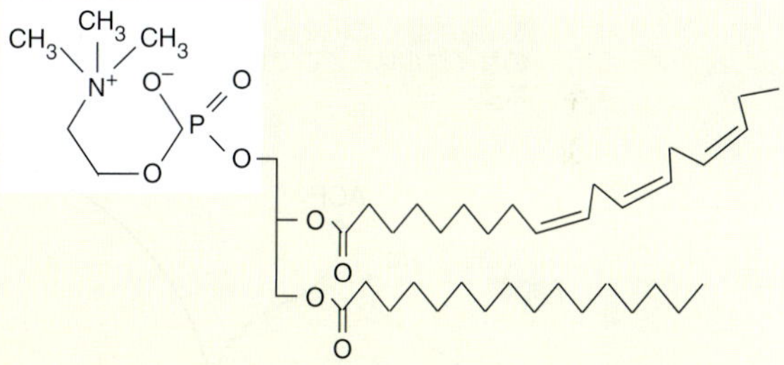

ホスファチジルコリン
(16:0 | 18:3)

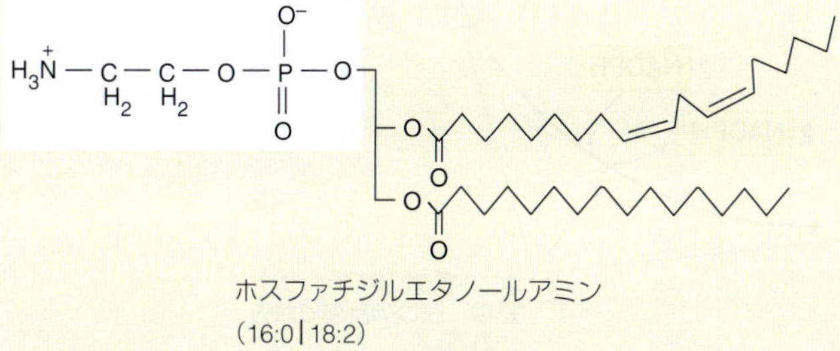

ホスファチジルエタノールアミン
(16:0 | 18:2)

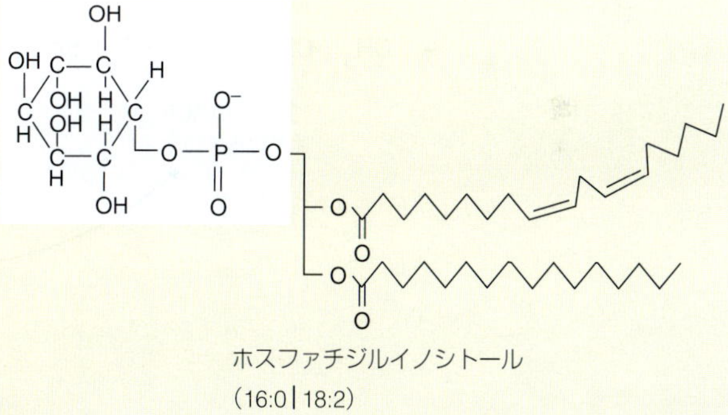

ホスファチジルイノシトール
(16:0 | 18:2)

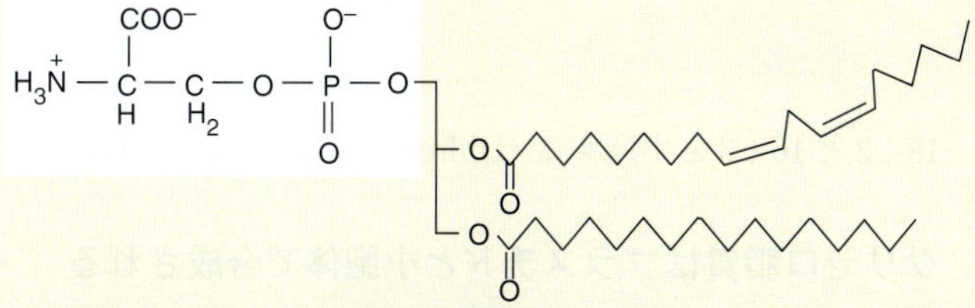

ホスファチジルセリン
(16:0 | 18:2)

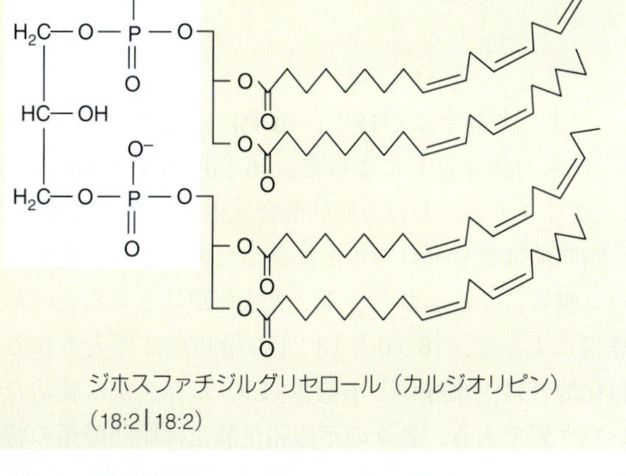

ジホスファチジルグリセロール（カルジオリピン）
(18:2 | 18:2)

(B) **グリセロリン脂質**

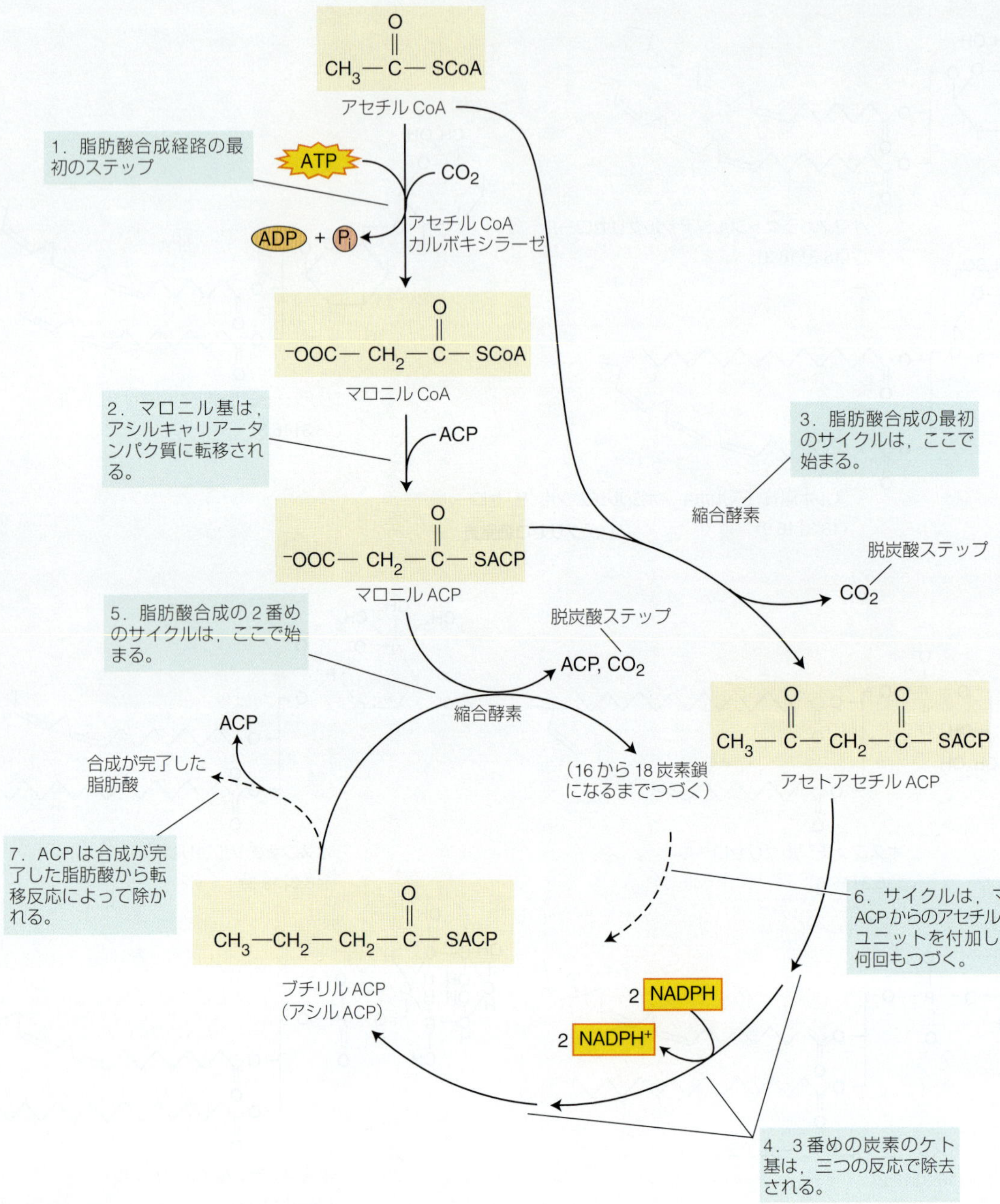

図 11.16 植物細胞のプラスチドでおこる脂肪酸合成のサイクル

によって効率よく18：1-ACPに変換される。この一連の反応の繰り返しによって，16：0-ACPと18：1-ACPがプラスチドにおける脂肪酸合成の主要な産物となる。

脂肪酸はグリセロールと結合した後，さらに変換されグリセロ脂質になる。さらなる二重結合がひとそろいの不飽和化酵素によって，16：0と18：1の脂肪酸に導入される。不飽和化酵素は，葉緑体と小胞体（ER）に存在する膜結合性のタンパク質である。各々の不飽和化酵素は脂肪酸鎖の特定の位置に二重結合を挿入し，各酵素が逐次作用して最終的に18：3と16：3を生産する（Ohlrogge and Browse 1995）。

グリセロ脂質はプラスチドと小胞体で合成される

プラスチドで合成された脂肪酸は，次に膜やオレオソームのグロセロ脂質を合成するのに使われる。グリセロ脂質合成の最初の段階は，脂肪酸をアシルACPまたはアシルCoAからグリセロール-3-リン酸に転移して**ホスファチジン酸**（phosphatidic acid）を生成する二つのアシル化反応である。

特異的な脱リン酸化酵素の作用によって，ホスファチジン

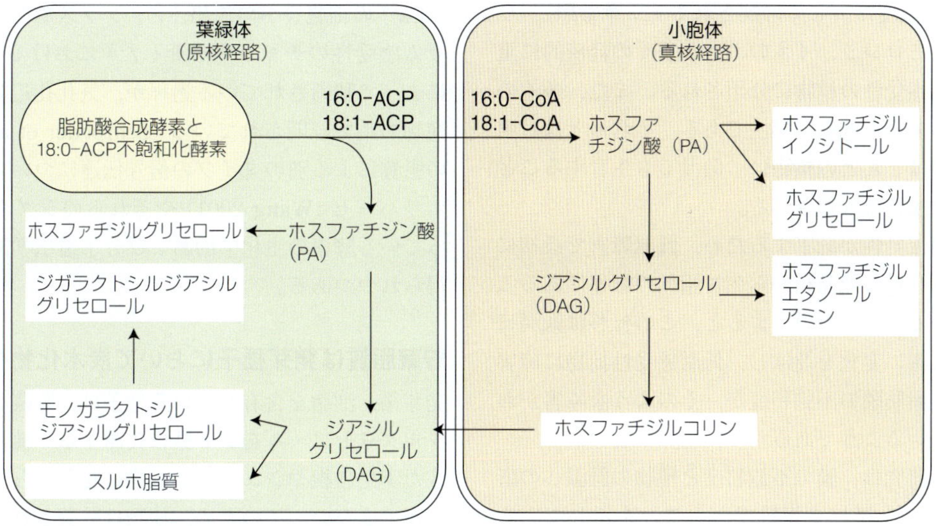

図 11.17 シロイヌナズナ葉の細胞の葉緑体と小胞体でおこる二つのグリセロ脂質合成経路。主な膜の成分は，ボックスで示されている。葉緑体と小胞体のグリセロ脂質を不飽和化する不飽和化酵素は，16：0と18：1の脂肪酸を，図11.15に示されているより高度に不飽和化された脂肪酸に変換する。

酸から**ジアシルグリセロール**（diacylglycerol：DAG）が合成される。ホスファチジン酸は，ホスファチジルイノシトールあるいはホスファチジルグリセロールに直接変換され，DAGはホスファチジルエタノールアミンあるいはホスファチジルコリンを生じる（図11.17）。

グリセロ脂質の合成に関わっている酵素の局在は，脂肪酸が合成される葉緑体と細胞内の他の膜との複雑で高度に制御された相互作用を示している。単純にいうと，その生化学的な知見は，原核（または葉緑体）経路と真核（ER）経路とよばれる二つの経路が存在するということを意味している。

1. 葉緑体の**原核経路**（prokaryotic pathway）では，葉緑体での脂肪酸合成の産物である16：0-ACPと18：1-ACPが，ホスファチジン酸とその誘導体の合成に使われる。あるいは，脂肪酸はCoAエステルとしてサイトソルへ輸送される。
2. サイトソルの**真核経路**（eukaryotic pathway）では，ホスファチジン酸とその誘導体に脂肪酸を組み込むために，ERにある別のひとそろいのアシルトランスフェラーゼを使う。

このモデルを単純化したものが，図11.17に描かれている。

シロイヌナズナやホウレンソウなどのいくつかの高等植物では，二つの経路が葉緑体での脂質合成に同程度寄与している。しかし，その他の多くの被子植物では，ホスファチジルグリセロールが原核経路で合成される唯一の脂質で，その他の葉緑体の脂質は真核経路によってもっぱら合成されている。

脂肪性種子におけるトリアシルグリセロール合成は，グリセロ脂質に対して述べたのと一般的には同じようにおこる。16：0-ACPと18：1-ACPは，細胞内のプラスチドで合成され，そしてCoAチオエステルとして輸送され小胞体でDAGに取り込まれる（図11.17）。

脂肪性種子での代謝で鍵となる酵素（図11.17に示されていない）は，アシルCoA：DAGアシルトランスフェラーゼとPC：DAGアシルトランスフェラーゼで，トリアシルグリセロールの合成反応を触媒する（Dahlqvist et al. 2000）。すでに述べたように，トリアシルグリセロール分子は特殊な構造をもつオレオソームに蓄積し，オレオソームのトリアシルグリセロールは発芽のときに糖に変換されて利用される。

脂質組成は膜の機能に影響を与える

膜生物学における中心的な問題は，脂質の多様性に秘められている機能的な意味である。細胞に存在する各々の膜は，特徴的で独特の脂質成分を含んでおり，一つの膜の各脂質クラスは異なった脂肪酸組成をしている。われわれが膜について理解していることは，脂質が膜タンパク質のマトリックスとなる流動的で半透性の二重層を形成しているということである。

この二重層を形成するという脂質の役割は，ホスファチジルコリンの単一の分子種でも果たせるので，そのような単純な考えは脂質の多様性を理解するには不十分である。なぜ多様な脂質が必要なのだろうか？ この問題の答えを提供する膜生物学の一つの知見は，脂質組成と温度変化に適応する生物の能力との間に関係があるということである（Wolter et al. 1992）。たとえば，低温感受性の植物では，成長速度や発育が0～12℃の間の温度で著しく抑制される（25章参照）。ワタ，ダイズ，トウモロコシ，イネのような多くの経済的に重要な作物は，低温感受性の植物に分類される。また，多くの熱帯や亜熱帯性の果実も低温感受性である。それらとは対照的に，温帯起源のほとんどの植物は，低温でも生育することができ，低温耐性植物に分類される。

低温では脂質の流動性が低下するため，低温障害で最初におこる出来事は細胞膜の液晶相からゲル相への転移であることが示唆されている。この仮説によると，この転移は低温に曝された細胞の代謝に変化を及ぼし，低温感受性植物に障害や死をもたらす。脂肪酸の不飽和度が，そのような障害がおこる温度を決めているようである。

しかし，最近の研究は，膜の不飽和度と植物の低温への応答との関係が，もっと微妙で複雑であることを示している（**Webトピック11.8**参照）。飽和脂肪酸が増加したシロイヌナズナの変異株の低温への応答は，低温感受性に関する仮説から予想されたものとは明らかに異なっており，このことは，通常の低温障害が膜脂質の不飽和度だけに密接に関係しているわけではないということを示している。

一方，タバコの形質転換体を使った実験では，逆の結果が得られている。ホスファチジルグリセロールの飽和分子種のレベルを特異的に下げる，すなわち，膜の不飽和度を増加させるために，タバコで外来遺伝子を発現させることが行われた。この場合には，低温によって引きおこされる障害がいくぶん軽減された。

これらの新しい知見は，膜の不飽和度，あるいは二つの飽和脂肪酸からなるホスファチジルグリセロールのような特定の脂質が，植物の低温への応答に影響を与えるということを示している。**Webトピック11.8**で述べるように，脂質組成と膜の機能との関係を十分に理解するにはさらなる研究が必要である。

膜脂質は重要なシグナル化合物の前駆体である

植物，動物，微生物のすべてが，細胞内あるいは遠距離の信号伝達に用いられる化合物の前駆体として膜脂質を使っている。たとえば，リノレン酸から誘導されるジャスモン酸は，昆虫や多くの病原菌に対する植物の防御系を活性化する。さらに，ジャスモン酸は葯や花粉の発達を含めて，植物の成長を制御している（Stintzi and Browse 2000）。**ホスファチジルイノシトール-4,5-二リン酸**（phosphatidylinositol-4,5-bisphosphate：PIP_2）は，‘ホスホイノシチド’として知られているホスファチジルイノシトールのリン酸化誘導体の中でももっとも重要である。動物では，レセプターを介したホスホリパーゼCの活性化がPIP_2のイノシトール三リン酸（IP_3）とジアシルグリセロールへの加水分解を引きおこし，両者は細胞内セカンドメッセンジャーとして働く。

Ca^{2+}の細胞質への放出（トノプラスや他の膜にあるカルシウム感受性のチャネルを介した）におけるIP_3の作用やそれによって制御されている過程が，気孔孔辺細胞を含む多くの植物の系で証明されている（Schroeder et al. 2001）。植物での脂質による別のタイプの信号伝達についての情報が，ホスホリパーゼ（Wang 2001）やそれらのシグナルの発生に関わっている酵素の生化学的および分子遺伝学的な研究を通して得られつつある。

貯蔵脂質は発芽種子において炭水化物へ変換される

発芽後，油脂を含有している種子は，貯蔵されているトリアシルグリセロールをショ糖に代謝する。植物は，発芽してできた実生の根やシュートの組織に胚乳から油脂を輸送することができない。そのため，植物は貯蔵された脂質をもっと利用しやすい炭素の形態，一般にはショ糖に変換しなければならない。この過程には，異なる細胞のコンパートメント，すなわちオレオソーム，グリオキシソーム，ミトコンドリア，細胞質でおこる多くのステップが含まれている。

概略：脂質のショ糖への変換　脂肪性種子における脂質のショ糖への変換は，発芽によって誘導され，オイルボディに蓄積されたトリアシルグリセロールの遊離脂肪酸への加水分解から始まり，それから脂肪酸の酸化がおこりアセチルCoAが生産される（図11.18）。脂肪酸は，種子の油脂に富んだ組織に存在する一つの二重層の膜で囲まれた細胞小器官である**グリオキシソーム**（glyoxysome）とよばれるある種のペルオキシソームで酸化される。アセチルCoAは，グリオキシソームで代謝されてコハク酸となり，グリオキシソームからミトコンドリアへ輸送され，そこでまずオキサロ酢酸に変換されてからリンゴ酸に変換される。ショ糖への変換はサイトゾルで終わり，糖新生を介したリンゴ酸のグルコースへの変換，それからショ糖への変換がおこる。

ある種の脂肪性種子では，この脂肪酸から誘導される炭素のいくらかは，その他の代謝反応に利用されるが，ヒマ（*Ricinus communis*）では糖への変換が非常に効率よくおこり，1 gの脂質が代謝されると1 gの炭水化物が生成される。これは，炭素結合の自由エネルギーの40％が回収されたことに相当する（(15.9 kJ/40 kJ) × 100 = 40％）。

リパーゼによる加水分解　脂質を炭水化物に変換する最初のステップは，リパーゼによるオイルボディに蓄積されたトリグリセリドの分解であり，リパーゼはオイルボディの境界として機能している外側の単層膜に局在している。このリパーゼは，トリアシルグリセロールを3分子の脂肪酸と1分子のグリセロールに加水分解する。トウモロコシや綿もオイルボディにリパーゼの活性をもつが，ピーナッツ，ダイズ，キ

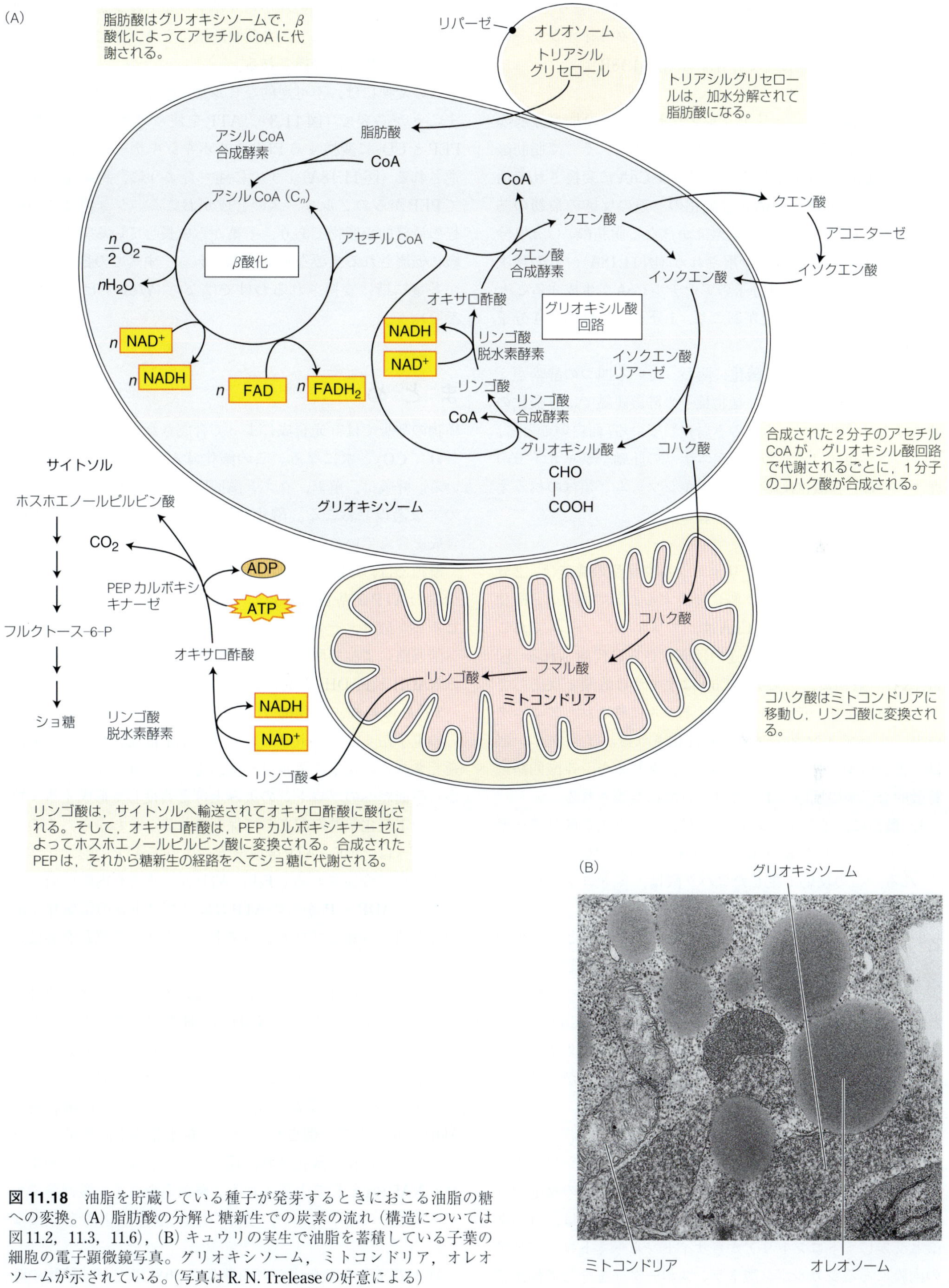

図 11.18　油脂を貯蔵している種子が発芽するときにおこる油脂の糖への変換。(A) 脂肪酸の分解と糖新生での炭素の流れ（構造については図 11.2，11.3，11.6），(B) キュウリの実生で油脂を蓄積している子葉の細胞の電子顕微鏡写真。グリオキシソーム，ミトコンドリア，オレオソームが示されている。(写真は R. N. Trelease の好意による)

ユウリは，リパーゼ活性をグリオキシソームにもっている。脂質の分解がおこるとき，オイルボディとグリオキシソームは一般に物理的に近接して存在する（図11.18B）。

脂肪酸のβ酸化　トリアシルグリセロールの加水分解の後，生じた脂肪酸はグリオキシソームに入り，そこで脂肪酸はアシルCoA合成酵素によってアシルCoAに変換されて活性化される。アシルCoAはβ酸化の一連の反応の最初の基質であり，C_nの脂肪酸（炭素数nからなる脂肪酸）は$n/2$分子のアセチルCoAに逐次分解される（図11.18A）。この逐次的におこる反応では，1分子のアセチルCoAが生成するごとに，$1/2\,O_2$の水への還元がおこり，1分子のNADHと1分子の$FADH_2$が合成される。

哺乳類の組織では，β酸化に関わっている四つの酵素がミトコンドリアに存在する。植物種子の貯蔵組織ではβ酸化の酵素はグリオキシソームにのみ局在している。面白いことに，植物の栄養組織（すなわち，ヤエナリの胚軸やジャガイモの塊茎）では，β酸化反応はグリオキシソームと類縁のペルオキシソームという細胞小器官でおこる。

グリオキシル酸回路　グリオキシル酸回路の機能は，2分子のアセチルCoAをコハク酸に変換することである。β酸化によって生じたアセチルCoAは，グリオキシソームでおこるグリオキシル酸回路の一連の反応でさらに代謝される（図11.18A）。最初に，アセチルCoAはオキサロ酢酸と反応してクエン酸となり，それから，サイトソルに移され，アコニターゼによってイソクエン酸に異性化される。イソクエン酸は，再びペルオキシソームに移され，グリオキシル酸回路に特徴的な二つの反応によってリンゴ酸に変換される。

1. 最初に，イソクエン酸（C_6）は，イソクエン酸リアーゼによってコハク酸（C_4）とグリオキシル酸（C_2）に開裂される。この反応で生じたコハク酸は，ミトコンドリアへ輸送される。
2. 次に，リンゴ酸合成酵素がグリオキシル酸と二つめのアセチルCoA分子を結合させ，リンゴ酸を合成する。

それから，リンゴ酸はリンゴ酸脱水素酵素によって酸化されてオキサロ酢酸となり，もう一つのアセチルCoAと結合して反応を継続させる（図11.18A）。合成されたグリオキシル酸はグリオキシソームの回路を動かしつづけるが，コハク酸はミトコンドリアに輸送されさらに代謝される。

ミトコンドリアの役割　コハク酸は，グリオキシソームからミトコンドリアに移動してから，クエン酸回路の反応でリンゴ酸に変換される。この反応で生じたリンゴ酸は，コハク酸と交換にミトコンドリアからサイトソルへミトコンドリアの内膜にあるジカルボン酸トランスポーターを介して輸送される。リンゴ酸は，それからサイトソルでリンゴ酸脱水素酵素によって酸化されてオキサロ酢酸になり，生じたオキサロ酢酸は炭水化物に変換される。

この変換には，不可逆的なピルビン酸キナーゼ反応を動かすことが必要で（図11.3），ATPを使ってオキサロ酢酸をPEPとCO_2に変換するPEPカルボキシキナーゼによって促進される（図11.18A）。すでに述べたように，糖新生によってPEPからのグルコースの合成がおこる。ショ糖はこの過程の最終的な産物であり，子葉から成長している実生の各組織に転流される主要な還元炭素である。すべての種子で油脂が多量に糖に変換されるわけではない（**Webトピック11.9**参照）。

まとめ

植物の呼吸では，光合成によって合成された還元炭素が酸化されてCO_2と水になる。この酸化はATPの合成と共役している。呼吸は，解糖，クエン酸回路，酸化的リン酸化の三つの主な過程でおこる。酸化的リン酸化は，電子伝達とATP合成を含んでいる。

解糖では，炭水化物がサイトソルでピルビン酸に変換され，少量のATPが基質レベルのリン酸化によって合成される。ピルビン酸は，その後ミトコンドリアのマトリックスでクエン酸回路によって酸化され，その酸化に応じて大量の還元性のNADHと$FADH_2$を生じる。

3番めの過程，酸化的リン酸化では，NADHと$FADH_2$からの電子がミトコンドリアの内膜の電子伝達鎖を動き酸素が還元される。化学エネルギーは，電子の流れがマトリックスから膜間腔へのプロトンの汲み上げと共役して形成するプロトンの電気化学的勾配として保存される。それから，このエネルギーは，F_0F_1–ATP合成酵素によってATPの形で化学エネルギーに変換される。F_0F_1–ATP合成酵素も内膜に局在しており，ADPとP_iからのATP合成とプロトンの電気化学的勾配を消失させるプロトンのマトリックスへの流れを共役させている。

植物の好気呼吸は，プロトンを汲み上げないシアン耐性呼吸末端酸化酵素や多数のNAD（P）H脱水素酵素の存在を含め，多くの特徴的な性質をもっている。呼吸での基質の酸化は，解糖，クエン酸回路，電子伝達鎖のコントロールポイントで制御されているが，基本的には基質の酸化は細胞内のADPのレベルで制御されている。炭水化物も酸化的ペントースリン酸経路で酸化され，還元力が生合成の目的に利用されるNADPHとして生産される。解糖系やクエン酸回路で生じる多数の代謝中間体が，多くの生合成経路の出発物質となる。

日々の光合成で合成される物質の50％以上が，植物の呼吸で代謝されるが，多くの因子が植物全体のレベルで観察される呼吸の速度に影響を与える。これらの因子には，光，酸素濃度，温度，CO_2濃度などの環境因子と同様に，植物組織の性質や齢も含まれる。

脂質は植物において多くの役割を担っている。両親媒性の脂質は，植物の膜の主な非タンパク質成分として役立っており，油脂は，特に種子において，還元炭素の有効な貯蔵形態である。グリセロ脂質は，膜を構築している成分として重要な役割を担っている。脂肪酸は，アセチルCoAを使ってプラスチドで合成される。プラスチドで合成された脂肪酸は，ERに輸送され，そこでさらに変換される。

膜の機能は，脂質組成によって影響を受ける。脂肪酸の不飽和度は，植物の低温感受性に影響を与えるが，通常の低温障害には関わっていないようである。一方，ジャスモン酸のようなある特定の膜脂質の分解産物は，植物細胞でのシグナル物質として作用する。

トリアシルグリセロールはERで合成され，リン脂質の二重層の中に蓄積し，オイルボディを形成する。油脂を蓄積する種子の発芽では，貯蔵脂質がグリオキシル酸回路として知られている代謝系の一連の反応で炭水化物に代謝される。この回路は，グリオキシソームでおこり，その後のステップはミトコンドリアでおこる。グリオキシソームでの脂質の分解で生じた還元炭素は，最終的には糖新生によってサイトソルで炭水化物に変換される。

Webマテリアル

Webトピック

11.1 ミトコンドリアの分離
機能を保持した無傷のミトコンドリアの分離方法が開発されている。

11.2 植物ミトコンドリアの電子伝達鎖には，多数のNAD (P) H脱水素酵素が存在する。
ミトコンドリアのNAD (P) H脱水素酵素は，NADHまたはNADPHを酸化し，電子をユビキノンに渡す。

11.3 シアン耐性呼吸末端酸化酵素
シアン耐性呼吸末端酸化酵素は，植物ミトコンドリアの内膜に局在している酸化還元酵素である。

11.4 F_0F_1-ATP合成酵素：世界でもっとも小さな回転モーター
γサブユニットの回転は，ATPを酵素から遊離させる構造変化を引きおこす。

11.5 植物ミトコンドリアの物質輸送
植物のミトコンドリアでは，異なった輸送機構が働いている。

11.6 植物ミトコンドリアの遺伝システムは，特殊な性質をもっている。
ミトコンドリアゲノムは，約40のミトコンドリアタンパク質をコードしている。

11.7 呼吸は作物の収量を低下させるのか？
植物の呼吸速度と作物の収量との関係が，実験的に明らかにされている。

11.8 膜の脂質組成は，植物の細胞機能や生理に影響を与える。
脂質代謝に異常をきたした変異株を用いて，生物の温度変化に対する適応能力を理解することができる。

11.9 子葉における貯蔵脂質の利用
ある種の植物では，子葉に貯えられた脂質の一部が炭水化物として輸送される。

Webエッセイ

11.1 代謝の柔軟性は，ストレス条件下での植物の生存を助ける
異なる経路を使って代謝を行うことのできる植物の能力は，ストレス条件下での植物の生存能力を高める。

11.2 植物細胞のメタボリックプロファイリング
メタボリックプロファイリングは，ゲノミックスやプロテオミックスを相補する。

11.3 発熱植物の花の温度制御
オランダカイウのような発熱植物の花では，花の温度が環境温度よりも20℃も高くなる。

11.4 活性酸素（ROS）と植物ミトコンドリア
活性酸素の生成は，好気呼吸では避けることができないものである。

11.5 乾燥耐性における呼吸の役割
呼吸は，水ストレス下での植物細胞の生存に対して正と負の両方の効果をもたらす。

11.6 生と死のバランス；プログラム細胞死におけるミトコンドリアの役割
プログラム細胞死は，ミトコンドリアが直接に関わっている植物の生活環に必須の現象である。

参考文献

Abrahams, J. P., Leslie, A. G. W., Lutter, R., and Walker, J. E. (1994) Structure at 2.8 Å resolution of F_1-ATPase from bovine heart mitochondria. *Nature* 370: 621-628.

Ap Rees, T. (1980) Assessment of the contributions of metabolic pathways to plant respiration. In *The Biochemistry of Plants*, Vol. 2, D. D. Davies, ed., Academic Press, New York, pp. 1-29.

Brand, M. D. (1994) The stoichiometry of proton pumping and ATP synthesis in mitochondria. *Biochemist* 16(4): 20-24.

Bruhn, D., Mikkelsen, T. N., and Atkin, O. K. (2002) Does the direct effect of atmospheric CO_2 concentration on leaf respiration vary with temperature? Responses in two species of *Plantago* that differ in relative growth rate. *Physiol. Plant.* 114: 57-64.

Budde, R. J. A., and Randall, D. D. (1990) Pea leaf mitochondrial pyruvate dehydrogenase complex is inactivated *in vivo* in a light-dependent manner. *Proc. Natl. Acad. Sci. USA* 87: 673-676.

Dahlqvist, A., Stahl, U., Lenman, M., Banas, A., Lee, M., Sandager, L., Ronne, H., and Stymne, S. (2000) Phospholipid:diacylglycerol acyltransferase: An enzyme that catalyzes the acyl-CoA-independent formation of triacylglycerol in yeast and plants. *Proc. Natl. Acad. Sci. USA* 97: 6487–6492.

Dennis, D. T., and Blakely, S. D. (2000) Carbohydrate metabolism. In *Biochemistry & Molecular Biology of Plants*, B. Buchanan, W. Gruissem, and R. Jones, eds., American Society of Plant Physiologists, Rockville, MD, pp. 630–674.

Dennis, D. T., Huang, Y., and Negm, F. B. (1997) Glycolysis, the pentose phosphate pathway and anaerobic respiration. In *Plant Metabolism*, 2nd ed., D. T. Dennis, D. H. Turpin, D. D. Lefebvre, and D. B. Layzell, eds., Longman, Singapore, pp. 105–123.

Douce, R. (1985) *Mitochondria in Higher Plants: Structure, Function, and Biogenesis.* Academic Press, Orlando, FL.

Drake, B. G., Azcon-Bieto, J., Berry, J., Bunce, J., Dijkstra, P., Farrar, J., Gifford, R. M., Gonzalez-Meler, M. A., Koch, G., Lambers, H., Siedow, J., and Wullschleger, S. (1999) Does elevated atmospheric CO_2 concentration inhibit mitochondrial respiration in green plants? *Plant Cell Environ.* 22: 649–657.

Givan, C. V. (1999) Evolving concepts in plant glycolysis: Two centuries of progress. *Biol. Rev.* 74: 277–309.

Griffin, K. L., Anderson, O. R., Gastrich, M. D., Lewis, J. D., Lin, G., Schuster, W., Seemann, J. R., Tissue, D. T., Turnbull, M. H., and Whitehead, D. (2001) Plant growth in elevated CO_2 alters mitochondrial number and chloroplast fine structure. *Proc. Natl. Acad. Sci. USA* 98: 2473–2478.

Gunning, B. E. S., and Steer, M. W. (1996) *Plant Cell Biology: Structure and Function of Plant Cells.* Jones and Bartlett, Boston.

Hoefnagel, M. H. N., Atkin, O. K., and Wiskich, J. T. (1998) Interdependence between chloroplasts and mitochondria in the light and the dark. *Biochim. Biophys. Acta* 1366: 235–255.

Huang, J., Struck, F., Matzinger, D. F., and Levings, C. S. (1994) Flower-enhanced expression of a nuclear-encoded mitochondrial respiratory protein is associated with changes in mitochondrion number. *Plant Cell* 6: 439–448.

Jahnke, S. (2001) Atmospheric CO_2 concentration does not directly affect leaf respiration in bean or poplar. *Plant Cell Environ.* 24: 1139–1151.

Krömer, S. (1995) Respiration during photosynthesis. *Annu. Rev. Plant Physiol. Plant Mol. Biol.* 46: 45–70.

Kruger, N. J. (1997) Carbohydrate synthesis and degradation. In *Plant Metabolism*, 2nd ed., D. T. Dennis, D. H. Turpin, D. D. Lefebvre, and D. B. Layzell, eds., Longman, Singapore, pp. 83–104.

Laloi, M., Klein, M., Riesmeier, J. W., Müller-Röber, B., Fleury, C., Bouillaud, F., and Ricquier, D. (1997) A plant cold-induced uncoupling protein. *Nature* 389: 135–136.

Lambers, H. (1985) Respiration in intact plants and tissues. Its regulation and dependence on environmental factors, metabolism and invaded organisms. In *Higher Plant Cell Respiration* (Encyclopedia of Plant Physiology, New Series, Vol. 18), R. Douce and D. A. Day, eds., Springer, Berlin, pp. 418–473.

Leon, P., Arroyo, A., and Mackenzie, S. (1998) Nuclear control of plastid and mitochondrial development in higher plants. *Annu. Rev. Plant Physiol. Plant Mol. Biol.* 49: 453–480.

Levings, C. S., III, and Siedow, J. N. (1992) Molecular basis of disease susceptibility in the Texas cytoplasm of maize. *Plant Mol. Biol.* 19: 135–147.

Marienfeld, J., Unseld, M., and Brennicke, A. (1999) The mitochondrial genome of *Arabidopsis* is composed of both native and immigrant information. *Trends Plant Sci.* 4: 495–502.

McCabe, T. C., Daley, D., and Whelan, J. (2000) Regulatory, developmental and tissue aspects of mitochondrial biogenesis in plants. *Plant Biol.* 2: 121–135.

Møller, I. M. (2001) Plant mitochondria and oxidative stress. Electron transport, NADPH turnover and metabolism of reactive oxygen species. *Annu. Rev. Plant Physiol. Plant Mol. Biol.* 52: 561–591.

Møller, I. M., and Rasmusson, A. G. (1998) The role of NADP in the mitochondrial matrix. *Trends Plant Sci.* 3: 21–27.

Napier, J. A., Stobart, A. K., and Shewry, P. R. (1996) The structure and biogenesis of plant oil bodies: The role of the ER membrane and the oleosin class of proteins. *Plant Mol. Biol.* 31: 945–956.

Nicholls, D. G., and Ferguson, S. J. (2002) *Bioenergetics 3*, 3rd ed. Academic Press, San Diego, CA.

Noctor, G., and Foyer, C. H. (1998) A re-evaluation of the ATP:NADPH budget during C3 photosynthesis: A contribution from nitrate assimilation and its associated respiratory activity? *J. Exp. Bot.* 49: 1895–1908.

Ohlrogge, J. B., and Browse, J. A. (1995) Lipid biosynthesis. *Plant Cell* 7: 957–970.

Ohlrogge, J. B., and Jaworski, J. G. (1997) Regulation of fatty acid synthesis. *Annu. Rev. Plant Physiol. Plant Mol. Biol.* 48: 109–136.

Oliver, D. J., and McIntosh, C. A. (1995) The biochemistry of the mitochondrial matrix. In *The Molecular Biology of Plant Mitochondria*, C. S. Levings III and I. Vasil, eds., Kluwer, Dordrecht, Netherlands, pp. 237–280.

Plaxton, W. C. (1996) The organization and regulation of plant glycolysis. *Annu. Rev. Plant Physiol. Plant Mol. Biol.* 47: 185–214.

Raskin, I., Turner, I. M., and Melander, W. R. (1989) Regulation of heat production in the inflorescences of an *Arum* lily by endogenous salicylic acid. *Proc. Natl. Acad. Sci. USA* 86: 2214–2218.

Sachs, M. M., Subbaiah, C. C., and Saab, I. N. (1996) Anaerobic gene expression and flooding tolerance in maize. *J. Exp. Bot.* 47: 1–15.

Sasaki, Y., Konishi, T., and Nagano, Y. (1995) The compartmentation of acetyl-coenzyme A carboxylase in plants. *Plant Physiol.* 108: 445–449.

Schroeder, J. I., Allen, G. J., Hugouvieux, V., Kwak, J. M., and Waner, D. (2001) Guard cell signal transduction. *Annu. Rev. Plant Physiol. Plant Mol. Biol.* 52: 627–658.

Siedow, J. N. (1995) Bioenergetics: The plant mitochondrial electron transfer chain. In *The Molecular Biology of Plant Mitochondria*, C. S. Levings III and I. Vasil, eds., Kluwer, Dordrecht, Netherlands, pp. 281–312.

Siedow, J. N., and Umbach, A. L. (1995) Plant mitochondrial electron transfer and molecular biology. *Plant Cell* 7: 821–831.

Stintzi, A., and Browse, J. (2000) The *Arabidopsis* male-sterile mutant, *opr3*, lacks the 12-oxophytodienoic acid reductase required for jasmonate synthesis. *Proc. Natl. Acad. Sci. USA* 97: 10625–10630.

Thompson, P., Bowsher, C. G., and Tobin, A. K. (1998) Heterogeneity of mitochondrial protein biogenesis during primary leaf development in barley. *Plant Physiol.* 118: 1089–1099.

Tucker, G. A. (1993) Introduction. In *Biochemistry of Fruit Ripening*, G. Seymour, J. Taylor, and G. Tucker, eds., Chapman & Hall, London, pp. 1–51.

Vanlerberghe, G. C., and McIntosh, L. (1997) Alternative oxidase: From gene to function. *Annu. Rev. Plant Physiol. Plant Mol. Biol.* 48: 703–734.

Vedel, F., Lalanne, É., Sabar, M., Chétrit, P., and De Paepe, R. (1999) The mitochondrial respiratory chain and ATP synthase complexes: Composition, structure and mutational studies. *Plant Physiol. Biochem.* 37: 629–643.

Vercesi, A. E., Martins I. S., Silva, M. P., and Leite, H. M. F. (1995) PUMPing plants. *Nature* 375: 24.

Wagner, A. M., and Krab, K. (1995) The alternative respiration pathway in plants: Role and regulation. *Physiol. Plant.* 95: 318–325.

Wang, X. (2001) Plant phospholipases. *Annu. Rev. Plant Physiol. Plant Mol. Biol.* 52: 211–231.

Whitehouse, D. G., and Moore, A. L. (1995) Regulation of oxidative phosphorylation in plant mitochondria. In *The Molecular Biology of Plant Mitochondria*, C. S. Levings III and I. K. Vasil, eds., Kluwer, Dordrecht, Netherlands, pp. 313–344.

Wolter, F. P., Schmidt, R., and Heinz, E. (1992) Chilling sensitivity of *Arabidopsis thaliana* with genetically engineered membrane lipids. *EMBO J.* 11: 4685–4692.

12 無機栄養素の同化

高等植物は独立栄養を営んでおり，土壌や大気から獲得した無機態の栄養素を有機化している。多くの無機栄養素にとって，その有機化の過程には，根による土壌からの吸収（5章参照）と成育と分化に必須な有機態化合物への取り込みが含まれている。たとえば色素，酵素コファクター，脂質，核酸，タンパク質など，有機体化合物への無機栄養分の取り込みは，**栄養素の同化**（nutrient assimilation）という言葉を用いる。

特に，窒素や硫黄といった，いくつかの無機栄養素の同化には，植物にとってもっともエネルギーを要求する，一連の複雑な生化学反応が必要である：

- 硝酸同化では，硝酸イオン（NO_3^-）は高エネルギーの亜硝酸イオン（NO_2^-）にまず変換され，さらに高エネルギー形態であるアンモニウムイオン（NH_4^+）に変換された後に，グルタミンのアミド基へ取り込まれる。この硝酸同化過程では，窒素1原子あたりで12ATPに匹敵するエネルギーを消費する（Bloom et al. 1992）。
- マメ科植物のように窒素固定細菌と共生関係にある場合，まず大気中の窒素分子（N_2）がアンモニア（ガス：NH_3）へと変換される。アンモニアガスは自然界で固定された窒素の安定した形態ではあるが，生理的なpH条件では，プロトン化を受けてアンモニウムイオンを生じる。この生物学的窒素固定反応と，生じたアンモニウムイオンのアミノ酸（グルタミン）への同化過程では，窒素1原子あたりで約16ATPを消費している計算となる（Pate and Layzell 1990；Vande Broek and Vanderleyden 1995）。
- 硫酸イオン（SO_4^{2-}）の二経路を介した（訳者注；現在では一経路説が主，Saito 2000）システインへの同化には，約14ATPの消費が必要である（Hell 1997）。

ばく大なエネルギー消費を要求することから，もしもこれらの逆反応，たとえばNH_4NO_3からN_2ガスへの反応，が非常に迅速に進行したら，爆発的な巨大な運動，熱，あるいは光エネルギーとして放出されることになる。これらの爆発的エネルギー放出は，窒素や硫黄化合物の急激な酸化反応に基づく。

ほかの栄養素，特に多量要素と微量要素のカチオン（5章参照）の同化は，有機化合物との複合体形成反応に依存する。たとえば，Mg^{2+}はクロロフィル色素との結合，Ca^{2+}は細胞壁のペクチン酸との結合，Mo^{6+}は硝酸還元酵素やニトロゲナーゼといった酵素との結合があげられる。これらの複合体は非常に安定であり，複合体からの栄養素の除去により，機能が完全に失われる場合がある。

本章では，多量要素である窒素，硫黄，リン酸，カチオン，酸素が同化される過程の一次反応について概説する。特に，エネルギー消費が要求される生理的意義を強調するとともに，共生窒素固定について紹介する。

環境の中の窒素

植物細胞に存在する多くの生化学物質には，窒素が含まれている（5章参照）。たとえば，窒素は核酸やタンパク質の構成成分であるヌクレオシドリン酸やアミノ酸に含まれている。植物中で窒素よりも多く含まれているのは，酸素，炭素，水素だけである。自然界や農業生態系では，無機態窒素の施肥に伴って劇的な生産性増加が得られる。このことは，植物にとって窒素がいかに重要かを明確に示している。

本節では，窒素の生物地球化学的循環系（biogeochemical cycle），分子状窒素からアンモニウムイオンや硝酸イオンへの変換における窒素固定のきわめて重要な役割，さらに植物組織内の硝酸やアンモニウムイオンの消長について論議する。

窒素は生物地球化学的循環系をいくつかの形態で通過する

窒素は，生物圏において多くの形態で存在している。大気には，多量の（容量比で78%）分子状窒素（N_2）が含まれる（9章参照）。その大部分は，生物にとって直接利用できない窒素である。大気中からの窒素の獲得には，二つの窒素原子間のきわめて安定な三重結合（$N \equiv N$）を切断して，アンモニアガスや硝酸イオンを生成する反応が必要となる。**窒素固定**（nitrogen fixation）として知られているこれらの反応は，工業的な過程と自然界の過程によって可能となっている。

高温（約200℃）・高圧（約200気圧）条件下では，分子状窒素は水素と結合し，アンモニアガスを生じる。この極端な反応条件は，反応の高活性化エネルギーを作り出すのに必要である。'ハーバー・ボッシュ法'（Haber−Bosch process）とよばれるこの窒素固定反応は，多くの工業的農業的製品を製造する出発点である。世界中で工業的に生産される窒素肥料は，年間80×10^{12} g以上である（FAOSTAT 2001）。

自然界では，下記のような過程（Schlesinger 1997）で年間約190×10^{12} gの窒素を固定している：

- '稲妻'；稲妻は，窒素固定全体の約8%を担っている。稲妻は，水蒸気と酸素から非常に反応性に富むヒドロキシルラジカル，遊離水素原子，遊離酸素原子に変換し，これらが分子状窒素を攻撃して亜硝酸（HNO_2）を生む。この亜硝酸は，雨とともに地表へ落下する。
- '光化学反応'；窒素固定全体の約2%は，ガス状の一酸化窒素（NO）とオゾン（O_3）の間での光化学反応により生じた亜硝酸に由来する。
- '生物的窒素固定'；残りの90%は，生物的窒素固定に由来しており，細菌やラン藻（シアノバクテリア）が分子状窒素を固定しアンモニウムイオンを生じる。

農業的な観点からは，生物学的窒素固定は重要な意味をもつ。これは，工業的な窒素肥料の生産量は，農業上必要な量に見あっていないからである（FAOSTAT 2001）。

アンモニウムイオンや硝酸に固定されれば，窒素は生物地球化学的循環系に入り，分子状窒素として戻るまでにさまざまな有機態あるいは無機態窒素の形態で循環系をめぐる（図12.1，表12.1）。アンモニウムイオンや硝酸イオンは，窒素固定あるいは土壌中の有機態物質の分解によって生成し，これらのイオンは植物や微生物の間で激しい獲得競争の対象となる。この競争に勝つために，植物は土壌溶液からできるだけ早くこれらのイオンを獲得する機構を発達させてきた（5章参照）。施肥後のような高濃度の窒素を含む土壌では，根によるアンモニウムイオンや硝酸イオンの吸収量は植物の同化能力を超えている場合があり，このような場合には植物組織内にこれらのイオンが集積する。

植物体内に集積したアンモニウムイオンや硝酸イオンは毒性をもつ

植物は，高濃度の硝酸イオンを貯蔵することができ，また害作用を受けることなく硝酸イオンを組織から組織へと輸送することができる。しかし，もしも家畜やヒトが高濃度の硝酸イオンを蓄積している植物を口にすると，メトヘモグロビン血症という病気にさらされる危険性がある。このメトヘモグ

表 12.1 生物地球科学的窒素循環系の主な過程

過　程	定　義	窒素固定速度 (10^{12} g yr^{-1})＊
工業的固定	分子状窒素からアンモニアへの工業的変換	80
大気による固定	稲妻や光化反応による硝酸への変換	19
生物学的固定	原核生物によるアンモニアへの変換	170
植物による獲得	植物によるアンモニウムイオン・硝酸イオンの吸収同化	1,200
固定化	微生物によるアンモニウムイオン・硝酸イオンの吸収同化	N/C
アンモニア化成	バクテリアやカビによる土壌有機窒素のアンモニウムへの異化	N/C
硝酸化成	バクテリア（*Nitrosomonas* sp.）によるアンモニウムイオンの亜硝酸への酸化と，*Nitrobactetr* sp. による亜硝酸から硝酸への酸化	N/C
無機化	バクテリアやカビによるアンモニア化成や硝酸化成を介した土壌有機窒素物質の無機窒素への異化	N/C
気化	アンモニアガスの大気への物理的消失	100
アンモニア固定	アンモニウムイオンの土壌粒子への物理的包埋	10
脱窒	バクテリアによる硝酸の酸化窒素や分子状窒素への変換	210
硝酸溶脱	硝酸の地下水への溶解と海洋への物理的な流れ	36

陸上生物，土壌，海洋は，およそ5.2×10^{15} g，95×10^{15} g，6.5×10^{15} gの有機態窒素を含んでいる。大気中のN_2が一定だと仮定して，平均常駐時間（窒素が有機態として留まる平均時間）は，約370年である（プールサイズ/固定投入量＝$(5.2 \times 10^{15}\text{ g} + 95 \times 10^{15}\text{ g})/(80 \times 10^{12}\text{ g yr}^{-1} + 19 \times 10^{12}\text{ g yr}^{-1} + 170 \times 10^{12}\text{ g yr}^{-1})$）。(Schlesinger 1997)

＊ N/C；計算していない。

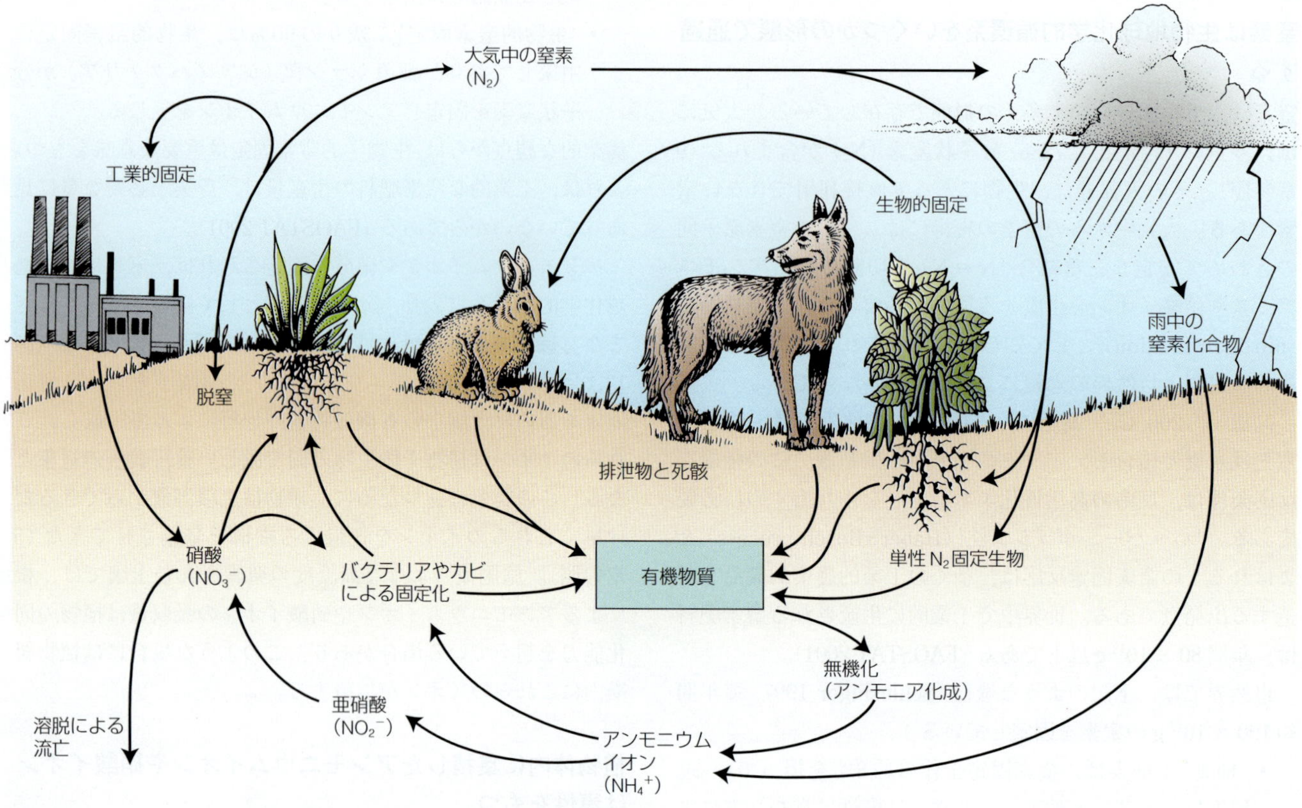

図 12.1 大気を介した窒素サイクル(窒素循環)。生物に有機態化合物として取り込まれる前に，窒素はガス状の形態から還元されたイオンに変化する。窒素サイクルに含まれる主な段階を示した。

ロビン血症は，硝酸が肝臓で亜硝酸に還元され，亜硝酸がヘモグロビンと結合してヘモグロビンが酸素と結合できなくなる病気である。ヒトや動物は，硝酸を発ガン物質であるニトロソアミンにも変換する。野菜として食べる植物中の硝酸濃度を規制している国もある。

硝酸イオンとは異なり，高濃度のアンモニウムイオンは植物自身にも動物にも害作用をおよぼす。アンモニウムイオンは，光合成や呼吸の電子伝達系(7, 11章参照)や液胞中の代謝産物を隔離すること(6章参照)によって生じる生体膜を介したプロトン勾配を散逸させる(図12.2)。高濃度のアンモニウムイオンは危険であることから，動物はその臭いを嫌う能力を発達させてきた。気絶したヒトを蘇生するための医療用気体を発生する物質は，炭酸アンモニウムである。植物は，アンモニウムイオンを吸収あるいは発生した場所のすぐ近くで同化し，過剰のアンモニウムイオンはただちに液胞に貯蔵して，生体膜やサイトゾルでの害作用を防いでいる。(訳者注；近年，アンモニウムイオンのトランスポーターが，トマト(von Wirén et al. 2000)，シロイヌナズナ(Ninnemann et al. 1994)，イネ(Suenaga et al. 2003)などから，約10種類相次いで見い出され，このうちの数種類は酵母を用

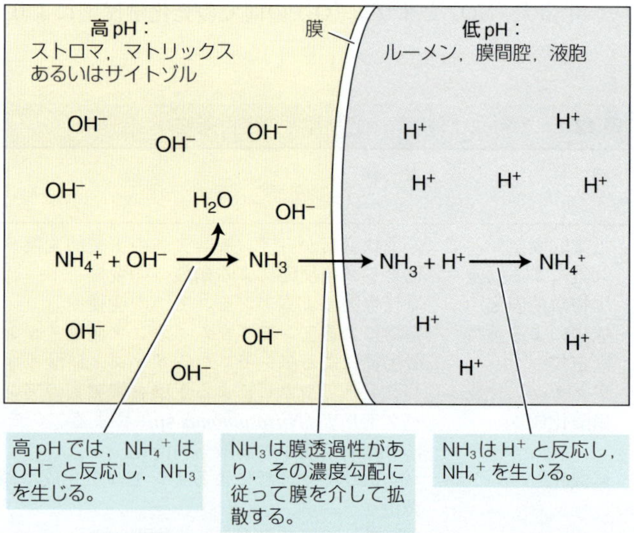

図 12.2 NH_4^+ の毒性は，pH勾配を低下させることによる。図の左側は，pHの高い葉緑体ストロマ，ミトコンドリアのマトリックス，あるいはサイトゾルを表し，右側はpHの低いルーメン(チラコイド内腔)，ミトコンドリアの膜間腔，あるいは液胞を示す。膜は，チラコイド膜，ミトコンドリア内膜，あるいは液胞膜を示す。この反応により，左側の OH^- と右側の H^+ 濃度は減少しており，pH勾配が低下する。(Bloom 1997による)

いた相補実験で輸送活性をもつことが証明された。これらは遺伝子族を形成している。生体膜を，直接アンモニウムイオンの形態で輸送されることを示しており，拡散のみが輸送手段ではないことが明らかである。)

次の節では，根のプロトン–硝酸イオンのシンポーター（シンポートについては6章参照）を介して輸送された硝酸が，有機化合物に同化される過程や，硝酸が亜硝酸に還元され、さらに亜硝酸がアンモニウムイオンに還元される酵素学的な過程を論じる。

硝 酸 同 化

植物は，根で吸収した硝酸のほとんどを有機態窒素化合物へと同化する。この過程の最初の段階は，サイトゾルにおける硝酸から亜硝酸への還元である（Oaks 1994）。**硝酸還元酵素**（nitrate reductase）は，次の反応を触媒する：

$$NO_3^- + NAD(P)H + H^+ \longrightarrow NO_2^- + NAD(P)^+ + H_2O \qquad (12.1)$$

NAD(P)Hは，NADHかNADPHを意味する。ほとんどの硝酸還元酵素はNADHのみを電子供与体として用いる；根など非緑色組織で多くみられるもう一つの型の酵素は，NADHあるいはNADPHを電子供与体として用いることができる（Warner and Kleinhofs 1992）。

高等植物の硝酸還元酵素は，同じサブユニットの二量体として構成されており。それぞれのサブユニットは次の三つの補欠分子族をもつ：FAD（フラビン アデニン ジヌクレオチド），ヘム，そしてプテリン（pterin）とよばれるモリブデン複合体である（Mendel and Stallmeyer 1995；Campbell 1999）。

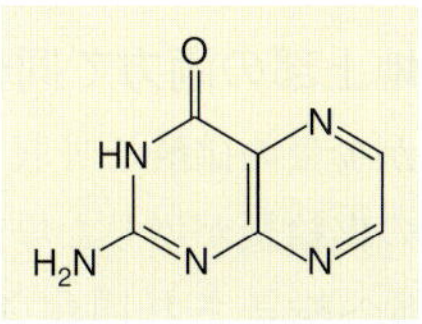

プテリン（酸化型）

硝酸還元酵素は，栄養器官でモリブデンを含むタンパク質の主なものであり，モリブデン欠乏症状の一つには硝酸還元酵素活性の抑制に基づく硝酸の蓄積があげられる。

硝酸還元酵素のアミノ酸配列を他のFAD，ヘム，モリブデンを結合している既知のタンパク質と比較した結果，図12.3に示すように硝酸還元酵素は三つのドメイン構造をもつタンパク質であることがわかってきた。FAD結合ドメインは，NADHあるいはNADPHから2電子を受容する。電子はヘムドメインを通過してモリブデン複合体に伝達され，硝酸に渡される。

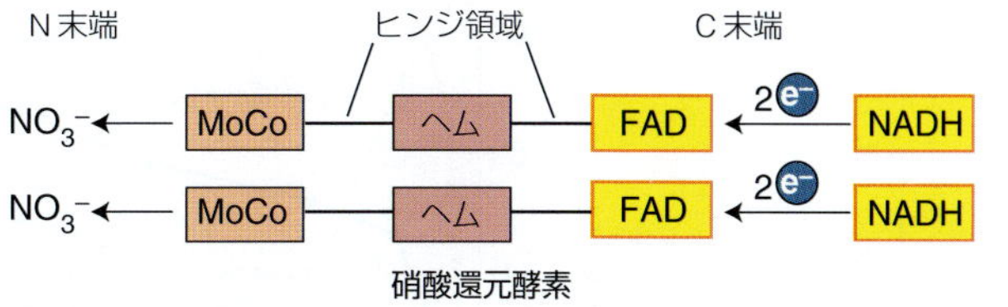

図 12.3　硝酸還元酵素二量体のモデル。真核生物で類似したアミノ酸配列をもつ三つのドメイン（モリブデン複合体（MoCo），ヘム，FAD）を示す。NADHは，それぞれのサブユニットのFAD結合領域に結合し，C末端側から分子内電子伝達体を経由してN末端側に2電子転移を始める。硝酸は，N末端近傍のモリブデン複合体で還元される。二つのヒンジ領域のアミノ酸配列は，植物種により大きく異なる。

硝酸，光，炭水化物は硝酸還元酵素を調節する

硝酸，光，炭水化物は，硝酸還元酵素の転写ならびに翻訳段階に影響を与える（Sivasankar and Oaks 1996）。オオムギ幼植物では，硝酸還元酵素mRNAが硝酸供給開始後約40分後に検出できるようになり，3時間以内に最高レベルに到達する（図12.4）。この迅速なmRNAの集積とは対照的に，硝酸酵素活性は徐々に直線的に増加を示しており，ゆっくりした酵素タンパク質の合成を反映している。

さらに，このタンパク質は翻訳後の修飾（可逆的なリン酸化を含む）を受け，ショ糖リン酸合成酵素の調節機構（8，10章参照）と類似している。光や炭水化物のレベル，さらに他の環境要因は，硝酸還元酵素タンパク質のセリン残基の脱リン酸化を触媒するプロテインホスファターゼ活性を増加させ，硝酸還元酵素活性を活性化する。

逆方向の調節機構では，暗所やMg^{2+}が同じセリン残基をリン酸化するプロテインキナーゼを活性化し，リン酸化硝酸還元酵素が14-3-3タンパク質とよばれる阻害タンパク質と反応して不活性化される（Kaiser et al. 1999）。‘リン酸化や脱リン酸化を介した硝酸還元酵素活性の調節は，酵素タンパク質の生合成や分解による機構に比較して，はるかに早い（分単位と時間単位）。’

亜硝酸還元酵素は亜硝酸をアンモニウムイオンに変換する

亜硝酸（NO_2^-）は，非常に反応性に富み，毒性をもちうるイオンである。植物細胞は，硝酸還元で生成した亜硝酸（式(12.1)）を，サイトゾルから葉では葉緑体へ，また根ではプラスチドへ速やかに輸送する。これらのオルガネラでは，亜硝酸還元酵素が次のような反応により亜硝酸からアンモニウムイオンに還元する：

$$NO_2^- + 6\,Fd_{red} + 8\,H^+ \longrightarrow NH_4^+ + 6\,Fd_{ox} + 2\,H_2O \qquad (12.2)$$

この式で，Fdはフェレドキシン，下付の‘red’と‘ox’は，

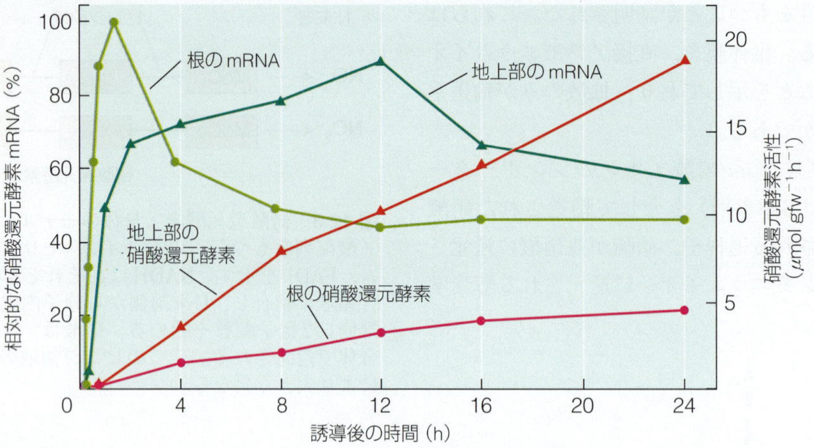

図 12.4 オオムギの地上部と根における硝酸還元酵素mRNAの誘導と酵素活性；gfw，g生重量。(Kleinhofs et al. 1989による)

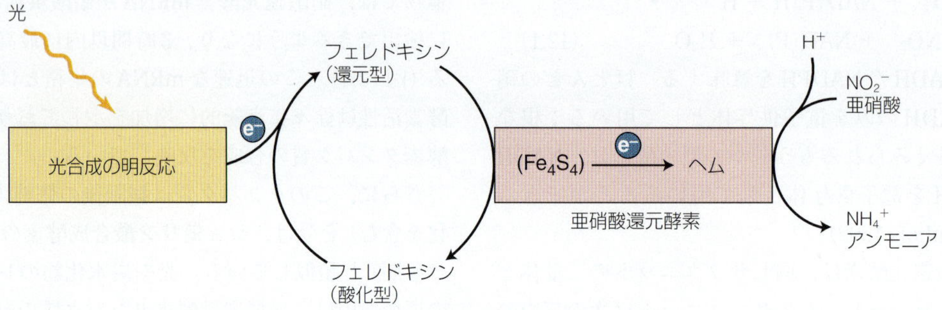

図 12.5 フェレドキシンを介した，光合成による電子の流れと亜硝酸還元酵素による亜硝酸還元への電子の流れの共役反応モデル。亜硝酸還元酵素は二つの補欠分子族 (Fe_4S_4 とヘム) をもち，亜硝酸からアンモニウムイオンへの還元に関わる。

それぞれ‘還元型’と‘酸化型’を意味する。フェレドキシンは，葉緑体での光合成電子伝達系に由来して還元をうけ (7章参照)，また非緑色組織では酸化的ペントースリン酸経路で生じるNADPHにより還元される (11章参照)。

葉緑体と根のプラスチドは，それぞれ異なるタイプの亜硝酸還元酵素をもっているが，両者とも鉄-硫黄クラスター (Fe_4S_4) と特別なヘムの二つの補欠分子族を含む単一ポリペプチドからなる (Siegel and Wilkerson 1989)。これらの補欠分子族は，亜硝酸の結合とアンモニウムイオンへの還元に働き，NOやN_2Oなどの中間体を生じることはない。フェレドキシン (Fe_4S_4) とヘムを介した電子の流れを，図12.5に示した。

亜硝酸還元酵素は核にコードされており，N末端にプラスチドへ移行するトランジットペプチドをもった形で，サイトゾルで合成される (Wray 1993)。硝酸や光は亜硝酸還元酵素mRNAの転写を誘導するが，この還元過程の最終産物であるアスパラギンやグルタミンはこの誘導を抑制する。

植物は硝酸を根と地上部の両方で同化できる

多くの植物では，根が少量の硝酸を吸収したとき，硝酸は根で還元される。硝酸の供給量が増した場合では，吸収された多くの硝酸は地上部へ輸送され同化される (Marschner 1995)。しかし，同じような硝酸供給の条件でも，根と地上部における硝酸代謝のバランスは，植物種により変化する。このバランスは，根と地上部における硝酸還元酵素活性の割合や，道管液中の硝酸と還元態窒素の相対濃度などで，調べることができる。

オナモミ (*Xanthium strumarium*) のような植物では，硝酸代謝は地上部だけでおこる。これに対してシロバナルピナス (*Lupinus albus*) など他の植物では，ほとんどの硝酸は根だけで代謝される (図12.6)。一般的には，温帯で育つ植物は，熱帯や亜熱帯で育つ植物に比較して根で硝酸が同化される傾向にある。

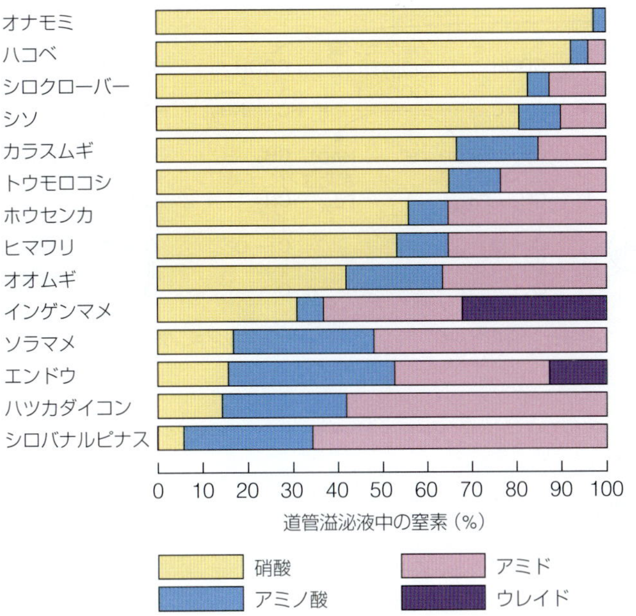

図 12.6　異なる植物の道管溢泌液中の硝酸イオンと他の窒素含有化合物の相対量。植物は硝酸を含む溶液で栽培し，道管液は茎切除によりサンプリングした。インゲンマメやエンドウでは，特殊な窒素化合物であるウレイドを含んでいることに注意（詳細はこの後論じる）。(Pate 1983 による)

アンモニウムイオンの同化

植物細胞は，アンモニウムイオンの毒性を回避するために，硝酸還元や光呼吸（8章参照）で生じたアンモニウムイオンを速やかにアミノ酸へと変換する。この変換には，グルタミン合成酵素とグルタミン酸合成酵素が機能している（Lea et al. 1992）。この節では，アンモニウムイオンをアミノ酸へ同化する酵素学的な経路と，窒素や炭素代謝の制御に関わるアミドの役割について論議する。

アンモニウムイオンのアミノ酸への変換には二つの酵素が必要である

グルタミン合成酵素（glutamine synthetase：**GS**）は，アンモニウムイオンをグルタミン酸に結合させ，グルタミンを合成する反応を触媒する（図 12.7A）：

$$\text{グルタミン酸} + NH_4^+ + ATP \longrightarrow \text{グルタミン} + ADP + P_i \qquad (12.3)$$

この反応は1分子のATPの加水分解を伴い，コファクターとしてMg^{2+}，Mn^{2+}，あるいはCo^{2+}といった2価カチオンが必要である。植物には2種類のGSがあり，一方はサイトゾルに，もう一方は根のプラスチドや葉の葉緑体に存在している。サイトゾル型GSは，発芽種子や根や地上部の維管束組織で発現し，細胞間の窒素輸送に必要なグルタミンを合成している。根のプラスチドに局在するGSは，根で必要なアミド態窒素の合成を行っている。また葉緑体にあるGSは，光呼吸代謝で生じたNH_4^+を再同化している（Lam et al. 1996）。光や炭水化物はプラスチド型GSの発現に影響を与えるが，サイトゾル型GSにはほとんど影響しない。

プラスチドにおけるグルタミン濃度の増加は，**グルタミン酸合成酵素**（glutamate synthase，glutamine：2-oxoglutarate aminotransferase，あるいは**GOGAT**）の活性を増加させる。この酵素は，グルタミンのアミド基を2-オキソグルタル酸に転移し，2分子のグルタミン酸を合成する反応を触媒する（図 12.7A）。植物には，2種類のGOGATがある：一方はNADHから電子を受容し，他方はフェレドキシン（Fd）から受容する：

$$\text{グルタミン} + \text{2-オキソグルタル酸} + NADH + H^+ \longrightarrow \text{2グルタミン酸} + NAD^+ \qquad (12.4)$$

$$\text{グルタミン} + \text{2-オキソグルタル酸} + Fd_{red} \longrightarrow \text{2グルタミン酸} + Fd_{ox} \qquad (12.5)$$

NADH型の酵素（NADH-GOGAT）は，根や成長中の葉の維管束組織など，非光合成組織のプラスチドに局在している。根では，NADH-GOGATは根圏（根の表層に近い土壌）から吸収したNH_4^+の同化に関与している。成長中の葉の維管束組織では，NADH-GOGATは根や老化葉から転流してきたグルタミンの代謝を担っている。

Fd依存性のグルタミン酸合成酵素（Fd-GOGAT）は葉緑体に局在しており，光呼吸窒素代謝系で機能している。酵素タンパク量とその活性は，ともに光のレベルに伴って増加する。また，特に硝酸を供給した根では，Fd-GOGATはプラスチドに検出される。この根のFd-GOGATは，硝酸同化に由来するグルタミンのグルタミン酸への変換において機能しているようである。

アンモニウムイオンは他の経路を介して同化される

グルタミン酸脱水素酵素（glutamate dehydrogenase：**GDH**）は，グルタミン酸の合成あるいはグルタミン酸の脱アミノ化の反応を可逆的に触媒する（図 12.7B）：

$$\text{2-オキソグルタル酸} + NH_4^+ + NAD(P)H \longleftrightarrow \text{グルタミン酸} + H_2O + NAD(P)^+ \qquad (12.6)$$

NADH依存性GDHはミトコンドリアに存在しており，またNADPH依存型酵素は光合成器官の葉緑体に局在している。両者は比較的多量にあるが，アンモニウムイオンの同化に関わるGS-GOGAT系の代替えはできず，それらの主な機能はグルタミン酸の脱アミノ化であると考えられている（図 12.7B）。

トランスアミネーション反応は窒素を転移する

グルタミンやグルタミン酸に同化されると，窒素はアミノ基転移反応を介してさまざまなアミノ酸に取り込まれる。これ

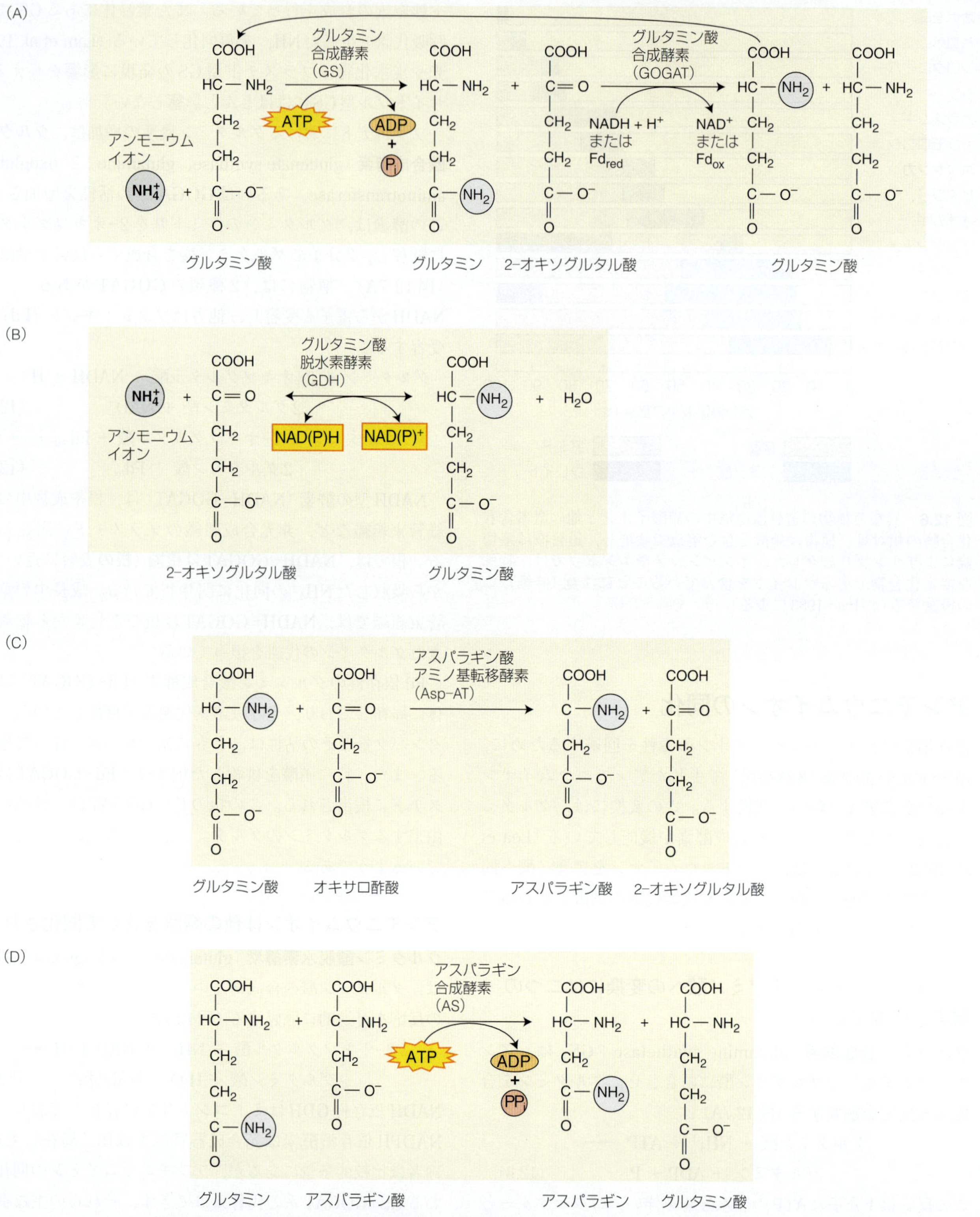

図 12.7 アンモニウムイオンの代謝に含まれる化合物の構造と代謝経路。アンモニウムイオンは，これら種々の経路のいずれかで同化される。(A) GS-GOGAT経路。グルタミンとグルタミン酸を合成する。還元型補酵素が必要であり，緑葉ではフェレドキシン，非緑色組織ではNADHが用いられる。(B) GDH経路。NADHかNADPHを還元力としてグルタミン酸を合成する。(C) グルタミン酸のアミノ基をオキサロ酢酸に転移することによるアスパラギン酸の合成（アスパラギン酸アミノ基転移酵素の触媒による）。(D) グルタミンのアミド基転移によるアスパラギンの合成（アスパラギン合成酵素の触媒による）。

らの反応を触媒する酵素は，アミノ基転移酵素とよばれる。一例をあげると，**アスパラギン酸アミノ基転移酵素**（aspartate aminotransferase：**Asp-AT**）は，次の反応を触媒する（図12.7C）：

グルタミン酸 ＋ オキサロ酢酸 ⟶
アスパラギン酸 ＋ 2-オキソグルタル酸　(12.7)

この反応では，グルタミン酸のアミノ基はアスパラギン酸のカルボキシル原子に転移される。アスパラギン酸は，ミトコンドリアや葉緑体からサイトゾルへ還元力を輸送するリンゴ酸-アスパラギン酸シャトルに含まれる重要なアミノ酸であり（11章参照），またC_4炭酸固定で葉肉細胞から維管束鞘細胞へ炭素を輸送するアミノ酸でもある（8章参照）。すべてのアミノ基転移反応には，補酵素としてピリドキサールリン酸（ビタミンB_6）が必要である。

アミノ基転移酵素は，サイトゾル，葉緑体，ミトコンドリア，グリオキシソーム，ペルオキシソームに検出される。葉緑体に存在するアミノ基転移酵素は，アミノ酸生合成において非常に重要な役割を担っているものと考えられる。植物葉や単離葉緑体に放射性同位体で標識した二酸化炭素が，非常に速やかにグルタミン酸，アスパラギン酸，アラニン，セリン，グリシンに取り込まれることから明らかである。

アスパラギンとグルタミンは炭素と窒素代謝に密接に関係する

1806年にアスパラガスから単離されたアスパラギンは，同定された最初のアミドである（Lam et al. 1996）。アスパラギンは，タンパク質合成に必要なだけではなく，窒素の輸送と貯蔵にとっても鍵となる化合物である。これは，アスパラギンの安定性と，高いN/C比をもつことに由来する（アスパラギンは2N：4Cであるが，グルタミンは2N：5Cでグルタミン酸は1N：5C）。

アスパラギン合成の主経路には，グルタミンのアミド窒素がアスパラギンへ転移する過程が含まれている（図12.7D）：

グルタミン ＋ アスパラギン酸 ＋ ATP ⟶
アスパラギン ＋ グルタミン酸 ＋ AMP ＋ PP_i　(12.8)

上記の反応を触媒する**アスパラギン合成酵素**（asparagine synthetase：**AS**）は，葉や根のサイトゾルと窒素固定をする根粒（次の節参照）に見い出される。トウモロコシの根では，特に毒性をもつほどの多量のアンモニウムイオンを与えた場合，アンモニウムイオンはグルタミンのかわりに基質となり，アスパラギンのアミド基に取り込まれるかもしれない（Sivasankar and Oaks 1996）。

プラスチドのGSやFd-GOGATの発現促進を促すような強光と高炭水化物は，AS遺伝子の発現とAS活性を阻害する。これらの競合している代謝経路の相反する制御は，植物の炭素と窒素代謝のバランスを保つのに役立っている（Lam et al. 1996）。十分なエネルギーを生む条件（たとえば強光や高炭水化物）ではGSやGOGATの発現が促進されるが，逆にASは阻害される。この条件では，グルタミンやグルタミン酸といった炭素の比率が多い窒素同化系が優位に働き，植物成育に必要な材料を合成している。

一方，エネルギーが限定された条件下ではGSとGOGATは阻害され，ASが促進される。この条件では，グルタミンに比較して窒素に富むアスパラギンへの窒素同化系が優先し，長距離輸送や長期貯蔵に安定なアスパラギン合成が行われる。

共生窒素固定

生物による窒素固定は，大気N_2をアンモニウムイオンに固定するシステムの大部分を占めており，分子状窒素が生物地球化学的窒素循環系（図12.1）に入る鍵を握るポイントとなっている。この節では，窒素固定をする酵素のニトロゲナーゼの性質，窒素固定細菌と植物の間での共生関係，窒素固定細菌の感染により生じる根の特異的な構造，さらに遺伝学的かつ情報伝達システムの相互作用が制御する窒素固定について述べる。

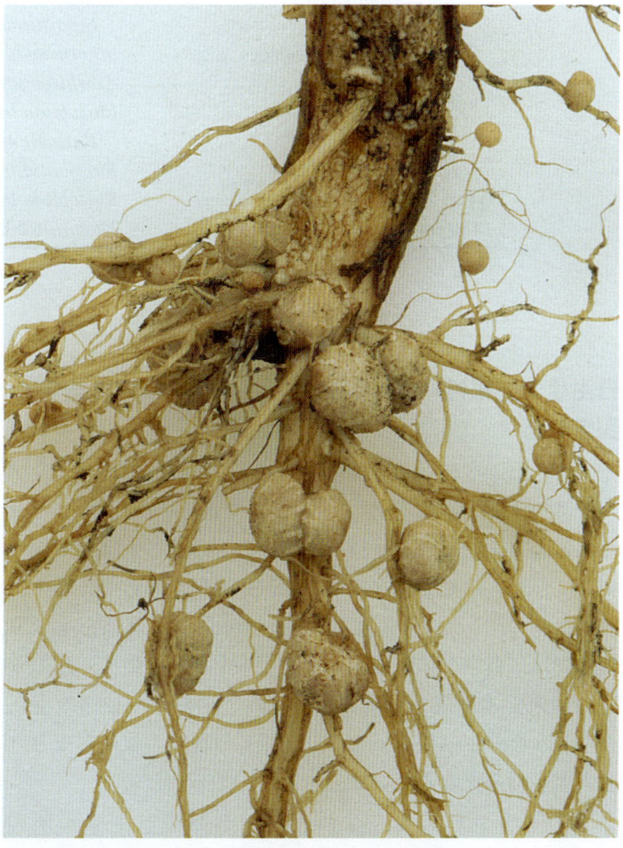

図12.8　ダイズの根粒。根粒は，*Rhizobium japonicum*の感染により形成される。(© Wally Eberhart/Visuals Unlimited)

表 12.2 窒素固定できる生物

宿主植物	N-固定共生生物
共生窒素固定	
マメ科植物，ニレ科 *Parasponia*	*Azorhizobium, Bradyrhizobium, Photorhizobium, Rhizobium, Sinorhizobium*
放線菌着生植物：ハンノキ（樹木），ソリチャ（灌木）トキワギョリュウ（樹木），*Datisca*（灌木）	*Frankia*
グンネラ	*Nostoc*
Azolla（アカウキクサ）	*Anabena*
サトウキビ	*Acetobacter*
自由生活型単性窒素固定	
生態的特性	N-固定細菌の属
シバノバクテリア（ラン藻）	*Anabena, Calothix, Nostoc*
他のバクテリア	
好気性菌	*Azospirillum, Azotobacter, Beijerinckia, Derxia*
通性嫌気性	*Bacillus, Klebsiella*
嫌気性	
非光合成	*Clostridium, Methanococcus*（古細菌）
光合成	*Chromatium, Rhodospirillum*

表 12.3 宿主植物と根粒菌の間での共生関係

植物宿主	共生根粒菌
Paraspoina（非マメ科，旧 *Trema*）	*Bradyrhizobium* spp.
ダイズ（*Glycine max*）	*Bradyrhizobium japonicum*（緩慢成育型）*Sinorhizobium fredii*（迅速成育型）
アルファルファ（*Medicago sativa*）	*Sinorhizobium melioti*
セスバニア（水生）	*Azorhizobium*（根粒と茎粒形成；茎に不定根）
インゲン（*Phaseolus*）	*Rhizobium leguminosarum* bv. *phaseoli*；*Rhizobium tropicii*；*Rhizobium etli*
クローバー（*Trifolium*）	*Rhizobium leguminosarum* bv. *trifolii*
エンドウ（*Pisum sativum*）	*Rhizobium leguminosarum* bv. *viciae*
Aeschenomene（水生）	*Photorhizobium*（光合成をする菌で茎粒形成，おそらく不定根に共生）

自由生活型単性バクテリアと共生バクテリアは窒素を固定する

先に述べたように，ある種のバクテリアは大気中の窒素をアンモニウムイオンに変換することができる（表12.2）。これら窒素固定をしている原核生物のほとんどは，土壌中で共生することなく単独で生きている（自由生活型（free-living）単性バクテリア）。高等植物と共生（symbiotic）関係をもつ原核生物は，宿主の植物に固定した窒素を直接提供し，かわりに他の栄養素や炭水化物を受け取っている（表12.2の上）。このような共生は根粒でおこり，根粒は植物の根に形成され窒素固定細菌を含んでいる。

もっとも一般的な共生は，マメ科植物と土壌細菌の *Azorhizobium*，*Bradyrhizobium*，*Photorhizobium*，*Rhizobium*，*Sinorhizobium* 属（集団として **rhizobia** とよぶ；表12.3と図12.8）との間で成立する。その他の一般的な共生は，ハンノキのようないくつかの樹木と土壌細菌の *Frankia* 属との間でおこる。他のタイプでは，南アメリカのハーブである *Gunnera* と小さな水性シダ（アカウキクサ）の *Azolla* の間で見られる。*Azolla* にはシアノバクテリア（ラン藻）の *Nostoc* や *Anabena* が共生している（表12.2と図12.9）。

窒素固定は嫌気的条件件が必要である

酸素は不可逆的に窒素固定を触媒する酵素の**ニトロゲナーゼ**（nitrogenase）を不活性化することから，窒素は嫌気条件件で固定されなければならない。したがって，表12.2にあげたそれぞれの窒素固定生物は，自然界での嫌気条件下か，あるいは酸素のある状態で内部の嫌気的環境を作り出して機能している。

シアノバクテリアでは，‘ヘテロシスト’（図12.9）とよば

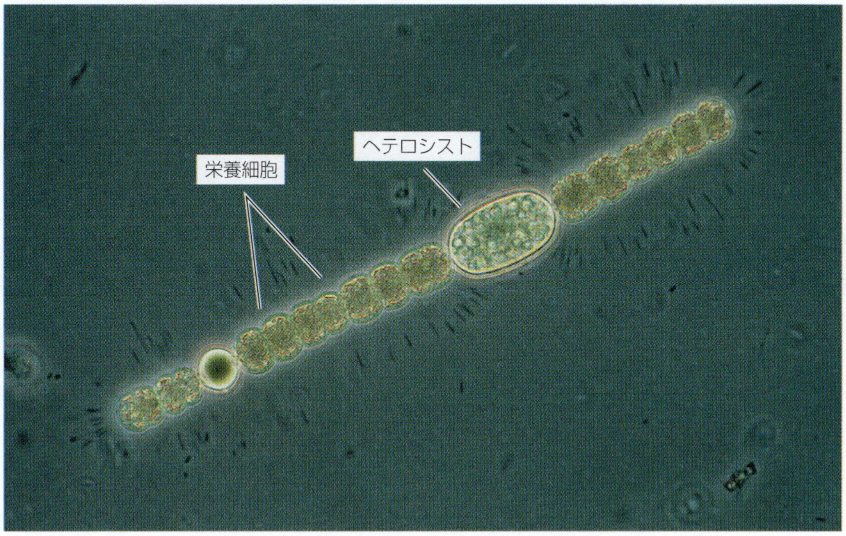

図 12.9　窒素固定シアノバクテリア*Anabena*フィラメントにあるヘテロシスト。栄養細胞の間にあり，厚い細胞壁に囲まれたヘテロシストは嫌気的な内部環境を作り出し，好気的条件下でもシアノバクテリアの窒素固定を可能にしている。(© Paul W. Johnson/Biological Photo Service)

れる特別の細胞を形成し，嫌気的条件を作り出している。ヘテロシストは厚い細胞壁をもつ細胞で，この細胞は糸状のシアノバクテリアがNH_4^+欠乏になったときに形成される。ヘテロシストは，葉緑体の光化学系IIや酸素発生系（7章参照）を欠いており，酸素発生をすることはない（Burris 1976）。この特異な細胞は，窒素固定のために適応した形態であり，窒素固定をする好気性シアノバクテリアに広く認められる。

ヘテロシストをもたないシアノバクテリアは，冠水したフィールドなどの嫌気的状況下のみで窒素固定をすることができる。アジア諸国では，ヘテロシストを形成する型や非形成型にかかわらず，窒素固定をするシアノバクテリアは水田土壌に十分な窒素を供給する主要な手段として重要である。これらの微生物は，農地が冠水したときに窒素を固定し，農地が乾燥したときは死ぬことにより固定した窒素を土壌に放出する。水田では，窒素供給源としてもう一つ重要なものに水性シダの*Azolla*（アカウキクサ）があげられる。*Azolla*にはシアノバクテリアの*Anabena*が共生している。*Azolla*–*Anabena*は，1日・1ヘクタールあたりで0.5 kgの大気窒素を固定できる。この固定量は，イネの収量を中程度得るのに十分である。

窒素固定できる自由生活型単性バクテリアには，好気性，通性嫌気性，あるいは嫌気性のバクテリアに分類できる（表12.2の下）：

- *Azotobacter*のような好気性窒素固定バクテリアは，高レベルの呼吸により低酸素条件（微好気条件）を維持しているものと考えられている（Burris 1976）。このほか，*Gloeothece*などでは，日中は光合成による酸素発生をし，夜間に窒素固定をしている。
- 通性嫌気性バクテリアは好気条件でも嫌気条件でも成育が可能であり，一般には嫌気条件下のみで窒素固定を行う。
- 嫌気性の窒素固定バクテリアでは，生息環境に酸素がないことから，酸素は問題にならない。これらのバクテリアは，光合成を行うもの（たとえば*Rhodospirillum*）と，行わないもの（たとえば*Clostridium*）がある。

共生窒素固定は特別な構造体の中で行われる

共生窒素固定をするバクテリアは，**根粒**（nodule）の中に生息している。根粒は，植物宿主の特異的な器官であり，窒素固定バクテリアを囲みこんでいる（図12.8）。グンネラ（*Gunnera*）の場合，これらの器官は茎の表面にあり，共生生物には依存せずに発達する。マメ科植物などでは，窒素固定バクテリアが植物宿主に根粒形成を誘導する。

イネ科草本も窒素固定生物と共生関係を発達させることはできるが，根粒は形成されない。かわりに，窒素固定バクテリア（内生菌）は植物組織に局在するか，根の伸長帯や根毛周辺に固着しているようである（Reis et al. 2000）。一例をあげると，窒素固定バクテリアである*Acetobactor diazotrophicus*はサトウキビの茎のアポプラストに生息し，窒素施肥とは無関係に十分な固定窒素をサトウキビに与えているようである（Dong et al. 1994）。トウモロコシや他のイネ科作物に*Azosprillum*を散布する試みがなされたが，このバクテリアは植物と共存した場合はごくわずかの窒素固定しかしていないようである（Vande Broek and Vanderleyden 1995）。

マメ科植物などは，根粒へのガスの透過性を制御しており，根粒中の酸素分圧を，呼吸はできるがニトロゲナーゼの不活性化を防ぐ低分圧に維持している（Kuzma et al. 1993）。ガスの透過性は光条件で増加し，乾燥や硝酸曝露の条件では減少する。このガスの透過性を調節する機構は，まだ明らかではない。

根粒は，**レグヘモグロビン**（leghemoglobin）という酸素結合ヘムタンパク質を含んでいる。レグヘモグロビンは感染根粒細胞の細胞質に高濃度（ダイズ根粒では700 μM）に存在しており，根粒をピンク色にしている。宿主植物は，バクテリアの感染に応答してレグヘモグロビンのグロビン部分を合成する（Marschner 1995）；共生バクテリアはヘム部分を合成する。このレグヘモグロビンは，酸素に対して高い親和力をもっており（K_mは約0.01 μM），ヒトヘモグロビンβ鎖よりも約10倍高い。

一時期，レグヘモグロビンは根粒中の酸素に対して緩衝作用をもつと考えられていたが，最近の研究からレグヘモグロビンは根粒の呼吸活性を数秒間維持できる酸素しか蓄えられないことがわかってきた（Denison and Harter 1995）。レグヘモグロビンの機能は，動物においてヘモグロビンが呼吸している組織へ酸素を輸送するのに類似して，呼吸している共生バクテリアに酸素を輸送する手助けをしていると考えられている（Ludwig and de Vries 1986）。

共生関係の成立には情報交換が必要である

マメ科植物と根粒菌の共生は，必須ではない。マメ科植物は根粒菌と関係なしに発芽し，場合によっては生活環全体を通して根粒菌と関係なしに成育する。根粒菌も，土壌中では自由生活型生物として生きていくことができる。しかし，窒素が不足する条件下では，共生生物どうしはたがいに複雑な情報交換を通して相手を探し出す。この情報のやりとり，その後の感染過程，そして窒素固定根粒の発達には，宿主とバクテリアの両者での特異的な遺伝子の働きが必要である。

植物の根粒特異的に発現する遺伝子を，**ノデュリン**（nodulin：*Nod*）とよぶ。一方，根粒形成に働く根粒菌側の遺伝子を**ノデュレーション**（nodulation：*nod*）遺伝子とよぶ（Heidstra and Bisseling 1996）。*nod*遺伝子は，通常の*nod*遺伝子や宿主特異的*nod*遺伝子に分類される。通常の*nod*遺伝子（*nodA*，*nodB*，*nodC*）はすべての根粒菌株にある；一方，宿主特異的な*nod*遺伝子（*nodP*，*nodQ*，*nodH*；あるいは*nodF*，*nodE*，*nodL*）は，根粒菌の種間で異なっており，宿主域を決定している。多くの*nod*遺伝子の中で，調節的*nodD*とよばれる一つだけが構成的に発現しており，その遺伝子産物であるタンパク質（NodD）はほかの*nod*遺伝子の転写を制御している。

窒素固定バクテリアと宿主の間での共生関係成立の初期段階は，宿主植物の根に向かったバクテリアの移行である。この移行は走化性応答によるものであり，根から放出される（イソ）フラボンやベタインなどの化学誘因物質によって引きおこされる。これらの誘因物質は，根粒菌のNodDタンパク質を活性化し，他の*nod*遺伝子群の転写を誘導する（Phillip and Kapulinik 1995）。*nodD*をのぞくすべての*nod*オペロンのプロモーター領域は，*nod*ボックスとよばれる高度に保存された配列を含んでいる。活性化NodDが*nod*ボックスに結合することにより，他の*nod*遺伝子の転写が誘導される。

バクテリアにより生産されるNodファクターは共生のシグナルとして作用する

NodDタンパク質により活性化される*nod*遺伝子は，根粒のタンパク質をコードしており，その多くはNodファクターの生合成に必要なものである。**Nodファクター**（Nod factor）はリポキチンオリゴ糖シグナル分子であり，すべてキチンβ-1→4-結合の*N*-アセチル-D-グルコサミン骨格（3-6糖単位の長さで変化）をもち，非還元糖残基のC-2位に脂肪酸アシル鎖をもつ（図12.10）。

三種の*nod*遺伝子（*nodA*，*nodB*，*nodC*）はそれぞれ対応する酵素（NodA，NodB，NodC）をコードしており，この基本構造の生合成に必要である（Stokkermans et al. 1995）：

1. NodAは*N*-アシル転移酵素であり，脂肪酸アシル鎖の付加を触媒する。
2. NodBは，キチンオリゴ糖脱アセチル化酵素であり，非還元糖末端の脱アセチル基の反応を触媒する。
3. NodCはキチンオリゴ糖合成酵素であり，*N*-アセチル-D-グルコサミンモノマーの重合反応を触媒する。

宿主特異的な*nod*遺伝子は，根粒菌の種類の中で異なり，脂肪酸アシル鎖の修飾や宿主特異性を決定している重要な残基

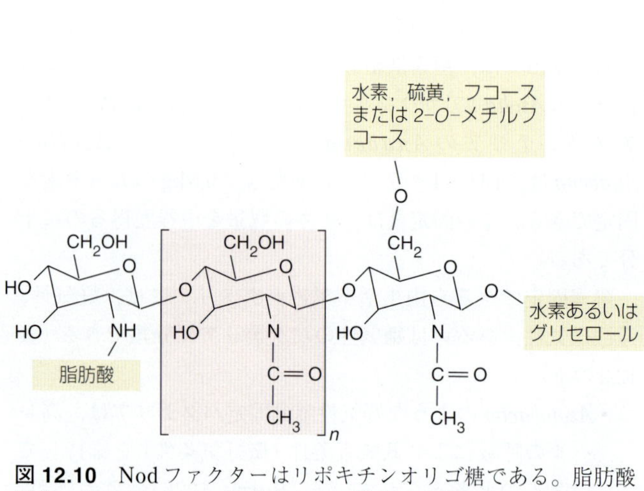

図12.10 Nodファクターはリポキチンオリゴ糖である。脂肪酸鎖は，主に16～18の炭素をもつ。構造の中間にある（*n*）の繰り返し数は，通常2～3である。（Stokkermans et al. 1995による）

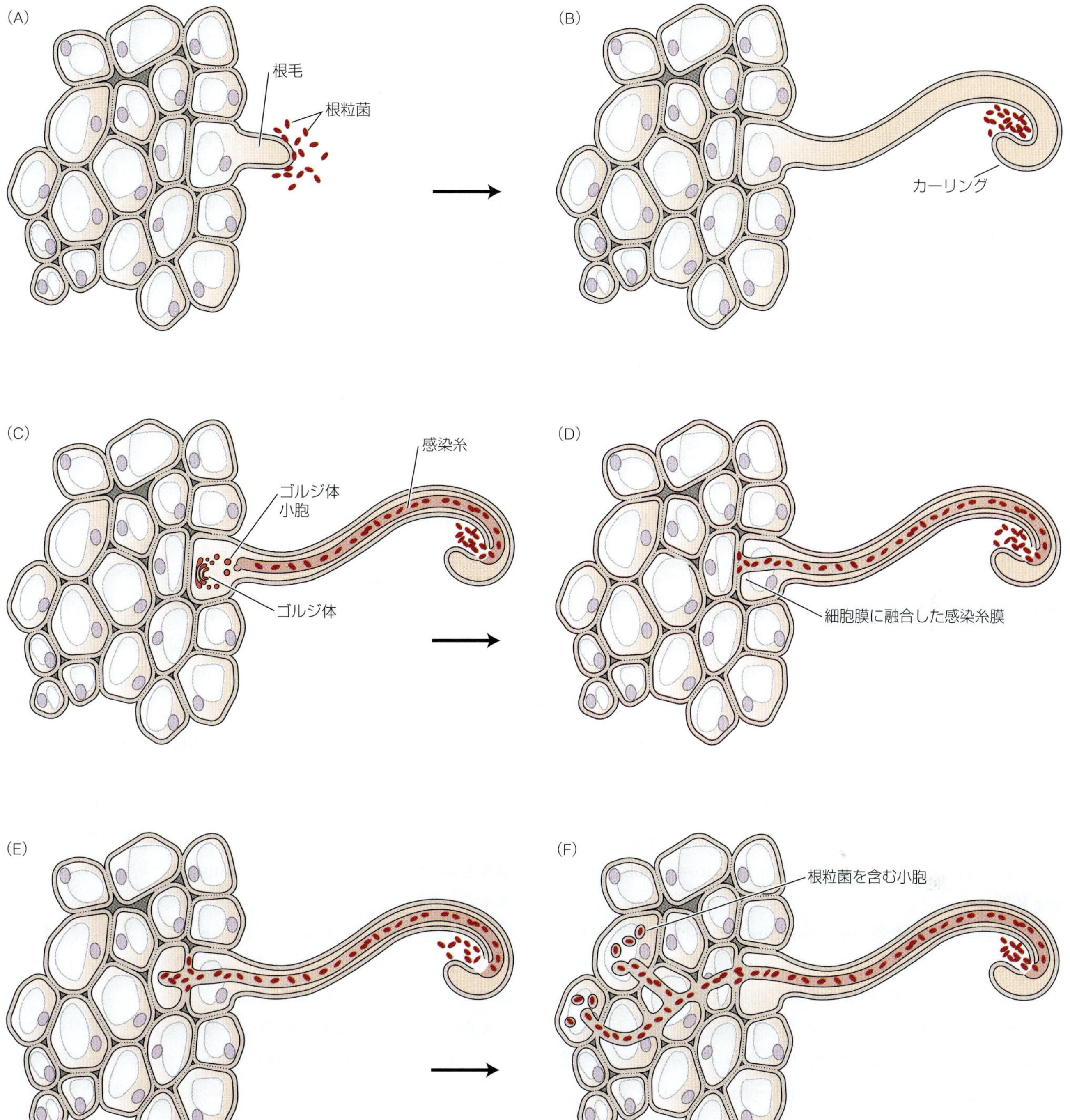

図 12.11　根粒器官発生における感染過程。(A) 根粒菌は，植物から放出された化学誘因物質に応答して発生しはじめた根毛に接着する。(B) バクテリアが生産したファクターに応答して，根毛は正常ではないカーリングした成育をし，根粒菌はできたコイルの中で増殖する。(C) 根毛細胞壁の分解場所への局在化により感染が成立し，根のゴルジ体から分泌される小胞により感染糸が形成される。(D) 感染糸は細胞の末端に到達し，感染糸の膜と根毛の細胞膜と融合する。(E) 根粒菌はアポプラスト内へ放出され，中葉 (middle lamella) や表皮細胞の細胞膜へと侵入し，新しい感染糸の伸長を開始し，開放された通路を形成する。(F) 感染糸は，標的細胞に到達するまで伸長・分岐をつづける。バクテリアを包む小胞は植物由来の膜でできており，小胞はサイトゾルへ放出される。

の付加を行っている。(Carlson et al. 1995)：

- NodEとNodFは脂肪酸アシル鎖の鎖長と飽和度を決定している；*Rhizobium leguminosarum* bv. *viciae*と*R. meliloti*のこれらのNodファクターは，それぞれ18：4と16：2の脂肪酸アシル鎖を合成している。(11章参照。コロンの前の数字は脂肪酸アシル鎖の炭素数を，またコロンの後の数字は二重結合の数を示している。)
- NodLのような他の酵素は，キチン骨格の還元末端あるいは非還元末端の特異的な置換によるNodファクターの宿主特異性に影響している。

特定のマメ科宿主は，特異的なNodファクターに応答する。Nodファクターの受容体は根毛で生産される特異的なレクチン（糖結合タンパク質）のようである (van Rhijin et al. 1998；Etzler et al. 1999)。Nodファクターはこれらのレクチンを活性化し，ヌクレオシド2-あるいは3-リン酸の無水リン酸結合の加水分解を促進する。このレクチンによる活性化は，特定の根粒菌のみを特定の宿主へ方向づけ，根粒菌の根毛細胞壁への接着を促進する。

根粒形成には種々の植物ホルモンが関係する

感染と根粒の器官発生の過程は，根粒形成に際して同時におこる。感染過程では，根毛に接着した根粒菌が，根毛細胞の明確な変形（カーリング：curling）を誘導するNodファクターを放出する（図12.11AとB)。根粒菌は，このカーリングで生じた小さな区画 (compartment) に包含されるようになる。根毛の細胞壁は，Nodファクターに対する応答の一つとして，この領域で分解を受け，バクテリアは植物側の細胞膜の外層に直接接近できるようになる (Lazarowitz and Bisseling 1997)。

次の段階は，**感染糸** (infection thread)（図12.11C）の形成であり，感染糸は感染場所にゴルジ体依存で膜小胞の融合により形成される，細胞膜でできた細胞内の管状伸長体である。感染糸は，その先端において，膜小胞の融合により伸長する。木部近くの皮層内部で，皮層細胞は脱分化して分裂を開始し，皮層内で根粒原基 (nodule primordium) とよばれる皮層細胞とは異なった領域を形成し，そこから根粒は発達する。根粒原基は，根の維管束組織の原生木部極とは反対側に形成される (Timmers et al. 1999)（**Webトピック12.1**参照)。

正または負に働く種々の情報物質は，根粒原基の位置を制御する。ヌクレオシドのウリジンは，根の原生木部域の中心柱から皮層細胞に拡散し，細胞分裂を促進する (Lazarowitz and Bisseling 1997)。内鞘でエチレンが合成され，皮層へ拡散し，根の篩部極と反対側の細胞分裂を抑える。

増殖している根粒菌で満たされた感染糸は，根粒原基の方向にむかって根毛と皮層細胞を通り伸長する。感染糸が根粒内の特異的な細胞群に到達すると，その先端は宿主細胞の細胞膜と融合し，宿主の細胞膜で包まれた根粒菌を放出する（図12.11D)。根粒内の分岐した感染糸は，バクテリアを多くの細胞に感染させることができる（図12.11EとF) (Mylona et al. 1995)。

最初は，バクテリアは分裂をつづけ，取り囲んでいる膜は小胞と融合して表面積を拡大し，この増殖を可能にする。その後まもなく，植物側からの未同定情報物質により，バクテリアは分裂を停止し，肥大化とともに，**バクテロイド** (bacteroid) とよばれる窒素固定できる共生器官への分化を始める。バクテロイドを包んでいる膜を，‘ペリバクテロイド膜’ (peribacteroid membrane) とよぶ。

根粒全体としては，維管束系（バクテロイドで生成された固定窒素を，宿主から提供される栄養との交換を容易にする）と根粒内部から酸素を排除するための一層の細胞からなる特性をもって発達する。エンドウなど温帯型マメ科植物では，根粒は伸長し円筒状になる。これは，‘根粒分裂組織’ (nodule meristem) の存在による。ダイズやラッカセイなどの熱帯型マメ科植物では，分裂組織をもたず，球状である (Rolfe and Gresshoff 1988)。

ニトロゲナーゼ酵素複合体はN_2を固定する

生物学的窒素固定は，工業的な窒素固定と同様に，分子状窒素からアンモニアを生産する。反応全体は次のようになる。

$$N_2 + 8e^- + 8H^+ + 16ATP \longrightarrow 2NH_3 + H_2 + 16ADP + 16P_i \qquad (12.9)$$

N_2から$2NH_3$への還元は6電子が必要であり，2個のプロトンを水素へ還元する反応と共役している。**ニトロゲナーゼ酵素複合体** (nitrogenase enzyme complex) は，この反応を触媒する。

ニトロゲナーゼ酵素複合体は，FeタンパクとMoFeタンパク質の二つの成分に分けることができるが，いずれも単独では活性をもたない（図12.12)：

- Feタンパク質は2成分の小さな方で，バクテリアによって異なるが30～72 kDaの同一サブユニットの二量体からなる。それぞれのサブユニットは，鉄-硫黄クラスター（$4Fe-4S^{2-}$）を含み，このクラスターはN_2からNH_3への変換過程に含まれる酸化還元反応に関わってい

表12.4 ニトロゲナーゼにより触媒される反応

$N_2 \longrightarrow NH_3$	分子状窒素の固定
$N_2O \longrightarrow N_2 + H_2O$	窒素酸化物の還元
$N_3^- \longrightarrow N_2 + NH_3$	アザイドの還元
$C_2H_2 \longrightarrow C_2H_4$	アセチレンの還元
$2H^+ \longrightarrow H_2$	水素ガス生成
$ATP \longrightarrow ADP + P_i$	ATP加水分解活性

Burris 1976より。

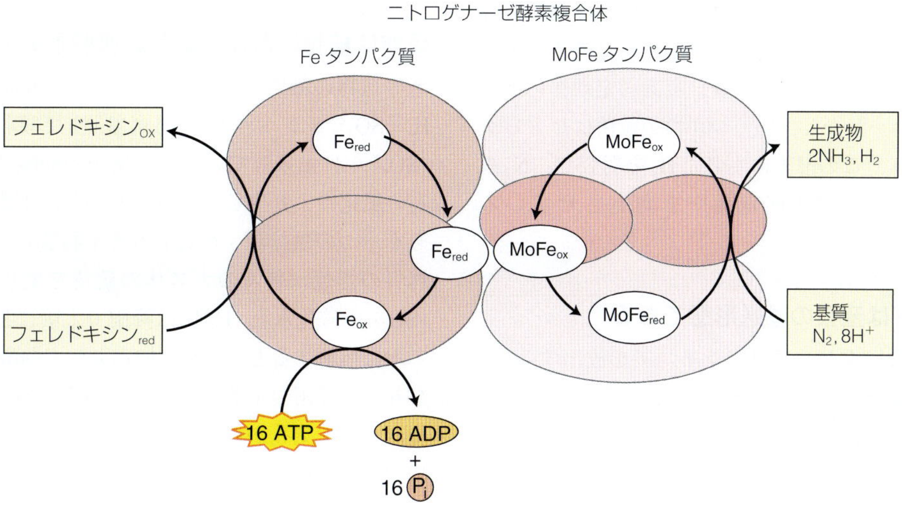

図 12.12 ニトロゲナーゼで触媒される反応。フェレドキシンは，Feタンパク質を還元する。ATPのFeタンパク質への結合と加水分解は，酸化還元反応を容易にするFeタンパク質の構造変化によっておこると考えられている。Feタンパク質はMoFeタンパク質を還元し，このMoFeタンパク質はN_2を還元する。(Dixon and Wheeler 1986, Buchanan et al. 2000による)

る。Feタンパク質はO_2で不可逆的に不活性化され，その半減期は30～45秒である（Dixon and Wheeler 1986）。

- MoFeタンパク質は四つのサブユニットからなり，全体としては180～235 kDaの分子である。それぞれのサブユニットは二つのMo-Fe-Sクラスターをもつ。MoFeタンパク質もO_2で不活性化されるが，大気中におけるその半減期は10分である。

この窒素還元反応において（図12.12），フェレドキシンがFeタンパク質への電子供与体として働き，Feタンパク質はATPを加水分解しMoFeタンパク質を還元する。MoFeタンパク質は，その後多くの物質を還元できる（表12.4）が，自然界ではN_2とH^+の還元だけである。ニトロゲナーゼで触媒される反応の一つに，アセチレンからエチレンへの還元があり，この反応はニトロゲナーゼ活性を推定するのに用いられる（**Webトピック12.2**参照）。

窒素固定のエネルギー論は複雑である。N_2とH_2からNH_3を作り出す反応は，生物学的な常温・常圧の条件では発エルゴン反応（2章のWebサイト発エルゴン反応参照）で，$\Delta G^{\circ\prime}$（自由エネルギーの変化）は-27 kJ mol^{-1}である。しかし，高温・高圧条件下で行われる工業的なN_2とH_2からNH_3の生産は‘吸エルゴン反応’であり，膨大なエネルギーの投入が必要である。これは，N_2の三重結合を開裂するのに，多くの活性化エネルギーが必要だからである。同じ理由で，ニトロゲナーゼによる生物学的なN_2の酵素的な還元にも，正確な自由エネルギー変化量はまだ不明ではあるが，多量のエネルギーが必要である（式(12.9)）。

マメ科植物の炭素代謝に基づいた計算によると，1 gのN_2固定に12 gの有機態炭素を植物は消費している（Heytler et al. 1984）。式(12.9)によると$\Delta G^{\circ\prime}$は全体で約-200 kJ mol^{-1}である。全体の反応は発エルゴン反応であることから，アンモニウムイオンの生産はニトロゲナーゼ複合体の緩慢な働き（単位時間あたりの還元N_2分子数）によって制限されている（Ludwig and de Vries 1986）。

自然界では，大量のH^+がH_2ガスへ還元されており，この

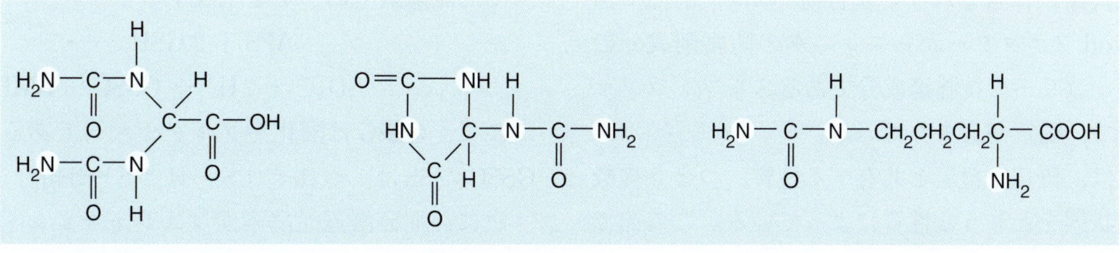

図 12.13 窒素固定の場から，脱アミノ反応によりアミノ酸やヌクレオシドが合成される場への窒素輸送に用いられる主なウレイド化合物

過程は窒素還元とニトロゲナーゼからの電子供与の面で競合する。根粒菌では，ニトロゲナーゼに供給されたエネルギーの30～60％はH_2として失われており，窒素固定効率を下げているかもしれない。しかし，いくつかの根粒菌はヒドロゲナーゼを含んでおり，この酵素は生じたH_2を開裂し，N_2還元用に電子を生産し，窒素固定効率を向上させている（Marschner 1995）。

アミドとウレイドは窒素の輸送形態である

共生窒素固定をするバクテリアはアンモニアを放出するが，その毒性を回避するために，道管を介して地上部へ輸送する前に，根粒内で迅速に有機化する必要がある。窒素固定をしているマメ科植物では，道管液の組成からアミド輸送型とウレイド輸送型に大別できる。温帯型マメ科植物であるエンドウ（*Pisum*），クローバー（*Trifolium*），ソラマメ（*Vicia*），レンズマメ（*Lens*）は，アミド（主にアミノ酸のアスパラギンとグルタミン）を輸送する。

ウレイドは，熱帯型マメ科のダイズ（*Glycine*），インゲン（*Phaseolus*），ラッカセイ（*Arachis*），ミドリマメ（*Vigna*）が輸送する。主要な3種類のウレイドに，アラントイン，アラントイン酸，シトルリン（図12.13）があげられる。アラントインはペルオキシゾームで尿酸から合成され，アラントイン酸はアラントインから粗面小胞体で作られる。シトルリンはオルニチンというアミノ酸から合成されるが，その合成場所はわかっていない。これらの3種類の化合物は，最終的に道管に放出され，地上部へ輸送されて迅速にアンモニウムイオンへと異化される。このアンモニウムイオンは，前述の窒素同化系に入っていく。

硫黄同化

硫黄は，生物にもっとも多方面で用いられる元素である（Hell 1997）。タンパク質のジスルフィド結合は，構造的・調節的役割を担っている（8章参照）。硫黄は，鉄-硫黄クラスター（7，11章参照）を解して電子伝達系に加わっている。ウレアーゼやコエンザイムAなどのいくつかの酵素や補酵素の触媒部位も，硫黄を含んでいる。二次代謝産物（成長や分化といった一次代謝系に含まれない化合物）には，前節で述べた根粒菌のNodファクターからニンニクの防腐剤成分のアリインやブロッコリーの抗腫瘍成分であるスルフォラファンまで広い範囲で，硫黄が含まれている。

硫黄の汎用性は，硫黄が窒素と共有する性質，つまり複数の安定した酸化状態をとりうる性質によっている。この節では，硫黄同化の酵素的な過程と，硫黄のシステインとメチオニンのいわゆる含硫アミノ酸への還元に関わる生化学的反応について述べる。

硫酸は植物における硫黄の吸収形態である

高等植物の細胞にあるほとんどの硫黄は，土壌溶液中からH^+-SO_4^{2-}シンポーター（6章参照）で吸収される硫酸イオン（SO_4^{2-}）に由来している。土壌中の硫酸イオンは，多くが岩石の風化により生じている。しかし，工業化は硫酸イオンのもう一つの供給源（大気中の汚染物質）を生み出した。化石燃料の燃焼は種々のガス体の硫黄を生じ，この二酸化硫黄（SO_2）や硫化水素（H_2S）は降雨で土壌にしみこむ。

水に溶解すると，SO_2は加水されて強酸の硫酸（H_2SO_4）となり，酸性雨の主要因となっている。植物は，二酸化硫黄をガスとして気孔から取り込み，代謝できる。それでも，長期間（8時間以上）高濃度（0.3 ppm以上）のSO_2に曝すと，SO_2から硫酸が生成するため，その硫酸により植物は甚大な障害を受ける。

硫酸同化には硫酸のシステインへの還元が必要である

硫黄を含む有機化合物合成での最初の段階は，硫酸のシステインへの還元である（図12.14）。硫酸は非常に安定であり，反応が進行する以前に，活性化される必要がある。この活性化は，硫酸とATPの間における反応で始まり，この反応には5′-アデニル硫酸（アデノシン-5′-ホスホ硫酸：APS）とピロリン酸（PP_i）を生ずる（図12.14）：

$$SO_4^{2-} + \text{Mg-ATP} \longrightarrow \text{APS} + PP_i \quad (12.10)$$

この反応を触媒するATPスルフリラーゼは，2種類ある：主な種類はプラスチドに存在しており，もう一つのマイナー酵素はサイトゾルにある（Leustek et al. 2000）。活性化反応は，エネルギー的には不利な反応である。この反応を進めるため，生成物のAPSとPP_iはただちに他の化合物に変換される必要がある。PP_iは無機リン酸（P_i）にピロホスファターゼで次のように加水分解される：

$$PP_i + H_2O \longrightarrow 2\,P_i \quad (12.11)$$

もう一つの生成物であるAPSは，ただちに還元されるか硫酸化される。還元系が主経路と考えられている（Leustek et al. 2000）。

APSの還元は多段階反応で，プラスチド内でおこる。まず，APS還元酵素が還元型グルタチオン（GSH）に2電子を転移して，亜硫酸（SO_3^{2-}）を生成する：

$$\text{APS} + 2\,\text{GSH} \longrightarrow SO_3^{2-} + 2H^+ + \text{GSSG} + \text{AMP} \quad (12.12)$$

ここで，GSSGは酸化型グルタチオンである（GSHのSHとGSSGのSSは，それぞれS—HとS—S結合を意味する）。

次に，亜硫酸還元酵素がフェレドキシン（Fd_{red}）を電子供与体として6電子還元を行い，硫化物イオン（sulfide：S^{2-}）を生成する：

$$SO_3^{2-} + 6\,Fd_{red} \longrightarrow S^{2-} + 6\,Fd_{ox} \quad (12.13)$$

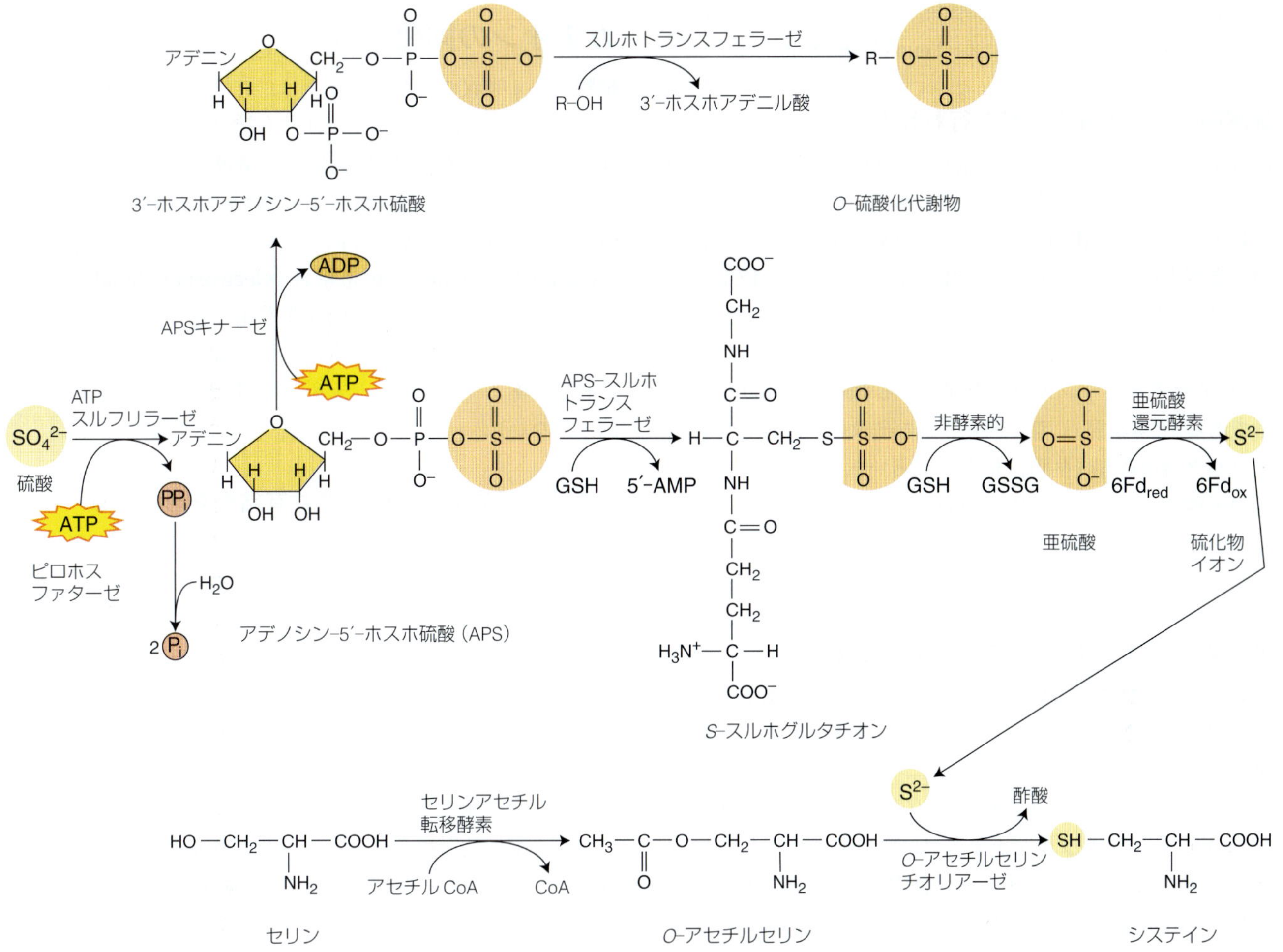

図 12.14 硫黄同化に含まれる化合物の構造と代謝系。ATPスルフリラーゼはATPからピロリン酸を切断し，そこを硫酸に置き換える。硫化物イオン (sulfide) は，APSからグルタチオンやフェレドキシンによる還元反応を介して合成される。硫化物イオンやチオサルファイドは*O*-アセチルセリンと反応し，システインを合成する。Fd；フェレドキシン，GSH；グルタチオン (還元型)，GSSG；グルタチオン (酸化型)。

生じた硫化物イオンは*O*-アセチルセリン (OAS) と反応し，システインと酢酸を生じる。硫化物イオンと反応する*O*-アセチルセリンは，セリンアセチル転移酵素の触媒で生成する：

$$\text{セリン} + \text{アセチル CoA} \longrightarrow \text{OAS} + \text{CoA} \quad (12.14)$$

システインと酢酸を生成する反応は，OASチオールリアーゼ (訳者注；システイン合成酵素) により触媒される：

$$\text{OAS} + S^{2-} \longrightarrow \text{システイン} + \text{酢酸} \quad (12.15)$$

サイトゾルに局在するAPSの硫酸化は，もう一つの経路である。まず，APSキナーゼがATPを基質にして3′-ホスホアデノシン-5′-ホスホ硫酸 (PAPS) を生成する：

$$\text{APS} + \text{ATP} \longrightarrow \text{PAPS} + \text{ADP} \quad (12.16)$$

スルホトランスフェラーゼが，おそらくPAPSから硫酸基を多くの化合物に転移しているようである。これらの化合物は，コリン，ブラシノステロイド，フラボノール，没食子酸(ぼっしょくしさん)グル

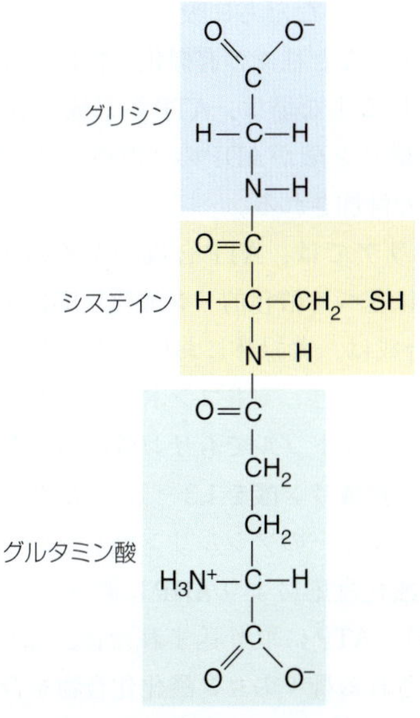

還元型グルタチオン

コシド配当体（gallic acid glucoside），グルコシノレート，ペプチド，多糖などがあげられる（Leustek and Saito 1999）。

硫酸同化のほとんどは葉で行われる

硫酸イオンのシステインへの還元は，硫黄の酸化数が＋6から－4まで変化し，10電子の転移を伴う。グルタチオン，フェレドキシン，NAD(P)H，*O*-アセチルセリンは，この代謝のさまざまな場所で，電子供与体となっている（図12.14）。

葉は，一般に根よりもはるかに硫黄同化が活発に行われる。これは，光合成で還元型フェレドキシンを生み出し，光呼吸で*O*-アセチルセリンの合成を促進するセリンを作り出すからである（8章参照）。葉で同化された硫黄は，篩管を介してタンパク合成の場（茎頂，根端，果実）へ，主にグルタチオンの形態で輸送される（Bergmann and Rennenberg 1993）。グルタチオンは，根による硫酸の吸収と葉での同化を調和のとれた形で進める情報物質としても働く。

メチオニンはシステインから合成される

タンパク質を構成している含硫アミノ酸の一つであるメチオニンは，プラスチドでシステインから合成される（詳細は**Webトピック12.3**参照）。システインとメチオニンが合成された後，硫黄はタンパク質や種々の化合物，たとえばアセチルCoAや*S*-アデノシルメチオニンに取り込まれる。*S*-アデノシルメチオニンは，エチレンの合成（22章参照）やリグニン合成（13章参照）などメチル基転移を含む反応などに重要である。

リン酸同化

土壌中のリン酸（HPO_4^{2-}）は，根のH^+-HPO_4^{2-}シンポーター（6章参照）によりただちに吸収され，糖リン酸，リン脂質，ヌクレオチドなど種々の有機化合物に取り込まれる。リン酸が同化される主な場は，ATPの形成過程である。この過程では，無機リン酸がADPの2番めのリン酸基にリン酸エステル結合で付加される。

ミトコンドリアでは，ATP合成のためのエネルギーは，NADHの酸化に基づく酸化的リン酸化反応に由来する（11章参照）。ATP合成は，葉緑体における光リン酸化反応によってもおこる（7章参照）。ミトコンドリアや葉緑体でのこれらの反応に加え，サイトゾルでもリン酸は同化される。

解糖系では，無機リン酸を1,3-二ホスホグリセリン酸に取り込み，高エネルギーのアシルリン酸基を形成する。このリン酸は，リン酸化反応によりADPに渡されてATPを合成する（11章参照）。ATPに取り込まれた後，このリン酸基は，植物に見い出される種々のリン酸化化合物を合成する多くの反応に用いられる。

カチオンの同化

植物により吸収されたカチオンは，有機化合物と複合体を形成する。この際，カチオンは非共有結合により複合体といわゆる金属結合をする（非共有結合は，Webサイトの2章参照）。植物は，多量要素のK，Mg，Caや微量要素のCu，Fe，Mn，Co，Na，Znをこの形式で同化する。この節では，配位結合（coordination bond）と静電結合（electrostatic bond）について論じる。この結合は，植物が栄養素として要求する種々のカチオンの同化を促すとともに，根による鉄吸収と同化に特に必要である（訳者注；カチオンの同化という用語は，一般的ではない）。

カチオンは炭素化合物と非共有結合を形成する

カチオンと炭素化合物の間で形成される非共有結合には，2種類ある：配位結合と静電結合である。配位複合体の形成では，炭素化合物中のいくつかの酸素あるいは窒素原子が非共有電子を与え，カチオンとの結合を生む。その結果，カチオン上の正荷電は中和される。

‘配位結合’は，主として多価カチオンと炭素化合物の間で生じる――たとえば，銅と酒石酸の複合体（図12.15A），あるいはマグネシウムとクロロフィルA複合体（図12.15B）である。配位結合複合体として同化される栄養素には，Cu，Zn，Fe，Mgがあげられる。カルシウムも，細胞壁のポリガラクツロン酸の複数のカルボキシル基や水酸基との間で配位結合を形成できる（図12.15C）。

‘静電結合’は，正荷電カチオンが炭素化合物のカルボキシル基（$—COO^-$）の負荷電を誘引して形成される。配位結合とは異なり，静電結合のカチオンは正荷電を保っている。K^+のような1価カチオンは，多くの有機酸のカルボキシル基と静電結合を形成できる（図12.16A）。それでも，植物に集積して浸透圧調節で機能し，酵素の活性化に作用するほとんどのK^+は，サイトゾルや液胞中で遊離の形で存在している。Ca^{2+}のような2価カチオンはペクチン酸（図12.16B）やポリガラクツロン酸のカルボキシル基（15章参照）と静電結合を形成する。

一般に，Mg^{2+}やCa^{2+}といったカチオンは，アミノ酸，リン脂質，その他負に荷電した分子との間で，配位結合や静電結合を形成することで同化されている。

根は鉄を獲得するために根圏を変える

鉄は，鉄-硫黄タンパク質（7章参照）の成分として，またすでに述べた窒素代謝など酵素が関与する酸化還元反応（5章参照）の触媒中心として，重要である。植物は，鉄を土壌から獲得するが，土壌では酸化型の3価の鉄（Fe^{3+}）として，$Fe(OH)^{2+}$，$Fe(OH)_3$，$Fe(OH)_4^-$の形態で存在する。中性域

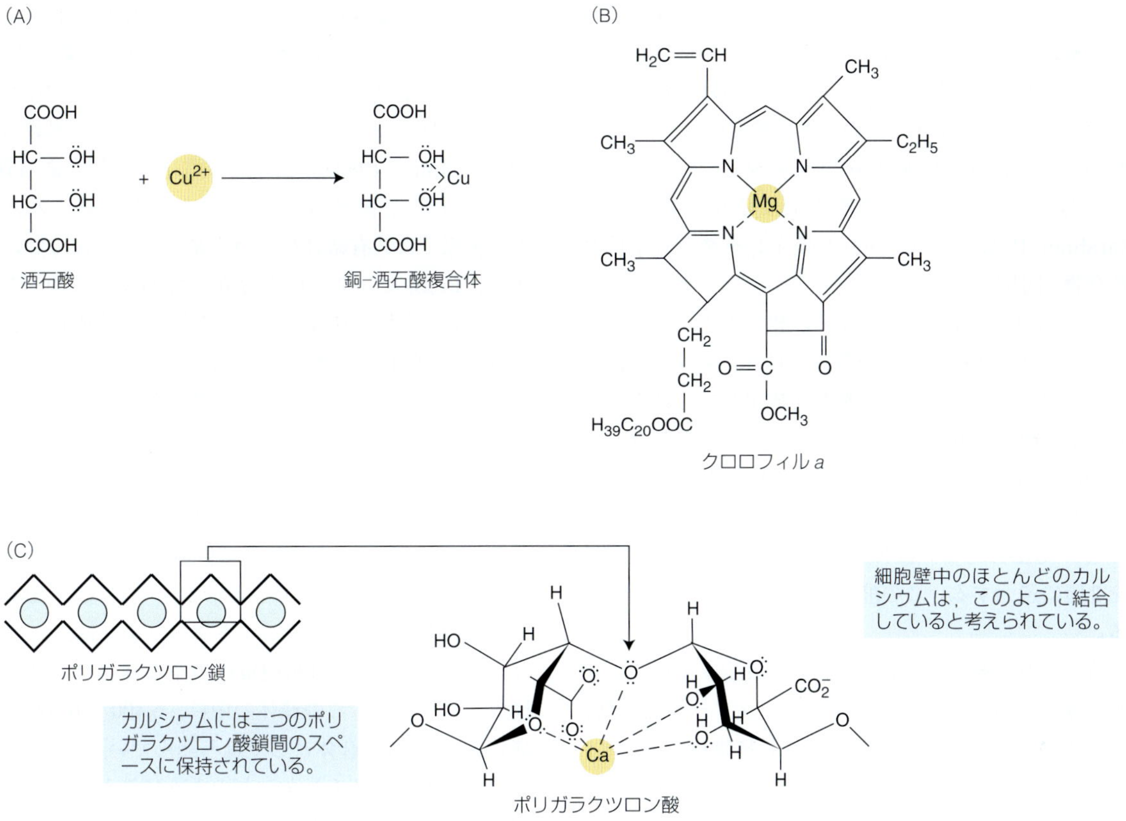

図 12.15　配位複合体の例。配位複合体は，炭素化合物の酸素や窒素原子が非共有電子対（ドットで表記）をカチオンとの結合を作るために渡したときに形成される。(A) 銅イオンは，酒石酸の水酸基の酸素と電子を共有している。(B) マグネシウムイオンは，クロロフィル *a* の窒素原子と電子を共有している。破線は，窒素原子とマグネシウムカチオン間の非共有電子で生じた配位結合を示している。(C) 細胞壁のペクチンの主成分であるポリガラクツロン酸とカルシウムイオンの相互作用を示す「卵ケース」モデル。直角の矢印線は，一つの Ca イオンがガラクツロン酸残基の水酸基の酸素と配位複合体を形成している拡大図。(Rees 1977 による)

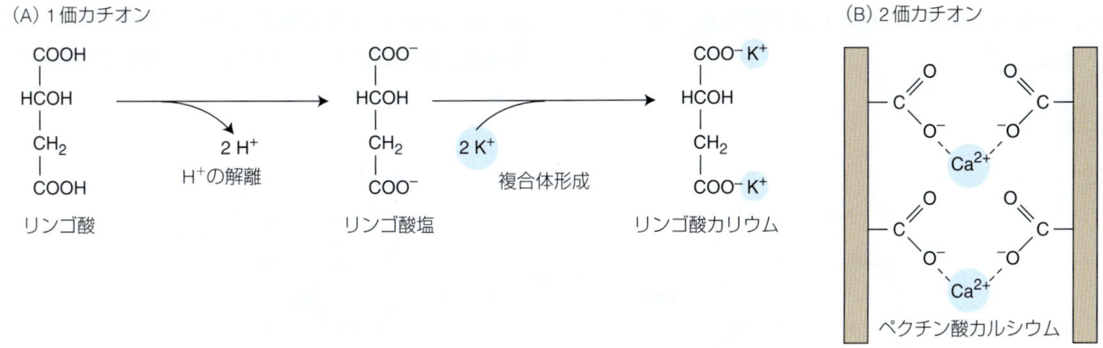

図 12.16　静電的（イオン的）複合体の例。(A) 1 価カチオンである K^+ とリンゴ酸は，リンゴ酸カリウム複合体を形成する。(B) 2 価カチオンの Ca^{2+} とペクチン酸は，ペクチン酸カルシウムを形成する。2 価カチオンは，負に帯電しているカルボキシル基をもつ平行鎖間でクロスリンクを形成する。カルシウムのクロスリンクは，細胞壁の構造的な役割をはたす。

では，3価の鉄は不溶性である。土壌から十分量の鉄を吸収するため，根は鉄の溶解性や可給性を増す種々の機構を発達させてきた。これらの機構には，次のものがあげられる：

- 3価の鉄の溶解性を増すための土壌の酸性化。
- 3価からより可溶性な2価 (Fe^{2+}) への還元。
- 安定で鉄と可溶性な複合体を形成する化合物の放出 (Marshner 1995)。5章でふれた鉄キレーターとよばれる化合物 (図5.2)。

根は，一般に周辺の土壌を酸性化する。根はカチオン，特にアンモニウムイオンの吸収同化の際，プロトンを放出し，またリンゴ酸やクエン酸といった有機酸を放出して，鉄やリン酸の可給態化 (植物に利用されやすくなること) を促進する (図5.4)。鉄欠乏は，根によるプロトン放出を促進する。また，根の細胞膜には，'鉄キレート還元酵素' とよばれる酵素が存在し，NADHあるいはNADPHを電子供与体として3価の鉄を2価に還元する。この酵素活性は，鉄欠乏条件下で増加する。

根から放出される種々の化合物は，鉄と安定なキレート化合物を形成する。リンゴ酸，クエン酸，フェノール化合物，ピシジン酸が，これらの例である。イネ科植物は，'ファイトシダーフォー' (phytosiderphore) とよばれる特殊な鉄キレーターを生産する。ファイトシダーフォーはムギネ酸とよばれる非タンパク態アミノ酸から作られ，Fe^{3+} と非常に強固な複合体を形成する (訳者注；ムギネ酸はメチオニンから生合成される)。イネ科植物の根の細胞は，Fe^{3+}–ファイトシダーフォー結合体を輸送する系を細胞膜にもち，このキレート化合物をサイトゾルへと輸送できる。鉄欠乏条件では，イネ科植物はより多くのファイトシダーフォーを土壌に放出し，このキレート化合物の輸送能力を増加させる。

鉄は炭素やリン酸と複合体を形成する

根が鉄や鉄キレート化合物を吸収すると，ただちに3価の鉄に酸化され，その多くはクエン酸との静電的な複合体として葉に輸送される。

植物におけるほとんどの鉄は，葉緑体やミトコンドリアにあるシトクロムのヘム分子に検出される (7章参照)。鉄の重要な同化反応は，ヘムのポルフィリン前駆体への挿入である。この反応は，フェロキラターゼという酵素に触媒される (図12.17) (Jones 1983)。さらに，電子伝達鎖にある鉄–硫黄タンパク質 (7章参照) は，アポタンパク質のシステイン残基の硫黄原子に共有結合している非ヘム鉄を含んでいる。鉄はまた，Fe_2S_2 センターにも存在しており，このセンターは2原子の鉄 (それぞれはシステイン残基の硫黄原子と結合している) と2原子の無機態硫黄を含んでいる。

遊離の鉄 (炭素化合物と複合体を作っていない鉄) は，酸素と作用してスーパーオキシドアニオン (O_2^-) を生成し，不飽和脂質を分解して生体膜に害作用をおよぼす。植物細胞は，過剰の鉄を**ファイトフェリチン** (phytoferritin) とよばれる鉄–タンパク質複合体の形で貯蔵することにより，このようなダメージを回避しているのかもしれない (Bienfait and Van del Mark 1983)。ファイトフェリチンは，24の同一サブユニットで分子量約480 kDaの中空な球状タンパク質外殻で構成されている。この球体の中に，5,400～6,200の鉄原子を酸化鉄–リン酸複合体として包み込んでいる。

ファイトフェリチンからどのように鉄が遊離するかはまだ明らかではないが，タンパク質外殻の分解はこの過程に含まれているようである。植物細胞の遊離鉄は，ファイトフェリチンの *de novo* (新規な) 合成を制御している (Lobreaux et al. 1992)。

酸素同化

呼吸は，植物による酸素同化の大半 (約90%) を占めている (11章参照)。有機化合物への酸素同化のもう一つの主要な経路は，水からの酸素分子の取り込みである (表8.1の反応1)。わずかな割合ではあるが，酸素は直接的に '酸素固定' (oxygen fixation) により有機化合物へと同化される (訳者注；酸素同化，酸素固定という用語は，一般的ではない)。

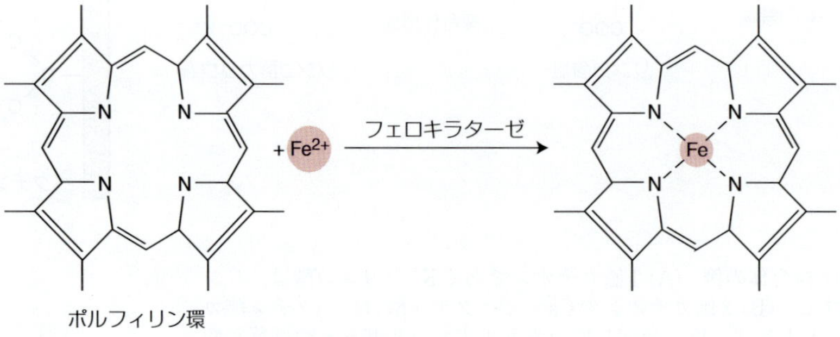

図 12.17 フェロキラターゼ反応。この酵素は，鉄をポルフィリン環に挿入し配位複合体を形成する反応を触媒する。ポルフィリン環の生合成は，図7.37を参照。

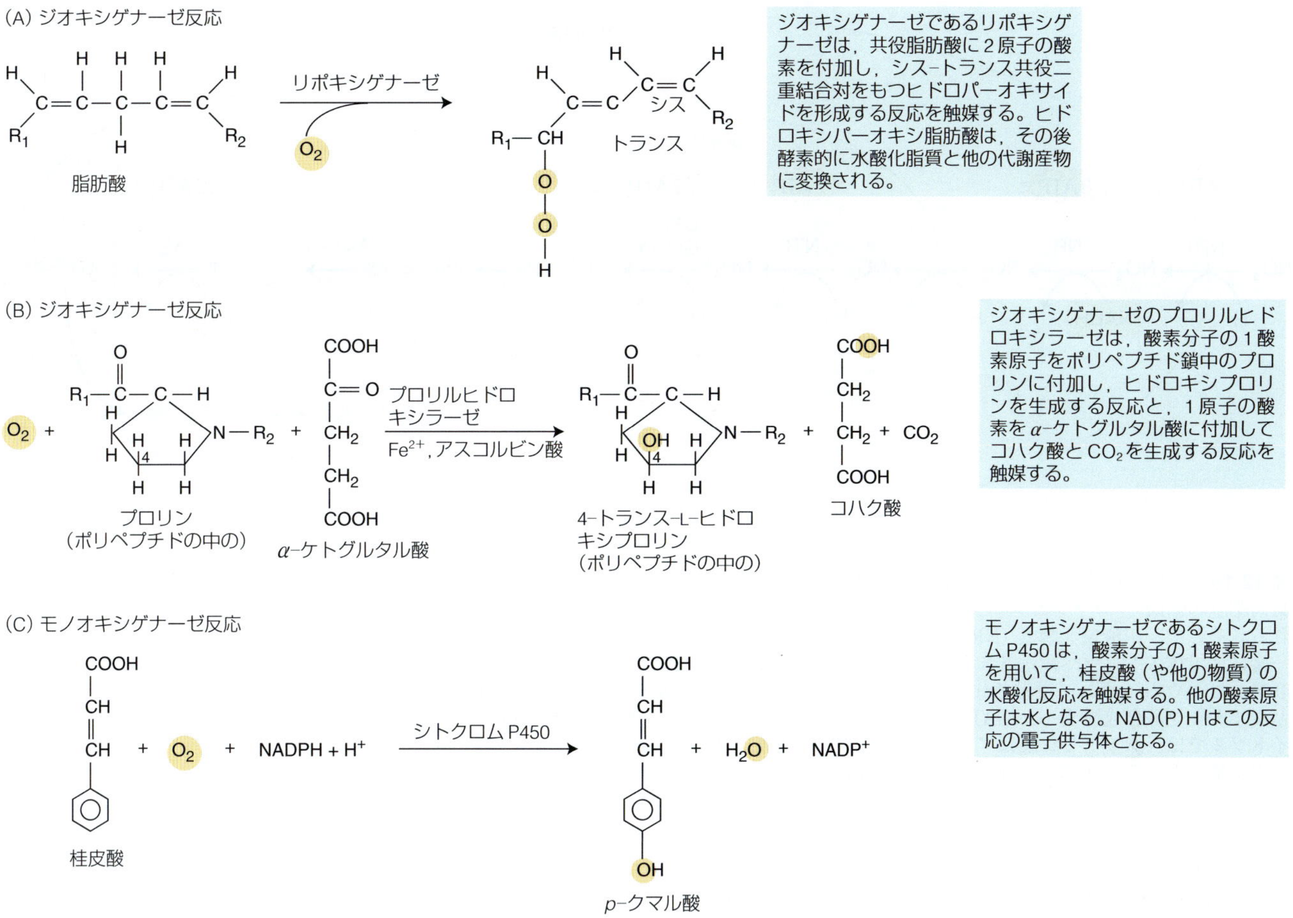

(A) ジオキシゲナーゼ反応
脂肪酸
リポキシゲナーゼ
シス
トランス
ジオキシゲナーゼであるリポキシゲナーゼは，共役脂肪酸に2原子の酸素を付加し，シス-トランス共役二重結合対をもつヒドロパーオキサイドを形成する反応を触媒する。ヒドロキシパーオキシ脂肪酸は，その後酵素的に水酸化脂質と他の代謝産物に変換される。
(B) ジオキシゲナーゼ反応
プロリン（ポリペプチドの中の）
α-ケトグルタル酸
プロリルヒドロキシラーゼ
Fe2+，アスコルビン酸
4-トランス-L-ヒドロキシプロリン（ポリペプチドの中の）
コハク酸
ジオキシゲナーゼのプロリルヒドロキシラーゼは，酸素分子の1酸素原子をポリペプチド鎖中のプロリンに付加し，ヒドロキシプロリンを生成する反応と，1原子の酸素をα-ケトグルタル酸に付加してコハク酸とCO2を生成する反応を触媒する。
(C) モノオキシゲナーゼ反応
NADPH + H+
シトクロム P450
NADP+
桂皮酸
p-クマル酸
モノオキシゲナーゼであるシトクロムP450は，酸素分子の1酸素原子を用いて，桂皮酸（や他の物質）の水酸化反応を触媒する。他の酸素原子は水となる。NAD(P)Hはこの反応の電子供与体となる。

図 12.18　高等植物におけるオキシゲナーゼ反応の二つの型

この酸素固定では，‘オキシゲナーゼ’（oxygenase）とよばれる酵素により，酸素分子が直接有機化合物へ付加される。8章で述べたように，酸素は光呼吸により直接有機化合物に取り込まれる。この反応は，CO_2固定酵素であるリブロース-1,5-二リン酸カルボキシラーゼ/オキシゲナーゼ（Rubisco）のオキシゲナーゼ活性による（Ogren 1984）。分子状酸素に由来し，酸素を含む最初の安定な生成物は，2-ホスホグリコール酸である。

一般に，オキシゲナーゼは，触媒反応において炭素化合物に転移される酸素原子の数により，ジオキシゲナーゼとモノオキシゲナーゼに大別できる。**ジオキシゲナーゼ**（dioxygenase）反応では，二つの酸素原子は一つあるいは二つの炭素化合物に取り込まれる（図12.18AとB）。植物のジオキシゲナーゼの例に，酸素2原子を不飽和脂肪酸に付加するリポキシゲナーゼ（図12.18A）や，プロリンをなじみのないアミノ酸であるヒドロキシプロリンに変換する酵素のプロリルヒドロキシラーゼがあげられる（図12.18B）。

ヒドロキシプロリンは，細胞壁タンパク質のエクステンシンの重要な構成要素である（15章参照）。プロリンからヒドロキシプロリンの合成は，他のアミノ酸の生合成とは異なり，プロリンがタンパク質へ取り込まれた後に反応がおこる，いわゆる翻訳後の修飾反応である。プロリルヒドロキシラーゼは粗面小胞体に存在していることから，ヒドロキシプロリンを含む多くのタンパク質は分泌系に認められることを示している。

モノオキシゲナーゼ（monooxygenase）は，炭素化合物へ分子状酸素の1原子を付加する；酸素のもう1原子は水になる。モノオキシゲナーゼは，時に複合機能オキシダーゼ（mixed-function oxidase）とも称される。これは，オキシゲナーゼ反応とオキシダーゼ反応（酸素の水への還元）が同時におこるからである。モノオキシゲナーゼ反応には，電子供与体として還元剤（NADHかNADPH）が必要である：

$$A + O_2 + BH_2 \longrightarrow AO + H_2O + B$$

なお，Aは有機化合物であり，Bは電子供与体を意味する。

植物において重要なモノオキシゲナーゼは，正確にはシトクロムP450とよばれるヘムタンパク質ファミリーである。P450は，桂皮酸から*p*-クマル酸への水酸化反応を触媒する（図12.18C）。モノオキシゲナーゼ分子中で，酸素はまずヘ

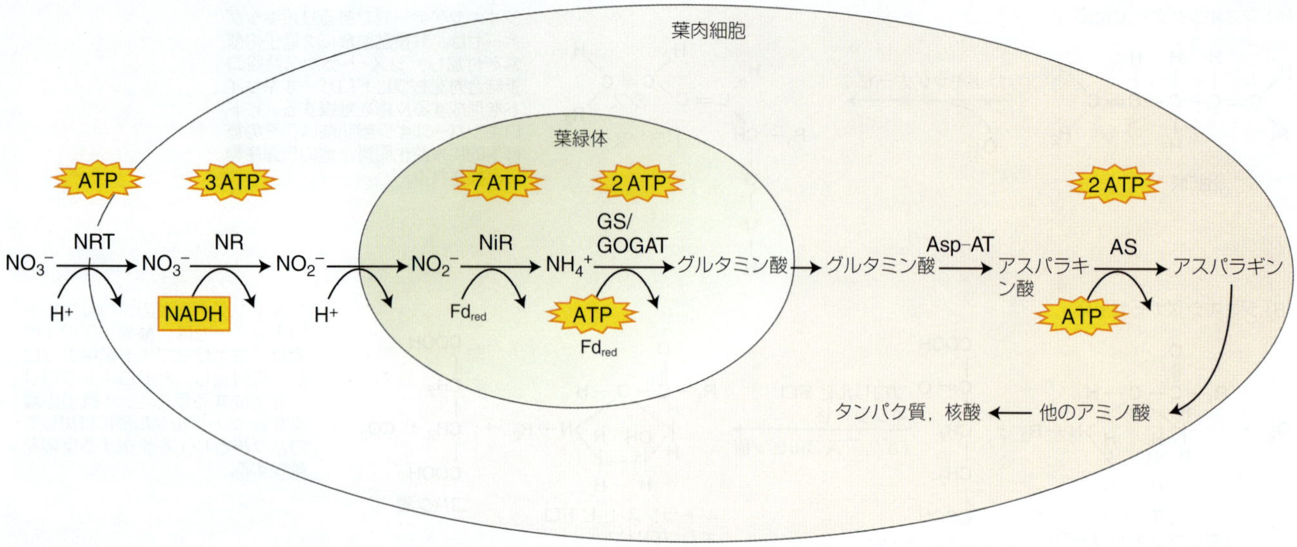

図 12.19　葉における無機態窒素同化過程の要約。根から道管を介して運ばれた硝酸は，葉肉細胞の硝酸–プロトンシンポーター（共輸送担体，NRT）を介してサイトゾルへ輸送される。そこで，硝酸還元酵素（NR）により，亜硝酸へ還元される。亜硝酸は，プロトンと一緒に葉緑体ストロマへ輸送される。ストロマでは，亜硝酸は亜硝酸還元酵素（NiR）によりアンモニウムイオンに還元され，このアンモニウムイオンはグルタミン合成酵素（GS）とグルタミン酸合成酵素（GOGAT）の一連の反応により，グルタミン酸に変換される。サイトゾルでは，グルタミン酸はアスパラギン酸アミノ基転移酵素（Asp–AT）によりアスパラギン酸に変わる。アスパラギン合成酵素（AS）は，アスパラギン酸をアスパラギンに変換する。ATP に換算したおよその必要量を，個々の反応の上に示した。

ムグループの鉄原子と結合して活性化される；NADPH は電子供与体として働く。複合機能オキシダーゼは粗面小胞体に局在しており，モノあるいはジテルペンや脂質など種々の物質を酸化することができる。

栄養素同化のエネルギー論

栄養素の同化には，一般に，安定で低エネルギー状態の無機物から高エネルギーの有機化合物に変換するために大量のエネルギーが必要である。たとえば，硝酸から亜硝酸，さらにアンモニウムイオンへの還元には，約 10 電子の転移が必要であり，これは根と地上部における全エネルギー消費量の約 25% である（Bloom 1997）。結果的に，植物は窒素同化に 4 分の 1 のエネルギーを使っており，それは全乾物重の 2% 弱に相当する。

これらの同化反応の多くは葉緑体のストロマで行われており，そこには光合成電子伝達系で生産される NADPH，チオレドキシン，フェレドキシンといった還元剤を利用可能である。この，光合成電子伝達系と共役した栄養素の同化は，**光同化**（photoassimilation）とよばれる（図 12.19）。

光同化とカルビン回路は，同じ場所（compartment）でおこるが，光合成電子伝達系がカルビン回路での必要量以上に還元物質を生産した場合のみ（たとえば十分な光と低 CO_2 条

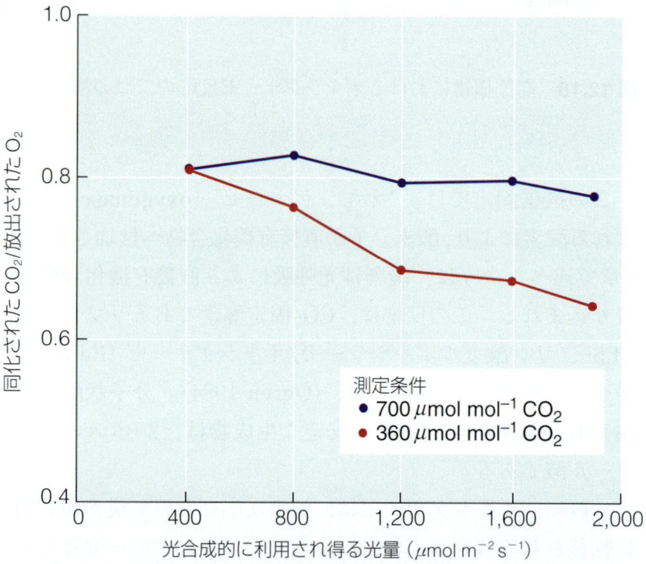

図 12.20　光照射レベルを変えた場合（光合成できる照射量）のコムギ幼植物における同化指数（AQ＝同化された炭酸ガス/発生した酸素）。硝酸の光同化は，同化指数と直接関係がある。つまり，光同化における硝酸や亜硝酸への電子の輸送は，光合成光依存反応からの酸素発生を増加させる。一方で，光に依存しない反応での炭酸同化は同じ速度で継続する。したがって，硝酸を光同化している植物は，低い AQ 値を示す。大気 360 μmol mol^{-1} CO_2 濃度（赤）での測定では，AQ は光照射量の増加に伴って減少しており，光同化速度が増加していることを示している。高炭酸ガス濃度条件（700 μmol mol^{-1} CO_2，青）では，AQ 値は一定であり，炭酸固定反応が還元物質と競合し，光同化を阻害していることを示している。（Bloom et al. 2002 による）

件），光同化が進行する（Robinson 1988）。高CO_2条件は，光同化を阻害する（図12.20と**Webエッセイ12.1**参照）。その結果，C_4植物（8章参照）は光同化の多くを，CO_2濃度が低い葉肉細胞で行っている（Becker et al. 1993）。

カルビン回路と光同化の間における還元力の分配の制御機構は，重要な研究課題である。大気CO_2は，今世紀の間に2倍になるからであり（9章参照），この現象は植物–栄養の関係に影響する可能性が高い。

まとめ

栄養素の同化は，植物が獲得した栄養素を，成育や分化に必要な炭素成分へ取り込む過程である。これらの過程には，集中的にエネルギーを要求する化学的反応が含まれており，光合成で作られた還元力に直接依存している。

窒素に関して，同化反応は窒素サイクルを構成する種々の段階の一つである。窒素サイクルは，生物圏における窒素の種々の状態とそれらの相互変換を包含している。植物に供給可能な主要な窒素源は，硝酸とアンモニウムイオンである。

根で吸収された硝酸は，硝酸の供給量や植物種によるが，根あるいは地上部で同化される。硝酸同化系では，硝酸はサイトゾルで硝酸還元酵素により亜硝酸に還元される；その後，亜硝酸は亜硝酸還元酵素により，根のプラスチドか葉緑体でアンモニウムイオンに還元される。

根で直接吸収されたアンモニウムイオンや，硝酸還元や光呼吸で生成したアンモニウムイオンは，サイトゾルや根のプラスチド・葉緑体に存在するグルタミン合成酵素とグルタミン酸合成酵素により，グルタミンやグルタミン酸に変換される。

グルタミンやグルタミン酸に同化されると，窒素はアミノ基転移反応など多くの反応により，種々の有機化合物へ転移される。アスパラギン合成酵素によるグルタミンとアスパラギンの変換は，植物の窒素代謝と炭素代謝のバランスを保っている。

多くの植物は，窒素固定細菌と共生関係を成立させている。窒素固定細菌は，ニトロゲナーゼという酵素複合体をもっており，大気窒素をアンモニアへ還元できる。マメ科植物や放線菌を着生する植物は，それぞれ根粒菌や*Frankia*と共生関係を結ぶ。この共生は，共生微生物と宿主植物の間での巧妙な相互作用の結果であり，この成立過程には特異シグナルの認識，植物内の特異な分化発達プログラムの誘導，植物によるバクテリアの取り込みが含まれ，根粒の発達は植物細胞内でバクテリアに居住空間を提供する。ある種の窒素固定バクテリアは植物と共生関係をもたないが，土壌の窒素含量を増加させることにより植物に恩恵を与えている。

硝酸と同様に，硫酸も還元同化されている。硫酸還元では，5′-アデニル硫酸（APS）とよばれる活性型硫酸が形成される。硫酸還元の最終産物である硫化物イオン（S^{2-}）は植物には集積しないが，システインやメチオニンにただちに取り込まれる。

リン酸は，植物の中で糖リン酸，脂質，核酸，遊離のヌクレオチドなど，非常に多くの化合物として存在している。その同化初期産物はATPであり，ATPはサイトゾルでのADPのリン酸化，ミトコンドリアでの酸化的リン酸化，葉緑体での光リン酸化により合成される。

窒素，硫黄，リン酸の同化に炭素化合物と共有結合するのに対し，多くの多量および微量カチオン（たとえば，K^+，Mg^{2+}，Ca^{2+}，Cu^{2+}，Fe^{3+}，Mn^{2+}，Co^{2+}，Na^+，Zn^{2+}）は単純に複合体を形成する。これらの複合体は，静電結合や配位結合によって形成される。

鉄の同化は，キレート結合，酸化還元反応，複合体形成などが必要である。多量の鉄を貯蔵するため，植物はファイトフェリチンという鉄貯蔵タンパク質を合成する。植物での鉄の重要な機能は，鉄–ポルフィリン複合体として，酵素活性中心における酸化還元成分として作用することである。鉄は，フェロキラターゼ反応で，ポルフィリンに挿入される。

呼吸に用いられるのに加え，分子状酸素は酸素固定過程で同化され，有機化合物に酸素が直接付加される。この過程は，オキシゲナーゼにより触媒され，このオキシゲナーゼはモノオキシゲナーゼとジオキシゲナーゼに大別される。

栄養素の同化には，安定で低エネルギーの無機化合物から高エネルギー有機化合物に変換するため，大量のエネルギーが要求される。植物は，窒素同化のため，全エネルギーの4分の1を使っている。植物は，光合成で得たエネルギーを無機物の同化に使っており，この過程は光同化とよばれている。

Webマテリアル

Webトピック

12.1 根の要素の発達
根粒原基は，根の維管束組織の原生木部極と反対側にできる。

12.2 窒素固定活性の測定
アセチレン還元が，窒素還元の間接的測定法として使われる。

12.3 メチオニンの合成
メチオニンは，プラスチドでシステインから合成される。

Webエッセイ

12.1 高濃度CO_2と窒素の光同化反応

高濃度CO_2条件で成育した葉では，CO_2は還元力と競合するため窒素光同化を阻害する。

参 考 文 献

Becker, T. W., Perrot-Rechenmann, C., Suzuki, A., and Hirel, B. (1993) Subcellular and immunocytochemical localization of the enzymes involved in ammonia assimilation in mesophyll and bundle-sheath cells of maize leaves. *Planta* 191: 129-136.

Bergmann, L., and Rennenberg, H. (1993) Glutathione metabolism in plants. In *Sulfur Nutrition and Assimilation in Higher Plants. Regulatory, Agricultural and Environmental Aspects*, L. J. De Kok, I. Stulen, H. Rennenberg, C. Brunold, and W. E. Rauser, eds., SPB Acad. Pub., The Hague, Netherlands, pp. 109-123.

Bienfait, H. F., and Van der Mark, F. (1983) Phytoferritin and its role in iron metabolism. In *Metals and Micronutrients: Uptake and Utilization by Plants*, D. A. Robb and W. S. Pierpoint, eds., Academic Press, New York, pp. 111-123.

Bloom, A. J. (1997) Nitrogen as a limiting factor: Crop acquisition of ammonium and nitrate. In *Ecology in Agriculture*, L. E. Jackson, ed., Academic Press, San Diego, CA, pp. 145-172.

Bloom, A. J., Smart, D. R., Nguyen, D. T., and Searles, P. S. (2002) Nitrogen assimilation and growth of wheat under elevated carbon dioxide. *Proc. Natl. Acad. Sci. USA* 99: 1730-1735.

Bloom, A. J., Sukrapanna, S. S., and Warner, R. L. (1992) Root respiration associated with ammonium and nitrate absorption and assimilation by barley. *Plant Physiol.* 99: 1294-1301.

Buchanan, B., Gruissem, W., and Jones, R., eds. (2000) *Biochemistry and Molecular Biology of Plants.* American Society of Plant Physiologists. Rockville, MD.

Burris, R. H. (1976) Nitrogen fixation. In *Plant Biochemistry*, 3rd ed., J. Bonner and J. Varner, eds., Academic Press, New York, pp. 887-908.

Campbell, W. H. (1999) Nitrate reductase structure, function and regulation: Bridging the gap between biochemistry and physiology. *Annu. Rev. Plant Physiol. Plant Mol. Biol.* 50: 277-303.

Carlson, R. W., Forsberg, L. S., Price, N. P. J., Bhat, U. R., Kelly, T. M., and Raetz, C. R. H. (1995) The structure and biosynthesis of *Rhizobium leguminosarum* lipid A. In *Progress in Clinical and Biological Research*, Vol. 392: *Bacterial Endotoxins: Lipopolysaccharides from Genes to Therapy: Proceedings of the Third Conference of the International Endotoxin Society, held in Helsinki, Finland, on August 15-18, 1994*, J. Levin et al., eds., John Wiley and Sons, New York, pp. 25-31.

Denison, R. F., and Harter, B. L. (1995) Nitrate effects on nodule oxygen permeability and leghemoglobin. *Plant Physiol.* 107: 1355-1364.

Dixon, R. O. D., and Wheeler, C. T. (1986) *Nitrogen Fixation in Plants*. Chapman and Hall, New York.

Dong, Z., Canny, M. J., McCully, M. E., Roboredo, M. R., Cabadilla, C. F., Ortega, E., and Rodes, R. (1994) A nitrogen-fixing endophyte of sugarcane stems: A new role for the apoplast. *Plant Physiol.* 105: 1139-1147.

Etzler, M. E., Kalsi, G., Ewing, N. N., Roberts, N. J., Day, R. B., and Murphy, J. B. (1999) A nod factor binding lectin with apyrase activity from legume roots. *Proc. Natl. Acad. Sci. USA* 96: 5856-5861.

FAOSTAT. (2001) *Agricultural Data*. Food and Agricultural Organization of the United Nations, Rome.

Heidstra, R., and Bisseling, T. (1996) Nod factor-induced host responses and mechanisms of Nod factor perception. *New Phytol.* 133: 25-43.

Hell, R. (1997) Molecular physiology of plant sulfur metabolism. *Planta* 202: 138-148.

Heytler, P. G., Reddy, G. S., and Hardy, R. W. F. (1984) *In vivo* energetics of symbiotic nitrogen fixation in soybeans. In *Nitrogen Fixation and CO_2 Metabolism*, P. W. Ludden and I. E. Burris, eds., Elsevier, New York, pp. 283-292.

Jones, O. T. G. (1983) Ferrochelatase. In *Metals and Micronutrients: Uptake and Utilization by Plants*, D. A. Robb and W. S. Pierpoint, eds., Academic Press, New York, pp. 125-144.

Kaiser, W. M., Weiner, H., and Huber, S. C. (1999) Nitrate reductase in higher plants: A case study for transduction of environmental stimuli into control of catalytic activity. *Physiol. Plant.* 105: 385-390.

Kleinhofs, A., Warner, R. L., Lawrence, J. M., Melzer, J. M., Jeter, J. M., and Kudrna, D. A. (1989) Molecular genetics of nitrate reductase in barley. In *Molecular and Genetic Aspects of Nitrate Assimilation*, J. L. Wray and J. R. Kinghorn, eds., Oxford Science, New York, pp. 197-211.

Kuzma, M. M., Hunt, S., and Layzell, D. B. (1993) Role of oxygen in the limitation and inhibition of nitrogenase activity and respiration rate in individual soybean nodules. *Plant Physiol.* 101: 161-169.

Lam, H.-M., Coschigano, K. T., Oliveira, I. C., Melo-Oliveira, R., and Coruzzi, G. M. (1996) The molecular-genetics of nitrogen assimilation into amino acids in higher plants. *Annu. Rev. Plant Physiology Plant Mol. Biol.* 47: 569-593.

Lazarowitz, S. G., and Bisseling, T. (1997) Plant development from the cellular perspective: Integrating the signals (Cellular Integration of Signaling Pathways in Plant Development, Acquafredda de Maratea, Italy, May 20-30, 1997). *Plant Cell* 9: 1884-1900.

Lea, P. J., Blackwell, R. D., and Joy, K. W. (1992) Ammonia assimilation in higher plants. In *Nitrogen Metabolism of Plants* (Proceedings of the Phytochemical Society of Europe 33), K. Mengel and D. J. Pilbeam, eds., Clarendon, Oxford, pp. 153-186.

Leustek, T., and Saito, K. (1999) Sulfate transport and assimilation in plants. *Plant Physiol.* 120: 637-643.

Leustek, T., Martin, M. N., Bick, J.-A., and Davies, J. P. (2000) Pathways and regulation of sulfur metabolism revealed through molecular and genetic studies. *Annu. Rev. Plant Physiol. Plant Mol. Biol.* 51: 141-165.

Lobreaux, S., Massenet, O., and Briat, J.-F. (1992) Iron induces ferritin synthesis in maize plantlets. *Plant Mol. Biol.* 19: 563-575.

Ludwig, R. A., and de Vries, G. E. (1986) Biochemical physiology of *Rhizobium* dinitrogen fixation. In *Nitrogen Fixation*, Vol. 4: *Molecular Biology*, W. I. Broughton and S. Puhler, eds., Clarendon, Oxford, pp. 50-69.

Marschner, H. (1995) *Mineral Nutrition of Higher Plants*, 2nd ed. Academic Press, London.

Mendel, R. R., and Stallmeyer, B. (1995) Molybdenum cofactor (nitrate reductase) biosynthesis in plants: First molecular analysis. In *Current Plant Science and Biotechnology in Agriculture*, Vol. 22: *Current Issues in Plant Molecular and Cellular Biology: Proceedings of the VIIIth International Congress on Plant Tissue and Cell Culture, Florence, Italy, 12-17 June, 1994*, M. Terzi, R. Cella and A. Falavigna, eds., Kluwer, Dordrecht, Netherlands, pp. 577-582.

Mylona, P., Pawlowski, K., and Bisseling, T. (1995) Symbiotic nitrogen fixation. *Plant Cell* 7: 869-885.

Ninnemann, O., Jauniaux, J.-C., and Frommer, W. B. (1994) Identification of a high affinity NH_4^+ transporter from plants. *EMBO J.* 13: 3464-3471.

Oaks, A. (1994) Primary nitrogen assimilation in higher plants and its regulation. *Can. J. Bot.* 72: 739-750.

Ogren, W. L. (1984) Photorespiration: Pathways, regulation, and modification. *Annu. Rev. Plant Physiol.* 35: 415–442.

Pate, J. S. (1983) Patterns of nitrogen metabolism in higher plants and their ecological significance. In *Nitrogen as an Ecological Factor: The 22nd Symposium of the British Ecological Society, Oxford 1981*, J. A. Lee, S. McNeill, and I. H. Rorison, eds., Blackwell, Boston, pp. 225–255.

Pate, J. S., and Layzell, D. B. (1990) Energetics and biological costs of nitrogen assimilation. In *The Biochemistry of Plants*, Vol. 16: *Intermediary Nitrogen Metabolism*, B. J. Miflin and P. J. Lea, eds., Academic Press, San Diego, CA, pp. 1–42.

Phillips, D. A., and Kapulnik, Y. (1995) Plant isoflavonoids, pathogens and symbionts. *Trends Microbiol.* 3: 58–64.

Rees, D. A. (1977) *Polysaccharide Shapes*. Chapman and Hall, London.

Reis, V. M., Baldani, J. I., Baldani, V. L. D., and Dobereiner, J. (2000) Biological dinitrogen fixation in Gramineae and palm trees. *Crit. Rev. Plant Sci.* 19: 227–247.

Robinson, J. M. (1988) Spinach leaf chloroplast carbon dioxide and nitrite photoassimilations do not compete for photogenerated reductant: Manipulation of reductant levels by quantum flux density titrations. *Plant Physiol.* 88: 1373–1380.

Rolfe, B. G., and Gresshoff, P. M. (1988) Genetic analysis of legume nodule initiation. *Annu. Rev. Plant Physiol. Plant Mol. Biol.* 39: 297–320.

Saito, K. (2000) Regulation of sulfate transport and synthesis of sulfur-containing amino acids. *Curr. Opin. Plant Biol.* 3: 188–195.

Schlesinger, W. H. (1997) *Biogeochemistry: An Analysis of Global Change*, 2nd ed. Academic Press, San Diego, CA.

Siegel, L. M., and Wilkerson, J. Q. (1989) Structure and function of spinach ferredoxin-nitrite reductase. In *Molecular and Genetic Aspects of Nitrate Assimilation*, J. L. Wray and J. R. Kinghorn, eds., Oxford Science, Oxford, pp. 263–283.

Sivasankar, S., and Oaks, A. (1996) Nitrate assimilation in higher plants—The effect of metabolites and light. *Plant Physiol. Biochem.* 34: 609–620.

Stokkermans, T. J. W., Ikeshita, S., Cohn, J., Carlson, R. W., Stacey, G., Ogawa, T., and Peters, N. K. (1995) Structural requirements of synthetic and natural product lipo-chitin oligosaccharides for induction of nodule primordia on *Glycine soja*. *Plant Physiol.* 108: 1587–1595.

Suenaga, A., Moriya, K., Sonoda, Y., Ikeda, A., von Wirén, N., Hayakawa, T., Yamaguchi, J., and Yamaya, T. (2003) Constitutive expression of a novel-type ammonium transporter *OsAMT2* in rice plants. *Plant Cell Physiol.* 44: 206–211.

Timmers, A. C. J., Auriac, M.-C., and Truchet, G. (1999) Refined analysis of early symbiotic steps of the Rhizobium-Medicago: Interaction in relation with microtubular cytoskeleton rearrangements. *Development* 126: 3617–3628

Vande Broek, A., and Vanderleyden, J. (1995) Review: Genetics of the *Azospirillum*-plant root association. *Crit. Rev. Plant Sci.* 14: 445–466.

van Rhijn, P., Goldberg, R. B., and Hirsch, A. M. (1998) *Lotus corniculatus* nodulation specificity is changed by the presence of a soybean lectin gene. *Plant Cell* 10: 1233–1249.

von Wirén, N., Lauter, F-R., Ninnemann, O., Gillissen, B., Walch-Liu, P., Engels, C., Jost, W., and Frommer, W. B. (2000) Differential regulation of three functional ammonium transporter genes by nitrogen in root hairs and by light in leaves of tomato. *Plant J.* 21: 167–175.

Warner, R. L., and Kleinhofs, A. (1992) Genetics and molecular biology of nitrate metabolism in higher plants. *Physiol. Plant.* 85: 245–252.

Wray, J. L. (1993) Molecular biology, genetics and regulation of nitrite reduction in higher plants. *Physiol. Plant.* 89: 607–612.

13 二次代謝産物と植物の防御機構

自然界において，植物は非常に数多くの敵となるものに囲まれて生息している。ほぼすべての生態系の中において多種多様なバクテリア，ウイルス，カビ，線虫，ダニ，昆虫，哺乳類，さらにその他の草食動物が存在している。動物とは異なり，植物はこれらの補食者や病原菌などから動いて逃げることができない。植物はこれらに対して，逃げることなく別の方法で自分自身の身を守っている。

ワックスを含む植物体の最外層にあるクチクラ層やその直下に二次肥大成長によって形成される周皮は，植物体からの水分の蒸発を防ぐ役割とともにバクテリアやカビの進入を防いでいる。さらに，植物に含まれる成分のうち二次代謝産物として知られている一群の物質が，さまざまな種類の草食動物からの補食や病原性微生物の感染に対し防御化合物となっている。さらに二次代謝産物は，防御化合物としてのみならず，リグニン（lignin）のように植物体の構造を支える物質として，あるいはアントシアニン（anthocyanin）のように色素として，植物にとって重要な機能があると考えられている。

本章においては，草食動物からの補食や病原菌に対して，植物がどのような機構で自分自身を守っているのか，そのいくつかの機構について述べる。まず植物体の表面を覆って，これらからの防御の役割を果たしているクチン（cutin），ワックス（waxes），スベリン（suberin）という3種の成分について述べる。さらに二次代謝産物の中でも主要な三つの代謝化合物であるテルペン類（terpenes），フェノール性化合物（phenolics），含窒素化合物（nitrogen-containing compounds）について述べる。最後に病原菌からの攻撃に対し植物がおこす反応，宿主と病原菌との相互作用における遺伝的制御機構，感染に伴っておこる細胞内のシグナル伝達機構について述べていく。

クチン，ワックス，スベリン

大気にさらされているすべての植物体は，水分の蒸発を防ぎ，病原性のカビやバクテリアの進入を防ぐために，油性化合物からなる層に覆われている。その被覆層の成分の主要な要素としてクチン，ワックス，スベリンがある。クチンは植物体の地上部のほとんどの部分に見い出される。これに対し，スベリンは植物体の地下部に存在するとともに，木の幹や傷害を受けた部分に見い出される。ワックスはこれらクチンやスベリンとともに存在している。

クチン，ワックス，スベリンは疎水性化合物からできている

クチンは高分子のポリマーで，数多くの長分子の脂肪酸がおたがいにエステル結合し，強固な3次元的なネットワークを形成している。クチンは16：0および18：1の脂肪酸[†]からできており，その脂肪酸鎖の中ほどの位置またはカルボキシル基とは反対の端の位置に，水酸基もしくはエポキシド基を有している（図13.1A）。

クチンは**クチクラ**（cuticle）の主要構成成分であり，すべての草本植物の地上部の表皮細胞の空気にふれている部分の細胞壁を覆うような形で多重の層となった構造をしている（図13.2）。クチクラは，いちばん上層を覆うワックス，ワックスの中にクチンを含む厚い中間層，そして最下層にクチンとワックスに細胞壁の成分であるペクチン，セルロース，さらにその他の多糖類が混じったクチクラ層からなる。最近の研究によって，クチクラには‘クチン’に加えてクタン（cutan）と命名された長鎖の炭水化合物からなる第二の油性

† 11章で示したように，脂肪酸は化学式として$X:Y$の形で表記される。Xは炭素数，Yはシス二重結合の数を表す。

(A)　**クチン**は，ヒドロキシ脂肪酸が重合することによってできている：

$HOCH_2(CH_2)_{14}COOH$

$CH_3(CH_2)_8CH(OH)(CH_2)_5COOH$

(B)　**ワックス**の成分として，以下のものがある：

直鎖アルカン	$CH_3(CH_2)_{27}CH_3$
	$CH_3(CH_2)_{29}CH_3$
脂肪酸エステル	$CH_3(CH_2)_{22}C(=O)—O(CH_2)_{25}CH_3$
長鎖脂肪酸	$CH_3(CH_2)_{22}COOH$
長鎖アルコール	$CH_3(CH_2)_{24}CH_2OH$

(C)　**スベリン**は，ヒドロキシ脂肪酸が他の成分と重合してできている：

$HOCH_2(CH_2)_{14}COOH$

$HOOC(CH_2)_{14}COOH$（ジカルボン酸）

図 13.1　(A) クチン，(B) ワックス，(C) スベリンの化学構造

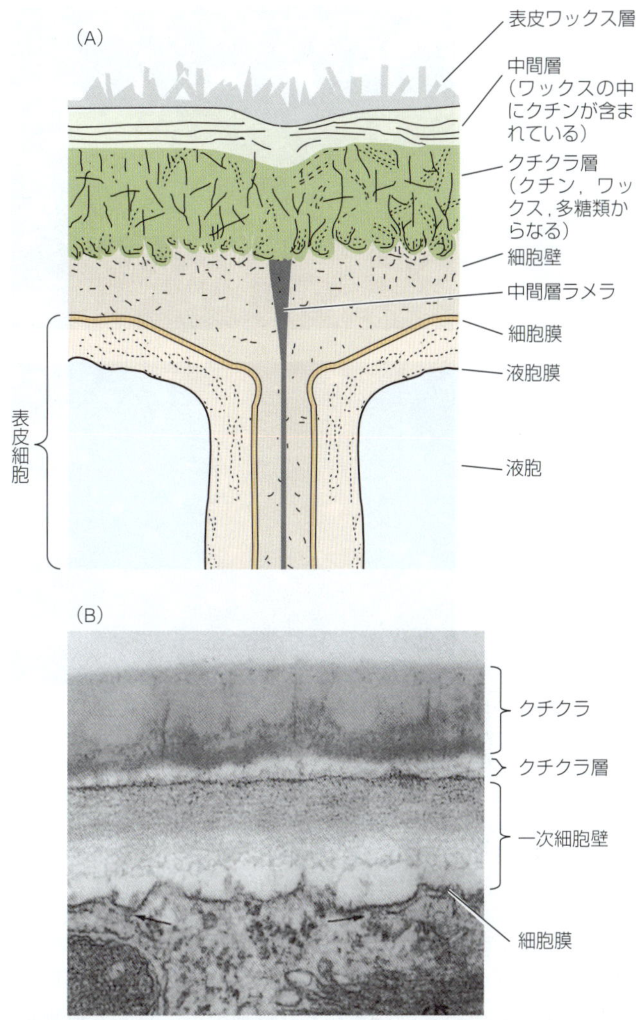

図 13.2　(A) 植物表層構造の模式図。葉が完全に展開したステージの葉や若い茎の表皮細胞の外側をクチクラ層が覆っている。(B) オドリコソウの若い葉の腺細胞のクチクラ層の電気顕微鏡像。図の (A) に示したようにクチクラ層が観察されるが，表面のワックス層については電子顕微鏡では透過してしまうために観察されない（(A) は Jeffree 1996 より，(B) は Gunning and Steer 1996 より）

高分子が含まれていることが示唆されている (Jeffree 1996)。

ワックス (waxes) は高分子ではないが，きわめて疎水性の高い長鎖のアシル化脂質の複雑な混合物である。もっとも一般的に存在するワックスの成分は 25 ～ 35 の炭素鎖からなる直鎖のアルカンとアルコールである (図 13.1B)。長鎖アルデヒド，ケトン，エステル，そしてフリーの脂肪酸もこの中に存在している。クチクラのワックスは表皮細胞によって合成される。ワックスは表皮細胞から油滴として細胞壁に開いた穴を通って出てくるが，その機構については未解明である。クチクラの最外層に露出しているワックスは，しばしば棒状，チューブ状，板状に観察される複雑な結晶状の構造をなしている (図 13.3)。

スベリン (suberin) は高分子であることはわかっているが，その構造についてほとんどわかっていない。クチンのようにスベリンはヒドロキシもしくはエポキシ脂肪酸がエステル結合してできている。しかし，スベリンはクチンとは異なり，その中に図 13.1C に示すようにジカルボン酸を含んでおり，クチンよりも長鎖の化合物であり，その構造の一部にかなりの量のフェノール性化合物を含んでいる。

スベリンは，植物体全体にわたってほとんどすべての場所において細胞壁の構成要素として見い出されている。すでに 4 章において，根の皮層と中心柱の間に位置する内皮のカスパリー線 (Casparian strip) にスベリンが存在していることを述べた。スベリンは植物のすべての地下部器官における最外層の細胞壁の主要成分であり，また木本植物においてその二次肥大成長のときに，幹の樹皮や根において**周皮** (periderm) に生じるコルク層を形成する細胞にスベリンが作られ蓄積される。スベリンはさらに葉の離層部や病気や傷によって傷害を受けた部分においても合成されている。

クチン，ワックス，スベリンは，蒸散を抑え病原菌の進入を阻止するのに役立っている

クチン，スベリン，さらにこれらと共存しているワックスは，植物体とその生育する環境との間における水分の保持と病原菌との隔離のためのいわば防壁となっている。クチクラは，植物体が外気に接している部分から水分が失われるのを抑えるのに，非常に大きな役割を果たしている。しかし蒸散を完

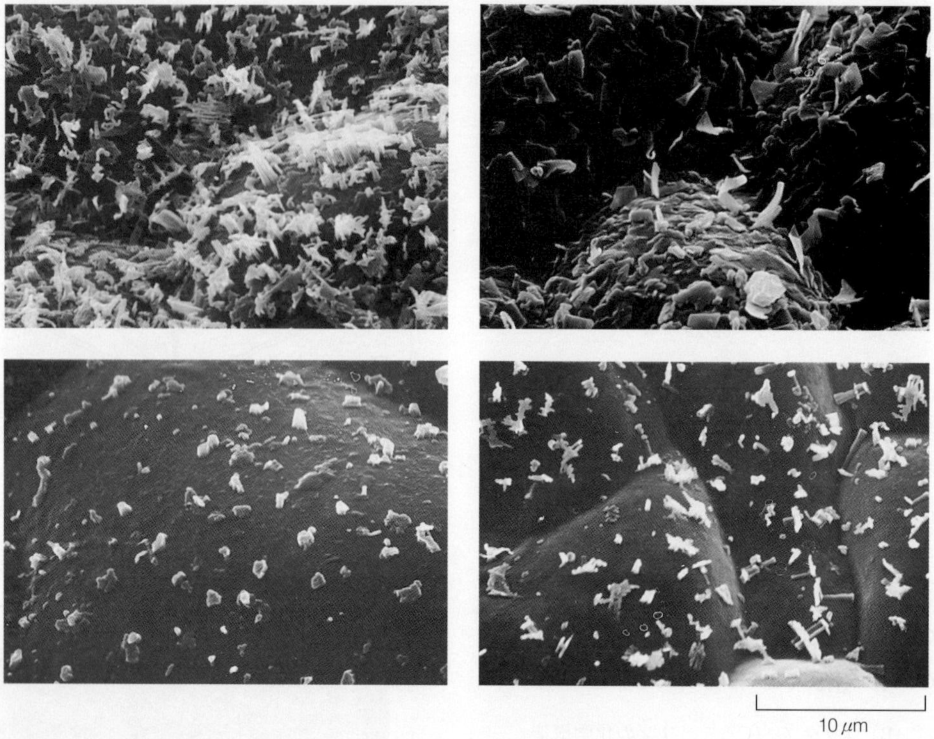

図 13.3 走査電子顕微鏡によって観察される，クチクラ層の上に沈着した表皮ワックス層に見られるさまざまな形の結晶状構造。2種類の異なったアブラナ科植物（*Brassica oleracea*）において，異なった結晶構造が観察されることがわかる。（Eigenbrode et al. 1991 より。S. D. Eigenbrode の好意により，Entomological Society of America の許可を得て掲載）

全に止めてしまうことはなく，気孔が閉じていても，水分は植物体からいくらかは失われていく。クチクラの厚さは環境条件によって変わる。もともと乾燥地帯に生息する植物種は，湿潤な気候に生息する植物種よりも，より厚いクチクラをもっている。しかし，湿潤地帯に生息する植物においても，乾燥条件下で生育させるとクチクラは厚くなってくる。

クチクラとスベリン化した組織は，ともにカビやバクテリアの進入を防ぐのに重要な役割を果たしている。しかし，本章においてあとで述べるようなその他の病原菌に対する防御機構に比べると，クチクラとスベリン化は防御機構としては，それほど重要な役割を果たしているのではない。多くのカビは機械的な手段によって植物体の表面から直接植物体の中に進入する。その他の病原菌においてはクチンを加水分解するクチナーゼを産生し，これによってクチクラを破壊して進入しやすくしている。

二次代謝産物

植物は，植物体の成長や分化には直接的に機能しているとは考えられない非常に多種多様な有機化合物を合成している。これらの物質は**二次代謝産物**（secondary metabolites），‘二次代謝物’，あるいは‘天然化合物’（訳者注；単に「天然物」とよばれることも多い）とよばれている。二次代謝産物は光合成，呼吸，物質輸送，移送（translocation），タンパク質合成，養分の同化，分化などの過程に直接の関与は見られず，あるいは本書において他章で述べている炭水化物やタンパク質，脂質などの合成に対しても直接的な関与は見い出されていない。

アミノ酸，核酸，糖，アシル脂質などの一次代謝産物とは異なり，植物界において，特定の二次代謝産物は特定の植物種に存在している。すなわち，一次代謝系はすべての植物種において見い出されるのに対し，特定の二次代謝産物は一つの植物種もしくは分類学的にそれに近い植物種群にのみ特異的に存在していることがよく知られている。

二次代謝産物は捕食者や病原菌に対する植物の防御化合物である

長年にわたって，ほとんどの植物の二次代謝産物の，植物にとっての意義は解明されていなかった。これらの物質は植物にとって機能のない単なる代謝の最終産物，代謝系のゴミとして考えられていた。これらの物質についての研究は，19世紀から20世紀の初頭にかけて有機化学者によってその研究の先鞭がつけられた。有機化学者らはこれらの物質の医薬品，毒，香味料，さらに工業原料としての重要性のために興味をもって研究をすすめたのである。

近年，多くの二次代謝産物は，植物が環境の中で生きていくうえで，重要な役割を担っていることが示唆されてきている。

- これらの物質によって，植物は草食動物からの補食から身を守り，また，病原菌の感染から身を守っている。
- これらの物質には，花粉を媒介する生き物や種子をばらまいてくれる動物を呼び寄せる効果があり，また植物どうしの生存競争に関与する物質としての役割がある。

本章の以下においては，代表的な植物二次代謝産物と，その生合成について述べるとともに，植物自体にとってのこれら物質の役割について，特に防御化合物としての役割について明らかにされてきたことを述べる。

植物の防御機構は進化の産物である

ここで，まず植物はどのようにして防御機構を有するようになったのか考えてみよう。進化学によれば，植物の防御機構は遺伝的な突然変異と自然選択，そしてそれによって生じた生態系の中での植物の変化を通して確立されてきたものとされている。基本的な代謝系の遺伝子に生じたランダムな突然変異によって，捕食者や病原菌に対して毒性がある，あるいはそれを食い止めるような新たな物質が合成されるようになってきたのである。

そのような物質が植物自体にとってそれほど毒性がなく，またこれらを生産するために必要とされる代謝エネルギーや代謝物質が，それほど植物体全体の代謝にとって負担とならないのであれば，これら防御化合物を生産する植物の方が，生産できない植物よりも，生態系の中で次世代を生み出していくうえで有利である。このため，防御化合物を生産する植物の方が，生産できない植物よりも子孫の数をより多く残せるようになり，さらにこの防御機構は次世代へと受け継がれていく。

興味あることに，カビやバクテリア，草食動物が忌避する物質として十分な効果をもつようになり，生態系の中で次世代を生み出していくうえで十分な優位性が得られるようになった防御化合物は，また人間にとっても食べ物として好まし

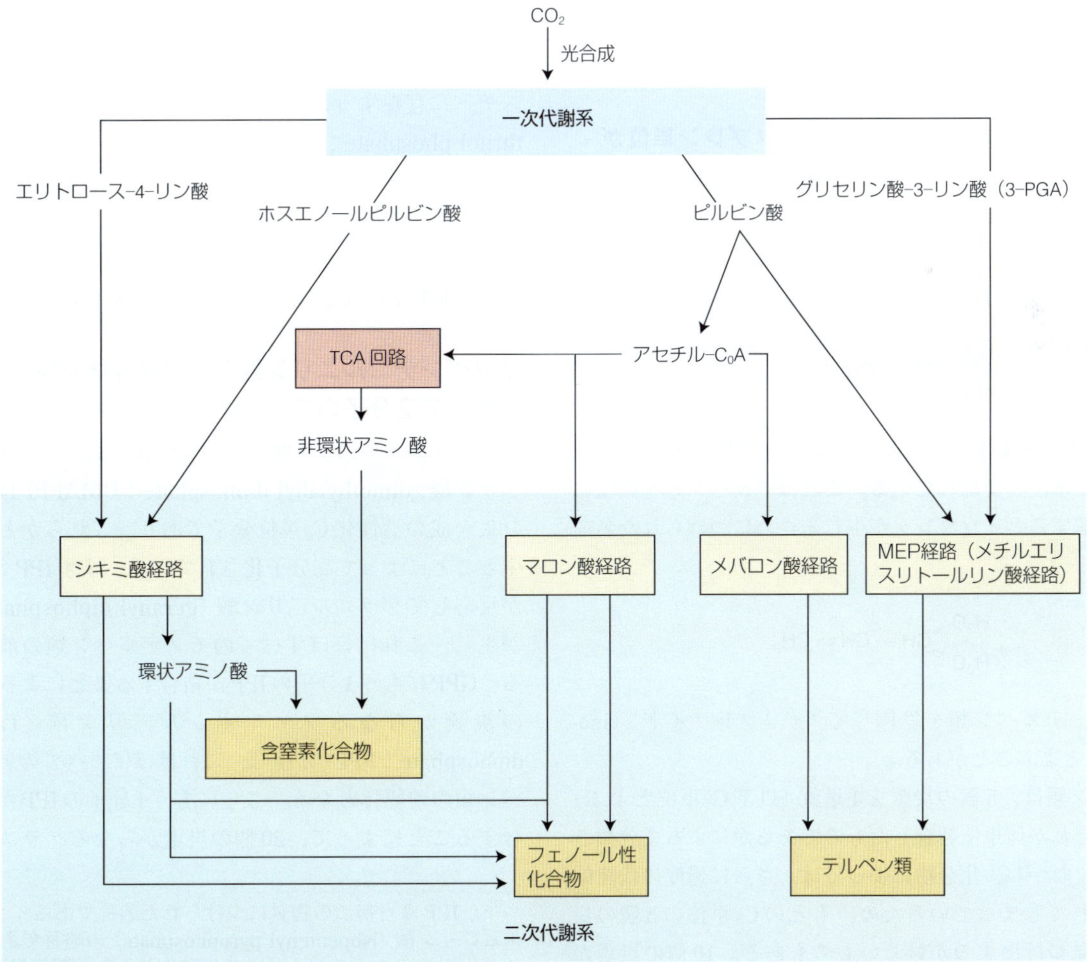

図 13.4 二次代謝産物生合成にかかわる主要経路と一次代謝系との相互関係

くないものとなった。多くの重要な農作物は，このような物質の生産量が比較的低いレベルになっている植物を人為的に選抜してきたものである。このため，農作物は害虫や病気に冒されやすくなっているのはいうまでもないことである。

二次代謝産物は大きく三つのグループに分けられる

植物の二次代謝産物は，その化学構造のうえから，テルペン類，フェノール性化合物，含窒素化合物の三つの大きなグループに分けられる。図13.4は，これら二次代謝産物の生合成系およびそれらと一次代謝系との関係について，簡略化して表したものである。

テルペン類

テルペン類（terpenes）もしくは‘テルペノイド’は，二次代謝産物としてもっとも大きな一連の物質の集合となっている。この一連の物質は，一般的に水に不溶性である。これらはアセチルCoAもしくは解糖系の中間代謝産物から生合成される。まずテルペン類の生合成について述べた後，いかにしてこれらが草食動物からの補食を防いでいるのか，さらに草食動物はいかにしてこのテルペン類の毒性を回避しているのかについて，述べていこう。

テルペン類は五つの炭素からなるイソプレン単位が重合することによって合成される

すべてのテルペン類は，分岐した炭素骨格を有する五つの炭素からなるイソペンタンを一つの単位として，これらが重合することによって合成されている。

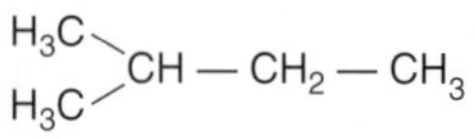
H3C
CH — CH2 — CH3
H3C

テルペン類の基本骨格となるこの単位化合物は**イソプレン**（isoprene）単位とよばれている。これはテルペン類を高温によって分解するとイソプレンが生じるためにつけられた名前である。

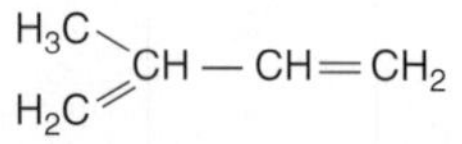
H3C
CH — CH=CH2
H2C

このため，テルペン類を総称して‘イソプレノイド’（isoprenoids）とよぶことがある。

テルペン類は，5個の炭素を1単位（以下C_5単位とよぶ）として，それが何単位結合したものであるかによって分類されている。しかし，化合物によっては，さらに過度に代謝的に修飾されてしまっているため，もとのC_5単位の5個の炭素残基を見つけ出すのが難しいものもある。10個の炭素からなるテルペン類，すなわち二つのC_5単位からなるテルペン類は‘モノテルペン類’（monoterpenes）とよばれる。同様に，15個の炭素からなるテルペン類（三つのC_5単位）は‘セスキテルペン類’（sesquiterpenes），20個の炭素からなるテルペン類（四つのC_5単位）は‘ジテルペン類’（diterpenes），さらに同様に，30個の炭素からなるテルペン類は‘トリテルペン類’（triterpenes），40個の炭素からなるテルペン類は‘テトラテルペン類’（tetraterpenes），これ以上，すなわちC_5単位が8個以上のテルペン類は‘ポリテルペン類’（polyterpenes）とよばれる。

テルペン合成系は二つの代謝経路からなる

テルペン類は，一次代謝産物から少なくとも二つの異なった代謝経路によって合成されている。よく知られている**メバロン酸経路**（mevalonic acid pathway）において，3分子のアセチルCoAが順次結合することによって，メバロン酸が合成される（図13.5）。これの六つの炭素を有する中間代謝産物がさらにピロリン酸化され，脱炭酸，脱水素されることによって，**イソペンテニル二リン酸**（isopentenyl diphosphate：IPP）が生じる。†

IPPはテルペン類を合成するための活性化C_5単位分子である。近年，IPPは解糖系もしくは光合成における炭素還元サイクルの中間代謝産物から別経路である葉緑体もしくはプラスチドに存在する**メチルエリスリトールリン酸**（methylerythritol phosphate：**MEP**）**経路**によっても合成されることが判明した（Lichtenthaler 1999）。いまだ詳細は明らかにされていないものの，‘グリセルアルデヒド-3-リン酸’と‘ピルビン酸’由来の二つの炭素原子が結合してできる中間代謝産物からIPPが合成されていることは間違いない。

イソペンテニル二リン酸とその異性体が重合することによって高分子のテルペン類が合成される

イソペンテニル二リン酸とその異性体であるジメチルアリル二リン酸（dimethylallyl diphosphate：DMAPP）は，テルペン生合成の活性化C_5単位分子であり，これらがともに結合することによって高分子化されていく。まずIPPとDMAPPが反応してゲラニル二リン酸（geranyl diphosphate：GPP）が生じ，これはほぼすべてのモノテルペン類の前駆体となる。GPPにもう1分子のIPPが結合することによって，15個の炭素からなるファルネシル二リン酸（farnesyl diphosphate：FPP）が生じ，これはほぼすべてのセスキテルペン類の前駆体となる。さらにもう1分子のIPPがこれに結合することによって，20個の炭素からなるゲラニルゲラニ

† IPPは当初この物質につけられた名称であるイソペンテニルピロリン酸（isopentenyl pyrophosphate）の略称である。現在，この代謝経路のその他のピロリン酸化された中間代謝産物は，イソペンテニル二リン酸（isopentenyl diphosphate）とよばれている。

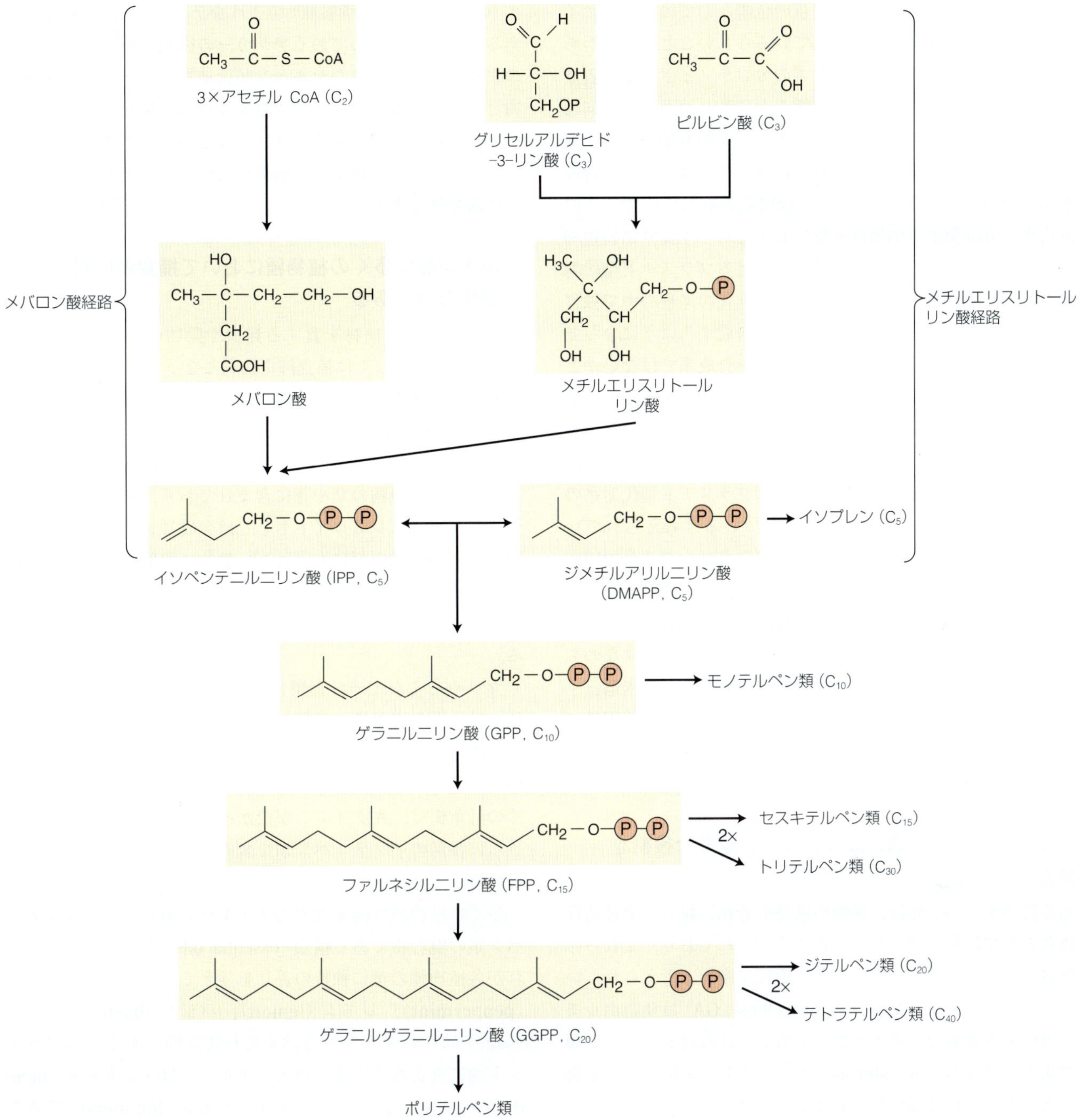

図 13.5 テルペン合成系の概要。テルペン骨格の基本となるC_5単位分子は，二つの異なった合成経路から合成される。リン酸化された中間代謝産物であるIPPとDMAPPが重合して炭素数10，15，さらに高分子のテルペン類が合成される。

ル二リン酸（geranylgeranyl diphosphate：GGPP）が生じ，これがジテルペン類の前駆体となる。さらにFPPとGGPPはともに自己重合することによって，各々トリテルペン類(C_{30})とテトラテルペン類(C_{40})が合成される。(訳者注；近年の研究によって，テルペン合成系はメバロン酸経路から出発してIPPが合成されるいわば「細胞質型」とMEP経路から出発するいわば「プラスチド型」に分かれていることが明らかになりつつある。IPPとDMAPPが重合し高分子化され，さらにさまざまな合成過程を得てテルペン類が合成されるが，光合成系に関わるフィトールなどのテルペン類，ジベレリンやアブシジン酸は主にプラスチド型代謝系によって合成されているということが明らかになってきている。同じカロテノイド類であっても，光合成系における補色素としてのカロテノイドはプラスチド型代謝系によって合成され，トマトの実の赤色やニンジンの根の橙色の色素としてのカロテノイドは細胞質型代謝系で合成されているらしいこと，すなわち多くの場合，二次代謝産物としてのカロテノイドは細胞質型代謝系で合成されていることが明らかにされつつある。同様にその他の二次代謝産物としてのテルペン類も細胞質型代謝系で合成されていると考えられている。これは古代の光合成細菌がカロテノイド（テルペン）合成系を有していて，この古代光合成細菌が原始植物細胞に共生したときに原始植物細胞に持ち込んだものが現在の植物におけるプラスチド型代謝系の原型であり，その後，植物細胞が進化の過程の中で独自にテルペン合成系を獲得し，細胞質で合成するようになってきたのが二次代謝産物としてのテルペン合成系ではないかと考えられはじめている。あるいは細胞質型代謝系の一部の酵素とその遺伝子は，プラスチド型代謝系のそれらを細胞質型代謝系用としてリクルートしたのかもしれない。さらに，細胞質型代謝系の一部の合成ステップはプラスチド型代謝系の酵素とその遺伝子を現在でも共用していると考えられている。しかし，プラスチド型代謝系と細胞質型代謝系とで同一の酵素を利用しているステップもあるが，同一の酵素反応ステップであっても，プラスチド型代謝系と細胞質型代謝系において異なった酵素タンパク質が働いていること，すなわち同一の酵素活性を示す酵素タンパク質が異なった酵素遺伝子にコードされていて，細胞の分化状態の違いや環境要因等によって異なった遺伝子が発現して，これら代謝系が機能していることが明らかにされつつある。）

ある種のテルペン類は成長と分化に重要な役割を果たしている

ある種のテルペン類は，植物の成長や分化に対して生理活性物質として作用していることがよく知られており，これらの物質は二次代謝産物というより一次代謝産物と考えられている。たとえば，ジベレリン（gibberellins：GA）は植物ホルモンの中でも重要な一連の物質であるが，これはジテルペン類である。ステロール（sterols）はトリテルペン類の派生産物であるが，これは細胞膜の必須構成要素の一つであり，リン脂質と相互作用することによって細胞膜の安定化を担っている（11章参照）。赤色，橙色，黄色のカロテノイド（carotenoids）はテトラテルペン類であり，これらは光合成系の修飾色素として，また光酸化から光合成器官を守る物質として機能している（7章参照）。植物ホルモンの一つであるアブシジン酸（abscisic acid：ABA, 23章参照）は，カロテノイドの前駆体から分解されることによって合成される C_{15} のテルペン類の一つである。

長鎖ポリテルペンのアルコール体であるドリコール（dolichols）は，細胞壁内において糖の輸送および糖タンパク質合成にかかわっている（15章参照）。クロロフィルのフィトールの側鎖（7章参照）のようなテルペン由来の側鎖は，ある分子を膜に留めておくアンカーの役割を担っている。このように，さまざまなテルペン類は植物にとって二次代謝産物としてではなく，一次的な重要な役割を果たしている。しかし，植物が合成するその他ほとんどのさまざまな構造をもったテルペン化合物は，防御機構にかかわると考えられる二次代謝産物である。

テルペン類は多くの植物種において捕食者に対する防御化合物である

テルペン類は，植物を食する昆虫や動物のその多くに対して，毒性物質もしくは補食抑止物質となっている。すなわち，これらは植物界において重要な防御機構を果たしていることがわかる（Gershenzon and Croteau 1992）。たとえば，モノテルペンのエステルである**ピレスロイド**（pyrethroids）はある種のキク科植物の葉や花に含まれており，強力な殺虫作用がある。天然ピレスロイドもしくは合成ピレスロイドは，市販されている殺虫剤にもっとも一般的に使用されている原料であり，これはピレスロイドが環境中において分解されやすく，また動物にとっての毒性が無視できるほど低いためである。

マツやモミなどの針葉樹において，モノテルペン類は葉，枝や幹にある樹脂嚢に蓄積されている。これらの化合物は多種類の昆虫に毒性があり，針葉樹類の重篤な害虫として世界中で問題となっているキクイムシに対しても毒性がある。多くの針葉樹は，キクイムシがたかってくると，これに対してさらに多量のモノテルペン類を合成することによって抵抗している。

多くの植物種は揮発性のモノテルペン類およびセスキテルペン類の混合物である**精油**（essential oils）を含んでおり，これが各植物種の葉に独特の香りを与えている。ペパーミント（peppermint），レモン（lemon），バジル（basil）やセージ（sage）はこのような芳香油を含む代表例である。ペパーミント油に含まれる主成分のモノテルペンはメントール（menthol）であり，レモンの場合はリモネン（limonene）である（図13.6）。

芳香油は昆虫に対して忌避効果を示すことがよく知られている。これらはしばしば表皮から外に突き出した腺毛に蓄積しており，この植物は毒をもっているということをいわば「宣伝」する効果があり，補食者となるかもしれない昆虫や哺乳類などが試しに食べてみようとする前に，このにおいで撃退する効果がある。腺毛において，テルペン類は細胞壁中にある間隙に蓄積されている（図13.7）。このため芳香油は植物体から水蒸気蒸留によって抽出され，商業的にも食品への香りづけや香水を作るために重要なものである。

最近の研究によって，植物の防御機構における揮発性のテ

図 13.6 リモネン (limonene) (A)，メントール (menthol) (B) の化学構造。この二つは，害虫などの生き物が，これら植物を食することに対して防御効果を示すモノテルペンとしてよく知られている。(写真，(A) は© Calvin Larsen/Photo Researchers，(B) は© David Sieren/Visuals Unlimited)

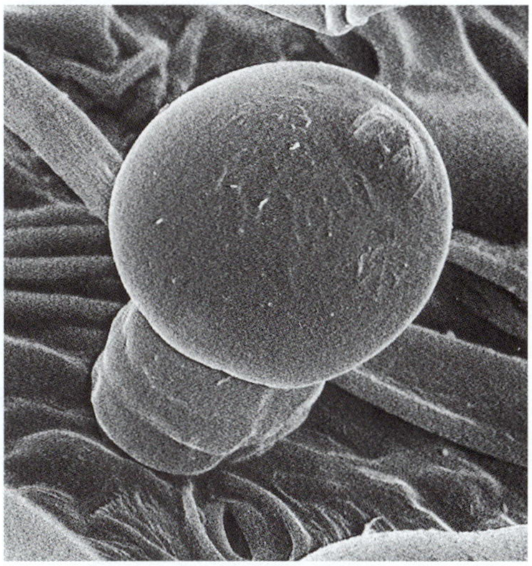

図 13.7 モノテルペン類やセスキテルペン類は，一般的に植物表面にある腺細胞中に見い出される。この走査電子顕微鏡像は，spring sunflower (*Balsamorrhiza sagittata*) の若い葉の腺細胞である。テルペンはこの繊維の下部を占める細胞の中で合成され，丸い頭部の中に蓄積されていると考えられている。この頭部は下部にある細胞のクチクラ層と細胞壁の一部が押し出されるようにしてできた細胞外スペースである。(©J. N. A. Lott/Biological Photo Service)

ルペン類の役割について，興味ある結果が示されてきている。トウモロコシ，ワタ，野生種のタバコ，その他の植物種において，ある種のモノテルペン類やセスキテルペン類は，昆虫によって食害を受けた後にのみ合成され発散される。これらの化合物は植物体に卵を生み付ける害虫を撃退し，その害虫を補食する天敵や寄生虫を呼び寄せ，植物体を食べている昆虫を殺してもらうことによって，食害を最低限に抑える効果がある (Turlings et al. 1995；Kessler and Baldwin 2001)。このように，揮発性のテルペン類は，自分自身の身を害虫から守るのみならず，他の生物を呼び寄せることによって，その生物に害虫の駆除をしてもらうことによって身を守ることを行っている。植物を食する害虫の天敵を引き寄せるという植物の有する能力は，新たな生態学的な害虫駆除方法として魅力的なものである (**Web エッセイ 13.1** 参照)。

不揮発性のテルペン類の中で，トリテルペン類 (C_{30}) の一種で柑橘類の苦み成分としてよく知られている**リモノイド** (limonoids) は，補食忌避効果のある化合物である。おそらく，植物を食する昆虫に対する抑止物質としてもっとも強力なものとして知られているのは，アザジラクチン (azadirachtin，図 13.8A) である。アザジラクチンはアフリカやアジアに育つインドセンダン (*Azadirachta indica*) から得られるリモノイド化合物であり，50 ppb のごく微量である種の昆虫に対し補食抑止効果があり，さまざまな毒性効果を発揮する (Aerts and Mordue 1997)。この化合物は哺乳類にとっての毒性が低いため，害虫防御薬として商業的な価値が高いと考えられており，数種類のアザジラクチンを含む調剤が現在，北米やインドにおいて市場に出まわりはじめている。

ファイトエクジソン (phytoecdysones) は，最初よく知られているシダ植物であるオオエゾデンダ (*Polypodium vulgare*) から単離されたが，これは植物ステロイドの一つであり，昆虫の脱皮ホルモンとその基本的な化学構造が同一である (図 13.8B)。ファイトエクジソンを昆虫が摂取すると，脱皮やその他の分化過程が攪乱され，死に至ることも多い。

カルデノライド (cardenolides) やサポニンを含むトリテルペン類は草食動物に対して非常に強い生理活性を有する。カルデノライドは配糖化物 (糖が一つもしくは複数結合した化合物のことをいう) であり，苦い味がするとともに，高等動物に対して非常に強い毒性がある。ヒトにおいて，この物質は Na^+/K^+–活性化 ATPase の活性に影響を与えることによって，心筋に対して劇的な生理活性を示す。しかし，その処方量に十分注意すれば，心臓の鼓動を弱めたり強めたりする薬となる。カルデノライドはキツネノテブクロ (ジギタリス) から抽出され，数百万人の心臓病患者に処方されている (**Web トピック 13.1** 参照)。

サポニン (saponins) はステロイド (steroids) もしくはトリテルペンの配糖化物であり，水溶液にしてかきまぜると石けんのように泡立つことから，soap をもじってその名前が

(A) アザジラクチン，リモノイドの一種

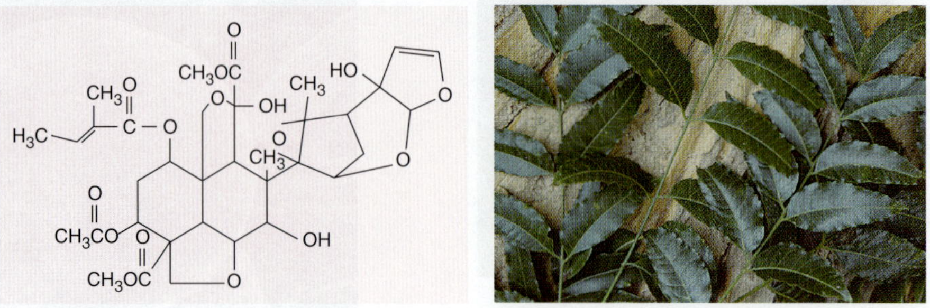

(B) α-エクジソン，昆虫の脱皮ホルモンの一種

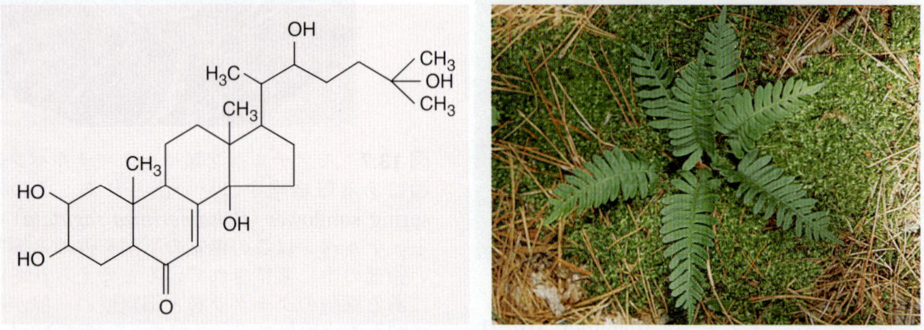

図 13.8 アザジラクチン（azadirachtin）(A) とα−エクジソン（α−ecdysone）(B) の化学構造。ともにトリテルペン類の一種であり，昆虫に対する強力な忌避効果を有す。(写真，(A) は© Inga Spence/Visuals Unlimited，(B) は© Wally Eberhart/Visuals Unlimited)

つけられている。一つの分子の中に脂溶性部（ステロイド骨格もしくはトリテルペン骨格）と親水性部（糖残基）がある両親媒性物質であるため，サポニンは石けんや洗剤のような性質を有している。サポニンの毒性はステロールと複合体を形成する活性があるためと考えられている。サポニンは消化器官系からのステロールの取り込みを阻害し，吸収されて血液中に入ると細胞膜を破壊すると考えられている。

フェノール性化合物

植物は，基本構造としてフェノール環に水酸基を有する二次代謝産物を非常に多種類有している：

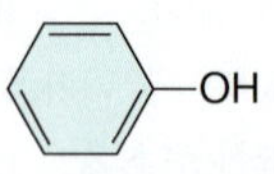

これらの物質は**フェノール性化合物**（phenolics, phenolic compounds）として分類されている。植物におけるフェノール性化合物は多岐にわたる化学構造を有しており10,000種類近くがある。あるものは有機溶媒にしか溶けず，またあるものはカルボキシル化あるいは配糖化されて水溶性であり，またそのほか，高分子化して不溶性になっているものもある。

この多岐にわたる化学構造に伴い，フェノール性化合物は植物においてさまざまな役割を果たしている。これらフェノール性化合物の生合成系について簡単に述べた後，フェノール性化合物の数種の基本的グループについて述べ，さらにそれらの植物における役割について述べていきたい。多くの物質は草食動物からの補食あるいは病原菌の感染に対して防御する役割を担っている。そのほかの役割として，植物の体制を支える物質としての役割，花粉の運び手や種子をばらまいてくれる動物を呼び寄せる役割，有害な紫外線を吸収する役割，生態内で他の植物種との競争において，ほかの植物の成長を抑制する役割などがある。

ほとんどの植物フェノール性化合物は，フェニルアラニンから生合成される

フェノール性化合物は，生物において数種類の異なった代謝経路から生合成されるため，代謝系の観点から見た場合，異なった代謝グループからなっている。二つの基本的な経路として，**シキミ酸経路**（sikimic acid pathway）とマロン酸経路（malonic acid pathway）がある（図13.9）。シキミ酸経路はほとんどの植物におけるフェノール性化合物の生合成に関わっている。これに対し，マロン酸経路はカビやバクテリアにおけるフェノール性化合物の合成において重要な経路であるが，植物においてはこの経路によってフェノール性化合物が合成されることは，ほとんどない。

シキミ酸経路は，解糖系およびペントースリン酸経路から由来する単純な炭素化合物から芳香族アミノ酸（aromatic

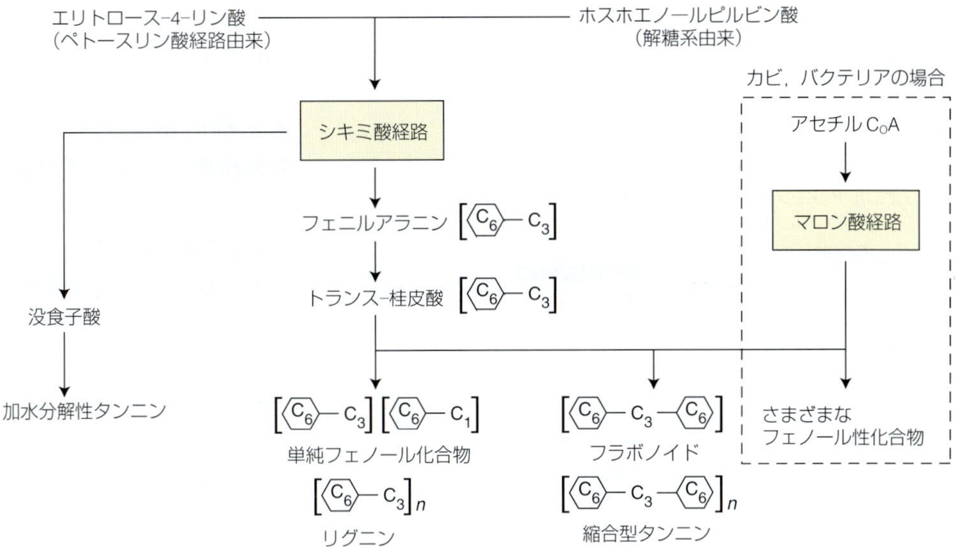

図 13.9 植物フェノール性化合物合成系の概要。高等植物においては，シキミ酸経路から合成されるフェニルアラニンがその基本骨格の一部となっている。角括弧中は右のC_6のベンゼン環に側鎖として炭素三つ（ものによっては一つ）が結合した基本構造を示す。フェニルアラニン以降の合成系については，図13.10に詳細した。

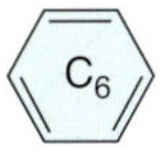

amino acids）を合成する経路である（**Webトピック13.2**参照）（Herrmann and Weaver 1999）。その代謝中間物の一つにシキミ酸があるため，この代謝経路全体について，シキミ酸経路という名がつけられている。広範囲にわたる除草効果があることでよく知られているグリフォサート（glyphosate，ラウンドアップという名で商品化されている）は，この代謝経路の1ステップを阻害するために植物を死に至らしめる（Webサイトの2章参照）。シキミ酸経路は植物，カビおよびバクテリアに存在するが，動物はこの経路を有していない。このため，動物はフェニルアラニン，チロシンおよびトリプトファンといった芳香族アミノ酸を合成できず，したがって，これらを必須栄養として食物から摂取しなければならない。

植物におけるフェノール性化合物のほとんどのものは，フェニルアラニンから脱アミノにより生じるトランス-桂皮酸（*t*-cinnamic acid）に由来している。この脱アミノ反応を行うのが，**フェニルアラニンアンモニアリアーゼ**（phenylalanine ammonia-lyase：**PAL**）であり，植物の二次代謝系の研究においてもっともよく研究されている酵素である。PALは，一次代謝系と二次代謝系との分岐点にある酵素であるため，多くのフェノール性化合物の合成において，もっとも重要な制御のポイントとなっている。

PAL活性は，栄養源の低下，光（フィトクロムを介している），カビの感染など，環境要因によってその活性が誘導される。その制御は遺伝子の転写のレベルで行われている。たとえば，カビが侵入してくると*PAL*遺伝子からのmRNAの転写が誘導され，植物体内のPALタンパク質量が増加し，フェノール性化合物の合成が促進される。

さまざまな植物種において，*PAL*遺伝子は多重遺伝子ファミリーとして核内に存在しており，これらのファミリーの特定の遺伝子のみが，特定の組織・器官で特定の環境要因によって発現しているため，植物におけるPAL活性の制御は複雑なものとなっている（Logemann et al. 1995）。

PALによって合成されたトランス桂皮酸には，さらに水酸基や別種の残基が導入され，*p*-クマル酸（*p*-coumaric acid）やその他の誘導体が合成される。これらのフェノール性化合物はベンゼン環：

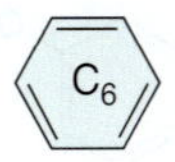

と三つの炭素からなる側鎖を有していることから，**フェニルプロパノイド**（phenylpropanoids）とよばれている。フェニルプロパノイドは本章の後の方で述べるように，さらに複雑なフェノール性化合物を合成するための重要な基本的な合成単位となっている。

現在，広範囲にわたるフェノール性化合物の合成にかかわる代謝経路について，ほとんど決定されており，研究者はこれらの代謝系がどのように制御されているのかについて注目して研究を行っている。ある場合において，PALのような特定の酵素がこの経路の代謝流の制御にもっとも重要であることが知られている。特定の生合成系遺伝子のプロモーターに対し，数種類の転写調節因子が結合することによって，フェノール性化合物の代謝が制御されていることが明らかになっている。またこれらの転写調節因子のいくつかは，これら化合物の生合成にかかわる一連の酵素遺伝子に作用して転写活性化を引きおこすことが知られている（Jin and Martin 1999）。

ある種の単純フェノール性化合物は，紫外線照射によって合成が誘導される

単純な構造を有するフェノール性化合物は，広く維管束植物に存在しており，その含量はさまざまで，しかも重要な役割を果たしている。これらの物質の構造に共通していることは：

- トランス桂皮酸や *p*–クマル酸，およびこれらの誘導体であるカフェー酸（caffeic acid）のような単純なフェニルプロパノイド化合物は，以下に示すようなフェニルプロパノイド骨格（phenylpropanoid carbon skelton）を有している（図 13.11A）：

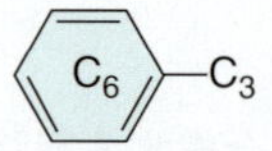

- ‘クマリン’（coumarins）のようなフェニルプロパノイドラクトン（phenylpropanoid lactones，環状エステル）もフェニルプロパノイド骨格を有している（図 13.11B）。
- 安息香酸（benzoic acid）誘導体もこの骨格を有しており，これはフェニルプロパノイドから側鎖の二つの炭素がとれることで生成される（図 13.10）：

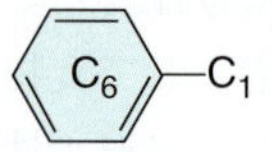

多くの二次代謝産物に見られるように，植物は単純な炭素骨格を有するフェノール性化合物からより複雑な構造の化合物を合成している。

多くの単純な構造を有するフェノール性化合物は，害虫やカビに対する植物の防御化合

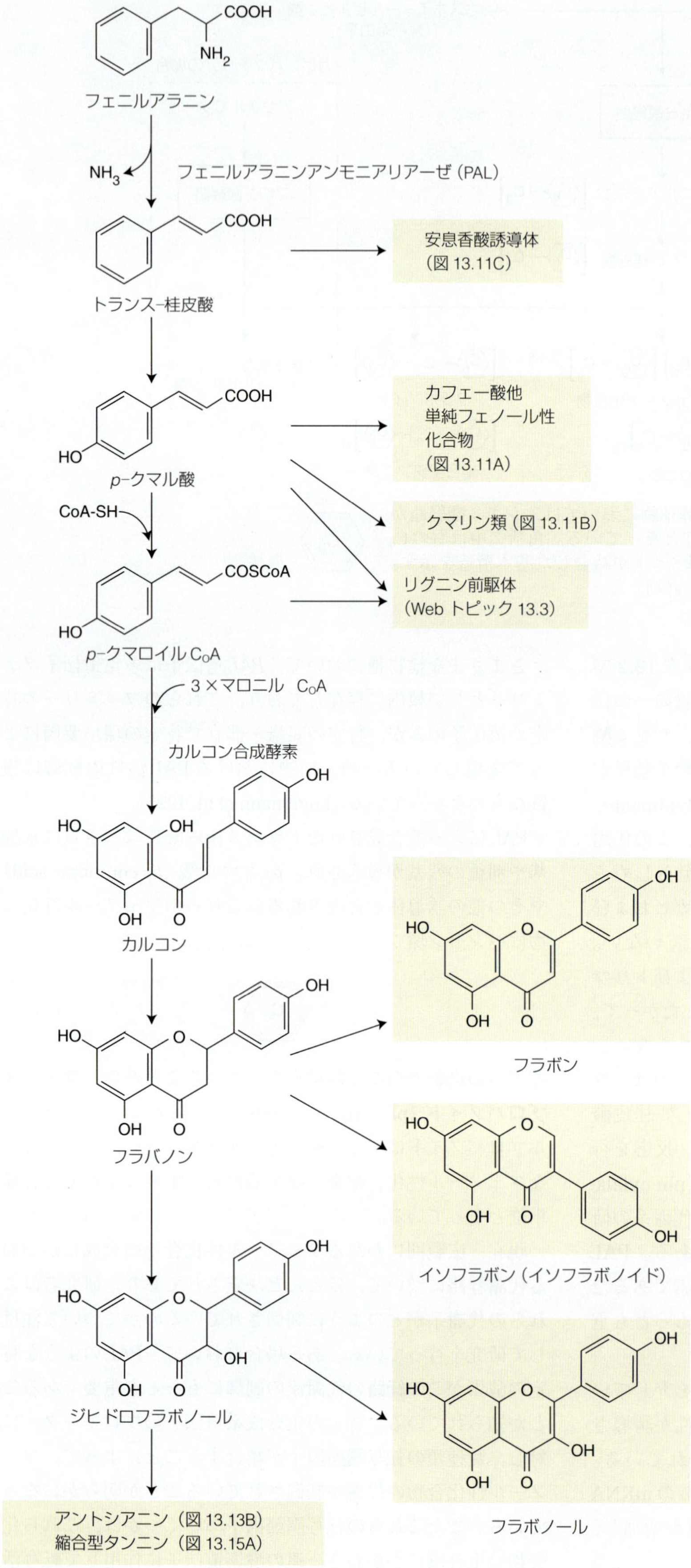

図 13.10　フェニルアラニンからのフェノール性化合物の生合成系の概要。単純フェノール性化合物（simple phenolics），クマリン（coumarins），安息香酸誘導体（bezoic acid derivatives），リグニン前駆体（lignin precursors），アントシアニン（anthocyanins），イソフラボン（isoflavones），縮合型タンニン（condensed tanninns），その他フラボノイド（flavonoids）など，多くの植物フェノール性化合物はフェニルアラニンから合成されている。

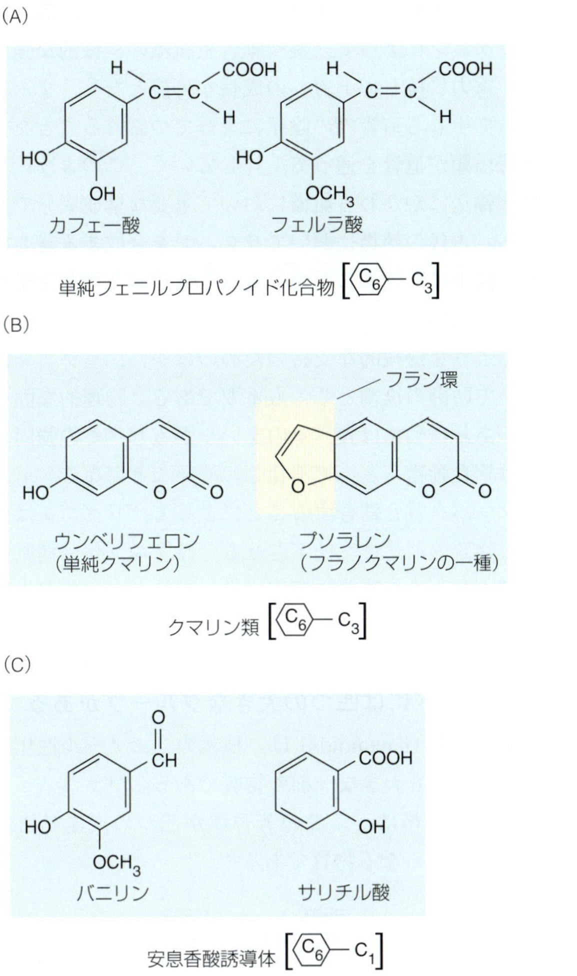

図 13.11 単純フェノール性化合物は植物においてさまざまな役割を果たしている。(A) カフェー酸 (caffeic acid) やフェルラ酸 (ferulic acid) は土中に放出され，近隣の植物の生長を阻害する。(B) プソラレン (psoralen) はフラノクマリン (furanocoumarin) の一種であり，これは害虫に対する光毒性物質となっている。(C) サリチル酸 (salicylic acid) は植物生長調節物質の一つであり，病原菌に対する植物の全身獲得抵抗性(systemic acquired resistance, SAR, p.309参照) を引きおこす。

物として重要な役割を果たしている。クマリンにフラン環が結合したクマリンの一種である**フラノクマリン** (furanocoumarins) は光毒性物質として興味深いものである (図13.11B)。

これらの化合物は，光によって活性化されなければ毒性はない。しかし，これに太陽光に含まれる紫外線A領域 (UV-A, 320 ~ 400 nm) の光が当たると，ある種のフラノクマリンは光活性化され，高エネルギー化電子状態となる。活性化されたフラノクマリンはDNAの2本鎖の中に入り込み，シトシンおよびチミジンのピリミジン残基に結合することによって，転写やDNA修復を阻害することで細胞死に至らしめる。

光毒性を有するフラノクマリンはセロリ (celery)，パースニップ (parsnip，アメリカボウフウ)，パセリ (parsley) を含むセリ科の植物種に特に大量に含まれている。セロリにおいて，植物体にストレスがかかったり病気にかかったりした場合，これら化合物の蓄積量は100倍にも増加する。セロリ農家の人や八百屋さんは，ストレスがかかったり，病気にかかったセロリを扱うと肌に発疹ができることを熟知している。ある種の昆虫はフラノクマリンやその他の光毒性物質を含む植物を，蜘蛛の巣状にしたり，葉をまるめたりして，紫外線光に対する外套を作り，その中に住むことによって，紫外線光から身を守ることによって生きている (Sandberg and Berenbaum 1989)。

フェノール性化合物を土中に放出することによって，その他の植物の成長を抑制しているらしい

葉，根，さらに朽ち落ちた部分から，植物はさまざまな一次代謝産物および二次代謝産物を環境中に放出している。これらの化合物の，近隣に生えている植物に対する効果についての研究がなされており，このような効果は**アレロパシー** (allelopathy) とよばれている。もしもある植物がある種の化学物質を土中に放出することによって，近くに生えている植物の成長を抑制することができれば，その場所の光，水，栄養分を独り占めできることになるので，環境の中での生存競争において有利となる。一般的にアレロパシーという言葉は，近くに生えている植物に対する成長阻害効果についてのことを表してきたが，しかしより正確な定義でいえば，その植物体にとっての環境の中での生存競争における有利性についても加味して考える必要がある。

単純な構造のフェニルプロパノイドや安息香酸の誘導体は，アレロパシー活性があるといわれている。カフェー酸やフェルラ酸 (ferulic acid，図13.11A) のような物質は土中に検出されるが，これらが多くの植物の発芽や生育を阻害することが実験室レベルで示されている (Inderjit et al. 1995)。

しかし，このような結果が得られているとはいえ，自然界の生態系内におけるアレロパシーの重要性については，いまだに議論のあるところである。多くの科学者は植物-植物間の相互作用において，アレロパシーはそれほど重要な役割を担っていないのではないか，という疑いをもっている。それは自然の生態系内で実際に他の植物の生長を制御しているというデータを得ることが難しいからである。たしかに一つの植物からの抽出液やその精製物が，他の植物の成長を阻害することを実験室レベルで示すことはできるが，実際にこれらの化合物が土中に成長阻害を引きおこすに足るだけの濃度として存在しているかどうかを実証することは非常に難しい。これは土中において，このような有機化合物は土粒子に吸着されてしまったり，微生物によってすみやかに分解されてしまうと考えられるからである。

実質的な証拠に欠けているとはいえ，アレロパシーは農業へ応用できる可能性を秘めていることから，現在非常に興味をもたれている現象である。雑草や収穫後の耕作物の鋤込み（すき）によって，次に植えた農作物の生産量が低減する現象は，場合によってはアレロパシーによるものであると考えられている。近い将来，雑草に対してアレロパシー効果を有した遺伝子組換え農作物が開発されることが期待されている。

リグニンは高度かつ複雑な巨大なフェノール性化合物である

セルロースに次いで植物がもっとも多く含んでいる有機物が**リグニン** (lignin) である。リグニンはフェニルプロパノイドが高度に重合し，分岐してできた高分子である：

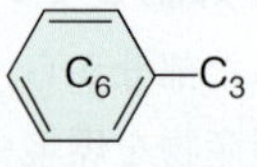

リグニンには一次的な役割と二次的な役割がある。リグニンは細胞壁中のセルロースやその他の多糖類と共有結合しているため，植物から抽出することがむずかしく，その正確な構造を決定することはできない。

リグニンはフェニルアラニンからさまざまな桂皮酸誘導体を介して合成されるコニフェリル・アルコール (coniferyl alcohol)，クマリル・アルコール (coumaryl alcohol)，シナピル・アルコール (sinapyl alcohol) という3種のフェニルプロパノイド・アルコール (phenylpropanoid alcohol) からなる。フェニルプロパノイド・アルコールは，フリー・ラジカルを生成する酵素の働きによってポリマーとして結合されていく。リグニン中におけるこれら3種の構成単位成分の比率は，植物種や組織によって異なるのみならず，一つの細胞壁中においても層ごとに異なっている。このポリマーにおいて，個々のフェニルプロパノイド・アルコールがC—CおよびC—O—C結合によって多重に他のフェニルプロパノイド・アルコールと結合しているため，その構造は三次元的に枝分かれした複雑な構造となっている。デンプンやゴム，セルロースのようなポリマーとは異なり，リグニンはその構成単位が単純に繰り返し結合してできているのではない。しかし，近年の研究によって，リグニン合成の過程において，重合のガイドとなるタンパク質が個々のフェニルプロパノイド単位に結合して，それを足場として高分子の反復単位からなるリグニン合成が行われている可能性が示唆されている (Davin and Lewis 2000；Hatfield and Vermerris 2001) (**Webトピック13.3**の仮想リグニン分子の部分構造を参照)。

リグニンは，さまざまな種類の支持組織や通道組織に見い出され，特に木部の仮道管や道管の細胞壁に顕著に蓄積されている。主にリグニンは厚くなった二次細胞壁に沈着しているが，一次細胞壁や中間層ラメラにおいて合成・沈着しているセルロースやヘミセルロースにもリグニンの沈着は見られる。リグニンによって，茎や維管束組織の機械的な強度が保たれ，重力に抗して上方への成長が可能となり，また蒸散流によって生じる道管内の陰圧によってつぶれることなく，水や無機塩類が道管を通って上昇していく。このようにリグニンは水輸送にかかわる組織において重要な構成成分であることから，古代の植物においてリグニンを合成する能力は，乾燥した陸上に上陸するためにもっとも重要な役割を果たしたのに違いない。

このような機械的な支持のためのほかに，リグニンは植物において防御の役割としても重要である。物理的な固さや丈夫さがあれば動物は食べるのをいやがるし，その強固な化学構造は草食動物にとって消化しにくいことになる。セルロースやタンパク質と結合することによって，リグニンはさらにこれら物質の消化性を低下させる。リグニン化は病原菌の成長を抑止し，また感染や傷害によってリグニン化が生じることが知られている。

フラボノイドには四つの大きなグループがある

フラボノイド (flavonoids) は，植物のフェノール性化合物の中でももっとも大きな一群の物質である。フラボノイドの基本的な炭素骨格は，二つの芳香環が三つの炭素で結合した15個の炭素からなる物質である：

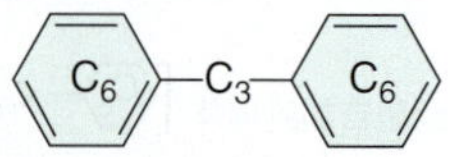

この構造は二つの独立した生合成経路，すなわちシキミ酸経路とマロン酸経路 (malonic acid pathway) から合成される (図13.12)。

フラボノイドには，さまざまなグループに分類される物質が多種類あるが，基本的には芳香環をつないでいる三つの炭

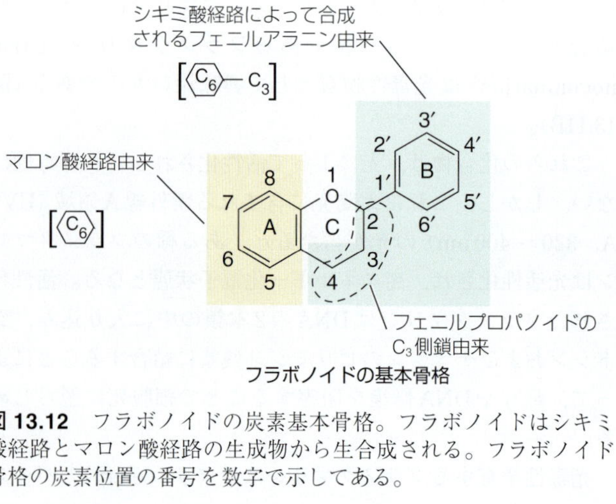

図 13.12 フラボノイドの炭素基本骨格。フラボノイドはシキミ酸経路とマロン酸経路の生成物から生合成される。フラボノイド骨格の炭素位置の番号を数字で示してある。

素の還元状態の違いによって四つのグループに分けられる。図13.10に示すように，アントシアニン（anthocyanins），フラボン（flavones），フラボノール（flavonols），イソフラボン（isoflavones, isoflavonoids）の4種類である。

基本的なフラボノイド骨格に対し，さまざまな置換基が結合している。水酸基は一般的には3位，5位，7位にあるが，その他の位置にあるものも見い出されている。糖はもっとも一般的な置換基であり，事実，フラボノイドのほとんどは天然においては配糖体（グリコシド，glycosides）となっている。

水酸基や結合している糖の数が多ければフラボノイドの水溶性は高くなり，メチル・エステルや修飾されたイソペンチル単位（isopentyl units）のようなものが置換基として結合していると，フラボノイドは脂溶性（疎水性）となる。植物において，さまざまな分子種のフラボノイドは，色素や防御化合物まで，多様な異なった機能を果たしている。

アントシアニンは動物を引きつけるフラボノイド色素である

植物と動物は，食う者と食われる者としての関係だけでなく，両者の間には，両者にとってともに有利になる補食-被食関係がある。わが身をけずって蜜や果肉を植物は動物に与えるかわりに，植物は動物に花粉や種子を運んでもらうという非常に重要な役どころを果たしてもらっている。二次代謝産物はこのような植物-動物の相互関係において重要な役割をはたしており，花や果実に視覚的もしくは嗅覚的に魅力あるシグナルの一つとして，動物を引きつけるのに役立っている。

植物の色素は基本的にカロテノイドとフラボノイドの二つのタイプに分けられる。‘カロテノイド’はこれまでに述べてきたように，黄色，橙色，赤色のテルペノイド化合物であり，これはまた，光合成系における補助色素としての役割がある。フラボノイドはフェノール性化合物の一種であり，さまざまな色調を呈する色素化合物群である。（訳者注；植物色素として重要なものに，もう一種，ベタレイン（betalain）がある。これは赤ビート，マツバボタン，オシロイバナ，ケイトウ，サボテン，ホウレンソウなど，ナデシコ科を除く中心子目植物のみが有する赤色もしくは黄色の色素である。これはチロシンから合成される窒素を含む化合物である。最近の総説としてStrack et al.（2003）を参照。）

有色の‘フラボノイド’としてもっとも広く存在しているのが，アントシアニンである。植物各部位に見られる赤色，ピンク色，紫色，青色のほとんどが，アントシアニンによるものである。花や果実にアントシアニンによる色づけをすることによって，花粉を運んだり，種子をまき散らしてくれる動物を引きつけており，このためにアントシアニンは非常に重要である。

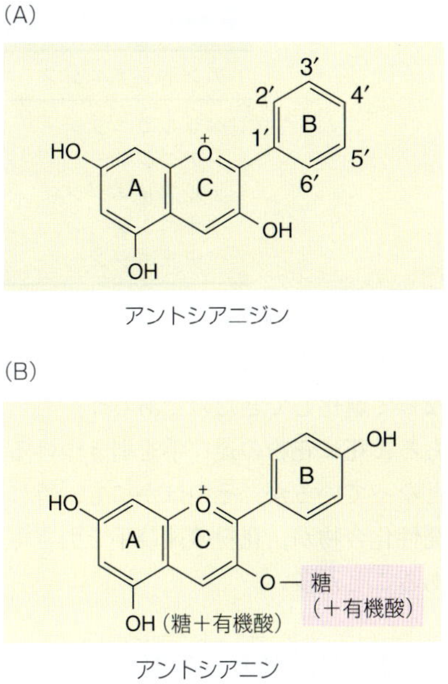

図 13.13 アントシアニジン（A）とアントシアニン（B）の構造。アントシアニジンの色調はB環に結合している置換基によって，ある程度決まる（表13.1参照）。水酸基の数が増えるにつれ，その吸光波長は長波長側にシフトするため，青みがかってくる。水酸基がメトキシ基（—OCH_3）になることによって，吸光波長は若干短波長側にシフトするため，赤みがかる。

アントシアニン（anthocyanins）は，主に3位に糖さらに有機酸を有した配糖体（図13.13B）となっており，その他の位置にも糖さらに有機酸が付加されているものもある。これら糖を結合していない状態の分子，これは一般的にアグリコン（aglycone）とよばれるが，アントシアニンにおいて，このアグリコンは**アントシアニジン**（anthocyanidins）（13.13A）とよばれている。アントシアニンの色調は，アントシアニジンのB環上の水酸基やメチル基の数（図13.13A），さらに基本骨格にエステル結合している有機酸の存在，アントシアニンが蓄積している液胞内のpHなど，さまざまな要因によって影響を受ける。またアントシアニンは金属イオンと錯体を形成し，さらにこれにフラボンとコピグメント（copigment）を形成することによって，高分子化した複合体として存在している。ツユクサの（*Commelina communis*）の青色色素は，六つのアントシアニン分子と六つのフラボンが二つのマグネシウム・イオンを中心にして会合して，巨大分子となっていることが示されている（Kondo et al. 1992）。もっとも一般的なアントシアニジンとその色調について，図13.13と表13.1にまとめた。

アントシアニンによる発色にさまざまな要因が影響していること，さらにカロテノイドなどがこれに色として混じることによって，自然界における多種多様な花や果実の色が生み出されている。花色は，どのような種類の花粉の運び手を引

表 13.1 アントシアニジンの色調に与えるB環上の置換基の影響

アントシアニジン	置換基	色
ペラルゴニジン	4′—OH	橙色
シアニジン	3′—OH，4′—OH	紅色
デルフィニジン	3′—OH，4′—OH，5′—OH	青紫色
ペオニジン	3′—OCH_3，4′—OH	深紅色
ペチュニジン	3′—OCH_3，4′—OH，5′—OCH_3	紫色

き寄せるか，その運び手がどのような色を好むか，この関係が選択圧となって進化してきたのであろう。

色は，もちろん花に花粉の運び手を引きつける大きなシグナルの一つとなっているが，そのほかにも，特にモノテルペンなどの揮発性化合物が，花粉の運び手を引き寄せる香りとして重要であることが多い。

フラボノイドは紫外線光からの傷害を防ぐ

花におけるフラボノイドとして，アントシアニン以外の二つの大きなグループに**フラボン**（flavones）と**フラボノール**（flavonols）がある（図13.10）。これらフラボノイドは，一般的にアントシアニンよりも短波長側の光を吸収するので，ヒトの目には見えない。しかし，ハチのような昆虫はヒトの目よりもはるかに紫外領域の光を感じるため，フラボンやフラボノールを色として見ることができ，これらが誘因要因となっている（図13.14）。花におけるフラボノールは多くの場合，ストリップ状，スポット状，あるいは同心円の環状，というような対称形をなしており，これらは‘花蜜ガイド’（nector guide）といわれている（Lunau 1992）。これらのパターンはおそらく昆虫にとって目立って見えるものであり，花が花粉と花蜜のありかを提示するのに役立っていると考えられている。

フラボンやフラボノールは花にのみ存在するのではなく，すべての緑色植物の葉においても存在する。これらの2種のフラボノイドは，葉や茎の表皮層に蓄積しており，太陽光からの過剰量の紫外線 UV-B（280～320 nm）を吸収する一方，光合成に必要な可視光は通過させるので，有害なUV-B光から身を守るための機能がある。さらにUV-B光の照射量が増加すると，フラボンやフラボノールの合成量が上昇することが示されている。

シロイヌナズナ（*Arabidopsis thaliana*）の突然変異体の一つに，カルコン合成酵素（chalcone synthase）を欠失したた

(A)

(B)

図 13.14 ルドベキア（Black-eyed Susan, *Rudbeckia fulgida*）の花がヒトの目に見える様子（A）とミツバチに見える様子（B）。（A）ヒトの目には，黄色の放射状の花びらの中心に茶色の中心円が見え，まるで金色の目のように見える。（B）ミツバチにとっては，もっとも外側に薄い黄色のリング，その内側が深い黄色のリング，そしてその真ん中が真っ黒な円形状に見えている。紫外線を吸収するフラボノールは，花びらの内側の部分に存在し，外周にあたる外側には存在していない。このフラボノールの局在によって，紫外領域の光を感じることができるミツバチの目には，まるでこの花がウシの目のような形に見えている。これが，おそらくミツバチに花粉と花蜜のありかを教えているのであろう。この写真は，ミツバチの視覚系と同じ吸収波長と吸収強度になるように，波長とその強度を設定した光を照射して撮影した。（Thomas Eisnerの好意による）

め，フラボノイドが合成できないものがある。フラボノイドを欠くため，野生型に対し，これらの突然変異体はUV-B光に非常に敏感になっており，通常の生育条件下においてもその成長は非常に悪い（Li et al. 1993）。シロイヌナズナにおいてはまた，紫外線照射に対する防御のために，単純な化学構造をもつフェニルプロパノイド・エステルも重要な役割を果たしていることが示されている。

フラボノイドのその他の役割について，近年，いくつかのことが新たに発見された。その一例として，フラボンやフラボノールがマメ科植物の根から土に分泌されていて，これがマメ科植物と窒素固定細菌との共生関係を確立するうえで重要な役割を果たしていることについては，12章で述べた。また19章で述べるが，最近の研究によって，フラボノイドは，オーキシンの極性輸送の調節因子として，植物の分化において重要な役割を果たしていることが示唆されている。

イソフラボノイドは抗菌活性を有している

イソフラボノイド（イソフラボン，isoflavonoids, isoflavones）は，一方の芳香環（B環）の結合位置が転移しているフラボノイドの一群である（図13.10）。イソフラボノイドの多くはマメ科植物に見い出され，さまざまな生理活性が知られている。たとえばロテノイド（rotenoids）のような物質は非常に強い抗菌活性を有している。そのほか，抗エストロゲン作用（anti-estrogenic effect）を有するものがある。たとえば，イソフラボノイドを多量に含むクローバーを食べたヒツジはしばしば不妊症に陥る。これはイソフラボノイドの環状構造が3次元的な構造から見たとき，ステロイドとその構造が似ており（図13.8B），このためこれらの物質がエストロゲン受容体に結合するからである。イソフラボノイドは一方，ダイズ加工食品における抗ガン作用物質としての効果を示す。

イソフラボノイドは，微生物やカビの感染に反応して合成され，侵入した病原菌の植物体全体への感染を抑え込むという抗菌化合物である‘ファイトアレキシン’（phytoalexins）としての役割について，最近数年の間に非常に研究が進み，さまざまな知見が得られてきた。ファイトアレキシンについては本章の後の方でより詳細に解説する。

タンニンは補食者からの補食を抑止する効果がある

植物における補食からの防御効果を有したフェノール性化合物高分子として，リグニンの他にタンニンがある。‘タンニン’（tannins）という言葉は，動物の生皮をなめして（taninng），なめし革を作る過程において用いられる物質ということから名づけられた。タンニンは動物の生皮のコラーゲンタンパク質に結合し，革の耐熱性，耐水性，微生物に対する耐性を高める働きをしている。

タンニンは，**縮合型タンニン**（condensed tannins）と加水分解型タンニン（hydrolyzable tannins）の二つに分類される。縮合型タンニンはフラボノイド単位が重合することによってできている（図13.15A）。これらは多種類の樹木に含まれている。縮合型タンニンは，強酸で加水分解するとアントシアニジンを生じることから，‘プロアントシアニジン’（proanthocyanidins）とよばれることがある。

加水分解型タンニン（hydrolyzable tannins）は，安息香酸類のなかでも没食子酸と単糖とが複雑に重合したものである（図13.15B）。これらは縮合型タンニンに比較すると低分子であり，希釈した酸によっても容易に加水分解される。ほとんどの加水分解型タンニンの分子量は600～3,000の範囲である。

タンニンを含む植物を食物として常食すると，多くの草食動物において生育や生存率を重篤に低下させる毒性がある。さらに，非常に広範囲の動物に対して，タンニンは食するのを忌避させる作用がある。ウシ，シカ，サルなどの哺乳動物は，特にタンニンを多量に含む植物や植物組織を食することを嫌う。たとえば，未熟果実にはしばしば多量のタンニンが，特に果皮の部分に集中して蓄積している。

興味あることに，人間はリンゴやブラックベリー，茶や赤ワインなど渋味としてある程度のタンニンを含むものを好んで食している。近年，赤ワイン中のポリフェノール（polyphenols，タンニンの一種）が，血管収縮のシグナル分子であるエンドセリン-1（endothelin-1）の生成を抑制することが示された。このワインに含まれるタンニンの効果は，赤ワインが健康によいとのいわれについての科学的根拠とされており，赤ワインを適量たしなむのは心臓病にかかる危険性を低下させる効果があるとされている。

人間の健康にとって好ましい適量のある種のポリフェノールがあるとはいえ，ほとんどのタンニンはそもそも植物における防御化合物であり，非特異的にタンパク質と結合することによって，その毒性が発揮されるものである。タンニンの水酸基とタンパク質の負電荷部位との間で水素結合が生じるため，補食した動物の腸内でタンニンとタンパク質が複合体を形成すると長らく考えられてきた（図13.16A）。

しかし，最近の研究成果によると，タンニンやその他のフェノール性化合物は食餌中のタンパク質と共有結合を形成していることも明らかにされた（図13.16B）。多くの植物の葉にはフェノール性化合物を酸化する酵素が含まれており，これによる酸化によって，補食者の腸内で，そのフェノール基がキノン型になる。このキノンは求電子分子として非常に反応性が高く，タンパク質に存在する求核的であるNH_2基やSH基に対して反応してしまう（図13.16B）。いずれの機構にしろ，タンパク質とタンニンの結合が生じることは，草食動物にとって栄養摂取の点でマイナスである。タンニンは草食動物の消化酵素の活性を失わせ，消化しにくいタンニンと植

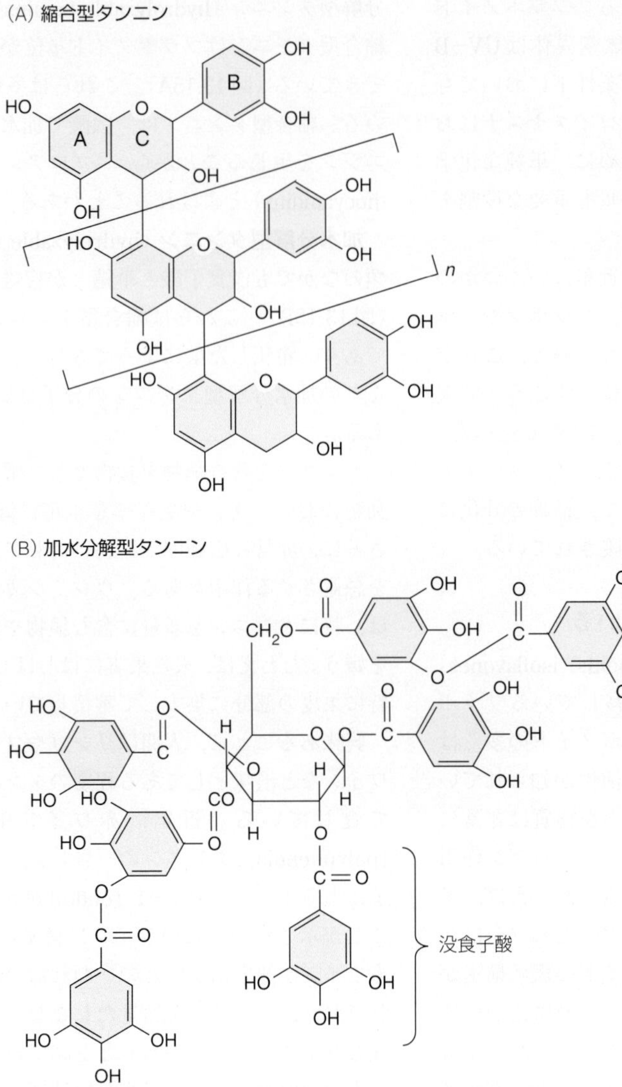

図 13.15　フェノール酸単位もしくはフラボノイド単位から生成されるタンニンの構造。(A) 縮合型タンニン (condensed tannins) の一般的な構造。*n* は 1 ～ 10 の範囲であることが多い。さらに B 環上に第三の—OH 基があることもある。(B) ウルシ (*Rhus semialata*) に含まれる加水分解型タンニン (hydrolyzable tannins) は，グルコースに 8 分子の没食子酸 (gallic acid) が結合してできている。

物タンパク質の複合体を生成してしまうからである。

しかし，タンニンを豊富に含む植物を常食としている草食動物では，興味深いことに，その消化の過程においてタンニンを除去する機構を有することで適応しているものがいる。たとえば齧歯(げっし)動物やウサギのような哺乳動物は，タンニンに対して高い結合能を有するプロリンを大量 (全アミノ酸のうちの 25 ～ 45%) に含むタンパク質を唾液中に含んでいる。これらタンパク質が分泌されることによって，高いタンニン濃度の食物の摂取が可能となっている (Butler 1989)。非常に多数のプロリン残基によって，これらのタンパク質は非常に柔軟かつ開口した立体構造と高い疎水性を有するため，タンニンとの結合が促進される。

植物タンニンはまた，微生物の感染に対しての防御化合物ともなっている。たとえば，多くの木における心材の部分にはすでに生きた細胞はないが，高濃度のタンニンを含んでいるため，カビや微生物による分解を妨げる役割を果たしている。

含窒素化合物

植物の二次代謝産物において，その化学構造の中に窒素を有している物が多種類存在する。これらの中には，アルカロイド (alkaloids) や青酸 (含シアン) 配糖体 (cyanogenic glycosides) のように草食動物からの補食に対する防御をつかさど

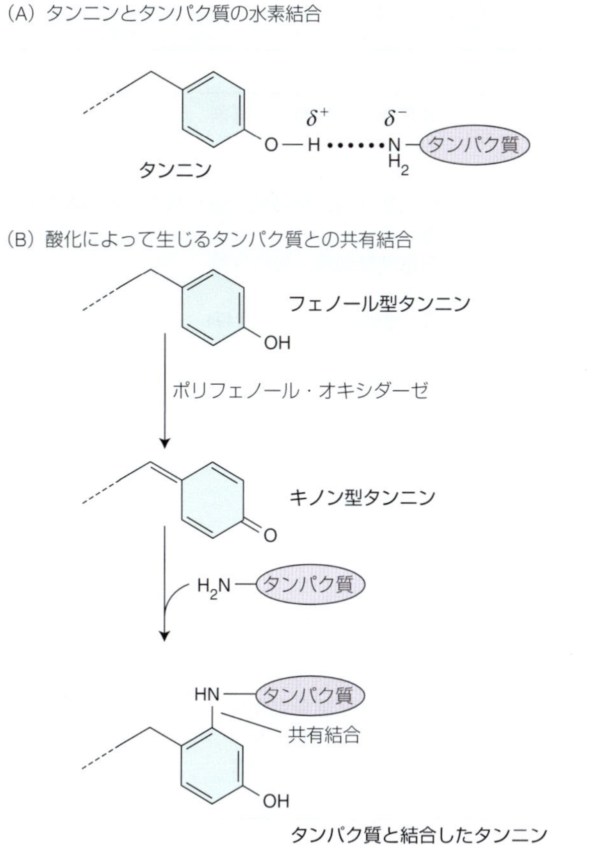

図 13.16 タンニンとタンパク質との相互作用について提唱されている反応機構。(A) タンニンのフェノール環の水酸基とタンパク質の負電荷部位とが水素結合を形成する。(B) フェノール環の水酸基はポリフェノールオキシダーゼ (polyphenol oxidase) などのような酸化酵素によって活性化され，これがタンパク質と共有結合を形成する。

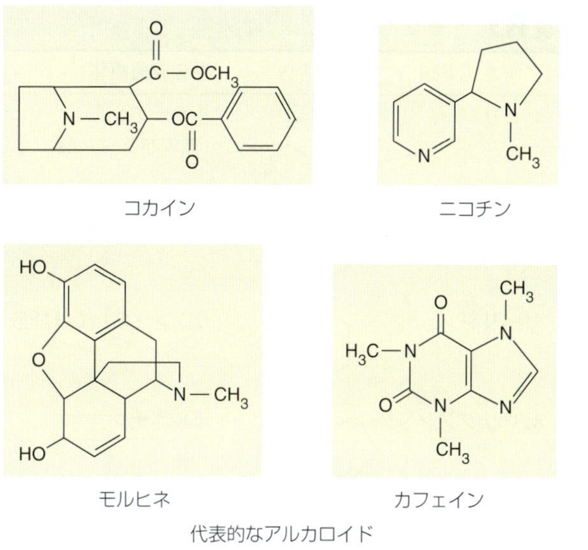

図 13.17 アルカロイド化合物の一例。ヘテロ環の中に窒素原子を含んだ非常に多種類にわたる二次代謝産物である。カフェイン (caffeine) は，アデニンやグアニンなどの核酸に含まれるプリン環を含むプリン型アルカロイドである。ニコチン (nicotine) の5員環であるピロリジン環 (pyrrolidine ring) はオルニチン (ornithine) に，6員環であるピリジン環 (pyridine ring) はニコチン酸 (nicotinic acid) に由来する。

っている化合物としてよく知られている物があり，これらは人間に対する毒性とともに医薬品としての特性を有していることから非常に興味をもたれている化合物である。ほとんどの含窒素二次代謝産物はタンパク質性アミノ酸から生合成される。

この節においては，アルカロイド，青酸 (含シアン) 配糖体，グルコシノレート (glucosinolates，芥子油配糖体)，非タンパク質性アミノ酸 (nonprotein amino acids) など，さまざまな含窒素化合物の構造と生物学的性質について解説する。さらに，傷害をうけた細胞から放出され，植物体全身に傷害を受けたことを伝達するシグナルとなるタンパク質 (ペプチド) である‘システミン’(systemin) についても述べる。

アルカロイドは動物に対して劇的な生理活性を有している

アルカロイド (alkaloids) は，維管束植物全体の2割の植物種において見い出され，その分子種は15,000種を超える含窒素化合物の大きなファミリーである。これら化合物において，窒素原子は一般的には**複素環状構造** (heterocyclic ring) の一部として存在しており，この環状構造は窒素と炭素原子からできている。アルカロイドは，哺乳動物に対する劇的な薬理作用が非常によく知られている。

その名が示すように，ほとんどのアルカロイドはアルカリ性である。細胞質および液胞におけるpHは一般的にはそれぞれpH 7.2 およびpH 5～6であり，このpH域において，窒素原子はプロトン化されているため，陽性に荷電しており，水溶性である。

アルカロイドは一般的には数種のアミノ酸の一つ，特にリシン，チロシンおよびトリプトファンを出発材料として合成されている。しかし，いくつかのアルカロイドの炭素骨格はテルペン合成経路に由来している。表13.2に主要なアルカロイド群とその生合成の前駆体となるアミノ酸についてまとめた。ニコチン (nicotine) やその関連化合物 (図13.17) など，いくつかのものはアルギニン生合成系の中間代謝産物であるオルニチン (ornithine) に由来する。ビタミンBであるニコチン酸 (ナイアシン) (nicotinic acid, niacin) がこのアルカロイドの5員環のピリジン (pyridine) 部分の前駆体となっている。これに対しニコチンの6員環のピロリジン (pyrrolidine) 部分はオルニチン由来である (図13.18)。ニコチン酸はまた NAD^+ および $NADP^+$ の構成成分であり，代謝系における電子供与体としての役割を果たしている。

植物におけるアルカロイドの役割について，100年以上前からさまざまな説が提示されてきた。アルカロイドは，動物

表 13.2 主要なアルカロイドの基本構造とその生合成前駆体のアミノ酸と化合物例

アルカイド種	基本構造	生合成前駆体	化合物例	人にとっての利用
ピロリジン	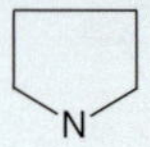	オルニチン (アスパラギン酸)	ニコチン	興奮剤，抗鬱剤，鎮静剤
トロパン	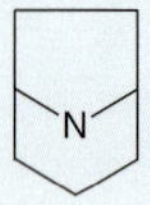	オルニチン	アトロピン コカイン	腸痙攣抑制，解毒剤，瞳孔拡大(診察のために用いる) 中枢神経刺激，局所麻酔
ピペリジン	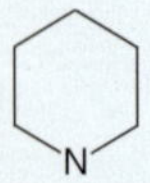	リジン(もしくは酢酸)	コニイン	毒(運動ニューロン麻痺)
ピロリジジン	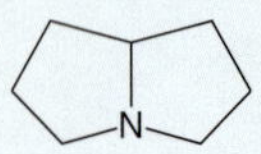	オルニチン	レトロルシン	なし
キノリジジン	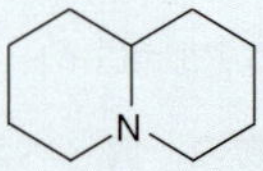	リジン	ルピニン	心拍回復
イソキノリン	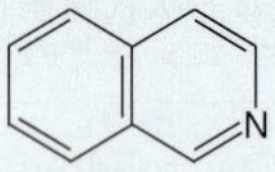	チロシン	コデイン モルヒネ	鎮痛剤，咳止め 鎮痛剤
インドール	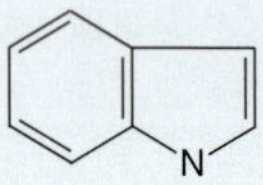	トリプトファン	プシロシビン レセルピン ストリキニーネ	幻覚，多幸感発現作用 血圧降下，神経遮断 殺鼠剤，中枢神経興奮

における尿素(urea)や尿酸(uric acid)の役割からの類推により，植物における窒素の老廃物であるとする説，窒素貯蔵物質であるとする説，あるいは成長調節物質であるとする説などがあげられてきたが，どれもこれらの説を支持するような証拠は得られなかった。現在，アルカロイドの高い毒性と補食抑止効果から，ほとんどのアルカロイドの機能は補食者特に哺乳動物に対する防御化合物であると信じられている。

家畜の死亡原因として，アルカロイドを含んだ植物を食べたためというのが，多く発生している。米国では，ルーピン(*Lupinus*)，ヒエンソウ(デルフィニウム，*Delphinium*)，サイネリア(*Senecio*)のようなアルカロイドを含む植物を大量に食することによって，毎年，全草食家畜のかなりの割合が中毒にかかっている。この現象は，毒草を避けて食べないという自然選択にさらされている野生動物とは異なり，家畜はこの選択圧の洗礼を受けていないために生じていることである。実際のところ，数種の家畜は毒性の低い飼料植物よりもアルカロイドを含んだ植物の方を好んで食するようである。

ほとんどすべてのアルカロイドは，一定量以上を摂取すると，やはり人間にとっても毒となる。たとえば，ストリキニーネ(strychnine)，アトロピン(atropine)，コニイン(coniine，ドクニンジンに含まれる)は，古来より毒性アルカロイド物質として知られている。モルヒネ(morphine)，コデイン(codeine)，スコポラミン(scopolamine)は，現在においても医薬品として使用されている数少ないアルカロイドである。その他のアルカロイドとして，ニコチン(nicotine)やカフェイン(caffeine)は興奮作用や鎮静作用のある物質として，医薬品としてではなく，嗜好品の中に含まれているアルカロイドである。

細胞レベルで見たとき，動物におけるアルカロイドの薬理作用は非常にさまざまである。多くのアルカロイドは神経伝達系，特に化学伝達を阻害する。またそのほか，膜輸送系，タンパク質合成，さまざまな酵素活性に影響を与えることが知られている。

ピロリジジンアルカロイド(pyrrolizidine alkaloids)とよばれる一群のアルカロイドは，植物の防御化合物であるが，しかしある種の草食昆虫がこの毒性に対し耐性となり適応してきたのみならず，これをその昆虫自らの防御のために利用しているものがいる(Hartmann 1999)。植物体内において，ピロリジジンアルカロイドは自然状態においては*N*-オキシド型になっており，無毒である。しかし，これを草食昆虫が食べたとき，その消化器官内において，すみやかに還元され，極性のない疎水性の3級型のアルカロイドとなる(図 13.19)。この状態ではこのアルカロイドは細胞膜を通過するようになり，毒性を発揮する。しかし，ヒトリガ科のシナバーモス(cinnabar moth(*Tyria jacobeae*))という大型のガの一種のよ

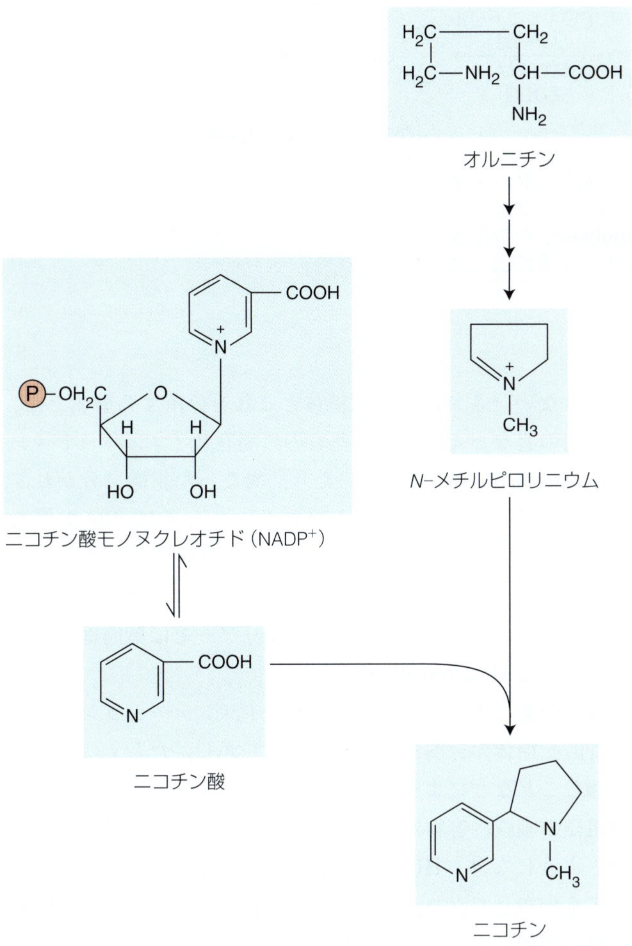

図 13.18 ニコチン生合成系。6員環であるピリジン環部分の合成は，アスパラギン酸とグリセロアルデヒド-3-リン酸から合成されるニコチン酸（ナイアシン）から由来する。ニコチン酸はまた，生物における還元反応の補酵素であるNAD^+および$NADP^+$の構成成分としても重要である。5員環であるピロリジン環は，アルギニン合成系の中間代謝産物であるオルニチンに由来する。

うなある種の草食昆虫は，3級型となったピロリジジンアルカロイドを消化器官から吸収すると，ただちに*N*-オキシド型に再変換して無毒化する能力を有している。これらの昆虫は，このアルカロイドを体内に*N*-オキシド型で蓄積しているため，この昆虫に対する捕食者がこの昆虫を食すると，捕食者の消化器官内でふたたび3級型となって毒性を発揮するため，これら捕食者に対する防御化合物となっている。

植物に含まれているアルカロイドのすべてを植物自身が合成しているのではない。多くの牧草においては，植物細胞外のアポプラスト（apoplast）に共生しているカビが，さまざまな異なった種類のアルカロイドを合成している。カビが共生している牧草は，共生していない牧草に比較して，しばしば成長がより速く，さらに昆虫や哺乳動物に対する補食に対しても抵抗性が高い。しかし残念なことに，オニウシノケグサ（トールフェスク，tall fescue）などのある種のカビが共生している牧草は，そのアルカロイド含量があまりに高いと，家畜にとって毒性が出てしまうため，家畜が食する牧草として不向きとなってしまう。現在も家畜にとっての毒性は低く，しかし昆虫に対しては十分な毒性を示すようなアルカロイド含量を有したオニウシノケグサの育種がつづけられている（**Webエッセイ 13.2**参照）。

針葉樹のヤニに含まれるモノテルペンやその他の草食動物に対するさまざまな防御化合物と同様に，アルカロイドも最初に補食によって受けた損傷が引き金となって，さらなる補食に対して身を守るために，その含量が上昇する（Karban and Baldwin 1997）。たとえば，米国のグレートベイスン国立公園の砂漠にはえているタバコの野生種である*Nicotiana attenuata*は，食害を受けると高レベルのニコチンを合成する。しかし，ニコチンに耐性のガの幼虫の毛虫に葉食攻撃を受けてもニコチン含量は上昇しない。そのかわりに，揮発性

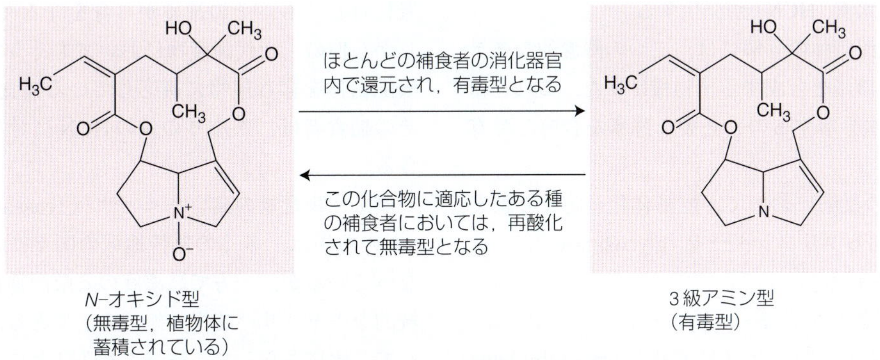

図 13.19 ピロリジジンアルカロイド（pyrrolizidine alkaloids）の天然における*N*-オキシド型と3級アミン型の二つの構造。植物に蓄積されている無毒の*N*-オキシド型は，多くの捕食者の消化器官内において，毒性のある3級アミン型に還元される。しかし，ある種のこの化合物に適応した捕食者は3級アミン型を*N*-オキシド型に変換することによって無毒化している。上記の化合物は，ハンゴンソウ（*Senecio cannabifolius*）やキオン（*Senecio nemorensis*）の仲間に含まれるセネシオニン（senecionine）の構造について示している。

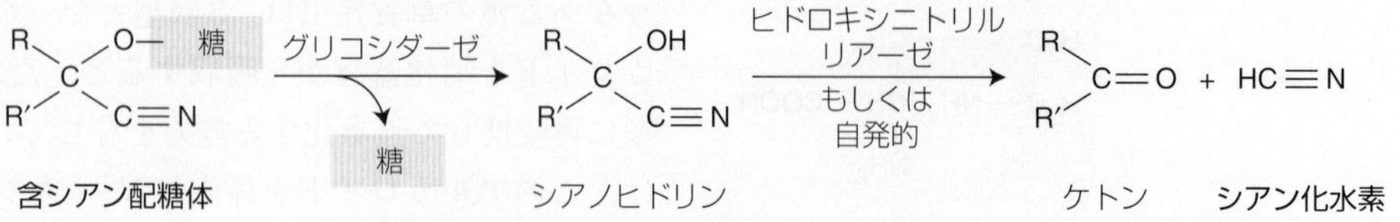

図 13.20　含シアン配糖体に対する酵素的加水分解によるシアン化水素の放出。R および R′は，さまざまなアルキル置換基もしくはアリル置換基を示す。たとえば，R がフェニル基，R′が水素，糖が二糖類の一つである β-ゲンチオビオース（β-gentiobiose）からなる化合物はアミグダリン（amygdalin）とよばれ，アーモンド，アプリコット，モモに広く含まれる含シアン配糖体である。

のテルペン類を放出することによって，その毛虫の天敵を呼び寄せる。明らかに，野生のタバコやその他の植物は，葉に対してどのような害虫が今，食害をおこしているのかを判断し，それに適した防御策を講じているのである。葉食動物がどのような葉食攻撃をしているのかということが，どのような補食者がいるのかというシグナルとなって，それに抵抗するために最適の化学物質を放出して身を守っているのである。近年，トウモロコシの葉を食している毛虫の唾液に含まれる脂肪酸とアミノ酸が結合した化合物が，噛み切られた葉にかかることで，防御作用を示すテルペン類の合成が誘導されることが示されている。

青酸（含シアン）配糖体から有毒なシアン化水素が発生する

アルカロイドのほかにも種々の窒素を含む防御化合物が植物に見い出されている。これらの化合物は，青酸（含シアン）配糖体（cyanogenic golycosides）とグルコシノレート（glucosinolates，芥子油配糖体）の二つに大別される。これらはそのままでは毒性がないが，植物が補食などによってその細胞が破壊されたときに，部分分解がおこって，揮発性の有毒成分が生成される。青酸配糖体からは有毒ガスとしてよく知られているシアン化水素（HCN）が発生する。

植物における青酸配糖体の分解には，二つの酵素的なステップがある。青酸配糖体を合成する植物種はまた，これを糖と遊離の HCN に加水分解するのに必要な酵素を合成して有している。

1. 第一ステップの反応において，配糖体化合物より糖を切り離す酵素であるグリコシダーゼ（glycosidase）によって，糖が切り離される。
2. 第二ステップとして，α-ヒドロキシニトリル（α-hydroxynitrile）もしくはシアノヒドリン（cyanohydrin）とよばれる加水分解物が生じ，さらにこれがゆっくりと自動的に分解されることによって HCN が遊離されてくる。この第二ステップはヒドロキシニトリルリアーゼ（hydroxynitrile lyase）の働きによって促進される。

青酸配糖体は，無傷の植物体内においては通常分解されることはない。これはこの配糖体とこれを分解する酵素とが，細胞内の異なった細胞内小器官内に局在化（コンパートメント，compartment）されていたり，異なった組織に分かれて蓄積し，存在しているためである。たとえば，ソルガム（sorghum，モロコシ）において，青酸配糖体であるドゥーリン（dhurrin）は表皮細胞の液胞内に存在しており，一方，加水分解酵素やヒドロキシニトリルリアーゼは葉肉細胞に存在している（Poulton 1990）。

通常の条件下では，このコンパートメンテーションによって青酸配糖体の分解はおこらない。しかし，たとえば補食者が噛むことなどによって葉が傷ついたりすると，異なった葉の組織の細胞内容物が混じり合うため，酵素が青酸配糖体に働くようになり，HCN が形成される。青酸配糖体は植物界に広く分布しており，特にマメ科植物，牧草，バラ科の特定の種の植物によく見い出される。

この青酸配糖体が，これを含む植物において防御機構としての役割を果たしているのは間違いない。HCN は即効性の毒として，金属タンパク質，たとえばミトコンドリアにおける呼吸鎖の鍵酵素である鉄を含むシトクロム・オキシダーゼ（cytochrome oxidase）の活性を阻害する。青酸配糖体は，昆虫のみならず，カタツムリやナメクジのようなその他の捕食者に対しても，その補食から身を守る役割を果たしている。しかし他の二次代謝産物においてもそうであったように，青酸配糖体を含む植物に適応している捕食者が存在しており，その捕食者は，かなりの量の HCN に対して耐えることができる。

炭水化物含量の高いキャッサバ（cassava, *Manihot esculenta*）の塊根は，多くの熱帯地域の国々において主要農産物となっているが，一方で高濃度の青酸配糖体を含んでいる。伝統的なキャッサバ塊根の処理方法である，砕いて，すり下ろして，水にさらして，乾燥させることによって，キャッサバ塊根に含まれる青酸配糖体のほとんどが除去され，分解される。しかし，これらキャッサバ塊根を主食としている地域において，慢性的にシアンを食することによって，軽度とはいえ手足の運動麻痺を発症している人が蔓延している。これは伝統的な除毒方法では，キャッサバから青酸配糖体を完全に

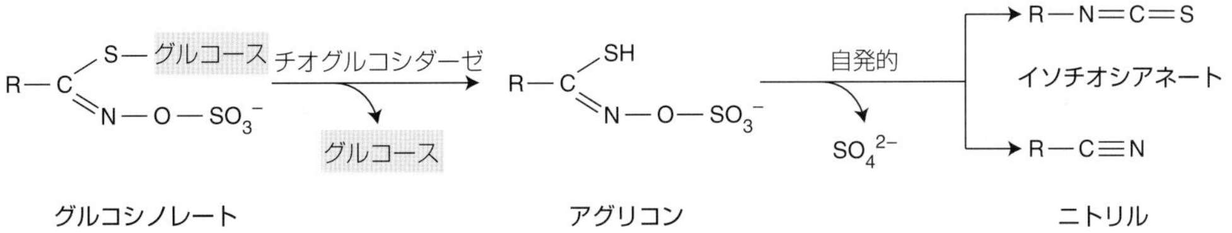

図 13.21　グルコシノレートの加水分解によるカラシ臭のする揮発成分の放出反応。Rはさまざまなアルキル置換基もしくはアリル置換基を示す。たとえば，RがCH_2＝CH—CH_2^-の物質はシニグリン（sinigrin）とよばれ，黒カラシ（black mustard）の種子や西洋ワサビ（horseradish）の根の主要なグルコシノレート成分である。

は除去できないからである。さらにキャッサバ塊根を食している多くの人々は栄養失調であるため，青酸配糖体の悪影響がさらに深刻化している。

現在，キャッサバの塊根おける青酸配糖体の含量を低下させるため，従来の育種法とともに遺伝子組換え技術を用いた方法によって品種改良がなされている。しかし，キャッサバ塊根のもう一つの利点である害虫がたかることなく非常に長期間にわたって保存できるのは，キャッサバ塊根が青酸配糖体を含んでいるからであり，青酸配糖体を完全になくすことは，逆にこの優れた保存性を失うことになってしまうであろう。

グルコシノレート（芥子油配糖体）は揮発性の毒を放出する

第二の植物における防御配糖体であるグルコシノレート（glucosinolates），あるいは芥子油配糖体（mustard oil glycosides）においても，この配糖体が分解されることによって揮発性の防御化合物が生成される。グルコシノレートは，主にアブラナ科植物およびこれに近縁の植物種に見い出され，キャベツ，ブロッコリーやラディッシュといった野菜の香りと味を醸し出している。

このマスタード臭のする揮発成分は，グルコシノレートがチオグルコシダーゼ（thioglucosidase）やミロシナーゼ（myrosinase）とよばれる加水分解酵素によって硫黄原子からグルコースがはずされるところから合成が始まる（図13.21）。生じたアグリコンから，糖が付加していたところとは別の位置にある硫酸イオンが自動的にはずれ，加水分解の条件に応じて，イソチオシアネート（isothiocyanate）やニトリル（nitrile）などの，からみのある臭いを発し，化学的に反応性の高い物質が生じる。これらの生成物は補食者にとって毒性があり，また補食するのを忌避させ，防御化合物としての役割を果たしている。青酸（含シアン）化合物と同様，グルコシノレートは植物体内において，その加水分解酵素とは違う部位に局在して蓄積されており，植物が噛み砕かれるなどして破壊されたとき，これが酵素と出会うことで反応がおこる。

他の二次代謝産物と同様，ある種の動物はグルコシノレートに適応していて，これを含む植物を食べても病徴を示さない。モンシロチョウのような適応した補食者にとって，グルコシノレートはしばしば補食や卵を産み付けるのを刺激する物質として作用しており，グルコシノレートが加水分解されて生じるイソチオシアネートは，これら捕食者に対する揮発性の誘因物質として作用している（Renwick et al. 1992）。

近年の植物防御機構におけるグルコシノレートについての研究は，北米およびヨーロッパにおける主要油種子作物であるナタネやカノーラ（菜種油をとるために品種改良されたナタネの一品種）（*Brassica napus*）に集中している。育種家は，菜種種子中のグルコシノレート含量が少なく，油を絞った油かす（これは家畜の飼料として利用されている）に含まれるタンパク質含量の高い品種を得ようとして努力している。最初に得られた低グルコシノレート品種は，野外ほ場での作付け試験をしたところ，重篤な害虫被害にあって生存することすらできなかった。しかし近年開発された品種は，種子中のグルコシノレート含量は低いものの，葉のグルコシノレート含量は高く保たれていて，害虫に対する抵抗性を有しており，さらに飼料となる油かすのタンパク質含量も高いものとなっている。

非タンパク質性アミノ酸は捕食者に対する防御化合物となっている

植物も動物も，同じ20種類のアミノ酸を使ってタンパク質を合成している。しかし，多くの植物はまた**非タンパク質性アミノ酸**（nonprotein amino acids）とよばれる珍しい構造のアミノ酸を有しており，これらはタンパク質合成に用いられることなく，細胞内において遊離の状態で存在していて，防御化合物としての役割がある。非タンパク質性アミノ酸の性質は，一般的なタンパク質性アミノ酸とよく似ている。たとえば，カナバニン（canavanine）はアルギニンの類似体であり，アゼチジン-2-カルボキシル酸（azetidine-2-carboxylic acid）は，プロリンに非常によくその構造が似ている（図13.22）。

非タンパク質性アミノ酸は，さまざまな機作によって毒性

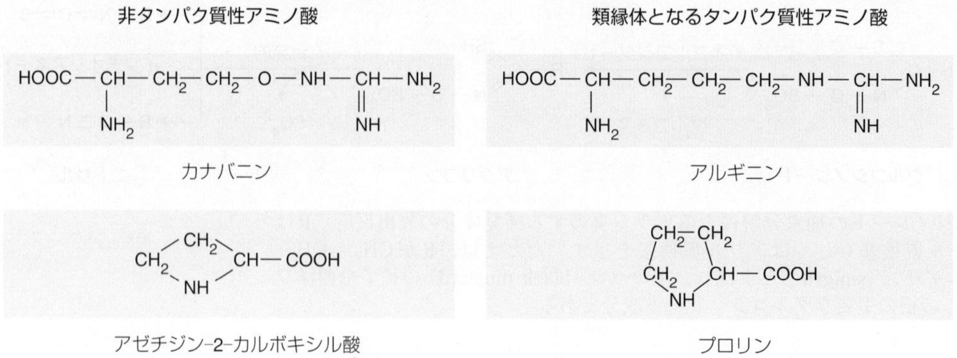

図 13.22　非タンパク質性アミノ酸と，それに対する類似体となるタンパク質性アミノ酸。非タンパク質性アミノ酸は，植物細胞においてはタンパク質に取り込まれることなく，遊離の状態で植物細胞内に存在しており，捕食者に対する防御化合物となっている。

を示す。あるものはタンパク質性アミノ酸の合成や輸送を阻害する。そのほか，カナバニンのようにタンパク質に間違えて取り込まれることによって，タンパク質合成を阻害する。捕食者の消化器官より吸収された後，カナバニンは，アルギニンを認識してこれを転移RNA分子に結合する酵素によって認識され，この転移RNA分子に結合されてしまい，タンパク質合成において，アルギニンが取り込まれる部位にカナバニンが取り込まれてしまう。このためタンパク質の3次構造が乱れ，また活性部位も壊れてしまうため，このようなタンパク質は機能をなさなくなってしまう。カナバニンはアルギニンより塩基性が低いため，基質との結合や触媒反応が変わってしまい，酵素としての活性がまったく変わってしまう（Rosenthal 1991）。

非タンパク質性アミノ酸を合成する植物は，これら物質の毒性に感受性がないわけではない。タチナタマメ（jack bean, *Canavalia ensiformis*）は種子に大量のカナバニンを合成し，蓄積しているが，タンパク質合成系はカナバニンとアルギニンを分別することができており，種子のタンパク質にカナバニンを取り込むようなことはない。非タンパク質性アミノ酸を含む植物を食するある種の昆虫においても，同様に生化学的な適応が生じており，タンパク質合成を乱されることなく，生きている。

ある種の植物タンパク質は捕食者の消化を阻害する

非常に多岐にわたる植物の防御化合物の一つとして，捕食者の消化機能を阻害するタンパク質がある。たとえば，ある種のマメ科植物はα-アミラーゼ・インヒビター（α-amylase inhibitors）を合成しており，これはデンプン分解酵素であるα-アミラーゼの活性を阻害する。その他の植物が合成するものとして**レクチン**（lectins）がある。これは炭水化物もしくは炭水化物を含むタンパク質に結合するタンパク質であり，これを捕食者が食べると，その消化器官の上皮細胞に結合し，栄養分の吸収を妨げる（Peumans and Van Damme 1995）。

植物がもつ抗消化性タンパク質として，もっともよく知られているものがプロテイナーゼ・インヒビター（proteinase inhibitors）である。これらはマメ科植物，トマト，その他の植物が有しており，捕食者のタンパク質分解酵素の活性を阻害する。これらが捕食者の消化器官に入ると，トリプシン（trypsin）やキモトリプシン（chymotrypsin）のようなタンパク質加水分解酵素の活性部位に特異的に強く結合してしまうため，タンパク質分解ができなくなる。これらプロテイナーゼ・インヒビターを含む植物を食している昆虫は，これらを常食とするとタンパク質の分解が阻害されるため，アミノ酸の吸収ができなくなり，成長や発生が遅くなってしまう。

プロテイナーゼ・インヒビターが捕食者からの防御に効いていることについては，遺伝子組換えタバコを用いた実験によって実証されている。プロテイナーゼ・インヒビターを高含量蓄積するようになった遺伝子組換えタバコは，非遺伝子組換えタバコに比べ，昆虫からの補食によるダメージを受けにくくなっていた（Johnson et al. 1989）。

補食による傷害は複雑なシグナル伝達を引きおこす

プロテイナーゼ・インヒビターやその他の防御化合物は，常に植物体内に存在しているものではなく，補食者や病原菌からの攻撃を受けて初めてこれらの合成がおこる。トマトでは，昆虫による食害がなされると，最初にその食害のダメージを受けた部分のみならず，そこから離れた食害を受けていない部分を含め，植物体全体にわたって，すみやかにプロテイナーゼ・インヒビターの蓄積が引きおこされる。このような若いトマトの植物体におけるプロテイナーゼ・インヒビター合成の誘導は，以下に示すような複雑な一連のイベントによって引きおこされる（図13.23）。

1. 傷害を受けたトマトの葉は，**プロシステミン**（prosys-

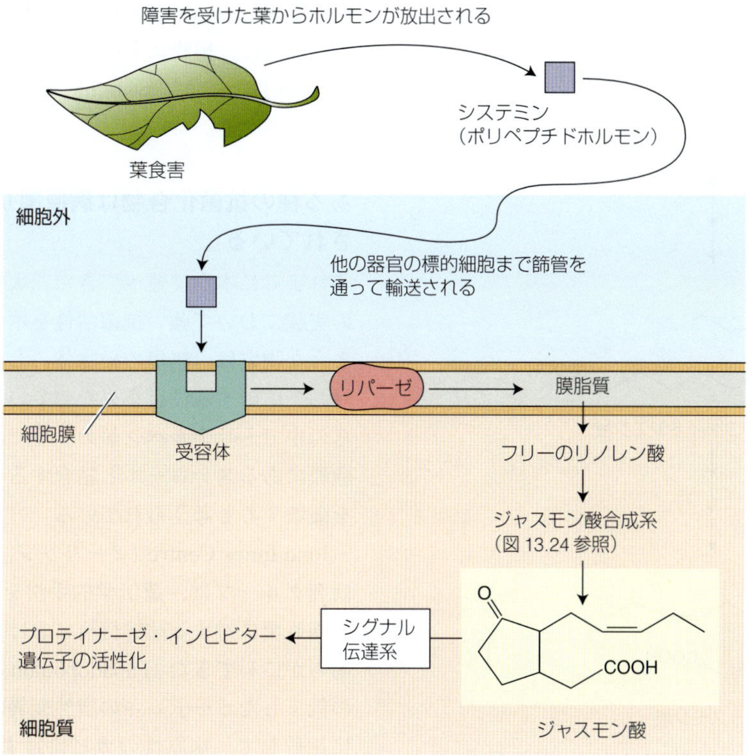

図 13.23　食害を受けたトマト植物体におけるプロテイナーゼ・インヒビターの合成誘導にかかわるシグナル伝達系の模式図

temin）という約200アミノ酸からなる高分子の前駆体タンパク質を合成する。

2. プロシステミンはプロテイナーゼによって限定分解され，18アミノ酸からなる短いポリペプチドである**システミン**（systemin）となる。これはこれまでのところ，植物において発見された唯一のペプチド・ホルモンである。
3. システミンは傷害を受けた細胞からアポプラストへ放出される。
4. システミンは傷害を受けた葉から篩管を通って輸送される。
5. 標的細胞において，システミンは細胞膜上にあると考えられている受容体に結合し，これによってジャスモン酸合成が誘導される。**ジャスモン酸**（jasmonic acid）は植物の成長に対して多岐にわたる作用を示す成長調節物質である（Creelman and Mullet 1997）。
6. 最終的にジャスモン酸はプロテイナーゼ・インヒビターをコードする遺伝子の発現を活性化する（図13.23）。アブシジン酸（abscisic acid：ABA），サリチル酸（salicylic acid），傷害を受けた細胞壁からできるペクチン断片などのその他のシグナルもまた，この傷害シグナル・カスケードに関わる一員として作用しているが，しかし，これらの各々の有する役割についてはいまだ明らかにされていない。

ジャスモン酸は多くの防御反応を活性化させる植物のストレス・ホルモンである

ジャスモン酸量は，さまざまな捕食者によるダメージに対して急激に上昇し，プロテイナーゼ・インヒビターのみならず，テルペン類やアルカロイドなどの植物のさまざまな種類の防御化合物の合成を開始する引き金となっている。ジャスモン酸の構造とその生合成は，哺乳動物におけるある種のエイコサノイド（eicosanoids）が引きおこす炎症反応やその他の生理的反応の過程と類似しているため，植物学者にとって非常に興味のあるものである（Webサイトの14章参照）。植物において，ジャスモン酸は，膜脂質から遊離したリノレン酸（linolenic acid）（18：3）から，図13.24に概略を示すような経路によって合成される。

ジャスモン酸は，植物の防御にかかわる代謝系の遺伝子の発現を誘導することが知られている。この遺伝子の活性化機構について，徐々に明らかにされてきている。たとえば，近年の研究において，悪性リンパ腫に高い薬効を示すビンカアルカロイドを作っているニチニチソウ（*Catharanthus roseus*）から，このアルカロイド合成に関わる酵素遺伝子群のうちのいくつかの遺伝子に対し，ジャスモン酸によってそれらの発

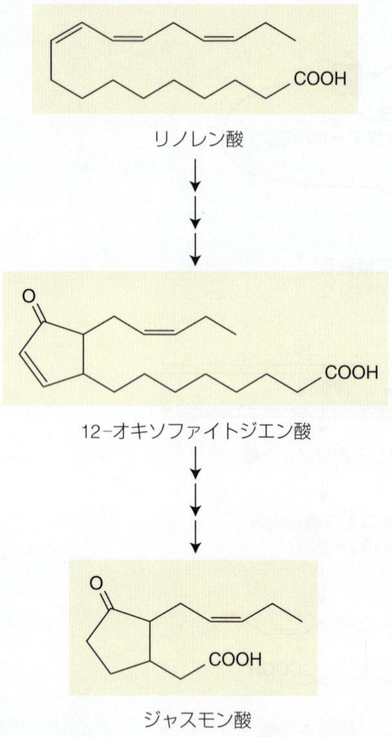

図 13.24 リノレン酸（linolenic acid）からジャスモン酸（jasmonic acid）への合成経路

現を活性化する転写調節因子が見い出されている（van der Fits and Memelink 2000）。興味あることに，この転写調節因子はまた，アルカロイド合成のための前駆体を合成するのに必要な一次代謝経路の遺伝子群の発現も活性化しており，ニチニチソウにおける抗腫瘍性化合物合成代謝系の主制御因子であると思われている。

ジャスモン酸が昆虫に対する抵抗性において重要な役割を果たしていることを直接的に示したのが，シロイヌナズナの突然変異体を用いた研究である。ジャスモン酸合成系の突然変異体は，野生型のシロイヌナズナにはふつうは何の被害も与えないある種のブヨのような害虫によって，あっけなくやられてしまう。しかし，この突然変異体にジャスモン酸を投与すると，野生型とほぼ同じレベルにまで抵抗性が戻ることが示されている。

植物の病原菌に対する防御機構

動物のような免疫系がないのにもかかわらず，驚くべきことに，植物は環境中にいるカビ，バクテリア，ウイルスや線虫によって引きおこされる病気に対して抵抗性を有している。この節では，植物が進化の過程で獲得してきたさまざまな病気の感染に対する抵抗性の機構について，抗菌物質の合成や‘過敏感反応’（hypersensitive response）とよばれるプログラム細胞死（programmed cell death）（16章参照）も含め説明する。最後に，植物における免疫反応ともみなすことができる‘全身獲得抵抗性’（systemic acquired resistance：SAR）についても述べる。

ある種の抗菌化合物は病原菌が感染する前から合成されている

これまでに本章で述べてきた二次代謝産物のうち，試験管内の実験において強い抗菌活性を示す物がいくつかある。このような物質は，無傷の植物体において，病原菌からの感染に対して防御する役目を果たしていると考えられている。これらの中でトリテルペン類の一つであるサポニンは，カビの細胞膜にあるステロールと結合することによって，その細胞膜を破壊すると考えられている。

Jone Innes Centre（ノーリッジ，英国）の Anne Osbourn の研究グループは，遺伝学的手法を用いて，オートムギ（oat）の病原菌に対する防御機構におけるサポニンの役割について明らかにしてきた（Papadopoulou et al. 1999）。サポニン含量の低下したオートムギの突然変異体は，野生型のオートムギに比較して，病原性のカビに対する抵抗性が低下している。興味あることに，オートムギに住みついているカビのある株は，オートムギが有している主要サポニンの一つを解毒化することができる。しかし，このカビ株から得られたサポニンを解毒化できなくなった突然変異体のカビ株は，野生型のオートムギに感染できなくなるが，サポニン含量の低下した突然変異オートムギ株に対しては，その突然変異カビ株は感染し，生育することができる。

感染によって，さらなる抗菌機構が誘導される

ある種の防御機構は，捕食者からの攻撃や微生物の感染によって誘導される。常に防御のための化合物を作りつづけているよりも，最初の補食によるダメージがあった後にのみ，すみやかに防御機構が誘導されて，その防御のための化合物が合成される方が，植物が有している限られた物質やエネルギーを効率よく利用していく，という側面から見たとき，有利であることは間違いない。プロテイナーゼ・インヒビターなどの合成も含め，防御機構の誘導は，複雑なシグナル伝達のネットワークによって引きおこされ，多くの場合，この過程においてジャスモン酸（jasmonic acid）が重要な役割を果たしている。

病原菌の感染後，植物は侵入してきた微生物に対し，さまざまな防御戦略を展開する。一般的におこる防御は，**過敏感反応**（hypersensitive response）であり，これは感染部位のまわりの細胞がすぐさま死ぬことによって，病原菌への栄養源の補給を断ち切り，さらに病原菌を包囲することによって，他の部位への侵攻を防ぐ。過敏感反応作戦が成功すれば，病

原菌が侵略を試みた部分のみが小さな死んだ組織として残り，植物体のその他の部分にはなんの影響も残らない。

過敏感反応がおこるには，まず**活性酸素分子種**（reactive oxygen species）が生成されることが多い。感染がおこった近傍にいる細胞では，酸素分子が還元され，生物毒性の高いスーパーオキシド（$O_2^{\bullet -}$），過酸化水素（H_2O_2），ヒドロキシラジカル（•OH）が爆発的に生じる。この現象は酸化的（オキシダティブ）バースト（oxidative burst）とよばれている。細胞膜にあるNADPH−依存性オキシダーゼ（NADPH-dependent oxidase）が$O_2^{\bullet -}$を合成すると考えられており，これがついで•OHやH_2O_2に転換していく。

ヒドロキシ・ラジカルは，これら活性酸素分子種の中でももっとも強い酸化活性をもっており，さまざまな有機分子に対してラジカル反応を連鎖的に引きおこし，たとえば脂質の過酸化，酵素の失活，核酸の分解などを引きおこす（Lamb and Dixon 1997）。活性酸素分子は過敏感反応における細胞死の一因であり，また直接的に病原菌を殺菌する効果もあると考えられる。

多くの植物種において，カビや微生物の侵入に対して，リグニンやカロース（10章参照）が合成される。これらの高分子化合物は，侵入者に対して物理的な防護壁となり，侵入者を囲い込むことによって，植物体の他の部分へ侵入者が侵攻していくのを防ぐと考えられている。これに関連して細胞壁のタンパク質に修飾がおこる。細胞壁のある種のプロリン・リッチ・タンパク質は，病原菌の感染後，H_2O_2によって酸化的にクロスリンクされる（図13.25）（Bradley et al. 1992）。これによって侵入者が入り込もうとしている部分の細胞壁が物理的に強固になり，微生物による消化に対しても抵抗性が高まる。

感染によって生じるもう一つの防御反応として，病原菌の細胞壁に対して攻撃をしかける加水分解酵素の生成がある。グルカナーゼ（glucanases），キチナーゼ（chitinases）やその他の病原菌の細胞壁を分解する一連の加水分解酵素は，カビの侵入によって誘導される。*N*-アセチルグルコサミン（*N*-acetylglucosamine）残基を有する高分子であるキチン（chitin）はカビの細胞壁の主要成分である。これらの一連の加水分解酵素群は，微生物の感染によって誘導される**PR**（pathogenesis-related）**タンパク質**の一員として知られている。

ファイトアレキシン　微生物やカビの侵入に対しておこる防御反応として，もっともよく研究されているのが**ファイトアレキシン**（phytoalexins）の合成である。ファイトアレキシンは，さまざまな化学構造を有するが，強い抗菌活性を有し，感染部位周辺に蓄積される一群の二次代謝産物のことをいう。

ファイトアレキシンの合成は，病原性微生物に対する防御機構として，さまざまな植物種において広く見られる現象である。しかし，植物種ごとにファイトアレキシンとしての作用を示す二次代謝産物は異なっている。たとえば，イソフラボンはマメ科植物において共通したファイトアレキシンであるが，ジャガイモやタバコ，トマトなどのナス科植物（Solanaseae）においては，種々のセスキテルペンがファイト

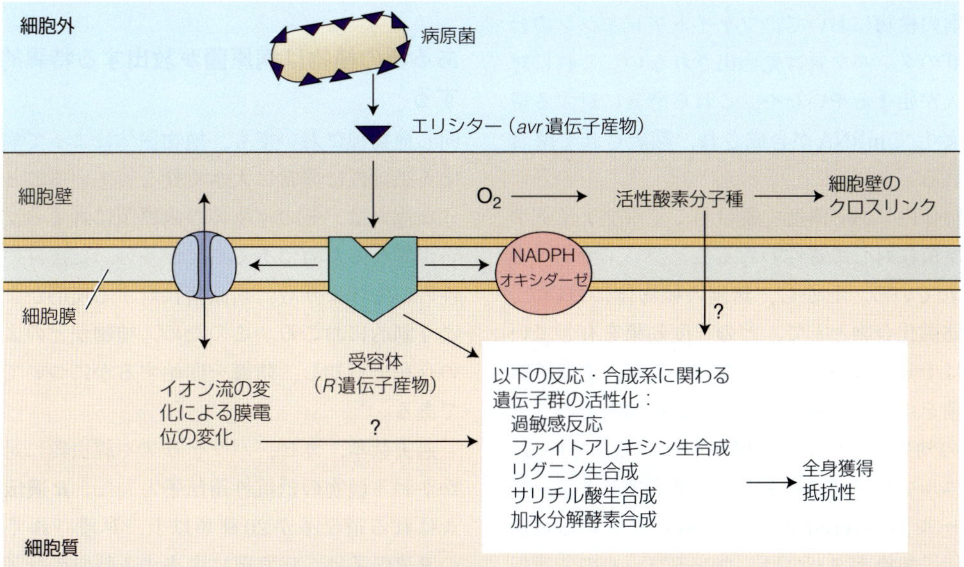

図 13.25　病原菌感染によって誘導されるさまざまな抗菌防御機構の過程。エリシター（elicitors）とよばれる病原菌が有する構成成分の断片の分子が，複雑なシグナル伝達系をへて防御機構を活性化している。ある種の病原菌由来のタンパク質性のエリシターは，直接，植物細胞内に入り，植物の*R*遺伝子産物と相互作用する。

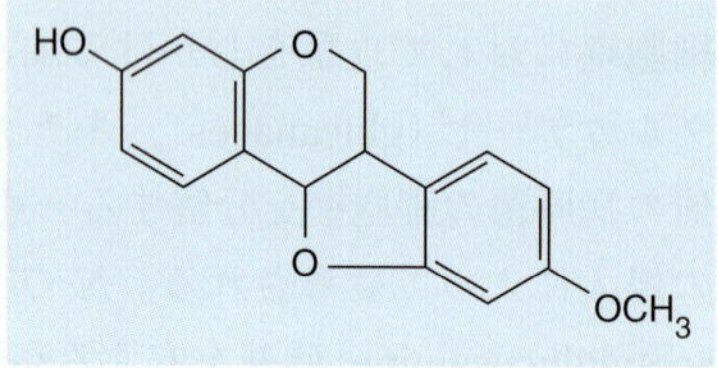

メディカルピン（アルファルファ由来）

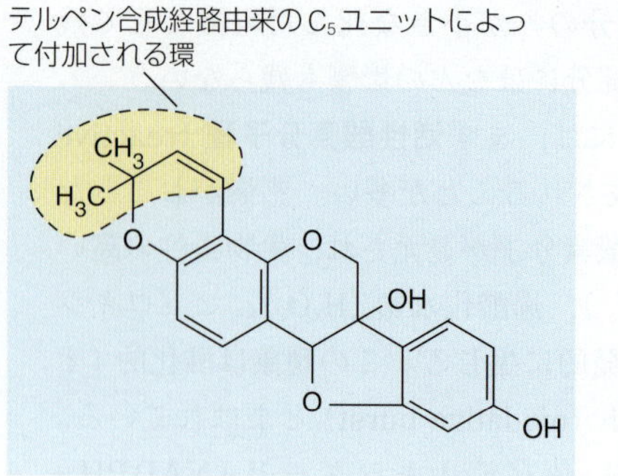

グリセロリンⅠ（ダイズ由来）

マメ科植物由来のイソフラボノイド類

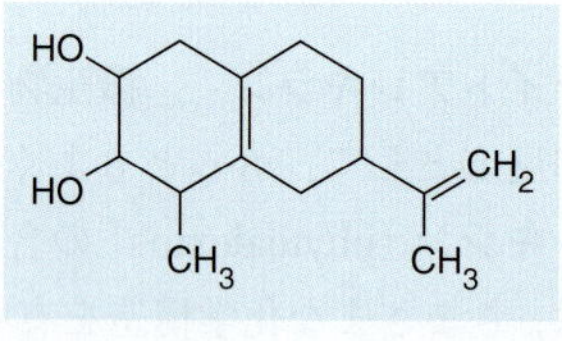

リシチン（ジャガイモ，トマト由来）

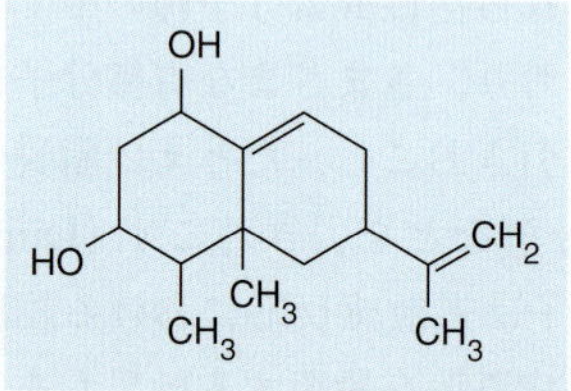

カフシジオール（トウガラシ，タバコ由来）

ナス科植物由来のセスキテルペン類

図 13.26　ファイトアレキシン（phytoalexins）の化学構造の一例。抗菌作用を有する二次代謝産物であり，感染後に迅速に合成される。

アレキシンとして合成される（図 13.26）。

ファイトアレキシンは，一般的には感染前の植物体内においては検出されず，微生物からの攻撃が始まるやいなや，急激にファイトアレキシンを合成する代謝経路が新たに活性化され，合成される。この発現は，一般的にこの合成に関わる酵素に対する遺伝子の発現の誘導によって制御されている。このため，感染前の植物において，ファイトアレキシンの合成に関わる酵素群のタンパク質は見い出されない。これに対し，微生物の侵入が始まるやいなや，これら酵素に対する遺伝子の転写が開始して mRNA が合成され，翻訳されて酵素が新たに合成される。

たしかに，植物体内にある濃度で蓄積してくるファイトアレキシンは，病原菌に対して毒性のあることがバイオアッセイによって示されている。しかし，無傷の植物体において，これらの物質が防御化合物として，どの程度効果を有しているのかについては十分にはわかっていない。近年，遺伝子組換え植物と病原菌を用いた実験によって，植物体内でのファイトアレキシンの効果について実証例が示されてきている。たとえば，フェニルプロパノイド系のファイトアレキシンであるレスベラトール（resveratrol）の生合成にかかわる遺伝子を導入した遺伝子組換えタバコは，コントロールの非遺伝子組換えタバコよりもカビの感染に対して抵抗性が非常に高まっていることが示された（Hain et al. 1993）。これに対し，トリプトファン由来のファイトアレキシンであるカマレキシン（camalexin）を欠失したシロイヌナズナの突然変異体は，野生型よりもカビに感染されやすくなっている。その他の実験として，ファイトアレキシン分解酵素遺伝子を導入した遺伝子組換え植物は，非遺伝子組換え植物では抵抗性を示す病原菌に対し抵抗性がなくなり，感受性となってしまうことが示されている（Kombrink and Somssish 1995）。

ある種の植物は病原菌が放出する特異的な物質を認識する

同じ植物種においても，植物個体によって病原性微生物に対する抵抗性は非常に大きく異なっていることが多い。このような違いは，その植物体の病原菌に対する反応の速さと度合いが異なるためであることが多い。抵抗性の植物体は，感受性の植物体よりも，病原菌に対する反応がより速く，しかもより劇的におこる。このため，植物がどのようにして病原菌の存在を察知し，防御を開始するかについて知ることは重要である。

過去数年，カビ，バクテリアや線虫類に対する防御反応にかかわる植物の抵抗性遺伝子として，***R* 遺伝子**（*R* genes）とよばれる遺伝子が 20 種類以上，単離されてきた。ほとんどの *R* 遺伝子は，病原菌に由来する特定の分子種を認識して結合する受容体タンパク質をコードしている。特定の分子が受容体に結合することによって，植物は病原菌の存在を察知している（図 13.25）。この病原菌特異的分子種は**エリシター**

(elicitors) とよばれ，その実体は病原菌の細胞壁や外膜，さらに分泌物に含まれるタンパク質，ペプチド，ステロールや多糖類などである。

*R*遺伝子産物であるタンパク質のほとんどすべてにおいて，そのアミノ酸配列の中に，ロイシンに富む領域（ドメイン，domain）が不完全な形で何度か反復しているのが見い出される（Webサイトの14章参照）。このようなドメインはエリシターとの結合にかかわり，病原菌の認識に関わる部位であると考えられる。さらに*R*遺伝子産物は，病原菌に対するさまざまな防御機構を活性化するために必要なシグナル伝達を開始させるものである。ある種の*R*遺伝子産物であるタンパク質には，ATPもしくはGTPを結合するヌクレオチド結合部位が見い出されており，その他，プロテイン・キナーゼ領域も見い出されている（Young 2000）。

*R*遺伝子産物は，細胞内の一部の場所にのみ局在するのではなく，あるものは細胞膜の外に存在しており，このためエリシターをすばやく検知するのに役立っている。そのほか，細胞質中に存在するものは，細胞内に入り込んだ病原菌由来の分子を認識するとともに，病原菌感染によって生じた代謝的な変化を認識する。*R*遺伝子は植物においてもっとも大きな遺伝子ファミリーの一つを形成しており，植物ゲノム内において遺伝子クラスターとなって，まとまって存在していることが多い。*R*遺伝子が遺伝子クラスターをなしていることで，染色体間における遺伝子の転座や遺伝子交換によって，多様な*R*遺伝子を生み出すのに役立っていると考えられている。

植物病理学の研究から，植物と病原菌株との間には複雑な宿主–病原体相互関係のあることが明らかになってきている。ある植物は，ある種の病原菌株に感受性であっても，その他の株に対しては抵抗性を示すのが，ふつうである。この特異性は，宿主の*R*遺伝子産物と，病原菌において特異的なエリシターをコードしていると考えられている***avr*** (avirulence) **遺伝子**の産物との間の相互作用によって決まっていると考えられている。現在の考え方によれば，抵抗性が確立されるには，病原菌において感染を促進する因子をコードしている*avr*遺伝子の産物であるエリシターが，宿主である植物におけるそれに対する受容体である*R*遺伝子産物によって，迅速に認識されることが必須であるとされている。

エリシターに曝されることによって，シグナル伝達のカスケードが誘導される

病原菌が感染して数分もたたないうちに，エリシターは*R*遺伝子産物によって認識され，複雑なシグナル伝達経路が始まり，防御反応が順次引きおこされていく（図13.25）。このシグナル伝達カスケードにおいて，一般的に，いち早くおこる現象が，細胞膜のイオン透過性が一過的に変化することである。*R*遺伝子が活性化されることによって，Ca^{2+}イオンとH^+イオンが細胞内に流入し，K^+イオンとCl^-イオンが細胞外に流出する（Nürnberger and Scheel 2001）。Ca^{2+}イオンの流入は，すでに述べた防御機構の一つとして直接作用する酸化的バーストを引きおこし，さらにその他の防御反応の引き金となる。病原菌感染によって引きおこされるその他のシグナル伝達経路として，一酸化窒素，細胞分裂促進タンパク質（mitogen–activated protein：MAP）キナーゼ，カルシウム依存性プロテイン・キナーゼ，ジャスモン酸，さらに次の節で述べるサリチル酸がその経路のメンバーとなっている。

病原菌に遭遇したというシグナルによって，さらなる病原菌からの攻撃に対する抵抗性が増してくる

植物体の一部に病原菌が感染しても，防御機構が働いて植物体として死なずにすんだ場合，これが引き金となって，植物体全体にわたって，次にくる病原菌からの攻撃に対してより抵抗性が高まるとともに，さらにさまざまな多種類の病原菌に対する抵抗性が出てくる。この現象は**全身獲得抵抗性**（systemic acquired resistance：SAR）とよばれ，この抵抗性は最初の感染から数日間にわたって持続する（Ryals et al. 1996）。全身獲得抵抗性によって，これまでに述べてきたようなキチナーゼや加水分解酵素を含め，ある種の防御化合物の量が増大することがおこる。

全身獲得抵抗性が，どのようにして誘導されるのかについてはいまだ不明であるが，これを引きおこす生体内におけるシグナルの一つとして**サリチル酸**（salicylic acid）があると考えられている。サリチル酸は安息香酸誘導体の一つであるが，その量は，最初に病原菌からの攻撃を受けて感染が生じた部位において劇的に増加しており，サリチル酸自体はその部位から移動していかないものの，これが植物体のその他の部位における全身獲得抵抗性の確立に必要であると考えられている（図13.27）：

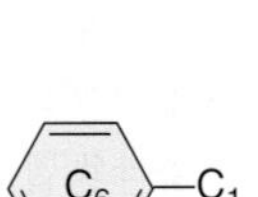

近年の研究によって，サリチル酸に加え，そのメチルエステルであるメチルサリチル酸（methyl salicylate）が，揮発性物質として全身獲得抵抗性を引きおこすシグナル物質として，病原菌が感染した植物体の離れた部位へのシグナル伝達のみならず，近くに成育する植物体へ，感染を受けたことのシグナルを伝達していることが示唆されている（Shulaev et al. 1997）。多くの動物が有している免疫系を植物は欠いているにもかかわらず，植物は病気を引きおこす微生物から身を守る精巧な防御機構を発達させてきたのである。

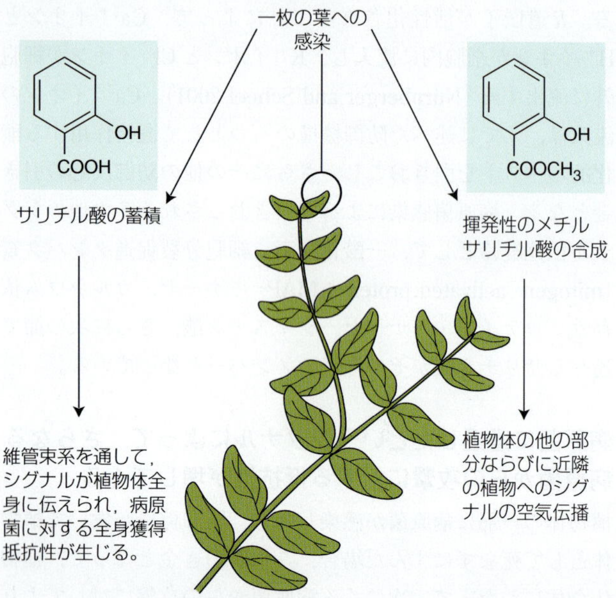
一枚の葉への
感染
OH
COOH
サリチル酸の蓄積
OH
COOCH3
揮発性のメチル
サリチル酸の合成
維管束系を通して，
シグナルが植物体全
身に伝えられ，病原
菌に対する全身獲得
抵抗性が生じる。
植物体の他の部
分ならびに近隣
の植物へのシグ
ナルの空気伝播

図 13.27 最初の病原菌の感染によって，全身獲得抵抗性が誘導され，さらなる病原菌からの攻撃に対して抵抗性を増す過程

まとめ

植物は，その成長や分化の過程になんら明確な直接的な役割を果たしているとは考えられない非常に多岐にわたるさまざまな物質を合成している。これらの物質は，二次代謝産物とよばれている。科学者は，試験管内におけるこれら化合物の毒性や草食動物や微生物に対する忌避作用から，これら化合物には捕食者や病原菌から身を守る役目があると，長年にわたり考えてきた。近年，分子生物学的手法により作り出された二次代謝系改変植物体を用いた研究によって，その防御の役割について確認されつつある。

これら二次代謝産物は，テルペン類，フェノール性化合物，含窒素化合物の三つの大きなグループに分類される。テルペン類は五つの炭素からなるイソプレン単位から構築されており，多くの捕食者に対する毒性物質もしくは忌避物質となっている。

フェノール性化合物は，一次代謝系の一つであるシキミ酸経路由来の化合物から合成され，植物において重要な役割を果たしている。リグニンは細胞壁の機械的強度を高めており，またフラボノイド色素は有害な紫外線照射から身を守り，さらに花粉を運ぶ生物や種子を分散させてくれる生物を集める役割がある。リグニン，フラボノイドやその他のフェノール性化合物は，捕食者や病原菌に対する防御化合物としての役割もある。

第三のグループである含窒素二次代謝産物は，主にタンパク質性のアミノ酸から合成されている。アルカロイド，青酸（含シアン）配糖体，グルコシノレート（芥子油配糖体），非タンパク質性アミノ酸やプロテイナーゼ・インヒビターのような化合物は，さまざまな草食動物に対する植物の防御化合物としての役割を果たしている。

植物は，病原性微生物に対して，さまざまな防御機構を進化の過程で獲得してきた。抗菌性のある二次代謝産物の合成のほかに，ある防御機構は感染を待ち受けて常に効果を発揮し，またある防御機構は感染によって誘導される。その他の防御機構として，病原菌の植物体内への侵入と拡散を防ぐ物理的障壁としての高分子の合成や，病原菌の細胞壁を分解する酵素の合成などがある。さらに，植物は病原菌を特異的に認識し，そのシグナルを伝達する機構を有しており，これによって病原菌の侵入を察知し，さまざまな防御機構を稼働させる。ある植物種において，一度感染が生じると，次にくる微生物からの攻撃に対して，あたかも動物における免疫機構のように，これを迎え撃つ機構が働く。

何千万年の時間をかけ，植物は捕食者や微生物からの攻撃に対する防御機構を確立してきた。高い防御機構を有した植物の方が，防御機構が脆弱な植物よりもより生存率が高くなるため，より防御効果の高い化合物を作る能力が，植物界に広く確立してきた。これに対し，多くの捕食者や微生物は，これら防御機構をかいくぐる能力，二次代謝産物を含む植物を食べられるようになる能力，あるいは感染できるようになる能力を進化させてきた。そこで，これら捕食者および病原菌に対し，さらなる抵抗性を生み出すような新たな物質を，植物は進化の過程で作り出してきた。

植物二次代謝産物の研究は，実用上の側面からも進められてきた。捕食者や微生物に対する生理活性があるため，これら物質の多くは，商業的に殺虫剤や防カビ剤などの薬剤として用いられてきた。一方，その他にも，香り，薬味，医薬品，工業原料としても利用されてきた。農作物の二次代謝産物の量を増加させる育種によって，コストがかかるとともに，潜在的な有害性が疑われる殺虫剤の使用を，低下させられる可能性が出てきた。しかし，ある場合には，農作物として，原種において存在していた二次代謝産物のレベルを下げることによって，人や家畜に対する毒性を最低限にまで抑えるための育種も必要とされてきたのである。（訳者注；原著者は植物における二次代謝産物の役割について，防御化合物としての役割，花粉を運ぶ昆虫や種子を運ぶ動物を誘引する役割を指摘しており，このような物質を合成する代謝系として二次代謝系が進化の過程で生じてきたと述べている。しかし，植物における生理学的・生態学的な意義や役割がまったく認められない二次代謝産物も多数存在している。たとえば，p.305において述べられているニチニチソウに含まれる悪性リンパ腫に高い薬効を示すビンカアルカロイドの含量は非常に低く微量であるため，ニチニチソウにとってビンカアルカロイドが昆虫や哺乳動物に対する防御化合物の役割を果たしているとは考えにくい。それではこのような現在における生理学的・生態学的な意義や役割がまったく認められない二次代謝産物を，なぜ植物が合成しているのか？ これはおそらく進化の過程のある一時期において，このような物質を合成していた植物が生存競争のうえで有利だった。たとえば，太古の昔に大きく開いていたオゾンホールから降り注ぐ強い紫外線から身を守るのに役立った，あるいは恐竜に対して強い毒性があったため，恐竜に補食されることから身を守るのに役立った。しかし，現在において，オゾンホールは小さくなり，恐竜は絶滅してしまい，いまやこのような物質を合成する必要はなくなったのだが，いまだにその代謝系が残っていて，その産物が蓄積しているものと考えられている。ヒトにおいて，サルから進化して，もはや必要なくなったはずの尻尾が尾てい骨という進化における痕跡器官として残っているのと同様，ある種の植物の二次代謝系は，進化における「痕跡代謝系」と考えられている。)

Webマテリアル

Webトピック

13.1　さまざまなテルペン類の構造
何種類かのテルペン類の構造を示してある。

13.2　シキミ酸経路
芳香族アミノ酸やフェノール化合物の前駆体を生合成するシキミ酸経路について記してある。

13.3　高分子リグニンの一部の詳細な化学構造
シダノハブナ（*Fagus sylvatica*）のリグニン分子の模式的な部分構造について記してある。

Webエッセイ

13.1　二次代謝産物の機能の解明
野生のタバコにおいて，アルカロイドとテルペン類が捕食者に対する防御化合物となっている。

13.2　植物に共生してアルカロイドを生産するカビ
植物に寄生しているカビが植物の成長を促進し，さまざまなストレスに対する抵抗性を高め，捕食者に対して「防御共生者」となっている。

参考文献

Aerts, R. J., and Mordue, A. J. (1997) Feeding deterrence and toxocity of neem triterpenoids. *J. Chem. Ecol.* 23: 2117–2132.

Boller, T. (1995) Chemoperception of microbial signals in plant cells. *Annu. Rev. Plant Physiol. Plant Mol. Biol.* 46: 189–214.

Bradley, D. J., Kjellbom, P., and Lamb, C. J. (1992) Elicitor- and wound-induced oxidative cross-linking of a proline-rich plant cell wall protein: A novel, rapid defense response. *Cell* 70: 21–30.

Butler, L. G. (1989) Effects of condensed tannin on animal nutrition. In *Chemistry and Significance of Condensed Tannins*, R. W. Hemingway and J. J. Karchesy, eds., Plenum, New York, pp. 391–402.

Corder, R., Douthwaite, J. A., Lees, D. M., Khan, N. Q., Viseu dos Santos, A. C., Wood, E. G., and Carrier, M. J. (2001) Endothelin-1 synthesis reduced by red wine. *Nature* 414: 863–864.

Creelman, R. A., and Mullet, J. E. (1997) Biosynthesis and action of jasmonates in plants. *Annu. Rev. Plant Physiol. Plant Mol. Biol.* 48: 355–381.

Davin, L. B., and Lewis, N. G. (2000) Dirigent proteins and dirigent sites explain the mystery of specificity of radical precursor coupling in lignan and lignin biosynthesis. *Plant Physiol.* 123: 453–461.

Eigenbrode, S. D., Stoner, K. A., Shelton, A. M., and Kain, W. C. (1991) Characteristics of glossy leaf waxes associated with resistance to diamondback moth (Lepidoptera: Plutellidae) in *Brassica oleracea*. *J. Econ. Entomol.* 83: 1609–1618.

Felton, G. W., Donato, K., Del Vecchio, R. J., and Duffey, S. S. (1989) Activation of plant foliar oxidases by insect feeding reduces nutritive quality of foliage for noctuid herbivores. *J. Chem. Ecol.* 15: 2667–2694.

Gershenzon, J., and Croteau, R. (1992) Terpenoids. In *Herbivores: Their Interactions with Secondary Plant Metabolites*, Vol. 1: *The Chemical Participants*, 2nd ed., G. A. Rosenthal and M. R. Berenbaum, eds., Academic Press, San Diego, CA, pp. 165–219.

Gunning, B. E. S., and Steer, M. W. (1996) *Plant Cell Biology: Structure and Function of Plant Cells.* Jones and Bartlett, Boston.

Hain, R., Reif, H.-J., Krause, E., Langebartels, R., Kindl, H., Vornam, B., Wiese, W., Schmelzer, E., Schreier, P. H., Stoecker, R. H., and Stenzel, K. (1993) Disease resistance results from foreign phytoalexin expression in a novel plant. *Nature* 361: 153–156.

Hartmann, T. (1992) Alkaloids. In *Herbivores: Their Interactions with Secondary Plant Metabolites*, Vol. 1: *The Chemical Participants*, 2nd ed., G. A. Rosenthal and M. R. Berenbaum, eds., Academic Press, San Diego, CA, pp. 79–121.

Hartmann, T. (1999) Chemical ecology of pyrrolizidine alkaloids. *Planta* 207: 483–495.

Hatfield, R., and Vermerris, W. (2001) Lignin formation in plants. The dilemma of linkage specificity. *Plant Physiol.* 126: 1351–1357.

Herrmann, K. M., and Weaver, L. M. (1999) The shikimate pathway. *Annu. Rev. Plant Physiol. Plant Mol. Biol.* 50: 473–503.

Inderjit, Dakshini, K. M. M., and Einhellig, F. A., eds. (1995) *Allelopathy: Organisms, Processes, and Applications.* ACS Symposium series American Chemical Society, Washington, DC.

Jeffree, C. E. (1996) Structure and ontogeny of plant cuticles. In *Plant Cuticles: An Integrated Functional Approach*, G. Kerstiens, ed., BIOS Scientific, Oxford, pp. 33–85.

Jin, H., and Martin, C. (1999) Multifunctionality and diversity within the plant *MYB*-gene family. *Plant Mol. Biol.* 41: 577–585.

Johnson, R., Narvaez, J., An, G., and Ryan, C. (1989) Expression of proteinase inhibitors I and II in transgenic tobacco plants: Effects on natural defense against *Manduca sexta* larvae. *Proc. Natl. Acad. Sci. USA* 86: 9871–9875.

Karban, R., and Baldwin, I. T. (1997) *Induced Responses to Herbivory.* University of Chicago Press, Chicago.

Kessler, A., and Baldwin, I. T. (2001) Defensive function of herbivore-induced plant volatile emissions in nature. *Science* 291: 2141–2144.

Kombrink, E., and Somssich, I. E. (1995) Defense responses of plants to pathogens. *Adv. Bot. Res.* 21: 1–34.

Kondo, T., Yoshida, K., Nakagawa, A., Kawai, T., Tamura, H., and Goto, T. (1992) Structural basis of blue-color development in flower petals from *Commelina communis*. *Nature* 358: 515–518.

Lamb, C., and Dixon, R. A. (1997) The oxidative burst in plant disease resistance. *Annu. Rev. Plant Physiol. Plant Mol. Biol.* 48: 251–275.

Li, J., Ou–Lee, T.–M., Raba, R., Amundson, R. G., and Last, R. L. (1993) *Arabidopsis* flavonoid mutants are hypersensitive to UV–B irradiation. *Plant Cell* 5: 171–179.

Lichtenthaler, H. K. (1999) The 1–deoxy–D–xylulose–5–phosphate pathway of isoprenoid biosynthesis in plants. *Annu. Rev. Plant Physiol. Plant Mol. Biol.* 50: 47–65.

Logemann, E., Parniske, M., and Hahlbrock, K. (1995) Modes of expression and common structural features of the complete phenylalanine ammonia–lyase gene family in parsley. *Proc. Natl. Acad. Sci. USA* 92: 5905–5909.

Lunau, K. (1992) A new interpretation of flower guide colouration: Absorption of ultraviolet light enhances colour saturation. *Plant Sys. Evol.* 183: 51–65.

McConn, M., Creelman, R. A., Bell, E., Mullet, J. E., and Browse, J. (1997) Jasmonate is essential for insect defense in *Arabidopsis*. *Proc. Natl. Acad. Sci. USA* 94: 5473–5477.

Nürnberger, T., and Scheel, D. (2001) Signal transmission in the plant immune response. *Trends Plant Sci.* 6: 372–379.

Papadopoulou, K., Melton, R. E., Legget, M., Daniels, M. J., and Osbourn, A. E. (1999) Compromised disease resistance in saponin–deficient plants. *Proc. Natl. Acad. Sci. USA* 96: 12923–12928.

Pearce, G., Strydom, D., Johnson, S., and Ryan, C. A. (1991) A polypeptide from tomato leaves induces wound–inducible proteinase inhibitor proteins. *Science* 253: 895–898.

Peumans, W. J., and Van Damme, E. J. M. (1995) Lectins as plant defense proteins. *Plant Physiol.* 109: 347–352.

Poulton, J. E. (1990) Cyanogenesis in plants. *Plant Physiol.* 94: 401–405.

Renwick, J. A. A., Radke, C. D., Sachdev–Gupta, K., and Staedler, E. (1992) Leaf surface chemicals stimulating oviposition by *Pieris rapae* (Lepidoptera: Pieridae) on cabbage. *Chemoecology* 3: 33–38.

Rosenthal, G. A. (1991) The biochemical basis for the deleterious effects of L–canavanine. *Phytochemistry* 30: 1055–1058.

Ryals, J. A., Neuenschwander, U. H., Willits, M. G., Molina, A., Steiner, H.–Y., and Hunt, M. D. (1996) Systemic acquired resistance. *Plant Cell* 8: 1809–1819.

Sandberg, S. L., and Berenbaum, M. R. (1989) Leaf–tying by tortricid larvae as an adaptation for feeding on phototoxic *Hypericum perforatum*. *J. Chem. Ecol.* 15: 875–886.

Shulaev, V., Silverman, P., and Raskin, I. (1997) Airborne signalling by methyl salicylate in plant pathogen resistance. *Nature* 385: 718–721.

Strack, D., Vogt, T., and Schliemann, W. (2003) Recent advances in betalain research. *Phytochemistry* 62: 247–269.

Trapp, S., and Croteau, R. (2001) Defensive resin biosynthesis in conifers. *Annu. Rev. Plant Physiol. Plant Mol. Biol.* 52: 689–724.

Turlings, T. C. J., Loughrin, J. H., McCall, P. J., Rose, U. S. R., Lewis, W. J., and Tumlinson, J. H. (1995) How caterpillar–damaged plants protect themselves by attracting parasitic wasps. *Proc. Natl. Acad. Sci. USA* 92: 4169–4174.

van der Fits, L., and Memelink, J. (2000) ORCA3, a jasmonate–responsive transcriptional regulator of plant primary and secondary metabolism. *Science* 289: 295–297.

Young, N. D. (2000) The genetic architecture of resistance. *Curr. Opin. Plant Biol.* 3: 285–290.

III 成長と発生

14 遺伝子発現と情報伝達

内容（英文）はwww.plantphys.net
に掲載

生きた細胞は，すべて，生き物全体を作り上げるための1セットの設計図をもっており，それは染色体に糸状に整頓されている。生物学のこの基本概念は，1865年のエンドウを用いたMendelの遺伝学的研究に始まり，1953年のWatsonとCrickによるDNA構造の発見で頂点に達した。しかし，物語はそこでは終わらなかった。

それによって新たに生じた分子生物学という分野は，遺伝子の構造，複製，発現に焦点をあてた。遺伝子はタンパク質をコードしており，転写や翻訳に関与する精緻な機構の解明は，分子生物学という新分野の初期の功績の一つである。最近では，分子生物学者は遺伝子発現制御の解明につとめ，染色体上の遺伝的「設計図」が，その働きを細胞質から調節するタンパク質の助けなしには，不完全なものであることを明らかにした。本章では，原核および真核生物の遺伝子発現の基本概念についてまとめる。

分子生物学者たちが中心の遺伝子から外に向かう細胞機能の研究を行っている間に，発生生物学者たちは発生を制御するシグナルを追跡しており，それには細胞の「皮」から中心に向かう細胞外および細胞内からの両方のシグナルが含まれていた。彼らは，光やホルモンのような発生に関わるシグナルには特異的受容体が関与し，通常，「セカンドメッセンジャー」の増幅を必要とすることを発見した。結局，これらのセカンドメッセンジャーは膜輸送や遺伝子発現などの重要な過程を制御し，生理学的，発生学的反応をもたらす。このようにして，発生生物学者と分子生物学者は反対の方向から同じ問題にアプローチすることになる。

本章の2番めには生細胞で見られる多様な情報伝達機構について概観する。ここに示されたモデルは，主とし

ゲノムの大きさ，組織および複雑性

- 多くの植物の一倍体のゲノムは，20,000～30,000の遺伝子を含む。

原核生物の遺伝子発現

- DNA結合タンパク質は，原核生物の転写を制御する。

真核生物の遺伝子発現

- 真核生物の核からの転写産物は広範なプロセシングを必要とする。
- 転写後のさまざまな制御機構が同定されている。
- 真核生物の転写は，シス作動性の制御配列に調節される。
- 転写因子は特異的な構造モチーフを含んでいる。
- ホメオドメインタンパク質は特殊な部類のヘリックス・ターン・ヘリックスタンパク質である。
- 真核生物の遺伝子は協調的に制御されている。
- ユビキチン経路はタンパク質の代謝回転を制御する。

原核生物の情報伝達

- 細菌は外部シグナルを感知するのに二成分制御系を用いる。
- 浸透圧は二成分制御系により検知される。
- 二成分制御系と類似のものが，真核生物にも同定されている。

真核生物の情報伝達

- 二つの部類のシグナルが2種類の受容体を定義づける。
- 多くのステロイド受容体が転写因子として働く。
- 細胞表面の受容体はGタンパク質と相互作用する。

て，それらが最初に発見された動物や微生物に基づくものである。植物に関連の深い機構は，発生や光，ホルモンの章などに述べる予定である。

- ヘテロ三量体のGタンパク質は，活性型と不活性型を循環する。
- アデニル酸シクラーゼの活性化によりサイクリックAMPが増加する。
- ホスホリパーゼCの活性化によりIP_3経路が開始される。
- IP_3は小胞体膜や液胞膜のCa^{2+}チャネルを開口させる。
- サイクリックADPリボースは，IP_3情報伝達とは独立に細胞内Ca^{2+}遊離を仲介する。
- タンパク質リン酸化酵素の中には，カルシウム–カルモジュリン複合体により活性化されるものがある。
- 植物はカルシウム依存性のタンパク質リン酸化酵素を有している。
- ジアシルグリセロールは，タンパク質リン酸化酵素Cを活性化する。
- ホスホリパーゼA_2は膜由来のその他のシグナル分子を生成させる。
- 脊椎動物の視覚においては，ヘテロ三量体Gタンパク質がサイクリックGMP依存性のホスホジエステラーゼを活性化する。
- 一酸化窒素ガス（NO）はcGMPの合成を促進する。
- 細胞表面の受容体は触媒活性をもつようである。
- 受容体型チロシンキナーゼにリガンドが結合すると，自己リン酸化を誘発する。
- RTKsに結合する細胞内情報伝達タンパク質は，リン酸化により活性化される。
- RasはRafを細胞膜へリクルートする。
- 活性化されたMAPキナーゼは核に入る。
- 植物の受容体様キナーゼは，動物のチロシンキナーゼと構造的に類似している。

まとめ

15 細胞壁：構造，構築，伸展過程

植物細胞は動物細胞とは異なり，かなり薄くて，丈夫な細胞壁に囲まれている。植物細胞壁は，多糖類などの高分子化合物類からなる複雑な複合体である。高分子化合物類は，細胞から分泌された後，共有結合や非共有結合により連結されて，網状の構造へと組み立てられ，細胞壁を作り上げる。植物細胞壁には，多糖からなる網状構造の他に構造タンパク質や酵素，フェノール化合物，そのほか細胞壁の物理的，化学的諸性質の調節に関わる成分も含まれている。

細胞壁の化学組成や微細構造は原核生物や菌類，藻類，種子植物などの生物間で明確に異なるが，いずれの細胞壁も二つの共通した基本的機能を担っている。その機能とは細胞体積の制御と細胞の形の制御である。しかしながら，これから述べていくように，この二つの機能以外にも，植物細胞壁は他の生物の細胞壁では見られない機能をいくつも進化の過程で獲得してきた。これらの多様な機能に対応して，植物細胞壁の構造や組成は複雑で多様性にとむ。

生物学的な機能の重要性に加え，植物細胞壁は人類の生活においても重要である。植物細胞壁は紙や織物，繊維（綿，亜麻，麻など），木炭，木材，その他の木製品などの形で天然の製品として工業用に用いられる。植物細胞壁のもう一つ重要な使い道は，精製した多糖類としての用途である。精製後，プラスチック，フィルム，塗料，接着剤，ゲル，濃化剤など，非常にさまざまな製品に加工される。

また，植物細胞壁は天然の有機炭素のもっとも大きな貯蔵庫として，生態系内の炭素循環過程において重要な役割を担っている。土壌に腐植質を与え，土壌の構造と肥沃度を高める有機質も細胞壁成分に由来するものである。最後に細胞壁は，われわれの食物の中の繊維質の主要な供給源である点で，人類の健康と栄養において重要な要因の一つである。

本章では，まず，細胞壁の一般構造と組成，および細胞壁成分の生合成と分泌のしくみから始め，つづいて，細胞拡大における一次細胞壁の役割について述べる。また，先端成長と分散成長の機構の違いについては，特に細胞極性の成立や細胞拡大の制御の観点から述べることにする。最後に細胞分化を伴うことの多い細胞壁の動的変化や，シグナル分子としての細胞壁断片の役割についてもふれる。

植物細胞壁の構造と合成

もし植物に細胞壁がなければ，いまの植物とは，ずいぶん違った生き物になっていたはずである。植物細胞壁は植物体の成長，発生，維持，生殖など，どの過程をとってみても，必須の構造だからである。

- 植物が背丈を伸ばすことができるのは，細胞壁が植物の各構造を力学的に支えているからである。
- 細胞壁は細胞どうしを接着することにより，細胞間の位置がずれないようにしている。細胞の動きがこのように制約される植物細胞は，制約の少ない動物細胞とは対照的である。この制約が植物の発生過程を規定しているのである（16章参照）。
- 細胞を取り囲む丈夫な外皮である細胞壁は，細胞の形を決める「外骨格」として働き，それによって高い膨圧の発生が可能となる。
- 植物の形態形成過程は細胞壁の性質の制御に依存する部分が大きい。なぜかといえば，植物細胞の拡大成長は，もっぱら細胞壁の伸展能力により規定されるからである。
- 植物細胞壁は，植物の正常な水分生理に必要である。なぜかといえば，細胞壁が細胞の膨圧と体積との関係を決めているからである（3章参照）。
- 道管内を多量の水が移動するためには，道管内が陰圧になっても拉（ひしゃ）げないような機械的に丈夫な細胞壁が必要である。

- 細胞壁は拡散の障壁としても機能し，細胞外から細胞膜に接近できる高分子の大きさの限界を決め，それによって病原体の侵入を防ぐ重要な物理的な防壁ともなっている。

光合成により同化される炭素原子の大部分は，細胞壁の多糖類合成の経路に流れ込む。これらの多糖類は，発生過程中の固有の時期に構成糖へと加水分解され，細胞内に回収された後，新たな多糖の合成に使われることがある。これは，多くの植物種子でよく見られる現象である。種子中の内乳あるいは子葉の細胞壁多糖類のもっとも重要な機能は，栄養の貯蔵である。さらに，植物細胞壁中のオリゴ糖は細胞分化の過程や，病原体や共生生物の識別過程において重要なシグナル分子としての役割を担うこともある。

植物細胞壁が多様な機能を発揮するためには，多様で複雑な細胞壁構造が必要になる。この節では，まず，植物細胞壁の形態と基本構造について簡単にふれる。ついで，一次細胞壁と二次細胞壁の構築，組成，合成について考えていくことにする。

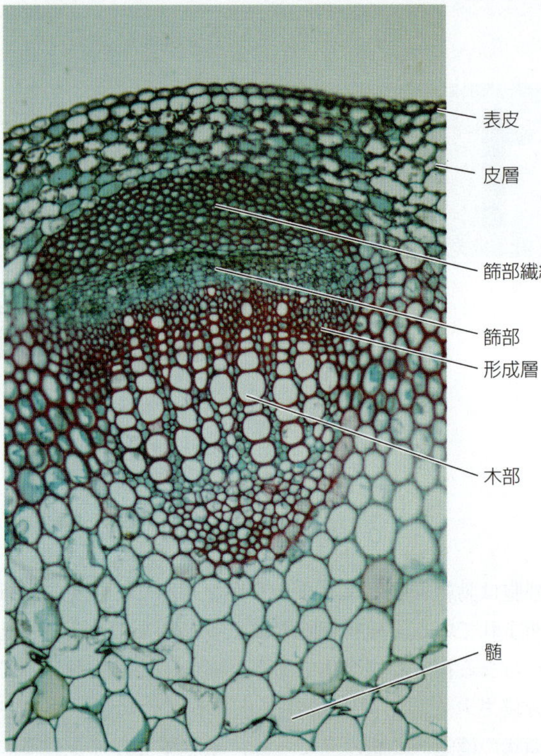

図 15.1　シロツメクサ（*Trifolium*）の茎の横断切片。いろいろな細胞壁の形が見える。篩部繊維の高度に肥厚した細胞壁に注目。（写真 © James Solliday/Biological Photo Service）

植物細胞壁の構造はさまざまである

植物の組織切片を染色して観察すると細胞壁は一様でなく，細胞の種類，すなわち細胞型に応じて形や組成が非常に多様であることがわかる（図 15.1）。皮層の柔細胞の細胞壁は非常に薄く，あまり特徴がない。それに対して，表皮細胞や厚角細胞，篩部繊維，木部管状要素，その他の厚壁細胞はもっと厚く，多層構造をもつ細胞壁からなる。多くの場合，これらの細胞壁は複雑に入り組んだ文様をもち，リグニンやクチン，スベリン，ろう，ケイ素あるいは構造タンパク質のような特別な物質を含んでいる。

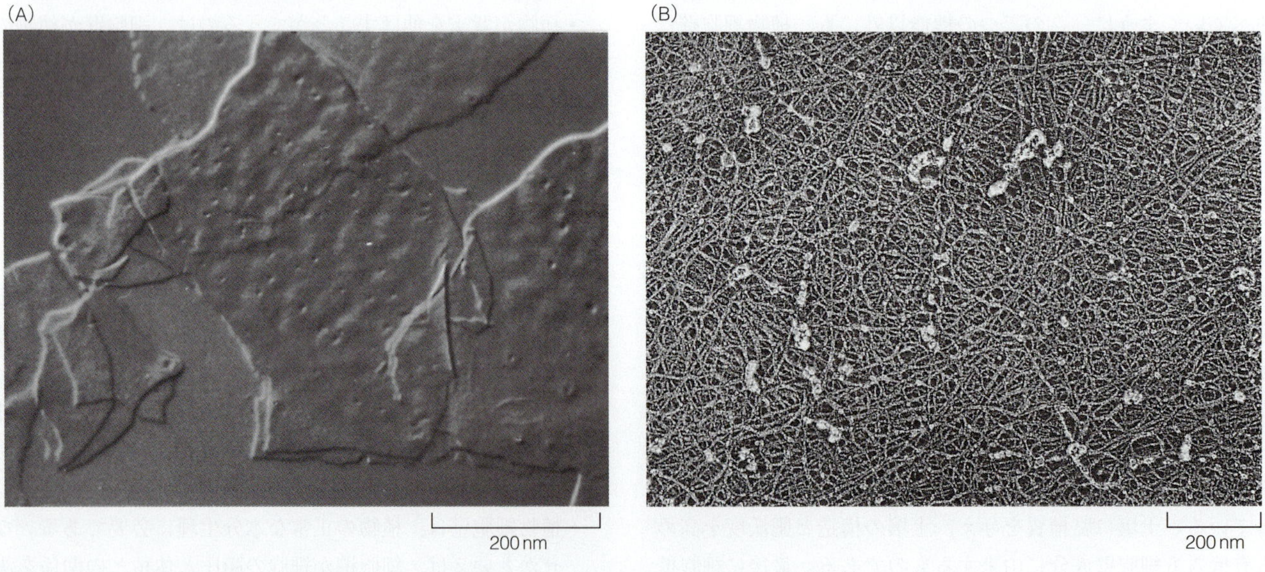

図 15.2　タマネギ柔組織の一次細胞壁。(A) 細胞壁断片の表面をノマルスキー光学系を用いて見たところ。細胞壁は非常に薄い膜状で，表面に小さな窪みがいくつも見えるところに注目。この窪みは壁孔で，これが集まる領域は細胞間をつなぐ原形質連絡が密集している部分なのであろう。(B) 細胞壁の表面をフリーズエッチング・レプリカ法により見たもの。細胞壁が繊維からなる構造であることがわかる。（M. McCann の好意により McCann et al. 1990 より引用）

細胞の周囲を取り込む細胞壁の側面を比べてみると，側面によって厚みや含有成分，文様，壁孔や原形質連絡の頻度がそれぞれ異なる。たとえば，表皮細胞の外側の細胞壁は，通常，他の側面の細胞壁よりもはるかに厚く，加えて，原形質連絡がなく，クチンとろうを含む。孔辺細胞では，気孔の開口部に接する側の細胞壁面は，孔辺細胞の反対側の細胞壁に比べて非常に厚い。単一の細胞内でのこのような細胞壁構造の違いは，細胞の極性や機能分化を反映したもので，特定の細胞壁面へ固有の細胞壁成分が輸送されることにより生じるのである。

細胞壁形態は，このように多様ではあるが，大まかに，一次細胞壁と二次細胞壁の二つのグループに大別することができる。**一次細胞壁**（primary wall）は成長中の細胞で形成される細胞壁で，通常，分化の程度が比較的低く，すべての細胞型で分子構造が似ている。そうはいっても，微細構造となると，一次細胞壁間でも多様性が見られる。タマネギ鱗茎の柔細胞細胞壁は非常に薄く（100 nm），構造も単純である（図15.2）。しかし，厚角組織や表皮組織で見られる一次細胞壁（図15.3）ははるかに厚く，多層構造からなることが多い。

二次細胞壁（secondary wall）は，細胞成長（拡大）終了後に形成される細胞壁である。二次細胞壁は細胞の分化の状態を反映して，構造や組成が高度に特殊化することがある。樹木に見られる木部の細胞群では**リグニン**（lignin）により補強され，高度に肥厚した二次細胞壁が，成長とともに推移していく様子がよく見える（13章参照）。

薄い層からなる**中葉**（middle lamella，複数形はlamellae）は通常，隣接する細胞間のつなぎ目で見られる。中葉の組成はペクチン類の含量が高く，特殊なタンパク質を含んでいる点で，細胞壁の他の部分とは異なる。中葉の発生の起源をたどると，細胞分裂時に形成される細胞板に行きつく。

1章で見た通り，細胞壁の中には膜で裏打ちされた細い溝が貫通し，隣接する細胞の原形質どうしをつないでいる。これを**原形質連絡**（plasmodesma，複数形はplasmodesmata）とよぶ。原形質連絡は，隣接する細胞間で，小さな分子を受動的に輸送し，また，タンパク質や核酸などを能動的に輸送することにより，細胞間の情報交換の役割を担っている。

一次細胞壁は多糖類マトリックスと，その中に埋め込まれたセルロース微繊維とからなる

一次細胞壁では，セルロース微繊維は親水性の高いマトリックスに埋め込まれている（図15.4）。この構造により細胞壁は強靭さと，しなやかさとをあわせもつことができる。細胞壁の**マトリックス**（matrix，複数形はmatrices）は，俗にヘミセルロース類とペクチン類とよばれる二つの主要な多糖類に加え，少量の構造タンパク質からなる。マトリックス多糖類は多様性に富む高分子群で，細胞型や植物種によりさまざまである（表15.1）。

多糖類は，主要な構成糖にちなんで命名される。たとえば

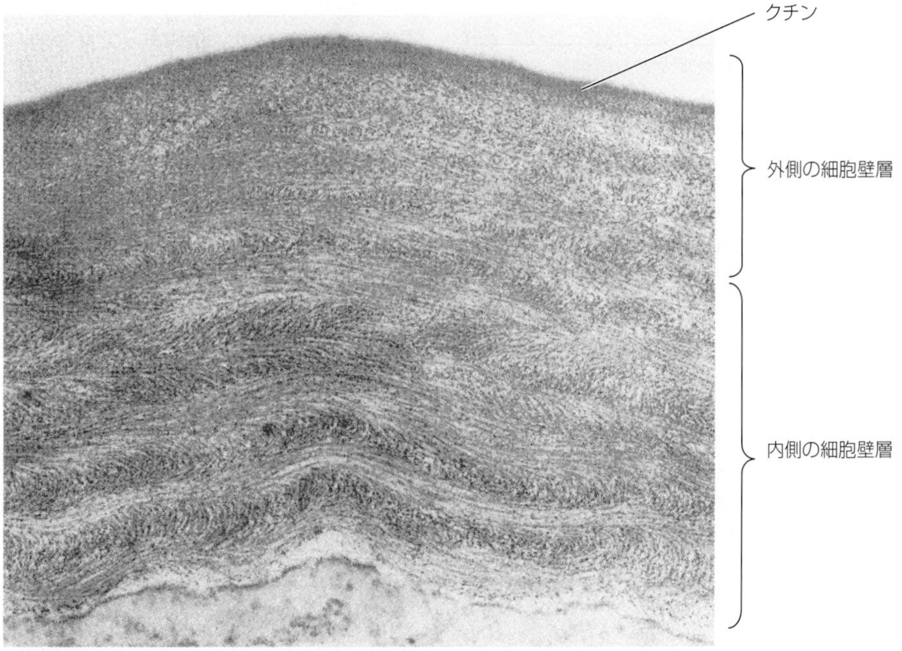

図 15.3 モヤシマメ胚軸伸長領域の表皮の外側の細胞壁の電子顕微鏡写真。内側の層は外側の層に比べ厚く，しかも輪郭がより明瞭である。このようになるのは，細胞壁外側の層ほど古く，細胞拡大過程で引き延ばされて薄くなるからである。（Roland et al. 1982より）

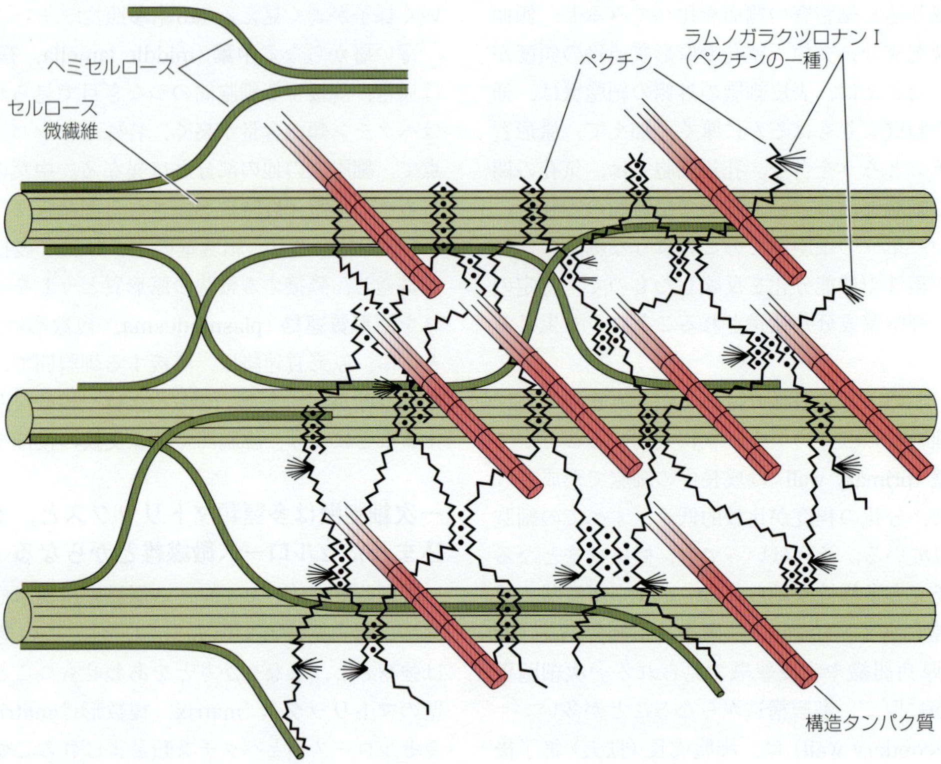

図 15.4 一次細胞壁の主要な構造要素とその推定配置を描いた模式図。セルロース微繊維の表面にはヘミセルロース類（たとえばキシログルカン）が接着し，セルロース微繊維間を架橋している。ペクチン類はマトリックスゲルを固める働きをし，構造タンパク質とも接着すると考えられる。(Brett and Waldron 1996)

表 15.1 植物細胞壁の構造成分

分類群	実 例
セルロース	(1→4) β-D-グルカンの微繊維
マトリックス多糖類	
ペクチン	ホモガラクツロナン
	ラムノガラクツロナンⅠ
	ラムノガラクツロナンⅡ
	アラビナン
	ガラクタン
ヘミセルロース（架橋性多糖類）	キシログルカン
	グルクロノアラビノキシラン
	グルコマンナン
	カロース (1→3) β-D-グルカン
	(1→3，1→4) β-D-グルカン（イネ科のみ）
リグニン	13 章参照
構造タンパク質	表 15.2 参照

グルカン (glucan) はグルコース (glucose) から構成される高分子で，**キシラン** (xylan) はキシロース (xylose) から，**ガラクタン** (galactan) はガラクトース (galactose) から構成される，というような具合である。**グリカン** (glycan) とは単糖より構成される高分子の総称である。枝分かれのある多糖類では，多糖の背骨にあたる部分（主鎖）の特徴が名称の語尾の部分に表現されるのが一般的である。たとえば，キシログルカン (xyloglucan) は，グルカン（グルコース残基が直鎖状につながった分子）の主鎖にキシロースという単糖が側鎖としてついている。**グルクロノアラビノキシラン** (glucuronoarabinoxylan) はキシランの主鎖（キシロース残基からなる）にグルクロン酸とアラビノースが側鎖としてついている。ただし，多糖の名称は常に側鎖を表すとは限らない。たとえば，**グルコマンナン** (glucomannan) はグルコースとマンノースをともに主鎖に含む多糖類の名称である。

セルロース微繊維 (cellulose microfibril) は，かなりかたい構造物で，細胞壁の強度や構造特性を担っている。セルロース微繊維を構成するグルカン鎖は密着して配列し，たがいに結合することにより，規則性の高い（結晶状の）リボン状構造をなしている。この構造内からは水分子が排除されているため，酵素の作用を非常に受けにくい。そのため，セルロースは強靭で，安定で，かつ分解されにくい。

ヘミセルロース類 (hemicelluloses)（架橋性多糖類，cross-linking glycan）はセルロースの表層に結合する特性をもつしなやかな多糖類である。この多糖類はセルロース微繊維に結合して，微繊維間をつなぎ止め，凝集性の高い網状構造を作り上げる場合と（図15.4），セルロース微繊維の表層を覆う潤滑性の被膜として，微繊維と微繊維とが直接接触することを防ぐ役割を担う場合とがある。このような多糖に対するひとつのよび方として‘架橋性多糖’（cross-linking glycan）の用語が提唱されている。しかし，本章では，これまでの用語であるヘミセルロース類を用いることにする。（訳者注；ヘミセルロースという用語は19世紀の多糖抽出法に基づいて定義された用語で，生物機能の定義が明確でない。一方，架橋性多糖は，文字通り，セルロース微繊維と接着し，微繊維間を架橋する多糖として明確に定義されている（Carpita 1996）。後ほど述べる通り，‘ヘミセルロース類’とよばれる多糖類には，複数種類の異なる多糖類が含まれる。

ペクチン（pectin）は水和したゲル状構造を形成し，セルロース–ヘミセルロース網状構造を包みこんでいる。この多糖類は親水性のフィルターとして機能し，セルロース網状構造の凝集や萎縮を防ぐ働きをもつ。また，この多糖類は，高分子が細胞壁内を移動する際に必要となる細胞壁内間隙の大きさの決定や調節にも関わっている。ヘミセルロース類同様，ペクチンには複数種の異なる多糖類が含まれる。

細胞壁の**構造タンパク質**（structural protein）の正確な機能は不明な部分が多いが，細胞壁の力学的強度を増したり，他の細胞壁成分を適切に組み立てる過程で役割を担っているらしい。そのほか，構造タンパク質と考えられているものの中に，たとえば，アラビノガラクタンタンパク質のように，シグナル分子として重要な機能を担うものが少なからず存在することが明らかになってきた。

一次細胞壁は乾燥重量比では，おおむね，25%のセルロース，25%のヘミセルロース類，35%のペクチン，それにおおよそ1～8%の構造タンパク質から構成されている。しかし，この数字から大きく外れることもある。たとえば，イネ科植物の幼葉鞘は60～70%のヘミセルロース類と，20～25%のセルロース，それに10%のペクチンからなる。イネ科植物の内乳の細胞壁はほとんど（85%）がヘミセルロース類である。二次細胞壁では通常，セルロース含量が非常に高い。

本章では一次細胞壁の基本的なモデルを提唱することになるが，実際の植物細胞壁はモデルに描かれたものよりは，はるかに多様であることに留意しなければならない。細胞壁中のマトリックス多糖類と構造タンパク質の組成は植物種や細胞型の違いによって著しく異なる（Carpita and McCann 2000）。もっとも顕著なのは，イネ科植物とその近縁の種で，これらの植物群は，他のほとんどすべての陸上植物種とは，主要なマトリックス多糖類が異なる（Carpita 1996）。

一次細胞壁中には水が多量に含まれている。この水はほとんどマトリックス中に存在し，その量は細胞壁中の水の75～80%に達する。マトリックスの水和の状態は細胞壁の物性の重要な決定因の一つである。たとえば，細胞壁から水を除くと，細胞壁は硬くなり伸展しにくくなる。脱水が細胞壁を硬化させる現象は，水欠乏時に成長が抑制されるしくみの一つとなっている。以下の節では細胞壁の主要な高分子それぞれについて，その構造をもう少し詳しく見ていくことにする。

セルロース微繊維は細胞膜上で合成される

セルロースはβ-D-グルコース残基が（1→4）で直鎖状に結合した分子が，何十本と密に束ねられてできた微繊維である（図15.5，**Webトピック15.1**参照）。グルコース残基をつなぐグルコシド結合の空間配置が一残基ごとに180°反転することから，セルロース分子内の繰り返し構造単位は（1→4）で結合したグルコースの二糖，すなわちセロビオースとされている。

セルロース微繊維の長さは特に定まったものではなく，また，微繊維の幅や配列の仕方も，細胞壁の種類によって大きく異なる。たとえば，陸上植物のセルロース微繊維は電子顕微鏡で観察すると幅が5～12 nmとなるが，藻類では30 nm幅で，結晶性も陸上植物より高い。微繊維の幅の違いは，微繊維を輪切りにしたときに，その切り口に見えるグルカン分子の数の違いに対応している。その数は，細い微繊維の場合，おおむね20～40本と推定されている。

セルロース微繊維の正確な分子構造は，はっきりとはしていない。現在のモデルでは，微繊維の構成は，結晶領域に非結晶性の領域がつながったサブ構造をとるとされている（図15.6）。結晶領域の内部では，隣接するグルカン鎖は非常に規則正しく配置され，水素結合と疎水結合などの非共有結合で結合している。

セルロースを構成する個々のグルカンは2,000～25,000以上のグルコース残基より構成されている（Brown et al. 1996）。これらのグルカンの長さ（およそ1～5 μm）は，一本の微繊維内の結晶領域と非結晶領域を多数の箇所にわたってカバーするに十分の長さである。セルロースが，たとえば，カビのセルラーゼで分解されるときには，非結晶性の領域からまず分解される。その結果，微繊維中の結晶領域にあたる部分は，小さい結晶として分解されずに残る。

セルロース微繊維内の隣り合うグルカン鎖間には，高密度の非共有結合が形成され，これによって微繊維は特異な物性をもつことになる。すなわち，セルロースは引張り強度が強く，その強度は鋼鉄に匹敵する。また，セルロースは不溶性で，化学的に安定で，かつ，化学薬品や酵素に相当な抵抗性を示す。これらの特異な物性により，セルロースは細胞壁を作るための非常に優れた構造素材となっている。

電子顕微鏡観察により，セルロース微繊維は，規則性の高い，大きなタンパク質複合体の上で合成されることがわかった。この複合体は，**ロゼット顆粒**（particle rosette）または**末端複合体**（terminal complex）とよばれ，細胞膜上に埋め込まれている（図15.7）（Kimura et al. 1999）。この複合体構造は，微繊維を構成する（1→4）β-D-グルカン鎖を一本ずつ合成する酵素である**セルロース合成酵素**（cellulose synthase）をいくつも備えている（**Webトピック15.2**参照）。

セルロース合成酵素は細胞膜上の細胞質側に局在し，グルコース残基を，供与体基質である糖ヌクレオチドから伸長中のグルカン鎖に転移する。ステロールグルコシド（グルコース残基が二つから三つ，ステロールに結合したもの）は，グルカン鎖の伸長反応開始時にプライマー，すなわち，最初の受容体基質として働く（Peng et al. 2002）。グルカンの伸長が進むと，ステロールはエンドグルカナーゼの働きでグルカンから切り離され，グルカン鎖は細胞膜を突き抜けて細胞の外側へ伸び出ていく。細胞の外では，他のグルカン鎖と会合して結晶化し微繊維となり，その後，キシログルカンを初めとするマトリックス多糖と相互作用する。

糖ヌクレオチド供与体となるのは，ウリジン二リン酸D-グルコース（UDPグルコース）であると思われる。最近の知見の示すところによれば，セルロース合成に使われるグルコースは，ショ糖（フルクトースとグルコースからなる二糖の一つ）から供給される（Amor et al. 1995；Salnikov et al. 2001）。この知見によれば，**ショ糖合成酵素**（sucrose synthase）はグルコースがショ糖からUDPグルコースをへてセルロース鎖に転移されるまでの代謝経路の一端を担っていることになる（図15.8）。

なかなか成果の出なかった長年の研究が実って，近年になってようやく高等植物のセルロース合成酵素遺伝子が単離された（Pear et al. 1996；Arioli et al. 1998；Holland et al. 2000；Richmond and Somerville 2000）。シロイヌナズナではセルロース合成酵素遺伝子群は大きなタンパク質ファミリーの中の一角を形成している。この大きなファミリーの他の遺伝子群は，セルロース以外の，いろいろな細胞壁多糖類の主鎖の合成に関わると考えられている。セルロースを作る過程には，グルカン鎖の重合だけでなく，合成されたグルカン鎖を束ねて結晶化し，微繊維にする過程が含まれる。この過程の制御機構はほとんど不明である。唯一わかっていることは細胞膜の外側に沈着する微繊維の方向が，細胞膜の内側の微小管に沿うよう配向するように制御されていることである。

セルロース微繊維は，合成されると同時に，高密度の他の多糖類で満たされた環境（細胞壁）の中に分泌される。これらの多糖類はセルロース微繊維と相互作用が可能で，おそらくは伸長する微繊維を修飾することもできるであろう。試験管内での実験では，キシログルカンやキシランなどのヘミセルロース類はセルロース微繊維の表層に結合することができる。ヘミセルロース類の中には，セルロース微繊維の形成過

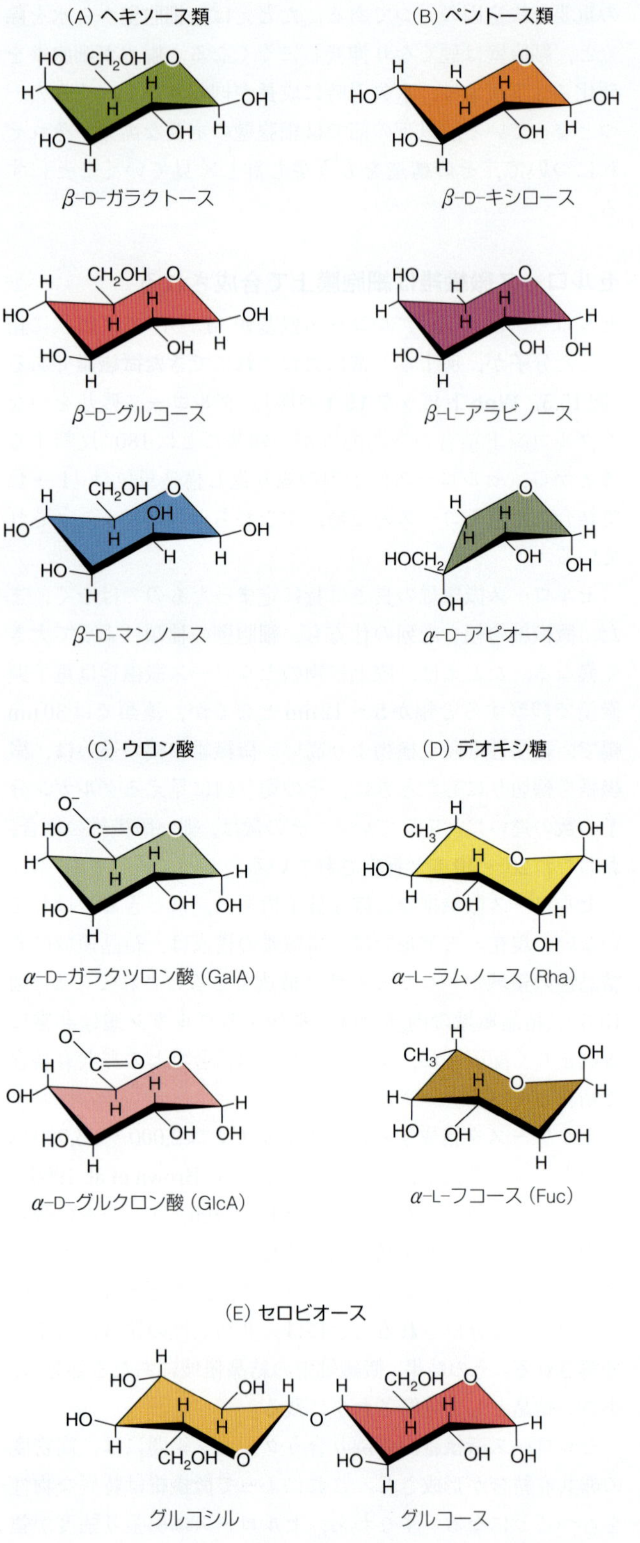

図15.5　植物細胞壁に共通して存在する糖類の立体配置構造。(A) ヘキソース類（六炭糖類），(B) ペントース類（六炭糖類），(C) ウロン酸類（酸性糖類），(D) デオキシ糖類，(E) セロビオース（二つのグルコース残基が反転して，(1→4) β-D-結合でつながっている）。

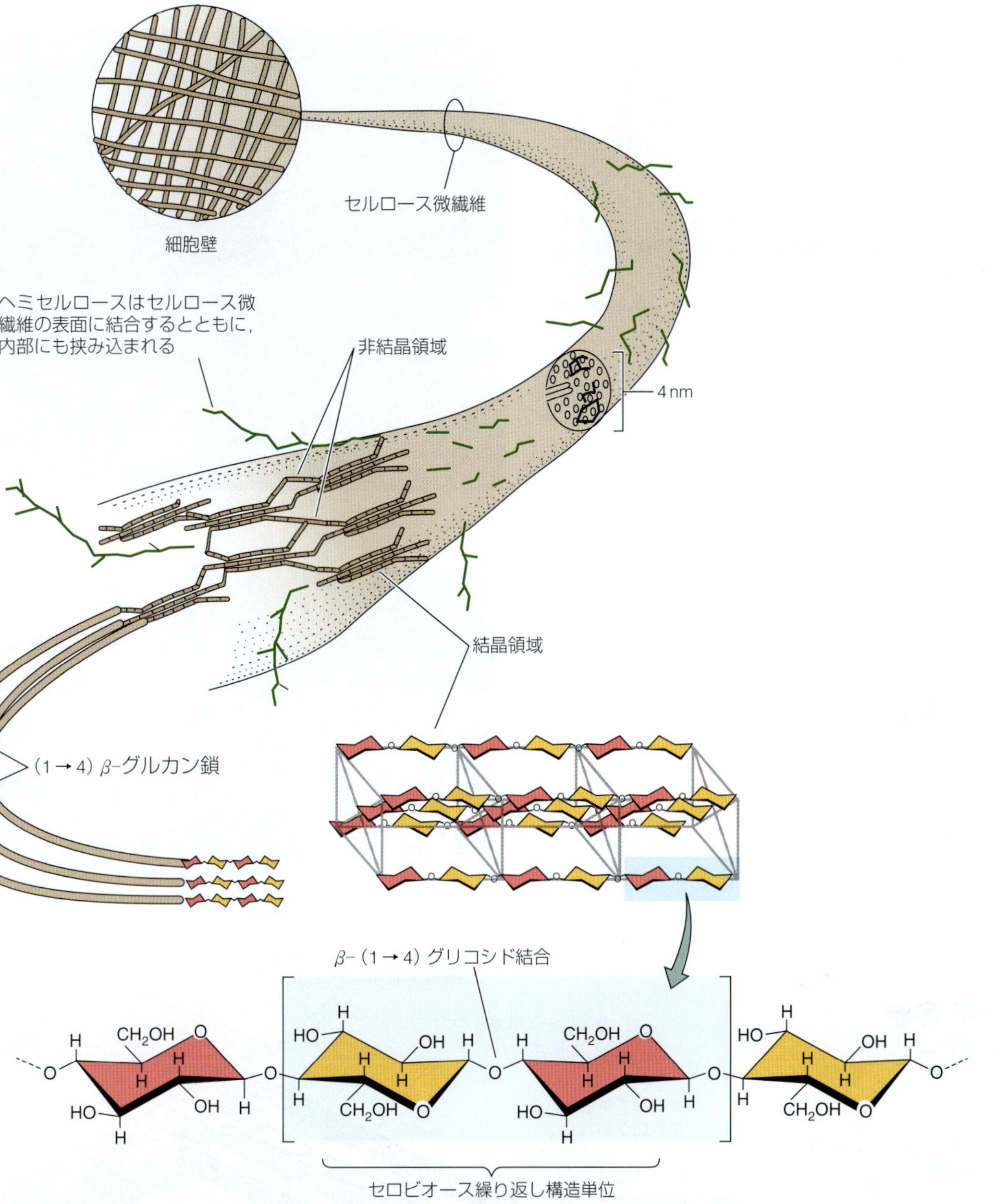

図 15.6　セルロース微繊維の構造モデル。微繊維内ではグルカン鎖の高度に結晶化した部分と非結晶の部分とが入り交じっている。ヘミセルロース類の中には微繊維の内部に挟み込まれるものと，表層に接着するものとがある。

程で微繊維の内部に物理的に挟み込まれるものもありうる (Hayashi 1989)。

マトリックス高分子はゴルジ体と分泌顆粒内で合成される

マトリックスとはセルロース微繊維を取り巻く，高密度に水和した状態の高分子からなる領域のことである。マトリックスを構成する主要な多糖類は，ゴルジ体内で膜結合型の酵素群により合成されたのち，小胞のエキソサイトシスを介して細胞壁まで運ばれる (図 15.9，**Web トピック 15.3** 参照)。‘糖ヌクレオチド：多糖 グリコシル転移酵素類’ (sugar-nucleotide polysaccharide glycosyltransferases) がこの合成に関わる酵素群である。これらの酵素群は糖ヌクレオチドから単糖部分を多糖鎖の伸長端に転移する。

結晶性の微繊維を形成するセルロースとは異なり，マトリックス多糖類は構造上の規則性が非常に低く，アモルファスと表現されることが多い。マトリックス多糖が非結晶性の性質を示すのは，その多糖の構造特性によるもので，側鎖が原

図 15.7 細胞のセルロース合成。(A) 細胞膜の外側の表面で新たに合成されたセルロース微繊維像をとらえた電子顕微鏡写真。(B) セルロース合成酵素に対する抗体をフリーズフラクチャー・標識レプリカ法でとらえた像。この写真では，七つの標識されたロゼット顆粒（末端複合体）（矢印）と標識されていないロゼットが一つ見える。左下の挿入図は二つの標識されたロゼットを拡大したもの。(C) 細胞膜上のセルロース合成複合体（ロゼット）によりセルロースが合成され，細胞質内に裏打ちされた微小管により合成される方向が指示される様子を描いた模式図。((A)，(C) は Gunning and Steer 1996，(B) は Kimura et al. 1999)

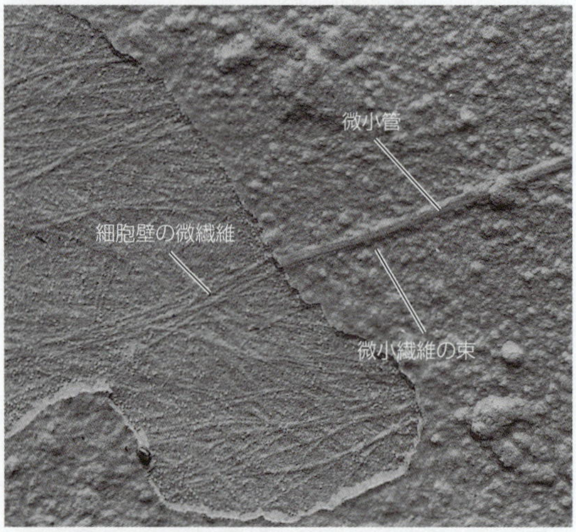

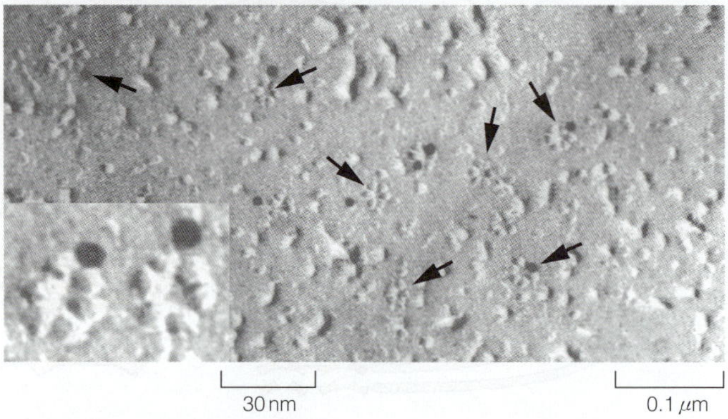

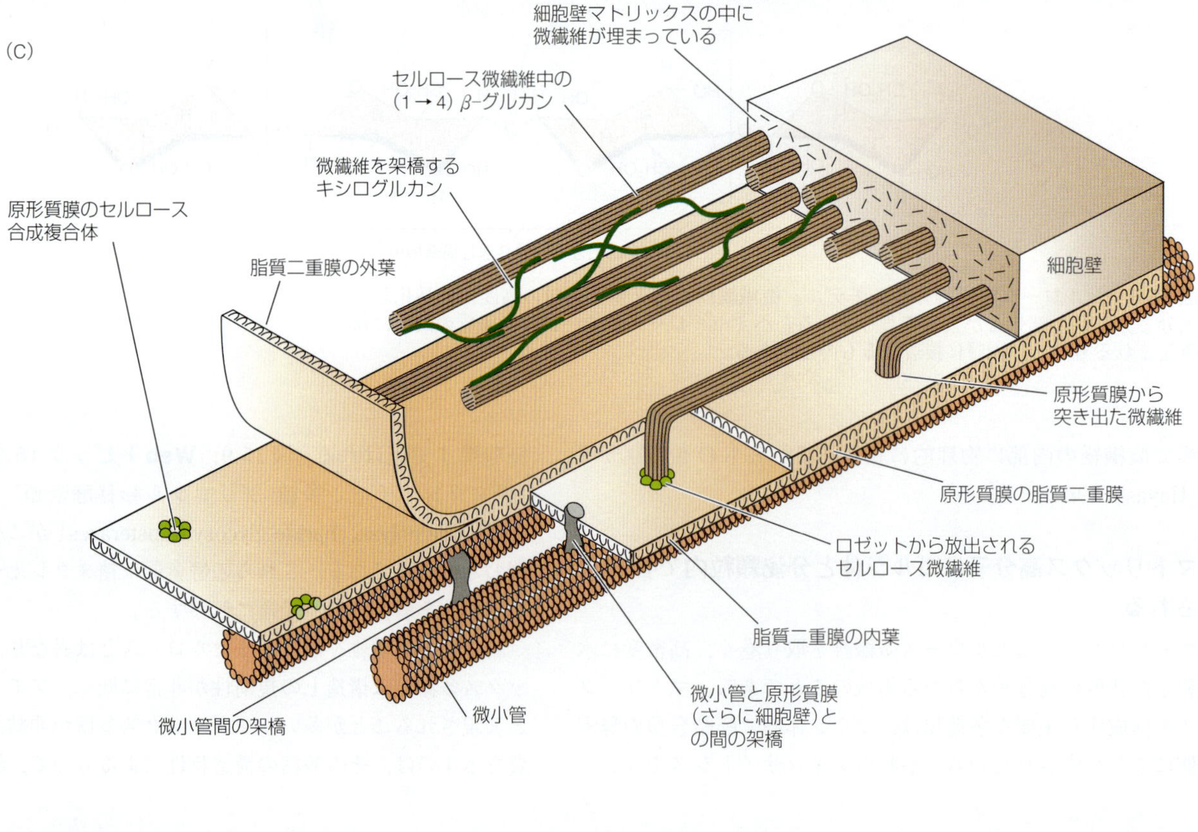

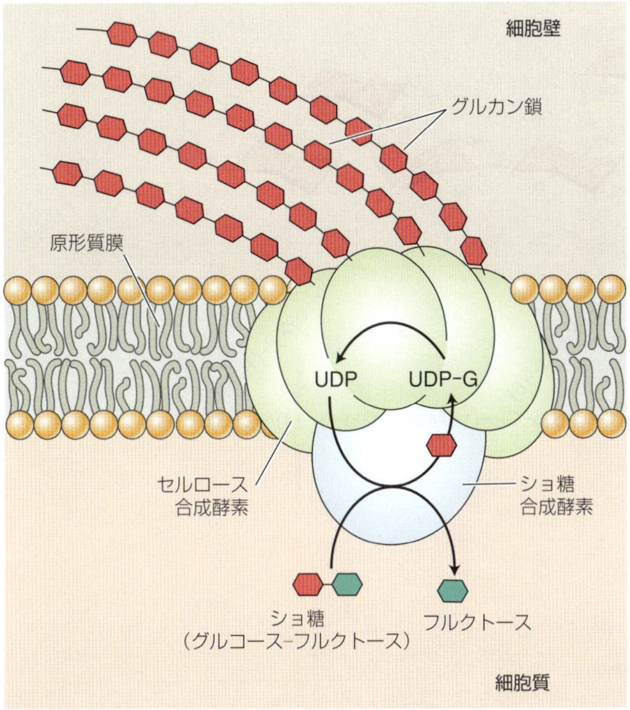

図 15.8 セルロース合成酵素を含む多成分複合体によるセルロース合成のモデル。グルコースがUDP-グルコース（UDP-G）から供給され伸長中のグルカン鎖に転移される。ショ糖合成酵素がショ糖からUDP-Gにグルコースを転移する代謝経路を触媒する場合と，UDP-Gが細胞質から直接供給される場合の両方が可能である。（Delmer and Amor 1995を改変）

因となり，真っすぐな立体配置をとれないためである。ただし，細胞壁中のヘミセルロース類とペクチン類の並びかたには部分的ながら規則性が見られることが，分光学的な研究によりわかっている。おそらく，これは，マトリックス多糖がセルロース微繊維の長軸に沿って配列するという物理的特性をもつためであろう。

ヘミセルロース類はセルロースに結合するマトリックス多糖類である

ヘミセルロース類は細胞壁に強く結合するいろいろな種類の多糖類からなる（図15.10）。一般に，ヘミセルロース類はペクチン類を抽出した後の細胞壁より，高濃度のアルカリ溶液（1～4 M NaOH）を用いて可溶化される。細胞壁中には，複数種類のヘミセルロース類が混在し，その組成は組織の違いや植物種によりさまざまであることはすでに述べた通りである。双子葉植物の一次細胞壁（もっともよく研究されている細胞壁）でもっとも多量に存在するヘミセルロース類は，**キシログルカン**（xyloglucan）である（図15.10A）。キシログルカンは，（1→4）結合のβ-D-グルコース残基からなる主鎖をもつ点ではセルロースと同様であるが，その主鎖にキシロースやガラクトース，それに，常にというわけではないが，フコース残基を含む短い側鎖をもつ点でセルロースと異なる。

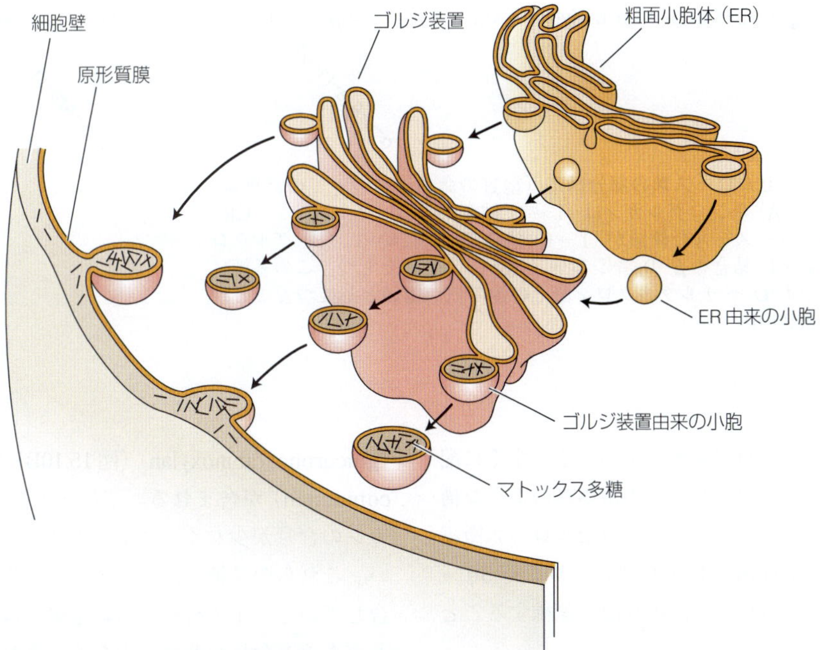

図 15.9 マトリックス多糖類の合成と分泌の模式図。多糖類はゴルジ装置内で酵素の働きにより合成された後，小胞が細胞膜と融合して細胞壁中に分泌される。

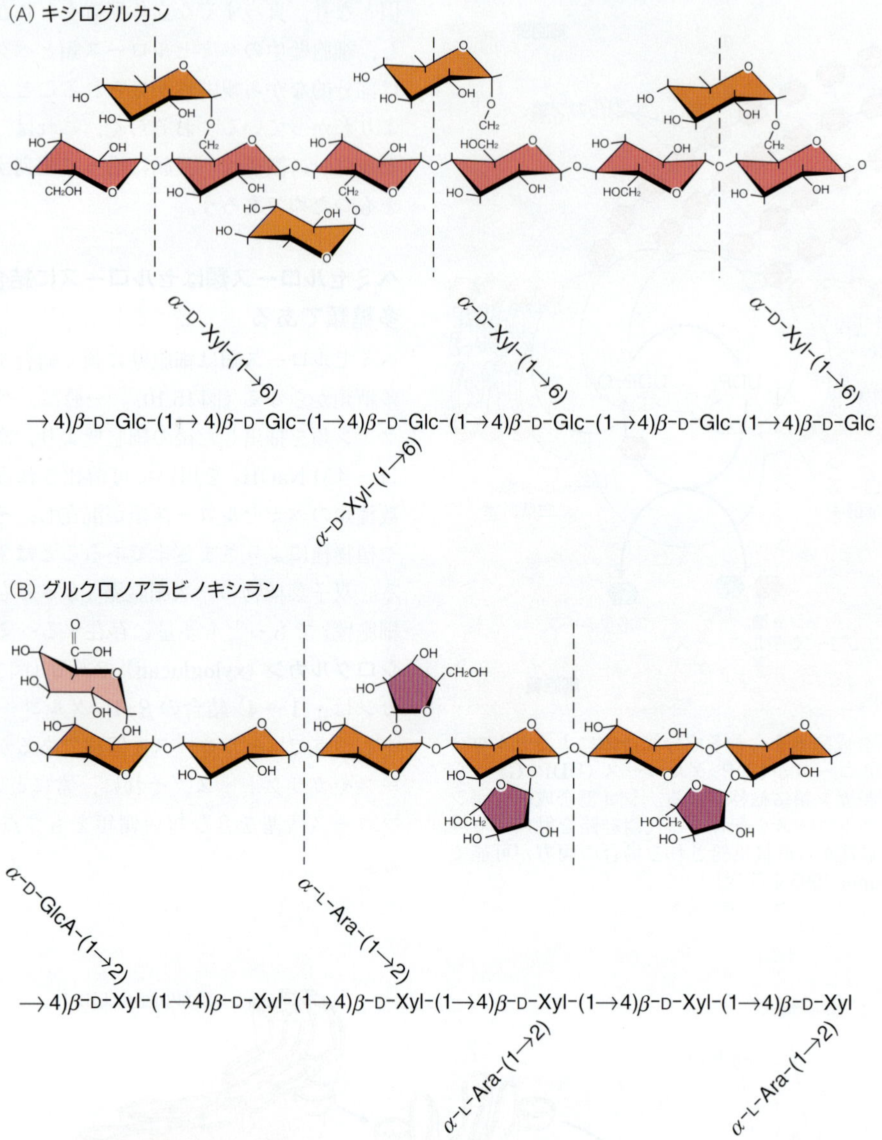

図 15.10 細胞壁共通のヘミセルロース類の部分構造（糖質の命名法についての詳細は，（**Webトピック 15.1** 参照）。(A) キシログルカンは（1→4）結合の β-D-グルコース（Glc）からなる主鎖をもち，キシロースを含む側鎖が（1→6）結合でついている。(B) グルクロノアラビノキシランは，(1→4) 結合の β-D-キシロース（Xyl）の主鎖をもつ。この多糖には，アラビノース（Ara）や4-*O*-メチルグルクロン酸その他の糖が側鎖としてつくことがある。(Carpita and McCann 2000)

この側鎖があるため，キシログルカン主鎖はまっすぐに配列することができず，その結果，結晶性の微繊維のような構造をとることができない。キシログルカンはセルロース微繊維どうしの間隔（20～40 nm）よりも長い（およそ 50～500 nm）ため，複数本のセルロース微繊維間を架橋することが可能である。

組織の発生段階や植物種により多様であるが，一次細胞壁のヘミセルロース画分にはキシログルカン以外の重要な多糖類が含まれる。たとえば，**グルクロノアラビノキシラン**（glucuronoarabinoxylan）（図 15.10B）や**グルコマンナン**（glucomannan）が含まれる。二次細胞壁では一般にキシログルカンの含量が少なく，キシランやグルコマンナンの含量が多い。これらの多糖も，もちろん，セルロース微繊維に強く結合している。イネ科植物の細胞壁では，キシログルカン含量とペクチン含量が非常に少なく，それにかわってグルクロノアラビノキシランと（1→3，1→4）β-D-グルカン（(1→3, 1→4) β-D-glucan）が多量に含まれる。

ペクチン類はマトリックスのゲル化に関わる構成要素である

ペクチン類もヘミセルロース類同様，いろいろな種類の多糖類（図 15.11）からなる。これらの多糖（ペクチン類を構成する多糖類，pectic polysaccharides）は，酸性糖であるガラクツロン酸と，中性糖のラムノース，ガラクトース，アラビノースを含むのがその特徴である。ペクチン類は細胞壁多糖類の中でもっとも溶解性が高く，冷水や熱水，カルシウムキレート剤水溶液により抽出される。ペクチン類はいろいろな種類の多糖類から構成され，細胞壁中では複雑な構造をした非常にサイズの大きい分子として存在している。

ペクチン類を構成する多糖類の中には，‘ホモガラクツロナン’（homogalacturonan）（図 15.11A）のように比較的単純な基本構造をもつものがある。この多糖は‘ポリガラクツロン酸’（polygalacturonic acid）ともよばれ，α-D-ガラクツロン酸残基が（1→4）結合でつながった高分子である。図 15.12 はタバコ茎の柔組織細胞の切片中のセルロースとホモガラクツロナンを三重蛍光染色で染め分けたものである。

ペクチン類の中でもっとも量の多い分子は‘ラムノガラクツロナン I’（rhamnogalacturonan I：RG I）とよばれる複合多糖で，長い主鎖と多様な側鎖をもつ（図 15.11B）。この分子

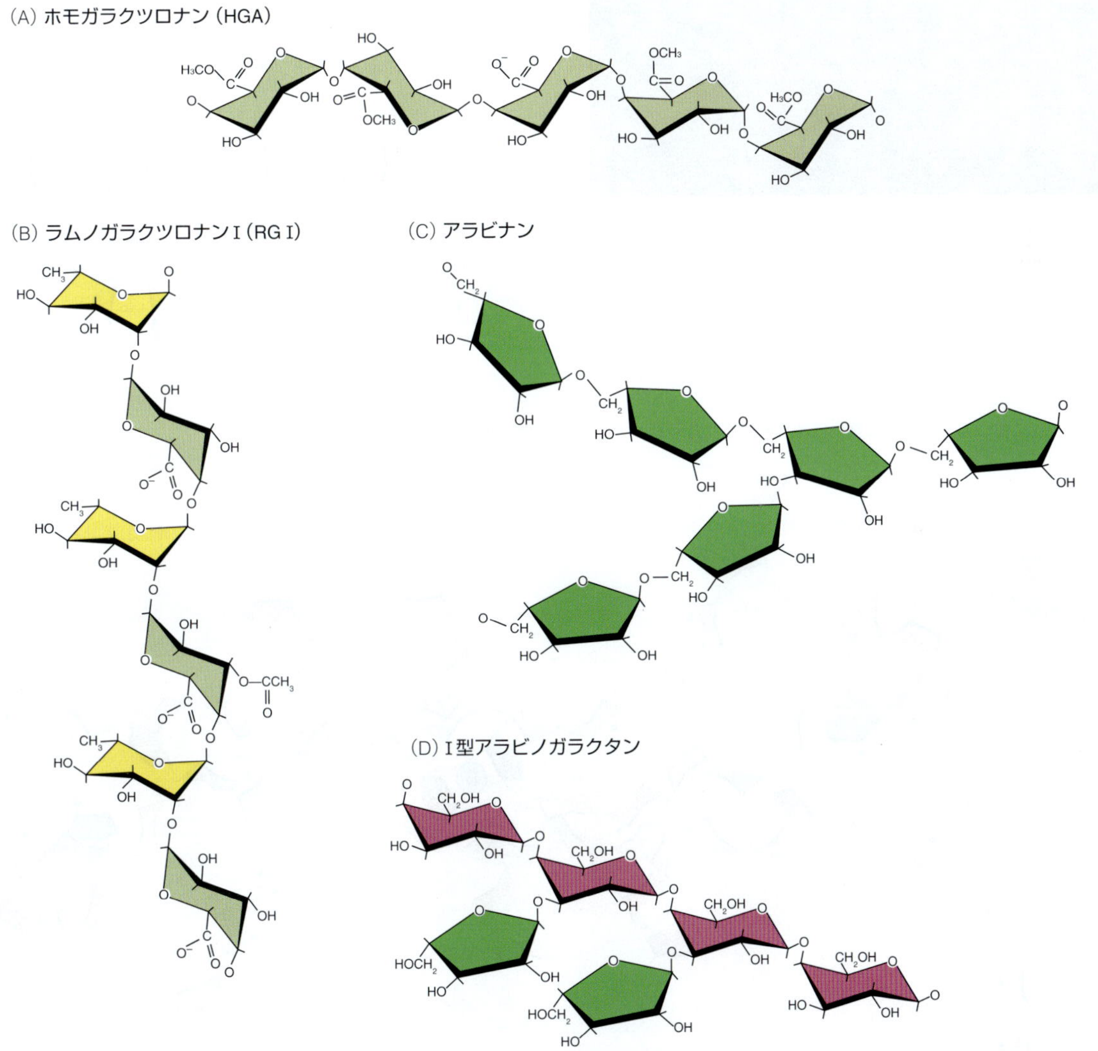

図 15.11　もっとも一般的なペクチン類の部分構造。(A) ホモガラクツロナンまたはポリガラクツロン酸ともよばれ，(1→4) 結合α-D-ガラクツロン酸残基からなる。カルボキシル基はメチル化されていることが多い。(B) ラムノガラクツロナン I (RG I) は非常に大きく，複数の単糖よりなるペクチンで，(1→4) 結合α-D-ガラクツロン酸 (GalA) と (1→2) 結合α-D-ラムノース (Rha) が一つおきにつながった主鎖をもつ。側鎖はラムノース残基に結合する。主な側鎖はアラビナン (C) や，ガラクタン，アラビノガラクタン (D) である。これらの側鎖の長さは長短さまざまである。ガラクツロン酸残基は，メチルエステル化されていることが多い。(Carpita and McCann 2000)

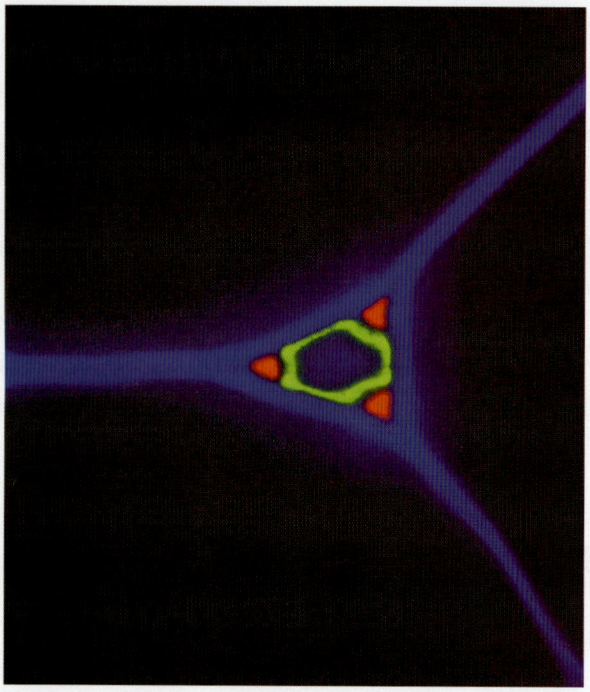

図 15.12　タバコ茎の中の細胞間間隙を境に隣接する三つの柔組織細胞の一次細胞壁を三重蛍光標識で見たもの。青はカルコフラー（セルロースを染色する），赤と緑はペクチンのホモガラクツロナン上の異なるエピトープ（免疫学的に識別される分子上の領域）に対するモノクローナル抗体を示す。（W. Willatsの好意による）

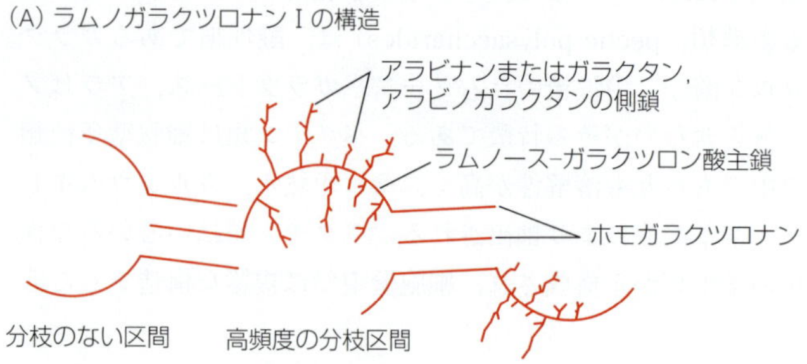

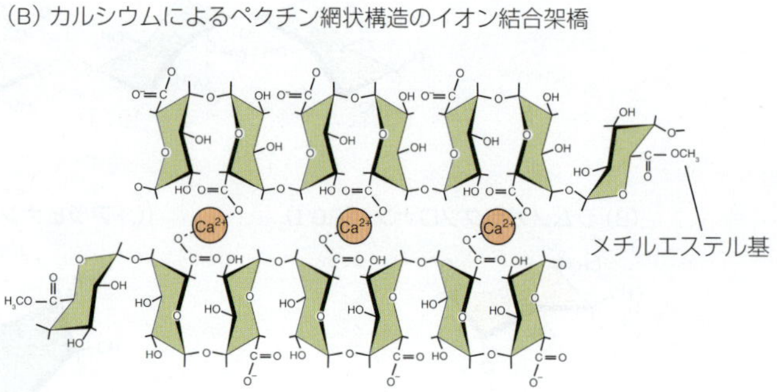

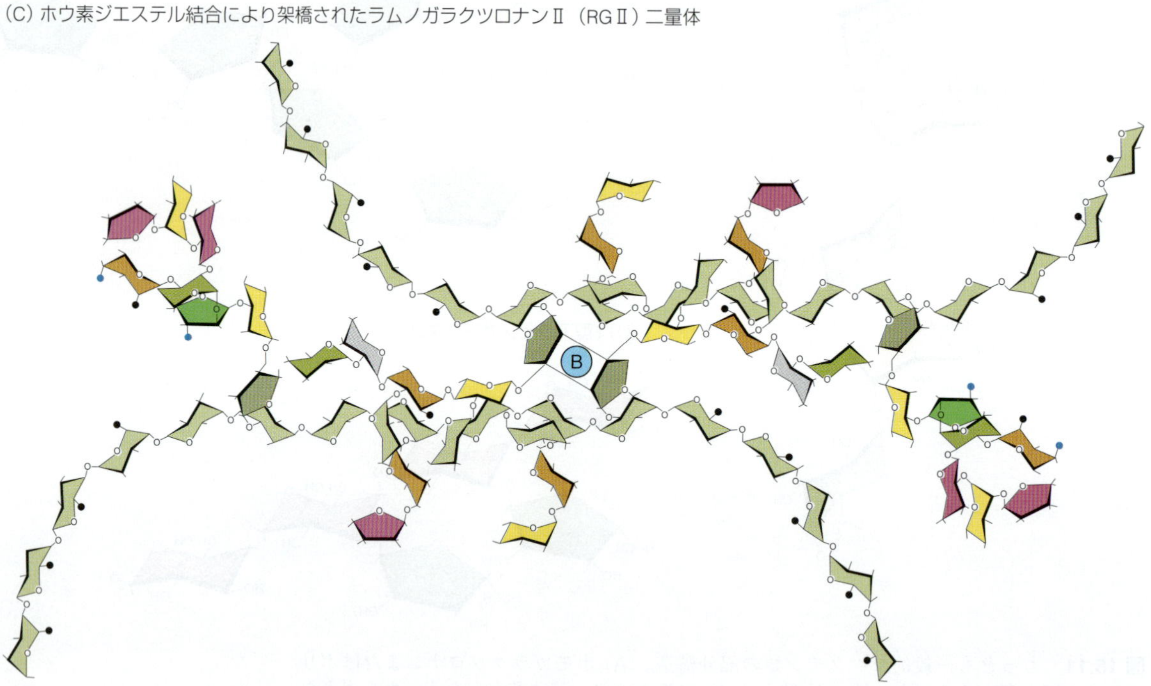

(C) ホウ素ジエステル結合により架橋されたラムノガラクツロナンⅡ（RGⅡ）二量体
B

図 15.13　ペクチンの構造。(A) ラムノガラクツロナンⅠの構造として提唱されているもの。ラムノースとガラクツロン酸からなる主鎖は，分岐頻度の高い部分と低い部分が交互に連なっている。(B) ペクチン網状構造の形成には，エステル化されていないカルボキシル基（COO^-）間のカルシウムイオンによる架橋が関係する。カルボキシル基はエステル結合により塞がれると，カルシウムを介した分子間の網状構造が形成されない。同様に，主鎖上に側鎖が存在すると網状構造の形成が阻害される。(C) ラムノガラクツロナンⅡ（RGⅡ）の構造。((B) と (C) は Carpita and McCann 2000 より）

表 15.2　細胞壁の構造タンパク質

細胞壁タンパク質の分類群	糖質の含有比率	通常の存在部位
HRGP（ヒドロキシプロリン-リッチ糖タンパク質）	～55	篩部，形成層，厚壁組織
PRP（プロリン-リッチタンパク質）	～0-20	木部，繊維組織，皮層
GRP（グリシン-リッチタンパク質）	0	木部

は非常に大きく，1分子の中に，高密度側鎖（たとえばアラビナンやガラクタン側鎖）をもつ「毛深い」領域と，側鎖のない「つるっとした」領域が混在している（図15.13A）。

ペクチン類を構成する多糖類の中には，非常に複雑な構造をしたものがある。もっとも顕著な例は‘ラムノガラクツロナンII’(rhamnogalacturonan II：RG II）とよばれる複合多糖（図15.13C）で，非常に複雑な様式で結合した10種類以上の単糖からなる。‘RG IとRG IIは，名称は似ているが，構造はまったく異なる。’RG II構造単位の間には，ホウ素のジエステル結合により架橋が形成される。たとえば，RG II合成酵素の一つを欠損し，ホウ素による架橋が不完全な状態となるシロイヌナズナの***mur1***変異体は顕著な成長異常を示す（O'Neill et al. 2001）。また，タバコ属植物（***Nicotiana plumbaginifolia***）のRG II合成に必須のグルクロン酸糖転移酵（NpGUT1）を欠いたカルスでは，ホウ素による架橋がまったく形成されず，細胞間の接着ができず，組織形成不全をおこす（Iwai et al. 2002）。

ペクチン類は一般にゲル構造，すなわち，高度に水和した緩やかな網状構造を形成する。ペクチン類はフルーツジャムやゼリーを「ゲル化する」，すなわち「固める」成分である。ペクチン性のゲルでは，隣接するペクチン鎖間の電荷をもつカルボキシル基（COO^-）どうしはCa^{2+}を介して架橋される。その結果，図15.13Bに示すように，カルシウムで架橋された巨大な網状構造ができる。

ペクチン類は細胞壁に分泌された後，修飾を受けて立体配置や結合がかわる。酸性糖残基の多くは，ゴルジ体内でメチル基やアセチル基，その他の未同定の基でエステル化される。エステル化されると，カルボキシル基から電荷が消失し，ペクチン類間でのカルシウム架橋が形成できないため，ペクチン類の特性であるゲル化の性質は弱まる。エステル化されたペクチン類が細胞壁中へ分泌されると，細胞壁中に存在するペクチンエステラーゼの働きで，エステル基が除かれ，解離してイオン化したカルボキシル基が露出し，ゲル化の性質が強まる。脱エステル化は，また，解離したカルボキシル基が増すことにより細胞壁中の電荷の濃度を高め，ひいては細胞壁中のイオン濃度や細胞壁酵素の活性に影響を及ぼすことになる。ペクチン類は，カルシウム架橋による結合以外にも，フェルラ酸などのフェノール残基間を架橋するエーテル結合をはじめとして，いろいろな共有結合により架橋される可能性がある（13章参照）。

構造タンパク質も細胞壁中で架橋される

前節で述べた主要な多糖類に加えて，細胞壁にはいく種類かの構造タンパク質が含まれる。これらのタンパク質は，通常，主要な構成アミノ酸の種類により分類される。たとえば，ヒドロキシプロリンリッチ糖タンパク質（hydroxyproline-rich glycoprotein：HRGP），グリシンリッチタンパク質（glycine-rich protein：GRP），プロリンリッチタンパク質（proline-rich protein：PRP）などである（表15.2）。細胞壁タンパク質の中には，複数の分類群のアミノ酸配列の特徴を合わせもつものがある。また，アミノ酸配列の繰り返し構造が頻出し，糖鎖が高頻度で付加されていることが多いことも細胞壁構造

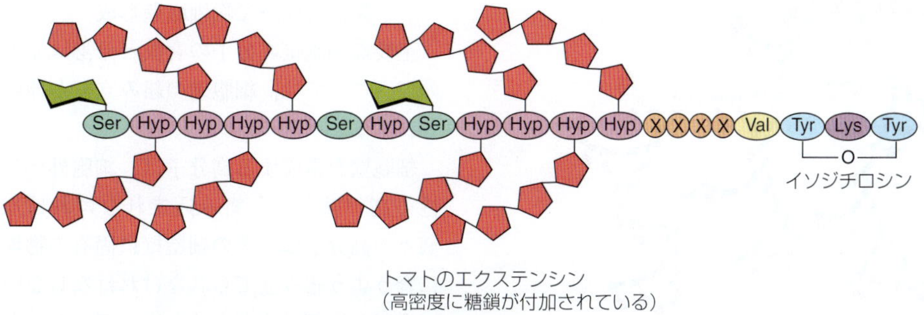

図 15.14　トマトのエクステンシン類の一つであるヒドロキシプロリンリッチ糖タンパク質の繰り返し構造モチーフ。高密度に糖鎖が付加され，分子内にイソジチロシン結合が見られる。(Carpita and McCann 2000)

タンパク質の特徴である（図15.14）。

試験管内で細胞壁からタンパク質を抽出する実験によると，新たに分泌される細胞壁構造タンパク質はかなり溶けやすいが，細胞の成熟につれて，あるいは，傷害に応答して，しだいに不溶化していく。不溶化の生化学的過程の詳細はまだ不明である。

細胞壁構造タンパク質の含量は，細胞型や細胞の成熟度，それまで受けた刺激の種類により大きくかわる。傷害や病原菌の侵入，エリシター（植物の病害抵抗反応を活性化する分子，13章参照）による処理は，いずれも細胞壁構造タンパク質をコードする遺伝子群の発現を高める。組織学的な研究によると，細胞壁構造タンパク質は，特定の細胞型や組織に局在していることが多い。たとえば，HRGP類は形成層や篩部柔組織，いろいろな種類の厚壁組織でみられることがもっとも多い。GRP類やPRP類は木部の道管や繊維細胞に局在していることが多く，分化した細胞壁にもっとも特徴的なタンパク質である。

これまで述べた構造タンパク質以外にも，細胞壁中には細胞壁の乾燥重量の1％弱の量の**アラビノガラクタンタンパク質類**（arabinogalactan proteins：**AGPs**）が含まれる。AGPsは水溶性で，高密度に糖鎖が付加されていて，質量の90％以上を糖鎖，主にガラクトースとアラビノースが占めることが多い（図15.15）（Gaspar et al. 2001）。植物組織内のAGPの存在形態は多様で，細胞壁中に存在するものから細胞膜に結合しているものなど，さまざまである。また，いずれも組織や細胞特異的な発現特性をもっている。

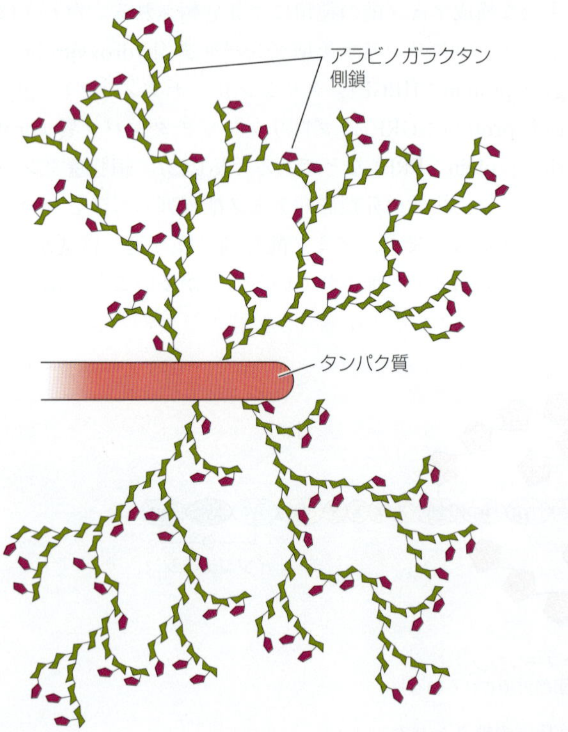

図 15.15　高密度に分岐したアラビノガラクタン分子（Carpita and McCann 2000）

AGPsは細胞分化の過程で，細胞接着や細胞の情報伝達としての役割を担う場合がある。特に管状要素分化には，特定のAGPタンパク質が細胞間情報伝達因子として働いてることが示されている（Motose et al. 2001）。その他の情報伝達に関与していることを示す事例として，AGPsあるいはAGPsと特異的に結合する化合物を外部より投与することにより，細胞の増殖や胚発生が影響を受けることが報告されている。AGPsは，これらの発生過程以外にも，成長や栄養，花柱組織内の花粉管の伸長誘導にも，関与していると考えられる（Cheung et al. 1996；Gaspar et al. 2001）。最後に，AGPsは分泌小胞内で合成された多糖が絡まるのを防ぐ，一種の多糖シャペロンとしての機能をもつ可能性もある。

細胞質分裂の過程で新しい一次細胞壁が組み立てられる

一次細胞壁は，細胞分裂の最終過程で新たに生まれる。この過程では，新たに形成される**細胞板**（cell plate）が二つの娘細胞を二分した後，細胞板の内容物が固まり，膨圧に起因する力学的な負荷に耐えることのできる，しっかりとした細胞壁になっていく。

細胞板は，細胞分裂期の細胞で，それまで紡錘体によって占められていた位置の中央面にゴルジ小胞やER扁平嚢（ER cisternae）が集まり，融合してできる。この集合過程は**隔膜形成体**（phragmoplast）により統括される。隔膜形成体は，微小管と細胞膜と小胞からなり，細胞周期の後期の終わりから終期の初めにかけて形成される（1章参照）。小胞の膜がたがいに融合したのち，最後に細胞側面の分裂面と直行する細胞膜と融合し，娘細胞を仕切る新しい細胞膜となる。小胞の内容物は新たな中葉（middle lamella）と一次細胞壁を構築するための材料となる。

細胞壁は，おおむね以下の過程をへて成長し，成熟していく。

合成→分泌→組み立て→伸展（成長中の細胞）→
架橋形成→二次細胞壁形成

主要な細胞壁高分子の合成と分泌は先の節ですでに述べたので，ここでは，細胞壁の組み立てと伸展について考えることにする。

細胞壁を構成する高分子は，細胞外へ分泌されてから凝集性の高い構造へと組み込まれなければならない。つまり，個々の高分子は，その細胞壁に固有の物理的配置や結合様式に合うよう組み立てられなければならない。細胞壁の組み立て過程の詳細はまだよくわかっていないが，この過程でもっとも重要なものは，自己集合と酵素を介した組み立ての二つである。

自己集合　自己集合は，機構が単純な点が魅力的である。細胞壁多糖類は自発的に凝集し，組織化されやすいという特徴を備えている。たとえば，単離されたセルロースは強いアルカリに溶かすことができる。これをノズルから押し出すとレーヨンとよばれる強靭な繊維ができる。

同様に，ヘミセルロースも強アルカリに溶かすことができ，アルカリを除くと凝集して高密度の規則性の高い網状構造を形成し，その微細構造は天然の細胞壁構造とよく似ている。このような凝集しやすい傾向をもつため，ヘミセルロースを構成高分子に分解するのは技術的に難しい。ペクチンは，これとは対象的に，溶解性が高く，等方性の網状構造（ゲル）を作りやすい傾向がある。これらの観察結果から細胞壁高分子は凝集して，部分的に規則的な構造を作る性質を本来備えていることがわかる。

酵素作用を介する組み立て　自己集合以外に，細胞壁酵素が細胞壁の組み立て過程に関与する場合がある。酵素を介した細胞壁組み立てに関与するもっとも有力な候補は，‘エンド型キシログルカン転移酵素/加水分解酵素’（xylogulucan endotransglycosylase：XTH）である（訳者注；この酵素は1991年に発見されて以来XET，EXT，EXGTなどの名称でよばれていたが，2001年に統一名称が提唱され，この酵素のタンパク質およびそれをコードする遺伝子は，すべてXTHとよぶことになった（Rose et al. 2002））。この酵素はキシログルカン分子の主鎖を切断し，切断片のうち一方末端（還元末端）を，別のキシログルカン分子の末端（非還元末端）に結合する機能をもっている（図15.16）。このような転移反応により，新たに合成されたキシログルカンは細胞壁の網状構造に組み込まれていく（Nishitani 1997，Thompson and Fry 2001）。（訳者注；XTHは，大きなファミリーを形成し，それらのほとんどが転写されていることが実証されている（Yokoyama et al. 2001）。このファミリーの特徴は，保存された一つの触媒中心をもつタンパク質でありながら，キシログルカンのつなぎ換えを触媒するエンド型キシログルカン転移酵素活性（XET activity）とエンド型キシログルカン加水分解酵素活性（XEH activity）のいずれか，または双方をもつことである。この二つの活性の組み合わせにより，XTHは単に細胞壁の組み立てだけでなく，後ほどふれる，細胞壁の伸展過程においても重要な役割を担うことになる。）

細胞壁の組み立てに役に立ちそうなその他の細胞壁酵素として，グリコシダーゼやペクチンメチルエステラーゼ，それに，いろいろな酸化酵素をあげることができる。グリコシダーゼの中にはヘミセルロース類の側鎖を切断するものがある。この「枝切り」反応が進むと，ヘミセルロース類はセルロース微繊維の表面に接着しやすくなる。ペクチンメチルエステラーゼは，ペクチン類のカルボキシル基をマスクしているメチルエステル基を加水分解し，カルボキシル基を露出させる。それによって，ペクチン類の酸性基の密度が増し，ペクチンがカルシウム架橋によるゲルの網状構造を作りやすくなる。

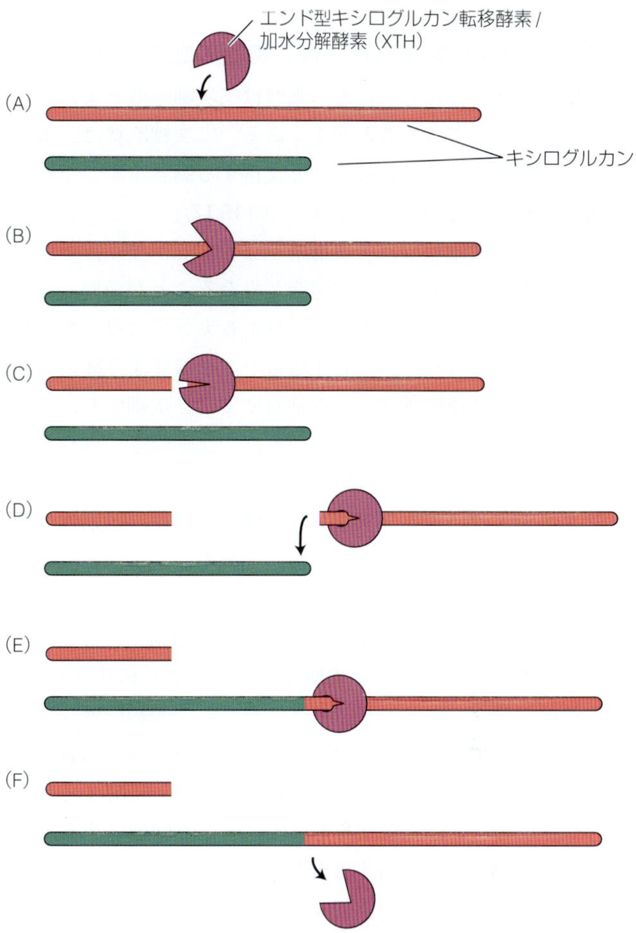

図 15.16　キシログルカン分子鎖を切断して，新しい鎖につなぎ変えるエンド型キシログルカン転移酵素/加水分解酵素（XTH）の作用。組換え反応を見やすくするために，2本の長さの違うキシログルカン分子鎖を色分けして区別している（A）。XTHは一本のキシログルカン分子鎖の一本の中央部分に結合し(B)，切断し(C)，切断片をもう一本のキシログルカン鎖（D，E）の一端に結合する。その結果，短くなったキシログルカン分子鎖と長くなったキシルグルカン分子鎖ができる（F）。(Smith and Fry 1991)

ペルオキシダーゼのような酸化酵素は，細胞壁タンパク質やペクチン類その他の細胞壁高分子の中のフェノール性基をもつ残基（チロシン，フェニルアラニン，フェルラ酸）の間で架橋形成を触媒することがある。このようなフェノール性基の重合反応は，リグニン架橋の形成において重要なことはよくわかっているが，細胞壁の多様な成分を連結する際にも同様の重合反応が関与しているものと考えられる（訳者注；これら，ペクチンエステラーゼやペルオキシダーゼも大きなファミリーを形成し，シロイヌナズナのゲノム上に，それぞれ100前後のORFが同定され，その機能によって，いく種類かのサブファミリーに分けられている）。

二次細胞壁は細胞伸長停止後に特定の細胞で作られる

細胞壁の伸展が停止した後も，細胞は二次細胞壁とよばれる細胞壁を作りつづけることがよくある。二次細胞壁は，仮道管や繊維細胞，その他，植物体を支持する働きをもつ組織では著しく肥厚していることが多い（図15.17）。

これらの二次細胞壁は多層構造をなすことが多く，その構造や構成要素の組成も一次細胞壁と異なることが多い。たとえば樹木では，二次細胞壁はキシログルカンではなくキシランを含み，セルロースの含有比率も一次細胞壁より高い。また，セルロース微繊維は，二次細胞壁では一次細胞壁に比べて，より整然と平行に配列している。二次細胞壁にはリグニンが沈着していることが多い。

リグニンとは，芳香族アルコール構造単位が，規則性の乏しい複雑な結合様式で連結された，一種のフェノール性高分子である（13章参照）。これらの構造単位はフェニルアラニンから合成され，細胞壁中へ分泌され，その場で，ペルオキシダーゼやラッカーゼなどの酵素の働きにより酸化される。細胞壁中でリグニン合成が進むと，リグニンが細胞壁マトリックスの水と置き換わり，セルロース微繊維と強く結合する疎水性の網状構造ができ，細胞壁の伸展を抑制する（図15.18）。リグニンは細胞壁を力学的に著しく強靭にするとともに，病原体の侵入に対する細胞壁の感受性を軽減させ，抵抗性を高める。また，植物組織内のリグニンは，植物を食べる動物にとっては，消化の妨げになる。したがって，遺伝子工学的にリグニン含有量や構造を改変することにより，家畜の飼料となる植物の消化性や栄養価を高めることが可能になるはずである。

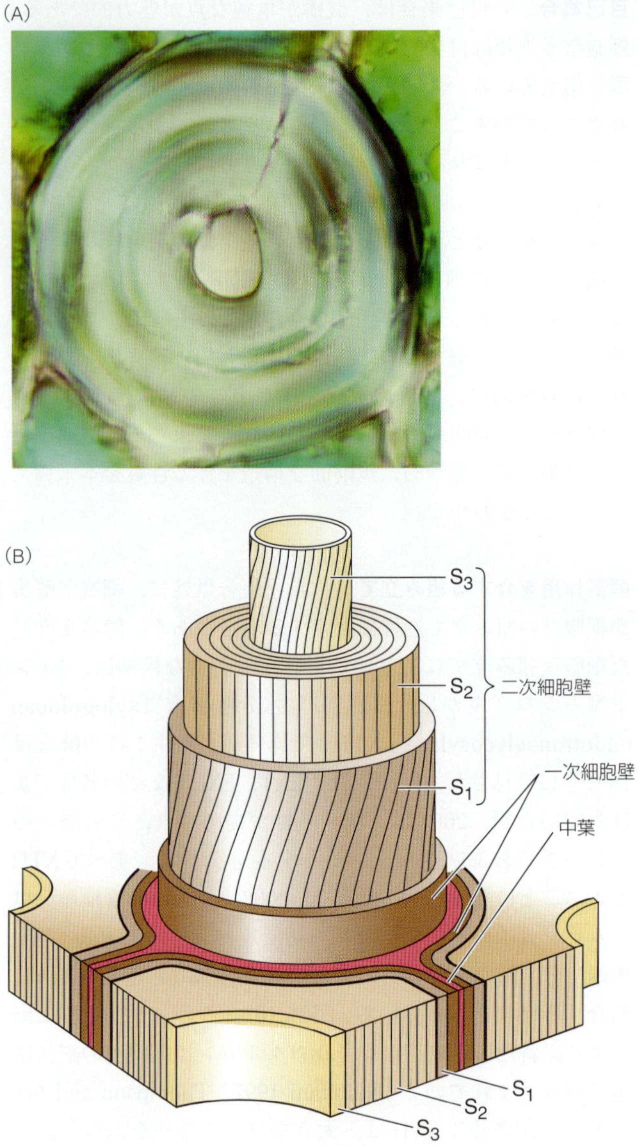

図 15.17 （A）マキ目の一種（*Podocarpus*）の厚壁細胞の断面。二次細胞壁が多層構造をなしている様子が見える。（B）仮道管などの肥厚した二次細胞壁によく見られる細胞壁構造の模式図。三つの異なる層（S_1，S_2，S_3）が一次細胞壁の内部沈着している。（写真 © David Webb.）

細胞伸展の様式

植物の細胞拡大の過程では，既存の細胞壁構造の伸展と同時に，新しい細胞壁高分子が常時合成され，細胞壁中へ分泌されていく。細胞壁の伸展は局部的に進むこと（**先端成長**（tip growth）の際に見られる）もあれば，細胞壁の全面にわたって均一に進むこと（**分散成長**（diffuse growth））もある（図15.19）。先端成長は根毛細胞や花粉管に特徴的（**Webエッセイ15.1**参照）であるのに対して，植物体を構成する他の大部分の細胞では分散成長が見られる。繊維細胞（fiber）やある種の厚壁細胞（sclereid，sclerenchyma），毛状突起（trichome）などは分散成長と先端成長の中間的な様式で成長する。

たとえ分散成長をする細胞であっても，細胞壁の部位が異なれば，細胞壁面の伸展の速度や方向は異なることもある。たとえば，茎の皮層細胞では末端壁（end wall）は側壁（side wall）よりもはるかに伸展しにくい。細胞壁の部位による，このような物性の差は，細胞壁中の特定の構造や酵素が不均一であることに起因するのかもしれないし，細胞壁の部位によって受けるストレスが異なるためにおこるのかもしれない。このようにして，細胞壁が不均一に伸展する結果，植物細胞は不均一な形をつくることができるのである。

微小管の配向が分散成長の成長方向を規定する

成長の過程でゆるんだ状態の細胞壁（loosened cell wall）は，細胞の膨圧に起因する物理的な力により押し広げられる。膨圧は，外向きの同じ大きさの力を生み出す。成長の方向性は

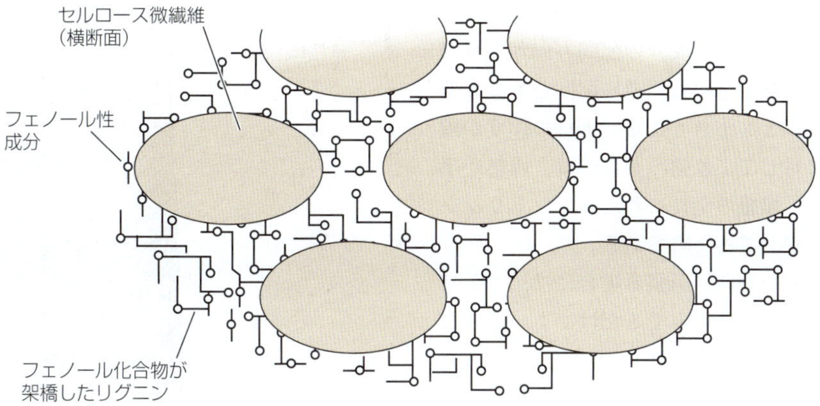

図 15.18 リグニン内のフェノール性成分がセルロース微繊維間の間隙に浸透し，架橋を形成する様子を描いた模式図。この図では細胞壁マトリックスの他の成分は除外している。

主に細胞壁の構造特性，特にセルロース微繊維の配向によって決まる。

分裂組織で細胞が生まれるときには，細胞は等径的 (isodiametric) である，すなわち，どの方向に対しても直径が等しい。もし，一次細胞壁中でのセルロース微繊維の配向が，**等方的** (isotropic)，すなわちランダムに配向しているとすると，細胞はすべての方向に同じ速度で成長するであろうから，放射状に肥大し球状となるはずである (図 15.20A)。しかし実際は，ほとんどの植物細胞では，セルロース微繊維の配向は**非等方的** (anisotropic)，すなわちランダムではない。

茎や根の皮層細胞や維管束細胞のような円柱形に伸長する細胞や，あるいは輪毛藻類である *Nitella* の巨大節間細胞などでは，セルロース微繊維はもっぱら細胞の側面の細胞壁で合成される。これらの側面の細胞壁では，セルロース微繊維は円柱型細胞の側面の円周上 (横断面の円周上) をぐるぐる巡るように，細胞の長軸に対して直角の角度で沈着する。円柱の円周上のセルロース微繊維は樽にはめたタガのようなもので，細胞が横に太ることを抑制し，縦に伸ばすことを促進することになる (図 15.20B)。ただし，個々のセルロース微繊維は実際のところは「閉じた輪」ではないので，微繊維は，ファイバーグラスの中のガラス繊維にたとえるほうが，より正確であろう。

ファイバーグラスは‘複雑な複合素材’の一つで，非結晶性の樹脂性マトリックスの内部に，ガラス繊維が，ばらばら

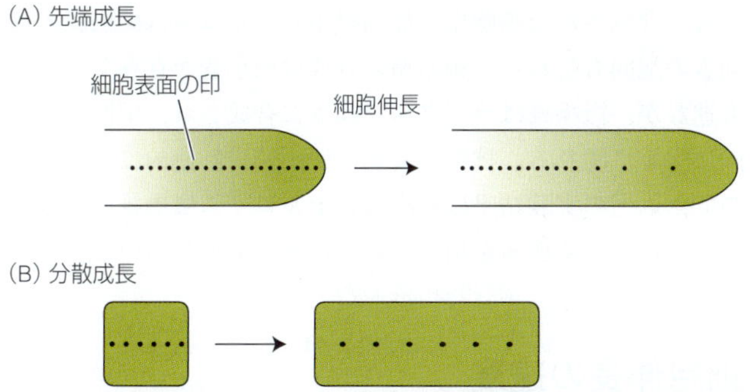

図 15.19 先端成長と分散成長では細胞表面の広がり方が違う。(A) 先端成長を行う細胞では，伸展は細胞の一端のドーム状の部分のみに限定される。細胞の表面に印をつけて，成長を観察すると先端部分につけた印の間の距離だけが開く。根毛や花粉管は先端成長を行うよい例である。(B) 分散成長を行う細胞に印をつけると，細胞が成長するに従い，いずれの印の間の距離も同じように開いていく。多細胞植物ではほとんどの細胞は分散成長を行う。

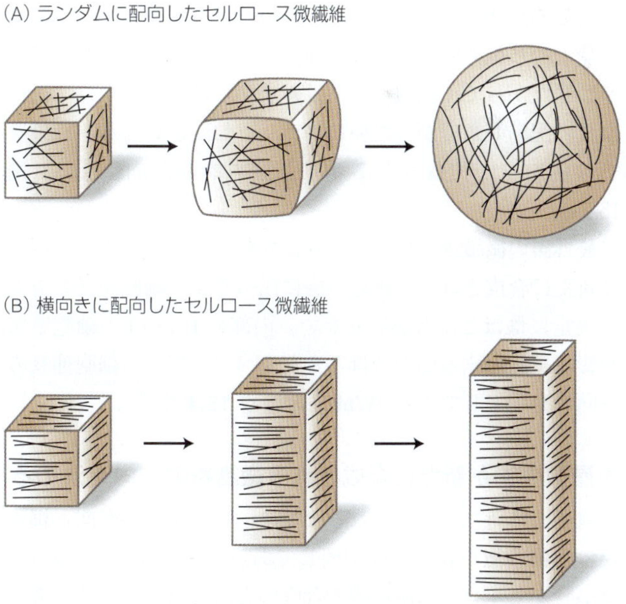

図 15.20 新たに合成されるセルロース微繊維の配向が細胞拡大の方向を決める。(A) 細胞壁がランダムな方向を向いたセルロース微繊維により補強されていると，細胞はどの方向にも同じように拡大し，球になる。(B) 細胞壁を補強しているセルロースの大部分が同じ方向に配置していると，細胞は微繊維の配向と直角の方向に拡大し，補強されている方向への拡大が抑えられる。この図では微繊維の配向は横向きに，細胞の伸長は縦向きに描いている。

の状態で，強化成分として埋め込まれている。複合素材は一般に，マトリックス内の長い結晶性成分の配向方向と平行な向きの力に対して，最大の強度を示し，逆に配向と垂直な方向に対しては，強度がもっとも小さくなる。素材の強度が繊維の配向と平行な方向に対してより強くなるのは，繊維が平行な方向に移動する際に，繊維の全長にわたってマトリックスとの間で物理的な摩擦がおこるためである。

逆に，素材を配向と垂直な方向に引張る場合には，マトリックス高分子は繊維成分の直径分のみ滑るだけでよいことになり，マトリックスには張力に抗する力がほとんど生じない。ファイバーグラスの中のガラス繊維は，ランダムな方向に配向しているので，ファイバーグラスはすべての方向に対して等しい強度を示す。つまり，力学的には等方的である。

植物細胞壁もグラスファイバーと同様に，非結晶性の部分と結晶性の部分とからなる複合素材である（Darley et al. 2001）。しかし，一次細胞壁では，強化成分であるセルロース微繊維が通常，細胞の伸長軸に垂直な方向に配向している点で，グラスファイバーとは異なる。それによって，細胞壁は構造においても，また力学的性質においても‘非等方的’（anisotropic）である。この理由によって，成長中の植物細胞は伸びやすいが，太りにくい。

細胞壁合成は，細胞が拡大する過程を通じて進む。**マルチネット仮説**（multinet hypothesis）によると，細胞壁は何層かの微繊維の層からなり，それぞれの層は細胞が伸長する過程を通して，延ばされ薄くなり，その結果，各層の中の微繊維は受動的に縦方向，すなわち伸長軸方向に配向が変わっていく。したがって，細胞壁内の最外層から最内層にかけて，微繊維の配向の角度がしだいにかわり，勾配が見られ，最外層では細胞壁が伸ばされる結果，縦方向の配向になる（図15.21）。

最外層の微繊維層は薄くなり，分断されているので，内側に新たに合成される微繊維の層に比べると，細胞伸長の方向の決定にはほとんど影響しない。内部の4分の1の細胞壁層が膨圧に起因する応力のほとんどすべてを担い，細胞伸長の方向性を決定している（**Webトピック15.4**参照）。

表層微小管が新たに合成される微繊維の方向を決める

細胞壁内に新たに合成されるセルロース微繊維の配向と細胞膜の内側の微小管の配向が同じであることが多いことから，微小管がセルロース微繊維の合成の方向を決めていると考えられている。原形質の表層の，細胞膜の直下に位置する微小管は，通常細胞壁の最内層（細胞膜のすぐ外側）に合成されるセルロース微繊維の位置をよく反映し，両者とも横向き，すなわち伸長軸に対して垂直な方向を向いている（図15.22）。仮道管のような細胞型では，細胞壁中の微繊維は横向きと縦向きが交互にかわるが，そのような細胞では，微小管の配向

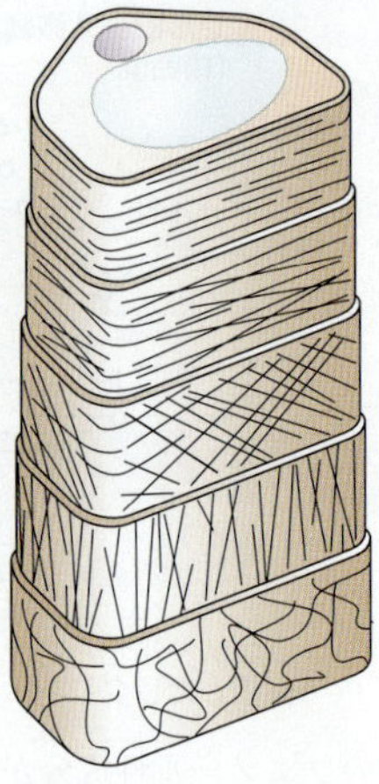

図 15.21 細胞壁伸展のマルチネット仮説。新しく合成されるセルロース微繊維は細胞壁の最内層に伸長軸と垂直な方向に配置されつづける。細胞の伸長が進むと初期に作られた細胞壁層はしだいに薄くなり，力学的に弱くなり，それに従い，セルロース微繊維の配向は受動的に伸長軸と平行な方向を向くようになる。細胞壁の力学的性質は内側の細胞壁層により決まる。

は直近に（もっとも新しく）合成された細胞壁の最内層の微繊維の配向と平行である。

微小管がセルロース微繊維の合成の方向決定に関与することを示す主要な証拠としては，遺伝子操作やある種の薬剤投与により細胞質内の微小管を破壊したり，配向を乱したりすると，微繊維の配向が乱れるという事実をあげることができる。たとえば，微小管の構成単位であるチューブリンタンパク質に結合し，微小管の重合を阻害する薬剤（重合阻害剤）は何種類もある。重合阻害剤の一つであるオリザリン（oryzalin）で伸長中の根を処理すると，伸長領域が横方向に肥大し，根が丸い瘤のようになる（図15.23）。

このような成長の乱れは，細胞が等方的に拡大したこと，すなわち，伸長せずに，球状に膨らんだためにおこったものである。薬剤により伸長中の細胞内の微小管を破壊すると，直近に合成された細胞壁の最内層中のセルロース微繊維の横向きの配向も乱れる。細胞壁の合成は微小管が存在しなくとも進むが，微繊維はランダムな向きに合成され，細胞は全方向に均等に膨れる。抗微小管剤は微小管に特異的に作用するので，以上の実験結果は微小管がセルロース微繊維の合成の方向を指令する働きを担っていることを示唆している。

細胞伸長の速度

植物細胞は成熟過程で通常，10～100倍の体積に膨らむ。極端な場合には体積が10,000倍以上に増すこともある（たとえば，木部の道管要素）。細胞がこのように著しく肥大する過程で，細胞壁は通常，力学的強度を失うわけでもなく，薄くなるわけでもない。つまり，細胞壁高分子が伸長過程で新た

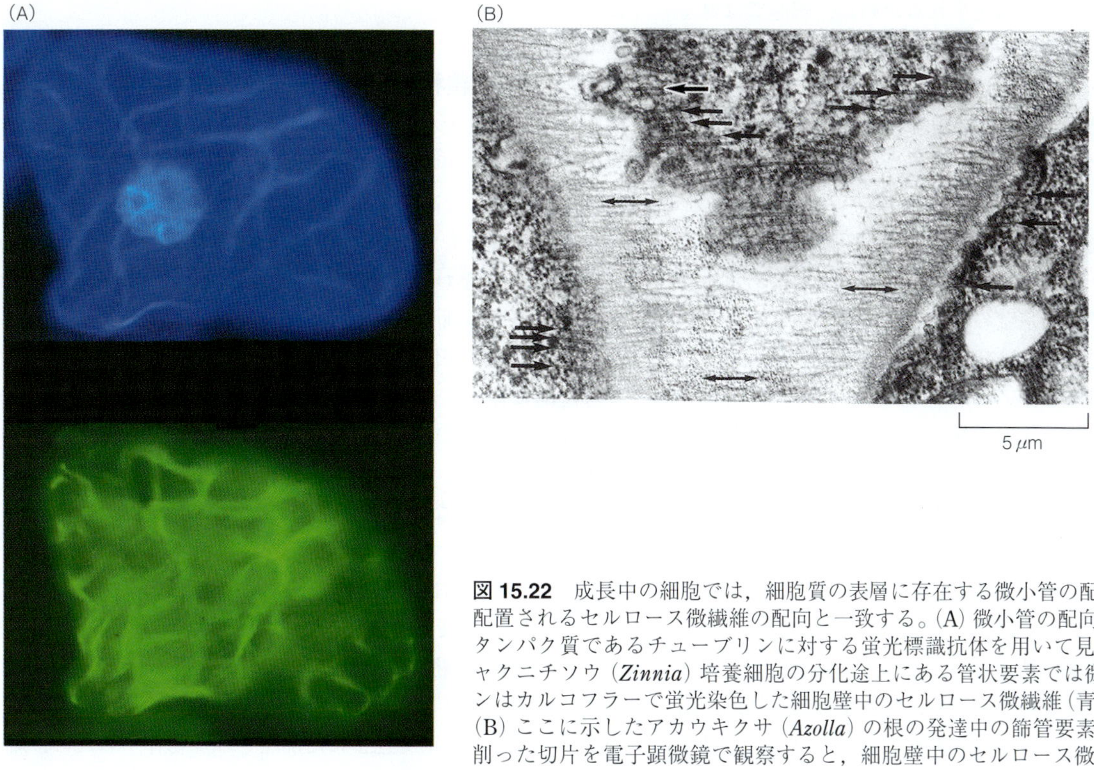

図 15.22 成長中の細胞では，細胞質の表層に存在する微小管の配向が細胞壁に新たに配置されるセルロース微繊維の配向と一致する。(A) 微小管の配向は微小管を構成するタンパク質であるチューブリンに対する蛍光標識抗体を用いて見ることができる。ヒャクニチソウ (***Zinnia***) 培養細胞の分化途上にある管状要素では微小管 (緑) のパターンはカルコフラーで蛍光染色した細胞壁中のセルロース微繊維 (青) の配向と一致する。(B) ここに示したアカウキクサ (***Azolla***) の根の発達中の篩管要素のように，細胞壁を削った切片を電子顕微鏡で観察すると，細胞壁中のセルロース微繊維の配列の様子が見えることがある。篩管要素は根の伸長軸に対して平行に走っている。しかし，細胞壁の微繊維 (両頭の矢印) と表層微小管 (矢印) はともに伸長軸に対して垂直である。((A) は Robert W. Seagull の好意による，(B) は A. Hardham の好意による)

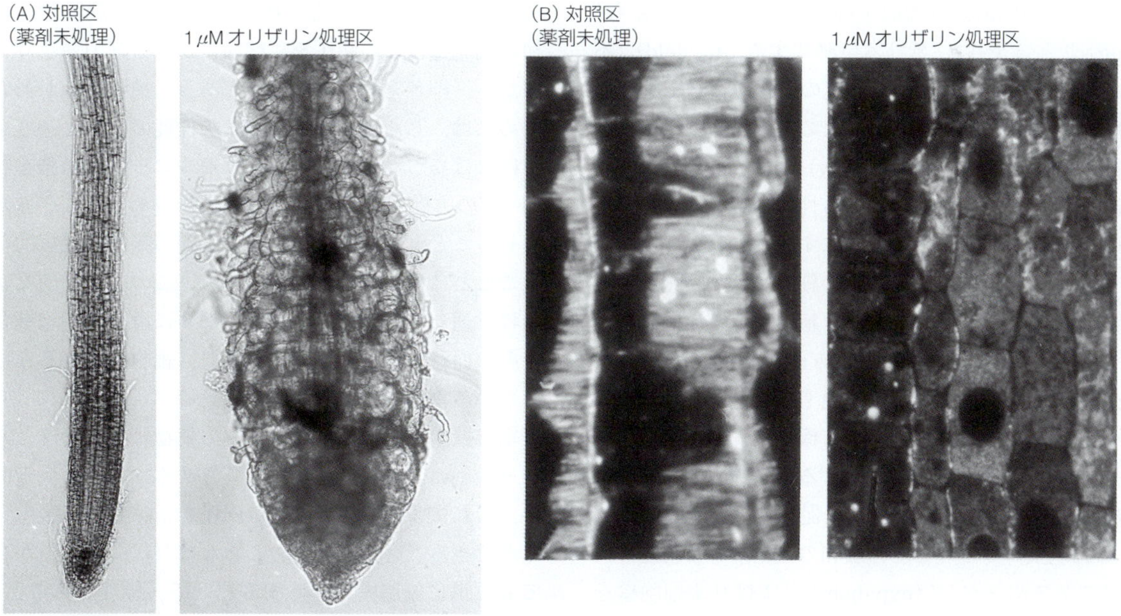

図 15.23 表層微小管を破壊すると，放射状の細胞拡大が著しく促進されるとともに伸長が抑制される。(A) シロイヌナズナ芽ばえの根を微小管重合阻害剤であるオリザリン (1 μM) で2日間処理した後，顕微鏡写真を撮ったもの。この阻害剤は成長の極性を変えている。(B) 微小管は間接蛍光抗体法により可視化することができる。対照区の表層微小管は細胞伸長軸と垂直の方向を向いているが，1 μM オリザリンで処理した根では微小管はほとんど残っていない。(Baskin et al. 1994 より引用，T. Baskin の好意による)

に合成され，細胞壁中に組み込まれるために，細胞壁は薄くも，脆くもならないのである。この組み込み過程がどのように行われるのかは正確にはわかっていないが，自己集合やエンド型キシログルカン転移酵素/加水分解酵素（XTH）の働きが重要な役割を担っていることはすでに述べた通りである。

この組み込み過程は，速い伸長を示す根毛細胞や花粉管などの先端成長を行う特殊化した細胞では特に重要であるようである。先端成長では細胞壁の合成と表面の伸展はともにチューブ状の細胞の先端の半球状のドームの部分に局在するので，両者は密接に連携しているはずである。

先端成長によって速い速度で伸長する細胞では，細胞壁の表面積が数分のうちに2倍になり，それまで細胞の伸長域であった部分が，伸長停止域にかわっていく。この速度は，分散成長をする通常の細胞で見られる細胞成長の速度に比べると非常に速く，そのため，先端成長を行う細胞では細胞壁が薄くなり，破裂することもある。分散成長と先端成長は一見，別個の成長様式のように見えるが，両様式の細胞壁伸展過程は，まったく同じではないとしても，高分子の組み込み，応力緩和，高分子クリープなどの素過程では類似点があるはずである。

細胞壁の伸展速度は多数の因子の影響を受ける。細胞型や細胞齢は発生過程に関わる因子として重要である。同様にオーキシンやジベレリンのようなホルモンも重要である。また，光や水分供給などの環境条件も細胞拡大の調節に関わることが多い。これらの内的，外的因子群は，細胞壁が‘ゆるむ’（loosening）ことにより，‘延びる’（降伏する，to yield）（不可逆的に引き延ばされる）という一連の過程を通して細胞拡大を制御することがもっとも多い。このような観点から，細胞壁の‘延びる性質’（yielding property）について述べる。

この節では，まず，細胞壁の延びる性質の特徴を，生化学と生物物理学の手法で分析することにする。どのような細胞であれ，それが拡大するには，かたい細胞壁はなんらかの方法で，まずゆるまなければならない。植物細胞が拡大する際の細胞壁のゆるみを‘応力緩和’（stress relaxation）とよぶ。

オーキシン作用に関する酸成長仮説（19章参照）によると，細胞壁の応力緩和と延びの原因となる機構の一つは，細胞膜を横切って放出される水素イオンによる細胞壁の酸性化である。細胞壁のゆるみは酸性のpH下で促進される。酸により誘導される細胞壁のゆるみと応力緩和の生化学的な基礎については，‘エクスパンシン’（expansin）とよばれる細胞壁をゆるませる特殊なタンパク質群の働きをふくめ，後ほど詳しく述べることになる。

細胞の体積が最大の大きさに近づくと，成長速度が低下し，最後には完全に停止する。細胞成長の停止につながる細胞壁のリグニン化の過程については，この節の最後に考えることにする。

細胞壁の応力緩和が吸水と細胞伸長をおこす

細胞壁は細胞拡大を制限しているもっとも大きな力学的抑制要因であることから，その物性については古くより注目されてきた。水和した高分子複合体である細胞壁は，固体と液体の中間の物性をもつ。このような物性を**粘弾性**（viscoelastic property），すなわち**流体的性質**（rheological property）という。成長途上の細胞の細胞壁は成長停止後のものに比べ，一般に硬さの程度が低く，条件がそろうと，長時間にわたって不可逆的に伸展する，すなわち，**延びる**（yielding）。この過程は成長していない細胞の細胞壁では，まず見られない。

‘応力緩和’は，細胞壁が伸展するしくみを理解するうえでもっとも重要な概念である（Cosgrove 1997）。‘応力’（stress）とは力学で用いる用語で，面積あたりの力で表される。細胞壁の応力は細胞が膨圧をもつために必然的に発生する力である。成長中の植物細胞の膨圧は通常0.3～1.0 MPaである。膨圧は細胞壁を押し広げる結果，それとつりあうように，細胞壁内に物理的歪みや張力を発生させる。細胞の形の特性（薄い細胞壁で包まれた加圧された物体）のため，細胞壁面に平行にかかる張力は10～100 MPaとなる。これは，実に大きな応力である。

この単純な事実が，細胞拡大の機構に非常に重大な影響を与えることになる。動物細胞では細胞骨格が作り出す力に応答しながら細胞が形を変えるが，そのような動物細胞の力は，膨圧が作り出す力と比べれば無視できる程度のものである。植物細胞壁はこの膨圧を，壁面にかかる応力によりつりあいながら，押さえ込んでいるのである。植物細胞が形を変えるためには，したがって，細胞壁の伸展の方向と速度を制御しなければならない。この過程はセルロース微繊維を特定の配向（この方向が細胞伸長の方向性を決める）にそろえて合成させることと，細胞壁内の高分子間の接着を選択的にゆるめることとによって制御されている。この生化学的なゆるみの過程を通して細胞壁高分子がたがいに滑り，細胞壁全体としてその面積が増す。それと同時に，細胞壁のゆるみは細胞壁にかかる物理的な応力を低下させる。

細胞壁の応力緩和は，成長中の植物細胞の膨圧と水ポテンシャル（water potential）を低下させるうえでも決定的な過程で，これによって植物細胞は膨圧を下げながら吸水を行うことができる。応力緩和がおこらなければ，細胞壁が合成されても，単に細胞壁を厚くするだけで，伸展することはない。たとえば，伸長が停止した細胞の二次細胞壁の合成過程では応力緩和はおこらない。

細胞伸展の速度は二つの成長方程式で表すことができる

成長中の植物細胞の体積増加は，ほとんどが吸水（water uptake）による。取り込まれた水のほとんどは最終的には液胞に溜まり，液胞は細胞成長に伴い細胞体積の大部分を占めるようになる。ここで，成長中の細胞がどのようにして吸水過程を制御し，また，それがどのように細胞壁の延びと連動しているかを考えてみることにする。

成長中の細胞の吸水は受動的な過程である。能動的な水ポンプは存在せず，そのかわりに成長中の細胞は細胞内の水ポテンシャルを低下させることができ，細胞内外の水ポテンシャル差（water potential difference）によりエネルギーを使うことなく自発的に水が流入するようにしている。

水ポテンシャル差$\Delta\Psi_w$（MPaで表記）を細胞外の水ポテンシャルと細胞内の水ポテンシャルの差と定義する（3, 4章参照）。吸水の速度は細胞の表面積A（m^2で表記）と細胞膜の水透過性Lp（$m\ s^{-1}\ MPa^{-1}$で表記）にも依存する。

膜のLpは水が膜を通過する速さの尺度となり，膜の物理的な構造とアクアポリン（aquaporin）（3章参照）の活性の関数である。体積あたりの吸水の速度は$\Delta V/\Delta t$（$m^3\ s^{-1}$で表記）となる。ここで，成長中の細胞が純水（水ポテンシャルが0）に接すると仮定すると，以下の式となる：

$$\frac{\Delta V}{\Delta t} = A \times Lp\ (\Delta\Psi_w)$$
$$= A \times Lp\ (\Psi_o - \Psi_i) \qquad (15.1)$$

この方程式は，吸水速度が細胞の表面積と水透過性，細胞の膨圧，浸透ポテンシャルのみに依存することを示している。

式（15.1）は成長中，成長停止後を問わず純水に浸っている細胞で成立する。しかし，成長中の細胞が吸水をつづけることができ，成長が停止した細胞では吸水が停止する事実をこの方程式を用いてどのように説明できるのであろうか。

成長が停止した細胞では，水の吸収は細胞体積を増加させ，細胞膜が細胞壁を強く押し広げ，細胞の膨圧Ψ_pを増加させる。膨圧Ψ_pの増加は細胞の水ポテンシャルΨ_wを増加させることになり，たちまちのうちに$\Delta\Psi_w$が0となる。こうなると，細胞の吸水は停止する。

成長中の細胞では，細胞壁が「ゆるんでいる」（be loosened）ために$\Delta\Psi_w$が0となることがない。細胞壁は膨圧に起因する力によって不可逆的に延びる（to yield）と同時に，細胞壁の応力と細胞の膨圧を減少させる。この過程を‘応力緩和’（stress relaxation）とよび，成長している細胞と，成長が停止している細胞とを物理的に区分する重要なポイントである。

応力緩和という過程は，次のように考えればよい。膨圧をもつ細胞では細胞質が細胞壁を押し広げ，弾性的（すなわち可逆的）に伸展させる結果，逆向きに作用する力，すなわち細胞壁の応力を発生させる。伸長中の細胞では，細胞壁は生化学的なゆるみにより，この応力を受けると非弾性的（すなわち非可逆的）に延びることができる。水はほとんど収縮しないので，細胞壁がごくわずかに伸展するだけで，細胞の膨圧が減少し，同時に細胞壁の応力も減少する。したがって，‘応力緩和は，細胞の大きさをほとんど変えることなく細胞壁の応力を減少させることができる’のである。

細胞壁の応力緩和の結果，細胞の水ポテンシャルは減少し，水が細胞に流れ込む。ここで初めて，測定可能な細胞壁の伸展がおこり，細胞の表面積と体積が増す。植物細胞の成長が持続するためには，細胞壁の応力緩和（これは膨圧を下げるほうに働く）と水の吸収（これは膨圧を上げる方に働く）が同時に進行しなければならない。

細胞壁の応力緩和と伸展過程が膨圧に依存することは，実験により実証されている。膨圧が減少すると，細胞壁の応力緩和と成長が遅くなる。成長は通常，膨圧が0になる前に停止する。成長が停止するときの膨圧の値を**臨界降伏点**（yield threshold）（Yで表すことが多い）という。細胞壁の伸展過程が細胞の膨圧に依存することは，以下の式で記述することができる：

$$GR = m\ (\Psi_p - Y) \qquad (15.2)$$

ここでGRは細胞の成長速度，mは成長速度と臨界降伏点を超えた膨圧との間をつなぐ係数である。この係数mは通常，**細胞壁の伸展性**（wall extensibility）とよばれ，‘成長速度と膨圧との関係を示すグラフの傾きを示す’。

成長が定常状態にある場合には，式（15.2）中のGRは，式（15.1）中の吸水速度に等しい。すなわち，細胞の体積の増加は吸収された水の体積に等しい。この二つの方程式をプロットしたのが，図15.24である。細胞壁の伸展過程と吸水過程は膨圧の変化という点で逆向きの反応であることに注目してほしい。たとえば，膨圧が増加すると，細胞壁の伸展が増加するが，吸水は減少する。生体内の通常の条件下では，成長中の細胞はグラフの交わる点で膨圧が正確に動的平衡状態となる。この点では両方程式が満たされることになり，吸水速度が細胞壁で囲まれた容積（細胞体積）の増加速度と正確に一致する。

図15.24の交点では定常状態にあるが，この点から外れると吸水と細胞壁の伸展の間のバランスが一時的に崩れる。不均衡がおこる結果，成長中の細胞では動的平衡点である交点に膨圧が戻る。

細胞成長の制御，たとえば，ホルモンや光による制御などは通常，細胞壁のゆるみと応力緩和の基盤となる生化学過程の制御を通して達成される。このような変化はmあるいはYの変化として測定可能である。

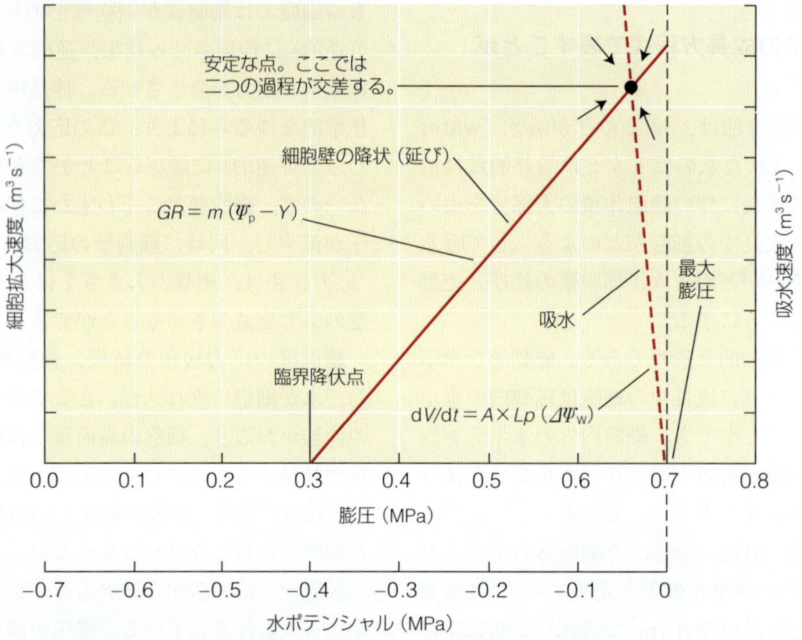

図 15.24　吸水と細胞拡大を，細胞膨圧と水ポテンシャルとに結びつける二つの方程式のグラフ表示。吸水と細胞拡大の速度の値は任意の単位。二つの直線が交差する点で，成長が定常状態となる。吸水と細胞壁伸展の間の均衡が崩れると細胞の膨圧が変化し，細胞は二つの直線のもとの交点に戻り，安定な状態に返ろうとする。

細胞壁の応力緩和により誘導される吸水は細胞を拡大させ，細胞壁の応力と膨圧をそれぞれの平衡点に戻すように働くことは，すでに見てきた通りである。しかしながら，伸長中の細胞の吸水を物理的に抑制すれば，細胞壁の応力緩和が進むにつれて細胞の膨圧が低下する。この状況は，たとえば‘プレッシャープローブ’(pressure probe) で膨圧を測定したり，‘乾湿温度計’ や ‘圧力チャンバー’ 等で水ポテンシャルを測定することにより，実験的に検出することが可能である。(**Webトピック3.6** 参照)。図 15.25 に，そのような実験で得られた結果を示す。

酸により誘導される成長はエクスパンシンを介しておこる

成長中の細胞壁の重要な特徴の一つは，中性pH下に比べ酸性pH下でより速い速度で伸展することである (Rayle and Cleland 1992)。この現象を**酸成長** (acid growth) という。生きた細胞では，成長中の細胞を酸性の緩衝液またはフジコッキンで処理すると酸性長が見られる。フジコッキンは細胞膜上のプロトン輸送性ATP加水分解酵素 (細胞膜H^+–ATPase) の活性化を通して細胞壁の酸性化を引きおこす薬剤である。

酸により誘導される成長は根毛の分化の開始の際にも見られ，表皮細胞が突起を伸ばし始めるときに，細胞壁の特定の部位でpHの値が4.5に低下する (Bibikova et al. 1998)。オーキシンに誘導される成長も細胞壁の酸性化を伴う。しかし，オーキシンにより誘導される成長過程のすべてを説明するには酸成長だけでは十分ではないようで (19章参照)，それ以外に，細胞壁のゆるみの過程が関与しているようである。また，最近の研究によると，オーキシンにより誘導される成長

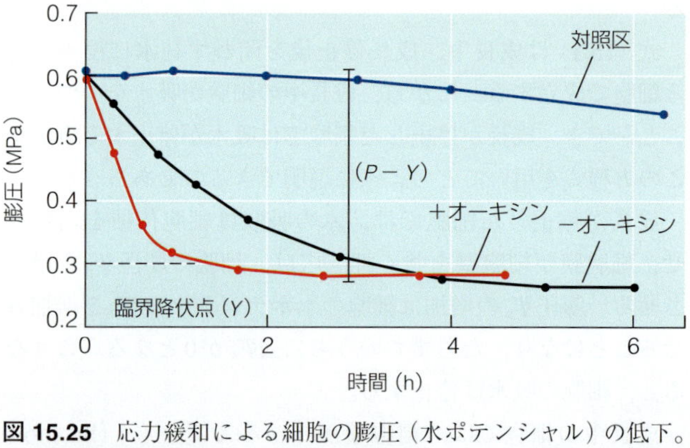

図 15.25　応力緩和による細胞の膨圧（水ポテンシャル）の低下。この実験では，成長中のエンドウ芽ばえの茎から調整した組織片を，オーキシンを含む溶液 (+) または含まない溶液 (−) 中で培養した後，組織片周辺の溶液を吸い取り紙で除去した後，湿った容器の中に密閉し，細胞の膨圧 (P) を経時的に測定した。オーキシンで処理した組織片では細胞壁の応力緩和により，膨圧が急速に減少し臨界降伏点 (Y) にまで低下した。オーキシンで処理していない組織片では，膨圧はより緩やかな速度で低下した。対照区の組織片はオーキシン処理したものと同じ前処理をし，水分を除いた後，水を一滴組織片に与えた。これによって，応力緩和を抑制した。(Cosgrove 1985 より)

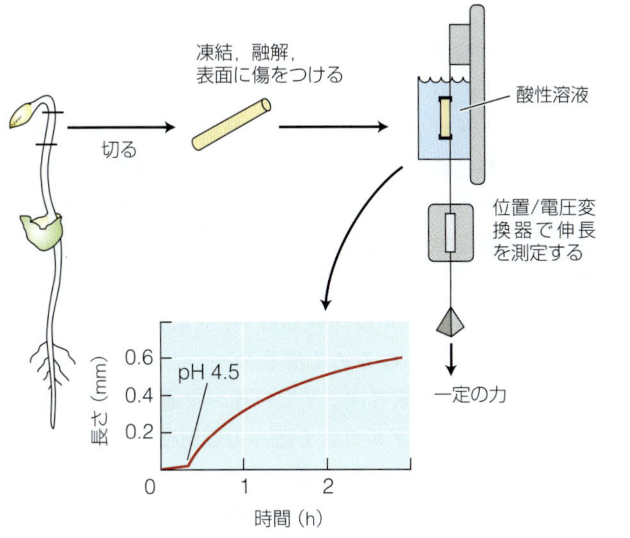

図 15.26 酸により誘導される単離細胞壁の伸長を伸縮計で測定したもの。凍結融解により膨圧をなくした組織片の細胞壁試料をクランプに挟んで伸縮計に取り付け，張力（重り）を加える。伸縮計は位置の変化を電圧に変換する電子機器で，クランプに取り付けられた組織片の長さの変化を連続的に測定できる。細胞壁周辺の溶液を酸性緩衝液（たとえばpH 4.5）に置き換えると，時間に依存した様式で細胞壁が不可逆的に伸展する（クリープがおこる）。

に細胞壁中のヒドロキシルラジカルの生成が関与しているようである（Schopfer 2001）。とはいえ，このpH依存性の細胞壁伸展の機構は進化の過程においてすべての陸上植物で，共通に保存されてきたもののようである（Cosgrove 2000）。

酸成長は，単離され，細胞構造や代謝，合成の機能をなくした細胞壁でも観察される。これを観察するには伸縮計（extensometer）が必要で，この装置に細胞壁を固定して，それに張力を掛けた状態で外部のpHに依存する**細胞壁クリープ**（wall creep）を測定する（図 15.26）。

‘クリープ’とは，時間に依存した不可逆的な伸展過程のことで，通常は細胞壁内の高分子がたがいに滑り，位置を変えることによりおこる現象である。成長中の細胞壁を伸縮計に固定して，中性（pH 7）の緩衝液中で培養した場合，細胞壁に張力を加えると，少し伸びるものの，すぐに伸長は停止する。ところが，これを酸性緩衝液（pH 5 またはそれ以下）中に移すと，細胞壁は急速に伸長しはじめ，場合によっては何時間にもわたって伸長をつづける。

このような酸誘導性クリープは伸長中の細胞より調整した細胞壁の特徴で，成熟した（伸長を停止した）細胞壁では観察されない。細胞壁を熱やプロテアーゼなどで処理し，タンパク質を変成させると，細胞壁は酸成長能を失う。この結果は酸成長が単なる細胞壁の物理化学変化（たとえばペクチン

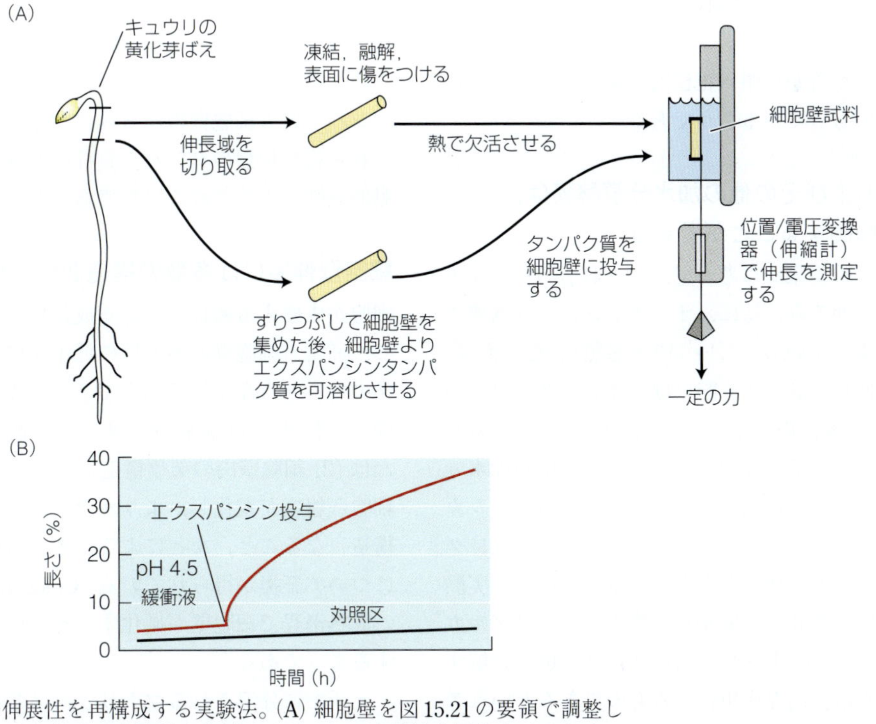

図 15.27 単離細胞壁の伸展性を再構成する実験法。(A) 細胞壁を図 15.21 の要領で調整した後，すばやく加熱して酸に対する応答性を失活させる。この応答性を回復させるために伸長中の細胞壁よりタンパク質を抽出し，細胞壁を浸している溶液に加える。(B) エクスパンシンを含むタンパク質を投与すると，酸による細胞壁の伸展性が回復する。（Cosgrove 1997 より）

ゲルの軟化など）のみによるものではなく，単一ないし複数の細胞壁タンパク質により触媒されていることを示している。

タンパク質が酸成長に必要であるという考えは，細胞壁の再構成実験により確認された。この実験では，熱処理で失活させた細胞壁に成長中の細胞壁より抽出したタンパク質を加えることにより，酸成長反応がほとんど完全に回復した（図15.27）。この活性成分は**エクスパンシン類**（expansins）とよばれるタンパク質類であることが判明した（McQueen-Mason et al. 1992，Li et al. 1993）。これらのタンパク質類はpH依存性の細胞壁伸展と応力緩和を触媒し，その触媒効率も効果的である（乾燥重量にして，タンパク質の約5,000倍の細胞壁に作用する）。

細胞壁の粘弾性に対するエクスパンシン作用の分子機構は，まだ不明である。しかし，エクスパンシンが細胞壁多糖類間の非共有結合による接着をゆるめることにより細胞壁クリープを引きおこすことは明らかにされている（Cosgrove 2000，Li and Cosgrove 2001）。結合実験の結果によると，エクスパンシン類はセルロースと単一あるいは複数のヘミセルロースの間をつなぐ役目をしているのかもしれない。

シロイヌナズナのゲノム解読が完了したことにより，シロイヌナズナには多数のエクスパンシンが存在すること，それらがα-エクスパンシン類とβ-エクスパンシン類の二つのファミリーに分類できること，がわかった。二つのグループのエクスパンシン類は，それぞれ細胞壁中の異なる高分子に作用する（Cosgrove 2000）。β-エクスパンシンはイネ科植物の花粉にも存在し，花粉管が柱頭や花柱内に進入する過程を促進するような役割をもっているようである。

グルカナーゼ類およびその他の加水分解酵素は，マトリックスを修飾することができる

何種類かの異なる実験結果から考えて，(1→4) β-D-グルカナーゼ類が細胞壁のゆるみ，特に，オーキシンにより誘導される細胞伸長に関係しているらしい（19章参照）。たとえば，オーキシンが細胞伸長を誘導する際には，キシログルカンのようなマトリックス多糖の加水分解や代謝回転が促進される。組織片に抗体やレクチンを加え，これらの多糖の加水分解を抑制すると伸長成長も抑制される。(1→4) β-D-グルカナーゼ類の発現は成長中の組織で高く，試験管内で細胞にグルカナーゼを作用させると伸長が促進される。これらの実験結果は，細胞壁の応力緩和と伸展が双子葉類のキシログルカンやイネ科植物の（1→3，1→4）β-D-グルカン類を分解するグルカナーゼ類の直接的な作用によるものであるという考え方を支持している（Hoson 1993）。

しかし，ほとんどのグルカナーゼ類や関連する細胞壁加水分解酵素類は，エクスパンシンのようには細胞壁の伸展を引きおこさない。そのかわり，細胞壁をグルカナーゼ類やペクチナーゼ類で処理し，その後で，エクスパンシンを作用させるとのびやすい（Cosgrove and Durachko 1994）。これらの実験結果は，(1→4) β-D-グルカナーゼ類のような加水分解酵素は細胞壁伸展過程にとって中心的な触媒ではないこと，それらはエクスパンシンによる高分子クリープ過程を調節することにより間接的に細胞壁に作用していること，をそれぞれ示唆している。

エンド型キシログルカン転移酵素/加水分解酵素（XTH）も，有力な細胞壁をゆるめる酵素の一つと考えられている（Nishitani 1997）。（訳者注；すでに述べた通り，XTHは新たに分泌されたキシログルカンを既存の細胞壁中に組み込む過程を触媒するだけでなく，XTHファミリーのうちに特定のメンバーはもっぱら加水分解活性（XEH活性）をもち，キシログルカン分子の切断を触媒することが，発見当時より知られていた。また，転移活性（XET活性）をもつメンバーにあっても，細胞壁中に遊離するキシログルカンオリゴ糖が転移反応の受容基質となる場合には，キシログルカン鎖を切断することになる。）このように多様な機能を備えたXTHファミリーや（1→4）β-D-グルカナーゼ類はゆるみを引きおこす分子として，重要な候補分子群であるが，その機能はまだ推測の段階である。

細胞壁のゆるみの原因となる応力緩和の制御に関わる酵素として，従来，もっぱら加水分解酵素が想定されてきたが，架橋を切断すると細胞壁が伸びるという単純な過程では精緻に制御された連続した細胞壁伸展過程を説明できない。（訳者注；キチナーゼファミリーに属する**イールディン**（yieldin）タンパク質も細胞壁のゆるみに関与する。細胞壁応力緩和はこれら複数種類のタンパク質群の共同作業により，細胞壁が**動的状態**に維持される過程であると考えられている。）

細胞壁伸展には多数の構造変化が伴う

細胞が成熟する過程でおこる成長停止は一般に不可逆的であり，通常，細胞壁の伸展性の低下を伴う。伸展性は生物物理学のいろいろな手法で測定できる。これら，細胞壁の物理学的な変化は，(1) 細胞壁のゆるみの進行が低下すること，または (2) 細胞壁内の架橋構造が増加すること，もしくは，(3) 細胞壁組成が変化し，よりかたい構造あるいはゆるみにくい構造になること，などによると考えられる。それぞれの場合について証拠が得られている（Cosgrove 1997）。

成熟過程で細胞壁が硬化する過程には，複数の変化が関与するようである。

- 新たに分泌されるマトリックス多糖類はセルロース微繊維，その他の細胞壁高分子と強固な複合体を形成できるように修飾される。
- 細胞壁中の（1→3，1→4）β-D-グルカンが消失する過

程と，細胞壁の伸長が停止する時期とが一致している。
- ペクチンの脱メチルエステル化がペクチンゲルを硬化させると同時に，成長を停止させる現象は，イネ科，双子葉類ともに見られる。
- 細胞壁中でのフェノール基（たとえばHRGP類の中のチロシン残基，ペクチンやリグニンに付いているフェルラ酸）間の架橋形成時期は，一般に細胞壁の成熟時期と一致する。この過程は，細胞壁を硬化させる酵素と考えられているペルオキシダーゼにより触媒されるとされている。

細胞は，伸長中のみならず，伸長停止後においても，おびただしい細胞壁の構造変化をおこす。細胞壁伸展の停止に関わるそれぞれの個別の過程について，その意味合いを明らかにすることはいまだに不可能である。

細胞壁分解と植物の防御反応

植物細胞壁は不活性で静的な単なる外骨格ではない。細胞壁は機械的に細胞の形を決める働き以外に，細胞表層のタンパク質群と相互作用する細胞外マトリックスとしての機能をもち，位置情報や発生情報にもなる。細胞壁は非常に多数の酵素分子や生物学的な活性をもつ低分子化合物を含む。これらの分子群は細胞壁の物理的性質をたちまちのうちに変えてしまうことができる。また，細胞壁由来の分子が，細胞の外界の状態，たとえば病原菌の侵入を細胞内部に伝える信号となる場合もある。これは植物の生体防御反応として重要な過程である（13章参照）。

細胞成長が停止した後，長期間をへた後にも細胞壁は大きく変化する。たとえば，成熟中の果実や発芽種子の内乳で見られるように，細胞壁全体が分解されることがある。葉や花の離層（22章参照）を構成する細胞では，細胞壁の中葉が特異的に分解され，その結果細胞間の接着がなくなり，細胞が脱離する。細胞間の空気間隙ができる過程や，発芽種子から根が出る過程その他の発生過程でも特定の細胞間で脱離がおこる場合がある。植物細胞はまた，病原体の侵入時に生体防御過程の一環として，細胞壁の構造を変えることがある。

以下の節では成熟した細胞壁中で進行する二つの動的な変化，すなわち加水分解と酸化的架橋形成について考えることにする。また，病原体が侵入した際に細胞壁から遊離する多糖断片だけでなく，正常な細胞の代謝回転の過程で遊離する細胞壁断片がシグナル分子として働き，代謝や発生過程に影響を与えることについてもふれることにする。

酵素類が細胞壁の加水分解と解体を触媒する

ヘミセルロース類とペクチン類は，もともと細胞壁中に存在する各種の酵素類により修飾を受け，分解される。この過程は成熟過程の果実でもっともよく研究されてきた。これらの研究によると，果実の軟化は細胞壁の解体に起因すると考えられる（Rose and Bennett 1999）。グルカナーゼ類および関連の酵素類は，ヘミセルロースの主鎖を分解することができる。キシロシダーゼ類とその関連酵素類はキシログルカンの主鎖上の側鎖を加水分解する。XTHのような多糖転移酵素は，ヘミセルロース分子間のつなぎ換え反応を触媒する。これらの酵素による修飾は細胞壁の物性，たとえば，マトリックス多糖の粘性やヘミセルロースとセルロースの親和性などを変化させることがある。

エクスパンシンのmRNAは成熟中のトマトの果実で発現していることから，細胞壁の分解に一役担っていると思われる（Rose et al. 1997）。同様に軟化しつつある果実ではペクチンメチルエステラーゼの高い発現が見られる。この酵素はペクチンのメチルエステル基を加水分解し，それによって，ペクチンがペクチナーゼ類などの酵素の作用を受け，分解されやすくする。細胞壁中にこれらの酵素が存在することから，細胞壁は成熟過程で大きく変化できることがわかる。

オキシダティブバーストは病原体の侵入時におこる

植物細胞は，傷害を受けた場合や，エリシター（13章参照）とよばれるある種の低分子化合物の処理を受けた場合に，防御反応を惹起させ，その結果，高濃度の過酸化水素，スーパーオキシドラジカル類その他の活性酸素分子種を細胞壁中で生産する。この「オキシダティブバースト」は侵入してきた病原体に対する防御応答の一環としておこるものである（13章参照）（Brisson et al. 1994；Otte and Brz 1996）。

活性酸素分子種は病原体そのものを直接攻撃することもあれば，細胞壁内のフェノール化合物間の架橋形成を急速に進めることにより，間接的に病原体の侵攻を阻止する場合もある。たとえば，タバコの茎では傷害またはエリシター処理により，プロリンリッチ構造タンパク質が重合して架橋を形成し，急速に不溶化するが，この過程はオキシダティブバーストや細胞壁の力学的な硬化と連動している。

細胞壁断片はシグナル分子として作用する

細胞壁の分解により10～15残基からなる生物活性のある多糖断片が生成し，これが発生過程や防御機構の中で本来の役割を担っている場合がある。このような断片をオリゴサッカリン（oligosaccharin）という（**Webトピック15.5**参照）。オリゴサッカリンの生理作用や発生過程での働きとして以下のようなものが報告されている。ファイトアレキシンの合成促進，オキシダティブバースト，エチレン合成，生体膜の脱分極，細胞質内のカルシウム濃度の変化，キチナーゼやグルカナーゼなどのPRタンパク質（pathogenesis-related protein）の合成誘導，これらの酵素以外の広領域あるいは局部的作用をもつ傷害シグナルの生産，組織片に与えた場合の成長や形態の変化などである。

もっともよく研究されているのが，病原菌の侵入時に作られるオリゴ糖のエリシター類である（13章参照）。たとえば，*Phytophthora* というある種のカビは植物に感染する際にエンド型ポリガラクツロナーゼ（ペクチン分解酵素の一種）を分泌する。この酵素は植物の細胞壁中のペクチン成分を分解するため，ペクチンの断片すなわち**オリゴガラクツロナン類**（oligogalacturonans）が生成し，これが植物細胞にさまざまな防御反応を引きおこす（図15.28）。防御反応を引きおこす活性は10～13残基の長さのオリゴガラクツロナン分子種でもっとも高い。

植物細胞壁は，カビの細胞壁に特異的な特定のβ-D-グルカンを分解できるβ-D-グルカナーゼを擁している。この酵素が進入してきたカビの細胞壁に作用するとグルカンが分解され，エリシター活性をもつグルカンオリゴ糖ができる。この場合には，植物の細胞壁成分は病原体を検出するための感知器として機能することになる。

オリゴサッカリンは，通常の細胞成長や細胞分化の過程でも機能することがある。たとえば，キシログルカン由来のある種の九糖（九つの単糖残基からなるオリゴ糖）は合成オーキシンであるジクロロフェノキシ酢酸（dichlorophenoxy-acetic acid：24-D）による成長促進作用を阻害する。この九糖は10^{-9} Mの濃度で最大の活性を示す。このキシログルカン由来のオリゴサッカリンは成長のフィードバック阻害因子として機能できる。たとえば，オーキシンによるキシログルカンの分解が最大になると，その結果生成したオリゴサッカリンは細胞壁分解の抑制因子となり，それ以上細胞壁が脆くならないように分解を抑制できることになる。一方，生成したオリゴ糖はXTHの受容基質として働く可能性もある，この場合には正のフィードバックにより，細胞壁は一気に分解へと突き進むことになる。よく似たキシログルカンオリゴ糖が培養組織の器官形成に影響することが報告されており，細胞分化においてもいろいろな働きを担っているのかもしれない（Creelman and Mullet 1997）。

まとめ

植物の形態と力学特性，機能は，細胞壁の構造に依存する部分が非常に大きい。植物細胞壁は，構築材料が細胞外へ分泌された後に組み立てられる複雑な構造物で，その形や組成は細胞が分化する過程で変化しつづける。一次細胞壁は活発に成長している細胞で合成されるのに対して，二次細胞壁は木部道管要素や厚壁細胞などの特定の細胞で細胞伸長が停止した後に合成される。

一次細胞壁の基本モデルでは，セルロース微繊維の網状構造がヘミセルロース類とペクチン類，構造タンパク質類からなるマトリックスの中に埋め込まれている。セルロース微繊維はロゼット顆粒とよばれる細胞膜上のタンパク質複合体により合成されたグルカン鎖が，非常に規則正しく配列した束

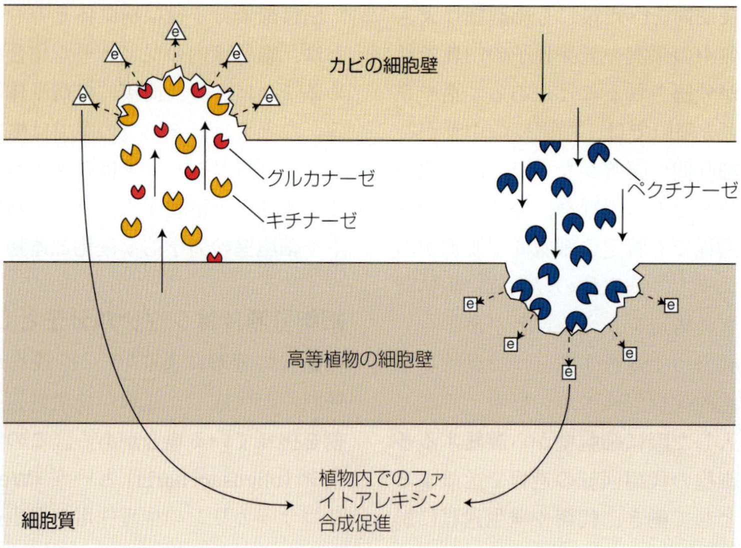

図 15.28　植物細胞にカビが感染する際にオリゴサッカリンが生産されるしくみ。キチナーゼやグルカナーゼなどの植物から分泌される酵素群が，カビの細胞壁に作用しオリゴサッカリンを遊離し，それが植物内で防御分子類（ファイトアレキシン類）の生産を誘発する。よく似たしくみで，カビのペクチナーゼは生物活性をもつオリゴサッカリンを植物細胞壁より遊離する。（Brett and Waldron 1996より）

である。植物のセルロース合成酵素の遺伝子類は最近同定され，大きな遺伝子族からなることがわかってきた。マトリックスはゴルジ装置をへて細胞壁中に分泌される。ヘミセルロース類とタンパク質類は微繊維間を架橋し，ペクチン類はカルシウムとホウ素により架橋された親水性のゲルを形成する。細胞壁の組立は酵素類の働きを通して進むことがある。たとえば，エンド型キシログルカン転移酵素/加水分解酵素類（XTH）は多糖分子間のつなぎ換えを触媒する機能と加水分解する機能の双方あるいはいずれかをもち，新たに合成されたキシログルカンを細胞壁中に組み込む反応を触媒する。

二次細胞壁はセルロース含量の比率の高いこと，ヘミセルロース類の種類が異なること，ペクチン含量が少ないかわりにリグニン含量が高いこと，などの点で一次細胞壁とは異なる。二次細胞壁は著しく肥厚し，表面に文様をもち，特殊なタンパク質を多量に含むようになる。

分散成長を行う細胞では成長の方向は細胞壁の構造，特にセルロース微繊維の配向により規定され，その配向は原形質内の微小管の配向により規定される。分裂組織から遠ざかるに従い，植物細胞は通常著しく伸長する。細胞拡大の制約要因は細胞壁が高分子クリープをおこす能力である。その能力は細胞壁高分子間の接着性と，エクスパンシンやグルカナーゼ，XTHその他の細胞壁のゆるみを引きおこす酵素群に対する水素イオンの作用など，複雑な方法で制御されている。

酸成長仮説によると，細胞膜H^+-ATPaseは細胞壁を酸性化し，エクスパンシンというタンパク質類を活性化する。エクスパンシン類は，セルロース微繊維どうしをつないでいるある種の結合をときほぐすことにより，細胞壁の応力緩和を誘導すると考えられる。細胞伸長の停止は，細胞壁内の架橋構造の増加による細胞壁の硬化が原因と見られる。

果実の成熟，種子発芽，離層形成などの過程では，加水分解酵素類が成熟した細胞壁を完全にあるいは選択的に分解する。細胞壁は病原体に攻撃されると酸化的架橋形成を行うこともできる。さらに，病原体の侵攻により細胞壁断片が遊離し，ある種の細胞壁断片は細胞シグナル因子として機能していることが明らかにされている。

Webマテリアル

Webトピック

15.1 多糖化学の用語

多糖の化学で用いられる構造，結合，高分子を記述するために必要な用語の概説

15.2 セルロースその他の二糖繰り返し構造からなる細胞壁多糖の合成の分子モデル

セルロース合成酵素により，セロビオース構造単位がグルカン鎖に組み込まれ重合する過程を示したモデル。

15.3 細胞壁のマトリックス成分

キシログルカンと糖鎖をもつタンパク質がゴルジ装置により分泌されることが，電子顕微鏡レベルで実証されている。

15.4 細胞壁の力学的性質：シャジクモを用いた研究例

細胞壁の内側の25%が，細胞伸展の方向を決定することを実証する実験について述べる。

15.5 生物学的な活性をもつオリゴサッカリン

細胞壁断片の中には，生物学的な活性をもつものがあることが実証されている。

Webエッセイ

15.1 成長中の花粉管内のカルシウムの濃度勾配と振動

花粉管の先端成長の制御におけるカルシウムの役割について述べる。

参 考 文 献

Amor, Y., Haigler, C. H., Johnson, S., Wainscott, M., and Delmer, D. P. (1995) A membrane-associated form of sucrose synthase and its potential role in synthesis of cellulose and callose in plants. *Proc. Natl. Acad. Sci. USA* 92: 9353-9357.

Arioli, T., Peng, L., Betzner, A. S., Burn, J., Wittke, W., Herth, W., Camilleri, C., Hofte, H., Plazinski, J., Birch, R., Cork, A., Glover, J., Redmond, J., Williamson, R. E. (1998) Molecular analysis of cellulose biosynthesis in *Arapidopsis*. *Science* 279: 717-720.

Baskin, T. I., Wilson, J. E., Cork, A., and Williamson, R. E. (1994) Morphology and microtubule organization in *Arabidopsis* roots exposed to oryzalin or taxol. *Plant Cell Physiol.* 35: 935-942.

Bibikova, T. N., Jacob, T., Dahse, I., and Gilroy, S. (1998) Localized changes in apoplastic and cytoplasmic pH are associated with root hair development in *Arabidopsis thaliana*. *Development* 125: 2925-2934.

Brett, C. T., and Waldron, K. W. (1996) *Physiology and Biochemistry of Plant Cell Walls*, 2nd ed. Chapman and Hall, London.

Brisson, L. F., Tenhaken, R., and Lamb, C. (1994) Function of oxidative cross-linking of cell wall structural proteins in plant disease resistance. *Plant Cell* 6: 1703-1712.

Brown, R. M., Jr., Saxena, I. M., and Kudlicka, K. (1996) Cellulose biosynthesis in higher plants. *Trends Plant Sci.* 1: 149-155.

Buchanan, B. B., Gruissem, W., and Jones, R. L., eds. (2000) *Biochemistry, and Molecular Biology of Plants*. Amer. Soc. Plant Physiologists, Rockville, MD.

Carpita, N. C. (1996). Structure and biogenesis of the cell walls of grasses. *Annu. Rev. Plant Physiol. Plant Mol. Biol.* 47: 455-476.

Carpita, N. C., and McCann, M. (2000) The cell wall. In *Biochemistry and Molecular Biology of Plants*, B. B. Buchanan, W. Gruissem, and R. L. Jones, eds., American Society of Plant Biologists, Rockville, MD, pp. 52-108.

Cheung, A. Y., Zhan, X. Y., Wang, H., and Wu, H.-M. (1996) Organ-specific and Agamous-regulated expression and glycosylation of a pollen tube growth-promoting protein. *Proc. Natl. Acad. Sci. USA* 93: 3853-3858.

Cosgrove, D. J. (1985) Cell wall yield properties of growing tissues. Evaluation by in vivo stress relaxation. *Plant Physiol.* 78: 347-356.

Cosgrove, D. J. (1997) Relaxation in a high-stress environment:

The molecular bases of extensible cell walls and cell enlargement. *Plant Cell* 9: 1031–1041.

Cosgrove, D. J. (2000) Loosening of plant cell walls by expansins. *Nature* 407: 321–326.

Cosgrove, D. J., and Durachko, D. M. (1994) Autolysis and extension of isolated walls from growing cucumber hypocotyls. *J. Exp. Bot.* 45: 1711–1719.

Creelman, R. A., and Mullet, J. E. (1997) Oligosaccharins, brassinolides, and jasmonates: Nontraditional regulators of plant growth, development, and gene expression. *Plant Cell* 9: 1211–1223.

Darley, C. P., Forrester, A. M., and McQueen–Mason, S. J. (2001) The molecular basis of plant cell wall extension. *Plant Mol. Biol.* 47: 179–195.

Delmer, D. P., and Amor, Y. (1995) Cellulose biosynthesis. *Plant Cell* 7: 987–1000.

Gaspar, Y., Johnson, K. L., McKenna, J. A., Bacic, A., and Schultz, C. J. (2001) The complex structures of arabinogalactan–proteins and the journey towards understanding function. *Plant Mol. Biol.* 47: 161–176.

Gunning, B. S., and Steer, M. W. (1996) *Plant Cell Biology: Structure and Function*. Jones and Bartlett Publishers, Boston.

Hayashi, T. (1989) Xyloglucans in the primary cell wall. *Annu. Rev. Plant Physiol. Plant Mol. Biol.* 40: 139–168.

Holland, N., Holland, D., Helentjaris, T., Dhugga, K. S., Xoconostle–Cazares, B., and Delmer D. P. (2000) A comparative analysis of the plant cellulose synthase (CesA) gene family. *Plant Physiol.* 123: 1313–1324.

Hoson, T. (1993) Regulation of polysaccharide breakdown during auxin–induced cell wall loosening. *J. Plant Res.* 103: 369–381.

Ishii, T., Matsunaga, T., Pellerin, P., O'Neill, M. A., Darvill, A., and Albersheim, P. (1999) The plant cell wall polysaccharide rhamnogalacturonan II self–assembles into a covalently cross–linked dimer. *J. Biol. Chem.* 274: 13098–13104.

Iwai, H., Masaoka, N., Ishii, T., and Satoh, S. (2002) A pectin glucuronyltransferase gene is essential for intercellular attachment in the plant meristem. PNAS 99: 16319–16324.

John, M., Röhrig, H., Schmidt, J., Walden, R., and Schell, J. (1997) Cell signalling by oligosaccharides. *Trends Plant Sci.* 2: 111–115.

Kimura, S., Laosinchai, W., Itoh, T., Cui, X. J., Linder, C. R., and Brown, R. M., Jr. (1999) Immunogold labeling of rosette terminal cellulose–synthesizing complexes in the vascular plant *Vigna angularis*. *Plant Cell* 11: 2075–2085.

Li, L.–C., and Cosgrove, D. J. (2001) Grass group I pollen allergens (beta–expansins) lack proteinase activity and do not cause wall loosening via proteolysis. *Eur. J. Biochem.* 268: 4217–4226.

Li, Z.–C., Durachko, D. M., and Cosgrove, D. J. (1993) An oat coleoptile wall protein that induces wall extension in vitro and that is antigenically related to a similar protein from cucumber hypocotyls. *Planta* 191: 349–356.

McCann, M. C., Wells, B., and Roberts, K. (1990) Direct visualization of cross–links in the primary plant cell wall. *J. Cell Sci.* 96: 323–334.

McQueen–Mason, S., Durachko, D. M., and Cosgrove, D. J. (1992) Two endogenous proteins that induce cell wall expansion in plants. *Plant Cell* 4: 1425–1433.

Motose, H., Sugiyama, M., and Fukuda, H. (2001) An arabinogalactan protein(s) is a key component of a fraction that mediates local intercellular communication involved in tracheary element differentiation of *Zinnia* mesophyll cells. *Plant & Cell Physiology.* 42: 129–137.

Nishitani, K. (1997) The role of endoxyloglucan transferase in the organization of plant cell walls. *Int. Rev. Cytol.* 173: 157–206.

O'Neill, M. A., Eberhard, S., Albersheim, P., and Darvill, A. G. (2001) Requirement of borate cross–linking of cell wall rhamnogalacturonan II for *Arabidopsis* growth. *Science* 294: 846–849.

Otte, O., and Barz, W. (1996) The elicitor–induced oxidative burst in cultured chickpea cells drives the rapid insolubilization of two cell wall structural proteins. *Planta* 200: 238–246.

Pear, J. R., Kawagoe, Y., Schreckengost, W. E., Delmer, D. P., and Stalker, D. M. (1996) Higher plants contain homologs of the bacterial celA genes encoding the catalytic subunit of cellulose synthase. *Proc. Natl. Acad. Sci. USA* 93: 12637–12642.

Peng, L., Kawagoe, Y., Hogan, P., and Delmer, D. (2002) Sitosterol–β–glucoside as primer for cellulose synthesis in plants. *Science* 295: 147–148.

Rayle, D. L., and Cleland, R. E. (1992) The acid growth theory of auxin–induced cell elongation is alive and well. *Plant Physiol.* 99: 1271–1274.

Richmond, T. A., and Somerville, C. R. (2000) The cellulose synthase superfamily. *Plant Physiol.* 124: 495–498.

Roland, J. C., Reis, D., Mosiniak, M., and Vian, B. (1982) Cell wall texture along the growth gradient of the mung bean hypocotyl: Ordered assembly and dissipative processes. *J. Cell Sci.* 56: 303–318.

Rose, J. K. C., and Bennett, A. B. (1999) Cooperative disassembly of the cellulose–xyloglucan network of plant cell walls: Parallels between cell expansion and fruit ripening. *Trends Plant Sci.* 4: 176–183.

Rose, J. K. C. Braam, J., Fry, S. C. and Nishitani, K. (2002) The XTH family of enzymes involved in xyloglucan endo–transglucosylation and endohydrolysis: current perspectives and a new unifying nomenclature. *Plant Cell Physiol.* 43: 1421–1435.

Rose, J. K. C., Lee, H. H., and Bennett, A. B. (1997) Expression of a divergent expansin gene is fruit–specific and ripening–regulated. *Proc. Natl. Acad. Sci. USA* 94: 5955–5960.

Salnikov, V. V., Grimson, M. J., Delmer, D. P., and Haigler, C. H. (2001) Sucrose synthase localizes to cellulose synthesis sites in tracheary elements. *Phytochemistry* 57: 823–833.

Schopfer, P. (2001) Hydroxyl radical–induced cell–wall loosening in vitro and in vivo: Implications for the control of elongation growth. *Plant J.* 28: 679–688.

Séné, C. F. B., McCann, M. C., Wilson, R. H., and Grinter, R. (1994) Fourier–transform Raman and Fourier–transform infrared spectroscopy. An investigation of five higher plant cell walls and their components. *Plant Physiol.* 106: 1623–1631.

Smith, R. C., and Fry, S. C. (1991) Endotransglycosylation of xyloglucans in plant cell suspension cultures. *Biochem. J.* 279: 529–536.

Thompson, J. E., and Fry, S. C. (2001) Restructuring of wall–bound xyloglucan by transglycosylation in living plant cells. *Plant J.* 26: 23–34.

Wilson, R. H., Smith, A. C., Kacurakova, M., Saunders, P. K., Wellner, N., and Waldron, K. W. (2000) The mechanical properties and molecular dynamics of plant cell wall polysaccharides studied by Fourier–transform infrared spectroscopy. *Plant Physiol.* 124: 397–405.

Yokoyama, R. and Nishitani, K. (2001) A comprehensive expression–analysis of all members of a gene family encoding cell wall enzymes allows us to predict *cis*–regulatory regions involved in the cell wall construction in specific organs of Arabidopsis. *Plant and Cell Physiol.* 42: 1025–1033.

16 成長と発生

発生現象の中で栄養成長期は胚発生から始まるが，発生は植物の一生を通して継続している。植物発生の研究者は，次のような疑問を解こうとしてきた。どのようにして受精卵は胚を作り，胚はどのようにして芽ばえになるのか？ どのようにしてすでに存在する構造から新しい構造が作られるのか？器官は細胞の分裂と伸長で作られるが，それらはまた，特殊な機能を獲得した細胞集団であるいくつかの組織からできあがる。そして，組織は器官の中で決まったパターンで配列する。どのようにして組織は決められたパターンで配置するのか？ そして，細胞はどのようにして分化するのか？ 植物の発生過程を通してずっとつづく大きくなる現象（成長）を支配する基本的な原理とはなにか？

細胞レベル，生化学のレベル，そして分子のレベルで，成長・細胞分化・パターン形成がどのように調節されているかを理解することが，発生の研究者の最終の目的である。この理解の中には発生現象の遺伝的な基盤も含まれなくてはならない。最終的に，発生現象は遺伝的に書かれたプログラムの中に展開されている。どの遺伝子が関与し，それらの間の階層性はどうなっているのだろうか？ そしてそれらの遺伝子は発生過程に見られる変化をどのようにして引きおこしていくのだろうか？

本章では，胚発生を手はじめに，これらの疑問に対してなにがわかっているかを説明していこう。胚発生は植物の発生の初めだが，動物の場合と違って，植物の発生は胚発生後もずっと継続していく。胚発生で基本的な植物の体の体制が確立し，成体の器官を次々と作っていく分裂組織（メリステム）も作られる。

胚形成について述べた後で，根と茎頂の分裂組織について説明しよう。植物の発生のほとんどは胚発生以降に進行し，この過程は両分裂組織で進む。両分裂組織の中で植物の体を作るための細胞分裂と伸長と分化が同時進行している。そのため，ここを細胞の工場とみなすことができる。分裂組織由来の細胞は組織や器官を形成し，それが植物全体の大きさや形や構造を決定する。

栄養成長期の分裂組織では操り返しが強く――それらは同一あるいはよく似た構造を次々と作り出す――その活性はいつまでも持続する。この現象は‘無限成長’として知られている。いくつかの永く生存する木，たとえばヒッコリーマツやカリフォルニアセコイヤメスギは何千年も成長をつづけている。一方，特に一年性植物は数週間あるいは数か月の成長の後，花成を始めると栄養成長を止めてしまう。最終的には，成体は栄養成長から受精卵を作る生殖成長に移行し，そこからまた新しい発生が始まる。生殖成長に関しては24章で述べる。

頂端分裂組織に由来する細胞は決められた細胞伸長を示し，この伸長パターンが植物全体の形や大きさを決める。分裂組織に関して記述した後，空間的（植物の構造との関係）・時間的な（いつある現象がおこったか）成長パターンを強調する形で，どのようにして植物の成長が解析されているかについて述べよう。

最後に，無限成長の性質をもつにもかかわらず，植物が他の多細胞生物と同様に老化し死ぬことを述べる。本章の最後で，細胞と個体レベルで死を発生現象の一つとしてとらえる。植物発生の研究の歴史は，**Webエッセイ16.1**を参照。

胚 発 生

胚発生（embryogenesis）として知られている発生過程が，植物の発生のはじまりである。ふつう，胚発生は精子と卵の融合で単細胞の‘接合子’（受精卵）が作られることで始まるが，体細胞が特別な環境下で胚発生を始めることもある。受精によって他の三つの発生過程も開始する；それは，胚乳形

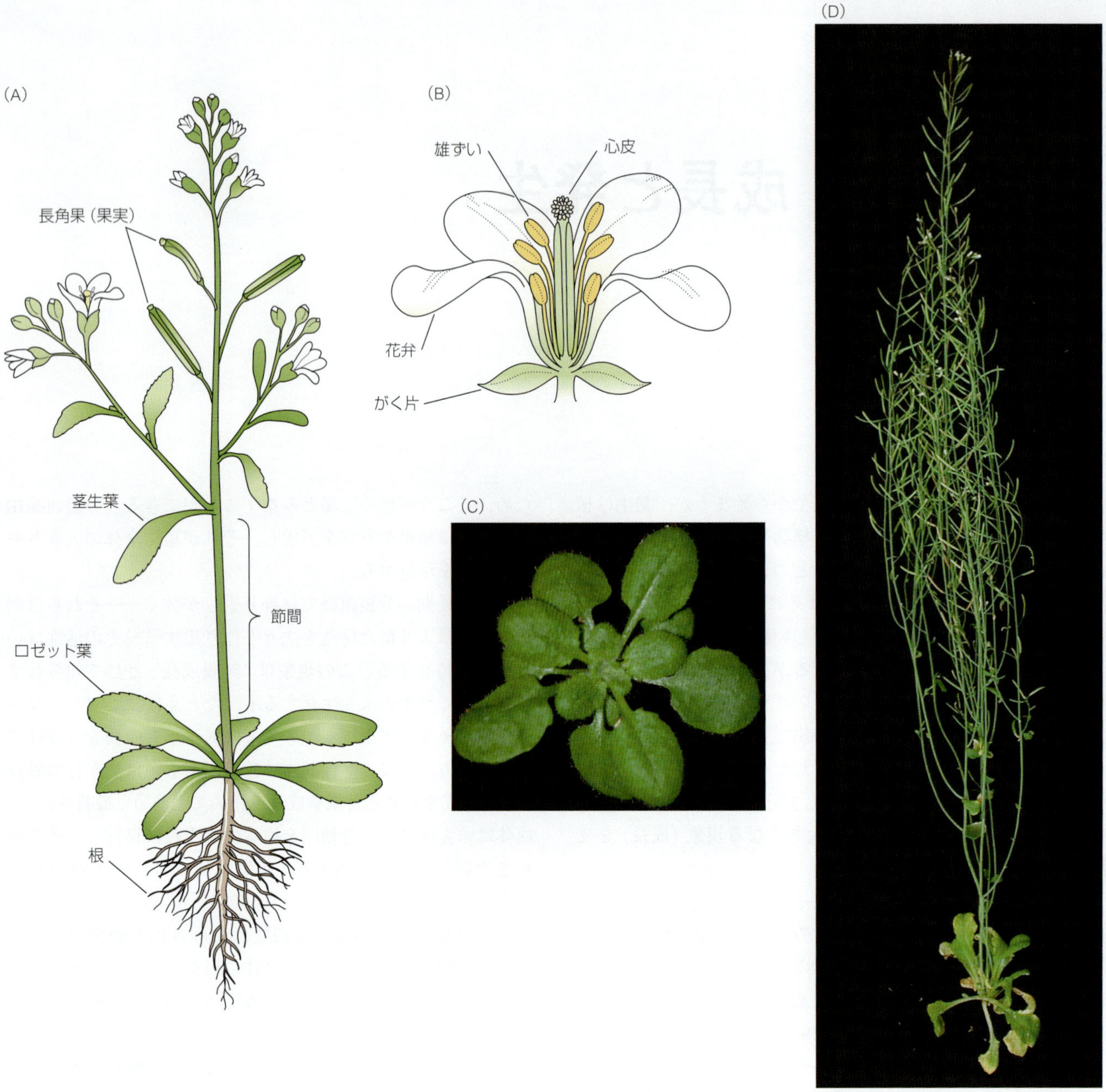

図 16.1　シロイヌナズナ（*Arabidopsis thaliana*）（A）成熟したシロイヌナズナの模式図。いろいろな器官が示されている。（B）花の模式図。花器官が示されている。（C）未成熟の栄養成長期の植物。基部のロゼット葉と根系（写っていない）からできている。（D）成熟した植物。ほとんどの花が成熟し，長角果（種子の鞘）が発達している。（(A) と (B) は Clark 2001 より，(C) と (D) は Caren Chang の好意による）

成，種子形成，果実の形成である。植物の発生を理解する鍵を与えるので，ここでは胚発生過程に焦点を当てる。

胚発生は，単細胞の接合子を多細胞で微少な胚性の植物に変える過程である。完全な**胚**（embryo）は初歩的な形態だが，成熟した植物体の基本的なパターンや成体の多くの組織を備えている。

重複受精（double fertilization）は，顕花植物に特有の現象である（**Web トピック 1.1，1.2** 参照）。ほかのすべての真核生物と同じく，植物でも一つの精子と一つの卵の融合で単細胞の接合子（受精卵）が生じる。しかし，被子植物ではこの現象に第二の受精が伴っている。そこでは別の精子が二つの極核と融合して三倍体になった内乳の核を形成し，それから‘胚乳’（endosperm；発生中の胚に栄養分を与える組織）が発達する。

胚発生は胚珠の**胚嚢**（embryo sac）の中でおこり，胚珠とその付随組織が種子（seed）になる。通常，胚発生と胚乳形成は種子形成と平行して行われ，胚は種子の一部になる。胚乳も成熟した種子の一部であるが，いくつかの種では種子が完成する前に胚乳が消失する。胚発生と種子形成はよく調節され協調した過程であり，どちらの過程も重複受精で開始する。この過程が完了すると種子も胚も休眠に入り，生育に適していない長期間をそのまま種子として生き残ることができる。種子を作れることが裸子，被子植物がともにうまく進化できた鍵の一つである。

常に一定の構造をもち組織化された種に特有の胚を受精卵が形成することから，受精卵は決まった様式で発生するように遺伝的にプログラムされており，胚発生過程で細胞分裂・細胞伸長そして細胞分化がきちんと制御されていることがわかる。もし胚の中でこれらの過程がでたらめにおこると，正常な形態や機能をもたず組織化されていない細胞の塊ができてしまうだろう。

本章では，これらの変化を細部にわたって述べよう。そして，モデル植物であるシロイヌナズナ（*Arabidopsis thaliana*）を用いてなされ，植物の発生に関して洞察を与えてくれる分子遺伝学的な研究に焦点をあてて紹介しよう。おそらく，顕花植物の進化の初期に出現したものと同じような発生機構を多くの被子植物は使っているだろう。そして，植物の形が示す多様性は，まったく違う機構によってではなく，発生の同じ分子調節機構が発現するちょっとした時期や場所の違いで獲得されてきたのだろう（Doebley and Lukens 1998）。

シロイヌナズナは，アブラナ科でカラシナの仲間である（図16.1）。小さな植物なので，研究室での栽培や実験に適している。植物の遺伝学や分子遺伝学，特に植物の発生を理解する研究において広く使われているので，この植物は植物科学におけるショウジョウバエとよばれている。そして，全ゲノムが解読された最初の高等植物でもある。さらに，2010年までにゲノム上のすべての遺伝子の機能を理解するための国際協力研究も行われている。これらの結果として，われわれは，ほかのどんな植物よりシロイヌナズナの胚発生を支配する分子機構をずっとよく理解している。

基本的な植物の体の作りは胚発生過程で確立する

多くの動物とは異なり，植物の胚発生過程では成体に見られる組織や器官が直接作られることはない。たとえば被子植物の胚発生の結果，胚に見られる軸と（双子葉植物なら）2枚の子葉をもつ最初の植物の体ができあがる。そのうえ，胚発生過程において，その後もずっと維持され成体でも簡単に見つかる次の二つの基本的な発生パターンが確立する。それは

1. 頂端部から基部に向かう上下軸のパターン
2. 茎や根で見られる組織の放射状の配置パターン

である。

胚発生過程で，最初の**一次分裂組織**（primary meristem）も作られる。成熟した植物のほとんどの構造は胚発生後にこれらの分裂組織の活性によって作られる。胚発生の過程で最初の一次分裂組織は作られているが，発芽後にそれらは活性化され，成体の器官や組織を生み出しはじめる。

上下のパターン　ほとんどの植物は上下軸をもち，組織や器官は極性をもった直線状の軸に沿って正確な順序で配置される。茎頂分裂組織はこの軸の一端に位置し，根端分裂組織は他端に位置する。胚や芽ばえの中で，一つあるいは二つの子葉が茎頂分裂組織のすぐ下に付いている。その下は胚軸であり，さらに根，根端分裂組織そして根冠が並ぶ。この上下軸は胚発生過程で確立する。

実体はよくわかっていないが，根あるいはシュートから切り取ったどんな切片にでも，生理的にも構造的にも明確に異なった性質を有する上下の端が存在することは明らかである。たとえば，上下を逆にして置いておいても切り取られた茎の下端からは不定根が，上端からは不定芽が生じる（図19.12）。

放射状のパターン　植物の器官の中で，異なった組織が正確なパターンで配置している。茎や根で組織はそれらの外から中央に向かって同心円状に配置している。たとえば，根の横断切片を見ると，放射軸に沿った3層の同心円状の組織の輪が見える。最外層の表皮（epidermis）は円柱状の皮層組織（cortex）を取り囲み，それが円柱状の維管束系（vascular cylinder），（endoderm；内皮，pericycle；内鞘，phloem；篩

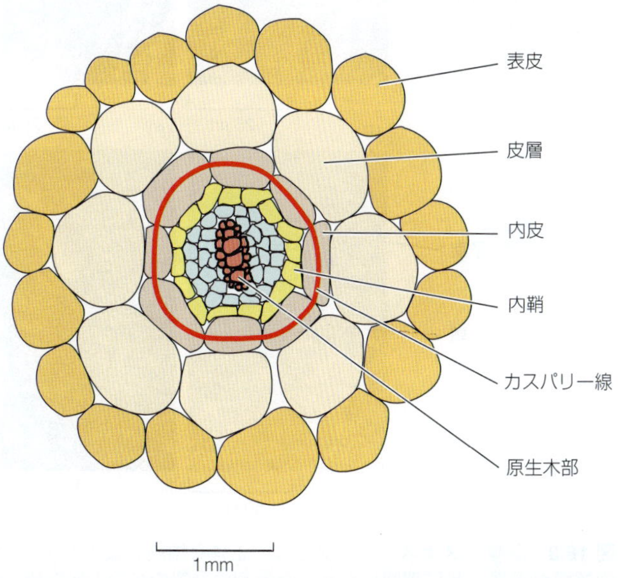

図 16.2　植物の器官中に見られる放射状の組織の分布は，根の横断面で見ることができる。このシロイヌナズナの根の横断面は，根端から約1mm基部によったところであり，そこには異なった組織が存在している。

部，xylem；木部）を取り囲んでいる（図16.2）（1章参照）。

前表皮（protoderm）は表皮となる分裂組織である。**基本分裂組織**（ground meristem）からは皮層と内皮ができる。また，**前形成層**（procambium）は一次維管束組織と維管束形成層になる分裂組織である。

シロイヌナズナの胚は四つの発生時期を過ごす

ここでも紹介されるが，シロイヌナズナの胚発生のパターンは良く研究されている。しかし，被子植物には多くの異なった胚の発生パターンが存在し，シロイヌナズナのパターンはたった一つの例であることを心にとめておいて欲しい。

シロイヌナズナや他の多くの被子植物の胚発生過程において，もっとも重要な時期は次のようなものである。

1. **球状型胚**（globular stage embryo）；受精卵の最初の分裂の後，頂端細胞は数回の統制のとれた分裂を行い，受精後30時間で**8細胞**（octant）からなる球状胚となる（図16.3C）。その後も正確な細胞分裂によって球内の細胞数は増加する（図16.3D）。
2. **心臓型胚**（heart stage embryo）；この時期は，将来シュートの先端になる領域の両側ですばやい細胞分裂がおこる。これら二つの領域は将来子葉になる突出となり，その結果，胚に左右相称性が生じる（図16.3E, F）。
3. **魚雷型胚**（torpedo stage embryo）；この時期に，胚の上下軸に沿った細胞伸長と子葉のさらなる発達がおこる（図16.3G）。
4. **成熟期の胚**（mature stage of embryo）；胚発生の最後で，胚と種子は水分を失い代謝が休止して，休眠に入る（図16.3H）。

多くの種で子葉は栄養貯蔵器官であり，子葉形成時にタンパク質・糖・脂肪が合成されて子葉の中に貯蔵される。そして，発芽後におこる従属栄養的成長（光合成が行われていない）の間にこれらは芽ばえで利用される。シロイヌナズナの子葉にも栄養分は貯えられるが，子葉の発達はこの種では他の双子葉植物ほど顕著ではない。単子葉植物では栄養分は主に内乳に貯蔵される。シロイヌナズナや他の多くの双子葉植物では，胚発生の初期に胚乳は急速に発生するがそれから吸収され，成熟した種子は胚乳組織を欠く。

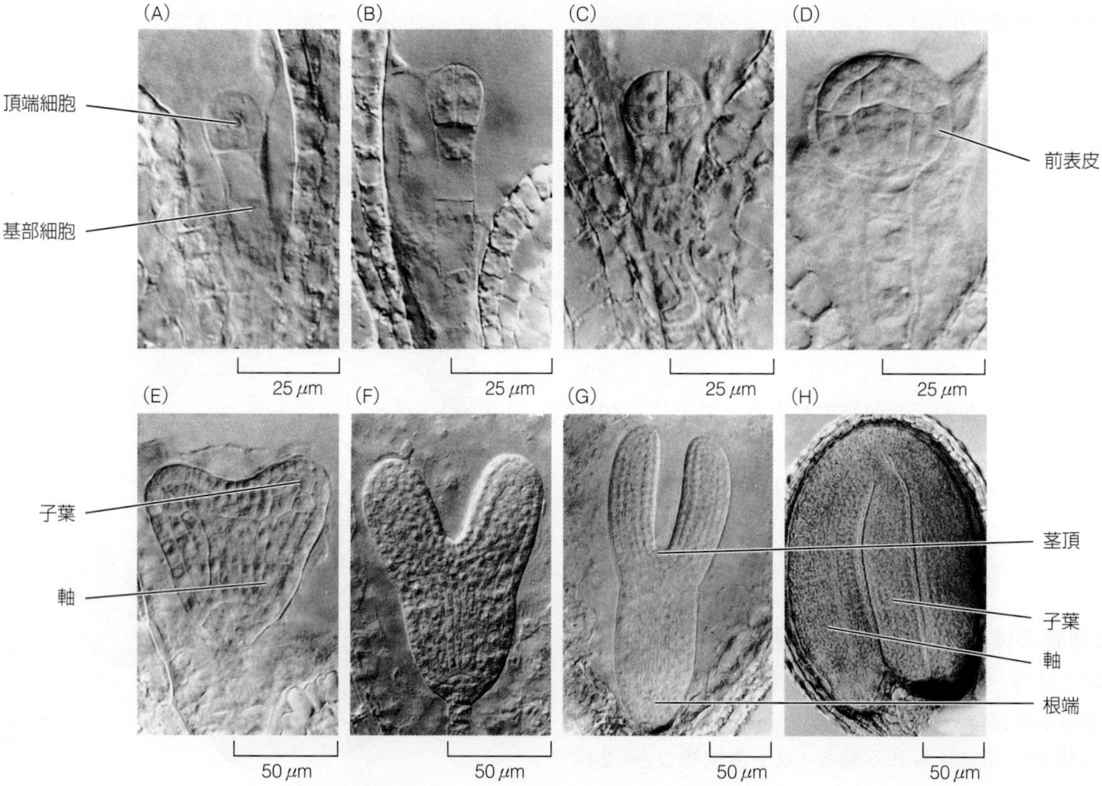

図 16.3　シロイヌナズナの胚発生は，正確な細胞分裂のパターンで特徴づけられる。(A) 受精卵が頂端と基部細胞にわかれた最初の分裂の後の1細胞胚，(B) 2細胞胚，(C) 8細胞胚，(D) 初期球状胚期，前表皮（表面層）が分化している，(E) 初期心臓型胚期，(F) 後期心臓型胚期，(G) 魚雷型胚期，(H) 成熟した胚。(West and Harada 1993, K. Matudaira Yeeが撮った写真，John Haradaの好意，©American Society of Plant Biologistsの許可のもと掲載)

受精卵の最初の分裂期に胚の上下軸が確立する

上下軸は胚発生のきわめて初期に確立する（**Webトピック16.1**参照）。事実，受精卵そのものが極性を示し，第一分裂前に約3倍の長さになる。受精卵の上端には細胞質がつまっており，下端半分には大きな中央液胞が含まれる（図16.4）。

受精卵の最初の分裂は，不等分裂であり長軸と直角方向でおこる。この分裂によって，二つの細胞——頂端細胞と基部細胞——が生じるが，それらはまったく異なった運命をたどる（図16.3A）。大きな接合子液胞を含む大きな基部細胞より，小さな頂端細胞は細胞質に富む。胚のほとんどの構造は，そして成熟した植物体も，小さな頂端細胞に由来する。頂端細胞が二回の垂直分裂と一回の水平分裂を行うと，8細胞球状胚（octant）が生じる（図16.3C）。

基部細胞もやはり分裂するが，常に長軸に垂直な水平分裂である。その結果，6～8細胞からなる紐状の構造が生じ，これは**胚柄**（suspensor）とよばれており，胚を母体植物の維管束系とつなげている。基部細胞由来の一つの細胞だけは胚に含まれる。胚にもっとも近い基部細胞は**原根層**（hypophysis，複数形はhypophyses）とよばれ，**コルメラ**（columella）あるいは根冠の中央，そして‘静止中心’（quiescent center）とよばれる根端分裂組織で重要な部分を形成する。この静止中心は本章の後で出てくる（図16.5）。

球状胚期の胚は球状をしているが（図16.3A～D），球の上半分と下半分は異なった特異性と機能をもっている。胚が成長をつづけて心臓型胚期になると，その上下の極性はもっと顕著になり（図16.5），上下軸に沿った三つの領域が区別されてくる（図16.5）。

1. ‘上部’は子葉と茎頂分裂組織を含む。
2. ‘中間’は胚軸と根そして根端分裂組織の多くを含む。
3. ‘原根層’は根端分裂組織の残りを含む。

初期球状胚の上部と基部の細胞は異なっており，受精卵中

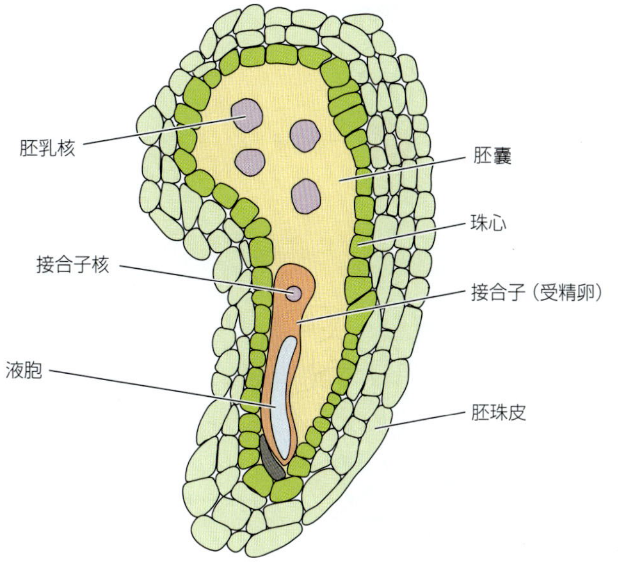

図16.4　重複受精後約4時間たった胚嚢を含むシロイヌナズナの胚珠。受精卵は明確な極性を示す。受精卵の上部半分は細胞質に富み大きな核がある。一方，下部は大きな中央液胞で占められている。この時期，受精卵を囲む胚嚢に四つの内乳核がある。

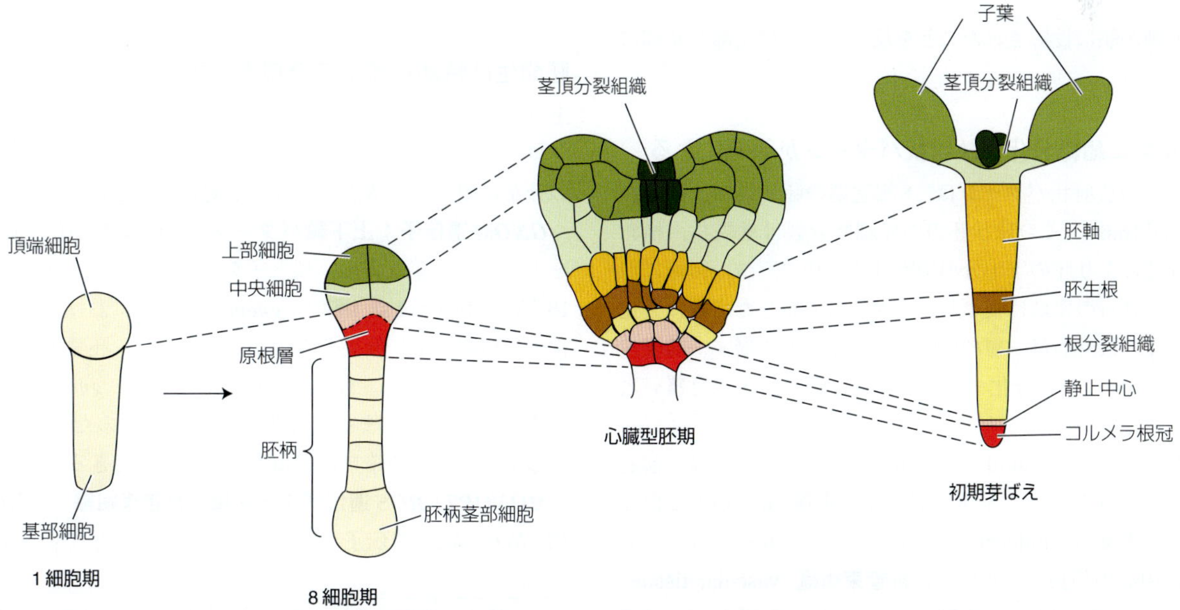

図16.5　植物の組織や器官の上下軸に沿った形成は，胚発生のごく初期に確立する。模式図は，シロイヌナズナの芽ばえの器官が，胚の特異的領域からどのように作られてきたかを示している。(Willemsen et al. 1998より)

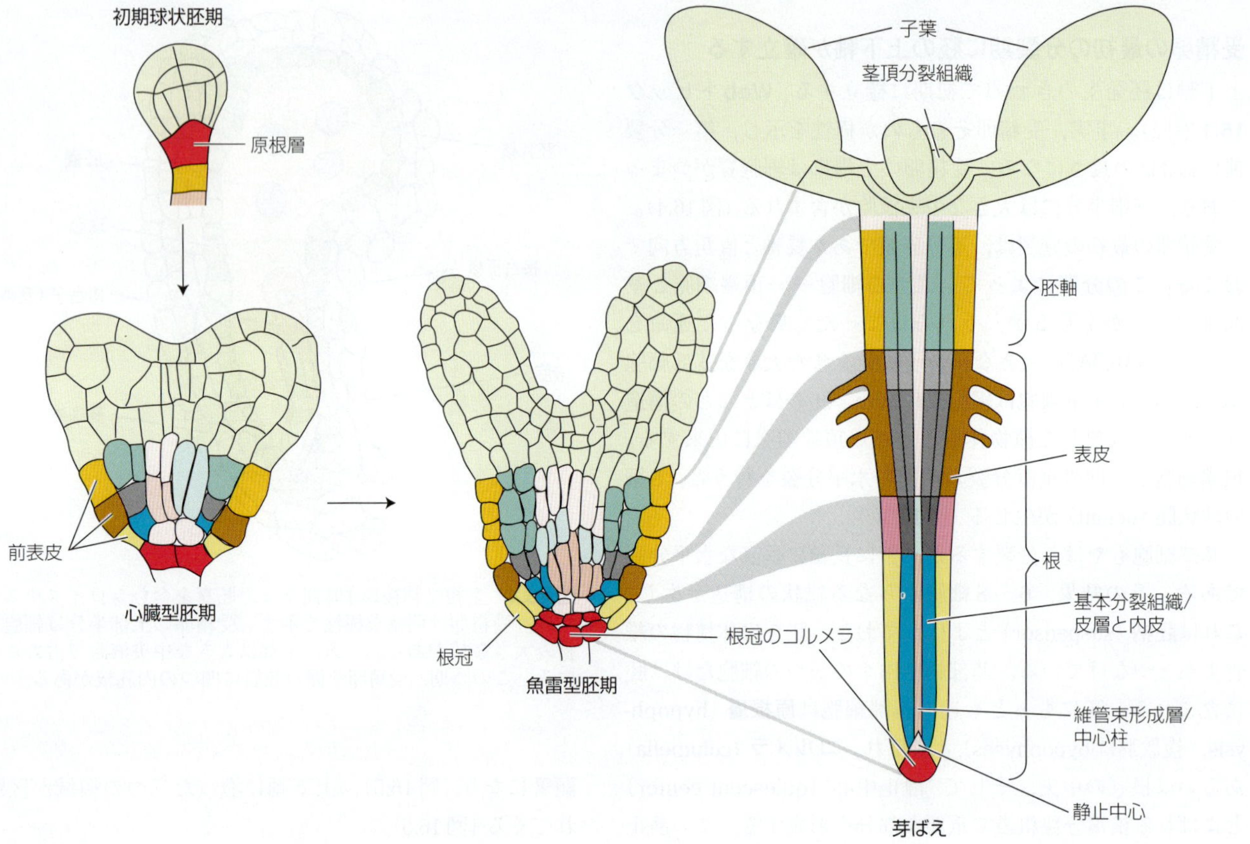

図 16.6 放射状パターンもまた胚発生過程で確立する。この模式図は，シロイヌナズナの胚発生で，異なった組織や器官が胚のいろいろな領域に由来することを示している。魚雷型胚から芽ばえの間につけた灰色の線は，胚の各領域が芽ばえのいろいろな部分になっていくことを示している。広がった帯状の線は，発生運命がある程度自由度を示すような境目を示している。(Van Den Berg et al. 1995 から改変)

の上下軸が胚に投影されたことを反映して胚は上部と基部に分けられる。

球状胚期に組織分化の放射状パターンが明確になる

組織分化の放射状パターンは，8細胞期の胚で最初に観察される（図16.6）。この球状胚の中で細胞分裂は継続し，横断的な分裂により胚の下半分の細胞は放射状の三つの領域に別れる。これらの領域は根や茎の放射状に分布した組織に分化していく。最外層は一層の細胞からなる表面の層――**前表皮**(protoderm)――に分化する。前表皮は胚の両半球を覆い表皮に分化していく。

基本分裂組織（ground meristem）に分化する細胞は，前表皮の内側に存在する。基本分裂組織は**皮層**（cortex）と根と胚軸では**内皮**（endoderm）を形成する。前形成層（procambium）は中心の伸長した細胞で，**維管束組織**（vascular tissue）と根では維管束組織と**内鞘**（pericycle）を形成する（図16.2）。

胚発生は特別な遺伝子発現を必要とする

上下軸が確立しなかったり，胚発生過程で異常な発生を行うシロイヌナズナの変異体の解析から，発生過程における組織の分布に関与する遺伝子の存在が明らかにされてきた。

***GNOM* 遺伝子；上下軸パターン**　*GNOM* 遺伝子の変異をホモにもつ芽ばえは，根と子葉を両方とも欠いている（図16.7A）(Mayer et al. 1993)。*gnom* 変異体胚における最初の異常は受精卵の第一分裂でみつかる。そして，胚発生過程を通して異常がつづく。もっとも極端な場合は，*gnom* 胚は球状のままで上下軸をまったく失っている。そのため，*GNOM* 遺伝子は上下軸の確立に必須であると結論できる†。

***MONOPTEROS* 遺伝子；一次根と維管束組織**　*MONOPTEROS*（*MP*）遺伝子が変異すると，上部は存在するが胚軸

† 植物と酵母の遺伝学では，野生型（正常）の遺伝子は大文字のイタリックで表示し（この場合は *GNOM*），変異は小文字のイタリックで示す（ここでは *gnom*）（訳者注；遺伝子産物のタンパク質は大文字で表す（GNOM））。

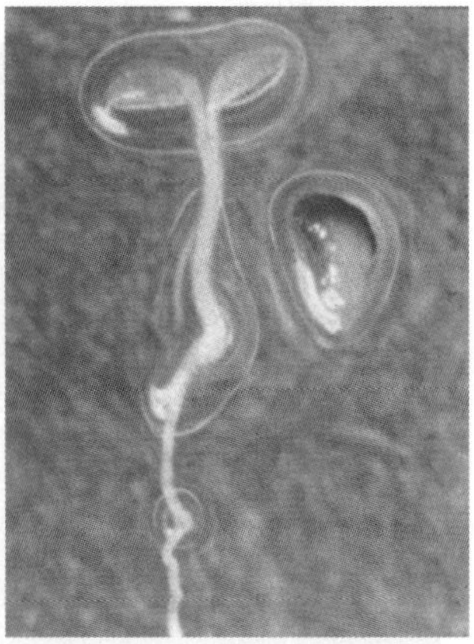
(A) 野生型　gnom変異体
GNOM遺伝子は，上下軸を調節する

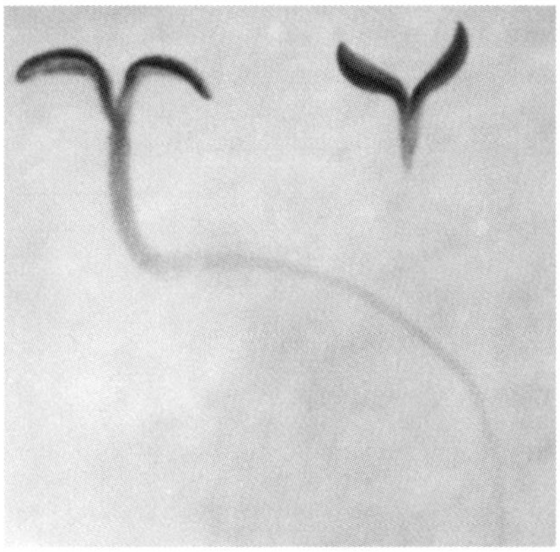
(B) 野生型　monopteros変異体
MONOPTEROS遺伝子は，一次根の形成を調節する

図 16.7　シロイヌナズナの胚発生で重要な機能をもつ遺伝子は，*gnom* や *monopteros* のように胚発生過程が途中で止まった変異体の選別によって単離された。変異体の芽ばえを同じ時期の野生型と比較した。(A) *GNOM* 遺伝子は上下軸の形成に関わる。(B) *MONOPTEROS* 遺伝子は基部のパターン形成と一次根の形成に必須である。*monopteros* 変異がホモ接合体になった植物では，胚軸と茎頂分裂組織と子葉はできるが一次根が欠けている。((A) は Willemsen et al. 1998,（B）は Berleth and Jürgens 1993)

と根を欠く芽ばえになる。しかし，*mp* 変異体の胚の上部の構造も正常ではなく，子葉の組織が乱れる（図 16.7B）(Berleth and Jürgens 1993)。*mp* の胚は8細胞期に最初の異常が見られ，球状胚の下部つまり胚軸や根に分化していく領域で前形成層が分化しない。もっと後で，維管束組織は子葉の中にいくらか作られるが，それらはうまくつながっていない。

発芽したとき，*mp* の胚は一次根を欠くが，芽ばえが成体になる過程で不定根を形成する。この変異体の植物のすべての器官で維管束系の発達が貧弱であり，しばしば分断している。この結果から，*MP* 遺伝子は胚における一次根の形成に関与するが，成体において根の形成には関与しないことがわかる。そして，*MP* 遺伝子は胚発生後の維管束組織の形成にも重要である (Przemeck et al. 1996)。

***SHORTROOT* 遺伝子と *SCARECROW* 遺伝子；基本組織の発生**　胚発生過程で，根と胚軸における組織の放射状パターンが確立するときに機能する遺伝子が同定された。これらの遺伝子は，胚発生後も放射状パターンの維持に必要である (Scheres et al. 1995；Di Laurenzio et al. 1996)。これらの遺伝子を同定する前に，研究者は根の伸長の遅いシロイヌナズナの変異体を単離していた (図 16.8B)。そして，これらの変異体を解析している過程で，それらのいくつかは組織の放射状パターンに欠損があることが明らかになった。二つの関連する遺伝子である *SHORTROOT* (*SHR*) と *SCARECROW* (*SCR*) は，胚のみならず一次根でも二次根でもそして胚軸でも，組織の分化に必須である。

SHR と *SCR* の変異体は，ともに一層だけからなる基本組織を含む根を形成する (図 16.8D)。*scr* 変異体の植物では，この一層になった基本組織の細胞が内皮細胞と皮層細胞の両方の性質を示す。*scr* はシュートの**デンプン鞘** (starch sheath) とよばれる細胞も欠いている。この細胞層は重力に反応した成長に関与している (19章参照)。*shr* 変異をもつ植物の根にもまた，一層だけの基本組織細胞層が存在するが，それは皮層細胞の性質を示して内皮細胞の性質は示さない。

***HOBBIT* 遺伝子；根端分裂組織**　一次根と茎頂分裂組織は胚発生過程で分化する。多くの場合，胚発生の間は活性化していないから，**前分裂組織** (promeristem) という表現がこれらの構造を記載するのにより適した単語だろう。前分裂組織は発芽後に分裂組織になる胚性の構造と定義される。

根端の前分裂組織の分子マーカーは，まだみつかっていない。しかし，これは胚発生の初期に決定を受けている。根冠の幹細胞 (根冠を作り出す分裂を行う細胞) は，心臓型胚期に原根層から形成されるが，これは根端の前分裂組織が少なくとも胚発生のこの時期に確立していることを示している (図 16.9)。*HOBBIT* (*HBT*) 遺伝子の発現は，根端の分裂組織の特異性を示す初期のマーカーとなるだろう (Willemsen et al. 1998)。

HOBBIT 遺伝子が変異すると，*mp* 変異体と同様に，機能的な胚性の根の分化に欠陥が生じる。しかし，これら二つの変異はおおきく異なっている。*hbt* 変異体は，球状胚が作られる前の2～4細胞期に異常が現れ始める。そして，*hbt* 変異体の最初の欠陥は原根層の前駆体に表れる。ここで細胞は水平に分裂するかわりに垂直に分裂する。その結果，原根層は形成されず，次に形成されてくる根端分裂組織において静止

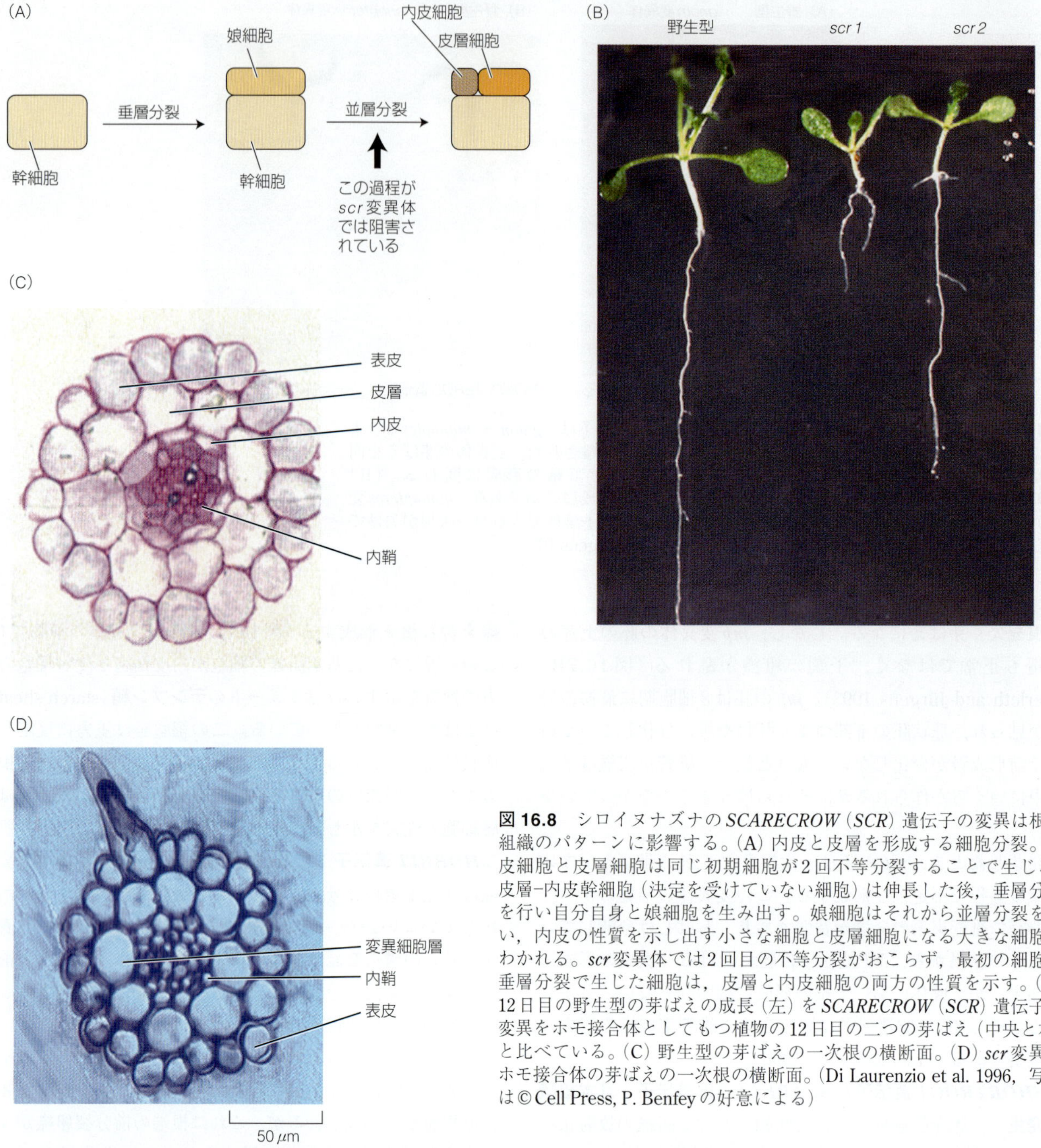

図 16.8 シロイヌナズナの*SCARECROW*（*SCR*）遺伝子の変異は根の組織のパターンに影響する。(A) 内皮と皮層を形成する細胞分裂。内皮細胞と皮層細胞は同じ初期細胞が2回不等分裂することで生じる。皮層–内皮幹細胞（決定を受けていない細胞）は伸長した後，垂層分裂を行い自分自身と娘細胞を生み出す。娘細胞はそれから並層分裂を行い，内皮の性質を示し出す小さな細胞と皮層細胞になる大きな細胞にわかれる。*scr*変異体では2回目の不等分裂がおこらず，最初の細胞の垂層分裂で生じた細胞は，皮層と内皮細胞の両方の性質を示す。(B) 12日目の野生型の芽ばえの成長（左）を*SCARECROW*（*SCR*）遺伝子の変異をホモ接合体としてもつ植物の12日目の二つの芽ばえ（中央と右）と比べている。(C) 野生型の芽ばえの一次根の横断面。(D) *scr*変異のホモ接合体の芽ばえの一次根の横断面。(Di Laurenzio et al. 1996，写真は© Cell Press, P. Benfeyの好意による)

中心とコルメラが欠けている（図16.9F）。*hbt*の胚は根端分裂組織をもっているように見えるが，発芽した後機能しない。さらに，*hbt*胚由来の植物は側根を形成できない。

***SHOOTMERISTEMLESS* 遺伝子；シュート前分裂組織**　シロイヌナズナの魚雷型胚期に，茎頂の前分裂組織が形態学的に認められる。子葉の間のいくつかの細胞が方向性をもった分裂をすることで，茎頂分裂組織を特徴づけるこの領域の層構造が作られる（本章の後で述べる）。しかし，これらの細胞の祖先はもっと早く球状胚の時期に茎頂分裂組織としての分子的な特異性を獲得しているようである。

SHOOTMERISTEMLESS（*STM*）遺伝子は，茎頂分裂組織に分化する細胞で特異的に発現しており，その発現は茎頂前分裂組織の分化に必要である。シロイヌナズナでこの遺伝子の変異をホモにもつ植物，つまり*STM*遺伝子の機能を失っている植物は茎頂分裂組織をもたず，そのかわりこの領域ですべての細胞が分化してしまう（Lincoln et al. 1996）。野生型の*STM*遺伝子の産物は，分裂組織の細胞を未分化のまま保持し，これらの細胞が分化することを抑制する。

*STM*のmRNAは，中期球状胚の上端の1～2細胞で最初に検出される。心臓型胚期には，子葉の間の数細胞にその発

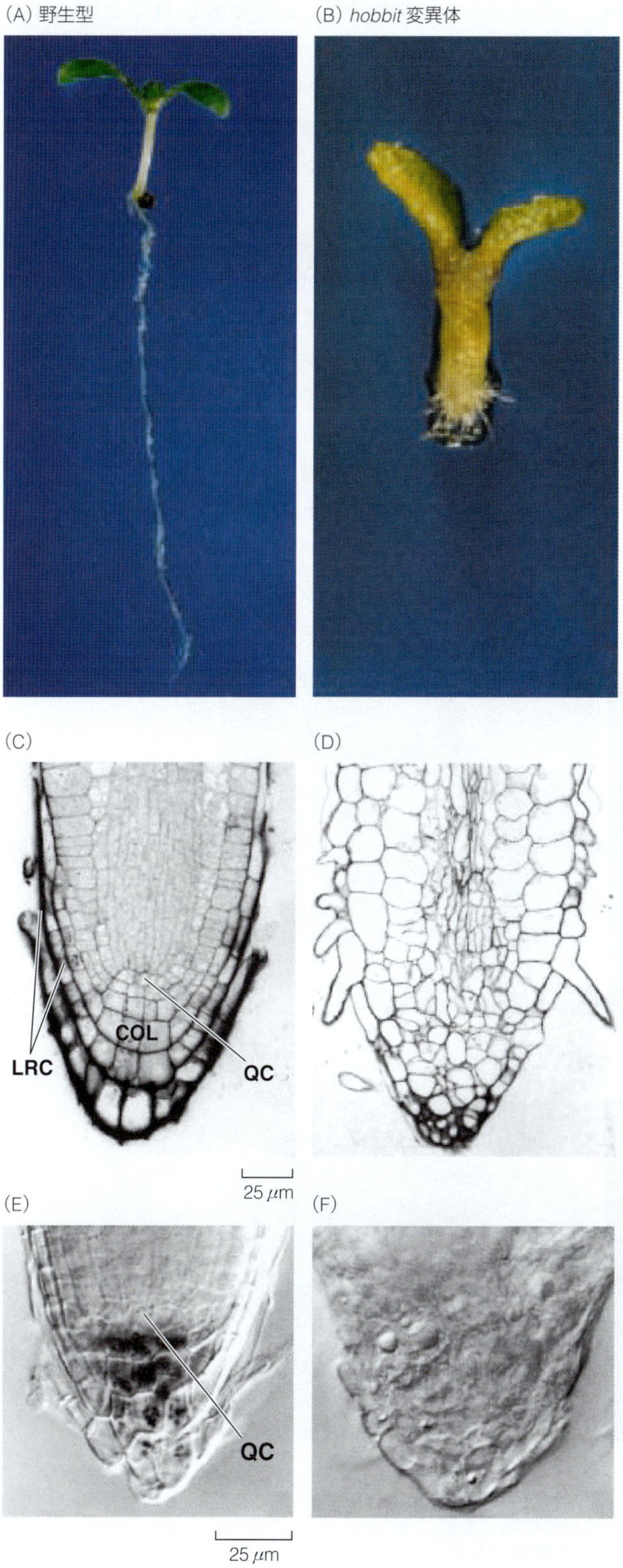

図 16.9 *Hobbit* 遺伝子は，機能する根端分裂組織の発生に重要である。(A) 野生型シロイヌナズナの芽ばえ，(B) ***hobbit*** 変異体の芽ばえ，(C) 野生型の根の先端，静止中心 (QC)，コルメラ (COL)，側方根冠 (LRC)，(D) ***hobbit*** 変異体の根端，(E) 野生型の静止中心とコルメラ，(F) ***hobbit*** での静止中心とコルメラの欠損。(A) と (B) の芽ばえはどちらも発芽後7日目である (4×)。ヨウ素染色で野性型の根冠のコルメラ細胞中のデンプンの顆粒が見える (E)，***hbt*** 変異体の根端にはデンプンの顆粒が見あたらない (F)。(Willemsen et al. 1998)

現は制限されている (Long et al. 1996)。*STM* の発現はこれらの細胞のマーカーとなる。この発現から，茎頂分裂組織は形態的に認識できるずっと前に決定されていたと考えることができる。*STM* 遺伝子は胚性の茎頂分裂組織の形成に必要なだけでなく，成体で茎頂分裂組織の特性が保たれるのにも必要である。

胚の成熟過程は特別な遺伝子の発現を要求する

胚を構成する細胞数が約20,000に達した後に，それは休眠に入る。胚だけでなく種子全体で水分の消失と遺伝子の転写やタンパク質合成の全体的な低下が生じることで，休眠が引きおこされる。休眠していく特殊な状態に細胞が適応するためには，特別な遺伝子の発現が要求される。たとえば，*ABSCISIC ACID INSENSITIVE 3* (*ABI3*) 遺伝子や *FUSCA 3* 遺伝子が休眠の開始に必要である。*ABI3* は，胚発生の成熟期に子葉に蓄積する貯蔵タンパク質をコードする遺伝子の発現も調節する (23章参照)。

LEAFY COTYLEDON 1 (*LEC1*) 遺伝子も胚発生後期に活性化する。***lec1*** 変異体は乾燥下で生存することができず，休眠に入らない。そのため，その胚は乾燥に入る前に取り出して助けてやらないと死んでしまう。助けられた胚は培養条件下で発芽し，受精できる植物を作る。7S貯蔵タンパク質を欠き，上部表面にトライコームが生えているので本葉に似ている子葉ができるほかは，この植物は野生型の植物と似ている。

成熟した *lec* 変異体は正常な形態をしている。そして，正常に発生できたことから *LEC1* 遺伝子が胚発生過程でだけ必要なことが示される。*lec1* のもっとも顕著な欠陥は胚の成熟過程でのみ見られるが，*LEC1* の mRNA は胚発生過程を通じて検出できる。LEC1タンパク質は栄養成長期の一般的な抑制因子であり，その発現は胚発生を通して必要であるという考え方が提案されている (Lotan et al. 1998)。

パターン形成における細胞質分裂の役割

シロイヌナズナで代表される多くの植物において，組織形成のもっとも目立つ特徴の一つは，細胞分裂の方向が非常に正確なことである。それは ‘ステレオタイプ’ (stereotype) ともよばれている。この分裂パターンによって，分裂組織から植物の基部に向かってつながった細胞の列を構成する。ほかのすべての種でも分裂パターンがすごく正確であるとはいいがたいが，組織形成の基本的なパターンは同じである。植物の器官に存在する組織のパターンができあがるために，細胞分裂の分裂面はどの程度重要なのだろうか？

組織分化の際の上下軸や放射状のパターンの形成にステレオタイプの細胞分裂パターンはいらない

シロイヌナズナの二つの変異体，*fass* と *ton* は，全発生過程を通して細胞の分裂パターンに顕著な異常があり，これらでは野生型で見られるようなステレオタイプの細胞分裂が失われている（Torres-Ruiz and Jürgens 1994；Traas et al 1995）。これらの変異はおそらく同じ遺伝子に生じており，*ton*（*fass*）変異がホモになった植物の細胞は，微小管でできていて‘前期前微小管束’（preprophase band）として知られている細胞質中の構造を失っている。前期前微小管束は，細胞質分裂のときの隔膜形成体（phragmoplast）の配向にとって必須であり，方向性をもった細胞分裂に必要である（1章と**Webトピック16.2**参照）。

ton（*fass*）変異の影響は胚発生の初期から現れ，発生過程を通じて持続する。これらの植物体は小さく，2～3 cm より高くなることはない。それは形のおかしい葉，根，茎をもち不捻である（図16.10D～F）。しかしながら，変異体植物は上下軸に沿ったパターンを保持しているだけでなく，野生型の植物に見られるすべての種類の細胞や組織を分化しており，しかもこれらが正しい位置で分化している。それぞれの組織層の細胞の正確な数は，変異体ごとに劇的に変化しているが，すべての組織が存在していており，しかもおたがいに正しい位置関係に分化している。

これらの変異が放射状の組織のパターンの確立をさまたげないということは，シロイヌナズナの胚や根で見られるステ

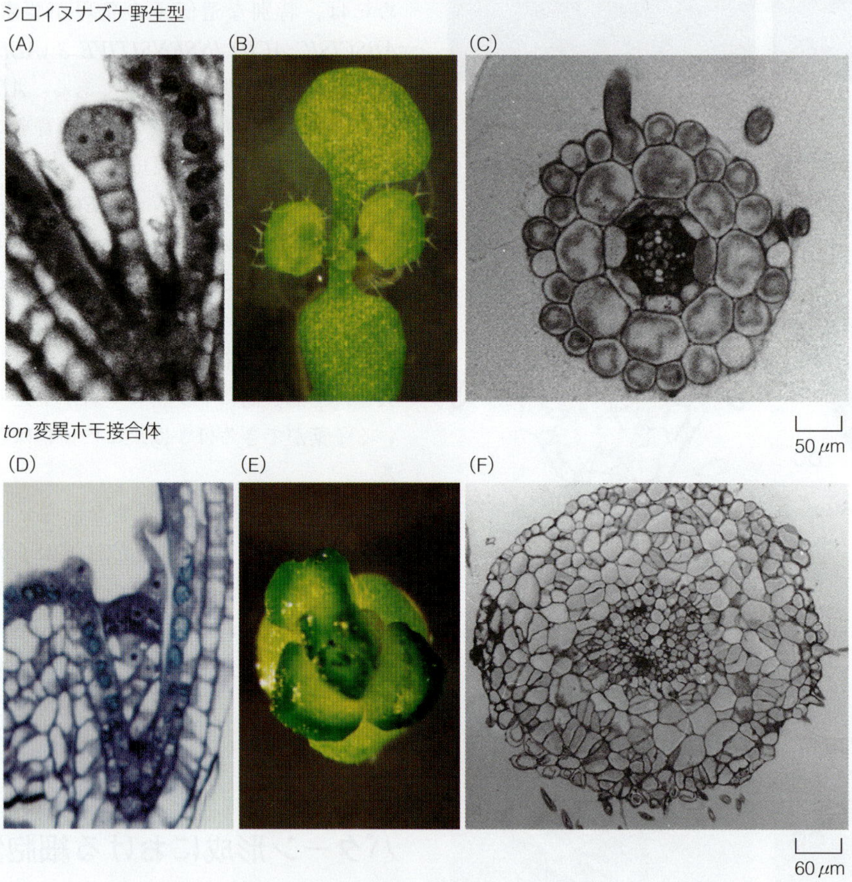

図 16.10 *TON*遺伝子に変異をもつシロイヌナズナの植物は，細胞分裂のどの時期にも前期前微小管束を形成できない。この変異をもつ植物は，細胞分裂や伸長が不規則になり，極度に形態異常を示す。しかし，それとわかる組織や器官を正しい場所に作りつづける。この変異体植物で作られた器官や組織は，異常ではあるが，放射状の組織の分布パターンは乱されていない。(A～C) 野生型のシロイヌナズナ；(A) 初期球状胚，(B) 上から見た芽ばえ，(C) 根の横断面，(D～F) *ton*変異をホモ接合体としてもつシロイヌナズナの同じ時期；(D) 初期胚，(E) 上から見た変異体の芽ばえ，(F) 変異体の根の横断面。細胞はランダムになっているが，野生型の組織の分布に近い，外の表皮層が多細胞の皮層を覆い，皮層が順に維管束鞘を取り囲む。(Traas et al. 1995)

レオタイプの細胞分裂パターンが組織分化の放射状パターン形成に必須ではないということを強く示唆している。

細胞質分裂に影響があらわれるシロイヌナズナの変異体は，放射状の組織パターンを確立できない

シロイヌナズナの*knolle*変異体は，細胞質分裂に欠陥がある。細胞質分裂は有糸分裂の最後の段階であり，娘核を別々の細胞に分けていくための新しい細胞壁がこの過程で形成される。*KNOLLE*遺伝子は，小胞の融合過程で重要であるシンタキシン類似のタンパク質をコードしている。**シンタキシン**（syntaxin）は膜を貫通したタンパク質であり，膜どうしの融合を仲介するタンパク質である。小胞の融合は細胞質分裂にとって必須である（図16.11）。

*knolle*変異で細胞の分裂は阻害されないが，細胞板形成は不規則でありしばしば不完全である。その結果，多くの細胞が2核をもち，そのほかに部分的に分離しているだけの細胞が生じたり，あるいは細胞質どうしが大きなつながりをもっていたりする。分裂面もまた不規則である。これらの不規則性は発生に重大な影響を与える。

*knolle*変異をホモにもつ植物は，胚発生を進めていくが放射状の組織パターンがひどく損なわれており，胚発生の初期から表皮細胞層が形成されない。しかし，*knolle*変異は上下軸の形成は阻害しない。この変異体の芽ばえは非常に短命で発芽直後に死んでしまうが，胚発生過程そのものは完了する。この植物も機能をもった分裂組織を生じない。

*knolle*変異に関する研究から得られた結論は，*ton*（*fass*）

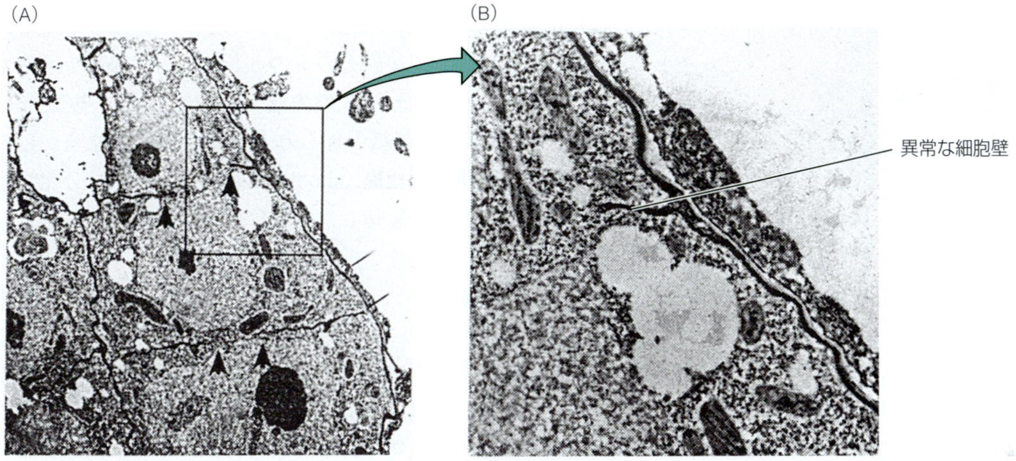

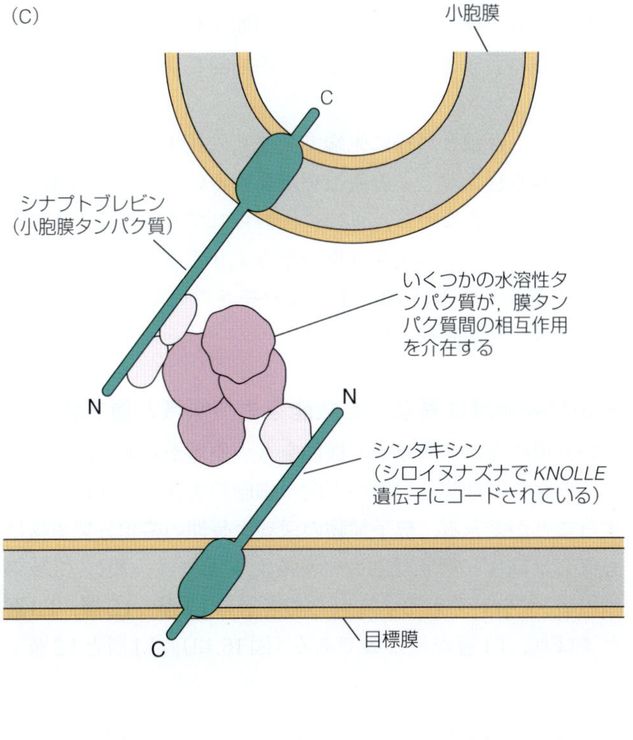

図 16.11 *KNOLLE*遺伝子がコードするシンタキシンタンパク質は，ゴルジ由来の膜の融合過程において重要な働きをし，シロイヌナズナをはじめ多くの生物で正常な細胞質分裂に必要である。（A）*knolle*変異をもつシロイヌナズナの胚の一部の電子顕微鏡像。四角の領域の一遍は5 mm，（B）拡大写真。親の細胞壁に付着した不完全で異常な隔壁，（C）細胞板形成時の小胞融合のモデル。標的膜の上で可溶性タンパク質の複合体がシナプトブレビンとシンタキシン（*KNOLLE*がコードしている）の相互作用を介在する。（（A）と（B）はLukowitz et al. 1996, G. Jürgensの好意，（C）はAssaad et al. 1996）

変異から得た結果と矛盾している。胚発生過程でもその後でも，*knolle* 変異も *ton* 変異もどちらも正常な細胞分裂のパターンを乱す。しかし，*knolle* 変異は放射状の組織パターンの確立を阻害し，一方，*ton* 変異体の中でそのパターンは確立している。

ton と *knolle* 変異の差の一つは，後者において，細胞板が不完全なため細胞質分裂で娘細胞が十分にわかれることができない点である。細胞間情報伝達がパターン形成に重要だから，細胞は十分に分離していてしかも情報交換を調節できることが必要だろう。隣りあった植物細胞間では，原形質連絡を通して細胞質がつながっているが，正常な発生には完全な細胞化が必要である。だから，*ton* 変異体は正確に位置情報を受けとることができ，一方，*knolle* 変異体は受けとることができない。植物細胞の分裂時における分裂面の決定に関する機構に関する説明は，**Web エッセイ 16.2** を参照せよ。

植物発生における分裂組織

小さくて等方性（すべての方向に同じ大きさをしている）をしており，また胚としての性質を保持している細胞からなる細胞集団として，**分裂組織**（meristem）は存在する。栄養成長期の分裂組織は，自分自身を長く保つ性質をもっている。分裂細胞は根や茎を構成する組織を作るだけでなく，連続的にそれ自身も再構築する。木の場合，分裂組織はおそらく何千年もの間，胚細胞の性質を保持している。これが可能なのは分裂組織のいくらかの細胞が細胞分化の方向への運命決定を受けないからである。そして，分裂組織が栄養成長期である間は，それらの細胞が細胞分裂の能力を維持している。

かぎりなく分裂能力を維持した未分化細胞は，**幹細胞**（stem cell）とよばれる。歴史的には，植物学では始原細胞（initial cell）とよばれていたが，機能的にそれらは同じではないにしても動物の幹細胞に似ている（Weigel and Jürgens 2002）。幹細胞が分裂したとき，概して娘細胞の一つは幹細胞の性質を維持し，他方は特別な発生の経路へ運命決定される（図 16.12）。

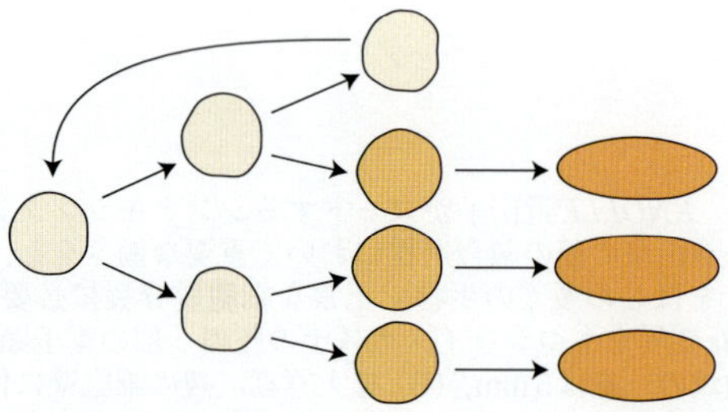

図 16.12　幹細胞が娘細胞を生み出し，そのうちのいくつかは決定されずに残って幹細胞の性質を保持し，ほかの細胞は分化への決定を受ける。

幹細胞は通常ゆっくり分裂する。しかし，運命決定された娘細胞は分裂を止めるまでは速い細胞分裂を行い，そして特別な細胞の一種とみなすことができる。幹細胞は分裂組織のすべての細胞，および，植物のその他すべての器官――茎（stem）に加えて，根，葉，その他の器官――におけるすべての細胞の究極の源である。

茎頂分裂組織は非常に動的な構造である

栄養成長期の茎頂分裂組織は，茎と茎に付随した側生器官（葉と側芽）を生み出す。シロイヌナズナの茎頂分裂組織はたった 60 程度の数の細胞からできているが，典型的な茎頂分裂組織は数百～千の細胞を含んでいる。

茎頂分裂組織はシュートの本当の先端に位置するが，それは成熟していない何枚かの葉でかこまれて覆われている。これらは茎頂分裂組織の活動で作られたもっとも若い葉である。それは茎頂分裂組織そのものとシュートの先端を区別するのに役立つ。シュートの**先端**（shoot apex，複数形は apices）は茎頂分裂組織と作られたばかりの葉の原基からできている。**茎頂分裂組織**（shoot apical meristem）は分化していない細胞集団だけを指し，それに由来するいかなる器官も含まない。

茎頂分裂組織は，平らか少し盛り上がった領域で直径が 100～300 μm であり，多くの場合，細胞壁が薄く細胞質に富んでいて大きな中央液胞を含まない小さな細胞からできている。茎頂分裂組織は，次々と葉や茎を形成する間に入れ変わっていく動的な構造である。さらに，多くの植物でシュート全体が示すように，それは季節に応じた活性変化を示す。茎頂分裂組織は春には急速に成長し，夏はゆっくりとした成長期に入り，秋に休眠に入り，冬の間休眠期がつづく。茎頂分裂組織の大きさや構造もまた，季節的な活性に応じて変化する。

シュートは根と同様に先端で発生し成長する。しかし，根で見られる程シュートの先端を成長するいくつかの領域に分けることはできないし，正確に決められてもいない。さらにいうと，シュートの成長は根の場合よりずっと広がった領域でおこる。ふつうは 10～15 cm の長さのいくつかの節間を含む領域が一次成長を行う。

茎頂分裂組織は異なった機能をもつ領域と層を含む

茎頂分裂組織は，異なった機能をもつ領域から成り立っており，それらは細胞分裂面の方向や細胞の大きさや活性で区別することができる。被子植物の栄養生長期の茎頂分裂組織はしばしば高度に層状化した形態をしており，一般に‘3 種の細胞層’に分けられる。これらの各層は **L1 層**，**L2 層**，**L3 層**とよばれ，L1 層が最外層である（図 16.13）。L1 層と L2 層で

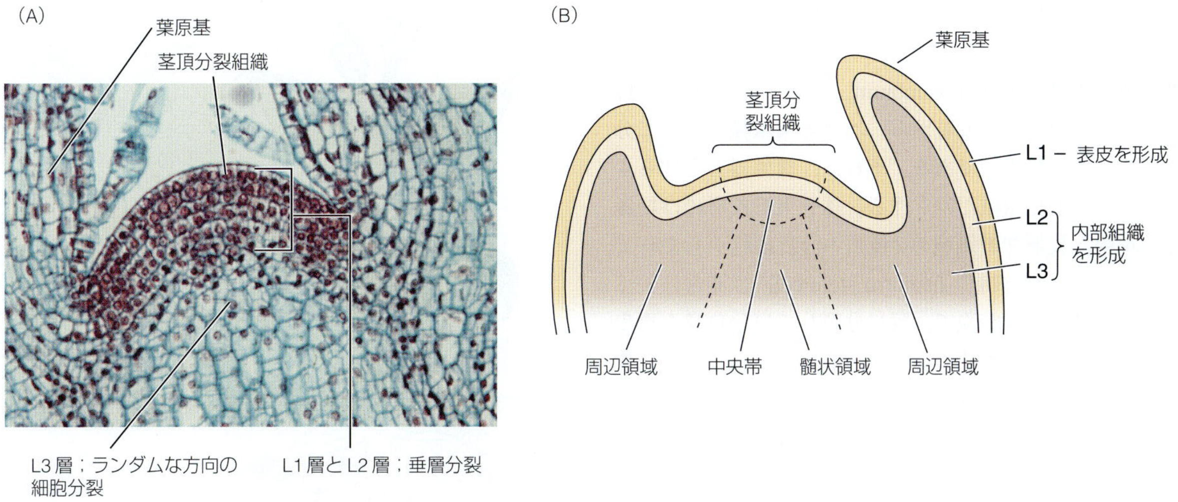

図 16.13 茎頂分裂組織は植物の地上部の器官を作り出す。(A) サヤバナ (*Coleus blumei*) の茎頂の中央を通る縦断切片。茎頂分裂組織の層構造が見える。外側のL1層とL2層で見られる細胞分裂は垂層分裂であり，一方，L3層では細胞分裂面はもっとランダムな方向を向く。最外層 (L1) はシュートの表皮になる；L2層とL3層は内部組織を形づくる。(B) 茎頂分裂組織はまた，細胞組織学的な領域に分かれ，それぞれは異なった特性と機能を示す。中央帯はゆっくり分裂するが，植物体を作り上げる組織の源となる幹細胞を含む。速く細胞分裂を行う周辺域は，中央帯を取り囲み葉原基を生じる。髄状領域は中央帯の下に位置し，茎の中心の組織を生み出す。((A) は©J. N. A. Lott/Biological Photo Service)

は細胞分裂が垂層方向でおこる；これは娘細胞を分離する新しい細胞壁が分裂組織表面に対して垂直に配向することを意味する。L3層では細胞分裂が決まった方向でおこるとはいえない。それぞれの層にはそれ自身の幹細胞が存在し，3層とも茎や側生器官の形成に関与する。

活性のある茎頂分裂組織中に，また，**細胞組織学的領域構造** (cytohistological zonation) とよばれる構成パターンも想定されている。それぞれの領域は，分裂面に基づくだけでなく，大きさや液胞化の度合いに応じて区分される細胞集団からできている (図16.13B)。それぞれの領域の異なった機能を反映して，これらの領域は遺伝子発現で異なったパターンを示す (Nishimura et al. 1999；Fletcher and Meyerowitz 2000)。

活性のある分裂組織の中央は，相対的に大きくてよく液胞化した細胞群でできていて**中央帯** (central zone) とよばれる。中央帯は根端分裂組織の静止中心と少し似ている (本章の後で議論されるだろう)。中央帯の側面の小さな細胞からなるドーナツ状の領域は，周辺領域 (peripheral zone) とよばれる。**髄状領域** (rib zone) は，中央帯の下に位置し茎の内部組織を形成する。

これらの組織学的に異なった領域は，発生学的に異なった領域とほとんど重なる。周辺領域は葉原基形成を誘導する最初の細胞分裂がおこる領域である。髄状領域には茎になる細胞が存在する。中央帯には幹細胞の集団が存在し，そのうちの一定の比率の細胞は運命決定されていない細胞として残り，一方，残りは髄状領域や周辺領域の細胞の補充にあてられる (Bowman and Eshed 2000)。

胚発生後の発生過程でいくつかの分裂組織が作られる

胚発生過程で作られる根端あるいは茎頂分裂組織は，**一次分裂組織** (primary meristem) とよばれる。発芽後，これらの一次分裂組織の活性化により，基本的な植物の体を形成する一次組織と器官が作り出されていく。

また，多くの植物は胚発生後に，種々の**二次分裂組織** (secondary meristem) を発達させる。二次分裂組織は一次分裂組織とよく似た構造をしているが，いくつかの二次分裂組織は非常に異なった構造をしている。これらには腋芽分裂組織，花序分裂組織，花芽分裂組織，介在分裂組織，側部分裂組織 (維管束系形成層やコルク形成層) が含まれる (花序と花芽分裂組織に関しては，24章で取り上げる)。

- **腋芽分裂組織** (axillary meristem) は葉の腋に形成され，茎頂分裂組織から作られる。腋芽分裂組織の成長と発生により植物の主軸から枝が生じる。
- **介在分裂組織** (intercalary meristem) は，しばしば器官の基部に見られる。イネ科の草本の葉や茎の介在分裂組織は，これらの器官が雌ウシに倒されたり，食べられても成長をつづけることを可能にする。
- **側根分裂組織** (branch root meristem) は，一次根端分裂組織と同じ構造をしており，根の成熟した領域の内鞘細胞から作られる。植物を繁殖させるために挿し木を根づかせるとき，茎に生じた側根分裂組織から不定根を生えさせることができる。

- **維管束形成層**（vascular cambium，複数形は cambia）は，維管束環の中の前形成層から一次維管束組織に沿って分化する二次分裂組織である。それは，側生器官を作らずに茎や根の木化組織だけを作る。維管束形成層には紡錘形幹細胞と放射状幹細胞の2種類の分裂細胞が含まれている。'紡錘形幹細胞'（fusiform stem cell）は非常に長く伸びた液胞化した細胞で，縦に分裂して自分自身を再生するとともに二次木部や篩部の通道組織の細胞に分化する。'放射状幹細胞'（ray stem cell）は小さな細胞で，材の中で放射状に配向した放射組織として知られている柔組織細胞の束を作る。
- **コルク形成層**（cork cambium）は，皮層や二次篩部の成熟した細胞の中に発生した分裂組織層である。コルク形成層からはコルク細胞が作られ，それは'周皮'（periderm）や'樹皮'（bark）とよばれる保護層を形成する。木の幹や根の表皮のかわりに，周皮は二次植物体の保護のための外周を作る。

腋芽・花芽・花序分裂組織は栄養成長期茎頂分裂組織の変化型である

いくつかの異なったタイプの茎頂分裂組織を，発生的な起原に基づいて区別することができる。それらは形成する側生器官の種類，**有限**（determinate；一般に成長に決められた限界がある）か，**無限**（indeterminate；成長にあらかじめ決められた限界がない；資源が許すかぎり成長をつづける）かで分けられる。

栄養成長期の茎頂分裂組織は，ふつうその生育が無限である。それは，環境条件が成長を許し，しかも花成の刺激を与えないかぎり，**ファイトマー**（phytomere）を操り返して作る。ファイトマーは，一枚以上の葉と，葉の付いた節と，節の下の節間と，一つ以上の腋芽を含む発生上の単位である（図 16.14）。**腋芽**（axillary bud）は二次分裂組織である；もしそれが栄養成長期の分裂組織なら，それは構造的にも発生上の能力も茎頂分裂組織と同一であるとみなされる。

植物が花を作るとき，栄養成長期の分裂組織はそのまま花芽分裂組織に転換する（24章参照）。**花芽分裂組織**（floral meristem）は，葉のかわりにがく片・花弁・雄ずい・心皮といった花の器官を作る点で，栄養成長期の分裂組織とは異なる。さらに，花芽分裂組織は有限である；すべての分裂組織としての活性が最後の花器官が作られると停止する。

多くの場合，栄養成長期の分裂組織は，直接花芽分裂組織に転換するわけではない。そのかわり，栄養成長期の分裂組織はまず**花序分裂組織**（inflorescence meristem）に変化する。花序分裂組織から作られる側生器官は，花芽分裂組織から作

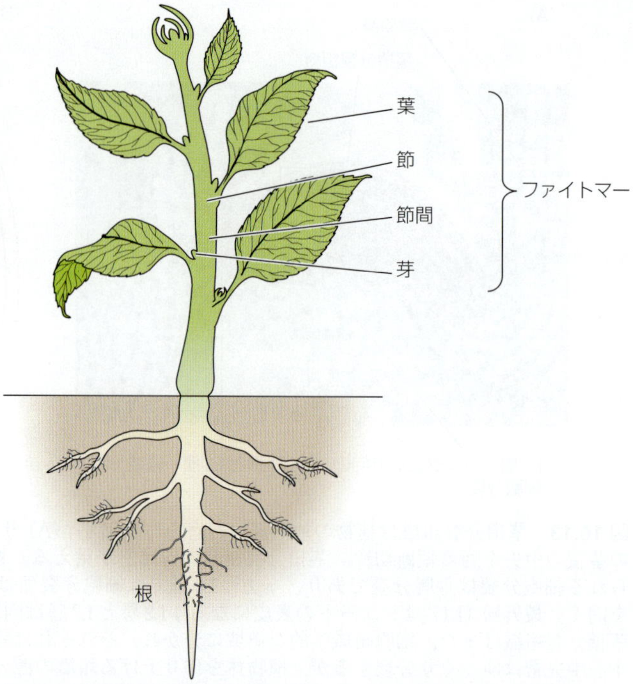

図 16.14 茎頂分裂組織は繰り返して，ファイトマーとよばれるユニットを作る。それぞれのファイトマーは，1枚以上の葉，葉がついている節，葉のすぐ下の節間，そして葉の腋の1個以上の芽から構成される。

られる物とは異なる。花序分裂組織は，花芽分裂組織が作るがく片・花弁・雄ずい・胚珠のかわりに，ほう葉やほう葉の腋に花芽分裂組織を作る。花序分裂組織は種によって有限であったり無限であったりする。

葉 の 発 生

ほとんどの植物の葉は光合成器官である。光エネルギーを捕獲して植物の生命活動の源を生み出す化学反応に使う場である。種によって大きさや形は非常に異なっているが，一般に葉は薄くて平らな構造をしており，背腹の極性をもつ。茎頂分裂組織と茎は，どちらも放射状パターンをしているが，葉の示すパターンは違っている。ほかの重要な違いとして，栄養成長期の茎頂分裂組織は無限であるが，葉原基は限定された成長を行う点があげられる。次の節で述べるように，葉の発生にはいくつかの区別できるステージが存在する（Sinha 1999）。

ステージ1；器官形成期　茎頂分裂組織の先端のドームの側面のL1層とL2層の少数の細胞が，**葉の基礎細胞**（leaf founder cell）の性質を獲得する。これらの細胞はまわりの細胞より速く分裂し，**葉原基**（leaf primordium，複数形は primordia）とよばれる突起を形づくる（図 16.15A）。そして，これらの原基は次々と成長して，葉になっていく。

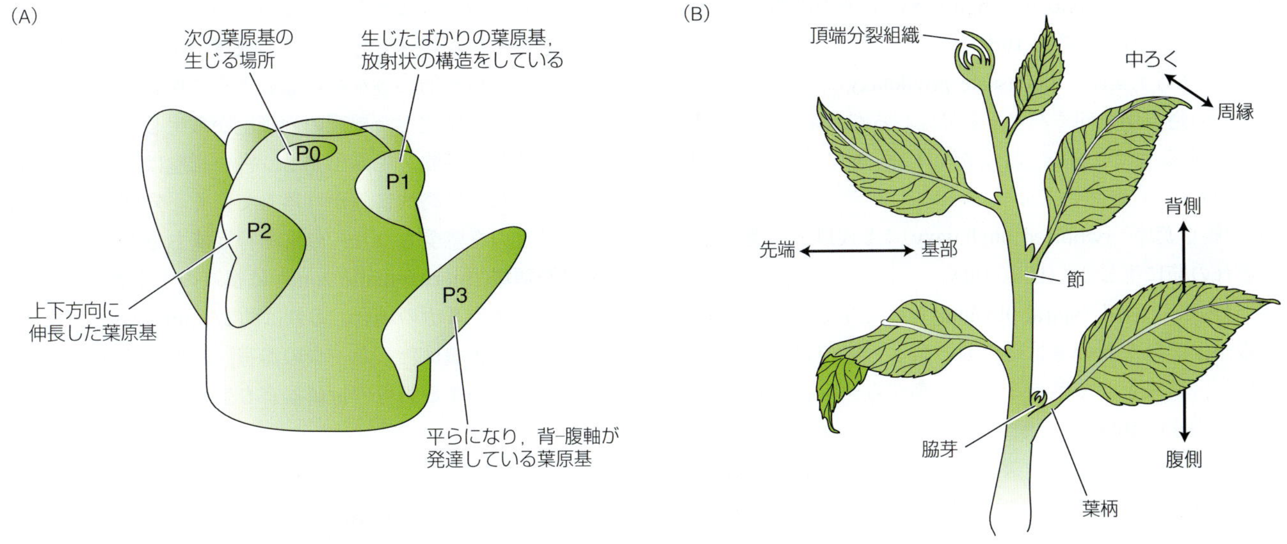

図 16.15 茎頂の葉の起原と茎上での左右相称な軸。(A) 茎頂分裂組織の側面における葉原基。(B) シュートの模式図。それに沿って発生が進むいろいろな軸。(Christensen and Weigel 1998 より)

ステージ 2；付属器官領域の発生　原基の異なる領域が葉のそれぞれの領域の特性を獲得する。分化は三つの軸に沿っておこる；**背-腹軸**（dorsiventral；背軸-向軸 abaxial-adaxial)，**基部-先端軸**（proximodistal；頂端-基部 apical-basal)，それから**側方軸**（lateral；周縁-葉身-中ろく margin-blade-midrib）である（図 16.15B)。葉の上側（向軸側）は，光の吸収に適するように分化している。そして，下側（背軸側）の表面は，ガス交換に適するように特殊化している。葉の構造や成熟の速度は，基部先端軸や側方軸に沿っても変化する。

ステージ 3；細胞や組織の分化　発生している葉が成長していくと，組織や細胞が分化してくる。L1 層由来の細胞は表皮（表皮細胞，トライコーム，孔辺細胞）に分化し，L2 層由来の細胞は光合成を行う葉肉に，維管束系と維管束鞘は L3 層からできてくる。環境に適応して少し変化するが，遺伝的に決まった種に特有のパターンでこれらの細胞は分化していく。

葉原基の配置は遺伝的に決められている

原基ができる時期とパターンは遺伝的に決められていて，しばしば種を特徴づける。葉原基の作られる数と順序は，**葉序**（phyllotaxy）とよばれる茎のまわりの連続した葉の配向として現れてくる（図 16.16)。主に次の 5 種類の葉序が存在する：

1. ‘互生葉序’（alternate phyllotaxy)；一枚の葉がそれぞれの節に生じる（図 16.16A)。

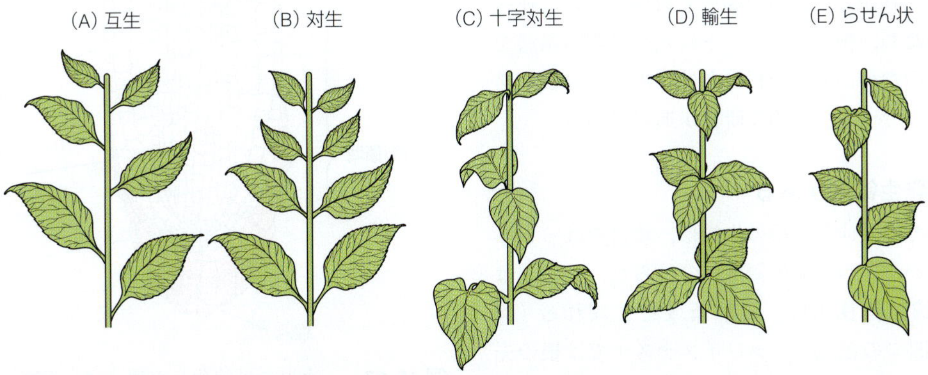

図 16.16 茎の沿った 5 種類の葉のつき方（葉序パターン)。同じようなパターンが花茎における花のつき方や花器官の分布にも見られる。

2. ‘対生葉序’（opposite phyllotaxy）；茎の両側に一対の葉が形成される（図16.16B）。
3. ‘十字対生葉序’（decussate phyllotaxy）；葉は節ごとに二つの逆方向を向くパターンで生じるが，栄養成長の間，連続する葉の対は，おたがいに直角に位置する（図16.16C）。
4. ‘輪生葉序’（whorled phyllotaxy）；2枚以上の葉がそれぞれの節に生じる。（図16.16D）
5. ‘らせん葉序’（spiral phyllotaxy）；互生葉序の一つであるが，それぞれの葉はその前の葉と一定の角度をもって生じ，結果として茎のまわりに葉がらせん状に分布してくる（図16.16D）。

葉原基の生じる場所は，茎の先端における成長の正確な空間的な制御の結果を反映している。どのようにしてこの場所の決定がなされるのか，原基形成を開始させる信号はなにかについてはほとんどなにもわかっていない。一つの考え方は，すでに存在する原基によって生じた阻害領域が，次の原基の場所決定に影響を与えるというものである。

根の発生

根は土壌中で成長し，土壌の粒の間の毛管状の空間内の水やミネラル分を吸収するのに適応している。これらの機能が根の構造の進化を規制してきた。たとえば，側生器官が生じると，それらは土壌中を根が伸びていくことを妨げるだろう。結果として，根は流線型の軸をもち，先端分裂組織は側生器官を作らない。成熟していて，もはや成長をしていない領域で根の枝分かれが始まり，側根が形成されていく。さらに，やはり成長領域よりうしろの領域の細胞に生じた壊れやすい根毛によって，水やミネラルの吸収がさかんに行われる。これらの長くて糸のような細胞は，根が吸収するための表面積を大きく広げている。

この節では根の形態と構造の成り立ち（‘根の形態形成’）について述べる。まず，根の先端の四つの発生領域に関する記述から始める。それから，根の根端分裂組織について述べる。葉や芽がないため，根ではシュートに比べて細胞系譜をたどりやすい。そのため，発生過程における細胞の分裂パターンの役割に関する分子遺伝学的な研究が進んでいる。

根端には四つの発生領域がある

根は先端で作られて成長する。根の先端は，境目をはっきりすることはできないが四つの発生領域に分けられ，それらは根冠，分裂細胞域，伸長領域，成熟領域とよばれる（図16.17）。これらの四つの領域は，シロイヌナズナでは根の先端から1mm以内である。他の種では，この領域はもう少し長くなるが，しかし先端に限定されている。根冠を除いて，これらの領域の境目はかなり重なっている。

- 土壌中を根が伸びて行くとき，**根冠**（root cap）は根端分裂組織が機械的に傷を受けないように保護している。根冠細胞は特殊化した根冠の幹細胞から生じる。根冠幹細胞が新しい細胞を生み出すと，古い細胞は順に先端に押しやられ，最終的に剥がれ落ちていく。分化した根冠細胞は重力を感受したり，分泌を行う能力を獲得する。
- **分裂領域**（meristematic zone）は根冠のすぐ隣に位置し，シロイヌナズナの場合，それは約1/4mmの長さである。根端分裂組織はたった一つの器官，つまり一次根を作る。そしていかなる側生の付属器官も生じてこない。

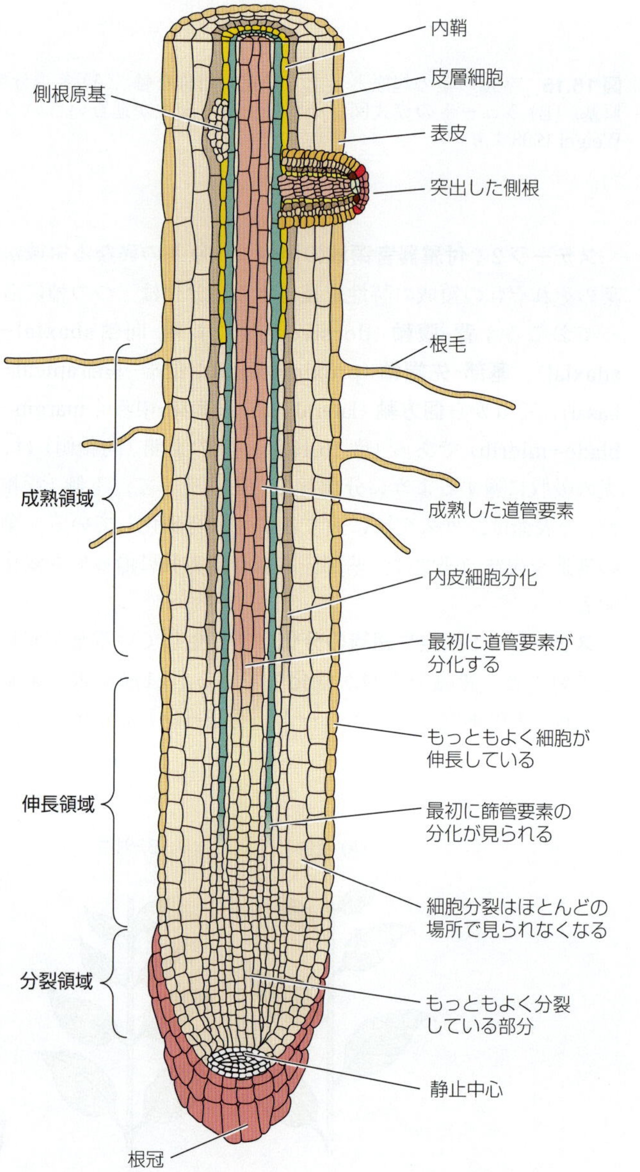

図 16.17　一次根の単純化した模式図。根冠，分裂領域，伸長領域，成熟領域が示されている。分裂領域の細胞は小さな液胞をもち，伸長と分裂が速くおこり多くの細胞列を生み出す。

- **伸長領域**（elongation zone）は，名前が意味するように速い細胞伸長がさかんにおこる領域だ。いくらかの細胞は，この領域の中で伸長すると同時に分裂もつづけるようである。しかし，分裂頻度は根端分裂組織から離れるに従って極度に減少して，最終的にゼロになる。
- **成熟領域**（maturation zone）は，細胞が分化形質を獲得する領域である。分裂と伸長の後，細胞は成熟領域に入る。もっと前に分化は始まるのだろうが，この領域に入るまで細胞は成熟しない。分化した組織が作る放射状のパターンは成熟領域ではっきりしてくる。本章の後で，分化細胞の一種である管状要素の分化と成熟に関して触れる。

すでに述べたように，側根，あるいは枝分かれした根は，根の成熟した領域の内鞘から生じる。内鞘の細胞分裂によって二次分裂組織ができ，それが皮層や表皮を貫いて伸び出し，新しい成長軸を形成する（図16.18）。一次と二次の根端分裂組織において，細胞の分裂は同じようにおこり，これらの細胞が根のすべての細胞の先祖となる。

根の幹細胞は長軸方向の細胞列を生み出す

分裂組織は分裂している細胞の集団だが，分裂組織中のすべての細胞が同じ速度や頻度で分裂するわけではない。ふつう，中央の細胞はまわりの細胞よりゆっくり分裂する。まれにしか分裂しない中央の細胞は根の分裂組織の**静止中心**（quiescent center）とよばれる（図16.17）。

分裂しているとき，細胞は放射線に非常に敏感になる。これがヒトのガン治療に放射線が使われる理由である。これを利用すると，線量に応じて分裂組織中の速く分裂している細胞だけを殺すことができ，分裂していない細胞や静止中心のようなゆっくり分裂している細胞を生き残らすことができる。もし，放射線で分裂組織の中の速く分裂している細胞を選択的に殺すことができたとしても，多くの場合，根は静止中心の細胞から再生してくる。これは，静止中心の細胞が根形成に関連したパターン形成で重要な役割をしていることを示唆している。

縦切片を作ったとき，根端にあるもっともはっきりした構造はクローナルにつながった細胞の長い列である。根端のほとんどの細胞は，水平方向の分裂（**垂層分裂**；anticlinal）を行い，分裂面は根の長軸に対して直角に配向する（このような分裂によって根の長さが増していく）。根の長軸方向に水平に分裂面が生じる**並層分裂**（periclinal）はほとんどない（この分裂で根の直径が増していく）。

並層分裂はほとんど根端近辺で見られ，これによって細胞の新しい列が作られる。その結果，どの成熟した細胞も，正確な起原を分裂組織中の一つあるいは数細胞まで限定していくことができる。これらが，それぞれの細胞列の幹細胞である。シロイヌナズナでは，幹細胞は静止中心を取り囲むように存在するが，静止中心そのものの一部ではない。結局のところ，幹細胞は静止中心の細胞に由来するが，これらが生じるのは胚発生過程である。なぜなら，発芽後正常状態では，静止中心の細胞は分裂しない。水性シダのアカウキクサの根の細胞分裂のパターンの解析により，分裂組織の機能を詳細に理解することができた（この研究に関しては**Webトピック16.3**を参照）。

根端分裂組織に数種類の幹細胞が存在する

種子植物の根端分裂組織における細胞の組織化のパターンは，より下等な維管束植物で見られるものとはかなり違っている。水性シダであるアカウキクサなどの植物の幹細胞は一つであるが，すべての種子植物では何種類かの幹細胞が存在する。しかし，成熟領域から分裂組織まで細胞列が追える点や，ある場合にはその列を生み出した幹細胞を同定できる点

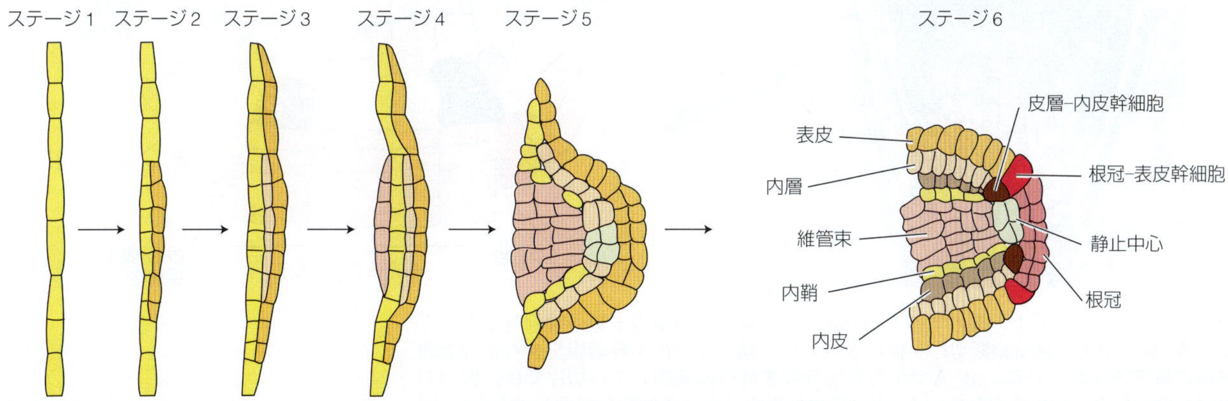

図16.18 シロイヌナズナの側根形成のモデル。原基の発生の六つの主なステージを示している。異なった組織ごとに色別で表示している。ステージ6では，一次根で見られるすべての組織が側根でも典型的な放射状の分布で見られる。（Malamy and Benfey 1997）

では種子植物もアカウキクサと同じである。

シロイヌナズナの根端分裂組織は，次のような構造をしている（図 16.19）：

- **静止中心**（quiescent center）は，四つの細胞から構成され，シロイヌナズナの根端分裂組織の中心とみなされる。シロイヌナズナの静止中心細胞は，発芽後はほとんど分裂しない。
- **皮層–内皮幹細胞**（cortical–endodermal stem cell）は，静止中心を取り囲む輪を形成する。これらの幹細胞は皮層と内皮層を形成する。それらは一度垂層分裂（長軸に垂直）を行い，それから娘細胞は並層分裂（長軸に水平）を行い，皮層と内皮の細胞列を作っていく。そして，シロイヌナズナの根では内皮も皮層もたった一層ずつである（図 16.2 と 16.8C）。
- **コルメラ幹細胞**（columella stem cell）は，中央の細胞のすぐ上（先端側）に存在する。それらは，垂層分裂と並層分裂を行い，コルメラ層として知られている根冠の一部の領域を形成する。
- **根冠–表皮幹細胞**（root cap–epidermal stem cell）は，コルメラ始原細胞と同列に位置し，そのまわりを囲む輪を形成する。根冠–表皮始原細胞が垂層分裂することで表皮細胞層を生み出す。この同じ幹細胞が，並層分裂に引きつづいて垂層分裂を行うことで，側部根冠も生み出される。
- **中心柱幹細胞**（stele stem cell）は，静止中心細胞のちょうど後ろ（上）にいる。これらの細胞は内鞘と維管束組織を生み出す。

分裂組織中の幹細胞とそれから生じたばかりの細胞は，‘前分裂組織’（promeristem）とよばれている。

細 胞 分 化

分化（differentiation）は，細胞が代謝・構造・機能的にその祖先の細胞と異なった性質を獲得する過程である。動物と違って植物の細胞分化はしばしば可逆的であり，特に，分化した細胞を植物体から離して組織培養の条件においたとき，この現象が顕著に現れる。このような条件下で，細胞は脱分化（分化した性質を失う）して細胞分裂を再開し，適当な栄養

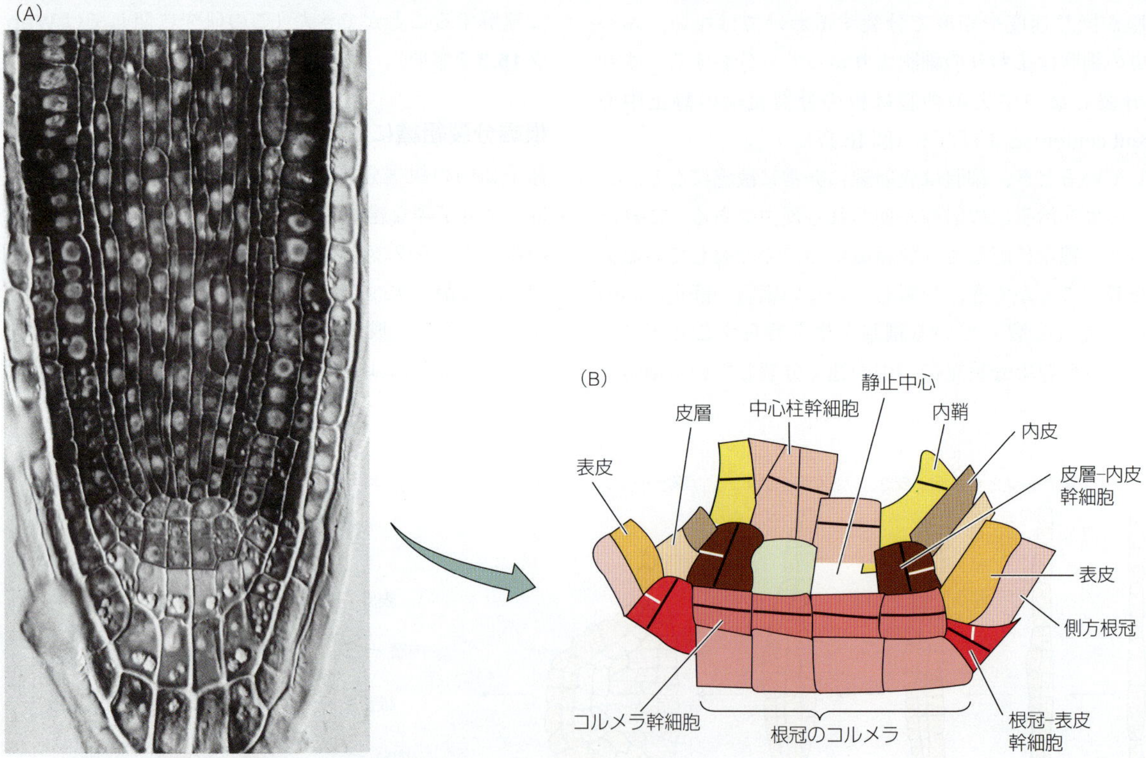

図 16.19　シロイヌナズナの根のすべての組織が，根端分裂組織の少数の幹細胞から作られる。(A) 根の中央を通る縦断切片。根のすべての組織を作り出す幹細胞を含む前分裂組織が緑の線で囲まれている。(B) A で示した前分裂組織の模式図。この切片では，四つの静止中心のうちの二つが描かれている。黒い線は幹細胞における細胞分裂面を示している。白い線は皮層–内皮と側方根冠–表皮幹細胞で見られる二次細胞分裂を示している。(Schiefelbein et al. 1997, Schiefelbein の好意による，© American Society of Plant Biologists の許可のもと掲載)

状態とホルモン環境におかれると植物体を再生する。

分化した植物細胞が，完全な植物個体を発生させるのに必要なすべての遺伝的情報を保持していることを，この脱分化–再分化の現象が示している。この性質は**分化全能性**（totipotency）とよばれる。この例外として，核を失ってしまった細胞があげられる。それらには，篩管中の篩管要素や，成熟すると死ぬ木部の道管要素や仮道管（正確には管状要素という）が含まれる。

細胞分化過程の例として，管状要素の形成に関して述べよう。これらの細胞が分裂組織から生じて完全に成熟した状態に分化するまでの発生過程には，植物が細胞を特殊化させるときに見られるいろいろな種類の調節が含まれており，また，細胞分化の過程でおこるいくつもの変化の例が含まれている（Fukuda 1996）。

管状要素分化過程で二次細胞壁が作られる

4章で述べたように，管状要素は通道細胞で，その中を水や塩が通っていく。それらは成熟すると死ぬが，死ぬ前にそれらは非常に活性が高く，しばしば特徴的な模様をした二次壁を構築してよく伸長する。細胞の死（本章の後で触れる）は

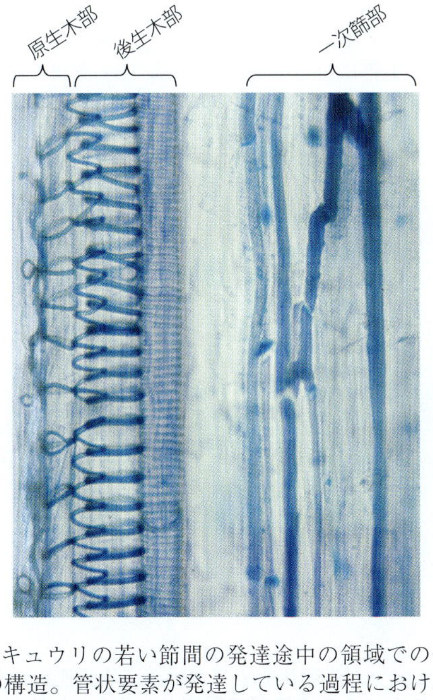

図 16.20　キュウリの若い節間の発達途中の領域での一次木部と一次篩部の構造。管状要素が発達している過程における二次壁の模様の付着のパターンは，細胞の伸長率に応じて変化する。左に見える――原生木部に分化している――最初の二つの管は，二次壁が環状の輪のようなパターンで厚くなっている。後生木部の管は原生木部の後で分化し，らせん状の肥厚が特徴である。最初に作られた後生木部の管は，細胞の伸長の間にらせん状の肥厚になるように引っ張られるが，後でできた管は，伸長で引っ張られず密ならせん状の肥厚になる。一次篩部の篩管は典型的な精巧な篩部要素として右に見られる。それらの篩板は薄い青に染まっており，細胞質は濃い青に染まっている。（R. Aloni の好意による）

遺伝的にプログラムされていて，最後にそうすることで管状要素の分化が完成する。

管状要素の分化過程における二次壁の構築は，一次あるいは二次壁の特別な場所へセルロースの微繊維やセルロース以外の多糖が付着することでおこり，結果として，特徴的な模様をした壁の肥厚が生じる（15章参照）。管状要素の二次壁は一次壁よりセルロースの含有量が多く，また，一次壁に通常存在しないリグニンを多く含んでいる。

速く伸長している領域では，一次壁の束とは別の肥厚として，二次壁の成分が独立したいくつもの環状の輪になったり，らせん状につながったりしながら沈着していく（図 16.20）。細胞が伸長するときに一次壁は伸長するが，その結果としてこれらの輪やらせんも引き延ばされる。伸長が停止した後で作られる管状要素も，しばしば肥厚した二次壁をもっている。しかし，この肥厚は均一におこったり，網状であったりする。そして，これらの細胞は成長に伴ってもはや伸びることができない。

二次壁としてどのような沈着の模様がつくかということに微小管が関係する。壁の沈着の模様がはっきりする前に，細胞の長軸の壁にそって多かれ少なかれ均等に存在していた状態から，束として固まるように表層微小管が変化する（図 16.21）。そして，二次壁が微小管の束の下に沈着する（図 16.21B）。

二次壁肥厚の過程で，表層細胞質中の微小管の配向が，セルロース繊維の方向に反映される（Hepler 1981）。もしコルヒチンのような微小管阻害剤で処理して微小管をこわすと，細胞壁の沈着はつづいてもセルロース繊維はもはや特徴的に肥厚することはなく，二次壁の模様は作られない（図 16.22）。

発生過程の開始と調節

研究の急速な進歩により，伸長や細胞分化やパターン形成を調節するような重要な機能をもつ遺伝子が見つけられている。この進歩の多くは，集中して国際的に行われているシロイヌナズナに対する研究の成果である――すなわち，まず全ゲノム配列が決定され，それに引きつづき全遺伝子の機能解析が行われている。しかし，ほかの種，たとえばキンギョソウ，トウモロコシ，ペチュニア，トマトやタバコを使った研究からも多くの重要な発見がなされた。

多くの場合，変異原で処理した植物の子孫を念入りに探して，発生過程に欠損を示す個々の変異体を得ることにより，発生過程で重要な遺伝子が明らかにされてきた（たとえば図 16.8B）。いまではシロイヌナズナのゲノムはすべて決定されており，変異遺伝子を見つけそれがなにをコードするかを調べることはずっと簡単になっている。しかし，初期の研究に

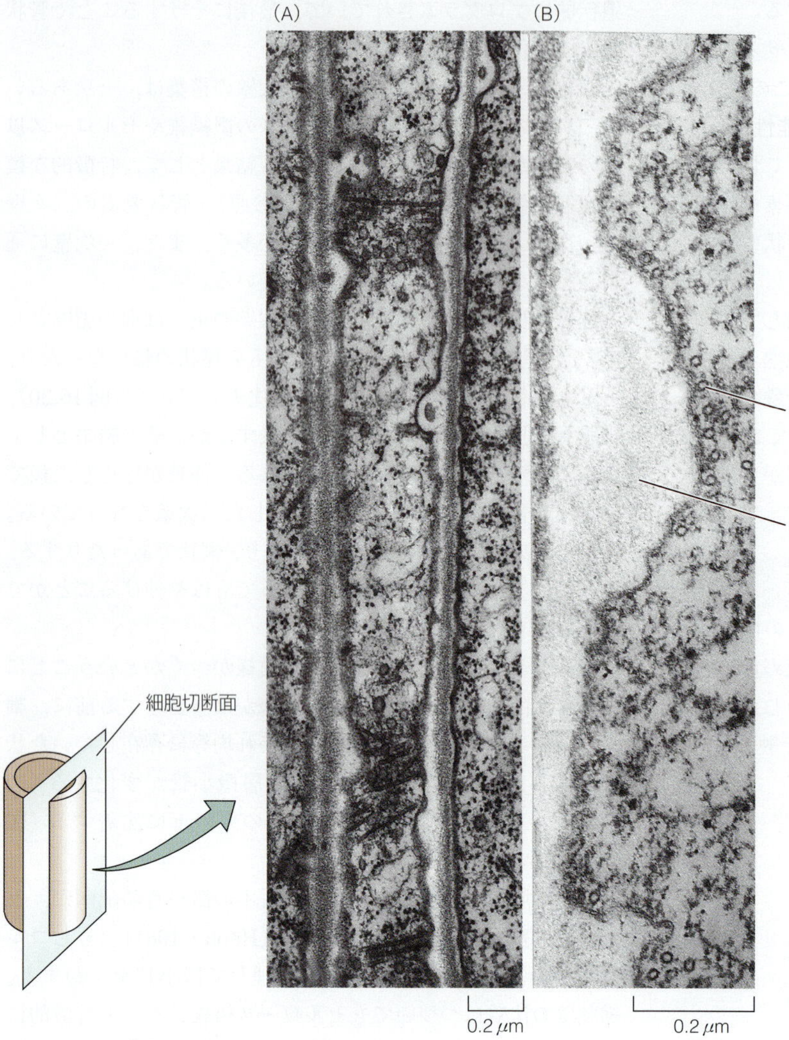

図 16.21 水性シダのアカウキクサの根の管状要素における二次壁の肥厚の発生。(A) 分化している細胞のかすめた切片の電子顕微鏡像。微小管の塊が細胞の皮層に見え，二次壁が作られ出す前に壁が肥厚した場所で束として見える。多くの小さな小胞が微小管に沿って並んでいる。(B) 環状の肥厚が微小管の束の下で発達していて半球状である。(A. Hardham の好意による)

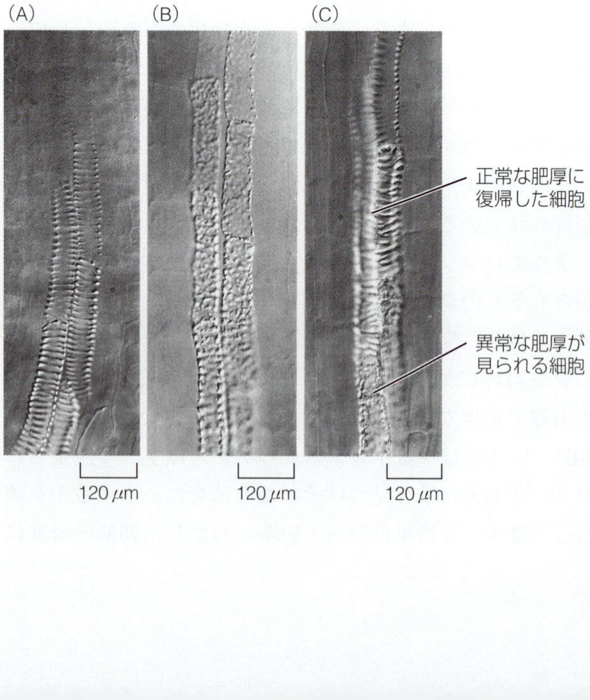

図 16.22 分化しつつある管状要素における二次壁肥厚の形成は，微小管を破壊するコルヒチンの処理で阻害される。(A) アカウキクサの正常な成長過程で，壁の肥厚は側壁にそって一定間隔でおこる。(B) コルヒチン存在下で二次壁成分は不規則なパターンで付着する。(C) コルヒチンのない新しい培地に根を移し換えると，正常な成長に戻り，新しく分化した管状要素はふつうの環状肥厚を作る。((A) は Hardham and Gunning 1979，(B) と (C) は Hardham and Gunning 1980)

おいては，しばしば変異遺伝子のマッピング・クローニング・塩基配列の決定だけで多大な努力を必要としていた。

これまでにプレイヤーのいく人かは見つけられているが，ゲームそのもののルールやほとんどの遺伝子の個別の役割はまだ解かれていない。しかし，発生過程で重要な遺伝子の多くが，転写調節因子（特別なDNA配列に結合し，他の遺伝子の発現を調節するタンパク質）か，信号伝達系の一員をコードしていた。発生過程における調節機構の可能性のいくつかを，これらの遺伝子の性質は示唆している。

これらの分子遺伝学的研究が，遺伝子のクローニング，細胞生物学，生理学，あるいは生化学的解析と一緒になされるならば，植物の発生の重要な原理が見つかるだろう。完全な理解からは遠いが，次のようなことがわかってきている：

- 転写因子をコードする遺伝子の発現が，細胞・組織・そして器官の特性を決定する。
- 細胞の運命は，それが置かれた場所によって決められ，その個別の経歴によるのではない。
- 発生過程は，関連する遺伝子群のネットワークによって調節される。
- 発生は，細胞間の信号伝達によって調節される。

これからまず，いくつかの転写因子の性質と発生で鍵となる役割を担うことがすでにわかっている信号伝達因子の遺伝子について述べる。つづいて，ここで述べた発生の原理やそれぞれに関する概説を述べていく。

転写因子の遺伝子が発生を調節する

シロイヌナズナの全ゲノム配列の決定が終わったことで，26,000に近い遺伝子のうち約1,500が転写因子をコードすることがわかった（Riechmann and Meyerowitz 1997）。**転写因子**（transcription factor）はDNAに親和性をもつタンパク質である。それらはDNA上の特異的な塩基配列に結合することで遺伝子の発現を促進したり阻害したりする（Webサイトの14章参照）。

これら1,500の転写因子遺伝子は，いくつかのファミリーに分けられる。これらのファミリーの半分以下が植物に特異的だが，残りはすべての真核生物に存在する。それらのごく一部が解析されているにすぎないので，発生過程を調節する転写因子の遺伝子がいくつあるかはっきりしないし，現時点で推測することもできない。しかし，MADSボックスとホメオボックスの二つのファミリーでは，そのメンバーの多くが植物の発生で特に重要な機能をもつことが明らかにされている。

MADSボックス遺伝子（MADS box gene）は，植物と動物とカビで重要な生物学的機能をもつ鍵となる調節因子である[†]。シロイヌナズナのゲノムには，約30のMADSボックスをもつ遺伝子が存在し，その多くは発生現象を調節する。特別なMADSボックス遺伝子は根・葉・花・胚珠そして果実の発生で重要である。これらの遺伝子の下流遺伝子の多くは，現時点でまだ決められていない。しかし，それらは特異的な組合せの下流遺伝子の発現を調節する。

どのMADSボックス遺伝子も，ほかの遺伝子や信号伝達系による調節を受けて，時間的にも空間的にも特異的に制限された発現をする。これは花の発生過程でもっとも顕著に見られ，花器官の特異性が決定される過程で相互作用するMADSボックス遺伝子間の組合せが明らかにされている（24章参照）。

ホメオボックス遺伝子（homeobox gene）は，転写因子として働くホメオドメインをもつタンパク質をコードしている。**ホメオドメインタンパク質**（homeodomain protein）は，すべての真核生物の発生過程の調節で重要な役割をしている（Webサイトの14章参照）。MADSボックス遺伝子と同様，それぞれのホメオボックス遺伝子も，特異的な標的遺伝子群の発現を調節することで，特異的な発生現象の調節に関わる。

KNOTTED1（KN1）クラスが属するホメオドメインタンパク質は，茎頂分裂組織の特性を維持することに関連する。もともとの*knotted*（*kn1*）変異はトウモロコシで見つかり，機能を付与する型の変異である。**機能獲得**（gain-of-function）あるいは**優性**（dominant）変異において，表現型は遺伝子の異常な発現の結果現れる。対照的に，**機能欠損**（loss-of-function）変異の表現型は，遺伝子発現が失われたため現れ，その変異はそれゆえ**劣性**（recessive）になる。

*kn1*変異をもつ植物は，小さく不規則で腫瘍のようなこぶを葉脈に沿って生じる。これらの葉の表面から飛び出したこぶは，維管束組織の異常な細胞分裂で生じ，これらのこぶを作ると葉脈はゆがめられる（図6.23）（Hake et al. 1989）。

*kn1*変異植物の葉において，こぶの近く以外では細胞の分化はほとんど正常だ。こぶは分裂組織に似ていて，その中に未分化細胞を含み，まわりの細胞が成熟し分裂を中止しても分裂をつづける。この形質から，*KN1*遺伝子が分裂組織の機能を調節していることが示唆される。本来の発現場所と違う組織でこの遺伝子が発現したために，変異体の表現型が現れたのであって，発生過程での正常な発現パターンが失われたためではない。*KNOTTED1*に似たホメオボックス遺伝子群，***KNOX***はほかの種でも見つかっている。シロイヌナズナには，3種；*KNAT1*，*KNAT2*と*SHOOTMERISTEMLESS*（*STM*）が存在する（Lincoln et al. 1994；Long et al. 1996）。（訳者注；現時点で，*KNAT6*も知られておりシロイヌナズナ

---

† MADSという名前は，この転写因子ファミリーの最初の四つのメンバーの頭文字からつけられた；*MCM1*，*AGAMOUS*，*DEFICENS*，そして*SRF*である。

図 16.23 葉の発生過程で*KN1*遺伝子が異所的に発現することで，葉脈付近にいくつもの異常を引きおこす。***kn1***の機能付加変異が，正常な細胞分裂が終わった後の細胞増殖の原因となる。さらに，分裂面が異常で，葉の表面全体的の歪みの原因となる。(Sinha et al. 1993a, S. Hakeの好意による)

でこのサブファミリーは，少なくとも4種存在すると考えられている。)

植物全体で発現するプロモーターを用いて，トウモロコシの*KN1*遺伝子が発現するように形質導入したタバコは，葉の表面に多くの不定芽を生じる (Sinha et al. 1993b)。この異常は，もともとの機能付与***kn1***変異と同じである。この結果から，*KN1*遺伝子の正常な発現は，分裂組織の機能を明確にさせるのに関与することが結論づけられる。

植物の多くの信号伝達系がタンパク質のリン酸化を介する

タンパク質キナーゼは，ATPを基質とする酵素でリン酸基をタンパク質に付加する。タンパク質のリン酸化は，酵素や転写因子の活性を調節するとき，広く利用される重要な調節機構である。これはすべての真核生物で広く使われているが，これらの酵素をコードする遺伝子が植物のゲノム中に特に多い。シロイヌナズナの全ゲノム中にタンパク質キナーゼの遺伝子は1,200以上ある。これらのうち600以上が**受容体型タンパク質キナーゼ** (receptor protein kinase) をコードしている (Webサイトの14章参照) (Shiu and Bleecker 2001)。

多くの受容体型タンパク質キナーゼの機能は明らかではない。しかし，最近そのうちのいくらかについては，植物の発生過程で重要な信号伝達の役割を担っていることが明らかになってきた。シロイヌナズナでは次の2遺伝子が知られている；ブラシノステロイドの信号伝達に関連する受容体型キナーゼをコードする*BRI1* (**Webトピック19.14**参照) と，茎頂分裂組織中の決定を受けていない細胞集団の大きさを調節することに関与する受容体型キナーゼをコードする*CLAVATA1* (*CLV1*) である (*CLV1*に関しては，本章のもう少し後で述べる)。

受容体型キナーゼ (receptor kinase) は，主として膜に埋め込まれたタンパク質である。これらのキナーゼの受容体領域は，原形質膜の外に位置している；受容体領域につながる膜貫通領域を介して，リン酸化の活性領域は細胞内に位置している。受容体領域は，**受容体リガンド** (receptor ligand) とよばれる多くの場合小さなタンパク質やペプチドに親和性を示す。

リガンドがない状態で，キナーゼは不活性である。リガンドが受容体に結合すると，タンパク質が活性型キナーゼに変わる (図16.24)。CLV1タンパク質の場合，リガンドの結合はタンパク質複合体の形成もうながす。この複合体には，関連するタンパク質・CLAVATAタンパク質・リン酸化酵素結合タンパク質脱キナーゼ (KAPP)・rhoGTPase関連タンパク質が含まれる。CLV1のリガンドは，第三の*CLAVATA*遺伝子 (*CLV3*) にコードされる小さなタンパク質の可能性が高い (図16.24) (Clark et al 1993；Clark 2001)。

*CLAVATA*遺伝子群は，栄養成長期の茎頂分裂組織と花分裂組織が大きくなる変異として，最初に見つかった。この変異の結果の一つは，これらの変異体の分裂組織から作られる側生器官の数が増すことである。特に変異体の分裂組織からできる花器官の数に顕著な異常が見られる。*CLV1*遺伝子は典型的な受容体型タンパク質キナーゼをコードしているが，*CLV2*遺伝子はCLV1タンパク質と似た受容体領域はもっているが，キナーゼ活性領域を欠くタンパク質をコードしている。*CLV3*遺伝子にコードされているタンパク質は，CLV1, CLV2タンパク質のどちらとも似ていない。

細胞運命は存在する場所によって決められる

根とシュートの両分裂組織において，少量の幹細胞がすべての分化した組織の究極の起原となる。そして，それらの組織のほとんどの細胞は，同一の幹細胞由来のクローンである。しかし，‘細胞運命は細胞系譜によって決まるのではなく，位置情報によって決まる’という考え方を，多くの事実が支持している (Scheres 2001)。

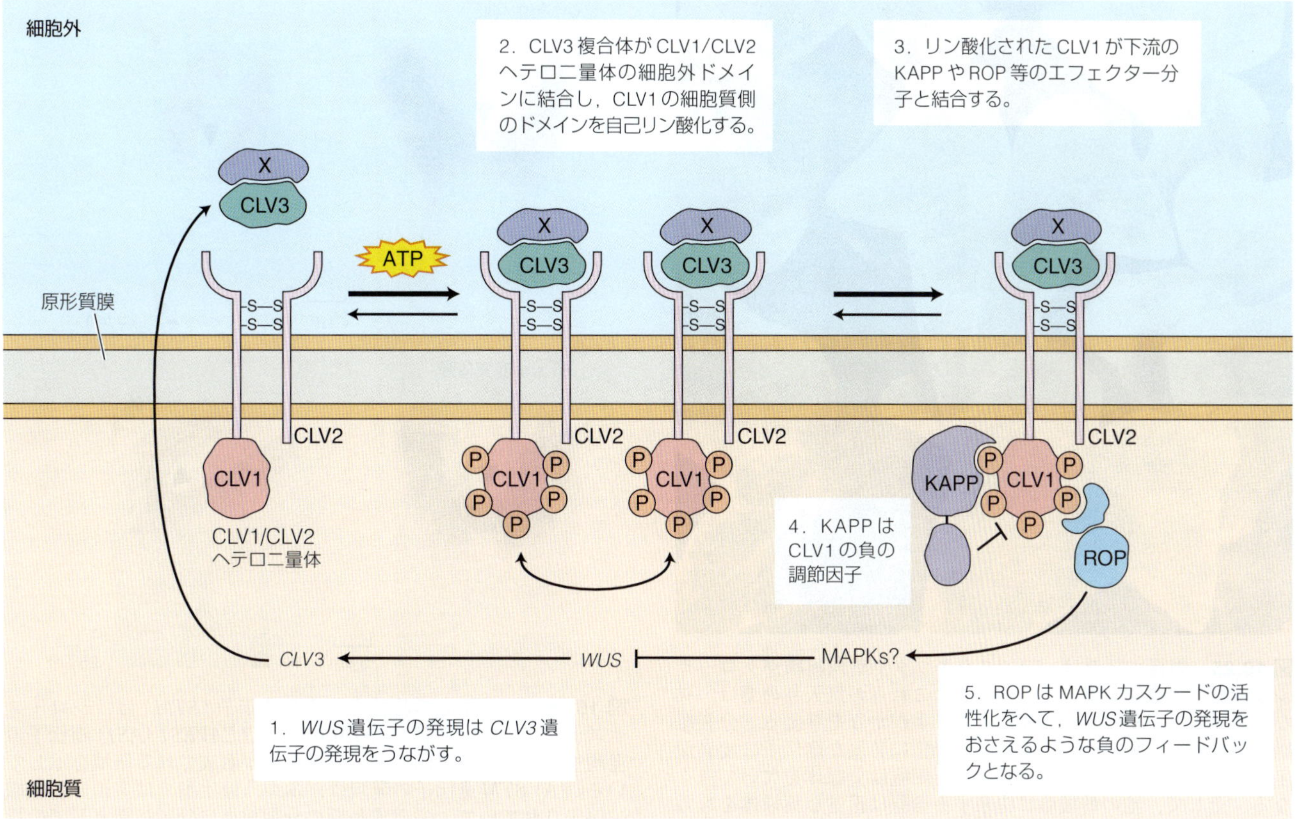
細胞外
2．CLV3 複合体が CLV1/CLV2 ヘテロ二量体の細胞外ドメインに結合し，CLV1 の細胞質側のドメインを自己リン酸化する。
3．リン酸化された CLV1 が下流の KAPP や ROP 等のエフェクター分子と結合する。
X
CLV3
ATP
原形質膜
CLV2
CLV1
CLV1/CLV2
ヘテロ二量体
KAPP
ROP
4．KAPP は CLV1 の負の調節因子
CLV3
WUS
MAPKs?
1．WUS 遺伝子の発現は CLV3 遺伝子の発現をうながす。
5．ROP は MAPK カスケードの活性化をへて，WUS 遺伝子の発現をおさえるような負のフィードバックとなる。
細胞質

図 16.24 CLAVATA1/CLAVATA2（CLV1/CLV2）受容体キナーゼ信号伝達系は，*WUS* 遺伝子と負のフィードバックループを作るというモデル。受容体キナーゼ信号伝達系に関する，より詳しい情報は，Web サイトの 14 章を参照。（Clark 2001）

ほとんどの場合，シュートの表皮細胞は L1 層の少数の幹細胞に由来する。しかし，表皮細胞が最外層にあり皮層の外に存在するために，L1 層に由来する細胞の運命が表皮細胞になるように決定されていくのであって，決して，それらが L1 層の幹細胞からクローナルに作られたために決定されたのではない。

細胞が分裂する面の方向によって，娘細胞の組織内における位置が決められ，そしてこの位置取りが今度は娘細胞の運命決定でもっとも重要な役割を担ってくる。細胞の最終的な運命決定にその位置が重要であることをもっとも強く示唆する事実は，細胞が本来の場所から移される，つまり異なった層を占めるようになったときの細胞の運命を調べた実験から得られた。

分裂組織の L1 層や L2 層の細胞分裂のほとんどは垂層であり，垂層分裂はもとの層を広げるように働く。しかしながら，時々並層分裂がおこり，それによって一つの娘細胞は隣の層に入り込む。この並層分裂の結果としてその層から生じる組織の運命が変わったことはない。そのかわり挿入してきた細胞がその層を占めている細胞を特徴づける機能を示しだす。

さらに，細胞運命決定で位置が重要であることは，セイヨウキヅタ（*Hedera helix*）の葉の細胞分化の観察からも支持されている。その葉には，変異型と野生型の細胞が入り交じっている。茎頂分裂組織の幹細胞に変異がおこると，植物体の中でその幹細胞に由来するすべての細胞に変異が見つかる。そのような植物は**キメラ**（chimera）とよばれ，異なった遺伝形質をもつ細胞の混ざった植物である。キメラの解析は分化した組織のクローナルな祖先に関する研究を行うのに有効である。

もし変異が葉緑体の分化能力に関連している場合，植物体中に白化した区画ができ，この区画が変異をもつ幹細胞に由来したことがわかる。図 16.25 に示すツタでは，L2 層が白化の変異を含んでおり，L1 と L3 層はこの遺伝子に関して野生型をもっている。L1 層は葉や茎の表皮を作るが，ほとんどの表皮細胞で葉緑体は分化しないのでそれらに色はない。葉肉細胞はほとんど L2 細胞に由来する。L2 層の幹細胞は白化変異遺伝子を含み，その形質をその子孫に伝えるので，これらの葉は白色になると期待できる。

数枚の葉は白あるいはほとんど白であるが，多くの葉は緑色の斑をもつ。それらは**斑入り**（variegated）である。これらの葉の緑の組織はもともと L1 か L3 層の細胞に由来してい

図 16.25　周縁キメラは，セイヨウキヅタで葉肉組織がクローナルな起原ではないことを示している。これらの斑入りの葉は，異なる組織のクローナルな起原について手がかりを与える。分裂組織の初期細胞のいくつかで葉緑体の分化に必須な遺伝子に変異が生じると，これらの幹細胞から生じた細胞は葉緑体を欠いて白くなる。そして，他の幹細胞に由来する細胞は正常な葉緑体をもち緑色になる。(S. Poethig の好意による)

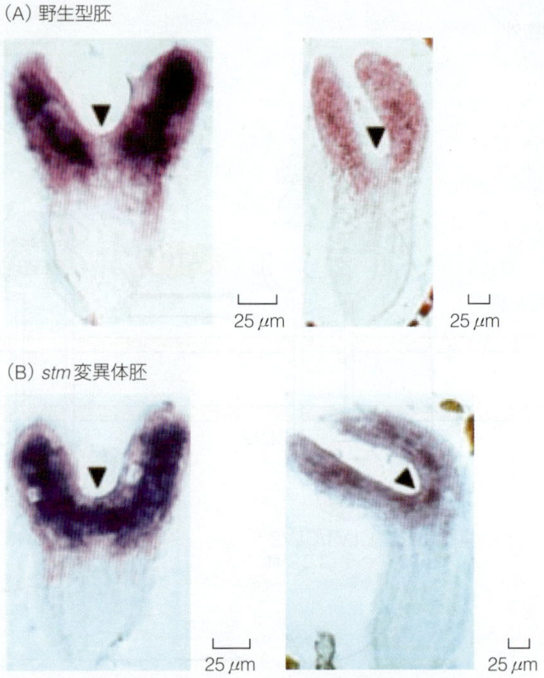

図 16.26　分裂組織の特性を与える遺伝子（*STM*）は，シロイヌナズナで葉の発生を促す *ASYMMETRICLEAVES1*（*AS1*）遺伝子の発現を阻害する。矢印は茎頂分裂組織が形成される領域を示している。(A) *STM* 遺伝子の発現は，ふつう野生型では茎頂分裂組織に限定されていて，栄養成長期の分裂組織に分裂組織としての特性を与える。一方，二つの異なる胚発生時期の胚を用いて *in situ* ハイブリダイゼーションで調べた所，*AS1* 遺伝子は野生型では葉原基や発達中の子葉で発現している。(B) *stm* 変異株では，ふつうは茎頂分裂組織になる領域にまで *AS1* の発現が広がっている。その結果，茎頂分裂組織ができない。(Byrne et al. 2000)

る；色のない領域は L2 層に由来している。葉の分化の初期にしばしばおこる L1 層あるいは L3 層の並層分裂により，緑色の葉肉細胞に分化することができる細胞のクローンが生じたために，斑入りが見られる。これは細胞分化が，細胞の系譜によらないことを示す事例である。発生過程で，細胞の運命はそれが植物の体のどこにいるかによって決まる。

相互作用する遺伝子群のネットワークで発生過程が調節される

発生過程を制御する調節ネットワークをもっと理解するには，さらなる研究が必要である。しかし，いくつかの発見が，かなり離れている場所の間の局所的な信号伝達が転写因子をコードする遺伝子の発現を調節するというモデルを示している。これらの転写因子は発現した組織や細胞の性質や活性を順次決めていく。これらの機構には，二つあるいはそれ以上の遺伝子がおたがいの発現を制御しあうフィードバックループを含んでいることが多い。これらの相互作用は茎頂分裂組織で顕著に見られる。

KNOX 遺伝子である *STM*（*SHOOTMERISTEMLESS*）遺伝子は，シロイヌナズナの胚で茎頂分裂組織が形成されてくる過程と，成長している植物の分裂組織の機能にとって必要である。発生している葉原基以外の栄養成長期の茎頂分裂組織のドーム全域で *STM* が発現している。同様に，*STM* は花芽分裂組織のドームでも発現しているが，花器官があらわれると発現がなくなる。ほかの二つの *KNOX* 遺伝子――*KNAT1* と *KNAT2*――もシロイヌナズナの茎頂分裂組織で発現し，分裂組織の細胞を未分化状態に保つのに関わる。

葉や花器官原基発生の初期において，細胞はさかんに分裂するから，細胞分裂に *STM* は必須ではない。むしろ，*KN1*，*STM* や機能的に同等の遺伝子は，分化を抑えることで分裂組織の形質を保たせる。他の遺伝子である *ASYMMETRIC LEAVES1*（*AS1*）は葉の発生を誘導し，シロイヌナズナの葉原基や若い葉で発現する（図 16.26）(Byrne et al. 2000)。*STM* は *AS1* の発現を抑え，次に *AS1* は発生している葉原基で *KNAT1* の発現を抑える（Ori et al. 2000)。

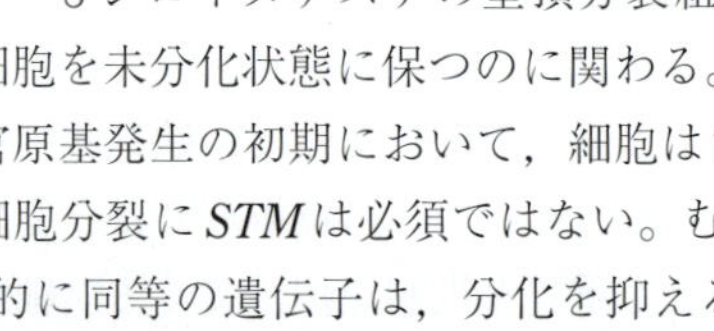

他のホメオドメイン転写因子をコードする *WUSCHEL*(*WUS*)

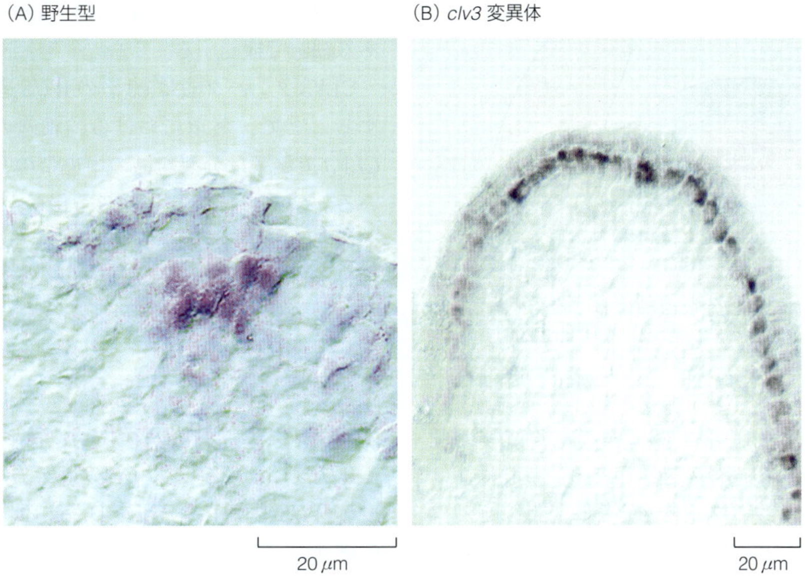

図 16.27　野生型と*clv3*変異体の茎頂分裂組織における*WUS*遺伝子の発現。*WUS* mRNAの存在場所が***in situ***ハイブリダイゼーションで調べられた。(A) 野生型，*WUS*の発現は少数の細胞の集団に制限されている。(B) *clv3*変異体，*WUS*の発現は上方と側方に広がり，茎頂分裂組織が大きくなっている。(Brand et al. 2000)

遺伝子は，幹細胞が決定を受けないための鍵調節因子である (Laux et al. 1996)。機能損失変異をもつ*wus*変異体植物は，茎頂分裂組織をまったく欠くか幹細胞が数枚の葉を形成することで使われてしまう。*CLAVATA*遺伝子は*WUS*の発現を負に制御する。*WUS*の発現は*clv1*や*clv3*変異体の中で広がる (図16.27)。逆に，*WUS*の発現は*CLV3*の発現を正に制御する (図16.24) (Brand et al. 2000)。

発生は細胞間信号伝達で調節される

細胞は，どのようにしてその存在場所を知るのだろうか？もし細胞の運命がその存在場所で決められ，クローナルな系譜では決められないとすると，細胞は他の細胞や組織や器官との間の相対的な位置を知らなくてはいけない。隣の細胞や離れた組織や器官が位置情報を与える。多細胞植物の中の細胞はしばしばそのまわりの細胞と緊密に接触しており，植物の一生を通して，それぞれの細胞の振る舞いは隣の細胞の振る舞いと注意深く協調している。さらにいえば，それぞれの細胞はそれが属する組織や器官の中で特別な場所を占めている。

細胞活性を協調させるには，細胞と細胞の間の対話が必要である。つまり，発生過程で重要ないくつかの遺伝子は '細胞非自律的' (nonautonomously) に作用する。それらの遺伝子は，それが細胞の運命に影響を与えるまさにその細胞で発現するわけではない。細胞間信号伝達によって，ある遺伝子あるいは遺伝子セットは，近隣細胞あるいは離れた細胞の発生に影響を与えることができる。それには少なくとも異なった三つの方法がある；

1. リガンドによる信号伝達
2. ホルモンによる信号伝達
3. 調節タンパク質やmRNAの輸送による信号伝達

リガンドによる信号伝達　細胞壁成分，特に**アラビノガラクタンタンパク質** (arabinogalactan proteins：AGPs) として知られている一群の糖タンパク質巨大分子は，細胞運命を決定する位置情報となるようである (15章参照)。AGPsは離れている細胞間の信号伝達には適さないが，むしろ隣の細胞がだれであるかを知らせるだろう。それから，その情報はその細胞を分化するようにさせるか，あるいはその場所に相応しい運命を与えることになろう。

植物はおそらく数百の受容体リン酸化酵素をもっているから，リガンドで誘導されるタンパク質リン酸化によって開始する信号伝達過程が多数あるだろう。しかし，現在までにリガンドで活性化されるタンパク質リン酸化酵素はほとんど知られていない。その中で，*CLV3*遺伝子がコードする小さなタンパク質がリガンドとして働き，CLV1タンパク質リン酸化酵素を活性化することはよく知られている。

CLV3タンパク質は100以下のアミノ酸残基からなり，分泌シグナルをもつことから合成された細胞から外に分泌されるとみなされている (Fletcher et al. 1999)。小分子であることと水溶性であることから，それは自由に細胞外空間やアポプラストを拡散することができる。

アポプラスト (apoplast) はほとんど細胞壁で占められた

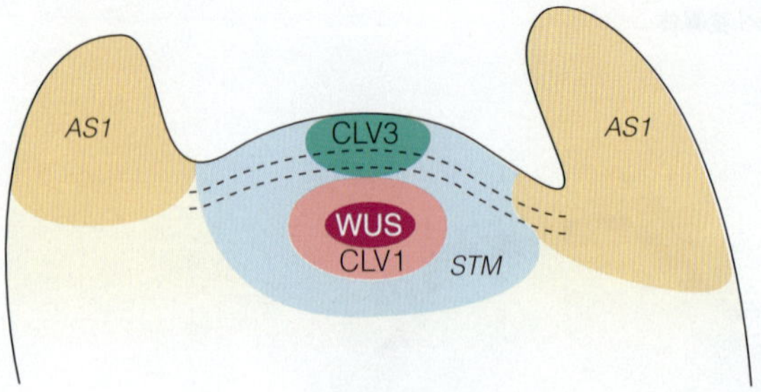

図 16.28　シロイヌナズナの茎頂分裂組織における発生過程で，重要な働きをするいくつかの遺伝子の発現様式（Clark 2001）

空間である。細胞壁中の高分子物質はほとんど親水性であり，それらの間には3.5～5 nmの直径の通路がある。これは，ほぼ15 KD以下の物質がアポプラスト内を自由に拡散できることを意味する。CLV3タンパク質はだいたい11 KDだから簡単にアポプラスト内を拡散することができる。

*CLV3*遺伝子は茎頂分裂組織の中央帯のL1層とL2層の細胞で合成され，L3層や周辺域では合成されない。逆に，*CLV1*遺伝子はL3層中央帯の下部で発現し，これは*WUS*遺伝子の発現領域と重なる。しかし，*CLV1*遺伝子は*WUS*遺伝子より少し広い領域で発現する（図16.28）。*WUS*遺伝子の発現は幹細胞の形質を保つのに必要であるが，分裂組織のL3層の少数の細胞で発現するだけである。それは細胞非自律的に，つまり遺伝子が発現している細胞から少し離れた場所にある細胞で機能する。

CLV3タンパク質はL3層の*WUS*遺伝子の発現を負に制御することで，茎頂における幹細胞の割合を調節している。*CLV3*遺伝子は分裂組織の中央帯のL1層とL2層で発現している。*CLV1*遺伝子か*CLV3*遺伝子が欠損すると，*WUS*遺伝子の発現が広がり，分化していない幹細胞の数が増える（Brand et al. 2000）。この拡大には*CLV1*遺伝子が関係したから，次のようなことが考えられる。CLV3タンパク質がL1細胞から拡散してCLV1タンパク質の受容体領域に結合し，これによってこのリン酸化酵素が活性化され，それによって発生したシグナルが*WUS*遺伝子の転写をおさえる。

*WUS*遺伝子の発現は*CLV3*遺伝子の発現を促し，それが今度は*WUS*遺伝子の発現をおさえる。こうして，分裂細胞は幹細胞の割合を調節する高感度の負のフィードバック機構を備えていることになる。

ホルモンの信号　植物ホルモン——オーキシン，エチレン，ジベレリン，アブシジン酸，サイトカイニン，ブラシノステロイド——は，すべて発生を調節する働きがある。それぞれの働きは，各トピックスに触れる他の章や節でもう少し詳しく説明されるだろう。しかしここで，これらの働きが機能している機構の例として，オーキシンの信号伝達を取りあげる。この話は19章でより詳しく説明する。

オーキシンの信号伝達は，上下軸の発生や維管束組織の発生にとって非常に重要である。オーキシンは，維管束組織の分化の開始の信号として長い間知られていた（19章参照）。しかし，この結論は，ほとんどオーキシンやオーキシン極性輸送阻害剤を外から与えたときの影響に関する研究から得られた。最近になって，上下軸の発生や胚発生過程や成体における組織の分化に必須であるシロイヌナズナの二つの遺伝子——*GNOM*と*MONOPTEROS*——がオーキシンの信号伝達に関与することが明らかにされた。すでに示したように，シロイヌナズナの*GNOM*遺伝子は，変異がホモになった胚は根も子葉もなくなり上下軸の発生がおこらないことで見つか

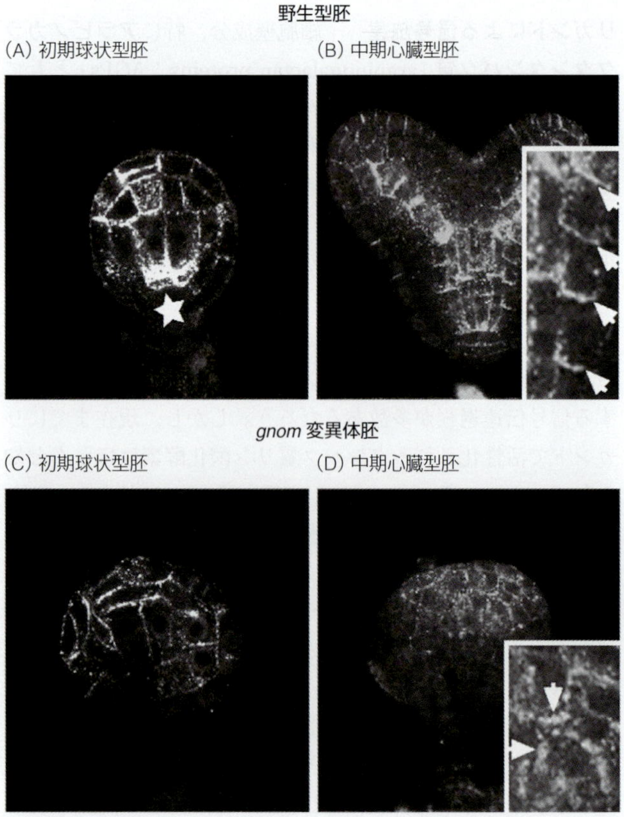

図 16.29　シロイヌナズナの野生型と***gnom***変異体の胚におけるオーキシン排出輸送タンパク質PIN1の分布パターンの比較。(A) 野生型の初期球状胚；初期球状胚期にPIN1は前維管束組織に存在する。前維管束組織に分化していく四つの細胞の基部側の境目に蓄積する。(B) 野生型の中期心臓型胚；心臓型胚期に前維管束細胞の基部にPIN1タンパク質は蓄積する（挿入写真を参照）。(C) ***gnom***変異体の初期球状胚；PIN1タンパク質は***gnom***変異体の初期球状胚期に前維管束組織が作られる領域に蓄積していない。(D) ***gnom***変異体の中期心臓型胚；***gnom***変異体では前維管束組織の分化が阻害されて，正常な発生がおこらず，PIN1タンパク質は変異体の膜に埋め込まれているが，分布は組織だっていない（挿入写真参照）。(Steinmann et al. 1999)

った（図16.7）（Mayer et al. 1993）。

*GNOM*遺伝子産物はオーキシンの排出輸送タンパク質であるPIN1タンパク質の正確な分布に必要である（図16.29）。*GNOM*は細胞極性に必須の細胞内機構の一員であるグアノシン酸交換因子をコードしている。この機構，特にGNOMタンパク質は，オーキシン排出輸送タンパク質PIN1の正確な分布に必要である。このタンパク質は球状胚の前維管束細胞の基部とひきつづき発生過程を通じて維管束細胞の基部に存在している（Steinmann et al. 1999；Grebe et al. 2000）。

すでに見たように，*MONOPTEROS*（*MP*）遺伝子の変異では，上部は分化するが胚軸と根がない芽ばえが生じる。しかし，*mp*変異体の胚の上部も正常な形態はしておらず，子葉の組織は組織化されていない（図6.7B）（Berleth and Jürgens 1993）。*mp*変異体の胚は8細胞期に最初の異常を示し，胚軸や根を形成していく前維管束を球状胚の下部に形成できない。後になると，子葉中に維管束組織はいくらかできるがうまくつながらない。

*MP*遺伝子は**ARF**（Auxin response factor）とよばれる転写に関連するタンパク質の一つをコードしている（Hardtke and Berleth 1998）。MONOPTEROSが含まれるARFタンパク質ファミリーは，オーキシン存在下で転写されるいくつかの遺伝子のプロモーターに存在するオーキシン応答領域に結合する。明らかに，*MP*遺伝子は維管束組織分化に関連する遺伝子の発現に必要である。

胚発生におけるオーキシン信号伝達系の関与を支持する他の事実として，推定上のオーキシン結合タンパク質である**ABP1**が，胚発生過程で細胞伸長や分裂の制御に関連するという発見があげられる。シロイヌナズナの*abp1*ホモ変異体は正常な初期球状胚までは発生するが，成熟した胚を形成しない。これらの変異体は左右相称への移行がうまく行えず，細胞の伸長がうまくいかない（Chen et al. 2001）。

オーキシンの信号伝達系は，茎頂分裂組織からの形態形成や側根形成にも関連する。オーキシン排出輸送タンパク質PIN1に変異をもつシロイヌナズナ植物は，側生器官を欠くピン状の花茎を形成する（図16.30）。野生型の植物で*PIN1*遺伝子の発現は原基形成の初期，原基が膨らみ出す前に強くなる。*pin1*変異体のピン状の花茎の先端に位置する茎頂分裂組織は正常な構造をしているが，周辺領域からまったく器官が形成されず，シュートは側生器官を失っている（Vernoux et al. 2000）。このように，茎頂分裂組織からの器官形成に必須の初期の信号伝達段階にオーキシンは必要なようである。

この仮説は，トマトを使った研究でも支持される。トマトの茎頂分裂組織をオーキシン極性輸送阻害剤である*N*-1-naphthyl-phthalamic acid（NPA）存在下で培養すると，それらは成長するが側生器官を欠いたピン状のシュートを発生する。NPAで処理してピン状をしたこれらの分裂組織の先端をオーキシンで処理すると葉の形成が回復する（Reinhardt et al. 2000）。

図 16.30　*PIN1*遺伝子は，シロイヌナズナの茎頂分裂組織から側生器官の形成に必須である。(A) 野生型で花序分裂組織は茎生葉のついた茎と多くの花芽を生じる。(B) *pin1*変異をもつ植物は，花茎は生じるがそれから側生器官は生じない。(C) この走査型電子顕微鏡像で見られるように，花序分裂組織は根端分裂組織のように軸の組織だけを作り出す。(Vernoux et al. 2000)

他の信号伝達系の発見が待たれる　異なった組織の間の細胞間で位置情報を交換していることは明らかであるが，他の場合は細胞間の情報伝達の機構がはっきりしていない。すでに述べたように，*SHR*と*SCR*遺伝子は根における同心円状の組織パターン確立に重要である。それらはよく似た転写因子をコードしているが，これら二つの遺伝子は異なった組織で発現し機能している。

*SCR*は内皮と皮層を分化させる不等分裂に必要であり，内皮細胞の運命も決定する。内皮と皮層の前駆細胞を形成するために不等分裂がおこるが，その前にこの不等分裂をする基本組織に分化する幹細胞で*SCR*は発現する（図16.31A）。*SCR*はこの幹細胞が分裂した後も内皮細胞中で発現をつづける（図16.31B）。

*SCR*遺伝子の発現は*SHR*遺伝子の発現を必要とするが，*SHR*遺伝子は内皮でも皮層でも発現しない。むしろ，*SHR*は内鞘や維管束環で発現する（図16.31B）（Helariutta et al. 2000）。これは，基本組織幹細胞に受容されてそこで*SCR*遺伝子の発現を引きおこす信号を，*SHR*遺伝子を発現した他の細胞が作り出していることを示唆する。これもまた，細胞

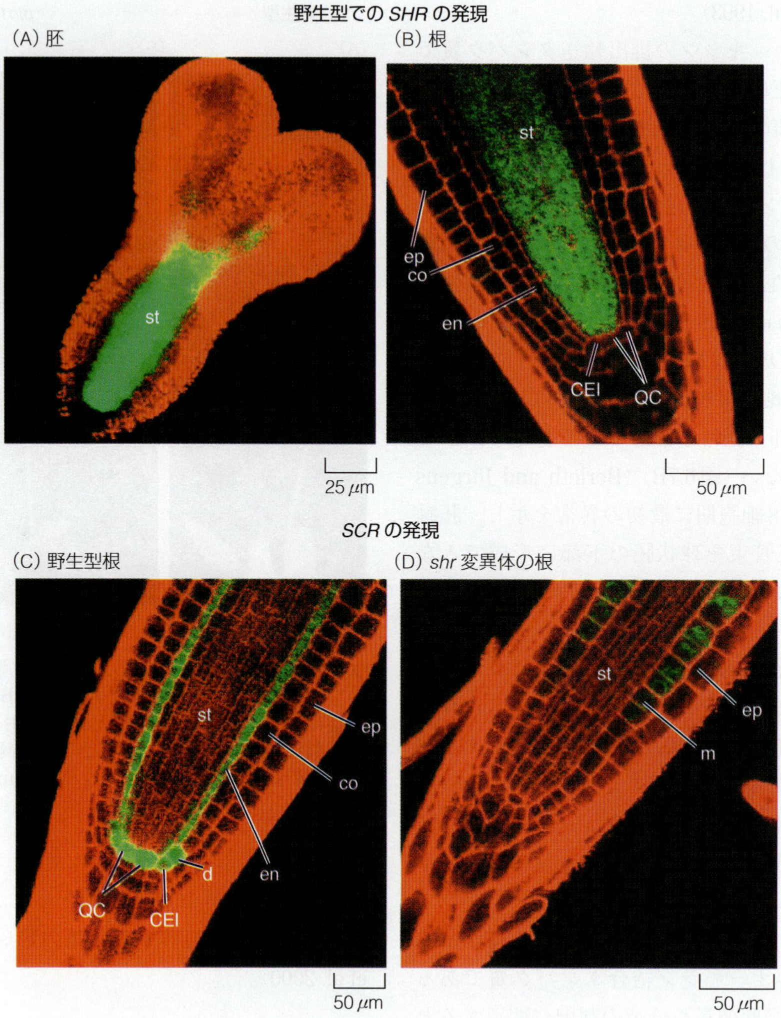

図 16.31 シロイヌナズナの *SHORTROOT* (*SHT*) と *SCARECROW* (*SCR*) 遺伝子は，根の発生過程で組織のパターン形成を調整する。黄緑色をした緑色蛍光タンパク質 (GFP) でラベルした後，SHR あるいは SCR タンパク質の存在場所が共焦点レーザー顕微鏡で調べられた。(A) 野生型のシロイヌナズナの胚発生過程で，SHR タンパク質は前維管束組織に存在する。(B) 一次根の成長中も SHR タンパク質は維管束環にずっと存在する。(C) 野生型の根で SCR タンパク質は静止中心，内皮そして皮層-内皮幹細胞 (CEI) に存在する。皮層，維管束環，表皮には存在しない。(D) *SCR* 遺伝子の発現は *shr* 変異体の根で明確に押さえられていおり，内皮と皮層の両方の性質をもった変異細胞列だけが見られる。CEI は皮層-内皮幹細胞，co は皮層，d は娘細胞，en は内皮，ep は表皮，m は変異細胞列，QC は静止中心，st は維管束環。(Helariutta et al. 2000)

間の信号伝達が細胞運命の決定や植物の発生で重要であることを示している。現在のところ，この情報がどのようなものかわかっていない (訳者注；現在では，SHR タンパク質が細胞間を移動して機能することが明らかにされている)。

調節タンパク質や mRNA の移動による信号伝達　植物細胞間のシンプラストによる情報伝達は，細胞壁中を貫通する原形質連絡を介しておこる (1章参照)。ほとんどの生きている細胞は原形質連絡を介したシンプラストとして隣の細胞とつながっている。原形質連絡は隣接する細胞壁を貫通しており，隣接する細胞間の細胞質にそこそこの連続性を与えている。原形質連絡を介した信号に調節タンパク質や mRNA が含まれるという事実が増えている (Zambryski and Crawford 2000)。

発生過程に見られる細胞間情報伝達における原形質連絡の重要性は，トウモロコシの分裂組織を特徴づける遺伝子である *KN1* の mRNA が，トウモロコシの栄養成長期の茎頂分裂組織の L1 層で見つからないという発見で明らかになった。*KN1* 遺伝子は L2 層でのみ発現する。しかし，KN1 タンパク質は L1 層を含む茎頂分裂組織全域で認められる。KN1 タン

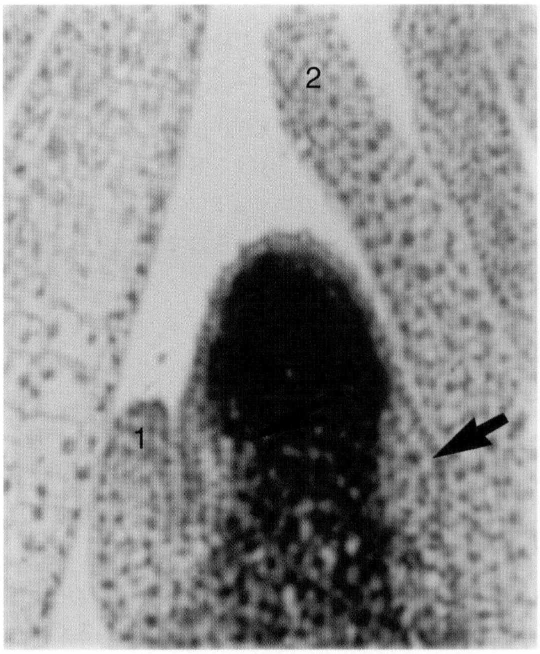

図 16.32　*KN1* 遺伝子はトウモロコシの茎頂分裂組織で発現しているが，L1層や葉原基では発現していない。*KN1* の mRNA の存在を分裂組織の縦断切片を使ってハイブリダイゼーションすることで示している。矢印は次の葉原基（P0）が生じる場所を示している；1と2はそれぞれP1とP2葉原基を指す。（Jackson et al. 1994）

パク質はL1層で作られないから，L2−L1層をつなぐ原形質連絡を通してL2層からL1層に運ばれなくてはならない（図16.32）（Lucas et al. 1995）。

キンギョソウでは，L1層における *FLO* 遺伝子の発現が分裂組織のすべての細胞層の花器官決定遺伝子の発現を活性化する（Capenter and Coen 1995）。この点に関して多くの説明が可能であるが，その一つはFLOタンパク質が原形質連絡を通って合成された細胞から他の層の細胞に動いたというものである。

ウイルスは植物に感染し，細胞から細胞に原形質連絡を通って広がる。それらのゲノム中にウイルスmRNAゲノムが原形質連絡を介して動くことを促進する**移動タンパク質**（movement protein）の遺伝子が組み込まれている。それは，細胞−細胞間情報伝達のために進化してきた機構をウイルスが乗っ取ったようなものである。現在，なぜ情報交換がこのような形に作られたかははっきりしないが，この種の情報交換は植物の発生でかなり一般的なものだろう。

植物成長の解析

植物はどのように成長するのか？　この人をまどわせるような簡単な質問は，150年以上も植物学者に向けられてきた。新しい細胞が連続して先端分裂組織で作られる。先端分裂組織で細胞の伸長はゆっくりしているが，先端から少し離れた領域で早くなる。種や環境条件で違うが，細胞伸長の結果として細胞の容積が数倍～100倍くらいまで増大する。古典的には，植物の成長は細胞の数や全体の大きさ（あるいは容積）で調べられてきた。しかし，これらの測定値は成長のほんの一面を示すにすぎない。

組織の成長は均一でもランダムでもない。先端分裂組織から派生した領域は予定された，そして場所に応じた伸長を示し，これらの先端近傍領域の伸長パターンによって一次植物体の大きさや形がほとんど決まる。植物の全体的な成長は細胞伸長の部分的なパターンの総和として考えることができる。

細胞の動きあるいは「組織要素」（そして細胞伸長に関連した諸問題）の解析は，‘キネマティックス’とよばれる。この節では，古典的な成長の定義とより近代的なキネマティックスな解析の両方を述べる。これから述べるように，キネマティックスな解析の発展は，成長のパターンをその要素である細胞の伸長のパターンで数学的に記述することを可能にしている。

植物の成長は異なった方法で測定可能である

植物の成長は不可逆的な容積の増大ということができる。植物の成長の最大の要素は浸透圧による細胞の伸長である。この過程で，細胞は容積を何倍にも膨らませ，ほとんど液胞で埋められてしまう。しかし，大きさは成長を量るたった一つの基準にすぎない。

成長は，そのときどきの生重量——生きている組織の重さ——の変化でも測定できる。しかし，土で育てた植物の生重量は水の条件に応じて変動する。それで，この測定値は実際の成長に対する指標としてはあまり適していない。このような条件では，しばしば乾燥重量の測定がより適している。

細胞数は，緑藻のクラミドモナスのような単細胞生物の成長を測定する一般的でよく用いられるパラメーターである（図16.33）。しかし，細胞は容積を増やすことなく分裂できるので，多細胞植物で細胞数を成長の測定に使うと間違ってしまうかもしれない。

たとえば，胚発生の初期過程で，胚の全体の大きさは増えることなく，受精卵は次々と小さな細胞に分割されていく。8細胞期になった後で，容積の増大が細胞の増加に見あっておこり始める。受精卵は特に大きな細胞だから，ここで見られる細胞数の増加と成長が対応しないことは一般的なことではないだろう。しかし，これは細胞数の増加と成長を同一とみなすときにおこりうる問題点を指摘している。

どんな場合でも細胞数が植物の成長を表す正確な尺度であるとはいえないが，ほとんどの条件下で，分裂している細胞，特に分裂組織中の分裂している細胞は，細胞周期の間に容積

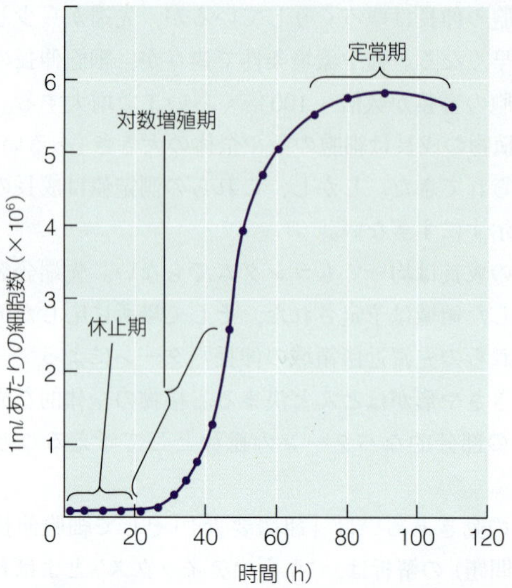

図 16.33 単細胞緑藻クラミドモナスの増殖。新しい栄養培地に移してからの時間に対するミリリットルあたりの細胞数で増殖を示している。温度，光，栄養素は増殖にもっとも適するようにしている。最初の休止期は，細胞が急速な増殖に必要な酵素を合成する時期と考えられ，それから細胞数が対数的に増える時期に入る。この急速な増殖の後ゆっくりとした増殖になり，そこで細胞数は直線的に増える。それから，静止期になり培地から栄養素が枯渇するため，細胞数は一定に保たれるか減りさえする。

を倍にしている。だから，先端分裂組織の活性により増える細胞数の増加は植物の成長に関わっている。しかし，植物の成長の最大の要素は，細胞分裂が止まった先端近傍領域における細胞のすばやい伸長である。

正常な状態で，植物のすべての上下軸に沿った細胞は伸長するから，先端で作られる細胞の数が増せば増すほど，軸方向に長くなる。たとえば，細胞周期を調節する鍵物質であるサイクリン（1章参照）をコードする遺伝子でシロイヌナズナを形質転換すると，先端分裂組織で細胞周期がより速く進行し，単位時間により多くの細胞が生じる。その結果，これらの形質転換植物の根は野生型の根に比べて，同一条件でより多くの細胞を含み実際に長くなる（Doerner et al. 1996）。

新しい細胞は，連続して先端分裂組織で作られる。新しい細胞分裂がおこりそれに伴う細胞伸長がおこるたびに，より古い細胞は先端から少しずつ離れていく。細胞は先端から離れるに従って，離れる速度がどんどん加速される。植物の成長を細胞が先端から離れる過程とみなすと，われわれはキネマテックスを適用できる。

分裂組織で細胞が作られることは噴水にたとえられる

滝や噴水や舟の航跡のような動く流体は，特別な形をつくることができる。流動する粒子の動きや流体がとっている形の変化に対する研究は，**キネマティックス**（kinematics）とよばれている。この流体の研究で用いられる考え方や多くの方法は，分裂組織の成長を解析するのに役立つ。分裂組織も噴水も，それが動き，変化している要素からできあがっているが，全体は変わらない形態をしている。

変化し置き換わる要素で構成されながら，全体として変化しない形態をしている植物における例として，インゲンマメのような双子葉類の胚軸のフックがあげられる（図 16.34）。マメの芽ばえは，種皮から発芽するので胚軸の先端は自分自身の方に折れ曲がりフックを作る。フックは土中で成長するとき，傷害から芽ばえの先端を保護すると考えられている。芽ばえの成長過程で（土中や弱光下），フックは茎の上へ，つまり胚軸から上胚軸へ，そして第一節間から第二節間へと移っていくが，フックの形は一定のままである。

もし芽ばえの先端近傍の茎の表皮細胞に印をすれば，それがフックの領域に取り込まれ，それからフックの下の真直ぐな領域におりていくのを観察できるだろう（図 16.34）。もちろん，印が植物の表面をゆっくり動くわけではない；植物細胞はおたがいに接着しており，発生の過程で大きく相互の位置関係を変えることはない。印の位置がフックの場所に対して相対的に動くことに関して，次のような説明が考えられる。つまり，フックをいくつもの組織要素の並びとみなす。そして，成長の過程でそれぞれの要素が植物の先端から次々と離れていくとき，最初はまがっていてそれからまっすぐになる。つまり，全体の安定した形態は変化している細胞の並びでできている。

根の先端は，変化する組織要素でできているが，全体の形態は安定している別の例である。ここでも，根の先端からの距離にはよるが，その形は一定のように見られる。細胞分裂している領域は根の先端から約 2 mm である。伸長領域は根の先端から約 10 mm まで伸びている。篩管の分化は先端から 3 mm で最初に始まるのが観察され，機能的な道管要素は先端から約 12 mm で見られるだろう。先端近傍で印をつけた細胞は，最初は細胞分裂領域を通過し，それから伸長領域

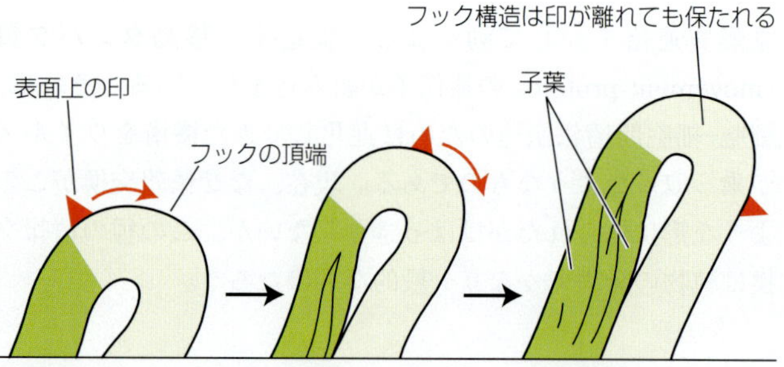

図 16.34 双子葉植物の胚軸のフックは，組織要素は変わるが一定の形が保たれる例である。フックの形状は時間がたっても保たれるが，成長に伴って芽ばえの先端が置き換えられると，最初曲っていた組織がまっすぐになる。表面の特定の場所に印をつけておくと，時間とともにそれは置き換わり（矢印で示している）フックを通り過ぎる。(Silk 1994)

をへて道管分化領域にと通過していく。この移動は発生している組織要素がまず分裂し，それから伸長して分化することを意味する。

類似のやり方で，異なった発生段階の葉がシュートに連続して付着しているのが見られる。24時間たつと，葉は1日前の隣の葉と同じ大きさ・形・生化学的な状態まで育つ。こうして，シュートの形態もキネマティックスで解析可能な，変化する要素の連続とみなすことができる。そのような解析は，単に記述的であるだけではない；それは，ダイナミックな構造の中のそれぞれの組織要素（細胞）の成長速度や生物生産速度の計算を可能にする。

組織要素は伸長過程で置き換わる

すでに見てきたように，シュートや根の成長はこれらの器官の先端の領域に限定されている。伸長している組織領域は，**伸長領域**（growth zone）とよばれている。時間とともに分裂組織は，伸長領域の細胞の成長により植物体の基部から離れていく。

もし，茎や根にうまく何点かの印がつけられたら，それらが伸長領域内のどこにあるかによって印の間の距離は変化するだろう。さらに，これらすべての印は根やシュートの先端から遠ざかっていくが，それぞれの動く速度は先端からの距離に応じて異なっているだろう。

他の見方をすると，もし長軸に沿って一定間隔で印をつけた根の先端にヒトが立っているとすると，ヒトはすべての印が自分から時間とともにどんどん離れていくのを見るだろう。それは，植物の長軸の個々の場所は成長と発生に伴って伸長するとともに，置き換わっていることを意味する。

先端から離れるに従って成長率が増加する

植物の長軸の任意の点は，しだいに先端から離れていく。そのため，そこで測る成長速度（訳者注；先端から離れていく速度）は，それが器官全体の伸長速度に達するまで増大していく（成長速度が大きくなる）。この成長速度の増大の理由は，時間とともに先端と動いている点との間に，次々とより多くの組織要素が入り，そして，次々と多くの細胞が伸長し，それで点がより速く離されていくからである。速く伸長しているトウモロコシの根では，組織要素が2 mm（分裂領域の端）から12 mm（伸長領域の端）まで動くのに約8時間かかる。

成長領域を超えると，要素どうしは離れていかない；隣り合った要素は同じ速度（一定時間内における先端からの距離の変化量）を保ち，先端から各要素が離れていく速度は先端が土の中で伸長する速度と同じである。トウモロコシの根の先端は，土を3 mm h^{-1}の速さで押し分けていく。これはまた，成長していない領域が先端から離れていく速度であり，それは成長の軌跡の最終の傾きでもある。

成長速度の様子が成長の空間的な記述となる

異なる組織要素の成長速度を先端からの距離に応じて書いていくと，成長速度の空間的なパターンあるいは**成長速度図**（growth velocity profile）ができる（図16.35A）。成長速度は成長領域の場所に応じて増加する。そして，成長領域の基部で一定値になる。前節で述べたように，最終の成長速度は成長軌跡が最終的に一定になった値であり，器官の伸長率と同じになる。さかんに伸長しているトウモロコシの根では，成長速度は4 mmのところで1 mm h^{-1}であり，12 mmの所の最終値は3 mm h^{-1}に達する。

成長速度がわかると，**各要素の相対的な成長率**（relative elemental growth rate），単位時間あたりの各要素の長さの変

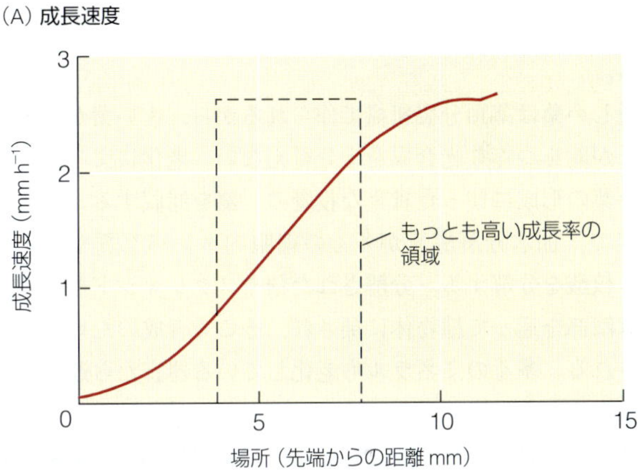

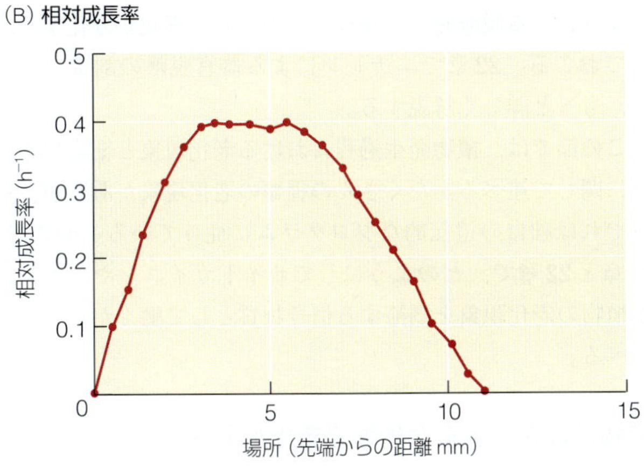

図 16.35　トウモロコシの一次根の成長は，二つの関連した成長曲線としてキネマティックで表すことができる。(A) 成長速度は先端からの距離に応じた各地点での先端から離れていく速さで表される。ここでは，成長速度が根全体の伸長速度に等しい一定の速度に達するまで，先端から離れるに従って大きくなることが示されている。(B) 各要素の相対的な成長率は，根のいろいろな点における伸長率を示している。どこがもっともよく伸長している領域かを明らかにするので，生理学者にとって，もっとも役に立つ測定である。(Silk 1994)

化率が計算できる（**Web トピック 16.4** 参照）。各要素の成長率は場所と伸長率の大きさの関係を表し，成長パターンに与える環境変化の効果を評価するのに使うことができる（図 16.35B）。

老化と決められた細胞死

温暖な地域に住む人々は，秋が来るたびに，落葉樹の葉が散る前に美しい色に変わるのを楽しむことができる。日長の変化や低温が葉の老化現象や死へ向かう発生過程を誘導するから，葉は色を変える。老化現象と壊死はどちらも死に至るが，老化現象は壊死とは異なる。**壊死**（necrosis）は，物理的なダメージや毒，その他の外的な傷によって引きおこされる死である。一方，**老化**（senescence）は，植物自身の遺伝的なプログラムで支配されている正常でエネルギーに依存した発生過程である。葉は，遺伝的に死ぬようにプログラムされており，その老化過程は環境のシグナルが合図になって始められる。

新しい葉は茎頂分裂組織で作られるから，古い葉があるとそれが陰をつくり光合成を十分行えない。老化によって，植物が葉の形成に使った貴重な投資の一部を回収する。老化の過程で，加水分解酵素が多くの細胞内タンパク質や炭水化物，核酸を分解する。分解された糖やヌクレオシドやアミノ酸は篩部を通って植物体に戻され，そこで合成のために再利用される。多くのミネラルも老化している器官から運び出され植物体の方に戻される。

植物の器官の老化現象は，しばしば**器官脱離**（abscission）と一緒におこる。これは，老化した器官が植物から離れられるようにする脱離層に，葉柄の中の特殊な細胞が分化することでおこる。22 章でエチレンによる器官脱離の制御について，もっと詳しく解説する。

この節では，植物発生過程における老化現象と細胞死の役割に関して述べる。たくさんの種類の老化現象があるが，それぞれは独自の遺伝的なプログラムに従っている。そこで，21 章と 22 章で，どのようにしてサイトカイニンやエチレンが植物の老化現象を調節する信号物質として働くかについて述べる。

植物にはさまざまな種類の老化がある

老化現象はいろいろな器官でさまざまなきっかけで始まる。コムギ，トウモロコシ，ダイズを含む主な農作物の多くが含まれる一年性植物は，たとえ適した生育条件に置かれても，種子をつけると突然黄化して死ぬ。一度生殖成長をへると全植物体が老化することを，**一回結実老化**（monocarpic senescence）とよんでいる（図 16.36）。

ほかの老化現象には，次のようなものがある：

図 16.36 ダイズにおける一回結実性老化。左の植物は花を咲かせ実（さや）をつけた後，老化過程に進んだ。右の植物は花を継続して取り除いていたので，緑色を保ち栄養成長期のまま保たれた。（L. Noodén の好意による）

- 多年性草類の地上部の老化現象
- 季節に応じた葉の老化（落葉樹）
- 順序だった葉の老化（一定期間後に葉が死ぬこと）
- みずみずしい果実の老化（成熟）；乾燥果実の老化
- 貯蔵子葉や花器官の老化（図 16.37）
- 特殊な細胞の老化（たとえばトライコーム，仮道管，道管要素）

いろいろな種類の老化現象の引き金は異なっており，一回結実に伴う老化のように植物の内側からおこる場合と，日長や温度が引き金になって秋に落葉樹の葉が老化するように，外から与えられる場合がある。最初の刺激にかかわらず，異なった老化現象は共通の初期過程をへるだろう。そこでは，調節を受けた老化遺伝子が，最後には老化と死に至る二次遺伝子の発現の連鎖を開始させる。

老化は細胞学的，生化学的反応の決まった流れである

遺伝的に決められているから，老化現象は細胞内の反応の決められた流れに従って進行する。細胞学的なレベルでは，ほ

図 16.37　アサガオの花が老化現象で示すステージ（S. L. Taizの好意による）

かは活性をもっているのにいくつかの細胞内器官が壊されていく。葉の老化過程が始まると，まず葉緑体でストロマの酵素とチラコイドタンパク質の分解がおこり，葉緑体が黄化していく。

葉緑体のすばやい黄化と対照的に，核は構造的にも機能的にも老化の後期まで正常なまま保たれる。老化している組織で，タンパク質分解酵素・核酸分解酵素・脂肪酸分解酵素・葉緑素分解酵素のような多くの加水分解酵素の生合成を伴う異化過程が進む。これらの老化現象に特異的な酵素群の合成は，特別な遺伝子群の活性化を伴う。

驚くことではないが，葉のmRNAの総量は老化過程で明確に減少するが，いくつかの特殊なmRNAの量は増加する。老化過程で減少する遺伝子群は，**老化で活性が低下する遺伝子群**（senescence down-regulated genes：**SDGs**）とよばれている。SDGsには光合成に関連するタンパク質をコードする遺伝子が含まれる。しかし，老化現象は光合成関連遺伝子の単純な転写停止より，もっと複雑なことに関連している。

老化過程で発現が増加する遺伝子群は**老化関連遺伝子群**（senescence-associated genes：**SAGs**）とよばれている。SAGsには，ACC（1-aminocyclopropane-1-carboxylicacid）合成酵素のようなエチレン生合成関連酵素とともに，タンパク質分解酵素・リボ核酸分解酵素・脂肪酸分解酵素のような加水分解酵素をコードする遺伝子が含まれる。その他のSAGsは老化過程で二次的に機能する。これらの遺伝子は，グルタミン酸にアンモニウムを転移するグルタミン合成酵素のように分解産物の転移や転送に関連する酵素をコードしている（12章参照）。そして，この酵素は老化した組織から窒素を回収することに関わっている。

決められた細胞死は，老化の特殊な例である

一回結実老化現象のとき，老化は植物全体でおこってしまう。そして，葉では器官レベルで，管状要素分化では細胞レベルで老化はおこる。個々の細胞で内在的な老化現象のプログラムが活性化されるとき，それを**プログラム細胞死**（programmed cell death：**PCD**）とよんでいる。PCDは動物の発生では分子機構がよく解析されている重要な現象である。PCDは分裂中にDNAの複製に間違いが生じたような特別な信号で開始される。そして，特徴的な遺伝子セットの発現を伴う。これらの遺伝子の発現で細胞は死ぬ。植物のPCDはあまりよくわかっていない（Pennell and Lamb 1997）。

動物のPCDは**アポトシス**（apoptosis，複数形はapoptoses；ギリシア語で「秋に葉が散ること」を意味する）とよばれ，通常はっきりした形態的・生化学的変化を伴っている。アポトシスの過程で細胞の核は凝集し，核内DNAはヌクレオソーム間で切断され，そのためDNAは特別なパターンで断片化する（Webサイトの2章を参照）。

老化しつつある組織のいくつかの植物細胞は，同じような細胞学的な変化を示す。PCDは道管要素の分化過程でも見られる。そこでは核や染色体が分解し，細胞質が消失する。これらの変化は核酸分解酵素やタンパク質分解酵素をコードする遺伝子の活性化の結果おこる。

植物におけるPCDの重要な機能の一つは，病原に対する防御過程である。病原体が植物に感染したとき，病原体からの信号によって感染した場所の植物細胞は，ただちに毒性のあるフェノール化合物を高濃度で蓄積し，そして死ぬ。死んだ細胞は，小さな円形の死んだ細胞の集団を作るので，これを**壊死傷害**（necrotic lesion）とよんでいる。

壊死傷害で囲むことで，病原体のまわりを毒と栄養欠乏状態で囲ってしまうことができ，それによってそのまわりの健康な組織に感染が広がるのを阻止している。この急速で，場所を限定した細胞死は，病原体の感染で引きおこされるので**過敏感反応**（hypersensitive response）とよばれている（13章参照）。

病原体がなくても感染の効果をまねて一連の現象をおこし，壊死傷害を引きおこすシロイヌナズナの変異体があるので，これは過敏感反応が単なる壊死ではなく遺伝的にプログ

ラムされた反応であることを示している。

まとめ

成熟した植物の基本的な体のプランは，胚発生過程でできあがる。この過程で組織は放射状に配置される。つまり最外層の表皮層が皮層や基本組織で包まれている維管束組織の円筒を覆う。根やシュートの上下軸のように成熟した植物に存在する先端から基部への軸性のパターンも，植物体を形成していく一次分裂組織とともに，胚発生過程で確立する。

シロイヌナズナに代表されるふつうの被子植物の胚発生過程では，正確な細胞分裂のパターンが見られ，一連のステージに分けられる；それは球状胚期，心臓型胚期，魚雷型胚期そして成熟胚期である。上下軸のパターンは受精卵の最初の分裂で確立し，いくつかの遺伝子の変異によって胚の一部に欠損がおこる。組織が放射状に分布するパターンは，細胞の特異性を規程していく遺伝子の発現の結果として，球状胚期に確立する。*SHOOTMERISTEMLESS*（*STM*）遺伝子は，胚発生過程の心臓型胚期に茎頂分裂組織に分化していく領域で発現する。そして，それが発現しつづけることで，茎頂分裂組織の細胞が分化することが抑えられる。*GNOM*遺伝子は上下軸の確立に必要であり，*MONOPTEROS*遺伝子は維管束とともに胚性の一次根の形成に必要である。

これらのパターンの確立と維持に関連した機構の完全な説明は，現時点では不可能である。しかし，前期前微小管として知られている微小管や微小繊維が細胞分裂面の決定に重要であるということが明らかになった。細胞の分化は細胞の系譜に基づかない。しかし，幹細胞の分裂はこの過程に必須である。すでにクローニングされ新規のタンパク質をコードしていた*SCR*（*SCARECROW*）遺伝子の発現は幹細胞の分裂に必須であり，*SHR*（*SHORTROOT*）遺伝子は内皮細胞の特性を確立するために発現されていなくてはならない。

分裂組織は「胚的な」性質をもつ等方性の小さな細胞の集団でできている。栄養生長期の分裂組織は植物体の多くの部分を生み出しつつ，一方で自分自身も再構築していく。多くの植物で，根とシュートの頂端分裂組織は無限成長を行える。

栄養生長期の茎頂分裂組織は，繰り返して茎と一緒に側生器官（葉と側芽）を作る。被子植物の茎頂分裂組織は，一般的にL1層，L2層，L3層とよばれる3層のはっきりした層構造をしている。

根とシュートの頂端分裂組織は，胚発生過程で作られる一次分裂組織である。二次分裂組織は胚発生より後で形成され，それには維管束形成層，コルク形成層，側芽形成層，そして二次的な根の形成層が含まれる。

茎頂分裂組織は繰り返し活性化することで，ファイトマーとよばれる発生単位を連続して生み出していく。各ファイトマーは，1～2枚の葉・節・節間そして1個以上の側芽から成り立つ。栄養成長期の茎頂分裂組織は決定を受けておらず，いつまでも機能することができるが，成長に限界がある葉原基を生み出す。

葉は特徴的な形態を3段階で作る；(1) 器官形成，(2) 器官の各領域の形成，(3) 細胞や組織の分化である。葉の原基の作られる数や場所は連続する葉序として決まっている（互生，対生，十字対生，輪生，らせん状）。葉原基は，茎頂における細胞分裂の空間的な正確な制御の結果として生じてくるのだが，これを決める因子はまだ不明である。

根はその先端で成長する。根端分裂組織は先端より少し内側に存在し，根冠で覆われている。根端分裂組織における細胞分裂により細胞の列ができ，つづいてそこで順に伸長と分化がおこり，細胞に特別な機能が与えられる。四つの発生領域が根に認められる。根冠，分裂領域，伸長領域そして成熟領域である。シロイヌナズナでは，成熟した細胞の列を分裂組織内の幹細胞にまで遡ることができる。シロイヌナズナの根端分裂組織は，静止中心・皮層–内皮幹細胞・コルメラ幹細胞・根冠–表皮幹細胞，そして，中心柱幹細胞からできている。

分化は，細胞が代謝的にも構造的にも機能的にもその祖先の細胞と異なった性質を獲得する過程である。管状要素分化は植物細胞の分化の例である。管状要素の二次壁にセルロース微繊維が張りついていくパターンの決定に微小管が関与している。

MADSボックス遺伝子は，植物，動物そしてカビで重要な生物学的機能をしている鍵調節因子である。ホメオボックス遺伝子は，ホメオドメインをもつタンパク質をコードしている。これらの転写因子は他の遺伝子の発現を制御し，その産物が分化した細胞の性質を変えて特徴づける。

細胞運命の決定において，細胞の存在する場所がその系譜より大切である。植物細胞の運命は，相対的に可塑性に富み，細胞運命の保持に必要な位置情報が変わると細胞運命も変えることができる。

トウモロコシの*KNOTTED1*や*SHOOTMERISTEMLESS*のようなホメオボックス遺伝子の発現は，茎頂分裂組織が決定されていない状態にずっと保たれるのに必要であるが，*WUSCHEL*遺伝子は幹細胞の性質を与える。葉原基で*KNOX*遺伝子の発現がなくなることが，これらの構造が有限成長に切り替わるのに重要なようである。

細胞の位置情報は，細胞–細胞間の信号伝達系で伝えられており，それにはリガンドを介した信号伝達，ホルモンによる信号伝達，調節タンパク質やmRNAの原形質連絡を介した輸送が関係しているようである。約1.6 nm（700～1,000ダルトン）までの分子は，葉の表皮細胞間の原形質連絡を介して，細胞から細胞に移ることができる。原形質連絡は，ある意味で門のようなものであり，そこで通過を調節することができる。そして，通過できる物の大きさの限界は，ウイルスのようなかなり大きな分子が通れるように修正することができる。

植物の成長は容積の不可逆的な増大とみなされる。植物の成長は，特別な動きや形態の変化を研究するキネマテックスで定量的に解析できる。

植物の成長は，空間的な言葉と要素的な言葉で記述することができる。空間的な記述は，成長している領域内の異なった位置に存在するすべての細胞で構成するパターンに焦点をあてる。要素的な解析では，いろいろな発生時期における個々の細胞や組織要素の運命に焦点をあてる。成長の軌跡は，時間ごとの組織要素の先端からの隔たりとして表され，成長の要素的な記述となる。成長速度は，組織要素が先端から離れていく速度を表す。各要素の相対的な成長率は，単位時間内に長軸上のある領域の伸長率を意味し，それはその領域が成長する大きさを示す。

老化現象は，細胞学的・生化学的な現象の決められた連続過程である。老化の過程で，ほとんどの遺伝子の発現は抑えられるが，いくらかの遺伝子（老化関連遺伝子SAGs）は発現を開始する。新しく活性化する遺伝子は，タンパク質分解酵素・リボ核酸分解酵素・脂肪酸分解酵素のようないろいろな加水分解酵素や，組織が死ぬとき分解過程を引きおこすエチレンの生合成に関連する酵素がコードされている。

プログラム細胞死（PCD）は，老化現象の特別な例である。植物におけるPCDの重要な機能の一つは，病原体に対する防御であり，それは遺伝的にプログラムされた過程である。

Webマテリアル

Webトピック

16.1　ヒバマタの受精卵における極性
多くの種類の外的な勾配が，はじめ非極性であった細胞の成長に極性を与える。

16.2　微小管でできた前期前微小管束
電子顕微鏡観察は，微小管でできた前期前微小管束の構造と細胞分裂の分裂面の方向の関係を示している。

16.3　アカウキクサの根の発生
水性シダであるアカウキクサの根の解剖学的な解析が，根の発生過程における細胞運命に関する知見を与える。

16.4　要素の相対的な成長率
根に沿ったいろいろな点での要素の相対的な成長率は，場所に応じた成長の速度の変化から求められる。

Webエッセイ

16.1　植物の分裂組織：歴史的な総説
科学者は，多くの植物の分裂組織の秘密を解くのに多くの方法を用いた。

16.2　植物細胞における分裂面の決定
植物細胞は，ほかの真核生物が使っているのとはまったく違う方法で分裂面を制御している。

参考文献

Assaad, F., Mayer, U., Warner, G., and Jürgens, G. 1996. The *KEULE* gene is involved in cytokinesis in *Arabidopsis. Mol. Gen. Genet.* 253: 267–277.

Berleth, T., and Jürgens, G. (1993) The role of the *MONOPTEROS* gene in organising the basal body region of the *Arabidopsis* embryo. *Development* 118: 575–587.

Bowman, J. L., and Eshed, Y. (2000) Formation and maintenance of the shoot apical meristem. *Trends Plant Sci.* 5: 110–115.

Brand, U., Fletcher, J. C., Hobo, M., Meyerowitz, E. M., and Simon, R. (2000) Dependence of stem cell fate in *Arabidopsis* on a feedback loop regulated by *CLV3* activity. *Science* 289: 617–619.

Byrne, M. E., Barley, R., Curtis, M., Arroyo, J. M., Dunham, M., Hudson, A., and Martienssen, R. (2000) Asymmetric leaves1 mediates leaf patterning and stem cell function in *Arabidopsis. Nature* 408: 967–971.

Carpenter, R., and Coen, E. S. (1995) Transposon induced chimeras show that floricaula, a meristem identity gene, acts non-autonomously between cell layers. *Development* 121: 19–26.

Chen, J.-G., Ullah, H., Young, J. C., Sussman, M. R., and Jones, A. M. (2001) ABP1 is required for organized cell elongation and division in *Arabidopsis* embryogenesis. *Genes Dev.* 15: 902–911.

Christensen, D., and Weigel, D. (1998) Plant development: The making of a leaf. *Curr. Biol.* 8: R643–645.

Clark, S. E. (2001) Cell signaling at the shoot meristem. *Nature Rev. Mol. Cell. Biol.* 2: 276–284.

Clark, S. E., Running, M. P., and Meyerowitz, E. M. (1993) *CLAVATA1*, a regulator of meristem and flower development in *Arabidopsis. Development* 119: 397–418.

Di Laurenzio, L., Wysocka-Diller, J., Malamy, J. E., Pysh, L., Helariutta, Y., Freshour, G., Hahn, M. G., Fledman, K. A., and Benfey, P. N. (1996) The *SCARECROW* gene regulates an asymmetric cell division that is essential for generating the radial organization of the *Arabidopsis* root. *Cell* 86: 423–433.

Doebley, J., and Lukens, L. (1998) Transcriptional regulators and the evolution of plant form. *Plant Cell* 10: 1075–1082.

Doerner, P., Jorgensen, J.-E., You, R., Steppuhn, J., and Lamb, C. (1996) Control of root growth and development by cyclin expression. *Nature* 380: 520–523.

Fletcher, J. C., and Meyerowitz, E. M. (2000) Cell signaling within the shoot meristem. *Curr. Opin. Plant Biol.* 3: 23–30.

Fletcher, J. C., Brand, U., Running, M. P., Simon, R., and Meyerowitz, E. M. (1999) Signaling of cell fate decisions by *CLAVATA3* in *Arabidopsis* shoot meristems. *Science* 283: 1911–1914.

Fukuda, H. (1996) Xylogenesis: Initiation, progression and cell death. *Annu. Rev. Plant Physiol. Plant Mol. Biol.* 47: 299–325.

Grebe, M., Gadea, G., Steinmann, T., Kientz, M., Rahfeld, J.-U., Salchert, K., Koncz, C., and Jürgens, G. (2000) A conserved domain of the *Arabidopsis* GNOM protein mediates subunit interaction and cyclophilin 5 binding. *Plant Cell* 12: 343–356.

Hake, S., Vollbrecht, E., and Freeling, M. (1989) Cloning *KNOTTED*, the dominant morphological mutant in maize using Ds2 as a transposon tag. *EMBO J.* 8: 15–22.

Hardham, A. R., and Gunning, B. E. S. (1979) Interpolation of microtubules into cortical arrays during cell elongation and differentiation in roots of *Azolla pinnata*. *J. Cell Sci.* 37: 411–442.

Hardham, A. R., and Gunning, B. E. S. (1980) Some effects of colchicine on microtubules and cell division of *Azolla pinnata*. *Protoplasma* 102: 31–51.

Hardtke, C., and Berleth, T. (1998) The *Arabidopsis* gene *MONOPTEROS* encodes a transcription factor mediating embryo axis formation and vascular development. *EMBO J.* 17: 1405–1411.

Helariutta, Y., Fukaki, H., Wysocka-Diller, J., Nakajima, K., Sena, G., Hauser, M.-T., and Benfey, P. N. (2000) The *SHORT-ROOT* gene controls radial patterning of the *Arabidopsis* root through radial signaling. *Cell* 10: 555–567.

Hepler, P. K. (1981) Morphogenesis of tracheary elements and guard cells. In *Cytomorphogenesis in Plants*, O. Kiermayer, ed., Springer, Berlin, pp. 327–347.

Jackson, D., Veit, B., and Hake, S. (1994) Expression of maize KNOTTED1 related homeobox genes in the shoot apical meristem predicts patterns of morphogenesis in the vegetative shoot. *Development* 120: 405–413.

Laux, T., Mayer, Klaus, F. X., Berger, J., and Jürgens, G. (1996) The *WUSCHEL* gene is required for shoot and floral meristem integrity in *Arabidopsis*. *Development* 122: 87–96.

Lincoln, C., Long, J., Yamaguchi, J., Serikawa, K., and Hake, S. (1994) A *knotted1*-like homeobox gene in *Arabidopsis* is expressed in the vegetative meristem and dramatically alters leaf morphology when overexpressed in transgenic plants. *Plant Cell* 6: 1859–1876.

Long, J. A., Moan, E. I., Medford, J. I., and Barton, M. K. (1996) A member of the KNOTTED class of homeodomain proteins encoded by the *STM* gene of *Arabidopsis*. *Nature* 379: 66–69.

Lotan, T., Ohto, M.-A., Yee, K. M., West, M. A., Lo, R., Kwong, R. W., Yamagishi, K., Fisher, R. L., and Goldberg, R. B. (1998) *Arabidopsis LEAFY COTYLEDON1* is sufficient to induce embryo development in vegetative cells. *Cell* 93: 1195–1205.

Lucas, W. J., Bouche-Pillon, S., Jackson, D. P., Nguyen, L., Baker, L., Ding, B., and Hake, S. (1995) Selective trafficking of KNOTTED1 homeodomain protein and its mRNA through plasmodesmata. *Science* 270: 1980–1983.

Lukowitz, W., Mayer, U., and Jürgens, G. (1996) Cytokinesis in the *Arabidopsis* embryo involves the syntaxin-related *KNOLLE* gene product. *Cell* 84: 61–71.

Malamy, J. E. and Benfey, P. N. (1997) Organization and cell differentiation in lateral roots of *Arabidopsis thaliana*. *Development* 124: 33–44.

Mayer, U., Buettner, G., and Jürgens, G. (1993) Apical-basal pattern formation in the *Arabidopsis* embryo: Studies on the role of the gnom gene. *Development* 117: 149–162.

Nishimura, A., Tamaoki, M., Sato, Y., and Matsuoka, M. (1999) The expression of tobacco *knotted1*-type homeobox genes corresponds to regions predicted by the cytohistological zonation model. *Plant J.* 18: 337–347.

Ori, N., Eshed, Y., Chuck, G., Bowman, J. L., and Hake, S. (2000) Mechanisms that control *knox* gene expression in the *Arabidopsis* shoot. *Development* 127: 5523–5532.

Pennell, R. I., and Lamb, C. (1997) Programmed cell death in plants. *Plant Cell* 9: 1157–1168.

Przemeck, G. K. H., Mattsson, J., Hardtke, C. S., Sung, Z. R., and Berleth, T. (1996) Studies on the role of the *Arabidopsis* gene *MONOPTEROS* in vascular development and plant cell axialization. *Planta* 200: 229–237.

Reinhardt, D., Mandel, T., and Kuhlemeier, C. (2000) Auxin regulates the initiation and radial position of plant lateral organs. *Plant Cell* 12: 507–518.

Riechmann, J. L., and Meyerowitz, E. M. (1997) MADS domain proteins in plant development. *Biol. Chem.* 378: 1079–1101.

Riechmann, J. L., Herd, J., Martin, G, Reuber, L., Jiang, C. Z., Keddie, J., Adam, L., Pineda, O., Ratcliffe, O. J., Samaha, R. R., Creelman, R., Pilgrim, M., Broun, P., Zhang, J. Z., Ghandelhari, D., Sherman, B. K., and Yu, G.-L. (2000) *Arabidopsis* transcription factors: Genome-wide comparative analysis among eukaryotes. *Science* 290: 2105–2110.

Scheres, B. (2001) Plant cell identity. The role of position and lineage. *Plant Physiol.* 125: 112–114.

Scheres, B., Di Laurenzio, L., Willemsen, V., Hauser, M.-T., Janmaat, K., Weisbeek, P., and Benfey, P. N. (1995) Mutations affecting the radial organisation of the *Arabidopsis* root display specific defects throughout the embryonic axis. *Development* 121: 53–62.

Schiefelbein, J. W., Masucci, J. D., and Wang, H. (1997) Building a root: The control of patterning and morphogenesis during root development. *Plant Cell* 9: 1089–1098.

Shiu, S. H., and Bleecker, A. B. (2001) Receptor-like kinases from *Arabidopsis* form a monophyletic gene family related to animal receptor kinases. *Proc. Natl. Acad. Sci. USA* 98: 10763–10768.

Silk, W. K. (1994) Kinematics and dynamics of primary growth. *Biomimetics* 2: 199–213.

Sinha, N. (1999) Leaf development in angiosperms. *Annu. Rev. Plant Physiol. Plant Mol. Biol.* 50: 419–446.

Sinha, N., Hake, S., and Freeling, M. (1993a) Genetic and molecular analysis of leaf development. *Curr. Top. Dev. Biol.* 28: 47–80.

Sinha, N. R., Williams, R. E., and Hake, S. (1993b) Overexpression of the maize homeo box gene, *KNOTTED*-1, causes a switch from determinate to indeterminate cell fates. *Genes Dev.* 7: 787–795.

Steinmann, T., Geldner, N., Grebe, M., Mangold, S. A., Jackson, C. L., Paris, S., Galweiler, L., Palme, K., and Jürgens, G. (1999) Coordinated polar localization of auxin efflux carrier PIN1 by GNOM ARF GEF. *Science* 286: 316–318.

Torres-Ruiz, R. A., and Jürgens, G. (1994) Mutations in the *FASS* gene uncouple pattern formation and morphogenesis in *Arabidopsis* development. *Development* 120: 2967–2978.

Traas, J., Bellini, C., Nacry, P., Kronenberger, J., Bouchez, D., and Caboche, M. (1995) Normal differentiation patterns in plants lacking microtubular preprophase bands. *Nature* 375: 676–677.

Van Den Berg, C., Willemsen, V., Hage, W., Weisbeek, P., and Scheres, B. (1995) Cell fate in the *Arabidopsis* root meristem determined by directional signaling. *Nature* 378: 62–65.

Vernoux, T., Kronenberger, J., Grandjean, O., Laufs, P., and Traas, J. (2000) *PIN-FORMED1* regulates cell fate at the periphery of the shoot apical meristem. *Development* 127: 5157–5165.

Weigel, D., and Jürgens, G. (2002) Stem cells that make stems. *Nature* 415: 751–754.

West, M. A. L., and Harada, J. J. (1993) Embryogenesis in higher plants: An overview. *Plant Cell.* 5: 1361–1369.

Willemsen, V., Wolkenfelt, H., de Vrieze, G., Weisbeek, P., and Scheres, B. (1998) The *HOBBIT* gene is required for formation of the root meristem in the *Arabidopsis* embryo. *Development* 125: 521–531.

Zambryski, P., and Crawford, K. (2000) Plasmodesmata: Gatekeepers for cell-to-cell transport of developmental signals in plants. *Annu. Rev. Cell Dev. Biol.* 16: 393–421.

17 フィトクロムと光による植物の発生制御

2～3週間芝生の上におかれた板きれを取り上げてみたことはあるだろうか。そこには，周囲のものよりずっと色が薄くひょろひょろとした草が生えていたはずである。このようなことがおこるのは，板きれが光を透過しないために下の草が暗い状態におかれていたためである。暗所で生育させた芽ばえは，色が薄く異常に背が高くなりひょろひょろとなる。このような生育様式は**黄化**（etiolated growth）とよばれ，ずんぐりとして緑色になる明所での生育様式と劇的に異なる。

植物の代謝における光合成の重要性を考えると，このような違いは利用できる光エネルギーの量の差に起因すると考えたくなるかもしれない。しかしながら，黄化状態から明所での生育様式への転換は，非常にわずかな光量の短時間照射で開始される。したがって，この転換において光は発生の引き金を引く働きをしており，エネルギー源として働いているわけではない。

もし，芝生におかれた板きれを取り除き色が薄くなっている部分を露出させると，数週間で芝生の緑の濃さは周囲のものと区別がつかなくなる。目で見ただけではよくわからないが，変化は光に露出した瞬間からおこり始める。たとえば，実験室で比較的弱い光を黄化芽ばえに一瞬あてた場合，以下のような変化を観察することができる。すなわち，茎の伸長速度が低下し，茎頂のフックとよばれる湾曲部のカーブが解消されはじめ，緑色芽ばえに典型的な各種色素の合成が始まる。

光はシグナルとして働き，地中で役立つような形態から地上での生活に適応した形態への転換を誘導する。光がないところで，植物は主に種子の貯蔵物を利用して成長する。しかしながら，種子植物が種子に貯蔵する物質は無限の成長を保証するものではない。光のエネルギーは，光合成を行うためだけでなく，黄化芽ばえが緑色芽ばえに転換するためにも必要とされる。

この転換過程では，そもそもクロロフィルが存在しないため光合成をエネルギー源とすることはできない。緑色芽ばえへの完全な転換には光合成が必要であるが，最初のすばやい変化は，**光形態形成**（photomorphogenesis，ラテン語。原義は「明形態が開始される」）とよばれる光合成とはまったく異なる反応によって引きおこされる。

植物の光形態形成を引きおこす色素分子の中でもっとも重要なのは，赤および青色光を吸収する色素である。青色光受容体については，孔辺細胞や光屈性の問題とともに18章で扱い，本章では主に**フィトクロム**（phytochrome）について述べる。フィトクロムは色素タンパク質で，赤色光と遠赤色光の光をもっとも効率よく吸収し青色光も吸収する。本章と24章で述べるように，フィトクロムは栄養成長期と生殖成長期に見られる植物の光応答の鍵となる役割を果たしている。

まず，フィトクロム発見の歴史と赤・遠赤色光可逆性について述べる。次に，フィトクロムの生化学的，光化学的性質について述べ，光による立体構造の変化について議論する。フィトクロム遺伝子は遺伝子族を構成し，異なる遺伝子にコードされたフィトクロムは異なる応答を引きおこす。これらの応答は，それを引きおこすのに必要な光量と質に応じて分類される。最後に，分子，細胞レベルでのフィトクロムの作用機構に関して，細胞内シグナル伝達機構と遺伝子発現制御について述べる。

フィトクロムの光化学的，生化学的性質

フィトクロムは青色の色素タンパク質で，質量は約125 kDa（キロダルトン）であり，主にタンパク質の単離精製上の技術的問題のために，1959年になるまでその化学的実体は不明であった。しかしながら，それ以前に行われた生理学的実

(A) 明所で育てたトウモロコシ
(B) 暗所で育てたトウモロコシ
(C) 明所で育てたインゲンマメ
(D) 暗所で育てたインゲンマメ

図 17.1　明所（A，C）または暗所（B，D）で育てられたトウモロコシ（*Zea mays*）（A，B）とインゲンマメ（*Phaseolus vulgaris*）（C，D）の芽ばえ。単子葉植物であるトウモロコシで見られる黄化芽ばえの特徴は，緑化の欠如，小さな葉，巻いたままの葉，子葉鞘と中胚軸の徒長などである。双子葉植物であるインゲンマメでは，緑化の欠如，小さな葉，胚軸の徒長，茎頂下部のフックの維持などが見られる。（写真 © M. B. Wilkins）

験から，その生化学的な性質についてある程度のことはわかっていた。

植物の発生過程にフィトクロムが関与することを示す最初の手がかりは，1930 年代に始まった植物の赤色光応答の研究，特に光発芽に関する研究から得られた。現在では，フィトクロムが関与する応答のリストは長大なものとなっており，広範囲の緑色植物で生活環のほとんどすべての過程において複数の応答が観察されている（表 17.1）。

フィトクロムの研究史において主要な突破口となったのは，‘赤色光’（650 ～ 680 nm）の光形態形成上の効果が，その後に照射したより長波長の光（710 ～ 740 nm，‘遠赤色光’とよばれる）で打ち消されるという現象の発見である。この現象は種子発芽で見い出され，後に茎や葉の成長制御や花芽誘導でも確認された（24 章）。

最初に観察されたのは，レタスの種子発芽が赤色光で誘導され遠赤色光で阻害されることであった。それから何年かたった後に，交互にあてた赤色光と遠赤色光の効果が調べられ，これが重大な発見へとつながった。すなわち，最後の照射として赤色光を照射された種子はほぼ 100％発芽するのに対し，遠赤色光を最後に照射した場合には発芽は強く阻害された（図 17.2）（Flint 1936）。

この結果に対して二つの解釈が可能である。一つは，赤色光を吸収する色素と遠赤色光を吸収する色素が別々に存在しそれらが拮抗的に発芽を制御するという解釈である。もう一つは，一つの分子が相互変換可能な二つの型，すなわち赤色光吸収型と遠赤色光吸収型をとるという解釈である（Borthwick et al. 1959）。

このうちで選ばれたのは，より先進的な後者の解釈であった。当時，このような性質を示す色素はまったく知られていなかった。何年か後に，植物からの抽出液中にフィトクロムの存在が認められ，試験管内でその特徴である光可逆性が示されたことにより，仮説の正しさが証明された。

この項目では，大まかに三つの話題をとりあげる。

1．光可逆性とフィトクロム応答の関係
2．フィトクロムの構造，合成，色素団の結合，Pr/Pfr 間の相互変換
3．フィトクロム遺伝子族とそのメンバーの生理機能

フィトクロムは Pr 型と Pfr 型の間を相互変換する

暗所で育てられた植物（黄化植物）では，フィトクロムは**赤色光吸収型**（**Pr** とよばれる）で合成され，そのまま Pr にとどまる。Pr 型フィトクロムは人間の目には青く見え，赤色光によって青緑色をした**遠赤色光吸収型**（**Pfr**）へと変換される。逆に，Pfr は遠赤色光により Pr へと戻る。

光可逆性（photoreversibility）として知られるこの変換/再変換は，フィトクロムのもっとも特徴的な性質で，以下のような式で示される。

$$\mathrm{Pr} \underset{\text{遠赤色光}}{\overset{\text{赤色光}}{\rightleftharpoons}} \mathrm{Pfr}$$

Pr と Pfr の間の相互変換は，生体内でも試験管内でも測定可能である。実際，注意深く精製されたフィトクロムが試験管内で示す分光学的性質は，そのまま生体内でも確認される。

Pr 型分子が赤色光にさらされると，そのほとんどは光を吸収して Pfr に変換される。しかし，Pfr も赤色光を吸収するのでその一部は Pr に変換される（図 17.3）。したがって，光

表 17.1 さまざまな高等および下等植物で見られる典型的なフィトクロムによる光可逆的反応

門	属	発生段階	赤色光の効果
被子植物	レタス（*Lactuca*）	種子	発芽促進
	オートムギ（*Avena*）	（黄化）芽ばえ	脱黄化促進（葉の展開など）
	シロガラシ（*Sinapis*）	芽ばえ	葉原基形成，葉の発達，アントシアニン合成などの促進
	エンドウ（*Pisum*）	成熟植物体	節間成長の阻害
	オナモミ（*Xanthium*）	成熟植物体	花芽形成の阻害（光周性）
裸子植物	マツ（*Pinus*）	芽ばえ	クロロフィル合成の促進
シダ	コウヤワラビ（*Onoclea*）	配偶体	成長促進
コケ	スギゴケ（*Polytrichum*）	配偶体	色素体複製の促進
緑藻	ヒザオリ（*Mougeotia*）	成熟配偶体	弱い光に対する葉緑体の配向の促進

変換を飽和させる量の赤色光を照射した後でもPfrは全体の85%にしかならない。同様にして，Prも少量ではあるが広い波長範囲の遠赤色光を吸収するためすべてのPfrをPrに変換することはできず，平衡状態におけるPrとPfrの割合はそれぞれ97%と3%となる。このような状態を**光平衡状態**（photostationary state）とよぶ。

赤色光に加えて，両方の型とも青色領域の光を吸収する（図17.3）。したがって，フィトクロムの応答が青色光によって引きおこされることもありえる。一方，青色光の受容体によっても青色光応答はおこる（18章）。ある青色光応答がフィトクロムによるかどうかを知るには，その効果が遠赤色光で打ち消されるかどうか調べればよい。ほかの青色光受容体の応答では，このような性質は見られない。青色光応答の光受容体を明らかにする別の方法は，受容体を欠損する変異体を調べることである。

短寿命のフィトクロム中間体　PrからPfrへの，またPfrからPrへの変換は，1段階の反応ではない。非常に短時間フィトクロムを光照射することで，1ミリ秒以内におこる

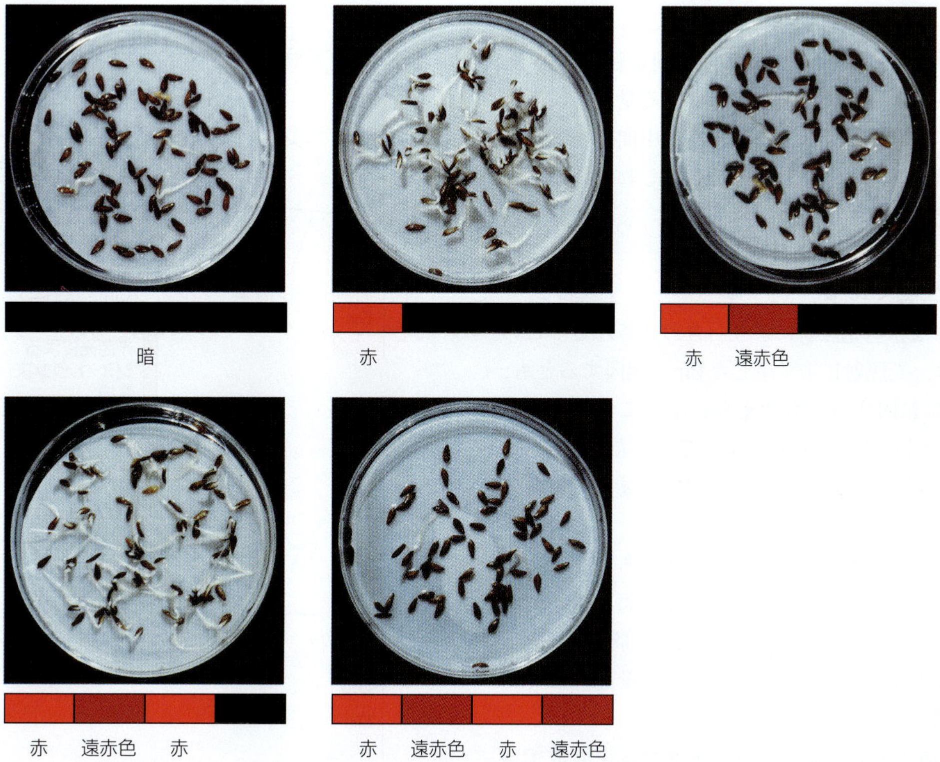

図 17.2 レタスの種子発芽は，フィトクロムによる典型的な光可逆反応である。赤色光はレタス種子の発芽を促進し，この効果は遠赤色光で打ち消される。吸水した種子に赤色光と遠赤色光を交互にあてると，最後にあてた光によってその効果が決まる。（写真©M. B. Wilkins）

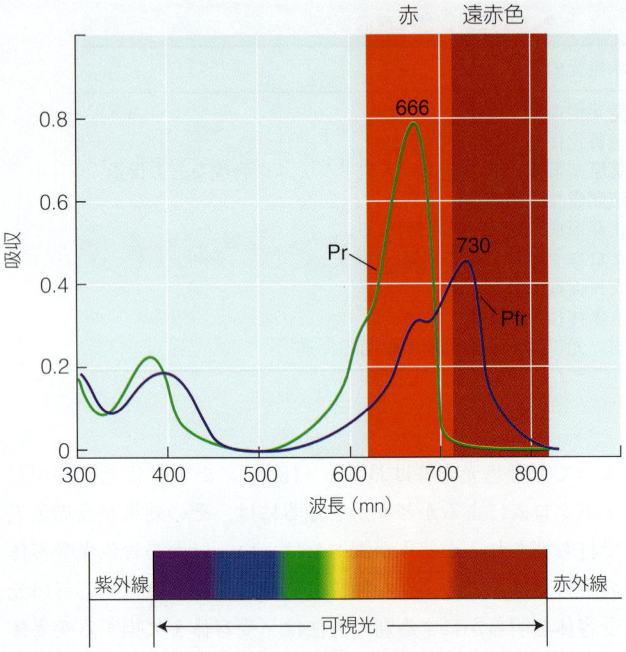

図 17.3 精製オートムギフィトクロムのPr型（緑）とPfr型（青）の吸収スペクトル。両者は部分的に重なる。(Vierstra and Quail 1983より)

フィトクロムの光吸収変化を観察することができる。

もちろん，太陽光にはすべての波長領域の可視光が含まれている。そのような条件下では，PrとPfrのどちらもが光で励起されるため，フィトクロムは二つの型の間を行き来する。このような条件下では，光変換の中間体もある量が常に存在することになる。自然光下では，このような中間体がフィトクロム応答の開始や増幅に関与しているかもしれないが，それについてはまだ不明である。

Pfrが生理的活性型である

フィトクロム応答は赤色光照射により引きおこされる。この応答は，理屈では，光照射により生じたPfrに起因するとも，また，Prの減少に起因するとも考えられる。これまで調べられたほとんどの例では，光照射によって生じたPfrの量と応答の程度がよく対応するのに対して，Prの減少量と応答量の間にそのような関係は見られない。

このような証拠から，Pfrが生理的活性型であると考えられるようになった。Pfrの絶対量と生理応答の間に定量的な関係が見られない場合については，PfrとPrの量比（または全フィトクロム量に対するPfrの割合）が応答量を決めているという説が提唱されている。

Pfrが活性型であるという説は，フィトクロムを合成できないシロイヌナズナ (*Arabidopsis thaliana*) の変異体を用いた研究によっても支持されている。野生型の芽ばえでは，胚軸伸長は白色光下で非常に抑制され，この応答にはフィトクロムも関与している。この条件下で胚軸が徒長する***hy***と名づけられた変異体が複数単離された。異なる***hy***変異体は***hy1***, ***hy2***というように番号により区別される。白色光ではフィトクロム以外の光受容体も作用するため，すべての***hy***変異体がそうであったわけではないが，そのうちのいくつかはフィトクロムに関連した欠損をもつ変異体であった。

フィトクロム欠損変異体の表現型を観察することで，どちらの型のフィトクロムが生理活性をもつか推定できる。もし，フィトクロムによる白色光に対する応答（胚軸伸長の阻害）がPrがなくなることに起因していたとすれば，フィトクロムを欠く変異体（PrもPfrももたない）は，暗所でも白色光下でも胚軸が短くなるはずである。実際はこの逆で，このような変異体の胚軸は暗所でも白色光下でも長い。白色光に対して応答できないのは，Pfrが存在しないからであり，Pfrこそが応答を引きおこすと結論される。

フィトクロムは二つのポリペプチドからなる二量体である

変性していないフィトクロムは分子量約250 kDaの水溶性タンパク質であり，同一の二つのサブユニットからなる。それぞれのサブユニットは，光を吸収する**発色団** (chromophore)

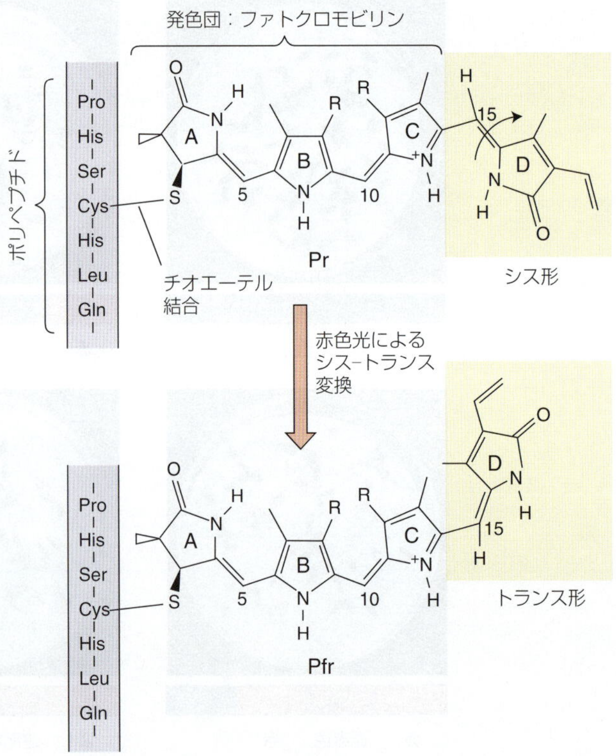

図 17.4 Pr型とPfr型の発色団（フィトクロモビリン）の構造。発色団はチオエーテル結合を介してペプチド部分と結合している。発色団は赤色光や遠赤色光を吸収し，15位の炭素原子の両側でコンフォメーション変化をおこす。(Andel et al. 1997)

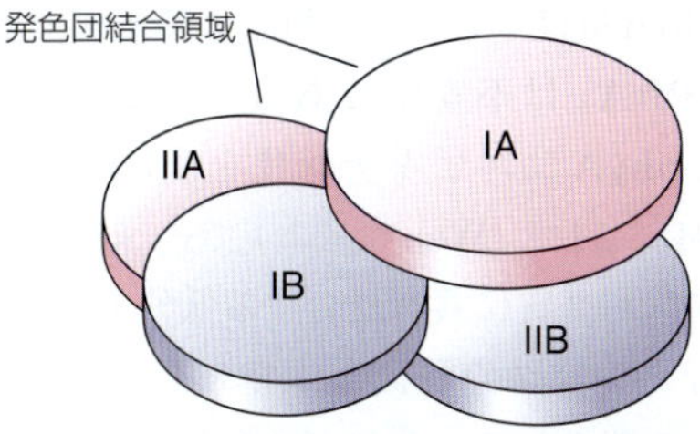

図 17.5　フィトクロム二量体の構造。I，IIはそれぞれ二量体を形成する単量体を示す。それぞれの単量体は発色団結合領域（A）とより小さい発色団非結合領域（B）に分かれる。分子は全体として球形というよりは長円体である。（Tokutomi et al. 1989より）

とよばれる色素分子と**アポタンパク質**（apoprotein）とよばれるポリペプチドからなる。アポタンパク質の単量体分子量は約125kDaであり，アポタンパク質と発色団が一緒になったものが**ホロタンパク質**（holoprotein）である。高等植物では，フィトクロムの発色団は直鎖状テトラピロールの**フィトクロモビリン**（phytochromobilin）である。1分子のポリペプチドには1分子の発色団が，システイン残基にチオエーテル結合で結合している（図17.4）。

Pr型フィトクロムの立体構造について，電子顕微鏡やX線散乱の解析をもとに，図17.5のようなモデルが提唱されている（Nakasako et al. 1990）。ポリペプチドは，大まかに二つのドメインへと折りたたまれ，二つのドメインの間は「ちょうつがい」でつながれたようになっている。大きい方のN末端側ドメインの分子量は約70kDaで発色団を結合している。小さい方のC末端側ドメインの分子量は約55kDaで，単量体どうしが結合し二量体となる部位をもつ（**Webトピック17.1**参照）。

フィトクロモビリンは色素体で合成される

フィトクロム・アポタンパク質だけでは赤色光も遠赤色光も吸収することができない。ポリペプチドが光を吸収するのは，フィトクロモビリンが共有結合したときのみである。フィトクロモビリンは色素体の中で，5-アミノレブリン酸から，クロロフィル合成の合成経路から分岐する形で合成される（**Webトピック7.11**参照）。合成されたフィトクロモビリンは，受動的に細胞質へもれ出ると考えられている。

フィトクロムのアポタンパク質と発色団の結合反応は，**自己触媒的**（autocatalytic）である。すなわち，精製したフィトクロムのポリペプチドと発色団を試験管内で混ぜるだけで，他のタンパク質や補酵素の助けなしに発色団がポリペプチドと結合する（Li and Lagarias 1992）。このようにしてできたホロタンパク質は植物から精製したフィトクロムとよく似た分光学的な性質を示し，赤・遠赤色光可逆性も見られる。

発色団を合成できない変異体では，アポタンパク質は存在するがフィトクロム応答は見られない。たとえば，上で述べた*hy*変異体では白色光による胚軸伸長の阻害が弱まっているが，その中のいくつかは発色団合成がうまくできない変異体である。*hy1*，*hy2*変異体においては，フィトクロムのアポタンパク質は正常な量存在するが，分光学的活性をもったホロタンパク質はほとんど検出されない。ここで，これらの変異体に発色団の前駆体を加えると正常な成長を示すようになる。

同じような変異体はほかの植物種でも見られる。たとえば，トマトの*yellow-green*変異体は，*hy*変異体と同じような性質を示す発色団合成の変異体であると考えられる。

フィトクロムの発色団とタンパク質はコンフォメーションを変える

光を吸収するのは発色団なので，タンパク部分のコンフォメーション変化に先立ち発色団の構造が変化すると考えられる。光を吸収すると，Prの発色団は15，16位の炭素原子をつなぐ二重結合の箇所でシス-トランス異性化をおこすとともに，C14−C15間の一重結合で回転する（図17.4）（Andel et al. 1997）。PrからPfrへの変換の過程では，タンパク部分においても微妙なコンフォメーションの変化がおこる。

いくつかの証拠から，光によるポリペプチド部分のコンフォメーション変化は，発色団を結合するN末端ドメインとC末端ドメインの両方でおこると考えられる。

二つのタイプのフィトクロム

フィトクロムは黄化組織にもっとも多く含まれる。このためフィトクロムに関する生化学的な解析のほとんどは，緑色ではない組織から精製したフィトクロムを対象としていた。緑色組織からは非常に微量のフィトクロムしか抽出できない。しかも，その分子量は黄化組織に多量含まれるフィトクロムとは異なる。

研究の結果，性質の異なる二つのタイプのフィトクロムが存在することが判明し，それぞれタイプI，タイプIIと名づけられた（Furuya 1993）。黄化組織におけるタイプIフィトクロムの量は，タイプIIのそれの数十倍である。一方，緑色組織ではその比はおよそ1対1となる。さらに最近，二つのタイプのフィトクロムは異なるタンパク質であることがわかった。

異なるフィトクロムが別の遺伝子にコードされることが判明し，二つのタイプの違いがなにに起因するか明らかとなった。黄化組織でも，異なる遺伝子にコードされた複数のフィトクロムが発現している。

フィトクロム遺伝子族

フィトクロムの遺伝子がクローニングされたことにより，似た配列をもつタンパク質のアミノ酸配列どうしを詳細に比較することが可能となった。また，これらの遺伝子の発現パターンを，mRNAレベルあるいはタンパク質レベルで比較することも可能となった。

フィトクロム遺伝子は単子葉植物ではじめてクローン化された。この結果やその後の解析から，すべてのフィトクロムは水溶性タンパク質であることが示唆された。これは，以前行われた生化学的解析の結果を裏づけるものであった。次にペポカボチャ（*Cucurbita pepo*）のフィトクロムcDNAをプローブとして用い，シロイヌナズナから五つのフィトクロム遺伝子が単離された（Sharrock and Quail 1989）。このフィトクロム遺伝子族は*PHY*と名づけられ，各メンバー遺伝子は*PHYA*，*PHYB*，*PHYC*，*PHYD*，*PHYE*と名づけられた。

発色団を結合していないアポタンパク質はPHYと表記され，発色団を結合したフィトクロムはphyと表記される。また，シロイヌナズナ以外の植物種のフィトクロム遺伝子のよび名は，シロイヌナズナの遺伝子に対するホモロジーに基づいて決めるのが通例である。単子葉植物では，*PHYA*から*PHYC*しか見つかっていないのに対して，双子葉植物では遺伝子重複で生じたと考えられる他の遺伝子も存在する（Mathews and Sharrock 1997）。

いくつかの*hy*変異体では，特定のフィトクロムのみが欠損することが知られている。たとえば，*hy3*変異体は*phyB*を欠損し，*hy1*と*hy2*は発色団合成の欠損変異体である。これらや他のフィトクロム変異体は，異なるフィトクロムの生理機能を明らかにするために役立つ。

二つのタイプのフィトクロムをコードする*PHY*遺伝子

発現パターンを比較することで，フィトクロム遺伝子族のメンバーがコードするタンパク質をタイプIとタイプIIに分類することができる。*PHYA*がタイプIをコードする唯一の遺伝子である。この結論は，*PHYA*遺伝子のプロモーター解析のみならず，光に応答したmRNAとタンパクの蓄積量の変化からも支持される。変異*PHYA*遺伝子（*phyA*遺伝子）をもつ変異体の解析は，この結論をさらに支持するだけでなく，phyAの生理的な役割について知見を与えてくれる。

*PHYA*遺伝子は黄化組織においてさかんに転写される一方，単子葉植物ではその発現は光により強く抑制される。オートムギの黄化組織では，赤色光処理により生じたPfrによってフィトクロム遺伝子の発現が抑えられる。さらに*PHYA*のmRNAは不安定なため，オートムギの黄化芽ばえが明所に移されると*PHYA* mRNAは速やかに姿を消す。双子葉植物における*PHYA* mRNAに対する光の効果は，それほど顕著ではない。たとえばシロイヌナズナでは*PHYA*遺伝子の発現に対する赤色光の効果はあまり明確ではない。

細胞内のphyA量はタンパク分解による制御も受ける。Pfr型のphyA（**PfrA**）は不安定である。ここで，分解される「印」としてphyAはユビキチン化を受けると考えられる（Vierstra 1994）。14章（Webサイト）で述べるように，‘ユビキチン’はタンパク質に共有結合する低分子量のポリペプチドで，巨大なタンパク分解複合体である‘プロテアゾーム’はユビキチンを認識して，それが結合しているタンパク質を分解する。

したがって，オートムギや他の単子葉植物においては，転写の抑制，mRNAの分解，タンパク分解という三つの機構が組み合わさることにより，明所ではタイプIのフィトクロム（phyA）は速やかに失われる。

双子葉植物ではやはりタンパク分解によりphyA量は減少するが，単子葉の場合ほど劇的ではない。

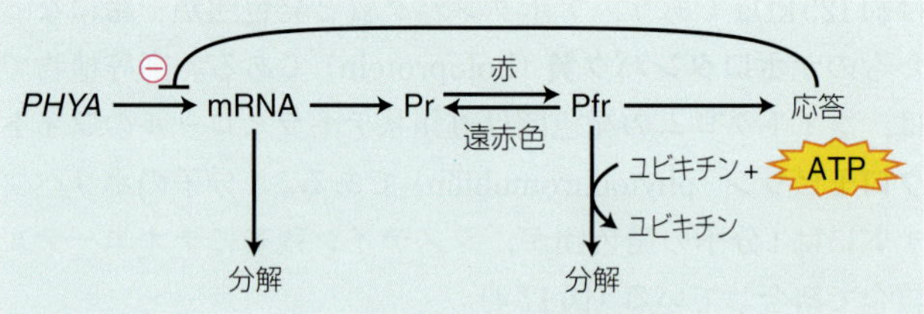

ほかの*PHY*遺伝子（*PHYB*〜*PHYE*）は，タイプIIのフィトクロムをコードする。これらは緑色組織のみならず黄化組織にも存在する。それは，mRNAの発現が光の影響を受けず，phyB〜phyEタンパク質のPfrがPfrAよりも安定だからである。

フィトクロムの組織内，細胞内局在

タンパク質の局在を知ることで，その機能についてさまざまな洞察が可能となる。器官や組織レベルでの，あるいは個々の細胞内でのフィトクロムの局在を知るために多くの努力がなされてきた。

組織内のフィトクロムは分光光学的に検出できる

フィトクロムだけがもつ光可逆的な性質のおかげで，分光光度計を用いて植物組織内のフィトクロム量を定量することができる。その吸収がクロロフィルによりマスクされるため，緑色組織で測定を行うことは困難であるが，暗所で育てられクロロフィルを欠く植物を用いて，被子植物（単子葉植物と双子葉植物），裸子植物，シダ類，藻類においてフィトクロムが検出されている。

黄化芽ばえでは分裂組織や分裂したばかりの組織，たとえば茎頂やエンドウの第一節間（図17.6），あるいはオートム

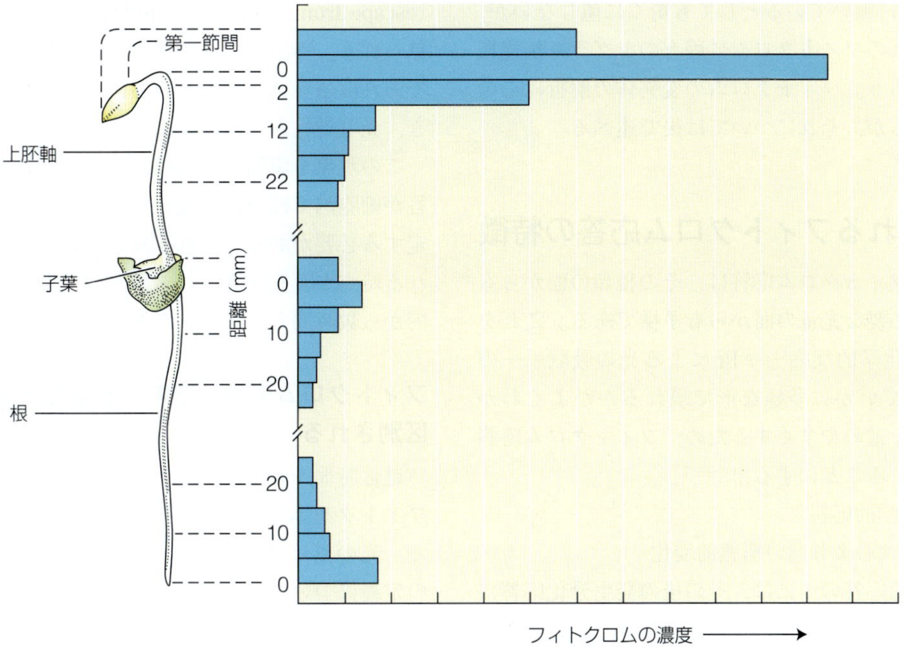

図 17.6 フィトクロムはさかんに発生分化の過程が進行中の部分（茎頂と根端）で濃度がもっとも高い。図では黄化エンドウ芽ばえのフィトクロム量を分光光学的に測定した結果を示す。（Kendrick and Frankland 1983 より）

ギの子葉鞘の先端や節などで高いフィトクロム含量が観察される。しかしながら，さらに感度の高い方法で調べたところ，単子葉植物と双子葉植物の間で，またタイプIとタイプIIフィトクロムの間で，フィトクロムの局在パターンに差があることが明らかとなった。

フィトクロムの発現は組織によって異なる

フィトクロム遺伝子がクローニングされたことにより，さまざまな方法で特定の組織における特定のフィトクロムの発現パターンを調べることが可能となった。異なる組織から抽出された試料について，遺伝子プローブを用いてフィトクロムmRNAを直接検出することも可能であるし，レポーター遺伝子の発現を可視化することで転写活性パターンを解析することも可能である。後者のようなやり方として，たとえば，*PHYA*や*PHYB*遺伝子のプロモーターにレポーター遺伝子としてβ-グルクロニダーゼ（GUS）のような酵素のコード領域を結合させたものが用いられている（遺伝子のプロモーターとは，遺伝子の上流側に位置する転写に必要な領域である）。

*GUS*遺伝子を用いることの利点は，それがコードする酵素が，たとえ非常に少量であっても，植物に与えた無色の基質を有色の沈殿物へと変化させることにある。したがって，たとえば*PHYA*プロモーターが活性をもつ細胞は青く染まるが，そうでない細胞は無色のままである。構築したハイブリッドまたは融合遺伝子は，アグロバクテリア菌（*Agrobacterium tumefaciens*）のTiプラスミドをベクターとして用いて植物へと戻される（**Webトピック21.5**参照）。

上記の方法により，二つの*PHYA*遺伝子の発現がタバコで調べられ，黄化芽ばえでは茎頂のフックの部分と根端でもっとも強い染色が見られることがわかった（Adams et al. 1994）。この結果は過去の免疫組織化学的実験の結果とも一致している。明所芽ばえの染色パターンもこれと似ていたが，予想されたように，その染色の程度は非常に低下していた。同じようにして*PHYA-GUS*と*PHYB-GUS*をシロイヌナズナに戻した実験が行われ，タバコで得られた結果が再確認されるとともに，*PHYB-GUS*の発現量はどの組織でも*PHYA-GUS*より非常に低いことが判明した（Somers and Quail 1995）。

最近の*PHYB-GUS*，*PHYD-GUS*，*PHYE-GUS*を用いた研究により，これらのタイプIIフィトクロムの発現は，タイプIプロモーターに比べてその活性は低いものの，それぞれ特徴的な発現パターンを示すことがわかった（Goosey et al. 1997）。これらの知見を総合すると，異なるフィトクロムは重複しながらもそれぞれ異なるパターンで発現している。

以上より，フィトクロムは若く未分化な組織，すなわちもっともmRNAに富み転写活性が高い細胞で発現がもっとも高い。フィトクロムが高い発生分化能をもつ細胞で多く発現していることは，フィトクロムの発生分化の制御における重要な役割を考えると納得できる。しかしながら，ここでの議論は発現されたフィトクロムが分光光学的活性をもつか否かについては考慮していないことに注意する必要がある。

異なるフィトクロムの発現パターンには重複が見られるの

で，それらが協調的に働いているとしても驚くに値しないが，おそらく，それぞれのフィトクロムに固有のシグナル伝達機構も存在するであろう。フィトクロムの変異体の解析はこの考えを支持しているが，それについては後で述べる。

植物体で見られるフィトクロム応答の特徴

植物体で見られるフィトクロム応答は，その種類の面からも（表17.1），応答に必要な光量の面からも多様である。これを見れば，単一の光化学的反応——Prによる光の吸収——の結果が植物においていかに多様な形で現れるかがよくわかる。ここで，議論を進めやすくするため，フィトクロム応答を二つのタイプ分けることにする：

1. すばやい生化学的応答
2. 成長や運動を含むより遅い形態的変化

すばやい生化学的応答の中には，その後の発生分化応答に影響するものもある。シグナル伝達経路を形づくるこれらの生化学的な応答については後で詳しく述べ，ここでは，植物体全体で見られるフィトクロム応答に焦点をあてる。次に述べるように，これらの応答は必要な光量や照射時間，作用スペクトルに基づいて，いくつかのグループに分けられる。

遅延時間とエスケープ時間は応答によって異なる

フィトクロムの光による活性化から，それに対する形態的な応答が観察されるまでには‘遅延時間’——刺激を与えてから応答が観察されるまでの時間——が存在する。遅延時間は数分の場合もあれば数週間に及ぶ場合もある。すばやい反応としては，細胞内小器官の動きの可逆的変化（**Webトピック17.2**参照）や細胞の可逆的体積変化（膨張と収縮）などが典型的であるが，ある種の成長速度の変化も非常に早くおこる。

明所で育てたシロザ（*Chenopodium album*）における赤色光による茎の伸長阻害は，Pfr量が増加してから8分以内に認められる。シロイヌナズナを用いた研究でも同様の結果が得られ，さらにphyAの作用は赤色光照射開始後，数分以内に見られることがわかった（Parks and Spalding 1999）。これらの研究では主にphyAが寄与するのは初めの3時間位で，3時間めにはphyAタンパク質がもはや検出されなくなることが抗体を用いた解析により示された。そしてこの後はphyBの寄与が増加した（Morgan and Smith 1978）。一方，花芽形成の誘導では，遅延時間は数週間以上となる（24章参照）。

応答の遅延時間を知ることで，反応を誘導するためにどのような生化学的出来事が進行しているかを考える助けとなる。遅延時間が短いほどその間におこる生化学的反応は限られたものとなる。

フィトクロム応答の多様性は，**光可逆性からのエスケープ**（escape from photo reversibility）とよばれる現象においても見られる。赤色光により誘導された現象はある一定の時間内であれば遠赤色光により打ち消される。その時間を過ぎたとき，光可逆性からの‘エスケープ’がおきたといわれる。

この現象を説明するには，フィトクロムによる形態的な応答が細胞内で段階的に進行する反応の連鎖の結果であると仮定する必要がある。それぞれの連鎖に対して，可逆性が失われる時点が存在する。エスケープ時間は応答によって1分以内から数時間とさまざまである。

フィトクロム応答は応答に必要な光量によって区別される

遅延時間やエスケープ時間で応答が区別されるのに加え，フィトクロム応答は応答に必要な光量によっても区別される。光の量は**フルエンス**（fluence）（光の測定に関わる単位の定義については，**Webトピック9.1**参照）とよばれ，単位面積あたりに衝突する光子の数で定義される。もっともよく使われるフルエンスの単位は，mol m^{-2} である。フルエンスに加えてある種のフィトクロム応答は**放射照度**（irradiance）[†] に対応しておこる。放射照度の一般的な単位は mol m^{-2} s^{-1} である。

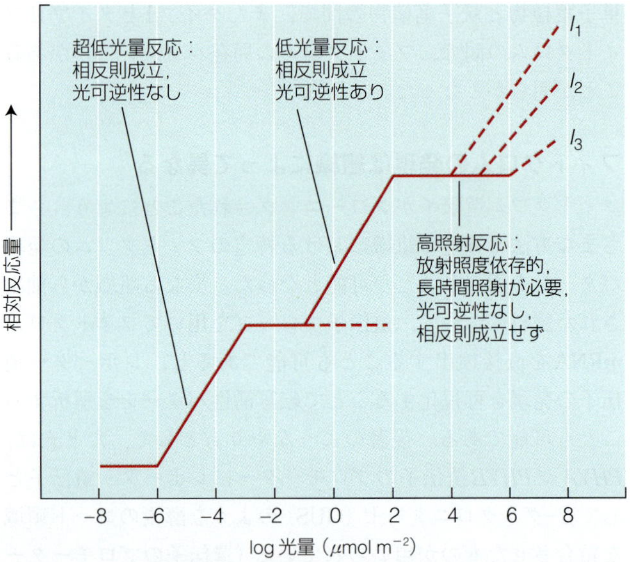

図17.7 光量に対する感受性が異なる三つのタイプのフィトクロム応答。相対的応答量を縦軸，光量を横軸とする。超低光量反応（VLFR）と低光量反応（LFR）は短時間パルス処理でおこる。高照射反応（HIR）は放射照度に比例するので，図中では異なる放射照度 I_1，I_2，I_3 に対する応答を示した（$I_1 > I_2 > I_3$）。（Briggs et al. 1984 より）

† 放射照度とは，単位時間あたりの光量，すなわち光の「強度」を意味する。一般に，高照射反応には長時間の照射が必要とされる。

それぞれのフィトクロム応答に対して，応答量とフルエンスが比例関係になるようなフルエンスの範囲が存在する。図17.7にあるように応答に必要なフルエンスの違いに応じて，フィトクロム応答はいくつかのカテゴリーに分類される。それらは，超低光量反応（VLFR），低光量反応（LFR），高照射反応（HIR）とよばれる。

超低光量反応では光可逆性が見られない

ある種のフィトクロム応答は，わずか0.0001 μmol m^{-2}のフルーエンスでおこる。これはホタルが1回の点滅で発する光の10分の1にあたる。そして反応は約0.05 μmol m^{-2}のフルエンスで飽和する。たとえば，オートムギの黄化芽ばえでは，上記のフルエンスの赤色光により子葉鞘の成長が促進され中胚軸（子葉鞘と根の間の軸の部分）の成長は抑制される。シロイヌナズナの種子では0.001～0.1 μmol m^{-2}の範囲の赤色光で発芽が誘導される。このような，非常に低い光量の光が示す効果を**超低光量反応**（very-low-fluence response：**VLFR**）という。

超低光量反応に必要な微量の光は，全フィトクロムのわずか0.02％をPfrに変換するにすぎない。ふつうの場合，赤色光の効果を打ち消す遠赤色光によってPfrからPrに変換される割合は97％であり，3％のフィトクロムはPfr型として残る。この量は超低光量反応を引きおこすのに十分な量である（Mandoli and Briggs 1984）。したがって遠赤色光では超低光量反応を打ち消すことはできない。超低光量反応の作用スペクトルはPrの吸収スペクトルと一致している。このことは，Pfrがこの応答を引きおこすことを示唆している（Shinomura et al. 1996）。

種子発芽における超低光量反応の生態学的意義については，**Webエッセイ17.1**を参照。

低光量反応は光可逆的である

もう一つのタイプのフィトクロム応答では，1.0 μmol m^{-2}以上のフルエンスが必要であり，1,000 μmol m^{-2}のフルエンスで飽和する。このような反応は**低光量反応**（low-fluence response：**LFR**）とよばれ，レタスの種子発芽や葉の運動制御を含むほとんどの**赤・遠赤色光可逆的反応**はここに分類される（表17.1）。シロイヌナズナの発芽で調べた低光量反応の作用スペクトルが図17.8である。低光量反応の作用スペクトルでは，反応誘導のピークが赤色光領域（660 nm）で見られ，反応抑制のピークが遠赤色光領域（720 nm）で見られる。

低光量反応も，フルエンスが反応を引きおこすのに十分であれば短時間の光照射で誘導することができる。フルエンスは二つの要因によって決まる。それは，放射照度（mol m^{-2} s^{-1}）と照射時間である。したがって十分に明るい光であれば短時間の赤色光照射により応答は誘導され，暗い光であれば十分長い時間照射する必要がある。このような放射照度と照射時間との間の相反的な関係は，1850年にR. W. BunsenとH. E. Roscoeにより**相反則**（law of reciprocity）としてはじ

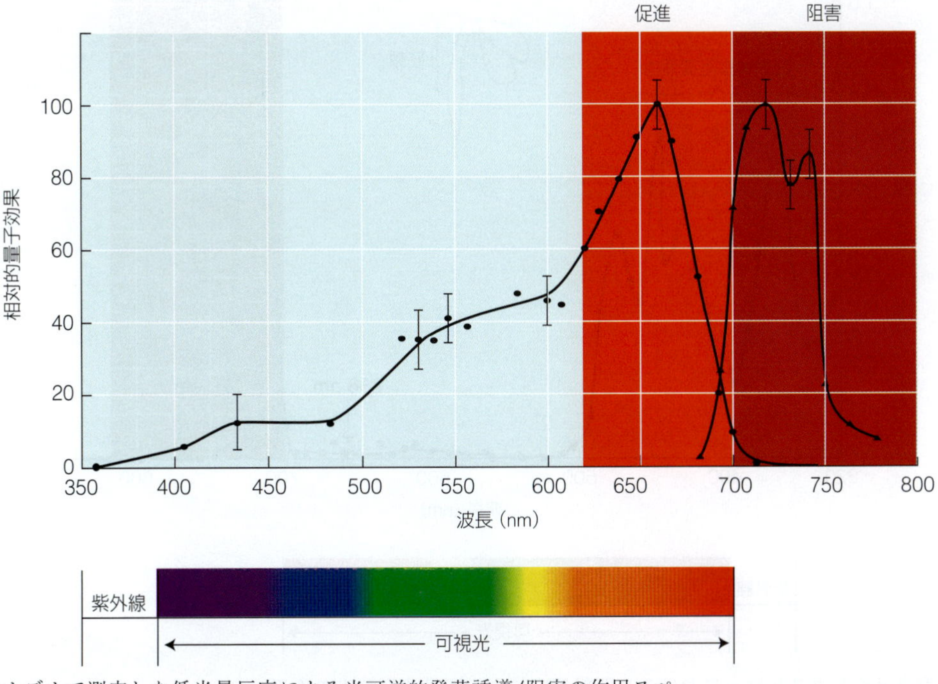

図 17.8　シロイヌナズナで測定した低光量反応による光可逆的発芽誘導/阻害の作用スペクトル（Shropshire et al. 1961より）

表 17.2　高照射反応により誘導される光形態形成
さまざまな双子葉植物の芽ばえや切り取ったリンゴの表皮におけるアントシアニン蓄積
シロガラシ，レタス，ペチュニアなどの芽ばえにおける下胚軸伸長阻害
ヒヨス（*Hyoscyamus*）における花成誘導
レタス幼芽のフックの展開
シロガラシ子葉の拡大
ホウキモロコシにおけるエチレン生成

めて定式化された。超低光量反応と低光量反応の両者で相反則は成立する。

高照射反応は光強度と照射時間に比例する

3番めのタイプのフィトクロム反応は，**高照射反応**（high-irradiance response：**HIR**）とよばれ，その中のいくつかは表17.2にあげられている。高照射反応を引きおこすには比較的高放射照度の光を連続的に長時間あてる必要がある。そして応答はある範囲で放射照度に比例する。

これらの応答が高フルエンス反応とよばれず高照射反応とよばれるのは，フルエンスではなく放射照度に応答が比例するからである。高照射反応を飽和させるには，低光量反応に比べ少なくとも100倍以上高いフルエンスが必要である。また反応は光可逆的でない。高照射反応は，弱い光を長時間あてても強い光を短時間あててもおこらないので，相反則は成り立たない。

表17.1にあげた低光量反応の多く，特に脱黄化に関わる反応では，高照射応答も見られる。たとえば，シロガラシ（*Sinapis alba*）の芽ばえで見られるアントシアニン合成の低フルエンス領域での作用スペクトルには，赤色光領域に単独のピークが見られる。また，この効果は遠赤色光で打ち消され，相反則も成り立つ。しかしながら，黄化芽ばえを数時間にわたって高放射照度の照射を行った場合，作用スペクトルのピークは遠赤色光領域と青色光領域で見られ（次節参照），光可逆性は見られず，応答量は放射照度に比例する。このように一つの生理応答でも低光量反応と高照射反応の両方が見られることがある。

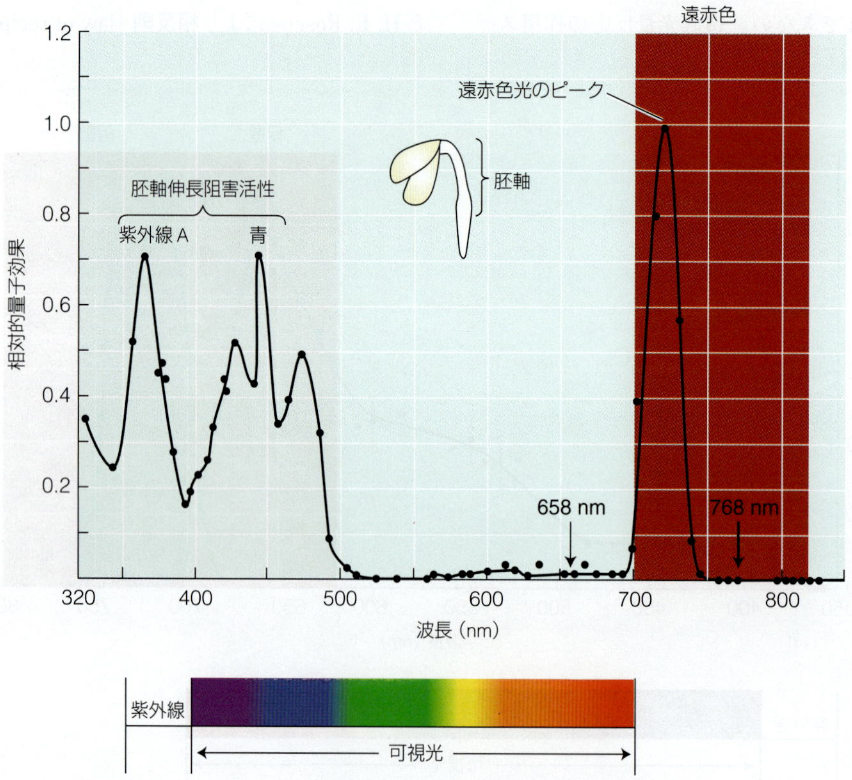

図 17.9　暗所で生育させたレタス芽ばえにおける高照射反応による胚軸伸長阻害の作用スペクトル。阻害のピークはUV-A，青，遠赤色光領域で見られる。（Hartmann 1967 より）

黄化芽ばえで見られる高照射反応の作用スペクトルは遠赤色光，青色光，UV-A領域にピークをもつ

茎などの伸長抑制のような高照射反応は，黄化芽ばえで調べられることが多かった。レタスの黄化芽ばえにおける下胚軸伸長抑制の作用スペクトルを図17.9に示す。高照射反応では主要なピークは，PrとPfrの吸収ピークの中間の遠赤色光領域で見られる。また，青色光とUV-A領域にもピークが見られる。赤色光領域にピークが見られないため，この応答にはフィトクロム以外の色素が関わると当初は考えられた。

現在では，高照射反応にフィトクロムが関わることを示す多くの証拠が見つかっている（**Webトピック17.3**参照）。しかしながら，UV-Aと青色光領域のピークはそれらを吸収する他の色素によるのではないかと疑われている。

この仮説が正しいかどうか，ほとんど分光学的に活性なフィトクロムをもたないシロイヌナズナの*hy2*変異体で胚軸伸長の阻害が調べられた。予想されたように，野生株ではUV-A，青色光，遠赤色光領域でピークが見られた。対照的に*hy2*変異体は赤色光にも遠赤色光にも反応しなかったが，UV-Aと青色光には応答した（Goto et al. 1993）。

これらの結果は，UV-Aや青色光による高照射反応にフィトクロムが関与しないこと，そしてこれらの波長に対応した他の光受容体が存在することを示している。さらに最近の研究によれば，クリプトクロムとよばれる青色光受容体が胚軸伸長阻害に関与している。

緑色植物の高照射応答の作用スペクトルは赤色光領域にピークをもつ

黄化芽ばえにおける高照射反応の研究中に，芽ばえの緑化が進行すると連続遠赤色光に対する応答が見られなくなることがわかった。たとえば，明所で生育させたシロガラシの緑色芽ばえの胚軸伸長阻害の作用スペクトルは，図17.10のようになる。一般に，明所で生育させた植物における高照射反応の作用スペクトルは，低光量反応の場合と同様に赤色光領域にのみピークを示す（図17.8）。ただし，高照射反応では光可逆性は見られない。

連続遠赤色光に対する応答の消失と，ほとんどすべてがphyAからなる光に不安定なタイプIフィトクロムの消失の間には強い相関が見られる。この発見は，黄化芽ばえで見られる連続遠赤色光に対する反応がphyAにより媒介されること，緑色芽ばえで見られる赤色光に対する応答はタイプIIに属するphyBやその他のフィトクロムの働きによることを示唆している。

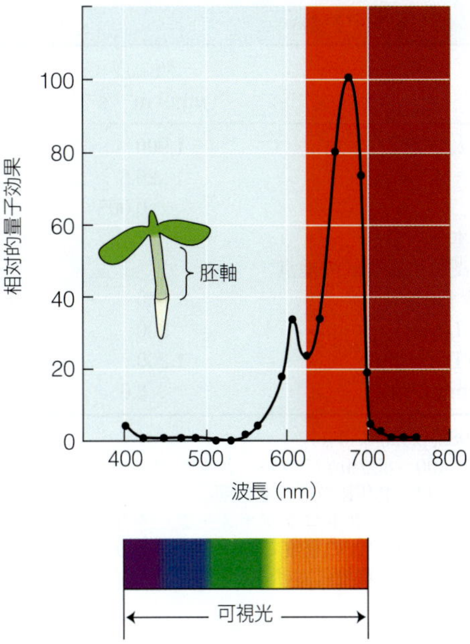

図17.10　明所で生育させたシロガラシ（*Sinapis alba*）の芽ばえにおける高照射反応による胚軸伸長阻害の作用スペクトル（Beggs et al. 1980より）

生態学的機能：避陰反応

これまでのところ，実験室内で見られるフィトクロム応答について述べてきた。一方，フィトクロムは自然環境で植物が生育するために大切な生態学的役割を担っている。この後の議論では，植物がどのようにして他の植物が作る陰を感知しそれに応答するか，そしてフィトクロムが一日のリズムにどのように関わるかについて述べる。またフィトクロム遺伝子族のメンバーごとの役割についても述べる。

フィトクロムは植物が光環境の変化に適応することを可能にする

赤・遠赤色光可逆的な光受容体が，藻類から双子葉植物まですべての緑色植物で見られることは，これらの波長の光が植物の環境適応の助けとなることを示している。それでは自然界においてどのような環境の変化がこれら二つの波長の光の相対量を変化させるのだろうか。

赤色光（R）と遠赤色光（FR）の比率は，環境により大きく左右される。この比率は次のように定義される：

$$R/FR = \frac{R}{FR} = \frac{660\,\text{nm}\text{を中心とした}10\,\text{nm}\text{幅の波長範囲での放射照度}}{730\,\text{nm}\text{を中心とした}10\,\text{nm}\text{幅の波長範囲での放射照度}}$$

表17.3に，さまざまな環境における光強度（400～800 nm）とR/FRの値を示す。どちらの値も環境によって大きく異なる。

日中の光に比べ，夕日，地中5 mmの地点の光，木陰の光

表 17.3　自然環境中の光

	照　度 (μmol m^{-2} s^{-1})	R/FR*
日中の太陽光	1,900	1.19
夕日	26.5	0.96
月光	0.005	0.94
ツタの木陰	17.7	0.13
三つの湖の水深 1 m の地点		
Black Loch	680	17.2
Loch Leven	300	3.1
Loch Borranlie	1,200	1.2
深さ 5 mm の地中	8.6	0.88

Smith 1982, p.493 より。
光強度は 400～800 nm について合算。フィトクロムに対する効果については，R/FR の項目を参照。
＊　測定にはスペクトロラジオメーターを用いた。ただし，あくまでも環境中でどの程度この値が異なるかを大まかに示すものであって，その環境における正確な平均値ではないことに注意。

などでは遠赤色光の量が多くなる。木陰におけるこのような現象は緑色の葉に含まれるクロロフィルが赤色光を吸収する一方，遠赤色光を相対的に多く透過させるためである。

R/FR 比と陰　フィトクロムの重要な機能は，他の植物が作る陰を感知することである。陰に入った植物が茎を伸ばすことは**避陰反応** (shade avoidance response) とよばれる。陰が濃くなると R/FR は減少する。遠赤色光の割合が増えると Pfr から Pr への変換が促進され，総フィトクロム量に対する Pfr 量の比 ($Pfr/P_{総フィトクロム}$) が減少する。自然状態での光環境をまねて遠赤色光量を増加させると，いわゆる陽生植物（一般に開けた土地で生育する植物）では $Pfr/P_{総フィトクロム}$ が減少することで茎の伸長速度が増加する（図 17.11）。

別のいい方をすれば，遠赤色光の量を増やして木陰の状態をまねると，より多くの資源を背を高くするために振り分けるようになる。このような応答はもともと木陰で生育する陰生植物では見られない。陰生植物は，高い R/FR 比のもとでも茎の伸長速度を低下させない（図 17.11）。つまり，フィトクロムによる成長制御と生活様式の間には関係が見られる。このような結果は，フィトクロムが陰の感知に関与することを示している。

陽生植物（避陰植物）にとって，他の植物の陰に入ったときにより多くの資源をすばやい伸長成長に用いることには，適応的な価値がある。このようにして，木陰を抜け出し光合成に適した光を受け取ることで生き残るチャンスが増える。茎を伸ばすことの問題点は葉の面積と枝分かれが減ることだが，少なくとも短期間で考えれば茎を伸ばす応答には十分価値がある。

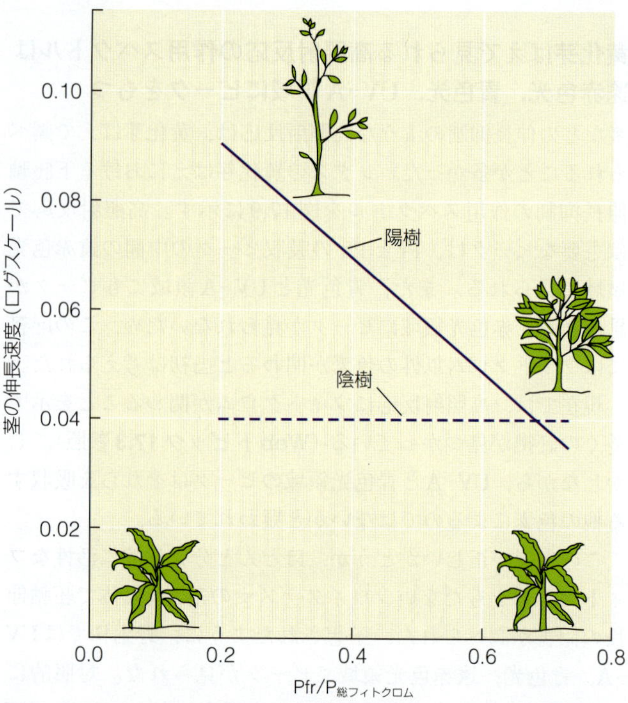

図 17.11　陽生植物（実線）と陰生植物（破線）における避陰反応とフィトクロムの関係 (Morgan and Smith 1979)

R/FR 比と発芽　ある種の植物では，光の質が種子の発芽に影響する。すでに述べたように，フィトクロムは光依存的なレタス種子発芽の研究によって発見された。

一般に，大きな種子を作る植物では暗所で長期間にわたって成長（たとえば地中での成長）するための栄養を蓄えているため，発芽に光を必要としない。しかしながら，草原などで見られる草本植物の小さな種子では発芽に光が必要である。これらの種子の多くは，たとえ水を吸収しても光が透過しない地中では休眠状態となる。そのような種子が地表や地表近くにあったとしても木陰にある場合（すなわち R/FR 比が低下している場合）には発芽が影響を受ける。たとえば，小さな種子を作るある植物種では遠赤色光が増加した木陰では発芽が阻害されることが知られている。熱帯植物であるケクロピア属の一種 (*Cecropia obtustifolia*) やコショウ属の一種 (*Piper auritum*) の小さな種子は深い森の林床におくと発芽しないが，もし種子の上に赤色光を透過し遠赤色光をブロックするようなフィルターを置くとすぐに発芽する。木陰では赤色光の量は極端に少ないが，発芽に十分な量は含まれる。ここで，阻害反応をもつ遠赤色光がフィルターにより取り除かれると，R/FR 比が上昇し発芽すると考えられる。これらの種子は，植生が疎な場所では密な場所より発芽しやすいことが予想される。光は，種子が貯蔵している栄養を使い尽くす前に芽ばえが光合成を行えるかどうかを判断するために役立っている。

後で述べるように，レタスの種子で見られる光依存的な発芽は植物ホルモンであるジベレリンの生理活性型が増えることでおこる。したがって，フィトクロムはジベレリンの生合成を制御しているのかもしれない（20章参照）。

生態学的機能：概日リズム

植物のいろいろな代謝過程，たとえば酸素の発生や呼吸では，高活性期と低活性期がおよそ24時間周期で交互に現れる。これらのリズムをもった変化は，**概日リズム**とよばれる（circadian rhythm，ラテン語の「ほぼ一日」という意味の語句に由来）。リズムの**周期**（period）とはピークから次のピークまでの時間である。このリズムは外部の制御因子の働きなしに継続するので**内在的**（endogenous）と考えられる。

概日リズムが内在的ということは，植物自身が体内にペースメーカーまたは**振動子**（oscillator）をもつことを示唆している。内在性の振動子は，さまざまな生理過程に影響を与える。この振動子がもつ重要な性質は温度変化の影響を受けないことである。この性質により，概日時計ともよばれるこの振動子は，広い範囲の季節や天候のもとでその機能を発揮できる。概日時計のこのような性質は**温度補償性**（temperature compensation）とよばれる。

植物でも動物でも光は概日リズムに大きな影響を与える。実験室で概日時計の周期を調べると，24時間より1，2時間長かったり短かったりするが，自然状態では昼夜の切り替えという光刺激の働きにより正確に24時間周期となる。このような光刺激による調整は**馴化**（entrainment）とよばれる。赤色光と青色光の両方とも馴化作用をもつ。赤色光の効果は遠赤色光により打ち消されるためフィトクロムの働きと考えられ，青色光の効果は青色光受容体の働きによる。

フィトクロムは葉の就眠運動を制御する

葉の**就眠運動**（nyctinasty）は，光で制御されることがよく知られている概日リズム現象の一つである。就眠運動では，葉や小葉は日中には水平に伸びて光の方へその広い面を向け，夜には鉛直に向いて閉じた状態となる（図17.12）。就眠運動は多くのマメ科植物，たとえばオジギソウ属（*Mimoza*），ネムノキ属（*Albizia*），サマネア属（*Samanea*）など，またカタバミ科の植物などで見られる。葉や小葉の角度は**葉枕**（pulvinus，複数形はpulvini）とよばれる葉柄の付け根にある組織の細胞の膨圧変化により変化する。

一度，リズムに従った葉の開閉の周期が開始されると，植物体についた状態の葉でも切り離された葉でも，連続暗条件でリズムの継続が見られる（図17.13）。リズムの位相は，赤色光や青色光を含むさまざまな外的シグナルによりずらすことができる。

光は就眠運動に直接的な影響も与える。青色光には閉じられた小葉を開かせる働きがあり，赤色光には暗期に移したときにすばやく小葉を閉じさせる効果がある。暗所に移された小葉は5分以内に閉じ始め，30分後には完全に閉じる。この赤色光の効果は遠赤色光で打ち消されることから，フィトクロムが関与していることがわかる。

葉が動く生理学的な機構はよくわかっている。それは，葉枕（pulvinus）の対面する位置にある**腹面運動細胞**（ventral motor cell）と**背面運動細胞**（dorsal motor cell）とよばれる細胞の膨圧の変化によっておこる（図17.14）。膨圧変化は運動細胞の細胞膜をはさんだK^+とCl^-イオンの移動によりおこる。小葉が開く場合は，腹面運動細胞がK^+とCl^-イオンを

(A)　(B)

図17.12　オジギソウの就眠運動。(A) 開いている小葉，(B) 閉じている小葉。（写真 © David Sieren/Visuals Unlimited）

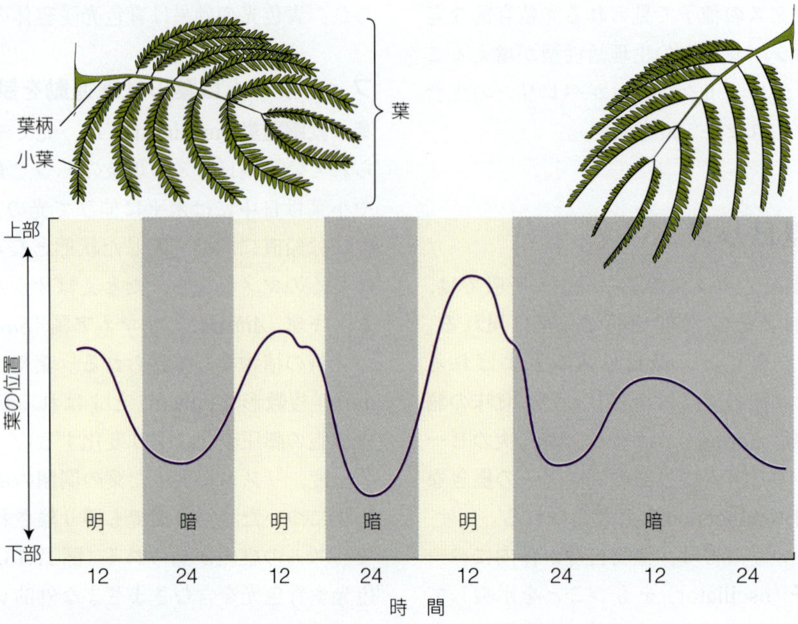

図 17.13 ネムノキ属の葉における概日リズムによる就眠運動の制御。葉は朝には起立し夕方になると垂れ下がる。葉の上下運動と並行して小葉が開閉する。リズムは連続暗条件に移した後も一定期間つづく。

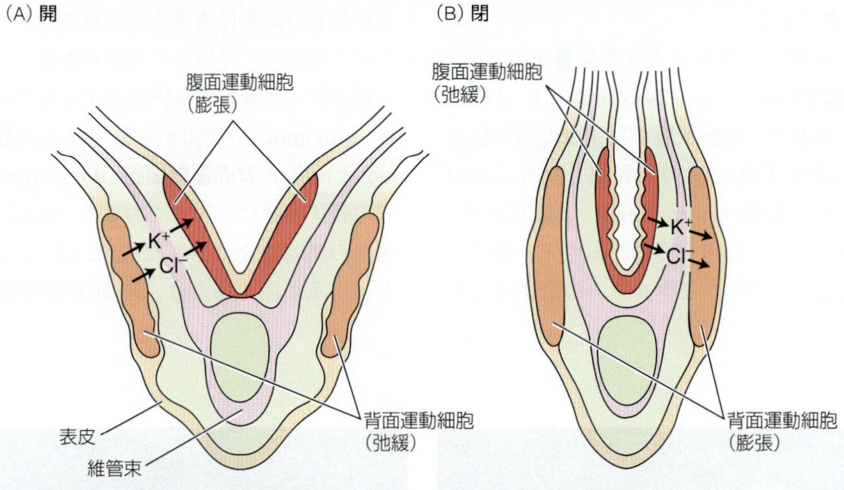

図 17.14 ネムノキ属の小葉の開閉時の葉枕腹面運動細胞と葉枕背面運動細胞におけるイオンの出入り (Galston 1994 より)

細胞内に取り込んで膨圧を上げ膨らみ，背面運動細胞は逆にイオンを放出して縮む。この逆の変化がおこれば小葉は閉じる。したがって，小葉が閉じるという現象は，生体膜を介したイオンの透過が関わるすばやいフィトクロム応答の例といえる。

遺伝子発現と概日リズム フィトクロムは遺伝子発現の調節についても概日時計と相互作用する。光化学系IIの集光性クロロフィル*a*/*b*結合タンパク質をコードする*LHCB*遺伝子族の発現は，転写レベルで概日リズムとフィトクロムの両方の制御を受ける。

エンドウとコムギの葉で，*LHCB*のmRNA量は夜と昼の明暗周期に応じて，朝に増加し夕方に減少する。このリズムは連続暗条件でも継続されるので，概日リズムにより制御されていると考えられる。しかし，フィトクロムはこの周期的なパターンを妨害することができる。

コムギが12時間明，12時間暗の周期から連続暗条件に移されると，リズムはしばらくつづくが，やがてピークと谷間の区別がつかなくなりリズムは消えていく。しかし，連続暗条件に移す直前に赤色光を短時間照射するとリズムがより長期間観察されるようになる。

対照的に，暗所に移す直前に遠赤色光を照射すると，つづく暗所での*LHCB*遺伝子の発現は妨げられる。この遠赤色光の効果は赤色光で打ち消される。ここで，遺伝子発現にリズムが見られなくなるからといって振動子が振動を止めたわけではなく，むしろ，振動子と特定の生理反応の結びつきがなくなったと考えられる。そして，赤色光にはこの結びつきを回復させる働きがある。

シロイヌナズナの時計遺伝子の同定

他の生物では，概日時計の変異体を研究することで時計遺伝子が同定されてきた。植物で時計変異体を単離するためには，何万もの植物個体において時計の動きをモニターし，その中から異常な表現型を示す個体を見つける必要がある。

シロイヌナズナで時計変異体をスクリーニングするため，*LHCB*遺伝子のプロモーター領域に，基質となるルシフェリンの存在下で発光するルシフェラーゼの遺伝子がつなげられた。次に，この融合レポーター遺伝子がTiプラスミドをベクターとして，シロイヌナズナに遺伝子導入された。ビデオカメラを使えば，ルシフェラーゼによる生物発光の空間的，時間的変化を即時的に観察することができる（Millar et al. 1995）。

全部で21の独立な*toc*と名づけられた時計変異体が単離された。これらは，周期が短くなるものや長くなるものを含んでいる。特に*toc1*変異体は中心的な振動機構に関する変異体と考えられている（Strayer et al. 2001）。内在性の振動子に関するモデルについては，後の章で紹介する。

生態学的機能：フィトクロムの特殊化

フィトクロムは*PHYA*から*PHYE*の多重遺伝子族によりコードされている。これらは構造上非常によく似ているにもかかわらず，植物の一生のなかで別々の機能を果たす。この節では異なるフィトクロムの生態学的な役割についての現時点での知見について，特にphyAとphyBに焦点をしぼって論ずる。

phyBは，連続赤色光と連続白色光に対する応答を媒介する

phyBははじめ，連続光に対する応答で働くと推定された。これは，白色光下で胚軸が徒長する*hy3*変異体（現在では*phyB*変異体とよばれる）が，*PHYB*遺伝子の変異体であることが判明したからである。この変異体では，*PHYB* mRNAが減少しているか，またはまったく検出されず，phyBタンパク質もほとんど検出されない。対照的に，*PHYA* mRNAとphyAタンパク質のレベルは正常である。

phyBは連続的に，または短時照射した赤色光に応答して胚軸長を制御することにより避陰反応を引きおこす。そして，予想されることであるが，*phyB*欠損変異体は木陰に入ってもそれに応答して胚軸を伸長させることができない。さらに，この変異体は，毎日の明期から暗期へ移る直前に与えた遠赤色光に応答して胚軸を伸ばすこと（‘end-of-day far-red応答’とよばれる）もできない。これらの応答は，総フィトクロム量に対するPfr量の比に応じて低光量でおこる反応と考えられる。避陰反応ではphyBが中心的な役割を果たしているが，他のフィトクロムも重要な役割を果たしているという証拠がある（Smith and Whitelam 1997）。

*phyB*変異体では，クロロフィル量と一部の葉緑体タンパク質のmRNAが減少するとともに，植物ホルモンへの応答にも異常が生じている。*PHYB*遺伝子の変異により連続赤色光を感知できなくなることから，他のフィトクロムが存在するだけでは連続赤色光や連続白色光に応答するために十分ではないと結論される。

光可逆的な発芽制御はフィトクロム発見の契機となった現象であるが，この応答もphyBが制御しているようである。野生型のシロイヌナズナの種子は発芽に光を必要とする。この応答には赤・遠赤色光可逆性が見られる。phyAを欠損する変異体は赤色光に対して正常に応答するが，*phyB*変異体は低光量の赤色光に応答することができない（Shinomura et al. 1996）。この実験的証拠は，phyBが光可逆的な発芽制御を行っていることを強く示唆している。

連続遠赤色光に対する応答にはphyAが必要である

もともとの*hy*変異体のなかには，phyB以外のフィトクロム変異体は含まれていなかった。そのため，*phyA*変異体を単離するためには，さらに巧妙なスクリーニングが必要であった。すでに述べたように遠赤色光による高照射反応は光に不安定なフィトクロム（タイプIフィトクロム）を必要とするので，phyAがこの応答に関与することが予想された。もしこれが正しければ，*phyA*変異体は連続遠赤色光に対して反応できず，胚軸が徒長しひょろひょろになるはずである。しかしながら，phyAが働くためには発色団を結合してホロフィトクロムとならなければならないことから，発色団を欠損する変異体も同様の表現型を示すと予想される。

*phyA*変異体だけを選びだすために，遠赤色光下で徒長した芽ばえについて赤色光下での胚軸伸長が調べられた。後者の条件下で*phyA*変異体は正常に生育するが，発色団の変異体はphyBの機能も欠くため応答できない。このようにして得られた*phyA*変異体は正常な白色光下では目立った表現型を示さなかった。したがって，phyAは白色光の感知につい

表 17.4　超低光量反応（VLFR），低光量反応（LFR），高照射反応（HIR）の比較

応答	光可逆性	相反則	作用スペクトルのピーク	光受容体
VLFR	なし	成立	赤，青	phyA，phyE*
LFR	あり	成立	赤，遠赤色	phyB，phyE，phyE
HIR	なし	成立せず	黄化植物体：遠赤色，青，UV-A	phyA，クリプトクロム
			緑色植物体：赤	phyB

＊　phyE は VLFR による発芽誘導には必要であるが，phyA による他の VLFR には必要ない。

ては目立った働きはしていないことがわかった。

この事実により，なぜもともとの *hy* 変異体のスクリーニングで *phyA* 変異体が得られなかったが理解できる。phyA は光形態形成において，限られた役割，主に脱黄化と遠赤色光に対する応答を担っていると考えられる。たとえば，phyA は赤色光をほとんど含まない木陰での発芽に必要なのかもしれない。

phyA 変異体が示す連続遠赤色光における表現型から，この応答には他のフィトクロムがあっても不十分なことがわかる。この意味では，すべてのフィトクロムが同様に赤と遠赤色光を吸収するにもかかわらず，phyA と phyB の役割はまったく異なっている。

phyA は，シロイヌナズナの超低光量反応による光発芽も制御している。したがって，*phyA* 変異体では超低光量領域の赤色光による発芽誘導が見られないが，低光量による発芽は正常である（Shinomura et al. 1996）。この結果は，超低光量反応において phyA が主要な光受容体として働いていることを示している。最近では，これに加えて phyE もこの超低光量反応に関与することが報告された（Hennig et al. 2002）。

表 17.4 に，いろいろなフィトクロム応答における異なるフィトクロムの役割をまとめた。

phyC，D，E の発生過程における役割がわかりつつある

最近，変異体を用いることで，植物の成長，分化における他のフィトクロムの役割がわかりつつある。これらのフィトクロムは phyA や phyB と重複する役割をもつため，*phyAB* 欠損変異体において変異を研究する必要がある。たとえば，phyD と phyE は，phyB が主役を果たす避陰反応で補助的に働いている。

二重あるいは三重変異体を作り出すことで，それぞれのフィトクロムが特定の応答にどの程度寄与しているかを調べることが可能となった。このようにして，phyB のように，phyD が葉柄の伸長と花芽形成時期（24 章参照）の制御に関与していることが明らかとなった。また，phyE はこれらの反応について phyB や phyD と重複して働くだけでなく，節間伸長の制御においては，phyA や phyB と重複して働くことがわかった。

シロイヌナズナのフィトクロムのなかでは phyC に関する知見がもっとも少ない。*phyABDE* 四重変異体では R/FR 比に対する応答がほとんど見られないものの，フィトクロムによる遺伝子発現の制御は見られる。

まとめると，phyC，phyD，phyE の役割は phyA や phyB のそれとほとんど重複しているように見える。ここで，phyB はすべての発生段階で働いているが，他のフィトクロムの機能は特定の発生段階や応答に限られている。

光発芽においてはフィトクロム間の相互作用が重要である

図 17.15A は連続赤色光および連続遠赤色光が phyB と phyA に吸収され，どのような応答がおこるかを示している。連続赤色光照射により PfrB 量が高いレベルで維持され，その結果，脱黄化がおこる。連続遠赤色光は，PfrB のレベルを下げることで phyB の応答を押さえる。一方，phyA による脱黄化ではフィトクロムの光平衡状態が重要である（図 17.15A 中の円を描く矢印）。連続遠赤色光を吸収した phyA システムは脱黄化を促進する。一方，phyA 応答は赤色光により阻害される。

直接の太陽光と木陰の光（遠赤色光をより多く含む）の phyA と phyB に対する効果を図 17.15B に示した。開けた場所の太陽光は相対的に赤色光に富み，この条件下での脱黄化現象は主に phyB システムによりおこる（図左）。木陰に生えている芽ばえでは，主に phyA システムにより脱黄化する（図中央）。しかし，phyA は不安定なため応答は phyB に引き継がれる（図右）。ここで茎の伸長抑制がとかれ（図 17.15A），避陰反応の一環として茎の伸長が促進される（**Web トピック 17.4** 参照）。

植物が近隣の植物の存在を反射光を用いて感知するしくみについては，**Web エッセイ 17.2** を参照。

フィトクロムの機能領域

フィトクロムのさまざまな分子種が見つかるまでは，ただ一種のフィトクロムがどのようにして多様な応答を引きおこす

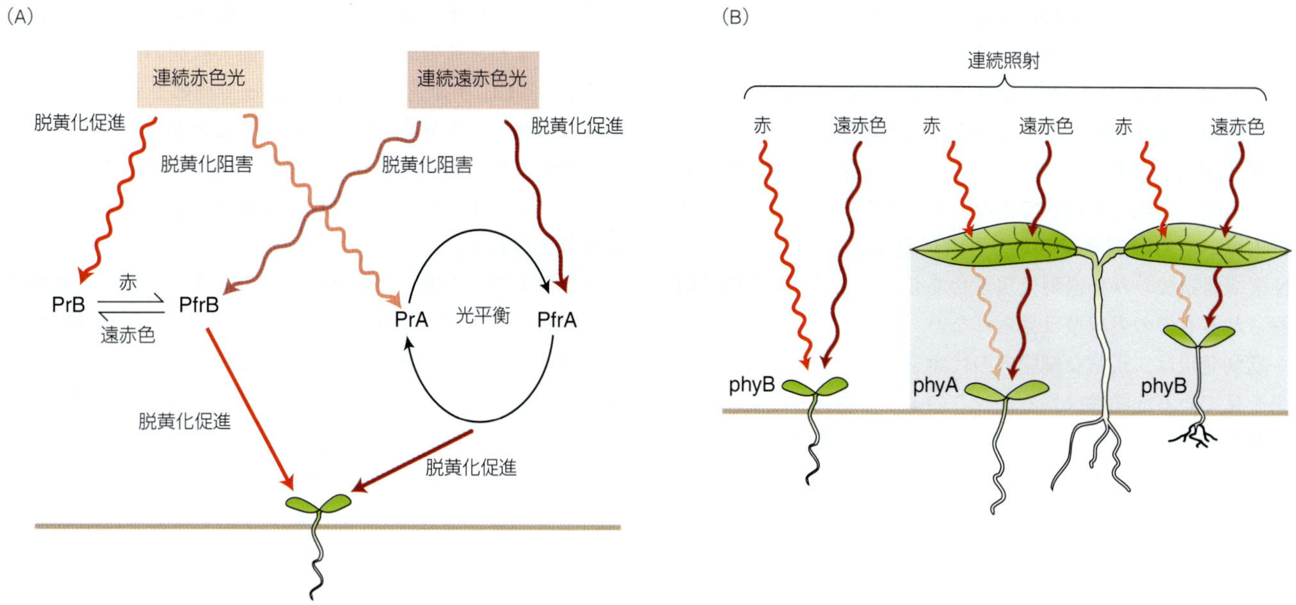

図 17.15　phyAとphyBの相互相反的役割（Quail et al. 1995より）

のか謎であった。しかし，フィトクロムが多重遺伝子族を形成し，それぞれのメンバーが特有の発現パターンをもつことが判明し，その機構の理解がより容易となった。すなわち，特定のフィトクロム応答は，特定のフィトクロムや複数のフィトクロムの相互作用によって媒介されるという仮説が考えられる。すでに述べたように，この仮説はphyAとphyBの変異体の結果からも支持される。

この仮説の帰結として，フィトクロム分子の特定の領域がそのフィトクロムに独特の機能を果たすために特殊化していることが予想される。分子生物学的手法を用いることで，このような難しい疑問に答えることが可能となる。この節ではフィトクロム・ホロタンパク質にどのような機能領域が存在するか説明する。

特定のフィトクロムの量を低下させるような変異体がそのフィトクロムの機能を知るうえで役立つのと同様，ある特定のフィトクロムを過剰に発現する植物もその機能を探るうえで役立つ。まず，そのような植物を用いることにより，フィトクロム量と応答の関係をより広いレンジで調べることができる。また，特定のフィトクロム分子内の配列を変化させて植物に戻し，その生理活性を調べることもできる。

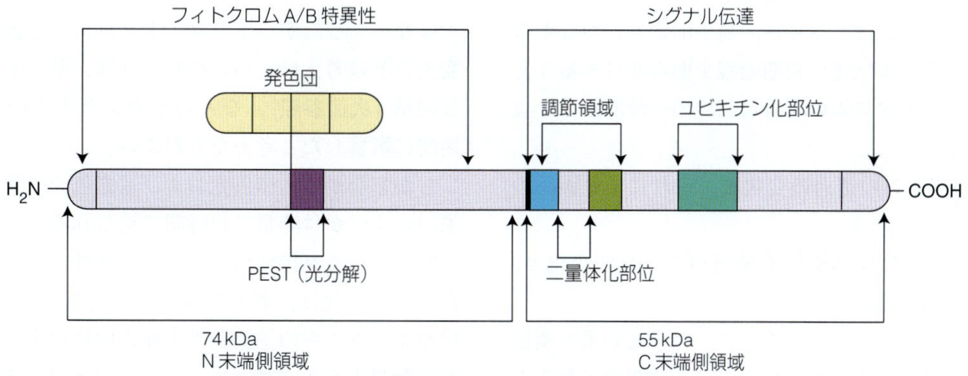

図 17.16　フィトクロム・ホロタンパク質のさまざまな機能領域を示す模式図。発色団結合部位とPEST配列がN末端側領域に存在する。赤色光と遠赤色光のどちらに応答するかはこの領域によって決まる，C末端側領域には二量体化部位，ユビキチン化部位，制御部位が存在する。C末端側領域はフィトクロムの下流で働くタンパク質にシグナルを伝える。（訳者注；最近の研究（Matsushita et al. 2003）により，phyBのシグナル伝達にC末端側領域は必要ないことが判明し，「C末端側領域がシグナルを伝える」という考え方には見直しが迫られている。）

通常，*PHYA*または*PHYB*遺伝子を過剰発現させた植物では顕著な表現型が見られる。そのような遺伝子導入植物は，多くの場合小型化し，クロロフィル量が増加して緑色が濃くなり，頂芽優性が弱まる。このような表現型が現れるためには光化学的に活性なホロフィトクロムが蓄積する必要がある。実際，発色団を結合できないような変異をもつフィトクロムはいくら過剰発現させても表現型は示さない。同様に，N末端側領域のみを過剰発現させても，タンパクの蓄積は観察されるものの表現型は見られない。

過剰発現は，正常な細胞内の代謝を攪乱するので人為的効果を見ている危険性は残るが，このような構造と機能に関する解析により，フィトクロム分子がN末端側の光受容領域とシグナル伝達配列をもつC末端側領域からできているという見かたがされるようになった（図17.16）。

C末端側領域には，二量体形成のための部位やタンパク分解のための印として，ユビキチン化される部位などが存在する（詳しいフィトクロム分子の機能領域地図については，**Webトピック17.5**を参照）。

細胞，分子レベルの作用機構

フィトクロムによって制御される反応は，すべて色素による光の吸収から始まる。光が吸収されたあと，フィトクロム分子の性質が変化し，おそらくC末端側に存在するシグナル伝達配列が，情報伝達を担う一つあるいはそれ以上の因子と相互作用することで，最終的に成長，発生，器官形成が変化すると考えられる（表17.1）。

シグナル伝達モチーフのあるものはさまざまなシグナル伝達経路に作用するが，別のモチーフはある特定の経路のみに作用する。さらに，異なるフィトクロムは異なるシグナル伝達経路のセットを利用している可能性が高い。

分子的，生化学的研究は，生理的，発生的応答につながるフィトクロムのシグナル伝達の初期過程を明らかにするうえで有効である。フィトクロムの応答は二つの一般的なカテゴリーに分かれる：

1. 比較的速いイオンの透過の変化と，それによる膨圧の変化。
2. より遅く長期間に及ぶ遺伝子発現パターンの変化と，それによる光形態形成。

この節では，フィトクロムの膜透過性に対する効果と遺伝子発現に対する効果の両方を取り扱う。また，想定されるシグナル伝達経路についても述べる。

フィトクロムは膜電位とイオンの流れを制御する

フィトクロムは膜の性質をすばやく変化させることができる。すでに述べたように，葉の就眠運動において，暗期に入ってすばやく小葉を閉じさせるには，低光量の赤色光が必要である。また，この応答は葉枕の背面と腹面の運動細胞におけるK^+とCl^-イオンの出入りによって制御されている。葉が暗所に移して5分後には閉じ始めることから，遺伝子発現の変化がこれに関与している可能性は低い。むしろ，フィトクロムによるすばやい膜透過性と膜輸送の変化がおこっていると考えられる。

フィトクロムの働きで小葉が閉じるとき，背面の運動細胞（小葉が閉じるときに膨張する）のアポプラストのpHが低下し，逆に腹面の運動細胞（小葉が閉じるときに収縮する）のそれは増加する。したがって，背面細胞の細胞膜のH^+ポンプが暗所に移されたことで活性化され，腹面細胞のそれは同じ条件下で不活性化されたと考えられる（暗所に移してもフィトクロムはしばらくPfr型のままとどまることに注意）（図17.14）。小葉が開くときには逆の方向へのpH変化が見られる。

サマネア属の植物で，葉の背面と腹面の運動細胞のプロトプラスト（細胞壁を取り除いた細胞）におけるフィトクロムによるK^+チャネルの制御に関する研究がなされた（Kim et al. 1993）。細胞外K^+濃度が上がると，K^+チャネルが開いている場合にかぎりK^+はプロトプラスト内へ流入し，脱分極がおこる。背面細胞と腹面細胞のプロトプラストを暗所に移すと，K^+チャネルは21時間周期の概日リズムを示す。また，2種類の細胞は，植物体内でそうであったように，ちょうど逆方向へ状態を変化させる。すなわち，背面細胞でK^+チャネルが開く時期には腹面細胞では閉じ，後者が開く時期には前者は閉じる。このように，葉の運動の概日リズムは，K^+チャネルの開閉の概日リズムに起因すると考えられる。

これまでの議論によれば，フィトクロムは運動細胞のH^+ポンプやK^+チャネルを制御することで小葉を閉じさせると考えられる。この効果はすばやく現れるが瞬間的というわけではない。したがって，フィトクロムが直接細胞膜の性質を変えたとは考えにくい。それよりは，遺伝子発現制御の場合と同様（次節参照），なんらかのシグナル伝達経路をへて間接的に影響したと考えた方がよい。

しかしながら，赤色光および遠赤色光の膜電位に対する効果のいくつかは非常に短時間で見られるので，フィトクロムが膜に対して直接作用している可能性もある。このような非常に早い変化は，個々の細胞で測定されているだけでなく，根やオートムギの子葉鞘の表面電位に対する赤色光，遠赤色光の効果からも推測されている。これらの応答では，Pfrが生じてから4.5秒後には膜電位の過分極が見られる。

生物学的電位の変化は，細胞膜を介したイオンの流出の変化を予想させる（**Webトピック17.6**参照）。単離膜を用いた実験によれば，ごく一部のフィトクロムはさまざまな細胞内小器官の膜に強固に結合しているようである。

過去においては，これらの知見に基づき，膜に結合したフィトクロムこそが生理的に重要なフィトクロムであり，遺伝子発現の変化も膜の透過性の変化により説明されると主張する研究者もいた。しかし，フィトクロムの全アミノ酸配列が明らかになり，フィトクロムが親水性タンパク質で膜貫通領域をもたないことが判明した。現在では，緑藻のヒザオリ属で示されたように（**Webトピック17.2**参照），フィトクロムは細胞膜直下にある微小管に結合しているかもしれないと考えられている。

もしフィトクロムがやや離れた距離から細胞膜に効果を及ぼすとすれば，‘セカンドメッセンジャー’の存在が考えられ，その有力な候補者がカルシウムである。細胞内カルシウムのすばやい変化がシグナル伝達のセカンドメッセンジャーとして働くことはいろいろな例で示されている。実際，ヒザオリ属における葉緑体運動の制御にカルシウムが関わることが示されている。

フィトクロムは遺伝子発現を制御する

‘光形態形成’という言葉からもわかるように，植物の発生過程は光環境の影響を強くうける。黄化植物では，細長い茎，小さな葉（双子葉植物の場合），クロロフィルの欠損，などの特徴が見られる。光を照射するとこれらの特徴が完全に見られなくなることから，光の影響で遺伝子発現の変化を含む長期的な変化がおこると考えられる。

光による転写の促進と抑制は，照射開始後わずか5分でおこる場合もある。このようなすばやい遺伝子発現応答では，フィトクロムから始まるシグナル伝達過程が転写因子を直接活性化していると予想される。活性化された転写因子は核に入り，そこで特定の遺伝子の転写を促進する。

このような初期応答遺伝子には転写因子自身が含まれる。これらの転写因子はさらに別の遺伝子を活性化する。初期応答遺伝子，または**一次応答遺伝子**（primary response gene）の発現誘導にはタンパク合成は必要ない。遅延応答遺伝子，または**二次応答遺伝子**（secondary response gene）の発現誘導には新しいタンパク質の合成が必要である。

光による遺伝子発現調節は，核ゲノムにコードされた葉緑体タンパク質遺伝子で顕著に見られる。代表例は，リブロース-1,6-二リン酸カルボキシラーゼ/オキシゲナーゼ（Rubisco）の小サブユニットと光化学系IIの集光性クロロフィル複合体を構成するクロロフィル*a/b*結合タンパク質（LHCIIb）である。これらのタンパク質は葉緑体の発達や緑化において重要な役割を果たすので，フィトクロムによる発現調節が詳しく調べられてきた。これらのタンパク質の遺伝子，すなわち*RBCS*と*LHCB*（*CAB*ともよばれる）遺伝子はゲノム上で複数のコピーをもつ。

黄化植物に短時間，低光量の赤色光照射を行い，植物を暗所に戻してシグナル伝達の進行を待った後，特異的なmRNA（たとえば*RBCS* mRNA）の量を測定することで，フィトクロムによる遺伝子発現制御を調べることができる。もし，mRNA量がフィトクロムにより制御されているなら，その量は黄化植物では低く赤色光により増加する。この赤色光の効果は，赤色光照射直後に遠赤色光を照射することで打ち消される（遠赤色光単独では効果は見られない）。また別の遺伝子では光によりmRNA量が低下する例もある。

最近，赤色光によるレタスの種子発芽の促進において植物ホルモンであるジベレリンの活性型が増加することが示された。赤色光はジベレリン合成経路の鍵酵素遺伝子の発現を大きく増加させる（Toyomasu et al. 1998）。

赤色光の効果は遠赤色光で打ち消されるので，フィトクロムが関与すると考えられる。発芽誘導は外からジベレリンを加えてもおこるので，フィトクロムはこのホルモンの合成を増加させることで発芽を誘導していると考えられる。ジベレリンについては20章で詳しく述べる。

さらに詳しい議論については，**Webトピック17.7**参照。

フィトクロムと概日リズムの両方が*LHCB*遺伝子の発現を制御する

シロイヌナズナを暗所から明所に移すと発現がすばやく上昇するMYB様転写因子が，フィトクロムによる*LHCB*遺伝子の発現調節に関わる（図17.17）（MYBについては14章参照）。

この転写因子は，特定の*LHCB*遺伝子のプロモーターに結合し，自身の発現上昇の後におこる*LHCB*遺伝子の転写を制御していると考えられる（図17.17）。したがって，MYB様転写因子の遺伝子が一次応答遺伝子であり，*LHCB*遺伝子が二次応答遺伝子と考えられる。

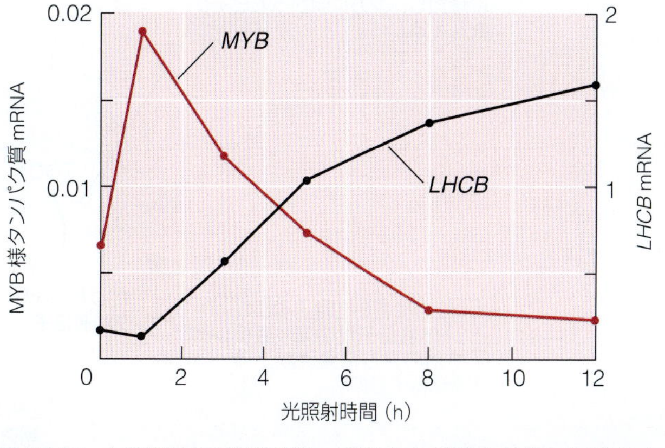

図17.17 転写誘導の時間経過。暗所から連続白色光下に移したシロイヌナズナの芽ばえにおけるMYB様転写因子（MYB）と集光性クロロフィル*a/b*結合タンパク質（LHCB）の遺伝子の転写誘導の時間経過。(Wang et al. 1997)

最近の研究によるとCCA1（circadian clock associated 1）とよばれるこのMYB様タンパク質は，概日リズムによる*LHCB*遺伝子の転写制御にも関わる。これとは別のMYB様タンパク質であるLHY（late hypocotyl elongated）が時計遺伝子の強力な候補として発見された。*CCA1*と*LHY*遺伝子の発現は概日リズムに従って変動する。*CCA1*遺伝子を恒常的に発現させると，いくつかの概日リズムが消えるとともに，内在性の*CCA1*と*LHY*遺伝子の発現が抑制される。*CCA1*遺伝子が機能を失うと，*LHCB*を含む四つの遺伝子のフィトクロムや概日リズムによる制御が影響を受ける。これらの事実は*CCA1*と*LHY*遺伝子が概日時計と結びついていることを示す。

CK2とよばれるキナーゼは，CCA1をリン酸化する能力をもつ。CK2キナーゼは，複数のサブユニットからなるセリン/スレオニン・キナーゼ活性をもつタンパク質である。CK2の調節サブユニット（CKB3）は，試験管内でCCA1と結合し，それをリン酸化する。さらに，CKB3に変異がおこるとCK2活性がその影響を受け，*CCA1*の概日リズムに従った発現の周期が変化する。このような変異は遺伝子発現から花芽形成まで，生物時計に支配されるさまざまな現象に影響を与える。したがって，CK2はCCA1と相互作用することで概日時計を制御していると考えられる（Sugano et al. 1999）。

概日リズムの振動機構には，転写のネガティブ・フィードバック・ループが含まれる

シアノバクテリアの一種であるシネコゴッカス属（*Synechococcus*），菌類の一種であるアカパンカビ（*Neurospora crassa*），ショウジョウバエ（*Dorosophila melanogaster*），ハツカネズミ（*Mus musculus*）などで概日振動子が詳しく調べられており，これらの例では，複数の‘時計遺伝子’が転写・翻訳のネガティブ・フィードバック・ループを構成していることが判明している。

シロイヌナズナでは，今のところ三つの主要な時計遺伝子*TOC1*，*LHY*，*CCA1*が知られている。これらの遺伝子の産物はすべて制御タンパク質である。*TOC1*は他の生物で知られる時計遺伝子とは似ておらず，植物に独特な時計遺伝子である。

最近のモデルによれば（Alabadi et al. 2001）光とTOC1が*LHY*と*CCA1*遺伝子の発現を明け方に活性化する（図17.18）。LHYとCCA1は*TOC1*遺伝子の発現を抑制する。TOC1は*LHY*と*CCA1*遺伝子のポジティブ制御因子なので，*TOC1*遺伝子の発現が減少すると，結果としてLHYとCCA1の量が減少する。この結果，夕方にこれらの遺伝子の発現量は最低となる。LHYとCCA1が減少すると*TOC1*遺伝子の発現阻害が解除されるため，TOC1は夕方に蓄積量がもっとも高くなる。このあと，明け方になるとTOC1が直接的または間接的に*LHY*と*CCA1*遺伝子の発現を促進する。このようにしてリズムが刻まれる。

二つのMYB様タンパク質（LHYとCCA1）は二重の役割をもつ。振動子の構成要素として働くのに加え，*LHCB*などの朝に発現が増加する他の遺伝子の発現も制御している。光はTOC1が*LHY*と*CCA1*遺伝子の発現を促進することを助ける。これによって馴化が成し遂げられる。CK2キナーゼのような他のタンパク質はCCA1の活性を調節することで時計に影響を与える。光については，フィトクロムと青色光受容体であるcry2（18章参照）が，それぞれ赤色光と青色光の効

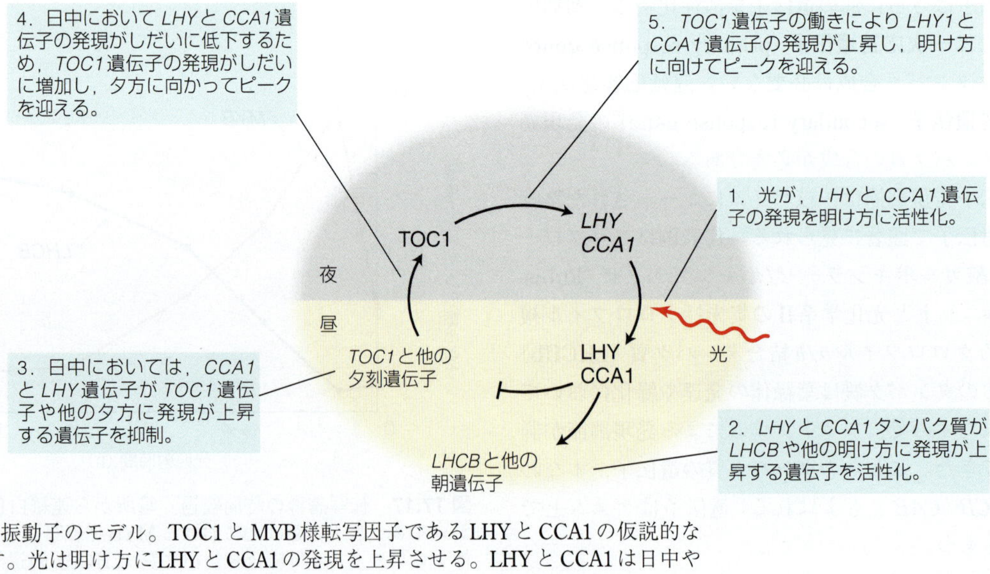

図17.18　概日振動子のモデル。TOC1とMYB様転写因子であるLHYとCCA1の仮説的な相互作用を示す。光は明け方にLHYとCCA1の発現を上昇させる。LHYとCCA1は日中や夕方に発現する他の遺伝子の発現を制御する。

果を媒介する。

調節配列が光制御遺伝子の発現を制御する

遺伝子の光応答に必要なシス配列については，活発に研究が行われてきた。タンパク質をコードする真核生物の遺伝子のプロモーターは大抵，二つの機能的に異なる領域からなる。転写開始点を決める短い配列（**TATAボックス**（TATA box））とその上流に存在し転写量と転写パターンを決める**シス調節因子**（*cis*-acting regulatory element）である（14章参照）。

これらの調節配列は特異的な**トランス因子**（trans-acting factor）とよばれるタンパク質を結合する。トランス因子は転写開始点の付近にRNAポリメラーゼIIとともに集合する一般的転写因子の活性を調節する。

植物の光応答プロモーターにはさまざまなシス配列が認められ，それらの数や位置，まわりの配列，トランス因子との結合能などが異なることで転写パターンの多様性が得られる。この点では，植物のプロモーターと他の生物のプロモーターはよく似ている。なお，フィトクロム応答遺伝子のすべてに共通する配列は知られていない。

一見すると，光応答遺伝子がさまざまな異なるシス因子をもつことは奇妙に見える。しかしながらそれらを用いることで，さまざまな光受容体によるさまざまな遺伝子発現調節がはじめて可能となると考えられる。さらに詳しい議論は**Webトピック17.8**を参照。

制御因子　フィトクロム応答シス配列は多様であり，さまざまな転写因子が結合できる。最近，遺伝学的，分子生物学的スクリーニングによって，そのようなトランス因子が少なくとも50種発見された（Tepperman et al. 2001）。

初期応答のシグナル経路のいくつかはphyAまたはphyBに特異的であるが，遅延応答経路では複数のフィトクロムに共通の経路が使われていると考えられる。なぜなら，後者の場合，異なる光条件でも同じような応答が得られるからである（Chory and Wu 2001）。

たとえば，SPA1はシロイヌナズナの芽ばえにおける光形態形成の光依存的な抑制因子であり，phyA特異的なシグナル伝達因子である（Hoecker and Quail 2001）。SPA1タンパク質はコイルドコイル領域をもち，そこでphyAやphyBのシグナル伝達の下流因子として働くCOP1（constitutive photomorphogenesis 1）と結合する。COP1タンパク質は，光条件にかかわらず光形態形成してしまう*cop1*変異体の原因遺伝子がコードするタンパク質である。また同様にしていくつか別の因子が見つかっている（**Webトピック17.9**）。COP1はE3ユビキチン化酵素で他のタンパクを26Sプロテアゾームに分解させる働きがある（14章参照）。

これらの因子の生理機能は，おそらくHY5の働きを通じて現れる。HY5は先に述べた胚軸伸長変異体の解析によって見い出された。HY5はロイシンジッパー型の転写因子で常に核内に存在する（14章参照）。HY5は光誘導性プロモーターに見られるGボックス・モチーフに結合し，それをもつ遺伝子が正常に発現するために必要とされる。暗所でHY5はCOP1によりユビキチン化され，26Sプロテアゾームにより分解される。

フィトクロムは核内に移動する

長い間，細胞質にあるフィトクロムがどのように核内に効果を及ぼすのか謎であった。最近の興味深い研究の結果，ついにフィトクロムと遺伝子発現制御の関係が明らかとなった。もっとも驚くべき結果は，フィトクロムが光依存的に核に移行することである。

この動きを検出するため，可視化マーカーとして**緑色蛍光タンパク質**（green fluorescent protein：**GFP**）がフィトクロムに融合された。GFPは植物細胞を適当な波長で照射することにより蛍光観察できる。GFPのもつ大きな利点は，細胞を生きたまま観察できることであり，生きた細胞内でのダイナミックな過程を顕微鏡下で追跡できる。

phyA-GFPやphyB-GFPは光に応答して核へと取り込まれる（図17.19）（Sakamoto and Nagatani 1996；Sharma 2001）。PhyB-GFP融合タンパク質は，Pfr型でのみ核に数時間をかけてゆっくりと移行する。対照的にphyA-GFPは，ひとたびPfr型に変換されると速やかに核に移行しPr型に戻されてもそこに留まる。phyA-GFPの移行はphyB-GFPの移行に比べ非常に早く，約15分しかかからない。

非常に重要なのは，phyB-GFPの核移行が赤色光でのみ引きおこされ遠赤色光で阻害されるのに対し，phyA-GFPの核移行は遠赤色光下で最大となることである。さらにphyBが概日時計に制御される遺伝子の発現を制御していることから予想されるように，phyBの核移行は概日リズムの制御を受ける。これらの光条件はまさにphyAやphyBを活性化する条件に対応しており，phyAやphyBが核内で働くという考えに一致する。

核にPfrが入ると何がおこるのだろうか。これまでに二つの核タンパク質がフィトクロムと結合することが知られており，他にもそのようなタンパクが存在すると予想されている。そのうちの一つは**PIF3**（phytochrome interacting factor 3）で，phyAやphyBのC末端側領域と結合する（訳者注；N末端領域とも結合することが知られている）。また，PIF3は全長phyBとも光依存的に結合し，phyBの一次反応パートナーと考えられている。

その正確な機能はまだわかっていないが，PIF3はGボックスとよばれる光応答性のモチーフ配列に結合する転写因子と似ている。また，ターゲットDNAに結合したPIF3と

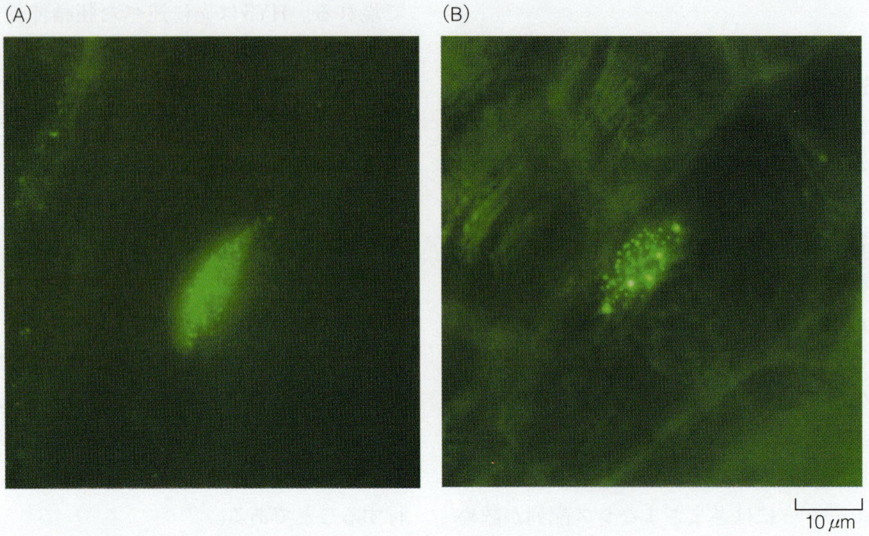

図 17.19 シロイヌナズナの表皮細胞におけるフィトクロムとGFPの融合タンパク質の核局在。phyA-GFP（左）とphyB-GFP（右）を発現する遺伝子導入シロイヌナズナを蛍光顕微鏡観察した。核の部分のみを示す。植物を連続遠赤色光下（左）または白色光下（右）に置き核移行を誘導した。核内に見られる小さな緑色の明るい点はスペックルとよばれる。スペックルの機能は不明。(Yamaguchi et al. 1999 より，写真は A. Nagatani)

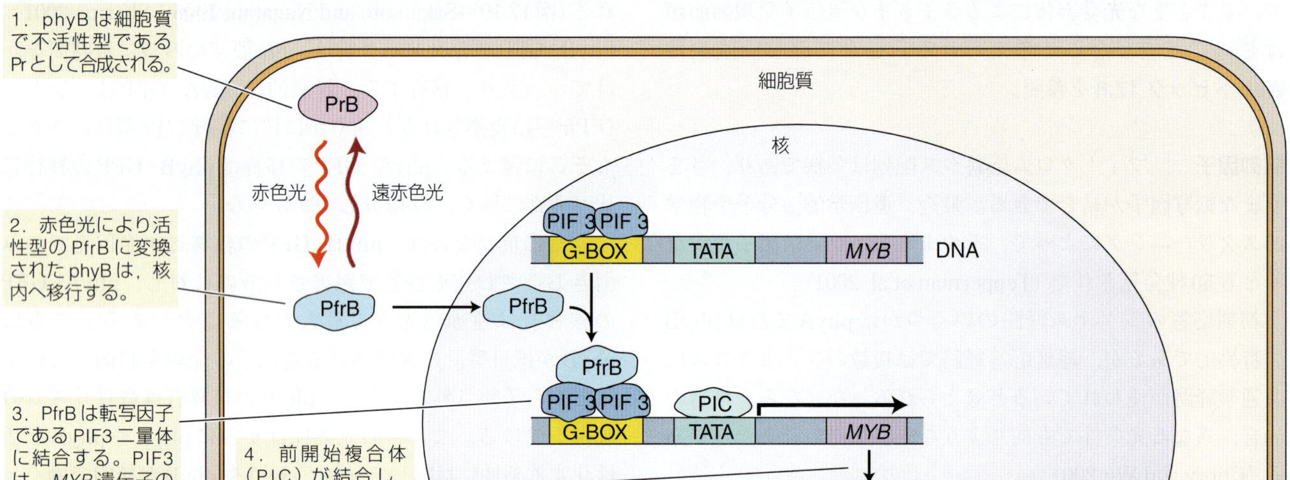

1．phyB は細胞質で不活性型である Prとして合成される。
細胞質
PrB
赤色光
遠赤色光
核
2．赤色光により活性型の PfrB に変換された phyB は，核内へ移行する。
PfrB
PfrB
PIF 3
PIF 3
G-BOX
TATA
MYB
DNA
PfrB
PIF 3
PIF 3
PIC
G-BOX
TATA
MYB
3．PfrB は転写因子である PIF3 二量体に結合する。PIF3 は，MYB 遺伝子のプロモーター領域に存在する G ボックス配列に結合している。
4．前開始複合体（PIC）が結合し，CCA1 や LHY などの MYB 遺伝子が活性化される。
MYB
MYB
PIC
TATA
LHCB
5．次に MYB 転写因子が LHCB 等の他の遺伝子を活性化する。

図 17.20 核に輸送された phyB による直接的遺伝子発現制御（Quail 2000 より）

phyBのPfrが複合体を作ることも知られている。したがって，phyBのPfrが核の中に移行し，フィトクロムで制御される遺伝子のいくつかを直接活性化するという図式が想定される。核内に移行したphyBはPIF3などの転写因子と相互作用すると考えられる。以上の過程を模式的に図17.20に示す。

フィトクロムは複数のシグナル伝達経路をもつ

生化学的な手法により，フィトクロムのシグナル伝達にいくつかの異なる機構が関わることが示唆されている。それらはGタンパク質，Ca^{2+}，リン酸化などを含む。これらについて順番に解説する。

Gタンパク質とカルシウム　よく調べられている他の生物のシグナル伝達では（たとえば酵母菌の交配），**Gタンパク質**（G-protein）が関与する例が多数見られる（Gタンパク質については14章参照）。Gタンパク質複合体はふつう，膜に結合しており，三つの異なるサブユニットからなり，そのうちの一つがGTPまたはGDPを結合する。Gタンパク質の機能は結合したGTPからGDPへの加水分解により制御される。Gタンパク質のサブユニットをコードする配列が植物でも見つかっており，この種の経路が存在することが示唆される。Gタンパク質の機能を調べる一つの方法は，GTPの結合や加水分解を活性化したり阻害したりする薬剤で細胞を処理することである。

顕微注入実験（**Webトピック17.10**参照）によれば，フィトクロムの情報伝達は単一の細胞内でおこり，フィトクロムの活性化の後は光を必要としない。フィトクロムのシグナル伝達において，少なくとも一つのGタンパク質が機能している可能性がある。さらに，Gタンパク質の下流では少なくとも二つの枝分かれする経路が存在すると考えられる。そのうちの一つ（遺伝子発現と葉緑体の発達）にはCa^{2+}とカルモジュリンが必要とされ，もう一方（アントシアニン合成）はCa^{2+}に依存しない。

枝分かれした経路は，ターゲットの遺伝子にあるシス配列やシグナル伝達因子の面からも区別できる。動物におけるホルモンや光に対する応答のシグナル伝達経路において，サイクリックAMP（cAMP）とサイクリックGMP（cGMP）が重要な役割を果たすことはよく知られている（14章参照）。植物においてcAMPが存在することを示すのは難しいが，cGMPが存在することは確実である。実際，最近の研究によればcGMPがフィトクロム応答においてセカンドメッセンジャーとして働いている可能性がある。

しかしながら，植物におけるGタンパク質の役割については必ずしも意見が一致していない。グアニル酸シクラーゼのような鍵酵素が植物ではまだ見つかっておらず，植物におけるcGMP濃度は非常に低い。一方，阻害剤による実験により，cGMPがホルモンであるジベレリン（20章参照）やアブシジン酸（23章参照）のセカンドメッセンジャーであることが示唆されている。したがって，異論はあるものの，cGMPがフィトクロムのシグナル伝達に関わる可能性は十分ある。

リン酸化　フィトクロムが機能するうえで，リン酸化が重要な役割を担うことを示唆する最初の証拠は，赤色光によるタンパク質のリン酸化制御が見られたことと，フィトクロム応答遺伝子のプロモーターに対するリン酸化依存的な転写因子の結合が示されたことである。また，高度に精製されたフィトクロム標品中にタンパク質キナーゼ活性があることが報告された。

タンパク質キナーゼ（kinase）は，ATPからリン酸基を自分自身や他のタンパク質のセリンやチロシン残基に転移する。シグナル伝達経路にキナーゼが含まれる例は多く，リン酸基の付加や除去によりいろいろな酵素の活性が変化することが知られている。

フィトクロムはタンパク質キナーゼ活性をもつ。フィトクロムの進化的な起源は非常に古く，真核生物の登場以前にまで遡る。バクテリアに見られるフィトクロムは，**センサー**（sensor）として働く光依存的なヒスチジンキナーゼであり，対応する**レスポンスレギュレーター**（response regulator）をリン酸化する（図17.21A）（14章と**Webトピック17.11**参照）。

しかしながら，高等植物のフィトクロムで見られるキナーゼドメインと相同性をもつ領域はヒスチジンキナーゼとしては機能しない。そのかわりに，セリン/スレオニンキナーゼ活性をもつ。さらに，組換えタンパク質として発現させた高等植物と藻類のフィトクロムは，発色団や光によって調節されるキナーゼであり，自分自身や他のタンパク質をリン酸化することが知られている（図17.21B）（Sharma 2001）。

フィトクロムのリン酸化のターゲットの有力な候補の一つが，**PKS1**（phytochrome kinase substrate 1）と名づけられた細胞質局在のタンパク質でphyAからリン酸基を受け取る。リン酸化は主にセリン残基で，そしてスレオニン残基でもおこる。PKS1のフィトクロムによるリン酸化は試験管内でも植物体内でも見られ，Pfr型はPr型に対して2倍の活性を示す。PKS1を過剰発現させた結果から，PKS1はphyBの応答に対して抑制的に働く因子である可能性がある（Fankhauser et al. 1999）。

フィトクロムと関係するタンパク質キナーゼに**NDPK2**（nucleoside diphosphate kinase 2）がある。phyAはこのタンパク質と結合する。また，Pfr型のphyAが結合するとNDPK2の活性は2倍に上昇する。NDPK2は核と細胞質の両方に存在するので，細胞内のどこでそれが働くのかは不明である。

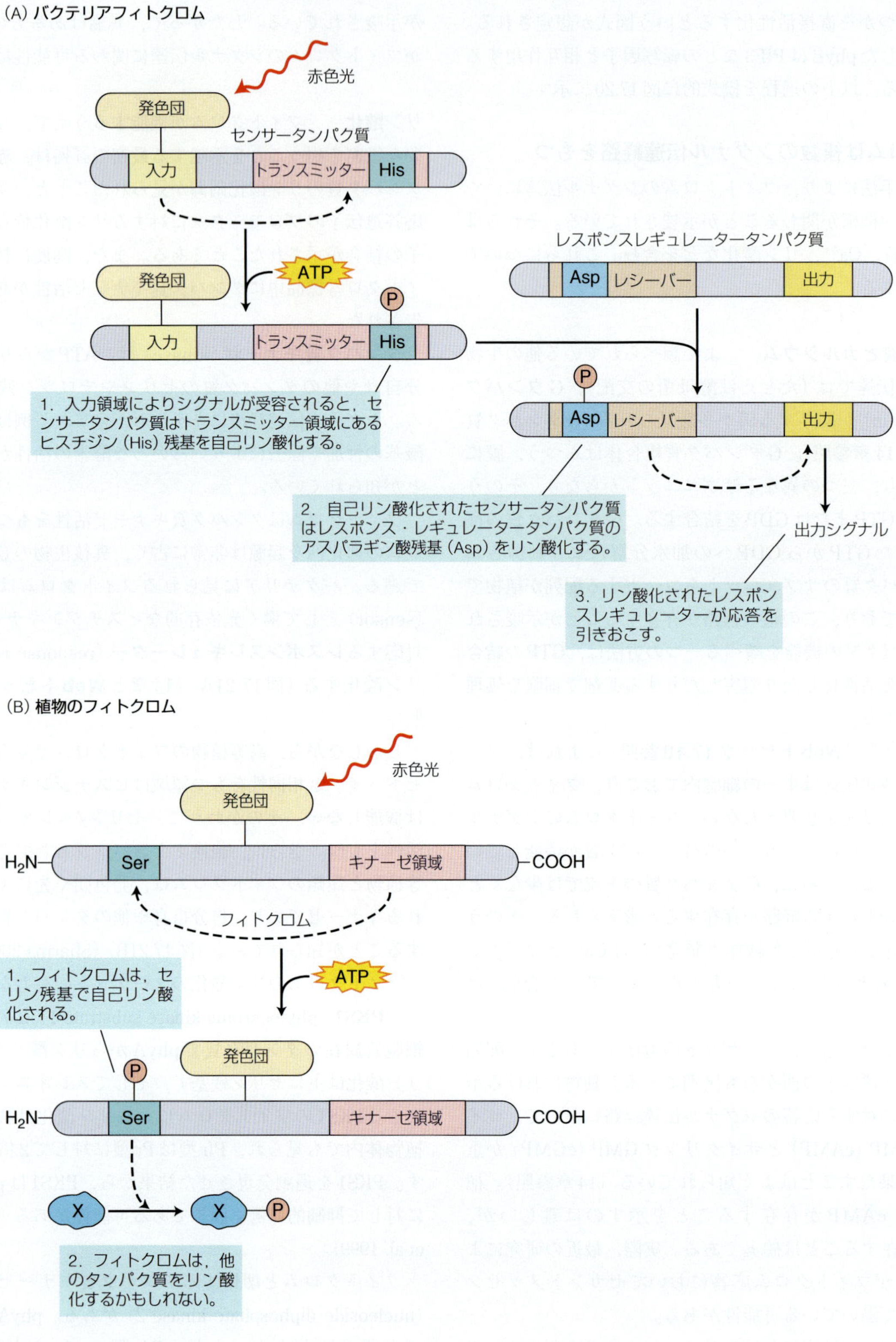

図 17.21 フィトクロムの光依存的自己リン酸化。(A) バクテリアフィトクロムは二成分シグナル伝達系の一つであり，センサータンパク質として機能してレスポンスレギュレーターをリン酸化する (14 章参照)。

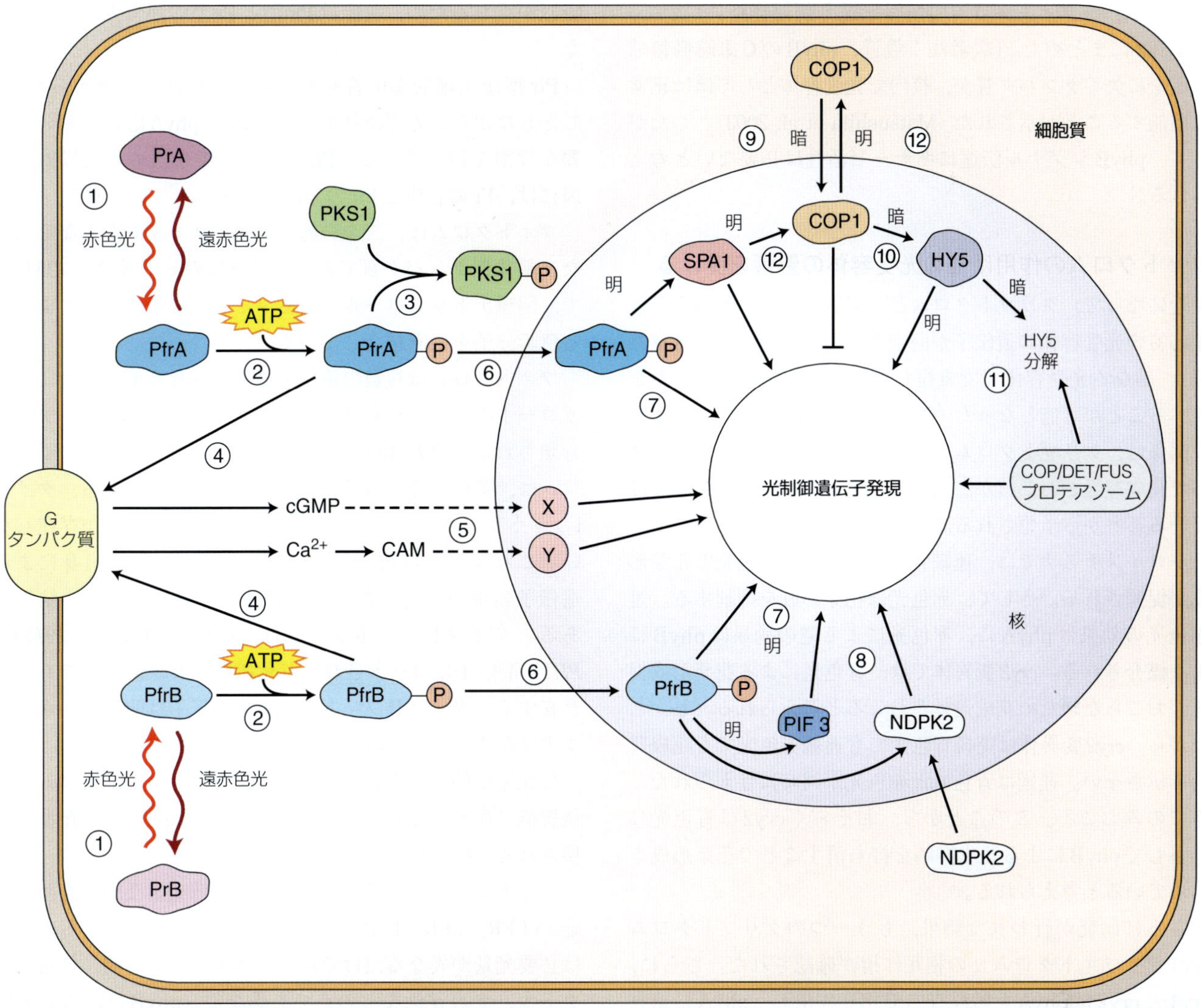

① 赤色光が PrA と PrB を Pfr 型に変換する。
② phyA と phyB の Pfr は，自己リン酸化活性をもつ。
③ 活性化された PfrA は，PKS1 をリン酸化する。
④ 活性化された PfrA と PfrB は，G タンパク質と相互作用する可能性がある。
⑤ cGMP，カルモジュリン（CAM），カルシウム（Ca^{2+}）は，転写因子（X, Y）を活性化する可能性がある。
⑥ 活性化された PfrA と PfrB は核に移行する。
⑦ PfrA と PfrB は直接的に，または PIF3 との相互作用を通じて転写を制御する可能性がある。
⑧ ヌクレオシド・ニリン酸キナーゼ 2（NDPK2）は PfrB で活性化される。
⑨ 暗所で COP1 は核に移行し，光応答遺伝子を制御する。
⑩ 暗所で E3 リガーゼである COP1 は，HY5 をユビキチン化する。
⑪ 暗所で，HY5 は COP/DET/FUS プロテアゾーム複合体によって分解される。
⑫ 明所では COP1 は SPA1 と直接的に相互作用し，細胞質へと輸送される。

図 17.22 フィトクロムで制御される遺伝子発現に関わる諸因子の作用の模式図。今後，この図にはないフィトクロム特異的または非特異的なさまざまな因子が，さらに見い出されることが予想される。(Sharma 2001)

想定されるフィトクロムの情報伝達と制御経路について，図17.22にまとめた。（訳者注；最近，phyBのC末端側領域を完全に欠くタンパク質が，核内で光受容体としてほぼ正常に機能することが示された（Matsushita et al. 2003）。したがって，phyBシグナル伝達にキナーゼ活性は必要ないと考えられる。）

フィトクロムの作用は他の光受容体の影響を受ける

最近になって，クリプトクロムとフォトトロピンという青色光応答の光受容体の遺伝子が同定されたことにより（18章参照），異なる光受容体間で重複した作用があるのかどうかを調べることが可能となった（Chory and Wu 2001）。このような関係は，クリプトクロム2（cry2）の変異により連続白色光下で花成遅延がおこるが，花成はフィトクロムの制御も受けていることから予想される。

シロイヌナズナでは，連続青色光または遠赤色光で花芽形成が促進される。そして，赤色光は花芽形成を抑制する。遠赤色光の効果はphyAに，赤色光による逆の効果はphyBにより媒介される。*cry2*変異体では，青色光による花芽形成促進がおこらないため花成遅延がおこると考えられる。しかしながら，*cry2*変異体は連続青色光でも連続赤色光でも花成遅延を示さない。遅延は青色光と赤色光が同時に与えられたときにのみおこる。このことから，おそらくcry2は青色光に応答してphyBによる花成抑制を打ち消すことで花芽形成を早めていると考えられる。

さらに研究が行われた結果，もう一つのクリプトクロムcry1でもフィトクロムとの相互作用が確認された。さらに，cry1とcry2はphyAと試験管内で相互作用し，phyAに依存したcry1のリン酸化が観察される。cry1の赤色光依存的なリン酸化は生体内でもおこることが確認されている。発生分化の制御因子としてクリプトクロムが重要であることは，植物での発見以後，ヒトやマウスなどの動物でもクリプトクロムが発見されたことでさらに明確となった。

まとめ

‘光形態形成’という用語は，植物の発生と細胞内代謝に対する光の顕著な効果のことを指している。赤色光がもっとも大きな影響を与え，しばしば赤色光の効果は遠赤色光により打ち消される。

フィトクロムは，ほとんどの光形態形成現象に関与する色素タンパク質である。フィトクロムは赤色光吸収型（Pr）と遠赤色光吸収型（Pfr）という二つの型をとることができる。フィトクロムは暗所ではPr型で合成される。Pr型が赤色光を吸収するとPfr型に変換され，Pfr型が遠赤色光を吸収するとPr型に戻る。しかしながら，赤色光領域では二つの型の吸収が重なるため，実際はPfr型とPr型の間で光平衡状態となる。

Pfr型が生理的な応答を引きおこす活性型と考えられる。しかしながら，光平衡状態にあるPrはphyA応答において重要な役割を担っている。Pfrの平衡状態を決める光以外の要因には，Prの合成とPfrの分解がある。

フィトクロムは，二つの同一のサブユニットからなる大きな二量体型タンパク質である。単量体の分子量は約125 kDaで，開環テトラピロールであるフィトクロモビリンとよばれる色素分子を共有結合している。

フィトクロムは複数の遺伝子で構成される遺伝子族によってコードされ，二つのタイプすなわちタイプIとタイプIIに分類される。*PHYA*遺伝子にコードされたタイプIフィトクロムは，黄化組織に多量に含まれる。しかしながら，タイプIフィトクロムは明所で育った植物ではわずかしか存在しない。これは，そのPfr型が不安定なこととphyA自身による遺伝子発現の抑制，さらにmRNAが不安定なことの結果である。タイプIIフィトクロムは，*PHYB*，*PHYC*，*PHYD*，*PHYE*遺伝子にコードされ，黄化組織でも緑色組織でも少量存在する。タイプIIフィトクロムの遺伝子は明暗にかかわらず少量発現され，そのPfr型は明所でも安定である。

分光光学的，免疫化学的解析によれば，フィトクロムは分裂組織に多く含まれる。細胞内でphyAとphyBはPfr型に変換されると核に移行する。

フィトクロム応答は超低光量反応，低光量反応，高照射反応（VLFR，LFR，HIR）の三つに大別される。これらの反応は必要光量が異なるだけでなく，エスケープ時間，作用スペクトル，光可逆性などの点でも異なる。phyBは明るい太陽光に適応した植物が陰を感知するために重要な役割を果たす。phyAの役割はより限られており，緑化の初期過程における遠赤色光によるHIRを媒介している。phyC，phyD，phyEも限られた発達段階で特徴的な役割を果たす。これらの働きは部分的にphyA，phyBの役割と重複する。

フィトクロムは，多数の遺伝子の転写を制御することが知られている。緑化に関わる遺伝子の多く，たとえば核にコードされたRubiscoの小サブユニット遺伝子や集光性クロロフィル*a*/*b*結合タンパク質遺伝子は，フィトクロム（phyAとphyB）による転写制御を受ける。

フィトクロムは，*PHYA*遺伝子を含むさまざまな遺伝子の発現を抑制する。遺伝子の活性化と抑制は，プロモーター領域に存在するシス配列に結合する複数の転写因子の協調的な働きによると考えられる。ある場合にはPfr型のフィトクロムが直接これらの因子と相互作用する。またCOP，DET，タンパク質キナーゼ，cGMP，三量体型Gタンパク質，Ca^{2+}，カルモジュリン等を含む複雑なフィトクロムのシグナル伝達経路によってもこれらの転写因子は調節される。

バクテリアフィトクロムの発見により，種子植物のフィトクロムは二成分系シグナル伝達に参加するヒスチジンキナーゼから進化したと考えられるようになった。

フィトクロムによる効果は，遺伝子発現の変化を含む，より長期的なものに加え，緑藻のヒザオリ属で見られる葉緑体の回転運動，葉の就眠運動，あるいは膜電位の変化などのようなすばやい応答も知られる。これらの応答では膜の性質のすばやい変化がおこる。現時点では速いフィトクロム反応にもシグナル伝達過程が存在すると考えられている。

Webマテリアル

Webトピック

17.1 フィトクロムの構造
フィトクロムの精製とホモ二量体であるフィトクロムの性質について記述。

17.2 *Mougeotia*（ヒザオリ属）：ねじれる葉緑体
微光束照射実験により，糸状のヒザオリ細胞内におけるフィトクロムの局在部位が調べられた。

17.3 フィトクロムと高照射反応
二波長実験によって，高照射反応にフィトクロムが関与することがわかった。

17.4 発芽過程におけるフィトクロム間の相互作用
発芽過程におけるphyAとphyBの相互作用について記述。

17.5 フィトクロム分子内の機能ドメイン
フィトクロムやその断片を過剰発現することにより，フィトクロムの機能ドメインが明らかとなった。

17.6 フィトクロムとイオンの流れ
フィトクロムは，イオンチャネルや細胞膜H^+ポンプの活性を変化させることで，膜を介したイオンの流れを制御している。

17.7 フィトクロムによる遺伝子発現制御
転写を制御することで，フィトクロムは遺伝子発現を変化させる。

17.8 シス調節配列による転写制御
フィトクロム応答配列に関する簡単な記述。

17.9 光形態形成の抑制因子
光形態形成の抑制因子であるCOP，DETタンパク質に関するさらに詳しい情報。

17.10 フィトクロム応答におけるGタンパク質とカルシウムの役割
Gタンパク質とカルシウムが，フィトクロム応答に関与することを示唆する証拠がある。

17.11 最近発見されたフィトクロムの起源と考えられる二成分系受容体
バクテリアフィトクロムの発見により，フィトクロムがタンパク質キナーゼと考えられるようになった。

Webエッセイ

17.1 一瞬の日光で目覚める種子
適切な地中の環境におかれた種子は，光に対する極度に高い感受性を獲得する。この結果，土を耕す際に一瞬（1秒以下）だけ日光があたった種子でも発芽が誘導される。

17.2 フィトクロムにより，汝の隣人を知る
植物は，フィトクロムにより隣の植物が反射する光のR/FR比をモニターして，隣の植物がどれほど近くにいるかを知ることができる。そして，その結果に応じて，潜在的な競争者の陰にならないよう形態を変化させる。

参考文献

Adam, E., Szell, M., Szekeres, M., Schaefer, E., and Nagy, F. (1994) The developmental and tissue-specific expression of tobacco phytochrome-A genes. *Plant J.* 6: 283–293.

Alabadi, D., Oyama, T., Yanovsky, M. J., Harmon, F. G., Mas, P., and Kay, S. A. (2001) Reciprocal regulation between *TOC1* and *LHY/CCA1* within the *Arabidopsis* circadian clock. *Science* 293; 880–883.

Andel, F., Hasson, K. C., Gai, F., Anfinrud, P. A., and Mathies, R. A. (1997) Femtosecond time-resolved spectroscopy of the primary photochemistry of phytochrome. *Biospectroscopy* 3: 421–433.

Beggs, C. J., Holmes, M. G., Jabben, M., and Schaefer, E. (1980) Action spectra for the inhibition of hypocotyl growth by continuous irradiation in light- and dark-grown *Sinapis alba* L. seedlings. *Plant Physiol.* 66: 615–618.

Borthwick, H. A., Hendricks, S. B., Parker, M. W., Toole, E. H., and Toole, V. K. (1952) A reversible photoreaction controlling seed germination. *Proc. Natl. Acad. Sci. USA* 38: 662–666.

Briggs, W. R., Mandoli, D. F., Shinkle, J. R., Kaufman, L. S., Watson, J. C., and Thompson, W. F. (1984) Phytochrome regulation of plant development at the whole plant, physiological, and molecular levels. In *Sensory Perception and Transduction in Aneural Organisms*, G. Colombetti, F. Lenci, and P.-S. Song, eds., Plenum, New York, pp. 265–280.

Butler, W. L., Norris, K. H., Siegelman, H. W., and Hendricks, S. B. (1959) Detection, assay, and preliminary purification of the pigment controlling photosensitive development of plants. *Proc. Natl. Acad. Sci. USA* 45: 1703–1708.

Chory, J., and Wu, D. (2001) Weaving the complex web of signal transduction. *Plant Physiol.* 125: 77–80.

Fankhauser, C., Yeh, K.-C., Lagarias, J. C., Zhang, H., Elich, T. D., and Chory, J. (1999) PKS1, a substrate phosphorylated by phytochrome that modulates light signaling in *Arabidopsis*. *Science* 284: 1539–1541.

Flint, L. H. (1936) The action of radiation of specific wave-lengths in relation to the germination of light-sensitive lettuce seed. *Proc. Int. Seed Test. Assoc.* 8: 1–4.

Furuya, M. (1993) Phytochromes: Their molecular species, gene families and functions. *Annu. Rev. Plant Physiol. Plant Mol. Biol.* 44: 617–645.

Galston, A. (1994) *Life Processes of Plants*. Scientific American Library, New York.

Goosey, L., Palecanda, L., and Sharrock, R. A. (1997) Differential patterns of expression of the *Arabidopsis PHYB*, *PHYD* and *PHYE* phytochrome genes. *Plant Physiol.* 115: 959–969.

Goto, N., Yamamoto, K. T., and Watanabe, M. (1993) Action spectra for inhibition of hypocotyl growth of wild-type plants and of the *hy2* long-hypocotyl mutants of *Arabidopsis thaliana* L. *Photochem. Photobiol.* 57: 867–871.

Hartmann, K. M. (1967) Ein Wirkungsspecktrum der Photomorphogenese unter Hochenergiebedingungen und seine Interpretation auf der Basis des Phytochroms (Hypokotylwachstumshemmung bei *Lactuca sativa* L.). *Z. Naturforsch.* 22b: 1172–1175.

Hennig, L., Stoddart, W. M., Dieterle, M., Whitelam, G. C., and Schäfer, E. (2002) Phytochrome E controls light-induced germination of *Arabidopsis*. *Plant Physiol.* 128: 194–200.

Hoecker, U., and Quail, P. H. (2001) The phytochrome A-specific signaling intermediate SPA1 interacts directly with COP1, a constitutive repressor of light signaling in *Arabidopsis*. *J. Biol. Chem.* 276: 38173–38178.

Kendrick, R. E., and Frankland, B. (1983) *Phytochrome and Plant Growth,* 2nd ed. Edward Arnold, London.

Kim, H. Y., Cote, G. G., and Crain, R. C. (1993) Potassium channels in *Samanea*-Saman protoplasts controlled by phytochrome and the biological clock. *Science* 260: 960–962.

Li, L., and Lagarias, J. C. (1992) Phytochrome assembly—Defining chromophore structural requirements for covalent attachment and photoreversibility. *J. Biol. Chem.* 267: 19204–19210.

Mandoli, D. F., and Briggs, W. R. (1984) Fiber optics in plants. *Sci. Am.* 251: 90–98.

Mathews, S., and Sharrock, R. A. (1997) Phytochrome gene diversity. *Plant Cell Environ.* 20: 666–671.

Matsushita, T., Mochizuki, N., and Nagatani, A. (2003) Dimers of the N-terminal domain of phytochrome B are functional in the nucleus. *Nature* 424: 571–574.

Millar, A. J., Carre, I. A., Strayer, C. A., Chua, N.-H., and Kay, S. A. (1995) Circadian clock mutants in *Arabidopsis* identified by luciferase imaging. *Science* 267: 1161–1163.

Morgan, D. C., and Smith, H. (1978) Simulated sunflecks have large, rapid effects on plant stem extension. *Nature* 273: 534–536.

Morgan, D. C., and Smith, H. (1979) A systematic relationship between phytochrome-controlled development and species habitat, for plants grown in simulated natural irradiation. *Planta* 145: 253–258.

Nakasako, M., Wada, M., Tokutomi, S., Yamamoto, K. T., Sakai, J., Kataoka, M., Tokunaga, F., and Furuya, M. (1990) Quaternary structure of pea phytochrome I dimer studied with small angle X-ray scattering and rotary-shadowing electron microscopy. *Photochem. Photobiol.* 52: 3–12.

Ni, M., Tepperman, J. M., and Quail, P. H. (1999) Binding of phytochrome B to its nuclear signalling partner PIF3 is reversibly induced by light *Nature* 400: 781–784.

Parks, B. M., and Spalding, E. P. (1999) Sequential and coordinated action of phytochromes A and B during *Arabidopsis* stem growth revealed by kinetic analysis. *Proc. Natl. Acad. Sci. USA* 96: 14142–14146.

Quail, P. H., Boylan, M. T., Parks, B. M., Short, T. W., Xu, Y., and Wagner, D. (1995) Phytochrome: Photosensory perception and signal transduction. *Science* 268: 675–680.

Quail, P. H. (2000) Phytochrome-interacting factors. *Seminars in Cell & Devel. Biol.* 11: 457–466.

Sakamoto, K., and Nagatani, A. (1996) Nuclear localization activity of phytochrome B. *Plant J.* 10: 859–868.

Sharma, R. (2001) Phytochrome: A serine kinase illuminates the nucleus! *Current Science* 80: 178–188.

Sharrock, R. A., and Quail, P. H. (1989) Novel phytochrome sequences in *Arabidopsis thaliana*: Structure, evolution, and differential expression of a plant regulatory photoreceptor family. *Genes Dev.* 3: 1745–1757.

Shinomura, T., Nagatani, A., Hanzawa, H., Kubota, M., Watanabe, M., and Furuya, M. (1996) Action spectra for phytochrome A- and B-specific photoinduction of seed germination in *Arabidopsis thaliana*. *Proc. Natl. Acad. Sci. USA* 93: 8129–8133.

Shropshire, W., Jr., Klein, W. H., and Elstad, V. B. (1961) Action spectra of photomorphogenic induction and photoinactivation of germination in *Arabidopsis thaliana*. *Plant Cell Physiol.* 2: 63–69.

Smith, H. (1974) *Phytochrome and Photomorphogenesis: An Introduction to the Photocontrol of Plant Development.* McGraw-Hill, London.

Smith, H. (1982) Light quality photoperception and plant strategy. *Annu. Rev. Plant Physiol.* 33: 481–518.

Smith, H., and Whitelam, G. C. (1997) The shade avoidance syndrome: Multiple responses mediated by multiple phytochromes. *Plant Cell Environ.* 20: 840–844.

Somers, D. E., and Quail, P. H. (1995) Temporal and spatial expression patterns of *PHYA* and *PHYB* genes in *Arabidopsis*. *Plant J.* 7: 413–427.

Sugano, S., Andronis, C., Ong, M. S., Green, R. M., and Tobin, E. M. (1999) The protein kinase CK2 is involved in regulation of circadian rhythms in *Arabidopsis*. *Proc. Natl. Acad. Sci. USA* 96: 12362–12366.

Strayer, C., Oyama, T., Schultz, T. F., Raman, R., Somer, D. E., Mas, P., Panda, S., Kreps, J. A., and Kay, S. A. (2001) Cloning of the *Arabidopsis* clock gene *TOC1,* an autoregulatory response regulator homolog. *Science* 289: 768–771.

Tepperman, J. M., Zhu, T., Chang, H. S., Wang, X., and Quail, P. H. (2001) Multiple transcription factor genes are early targets of phytochrome A signaling. *Proc. Natl. Acad. Sci. USA* 98: 9437–9442.

Thümmler, F., Dufner, M., Kreisl, P., and Dittrich, P. (1992) Molecular cloning of a novel phytochrome gene of the moss *Ceratodon purpureus* which encodes a putative light-regulated protein kinase. *Plant Mol. Biol.* 20: 1003–1017.

Tokutomi, S., Nakasako, M., Sakai, J., Kataoka, M., Yamamoto, K. T., Wada, M., Tokunaga, F., and Furuya, M. (1989) A model for the dimeric molecular structure of phytochrome based on small angle x-ray scattering. *FEBS Lett.* 247: 139–142.

Toyomasu, T., Kawaide, H., Mitsuhashi, W., Inoue, Y. and Kamiya, Y. (1998) Phytochrome regulates gibberellin biosynthesis during germination of photoblastic lettuce seeds. *Plant Physiol.* 118: 1517–1523.

Vierstra, R. D. (1994) Phytochrome degradation. In *Photomorphogenesis in Plants*, 2nd ed., R. E. Kendrick and G. H. M. Kronenberg, eds., Martinus Nijhoff, Dordrecht, Netherlands, pp. 141–162.

Vierstra, R. D., and Quail, P. H. (1983) Purification and initial characterization of 124-kilodalton phytochrome from *Avena*. *Biochemistry* 22: 2498–2505.

Wang, Z.-Y., Kenigsbuch, D., Sun, L., Harel, E., Ong., M. S., and Tobin, E. M. (1997) A MYB-related transcription factor is involved in the phytochrome regulation of an *Arabidopsis Lhcb* gene. *Plant Cell* 9: 491–507.

Yamaguchi, R., Nakamura, M., Mochizuki, N., Kay, S. A., and Nagatani, A. (1999) Light-dependent translocation of a phytochrome B-GFP fusion protein to the nucleus in transgenic *Arabidopsis*. *J. Cell Biol.* 145: 437–445.

18 青色光反応：気孔運動と形態形成

屋内の窓際に置かれた植物が，入射光に向かって枝を広げているのをよく目にする。‘光屈性’とよばれるこの反応は，植物が入射光に対してどのように成長様式を変えるかという一例である。この光に対する反応は，光合成による光捕獲と本質的に異なっている。光合成では，植物は光を捕らえ化学エネルギーに変換する（7，8章）。それに対して，光屈性は光を‘環境シグナル’として利用する。光シグナルに対する植物の反応には二つの大きなグループがある：フィトクロム反応（17章参照）と**青色光反応**（blue-light response）である。

青色光反応については，9章で紹介したものもある。細胞内への入射光に反応する葉緑体運動と葉の太陽追尾運動がその例である。フィトクロム反応に多くのものがあるように，植物には多くの青色光反応がある。光屈性のほかにも，胚軸伸長の抑制，クロロフィルやカロテノイド合成の促進，遺伝子発現の促進，気孔運動，光走性（藻類や細菌などの運動性単細胞生物が光に近づいたり，遠ざかったりする反応），呼吸促進，藻類の陰イオンの取り込み（Senger 1984）がある。青色光反応は高等植物，藻類，シダ，菌類，原核生物で報告されている。

反応によっては，たとえば，細胞膜の電気的反応のように青色光照射により数秒以内に観察されるものもある。より複雑な代謝反応，あるいは形態形成反応，たとえば，アカパンカビの青色光に促進される色素合成や藻類フシナシミドロの分枝は，数分，数時間，あるいは数日を要する（Horwitz 1994）。

読者は，フィトクロムと青色光反応の命名法の違いにとまどうかもしれない。前者は特定の光受容体（フィトクロム）に基づき，後者は可視光の青色光領域に基づいたものである。フィトクロムの場合，その分光学的，生化学的性質，特に，赤色/遠赤色光可逆反応によって短時間で反応の同定が可能で，植物の示す数多くの光生物学的反応がフィトクロムの働きによることが明らかにされている（17章）。

それに対して，青色光反応の分光学は複雑である。クロロフィルとフィトクロムの両者が可視域の青色光（400～500 nm）を吸収し，別の発色団やトリプトファンのようなアミノ酸が紫外域（250～400 nm）の光を吸収する。それでは，どのようにして青色光に特異的な反応を区別できるのだろうか？ 青色光反応を同定する重要な規準は，青色光が赤色光によって置き換えられないことと，赤色/遠赤色光の可逆性がないことである。光合成やフィトクロムが反応に関与していれば赤色光と遠赤色光は効果がある。

もう一つの区別のための重要な点は‘多くの青色光反応が特徴的な作用スペクトルを示す’ことである。7章に述べたように作用スペクトルは，一定の光量子の光を与えたときに，波長を横軸にとって観察される反応の大きさを縦軸にグラフ化したものである（分光測定と作用スペクトルの詳細は，**Webトピック7.1**参照）。作用スペクトルは候補の光受容体の‘吸収スペクトル’と比較できる。作用スペクトルと吸収スペクトルがよく一致すれば，候補の色素が対象の光反応の光受容体である強い証拠となる（図7.8）。

青色光により促進される光屈性，気孔運動，胚軸伸長の抑制，そして，他の重要な青色光反応の作用スペクトルはいずれも400～500 nmに特徴的な「三本指」構造をもっており（図18.1），この特徴は，光合成，フィトクロム，その他の光受容体などの作用スペクトルには見られない（Cosgrove 1994）。

本章では，植物における代表的な青色光反応：光屈性，茎伸長の抑制，気孔運動について述べる。気孔の青色光反応については，葉のガス交換，環境への馴化，適応における気孔の重要性を考えて詳しく述べる（9章も参照）。さらに，青色光受容体，生物の光受容と青色光受容の反応を生み出す情報伝達のカスケードについて述べる。

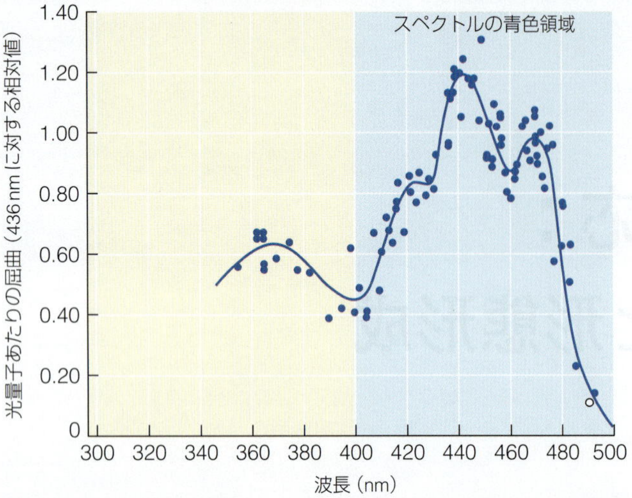

図 18.1 青色光によるオートムギ子葉鞘の光屈性の作用スペクトル。作用スペクトルは，生物反応と吸収される光の波長との関係を示す。400～500 nm付近の「三本指」様式は，青色光反応の特徴である。(Thimann and Curry 1960)

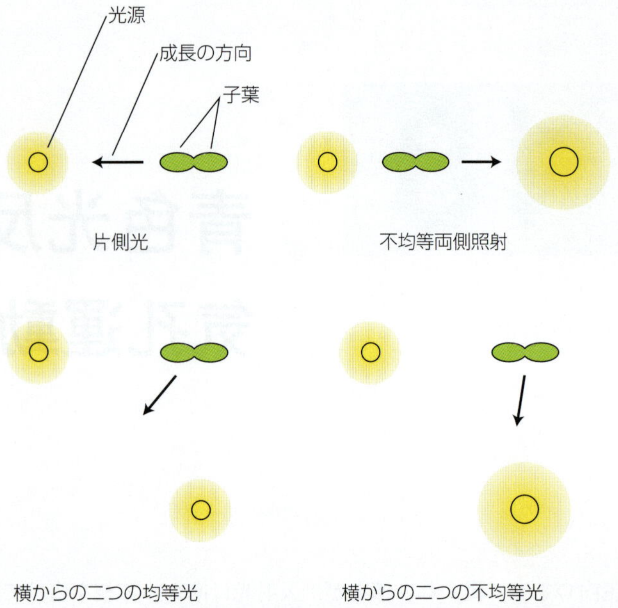

図 18.2 成長方向と不均等な入射光の関係。若い芽ばえの子葉は真上から見たものを示す。矢印は光屈性の方向を示す。図は成長の方向がどのようにして光源の強さと位置に従って変化するかを示しているが，成長は常に光の方向を向かう。(Firn 1994 を改変)

図 18.3 右側からの青色光方向に成長しているトウモロコシ子葉鞘の低速度撮影写真。30分間連続青色光照射を行った。子葉鞘の屈曲に従って屈曲角度が増加する。(M. A. Quiñonesの好意による)

青色光反応の光生理学

青色光シグナルは多くの反応で植物に利用され，植物が光の存在とその方向を感知することを可能にしている。この節では典型的な青色光反応に関連する，主な形態形成上の変化や，生理学的，生化学的変化について述べる。

青色光は不均一成長と屈曲を促す

光方向への成長（あるいは特殊環境では光から遠ざかる方向へ）を**光屈性**（phototropism）とよぶ。光屈性は菌類，シダ類，そして高等植物で観察される。暗中で生育させた単子葉，双子葉植物の芽ばえの光屈性は，特に劇的な**光形態形成反応**（photomorphogenetic response）である。実験には一方向からの光がよく用いられる，しかし，自然界でおこりうることであるが，強さの異なる二つの光源に芽ばえをさらした場合も（図18.2）光屈性がおきる。

イネ科植物のシュートは，土壌中を成長するとき，それを被っている葉の変形したもの，いわゆる**子葉鞘**（coleoptile）に保護されている（図18.3と19.1）。19章に詳しく述べるように，子葉鞘の不均一な光受容によって光側と影側にオーキシンの不均等な濃度分布を生じ，不均等な（偏差）成長，そして屈曲がおこる。

光屈曲は‘成長中’の器官にのみおこり，子葉鞘もシュートも伸長を終えたものでは光によって屈曲しない。太陽光条件で生育しているイネ科植物では土壌からシュートが芽を出すと，ただちに子葉鞘の生育を停止し子葉鞘を突き破って初葉が芽を出す。

一方，暗中で生育させた‘黄化’子葉鞘は数日間速い速度で伸長をつづけ，植物種によっては長さ数センチメートルに達する。これらの黄化子葉鞘は顕著な光屈性反応（図18.3）を示すことから，光屈性研究の古典的モデルとなっている（Firn 1994）。

図18.1に示した作用スペクトルは，異なる波長の光を照射したときのオートムギ子葉鞘の屈曲角度の測定から得られたものである。約370 nm付近に極大があり，前に述べたように400～500 nm領域に「三本指」パターンが見られる。双子葉アルファルファ（*Medicago sativa*）の光屈性の作用スペクトルは，オートムギ子葉鞘のものとよく似ており，この2種類では同じ光受容体が働くことを示している。

接合菌ヒゲカビ胞子嚢柄の光屈性の研究により，光屈性反応に関与する遺伝子の同定がなされた。胞子嚢柄は長い一個の細胞からなり，その柄の上に生ずる胞子嚢（胞子を抱えている球状構造）を有している。胞子嚢柄の成長は胞子嚢直下の成長ゾーンに限られている。

青色光を一方向から照射すると胞子嚢柄は光に向かって屈曲し，その作用スペクトルは子葉鞘と似ていた（Cerda-Olmedo and Lipson 1987）。ヒゲカビの研究によって光屈曲反応の多くの変異体が単離され，正常な光屈性に必要な複数の遺伝子が同定された。

小さな双子葉植物であるシロイヌナズナでは，最先端の分子生物学的手法をその変異体に容易に応用することができることから，この数年，この植物の茎の光屈性が注目を浴びている（図18.4）。シロイヌナズナ光屈性の遺伝学と分子生物学については，本章の後半で述べられる。

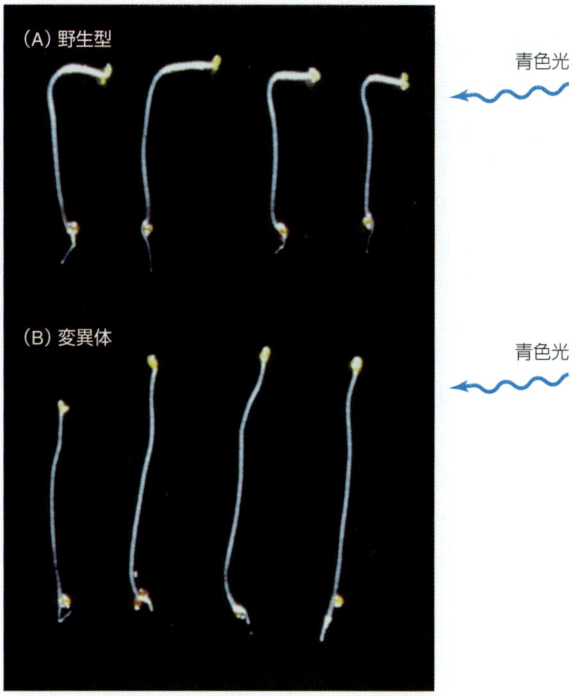

図18.4 シロイヌナズナの野生型（A）と変異体（B）芽ばえの光屈性。右側から光照射した。（Eva Hualaの好意による）

植物はどのようにして光シグナルの方向を感知するのだろうか？

双子葉植物の子葉鞘や胚軸を一方向から青色光照射したときの，光側と影側の‘光勾配’が測定されている。450 nmの青色光で照射したとき，先端部と中央付近の照射側と影側の光の比は4：1で，基部では8：1であった（図18.5）。

一方，一方向から青色光を照射したとき，接合菌ヒゲカビの胞子嚢柄では‘レンズ効果’があり，胞子嚢柄の光からもっとも遠い細胞表面（distal）は照射側の表面光量の約2倍になる。光勾配とレンズ効果は屈曲器官の光方向感知機構において，役割を担っているらしい（Vogelmann 1994）。

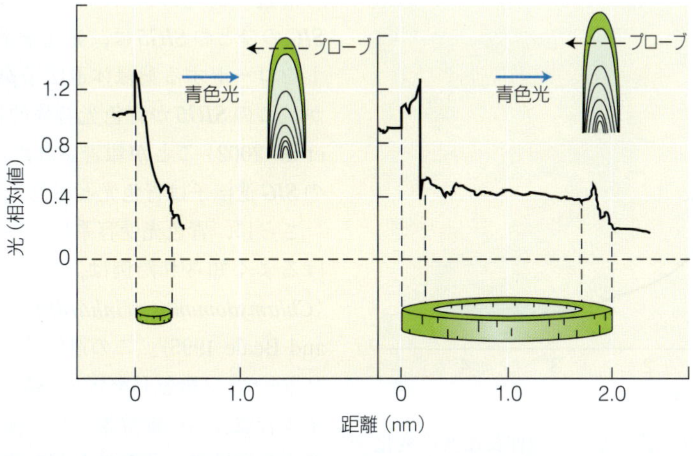

図18.5 黄化トウモロコシ子葉鞘における450 nm青色光の透過光分布。それぞれの枠内の右上図は光ファイバーによって測定された子葉鞘の部位を示している。組織の横断面を下に示した。その真上の線は各点における光量を示す。光勾配の感受は子葉鞘の光側と影側の光量の差を検知することによって，この情報がオーキシンの不均等分布に変換され，屈性を生ずると思われる。（Vogelmann and Haupt 1985を改変）

青色光はすばやく茎の伸長を抑制する

暗中で成長している芽ばえの茎は非常に速く伸長する。そして，光による茎伸長の抑制は，芽ばえが土壌の表面から現れるときの重要な形態形成反応である（17章）。黄化芽ばえにおけるPrからPfrへの変換（それぞれ，赤色光と遠赤色光を吸収するフィトクロムの型である）によって，伸長速度はフィトクロム依存性の急激な減少を示す（図17.1）。

しかし，伸長速度減少の作用スペクトルは青色光領域に強い活性を示し，フィトクロムの吸収特性からでは説明できない（図17.9）。実際，茎伸長の抑制に関する400～500 nmの青色域における作用スペクトルは，光屈性のものとよく似ている（図17.10と18.1の比較）。

フィトクロムによる伸長速度の低下と青色光特異的反応によるものとを実験的に区別するには，いくつかの方法がある。レタス苗に強い黄色の背景光のもとで弱い青色光を照射すると，その胚軸の伸長速度は50%以上低下する。背景に用いた黄色光はPr：Pfr比を一定に保つ働きがあり（17章），このような条件では，弱い青色光照射によっては，この比はほとんど変化しないので，青色光照射による伸長速度の低下に対するフィトクロムの効果は除かれる。

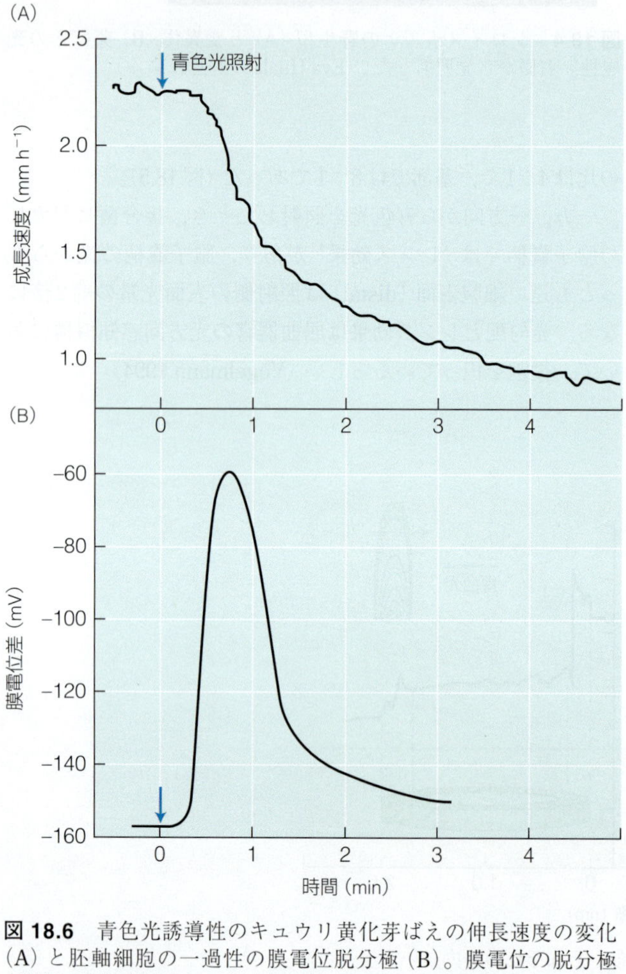

図 18.6 青色光誘導性のキュウリ黄化芽ばえの伸長速度の変化（A）と胚軸細胞の一過性の膜電位脱分極（B）。膜電位の脱分極（細胞に電極を挿入して測定）が最大に達し，成長速度（マークをつけて測定）は急減する。二つのカーブの比較から膜電位の過分極が成長速度の低減に先行し，この二つの現象の因果関係を示している。（Spalding and Cosgrove 1989より改変）

青色光とフィトクロムの胚軸伸長への影響は，反応の速さからも区別できる。フィトクロムを介する伸長速度の変化は種類によるが8～90分の間に検知されるのに，青色光反応は速く，15～30秒で測定される（図18.6）。伸長速度の制御におけるフィトクロムと青色光依存の情報伝達機構の相互作用については，次章に述べる。

青色光に誘導されるもうひとつの速い反応は，胚軸細胞の膜電位の脱分極であり，成長速度の低下に先立っておこる（図18.6）。膜電位の脱分極は陰イオンチャネルの活性化によりおこり（6章），塩素イオンのような陰イオンの放出を促進する。陰イオンチャネルブロッカーは青色光依存の膜電位の脱分極を阻害し，青色光による胚軸伸長の抑制効果を低減する（Parks et al. 1998）。

青色光は遺伝子発現を制御する

青色光は，重要な形態形成過程に関与する遺伝子発現もまた制御する。これらの光活性化される遺伝子には，詳しく研究されているものもあり――たとえば，フラボノイド生合成における最初の重要なステップを触媒するカルコン合成酵素，Rubisco（ルビスコ）の小サブユニット，クロロフィル*a*，*b*結合タンパク質などをコードする遺伝子である（それぞれ13，8，7章）。光活性化遺伝子に関する研究の大部分は，赤色/遠赤色可逆反応だけでなく，青色光と赤色光の両方に感受性を示すことから，フィトクロムと青色光反応の両方の関与が考えられる。

最近の研究によれば，シロイヌナズナの六つの核遺伝子*SIG*のひとつ*SIG5*は，光化学系II反応中心のD2サブユニットをコードする葉緑体遺伝子*psbD*（7章）の転写制御を行うが，この*SIG5*が青色光特異的に活性化される（Tsunoyama et al. 2002）ことが報告された。それに対して，ほかの五つの*SIG*遺伝子は青色光と赤色光の両方に活性化される。

さらに，青色光受容系によってのみ遺伝子発現の制御を受けるよく知られた例は，光合成単細胞藻類クラミドモナス（*Chlamydomonas reinhardtii*）の*GSA*遺伝子である（Matters and Beale 1995）。この遺伝子はグルタミン酸-1-セミアルデヒド-アミノ酸転移酵素（GSA）をコードしており，クロロフィル合成経路の鍵酵素として機能している（7章）。クラミドモナスにはフィトクロムがないことから，青色光反応系の解析が単純化できる。

クラミドモナスの同調培養において，*GSA* mRNAの濃度は青色光に厳密に制御されており，照射開始2時間後には

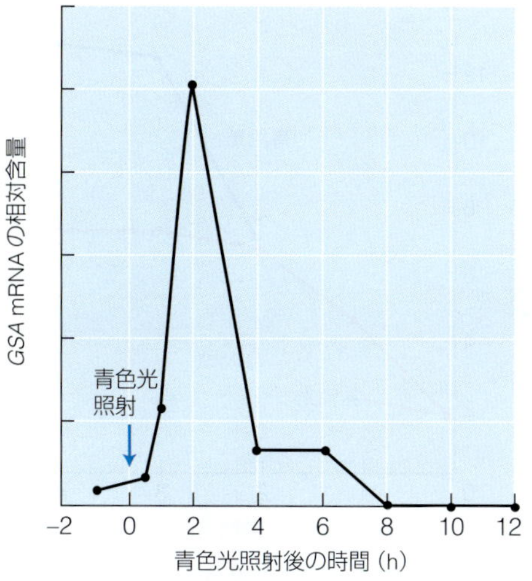

図 18.7 緑藻クラミドモナス (*Chlamydomonas reinhardtii*) における青色光に依存する遺伝子発現の時間経過。*GSA* 遺伝子はグルタミン酸-1-セミアルデヒドアミノ転移酵素をコードしており，クロロフィル生合成の初期段階を制御する。(Matters and Beale 1995 より改変)

GSA mRNA濃度は暗中の26倍になる (図18.7)。この青色光によるmRNA増加はクロロフィル含量の増加に先行し，クロロフィル生合成が*GSA*遺伝子の活性化に制御されることを示している。

青色光は気孔開口を促進する

これから青色光に対する気孔の反応について述べる。気孔は葉のガス交換の主要な制御機構で (9章)，しばしば農作物の収量に影響を与える (25章)。青色光に依存する気孔運動の諸性質から孔辺細胞は青色光反応研究の有用な実験系として用いられている。

- 青色光に対する気孔反応は速く，可逆的で，その反応系は孔辺細胞に局在している。
- 気孔の青色光反応は，植物の一生を通して気孔運動を制御する。これは，発生の初期段階で重要な機能を果たす光屈性や胚軸伸長などの青色光反応とは異なっている。
- 光受容と気孔開口とをつなぐ情報伝達のカスケードは，かなり詳細に理解されている。

以下のセクションでは，気孔の光に対する反応について二つの観点から議論する予定である。それは，気孔運動を駆動する浸透圧調節機構と，孔辺細胞のイオン取り込みにおける青色光に活性化される H^+-ATPase の役割についてである。

光は，水の十分な条件で生育している植物の気孔運動を調節する重要な環境シグナルである。葉表面の光強度の増加に伴い気孔は開口し，減少に伴い閉鎖する (図18.8)。温室で生育させたソラマメ (*Vicia faba*) 葉では，気孔運動は葉表面の入射太陽光強度によく追随する (図18.9)。

気孔反応の初期の研究によると，光合成電子伝達の阻害剤，DCMU (dichlorophenyldimethylurea) (図7.31) は，光促進の気孔開口を部分的に阻害する。このことは，孔辺細胞葉緑体

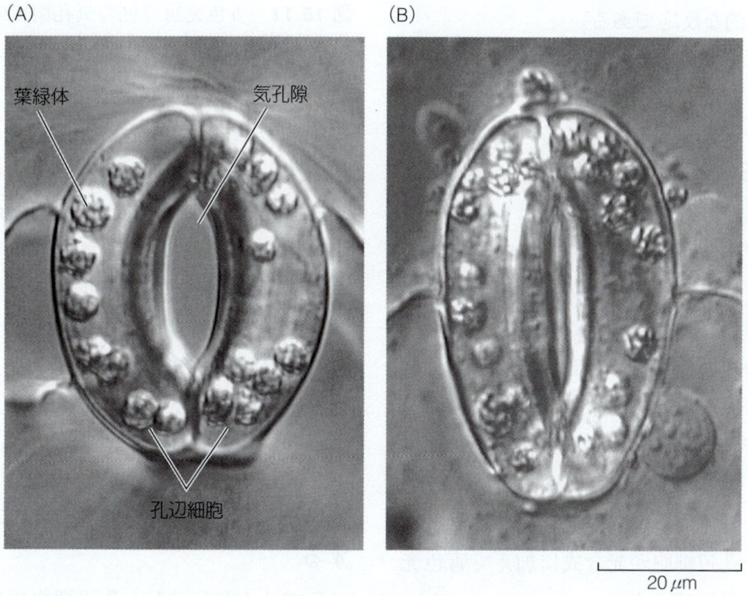

図 18.8 ソラマメ (*Vicia faba*) 表皮における光誘導性の気孔開口。光照射により開口した気孔 (A) と暗中の閉じた気孔 (B)。気孔開口は気孔隙の幅の顕微鏡測定により定量する。(E. Raveh の好意による)

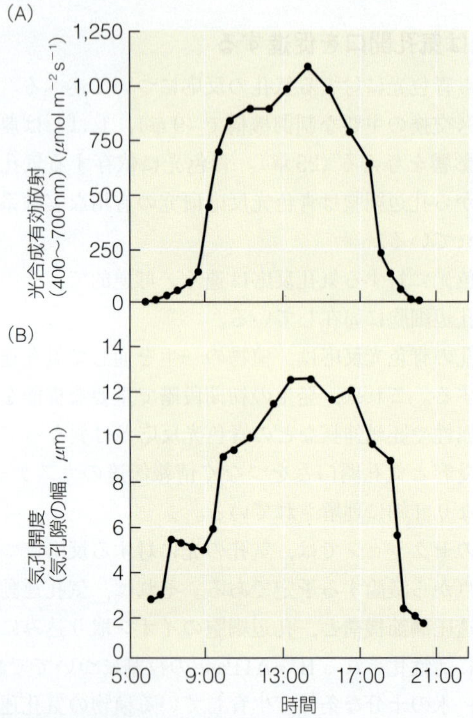

図 18.9　気孔開口は葉表面の光合成有効放射に追随する。温室で生育させたソラマメ (*Vicia faba*) 葉の気孔開度 (B) は，葉の光合成有効放射 (400〜700 nm) (A) によく従った。気孔開口は主に光により制御される。(Srivastava and Zeiger 1995a より改変)

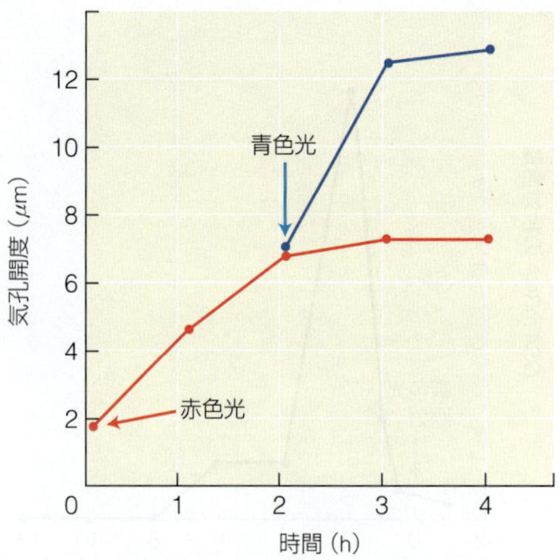

図 18.10　赤色光条件下における青色光に対する気孔反応。ツユクサ (*Commelina communis*) 剥離表皮の気孔を飽和赤色光で照射した (赤色線)。さらに，矢印で示すように青色光を加えて照射した (青色線)。飽和赤色光による気孔開口から，青色光照射によりさらに気孔が開くことから，光合成とは別の光受容体の存在がわかる。(Schwartz and Zeiger 1984)

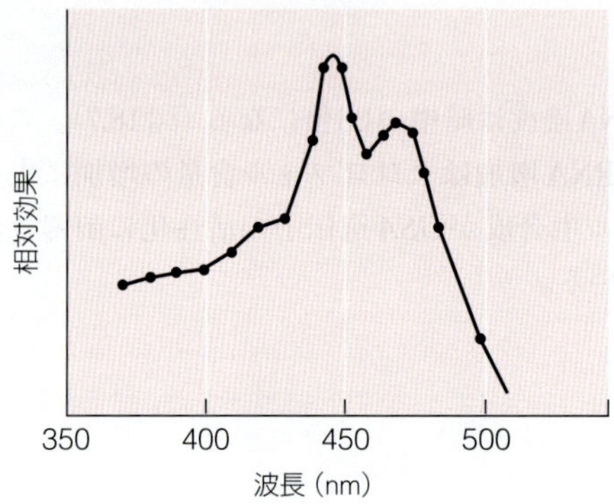

図 18.11　青色光誘導性の気孔開口の作用スペクトル (背景に赤色光を照射) (Karlsson 1986 より改変)

の光合成は光依存の気孔開口に重要であるが，気孔の光反応に非光合成成分があることを示している。気孔の光反応の詳細な研究により，光は孔辺細胞における二つの異なる反応を活性化している：孔辺細胞葉緑体の光合成 (**Web エッセイ 18.1** 参照) と青色光に特異的な反応である。

青色光に特異的な気孔反応は青色光照射によってのみでは正しい解析はできない。なぜなら，青色光は孔辺細胞の青色光特異的な反応と光合成とを同時に促進するからである (青色光に反応する光合成については，図 7.8 の光合成の作用スペクトル参照)。二つの光反応系の明確な分離は 2 種類の光を用いる実験により可能である。高光量子密度の赤色光を光合成反応が‘飽和’するように用い，この反応が完了してから弱い青色光を照射する (図 18.10)。すでに赤色光で光合成は飽和しているので，光合成の促進では説明できない，青色光による著しい気孔開口がおこる。

赤色光の存在する条件で，青色光に対する気孔反応の作用スペクトルは前に述べた三本指様式である (図 18.11)。この作用スペクトルは典型的な青色光反応で，光合成の作用スペクトルとは明確に異なり，孔辺細胞が光合成に加えて青色光に特異的に反応することを示している。

孔辺細胞を細胞壁消化活性のあるセルロース分解酵素で処理すると，‘孔辺細胞プロトプラスト’が遊離してくる。孔辺細胞プロトプラストは青色光照射により‘膨潤し’(図 18.12)，青色光は孔辺細胞自身で受容されることがわかる。この膨潤はインタクトの孔辺細胞がどのように機能するかも明示している。光に促進されるイオンの取り込みと有機イオンの蓄積は，細胞の浸透ポテンシャルを低下 (浸透圧の上昇) させる。その結果，水が流入し，孔辺細胞の膨圧が増加し，細胞壁が機械的に形態変化をおこし気孔を開かせる (4 章)。細胞壁が存在しないと，青色光による浸透圧増加は孔辺細胞プロトプラストを膨潤させる。

青色光は孔辺細胞細胞膜のプロトンポンプを活性化する

ソラマメ (*Vicia faba*) 孔辺細胞プロトプラストに，赤色光下で青色光を照射すると懸濁液の pH が酸性化する (図 18.13)。この青色光誘導性の酸性化は膜を横切る pH 勾配を解消する

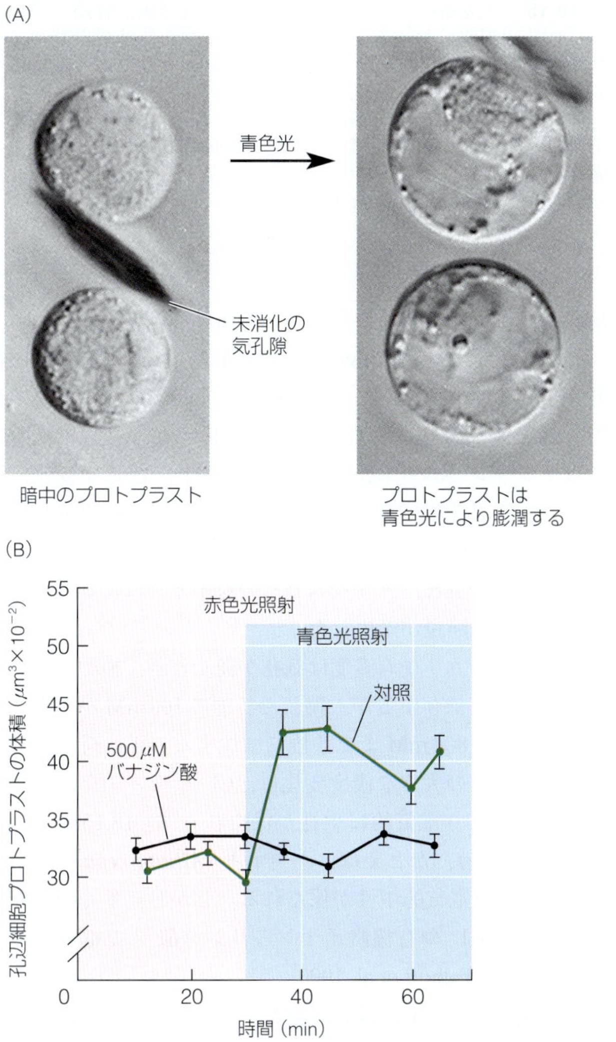

図 18.12 青色光誘導性の孔辺細胞プロトプラストの膨潤。(A) かたい細胞壁が存在しないタマネギ (*Allium cepa*) 孔辺細胞プロトプラストは膨潤する。(B) 青色光はソラマメ (*Vicia faba*) 孔辺細胞プロトプラストの膨潤を誘導し，細胞膜 H^+-ATPase の阻害剤，バナジン酸はこの膨潤を阻害する。膨潤は孔辺細胞に気孔開口を駆動する機械的力を生ずる。((A) は Zeiger and Hepler 1977 から，(B) は Amodeo et al. 1992 を改変)

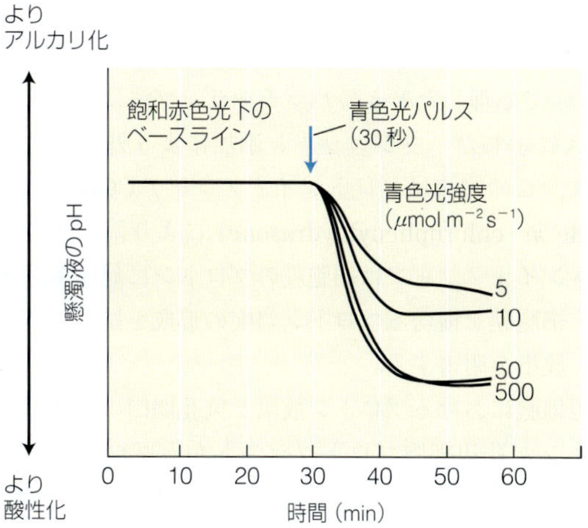

図 18.13 青色光短時間照射 (30 秒) によるソラマメ (*Vicia faba*) 孔辺細胞プロトプラスト懸濁液の酸性化。酸性化は青色光による細胞膜 H^+-ATPase の活性化によるもので，プロトプラストの膨潤と関連している。(Shimazaki et al. 1986 を改変)

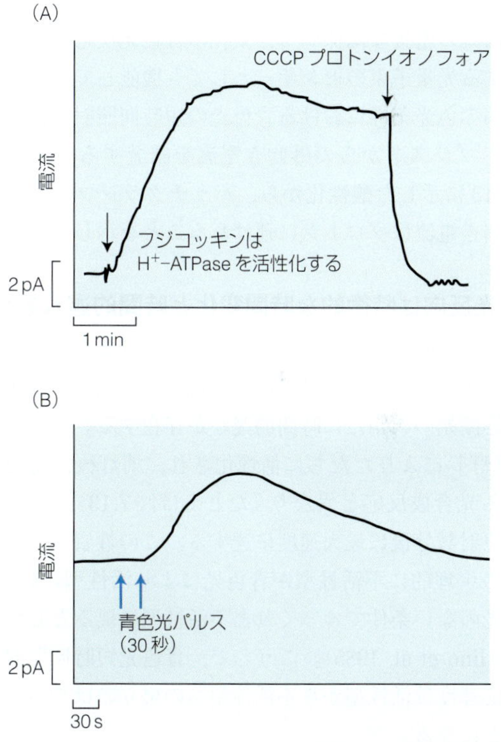

図 18.14 孔辺細胞プロトプラスト細胞膜 H^+-ATPase のフジコッキンや青色光による活性化は，パッチクランプ法により電流として測定される。(A) H^+-ATPase の活性化剤，カビ毒，フジコッキンで刺激したときの孔辺細胞プロトプラスト細胞膜の外向き電流 (単位は pA)。電流はプロトンイオノフォア CCCP (carbonyl-cyanide *m*-chlorophenylhydrazone) で消失した。(B) 青色光で刺激したときの孔辺細胞プロトプラスト細胞膜の外向き電流。これらの結果は青色光が細胞膜 H^+-ATPase を活性化することを示している。((A) は Serrano et al. 1988 を改変，(B) は Assmann et al. 1985 を改変)

CCCP のような阻害剤により消失し，細胞膜プロトン輸送性 ATP 加水分解酵素 (以下細胞膜 H^+-ATPase) の阻害剤，たとえば，バナジン酸により阻害される (図 18.12B；6 章)。

このことは，‘酸性化は孔辺細胞細胞膜 H^+-ATPase が青色光に活性化された結果’で，この ATPase がプロトン (H^+) をプロトプラスト懸濁液に放出し，pH が低下したことを示している。インタクト葉では，このプロトン放出によって孔辺細胞周囲のアポプラストの pH が低下する。細胞膜 H^+-ATPase は孔辺細胞から単離され，詳しく調べられた (Kinoshita and Shimazaki 1999)。

細胞膜 H^+-ATPase のような電位差形成性のポンプの活性は，パッチクランプ法により細胞膜の外向き電流として測定可能である (パッチクランプ法に関する **Web トピック 6.2** 参照）。孔辺細胞プロトプラストをよく知られた細胞膜H^+–ATPaseの活性化剤，カビ毒フジコッキン（または，フシコクシン）で処理したときのパッチクランプ法による記録を図18.14Aに示した。フジコッキン添加により外向き電流が誘導され，この電流はプロトンイオノフォアCCCP（carbonyl cyanide *m*–chlorophenylhydrazone）により消失した。このプロトンイオノフォアは細胞膜のプロトンに対する透過性を高め，細胞膜を横切るプロトン勾配の形成を妨げ，正味のプロトン放出を阻害する。

孔辺細胞におけるプロトン放出と気孔開口の関係は，フジコッキンが孔辺細胞プロトプラストからプロトンを放出させ，気孔を開かせることから明らかである。また，CCCPはフジコッキン誘導性の気孔開口を阻害する。青色光の光量子密度の増大にともないプロトン放出速度が増加することから（図18.13），葉に達する太陽光の青色光量子密度が増加するに伴い，大きな気孔開口が誘発される。

入射青色光量子数，孔辺細胞細胞膜でのプロトン放出と気孔開口との密接な関係から，気孔の青色光反応は孔辺細胞に到達する光量子束のセンサーとしても機能している。

飽和赤色光条件における青色光の短時間照射は，孔辺細胞プロトプラストからの外向き電流を誘発する（図18.14B）。図18.13に示した酸性化から，パッチクランプ法で測定された外向き電流はプロトンに運ばれることを示している。

青色光反応は特徴的な時間変化と時間的遅れを示す

青色光の短時間照射に対する反応から，重要な特質が明確になる：光シグナル終了後も反応が持続し，光シグナル開始から反応開始のあいだに時間的遅れが存在する。

「点灯」によりただちに活性化され，消灯後，ただちに停止する光合成反応と異なり（たとえば図7.13），青色光反応は光照射数分後に最大速度に達する。この性質は，青色光受容体の生理的に不活性型が青色光により活性型に転換され，青色光のない条件でゆっくりと不活性型に戻るとして説明される（Iino et al. 1985）。こうして，青色光短時間照射に対する反応速度は活性型から不活性型への戻りのはやさに依存することになる。

青色光短時間照射に対する反応のもう一つの性質は時間的遅れの存在で，その遅れは酸性化と外向き電流の両方で約25秒に達した（図18.13と18.14）。この時間はシグナルが光受容体から細胞膜H^+–ATPaseへ至り，プロトン勾配形成に要する情報伝達の反映である。同様な時間的遅れが，胚軸伸長の抑制にも観察される。

青色光は孔辺細胞の浸透圧を制御する

青色光はプロトン放出と有機溶質合成を介して孔辺細胞の浸透調節を行う。これらの青色光反応を議論する前に，孔辺細胞における主要な浸透物質について簡単に述べておく。

図 18.15 孔辺細胞における三つの異なる浸透調節経路。黒色矢印は，孔辺細胞における浸透溶質の蓄積を生み出す各経路の主な代謝段階を示す。(A) カリウムと対イオン。カリウムと塩素はプロトン勾配に駆動される二次的輸送過程により取り込まれ，リンゴ酸はデンプンの加水分解により生成する。(B) デンプンの加水分解によるリンゴ酸の蓄積。(C) 光合成炭酸固定によるショ糖の蓄積。アポプラストからのショ糖の取り込みの可能性もあわせて示した。(Talbott and Zeiger 1998 より) ▶

1856年，植物学者Hugo von Mohlは，孔辺細胞の膨圧変化が気孔開度を変化させる機械的力を生み出すことを提案した。1908年には植物生理学者F. E. Lloydが，孔辺細胞の膨圧はデンプン–糖の内部変換によって生じる浸透圧変化に制御されることを仮定し，気孔運動のデンプン–糖仮説を生み出した。1960年代になると孔辺細胞におけるカリウム濃度の変化が発見され，カリウムとその対イオンによる新たな孔辺細胞浸透調節説が誕生した。

孔辺細胞のカリウム濃度は気孔が開くとき，植物の種類や実験条件にも依存するが，閉じた状態の100 mMから開いた状態の400～800 mMまで数倍に増加する。正に荷電したカリウムイオンの大きな濃度変化は，Cl^-とリンゴ酸$^{2-}$などの陰イオンにより電気的に中性が保たれる（図18.15A）。*Allium*属のある種，たとえば，タマネギ（*Allium cepa*）ではK^+はCl^-のみで電気的中性が保たれる。しかし，多くの種ではカリウムはCl^-や有機陰イオンのリンゴ酸$^{2-}$で電気的中性が保たれる（Talbott et al. 1996）。

気孔開口時にはCl^-は孔辺細胞に取り込まれ，閉鎖時には放出される。一方，リンゴ酸はデンプンの加水分解によって生じた炭素骨格を利用して，孔辺細胞の細胞質で合成される（図18.15B）。孔辺細胞のリンゴ酸含量は気孔閉鎖時に減少するが，リンゴ酸がミトコンドリアの呼吸系で代謝されるのか，アポプラストに放出されるのかは不明である。

カリウムと塩素はプロトンポンプ（6章）によって形成されたH^+の電気化学的ポテンシャル勾配，$\Delta\mu_{H^+}$によって駆動される二次的輸送機構を介して孔辺細胞に取り込まれる。プロトン放出は，孔辺細胞細胞膜を横切ってマイナスの電気的ポテンシャル差を形成させ，光依存の過分極が最高50 mVにまでなるのが測定された。加えて，プロトン放出は0.5～1 pH単位の勾配を形成させる。

プロトン勾配の電気的成分は，電位依存性カリウムチャネルを介したカリウムイオンの受動的取り込みの駆動力となる（6章）（Schroeder et al. 2001）。塩素イオンは陰イオンチャネルを通して取り込まれると考えられている。こうして，プロトン放出の青色光による誘導は，光による気孔運動において孔辺細胞の浸透調節に重要な役割を果たしている。

孔辺細胞葉緑体（図18.8）は大きなデンプン粒を含んでお

(A)

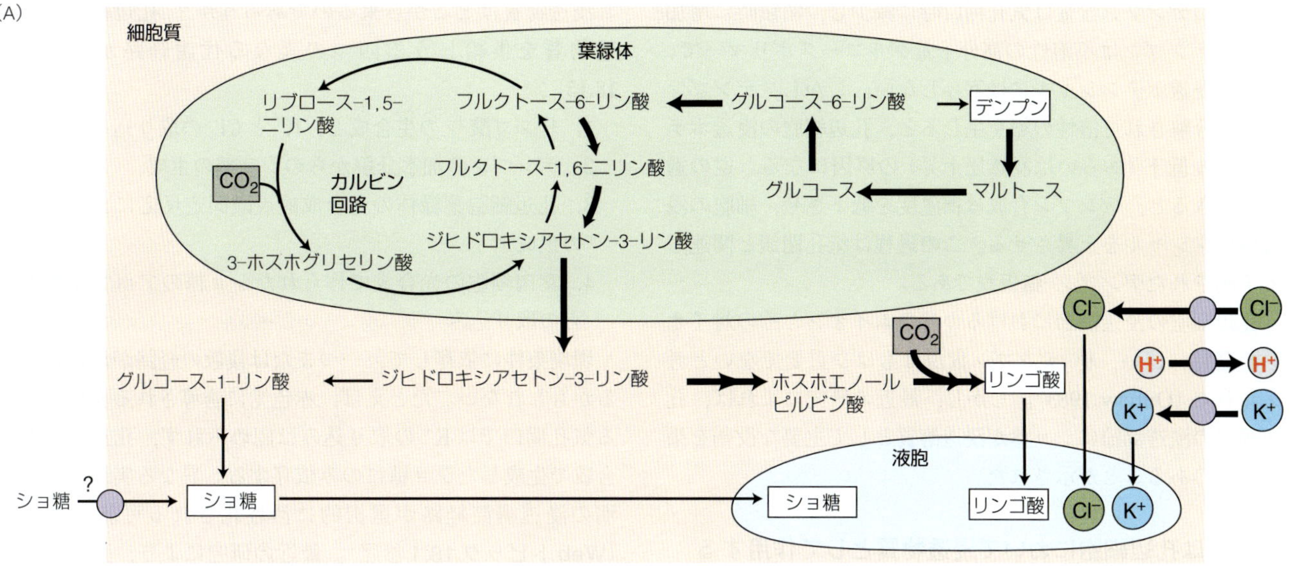
細胞質
葉緑体
リブロース-1,5-
ニリン酸
フルクトース-6-リン酸
グルコース-6-リン酸
デンプン
CO_2
カルビン
回路
フルクトース-1,6-ニリン酸
グルコース
マルトース
ジヒドロキシアセトン-3-リン酸
3-ホスホグリセリン酸
Cl^-
CO_2
H^+
グルコース-1-リン酸
ジヒドロキシアセトン-3-リン酸
ホスホエノール
ピルビン酸
リンゴ酸
K^+
液胞
ショ糖
?
ショ糖
ショ糖
リンゴ酸

(B)

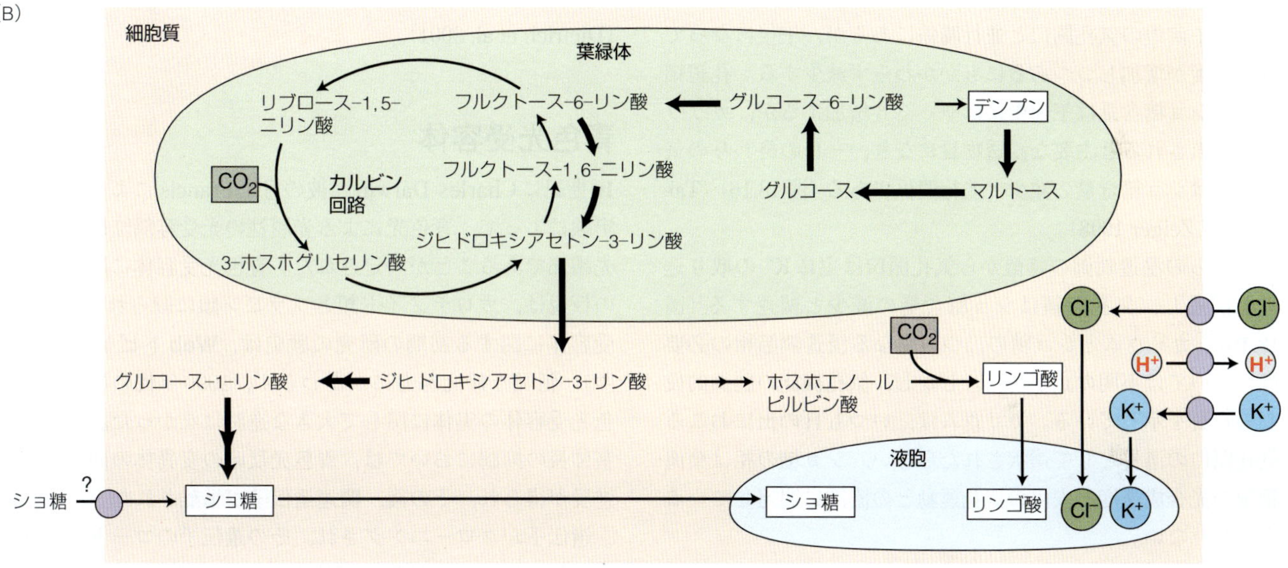
細胞質
葉緑体
リブロース-1,5-
ニリン酸
フルクトース-6-リン酸
グルコース-6-リン酸
デンプン
CO_2
カルビン
回路
フルクトース-1,6-ニリン酸
グルコース
マルトース
ジヒドロキシアセトン-3-リン酸
3-ホスホグリセリン酸
Cl^-
CO_2
H^+
グルコース-1-リン酸
ジヒドロキシアセトン-3-リン酸
ホスホエノール
ピルビン酸
リンゴ酸
K^+
液胞
ショ糖
?
ショ糖
ショ糖
リンゴ酸

(C)

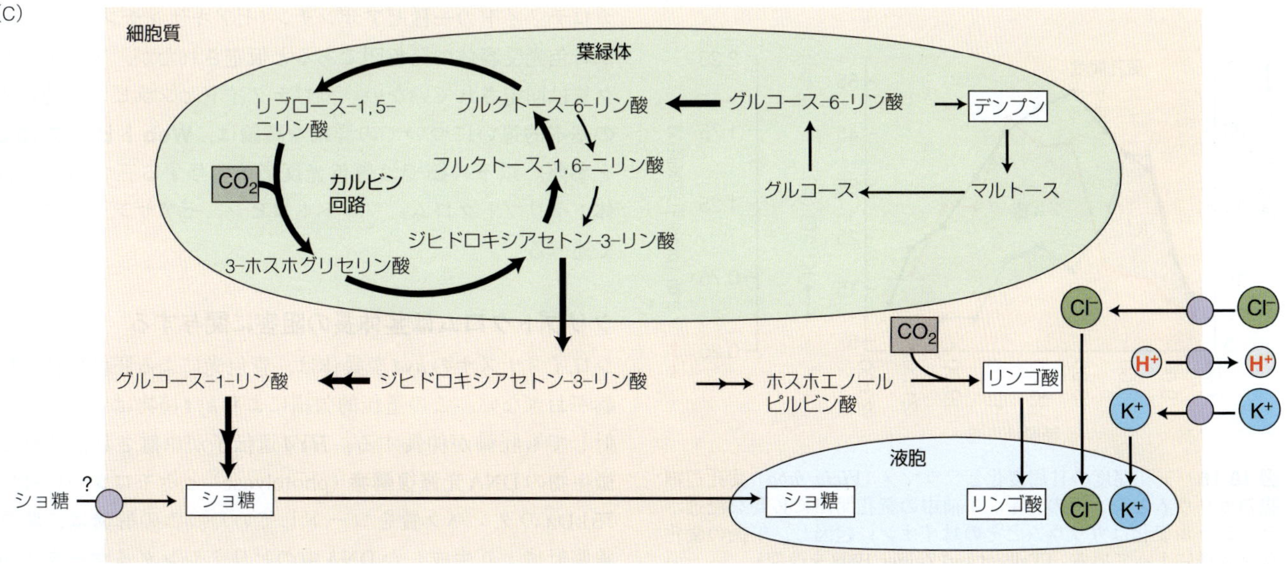
細胞質
葉緑体
リブロース-1,5-
ニリン酸
フルクトース-6-リン酸
グルコース-6-リン酸
デンプン
CO_2
カルビン
回路
フルクトース-1,6-ニリン酸
グルコース
マルトース
ジヒドロキシアセトン-3-リン酸
3-ホスホグリセリン酸
Cl^-
CO_2
H^+
グルコース-1-リン酸
ジヒドロキシアセトン-3-リン酸
ホスホエノール
ピルビン酸
リンゴ酸
K^+
液胞
ショ糖
?
ショ糖
ショ糖
リンゴ酸

り，このデンプン含量は気孔開口時に減少し，閉鎖時に増加する。デンプンは不溶性の高分子量グルコースポリマーで，細胞の浸透ポテンシャルには寄与しない。しかし，デンプンが加水分解され可溶性の糖を生じると，孔辺細胞の浸透ポテンシャル低下（あるいは浸透圧上昇）の原因になる。逆の過程がおきると，デンプン合成は糖濃度を低下させ，細胞の浸透ポテンシャルを上昇させる。この過程は気孔閉鎖と関連して予測されたデンプン–糖仮説である。

孔辺細胞の浸透調節におけるカリウムイオンとその対イオンの発見に伴い，糖–デンプン仮説はもはや重要でないと考えられた（Outlaw 1983）。しかし，最近の研究によれば，孔辺細胞の浸透調節にショ糖が浸透溶質として主要な役割を果たす相のあることが示された。

ショ糖は孔辺細胞において浸透物質として作用する

葉の気孔運動の日周変化の研究により，孔辺細胞のカリウム含量は午前中の気孔開口と並行関係にあるが，午後になって気孔開度が増加しつつあるにもかかわらず減少する。孔辺細胞中のショ糖含量は午前中にはゆっくり増加するが，カリウムが放出されると主要な浸透物質になり，一日の終わりの気孔閉鎖はショ糖含量の減少と並行関係にある（図 18.16）（Talbott and Zeiger 1998）。

これらの浸透制御の特徴から気孔開口は主に K^+ の取り込みと関連し，気孔閉鎖はショ糖含量の減少と関連する（図 18.16）。カリウムとショ糖の二つの異なる浸透調節相の必要性については不明の点が多い。しかし，気孔機能の制御的役割の特質を示している。カリウムは，いつも日の出におこる気孔開口の溶質として選択されたらしい。ショ糖の相は葉肉細胞の光合成速度と表皮の気孔運動との協調に関連しているかもしれない。

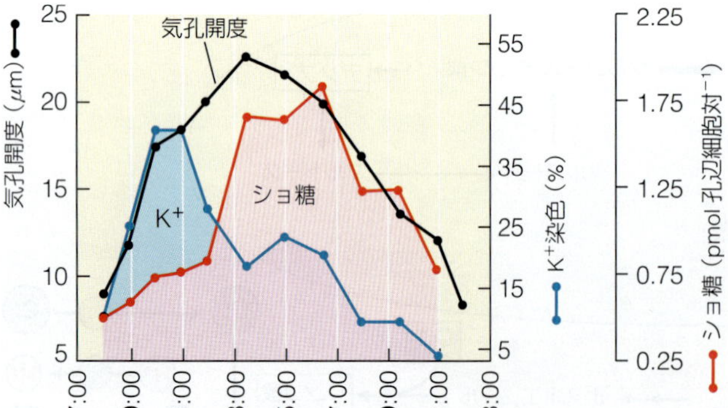

図 18.16　気孔開度の日周変化とソラマメ（*Vicia faba*）葉孔辺細胞のカリウムとショ糖の含量。午前中の気孔開口に必要な浸透ポテンシャル変化はカリウムとその対イオンに起因し，午後の変化はショ糖によっている。（Talbott and Zeiger 1998 を改変）

浸透物質はどこから来るのであろうか？ 孔辺細胞には浸透物質を供給しうる四つの異なる代謝経路がある（図 18.15）：

1. リンゴ酸 $^{2-}$ の生合成と，K^+ と Cl^- の取り込みの共役
2. デンプンの加水分解からのショ糖の生成
3. 孔辺細胞葉緑体の光合成的炭酸固定反応によるショ糖の生成
4. 葉肉細胞の光合成で作られたショ糖のアポプラストからの取り込み

環境条件に依存して，一つまたは複数の経路が活性化されるかもしれない。たとえば，赤色光に誘導される表皮における気孔開口では K^+ の取り込みは認められず，孔辺細胞の光合成で生成したショ糖にのみ依存する。異なる実験条件では別の浸透調節経路が選択的に活性化される可能性がある（**Web トピック 18.1** 参照）。最近の研究により，葉における孔辺細胞の謎に満ちた浸透制御が解明されはじめている（Dietrich et al. 2001）。

青色光受容体

19 世紀に Charles Darwin と彼の息子 Francis により行われた実験によって，青色光による光屈性の光受容部位は子葉鞘の先端部であることが決定された。青色光受容体に関する初期の仮説は，カロテノイド類とフラビン類に絞られた（青色光受容体に関する初期の研究の歴史は，**Web トピック 18.2** 参照）。活発な研究努力にかかわらず，1990 年代の初頭まで青色光受容体の実体に関して大きな進展はなかった。光屈性と茎伸長の抑制においては，青色光反応の変異体の同定により進展が得られ，その後，関連遺伝子が単離された。

遺伝子がクローニングされ，その遺伝子のコードするタンパク質が同定され性質が解明された。気孔孔辺細胞の場合，カロテノイドの一種ゼアザンチン（ゼアキサンチンともいう）が青色光受容体の発色団であると仮定されたが，アポタンパク質は同定されていない。カロテノイドとフラビン光受容体の基本的違いについての詳細な議論は，**Web トピック 18.3** を参照。以下の節では青色光反応に関与する三つの光受容体：クリプトクロム，フォトトロピン，ゼアザンチンについて述べる。

クリプトクロムは茎伸長の阻害に関与する

シロイヌナズナの *hy4* 変異体は，青色光による胚軸伸長の抑制がおきない。この遺伝的欠損により *hy4* 植物は青色光を照射しても胚軸が伸長する。*HY4* 遺伝子が単離され，それは微生物の **DNA 光修復酵素**（photolyase）とホモロジーの高い 75 kDa のタンパク質をコードしていた。この酵素は，紫外線照射により生成した DNA 中のピリミジンダイマーを青色

光に活性化されて修復する（Ahmad and Cashmore 1993）。アミノ酸配列の類似から，hy4タンパク質は後に**クリプトクロム1**（cryptochrome1，**cry1**）と改名され，茎伸長の抑制を引きおこす青色光受容体であると提案された。

光修復酵素は，フラビンアデニンジヌクレオチド（FAD；図11.2B）とプテリンを含む色素タンパク質である。**プテリン**（pterin）は光吸収性のプテリジン誘導体で，昆虫，魚，鳥などで色素として機能する（12章にプテリンの構造）。大腸菌に発現させるとCRY1タンパク質[†]はFADと結合する。しかし，光修復酵素活性はなかった。CRY1に結合する発色団や光化学反応の性質については不明の点が多いが，cry1の反応が複数の青色光反応を引きおこす情報伝達カスケードを開始することになる。

青色光による茎伸長の抑制におけるcry1の役割を示すもっとも重要な証拠は，過剰発現の研究から得られた。CRY1タンパク質を形質転換タバコあるいはシロイヌナズナに過剰発現させると，野生型に比べて胚軸伸長の強い抑制が見られ，同時に，アントシアニン生成と他の青色光反応の増大が認められた（図18.17）。このようにして，CRY1の過剰発現によって形質転換植物は青色光に対する感受性が増加した。そのほかの青色光反応，たとえば，光屈性，青色光依存の気孔運動は*cry1*変異体では正常であった。

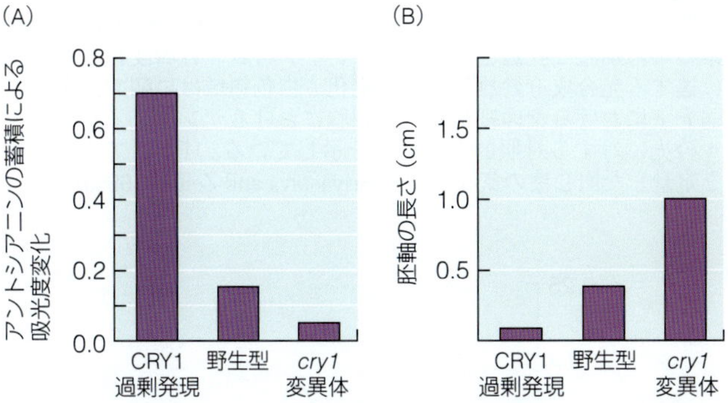

図18.17 青色光はシロイヌナズナ芽ばえ形質転換体のアントシアニンの蓄積を促進し（A），茎伸長の阻害を促進する（B）。図にはCRY1をコードする遺伝子を過剰発現させたもの（CRY1 OE），野生型（WT），そして変異体（*cry1*）を示している。CRY1を過剰発現させた形質転換植物の青色光反応は増幅され，この遺伝子のアントシアニン合成と茎伸長の抑制における重要性を証明している。（Ahmad et al. 1998を改変）

† ［訳者注］フィトクロム，フォトトロピンに関して研究者間で議論され，以下のように統一された。クリプトクロムについての取り決めはないが，フィトクロムとフォトトロピンに準じて表記した。
・野生型遺伝子：大文字斜体　*PHYA*，*PHOT1*，*CRY1*など。
・変異遺伝子：小文字斜体　*phyA*，*phot1*，*cry1*など。
・ホロタンパク質（発色団を含む）：小文字立体　phyA，phot1，cry1など。
・アポタンパク質（発色団を含まない）：大文字立体　PHYA，PHOT1，CRY1など。

cry1と相同な2番めの遺伝子産物cry2がシロイヌナズナから単離されている（Lin 2000）。cry1とcry2ともに植物界に普遍的に存在している。この両者のあいだの主な違いはcry2が光によりすばやく分解されるのに，cry1は光条件で生育した苗で安定であることである。

CRY2をコードする遺伝子を過剰発現した形質転換植物では，胚軸伸長の抑制が少し増幅されるだけで，cry2はcry1と異なり茎伸長の抑制には大きな役割は果たしていない。一方，CRY2過剰発現形質転換植物は，別の青色光反応である子葉の展開が大きく促進される。さらに，cry1はシロイヌナズナの概日時計のセットに関与し（17章），cry1とcry2両者の花成誘導の役割が示されている（24章）。クリプトクロムのホモログがショウジョウバエ，マウス，ヒトで概日時計を制御することが発見されている。

フォトトロピンは光屈性と葉緑体運動に関与する

最近単離されたシロイヌナズナの変異体の中には，胚軸の青色光による光屈性を欠損したものがあり，屈曲に先立っておこる細胞内事象の解明に大きく貢献した。これらの変異体の一つ，***nph1***（nonphototropic hypocotyl）は遺伝学的に***hy4***（***cry1***）と独立であることがわかっている。***nph1***変異体は胚軸の光屈性能を欠いている。しかし，青色光による胚軸伸長の抑制は正常である。一方，***hy4***は逆の表現型を示す。最近，*NPH1*遺伝子は*PHOT1*と改名され，コードするタンパク質は**フォトトロピン**（phototropin）と名づけられた（Briggs and Christie 2002）。

フォトトロピンのC末端はセリン/スレオニンキナーゼである。N末端の半分はそれぞれ約100個のアミノ酸からなる二つの繰り返し配列からなり，細菌や哺乳動物の情報伝達を担うタンパク質と類似の配列である。フォトトロピンのN末端と類似配列のタンパク質はフラビン補因子と結合する。これらのタンパク質は大腸菌やアゾトバクターの酸素センサー，また，ショウジョウバエと脊椎動物のカリウムチャネルの電位センサーである。

昆虫細胞に発現させると，フォトトロピンのN末端の半分はフラビンモノヌクレオチド（FMN）と結合し（図11.2Bと**Webエッセイ18.2**参照），青色光に依存した自己リン酸化反応を示した。この反応は黄化芽ばえの成長領域に存在する120 kDaの膜タンパク質の青色光依存のリン酸化反応に類似していた。

シロイヌナズナのゲノムは*PHOT1*と関連した第二の遺伝子*PHOT2*を含んでいる。***phot1***変異体の胚軸は弱光の青色光（0.01～1 μmol m^{-2} s^{-1}）には屈曲せず，強光（1～10 μmol m^{-2} s^{-1}）には屈曲を示した。***phot2***変異体は正常な光屈性を示したが，***phot1/phot2***二重変異体は弱，強の光のどちらにも反応しなかった。これらのデータはphot1とphot2の両方が光屈性反応に関与し，phot2は強い光に対してのみ反応しうることを示している。

青色光に活性化される葉緑体運動　植物葉は光吸収と光障害を防ぐために葉緑体の細胞内分布を変化させる（図9.5）。葉緑体運動の作用スペクトルは，青色光反応の典型である「三本指」構造を示す。入射光が弱い場合には葉緑体は葉肉細胞の上面，または，下面に集合し（「集合反応」；図9.5B），光吸収を極大にする。

光が強い場合には葉緑体は入射光方向と平行な細胞側壁に移動し（「逃避反応」；図9.5C），光吸収を最小にする。最近の研究によると，*phot1*変異体の葉肉細胞では正常な逃避反応を示すが集合反応はゆっくりしている。*phot2*変異体の細胞は正常な集合反応を示すが，逃避反応を欠いている。*phot1/phot2*二重変異体では逃避と集合の両反応を欠く（Sakai et al. 2001）。以上の結果から，*phot2*は葉緑体逃避反応に働き，*phot1*と*phot2*の両方が集合反応に寄与していることがわかる。

カロテノイドの一種ゼアザンチンが孔辺細胞の青色光受容に働く

カロテノイドの一種ゼアザンチンは，青色光による気孔開口の光受容体であることが示唆されている（訳者注；多くが状況証拠に基づいており，決定的ではない）。7，9章を参照すると，ゼアザンチンは葉緑体ザントフィルサイクル（キサントフィルサイクルともいう）の三成分のうちの一つで，過剰な励起エネルギーから光合成色素を保護している。孔辺細胞では，しかし，入射光に対するゼアザンチン含量の変動は葉肉細胞のものと明確に異なっている（図18.18）。

ソラマメ（*Vicia faba*）のような陽性植物では，葉肉細胞におけるゼアザンチンの蓄積は約200 μmol m^{-2} s^{-1}の光強度で始まり，早朝や午後遅くなると蓄積は認められなくなる。それに対して，孔辺細胞のゼアザンチンは一日を通して葉表面に到達する太陽光強度によく追随し，早朝や午後遅くの入射光量とほぼ直線的に比例した。いくつかの特質から孔辺細胞葉緑体の主な機能は光情報伝達で，炭酸固定ではないと思われる（Zeiger et al. 2002）。

ゼアザンチンは孔辺細胞の青色光受容体であることを示す有力な証拠がある：

- ゼアザンチンの吸収スペクトルが（図18.19），青色光に誘導される気孔開口の作用スペクトルとよく一致する（図18.11）。
- 温室で生育させた植物の気孔開口の日周変化において，入射光量，孔辺細胞内のゼアザンチン含量，気孔開度がよく一致した（図18.18）。

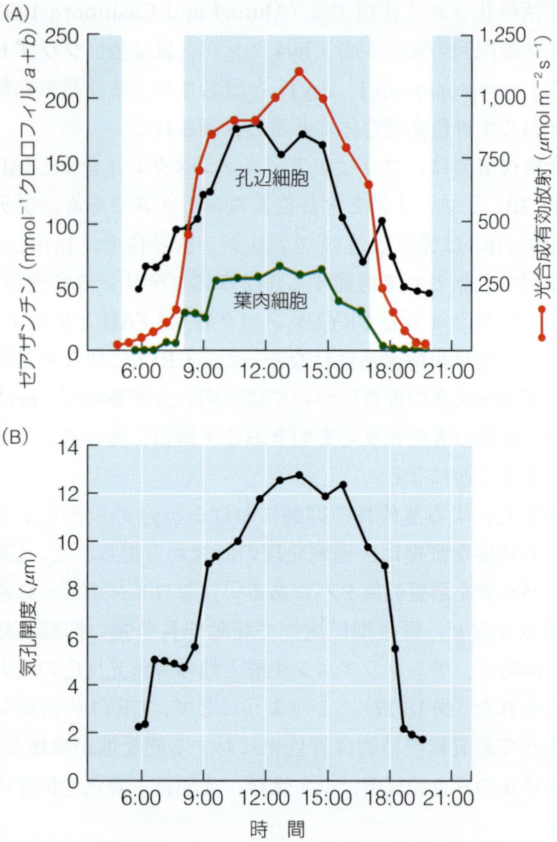

図 18.18　孔辺細胞のゼアザンチン含量は，光合成有効放射と気孔開度によく一致した。(A) 温室で栽培したソラマメ（*Vicia faba*）葉の葉肉細胞と孔辺細胞のゼアザンチン含量の日周変化と葉表面に達する光合成有効放射の日周変化。白色領域は早朝や，夕方の弱光下における葉肉細胞と孔辺細胞におけるザントフィルサイクルの光に対する対照的な感受性を示している。(B) ゼアザンチンを定量した同じ葉の気孔開度。(Srivastava and Zeiger 1995a)

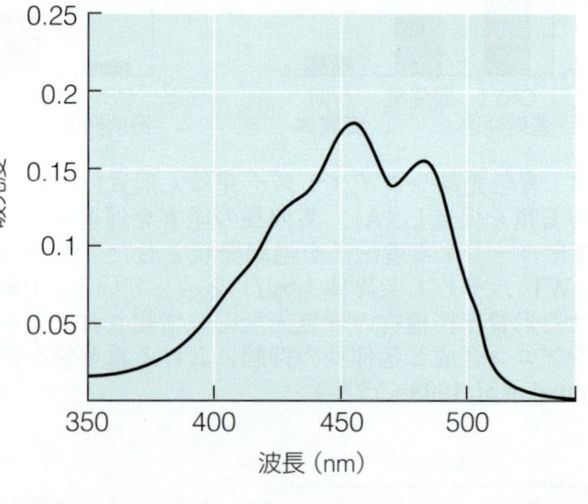

図 18.19　エタノール中のゼアザンチンの吸収スペクトル

- 孔辺細胞の青色光に対する感受性が，ゼアザンチン含量に伴い増加した。孔辺細胞のゼアザンチン濃度は赤色光強度の増加に伴い増加した。表皮の孔辺細胞に赤色背景光下で，さらに青色光を照射すると，青色光による気孔開口は赤色光強度（図 18.12 の野生型の場合）増加に伴い，また，ゼアザンチン含量の増加に伴い直線的に増加した（Srivastava and Zeiger 1995b）。同様の関係が，赤色光条件下で，ゼアザンチン含量，トウモロコシ子葉鞘の青色光依存の光屈性のあいだに認められた（**Web トピック 18.4** 参照）。

- 青色光依存の気孔開口は 3 mM のジチオスレイトール（DTT）に完全に阻害され，その阻害は濃度依存的であった。ゼアザンチン生成は S—S 結合を還元して—SH にする DTT でブロックされ，DTT はビオラザンチン（ビオラキサンチンともいう）をゼアザンチンに変換する酵素を阻害する。青色光誘導性の気孔開口阻害の特異性，阻害の濃度依存性から孔辺細胞のゼアザンチンが気孔の青色光反応に必要であることを示している。
- 条件的 CAM 植物であるマツバギク科の植物（8, 25 章）では，塩の蓄積が炭素代謝を C_3 から CAM 様式へ転換さ

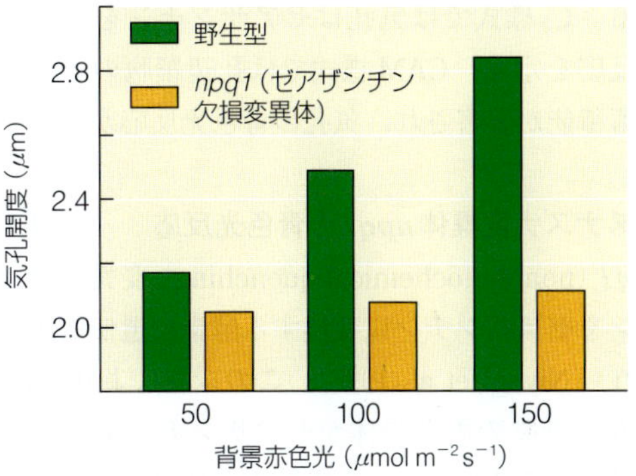

図 18.20　シロイヌナズナ野生株とゼアザンチンを欠く *npq1* 変異体の青色光に対する気孔の応答。剥離表皮の気孔を赤色光で 2 時間照射し，それに加えて，20 μmol m^{-2} s^{-1} の青色光をさらに 1 時間照射した。野生株の気孔開口は背景の赤色光の光量子密度に比例した。それに対して，*npq1* の気孔はこの反応を欠いており，2 種類の光のもとでも少ししか開かず，おそらく，その開口は光合成によるものであろう。（Frechilla et al. 1999）

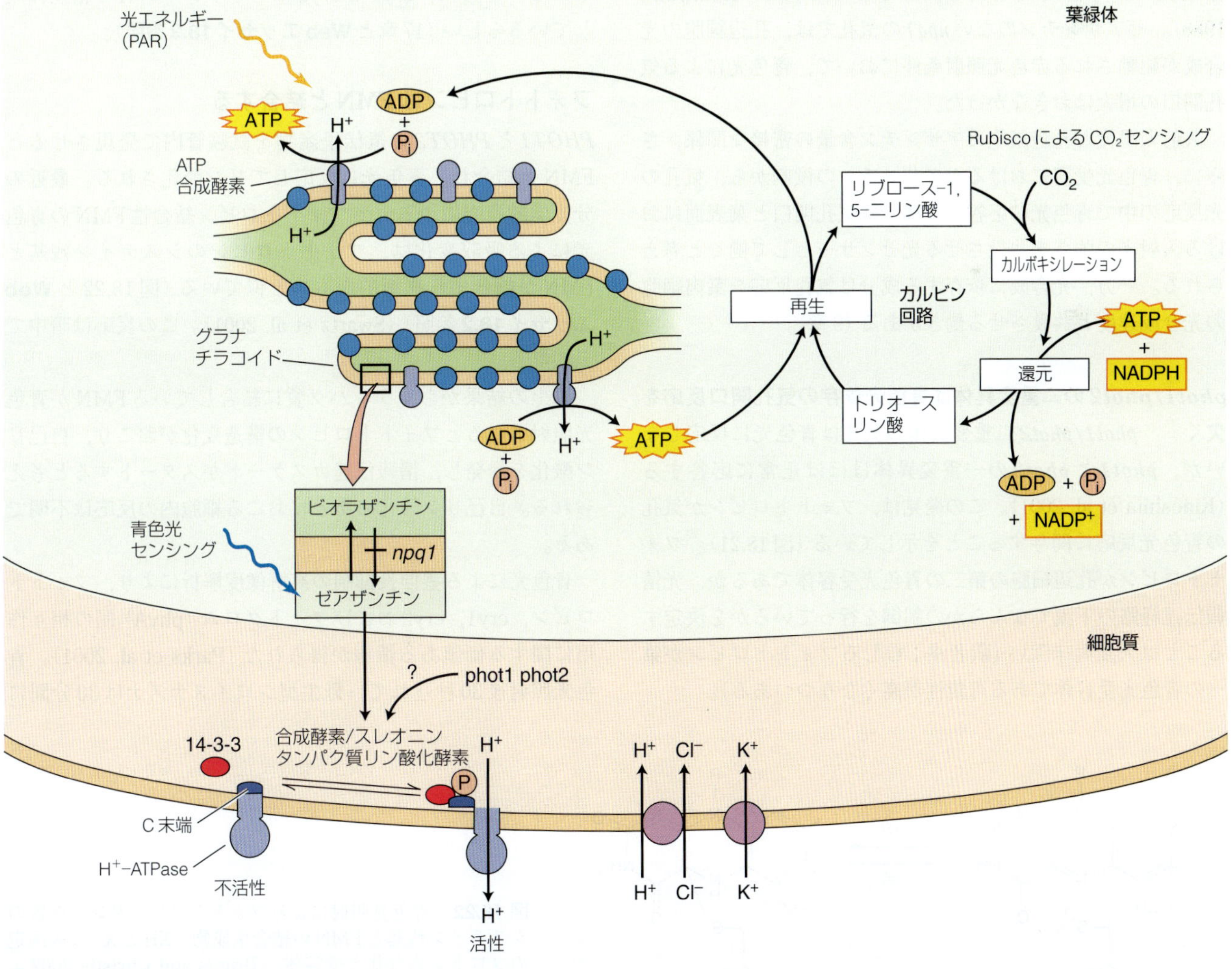

図 18.21　青色光誘導性の気孔開口における光情報伝達

せる。C_3様式では気孔はゼアザンチンを蓄積し，青色光反応を示す。CAM様式では孔辺細胞のゼアザンチンの蓄積能が阻害され，気孔の青色光反応が阻害される。

シロイヌナズナ変異体*npq1*の青色光反応　シロイヌナズナの*npq1*（nonphotochemical quenching）変異体は，ビオラザンチンをゼアザンチンに変換する酵素に遺伝的欠損がある（図18.21）（Niyogi et al. 1998）。この変異により*npq1*の葉肉細胞と孔辺細胞の両葉緑体がゼアザンチンを蓄積できない（Frechilla et al. 1999）。この変異体を利用してゼアザンチン仮説をテストできる。

孔辺細胞葉緑体の光合成は青色光により促進されるので（図18.10），ゼアザンチンのない*npq1*変異体をテストする場合，青色光反応が光合成を介さない条件での実験が必要である。本章のはじめに述べたように，作用スペクトルは特異性の厳密なテストになる。しかし，作用スペクトルの決定は長時間を要する，骨の折れる仕事である。

もう一つの選択は，青色光に誘導される気孔運動に特有な赤色光による感受性増大を調べることである（Assmann 1988）。ゼアザンチンのない*npq1*の気孔では，孔辺細胞の光合成が駆動される赤色光照射条件において，青色光による気孔開口の増大はおきなかった。

入射太陽光と孔辺細胞ゼアザンチン含量の密接な関係，さらに，青色光受容におけるゼアザンチンの役割から，気孔の光反応の中で青色光に応答する部分は気孔開口と葉表面における入射光の強さを共役させる光センサーとして働くと考えられる。一方，光合成に依存する成分は気孔反応を葉肉細胞の光合成速度と共役させる働きがある（9章）。

***phot1/phot2*の二重変異体は青色光依存の気孔開口反応を欠く**　*phot1/phot2*二重変異体の気孔は青色光に反応しないが，*phot1*と*phot2*の一重変異体はほぼ正常に応答する（Kinoshita et al. 2001）。この発見は，フォトトロピンが気孔の青色光反応に関与することを示している（図18.21）。フォトトロピンが孔辺細胞の第二の青色光受容体であるか，光情報伝達経路の下流でなんらかの制御を行っているかを決定することは大変興味深い（訳者注；むしろフォトトロピンが第一の青色光受容体である可能性が高くなりつつある）。

情報伝達

青色光反応の光情報伝達は，発色団による最初の青色光吸収と気孔開口や光屈性のような最終の反応をつなぐ一連の事象を包含している。この節ではクリプトクロム，フォトトロピン，ゼアザンチンに関する知見を紹介する。

クリプトクロムは核に蓄積する

cry1，cry2と光修復酵素のアミノ酸配列の類似から，クリプトクロムは情報伝達系をフラビン発色団の光還元により開始し，その後，電子受容体に電子を受け渡すことが考えられる（図11.2）。しかし，cry1とcry2が酸化還元反応に関与する証拠は得られていない。

最近の研究によると，cry2も核に蓄積するがcry1ほどではない。このことから両タンパク質が遺伝子発現に関与していると思われる。しかし，クリプトクロムの青色光応答反応の中には細胞質でおきているものがあり，*cry1*変異体苗では，もっとも早く応答する細胞膜陰イオンチャネル活性化の欠失がある。さらに，cry1とcry2はフィトクロムAと相互作用しているらしい（17章と**Webエッセイ18.3**参照）。

フォトトロピンはFMNと結合する

*PHOT1*と*PHOT2*の遺伝子産物を試験管内で発現させるとFMNと結合し，青色光に反応してリン酸化される。最近の分光学的研究によると，フォトトロピン結合性FMNの青色光による吸収変化は，フォトトロピンのシステイン残基とFMNが結合する典型的なものと似ている（図18.22と**Webエッセイ18.2**参照）（Swartz et al. 2001）。この反応は暗中で元に戻る。

以上の結果から，タンパク質に結合しているFMNが青色光照射されるとフォトトロピンの構造変化がおこり，自己リン酸化を誘発し，情報伝達カスケードがスタートすると考えられる。自己リン酸化のあとにおこる細胞内の反応は不明である。

青色光による茎伸長抑制の高解像度解析により，フォトトロピン，cry1，cry2およびフィトクロム（phyA）間の相互作用に関する価値ある情報が得られた（Parks et al. 2001）。青色光照射後30秒遅れて，野生型シロイヌナズナは30分間に

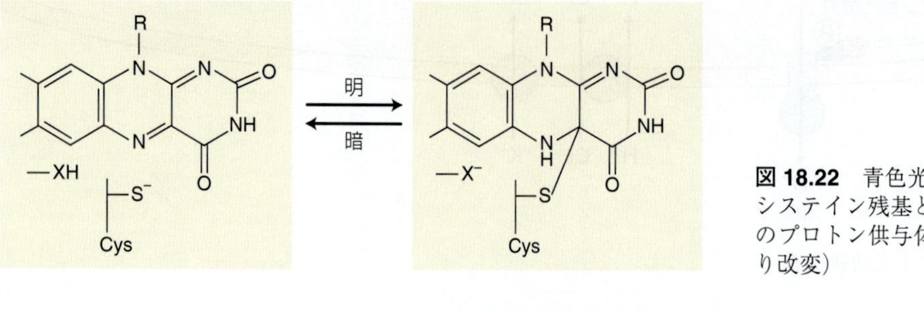

図18.22　青色光照射によるフォトトロピンタンパク質のシステイン残基とFMNの結合生成物。XHとX^-は未同定のプロトン供与体と受容体。（Briggs and Christie 2002より改変）

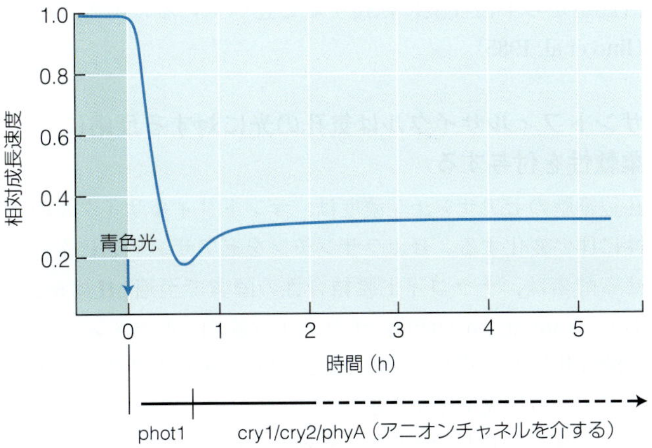

図 18.23 シロイヌナズナの青色光に誘導される茎伸長抑制の光情報伝達。暗中での伸長速度（0.25 mm h^{-1}）を1.0として規格化した。青色光照射30秒以内に成長速度が低下しはじめ，30分で0に近づき，遅い速度で数日間継続した。*phot1* 変異体に青色光を照射しても暗中での成長速度は最初の30分は変化せず，最初の30分の伸長抑制はフォトトロピン支配下にある。*cry1*，*cry2* と *phyA* 変異体を用いた実験から，それぞれの遺伝子産物はそのあとの段階で伸長速度を調節していると考えられる。(Parks et al. 2001)

わたって成長速度の急激な低下を示し，それから，数日間非常にゆっくり成長する（図18.23）。

青色光照射条件で，緑化中の芽ばえの茎伸長阻害に関与する *phot1*，*cry1*，*cry2*，そして *phyA* 変異体の解析から，この伸長阻害はphot1により開始され，30分後にはcry1に，cry2にも限定的であるが制御されることが示された。青色光照射により茎の成長が遅くなるのは，主にcry1の働きが継続するためで，シロイヌナズナ *cry1* 変異体の胚軸は野生株に比べて長くなる。さらに，*phyA* 変異体では正常の伸長抑制を示さないことから，青色光に制御される成長の初期段階でフィトクロムAが関与すると思われる。

ゼアザンチンの異性化が，青色光依存の気孔開口をスタートさせているかもしれない

青色光誘導性の気孔開口における情報伝達の重要な段階が，解明されている（図18.21）。細胞膜 H^+-ATPaseのC末端（図6.15）には酵素活性を制御する自己阻害領域がある（図6.15）。この自己阻害領域をタンパク質分解酵素で除去すると，H^+-ATPaseは‘不可逆的に活性化’される。C末端自己阻害領域は触媒領域をブロックし活性を低下させると考えられている。一方，フジコッキンは触媒領域から自己阻害領域を遠ざけることにより，酵素を活性化すると考えられている。

青色光照射により，細胞膜 H^+-ATPaseはATPに対する低い K_m 値と高い V_{max} をもつようになり（6章），ATP加水分解反応の活性化がおこる。この酵素の活性化に伴いC末端のセリンとスレオニン残基がリン酸化される（Kinoshita and Shimazaki 1999）。青色光誘導性のプロトン放出と気孔開口はタンパク質リン酸化酵素阻害剤で抑制されるが，これは H^+-ATPaseのリン酸化が阻害されるからだろう。フジコッキンと同様にC末端のリン酸化は酵素の触媒部位からC末端の自己阻害領域の位置を変えるらしい。

孔辺細胞 H^+-ATPaseのC末端がリン酸化されると，**14-3-3タンパク質**（14-3-3 protein）が結合することが見い出された。14-3-3タンパク質ファミリーは最初脳組織で発見され，そのメンバーは真核生物に普遍的に存在する制御タンパク質であることが明らかになった。植物では，14-3-3タンパク質は核に存在するアクチベータに結合することにより転写を制御し，その一方で，硝酸還元酵素のような代謝酵素を制御する。

孔辺細胞で見い出された四つの14-3-3のアイソフォームの一つが結合し，結合に特異性があるらしい（Emi et al. 2001）。14-3-3タンパク質の同じアイソフォームがフジコッキン処理または青色光照射した孔辺細胞 H^+-ATPaseに結合した。14-3-3タンパク質はC末端領域の脱リン酸化に伴い解離するらしい。

孔辺細胞のプロトン放出速度は青色光強度に応じて増加し（図18.13），プロトンポンプにより形成される電気化学的勾配は孔辺細胞へのイオン取り込みを駆動し，膨圧を増加させ，それにより気孔を開かせる。以上をまとめると，これらのステップは青色光によるセリン/スレオニンタンパク質リン酸化酵素の活性化と気孔開口を結びつける主要な情報伝達過程であることを示している。

ゼアザンチン仮説は，青色光による孔辺細胞葉緑体のチラコイド膜中のゼアザンチンの励起が光情報伝達系を開始させ，セリン/スレオニンタンパク質リン酸化酵素の活性化に至ることを想定している。(訳者注；フォトトロピンが光情報伝達を開始させ，タンパク質リン酸化酵素の活性化に至るとする報告が出されている。現在では，この考えの方が有力視されている。）異性化反応はカロテノイドによく見られる反応で，青色光はゼアザンチンを異性化し，構造変化を引きおこし，情報伝達を開始すると思われる。

緑色光による青色光依存の気孔開口の阻害　青色光誘導性の気孔開口が，緑色光に阻害されることが最近発見された。表皮に30秒の青色光パルスを与えると気孔が開く（図18.24）。しかし，青色光パルス後に緑色光を照射すると気孔開口は観察されなくなる。緑色光のあとにさらに青色光を照射すると気孔は開口し，フィトクロム反応の赤色/遠赤色光可逆反応と類似している（Frechilla et al. 2000）。

青色/緑色光可逆反応は，数種の植物の気孔と青色光による子葉鞘の光屈性反応でも報告されている（**Webエッセイ18.4**参照）。自然条件下における気孔運動の青色/緑色光可

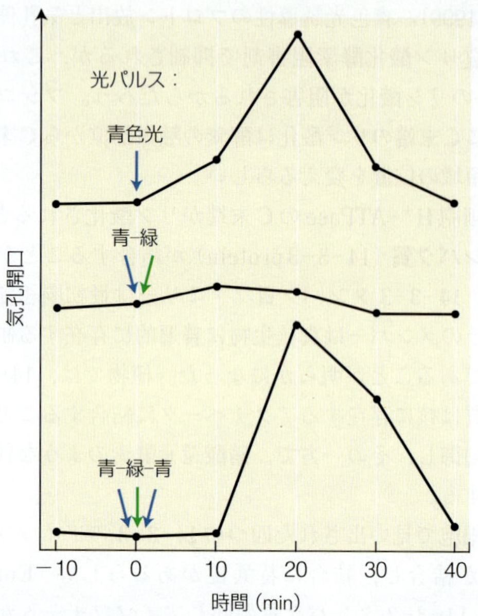

図 18.24 気孔運動の青色/緑色光可逆性。120 μmol m^{-2} s^{-1} の赤色光下で1,800 μmol m^{-2} s^{-1} の青色光短時間照射（パルス光）を30秒行うと気孔は開口する。このとき，さらに3,600 μmol m^{-2} s^{-1} の緑色光を照射すると，青色光による気孔開口は阻害され，再び青色光を照射すると気孔が開口した。(Frechilla et al. 2000を改変)

逆反応の役割については今後解明の必要があり，日なたと日陰のような環境の感知と関連しているかもしれない。

青色光依存の気孔開口を阻害する緑色光の作用スペクトルは540 nmに最大，490と580 nmに極大をもっていた。この作用スペクトルは，フィトクロムやクロロフィルの関与がないことを示している。むしろ，作用スペクトルの形は青色光依存の気孔開口のものと似ていたが（図18.11），約90 nm長波長側へ変化（赤色移動）していた。

このようなスペクトルの赤色移動は，タンパク質と結合したカロテノイドの異性化に伴い観察される（**Webエッセイ18.4**）。クロロフィル *a*/*b* 結合タンパク質とザントフィル類のゼアザンチン，ビオラザンチン（ビオラキサンチンともいう），ネオザンチン（ネオキサンチンともいう）を再構成した膜小胞でゼアザンチンの異性化に関連した青色/緑色光の可逆的吸収スペクトル変化が観察された。

気孔開口の青色/緑色光可逆反応と青色/緑色光照射による吸収スペクトル変化から，生理的に不活性なゼアザンチンのトランス異性体が青色光によりシス異性体に転換し，この異性化が情報伝達系をスタートさせると考えられる。緑色光がシス異性体を生理的に不活性なトランス異性体に転換させるとする報告があり，これにより，青色光により活性化された気孔開口シグナルを打ち消すことが示唆される。以前の研究によると青色光短時間照射（パルス）により生じたシス型は暗中でトランス型にゆっくりと転換する（訳者注；原著は活性型から不活性型に転換すると述べているにとどまる。）(Iino et al. 1985)。

ザントフィルサイクルは気孔の光に対する反応に柔軟性を付与する

孔辺細胞のゼアザンチン濃度は，ザントフィルサイクルの活性に伴い変化する。ビオラザンチンをゼアザンチンに変化させる酵素は，チラコイド膜結合性の酵素で至適pHは5.2である（Yamamoto 1979）。チラコイド膜内（ルーメン）のpHの酸性化はゼアザンチンの生成を促し，アルカリ化はビオラザンチンの生成を促進する。

ルーメンpHは入射光合成有効放射の強さに依存し（もっとも有効な波長域は青と赤である；7章），ATPの合成速度に依存する。ATP合成はチラコイド膜を横切るpH勾配を解消する。このようにして，孔辺細胞葉緑体の光合成活性，ルーメンpH，ゼアザンチン含量，青色光感受性，そして，気孔開度は強く共役している。

孔辺細胞葉緑体のユニークな特質は，光情報伝達系を至適状態に調節することにあるらしい。葉肉細胞葉緑体の働きに比べて孔辺細胞葉緑体には光化学系IIがより高い濃度で存在し，非常に高い光合成電子伝達反応と低い炭酸固定能を示す（Zeiger et al. 2002）。これらの特質は弱光でのルーメンの酸性化を可能にし，早朝の孔辺細胞葉緑体におけるゼアザンチン生成を説明する（図18.18）。

ルーメンpHによるゼアザンチン含量の制御と，ルーメンpHとカルビン回路間の共役は（図18.21），ゼアザンチンが孔辺細胞の CO_2 センサーとして働きうることを示している（**Webエッセイ18.5**参照）。

分子生物学的手法を用いた発見によって青色光反応の研究は著しく進展し，この研究対象の理解を劇的に増大させた。クリプトクロム，フォトトロピン，ゼアザンチンの植物細胞における青色光受容体としての同定は，植物光生物学分野への大きな関心をよびおこした。現在，そして将来の研究課題は，光情報伝達系の構成の詳細な解明とそれらの正確な局在部位，関与する色素組成を決定することである。これらの課題に対する現在進行中の研究は，迅速な進展を約束している。

まとめ

植物は光をエネルギー源として利用し，さらに，環境情報のシグナルとしても利用する。多くの青色光反応は光の質と方向を知るのに利用される。これらの青色光シグナルは電気的変化，代謝的変化，そして遺伝子の発現などに変換され，植物の成長，形態形成，機能を変化させ，変動する環境条件に適応する。青色光反応には光屈性，気孔運動，茎伸長の抑制，遺伝子の活性化，色素生合成，葉の太陽追尾運動，さらに細胞内の葉緑体運動が含まれる。

青色光に特異的な反応は，400～500 nmの波長域での「三本指」形の作用スペクトルによって他の青色光感受性の反応から区別される。

青色光反応の生理学は，広い範囲にわたっている。光屈性は，影側の非対称な成長により，光源に向かって成長する。茎伸長の抑制では青色光受容により伸長細胞の膜電位が脱分極し，伸長速度が急激に低下する。遺伝子の活性化においては，青色光は転写，翻訳を促進し，光形態形成反応に必要な遺伝子産物の蓄積を生み出す。

青色光依存の気孔運動は，青色光による孔辺細胞の浸透調節の変化により駆動される。青色光は孔辺細胞細胞膜のH^+-ATPaseを活性化し，膜を横切るプロトン輸送が電気化学的ポテンシャル勾配を生み出し，イオン取り込みの駆動力となる。青色光はデンプン分解とリンゴ酸合成を促進する。孔辺細胞における溶質の蓄積は気孔開口を誘導する。孔辺細胞は主要な浸透物質としてショ糖をも利用し，光質は気孔運動の制御に関与する異なる浸透調節経路の活性を変化させる。

*CRY1*と*CRY2*は青色光依存の茎伸長の抑制と，青色光依存の子葉展開，アントシアニン合成，花成の制御，そして概日リズムのセットに関与する二つのシロイヌナズナ遺伝子である。CRY1とCRY2は青色光受容を行うフラビンを含む色素タンパク質のアポタンパク質であることが提案されている。

*CRY1*と*CRY2*の遺伝子産物は光修復酵素とアミノ酸配列の相同性があるが，光修復酵素活性をもたない。cry1タンパク質，さらにcry2タンパク質は程度が低いが核に蓄積し，遺伝子発現に関与しているらしい。cry1は細胞膜のチャネル活性をも制御する。

フォトトロピンタンパク質は，光屈性に主要な役割を果たしている。フォトトロピンのC末端はセリン/スレオニンリン酸化酵素でN末端は二つのフラビン結合ドメインである。試験管内の実験でフォトトロピンはフラビンモノヌクレオチドと結合し，青色光に反応して自己リン酸化を行う。*phot1*と*phot2*変異株は光屈性と葉緑体運動を欠いている。*phot1*/*phot2*二重変異株は青色光に依存する気孔開口反応を欠いている。

葉緑体カロテノイドの一種，ゼアザンチンは孔辺細胞の青色光反応に関与することが示唆されている。遺伝学的あるいは生化学的手段により，孔辺細胞におけるゼアザンチンの蓄積が阻害されると，青色光依存の気孔開口が阻害される。孔辺細胞のゼアザンチン含量の調節によって青色光に対する反応性を制御できる。孔辺細胞の青色光反応の情報伝達のカスケードは，孔辺細胞葉緑体の青色光受容，葉緑体包膜を横切る青色光情報の伝達，細胞膜H^+-ATPaseの活性化，膨圧の構築，気孔開口から成り立っている。

Webマテリアル

Webトピック

18.1　孔辺細胞の浸透調節と青色光に活性化される代謝スイッチ

青色光は孔辺細胞や単細胞藻類の主要な浸透調節経路を制御している。

18.2　青色光受容体研究の歴史

カロテノイドとフラビンが青色光受容体の主要候補である。

18.3　フラビンとカロテノイドの比較

フラビン，あるいはカロテノイドを発色団にもつ光受容体は対照的な機能特性をもっている。

18.4　子葉鞘の葉緑体

子葉鞘（coleoptile）と孔辺細胞葉緑体は，光情報伝達系が特殊化している。

Webエッセイ

18.1　孔辺細胞の光合成

孔辺細胞葉緑体の光合成は，特異な制御特性をもっている。

18.2　フォトトロピン

フォトトロピンは植物の複数の光反応を制御している。

18.3　青色光による茎伸長の抑制の光情報伝達

青色光による茎の伸長速度の制御は，植物発生に重要である。

18.4　気孔の青色光反応の青色/緑色光可逆性

気孔運動の青色/緑色光可逆反応は，明瞭な光生物学的反応である。

18.5　孔辺細胞のゼアザンチンとCO_2感受性

孔辺細胞におけるカルビン回路活性とゼアザンチン含量間の機能的相関は，気孔運動時の青色光とCO_2感受を共役させる。

参 考 文 献

Ahmad, M., and Cashmore, A. R. (1993) *HY4* gene of *A. thaliana* encodes a protein with characteristics of a blue light photoreceptor. *Nature* 366: 162–166.

Ahmad, M., Jarillo, J. A., Smirnova, O., and Cashmore, A. R. (1998) Cryptochrome blue light photoreceptors of *Arabidopsis* implicated in phototropism. *Nature* 392: 720–723.

Amodeo, G., Srivastava, A., and Zeiger, E. (1992) Vanadate inhibits blue light-stimulated swelling of *Vicia* guard cell protoplasts. *Plant Physiol.* 100: 1567–1570.

Assmann, S. M. (1988) Enhancement of the stomatal response to blue light by red light, reduced intercellular concentrations of carbon dioxide and low vapor pressure differences. *Plant Physiol.*

87: 226–231.
Assmann, S. M., Simoncini, L., and Schroeder, J. I. (1985) Blue light activates electrogenic ion pumping in guard cell protoplasts of *Vicia faba*. *Nature* 318: 285–287.
Briggs, W. R., and Christie, J. M. (2002) Phototropins 1 and 2: Versatile plant blue–light receptors. *Trends Plant Sci.* 7: 204–210.
Cerda–Olmedo, E., and Lipson, E. D. (1987) *Phycomyces*. Cold Spring Harbor Laboratory, Cold Spring Harbor, NY.
Cosgrove, D. J. (1994) Photomodulation of growth. In *Photomorphogenesis in Plants*, 2nd ed., R. E. Kendrick and G. H. M. Kronenberg, eds., Kluwer, Dordrecht, Netherlands, pp. 631–658.
Dietrich, P., Sanders, D., and Hedrich, R. (2001) The role of ion channels in light–dependent stomatal opening. *J. Exp. Bot.* 52: 1959–1967.
Emi, T., Kinoshita, T., and Shimazaki, K. (2001) Specific binding of vf14–3–3a isoform to the plasma membrane H^+–ATPase in response to blue light and fusicoccin in guard cells of broad bean. *Plant Physiol.* 125: 1115–1125.
Firn, R. D. (1994) Phototropism. In *Photomorphogenesis in Plants*, 2nd ed., R. E. Kendrick and G. H. M. Kronenberg, eds., Kluwer, Dordrecht, Netherlands, pp. 659–681.
Frechilla, S., Talbott, L. D., Bogomolni, R. A., and Zeiger, E. (2000) Reversal of blue light–stimulated stomatal opening by green light. *Plant Cell Physiol.* 41: 171–176.
Frechilla, S., Zhu, J., Talbott, L. D., and Zeiger, E. (1999) Stomata from npq1, a zeaxanthin–less *Arabidopsis* mutant, lack a specific response to blue light. *Plant Cell Physiol.* 40: 949–954.
Horwitz, B. A. (1994) Properties and transduction chains of the UV and blue light photoreceptors. In *Photomorphogenesis in Plants*, 2nd ed., R. E. Kendrick and G. H. M. Kronenberg, eds., Kluwer, Dordrecht, Netherlands, pp. 327–350.
Iino, M., Ogawa, T., and Zeiger, E. (1985) Kinetic properties of the blue light response of stomata. *Proc. Natl. Acad. Sci. USA* 82: 8019–8023.
Karlsson, P. E. (1986) Blue light regulation of stomata in wheat seedlings. II. Action spectrum and search for action dichroism. *Physiol. Plant.* 66: 207–210.
Kinoshita, T., and Shimazaki, K. (1999) Blue light activates the plasma membrane H^+–ATPase by phosphorylation of the C–terminus in stomatal guard cells. *EMBO J.* 18: 5548–5558.
Kinoshita, T., and Shimazaki, K. (2001) Analysis of the phosphorylation level in guard–cell plasma membrane H^+–ATPase in response to fusicoccin. *Plant Cell Physiol.* 42: 424–432.
Kinoshita, T., Doi, M., Suetsugu, N., Kagawa, T., Wada, M., and Shimazaki, K. (2001) phot1 and phot2 mediate blue light regulation of stomatal opening. *Nature* 414: 656–660.
Lin, C. (2000) Plant blue–light receptors. *Trends Plant Sci.* 5: 337–342.
Matters, G. L., and Beale, S. I. (1995) Blue–light–regulated expression of genes for two early steps of chlorophyll biosynthesis in *Chlamydomonas reinhardtii*. *Plant Physiol.* 109: 471–479.
Niyogi, K. K., Grossman, A. R., and Björkman, O. (1998) *Arabidopsis* mutants define a central role for the xanthophyll cycle in the regulation of photosynthetic energy conversion. *Plant Cell* 10: 1121–1134.
Outlaw, W. H., Jr. (1983) Current concepts on the role of potassium in stomatal movements. *Physiol. Plant.* 59: 302–311.
Parks, B. M., Cho, M. H., and Spalding, E. P. (1998) Two genetically separable phases of growth inhibition induced by blue light in Arabidopsis seedlings. *Plant Physiol.* 118: 609–615.
Parks, B. M., Folta, K. M., and Spalding, E. P. (2001) Photocontrol of stem growth. *Curr. Opin. Plant Biol.* 4: 436–440.
Sakai, T., Kagawa, T., Kasahara, M., Swartz, T. E., Christie, J. M., Briggs, W. R., Wada, M., and Okada, K. (2001) Arabidopsis nph1 and npl1: Blue light receptors that mediate both phototropism and chloroplast relocation. *Proc. Natl. Acad. Sci. USA* 98: 6969–6974.
Schroeder, J. I., Allen, G. J., Hugouvieux, V., Kwak, J. M., and Waner, D. (2001) Guard cell signal transduction. *Annu. Rev. Plant Physiol. Plant Mol. Biol.* 52: 627–658.
Schwartz, A., and Zeiger, E. (1984) Metabolic energy for stomatal opening. Roles of photophosphorylation and oxidative phosphorylation. *Planta* 161: 129–136.
Senger, H. (1984) *Blue Light Effects in Biological Systems*. Springer, Berlin.
Serrano, E. E., Zeiger, E., and Hagiwara, S. (1988) Red light stimulates an electrogenic proton pump in *Vicia* guard cell protoplasts. *Proc. Natl. Acad. Sci. USA* 85: 436–440.
Shimazaki, K., Iino, M., and Zeiger, E. (1986) Blue light–dependent proton extrusion by guard cell protoplasts of *Vicia faba*. *Nature* 319: 324–326.
Spalding, E. P., and Cosgrove, D. J. (1989) Large membrane depolarization precedes rapid blue–light induced growth inhibition in cucumber. *Planta* 178: 407–410.
Srivastava, A., and Zeiger, E. (1995a) Guard cell zeaxanthin tracks photosynthetic active radiation and stomatal apertures in *Vicia faba* leaves. *Plant Cell Environ.* 18: 813–817.
Srivastava, A., and Zeiger, E. (1995b) The inhibitor of zeaxanthin formation, dithiothreitol, inhibits blue–light–stimulated stomatal opening in *Vicia faba*. *Planta* 196: 445–449.
Swartz, T. E., Corchnoy, S. B., Christie, J. M., Lewis, J. W., Szundi, I., Briggs, W. R., and Bogomolni, R. A. (2001) The photocycle of a flavin–binding domain of the blue light photoreceptor phototropin. *J. Biol. Chem.* 276: 36493–36500.
Talbott, L. D., and Zeiger, E. (1998) The role of sucrose in guard cell osmoregulation. *J. Exp. Bot.* 49: 329–337.
Talbott, L. D., Srivastava, A., and Zeiger, E. (1996) Stomata from growth–chamber–grown *Vicia faba* have an enhanced sensitivity to CO_2. *Plant Cell Environ.* 19: 1188–1194.
Tallman, G., Zhu, J., Mawson, B. T., Amodeo, G., Nouhi, Z., Levy, K., and Zeiger, E. (1997) Induction of CAM in *Mesembryanthemum crystallinum* abolishes the stomatal response to blue light and light–dependent zeaxanthin formation in guard cell chloroplasts. *Plant Cell Physiol.* 38: 236–242.
Thimann, K. V., and Curry, G. M. (1960) Phototropism and phototaxis. In *Comparative Biochemistry*, Vol. 1, M. Florkin and H. S. Mason, eds., Academic Press, New York, pp. 243–306.
Tsunoyama, Y., Morikawa, K., Shiina, T., and Toyoshima, Y. (2002) Blue light specific and differential expression of a plastid sigma factor, Sig5 in *Arabidopsis thaliana*. *FEBS Lett.* 516: 225–228.
Vogelmann, T. C. (1994) Light within the plant. In *Photomorphogenesis in Plants*, 2nd ed., R. E. Kendrick and G. H. M. Kronenberg, eds., Kluwer, Dordrecht, Netherlands, pp. 491–533.
Vogelmann, T. C., and Haupt, W. (1985) The blue light gradient in unilaterally irradiated maize coleoptiles: Measurements with a fiber optic probe. *Photochem. Photobiol.* 41: 569–576.
Yamamoto, H. Y. (1979) Biochemistry of the violaxanthin cycle in higher plants. *Pure Appl. Chem.* 51: 639–648.
Zeiger, E., and Hepler, P. K. (1977) Light and stomatal function: Blue light stimulates swelling of guard cell protoplasts. *Science* 196: 887–889.
Zeiger, E., Talbott, L. D., Frechilla, S., Srivastava, A., and Zhu, J. X. (2002) The guard cell chloroplast: A perspective for the twenty–first century. *New Phytol.* 153: 415–424.

19 オーキシン：植物の成長ホルモン

多細胞生物がある決まった形態をとって機能するためには，細胞や組織，器官の間の効率的な情報の交換が必須である。高等植物では，物質代謝や成長や形態形成は，植物のいろいろな部分からの化学的シグナルによって調節されたり調整されたりしていることが多い。この考えは，19世紀のドイツの植物学者Julius von Sachs（1832-1897）に由来する。

Sachsは，さまざまな情報伝達物質が植物のいろいろな器官の形成と成長を引きおこしているという考えを提唱した。彼はまた，重力のような外部の要因が植物の内部でこれらの物質の分布を変化させていることも示唆した。Sachsはこの情報伝達物質の実体を知ることはできなかったが，彼の考えはその後これらの物質の発見につながった。

植物の細胞間コミュニケーションに関する現在の考えは，動物の同様な研究に由来することが多い。動物では，細胞間コミュニケーションを仲介する情報伝達物質を**ホルモン**（hormone）とよぶ。ホルモンは‘受容体’とよばれるタンパク質と特異的に反応する。

動物ホルモンはたいてい，体のある部分で合成されて分泌され，血流によって体の他の部分の特異的な標的部位に運ばれる。動物ホルモンは，タンパク質，小さいペプチド，アミノ酸派生物，ステロイドの四つの一般的なカテゴリーに分けられる。

植物も非常に低い濃度で発生に深甚な効果を与える情報伝達分子を合成していて，それを‘ホルモン’とよぶ。ごく最近まで植物の発生はたった5種類のホルモン：オーキシン，ジベレリン，サイトカイニン，エチレン，そしてアブシジン酸によって調節されていると考えられていた。しかし，植物の発生に対して幅広い形態学的効果をもっている植物のステロイドホルモン，ブラシノステロイドが存在することを示すはっきりとした証拠が，現在では得られている（**Webエッセイ19.1**参照）。

ジャスモン酸やサリチル酸，それからポリペプチドであるシステミンのように，植物病原菌に対する耐性や植食動物に対する防御の働きをするさまざまな情報分子も同定されている（13章参照）。このように，植物のホルモンやホルモン様情報分子のタイプと数は増えつづけている。

われわれが最初にあつかう植物ホルモンは，オーキシンである。オーキシンは，植物ホルモンを議論するときはいつでももっとも重要な位置に置かれるが，それはオーキシンが植物で最初に発見された成長ホルモンであり，植物細胞の拡大成長機構に関する初期の生理学的研究のほとんどがオーキシンの作用に着目して行われたからである。

さらに，オーキシンとサイトカイニンは，他の植物ホルモンや情報分子とは一つ重要な点で異なる。すなわち，この二つのホルモンは植物が生きることに必須である。いままでのところ，オーキシンとサイトカイニンを欠く突然変異体は見つかっておらず，この二つの物質を欠除させる突然変異は致死であることが示唆される。他の植物ホルモンは，ある特定の発生過程を調節するスイッチを入れたり切ったりする働きをしているように見えるのに対し，オーキシンとサイトカイニンはある濃度でおおむね連続的に存在することが植物に必要であるように見える。

本章では，オーキシンの議論をその発見に関する簡単な歴史から始めて，次にその化学構造と植物組織でオーキシンを検出する方法について述べよう。それから，オーキシンの生合成経路とオーキシン輸送の極性について見る。われわれはそれからオーキシンによって調節されているさまざまな発生過程を概観するが，それは茎の伸長，頂芽優勢，根の形成，果実の発達，方向性をもった成長，すなわち屈性などである。最後に，オーキシンによる成長機構について細胞と分子レベルで現在明らかになっていることを調べてみよう。

オーキシンという考えの出現

19世紀の後半に，Charles Darwinと息子のFrancisは，屈性を含めて植物の成長現象を研究した。彼らの関心の一つは，光に向かう植物の屈曲だった。この現象は偏差成長によっておこり，**光屈性**（phototropism）とよばれる。いくつかの実験でDarwin父子はカナリーグラス（*Phalaris canariensis*；イネ科の一種，牧草）の芽ばえを材料に用いたが，その芽ばえは他の単子葉植物のように，いちばん若い葉は**幼葉鞘**（coleoptile）とよばれる保護器官に包まれている（図19.1）。

幼葉鞘は光，特に青色光に非常に敏感である（18章参照）。幼葉鞘は片側を弱い青色光で短時間照射されると，光パルスの光源の方向に1時間以内に曲がる（成長する）。Darwin父子は，幼葉鞘の先端が光を感じることを見つけた。というのは，その先端を薄い金属箔で覆うと幼葉鞘は曲がらないからである。しかし，幼葉鞘の光に向かって屈曲する領域は**成長領域**（growth zone）とよばれる部分で，先端から数ミリメートル下にある。

このようにして，なんらかの信号が先端で作られ，成長領域にまで移動し，陰側が照射側より早く成長するようにさせたのだと彼らは結論した。彼らの実験の結果は，1881年に‘植物の運動する力’という書名のすばらしい本として出版された。

それから，多数の研究者によって幼葉鞘の成長を刺激する因子の性質に関する長期間の研究がつづいた。この研究の集大成が，1926年のFritz Wentによるオートムギ（*Avena sativa*）の幼葉鞘先端に成長促進物質が存在することの証明だった。幼葉鞘の先端を除去すると幼葉鞘の成長が止まることが知られていた。以前の研究者たちは，幼葉鞘の先端をすりつぶしてその抽出液の活性を調べることで，その成長促進物質を単離，同定しようとしていた。このやりかたは失敗だったが，それは組織をすりつぶすことで細胞内では通常別の区画に存在する阻害物質を抽出してしまうからだった。

Wentがこの壁をうち破れたのは，すりつぶすことを避けて，その物質を切り取った幼葉鞘先端からゼラチン片に直接拡散させたからであった。このゼラチン片を，先端を切り取った幼葉鞘の上に非対称的に置くと，一方向から光を照射することなしに，幼葉鞘を屈曲させることができるかどうか調べることができる（図19.1）。その物質は幼葉鞘切片の伸長を促進させたので（図19.2），ギリシア語で「増加」や「成長」を意味する言葉，*auxein*にちなんで，**オーキシン**（auxin）と名づけられた。

オーキシンの生合成と代謝

寒天片を用いたWentの研究は，幼葉鞘の先端から拡散する成長促進性の「影響」が化学物質であることを疑いの余地なく証明した。その物質はある場所で合成されて，作用する場所に微量輸送されるという事実は，それが真の植物ホルモンであることを示していた。

それから，その「成長物質」（オーキシン）の化学的実体が決定され，農業への応用の可能性を探るためにさまざまな関連化合物が調べられた。その結果，オーキシン活性にどのような分子構造が必要であるか一般的にいうことができるようになった。このような研究と同時に，寒天ブロック拡散法を用いてオーキシンの輸送が研究された。技術の進歩，特に同位体をトレーサーとして使うことによって，植物生化学者はオーキシンの生合成と分解の経路を研究できるようになった。

本節では，オーキシンの化学的性質をまず述べて，次にその生合成と輸送，代謝をあつかう。ますます強力になる分析法と分子生物学的方法の適用によって，最近，オーキシンの代謝前駆体を同定したり，オーキシンの代謝回転速度や植物内のオーキシンの分布を研究することが可能になった。

高等植物の主要なオーキシンは，インドール-3-酢酸である

1930年代中頃に，オーキシンがインドール-3-酢酸（indole-3-acetic acid：**IAA**）であることがわかった。その後，いくつかの他のオーキシンが高等植物でみつかったが（図19.3），いまのところIAAはもっとも豊富に存在していて，オーキシンがIAAであることは生理学的にも妥当である。IAAの分子構造は比較的簡単なので，大学や企業の研究室はオーキシン活性をもつさまざまな分子をすぐ合成することができた。そのうちのいくつかは園芸や農業で除草剤として使われている（図19.4，**Webトピック19.1**参照）。

初期のオーキシンの定義は，幼葉鞘や茎の切片の伸長を促進する天然と人工の化学物質すべてを含んでいた。しかし，オーキシンは細胞伸長以外にも多くの発生過程に影響する。それゆえオーキシンは，IAAの生物学的活性に似た活性をもつ化合物と定義できる。IAAの生物学的活性としては，幼葉鞘や茎の切片の細胞伸長や，サイトカイニンとともに与えたときにカルス培養でおこる細胞分裂や，切り取った葉や茎の不定根形成や，IAA作用に伴っておこる他の発生現象を促進することがあげられる。

オーキシン活性をもつ物質は化学的に多様であるが，すべての活性なオーキシンに共通する特徴は，芳香族環に存在する部分的な正電荷と負に荷電しているカルボキシル基との距離が約0.5 nmであることである（**Webトピック19.2**参照）。

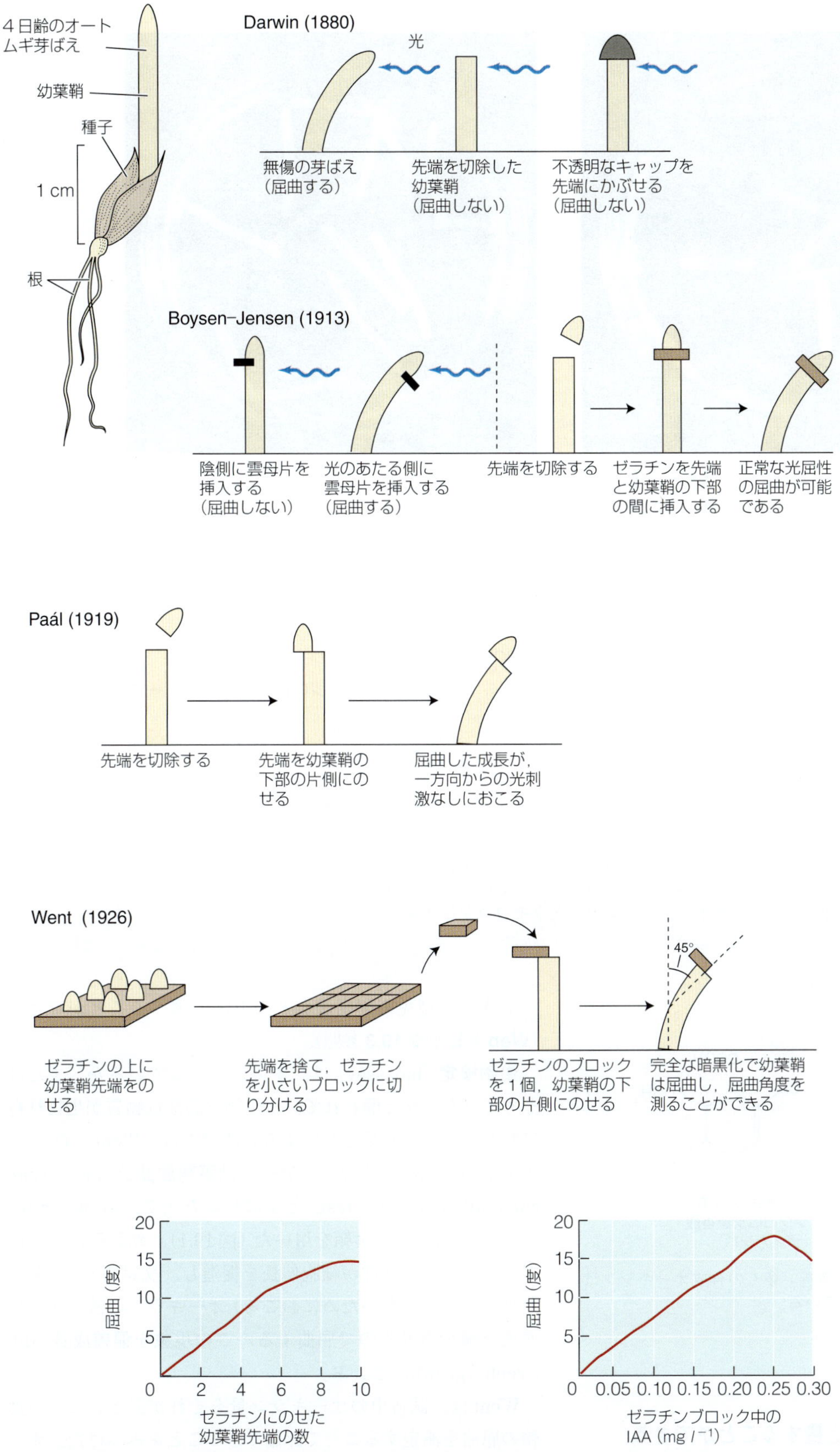
４日齢のオートムギ芽ばえ
幼葉鞘
種子
1 cm
根
Darwin (1880)
光
無傷の芽ばえ（屈曲する）
先端を切除した幼葉鞘（屈曲しない）
不透明なキャップを先端にかぶせる（屈曲しない）
Boysen–Jensen (1913)
陰側に雲母片を挿入する（屈曲しない）
光のあたる側に雲母片を挿入する（屈曲する）
先端を切除する
ゼラチンを先端と幼葉鞘の下部の間に挿入する
正常な光屈性の屈曲が可能である
Paál (1919)
先端を切除する
先端を幼葉鞘の下部の片側にのせる
屈曲した成長が，一方向からの光刺激なしにおこる
Went (1926)
45°
ゼラチンの上に幼葉鞘先端をのせる
先端を捨て，ゼラチンを小さいブロックに切り分ける
ゼラチンのブロックを１個，幼葉鞘の下部の片側にのせる
完全な暗黒化で幼葉鞘は屈曲し，屈曲角度を測ることができる
屈曲（度）
20
15
10
5
0
2
4
6
8
10
ゼラチンにのせた幼葉鞘先端の数
0.05 0.10 0.15 0.20 0.25 0.30
ゼラチンブロック中のIAA（mg l⁻¹）

幼葉鞘の光屈性の実験から，Darwinは1880年に成長の刺激は幼葉鞘の先端で生産され，成長領域に伝達されると結論した。

1913年にP. Boysen–Jensenは，成長の刺激はゼラチンを通過するが，雲母のような水を通さない障壁は通過しないことを発見した。

1919年にA. Paálは，先端で生産される成長促進刺激は化学物質であるという証拠を示した。

1926年にF. W. Wentは，活性な成長促進物質がゼラチンブロックの中に拡散していくことを示した。彼はまた，オーキシンを定量するために，幼葉鞘屈曲テストを考案した。

図 19.1　オーキシン研究で初期に行われた実験のまとめ

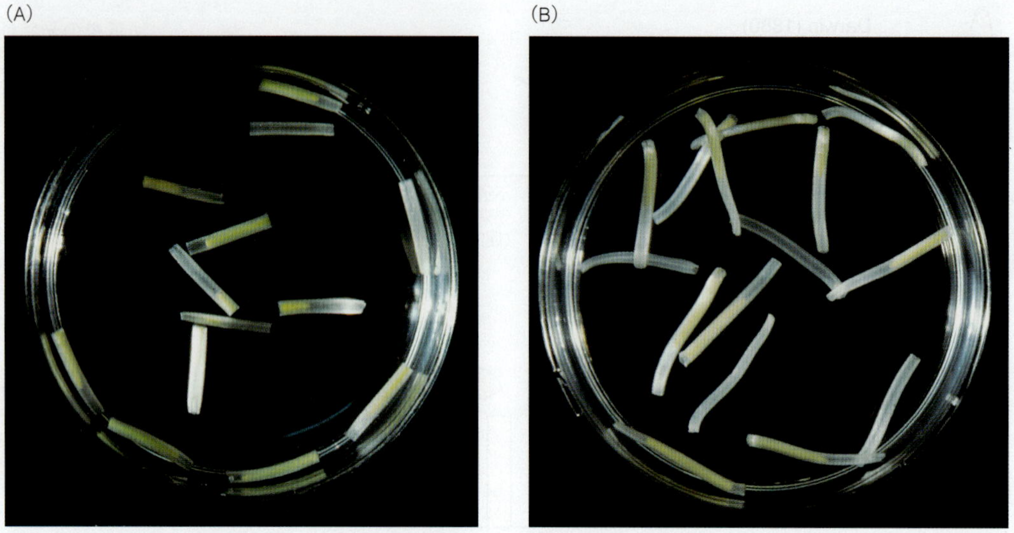

図 19.2 オーキシンはオートムギ幼葉鞘切片の伸長を促進する。この幼葉鞘切片は，水(A)か，オーキシン(B)中で18時間培養した。透明な幼葉鞘の内側にある黄色い組織は第一葉である。(写真©M. B. Wilkins)

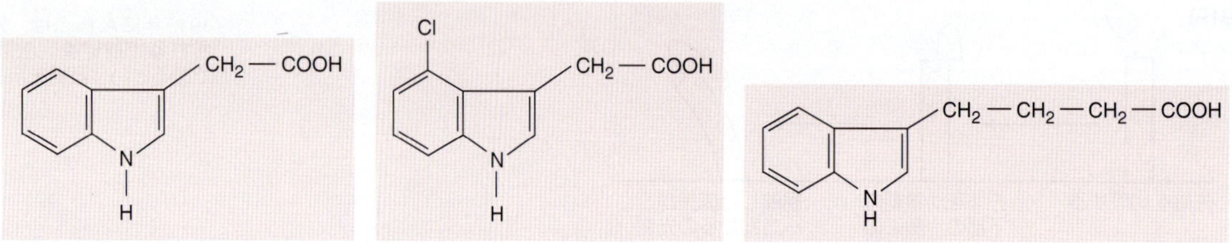

インドール-3-酢酸 (IAA)

4-クロロインドール-3-酢酸 (4-Cl-IAA)

インドール-3-酪酸 (IBA)

図 19.3 三つの天然オーキシンの構造。インドール-3-酢酸 (IAA) はすべての植物に存在するが，植物にある他の関連化合物もオーキシン活性をもっている。たとえば，エンドウは4-クロロインドール-3-酢酸を含んでいる。セイヨウカラシナやトウモロコシはインドール-3-酪酸 (IBA) を含んでいる。

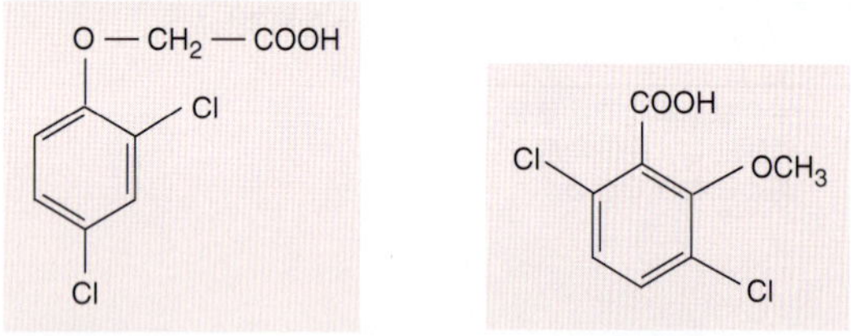

2,4-ジクロロフェノキシ酢酸 (2,4-D)

2-メトキシ-3,6-ジクロロ安息香酸 (ディカンバ)

図 19.4 二つの合成オーキシンの構造。多くの合成オーキシンは園芸や農業で除草剤として使われている。

生物試料中のオーキシンを定量することができる

研究者の必要に応じて，生物試料が含んでいるオーキシンの量と化学構造を，生物検定や質量分析法，ELIZAと略称される酵素結合型免疫酵素法などの方法で調べることができる(**Webトピック19.3**参照)。

生物検定 (bioassay) は，すでにわかっているか，またはそうではないかと疑われている生物学的活性物質が生物材料に対して及ぼす効果を測定する方法である。Wentは60年以上も前の開拓的な研究で，**アベナ幼葉鞘屈曲テスト** (*Avena* coleoptile curvature test) とよばれる方法で，*Avena sativa* (オートムギ) の幼葉鞘を用いた (図19.1)。幼葉鞘は，片側でオーキシンの増加が細胞伸長を促進し，反対側で (幼葉鞘の先端が存在しないためにおこる) オーキシンの減少が成長速度を減少させるので屈曲する。この現象を**偏差成長** (differential growth) とよぶ。

Wentは，試料中のオーキシン量をそれが引きおこす幼葉鞘の屈曲を測定することで評価できることをみつけた。オーキシンの生物検定は現在でも試料中のオーキシン活性を検出するために用いられている。アベナ幼葉鞘屈曲テストはオーキシン活性の鋭敏な測定法である（おおよそ0.02～0.2 mg/l のIAA濃度範囲で有効である）。もう一つの生物検定法は，溶液に浮かべたアベナ幼葉鞘のオーキシンによるまっすぐな成長の変化を測定する（図19.2）。どちらの生物検定法も，試料中にオーキシンが存在することはわかるが，その正確な定量やオーキシン活性をもつ物質の同定には使えない。

質量分析法は，オーキシンの化学構造を明らかにしたり，IAAの定量を行うときによく使われる。この方法は，ガスクロマトグラフィーを用いた試料の分離法とともに使われる。この方法を用いると正確な定量とオーキシンの化学的同定ができて，10^{-12} g（1 pg）までのIAAを検出できるので，たった1本のエンドウの茎の切片や1個のトウモロコシの種子に含まれる程度のオーキシン量まで測定できる。このような洗練された技術を使うと，オーキシンの前駆体やオーキシンの代謝回転，植物の中のオーキシンの分布を正確に分析することができる。

オーキシンは分裂組織や若い葉，発達中の果実や種子で合成される

IAAの合成は，特にシュートの，速く分裂していて，速く成長している組織でおこる。ほとんどすべての植物組織は低濃度のIAAを合成できるようだが，茎頂分裂組織と若い葉，発達中の果実と種子がIAA合成の主要な部位である（Ljung et al. 2001）。

シロイヌナズナの非常に若い葉原基では，オーキシンはその先端で合成される。葉が発達するにつれ，オーキシンの生産部位は葉縁にそってだんだん基部方向に移動し，後には葉身の中央部に移る。オーキシン生産の基部への移動は，葉の発達と維管束の分化が基部に向かって成熟していく過程と密接に関連していて，おそらくこの過程との間には因果関係があると思われる（Aloni 2001）。

オーキシン応答配列を含むプロモーターに融合させた*GUS*（β-グルクロニダーゼ）レポーター遺伝子をTiプラスミドに入れ，アグロバクテリウムを用いてシロイヌナズナにこの遺伝子を導入すると，形質転換された植物の若い発達中の葉で，遊離のオーキシンの分布を可視化することができる。遊離オーキシンが合成された場所で*GUS*の発現がおこり，それを組織化学的に検出するのである。この方法を用いて，オーキシンが将来排水組織が形成される部位の細胞集団で合成されることが最近明らかになった（図19.5）。

排水組織（hydathode）は，基本組織や維管束組織が分泌腺のようになったもので，典型的には葉縁にでき，根圧があると表皮の孔を通して水滴（溢出液）を排出する（4章参照）。図19.5で見られるように，排水組織の分化の初期に高いオーキシン合成の中心があることが，シロイヌナズナの鋸歯状の葉の突起部分に濃青色のGUS染色が集中していることから明らかである（Aloni et al. 2002）。GUS活性の発現域は拡散しつつも帯状になり，発達中の維管束の分化しつつある道管要素に向かっている。このすばらしい顕微鏡写真は，オーキシンによって調節されている維管束の分化過程が，いまちょうどおこっているところをとらえている。

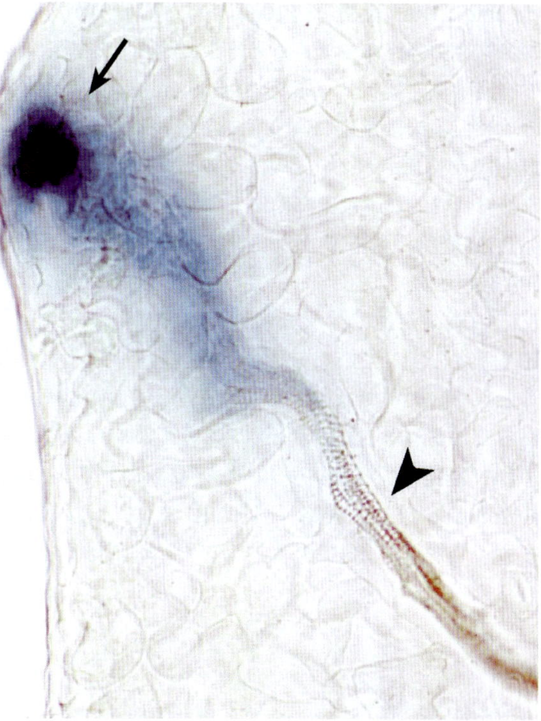

図 19.5 *DR5*で形質転換したシロイヌナズナの若い葉原基で，オーキシンの生合成と輸送を行っている部位をオーキシン感受性プロモーターをもつ*GUS*レポーター遺伝子を用いて検出する。排水組織の分化の初期にオーキシン合成の中心があることが，鋸歯状の葉縁の突起部分に集中した濃青色の*GUS*染色（矢印）によってわかる。薄まったGUS活性の勾配が葉縁から分化しつつある維管束に向かって延びているが（矢頭），維管束は突起から始まるオーキシンの流れのシンクとして機能している。（R. AloniとC. I. Ullrichの好意による）

本章では，あとでもう一度維管束分化の調節を話題にすることにしよう。

IAAの生合成には複数の経路が存在する

IAAは構造的にアミノ酸のトリプトファンに似ているので，オーキシン生合成の初期の研究では前駆体としてトリプトファンに焦点が当てられていた。しかし，外からラベルしたトリプトファン（たとえば，[^{3}H] トリプトファン）を植物組織に与えてIAAに取り込ませることは難しいことがわかった。それにもかかわらず，いまや大量の証拠が蓄積して，植物が数種類の経路でトリプトファンをIAAに変換することがわかっている。そのことを次の段落で説明しよう。

IPA経路　**インドール-3-ピルビン酸**（indole-3-pyruvic acid：IPA）**経路**（図19.6C）は，いくつかあるトリプトファン経由経路の中でもっともよく見られる経路である。この経路では，脱アミノ反応（deamination）によるIPAの生成の次に，脱炭酸反応によりインドール-3-アセトアルデヒド（IAld）が生成される。インドール-3-アセトアルデヒドはそれから特異的な脱水素酵素によって酸化されてIAAになる。

TAM経路　**トリプタミン**（TAM）**経路**（図19.6D）は，IPA経路と似ているが，脱アミノ基反応と脱カルボキシル基反応の順序が逆で，異なった酵素が働いている点が違う。IPA経路を使っていない種はTAM経路をもっている。少なくとも一つの種では（トマト），IPAとTAMの両方の経路があることがわかっている。

IAN経路　**インドール-3-アセトニトリル**（indole-3-acetonitrile：IAN）**経路**（図19.6B）では，トリプトファンはまずインドール-3-アセトアルドキシムに変換し，それからインドール-3-アセトニトリルに変わる。IANをIAAに変える酵素はニトリラーゼとよばれる。IAN経路は，ナノハナ科とイネ科とバショウ科の三つの科だけで重要である可能性がある。それにもかかわらず，ニトリラーゼに似た遺伝子や活性は，最近，ウリ科やナス科，マメ科，バラ科で発見されている。

ニトリラーゼ酵素をコードしている四つの遺伝子（*NIT1*～*NIT4*）が現在シロイヌナズナで単離されている。*NIT2*をタバコの形質転換体で発現させると，その植物はIANをIAAに加水分解できるようになり，IANを与えるとオーキシンを与えたときのような反応を示すようになる（Schmidt et al. 1996）。

もう一つのトリプトファン経由生合成経路では，**インドール-3-アセトアミド**（indole-3-acetamide：**IAM**）（図19.6A）が中間体であるが，これは*Psuedomonas savastanoi*や

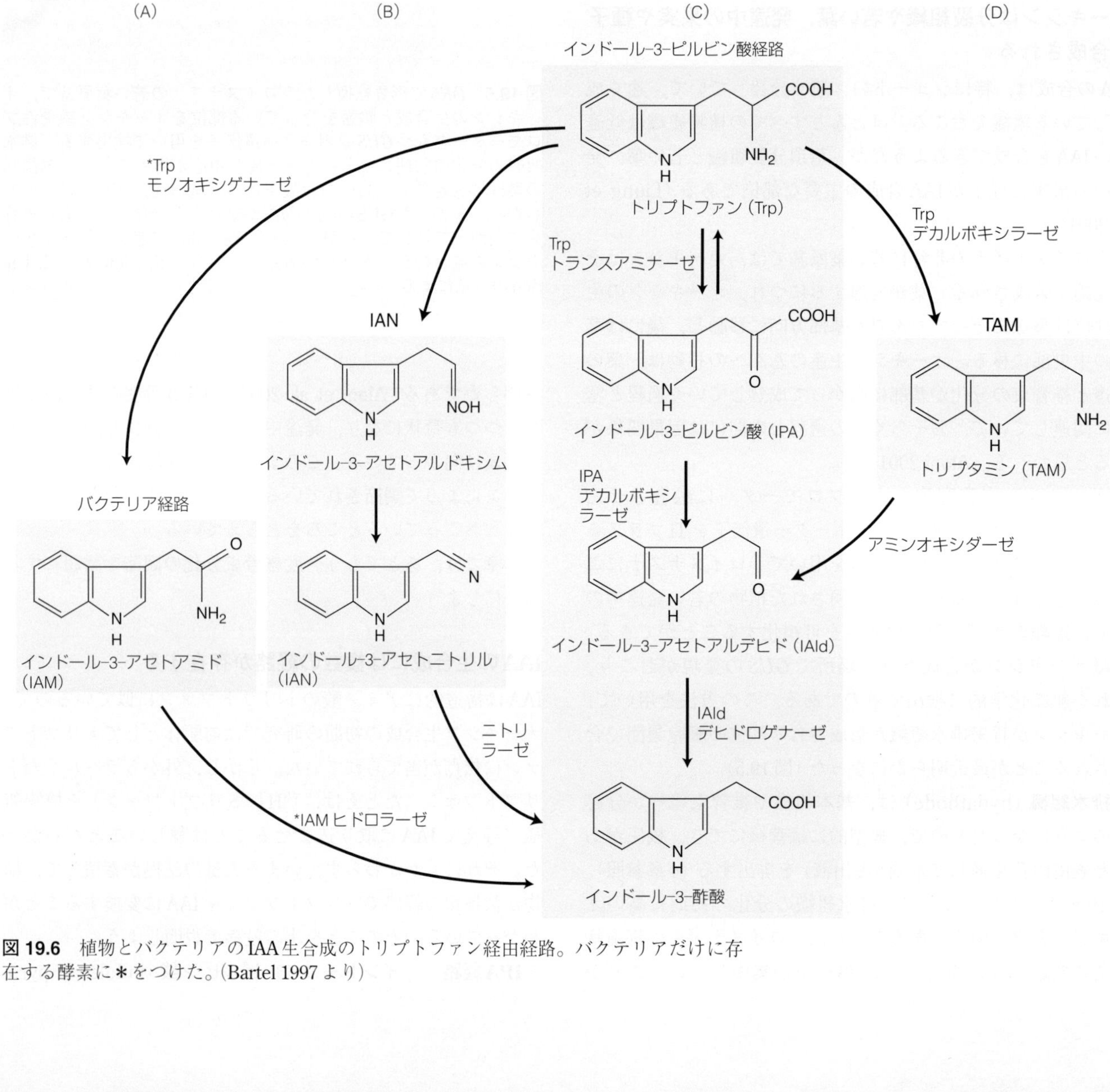

図19.6　植物とバクテリアのIAA生合成のトリプトファン経由経路。バクテリアだけに存在する酵素に＊をつけた。（Bartel 1997より）

*Agrobacterium tumefaciens*のような，さまざまな病原性バクテリアによって使われている。この経路は，トリプトファンモノオキシゲナーゼとIAMヒドロラーゼの二つの酵素を含んでいる。これらのバクテリアによって生産されるオーキシンは，植物宿主に形態学的変化をおこさせることが多い。

トリプトファン経由経路に加えて，最近の遺伝学的研究は植物が一つ，または複数のトリプトファンを経由しない経路，すなわちトリプトファン独立経路をへてIAAを合成できることを明らかにした。IAA生合成には複数の経路が存在するので，植物がオーキシンを欠乏することはほとんどありえない。複数の経路の存在は，植物の発生でこのホルモンが必須の役割を演じていることの反映であろう。

IAAはインドールやインドール-3-グリセロールリン酸からも合成される

放射性同位体で標識されたトリプトファンがなかなかIAAに変換されないので，トリプトファンに由来しないIAA生合成経路が存在するのではないかと昔から疑われていたが，遺伝学的研究がおこなわれるまで，そのような経路が存在することははっきり確認できなかった。たぶん，こういう研究の中でいちばん衝撃的だったのは，トウモロコシの*orange pericarp*（橙色の果皮）（*orp*）突然変異体（図19.7）の研究である。この変異体では，トリプトファン合成酵素の両方のサブユニットが不活性になっている（図19.8）。*orp*突然変異体は厳密にトリプトファン要求性で，生存させるにはトリプトファンを与えてやらなければならない。ところが，*orp*突然変異体の芽ばえも野生型の芽ばえもトリプトファンをIAAに変換することができないのである。突然変異の致死効果を相殺するに十分な量のトリプトファンを変異体の芽ばえに与えても，そうなのである。

トリプトファン生合成がブロックされているにもかかわらず，*orp*突然変異体は野生型の植物よりも50倍多いIAAを含んでいる（Wright et al. 1991）。重要なのは，*orp*の芽ばえに［^{15}N］アントラニル酸を与えると（図19.8），［^{15}N］のラベルはその後IAAに現れるが，トリプトファンはラベルされないことである。この結果は，IAA生合成にトリプトファンを経由しない経路が存在することを示す最良の実験的証拠である。

その後の研究は，IAA生合成の分岐点がインドールかその前駆体，インドール-3-グリセロールリン酸であることを立証した（図19.8）。トリプトファンを経由しない経路でIANとIPAは中間体のようであるが，IAAの直前の前駆体が何であるかはまだわかっていない。

トリプトファンを経由しない経路の発見は，IAA生合成に対するわれわれの見方を根本的に変えたが，二つの経路（トリプトファン経由経路と経由しない経路）の相対的な重要性についてはほとんどわかっていない。いくつかの植物種ではIAA生合成経路のタイプは組織ごとや発生の時期ごとに違うことがわかっている。たとえば，ニンジンの胚発生では，トリプトファン経由経路は発生の非常に早い時期に重要であるが，根-シュート軸が確立するとすぐトリプトファンに由来しない経路にとって変わられる（**Webトピック19.4**参照）。

図19.7 トウモロコシの*orange pericarp*（*orp*；橙色果皮）突然変異体は，トリプトファン合成酵素の両方のサブユニットを欠いている。その結果，一つひとつの種子のまわりの果皮はアントラニル酸とインドールのグリコシドを蓄積する。果皮の橙色は過剰のインドールのためである。（Jerry D. Cohenの好意による）

植物のほとんどのIAAは共有結合で結合した型である

IAAがオーキシンの生物学的に活性な形であるが，植物に存在するオーキシンの大部分は他の分子に共有結合で結合した状態で見つかる。包合体になったオーキシン，すなわち「結合型」とよばれるオーキシンは，すべての高等植物で発見されていて，ホルモンとしては不活性であると考えられている。

IAAは，高分子の化合物とも低分子の化合物とも包合体を作ることがわかっている。

- 低分子量の包合体型オーキシンは，IAAとグルコースや*myo*イノシトールとのエステルや，IAA-*N*-アスパラギン酸のようなアミド化合物である。（図19.9）
- 高分子量のオーキシン包合体は，イネ科植物の種子に見られるIAA-グルカン（1分子のIAAあたり7～50個のグルコースからなる）やIAA-糖タンパク質である。

どの物質とどれぐらいIAAが包合体になるかということは，その反応を特異的に触媒する酵素の性質による。いちばんよく研究されているのが，トウモロコシでIAAがグルコースと包合体を作る反応である。

生きている植物の中で，遊離オーキシン濃度がいちばん高いのは，シュートの茎頂分裂組織と若い葉であるが，それはそこがオーキシン生合成の主要な場所であるからである。しかし，オーキシンは植物に広く分布している。包合体型のオーキシンの代謝は，遊離オーキシンの濃度を調節している主要な因子かもしれない。たとえば，トウモロコシの種子が発

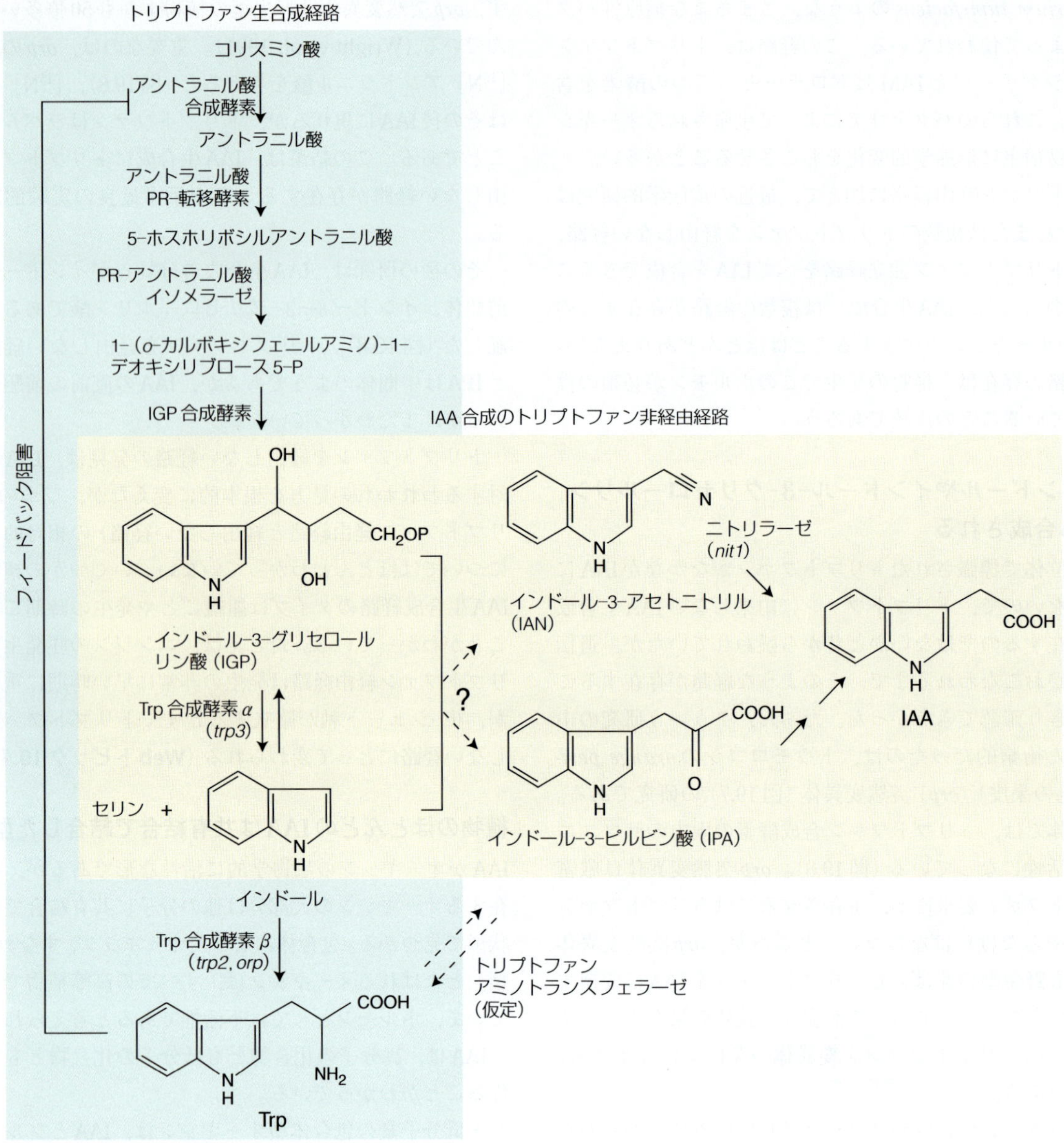

図 19.8 植物のIAA生合成のトリプトファンを経由しない経路。トリプトファン（Trp）生合成経路を左に示した。**Webトピック19.4**で議論されている突然変異を括弧の中に示す。トリプトファンを経由しない経路の分岐点になる前駆体は不明確で（インドール-3-グリセロールリン酸かインドール），IANとIPAは中間体である可能性がある。PR；ホスホリボシル。（Bartel 1997より）

芽するとき，IAA-*myo*イノシトールは胚乳から篩部を通って幼葉鞘に転流される。トウモロコシの幼葉鞘の先端で生産される遊離IAAのうち，少なくとも一部はIAA-*myo*イノシトールの加水分解に由来すると信じられている。

それに加えて，光や重力のような環境刺激は，オーキシンを包合体にする反応（すなわち遊離オーキシンの減少）や遊離オーキシンの解離（包合体型オーキシンの加水分解）の速度に影響することがわかっている。包合体型オーキシンの生成には，オーキシンの貯蔵やオーキシンを酸化的分解から守るというような他の機能もあるかもしれない。

IAAは複数の経路によって分解される

IAA生合成のように，IAAの酵素的分解（酸化）には複数の経路がある。一時，過酸化酵素類が主にIAAの酸化をになっていると考えられていたのは，過酸化酵素類が高等植物に普遍的にあって，IAAを分解できることが試験管内で証明されていた（図19.10A）のが主な理由である。しかし，ペルオキシダーゼの経路の生理学的意義は明らかではない。たとえばペルオキシダーゼの発現が10倍増加したり，ペルオキシダーゼ活性が10倍抑制されている形質転換体でIAA濃度の変

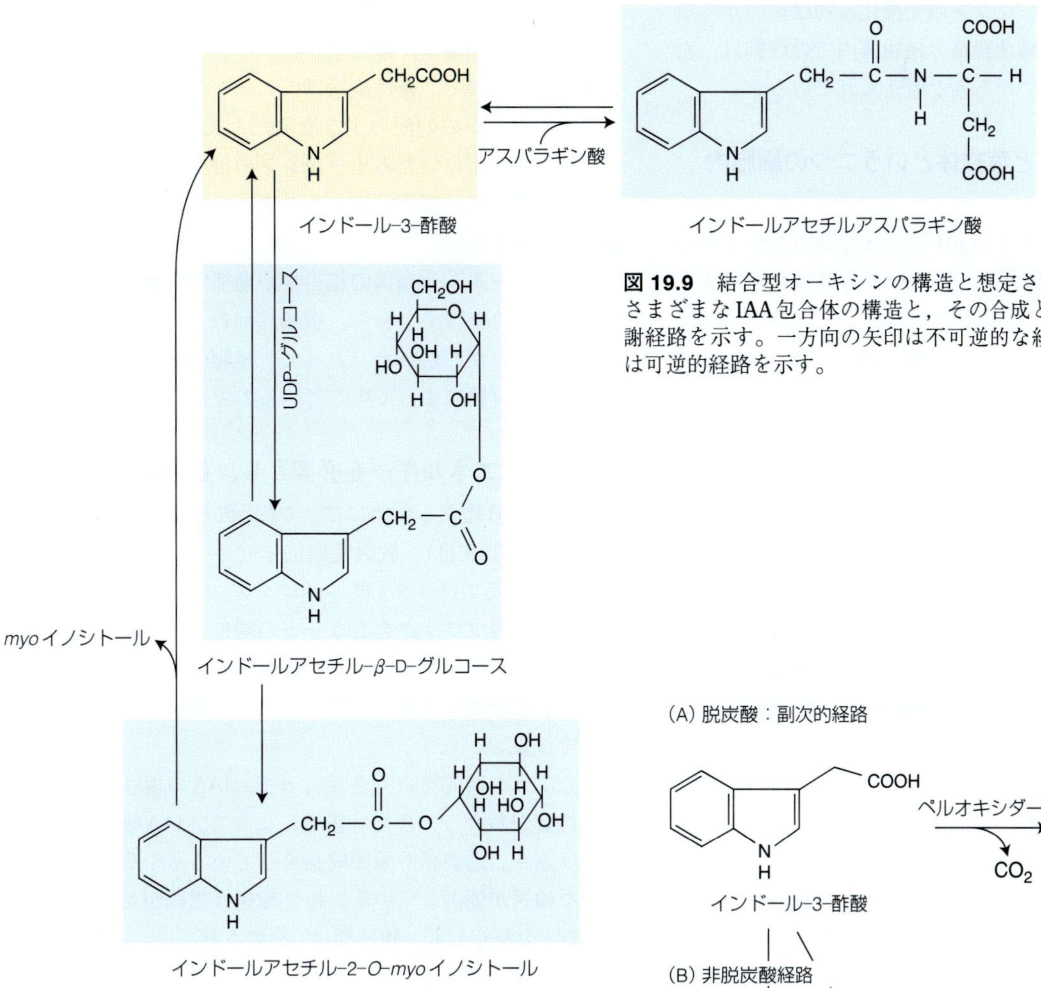

図 19.9 結合型オーキシンの構造と想定されている代謝経路。図は，さまざまなIAA包合体の構造と，その合成と分解で想定されている代謝経路を示す。一方向の矢印は不可逆的な経路を示し，双方向の矢印は可逆的経路を示す。

化はまったく見られない (Normanly et al. 1995)。

同位体で標識して代謝中間体を同定すると，二つの他の酸化経路のほうがIAAの調節された分解に関与しているようである (図 19.10B)。この経路の最終産物はオキシインドール-3-酢酸で (OxIAA)，トウモロコシの胚乳やシュート組織で天然に存在する化合物である。一つの経路では，IAAは脱カルボキシル化せずにOxIAAに酸化される。もう一つの経路では，IAA-アスパラギン酸包合体はまず中間体のジオキシインドール-3-アセチルアスパラギン酸に酸化され，それからOxIAAになる。

試験管内では，IAAは強い光にさらされると非酵素的に酸化され，試験管内の光分解はリボフラビンのような植物色素

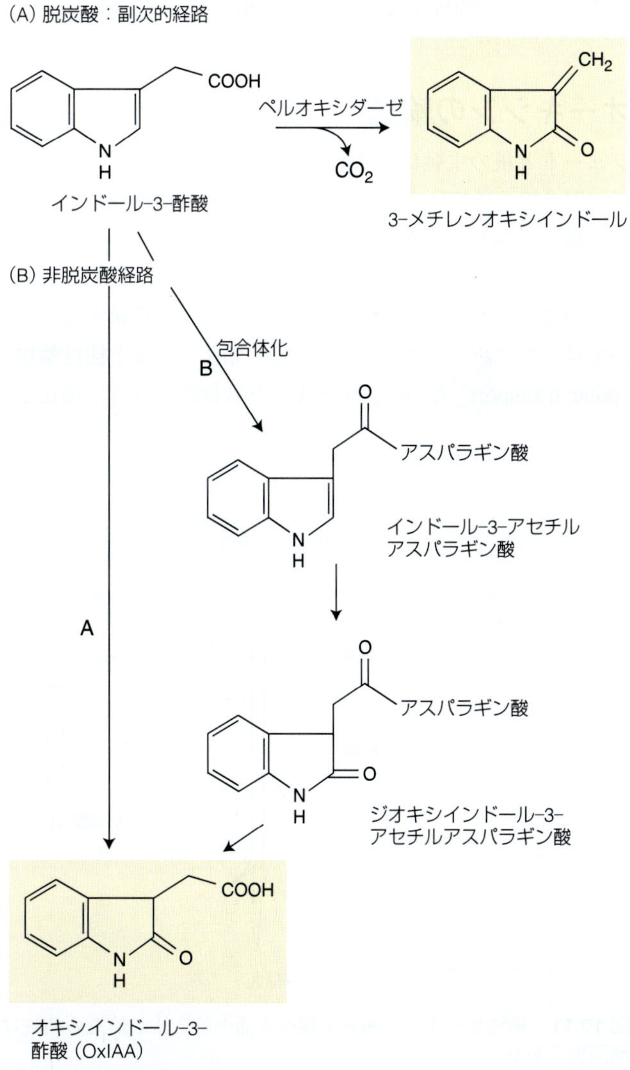

図 19.10 IAAの生物による分解。(A) ペルオキシダーゼ経路 (脱炭酸経路) の役割は比較的軽い。(B) IAAの酸化的分解を行う二つの非脱炭酸経路であるAとBは，もっとも一般的な代謝経路である。

によって促進される。オーキシンの光酸化産物は植物から単離されているが，この光酸化経路の植物体内での役割は，たとえあったとしても小さいだろうと考えられている。

IAAには，サイトゾルと葉緑体という二つの細胞内プールが存在する

IAAの細胞内分布は，大きくはpHによって調節されているようである。IAA^- は担体の助けがない場合は膜を通過することができないのに対し，IAAHは拡散によって膜を通過することができるので，オーキシンは細胞の中でよりアルカリ性である区画に蓄積しやすい。

オーキシンとその代謝産物の分布が，タバコの細胞で調べられている。IAAの約3分の1が葉緑体にあって，残りがサイトゾルに分布する。IAA包合体はほとんどサイトゾルに局在する。サイトゾルのIAAは包合体になるか非脱カルボキシル化経路によって分解される（図19.10）。葉緑体のIAAはこれらの過程から守られているが，サイトゾルのIAA量と平衡関係にあるので，サイトゾルのIAA量によって調節されていることになる（Sitbon et al. 1993）（**Webトピック19.5**参照）。

オーキシンの輸送

シュートと根の主軸は，それらの側生器官とともに，頂端–基部間の構造的極性をもっていて，この構造的極性はオーキシン輸送の極性に起源がある。Wentがオーキシンの幼葉鞘屈曲テストを考案してすぐ，IAAがオートムギ幼葉鞘切片で主に頂端から基部端に向かって（‘求基的に’）移動することが発見された。このタイプの一方向の輸送のことを**極性輸送**（polar transport）という。オーキシンは極性をもって輸送されることが知られている唯一の植物ホルモンである。

シュートの頂端は，植物全体にとってオーキシンの主要なソースであるので，極性輸送はシュートの頂端から根端にいたるオーキシンの勾配の主な原因だと長く信じられてきた。シュートから根にいたるオーキシンの縦方向の勾配は，茎の伸長や頂芽優勢，傷害治癒，葉の老化などのさまざまな発生過程に影響する。

最近，オーキシン輸送の相当量が篩部でもおこり，篩部は根の‘求頂的な’（すなわち，根端に向けた）輸送の主要な経路であることがわかった。よって，植物のオーキシンの分布は，複数の経路によって生じているのである。

極性輸送はエネルギーを必要とし，重力に依存しない

極性輸送を研究するためには，‘寒天供与–受容ブロック法’を用いる（図19.11）。放射性同位体でラベルしたオーキシンを含んだ寒天ブロック（供与ブロック）を組織片の一方の端におき，受容ブロックをもう一方の端におく。組織を通ってオーキシンが受容ブロックに移動するのを，受容ブロックの中の放射能を測定することによって，時間をおって調べることができる。

このような研究をたくさん行って，IAAの極性輸送の一般的な性質がわかってきた。組織によって，IAA輸送の極性の強さは違う。幼葉鞘や栄養成長をしている茎や葉柄では，求基的な輸送が優占している。極性輸送は組織がおかれている方向に（少なくとも，短時間は）影響されない。したがって，重力の影響を受けない。

極性輸送に対して重力が効果がないことを簡単に図19.12に図示した。茎の切片（この場合は，タケ）を湿度を高くした培養器の中におくと，たとえ逆さにおいても，不定根は常

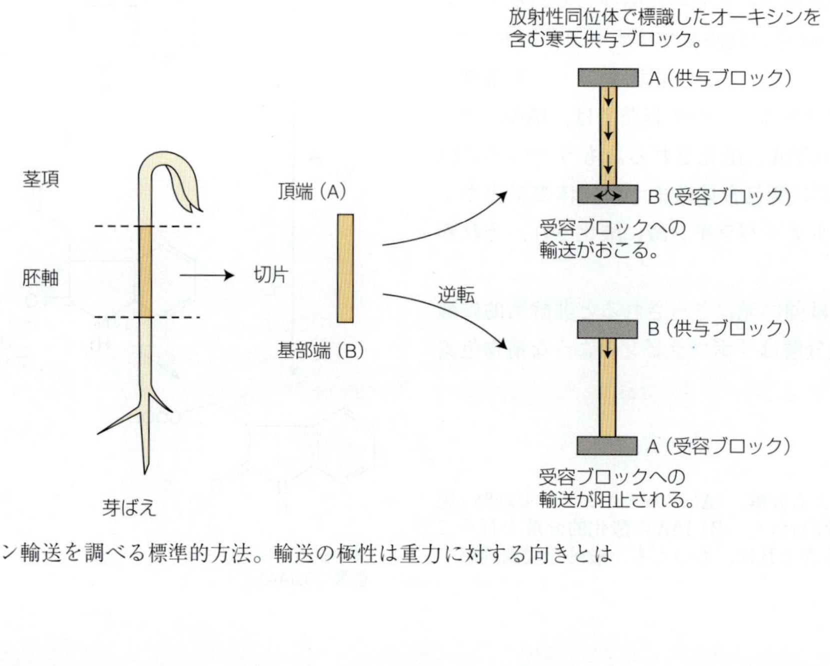

図19.11 極性オーキシン輸送を調べる標準的方法。輸送の極性は重力に対する向きとは無関係である。

図 19.12 タケの切片を逆さにしても，根は基部側の端から成長する。シュートの極性オーキシン輸送は重力とは無関係なので，根は基部側の端で形成される。(写真 © M. B. Wilkins)

に基部側の端から形成される。根の分化はオーキシン濃度の増加によって促進されるので，たとえ茎切片を上下逆さまにおいても，オーキシンは茎の中を求基的に輸送されるのにちがいない。

極性輸送はシンプラストを通るのではなくて，細胞から細胞へと輸送されていく。すなわち，オーキシンは細胞膜を通って細胞の外に出，一次細胞壁と細胞壁中葉を拡散で横切り，細胞膜を通過して下側の細胞に入る。オーキシンが細胞から出ることを‘オーキシン排出’とよび，オーキシンが細胞に入ることを‘オーキシン取り込み’，または‘流入’とよぶ。この過程全体には，代謝のエネルギーが必要で，そのことは極性輸送が酸素の欠乏や代謝阻害剤によって阻害されることからわかる。

オーキシンの極性輸送の速度は時速5～20 cmで，拡散より早いが（**Webトピック3.2**参照），篩部の転流速度より遅い（10章参照）。極性輸送はまた，天然および人工の活性オーキシンに特異的である。オーキシン活性をもたない非活性オーキシン類似化合物もオーキシン代謝産物も極性輸送されないので，極性輸送には細胞膜上の特異的なタンパク質担体（キャリアー）が関与していて，それがオーキシンと活性のあるオーキシン類似化合物を認識していると考えられる。

茎や葉の求基的なオーキシン極性輸送は，主に維管束の柔細胞組織でおこる。幼葉鞘は，求基的な極性輸送が維管束ではない組織で主におこるという点で例外である。根の求頂的な極性輸送は，中心柱の木部柔組織に特異的におこる（Palme and Gälweiler 1999）。しかし，本章で後に見るように，根端に到達するオーキシンの大部分は篩部を通って運ばれる。

根端から少量のオーキシンが求基的に運ばれることも証明されている。たとえばトウモロコシの根では，放射性同位体で標識されたIAAを根端に投与すると，2～8 mm基部の方向に輸送される（Young and Evans 1996）。根の求基的なオーキシン輸送は表皮と皮層組織でおこり，後で見るように重力屈性で中心的な役割を果たしている。

極性輸送を説明するために化学浸透モデルが提唱されている

1960年代の終わりに溶質の輸送の化学浸透機構が発見され（6章参照），このモデルがオーキシンの極性輸送に適用されることになった。現在一般に受け入れられている極性オーキシン輸送の**化学浸透モデル**（chemiosmotic model）によれば，オーキシンの取り込みは細胞膜を横切るプロトン駆動力（$\Delta E + \Delta$pH）によっておこり，オーキシンの排出は膜電位（ΔE）によって駆動される（プロトン駆動力については，7章と**Webトピック6.3**で詳述されている）。

この極性輸送モデルの決定的に重要な特徴は，オーキシンの排出担体が輸送がおこる細胞の基部側の端に局在することである（図19.13）。このモデルの各ステップに対する証拠を以下の議論で個別に検討する。

オーキシンの取り込み　極性輸送の第一段階は，オーキシンの取り込みである。このモデルに従えば，オーキシンはどの方向からも次の二つのどちらかの機構によって細胞に入ることができる。

1. プロトン化した形（IAAH）でリン脂質二重層を横切る受動的な拡散。
2. $2H^+$–IAA^-共輸送体による解離型（IAA^-）の二次的な能動輸送。

オーキシンに対する膜の受動的な透過性はアポプラストのpHに強く依存するので，オーキシンの取り込み経路はこのように二重に存在するのである。

インドール-3-酢酸の解離していない形は，カルボキシル基がプロトン化しているので脂溶性であり，脂質の二重層である膜を通してよく拡散する。それとは対照的に，解離したオーキシンは負に荷電しているので，担体の助けなくして膜を通過することはできない。細胞膜H^+-ATPaseはふつう細胞壁に存在する溶液をおおよそpH5に保っているので，アポプラストのオーキシン（$pK_a = 4.75$）のほぼ半分は解離し

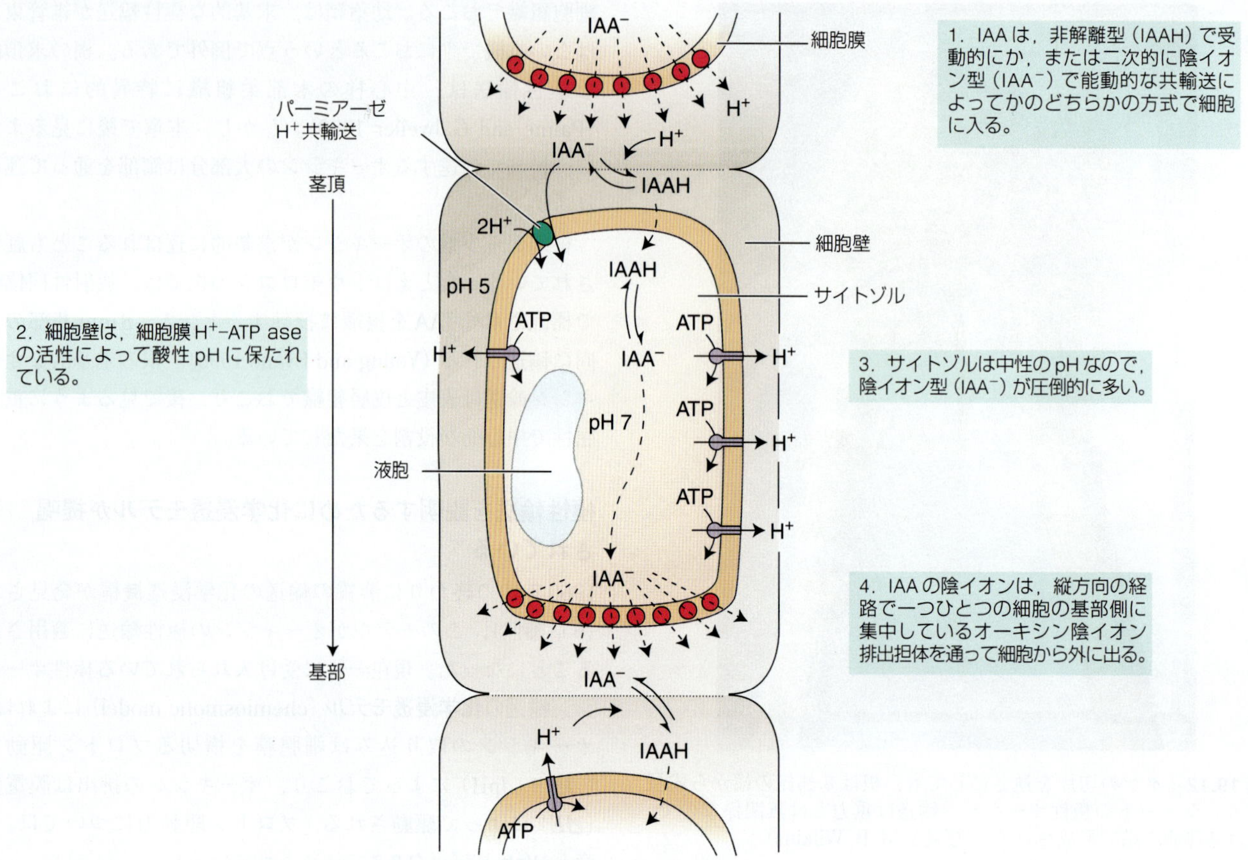

図 19.13　極性オーキシン輸送の化学浸透モデル。ここにはオーキシン輸送細胞の列の中の一つの細胞だけを示す。(Jacobs and Gilbert 1983より)

ていない形であり，細胞膜を横切って濃度勾配にそって受動的に拡散することができる。pH依存的な受動的オーキシン取り込みがおこることは，植物細胞によるオーキシンの取り込みが細胞外pHが中性から酸性に下がるにつれて増加することがわかって，はじめて実験的に支持されることになった。

担体によって仲介される二次的な能動的取り込み機構は，飽和性の反応速度論を示し，活性オーキシンに特異的であることが示された（Lomax 1986)。ズッキーニ（*Cucurbita pepo*）胚軸から単離した膜小胞の⊿pHと⊿*E*を実験的に変化させると，放射性同位体で標識したオーキシンの取り込みがpH勾配によって受動的取り込みと同様に促進される。しかし，この場合は膜小胞の内側が外側に対して負に荷電している場合も促進されることがわかった。

このような実験は，H^+-IAA^-共輸送体が負に荷電した1個のオーキシン・イオンとともに2個の水素イオンを輸送することを示唆している。このオーキシンの二次的な能動輸送は水素イオンの駆動力によって膜を通過することになるので，単純な拡散よりも多量のオーキシンの蓄積を可能にしている。

シロイヌナズナの根では，バクテリアのアミノ酸担体に似たパーミアーゼ型のオーキシン取り込み担体が同定されている（Bennett et al. 1996)。***aux1***突然変異体の根は屈地性を失っていて，オーキシンの取り込みが根の屈地性の制限要因になっていることを示唆している。化学浸透モデルが予想しているように，AUX1は極性輸送経路で細胞のまわりに均一に分布しているようである（Marchant et al. 1999)。したがって一般には，オーキシン輸送の極性は取り込み段階ではなくて排出段階によって支配されている。

オーキシンの排出　サイトゾルのpHはおおよそ7.2なので，サイトゾルに入るとIAAはほとんどが陰イオンの形に解離する。膜はIAAHよりIAA^-の方が透過しにくいので，IAA^-はサイトゾルに蓄積する。しかし，細胞に入ったオーキシンの大部分は‘オーキシン・イオン排出担体’によって細胞外に排出される。化学浸透モデルによれば，IAA^-の細胞外への輸送は，内側が負の膜電位によって駆動される。

前に述べたように，極性輸送の中心的な特徴は，IAA^-の排出は細胞の基部側で選択的におこるということである。経路の中の細胞では，頂端側でのオーキシン取り込みと基部側

図 19.14 シロイヌナズナの*pin1*突然変異体（A）と免疫蛍光法で顕微鏡観察したPIN1タンパク質の輸送細胞の基部側への局在（B）（L. Gälweiler and K. Palmeの好意による）

を選んだ排出が繰り返しおこることで，全体として極性輸送が生じる。**PINタンパク質**（PIN protein，シロイヌナズナの*pin1*突然変異体がピンの形をした花茎を形成することにちなんで名づけられた；図19.14A）として知られているオーキシン排出担体のファミリーは，このモデルの予言と正確に一致して，輸送細胞の基部側に局在している（図19.14B）。

PINタンパク質は，バクテリアや真核生物の主要な輸送体スーパーファミリーに特徴的な10～12個の膜貫通領域をもっていて（図19.15），このファミリーには薬剤耐性タンパク質や糖の輸送体が含まれている。PINは他の輸送体と似た構造をもっているが，最近の研究では，その輸送活性には他のタンパク質も必要で，より大きなタンパク質複合体を形成しているかもしれないことが示唆されている。

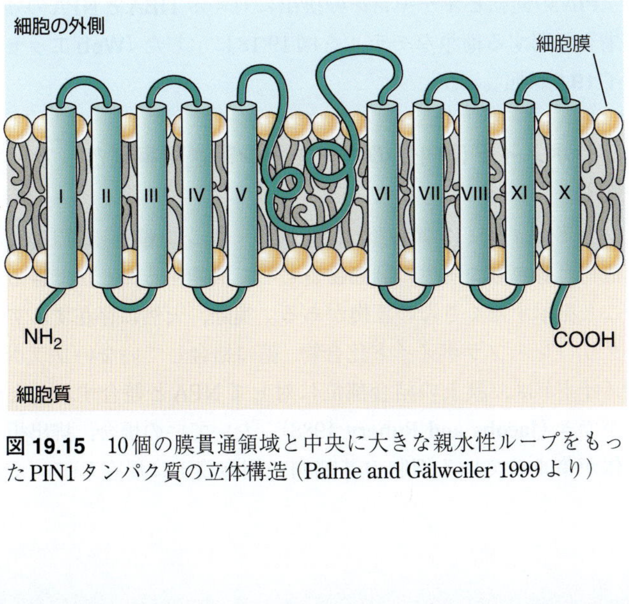

図 19.15 10個の膜貫通領域と中央に大きな親水性ループをもったPIN1タンパク質の立体構造（Palme and Gälweiler 1999より）

オーキシン輸送阻害剤はオーキシンの排出を阻害する

NPA（1-*N*-ナフチルフタラミン酸）やTIBA（2,3,5-トリヨード安息香酸）のように**オーキシン輸送阻害剤**（auxin transport inhibitor：**ATI**）として作用する化合物が合成されている（図19.16）。これらの阻害剤はオーキシンの排出を妨げることで極性輸送を阻害する。この現象は，オーキシン輸送実験でNPAやTIBAを供与ブロックか受容ブロックに加えておくことで証明できる。これらの化合物はどちらもオーキシンの受容ブロックへの排出は阻害するが，供与ブロックからのオーキシンの取り込みには影響しない。

TIBAのようなオーキシン輸送阻害剤は弱いオーキシン活性をもっていて極性輸送されるので，オーキシン排出担体の結合部位でオーキシンと競合することが極性輸送を阻害する原因の少なくとも一部であろう。NPAのような他の阻害剤は極性輸送されないので，排出担体と複合体を形成しているタンパク質に結合してオーキシン輸送に影響していると信じられている。このようなNPA結合タンパク質は輸送細胞の基部側で見つかっていて，これはPINタンパク質の局在性と一致する（Jacobs and Gilbert 1983）。

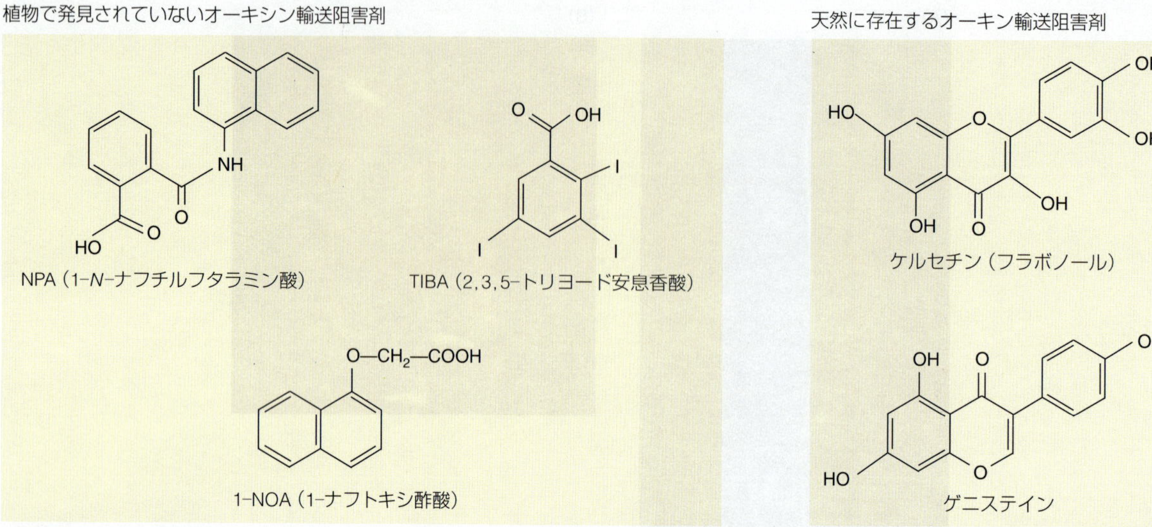

図 19.16 オーキシン輸送阻害剤の構造

最近，AUX1取り込み担体を阻害する別種のオーキシン輸送阻害剤が発見された（Parry et al. 2001）。たとえば，1-ナフトキシ酢酸（1-NOA）（図19.16）はオーキシンの取り込みを阻害し，シロイヌナズナに投与すると***aux1***突然変異体のように根の屈地性が失われる。***aux1***突然変異がそうであるように，1-NOAも他のAUX1特異的阻害剤のどれも，極性オーキシン輸送を阻害することはない。

PINタンパク質は高速で細胞膜からの出入りを繰り返す

オーキシン排出担体の基部側の局在性には，オーキシンを輸送する細胞で基部側に輸送小胞が分泌されることが関わっている。最近，PINタンパク質は，それ自身安定であるにもかかわらず，細胞膜上にずっと居つづけるのではなく，エンドサイトーシス小胞を経由して，まだよくわかっていないエンドソーム区画に高速で移行し，また再び細胞膜に戻って使われることがわかった（Geldner et al. 2001）。

PINタンパク質は，なにも処理しないときは，根の皮層柔細胞の基部側（上側）に局在する（図19.17A）。ゴルジ小胞や他のエンドソーム区画を核の近くに凝集させる効果をもつブレフェルジンA（BFA）でシロイヌナズナの根を処理すると，PINタンパク質はこの異常な細胞内区画に蓄積する（図19.17B）。BFAを緩衝液で洗い流すと，細胞の基部側の細胞膜上という正常な局在性が回復する（図19.17C）。しかし，アクチンの重合阻害剤であるサイトカラシンDをその緩衝液に加えておくと，PINが正常に細胞膜に再局在することが妨げられる（図19.17D）。これらの結果は，PINが，細胞の基部側の細胞膜と未同定のエンドソーム区画の間をアクチンが関与しているなんらかの機構によって，高速で回転していることを示している。

TIBAとNPAは異なる標的に結合するが，両方とも細胞膜から出入りする小胞輸送に干渉する。この現象がもっともよくわかるのが，BFA処理後にBFAを洗い流す緩衝液にTIBAを加えておくことである。この条件でBFAを洗い流すと，TIBAはPINの細胞膜上への正常な再局在を妨げる（図19.17E）（Geldner et al. 2001）。

PINの回転に対するTIBAとNPAの効果は，PINタンパク質に特異的ではない。それで，オーキシン輸送阻害剤は，実は膜回転の一般的な阻害剤なのだろうと考えられている（Geldner et al. 2001）。一方，TIBAとNPAはオーキシン排出を阻害するものの，単独ではPINの細胞内局在性を壊すことはできない。したがって，TIBAとNPAは，PIN（TIBAの場合）または少数の調節タンパク質に（NPAの場合）結合することによって，細胞膜上のPIN複合体の輸送活性を直接阻害することができるのにちがいない。

PINの回転とオーキシンの排出に対するTIBAとNPAの効果を説明する簡単なモデルを図19.18に示した（**Webエッセイ19.2**参照）。

フラボノイドは内生のオーキシン輸送阻害剤として働く

フラボノイド（13章参照）は極性オーキシン輸送に対して，植物自身がもつ内生の調節物質として機能することができることを示すたくさんの証拠がある。実際，天然に存在するアグリコン・フラボノイド化合物（糖に結合していないフラボノイド）は，膜上の結合部位に対してNPAと競合することができ（Jacobs and Rubery 1988），たいていの場合，排出担体が集まっている細胞の基部側の細胞膜上に局在している

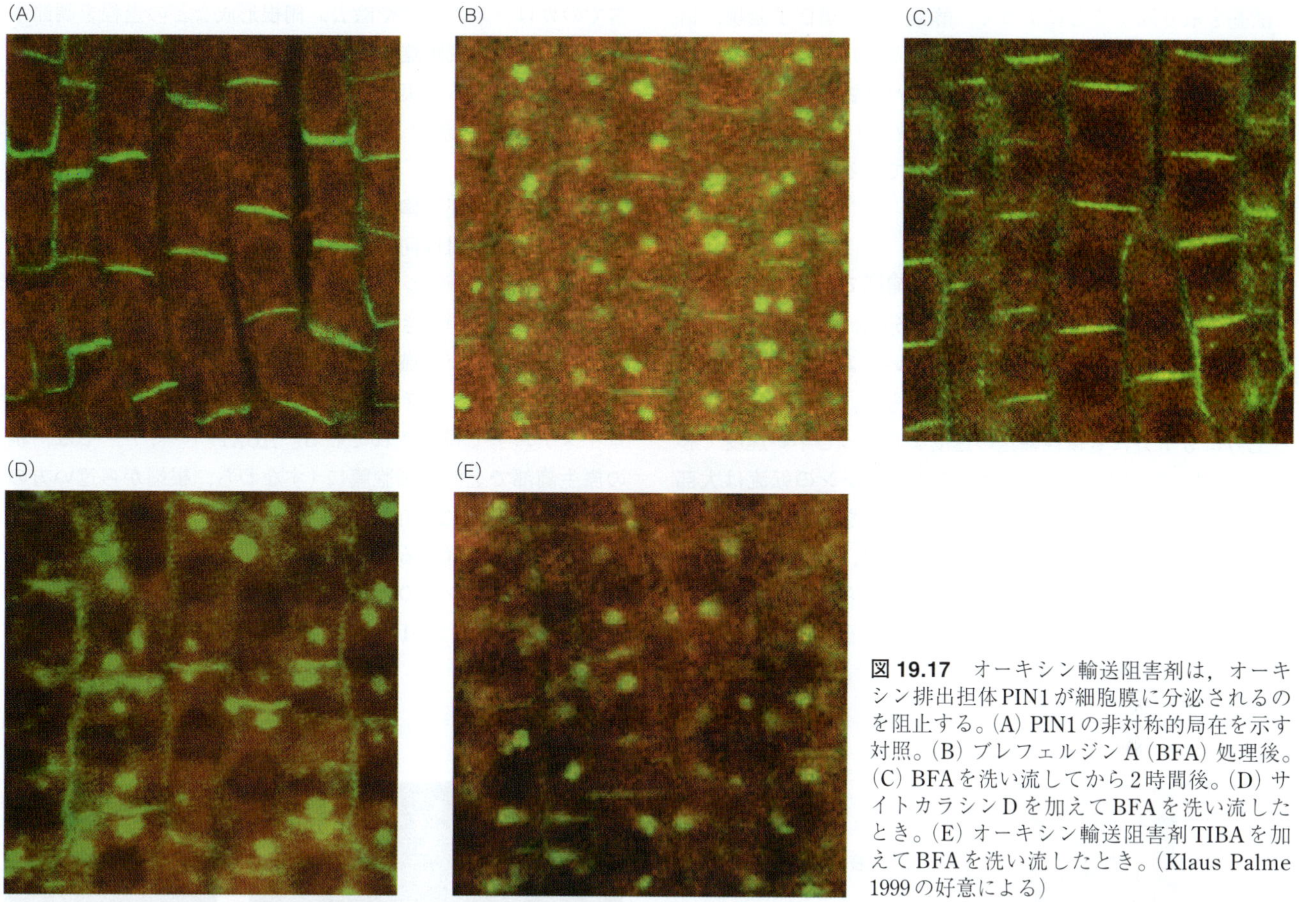

図 19.17 オーキシン輸送阻害剤は，オーキシン排出担体PIN1が細胞膜に分泌されるのを阻止する。(A) PIN1の非対称的局在を示す対照。(B) ブレフェルジンA (BFA) 処理後。(C) BFAを洗い流してから2時間後。(D) サイトカラシンDを加えてBFAを洗い流したとき。(E) オーキシン輸送阻害剤TIBAを加えてBFAを洗い流したとき。(Klaus Palme 1999の好意による)

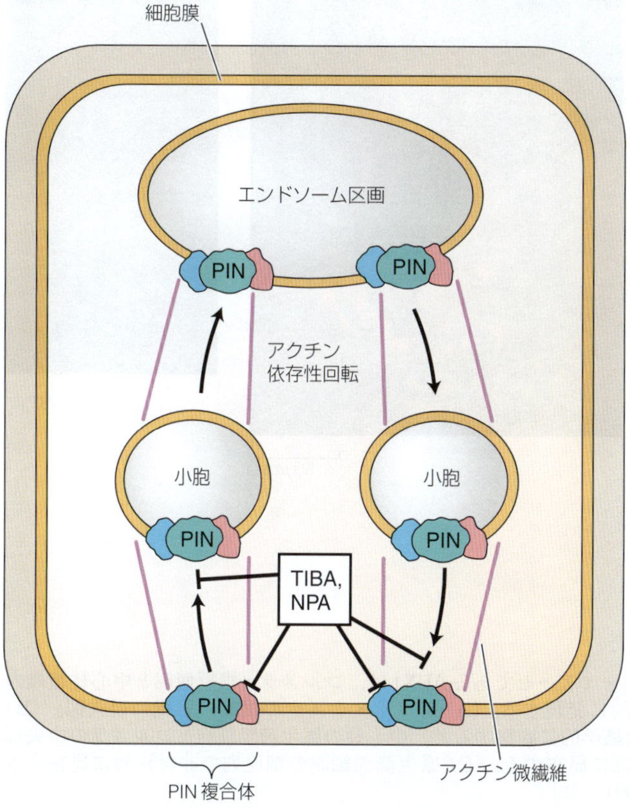

(Peer et al. 2001)。さらに最近の研究によると，フラボノイド欠乏シロイヌナズナ突然変異体の細胞は野生型細胞よりオーキシンを蓄積することができず，フラボノイドを欠く変異体の芽ばえは野生型とは異なるオーキシン分布を示すことがわかった (Murphy et al. 1999；Brown et al. 2001)。

NPAを膜上の結合部位から解離させることのできるフラボノイドの多くは，タンパク質キナーゼやタンパク質ホスファターゼの阻害剤でもある (Bernasconi 1996)。シロイヌナズナの突然変異体*rcn1* (roots curl in NPA 1) はNPAに対する感受性が増加したことによって同定された。*RCN1*遺伝子はタンパク質ホスファターゼ2A，すなわちセリン/トレオニン・ホスファターゼの調節サブユニットによく似ている (Garbers et al. 1996)。

タンパク質ホスファターゼは，タンパク質から調節性のリ

図 19.18 細胞膜とエンドソーム区画との間のアクチン依存的なPINの回転。オーキシン輸送阻害剤であるTIBAとNPAはともに，BFAを洗い流した後にPIN1タンパク質が細胞膜の基部側に再び局在するのに干渉する (図19.17)。このことは，これらのオーキシン輸送阻害剤は両方ともPIN1の回転に干渉することを示唆している。

ン酸基を取り除くことによって，酵素調節や遺伝子発現，信号伝達に重要な役割を果たしていることが知られている。この知見は，タンパク質キナーゼやタンパク質ホスファターゼを含んだ信号伝達系路が，NPA結合タンパク質とオーキシン排出担体との間の信号伝達に関わっているかもしれないことを示唆している。

オーキシンは篩部で非極性的にも輸送されている

成熟葉で合成されたオーキシンの大部分は，篩部を通して植物の他の部分に非極性的に輸送されているようである。オーキシンは，篩管液の他の構成物質とともに，合成された葉から上方にも下方にも極性輸送の速度よりずっと早い速度で移動する（10章参照）。篩部でおこるオーキシンの転流は大部分が受動的で，エネルギーを直接必要としない。

植物でおこるオーキシンの長距離移動で，極性輸送システムに対して篩部を通る経路が全体でどれぐらいの重要性をもつのかはよくわかっていないが，形成層の細胞分裂や篩管要素でのカロースの蓄積や除去，側根形成などの過程を調節するのに，篩部の長距離オーキシン輸送が重要であることを示唆する証拠がある。実際，篩部は根への長距離オーキシン転流には主要な経路のようである（Aloni 1995；Swarup et al. 2001）。

極性輸送と篩部の輸送は，たがいに独立ではない。エンドウで行われた放射性同位体で標識したIAAを用いた最近の研究によると，オーキシンは非極性的な篩部経路から極性輸送経路に移ることができると示唆されている。この移動は，主に茎頂の未成熟な組織でおこる。オーキシンが非極性篩部経路から極性輸送システムに移動するもう一つの例が，最近シロイヌナズナで報告されている。AUX1パーミアーゼは，根の原生篩部で上側の細胞膜に（すなわち，根端から遠い方の面に），非対称的に局在していることがわかった（図19.19）。

非対称的に位置するAUX1パーミアーゼは，篩部から根端に向かうオーキシンの求頂的移動を促進すると考えられている（Swarup et al. 2001）。AUX1の非対称的局在性に基づくこ

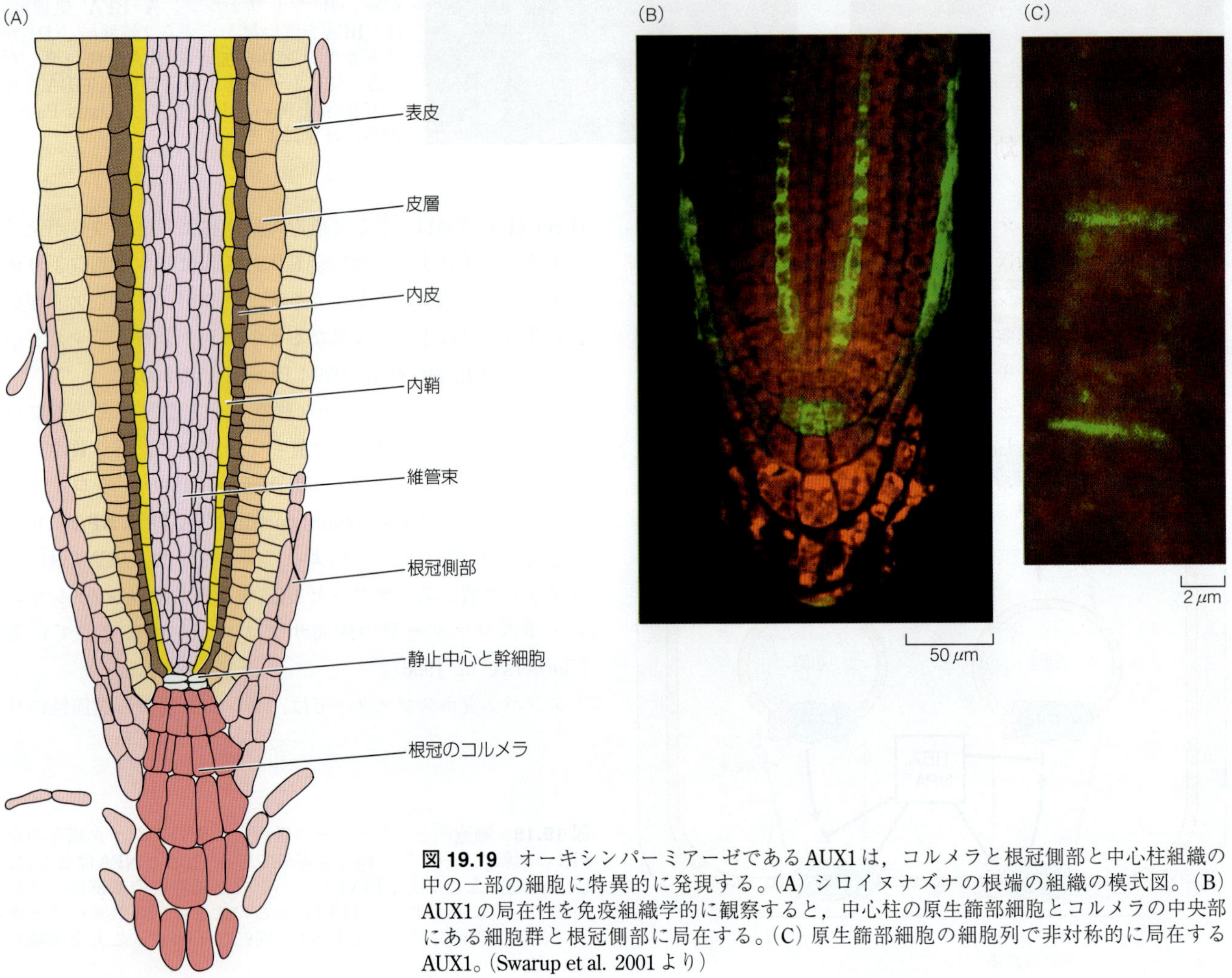

図19.19 オーキシンパーミアーゼであるAUX1は，コルメラと根冠側部と中心柱組織の中の一部の細胞に特異的に発現する。（A）シロイヌナズナの根端の組織の模式図。（B）AUX1の局在性を免疫組織学的に観察すると，中心柱の原生篩部細胞とコルメラの中央部にある細胞群と根冠側部に局在する。（C）原生篩部細胞の細胞列で非対称的に局在するAUX1。（Swarup et al. 2001より）

のタイプの極性オーキシン輸送は，PIN 複合体の非対称的な分布に基づく根の基部やシュートでおこる極性輸送とは異なる。

AUX1は，図19.19Bに見られるように，根の伸長領域の根端側の部分を覆っている根冠側部細胞とともに，根冠のコルメラの中の細胞群に強く発現していることに注意しなければならない。これらの細胞は主要ではないが，しかし生理学的に重要な求基的な経路を構成していて，それによってコルメラに達したオーキシンは今後は逆に基部の方向に方向転換し，伸長領域の向こう側の組織まで到達するのである。この経路の重要性は，これから根の重力屈性のメカニズムを調べるときに明らかになる。

オーキシンの生理学的効果：細胞伸長

オーキシンは，幼葉鞘の光に向かう屈曲に関わるホルモンとして発見された。幼葉鞘は，光に照射された側と陰側の細胞伸長速度が等しくないので曲がる（図19.1）。細胞伸長速度を制御するオーキシンの能力は，長い間植物科学者を魅了してきた。本節では，オーキシンが引きおこす細胞伸長の生理学を概観するが，そのうちのいくつかの側面については15章ですでに議論した。

オーキシンは茎や幼葉鞘の成長を促進するが，根の成長は阻害する

すでに見たように，オーキシンは茎頂で合成されて，その下の組織に求基的に輸送される。茎の茎頂直下の領域や幼葉鞘に常に一定のオーキシンが供給されることが，これらの細胞の持続的な成長に必要である。正常で健康な植物の伸長領域に存在する内生オーキシンのレベルは，ほとんど成長に至適なので，オーキシンを外から植物に吹きかけても短時間の間のわずかな成長促進しか引きおこさず，暗所で栽培した芽ばえの場合は阻害的な効果すら生むかもしれない。暗所で栽培した芽ばえは，明所で栽培した植物よりも至適濃度以上のオーキシンに感受性が高いのである。

しかし，内生オーキシンのソースを含まないように植物体から伸長領域切片を切除すると，その切片の成長速度は低い基底状態の速度まで急激に下がる。このような切除された切片は，外から与えたオーキシンに劇的に反応して，成長速度をもとの切除していない植物のレベルまで急速に増加させることがよくある。

長期間の実験では，幼葉鞘の切片（図19.2）や双子葉植物の茎にオーキシン処理をすると，切片の伸長速度は20時間にいたるまで促進される（図19.20）。伸長成長の至適オーキシン濃度は，典型的には10^{-6}～10^{-5} M である（図19.21）。至適濃度を越えたところでおこる阻害は，通常オーキシンで

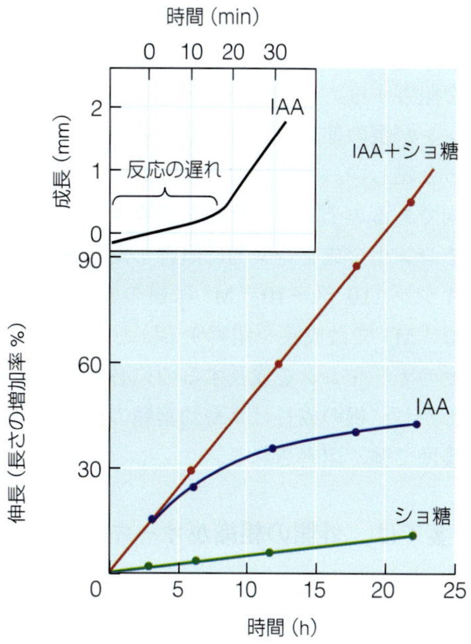

図 19.20 オートムギ幼葉鞘切片のオーキシン誘導性成長の時間経過。成長は長さの増加率で表してある。オーキシンは時間0で加えた。培養液にショ糖を加えると，反応は20時間にもわたってつづくことができる。ショ糖は主に細胞伸長の間に膨圧を維持するために取り込まれる浸透圧的に活性な溶質となることによって，オーキシンに対する成長反応を維持する。KClはショ糖の肩がわりをすることができる。挿入図は，電子的位置測定トランスデューサーを使って測定した短時間の時間経過を表す。このグラフでは，mmで表した絶対的長さを成長は時間に対して表示した。この曲線は，オーキシンで促進される成長が始まるのに約15分間の時間の遅れがあることを示している。(Cleland 1995より)

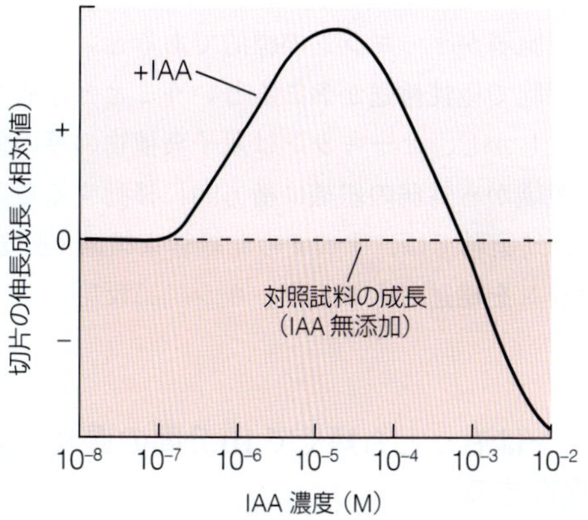

図 19.21 エンドウの茎やオートムギの幼葉鞘のIAA誘導性成長の典型的な用量–反応曲線。幼葉鞘や若い茎の切片の伸長成長を，添加するIAAの濃度を増やしながら描いた。高濃度では（10^{-5} M 以上）IAAはだんだん効果的でなくなり，約10^{-4} M 以上では，曲線が破線より下になることからわかるように阻害的になる。破線はIAAを添加しないときの成長を表す。

引きおこされるエチレン生合成が原因である。22章で見るように，気体状のホルモンであるエチレンは多数の植物種で茎の伸長を阻害する。

オーキシンが根の伸長成長を制御していることは，証明するのがもっと難しい。それはおそらく，オーキシンが根の成長の阻害剤であるエチレンの生産を誘導するためである。しかし，エチレン生合成を特異的に阻害したときでさえ，低濃度のオーキシン（10^{-10}～10^{-9} M）は根の成長を促進するが，高濃度（10^{-6} M）では成長を阻害する。したがって，根は最小限の濃度のオーキシンを成長するのに必要とするのかもしれない。しかし，根の成長は茎や幼葉鞘の伸長を促進するオーキシン濃度で強く阻害される。

双子葉の茎では，外側の組織がオーキシン作用の標的となる

双子葉の茎は多種類の組織や細胞でできていて，そのうちのあるものだけが成長を律速しているようである。この点は簡単な実験でわかる。エンドウのような双子葉植物を暗所で栽培し，その茎の伸長領域の切片を作って縦方向に切れ目を入れて緩衝液中で培養すると，切片の二つに割れた部分は外側に向かって曲がる。

この結果は，オーキシンがないときは，髄や維管束組織や皮層の内側を含んだ中央部の組織は，皮層の外側と表皮からなる外側の組織より速い速度で伸長することを示している。したがって，外側の組織はオーキシンのない状態では，茎の伸展速度を規定しているのにちがいない。しかし，切れ目を入れた切片をオーキシンの入った緩衝液中で培養すると，二つに割れた部分は今度は内側に曲がり，双子葉植物の茎の外側の組織が，細胞伸長がおこる際にオーキシン作用の主要な標的になっていることがわかる。

外側の細胞層がオーキシンの標的であるという知見は，維管束の柔細胞で極性輸送がおこるということと矛盾するように見える。しかし，オーキシンは双子葉植物の茎の伸長領域で維管束組織から外側の組織に横方向に移動することができる。一方，幼葉鞘では，すべての非維管束組織（表皮と葉肉）がオーキシンを輸送できて，オーキシンに反応することができる。

オーキシンはもっとも短くて10分間の遅れの後に成長を促進する

茎や幼葉鞘の切片を切りとって，感度のよい成長測定器にかけると，オーキシンに対する成長応答が非常に高い分解能で測定できる。培養液中にオーキシンを加えないと成長速度は急激に減少する。オーキシンを添加すると，たった10～12分間の遅れの後に成長速度が急増する（図19.20の挿入図参照）。

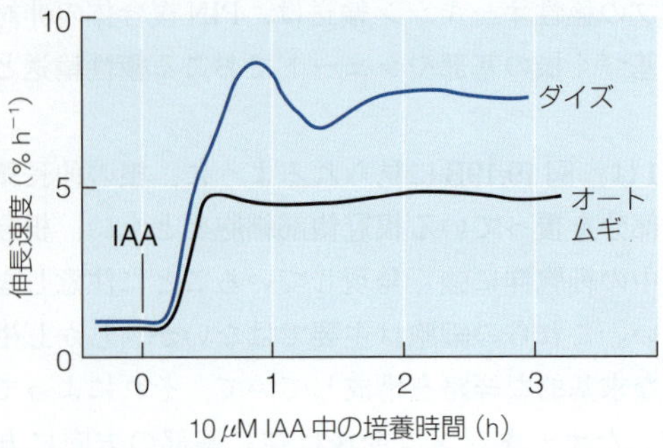

図 19.22 10 μM IAAと2％ショ糖溶液中で培養されたオートムギ幼葉鞘とダイズ胚軸切片の成長速度論の比較。成長は絶対的な長さを用いた速度ではなくて，各時間における相対速度で図示されている。ダイズ胚軸の成長速度は1時間後から振動しているのに対し，オートムギ幼葉鞘の成長速度は一定である。（Cleland 1995による）

オートムギ幼葉鞘や *Glycine max*（ダイズ）胚軸（双子葉植物の茎）では，オーキシン処理をしてから30～60分後に最大成長速度に達する（図19.22）。この最大値は基底状態の速度の5～10倍にあたる。オートムギ幼葉鞘切片では，ショ糖やKClのような浸透圧的に活性な溶質が培養液中にあれば，この最大速度を最長18時間まで維持することができる。

予想できるように，オーキシンによる成長の促進にはエネルギーが必要で，代謝阻害剤はこの反応を数分のうちに阻害する。オーキシン誘導性成長はシクロヘキシミドのようなタンパク質合成阻害剤にも阻害されるので，代謝回転の速いタンパク質が関与していることが示唆される。RNA合成阻害剤も，阻害はやや遅れておこるもののオーキシン誘導性成長を阻害する（Cleland 1995）。

オーキシン誘導性成長がおこるときの時間の遅れは，温度を下げたり，オーキシンの濃度を至適濃度より下げると長くなる。しかし，温度を上げたり，オーキシン濃度を至適濃度より上げたり，組織にオーキシンがもっと速く浸透できるように茎の表面のワックスでできているクチクラをはがしたりしても短くすることはできない。したがって，最小限の10分間の時間の遅れは，オーキシンが作用部位に到達するのに必要な時間によって決定されているのではない。むしろ，この時間の遅れは細胞の生化学的な装置が成長速度の増加をもたらすのに必要な時間の反映である。

オーキシンは細胞壁の伸展性を急速に増加させる

オーキシンは，どのようにしてたった10分間に成長速度を5～10倍も増加させるのだろうか。この機構を理解するためには，まず植物の細胞拡大の過程を概観しなければならない（15章参照）。植物細胞は3段階で拡大する：

1. 浸透圧による水の取り込みが，細胞膜を横切って水ポテンシャルの勾配によっておこる。

2. 細胞壁はかたいので膨圧が高まる。
3. 生化学的な壁のゆるみがおこって，細胞が膨圧に応じて拡大できるようになる。

成長速度に対するこれらのパラメーターの効果は，次の成長速度式で表される：

$$GR = m\ (\Psi_p - Y)$$

ここで，GRは成長速度，Ψ_pは膨圧，Yは降伏点，mは成長速度をΨ_pとYの差に関係づける係数（'壁の伸展性'）を表す。

原理的には，mを増加させるか，Ψ_pを増加させるか，またはYを減少させるかのどれかによって，オーキシンは成長速度を増加させることができる。オーキシンが成長を促進するとき，オーキシンは膨圧を増加させないことが広範な実験によってわかっているが，オーキシンがYを減少させるかどうかという点については，相反する結果が得られている。しかし，オーキシンが壁の伸展性を表すパラメーターmを増加させるということは，一般に承認されている。

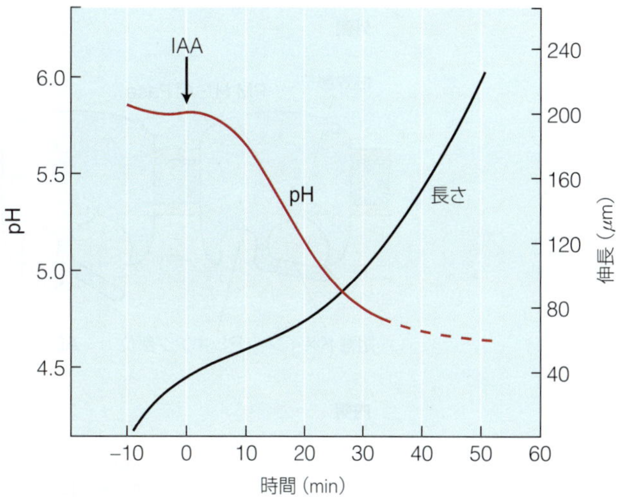

図 19.23 トウモロコシ幼葉鞘のオーキシンに誘導される伸長と細胞壁酸性化の速度論。細胞壁のpHはpH電極で測定した。細胞壁酸性化と伸長速度の増加は，ともに同程度の反応時間の遅れ（10～15分間）をもつことに注意。(Jacobs and Ray 1976より)

オーキシンによる水素イオンの放出は細胞壁を酸性化し，細胞の拡大を増加させる

広く受け入れられている**酸成長仮説**（acid growth theory）によれば，水素イオンはオーキシンと細胞壁のゆるみとの間をつなぐものとして働く。水素イオンの源は細胞膜H^+-ATPaseで，その活性はオーキシンに応答して増加すると考えられている。酸成長仮説に従えば，主に五つの点を予想できる：

1. 水素イオンが細胞壁に浸透できるようにクチクラを除去しておくと，酸性の緩衝液だけで成長を短期的に促進することができる。
2. オーキシンは水素イオンの排出（細胞壁の酸性化）速度を増加させ，水素イオン排出の速度論はオーキシン誘導性成長の速度論に正確に一致する。
3. 中性の緩衝液はオーキシン誘導性成長を阻害する。
4. 水素イオン排出を促進する（オーキシンとは別の）化合物も成長を促進する。
5. 細胞壁は，酸性pHに至適pHをもつなんらかの「細胞壁のゆるみ因子」を含んでいる。

この五つの予想は，すべて実際に確証されている。酸性の緩衝液は，表面のクチクラが除去されていれば，成長速度をただちに急速に増加させる。オーキシンは細胞壁への水素イオンの放出を10～15分間の遅れをもって促進するが，これは成長の速度論とよく一致する（図19.23）。

オーキシン誘導性成長は，表面のクチクラが除去されていれば，中性の緩衝液で阻害されることも示されている。カビ毒の一種である**フジコッキン**（fusicoccin）は，急速な水素イオンの放出と茎や幼葉鞘切片の一過的な成長の両方を促進する（**Webトピック19.6**参照）。そして最後に，**エクスパンシン**（expansin）とよばれる細胞壁のゆるみタンパク質が，多くの植物種の細胞壁中で同定されている（15章参照）。酸性pHでエクスパンシンは，細胞壁の構成要素である多糖類間の水素結合を弱めることによって，細胞壁をゆるめる。

オーキシン誘導性の水素イオン放出は，活性化と合成の両方によっておこる

理論的には，オーキシンが水素イオンの放出を増加させるのには，二つの機構が可能である：

1. すでに存在する細胞膜H^+-ATPaseの活性化
2. 細胞膜上で新しいH^+-ATPaseの合成

H^+-ATPaseの活性化　タバコ細胞から単離した細胞膜の小胞に直接オーキシンを加えると，ATPによって駆動される水素イオン・ポンプの活性が少し（約20%）促進されるので，オーキシンは直接H^+-ATPaseを活性化することが示唆される。もし生きている細胞にオーキシン処理してから膜を単離すると，より大きな（約40%）促進が観察されるので，H^+-ATPaseの活性化には，なんらかの細胞因子が必要なことが示唆される（Peltier and Rossignol 1996）。

オーキシン受容体ははっきりとは同定されていないので（本章で後に議論する），いろいろなオーキシン結合タンパク質（ABP）が単離されていて，それらはオーキシンが投与されると，細胞膜H^+-ATPaseを活性化することができるようである（Steffens et al. 2001）。

最近，イネのABPであるABP_{57}が細胞膜H^+-ATPaseに直接結合し，IAAが存在するときにだけ水素イオンの放出を促

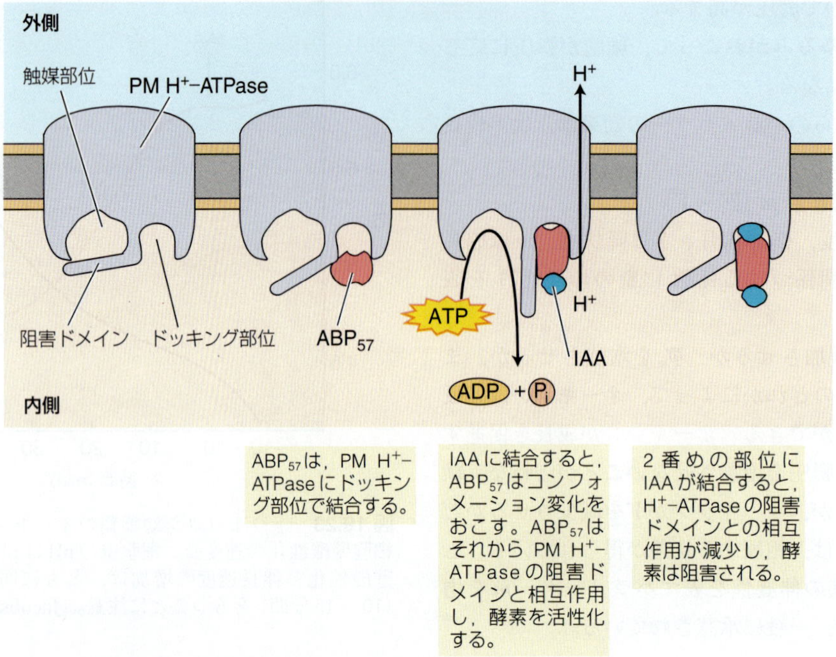
外側
触媒部位
PM H+-ATPase
H+
H+
阻害ドメイン
ドッキング部位
ABP57
ATP
IAA
ADP + Pi
内側
ABP57は，PM H+-ATPaseにドッキング部位で結合する。
IAAに結合すると，ABP57はコンフォメーション変化をおこす。ABP57はそれから PM H+-ATPaseの阻害ドメインと相互作用し，酵素を活性化する。
2番めの部位にIAAが結合すると，H+-ATPaseの阻害ドメインとの相互作用が減少し，酵素は阻害される。

図 19.24 ABP_{57}とオーキシンによる細胞膜（PM）H^+-ATPaseの活性化を示すモデル

進することがわかった（Kim et al. 2001）。IAAがないと，H^+-ATPaseのC末端側ドメインが活性部位をブロックして酵素活性が抑制される。ABP_{57}は（結合したIAAとともに）H^+-ATPaseと相互作用して，酵素を活性化する。二つめのオーキシン結合部位は，一つめの部位の作用に干渉するが，たぶんそれが原因でオーキシン作用は釣り鐘型のカーブになるのだろう。ABP_{57}の作用を示す仮説のモデルを図19.24に示す。

H^+-ATPaseの合成　シクロヘキシミドのようなタンパク質合成阻害剤は，オーキシンで誘導される水素イオン放出と成長を急速に阻害することができるので，オーキシンはH^+-ATPase合成を増加させることによって，水素イオンの放出を促進しているのかもしれない。トウモロコシ幼葉鞘で細胞膜ATPaseの量が増加することが，オーキシン処理からたった5分後に免疫学的に検出され，40分後には2倍に増加することが観察された。特に幼葉鞘の非維管束組織では，H^+-ATPaseのmRNAがオーキシンによって3倍増加することがわかった。

要約すると，活性化か生合成かという問題はまだ決着がついていないが，オーキシンはH^+-ATPaseの活性化と合成の促進の両方によって，水素イオンの放出を促進している可能性が強い。図19.25は，水素イオンの放出を通したオーキシン誘導性の細胞壁のゆるみ機構をまとめたものである。

オーキシンの生理学的効果：光屈性と重力屈性

三つの主要な誘導システムが，植物の成長の方向を制御している：

1. **光屈性**（phototropism），すなわち光に対する成長は，すべてのシュートでおこり，根でもおこるものがある。光屈性は，葉が光合成のために至適な太陽光を受けられるようにする。
2. **重力屈性**（gravitropism）は重力に応答しておこる成長で，根が土壌に向かって下に成長するように，そしてシュートは土壌から遠ざかって上に成長するようにさせる。このことは発芽の初期に特に重要である。
3. **接触屈性**（thigmotropism），すなわち接触に対する成長は根が岩石の周囲にそって成長することを可能にし，よじ登り植物のシュートが植物を支える他の構造に巻きつくことができるようにさせている。

本節では，光や重力に応じておこる屈曲が，オーキシンの横方向の再分配によって生ずることを示す証拠を調べてみよう。また，屈曲成長の過程で横方向のオーキシン勾配が生ずる細胞機構についても考えてみよう。接触屈性の機構は光屈性や重力屈性ほどわかっていないが，接触屈性にもきっと，オーキシン勾配が関与している。

光屈性はオーキシンの横方向の再分配を通しておこる

先に見たように，CharlesとFrancis Darwinは，光の受容部位と偏差成長（屈曲）部位が分離していることを証明して，光屈性の機構に関する最初の手がかりを明らかにした。つまり，光は先端で感知されるが，屈曲は先端の下の方でおこる。Darwin 父子は，先端から成長領域に運ばれるなんらかの‘影響’が非対称的な成長反応を引きおこすと考えた。この影響がインドール-3-酢酸――オーキシンであることが後に示された。

シュートが垂直に成長していると，オーキシンは成長している先端から伸長領域に極性輸送される。先端から基部へのオーキシン輸送の極性は発生段階で決定されていて，重力方向に比べてどの方向に成長しているかということには無関係である。しかし，オーキシンは横方向にも輸送されることができて，このオーキシンの横輸送こそが，もともとロシアの植物生理学者，Nicolai Cholodny とオランダの Frits Went が1920年代に独立に提唱した屈性のモデルの中心なのである。この光屈性のコロドニー・ヴェント（Cholodny-Went）モデルによれば，単子葉植物の幼葉鞘の先端は，次のような特別な機能をもっている：

1. オーキシンの生産
2. 一方向からの光刺激の受容
3. 光屈性の刺激に反応したIAAの横輸送

したがって，一方向からの光刺激に反応して，先端で生産されたオーキシンは求基的に輸送されないで，陰側に向かって横輸送される。

オーキシン生産と光受容と横輸送の正確な場所を決めることは，難しくてできていない。トウモロコシの幼葉鞘では，オーキシンは先端の1ないし2 mmのところで生産されている。光受容と横輸送の領域はさらに広がっていて，先端の上部5 mm以内にある。光屈性の反応はまた，光強度に強く依存する（**Web トピック 19.7** 参照）。

二つのフラビンタンパク質，‘フォトトロピン1’と‘フォトトロピン2’は，青色光信号伝達経路の光受容体で（**Web エッセイ 19.3** 参照），高光強度と低光強度の両方の条件で，シロイヌナズナの胚軸とトウモロコシの幼葉鞘の光屈性を引きおこす（Briggs et al. 2001）。

フォトトロピンは自己リン酸化能をもつタンパク質キナーゼで，青色光によって活性が促進される。そのキナーゼ活性を活性化する**青色光**（blue light）の作用スペクトルは，光屈

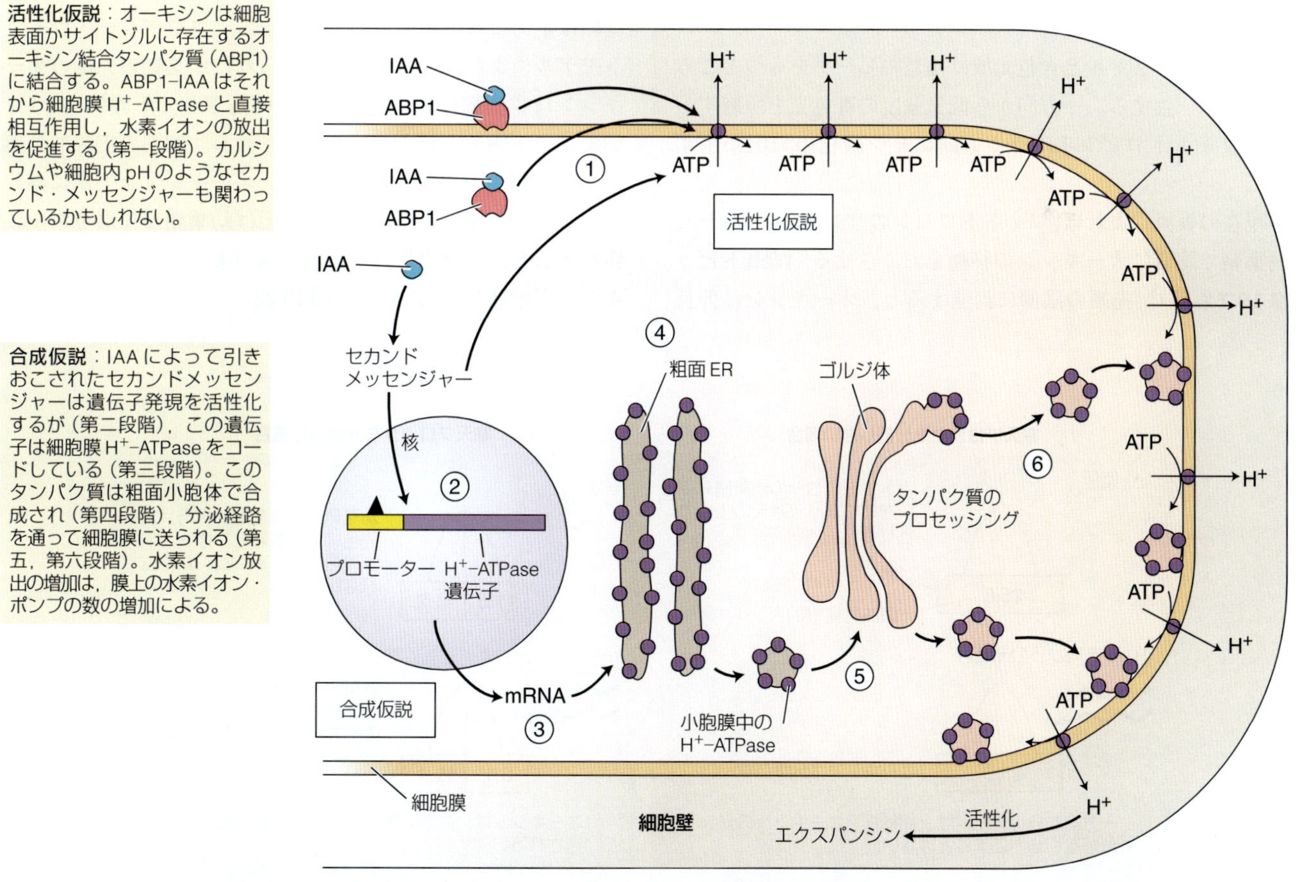

活性化仮説：オーキシンは細胞表面かサイトゾルに存在するオーキシン結合タンパク質（ABP1）に結合する。ABP1-IAA はそれから細胞膜 H⁺-ATPase と直接相互作用し，水素イオンの放出を促進する（第一段階）。カルシウムや細胞内 pH のようなセカンド・メッセンジャーも関わっているかもしれない。
合成仮説：IAA によって引きおこされたセカンドメッセンジャーは遺伝子発現を活性化するが（第二段階），この遺伝子は細胞膜 H⁺-ATPase をコードしている（第三段階）。このタンパク質は粗面小胞体で合成され（第四段階），分泌経路を通って細胞膜に送られる（第五，第六段階）。水素イオン放出の増加は，膜上の水素イオン・ポンプの数の増加による。
IAA
ABP1
IAA
ABP1
IAA
H⁺
ATP
①
活性化仮説
セカンドメッセンジャー
核
②
プロモーター
H⁺-ATPase 遺伝子
mRNA
③
④
粗面 ER
ゴルジ体
⑤
⑥
タンパク質のプロセッシング
小胞膜中の H⁺-ATPase
合成仮説
細胞膜
細胞壁
活性化
エクスパンシン

図 19.25　IAA誘導性水素イオン放出の現在のモデル。多くの植物で，この機構の両方が働いている。どのように水素イオンの放出が促進されるのかということとは関係なく，酸誘導性の細胞壁のゆるみはエクスパンシンの働きを通しておこると考えられている。

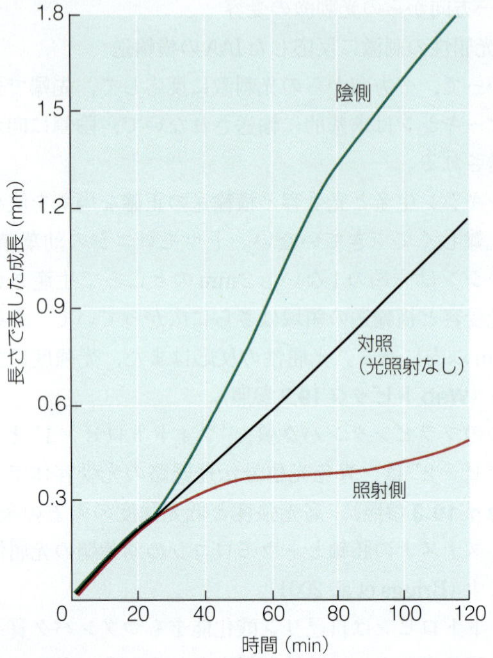

図 19.26 幼葉鞘に一方向から青色光を30秒間照射したときの照射側と陰側の成長の時間経過。対照の幼葉鞘には光処理をしていない。(Iino and Briggs 1984 より)

性の作用スペクトルと青色光域に複数のピークをもつところまでよく一致する。一方向から低光強度の青色光を照射すると，フォトトロピン1には横方向にリン酸化の勾配が生ずる。

現在の仮説によれば，フォトトロピンのリン酸化の勾配が，幼葉鞘で陰側にオーキシンの移動をおこさせる（**Web トピック 19.7** 参照）。先端の陰側に到達すると，オーキシンは伸長領域まで求基的に輸送され，そこで細胞伸長を促進する。陰側の成長の加速と照射側の成長の減速（偏差成長）が光に向かう屈曲をおこす（図 19.26）。

寒天ブロック/幼葉鞘屈曲生物検定法を用いたコロドニー・ヴェントモデルの直接的なテストは，幼葉鞘の先端のオーキシンが一方向からの光に反応して横方向に輸送されるというモデルの予想を支持している（図 19.27）。先端から拡散するオーキシンの総量は（ここでは，屈曲角度として表されるが），一方向から光を照射した場合でも暗所の場合でもまったく同じである（図 19.27A と B を比較せよ）。光は照射された側でオーキシンの光分解を引きおこすという説が提唱されたことがあったが，この結果はそうではないことを示している。

コロドニー・ヴェント仮説と酸成長仮説の両方によく一致して，光屈性で曲がりつつある茎や幼葉鞘の陰側のアポプラストの pH は，光に面している側より酸性である（Mulkey et al. 1981）。

重力屈性にもオーキシンの横方向の再分配が関わっている

暗所で栽培したオートムギの芽ばえを水平に横たえると，幼葉鞘は重力に反応して上向きに曲がる。コロドニー・ヴェントモデルによれば，水平に横たえられた幼葉鞘の先端のオーキシンは成長軸に対して横方向に輸送されて下側に向かい，幼葉鞘の下側を上側より速く成長させる。初期の実験的証拠は，幼葉鞘の先端が重力を感知し，オーキシンを下側に再分配させることを示していた。たとえば幼葉鞘の先端を水平に横たえると，下側の半分からは上側の半分よりも多量のオーキシンが拡散して出てくる（図 19.28）。

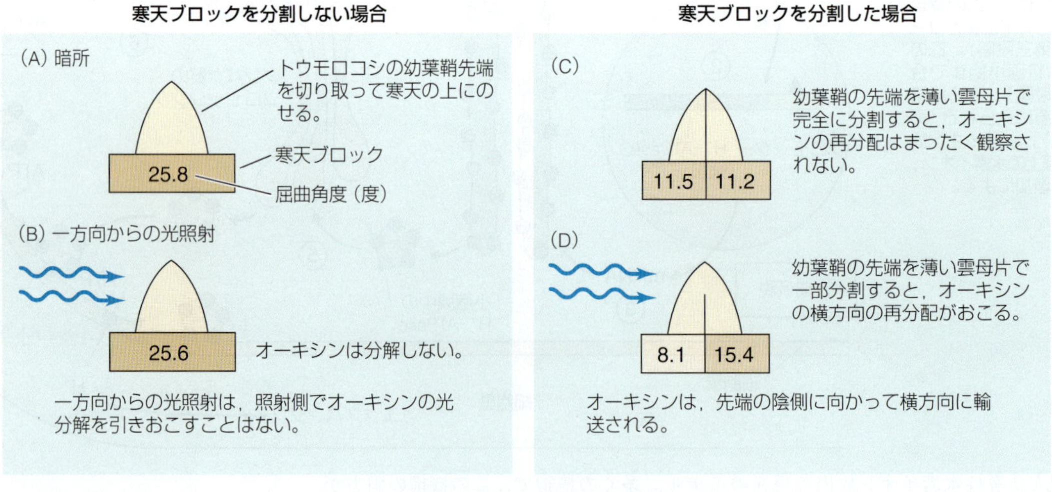

図 19.27 トウモロコシ幼葉鞘で，オーキシンの横方向の再分配が一方向からの光によって促進されることの証拠

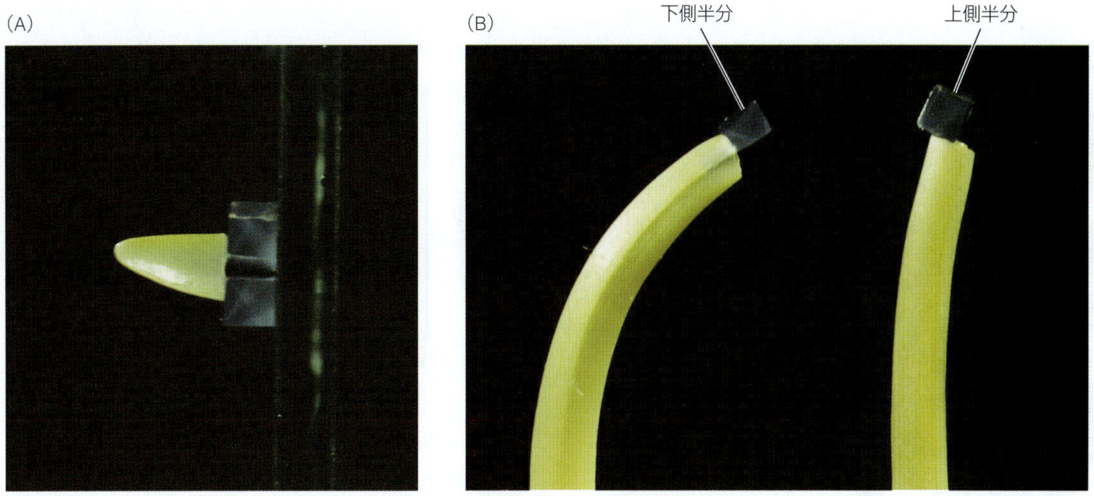

図 19.28　オーキシンは，水平に横たえられたオートムギ幼葉鞘先端の下側に輸送される。(A) 水平に横たえられた先端の上側と下側の半分ずつからオーキシンを2個の寒天ブロックに拡散させる。(B) 下側の半分からの寒天ブロック（左）は上側の半分からの寒天ブロック（右）より大きな屈曲を，先端を切除した幼葉鞘に引きおこす。（写真©M. B. Wilkins）

先端より下部にある組織も重力に反応することができる。たとえば，垂直の位置で栽培したトウモロコシの幼葉鞘から先端の上部2mmを切除して水平に横たえると，先端がないのに，重力屈性反応による屈曲がゆっくりではあるが数時間のあいだおこる。先端を切除した切り口にIAAを投与すると屈曲の速度が正常に回復する。この知見は，重力刺激の受容とオーキシンの横方向の再分配は両方とも，先端より下部にある組織でもおこりうるが，オーキシンの生産には先端が依然必要であることを示している。

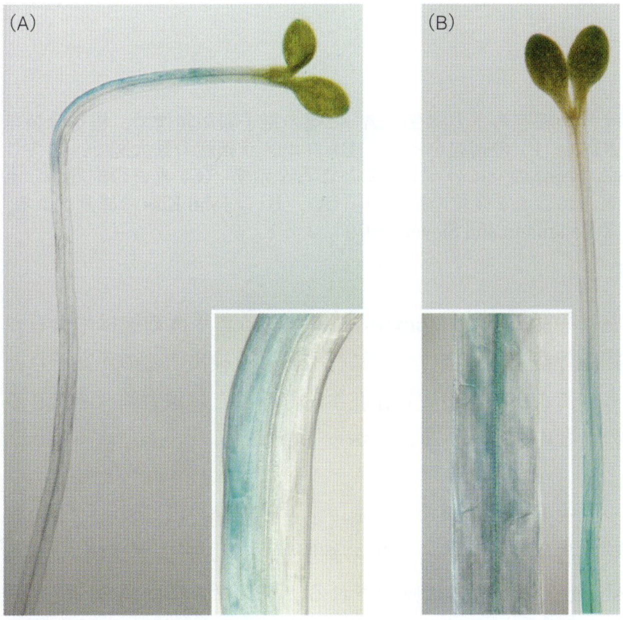

図 19.29　横方向のオーキシン勾配が，シロイヌナズナ胚軸で光に反応しておこる偏差成長の際に形成される (A)。この植物は*DR5::GUS*レポーター遺伝子で形質転換されている。胚軸の陰側でオーキシンが蓄積することが，挿入図の青い染色でわかる。NPAを与えてから光刺激した場合は，屈曲も偏差的な染色もおこらない (B)。（Friml et al. 2002より，Klaus Palmeの好意による）

茎頂には葉があるので，茎頂分裂組織でおこるオーキシンの横方向の再分配は，幼葉鞘の場合より証明するのが難しい。最近，分子マーカーが水平に置かれた茎や根の横方向のオーキシン勾配を検出するためのレポーター遺伝子として広く使われている。

ダイズの胚軸では，**SAUR**（small auxin up-regulated RNAs）とよばれる一群のオーキシン誘導性mRNAが，重力屈性によって急速に非対称的に蓄積するようになる（McClure and Guilfoyle 1989）。垂直に生えた芽ばえでは，SAUR遺伝子の発現は対称的に分布している。芽ばえを水平に横たえてから20分以内にSAURは胚軸の下側に蓄積しはじめる。この条件では，屈地性の屈曲は45分後，すなわちSAURが誘導されてからずっと後になってはじめて観察されるようになる（**Webトピック19.8**参照）。SAUR遺伝子発現の横方向の勾配は，重力刺激を与えてから20分以内にオーキシンの横方向の勾配ができることの間接的な証拠である。

本章の後で議論するように，*GH3*遺伝子族もオーキシン処理後5分以内に発現が促進されるので，オーキシンの分子マーカーとして使われる。*GH3*のプロモーターに基づいて作られた人工プロモーターを*GUS*レポーター遺伝子に融合させて，光屈性と重力屈性の両方でおこるオーキシン濃度の横方向の勾配を可視化することが可能である（図19.29）。

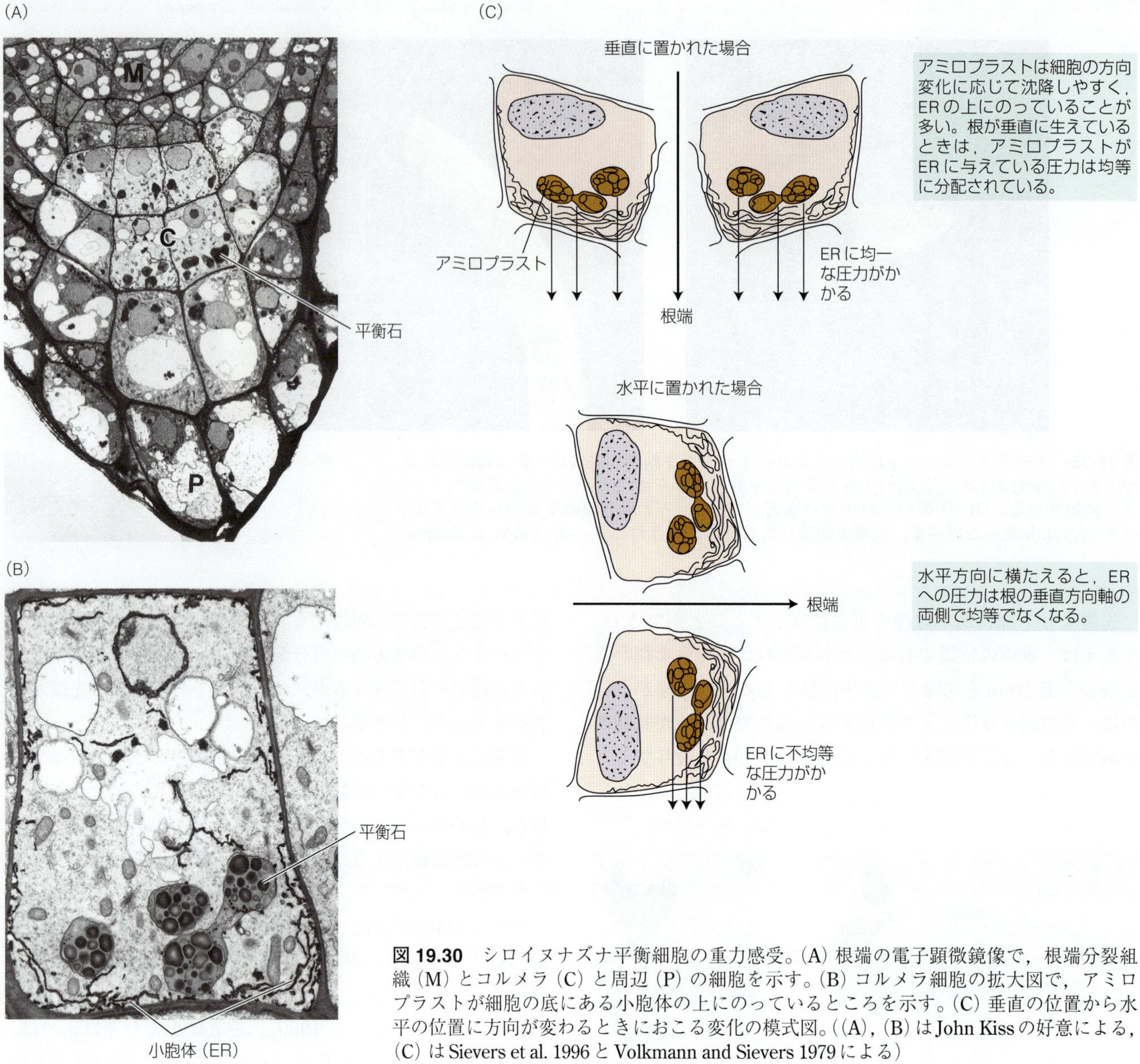

図 19.30 シロイヌナズナ平衡細胞の重力感受。(A) 根端の電子顕微鏡像で，根端分裂組織 (M) とコルメラ (C) と周辺 (P) の細胞を示す。(B) コルメラ細胞の拡大図で，アミロプラストが細胞の底にある小胞体の上にのっているところを示す。(C) 垂直の位置から水平の位置に方向が変わるときにおこる変化の模式図。((A), (B) は John Kiss の好意による，(C) は Sievers et al. 1996 と Volkmann and Sievers 1979 による)

平衡石は，シュートと根で重力センサーとして働く

一方向からの光とはちがって，重力は器官の上側と下側の間で勾配を形成することはない。植物の各部分はすべて等しい重力刺激を受けている。では，どのようにして植物細胞は重力を検出しているのだろうか。重力を感ずる唯一の方法は，落下や沈降することのできる物体の動きを利用することである。

植物の細胞内重力センサーの候補は，当然，多くの植物細胞に存在する大きくて密度の高いアミロプラストである。この特殊化したアミロプラストは，サイトゾルに比べて十分高い密度をもっているので，細胞の底にすぐ沈降する（図19.30）。重力センサーとして機能するアミロプラストは**平衡石**（statolith）とよばれ，平衡石をもつ特殊化した重力感受細胞は**平衡細胞**（statocyte）とよばれる。平衡細胞は平衡石が細胞骨格を通り抜けて下に行く動きを検出するのか，それとも平衡石が細胞の底に存在するときにだけ重力刺激を感じるのかという点は，まだわかっていない。

シュートと幼葉鞘　シュートと幼葉鞘では，シュートの維管束組織を取り巻く一層の細胞層である**デンプン鞘**（starch sheath）で，重力は感知される。デンプン鞘は根の内皮と連続しているが，内皮とはちがってアミロプラストを含んでいる。デンプン鞘でアミロプラストをもたないシロイヌナズナの突然変異体は，シュートの成長は重力屈性を示さないが，根は正常に重力屈性を示しながら成長する（Fujihira et al. 2000）。

16章で述べたように，シロイヌナズナの*scarecrow*（*scr*）突然変異体は，内皮とデンプン鞘の両方を欠いている。その結果，*scr*変異体の胚軸と花茎は重力屈性を示さないが，根は正常な重力屈性反応を示す。この二つの突然変異体の表現型から，以下のことを結論できる：

1. デンプン鞘がシュートの重力屈性に必要である。
2. 根の内皮は平衡石を含まず，根の重力屈性には必要ではない。

根　主根の重力感受部位は根冠である。大きくて重力に反応するアミロプラストが，根冠の中央部の柱状の細胞群，すなわち**コルメラ**（columella）の中の平衡細胞に存在している（図19.30AとB）。根冠を取り除くと他の部分は正常でも根の重力屈性は失われるが，成長は阻害されない。

落下する平衡石を平衡細胞がどのように感知するのかということは，正確にはまだよくわかっていない。ある仮説によれば，細胞の下側にある小胞体（ER）の上にアミロプラストがのったときに生ずる接触か圧力が反応を引きおこす（図19.30C）。コルメラ細胞の小胞体は構造が独特で，5～7枚の粗面小胞体のシートが同心円状に中央部でくっついて棒状の節を作り，ちょうど花の花弁のようになる。この特殊な「節をもったER」はもっと筒状の表層ER嚢とは異なっていて，重力応答に関与しているかもしれない（Zheng and Staehelin 2001）。

根の重力受容に関する**デンプン-平衡石仮説**（starch-statolith hypothesis）は，いくつかの証拠によって支持されている。アミロプラストはいろいろな植物種のコルメラ細胞でかならず沈降する唯一のオルガネラであり，その沈降速度は重力刺激を受容するのに必要な時間と密接に相関している。デンプンをもたない突然変異体の重力応答は，一般に野生型の植物よりずっと遅い。しかし，デンプン欠損突然変異体はある程度屈地性を示すので，デンプンは正常な重力応答に必要ではあるが，デンプンが関与していない重力感受機構も存在するのかもしれない。

核のような他のオルガネラも十分密度が高いので，平衡石として働くことができそうである。実際，平衡石は細胞の底まで落ちてくる必要さえないのかもしれない。細胞骨格のネットワークは，オルガネラの垂直方向の少しの移動でも検出することができるかもしれない。

最近，Andrew Staehlinと彼の同僚は，**テンセグリティーモデル**（tensegrity model）とよばれる屈地性の新しいモデルを提唱した（Yoder et al. 2001）。‘テンセグリティー’とは‘tensional integrity’を短くした建築用語で，革新的な建築家R. Buckminster Fullerの造語である。要するに，テンセグリティーとは，建築物を構成している構成要素間に相互に働く張力によって生まれる構造的統一性のことである。この場合構成要素とは，根冠の中央部のコルメラ細胞にある細胞骨格の一部をなすアクチン微少繊維の網目構造である。このアクチン網目構造は，細胞膜に存在して張力によって活性化される受容体につながっていると仮定する。動物細胞の張力受容器は，典型的には機械刺激感受性イオンチャネルで，張力活性化カルシウムチャネルが植物にあることはわかっている。

テンセグリティーモデルによれば，平衡石がサイトゾルの中を沈降すると，局部的にアクチン網目構造を壊すので張力の分布が変化し，それが細胞膜上のカルシウムチャネルに伝わり，その結果その活性が変化する。さらに，Yoderと彼の同僚（2001）は，節を作っている小胞体もアクチン微少繊維を通してチャネルにつながっていて，特定の領域で平衡石によって細胞骨格が破壊されるのを防いでおり，そうすることで刺激の方向性を示す信号を出していると考えている。

平衡石なしの重力感受もあるのだろうか　別の重力感受機構として平衡石が関与しない機構が，淡水性の巨大細胞をもつ藻類シャジクモで提唱されている（**Webトピック19.8**参照）。

オーキシンは根端で横方向に再分配される

根冠は，根端が土壌に侵入するときに根端分裂組織の傷つきやすい細胞を保護するとともに，重力を受容する部位でもある。根冠は屈曲がおこる伸長領域からすこし離れているので，根冠と伸長領域との間のコミュニケーションに関わる化学的メッセンジャーの存在が想定されていた。根冠の半分を取り除く微小手術の実験から，根冠が根の成長阻害物質を生産していることがわかった（図19.31）。この知見は，重力屈性を示して屈曲するとき，根冠が根の下側に阻害物質を供給することを示唆している。

根冠は少量のIAAとアブシジン酸（ABA）（23章参照）を含んでいるが，IAAは伸長領域に直接投与するとABAより根の成長に対してずっと阻害的なので，IAAが根冠の阻害物質であることが示唆される。この結論と一致して，シロイヌナズナのABA欠損突然変異体は根の重力屈性が正常で，一方*aux1*や*agr1*のようなオーキシン輸送に欠損のある突然変異体の根は重力屈性を示さない（Palme and Gälweiler 1999）。*agr1*突然変異体はPINタンパク質に似たオーキシン排出担体を欠いている（Chen et al. 1998；Müller et al. 1998；Utsuno et al. 1998）。AGR1タンパク質は，シロイヌナズナの根端近くで皮層細胞の基部側（遠位）に局在している。

茎頂分裂組織が根のオーキシンの主要なソースであるという事実と，重力屈性のときに阻害的に働くオーキシンのソースとしての根冠の役割は矛盾するようだが，それをどのように考えたらよいのだろうか。本章で先に議論したように，シュートからのオーキシンは中心柱から根端に原生篩部細胞を

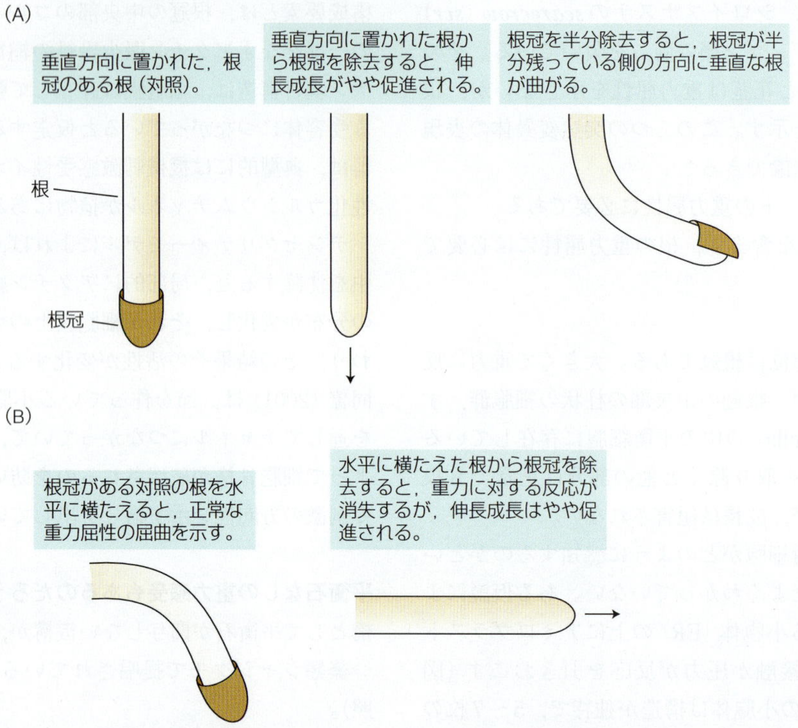

(A)
垂直方向に置かれた，根冠のある根（対照）。
垂直方向に置かれた根から根冠を除去すると，伸長成長がやや促進される。
根冠を半分除去すると，根冠が半分残っている側の方向に垂直な根が曲がる。
根
根冠
(B)
根冠がある対照の根を水平に横たえると，正常な重力屈性の屈曲を示す。
水平に横たえた根から根冠を除去すると，重力に対する反応が消失するが，伸長成長はやや促進される。

図 19.31 根冠が，根の重力屈性を調節する阻害物質を生産することを示す微小手術実験（Shaw and Wilkins 1973より）

通って転流される。原生篩部柔細胞に非対称的に局在しているAUX1パーミアーゼは，オーキシンの求頂的輸送を篩部から根冠のコルメラ細胞集団に向けておこさせる。オーキシンはそれから根冠側部細胞に放射的に輸送されるが，そこではAUX1が強く発現している（図19.19）。

根冠側部細胞は根の遠位の伸長領域（DEZ；伸長領域の根端側の部分）を覆っているが，そこは重力に最初に反応する領域である。根冠からきたオーキシンは，DEZの表皮と皮層柔細胞によって取り込まれ，根の伸長領域を通って求基的に輸送される。この求基的輸送は伸長領域に限られていて，PINファミリーに似た（AGR1とよばれる）オーキシン陰イオン担体によって行われているが，それは表皮と皮層柔細胞の基部側に局在している。

求基的に輸送されたオーキシンは伸長領域に蓄積し，この領域を越えて輸送されることはない。オーキシン排出を阻害するフラボノイドが根のこの領域で合成され，おそらくここの細胞にオーキシンが留まるようにさせているのであろう（図19.32）（Murphy et al. 2000）。

このモデルによれば，垂直の方向に成長している根の求基的オーキシン輸送はすべての側面で等しい（図19.33A）。しかし，根が水平に横たえられると，根冠が大部分のオーキシンを下側に向けるので，下側の成長が阻害される（図19.33B）。この考えとよく一致して，水平方向に置かれた根冠では

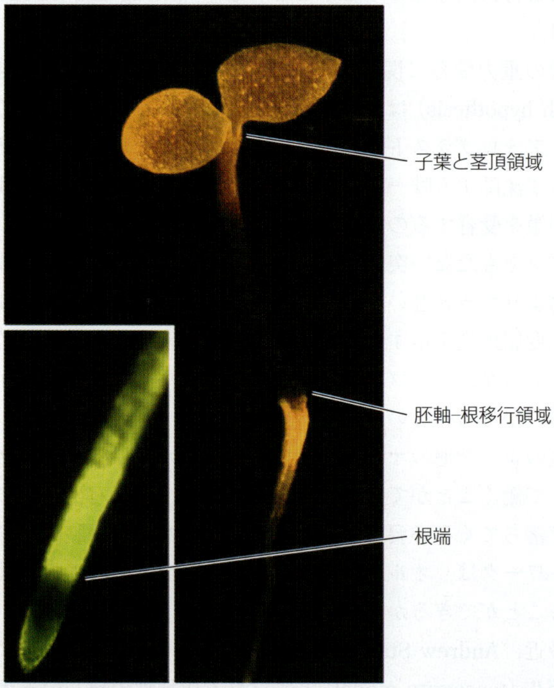

図 19.32 6日間栽培したシロイヌナズナ芽ばえのフラボノイドの局在性。ここで用いた染色法によって，フラボノイドは蛍光を発する。フラボノイドは三つの領域に集中している。すなわち，子葉と茎頂領域と，胚軸と根の移行領域と，根端領域（挿入図）である。根端ではフラボノイドは伸長領域と根冠に特異的に局在していて，これらの組織はオーキシンの求基的輸送に関わっている。（Murphy et al. 2000より）

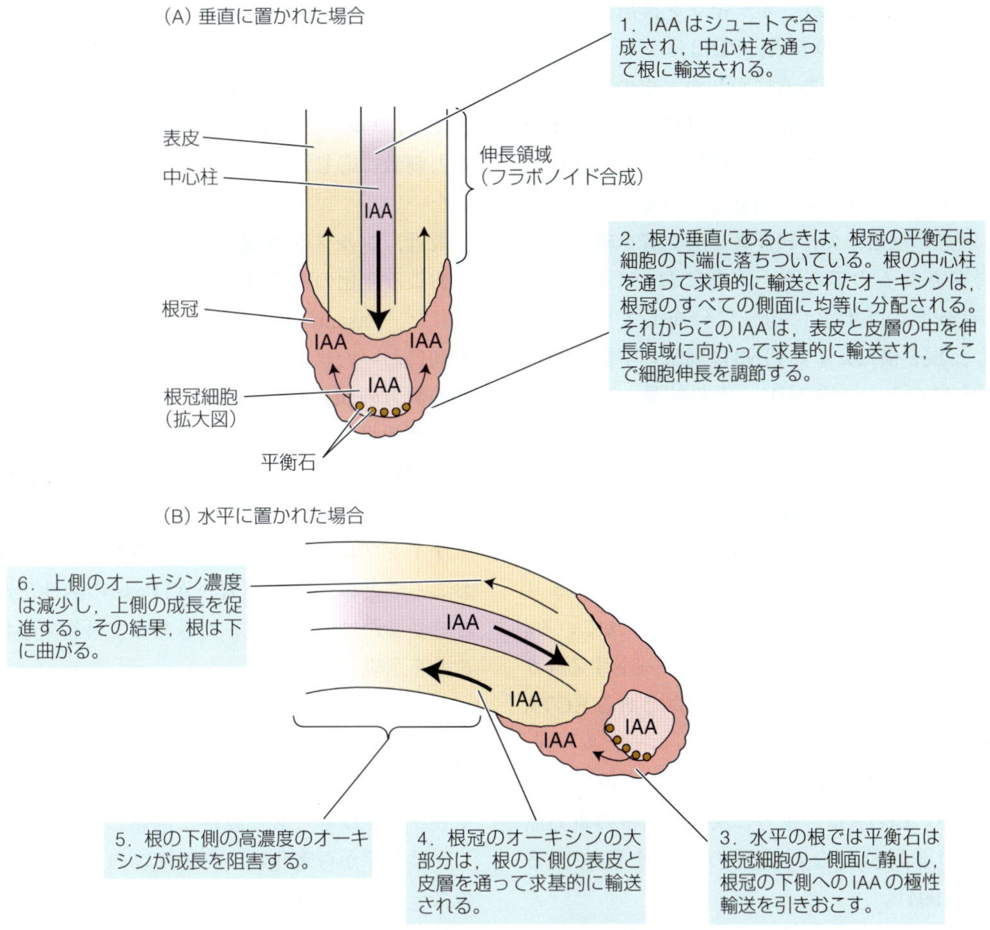

(A) 垂直に置かれた場合
1. IAAはシュートで合成され，中心柱を通って根に輸送される。
表皮
中心柱
伸長領域
(フラボノイド合成)
IAA
2. 根が垂直にあるときは，根冠の平衡石は細胞の下端に落ちついている。根の中心柱を通って求頂的に輸送されたオーキシンは，根冠のすべての側面に均等に分配される。それからこのIAAは，表皮と皮層の中を伸長領域に向かって求基的に輸送され，そこで細胞伸長を調節する。
根冠
IAA
IAA
IAA
根冠細胞
(拡大図)
平衡石
(B) 水平に置かれた場合
6. 上側のオーキシン濃度は減少し，上側の成長を促進する。その結果，根は下に曲がる。
IAA
IAA
IAA
IAA
5. 根の下側の高濃度のオーキシンが成長を阻害する。
4. 根冠のオーキシンの大部分は，根の下側の表皮と皮層を通って求基的に輸送される。
3. 水平の根では平衡石は根冠細胞の一側面に静止し，根冠の下側へのIAAの極性輸送を引きおこす。

図 19.33　トウモロコシの根の重力屈性で，オーキシンの再分配を説明するモデル (Hasenstein and Evans 1988)

[^{3}H] IAAの輸送に極性があって，下向きの移動が優勢であった (Young et al. 1990)。

PIN3は根のコルメラ細胞で横方向に分布を変えて，下側に局在するようになる

最近新たに，根冠でのオーキシンの横方向の再分配機構が明

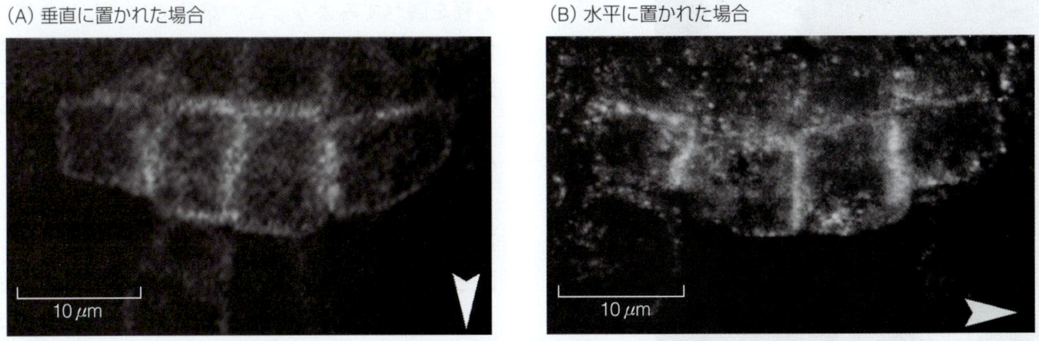

図 19.34　シロイヌナズナの根の重力屈性でおこるオーキシン排出担体PIN3の再局在。(A) 垂直におかれた根では，PN3はコルメラ細胞の周囲に均一に分布する。(B) 10分間水平におくと，PIN3はコルメラ細胞の下側に新たに局在するようになる。(B) の写真は下側が右側を向くように方向を変えてある (重力の方向は矢印で示した)。(Friml et al. 2002より，Klaus Palmeの好意による)

らかになった (Friml et al. 2002)。オーキシン排出担体であるPINタンパク質ファミリーの一員，PIN3はシロイヌナズナの光屈性と重力屈性に必要であるばかりか，根の重力屈性の際にコルメラ細胞の下側に再局在するようになることがわかった (図19.34)。先に述べたように，PINタンパク質は細胞膜と細胞内分泌区画との間で常に回転している。この回転が方向性のある刺激に反応して，PINタンパク質を細胞のある特定の面に局在させるのである。垂直においた根では，PIN3はコルメラ細胞のまわりに均一に分布している (図19.34A)。しかし，根を横たえるとPIN3は細胞の下側に選択的に分布するようになる (図19.34B)。その結果，オーキシンは根冠の下半分に極性輸送される。

重力受容には，カルシウムとpHがセカンドメッセンジャーとして関与しているかもしれない

トウモロコシの根の重力屈性にはカルシウム–カルモジュリンが必要であることが，さまざまな実験から示唆されている。このような実験では，カルシウムイオンをキレートする (カルシウムイオンと複合体を形成する) 化合物であるEGTA (エチレングリコール–ビス (β–アミノエチルエーテル)–*N*, *N*, *N′*, *N′*–四酢酸) を用いて，細胞がカルシウムを取り込めないようにしている。EGTAは，重力に反応した根の重力屈性とオーキシンの非対称的な再分配の両方を阻害する (Young and Evans 1994)。

垂直方向においたトウモロコシの根の根冠の片側にカルシウムイオンを含む寒天ブロックをおくと，根は寒天ブロックをおいた側に曲がる (図19.35)。[^{3}H] IAAのように，$^{45}Ca^{2+}$は重力に刺激された根の根冠の下側半分に極性輸送される。しかし，コルメラ細胞におけるカルシウムの細胞内分布には，重力刺激に応じた変化は，いまのところまったく検出されていない。

図 19.35 トウモロコシの根は，根冠においたカルシウムを含んだ寒天ブロックの方向に曲がる。(Michael L. Evansの好意による)

最近，コルメラ細胞の細胞内pHの変化が，重力に応答しておこる変化の中で最初に検出されるものであることが示唆された。Fasano et al. (2001) は，シロイヌナズナの根を水平方向においた後で，pH感受性の色素を用いて細胞内と細胞外の両方のpHを測定した。重力刺激2分以内に，根冠のコルメラ細胞の細胞質pHは7.2から7.6に上昇し，アポプラストのpHは5.5から4.5に減少した。この変化は，重力屈性の屈曲が検出されるより約10分早くおこる。

サイトゾルのアルカリ化がアポプラストの酸性化とともにおこることは，細胞膜H^+–ATPaseの活性化が，根の重力屈性感受または信号伝達を引きおこす最初の事象の一つであることを示唆している。

オーキシンの発生に対する効果

オーキシンはもともと成長に関連して発見されたが，オーキシンは発芽から老化にいたる植物の生活環のほとんどすべてのステージに影響を与えている。オーキシンが生み出す効果は標的組織が何であるかということに依存する。そのため，オーキシンに対する組織の反応は，その組織の発生段階に固有の遺伝学的プログラムによって支配され，さらに他の信号伝達分子があるかないかということにも影響される。本章と次につづく章で見るように，複数のホルモンの相互作用は，植物の発生を理解するうえで繰り返し出会うことになるテーマである。

本節では，頂芽優勢や落葉，側根形成，維管束分化のようなオーキシンによって調節されるいままで扱わなかった発生過程を調べてみよう。この議論では，われわれはオーキシン作用の初発反応はすべての現象で同じような受容体と信号伝達系路をもっていて，同じように考えることができると仮定している。オーキシン信号伝達系路に関するわれわれの知識の現状については，本章の最後に考察する。

オーキシンは頂芽優勢を調節する

ほとんどの高等植物で，成長中の頂芽は側芽 (腋芽) の成長を阻害する。**頂芽優勢** (apical dominance) とよばれる現象である。茎頂を切除すると (摘頭)，たいてい側芽が一つか二つ成長するようになる。オーキシンが発見されてからそう時がたたないうちに，IAAがインゲン (*Phaseolus vulgaris*) の側芽の成長を阻害する茎頂の働きを代行することができること

図 19.36 オーキシンはインゲン (*Phaseolus vulgaris*) の腋芽の成長を抑制する。(A) 腋芽は，頂芽のある植物では頂芽優勢のために抑制されている。(B) 頂芽を取り除くと，腋芽は頂芽優勢から解放される (矢印)。(C) IAA をラノリン軟膏に混ぜて (ゼラチンのカプセルに入れてある)，切り口に投与すると，腋芽の成長が妨げられる。(写真 © M. B. Wilkins)

がわかった。この古典的な実験を図 19.36 に示した。

この結果はすぐ他の多数の植物種で確かめられて，腋芽の成長は茎頂から求基的に輸送されるオーキシンによって阻害されるとする仮説が立てられることになった。この考えを支持するように，オーキシン輸送阻害剤である TIBA を混ぜたラノリン軟膏を茎頂の下にリング状に塗ると，腋芽が成長阻害から解放された。

どのようにして茎頂からくるオーキシンは側芽の成長を阻害するのだろうか。もともと Kenneth V. Thimann と Folke Skoog は，茎頂からくるオーキシンは腋芽の成長を直接阻害すると提唱した。いわゆる‘直接阻害モデル’である。このモデルに従えば，芽の成長に対する至適オーキシン濃度は低くて，茎で通常検出されるオーキシン濃度よりずっと低い。茎に通常存在するオーキシンのレベルは，側芽の成長を阻害すると考えるのである。

もし，頂芽優勢の直接阻害モデルが正しいならば，茎頂を切除すると腋芽のオーキシン濃度は下がるはずである。しかし，その逆が正しいようである。このことは，オーキシン応答性プロモーターによって，バクテリアのルシフェラーゼ (*LUXA* と *LUXB*) を発現させるレポーター遺伝子を導入した形質転換植物を用いて証明された (Langridge et al. 1989)。このレポーター遺伝子を使うと，ルシフェラーゼが触媒する反応によって生ずる光の量を測定することによって，いろいろな組織のオーキシンのレベルを調べることができる。

この形質転換植物の頂芽を切除すると，腋芽の中やまわりで 12 時間以内に *LUX* 遺伝子の発現が増加する。この実験は，頂芽切除後，腋芽のオーキシン含量は減少するのではなくて，‘増加する’ことを示した。

芽のオーキシンのレベルを直接物理的に定量しても，頂芽切除後，腋芽のオーキシンは増加することがわかった。インゲン (隠元豆) の腋芽の IAA 濃度は，頂芽切除後 4 時間以内に 5 倍増加した (Gocal et al. 1991)。これらの結果や他の似た結果から，茎頂からのオーキシンが腋芽を直接阻害することはありそうにないことがわかった。

サイトカイニンや ABA のような他のホルモンが関与しているかもしれない。腋芽に，直接サイトカイニンを投与すると，多くの種で芽の成長が促進され，茎頂の阻害効果が打ち消される。茎頂に存在するオーキシンは茎頂をサイトカイニンのシンクにさせる効果をもっていて，根で合成されるサイトカイニンを腋芽ではなく茎頂に輸送させる。このことが頂芽優勢を生じさせている一つの要因になっているのかもしれない（**Webトピック19.10**参照）。

最後に，ABAは頂芽を切除していない植物の休眠中の側芽で検出されている。茎頂を取り除くと，側芽のABAレベルは減少する。シュートの高濃度のIAAは，側芽でABA濃度が高くなるようにしているのかもしれない。茎頂を取り除くとIAAの主要なソースがなくなり，そのことが芽の成長阻害物質の濃度を減少させているようである（**Webトピック19.11**参照）。

オーキシンは側根と不定根形成を促進する

主根の伸長は10^{-8} M以上のオーキシン濃度で阻害されるが，側根と不定根形成の開始は高濃度のオーキシンで促進される。側根は通常，伸長領域と根毛領域の上部に見られ，内鞘の小数の細胞群に由来する（16章参照）。オーキシンはこの内鞘細胞の細胞分裂を促進する。細胞は分裂しながらしだいに根端を形成し，側根は根の皮層と表皮を突き破って成長する。

不定根（根ではない組織から生ずる根）は，さまざまな場所の組織で細胞分裂活性を新たに取り戻した成熟細胞群から生ずる。この分裂する細胞群は，側根形成といくらか似た様式で根端分裂組織に発達する。園芸では不定根形成に対するオーキシンの促進効果は非常に有用で，植物の挿し木による栄養繁殖に使われている。

alf（aberrant lateral root formation）と名づけられたシロイヌナズナの一連の突然変異体によって，側根形成の開始に対するオーキシンの役割が，いくらか明らかになった。*alf1*変異体は非常にたくさん不定根と側根を形成するが，同時に内生のオーキシンが17倍増加している（図19.37）。

もう一つの突然変異体*alf4*は逆の表現型を示し，まったく側根をもたない。*alf4*の根を顕微鏡で観察すると側根原基がないことがわかる。この*alf4*の表現型はIAAを添加しても回復させることができない。

さらにもう一つの突然変異体*alf3*では，側根原基が完成した側根に発達することができない。その主根は，表皮細胞層を突き抜けるところまで成長できたものの，そこで成長が止まってしまった側根原基で覆われている。この抑制された成長は，IAAを添加することで緩和される。

これらの*alf*突然変異体の表現型に基づいて，IAAは少なくとも二つの段階で側根形成に必要であることが提唱されて

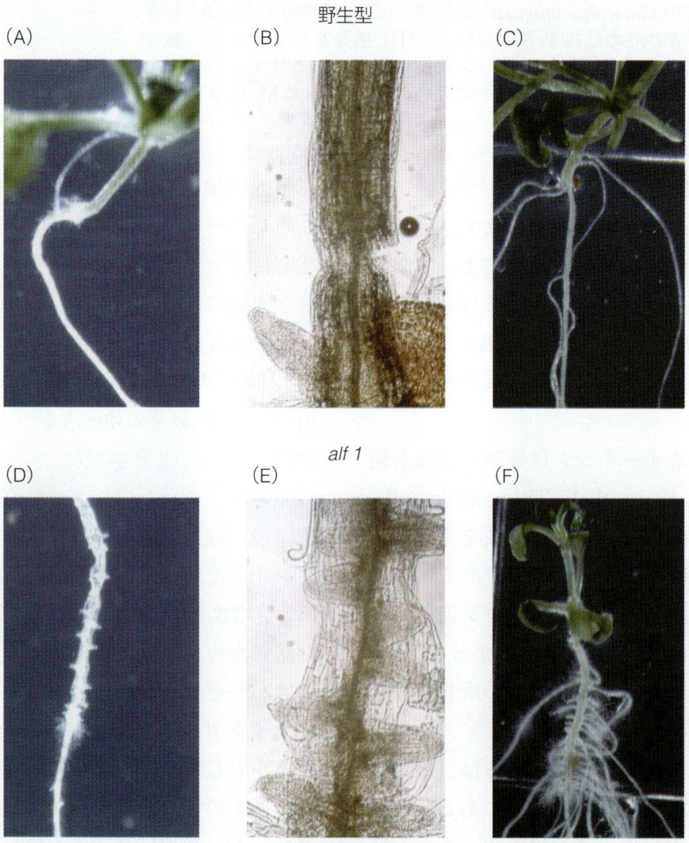

図19.37 ホルモンを添加していない培地で栽培したシロイヌナズナの野生型（A～C）と*alf1*変異体の芽ばえ（D～F）の根の形態。内鞘から成長している根の原基が*alf1*芽ばえで多数存在することに注意（DとE）。（Celenza et al. 1995より，J. Celenzaの好意による）

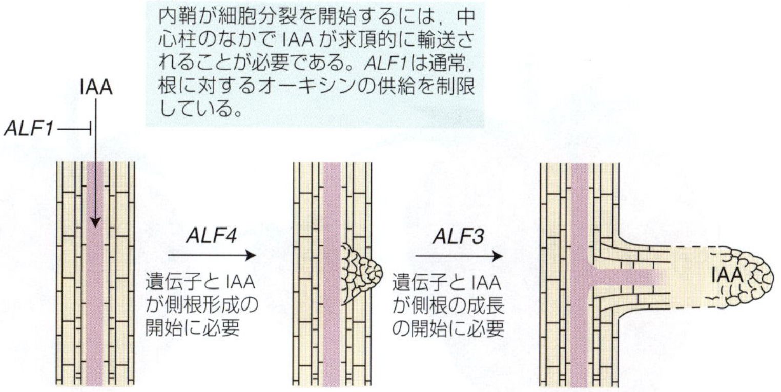

図 19.38 シロイヌナズナの*alf*突然変異体に基づいた側根形成のモデル（Celenza et al. 1995より）

いる（図19.38）（Celenza et al. 1995）：

1. 中心柱で求頂的に（先端の方向に）運ばれるIAAが，内鞘の細胞分裂を開始させるのに必要である。
2. IAAは発達中の側根で，細胞分裂を促進することと細胞の活性を維持するのに必要である。

オーキシンは葉の脱離の開始を遅らせる

生きている植物から葉や花や果実を落とさせることは，**脱離**（abscission）として知られている。これらの器官は**脱離領域**（abscission zone）とよばれるところで脱離するが，それは葉柄の基部近くにある。たいていの植物では，葉の脱離は脱離帯の中で**離層**（abscission layer）とよばれる特定の細胞層が分化しておこる。葉が老化する間に，離層の細胞壁は消化されて，柔らかく弱くなる。弱くなった細胞壁にストレスがかかると，葉は結局，離層で折れる。

オーキシンのレベルは若い葉では高く，成熟しかけた葉ではだんだん減少し，老化しつつある葉では比較的低くなり，そのとき脱離の過程が始まる。葉の脱離に対するオーキシンの役割は，成熟した葉から葉身を切り取り，葉柄だけ茎についた状態にするとすぐわかる。葉身を切り取ると葉柄の離層形成が加速されるが，葉柄の切り口に，ラノリン軟膏に混ぜたIAAを塗ると離層形成が妨げられる（ラノリン軟膏だけでは脱離を防ぐことはできない）。

これらの結果は，以下のことを示唆している：

- 葉身から輸送されるオーキシンが，ふつうは脱離を妨げている。
- 脱離は葉が老化する間に始まるが，そのときオーキシンはもはや生産されていない。

しかしながら，22章で議論するように，エチレンも脱離の正の調節因子としてきわめて重要な役割を演じている。

オーキシンの輸送は，花芽の発達を調節する

シロイヌナズナの植物をオーキシン輸送阻害剤NPAで処理すると花の発生が異常になり，正常な花の発生には花茎の分裂組織で極性オーキシン輸送が必要であることが示唆される。シロイヌナズナでは，シュートの組織でオーキシン排出担体を欠いた「ピンの形をした」突然変異体***pin1***が，NPA処理をした植物に似た異常な花をつける（図19.14A）。発達中の花の分裂組織は，茎頂直下の組織から輸送されてくるオーキシンに依存しているようである。排出担体がないと，花の分裂組織はオーキシンが欠乏し，正常な葉序と花の発達が破壊される（Kuhlemeier and Reinhardt 2001）。

オーキシンは果実の発達を促進する

多くの証拠によれば，オーキシンは果実の発達の調節に関わっている。オーキシンは花粉でも，胚乳や発達中の種子の胚でも合成されており，果実の成長を最初に刺激するのも受粉のようである。

受粉が成功すると胚珠の成長がはじまり，それを**着果**（fruit set）という。受精後，果実の成長は発達中の種子で合成されるオーキシンに依存しているらしい。胚乳も果実の成長の初期にオーキシンを供給しているかもしれないが，後期になると発達中の胚が主なオーキシンのソースにとってかわる。

図19.39は，イチゴの痩果が合成するオーキシンがイチゴの花床の成長に与える影響を示している。

オーキシンは維管束分化を引きおこす

新しい維管束組織は，発達中の芽や若い成長しつつある葉の直下で分化し（図19.5），若い葉を取り除くと維管束分化が妨げられる（Aloni 1995）。維管束分化を刺激する頂芽の能力は，組織培養で実証できる。頂芽を未分化の細胞のかたまり，

(A) 正常な果実
(B) 痩果を除いた場合
(C) 痩果を除いてオーキシンを吹きかけた場合
ふくらんだ花床
痩果

図 19.39　(A) イチゴの「果実」は，実はふくらんだ花床で，その成長は「種子」——これが実は痩果，本当の果実なのだが——によって合成されたオーキシンによって調節されている。(B) 痩果を取り除くと花床は正常に発達することができない。(C) 痩果を除いた花床にIAAを吹きかけると，正常な成長と発達が回復する。(A. Galston 1994 より)

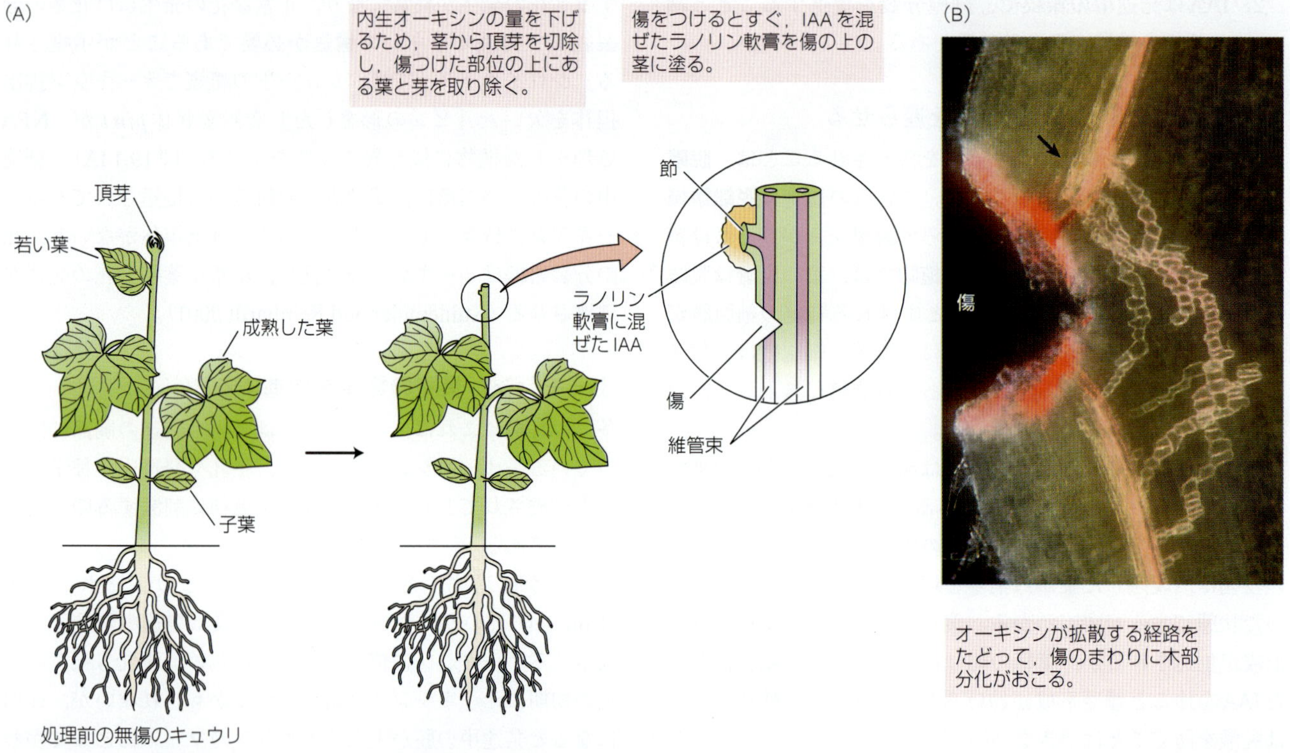
(A)
内生オーキシンの量を下げるため，茎から頂芽を切除し，傷つけた部位の上にある葉と芽を取り除く。
傷をつけるとすぐ，IAA を混ぜたラノリン軟膏を傷の上の茎に塗る。
頂芽
若い葉
成熟した葉
子葉
処理前の無傷のキュウリ
節
ラノリン軟膏に混ぜたIAA
傷
維管束
(B)
傷
オーキシンが拡散する経路をたどって，傷のまわりに木部分化がおこる。

図 19.40　キュウリ (*Cucumis sativus*) の茎組織の傷のまわりでIAAによって誘導される木部の再生。(A) 傷再生実験を行う方法。(B) 傷のまわりで再生する維管束組織を示す蛍光顕微鏡写真。((B) はR. Aloniの好意による)

すなわち‘カルス’の上に挿し木すると，木部と篩部が接ぎ木の下に分化する。

形成される木部と篩部の相対量は，オーキシン濃度によって調節される。高いオーキシン濃度は木部と篩部の分化を引きおこすが，低いオーキシン濃度では篩部のみが分化する。同様に，茎組織の実験では低いオーキシン濃度は篩部分化を誘導し，高いオーキシンのレベルは木部を誘導する (Aloni 1995)。

傷害をうけた後の維管束の再生も，傷つけられた部位のすぐ上にある若い葉で合成されるオーキシンによって制御される（図19.40）。葉を除去すると維管束組織の再生が妨げられ，オーキシンの投与は葉の再生促進作用を肩がわりすることができる。

維管束分化には極性があって，葉から根に向かっておこる。木性の多年生植物では，成長しつつある芽によって合成されるオーキシンは，春，求基的な方向に形成層の活性化を促進する。新しい季節の二次成長は一番小さい枝から始まり，下に向かって根端まで進んでいく。

維管束分化に対してオーキシンが役割を担っていることを示す証拠は，アグロバクテリウムのTiプラスミドを用いてオーキシン生合成遺伝子を植物に導入して形質転換し，オーキシン濃度を人為的に操作する実験によっても得られている。ペチュニアでオーキシン生合成遺伝子を過剰発現させると，木部の管状要素の数が増加した。これとは対照的に，IAAをアミノ酸であるリシンに結合させる酵素をコードする遺伝子で形質転換することによって，タバコ植物の遊離IAAのレベルを減少させると，道管要素の数が減少し，その大きさが増加した（Romano et al. 1991）。したがって，遊離オーキシンのレベルは，管状要素の数と大きさを同時に調節しているようである。

ヒャクニチソウ葉肉細胞の細胞培養では，管状要素への細胞分化にオーキシンが必要だが，サイトカイニンもなくてはならない。おそらくサイトカイニンは，細胞のオーキシンに対する感受性を増加させているのだろう。オーキシンはシュートで生産されて下方に輸送されるのに対し，サイトカイニンは根端で生産されてシュートに向けて上方に輸送される。両方のホルモンが形成層の活性化と維管束分化の調節に関わっているにちがいない（21章参照）。

合成オーキシンにはさまざまな商業的な使いみちがある

オーキシンは50年以上，農業や園芸で商業的に使われてきた。はじめのころは，果実や葉の脱離の防止，パイナップルの花成の促進，果実の単為結実や間引き，植物の繁殖のための挿し木の発根などに使われた。切り取った葉や茎をオーキシン溶液に漬けると発根が促進されるが，これは切った端で不定根形成の開始が促進されるからである。このことが，販売されている発根物質――主成分は合成オーキシンで，タルカムパウダー（滑石の粉末，増量剤）と混ぜてある――の基礎になっている。

植物種によっては，種なしの果実が自然にできたりするし，また受粉していない花をオーキシンで処理してもできたりする。このような種なしの果実ができることを**単為結実**（parthenocarpy）という。単為結実の果実が形成されるとき，オーキシンはまず着果を引きおこすように働き，次にそれが果実のある特定の組織内で内生オーキシン合成を引きおこさせて，果実の発生過程を完了させるのだろう。

エチレンも果実の発達に関わっていて，果実形成に対するオーキシンの効果の一部は，エチレン合成の促進の結果である。果実の商業的な流通をエチレンによって制御することは，22章で議論する。

このような応用に加えて，オーキシンは現在，除草剤として広く使われている。2,4-Dとディカンバ（図19.4）は，きっといちばん広く使われている合成オーキシンであろう。合成オーキシンは，IAAほどすばやく植物で代謝されないので非常に効果が高い。トウモロコシや他の単子葉植物は合成オーキシンを包合体にすることで早く不活性化できるので，合成オーキシンは農家では商業的な穀物畑で，広葉雑草ともよばれる双子葉植物の雑草を除去するのに使われ，家庭園芸では芝生の中のタンポポやヒナギクのような雑草の除去に使われる。

オーキシンシグナル伝達経路

ホルモン作用の分子機構研究の最終的なゴールは，受容体との結合から生理学的反応にいたる信号伝達経路を構成しているすべての段階を明らかにすることである。本章のこの最後の節でオーキシン受容体の候補を検討し，それから，いままでにオーキシン作用に関わっていると考えられているさまざまな信号経路について議論しよう。最後に，オーキシンによって調節されている遺伝子発現についても注意を向けてみよう。

ABP1はオーキシン受容体として機能する

先に述べたように，オーキシン結合タンパク質ABP1は細胞膜のH^+-ATPaseを直接活性化しているようだが，それに加えて，ABP1は他の信号伝達経路でオーキシン受容体として機能しているらしい。ABP1類似タンパク質は，単子葉と双子葉のさまざまな種で同定されている（Venis and Napier 1997）。シロイヌナズナのABP1遺伝子の破壊株は致死で，より軽度の突然変異では発生が異常になる（Chen et al. 2001）。最近の研究によれば，ABP1は主に小胞体（ER）に局在するが，少量のABP1は細胞膜の外側の表面に分泌されていて，そこでオーキシンと相互作用し，プロトプラストの膨潤や水素イオンの排出を引きおこす（Venis et al. 1996；Steffens et al. 2001）。

しかし，プロトプラストを抗ABP1抗体で処理しても多くのオーキシン応答性遺伝子の発現は影響されないので，ABP1がすべてのオーキシン反応経路を仲介していることはありそうにない。また，ERのABP1がオーキシン応答性信号伝達でどのような役割を果たしているのかも不明である。最後に，ABP1とは別種の水溶性オーキシン結合タンパク質であるイネのABP_{57}はH^+-ATPaseを活性化するが，これが信号伝達系に関わっているかどうかも不明である。

カルシウムと細胞内pHは信号伝達中間体かもしれない

カルシウムは動物の信号伝達で重要な役割を演じていて，植物ホルモンによっては作用に関わっているものがあると考えられている。オーキシン作用でのカルシウムの役割は非常に複雑で，現在のところ非常に不明確に見える。しかしながら，オーキシンが細胞内遊離カルシウムのレベルを増加させることを示す実験的証拠がいくつか存在する。

細胞内pHの変化も，動物と植物でセカンドメッセンジャーとして働いている可能性がある。植物では，オーキシンはサイトゾルのpHを投与後4分間以内に約0.2単位減少させる。このpH低下の原因はわかっていない。サイトゾルのpHはふつう約7.4で，細胞膜H^+-ATPaseの至適pHは6.5なので，サイトゾルのpHが0.2単位下がると細胞膜H^+-ATPase活性は大きく増加する。このサイトゾルのpH減少がもとで，結合型のカルシウムの解離が促進されて，オーキシン誘導性の細胞内遊離カルシウムの増加がおこるのかもしれない。

最終的に転写調節因子の活性化に至るカスケードで，タンパク質をリン酸化することによって，信号伝達系路で働いているMAPキナーゼもオーキシン応答に関わっているのではないかと考えられている。オーキシンを取り除くと，タバコ培養細胞はG_1かG_2期の終わりで停止し，分裂しなくなる。オーキシンを培養液に加えると，細胞周期がふたたび進行する（Koens et al. 1995）（細胞周期の記述については1章参照）。オーキシンは，主に主要なサイクリン依存性タンパク質キナーゼ（CDK）であるCdc2（cell division cycle 2）の生合成を促進することによって，細胞周期に対する効果を及ぼしているようである。

オーキシン誘導性遺伝子は，早期と後期の二つのクラスに分けられる

オーキシンがその受容体に結合して始まる信号伝達経路の重要な機能の一つは，選択的に一群の転写調節因子を活性化することである。活性化された転写調節因子は核に入り，特定の遺伝子の発現を促進する。すでに存在する転写調節因子の活性化によって遺伝子発現が促進される遺伝子を，**一次応答遺伝子**（primary response gene），または**早期遺伝子**（early gene）とよぶ。

この定義は，早期遺伝子のオーキシン誘導性発現に必要なタンパク質はすべて，ホルモンを投与したときには細胞に存在しているということを意味している。したがって，早期遺伝子の発現をシクロヘキシミドのようなタンパク質合成阻害剤によってブロックすることはできない。その結果，早期遺伝子の発現に必要な時間は非常に短くなりえて，数分～数時間の間になる（Abel et al. 1996）。

一般に，一次応答遺伝子は三つの主要な機能をもっている：(1) 早期遺伝子のうちのあるものは，**二次応答遺伝子**（secondary response gene）や**後期遺伝子**（late gene）とよばれ，ホルモンの長期にわたる作用に必要な遺伝子の転写を調節するタンパク質をコードしている。後期遺伝子は新規タンパク質合成を必要とするので，その発現をタンパク質合成阻害剤によって妨げることができる。(2) 他の早期遺伝子は，細胞間コミュニケーション，すなわち細胞間信号伝達に関与している。(3) 早期遺伝子の他のグループは，ストレスに対する適応に関わっている。

早期オーキシン応答性遺伝子として，主要なクラスが五つ同定されている：

- オーキシンで調節される成長や発生に関わる遺伝子群；
  1. *AUX/IAA*遺伝子族
  2. *SAUR*遺伝子族
  3. *GH3*遺伝子族
- ストレス応答性遺伝子群；
  1. グルタチオン*S*-転移酵素遺伝子群
  2. エチレン生合成経路（22章参照）の鍵酵素である1-アミノシクロプロパン-1-カルボン酸（ACC）合成酵素遺伝子群

成長や発生のための早期遺伝子　*AUX/IAA*遺伝子族のメンバーは，後期オーキシン誘導性遺伝子の発現のリプレッサーかアクチベーターとして機能する短命な転写調節因子をコードしている。ほとんどの*AUX/IAA*族遺伝子の発現は，オーキシンによってホルモン添加後5～60分間以内に促進される。この遺伝子はすべて，小さな親水性のポリペプチドをコードしていて，バクテリアのリプレッサーに似たDNA結合モチーフと推測されるモチーフをもっている。このポリペプチドは短い半減期（約7分）をもっているので，早い速度で代謝回転していることがわかる。

*SAUR*遺伝子族については，先に屈性に関する章で述べた。オーキシンは*SAUR*遺伝子の発現を処理後2～5分間以内に促進し，その反応はシクロヘキシミドに非感受性である。ダイズの五つの*SAUR*遺伝子は，染色体上で連続して存在し，イントロンをもたず，たがいに非常によく似ていて機能の不明なポリペプチドをコードしている。その反応は非常に速いので，*SAUR*遺伝子の発現は光屈性や重力屈性のときにおこるオーキシンの横輸送を調べるのに便利なプローブとなっている。

*GH3*早期遺伝子族のメンバーはダイズとシロイヌナズナで同定されていて，オーキシンによって5分間以内に促進される。シロイヌナズナの*GH3*に似た遺伝子を過剰発現させると植物は矮(わい)性になる（Nakazawa et al. 2001）。*GH3*は光調

節性オーキシン反応で機能しているようである（Hsieh et al. 2000）。*GH3*の発現は内生オーキシンが存在していることのよい反映なので，*DR5*という名で知られる*GH3*に基づいた合成**レポーター**（reporter）遺伝子は，オーキシンの生物検定に広く使われている（図19.5，**Webトピック19.12**参照）（Ulmasov et al. 1997）。

ストレス適応のための早期遺伝子　先に本章で述べたように，オーキシンは傷害のようなストレス反応に関わっている。さまざまなストレス条件によって刺激されるタンパク質の一つである，グルタチオン*S*–転移酵素（GST）をコードしている数個の遺伝子は，オーキシン濃度が上昇すると誘導される。同様に，ストレスによって誘導され，エチレン生合成の律速段階となるACC合成酵素（22章参照）も高濃度のオーキシンによって誘導される。

早期遺伝子が誘導されるには，そのプロモーターの中にオーキシンによって活性化される転写調節因子が結合する応答配列がなければならない。さまざまなオーキシン誘導性遺伝子のプロモーターの中には，この応答配列が一定の個数組み合わされて存在する。

オーキシン応答ドメインは複合的な構造をとっている

*GH3*のような早期オーキシン遺伝子のプロモーターの中で保存されている**オーキシン応答配列**（auxin response element：**AuxRE**）は，ふつう，他の応答配列と組み合わされて**オーキシン応答ドメイン**（auxin response domain：**AuxRD**）を形成している。たとえば，ダイズの*GH3*遺伝子プロモーターは三つの独立して働くAuxRD（一つひとつが複数のAuxREをもっている）からできていて，その一つひとつがプロモーター全体の強いオーキシン誘導性の一部を担っている。

早期オーキシン遺伝子はオーキシン応答因子によって調節されている

前に述べたように，早期オーキシン遺伝子は定義上，シクロヘキシミドのようなタンパク質合成阻害剤に非感受性である。多くの早期オーキシン遺伝子の発現はシクロヘキシミドによって阻害されるどころか，促進されることがわかっている。

シクロヘキシミドによる遺伝子発現の促進は，転写の活性化とmRNAの安定化の両方によっておこる。タンパク質合成阻害剤によって遺伝子の転写が活性化されるということは，ふつう，その遺伝子が短命なリプレッサータンパク質によって抑制されているか，または高い代謝回転速度をもつタンパク質が関与している調節系によって抑制されているかのどちらかであることを示している。

オーキシン応答因子（auxin response factor：**ARF**）ファミリーは，*GH3*や他の早期オーキシン応答遺伝子のプロモーターに存在するオーキシン応答配列TGTCTCに結合して，転写アクチベーターとして機能する。ARF遺伝子の突然変異は深刻な発生の異常をもたらす。AuxREに安定に結合するためには，ARFはダイマーを形成しなければならない。ARFダイマーはパリンドローム構造をとって並んだ二つのAuxREに結合して，転写を促進すると考えられている（Ulmasov et al. 1997）。

最近の研究によれば，*AUX/IAA*遺伝子族（それ自身，早期オーキシン応答遺伝子族であるが）にコードされているタンパク質は，ARFと不活性なヘテロダイマーを形成することによって，早期オーキシン応答遺伝子の転写を阻害することができる。この不活性なヘテロダイマーは，ARF–AuxRE結合を阻害する作用をもっていて，それによって遺伝子の活性化や抑制を阻止しているのかもしれない。このようにして，AUX/IAAタンパク質はARFの阻害剤として機能しているのだろう。

現在オーキシンは，活性なARFダイマーが形成されるように，阻害的なAUX/IAAタンパク質の分解を促進することによって，早期応答遺伝子の転写を誘導していると信じられている。オーキシンがAUX/IAAの代謝回転を引きおこす正確な機構は不明であるが，ユビキチンリガーゼと巨大な26Sプロテアソーム複合体によるタンパク質分解が関与していることはわかっている（Gray et al. 2001；Zenser et al. 2001）。オーキシンによってスイッチが入る遺伝子族の一つが*AUX/IAA*であり，それがオーキシン応答を阻害するという事実は，負のフィードバックループがオーキシン調節経路に存在することを示していて，このことに注目すべきである。

ここで述べた知見に基づいて作られたオーキシンによる早期応答遺伝子の調節のモデルを図19.41に示した。

まとめ

オーキシンは植物で発見された最初のホルモンで，いまでも新発見がつづき，数が増えつづけている植物の発生を調節するシグナル物質の一つである。もっとも一般的に天然に存在するオーキシンは，インドール–3–酢酸（IAA）である。高等植物でオーキシンのもっとも重要な役割の一つは，若い茎や幼葉鞘の伸長成長の調節である。また，低濃度のオーキシンは根の伸長に必要であるが，高濃度でオーキシンは根の成長の阻害剤として働く。

植物組織内のオーキシン量を正確に定量することは，植物生理学でこのホルモンの役割を理解するうえで，決定的に重要である。初期に行われた幼葉鞘に基づく生物検定は，現在

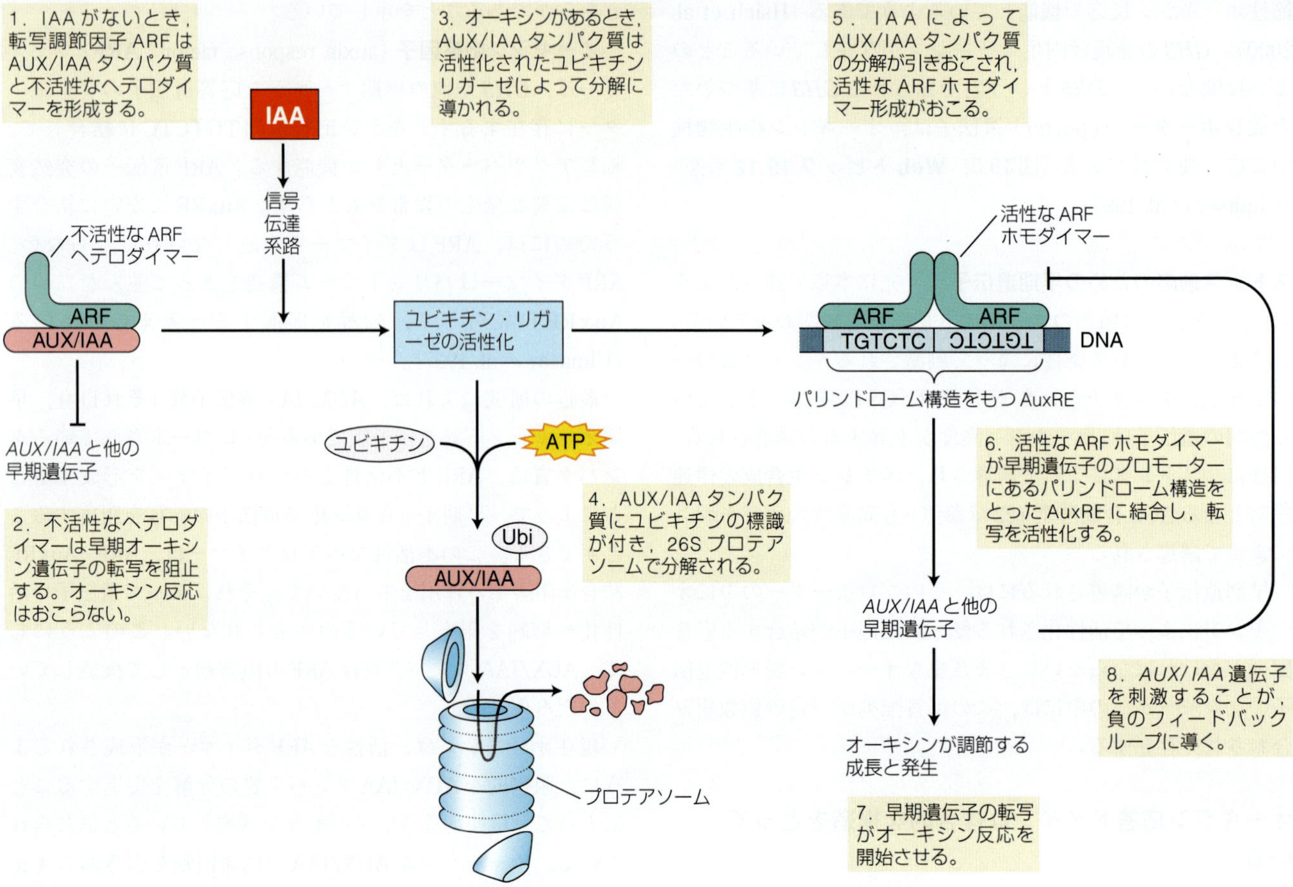

図 19.41　オーキシンによる早期応答遺伝子の転写活性化調節モデル（Gray et al. 2001 より）

では，物理化学的方法や免疫定量法のようなもっと正確な技術にとってかわられている。

植物では，成長の調節は植物の細胞や組織や器官に存在する遊離オーキシンの量に，部分的に依存しているようである。細胞にはオーキシンの二つの主要なプールがあり，それはサイトゾルと葉緑体である。遊離オーキシンのレベルは，包合体型の IAA の合成と分解や IAA の代謝，細胞区画化，極性オーキシン輸送といったいくつかの要因によって調節される。IAA 生合成には，トリプトファンを経由した経路やトリプトファンを経由しない経路を含めていくつかの経路が関わっている。IAA の分解についてもいくつかの経路が同定されている。

IAA は主に頂芽で合成されていて，根に向かって極性輸送される。極性輸送は主に維管束組織の柔細胞でおこる。極性オーキシン輸送は，IAA の取り込みと IAA の排出という二つの主要な過程に分けられる。極性輸送の化学浸透モデルが示すとおり，IAA の取り込みには，解離していない形での pH 依存的受動輸送と細胞膜の H^+-ATPase によって駆動される能動的な H^+ との共輸送の二つの方式がある。

オーキシン排出は，陰イオン排出担体によって輸送細胞の基部側で選択的におこり，細胞膜 H^+-ATPase によって生じた膜電位によって駆動されると考えられている。オーキシン輸送阻害剤（ATI）は，排出チャネル孔をオーキシンと競合することによって，または排出チャネルに結合した調節タンパク質や構造タンパク質に結合することによって，オーキシン輸送を直接妨げることができる。オーキシンは非極性的に篩部を通って輸送されることもできる。

オーキシンが引きおこす細胞伸長は，約 10 分間の遅れを伴って始まる。オーキシンは主に細胞壁の伸展性を増加させることで伸長成長を促進する。オーキシン誘導性の細胞壁のゆるみには代謝が連続しておこっていることが必要で，酸性緩衝液で処理することによって部分的に模倣することができる。

酸成長仮説によれば，重要なオーキシン作用の一つは，細胞膜 H^+-ATPase を刺激することによって細胞が細胞壁に水素イオンを輸送するようにさせることである。オーキシン誘導性の水素イオン放出には，水素イオンポンプの直接の活性化と細胞膜 H^+-ATPase 合成の促進という二つの機構が考えられている。水素イオンは，エクスパンシンとよばれる一群のタンパク質の働きを通して細胞壁のゆるみを引きおこす。

エクスパンシンは，細胞壁を構成している多糖類の間の水素結合をこわすことで細胞壁をゆるませる。水素イオンの放出に加えて，オーキシンによって細胞壁がゆるむ能力を維持するのに必要な溶質の取り込みや，多糖類やタンパク質の合成と細胞壁への沈着などが，長期にわたるオーキシン誘導性の成長に関わっている。

茎や幼葉鞘の成長促進や根の成長の阻害は，オーキシンの生理学的効果の中でもっともよく研究されている。これらの器官のオーキシンによって促進される偏差成長のために，屈性とよばれる方向性のある刺激（たとえば，光，重力）に対する応答がおこる。コロドニー・ヴェントモデルによれば，オーキシンは光屈性では影側に，重力屈性では下側に横輸送される。平衡細胞の平衡石（デンプンのつまったアミロプラスト）はふつうの重力受容に関わっているが，絶対に必要というわけではない。

成長と屈性での役割に加えて，オーキシンは頂芽優勢や側根形成の開始，葉の脱離，維管束分化，花芽形成，果実の発達で中心となる調節的役割を演じている。オーキシンの商業的応用としては，発根促進物質や除草剤があげられる。

水溶性のオーキシン結合タンパク質ABP1は，オーキシン受容体の有力な候補である。ABP1は主にERの内腔に局在している。オーキシン作用の信号伝達系路の研究によれば，カルシウムイオンや細胞内pHやキナーゼなどの他の信号伝達中間体が，オーキシン誘導性細胞分裂に関わっている。

オーキシン誘導性遺伝子は，早期と後期の二つのカテゴリーに分けられる。オーキシンによる早期遺伝子の誘導はタンパク質合成を必要とせず，タンパク質合成阻害剤に非感受性である。この早期遺伝子は機能によって三つのグループに分けられるが，その機能とは後期遺伝子（二次応答遺伝子）の発現とストレス適応と細胞内信号伝達である。オーキシン早期遺伝子のプロモーターに存在するオーキシン応答ドメインは，オーキシン誘導性応答配列が構成的な応答配列と組み合わされた複合的な構造をしている。オーキシン誘導性遺伝子は，ユビキチン活性化経路を通して分解されるリプレッサータンパク質によって負に調節されているようである。

Webマテリアル

Webトピック

19.1　他の合成オーキシン
生物学的に活性な合成オーキシンは，驚くほどさまざまな分子構造をしている。

19.2　オーキシン活性に必要な分子構造の要件
オーキシン活性を示すさまざまな化合物を比較すると，生物学的活性に必須な共通の特徴が分子レベルで明らかになる。

19.3　ラジオイムノアッセーによるオーキシンの測定
ラジオイムノアッセー（RIA）によって，植物組織中のIAAを生理学的な濃度で（10^{-9} g = 1 ng）測定することができる。

19.4　トリプトファンを経由しないIAA生合成の証拠
トリプトファンとは独立なIAA生合成の実験的証拠をさらに示す。

19.5　IAAの定常的な濃度を調節する複数の因子
サイトゾル中に遊離しているIAAの定常的な濃度は，合成や分解，包合体化，区画化，輸送といった何種ものたがいに関連している過程によって決定されている。

19.6　フジコッキンによる細胞膜H^+-ATPaseの活性化のしくみ
カビ（*Fusicoccum amygdale*）が生産する植物毒素のフジコッキンは，ほとんどすべての植物組織で膜の過分極と水素イオンの排出を引きおこし，伸長検定法で「スーパーオーキシン」として働く。

19.7　光屈性の光量–応答曲線
光屈性に対する光量の効果を述べて，この現象を説明するモデルを提示する。

19.8　重力屈性の際の差異的な*SAUR*遺伝子の発現
重力屈性の際，横方向のオーキシン勾配を検出するのに*SAUR*遺伝子の発現を用いる。

19.9　平衡石を用いないシャジクモの重力感受
巨大細胞からなる淡水性藻類シャジクモは，平衡石が明らかにないのに，重力に応じて屈曲する。

19.10　頂芽優勢でのサイトカイニンの役割
アメリカトガサワラ（米松）（*Pseudotsuga menziesii*）では，サイトカイニンの濃度と腋芽の成長の間に相関がある。

19.11　頂芽優勢でのアブシジン酸の役割
シバムギ（*Elytrigia repens*）では，腋芽の成長はアブシジン酸の減少と相関がある。

19.12　*GH3*に基づいたレポーター遺伝子の構築物を利用して，IAAの測定を行う
*GH3*の発現は内性オーキシンの存在をよく反映しているので，*DR5*として知られる*GH3*に基づいたレポーター遺伝子がオーキシンの生物検定に広く使われている。

19.13　ユビキチンによって仲介されるAUX/IAAタンパク質の分解に対するオーキシンの効果
オーキシンによって調節されるAUX/IAAタンパク質の分解を説明するモデルについて議論する。

Webエッセイ

19.1　ブラシノステロイド：新しい植物のステロイドホルモン
ブラシノステロイドは，茎の伸長，根の成長阻害，エチレンの生合成といった植物のさまざまな発生現象で働いていると考えられる。

19.2　極性オーキシン輸送を可能にしている細胞の基盤を探る
植物ホルモンであるオーキシンの極性輸送は，細胞のレベルで調節されていることが実験的にわかっている。このことから，オーキシンの輸送に関わるタンパク質は細胞膜上に非対称的に分布しているにちがいないことがわかる。この輸送タンパク質がどのようにして目的の細胞膜上に到達するのかということが，現在行われている研究の焦点である。

19.3　光屈性：光の受容からオーキシンによる遺伝子発現の変化まで

どのようにしてフォトトロピンによる光の受容がオーキシンの信号と結びつくのかが，このエッセーの主題である。

参考文献

Abel, S., Ballas, N., Wong, L.-M., and Theologis, A. (1996) DNA elements responsive to auxin. *Bioessays* 18: 647-654.

Aloni, R. (2001) Foliar and axial aspects of vascular differentiation: Hypotheses and evidence. *J. Plant Growth Regul.* 20: 22-34.

Aloni, R. (1995) The induction of vascular tissue by auxin and cytokinin. In *Plant Hormones and Their Role in Plant Growth Development*, 2nd ed., P. J. Davies, ed., Kluwer, Dordrecht, Netherlands, pp. 531-546.

Aloni, R., Schwalm, K., Langhans, M., and Ullrich, C. I. (2002) Gradual shifts in sites and levels of auxin synthesis during leaf-primordium development and their role in vascular differentiation and leaf morphogenesis in *Arabidopsis*. Manuscript submitted for publication.

Bartel, B. (1997) Auxin biosynthesis. *Annu. Rev. Plant Physiol. Plant Mol. Biol.* 48: 51-66.

Bennett, M. J., Marchant, A., Green, H. G., May, S. T., Ward, S. P., Millner, P. A., Walker, A. R., Schultz, B., and Feldmann, K. A. (1996) *Arabidopsis* AUX1 gene: A permease-like regulator of root gravitropism. *Science* 273: 948-950.

Bernasconi, P. (1996) Effect of synthetic and natural protein tyrosine kinase inhibitors on auxin efflux in zucchini (*Cucurbita pepo*) hypocotyls. *Physiol. Plant.* 96: 205-210.

Briggs, W. R., Beck, C. F., Cashmore, A. R., Christie, J. M., Hughes, J., Jarillo, J. A., Kagawa, T., Kanegae, H., Liscum, E., Nagatani, A., Okada, K., Salomon, M., Ruediger, W., Sakai, T., Takano, M., Wada, M., and Watson, J. C. (2001) The phototropin family of photoreceptors. *Plant Cell* 13: 993-997.

Brown, D. E., Rashotte, A. M, Murphy, A. S., Normanly, J., Tague, B.W., Peer W. A., Taiz, L., and Muday, G. K. (2001) Flavonoids act as negative regulators of auxin transport *in vivo* in *Arabidopsis*. *Plant Physiol.* 126: 524-535.

Celenza, J. L., Grisafi, P. L., and Fink, G. R. (1995) A pathway for lateral root formation in *Arabidopsis thaliana*. *Genes Dev.* 9: 2131-2142.

Chen, J. G., Ullah, H., Young, J. C., Sussman, M. R., and Jones, A. M. (2001) ABP1 is required for organized cell elongation and division in *Arabidopsis* embryogenesis. *Genes Dev.* 15: 902-911.

Chen, R., Hilson, P., Sedbrook, J., Rosen, E., Caspar, T., and Masson, P. H. (1998) The *Arabidopsis thaliana AGRAVITROPIC 1* gene encodes a component of the polar-auxin-transport efflux carrier. *Proc. Natl. Acad. Sci. USA* 95: 15112-15117.

Cleland, R. E. (1995) Auxin and cell elongation. In *Plant Hormones and Their Role in Plant Growth and Development*, 2nd ed., P. J. Davies, ed., Kluwer, Dordrecht, Netherlands, pp. 214-227.

Fasano, J. M., Swanson, S. J., Blancaflor, E. B., Dowd, P. E., Kao, T. H., and Gilroy, S. (2001) Changes in root cap pH are required for the gravity response of the Arabidopsis root. *Plant Cell* 13: 907-921.

Friml, J., Wiśniewska, J., Benková, E., Mendgen, K., and Palme, K. (2002) Lateral relocation of auxin efflux regulator PIN3 mediates tropism in *Arabidopsis*. *Nature* 415: 806-809.

Fujihira, K., Kurata, T., Watahiki, M. K., Karahara, I., and Yamamoto, K. T. (2000) An agravitropic mutant of Arabidopsis, *endodermal-amyloplast less 1*, that lacks amyloplasts in hypocotyl endodermal cell layer. *Plant Cell Physiol.* 41: 1193-1199.

Galston, A. (1994) *Life Processes of Plants*. Scientific American Library, New York.

Garbers, C., DeLong, A., Deruere, J., Bernasconi, P., and Soll, D. (1996) A mutation in protein phosphatase 2A regulatory subunit affects auxin transport in *Arabidopsis*. *EMBO J.* 15: 2115-2124.

Geldner, N., Friml, J., Stierhof, Y. D., Jurgens, G., and Palme, K. (2001) Auxin transport inhibitors block PIN1 cycling and vesicle trafficking. *Nature.* 413: 425-428.

Gocal, G. F. W., Pharis, R. P., Yeung, E. C., and Pearce, D. (1991) Changes after decapitation in concentrations of IAA and abscisic acid in the larger axillary bud of *Phaseolus vulgaris* L. cultivar Tender Green. *Plant Physiol.* 95: 344-350.

Gray, W. M., Kepinski, S., Rouse, D., Leyser, O., and Estelle, M. (2001) Auxin regulates the SCF^{TIR1}-dependent degradation of AUX/IAA proteins. *Nature* 414: 271-276.

Hasenstein, K. H., and Evans, M. L. (1988) Effects of cations on hormone transport in primary roots of *Zea mays*. *Plant Physiol.* 86: 890-894.

Hsieh, H. L., Okamoto, H, Wang, M. L., Ang, L. H., Matsui, M., Goodman, H., and Deng, XW. (2000) *FIN219*, an auxin-regulated gene, defines a link between phytochrome A and the downstream regulator COP1 in light control of *Arabidopsis* development. *Genes Dev.* 14: 1958-1970.

Iino, M., and Briggs, W. R. (1984) Growth distribution during first positive phototropic curvature of maize coleoptiles. *Plant Cell Environ.* 7: 97-104.

Jacobs, M., and Gilbert, S. F. (1983) Basal localization of the presumptive auxin carrier in pea stem cells. *Science* 220: 1297-1300.

Jacobs, M., and Rubery, P. H. (1988) Naturally occurring auxin transport regulators. *Science* 241: 346-349.

Jacobs, M, and Ray, P. M. (1976) Rapid auxin-induced decrease in the free space pH and its relationship to auxin-induced growth in maize and pea. *Plant Physiol.* 58: 203-209.

Kim, Y.-S., Min, J.-K., Kim, D., and Jung, J. (2001) A soluble auxin-binding protein, ABP_{57}. *J. Biol. Chem.* 276: 10730-10736.

Koens, K. B., Nicoloso, F. T., Harteveld, M., Libbenga, K. R., and Kijne, J. W. (1995) Auxin starvation results in G2-arrest in suspension-cultured tobacco cells. *J. Plant Physiol.* 147: 391-396.

Kuhlemeier, C. and Reinhardt, D. (2001) Auxin and phyllotaxis. *Trends Plant Sci.* 6: 187-189.

Langridge, W. H. R., Fitzgerald, K. J., Koncz, C., Schell, J., and Szalay, A. A. (1989) Dual promoter of *Agrobacterium tumefaciens* mannopine synthase genes is regulated by plant growth hormones. *Proc. Natl. Acad. Sci. USA* 86: 3219-3223.

Ljung, K., Bhalerao, R. P., and Sandberg, G. (2001) Sites and homeostatic control of auxin biosynthesis in *Arabidopsis* during vegetative growth. *Plant J.* 28: 465-474.

Lomax, T. L. (1986) Active auxin uptake by specific plasma membrane carriers. In *Plant Growth Substances*, M. Bopp, ed., Springer, Berlin, pp. 209-213.

Marchant, A., Kargul, J., May, S. T., Muller, P., Delbarre, A., Perrot-Rechenmann, C., and Bennet, M. J. (1999) AUX1 regulates root gravitropism in *Arabidopsis* by facilitating auxin uptake within root apical tissues. *EMBO J.* 18: 2066-2073.

McClure, B. A., and Guilfoyle, T. (1989) Rapid redistribution of auxin-regulated RNAs during gravitropism. *Science* 243: 91-93.

Mulkey, T. I., Kuzmanoff, K. M., and Evans, M. L. (1981) Correlations between proton-efflux and growth patterns during geotropism and phototropism in maize and sunflower. *Planta* 152: 239-241.

Müller, A., Guan, C., Gälweiler, L., Taenzler, P., Huijser, P., Marchant, A., Parry, G., Bennett, M., Wisman, E., and Palme, K. (1998) AtPIN2 defines a locus of *Arabidopsis* for root gravitropism control. *EMBO J.* 17: 6903-6911.

Murphy, A. S., Peer W. A., and Taiz, L. (2000) Regulation of auxin transport by aminopeptidases and endogenous flavonoids. *Planta* 211: 315-324.

Nakazawa, M., Yabe, N., Ishikawa, T., Yamamoto, Y. Y., Yoshizumi, T., Hasunuma, K., and Matsui, M. (2001) *DFL1*, an auxin-responsive *GH3* gene homologue, negatively regulates shoot cell elongation and lateral root formation, and positively regulates the light response of hypocotyls length. *Plant J.* 25: 213-221.

Nonhebel, H. M., Cooney, T. P., and Simpson, R. (1993) The route, control and compartmentation of auxin synthesis. *Aust J. Plant Physiol.* 20: 527-539.

Normanly, J. P., Slovin, J., and Cohen, J. (1995) Rethinking auxin biosynthesis and metabolism. *Plant Physiol.* 107: 323-329.

Palme, K., and Gälweiler, L. (1999) PIN-pointing the molecular basis of auxin transport. *Curr. Opin. Plant Biol.* 2: 375-381.

Parry, G., Delbarre, A., Marchant, A., Swarup, R., Napier, R., Perrot-Rechenmann, C., Bennett, M. J. (2001) Novel auxin transport inhibitors phenocopy the auxin influx carrier mutation *aux1*. *Plant J.* 25: 399-406.

Peer, W. A., Brown, D., Tague, B. W., Muday, G. K., Taiz, L., and Murphy, A. S. (2001) Flavonoid accumulation patterns of transparent testa mutants of Arabidopsis *Plant Physiol.* 126: 536-548.

Peltier, J.-B., and Rossignol, M. (1996) Auxin-induced differential sensitivity of the H^+-ATPase in plasma membrane subfractions from tobacco cells. *Biochem. Biophys. Res. Commun.* 219: 492-496.

Romano, C. P., Hein, M. B., and Klee, H. J. (1991) Inactivation of auxin in tobacco transformed with the indoleacetic acid-lysine synthetase gene of *Pseudomonas savastanoi*. *Genes Dev.* 5: 438-446.

Schmidt, R. C., Müller, A., Hain, R., Bartling, D., and Weiler, E. W. (1996) Transgenic tobacco plants expressing the *Arabidopsis thaliana* nitrilase II enzyme. *Plant J.* 9: 683-691.

Shaw, S., and Wilkins, M. B. (1973) The source and lateral transport of growth inhibitors in geotropically stimulated roots of *Zea mays* and *Pisum sativum*. *Planta* 109: 11-26.

Sievers, A., Buchen, B., and Hodick, D. (1996) Gravity sensing in tip-growing cells. *Trends Plant Sci.* 1: 273-279.

Sitbon, F., Edlund, A., Gardestrom, P., Olsson, O., and Sandberg, G. (1993) Compartmentation of indole-3-acetic acid metabolism in protoplasts isolated from leaves of wild-type and IAA-overproducing transgenic tobacco plants. *Planta* 191: 274-279.

Steffens, B., Feckler, C., Palme, K., Christian, M., Böttger, M., and Luethen, H. (2001) The auxin signal for protoplast swelling is perceived by extracellular ABP1. *Plant J.* 27: 591-599.

Swarup, R., Friml, J., Marchant, A., Ljung, K., Sandberg, G., Palme, K., and Bennett, M. (2001) Localization of the auxin permease AUX1 suggests two functionally distinct hormone transport pathways operate in the *Arabidopsis* root apex. *Genes Dev.* 15: 2648-2653.

Ulmasov, T., Murfett, J., Hagen, G., and Guilfoyle, T. J. (1997) Aux/IAA proteins repress expression of reporter genes containing natural and highly active synthetic auxin response elements. *Plant Cell* 9: 1963-1971.

Utsuno, K., Shikanai, T., Yamada, Y., and Hashimoto, T. (1998) *AGR*, an *AGRAVITROPIC* locus of *Arabidopsis thaliana*, encodes a novel membrane protein family member. *Plant Cell Physiol.* 39: 1111-1118.

Venis, M. A., and Napier, R. M. (1997) Auxin perception and signal transduction. In *Signal Transduction in Plants*, P. Aducci, ed., Birkhäuser, Basel, Switzerland, pp. 45-63.

Venis, M. A., Napier, R. M., Oliver, S. (1996) Molecular analysis of auxin-specific signal transduction. *Plant Growth Regulation* 18: 1-6.

Volkmann, D., and Sievers, A. (1979) Graviperception in multicellular organs. In *Encyclopedia of Plant Physiology*, New Series, Vol. 7, W. Haupt and M. E. Feinleib, eds., Springer, Berlin, pp. 573-600.

Wright, A. D., Sampson, M. B., Neuffer, M. G., Michalczuk, L. P., Slovin, J., and Cohen, J. (1991) Indole-3-acetic acid biosynthesis in the mutant maize orange pericarp, a tryptophan auxotroph. *Science* 254: 998-1000.

Yoder, T. L., Zheng, H.-Q., Todd, P., and Staehelin, L. A. (2001) Amyloplast sedimentation dynamics in maize columella cells support a new model for the gravity-sensing apparatus of roots. *Plant Physiol.* 125: 1045-1060.

Young, L. M., and Evans, M. L. (1994) Calcium-dependent asymmetric movement of ^{3}H-indole-3-acetic acid across gravistimulated isolated root caps of maize. *Plant Growth Regul.* 14: 235-242.

Young, L. M., and Evans, M. L. (1996) Patterns of auxin and abscisic acid movement in the tips of gravistimulated primary roots of maize. *Plant Growth Regul.* 20: 253-258.

Young, L. M., Evans, M. L., and Hertel, R. (1990) Correlations between gravitropic curvature and auxin movement across gravistimulated roots of *Zea mays*. *Plant Physiol.* 92: 792-796.

Zenser, N., Ellsmore, A., Leasure, C., and Callis, J. (2001) Auxin modulates the degradation rate of Aux/IAA proteins. *Proc. Natl. Acad. Sci. USA* 98: 11795-11800.

Zheng, H. Q., and Staehelin, L. A. (2001) Nodal endoplasmic reticulum, a specialized form of endoplasmic reticulum found in gravity-sensing root tip columella cells. *Plant Physiol.* 125: 252-265.

20 ジベレリン：植物個体の背丈の調節

1927年のオーキシンの発見から数えると30年，オーキシンがインドール-3-酢酸と同定されてから数えると20年もの間，西欧の植物科学者は植物の発生の制御過程をすべてオーキシンで説明しようとしてきた。しかしながら，本章および後の章で述べるように，植物の成長および発生は，いくつかの異なるホルモンが単独でまたは協調して制御しているのである。

1950年代になって，植物ホルモンの第二のグループを形成するジベレリン（GAs）が同定された。ジベレリンは類似の化合物からなる巨大なグループを形成し（125種以上が知られている），オーキシンとは異なり生物学的活性ではなく化学的構造で定義される。ジベレリンは多くの場合，茎の伸長促進と関連があり，植物個体にジベレリンを投与すると背丈の飛躍的な伸長がおこる。しかし，これから述べるように，ジベレリンはその他にも多くの生理的に重要な役割をもつ。

ジベレリンの生合成は遺伝的プログラム，発生ステージ，環境変化により厳密に制御されている。多くのジベレリン欠損変異体が単離されているが，メンデルによるエンドウの背丈に関する対立遺伝子（高い/低い）の研究は，ジベレリン欠損変異体解析の著名な例である。ジベレリン欠損変異体は複雑なジベレリン生合成経路の解明に利用されてきた。

本章ではまず，ジベレリンの発見，化学的構造，多くの生理過程——発芽，胚乳貯蔵物質の可溶化，シュートの成長，花成，花器官の発達，結実——における役割について述べる。次に生合成経路，活性型ジベレリンの同定について説明する。

近年用いられている分子遺伝学的アプローチにより，ジベレリン作用機構の解明は分子レベルにまで進展した。これらの進歩については本章の最後で概説する。

ジベレリンの発見

ジベレリンが欧米の科学者に知られるようになったのは1950年代に入ってからであるが，それ以前に日本の科学者によりすでに発見されていた。アジアの稲作農耕者の間では，イネが徒長し種子を生産しなくなる病気が知られていた。日本ではこの病気は「馬鹿苗病」とよばれていた。

この病気を研究していた植物病理学者は，イネに感染するカビから分泌された化学物質によりイネが徒長することを発見した。この化学物質はカビ培養液より単離され，カビ *Gibberella fujikuroi* にちなんで‘ジベレリン’(gibberellin) と名づけられた。

1930年代，日本の科学者はカビが分泌する2種類の成長促進物質を純度が低いながらも結晶化に成功し，ジベレリンA，Bと名づけた。しかし当時欧米との情報交換は十分ではなく，さらに第二次世界大戦の勃発も重なり，この成果が欧米の科学者に伝わることはなかった。1950年代なかばになって，二つのグループ——英国ウェリンのImperial Chemical Industries（ICI）と米国イリノイ州ピオリアのU. S. Department of Agriculture（USDA）——がカビ培養液から精製した物質の構造決定に成功し，ジベレリン酸と名づけた：

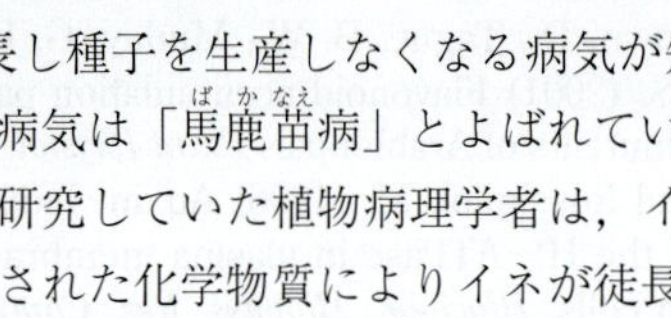

ジベレリン酸 (GA_3)

ほぼ同時期に，東京大学の科学者はジベレリンAが実は3種類の分子の混合物であることを見い出し，ジベレリンA_1，A_2，A_3と名づけた。そしてジベレリンA_3はジベレリン酸と同一であることが証明された。

それぞれのカビ培養液にはさまざまなジベレリンが異なる組成で含まれていたが，主要成分は常にジベレリン酸であった。後述のように，すべてのジベレリン類に共通しジベレリンの定義となっている構造は，***ent***-カウレン環に由来する：

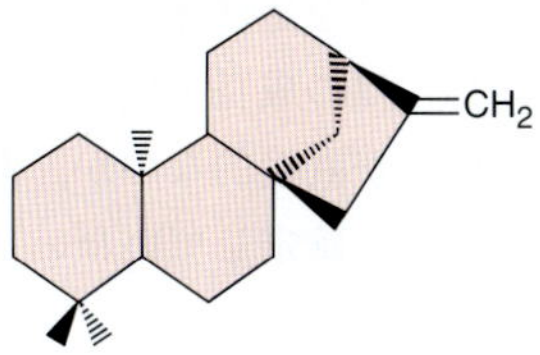

ent-カウレン

ジベレリン酸の合成が可能になると生理学者は，さまざまな植物種においてジベレリン酸の効果を調べ始めた。遺伝的に矮性のエンドウ（***Pisum sativum***）やトウモロコシ（***Zea mays***），多くのロゼット型植物の伸長成長に顕著な効果があった。

それに対し，遺伝的に背丈の高い植物はジベレリンを投与しても効果はなかった。後に述べるように，矮性のエンドウとトウモロコシを用いた実験から，植物の伸長成長がジベレリンにより制御されていることが明らかになった。

ジベレリンの投与により矮性植物が伸長するならば，植物も本来ジベレリンを生産しているのではないだろうか？ ジベレリン酸による伸長成長効果が発見されてからまもなく，ジベレリン様物質が二，三の植物種から単離された[†]。‘ジベレリン様物質’とは，ジベレリン様の生物学的活性を有する物質または抽出物を意味し，当時その化学構造は明らかではなかった。しかしジベレリン様の活性を示すのだから，植物由来のそれらの物質はジベレリン同様の構造をもつと考えられていた。

1958年になり，ジベレリン A_1 が高等植物（サヤインゲン *Phaseolus coccineus*）から単離，同定された：

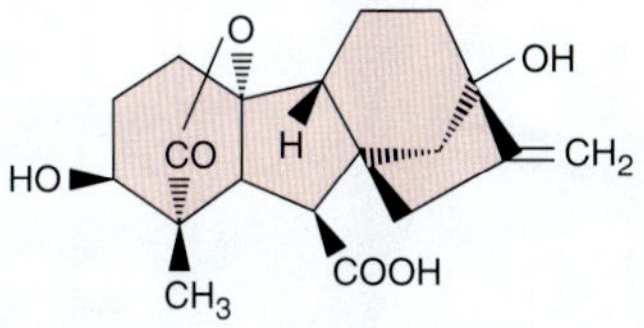

ジベレリン A_1 (GA_1)

ジベレリンの濃度は栄養組織より未成熟種子の方がはるかに高いため，未成熟種子がジベレリン抽出の材料に選ばれた。しかしながら，植物におけるジベレリン濃度は極度に低いため（通常，栄養組織では活性型ジベレリンは組織重量の10億分の1～10，種子では重量の～$1/10^6$），ジベレリン精製の出発材料に用いられた種子は，トラックの荷台一杯にもおよんだ。

† Phinneyは，ジベレリン発見の歴史について充実した総説を発表している（1983）。

カビや植物から同定されたジベレリンは，ジベレリン A_x（または GA_x）と命名される。x は数字で発見の順番を表す。この方式は1968年にすべてのジベレリンに適用された。ジベレリンに付けられた数字は単に命名上の混乱を避けるためのものであり，番号が近いジベレリンだからといって化学構造が類似しているわけでも代謝経路における関連があるわけでもない。

すべてのジベレリンは，***ent***-ジベレラン骨格が基本構造である：

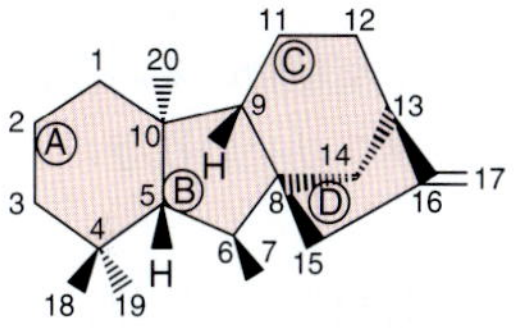

ent-ジベレランの構造

ジベレリンのいくつかは，***ent***-ジベレラン骨格の20個の炭素原子をすべてもつ（C_{20}–GAs）：

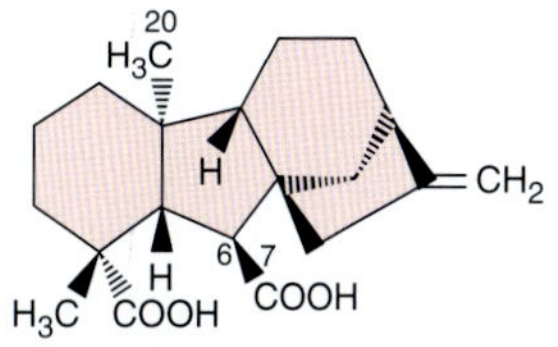

GA_{12}（C_{20}–ジベレリン）

その他は代謝の過程で炭素原子一つを失っており，19個の炭素（C_{19}–GAs）から構成される。

構造の多様性の中で，20位の炭素原子（C_{20}–GAsの場合）の酸化状態，水酸基の数と位置が重要である（**Webトピック20.1**参照）。遺伝学的解析の結果，植物に存在している多種類のジベレリンのうち，生物学的活性をもつものは数種にすぎないことが明らかとなった。他のものは前駆体かまたは不活化されたものである。

成長と発達過程におけるジベレリンの効果

ジベレリンは，イネの異常な節間成長を示す病気の原因物質として発見されたが，内生ジベレリンは植物発生のさまざまな過程に影響を与える。茎の伸長以外にも，ジベレリンは種子の発芽過程——休眠打破，胚乳貯蔵物質の可溶化など——を制御する。生殖器官の発達においては，ジベレリンは栄養成長から生殖成長への遷移，花芽誘導，性決定，結実などに影響を与える。本節ではジベレリンにより制御される現象について概説する。

ジベレリンは矮性植物とロゼット型植物の茎の伸長を誘導する

多くの植物種において，ジベレリンの投与により節間の成長が促進される。もっとも目覚ましい効果は，矮性体やロゼット型植物そしてイネ科植物で観察される。GA_3の投与により矮性体は劇的に伸長し，同種の背丈のもっとも高い品種と同等になる（図20.1）。この伸長の促進に伴い，茎は細くなり，葉は小さくその色は淡くなる。

植物の中には短日条件ではロゼットを形成し，長日条件に移行するとシュートが伸長し，花芽を形成するものがある（24章参照）。ジベレリンの投与により，短日条件下でも'抽(ちゅう)だい'が誘導される（図20.2）。植物本来の抽だいも内生のジベレリンにより制御されている。さらに，すでに述べたように，多くの長日ロゼット型植物の茎の伸長と花成には低温刺激が必要であるが，ジベレリンの投与により低温要求性は打破される。

ジベレリンは，イネ科植物の節間伸長も促進する。ジベレリン作用の標的は，**介在分裂組織**（intercalary meristem）（節の基部にある分裂組織で上下方向に細胞を増加させる）である。ウキイネは特に注目すべき例である。ウキイネの成長に対するジベレリンの効果については，本章後半のジベレリンによる茎の伸長誘導機構の部分で述べる。

ジベレリンは茎の成長を強く促進するが，根の成長にはほとんど影響を与えない。しかしながら，野生型と比べて根の成長も阻害されている極端な矮性体では，地上部にジベレリンを投与すると茎同様，根の成長も促進される。このジベレリンによる根の成長促進が直接的なのか，あるいは間接的なものなのかは現在のところ確定していない。

ジベレリンは栄養成長から生殖成長への遷移を制御する

多くの多年生の木本類は，成熟のある段階に達するまでは花

図 20.1　トウモロコシの野生型および矮性変異体（*d1*）に対するGA_1の効果。ジベレリンは矮性変異体において劇的な茎の伸長を誘導するが，野生型にはほとんど効果がない。（B. Phinneyの好意による）

図 20.2　長日植物であるキャベツは短日条件下ではロゼットのままであるが，ジベレリンの投与により抽だいし開花する。写真では巨大な花茎が形成されている。（© Sylvan Wittwer/Visuals Unlimited）

芽を形成しない。この段階までを栄養成長期（幼年期）とよぶ（24章参照）。イングリッシュアイビー（*Hedera helix*）に見られるように，栄養成長期と生殖成長（成熟相）期では葉の形が異なる例が多い（図24.9）。ジベレリンにより成熟が進行する植物種もあれば，その逆の植物もある。つまり，イングリッシュアイビーではGA_3投与により成熟期から幼年期への逆行が生じるが，多くの針葉樹球果植物ではGA_4やGA_7のような無極性ジベレリンにより生殖期への移行が誘導される（後者はGA_3が生理効果をもたない例の一つである）。

ジベレリンは花芽形成と性決定に影響を与える

すでに述べたようにジベレリンは多くの植物種，特にロゼット型植物の花芽形成促進において，長日および低温の効果を代替できる（24章参照）。したがって，ジベレリンはいくつかの植物種の花成促進因子である。しかしまったく別の効果を示す場合がある。

両性花ではなく単性花をつける植物の場合，花の性決定は遺伝的に制御されている。しかしながら，光周期や栄養状態などの環境要因にも制御されることが知られており，これらの環境刺激はジベレリンを介して伝達されると考えられる。たとえばトウモロコシでは，雄花は雄穂花序に限定され，雌花は雌穂花序に含まれる。短日の光周期と夜間の低温にさらされると，雄穂花序の内生ジベレリン量は100倍にも増加し，雄穂花序の雌性化を引きおこす。雄穂花序にジベレリン酸を投与することでも，雌花を誘導することができる。

遺伝学的研究から性決定の様式に変化の生じたトウモロコシの変異体が数多く単離されてきた。ジベレリン生合成および信号伝達に関与する遺伝子に変化の生じた変異体では，雌穂花序の花において雄ずいの発達を抑制できなくなる（図20.3）。したがって，トウモロコシの花の性決定におけるジベレリンの主要な役割は，雄ずいの発達を抑制することと考えられる（Irish 1996）。

キュウリ，アサ，ホウレンソウなどの双子葉植物では，ジベレリンは反対の効果があると推測される。これらの種では，ジベレリンを投与すると雄花が誘導され，ジベレリン生合成阻害剤は雌花の形成を促進する。

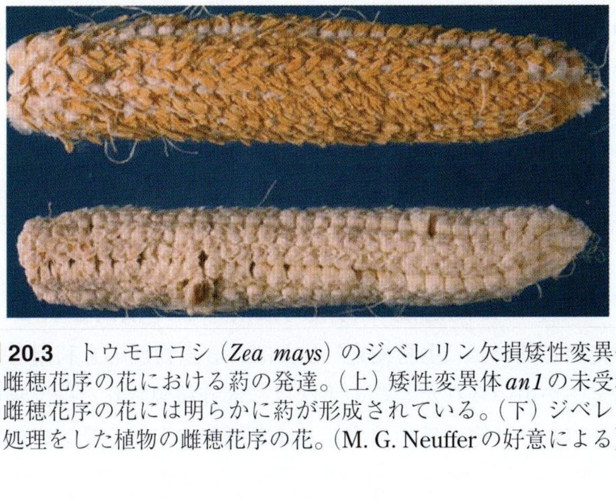

図 20.3　トウモロコシ（*Zea mays*）のジベレリン欠損矮性変異体の雌穂花序の花における葯の発達。（上）矮性変異体*an1*の未受精の雌穂花序の花には明らかに葯が形成されている。（下）ジベレリン処理をした植物の雌穂花序の花。（M. G. Neufferの好意による）

ジベレリンが結実を促進する

オーキシンが‘結実’（受粉後の果実の成長の開始）や果実の成長に効果がない場合に，ジベレリンの投与がこれらの過程を促進できる場合がある。たとえば，リンゴ（*Malus sylvestris*）はジベレリンにより結実が誘導されることが観察されている。

ジベレリンは種子の発芽を促進する

種子発芽は，胚の栄養成長の活性化，胚の成長を拘束している胚周辺の胚乳層の脆弱化，胚乳内の貯蔵栄養物質の可溶化など，いくつかのステップから成り立つ。これらのステップのあるものはジベレリンを必要とする。ある野生植物の種子は，発芽に光または低温を必要とする。これらの種子の休眠（23章参照）はジベレリンの投与により打破される。多くの場合，種子を低温処理すると内生ジベレリン量が上昇するので，ジベレリンは実際に発芽過程の単一または複数のステップを制御していると考えられる。

ジベレリンの投与は，発芽中の穀粒の糊粉層でα-アミラーゼ（デンプン分解酵素）に代表される多くの加水分解酵素の発現を誘導する。このジベレリンの作用は，醸造業において麦芽作製に利用されている（次節で述べる）。この誘導系はジベレリン信号伝達経路の解析に用いられる実験系でもあるので，後で詳しく取り上げる。

ジベレリンは産業に利用される

ジベレリン（特に断らない場合はGA_3を指す）は，散布または浸潤により植物に投与され，主に果実の成長管理，麦芽の作製，サトウキビの糖の増産に利用された。ある種の穀類では背丈が低い方が生産性が高く，ジベレリン生合成阻害剤を用いて収量増加が図られることがある（**Webトピック20.1**参照）。

果実の生産　ジベレリンは，主に種なしブドウの柄を伸長させるために用いられている。種なしブドウは個々の果実の柄が短いために，房内が密集するので個々の果実の成長は限定される。ジベレリンは柄の成長を促進し，その結果ブドウの房内の過密状態が緩和され，果実はより大きく成長できる。また，ジベレリンは果実の成長そのものも促進する（図20.4）。

ベンジルアデニン（サイトカイニンの一種，21章参照）とGA_4とGA_7の同時投与は，リンゴの果実を成長させる。デリシャス種の果実の形を整えるために用いられる場合もある。

図 20.4 ジベレリンはトンプソン種の種なしブドウの成長を誘導する。左の房は未処理のコントロール。右の房は果実の成長過程でジベレリンが投与されている。(© Sylvan Wittwer/Visuals Unlimited)

この処理は生産量や食味に影響を与えないので，商業的に有用な処理と考えられている。

柑橘類の果実に対してジベレリンは老化を抑制し，落果を防ぐので，商品としての寿命を延ばす効果がある。

麦芽の作製　麦芽の作製は醸造の最初のステップである。麦芽作成では，大麦 (*Hordeum vulgare*) 種子を糊粉層の加水分解酵素合成に最適な温度で発芽させる。ジベレリンは麦芽作成の迅速化に用いられることがある。発芽させた種子を「麦芽」にするために乾燥させ粉砕する。麦芽は主としてデンプン分解酵素の混合物を含み，デンプンの分解物も少量含む。ジベレリンは後述するように，アミラーゼの発現を誘導する。

次の「麦芽汁作成」の過程で水が加えられると，麦芽内のアミラーゼは，麦芽内の残留デンプンと添加されたデンプンを，二糖であるマルトースに変換し，マルトースはマルターゼによりグルコースへと変換される。できあがった「麦芽汁」は反応を停止させるために沸騰させる。最終段階では，酵母による発酵で麦芽汁内のグルコースはエタノールへと転換される。

サトウキビの増産　サトウキビ (*Saccharum officinarum*) は同化した炭水化物をデンプンのかわりに糖（ショ糖）として貯蔵する比較的少数派の植物の一つである（糖を蓄積する作物で，農業上重要なもう一つの例はテンサイである）。サトウキビはニューギニア原産の巨大な多年草植物で，背丈は 4～6 m にもなる。ショ糖は節間柔細胞の液胞に貯蔵されている。ジベレリンの散布により，サトウキビの生産を1エーカーあたり 20 トン以上に，ショ糖の生産を1エーカーあたり2トンに増加させることができる。この増産は冬季の節間伸長促進によるものである。

植物の繁殖への利用　針葉樹球果植物は幼年期の期間が長く，繁殖までに時間がかかるので，有用種の育種には実に不都合であった。GA_4 と GA_7 の散布により幼木に球果が誘導されるので，種子の生産に要する時間を飛躍的に短縮することができる。さらにジベレリンは，ヒョウタンの雄花の誘導，二年草のロゼット植物であるビート (*Beta vulgaris*) やキャベツ (*Brassica oleracea*) の抽だいを促進することが知られている。これらのジベレリンの効果は種子生産に応用利用されることがある。

ジベレリン生合成阻害剤　大きいことが常によいとは限らない。ジベレリン生合成阻害剤は，ある種の植物の伸長を抑制する目的で用いられている。ユリ，キク，ポインセチアなどの生花では，背丈の低い，茎の太い植物が市場では好まれ，ジベレリン生合成阻害剤のアンシミドール (ancymidol)（商品名 A-Rest），パクロブトラゾール (paclobutrazol)（商品名 Bonzi）の投与により伸長成長を抑制している。

植物の背丈が高すぎると，低温多湿な気候で栽培される穀類の収穫に不利である。欧州では‘倒伏’(lodging) が問題になる。倒伏とは，穂の成熟に伴い，蓄積された水分の重量で茎が地面に向かって曲がってしまう現象で，コンバインでの収穫が困難となる。節間が短くなると倒伏がおこりにくくなり，収穫が増加する。欧州では遺伝的に矮性のコムギを栽培する場合でも，さらに茎を短くし倒伏を防ぐためにジベレリン合成阻害剤が散布されている。

ジベレリン合成阻害剤の応用例としては他に，街路樹の成長抑制がある。

ジベレリンの生合成および代謝

ジベレリンは多くのジテルペン酸群よりなる一群の化合物であり，13 章で述べられている**テルペノイド経路** (terpenoid pathway) から分岐して生合成される。ジベレリン生合成経路の解明は高感度検出法の発達なくしては不可能であった。先に述べたように，植物には実に多種のジベレリンが存在し，その多くは‘生物学的に不活性’である。本節では，ジベレリン類の生合成およびさまざまな組織における活性型ジベレリンの定常状態の量を調節している因子について述べる。

ジベレリンは高感度の物理的技術により検出される

研究の初期には‘生物検定’とよばれる生物反応を利用した測定法が用いられた。この手法は，部分精製された抽出物中のジベレリン様活性の検出，および既知のジベレリンの生物

図20.5 ジベレリンはイネ芽ばえの葉鞘を伸長させる。この反応は生物検定に用いられた。図は，発芽後4日めの芽ばえをさまざまな量のGAで5日間処理したもの。(P. Daviesの好意による)

学的活性の評価には有用であった（図20.5）。しかしながら，少量の組織から特定のジベレリンを正確に同定・定量する高感度の物理的技術が発達すると，生物検定は用いられなくなった。

現在では，高速液体クロマトグラフィー（HPLC）で植物の抽出液を展開し，高感度かつ選択性の高いガスクトマトグラフィーと連動させた質量分析装置（GC-MS）で分析するのが現在の主流となっている。マススペクトルが公表されているので，精製された標準物質がなくてもサンプル中のジベレリンを同定できるようになった。精密な定量のために，特定のジベレリンを重い同位元素で標識した標準物質が利用できるようになった。標識された標準ジベレリンと非標識ジベレリンは質量分析装置で分離・検出できる。重い同位元素で標識したジベレリンを内部標準として，植物組織内のジベレリン量を，質量分析装置で正確に定量することが可能となった（**Web**トピック20.2参照）。

ジベレリンはテルペノイド経路をへて三段階で生合成される

ジベレリンは四つのイソプレノイドからなる4環性ジテルペンである。テルペノイドは5炭素分子のイソプレンを単位とする鎖状重合化合物である：

$$H_2C=C(CH_3)-CH=CH_2$$

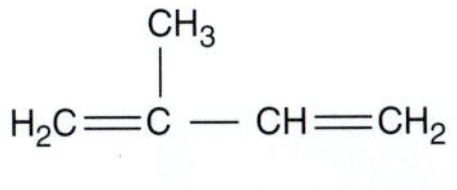

数種の植物種において，種子と栄養組織のジベレリン生合成の全経路が解明された。これはさまざまな放射性標識を施した前駆体や中間体を植物に投与して，それらの代謝を追跡することにより決定された（Kobayashi et al. 1996）。ジベレリン生合成の反応は三段階に分けられ，それぞれが細胞内の異なる区画で行われる（Hedden and Phillips 2000）。

第一段階：プラスチドにおけるテルペノイド前駆体と*ent*-カウレンの生成

植物の使用するイソプレンのユニットはイソペンテニル二リン酸（IPP）である[†]。緑色組織でのジベレリン生合成で利用されるIPPはプラスチド内でグルセルアルデヒド三リン酸とピルビン酸から合成される（Lichtenthaler et al. 1997）。しかしながら，ジベレリン含量の非常に多いカボチャ種子の胚乳では，IPPはアセチルCoA由来のメバロン酸から細胞質内で合成される。このように，ジベレリンの前駆体であるIPPは，異なる組織では異なる細胞内区画で合成される。

IPPイソプレンは連続的に重合し，炭素原子の数が10の中間体（ゲラニル二リン酸），炭素数15の中間体（ファルネシル二リン酸），炭素数20の中間体（ゲラニルゲラニル二リン酸，GGPP）が生成する。GGPPはカロチノイド，多数の必須脂肪酸など，数多くのテルペノイド化合物共通の前駆体であり，ジベレリン生合成固有の経路はGGPP以降である。

GGPPを*ent*-カウレンに変換する環状化反応は，ジベレリン生合成の最初の反応である（図20.7）。この反応を触媒する二つの酵素は，分裂活性を維持しているシュートの細胞の

[†] 13章で述べたように，IPPは初期につけられた化合物名イソペンテニルピロリン酸（isopentenyl pyrophosphate）の略である。この経路の他のピロリン酸化された（pyrophosphated）中間体も現在では二リン酸（diphosphate）とよばれるが，これらもピロリン酸（phrophosphate）とよばれているかのような省略形で記述されることが多い。

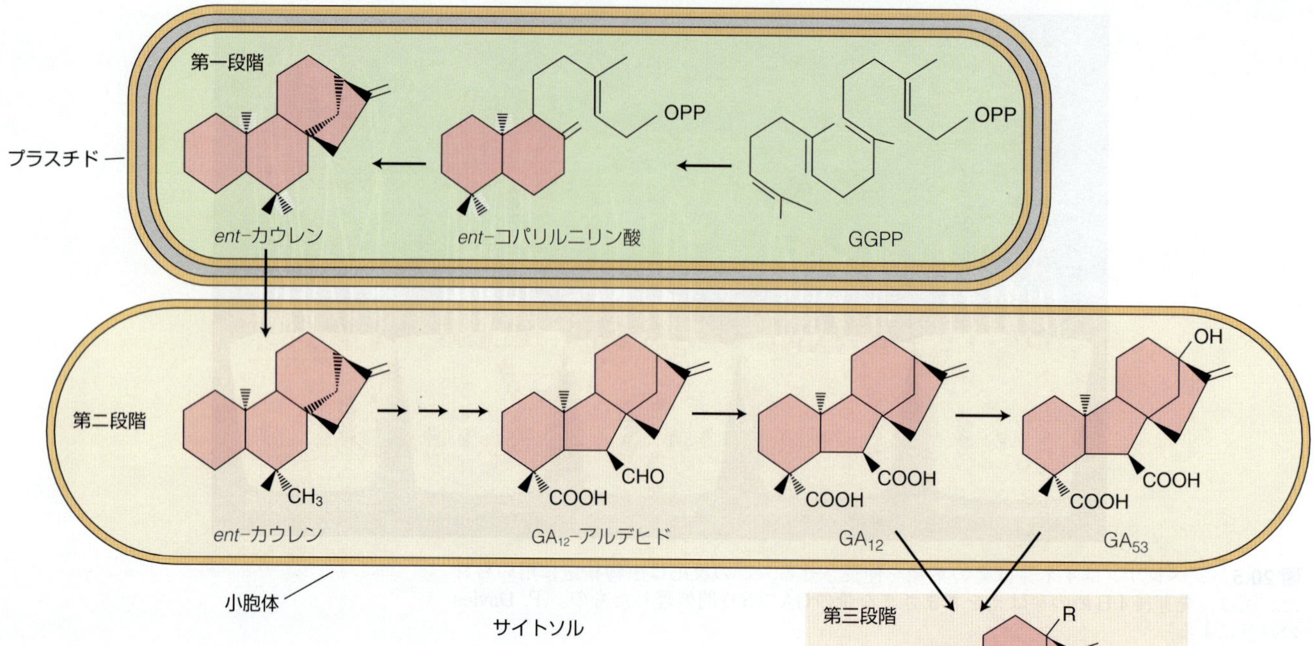

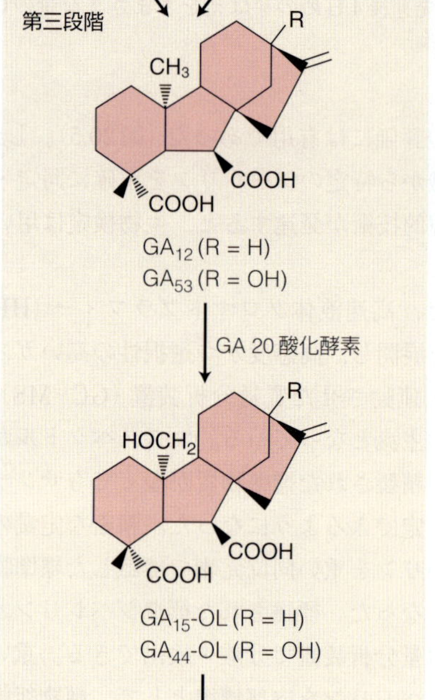

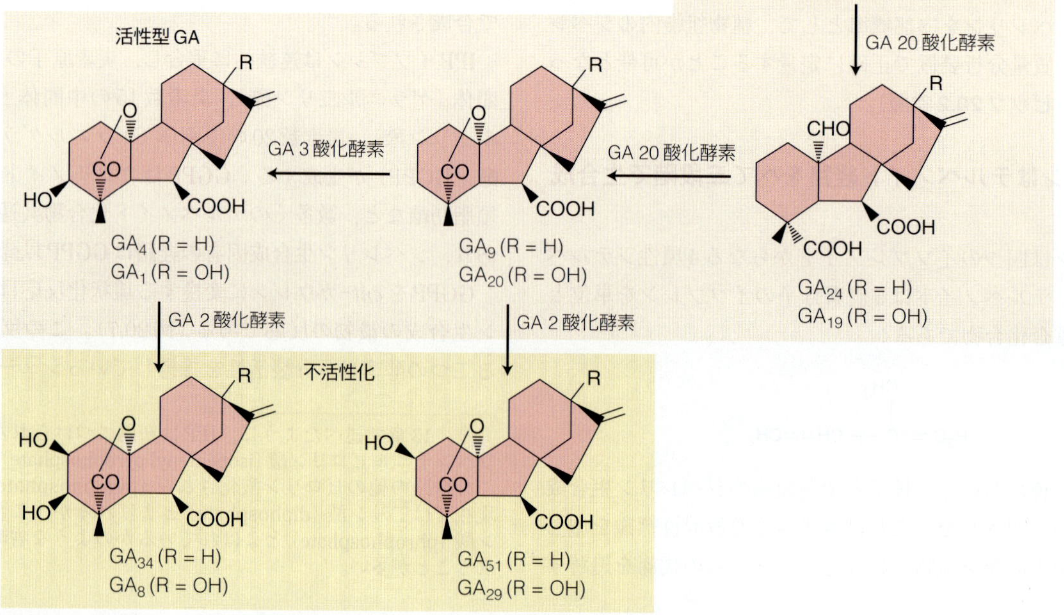

図 20.6 ジベレリン生合成の三つの段階。第一段階ではプラスチド内でゲラニルゲラニル二リン酸（GGPP）はコパリル二リン酸（CPP）をへて *ent*–カウレンに変換される。小胞体内でおこる第二段階では，*ent*–カウレンは13位炭素が水酸化されなければGA_{12}に，水酸化されればGA_{53}に変換される。多くの植物種では，13位炭素が水酸化される経路が主要であるが，シロイヌナズナおよび数種の植物種では水酸化されない経路が主である。第三段階ではGA_{12}およびGA_{53}はサイトソルで他のジベレリンに変換される。この変換は連続した20位炭素の酸化反応である。13位炭素が水酸化される経路ではGA_{20}が生成する。GA_{20}はその後，3β–水酸化反応により酸化され活性型ジベレリンGA_1となる（13位炭素が水酸化されない経路ではGA_4）。最終的には，2位炭素が水酸化され，GA_{20}はGA_{29}に，GA_1はGA_8にそれぞれ変換され，不活性化される。

原色素体に局在し，成熟した葉緑体には存在しない（Aach et al. 1997）。したがって，色素体の成熟に伴い，葉はIPPからジベレリンを合成する能力を失う。

AMO-1618，Cycoel，Phosphon Dなどの化合物はジベレリン生合成の第一段階特異的な阻害剤で，伸長成長を抑制するために使用される。

第二段階：小胞体における酸化反応によるGA_{12}，GA_{53}の合成　ジベレリン生合成の第二段階では，*ent*-カウレンのメチル基がカルボン酸へと酸化され，つづいてB環が6炭環から5炭環へ縮合されて，GA_{12}アルデヒドとなる。GA_{12}アルデヒトは酸化されてGA_{12}となる。GA_{12}はすべての植物種の生合成系路における最初のジベレリンであり，その他のすべてのジベレリンの前駆体である（図20.6）。

植物の多くのジベレリンは，13位の炭素が水酸化されている。13位の炭素の水酸化によりGA_{12}はGA_{53}になる。これらの反応を触媒する酵素のすべてはモノオキシゲナーゼのシトクロムP450系酵素である。これらのP450モノオキシゲナーゼは小胞体上に局在する。カウレンはプラスチドから小胞体に輸送されるが，その輸送中に，プラスチド膜に会合しているカウレン酸化酵素により酸化されてカウレン酸となる（Helliwell et al. 2001）。

GA_{12}への変換は小胞体上でおこる。パクロブトラゾールやその他のP450モノオキシゲナーゼの阻害剤は，GA_{12}アルデヒドより上流の合成反応を特異的に阻害し，植物の成長を抑制する。

第三段階：細胞質におけるGA_{12}またはGA_{53}からのジベレリン合成　第二段階以降のジベレリン生合成の全反応（図20.6）は，細胞質に局在する一群の可溶性ジオキシゲナーゼにより触媒される。これらの酵素は2-オキソグルタル酸と分子酸素を共基質とし，Fe^{2+}とアスコルビン酸を補因子とする。

GA_{12}の修飾反応は植物種により多様で，また，同一植物でも器官により多様性が認められる。しかし，ほとんどどの植物種に共通に見られる二つの基本的化学変化がある：

1. 13位の炭素の水酸化（この反応は小胞体上でおこる）または3位の炭素の水酸化，あるいは13位と3位の両方の水酸化反応。
2. 20位の炭素の連続した酸化反応（$CH_3 \rightarrow CH_2OH \rightarrow CHO$）。最終の酸化反応は，20位炭素が$CO_2$となり離脱する反応である（図20.6）。

13位炭素が水酸化されているジベレリンから反応が始まる場合，生成するのはGA_{20}である。GA_{20}はその後，3位の炭素が水酸化され生物学的活性をもつGA_1へと変換される（水酸基との結合が読者に向かって描かれているように，この結合はβ配置であるので，3β水酸化反応とよばれる）。

最終的には，GA_1の2位炭素が水酸化されて生物学的に不活性なGA_8に変換される。この水酸化反応により，GA_{20}もGA_{29}へと変換され，生合成系路から排除される。

このジベレリン生合成系路の第三段階の阻害剤は，2-オキソグルタル酸を共基質として利用する酵素群を抑制する。中でもプロヘキサジオン（prohexadione）（BX-122）は，不活性型GA_{20}を活性型GA_1に変換するGA 3酸化酵素を特異的に阻害するため特に有用である。

ジベレリン生合成系路の酵素群およびそれらの遺伝子群

ジベレリン生合成を触媒する酵素群はすでに同定されており，それらをコードする遺伝子の多くが単離され解析されている（図20.7）。生合成系制御の観点からもっとも興味深いのは，合成系のGA 20酸化酵素（GA20ox）[†]とGA 3酸化酵素（GA3ox），そして分解反応を触媒するGA 2酸化酵素（GA2ox）である。

- **GA 20酸化酵素**（GA 20-oxidase）GA_{53}からGA_{20}までの，20位炭素の連続した酸化反応のすべてを触媒し，20位炭素がCO_2として除去される過程も触媒する。
- **GA 3酸化酵素**（GA 30-oxidase）3β水酸化酵素として機能し，3位炭素に水酸基を導入して活性型ジベレリンGA_1を生成する（GA_1が活性型ジベレリンであることの証明については後で述べる）。
- **GA 2酸化酵素**（GA 2-oxidase）2位炭素に水酸基を付加し，GA_1を‘不活性化’する。

このジベレリン生合成系の二つの酵素遺伝子と不活性化に関わるGA 2酸化酵素遺伝子の転写はいずれも厳密に制御されている。これら三つの酵素には，2-オキソグルタル酸とFe^{2+}を補因子として利用する酵素に共通に見られるアミノ酸配列が存在している。その共通配列は2-オキソグルタル酸とFe^{2+}の結合部位である。

ジベレリン類は糖と共有結合をしている可能性がある

活性型ジベレリンは遊離状態であるが，ジベレリンと糖が共有結合した多様なジベレリン配糖体の存在が知られている。これらの糖結合ジベレリンはある種の種子に大量に認められる。結合している糖は通常グルコースで，カルボキシル基を介して結合してジベレリン配糖体を形成するか，水酸基を介して結合してジベレリングリコシルエーテルを形成していると思われる。

ジベレリンを植物に投与すると，通常一部のジベレリンは

† ‘GA20酸化酵素’は20位炭素を酸化する酵素を表し，GA_{20}とは異なる。GA_{20}はジベレリン命令法においてジベレリン20と名づけられたジベレリンを表す。

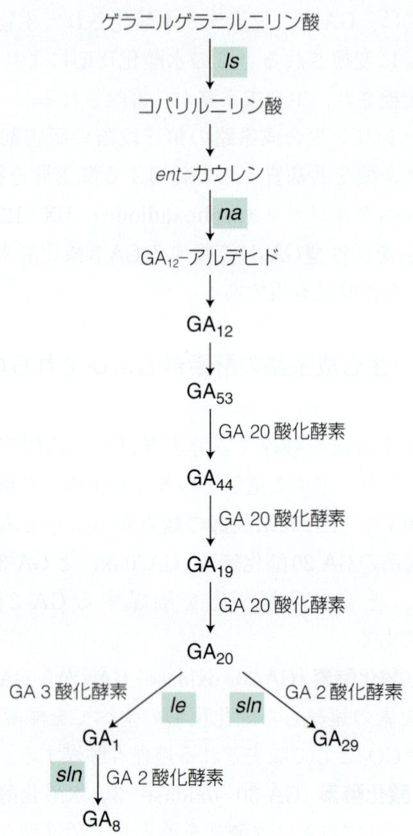

図 20.7　ジベレリン生合成系路の一部。エンドウにおいて合成経路を遮断する変異を略語で示し，GA_{53} 以降の代謝反応を触媒する酵素が記してある。

糖付加を受ける。したがって，糖付加はもう一つの不活性化機構と考えられる。ジベレリン配糖体を植物に投与すると，遊離ジベレリンに代謝される場合も知られており，配糖体は，ジベレリンの貯蔵型であるとも考えられる（Schneider and Schmidt 1990）。

GA_1 は茎の成長を制御する活性型ジベレリンである

ジベレリン生合成経路が解明され，矮性変異の原因が明らかとなった。ジベレリン投与により矮性植物の伸長が誘導されることから，ジベレリンは植物本来の成長調節物質であると考えられてきたが，その当時は直接的な証拠はなかった。1980年代初め，背丈の高い植物体の茎には矮性体の茎よりも多くの活性型ジベレリンが含まれていることが証明された。内生の活性型ジベレリン量を介して植物の背丈は遺伝的に制御されているのである（Reid and Howell 1995）。

Le 遺伝子（野生型）をホモにもつエンドウは背丈が高く，*le* 遺伝子（変異型）をもつエンドウは矮性である。同一の遺伝的背景を用いて，両者のジベレリン含有量が比較された。*Le* と *le* はエンドウの背丈を制御する二つの対立遺伝子であり，その遺伝形質は1886年にGregor Mendelの先駆的研究で解析されている。現在では，背丈の高いエンドウは，矮性エンドウよりも多量の活性型ジベレリン GA_1 を含むことが明らかとされている（Ingram et al. 1983）。

これまで述べてきたように，高等植物における GA_1 前駆体は GA_{20} である（GA_1 は 3β-OH GA_{20}）。*le* 遺伝子をホモにもつ矮性エンドウは GA_1 には応答するが，GA_{20} には応答することができない。これにより，*Le* 遺伝子は，植物体に GA_{20} を GA_1 に変換する能力を付与していると示唆される。安定同位体と放射性同位体を用いた代謝解析により，*Le* 遺伝子は GA_{20} の 3β 水酸化を触媒して GA_1 を生成する酵素（GA 3酸化酵素）をコードしていることが明らかにされた（図20.8）。

Mendelにより発見された *Le* 遺伝子が単離され，劣性の *le* 対立遺伝子は一塩基置換により野生型の20分の1の活性しかない欠陥酵素をコードすることが明らかになった。そのために GA_1 量が減少して *le* 変異体は矮性を示すのである（Lester et al. 1997）。

内生 GA_1 量は背丈と関連する

ジベレリン欠損 *le* 矮性エンドウの茎は野生型に比べて非常に短い（成熟した矮性体の節間が3 cmで，成熟した野生型は15 cm）。この変異は 'leaky' であるため（変異遺伝子は活性の低い酵素を生産する），変異体は少量の GA_1 を生成し，わずかに成長する。他の *le* 対立遺伝子をもつエンドウも背丈の高さが異なり，植物体の背丈は内生 GA_1 量と相関していた

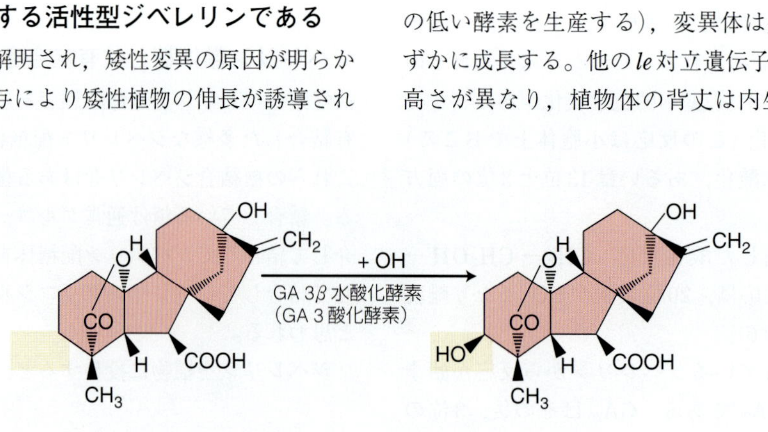

図 20.8　GA 3β 水酸化酵素（GA 3酸化酵素）による GA_{20} から GA_1 への変換。GA_{20} の3位炭素に水酸基（OH）が付加される。

(図20.9)。

ジベレリンがほとんど存在せず，極端な矮性を示すエンドウの変異体がある。この矮性体は*na*対立遺伝子をもち（野生型は*Na*），*ent*-カウレンからGA_{12}アルデヒドまでのジベレリン生合成が完全に遮断されていた（Reid and Howell 1995）。その結果として，ホモ接合体の変異体（*nana*）には，ほとんどジベレリンが存在せず成熟後でも背丈は1cmたらずである（図20.10）。

しかしながら，*nana*エンドウは*Le*にコードされる活性のあるGA 3酸化酵素をもつので，GA_{20}をGA_1に変換することはできる。*nana*エンドウ（*naLe*）のシュートを矮性*le*エンドウに接木すると，*nana*エンドウの茎頂は*le*矮性体から供給されるGA_{20}をGA_1に変換できるので，背丈が回復する。

これらの観察から，GA_1は生物学的に活性のあるジベレリンでありエンドウの背丈を制御していると結論された（Ingram et al. 1986；Davies 1995）。ジベレリン生合成の遮断された変異体を用いた解析から，単子葉植物のトウモロコシでも同様の結果が得られた。したがって，GA_1による茎の伸長制御は植物一般に普遍的であると考えられる。

GA_1は，ほとんどの植物種で茎伸長を制御するもっとも主要な活性型ジベレリンである。しかしある植物種や組織にはGA_1とは別の，活性型ジベレリンが数種類存在する。たとえば，GA_3は二重結合を一つもつ点でGA_1と異なり，高等植物にはあまり存在しないが，多くの生物検定においてGA_1と同等の活性を示す：

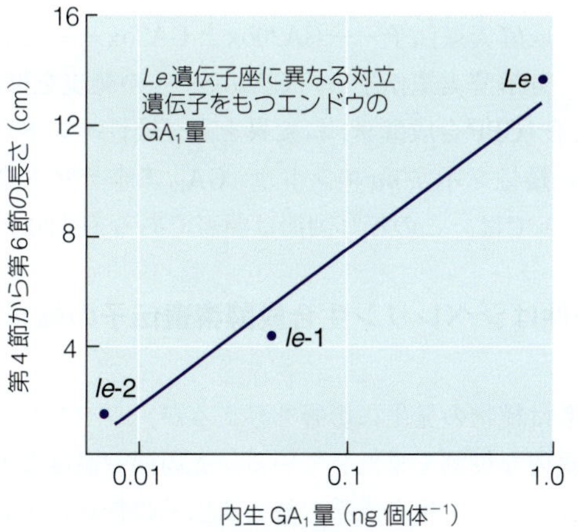

図20.9 茎の伸長はGA_1内生量との相関性が高い。*Le*遺伝子座に異なる対立遺伝子をもつ3種のエンドウのGA_1量を，節間長に対してプロットした。*le-2*は有名な*le-1*よりもさらに矮性が著しい。GA内生量と節間伸長には密接な関連が認められる。（Ross et al. 1989）

図20.10 ジベレリン内生量の異なるエンドウの形態とその遺伝子型（対立遺伝子はすべてホモ接合体）（Davies 1995）

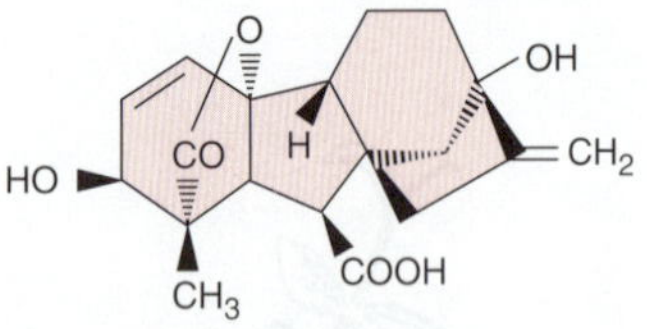

ジベレリン酸 (GA_3)

13位の炭素に水酸基をもたないGA_4は，シロイヌナズナとウリ科（*Cucurbitaceae*）に存在している。GA_4はGA_1と同程度，または生物検定によってはそれ以上の活性を示す。GA_4をもつ種ではGA_4が活性型ジベレリンである（Xu et al. 1997）。GA_4の構造以下に示す：

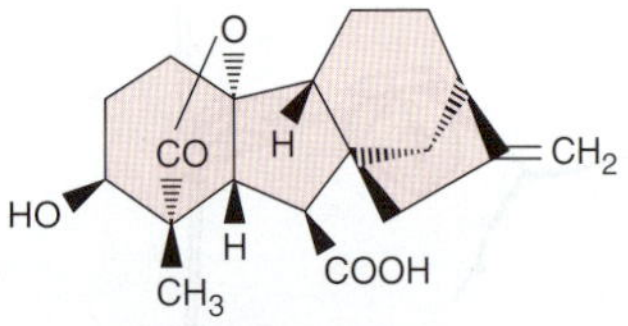

ジベレリンA_4 (GA_4)

ジベレリンは茎頂組織で生合成される

ジベレリンは未成熟種子と発達中の果実に，もっとも高濃度に存在する。しかし通常，種子が成熟する過程でジベレリン量はゼロにまで減少するので，芽ばえが種子から活性型ジベレリンを得ているとは考えられていない。

エンドウの芽ばえを用いた解析から，ジベレリン生合成酵素やGA3ox遺伝子mRNAは，成長中の若い芽，若い葉，節間上部に局在していることが示された（Elliott et al. 2001）。シロイヌナズナでは，GA20ox遺伝子は主に頂芽と若い葉で発現しており，これらがジベレリン生合成の主要な場であると考えられる（図20.11）。

シュートで合成されたジベレリンは篩部を通して，植物の他の部位へ輸送される。ジベレリン生合成の中間体も篩管を通って輸送される。つまり，ジベレリン生合成の初期反応と，それにつづく合成反応は，異なる組織でおこる可能性が考えられる。

ジベレリンは根の滲出液や抽出液にも検出されるので，根もジベレリンを生合成し，木部を介してシュートへ輸送していることが示唆される。

ジベレリンは自身の代謝を制御する

内生ジベレリンはジベレリン生合成酵素遺伝子および分解酵素遺伝子の転写を，誘導あるいは抑制することにより，自分自身の代謝を調節している（それぞれ，フィードバック，フィードフォワード制御とよばれる）。ジベレリン前駆体が十分に蓄積されており，生合成・分解を触媒する酵素が活性を有していれば，植物における活性型ジベレリン量は一定の狭い範囲内で維持される。

図 20.11　ジベレリンは主に茎頂や展開途中の若い葉で合成されている。GA20oxプロモーターとホタル・ルシフェラーゼの融合遺伝子を発現する形質転換シロイヌナズナを作製した。擬似カラー像はこの形質転換体から放射される光を示している。基質となるルシフェリン散布後，CCDカメラで化学発光を記録した。得られた画像は光の強度により色分けし，植物の写真に重ね合わせた。赤および黄色の領域はもっとも高い光強度を表す。（Jeremy P. Coles, Andrew L. PhillipsそしてPeter Hedden（IACR–Long Ashton Research Station）の好意による）

たとえば，ジベレリン投与により，生合成酵素遺伝子――GA20oxとGA3ox――の発現は抑制され分解酵素遺伝子――GA2ox――の転写が誘導される（Hedden and Phillips 2000；Elliott et al. 2001）。GA 2酸化酵素遺伝子内の変異はGA_1の分解を抑制するので，ジベレリンを外部から投与されたときと同様な影響が表れる。GA 2酸化酵素の機能が低下した変異体では，生合成酵素遺伝子の転写が抑制される。

反対に，GA_1などの活性型ジベレリン量を減少させる変異は，生合成酵素遺伝子――GA20oxとGA3ox――の転写を活性化し，分解酵素遺伝子――GA2ox――の発現を抑制する。*LS*遺伝子（CPP合成酵素）に変異をもつ矮性エンドウや，さらに強い矮性を示す*na*エンドウ（GA_{12}アルデヒド合成酵素の変異体）では，この転写調節は顕著である（図20.12）。

環境条件はジベレリン生合成酵素遺伝子の転写を変化させる

環境刺激は植物の発生に影響を与えるが，ジベレリンはその過程で重要な役割を果たしている。光周期や温度などの環境要因はジベレリン生合成系の酵素遺伝子の転写に影響し，活性ジベレリン量に影響を与える（Yamaguchi and Kamiya 2000）。

光はGA_1生合成を制御する　光は植物に大きな影響を与

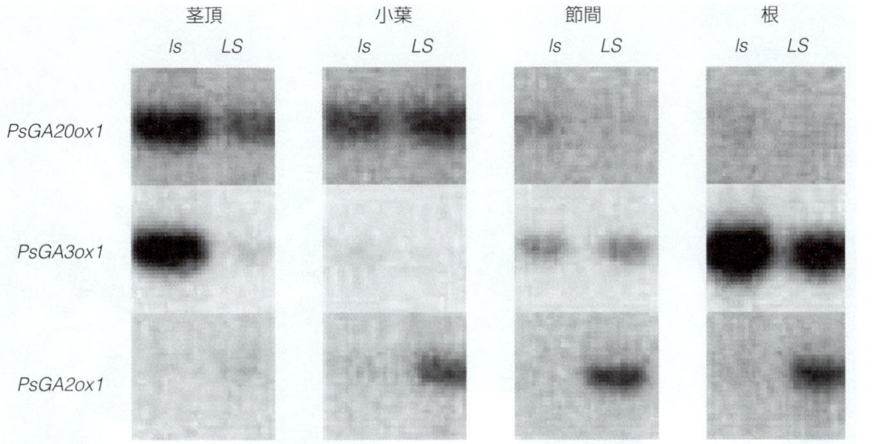

図 20.12 エンドウの各組織におけるジベレリン生合成酵素mRNAのノーザンブロット。バンドの強度が高いほどmRNAが多量に存在する。*LS*は背丈の高い野生型を示す。*ls*は，ジベレリン生合成の上流の反応を触媒するコパリル二リン酸合成酵素を欠損する極端な矮性変異体である。*ls*変異体におけるバンド強度の違いは，低GA_1量のためにGA20oxおよびGA3oxの転写が活性化され，GA2oxの転写が抑制されていることを示す。(Elliot et al. 2001)

える。ある種の種子は発芽に光を要求するが，ジベレリンの投与により暗黒下でも発芽が誘導される。光による発芽誘導は，GA_{20}をGA_1に変換するGA 3酸化酵素の遺伝子（GA3ox）が光により転写誘導され，GA_1レベルが上昇するためである(Toyomasu et al. 1998)。この効果は赤/遠赤の光可逆性を示し，フィトクロムを経由する制御であることが明らかになった（17章参照)。

芽ばえが地上に顔を出し光を受容すると，形態が変化する（17章参照)――脱黄化とよばれる反応である。もっとも顕著な変化の一つは，茎の伸長速度の低下であり，その結果，光を受容した茎は暗黒下におけるものよりも短くなる。研究初期には，明所で生育する植物は，暗所で生育するのもよりもGA_1量が少ないためと考えられていた。しかしながら，実際は明所で生育する植物は，暗所で生育する植物よりも内生

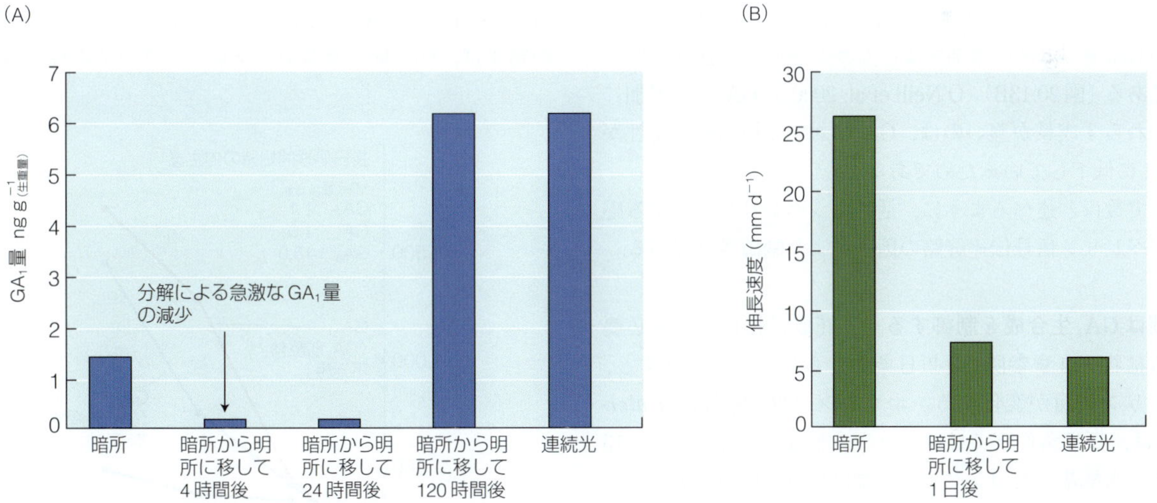

図 20.13 植物が光を受容すると，ホルモン内生量とホルモンに対する応答性が変化し，伸長速度が低下する。(A) 暗所で生育させた植物を明所に移すと，分解によりGA_1量が急激に低下するが，その後4日経過すると明所で生育させた植物と同レベルにまで回復する。(B) さまざまな光条件におけるGA_1応答性を調べるため，ジベレリン欠損*na*エンドウの節間に10 mgのGA_1を投与した。暗黒下で生育させたもの，暗所から明所に移してから1日後のもの，明所で6日間生育させたものに，それぞれジベレリンを投与し24時間後に成長を測定した。この結果，エンドウ芽ばえのジベレリンに対する感受性は暗所から明所へ移行すると急激に低下し，そのためGA_1内生量が多いにもかかわらず，明所の植物は暗所の植物よりも伸長速度が低いことが示された。(O'Neill et al. 2000)

図 20.14　ホウレンソウは長日条件下でのみ，茎と葉柄が伸長し，短日条件下ではロゼットを形成したままである。ジベレリン合成阻害剤AMO-1618を投与すると，茎と葉柄の伸長は抑制され，長日条件下でもロゼット型が維持される。ジベレリン酸を投与すると，AMO-1618による茎と葉柄の伸長阻害は打ち消される。図20.16に示されるように，長日条件は植物体のジベレリン量を変化させる。(J. A. D. Zeevaartの好意による)

GA_1量が多いことが判明した。脱黄化反応は内生GA_1量の変化とともに，植物体のGA_1への感受性の変化も伴う複雑な過程であるらしい。

エンドウでは，光を受容してから初めの4時間はGA2ox遺伝子の転写レベルが上昇し，GA_1が分解されるので，内生GA_1量が減少する（図20.13A）。GA_1量は光を受容してから24時間後までは低い状態だが，その後増加し，5日目までには茎のGA_1量は5倍に増加する。しかし茎の伸長速度は低いままである（図20.13B）(O'Neill et al. 2000)。GA_1量の増加にもかかわらず成長が遅いのは，GA_1に対する植物の感受性が7分の1に低下しているためである。

本章で後ほど述べるように，活性型ジベレリンに対する応答はジベレリン信号伝達経路の因子により制御されている。

光周期はGA_1生合成を制御する　花成に長日条件を必要とする植物（24章参照）を短日条件から長日条件に移すと，ジベレリン代謝が変化する。ホウレンソウ（*Spinacia oleracea*）は，短日条件下ではロゼットを形成し（図20.14），13位炭素に水酸基をもつジベレリン量は比較的低い。ホウレンソウは日長に反応し，長日条件開始14日後に，茎の伸長が始まる。

13位炭素が水酸化される経路のジベレリン（$GA_{53} \rightarrow GA_{44} \rightarrow GA_{19} \rightarrow GA_{20} \rightarrow GA_1 \rightarrow GA_8$）内生量は，長日処理を開始しておよそ4日後に増加し始める（図20.15）。GA_{20}は最初の12日間で16倍にまで増加するが，茎の伸長を誘導するGA_1の増加は5倍である（Zeevaart et al. 1993）。

茎の伸長がGA_1に依存していることは，さまざまなジベレリン生合成阻害剤および分解阻害剤を用いた解析から明らかになった。阻害剤AMO-1618とBX-112は節間成長（抽だい）を抑制する。GA_{12}アルデヒドより上流の生合成を阻害するAMO-1618の効果は，GA_{20}の投与により解消される（図20.16A）。しかし，GA_{20}からGA_1までの反応を阻害するBX-112の効果は，GA_1の投与でのみ解消される（図20.16B）。この結果は，GA_1量の増加がホウレンソウの茎成長制御の決定

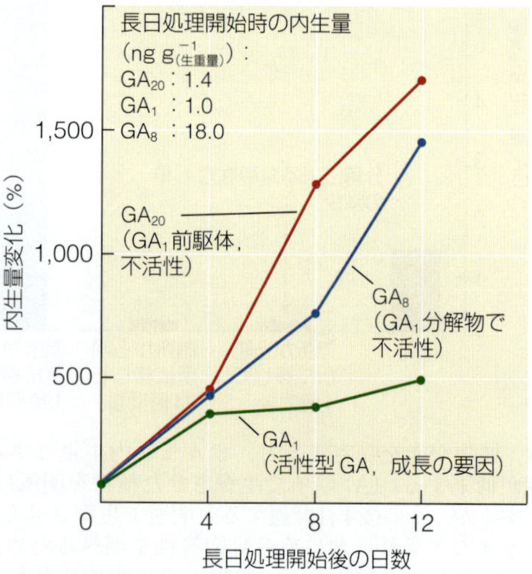

図 20.15　長日条件下でホウレンソウが成長する原因は，GA_1量が5倍に増加することである。しかし，茎の伸長が始まるのは長日処理を開始して14日後である。(Davies 1995, Zeevaart et al. 1993より改変)

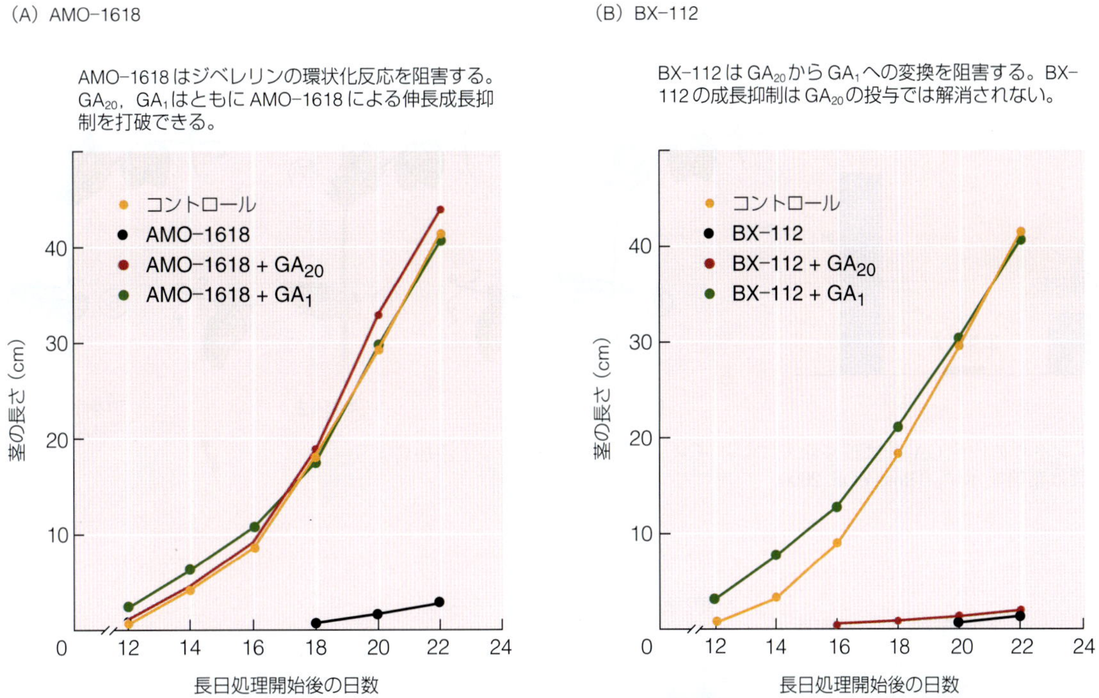

(A) AMO−1618
AMO−1618 はジベレリンの環状化反応を阻害する。GA20，GA1 はともに AMO−1618 による伸長成長抑制を打破できる。
コントロール
AMO−1618
AMO−1618 + GA20
AMO−1618 + GA1
茎の長さ (cm)
長日処理開始後の日数
0
10
20
30
40
12
14
16
18
20
22
24
(B) BX−112
BX−112 は GA20 から GA1 への変換を阻害する。BX−112 の成長抑制は GA20 の投与では解消されない。
コントロール
BX−112
BX−112 + GA20
BX−112 + GA1
茎の長さ (cm)
長日処理開始後の日数

図 20.16　成長抑制剤（GA生合成阻害剤）の効果が，どのジベレリンで打破されるかを調べれば，ある環境刺激（この場合はホウレンソウの茎伸長における長日の効果）のもとで，成長を制御するジベレリンの種類を明らかにできる。コントロールは阻害剤も GA も投与されていない植物。(Zeevaart et al. 1993)

的要因であることを示している。

ホウレンソウの GA 20酸化酵素の mRNA は茎頂と伸長中の茎に，もっとも多量に存在している（図 20.11）。この遺伝子は長日条件下で発現レベルが上昇することが示された (Wu et al. 1996)。GA 20酸化酵素は GA_{53} から GA_{20} への変換を触媒する酵素であるので（図 20.7），長日条件下のホウレンソウで GA_{20} の濃度が高くなっていることを上手く説明できる (Zeevaart et al. 1993)。

光周期による塊茎形成の制御　ジャガイモの塊茎形成も光周期により制御されている（図 20.17）。野生のジャガイモは短日条件下でのみ塊茎を形成するが（現在の改良栽培種では短日要求性は育種的に除去されているものが多い），短日条件下での塊茎形成はジベレリンの投与により抑制される。GA20ox の転写は明暗周期で変動し，短日条件下では GA_1 量が減少する。ジャガイモで GA20ox を過剰発現させると塊茎形成が遅延し，GA20ox のアンチセンス遺伝子を発現させる

長日
短日

図 20.17　ジャガイモの塊茎形成は短日条件下で促進される。ジャガイモ（*Solanum tuberosum* spp. *Andigena*）は長日下でも短日下でも成長する。しかし塊茎は短日条件下においてのみ形成される。塊茎形成は GA_1 量の低下と関連する（24 章参照）。(S. Jackson の好意による)

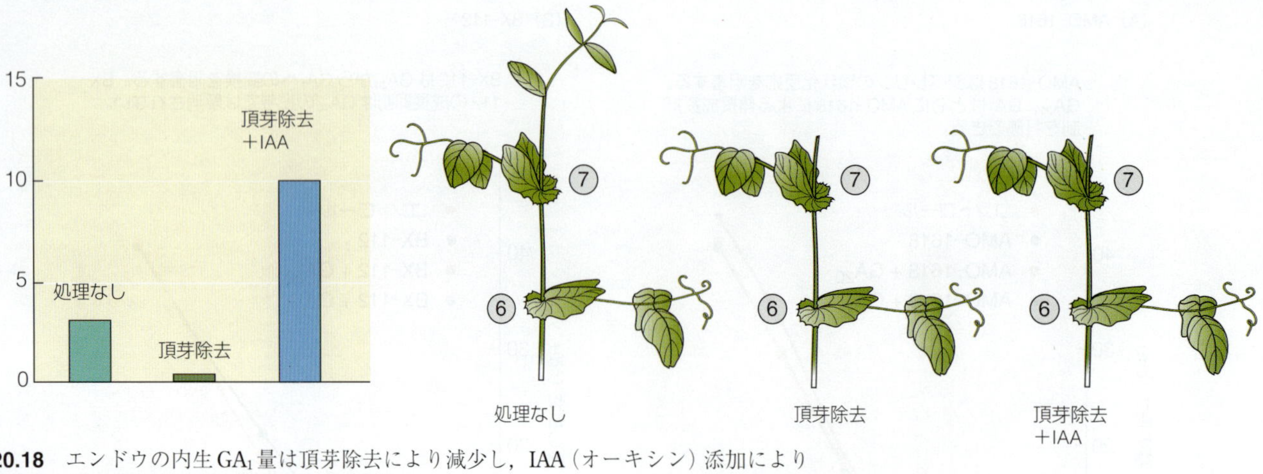

図 20.18　エンドウの内生 GA_1 量は頂芽除去により減少し，IAA（オーキシン）添加により回復する。数は葉節を示す。(Ross et al. 2000)

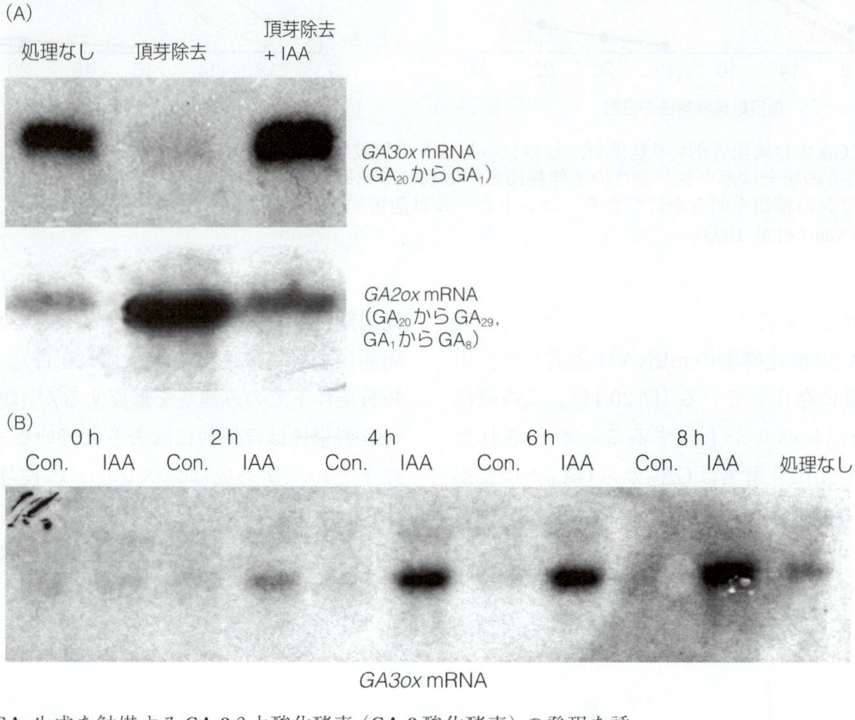

図 20.19　(A) IAA は GA_1 生成を触媒する GA 3β 水酸化酵素（GA 3 酸化酵素）の発現を誘導し，GA_1 を分解する GA 2 酸化酵素の発現を抑制する。(B) IAA 添加後 2 時間後には GA 3β 水酸化酵素（GA 3 酸化酵素）の発現レベルが上昇する。Con.はコントロール。(Ross et al. 2000)

と塊茎形成は促進されるので，ジャガイモの塊茎形成制御において，この遺伝子の発現調節が重要であることがわかる (Carrera et al. 2000)。

一般に脱黄化，光依存的発芽，光周期によるロゼット植物の茎伸長制御，ジャガイモの塊茎形成などの光による植物の制御はフィトクロムを介している（17 章参照）。フィトクロムの作用機構の一部は，ジベレリン生合成および分解に関与する遺伝子の転写制御を介して，ジベレリン量を調節することであると考えられている。

温度の影響　発芽に低温を必要としたり（ストラティフィケーション），開花に低温刺激を必要とする（春化処理）植物種が存在する（24 章参照）。

たとえば，*Thlaspi arvense*（グンバイナズナ）は茎の伸長と花成に長期の低温処理を必要とするが，ジベレリンは低温処理を代替できる。

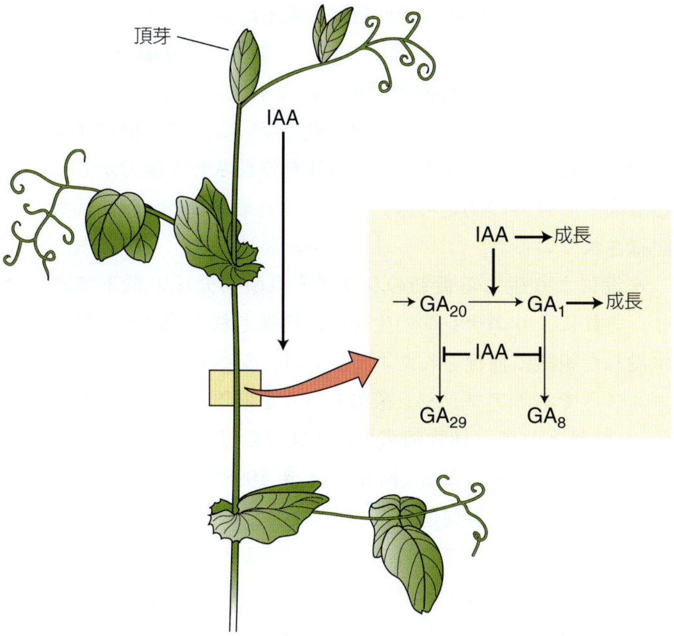

図 20.20 頂芽からのIAAは，節間におけるGA_1生合成に必要である。IAAはGA_1の分解も阻害する。(Ross and O'Neill 2001)

低温処理を施さないと，*ent*–カウレン酸が茎頂に高濃度に蓄積する。茎頂は低温刺激を受容する部位でもある。低温処理の後，高温に戻すと，*ent*–カウレン酸は花芽形成にもっとも効果的なGA_9に変換される。この結果は，低温処理により茎頂で*ent*–カウレン酸水酸化酵素の活性が上昇する事実と一致する（Hazebroek and Metzger 1990）。

オーキシンはジベレリン生合成を促進する　ホルモンはあたかも単独で生理作用を発揮するかのように考えられることが多いが，実際の植物の成長・発生は多くのシグナル伝達の総和の結果とみなすべきであろう。ホルモンは他のホルモンの生合成に影響を与えることがあるので，あるホルモンの効果が他のホルモンに媒介されることもある。

たとえば，オーキシンはエチレン生合成を誘導することが以前から知られている。現在では，ジベレリンがオーキシン生合成を誘導すること，また逆にオーキシンがジベレリン生合成を誘導することが明らかにされている。エンドウの茎頂を取り除くと茎の伸長は停止する。これはオーキシン生合成部位の除去によるオーキシン量の減少だけではなく，茎の上部におけるGA_1レベルの急激な減少にも起因する。頂芽部分を取り除いてもオーキシンを供給するとGA_1量が回復することから，このGA_1量の減少は，オーキシンの影響と考えられる（図20.18）。

エンドウではオーキシンによりGA3oxの転写が活性化され，GA2oxの転写が抑制される（図20.19）。オーキシンが欠乏すると逆の応答が観察される。したがって，頂芽はオーキシンを生合成するだけでなく，オーキシンを介してGA_1生合成を促進し，伸長成長を誘導している（図20.20）（Ross et al. 2000；Ross and O'Neill 2001）。

図20.21に，ジベレリン生合成と分解酵素遺伝子群の転写制御を介して，活性型ジベレリン量を調節する因子についてまとめた。

遺伝子操作による矮性植物の作出　GA20ox，GA3ox，GA2oxなどのジベレリン生合成・分解をつかさどる遺伝子群が明らかになったので，組換えDNA技術により，これらの遺伝子の転写を改変し，ジベレリン量を調節して，植物の背丈を変化させることが可能となった（Hedden and Phillips 2000）。農業上，植物の背丈は低い方が望ましい。穀類などの高密度で栽培されている作物はしばしば背丈が高くなりすぎて倒伏しやすいからである。さらに，ジベレリンは抽だいを制御しているので，ジベレリン量増加を阻害することで，抽だいを抑制できる。テンサイの抽だい抑制はこの例である。

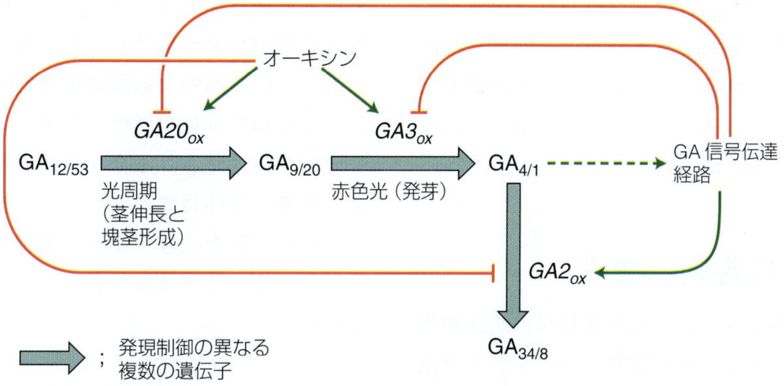

図 20.21 ジベレリン生合成の制御。フィードバック，環境刺激，他の植物ホルモンによるジベレリン生合成酵素遺伝子の調節様式を示した。

図 20.22 遺伝子組換えにより作製された矮性コムギ。一番左は野生型コムギ。右の三つは，GA_1を分解するジベレリン2−酸化酵素を過剰に発現させた形質転換コムギ。矮性の程度は導入した遺伝子の発現量と対応する。(Hedden and Phillips 2000，A. Phillips の好意による)

テンサイは二年生植物で，1年めに肥大した貯蔵根を形成し，2年めに開花して薹を形成する。長期間成長させて，より大きな貯蔵根を得るために，春のなるべく早い時期にテンサイの種はまかれる。しかし時期が早すぎると，1年めに抽だいしてしまい，大きな貯蔵根は形成されない。ジベレリン生合成を阻害すると抽だいが抑制されるので，早期の播種が可能となり貯蔵根を長期間成長させることができる。

現在，テンサイやコムギなどの作物では，GA_1の生合成に関与する酵素遺伝子GA20oxやGA3ox遺伝子のアンチセンスによる発現抑制，あるいはGA_1分解をつかさどる酵素遺伝子GA2oxの過剰発現により，GA_1量を減少させることに成功している。どちらの方法もコムギの矮化（図20.22）や，テンサイなどのロゼット植物の抽だい抑制に効果がある。

これらの形質転換植物では種子形成が阻害される。しかしジベレリン生合成酵素遺伝子GA20oxやGA3oxの抑制によりジベレリン量を低下させている場合は，ジベレリン溶液を散布することで種子形成阻害を解決できる。最近，同様な技術が芝にも適用されている。これにより草丈が伸びず穂が形成されなくなり，事実上芝刈り作業が必要なくなるかもしれない。芝生の庭つき住宅所有者には朗報である！

ジベレリンによる成長制御機構

すでに述べたように，ジベレリンの成長促進効果は矮性植物とロゼット型植物に顕著である。矮性植物にジベレリンを投与すると，同種内の背丈のもっとも高い品種と同等になる（図20.1）。他のジベレリンによる成長制御の例としては，胚軸とイネ科植物の節間への伸長促進効果が挙げられる。

節間伸長の特筆すべき例として，ウキイネ（*Oryza sativa*）がある。一般にイネ科植物は部分的な水没に適応している。水位が上昇すると，上部の葉が水没しないように，植物体は節間を伸長させる。ウキイネは節間を伸長させる能力がもっとも高い。野外の測定では，一日あたり最高25 cmの伸長が記録されている。

水没により生じる最初のシグナルは酸素分圧の低下であり，これによりエチレンの生合成が誘導される（22章参照）。水没した組織に捕捉されたエチレンは，ジベレリンのアンタゴニストであるアブシジン酸のレベルを低下させる（23章参照）。結果として，植物組織の内生ジベレリンに対する感受性が上昇することになる（Kende et al. 1998）。水没とエチレンによる植物の成長促進は，いずれもジベレリン生合成阻害剤により抑制され，また外部からのジベレリン投与は水没とは関係なく成長を促すので，ジベレリンはウキイネの成長を促進する直接のホルモンと考えられる。

ウキイネのジベレリンによる伸長成長は，茎切片を用いた実験系で研究されている（図20.23）。ジベレリンを投与すると，約40分後に成長速度が飛躍的に上昇する。ジベレリン処理後2時間以内に見られる茎切片伸長の90％は，細胞伸長によるものである。

ジベレリンは細胞伸長と細胞分裂を促進する

矮性植物に対するジベレリンの効果は実に目覚ましいので，ジベレリンによる成長作用機構の解明は容易と思ってしまうが，実際はそうではない。オーキシンについて述べたように，植物細胞の成長に関しては未解明の点が多い。しかしながらジベレリンにより誘導される茎伸長に関しては，いくぶん解明が進んでいる。

ジベレリンを投与すると細胞が長くなり細胞数も増加するので，ジベレリンは細胞伸長と細胞分裂の両方を促進すると考えられる。たとえば，背丈の高いエンドウの節間には矮性エンドウよりも多くの細胞が存在し，かつ細胞長も長い。ロゼット型長日植物にジベレリンを投与すると，茎頂分裂組織付近で細胞分裂が顕著に活性化される（図20.24）。ウキイネの水没に伴う劇的な節間伸長の要因の一つは，介在分裂組織における細胞分裂の活性化である。またジベレリンにより細胞分裂が活性化される介在分裂組織の細胞だけが，ジベレリンに応答して伸長する。

ジベレリンを投与すると，細胞分裂よりも細胞伸長の方が先におこる。まず細胞伸長におけるジベレリンの役割について述べる。

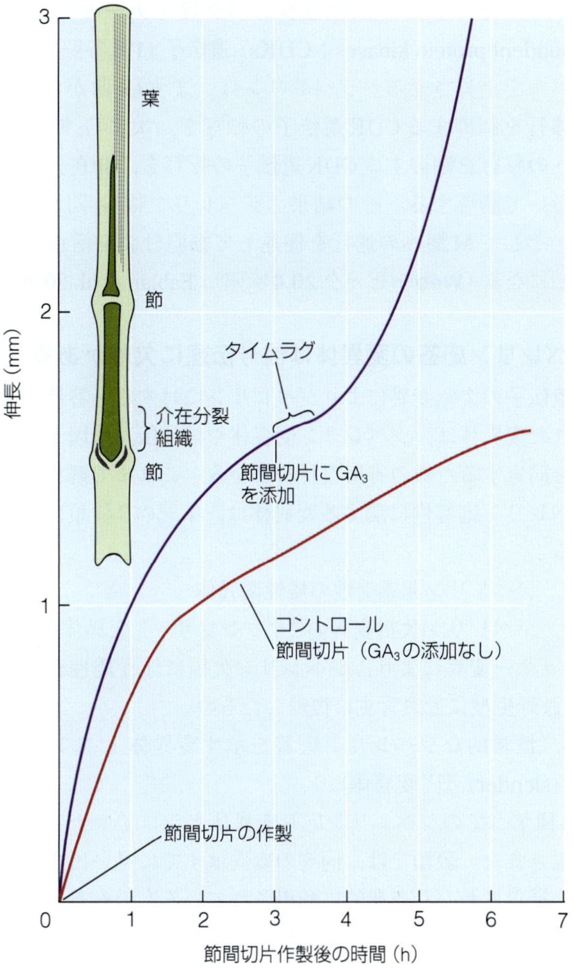

図 20.23 GA_3によるウキイネの上部節間成長の促進。茎切片は調整後2時間の間に急激な伸長を示し，その後は一定の速度で伸長する。茎切片調整3時間後にGAを添加すると，40分間のタイムラグの後に，再び急速な伸長を開始する（上の曲線）。茎切片ごとに初期伸長速度がやや異なるが，これは本実験では無視してよい。差し込み図は実験に用いたイネ茎の節間部分を示す。節の上部に近接して存在する介在分裂組織がGAに応答する。(Sauter and Kende 1992)

ジベレリンは酸性化とは異なる機構で細胞壁の伸展性を上昇させる

15章で述べたように，伸長速度は細胞壁の伸展性と吸水により生じる膨圧の両方に影響される。ジベレリンは膨圧を変化させるわけではないが，細胞壁の物理的伸展性を上昇させることが広く観察されてきた。ジベレリンの内生量または感受性が変化したエンドウ変異体を用いた解析により，ジベレリンは細胞壁を引き延ばすために必用な力（臨界降伏圧）の最低値を低下させることが示された (Behringer et al. 1990)。したがって，オーキシンもジベレリンも細胞壁の特性を変化させることにより，細胞伸長を促進していると考えられる。

オーキシンによる伸長の場合，細胞壁のゆるみは細胞壁の酸性化により，少なくとも部分的に説明される (19章参照)。しかしながら，ジベレリン作用による伸長には細胞壁の酸性化は伴わず，ジベレリンによるプロトン排出の促進は観察されない。しかし一方では，ジベレリンはオーキシンが存在しない組織には決して存在しないので，成長に対するジベレリンの効果は，オーキシンにより誘導される細胞壁の酸性化に依存する可能性はある。

ホルモンを投与してから成長を開始するまでに要する時間は，一般にオーキシンに比べてジベレリンの方が長い：すでに述べたように，ウキイネの場合は約40分であり（図20.23参照)，エンドウの場合は2～3時間である (Yang et al. 1996)。伸長開始に要する時間の違いは，ジベレリンによる成長促進の作用機構が，オーキシンのものとは異なることを示す。成長に対するオーキシンとジベレリンの効果は相加的であるこ

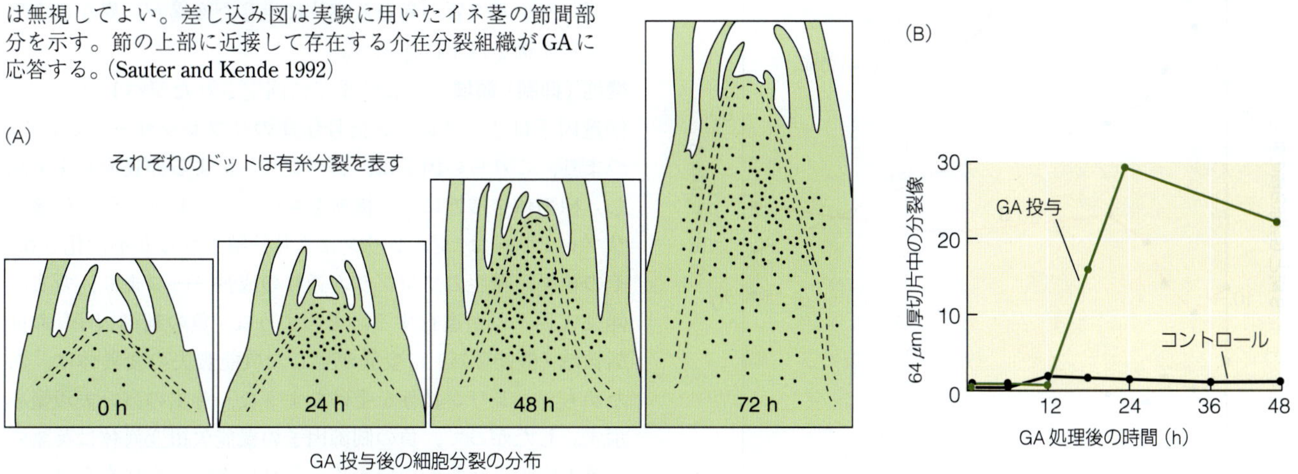

図 20.24 ジベレリンをロゼット型植物に投与すると，茎節間の伸長が誘導される。これには細胞分裂も関与している。(A) *Samolus parviflorus*（ヤチハコベ）の茎縦断面切片から，GA添加により細胞分裂が促進されていることが示される（図中の点は，厚さ64 μmの切片における分裂中の細胞を示す)。(B) 同様にして，GA存在下，非存在下における *Hyoscyamus niger*（ヒヨス）の分裂細胞数を計測した。(Sachs 1965)

とも，オーキシンとは異なる，ジベレリン固有の細胞壁をゆるめる機構の存在を支持している。

ジベレリンによる茎伸長の促進機構に関しては，多くの推測がある。それらはみな，なんらかの実験的根拠に基づいているものの，明快な解答にはいまだ到達していない。たとえば，エンド型キシログルカン転移酵素/加水分解酵素（XTH）がジベレリン促進性の細胞壁伸展に関与することを示す実験結果がある。XTHはエクスパンシンの細胞壁への進入を補助しているのかもしれない（エクスパンシンは，酸性条件下で細胞壁多糖類間の水素結合を弱めることにより，細胞壁の伸展性を高める細胞壁タンパク質である（15章参照））。エクスパンシンもXTHもジベレリンによる細胞伸長に必要と考えられている（**Webトピック20.3**参照）。

ジベレリンは介在分裂組織における細胞周期関連キナーゼ遺伝子の転写を制御する

先に述べたように，水没によりウキイネの節間成長速度は急速に上昇するが，この応答には介在分裂組織における細胞分裂も関与している。ジベレリンの細胞周期に対する効果を調べるために，介在分裂組織から核を単離し，核あたりのDNA量が定量された（図20.25）（Sauter and Kende 1992）。

水没した植物体では，ジベレリンはG_1期からS期への移行，そして分裂への移行を促進し，細胞周期を活性化していた。この活性化のためにジベレリンは細胞周期を制御するいくつかの**サイクリン依存性タンパク質キナーゼ**（cyclin-dependent protein kinases：**CDKs**）遺伝子（1章参照）の転写レベルを上昇させる。ジベレリンは，まずG_1期からS期への移行を制御するCDK遺伝子の転写を，次にG_2期からM期への移行を制御するCDK遺伝子の転写を，介在分裂組織において誘導する。その結果，ジベレリンはG_1期からS期へ，そしてM期への進行を促進して細胞分裂を活性化することになる（**Webトピック20.4**参照）（Fabian et al. 2000）。

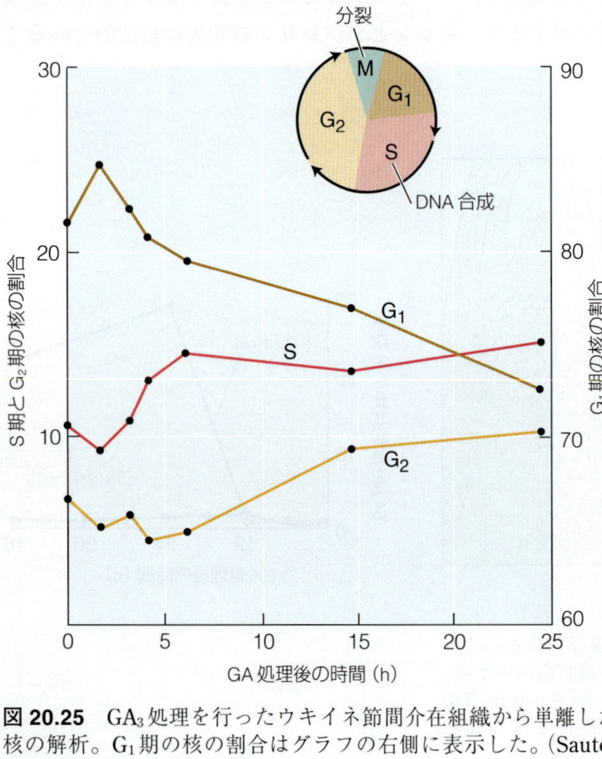

図20.25　GA_3処理を行ったウキイネ節間介在組織から単離した核の解析。G_1期の核の割合はグラフの右側に表示した。（Sauter and Kende 1992）

ジベレリン応答の変異体は信号伝達に欠陥がある

一遺伝子の突然変異によりジベレリンに対する応答性が損なわれた変異体は，ジベレリン受容体や信号伝達系因子の遺伝子を同定するための有用な材料となる。これまで解析されたジベレリン応答性に関する変異体は，下記の3種類に分類される：

1. ジベレリン非感受性の矮性変異体
2. ジベレリン欠損変異の‘サプレッサー’変異体：サプレッサー変異により，ジベレリン欠損に伴う矮性が打破され野生型に近い背丈に復帰したもの。
3. 恒常的なジベレリン応答を示す変異体（‘スレンダー（slender）型’変異体）

3種すべてのジベレリン応答変異体がシロイヌナズナから単離された。穀類では，同等の変異はすでに見い出されていて，長年にわたり農業的に利用されているものもある。

これらの変異体から，表現型はまったく異なるにもかかわらず，同一の信号伝達因子が同定されることがあった。同一タンパク質でも，制御領域に生じた変異と，機能領域に生じた変異では表現型がまったく異なる可能性があるからである。

同一タンパク質の異なる部位に生じた変異が，異なる表現型を示す例を以下に述べる。

機能（抑制）領域　これまでに同定されたジベレリン信号伝達因子は‘ジベレリン信号伝達のリプレッサー’である。つまり，これらの因子は，ジベレリンによる伸長成長を抑制し，植物体を矮性にする機能をもつ。ジベレリン信号伝達のリプレッサーは，ジベレリンにより分解されるか不活化され，その結果，発生のプログラム通りの成長——つまり，背丈の伸長成長——が進行する。そのような‘負の制御因子’の抑制領域（機能領域）に変異が生じた機能喪失の変異体は，あたかもジベレリン投与を受けたような，背丈の高い表現型を示す。したがって，負の制御因子の機能欠損変異体は英語の二重否定のようなものである。それは肯定の意味をもつのである。

これらの機能喪失変異の影響は，茎の伸長以外のさまざまな発生過程にも現れる。したがって，これらのジベレリンを介した成長制御の信号伝達経路は共通と考えられる。

制御領域　負の制御因子の‘制御領域’(ジベレリン受容体からのジベレリンシグナルを受け取る部位) に変異が生じると, 負の制御因子はシグナルを受容することができないため, 成長抑制をつづけることになる。そのような変異の表現型はジベレリン非感受性の矮性体となると予測される。したがって, 突然変異の生じた位置が抑制領域内か, あるいは制御領域内であるかにより, 同一遺伝子内の変異であっても反対の表現型 (背高–矮性) を示す可能性がある。

制御領域の変異によりジベレリンに対する応答性を喪失すると, ジベレリンにより不活化されることのない, 常に活性をもつリプレッサーが作り出される。恒常的に活性をもつ変異型リプレッサーの細胞内における存在量が増加するほど, 植物体の矮性はより顕著になると予測される。このような制御領域の変異は半優性となる。

これに対し, 抑制領域 (機能領域) の変異は, リプレッサー機能を喪失させるので (つまり, 本来の抑制機能を失った「ノックアウト」対立遺伝子となる), もはや成長を抑制することができなくなる。ヘテロ接合体では, もう一方の遺伝子がコードする正常なリプレッサーが, ジベレリン非存在下で成長を抑制できるので, そのような変異は劣性変異である。ジベレリン非存在下でも植物の背丈が伸長するためには, ‘すべての’負の制御因子が機能を失う必要がある。

以上の背景をもとに, ジベレリン信号伝達経路のタンパク質に生じた変異について検討する。

異なるスクリーニング法により機能的に関連のあるリプレッサーGAIとRGAが同定された

さまざまな植物種から, ジベレリン非感受性の矮性変異体が単離された。シロイヌナズナで最初に単離されたのは ***gai-1*** 変異体である (図20.26) (Sun 2000)。***gai-1*** 変異体は, ジベレリン投与に応答しない点を除けばジベレリン欠損変異体と形態が似ている。

もう一つの変異体は, ジベレリン欠損のシロイヌナズナ変異体が示す矮性を抑圧するサプレッサーとして単離された。スクリーニングに用いられたジベレリン欠損変異は ***ga1-3*** で, その矮性の表現型を部分的に「救助」できる (つまり,

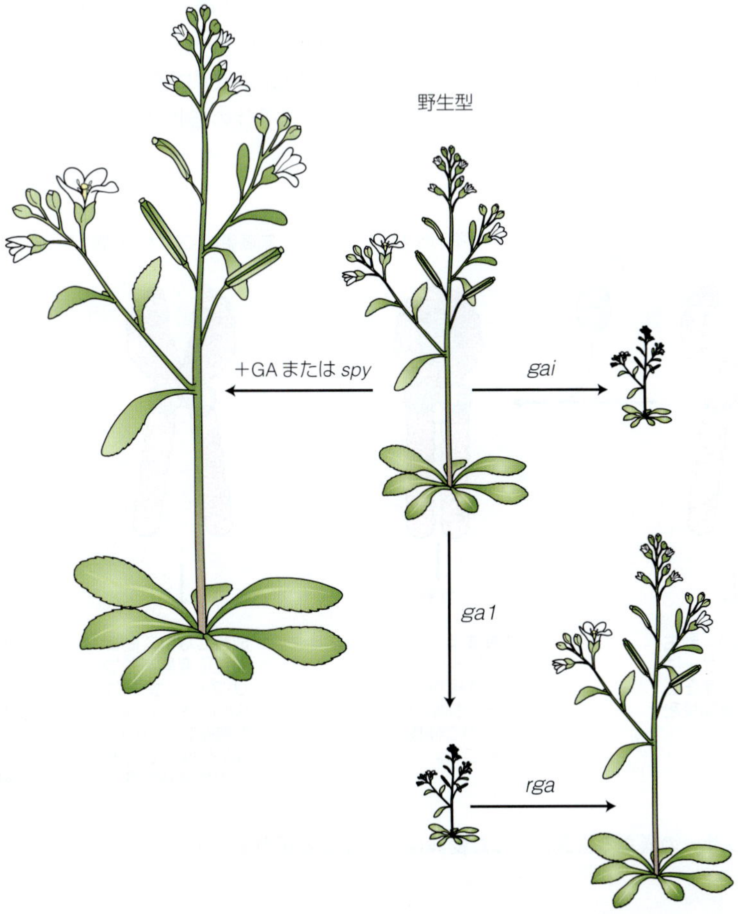

図 20.26　ジベレリン処理または3種類の変異 (*gai*, *ga1*, *rga*) がシロイヌナズナの形態に与える影響

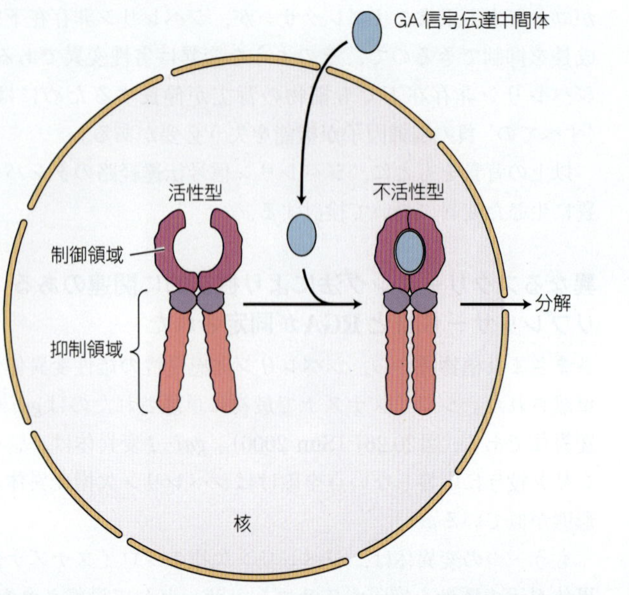

図 20.27 GAI と RGA には二つの重要な領域（制御領域と抑制領域）がある。抑制領域はジベレリン非存在下で機能を発揮する。ジベレリンからの情報は未知の信号伝達中間体を介して制御領域に認識され，RGA の分解を引きおこす。タンパク質はホモダイマーを形成していると考えられている。

正常の成長を回復させる）サプレッサー変異は ***rga*** と名づけられた（repressor of *ga1-3*）[†]。***rga*** 変異は劣性変異で，ホモ接合体の植物体は ***ga1-3*** の遺伝的背景において中程度の背丈を示す（図 20.26）。

変異体の対照的な表現型にもかかわらず，野生型の *GAI* と *RGA* 遺伝子の配列は相同性が非常に高く（82%同一），密接に関連した遺伝子であることが判明した。***gai-1*** 変異は，他の植物種のジベレリン非感受性の矮性変異と同様に，半優性である。

遺伝学的解析より，野生型の GAI タンパク質と RGA タンパク質は，ともにジベレリン応答のリプレッサーであることが明らかにされた。現在のところジベレリンは未同定の信号伝達の中間体を介して，GAI および RGA タンパク質に間接的に作用すると考えられている（図 20.27）。信号伝達中間体が GAI などのリプレッサーに結合すると，リプレッサーは成長抑制機能を失い，植物の背丈は伸長する。

gai-1 と ***rga*** が異なる表現型を示すのは，これらの変異が，それぞれタンパク質の異なる部位に生じたためである。図 20.28 に示したように，***gai-1*** 変異（リプレッサーのジベレリンに対する感受性が失われる）が制御領域に生じているのに対し，***rga*** 変異（成長を抑制するリプレッサーの機能が失われる）は抑制領域（機能領域）内に位置する。

gai-1 変異により生じる変異リプレッサーは，制御領域内の 17 アミノ酸残基が欠失していることが明らかになった（Dill et al. 2001）。*RGA* 遺伝子のジベレリンシグナル受容領域（制御領域）に同様の変異を導入すると，やはりジベレリン非感受性の矮性体となるので，この二つの相同な遺伝子の

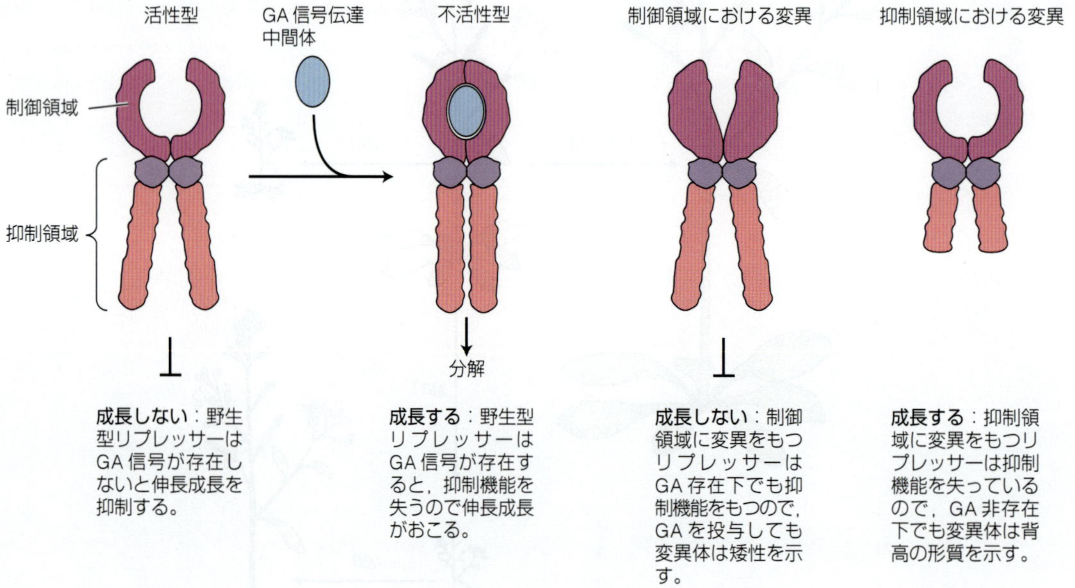

図 20.28 GAI，RGA リプレッサーの異なる位置に生じた変異は，異なる表現型を示す場合がある。

† 表記の似ている，*gai*（gibberellin insensitibe）と *ga1*（gibberellin-deficient 1）を混同しないように注意すること。

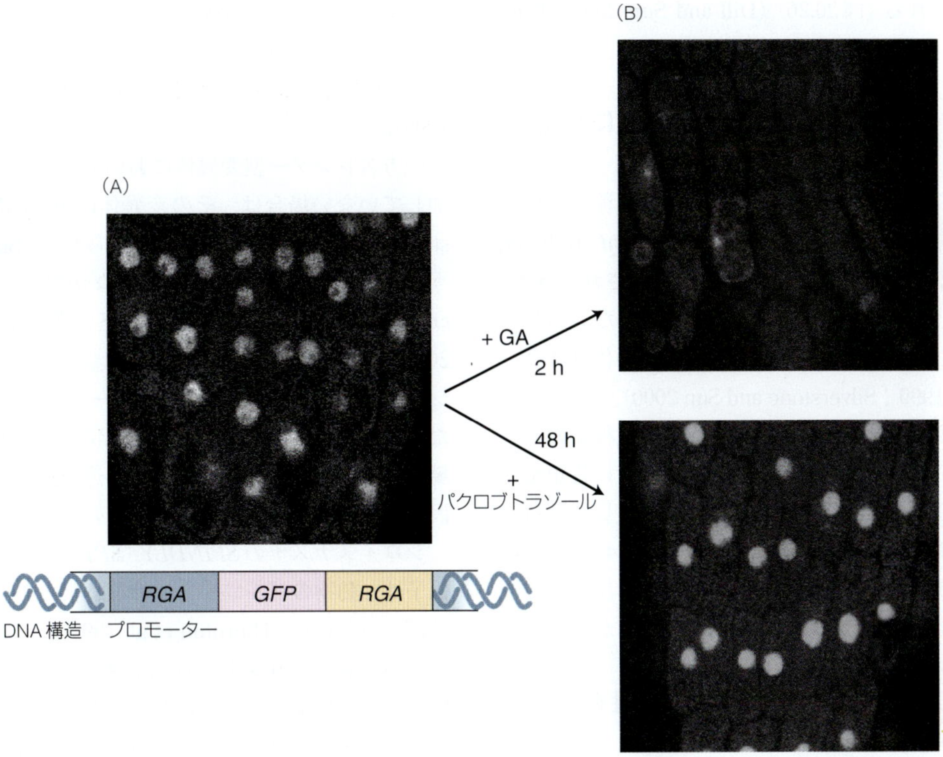

図 20.29 RGAタンパク質は細胞内の核に存在する。この観察結果は，転写因子様の構造をもつことと矛盾しない。RGAタンパク質の安定性はGAの内生量により制御される。(A) 植物細胞にRGAと緑色蛍光タンパク質（GFP）の融合遺伝子を導入し，蛍光顕微鏡で観察すると核内にRGAが局在することがわかる。(B) GAのRGAに対する効果。GA処理後2時間で，RGAは細胞から消失する（上図）。パクロブトラゾールによりGA生合成を阻害すると核内のRGA量は増加する（下図）。(Silverstone et al. 2001)

機能は重複していると考えられる。*gai-1*変異に生じたような欠失変異のために，リプレッサーの機能はジベレリンによって不活化されなくなり，植物の成長は恒常的に抑制された状態になる。

ジベレリンはリプレッサーRGAの分解を誘導する

シロイヌナズナの*GAI*と*RGA*遺伝子は，核局在配列と高度に保存された共通の配列をもち，大きな転写調節因子ファミリーに属する。核局在性とリプレッサーの性質を調べるためRGAとクラゲの緑色蛍光タンパク質（GFP）の融合遺伝子が使用された。この融合タンパク質の細胞内局在は蛍光顕微鏡により観察できる。核においてRGA-GFP融合タンパク質の発する緑色の蛍光が確認された。

植物をジベレリンで処理すると，緑色の蛍光が観察されなくなり，ジベレリン処理後はRGAタンパク質は消失することが示された。ジベレリン生合成阻害剤パクロブトラゾールでジベレリン内生量を極度に低下させると，輝度の高い緑色の蛍光が核に観察された。RGAが核内に存在するのは，植物体のジベレリン内生量が低いときである（Silverstone et al. 2001）。

GAIとRGAのタンパク質のN末端には，DELLAと名づけられた領域が保存されている。このDELLAという名は領域内のアミノ酸配列に由来する。この領域は，ジベレリン非感受性を付与する*gai-1*変異の位置と一致するので，ジベレリン応答に関与すると考えられる。RGAタンパク質は常に合成されているが，ジベレリンが存在するとRGAタンパク質は分解されることが明らかになった。この応答にはDELLA領域が必要であった（Dill et al. 2001）。

ジベレリンはGAIの分解も促進するかもしれない。（訳者注；GAIはジベレリン刺激により分解されないことが明らかになった。タンパク質分解とは別のメカニズムで不活化されると考えられる（*Plant J.* 935, 2002）。）*RGA*と*GAI*はジベレリン信号伝達経路の抑制維持において，部分的に重複した機能を果たしている。しかしながら，*RGA*の方が*GAI*よりも主要な役割を果たしていると思われる。抑制領域（機能領域）に変異が生じた*gai*（*gai1-t6*）はジベレリン欠損変異体の矮性を回復させることができないが，同様の変異をもつ*rga*は部分的に回復させることができるからである。一方，両方の遺伝子の抑制領域（機能領域）に変異が生じると，茎の伸長などジベレリンにより誘導される多くの現象が，ジベレリン非存在下で誘導される（図20.26）（Dill and Sun 2001；King et al. 2001）。

DELLAリプレッサーの変異は農作物の品種に存在していた

実はDELLAリプレッサーの変異体は，農作物品種の中にも存在している。もっとも注目すべきはコムギの*rht*（reduced height）変異で，30年もの間，すでに農業に利用されてきた。*rht*などの変異遺伝子はジベレリン応答性を失ったジベレリン信号伝達因子をコードしており，そのため植物体は矮性を示す（Peng et al. 1999；Silverstone and Sun 2000）。

このような穀類の矮性変異の品種は，大幅な収穫量の向上をもたらした緑の革命の原動力となった。高密度に穀類を栽培すると，植物の背丈が高くなりすぎる。特に大量に肥料を用いた場合は，顕著である。その結果，植物は倒れてしまい（倒伏），収穫が減少する。太い茎をもち耐倒性に優れた矮性の穀物品種の利用により，高い収穫をあげることができる。

負の調節因子SPINDLYはタンパク質の活性を変化させる酵素である

「スレンダー型変異体」は，大量のジベレリンで処理された野生型植物の形態に似ている。スレンダー型変異体は徒長した節間，単為結実（種なし）で成長する果実（双子葉植物），花粉生産の低下などの特徴を示す。スレンダー型変異は矮性変異に比較すると発生頻度は低い。

スレンダー型変異体の原因の一つは，内生ジベレリン量が通常よりも増加したためと説明することができる。たとえば，エンドウの*sln*変異体では，種子におけるジベレリン不活化反応が遮断されている。野生型の成熟種子はほとんどジベレリンを含まないが，*sln*変異体の成熟種子は高濃度のGA_{20}を含む。種子中のGA_{20}は発芽中の芽ばえに取り込まれ，生物活性をもつGA_1へと変換され，スレンダー型の表現型を誘導する。しかし，芽ばえが種子に蓄積されていたGA_{20}を消費しつくすと，表現型は正常へと復帰する（Reid and Howell 1995）。

一方スレンダー型変異体において，内生ジベレリン量が増加していない場合は，その変異体は**恒常的応答変異体**（constitutive response mutant）と考えられる（Sun 2000）。そのような非常に背丈の高い変異体のなかで，――エンドウの*la cry*^{s}（*La*と*Cry*^{s}の二つの遺伝子座に変異が生じている）（図20.10），トマトの*procera*（*pro*），オオムギの*slender*（*sln*），シロイヌナズナの*spindly*（*spy*）――について解析が進められた。これらの変異はすべて劣性であり，DELLA調節因子の場合と同様に，ジベレリン信号伝達経路の未知なる負の調節因子に，機能喪失変異が生じたものと考えられた。

シロイヌナズナの*SPINDLY*（*SPY*）と他の植物種の関連遺伝子は，動物のグルコサミン転移酵素とアミノ酸配列の相同性が認められた（Thornton et al. 1999）。これらの酵素は標的タンパク質のセリンおよびスレオニン残基に糖を付加する。付加された糖はタンパク質キナーゼの標的部位を，間接的あるいは直接的にマスクし，そのタンパク質の活性を調節する可能性がある。SPINDLYタンパク質の標的は同定されていない。

SPYはジベレリン信号伝達系において*GAI*，*RGA*の上流で作用する

前節までに述べた結果と，*SPY*，*GAI*，*RGA*の発現解析などをもとに（Sun 2000；Dill et al. 2001），ジベレリン信号伝達系について以下のモデルが提示された（図20.31と20.32）。

- GAI，RGAなど二つ以上の転写調節因子が，成長を促進する遺伝子の発現を，直接的または間接的に抑制している。

図20.30　SPYはジベレリン信号伝達系の負の制御因子であり，シロイヌナズナの*spy*変異体はジベレリンで処理されたかのような表現型を示す。左から右に向かって：野生型植物，*ga1*（GA欠損），*ga1/spy*二重変異体，*spy*.（N. Olszewskiの好意による）

- SPYはジベレリン信号伝達においてGAIやRGAの上流に位置し，GAI，RGAあるいは他の負の制御因子の転写または機能を活性化する。

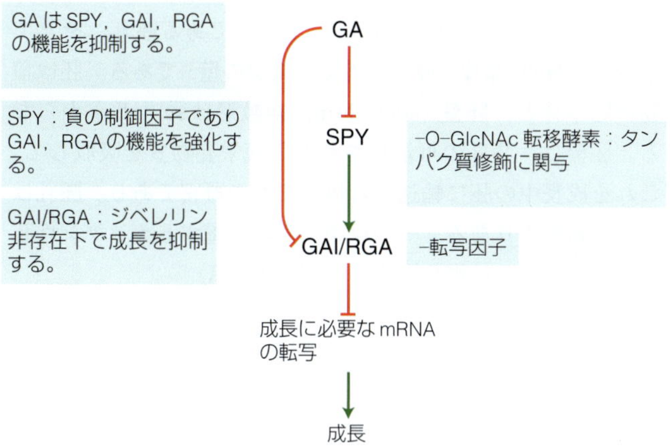

図 20.31 茎伸長における，遺伝子の相互作用

- ジベレリン存在下では，SPY，GAI，RGAはすべて分解されるか，活性を失う。
- ジベレリン刺激を受容するとRGAタンパク質は分解される。

ジベレリンはGAIとRGAによる成長抑制を解除する際，SPYを介するのか，介さないのか，それとも両方の経路があるのかは現在解析中である。エチレン（22章参照）など他の植物ホルモンや光受容体のフィトクロム（17章参照）の場合と同様に，ジベレリン信号伝達においても，シグナルが存在しないとき，植物本来の成長プログラムはさまざまな負の調節因子により抑制されている。発生のシグナル（この場合はジベレリン）は，直接成長を促進するのではなく，成長のリプレッサーを不活化することにより，発生プログラムを発動させるのである。

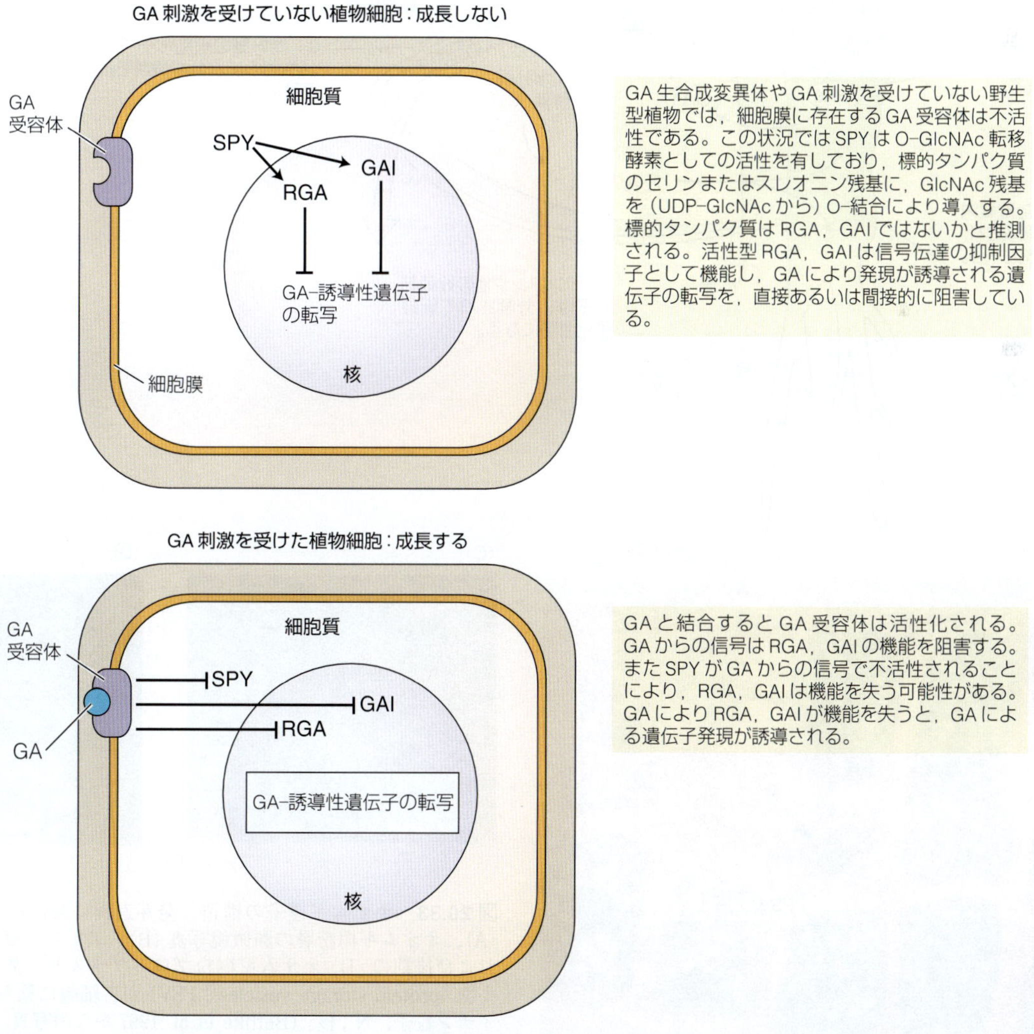

GA刺激を受けていない植物細胞：成長しない
GA受容体
細胞質
SPY
GAI
RGA
GA-誘導性遺伝子の転写
細胞膜
核
GA生合成変異体やGA刺激を受けていない野生型植物では，細胞膜に存在するGA受容体は不活性である。この状況ではSPYはO-GlcNAc転移酵素としての活性を有しており，標的タンパク質のセリンまたはスレオニン残基に，GlcNAc残基を（UDP-GlcNAcから）O-結合により導入する。標的タンパク質はRGA，GAIではないかと推測される。活性型RGA，GAIは信号伝達の抑制因子として機能し，GAにより発現が誘導される遺伝子の転写を，直接あるいは間接的に阻害している。
GA刺激を受けた植物細胞：成長する
GA受容体
細胞質
SPY
GAI
RGA
GA
GA-誘導性遺伝子の転写
核
GAと結合するとGA受容体は活性化される。GAからの信号はRGA，GAIの機能を阻害する。またSPYがGAからの信号で不活性されることにより，RGA，GAIは機能を失う可能性がある。GAによりRGA，GAIが機能を失うと，GAによる遺伝子発現が誘導される。

図 20.32 植物細胞内のGA信号伝達伝達におけるSPY，GAI，RGA機能のモデル

ジベレリンシグナル伝達経路：穀類の糊粉層

前節で述べたように，ジベレリンによる伸長成長制御の遺伝学的解析から，信号伝達に関する数種の遺伝子とその産物が同定された。しかしながら，ジベレリン信号伝達経路の生化学的解析は十分ではない。ジベレリン応答の分子レベルでの作用機構は，穀類糊粉層を用いてジベレリンによるα-アミラーゼの合成と分泌の促進を指標に，詳細に研究されてきた（Jacobsen et al. 1995）。

本節では，それらの研究により明らかにされた，ジベレリン受容体存在部位，α-アミラーゼ遺伝子などの転写制御について記述し，ジベレリンによるα-アミラーゼの合成と分泌の促進に関する信号伝達経路のモデルについて解説する。

胚のジベレリンは糊粉層のα-アミラーゼ生産を誘導する

穀粒（穀果，caryopsis，複数形はcaryopses）は三つの部分から構成される：2倍体である胚，3倍体である胚乳，そして融合した種皮–果皮（種子の外皮と果実の壁）である。胚は植物の胚本体と，胚盤（scutellum，複数形はscutella）からなる。胚盤は，胚乳の可溶化された貯蔵栄養物質を吸収して，これを成長中の胚に輸送する機能をもつ器官である。胚乳は二つの組織よりなる：一つは中央部に位置するデンプン性胚乳で，もう一つは糊粉層である（図20.33A）。

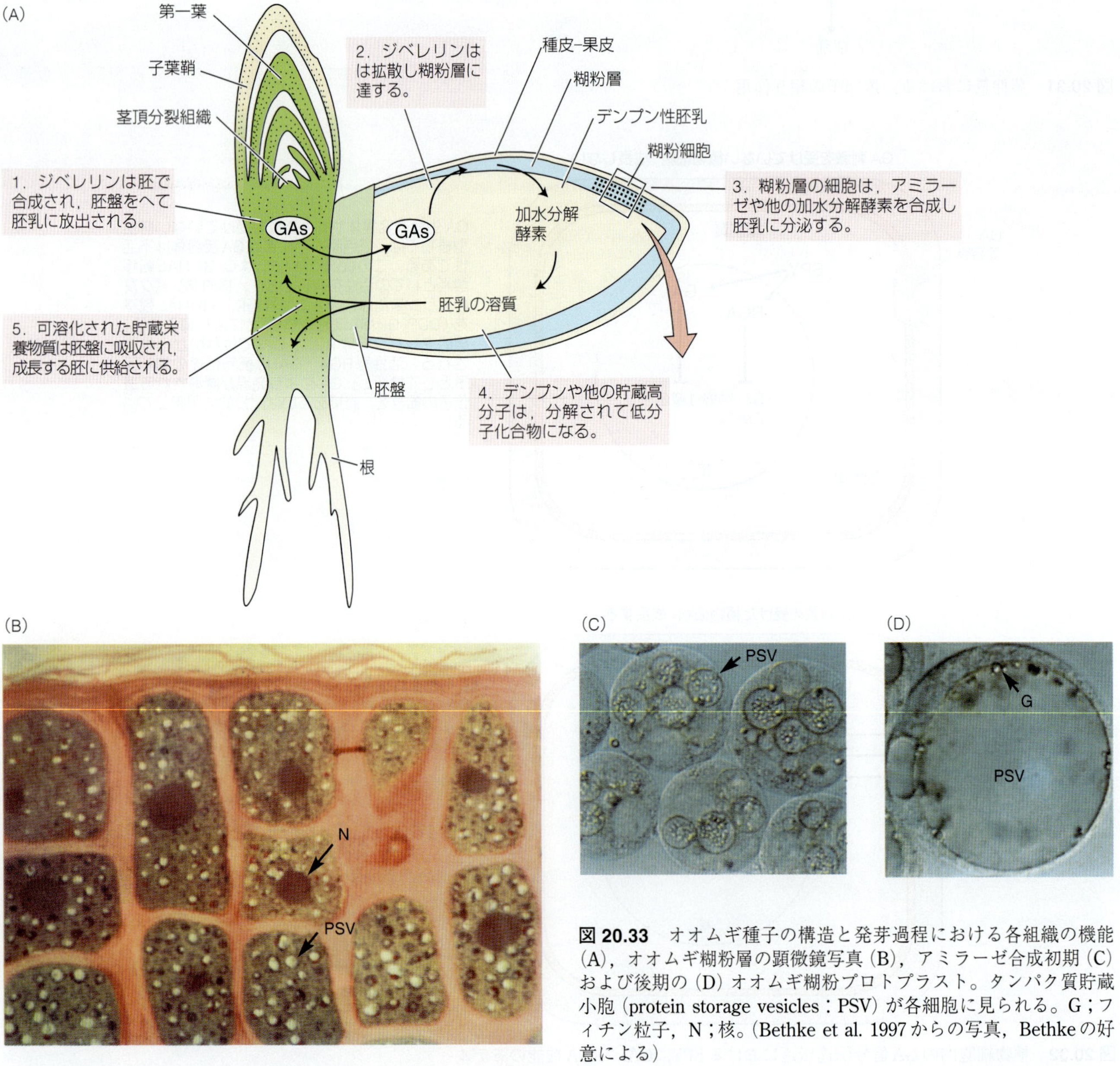

図 20.33　オオムギ種子の構造と発芽過程における各組織の機能（A），オオムギ糊粉層の顕微鏡写真（B），アミラーゼ合成初期（C）および後期の（D）オオムギ糊粉プロトプラスト。タンパク質貯蔵小胞（protein storage vesicles：PSV）が各細胞に見られる。G；フィチン粒子，N；核。（Bethke et al. 1997からの写真，Bethkeの好意による）

デンプン性胚乳は，デンプン粒で満たされた細胞壁の薄い細胞で構成される。成熟種子ではこれらの細胞は死んでいる。糊粉層はデンプン性胚乳を取り囲んでおり，細胞学的にも生化学的にもデンプン性胚乳とは顕著に異なる。糊粉細胞は厚い一次細胞壁に囲まれており，タンパク蓄積用の‘プロテインボディ’とよばれる特殊な液胞を多数含む（図20.33B～D）。プロテインボディには，*myo* イノシトール-6-リン酸（フィチン酸）の混合陽イオン塩（主に Mg^{2+} と K^{+}）であるフィチンも含まれる。

発芽期および胚軸成長の初期では胚乳の貯蔵栄養物質——主にデンプンとタンパク質——は，さまざまな加水分解酵素により分解され，可溶化された糖，アミノ酸などの分解産物は成長中の胚に輸送される。デンプン分解を触媒する酵素は α-アミラーゼと β-アミラーゼである。デンプン鎖の内部は，まず α-アミラーゼにより加水分解され，α-1,4-結合をしたグルコースからなるオリゴ糖に分解される。このオリゴ糖は β-アミラーゼにより末端から分解され二糖であるマルトースが生産される。マルトースはマルターゼによりグルコースに変換される。

α-アミラーゼは，穀物種子の胚盤と糊粉層の両方からデンプン性胚乳へ分泌される（図20.33A）。イネ科単子葉植物（たとえばオオムギ，コムギ，イネ，ライムギ，オートムギ）の種子における，糊粉層の唯一の機能は，加水分解酵素の合成と分泌であると思われる。この機能を遂行した後に糊粉細胞はプログラム細胞死をおこす。

オオムギ糊粉層によるデンプン分解酵素の分泌は胚の存在に依存するという，1890年のGottlieb Haberlandtの観察は，1960年代に行われた実験により再確認された。胚を種子から除去すると，デンプンは分解されない。しかし，胚を欠く種子と単離した胚とを近接させて培養すると，デンプンは分解されるようになった。したがって胚は糊粉層の α-アミラーゼ分泌を誘発する拡散性物質を生産していることになる。

それからまもなく，ジベレリン酸（GA_3）が胚を代替して，デンプンの分解を促進できることが発見された。胚を取り除いた種子を，ジベレリンを含む緩衝液中で培養を開始すると，8時間後に α-アミラーゼの培養液への分泌が劇的に促進された（ジベレリン酸を含まない緩衝液で培養したものと比較して）。

発芽の過程で，胚がジベレリン（主に GA_1）を合成し，胚乳に分泌していることが明らかになると，α-アミラーゼ誘導のメカニズムが理解しやすくなった。穀物種子の胚は，糊粉層の加水分解酵素を活性化するジベレリンを介して，胚乳の栄養貯蔵物質の可溶化を効率的に制御しているのである（図20.33A）。

ジベレリンにより，胚乳貯蔵物質の可溶化に関わるさまざまな酵素の合成，または分泌，あるいはその両者が促進される。中でも主要な酵素は α-アミラーゼである。1960年以降，胚を除去した種子（図20.33B）に変わり，単離糊粉層，さらには糊粉細胞のプロトプラストが解析に用いられるようになった（図20.33CおよびD）。ジベレリンの標的細胞として，均一な細胞集団である単離糊粉層を使用することにより，ジベレリンに応答しない細胞が混在しない条件で，ジベレリン作用の分子機構を解析することが可能となった。

以下のジベレリンによる α-アミラーゼ合成誘導に関する記述では，次の三つの問題に焦点を当てる：

1. ジベレリンはいかにして α-アミラーゼ合成促進を制御するか。
2. ジベレリン受容体は細胞のどこに存在するか。
3. ジベレリン受容から α-アミラーゼ合成にいたる信号伝達経路の実体は何か。

ジベレリン酸は α-アミラーゼmRNAの転写を促進する

分子生物学的な解析が行われる以前から，生理学的，生化学的実験はジベレリン酸により α-アミラーゼの合成が転写レベルで促進されることを示していた（Jacobsen et al. 1995）。主な根拠は下記の二つである：

1. GA_3 により促進される α-アミラーゼ合成は，転写または翻訳阻害剤により抑制される。
2. 安定同位体および放射性同位体を用いた標識実験から，ジベレリンによる α-アミラーゼ活性の上昇は，すでに存在する酵素の活性化ではなく，アミノ酸からの新規タンパク質合成に起因する。

現在では，ジベレリンの第一の作用は α-アミラーゼ遺伝子の発現誘導であることが明らかになっている。GA_3 により α-アミラーゼの翻訳可能なmRNA量が糊粉層において増加する（図20.34）。さらに，単離核を用いた解析から，α-アミラーゼmRNA量の増加は，mRNA分解の抑制ではなく，転写の促進によることも示された（**Webトピック20.5**参照）。

α-アミラーゼmRNAは糊粉細胞において比較的多量に存在するので，そのcDNA単離は容易であった。それをプローブとして構造遺伝子とプロモーター配列を含む α-アミラーゼ遺伝子のゲノムクローンが単離された。次にプロモーター配列とレポーター遺伝子である β-グルクロニダーゼ（GUS）との融合遺伝子を用いて転写制御機構が解析された。GUS遺伝子産物の活性は，人工基質を使って青色として可視化できる。上記の融合遺伝子を糊粉細胞のプロトプラストに導入すると，ジベレリンによりGUSの青色呈色反応が促進されることから，ジベレリンによる転写レベルでの制御が証明された（Jacobsen et al. 1995）。

穀類 α-アミラーゼ遺伝子のプロモーターを部分欠失させた実験から，‘ジベレリン応答配列’と名づけられたジベレリ

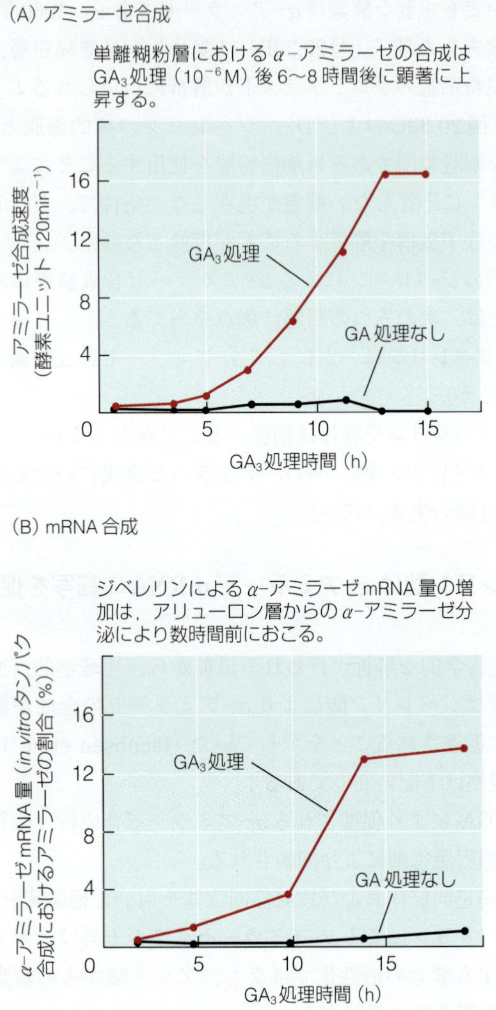

図 20.34　アミラーゼの合成および，そのmRNA転写に対するジベレリンの影響。この実験ではα-アミラーゼmRNA量は，全mRNAを*in vitro*で翻訳し，合成された全タンパク質に対するα-アミラーゼ合成量の割合として測定した。(Higgins et al. 1976)

ン応答性を付与する配列が同定され，転写開始部位から200〜300 bp上流に存在することが明らかとなった（**Webトピック20.6**参照）。

転写因子GA-MYBによりα-アミラーゼ遺伝子の発現は制御される

ジベレリンにより促進されるα-アミラーゼ遺伝子の転写は，α-アミラーゼ遺伝子プロモーターに特異的に結合する転写因子により調節される（Lovegrove and Hooley 2000）。イネにおける，そのような特異的なDNA結合タンパク質の存在は，'ゲルシフト法'とよばれる解析法により明らかにされた（**Webトピック20.7**参照）。α-アミラーゼプロモーターのDNA断片が，ジベレリン処理した糊粉細胞から抽出した核タンパク質と結合すると，α-アミラーゼプロモーターDNA断片の電気泳動移動度は遅延する（Ou-Lee et al. 1988）。このゲルシフト法により，転写因子が結合するプロモーター領域内のシス配列（**ジベレリン応答配列**（gibberellin response element））が同定された。

ジベレリン応答配列はすべての穀類のα-アミラーゼプロモーターに存在しており，この配列がジベレリンによるα-アミラーゼの転写誘導に必須であることが示された。ジベレリンは，転写因子の量を増加させるかまたは活性を上昇させ，次にその転写因子がα-アミラーゼ遺伝子プロモーターの制御配列に結合してmRNAの合成を促進するのである。

α-アミラーゼ遺伝子プロモーターに存在するジベレリン応答配列は，さまざまな発生・成長制御系に関与するMYB型転写因子の結合配列と相同性が認められた（Webサイトの14章，および17章参照）（Jacobsen et al. 1995）。この情報をもとに，ジベレリンによるα-アミラーゼ遺伝子発現に関与するMYB型転写因子のcDNAが単離され，GA-MYBと名づけられた。

糊粉細胞における*GA-MYB* mRNAの合成は，ジベレリン添加後3時間以内におこり，α-アミラーゼmRNAレベルの上昇に数時間先行することが明らかとなった（Gubler et al. 1995）（図20.35）。翻訳阻害剤であるシクロヘキシミドは*GA-MYB* mRNAの誘導に影響を与えず，*GA-MYB*が'第一応答遺伝子'または'初期応答遺伝子'であることが示された。これに対し，α-アミラーゼはシクロヘキシミドにより転写誘導が抑制されるので，'第二応答遺伝子'あるいは'後期応答遺伝子'である。

ジベレリンはいかにしてGA-MYB遺伝子の発現を誘導するのか？　タンパク質合成が関与していないので，ジベレリ

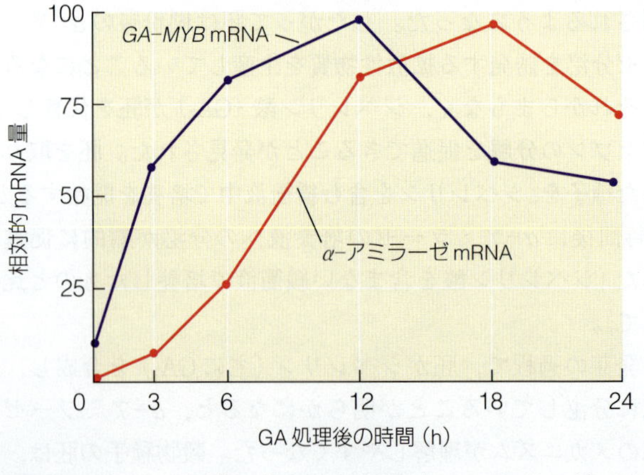

図 20.35　ジベレリン酸による*GA-MYB*とα-アミラーゼmRNA誘導の経時的変化。*GA-MYB*mRNAの合成はα-アミラーゼmRNAの合成に5時間先行する。この結果は，*GA-MYB*がジベレリン初期応答遺伝子であり，その遺伝子産物がα-アミラーゼ遺伝子の転写を制御するというモデルを支持する。GA非存在下では，*GA-MYB*およびα-アミラーゼのmRNAはほとんど存在しない。(Gubler et al. 1995)

ンは，すでに存在している一種または数種の転写因子を活性化すると考えられる。転写因子の活性化の典型例として，信号伝達系の最終段階におこる転写因子のリン酸化があげられる。ジベレリンによるα-アミラーゼ合成の信号伝達系のうち，GA-MYB合成にいたるまでの経路について検討してみよう。

ジベレリン受容体は細胞膜上に存在するGタンパク質と相互作用する可能性がある

細胞膜を通過できないようにマイクロビーズに固定したジベレリンが，糊粉細胞のプロトプラストにおいてα-アミラーゼ合成を誘導できるという観察から，ジベレリン受容体は細胞表面に存在していると推測される（Hooley et al. 1991）。さらに，GA_3を糊粉プロトプラストにマイクロインジェクションしてもα-アミラーゼは合成されないが，プロトプラストをGA_3溶液に浸すと合成がおこる（Gilroy and Jones 1994）。これらの結果は，ジベレリンは細胞膜の外側から作用することを示すものである。

ジベレリン結合活性をもつ，二つの細胞膜タンパク質が光親和性標識法により検出されている。大量の非標識ジベレリンにより結合が阻害されること，半矮性のジベレリン非感受性スイートピーではこれらのタンパク質はジベレリンに対する結合力が弱いことから，これらのタンパク質がジベレリン受容体の可能性があるが（Lovegrove et al. 1998），実体は不明である。

動物細胞において，細胞膜に存在するヘテロ三量体型GTP結合タンパク質（Gタンパク質）は，ホルモン受容体と相互作用し，細胞内情報への変換に関与する例が，数多く知られている。Gタンパク質が糊粉細胞におけるジベレリン信号伝達に関与することを示唆する実験がある（Jones et al. 1998）。

ヘテロ三量体型Gタンパク質のGDP/GTP交換反応を促進するMas7というペプチドを，オートムギ糊粉プロトプラストに添加すると，α-アミラーゼ遺伝子の発現が誘導される。細胞膜でのGDP/GTP交換反応が，ジベレリンによるα-アミラーゼ合成促進の過程に存在すると推測された。またヘテロ三量体型Gタンパク質のα-サブユニットに結合してGDP/GTP交換反応を阻害するグアニンヌクレオチドアナログにより，ジベレリンによるα-アミラーゼ遺伝子の発現が抑制されることからも，先の推測が支持される。

さらに，最近の遺伝学的解析から，ヘテロ三量体型Gタンパク質がジベレリン信号を仲介する可能性が指摘されている。イネの矮性変異体*dwarf1*（*d1*）はαサブユニット遺伝子が破壊されている。矮性であることに加えて，*d1*変異体の糊粉層は野生型と比較して，ジベレリンによるα-アミラーゼ合成促進が低下している。ヘテロ三量体型Gタンパク質は伸長成長とα-アミラーゼ合成の両方に関与するジベレリン信号伝達経路の構成因子の一つであることが示唆される。しかしながら，ジベレリン濃度が高くなると，変異体と野生型のα-アミラーゼ合成量の差は消失するので，ジベレリンによるα-アミラーゼ合成促進にはヘテロ三量体型Gタンパク質非依存的経路も関与する（Ashikari et al. 1999；Ueguchi-Tanaka et al. 2000）。

環状GMP，Ca^{2+}およびタンパク質キナーゼはGA信号伝達を仲介する可能性がある

動物細胞において，ヘテロ三量体型Gタンパク質はGTPからcGMPを合成する酵素であるグアニルシクラーゼを活性化し，細胞内cGMP濃度を上昇させる。cGMPは，イオンチャネル，Ca^{2+}レベル，タンパク質キナーゼ，および遺伝子の転写を制御することが知られている（Webサイトの14章参照）。オオムギ糊粉層において，ジベレリン投与によるcGMP濃度の一過的上昇が報告されており，α-アミラーゼ合成におけるcGMPの関与が示唆される（図20.36）（**Webトピック20.8**参照）（Pensen et al. 1996）。

動物細胞の多くのホルモン応答において，カルシウムとカルシウム結合タンパク質であるカルモジュリンはセカンドメッセンジャーとして機能しているが（Webサイトの14章参照），環境やホルモン刺激に対する植物のさまざまな応答にも関与していると考えられている。糊粉プロトプラストにジベレリンを添加しておこる最初の現象は，細胞内カルシウム濃度の上昇であり，α-アミラーゼの合成開始よりもずっと早い（図20.36と20.37）（Bethke et al. 1997）。オオムギ糊粉プロトプラストでは，カルシウム非存在下でもα-アミラーゼが正常に合成されるが，分泌はされない。カルシウムはα

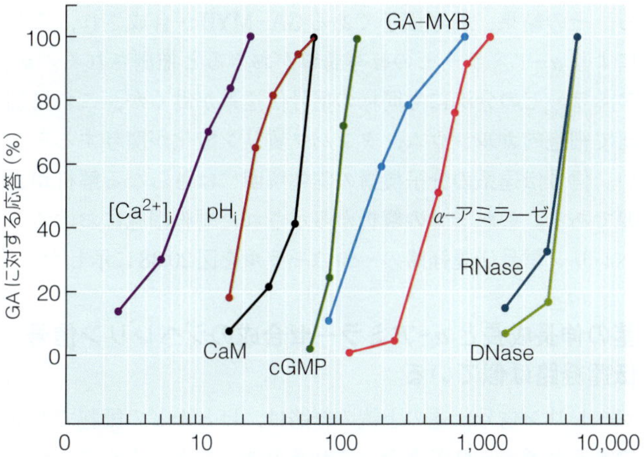

図20.36 GAをオオムギ糊粉プロトプラストに添加すると，複数の信号伝達系が作動する。応答の経時的変化を示した。（Bethke et al. 1997）

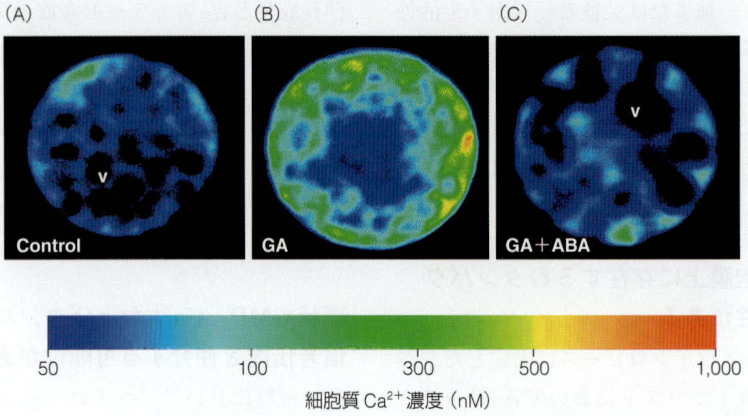

図 20.37　オオムギ糊粉プロトプラストを用い，GA添加によるカルシウム濃度上昇を擬似カラーで表示した。各色に対応するカルシウム量は下図のスケールに示した。(A) 無処理のプロトプラスト，(B) GA処理したプロトプラスト，(C) アブシジン酸 (ABA) とGAの両方で処理したプロトプラスト。糊粉細胞においてアブシジン酸はGAと拮抗的に作用する。(Ritchie and Gilroy 1998b)

-アミラーゼ遺伝子発現に至る信号伝達ではなく，酵素の分泌においてなんらかの役割を果たしていると思われる。

タンパク質キナーゼによるタンパク質のリン酸化反応は多くの信号伝達系に組み込まれており，ジベレリンの場合も例外ではない。細胞本来のタンパク質リン酸化反応と競合させるためにタンパク質キナーゼの基質をオオムギ糊粉プロトプラストに注入すると，α-アミラーゼ分泌が阻害されるので，α-アミラーゼ分泌経路にタンパク質のリン酸化が関与すると推測された (Ritchie and Gilroy 1998a)。基質の注入はジベレリンによるカルシウム濃度上昇には影響しないので，タンパク質キナーゼはカルシウム信号伝達の下流に位置すると考えられる。

結論として，糊粉細胞におけるジベレリン信号伝達にはヘテロ三量体型Gタンパク質，cGMPが関与する可能性がある。その結果，転写因子であるGA-MYBが合成され，これによりα-アミラーゼの転写誘導がおきると推測される。α-アミラーゼの分泌にも同様の信号伝達系が働くが，これに加えて細胞内カルシウム，タンパク質リン酸化が関与するらしい。信号伝達系の分子機構の実体解明にはさらなる解析が必要である。これまでの解析から示された糊粉細胞におけるジベレリン信号伝達経路の一つのモデルを図20.38に示した。

茎の伸長成長とα-アミラーゼ合成のジベレリン信号伝達経路は似ている

ジベレリン信号伝達の上流の経路は，ほとんどの細胞で共通であると考えられてきた。これまで述べてきたように，ジベレリンによる伸長成長制御の遺伝学的解析から，*SPY/GAI/RGA*などの負の制御因子が同定された。SPY，GAI，およびRGAタンパク質はジベレリン信号伝達を抑制しており，ジベレリンはこれらのリプレッサーを不活化するのである。

ジベレリン非感受性の矮性コムギの糊粉層もやはり，GA非感受性なので，伸長成長を制御している信号伝達経路とα-アミラーゼ合成を制御するジベレリン信号伝達経路は同一であると推測される。事実，オオムギで同定された*SPY*ホモログ (*HvSPY*) の発現により，ジベレリン誘導性α-アミラーゼ合成が阻害された。一方，GA-MYB転写因子も，茎の伸長成長を制御しているジベレリン信号伝達経路に関与しているかもしれない (訳者注；GA-MYBは茎の伸長成長には関与しないことが明らかになった (*Plant Cell* 33, 2004))。

イネの*dwarf1*変異体でも，ジベレリンによるα-アミラーゼ合成促進が低下していた。すでに述べたように，*dwarf1*の原因遺伝子は三量体型Gタンパク質のαサブユニットなので，茎の伸長成長とα-アミラーゼ合成に関するジベレリン信号伝達のどちらも部分的には，細胞膜上のヘテロ三量体型Gタンパク質を経由する可能性がある。

伸長成長とα-アミラーゼ合成の信号伝達経路がどこまで共通で，どこから分岐するのか，非常に興味深い。信号伝達系の全貌の解明が待たれる。

ま と め

ジベレリンはその構造により定義される一群の化合物である。ジベレリンの分子種はいまや125以上にものぼるが，そのうちの数種はカビ*Gibberella fujikuroi*にのみ存在する。ジベレリンは，矮性体，ロゼット型植物，イネ科植物などに投与すると，顕著な節間伸長を誘導する。その他のジベレリンが制御する現象には，栄養成長から生殖成長への遷移，花の

1. 胚から分泌される GA_1 が膜上の受容体に結合する。

2. 膜上の GA 受容体はヘテロ三量体 G タンパク質と相互作用し，二つの独立した信号伝達経路を活性化する。

3. カルシウム非依存的経路は cGMP を介し，未知の信号伝達中間体を活性化する。

4. 未知の信号伝達中間体は核内の DELLA リプレッサーと結合する。

5. DELLA リプレッサーは GA からの信号を受けると分解される。

6. DELLA リプレッサーが不活化されると *GA-MYB* が転写，翻訳される。

7. 新たに合成された GA-MYB は核に入り，α-アミラーゼ遺伝子などのプロモーターに結合する。

8. α-アミラーゼなどの加水分解酵素の転写が活性化される。

9. α-アミラーゼなどの加水分解酵素が粗面小胞体で翻訳される。

10. α-アミラーゼなどの加水分解酵素がゴルジ体をへて分泌される。

11. この分泌過程はカルシウム-カルモジュリン依存的信号経路により，GA で活性化される。

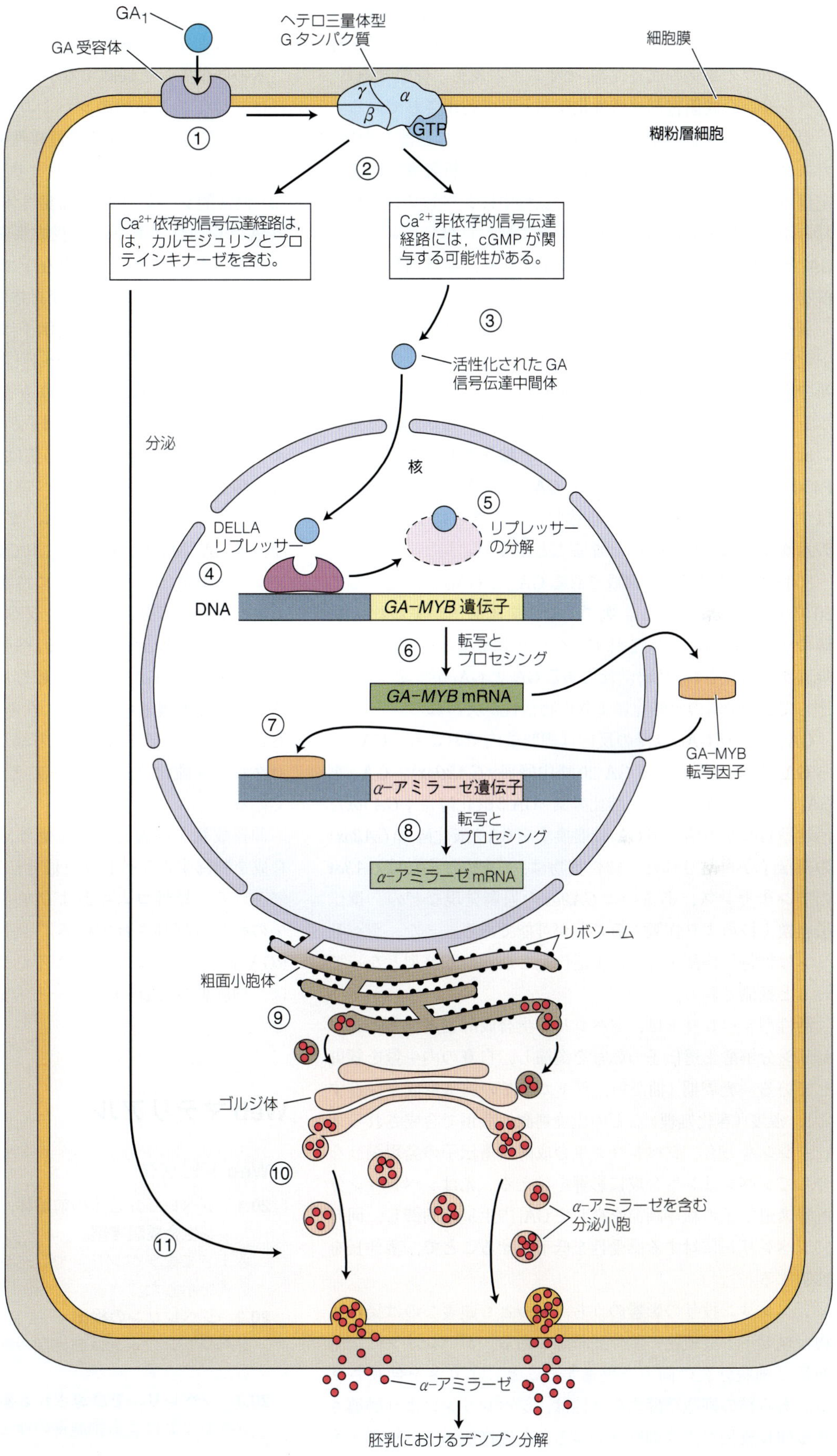

図 20.38 オオムギ糊粉層において，ジベレリンの受容から α-アミラーゼ合成誘導に至る信号伝達のモデル。カルシウム非依存的経路は α-アミラーゼ遺伝子発現を誘導し，カルシウム依存的経路により α-アミラーゼの分泌が促進される（負の制御因子 SPY は簡略化するために省いた）。

性決定，結実の促進，果実の成長，種子の発芽などがある。ジベレリンは産業に利用されることもあり，主要なものは，種なしブドウの果実の成長促進，オオムギの麦芽の作製である。ジベレリン合成阻害剤は矮性化薬剤として利用されている。

ジベレリンは高速液体クロマトグラフィーで分離した後，ガスクロマトグラフィーと連動させた質量分析装置で同定・定量される。現在，生物検定は，試料中にジベレリンが含まれるかの予備実験に利用される。ある種のジベレリン，主にGA_1とGA_4だけが植物に対して効果があり，他は前駆体か分解物である。

ジベレリンは，イソプレノイドから合成されるテルペノイド化合物である。イソプレノイド経路からジベレリン生合成系で合成される最初の化合物は*ent*-カウレンである。*ent*-カウレンまでの生合成はプラスチド内で行われる。*ent*-カウレンはプラスチド膜上から小胞体膜へと輸送され，シトクロムP450モノオキシゲナーゼによりGA_{12}へと変換される。GA_{12}はすべてのジベレリンの前駆体である。さらに13位の炭素の水酸化がおこり，GA_{53}となることが多い。

20個の炭素原子から構成されるGA_{53}とGA_{12}は，連続して20位炭素が酸化される。次に，この炭素原子が失われて19個の炭素原子から構成されるジベレリンとなる。最後に3位炭素が水酸化され，生物活性のあるGA_1とGA_4が生産される。そして2位炭素の水酸化により生物活性が失われる。

GA_{53}およびGA_{12}以降の反応は細胞質内でおこる。GA_{53}からGA_{20}までを触媒するGA 20酸化酵素（*GA20ox*），GA_{20}をGA_1に変換するGA 3β水酸化酵素（GA 3酸化酵素；*GA3ox*），活性型GA_1を不活性型GA_8に変換するGA 2酸化酵素(*GA2ox*)の遺伝子が単離された。矮性植物は，*GA20ox*または*GA3ox*のアンチセンス，あるいは*GA2ox*の過剰発現などの，遺伝子組換え技術より作製することが可能である。また，ジベレリンは糖付加修飾を受け，不活性型となるか貯蔵型となっていると推測される。

活性型ジベレリンは，ジベレリン生合成酵素遺伝子とジベレリン分解酵素遺伝子の転写を調節し，自身の内生量を制御している。光周期（抽だい，ジャガイモの塊茎形成を促進する），温度（春化処理）などの環境刺激，茎頂で合成されるオーキシンなども，ジベレリン生合成酵素遺伝子の発現調節を介してジベレリン生合成に影響を与える。光はジベレリン分解酵素遺伝子の転写調節を介してGA_1内生量を制御し，同時にジベレリンに対する感受性を低下させることで，茎伸長を抑制する。

ジベレリン投与の影響のうち，もっとも顕著なのは矮性植物とロゼット型植物の茎伸長誘導である。ジベレリンは細胞伸長と細胞分裂の両方を促進することにより茎を伸長させる。ある種の細胞壁酵素の活性は，ジベレリンにより誘導される伸長成長および細胞壁のゆるみと関連がある。ウキイネにおいて，ジベレリンはDNA複製とM期への移行を制御することにより細胞分裂を促進する。

茎の伸長成長を制御するジベレリン信号伝達系因子の同定には，以下の3種類のジベレリン応答変異体が有用であった：(1) ジベレリン非感受性矮性変異体（例として，*gai-1*），(2) ジベレリン欠損のサプレッサー変異体（例として，*rga*），(3) 恒常的ジベレリン応答変異体（例として，*spy*）。GAIとRGAは相同性があり，伸長成長を抑制する核局在の転写因子であった。ジベレリン存在下でRGAは分解される。コムギ矮性変異体*rht*は*gai-1*変異体と同様にジベレリン応答性を失っており，その原因遺伝子はGAIやRGAと相同性を示す。*SPY*は糖転移酵素をコードしており，ジベレリン信号伝達系においてGAI/RGAよりも上流で作用すると考えられる。これらの伸長成長抑制因子が突然変異により，リプレッサーの機能を失うと，植物の茎は伸長する。

穀類種子の糊粉層ではジベレリンにより，α-アミラーゼ遺伝子の転写が活性化される。まずジベレリンにより転写調節因子GA-MYBが転写レベルで誘導され，GA-MYBはα-アミラーゼ遺伝子5′上流域に特異的に結合してα-アミラーゼ遺伝子の転写を促進する。ジベレリン受容体は糊粉細胞の表層に存在すると予想される。ヘテロ三量体型Gタンパク質，環状GMPが，GA-MYBの転写誘導に至る信号伝達経路に関与すると推測されている。カルシウムは，ジベレリンによるα-アミラーゼ遺伝子の転写誘導には関係しないが，タンパク質リン酸化を介してα-アミラーゼの分泌促進に関与している。

伸長成長を制御している信号伝達経路と，α-アミラーゼ合成を制御するジベレリン信号伝達経路は類似していると推測される。矮性コムギおよびイネでは，α-アミラーゼ遺伝子の転写も抑制されている。ジベレリンによりSPY，GAI，RGAなどのリプレッサーが不活化される信号伝達のしくみは，細胞伸長とα-アミラーゼ合成の促進に共通と考えられる。

Webマテリアル

Webトピック

20.1 ジベレリンとその前駆体，誘導体の構造。ジベレリン生合成阻害剤。

さまざまなジベレリンやジベレリンの生合成阻害剤の構造式を示した。

20.2 ジベレリンの検出

ジベレリンの定量は高感度の物理的方法により容易になった。

20.3 ジベレリンで誘導される茎の伸長

ジベレリンによる細胞壁のゆるみ促進のメカニズムにつ

いて述べる。

20.4 CDKsとジベレリンで誘導される細胞分裂

ジベレリンによる細胞周期制御に関する最近の知見。

20.5 ジベレリンによるα-アミラーゼ遺伝子の転写誘導

ジベレリンによりα-アミラーゼmRNA転写が促進されることを証明した実験を紹介する。

20.6 ジベレリン応答性シス配列

α-アミラーゼ遺伝子の転写誘導をつかさどるジベレリン応答配列。

20.7 α-アミラーゼ遺伝子の発現は転写調節因子により制御される

MYB型転写因子が，ジベレリンによるα-アミラーゼ遺伝子の転写活性化を制御することを示した実験を紹介する。

20.8 ジベレリン信号伝達

ジベレリン信号伝達にはさまざまな因子が関与していると思われる。

参考文献

Aach, H., Bode, H., Robinson, D.G., and Graebe, J. E. (1997) *ent*-Kaurene synthase is located in proplastids of meristematic shoot tissues. *Planta* 202: 211–219.

Ashikari, M., Wu, J., Yano, M., Sasaki, T., and Yoshimura, A. (1999) Rice gibberellin-insensitive dwarf mutant gene *Dwarf 1* encodes the α-subunit of GTP-binding protein. *Proc. Natl. Acad. Sci. USA* 96: 10284–10289.

Behringer, F. J., Cosgrove, D. J., Reid, J. B., and Davies, P. J. (1990) Physical basis for altered stem elongation rates in internode length mutants of *Pisum*. *Plant Physiol.* 94: 166–173.

Bethke, P. C., Schuurink, R., and Jones, R. L. (1997) Hormonal signalling in cereal aleurone. *J. Exp. Bot.* 48: 1337–1356.

Campbell, N. A., Reece, J. B., and Mitchell, L. G. (1999) *Biology*, 5th ed. Benjamin Cummings, Menlo Park, CA.

Carrera, E., Bou, J., Garcia-Martinez, J. L., and Prat, S. (2000) Changes in GA 20-oxidase gene expression strongly affect stem length, tuber induction and tuber yield of potato plants. *Plant J.* 22: 247–256.

Davies, P. J. (1995) The plant hormones: Their nature, occurrence, and functions. In *Plant Hormones: Physiology, Biochemistry and Molecular Biology*, P. J. Davies, ed., Kluwer, Dordrecht, Netherlands, pp. 1–12.

Dill, A., and Sun, T. P. (2001) Synergistic derepression of gibberellin signaling by removing RGA and GAI function in *Arabidopsis thaliana*. *Genetics* 159: 777–785.

Dill, A., Jung, H. S., and Sun, T. P. (2001) The DELLA motif is essential for gibberellin-induced degradation of RGA. *Proc. Natl. Acad. Sci. USA* 98: 14162–14167.

Elliott, R. C., Ross, J. J., Smith, J. J., and Lester, D. R. (2001) Feed-forward regulation of gibberellin deactivation in pea. *J. Plant Growth Regul.* 20: 87–94.

Fabian, T., Lorbiecke, R., Umeda, M., and Sauter, M. (2000) The cell cycle genes *cycA1;1* and *cdc2Os-3* are coordinately regulated by gibberellin in planta. *Planta* 211: 376–383.

Gilroy, S., and Jones, R. L. (1994) Perception of gibberellin and abscisic acid at the external face of the plasma membrane of barley (*Hordeum vulgare* L.) aleurone protoplasts. *Plant Physiol.* 104: 1185–1192.

Gubler, F., Kalla, R., Roberts, J. K., and Jacobsen, J. V. (1995) Gibberellin-regulated expression of a *myb* gene in barley aleurone cells: Evidence of myb transactivation of a high-pl alpha-amylase gene promoter. *Plant Cell* 7: 1879–1891.

Hazebroek, J. P., and Metzger, J. D. (1990) Thermoinductive regulation of gibberellin metabolism in *Thlaspi arvense* L. I. Metabolism of [2H]-ent-Kaurenoic acid and [14C]gibberellin A_{12}-aldehyde. *Plant Physiol.* 94: 157–165.

Hedden, P., and Kamiya, Y. (1997) Gibberellin biosynthesis: Enzymes, genes and their regulation. *Annu. Rev. Plant Physiol. Plant Mol. Biol.* 48: 431–460.

Hedden, P., and Phillips, A. L. (2000) Gibberellin metabolism: New insights revealed by the genes. *Trends Plant Sci.* 5: 523–530.

Helliwell, C. A., Sullivan, J. A., Mould, R. M., Gray, J. C., Peacock, W. J., and Dennis, E. S. (2001) A plastid envelope location of *Arabidopsis ent*-kaurene oxidase links the plastid and endoplasmic reticulum steps of the gibberellin biosynthesis pathway. *Plant J.* 28: 201–208.

Higgins, T. J. V., Zwar, J. A., and Jacobsen, J. V. (1976) Gibberellic acid enhances the level of translatable mRNA for α-amylase in barley aleurone layers. *Nature* 260: 166–169.

Hooley, R., Beale, M. H., and Smith, S. J. (1991) Gibberellin perception at the plasma membrane of *Avena fatua* aleurone protoplasts. *Planta* 183: 274–280.

Ingram, T. J., Reid, J. B., and Macmillan, J. (1986) The quantitative relationship between gibberellin A_1 and internode growth in *Pisum sativum* L. *Planta* 168: 414–420.

Ingram, T. J., Reid, J. B., Potts, W. C., and Murfet, I. C. (1983) Internode length in *Pisum*. IV The effect of the *Le* gene on gibberellin metabolism. *Physiol. Plant.* 59: 607–616.

Irish, E. E. (1996) Regulation of sex determination in maize. *Bioessays* 18: 363–369.

Jacobsen, J. V., Gubler, F., and Chandler, P. M. (1995) Gibberellin action in germinated cereal grains. In *Plant Hormones: Physiology, Biochemistry and Molecular Biology*, P. J. Davies, ed., Kluwer, Dordrecht, Netherlands, pp. 246–271.

Jones, H. D., Smith, S. J., Desikan, R., Plakidou, D. S., Lovegrove, A., and Hooley, R. (1998) Heterotrimeric G proteins are implicated in gibberellin induction of α-amylase gene expression in wild oat aleurone. *Plant Cell* 10: 245–253.

Kende, H., van-der, K. E., and Cho, H. T. (1998) Deepwater rice: A model plant to study stem elongation. *Plant Physiol.* 118: 1105–1110.

King, K. E., Moritz, T., and Harberd, N. P. (2001) Gibberellins are not required for normal stem growth in *Arabidopsis thaliana* in the absence of GAI and RGA. *Genetics* 159: 767–776.

Kobayashi, M., Spray, C. R., Phinney, B. O., Gaskin, P., and MacMillan, J. (1996) Gibberellin metabolism in maize: The stepwise conversion of gibberellin A_{12}-aldehyde to gibberellin A_{20}. *Plant Physiol.* 110: 413–418.

Lester, D. R., Ross, J. J., Davies, P. J., and Reid, J. B. (1997) Mendel's stem length gene (*Le*) encodes a gibberellin 3β-hydroxylase. *Plant Cell* 9: 1435–1443.

Lichtenthaler, H. K., Rohmer, M., and Schwender, J. (1997) Two independent biochemical pathways for isopentenyl diphosphate and isoprenoid biosynthesis in higher plants. *Physiol. Plant.* 101: 643–652.

Lovegrove, A., and Hooley, R. (2000) Gibberellin and abscisic acid signalling in aleurone. *Trends Plant Sci.* 5: 102–110.

Lovegrove, A., Barratt, D. H. P., Beale, M. H., and Hooley, R. (1998) Gibberellin-photoaffinity labelling of two polypeptides in plant plasma membranes. *Plant J.* 15: 311–320.

O'Neill, D. P., Ross, J. J., and Reid, J. B. (2000) Changes in gibberellin A_1 levels and response during de-etiolation of pea seedlings. *Plant Physiol.* 124: 805–812.

Ou–Lee, T. M., Turgeon, R., and Wu, R. (1988) Interaction of a gibberellin–induced factor with the upstream region of an α–amylase gene in rice aleurone tissue. *Proc. Natl. Acad. Sci. USA* 85: 6366–6369.

Peng, J., Richards, D. E., Hartley, N. M., Murphy, G. P., Flintham, J. E., Beales, J., Fish, L. J., Pelica, F., Sudhakar, D., Christou, P., Snape, J. W., Gale, M. D., and Harberd, N. P. (1999) 'Green revolution' genes encode mutant gibberellin response modulators. *Nature* 400: 256–261.

Pensen, S. P., Schuurink, R. C., Fath, A., Gubler, F., Jacobsen, J. V., and Jones, R. L. (1996) cGMP is required for gibberellic acid–induced gene expression in barley aleurone. *Plant Cell* 8: 2325–2333.

Phinney, B. O. (1983) The history of gibberellins. In *The Biochemistry and Physiology of Gibberellins*, A. Crozier (ed.), Praeger, New York, pp. 15–52.

Reid, J. B., and Howell, S. H. (1995) Hormone mutants and plant development. In *Plant Hormones: Physiology, Biochemistry and Molecular Biology*, P. J. Davies, ed., Kluwer, Dordrecht, Netherlands, pp. 448–485.

Ritchie, S., and Gilroy, S. (1998a) Calcium–dependent protein phosphorylation may mediate the gibberellic acid response in barley aleurone. *Plant Physiol.* 116: 765–776.

Ritchie, S., and Gilroy, S. (1998b) Tansley Review No. 100: Gibberellins: Regulating genes and germination. *New Phytol.* 140: 363–383.

Ross, J., and O'Neill, D. (2001) New interactions between classical plant hormones. *Trends Plant Sci.* 6: 2–4.

Ross, J. J., O'Neill, D. P., Smith, J. J., Kerckhoffs, L. H. J., and Elliott, R. C. (2000) Evidence that auxin promotes gibberellin A_1 biosynthesis in pea. *Plant J.* 21: 547–552.

Ross, J. J., Reid, J. B., Gaskin, P. and Macmillan, J. (1989) Internode length in *Pisum*. Estimation of GA_1 levels in genotypes *Le, le* and *led*. *Physiol. Plant.* 76: 173–176.

Sachs, R. M. (1965) Stem elongation. *Annu. Rev. Plant. Physiol.* 16: 73–96.

Sauter, M., and Kende, H. (1992) Gibberellin–induced growth and regulation of the cell division cycle in deepwater rice. *Planta* 188: 362–368.

Schneider, G., and Schmidt, J. (1990) Conjugation of gibberellins in *Zea mays* L. In *Plant Growth Substances, 1988*, R. P. Pharis and S. B. Rood eds., Springer, Heidelberg, Germany, pp. 300–306.

Silverstone, A. L., and Sun, T. P. (2000) Gibberellins and the green revolution. *Trends Plant Sci.* 5: 1–2.

Silverstone, A. L., Jung, H. S., Dill, A., Kawaide, H., Kamiya, Y., and Sun, T. P. (2001) Repressing a repressor: Gibberellin–induced rapid reduction of the RGA protein in *Arabidopsis*. *Plant Cell* 13: 1555–1565.

Sun, T. P. (2000) Gibberellin signal transduction. *Curr. Opin. Plant Biol.* 3: 374–380.

Thornton, T. M., Swain, S. M., and Olszewski, N. E. (1999) Gibberellin signal transduction presents . . . the SPY who O–GlcNAc'd me. *Trends Plant Sci.* 4: 424–428.

Toyomasu, T., Kawaide, H., Mitsuhashi, W., Inoue, Y., and Kamiya, Y. (1998) Phytochrome regulates gibberellin biosynthesis during germination of photoblastic lettuce seeds. *Plant Physiol.* 118: 1517–1523.

Ueguchi–Tanaka, M., Fujisawa, Y., Kobayashi, M., Ashikari, M., Iwasaki, Y., Kitano, H., and Matsuoka, M. (2000) Rice dwarf mutant *d1*, which is defective in the alpha subunit of the heterotrimeric G protein, affects gibberellin signal transduction. *Proc. Natl. Acad. Sci. USA* 97: 11638–11643.

Wu, K., Li, L., Gage, D. A., and Zeevaart, J. A. D. (1996) Molecular cloning and photoperiod–regulated expression of gibberellin 20–oxidase from the long–day plant spinach. *Plant Physiol.* 110: 547–554.

Xu, Y. L., Gage, D. A., and Zeevaart, J. A. D. (1997) Gibberellins and stem growth in *Arabidopsis thaliana*. *Plant Physiol.* 114: 1471–1476.

Yamaguchi, S., and Kamiya, Y. (2000) Gibberellin biosynthesis: Its regulation by endogenous and environmental signals. *Plant Cell Physiol.* 41: 251–257.

Yang, T., Davies, P. J., and Reid, J. B. (1996) Genetic dissection of the relative roles of auxin and gibberellin in the regulation of stem elongation in intact light–grown peas. *Plant Physiol.* 110: 1029–1034.

Zeevaart, J. A. D., Gage, D. A., and Talon, M. (1993) Gibberellin A_1 is required for stem elongation in spinach. *Proc. Natl. Acad. Sci. USA* 90: 7401–7405.

21 サイトカイニン：細胞分裂の調節因子

サイトカイニンは，植物細胞の分裂を誘導する物質として発見された。その後，サイトカイニンはその他の多くの生理的，あるいは発生上のプロセスに影響を与えることが示された。たとえば，葉の老化防止，栄養分の分配調節，頂芽優勢（apical dominance）の解除，茎頂分裂組織（shoot apical meristem）の形成と活性調節，花の発達の調節，芽の休眠（dormancy）打破，種子の発芽促進などの作用である。サイトカイニンはまた，葉緑体の分化，独立栄養成長への転換，本葉や子葉の展開などの通常は光で調節される発達過程を引きおこすこともできる。

サイトカイニンにより調節される多くの細胞過程の中でも細胞分裂は植物の発生と成長の中心となる過程であり，その誘導がサイトカイニン活性の指標になっている。このような理由から，まず，通常の成長過程，傷害誘導時，腫瘍形成時，組織培養時における細胞分裂の役割について考察する。

本章の後半では，サイトカイニンによる細胞分裂の調節について述べ，その後，葉緑体の分化，葉の老化防止と栄養分の分配調節について述べる。最後に，サイトカイニンの受容と情報伝達について述べる。

細胞分裂と植物の成長

植物の細胞は，一次分裂組織（primary meristem）と二次分裂組織（secondary meristem）における細胞分裂で作られる。新しく作られた植物細胞は，典型的には，やがて膨張して分化する。しかし，いったん分化した機能――輸送，光合成，支持，貯蔵，防御など――を獲得すると，植物の一生を通じて再び分裂しないのがふつうである。その意味では，不可逆的に分化する動物細胞と似ている。

しかし，そのような類似性は表面的なものにすぎない。植物の成熟したほとんどすべての種類の細胞は，核が保持されているかぎり分裂する能力をもっていることが示されている。このような能力は，自然の状態でも，傷の修復や落葉などの過程で利用されている。

分化した植物細胞も細胞分裂を再開できる

成熟して分化した植物細胞も，細胞分裂を再開することがある。多くの植物種では，柔組織，皮層や篩部は分裂を再開し，維管束形成層やコルク形成層のような二次分裂組織を生じる。葉柄の基部にある離層は，細胞分裂をしばらく停止していた成熟した柔細胞の細胞分裂により作られる比較的弱い細胞壁をもつ細胞の層である（22章参照）。

植物組織の傷害も細胞分裂を引きおこす。篩部繊維や孔辺細胞のような高度に特異化した細胞でさえ，組織が傷害を受けたとき，少なくとも一度は細胞分裂をすることがある。障害により誘導される細胞分裂活性は典型的には自己制限的である。つまり，数回の分裂後，形成された細胞は分裂をやめ，再び分化する。しかし，土壌細菌のアグロバクテリウム ツメファシエンス（*Agrobacterium tumefaciens*，以後アグロバクテリウム）が傷口に感染すると，**クラウンゴール**（crown gall）とよばれる腫瘍が形成される。この現象は，成熟した植物細胞が細胞分裂を行う能力をもつことの，自然界が見せてくれる劇的な証拠である。

アグロバクテリウムが感染していない場合，傷害で誘導された細胞分裂は数日で停止し，これにより作られた細胞の一部はコルク細胞からなる防護層や維管束組織へと分化する。しかし，アグロバクテリウムは傷により分裂する細胞に，腫瘍のような性質を与える。感染細胞は分裂を停止することはなく，宿主植物が生きているかぎり分裂をつづけ，クラウンゴールを作る（図21.1）。この重要な病気に関しては，本章の後半でさらに説明する。

図 21.1　クラウンゴールを引きおこすバクテリア，アグロバクテリウムの感染によりトマトの茎に形成された腫瘍。トマトの茎の傷にアグロバクテリウムを感染させて2か月後の写真である。(Aloni et al. 1998，Aloniの好意による)

拡散性の因子が細胞分裂を調節する

成熟した植物細胞が分裂をやめるのは，特別な情報を受け取らなくなったからであり，その情報とは細胞分裂を引きおこす植物ホルモンではないか，と考えられる。細胞分裂が拡散性の因子により引きおこされるという概念は，1913年にオーストリアの植物生理学者Gittlieb Haberlandtが，ジャガイモ塊茎の傷口の細胞分裂を引きおこす水溶性物質が維管束組織に含まれていることを示したことに始まる。この因子を同定しようとする努力が，1950年代のサイトカイニンの同定として実を結んだ。

植物の組織や器官は培養できる

生物学者たちは，微生物を試験管やシャーレで培養するのと同じように，器官，組織，あるいは細胞を単純な栄養培地の上で育てることを，長い間夢見てきた。1930年代にPhilip Whiteは，ショ糖，塩類と少しのビタミン類だけを含み，植物ホルモンを含まない単純な培地中でトマトの根が際限なく成長することを示した(White 1934)。

根と違い，切り取られた茎切片は，培地にホルモンを入れなければ，ほとんど大きくならない。オーキシンを加えておくと少し大きくなることもあるが，これは短期的である。このオーキシンによる成長は，たいていは細胞の拡大によるものである。ほとんどの植物のシュートは，頂芽や腋芽をもっていても，ホルモンを含まない単純な培地では不定根が形成されるまでは成長しない。根が形成された後はシュートの成長が再開されるが，これは統合された完全な植物体の成長である。

これらの観察は，シュートの分裂組織と根の分裂組織の細胞分裂の制御機構が違っているということを示している。また，根で作られるなんらかの因子がシュートの成長を調節していることも示唆している。

茎に形成されるクラウンゴールは，この一般化にはあてはまらない。腫瘍に付着しているバクテリアは42℃で死滅させることができるが，それでも腫瘍は成長する(Braun 1958)。

このような，除菌した腫瘍は，正常な茎組織が増殖できない化学的組成のはっきりした単純な培地でも成長する。腫瘍は組織化されておらず，比較的脱分化した細胞からなる無秩序な塊であり，**カルス組織**(callus tissue)とよばれる。

アグロバクテリウムが感染しなくても，カルスは，傷や，二つの植物の接木のつぎ目にできることがある。植物についた状態であれ，切り離されて培養した状態であれ，クラウンゴールは特別なタイプのカルスである。クラウンゴール組織が培養できるという発見は，茎組織も培養下で増殖できる潜在能力をもっているということと，植物細胞がアグロバクテリウムと接触すると，細胞分裂誘導物質を生成できるようになるという可能性を示唆している。

サイトカイニンの発見と同定，性質

培養下で通常の茎組織の細胞分裂を誘導し，分裂を維持させる物質を見い出すため，非常に多くの物質が試された。酵母抽出物からトマトジュースに至るさまざまなものが，少なくともいくつかの組織に対して，そのような作用を示した。中でも，ココヤシの果汁(ココナッツミルク)は劇的な作用を示した。

オーキシンと10～20％のココナッツミルクを加えたPhilip Whiteの栄養培地は，多くの植物種の成熟して分化した細胞の分裂を誘導し，カルスを形成させる(Caplin and Steward 1948)。この発見は，ココナッツミルクには，持続した細胞分裂周期を誘導する物質が含まれていることを示している。

ココナッツミルクは，サイトカイニンであるゼアチンを含んでいることが見い出されるのであるが，これはサイトカイニンの発見よりも後のこととなる(Letham 1974)。

カイネチンは，DNAの分解産物から発見された

1940年代から1950年代に，ウイスコンシン大学のFolke Skoogらは，たくさんの物質について，タバコの髄の組織の持続的な分裂を引きおこす活性があるかどうかを試した。彼らは，まず核酸塩基のアデニンが弱い活性をもっていることを見い出し，次に核酸が細胞分裂を誘導する可能性を試した。驚くべきことに，ニシンの精子のDNAをオートクレーブしたものが強い細胞分裂誘導活性をもっていた。

苦労の末，オートクレーブしたDNAから活性をもつ小さな分子が同定され，**カイネチン**（kinetin）と名づけられた。それはアデニン（アミノプリン）誘導体の6-フルフリルアミノプリンである（Miller et al. 1955）：

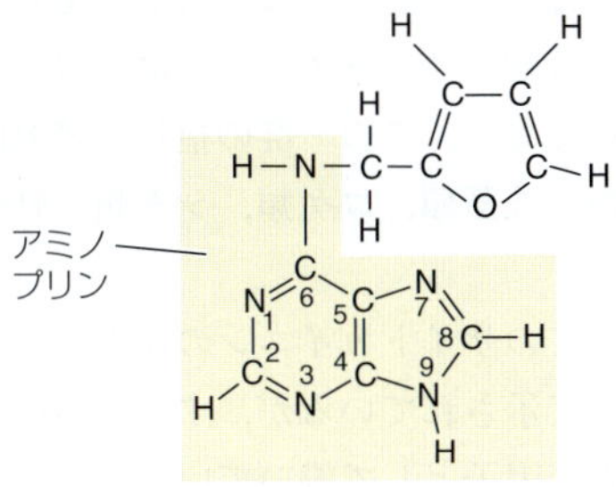

カイネチン

オーキシンの存在下で，カイネチンはタバコ髄の組織培養下での増殖を引きおこす。オーキシンがなければ，カイネチンによる細胞分裂の誘導はおきない（もっと詳細には，**Webトピック21.1**参照）。

カイネチンは天然の植物成長調節因子ではないし，また，どんな生物種のDNAの塩基としても含まれてはいない。これは，DNAの熱分解時の副産物であり，アデニン環の9位の窒素原子に結合していたデオキシリボース糖がフルフリル環に変換され，6位炭素の上のアミノ基へ移動したものである。

カイネチンの発見は，単純な化合物が細胞分裂を誘導できることを示した点において重要である。もっと重要なことは，植物内にもカイネチンに似た物質が存在し，これが植物の細胞分裂を調節していることを示唆した点である。この仮説が正しいことは，その後，証明された。

ゼアチンは天然にもっとも多く存在するサイトカイニンである

カイネチンの発見の数年後，トウモロコシ（*Zea mays*）の未熟な内乳の抽出物がカイネチンと同じ生理活性をもつことが見い出された。この物質は，オーキシンとともに与えると，成熟した植物細胞の分裂を誘導する。David S. Letham（1963）はこの活性物質を精製して**ゼアチン**（zeatin）と名づけ，化学構造がトランス-6-（4-ヒドロキシ-3-メチルブタ-2-エニルアミノ）プリン（*trans*-6-（4-hydroxy-3-methylbut-2-enylamino）purine）であることを決定した：

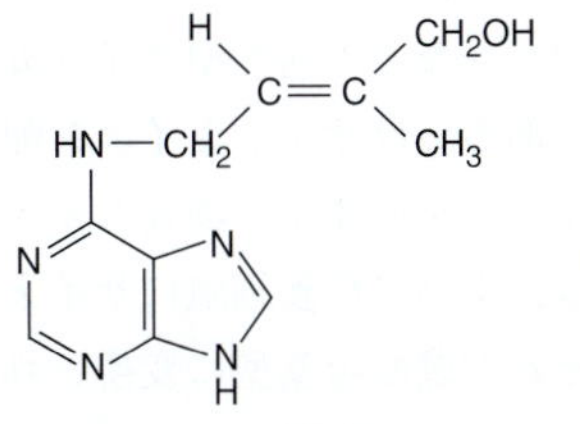

トランス-ゼアチン

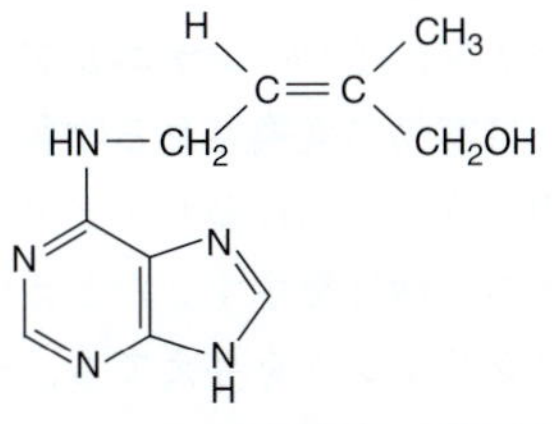

シス-ゼアチン

6-(4-ヒドロキシ-3-メチルブタ-2-エニルアミノ)プリン

ゼアチンの分子構造はカイネチンに似ており，どちらもアデニン（アミノプリン）誘導体である。これらは違った側鎖をもつが，どちらにおいても側鎖はアデニンの6位のアミノ基に結合している。ゼアチンの側鎖には二重結合があるので，シス体とトランス体が存在する。

高等植物は，シス体とトランス体のゼアチンをもち，これらは‘ゼアチンイソメラーゼ’に触媒されて相互変換する。多くの植物種でトランス-ゼアチンはシス-ゼアチンよりもずっと強い作用を示す。しかし，いくつかの植物種や組織ではシス-ゼアチンの量が多く，植物の種によってはシス-ゼアチンもなんらかの重要な役割をもっているのかもしれない。トウモロコシにはシス-ゼアチンに特異的なグルコース転移酵素が存在するが，シロイヌナズナにはそのホモログがない。このこともシス-ゼアチンの役割が種によって違うことを示唆している。

トウモロコシの未熟な内乳で発見された後，ゼアチンは多くの植物やいくつかのバクテリアに存在することがわかった。ゼアチンは高等植物でもっとも一般的なサイトカイニンであるが，多くの植物やバクテリアから，サイトカイニン活性をもつ違ったアミノプリン族置換体が見つかっている。これらのサイトカイニンは，6位のアミノ基に結合している側鎖の構造がゼアチンと違っていたり，アデニン骨格の2位の炭素が修飾されていたりする：

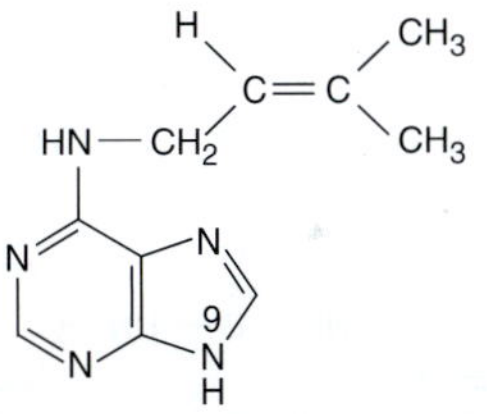

N^6-(Δ^2-イソペンテニル)-アデニン（iP）

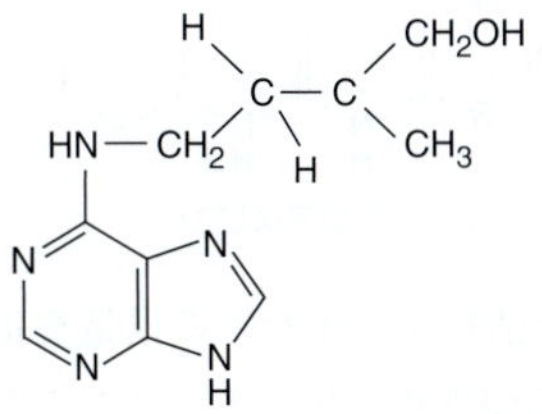

ジヒドロゼアチン（DZ）

これに加えて，植物の中で，サイトカイニンは**リボシド**（riboside）（プリン環の9位の窒素にリボースが結合している），**リボチド**（ribotide）（リボースがリン酸基をもっている），**グリコシド**（glycoside）（プリン環の3，7，9位のいずれか，またはゼアチンやジヒドロゼアチンの側鎖の酸素原子に，糖が結合したもの）としても存在する（**Webトピック21.2**参照）。

サイトカイニン活性やサイトカイニン拮抗活性をもつ人工化合物がある

サイトカイニンは，トランス–ゼアチンとよく似た生理活性をもつ物質と定義されている。その活性は次のような能力を含む：

- オーキシンの存在下でカルスの細胞分裂を誘導する。
- オーキシンとの濃度比により，カルスに根や芽を形成させる。
- 双子葉類の子葉を広げる。

多くの化学物質が合成されてサイトカイニン活性が試されたが，これらの化合物の解析から，活性発現に必要な構造に関する知見が得られた。サイトカイニン活性を示すほとんどの化合物は，ベンジルアデニン（BA）のようなアミノプリン N^6 置換体であり：

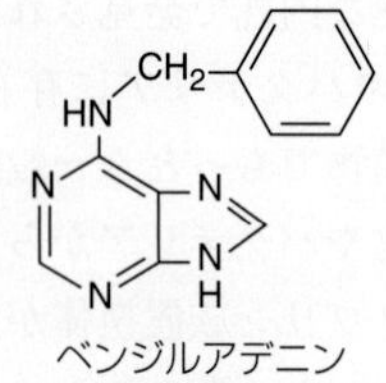

ベンジルアデニン
（ベンジルアミノプリン）
（BA）

すべての天然のサイトカイニンは，アミノプリン誘導体である。植物に存在しない合成サイトカイニンとして，チジアズロンのようなジフェニルウレアタイプのサイトカイニンがある。これらは，落葉剤や除草剤として使われる：

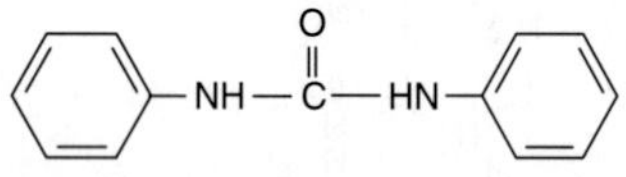

N, *N′*–ジフェニルウレア（非アミノプリンタイプ，活性は弱い）

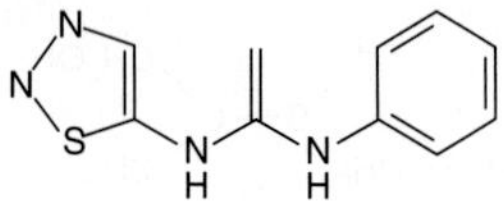

チジアズロン

サイトカイニン活性を示すための構造を追及する中で，研究者たちは，いくつかの‘サイトカイニン拮抗物質’を見い出した：

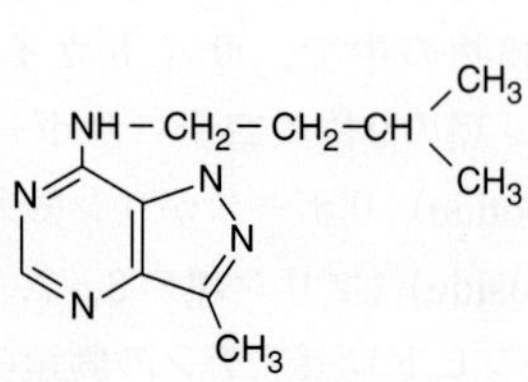

3–メチル–7–(3–メチルブチルアミノ) ピラゾロ [4,3–D] ピリミジン

これらの分子はサイトカイニン作用を阻害するが，その作用は，さらに多くのサイトカイニンの添加によって克服される。サイトカイニン作用をもつ天然の分子は，機器分析と生物検定によって検出，同定される（**Webトピック 21.3** 参照）。

サイトカイニンは遊離状態と結合状態で存在する

ホルモンとしてのサイトカイニンは，植物やいくつかのバクテリアの中で遊離状態（高分子に結合したものではない）として存在する。遊離のサイトカイニンは，被子植物の広い範囲に見い出されており，この一群の植物に普遍的と考えられる。また，藻類，珪藻類，コケ類，シダ類，針葉樹類にも存在する。

調節因子としてのサイトカイニンの作用は，被子植物，針葉樹類，コケ類で示されているが，すべての植物で，成長や発達，代謝の調節因子として働いていると思われる。多くの場合，ゼアチンがもっとも量の多いサイトカイニンであるが，‘ジヒドロゼアチン’（DZ）と‘イソペンテニルアデニン’（iP）も高等植物とバクテリアに共通して見られる。植物の抽出物から，これらのサイトカイニンの多くの修飾体が同定されている（図21.6の構造参照）。

転移RNA（tRNA）は，RNAを構成する4種のヌクレオチドだけではなく，塩基が修飾されたヌクレオチドも含んでいる。tRNAの加水分解で遊離する修飾塩基には生物検定でサイトカイニンとしての作用を示すものがある。植物の何種かのtRNAは修飾された塩基として，シス–ゼアチンをもっている。しかしながら，tRNAに組み込まれたサイトカイニンは植物だけではなく，バクテリアからヒトまですべての生物の，ある種のtRNAに含まれる。（詳しくは，**Webトピック 21.4** 参照）。

ホルモンとして活性のあるサイトカイニンは遊離塩基型である

これまで，どのようなサイトカイニン分子種が活性型かを知ることはできなかったが，最近，サイトカイニン受容体CRE1が同定されたことで，この問題を解決することができるようになった。遊離塩基型のトランス–ゼアチンやイソペンテニルアデニンはCRE1に直接結合するが，リボシド型であるイソペンテニルアデノシンはCRE1に結合しないことが示され，遊離塩基型が活性型であるということがわかった（Yamada et al. 2001）。

トランス–ゼアチンはホルモンとしての活性型であると信じられてきたが，植物に与えたときに，ゼアチンやジヒドロゼアチン，イソペンテニルアデニンなどの活性型サイトカイニンに容易に変換される物質，あるいはサイトカイニン配糖体のように，活性型サイトカイニンを遊離する物質もサイトカイニン活性を示す。たとえば，タバコ培養細胞にサイトカイニンリボシドを与えても，それが遊離塩基型に変換された後に細胞は成長する。

別の実験例を示そう。サイトカイニン塩基のベンジルアデニン（BA，アミノプリンN^6置換体のサイトカイニン）を与えると，切り取ったハツカダイコンの子葉は大きくなる。このとき，子葉はすばやくBAを取り込み，BAグルコシド，BAリボシド，BAリボチドなどに変換する。培地からBAを除いてやると子葉の拡大の速度は遅くなり，子葉に含まれるBA，BAリボシド，BAリボチドの量も減少する。しかしBAグルコシドの量は変わらないので，BAグルコシドは活性型には変換されないことがわかる。

いくつかの植物病原性バクテリア，昆虫，線虫は遊離サイトカイニンを分泌する

いくつかのバクテリアやカビは，高等植物と密接な関係にある。これらの微生物の多くは，かなりの量のサイトカイニンを生産および分泌したり，感染細胞にサイトカイニンを含む植物ホルモンをたくさん作らせたりする（Akiyoshi et al. 1987）。微生物により作られるサイトカイニンは，トランス-ゼアチン，iP，シス-ゼアチンとこれらのリボシド体である。これらの微生物が植物組織に感染すると細胞分裂を誘導し，微生物と植物の組合せによっては菌根（mycorrhizae）のような構造を作って植物と相互作用する。

クラウンゴールを引きおこすアグロバクテリウム以外にも植物細胞の分裂をおこす植物病原性バクテリアがある。たとえば，*Corynebacterium faciens*は**天狗の巣**（witches' broom）とよばれる異常成長を引きおこす（図21.3）。*C. faciens*の分泌するサイトカイニンが，腋芽の成長を促進して昔ながらのほうきのようになるのである（Hamilton and Lowe 1972）。

クラウンゴールバクテリアの近縁の*Agrobacterium rhizogenes*は，感染組織にクラウンゴールではなく，多くの根を形成させる。*A. rhizogenes*は，本章の後で説明するように，感染細胞でのサイトカイニンの代謝を変える。

虫えいを形成して養分を吸い取る昆虫は，サイトカイニンを分泌する。このサイトカイニンは虫えいの形成に関与していると考えられている。根瘤を形成する線虫もサイトカイニンを分泌するが，これが宿主植物の成長を変化させて巨大細胞を作ることに関与しているのかもしれない。その中の線虫は根瘤から養分を得る（Elzen 1983）。

サイトカイニンの生合成と代謝，輸送

サイトカイニンの側鎖は，ゴムやカロテノイド色素，植物ホルモンのジベレリンやアブシジン酸，ファイトアレキシンとよばれる植物の防御因子の分子の一部と似ている。これらの化合物は，少なくとも一部がイソプレン単位からできている（13章）。

イソプレンはゼアチンとiPの側鎖に似ている（図21.6の構造参照）。これらのサイトカイニンの側鎖は，イソプレン誘

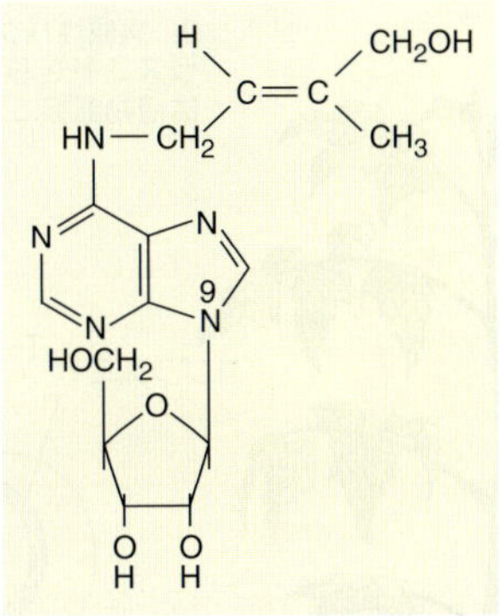

リボシルゼアチン（ゼアチンリボシド）

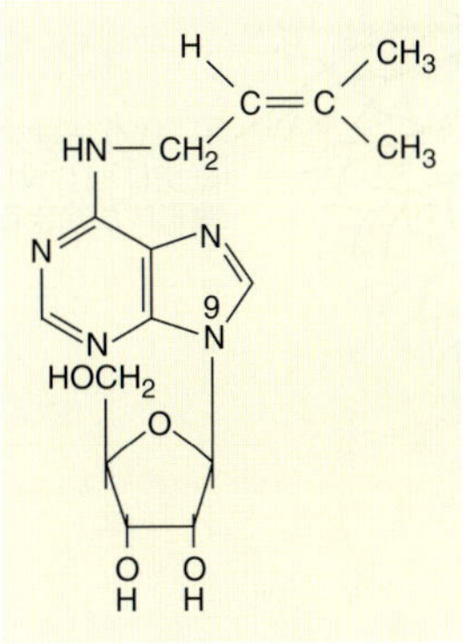

N^6-（Δ^2-イソペンテニル）
アデノシン（[9R]iP）

図 21.2 リボシルゼアチンとN^6-（Δ^2-イソペンテニル）アデノシン（[9R] iP）の構造

図 21.3 バルサムモミ（*Abies balsamea*）に形成された天狗の巣（写真© Gregory K. Scott/Photo Researchers, Inc.）

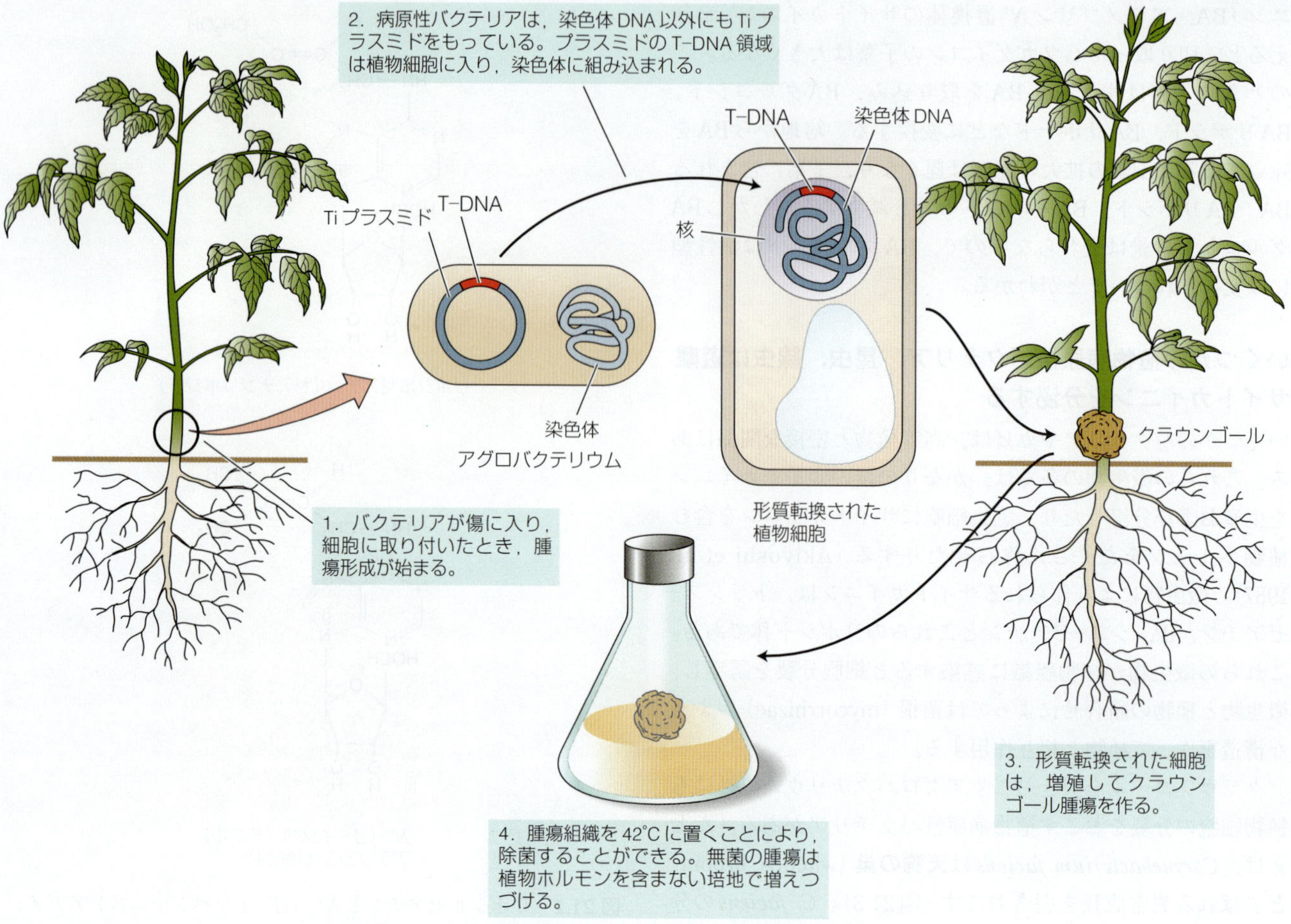

図 21.4　アグロバクテリウムによる腫瘍形成（Chilton 1983をもとに）

導体から作られる。サイトカイニンにはイソプレン単位がひとつだけ含まれているが，ゴムやカロテノイドの大きな分子はたくさんのイソプレンユニットの重合によって作られる。これらのイソプレン構造の前駆体は，メバロン酸か，ピルビン酸とグリセリン-3-リン酸である（13章参照）。これらの前駆体から，イソプレン単位をもつジメチルアリル二リン酸（DMAPP）が作られる。

クラウンゴールの細胞は，アグロバクテリウムから移されたサイトカイニン合成酵素遺伝子をもっている

除菌したクラウンゴールの細胞は，培地になんの植物ホルモンを加えなくても培養下で増殖する。クラウンゴールの細胞は多量のオーキシンとサイトカイニンを含んでいる。そのうえ，放射能で標識したアデニンをツルニチニチソウ（*Vinca rosea*）のクラウンゴールに与えると，放射能はゼアチンとゼアチンリボシドに取り込まれるので，クラウンゴール組織はサイトカイニン合成活性をもっていることがわかる。アグロバクテリウムに感染していない茎組織を対照実験として用いると，放射性アデニンからサイトカイニンへの取り込みは見

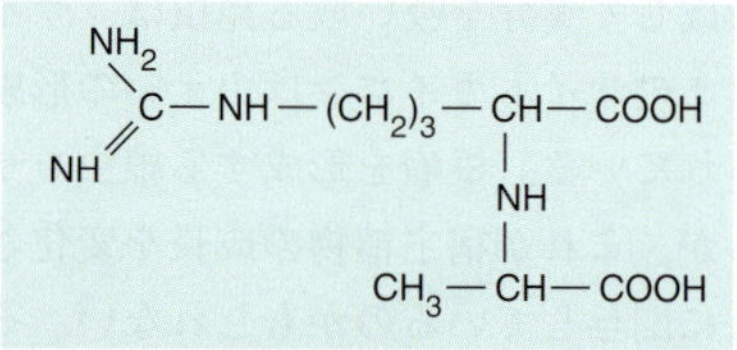

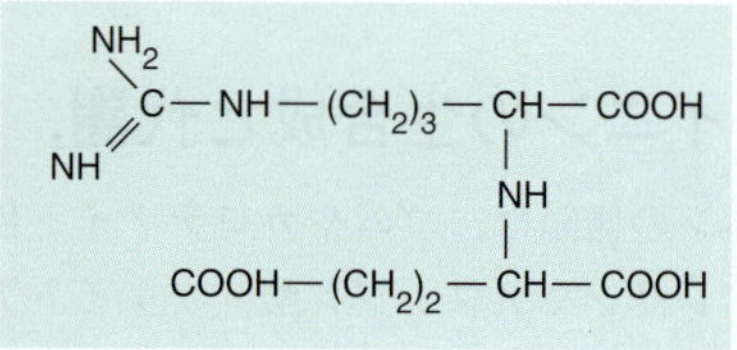

図 21.5　二つの主要なオパインであるオクトピンとノパリンは，クラウンゴールだけに見い出される。これらの合成に必要な遺伝子は，アグロバクテリウムのT-DNAに存在する。アグロバクテリウムはオパインを窒素源として利用できるが，植物はできない。

られない。

アグロバクテリウムが感染すると，バクテリアのDNAは植物の染色体に取り込まれる。病原性のアグロバクテリウムは**Tiプラスミド**（Ti plasmid）とよばれる巨大プラスミドをもっている。プラスミドは染色体外環状DNAであり，バクテリアの生存には必要ない。しかし，プラスミドは，しばしば，特別な環境ではバクテリアの生存能力をあげる遺伝子をもっている。

Tiプラスミドの**T-DNA**とよばれる小さな部分は，宿主植物の核DNAに取り込まれる（図21.4）（Chilton et al. 1977）。Tiプラスミドは，オパインとよばれる一群の含窒素化合物の合成に加え，オーキシンとサイトカイニンの合成に必要な遺伝子を含んでいる（図21.5）。形質転換されていない植物はオパインを合成しない。

サイトカイニン合成に関わるT-DNAの遺伝子——*ipt*遺伝子として知られる——は，DMAPPのイソペンテニル基をAMP（アデニン一リン酸）に転移し，イソペンテニルアデニンリボチドの生成を触媒する**イソペンテニル基転移酵素**（isopentenyl transferase：**IPT**）をコードしている（図21.6）（Akiyoshi et al. 1984；Barry et al. 1984）。突然変異により*ipt*遺伝子が‘破壊される’と‘根の多い’（rooty）腫瘍を形成するようになるので，*ipt*遺伝子は*tmr*遺伝子座とよばれてきた。イソペンテニルアデニンリボチドは活性型サイトカイニンであるイソペンテニルアデニンやトランス-ゼアチン，ジヒドロゼアチンに変換される。この変換経路は，正常な植物で考えられているサイトカイニン変換経路と似ている（図21.6）。

T-DNAは，トリプトファンを二段階の反応でインドール-3-酢酸（IAA）に変換する二つの酵素の遺伝子ももっている。このオーキシン合成経路は野生型植物のものとは違っていてインドールアセトアミドを中間体とする（図19.6）。T-DNAの*ipt*遺伝子とオーキシン合成酵素遺伝子は植物に腫瘍をおこすので，**植物癌遺伝子**（phyto-oncogenes）である（**Webトピック21.5**参照）。

T-DNAの遺伝子はバクテリア中では発現せずに，植物染色体に挿入された後に発現する。これらの遺伝子が発現するとそれらがコードする酵素が合成され，それによりサイトカイニンとオーキシンとオパインが合成される。アグロバクテリウムはオパインを利用できるが植物細胞は利用できない。このように，アグロバクテリウムは植物細胞を形質転換し，アグロバクテリウムだけが利用できる物質（オパイン）を合成するように仕向けることで，自分自身の成育環境（腫瘍組織）を広げている（Bomhoff et al. 1976）。

クラウンゴール組織のサイトカイニン合成の調節が正常組織と違うところは，通常はサイトカイニンを合成していないような植物組織を含めどこにゴールが形成されてもT-DNAのサイトカイニン合成遺伝子が発現するということである。

IPTはサイトカイニン生合成の最初の反応を触媒する

サイトカイニン合成の最初の反応は，ジメチルアリル二リン酸（DMAPP）からアデニン骨格にイソペンテニル基を転移する反応である。その活性は，細胞性粘菌（*Dictyostelium discoideum*）で最初に見い出され，その後，同様の酵素をコードする遺伝子*ipt*がアグロバクテリウムにあることがわかった。どちらの場合も，DMAPPとAMPがイソペンテニルアデノシン5′一リン酸（iPMP）に変換される。

前に述べたように，サイトカイニンは動物や植物を含むほとんどの細胞のtRNAの中にも存在する。tRNAのサイトカイニンは，tRNAが完全に転写され終わってから，特別な位置にあるアデニン残基が修飾されることにより作られる。遊離のサイトカイニンと同様，DMAPPのイソペンテニル基がアデニン残基に転移するが，この反応は，tRNA-IPTとよばれる酵素によって触媒される。tRNA-IPTをコードする遺伝子は，真核生物と原核生物のたくさんの生物種からクローン化されている。

遊離のサイトカイニンがtRNAに由来するという可能性もある。ただ，tRNAを加水分解したものを植物細胞に与えるとホルモンシグナルとしての作用を示すが，植物内でのtRNAの代謝回転が植物の遊離のサイトカイニンに大きく寄与するということは考えにくい。

さまざまな植物の抽出液にIPT活性をもつ酵素活性が見い出されたが，研究者たちはその酵素タンパク質を単一のものにまで精製することはできなかった。最近，シロイヌナズナのゲノム配列を解析することにより，植物の*IPT*遺伝子がクローン化された（Kakimoto 2001；Takei et al. 2001）。シロイヌナズナには九つの*IPT*遺伝子が存在するが，多くの動物が一つか二つだけそのような遺伝子をもっていることと比べると，これは数が多い。動物の場合，このような遺伝子はtRNAの修飾に使われている。

系統樹による解析によれば，シロイヌナズナに存在するこれら九つの遺伝子産物のうち，一つはバクテリアのtRNA-IPT，一つは真核生物のtRNA-IPTと似ている。残りの七つは他の植物の遺伝子産物とともに一つの新しいクレードを作る（**Webトピック21.6**参照）。シロイヌナズナの七つの遺伝子産物を含む植物特異的なクレードは，これらがサイトカイニン合成に関わっているかもしれないと考えさせる。

これらの遺伝子は大腸菌で発現され，解析された。その産物が動物のtRNA-IPTに似た遺伝子以外は，遊離サイトカイニンを作る能力があることが示された。バクテリアのサイトカイニン合成酵素と違って，解析された植物の酵素に関しては，AMPよりもATPとADPを優先的に用いることがわかっている（Kakimoto 2001）（図21.6）。

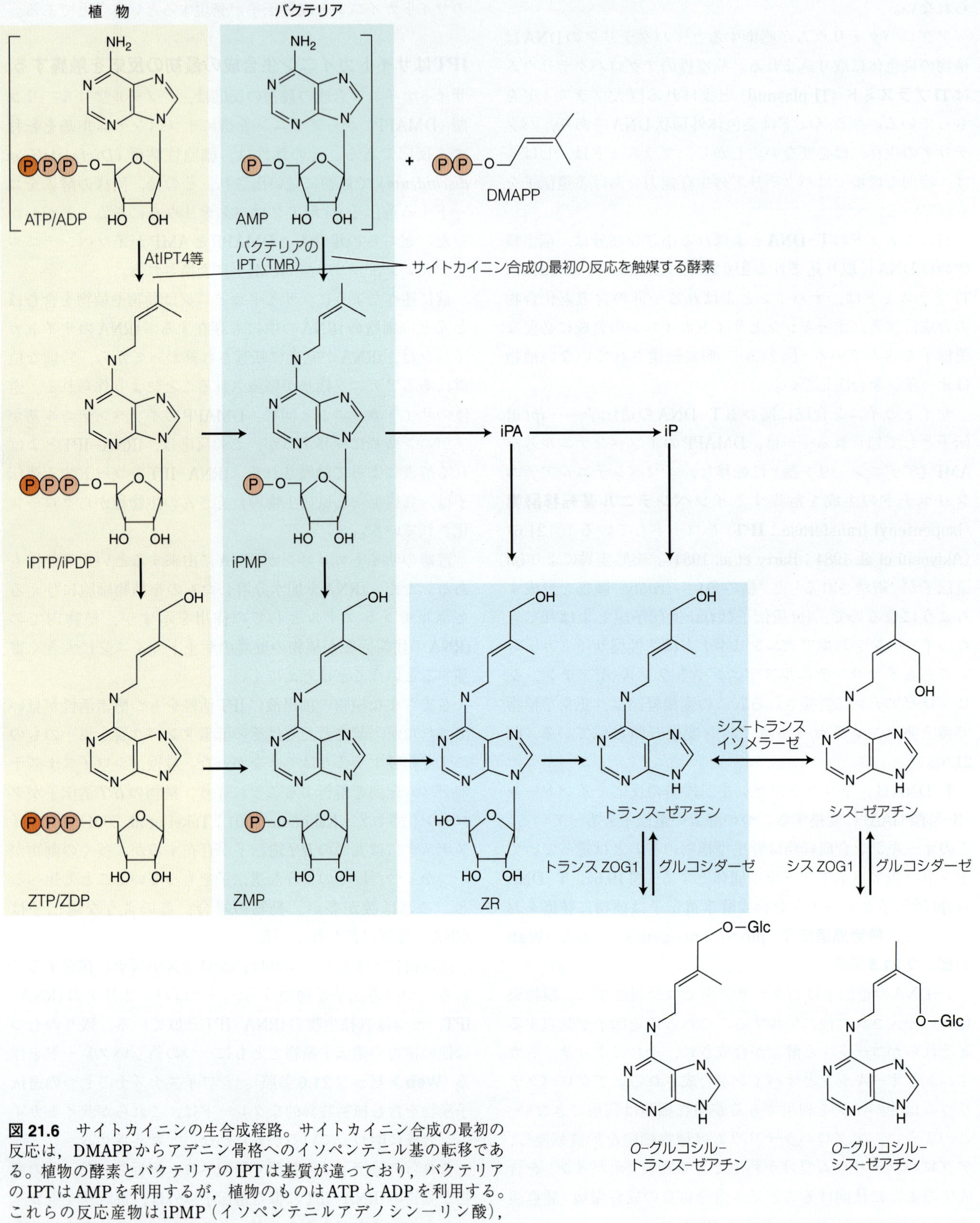

図 21.6　サイトカイニンの生合成経路。サイトカイニン合成の最初の反応は，DMAPPからアデニン骨格へのイソペンテニル基の転移である。植物の酵素とバクテリアのIPTは基質が違っており，バクテリアのIPTはAMPを利用するが，植物のものはATPとADPを利用する。これらの反応産物はiPMP（イソペンテニルアデノシン一リン酸），iPDP（イソペンテニルアデノシン二リン酸），iPTP（イソペンテニルアデノシン三リン酸）である。種々のリン酸化型サイトカイニンは，一般的なプリンの代謝酵素で相互変換され，未知の水酸化酵素によりトランス-ゼアチンに変換される。トランス-ゼアチンは図中に示した酵素によりさまざまに代謝される。

サイトカイニンは道管を通して根からシュートへ運ばれる

植物での遊離サイトカイニン合成の主要な場所は，根端分裂組織である。根で合成されたサイトカイニンは，根が吸収した水や無機塩とともに，道管を通ってシュートに運ばれるらしい。このサイトカイニンの動きは，道管液の解析から推定された。

地上部すぐのところで茎を切ると，しばらくの間，根からの道管液が流れ出す。この道管液にはサイトカイニンが含まれている。土が湿っていると道管液は数日間流れつづけることもある。道管浸出液のサイトカイニンは減少しないため，そのサイトカイニンは根で合成されたと考えられる。そのうえ，根の機能を阻害するような環境要因，たとえば水ストレスは，道管浸出液のサイトカイニン濃度を減少させる（Itai and Vaadia 1971）。逆に，窒素飢餓のトウモロコシの根に窒素栄養を与えると，道管液のサイトカイニンの量が上昇し（Samuelson 1992），これはシュートのサイトカイニン応答遺伝子を誘導する（Takei et al. 2001）。

道管液にサイトカイニンが含まれることは確実だが，最近の接木実験は，根で合成されたサイトカイニンがシュートの発達を調節するという仮説に疑問を投げかけている。アグロバクテリウムの*ipt*を人為的に発現誘導できるように操作して導入されたタバコは，腋芽が活性化され，老化が遅れる。根に由来するサイトカイニンの役割を知るため，サイトカイニンを過剰産生するタバコの台木に野生型のシュートを接ぐという実験が行われた。蒸散流のサイトカイニン濃度は上昇していたにもかかわらず，驚くべきことに，シュートにはなんの形態的変化も見られなかった（Faiss et al. 1997）。したがって，根でのサイトカイニンの過剰は接木したシュートになんの影響も与えなかったことになる。

根だけがサイトカイニン合成能力をもっているわけではない。たとえば，若いトウモロコシの胚，若い成長中の葉，若い果実はサイトカイニンを合成し，おそらくもっと他にもサイトカイニンを合成する組織があると思われる。根で合成されたサイトカイニンとシュートで合成されたサイトカイニンの役割の違いを知るためには，さらなる研究が必要なことは明らかである。

シュートからのシグナルが根からのゼアチンリボシドの輸送を調節する

道管浸出液のサイトカイニンは主にゼアチンリボシドの形である。地上部に達して初めて，ヌクレオシド型サイトカイニンの一部が遊離塩基型やグルコシド型となる（Noodén and Letham 1993）。サイトカイニングルコシドは種子や葉に高濃度に蓄積することがあり，老化しつつある葉でもかなりの量が含まれていることがある。サイトカイニングルコシドは生物検定では活性を示すが，細胞内で作られた後には，利用できないような細胞内区画にしまわれるため働けないということかもしれない。道管を通ってサイトカイニンが運ばれるということと，放射標識したサイトカイニンを葉に与えたときにはあまり動かないという観察の矛盾も細胞内での区画化で説明できるのかもしれない。

突然変異体を用いた接木実験は，シュートから運ばれるなんらかのシグナルが，根からシュートへのサイトカイニンの輸送を調節することを示している。エンドウ（*Pisum sativum* L.）の*rms4*変異体の根の道管液中のゼアチンリボシドの量は40分の1に減少している。しかし，*rms4*の根に野生型のシュートを接ぐと，野生型の葉へと供給する道管液のゼアチンリボシドの量が上昇する。逆に，野生型の根に*rms4*のシュートを接ぐと，*rms4*に供給される道管液のサイトカイニンの量が減少する（Beveridge et al. 1997）。

これらの結果は，シュートからのシグナルが，根からシュートへのサイトカイニンの輸送を調節できることを示している。このシグナルの実体は同定されていない。

植物組織は速やかにサイトカイニンを代謝する

遊離サイトカイニンとヌクレオシドやヌクレオチド型サイトカイニンの間の相互変換（interconversion）は，一般的なプリンの代謝酵素が担っていると思われる。

多くの植物組織は，ゼアチン（シスもトランスも），ゼアチンリボシド，iP，さらにこれらの*N*-グルコシド型サイトカイニンのN^6側鎖を切る**サイトカイニン酸化酵素**（cytokinin oxidase）をもっている。この酵素は，サイトカイニン-*O*-グルコシドの側鎖は切らない（図21.7）。ジヒドロゼアチンとその誘導体もサイトカイニン酸化酵素に耐性である。サイトカイニン酸化酵素は不可逆的にサイトカイニンを不活化する。この酵素はサイトカイニンの効果を調節したり限定したりする重要な役割をもっているのかもしれない。その酵素活性は高濃度サイトカイニンによって上昇するが，これは部分的にはこれらをコードする遺伝子群のいくつかの遺伝子のmRNAレベルの調節を介したものである。

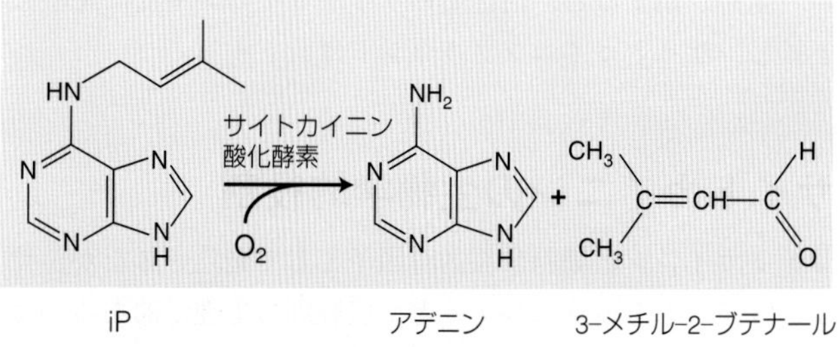

図 21.7 サイトカイニン酸化酵素は，いくつかのサイトカイニンを不可逆的に分解する。

サイトカイニン酸化酵素をコードする遺伝子は，トウモロコシから初めて同定された（Houba-Herin et al. 1999；Morris et al. 1999）。シロイヌナズナでは，多重遺伝子族によってコードされており，それぞれの遺伝子は違った発現パターンをもっている。興味深いことに，いくつかのサイトカイニン酸化酵素は分泌シグナルをもっており，細胞外に存在すると考えられる。

活性サイトカイニンレベルは，さまざまな位置への付加によっても調節される。アデニン環の3，7，9位の窒素原子はグルコース残基と結合できる。アラニンも9位の窒素原子に結合でき，ルピン酸（lupinic acid）を形成する。これらの付加はたいてい不可逆的で，N^3 グルコシドを除き，これらの結合体は生物検定では活性を示さない。

サイトカイニンの側鎖の水酸基にもグルコース，時にキシロースが結合し，それぞれサイトカイニン-*O*-グルコシド，サイトカイニン-*O*-キシロシドになる。サイトカイニン-*O*-グルコシドはサイトカイニン酸化酵素に耐性である。このことは，いくつかの生物検定で，遊離型サイトカイニンよりもその*O*-グルコシドの方が高い活性を示すことの原因かもしれない。

ゼアチンの側鎖へグルコースとキシロースを転移する酵素はどちらも精製され，コードする遺伝子もクローン化された（Martin et al. 1999）。これらの酵素は，サイトカイニン塩基と糖供与体に対して厳密な基質特異性をもっている。遊離のトランス-ゼアチンとジヒドロゼアチンだけがよい基質であり，これらのヌクレオシド体やシス-ゼアチンは基質とならない。この高い特異性は，側鎖への糖付加が厳密に調節されていることを示唆している。

側鎖へ付加された糖は，グルコシダーゼで除かれ，前に述べたように活性型である遊離サイトカイニンができる。このように，グルコシド型は保存型か，代謝的に不活性の状態と考えられる。サイトカイニン-*O*-グルコシドからサイトカイニンを遊離できるグルコシダーゼはトウモロコシよりクローン化されており，これはトウモロコシの発芽過程で重要な役割を果たしている可能性がある（Brzobohaty et al. 1993）。

休眠種子は，しばしば高レベルのサイトカイニングルコシドをもっているが，活性型のサイトカイニン濃度は非常に低い。発芽が始まると，活性型のサイトカイニン濃度は急激に上昇し，サイトカイニングルコシドは低下する。

サイトカイニンの生物学的役割

サイトカイニンは細胞分裂誘導因子として発見されたが，サイトカイニンを植物に与えると，広範囲の生理学的あるいは代謝，生化学的，発生学的過程を促進したり阻害したりする。そしてまた，通常の植物の内在のサイトカイニンが，これらの過程の調節に重要な役割を果たしていることが明らかになってきた。

本節では，植物の成長，発達に対する，広範囲のサイトカイニン作用の一部を概説する。これには，細胞分裂の制御におけるサイトカイニンの役割の議論も含まれている。アグロバクテリウムの腫瘍形成Tiプラスミドの発見は，植物に外来遺伝子を導入する強力な材料を提供しただけでなく，植物の成長におけるサイトカイニンの役割の研究に役立った。細胞増殖の調節に加え，サイトカイニンは，分化，頂芽優勢，老化の過程に影響する。

サイトカイニンは，シュートと根で細胞分裂を調節する

これまでに述べたように，サイトカイニンは，一般に組織培養時の植物細胞の分裂に必須であるが，通常の植物体内でも細胞分裂を調節している証拠もある。

成熟植物の細胞分裂の多くは分裂組織でおこる（16章参照）。アグロバクテリウムの*ipt*をタバコの葉の体細胞セクターで発現させると，通常は存在しないところに分裂組織が形成される。このことは，これらの葉で細胞分裂をおこすには，サイトカイニン量の上昇だけで十分であることを示している

図 21.8 サイトカイニン酸化酵素遺伝子を過剰発現するタバコ。左は野生型タバコ，中央と右は，それぞれ別のサイトカイニン酸化酵素遺伝子*AtCKX1*，*AtCKX2*を過剰発現するタバコ。形質転換体ではシュートの成長が著しく阻害されている。（Werner et al. 2001より）

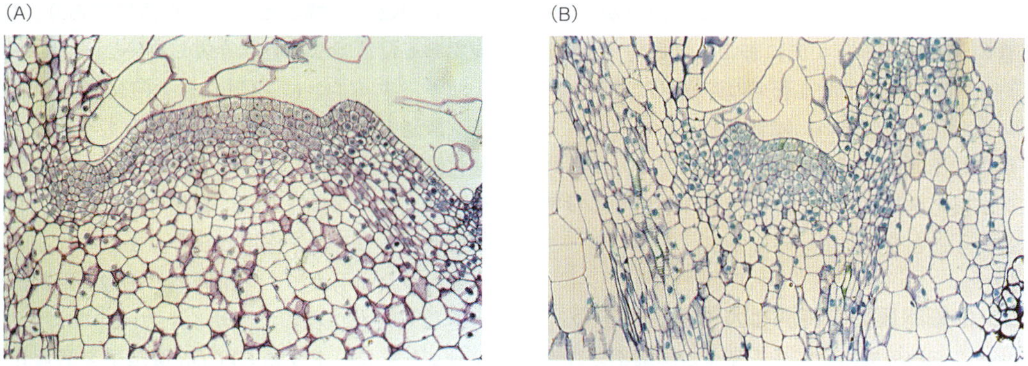

図 21.9 サイトカイニンは茎頂分裂組織の正常な成長に必須である。(A) 野生型タバコの茎頂分裂組織の縦切片。(B) サイトカイニン酸化酵素 (AtCKX1) の遺伝子を過剰発現するタバコの茎頂分裂組織の縦切片。サイトカイニン量が低下した植物で，茎頂分裂組織が小さくなっていることに注目。(Werner et al. 2001 より)

(Estruch et al. 1991)。シロイヌナズナの *ipt* 形質転換体ではサイトカイニン量が増え，その結果，茎頂分裂組織の機能制御に重要な役割を果たしている KNOTTED ホメオボックス転写因子のホモログをコードする遺伝子 *KNAT1* と *STM* の発現が上昇する (16 章参照) (Rupp et al. 1999)。興味深いことに，*KNAT1* のタバコでの過剰発現は，サイトカイニンの量を上昇させる。これらのことは，*KNAT1* とサイトカイニン量の間の相互依存関係を示唆している。

シロイヌナズナのサイトカイニン酸化酵素の遺伝子のいくつかは，タバコで過剰発現させると，サイトカイニン量が低下する。その結果，茎頂分裂組織の細胞増殖の速度が遅くなって，シュートの成長が著しく阻害される (図 21.8 と 21.9) (Werner et al. 2001)。これは，内在のサイトカイニンが生体内で細胞分裂を制御しているという概念を支持している。

驚くべきことに，同じサイトカイニン酸化酵素のタバコ形質転換体の根の成長は‘促進’されている (図 21.10)。この根の成長促進の一時的な原因は，根端分裂組織のサイズの増加である (図 21.11)。根はサイトカイニンの主要な源なので，この結果は，根端分裂組織と茎頂分裂組織の細胞増殖で，サイトカイニンが逆の役割を果たしていることを示唆している。

サイトカイニンが生体内で細胞分裂を制御していることのもう一つの証拠は，サイトカイニン受容体 (本章で後述する) の突然変異体の解析から得られた。サイトカイニン受容体遺伝子 *CRE1* の突然変異体 *cre1* や *wol* の根では篩部と維管束柔組織がなく，維管束系はほぼすべて道管で満たされる (4 章と 10 章参照)。

さらなる解析により，この異常は，維管束の幹細胞の数が

図 21.10 サイトカイニンは根の伸長を抑制する。サイトカイニンを欠乏した *AtCKX1* 形質転換体 (右) の根は野生型 (左) よりもよく成長している。(Werner et al. 2001)

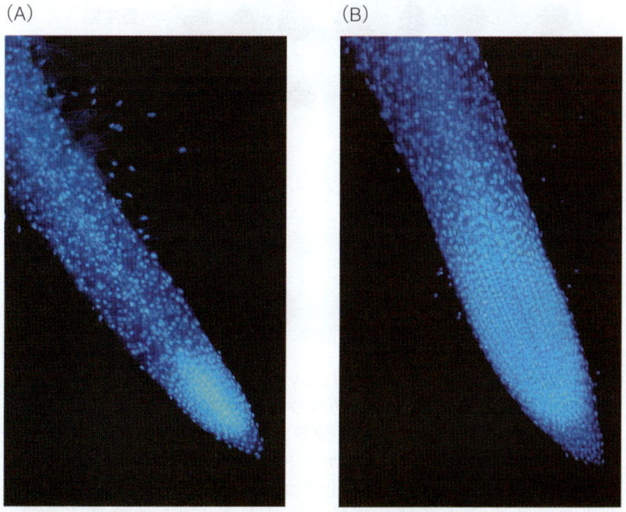

図 21.11 サイトカイニンは，根の分裂組織のサイズと活性を抑制する。(A) 野生型，(B) *AtCKX1*。核を染める色素，4′,6-ジアミノ-2-フェニルインドールで染めている。(Werner et al. 2001)

減少していることが根本原因となっていることがわかった。篩管よりも道管の運命決定の方が先におこると仮定すると，*cre1*や*wol*変異体で数の減少した維管束の幹細胞は道管への運命づけに使い果たされてしまい，篩管へと運命づけられるべき幹細胞が残されないと説明されている。これらの結果は，サイトカイニンが根の維管束系幹細胞の増殖を調節する役割をもっているということを示している。

サイトカイニンは細胞周期の特別な因子を制御する

サイトカイニンは，細胞周期の進行を支配する制御系に作用して細胞分裂を制御する。細胞周期を同調化したタバコ培養細胞でのゼアチンの量は，S期の終わりと有糸分裂期とにピークをもつ。

サイトカイニンは，最適濃度のオーキシンが存在するときに，組織の細胞分裂を促進する物質として発見された。オーキシンとサイトカイニンは，ともにサイクリン依存性タンパク質リン酸化酵素の活性を調節することにより，細胞周期の制御を行っているという証拠がある。1章で述べたように，‘サイクリン依存性タンパク質リン酸化酵素’（CDK）と調節サブユニットである‘サイクリン’の複合体は，細胞周期を調節する酵素である。

主要なCDKであるCdc2（cell division cycle 2）をコードする遺伝子の発現は，オーキシンによって調節される（19章参照）。エンドウの根の組織では，*CDC2*遺伝子のmRNAはオーキシン添加10分後に増加する。また，タバコの髄では，オーキシンを含む培地で培養することによりCDKの量が高くなる（John et al. 1993）。しかし，オーキシンにより誘導されたCDK2は，酵素としては不活性であり，CDKが高レベルであるだけでは細胞は分裂しない。

サイトカイニンは，Cdc2リン酸化酵素の活性に阻害的なリン酸基を除く活性をもつCdc25のようなタンパク質脱リン酸化酵素の活性化に関わっている（Zhang et al. 1996）。このサイトカイニンの作用は，細胞分裂の制御におけるオーキシンとサイトカイニン作用の統合点かもしれない。

最近，サイトカイニン情報の，細胞周期制御への二つめの大きな入力点が現れた。サイトカイニンは，‘Dタイプサイクリン’をコードする*CYCD3*遺伝子を活性化する（Soni et al. 1995；Riou-Khamlichi et al. 1999）。動物細胞では，Dタイプサイクリンはさまざまな増殖因子により制御されており，細胞周期のG_1期の通過調節において中心的役割を果たしている。

シロイヌナズナでは，CYCD3は茎頂分裂組織や葉の原基のような増殖組織で発現している。培養系でCYCD3を過剰発現すると，サイトカイニンを与えなくても細胞が分裂できることを示した重要な実験もある（Riou-Khamlichi et al. 1999）。これらや，他の研究結果は，サイトカイニンが細胞分裂を促進する主要機構は*CYCD3*の発現をあげることによることを示唆している。

オーキシンとサイトカイニンの比率により培養組織の形態形成を制御できる

カイネチンの発見後しばらくして，タバコの髄由来のカルス

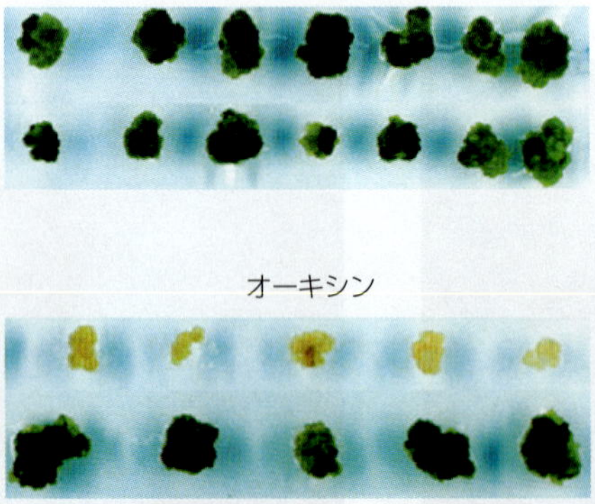

図 21.12 *CYCD3*を過剰発現しているカルスの細胞は，サイトカイニンがなくても分裂する。カリフラワーモザイクウイルス35S-RNA遺伝子プロモーターの制御下で*CYCD3*を過剰発現するシロイヌナズナを，オーキシンとサイトカイニンを含む培地，あるいはオーキシンだけを含む培地上でカルスを誘導した。野生型のコントロールのカルスは，成長にサイトカイニンを必要とする。*CYCD3*を過剰発現するカルスは，オーキシンだけを含む培地でもよく成長する。写真は培養29日後。（Riou-Khamlichi et al. 1999より）

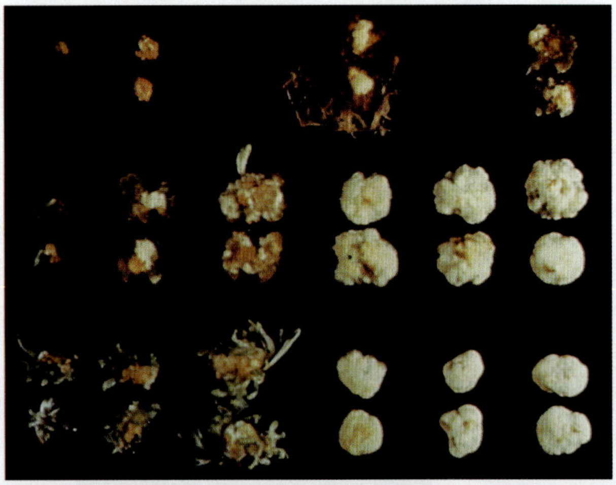

図 21.13 種々の濃度のオーキシンとサイトカイニンによる，タバコのカルスの成長および器官形成の制御。インドール酢酸が低濃度でカイネチンが高濃度のとき（左下）には芽が形成される。インドール酢酸が高濃度でカイネチンが低濃度のとき（右上）には根が形成される。両者の濃度が中程度から高濃度のとき（右中央，右下）には未分化のカルスとして増殖する。（Donald Armstrongの好意による）

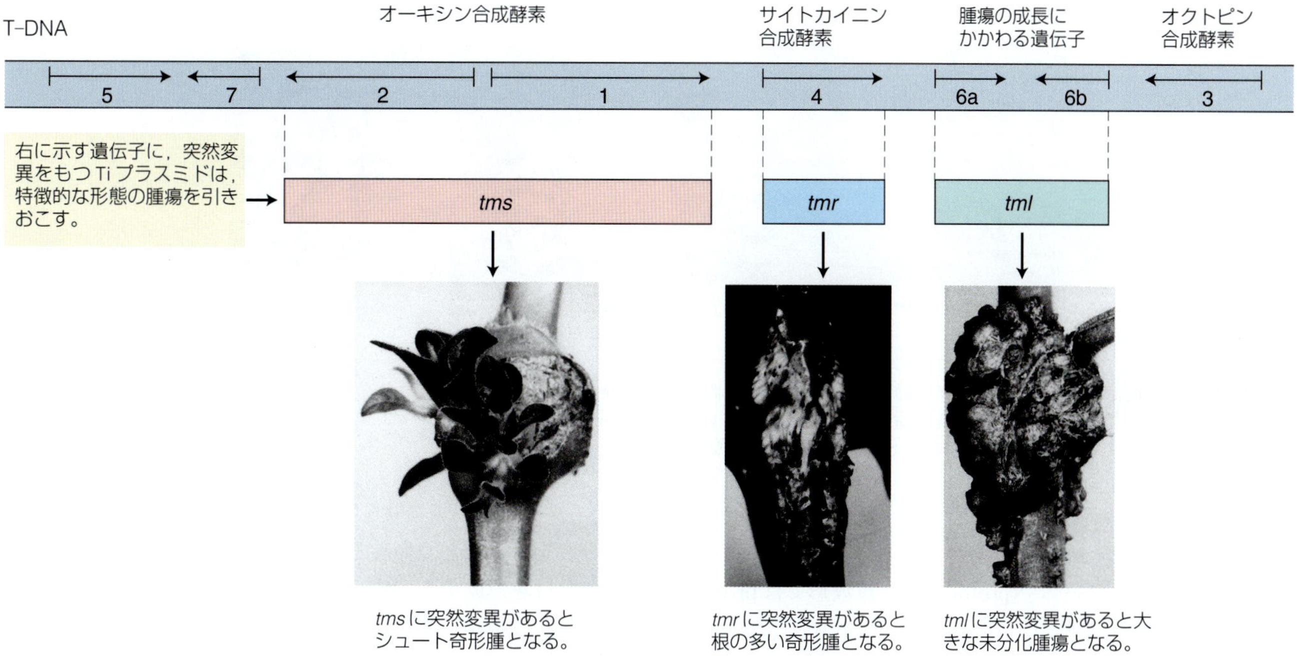

図 21.14　アグロバクテリウムのTiプラスミドのT−DNA領域の遺伝子の配置とT−DNAの突然変異がクラウンゴール腫瘍の形態に及ぼす影響。遺伝子1と2はオーキシンの生合成に関わる酵素をコードし，遺伝子4はサイトカイニン合成酵素をコードしている。これらの遺伝子に変異がおこると，写真のような表現型が引きおこされる。(Morris 1986，写真はR. Morrisの好意による)

組織が培地中のオーキシンとサイトカイニンの比率に依存して根やシュートに分化することが観察された。オーキシン：サイトカイニンの比が高いときにはカルスは根を形成し，オーキシン：サイトカイニンの比が低いときにはカルスはシュートを形成する。また両者のレベルが中間的なときには未分化カルスとして成長する（図21.13）(Skoog and Miller 1965)。

オーキシン：サイトカイニンの比率が形態形成に及ぼす影響は，T-DNA領域に突然変異をおこしたTiプラスミドをもつアグロバクテリウムが引きおこすクラウンゴール腫瘍でも見ることができる（Garfinkel et al. 1981）。Tiプラスミドの***ipt***遺伝子（***tmr***遺伝子座）に突然変異をおこしたバクテリウムを感染させた細胞では，ゼアチンの過剰産生はおきない。その結果，腫瘍細胞におけるオーキシン：サイトカイニンの比率が高くなり，未分化のカルス細胞のかわりに根が増殖する。

反対に，オーキシンの生合成に必要な遺伝子（***tms***遺伝子座）に変異をおこすと，オーキシン：サイトカイニンの比率が低くなり，シュートの増殖がおこる（図21.14）(Akiyoshi et al. 1983)。このような，部分的に分化した腫瘍を奇形腫（teratoma）という。

サイトカイニンは頂芽優勢を制御し，側芽の伸長を促進する

植物の形態を決定する主要な要因の一つに，頂芽優勢の強さがある（19章参照）。トウモロコシのように強い頂芽優勢をもつ植物ではほとんど分枝せず，一つの成長軸をもつ。反対に低木植物では多くの側芽が伸長する。

頂芽優勢は基本的にはオーキシンによって決定されるようだが，生理学的な研究からサイトカイニンが側芽の伸長の開始に関与していることが示唆されている。たとえばサイトカイニンを側芽に直接塗布すると，多くの植物種で細胞分裂活性の上昇と側芽の伸長が見られる。

サイトカイニンを過剰に合成する変異体でも同様の表現型が見られる。野生型のタバコは栄養成長期には強い頂芽優勢を示すが，サイトカイニンを過剰に合成する植物では，側芽が活発に成長して主茎と同じようなシュートになる。その結果，植物体は多枝になる。

サイトカイニンはコケ類において芽の形成を誘導する

ここまでは植物ホルモンに関して，被子植物に限定して議論を行ってきた。しかし広く植物界に分布するその他のさまざまな植物種にも多くの植物ホルモンが存在し，発生において重要な役割を担っている。中でもセン類であるヒョウタンゴ

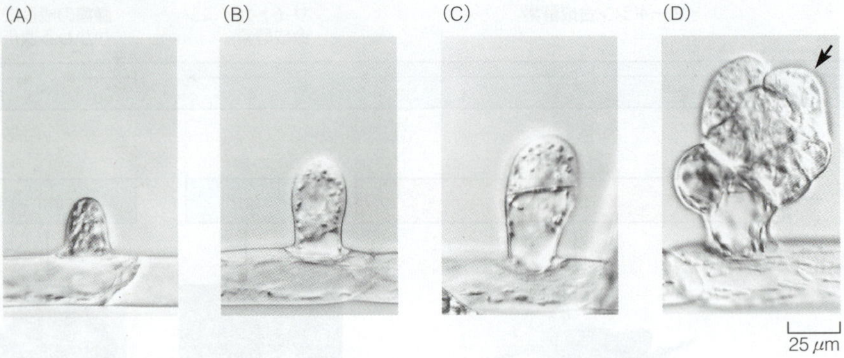

図 21.15 セン類であるヒョウタンゴケの芽形成は原糸体の特定細胞の先端側に突起が形成されることから始まる。(A)～(D) は芽の発生の各段階。いったん形成された芽は，茎葉体へとステージをすすめる。(写真は K. S. Schumaker の好意による)

ケ (*Funaria hygrometrica*) はよく研究されている。コケの胞子は発芽すると'原糸体'(protonema，複数形では protonemata) とよばれる繊維状の形態をとる。原糸体は先端部が細胞分裂を行うことで伸長し，先端から少し基部側に寄ったところに枝を形成する (**Web エッセイ 21.1** 参照)。

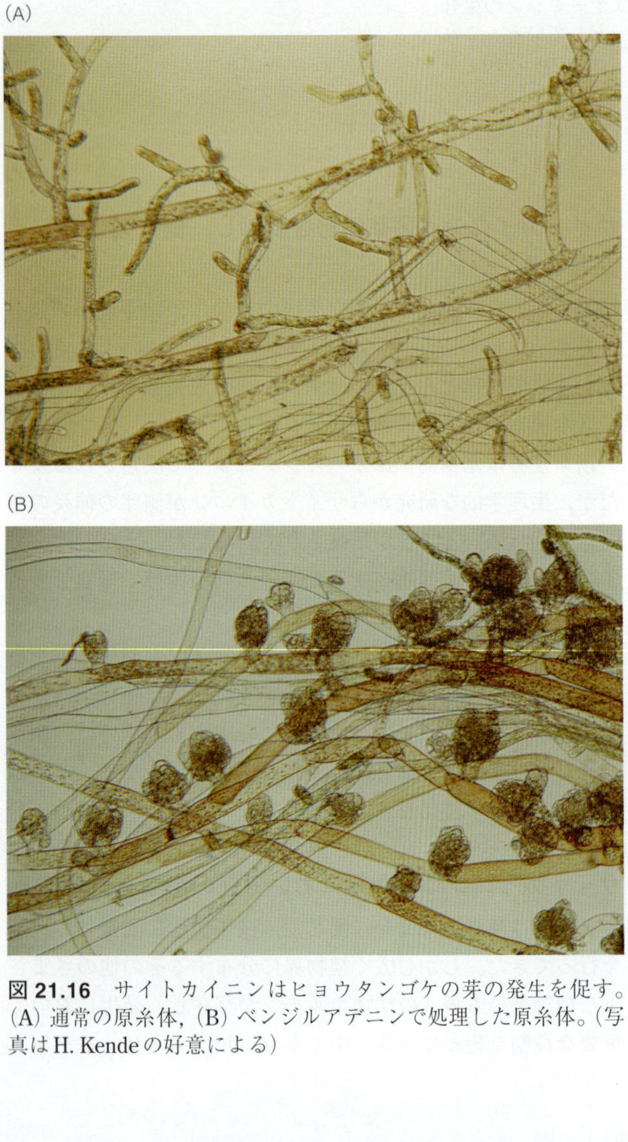

図 21.16 サイトカイニンはヒョウタンゴケの芽の発生を促す。(A) 通常の原糸体，(B) ベンジルアデニンで処理した原糸体。(写真は H. Kende の好意による)

繊維状成長から茎葉状成長への移行は，特定の細胞の先端側に突起が形成されて膨張することから始まる (図 21.15)。つづいて非対称的な細胞分裂がおこり**始原細胞** (initial cell) が形成される。始原細胞は細胞分裂をして**芽** (bud) を形成し，茎葉体とよばれる配偶体となる。正常な発生においては芽と枝はふつう先端から3番めの細胞に規則的に形成される。

ヒョウタンゴケにおける芽の形成には光 (特に赤色光) が必要であり，暗黒下では芽の発生はおこらない。しかしこの光要求性は，サイトカイニンを培地に添加することで代替できる。サイトカイニンは正常な芽の発生を促すだけでなく，芽の総数を増加させる (図 21.16)。非常に低濃度のサイトカイニン (ピコモル，10^{-12} M) でも芽の形成の最初のステップ——特定の細胞の先端側の膨張——を引きおこすことができる。

サイトカイニンの過剰生成は遺伝的腫瘍に関与していそうである

タバコ属 (*Nicotiana*) の多くの種は，かけ合わせにより種間雑種を作ることができる。これまでに300以上の種間雑種が作成されたがそのうちの90％は正常で，両親の中間的な表現型を示す。たとえば喫煙用のタバコ (*Nicotiana tabacum*) は種間雑種の一つである。しかしこのような種間雑種のうち，残りの10％は**遺伝的腫瘍** (genetic tumor) とよばれる腫瘍を自発的に作る傾向にある (図 21.17) (Smith 1988)。

遺伝的腫瘍は，本章の最初で述べたアグロバクテリウムによって引きおこされる腫瘍と形態的には似ているが，外部からの誘導要因がなくても自発的に形成される。ほとんど細胞分裂がおきていない部位にできた腫瘍でも活発に増殖する。そのうえ，腫瘍では，本来その位置にある組織の細胞型に分化することなく，細胞が分裂する。

図 21.17 タバコ属の種間雑種 (*Nicotiana langsdorffii* × *N. glauca*) での遺伝的腫瘍 (Smith 1988)

図 21.18 サイトカイニン合成酵素遺伝子である *ipt* をもつ遺伝子組換えタバコでは，老化が抑制される。*ipt* 遺伝子は老化時に活性化されるプロモーターに連結されており，老化を引きおこすシグナルに応答して発現する。(Gan and Amasino 1995，写真は R. Amasino の好意による)

遺伝的腫瘍を作る雑種のタバコでは，オーキシンとサイトカイニンの量が異常に多くなっている。一般に，腫瘍を作る雑種は作らない雑種に比べて5～6倍のサイトカイニン量をもつ。

サイトカイニンは葉の老化を遅らせる

植物体から切り離された葉は，たとえ湿度を保たれ，栄養塩を供給されていても葉緑体やRNA，脂質，タンパク質を徐々に失っていく。このような死に向かってプログラムされた加齢過程を**老化** (senescence) という (16章，23章参照)。葉の老化は暗条件下では明条件下よりもより早く進行する。切り離した葉にサイトカイニンを与えると，多くの植物種で老化が遅くなる。

サイトカイニンを与えても老化を完全に防げるわけではないが，劇的に効く場合もある。特に，サイトカイニンを植物に直接散布したときに顕著である。一枚の葉だけをサイトカイニンで処理すると，その葉は，発生時期を同じくする葉が黄色くなって植物体から脱落した後でも緑色を保ちつづける。また葉のごく一部にサイトカイニンを与えると，その箇所は，まわりの組織が老化を開始しても緑色を保つ。

若い葉と違い，成熟葉ではサイトカイニンを作るにしてもごくわずかである。成熟葉は根から運ばれてくるサイトカイニンに依存して老化が抑制されているようだ。ダイズの葉では老化は種子の成熟——‘稔性老化’ (monocarpic senescence) として知られる現象——によって開始され，種子を取り除くと老化を遅らせることができる。このとき，果実は老化の開始を制御しているが，それは根から葉に送られるサイトカイニンの量をコントロールすることで行われている。

老化の抑制に関わる主なサイトカイニンは，ゼアチンリボサイドとジヒドロゼアチンリボシドであり，蒸散流により，根から木部を通って葉へと輸送される (Nooden et al. 1990)。

葉の老化開始制御におけるサイトカイニンの役割を調べるために，老化時に特異的に発現する遺伝子のプロモーターに *ipt* 遺伝子をつないだキメラ遺伝子がタバコに組み込まれた (Gan and Amasino 1995)。この遺伝子組換えタバコは葉の老化が始まるまでは，サイトカイニンの量は野生型と変わらず，また正常に発生する。

しかし葉が加齢するにつれて老化特異的なプロモーターが活性化し，老化がいままさに始まっている葉の細胞で *ipt* 遺伝子の発現が始まる。その結果おこるサイトカイニン量の増加は老化を抑制するだけでなく，*ipt* 遺伝子がそれ以上発現するのを抑えてサイトカイニンが過剰に生成されるのを防ぐ (図21.18)。このことは，サイトカイニンが葉の老化の制御

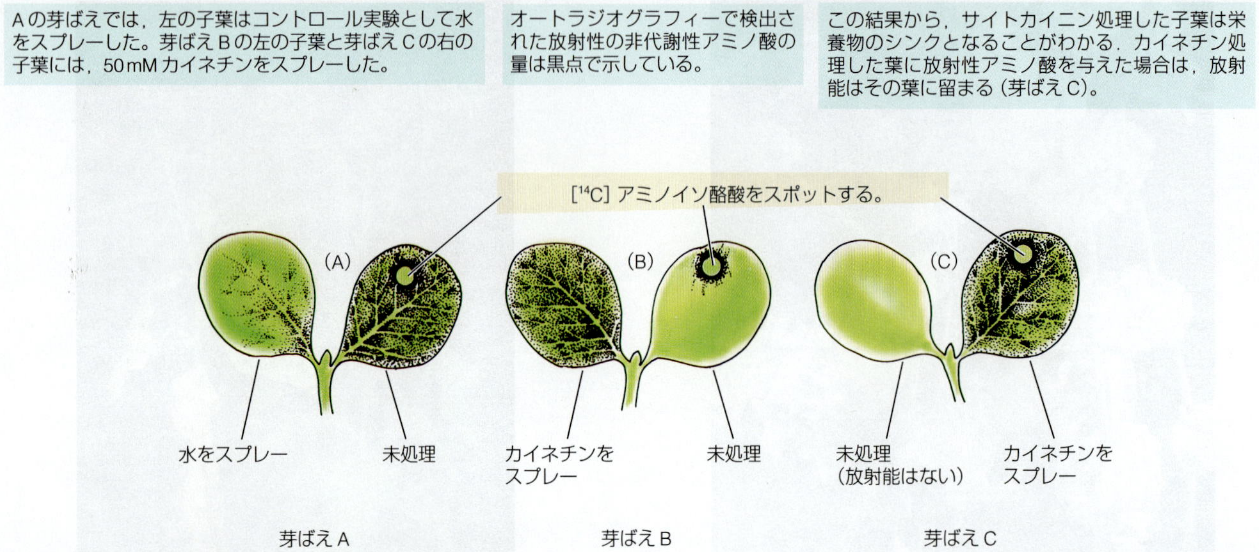

Aの芽ばえでは，左の子葉はコントロール実験として水をスプレーした。芽ばえBの左の子葉と芽ばえCの右の子葉には，50mMカイネチンをスプレーした。
オートラジオグラフィーで検出された放射性の非代謝性アミノ酸の量は黒点で示している。
この結果から，サイトカイニン処理した子葉は栄養物のシンクとなることがわかる．カイネチン処理した葉に放射性アミノ酸を与えた場合は，放射能はその葉に留まる（芽ばえC）。
[14C] アミノイソ酪酸をスポットする。
(A)
(B)
(C)
水をスプレー
未処理
カイネチンをスプレー
未処理
未処理（放射能はない）
カイネチンをスプレー
芽ばえA
芽ばえB
芽ばえC

図 21.19　キュウリの芽ばえでのアミノ酸の移動に及ぼすサイトカイニンの効果。アミノイソ酪酸のような代謝されないアミノ酸を放射ラベルして，それぞれの芽ばえの右の子葉にスポットした。(K. Mothes からのデータに基づいた図)

因子として働いていることを示唆している。

サイトカイニンは栄養物の移動を促進する

サイトカイニンは，葉に送られる栄養物の移動に影響する。この作用は一枚の葉，あるいは葉の一部をサイトカイニンで処理した植物に，^{14}C や ^{3}H で放射ラベルした栄養物（糖やアミノ酸など）を取り込ませることで観察することができる。ラベルした栄養物の蓄積する部位や転流の様子は植物体全体をオートラジオグラフィーで可視化することができるのである。

篩部を通した物質の移動方向は，生成場所（ソース）から利用器官（シンク）へと向いている。貯蔵器官は栄養物を吸収している間はシンク，供給している段階はソースとなる。サイトカイニンで処理された部位では，代謝が促進される栄養物はそこへ向かって移動する。しかし代謝することのできない基質類似物質もまたサイトカイニンによって移動するので，栄養物の移動には，シンク器官での代謝が必須なわけではない（図 21.19）。

サイトカイニンは葉緑体の発達を促す

種子は暗黒下でも発芽することができるが，暗所で育てた芽ばえの形態は明所で育てたものとずいぶん異なる（17 章参

(A)　　(B)

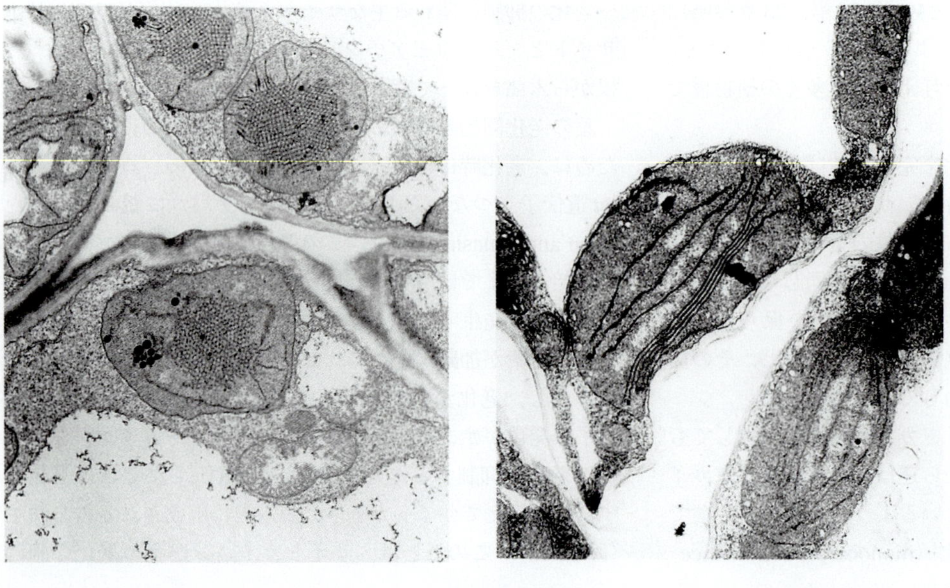

図 21.20　暗所で育てた野生型のシロイヌナズナの芽ばえに及ぼすサイトカイニンの影響。(A) サイトカイニン処理をせずに暗所で育てたコントロール。プラスチドはエチオプラストとして発生する。(B) サイトカイニン処理をして暗所で育てた芽ばえでは，プラスチド内にチラコイドが形成される。(Chory et al. 1994，写真は J. Chory の好意による。©American Society of Plant Biologists の許可のもと掲載)

照）。そのような芽ばえの状態を，**黄化している**（etiolated），といい，通常よりも長い胚軸と節間をもつ。また子葉と本葉が広がらず，葉緑体は成熟しない。暗所で育った芽ばえではプロプラスチドは葉緑体として成熟せずにエチオプラストになり，クロロフィルや葉緑体のチラコイドと光合成装置の構築に必要な酵素と構成タンパクの大部分を合成しない。種子が明所で発芽したときには胚に存在するプロプラスチドは直接葉緑体になるが，黄化した芽ばえに光をあてると**エチオプラスト**（etioplast）もまた葉緑体へと成熟する。

黄化した葉にサイトカイニンで処理した後に光をあてると，通常よりもたくさんのグラナをもつ葉緑体が形成され，サイトカイニン処理せずに光をあてたときに比べ，より多くのクロロフィルと光合成酵素が合成される。これらの結果はサイトカイニンが――光，栄養，発生などのその他の要素とともに――光合成色素とタンパク質の合成を制御していることを示唆している。外来のサイトカイニンは暗所で育てた芽ばえの脱黄化を引きおこすが，サイトカイニンの過剰生成を引きおこすような突然変異でも脱黄化がおきる（サイトカイニンがどのようにして光に仲介される発生を促進するかについての詳細は，**Webトピック21.7**参照）。

サイトカイニンは本葉と子葉の細胞の拡大を促進する

サイトカイニンが細胞の拡大を促進するという現象は，アブラナやキュウリ，ヒマワリなどの双子葉植物の子葉で，もっともはっきりしている。これらの植物種では，芽ばえの成長時に細胞が拡大することによって子葉が大きくなる。サイトカイニンで処理すると細胞がより拡大するが，子葉の乾燥重量は変化しない。

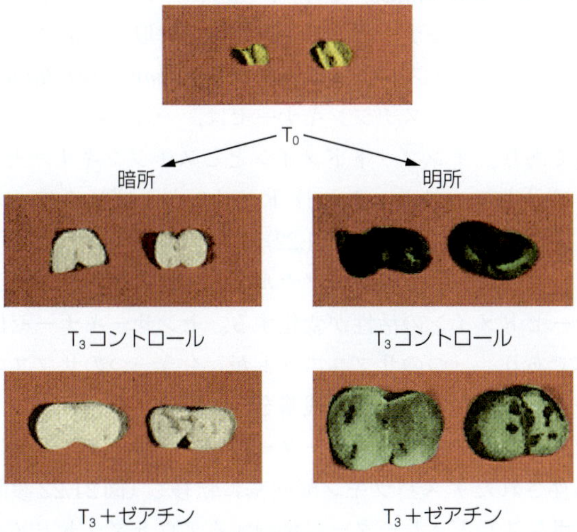

図21.21　ハツカダイコンの子葉の拡大に，サイトカイニンが及ぼす影響。ここにあげる実験は，光とサイトカイニンによる効果が相加的なものであることを示している。T_0は実験開始前のハツカダイコンの発芽しつつある芽ばえ。切り取った子葉を明所または暗所，2.5 mMのゼアチン有無の条件で3日間（T_3）培養した。明条件でも暗条件でも，ゼアチンで処理した子葉は処理しないものよりも大きくなる。（Huff and Ross 1975より）

芽ばえを明所で育てると，暗所で育てた場合に比べて子葉がかなり大きくなるが，サイトカイニンによる子葉の成長促進は明所で育てた芽ばえでも暗所で育てた芽ばえでもともにおこる（図21.21）。オーキシンによる成長促進の場合と同様に，サイトカイニンによって引きおこされるトマトの子葉の拡大には細胞壁の機械的な伸展性の増大が関わっている。しかし，サイトカイニンによって引きおこされる細胞壁のゆるみにはプロトンの排出は伴わない。また子葉においては，オーキシンとジベレリンは細胞の拡大を促進しない。

サイトカイニンは茎と根の伸長を制御する

内在性のサイトカイニンが頂端分裂組織における正常な細胞増殖，ひいてはシュートの正常な成長に必要なことは明らかであるが（図21.9参照），外来のサイトカイニンは一般に茎や根での細胞の伸長を阻害する。たとえば，暗所で育てた芽ばえの本葉および子葉の拡大を促進する濃度のサイトカイニンを外から与えると，胚軸の伸長が阻害される。

*ipt*を発現する遺伝子組換え植物やサイトカイニンを過剰に合成する突然変異体では，節間と根の伸長がともに阻害される。過剰なサイトカイニンによって引きおこされる胚軸と節間の伸長阻害の原因は，サイトカイニンによるエチレン合成が促進されるためである。したがってこの阻害は，ホルモンの制御経路における相互作用の一例でもある（Cary et al. 1995；Vogel et al. 1998）。

一方，他の実験において，正常な生理的濃度の内在性サイトカイニンが根の伸長を阻害することが示唆された。たとえば，サイトカイニン受容体や情報伝達因子の機能が少し低下した突然変異体は，ともに野生型よりも根が長い（Inoue et al. 2001；Sakai et al. 2001）。前述したように，サイトカイニン酸化酵素遺伝子を過剰に発現する遺伝子組換えタバコ（したがってサイトカイニンレベルが低くなる）もまた，野生型よりも長い根をもつ（図21.10参照）（Werner et al. 2001）。これらの結果は，内在性のサイトカイニンが根の伸長を負に制御していることを示している。

サイトカイニンを過剰に作る植物によって，サイトカイニンにより制御される過程が明らかになってきた

アグロバクテリウムのTiプラスミドの*ipt*遺伝子を導入することで，多くの植物種でサイトカイニンを過剰に合成する遺伝子組換え植物が作られてきた。これらの組換え植物はさまざまな発生異常を示し，それらのことからサイトカイニンの生物学的な役割について多くのことがわかってきた。

前に述べたように，野生型のアグロバクテリウムのTiプラスミドで形質転換した植物組織は，オーキシンとサイトカ

イニンを過剰に作るために腫瘍を形成する。またT-DNAの遺伝子のうち，*ipt*遺伝子以外のすべての遺伝子を欠失したTiプラスミドで形質転換された植物組織は，カルスではなくシュートとして増殖する。

*ipt*を形質転換した組織から形成されたシュート奇形腫は根を形成しにくく，まれに根が形成されても成長は阻害される。これは，植物中ではT-DNAに存在する*ipt*のプロモーターが常に*ipt*遺伝子を発現させるためであり，そのようなシュートから植物体を得るのは難しい。

この問題を解決するために，人為的に制御できるさまざまなプロモーターに*ipt*遺伝子を連結した人工遺伝子の形質転換体が作られた。たとえばいくつかの研究では，ヒートショックプロモーターという温度の上昇に反応して発現を誘導するプロモーターを用いて，遺伝子組換えタバコやシロイヌナズナの*ipt*遺伝子の発現を制御できるようにした。これらの組換え植物では熱による誘導によってゼアチンやゼアチンリボシド，ゼアチンリボシドリン酸やその他の糖で修飾されたゼアチンの量が上昇する。

以下に示すこれらのサイトカイニン過剰合成植物の特徴は，実際の植物の生理現象や発生において果たしているサイトカイニンの役割を示唆している：

- サイトカイニンを過剰に作る植物の茎頂分裂組織は，より多くの葉を形成する。
- 葉のクロロフィルの量が多く，濃い緑色の葉になる。
- 無傷の葉脈と葉柄から不定芽が形成されることがある。
- 葉の老化が遅くなる。
- 頂芽優勢が著しく弱くなる。
- きわめて多くのサイトカイニンを合成する植物は，節間が著しく短くなり生育が阻害される。
- 切断した茎から根が生えるのが抑制され，根の成長速度が低下する。

サイトカイニンを過剰に作る植物体から得られた結果のうちのいくつかは，もしホルモンの合成が制御できるのであれば，農業で有効的に活用することができる。たとえばサイトカイニンを過剰に作る植物では葉の老化が遅れるので，光合成能力を長く維持できる。

さらに，サイトカイニンの生成によって害虫による傷害を防止できるかもしれない。たとえば，傷害に応答して発現が誘導されるprotease inhibitor IIの遺伝子のプロモーターによって*ipt*遺伝子の発現を制御している遺伝子組換えタバコでは，昆虫の食害に対する抵抗性が高くなる。そのようなタバコの葉では食害に応答して*ipt*遺伝子が発現するので，スズメガの幼虫が食べる葉の量が70%まで減少した（Smigocki et al. 1993）。

細胞，分子レベルでのサイトカイニンの作用機構

サイトカイニンが植物の成長と発生に対して多様な効果を及ぼすことは，情報伝達経路が分岐してそれぞれの応答につながっていくことを示している。サイトカイニンが細胞レベル，分子レベルでどのように働いているかについては，まだかなり断片的なことしかわかっていないが，重要な進展も見られている。この節ではサイトカイニン受容体とサイトカイニンによって制御される遺伝子の性質とともに，現在の知見に基づいたサイトカイニン情報伝達のモデルに関して議論する。

同定されたサイトカイニン受容体は，バクテリアの二成分制御系の受容体に似ていた

サイトカイニンの受容体の実体の最初の糸口は，*CKI1*遺伝子の発見である。*CKI1*は組織培養下のシロイヌナズナで過剰発現したときに，サイトカイニン非依存的な増殖を引きおこす遺伝子をスクリーニングすることで同定された。すでに述べたように，一般に植物細胞を培養して分裂させるためにはサイトカイニンが必要である。しかし，*CKI1*を過剰発現させた細胞はサイトカイニン非存在下で培養しても増殖する。

*CKI1*は原核生物で受容体として広く用いられている二成分制御系のセンサーヒスチジンキナーゼと似た配列をコードしている（Webサイトの14章と17章参照）。バクテリアの二成分制御系は，浸透圧調節や走化性などさまざまな環境刺激に対する応答を仲介する。これらのシステムは，基本的に二つのタンパク質によって構成されている。一つは，シグナルを感知する受容体である‘センサーヒスチジンキナーゼ’（*sensor histidine kinase*）であり，もう一つは，その下流にあってヒスチジンキナーゼのリン酸基を受け取って活性が調節される‘レスポンスレギュレーター’（*response regulator*）である。センサーヒスチジンキナーゼは，一般に膜貫通タンパク質であり，インプットドメインとヒスチジンキナーゼ（あるいは「トランスミッター」）ドメインとよばれる二つのドメインからなっている（図21.22）。

インプットドメインがシグナルを感知すると，ヒスチジンキナーゼドメインの活性が変化する。センサーキナーゼは二量体であり，一つのサブユニットが，もう一つのサブユニットの保存されたヒスチジン残基をリン酸化する。このリン酸基は，レスポンスレギュレーターのレシーバードメインにある保存されたアスパラギン酸残基に転移し（図21.22参照），レスポンスレギュレーターに付随するアウトプットドメインの活性を調節する。多くの場合，アウトプットドメインは転写調節因子である。

*CKI1*の過剰発現体の表現型と，*CKI1*がバクテリアの受容体に似ていたことから，CKI1，あるいはそれによく似たヒスチジンキナーゼがサイトカイニンの受容体であることが示

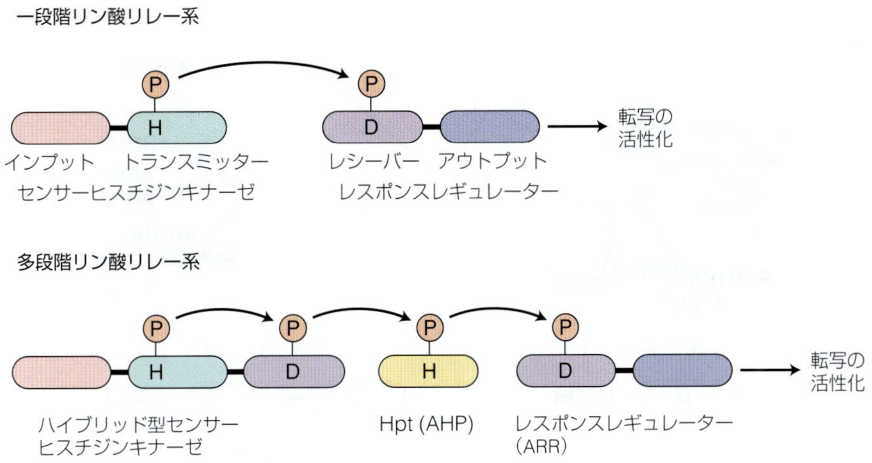

図 21.22 二成分制御系には一段階リン酸リレー系と多段階リン酸リレー系がある。(A) 二成分制御系では，シグナルはヒスチジンキナーゼのインプットドメインで感知され，これによりヒスチジンキナーゼドメインの活性が調節される。活性化されたときには，保存されたヒスチジン残基が自己リン酸化される。このリン酸基は，次にレスポンスレギュレーターのレシーバードメイン中の保存されたアスパラギン酸残基に転移する。アスパラギン酸残基がリン酸化すると，レスポンスレギュレーターのアウトプットドメイン（多くの場合転写調節因子）が活性化される。(B) 多段階リン酸リレータイプの二成分制御系では，ヒスチジンリン酸転移タンパク（Hpt）（シロイヌナズナではAHPとよばれる）によって，仲介されるリン酸転移反応が余分におこる。シロイヌナズナのレスポンスレギュレーターは，ARRとよばれる。H；ヒスチジン，D；アスパラギン酸。

唆された。そしてこの予測は*CRE1*が同定されたことによって証明された（Inoue et al. 2001）。

*CKI1*と同様に，*CRE1*もまたバクテリアのヒスチジンキナーゼと似たタンパク質をコードしている。*CRE1*の機能欠損突然変異体であった*cre1*は，サイトカイニンに応答したカルスの増殖と緑化ができない突然変異体を遺伝学的にスクリーニングすることによって同定された。これは，*CKI1*を機能獲得突然変異体（サイトカイニン非依存的に分裂できる）として同定したスクリーニングとは本質的に逆のスクリーニングである。*cre1*突然変異体はサイトカイニンによる根の伸長阻害作用に関しても応答能が下がっている。

*CRE1*がサイトカイニン受容体をコードしていることは，これをタンパク質として発現している酵母を解析することによって証明された。酵母の細胞もまたセンサーヒスチジンキナーゼをもっており，このキナーゼをコードしている*SLN1*を破壊すると酵母は致死となる。しかし‘SLN1を失った酵母でCRE1を発現させると’，サイトカイニンが培地に存在するときのみ酵母は致死とならずに増殖できる。したがってCRE1の活性（すなわちSLN1を代理できる能力）はサイトカイニンに依存する。このことと，シロイヌナズナの*cre1*突然変異体のサイトカイニン応答能が低下しているという表現型が，CRE1がサイトカイニンの受容体であることの証明となった。

シロイヌナズナには，*CRE1*とよく似た二つの遺伝子（*AHK2*と*AHK3*）が存在するので，サイトカイニンの受容体もエチレンの受容体のように（22章参照），コードしている遺伝子はファミリーを形成していると考えられる。サイトカイニンはCRE1の細胞外ドメインと予測される部分と高い親和性で結合することが示された。また，この部分はAHK2, AHK3にもよく保存されており，これらがサイトカイニンの受容体であることが確認された（Yamada et al. 2001）。以上のことから，エチレンの受容体遺伝子と同様に，これらの遺伝子機能は少なくとも部分的に重複（redundant）している可能性があり，*cre1*の機能欠損変異突然変異体の表現型が比較的穏やかなのはそのためであると考えられる。

サイトカイニンは，一群のレスポンスレギュレーター遺伝子を活性化する

サイトカイニンの一次的な効果の一つに，さまざまな遺伝子の発現調節がある。サイトカイニンに応答して最初に発現が上昇する遺伝子群には，***ARR***（*Arabidopsis* response regulator）がある。これらの遺伝子は，バクテリアの二成分制御系のレスポンスレギュレーターと相同（homologous）であり，センサーヒスチジンキナーゼの下流の標的である（前の節参照）。

シロイヌナズナではレスポンスレギュレーターは遺伝子ファミリーにコードされており，これらは**タイプA ARR**と**タイプB ARR**とよばれる二つのグループに分けられる。タイプA ARRは一つのレシーバードメインのみをもち，タイプB ARRはレシーバードメインに加えて転写因子ドメインをも

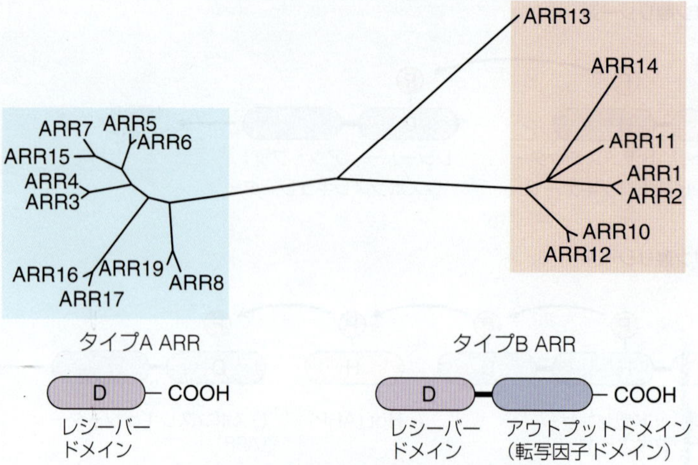

図 21.23 シロイヌナズナのレスポンスレギュレーター。上の図はシロイヌナズナのゲノムに存在するレシーバードメインの類縁の程度を示す系統樹。二つのタンパク質の位置が近いほど，両者のアミノ酸配列の相同性は高い。これらのタンパク質はタイプA ARR（青）とタイプB ARR（赤）という二つのクレード（グループ）に明確に分けられる。これらの配列上の違いは，下の図に描いたようにドメイン構造の違いとも一致する。タイプA ARRは単一のレシーバードメインのみからなるが，タイプB ARRはカルボキシル末端側にアウトプットドメインをもっている。

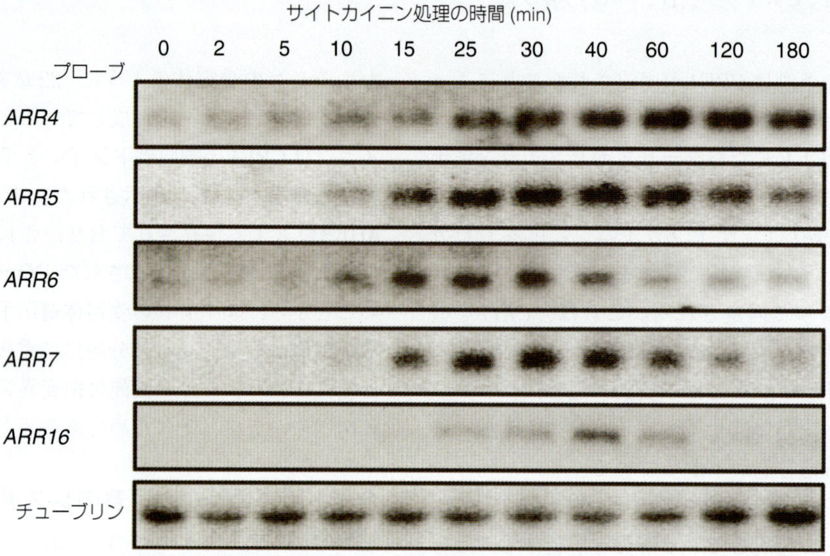

図 21.24 サイトカイニンによるタイプA ARR遺伝子の誘導。シロイヌナズナの芽ばえにサイトカイニン処理した後にRNAを単離し，ノーザンブロッティングで分析した。それぞれの列は特異性の高いタイプA遺伝子のプローブを用いたノーザンブロッティングの結果。サイトカイニン処理時間は各レーンの上に書かれている。バンドが濃いほどサンプル中の*ARR*のmRNA量は多い。（D'Agostino et al. 2000より）

つ（図21.23）。タイプAの遺伝子ではサイトカイニンを与えてから10分以内に転写量の増加が見られる（図21.24）（D'Agostino et al. 2000）。この早い転写誘導はサイトカイニンに特異的で，新しいタンパク質の合成を必要としない。これらはどれも一次応答遺伝子（primary response gene）に共通する特徴である（17章と19章参照）。

タイプA遺伝子が急激な転写誘導を受けることと，タイプA遺伝子産物がセンサーヒスチジンキナーゼの下流で働くと予測されている情報伝達因子と相同性があることは，これらの因子がCRE1サイトカイニン受容体ファミリーの下流でサイトカイニンの初期応答を仲介していることを示唆している。興味深いことに，タイプA遺伝子の一つである*ARR5*は

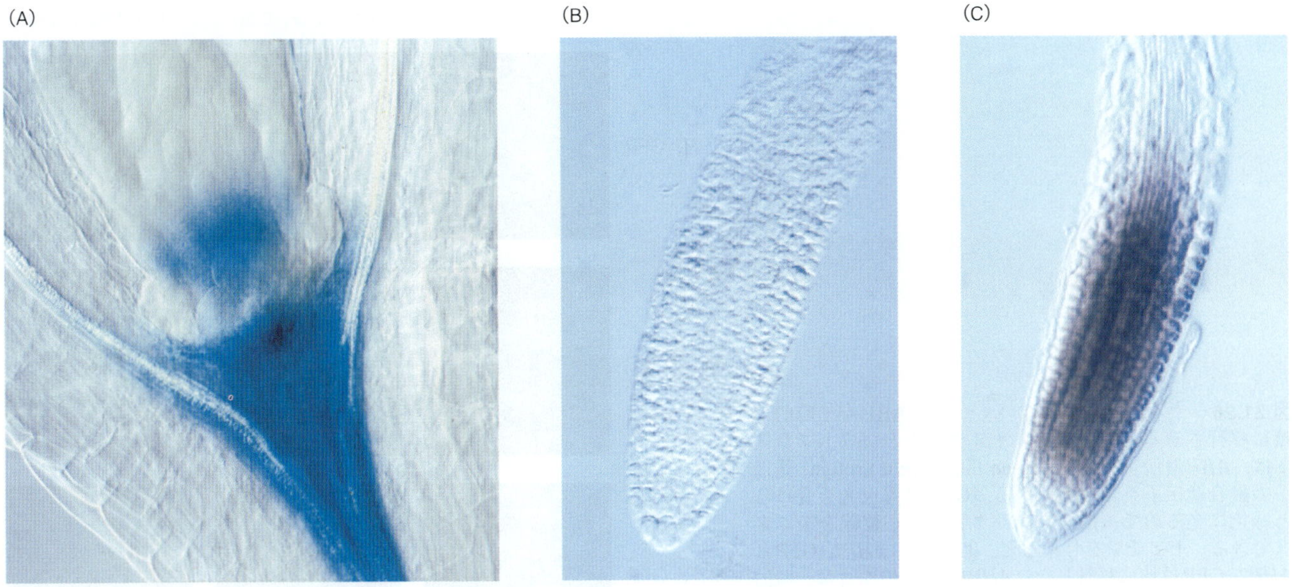

図 21.25 *ARR5* の発現。*ARR5* のプロモーターにレポーター遺伝子であるGUSを結合した融合遺伝子の発現 (A)，またはまるごとの植物体を用いたインサイチューハイブリダイゼーション (BとC)。ラベルした *ARR5* の一本鎖RNA ((B) はセンスの方向，(C) はアンチセンスの方向) を組織内でハイブリッドさせた。センス鎖のRNAはネガティブコントロールであり，非特異的な染色のバックグラウンドを表す。アンチセンスのプローブは組織内に存在する *ARR5* のmRNAと特異的に結合し，mRNAの細胞内局在を示す。どちらの方法でも，*ARR5* は主に頂端分裂組織で発現していることがわかる。(D'Agostino et al. 2000 より)

シュートと根の両方の頂端分裂組織で主に発現しており (図21.25)，この発現パターンはARR5がサイトカイニン作用の重要な一面である細胞増殖の制御に関わっているという考えに合っている。

それ以外のさまざまな遺伝子の発現もまた，サイトカイニンに応答して変化するが，その変化は一般にタイプA遺伝子よりも遅い。そのような遺伝子にはエクステンシン (ヒドロキシプロリンを多く含む細胞壁タンパク質) やrRNA，シトクロムP450，ペルオキシダーゼの遺伝子の他に，硝酸還元酵素遺伝子や *LHCB* や *SSU* のような光制御遺伝子，*PR1* のような防御機構に関する遺伝子などがある。サイトカイニンはこれらの遺伝子の転写量を増やしたり (たとえばタイプA *ARR* 遺伝子)，転写産物であるRNAの安定性を高める (たとえばエクステンシン遺伝子) ことで遺伝子の発現レベルを上げる。

ヒスチジンリン酸転移タンパク質がサイトカイニンの情報伝達カスケードを仲介しているようである

ここまでの議論から，サイトカイニン応答はサイトカイニンがCRE1受容体に結合することで開始され，最終的にはタイプA *ARR* の転写を引きおこすということがわかった。そして今度はそのタイプA ARRタンパク質が，最終的に細胞の機能を変えるようなさまざまなターゲットタンパク質の活性調節と数多くの遺伝子の転写制御を行う。ではシグナルはどのようにして細胞膜に存在するCRE1から核まで伝わり，タイプA *ARR* の転写を変化させるのであろうか？

この情報伝達カスケードに関わっていると考えられている一連の遺伝子群は，**AHP** (Arabidopsis histidine phosphotransfer) タンパク質をコードしている。レシーバードメインをもったセンサーヒスチジンキナーゼ (CRE1ファミリーを含む，真核生物のセンサーヒスチジンキナーゼの一般的な構造) を含む二成分制御系では，**ヒスチジンリン酸転移タンパク質** (histidine phosphotransfer protein : **Hpt**) によって仲介される一連のリン酸転移が含まれている。

リン酸基は，まずATPからヒスチジンキナーゼドメインに存在するヒスチジン残基へと転移し，次に分子内のレシーバードメインのアスパラギン酸残基へと移る。リン酸基はさらにアスパラギン酸残基からHptタンパク質のヒスチジン残基へと移り，最終的にレスポンスレギュレーターのレシーバードメインにあるアスパラギン酸残基へと転移する (図21.22参照)。レスポンスレギュレーターの活性は，レシーバードメインがリン酸化されることによって変化する。このように，Hptタンパク質はセンサーヒスチジンキナーゼとレスポンスレギュレーターの間のリン酸転移を仲介する。

シロイヌナズナには五つの *Hpt* 遺伝子があり，*AHP* とよばれている。これらのAHPタンパク質は，CRE1を含むシロイ

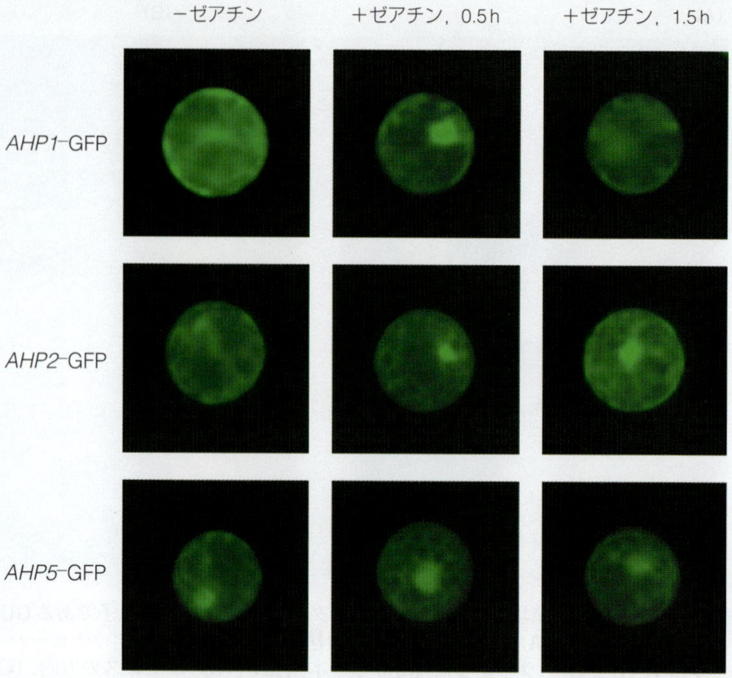

図 21.26 サイトカイニンはいくつかのAHPを一時的に核に移行させる。図中のシロイヌナズナのプロトプラストは，*AHP*遺伝子と*GFP*（green fluorescent protein）遺伝子の融合遺伝子を発現している。GFPは青色光を受けると緑色に光るので，融合タンパク質の存在位置をモニターできる。ゼアチンを与えると，30分後に*AHP1*-GFPと*AHP2*-GFPは核に移行した。*AHP1*-GFPの移行は一時的なものであり，1.5時間後には細胞質に戻った。*AHP5*-GFPの局在はゼアチンにより影響されず，一部が核に存在した。（Hwang and Sheen 2001）

ヌナズナのさまざまなヒスチジンキナーゼのレシーバードメインと物理的に結合することが示されており，また，そのいくつかは，サイトカイニンに応答して細胞質から核へと一過的に移行することが示されている（図21.26）（Hwang and Sheen 2001）。この発見は，AHPタンパク質群は活性化したヒスチジンキナーゼの直接の標的であり，これらがサイトカイニンのシグナルを核へと伝えることを示唆している。

サイトカイニンによるリン酸化は転写因子を活性化する

ここで，リン酸化されたAHPが核内でどのようにして遺伝子の転写を制御しているかという疑問がもち上がってくる。シロイヌナズナの遺伝的解析と，サイトカイニン応答レポーターを組み込んだシロイヌナズナのプロトプラストを用いた過剰発現の解析により，その答えは見えてきた。

タイプB ARRの一つであるARR1の遺伝子破壊株ではサイトカイニンによるタイプA *ARR*の誘導が減少していた。逆にARR1の過剰発現株ではサイトカイニンによるタイプA *ARR*の誘導が上昇していた。これは転写因子であるARR1がタイプA *ARR*の転写を直接制御していることを示しており，他のタイプB *ARR*ファミリーの遺伝子によってもサイトカイニン応答遺伝子の制御が行われている可能性を示している（図21.23）。

この結論は，タイプB ARRが転写活性化因子として機能していること，およびタイプA *ARR*の5′側にある調節配列部位にタイプB ARRの一つであるARR1の結合配列が複数あることによっても裏づけられている。

図21.27に示すのは，サイトカイニン情報伝達のモデル図である。サイトカイニンはCRE1受容体に結合することでリン酸転移カスケードを開始し，一連のタイプB ARRが活性化する。転写因子であるタイプB ARRの活性によりタイプA *ARR*遺伝子の転写が活性化される。タイプA ARRもまたサイトカイニン応答によりリン酸化され，おそらくタイプB ARRと協調することで細胞周期のような細胞機能の変化を仲介するさまざまな標的と相互作用している。またタイプA ARRはネガティブフィードバックとして未知の機能により自身の発現を抑制することができる。現在までの研究は，植物のサイトカイニン応答の分子基盤をかいまみたにすぎず，このモデルを確認し，洗練させるには多くの仕事を行っていかねばならない。

まとめ

無傷な植物体においては，通常成熟した植物細胞が分裂することはないが，傷害や，ある種のバクテリアによる感染，サイトカイニンを含む植物ホルモンなどの刺激によって分裂を誘導することができる。サイトカイニンはN^6が置換したアミノプリンで，オーキシンとともに培地に加えると，多くの植物種の培養細胞の分裂を引きおこす。高等植物の主要なサイトカイニンであるゼアチン（トランス-6-(4-ヒドロキシ-3-メチルブタ-2-エニルアミノ)プリン，*trans*-6-(4-hydroxy-3-methylbut-2-enylamino) purine）は，リボシド

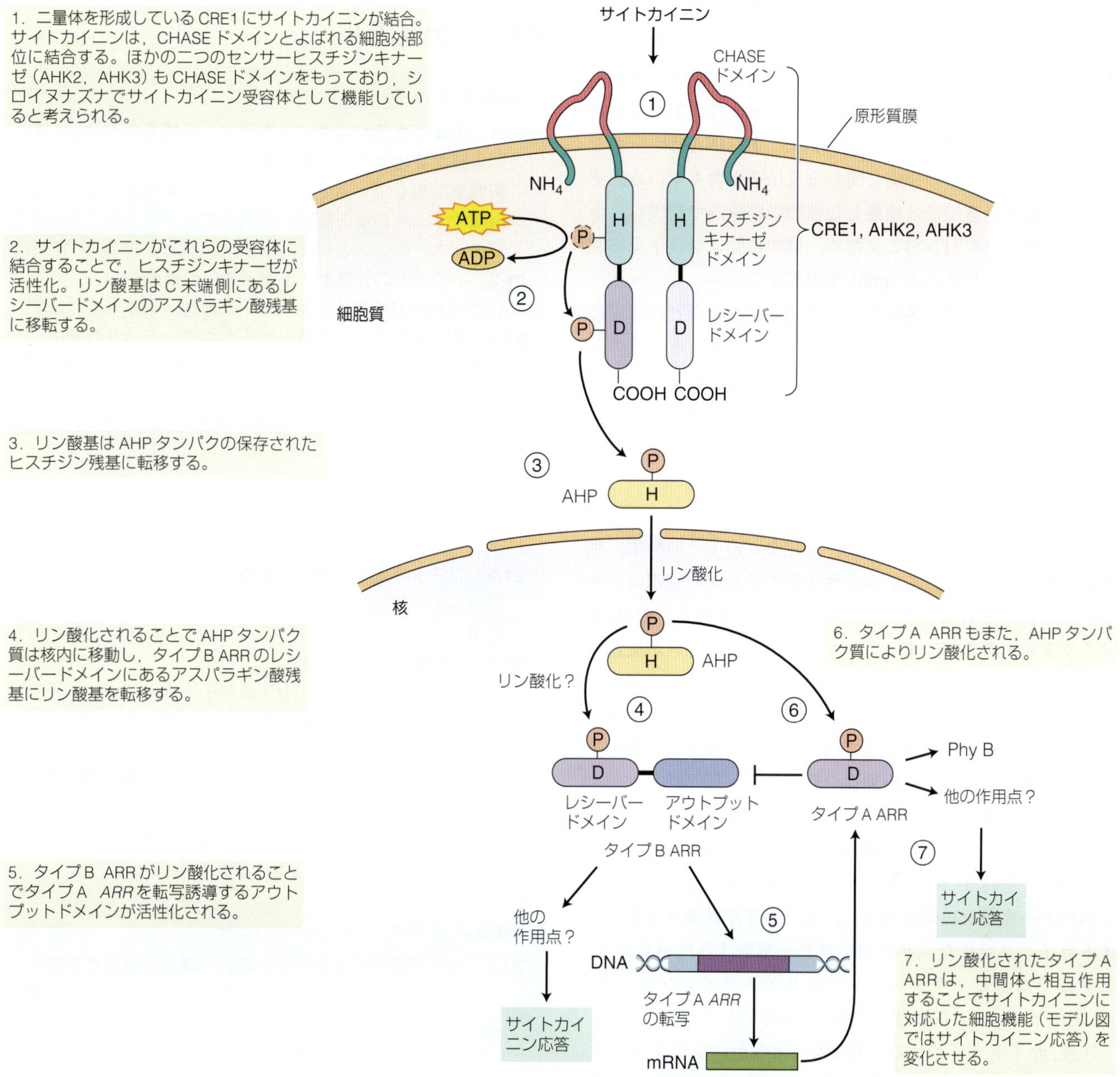

1. 二量体を形成している CRE1 にサイトカイニンが結合。サイトカイニンは，CHASE ドメインとよばれる細胞外部位に結合する。ほかの二つのセンサーヒスチジンキナーゼ（AHK2，AHK3）も CHASE ドメインをもっており，シロイヌナズナでサイトカイニン受容体として機能していると考えられる。
2. サイトカイニンがこれらの受容体に結合することで，ヒスチジンキナーゼが活性化。リン酸基は C 末端側にあるレシーバードメインのアスパラギン酸残基に移転する。
3. リン酸基は AHP タンパクの保存されたヒスチジン残基に転移する。
4. リン酸化されることで AHP タンパク質は核内に移動し，タイプ B ARR のレシーバードメインにあるアスパラギン酸残基にリン酸基を転移する。
5. タイプ B ARR がリン酸化されることでタイプ A ARR を転写誘導するアウトプットドメインが活性化される。
6. タイプ A ARR もまた，AHP タンパク質によりリン酸化される。
7. リン酸化されたタイプ A ARR は，中間体と相互作用することでサイトカイニンに対応した細胞機能（モデル図ではサイトカイニン応答）を変化させる。
サイトカイニン
CHASE
ドメイン
原形質膜
NH4
NH4
ATP
ADP
P
H
H
ヒスチジン
キナーゼ
ドメイン
CRE1, AHK2, AHK3
細胞質
P
D
D
レシーバー
ドメイン
COOH COOH
AHP
リン酸化
核
リン酸化？
AHP
レシーバー
ドメイン
アウトプット
ドメイン
タイプ B ARR
タイプ A ARR
Phy B
他の作用点？
他の
作用点？
サイトカイニン応答
DNA
タイプ A ARR
の転写
mRNA
サイトカイニン応答

図 21.27　サイトカイニン情報伝達のモデル図。これらの因子の相互作用の解析をする手段はすでにそろっており，近い将来，このモデルはさらに洗練されていくことであろう。

やリボチド，グリコシドのような形でも植物に存在している。これらの形のものも生物検定系ではサイトカイニン活性を示すが，これは植物がもつ酵素によってゼアチンのような遊離塩基型のサイトカイニンに変換されて作用しているのである。

サイトカイニンの生合成の最初の段階は，イソペンテニル転移酵素（isopentenyl transferase：IPT）により触媒され，DMAPP のイソペンテニル基がアデノシン二リン酸やアデノシン三リン酸のアデニン骨格の6位のアミノ基の窒素原子へと転移する反応である。この反応生成物は容易にゼアチンやその他のサイトカイニンになる。サイトカイニンは根や発生中の胚，若い葉，果実，クラウンゴール組織などで合成されていると考えられている。また，サイトカイニンは植物に寄生するバクテリアや昆虫，線虫によっても合成される。

サイトカイニン酸化酵素はサイトカイニンを不可逆的に失活させる酵素であり，サイトカイニンの濃度の調節の役割があるようだ。また，サイトカイニンの側鎖とアデニン骨格が糖（大部分はグルコース）と結合することによっても活性サイトカイニンの濃度を調節したり，輸送される形をして働いたりしているようだ。サイトカイニンはまた，遊離塩基型とヌクレオチド，ヌクレオシド型の間で変換される。

クラウンゴール腫瘍は，アグロバクテリウムに感染した植物組織に形成される。アグロバクテリウムは，植物の傷から感染し，T-DNAとよばれるTiプラスミドの特定領域を植物の細胞に注入して核ゲノムに組み込む。T-DNAはオーキシンとサイトカイニンの合成に関わる遺伝子を含んでいる。そのような植物癌遺伝子は感染した植物の細胞内で発現し，ホルモン過剰合成を引きおこすため，植物細胞は無秩序な細胞増殖を引きおこしてこぶ（gall）を形成する。

サイトカイニンは，茎頂および根端分裂組織などの急速に分裂している若い細胞に多く存在している。サイトカイニンは細胞間を能動的に輸送されるとは考えられておらず，水や無機塩類とともに根から木部を通って受動的に運ばれる。この根からの輸送は，少なくともエンドウでは，シュートがなんらかの方法で制御しているようだ。

サイトカイニンは，細胞分裂やシュートおよび根の形態形成，葉緑体の成熟，細胞の拡大，老化などの多くの発生，生理過程の制御に関わっている。サイトカイニンの役割は，サイトカイニンを外部から与えることや，バクテリアの*ipt*遺伝子を導入することによって，サイトカイニンを過剰生産するようにデザインされた遺伝子組換え植物の表現型を調べることなどによって解明されてきた。また最近は，サイトカイニン酸化酵素を過剰発現させて内在のサイトカイニン量を減少させた遺伝子組換え植物も作られている。

細胞分裂の誘導に加えて，オーキシンとサイトカイニンはその比率によって培養植物組織が根に分化するか芽に分化するかの決定を行うこともできる。オーキシン：サイトカイニンの比率が高いと根が誘導され，低いと芽が誘導される。サイトカイニンはまた，芽の頂芽優勢を解除する作用もある。セン類であるヒョウタンゴケではサイトカイニンは「芽」（茎葉体とよばれる配偶体の初期）の数を著しく増やす。

現在，サイトカイニンの作用機構は明らかになりつつある。サイトカイニンの受容体がシロイヌナズナで同定され，この膜貫通タンパクはバクテリアに多い二成分制御系のセンサーヒスチジンキナーゼに属することがわかった。サイトカイニンはさまざまな種類の特異的遺伝子のmRNA量を増加させ，それらのうちのいくつかは二成分制御系のレスポンスレギュレーターをコードしている。またCRE1からタイプA *ARR*遺伝子の転写の活性化までの情報伝達機構には，二成分制御系因子のその他の因子であるヒスチジンリン酸転移タンパク質も関わっている。

本章の翻訳では，梶田良子氏に大きく助けていただいた。ここにお礼申し上げる。

Webマテリアル

Webトピック

21.1 培養した細胞はサイトカイニン合成を行うように性質が変化することがある。
細胞を培養していると，サイトカイニンを与えなくても増殖するようになる細胞が現れることがある。これをハビチュエーションという。

21.2 いくつかの天然サイトカイニンの構造
いくつかの天然サイトカイニンの構造が示されている。

21.3 サイトカイニンを検出するためのいくつかの方法
サイトカイニンは，免疫的方法や感度のよい物理的方法で定量できる。

21.4 サイトカイニンは，動物と植物のいくつかのtRNAに含まれる。
いくつかの種類のtRNAのアンチコドンの3′の隣のアデノシンは修飾されていて，tRNAが分解するとサイトカイニン活性を示す。

21.5 Tiプラスミドと遺伝子操作
アグロバクテリウムのTiプラスミドの遺伝子工学への応用。

21.6 IPT遺伝子の系統樹
シロイヌナズナは9個の*IPT*遺伝子をもっており，そのうち7個は他の植物の遺伝子とともに植物特有のクレードを作る。

21.7 サイトカイニンは光により調節される発生過程を促進する
サイトカイニンは，葉緑体の発達と脱黄化に関して，*det*突然変異の効果とよく似た作用をもつ。

Webエッセイ

21.1 コケでのサイトカイニンにより誘導される形態変化
コケの原糸体からの発生に対するサイトカイニンの効果。

参考文献

Akiyoshi, D. E., Klee, H., Amasino, R. M., Nester, E. W., and Gordon, M. P. (1984) T-DNA of *Agrobacterium tumefaciens* encodes an enzyme of cytokinin biosynthesis. *Proc. Natl. Acad. Sci. USA* 81: 5994-5998.

Akiyoshi, D. E., Morris, R. O., Hinz, R., Mischke, B. S., Kosuge, T., Garfinkel, D. J., Gordon, M. P., and Nester, E. W. (1983) Cytokinin/auxin balance in crown gall tumors is regulated by specific loci in the T-DNA. *Proc. Natl. Acad. Sci. USA* 80: 407-411.

Akiyoshi, D. E., Regier, D. A., and Gordon, M. P. (1987) Cytokinin production by *Agrobacterium* and *Pseudomonas* spp. *J. Bacteriol.* 169: 4242-4248.

Aloni, R., Wolf, A., Feigenbaum, P. Avni, A., and Klee, H. J. (1998) The Never ripe mutant provides evidence that tumor-induced ethylene controls the morphogenesis of *Agrobacterium tumefaciens*-induced crown galls in tomato stems. *Plant Physiol.* 117: 841–849.

Barry, G. F., Rogers, R. G., Fraley, R. T., and Brand, L. (1984) Identification of cloned biosynthesis gene. *Proc. Natl. Acad. Sci. USA* 81: 4776–4780.

Beveridge, C. A., Murfet, I. C., Kerhoas, L., Sotta, B., Miginiac, E., and Rameau, C. (1997) The shoot controls zeatin riboside export from pea roots. Evidence from the branching mutant *rms4*. *Plant J.* 11: 339–345.

Bomhoff, G., Klapwijk, P. M., Kester, H. C. M., and Schilperoort, R. A. (1976) Octopine and nopaline synthesis and breakdown genetically controlled by plasmid of *Agrobacterium tumefaciens*. *Mol. Gen. Genet.* 145: 177–181.

Braun, A. C. (1958) A physiological basis for autonomous growth of the crown-gall tumor cell. *Proc. Natl. Acad. Sci. USA* 44: 344–349.

Brzobohaty, B., Moore, I., Kristoffersen, P., Bako, L., Campos, N., Schell, J., and Palme, K. (1993) Release of active cytokinin by a β-glucosidase localized to the maize root meristem. *Science* 262: 1051–1054.

Caplin, S. M., and Steward, F. C. (1948) Effect of coconut milk on the growth of the explants from carrot root. *Science* 108: 655–657.

Cary, A. J., Liu, W., and Howell, S. H. (1995) Cytokinin action is coupled to ethylene in its effects on the inhibition of root and hypocotyl elongation in *Arabidopsis thaliana* seedlings. *Plant Physiol.* 107: 1075–1082.

Chilton, M.-D. (1983) A vector for introducing new genes into plants. *Sci. Am.* 248(00): 50–59.

Chilton, M.-D., Drummond, M. H., Merlo, D. J., Sciaky, D., Montoya, A. L., Gordon, M. P., and Nester, E. W. (1977) Stable incorporation of plasmid DNA into higher plant cells: The molecular basis of crown gall tumorigenesis. *Cell* 11: 263–271.

Chory, J., Reinecke, D., Sim, S., Washburn, T., and Brenner, M. (1994) A role for cytokinins in de-etiolation in *Arabidopsis. Det* mutants have an altered response to cytokinins. *Plant Physiol.* 104: 339–347.

D'Agostino, I. B., Deruère, J., and Kieber, J. J. (2000) Characterization of the response of the *Arabidopsis ARR* gene family to cytokinin. *Plant Physiol.* 124: 1706–1717.

Elzen, G. W. (1983) Cytokinins and insect galls. *Comp. Biochem. Physiol.* 76A(1): 17–19.

Estruch, J. J., Chriqui, D., Grossmann, K., Schell, J., and Spena, A. (1991) The plant oncogene *RolC* is responsible for the release of cytokinins from glucoside conjugates. *EMBO J.* 10: 2889–2895.

Faiss, M., Zalubiová, J., Strnad, M., and Schmülling, T. (1997) Conditional transgenic expression of the *ipt* gene indicates a function for cytokinins in paracrine signaling in whole tobacco plants. *Plant J.* 12: 410–415.

Gan, S., and Amasino, R. M. (1995) Inhibition of leaf senescence by autoregulated production of cytokinin. *Science* 270: 1986–1988.

Garfinkel, D. J., Simpson, R. B., Ream, L. W., White, F. F., Gordon, M. P., and Nester, E. W. (1981) Genetic analysis of crown gall: Fine structure map of the T-DNA by site-directed mutagenesis. *Cell* 27: 143–153.

Hamilton, J. L., and Lowe, R. H. (1972) False broomrape: A physiological disorder caused by growth-regulator imbalance. *Plant Physiol.* 50: 303–304.

Houba-Herin, N., Pethe, C., d'Alayer, J., and Laloue M. (1999) Cytokinin oxidase from *Zea mays*: Purification, cDNA cloning and expression in moss protoplasts. *Plant J.* 17: 615–626.

Huff, A. K., and Ross, C. W. (1975) Promotion of radish cotyledon enlargement and reducing sugar content by zeatin and red light. *Plant Physiol.* 56: 429–433.

Hwang, I., and Sheen, J. (2001). Two-component circuitry in *Arabidopsis* signal transduction. *Nature* 413: 383–389.

Inoue, T., Higuchi, M., Hashimoto, Y., Seki, M., Kobayashi, M., Kato, T., Tabata, S., Shinozaki, K., and Kakimoto, T. (2001) Identification of CRE1 as a cytokinin receptor from *Arabidopsis*. *Nature* 409: 1060–1063.

Itai, C., and Vaadia, Y. (1971) Cytokinin activity in water-stressed shoots. *Plant Physiol.* 47: 87–90.

John, P. C. L., Zhang, K., Don, C., Diederich, L., and Wightman, F. (1993) P34-cdc2 related proteins in control of cell cycle progression, the switch between division and differentiation in tissue development, and stimulation of division by auxin and cytokinin. *Aust. J. Plant Physiol.* 20: 503–526.

Kakimoto, T. (2001) Identification of plant cytokinin biosynthetic enzymes as dimethylallyl diphosphate: ATP/ADP isopentenyltransferases. *Plant Cell. Physiol.* 42: 677–685.

Letham, D. S. (1973) Cytokinins from *Zea mays*. *Phytochemistry* 12: 2445–2455.

Letham, D. S. (1974) Regulators of cell division in plant tissues XX. The cytokinins of coconut milk. *Physiol. Plant.* 32: 66–70.

Martin R. C., Mok M. C., and Mok D. W. S. (1999) Isolation of a cytokinin gene, ZOG1, encoding zeatin *O*-glucosyltransferase from *Phaseolus lunatus*. *Proc. Natl. Acad. Sci. USA* 96: 284–289.

Miller, C. O., Skoog, F., Von Saltza, M. H., and Strong, F. (1955) Kinetin, a cell division factor from deoxyribonucleic acid. *J. Am. Chem. Soc.* 77: 1392–1393.

Morris, R. O. (1986) Genes specifying auxin and cytokinin biosynthesis in phytopathogens. *Annu. Rev. Plant Physiol.* 37: 509–538.

Morris, R., Bilyeu, K., Laskey, J., and Cheikh, N. (1999) Isolation of a gene encoding a glycosylated cytokinin oxidase from maize. *Biochem. Biophys. Res. Commun.* 225: 328–333.

Noodén, L. D., and Letham, D. S. (1993) Cytokinin metabolism and signaling in the soybean plant. *Aust. J. Plant Physiol.* 20: 639–653.

Noodén, L. D., Singh, S., and Letham, D. S. (1990) Correlation of xylem sap cytokinin levels with monocarpic senescence in soybean. *Plant Physiol.* 93: 33–39.

Riou-Khamlichi, C., Huntley, R., Jacqmard, A., and Murray, J. A. (1999) Cytokinin activation of *Arabidopsis* cell division through a D-type cyclin. *Science* 283: 1541–1544.

Rupp, H.-M., Frank, M., Werner, T., Strnad, M., and Schmülling, T. (1999) Increased steady state mRNA levels of the STM and KNATI homeobox genes in cytokinin overproducing *Arabidopsis thaliana* indicate a role for cytokinins in the shoot apical meristem. *Plant J.* 18: 557–563.

Sakai, H., Honma, T., Aoyama, T., Sato, S., Kato, T., Tabata, S., and Oka, A. (2001) *Arabidopsis ARR*1 is a transcription factor for genes immediately responsive to cytokinins. *Science.* 294: 1519–1521.

Samuelson, M. E., Eliasson, L., Larsson, C. M. (1992) Nitrate-regulated growth and cytokinin responses in seminal roots of barley. *Plant Physiol.* 98: 309–315.

Skoog, F., and Miller, C. O. (1965) Chemical regulation of growth and organ formation in plant tissues cultured *in vitro*. In *Molecular and Cellular Aspects of Development*, E. Bell, ed., Harper and Row, New York, pp. 481–494.

Smigocki, A., Neal, J. W., Jr., McCanna, I., and Douglass, L. (1993) Cytokinin-mediated insect resistance in *Nicotiana* plants transformed with the *ipt* gene. *Plant Mol. Biol.* 23: 325–335.

Smith, H. H. (1988) The inheritance of genetic tumors in *Nicotiana* hybrids. *J. Hered.* 79: 277–284.

Soni, R., Carmichael, J. P., Shah, Z. H., and Murray, J. A. H. (1995) A family of cyclin D homologs from plants differentially controlled by growth regulators and containing the conserved retinoblastoma protein interaction motif. *Plant Cell* 7: 85–103.

Takei, K., Sakakibara, H., and Sugiyama, T. (2001) Identification of genes encoding adenylate isopentyltransferase, a cytokinin biosynthetic enzyme, in *Arabidopsis thaliana*. *J. Biol. Chem.* 276: 26405–26410.

Takei, K., Sakakibara, H., Taniguchi, M., and Sugiyama, T. (2001) Nitrogen-dependent accumulation of cytokinins in roots and the translocation to leaf: Implication of cytokinin species that induces gene expression of maize response regulator. *Plant Cell Physiol.* 42: 85–93.

Vogel, J. P., Woeste, K., Theologis, A., and Kieber, J. J. (1998) Recessive and dominant mutations in the ethylene biosynthetic gene AC55 of *Arabidopsis* confer cytokinin-insensitivity and ethylene overproduction respectively. *Proc. Natl. Acad. Sci. USA* 95: 4766–4771.

Werner, T., Motyka, V., Strnad, M., and Schmülling, T. (2001) Regulation of plant growth by cytokinin. *Proc. Natl. Acad. Sci. USA* 98: 10487–10492.

White, P. R. (1934) Potentially unlimited growth of excised tomato root tips in a liquid medium. *Plant Physiol.* 9: 585–600.

Yamada, H., Suzuki, T., Terada, K., Takei, K., Ishikawa, K., Miwa, K., Yamashino, T., and Mizuno, T. (2001). The *Arabidopsis* AHK4 histidine kinase is a cytokinin-binding receptor that transduces cytokinin signals across the membrane. *Plant Cell Physiol.* 42: 1017–1023.

Zhang, K., Letham, D. S., and John, P. C. L. (1996) Cytokinin controls the cell cycle at mitosis by stimulating the tyrosine dephosphorylation and activation of p34cdc2-like H1 histone kinase. *Planta* 200: 2–12.

22 エチレン：気体で働く唯一の植物ホルモン

19世紀，欧米では街路灯に石炭ガスが使われていたが，街路灯の近くの木は他の木に比べて落葉しやすいことが観察されていた。その原因を調べた結果，石炭ガスと大気の汚染物質が植物の成長と分化に影響したためであることがわかり，植物に影響を与える石炭ガスの成分として，エチレンが同定された。

ロシアのセントペテルスブルグの植物研究所の大学院生だったDimitry Neljubovは，暗所で生育させたエンドウの芽ばえが研究室の中では，異常な成長を示すことに気がついた。1901年のことである。それは，後に'三重反応'（triple response）とよばれ，茎の伸長が抑えられ，横方向へ肥大し，重力屈性が異常になって水平方向へ伸長成長（横地性）する現象である（図22.5A）。植物を新鮮な空気に移すと正常な形態と伸長成長に戻った。Neljubovはこの反応を引きおこす原因分子が，研究室内に漏れていた石炭ガスの成分のエチレンであると同定した。

エチレンが植物組織から作られる天然の物質であると最初に報告したのはH. H. Cousinsで，1910年のことである。Cousinsは貯蔵室に入れてあったオレンジからでた「発散物」が，未熟なバナナの成熟（果実の成熟の項目を参照）を促進したと報告している。しかし，オレンジはリンゴのような果実と比較してわずかなエチレンしか発生しないので，おそらくCousinsの用いたオレンジは，多量のエチレンを発生する*Penicillium*属のカビが感染していたと思われる。エチレンが植物によって作られる天然物であることは，1934年にGaneらによって化学的に同定された。エチレンは植物に劇的な効果を示し，なおかつ植物で作られることが証明されたので，植物ホルモンに分類されるようになった。

しかし，その後25年間もの間エチレンは重要な植物ホルモンとして認識されなかった。その大きな理由は，多くの生理学者がエチレンの効果をオーキシンによるものだと信じていたからであった。オーキシンは植物ホルモンとして最初に発見され，当時は，もっとも主要な植物ホルモンであると考えられており，エチレンはあまり重要ではなく，間接的な生理学的役割しか担っていないと考えられていた。そのうえ，エチレンを化学的に定量する技術が確立していなかったことも，エチレン研究の障害になっていた。しかし，1959年にガスクロマトグラフィーがエチレン研究に導入された後は，エチレンの重要性が再発見され，植物成長調節物質としてのエチレンの生理学的意義が認識されるようになったのである。

本章ではエチレン生合成経路の発見と，植物の成長と分化に及ぼすエチレンの重要な効果について述べる。本章の最後に，細胞レベルや分子のレベルでエチレンがどのように作用するのかについて考察したい。

エチレンの構造，生合成，測定

エチレンの生成速度は組織の種類や分化のステージに依存しているが，高等植物のほとんどすべての組織で合成されると考えてよい。一般的に分裂組織の周辺や節はエチレン生合成がもっともさかんな領域である。しかし，エチレンの発生は果実の成熟時と同じように，葉の脱離と花の老化のときにも増加してくる。さまざまな傷害はエチレン生合成を誘導し，また，冠水，低温，感染のような生理学的ストレスや，温度や乾燥のストレスによっても同じように誘導される。

アミノ酸のメチオニンはエチレンの前駆体であり，ACC（1-アミノシクロプロパン-1-カルボン酸）は，メチオニンからエチレンに変換される過程の中間産物である。後に示すように，完全な経路は回路になっており，植物細胞の中で働いている多くの代謝回路の中の一つである。

エチレンの特性は単純である

エチレンは，知られている中でもっとも単純なオレフィンであり，その分子量は28である。生理学的な条件下では空気よりも軽い：

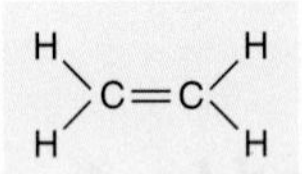

エチレン

可燃性であり容易に酸化される。エチレンは酸化されて酸化エチレンになり：

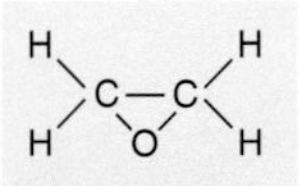

酸化エチレン

加水分解してエチレングリコールになる：

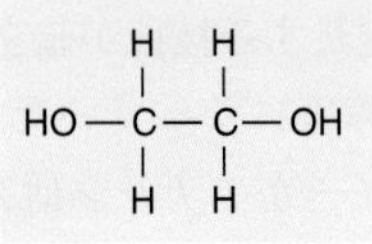

エチレングリコール

たいていの植物組織では，エチレンは完全に酸化されて二酸化炭素になる。その反応式は以下である：

エチレンの完全な酸化

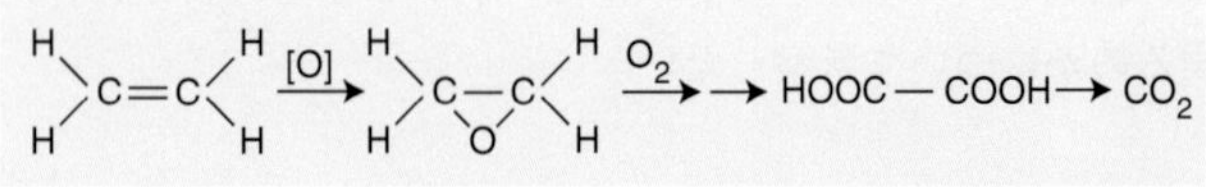

エチレン　酸化エチレン　シュウ酸　二酸化炭素

エチレンは容易に組織から放出され，細胞間隙を通り組織の外へ拡散していく。25 ℃における気相のエチレン濃度が $1\,\mu l\, l^{-1}$ のときに，水に溶けているエチレン濃度は 4.4×10^{-9} Mである。気相のエチレンを測定する方が容易であるため，通常，エチレンは気相のエチレン濃度を測定する。

エチレンガスは簡単に組織から出ていき，周囲の別の組織や器官に影響を及ぼすので，果実や野菜，花卉（かき）の貯蔵にはエチレンを吸収するような工夫が施されている。過マンガン酸カリウムは効果的なエチレン吸収剤で，リンゴの貯蔵に際しエチレンの濃度を $250\,\mu l\, l^{-1}$ から $10\,\mu l\, l^{-1}$ まで下げることができる。その結果，果実の貯蔵期間を著しく延ばすことができる。

細菌，カビ，植物の器官はエチレンを作る

都会や工場による大気汚染の影響を受けなくても，環境からエチレンがなくなることは滅多にない。なぜなら植物や微生物がエチレンを生産しているからである。植物におけるエチレン生成は，老化した組織や成熟中の果実でもっとも高く，$1\,nl\, g^{-1}\, h^{-1}$ 以上であるが（多いものでは $100\,nl\, g^{-1}\, h^{-1}$ 近く生成するものもある），高等植物のすべての器官はエチレンを生成しうる。エチレンは非常に薄い濃度，たとえば $1\,\mu l\, l^{-1}$（エチレンの場合，ppm（part per million：100万分の1）で表記することが多い。$1\,\mu l\, l^{-1} = 1$ ppm）以下でも，生物学的な活性をもつ。成熟したリンゴの内部のエチレン濃度は，2,500 $\mu l\, l^{-1}$ 程度であると報告されている。

若い成長している葉は，完全に展開した葉よりも多くのエチレンを発生する。インゲンマメ（*Phaseolus vulgaris*）の若い葉はエチレンを $0.4\,nl\, g^{-1}\, h^{-1}$ 発生するが，それに対し展開した葉は $0.04\,nl\, g^{-1}\, h^{-1}$ である。わずかの例外を除いて，老化していない組織は傷害や機械的な刺激を受けると，30分以内に一過的なエチレン生成がおこる。そのレベルは数倍まで上昇し，その後エチレンは通常のレベルに戻る。

裸子植物やシダ，スギゴケ，ゼニゴケを含む下等な植物，ラン藻の一部にもエチレンを生成する能力がある。カビや細菌によるエチレン生成は，土壌中のエチレン濃度に大きく寄与している。一般的な腸内細菌である大腸菌や酵母の中にはメチオニンから多量のエチレンを生産する種もある。

健全な哺乳類の組織がエチレンを生成する証拠や，脊椎動物の代謝によってエチレンが発生するという証拠はない。しかし，最近，カイメンとヒトの培養細胞の両方がエチレンに応答したことが報告された（Perovic et al. 2001）。このことから，このガス状分子エチレンが動物の細胞でシグナル分子として働く可能性が，まったくないわけではない。

エチレンの生理学的な活性は，生合成によって制御されている

in vivo の実験によって，植物の組織が1-[^{14}C] メチオニンを[^{14}C]-エチレンに変換することや，エチレンがメチオニンの3位と4位の炭素由来であることが示されていた。メチオニンの CH_3—S基はヤン回路（発見者のS. F. Yangの名にちなんで付けられた）をへて再利用されている。もしこの回路がなければ，利用可能なメチオニンとエチレン生成は，還元された硫黄の含量によって制限されてしまう。メチオニンとATPから作られる *S*-アデノシルメチオニンは，エチレン生合成経路の中間産物であり，エチレンの直前の中間体は，**1-アミノシクロプロパンカルボン酸**（1-aminocyclo propane-1-carboxylic acid：**ACC**）である（図22.1）。

ACCの役割は，植物を [^{14}C]-メチオニンで処理すること

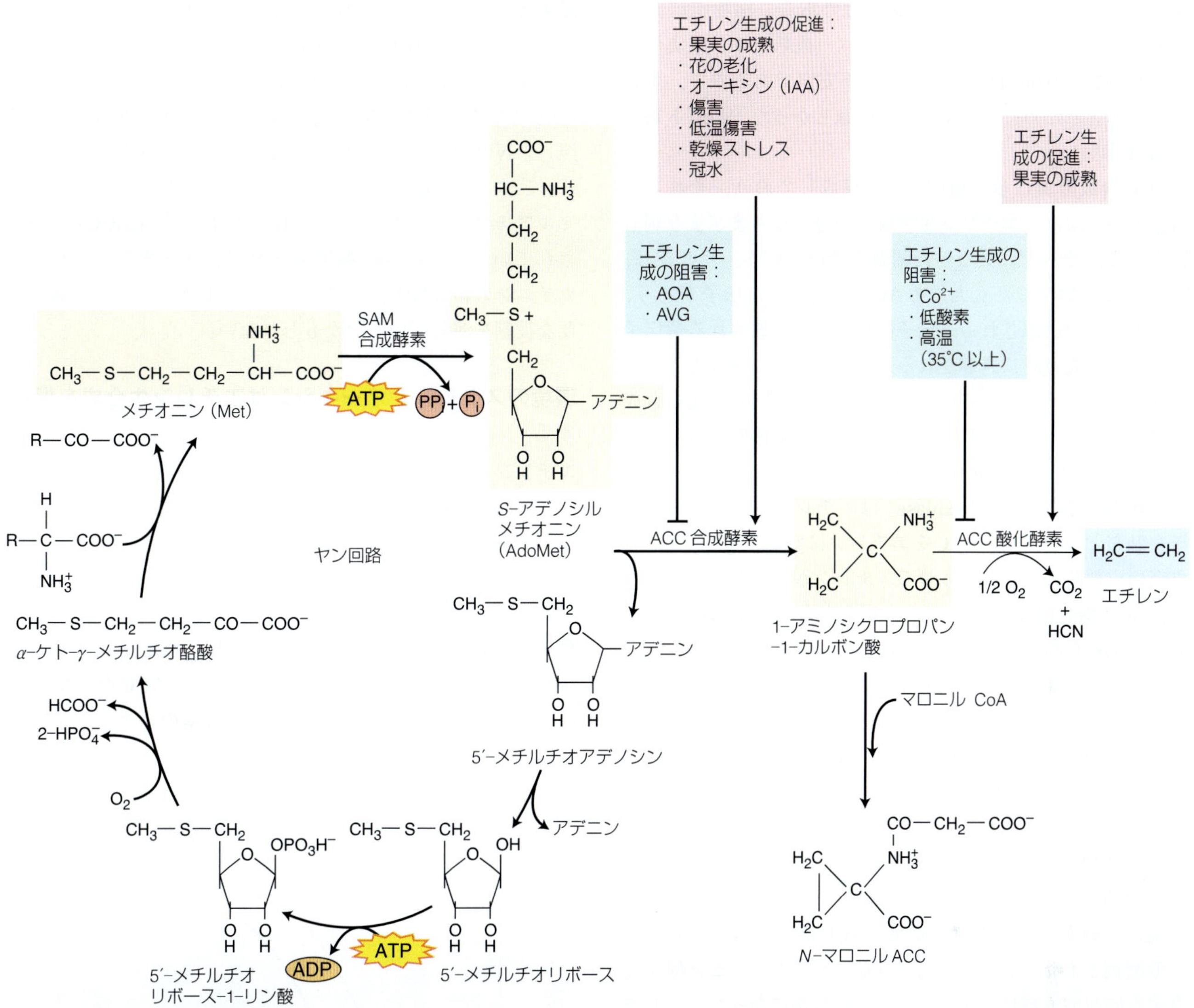

図 22.1　エチレン生合成経路とヤン回路。アミノ酸であるメチオニンがエチレンの前駆体である。この経路の律速段階は，*S*-アデノシルメチオニンが1-アミノシクロプロパン-1-カルボン酸（ACC）に変換される反応で，ACC合成酵素によって触媒される。この経路の最終段階，つまりACCがエチレンに変換される反応には酸素が必要でACC酸化酵素によって触媒される。メチオニンのチオメチル基（CH_3—S）は，ヤン回路をへて再生利用されるので，エチレンは連続して生合成されることができる。また，ACCはエチレンに変換されるほかに，マロニル CoAと結合して*N*-マロニルACCにも変換される。AOA；アミノオキシ酢酸（aminooxyacetic acid），AVG；アミノエトキシビニルグリシン（aminoethoxy-vinylglycine）。（McKeon et al. 1995より）

によって明らかになってきた。嫌気的な条件下では，投与した［^{14}C］-メチオニンからはエチレンは発生せず，組織には標識されたACCが蓄積した。しかし，組織を酸素に暴露するとエチレンが爆発的に生成された。さまざまな植物組織で標識されたACCは酸素の存在下で速やかにエチレンへと変わる。このことはACCが高等植物の直前の前駆体であることを示唆しているとともに，酸素がACCからエチレンへの変換に必要であることを示唆している。

一般的に，植物組織にACCを投与すると，エチレン生成が顕著に増加する。この観察はACC合成が，通常，植物組織におけるエチレン生成の律速過程であることを示している。

アデノシルメチオニンをACCに変換する酵素は**ACC合成酵素**（ACC synthase）であり，さまざまな植物の多くの組織において解析されてきた。ACC合成酵素は不安定であり，サイトソルに局在していると考えられている（ただし，局在に関する実験的証拠はない）。そのレベルは，まわりの環境や内的な要因によって制御されている。たとえば，傷害，乾燥ストレス，冠水，オーキシンなどである。植物組織内のACC合成酵素の含量はきわめて少なく（成熟トマト果実の全タンパク質の0.0001％），たいへん不安定であるので，生化学的な解析のために精製することは難しかった（**Webトピック22.1**参照）。

ACC合成酵素は多重遺伝子族を構成しており，それらの遺伝子の発現は，エチレン生合成を誘導するさまざまな刺激によって，それぞれ異なった制御を受けている。たとえば，トマトには少なくとも九つのACC合成酵素遺伝子があり，オーキシンで誘導される遺伝子群や傷害で誘導される遺伝子群，果実の成熟時に誘導される遺伝子群などに分けることができる（シロイヌナズナのゲノムには，10種類のACC合成酵素遺伝子があり，そのうちの8種類が酵素活性をもって機能している（Yamagami et al. 2003））。

ACC酸化酵素（ACC oxidase）はエチレン生合成の最終段階を触媒する酵素で，ACCをエチレンに変換する（図22.1）。果実の成熟時のように，多量のエチレンが生成される組織では，ACC酸化酵素の活性がエチレン生合成の律速段階になりうる（ACC酸化酵素の局在に関しては相反する報告があったが，最近サイトソルに局在することが確定した（Chung et al. 2002））。ACC酸化酵素の遺伝子もすでにクローン化されている（**Webトピック22.2**参照）。ACC合成酵素の場合と同じように，ACC酸化酵素も異なった制御を受ける多重遺伝子族によって構成されている。たとえば，成熟中のトマト果実や，老化が始まったペチュニアの花では，ACC酸化酵素のmRNAレベルは非常に高くなる。

遺伝子のクローニングの結果，ACC酸化酵素の推定アミノ酸配列がわかり，この酵素がFe^{2+}とアスコルビン酸を要求する酸化酵素群に含まれることが明らかになった。それまでACC酸化酵素の活性を無細胞系で測定することはできなかったが，この点に留意してタンパク質の生化学的な解析が行われ，Fe^{2+}とアスコルビン酸が実際に必要であることが確かめられた。ACC酸化酵素の細胞内含量が比較的多いにもかかわらず，この酵素の精製が長年にわたって成功しなかった理由の一つとして，これらの補因子が酵素活性に必須であることがわからなかったことをあげることができる。

異化代謝　植物組織に$^{14}C_2H_4$を投与し，代謝された放射性物質を追いかけることで，エチレンの異化作用は研究されてきた。その結果，二酸化炭素，酸化エチレン，エチレングリコール，エチレングリコールのグルコース結合体が，エチレンの代謝分解産物として同定された。しかし，1,4-シクロヘキサンジエンのような環状化オレフィン化合物が，エチレン作用を阻害することなく，エチレンの分解を抑えるので，エチレンの異化作用はエチレンレベルを調節する重要な役割を担っていないと考えられている（Raskin and Beyer 1989）。

結合体　組織の中のACCがすべてエチレンに変換されるわけではなく，ACCは結合型の*N*-マロニル ACC（図22.1）にも変換される（訳者注；マロニル基の供与体は，マロニルCoAであり，脂肪酸生合成の重要な中間体である（11章参照））。*N*-マロニル ACCは組織の中では分解されず蓄積する。二つめのACCの結合型化合物として，1-（γ-L-グルタミルアミノ）シクロプロパン-1-カルボン酸（GACC）が同定されている。これらのACC結合体は，オーキシンやサイトカイニンの結合体と同じように，エチレン生合成の制御に重要な役割を演じているのかもしれない。

環境のストレスとオーキシンはエチレン生合成を促進する

エチレン生合成は，植物の分化段階，環境要因，他の植物ホルモンや物理的，化学的傷害などのさまざまな要因が刺激となっておこる。またエチレン生合成には日周性があり，日中に高くなり，夜間には下がるともいわれている。

果実の成熟　果実が成熟するにつれ，ACCとエチレンの生合成速度は増加する。ACC酸化酵素とACC合成酵素のmRNAレベルが増加するにつれ，両酵素の活性も増加して

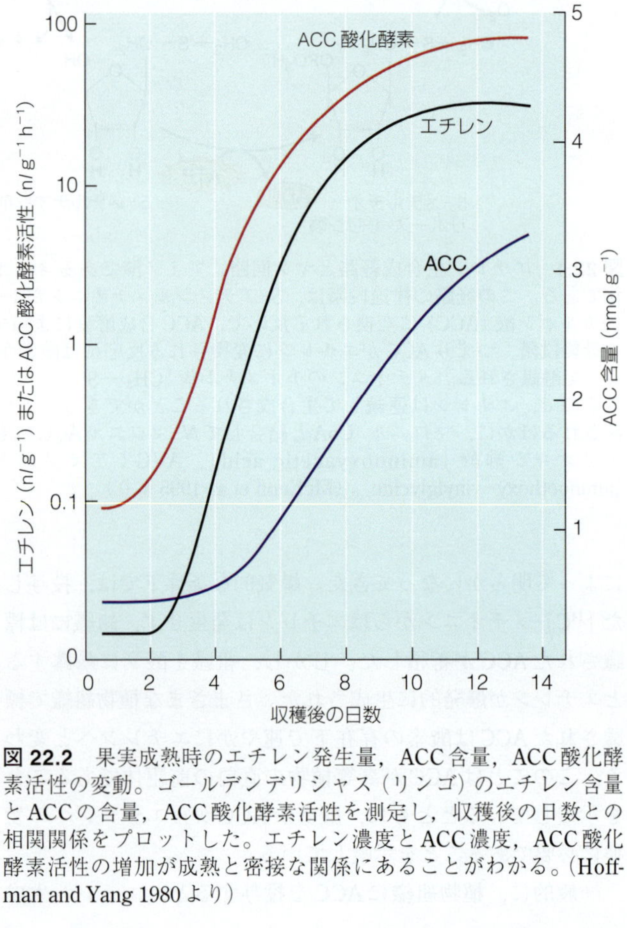

図22.2　果実成熟時のエチレン発生量，ACC含量，ACC酸化酵素活性の変動。ゴールデンデリシャス（リンゴ）のエチレン含量とACCの含量，ACC酸化酵素活性を測定し，収穫後の日数との相関関係をプロットした。エチレン濃度とACC濃度，ACC酸化酵素活性の増加が成熟と密接な関係にあることがわかる。（Hoffman and Yang 1980より）

くる。しかし，未成熟の果実にACCを投与しても，エチレンはわずかしか生成しない。このことは，ACC酸化酵素の活性上昇が，果実成熟におけるエチレン生合成の律速段階であることを示している（McKeon et al. 1995）。

ストレス誘導のエチレン生成　エチレンの生合成は乾燥，冠水，低温，オゾン暴露，機械的な傷害などのストレスによっても増加する。これらの場合，エチレンは通常の生合成経路ですべて生成され，増加するエチレン生成は，少なくともACC合成酵素mRNAの転写の増加の結果であることが示されている。この「ストレスエチレン」は器官脱離，老化，傷の癒合，罹病抵抗性の増加のようなストレス応答の始まりに関与している（25章参照）。

オーキシン誘導性エチレン生成　オーキシンとエチレンが，植物に同じような応答を引きおこすことがある。たとえば，茎の伸長阻害やパイナップルの開花などである。この応答は，オーキシンがACC合成酵素を誘導し，酵素活性が上昇した結果，エチレン生成が促進されたものである。これらの観察は，これまでにオーキシン（IAA）によって引きおこされていると考えられていた応答が，実際はオーキシンによって誘導されたエチレンを介したものであることを示す一つの例である。

タンパク質合成の阻害剤は，ACCの増加とIAA誘導性のエチレン生成を抑制する。このことはオーキシンによって新しく合成が誘導されるACC合成酵素が，顕著なエチレン生成増加の原因であることを示している。ACC合成酵素遺伝子の中には，その転写がオーキシンの投与によって上昇する遺伝子として同定されているものもある。このことはオーキシン応答として観察されるエチレン生成の増加が，少なくとも部分的には，ACC合成酵素の転写の増加によるものであることを示唆している（Nakagawa et al. 1991；Liang et al. 1992）。

エチレン生成の翻訳後制御　エチレン生成は転写ばかりではなく，翻訳後も制御されている可能性がある。サイトカイニンによってエチレン生合成が促進される組織もある。たとえば，シロイヌナズナの黄化芽ばえでは，サイトカイニンを投与するとエチレン生成の増加が見られ，その結果，三重反応を示す。

シロイヌナズナの分子遺伝学的研究によって，サイトカイニンがACC合成酵素のアイソザイムの安定性や活性を増加させたため，エチレン生合成が上昇したことが明らかにされた（Vogel et al. 1998）。このACC合成酵素アイソザイムのC末端ドメインは，この翻訳後制御の標的部位であると考えられている。この考えを支持する結果として，トマトのACC合成酵素アイソザイムのC末端ドメインが，カルシウムに依存してリン酸化される標的部位であることが示されている（Tatsuki and Mori 2001）。

エチレン生成とエチレン作用の阻害剤

ホルモン生合成とその作用の阻害剤は，生合成経路やホルモンの生理学的役割の研究に役立っている。植物の組織において異なるホルモンが同じ効果を示し，どちらのホルモンの影響か区別できないときや，あるホルモンが別のホルモンの生合成に影響しているのか，作用に影響しているのか区別できないときに，阻害剤を用いることによって解決することができる。

たとえば，高濃度のオーキシンによる茎の伸長阻害や上偏成長（葉が下向きに反る）は，エチレンによっても引きおこされる。エチレンの生合成と作用にそれぞれ特異な阻害剤を用いれば，それがオーキシンの作用かエチレンの作用かを区別することができる。阻害剤を用いた研究により，エチレンが上偏成長を引きおこす作用物質であり，オーキシンはエチレン生成を増加させる原因として間接的に作用することが示された。

エチレン生合成の阻害剤　**アミノエトキシビニルグリシン**（Aminoethoxy-vinyl-glycine：**AVG**）と**アミノオキシ酢酸**（Aminooxyacetic acid：**AOA**）は，アデノシルメチオニンからACC（図22.1）への変換過程，すなわちACC合成酵素の作用を阻害する。ただし，これらの阻害剤はACC合成酵素に特異的な阻害剤というわけではなく，ピリドキサルリン酸を補酵素とする酵素の阻害剤として知られている。また，コバルトイオンもエチレン生合成経路の阻害剤であり，エチレン生合成の最終段階のACCからエチレンへの変換，すなわちACC酸化酵素を阻害する。

エチレン作用の阻害剤　特異的なエチレン阻害剤は，エチレンによるほとんどの効果と拮抗することができる。銀イオンは，硝酸銀（$AgNO_3$）として，あるいはチオ硫酸銀塩（$Ag(S_2O_3)_2^{3-}$）STSとして投与すると，強力なエチレン作用の阻害剤となる。銀イオンによる阻害は非常に特異的であり，他の金属イオンでは同等の阻害を引きおこすことはできない。

銀イオンよりも効果は低いが，高濃度（5～10%）の二酸化炭素もまたエチレンの多くの作用，たとえば果実の成熟促進を阻害する。この二酸化炭素による効果は果実の貯蔵のために開発されてきた。二酸化炭素濃度を高めると果実の成熟を遅らせることができる。しかし，阻害に必要な二酸化炭素の濃度は高いので，自然の条件下で二酸化炭素がエチレン作用と拮抗して働くことはない。

揮発性の化合物トランス-シクロオクテンはエチレン結合

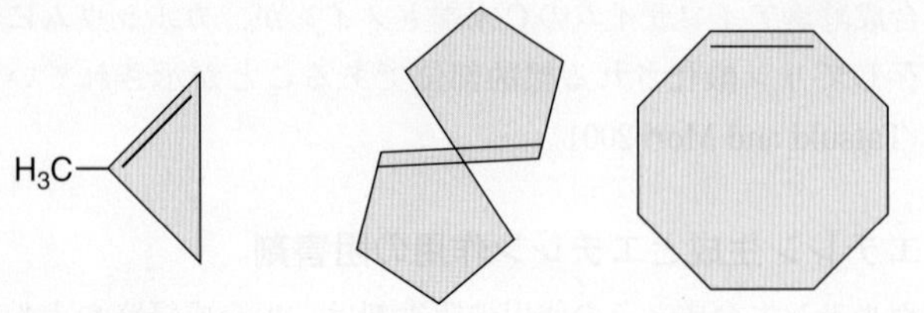

図 22.3　エチレンの受容体への結合を妨げる阻害剤。シクロオクテンはトランス形だけに活性がある。

の強力な競争阻害剤である (Sisler et al. 1990)。ただし，アイソマーのシス–シクロオクテンは効果がない。トランス–シクロオクテンはエチレンと受容体への結合を競争することによって作用すると考えられている。新しく開発された阻害剤**1–メチルシクロプロペン** (1–methylcyclopropene：MCP) (図22.3) は最近，エチレン受容体と不可逆に結合することがわかった (Sisler and Serek 1997)。MCPは産業への応用が非常に期待されている。

エチレンはガスクロマトグラフィーで測定できる

歴史的にエチレン濃度の測定には，芽ばえの三重反応を用いたバイオアッセイが用いられてきたが，いまではガスクロマトグラフィーによって測定されている。1 m*l* の気体を分析した場合，5 n*l* l^{-1}ほどの低濃度のエチレンが検出限界であり，分析時間はわずか1～5分間程度である。

通常，植物組織の生成するエチレンは，密閉した容器に植物組織を入れ発生するエチレンを貯め，その気体をシリンジで抜き取り測定する。サンプルをガスクロマトグラフのカラムに注入し，水素炎イオン化検出器 (FID) で検出する。この方法によるエチレンの定量はたいへん正確である。最近，エチレンを測定する新しい方法が開発され，レーザー波による光音響検出器を用いてわずか10 p*l* l^{-1}のエチレンがリアルタイムで検出できると報告されている (Voesenek et al. 1997)。

発生過程，生理過程に対するエチレンの作用

これまでに述べてきたように，エチレンは，芽ばえの成長や果実の成熟に影響を及ぼしたことから発見された。エチレンは植物の幅広いさまざまな応答を制御することが知られている。たとえば，種子の発芽，細胞の拡大，細胞分化，老化，器官脱離などである。本章では，より詳細なエチレンの影響について考えてみたい。

エチレンは果実の成熟を促進する

日常用いる，‘果実の成熟’(ripening) という言葉は，果実が食べられるよう変化することを指している。(訳者注；学術用語集に従い本章ではripeningを‘成熟’と訳すが，特に果実の場合は，ripeningに‘追熟’，‘後熟’という言葉をあてることも多い。受粉後，子房は成長をつづけ果実は肥大するが，それ以上肥大しなくなった状態，すなわち成長が完了したときから，熟すまでをmaturation‘成熟’とし，その後の過程をripening‘追熟’という。‘あおい’(緑色の) トマトやバナナはmaturation‘成熟している’が，ripening‘追熟していない’という解釈である。また，樹上でripeningする場合には‘成熟’を，収穫後にripeningする場合には‘追熟’を用いる場合も多い。いずれにしても，ripeningに対する日本語は厳密に定義されているわけではない。) 典型的なそのような変化には，酵素作用によっておこる細胞壁の分解が原因となる軟化，デンプンの加水分解，糖の蓄積，タンニンなどのフェノール成分や有機酸の減少などがある。植物の側から見れば，果実の成熟は種子を分散する準備ができたことを意味している。

動物に食べられることによって分散される果実の種子にとっては，‘熟すること’と‘動物が食べることができるようになること’とは同義である。明るい色のアントシアニンやカロテノイドはしばしば果実の表皮に蓄積し，その存在を目立たせる。しかし，物理的なあるいはそれ以外の方法により，分散される種子にとって，‘果実の成熟’は果実が裂け，乾燥することを意味している。農業的に重要なため，果実の成熟に関する研究の多くは，ヒトが食べる果実に焦点が当てられている。

エチレンは長い間食用果実の成熟を加速するホルモンと考えられてきた。そのような果実にエチレンを暴露すると，成熟に関連した過程が進み，成熟が開始すると，エチレン生成が劇的に増加する。しかし，いろいろな果実を広く調べてみると，すべての果実がエチレンに応答して成熟が進むわけではないことがわかる。

エチレンに応答して成熟する果実はすべて，成熟の前に**クリマクテリック** (climacteric) とよばれる特徴的な呼吸の上昇が見られる。そのような果実ではまた，呼吸が上昇する直前に急激なエチレン生成がおこる (図22.4)。エチレン処理によって果実のエチレン生成がさらに誘導されるので，エチレン作用は**自己触媒的** (autocatalytic) であるといわれることがある (しかし，逆にエチレン処理によってフィードバック阻害がかかり，エチレン生成が減少する組織，果実もある)。リンゴ，バナナ，アボカド，トマトなどはクリマクテリック果実の代表である。

それに対して，カンキツやブドウのような果実は呼吸やエ

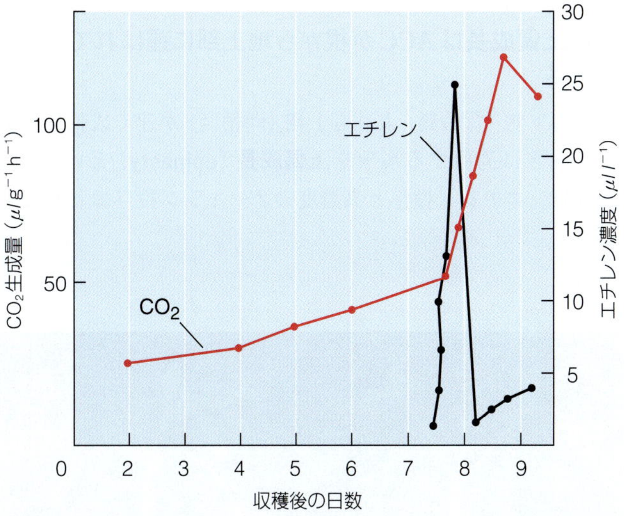

図 22.4 エチレンの生成と呼吸。バナナが成熟するときの特徴は，呼吸速度（二酸化炭素生成の増加を指標としている）がクリマクテリック上昇することである。エチレン生成は二酸化炭素生成の増加に先立って，クリマクテリック上昇する。このことはエチレンが成熟過程の引き金となるホルモンであることを示唆している（訳者注；ここでは，バナナを入れた容器の中に貯まったエチレンの濃度（$\mu l\,l^{-1}$）で表しているが，正しくは，測定した値を換算してエチレン生成量（$\mu l\,g^{-1}\,h^{-1}$）という単位で表すべきである）。（Burg and Burg 1965より）

チレン生成が上昇せず，**非クリマクテリック**（nonclimacteric）果実とよばれている。クリマクテリックと非クリマクテリック両タイプの果実の代表を表22.1に載せた。

成熟前のクリマクテリック果実をエチレン処理すると，クリマクテリック上昇が促進される。同様にして非クリマクテリック果実にエチレン処理をすると，エチレン濃度に応じて呼吸の増大がおこるが，エチレン処理が内生エチレン生成の引き金になることはなく，成熟も加速されない。クリマクテリック果実の成熟に関するエチレンの役割を理解すれば，果実を均一に成熟させたり，成熟を遅らせたりするような実用的な応用に役立てることができる。

投与したエチレンが果実の成熟に及ぼす影響は，わかりやすく，明瞭であるが，内生エチレンのレベルと果実の成熟の因果関係を明らかにすることは難しい。エチレン生合成の阻害剤（たとえばAVGなど）やエチレン作用の阻害剤（たとえば二酸化炭素，MCP，銀イオンなど）を用いることによって，果実の成熟を遅らせたり，完全に抑制することができるが，エチレンと成熟の因果関係は明らかにできなかった。しかしACC合成酵素やACC酸化酵素のアンチセンス形質転換トマトを用いて，エチレン生合成を抑制することによって，果実の成熟にエチレンが必要であることが決定的に示された（**Webトピック22.3**参照）。エチレンの生合成が抑制された形質転換トマトでは，果実の成熟が完全に抑制され，エチレンを投与することによって成熟は回復したのである（Oeller et al. 1991）。

表 22.1 クリマクテリックと非クリマクテリック果実

クリマクテリック果実	非クリマクテリック果実
リンゴ	ピーマン
アボカド	サクランボ
バナナ	カンキツ
カンタループメロン	ブドウ
チェリモヤ	パイナップル
イチジク	サヤエンドウ
マンゴー	イチゴ
オリーブ	スイカ
モモ	
ナシ	
カキ	
プラム	
トマト	

さらにトマトの突然変異体*never-ripe*の解析により，果実の成熟にエチレンが必要であることが示された。名前が意味するように，この突然変異体はトマト果実の成熟が完全に抑制されている。分子レベルでの解析により，*never-ripe*はエチレン受容体の変異が原因でエチレンを受容できなくなったことが明らかになった（Lanahan et al. 1994）。これらの実験により，果実の成熟におけるエチレンの役割は明らかにされ，バイオテクノロジーによって果実成熟の操作が可能なことが明らかとなったのである。

トマトでは成熟期に発現が調節される遺伝子が数多く同定されている（Gray et al. 1994，Alexander et al. 2002）。トマトは，果実の成熟時に，果実の細胞壁が加水分解されて軟化し，クロロフィルが消失し，カロテノイド色素であるリコペンが合成され，果実の色が緑から赤に変わる。同時に香気や風味の成分が生成される。

野生型のトマトと，エチレン生成を遺伝子操作によって抑制した形質転換トマトの果実のmRNAを解析することにより，成熟時の遺伝子発現は少なくとも二つの独立した経路によって調節されていることが明らかにされた。すなわち：

1. ‘エチレンに依存した経路’；リコペンと香気成分の生合成，呼吸に関連した代謝に関与した遺伝子を含む。
2. ‘エチレンに依存せず分化の過程に伴う経路’；この経路にはACC酸化酵素やACC合成酵素，クロロフィラーゼの遺伝子を含む。

つまり，トマト果実の成熟に関連する過程のすべてが，エチレンに依存しているわけではない。（訳者注；原著ではACC合成酵素をエチレンに依存した経路に入れている。しかし，エチレンが生成される前に，果実の分化（成熟）に伴ってACC合成酵素が発現し，エチレンが生成されて成熟が進行していくこと，さらにアンチセンスACC酸化酵素を導入してエチレン生成を制御した形質転換トマトでは，ACCが蓄積する，つまりACC合成酵素が働いていることから，ACC合成酵素はエチレンに依存しない経路に入れるべきである。ただし，ACC合成酵素，ACC酸化酵素，クロロフィラーゼともに，トマト果実をエチレン処理すると転写が誘導される。これらの遺伝子がエチレンに応答しないわけではない。）

葉の上偏成長はACCが根から地上部に運ばれておこる

葉柄の下側（背軸側）よりも上側（向軸側）が速く成長し，葉が下向きに湾曲する現象を**上偏成長**（epinasty）という（図22.5B）。エチレン投与と高濃度のオーキシン投与はともに上

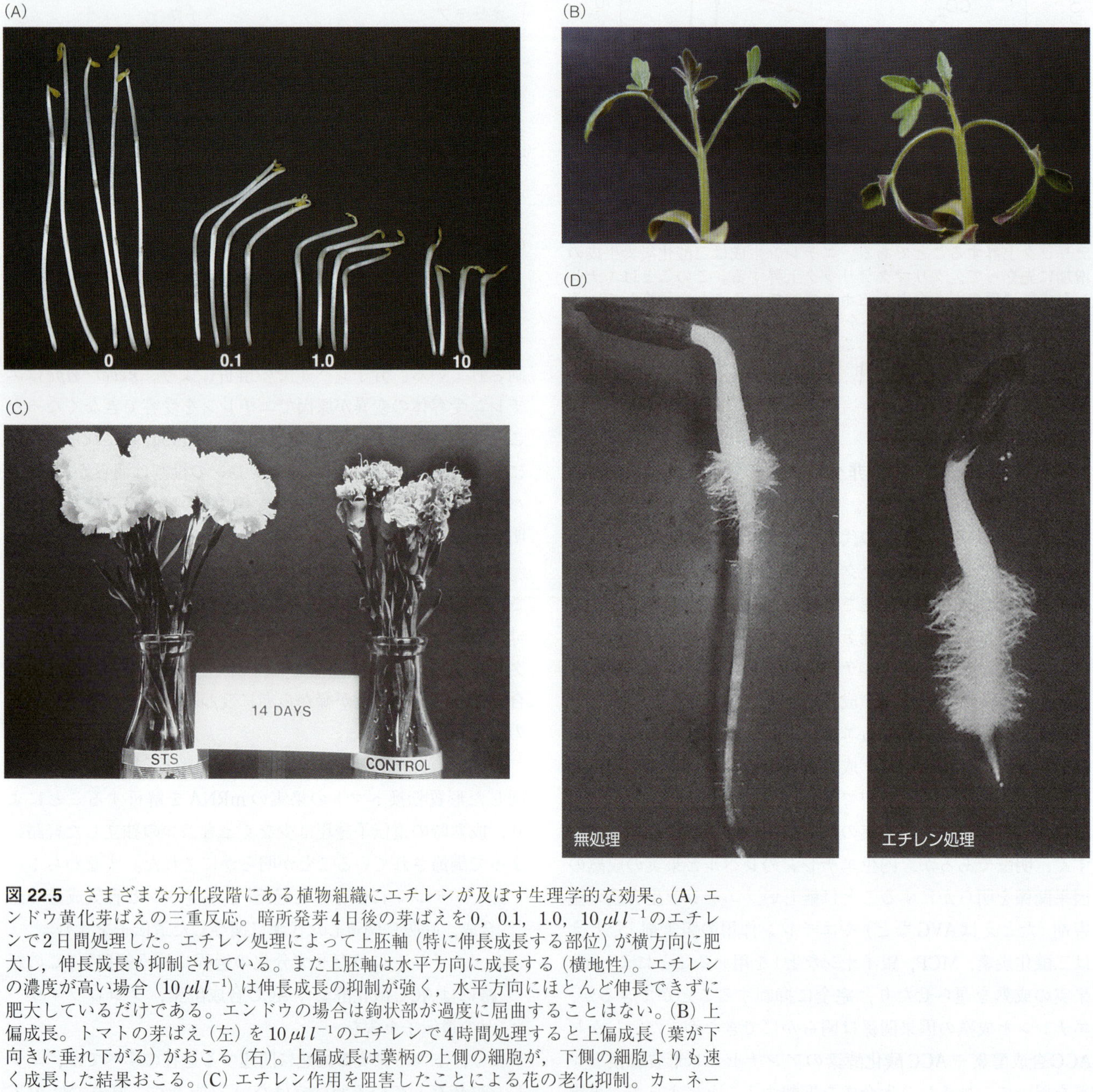

図 22.5　さまざまな分化段階にある植物組織にエチレンが及ぼす生理学的な効果。(A) エンドウ黄化芽ばえの三重反応。暗所発芽4日後の芽ばえを0，0.1，1.0，$10\,\mu l\,l^{-1}$のエチレンで2日間処理した。エチレン処理によって上胚軸（特に伸長成長する部位）が横方向に肥大し，伸長成長も抑制されている。また上胚軸は水平方向に成長する（横地性）。エチレンの濃度が高い場合（$10\,\mu l\,l^{-1}$）は伸長成長の抑制が強く，水平方向にほとんど伸長できずに肥大しているだけである。エンドウの場合は鉤状部が過度に屈曲することはない。(B) 上偏成長。トマトの芽ばえ（左）を$10\,\mu l\,l^{-1}$のエチレンで4時間処理すると上偏成長（葉が下向きに垂れ下がる）がおこる（右）。上偏成長は葉柄の上側の細胞が，下側の細胞よりも速く成長した結果おこる。(C) エチレン作用を阻害したことによる花の老化抑制。カーネーションを切り花にして14日間，水（右）あるいはチオ硫酸銀塩（silver thiosulfate：STS）（左）に挿した。STSは強力なエチレン作用の阻害剤である。エチレンの作用を阻害すると，花の老化が顕著に抑制される。(D) 根毛形成の促進。発芽2日めのレタスの芽ばえを24時間，$10\,\mu l\,l^{-1}$のエチレンで処理したもの（右）と無処理のもの（左）。エチレン処理により多数の根毛が形成されている。((A) と (B) はH. Moriによる，(C) はReid 1995より，M. Reidの好意による，(D) はAbeles et al. 1992より，F. Abelesの好意による）

偏成長を引きおこすが，オーキシンによる上偏成長は，現在ではオーキシンによって誘導されたエチレンによる間接的な影響であることが明らかになっている。本章で後ほど述べるように，塩ストレスや病原菌の感染のようなさまざまなストレス状態はエチレンの生成を増加させ，上偏成長をも引きおこす。上偏成長の生理学的な役割はまだわかっていない。

トマトやそれ以外の双子葉植物でも冠水（水に浸かること）や根のまわりが酸素欠乏になると，地上部のエチレン生成がさかんになり，その結果，上偏成長を引きおこす。これらの環境ストレスは根で感知され，その応答が地上部に現れるため，根からのシグナルが地上部に移動したに違いない。このシグナルは，エチレンの前駆体ACCである。トマトの根が冠水1～2日後には，木部液の中のACCレベルは，有意に高くなることが明らかにされている（図22.6）（Bradford and Yang 1980）。

水に浸かると，土壌中の空隙は水で満たされてしまい，水中の酸素の拡散速度は遅いので，冠水した根のまわりの酸素濃度は劇的に減少する。ACCからエチレンへの変換には酸素が必要であるため，酸素欠乏になった根ではACCが蓄積し，その後，根に蓄積したACCは，蒸散流に乗って地上部へと移動し，そこでただちにエチレンに変換される。その結果，根が酸素不足になった植物の地上部ではエチレン生合成が高まる。

エチレンは横方向の細胞拡大を誘導する

エチレンは0.1 $\mu l\, l^{-1}$以上の濃度で，双子葉植物の芽ばえの成長に影響を及ぼす。軸の伸長速度が減少する，横方向の肥大が増加する，鉤状部の屈曲が過度になるなどが，一般的に多くの双子葉植物の芽ばえに見られる。現在ではこれらの現象を**三重反応**（triple response）とよぶことが多い。（この現象は植物種やエチレン濃度によって異なることがある。エンドウでは上胚軸の伸長成長の抑制と，鉤状部下部の肥大，水平方向への伸長成長（横地性）がおこる（図22.5A）。もともとこの現象を三重反応とよんだのである。エチレン濃度が10 $\mu l\, l^{-1}$以上になると，伸長成長の抑制が強くなり，水平方向にも伸長できなくなり，鉤状部の下部が肥大するばかりになる。）シロイヌナズナにおける三重反応は，胚軸の伸長成長の抑制と肥大，根の伸長成長の抑制，鉤状部の過度の屈曲がおこる（図22.7）。

15章で述べたように，植物細胞の伸長の方向は細胞壁の

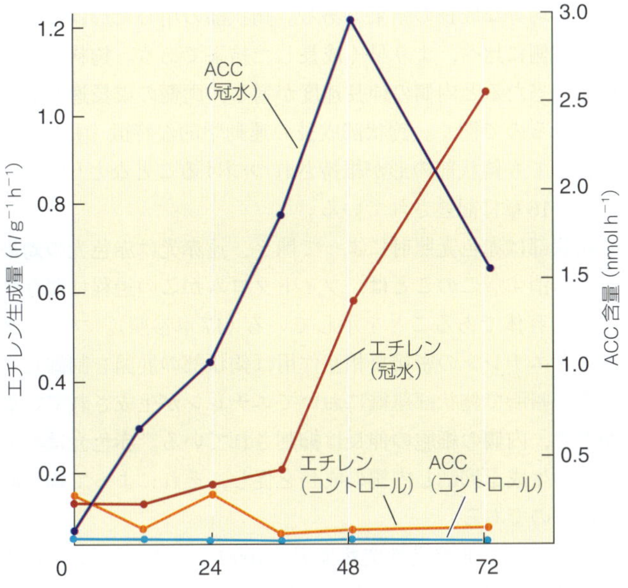

図22.6 根が冠水したトマトの木部液中のACC含量と，葉柄におけるエチレン生成量の変化。トマトは冠水すると，根でACCが合成されるが，冠水時は酸素不足の状態であるため，ACCからエチレンへの変換は非常に遅い。その結果，ACCは木部を通って地上部へ運ばれ，エチレンに変換される。ガス状のエチレンは移動できないため，通常，エチレンは合成された部位で働く。それに対し，エチレンの前駆体であるACCは移動可能で，ACC合成酵素によって合成された部位から離れたところでもエチレンに変換されることがある（訳者注；しかし，これは数少ない例である）。（Bradford and Yang 1980より）

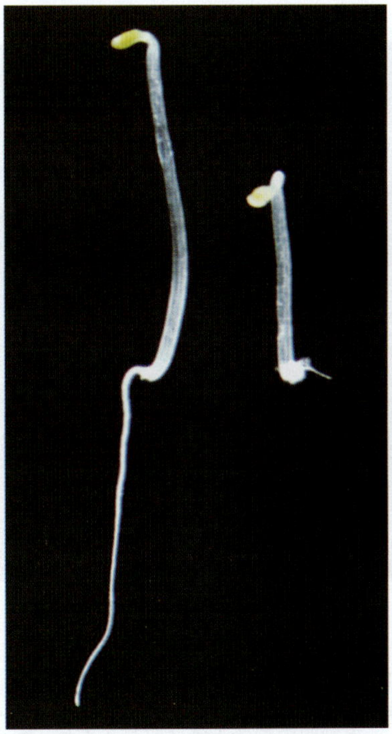

図22.7 エチレン処理によるシロイヌナズナの三重反応。暗所発芽3日めのシロイヌナズナ芽ばえを，10 $\mu l\, l^{-1}$のエチレンで処理したもの（右）と，無処理のもの（左）。エチレンが存在することにより，胚軸が短くなり，根の伸長が減少し，頂端の鉤状部が過度に曲がった。

セルロース微繊維の方向によって決定される。横向きの微繊維は細胞壁を横方向に強化するので，膨圧が掛かると細胞は縦方向に伸長しようとする。微繊維の方向は細胞質表層にある微小管の並ぶ方向によって決定される。典型的な植物細胞の伸長において，表層微小管は横方向に配列され，それによってセルロース微繊維は横方向に並んでいる。

芽ばえがエチレンに三重反応をおこしているときは，正常であれば横に並んでいる微小管の配向は乱され，縦方向へと転換している。この微小管の並び方が90°変わることによって，セルロース微繊維の配向も伸長軸に平行になる。新たにセルロース微繊維が付加された細胞壁は，横方向というよりはむしろ縦方向の張力に対して強化されることになる。膨圧はパスカルの原理通り，どの方向にも力がかかるので，この変化によって縦方向の伸長成長のかわりに横方向の肥大が促進されることになる。

どのようにして微小管は横方向から縦方向に向きを変えるのであろうか。この現象を研究するために，蛍光物質を共有結合させた微小管タンパク質チューブリンをエンドウの表皮細胞にマイクロインジェクションする実験が行われた。蛍光物質の「標識」は微小管の形成に影響を与えない。この手法と共焦点レーザー顕微鏡（細胞の中の多くの面に焦点を合わせて観察できる）を用いることによって，生細胞で微小管が形成される様子を観察することができるようになった。

その結果，横方向の微小管が完全に脱重合した後に，新たに縦方向に再重合することによって，横方向から縦方向に向きを変えるわけではないことがわかった。実際には，横方向に整列していない（たとえば斜めに向いている）微小管の数が部分的に増加し（図22.8），それからそのまわりの微小管が新たに縦方向に並ぶようになる。つまり均一な縦方向になる前に，異なる向きの並び方が共存する段階があるのである（Yuan et al. 1994）。この研究で観察された微小管の配向変化は，エチレンによって誘導された変化ではなく，自然におこっている変化を見たものであるが，エチレンによる微小管の配向転換も同じような機構によっておこっていると推測できる。

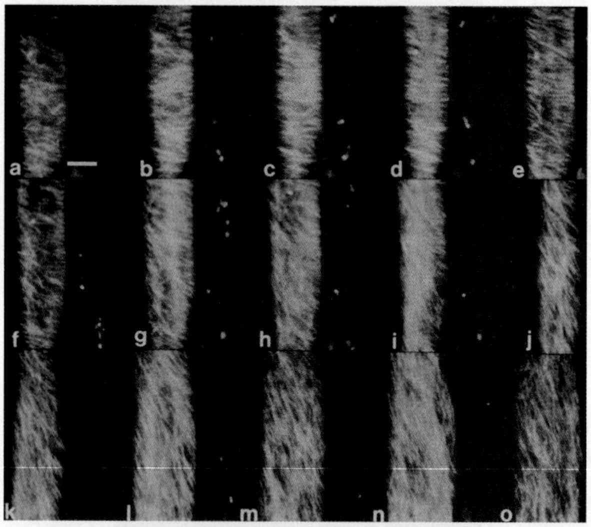

横方向から縦方向に再配向する微小管

図 22.8 傷害に応答しておこるエンドウの茎表皮細胞における微小管の横方向から縦方向への再配向。表皮の生細胞に蛍光物質ローダミンの結合したチューブリンをマイクロインジェクション法で注入すると，生細胞内で微小管に取り込まれ，微小管の動態を観察することができる。約6分間ごとに観察すると，表層微小管は，最初横方向に配向している（a）が，しだいにいろいろな配向をするものも観察されるようになり（f, g, h），最終的には，縦方向に再配向する（o）様子がわかる。再配向は，新しい配向に向かって，並びかたのそろっていない新しい微小管のひとかたまりが表れ，それに付随して以前の並びから微小管が消えていくように見える。（Yuan et al. 1994より，写真はC. Lloydの好意による）

暗所で生育する芽ばえの鉤状部は，エチレンの生成によって維持されている

一般的にシュート頂のすぐ後ろにある顕著な鉤状部が，黄化した双子葉の芽ばえの特徴である（図22.7）。この鉤状部の形は土の中を芽ばえが傷つきやすい頂端分裂組織を保護して突き進みやすくしている。

上偏成長と同じように，鉤状部の形成と維持はエチレンによる不均等な成長の結果である。鉤状部の閉じた形は茎の外側が内側に比べ，より早く成長した結果である。鉤状部は白色光に当たると内側の伸長速度が増し，両側の成長速度が等しくなるので開く。鉤状部成長の運動学的な特徴（すなわち成長しても鉤状部の形が維持されつづけることなど）については，16章に記述されている。

鉤状部は赤色光照射によって開き，遠赤光は赤色光の効果をうち消す。このことは，フィトクロムがこの過程に関与する光受容体であることを示している（17章参照）。フィトクロムとエチレンの密接な相互作用は鉤状部の展開を制御している。暗所で鉤状部組織においてエチレンが生成されているかぎり，内側の細胞の伸長は抑制されている。赤色光はエチレンの生成を抑制し内側の成長を促し，それによって鉤状部は開くのである。

オーキシン非感受性突然変異体 ***axr1*** と，オーキシンの極性移動の阻害剤NPA（1-*N*-naphthylphthalamic acid）で処理した野生型のシロイヌナズナの芽ばえは，両方とも鉤状部の形成が抑制されている。これらの結果などから，鉤状部の構造維持にオーキシンの働きが必要なことが示されている。内側の組織に対し相対的に外側の組織の成長速度がより速いということは，光屈性がオーキシンの横方向の濃度勾配によっておこることと同じように，エチレンに依存したオーキシンの濃度勾配を反映している可能性がある（19章参照）。

鉤状部形成に必要な遺伝子 *HOOKLESS1*（この遺伝子の突

然変異によって芽ばえの鉤状部形成がおこらないために，こうよばれている）が，シロイヌナズナで同定されている（Lehman et al. 1996）。この遺伝子が破壊されると，オーキシン応答性遺伝子の発現は著しく変化する。シロイヌナズナでこの遺伝子を過剰発現させると，明所でさえも常に鉤状部の形成がおこる。*HOOKLESS1*は，*N*-アセチル基転移酵素と推定されるタンパク質をコードしている。この酵素は，鉤状部におけるエチレンによるオーキシンの濃度勾配の調節に関与していると考えられているが，そのしくみは明らかにされていない。

エチレンによって種子と芽の休眠が打破される植物もある

通常の条件下（水，酸素，温度が成長に適した状態）で発芽しない種子の状態を，休眠とよんでいる（23章参照）。穀物種子の中には，エチレンによって休眠が打破され，発芽するものもある。休眠に対する効果に加え，エチレンによって種子発芽速度が促進されるものもある。ラッカセイではエチレンの生成と種子の発芽は密接に関連している。また，エチレンは芽の休眠を打破することがあり，グラジオラスやスイセンなどの球根の発芽の促進にエチレン処理が使われることがある。

エチレンによって伸長成長が促進される水生植物もある

一般的にエチレンは茎の伸長を阻害するが，エチレンによって茎と葉柄の伸長が促進される水生植物（完全に水中に沈んでいるものや部分的に沈んでいるもの）もある。たとえば双子葉の*Ranunculus sceleratus*（タガラシ，キンポウゲ属），*Nymphoides peltata*（アサザ，アサザ属），*Callitriche platycarpa*（ミズハコベの仲間，アワゴケ属）やシダ類の*Regnellidium diphyllum*（デンジソウ目，*Regnellidium*属）である。もう一つの農業的に重要な例として，ウキイネがある（20章参照）。

これらの植物では水没によって節間と葉柄の伸長が急速に引きおこされる。葉やシュートの上部を水上に出しておくためである。エチレン処理には水没と同じような効果がある。

水没した植物の組織ではエチレンが作られ，そのエチレンが成長を促進する。酸素欠乏ではエチレン生合成は減少するが，水中では拡散によるエチレンの消失が遅い。水中での成長とエチレン生合成のために必要な酸素は通常，通気組織を通して供給される。

20章に記述してあるように，ウキイネでは，エチレンが介在分裂組織の細胞内ジベレリン含量を増加させ，さらにジベレリンに対する感受性を増加させることによって節間伸長を促進することが示されている。これらの細胞ではエチレンに応答してジベレリンに対する感受性が増加するが，それはジベレリン作用の強力な拮抗物質として働くABAのレベルが減少することによっておこると考えられている。

エチレンは根と根毛の形成を誘導する

葉，茎，花茎さらには根からも，エチレンによって不定根が誘導される。エチレンが根毛形成に正の調節物質として働く植物種も多い（図22.5D）。エチレンと根毛形成の関係はシロイヌナズナでもっともよく研究されている。通常，根毛は表皮細胞から生じている（16章参照）。表皮細胞は皮層細胞の外側に位置しているが，根毛の生じる表皮細胞は隣り合う皮層細胞と皮層細胞にまたがるように位置している（Dolan et al. 1994）。

ところが，根をエチレン処理すると，通常とは異なる表皮細胞から新たな根毛が生じる。つまり，皮層細胞の連結部分に横たわらない細胞が，毛母細胞へと分化するのである（Tanimoto et al. 1995）。エチレンの阻害剤（たとえば銀イオン）存在下で成長した芽ばえは，エチレン非感受性の突然変異体と同じように，エチレンに応答した根毛形成が減少している。これらの観察は根毛の分化にエチレンが正の調節物質として働くことを示唆している。

エチレンはパイナップル科の開花を誘導する

エチレンによって開花が抑制される植物種は多いけれども，パイナップルおよびその類縁植物の場合は，開花が誘導される。農業上，開花を同調させ，実がいっせいに収穫できるようにパイナップル畑ではエチレン処理が使われている。他の植物種，たとえばマンゴーの開花もまたエチレンによって開始される。一方，雌雄異花同株の植物では，エチレンは花の性決定を変化させる（24章参照）。キュウリの雌花形成の促進はこの効果の一つの例である。

エチレンは葉の老化速度を高める

16章で述べているように，老化は，植物のすべての器官に影響を及ぼす遺伝学的にプログラムされた分化の過程である。葉の老化の制御にエチレンとサイトカイニンが役割を担っていることを示す証拠が，生理学的な研究より得られている：

- 外から与えたエチレンやACC（エチレンの前駆体）は葉の老化を加速し，外から与えたサイトカイニンは葉の老化を遅延させる（21章参照）。
- 葉と花の老化の特徴である葉緑素の減少と花の退色は，エチレン生成の増加と関連している（図22.5C）。その逆の関係が，葉のサイトカイニンレベルと老化の開始の関係に見い出されている。
- エチレン生合成の阻害剤（たとえばAVGやコバルトイ

オン）とエチレン作用の阻害剤（たとえば銀イオンや二酸化炭素）は，葉の老化を遅らせる。

これらの生理学的な研究をあわせて考えると，老化がエチレンとサイトカイニンのバランスによって調節されていることがわかる。さらにアブシシン酸（ABA）も葉の老化の制御に関連していると考えられている。老化におけるABAの役割は，23章で取り上げる。

エチレン突然変異体の老化　エチレンが葉の老化の調節に関与している直接的な証拠は，シロイヌナズナの分子遺伝学的な研究から得られている。本章で後ほど述べるが，エチレンの応答性に異常のある突然変異体がいくつか同定されている。同定に用いられた特異的な生物検定法である三重反応検定では，エチレンは顕著に野生型芽ばえの胚軸の伸長を阻害し，横方向への肥大を促進する。

etr1（*ethylene-resistance 1*）と*ein2*（*ethylene-insensitive 2*）は，エチレンに応答しないエチレン非感受性の突然変異体として同定された（本章で後ほど述べる）。変異体*etr1*はエチレン受容体タンパク質をコードする遺伝子に変異が入っているため，エチレンのシグナルを受け取ることができない。変異体*ein2*はシグナル伝達経路の後半のある段階が遮断されている。

葉の老化に果たすエチレンの役割とも一致するように，*etr1*と*ein2*の両変異体では，発芽の初期の段階ばかりでなく，老化を含めた一生を通して影響が見られた（Zacarias and Reid 1990；Hensel et al. 1993；Grbic and Bleecker 1995）。エチレンの変異体は，野生型に比べて長い期間，葉緑素や他の葉緑体の成分が保持されていた。しかし，これらの変異体の寿命は野生型に比べわずか30％長くなっただけであった。このことは，エチレンが老化過程を開始する発生のスイッチとして働くというよりは，老化を加速する働きがあることを示唆している。

老化を理解するために遺伝子工学が利用されている　特異的な遺伝子機能に関する直接的な証拠を得るための，もう一つのたいへん有用な遺伝学的方法は，形質転換植物に基づく解析である。遺伝子工学の技術により，エチレンとサイトカイニンの両方が葉の老化の制御に関わっていることが確認されている。遺伝子発現を抑制する一つの方法は，植物にアンチセンスDNAを導入することである。そのアンチセンスDNAは，抑制しようとする遺伝子のコード領域をプロモーターに対して逆の方向に挿入して構築する。アンチセンス遺伝子が転写されると，その結果できたアンチセンスmRNAは，センスmRNAと相補的であるため対合する。二本鎖RNAは細胞内で速やかに分解されるので，アンチセンス遺伝子には，細胞からセンスmRNAを激減させる効果がある。

ACC合成酵素とACC酸化酵素のようなエチレン生合成経路に関わる酵素をコードする遺伝子をアンチセンス法で発現させた形質転換植物は，非常に低いレベルのエチレンしか合成することができない。老化におけるエチレンの役割とよく符合して，そのようなアンチセンス変異体トマトでは，果実の成熟の遅れと同じように，葉の老化も遅れることが示された（**Webトピック22.1**参照）。

防御反応におけるエチレンの役割は複雑である

病原菌の感染と病徴は，宿主と病原菌の相互作用が遺伝学的に親和性である場合にのみおこる。しかし，親和性（病原性），非親和性（非病原性）いずれの組合せにおいても，病原菌の攻撃に対し，一般にエチレンの生成は増加する。

エチレン非感受性の変異体の発見により，さまざまな病原菌に応答する際のエチレンの役割を評価することができるようになった。その結果，病原菌感染におけるエチレンの関与は複雑であり，個々の宿主–病原菌の相互作用に依存しているということが明らかになってきた。たとえば，エチレン応答を抑えても，シロイヌナズナの*Pseudomonas*菌に対する抵抗性や，タバコのタバコモザイクウイルスに対する抵抗性は影響を受けない。しかし，これらの病原菌と宿主の親和的な相互作用において，たとえ病原菌の生育が影響を受けないように見えても，エチレン応答がおこらないエチレン非感受性の変異体には病徴がでない。

一方，エチレンはジャスモン酸（13章参照）と共同で，いくつかの植物防御遺伝子の活性化に必要である。さらに，エチレン非感受性のタバコとシロイヌナズナの変異体は，壊死を引きおこす（細胞を殺す）土壌糸状菌（通常，これらは植物に感染しない）のいくつかに，感染するようになった。つまり，エチレンはある病原菌に対する抵抗性に関与しているように見える。しかし，すべての病原菌というわけではない。

離層におけるエチレン生合成はオーキシンによって調節されている

葉，果実，花やその他の植物の器官も含め，植物体から離れることを，**脱離**（abscission）という（**Webトピック22.4**参照）。脱離は，**離層**（abscission layer）とよばれる特殊な細胞の層でおこる。その層は器官が発生していくにつれ，形態学的，生化学的に離層へと分化していく。離層の細胞壁の弱さは，セルラーゼとポリガラクツロナーゼのような細胞壁分解酵素に依存している（図22.9）。

エチレンがカバの木を落葉させる様子を図22.10に示した。左側の野生型の木はすべての葉を失った。右側の木には，優性変異を示すシロイヌナズナのエチレン受容体遺伝子*etr1-1*（次節で記述する）が導入されている。この木はエチレン

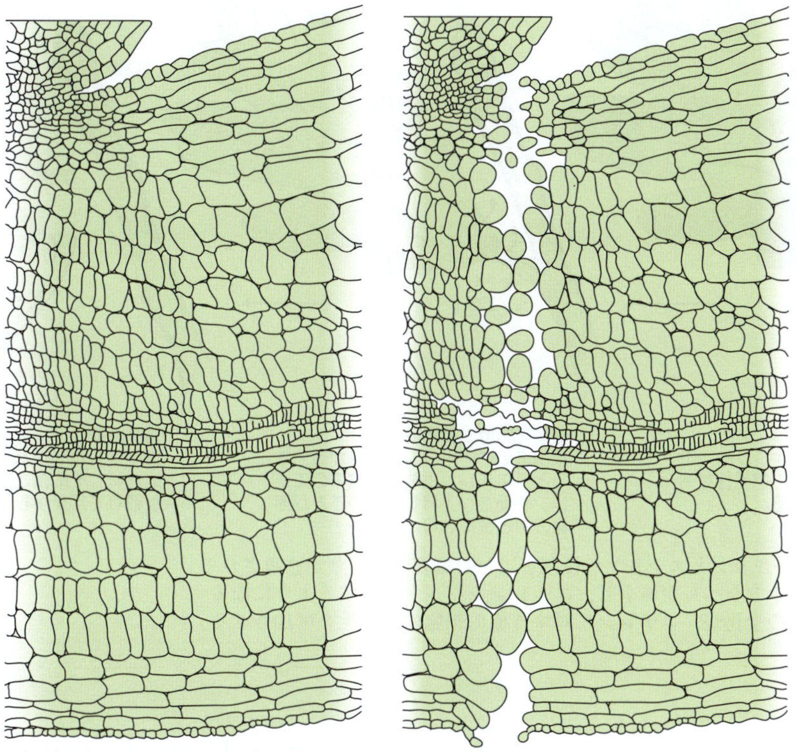

図 22.9　ツリフネソウ（*Impatient*）の場合は離層が形成されるときに，細胞壁を加水分解する酵素が増加するので，離層の2，3列の細胞では細胞壁が崩壊してなくなり，プロトプラストのようになった細胞が丸くふくらみ，体積が増す。その結果，木部道管細胞どうしを離すように組織を押し広げ，茎から葉が離れやすくなって落葉する。(A) 離層部位の分離がおこる前，(B) 離層が形成され葉柄と茎が分離したところ。(Sexton et al. 1984 より)

図 22.10　カバノキ（*Betaul pendula*）の落葉に対するエチレンの効果。変異が入ってエチレンが結合できなくなったシロイヌナズナのエチレン受容体をコードする遺伝子 ***etr1-1*** を導入した植物体（右側）と野生型（左側）。この導入した変異遺伝子は自身のプロモーターにより発現が制御されている。この遺伝子導入植物は，野生型と異なり，$50\,\mu l\,l^{-1}$ のエチレンを3日間暴露しても葉が落ちることはない。

に応答せず，エチレン処理後も葉を落とさない。

エチレンは脱離の過程における主要な調節物質とみなされており，オーキシンはエチレン効果の抑制物質として作用している（19章参照）。しかし，至適濃度を超えたオーキシンは，エチレン生成を促進するので，このことを利用してオーキシンの類縁化合物を落葉剤として使用するようになった。たとえば，ベトナム戦争のときに枯れ葉剤として広く使用されたオレンジ剤（Agent Orange；容器の識別用のしまの色にちなむ）の活性成分は，合成オーキシンの2,4,5-Tだった。その作用はエチレン生合成を増加させる働きに基づいており，それによって葉の脱離を促したのである。

ホルモンによる落葉の制御モデルは，三つの別個の時期からなる連続した過程で表されている（図 22.11）(Reid 1995)：

1. ‘葉を維持する時期’；脱離過程の開始となるシグナル（内的あるいは外的）を受容する前は，葉は健全な状態であり，植物にとって十分な機能をもっている。葉身から茎へ向かうオーキシンの濃度勾配によって，離層にエチレン非感受性の状態が維持されている。
2. ‘落葉を誘導する時期’；通常，葉の老化と関連しているが，葉から供給されるオーキシンの濃度勾配が減少す

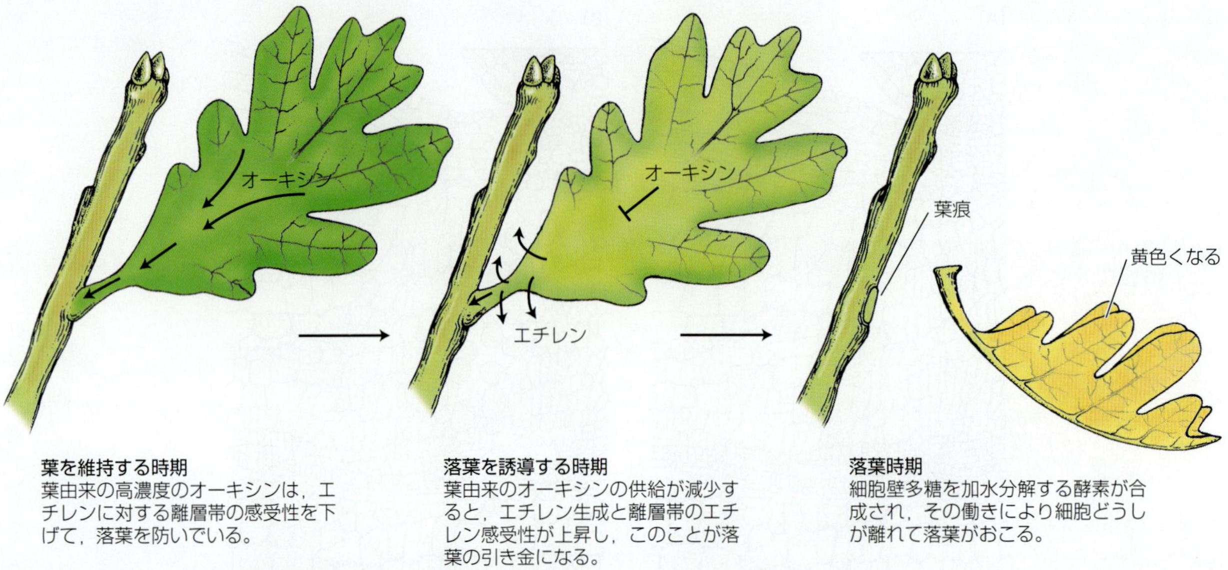

オーキシン
オーキシン
エチレン
葉痕
黄色くなる
葉を維持する時期
葉由来の高濃度のオーキシンは，エチレンに対する離層帯の感受性を下げて，落葉を防いでいる。
落葉を誘導する時期
葉由来のオーキシンの供給が減少すると，エチレン生成と離層帯のエチレン感受性が上昇し，このことが落葉の引き金になる。
落葉時期
細胞壁多糖を加水分解する酵素が合成され，その働きにより細胞どうしが離れて落葉がおこる。

図 22.11　落葉におけるオーキシンとエチレンの役割を示した概要図。落葉が誘導される成長段階になると，オーキシンレベルが減少し，エチレンレベルが増加するようになる。これらのホルモンバランスの変化が，エチレンに対する標的細胞の感受性を増加させる。(Morgan 1984より)

る，あるいは逆向きになると，離層帯のエチレンに対する感受性が高くなる。葉の老化を促進させる処理を行うと，葉におけるオーキシンの合成や移動を阻害することになり，脱離が促進される。

3. ‘落葉時期’；感受性が高くなった離層帯の細胞は，内生の低濃度のエチレンに応答し，セルラーゼやその他の細胞壁分解酵素を合成，分泌し，その結果，落葉がおこる。

葉が維持されている初期の時期では，葉のオーキシンが葉の離層帯の細胞をエチレン非感受性の状態に維持することによって，脱離を防いでいる。葉の葉身（オーキシン生合成の場）を除去すると，葉柄の脱離が促進されることが古くから知られていた。葉身を除去してしまった葉柄に外からオーキシンを与えると脱離の過程が遅れた。しかし，オーキシンを離層帯の基部（茎にもっとも近い側）に与えると，確実に脱離の過程は‘加速’した。これらの結果は離層帯にオーキシンの絶対的な量が必要なのではなく，むしろ，これらの細胞のエチレン感受性を制御するオーキシンの‘濃度勾配’が必要であることを示している。

落葉の誘導時期になると，葉由来のオーキシン量は減少し，エチレン量は上がる。エチレンは，オーキシンの合成と移動を減少させ，分解を促進させることによって，オーキシンの活性を低下させるように思われる。移動可能なオーキシン濃度の減少によって，特殊な標的細胞のエチレンに対する応答は増加する。落葉時期は，エチレンが細胞壁の多糖とタンパク質を加水分解する特異な酵素をコードする遺伝子を誘導する点が特徴である。

離層帯に局在している‘標的細胞’は，セルラーゼやその他の多糖を分解する酵素を合成し，それらはゴルジ由来の分泌顆粒を経由して細胞壁へ分泌される。これらの酵素の作用で，細胞壁はゆるみ，細胞どうしが離れ，脱離がおこる。

エチレンは大いに産業に利用されている

エチレンは植物の発生における非常に多くの生理学的な過程を調節しているので，農業上もっとも広く使われている植物ホルモンのひとつである。オーキシンとACCは自然なエチレン生合成の誘導剤であり，農業のいろいろな現場に使われている。エチレンは非常に拡散しやすいので，圃場にガスを散布することは難しいが，この問題はエチレンを発生する化合物を使用すれば，解決できる。そのような化合物としてもっとも広く使用されているのは，エテフォン（ethephon：2-クロロエチルホスホン酸（2-chloroethylphosphonic acid））である。エテフォンは1960年代に開発され，さまざまな商品名（たとえばエスレル（Ethrel））で，知られている。

エテフォンを水溶液で噴霧すると，容易に吸収され植物体内に浸透する：

$$Cl-CH_2-CH_2-\overset{\overset{\displaystyle O}{\|}}{\underset{\underset{\displaystyle O^-}{|}}{P}}-OH + OH^- \longrightarrow CH_2{=}CH_2 + H_2PO_4^- + Cl^-$$

2-クロロエチルホスホン酸（エテフォン）　　エチレン

化学反応によって徐々にエチレンが発生し，ホルモンとして次のような効果を発揮する。エテフォンはリンゴやトマトの成熟，カンキツの脱緑を促進したり，パイナップルの開花と果実の結実を同調させたり，花と果実の離脱を加速する。ワタやオウトウ，クルミの摘果に使用されることもある。また，キュウリの雌花の誘導に使用され，自家受粉を防ぎ収量増加のために使われることもある。植物の中にはエチレンによって頂芽の成長を抑制して，側枝の成長を促し，花の咲く枝をぎっしりと詰めるために使用されることもある。

エチレンの生成を抑制し，果実を長く貯蔵するために開発された貯蔵用設備は，エチレン生合成を抑えるために大気が低酸素，低温状態に制御されている。相対的に高濃度の二酸化炭素（3～5%）は，成熟を促進させるエチレンの作用を抑制する。貯蔵庫はエチレンと酸素を除くために減圧にしてあり，成熟を遅延させ，過熟を防いでいる。

エチレンの生合成と作用を特異的に阻害する薬剤もまた，収穫後の貯蔵に使われている。銀イオンはカーネーションなどの切り花の寿命を長くするので，よく使われている。強力な阻害剤であるAVGは果実の成熟と花の退色を遅延させるが，商業的な利用は政府当局によってまだ許可されていない。強烈な不快臭をもつトランス-シクロオクテンは，農業上は使用できない。最近，1-MCPが，収穫後のさまざまな目的に利用され始めている（当初は切り花の鮮度保持剤として米国で市販されていたが，2002年に食品添加剤として認可され，青果物の鮮度保持に利用が広がりつつある）。

近い将来，農業上重要なさまざまな植物種は，エチレン生合成やエチレンの受容を操作した遺伝子組換えが行われると予想されている。ACC合成酵素とACC酸化酵素のアンチセンスRNAを発現させることによってトマトの成熟を抑制できたことは，すでに述べたとおりである。この技術のもう一つの例としてペチュニアをあげることができる。ACC酸化酵素のアンチセンス遺伝子を導入することによってエチレン生合成が抑制された形質転換ペチュニアでは，切り花の老化と花弁の萎凋が数週間にわたって遅延する。

エチレン作用の細胞学的分子機構

エチレンは幅広く発生に影響を及ぼすが，作用の第一段階はすべての場合で同様であると想像できる。すなわち，すべての場合において，受容体への結合が関わり，つづいて一つまたは二つ以上のシグナル伝達経路が活性化され，細胞の応答がおこる（14章参照）。最終的には，エチレンの主要な作用は，遺伝子発現の様式を変化させることである。近年，シロイヌナズナの分子遺伝学的な研究によりエチレンの受容に関する知見は飛躍的に膨らんだ。

シロイヌナズナの黄化芽ばえの三重反応の形態変化を利用して，エチレン応答に異常のある突然変異体が単離され，このことが，エチレンシグナル伝達因子解明の鍵となったのである。

変異剤で処理されたシロイヌナズナの種子を寒天培地で暗所3日間，エチレン存在下あるいは非存在下で生育させた結果，次の2種類の突然変異体が単離された。つまり：

1. 外部より投与したエチレンに応答できない変異体（エチレン耐性あるいはエチレン非感受性突然変異体）
2. エチレン非存在下でもエチレン応答性を示す突然変異体（恒常的変異体）

野生型のシロイヌナズナがエチレン存在下で三重反応をおこし，芝生のように短く生育した芽ばえの中で，エチレン非感受性突然変異体は，背が高く延びた芽ばえとして同定された（図22.12）。逆に恒常的にエチレン応答を示す突然変異体は，エチレン処理をしなくても三重反応を示す芽ばえとして同定されている（図22.15）。

エチレン受容体はバクテリアの二成分制御系ヒスチジンキナーゼと関連している

最初に単離されたエチレン非感受性突然変異体は，*etr1*（*ethylene-resistant 1*）（図22.12）である。突然変異体*etr1*は，シロイヌナズナのエチレンに対する応答が遮断された変異体のスクリーニングによって同定された。ETR1のC末端側半分のアミノ酸配列はバクテリアの二成分制御系のヒスチジンキナーゼによく似ている。これは細菌では化学物質の刺激，利用可能なリン酸の濃度勾配，浸透圧変化などのさまざまな環境変化を受け入れる受容体として使われている。

細菌の二成分制御系は，センサーとしてのヒスチジンキナーゼとレスポンスレギュレーター（しばしば転写因子として働く）（14章参照）から構成されている。ETR1は真核生物のヒスチジンキナーゼの最初の例であり，その後，植物ばかりでなく酵母，哺乳類からも見つかっている。フィトクロム（17章参照）とサイトカイニン受容体（21章参照）も，細菌の二成分制御系のヒスチジンキナーゼとよく似ている。

細菌の受容体に似ているという点と，突然変異体*etr1*がエチレン非感受性である点から，ETR1はエチレン受容体であろうと考えられ，この仮説と一致する結果が得られている。酵母で発現させたETR1は，放射性標識したエチレンと結合する能力があり，その親和性はシロイヌナズナの芽ばえのエチレンに対する濃度依存的な応答性とよく一致した（**Webトピック22.5**参照）。

シロイヌナズナのゲノムにはさらにETR1とよく似た四つのタンパク質がコードされている。それらはETR2，ERS1（ETR1-related sequence 1），ERS2，EIN4であり，エチレン受容体として機能している（図22.13）。これらの受容体はETR1のようにエチレンと結合することが示されている。また，これらの遺伝子のエチレン結合ドメインにミスセンス変

図 22.12　シロイヌナズナの変異体*etr1*の選抜。暗所で3日間，エチレン存在下で芽ばえを生育させると，一つの芽ばえを除き，すべての芽ばえが，三重反応，すなわち頂端の鉤状部の過度な屈曲，胚軸の伸長成長の抑制と横方向の肥大をおこす。変異体*etr1*は完全にエチレン非感受性であり，エチレン処理を受けなかった芽ばえと同じように生育する。(写真はMSU/DOE Plant Research LaboratoryのK. Stepnitzによる)

異がおこると，この受容体はオリジナルの*etr1-1*変異と同じように，エチレンと結合することができなくなるが，エチレン非存在下ではエチレン応答経路のレギュレーターとして正常に働くことができる。

これらのすべてのタンパク質は，少なくとも二つのドメインをもっている：

1. N末端ドメインは少なくとも膜を3回貫通し，エチレン結合部位をもっている。エチレンは疎水性のため，この部位に容易に到達することができる。
2. エチレン受容体の中央部には，ヒスチジンキナーゼの触媒ドメインがある。

エチレン受容体の中には，C末端に細菌の二成分制御系のレシーバードメインとよく似たドメインをもつものもある。ヒスチジンキナーゼは保存されたヒスチジン残基を自己リン酸化するが，他の二成分制御系ではリガンドの結合が，このヒスチジンキナーゼの活性を調節している。次にヒスチジン残基のリン酸基は，キナーゼドメインと融合しているレシーバードメインの中にあるアスパラギン酸残基へと転移される。エチレン受容体の一つであるETR1では，ヒスチジンキナーゼ活性が検出されたが，他の受容体では重要なアミノ酸残基が欠損しているものがあり，それらの受容体にヒスチジンキナーゼ活性があることが疑われていた。最近になって，エチレン受容体のシグナル伝達活性に，ヒスチジンキナーゼ活性は必要ないことが報告された (Wang et al. 2003)。しかし，これらエチレン受容体の生化学的な機構は依然として不明である。

またETR1は，以前より推定されていた細胞膜ではなく，‘小胞体’ に局在していることが示されている (Chen et al. 2002)。エチレンは疎水性であるために細胞膜を通って細胞内へ自由に通過できるが，このエチレンの性質と，そのようなエチレン受容体の細胞内局在は矛盾しない。この観点からすれば，エチレンは動物の疎水的なシグナル分子とよく似ている。これらのシグナル分子であるステロイドや気体状の一

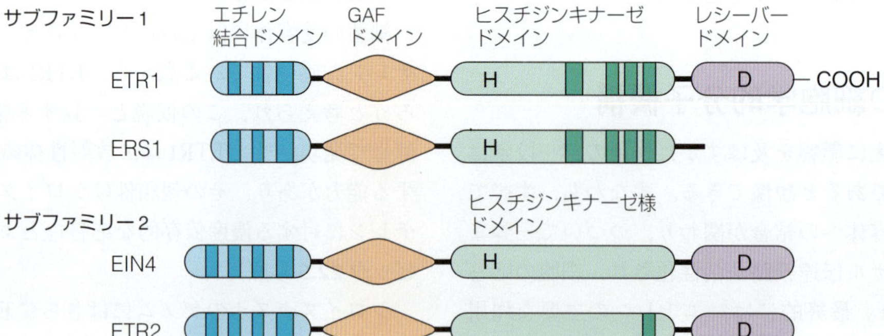

図 22.13　五つのエチレン受容体タンパク質とその機能ドメインの模式図。GAFドメインはさまざまなタンパク質に保存されたcGMP結合ドメイン。EIN4，ETR2，ERS2にはヒスチジンキナーゼに必要なアミノ酸残基が保存されていない。

酸化窒素は，細胞内受容体に結合しているのである。

高い親和性でエチレンが受容体へ結合するためには，補因子として銅が必要である

エチレンの受容体が同定される前から，エチレンは，遷移金属，おそらく銅か亜鉛を介して受容体に結合するだろうと予想されていた。この予想は，エチレンのようなオレフィンがこれらの遷移金属に高い親和性をもっていることに基づいている。近年，遺伝学的，生化学的な研究によってこれらの予想が実証された。

酵母に発現させたETR1受容体の解析から，銅イオン（Ⅰ）（Cu^{+}）がタンパク質に配位結合していること，この銅イオン（Ⅰ）が親和性の高いエチレンの結合に必要であることが示された（Rodoriguez et al. 1999）。銀イオンは高親和性結合を呈する銅イオンに換わることができる。銀イオンはエチレン作用を抑えるが，それは銀イオンがエチレンと受容体の結合を阻害するのではなく，エチレンが受容体に結合したときに通常おこるタンパク質の構造変化を，銀イオンが妨げるためである。

シロイヌナズナの*RAN1*遺伝子が同定されたことによって，銅イオンの結合が生体内のエチレン受容体の機能に必要であることが証明された（Hirayama et al. 1999）。変異の強い突然変異体*ran1*では，エチレン受容体は機能できない（Woeste and Kieber 2000）。クローニングの結果，*RAN1*遺伝子が鉄の輸送タンパク質に，補因子の銅イオンを供給する酵母のタンパク質に類似していることが明らかになった。同様にRAN1もエチレン受容体の機能に不可欠な補因子の銅の供給に関わっていると思われる。

エチレンが結合していない受容体は応答経路の負の制御因子である

シロイヌナズナやトマトをはじめ，おそらく多くの他の植物種でも，エチレン受容体は多重遺伝子族を構成している。シロイヌナズナの五つのエチレン受容体ETR1，ETR2，ERS1，ERS2，EIN4それぞれを完全に不活性化した破壊株を用いた研究の結果から，これらの遺伝子が重複して働いていることがわかった。つまり，これらの受容体遺伝子の一つを壊しても効果はない。しかし，五つすべての遺伝子を破壊した植物は，恒常的なエチレン応答性を示した（図22.14D）。

すべての受容体を破壊した場合，三重反応のようなエチレン応答が常におこるので，エチレン‘非存在下’では受容体は通常on，つまり活性化状態である。エチレンが存在しない場合の受容体の機能は，エチレン応答を引きおこすシグナル伝達経路を‘遮断’することである（図22.14B）。エチレンが結合すると受容体は機能しなくなり，その結果，エチレン応答がおこることになる（図22.14A）。

シグナル伝達経路の負の制御因子としてエチレン受容体が機能するといういくらか理解しにくいモデルは，大多数の動物の受容体の機構とは異なっている。動物の受容体はリガンドが結合すると，シグナル伝達経路の正の制御因子として働くのである。

機能を完全に失った受容体と対照的に，最初に見つかった変異体*etr1-1*のようにエチレン結合部位にミスセンス変異の入った受容体は，エチレンを結合することはできないが，エチレンシグナル伝達系の負の制御因子としては依然，活性をもっている。そのようなミスセンス変異をもった植物は，エチレンによる受容体の機能停止ができなくなり，その結果，‘優性的なエチレン非感受性’を示すようになる（図22.14C）。たとえ他の受容体が正常で，エチレンによる受容体の機能停止が可能だとしても，変異の入った受容体は，エチレンの有無にかかわらず，細胞にエチレン応答を抑制せよというシグナルを送りつづけるのである。

セリン/トレオニンタンパク質キナーゼもエチレンシグナルに関与している

劣性突然変異体*ctr1*（*constitutive triple response 1*；エチレンがなくても三重変異が常におこっている）は，恒常的にエチレン応答がおきている突然変異体として同定された（図22.15）。変異が入ることでエチレン応答が‘活性化される’ということは，正常な野生型のCTR1タンパク質もエチレン受容体タンパク質と同じように，応答経路の‘負の制御因子’として働いていることを意味している（Kieber et al. 1993）。

CTR1はRAF-1に似ている。RAF-1とは，MAPKKK（mitogen-activated protein kinase kinase kinase）セリン/トレオニンタンパク質キナーゼであり，酵母からヒトにいたる生物種で，さまざまな外界からの調節シグナルや分化に関わるシグナル経路の伝達に関与していると考えられている（14章参照）。動物細胞では，MAPキナーゼカスケードの最終産物は，核でおこる遺伝子発現を調節しているリン酸化される転写因子である。

EIN2は膜貫通タンパク質をコードしている

シロイヌナズナの突然変異体*ein2*（*ethylene-insensitive 2*）では，すべてのエチレン応答がおきない。*EIN2*遺伝子は，12回膜貫通ドメインをもつタンパク質をコードしていて，もっともよく似ているのは動物のカチオントランスポーターのNramp（natural resistance-associated macrophage protein）ファミリーである（Alonso et al. 1999）。このことはEIN2がチャネル，すなわち，物質透過のための穴として機能していることを示唆している。しかし，このタンパク質からトランスポーターの機能を検出するこれまでの試みは，すべて失敗に終わっている。細胞内の局在部位も明らかにされていない。

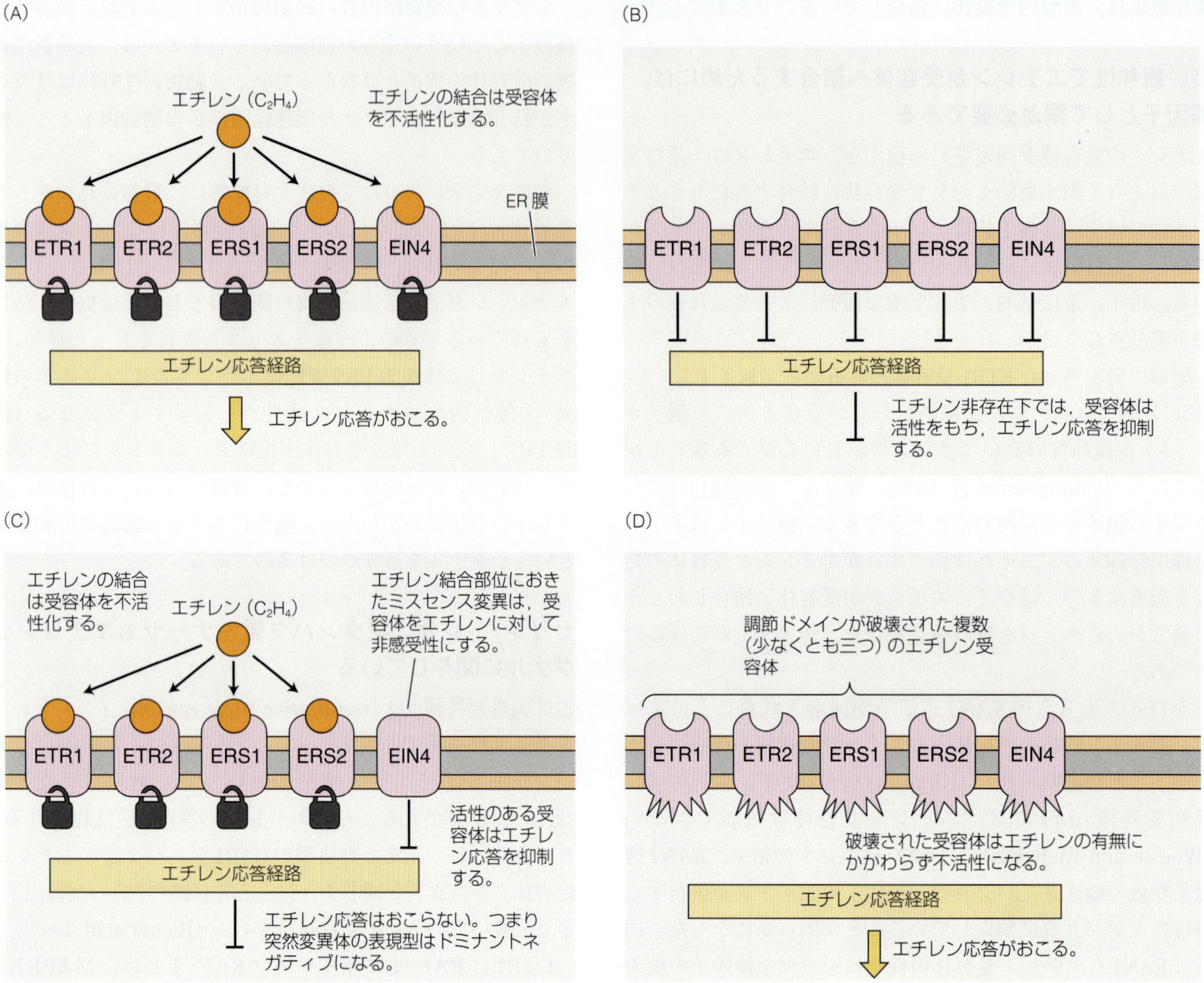

図 22.14 受容体に異常のある突然変異体の表現型に基づくエチレン受容体の作用モデル。(A) 野生型では，エチレンが結合すると受容体は不活性になる。その結果，エチレン応答がおこる。(B) エチレン非存在下では，受容体はシグナル応答経路の負の調節因子として作用する。(C) エチレンの結合能を失っているが，調節部位の活性を保持しているミスセンス突然変異体は，ドミナントネガティブの表現型を示す。(D) 複数の受容体の調節部位が破壊された突然変異体は，恒常的なエチレン応答を示す。

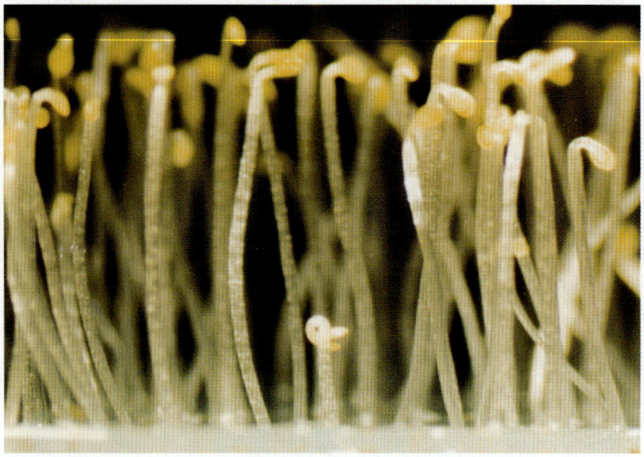

図 22.15 常に三重反応を示すシロイヌナズナの突然変異体 (*ctr1*：*constitutive triple response*) の選抜。芽ばえを暗所で3日間，空気中（エチレン非存在下）で生育させた。一遺伝子変異の突然変異体*ctr1*の芽ばえは，背の高い野生型の芽ばえの中では，その表現型の違いが歴然としている。(J. Kieberの好意による)

興味深いことに，*EIN2*遺伝子に変異のある突然変異体が，ジャスモン酸とABAのような他のホルモンに耐性な変異体として同定されている。このことはEIN2が，さまざまなホルモンや他のシグナル化学物質のシグナル伝達経路の共通の中間因子であるかもしれないことを意味している。

エチレンは遺伝子の発現を調節している

エチレンシグナルの主要な効果は，さまざまな遺伝子の発現を変化させることである。エチレンは非常に多くの遺伝子のmRNAの転写レベルに影響を与える。それらの中には果実の成熟に関連した遺伝子としてよく知られているセルラーゼや，エチレン生合成経路の遺伝子も含まれている。エチレンによって発現が調節される遺伝子から，調節に関わる配列が同定され，エチレン応答配列や**ERE**とよばれている。

エチレンによる遺伝子発現に影響を与える鍵となる因子は，転写因子のEIN3ファミリーである (Chao et al. 1997)。シロイヌナズナには少なくとも四つの*EIN3*様の遺伝子があり，トマトとタバコでそのホモログが同定されている。エチレンシグナル応答において，EIN3あるいはそのパラログ（関連の強いタンパク質）のホモ二量体が，*ERF1* (ethylene response factor 1) とよばれる遺伝子のプロモーターに結合して転写を活性化する (Solano et al. 1998)。

ERE配列に結合するタンパク質として，初めタバコで転写因子の**ERE結合タンパク質** (ERE-binding protein, **EREBP**) ファミリーが同定されたが (Ohme-Takagi and Shinshi 1995)，*ERF1*はそのファミリーに属するタンパク質をコードしている。EREBPの中にはエチレンに応答して速やかに転写の上昇するものがある。シロイヌナズナには非常に多くの*EREBP*遺伝子群があるが，その中でエチレンによって誘導されるものはわずかである。

遺伝的優位性はエチレンシグナル伝達の順位を明らかにする

ETR1，*EIN2*，*EIN3*，*CTR1*遺伝子の作用する順序は，突然変異体が相互にどのように作用しあうか，つまり遺伝的優位性を解析することによって，決めることができる。相反する表現型を示す二つの突然変異体を掛け合わせ，両方の変異をもつ系統（二重変異体）をF2世代の中から同定する。エチレン応答の突然変異体の場合，恒常的にエチレン応答性を示す*ctr1*と，エチレン非感受性突然変異体を用いた二重変異体の系統が作られた。

二重変異体が示す表現型によって，どちらの変異が遺伝学的に優位であるかを明らかにできる。たとえば，二重変異体*etr1*/*ctr1*が*ctr1*の表現型を示せば，*ctr1*変異は*etr1*変異に対して優位であるという。この結果から，CTR1はETR1の下流で作用していると判断することができる (Avery and Wasserman 1992)。このようにして*CTR1*に対する*ETR1*，*EIN2*，*EIN3*の作用の順序が決定された。

ETR1タンパク質は，その下流で働くCTR1タンパク質と物理的に相互作用することが示されている (Clark et al. 1998)（訳者注；最近，CTR1がETR1と同様に小胞体膜に局在し，エチレン非存在下ではCTR1はETR1と結合し，リン酸化活性をもっているが，エチレンがETR1に結合するとCTR1に構造変化がおこりリン酸化活性を失うことが報告された (Gao et al. 2003)）。これらのことは，エチレン受容体がCTR1のリン酸化活性を直接制御していることを示唆している。図22.16はこれまでの知見をまとめたモデルである。ここに示されているシロイヌナズナのシグナル伝達に関わる遺伝子に似た遺伝子は，他の植物種でも見つかっている (**Webトピック22.6**参照)。

すでに同定されている他のエチレン応答の突然変異が，このシグナル伝達経路のどこで働いているのかわかっていないので，このモデルは依然として完全とはいえない。さらに，これらのタンパク質の生化学的な働きや，どのように相互作用するのかといった解析は，まだ始まったばかりである。しかし，このホルモンのシグナルの受容と伝達の分子基盤のアウトラインが見え始めてきたのである。

まとめ

エチレンは高等植物のほとんどの器官で作られるが，老化した組織は若い組織よりも，また成熟した果実は成熟する前の果実よりもエチレンを多量に生成する。生体内でのエチレンの前駆体はアミノ酸のメチオニンであり，AdoMet (*S*-アデノシルメチオニン)，ACC (1-アミノシクロプロパン-1-カルボン酸)，エチレンと変換される。この生合成経路の律速段階は，ACC合成酵素によって触媒されるAdoMetからACCへ変換反応である。ACC合成酵素は多重遺伝子族を構成しており，さまざまな植物組織で，またエチレン生合成のさまざまな誘導物質によって，それぞれ異なった発現調節を受けている。

エチレン生合成はさまざまな発生の過程でおこるが，オーキシンや環境ストレスも，エチレン生合成のきっかけになっている。これらのすべての場合で，ACC合成酵素の活性もmRNAレベルも上昇する。エチレンの生理学的な効果は生合成の阻害剤やアンタゴニストによって，抑制することができる。たとえば，エチレン生合成の阻害剤は，AVG（アミノエトキシビニルグリシン)，AOA（アミノオキシ酢酸）であり，エチレン作用の阻害剤としては，二酸化炭素，銀イオン，トランス-シクロオクテン，MCP (1-メチルシクロプロペン) などがある。エチレンはガスクロマトグラフィーによって，検出，定量できる。

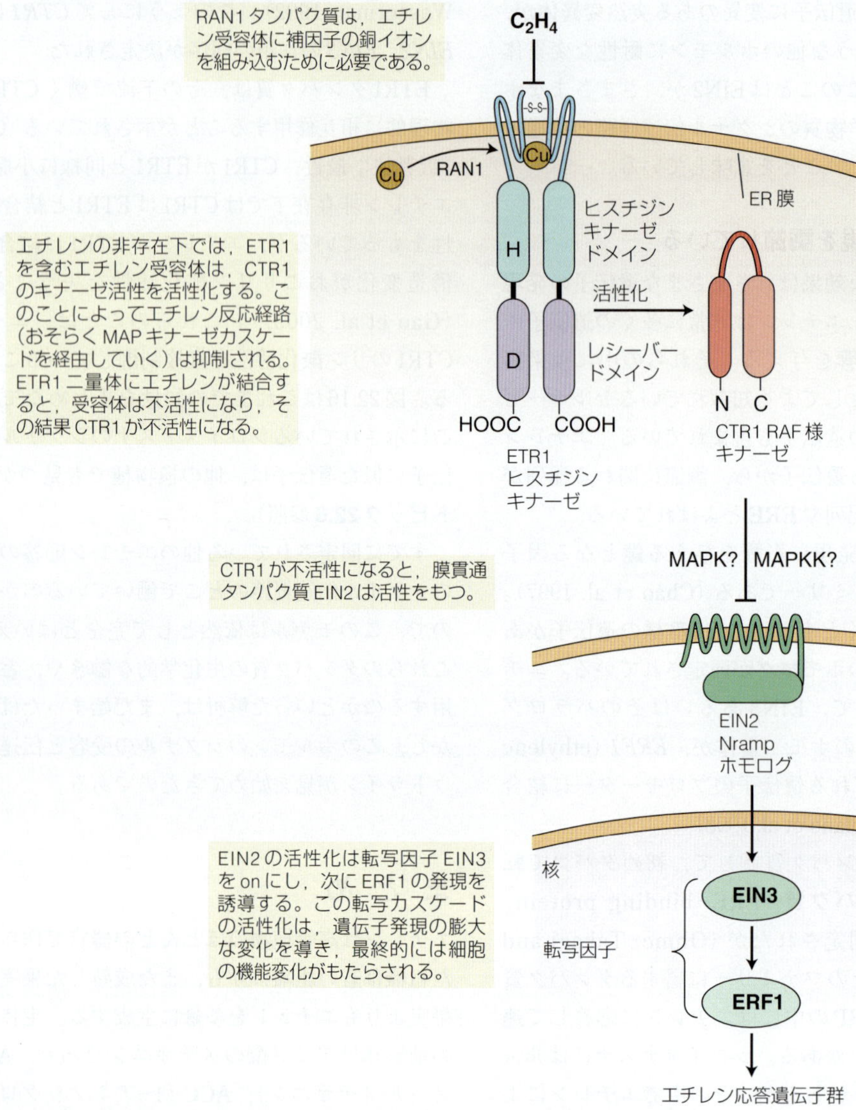

RAN1タンパク質は，エチレン受容体に補因子の銅イオンを組み込むために必要である。
C_2H_4
S-S
Cu
Cu
RAN1
ER膜
ヒスチジンキナーゼドメイン
H
エチレンの非存在下では，ETR1を含むエチレン受容体は，CTR1のキナーゼ活性を活性化する。このことによってエチレン反応経路（おそらくMAPキナーゼカスケードを経由していく）は抑制される。ETR1二量体にエチレンが結合すると，受容体は不活性になり，その結果CTR1が不活性になる。
活性化
D
レシーバードメイン
HOOC
COOH
N
C
ETR1 ヒスチジンキナーゼ
CTR1 RAF様キナーゼ
MAPK? MAPKK?
CTR1が不活性になると，膜貫通タンパク質EIN2は活性をもつ。
EIN2 Nramp ホモログ
EIN2の活性化は転写因子EIN3をonにし，次にERF1の発現を誘導する。この転写カスケードの活性化は，遺伝子発現の膨大な変化を導き，最終的には細胞の機能変化がもたらされる。
核
EIN3
転写因子
ERF1
エチレン応答遺伝子群

図 22.16 シロイヌナズナのエチレンシグナル伝達のモデル。エチレンは受容体のETR1に結合する。受容体は内在性の膜タンパク質で，小胞体膜に局在している。実際の細胞の中には複数種のエチレンの受容体ファミリーがあるが，ここでは簡便のためにETR1のみを描いている。受容体はジスルフィド（S—S）結合で二量体を形成している。エチレンは，受容体の膜貫通領域で結合している。この結合には銅イオンを必要とする。銅イオンは，RAN1タンパク質を介してエチレン受容体に供給され組み込まれる。

エチレンは果実の成熟を制御しているが，他の生理現象，たとえば葉や花の老化，落葉や落果，根毛の発生，芽ばえの成長，鉤状部の展開などにも関与している。エチレンは果実の成熟に関連した遺伝子や，病原菌の感染に関与した遺伝子などを含むさまざまな遺伝子の発現も制御している。

エチレン受容体は，細菌の二成分制御系のヒスチジンキナーゼに類似したタンパク質のファミリーを構成している。エチレンはこれらの受容体と補因子の銅イオンを介して，膜貫通ドメインで結合する。エチレンシグナル伝達経路は，この受容体の下流に，RAF様のタンパク質リン酸化酵素CTR1，さらにチャネル様の膜貫通タンパク質EIN2がある。その下流では，転写因子のEIN3やEREBP群のカスケードが活性化され，それらの転写因子は下流の遺伝子の発現を調節している。

Webマテリアル

Webトピック

22.1 ACC合成酵素のクローニング

ACC合成酵素のcDNAはいちばん初めに，ズッキーニからクローニングされた。クローニングには，部分精製したタンパク質に対する抗体が用いられた（訳者注；cDNAライブラリーを作る際に行われる「サブトラクション法」の，「抗体版」ともいえるユニークな方法である）。

22.2 ACC酸化酵素のクローニング

ACC酸化酵素の遺伝子は，そのタンパク質の実体がよくわからず，手がかりがなかったので，アンチセンスDNAを用いた形質転換トマトの表現型から同定，クローニングされた。

22.3 ACC合成酵素の遺伝子発現とバイオテクノロジー

ACC合成酵素の遺伝子発現の多様性と，ACC合成酵素遺伝子のアンチセンスDNAを用いて，収穫後の日もちを長くする試みについて解説してある。

22.4 器官脱離と農業のはじまり

現在栽培されている穀物は，脱粒しない品種が選抜され育種されている。このことについてエッセイが書かれている。

22.5 エチレンのETR1に対する結合とエチレンに対する芽ばえの応答

エチレン受容体のETR1にエチレンが結合することは，ETR1を発現させた酵母ではじめて示された。

22.6 エチレンシグナル応答に関わる因子は，シロイヌナズナだけではなく他の植物種でも保存されている

エチレンシグナル応答はシロイヌナズナだけでなく，他の植物種たとえばトマトでも同じような経路になっている証拠がある。

参考文献

Abeles, F. B., Morgan, P. W., and Saltveit, M. E., Jr. (1992) *Ethylene in Plant Biology*, 2nd ed. Academic Press, San Diego.

Alexander, L., and Grierson, D. (2002) Ethylene biosynthesis and action in tomato: a model for climacteric fruit ripening. *J. Exp. Bot.* 53: 2039–2055.

Alonso, J. M., Hirayama, T., Roman, G., Nourizadeh, S., and Ecker, J. R. (1999) EIN2, a bifunctional transducer of ethylene and stress responses in *Arabidopsis*. *Science* 284: 2148–2152.

Avery, L., and Wasserman, S. (1992) Ordering gene function: The interpretation of epistasis in regulatory hierarchies. *Trends Genet.* 8: 312–316.

Bradford, K. J., and Yang, S. F. (1980) Xylem transport of 1-aminocyclopropane-1-carboxylic acid, an ethylene precursor, in waterlogged tomato plants. *Plant Physiol.* 65: 322–326.

Burg, S. P., and Burg, E. A. (1965) Relationship between ethylene production and ripening in bananas. *Bot. Gaz.* 126: 200–204.

Burg, S. P., and Thimann, K. V. (1959) The physiology of ethylene formation in apples. *Proc. Natl. Acad. Sci. USA* 45: 335–344.

Chao, Q., Rothenberg, M., Solano, R., Roman, G., Terzaghi, W., and Ecker, J. R. (1997) Activation of the ethylene gas response pathway in Arabidopsis by the nuclear protein ETHYLENE-INSENSITIVE3 and related proteins. *Cell* 89: 1133–1144.

Chung, M.-C., Chou, S.-J., Kuang, L.-Y., Charng, Y.-Y., and Yang S. F. (2002) Subcellular localization of 1-aminocyclopropane-1-carboxylic acid oxidase in apple fruit. *Plant Cell Physiol.* 43: 549–554.

Clark, K. L., Larsen, P. B., Wang, X., and Chang, C. (1998) Association of the *Arabidopsis* CTR1 Raf-like kinase with the ETR1 and ERS ethylene receptors. *Proc. Natl. Acad. Sci. USA* 95: 5401–5406.

Dolan, L., Duckett, C. M., Grierson, C., Linstead, P., Schneider, K., Lawson, E., Dean, C., Poethig, S., and Roberts, K. (1994) Clonal relationships and cell patterning in the root epidermis of *Arabidopsis*. *Development* 120: 2465–2474.

Gray, J. E., Picton, S., Giovannoni, J. J., and Grierson, D. (1994) The use of transgenic and naturally occurring mutants to understand and manipulate tomato fruit ripening. *Plant Cell Environ.* 17: 557–571.

Grbić, V., and Bleecker, A. B. (1995) Ethylene regulates the timing of leaf senescence in *Arabidopsis*. *Plant J.* 8: 595–602.

Guzman, P., and Ecker, J. R. (1990) Exploiting the triple response of *Arabidopsis* to identify ethylene-related mutants. *Plant Cell* 2: 513–523.

Hensel, L. L., Grbič, V., Baumgarten, D. A., and Bleecker, A. B. (1993) Developmental and age-related processes that influence the longevity and senescence of photosynthetic tissues in *Arabidopsis*. *Plant Cell* 5: 553–564.

Hirayama, T., Kieber, J. J., Hirayama, N., Kogan, M., Guzman, P., Nourizadeh, S., Alonso, J. M., Dailey, W. P., Dancis, A., and Ecker, J. R. (1999) *RESPONSIVE-TO-ANTAGONIST1*, a Menkes/Wilson disease-related copper transporter, is required for ethylene signaling in *Arabidopsis*. *Cell* 97: 383–393.

Hoffman, N. E., and Yang, S. F. (1980) Changes of 1-aminocyclopropane-1-carboxylic acid content in ripening fruits in relation to their ethylene production rates. *J. Amer. Soc. Hort. Sci.* 105: 492–495.

Hua, J., and Meyerowitz, E. M. (1998) Ethylene responses are negatively regulated by a receptor gene family in *Arabidopsis thaliana*. *Cell* 94: 261–271.

Kieber, J. J., Rothenburg, M., Roman, G., Feldmann, K. A., and Ecker, J. R. (1993) CTR1, a negative regulator of the ethylene response pathway in *Arabidopsis*, encodes a member of the Raf family of protein kinases. *Cell* 72: 427–441.

Lanahan, M., Yen, H.-C., Giovannoni, J., and Klee, H. (1994) The *Never-ripe* mutation blocks ethylene perception in tomato. *Plant Cell* 6: 427–441.

Lehman, A., Black, R., and Ecker, J. R. (1996) *Hookless1*, an ethylene response gene, is required for differential cell elongation in the *Arabidopsis* hook. *Cell* 85: 183–194.

Liang, X., Abel, S., Keller, J., Shen, N., and Theologis, A. (1992) The 1-aminocyclopropane-1-carboxylate synthase gene family of *Arabidopsis thaliana*. *Proc. Natl. Acad. Sci. USA* 89: 11046–11050.

McKeon, T. A., Fernández-Maculet, J. C., and Yang, S. F. (1995) Biosynthesis and metabolism of ethylene. In *Plant Hormones: Physiology, Biochemistry and Molecular Biology*, 2nd ed., P. J. Davies, ed., Kluwer, Dordrecht, Netherlands, pp. 118–139.

Morgan, P. W. (1984) Is ethylene the natural regulator of abscission? In *Ethylene: Biochemical, Physiological and Applied Aspects*, Y. Fuchs and E. Chalutz, eds., Martinus Nijhoff, The Hague, Netherlands, pp. 231–240.

Nakagawa, J. H., Mori, H., Yamazaki, K., and Imaseki, H. (1991) Cloning of the complementary DNA for auxin-induced 1-aminocyclopropane-1-carboxylate synthase and differential expression of the gene by auxin and wounding. *Plant Cell Physiol.* 32: 1153–1163.

Oeller, P., Min-Wong, L., Taylor, L., Pike, D., and Theologis, A. (1991) Reversible inhibition of tomato fruit senescence by antisense RNA. *Science* 254: 437–439.

Ohme-Takagi, M., and Shinshi, H. (1995) Ethylene-inducible DNA binding proteins that interact with an ethylene-responsive element. *Plant Cell* 7: 173–182.

Olson, D. C., White, J. A., Edelman, L., Harkins, R. N., and Kende, H. (1991) Differential expression of two genes for 1–aminocyclopropane–1–carboxylate synthase in tomato fruits. *Proc. Natl. Acad. Sci. USA* 88: 5340–5344.

Perovic, S., Seack, J., Gamulin, V., Müller, W. E. G., and Schröder, H. C. (2001) Modulation of intracellular calcium and proliferative activity of invertebrate and vertebrate cells by ethylene. *BMC Cell Biol.* 2: 7.

Raskin, I., and Beyer, E. M., Jr. (1989) Role of ethylene metabolism in *Amaranthus retroflexus*. *Plant Physiol.* 90: 1–5.

Reid, M. S. (1995) Ethylene in plant growth, development and senescence. In *Plant Hormones: Physiology, Biochemistry and Molecular Biology*, 2nd ed., P. J. Davies, ed., Kluwer, Dordrecht, Netherlands, pp. 486–508.

Rodriguez, F. I., Esch, J. J., Hall, A. E., Binder, B. M., Schaller, E. G., and Bleecker, A. B. (1999) A copper cofactor for the ethylene receptor ETR1 from *Arabidopsis*. *Science* 283: 396–398.

Sexton, R., Burdon, J. N., Reid, J. S. G., Durbin, M. L., and Lewis, L. N. (1984) Cell wall breakdown and abscission. In *Structure, Function, and Biosynthesis of Plant Cell Walls*, W. M. Dugger and S. Bartnicki–Garcia, eds., American Society of Plant Physiologists, Rockville, MD, pp. 383–406.

Sisler, E. C., and Serek, M. (1997) Inhibitors of ethylene responses in plants at the receptor level: Recent developments. *Physiol. Plant.* 100: 577–582.

Sisler, E., Blankenship, S., and Guest, M. (1990) Competition of cyclooctenes and cyclooctadienes for ethylene binding and activity in plants. *Plant Growth Regul.* 9: 157–164.

Solano, R., Stepanova, A., Chao, Q., and Ecker, J. R. (1998) Nuclear events in ethylene signaling: A transcriptional cascade mediated by ETHYLENE–INSENSITIVE3 and ETHYLENE–RESPONSE–FACTOR1. *Gene Dev.* 12: 3703–3714.

Tanimoto, M., Roberts, K., and Dolan, L. (1995) Ethylene is a positive regulator of root hair development in *Arabidopsis thaliana*. *Plant J.* 8: 943–948.

Tatsuki, M., and Mori, H. (2001) Phosphorylation of tomato 1–aminocyclopropane–1–carboxylic acid synthase, LE–ACS2, at the C–terminal region. *J. Biol. Chem.* 276: 28051–28057.

Voesenek, L. A. C. J., Banga, M., Rijnders, J. H. G. M., Visser, E. J. W., Harren, F. J. M., Brailsford, R. W., Jackson, M. B., and Blom, C. W. P. M. (1997) Laser–driven photoacoustic spectroscopy: What we can do with it in flooding research. *Ann. Bot.* 79 (Suppl. A): 57–65.

Vogel, J. P., Schuerman, P., Woeste, K., Brandstatter, I. Kieber, J. J. (1998) Isolation and characterization of *Arapidopsis* mutants defective in the induction of ethylene biosynthesis by cytokinin. *Genetics* 149: 417–427.

Woeste, K., and Kieber, J. J. (2000) A strong loss–of–function allele of *RAN1* results in constitutive activation of ethylene responses as well as a rosette–lethal phenotype. *Plant Cell* 12: 443–455.

Wang, W., Hall, A. E., O'Malley, R., and Bleecker A. B. (2003) Canonical Histidine kinase activity of the transmitter domain of the ETR1 ethylene receptor from *Arabidopsis* is not required for signal transmission. *Proc. Natl. Acad. Sci.* 100: 352–357.

Yang, S. F. (1987) The role of ethylene and ethylene synthesis in fruit ripening. In *Plant Senescence: Its Biochemistry and Physiology*, W. W. Thomson, E. A. Nothnagel, and R. C. Huffaker, eds., American Society of Plant Physiologists, Rockville, MD, pp. 156–166.

Yamagami, T., Tsuchisaka, A., Yamada, K., Haddon, W. F., Harden, L. A., and Theologis, A. (2003) Biochemical diversity among the 1–aminocyclopropane–1–carboxylate synthase isozymes encoded by the *Arabidopsis* gane family. *J. Bio. Chem.*, 278: 49102–49112.

Chen, Y.–F., Randlett, M. D., Findell, J. L., and Schaller G. E. (2002) Localization of the ethylene receptor ETR1 to the endoplasmic reticulum of *Arabidopsis*. *J. Biol. Chem.*, 277: 19861–19866.

Yuan, M., Shaw, P. J., Warn, R. M., and Lloyd, C. W. (1994) Dynamic reorientation of cortical microtubules, from transverse to longitudinal, in living plant cells. *Proc. Natl. Acad. Sci. USA* 91: 6050–6053.

Zacarias, L., and Reid, M. S. (1990) Role of growth regulators in the senescence of *Arabidopsis thaliana* leaves. *Physiol. Plant.* 80: 549–554.

Gao, Z., Chen, Y.–F., Randlett, M. D., Zhao, X.–C., Findell, J. L., Kieber, J. J., and Schaller G. E. (2003) Localization of the Raf–like kinase CTR1 to the endoplasmic reticulum of *Arabidopsis* through participation in ethylene receptor signaling complexes. *J. Biol. Chem.*, 278: 34725–34732.

23 アブシジン酸：種子の成熟と抗ストレスシグナル

植物がいつ，どれくらい成長するかは正と負の制御因子の協調によって調節されている。成長と無関係な制御には，もっともわかりやすい例として種子や芽の休眠があり，これらは生育に適した環境条件になるまで成長を遅らせる適応である。植物生理学者は，長年，種子や芽の休眠は阻害物質が原因ではないかと考え，多くの植物組織，特に休眠芽からその物質を抽出，単離しようと試みてきた。

初期の実験では，オートムギ子葉鞘の成長を測る生物検定法と，植物の抽出液から物質を単離するペーパークロマトグラフィーとが使用された。これらの実験によって一群の成長阻害化合物が同定され，その中には初秋のサイカモアカエデ葉から精製された‘ドーミン’として知られていた物質が含まれていた。この樹木は初秋には休眠に入る。その後，ドーミン（ドルミン）がワタ果実の離層形成を促す物質，‘アブシジンII’（abscisin II）と化学的に同一の物質であることが発見された。この物質は離層形成に関連すると考えられ，**アブシジン酸**（abscisic acid：**ABA**）（図23.1）と改名された。

現在では，離層形成を促すホルモンはエチレンであり，ワタ果実の離層形成を誘導するのはABAがエチレン生成を促進するためであることがわかっている。本章で議論するように，ABAはその作用から重要な植物ホルモンの一つである。特に植物が環境ストレス下にあるときには，ABAは成長と気孔開口を阻害する。ABAの重要な働きには，そのほかに種子の成熟と休眠の制御がある。いまから考えると‘ドーミン’の方がこのホルモンの名前としてより適切であったかもしれない，しかし，‘アブシジン酸’という名前は文献にしっかり根をおろしていて，もはや変えようがない。

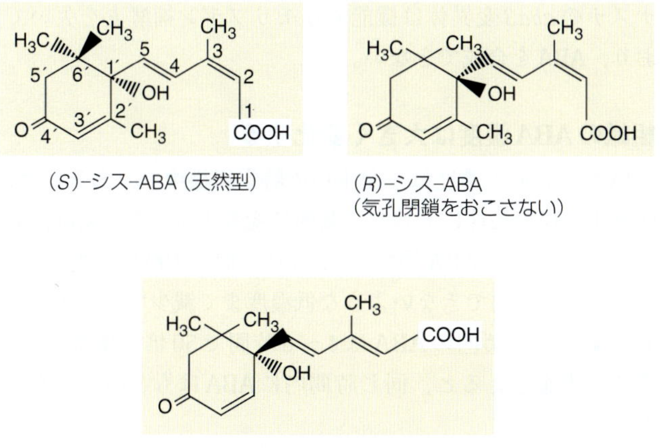

(*S*)-シス-ABA（天然型）

(*R*)-シス-ABA（気孔閉鎖をおこさない）

(*S*)-2-トランス-ABA（不活性，活性のあるシス型に転換可能）

図 23.1　*S*（反時計まわり）と*R*（時計まわり）シス-ABAと（*S*）-2-トランス-ABAの化学構造。（*S*）-シス-ABAの図中の数字は炭素原子を示す。

分布，化学構造，ABAの定量

アブシジン酸は維管束植物に普遍的に存在する植物ホルモンである。蘚類（スギゴケなど）には存在するが，苔類（ゼニゴケなど）にはないとされる（**Webトピック23.1**参照）。菌類（キノコなど）のなかにはABAを二次代謝産物として生産する属がある（Milborrow 2001）。維管束植物ではABAは主要な器官や組織のすべてに，根の根冠から頂芽まで存在している。ABAは葉緑体やアミロプラストを含むほとんどすべての細胞で合成される。

ABAの生理活性は化学構造によって決まる

ABAは15個の炭素を含む化合物で，ある種のカロテノイドの末端部に構造が類似している（図23.1）。2の位置のカルボキシル基の配向によってABAの異性体，シス形，トランス形が決まる。自然に存在するほとんどすべてのABAはシス形で，慣例的に‘アブシジン酸’はこのシス形を指す。

ABAは環状構造の1′の位置が不斉炭素原子で，*S*と*R*（または＋と−）型の鏡像異性体が存在する。*S*型（鏡像異性体）が自然界のもので，市販の合成ABAはこの*S*型と*R*型のほぼ等量の混合物（ラセミ体）である。*S*型のみがABAの速い反応，たとえば気孔閉鎖を引きおこす。種子成熟のような長期の反応では両型が活性をもつ。シス・トランス異性体とは異なり，*S*型と*R*型は植物組織内での相互変換はできない。

ABAの生物活性に必要な化学構造の研究から，ABA分子内にどんな変化がおきても，ほとんどの場合，活性低下をきたすことがわかっている（**Webトピック23.2**参照）。

ABAは生物的，物理的，化学的方法により定量される

ABAの生物検定には多くの方法が用いられ，子葉鞘の成長阻害，発芽やジベレリン誘導性のα-アミラーゼ合成阻害などがある。そのほか，気孔閉鎖の促進，遺伝子発現等の速い誘導作用の例がある（**Webトピック23.3**参照）。

物理的検出法は生物検定に比べてずっと信頼性が高く，特異的で定量性に優れている。もっとも広く用いられる技術はガスクロマトグラフィーや高速液体クロマトグラフィー（HPLC）である。ガスクロマトグラフィーではABAは最小量10^{-13} gまで検出できるが，それには薄層クロマトグラフィーなどいくつかの予備的精製過程を必要とする。免疫的定量も高感度で特異性が高い。

ABAの生合成，代謝，輸送

他の植物ホルモンと同様に，ABAに対する植物の反応は組織内の濃度と組織のABAに対する感受性により決まる。どの発生段階の組織においても，生合成，異化代謝，区画化（細胞内分布），輸送などの多くの過程によってホルモンの濃度が決まる。合成経路の特定の段階がブロックされABAを合成できない変異体を利用して，ABAの生合成経路の全容が解明された。

ABAはカロテノイド中間体から合成される

ABAの生合成は葉緑体やプラスチドでおこり，図23.2で示した経路をへる。複数のABA欠損変異体で，この経路の特定部位に欠陥があることがわかっている。これらの変異体は異常な表現型を呈するが，外からABAを加えると異常が消失する。たとえば，*flacca*（*flc*）と*sitiens*（*sit*）はトマトの「しおれ変異体」ですぐにしおれる性質があり（気孔を閉じることができないため），ABAを添加することにより，しおれを抑えることができる。シロイヌナズナの*aba*変異体もしおれを示す。これらの変異体やその他の変異体が生合成経路の詳細を解明するのに役立った（Milborrow 2001）。

ABA合成経路は生物学的に重要なイソプレン単位であるイソペンテニル二リン酸（IPP）に始まり，C_{40}のザントフィル（キサントフィルともいう）（すなわち酸素添加されたカロテノイド）である**ビオラザンチン**（violaxanthin）（ビオラキサンチンともいう）（図23.2）が合成される。ビオラザンチンの合成はゼアザンチン（ゼアキサンチンともいう）エポキシダーゼ（zeaxanthin epoxidase：ZEP）に触媒され，この酵素はシロイヌナズナの*ABA1*遺伝子にコードされている。この発見により，ABAが 低分子として合成されるのではなく「間接的に」カロテノイド経路をへることが結論される。トウモロコシの変異体（*vp*）はカロテノイド経路の別の部位がブロックされており，ABAの濃度が低く，**胎生発芽**（vivipary）——植物に種子がついたままで未熟な時期に発芽する——を示す（図23.3）。胎生発芽は多くのABA欠損種子の特徴である。

ビオラザンチンはC_{40}化合物**9′-シス-ネオザンチン**（9′-*cis*-neoxanthin）（ネオキサンチンともいう）に転換され，さらに，以前は‘ザントキシン’（xanthoxin）とよばれたC_{15}化合物**ザントザール**（xanthoxal）に開裂される。この物質はABAとよく似た生理的性質をもつ中性の成長阻害剤である。この開裂反応は**9′-シス-エポキシカロテノイドジオキシゲナーゼ**（9′-*cis*-epoxycarotenoid dioxygenase：**NCED**）によって触媒され，この酵素が9-シス-ビオラザンチンと9′-シス-ネオザンチンの両方を開裂することから名づけられた。

水ストレスによりNCEDの合成はすばやく誘導され，この酵素が触媒する反応はABA合成の鍵となる制御ステップであろう。この酵素はチラコイド膜に局在し，そこには基質になるカロテノイドがある。最終的に，ザントザールは**ABAアルデヒド**（ABA-aldehyde），ザントキシン酸（xanthoxic acid）のいずれか，または，その両方の中間体が含まれる酸化的段階をへてABAに転換される。この最終段階はアルデヒド酸化酵素ファミリーにより触媒され，この酵素ファミリーはいずれもモリブデン補因子を要求する；シロイヌナズナの*aba3*変異体は機能的なモリブデン補酵素を欠いており，ABAを合成できない。

組織のABA濃度は大きく変化する

ABAの生合成と濃度は，発生中の特定組織中で，あるいは，変動する環境条件に応答して劇的に変動する。たとえば，発生中の種子ではABA濃度は2，3日の間に100倍も増加し，成熟すると検出できないような低濃度まで減少する。水ストレス条件では葉内のABAは4～8時間で50倍に増加する。そこで水を与えると，同じ時間内にABAはもとのレベルに低下する。

生合成が組織のABA濃度を制御する唯一のファクターというわけではない。他の植物ホルモン濃度と同様に，分解，区画化，他の分子との結合，輸送などにより，細胞質の遊離ABA濃度が変化する。たとえば，水ストレスに伴って細胞

図 23.2　ABAの生合成と代謝。高等植物ではABAはテルペノイド経路を介して合成される（13章）。ABA欠損変異体はこの経路を解明するのに有効であり，変異体をそのブロック部位に示した。ABAの異化代謝経路には，結合によりABA-β-D-グルコシルエステル，あるいは，酸化してファゼイン酸からジヒドロファゼイン酸を生ずるものがある。ZEP；ゼアザンチンエポキシダーゼ，NCED；9-シス-エポキシカロテノイドジオキシゲナーゼ。

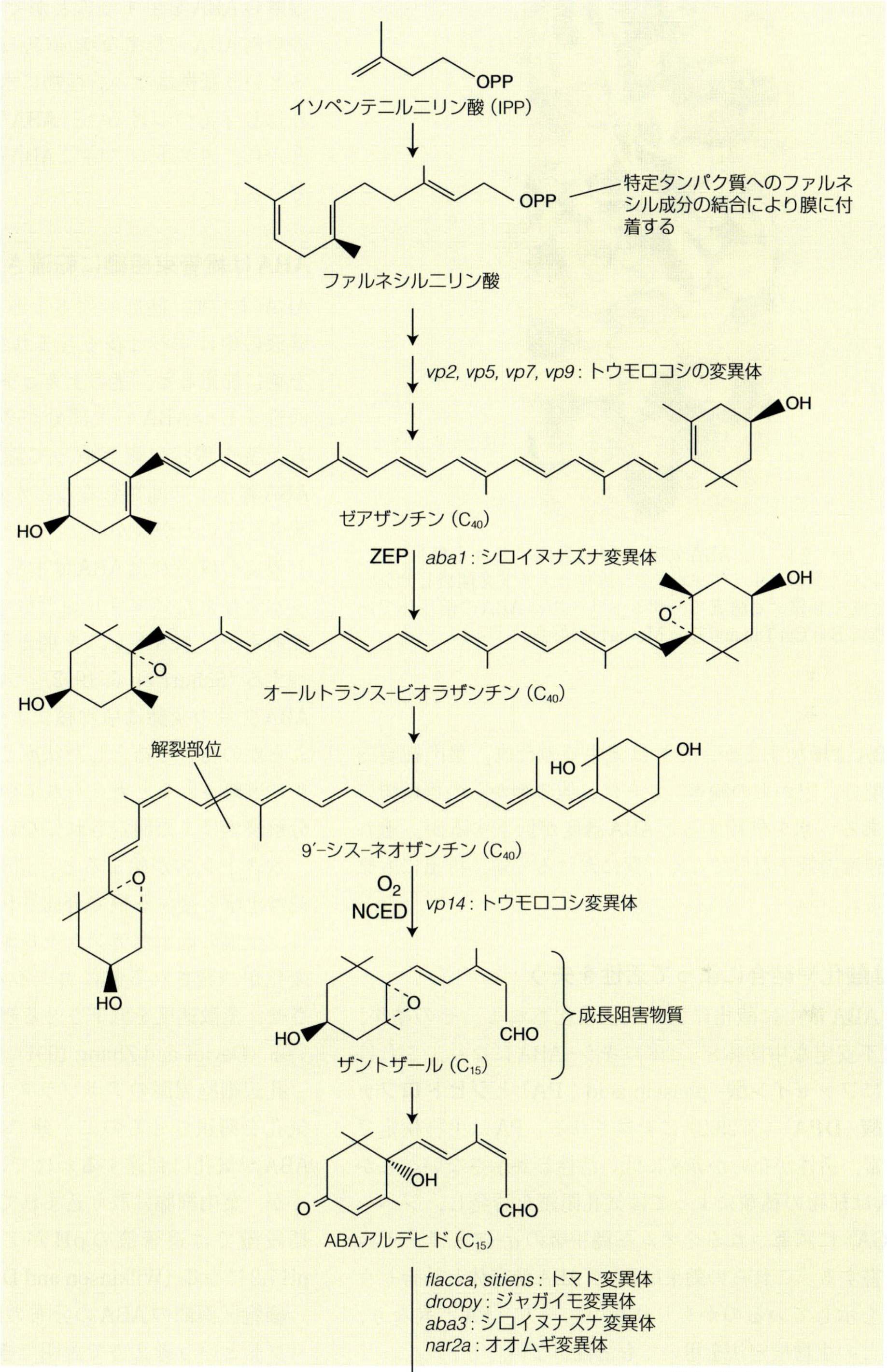

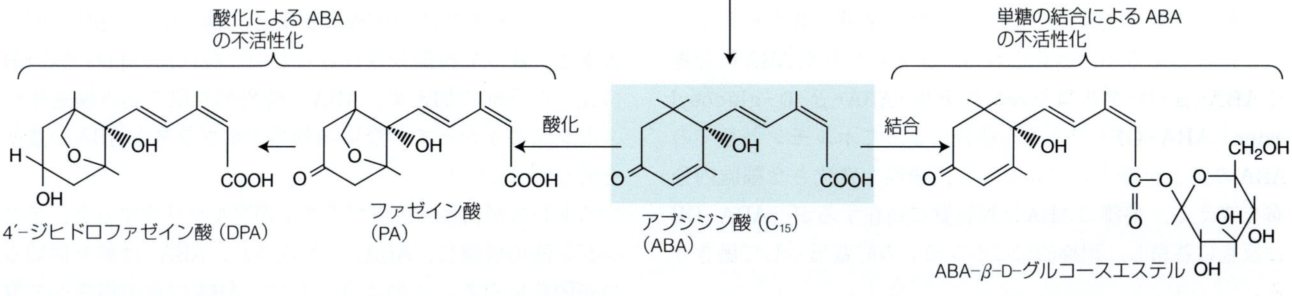

図 23.3　トウモロコシABA欠損*vp14*変異体における早生発芽。VP14タンパク質は，9-シス-エポキシカロテノイドを開裂しザントサール生成を触媒する酵素で，ザントサールはABAの前駆体である。（写真はBao Cai Tan and Don McCartyの好意による）

質のABAは増加するが，それは葉中での合成，葉肉細胞内での再配分，根からの輸送，さらに，他の葉からの再循環のためである。水を供給するとABA濃度が低下するが，それは合成速度の低下だけでなく，葉における分解，排出にも原因がある。

ABAは酸化や結合によって活性を失う

遊離のABAは主に酸化により不活性化される。その結果，ABAは不安定な中間体8′-ヒドロキシ-ABAになり，これはただちに**ファゼイン酸**（phaseic acid：**PA**）と**ジヒドロファゼイン酸**（**DPA**）（図23.2）に変換される。PAは生物検定では，通常，活性がないか非常に低い活性しか示さない。しかし，PAは植物の種類によっては気孔閉鎖を誘発し，ジベレリン（GA）に誘導されるオオムギ糊粉層のα-アミラーゼ産生を阻害する。これらの効果はPAがABA受容体と結合しうることを示しているのかもしれない。一方，PAと異なり，DPAはどの生物検定法を用いても活性がない。

遊離のABAは他の分子，たとえば，単糖と共有結合することによっても不活性化される。よく知られたABA結合物は**ABA-β-D-グルコシルエステル**（ABA-β-D-glucosyl ester：**ABA-GE**）である。結合によってホルモンとしてのABAの働きを抑えるのみならず，極性を変化させ細胞内分布を変える。遊離のABAは細胞質に局在するが，ABA-GEは液胞に蓄積し，理論的にはホルモンの貯蔵形として働きうる。

植物細胞のエステラーゼは，ABAのエステル結合型から遊離のABAを生ずることができる。しかし，水ストレス時の葉内ABAの急激な増加に，ABA-GEの加水分解が寄与するという証拠はない。植物に水不足と水供給のサイクルをくり返し与えつづけると，ABA-GE濃度がつねに増加することから，水ストレス時にABA-GEは分解しないと考えられている。

ABAは維管束組織に転流される

ABAは木部，篩部の両方を通して転流されるが，通常，篩管液の中にずっと多く含まれている。放射能標識したABAを葉に加えると，茎の上方と下方の根の方へ転流され，放射活性をもつABAの大部分が24時間以内に根に見い出される。茎を環状に剥ぎ取って篩部を壊す（環状除皮）と根のABA蓄積が抑制されることから，ABAが篩管液を通して転流されることがわかる。

根で合成されたABAは木部を通して茎へ転流される。よく水を与えたヒマワリ道管液中のABA濃度は1.0～15.0 nMであるが，水ストレスを加えると3,000 nM（3.0 μM）まで増加する（Schurr et al. 1992）。ストレスに誘導される道管中のABA含量の変動は植物種によって大幅に異なり，ABAはなんらかの物質と結合した状態で輸送され，加水分解されて葉中に遊離されると考えられている。しかし，そのような加水分解酵素はまだ同定されてない。

水ストレスが始まると，道管流で運ばれるABAの中には乾燥土壌と接する根で合成されたものが含まれる。この輸送は，土壌の低水ポテンシャルが原因になって葉の水分状態に変化が誘発される前におこるので，ABAは葉の気孔を閉じさせ，蒸散速度を低下させる根からのシグナルと考えられている（Davies and Zhang 1991）。

孔辺細胞周囲のアポプラストのABAは，3.0 μMの濃度で気孔を閉鎖させるのに十分であるが，道管液中のすべてのABAが気孔に到達するわけではない。蒸散流中のABAの多くが，葉肉細胞に取り込まれて代謝される。水ストレスの初期段階では道管液のpHがアルカリ化して，pH 6.3からpH 7.2になる（Wilkinson and Davies 1997）。

細胞区画間のABAの分布の調節は，主に「陰イオントラップ」という考え方で説明できる：この弱酸の解離型（陰イオン）はアルカリ性の区画に蓄積し，膜を横切るpH勾配の大きさに従って再配分されるらしい。各区画の相対的なpHに従った分配に加えて，ABAに特異的な取り込み輸送体がストレスのかかっていない植物のアポプラストABAの濃度を低く保っている。

ストレスが加わりアポプラストがアルカリ化すると，アブシジン酸の解離型，ABA^-が生成され，ABA^-は膜を横切るのが困難になる。このようにして，ABAの葉肉細胞への取込みが低下し，蒸散流に乗ってより多くのABAが孔辺細胞に到達する（図23.4）。ABA量を増加させることなく，葉のABAが再配分されることになる。道管液pHの上昇は根からのシグナルとして働き，気孔を早めに閉じさせることになる。

ABAの発生学的，生理学的効果

アブシジン酸は，種子や芽の休眠の開始や維持，ストレスとりわけ水ストレスへの応答に主要な制御物質として働く。さらに，ABAは植物発生の多くの局面に影響を及ぼし，通常，オーキシン，サイトカイニン，ジベレリン，エチレン，さらに，ブラシノステロイドなどと拮抗して作用する。この節では，種子発生におけるその役割から始めて，ABAの多様な生理的作用を調べる。

種子中のABA濃度は胚形成中に極大になる

種子の形成は三つの相に分けられ，それぞれ，ほぼ同じ期間をへる：

1. 第一相では，細胞分裂と組織分化が進み接合子は胚形成を行い，胚乳組織が増殖する。
2. 第二相では，細胞分裂がとまり貯蔵物質が蓄積する。
3. 最後の相（第三相）では，胚が乾燥耐性になり種子は90%に至る水分を失う。脱水によって代謝活動は停止し，種子は**静止**（休止）(resting) 状態になる。しかし，休眠種子と異なり静止種子は水を与えるとすぐに発芽する。

第二，第三相によって発芽に必要な栄養を蓄え，再び成長を開始するまでに数週間から数年間待機できる能力をもつ種子が生産される。通常，胚形成の初期には種子中のABA濃度は低く，ほぼ中間点で極大になり種子が成熟するに従ってしだいに低い濃度になる。こうして，胚形成の中期から後期にABA蓄積の幅の広いピークが認められる。

すべての種子組織が必ずしも同じ遺伝子型というわけではないから，種子における植物ホルモンバランスは複雑になる。種皮は母性組織（**Webトピック1.2**参照）に由来し，接合子と胚乳は両親に由来する。シロイヌナズナのABA欠損変異体を用いた遺伝学的研究により，接合子の遺伝子型は胚と胚乳の休眠誘導に必須のABA合成を調節し，一方で母性遺伝子はABA蓄積の主要初期ピークを調節し，胚形成中の胎生発芽を抑制することが示されている（Raz et al. 2001）。

ABAは胚の乾燥耐性を促進する

成熟中の種子におけるABAの重要な役割は，乾燥耐性獲得を促進することである。25章（ストレス生理学）に詳しく述べるように，膜や細胞成分は乾燥によってひどい傷害を受けることがある。種子形成の中期から後期にかけて，内生ABA濃度が高いときに，ある特定のmRNA群が胚に蓄積する。これらのmRNAは，いわゆる，**胚形成後期に多い**（late−embryogenesis−abundant：**LEA**）タンパク質をコードしており，乾燥耐性に機能すると考えられている。多くのLEAタンパク質やその関連タンパク質の合成は，若い胚，あるいは栄養組織をABA処理することにより誘導される。このようにして多くのLEAタンパク質の合成がABAの調節を受け

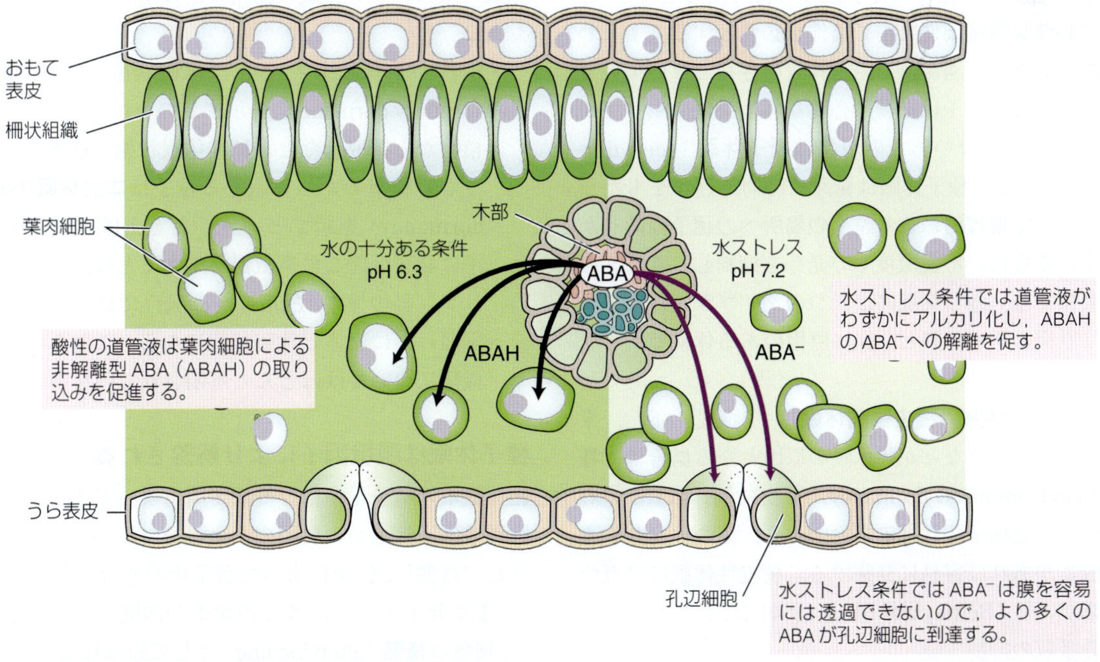

図23.4 水ストレス時の道管液のアルカリ化による葉のABA再配分

ることになる（**Webトピック23.4**参照）。

ABAは胚形成中に種子貯蔵タンパク質の蓄積を促進する

貯蔵物質は，胚形成の中期から後期にかけて蓄積する。ABA濃度は依然として高いので，ABAは糖やアミノ酸の転流，貯蔵物質の合成，あるいは，その両方に影響する。

ABA合成能を欠く変異体と，ABAへの反応性を欠く変異体の両方を用いた研究により，ABAは糖の転流には影響しないことが明らかになった。それに対して，ABAは貯蔵タンパク質の量や組成に影響することが示されている。たとえば，外から加えたABAは多くの植物種の培養胚で貯蔵タンパク質の蓄積を促進するが，ABA合成能欠損の変異体やABAに反応しない変異体では貯蔵タンパク質の蓄積が減少するものもある。しかし，ABA濃度とABAへの反応性は正常なものでも種子形成に異状があり，貯蔵タンパク質の合成が減少することから，ABAは胚形成中に貯蔵タンパク質遺伝子の発現を調節する複数シグナルの一つにすぎない。

ABAは胚形成時に貯蔵タンパク質の蓄積を制御するのみならず，環境条件が成長に適すようになるまで，成熟胚を休眠状態に保つこともできる。種子休眠は不良環境条件で植物を適応させる重要な要因である。以下の二，三の節で述べるように，植物は種子を休眠状態に保つのに多様な機構を進化させ，ABAが関与するものもその中に含まれる。

種子休眠は種皮または胚によりもたらされる

種子の成熟中に，乾燥に応答して胚は静止（quiescent）相に入る。種子の発芽は成熟した種子胚の成長再開と定義され，栄養成長に必要な環境条件と同じ条件を必要とする。すなわち，水と酸素があり，適温で，阻害物質の存在しない条件である。多くの場合，種子は成長に必要な環境条件のすべてが満足されても発芽しない。この現象は**種子休眠**（seed dormancy）といわれる。種子休眠は発芽に時間的遅れをもたらし，それによって地理的により遠くの場所への種子の散布が可能になる。さらに，不良環境での発芽を抑制し，芽ばえの生存を最大にする。種子休眠には二つのタイプが知られている：種皮に原因のある休眠と，胚に原因のある休眠である。

種皮に原因のある休眠（種皮強制休眠）　種皮，胚乳，果皮，あるいは花外器官などが胚休眠の原因となる場合は，**種皮性休眠**（coat-imposed dormancy，種皮強制休眠）といわれる。そのような種子胚は種皮を除いたり，傷つけたりすると，水や酸素があれば容易に発芽する。種皮性休眠には五つの基本機構がある（Bewley and Black 1994）：

1. ‘水分吸収の抑制’
2. ‘物理的抑制’；発芽の最初の目に見える徴候は，幼根が種皮を破ることである。しかし，幼根が突き破るには種皮が非常に硬いこともある。種子が発芽するには，細胞壁分解酵素の生成によって胚乳の細胞壁が弱くなる必要がある。
3. ‘ガス交換の抑制’；種皮は酸素を通しにくく，胚への酸素供給を制限し，発芽を阻害する。
4. ‘阻害物質の維持’；種皮は阻害物質の漏出を防ぐこともある。
5. ‘阻害物質の生産’；種皮や果皮はABAなど比較的高濃度の阻害物質を含み，これらが胚の発芽を抑制する。

胚休眠　種子休眠の2番めのタイプは，**胚休眠**（embryo dormancy）である。胚休眠は胚自身に原因があるもので，種皮やまわりの組織に影響されない。子葉の切除により胚休眠が解除されることもある。子葉が発芽抑制を示す例として，セイヨウハシバミ（European hazel；*Corylus avellana*）とセイヨウトネリコ（European ash；*Fraxinus excelsior*）がある。

子葉が成長抑制する興味深い例が知られ，たとえば，モモでは単離した休眠胚は発芽するものの，極端に成長が遅く矮化する。しかし，生育の初期に子葉を除くと，その植物はただちに通常の成長を始める。

胚休眠は，特にABAなどの阻害物質が存在すること，あるいは成長促進物質，たとえばGA（gibberellic acid）が存在しないこと，に原因があると考えられる。胚休眠の消失は，ABA/GA比の急激な低下と関連することが多い。

種子の一次休眠と二次休眠　種子休眠のタイプの違いは，休眠の原因よりも休眠の開始時期に基づいて区別されることもある。

- 植物から採取したときに休眠状態の種子は**一次休眠**（primary dormancy）を示すといわれる。
- 植物から採取したときに非休眠状態の種子で，発芽に適さない環境のため休眠する種子は**二次休眠**（secondary dormancy）を示すという。たとえば，オートムギの種子は発芽可能な最高気温を越えると休眠し，一方，ハゼリソウ科の植物（*Phacelia dubia*）では発芽に必要な最低気温以下になると休眠状態になる。これらの二次休眠の機構についてはほとんど解明されていない。

種子休眠は環境因子により解除される

胚休眠中の種子は多様な外部要因によって休眠を解かれ，休眠種子は通常三つの要因のなかの一つ以上に応答する。

1. ‘後熟’；乾燥によって種子中の水分含量があるレベルまで低下すると，多くの種子が休眠から覚める――この現象は**後熟**（afterripening）として知られる。
2. ‘冷温’；低温または**冷温**（chilling）により，種子は休眠から覚める。多くの種子は十分水のある状態で（浸された），一定期間低温（0～10℃）におかれることが発芽に必要である。

3. ‘光’；多くの種子が発芽に光を必要とする。その中にはレタスのようにほんの少しだけ光にさらせばよいもの，間歇照射が必要なもの（たとえば多肉植物カランコエ属；*Kalanchoe*），さらに，短日あるいは長日などの特定の光周期を必要とするものがある。休眠に影響を及ぼす環境因子について詳しく知りたい場合は**Webトピック23.5**を参照。種子の長寿命については**Webトピック23.6**に議論されている。

種子休眠はABAとGAの比によって調節される

成熟種子は休眠状態か非休眠状態かのいずれかの状態にあり，それは植物種によって異なる。非休眠種子，たとえば，エンドウなどは水を与えるだけで容易に発芽する。一方，休眠種子は水があっても発芽せず，なにか別の処理や条件が必要になる。前に述べたように，休眠は種皮の硬さや不透過性（種皮強制休眠），あるいは，胚形成の停止状態がつづいていることに原因がある。後者の例として，後熟，冷温，光が発芽に必要な種子がある。

ABA変異体は休眠におけるABAの役割を証明するのに，きわめて有用である。シロイヌナズナ種子の休眠は後熟処理または低温処理，あるいは，その両処理によって打破される。シロイヌナズナのABA欠損（*aba*）変異体は，成熟しても休眠しないことが知られている。*aba*と野生株との間で正逆交雑を行うと，胚自身がABAを合成するときのみ種子は休眠するようになる。母方の植物由来のABA，あるいは，外から与えたABAは*aba*変異体に胚の休眠を誘発することはできない。

一方，母方（種子親）に由来するABAは種子中のABAの大半を占め，別の面から種子形成に必要である――たとえば，胚形成中期の胎生発芽の抑制に役立つ。このようにして，二つの起源を異にするABAが異なる発生経路で機能する。発生段階を通じて野生株より高濃度のABAを含むにもかかわらず，ABA非感受性の変異体*abi1*（ABA-insensitive）や*abi2*, *abi3*などでは種子休眠が大きく低下する。ABAが高濃度になるのはABA代謝のフィードバック制御を反映している可能性がある。ABA欠損のトマト変異体でも種子休眠が低下し，この現象はおそらく一般的なものであろう。しかし，休眠が低下した変異体にはABA濃度と感受性が正常なものもあるので，さらに別の制御系の存在が考えられる。

ABAが種子休眠の開始と維持に果たす役割はよく知られているが，他の植物ホルモン類もこれに寄与している。たとえば，ほとんどの植物で，種子のABA生成の極大はIAAやGAの濃度低下と一致している。

種子ではABA/GA比の重要性が，遺伝学的選抜法により見事に証明された。この選抜により，最初のシロイヌナズナABA欠損変異体が単離された（Koornneef et al. 1982）。GA欠損変異体の種子は外からGAを加えないと発芽しないが，それをさらに変異誘起剤を用いて変異させ，温室で生育させた。これらの植物から得られた種子はそののち，**復帰変異体**（revertant），つまり，発芽能力を回復した変異体，の選抜に用いられた。

単離された復帰変異体はABA合成系の変異体であった。復帰変異体は休眠が誘導されないので発芽し，休眠打破に，もはやGA合成を必要としなかった。この研究は，植物ホルモンによる発生制御には，絶対濃度よりも他の植物ホルモンとのバランスが重要であるという一般原則をエレガントに示した例である。しかし，ABAとGAはそれぞれ異なる時期に種子休眠に影響を及ぼす。したがって，休眠に対する拮抗作用は植物ホルモン間の直接的相互作用を反映しているとは限らない。

最近，ABA非感受性を抑制する株の遺伝学的選抜が行われ，ABAがエチレン，あるいは，ブラシノステロイドと相互作用し，発芽に対して拮抗的効果を及ぼすことが示された。さらに，ショ糖に対する感受性変異体の選抜によって，ABA欠損変異体，あるいは，‘ABA非感受性変異体4’（*abi4*）の新たな対立遺伝子が多数同定された。これらの研究によって複雑な制御網が植物ホルモンと養分情報伝達を統合することが示された。

ABAは早生発芽や胎生発芽を阻害する

種子から未成熟胚を採取し，休眠開始前の発達中の胚を培養すると早期に発芽する。すなわち，通常の発生段階における静止期または休眠期，あるいは，その両者を通過しないことになる。しかし，培養液の中にABAを添加しておくとこの発芽が抑えられる。この結果と，種子形成段階の中期から終期には内生ABAの濃度が高くなる事実を組み合わせると，ABAは胚形成過程を維持する本来の抑制物質であることがわかる。

早生発芽を防ぐABAの役割を示す証拠が，胎生発芽の遺伝学的研究によって得られている。胎生発芽は，‘収穫前発芽’としても知られ，穀物の品種，系統間で違いが見られる性質の一つで，湿潤な天候によっておきやすい。トウモロコシでは複数の胎生発芽性（viviparous；*vp*）の変異体が選抜され，これらの胚は植物についたままの状態で穂軸から直接発芽する。これらの変異体のいくつかはABA欠損（*vp2*, *vp5*, *vp7*と*vp14*）で（図23.3），一つはABA非感受性（*vp1*）である。ABA欠損変異体の胎生発芽は外からABAを加えることにより，部分的に防ぐことができる。トウモロコシの胎生発芽には，胚発生初期に正のシグナルとしてGA合成が必要であり，GAとABAの両方とも欠損した二重変異体では胎生発芽はおきない（White 2000）。

トウモロコシの変異体と異なり，シロイヌナズナの一遺伝子座変異体（*aba1*，*aba3*，*abi1*と*abi3*）は休眠しないにもかかわらず胎生発芽を示さない。胎生発芽しないのは種子に水分がないからであろう。なぜなら，そのような種子は高湿度条件では果実の状態で発芽するからである。しかし，ABAに対して正常に反応し，ABA濃度が中程度低下したシロイヌナズナ変異体では（たとえば*fusca3*，胚形成から発芽への転換の制御を欠いたものに属す），低湿度でも胎生発芽を示すことがある。さらに，ABA合成能，あるいはABA感受性欠損をもつ変異体と*fusca3*との二重変異体では高頻度で胎生発芽になり（Nambara et al. 2000），重複した胎生発芽制御機構がシロイヌナズナに存在することを示している。

ABAは休眠芽に蓄積する

木本植物では，休眠は寒冷気候に適応するための重要な特質である。樹木が冬のあいだ極度の低温にさらされると，分裂組織は芽鱗で被われ，芽の成長が一時的にストップする。低温に応答するには環境変動（感覚信号）を検知する感受機構と，環境情報を変換して発生プロセスの引き金を引き，休眠芽を生み出す調節システムが必要になる。

ABAは休眠芽に蓄積し，組織を低温にさらすと含量が減少することから，最初，休眠誘導ホルモンと考えられた。しかし，その後の研究によると，芽のABA含量は必ずしも休眠の程度と関連しているわけではなかった。種子休眠の場合に見たように，このくい違いはABAと他のホルモンとの相互作用を反映していると思われ，たとえば，芽の休眠と成長は，ABAのような芽の成長阻害剤とサイトカイニンやジベレリンのような成長誘導物質とのバランスによって制御される。

ABA欠損変異体を用いて，種子休眠におけるABAの役割について多くのことが解明された。しかし，このような便利な遺伝学系がないので，多年生木本の芽の休眠におけるABAの役割については解明が遅れている。この隔たりは，遺伝学と分子生物学が植物生理学に果たした非常に大きな寄与を示しており，木本植物種でもそのようなアプローチの必要性を痛感させる。

休眠のような形質の解析は複雑なものになる，というのは，このような形質は複数の遺伝子の複合作用により調節されていることが多く，‘量的形質’（quantitative trait）といわれる表現型に連続分布を生じるからである。最近の遺伝的マッピングの研究によると，*ABI1*のホモログがポプラの芽の休眠を制御しているらしい。その研究は**Webトピック23.7**を参照。

ABAはGA誘導性の酵素産生を阻害する

ABAは種子における貯蔵物質の分解に必須の加水分解酵素の合成を阻害する。たとえば，GAは穀粒の糊粉層のα-アミラーゼや他の加水分解酵素の生成を促進し，発芽中にはこれらの酵素により内乳の貯蔵物質の分解が行われる（20章）。ABAはα-アミラーゼmRNAの転写を阻害し，GA依存性の酵素の合成を阻害する。ABAは少なくとも二つの機構を介して阻害効果を発揮する（Hoecker et al. 1995）：

1. VP1は，最初，ABAに誘導される遺伝子発現の活性化因子として同定されたタンパク質で，GA制御性の遺伝子に対して転写抑制因子として作用する。
2. ABAはGA-MYBのGA誘導性の発現を抑える。MYBはα-アミラーゼ発現のGAによる誘導を仲介する転写因子である（Gomez-Cadenas et al. 2001）。

水ストレスに応答してABAは気孔を閉じさせる

凍結，塩，水ストレスなどにおけるABAの役割（25章）を研究することによって，ABAのストレスホルモンとしての働きが解明された。前にも述べたように，葉におけるABAの濃度は乾燥条件で50倍まで増加し，これは環境情報に応答する植物ホルモンの中ではもっとも劇的な濃度変化である。ABAの再配分や生合成によって効果的に気孔閉鎖がもたら

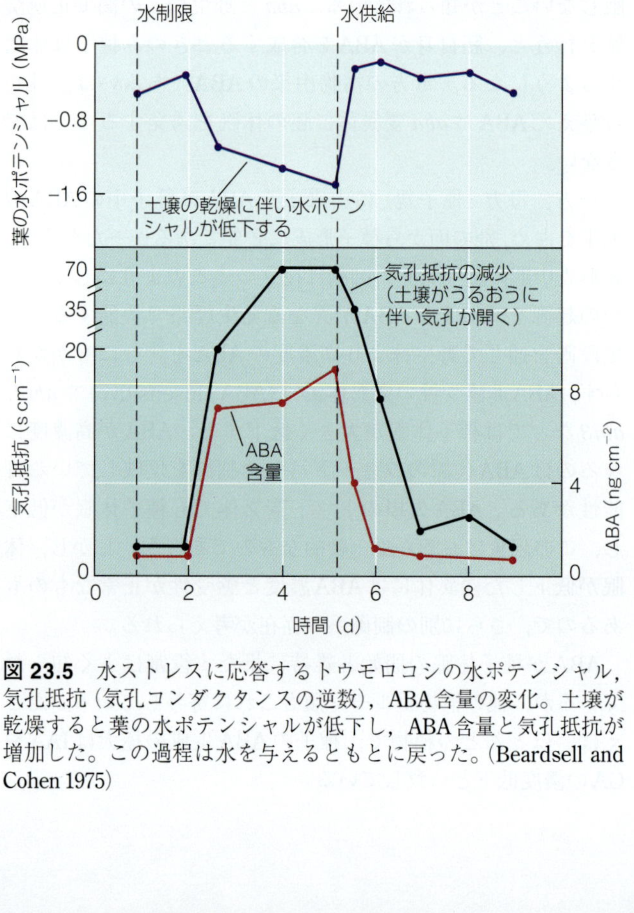

図 23.5 水ストレスに応答するトウモロコシの水ポテンシャル，気孔抵抗（気孔コンダクタンスの逆数），ABA含量の変化。土壌が乾燥すると葉の水ポテンシャルが低下し，ABA含量と気孔抵抗が増加した。この過程は水を与えるともとに戻った。（Beardsell and Cohen 1975）

され，水ストレス葉におけるABAの蓄積は蒸散による水の消失を抑えるのに重要な役割を果たす（図23.5）。

根で合成されたABAが茎に輸送されることによっても気孔閉鎖がおこる。ABAを生産できない変異体は永続的なしおれを生じ，‘しおれ’変異といわれ気孔を閉鎖できない。そのような変異体には，外からABAを添加すると気孔が閉鎖し，膨圧を回復する。

低水ポテンシャル条件でABAは根の成長を促進し，茎の成長を阻害する

ABAは根と茎の成長に異なる作用を示し，その作用は植物の水分状態に強く依存する。図23.6は水の豊富（高水ポテンシャル）な場合と水欠乏状態（低水ポテンシャル）のトウモロコシ苗の根と茎の成長を比較したものである。二つのタイプの苗：(1) ABA濃度が正常な野生株と (2) ABA欠損の胎生発芽変異体を使用した。

水の供給が十分なとき（高水ポテンシャル），茎の成長は野生株（内生ABAが正常）のほうがABA欠損株より大きい。ABA欠損株の茎の成長が遅い理由の一つは葉から過度の水が消失するためである。トウモロコシとトマトのABA欠損株で高水ポテンシャル条件下でも茎が短くなるのは，エチレンの過剰生産のためと考えられ，エチレン生成は，通常，内生ABAに抑制されている（Sharp 2000）。この発見から，水の十分ある条件では内生ABAがエチレン生成を抑えることにより，茎の成長を促進することが示唆される。

水が制限条件にあるときには（すなわち低水ポテンシャル）逆のことがおこる：つまり，茎の成長はABA欠損株のほうが野生株より大きい。こうして，内生ABAはシグナルとして水ストレス条件下でのみ茎の成長を減少させる。

それではABAがどのように根に作用するか調べよう。水が十分なときには，根の成長は野生株（内生のABA濃度が正常）のほうがABA欠損株より少し大きく，茎の成長と同じ傾向である。こうして，高水ポテンシャル条件では（全ABA濃度が低い場合），ABAは根と茎の両者の成長をわずかだけ促進する。

しかし，水不足の条件では，いずれの遺伝子型でも水の十分な条件に比べて，根の成長が阻害されるが，野生株のほうがABA欠損株よりずっと大きい成長を示す。この場合，内生ABAは，おそらく水ストレス条件でのエチレン生成を阻害し，根の成長を促す（Spollen et al. 2000）。

要約すると，水分が不足しABA濃度が高いと，内生ABAがエチレン生成を抑えて根の成長を強く促進し，茎の成長に対してやや阻害的に働く。全体的な効果として，低水ポテンシャル条件では根：茎の比が劇的に増大し（図23.6C），ABA

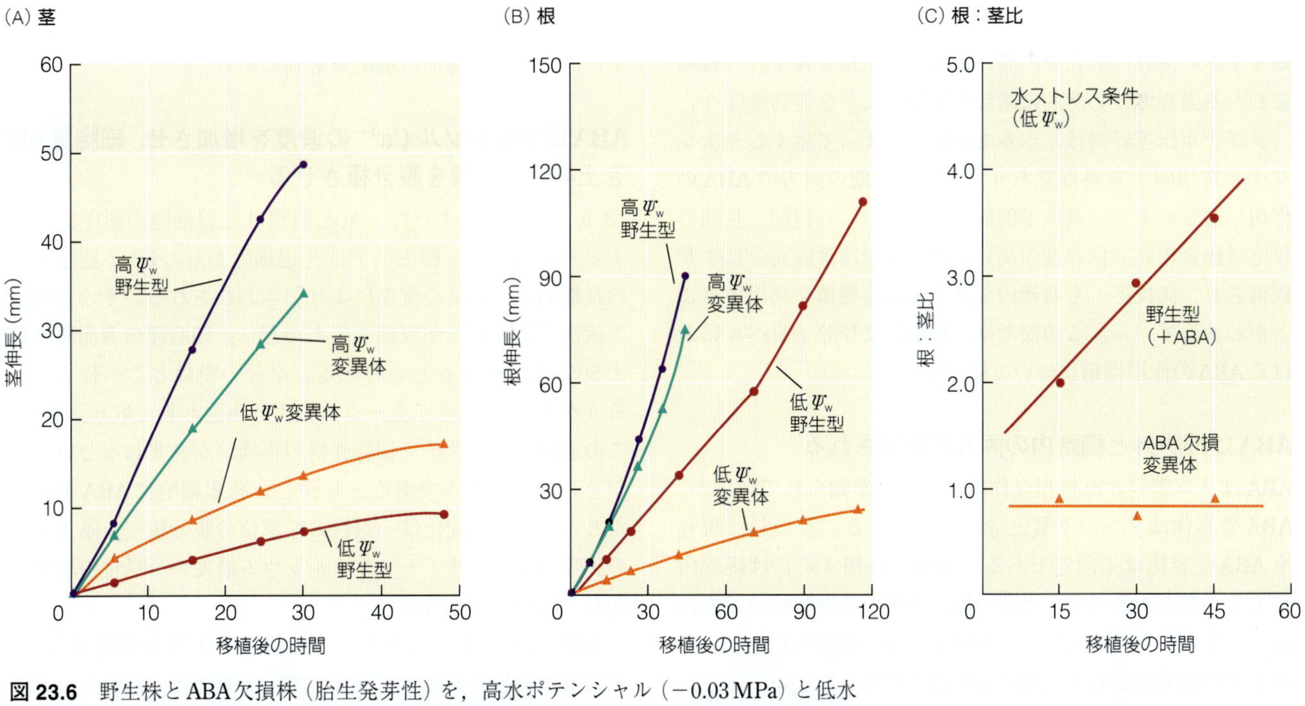

図23.6　野生株とABA欠損株（胎生発芽性）を，高水ポテンシャル（−0.03 MPa）と低水ポテンシャル（−0.3 MPa；A，−1.6 MPa；B）条件でバーミキュライト上に生育させた場合の茎（A）と根（B）の成長比較。水ストレス（低水ポテンシャル）は，茎と根の両方の成長を抑えた。(C) 水ストレス条件（低Ψ_w）では，根と茎の成長の比率はABAが存在するもの（野生株）は，存在しないもの（欠損株）に比べて著しく高くなった。(Saab et al. 1990)

の気孔閉鎖作用と協調して植物の水ストレスへの対処を助ける。乾燥に応答するABAの役割の例は**Webエッセイ23.1**を参照されたい。

ABAはエチレンとは独立に葉の老化を促進する

アブシジン酸は最初, 器官脱離の原因物質として単離された。しかし，のちにABAが器官脱離を促す植物種は少数にすぎず，その原因となる主要なホルモンはエチレンであることが明らかになった。一方，ABAは明らかに葉の老化に関与しており, 老化促進を通して間接的にエチレン生成を増加させ, 離層形成を促進するらしい（ABAとエチレンの関係に関する詳しい議論は**Webトピック23.8**参照）。

葉の老化は詳しく研究されており，老化の過程でおこる解剖学的，生理学的，生化学的変化については16章で詳しく述べた。切除した葉は光条件より暗条件で早く老化し，クロロフィルが分解されて葉は黄色になる。加えて，複数の加水分解酵素の活性促進によって，タンパク質と核酸の分解が増加する。ABAは切除した葉においても茎についた葉においても老化を大きく促進する。

細胞および分子レベルにおけるABAの作用様式

ABAは，短期間の生理学的作用を引きおこす（たとえば気孔閉鎖）と同時に，長期にわたる発生過程にも作用する（たとえば種子成熟）。速い生理学的反応には，しばしば膜を横切るイオンの流れの変化や，時には遺伝子発現も含まれ，長期にわたる過程では必然的に遺伝子発現の大きな変動を伴う。

シグナル伝達経路は，ホルモン結合によって生ずる一次シグナルを増幅する過程であり，短期と長期の両方のABAの作用に必要である。遺伝学的研究により，この短期・長期の反応は両者の間で保存性の高いシグナル伝達構成成分により制御され，両反応とも共通のシグナル伝達機構を利用することがわかっている。この節では，細胞および分子レベルにおけるABAの作用機構について述べる。

ABAは細胞外と細胞内の両方で感知される

ABAはリン脂質と直接相互作用することが知られているが，ABA受容体はタンパク質と考えられている。しかし，現在もABA受容体は未同定である。ABAが作用するには細胞内に入る必要があるのか，あるいは，外側から細胞膜の外表面に存在する受容体に結合して作用するのかが調べられた。これまでの結果によると複数の受容部位があるらしい。

ある実験は受容体が細胞外側に存在することを示している。たとえば，ABAをツユクサの孔辺細胞に顕微注入しても気孔開口に影響せず，オオムギ糊粉層細胞プロトプラストにABAを注入してもGA誘導性のα-アミラーゼ合成を阻害しなかった（Anderson et al. 1994；Gilroy and Jones 1994）。さらに，細胞膜不透過性のABA-タンパク質複合体が，イオンチャネルと遺伝子発現の両方を活性化することが示された（Schultz and Quatrano 1997；Jeannette et al. 1999）。

しかし，他の実験はABA受容体の細胞内存在を支持している：

- 細胞外にpH 6.15でABAを与えると，pH 8で与えた場合の約2倍，気孔開口を阻害した。ABAはH^+の結合した形（ABAH）では孔辺細胞に容易に取り込まれるが，陰イオン（ABA^-）の状態では細胞膜を容易には通過できない（Anderson et al. 1994）。
- 孔辺細胞のサイトソルに微小ガラス電極を介してABAを連続的に与えると，気孔開口に必要なK^+_{in}チャネルを阻害した（Schwartz et al. 1994）。
- 不活性な"caged"（カゴに入れた）ABAをツユクサの孔辺細胞に顕微注入し，紫外線を短時間照射しABAを活性化すると，つまり，紫外線により分子のカゴからABA遊離させると，気孔が閉鎖した（図23.7）（Allan et al. 1994）。対照実験として，光分解されない"caged"ABAを注入し紫外線照射を行っても，気孔は閉じなかった。

以上をまとめると，細胞外で受容されたABAは気孔開口を阻害し，遺伝子発現を制御する。また，細胞内のABAは気孔閉鎖を誘導し，同時に，K^+_{in}電流を阻害し，気孔開口を阻害する。このように，ABA受容体は細胞内外の両方に存在するようである。しかし，これらの受容体については今後，その同定や存在部位の解明が必要である。

ABAはサイトソルCa^{2+}の濃度を増加させ，細胞質pHを上昇させ，膜を脱分極させる

18章で議論したように，気孔閉鎖は孔辺細胞の膨圧低下によって駆動され，膨圧低下は孔辺細胞からのK^+と陰イオンの長期的かつ大量の流出により引きおこされる。その後の水の流出により細胞が収縮するあいだに，細胞膜の表面積は最大50%まで縮まるといわれる。余分の膜はどこへ行くのだろうか？ エンドサイトーシスにより小胞として取り込まれ，この過程にはアクチン細胞骨格の再構築が含まれるというのがその答えのようである。しかし，孔辺細胞にABAを加えたときの最初の変化は一過性の膜電位の脱分極で，陽イオンの正味の流入とサイトソルカルシウム濃度の一過性の増加が関わっている（図23.8）。

ABAはサイトソルカルシウム濃度の上昇を促進するが，それには細胞膜を通って流入してくるものと，液胞のような細胞内区画からカルシウムが遊離するものとの両方が関与している（Schroeder et al. 2001）。流入の促進は，セカンドメッセンジャーとして細胞膜チャネルを活性化する**活性酸素分**

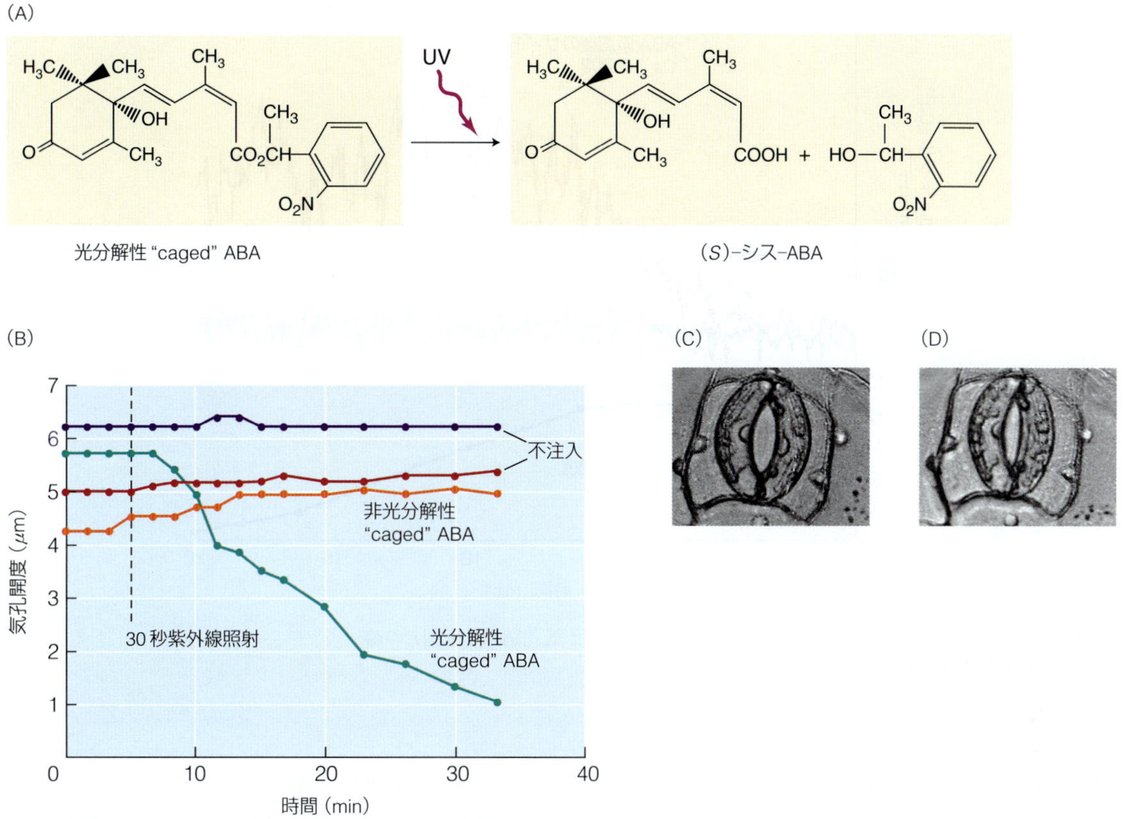

図 23.7 孔辺細胞サイトソル中の“caged” ABAの紫外線照射に誘導される気孔閉鎖。ツユクサ気孔の片側の孔辺細胞に“caged” ABAを顕微注入した。(A) 紫外線照射による光分解反応。(B) 細胞の紫外線照射（30秒間）と，その前後の気孔開度の記録。(C, D) 孔辺細胞対の右側細胞にのみ光分解性“caged” ABAを注入し，紫外線照射10分前の顕微鏡写真（C），光分解後30分め（D）。((A) と (B) はAllen et al. 1994, (C) と (D) はAllan et al. 1994, © American Society of Plant Biologistsの許可のもと掲載）

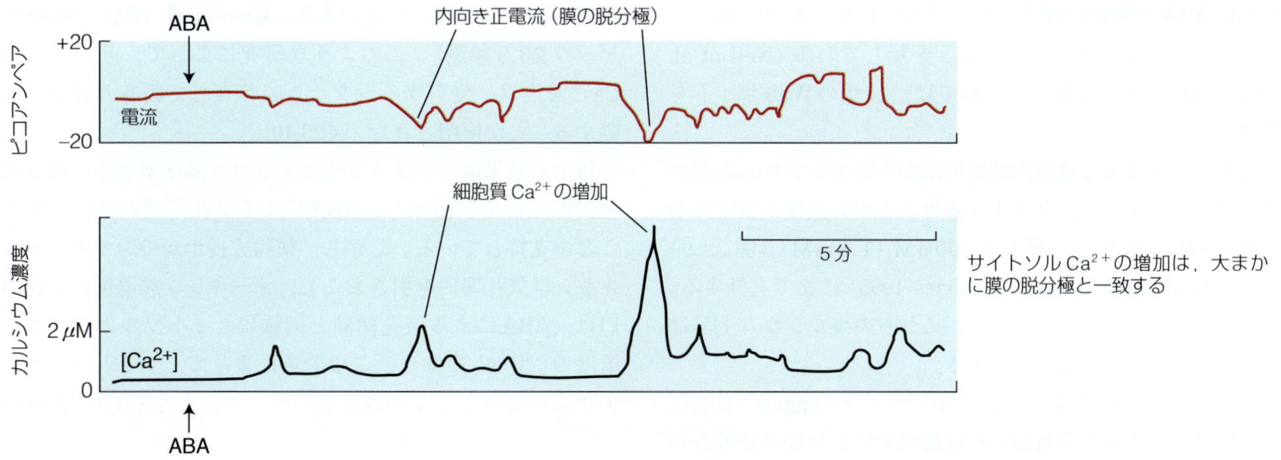

図 23.8 *Vicia faba*（ソラマメ）孔辺細胞におけるABA誘導性の内向き正電流とサイトソル Ca^{2+} 濃度増加の同時測定。電流はパッチクランプ法により，カルシウムは蛍光指示色素により測定した。ABAはそれぞれ矢印の時点で与えた。(Schroeder and Hagiwara 1990)

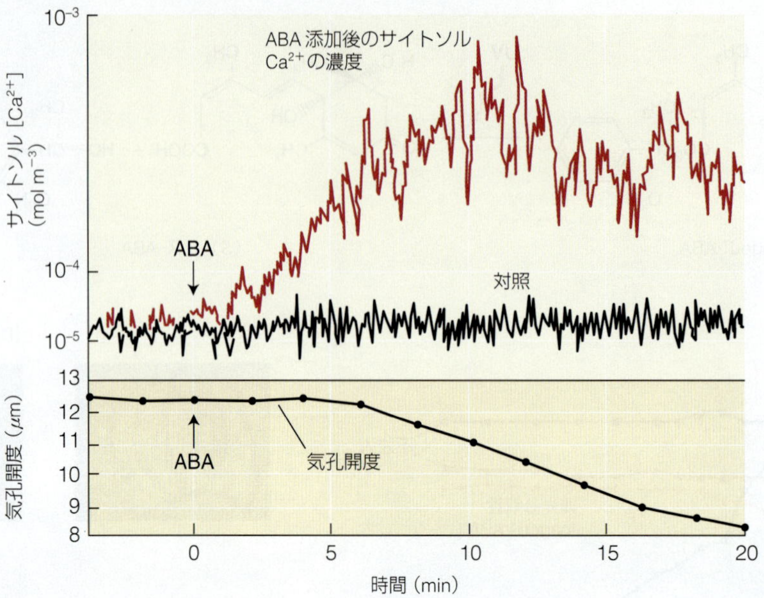

図 23.9 ABAによる孔辺細胞サイトソルCa^{2+}濃度の増加（上図）と気孔閉鎖（下図）の時間経過。(Mansfield and McAinsh 1995)

子種（reactive oxygen species：**ROS**），たとえば，過酸化水素（H_2O_2），あるいは，スーパオキシド（O_2^-）を利用する経路を介しておこる（Pei et al. 2001）。

細胞内貯蔵部位からのカルシウムの遊離は，多様なセカンドメッセンジャー，すなわち，イノシトール1,4,5-三リン酸（IP_3），サイクリックADPリボース（cADPR），そして，自己増幅的なCa^{2+}遊離などを介しておこる。最近の研究によると，ABAは孔辺細胞における**一酸化窒素**（**NO**）の合成を促進し，さらにcADPRに依存して気孔閉鎖を誘発する。このことはABAの情報伝達系においてNOもまた初期に働くセカンドメッセンジャーであることを示している（Neil et al. 2002）（NOに関する背景については，14章のWebサイトを参照）。

カルシウム流入と細胞内貯蔵部位からのカルシウム遊離の組み合わせによって，サイトソルカルシウム濃度が50 nMから350 nMへ増加し，最高1,100 nM（1.1 mM）（図23.9）（Mans-field and McAinsh, in Davies 1995）にまで上昇する。以下の実験で証明されるように，これらのカルシウム上昇は気孔を閉鎖させるのに十分である。

前に述べた実験のように，カルシウムを "caged" 型で孔辺細胞に注入すると紫外線の短時間照射により加水分解させることができる。この方法によればサイトソル内の遊離カルシウムの濃度と発生時期を調節できる。分子カゴからカルシウムが遊離され，サイトソルの濃度が600 nMあるいはそれ以上になると，気孔閉鎖がおきた（Gilroy et al. 1990）。この細胞内カルシウム濃度は，ABA処理により観察されるカルシウム濃度の範囲内であった。

以前の研究では，細胞内のカルシウムはカルシウム感受性蛍光比色素†，fura-2やindo-1などを顕微注入して測定された。しかし，蛍光色素を一個の植物細胞に顕微注入するのは困難で，しばしば，細胞が死んでしまう。シロイヌナズナの孔辺細胞では，細胞を生かしたままでの顕微注入の成功率は3％以下である。これに対して，カルシウム指示タンパク質**黄色カメレオン**（yellow cameleon）の遺伝子を発現させた形質転換植物では，注入による細胞損傷なしに蛍光を発する複数の細胞を同時に測定できる（Allen et al. 1999）（**Webトピック23.9**参照）。このような研究によって，サイトソルCa^{2+}濃度は，受容するシグナルに依存して固有の周期で振動することが解明された（図23.10）。

以上の結果は，サイトソルカルシウム濃度増加の一部は細胞内貯蔵部位に由来し，ABAによる気孔閉鎖の原因になることを支持している。しかし，植物成長ホルモンであるオーキシンは気孔開口を引きおこし，オーキシン誘導性の気孔開口は，ABAによる気孔閉鎖と同様にサイトソルカルシウム濃度の'増加'を伴う。この発見によって，サイトソルカルシウムの全体としての濃度というより，むしろCa^{2+}振動の

† 蛍光比色素はカルシウムが結合すると，励起，発光両スペクトルが変化する。色素の特性に基づいて，この色素のカルシウム結合型とカルシウム非結合型の細胞内濃度を，適切な二つの異なる波長の光で励起することにより決定できる。二つの異なる波長の蛍光強度比はその色素濃度に無関係であることから，その比からカルシウム濃度の測定ができる。

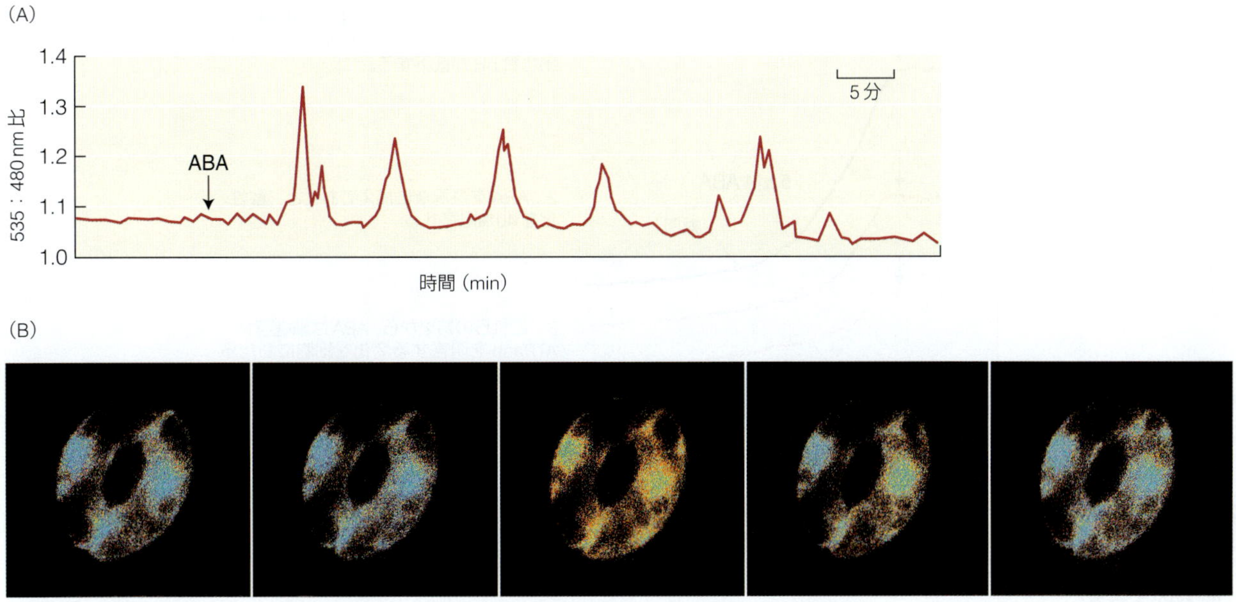

図 23.10 黄色カメレオン（カルシウム指示タンパク質色素）を発現させたシロイヌナズナ孔辺細胞のABA誘導性カルシウム振動。(A) ABAによる振動は535 nmと480 nmの蛍光発光比の増加により示した。(B) シロイヌナズナ孔辺細胞の蛍光の擬似カラー像。青，緑，黄，赤の順にサイトソルカルシウムの濃度上昇が大きくなる。(Schroeder et al. 2001)

局在と周期の精緻な特性（「Ca^{2+} 署名」）が細胞応答を決めることを示している。

サイトソルカルシウム濃度の増加に加えて，ABAはサイトソルのpHをpH 7.67からpH 7.94までアルカリ化させる。この細胞質pHの上昇は細胞膜のK^+遊離チャネルを活性化するが，そのとき，見かけ上活性化されうるチャネルの数が増加したような変化がおこる（6章）。

ABAはゆっくり活性化される陰イオンチャネルを活性化し，膜電位の長期的脱分極の原因となる

ABAによって誘導される，すばやい一過性の脱分極はK^+遊離チャネルを開口させるには不十分で，チャネルの開口には長時間にわたる膜電位の脱分極が必要である。一方，ABAに応答する長期的な脱分極が証明されている。広く受け入れられているモデルによると，膜電位の長期的脱分極は二つの要因によって誘導される：(1) ABA誘導性の一過性の細胞膜脱分極と (2) サイトソルカルシウムの増加である。これらの二つの条件は，いずれも，カルシウムによりゆっくり活性化される（S型）細胞膜の陰イオンチャネル（Schroeder and Hagiwara 1990）（6章）の活性化に必要である。また，ABAは孔辺細胞のS型陰イオンチャネルを活性化することが示されている（Grabov et al. 1997；Pei et al. 1997）。

これらの陰イオンチャネルが連続して開口することにより，大量のCl^-やリンゴ酸$^{2-}$などのイオンが電気化学的勾配に沿って細胞から流出する（細胞内はマイナスに荷電しており，細胞の外側は内側よりも陰イオン濃度が低く，Cl^-やリンゴ酸$^{2-}$の細胞からの流出を促す）。このようにして，マイナスに荷電したCl^-やリンゴ酸$^{2-}$が外へ流出することにより膜電位を大きく脱分極させ，電位依存性のK^+遊離チャネルを開かせる。

このモデルに一致して，S型陰イオンチャネルの阻害剤，たとえば，5−ニトロ−2,3−フェニルプロピルアミノ安息香酸（5-nitro-2,3-phenylpropylaminobenzoic acid：NPPB）はABA誘導性の気孔閉鎖を阻害する。一方，R型の陰イオンチャネル阻害剤，たとえば，4,4−ジイソチアン酸スチルベン−2,2′−ジスルホン酸（4,4-diisothiocyanatostilbene-2,2′-disulfonic acid：DIDS）は，ABAに誘導される気孔閉鎖を阻害しない（Schwartz et al. 1995）。

膜電位の脱分極に寄与するもう一つの要因は，細胞膜H^+-ATPaseの阻害である。ABAは孔辺細胞プロトプラストの青色光により促進されるプロトンポンプ活性を阻害し（図23.11），ABAによる細胞膜の脱分極の一部が細胞膜H^+-ATPaseの活性低下に起因するとするモデルに合致する。しかし，ABAはプロトンポンプを直接阻害するわけではない。

少なくとも *Vicia faba*（ソラマメ）では細胞膜H^+-ATPaseはカルシウムに強く阻害される。0.3 μMのカルシウムはH^+-ATPase活性を50％阻害し，1 μMでは完全に阻害した（Kinoshita et al. 1995）。ABAによる細胞膜H^+-ATPaseの活性阻害に二つの要因が寄与しているらしい。つまり，サイトソルCa^{2+}濃度の増加と，細胞質のアルカリ化である。

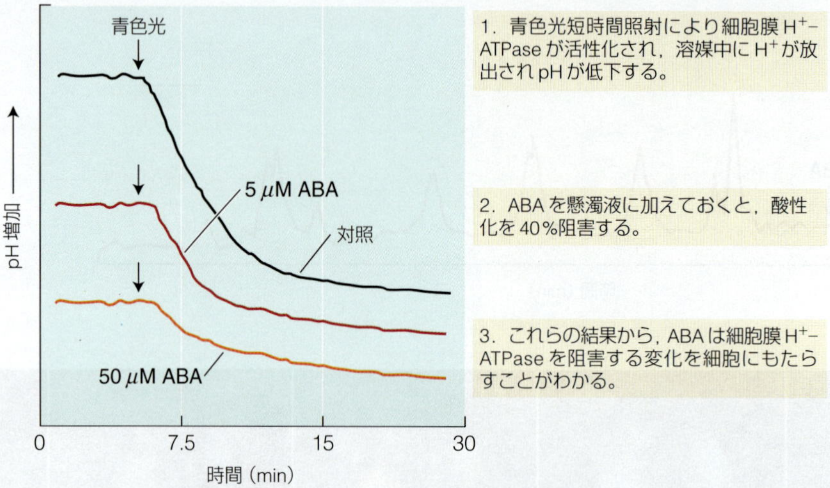

図 23.11　孔辺細胞プロトプラストからの青色光誘導性プロトン放出のABAによる阻害。孔辺細胞プロトプラスト懸濁液を赤色光照射条件で培養し，懸濁液のpHをpH電極で測定した。最初のpHはいずれの実験も同じである（見やすいように並べかえた）。（Shimazaki et al. 1986を改変）

ABAは気孔閉鎖の原因となるとともに，気孔開口を阻害する。この場合，ABAはK^+取り込みチャネル（内向きK^+チャネル）を阻害し，このチャネルはプロトンポンプの働きで膜電位が過分極するとき開口する（6，8章）。K^+取り込みチャネルはABAによるサイトソルカルシウム濃度の増加によっても阻害される。このようにして，カルシウムとpHは以下の二つの方法で孔辺細胞の細胞膜チャネルに作用する：

1. K^+取り込みチャネルと細胞膜プロトンポンプを阻害し気孔開口を阻害する。
2. 外向き陰イオンチャネルを活性化し，それによって，K^+遊離チャネルを活性化し，気孔閉鎖を促進する。

ABAはリン脂質の代謝を促進する

先に述べたように，カルシウムは気孔閉鎖を促進すると同時に，気孔開口を阻害する多くの証拠が得られている。動物細胞における古典的なカルシウム依存性情報伝達経路によると，細胞膜のホスホリパーゼCがGタンパク質により活性化され，IP_3と同時にジアシルグリセロール（DAG）が遊離される。ABAが気孔を閉鎖させるとき，同じ経路が利用されるのであろうか？

このモデルと一致して，ABAは*Vicia faba*（ソラマメ）孔辺細胞のホスファチジルイノシトール代謝を促進することが知られている。ABAによるIP_3の遊離を検出するには，IP_3をすばやく脱リン酸化するイノシトールホスファターゼ阻害剤Li^+を溶液中に入れておく必要があった。これらの条件下では，ABA処理して10秒以内にIP_3濃度の90％の増加が測定された（Lee et al. 1996）。シロイヌナズナを材料に，アンチセンスDNAを用いてABA誘導性のホスホリパーゼCの発現を抑えた最近の研究により，この酵素はABAが発芽，成長，さらに遺伝子発現に作用するのに必要であることが明らかになった（Sanchez and Chua 2001）。

ヘテロ三量体Gタンパク質は，気孔運動を誘発するABAの作用を仲介しているかもしれない。たとえば，ソラマメを用いた多くの研究において，Gタンパク質の活性化剤であるGTPγSのような物質がK^+取り込みチャネルを阻害した。この阻害剤の結果と一致して，Gタンパク質のサブユニットGαを欠損したシロイヌナズナ変異体では，ABAはK^+取り込みチャネルを阻害せず，光依存の気孔開口を阻害しなかった。しかし，ABAはこの変異体の気孔閉鎖を促進し，気孔開口の阻害と気孔閉鎖の促進とは二つの別々の道をたどり，同じ目的地，つまり気孔閉鎖に至る。

ABAの反応を仲介する別のセカンドメッセンジャーとして，ホスファチジン酸，*myo*-イノシトール-6-リン酸（IP_6）が同定されている。しかし，これらの化合物とIP_3やCa^{2+}シグナリングの関係はよくわかっていない。

これらのすべての実験結果には，孔辺細胞は多数のシグナルに応答し，おそらく，複数の受容体をもち共通の情報伝達経路をもつことを示している。

ABAの作用にはタンパク質リン酸化酵素と脱リン酸化酵素が関与する

ほとんどすべての生物情報伝達系は，経路のどこかの段階でタンパク質のリン酸化と脱リン酸化反応を含んでいる。多くの情報を受容する孔辺細胞シグナル伝達系でも，タンパク質リン酸化酵素と脱リン酸化酵素を含むことが予測される。孔辺細胞の細胞質ATP濃度を，細胞質とパッチクランプ用微小ガラス電極（パッチピペット）内溶液とを平衡化させ，人為的に上昇させると（6章），S型の陰イオンチャネルが強く活性化される。

パッチピペット内にタンパク質リン酸化酵素の阻害剤を入れておくと，S型陰イオンチャネルはATPによって活性化されない（Schmidt et al. 1995）。このタンパク質リン酸化酵素阻害剤は，ABA誘導性の気孔閉鎖も阻害する。一方，細胞質ATPの濃度を下げると，S型の陰イオンチャネルが不活性化される。この不活性化は脱リン酸化酵素の働きによることが確認され，それによって，タンパク質に共有結合したリン酸基がはずれる。これらの結果から，タンパク質のリン酸化と脱リン酸化が孔辺細胞のABAシグナル伝達経路で重要な役割を果たしていることがわかる。

現在では，ABAで活性化されるタンパク質リン酸化酵素（ABA–activated protein kinase：AAPK）がソラマメ孔辺細胞に存在する直接の証拠が得られている（Li and Assmann 1996, Mori and Muto 1997）。AAPKの活性はABAによるS型陰イオンチャネル電流の増大と気孔閉鎖に必要である。この酵素は自己リン酸化活性をもつタンパク質リン酸化酵素で，ABAによるCa^{2+}非依存性シグナル伝達経路の一部，あるいは，Ca^{2+}依存経路のずっと下流で機能しているかのいずれかである（ABAの作用経路にCa^{2+}依存性とCa^{2+}非依存性の二つが存在することは，あとで述べる）。これに加えて，MAPキナーゼだけでなく，2種類のCa^{2+}依存性タンパク質リン酸化酵素が気孔開度のABAによる制御に関与している。

シグナル伝達系の構成成分をコードする遺伝子の同定が，ABA非感受性変異体を用いた解析により開始されている。シロイヌナズナの*abi1–1*と*abi2–1*変異体では，種子も成長した植物もABA非感受性である。これらの*abi*変異はABAの情報伝達を欠いた表現型と一致し，種子休眠の低下，萎れ（気孔の開度調節の不全），ABA誘導性遺伝子発現の低下などを含んでいた。

これら変異体における気孔反応の消失にはS型陰イオンチャネル，K^+取り込み，および遊離の両チャネル，そして，アクチンの再構成反応のABAに対する非感受性などが関与している。ABAに対する感受性を消失しているにもかかわらず，外液に高濃度のCa^{2+}を加えると気孔は閉鎖することから，これらの変異体はCa^{2+}情報伝達を動かす能力を欠いている。これらの発見に一致して，変異体ではABAを加えてもCa^{2+}振動がおきない（Allen et al. 1999a）。

ABIタンパク質脱リン酸化酵素はABA応答の負の制御因子である

シロイヌナズナの*ABI1*と*ABI2*遺伝子はクローニングされ，両者はたがいにの密接に関連するセリン/スレオニンタンパク質脱リン酸化酵素をコードする遺伝子であることが同定された。この発見によりABI1とABI2が特定のセリン，またはスレオニンを脱リン酸化することにより標的タンパク質を制御することが明らかになったが，その基質についてはっきりとわかっているものはなにもない。

*abi1–1*と*abi2–1*変異はABAに対する反応性を低下させるので，最初，野生型の遺伝子はABA応答を‘促進する’と考えられた。しかし，もとの変異は劣性ではなく優性変異であることがわかり，最近の研究によると「ドミナントネガティブ」変異として働くことが示された。すなわち，遺伝子の一方に欠損があると，もう一つの残りの野生型対立遺伝子からの機能的な遺伝子産物の働きを抑え，ABAに対する応答を阻害する。

その後，*ABI1*の劣性変異が得られ，それは単純に*ABI1*活性を欠いたものであった。実際には，これらの*ABI1*の劣勢変異はABAに対する感受性が増加していた（Gosti et al. 1999）。さらに，野生型遺伝子，あるいは，そのホモログ（類縁のタンパク質）を高発現プロモーターによって植物に再導入，過剰発現させるとABA感受性の‘低減’がおきた（Sheen 1998）。この結果から，これらの野生型脱リン酸化酵素はABA反応を阻害すると考えられる。

ABAシグナリングにはCa^{2+}に依存しない経路がある

ABAによるサイトソルカルシウム濃度の増加は，ABAによる気孔閉鎖に関するモデルの重要な特質であるが，ABAは孔辺細胞のサイトソルカルシウム濃度の増加なしに気孔閉鎖を誘発できる（Allan et al. 1994）。言い換えれば，ABAは一つ，または複数のCa^{2+}非依存性経路を介して作用するらしい。

ABAはカルシウムに加えてサイトソルpHをシグナル中間体として利用できる。すでに述べたように，サイトソルpHの上昇はK^+遊離チャネルを活性化するが，*abi1*変異の効果の一つはこのK^+チャネルをpH非感受性にすることである。

このようなシグナル伝達経路の重複は，気孔開度に影響する多様なホルモンや環境刺激を孔辺細胞がどのように統合しているのかをうまく説明している。このような重複（冗長性）は孔辺細胞に特有のものではないと思われる。

孔辺細胞におけるABA作用の簡略化したモデルを図23.12に示した。わかりやすくするため細胞表面の受容体だけを示した。

遺伝子発現のABAによる制御は転写因子によって仲介される

ABAシグナル伝達系の下流についてはすでに議論したように，遺伝子発現が変化する。ABAは種子の成熟やある種のストレス条件，たとえば，熱ショック応答，低温適応，塩耐性（Rock 2000）において，多数の遺伝子発現を制御することが知られている。ABAやストレスによって誘導される遺

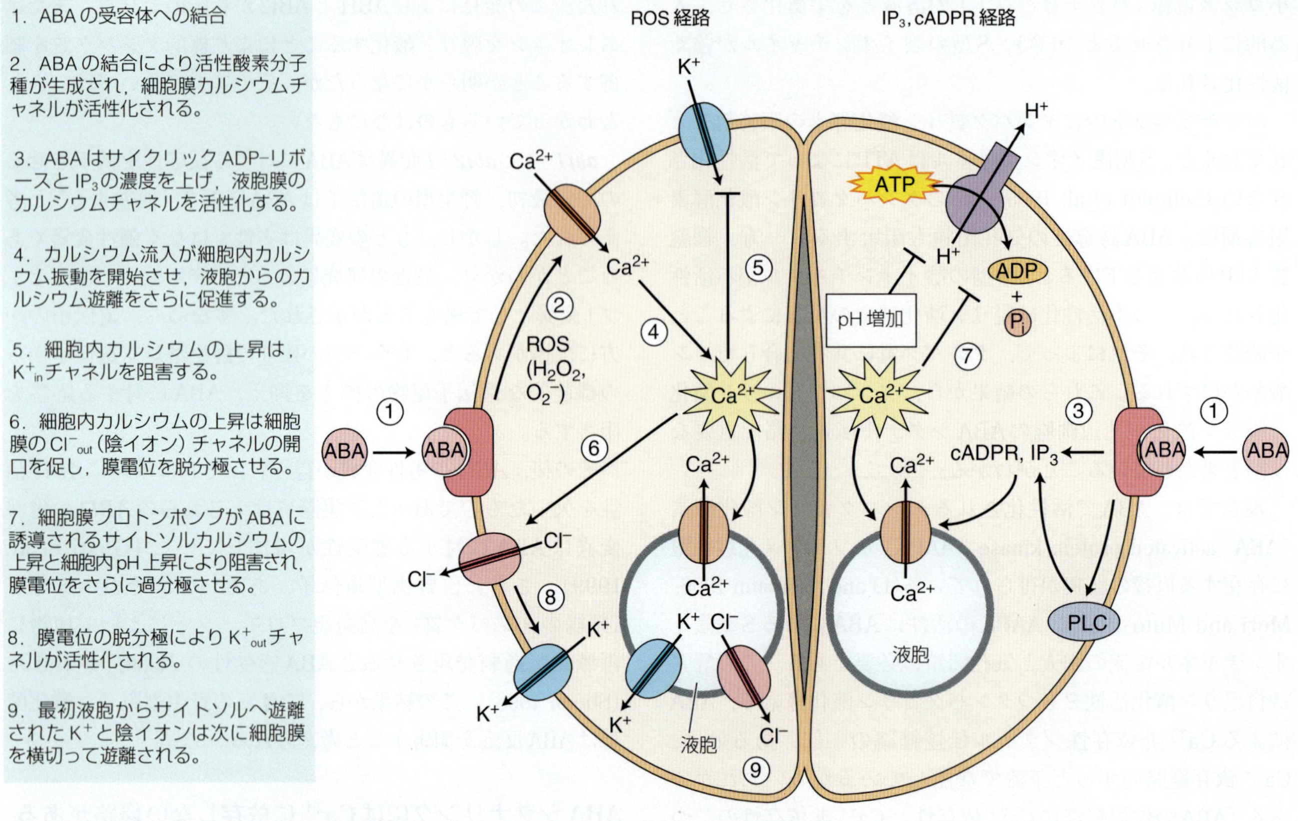

1. ABAの受容体への結合
2. ABAの結合により活性酸素分子種が生成され，細胞膜カルシウムチャネルが活性化される。
3. ABAはサイクリックADP-リボースとIP$_3$の濃度を上げ，液胞膜のカルシウムチャネルを活性化する。
4. カルシウム流入が細胞内カルシウム振動を開始させ，液胞からのカルシウム遊離をさらに促進する。
5. 細胞内カルシウムの上昇は，K$^+_{in}$チャネルを阻害する。
6. 細胞内カルシウムの上昇は細胞膜のCl$^-_{out}$（陰イオン）チャネルの開口を促し，膜電位を脱分極させる。
7. 細胞膜プロトンポンプがABAに誘導されるサイトソルカルシウムの上昇と細胞内pH上昇により阻害され，膜電位をさらに過分極させる。
8. 膜電位の脱分極によりK$^+_{out}$チャネルが活性化される。
9. 最初液胞からサイトソルへ遊離されたK$^+$と陰イオンは次に細胞膜を横切って遊離される。
ROS経路
IP$_3$, cADPR経路
K$^+$
H$^+$
ATP
ADP
P$_i$
Ca^{2+}
ROS
(H$_2$O$_2$,
O$_2^-$)
pH増加
ABA
cADPR, IP$_3$
Cl$^-$
PLC
液胞

図 23.12　気孔孔辺細胞におけるABA情報伝達系の単純化したモデル。正味の効果はカリウムイオンと陰イオン（Cl$^-$とリンゴ酸$^{2-}$）の細胞からの消失である（ROS；活性酸素分子種，cADPR；サイクリックADPリボース，PLC；ホスホリパーゼC）。

伝子は耐性獲得に寄与すると考えられる（25章）。それらの中にはプロテアーゼ，シャペロニン，LEAタンパク質と類似のタンパク質，糖やその他の適合溶質[†]の代謝系酵素，イオンや水チャネルタンパク質，活性酸素分子種の解毒酵素，さらに，転写因子やタンパク質リン酸化酵素といった制御タンパク質をコードする遺伝子が含まれる。

ABAが転写を促進することが，二，三の事例で直接的に証明されている。ABAによる遺伝子の活性化は転写因子に仲介される。ABA応答性の転写誘導能をもつ4種の主な制御配列が同定されており，これらの配列に結合するタンパク質が解明されている（**Webトピック23.10**参照）。ストレス条件下の遺伝子発現にはABA依存性のものと，非依存性のものがあり，さらに，低温，乾燥，および塩に特異的に応答する転写因子も同定されている（25章）。

ABAによる転写抑制に関与するDNA因子がいくつか同定されている。これらの中でもっともよく解明されているものはジベレリン応答因子（GAREs）で，ジベレリンにより発現誘導されABAにより発現抑制されるオオムギのα-アミラーゼ遺伝子の制御に関与している（20章）。

成熟中の種子において，ABAによる遺伝子活性化に関与する四つの転写因子が遺伝学的手法により同定されている。これらのタンパク質をコードする遺伝子のどれに変異がおきても種子のABA応答性が低下する。トウモロコシの*VPI*（*VIVIPAROUS-1*）とシロイヌナズナの*ABI3*（*ABA-INSENSITIVE3*）は非常によく似たタンパク質をコードしており，また，*ABI4*と*ABI5*は二つの異なる転写因子ファミリーメンバーをコードしている。*VPI1/ABI3*と*ABI4*は植物にのみ存在する遺伝子ファミリーのメンバーである。それに対して，*ABI5*は塩基性ロイシンジッパー（bZIP）ファミリーの一員で，すべての真核生物に存在している（Finkelstein and Lynch 2000）。

さらに，*ABI5*サブファミリーメンバーが非遺伝学的手段により同定され，それらもまた，ABA，胚形成，乾燥，あるいは塩ストレスなどによって誘導される遺伝子発現と関連していた。*vp1*，*abi4*，および*abi5*変異体を調べると，これらの遺伝子は転写を活性化するか抑制するかのどちらかで，標的遺伝子に依存していた。すべての遺伝子のプロモーター領

† サイトソルで浸透物質として働く無毒の有機化合物。このような化合物は通常，水または塩ストレス時に蓄積する（25章）。

域が複数の制御因子の結合部位をもっていることから，これらの転写因子は多様な組合せからなる制御因子複合体として機能し，その構成は制御因子と結合部位の組合せにより決まるのだろう。

これまでに，ABI3/VPIタンパク質については多くのタンパク質との物理的な相互作用が解明され，その中にはABI5やイネのホモログ（TRAB1）が含まれる。ABI5はホモダイマーや，他のbZIPファミリーメンバーとヘテロダイマーを形成する。さらに，一連の酸性タンパク質，14-3-3タンパク質を介する間接的相互作用があり，14-3-3タンパク質はダイマーを形成し，多くの情報伝達，輸送，酵素活性をタンパク質間相互作用によって促進する（**Webトピック23.1**参照）。これらの研究により，ABA誘導性の遺伝子発現に関与する制御複合体の成分として相互作用することが予測されていた，多様な転写因子間の特異的結合能が実証された。

ABA反応のその他の負の制御因子の存在

すでに述べたように，ABA応答の負の制御因子（タンパク質脱リン酸化酵素）が*abi1*や*abi2*のようなドミナントネガティブ型の変異体の単離によって同定され，これらの表現型はABA非感受性を示した（エチレン受容体変異*etr1*のドミナントネガティブ効果と類似している；22章参照）。

さらに別の負の制御因子はABA応答性が増大した変異体の単離によって同定された。発芽中にABA応答能の増大した変異体に*era*（enhanced response to ABA）と*abh*（ABA hypersensitive）（Cutler et al. 1996；Hugouvieux et al. 2001）がある。*era*と*abh*変異体は気孔閉鎖と発芽の両方でABA過感受性を示し，これらの変異体は萎れにくく，乾燥に対してやや耐性になる。

ファルネシルトランスフェラーゼ　*ERA1*遺伝子がクローニングされ，そのタンパク質産物が酵素ファルネシルトランスフェラーゼのサブユニットであることが同定された。ファルネシルトランスフェラーゼは特異的シグナルアミノ酸配列をもつタンパク質にファルネシル二リン酸イソプレノイド中間体を付加する反応を触媒する（13章）。シグナル伝達を担う多くのタンパク質がファルネシル化されることが知られている。ファルネシル化されたタンパク質はファルネシル基と膜脂質との疎水的相互作用により膜にアンカーする（図1.6）。ファルネシルトランスフェラーゼ成分としてのERA1の同定により，ABAに対する応答を通常抑制しているタンパク質はファルネシル化を必要とし，それにより膜にアンカーしていると思われる。

mRNAプロセシング　ABH1はmRNA 5′キャップ結合タンパク質をコードしており，ABAシグナリングにおける負の制御因子のmRNAプロセシングに関与すると考えられている（真核生物のメッセンジャーRNAは5′末端にメチル化されたグアノシンからなる「キャップ」をもっている）。野生型と*abh1*変異植物の転写産物を比較すると，変異体には誤って発現された少数の遺伝子産物が存在し，その中にはシグナル分子も含まれていた。

エチレン非感受性　*ERA3*は以前同定されたエチレンシグナリングの遺伝子座，*ETHYLENE-INSENSITIVE2*（EIN2）（Ghassemian et al. 2000）の対立遺伝子であることが見い出された（22章）。ABAやエチレン応答に異状があるだけでなく，この遺伝子変異はオーキシン，ジャスモン酸，さらに，ストレスに対する応答にも欠陥があった。この遺伝子は「クロストーク」ポイントとなる膜結合性タンパク質をコードしていた。つまり，共通のシグナル中間体として異なる多くのシグナルに対する応答を仲介するものと思われる。

IP_3の異化代謝　ABA応答性プロモーターに調節されるレポーター遺伝子の誤発現に基づく選抜により，ABA情報伝達の変異体が同定された。これらの変異体には遺伝子発現に欠損が限定されるものもあるが，成長にも異状の見られるものもある。そのような変異体の一つに*fiery*（*fry*）とよばれるものがあり，ABA/ストレス反応性のルシフェラーゼレポーターの発光強度が増大し，発芽と成長がABAおよびストレスによる阻害に対して過敏になっていた。*FIERY*遺伝子はIP_3異化代謝に必要な酵素をコードしている（Xiong et al. 2001）。このような変異体の表現型は，ストレスシグナリングを誘起するだけでなく，減衰させることもストレス耐性を獲得するのに重要であることを示している。

他の植物ホルモンについて知られているのと同様に，ABAシグナル伝達機構においても，転写，RNAプロセシング，タンパク質のリン酸化やファルネシル化，あるいはセカンドメッセンジャーの代謝といったさまざまな過程に影響を及ぼす正と負の制御因子が協調的作用している。シグナル伝達因子がつぎつぎと明らかにされ，そしてそれらがしばしば複数のシグナル応答において機能していることがわかってくると，これらの因子がどのようにしてABAに特異的な応答を生み出しているのかを解明することが次の課題となる。

まとめ

アブシジン酸（ABA）は水ストレスへの応答と同様に，種子や芽の休眠に重要である。ABAは炭素数15のテルペノイドでカロテノイドの末端部分に由来する。組織中のABAは成長，発芽，気孔閉鎖などの生物検定によって測定できる。ガスクロマトグラフィー，HPLC，そして免疫定量はABA量を測定するのに信頼性のある正確な方法である。

ABAは炭素数40カロテノイド前駆体の開裂により生じ，この前駆体はプラスチドのテルペン合成経路を介してイソペンテニル二リン酸から合成される。ABAは酸化的分解や他の分子との結合によって活性を失う。

ABAはプラスチドをもつほとんどすべての細胞で合成され，道管や篩管を通して輸送される。発生，あるいは，環境変化に応答してABA濃度は劇的に変動する。種子成熟中の，胚形成中期から終期にかけてABA濃度はピークに達する。

ABAは胚発生中の乾燥耐性，貯蔵タンパク質の合成，休眠の獲得に必要である。種子休眠と発芽はABA/GA比で調節されており，ABAを欠損した胚は早生発芽や胎生発芽を示すことがある。ABAはまたエチレンやブラシノステロイドによる発芽促進を阻害する。芽におけるABAの役割については不明な点が多いが，ABAは休眠芽に蓄積する阻害物質の一つである。

水ストレス中に葉のABA濃度は50倍まで増加する。気孔閉鎖に加えてABAは根の水伝導度を増加させ，低い水ポテンシャル条件における根：茎比を増加させる。ABAと道管液のアルカリ化は，土壌の乾燥を根が茎に伝える二つの化学シグナルであると考えられている。道管液のpH増加により，葉のより多くのABAが蒸散流を介して気孔まで転流される。

ABAは短期と長期の両方にわたって植物の発生を調節する。長期の効果はABA誘導性の遺伝子発現を介する。ABAは種子形成や水ストレス時に多種類のタンパク質合成を促進し，それらのタンパク質にはLEAファミリー，タンパク質分解酵素とシャペロニン，イオンチャネルや水チャネル，適合溶質の代謝を触媒する酵素，さらに，活性酸素分子種の解毒酵素が含まれる。これらのタンパク質は膜や他のタンパク質を乾燥傷害から保護するか，ストレス傷害からの回復を助けると思われる。ABA応答配列やこの配列に結合する複数の転写因子が同定された。ABAはGA誘導性の遺伝子発現，たとえば，オオムギ糊粉層のGA-MYBやα-アミラーゼの合成を抑制する。

孔辺細胞には，細胞外と細胞内の両方にABA受容体が存在する証拠がある。ABAは，孔辺細胞の膜電位を長時間脱分極させることにより，気孔を閉じさせる。脱分極はサイトソルpHのアルカリ化とともにサイトソルCa^{2+}の濃度増加に起因すると信じられている。サイトソルカルシウムの増加は細胞外からのカルシウム流入と細胞内貯蔵部位からのカルシウム遊離のためである。このカルシウム増加はS型（slow anion channel）陰イオンチャネルの活性化を促し，それにより膜電位の脱分極がおきる。IP_3，IP_6，cADPR，PA，そして活性酸素分子種のすべてが，ABA処理された孔辺細胞においてセカンドメッセンジャーとして機能し，Gタンパク質も反応に関与する。K^+遊離チャネルは膜電位の脱分極やpHの上昇に反応して開口し，大量のK^+の遊離をもたらす。

一般に，ABA応答は1種類の細胞でも一つ以上のシグナル伝達系に制御されているらしい。この重複は，植物細胞が多数のシグナルに応答能をもつことと一致している。ABAシグナル伝達系は，糖類だけでなく，主な植物ホルモンのシグナル伝達系とのあいだでもクロストークする遺伝学的な証拠が得られている。

Webマテリアル

Webトピック

23.1　苔類から得られたルヌラリン酸の構造
ルヌラリン酸（lunularic acid）は高等植物では不活性であるが，苔類（ゼニゴケなど）ではABAと同様の機能をもつようである。

23.2　アブシジン酸の生物活性に必要な構造
ホルモン活性を示すためには，ABAにはある官能基が必要である。

23.3　ABAの生物検定
ABAに応答する植物組織は，ABAを検出し測定するのに用いられてきた。

23.4　乾燥耐性に必要なタンパク質
ABAは乾燥傷害から細胞を守るタンパク質の合成を誘導する。

23.5　種子休眠のタイプと環境因子の役割
種子休眠の種々のタイプに言及し，種子休眠に対する環境要因の影響について述べている。

23.6　種子の寿命
条件によっては，種子は数百年の休眠状態を保つ。

23.7　休眠の遺伝子マッピング：候補遺伝子を組合せた栄養休眠（vegetative dormancy）の量的形質遺伝子座（QTL）解析
連鎖しない多くの遺伝子が影響する量的形質を決める遺伝子数と染色体上の位置を決定する遺伝学的方法。

23.8　ABAに誘導される老化とエチレン
ホルモン非感受性の変異体は，老化に対するABAの効果とエチレンの効果を区別するのに役立つ。

23.9　黄色カメレオン：サイトソルカルシウムを測定するための非破壊的手法
カルシウム濃度のレポーターとして働く黄色カメレオンタンパク質の特徴について述べている。

23.10　ABA誘導性の遺伝子発現を制御するプロモーター配列群
異なるABA応答配列を表に示している。

23.11　two-hybridシステム
GAL4転写因子が酵母におけるタンパク質-タンパク質間相互作用の検出に用いられる。

Webエッセイ

23.1 水生植物の異形葉

アブシジン酸は，多くの水生植物の葉を陸生植物型に誘導する。

参考文献

Allan, A. C., Fricker, M. D., Ward, J. L., Beale, M. H., and Trewavas, A. J. (1994) Two transduction pathways mediate rapid effects of abscisic acid in *Commelina* guard cells. *Plant Cell* 6: 1319–1328.

Allen, G. J., Kuchitsu, K., Chu, S. P., Murata, Y., and Schroeder, J. I. (1999a) *Arabidopsis* abi1-1 and abi2-1 phosphatase mutations reduce abscisic acid-induced cytoplasmic calcium rises in guard cells. *Plant Cell* 11: 1785–1798.

Allen, G. J., Kwak, J. M., Chu, S. P., Llopis, J., Tsien, R. Y., Harper, J. F., and Schroeder, J. I. (1999b) Cameleon calcium indicator reports cytoplasmic calcium dynamics in *Arabidopsis* guard cells. *Plant J.* 19: 735–747.

Anderson, B. E., Ward, J. M., and Schroeder, J. I. (1994) Evidence for an extracellular reception site for abscisic acid in *Commelina* guard cells. *Plant Physiol.* 104: 1177–1183.

Beardsell, M. F., and Cohen, D. (1975) Relationships between leaf water status, abscisic acid levels, and stomatal resistance in maize and sorghum. *Plant Physiol.* 56: 207–212.

Bewley, J. D., and Black, M. (1994) *Seeds: Physiology of Development and Germination*, 2nd ed. Plenum, New York.

Cutler, S., Ghassemian, M., Bonetta, D., Cooney, S., and McCourt, P. (1996) A protein farnesyl transferase involved in abscisic acid signal transduction in *Arabidopsis*. *Science* 273: 1239–1241.

Davies, P. J., ed. (1995) *Plant Hormones: Physiology, Biochemistry and Molecular Biology*, 2nd ed. Kluwer, Dordrecht, Netherlands.

Davies, W. J., and Zhang, J. (1991) Root signals and the regulation of growth and development of plants in drying soil. *Annu. Rev. Plant Physiol. Plant Mol. Biol.* 42: 55–76.

Finkelstein, R. R., and Lynch, T. J. (2000) The *Arabidopsis* abscisic acid response gene ABI5 encodes a basic leucine zipper transcription factor. *Plant Cell* 12: 599–609.

Finkelstein, R. R., Wang, M. L., Lynch, T. J., Rao, S., and Goodman, H. M. (1998) The *Arabidopsis* abscisic acid response locus ABI4 encodes an APETALA2 domain protein. *Plant Cell* 10: 1043–1054.

Ghassemian, M., Nambara, E., Cutler, S., Kawaide, H., Kamiya, Y., and McCourt, P. (2000) Regulation of abscisic acid signaling by the ethylene response pathway in *Arabidopsis*. *Plant Cell* 12: 1117–1126.

Gilroy, S., and Jones, R. L. (1994) Perception of gibberellin and abscisic acid at the external face of the plasma membrane of barley (*Hordeum vulgare* L.) aleurone protoplasts. *Plant Physiol.* 104: 1185–1192.

Gilroy, S., Read, N. D., and Trewavas, A. J. (1990) Elevation of cytoplasmic calcium by caged calcium or caged inositol trisphosphate initiates stomatal closure. *Nature* 343: 769–771.

Gomez-Cadenas, A., Zentella, R., Walker-Simmons, M. K., and Ho, T.-H. D. (2001) Gibberellin/abscisic acid antagonism in barley aleurone cells: Site of action of the protein kinase PKABA1 in relation to gibberellin signaling molecules. *Plant Cell* 13: 667–679.

Gosti, F., Beaudoin, N., Serizet, C., Webb, A. A. R., Vartanian, N., and Giraudat, J. (1999) ABI1 protein phosphatase 2C is a negative regulator of abscisic acid signaling. *Plant Cell* 11: 1897–1909.

Grabov, A., Leung, J., Giraudat, J., and Blatt, M. (1997) Alteration of anion channel kinetics in wild-type and *abi1-1* transgenic *Nicotiana benthamiana* guard cells by abscisic acid. *Plant J.* 12: 203–213.

Hoecker, U., Vasil, I. K., and McCarty, D. R. (1995) Integrated control of seed maturation and germination programs by activator and repressor functions of Viviparous-1 of maize. *Genes Dev.* 9: 2459–2469.

Hugouvieux, V., Kwak, J. M., and Schroeder, J. I. (2001) A mRNA cap binding protein, ABH1, modulates early abscisic acid signal transduction in *Arabidopsis*. *Cell.* 106: 477–487.

Jeannette, E., Rona, J.-P., Bardat, F., Cornel, D., Sotta, B., and Miginiac, E. (1999) Induction of *RAB18* gene expression and activation of K^+ outward rectifying channels depend on an extracellular perception of ABA in *Arabidopsis thaliana* suspension cells. *Plant J.* 18: 13–22.

Kinoshita, T., Nishimura, M., and Shimazaki, K.-I. (1995) Cytosolic concentration of Ca^{2+} regulates the plasma membrane H^+-ATPase in guard cells of fava bean. *Plant Cell* 7: 1333–1342.

Koornneef, M., Jorna, M. L., Brinkhorst-van der Swan, D. L. C., and Karssen, C. M. (1982) The isolation of abscisic acid (ABA) deficient mutants by selection of induced revertants in non-germinating gibberellin sensitive lines of *Arabidopsis thaliana* L. Heynh. *Theor. Appl. Genet.* 61: 385–393.

Lee, Y., Choi, Y. B., Suh, S., Lee, J., Assmann, S. M., Joe, C. O., Kelleher, J. F., and Crain, R. C. (1996) Abscisic acid-induced phosphoinositide turnover in guard cell protoplasts of *Vicia faba*. *Plant Physiol.* 110: 987–996.

Li, J., and Assmann, S. M. (1996) An abscisic acid-activated and calcium-independent protein kinase from guard cells of fava bean. *Plant Cell* 8: 2359–2368.

Mansfield, T. A., and McAinsh, M. R. (1995) Hormones as regulators of water balance. In *Plant Hormones: Physiology, Biochemistry and Molecular Biology*, 2nd ed., P. J. Davies, ed., Kluwer, Dordrecht, Netherlands, pp. 598–616.

Milborrow, B. V. (2001) The pathway of biosynthesis of abscisic acid in vascular plants: A review of the present state of knowledge of ABA biosynthesis. *J. Exp. Bot.* 52: 1145–1164.

Mori, I. C., and Muto, S. (1997) Abscisic acid activates a 48-kilodalton protein kinase in guard cell protoplasts. *Plant Physiol.* 113: 833–839.

Nambara, E., Hayama, R., Tsuchiya, Y., Nishimura, M., Kawaide, H., Kamiya, Y., and Naito, S. (2000) The role of *abi3* and *fus3* loci in *Arabidopsis thaliana* on phase transition from late embryo development to germination. *Dev. Biol.* 220: 412–423.

Neill, S. J., Desikan, R., Clarke, A., and Hancock, J. T. (2002) Nitric oxide is a novel component of abscisic acid signaling in stomatal guard cells. *Plant Physiol.* 128: 13–16.

Pei, Z.-M., Kuchitsu, K., Ward, J. M., Schwarz, M., and Schroeder, J. I. (1997) Differential abscisic acid regulation of guard cell slow anion channels in *Arabidopsis* wild-type and abi1 and abi2 mutants. *Plant Cell* 9: 409–423.

Pei, Z. M., Murata, Y., Benning, G., Thomine, S., Klusener, B., Allen, G. J., Grill, E., and Schroeder, J. I. (2000) Calcium channels activated by hydrogen peroxide mediate abscisic acid signalling in guard cells. *Nature* 406: 731–734.

Raz, V., Bergervoet, J. H. W., and Koornneef, M. (2001) Sequential steps for developmental arrest in *Arabidopsis* seeds. *Development* 128: 243–252.

Rock, C. D. (2000) Pathways to abscisic acid-regulated gene expression. *New Phytol.* 148: 357–396.

Saab, I. N., Sharp, R. E., Pritchard, J., and Voetberg, G. S. (1990) Increased endogenous abscisic acid maintains primary root growth and inhibits shoot growth of maize seedlings at low

water potentials. *Plant Physiol.* 93: 1329–1336.
Sanchez, J.–P., and Chua, N.–H. (2001) *Arabidopsis* PLC1 is required for secondary responses to abscisic acid signals. *Plant Cell* 13: 1143–1154.
Schmidt, C., Schelle, I., Liao, Y.–J., and Schroeder, J. I. (1995) Strong regulation of slow anion channels and abscisic acid signaling in guard cells by phosphorylation and dephosphorylation events. *Proc. Natl. Acad. Sci. USA* 92: 9535–9539.
Schroeder, J. I., and Hagiwara, S. (1990) Repetitive increases in cytosolic Ca^{2+} of guard cells by abscisic acid activation of nonselective Ca^{2+} permeable channels. *Proc. Natl. Acad. Sci. USA* 87: 9305–9309.
Schroeder, J. I., Allen, G. J., Hugouvieux, V., Kwak, J. M., and Waner, D. (2001) Guard cell signal transduction. *Annu. Rev. Plant Phys. Plant Mol. Biol.* 52: 627–658.
Schultz, T. F., and Quatrano, R. S. (1997) Evidence for surface perception of abscisic acid by rice suspension cells as assayed by Em gene expression. *Plant Sci.* 130: 63–71.
Schurr, U., Gollan, T., and Schulze, E.–D. (1992) Stomatal response to drying soil in relation to changes in the xylem sap composition of *Helianthus annuus*. II. Stomatal sensitivity to abscisic acid imported from the xylem sap. *Plant Cell Environ.* 15: 561–567.
Schwartz, A., Ilan, N., Schwartz, M., Scheaffer, J., Assmann, S. M., and Schroeder, J. I. (1995) Anion–channel blockers inhibit S–type anion channels and abscisic acid responses in guard cells. *Plant Physiol.* 109: 651–658.
Schwartz, A., Wu, W.–H., Tucker, E. B., and Assmann, S. M. (1994) Inhibition of inward K^+ channels and stomatal response by abscisic acid: An intracellular locus of phytohormone action. *Proc. Natl. Acad. Sci. USA* 91: 4019–4023.
Sharp, R. E., LeNoble, M. E., Else, M. A., Thorne, E. T., and Gherardi, F. (2000) Endogenous ABA maintains shoot growth in tomato independently of effects on plant water balance: Evidence for an interaction with ethylene. *J. Exp. Bot.* 51: 1575–1584.
Sheen, J. (1998) Mutational analysis of protein phosphatase 2C involved in abscisic acid signal transduction in higher plants. *Proc. Natl. Acad. Sci. USA* 95: 975–980.
Shimazaki, K., Iino, M., and Zeiger, E. (1986) Blue light–dependent proton extrusion by guard cell protoplasts of *Vicia faba*. *Nature* 319: 324–326.
Spollen, W. G., LeNoble, M. E., Samuels, T. D., Bernstein, N., and Sharp, R. E. (2000) Abscisic acid accumulation maintains maize primary root elongation at low water potentials by restricting ethylene production. *Plant Physiol.* 122: 967–976.
Wang, X.–Q., Ullah, H., Jones, A. M., and Assmann, S. M. (2001) G protein regulation of ion channels and abscisic acid signaling in *Arabidopsis* guard cells. *Science* 292: 2070–2072.
White, C. N., Proebsting, W. M., Hedden, P., and Rivin, C.J. (2000) Gibberellins and seed development in maize. I. Evidence that gibberellin/abscisic acid balance governs germination versus maturation pathways. *Plant Physiol.* 122: 1081–1088.
Wilkinson, S., and Davies, W. J. (1997) Xylem sap pH increase: A drought signal received at the apoplastic face of the guard cell that involves the suppression of saturable abscisic acid uptake by the epidermal symplast. *Plant Physiol.* 113: 559–573.
Xiong, L., Lee, H., Ishitani, M., Zhang, C., and Zhu, J.–K. (2001) *FIERY1* encoding an inositol polyphosphate 1–phosphatase is a negative regulator of abscisic acid and stress signaling in *Arabidopsis*. *Genes Dev.* 15: 1971–1984.

24 花成の調節

ほとんどの人々は，春の季節の到来とそれがもたらす百花繚乱を心待ちにする。休暇で旅行をしようという人の中には，特定の花の季節——たとえば，南カリフォルニアならばフレズノ郡のブロッサム・トレイル沿いの柑橘，オランダならばチューリップ——に旅行の時期を合わせるように心を配る人も多い。ワシントンや日本のいたるところで，桜の花はお祭り気分をもって迎えられる。春が過ぎ，夏を迎え，やがて夏から秋，秋から冬へと季節は移ろってゆくが，野生の植物は決まった時期に花を咲かせる。

花期と季節の間に強い相関がみられることは「常識」ではあるが，この現象自体は，本章で扱ういくつかの根本的な疑問を提起する。

- 植物はどのようにして一年のうちの季節，一日のうちの時間の進行をとらえているのか。
- 環境のどのようなシグナルが花を咲かせることを調節しているのか。また，植物はどのようにしてそのシグナルを感知するのか。
- 感知された環境シグナルは，どのような情報伝達をへて，花成（flowering）と結びついた発生学的な変化を引きおこすのか。

16章では，根端分裂組織と茎頂分裂組織が栄養成長に果たす役割について論じた。栄養成長から花成への移行は，茎頂分裂組織における形態形成や細胞分化のパターンの大きな変化を伴うものである。そして，花成過程は最終的には，花器官——がく片，花弁，雄ずい，心皮（**Webトピック1.2**参照）——の形成につながる。

葯内の特殊化した細胞は，減数分裂をへて4個の半数体の小胞子を生じ，これらは花粉に分化する。同じようにして，胚珠内の1個の細胞が減数分裂により4個の大胞子を生じ，そのうちの1個が3回の体細胞分裂を行うことで，胚嚢の細胞が形成される（**Webトピック1.2**参照）。胚嚢は成熟した雌性配偶体に対応する。花粉管を発芽させた花粉は，雄性配偶体世代にあたる。これら二つの配偶体構造は配偶子（卵と精細胞）を生じ，それらの融合により二倍体の接合子がつくられる。接合子は新しい胞子体世代の最初のステージである。

花は明らかに，機能的に特殊化した構造体の複合体であり，花を構成する個々の構造体は形態や細胞タイプにおいて栄養体器官とは大きく異なっている。したがって，栄養成長から花成への移行は，茎頂分裂組織における細胞の発生運命の根本的な変化を伴うことになる。本章の前半部では，‘花の発生’として現れるこうした変化について論じることにする。近年，花器官の形成に決定的な役割を果たす遺伝子群が同定され，そのような遺伝子の研究により，植物の生殖成長の遺伝学的調節という問題に新たな光があてられることになった。

茎頂部でおこり，頂端分裂組織を‘花’の形成という特定の発生運命に拘束（commit）する一連のできごとは，まとめて**花成惹起**（floral evocation）とよばれる。本章の後半部では，花成惹起にいたる一連のできごとについて論じる。花成惹起をもたらす発生シグナルには，‘概日リズム’，‘相変換’，‘ホルモン’といった内生要因や，日長（‘光周期’）や温度（‘春化’）のような外部要因が含まれる。光周性（photoperiodism）の場合には，**花成刺激**（floral stimulus）と総称される伝達性シグナルが，葉から茎頂分裂組織へと輸送される。植物がその生殖成長を環境にうまく同調させることができるのは，これら内生要因と外部要因の相互作用による。

花芽分裂組織と花器官の発生

生殖分裂組織は，通常，栄養分裂組織よりも大きく，このことにより，生殖成長の初期においてさえ栄養分裂組織と区別

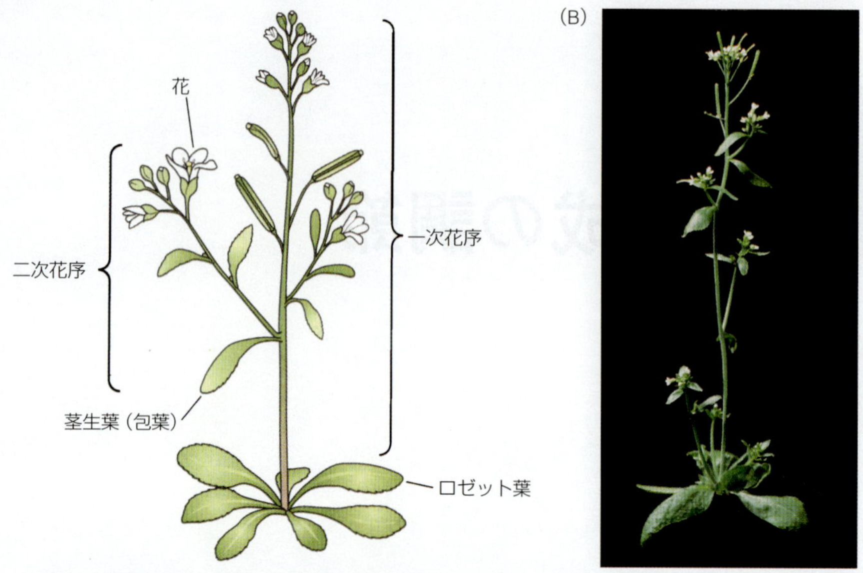

図 24.1 (A) シロイヌナズナ (*Arabidopsis thaliana*) の茎頂分裂組織は個体発生の各段階で異なる器官をつくり出す。個体発生の初期には，茎頂分裂組織は根出葉からなるロゼットを形成する。花成がおこると，茎頂分裂組織は一次花序分裂組織に転換し，最終的には，多くの花をつけた長く伸びた茎をつくる。花成に先立って発生を開始した葉原基は茎生葉に分化する。茎生葉の腋には二次花序が形成される。(B) シロイヌナズナの植物体の写真。(Richard Amasino の好意による)

することができる。栄養成長から花成への移行は，茎頂分裂組織の中央帯 (central zone) 内の細胞分裂頻度の増加によって特徴づけられる。栄養分裂組織では，中央帯の細胞はその細胞分裂周期をゆっくりと完結させる。生殖成長の開始とともに，主に中央帯の細胞の分裂速度の上昇によって，分裂組織の大きさも増大する。近年，遺伝学的，分子生物学的研究により，シロイヌナズナ (*Arabidopsis thaliana*) やキンギョソウ (*Antirrhinum majus*) において花の形態形成を制御している遺伝子のネットワークが明らかになってきた。

本節では，かなりよく研究されているシロイヌナズナ (図 24.1) の花の発生過程に焦点をあてる。はじめに，栄養成長相から花芽形成相への移行の過程でおこる形態的な変化を概説し，ついで，花芽分裂組織上の四つの環域 (whorl) における花器官の配置とそのパターンを支配する遺伝子についてみることにする。広く支持されている「ABC モデル」(図 24.6) によれば，花における花器官の配列は，三つのタイプの花器官決定遺伝子 (floral organ identity gene) の部分的に重なる発現パターンにより規定される。

シロイヌナズナの茎頂分裂組織の性質は個体発生の進行とともに変化する

栄養成長相の間，シロイヌナズナの栄養分裂組織は非常に短い節間をもつファイトマー (phytomer) を形成し，これにより，植物体の下部に根出葉 (ロゼット葉) からなる「ロゼット」がつくられる (図 24.1) (16 章から，ファイトマーとは，葉，葉が派生する位置にあたる節 (node)，腋芽，そして節より下部の節間 (internode) からなっていることを思い出そう)。

植物が生殖成長を開始するとともに，栄養分裂組織は無限成長性 (indeterminate) の**一次花序分裂組織** (primary inflorescence meristem) に転換する。一次花序分裂組織はその側部に花芽分裂組織を形成する (図 24.2)。茎生葉の側芽は**二次花序分裂組織** (secondary inflorescence meristem) になり，図 24.1A に示すように，一次花序分裂組織の発生パターンを繰り返す。

四つの異なるタイプの花器官はそれぞれ別々の環域で発生を開始する

花芽分裂組織は四つの異なるタイプの花器官——がく片，花弁，雄ずい，心皮——の形成を開始する。これらの器官群の原基の発生は，**環域** (whorl) とよばれる，花芽分裂組織を取り巻く同心環状の領域で始まる (図 24.3)。最内部の器官である心皮の発生の開始により，頂端部のドーム領域の分裂組織細胞は使いつくされ，その結果，発生中の花芽の中心部には心皮原基のみが残ることになる。シロイヌナズナの野生型の花では，環域は以下のように配列されている。

- 第 1 の (一番外側の) 環域は，成熟すると緑色になる 4 枚のがく片 (sepal) からなる。
- 第 2 の環域は，成熟すると白色になる 4 枚の花弁 (petal) からなる。

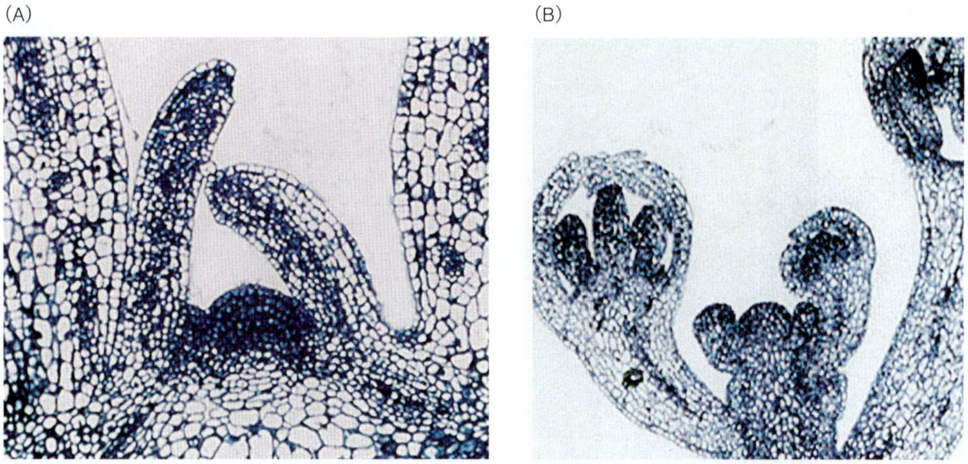

図 24.2　シロイヌナズナの栄養成長期（A）と生殖成長期（B）の茎頂部分の縦断切片。（写真はV. GrbićとM. Nelsonの好意による）

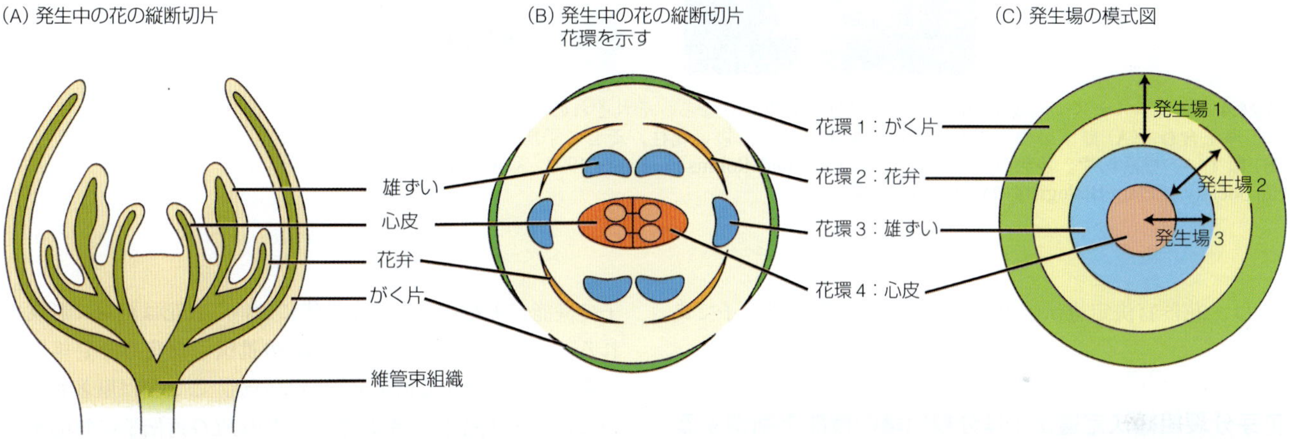

図 24.3　シロイヌナズナの花芽分裂組織では，4種の花器官が順を追って分化を開始する。（AとB）花器官は，がく片にはじまり，順を追って内側へと，環域（同心の環）をなしながら形成されていく。（C）組合せモデルによると，それぞれの環域の機能は部分的に重なり合う発生場によって規定される。これらの発生場は特定の花器官決定遺伝子の発現パターンの組合せに対応する。（Bewley et al. 2000より）

- 第3の環域は，6本の雄(ゆう)ずい（stamen）を含む。そのうちの2本は他の4本よりも短い。
- 第4の環域は，雌(し)ずい群（gynoecium）あるいは雌ずい（pistil）とよばれる単一の複合器官である。雌ずいは，2枚の心皮（carpel）が融合してできた子房（ovary），短い花柱（style），その上の柱頭（stigma）からなる。2枚の心皮のそれぞれには多数の胚珠（ovule）が含まれる（図24.4）。

三つのタイプの遺伝子が花の発生を制御する

突然変異体の解析によって花の発生を制御する三つのクラスの遺伝子の存在が明らかになった。それらは，花器官決定遺伝子，領域規定遺伝子，花芽分裂組織決定遺伝子である。

1. **花器官決定遺伝子**（floral organ identity gene）は，花器官の属性を直接的に決定する。これらの遺伝子にコードされるタンパク質は転写因子であり，‘花’の器官の形成あるいは機能に関わるタンパク質をコードする他の遺伝子の発現を制御していると考えられる。
2. **境界規定遺伝子**（cadastral gene）は，発現領域の境界を規定することで，花器官決定遺伝子の空間的な制御因子として作用する（訳者注；名称のもとになっている‘cadastre’（地籍）という語は，徴税のために所有地の境界を示した地図または測量図を意味する）。
3. **花芽分裂組織決定遺伝子**（floral meristem identity gene）

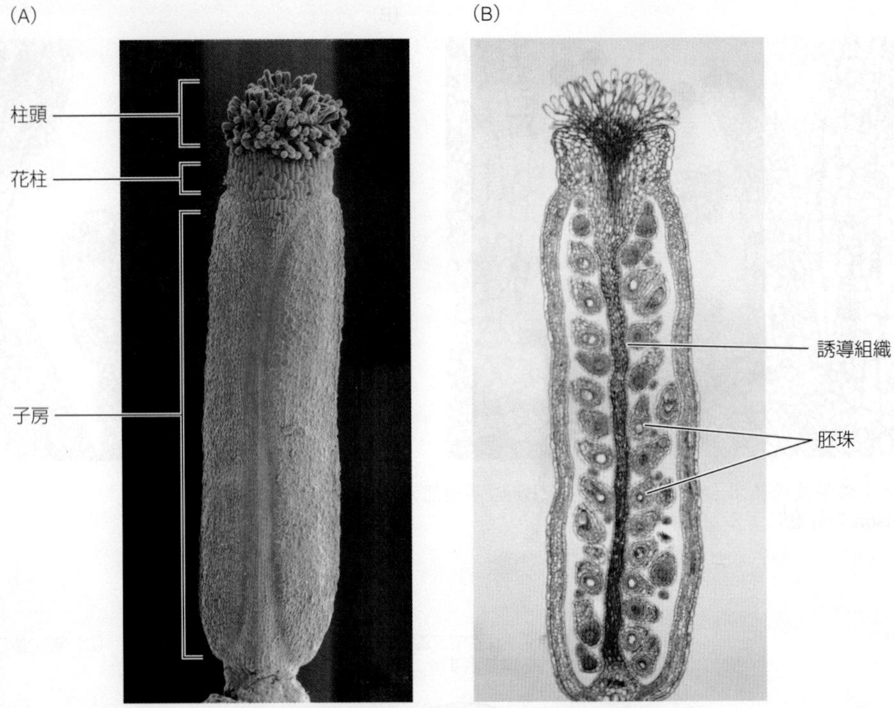

図 24.4 シロイヌナズナの雌ずいは融合した2枚の心皮からなる。それぞれの心皮は多数の胚珠を含む。(A) 雌ずいの走査型電子顕微鏡像。柱頭，短い花柱，そして子房を示す。(B) 雌ずいの縦断切片。多数の胚珠を示す。(Gasser and Robinson-Beers 1993，©American Society of Plant Biologistsの許可のもと掲載)

は，花器官決定遺伝子の転写の誘導に必要な遺伝子である。

花芽分裂組織決定遺伝子は分裂組織の機能を制御する

頂端分裂組織の側部に形成された原基が花芽分裂組織になるためには，花芽分裂組織決定遺伝子が働かなければならない（花芽分裂組織をその側部に形成する頂端分裂組織は，花序分裂組織とよばれることを思い出そう）。たとえば，花芽分裂組織決定遺伝子である*FLORICAULA*（*FLO*）に欠損があるキンギョソウの突然変異体の花序には，花はつくられない。突然変異をおこした*FLO*遺伝子（*flo*）は，苞葉（bract）の腋に花芽分裂組織をつくらせるかわりに，もう一度花序分裂組織をつくらせる。野生型の*FLO*遺伝子は，花芽分裂組織の属性が確立される決定過程を制御する。

シロイヌナズナでは，*AGAMOUS-LIKE 20*（*AGL20*）†，*APETALA1*（*AP1*），*LEAFY*（*LFY*）がいずれも，花芽分裂組織の属性を確立するために活性化される必要がある制御経路の重要な遺伝子である。（訳者注；*AGL20*遺伝子は，分化開始初期の花芽分裂組織では発現しない。また，*AGL20*遺伝子の機能が失われた突然変異体においても花は正常に形成される。こうした理由から，*AGL20*遺伝子を花芽分裂組織決定遺伝子に分類する研究者はいないが，ここでは原著者の扱いに従う。）*LFY*は，キンギョソウの*FLO*遺伝子に対応するシロイヌナズナの遺伝子である。*AGL20*は，環境および内部要因が関わるいくつかの異なる制御経路からのシグナルを統合することにより，花成惹起において中心的な役割を果たす（Borner et al. 2000）。したがって，*AGL20*は，花の発生を開始するマスタースイッチとしての務めを果たしているように見える。ひとたび転写が活性化されると，*AGL20*は*LFY*の発現を引きおこすと考えられる。*LFY*は*AP1*の発現をオンにする。シロイヌナズナでは，*LFY*と*AP1*は正のフィードバック・ループをなしており，*AP1*の発現は*LFY*さらなる発現をうながす。

ホメオティック突然変異体の研究が，花器官決定遺伝子の同定につながった

花器官の属性を決定する遺伝子は，**花のホメオティック突然変異体**（floral homeotic mutant）として発見された（Webサイト上の14章参照）。14章で論じたように，ショウジョウバエ（*Drosophila*）の突然変異体から，特定の構造体が発生してくる場所を決定するような転写因子をコードする一群のホ

† *SUPPRESSOR OF OVEREXPRESSION OF CONSTANS 1*（*SOC1*）としても知られている。

メオティック遺伝子の存在が明らかになった。そのような遺伝子は，特定の構造の遺伝的プログラム全体を活性化する主要な発生スイッチとして作用する。ホメオティック遺伝子の発現は，したがって，器官に固有の属性を与えることになる。

本章ですでに見たように，双子葉植物の花は，花芽分裂組織の働きによって形成された器官である，がく片，花弁，雄ずい，心皮が順に輪生してできている。これらの器官がそれぞれの場所に正しい時期に形成されるのは，花器官の属性を特定する少数のグループのホメオティック遺伝子が特定のパターンで順序だって発現し，相互作用することによっている。

花器官決定遺伝子は，花器官の属性が変化し，花器官のうちのあるものが誤った場所に形成されてしまうホメオティック突然変異体を通して同定された。たとえば，シロイヌナズナの*APETALA2*（*AP2*）遺伝子の突然変異体では，心皮が本来はがく片があるべきところにつくられ，雄ずいが花弁が生じるべきところにつくられる。

これまでにクローン化されたホメオティック遺伝子は，他の遺伝子の発現を調節するタンパク質である転写因子をコードしている。植物のほとんどのホメオティック遺伝子は，類似した配列をもち，**MADSボックス遺伝子**（MADS box gene）として知られるクラスに属している。これに対して，動物のホメオティック遺伝子はホメオボックスとよばれる配列を含んでいる（Webサイト上の14章参照）。

花器官の属性を決定する遺伝子の多くはMADSボックス遺伝子であり，キンギョソウの*DEFICIENS*（*DEF*）遺伝子，シロイヌナズナの*AGAMOUS*（*AG*）遺伝子，*PISTILLATA*（*PI*）遺伝子，*APETALA3*（*AP3*）遺伝子が含まれる。MADSボックス遺伝子は，‘MADSボックス’とよばれる，よく保存された特徴的な塩基配列を共有する。MADSボックスは‘MADSドメイン’とよばれるタンパク質内の構造をコードし，MADSドメインはこれらの転写因子が特定の塩基配列をもったDNAに結合することを可能にする。

MADSボックスを含むすべての遺伝子がホメオティック遺伝子というわけではない。たとえば，*AGL20*遺伝子はMADSボックス遺伝子であるが，本書では花芽分裂組織決定遺伝子として分類している。

三つのタイプのホメオティック遺伝子が花の器官の属性決定を制御する

シロイヌナズナでは，五つの遺伝子が花器官の属性を特定していることが知られている。それらは，*AP1*，*AP2*，*AP3*，*PI*，*AG*である（Bowman et al. 1989；Weigel and Meyerowitz 1994）。これらの器官決定遺伝子は，もともと，二つの隣接する環域に形成される花器官の構造と属性を劇的に変えてしまう突然変異体（図24.5）を通して同定された。たとえば，*ap2*突然変異をもつ植物はがく片と花弁を欠く（図24.5B）。*ap3*あるいは*pi*突然変異をもつ植物は，第2環域には花弁のかわりにがく片を，第3環域には雄ずいのかわりに心皮を，それぞれ形成する（図24.5C）。*ag*突然変異をホモ接合にもつ植物は雄ずいと心皮をともに欠く（図24.5D）。

これらの遺伝子は，その突然変異によって花の発生そのものは影響を受けず，花器官の属性だけが変わるので，ホメオティック遺伝子である。これらのホメオティック遺伝子は三つのクラス——タイプA，B，C——に分類される。それぞ

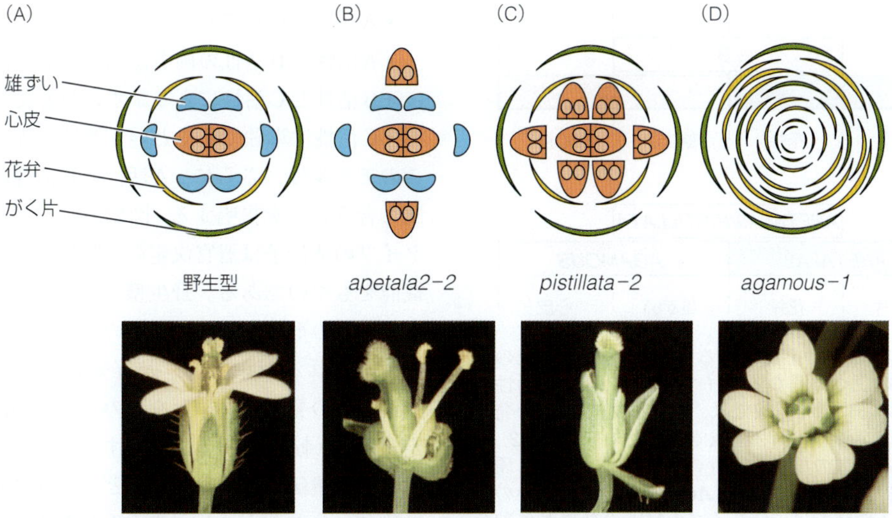

図 24.5 花器官決定遺伝子の突然変異は花の構造を劇的に変化させる。(A) 野生型。(B) *apetala2-2*突然変異体はがく片と花弁を欠く。(C) *pistillata-2*突然変異体は花弁と雄ずいを欠く。(D) *agamous-1*突然変異体は雄ずいと心皮を欠く。(Bewley et al. 2000)

れのクラスは，以下に示すように，異なった種類の働きを規定している（図24.6）。

1. タイプAの活性は，*AP1*と*AP2*によってコードされており，第1，第2環域の器官の属性決定を制御する。タイプA活性が失われると，第1環域にはがく片のかわりに心皮が，第2環域には花弁のかわりに雄ずいが，それぞれ形成される。
2. タイプBの活性は，*AP3*と*PI*によってコードされており，第2，第3環域でおこる事象を制御する。タイプB活性が失われると，第2環域には花弁のかわりにがく片が，第3環域には雄ずいのかわりに心皮が，それぞれ形成される。
3. タイプCの活性は，*AG*によってコードされており，第3，第4環域の器官の属性決定を制御する。タイプC活性が失われると，第3環域には雄ずいのかわりに花弁が形成され，第4環域は新しい花に置き換わる。その結果，*ag*突然変異体の第四環域はがく片によって占められることになる。

タイプA，B，Cのホメオティック遺伝子による器官の属性決定の制御（ABCモデル）については，次節でより詳しく述べる。

花の発生において器官決定遺伝子が果たしている役割は，二つないし三つの活性を機能喪失突然変異によって取り除く実験によって，劇的な形で説明される（図24.7）。A，B，C遺伝子の機能がすべて失われた四重突然変異体の植物では，花芽分裂組織は「擬花」として発達する。すべての花器官は

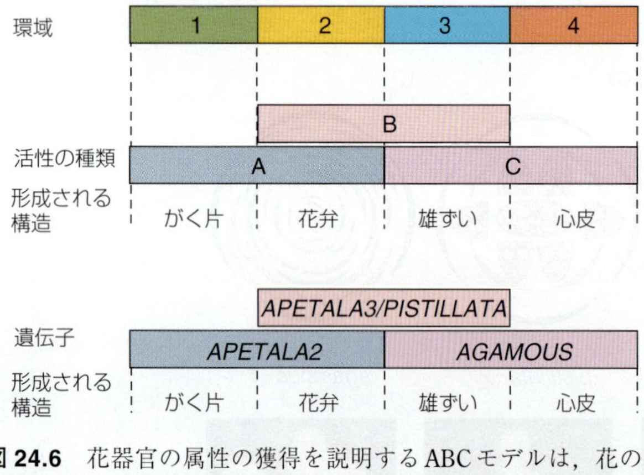

図 24.6 花器官の属性の獲得を説明するABCモデルは，花のホメオティック遺伝子の三つの異なるタイプ（A，B，C）の活性の相互作用に基づいている。第1環域では，Aタイプ（*AP2*）の発現が単独でがく片の形成を導く。第2環域では，Aタイプ（*AP2*）とBタイプ（*AP3/PI*）の両方の発現が花弁の形成を導く。第3環域では，Bタイプ（*AP3/PI*）とCタイプ（*AG*）の発現が雄ずいの形成を引きおこす。第4環域では，Cタイプ（*AG*）の発現が単独で心皮の形成を特定する。以上に加えて，A活性（*AP2*）は第1，第2環域でC活性（*AG*）を抑制し，第3，第4環域ではC活性がA活性を抑制する。

図 24.7 A，B，C活性がすべて失われた四重突然変異体の植物では，花器官のかわりに葉状の構造がつくられる。（John Bowmanの好意による）

緑色の葉状の構造に置き換わるが，それらは輪生状の葉序をなして形成される。18世紀のドイツの詩人・哲学者・自然科学者であったJohann Wolfgang von Goethe（1749–1832）に始まって，進化生物学者たちはこれまで，花器官は高度に変形された葉であると想像してきた。この実験は，そうした考えに直接的な支持を与えるものである。

ABCモデルが花器官の属性決定を説明する

1991年に，ホメオティック遺伝子がどのように花器官の属性を制御しているかを説明する**ABCモデル**（ABC model）が提唱された。ABCモデルでは，各環域に形成される花器官の属性はそれぞれの環域における3種の器官決定遺伝子の活性の組合せによって決定されると考える（図24.6）。

- A活性は単独でがく片という属性を特定する。
- A活性とB活性の両方が花弁の形成には必要である。
- B活性とC活性により雄ずいが形成される。
- C活性は単独で心皮という属性を特定する。

このモデルは，さらに，A活性とC活性はたがいに相手を抑制し合うことを提唱する（図24.6）。すなわち，AタイプとCタイプの遺伝子は器官決定の機能に加えて，境界を規定する機能をもつのである。野生型やほとんどの突然変異体における花器官の形成パターンはこのモデルによって予測され，また説明される（図24.8）。境界規定遺伝子はこれらの器官決定遺伝子の発現パターンをどのように制御するのか，器官決定遺伝子（転写因子をコードする）は発生途上の器官で発現する他の遺伝子のパターンをどのように変えるのか，そして最後に，そのようにして変えられた遺伝子発現のパターンがどのようにして特定の花器官の発生につながるのか，といった問題を解決することが，研究者に課せられた重要な課題で

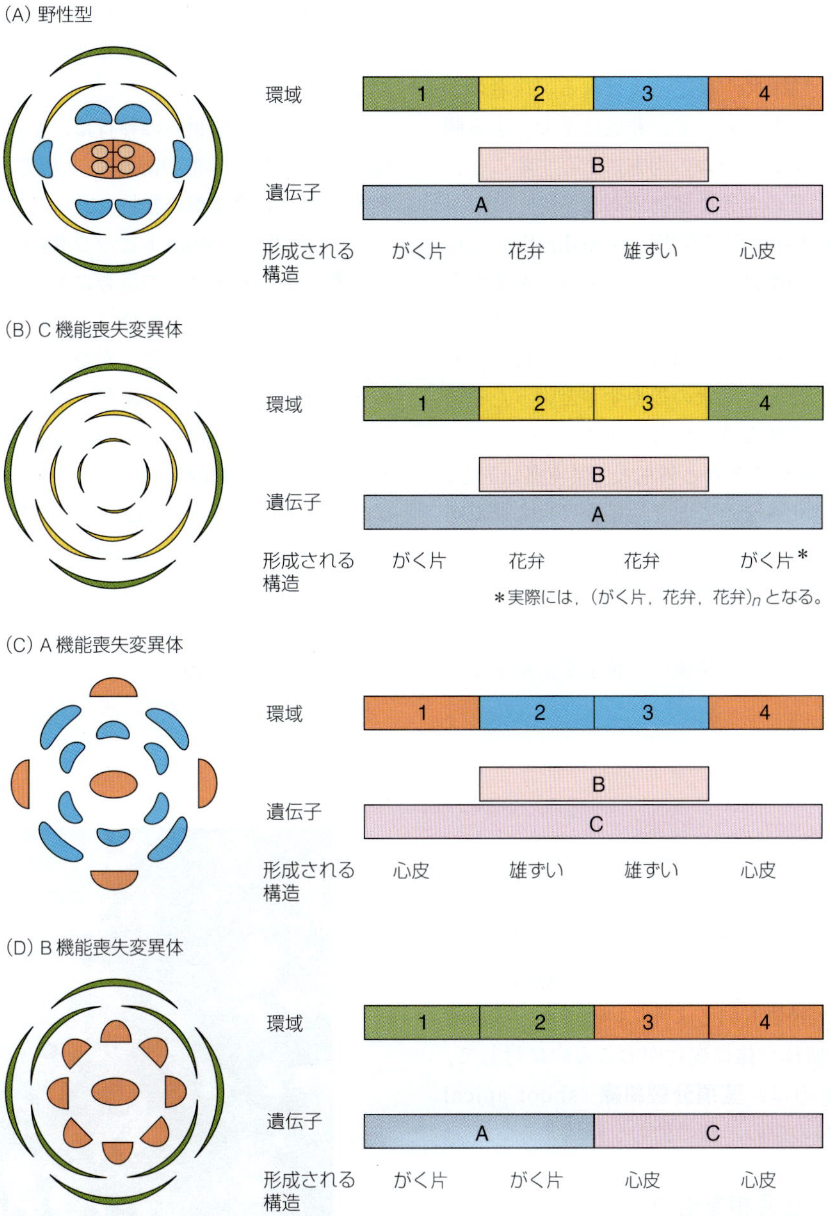

図 24.8　ABCモデルに基づく花のホメオティック突然変異体の表現型の解釈。(A) 野生型。(B) C機能の喪失によりA機能は花芽分裂組織全体に拡張する。(C) A機能の喪失によりC機能は花芽分裂組織全体に拡張する。(D) B機能の喪失によりA機能とC機能の発現のみになる。

ある。

花成惹起：内生の信号と外部からの信号

植物の中には，発芽後2，3週間で開花にいたるノボロギク(*Senecio vulgaris*)のような一年生植物もある。他方，多くの樹木のような多年生植物では，花をつけるようになるまでに20年以上も成長をつづける。植物種によって花をつける齢が大きく異なることは，個体の齢，あるいは大きさが生殖成長への切り換えを制御する‘内的な因子’であることを示唆する。花成が内的な発生学的要因に厳格に反応して引きおこされ，特定の環境条件には依存することがない場合に，そのような制御様式を‘自律的制御’とよぶ。もっぱら自律的な制御経路のみを通して花成がおこる植物とは対照的に，花成がおこるためには環境からの適切な信号が合図となることが絶対的に必要な植物もある。そうした状況を，環境信号に対する‘絶対的な’(‘無条件的な’)あるいは‘質的な’反応とよぶ。植物によっては，花成がある特定の環境信号によって促進されるが，そのような信号がない場合でも，最終的には花成がおこるようなものもある。これは，環境信号に対する‘条件的な’あるいは‘量的な’反応とよばれる。後者のような植物のグループでは，したがって，花成は環境による制御システムと自律的な制御システムの両方に依存することになる。シロイヌナズナはそのような植物である。

‘光周性’（photoperiodism）と‘春化’（vernalization）は，植物の季節に対する反応の基礎となる二つのもっとも重要な機構である。光周性は日長に対する反応であり，春化は，低温に曝されることにより，その後常温に戻したときに花成が促進されることである。総光量や水の得やすさといったそのほかのシグナルもまた，重要な外部信号になる。

内的な（自律的な）制御システムと外的な（環境感知的な）制御システムの双方を進化させたことで，植物は，入念な調節によって繁殖成功のために最適な時期に花成することが可能になった。たとえば，特定の種の多くの個体群において花成は同調している。この同調は外交配に好都合であり，また，とりわけ水分と温度条件が好適な環境下に種子を生産することを可能にしている。

茎頂と相転換

すべての多細胞生物は，一連の発生段階を経過する。個々の発生段階はそれぞれに特有の特徴をもち，大なり小なり明確に区別される。ヒトの場合，幼児期，小児期，青年期，成人期が発達の四つの段階にあたり，思春期が，非生殖相と生殖相の境界線である。高等植物も同じようにいくつかの成長段階をへるが，動物では個体全体に変化がおこるのに対して，植物では変化がおこるのは，**茎頂分裂組織**（shoot apical meristem）という，個体の中の単独の動的な領域である。

茎頂分裂組織は三つの成長相をもつ

胚発生後の成長過程（後胚発生 postembryonic development）において，茎頂分裂組織は，明瞭に定義できる三つの発生学的段階をへる。それらは順に：

1. 幼若栄養成長相（juvenile phase）
2. 成熟栄養成長相（adult vegetative phase）
3. 生殖成長相（reproductive phase）

である。

一つの成長相から次の成長相への移行を**相転換**（phase change）とよぶ。

幼若栄養成長相と成熟栄養成長相の間の主要な区別点は，後者は生殖のための構造（被子植物では花，裸子植物では胞子嚢穂）を形成する潜在能力をもつことにある。しかし，成熟相がもつ生殖能力が実際に発現される（すなわち，花成がおこる）ためには，しばしば，特定の環境シグナルと発生シグナルが必要である。したがって，花成がおこっていないことがそのまま幼若相にあることの信頼に足る指標になるわけではない。

幼若相から成熟相への移行は，しばしば，葉の形態，葉序（phyllotaxy 茎上の葉の配列），とげの発達の程度，発根能力，落葉植物における葉の維持，といった栄養器官の性質の変化を伴う（図 24.9，**Web トピック 24.1** 参照）。そのような変化は，多年生の木本植物の場合にもっとも顕著であるが，多くの草本植物においても明瞭にみとめられる。成熟栄養相から生殖相への唐突な移行とは異なり，幼若相から成熟栄養相への移行は通常は漸進的であり，中間形態をへることが多い。

ときとして，一枚の葉の中に成長相の変化が観察できることもある。その劇的な例の一つが，マメ科の樹木であるアカシア（*Acacia heterophylla*）における幼若葉から偽葉（phyllode）への変化であり，Goethe も注目した現象である。幼若葉が軸（rachis）と小葉（leaflet）からなる羽状複葉であるのに対し，成熟した偽葉は扁平化した葉柄に相当する特殊な構造体である（図 24.10）。

中間的な形態は，スギナモ（*Hippuris vulgaris*）のような水

図 24.9 セイヨウキヅタ（*Hedera helix*）の幼若型と成熟型。幼若型では，切れ込んだ掌状の葉を互生し，よじ登り型の成長特性をもち花を咲かせない。これに対し，成熟型（写真では右の方に向かって伸び出している部分）は，前縁で卵形の葉がらせん葉序に配列され，直立型の成長特性をもち花を咲かせる。（写真は L. Taiz による）

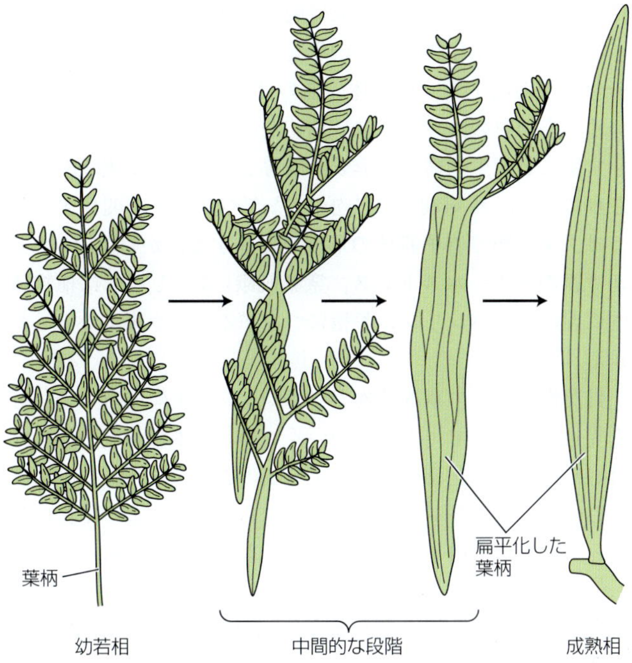

図 24.10 アカシア（*A. heterophylla*）の葉。羽状複葉（幼若相）から偽葉（成熟相）への移行を示す。中間形態では，前の相の形質が葉の先端側に残っていることに注意せよ。

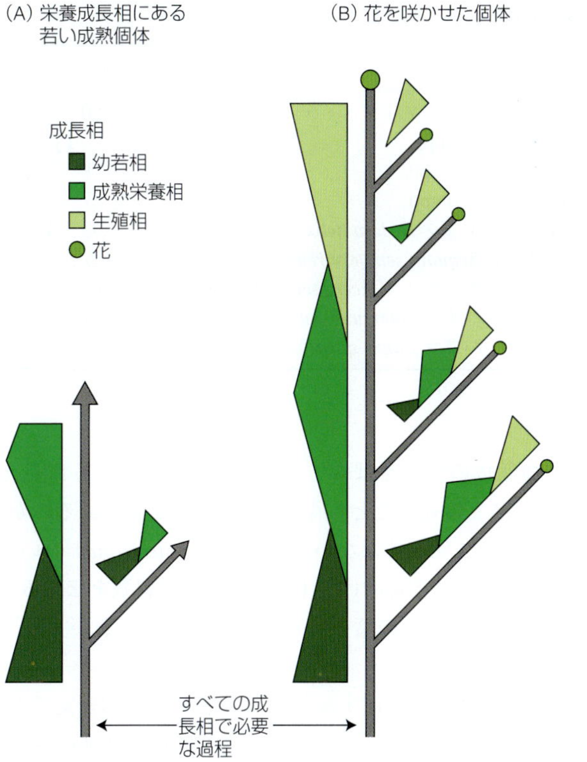

図 24.11 トウモロコシのシュートの成長の「組合せモデル」の模式的な説明。幼若相，成熟栄養相，生殖相の発現勾配の重なりを主軸および側枝のそれぞれの軸上に示している。連続した黒い線で表したのは成長のすべての相において必要とされるプロセスである。三つの相のそれぞれは異なる発生プログラムによって制御され，プログラムが重なったところでは中間的な相が現れる。(A) 栄養成長相にある若い成熟個体。(B) 花を咲かせた個体。(Poethig 1990 による)

生植物における水中葉から空中葉への移行の場合にもみとめられる。*A. heterophylla* の場合のように，そうした中間的形態は，発生学的なパターンが異なるいくつかの領域に分けることができる。トウモロコシにおける幼若相から成熟相への移行過程に見られる中間的な形態（**Web トピック 24.2** 参照）を説明するために，**組合せモデル**（combinatorial model）が提唱されている（図24.11）。このモデルによれば，シュートの成長は，独立に制御される一連のプログラム（幼若プログラム，成熟プログラム，生殖プログラム）が，部分的に‘重なり合いつつ’，共通の発生プロセスの発現をそれぞれに特有のしかたで調整しているものと見ることができる。

幼若葉から成熟葉への移行の場合には，中間的な形態の存在は，一枚の葉のそれぞれの部分が異なる発生プログラムを発現できることを意味する。したがって，葉の先端部分の細胞は幼若プログラムを発現しつつ，葉の基部の細胞は成熟プログラムの発現に切り換えることができる。同じ葉のこの二組の細胞は，発生運命に関してはまったく異なることになる。

初めに形成された幼若相の組織はシュートの下部に位置する

三つの成長相が発現する時間的な順序によって，シュートの軸に沿った幼若度の空間的な勾配が生じる。高さ方向の成長は頂端分裂組織に限定されるため，まず最初に形成されることになる幼若相の組織や器官はシュートの下部に位置することになる。迅速に花成がおこる草本植物の場合，幼若相はほんの数日しかつづかず，幼若相の形態はほとんど形成されない。対照的に，木本植物では幼若相はより長く 30 ～ 40 年にわたる種もある（表24.1）。そうした種では，成熟した植物体のかなりの部分が幼若相にあるときにつくられた形態として説明できる。ひとたび分裂組織が成熟相に切り換わると，成熟栄養相の形態のみがつくられ，最終的に花成惹起にいたる。したがって，成熟相と生殖相はシュートの上部である末端部に位置することになる。

成熟相への移行においては，時間上の齢よりも，十分な大きさに達することの方がより重要である。成長を遅らせる条件，たとえば，無機塩欠乏，低照度，水ストレス，除葉，低温，といった条件は，幼若相を長引かせるばかりか，成熟相にあるシュートの**再幼若化**（rejuvenation；幼若相に逆戻りすること）さえも引きおこす。対照的に，活発な成長を促進するような条件は，成熟相への移行を加速し，そのような場合には，適切な花成誘導処理に曝されることで花成がおこる。

表 24.1　木本植物における幼若期の長さ

種	幼若期の長さ
バラ *Rose*（ハイブリッド・ティー）	20 ～ 30 d
ブドウ *Vitis* spp.	1 yr
リンゴ *Malus* spp.	4 ～ 8 yr
柑橘類 *Citrus* spp.	5 ～ 8 yr
セイヨウキヅタ *Hedera helix*	5 ～ 10 yr
セコイア *Sequoia sempervirens*	5 ～ 15 yr
セイヨウカジカエデ *Acer pseudoplatanus*	15 ～ 20 yr
ヨーロッパナラ *Quercus robur*	25 ～ 30 yr
ヨーロッパブナ *Fagus sylvatica*	30 ～ 40 yr

Clark 1983 より。

植物個体の大きさはもっとも重要な要因のように見えるが，大きさと関連したどの特定の因子が決定的であるのかは，かならずしも明確ではない。タバコ属（*Nicotiana*）のいくつかの種では，茎頂に向けて十分な量の花成刺激を伝えるためにはある一定枚数の葉をつくらなくてはならないようである。

ひとたび成熟相に達すると，その状態は比較的安定であり，栄養的な増殖や接木の過程においても成熟相は維持される。たとえば，セイヨウキヅタの成熟個体の場合，個体の下部から取った挿し木は幼若相の植物体になるが，先端部分からの挿し木は成熟相の植物体になる。カバノキ属の一種（*Betula verricosa*）の花を咲かせている個体の下部から接穂を取り，芽ばえの台木の上に接いでも，最初の2年間は接穂は花をつけない。これに対し，接穂を花を咲かせている個体の上端部から取った場合には，接穂はそのような制約なしに花を咲かせる。

いくつかの種では，幼若な分裂組織も花を形成することは可能であるように見えるが，植物が十分に大きくなるまでは十分な花成刺激を受け取らない。たとえば，マンゴー（*Mangifera indica*）では，若い芽ばえを成木に接木すると花成を誘導することができる。しかし，他の多くの木本植物では若い芽ばえを成木に接木をしても花成は誘導されない。

相転換は栄養分，ジベレリン，ほかの化学シグナルの影響を受ける

茎頂の幼若相から成熟相への移行は，植物体の他の部分からの伝達性の因子の影響を受けうる。多くの種では低照度下におかれると，幼若相が長引くか幼若相への逆戻りがおこる。低照度状態は主に茎頂への炭水化物の供給量の低下を引きおこす。したがって，炭水化物，とりわけショ糖の供給量は，幼若相と成熟相の間の移行に一定の役割を果たすのかもしれない。エネルギー源あるいは成長の原材料としての炭水化物は茎頂の大きさに影響を与えうる。たとえば，キク（*Chrysanthemum morifolium*）の場合，茎頂がある一定の大きさに達しないかぎり花原基の形成は開始されない。

茎頂は，炭水化物やほかの栄養分に加えてさまざまなホルモンや他の因子を，植物体の他の部分から受け取っている。いくつかの科の針葉樹では，幼若期の植物にジベレリンを投与することで生殖構造の形成が誘導されることが実験的に示されている。生殖制御に‘内生の’ジベレリンが関与することは，マツ類で胞子嚢穂の形成を促進するほかの要因（たとえば根の除去，水ストレス，窒素飢餓）が，しばしば植物体内におけるジベレリンの蓄積につながるという事実からもわかる。

針葉樹や多くの草本植物でジベレリンが生殖成熟への移行を促進する一方で，キヅタやいくつかの木本性の被子植物では GA_3 は再幼若化を引きおこす。このように，相転換の制御におけるジベレリンの役割は複雑であり，種によって異なるとともに，他の因子との相互作用をも含むものであろう。

反応能獲得と決定は花成惹起における二つの段階である

幼若性（juvenility）という語は，草本植物と木本植物では異なった意味合いをもっている。草本植物の幼若相の分裂組織は，花を咲かせている成熟個体に接木すると簡単に花を形成する（**Web トピック 24.3** 参照）。これに対し，木本植物では一般にはそのようなことはおこらない。両者の間の違いは何だろうか？

タバコを用いた詳細な実験によって，花成惹起がおこるためには茎頂は二つの発生学的な段階をへる必要があることが示されている（図 24.12）（McDaniel et al. 1992）。一つめの段階が**反応能**（competence）の獲得である。適切な発生シグナルを与えれば花を形成できるとき，その芽は花成反応能をもつという。

たとえば，もし栄養相にあるシュート（接穂）を花を咲かせている台木に接木したとき，接穂が速やかに花を形成するとしたら，その栄養シュートは明らかに台木に存在するあるレベルの花成刺激に反応できるということであり，したがって花成反応能をもつということになる。接穂が花を咲かせないということは，その接穂の茎頂分裂組織はまだ反応能を獲得していないことを意味する。そうすると，草本植物の幼若分裂組織は花成刺激反応能をもち，木本植物の幼若分裂組織は反応能をもたないということになる。

反応能をもった栄養芽が迎える次の段階は，**決定**（determination）である。栄養芽が，それまでおかれていた状況から隔離されてもなお，次の発生段階（花成）に進むとき，その栄養芽は決定されているという。したがって，花成決定された芽は，花成刺激をまったく生産していない栄養成長相の植物に接木された場合でも花をつけることになる。

たとえば，中日性（この用語については後述する）のタバ

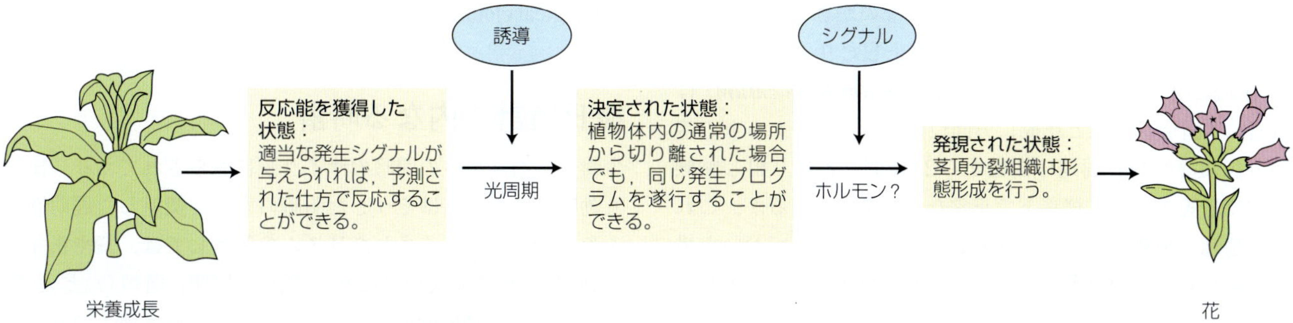

図 24.12 茎頂における花成惹起を栄養分裂組織の細胞が新しい発生運命を獲得する過程として簡潔に説明したモデル。花の発生を開始するためには分裂組織の細胞はまず花成刺激に対する反応能を獲得する必要がある。反応能を獲得した栄養分裂組織は，花成刺激（誘導）に反応して花成決定される（花の形成に発生拘束（commit）される）ことができる。花成決定された状態は通常は発現されるが，発現に追加的なシグナルが必要とされることもある。(McDaniel et al. 1992 による)

コでは，約41枚の葉（節）を形成したのちに花をつけるのが典型的である。腋芽の花成決定を調べる実験で，花をつけている植物が（下から数えて）34番めの葉より上の位置で摘心された。頂芽優勢から解放された34番めの葉の腋芽は，成長を始め，7枚の葉（したがって総計では41枚）を形成したのちに花を咲かせた（図24.13）(McDaniel 1996)。しかし，34番目の葉の腋芽を植物から切り出し，発根させるか，葉を除いた台木の基部に接木した場合，完全なセット（41枚）の葉をつけてはじめて花を咲かせた。この結果は，34番目の葉の腋芽はまだ花成決定されていないことを示している。

別の実験では，供与体植物は37番めの葉の上で摘心された。この実験では，37番めの葉の腋芽は‘三つの状況のいずれにおいても’4枚の葉を形成したのちに花を咲かせた（図24.13B)。この結果は，37枚の葉が形成されたのちには，その葉の腋芽は花成決定された状態になっていることを示している。

タバコの変種間の詳細な接木実験によって，分裂組織が花成前に形成する節の数は二つの変数の関数であることが確立された。その二つとは，(1) 葉からの花成刺激の強さ，(2) そのシグナルに対する分裂組織の反応能である（McDaniel 1996)。

場合によっては，茎頂が花成決定をされたのちであっても，

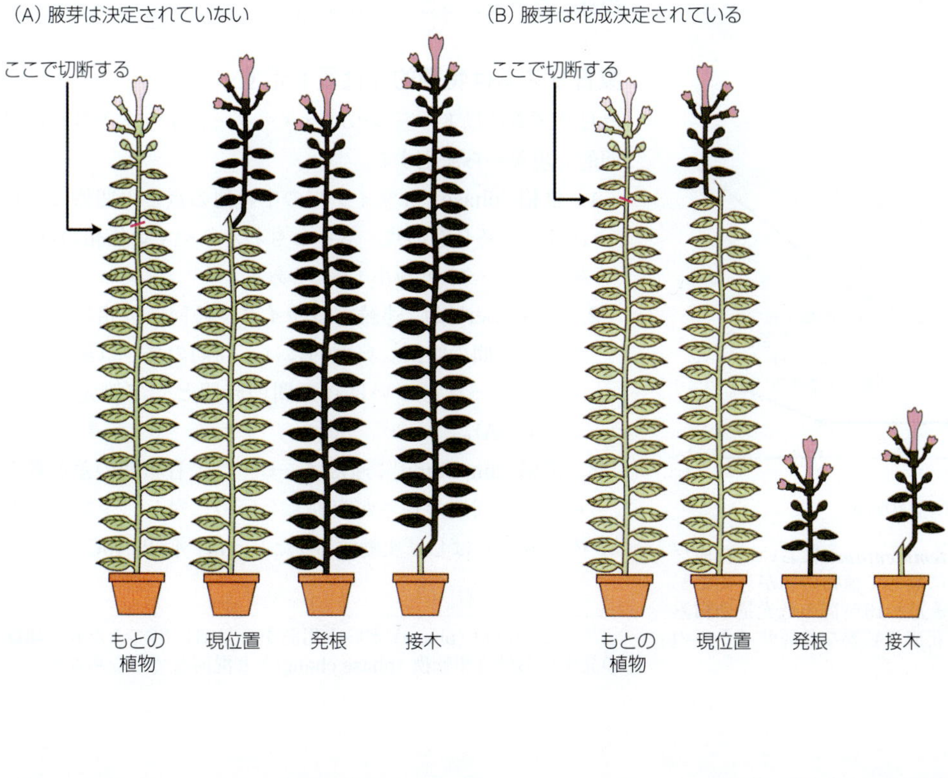

図 24.13 タバコの腋芽の決定状態を示した実験。次のいずれかの方法により，すでに花を咲かせている植物体の特定の腋芽を成長させた場合の反応。茎頂部の除去により，同じ植物体上で成長させる（現位置），挿し木により発根させる（発根），同じ植物体の基部に接木する（接木）。その腋芽が形成した葉と花を濃い色で示す。(A) 腋芽が決定されていない場合の結果。(B) 腋芽が花成決定されている場合の結果。(McDaniel 1996 による)

第二の発生シグナルによる刺激を受けないかぎり，実際の花成の**発現**（expression）は遅れたり停止したりすることがある（図24.12）。たとえば，ドクムギ（*Lolium temulentum*）は長日に1回曝されると花成に方向づけされる。ドクムギの茎頂分裂組織を長日周期の開始から28時間後に切り出し試験管内で培養すると，培養下で正常な花序を形成するが，これは，培地に植物ホルモンであるジベレリンを加えておいた場合に限られる。短日条件にのみおかれた植物から切り出して培養した茎頂は，ジベレリンの存在下であっても決して花を咲かせないことから，ドクムギでは，花成決定には長日が必要であり，ジベレリンは決定された状態が発現するのに必要であると結論することができる。

一般に，分裂組織はひとたび反応能を獲得すると齢の進行（葉の枚数の増加）とともに花成しやすくなる。たとえば，日長によって花成が調節される植物では，花成がおこるために必要な短日あるいは長日サイクルの数は齢の進んだ植物では少なくなる（図24.14）。本章の後の方でみるように，齢とともに花成傾向が高まることの背景には，葉が花成刺激を生産する能力が高まるという生理学的な基礎が存在する。

植物がどのようにして日長を感知するかについて述べる前に，その基礎を固めておく意味で，一般に生物はどのようにして時間を計っているかについてみることにする。このトピックスは**時間生物学**（chronobiology），あるいは**生物時計**（biological clock）研究として知られるものである。

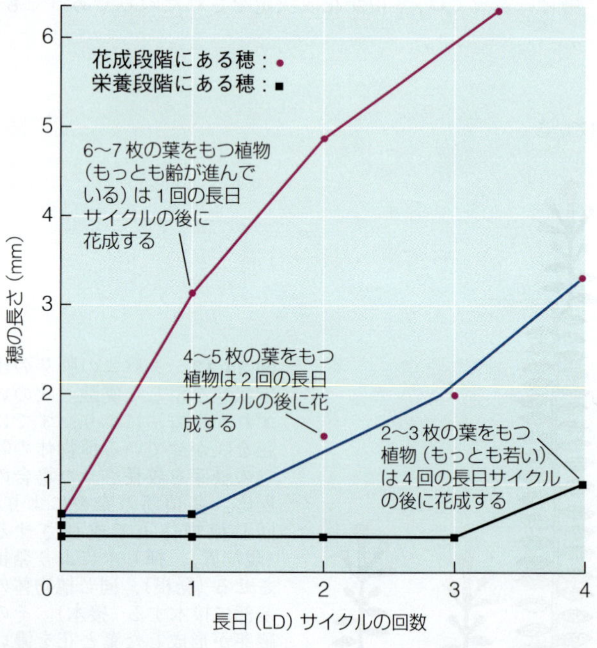

図24.14 長日植物のドクムギ（*L. temulentum*）において花成に必要な誘導長日（LD）サイクルの数に対して植物の齢が与える影響。誘導長日サイクルは8時間の太陽光と16時間の低光量の白熱灯光からなる。植物の齢が進むほど花成に必要な誘導サイクルの数は少なくてすむようになる。

概日時計：内なる時計

生物は，通常毎日の明暗のサイクルにさらされており，植物も動物も，しばしばそうした明暗の変化と関連した周期性のふるまいを示す。そうしたリズムの例としては，葉や花弁の運動（昼と夜で開度が異なる），気孔の開閉，菌類（たとえば，ミズタマカビ *Pilobolus* やアカパンカビ *Neurospora*）の成長と分生子形成のパターン，ショウジョウバエ（*Drosophila*）が蛹から羽化する時刻，齧歯類（げっ）の活動サイクル，光合成や呼吸などの代謝などがある。

生物を毎日の明暗交代サイクルから恒常的な暗条件（あるいは薄明条件）に移した場合でも，これらのリズムの多くは少なくとも数日間は発現をつづける。そのような恒常的な条件下でもリズムの周期は24時間に近く，そのため，概日リズム（circadian rhythm）という用語が適用される（17章参照）。恒明あるいは恒暗条件においても持続することから，概日リズムは，光の有無に対する直接的な応答ではありえず，体内に存在するペースメーカーに基づくものにちがいない。そのようなペースメーカーは，しばしば内生振動子（endogenous oscillator）とよばれる。植物の内生振動子の分子モデルについては17章で説明した。

内生振動子は，葉の運動や光合成といったさまざまな生理的プロセスと連結し，それらのリズムを維持する。この理由から，内生振動子は時計の機械装置（メカニズム）に対応するものと考えることができる。それに対し，葉の運動や光合成といった，内生振動子によって制御される生理機能を時計の針になぞらえることもある。

概日リズムは特徴的な性質を示す

概日リズムは以下の三つのパラメーターにより定義される周期的な現象から派生する。

1. **位相**（phase）†；サイクルの中の他の点との関係により認識できる任意の点。もっともわかりやすい位相の点は，極大（ピーク）と極小（谷）である。
2. **周期**（period）；連続するサイクルの同じ位相にある二つの点の間の時間。典型的には，周期の長さは隣接する二つのピークあるいは谷の間の時間として測定される（図24.15A）。
3. **振幅**（amplitude）；通常は，ピークと谷の間の差と考えられる。周期の長さが変動しないのに対し，生物リズムの振幅はしばしば変動する（たとえば，図24.15C）。

† この位相（phase）という用語を，以前に出てきた分裂組織の発生における相転換（phase change）と混同してはならない。

恒明あるいは恒暗条件では，リズムは厳密な24時間周期からずれる。そのため，周期の長さが24時間より長いか短いかによって，太陽時に対して遅れや進みが生じることになる。自然条件下では，内生振動子は環境シグナルにより精確な24時間周期に**同調化される**（entrained）。同調化に働く環境シグナルとしてもっとも重要なのは，日暮れ時の明から暗への移行と夜明け時の暗から明への移行である（図24.15B）。

そのような環境シグナルを**ツァイトゲーバー**（zeitgeber，「時間を与えるもの」という意味のドイツ語）とよぶ。たとえば，恒暗条件に移すことにより，ツァイトゲーバーとなるようなシグナルを取り除いた場合に，リズムは**自由走行**（free-running）するという。自由走行リズムの周期の長さは，厳密な24時間ではなくその生物に固有の長さになる（図24.15B）。

（A）

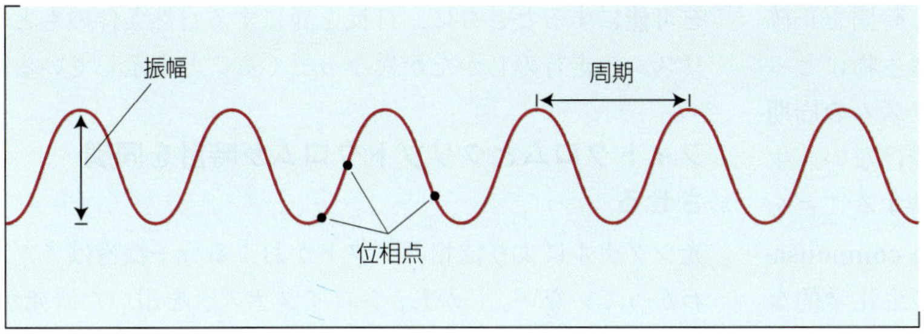

典型的な概日リズム。反復するサイクルの対応する点の間の時間を**周期**（period）という。**位相**（phase）とは，反復するサイクルの中の他の部分との関係により認識できる任意の点のことである。**振幅**（amplitude）はピークと谷の間の幅のことである。

（B）

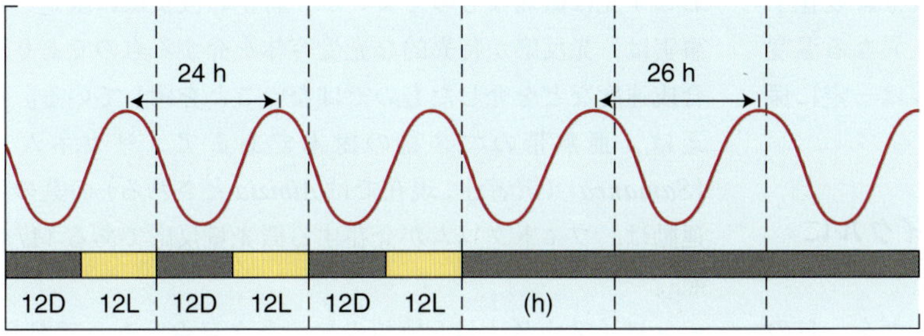

24時間の明暗（LD）サイクルに同調化された概日リズムと恒暗条件に移したときの自由走行周期（ここでは26時間）への変化。

（C）

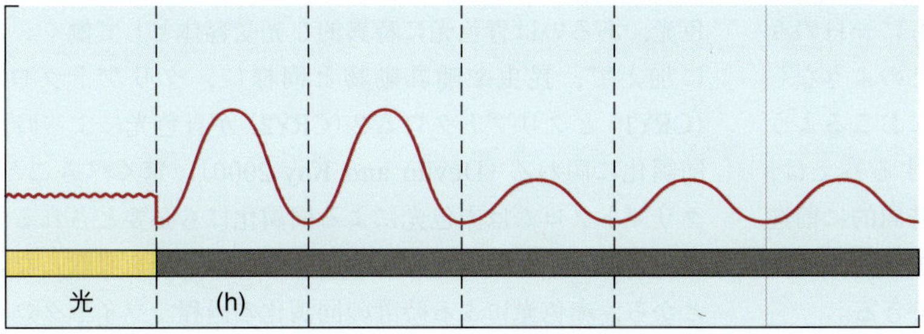

強光恒明条件下における概日リズムの停止と暗条件に移したときに見られるリズムの停止状態からの解放（再スタート）。

（D）

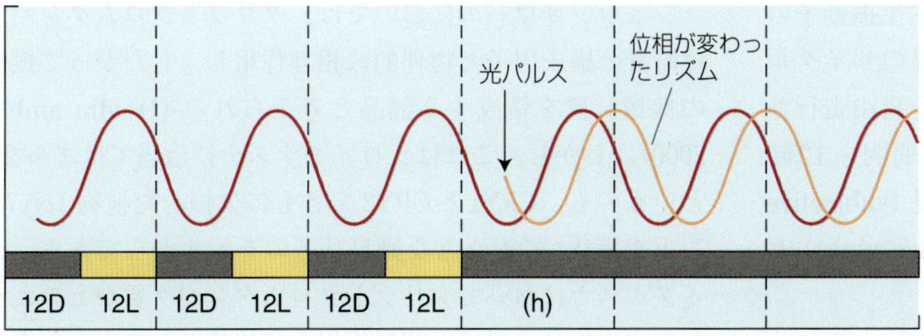

恒暗条件に移してしばらく後に与えられた光パルスに対する典型的な位相シフト反応。周期の長さを変えることなしに，リズム位相が変化する（遅れる）。

図24.15　概日リズムのいくつかの特徴

リズムは内生的に生じるものではあるが，それが発現するためには，通常，光の照射や温度変化といった環境シグナルが必要である。さらに，恒常的な条件下にある一定の時間おかれると多くのリズムは（振幅が減少することで）減衰してしまい，再スタートするためには，明から暗への移行や温度変化のような環境からのツァイトゲーバーを必要とするようになる（図24.15C）。ここで注意すべきことは，時計そのものが減衰するのではなく，時計の分子機構（内生振動子）と生理機能を連結する過程が影響を受けることである。

自然条件下で経験する温度変動のもとで，もし時間を正確に維持することができないとしたら，概日時計は生物にとって無価値なものとなろう。実際には，自由走行リズムの周期の長さは温度による影響をほとんどかまったく受けない。生物時計が異なる温度のもとで一定のペースを維持することを可能にしている性質を**温度補償性**（temperature compensation）という。生物時計をつかさどる経路の中の生化学的なステップはすべて温度依存性であるが，おそらく，それらの効果はたがいに打ち消しあうのだろう。たとえば，中間生成物の合成速度の変化は，その分解の速度も同じように変化することによって相殺されうる。このようにして，異なる温度下においても，時計を制御する因子の定常レベルは一定に保たれるのであろう。

位相のシフトが概日リズムを異なる昼夜サイクルに順応させる

概日リズムにおいて，生理反応がおこるタイミングを一日のうちの特定の時刻に限定するのは，内生振動子の働きによる。たがいに位相が異なる複数の概日リズムを制御しているのが単一の振動子ということもありうる。季節とともに一日のうちの昼夜の長さが刻々と変わっていくときに，どのようなしくみによってさまざまな生理反応が正しい時刻におこるように保たれているのであろうか？ この問いに対する答えは，リズムの周期の長さを変えずにサイクル全体を時間的に前進させたり後進させることによって，リズムの位相を変えることができる，という事実の中に見い出すことができる。

研究者は，生物を恒暗条件におき，自由走行リズムのさまざまな位相点で短い（通常は1時間以下の）光パルスを与えて，それに対する反応を観察することにより，内生振動子の反応を調べてきた。生物を12時間明・12時間暗のサイクルに同調させ，そののち恒暗条件においてリズムを自由走行させた場合，自由走行前の同調化サイクル（12時間明・12時間暗）の明期と重なるリズムの位相を**主観的な昼**（subjective day），暗期と重なる位相を**主観的な夜**（subjective night）とよぶ。

もし主観的な夜の最初の数時間に光パルスが与えられると，リズムの位相は遅れる。つまり，生物は光パルスを前の昼の一部であると解釈するのである（図24.15D）。これに対し，光パルスが主観的な夜の後の方で与えられた場合には，リズムの位相は進むことになる。今度は生物は光パルスを翌日の昼の始まりと解釈するのである。

すでに指摘したように，季節が変わっても生物のリズムがそれが住んでいる場所の時間と一致しつづけなければならないとすると，この反応はまさに期待されるものである。したがって，この位相をシフトさせる反応は，異なった昼夜の長さからなる約24時間のサイクルにリズムを同調させることを可能にするとともに，日長を異にする自然条件のもとではリズムの走行のしかたが異なってくることを示している。

フィトクロムとクリプトクロムが時計を同調させる

光シグナルにより位相のシフトがおこる分子機構はまだよくわかっていない。しかし，シロイヌナズナを用いた研究から，概日振動子や振動子への入力系あるいは出力系の鍵となる要素が明らかになっている（17章参照）。位相のシフトを引きおこす光は微弱なものでよいが，特定の波長域に限定される事実は，光反応が特異的な光受容体を介するものであり，光合成速度などを介したものではないことを示している。たとえば，亜熱帯のマメ科の樹木であるアメリカネムノキ（*Samanea*）（訳者注；現在では*Albizia*とされる）の葉の就眠運動は，フィトクロムが介在する微光量反応である（17章参照）。

シロイヌナズナは5種類のフィトクロムをもっており，1種（フィトクロムC）を除き，時計の同調化に関わることが示唆されている。それぞれのフィトクロムは，赤色光，遠赤色光，あるいは青色光に特異的な光受容体として働く。これに加えて，昆虫や哺乳動物と同様に，クリプトクロム1（CRY1）とクリプトクロム2（CRY2）が青色光による時計の同調化に関わる（Devlin and Kay 2000）。驚くべきことに，クリプトクロムは赤色光による同調化にも必要とされるようにみえる。しかし，クリプトクロムは赤色光を吸収しないことから，赤色光による時計の同調化の過程でフィトクロムからの情報伝達の中継因子として作用するのかもしれない（Yanovsky and Kay 2001）。

ショウジョウバエにおいては，クリプトクロムタンパク質は時計の構成因子と物理的に相互作用し，したがって振動子の機械装置を構成する部品と考えられる（Devlin and Kay 2000）。しかし，これはシロイヌナズナには当てはまらない。というのも，CRY1とCRY2をともに欠損した植物（*cry1cry2*二重変異体）でも正常な概日リズムを示すからである。シロイヌナズナにおいてクリプトクロムタンパク質がどのようにして内生振動子機構と相互作用して位相のシフトを引きおこすのかは，今後明らかにされるべき課題である（Yanovsky et al. 2001)。

光周性：日長の計測

これまで見たように，特定の分子事象あるいは生化学的現象をおこすべき‘一日のうちの時刻’を生物が決めることができるのは，概日時計のおかげである。**光周性**(photoperiodism)，すなわち生物が日長を感知する能力（訳者注；この二つは本書では同じものとみなされているが，正しくは，光周性は，日長の変化によって引きおこされる生物の反応を指すのであって，日長を感知する能力を指すのではない。）により，ある現象が‘一年のうちの特定の時期’におこることが可能になり，‘季節的な’反応が生じる。概日リズムと光周性は明暗のサイクルに反応するという共通した性質をもっている。

赤道上では，昼と夜の長さは等しく，かつ一年を通して変化しない。赤道を離れ北極に向かうにつれ，昼の長さは夏には長く，冬には短くなる（図24.16）。植物が日長のこうした季節変動を感知する能力を進化させたこと，また，個々の種の光周性反応がそれぞれの自生地の緯度に強く影響されることは驚くにはあたらない。

光周性という現象は動物と植物の両方に見い出される。動物においては，日長は，越冬や夏毛・冬毛の発達，繁殖活動といった季節性の反応を制御している。光周期により制御される植物の反応は多岐にわたり，花成や無性繁殖，貯蔵器官の発達，休眠の開始といった現象が含まれる。

おそらく，植物が示すすべての光周性反応は同じ光受容体を利用しており，それ以降のシグナル伝達過程は現象ごとに異なっていると考えられる。時間の経過を測定することが光周性反応にとって必須であることは明らかであるから，「一日のうちの特定の時刻」におこる反応と「一年のうちの特定の時期」におこる反応の背景にはなんらかの計時機構が存在しなくてはならない。環境から入ってくる光（あるいは暗黒）のシグナルに対して反応する際に，参照点を与える内生の計時機構として，概日振動子は役立っていると考えられる。光周期の変化が参照系としての概日振動子を用いてどのようにして計られるのかについて以下で簡単に述べることにする。

植物は光周性反応により分類できる

多くの植物種は，夏の長い日長のもとで花を咲かせる。そして，植物生理学者は長年にわたり，花を咲かせることが長日と結びついているのは，長日がつづく期間に合成される光合成産物の蓄積のためであると信じてきた。この仮説が正しくないことが，1920年代にメリーランド州ベルツヴィルにある米国農務省の研究室で行われたWightman GarnerとHenry Allardの研究により示された。彼らは，タバコの変異株メリーランド・マンモス（Maryland Mammoth）が夏の一般的な生育条件のもとではむやみやたらに成長して，高さ5mにも達するのに，花を咲かせることができないことを発見した（図24.17）。しかし，冬のあいだ温室においたメリーランド・マンモスは，冬の自然日長下で花を咲かせた。

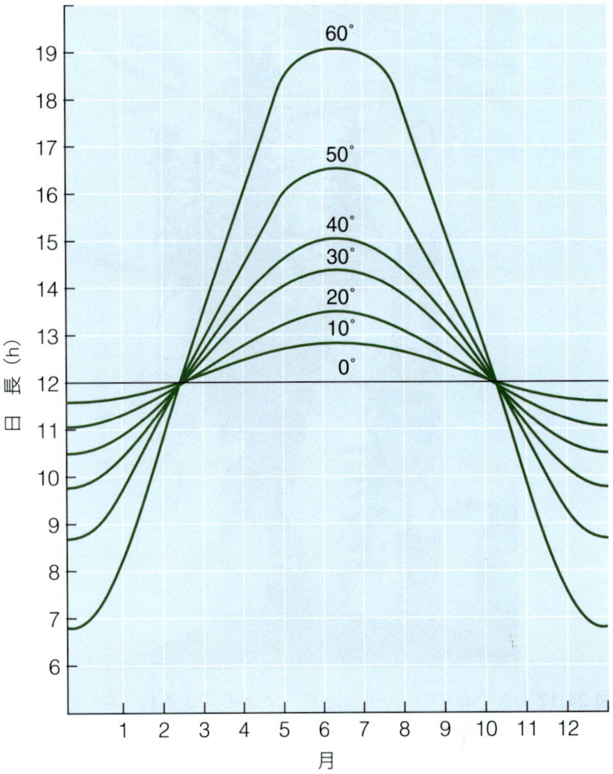

図 24.16　一年のさまざまな時期における日長と緯度の関係

こうした結果から，最終的にGarnerとAllardは，夏の長日の午後遅くから翌朝までのあいだ光を通さないテントで植物を覆うことにより人工的な短日条件を作りだし，その効果を調べるという実験を行うことを考えついた。そして，この人工的な短日条件によってもメリーランド・マンモスは花を咲かせることがわかった。この短日要求性は，より長い日長とそれに伴う光合成量の増大が一般に花成を促進するという考え方とは両立しがたいものであった。GarnerとAllardは日長が花成の決定要因であると結論づけ，この仮説が正しいことを多くの植物種とさまざまな条件において確認した。彼らのこの研究は，光周性反応に関するその後の広汎な研究の基礎を築くものとなった。

光周性反応に基づく植物の分類は，通常，花成の反応をもとにしている。もっとも，植物の成長・発生の花成以外の局面の多くも日長の影響を受ける。光周性反応の二つの主要なカテゴリーは，短日植物と長日植物である。

1. **短日植物**（short-day plant：**SDP**）は，短日条件のみで花を咲かせる植物（‘質的’短日植物 qualitative SDP）か，

図 24.17　タバコのメリーランド・マンモス変異株（右）と野生型株（左）。どちらの植物も夏の間温室内で育てた。ウィスコンシン大学の大学院生がスケール代わりに写真に写っている。（R. Amasino の好意による）

短日条件により花成が促進される植物（‘量的’短日植物，quantitative SDP）である。

2. **長日植物**（long-day plant：**LDP**）は，長日条件のみで花を咲かせる植物（‘質的’長日植物 qualitative LDP）か，長日条件により花成が促進される植物（‘量的’長日植物，quantitative LDP）である。

長日植物と短日植物の本質的な違いは，長日植物では，24時間周期の明暗サイクルの中で，日長がある長さを‘超えた’ときにのみ花成の促進がおこるのに対し，短日植物では，日長がある長さを‘下まわる’ときにのみ花成の促進がおこる点にある。そのような日長のことを**臨界日長**（critical day length）とよぶ。臨界日長の長さは種間で大きく異なり，さまざまな日長条件下で花成を調べることにより，はじめてその植物種の光周性反応のタイプが正しく決定できる。

長日植物は，しだいに長くなっていく春から初夏の日長を効果的に計ることができ，臨界日長に達するまで花成を遅らせる。コムギ（*Triticum aestivum*）の多くの品種はそのような長日植物である。一方，短日植物は，キク（*Chrysanthemum morifolium*）の多くの品種のように，昼の長さが臨界日長を下まわるようになった秋に花を咲かせる。しかしながら，日長はそれのみでは春と秋を区別することはできず，季節を知るシグナルとしては両義的（訳者注：夏至と冬至を除けば，同じ日長になる時期が年に2回存在すること）である。

植物は日長シグナルがもつこの両義性を避けるためのいくつかの適応を示す。一つは温度に対する要求性と光周性反応を組み合わせることである。たとえば，冬コムギのような植物は寒い時期を経験（春化あるいは越冬）したのちでないと光周期に反応しない（春化については本章の後の方でふれる）。

植物種によっては，日長が‘短くなっていく’のか‘長くなっていく’のかを区別することによって季節のあいまいさを回避するものもある。そのような「両日長要求性植物」は二つのカテゴリーに分けられる。

1. **長短日植物**（long-short-day plant：**LSDP**）は，長日条件に続いて短日条件がきたときにのみ花を咲かせる。トウロウソウ属（*Bryophyllum*），リュウキュウベンケイソウ属（*Kalanchoe*）やヤコウカ（*Cestrum noctrunum*）のような長短日植物は，晩夏から秋にかけて日長が短くなると花を咲かせる。

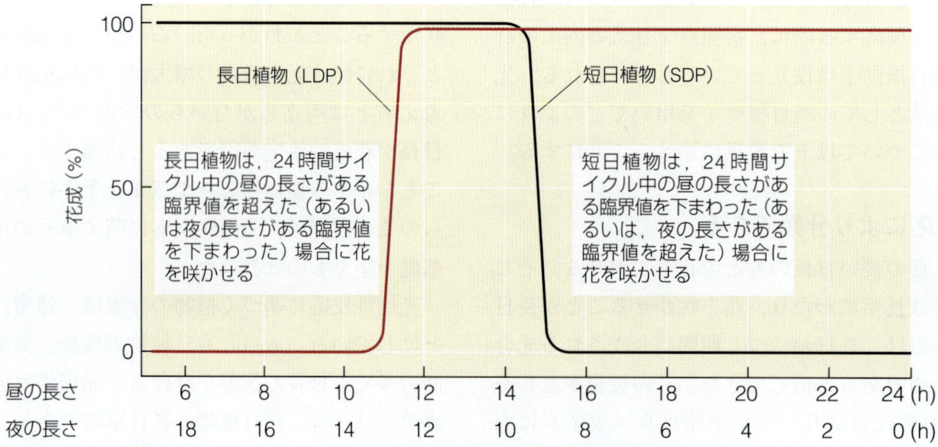

図 24.18　長日植物および短日植物の光周性反応。限界日長の長さは種により異なる。この例では，12時間と14時間の間の日長では，長日植物，短日植物ともに花を咲かせる。

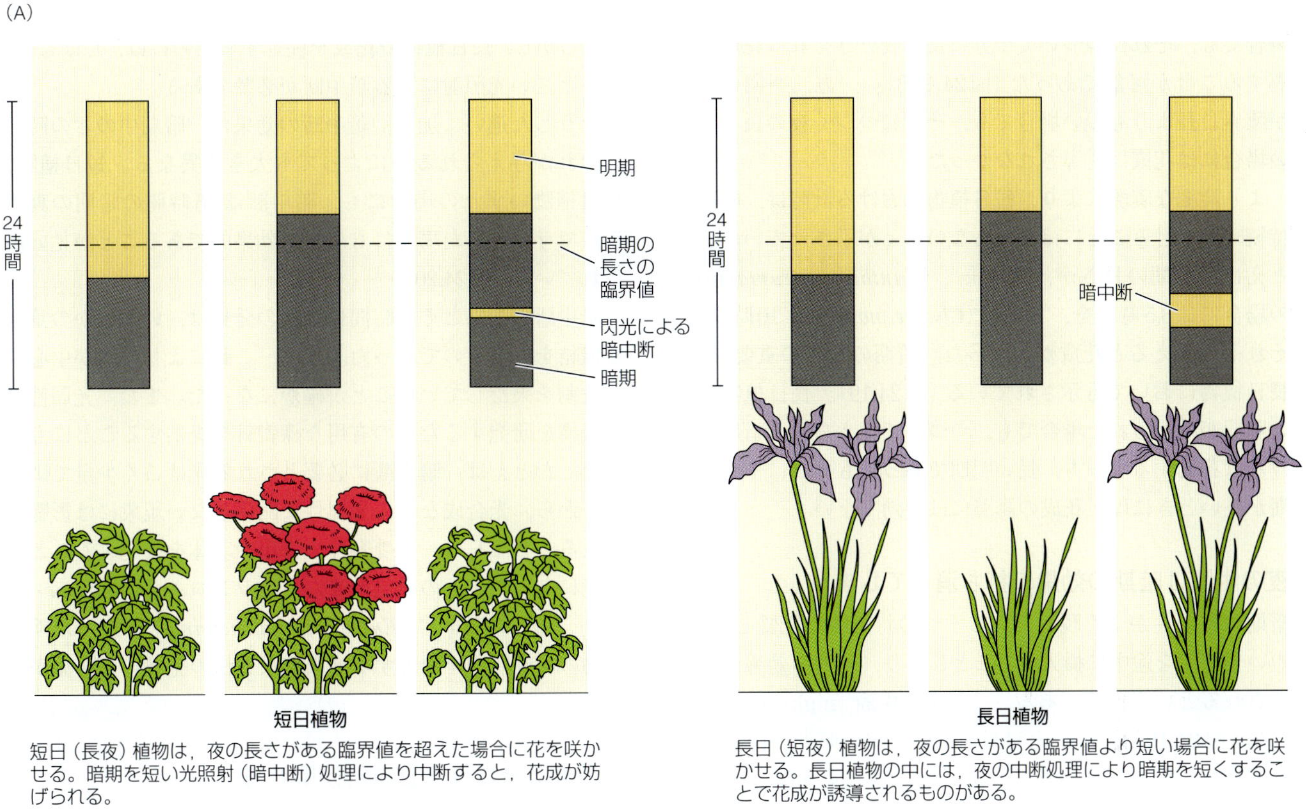
(A)
24時間
明期
暗期の長さの臨界値
閃光による暗中断
暗期
短日植物
短日（長夜）植物は，夜の長さがある臨界値を超えた場合に花を咲かせる。暗期を短い光照射（暗中断）処理により中断すると，花成が妨げられる。
24時間
暗中断
長日植物
長日（短夜）植物は，夜の長さがある臨界値より短い場合に花を咲かせる。長日植物の中には，夜の中断処理により暗期を短くすることで花成が誘導されるものがある。

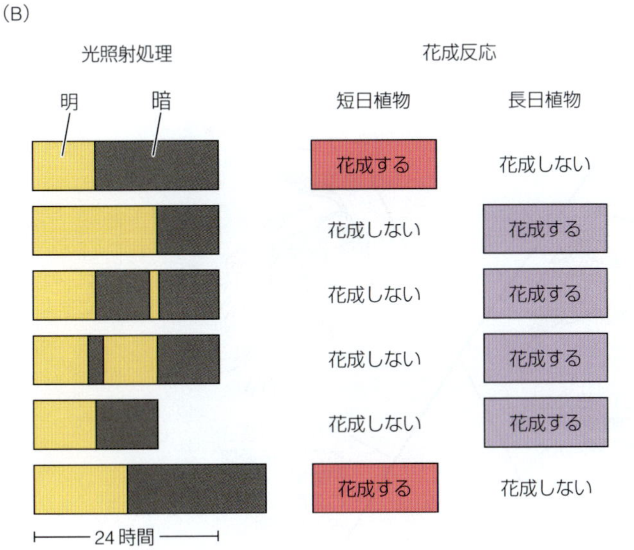
(B)
光照射処理
明
暗
花成反応
短日植物
長日植物
花成する
花成しない
花成しない
花成する
花成しない
花成する
花成しない
花成する
花成しない
花成する
花成する
花成しない
24時間

図 24.19　光周期による花成の制御。(A) 短日植物と長日植物に対する光周期の効果。(B) 暗期の長さの花成に対する効果。短日植物と長日植物にさまざまな光周期条件を与えた実験の結果から，決定的な変数は暗期の長さであることがわかる。

2. **短長日植物** (short-long-day plant：**SLDP**) は，短日条件につづいて長日条件がきたときにのみ花を咲かせる。シロツメクサ (*Trifolium repens*)，フウリンソウ (*Campanula medium*)，エケウェリア (*Echeveria harmsii*) のような短長日植物は，早春の長くなる日長に反応して花を咲かせる。

最後に，どのような日長条件においても花を咲かせる植物は**中日植物** (day-neutral plant：**DNP**) とよばれる。中日植物は日長に対して非感受性である。中日植物の花成は自律的な制御，つまり内因性の成長制御のもとにあると考えられる。中日植物の種の中には，インゲン (*Phaseolus vulgaris*) のように一年を等して日長がほぼ一定である赤道近くで進化したものがある。多くの砂漠性一年生草本は，カスティレヤ (*Castilleja chromosa*) やアブロニア (*Abronia villosa*) のように，十分な水が得られるときにはいつでも発芽し，速やかに成長して花を咲かせるように進化した。そのような植物も中日植物である。

植物は夜の長さを測ることで日長をモニターしている

自然条件下では，昼と夜とで24時間周期の明暗サイクルが成り立っている。原理的には，植物は明期，暗期いずれの長さを計ることによっても臨界日長を認識することが可能である。光周性の研究の初期には，明暗サイクルのどの部分が花成の調節要因であるかを確立するために多くの実験が行われた。それらの実験の結果は，短日植物では，花成は基本的には暗期の長さにより決定されることを示している（図

24.19A)。短日植物では，明期の長さが臨界日長よりも長い場合でも，それにつづいて十分に長い夜を与えれば花成を誘導することが可能であった（図24.19B)。一方，明期の長さが臨界日長よりも短い場合でも，それにつづく夜の長さが短い場合には花成は誘導されなかった。

より詳細な実験により，短日植物における計時は，暗期の持続時間を計ることにほかならないことが示されている。たとえば，暗期の長さが，オナモミ（*Xanthium strumarium*）の場合には8.5時間を，ダイズ（*Glycine max*）では10時間を，それぞれ超えると花成がおこった。暗期の長さの重要性は，長日植物においても示されている（図24.19)。長日植物は短い明期が与えられた場合でも，つづいて与えられる暗期が短ければ花成する。一方，長い明期であってもそれにつづく暗期が長いときには，花成の誘導には有効でない。

夜の中断は暗期の効果を打ち消してしまう

暗期の重要性がよく現れている一つの特徴的な性質として，短い光照射を途中に挿入することにより，暗期の効果が打ち消されるという性質がある。これを**暗中断**（night break）とよぶ（図24.19A)。これとは対照的に，短い暗期の挿入による明期の中断は長日の効果を妨げない（図24.19B)。オナモミやアサガオ（*Pharbitis mil*）など多くの短日植物では，わずか数分の暗中断でも花成を‘妨げる’のに十分に効果的である。しかし，長日植物の花成を促進するためには，しばしば，ずっと長い光照射による暗中断が必要である。

そうした違いに加え，暗中断の効果は，暗期中のどの時期にそれが与えられるかによっても大きく異なる。短日植物，長日植物いずれの場合にも，暗中断は16時間の暗期の真中近くで与えられた場合にもっとも効果的であることが見い出されている（図24.20)。

暗中断の効果とその時間依存性の発見は，いくつかの重要な帰結を伴うものであった。まず，これにより暗期が中心的な役割を果たしていることが確かになった。また，光周性計時機構を研究するための有用な探索針を提供することにもなった。たとえば，暗中断に必要とされる光はごく少量でよいことから，光合成などの光周性に関係しない現象には影響を与えることなしに，光受容体の作用や実体を研究することが可能になった。この発見はまた，カランコエ（*Kalanchoe*）やキク，ポインセチア（*Euphorbia pulcherrima*）といった園芸植物の花成時期を制御する商業的な方法の発展にもつながった。

光周性計時には概日時計が関わる

暗期の長さが花成に決定的な影響をもつことは，暗期中の時

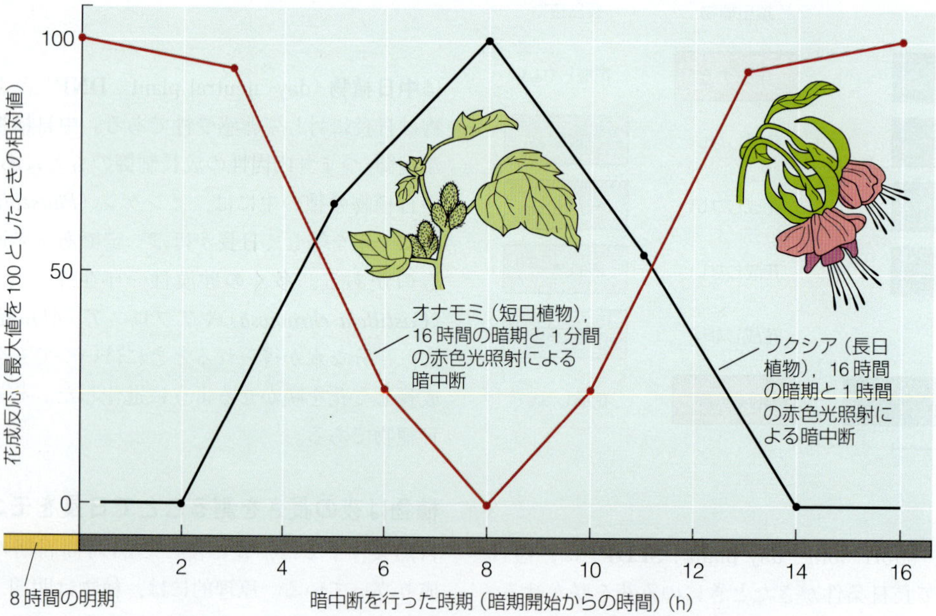

図 24.20 暗中断を与える時期が花成反応を決定する。長い暗期を与える場合，暗中断は長日植物では花成を促進し，短日植物では花成を阻害する。どちらの場合にも，花成に対する最大の効果は，暗中断が暗期（ここでは16時間）の真中で与えられた場合に見られる。暗中断として，長日植物のフクシア（*Fuchsia*）では1時間の赤色光照射が，オナモミ（*X. strumarium*）では1分間の赤色光照射が行われた。（フクシアのデータはVince-Prue 1975より，オナモミのデータはSalisbury 1963およびPapenfuss and Salisbury 1967より）

間経過を計ることが光周性計時機構の中心にあることを示唆する。現在までに得られたほとんどの証拠は概日リズムに基づく計時機構（Bünning 1960）の存在を支持している。この**時計仮説**（clock hypothesis）では，光周性計時機構は内生の概日振動子に依存すると考える。この概日振動子は，17章でフィトクロムとの関連で説明した日周リズムに関わるようなタイプの中心振動子であり，遺伝子発現を介したさまざまな生理過程――光周性花成もその中に含まれる――と連結している。

暗中断が花成に及ぼす効果を測定することで，光周性計時機構において概日リズムが果たしている役割が調べられた。たとえば，短日植物のダイズに8時間の明期とそれにつづく64時間の長い暗期を与え，暗期中のさまざまな時期に暗中断を施したところ，花成反応は概日リズムを示すことがわかった（図24.21）。

こうしたタイプの実験の結果は，時計仮説を強く支持している。もし，短日植物が，単純に，暗中で蓄積する特定の中間産物の量によって夜の長さを計っているとしたら，臨界夜長（critical night length）より長い暗期はすべて花成をおこすはずである。しかし，実際には，長い暗期であっても，内生の概日振動子のある位相とうまく一致しない時期に光照射による暗中断が与えられると，花成を誘導できない。この発見は，短日植物の花成には，十分な長さの暗期が与えられることと夜明けのシグナルが概日サイクルの適切な時点に与えられることの両方が必要であることを示している（図24.15）。

光周性計時における概日振動子の役割を支持するさらなる証拠は，光処理によって光周性反応の位相のずれがおこるという観察結果である（**Webトピック24.4**参照）。

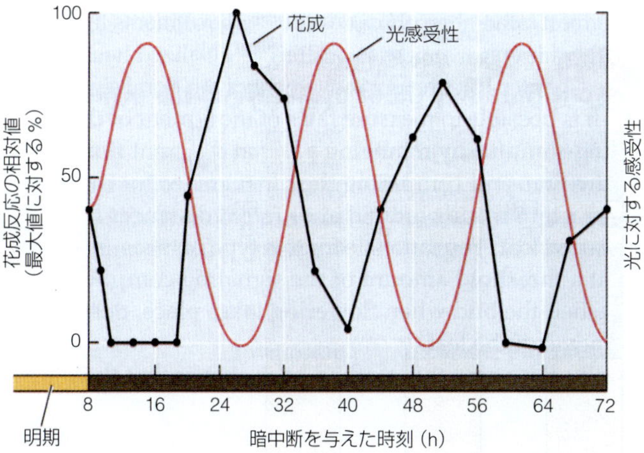

図 24.21 暗中断に伴う花成反応のリズム。この実験では，短日植物のダイズ（*G. max*）に，8時間の明期の後に64時間の暗期を与えた。この長い暗期中のさまざまな時間に4時間の暗中断を与えた。暗中断を与えたそれぞれの時点における花成反応を，得られた花成反応の最大値に対する相対値（百分率）で表してグラフ化した。暗期開始後26時間目に暗中断を与えた場合に最大の花成反応が得られ，40時間目に暗中断を与えた場合にはまったく花成しなかったことに注意せよ。さらに，この実験は暗中断に対する感受性が概日リズムをもつことを示している（訳者注；暗中断に対する感受性のピークはおおよそ16，40，64時間めに，谷はおおよそ26，50時間めに，それぞれある）。こうした結果は，短日植物においては，光感受性の相（light-sensitive phase）が終了した後に夜明け（暗中断）がきた場合にのみ花成が誘導される，というモデルを支持する。一方，長日植物においては，暗中断が光感受性の相と一致することが花成がおこるためには必要である。（データはCoulter and Hamner 1964による）

光に対する感受性の振動に基づく照合モデル

概日振動子が光周性に関わることは重要な疑問を提起する。それは，24時間周期の振動子がどのようにして，暗期の臨界長――たとえば短日植物のオナモミでは8～9時間――を計るのか，というものである。1936年に，Erwin Bünningは，光周期による花成の調節は光に対する感受性を異にする複数の相の振動によってなされるという説を提唱した。この説はやがて，概日振動子が光に感受性の相と光に非感受性の相のタイミングを調節するという**照合モデル**（coincidence model）（Bünning 1960）に発展した。

このモデルでは，光が花成を促進するか阻害するかは光が与えられるのがどちらの相であるかに依存する。光シグナルがリズムの光感受性の相の間に与えられると，長日植物では花成が‘促進され’，短日植物では花成が‘妨げられる’。図24.21に示すように，短日植物では，暗期中に光に対する感受性と非感受性の相が振動する。短日植物においては，リズムの光感受性の相が完了したのちに暗中断あるいは夜明けの光があたる場合にのみ花成が誘導される。言い換えれば，‘光照射のタイミングがリズムの適切な位相と一致したときに花成は誘導される’。点灯・消灯という光シグナルが存在しない状態でも光に対する感受性・非感受性の相が振動をつづけるという性質は，概日振動子により制御される多くの生理現象の特徴と一致するものである。

光周性刺激を感受するのは葉である

長日植物でも短日植物でも光周性刺激は葉で感知される。たとえば，短日植物のオナモミでは1枚の葉を短日処理することで花の形成を引きおこすことができる。その場合に植物体のそれ以外の部分は長日条件におかれていてもよい。したがって，光周期に反応して，葉は花成への移行を制御するシグナルを茎頂に伝達する。光周期による制御を受けて葉で生起し，最終的に花成刺激の茎頂への伝達にいたる諸過程をまとめて，**光周性花成誘導**（photoperiodic induction）という。

光周性花成誘導は，植物体から切り離された葉においてもおこりうる。たとえば，短日植物のシソ（*Perilla crispa*）では，短日条件においた葉を切り出したのち，長日条件におかれていてまだ花成が誘導されていない植物（台木）に接木すると，台木の花成を誘導することができる（Zeevaart and

Boyer 1987)。この結果は，光周性花成誘導がもっぱら葉で生起する事象のみに依存することを示している。

接木実験は，花成刺激についてのわれわれの理解に大きな貢献を残してきたので，のちほどもう少し詳しく述べることにする。

花成刺激は篩管を通して輸送される

ひとたびつくられると，花成刺激は篩部を通って分裂組織に伝えられるように見える。花成刺激の実体は，物理的なものではなく，化学的なものであると考えられる。環状除皮や局部加熱といった篩部輸送を妨げるような処置（10章参照）は，花成シグナルの伝達を阻害する。

1枚の葉を光周性誘導したのち，さまざまな時間に除去し，その葉から異なる距離にある二つの芽に花成シグナルが到達する時間を比較することで，花成刺激の移動速度を計ることができる。花成がおこるならば，葉が除去されても閾値に達する量のシグナル物質が芽に到達していたはずであるというのが，こうした実験の背景にある根本的な仮定である。

この方法を用いた研究によって，花成シグナルの輸送速度は篩部における糖の転流速度（10章参照）にほぼ等しいか少し遅いことがわかっている。たとえば，短日植物のアカザ（*Chenopodium*）の成葉では，暗期の開始から22.5時間以内に花成刺激の葉外への輸送が完了する。長日植物のシロガラシ（*Sinapis*）の場合には，長日処理開始後16時間までには花成刺激の葉外への移動が終わっている。こうした速度は花成刺激が篩部を移動するという見方とよく符合する（Zeevaart 1976）。

花成刺激は，糖とともに篩部を通って転流されることから，シンク-ソース関係の影響を受ける。同じ誘導を受けた葉であっても，茎頂の近くにある葉の方が，茎の根本近くにあって根に栄養分を供給している葉よりも花成を引きおこしやすい。同様に，誘導を受けた葉と頂芽の間に誘導を受けていない葉がある場合には，この非誘導葉がその頂芽に対する栄養分の優先的な供給源となることで，より遠位の誘導葉からの花成刺激の伝達を妨げ，結果的に花成は阻害されることになる。この阻害はまた，誘導葉が転流を行うために最低限の光合成を必要とすることをも説明する。

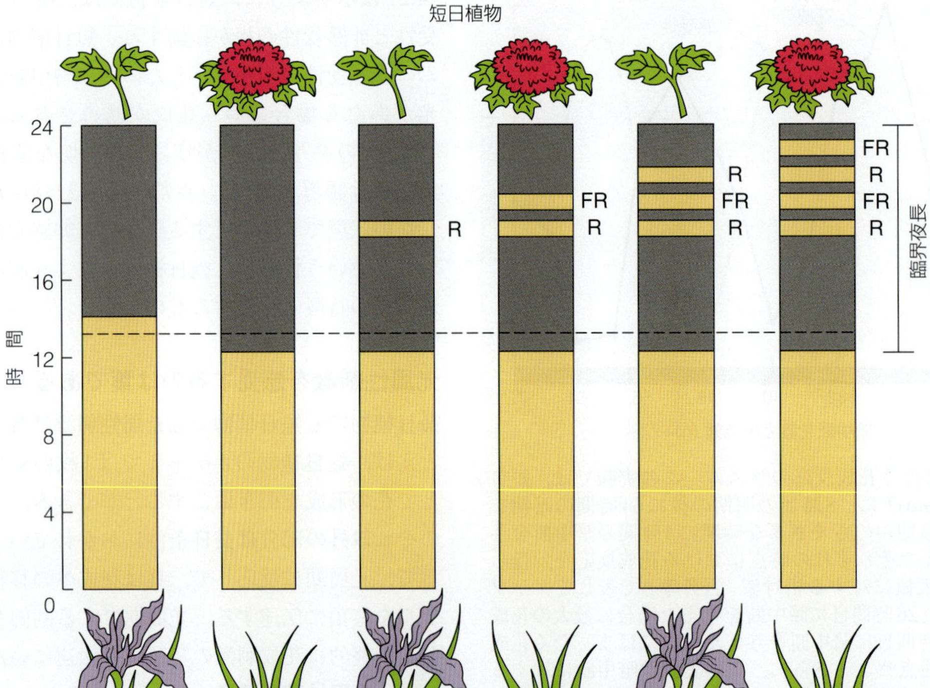

図 24.22 フィトクロムを介した赤色光（R）と遠赤色光（FR）による花成の制御。長日植物では，暗期中の赤色光の閃光照射が花成を誘導する。この反応はフィトクロムの関与を示唆する。短日植物では，赤色光の閃光照射は花成を阻害し，その効果は遠赤色光の閃光照射により打ち消される。

光周性に関わる主要な光受容体はフィトクロムである

暗中断実験は，光周性反応において光シグナルの受容に関わる光受容体の性質を研究するのに好適な実験である。暗中断による短日植物の花成阻害は，フィトクロムの制御下にあることが示された最初の生理過程のひとつである（図24.22）。

多くの短日植物では，Pr（赤色光吸収型のフィトクロム）のPfr（遠赤色光吸収型のフィトクロム）への光変換（17章参照）を飽和するのに十分な量の光を照射したときにのみ暗中断の効果があらわれる。暗中断の光照射につづけて遠赤色光を照射し，光変換によりフィトクロムを生理的に不活性なPrに戻すと，花成反応は回復する。

この赤色光–遠赤色光可逆性が成り立つことは，長日植物でもいくつかの種で示されている。それらの植物種では，赤色光照射による暗中断が花成を促進し，つづけて遠赤色光照射を行うことでこの効果が打ち消される。

短日植物における花成の阻害と回復の作用スペクトルを図24.23に示す。クロロフィルによる干渉を避けるために，暗所で育てたアサガオを用いた実験によって，660 nmのピーク——Prの吸収極大（17章参照）——が得られている。これに対し，オナモミで得られている結果は緑化植物の例を示している。この場合にはクロロフィルの存在が作用スペクトルとPrの吸収スペクトルの食い違いの原因と考えられる。これらの作用スペクトルと赤色光–遠赤色光可逆性は，フィトクロムが短日植物の光周性計時に関わる光受容体であることを裏づけている。

長日植物では，フィトクロムの役割はより複雑であり，このすぐ後で述べる青色光受容体も花成制御に一役買っている。

遠赤色光はある種の長日植物の花成反応を修正する

光に対する感受性の概日リズムは，長日植物にも見られる。遠赤色光による花成促進の概日リズムが，ドクムギ（*L. temulentum*）と同様に，オオムギ（*Hordeum vulgare*）やシロイヌナズナ（*A. thaliana*）でも見い出されている（Deitzer 1984）（図24.24）。この反応は，高照射反応（high-irradiance response：HIR）であり，反応の大きさは遠赤色光の光強度と照射時間に比例する。他の高照射反応の場合と同様に，この場合もPHYAが遠赤色光に対する反応をつかさどるフィトクロムである（17章参照）。上の例では，4～6時間の遠赤色光を照射された植物は，白色光ないしは赤色光の連続光のもとにおかれた植物（この場合にはPHYBが反応に介在する）に比べて，花成が促進される。このリズムは明条件下でも持続する。

これに対して，短日植物では，連続光のもとでは遠赤色光

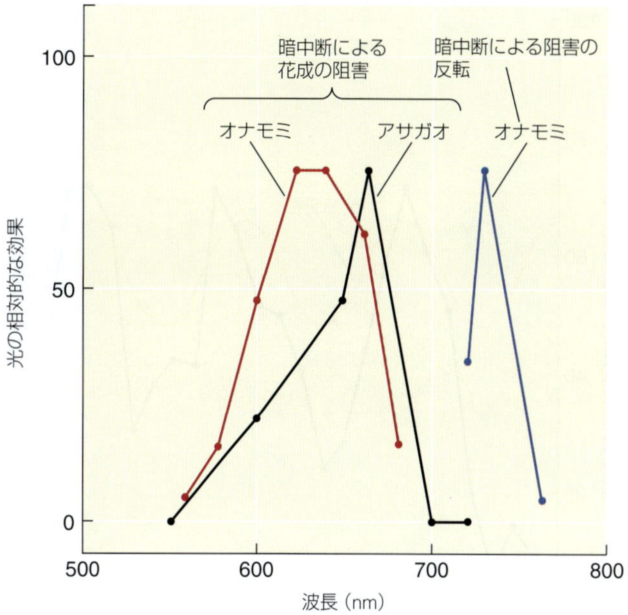

図 24.23　暗中断による花成反応の作用スペクトルから明らかになるフィトクロムの関与。短日植物では，花成は暗期中の短い光処理（暗中断）により抑制される。短日植物のオナモミ（*X. strumarium*）では，620～640 nmの赤色光による暗中断がもっとも有効である。この赤色光の効果は725 nmの光によりもっとも効果的に反転される。暗所で育てた短日植物のアサガオ（*Pharbitis nil*）では，クロロフィルとそれによる光吸収の干渉がない。この植物では660 nmの光による暗中断がもっとも効果的である。この660 nmの極大はフィトクロムの吸収極大と一致する。（オナモミのデータはHendricks and Siegelman 1967より，アサガオのデータはSaji et al. 1983より）

に対する反応のリズムは数時間で減衰してしまい，暗条件に移された時点で再開する点が，その計時機構の特徴的な性質である。

長日植物では，リズムを示すのは遠赤色光に対する反応だけではない。数分の暗中断に対しては比較的鈍感ではあるが，多くの長日植物では，より長い（通常は少なくとも1時間以上）暗中断によって花成が誘導される。そのような長い暗中断に対する花成反応の概日リズムが長日植物でも観察されており，反応性のリズムが暗期中にも持続することが示されている。

したがって，長日植物では，花成反応を変更する概日リズムは，明条件下（遠赤色光による促進の場合）と暗条件下（赤色光ないしは白色光による促進の場合）の両方で働いていることが示されたことになる。しかし，概日リズムがどのように光周性反応に連結されているのかについては不明である。

青色光受容体も花成の制御に関わる

いくつかの長日植物では，シロイヌナズナに見られるように，青色光が花成を促進する。このことは，花成制御に青色光受

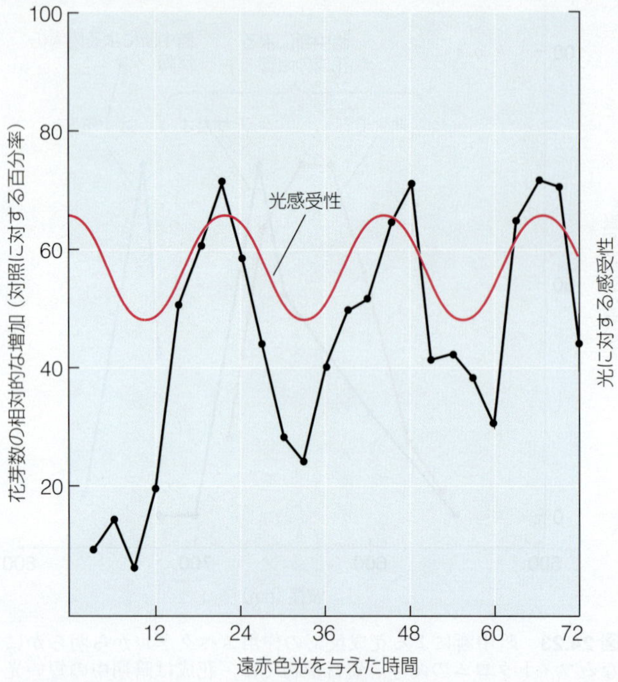

図 24.24 シロイヌナズナの花成誘導に対する遠赤色光の効果。72時間の連続明期中のさまざまな時間に4時間の遠赤色光を照射を挿入した。グラフでは，各処理の結果を4時間の処理時間中の真中の点（訳者注；処理開始から2時間めの点ということ）にプロットしている。データは遠赤色光による花成促進に対する感受性には概日リズムがあることを示している（赤線）。この結果は，長日植物では光処理（この場合には遠赤色光）が光に対する感受性のピークと一致した場合に花成が促進されるというモデルと合致する。（Deitzer 1984による）

容体が関わっている可能性を示唆する。青色光が花成制御にはたす役割と青色光と概日リズムとの関わりは，**Webトピック24.6**で説明するルシフェラーゼ遺伝子をレポーター遺伝子として利用した実験によって調べられた。ルシフェラーゼによる発光のリズムの周期は，連続白色光のもとでは24.7時間であったが，恒暗条件では30～36時間に延びた。赤色光あるいは青色光をそれぞれ与えた場合には，周期は25時間に短縮した。

フィトクロムの効果と青色光受容体の効果を区別するために，色素団の合成に欠損があり，フィトクロムの‘すべての’分子種（17章参照）を欠く*hy1*突然変異体にルシフェラーゼ・レポーター遺伝子を遺伝子導入した形質転換植物が作り出され，この植物で周期の長さが調べられた（Millar et al 1995）。

連続白色光条件下では，*hy1*突然変異体は野生型と同様の周期を示した。このことは，白色光のもとでは周期の維持にはフィトクロムはほとんどかまったく必要ないことを示している。さらに，PHYBによってしか受容されないと考えられる連続赤色光のもとでは，*hy1*突然変異体の周期は有意に長くなった（すなわち，恒暗条件の周期により近くなった）。しかし，連続青色光のもとでは周期は長くならなかった。これらの結果は，フィトクロムと青色光受容体の両方が周期の制御に関わっていることを意味する。

青色光が概日リズムと花成の両方を制御することはシロイヌナズナの花成時期突然変異体*elf3*（*early flowering 3*）によっても支持される（**Webトピック24.5**および**24.6**参照）。シロイヌナズナでは誘導的な光周期の感知に青色光受容体が確かに関わっていることは，クリプトクロム遺伝子の一つ*CRY2*（18章参照）の突然変異体では誘導的な光周期が認識されず，花成が遅れるという最近の発見により確証された（Guo et al. 1998）。18章で説明したように，シロイヌナズナの*CRY1*は，芽ばえの成長を制御する青色光受容体をコードする遺伝子である。したがって，*CRY*ファミリーのさまざまなメンバーは，進化の過程で種々の機能に特殊化してきたと考えられる。前に述べたように，CRYタンパク質は概日振動子の同調化にも関わると考えられる。

春化：低温による花成の促進

春化（vernalization）とは，十分に吸水させた種子あるいは生育中の植物に対して低温処理を施すことで花成が促進される過程のことである。乾燥種子は，この低温処理には反応しない。春化要求性の植物では，低温処理をしないと，花成が遅れるか栄養成長にとどまりつづける。多くの場合，春化要求性の植物は栄養成長中は茎を伸長させず，ロゼットを形成する（図24.25）。

本節では，花成の低温要求性が示すいくつかの特徴的な性質についてみることにする。それらの生質とは，有効な温度の範囲と必要期間，低温を感知する部位，光周性との関係などである。そして，低温要求性の分子機構としてどのようなことが考えられるかを述べることにする。

春化によって茎頂分裂組織は花成能をもつようになる

春化処理に感受性になる齢は，植物種によって大きく異なる。さまざまな穀類にみられる秋播きタイプ（秋に播いて翌夏に花を咲かせる）のような越冬一年生植物では，生活環の非常に早い時期に低温に反応する。これらの植物では，種子が吸水し，代謝が活性化すれば，発芽前でも低温に反応できる。二年生植物（播種後の最初の生育期はロゼットとして成長し，翌年の夏に花を咲かせる）のような他の植物では，春化のための低温に感受性になる前にある大きさに達する必要がある。

春化に有効な温度の範囲は，氷点よりほんの少し低い温度から約10℃までの範囲であり，通常は1～7℃の間で幅広い至適温度をもつ（Lang 1965）。低温の効果は，低温処理期

図 24.25 春化処理は越冬一年生（winter−annual）型のシロイヌナズナの花成を誘導する。左は低温にさらさなかった越冬一年生型の植物。右の植物は，左のものと遺伝的には同一の越冬一年生型の植物で，芽ばえの状態で4℃に40日間おいたもの。この場合には低温処理終了後3週間で約9枚の葉をつけて花を咲かせる。（Colleen Bizzellの好意による）

間の持続とともに増大し，やがて飽和する。通常は数週間の低温処理が必要であるが，厳密な必要期間は種や品種によりまちまちである。

高温のような脱春化（devernalization）条件に曝されることで，春化の効果は失われる（図24.26）。しかし，低温に曝される期間が長くなるほど春化の効果はより失われにくくなる。

春化は，主に茎頂分裂組織でおこるように見える。局部的な冷却を施した場合には，茎頂が冷やされたときにのみ花成がおこる。そして，その効果は植物体の他の部分が経験した温度にはおおむね依存しないように見える。切り出された茎頂も春化されうる。種子の状態で春化が可能な植物では，ほとんど茎頂部のみを含む胚断片でも低温に対する感受性をもつ。

発生学的な観点からは，春化により分裂組織は花成を行う反応能（competence）を獲得する，ということができる。しかし，本章の最初に見たように，花成能そのものは花成がおこることを保証するものではない。春化要求性はしばしば特定の光周期に対する要求性と結びついている（Lang 1965）。もっともふつうに見られる組合せは，低温に‘つづいて’長日を要求するというもので，高緯度における初夏の開花につながる（**Webトピック24.7**参照）。誘導的な光周期が与えられない場合に，春化された分裂組織は，脱春化処理をしないかぎり花成能を維持しつづけ，それが300日にも達することもある。

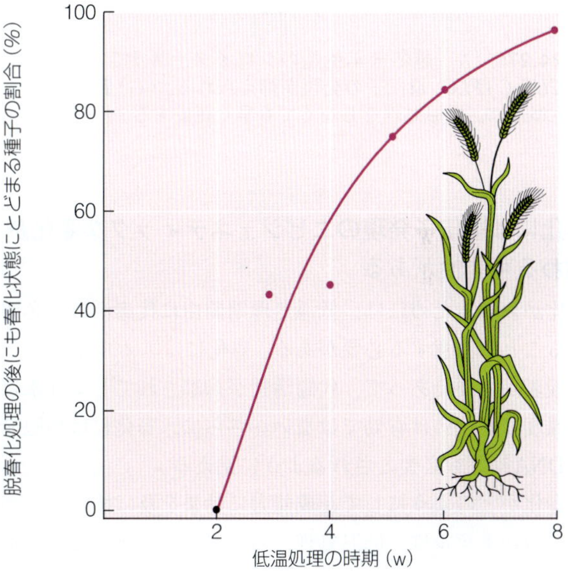

図 24.26 低温にさらされた期間が長くなると春化の効果の安定性が増大する。冬ライムギ（*Secale cereale*）では，低温処理の期間が長くなるほど，低温処理につづいて脱春化処理を行っても春化状態にとどまる植物の個体数が増える。この実験では，吸水させたライムギの種子を5℃にさまざまな期間おき，その直後に35℃で3日間の脱春化処理を行った。（データはPurvis and Gregory 1952による）

図 24.27 (左) 越冬一年生型のシロイヌナズナでは，春化処理によって *FLOWERING LOCUS C* (*FLC*) 遺伝子の発現が抑えられる。(右) *FLC*遺伝子に突然変異がおきた越冬一年生型では，低温処理をしなくても早く花成する。(写真はR. Amasinoの好意による)

春化には遺伝子発現のエピジェネティックな変化が関わる可能性がある

春化がおこるためには，低温処理期間中に代謝活性を必要とすることに注意する必要がある。春化にはエネルギー源（糖）と酸素が必要であって，代謝活性が抑制されてしまう氷点下の温度は春化には有効ではない。さらに，春化には細胞分裂とDNA複製も必要とされるように見える。

春化がどのようにして花成能力に効果を及ぼすかを説明する一つのモデルは，低温処理ののちに分裂組織において遺伝子発現のパターンに安定な変化が生じる，というものである。変化を誘導したシグナル（この場合には低温）が除かれても遺伝子発現の変化した状態が安定に保たれるような場合のことを，**エピジェネティックな制御** (epigenetic regulation) という。(訳者注；より適切には，DNAの塩基配列の変化を伴わない表現型（遺伝子発現）の変化が細胞分裂あるいは世代を通して伝達される場合に，それを「エピジェネティックな変化」という。“epigenetic” は，「後成的」と訳される場合には，「遺伝子の作用に直接関係なしにおこる発生上の変化」，「同じ遺伝子型の細胞間で遺伝子発現の調節の違いによりおこる分化」といった内容を指す。ここでいう内容はこの後者の場合に近い。) 遺伝子発現のエピジェネティックな変化は，酵母からヒトにいたる多くの生物に見られ，春化の場合と同じように，しばしば細胞分裂とDNA複製を必要とする。

春化過程にエピジェネティックな制御が関わることは，長日植物のシロイヌナズナで確かめられている。越冬一年生型のシロイヌナズナでは，春化と長日の両方が花成に必要である。このタイプの植物では，*FLOWERING LOCUS C* (*FLC*) とよばれる遺伝子が花成を抑制する遺伝子としてはたらいていることが明らかになった。*FLC*遺伝子は，春化されていない茎頂分裂組織では高いレベルで発現している（Michaels and Amasino 2000）。春化ののち，*FLC*遺伝子はまだよくわかっていない機構によってエピジェネティックにオフの（発現しない）状態にされ，生活環の残りの期間を通じて発現しない。これにより，植物は長日に反応できるようになる（図24.27）。しかし，次世代では*FLC*遺伝子は再び発現するようになり，低温に対する要求性が復活する。このように，シロイヌナズナでは*FLC*遺伝子の発現状態が分裂組織の花成能の主要な決定要因である（Michaels and Amasino 2000）。

花成に関わる生化学的シグナル

これまでの節では，花成に対する環境条件（たとえば，温度や日長）や自律的な要因（たとえば，齢）の影響を見てきた。花成惹起（floral evocation）はシュート先端の頂端分裂組織でおこる現象であるが，花成惹起にいたるいくつかの事象は，植物体の他の部分（特に葉）から茎頂に到達する生化学的なシグナルによって引きおこされる。花成刺激の産生に欠損があるような突然変異体も得られている（**Webトピック24.6**参照）。

本節では，光周期刺激に反応して葉や植物体の他の部分から茎頂に到達する生化学的なシグナルの実体について考えることにする。そのようなシグナルは，花成の促進因子，抑制因子のどちらであってもよい。植物ホルモンのいくつか（ジベレリンやエチレン）はある種の植物で花成を誘導できるが，長年の研究にもかかわらず，単一の物質が普遍的な花成刺激の実体として同定されたことはなかった。そのため，今日では，花成刺激の実体に関するほとんどのモデルは，複数の因子に基づくものになっている。

図 24.28 短日植物のシソ（*P. crispa*）を用いた，葉でつくられる花成刺激の存在を示す接木実験。（左）短日条件で育てた植物から誘導された葉を1枚取り，花成を誘導していない植物に接ぐと，腋芽の花成が引きおこされる。葉は接木しやすいようにトリミングしてある。また，接いだ葉から台木への篩部を介した物質転流を促進するために，台木の上部の葉は除去してある。（右）長日条件で育てた植物からとった誘導されていない葉を接いだ場合には，腋芽は栄養枝になる。（写真はJ. A. D. Zeevaartの好意による）

接木実験が伝達性花成刺激の存在を支持する根拠を提供してきた

光周性誘導を受けた葉で生化学的なシグナルがつくられ，それが遠く離れた標的組織（茎頂）に輸送され，そこで反応（花成）を引きおこす，という図式は，ホルモンの作用についての重要な基準を満たすものである。1930年代にソビエト連邦（当時）で研究していたMikhail Chailakhyanは，普遍的な花成ホルモンの存在を仮定し，それを**フロリゲン**（florigen）と名づけた。

フロリゲンの存在を支持する根拠は，主として初期の接木実験からきている。そうした接木実験では，光周性誘導を施した植物の葉あるいはシュートが，光周性誘導を受けていない台木植物に接木され，台木植物の花成を引きおこす。たとえば短日植物のシソの実験では，花成を誘導する短日条件で育てた植物から取った葉を，花成を誘導しない長日条件で育てた植物に接いだところ，この植物の花成が引きおこされた（図24.28）。さらに，異なる光周期要求性をもつ植物の間で花成刺激は共通しているらしい。長日条件で育てたタバコ属の長日性の種（*Nicotiana sylvestris*）の葉（したがって誘導がおこっている）を，短日性のタバコであるメリーランド・マンモスに接いだところ，花成を誘導しない（長日）条件で育てられていてもメリーランド・マンモスは花成した。

中日植物の葉も接木伝達性の花成刺激を産生することが示されている（表24.2）。たとえば，ダイズの中日性の品種Agateの葉を1枚とり，短日性の品種Biloxiに接ぐと，Biloxiは花成を誘導しない長日条件におかれていても花成がおこった。同様に，タバコの中日性の品種Trapezondの1枚の葉を，タバコ属の長日性の種（*N. sylvestris*）に接ぐと，花成を誘導しない短日条件でも花成がおこった。

いくつかの例では，異なる属間の接木によっても花成が誘導されている。花を咲かせているキンセンカ（*Calendula officinalis*）のシュートを短日植物のオナモミ（*X. strumarium*）の台木に接木すると，オナモミは長日条件下でも花成した。同様に，長日植物のペチュニア（*Petunia hybrida*）のシュートを春化要求性の二年生植物であるヒヨス（*Hyoscyamus niger*）の台木に接木し，春化処理を行わずに長日条件においたところ，ヒヨスは花成した（図24.29）。

シソ（図24.28）では，接いだ葉から接木面を介して台木の植物体に移る花成刺激の移動は，^{14}C標識された同化産物の転流とよく相関しており，その移動には接木面で維管束系がつながっていることが必要であった（Zeevaart 1976）。こうした結果は，花成刺激が光合成産物とともに篩部を通って輸送されるという，環状除皮を用いた以前の研究結果を裏づけるものである。

表 24.2 伝達性因子による花成の制御

花成を誘導する条件で育てた供与体植物	供与体植物の光周性反応タイプと生育条件	接ぎ木により花成が誘導された台木植物	台木植物の光周性反応タイプと生育条件
Helianthus annus（ヒマワリ）	中日植物 長日条件	*Helianthus tuberosus*（キクイモ）	短日植物 長日条件
Nicotiana tabacum Delcrest	中日植物 短日条件	*Nicotiana sylvestris*	長日植物 短日条件
Nicotiana sylvestris	長日条件 長日条件	*Nicotiana tabacum* Maryland Mammoth	短日植物 長日条件
Nicotiana tabacum Maryland Mammoth	短日植物 短日条件	*Nicotiana sylvestris*	長日植物 短日条件

光周性反応のタイプが異なる植物のグループ間の接木によって，花成誘導シグナルの移動がうまくおきたことは，伝達性の花成ホルモンの存在を示している。

図 24.29 異なる属間における花成刺激の伝達。接穂（右側の枝）は長日植物のペチュニア（*Petunia hybrida*）。台木は春化処理を施していないヒヨス（*Hyoscyamus niger*）。接木後の植物は長日条件で維持した。（写真はJ. A. D. Zeevaartの好意による）

間接的な誘導の存在は花成刺激が自己増殖性であることを示唆する

少なくとも三つの例——オナモミ（短日植物），トウロウソウ（*Bryophyllum*）（長短日植物），マンテマ（*Silene*）（長日植物）——では，誘導状態は自己増殖性であるように見える（Zeevaart 1976）。まず，誘導葉の接木によって非誘導条件下にある台木植物の花成を誘導するとする。接木ののちに台木植物上に形成される若い葉は，それ自体は誘導的な光周期をまったく経験していない。しかし，この葉を新たな接木実験において花成刺激の供与葉として用いることができるのである。この現象を‘間接的花成誘導’（indirect induction）とよぶ。

間接的花成誘導に見られる特徴的な性質として，数回にわたる接木ののちにも，供与葉（毎回新しいものに代わる）から送り出される花成刺激の強さは変わらないという性質がある（図24.30A）。このことは，誘導状態がなんらかのしかたで植物体全体に伝播したことを示唆している。花成刺激がもつこの性質は，しばしばウイルスに似ていると記述されることがあるが，花成刺激がウイルスのように自己複製するとは考えがたい。むしろ花成刺激は，正のフィードバック・ループによって自身の合成を誘導するような分子であると考えられる。オナモミでは，シュートから芽をすべて取り除いてしまうと間接的花成誘導がおこらない。このことは，誘導状態の伝播には分裂組織（おそらくはそこで合成されるオーキシン）が必要であることを示唆している。

こうした例に対し，短日植物のシソでは間接的花成誘導がおこらない。シソの場合には，実際に誘導的な光周期を与えられた葉のみが，接木を通して花成刺激を伝達できる（図24.30B）。したがって，シソでは，オナモミ，トウロウソウ，

(A) オナモミでは，連続接木実験によって間接的な誘導の存在を示すことができる

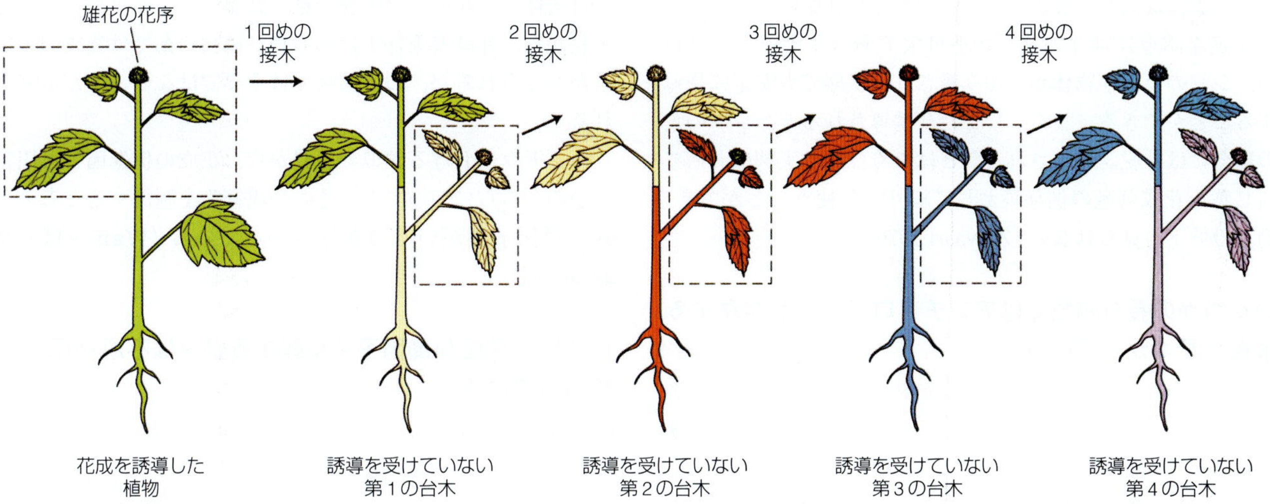

(B) シソでは，誘導を受けた葉は，複数回の接木の後も誘導を受けていない植物に花成を誘導できる

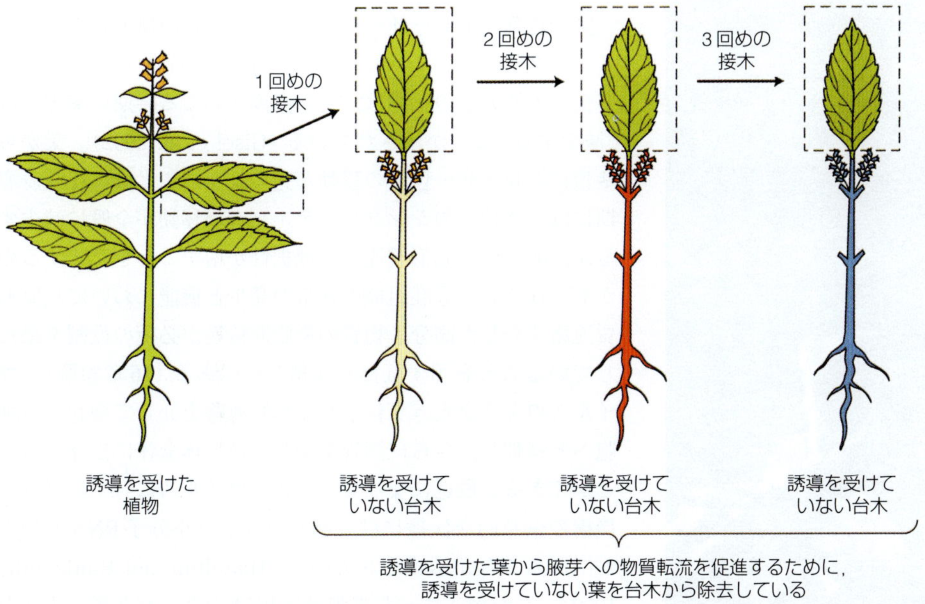

図 24.30　オナモミとシソの葉における誘導の様式の違い。(A) オナモミでは間接的花成誘導が見られる。花成が誘導された植物からとった非誘導葉は，それ自体は誘導的な光周期処理をまったく受けていないにもかかわらず，他の植物の花成を誘導できる。このことは，花成刺激が自己増殖性であることを示す。(B) シソでは，誘導的な光周期処理を受けた葉のみが花成刺激の供与葉としての役割を果たしうる。シソでもオナモミと同様に，1枚の葉が連続する接木実験において花成を誘導しつづけることができる。(Lang 1965)

マンテマなどとは異なり，花成刺激は自己増殖性ではない。シソの葉では，正のフィードバック・ループが欠けているのか，あるいは，花成刺激が入ることができるのは分裂組織のみで，葉には入ることができないのかもしれない。

安定な誘導には芽の存在が不可欠であるオナモミとは違い，シソの葉は植物体から切り離された状態でも安定に誘導することができる。また，ひとたび誘導されると，シソの葉の場合には「脱誘導」されることはなく，接木実験において同じ葉を花成刺激の供与葉として繰り返し使うことができ，効力の低下も見られない (Zeevaart 1976)。

いくつかの長日植物ではアンチフロリゲンが存在する根拠が見つかっている

接木を用いた研究からは，花成を制御する伝達性阻害因子の存在もまた示唆されている。そのような阻害因子は，**アンチフロリゲン** (antiflorigen) とよばれる。フロリゲンと同様に，アンチフロリゲンも複数の物質からなるのかもしれない。たとえば，花成を誘導していない長日性のタバコ (*N. sylvestris*) から葉をつけたシュートを取り，中日性のタバコの品種Trapezondに接木すると，この中日植物の花成は短日条件では阻害されるが，長日条件では阻害はおこらない (図24.31)。これに対し，短日性のタバコの品種メリーランド・マンモスの非誘導葉をTrapezondに接木した場合には，短日条件でも長日条件でも花成には影響が見られない。この実験や類似の実験から，非誘導条件下にある長日植物の葉では花成阻害因子がつくられるが，短日植物ではそうではないことが示唆される。

図 24.31　花成阻害因子の接木による伝達。花成を誘導していない長日性のタバコ (*N. sylvestris*) のロゼットを，タバコ (*N. tabacum*) の中日性の品種Trapezondに接木した。短日条件下では中日植物である台木の花成は抑制された (右の植物の左側の枝)。しかし，長日条件下では阻害されない (左の植物の左側の枝)。矢尻は接木の接着部分を指す。(Lang et al. 1977より)

エンドウにおける類似の研究から，花成の促進因子と阻害因子のどちらについても，その合成経路を制御すると考えられる遺伝子座がいくつか見つかっている (**Webトピック24.5**参照)。

伝達性の花成制御因子を単離する試みは不成功に終わっている

花成刺激を単離することでその性質を明らかにしようという多くの試みは，おおむね失敗に終わっている。もっともふつうに行われたアプローチは，誘導処理をした葉から抽出物を得て，非誘導条件下においた植物に与え，花成を引きおこす活性があるかどうかを調べるものである。花成誘導処理された植物から篩管液を抽出し，それを分析する，という実験も行われている。いくつかの実験では，そうした材料の一つから得られた抽出物が検定植物に花成を誘導している。しかし，その結果には再現性が乏しい。こうした抽出実験のほとんどは低分子量の物質に注目したものであった。

蛍光色素をトレーサーとして用いた最近の研究から，シロイヌナズナでは，シンプラスト (symplast) を介した葉から茎頂への低分子の移動は，花成誘導がおこる時期に実際には‘減少する’ことが示されている (Gisel et al. 2002)。葉から茎頂にトレーサー色素の移動が見られないことは，花成誘導期には，茎頂へのシンプラスティックな移動が全般に減少するか，あるいは原形質連絡の選択性が増すことを意味するのかもしれない。分裂組織の通常の発生と機能において，原形質連絡を介した高分子物質の細胞間輸送が必須の役割を果たしていることを示す証拠が蓄積しつつある (16章参照)。ウイルスのような大きな粒子も原形質連絡を介して細胞から細胞へと移動し，さらに篩管を通して植物体全体に伝播することができる。最近になって，植物のウイルスに対する抵抗性機構の全身的な伝播には，篩管を介した小分子RNAの輸送が関わることが示唆されている (Hamilton and Baulcombe 1999)。したがって，花成刺激はRNAやタンパク質のような高分子物質であり，葉から茎頂分裂組織に篩管を介して伝達され，遺伝子発現の制御因子として機能している可能性はありうる (Crawford and Zambryski 1999)。しかし，そのようなシグナル物質を同定しようという試みはこれまでのところ不成功に終わっている。

花成に特異的な接木伝達性の阻害因子を単離する努力もま

た不成功に終わっている。したがって，花成を制御する伝達性因子の存在を示す疑いの余地のないデータ（表24.2）（Zeevaart 1976）にもかかわらず，その物質的な実体は依然として不明のままである。

ジベレリンとエチレンはいくつかの植物で花成を誘導できる

天然に存在する植物ホルモンのうち，ジベレリン（GA）（20章参照）は花成に強い影響をもちうる（**Webトピック24.8**参照）。最近の研究から，シロイヌナズナでは，ジベレリンは*LFY*遺伝子の発現を活性化することで花成を促進することが示唆されている（Blazquez and Weigel 2000）。短日条件で生育させたシロイヌナズナのようなロゼット性の長日植物やトウロウソウ属のような長短日植物に，外からジベレリンを与えると，花成を誘起することができる（Lang 1965; Zeevaart 1985）。

こうした植物に加えて，ジベレリン投与は，非誘導条件におかれた二，三の短日植物や春化処理を施していない低温要求性の植物にも花成を誘起できる。前に述べたように，ジベレリンを与えることで，裸子植物においても幼植物の胞子嚢穂形成を促すことができる。このように，いくつかの植物では，外から与えられたジベレリンは，自律的花成の過程で重要な齢という内生の引き金や日長・温度といった主要な環境シグナルの必要性をバイパスできる。

20章で述べたように，植物は多くのジベレリン類を含んでいる。これらの化合物のほとんどは，生理活性をもつ分子種の前駆体もしくは生理活性をもたない代謝産物である。たとえば，長日植物のドクムギ（*L. temulentum*）における花成や節間伸長の場合に見られるように，ジベレリン類の生理効果は分子種によって顕著に異なることがある（**Webトピック24.9**参照）。

こうした観察は，特定の分子種のジベレリンが花成の制御に結びついている可能性を示唆する。しかし，そのことは仮想的な花成ホルモンがジベレリンであることを証明するものではない。実際のところは，多くの植物では，あるレベルのジベレリンが花成に必要である可能性が高いが，ほかの制御経路もまた同様に必要である。たとえば，量的な長日植物（訳者注；長日条件に対する要求性は絶対的なものではなく，短日でも花成できる長日植物）であるシロイヌナズナでは，ジベレリン合成系の突然変異体は短日条件では花成できなくなるが，長日条件下の花成は野生型とほとんど変わらない。このことは，特定の状況（この場合には短日条件下）で内生のジベレリンが必須になることを示すものである（Wilson et al. 1992）。

植物のジベレリン代謝に対する日長の効果については，かなりの注目が集まっている（20章参照）。たとえば，長日植物のホウレンソウ（*Spinacia oleracea*）では，短日条件下ではジベレリン含量は相対的に低く，植物はロゼット状態にとどまる。植物を短日から長日条件に移すと，13-水酸化経路（$GA_{53} \rightarrow GA_{44} \rightarrow GA_{19} \rightarrow GA_{20} \rightarrow GA_1$；20章参照）のジベレリン類のすべての分子種のレベルが増加する。しかし，これらのうち，生理活性をもつGA_1が5倍に増加することが，花成に伴って顕著な節間伸長がおこる原因である。

ジベレリンに加えて，ほかのホルモンも花成を抑制あるいは促進する。商業的に重要な例の一つは，エチレンおよびエチレン放出性化合物によるパイナップル（*Ananas comosus*）の花成の劇的な促進である。エチレンに対するこの反応は，アナナス科（Bromeliaceae）に限られるようである。したがって，この後で論じるように，花成刺激は多くの要素からなっており，その要素は植物のグループにより異なるのかもしれない。

花成への移行には複数の因子と制御経路が関わっている

相互に作用しあう複数の因子からなる複雑な制御系が，花成への移行を制御していることは明らかである。それらの因子には，炭水化物，ジベレリン，サイトカイニン，そして（アナナス科の場合には）エチレンが含まれる（**Webトピック24.10**参照）。自律的な制御により花成する植物と光周期による制御を受ける植物のいずれにおいても，葉でつくられる伝達性のシグナルが茎頂における花成決定に必要である。この伝達性のシグナルが単一の物質であるのか多因子であるのかを明らかにすることは，将来の大きな課題である。

近年の遺伝学的な研究によって，長日植物のシロイヌナズナでは四つの遺伝学的に異なる発生経路が花成を制御していることが確かめられている（Blazquez 2000）。図24.32は四つの経路を単純化したものである。

1. ‘光周期による花成制御経路’（photoperiodic pathway）は，フィトクロムとクリプトクロムを含む経路である（PHYAとPHYBは花成に関して対照的な効果をもつことに注意せよ。**Webトピック24.10**参照）。経路の始まりに位置するこれらの光受容体は，概日時計と相互作用することで，最終的に，花成を促進する*CONSTANS*（*CO*）遺伝子の発現を導く。*CO*遺伝子は，Znフィンガー型の転写制御因子をコードしており，ほかの遺伝子を介して，花芽分裂組織決定遺伝子である*LFY*遺伝子の発現を増大させる。
2. ‘自律的な花成制御経路/春化による花成制御経路’（autonomous/vernalization pathway）は複合経路であり，内生のシグナル——ある一定枚数の葉の形成（訳者注；シロイヌナズナの自律的制御経路が葉数をモニターして働くという実験的な根拠はない）——，あるいは低温に反応

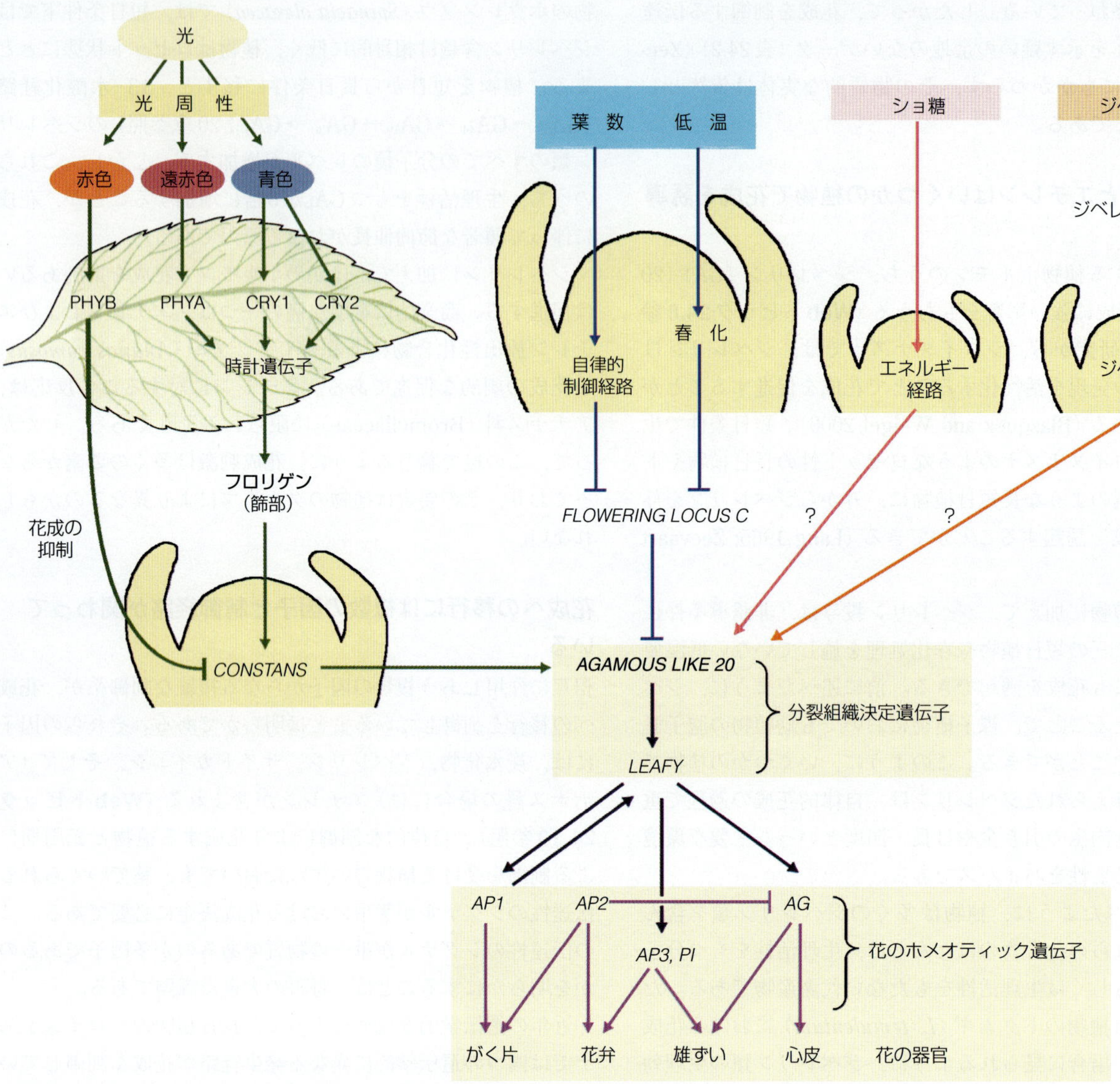

図 24.32 シロイヌナズナの花成を制御する四つの経路。光周期による制御経路，自律的な制御経路/春化による制御経路，糖による制御経路，ジベレリンによる制御経路。葉からの伝達性の花成刺激（フロリゲン）は，光周期による制御経路にのみ関わっている。(Blazquez 2000 を改変)

して花成を促す経路である。シロイヌナズナの場合，自律的制御経路に関わるすべての遺伝子は分裂組織で発現している。自律的制御経路は，*LFY*遺伝子の阻害因子である（訳者注；これを示した実験的な根拠はない）花成抑制遺伝子 *FLC* の発現を減少させることで作用する (Michaels and Amasino 2000)。春化による制御経路もまた，*FLC*遺伝子を抑制するが，その機構（おそらくはエピジェネティックな制御による）は，自律的制御経路のそれとは異なると考えられる。*FLC*遺伝子が共通の制御標的であることから，この二つの経路はひとまとめにされる。

3. ‘炭水化物あるいは糖による花成制御経路’ (carbohydrate or sucrose pathway)（訳者注；図 24.32 では「エネルギー経路」となっている。糖による制御経路を独立の制御経路として大きく扱う見方は一般的でない。）は，植物の代謝状態を反映する経路である。ショ糖は *LFY* 遺伝子の発現を増加させることで花成を促進するが，遺伝学的な経路は不明である。
4. ‘ジベレリンによる花成制御経路’ (gibberellin pathway) は，非誘導条件である短日条件における花成に必要な経路である。

四つの経路はすべて，鍵となる花芽分裂組織決定遺伝子 *AGL20* 遺伝子の発現を増大させることで合流する（訳者注；前に述べたように，*AGL20* 遺伝子は花芽分裂組織決定遺伝

0時間の時点で短日から長日に移した

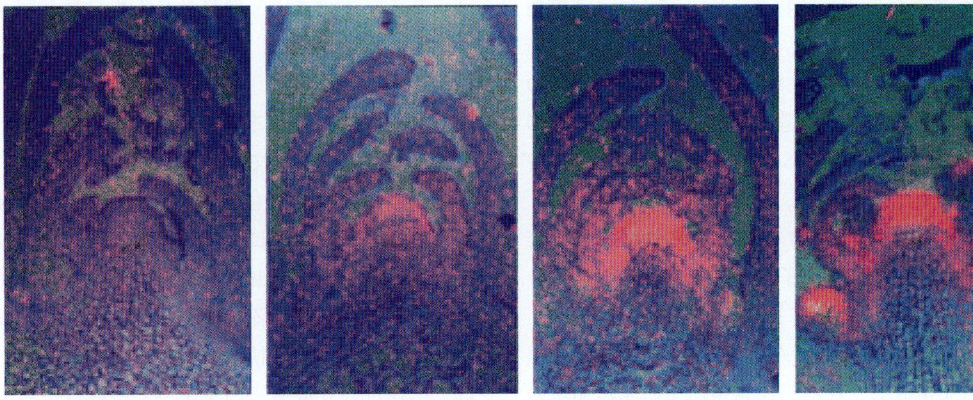

図 24.33 シロイヌナズナの茎頂分裂組織の花成惹起過程における *AGAMOUS-LIKE 20* (*AGL20*) 遺伝子の発現の増加。時間は植物を短日条件から長日条件に移してからの時間。(Borner et al. 2000から)

子ではないが，ここでは原著者の記述を尊重してそのままにする)。MADSボックスを含む転写制御因子をコードする *AGL20* 遺伝子の役割は，四つの制御経路すべてからくるシグナルを，単一の出力に統合することである。出力がもっとも強くなるのは，すべての経路からシグナルがきたときであるのは明らかであろう。

図24.33は，非誘導的な短日条件（8時間日長）から誘導的な長日条件（16時間日長）にシロイヌナズナを移したときの，*AGL20* 遺伝子の茎頂分裂組織における発現の増大を示す。長日処理開始後18時間目には，はやくも *AGL20* 遺伝子の発現が増加していることに注意しよう（Borner et al. 2000）。したがって，短日条件の8時間日長を超えてわずか10時間で葉からくるシグナルに反応していることになる。(訳者注；短日条件から長日条件に移すのは，明期開始（点灯）時であり，移してから8時間めまではそれまでの短日条件と変わりはない。8時間を過ぎても消灯せず明期がつづく時点ではじめて，長日条件に移したことによる違いが生じることになる。）このタイミングは誘導された葉から花成刺激が輸送される速度（本章の前の方で論じた）と矛盾しない。

多くの経路が *AGL20* 遺伝子にシグナルを入力するが，この制御システムには冗長性が存在すると考えられる。*agl20* 変異体においても，花成は完全に阻害されることはなく，若干の遅れるが生じるのみである（訳者注；*agl20* 変異体における花成の遅れは実際には非常に軽微なものであり，図24.32では *AGL20* 遺伝子以外には制御標的をもたないように描かれている *CO* 遺伝子の変異体（*co*）よりもむしろ早咲きである）。したがって，*AGL20* 遺伝子に突然変異が生じた場合には，ほかの一，二の遺伝子がその機能を代行できるにちがいない。

ひとたび *AGL20* 遺伝子により発現が活性化されると，*LFY* 遺伝子は花器官の属性決定に関わるホメオティック遺伝子——*AP1*，*AP3*，*PI*，*AG*——の転写を活性化する（訳者注；*LFY* 遺伝子の転写を *AGL20* 遺伝子が活性化するという実験的な根拠はなく，多くの実験根拠に立脚した *LFY* 遺伝子によるホメオティック遺伝子の発現制御と同列に論じることはできない）。*AP2* 遺伝子は，栄養分裂組織と花芽分裂組織の両方で発現し，したがって，*LFY* 遺伝子による制御を受けない。しかし，*AP2* 遺伝子は *AG* 遺伝子の発現に対して負の効果をもつ（図24.6）。

AP1 遺伝子は，ホメオティック遺伝子として機能するほかに，花芽分裂組織決定遺伝子としての機能ももち，*LFY* 遺伝子と正のフィードバック制御ループを形成する。その結果，花成への移行過程もこの段階に達すると後戻りできない。

複数の花成制御経路の存在は，被子植物に最大限の生殖上の柔軟性を与えるものである。複数の経路間における冗長性は，植物の生理機能の中でもっとも重要なものであるといえる生殖が，突然変異による攪乱に対して耐性をもち，進化的に強靱であることを保証する。

制御経路の細部は，植物種により異なることは疑う余地がない。たとえば，トウモロコシでは，自律的な制御経路に属する遺伝子の少なくとも一つは葉において発現している（**Webトピック24.12**参照）。こうした違いにかかわらず，複数の制御経路が存在するという点は，おそらく被子植物に普遍的に特徴であろう。

まとめ

花の形成は，茎頂分裂組織でおこる形態学的に複雑な現象である。ロゼット性の植物であるシロイヌナズナは，花の発生を研究するための重要なモデル植物でとなってきた。4種類の花器官（がく片，花弁，雄ずい，心皮）は，連続して生じる環域として発生を開始する。三つのクラスの遺伝子が花の発生を制御する。最初のクラスの遺伝子は，花芽分裂組織の属性獲得を正に制御するもので，シロイヌナズナでは，*LFY* と *AP1* がもっとも重要である。

分裂組織決定遺伝子は，花器官の属性決定をつかさどる第二のクラスの遺伝子の正の制御因子として働く。シロイヌナズナでは，花器官決定遺伝子として知られるものは五つある。それらは，*AP1*，*AP2*，*AP3*，*PI*，*AG* である。境界規定遺伝子が第三のクラスを構成し，花器官決定遺伝子の発現領域の境界を決定する。

花の器官の属性を決定する遺伝子はホメオティック遺伝子である。植物のホメオティック遺伝子のほとんどは，MADS ボックスを含んでいる。これらの遺伝子の突然変異は，二つの隣接する環域に形成される花器官の属性を変える。ABC モデルは，花のホメオティック遺伝子が花器官の属性を決定する機構を，その産物間の組合せにより説明しようというものである。タイプAの遺伝子群は，第1，2環域の花器官の属性を決定する。タイプBの活性は，第2，3環域の器官決定を制御する。そして，第3，4環域はタイプC遺伝子による制御下にある。

花を咲かせる能力（つまり，幼若期から成熟期への移行能）は，植物がある一定の齢あるいは大きさに達したときに獲得される。いくつかの植物では，花成への移行は環境とは独立に（自律的に）おこる。これに対して，適切な環境条件に曝されることが必要な植物もある。花成のための環境からのシグナルのうちもっとも普通に見られるものが，日長と温度である。

日長に対する反応——光周性——によって，一年のうちの特定の季節に花成が促進される。光周性にはいくつかのカテゴリーが知られている。日長シグナルは葉で感知される。植物によっては，花成がおこるために，低温に曝されること——春化——が必要である。この低温要求性は，しばしば日長要求性と連関している。春化は茎頂分裂組織でおこる。光周性と春化の間には相互作用が見られる。

一日のリズム——概日リズム——は，ある事象を一日のうちの特定の時刻に位置づける。こうしたリズムにおける計時機構は内生の概日振動子に基づいている。リズムをその場所の太陽時に一致させるしくみは，環境シグナルに対するリズムの位相反応に依存している。もっとも重要なシグナルは，夜明け（点灯）と日暮れ（消灯）である。

短日植物は，暗期の長さが臨界値を超えた場合に花成がおこる植物である。これに対して，長日植物では，暗期の長さが臨界値を下まわると花成がおこる。臨界長を超える暗期のさまざまな時期に光を与える（暗中断）と，暗期の効果が妨げられる。光はまた，概日リズムを日長と同調させるシグナルとしても作用する。この同調化は暗期中の計時に重要である。光周性の機構は，短日反応の場合と長日反応の場合とで，細部においては異なるものの，フィトクロムと概日振動子が関わる点では共通している。

光周期に反応性をもつ植物に適当な日長を与えて花成を誘導すると，葉は茎頂に化学的なシグナルを送り，そのシグナルが花の形成を引きおこす。この伝達性のシグナルは光周性反応グループが異なる植物間でも作用し，花成を引きおこすことができる。長日植物の葉は，非誘導的な光周期のもとでは，伝達性の花成阻害因子をつくる場合がある。

生理学的な実験，とりわけ接木実験によって，伝達性の花成刺激（ある場合には，花成抑制因子も）の存在が示されているが，そうした因子の化学的実体は不明である。植物ホルモン，特にジベレリンは，多くの植物で花成を調節する。

花成への移行は，複数のシグナルと複数の制御経路によって制御される。シロイヌナズナでは，花成は四つの制御経路によって調節されている。光周期による制御経路，自律的な制御/春化による制御の経路，糖による制御経路，ジベレリンによる制御経路である。これらすべての経路は，分裂組織決定遺伝子である *AGL20* 遺伝子と *LFY* 遺伝子の制御に集約される。*AGL20* 遺伝子と *LFY* 遺伝子は，花器官の形成に関わるホメオティック遺伝子を制御する。花成を制御する複数の制御経路の存在は，被子植物が多様な環境条件のもとで生殖を行うための柔軟性を与え，進化的に適応度を高めるものである。

Webマテリアル

Webトピック

24.1　セイヨウキヅタ（*Hedera helix*）とトウモロコシ（*Zea mays*）の幼若相と成熟相が示す対照的な性質

幼若相と成熟相の形態的な特徴を表に示す。

24.2　トウモロコシの *TEOPOD*（*TP*）遺伝子による幼若性の制御

トウモロコシにおいて，幼若性を制御している遺伝子について論ずる。

24.3　成熟相の植物に接木された幼若相の茎頂分裂組織の花成

幼若相の茎頂分裂組織の花成反応能は，接木実験により検定することができる。

24.4　概日リズムの位相ずれ反応の特徴

リュウキュウベンケイソウ属（*Kalanchoe*）の花弁の運動は概日リズムの研究に用いられてきた。

24.5　花成のタイミングを制御する遺伝子

花成のさまざまな局面を制御する遺伝子について論じる。

24.6　青色光が概日リズムの制御に関わることを支持する根拠

青色光が花成のタイミングに与える効果は，*ELF3* 遺伝子の働きを介することについて論じる。

24.7　光周期と春化によるフウリンソウの花成の制御

フウリンソウにおいては，茎頂に作用する春化の効果は葉に作用する短日の効果によって代替できる。

24.8　花成の環境要求性が異なる種々の植物におけるジベレリンによる花成誘導の例

光周期に対する要求性が異なる種々の植物の花成に対するジベレリンの効果を表に示す。

24.9　花成と節間伸長に対して二つのジベレリン分子種が示す異なる効果

GA_1 と GA_{32} はドクムギ（*Lolium*）の花成に対して異なる効果をもつ。

24.10　サイトカイニンとポリアミンの花成に対する影響

ジベレリン以外の成長調節物質も花成制御に関わる可能性がある。

24.11　花成に対するフィトクロムAとフィトクロムBの対照的な効果

シロイヌナズナと他種の植物において，phyA と phyB が花成の制御に果たしている役割についての簡潔な説明。

24.12　トウモロコシにおいて花成刺激を制御する遺伝子

トウモロコシの *INDETERMINATE1* 遺伝子は若い葉で発現し，花成を制御する遺伝子である。

参考文献

Bewley, J. D., Hempel, F. D., McCormick, S., and Zambryski, P. (2000) Reproductive Development. In: *Biochemistry and Molecular Biology of Plants,* B. B. Buchanan, W. Gruissem, and R. L. Jones (eds.), American Society of Plant Biologists, Rockville, MD.

Blazquez, M. A. (2000) Flower development pathways. *J. Cell Sci.* 113: 3547–3548.

Blazquez, M. A., and Weigel, D. (2000) Integration of floral inductive signals in *Arabidopsis. Nature* 404: 889–892.

Borner, R., Kampmann, G., Chandler, J., Gleissner, R., Wisman, E., Apel, K., and Melzer, S. (2000) A *MADS* domain gene involved in the transition to flowering in *Arabidopsis. Plant J.* 24: 591–599.

Bowman, J. L., Smyth, D. R., and Meyerowitz, E. M. (1989) Genes directing flower development in *Arabidopsis. Plant Cell* 1: 37–52.

Bünning, E. (1960) Biological clocks. *Cold Spring Harbor Symp. Quant. Biol.* 15: 1–9.

Clark, J. R. (1983) Age-related changes in trees. *J. Arboriculture* 9: 201–205.

Coen, E. S., and Carpenter, R. (1993) The metamorphosis of flowers. *Plant Cell* 5: 1175–1181.

Coulter, M. W., and Hamner, K. C. (1964) Photoperiodic flowering response of Biloxi soybean in 72 hour cycles. *Plant Physiol.* 39: 848–856.

Crawford, K., and Zambryski, P. (1999) Phylem transport: Are you chaperoned? *Curr. Biol.* 9: R281–R285.

Deitzer, G. (1984) Photoperiodic induction in long-day plants. In *Light and the Flowering Process,* D. Vince-Prue, B. Thomas, and K. E. Cockshull eds., Academic Press, New York, pp. 51–63.

Devlin, P. F., and Kay, S. A. (2000) Cryptochromes are required for phytochrome signaling to the circadian clock but not for rhythmicity. *Plant Cell* 12: 2499–2509.

Gasser, C. S., and Robinson-Beers, K. (1993) Pistil development. *Plant Cell* 5: 1231–1239.

Gisel, A., Hempel, F. D., Barella, S., and Zambryski, P. (2002) Leaf-to-shoot apex movement of symplastic tracer is restricted coincident with flowering *Arabidopsis. Proc. Nat'l Acad. Sci. USA* 99: 1713–1717.

Guo, H., Yang, H., Mockler, T. C., and Lin, C. (1998) Regulation of flowering time by *Arabidopsis* photoreceptors. *Science* 279: 1360–1363.

Hamilton, A. J., and Baulcombe, D. C. (1999) A species of small antisense RNA in posttranscriptional gene silencing in plants. *Science* 286: 950–952.

Hendricks, S. B., and Siegelman, H. W. (1967) Phytochrome and photoperiodism in plants. *Comp. Biochem.* 27: 211–235.

Lang, A. (1965) Physiology of flower initiation. In *Encyclopedia of Plant Physiology* (Old Series, Vol. 15), W. Ruhland, ed., Springer, Berlin, pp. 1380–1535.

Lang, A., Chailakhyan, M. K., and Frolova, I. A. (1977) Promotion and inhibition of flower formation in a dayneutral plant in grafts with a short-day plant and a long-day plant. *Proc. Natl. Acad. Sci. USA* 74: 2412–2416.

McDaniel, C. N. (1996) Developmental physiology of floral initiation in *Nicotiana tabacum* L. *J. Exp. Bot.* 47: 465–475.

McDaniel, C. N., Hartnett, L. K., and Sangrey, K. A. (1996) Regulation of node number in day-neutral *Nicotiana tabacum*: A factor in plant size. *Plant J.* 9: 56–61.

McDaniel, C. N., Singer, S. R., and Smith, S. M. E. (1992) Developmental states associated with the floral transition. *Dev. Biol.* 153: 59–69.

Michaels, S. D., and Amasino, R. M. (2000) Memories of winter: Vernalization and the competence to flower. *Plant Cell Environ.* 23: 1145–1154.

Millar, A. J., Carre, I. A., Strayer, C. A., Chua, N.-H., and Kay, S. A. (1995) Circadian clock mutants in *Arabidopsis* identified by luciferase imaging. *Science* 267: 1161–1163.

Papenfuss, H. D., and Salisbury, F. B. (1967) Aspects of clock resetting in flowering of *Xanthium. Plant Physiol.* 42: 1562–1568.

Poethig, R. S. (1990) Phase change and the regulation of shoot morphogenesis in plants. *Science* 250: 923–930.

Purvis, O. N., and Gregory, F. G. (1952) Studies in vernalization of cereals. XII. The reversibility by high temperature of the vernalized condition in Petkus winter rye. *Ann. Bot.* 1: 569–592.

Reid, J. B., Murfet, I. C., Singer, S. R., Weller, J. L., and Taylor, S.A. (1996) Physiological genetics of flowering in *Pisum. Sem. Cell Dev. Biol.* 7: 455–463.

Saji, H., Vince-Prue, D., and Furuya, M. (1983) Studies on the photoreceptors for the promotion and inhibition of flowering in dark-grown seedlings of *Pharbitis nil* Choisy. *Plant Cell Physiol.* 67: 1183–1189.

Salisbury, F. B. (1963) Biological timing and hormone synthesis in flowering of *Xanthium. Planta* 49: 518–524.

Vince-Prue, D. (1975) *Photoperiodism in Plants.* McGraw-Hill, London.

Weigel, D., and Meyerowitz, E. M. (1994) The ABCs of floral homeotic genes. *Cell* 78: 203–209.

Wilson, R. A., Heckman, J. W., and Sommerville, C. R. (1992) Gibberellin is required for flowering in *Arabidopsis thaliana* under short days. *Plant Physiol.* 100: 403–408.

Yanovsky, M. J., and Kay. S. A. (2001) Signaling networks in the

plant circadian rhythm. *Curr. Opinion in Plant Biol* 4: 429–435.
Yanovsky, M. J., Mazzella, M. A., Whitelam, G. C., and Casal, J. J. (2001) Resetting the circadian clock by phytochromes and cryptochromes in *Arabidopsis. J. Biol. Rhythms* 16: 523–530.
Zeevaart, J. A. D. (1976) Physiology of flower formation. *Ann. Rev. Plant Physiol.* 27: 321–348.
Zeevaart, J. A. D. (1985) *Bryophyllum.* In *Handbook of Flowering,* Vol. II, A. H. Halevy, ed., CRC Press, Boca Raton, FL, pp. 89–100.
Zeevaart, J. A. D. (1986) Perilla. In *Handbook of Flowering*, Vol. 5, A. H. Halevy, ed., CRC Press, Boca Raton, FL, pp. 239–252.
Zeevaart, J. A. D., and Boyer, G. L. (1987) Photoperiodic induction and the floral stimulus in *Perilla.* In *Manipulation of Flowering,* J. G. Atherton, ed., Butterworths, London, pp. 269–277.

25 ストレス生理学

植物は，自然環境で生育する場合と栽培される場合を問わず頻繁に環境ストレス（environmental stress）に曝されている。環境ストレスは，気温のようにほんの数分間のうちには耐えがたくなるストレスもあれば，土壌の水分含量のように数日から数週間かけて耐えがたくなるものもある。また，土壌のミネラル欠乏のような要因は数か月をへて植物にストレス状態をもたらす。米国の統計によれば，農場で収穫される穀類の生産量は，気候や土壌条件（非生物的要因；abiotic factor）が原因で，その植物のもつ遺伝的，潜在的生産量の20％にすぎないと見積もられている（Boyer 1982）。

加えて，気候や土壌条件は，植物種の分布を制限する要因となるが，そこには，これらの環境条件のもたらすストレスが大きな役割を演じている。したがって，植物のストレス傷害のしくみや，植物の環境ストレスに対する適応（adaptation）・馴化（acclimation）のしくみの根底にある生理学的プロセスを理解することは，農業や環境のいずれにとっても非常に重要である。

植物ストレスという概念はしばしば不正確に使われており，ストレス用語法の混乱をまねくことがある。そこで，まずはいくつかの用語の定義から議論を始めることにする。**ストレス**（stress）とは，ふつう，植物に不利に影響する外的要因と定義される。雑草や病原菌，上位捕食者である昆虫などは生物学的ストレスであり，植物にストレスをおこさせるが，本章では，植物にストレスをおこさせる環境要因，すなわち非生物的要因を取り扱う。多くの場合，ストレスは植物の生存率，穀類の収穫量，成長（生物量（バイオマス）の蓄積），および全体の成長と関係する一次同化プロセス（炭酸ガスとミネラルの摂取）などと関係づけて測定される。

ストレスという概念は，**ストレス耐性**（stress tolerance），すなわち植物が好ましくない環境とうまくやってゆくための適性，という概念と密接に関連している。文献では，‘ストレス抵抗性’（stress resistance）という術語が‘ストレス耐性’（stress tolerance）という術語としばしば同義に使われているが，後者の方が好ましい用語である。なぜならば，ある植物にとってストレスに富む環境は，別の植物にとってストレスに富むものではないかもしれないからだ。たとえば，エンドウ（pea，*Pisum sativum*）とダイズ（soybean，*Glycine max*）は，それぞれ，20℃と30℃でもっともよく生育するが，温度が上昇するにつれエンドウはダイズよりもすぐに熱ストレスの兆候を示す。このように，ダイズはより大きな熱ストレス耐性をもっているのであり，熱ストレスをうける温度をストレスと感じて，抵抗して生き延びているわけではない。

もし，ストレス耐性が事前のストレス暴露により増大する場合，その植物は**馴化した**（acclimated）あるいは硬化した（hardened）といわれる。馴化は，**適応**（adaptation）と区別することができるが，後者は，ふつう幾世代もの選択過程により獲得された，‘遺伝的’に決定した抵抗性の程度を意味する。しかし，残念ながら文献では，ときどき‘適応’という術語は馴化を指す場合に用いられている。そして，話をいっそう複雑にすることになるが，本章を読み進めば，遺伝子発現が馴化において重要な役割を果たすことがわかるはずである。

環境ストレスに対する適応と馴化は，生物体の解剖学，形態学的レベルから細胞学，生化学，分子生物学レベルに至るまでのすべての事象を総合した結果としてとらえられる。たとえば，水分欠乏に応答する葉の萎れ（wilting）は，葉からの水分の損失を減少させるとともに，太陽光の被爆を軽減することにより結果的に葉に対する熱ストレスを軽減する。

細胞はストレスに応答して，細胞周期，細胞分裂，細胞内膜系，細胞の液胞化および細胞壁構造を変化させるが，これらすべての変化が細胞のストレス耐性の上昇につながっている。植物は，生化学レベルでは，浸透圧調節物質であるプロリンやグリシンベタインを合成するなど，さまざまなやりかたで代謝を変化させ環境ストレスを受け入れている。ストレスの信号受容からストレス耐性に至るまでのゲノム応答に関する分子事象については，最近精力的に研究されているところである。

本章では，これらの原理とともに，水分欠乏や塩分，冷温・凍結，熱および根圏の酸素欠乏に対して，適応し馴化する植物のやりかたについて考察する。植物ストレスの重要な発生源である大気汚染については，**Webエッセイ25.1**で議論する。これらのストレス因子を個別に精査することは簡便であるが，多くのストレス因子は相互関係にあり，個々の適応および馴化の過程の多くは，細胞学，生化学および分子生物学レベルの応答で，共通した組合せが見られる。

たとえば，水分欠乏はしばしば根圏の塩分ストレスと葉の熱ストレス（低蒸散による気化冷却の低下による）を伴い，冷温と凍結は水の活量の低下と浸透圧ストレスをもたらす。また，植物は交差耐性（cross-tolerance）を示すこと，すなわち，あるストレスに対する耐性が別のストレスに対する馴化状態を引きおこすことも学ぶであろう。このような植物の反応の意味するところは，ストレス抵抗性のしくみはいくつかのストレスに対して，多くの共通の特徴を有しているということである。

水分欠乏と乾燥耐性

本節では，いくつかの乾燥抵抗性機構（drought resistance mechanism）について考察するが，それはいくつかのタイプに分けられる。まず，**脱水遅延**（desiccation postponement）（組織の水分を維持できる能力）と**脱水耐性**（desiccation tolerance）（脱水しても機能できる能力）を区別することができる。前者は水ポテンシャルの高いときの乾燥耐性（drought tolerance）を，後者は水ポテンシャルの低いときの乾燥耐性をさすことが時々ある。比較的古い文献では，‘乾燥耐性’というかわりに‘乾燥回避’（drought avoidance）という術語をしばしば使っているが，これは誤った用語である。なぜならば，乾燥は，その条件下で生き延びることのできるすべての植物にとっては耐えることが可能であるが，いかなる植物にとっても回避することができない，気象条件の一つであるからだ。第三のカテゴリーである**乾燥待避**（drought escape）を行う植物には，乾燥が始まる前の雨期にライフサイクルを完了する植物が含まれる。これらは唯一の真の「乾燥回避者」である。

脱水遅延植物には，‘水分貯蔵’（water saver）をするものと‘水分消費’（water spender）をするものが含まれる。前者は，ライフサイクル後期の水利用に備えて，土壌に，ある程度水を貯めながら水を保存的に使用するのに対し，後者は，しばしば莫大な量の水を精力的に消費する。メキシコ・北米南西地方に産するマメ科の灌木であるプロソピス（mesquite tree, *Prosopis* sp.）は，水分消費型植物の例である。北米南西地方の半乾燥性の（semiarid）山脈地方に荒廃をもたらした原因の一つは，この深い根をもつ植物種である。この植物の莫大な水分消費のおかげで，農学的に有用である草地の再形成が妨げられている。

乾燥耐性の戦略は気候あるいは土壌の条件とともに変化する

植物の水不足条件下での生産性は，植物が利用できる水の全量と植物の水利用効率（4章および9章参照）に依存する（表25.1）。より多くの水を獲得できる植物や水利用効率の高い植物は，乾燥に対してよりうまく抵抗する。いくつかの植物は適応形質を有しており，たとえば，C_4やCAM様式の光合成は，植物をより乾燥した（arid）環境へ展開させている。さらに植物は，水ストレスに応答して活性化される馴化機構（acclimation mechanism）を備えている。

水不足量（water deficit）とは，組織や細胞のもっとも水和した状態での最高含水量に足りない，水の量と定義することができる。水不足が植物に発達過程の変化を許すほどゆっくり進行する場合は，水ストレスは植物の成長にいくつかの変更をもたらす。その一つは葉の拡大の制限である。葉面積は光合成と比例関係にあるので重要であるが，急激な葉の拡大は水利用という点では好ましくない影響を及ぼす。

冬と春にだけ降水があり，夏はいつも乾燥している場合に早く成長しすぎると，大きな葉が多くなり急激な水分欠乏をもたらし，その結果土壌の水分は植物がライフサイクルを終える前に枯渇する。この状況では，シーズンの後期まで生殖のための水を確保している植物や，乾期の前までにすばやくライフサイクルを完結する（乾燥待避する）植物だけが次世

表25.1 米国におけるトウモロコシとダイズの生産高

年	作物生産高（10年間の平均の百分率）		
	トウモロコシ	ダイズ	
1979	104	106	
1980	87	88	厳しい干ばつ
1981	104	100	
1982	108	104	
1983	77	87	厳しい干ばつ
1984	101	93	
1985	112	113	
1986	113	110	
1987	114	111	
1988	80	89	厳しい干ばつ

U. S. Department of Agriculture 1989による。

代に種を残すことができる。どちらの戦略も生殖的にはある程度成功するであろう。

夏の降水がかなりのもので不定期である場合，状況はまったく異なってくる。この場合には，偶発的に湿潤となる夏の利を逆手にとり，大きな面積の葉をもつ植物か，あるいは非常にすばやく葉面積を拡大できる植物が，より適している。このような条件下で，長期にわたり栄養成長と生殖成長を同時に行うことができる能力は一つの馴化戦略となる。このような植物は，成長の習性が‘無限成長的’(indeterminate) であるとよばれ，短期間のうちに決まった数の葉と花を展開する‘有限成長’植物 (determinate plants) と対比している。

以下の議論では，葉の拡大阻害，葉の脱離(leaf abscission)，根の成長促進，気孔閉鎖 (stomata closure) など，いくつかの馴化戦略を考察する。

葉面積の減少は水不足に適応するための初期応答の一つである

典型的な例として，植物の水分含量が減少すると，細胞は縮み細胞壁は弛緩する (3章参照)。細胞体積が減少すればするほど膨圧は低くなり，細胞内の溶質は濃縮される。また，細胞膜はより小さな表面積の体積をカバーするようになるため，より厚肥し圧縮されたようになる。膨圧の減少は，水分ストレスでもっとも早くあらわになる生物物理的効果であるので，葉の拡大成長や根の伸長といった膨圧に依存した生物活性は，水分欠乏に対してもっとも感受性が高い (図25.1)。

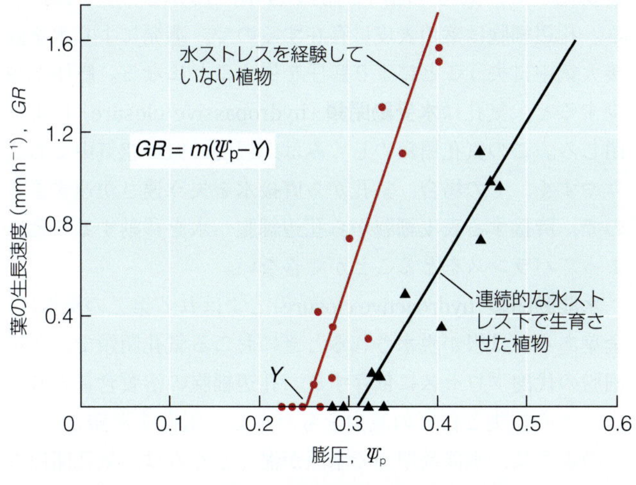

図 25.1 葉の拡大成長の，葉の膨圧に対する依存性。ヒマワリ (*Helianthus annuus*) の植物体を豊富な水で，あるいは穏和な水ストレスをおこすように土壌水を制限して生育させた。再び水を与えた後，いずれの処理済みの植物も水をやらずにストレスを加え，葉の成長速度 (*GR*) と膨圧 (Ψ_p) を定期的に測定した。ストレス後の葉の成長能力は，拡大率 ***m*** (extensibility) の減少と，成長に対する膨圧の閾値 (*Y*) の増加により制限される。(Matthews et al. 1984 による)

細胞の拡大は，膨圧によって駆動される過程であり，水分欠乏に対して極度に感受性である。細胞の拡大は次のような関係式で記述される。

$$GR = m\,(\Psi_p - Y) \qquad (25.1)$$

ここで，*GR* は成長速度，Ψ_p を膨圧，*Y* を降伏閾値 (yield threshold) (細胞壁がそれ以下では可塑的に抵抗し，それ以上では不可逆的に変形する圧力値)，***m*** を細胞壁の伸展性 (extensibility) (圧力に対する細胞壁の応答性) とする。

この関係式は，膨圧の減少は成長速度の減少をもたらすことを示している。また，ストレスで膨圧が減少すると成長が遅くなることのほかに，細胞の拡大を停止させるためには，膨圧 Ψ_p が (ゼロにならなくとも) *Y* に等しくなるまで減少すればよいことを示している。正常な状態では，*Y* はふつう Ψ_p より 0.1 ~ 0.2 MPa ほど低いに過ぎないので，水分含量と膨圧がわずかに減少するだけで，成長速度が低下し，また，成長を完全に停止させてしまう。

水分ストレスは膨圧を減少させるだけでなく，***m*** を減少させ *Y* を増加させる。細胞の伸展性 ***m*** は，細胞壁が少し酸性であるともっとも大きくなる。*Y* に対するストレスの影響はよくわかっていないが，細胞壁はおそらくストレスが去っても容易にもとに戻ることのない複雑な構造変化をおこすのであろう (15章参照)。水分欠乏状態の植物は夜間に復水する機会が多く，その結果，葉は実質的に夜に大きくなる。しかしながら，ストレスを受けた植物では ***m*** や *Y* が変化しているので，夜間の成長速度は膨圧が同じでストレスを受けていない植物よりも遅くなる (図25.1)。

葉の拡大はほとんど細胞の拡大に依存しているので，これら二つのプロセスの基盤となる原理は似ている。細胞拡大の阻害は，水分欠乏の進展する初期には，葉の拡大を遅くする。葉の面積が小さいほど水の蒸散量は少ないので，長期間にわたり土壌から少しずつ水の供給を受けるのに有効である。葉面積の減少は，このように乾燥に対する最初の防衛線であると考えることができる。

無限成長植物では，水ストレスは葉のサイズばかりか枚数も制限するが，これは水ストレスが分枝の数と成長速度の両方を減少させるからである。茎の成長は葉の成長ほど研究されていないが，茎の成長も，おそらくストレス下で葉の成長を制限するのと同じ力によって影響されるであろう。

もう一つ忘れてならないのは，細胞と葉の拡大は，水の流れを支配する要因以上に，生化学的，分子生物学的要因にも依存しているということである。植物は，水の流れの支配以外にも，細胞壁や膜の生合成，細胞分裂，タンパク質合成など，多くの重要なプロセスを協調的に制御することにより，ストレスに応答して成長速度を変えているという見方はたくさんの証拠により支持されている。

図 25.2 若いワタ（*Gossypium hirsutum*）植物の葉は，水ストレスに応答して脱離する。左側の植物は実験を通して水を与えた；中央と右の植物には，それぞれ，再び水を与えるまで中程度と，厳しい水ストレスを与えた。厳しいストレスを与えた植物では，茎の先端に叢生する葉のみが残っている。（B. L. McMichaelの好意による）

水分欠乏は葉を脱離させる

植物の全葉面積（葉の枚数×個葉の表面積）は，すべての葉が成熟してしまえば一定というわけではない。もし，植物が十分に葉を展開させた後で水分ストレスを受けると，葉は老化し，ついには落下する（図25.2）。このような葉面積の調整は，水分欠乏環境における植物の適応性を改善するための長期的変化として重要である。実際，多くの乾燥落葉性の砂漠植物は，乾燥中にすべての葉を落とし，一雨の後に新芽をふく。このサイクルは，1シーズンで2回あるいはそれ以上繰り返すことができる。水分ストレス中の落葉は，おもに，植物の内生ホルモンであるエチレンの合成とエチレン応答性がともに増大する結果，引きおこされる（22章参照）。

水分欠乏はより深い，湿った土壌への根の伸長を促進する

緩やかな水分欠乏は，また，根系の発達に影響する。根-シュート（shoot）の生物量比は，根による水分摂取とシュートによる光合成の機能的なバランスによって支配される（図23.6参照）。単純にいえば，‘シュートは，根による水分摂取が成長を制限するまで成長しつづける；逆に根は，シュートの光合成に対する需要が供給と同じになるまで成長する’。この機能的なバランスは，もし，水分供給が減少すれば変化する。

すでに議論したように，葉の展開は，水分摂取が悪化するとき非常に速やかに影響されるが，光合成活性はさほど影響されない。葉の展開が阻害されると葉による炭素とエネルギーの消費が減少するので，その分，植物の同化産物はより大きな割合で根系に分配され根の成長をさらに促進する。同時に，根端は乾燥した土壌中で膨圧を失う。

これらすべての要因は，根の成長を水分の残った土壌圏へと選択的に向かわせる。水分欠乏は，ふつう土壌の上層部が先に乾燥するように進行する。したがって，植物はすべての土壌層が湿潤なときは主に浅い根圏を展開するが，上層の土壌水分が欠乏するにつれ浅い根を失い，深い根の発達した根圏を展開する。根がより深い湿った土壌中へ成長することは，乾燥に対する第二防衛線であると考えることができる。

ストレスを受けた根が，成長を促進し湿潤な土壌圏へ展開するためには，成長しつつある根の先端へ同化産物を分配する必要がある。しかし，生殖成長中の植物では，水分欠乏中の同化産物は主に果実に向けられ，根からは遠ざけられてしまう（10章参照）。したがって，生殖成長中の植物は，栄養成長中の植物のように，根の成長により水分摂取を顕著に増大することができない。根と果実の間の同化産物に対する競争は，植物が一般に生殖成長中は水分ストレスに対してより感受性であるという事実に対する一つの説明である。

水分欠乏中はアブシジン酸に応答して気孔が閉じる

これまでの項では，ゆっくりとした，長期の脱水中におきる植物の発達の変化に焦点を絞ってきた。ストレスの開始がもっと早いか，あるいは，植物がストレス開始前に葉を最大に展開させているときには，別の応答が植物をすばやい乾燥から守る。このような条件下では，気孔の閉鎖が既存の葉面積からの蒸発を減らす。したがって，気孔閉鎖は乾燥に対する第三の防衛線であると考えることができる。

孔辺細胞における水の取り込みと損失は，孔辺細胞の膨圧を変化させ，気孔の開口と閉鎖（4章，18章参照）を調節する。孔辺細胞は葉の表皮に存在するので，蒸発により水を直接大気中に失うことにより膨圧を失うことになる。膨圧が減少すると，気孔は**水受動閉鎖**（hydropassive closure）により閉じる。この気孔閉鎖のしくみは，湿度の低い空気中でおこりやすく，その場合，気孔から直接水を失う速さが速すぎるので，隣接する表皮細胞から孔辺細胞へ水を移動することによってバランスをとることができない。

水能動閉鎖（hydroactive closure）とよばれる第二の機構は，全葉あるいは根が脱水されるときにおこる気孔閉鎖で，孔辺細胞の代謝プロセスに依存する。孔辺細胞の溶質含量の減少は，水の損失と膨圧の減少をもたらし，気孔を閉鎖させる。このように，水能動閉鎖で水圧が働くしくみは，気孔開口の逆である（開口では溶質含量が増える）。しかし，水能動閉鎖の制御は，気づかないほどわずかではあるが，いくつかの重要な点で気孔開口と異なっている。

孔辺細胞からの溶質の損失は，葉の水含量の低下が引き金となり開始されるが，この過程ではアブシジン酸（ABA）（23章参照）が重要な役割をする。アブシジン酸は葉肉細胞でゆ

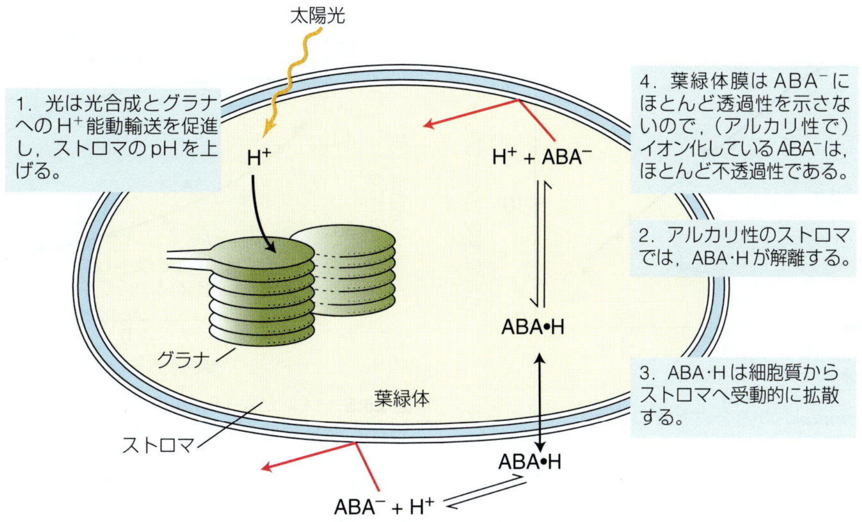

図 25.3 光のもとでの葉緑体によるABAの蓄積。光はグラナへのプロトンの取り込みを促進し，ストロマをよりアルカリ性にする。アルカリ度が上昇すると弱酸であるABA·HはH^+とABA^-イオンに解離する。ストロマのABA·Hの濃度は，サイトソルのABA·Hの濃度よりも低くなり，その濃度差は葉緑体膜を横切るABA·Hの受動輸送を駆動する。同時に，ストロマのABA^-の濃度が上昇するが，葉緑体膜はABA^-イオンに対してほとんど透過性を示さず（赤矢印），その結果，ABA^-はストロマに捕捉されたままとなる。この過程は，ストロマとサイトソルのABA·H濃度が等しくなるまでつづくが，ストロマがよりアルカリであるかぎり，ストロマの全ABA濃度（ABA·H＋ABA^-）はサイトソルのそれよりもはるかに上まわる。

っくりと連続的に合成されている。このような葉肉細胞が穏やかに脱水されると，次の二つのことがおこる：

1. 葉肉細胞の葉緑体に蓄えられたABAのある割合が葉肉細胞のアポプラストに放出される（Hartung et al. 1998）。このABAの再分配は，葉のpH勾配や，ABAの弱酸としての性質，および細胞膜の透過性に依存する（図25.3）。アポプラストへ再配分されたABAは，蒸散流を介して孔辺細胞へ運ばれる。
2. ABAの合成が速くなり，より多量のABAが葉のアポプラストに蓄積するようになる。合成速度が速ければ速いほどABA濃度は高くなり，貯蔵ABAによる気孔閉鎖の初期効果（1.の効果）が促進され，あるいは長期化される。ABAに誘導される気孔閉鎖のしくみは，23章で議論する。

葉の脱水に対する気孔の応答は，同一種内，異なる種間のいずれの場合も，変化の幅がひろい。ササゲの一種（cowpea, *Vigna unguiculata*）やカッサバ（*Manihot esculenta*）など，いくつかの脱水遅延型植物種では，ふつう，利用できる水の減少に応答して気孔コンダクタンスと蒸散が減少するので，葉の水ポテンシャル（Ψ_w；3および4章参照）はほぼ一定のままとなる。

根系からの化学物質信号（後出）は，水ストレスに対する気孔の応答に影響するかもしれない（Davies et al. 2002）。気孔コンダクタンスは，葉の含水状態よりは土壌の含水状態と密接に関係しており，植物の根系は，土壌の含水状態に影響される植物体唯一の部分である。事実，根系の水分含量の高い部分からシュートへ十分な水分を供給できる場合でも，根の一部分を脱水するだけで，気孔は閉じてしまう。

トウモロコシ（*Zea mays*）植物体を鉢植えにするとき，根を二分して別の鉢に植え，よく馴らした後に一方の鉢の水を切ると，脱水遅延型植物ですでに述べたことと同じように，気孔が部分的に閉じる。これらの結果は，気孔は根によって感受される状態に応答できることを示している。ABAのほかに（Sauter et al. 2001），pHや無機イオンの再分配のような他の信号が根とシュートの間の長距離信号伝達に一役かっているらしい（Davies et al. 2002）。

水分欠乏は葉緑体内の光合成を制限する

光合成は葉の拡大に比べ，膨圧に対する感受性が低いので，単位葉面積あたりの光合成速度は，穏和な水分ストレスに対して葉の拡大が応答するほど強く，応答することはほとんどない（図25.4）。しかしながら，葉の光合成と気孔コンダクタンスが，穏和な水ストレスにより影響されることは一般的な事実である。気孔は水ストレスの初期に閉じるが，このことは，水利用効率（4，9章参照）の上昇をもたらすかもしれない（すなわち，水の単位蒸散量あたりの炭酸ガス取り込み量がより増えるかもしれない）。なぜならば，気孔の閉鎖は，葉内炭酸ガス濃度の減少を引きおこす以上に蒸散をより大き

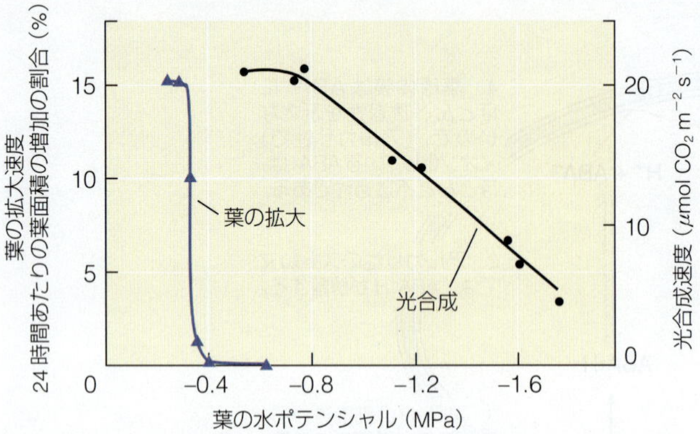

図 25.4　ヒマワリ (*H. annuus*) の光合成と葉の拡大に対する水ストレスの影響。この植物種は，葉の拡大が水ストレスに非常に感受性である多くの植物の典型であり，光合成にほとんど影響を与えない程度の穏和なレベルのストレス下で，葉の拡大は完全に阻害される。(Boyer 1970 による)

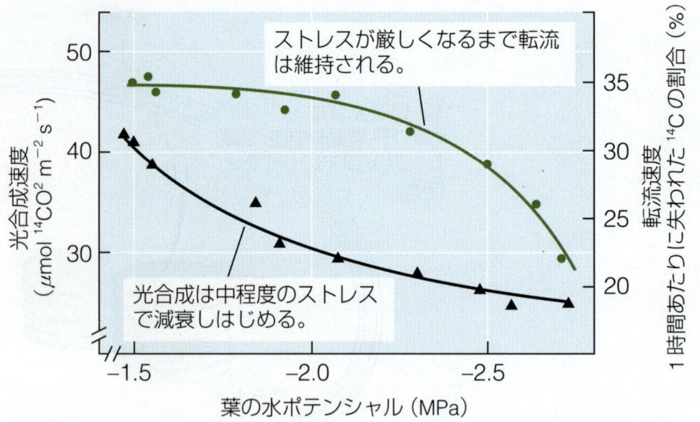

図 25.5　ソルガム (*Sorgum bicolor*) の光合成と転流に対する水ストレスの相対的な効果。植物を短い時間間隔で $^{14}CO_2$ に曝した。葉に固定された放射能を光合成として測定し，$^{14}CO_2$ 源を除いた後の放射能の損失を同化産物の転流速度として測定した。光合成は穏和なストレスで影響を受けるが，転流はストレスが厳しくなるまで影響を受けなかった。(Sung and Krieg 1979 による)

く阻害するからである。

しかしながら，ストレスが厳しくなり葉肉細胞が脱水されると，光合成は阻害され，葉肉細胞の代謝は障害を受け，水利用効率はふつう減少する。多くの研究の結果，水ストレスの効果は，相対的に，光合成よりも気孔コンダクタンスに対してかなり大きいことがわかっている。水ストレスに対する光合成と気孔コンダクタンスの応答は，ストレスを受けた葉を高 CO_2 濃度の空気に曝すことによって区別することができる。気孔コンダクタンスに対するストレスのいかなる影響も，高濃度 CO_2 の供給で除くことができる。ストレスを受けた植物とストレスを受けていない植物の光合成速度の差は，いずれも水ストレスの光合成に対する障害に直接帰することができる。

水ストレスは，直接転流に影響するであろうか？ 水ストレスは，展開中の葉の光合成と同化産物の消費を減少させ，その結果，間接的に葉から輸送される光合成産物の量を減少させる。篩管転流は膨圧に依存するので (10 章参照)，ストレス下で篩管内の水ポテンシャルが減少すると，同化産物の移動は阻害されるかもしれない。しかしながら，実験によれば，ストレス期間が長引いて，光合成などの他のプロセスがかなり阻害されるまで，転流は影響を受けない (図 25.5)。

ストレスに対して転流が相対的に非感受性であるということは，ストレスの程度がかなり厳しくても，植物は必要とする場所に (たとえば種子の成長中に) 貯蔵物質を移動し，利用できることを意味する。同化産物の転流を継続できる能力は，植物の乾燥耐性の視点から重要な要因である。

植物は細胞の浸透圧を調節することにより水バランスを維持する

土壌が乾燥するにつれ，そのマトリックポテンシャル (matric potential) (**Web トピック 3.3** 参照) はより負となる。植物は，水ポテンシャル (Ψ_w) が土壌のそれよりも低い (より負の値をとる) 間，吸水をつづけることができる。浸透圧調節，すなわち細胞が溶質を蓄積することは，膨圧の低下や細胞体積の減少なしに，水ポテンシャルを低下させるプロセスである。3 章の式 (3.6)：$\Psi_w = \Psi_s + \Psi_p$ を思い出してほしい。細胞の水ポテンシャルの変化は，単純に，Ψ_w の浸透圧要素である溶質ポテンシャル (Ψ_s) の変化の結果である。

浸透圧調節 (osmotic adjustment) とは，細胞あたりの溶質の正味の増加であり，それは水の損失からくる細胞体積の減少とは独立のものである。Ψ_s の減少は，極度な乾燥条件に適応した植物を除き，典型的にはおおよそ 0.2 ～ 0.8 MPa にとどまる。調節のほとんどは，さまざまなよくある溶質，つまり糖類，有機酸，アミノ酸，無機イオン (特に K^+) などの濃度の上昇でたいてい賄われる。

植物細胞の細胞質の酵素は，高濃度のイオンで極度に阻害される。そこで，浸透圧調節に必要なイオンの蓄積は，細胞質や細胞内オルガネラの酵素との接触をさけるために，液胞に限られる。イオンをこのように区画化することにより，そのほかの溶質は，細胞内の水ポテンシャルの平衡を保つために細胞質に蓄積されねばならない。

このような目的で細胞質内に蓄えられる溶質は，**適合溶質** (compatible solute，あるいは compatible osmolyte) とよばれる，酵素の機能を阻害しない有機化合物である。よくある適合溶質は，アミノ酸のプロリン，糖アルコール (たとえば，ソルビトール，マニトール) およびグリシンベタインとよばれる四級アミンである。本章の後で述べるように，適合溶質の合成は，根圏の塩分の増加に対して植物が適合するための助けになる。

浸透圧調節は，組織の脱水に応答してゆっくりと展開する。その数日にわたる時間経過の間には，そのほかの変化（成長や光合成などの変化）もおこっている。したがって，浸透圧調節は，水欠乏に対する独立した直接的応答ではなく，成長速度の低下など，別の要因の結果ではないかと議論されることがある。しかし，浸透圧応答した葉は，適合していない葉よりも，より低い水ポテンシャル条件下で膨圧を維持できる。膨圧を維持することにより細胞伸長の継続が可能になり，より低い水ポテンシャルのもとでより高い気孔コンダクタンスを容易にする。このことは，浸透圧調節は，脱水耐性を促進するための馴化であるということを示唆している。

植物は，葉の細胞の浸透圧調節によってどれくらい余分な水を獲得できるであろうか？ 土壌の抽出可能な水は，土壌粒子間の（水と空気で満たされた）空間に保たれており，根によって容易に吸収される（4章参照）。土壌が乾燥するにつれ，この水が最初につかわれ，残りは土壌の小さな孔により強く結合したわずかな水のみとなる。

浸透圧調節は，植物がこのより強く結合した水を抽出することを可能にするが，このことにより利用できる水の全量はわずかしか増加しない。したがって，浸透圧調節にコストをかけても，その配当である，植物にとって利用できる水の量が急速に減少するので経済的でない。このことは，浸透圧調節のできる種とできない種の間で水との関係（図25.6）を比較すればわかる。これらの結果は，浸透圧調節は脱水耐性を促進するが，生産性に対しては大きな効果をもたらさないことを示している（McCree and Richardson 1987）。

浸透圧調節のプロセスは，これまで根よりも葉でよく研究されてきたが，根でもおこっている。調節の絶対強度は葉よりも根で低いが，最初の組織の溶質ポテンシャル（Ψ_s）に対する百分率としては，葉よりも根で高い。葉と同様に，これらの変化は，多くの場合，すでに利用しつくされた土壌からの水の抽出量を，わずかに増加させるだけかもしれない。しかし，浸透圧調節は根の分裂組織でおこるので，根の膨圧と成長は維持される。このことは，土壌の水欠乏が引きおこす根の成長パターンの変化のなかでも重要な要素である。

浸透圧調節は，植物の生産性（productivity of plants）を増加させるのであろうか？ 研究者は，浸透圧保護物質の蓄積を，通常の植物育種法や生理学的手法（水分欠乏を制御することにより条件的に浸透圧調節を誘導すること），および溶質の合成や蓄積に関わる遺伝子を発現する形質転換植物を利用することによって改良している。しかし，このような植物は成長が遅く，しかも浸透圧ストレスに対してわずかしか耐性の上昇を示さない。したがって，浸透圧調節は農業的な成果の改善には，完全には利用できていない。

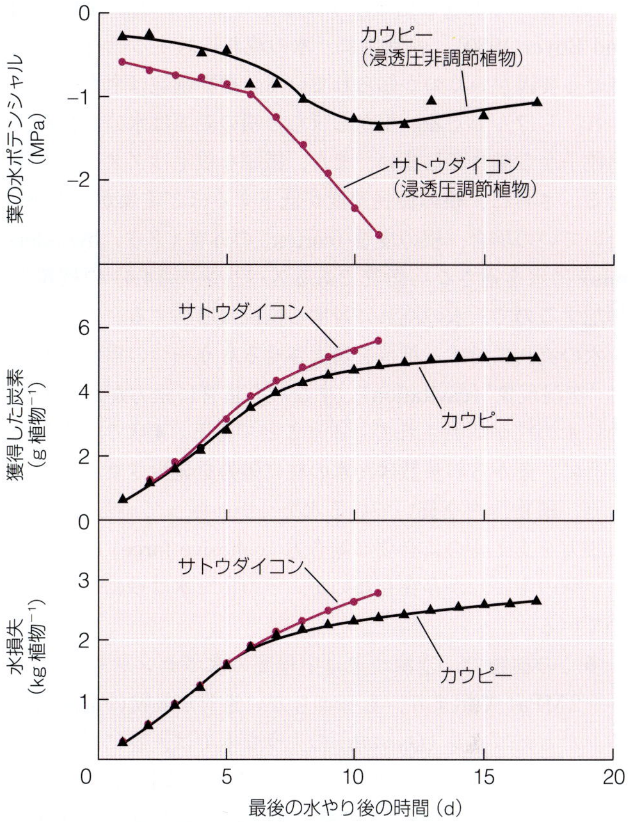

図 25.6　浸透圧調節植物であるサトウダイコン（*Beta vulgaris*）とストレス下で気孔を閉じて水を保蔵する浸透圧非調節植物であるカウピー（ササゲの一種，*Vigna unguiculata*）の水損失と炭素固定。植物はポットで育て，水ストレスに供した。最後に水を与えた日から数えたいかなる日においても，サトウダイコンの葉はササゲの葉よりも低い水ポテンシャルを保っているが，ストレス下の光合成と蒸散はサトウダイコンでわずかに大きいだけであった。二つの植物種の大きな違いは，葉の水ポテンシャルであった。これらの結果は，浸透圧調節は乾燥耐性を促進するが，生産性には大きな効果をもたないことを示している。（McCree and Richardson 1987）

水欠乏は液相水の流れの抵抗を増加させる

土壌が乾くと，水流に対する抵抗が非常に急激に増加し，特に‘永久凋萎点’（permanent wilting-point）付近では顕著である。4章で，永久凋萎点（通常，おおよそ−1.5 MPa）の植物は，たとえすべての蒸散を停止したとしても，膨圧を回復することができないと学んだことを思い出してほしい（土壌の水透過性（hydraulic conductance）と土壌の水ポテンシャルの関係のより詳しい説明は，**Webトピック4.2**の図4.2.Aを参照）。水流に対する土壌の抵抗は非常に高いので，永久凋萎点における根への水の供給は遅すぎて，日中に萎れてしまった植物を一晩のうちには復水することができない。

復水は，植物体内の抵抗によってさらに妨げられるが，植物体内の抵抗は，さまざまな程度の水欠乏条件下で，土壌中の抵抗よりも大きな値を示すことがわかっている（Blizzard and Boyer 1980）。乾燥中に，水の流れに対する抵抗を増大させる要因がいくつか知られている。植物細胞は水を失うにつれ，しぼんでくる。根がしぼむと根の表面は水分を含む土壌粒子から離れてしまい，また，繊細な根毛はダメージを受ける。さらに，根の伸長速度が低下するほど乾燥が進むと，たいていの場合，根の皮層（cortex）の外層（下皮，hypodermis）に水を通さない脂質であるスベリン（図4.4）の被覆が増加するので，水の流れに対する抵抗は増加する。

水の流れに対する抵抗を増大させるもう一つの重要な要因は‘空洞現象’(cavitation)，すなわち道管に張力がかかるために水の柱が切断されてしまうことである。4章で説明したように，葉からの蒸散は，水の柱に張力を発生させることにより，植物体内を貫いている水を「引っ張っている」。大きな張力を支えるのに必要な結合力（cohesive force）は非常に狭い管の中にしか存在しないが，その中で水は壁にへばりついている。

多くの植物で，空洞現象は中程度の水ポテンシャル（−1〜−2 MPa）で始まり，もっとも太い道管が最初に空洞化する。たとえばカシ（*Quercus*）のような木では，春に形成される大きな直径の道管は，豊富な水の存在する成長期の初期に，（水）抵抗の低い経路として機能する。土壌が夏期にカラカラに乾燥するにつれ，これらの太い道管は（空洞化により）機能を停止し，ストレス期に蒸散流を維持するために形成される細い直径の道管を残すのみとなる。この変換は時間がたっても変わらないものである：つまり，たとえ水が利用できるようになっても，最初の水抵抗の低い経路は機能できないままであり，水の流れの効率は低くなってしまう。

水欠乏は葉の表面のワックス沈着を増加させる

水ストレスに対する発達応答で共通するのは，表皮からの水損失を減らすために，より厚いクチクラ（cuticle）を形成することである（クチクラ蒸散，cuticular transpiration）。ワックスは，水欠乏に応答してクチクラの表面と内層の両方に沈着するが，内層への沈着は水損失の速度を支配するうえでより重要であり，そのしくみは単なるワックス量の増加以上に複雑なようである（Jenks et al. 2002）。

クチクラがより厚くなるとCO_2の透過性も減少するが，クチクラ直下の表皮細胞は光合成を行わないので，葉の光合成速度は影響を受けない。しかしながら，クチクラ蒸散は葉の全蒸散量に対してわずか5〜10％にすぎないので，ストレスが極端に厳しいか，あるいは，クチクラが傷害を受ける場合にかぎり（たとえば，砂嵐など）重要となる。

水欠乏は葉からのエネルギー散逸を変化させる

9章では，蒸発による熱損失は葉温を下げることを学んだ。この冷却効果には驚かされるものがある：カリフォルニアのデスバレー（Death Valley）――世界でもっとも暑い場所の一つとして知られる――では，豊富な水を利用できるところに生えている植物の葉温を測ると，気温より8℃低かった。暖かく乾燥した気候の地域では，経験を積んだ農夫であれば，植物が水やりを必要としているかを葉にさわることによって判断できる。なぜならば，速く蒸散している葉はさわってみるとはっきり冷たいとわかるからである。水ストレスが蒸散を制限すると，別の過程が冷却の欠乏を相殺するまで葉の温度は上がりつづける。葉温に対する蒸散のこれらの効果のために，水ストレスと熱ストレスは相互に密接に関係している（本章の熱ストレスに関する項目を参照）。

葉温を気温よりも十分低く維持するためには，非常に多量の水の蒸発を必要とする。このことは，なぜ蒸発以外の方法で葉を冷却する適応方法（たとえば，葉のサイズや方向を変えるなど）が水を節約するうえで非常に効率がよいかを説明する。蒸散が減少し葉温が気温よりも高くなると，葉の余分なエネルギーの一部はかなりの熱損失（sensible heat loss）として散逸される（9章参照）。乾燥地帯の植物の多くは非常に小さな葉をつけており，このことは，葉から空気へ熱が移動する際の境界層の抵抗をもっとも小さくしている（図9.14）。

小さな葉は，その境界層の抵抗が低いがゆえに，蒸散が大きく低下しても気温とほぼ近い温度を維持する傾向がある。対照的に，大きな葉は，より高い境界層の抵抗をもっており，（単位葉面積あたりでは）より少ない熱エネルギーを直接空気へ散逸する。

大きな葉では，水ストレス下の加熱に対して，葉の運動が付加的な保護効果をもっている。太陽に対して自らを遠ざけるように（太陽光線に対して平行に）配向する葉は，‘負向日性’(paraheliotropic）とよばれる；これに対して，自らを太陽光に対して垂直に配向しエネルギーを獲得する葉を‘正向日性’(diaheliotropic）とよぶ（9章参照）。図25.7はダイズの葉の位置に対する水ストレスの強い効果を示す。（光）放射を遮ることのできるほかの要因としては，葉の角度を変える萎れや，太陽に曝される組織の輪郭を小さくするための，草の葉の巻き込み（rolling）がある。

エネルギーの吸収は，葉の表面の毛や，クチクラの外側の光沢のあるワックス層によっても小さくすることができる。密生した毛が大量の光を反射するので，灰白色の外観を呈する葉をもつ植物もある。この毛深さ（hairiness），すなわち**柔毛**（pubescence）は，放射光を反射することにより葉を涼しく保つが，同時に光合成に活性な可視光も反射してしまうので，炭素同化を減少させてしまう。この問題があるために，水利用効率を上げる目的で穀物に柔毛を育種的に導入する試みは，一般的に成功していない。

図 25.7　圃場で育てたダイズ（*Glycine max*）の葉の方向で，正常なストレスを受けていないとき（A）；穏和な水ストレス中（B）；および厳しい水ストレス中（C）。穏和なストレスで誘導される大きな葉の動きは，厳しいストレス下での萎れとはまったく異なる。穏和なストレスでは，末端の葉が上向きにもち上がっているのに対し，二つの脇の葉は下に向いており，両者はほぼ垂直である。（D. M. Oosterhuisの好意による）

浸透圧ストレスは，いくつかの植物でベンケイソウ型有機酸代謝（CAM）を誘導する

ベンケイソウ型有機酸代謝（crassulacean acid metabolism：CAM）は，気孔を夜間に開き日中に閉じるような植物の適応である（8章および9章参照）。蒸散の原動力となる葉から空気への蒸気圧の差は，葉温，気温ともに低下する夜間に大きく減少する。その結果，CAM植物の水利用効率は測定された中でもっとも高い。CAM植物一個体は125gの水を使うだけで1gの乾重を得ることができるが，この比は典型的なC_3植物一個体あたりの比よりも3～5倍高い（4章参照）。

CAMはサボテンのような多肉植物（succulent plants）で広く見られる。ある種の多肉植物は条件的な（facultative）CAMを行い，水欠乏や塩条件に曝されるとCAMに切り換わる（8章参照）。このような代謝の切り換わりは，ストレスに対する驚くべき適応であり，ホスホエノールピルビン酸（PEP）カルボキシラーゼ（図25.8），ピルビン酸–オルトリン酸ジキナーゼ，およびNADPリンゴ酸酵素など，他の酵素の蓄積がおこる。

8章および9章で議論したように，CAMは多くの構造的，生理学的および生化学的特徴を含んでおり，具体的には，カルボキシル化や脱カルボキシル化反応パターンの変化，液胞の内外への大量のリンゴ酸の輸送，および気孔運動の周期性の逆転などが含まれる。したがって，CAMの誘導はいろいろな組織階層を巻き込んだ，水欠乏に対する驚くべき適応である。

浸透圧ストレスは遺伝子発現を変化させる

すでに述べたことではあるが，浸透圧ストレスに応答して適合溶質を蓄積するためには，これらの溶質を生合成する代謝経路を活性化する必要がある。浸透圧調節に関連する酵素をコードする遺伝子の中には，浸透圧あるいは塩，あるいはその両方によるストレスで発現を上昇するものや，低温ストレスで発現を上昇するものがある。これらの遺伝子は次のような酵素をコードしている（Buchanan et al. 2000）：

- Δ'^{1}–ピロリン–5–カルボン酸合成酵素（Δ'^{1}–pyrroline–

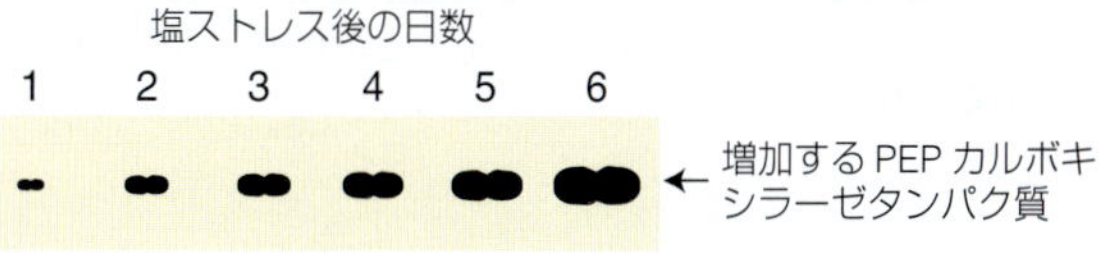

図 25.8　アイスプラント*Mesembryanthemum crystallinum*のC_3代謝からCAMへの塩誘導性転換に伴うホスホエノールピルビン酸（PEP）カルボキシラーゼの含量の増加。塩ストレスは，灌水時に500mMのNaClを加えることにより誘導した。PEPカルボキシラーゼのタンパク質は，抗体を利用した染色によりゲル中で検出した。（Bohnert et al. 1989）

表 25.2　植物で見られる後期胚形成タンパク質 LEA の五つのグループ

グループ (ファミリー名*)	グループ内のタンパク質	構造的特徴とモチーフ	機能情報/推定機能
グループ 1 (D-19 ファミリー)	ワタ D-19 コムギ Em (初期メチオニンラベルタンパク質，early methionine-labeled protein) ヒマワリ Ha ds10 オオムギ B19	立体配置 (コンフォメーション) は主にランダムコイルでいくつかの短い α ヘリックスをもつ。 荷電アミノ酸やグリシンが豊富。	典型的な球状タンパク質よりは水和水をたくさん含む。 過剰発現は，酵母細胞に水欠乏耐性を賦与する。
グループ 2 (D-11 ファミリー) (デハイドリンともよぶ)	トウモロコシ DHN1，M3，RAB17 ワタ D-11 シロイヌナズナ pRABAT1，ERD10，ERD14 *Craterostigma* (「復活植物」の一種) pcC27-04，pcC6-9 トマト pLE4，TAS14 オオムギ B8，B9，B17 イネ pRAB16A ニンジン pcEP40	α ヘリックスを形成するリジンの多い領域を含む変化に富んだ構造。 グループ 2 のデハイドリンの保存配列は EKKGIMDKIKELPG この保存配列の繰り返し回数はさまざまである。 しばしばポリセリン領域をもつ。 またグリシンあるいはアラニンと，プロリンからなる極性残基に富むさまざまな長さの領域をもつ。	しばしば細胞質あるいは核に局在する。 より酸性のファミリーメンバーは細胞膜に付随している。 低水ポテンシャルで巨大分子を安定化するために働くらしい。
グループ 3 (D-7 ファミリー)	オオムギ HVA1 ワタ D-7 コムギ pMA2005，pMA1949 *Craterostigma* pcC3-06	11 アミノ酸保存配列モチーフ TAQAAKEKAXE がタンパク質内に繰り返す。 明らかな両親媒性 (amphipathic) α ヘリックスを含む。 二量体タンパク質である。	HAV1 を発現した形質転換植物は，水欠乏ストレス耐性の向上を示す。 D-7 はワタ胚に多量に存在する (推定 0.25 mM)。 D-7 二量体は，推定で 10 個までの無機リン酸とその対イオンを結合する。
グループ 4 (D-95 ファミリー)	ダイズ D-95 *Craterostigma* pcC27-45	わずかに疎水性である。 N 末端領域は，両親媒性 α ヘリックスを形成すると推定される。	トマトでは，似たようなタンパク質をコードする遺伝子が線虫の食害に応答して発現する。
グループ 5 (D-113 ファミリー)	トマト LE25 ヒマワリ Hads11 ワタ D-113	ファミリーメンバーは N 末端保存領域に相同性のある配列をもつ。 N 末端領域は α ヘリックスを形成すると推定される。 C 末端部位にはさまざまな長さと配列のランダムコイル構造が推定される。 配列はアラニン，グリシンおよびトレオニンに富む。	タンパク質および/あるいは膜と結合し，ストレス下で構造を保持する。 イオンを区画化し，細胞質代謝を保護する機能があると推定される。 LE25 を酵母で発現すると，塩および凍結耐性を賦与する。 D-113 はワタ種子に多量に存在する (最大 0.3 mM)。

ファミリーの名前は，ファミリーにもっとも似ているワタ種子タンパク質の名前に由来する。
Bray et al. 2000 による。

5-carboxylate synthase)，プロリン生合成経路の鍵酵素

- ベタインアルデヒドデヒドロゲナーゼ (betaine aldehyde dehydrogenase)，グリシンベタイン蓄積に関与する酵素
- *myo*-イノシトール-6-*O*-メチルトランスフェラーゼ (*myo*-inositol 6-*O*-methyltransferase)，ピニトール (pinitol) という環状糖アルコールの蓄積の律速酵素

これら以外にも，よく知られた酵素をコードする遺伝子の中で，浸透圧ストレスにより誘導されるものがある。グリセルアルデヒド-3-リン酸デヒドロゲナーゼの遺伝子は，浸透

圧ストレスで発現が上昇するが，これは，おそらく，浸透圧調節に必要な有機溶質へ，炭素の流れを増加させるためである。リグニン生合成に関与する酵素もまた浸透圧ストレスで支配される。

鍵酵素の活性低下による浸透圧物質の蓄積もおこる。浸透圧ストレスに応答した，糖アルコールであるマニトール（mannitol）の蓄積は，マニトールの生合成に関与する酵素遺伝子の発現上昇によってもたらされるのではないらしい。むしろ，ショ糖の生産とマニトールの分解に関与する遺伝子の発現低下によっておこるようだ。このようにして，マニトールの蓄積は，浸透圧ストレスの一連の出来事の中で増加する。

浸透圧ストレスで調節される遺伝子の中には，これらの他に，膜輸送に関与するタンパク質をコードするものがある。これらには，複数のATPase（Niu et al. 1995）や‘アクアポリン’（aquaporin）と総称される複数の水チャンネルタンパク質（3章参照）（Maggio and Joly 1995）が含まれる。プロテアーゼ遺伝子の中にもストレスによって誘導されるものがあるが，これらの酵素はストレスの一連の出来事で変性をうけたほかのタンパク質を（除去するか再生するために）分解するのかもしれない。‘ユビキチン’（ubiquitin）というタンパク質は，タンパク質にタグとして結合し，プロテアーゼによる分解経路へと導く。ユビキチンをコードするmRNAの合成は，乾燥ストレスに曝したシロイヌナズナで増加する。さらに，いくつかの‘熱ショックタンパク質’（heat shock protein）は浸透圧的に誘導され，乾燥によって不活性化されたタンパク質を保護し，あるいは再生するのかもしれない。

細胞拡大が浸透圧ストレスに対して感受性であることから（図25.1参照），細胞壁構造の構築と維持に関与するタンパク質をコードするさまざまな遺伝子の研究がさかんに進められてきた。リグニン生合成に関与すると思われる*S*–アデノシルメチオニン合成酵素（*S*–adenosylmethionine synthase）やペルオキシダーゼ（peroxidase）をコードする遺伝子が，ストレスによって支配されることがわかっている。

浸透圧ストレスによって調節される，大きなグループを形成する遺伝子が，種子成熟過程で自然におこる胚の乾燥を研究する過程で発見された。これらの遺伝子は，いわゆる，**LEA**（レア）**タンパク質**（late embryogenesis abundant）をコードしており，細胞の膜構造を保護する役割があるのではないかと考えられている。LEAタンパク質の機能はよくわかっていないが（表25.2），これらは，浸透圧ストレスの一連の過程で栄養組織に蓄積する。これらのタンパク質は，典型的な親水性タンパク質であり，水を強く結合する。LEAタンパク質に保護効果があるとすれば，それは，水を保持し，細胞の重要なタンパク質や他の分子を乾燥中の結晶化（訳者注；乾燥により細胞質が濃縮されることによりおこる）から防ぐ能力と関連するのかもしれない。

もっと最近になり，マイクロアレー技術が使われるようになると，いくつかの植物についてストレスに応答した全ゲノムの発現が調べられるようになってきた。このような研究により，植物をストレスに曝すと，非常に数多くの遺伝子が発現を変化させることが明らかとなった。ストレス支配遺伝子（stress–controlled gene）は，イネの全遺伝子数の10％にまで及んでいる（Kawasaki et al. 2001）。

浸透圧ストレスでABAが蓄積することはよくあることなので（23章参照），浸透圧ストレス下でABA応答性遺伝子（ABA–responsive gene）の産物が蓄積するのは驚くにあたらない。実際，ABA非感受性（ABA–insensitive）およびABA欠乏（ABA–deficient）突然変異体を用いた研究で，浸透圧ストレスで誘導される遺伝子の多くが，ストレス条件下の一連の過程でおこるABAの蓄積によって誘導されることが明らかになっている。しかしながら，浸透圧ストレスで発現が上昇する遺伝子のすべてがABAによって調節されるわけではない。次の項で議論するように，浸透圧ストレス調節遺伝子（osmotic stress–regulated gene）の遺伝発現を調節する別のしくみが明らかにされている。

ストレス応答性遺伝子はABA依存的およびABA非依存的過程で調節される

遺伝子の転写は，調節タンパク質（regulatory protein）（転写因子，transcription factorともいう）と，遺伝子のプロモーターに存在する特異的な調節配列（specific regulatory sequence）の相互作用によって制御される（Webサイトの14章でこれらの過程を詳しく説明している）。たとえば，乾燥あるいは塩など，同一の信号（signal）により誘導される異なる遺伝子は，これら特殊な転写因子を活性化する信号伝達経路（signaling pathway）によって支配される。

いくつかのストレス誘導遺伝子のプロモーターの研究から，異なるストレスに関与する遺伝子の特異的調節配列が同定されている。たとえば*RD29*遺伝子は，浸透圧ストレス，低温，およびABAによって活性化できる遺伝子配列を含んでいる（Yamaguchi–Shinozaki and Shinozaki 1994；Stockinger et al. 1997）。

ABA制御遺伝子のプロモーターは，**ABA応答配列**（ABA response element：**ABRE**）とよばれる6ヌクレオチド配列因子を含んでいるが，その配列は，おそらくABA調節遺伝子の活性化に関与する転写因子に結合するのであろう（23章）。浸透圧ストレスによってABA非依存的に調節される遺伝子のプロモーターは，かわりに9ヌクレオチドからなる配列要素，**脱水応答配列**（dehydration response element：**DRE**）を含んでおり，その配列は転写を調節する別のセットのタンパク質によって調節される。したがって，浸透圧ストレスによって調節される遺伝子は，ABAの働きを仲介する信号伝達経路（signal transduction pathway）によって調節される遺伝子群（**ABA依存的遺伝子**，ABA-dependent gene）と，**ABA非依存的**（ABA-independent）な浸透圧ストレス応答性（osmotic stress-responsive）信号伝達経路によって調節される遺伝子群に分けられる。

ABA非依存的な遺伝子発現調節には，少なくとも，二つの信号伝達経路が存在することが示唆されている（図25.9）。浸透圧ストレス応答性遺伝子のプロモーター中のDRE要素に結合し，トランスに働く‘転写因子’（DREB1およびDREB2とよぶ）は，ABA非依存的信号伝達カスケード（signaling cascade）で明らかに活性化されている。他のABA非依存的な浸透圧ストレス応答性遺伝子は，MAPキナーゼ信号伝達カスケードとよばれる一連のタンパク質キナーゼからなる信号伝達カスケードによって，直接的に支配されるらしい（Webサイトの14章に詳しい）。これらの遺伝子発現変化のほかに，DREBsの関与しない別のしくみを介しておこる遺伝子発現変化もあるらしい。

以上，ABA依存的およびABA非依存的経路について述べてきたような，信号伝達カスケードの複雑さと「相互交信」（cross-talk）は，真核生物の信号伝達に典型的である。このような複雑さは，遺伝子発現と，浸透圧ストレスに対する適応を実際に行う生理学的過程との間の相互作用が多様であることを示している。

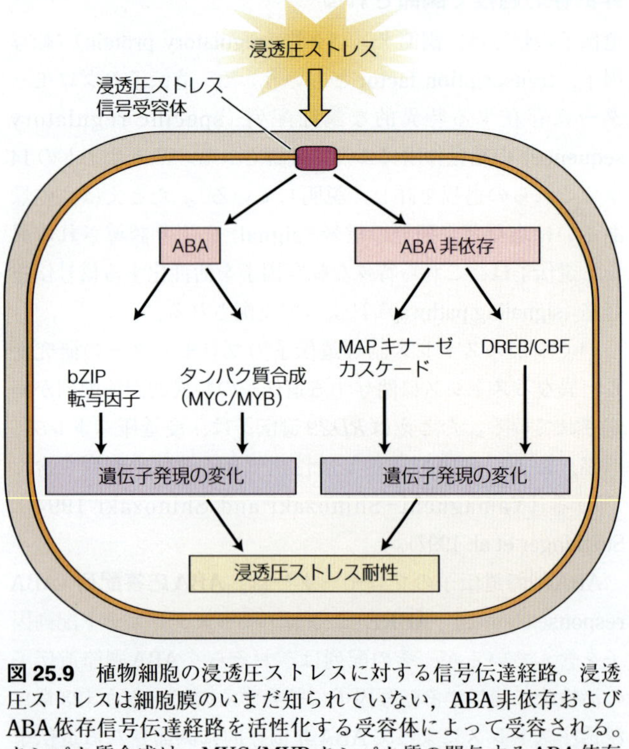

図 25.9 植物細胞の浸透圧ストレスに対する信号伝達経路。浸透圧ストレスは細胞膜のいまだ知られていない，ABA非依存およびABA依存信号伝達経路を活性化する受容体によって受容される。タンパク質合成は，MYC/MYBタンパク質の関与するABA依存経路の一つで関与する。bZIP ABA依存経路では，遺伝子プロモーター配列のABA応答要素の認識が関与する。二つのABA非依存経路で，MAPキナーゼ信号伝達カスケードとDREBP/CBF関連転写因子の関与もわかっている。（Shinozaki and Yamaguchi-Shinozaki 2000による）

熱ストレスと熱ショック

高等植物のたいていの組織は，45℃以上の温度に長く曝されると生き延びることができない。成長をしていない細胞や脱水した組織（たとえば種子や花粉）は，水分を含んだ組織や栄養組織，成長をしている組織よりもはるかに高い温度でも生き延びることができる（表25.3）。活発に成長をしている組織は，45℃以上の温度では生存することができないが，乾燥種子は120℃の温度に耐えることができ，ある植物種の花粉粒は70℃の温度に耐えることができる。一般的に，単細胞真核生物だけが50℃以上の温度で生活環（life cycle）を完遂することができ，原核細胞のみが60℃以上で細胞分裂し，成長することができる。

致死には至らない温度の熱ストレス（sublethal heat stress）に短時間に周期的に曝すと，通常であれば致死となる温度に対しても耐性を誘導するが，この現象は**誘導耐熱性**（induced thermotolerance）とよばれる。誘導耐熱性を仲介するしくみは，本章の後半で述べる。すでに述べたように，水と温度のストレスは相互に関連している；豊富な水の供給に手の届く，ほとんどのC_3およびC_4植物は，蒸発冷却によって45℃以下に維持される；もし水に制限がかかると蒸発冷却は減少し，組織の温度は上昇する。湿った土壌から発芽しつつある実生は，この一般法則の例外かもしれない。これ

表 25.3 植物の熱致死温度

植物	熱致死温度（℃）	暴露時間
Nicotiana rustica（野生タバコ）	49 ～ 51	10 min
Cucurbita pepo（カボチャ）	49 ～ 51	10 min
Zea mays（トウモロコシ）	49 ～ 51	10 min
Brassica napus（ナタネ）	49 ～ 51	10 min
Citrus aurantium（ダイダイ）	50.5	15 ～ 30 min
Opuntia（サボテン）	＞65	—
Sempervivum arachnoideum（クモノスバンダイソウ，多肉植物の一種）	57 ～ 61	—
ジャガイモの葉	42.5	1 h
マツとトウヒの実生	54 ～ 55	5 min
アルファルファ種子	120	30 min
ブドウの熟した果実	63	—
トマト果実	45	—
アカマツの花粉	70	1 h
各種の蘚類		
水和状態	42 ～ 51	—
脱水状態	85 ～ 110	—

Levitt 1980の表11.2による。

らの実生は，乾燥した土壌中の実生よりもより高い温度の熱ストレスに曝されることになる。なぜならば，湿ったむき出しの土壌は，通常は，乾燥土壌よりも色が黒く太陽放射光をより吸収しやすいからである。

高い葉温と水欠乏は熱ストレスを導く

サボテン（*Opuntia*）やセンペルヴィウム（*Sempervivum*，ベンケイソウ科の多肉植物）などの多くのCAM，多肉植物は，高温に適応し，夏の強烈な太陽放射光のもとで60～65℃の組織温度に耐えることができる（表25.3参照）。CAM植物は日中気孔を閉じたままなので，蒸散によって冷却されることがない。かわりに，これらの植物は，入射する太陽放射光の熱を長波長（赤外）放射光の再放射や，熱伝導（conduction）と対流（convection）による熱損失により散逸させる（9章参照）。

一方，典型的な灌水していないC_3やC_4植物は，葉温を下げるために蒸散冷却に依存する。これらの植物では，真昼近くのまぶしい太陽光のもとで，葉温がまわりの気温よりも4～5℃簡単に上昇することがあるが，それは，土壌の水欠乏が気孔の部分閉鎖をおこすとき，あるいは，高い相対湿度が蒸発冷却のポテンシャルを下げるときである。このような組織温度の上昇が，生理的にどのような結果をもたらすかについては，次の項で議論する。

日中の葉温の上昇は，乾燥や太陽光による高い放射を経験している乾燥地域や半乾燥地域の植物で顕著である。また，熱ストレスは，温室内では気をつけなければならない危険項目であるが，そこでは空気の流れが緩やかで多湿であることが葉の冷却速度を低下させてしまう。中程度の熱ストレスは，植物体全体の成長を遅らせてしまう。ワタのように灌水した作物の中には，熱を散逸させるために蒸散冷却を用いるものがある。灌水した作物では，蒸散冷却を増大させることで，より高い農業収穫につながる（**Webトピック25.1**参照）。

高温では呼吸よりも早く光合成が阻害される

光合成と呼吸はいずれも高温で阻害されるが，温度が上昇するにつれ，光合成速度は呼吸速度よりも早く減少する（図25.10A,B）。ある一定時間内の光合成によるCO_2固定量と呼吸によるCO_2放出量が等しくなる温度を**温度補償点**（temperature compensation point）とよぶ。

温度補償点以上の温度では，光合成は呼吸の基質として使われた炭素を補填することができない。その結果，炭水化物貯蔵物質は減少し，果実や野菜は甘さを失う。この光合成と呼吸の不均衡は，高温のもたらす有害な結果を説明する主な理由の一つである。

同一の植物において，温度補償点は，通常太陽光（と熱）に曝される陽葉（sun leaf）よりも陰葉（shade leaf）の方が低

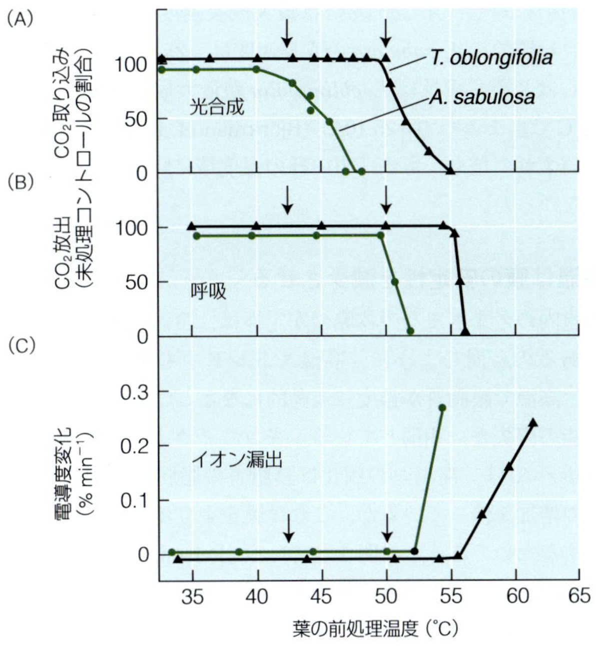

図25.10 ハマアカザの一種（*A. sabulosa*）とアリゾナハニースウィート（*T. oblongifolia*，ヒユ科）の熱ストレスに対する応答。光合成（A）と呼吸（B）は付着葉で測定し，イオン漏出（C）は水に浸した葉切片で測定した。実験の開始時に，コントロールの速度を非傷害温度である30℃で測定した。その後，付着葉を（図中に）示す実験温度で15分曝した後，初めのコントロール条件に戻し，速度を測定した。矢印は，二種の植物のそれぞれの光合成阻害の温度閾値（temperature threshold）を示す。光合成，呼吸および膜透過性のすべてが，*T. oblongifolia*よりも*A. sabulosa*で熱損傷を受けやすかった。しかし，いずれの種も，光合成はその他の二つの過程のいずれよりも熱ストレスに対してより感受性であり，光合成は呼吸が傷害を受けない温度で完全に阻害された。（Björkman et al. 1980）

い。高温で，光合成速度よりも呼吸速度が速くなることは，C_4やCAM植物よりもC_3植物でより有害である。なぜならば，C_3植物では，高温で暗呼吸と光呼吸のいずれの速度も増加するからである。

低温に適応した植物は高温に対してうまく馴化しない

ある温度域に対して遺伝的に適応している植物が，正反対の温度域に対して馴化できる程度は，2種のC_4植物*Atriplex sabulosa*（ハマアカザの一種，frosted orache）と*Tidestromia oblongifolia*（アリゾナハニースウィートArizona honeysweet，ヒユ科Amaranthaceae）の比較を例にとると，うまく説明できる。

*A. sabulosa*は北部カリフォルニアの海岸域の涼しい気候の地域に自生している。一方，*T. oblingifolia*はカリフォルニア・デスバレーのたいへん暑い気候に自生し，ほとんどの植物種にとって致死的な温度変化の中で生育する。これらの植物種を制御された環境下で育て，成長速度を温度の関数として記録したところ，*T. oblingifolia*は16℃でほとんど生育し

ないのに対し，*A. sabulosa*は最大成長速度の75％で成長した。対照的に*A. sabulosa*の成長速度は，25～30℃の間で減少しはじめ，成長は*T. oblingifolia*が最大成長速度を示した45℃で止まった（図25.10A）（Björkman et al. 1980）。明らかにいずれの種も，もう一方の種の温度域に馴化することはできなかった。

高温は膜の安定性を減少させる

細胞内のさまざまな生体膜の安定性は，冷温や凍結下でそうであるのと同じように，高温ストレス中も重要な要素である。高温で膜脂質が過度に流動的になることと，生理学的な機能の喪失とは相関している。キョウチクトウ（*Nerium oleander*）では，高温への馴化は膜脂質の脂肪酸の飽和の度合いの増加を伴っているが，これは膜をより流動性の低い状態にするためであると説明されている（Raison et al. 1982）。

高温では，膜の水溶性相でタンパク質の極性基どうしの水素結合や静電的相互作用の強さが減少する。したがって，高温は膜の組成と構造を変化させ，イオン漏出の原因となる（図25.10C）。また，膜の破壊は，膜結合性の電子伝達体や酵素の活性に依存する，光合成や呼吸などの過程を阻害する原因となる。

光合成は特に高温に対して感受性である（9章参照）。O. Björkmannと彼の研究協力者（1980）は，*A. sabulosa*と*T. oblingifolia*を用いた研究で，光合成系IIの電子伝達は，高温に適応した*T. oblingifolia*よりも低温に適応した*A. sabulosa*で，高温に対してより感受性であることを見い出した。これらの植物では，リブロース-1,5-二リン酸カルボキシラーゼ，NADP：グリセルアルデヒド-3-リン酸デヒドロゲナーゼ，およびホスホエノールピルビン酸カルボキシラーゼという酵素は，*T. oblingifolia*よりも*A. sabulosa*で，高温に対してより不安定である。

しかしながら，これらの酵素が変性し失活し始める温度は，光合成が減退を始める温度よりもはっきり高かった。これらの結果から，光合成の熱傷害の初期の段階は，タンパク質の一般的な変性よりは，膜の性質の変化と葉緑体のエネルギー伝達機構のアンカプリングに直接関係すると説明されている。

いくつかの適応機構が過熱から葉を保護している

強烈な太陽放射と高温を伴う環境では，植物は，太陽放射の吸収を減少させることにより，葉の過熱を避けている。この適応機構は，蒸散する葉が耐熱性の上限近くになるような，暖かく，日差しの明るい環境で重要である。これらの条件下では，水の蒸散の減少やエネルギー吸収の増加により，さらにわずかでも葉が暖まると葉を傷つけてしまう。

乾燥耐性と耐熱性は，同一の適応機構に依存している。すなわち，反射性の葉毛や葉のワックス；葉の丸まり（rolling）と垂直方向への配向；境界層の厚さを最小にし，対流と伝導による熱の損失を最大にするために，小さく，多数の切れ込みの入った葉を生じることなどに依存している（4章，9章参照）。砂漠の灌木――たとえば，ホワイトブリットルブッシュ（white brittlebush，*Encelia farinosa*，キク科）には，過熱を避けるために二つの葉の形態をもっているものがある：冬に見られる緑でほとんど毛のない葉は，夏には白く柔毛のある葉に置き換わる。

高温で植物は熱ショックタンパク質を生産する

5～10℃程度の急な温度の上昇に応答して，植物は**熱ショックタンパク質**（heat shock proteins：**HSPs**）とよばれるユニークなセットのタンパク質を生産する。ほとんどのHSPsは，分子シャペロン（molecular chaperones）としてはたらくことにより，細胞が熱にうちかつ手助けをするという機能をもつ。熱ストレスは，酵素や構造成分として機能するタンパク質（の構造）をほどく（unfolding）ことで，あるいは，誤った折りたたみ状態（misfolding）にすることで，酵素の正しい構造や活性の損失を導いてしまう。

このような，誤った折りたたみ状態のタンパク質は，たいてい，凝集や沈殿をおこすので，細胞内に深刻な問題を生じさせてしまう。HSPsは，分子シャペロンとしてはたらくことで，誤って折りたたまれ凝集をおこしたタンパク質を正しい折りたたみに戻し，あるいは，誤った折りたたみを防ぐ働きをする。このことは，ストレスに富んだ高温条件下でも，細胞の正しい機能を容易にしている。

熱ショックタンパク質は，ショウジョウバエ（*Drosophila melanogaster*）で発見され，その後，植物や菌類，微生物だけでなく，その他の動物やヒトで同定されている。たとえば，ダイズの実生を25℃から40℃（致死温度のすぐ下）に突然温度シフトさせると，細胞に共通に見られる一群のmRNAとタンパク質の合成は抑制される。一方，30～50からなる別のタンパク質（HSPs）群の転写と翻訳は増大する。また，新たに転写されるHSPs mRNAは，熱ショック後3～5分で検出することができる。

植物のHSPsは，自然界ではほとんどおこらないような突然の温度変化（25℃から40℃への変化）に対する応答として最初に同定されたが，HSPsは自然の環境でよくある緩やかな温度上昇によっても誘導され，野外条件下の植物に存在する。ある種のHSPsは，正常なストレスを受けていない細胞に存在し，また，細胞にとって必須のタンパク質の中には，HSPsと相同ではあるが温度ストレスに応答して増加しないものがある（Vierling 1991）。

植物や他のほとんどの生物は，温度上昇に応答して異なったサイズのHSPsをつくる（表25.4）。HSPsの分子量（molec-

表 25.4　植物で見られる熱ショックタンパク質の五つのクラス

HSPクラス	サイズ (kDA)	例 (シロイヌナズナ/原核)	細胞内局在
HSP100	100～114	AtHSP101/ClpB，ClpA/C	サイトソル，ミトコンドリア，葉緑体
HSP90	80～94	AtHSP90/HtpG	サイトソル，小胞体
HSP70	69～71	AtHSP70/DnaK	サイトソル/核，ミトコンドリア，葉緑体
HSP60	57～60	AtTCP-1/GroEL，GroES	ミトコンドリア，葉緑体
smHSP	15～30	各種AtHSP22，AtHSP20，AtHSP18.2，AtHSP17.6/IBPA/B	サイトソル，ミトコンドリア，葉緑体，小胞体

Boston et al. 1996による。

ular mass) は15～104kDa (キロドルトン，kilodalton) にわたり，サイズによって五つのクラスに分けることができる。異なるHSPsは，核，ミトコンドリア，葉緑体，小胞体およびサイトソルに局在する。HSP60，HSP70およびHSP90のグループのメンバーは，分子シャペロンとしてはたらき，ATP-依存的なタンパク質の安定化や折りたたみ，オリゴマーからなるタンパク質の編成に関わっている。HSPsのあるものは，細胞内の区画へ，膜を横断してポリペプチドを輸送する手助けをしている。HSP90は，動物細胞では，ホルモン受容体と会合しており，受容体の活性化に必要なのかもしれないが，植物でそのような知見はない。

低分子量 (15～30kDa) HSPsは，他の生物に比べ植物により豊富に存在する。植物は五つ～六つのクラスの低分子量HSPsを含むのに対し，他の真核生物はただ一つのクラスしか含まない (Buchanan et al. 2000)。植物では，異なるクラスの15～30kDa HSPs (smHSPs) が，サイトソル，葉緑体，小胞体およびミトコンドリアに分布している。これらの小さなHSPsの機能はよくわかっていない。

HSPsを合成するように誘導された細胞は，耐熱性の改善が見られ，通常であれば致死となる温度に曝されても耐えることができる。そのようなHSPsの中には，高温ストレスにだけ特異的ではなく，水分欠乏，ABA処理，傷害，低温，塩など，さまざまな環境条件やストレス下でも誘導されるものがある。したがって，前もって一つのストレスを経験した細胞は，別のストレスに対して交差防護 (cross-protection) を獲得することがある。このような例は，トマトの果実である。トマト果実に熱ショック (38℃で48時間) をほどこすと，細胞はHSPを蓄積し，2℃で21日間という低温から保護されることが観察されている。

転写因子が熱ショックに応答したHSPの蓄積を仲介する

すべての細胞は，恒常的に発現しHSPs様の働きをする分子シャペロンを含んでいるようである。これらのシャペロンは，**熱ショック同族タンパク質** (heat shock cognate protein) とよばれている。しかしながら，細胞がストレスに富んだ非致死的温度を経験するとき，HSPsの合成は劇的に増加するのに対し，それまで行われていた，他のタンパク質の合成は劇的に低下するか停止してしまう。この熱ショック応答は，HSPmRNAの転写に特異的にはたらく転写因子 (**HSF**) によって仲介されるらしい。

熱ストレスがない場合，HSFはDNAと結合できず転写を指令できない単量体として存在する (図25.11)。ストレスはHSF単量体を三量体に編成するが，三量体は，こんどは，熱ショック配列 (heat shock elements：HSEs) とよばれるDNAの特異的配列に結合するようになる。いったんHSEに結合すると，三量体HSFはリン酸化されHSPmRNAの転写を促進する。つづいて，HSP70がHSFに結合し，HSF/HSE複合体を解離させ，HSFは単量体HSFに回収される。このようにして，HSFの働きで，HSPsはHSFと結合するのに十分なまでに蓄積し，その結果HSPmRNAの生産を停止する。

HSPsは耐熱性を仲介する

植物で耐熱性を誘導する条件は，HSPsを誘導する条件とよく一致する。しかし，その相関関係だけでは，HSPsが熱ストレスに対する馴化において必須の役割を果たしているとの証明にはならない。より決定的な実験では，活性化したHSFをシロイヌナズナで発現させると，恒常的なHSPsの合成が誘導され，耐熱性が上昇することが示されている。HSP70の合成を低下させるアンチセンスDNA配列を含むシロイヌナズナ形質転換植物体を用いた研究では，植物が生存することのできる高温限界がコントロール植物に対して2℃減少したが，形質転換植物体は至適温度では正常に生育したことが示されている (Lee and Schoeffl 1996)。

おそらく植物でふつうに誘導されるHSPsのすべてを合成できなくすると，もっと劇的に耐熱性が失われるであろう。シロイヌナズナの突然変異体 (Hong and Vierling 2000) や形質転換植物 (Queitsch et al. 2000) を用いた他の研究では，少なくともHSP101は，植物の誘導的および構成的な耐熱性を支配する決定的な構成要素であることが明らかにされている。

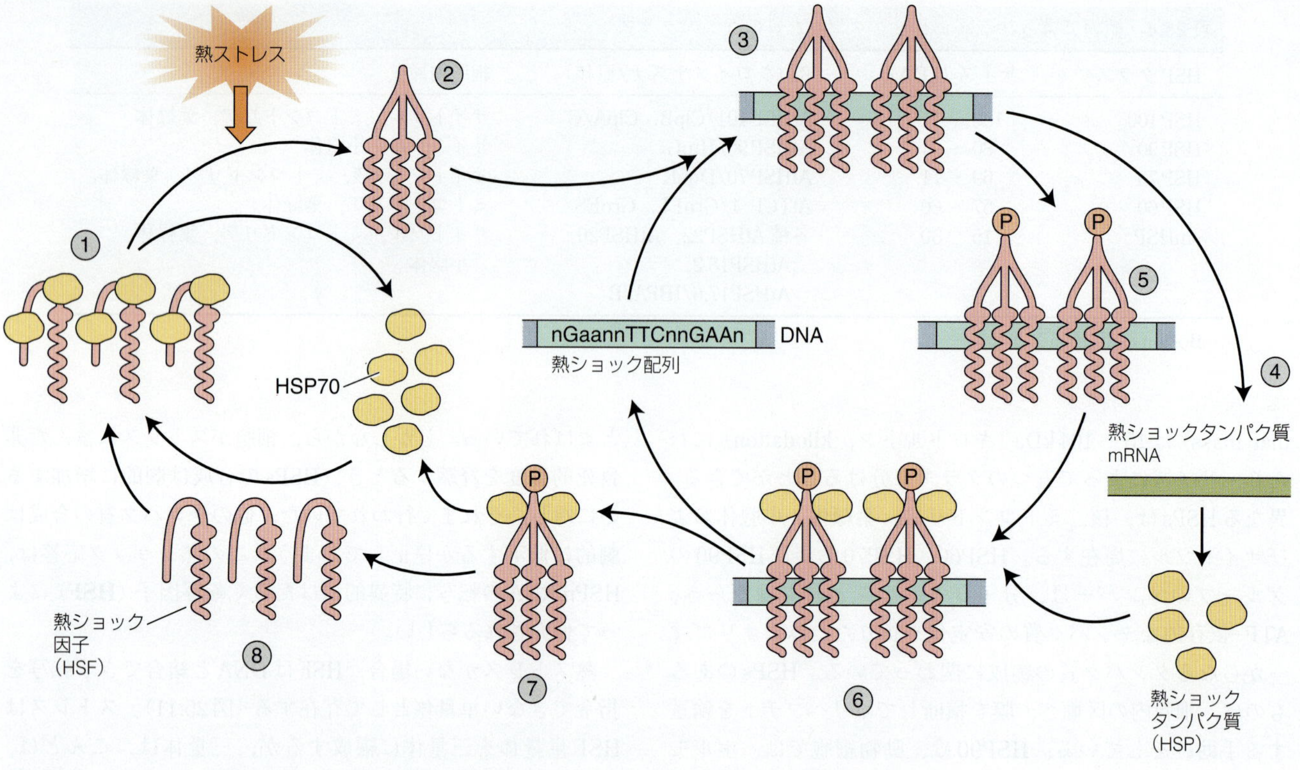

図 25.11 熱ショック因子 (HSF) サイクルは，熱ショックタンパク質mRNAの合成を活性化する。ストレスのかかっていない細胞では，HSFは正常にはHSP70と結合した単量体 (1) として存在する。熱ストレスの事象のはじめに，HSP70はHSFから解離し，HSFは三量化する (2)。活性な三量体は，熱ショックタンパク質のプロモーター内の熱ショック配列 (HSE) に結合し (3)，HSP mRNAの転写を活性化し，その結果，HSP70を含むHSPsの翻訳がおこる (4)。HSEと会合した三量体HSFはリン酸化され (5)，HSP70はリン酸化された三量体と結合しやすくなる (6)。そのHSP70–三量体複合体 (7) は，HSEから解離し，会合を解き，脱リン酸化をうけ，HSF単量体を遊離する。HSF単量体は引きつづきHSPと結合し，休止状態のHSP70/HSF複合体を再形成する。(Bray et al. 2000による)

熱ストレスに対する適応は細胞質カルシウムによって仲介される

代謝経路ではたらく酵素は，温度に対して異なる応答を示す。このような異なる熱安定性 (thermostability) は，HSPsが分子シャペロン能力によって酵素活性を回復させる前に，いくつかの特異的な代謝段階に影響する可能性がある。熱ストレスは，したがって，代謝に変化をもたらす原因となり，その結果，代謝物の中には蓄積するものもあれば，減少するものもでてくる。このような変化は，代謝経路の機能を劇的に変化させると推察され，その結果，植物は修正不可能な (代謝) 不均衡に陥る可能性がある。

さらに熱ストレスは，プロトンの消費あるいは生産に関与する代謝反応の速度を変化させる。また，細胞質からアポプラストあるいは液胞へプロトンを汲み出す，プロトンポンプATPase (proton–pumping ATPase) の活性に影響を及ぼす (6章参照)。このことは，細胞質に酸性化をもたらし，酸性化はストレス下で代謝撹乱をさらに加速する可能性がある。細胞は，代謝馴化のしくみ (metabolic acclimation mechanism) をもち，このような熱ストレスの代謝に対する効果を緩和することができる。

熱ストレスに対する代謝馴化の一つは，非タンパク質性アミノ酸であるγ–アミノ酪酸 (γ–aminobutyric acid：GABA) を蓄積することである。熱ストレスの過程で，GABAはストレスを受けていない植物の6～10倍蓄積する。GABAは，グルタミン酸デカルボキシラーゼ (gultamate decarboxylase, GAD) という酵素により，一段階の反応でL–グルタミン酸から合成される。GADは，カルシウムで活性化される調節タンパク質である‘カルモジュリン’によって，活性調節を受けるいくつかのタンパク質の中の一つである (カルモジュリンの作用様式の詳細はWebサイトの14章を参照)。

カルシウムで活性化されたカルモジュリンはGADを活性化し (図25.12)，GABAの生合成速度を増加させる (Snedden et al. 1995)。カルシウム感知タンパク質 (calcium–sensing protein) であるエクオリン (aequorin) を発現した形質転換植物では，高温ストレスは，細胞質のカルシウムレベルを

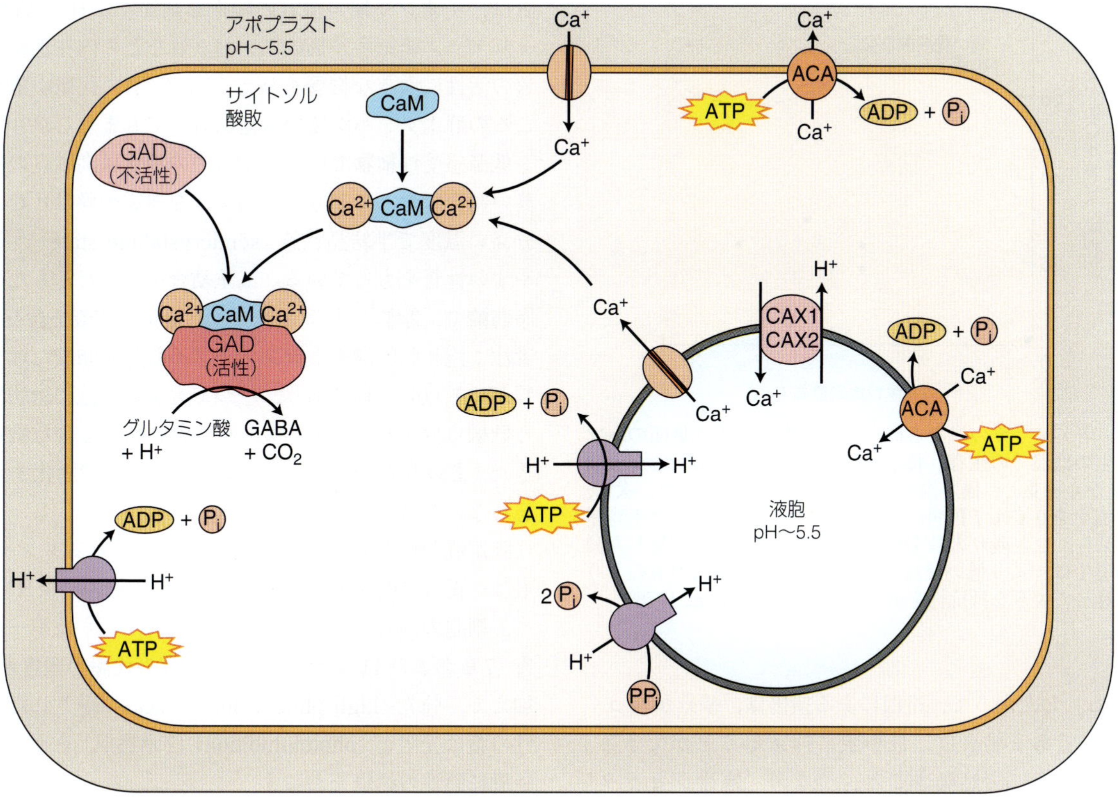

図 25.12 熱ストレスは，正常では弱アルカリ値である細胞質のpHを減少させるが，このことは，おそらく，細胞膜の外側へあるいは液胞の内部にプロトンを輸送するためのプロトンポンプである，ATPaseやピロホスファターゼの阻害による。加えて，熱ストレスは，細胞内のカルシウムホメオスタシスに変化を与えるが，これは，細胞膜や液胞膜のカルシウムチャネルによる細胞質へのカルシウムの流入や，ATPaseあるいはプロトン対向輸送体の働きによるカルシウムの細胞質からの流失に影響を与えるためである。細胞質カルシウムの増加は，カルモジュリン（CaM）を活性化するが，活性CaMはグルタミン酸デカルボキシラーゼ（GAD）と結合し，不活性型から活性型に変換する。すると，グルタミン酸からγ-アミノ酪酸（GABA）への変換がおこり，それは，細胞質のプロトンを消費し，細胞質pHの上昇の手助けをする。CAX1およびCAX2は輸送体タンパク質であり，ACAはCa^{2+} ATPaseを示す。

増加させること，および，このカルシウムレベルの増加は，カルモジュリンによるGADの活性化を引きおこし，高温誘導性のGABA蓄積につながることがわかっている。

GABAは哺乳類の脳で重要な信号分子であるが，植物で信号分子としてはたらくという証拠は何もない。熱ストレス耐性においてGABAがどのような機能を果たしうるかについては，現在研究中である。

冷温と凍結

冷温（chilling temperature）とは，正常な成長をするには低すぎるが氷ができるほど低くない温度のことである。熱帯や亜熱帯の植物種は，典型的な例として，冷温にやられやすい。農作物の中では，トウモロコシ（maize），インゲンマメ（*Phaseolus bean*），イネ，トマト，キュウリ，サツマイモ，ジャガイモ，ワタが冷温感受性である。トケイソウ（*Passiflora*）やコリウス（*Coleus*，シソ科の草本），グロキシニア（*Gloxinia*，イワタバコ科の草本）は感受性の観賞植物の例である。

比較的暖かい温度（25～35℃）で生育している植物を10～15℃まで冷やすと，**冷温傷害**（chilling injury，低温傷害ともいう）が発生する：成長が遅くなり，脱色（discoloration）や傷（lesions）が葉に現れ，葉はまるで長い間水につけていたように，浸潤して（soggy）見える。もし根を冷やすと，植物は萎れる。

冷温に対して感受性の種は，一般的に，低温に対する応答にかなりのばらつきがある。高緯度の比較的涼しい温度に遺伝学的に適応した冷温感受性植物は，冷温耐性に改善が見られる（図25.13）。さらに耐性は，植物をあらかじめ傷害をおこさない冷温に曝して馴化（あるいはハードニング）させる

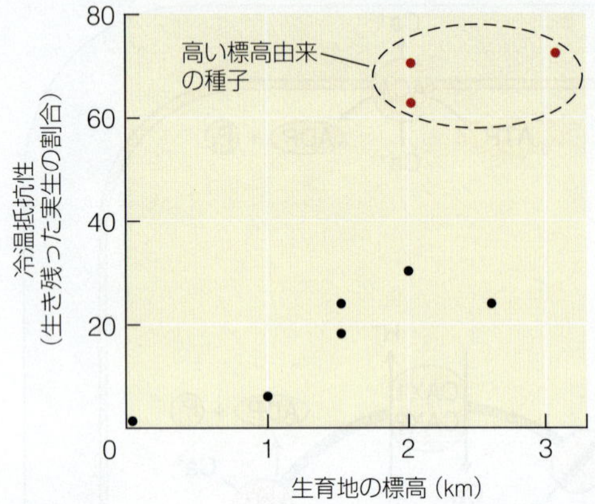

図 25.13 南アメリカの異なる標高から採集した違う集団のトマトの，実生の低温での生存。種子は，野生型トマト（*Lycopersicon hirsutum*）から採集し，同じ温室で，18～25℃で生育した。次に，すべての実生を0℃で7日間冷温処理し，さらに，温かな生育室で7日間保ち，生き残りの数を数えた。高い標高から採集した種子由来の実生は，より低い標高から採集した種子由来のものよりも冷温に対して大きな抵抗性を示した。(Patterson et al. 1978)

と上昇する。したがって，冷温による損傷は，暴露がゆっくりで緩やかである場合は，最小限に抑えることができる。0℃近くの温度に突然曝すこと，つまり‘寒冷ショック’(cold shock)を与えると，傷害の頻度は著しく高まる。

凍結傷害（freezing injury）は，水の氷点以下の温度で発生する。冷温の場合と同様に，最大耐凍性を誘導するためには，寒い温度での馴化期間が必要である。

以下の議論では，冷温傷害がどのように膜の性質を変えるのか，氷の結晶がどのように細胞や組織を傷つけるのか，そして，ABAや遺伝子発現，タンパク質合成がどのように凍結に対する馴化に関与するのかについて説明する。

冷温に応答して膜の性質がかわる

冷温で傷害を受けた植物の葉は，光合成の阻害，炭水化物転流の低下，呼吸速度の低下，タンパク質合成の阻害，既存のタンパク質の分解の増加などの症状を呈する。これらの応答のすべては，冷温による膜機能の損失を含む共通の初発機構に依存する。

たとえば，冷温感受性の‘コンチアップル’(conch apple, *Passiflora maliformis*）の葉を0℃の水に浮かべると，溶質が漏出するが，低温耐性のパッションフラワー（passionflower, *Passiflora caerulea*）の葉では漏出はおこらない。溶質が失われるということは，細胞膜とおそらく液胞膜の損傷を反映している。また，光合成と呼吸の阻害は，葉緑体とミトコンドリアの膜の傷害を反映している。

なぜ膜は，冷温で影響されるのであろうか？ 植物の膜は脂質二重層とその間に散在するタンパク質とステロール類からできている（1章および11章参照）。脂質の物理化学的性質は，イオンや他の溶質の輸送を調節するH^+-ATPase，キャリアー，チャネル形成タンパク質などの内在性膜タンパク質の活性に大きな影響を与え（6章参照），代謝が依存するところの酵素タンパク質の輸送に対してもまたしかりである。

低温感受性植物では，二重層中の脂質は高融点の分子種を高い割合で含んでおり，このような組成の膜は0℃よりも十分高い温度で半結晶状態（semicrystalline state）へと固化しやすい性質をもっている。二重結合をまったくもたない飽和脂肪酸や，脂質でトランスモノ不飽和脂肪酸を含む脂質（訳者注；飽和脂肪酸やトランスモノ不飽和脂肪酸だけを含む脂質が高融点分子種であり，一つでもシス不飽和脂肪酸を含むと低融点分子種になる）は，不飽和脂肪酸を含む脂質からできた（まわりの）膜よりも，より高い温度で固化することを忘れないでほしい。

膜が流動性を低下させると，そこに含まれるタンパク質は，もはや正常に機能することができない。その結果H^+-ATPaseや，細胞の内外への溶質の輸送の阻害，エネルギー伝搬の阻害（7章および11章参照），酵素依存の代謝の阻害がおこる。加えて，強光（high photon flux）と低温に曝された低温感受性の葉は光阻害（photoinhibition）（7章参照）をうけ，光合成装置に急性の損傷をおこす。

冷温耐性植物の膜脂質は，低温感受性植物の膜よりも不飽和脂肪酸の割合が高い（表25.5）。そして，涼しい温度に馴化する過程で不飽和化酵素の活性が増加し，不飽和脂質の割合が上昇する（Williams et al. 1988；Palta et al. 1993）。この修飾は，膜脂質が流動状態から半結晶状態へ徐々に相変化を始める温度を低下させ，膜を低温でも流動状態のまま維持させる。したがって，脂肪酸の不飽和化（desaturation）は，冷温による損傷から植物を護る役割をある程度果たしている。

低温耐性に対する膜脂質の重要性は，突然変異体と形質転換植物を用いた仕事によって示されているが，そこでは，特定の酵素活性が低温に対する馴化とは独立に膜脂質組成を改変している。たとえば，シロイヌナズナが高融点（飽和）膜脂質分子種の割合を増やすような大腸菌の遺伝子で形質転換されたが，この遺伝子は，形質転換植物の冷温感受性を大きく増大させた。

同様に，シロイヌナズナの*fab1*突然変異体は，飽和脂肪酸，特にパルミチン酸（16：0）のレベルが増大している（表25.5，表11.3および11.4）。3～4週間の低温期間で，光合成と成長が徐々に阻害され，冷温に対する長期間の暴露は，結果的に，この突然変異体の葉緑体を破壊した。非冷温下では，その突然変異体は，野生型のコントロールと同様に生育した（Wu et al. 1997）（そのほかの形質転換体の例は，**Webトピック25.2**参照）。

表 25.5　冷温抵抗性および冷温感受性種から単離したミトコンドリアの脂肪酸組成

	全脂肪酸含量に対する重量百分率					
	冷温抵抗性種			冷温感受性種		
主な脂肪酸*	カリフラワー芽	カブ根	エンドウシュート	インゲンシュート	サツマイモ	トウモロコシシュート
パルミチン酸 (16：0)	21.3	19.0	12.8	24.0	24.9	28.3
ステアリン酸 (18：0)	1.9	1.1	2.9	2.2	2.6	1.6
オレイン酸 (18：1)	7.0	12.2	3.1	3.8	0.6	4.6
リノール酸 (18：2)	16.4	20.6	61.9	43.6	50.8	54.6
リノレン酸 (18：3)	49.4	44.9	13.2	24.3	10.6	6.8
飽和脂肪酸に対する不飽和脂肪酸の割合	3.2	3.9	3.8	2.8	1.7	2.1

*　括弧内は，脂肪酸鎖の炭素原子の数と二重結合の数を示す。
Lyons et al. 1964 による。

氷晶の形成とプロトプラストの脱水が細胞を殺す

自然の条件下で凍結に耐える能力は，組織間で大きく異なる。種子や他の半乾燥した組織や，菌類の胞子は絶対零度（0 K すなわち−273℃）近くの温度で際限なく保存することができるが，このことはこれらの極低温は本質的に害がないことを示している。

十分水和した栄養細胞も，急速冷却すれば生物活性を維持できるが，これは細胞破裂や細胞内構造の破壊の原因となるゆっくりと成長する大きな氷晶の形成を抑制できるためである。急速凍結で形成する氷晶は，小さすぎて機械的な損傷をおこさない。逆に，−100から−10℃へ温度を上げるときには，小さいサイズの氷晶から損傷を与える大きなサイズの氷晶への成長や，昇華による水分の損失を防ぐために，凍結組織の急速加温が必要である。

自然条件下で無傷の多細胞植物器官が冷却される場合，その冷却速度は，十分に水和した細胞内での氷晶形成を小さな無害の氷晶だけに限定できるほど，十分速くはない。氷は，ふつう，細胞間隙と木部道管内に最初に形成し，後者を伝わって急速に増殖伝搬する。馴化した植物にとって氷の形成は致死的ではなく，組織は暖められると完全に回復する。しかし，組織をより長期間にわたり凍結温度に曝すと，細胞外の氷晶は原形質から蒸発により細胞外に移動する水を吸収しながら成長するので，原形質は過度の脱水状態に陥る（このプロセスの詳細の記述は，**Web トピック 25.3** 参照）。

速い凍結の際には，原形質は液胞を含めて過冷却の状態となる；つまり，細胞の水は，理論的な氷点を数度下がっても液体のままにある。氷晶が形成しはじめるためには，数百の水分子が必要である。これら数百の水分子が安定な氷晶を形成する過程を**氷核形成**（ice nucleation）とよび，それは，氷核を誘導する物質の表面や成長する氷晶の表面の性質に強く依存する。ある種の巨大な多糖類やタンパク質は氷晶の形成を容易にするので，氷核（形成）物質（ice nucleator）とよばれる。

バクテリアによってつくられるある氷核形成タンパク質は，タンパク質内の繰り返しアミノ酸領域に沿って水分子を整列させることにより，氷核形成を容易にしている。植物細胞内では，氷晶は内生の氷核形成物質から成長を始めるが，その結果形成する比較的大きな細胞内氷晶は，細胞に過度の損傷を引きおこし，通常は致死的である。

氷の形成を制限することは耐凍性に貢献する

いくつかの特殊な植物タンパク質は，非結合的（noncolligative）な方法――つまり，溶質の存在によるに水の凝固点降下に依存しない方法で，氷晶の成長を制限する働きをもつ。これらの‘抗凍結タンパク質’（antifreeze protein）は低温により誘導されるが，それらは氷晶の表面に結合し，結晶がそれ以上成長することを阻害し，遅くさせる。

ライムギの葉では，抗凍結タンパク質は表皮細胞と（葉内の）細胞間隙を取り囲む細胞に局在し，そこで細胞外の氷の成長を阻害する。植物と動物は，氷晶を制限するために同じしくみを使うらしい：シロイヌナズナで同定された低温誘導性遺伝子は，冬ヒラメ（winter flounder）のような魚の抗凍結タンパク質をコードする遺伝子とDNAの配列に相同性がある。抗凍結タンパク質については，本章の後の方でもっと詳しく議論する。

糖やある種の低温誘導性タンパク質は，凍結保護効果(cryoprotective；cryo-=“cold”）をもつと考えられている；これらの物質は，タンパク質や膜を低温誘導性の脱水条件下で安定化させる。冬コムギでは，ショ糖の濃度が高いほど，耐凍性が高い。ショ糖は，溶質の凝固点に対する効果として機能する耐凍性関連の糖の中でもっとも多いが，ある種の植物では，ラフィノース（raffinose），フラクタン（fructan），ソルビトール（sorbitol），あるいはマニトール（mannitol）が同じ機能をする。

冬穀物の低温馴化で，可溶性の糖類が細胞壁に蓄積するが，そこで，それらは，氷の成長を制限する働きをするのかもしれない。凍結保護効果をもった糖タンパク質が，低温馴化したキャベツ（*Brassica oleracea*）の葉から単離されている。試験管内の実験では，そのタンパク質は未馴化のホウレンソウ（*Spinacia oleracea*）から単離したチラコイド膜を凍結と融解による損傷から保護する。

木本植物の中には極低温に馴化できるものがある

木本植物の中には，休眠状態では，低温に対して極度に耐性を示すものがある。耐性は低温にあらかじめ曝すことにより部分的に決定するが，遺伝学的プロセスが低温に対する耐性の程度を決めるうえで重要な役割を果たす。北米の北部冷涼気候に原産するウメ属（*Prunus*）（サクランボ cherry；プラム plum；およびその他の核のある果実）は，穏やかな気候原産の同属種と比較して，馴化後の耐凍性が高い。これらの植物種を実験室で一緒に試験すると，北部地理分布をする種は細胞内の氷の形成を避ける能力が高く，はっきりとした遺伝学的差異があることが明らかである。

自然の条件下では，木本種は二つの異なった段階で低温に馴化する（Weiser 1970）：

1. 第一段階では，耐凍性は，初秋に短日条件と非凍結冷温に曝されることにより誘導され，この二つの条件がそろうと成長が停止する。馴化を促進する拡散性の因子（おそらくABA）は，葉から越冬枝へと篩管を通って移動し，変化の原因となるのかもしれない。この期間中，木本種は木部道管から水を回収し，後の凍結期に水の膨張により茎が裂けることを防いでいる。この馴化段階の細胞は，0℃よりも十分低い温度で生存することができるが，十分に耐凍性を高めているわけではない。
2. 第二段階では，凍結に直接曝されることが刺激となり，いかなる拡散性の既知の因子も凍結がもたらす耐凍性の上昇には関与しない。十分に馴化した場合，細胞は−100〜−50℃の温度に曝されても耐えることができる。

凍結温度に対する抵抗性は過冷却と遅延脱水による

カナダ南部や米国東部の森林の多くの種は，理論的な氷点よりも十分に低い温度で氷晶の形成を抑制することにより凍結に馴化している（詳細は**Webトピック25.3**を参照）。この‘深過冷却’（deep supercooling）は，ナラ（oak），ニレ（elm），カエデ（maple），ブナ（beech），トネリコ（ash），クルミ（walnut），ヒッコリー（hickory），バラ（rose），ツツジ（rhododendron），リンゴ（apple），セイヨウナシ（pear），モモ（peach），スモモ（plum）などの植物種で見られる（Burke and Stushnoff 1979）。深過冷却は，コロラド・ロッキー山脈のエンゲルマン＝トウヒ（*Picea engelmannii*）や亜高山性モミ（*Abies lasiocarpa*）などの植物種では，茎や葉といった組織でもおこる。

凍結に対する抵抗性は，春に成長がいったん回復すると急速に弱まる（Becwar et al. 1981）。亜高山性モミの茎組織は，深過冷却し5月で−35℃以下の温度に対して生存できるが，6月になると氷の形成を抑制する能力を失い，−10℃で死んでしまう。

細胞はおおよそ−40℃まで過冷却することができるが，その温度になると氷が自発的に生成する。自発的な氷の形成は，多くの高山性および北極圏に近い地域（subarctic）で深過冷却により生き延びる植物の‘低温限界’（low-temperature limit）を設定する。またそれは，山地の樹木限界（timberline）の標高が−40℃の最低温度等温線とほぼ一致する理由を説明している。

細胞の原形質は，深過冷却する過程で氷核形成を抑制する。加えて細胞壁は，細胞間隙から細胞壁へ氷が成長するのを抑えるとともに，急な水蒸気圧の勾配により駆動される原形質から細胞外の氷への水の蒸発に対する障壁として働く（Wisniewski and Arora 1993）。

多くの花芽（たとえば，ブドウ，ブルーベリー，モモ，アザレア，ハナミズキのもの）は，深過冷却により冬を生き延びているが，これらの花芽の耐凍性が春に低下することは，時季はずれの低温の訪れにより問題となり，特にモモの経済的損失は深刻である。その時期には，細胞はもはや過冷却できず，鱗片（bud scale）の細胞外に生じた氷晶が茎頂分裂組織から水を奪うことにより，花茎頂（floral apex）を脱水により殺してしまう。

リンゴやセイヨウナシの花芽や，すべての温帯性果樹の栄養成長芽および樹皮の生きた細胞（柔細胞）は過冷却することができないが，細胞外の氷形成による脱水には耐えることができる。細胞の脱水に対する抵抗性は，−40℃以下の年平均最低気温を経験する地域，特にカナダ北部，アラスカ，ヨーロッパ北部およびアジアに生育する樹木種で，高度に発達している。

氷の形成は，−5～−3℃で細胞間隙に始まり，氷晶はそこで凍らないままの原形質から徐々に水を奪うことにより成長をつづける。凍結温度に対する抵抗性は，成長する氷晶を受け入れるだけの細胞外間隙の容量と，脱水に耐えるプロトプラスト（細胞膜を含む原形質）の能力に依存する。

この細胞外間隙への限定的な氷晶の形成により引きおこされるゆっくりとした脱水に対してプロトプラストが耐性を示すという事実は，ある種の耐凍性木本種が（春の）成長期の水分欠乏に対しても抵抗性を示すことの理由の説明になる。ヤナギ属（*Salix*），オウシュウシラカバ（white birch，*Betula papyrifera*），アメリカヤマナラシ（quaking aspen，*Populus tremuloides*），サクラの一種*Prunus pensylvanica*（pin cherry）や*Prunus virginiana*（chokecherry），およびマツの一種*Pinus contorta*（lodgepole pine）は，氷晶の形成を細胞外間隙に限定することにより極低温に耐える。しかし，抵抗性の獲得は，ゆっくりとした冷却であること，細胞外の漸進的な氷形成であること，そしてその結果，原形質が脱水されることに依存する。十分に馴化する前に極低温に突然曝すと細胞内凍結を引きおこし，細胞は死んでしまう。

葉の表面に生息するある種のバクテリアは凍結による損傷を増大させる

葉を−5～−3℃の温度域まで冷却するとき，葉に生息しているある種のバクテリア（たとえば，*Pseudomonas syringae*や*Erwinia herbicola*）は，氷核物質として働き，葉表面での氷晶（霜）形成を加速する。霜感受性の植物種の葉は，これらのバクテリアの培養液を接種されると，バクテリアのいない場合に比べて，より高い温度で凍結する（Lindow et al. 1982）。表面の氷は，葉の細胞間隙に急速に広がり，細胞を脱水してしまう。

バクテリアの株を，遺伝学的に改変することにより，氷核形成能を失わせることができる。このような株はすでに農業的に利用されており，商品価値の高いイチゴなどの霜感受性作物の葉に噴霧することにより，自然の株と競争させ，潜在的な氷核形成点の数を最小にするための役に立っている。

凍結に対する馴化では，ABAとタンパク質合成が関与する

アルファルファ（*Medicago sativa* L.）の実生では，−10℃の凍結に対する耐性は，あらかじめ4℃の低温に曝すことで，あるいは，低温に曝すことなくABAを外部から処理することで大きく改善される。これらの処理は，新規に合成されるタンパク質の二次元電気泳動パターンに変化を引きおこす。変化するものの中には，特別の処理（低温あるいはABA）に対して特異的なものもあるが，低温で新規に合成されるタンパク質のいくつかは，ABAや穏やかな水分欠乏によっても，まったく同様に合成されるらしい。

タンパク質合成は耐凍性の展開に必要であり，いくつかの異なるタンパク質が遺伝子発現を変化させる結果として，低温馴化で蓄積する（Guy 1999）。これらのタンパク質に対する遺伝子を単離すると，低温で誘導されるタンパク質の中には，RAB/LEA/DHN（ABA応答性タンパク質，responsive to ABA；後期胚蓄積タンパク質，late embryo abundant；デハイドリン，dehydrdin）タンパク質ファミリーと相同性のあるものが含まれることがわかった。すでに浸透圧ストレスによる遺伝子発現制御に関する項で述べたように，これらのタンパク質は，浸透圧ストレスなど，異なるストレスに曝された組織で蓄積する。これらタンパク質の機能については研究中である。

ABAは耐凍性を誘導する役割をもっているようである。冬コムギ，ライムギ，ホウレンソウ，シロイヌナズナはすべて低温耐性種であり，これらの植物を水をひかえて馴化させると耐凍性も上昇する。この凍結に対する耐性は，非馴化温度での穏やかな水分欠乏，あるいは低温により増加するが，これらの条件はいずれも葉の内生のABA濃度を上昇させる。

植物は，非馴化温度で外部からABAで処理すると耐凍性を展開する。低温あるいは水分欠乏条件下で発現する多数の遺伝子やタンパク質は非馴化条件でABAによっても誘導される。これらすべての発見は，耐凍性にABAが役割を果たすという考えを支持している。

シロイヌナズナ突然変異体で，ABA非感受性（*abi1*）あるいはABA欠乏突然変異体（*aba1*）は，凍結に対して低温馴化できない（訳者注；これらのシロイヌナズナABA突然変異体は，低温だけで最大耐凍性に到達できることが示されている）。*aba1*突然変異体は，ABAに曝すと耐凍性を高める能力を回復する（Mantyla et al. 1995）。一方，低温で誘導される遺伝子のすべてがABA依存的ではなく，ABA誘導性遺伝子が最大耐凍性の獲得において決定的であるかどうかはまだわかっていない。たとえば，ライムギのクラウン組織の耐凍性に関する研究では，クラウンの50％が死ぬ温度（LT_{50}）は，25℃で育てたもので−5～−2℃，ABA処理したクラウンで−8℃，2℃で馴化した後では−28℃であることがわかっている。

明らかに，外部から与えたABAでは，低温に曝した場合とまったく同じ耐凍性を付与することができない。ブロムグラス（*Bromus inermis*）の培養細胞は，ABAで処理すると，より劇的な耐凍性の誘導を見せる：25℃で生育させたコントロールは−9℃で生存可能なのに対し，ABAに7日間曝したものでは−40℃まで耐凍性が改善される（Gusta et al. 1996）。

典型的な場合には，最低数日の低温暴露が耐凍性を完全に誘導するのに必要である。ジャガイモは15日の低温暴露を

必要とする。一方，再び暖めると，植物は急速に耐凍性を失い，24時間以内に凍結に対して感受性になることができる。

冷温や凍結温度に対する馴化を誘導するためには低温が必要であることと，暖めることにより速やかに馴化を失うことは，米国南部（および冬の気候変動が激しい同様の気候帯）の植物が，気温が20～25℃から氷点下まで数時間の内に降下するような冬の季節に，極低温に対して感受性であることをよく説明している。

数多くの遺伝子が低温馴化で誘導される

ある種の遺伝子の発現や特異的なタンパク質の合成は，熱と低温ストレスに共通であるが，低温誘導性遺伝子発現はいくつかの点で熱ショックによる遺伝子発現と異なる（Thomashow 2001）。低温でおこる過程では，いわゆる「ハウスキーピング」（housekeeping）なタンパク質の合成は実質上低下しないのに対して，熱ストレスでは，ハウスキーピングタンパク質の合成は基本的に停止する。

一方，分子シャペロンとしてはたらくいくつかの熱ショックタンパク質が，低温ストレス下で，熱ストレスのときと同じやり方で発現を上昇させる。このことは，熱および低温ストレスに付随してタンパク質の不安定化がおこること，また熱および低温ストレスの過程では，タンパク質構造の安定化のしくみが生存にとって重要であることを示唆している。

もう一つの重要なタンパク質のクラスで，低温ストレスで発現が上昇するものは，**抗凍結タンパク質**（antifreeze protein）である。抗凍結タンパク質は，最初，極氷冠（polar ice cap）下の水中に生息する魚で発見された。すでに述べたように，これらのタンパク質は，凝固点降下によらない方法で氷晶の成長を阻害する能力をもっており，したがって，中程度の凍結温度での凍結傷害を防いでいる。抗凍結タンパク質は，水溶液に‘熱履歴’（thermal hysteresis）の性質（液体から固体への遷移温度が，固体から液体への遷移温度に比べて低くなる性質）を付与するので，ときどき**熱履歴タンパク質**（thermal hysteresis proteins：THPs）とよばれることがある。

いくつかのタイプの低温誘導性抗凍結タンパク質が，低温馴化した耐凍性単子葉類（winter-hardy monocots）で発見されている。これらのタンパク質をコードする特異的な遺伝子をクローン化し，塩基配列を決定すると，すべての抗凍結タンパク質は，いろいろな病原体の感染で誘導される，エンドキチナーゼおよびエンドグルカナーゼなどのタンパク質クラスに属することがわかった。これらのタンパク質は，**病原関連**（pathogenesis-related：**PR**）**タンパク質**とよばれ，病原菌から植物を守ると考えられている。したがって，少なくとも単子葉類では，抗凍結タンパク質とPRタンパク質としての二重の役割をもつこれらのタンパク質は，低温ストレスと病原菌の攻撃の両方に対して植物細胞を防御している可能性はある。

もう一つのタンパク質のグループで，浸透圧ストレスに関連して見つかっているタンパク質（本章の以前の議論を参照）も，また，低温ストレス下で発現が上昇する。このグループのタンパク質には，‘浸透圧物質’（osmolyte）の合成に関わるタンパク質や，膜の安定化のためのタンパク質，およびLEAタンパク質が含まれる。細胞外氷晶の形成は，内部の細胞にかなりの浸透圧ストレスを発生させるので，凍結ストレスとうまくやってゆくには，浸透圧ストレスとうまくやる手段が必要である。

転写因子が低温誘導性遺伝子発現を調節する

低温ストレスによって100以上の遺伝子の発現が上昇する。低温ストレスは，明らかにABA応答と浸透圧応答に関係しているので，低温ストレスによって発現が上昇する遺伝子のすべてが，必ずしも低温耐性に関連しているとは限らない。多数の低温誘導性遺伝子が，**C-リピート結合因子**（C-repeat binding factor）（**CBF1**，**CBF2**および**CBF3**）（CBF1/DREB1b，CBF2/DREB1cおよびCBF3/DREB1a）とよばれる転写活性化因子によって活性化される（Shinozaki and Yamaguchi-Shinozaki 2000）。

CBF/DREB1-型の転写因子は，すでに本章の先の部分で述べたように，遺伝子プロモーター配列の**CRT/DRE配列**（C-リピート/脱水応答性（C-repeat/dehydration-responsive），ABA-非依存配列（ABA-independent sequence element））に結合する。CBF/DREB1は，数多くの低温および浸透圧ストレス調節遺伝子の協調的な転写応答に関与するが，それらの遺伝子のプロモーター配列にはCRT/DRE要素が含まれる。CBF1/DREB1bは，低温ストレスで特異的に誘導され，浸透圧や塩ストレスでは誘導されないという点が特徴的であるのに対し，DREB2型（浸透圧ストレスの項で説明済み）のDRE結合因子は，浸透圧と塩ストレスでのみ誘導され，低温では誘導されない。

CBF1/DREB1bの発現は，ICE（inducer of CBF expression）とよばれる，別の転写因子の支配を受ける。ICE転写因子は低温では誘導されないらしいので，ICEあるいは関連タンパク質が転写後調節的に活性化され，CBF1/DREB1bを活性化すると推定されているが，低温受容の正確な信号伝達経路，カルシウム信号伝達，およびICEの活性化については現在研究中である。

CBF1を恒常的に発現する形質転換植物は，野生型よりも，たくさんの低温発現遺伝子の転写産物を含んでおり，これらのCBF1形質転換植物では，低温がなくても低温馴化に関わる可能性のある多数の低温発現上昇タンパク質が生産されていることを示唆している。加えて，これらのCBF1形質転換植物は，コントロールの植物よりもより低温耐性である。

塩ストレス

自然の条件下で地球上の高等植物は，海岸の近くや，潮の流れで海水と淡水が混合し，置換する河口で，高濃度の塩に遭遇する。内陸深くでは，地質学的な海洋堆積物から浸みだした自然塩が隣接する地域に洗い流され，それらの土地を農業に適さなくしている。しかし，農業でもっと大きな問題は灌水による塩の蓄積である。

蒸発と蒸散は，土壌から純水を（蒸気として）奪い，結果として土壌の溶質を濃縮する。灌水に使う水が高濃度の溶質を含み，蓄積した塩を排水系へと洗い流す機会がない場合，塩は，塩感受性植物に有害なレベルまで急速に到達する。地球上の灌水を受けている土地の3分の1は，塩による影響を受けていると見積もられている。

本節では，植物の機能が水や土壌の塩分によりどのように影響されるかを議論し，植物が塩ストレスを避けるうえで役立っている過程を詳しく説明する。

土壌の塩の蓄積は植物の機能と土壌の構造に害を与える

土壌中の塩類の効果を議論するとき，高濃度のナトリウムイオンを**アルカリ度**（sodicity あるいは alkalinity），高濃度の全塩類を**塩分**（salinity）とよんで区別する。この二つの概念は，たいてい関連しているが，ある地域では NaCl だけでなく Ca^{2+}，Mg^{2+}，$SO_4{}^{2-}$ が塩分に非常に大きく貢献している。アルカリ度の高い土壌では，高い Na^+ イオン濃度は植物を傷つけるだけでなく，土壌の構造も崩壊させ，土壌の多孔性と透過性を減少させる。カリーチ（caliche）とよばれるアルカリ度の高い粘土土壌は，たいへんかたく不透過性なので，掘り進むためにはしばしばダイナマイトを必要とする！

野外では，土壌水や灌水中の塩分は，その電気伝導度や浸透圧によって測定される。純水は電流をほとんど流さない伝導体である；水サンプルの電導度は溶解しているイオンに依存する。水中の塩濃度が高くなればなるほど，電気伝導度は高くなり，浸透圧ポテンシャルは低くなる（浸透圧は高くなる）（表 25.6）。

半乾燥および乾燥地域の灌水に用いる水の質は，たいていよくない。米国では，コロラド川の源流の塩含量はわずか 50 mg l^{-1} であるが，2,000 km 下流のカリフォルニア南部ではおおよそ 900 mg l^{-1} となり，トウモロコシのような塩感受性植物の成長を許さないほど高い濃度に達している。テキサスの灌水用のいくつかの井戸の水は，2,000 ～ 3,000 mg l^{-1} もの塩を含んでいる。このような井戸から年間 1 m の水を灌水すると，ヘクタールあたり 20 ～ 30 トンの塩を土壌に加えることになる。これらの塩レベルは，耐塩性をもたない作物すべてに損傷を与えている。

表 25.6 海水と良質の灌漑用水

性質	海水	灌漑用水
イオンの濃度（mM）		
Na^+	457	＜ 2.0
K^+	9.7	＜ 1.0
Ca^{2+}	10	0.5 ～ 2.5
Mg^{2+}	56	0.25 ～ 1.0
Cl^-	536	＜ 2.0
$SO_4{}^{2-}$	28	0.25 ～ 2.5
$HCO_3{}^-$	2.3	＜ 1.5
浸透圧（MPa）	−2.4	−0.039
全可溶性塩（mg l^{-1} または ppm）	32,000	500

塩分は感受性植物の成長と光合成を低下させる

植物は高濃度の塩に対する応答をもとに，大きく二つのグループに分けることができる。**塩生植物**（halophytes）は塩分土壌に自生し，そこで生活環をまっとうできる。**非塩生植物**（glycophytes，文字通りには甘い植物 “sweet plants”），すなわち，塩生でない植物は，塩生植物と同じ程度の塩に耐性をもたない。ふつう塩の閾値濃度が存在し，これを越えると非塩生植物は成長阻害，葉の変色および乾重量の損失の兆候を示しはじめる。

作物の中では，トウモロコシ（maize），タマネギ，柑橘（citrus），ペカン（pecan，訳者注；*Carya pecan*；クルミ科の高木で実を食する），レタス，マメ類（bean）は塩に感受性である；ワタ，オオムギは中程度に耐性であり；サトウダイコン（sugar beat），ナツメヤシ（date palm）は耐性が高い（Greenway and Munns 1980）。ハママツナ（*Suaeda maritima*，塩沢の植物）やハマアカザ属の一種 *Atriplex nummularia* のような，塩に対して耐性の高いいくつかの種は，ふつうの種にとって致死的な濃度の何倍も高い塩化物イオン（Cl^-）濃度で成長促進をみせる（図 25.14）。

塩傷害は浸透圧効果とイオン固有の効果を含む

根圏に溶解した溶質は，低い（負の）浸透圧ポテンシャルを生じ，土壌の水ポテンシャルを下げる。その結果，葉は，土壌と葉の間に水ポテンシャルの「下り勾配」を維持するために，もっと低い水ポテンシャルを形成する必要があるので，植物の水バランス全般が影響される（4 章参照）。この溶解した溶質の影響は，すでに本章で述べた土壌の水欠乏の影響と似ており，たいていの植物はすでに述べた水欠乏に対するのと同じやり方で，過剰な土壌塩分に応答している。

塩分が原因の低水ポテンシャル環境と水分欠乏が原因の低水ポテンシャル環境で，大きく異なるのは，利用可能な水の総量である。土壌の乾燥に伴い，植物は土壌からわずかな量の水を得ることができるが，それは水ポテンシャルをさらに

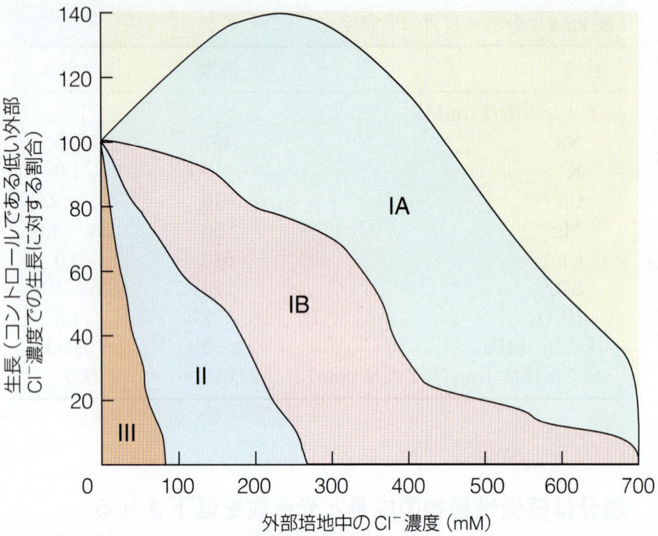

グループIA（塩生植物）はハママツナ（sea blite, *Suaede maritima*）やハマアカザの一種（salt bush, *Atriplex nummulatia*）を含む。これらの植物種は400 mM以下のCl^-レベルで成長の促進を示す。

グループIB（塩生植物）はタウンゼントコードグラス（Townsend's cordgrass, *Spartina x townsendii*）やサトウダイコン（*Beta vulgaris*）を含む。これらの植物種は塩に耐えるが，成長は遅延される。

グループII（塩生植物と非塩生植物）は*Festuca rubra* subsp. red fescue（*littoralis*）や*Puccinellia peisonis*（訳者注：前者はオオウシノケグサの仲間で，いずれもイネ科の草本）などの塩腺を欠く塩生単子葉類と，ワタ（*Gossypium* spp.）やオオムギ（*Hordeum vulgare*）のような非塩生植物を含む。すべて，高塩濃度で成長が阻害される。このグループの中では，トマト（*Lycopersicon esculentum*）は中間型で，インゲンマメ（*Phaseolus vulgaris*）やダイズ（*Glycine max*）は感受性である。

グループIII（非常に塩感受性の高い非塩生植物）の植物は低濃度の塩で非常に阻害されたり，死んだりする。含まれるのは，柑橘類，アボガド，核果（stone fruit，訳者注：ウメやモモのように堅い種を中心にもつ果物）などの多くの果樹である。

図 25.14　塩分に曝した異なる種の，塩分に曝さない場合に対する相対成長。領域を分ける曲線は異なる植物種から得られたデータに基づく。植物は1～6か月生育させた。(Greenway and Munns 1980による)

低下させることになる。一方，たいていの塩分環境では，大量の（本質的に無限の）しかも常に水ポテンシャルの低い水を利用することになる。

ここで特に重要なのは，たいていの植物は塩分土壌で生育する場合，浸透圧的に調節できるという事実である。このような調節は，水ポテンシャルをより低く保つ一方で，膨圧の損失を防いでいる（そうすれば成長は回復するはずである；図25.1）が，これらの植物は，浸透圧調節の後も理由はわからないが不思議にも，膨圧不足以外の理由で，成長速度をさらに低下させて生長をつづける（Bressan et al. 1990）。

植物の低い水ポテンシャルに対する応答に加え，有害な濃度のイオン，特にNa^+，Cl^-やSO_4^{2-}が細胞内に蓄積すると，個別のイオンの害もおこる。塩分のない環境では，高等植物細胞の細胞質は100～200 mMのK^+イオンと1～10 mMのNa^+イオンを含むが，これらは多くの酵素が至適状態で機能する濃度である。異常に高いNa^+/K^+比と高い全塩分濃度では，酵素が不活性化しタンパク質合成が阻害される。高濃度では，Na^+はワタの根毛の細胞膜からCa^{2+}を取り除き，その結果，K^+漏出の検出でわかるように，細胞膜の透過性が変わる（Cramer et al. 1985）。

光合成は，葉緑体内に高濃度のNa^+とCl^-のいずれかあるいは両方が存在すると阻害される。光合成の電子伝達は比較的塩に対して非感受性らしいので，炭素代謝あるいは光リン酸化のいずれかが影響されるのかもしれない。耐塩性の種から抽出した酵素は，塩感受性の非塩生植物からの酵素とまったく同じようにNaClの存在に対して感受性である。ゆえに，塩生植物の塩に対する抵抗性は，塩抵抗性の代謝の結果ではない。かわりに，以下の項で議論するように，他のしくみが登場し，塩害を避けるようにはたらいている。

植物は塩害を避けるために異なった戦略を使う

植物が塩害を最小限にするためには，分裂組織，特にシュートや，拡大成長や光合成をさかんに行う葉の分裂組織から塩を排除することが重要である。塩感受性の植物が土壌の中程度レベルの塩分に対して抵抗性を示す形質の一部は，有害となりうるイオンがシュートに届かないようにする根の能力に依存している。

4章で説明した，カスパリー線（Casparian strip）が木部へのイオンの移動を制限することを思い出してほしい。カスパリー線を迂回するためには，イオンはアポプラストから細胞膜を横切りシンプラスト経路へと移動する必要がある。塩抵抗性植物は，この移動のしくみを，有害なイオンを部分的に排除するしくみの一つとして利用している。

ナトリウムイオンは根に受動的に（電気化学ポテンシャルの勾配を下りながら；6章参照）入るので，根の細胞はNa^+を細胞外へと汲み出すためにエネルギーを使う必要がある。対照的に，Cl^-は，細胞膜を隔てた負の電気化学ポテンシャルと，細胞膜のこのイオンに対する低透過性によって排除される。Na^+の葉への移動は，根から葉へ移動する途中で蒸散流からNa^+を吸収することにより，さらに最小化される。

タマリクスの一種ソルトシダー（salt cedar, *Tamarix* sp.）やハマアカザの一種ソルトブッシュ（salt bush, *Atriplex* sp.）のような，いくつかの塩抵抗性植物は，根でイオンを排除せず，かわりに葉の表面に塩腺（salt gland）をもっている。イオンはこれらの分泌腺に運ばれ結晶化するので，もはや有害ではなくなる。一般的に好塩生植物は，非塩生植物に比べて，シュートの細胞にイオンを蓄積する容量が大きい。

マングローブ（mangrove）のようないくつかの植物は，塩分環境で豊富な水の供給のもとで生育するが，この水を獲得するためには，水ポテンシャルの低い外界から水を得るための浸透圧調節が必要である。すでに水分欠乏との関連で述べたように，植物細胞は，浸透圧ストレスに応答して自身の水ポテンシャル（Ψ_w）を，溶質ポテンシャル（Ψ_s）を下げることにより調節することができる。二つの細胞内過程がΨ_sを下げることに貢献する：液胞にイオンを蓄積することと，細胞質に適合溶質を合成することである。

本章ですでに述べたように，適合溶質には，グリシンベタイン，プロリン，マニトール，ピニトールおよびショ糖が含まれる。適合溶質の化合物の種類は，植物の科ごとに異なり，それぞれの科で一つないし二つの化合物を好んで利用する傾向がある。これらの有機溶質の合成に使われる炭素の量はかなり多い（植物重量の約10%）。自然の植生では，この水ポテンシャル調節のための炭素の転用は生存に影響しないが，農作物では成長を減少させ，したがって，生物量（バイオマス）と収穫高を減少させる。

多くの塩生植物は，中程度の塩分レベルで至適成長を行い，この至適値は液胞にイオンを蓄積する能力に相関している。液胞に貯まったイオンは，塩感受性の酵素を損傷することなく，細胞の浸透圧ポテンシャルを下げることができる。程度はもっと低いが，この過程は，より塩感受性の高い非塩生植物でもおこっている。調節はもっとゆっくりしているのかもしれない。

塩分ストレスに順応する植物は，水ポテンシャルの調節をするだけでなく，水分欠乏の項で述べたように，もう一つの浸透圧ストレス関連の馴化を経験する。たとえば，塩分ストレスを経験する植物は，まさに浸透圧ストレスを経験する場合と同様に，葉面積を小さくしたり，脱離により葉を落としたりすることができる。加えて，浸透圧ストレスに関連する遺伝子発現の変化が塩分ストレスでも同じようにおこる。しかし，塩分ストレスを経験する植物は，低水ポテンシャル環境に馴化することに加え，塩分ストレスに伴う高濃度イオンの毒性ともうまくやらねばならないことを忘れてはならない。

イオン排除は塩分ストレスに対する馴化と適応にとって決定的である

代謝エネルギーの点から見た場合，塩分環境下で組織の水ポテンシャルの均衡を保つためにイオンを利用することは，合成エネルギー代価のかなり高い炭水化物やアミノ酸を利用することに比べれば，明らかにエネルギー代価が低い。一方，高濃度のイオンは多くの細胞質酵素に毒性がある。したがって，細胞質の有害濃度を最小限にするためには，イオンは液胞に貯めなければならない。

NaClは塩分ストレス下で植物が遭遇するもっとも豊富な塩であるので，Na^+の液胞への区画化を容易にする輸送系が決定的に重要である（Binzel et al. 1988）。Ca^{2+}とK^+はいずれも細胞内Na^+濃度に影響する（Zhong and Läuchli 1994）。高Na^+濃度下では，高親和性K^+–Na^+トランスポーターであるHKT1によるK^+の取り込みが阻害され，そのトランスポーターはNa^+取り込み系として働いてしまう（図25.17）。カルシウムは，K^+/Na^+の選択性を増大させ，そうすることにより，耐塩性を増大させる（Liu and Zhu 1997）。

ナトリウムイオンは細胞膜と液胞膜を横切って輸送される

6章ですでに述べたように，細胞膜と液胞膜のH^+ポンプは，イオンの二次輸送の駆動力（H^+電気化学ポテンシャル）を供給する（図25.15）。ATPaseは，細胞膜の両側の大きなΔpHと膜ポテンシャル勾配を生み出す第一の原因となっている。液胞膜のH^+–ATPaseは，液胞膜をはさんだΔpHと膜ポテンシャルを形成する（Hasegawa et al. 2000）。

これらのポンプの活性は，塩分ストレスに対する植物の応答に付随しておこる過剰のイオンの二次輸送に必要である。このことは，これらのH^+ポンプの活性が塩分によって上昇し，その活性上昇は，ある程度，塩誘導性の遺伝子発現によって説明できるという実験事実によっても示される。

植物細胞の細胞質から，細胞膜を介して外側へ向かうエネルギー依存的Na^+輸送は，Na^+–H^+対向輸送体（アンチポーター）として機能する‘SOS1’（salt overly sensitive 1）遺伝子産物によって行われる（図25.16）。SOS1アンチポーターは，‘SOS2’および‘SOS3’とよばれる，少なくとも二つの別遺伝子の産物によって調節される（Shi et al. 2000）。SOS2は見かけ上カルシウムで活性化されるセリン・トレオニンキナーゼで，カルシウムで調節されるタンパク質ホスファターゼであるSOS3の働きによって活性化される（Ca^{2+}信号伝達系とSOS遺伝子ファミリーについては**Webトピック25.4**参照）。

Na^+の液胞への区画化は，一部分，シロイヌナズナのAtNHX1のようなNa^+–H^+アンチポーターファミリーの活性による（図25.15）。AtNHX1をコードする遺伝子を過剰発現させたシロイヌナズナやトマトの形質転換植物は，耐塩性の増大を示す（Apse et al. 1999, Quintero et al. 2000）（Na^+区画化の分子的研究の詳細は**Webトピック25.5**参照）。これらの分子レベルの発見は，形質転換植物や，遺伝子配列解析およびタンパク質解析に関する研究から生まれる新しい知識の有用性を示す一例である（ストレス研究における形質転換植物を用いた研究の詳細は**Webトピック25.6**を参照）。

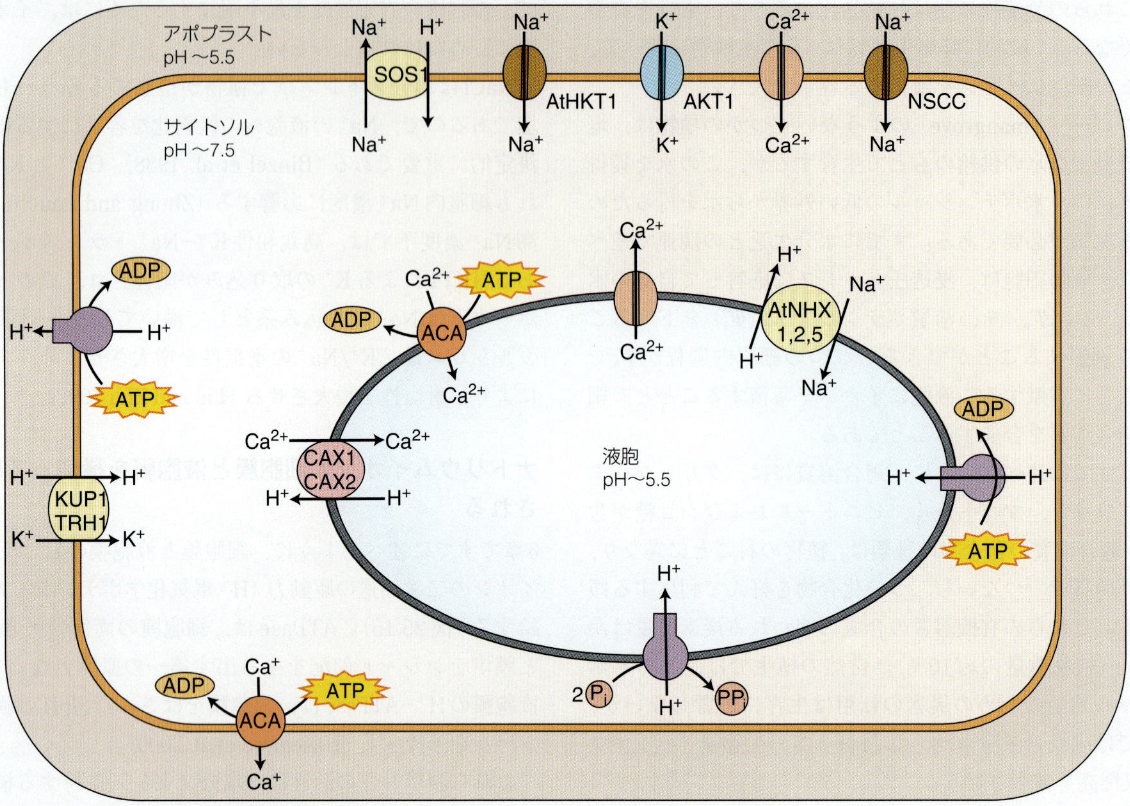

図 25.15 塩ストレス中のナトリウム，カリウムおよびカルシウムの輸送をつかさどる膜輸送タンパク質。SOS1，細胞膜 Na^+/H^+ 対向輸送体（antiporter）；ACA，細胞膜・液胞膜 Ca^{2+}–ATPase；KUP1/TRH1，高親和性 K^+–H^+ 共輸送体（co-transporter）；atHKT1，ナトリウム取り込み輸送体（influx transporter）；AKT1，K^+_{in} チャネル；NSCC，非選択的陽イオンチャネル；CAX1 あるいは CAX2，Ca^{2+}/H^+ 対向輸送体；atNHX1，atNHX2 あるいは atNHX5，内膜 Na^+/H^+ 対向輸送体。図中には，イオンホメオスタシスへの関与が示唆されているが，植物では分子的実体が現在知られていないか，確認されていないタンパク質も示してある。これらは，細胞膜や液胞膜のカルシウムチャネルタンパク質や，液胞膜のプロトンポンプ ATPase およびピロホスファターゼを含む。細胞膜をはさんだ膜ポテンシャルの差は，典型的には内側が負で 120～200 mV であり，液胞膜をはさんだ差は，内側が正で 0～20 mV である。

酸素欠乏

根はふつう好気的呼吸を行うために十分な酸素（O_2）を土壌のガス空間（11 章参照）から直接得ている。十分に水はけがよく構造のよい土壌では，ガスに満たされた孔は，ガス状酸素を数メートルの深さまで容易に拡散させる。その結果，土壌深部の O_2 濃度は湿った外気のそれと似ている。しかし，水はけが悪いか灌水過多である場合は，土壌は冠水状態あるいは水浸しになるであろう。そうなると，水が土の孔を満たし，気相の O_2 拡散を阻止する。流れのない水中では溶存酸素の拡散が遅いので，地表近くの数センチメートルの深さの土壌以外では酸素の供給が十分でない。

温度が低く植物が休眠しているときは，酸素不足はたいへんゆっくりと進み，結果は，比較的無害である。しかし，温度がもっと高いと（20℃以上），植物の根や，土壌の動物・微生物相による酸素消費は，24 時間以内に土壌水の大半から酸素を完全に奪ってしまう。

冠水感受性植物（flooding–sensitive plant）は，24 時間の無酸素状態でひどい損傷を受ける。多くの植物種の成長と生存は，このような条件下では著しく低下し，作物の生産高は大きく減少するであろう。たとえば，エンドウの生産高は，24 時間の洪水で半分になり，エンドウは冠水感受性植物の一例にあげられる。他の植物では，特に連続的に湿った条件での成長に適応していないものや多くの耕作植物は，洪水による影響がもっと穏やかであり，**冠水耐性植物**（flooding–tolerant plant）と考えられている。冠水耐性植物は一時的な無酸素状態（anoxia）にうちかつことができるが，それが数日以上の長期にわたる場合には耐えることができない。

一方，沼地（marsh）や湿地（swamp）のような湿地帯（wetland）に見られる特殊な自然の植生や，イネのような作

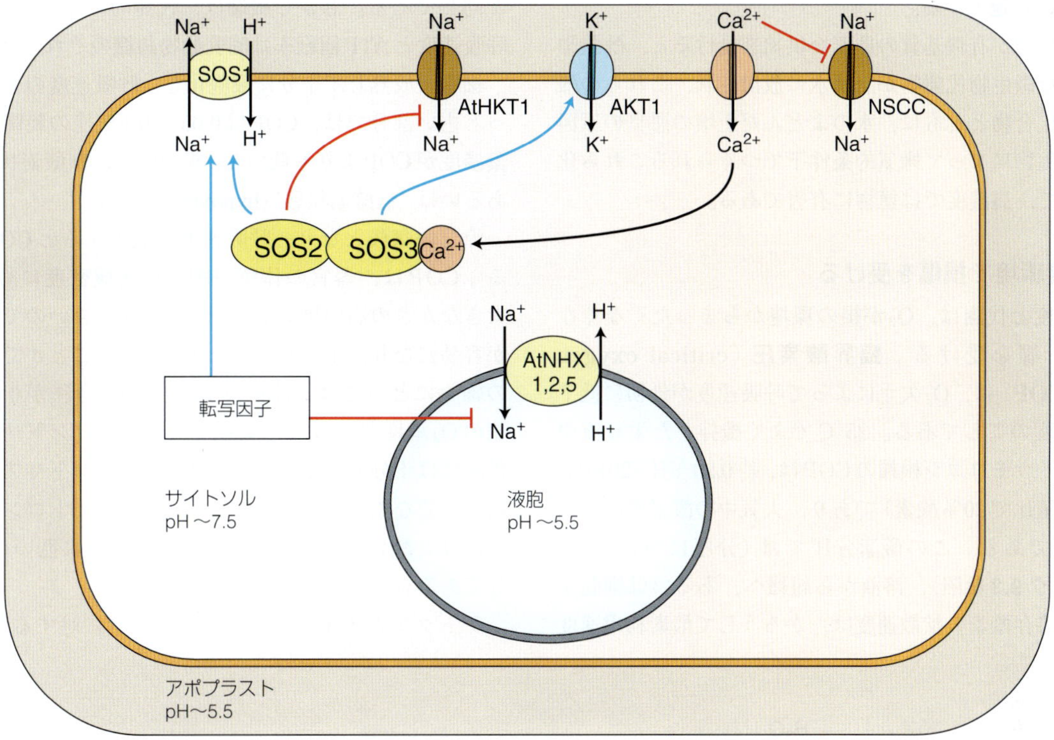

図 25.16 SOS信号伝達経路，塩分ストレスおよびカルシウムレベルによるイオンホメオスタシスの調節。青い矢印は影響する輸送タンパク質に対する正の調節を示し，赤い矢印は負の調節を示す。黄色で示したタンパク質は塩分ストレスで活性化される。SOS1，細胞膜 Na^+/H^+ 対向輸送体；SOS2，セリン/トレオニンキナーゼ；SOS3，Ca^{2+} 結合タンパク質；HKT1，ナトリウム取り込み輸送体；AKT1，K^+_{in} チャネル；NSCC，非選択的陽イオンチャネル；NHX1，NHX2あるいはNHX5，内膜 Na^+/H^+ 対向輸送体；オレンジ色で示したタンパク質；未同定のカルシウムチャネルタンパク質。塩分ストレスはカルシウムチャネルを活性化し，SOS3を介してSOSカスケードを活性化するサイトソルカルシウムの増加をもたらす。SOSカスケードはHKT1を負に調節するはずで，それは引きつづき二次的にAKT1を調節する。同時に，SOSカスケードはSOS1とAKT1の活性を増加する。まだ同定されていない転写因子に働きかけることにより，SOSカスケードはSOS1の転写を増加させる一方，NHX遺伝子の転写を減少させる。低カルシウム濃度では，NSCCはかわりのナトリウムイオン取り込みシステムとしても機能するが，NSCCは高レベルのカルシウムで阻害される。細胞膜をはさんだ膜ポテンシャル差は，内側が負で120～200 mV，液胞膜をはさんだ差は，内側が正で0～20 mVである。

物は，根を取り囲む酸素欠乏環境に抵抗するためにうまく適応している。湿地帯植物は，無酸素状態に抵抗することができ，根系の酸素欠乏条件が数か月の長期にわたり継続しても生存し成長できる。実際上，すべての植物は迅速な代謝を行うときに酸素を必要とするが，根の周辺が無酸素状態になっても，それほど大きな損傷を受けずに耐えることができる期間の長さによって，植物をクラス分けすることができる。

以下の項では，嫌気生活（anaerobiosis）が根とシュートに対して引きおこす損傷について議論し，湿地帯の植生が低酸素ストレスとうまくやっているやり方や，冠水耐性植物と冠水感受性植物の区別となっている，無酸素ストレスに対する両者の異なった馴化のしくみについて議論する。

嫌気性微生物は水の飽和した土壌で活性がある

土壌が分子状 O_2 をまったく欠乏した状態となると，土壌微生物のはたらきが植物の生命と成長にとって重要になる。嫌気性の土壌微生物（anaerobesという）は，硝酸イオン（NO_3^-，nitrate）を亜硝酸イオン（NO_2^-，nitrite）に還元し，あるいは亜酸化窒素（N_2O，nitrous oxide）や分子状窒素に還元することによりエネルギーを引き出している。これらの気体（N_2O や N_2）は大気中に失われるが，この過程は脱窒素（denitrification）とよばれる。より還元的な状態になると，嫌気性微生物は鉄（III）イオン（Fe^{3+}）を鉄（II）イオン（Fe^{2+}）に還元するが，Fe^{2+} は溶解度が大きいので，土壌が数週間にわたり嫌気的になると Fe^{2+} は有害な濃度にまで上昇する。他の嫌気性生物は，硫酸イオン（SO_4^{2-}）を呼吸毒性のある硫化水素（H_2S）に還元する。

嫌気性微生物が有機基質の豊富な供給を受けると，酢酸や酪酸のような微生物代謝物が土壌水に放出され，これらの酸は還元硫黄化合物とともに，水のよどんだ土壌の悪臭の原因となる。微生物によって嫌気的条件下でつくられるこれら化合物はすべて，高濃度では植物に有害である。

根は無酸素環境で損傷を受ける

根の呼吸速度と代謝は，O_2 が根の環境からまったくなくなる前でも影響を受ける。**臨界酸素圧**（critical oxygen pressure：**COP**）は，O_2 欠乏によって呼吸速度が最初に低下する酸素濃度のことである。25℃でよく攪拌した栄養液中で成長したトウモロコシ根端のCOPは，約0.20気圧（20 kPa，すなわち体積比で20%酸素）であり，大気中の酸素濃度とほとんど同じである。この酸素分圧では（分圧については，**Webトピック9.3**参照），溶液から組織へ，あるいは細胞から細胞への溶存酸素の拡散速度は，かろうじて酸素利用速度と同じである。しかし根端は，代謝的に非常に活性が高く，呼吸速度とATP回転率は哺乳動物組織のそれらと匹敵する。

細胞が成熟して十分に液胞化し，呼吸速度の低い，根のもっと古い部分では，COPは0.05～0.1気圧の範囲となる。酸素濃度がCOPよりも低いと，根の中心は無酸素状態（anoxic）あるいは‘低酸素状態’（hypoxic）となる。

涼しい気候となり，呼吸速度が低下するとCOPは低下する；COPは，器官の体積や細胞の充塡密度にも依存する。大きなかさの高い果実は，細胞間隙が大きいので，酸素拡散が容易になり，十分好気的な状態でいることができる。単一の細胞にとっては，細胞のまわりの O_2 分圧が0.01気圧（気相の O_2 濃度が1%）ぐらい低くてもミトコンドリアへの酸素供給には十分であるが，これは，ミトコンドリアへの酸素供給に必要な拡散距離が短いからである。ミトコンドリアの酸化的リン酸化を維持するためには，非常に低い O_2 分圧で十分である。

シトクロムオキシダーゼの溶存酸素に対する K_m 値（ミハ

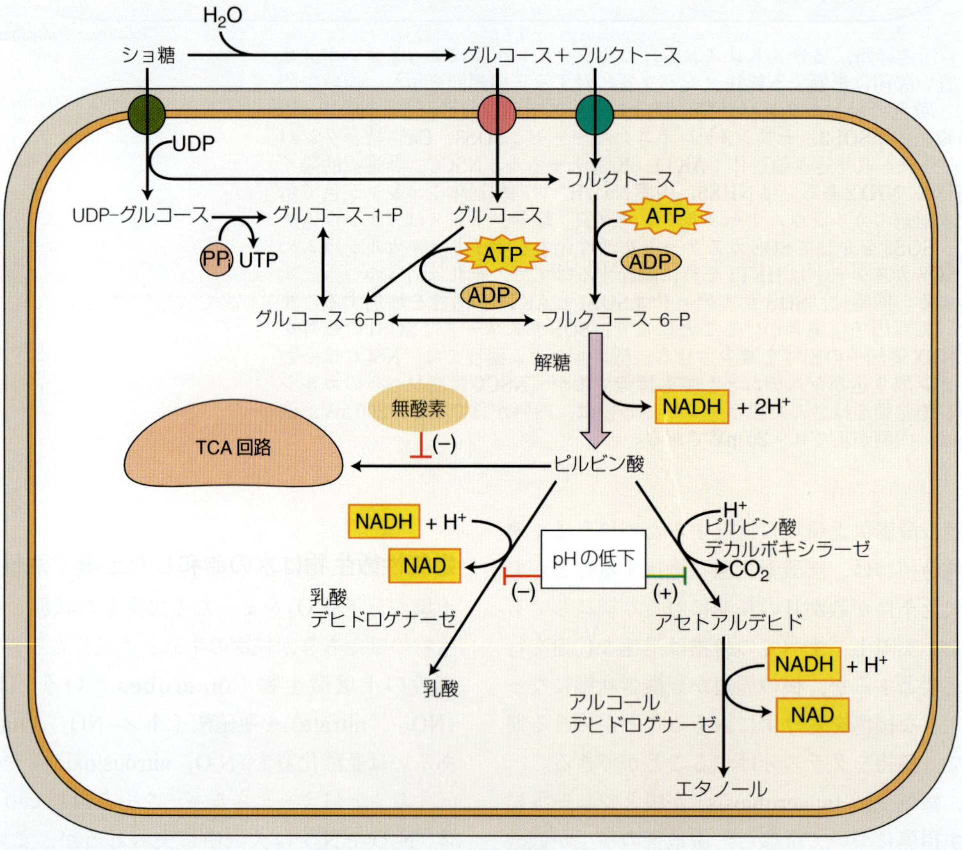

図 25.17 無酸素状態の初期には，解糖で生じたピルビン酸は乳酸に発酵されている。解糖および他の代謝経路によるプロトン生産，および細胞膜や液胞膜を通過するプロトン輸送の減少は，サイトソルpHの低下につながる。低いpHでは乳酸デヒドロゲナーゼの活性が阻害され，ピルビン酸デカルボキシラーゼが活性化される。このことは，低pHでのエタノール発酵の増加と乳酸発酵の減少につながる。エタノール発酵の経路は，乳酸発酵よりもたくさんのプロトンを消費する。このことは，サイトソルのpHを増加させ，その結果植物細胞は無酸素状態での一連の出来事をよりうまく生き延びることができる。

エリス・メンテン定数；Webサイトの2章参照）は，0.1～1.0 μMであり，空気と平衡となる溶存酸素濃度（20℃で277 μM）のほんのわずかな割合にすぎない。器官や組織のCOP値とミトコンドリアのO_2要求値との間の大きな差は，水溶液中での溶存O_2の拡散が遅いことによって説明される。

O_2が存在しないと，ミトコンドリアの電子伝達や酸化的リン酸化は停止し，トリカルボン酸サイクルは機能することができないので，ATPは発酵でしか生産できない。したがって，好気的呼吸でO_2の供給が十分でないときは，根は，乳酸脱水素酵素（lactate dehydrogenase：LDH）の働きで，最初にピルビン酸（解糖でつくられる；11章参照）を乳酸に発酵しはじめる（図25.17）。トウモロコシの根端では，乳酸発酵は一時的である。その理由は，乳酸の蓄積は細胞内のpHを速やかに低下させるので，このことが引き金となりエタノール発酵へと移行するからである。この移行は，関与する細胞質酵素の至適pHの違いによっておこる。

酸性のpHでは，LDHは阻害されピルビン酸デカルボキシラーゼが活性化される。発酵による正味のATP生産は，ヘキソース1モルあたり2モルである（好気的呼吸ではヘキソース2モルあたりATP36モルが生じる）。したがって，O_2欠乏による根の代謝の傷害は，部分的には基本的代謝プロセスを駆動するためのATP欠乏に起因する（Drew 1997）。

生きたトウモロコシ根端の細胞内pHを測定するために，核磁気共鳴（NMR）分光法が使われている（Roberts et al. 1992）。健康な細胞では，液胞の内容物（pH 5.8）は，細胞質（pH 7.4）よりもより酸性である。しかし，極度のO_2欠乏条件下では，液胞から細胞質にプロトンが漏出し，最初に爆発的におこる乳酸発酵による酸性度の増加をさらに促進する。これらのpH変化（‘細胞質酸性症’，cytosolic acidosis）は，細胞死の始まりと関連している。

液胞膜ATPaseによる液胞へのH^+の能動輸送は，明らかに，ATPの欠乏により速度低下しており，ATPaseの活性がなければ，細胞質と液胞の間の正常なpH勾配は維持されない。細胞質酸性症は，高等植物細胞の細胞質の代謝を不可逆的に破壊し，酸性症に陥るまでに要する時間と酸性症に対する耐性の程度の違いは，冠水感受性植物を冠水耐性植物から区別する第一の要因となっている。

O_2不足で損傷を受けた根はシュートを傷つける

無酸素あるいは低酸素状態の根は，十分なエネルギーを欠いているので，シュートが依存する（根の）生理学的過程を支えることができない。実験によれば，コムギやオオムギの根が栄養イオンを吸収し木部へ（そしてそこからシュートへと）輸送できないと，発達し拡大する組織中のイオンは不足してしまう。より古い葉は，篩管の可動要素（N，P，K）をより若い葉へと再転流するので，成熟を待たずに老化する。根の水透過性が低下すると，しばしば，葉の水ポテンシャルの低下や萎れをもたらす。しかしもし気孔が閉じて，蒸散によるそれ以上の水の損失を防ぐことができるならば，この減少は一時的ではある。

低酸素状態は，根によるエチレンの前駆体である**1-アミノシクロプロパン-1-カルボン酸**（1-aminocyclopropane-1-carboxylic acid：**ACC**）の生産を加速する（22章参照）。トマトでは，ACCは道管液を介してシュートへと移動し，そこで，酸素と接触することにより，ACC酸化酵素（ACCオキシダーゼ）によりエチレンに変換される。トマトやヒマワリの葉柄の上表面（背面，adaxial）は，エチレン応答性の細胞を含んでおり，エチレン濃度が高くなるとより速く拡大成長する。この拡大は，上偏成長（epinasty），すなわち葉が垂れたように見える下向きの成長を引きおこす。萎れと異なり，上偏成長は膨圧を失うことはない。

いくつかの種（たとえば，エンドウやトマト）では，洪水は，葉の見かけ上の水ポテンシャルをほとんど変化させずに，気孔閉鎖を誘導する。根の酸素不足は，水分欠乏や高濃度の塩と同じように，アブシジン酸の生産と葉への移動を促進する。しかし，これらの条件下でおこる気孔閉鎖は，ほとんど，（根ではなく）下位のより古い葉で，ABAがさらに生産されることに起因する。これらの葉は，まさに萎れてしまい，ABAをより若く膨圧の高い葉へ輸出し，気孔閉鎖を引きおこす（Zhang and Zhang 1994）。

冠水した器官は特殊な構造を通してO_2を獲得できる

冠水感受性および冠水耐性植物とは対照的に，湿地帯の植生は，水飽和した土壌中で長期間にわたり生育するようにうまく適応している。たとえシュートが部分的に冠水しても，それらは元気に成長し，いかなるストレスの兆候も示さない。

湿地帯植物種の中には，スイレン（water lily，*Nymphoides peltata*）のように，冠水で内生のエチレンを捕捉し，そのエチレンの葉柄細胞に対する伸長促進作用により，葉柄を水面まで伸長させるものがある。その結果，葉は空気に到達することができる。ウキイネ（deep-waterまたはfloating rice）の節間は捕捉したエチレンに対して同じように応答し，その結果，葉は水の深さが増しても水面上に出ることができる。水生単子葉類のヒルムシロ（pondweed，*Potamogeton pectinatus*）の場合，茎の伸長はエチレンに対して不感受性である；かわりに伸長は，好気的条件下でも周囲の水が呼吸によるCO_2を蓄積して酸性化すると促進される。

たいていの湿地帯植物や湿った条件に十分馴化した多くの植物では，茎と根は，縦軸方向に相互に連絡した空気を満たした管を発達させ，それが酸素やその他の気体の移動に対して抵抗の低い経路を提供している。気体は，気孔あるいは樹木の茎や根にある皮目（lenticel）を通して進入し，分子拡散あるいはわずかな圧力勾配に駆動される対流によって移動する。

多くの湿地帯植物では，イネが例となるように，細胞は顕著な気体を満たした空間で隔てられている。それらは**通気組織**（aerenchyma）とよばれ，環境刺激とは関係なく根で発達する。湿地帯植物以外の単子葉，双子葉を含め，少なからぬ種では，酸素欠乏が茎の基部や新しく発達した根で通気組織の形成を誘導する（図25.18）。

トウモロコシの根端では，低酸素はACC合成酵素（ACCシンターゼ）とACCオキシダーゼの活性を高め，ACCとエチレンがより速く生産されるようにしている。エチレンは，根の皮層（root cortex）の細胞の細胞死と崩壊を誘導する。これらの細胞が占めていた空間は，その後O_2の移動を容易にする気体を満たした空隙となる。

エチレン信号に応答した細胞死は選択性が高い；細胞死を決定されていない根の細胞は影響を受けない。細胞質のCa^{2+}濃度の上昇が，細胞死へとつづくエチレン信号伝達経路の一部であると考えられている。細胞質のCa^{2+}濃度を上昇させる試薬は，非誘導条件下で細胞死を促進する；逆に，細胞質のCa^{2+}濃度を下げるような試薬は，通常は通気組織を形成する低酸素の根で細胞死を阻止する。低酸素に応答したエチレン依存の細胞死は，16章で議論した‘プログラム細胞死’（programmed cell death）の一つの例である（Drew et al. 2000）。

いくつかの植物（あるいはそれらの部分）は，通気組織を発達させる前に長期間（数週間あるいは数か月）の厳しい嫌気条件に曝されても耐えることができる。これらは，イネやライスグラス（rice grass, *Echinochloa crusgalli* var. *oryzicola*）の胚と子葉鞘，およびジャイアントブルラッシュ（giant bulrush, *Schoenoplectus lacustris*；bulrushはホタルイ属の植物のこと），ソルトマーシュブルラッシュ（salt marsh bulrush, *Scirpus maritimus*），およびナロウリーフトキャットテイル（narrow-leafed cattail, *Typha angustifolia*；cattailはガマ類のこと）の根茎（rhizome）である。これらの根茎は，数か月生き延びることができ，嫌気的空気の中でも葉を展開することができる。

自然界では，根茎は湖の周縁部の嫌気的な泥の中で越冬する。春になりいったん葉が泥あるいは水の上に展開すると，O_2が通気組織を通って根茎まで降りてくる。そうすると，代謝は嫌気的な（発酵的な）ものから好気的なものへと切り替わり，根は利用できる酸素を使って成長を始める。同じように，泥田の（湿地帯の）イネやライスグラスの発芽では，子葉鞘が水面を突き破ると他の植物体部分へのO_2の拡散経路（シュノーケル）となる（イネは湿地帯の植物ではあるが，

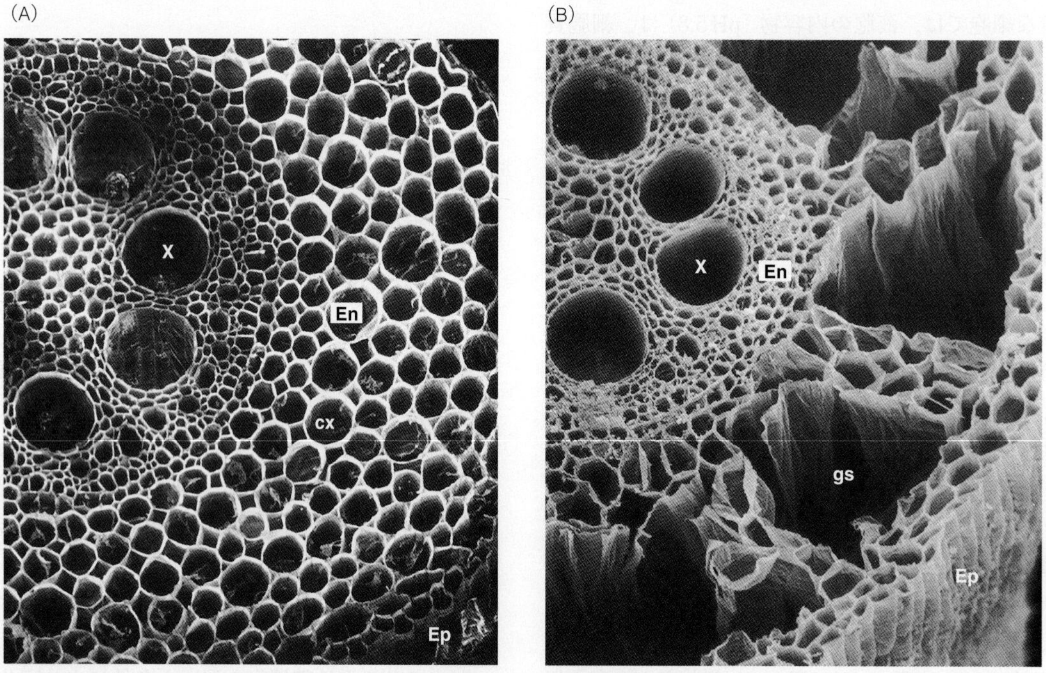

図 25.18 酸素供給によって構造変化するトウモロコシの根の横断切片の走査電子顕微鏡写真（150×）。(A) 空気の供給を受けたコントロールの根で，無傷の皮層細胞が見える。(B) 通気していない栄養溶液で育てた酸素不足の根。細胞の崩壊により形成された，空気に満ちた空間（gs）が皮層（cx）にはっきり見えることに注意。内皮（endodermis, En）より内側のすべての細胞（髄，stele）や表皮（epidermis, Ep）は無傷である。(J. L. Basq and M. C. Drewの好意による)

その根はトウモロコシのものと同じように無酸素に耐性でない)。

根が酸素欠乏の土壌で伸展するとき，根端のすぐ背後には通気組織が連続的に形成され，根端分裂帯に供給されるO_2が根中を移動できるようになる。イネやその他の典型的な湿地帯植物の根では，スベリン化し，リグニン化した細胞からなる構造的な障害が土壌への外向きのO_2拡散を防いでいる。こうして根の中に保たれたO_2は根端分裂組織を満たし，嫌気土壌の50cmあるいはそれ以上の深さに根が成長することを可能にしている。

対照的に，トウモロコシのような非湿地帯植物の根は，O_2を漏らすので，湿地帯植物の根と同じ程度にO_2を保蔵することができない。したがって，これらの植物の根端では内部のO_2は好気的呼吸には不十分となり，このO_2不足はこれらの植物の根が嫌気的土壌中に伸展する深さを厳しく制限している。

たいていの植物組織は嫌気的条件に耐えることができない

高等植物のほとんどの組織は長期間の嫌気条件に耐えることができない。トウモロコシの根端は，たとえば，突然のO_2欠乏でほんの20～24時間程度しか生きたままでいられない。無酸素状態では，いくらかのATPが発酵によってゆっくりと生成するが，細胞のエネルギー状態は，細胞質酸性症の発症過程で徐々に減退していく。ある細胞が長期間の無酸素状態に耐性であるためには，どのような生化学的特徴の組み合わせが必要なのであろうか？ この問題は正確には十分に理解されていない。トウモロコシやその他の穀類の根は，あらかじめ低酸素状態に曝しておけば，中程度の馴化を示し，その際には，4日間までの無酸素状態を生存することができる。

嫌気的条件への馴化は，多数の嫌気ストレスタンパク質(次項参照)をコードする遺伝子の発現を伴う。馴化後には，無酸素条件下でエタノール発酵を行うための能力(そうすることによりATPを生産し，ある程度の代謝が継続する)が改善されるが，それと同時に，乳酸を細胞質から外部培地へと輸送する活性も改善され，これらがともに細胞質酸性症の程度を最小限にするために役立っている(Drew 1977)。

湿地帯植物の器官が慢性の無酸素状態に耐性を示す能力は，いままさに述べた戦術と似た戦術に依存していると思われるが，それらの戦術は，明らかに，よりおおきな効果をもたらすように展開される：決定的な特徴は，細胞質pHの制御と，解糖と発酵による継続的なATP生産，および長期間の嫌気的呼吸のための十分な貯蔵燃料である。無酸素状態でのアラニン，コハク酸およびγ-アミノ酪酸の合成は，プロトンを消費するので，細胞質酸性症の程度を最小限にする意義があることがすでに指摘されている。この効果に対する証拠は，無酸素耐性のイネやライスグラスのシュートですでに見つかっているが，無酸素感受性植物のコムギやオオムギのシュートでは見つかっていない。

嫌気的代謝と好気的代謝を交互に行う種の器官は，無酸素状態につづいておこるO_2の流入の影響に対処する術を必要とする。好気的代謝では，非常に反応性の高い酸素分子種が発生するが，これらは正常であれば，スーパーオキシドジスムターゼ(SOD)を含む細胞の防御機構によって無毒化される。この酵素は，スーパーオキシドラジカルを過酸化水素に変換し，過酸化水素はその後ペルオキシダーゼにより水に変換される。

キショウブ(yellow flag，*Iris pseudacorus*)の無酸素耐性の根茎では，SOD活性が28日間の無酸素状態で13倍になる。この増加は他の*Iris*種の根茎では観察されない。耐性植物種では，SODは，葉が水中あるいは泥の中から空気中へ出現するときにおこるO_2の流入に対処するために存在し，結果的に無酸素後ストレス(postanoxic stress)に対する抵抗性を高める役割をしているのかもしれない。

O_2欠乏に対する馴化は嫌気ストレスタンパク質の合成を含む

トウモロコシの根を無酸素にすると，約20のポリペプチド種の合成がつづく以外は，タンパク質合成は停止する(Sachs and Ho 1986)。これらの嫌気ストレスタンパク質のほとんどは解糖系や発酵経路の酵素であることがわかっている。

低酸素や無酸素条件下への移行で，酸素レベルの低下を感知するしくみはまったく明らかでない。しかしながら，O_2レベルの低下に引きつづいておこるもっとも初期の出来事の一つは，細胞内Ca^{2+}の上昇である。無酸素状態の信号伝達において，このカルシウム信号が関わっているということを示唆する証拠がある。トウモロコシの培養細胞では，無酸素状態が始まって数分以内に，細胞内Ca^{2+}濃度が上昇し，これがアルコールデヒドロゲナーゼ(ADH)やスクロースシンターゼのmRNAレベルの上昇を導く信号としてはたらいている。

細胞内Ca^{2+}濃度の上昇を阻止する薬品は，無酸素で誘導されるADHやスクロースシンターゼの遺伝子の発現を阻止し，無酸素に対するトウモロコシ実生の感受性を大きく増大させる(Sachs et al. 1996)。これらのしくみを解明するためにはさらなる研究が必要である。また，細胞内Ca^{2+}濃度が，無酸素条件初期の生存に関わる信号や，長期の低酸素条件下での細胞死や通気組織形成の誘導に関わる信号など，さまざまな信号を，どのように発信しているのかを説明するためにはさらなる研究が必要である。

嫌気ストレス遺伝子のmRNAの蓄積は，これら遺伝子の転写速度の変化を介しておこる。トウモロコシやシロイヌナズナのADH遺伝子や他の嫌気ストレス遺伝子のプロモーター領域には，これらの遺伝子の転写を活性化する転写因子と結合し，シスに働く共通の配列要素として，嫌気ストレス配列（anaerobic stress element）やGボックス配列（G-box element）が同定されている。しかし，どのようにして酸素欠乏が検知されるのか，そして，どのようにしてその信号が細胞質Ca^{2+}の増加をとおして伝達され，特殊な遺伝子の転写に変化をおこすのかという正確なしくみは，解明されずに残されている。

嫌気ストレス遺伝子には，あるタイプの翻訳制御もおこっているという強い証拠が存在することも知っておくとよい。低酸素ストレス後の，非嫌気ストレス制御遺伝子に対するmRNAの翻訳効率は，ADHのようなストレス制御遺伝子のものに比べて劇的に低い。

まとめ

ストレスは，通常植物に対して不利な影響を与える外的な要因と定義される。自然および農業条件のいずれでも，植物は，ある程度のストレスをもたらす好ましくない環境に曝されている。水欠乏，熱ストレスおよび熱ショック，冷温および凍結温度，塩分そして酸素欠乏は，植物の成長を制限する主要なストレス因子であり，その結果，季節のおわりの生物量あるいは農業生産高は，植物の一般的な潜在能力のほんの一部分が発揮されるだけとなる。

植物が好ましくない環境とうまくやる能力は，ストレス耐性として知られる。CAM代謝のような，ストレス耐性を賦与する植物の適応方法は，遺伝的に決定されている。馴化は，植物がストレスをあらかじめ経験することにより抵抗性を改善する。

乾燥抵抗性のしくみは，気候や土壌の条件とともに変化する。無限成長パターンをとるソルガムやダイズのような植物種は，遅い雨を有利に利用できる；トウモロコシのような有限成長パターンをとる植物種は，水分ストレスに対するそのような形式の抵抗性を欠いている。葉の拡大成長の阻害は，水ストレスに対する初期の応答の一つであり，それは，水欠乏のあとにおこる膨圧の減少が細胞や葉の拡大に対する駆動力を減少させるときにおこる。水ストレスに応答したその他のストレス耐性のしくみには，葉の脱離や，より深い湿った土壌をもとめた根の伸長および気孔閉鎖が含まれる。

水欠乏が引きおこすストレスは，ストレスに対する馴化と適応に関与する遺伝子セットの発現を誘導する。これらの遺伝子は，本章で述べた細胞や植物体全体の応答を仲介する。これらの遺伝子発現の変化を仲介する信号伝達カスケードの信号検知および活性化には，ABA依存経路とABA非依存経路がある。

熱ストレスと熱ショックは高温によって引きおこされる。CAM植物種の中には，60～65℃の温度に耐えることができるものもあるが，たいていの葉は45℃以上で損傷を受ける。活発に蒸散している葉の温度は，ふつう気温よりも低いが，水分欠乏は蒸散を減少させ，過熱と熱ストレスを引きおこす。熱ストレスは，光合成を阻害し膜の機能とタンパク質の安定性を損なう。

熱耐性を賦与する適応機構には，葉の巻き上がりのように，葉による光吸収を減少させる応答がある。また，葉の境界層の熱伝導抵抗を最小化し，伝導による熱の損失を促進する意義のある葉のサイズの減少が含まれる。高温で合成される熱ショックタンパク質は，細胞のタンパク質の正しい折りたたみや安定化を促進する分子シャペロンとして働く。また，pHや代謝のホメオスタシスにつながる生化学的応答も，急激な温度上昇に対する馴化や適応に伴っておこる。

冷温・凍結ストレスは低温によっておこる。冷温傷害は正常な成長には低すぎるが氷点よりは高い温度でおこり，それは温帯性気候に曝された，熱帯や亜熱帯起源の植物種で典型的である。冷温傷害には，成長速度の低下，葉の傷害および萎れが含まれる。たいていの冷温傷害の第一の原因は，膜の流動性の低下で引きおこされる膜の性質の喪失である。冷温耐性植物の膜脂質は，しばしば，冷温感受性植物の膜脂質よりも不飽和脂肪酸の割合が高い。

凍結傷害は，第一に細胞や器官の内部に形成される氷晶によっておこる損傷を伴う。凍結抵抗性植物は，氷晶の成長を細胞外の空間に制限するしくみをもっている。木本植物で凍結に対する抵抗性を賦与するしくみの典型は，脱水と過冷却である。

低温ストレスは水の活性を低下させ，細胞内に浸透圧ストレスを引きおこす。この浸透圧ストレス効果は，浸透圧ストレス関連の信号伝達経路を活性化し，低温馴化に関与するタンパク質の蓄積につながる。それ以外にも，浸透圧とは関係のない，低温特異的なストレス関連遺伝子も活性化される。低温ストレスで活性化される信号伝達成分を過剰発現した形質転換植物は高い低温耐性を示す。

塩分ストレスは土壌中の塩の蓄積により生じる。いくつかの塩性植物は，塩に対して非常に耐性である。しかし塩分は，感受性植物種の成長と光合成を抑制する。塩害は，土壌の利水性を低下させる水ポテンシャルの減少や，有害な濃度に蓄積した特殊なイオンの毒性が原因となる。植物は，余分なイオンを葉から排出し，液胞にイオンを区画化することにより塩害を避けている。Na^+の排出および液胞への分配を支配する分子生物学的な決定因子のいくつかが決定されており，イオンホメオスタシスに関与するこれら遺伝子の発現を調節するSOS経路とよばれる信号伝達経路が確立されている。

酸素不足は，洪水や水浸しとなった土壌に典型的である。酸素不足は多数の植物種の成長と生存を抑圧する。一方，沼地や湿地の植物や，イネのような作物は，根の環境の酸素不足に抵抗するためにうまく適応している。高等植物のたいていの組織は嫌気的には生存できないが，イネの胚や子葉鞘などいくつかの組織は，数週間の嫌気条件でも生存することができる。無酸素による損傷に抵抗するための代謝経路とその調節は明らかにされていない。

Webマテリアル

Webトピック

25.1 気孔伝導度と灌水作物の生産高

暑い環境で生育する，灌水を受けた作物の生産高は気孔伝導度により決まる。

25.2 膜脂質と低温

突然変異体や形質転換植物では，脂質代謝酵素が低温なしに低温馴化の擬似効果を生み出している。

25.3 高等植物細胞における氷の形成

細胞間隙に氷が形成されると熱の放出がおこる。

25.4 Ca^{2+} 信号伝達と塩過敏（salt-overly sensitive：SOS）経路の活性化

三つの遺伝的に結合した遺伝子座が，イオンホメオスタシスと塩耐性を支配する。

25.5 細胞膜を通過する Na^+ 輸送と液胞の区画化

SOS1は，細胞膜を通過する Na^+ の流れを制御する Na^+–H^+ アンチポーターである。

25.6 遺伝子導入とストレス耐性

形質転換植物は，ストレス耐性を研究するための有効な道具である。

Webエッセイ

25.1 植物に対する大気汚染の効果

汚染ガスは気孔伝導度と光合成および成長を阻害する。

参考文献

Apse, M. P., Aharon, G. S., Snedden, W. A., and Blumwald, E. (1999) Salt tolerance conferred by over expression of vacuolar Na^+/H^+ antiport in *Arabidopsis*. *Science* 285: 1256–1258.

Becwar, M. R., Rajashekar, C., Bristow, K. J. H., and Burke, M. J. (1981) Deep undercooling of tissue water and winter hardiness limitations in timberline flora. *Plant Physiol.* 68: 111–114.

Binzel, M. L., Hess, F. D., Bressan, R. A., and Hasegawa, P. M. (1988) Intracellular compartmentation of ions in salt adapted tobacco cells. *Plant Physiol.* 86: 607–614.

Björkman, O., Badger, M. R., and Armond, P. A. (1980) Response and adaptation of photosynthesis to high temperatures. In *Adaptation of Plants to Water and High Temperatures Stress*, N. C. Turner and P. J. Kramer, eds., Wiley, New York, pp. 233–249.

Blizzard, W. E., and Boyer, J. S. (1980) Comparative resistance of the soil and the plant to water transport. *Plant Physiol.* 66: 809–814.

Bohnert, H. J., Ostrem, J. A., and Schmitt, J. M. (1989) Changes in gene expression elicited by salt stress in Mesembryanthemum crystallinum. In *Environmental Stress in Plants*, J. H. Cherry, ed., Springer, Berlin, pp. 159–171.

Boston, R. S., Viitanen, P. V., and Vierling, E. (1996) Molecular chaperones and protein folding in plants. *Plant Mol. Biol.* 32: 191–222.

Boyer, J. S. (1970) Leaf enlargement and metabolic rates in corn, soybean, and sunflower at various leaf water potentials. *Plant Physiol.* 46: 233–235.

Boyer, J. S. (1982) Plant productivity and environment. *Science* 218: 443–448.

Bray, E. A., Bailey-Serres J., and Weretilnyk, E. (2000) Responses to abiotic stresses. In *Biochemistry & Molecular Biology of Plants*, B. Buchanan, W. Gruissem, and R. Jones, eds., American Society of Plant Physiologists, Rockville, MD, pp. 1158–1203.

Bressan, R. A., Nelson, D. E., Iraki, N. M., LaRosa, P. C., Singh, N. K., Hasegawa, P. M., and Carpita, N. C. (1990) Reduced cell expansion and changes in cell wall of plant cells adapted to NaCl. In *Environmental Injury to Plants*, F. Katterman, ed., Academic Press, New York, pp. 137–171.

Buchanan, B. B., Gruissem, W., and Jones, R. eds. (2000) *Biochemistry & Molecular Biology of Plants*. American Society of Plant Physiologists, Rockville, MD.

Burke, M. J., and Stushnoff, C. (1979) Frost hardiness: A discussion of possible molecular causes of injury with particular reference to deep supercooling of water. In *Stress Physiology in Crop Plants*, H. Mussell and R. C. Staples, eds., Wiley, New York, pp. 197–225.

Burssens, S., Himanen, K., van de Cotte, B., Beeckman, T., Van Montagu, M., Inze, D., and Verbruggen, N. (2000) Expression of cell cycle regulatory genes and morphological alterations in response to salt stress in *Arabidopsis thaliana*. *Planta* 211: 632–640.

Cramer, G. R., Läuchli, A., and Polito, V. S. (1985) Displacement of Ca^{2+} by Na^+ from the plasmalemma of root cells. A primary response to salt stress? *Plant Physiol.* 79: 207–211.

Davies, W. J., Wilkinson, S., and Loveys, B. (2002) Stomatal control by chemical signaling and the exploitation of this mechanism to increase water-use efficiency in agriculture. *New Phytol.* 153: 449–460.

Drew, M. C. (1997) Oxygen deficiency and root metabolism: Injury and acclimation under hypoxia and anoxia. *Annu. Rev. Plant Physiol. Plant Mol. Biol.* 48: 223–250.

Drew, M. C., He, C. J., and Morgan P. W. (2000) Programmed cell death and aerenchyma formation in roots. *Trends in Plant Science* 5: 123–127.

Greenway, H., and Munns, R. (1980) Mechanisms of salt tolerance in nonhalophytes. *Annu. Rev. Plant Physiol. Plant Mol. Biol.* 31: 149–190.

Gusta, L. V., Wilen, R. W., and Fu, P. (1996) Low-temperature stress tolerance: The role of abscisic acid, sugars, and heat-stable proteins. *Hort. Sci.* 31: 39–46.

Guy, C. L. (1999) Molecular responses of plants to cold shock and cold acclimation. *J. Mol. Microbiol. Biotechnol.* 1: 231–242.

Hartung, W., Wilkinson, S., and Davies, W. J. (1998) Factors that regulate abscisic acid concentrations at the primary site of action at the guard cell. *J. Exp. Bot.* 49: 361–367.

Hasegawa, P. M., Bressan, R. A., Zhu, J. K., and Bohnert, H. J. (2000) Plant cellular and molecular responses to high salinity.

Annu. Rev. Plant Physiol. Plant Mol. Biol. 51: 463–499.

Hong, S. W., and Vierling, E. (2000) Mutants of *Arabidopsis thaliana* defective in the acquisition of tolerance to high temperature stress. *Proc. Natl. Acad. Sci. USA* 97: 4392–4397.

Jenks, M. A., Eigenbrode, S., and Lemeiux, B. (2002) Cuticular waxes of *Arabidopsis*. In *The Arabidopsis Book*, C. Somerville and E. Meyerowitz, eds., American Society of Plant Biologists, Rockville, MD.

Kawasaki, S., Brochert, C., Deyholos, M., Wang, H., Brazille, S., Kawai, K., Galbraith, D. W., and Bohnert, H. J. (2001) Gene expression profiles during the initial phase of salt stress in rice. *Plant Cell* 13: 889–906.

Lee, J. H., and Schoeffl, F. (1996) An Hsp70 antisense gene affects the expression of HSP70/HSC70, the regulation of HSF, and the acquisition of thermotolerance in transgenic Arabidopsis thaliana. *Mol. Gen. Genet.* 252: 11–19.

Levitt, J. (1980) *Responses of plants to environmental stresses,* Vol. 1, 2nd ed. Academic Press, New York.

Lindow, S. E., Arny, D. C., and Upper, C. D. (1982) Bacterial ice nucleation: A factor in frost injury to plants. *Plant Physiol.* 70: 1084–1089.

Liu, J. P., and Zhu, J. K. (1997) An Arabidopsis mutant that requires increased calcium for potassium nutrition and salt tolerance. *Proc. Natl. Acad. Sci. USA* 94: 14960–14964.

Lyons, J. M., Wheaton, T. A., and Pratt, H. K. (1964) Relationship between the physical nature of mitochondrial membranes and chilling sensitivity in plants. *Plant Physiol.* 39: 262–268.

Maggio, A., and Joly, R. J. (1995) Effects of mercuric chloride on the hydraulic conductivity of tomato root systems: Evidence for a channel-mediated water pathway. *Plant Physiol.* 109: 331–335.

Mantyla, E., Lang, V., and Palva, E. T. (1995) Role of abscisic acid in drought-induced freezing tolerance, cold acclimation, and accumulation of LTI78 and RAB18 proteins in Arabidopsis thaliana. *Plant Physiol.* 107: 141–148.

Matthews, M. A., Van Volkenburgh, E., and Boyer, J. S. (1984) Acclimation of leaf growth to low water potentials in sunflower. *Plant Cell Environ.* 7: 199–206.

McCree, K. J., and Richardson, S. G. (1987) Stomatal closure vs. osmotic adjustment: A comparison of stress responses. *Crop Sci.* 27: 539–543.

Niu, X., Bressan, R. A., Hasegawa, P. M., and Pardo, J. M. (1995) Ion homeostasis in NaCl stress environments. *Plant Physiol.* 109: 735–742.

Palta, J. P., Whitaker, B. D., and Weiss, L. S. (1993) Plasma membrane lipids associated with genetic variability in freezing tolerance and cold acclimation of Solanum species. *Plant Physiol.* 103: 793–803.

Patterson, B. D., Paull, R., and Smillie, R. M. (1978) Chilling resistance in Lycopersicon hirsutum Humb. & Bonpl., a wild tomato with a wide altitudinal distribution. *Aust. J. Plant Physiol.* 5: 609–617.

Queitsch, C., Hong, S. W., Vierling, E., and Lindquist, S. (2000) Heat shock protein 101 plays a crucial role in thermotolerance in *Arabidopsis*. *Plant Cell* 12: 479–492.

Quintero, F. J., Blatt, M. R., and Pardo, J. M. (2000) Functional conservation between yeast and plant endosomal Na^+/H^+ antiporters. *FEBS Lett.* 471: 224–228.

Raison, J. K., Pike, C. S., and Berry, J. A. (1982) Growth temperature-induced alterations in the thermotropic properties of Nerium oleander membrane lipids. *Plant Physiol.* 70: 215–218.

Roberts, J. K. M., Hooks, M. A., Miaullis, A. P., Edwards, S., and Webster, C. (1992) Contribution of malate and amino acid metabolism to cytoplasmic pH regulation in hypoxic maize root tips studied using nuclear magnetic resonance spectroscopy. *Plant Physiol.* 98: 480–487.

Sachs, M. M., and Ho, D. T. H. (1986) Alteration of gene expression during environmental stress in plants. *Annu. Rev. Plant Physiol. Plant Mol. Biol.* 37: 363–376.

Sachs, M. M., Subbaiah, C. G., and Saab, I. N. (1996) Anaerobic gene expression and flooding tolerance in maize. *J. Exp. Bot.* 47: 1–15.

Sauter, A., Davies W. J., and Hartung W. (2001) The long distance abscisic acid signal in the droughted plant: The fate of the hormone on its way from the root to the shoot. *J. Exp. Bot.* 52: 1–7.

Shi, H., Ishitani, M., Kim, C., and Zhu, J. K. (2000) The *Arabidopsis thaliana* salt tolerance gene SOS1 encodes a putative Na^+/H^+ antiporter. *Proc. Natl. Acad. Sci. USA* 97: 6896–6901.

Shinozaki, K., and Yamaguchi-Shinozaki, K. (2000) Molecular responses to dehydration and low temperature: Differences and cross-talk between two stress signaling pathways. *Curr. Opinion in Plant Biol.* 3: 217–223.

Snedden, W. A., Arazi, T., Fromm, H., and Shelp, B. J. (1995) Calcium/calmodulin activation of soybean glutamate decarboxylase. *Plant Physiol.* 108: 543–549.

Stockinger, E. J., Gilmour, S. J., and Thomashow, M. F. (1997) *Arabidopsis thaliana* CBF1 encodes an AP2 domain-containing transcriptional activator that binds to the C-repeat-DRE, a cis-acting DNA regulatory element that stimulates transcription in response to low temperature and water deficit. *Proc. Natl. Acad. Sci. USA* 94: 1035–1040.

Sung, F. J. M., and Krieg, D. R. (1979) Relative sensitivity of photosynthetic assimilation and translocation of ^{14}carbon to water stress. *Plant Physiol.* 64: 852–856.

Thomashow, M. (2001) So what's new in the field of plant cold acclimation? Lots! *Plant Physiol.* 125: 89–93.

U. S. Department of Agriculture (1989) *Agricultural Statistics,* U. S. Government Printing Office, Washington DC.

Vierling, E. (1991) The roles of heat shock proteins in plants. *Annu. Rev. Plant Physiol. Plant Mol. Biol.* 42: 579–620.

Weiser, C. J. (1970) Cold resistance and injury in woody plants. *Science* 169: 1269–1278.

Williams, J. P., Khan, M. U., Mitchell, K., and Johnson, G. (1988) The effect of temperature on the level and biosynthesis of unsaturated fatty acids in diacylglycerols of *Brassica napus* leaves. *Plant Physiol.* 87: 904–910.

Wisniewski, M., and Arora, R. (1993) Adaptation and response of fruit trees to freezing temperatures. In *Cytology, Histology and Histochemistry of Fruit Tree Diseases*, A. Biggs, ed., CRC Press, Boca Raton, FL, pp. 299–320.

Wu, J., Lightner, J., Warwick, N., and Browse, J. (1997) Low-temperature damage and subsequent recovery of fab1 mutant *Arabidopsis* exposed to 2°C. *Plant Physiol.* 113: 347–356.

Zhang, J., and Zhang, X. (1994) Can early wilting of old leaves account for much of the ABA accumulation in flooded pea plants? *J. Exp. Bot.* 45: 1335–1342.

Zhong, H., and Läuchli, A. (1994) Spacial distribution of solutes, K, Na, Ca and their deposition rates in the growth zone of primary cotton roots: Effects of NaCl and $CaCl_2$. *Planta* 194: 34–41.

用　　語

IAA
インドール-3-酢酸を見よ。

IAN
インドール-3-アセトニトリルを見よ。

IAM
インドール-3-アセトアミドを見よ。

IPA　IPA
インドール-3-ピルビン酸を見よ。

***ipt* 遺伝子**　*ipt* gene
サイトカイニン生合成に関与するT-DNA内の遺伝子。サイトカイニン合成酵素であるイソペンテニル転移酵素をコードする。*tmr*遺伝子座ともよばれる。

アクアポリン　aquaporin
水選択的チャネルの働きをもつ膜貫通タンパク質で，膜を横切る水の移動を促進する。

亜硝酸還元酵素　nitrite reductase
亜硝酸（NO_2^-）をアンモニア（NH_4^+）に還元する酵素。

アシル基　acyl-
脂肪酸などのカルボン酸から水酸基を除いた部分の構造（R—CO—）の総称。脂肪酸（R—COOH）は，グリセロールのような分子とエステル結合していることが多い（たとえばトリアシルグルセロール）。

アシル基ACP　acyl-ACP
アシル基キャリアタンパク質に共有結合でつながった脂肪酸鎖。

アシル基キャリアタンパク質（ACP）
acyl carrier protein
脂肪酸合成酵素上で，伸長していくアシル鎖が共有結合する低分子量の酸性タンパク質。

アスパラギン合成酵素（AS）　asparagine synthetase
グルタミンからアスパラギン酸へアミノ基の形で窒素を転移し，アスパラギンを合成する酵素。

アスパラギン酸アミノ基転移酵素（AspAT）　aspartate aminotransferase
アミノトランスフェラーゼ（アミノ基転移酵素）の一つで，グルタミン酸のアミノ基をオキサロ酢酸のカルボキシル基に転移し，アスパラギン酸を生成する。

圧ポテンシャル（Ψ_p）　pressure potential
大気圧を超える溶液の静水圧。

圧流説　pressure-flow model
被子植物において広く受け入れられている篩部転流のモデル。篩要素内の輸送がソースとシンクの間の圧力勾配によって駆動されるというもの。圧力勾配は浸透的に作り出され，ソースにおける光合成産物の積み込みと，シンクにおける積み下ろしによる。

アデノシン-5′-ホスホ硫酸（APS）
adenosine-5′-phosphosulfate
硫酸イオンとATPが反応してできる短命の活性中間体。硫酸イオンからシステインが合成される一連の過程の最初の反応産物。3′-ホスホアデノシン-5′-ホスホ硫酸，チオスルホン酸を見よ。

アポタンパク質　apoprotein
発色団や補助因子，補欠分子族などがポリペプチドに結合して活性のあるタンパク質（ホロタンパク質）が構成されている場合，そのポリペプチドの部分をアポタンパク質という。

アポトーシス　apoptosis
核DNAのヌクレオソーム間分断などの特有の形態学的，生化学的変化を示すプログラム細胞死。老化過程にある植物組織や分化途上の木部管状要素，病原体に対する過敏感反応などの際におこる。

アポプラスト　apoplast
植物体内の原形質膜外の細胞壁，細胞間空気層，道管など，ほとんど連続的につながった領域のこと。シンプラストと対比される。

アポプラスト経路　apoplastic pathway
水および溶質が膜を通過することなく，細胞壁中のみを経由して移動するときの経路のこと。

アミド　amide
アミンとカルボン酸が反応して生成する—$CONR_2$基をもつ含窒素化合物類。

アミド輸送植物　amide exporter
毒性のアンモニアをアスパラギンやグルタミンなどのアミノ酸に変え，道管を通して地上部へ輸送する温帯に生育するマメ科植物類のこと。ウレイド輸送植物と対比される。

アミノエトキシビニルグリシン（AVG）
aminoethoxyvinylglycine
エチレン生合成阻害剤の一つ。*S*-アデノシルメチオニン（AdoMet）をACCに変換する。

アミノオキシ酢酸（AOA）　aminooxy-acetic acid
エチレン合成の阻害剤で，AdoMetのACCへの変化を阻害する。

アミノ基転移　transamination
トランスアミナーゼにより触媒される可逆的反応。アミノ基としての窒素がα-アミノ酸からα-ケト酸に転移される。

アミノ基転移酵素　aminotransferase
アミノ基転移を触媒する酵素。

アラビノガラクタンタンパク質（AGP）
arabinogalactan protein
水溶性の高密度の糖鎖をもつ細胞壁タンパク質群で，細胞分化の過程で細胞接着や情報伝達などの機能を担う。

***R* 遺伝子**　*R* gene
菌類，細菌類，線虫類に対する植物の防御機構として機能する抵抗遺伝子であり，特異的な病原体やエリシターと結合するタンパク質受容体をコードすることもある。

R型チャネル　R-type channel
アニオンチャネルの一つで電位変化に応答して急速に開・閉を行う。

アルカリ度　sodicity

土壌中に含まれる高濃度のNa^+。

アルカロイド　alkaloid
多くの維管束植物内に含まれる含窒素二次代謝産物の大きな化合物族。捕食者，特に哺乳類に対して防御物質となる。その中には，ストリキニンやアストロピンなどの毒素や，モルヒネやコデイン，アトロピン，エフェドリンなどの生薬成分が含まれる。また，興奮剤や鎮静剤も含まれる（たとえば，コカイン，ニコチン，カフェインなど）。

アルコール脱水素酵素（ADH）　alcohol dehydrogenase
アセトアルデヒドをエタノールに変える反応を触媒する酵素。

アルコール発酵　alcoholic fermentation
解糖経路由来のピルビン酸からエタノールと二酸化炭素を生成すると同時に，NADHをNAD^+へ酸化する代謝。酸素がなくともTCA回路を回すことができる。

***rcn1*変異体**　*rcn1* mutant
NPA中で根が曲がるシロイヌナズナの変異体で，NPAに高い感受性をもち，胚軸の伸長阻害やオーキシン放出を示す。*RCN1*遺伝子はタイプ2Aセリン/スレオニンプロテインホスファターゼの調節サブユニットをコードする。

RUB
低分子量ユビキチン関連タンパク質類。RUBに結合するタンパク質は一般に分解ではなく活性化される。

アレロパシー　allelopathy
植物が，その周囲の植物に有害な作用を及ぼす物質を体外へ放出すること。

アンシミドール　ancymidol（A-rest）
市販のジベレリン合成阻害剤。パクロブトラゾール同様，アンシミドールは小胞体上でのカウレンからカウレン酸への酸化反応をブロックする。

アンチセンスDNA　antisense DNA
センス鎖mRNAと相補鎖を形成し，その翻訳を阻害するアンチ鎖mRNAを転写する遺伝子のDNA.

アンチフロリゲン　antiflorigen
葉で生産され，茎頂分裂組織に輸送される非誘導性の仮定上のホルモン。ある種の長日植物の花成を非誘導条件下で抑制すると提唱されている。

アンチマイシンA　antimycin A
ミトコンドリアの電子伝達系鎖のIII複合体の特異的な阻害剤。

暗中断　night break
短時間の光照射で暗期を中断すること。それまでの全暗期を無効にしてしまう。

アンテナ色素　antenna pigment
葉緑素類とカロテノイド類はアンテナ複合体内に存在する色素群。

アンテナ複合体　antenna complex
光エネルギーを吸収し，それを反応中心複合体まで伝達する過程で協調的に機能する色素分子群。

アントシアニジン　anthocyanidin
アントシアニンから糖鎖が除かれて生じる有色のフラボノイド。

アントシアニン　anthocyanin
糖鎖をもつ有色のフラボノイド類。植物体の赤，ピンク，紫，青などの色の原因分子。

***EIN3*遺伝子**　*EIN3* gene
転写因子をコードするシロイヌナズナのエチレン応答遺伝子。***ein*突然変異体**を見よ。

***ein*突然変異体**　*ein* mutant
エチレン応答が遮断されたシロイヌナズナの変異体（*ethylene insensitive*）。

***EIN2*遺伝子**　*EIN2* gene
膜タンパク質をコードするシロイヌナズナのエチレン応答遺伝子。***ein*突然変異体**を見よ。

ERE
エチレン応答配列を見よ。

ERE結合タンパク質（EREBP）　ERE-binding protein
ERE（エチレン応答配列）に結合するタンパク質。

ESR
電子スピン共鳴を見よ。

***emf*突然変異体**　*emf* mutant
発芽直後に花成を行うシロイヌナズナの突然変異体（*embryonic flower*）。茎頂分裂組織は栄養体原基を形成せず，かわりに発芽過程でただちに花器官原基を形成する。

ELISA　enzyme-linked immunosorbent assay
酵素結合イムノソルベントアッセイ。抗体に結合した放射性同位元素または化学発光化合物を用いて組織抽出液中の低分子化合物（たとえばIAA）やタンパク質を非常に高感度で検出する方法。

***elf3*突然変異体**　*elf3* mutant
シロイヌナズナの開花時期変異体の一つ（*early flowering 3*）。

イオノホア　ionophore
イオンが脂質二重膜を横切ることを可能にする分子の一つ。担体とチャネルの二つのクラスがある。担体は，ヴァリノマイシンのように，特定イオンを包む籠のような構造をなし，二重膜内の疎水性領域を自由に拡散により通過する。チャネルは，グラミシジンのように，二重膜を貫通した親水性の孔をつくり，その中をイオンが自由に拡散できるようにする。

維管束　vascular bundle
篩部と木部の束。維管束形成層より分離され，しばしば維管束鞘により取り囲まれる。シュートに見られ，根の中心柱の維管束環に連続している。

維管束形成層　vascular cambium
紡錘形や放射形の幹細胞からなる側方分裂組織。放射状柔組織のように二次木部や篩要素のもとになる。

維管束鞘　bundle sheath
葉の小葉脈や茎の維管束を取り巻く，1またはそれ以上の層からなる高密度の細胞層。

維管束鞘細胞　bundle sheath cell
C_4植物の葉に存在し，C_3植物に存在しない葉緑体をもつ細胞。

維管束組織　vascular tissue
水の輸送（木部）と光合成産物の輸送（篩部）に特殊化された植物組織。

閾値　threshold
反応を誘発するために超える必要のある刺激の大きさ。

異質細胞　heterocyst
宿主の植物細胞内で，シアノバクテリアが窒素固定の嫌気環境をつくるため形成する特殊化した厚い細胞壁構造をもつ細胞。

EGTA　ethylene glycol-bis（β-aminoethyl ether）-*N,N,N′,N′*-tetraacetic acid
カルシウムイオンをキレートする化合物。細胞のカルシウム取り込みを阻害することにより，重力に応答しておこる根の重力屈性とオーキシンの不均等分布の双方を阻害する。

位相　phase
周期的（律動的）な現象において，前後の周期との関係において認識可能な周期上の点。極大値，極小値など。

イソ酵素　isozyme
構造が似ているが同一でなく，同じ触媒活性をもつタンパク質群。それぞれのイソ酵素は異なる機構で制御されることがある。

イソフラボノイド（イソフラボン）　isoflavonoid（isoflavone）
フラボノイドの中の抗菌活性をもつグループ。

イソプレン（2-メチル-1,3-ブタジエン）　isoprene（2-methyl-1,3-butadiene）
多くの植物から放出される，気体状の分岐した5炭素分子。イソプレン放出は，高温により葉が傷害を受けることを防ぐ。テルペン合成の基本となる5炭素構造をもつ。

一次応答遺伝子（「初期遺伝子」）　primary response gene（“early gene”）
発現制御過程にタンパク質の合成を必要としない遺伝子。光やホルモンなどのシグナルによってすばやく発現する。二次応答遺伝子を見よ。

一次細胞壁　primary cell wall
最初に形成される特殊化してない細胞壁。成長中の広範な植物細胞型において同様な分子構造を示す。乾燥重量の約85％が多糖類，10％がタンパク質からなる。

一次篩部　primary phloem
維管束植物の成長や形態形成の間に，前形成層から生じる篩部。

一次根　primary root
胚の根もしくは幼根の成長によって直接つくられる根。

一次能動輸送　primary active transport
ATP加水分解，酸化還元反応または光吸収のような直接的な代謝エネルギーと共役した輸送タンパク質による能動輸送。

一次分裂組織　primary meristem
胚発生の間に形成される分裂組織で，根とシュートの先端に存在する。**二次分裂組織**を見よ。

一次木部　primary xylem
維管束植物の成長や形態形成の間に，前形成層から生じる木部。

一重項酸素（$^1O_2{}^*$）　singlet oxygen
反応性が高く毒性の強い酸素で，励起クロロフィルと酸素分子との反応により形成される。細胞内の成分，特に脂質にダメージを与える。

位置情報　positional information
細胞の分化と組織形成の決定には，細胞の位置，細胞間の関係，さらにそれらの組合せが細胞の系譜以上に重要であるとする理論の中心概念。

一稔性老化　monocarpic senescence
1回の生殖周期の後に始まる植物体全体の老化。果実や種子の成熟とともに始まる。花を継続的に除去することで，老化を抑えることができる。

etr1 **突然変異体**　*etr1* mutant
シロイヌナズナのエチレン応答が遮断された優勢の突然変異体（*ethylene resistant 1*）。

遺伝子アクチベーター　gene activator
単独または他のタンパク質と協調して遺伝子発現を高めるタンパク質類。**転写因子**を見よ。

遺伝的腫瘍　genetic tumor
ある種の遺伝型の植物に自発的に生じる腫瘍。タバコ属で種間交雑を行うと，サイトカイニンが過剰に生産されるため，約10％の頻度で遺伝的腫瘍が現れる。

異方性的　anisotropic
方向により異なる力学特性を示す物体の性質。構成分子の配向や結合の偏りに起因することが多い。等方性的と対比される。

インドール　indole
トリプトファン非依存経路によるIAA生合成の前駆物質の一つ。

インドール-3-アセトアミド（IAM）　indole-3-acetamide
Pseudomonas savastanoi や *Agrobacterium tumefaciens* などの病原性細菌におけるIAAの生合成中間体。

インドール-3-アセトニトリル（IAN）　indole-3-acetonitrile
植物に存在する，三つのIAA合成経路の中の一つの中間代謝産物。この経路では，IANがニトリラーゼの働きによりIAAに変換される。

インドール-3-グリセロールリン酸　indole-3-glycerol phosphate
トリプトファン非依存経路によるIAA生合成の前駆物質の一つ。

インドール-3-酢酸（IAA）　indole-3-acetic acid
もっとも代表的な天然のオーキシン。IAAはイオン化しない状態では疎水性を示し，脂質二重膜を拡散により透過できるが，カルボキシル基が解離して陰イオンとなると，拡散だけでは膜を通過できない。生物活性をもつのは，拡散性のIAAである。共有結合により他の分子と結合すると不活性となる。

インドール-3-ピルビン酸（IPA）　indole-3-pyruvic acid
植物に存在する三つのIAA合成経路のうちの一つの経路の中間体の一つ。トリプトファンの脱アミノ基反応によって作られる。

in vitro
生体から切り離された「試験管内」で行う生物学の実験についていう。*in vivo* と対比される。

in vivo
無傷の生物体内。*in vitro* と対比される。

インベルターゼ　invertase
ショ糖をグルコースとフルクトースに加水分解する酵素。

ウレイド輸送植物　ureide exporter
熱帯産マメ科植物は，有害なアンモニアをアラントイン，アラントイン酸，シトルリンのようなウレイドに転換し，木部を通してシュートに輸送する。アミド輸送植物と対照をなす。

ARR
シロイヌナズナレスポンスレギュレーターを見よ。

永久凋萎点　permanent wilting point
たとえ蒸散による水分消失が止まっても，植物が膨圧を回復できずにしおれつづけるような土壌の水分含量（または土壌の水ポテンシャル）。

エイコサノイド　eicosanoid
哺乳類の炎症反応に関与する一群の化合物で，植物に存在するジャスモン酸に類似している。

HIR（高照射反応）　HIR (high irradiance response)
フィトクロム反応のうち，反応の強さがフルエンス（$J\,m^{-2}$）ではなく，放射照度（フルエンス速度）（$W\,m^{-2}$）に比例するもの。HIRsはLFRsよりも100培以上のフルエンスで飽和し，光可逆的でない。HIRsは相反則に従わない。

HSF
熱ショックタンパク質の転写の過程で働く特異的な転写因子。

HPtタンパク質　HPt protein (histidine-containing phosphotransfer protein)
ヒスチジン-アスパラギンリン酸リレーに関するタンパク質。

H^+輸送性ピロホスファターゼ（H^+-PPase）　proton pumping pyrophosphatase
ピロリン酸の加水分解エネルギーを用いて，水素イオンを液胞嚢やゴルジ体嚢の中へ輸送する起電性のポンプ。

hy **突然変異体**　*hy* mutant
白色光により胚軸の成長が抑制されないシロイヌナズナの突然変異体群。*hy* 突然変異体の中にはフィトクロムを合成できないものがある。

hy4 **突然変異体**　*hy4* mutant
cry1 **突然変異体**を見よ。

栄養欠乏領域　deficiency zone of nutrient
植物の成長低下が始まる臨界濃度以下の植物組織内無気栄養素の濃度。

栄養分欠乏領域　nutrient depletion zone
拡散が遅いため，栄養濃度が減少した根表面の周辺領域。

AHPs **遺伝子**　*AHPs* gene
膜局在の受容体から核までのサイトカイニンのシグナルの伝達に関わる，シロイヌナズナのセンサーヒスチジンキナーゼ。

axr1 **突然変異体**　*axr1* mutant
シロイヌナズナのオーキシン抵抗性突然変異体の一つで，重力屈性など多くのオーキシン応答性を欠損している。

alf **突然変異体**　*alf* mutant
側根の発生開始に関わるオーキシンの働きが異常となった一連のシロイヌナズナ突然変異体（*aberrant lateral root formation* mutant）。

腋芽（側芽）　axillary bud (lateral bud)
葉腋に生じる二次分裂組織。栄養分裂組織の場合は，栄養茎頂分裂組織に似た構造と発生能を備える。腋芽は花序では花を形成する。**側芽**を見よ。

液相抵抗　liquid phase resistance

葉の内部でCO_2拡散を低下させる抵抗，もしくは障害。葉肉細胞の細胞壁から葉緑体中の炭酸同化部位までの拡散抵抗。

液胞型H^+輸送性ATP加水分解酵素 vacuolar H^+–ATPase
多数のサブユニットからなる大きな酵素複合体でF_0F_1–ATPaseと類縁である。内膜系（液胞膜，ゴルジ膜）に存在する。液胞を酸性化し，液胞の内側（ルーメン）への多様な溶質の二次的輸送に必要なプロトン駆動力を形成する。

エクスパンシン expansin
細胞壁の応力緩和と細胞伸展を促進する細胞壁のゆるみに関与するタンパク質群。通常，酸性の至適pHをもつ。酸成長を引きおこすとされている。

壊死 necrosis
細胞死の一つのタイプ。

ACC 1–aminocyclopropane–1–carboxylic acid
エチレン生合成の直接の前駆体。

ACC合成酵素 ACC synthase
S–adenosylmethionine（AdoMet）からACCを合成する反応を触媒する酵素。

ACC酸化酵素 ACC oxidase
エチレン生合成の最終段階で，ACCをエチレンに変える反応を触媒する酵素。

壊死性傷害 necrotic lesion
細胞死がおきているが，そのまわりの細胞は生き残っている状態の器官内の傷害。

壊死斑 necrotic spot
葉組織内の死んだ細胞からなる小さな斑。たとえば，リンが欠乏したときの特徴として現れる。

***S*–アデノシルメチオニン** AdoMet

SAR
全身獲得抵抗を見よ。

***SAG*遺伝子** *SAG* gene
老化に関連する遺伝子で，老化期に発現が誘導される。

***SAUR*遺伝子** *SAUR* gene
ダイズにおいて，オーキシン処理により2～5分間以内に反応する一次応答遺伝子群。

***sln*変異体** *sln* mutant
エンドウにおいて，GA_{20}の濃度が異常に高くなる変異体。GAを不活性化するヒドロキシル化の低下による。

S型チャネル S–type channel
アニオンに対する開・閉チャネルの一種で，刺激の持続している間は開口したままである。

***SCR*遺伝子** *SCR* gene
シロイヌナズナの*SCARECROW*遺伝子で，胚，胚軸，主根や側根の組織形成や分化を調節する。

***scr*変異体** *scr* mutant
シロイヌナズナの変異体で胚軸と花部が重力屈性を示さず，内皮とデンプン鞘をもたない。

***STM*遺伝子** *STM* gene
シロイヌナズナの*SHOOT MERISTEMLESS*遺伝子。細胞の分化をおさえ，茎頂分裂細胞を未分化のままに保つ。機能するには茎頂前分裂細胞の形成が必要である。

***spy*変異体** *spy* mutant
シロイヌナズナにおいて，GAシグナル伝達に関わるネガティブレギュレーターの機能消失により背丈が構成的に高くなる突然変異体。

SUC2タンパク質 SUC2 protein
伴細胞の細胞膜に見られるショ糖–プロトン共輸送体。

SUT1タンパク質 SUT1 protein
篩要素の細胞膜で見い出された数個のショ糖–プロトン共輸送体の一つ。

エチオプラスト etioplast
黄化芽ばえに見られる光合成活性をもたない葉緑体。クロロフィルを合成せず，チラコイド形成や光合成に必要な酵素や構造タンパク質の大部分についても合成しない。プロラメラボディーとよばれる複雑に連結した管状の膜構造を含む。

エチレン ethylene
エチレンガス（$CH_2{=}CH_2$）は，アミノ酸のメチオニンからACCをへて合成され，植物ホルモンとしての機能をもつ。植物の成長と発生過程に重大な効果を示す。茎や根の伸長を促進または阻害する。生理条件や植物種によっては結実を促進し，ほとんどの種で，花成の抑制，花と果実の器官脱離を促進する。多数の遺伝子の転写を増加させる。**エチレン三重反応**を見よ。

エチレン応答配列 ethylene response element
エチレンにより制御される遺伝子内に存在し，転写制御に関わる塩基配列。

エチレン三重反応 ethylene triple response
ほとんどの双子葉植物の成長中の黄化芽ばえ，およびイネ科植物（コムギ，オートムギなど）の芽ばえの成長中の幼葉鞘と中胚軸がエチレンに応答して示す共通の三つの反応。すなわち，伸長速度の低下，肥大成長の促進，重力反応消失。

エチレン非感受性突然変異体 ethylene–insensitive mutant
エチレンに応答しない突然変異体群。シロイヌナズナでは，変異体と野生型とをエチレン存在化で育てると，エチレン三重反応を示す背の低い野生型の芽ばえの中から，変異体が突き出る。

XET活性 XET activity
エンド型キシログルカン転移酵素活性。

XTH
エンド型キシログルカン転移酵素/加水分解酵素を見よ。

ATI
オーキシン輸送阻害剤を見よ。

ADP/ATP輸送体 ADP/ATP transporter
ミトコンドリアの内膜を隔てたADPのATP対向輸送を触媒するタンパク質。

ADP/O比 ADP/O ratio
酸化的リン酸化におけるADP消費量と（1/2）O_2消費量の比。電子2個が酸素に伝達される際に合成されるATP分子数に相当する。

ATP結合カセット輸送体（ABC輸送体） ATP–binding cassette transporter（ABC transporter）
一群の能動輸送タンパク質で，特徴的な構造をもち，ATPの加水分解によるエネルギーで活性化され，膜を横切る有機化合物の輸送に関わる。

ATP合成酵素（ATPアーゼまたはCF_0–CF_1） ATP synthase（ATPase, CF_0–CF_1）
ADPとリン酸（P）からATPを合成する酵素。二つの部分，すなわち疎水性の膜結合領域（CF_0）とストロマに突き出た領域（CF_1）からなる。

エテフォン ethephon
エチレン放出化合物の一つ。2–chloroethylphosphonic acid．これを用いることにより，植物ホルモンであるエチレンガスを圃場レベルで散布が可能である。商品名はエスレル。

***NIT*遺伝子** *NIT* gene
ニトリラーゼをコードする遺伝子（*NIT1*～*NIT4*）の一つ。ニトリラーゼはIANをIAAに転換する。

***na*突然変異体** *na* mutant
エンドウの劣性突然変異体の遺伝子座で極度の矮性の表現型を示す。この変異体ではジベレリンの生合成が完全に妨げられており，GA_{12}–アルデヒドが生成しない。

NPA（1–*N*–ナフチルフタラミン酸） 1–*N*–naphthylphthalamic acid
オーキシンアニオンの細胞外への輸送体の非拮抗阻害剤。オーキシンの極性輸送を妨げる。

***nph1*突然変異体** *nph1* mutant
シロイヌナズナの突然変異体（*nonphototropic hypocotyl*）。青色光に依存した胚軸の光屈性と自己リン酸化がおきない。*nph1*変異体は遺伝的に*hy4*（*cry1*）変異体とは独立である。最近，*phototropin1*は*phot1*と改名された。

***npq1*突然変異体** *npq1* mutant
シロイヌナズナの突然変異体（*nonphoto-*

chemical quenching)。ビオラザンチンをゼアザンチンに転換する酵素を欠いている。青色光に特異的な気孔の反応を欠く，青色光に反応するという報告もある。

エネルギー転移　energy transfer
光合成の光反応の場合には，カロテンのような励起された分子から，クロロフィルのような分子への直接的なエネルギーの移動のことをいう。エネルギー転移は，クロロフィルからクロロフィルのように，化学的に同分子種間でもおこる。

***AP1*遺伝子**　*AP1* gene
シロイヌナズナの花序分裂組織のアイデンティティーの形成に関与する遺伝子の一つ。*APETALA1.*

ABA応答配列（ABRE）　ABA-response element
植物ホルモンの一つであるアブシジン酸（ABA）により制御される遺伝子群のプロモーター領域に存在する6塩基配列。

APS
アデノシン-5′-ホスホ硫酸を見よ。

ABCモデル　ABC model
花器官のホメオティック遺伝子群が，花の器官形成を制御するしくみに関する学説。このモデルによると，花を構成する各環域の器官アイデンティティーは3種類の遺伝子機能の固有の組合せにより決定される。

ABC輸送体　ABC transporter
ATP結合カセット輸送体を見よ。

***ap2*突然変異体**　*ap2* mutant
シロイヌナズナの*APETALA2*（*AP2*）ホメオティック遺伝子の変異は正常なら，がく片があるべき部位に雌ずいがつき，花弁がつくべき部位に雄ずいがつく。

***ABP1*遺伝子**　*ABP1* gene
*ABP1*タンパク質をコードする遺伝子。

ABP1タンパク質　ABP1 protein
オーキシン結合タンパク質。糖鎖をもち，ERに存在する。

***avr*遺伝子**　*avr* gene
植物の防御応答に関わるエリシターをコードする病原体に非感受性（avirulence）な遺伝子。

FAD
フラビンアデニンジヌクレオチドを見よ。

FMN
フラビンモノヌクレオチドを見よ。

F_0F_1ATP合成酵素　F_0F_1-ATP synthase
ミトコンドリア内膜に結合した多重タンパク質複合体の一つで，膜を横切ったプロトン通過と共役してADPとリン酸からATPを合成する。F_0の“0”は阻害剤であるオリゴマイシンに結合することを示す。光リン酸化過程でのCF_0CF_1-ATP合成酵素に似ている。

***MONOPTEROS*遺伝子**　*MONOPTEROS* gene
シロイヌナズナの遺伝子で，この遺伝子の突然変異体では胚軸と根の両方とも欠くが，子葉と茎頂分裂組織を有する実生ができる。

MCP
1-メチルシクロプロペン。エチレン受容体に結合する。エチレンに対する拮抗阻害剤。

mtDNA
ミトコンドリアDNA.

Aux/IAA遺伝子　Aux/IAA gene
オーキシンに応答して最初に発現する寿命の短い転写因子をコードし，後期オーキシン誘導遺伝子群の発現のリプレッサーまたはアクチベーターとしての機能をもつ。

エリシター　elicitor
病原菌由来の特異的な分子または細胞壁断片で，植物のタンパク質に結合し，病原菌に対する植物の防御応答シグナルを誘導するもの。

***Le*遺伝子**　*Le* gene
エンドウの茎の背丈が高くなる優性遺伝子座で，メンデルによって最初に研究された。この遺伝子は3β-ヒドロキシラーゼというGA_{20}をヒドロキシル化し，GA_1を生成する酵素をコードしている。

LEAタンパク質　LEA protein
乾燥条件で細胞膜を安定化させるタンパク質群。浸透圧ストレスに制御される遺伝子群にコードされている。種子が成熟過程にある脱水中の胚において初めて明らかにされた。

***le*突然変異体**　*le* mutant
エンドウにおいて矮性の表現型を示す劣性突然変異体である。この変異体では活性のあるジベレリンの生合成が妨げられ，矮性の表現型を示す。メンデルの矮性遺伝子。

***LHCB*遺伝子ファミリー**　*LHCB* gene family
光化学系IIのクロロフィル*a*/*b*結合タンパク質（CABタンパク質ともよばれている）をコードする遺伝子群。概日リズムとフィトクロムの両方によって転写レベルが調節されている。

***la*突然変異体**　*la* mutant
cry^{s}変異があるときにエンドウで生じる変異。ネガティブレギュレーターの機能不全によって，背丈が異常に高くなる構成的反応を引きおこす。***cry*^{s}突然変異体**も見よ。

LFR（低光量反応）　low fluence response
反応の大きさが低い光量子量範囲（1.0～1,000 μmol m^{-2} s^{-1}）で比例するフィトクロム反応。これらには古典的な赤色/遠赤外光の光可逆反応も含まれる。

***LFY*遺伝子**　*LFY* gene
シロイヌナズナの花芽分裂組織の特質を決める遺伝子。*LEAFY.*

***LUX*遺伝子**　*LUX* gene
発光反応を触媒するルシフェラーゼをコードするバクテリア遺伝子。形質転換植物において，解析しようとする遺伝子のプロモーターにつなぐことにより，その遺伝子の活性を視覚的に示すレポーターとして用いられる。**レポーター遺伝子**を見よ。

塩化　salinization
土壌中に無機物，特に塩化ナトリウムや硫酸ナトリウムなどが蓄積すること。しばしば，灌漑により引きおこされる。

塩ストレス　salt stress
過剰な無機物による植物に対する悪影響。

塩生植物　halophyte
塩土に自生し，その環境で生活環を完結する植物。非塩性植物と対比される。

塩耐性植物　salt-tolerant plant
高塩濃度の土壌において生育，あるいはよりよく生育することができる植物。**塩生植物**を見よ。

エンド型キシログルカン加水分解酵素（XEH）活性　xyloglucan endohydrolase activity
XTHの二つの機能の中の一つで，キシログルカン分子鎖をエンド型の様式で加水分解する酵素活性。

エンド型キシログルカン転移酵素/加水分解酵素（XTH）　xyloglucan endotransglucosylase/hydrolase
キシログルカン分子の主鎖をエンド型の様式で切断し，切断片を他のキシログルカンに転移する反応またはエンド型の様式で加水分解する反応の一方または双方を触媒する酵素群。

エンド型キシログルカン転移酵素（XET）活性　xyloglucan endotransglucosylase activity
XTHの二つの機能の中の一つで，キシログルカン分子鎖を切断し，その切断片を他のキシログルカン分子に転移し，分子のつなぎかえを触媒する酵素活性。

エントレインメント　entrainment
光や暗黒などの外因性の制御因子が，生物リズムの周期に影響し，同調させる効果。

塩分　salinity
土壌中の高濃度の塩（分）に関する用語。Na^+度と対照をなす。

***orp*突然変異体**　*orp* mutant
トウモロコシの突然変異体。トリプトファン生合成の最終段階を触媒する酵素が

不活性化され，トリプトファンがIAAに転換する反応が妨げられている。トウモロコシの*orange pericarp*（オレンジ色の果皮）変異体にちなんで名づけられた。

黄化　etiolation
植物を暗所で生育させること，また，そのときに生じる植物の形および成長のこと。暗所で生育させた芽ばえ（黄化芽ばえ，etiolated seedling）は胚軸と茎が長く伸び，子葉と葉は展開せず葉緑体も成熟しない。明所で生育させた太い緑色の芽ばえとまったく異なる，白くひょろ長い形状を示す。

応力緩和　stress relaxation
一次細胞壁ポリマー間の結合が選択的にゆるみ，これによりポリマーがたがいに滑り，同時に細胞壁の表面積を増加させ，細胞壁にかかる応力が低下する。

オキシインドール酢酸（OxIAA）　oxindole-3-acetic acid
IAAが酸化的に分解された最終産物。

オキシゲナーゼ　oxygenase
酸素分子（O_2）から酸素を直接有機化合物に添加する酵素群。ジオキシゲナーゼ，モノオキシゲナーゼを見よ。

オーキシン　auxin
IAAと同一，または類似の生物活性をもつ化合物。単離した幼葉鞘や茎の組織片で細胞伸長や，サイトカイニンが共存する際のカルスの細胞分裂，茎の切り口からの側根形成，果実の単為結実，エチレン生成などを促進する。

オーキシン応答ドメイン（AuxRD）　auxin response domain
複数のAuxERからなるオーキシンに応答性のプロモーター配列。

オーキシン応答配列（AuxRE）　auxin response element
オーキシン応答性転写因子の結合に必要で，転写の制御に関わるシス配列。

オーキシン誘導性プロトン放出　auxin-induced proton extrusion
オーキシンによる既存の原形質膜局在型H^+-ATPaseの活性化と，H^+-ATPaseの新規合成の促進の双方によりプロトン放出速度が増加すること。

オーキシン輸送　auxin transport
エネルギーを必要とする方向性をもったオーキシンの移動。シュートの頂端から根の先端へ移動した後，根の先端から根の基部へ戻る。膜電位（ΔE）により起動されるタンパク質を介した細胞内からのオーキシン流出と，総プロトン駆動力（ΔE）により起動される細胞内へのオーキシン流入の二つの過程からなる。

オーキシン輸送阻害剤（ATI）　auxin transport inhibitor
オーキシンの極性輸送を阻害する化合物の総称。通常，細胞からのオーキシンの排出（エフラックス）を阻害する。NPA，TIBAを見よ。

オートラジオグラフィー　autoradiography
放射性アイソトープを取り込ませた個体や細胞，電気泳動ゲルやクロマトグラム写真フィルムや写真用エマルジョンなどを用いて放射性同位元素の局在を決める方法。

オピン（オパイン）　opine
クラウンゴール腫瘍にのみ存在する窒素含有化合物。これらの合成に必要な遺伝子は，アグロバクテリウム（*Agrobacterium tumefaciens*）のTiプラスミド内のT-DNAにおいてのみ見つかっている。アグロバクテリウムはオピンを窒素源として利用できるが，高等植物の細胞にはできない。

オリゴガラクツロナン　oligogalacturonan
植物細胞壁の分解により生じるペクチン断片（10～13残基）で，多くの防御反応を引きおこす。正常な細胞の成長や分化にも機能している可能性がある。

オリゴサッカリン　oligosaccharin
植物細胞壁の分解で生じる断片で，植物の形態形成や防御にシグナルとして影響を与える化合物。

オリゴマイシン　oligomycin
F_0F_1 ATP合成酵素の特異的阻害剤。

オレオソーム　oleosome
ふつうは見られない単層のリン脂質膜によって仕切られたオルガネラで，トリアシルグリセロールを貯め込む。

温室効果　greenhouse effect
大気の二酸化炭素その他の気体が，長波長の放射線（赤外線）を吸収することによりおこる地球の気候の温暖化。長波長の放射線が温室のガラス屋根を通過し，温室内の放射線が熱振動に変わると，熱はガラス屋根を通過できないために温室内が暖まることから用いられるようになった用語。

温度補償点　temperature compensation point
ある一定時間内に，光合成によって固定されたCO_2量と呼吸により放出されたCO_2量が等しくなる温度。

外衣層　tunica layer
茎頂分裂組織の外側の細胞層。もっとも外側の層はシュートの表皮を形成する。

介在分裂組織　intercalary meristem
イネ科植物に見られるように，茎や葉の先端ではなく基部にある分裂組織。

概日リズム　circadian rhythm
外界からの刺激と無関係に高低周期を示す生物活動で，約24時間の規則的な周期をもつ（ラテン語の*circa diem*：about a day）。

外生菌根菌　ectotrophic mycorrhizal fungi
根の周囲および土壌に広がる，菌糸からなる厚い層（菌鞘）のこと。この菌の菌糸は根の皮層細胞の間には侵入できるが，細胞内には侵入できない。

解糖　glycolysis
グルコースが部分的に酸化され，2分子のピルビン酸を生成する一連の反応。少量のATPとNADHが生成する。

カイネチン　kinetin
元々はオートクレーブしたサケの精子DNAから単離された物質で，著しく細胞分裂を促進する。天然のサイトカイニンとは異なる。化学的には，アデニン（アミノプリン）の誘導体である，6-フルフリルアミノプリン。ゼアチンを見よ。

外皮　exodermis（hypodermis）
成熟した根の，皮層細胞層の外側の水透過性の低い層。

外膜　outer membrane
ミトコンドリアまたは葉緑体の外膜。

海綿状組織　spongy mesophyll
不ぞろいな形をした葉肉細胞で，柵状組織の下側に形成され，周囲を空気間隙により囲まれている。

化学浸透圧機構　chemiosmotic mechanism
光化学系IIとIの間の電子伝達過程により，チラコイド膜の両側にできるプロトンの電気化学ポテンシャルが，ATP合成などのエネルギーを必要とする細胞内過程の駆動力として利用される分子機構。この機構は，ミトコンドリアでの呼吸や原形質膜においても機能している。

化学ポテンシャル　chemical potential
物質のもつ自由エネルギーのうち，仕事を行う過程に利用可能なもの。

化学ポテンシャル勾配　chemical-potential gradient
与えられた空間内の二つの点での，ある物質の1モルあたりの自由エネルギーの差。物質の自発的な動きは，その物質の化学ポテンシャル勾配を下るように進む。

化学量論　stoichiometry
化学反応の間に消費された反応物と生成した産物との間の量的な関係。

花芽刺激　floral stimulus
光周期により葉から茎頂分裂組織に伝達されるシグナル。フロリゲンを見よ。

花芽転換　floral reversion
花芽分裂組織から栄養分裂組織または花序分裂組織への転換。その結果，茎葉または花序は，花器官を形成することなく成長する。

花芽分裂組織　floral meristem
花（生殖）器官であるがく片と花弁，雄

ずい，雌ずいをつくる。栄養分裂組織から直接形成される場合と，花序分裂組織をへた後に形成される場合とがある。

花器官ホメオティック遺伝子　floral homeotic gene
花の各器官の位置とアイデンティティーを決めるうえで鍵となる調節遺伝子群

拡散　diffusion
ランダムな熱振動により，高い自由エネルギー（高い濃度）から低い自由エネルギー（低い濃度）の方向へ物質が移動すること。

拡散係数（$\boldsymbol{D_s}$）　diffusion coefficient
ある物質sがある特定の媒体内を移動する際の，移動しやすさの尺度となる比例係数。この係数は物質と媒体に固有である。

拡散抵抗　diffusional resistance
境界層と気孔により葉と外界との間の空気の自由拡散が受ける抵抗

拡散電位　diffusion potential
反対の電荷（たとえばK^+とCl^-）をもつ溶質の膜透過性が異なる結果生じる，半透膜を横切って発生する電位（電圧）差。

核分裂　nuclear division
有糸分裂。または減数分裂。細胞質分裂と区別される。

がく片　sepal
花のもっとも外側を形成する緑色の葉のような構造。つぼみでは，花の部分を囲い保護する。

隔膜形成体　phragmoplast
微小管，膜，小胞の集合体。有糸分裂後期の後半から終期の前半の間に形成され，細胞板の形成に至る小胞の融合に先立って現われる。

果実　fruit
被子植物の場合には，種子およびそれに付随する構造を含む，一つまたは複数の成熟した子房。

過剰発現　over-expression
ある特定の遺伝子を遺伝子工学の技術で作り換え，手を加えていない場合よりも発現量を上昇させること。

花序分裂組織　inflorescence meristem
ほう葉と，ほう葉の腋に花芽分裂組織を形成するとともに，葉腋に茎生葉と花序分裂組織を形成する。しかし直接，花器官を形成しない。

加水分解性タンニン　hydrolyzable tannin
没食子酸などのフェノール酸と糖類が重合したタンニン。弱酸で加水分解される。

ガスクロマトグラフィー（GC）　gas chromatography
カラム内の不活性固定相とその表面を流れる不活性気体相の両者に対する親和性の違いに基づいて，混合物である試料内の化合物を分離，定量する方法。

カスケード　cascade
ある相互作用の結果生じる分子が次の相互作用を引きおこすといった方式で，つながった相互作用の連鎖。初期作用の増幅を含むような一連の相互作用である。

カスパリー線　Casparian strip
内皮の細胞壁内の帯状領域で，ワックス様の疎水性物質であるスベリンを含む。内皮細胞から木部への水や溶質の移動を阻止する役目をもつ。

花成惹起　floral evocation
頂端分裂組織が花器官を形成し，それ以外に分化しないようにする茎頂で進行する過程のこと。

花柱　style
心皮の中央部の細く伸びた部分。

活性酸素分子種　reactive oxygen species
毒性のある酸素の形態で，スーパーオキシドアニオン（O_2^-），過酸化水素（H_2O_2），ヒドロキシルラジカル（$\cdot OH$）などがある。感染部位の細胞の近傍において生成し，過敏感反応に先立っておきる。

仮道管　tracheid
水を通過させる紡錘状の細胞で，先の細くなった両端と貫通した穴のない窪んだ細胞壁をもっている。被子植物と裸子植物の両方の木部で見られる。

カナバニン　canavanine
タンパク質の成分となるアミノ酸であるアルギニンによく似ているが，タンパク質の成分とならない有毒なアミノ酸。

過敏感反応　hypersensitive response
微生物の感染後によくおこる植物の防御反応で，感染を受けた細胞に接する周囲の細胞が急激に死ぬことにより，病原体への栄養供給を絶ち，病原体が蔓延することを防ぐ。

花粉　pollen
種子植物の葯で作られる小さな細胞（小胞子）。半数体雄性核をもち，花粉管発芽後胚珠内の卵と受精する。

過分極　hyperpolarization
静止状態での膜電位は，原形質膜を隔てて，通常は外部に対して内部が負となっている。この内部の負の電位（mV）がさらに増加すること。

花弁　petal
基部をがく片によって取り囲まれたあざやかな明るい色の花の構造。**がく片**，**雄ずい**と**心皮**を見よ。

花蜜　nectar
ある種の花の特殊化した腺で作られる甘い液体で，受粉媒介者としての昆虫を誘引する。アミノ酸や窒素源を含むことがある。

花蜜ガイド　nectar guide
花弁に見られる対称形の縞，斑もしくは同心円などのパターン。フラボノールや他の化合物によって作られる。受粉媒介者の昆虫を引きつけ誘引する。

カルス組織　callus tissue
植物の組織培養内で未分化の細胞が無秩序に成長してできる組織。

カルデノライド　cardenolide
ステロイド系グリコシド類の化合物で，苦みをもち，動物のNa^+ K^+-活性化ATPaseに対して非常に毒性を示す。ヒトの心不全の治療薬として，ジギタリス（*digitalis*）より精製される。

カルビン回路　Calvin cycle
二酸化炭素を炭水化物に変換する生化学経路。次の三つの段階からなる。
（1）Rubiscoに触媒される，大気の二酸化炭素を用いたリブロース-1,5-二リン酸のカルボキシル化。
（2）3ホスホグリセリン酸キナーゼとNADPグリセルアルデヒド-3-リン酸脱水素酵素による，生成した3ホスホグリセリン酸のトリオースホスホリン酸への還元。
（3）10段階の酵素反応の連携を通したリブロース-1,5-二リン酸の再合成。

カルボキシル化　carboxylation
カルボキシラーゼの触媒作用により，二酸化炭素と有機化合物内の炭素原子間に炭素-炭素結合を形成すること。

カルモジュリン　calmodulin
全真核生物間でよく保存されているカルシウム結合タンパク質で，カルシウムを介した多くの代謝制御に関わる。

カロース　callose
原形質膜上で合成され，細胞壁と原形質膜の間隙に分泌されるβ-1,3グルカン。傷害やストレスに対する応答反応として，あるいは正常な発生過程の一環として，篩部や花粉管で合成される。

カロテノイド　carotenoid
平面内にジグザグに配置された立体構造をもつ直鎖状ポリエンで，共役二重結合系（$-CH=CH-CH_3=CH-$）の繰り返し構造をもつ。

還元　reduction
電子や水素原子が基質に付加される化学的過程。

還元的ペントースリン酸（RPP）回路　reductive pentose phosphate cycle
カルビン回路を見よ。

還元糖　reducing sugar
酸化されやすいアルデヒドやケトン基をもつ糖。グルコースやフルクトースなど。

幹細胞　stem cell
分裂組織においてゆっくり分裂する始原

細胞で，どの細胞に分化するかが決定されておらず，すべての細胞のもととなる。細胞分裂がおきると一つの娘細胞は幹細胞のままであるが，もう一つは特定の発生経路に入る。

環状除皮 girdling
樹幹の樹皮を環状に除去して，維管束系を遮断すること。

管状要素 tracheary element
木部の水を輸送する細胞。

冠水感受性 flooding-sensitive
根が冠水による24時間の酸素欠乏条件により著しく損傷を受ける植物についていう。

冠水耐性 flooding-tolerant
一時的な酸素欠乏条件に耐えることができるが，数日以上にわたって耐性がない植物についていう。

完全花 perfect flower
雄（雄ずい）と雌（雌ずい）の構造をもっている花。雌雄同花。

感染糸 infection thread
根毛の細胞膜が管状に内部に伸びたもので，それを通して根粒菌（rizobia）が根の皮層に進入する。

乾燥待避 drought escape
乾燥期が始まるまでの湿潤の間に成長し，生活環を完了する植物の能力。

乾燥忌避 drought avoidance
脱水耐性を見よ。

乾燥重量 dry weight
乾燥後の組織の重量。成長の尺度としてよく使われる。生重量を測定する際に問題となる水分含量のばらつきをなくすことができる。

乾燥抵抗 drought resistance
水欠乏の影響を制限したり，調節したりする植物の能力。その機構には脱水延期や脱水耐性が含まれる。

寒天ブロック agar block
植物組織に載せてオーキシンを投与したり，集めたりするのに用いられる，寒天で作った半固体の立方体。オーキシンの極性輸送の研究に用いられる。

気化の潜熱 latent heat of vaporization
ある一定温度で，分子が液相から遊離し気化するのに必要なエネルギー。

奇形腫 teratoma
部分的に発生・分化の進んだ構造をもつ腫瘍。T-DNAの遺伝子座*tmr*の変異は根の異常な細胞分裂による奇形腫を生じた。

気孔 stoma（複数形は，stomata）
葉の表皮に存在する微小な開口部で，一対の孔辺細胞に囲まれる。植物種によっては，副細胞も含まれる。気孔は開口部の大きさを調節することにより，葉のガス交換（水とCO_2）を制御する。

気孔（穴） stomatal pore
表皮を通して葉の内部に通じる開口部。一対の孔辺細胞により取り囲まれている。

気孔運動 stomatal movement
気孔の開・閉のこと。孔辺細胞の膨圧変化による。

気孔開度 stomatal aperture
葉の表皮における気孔開口部の大きさのことで，この開口によってガスは葉の内部空間を出入する。

気孔腔 substomatal cavity
葉の中の空気間隙のことで，その方向に向かって気孔が開口する。気孔腔は葉肉細胞により区切られる。

気孔コンダクタンス stomatal conductance
気孔を介した水とCO_2の流れの大きさ。気孔抵抗の逆数。

気孔抵抗（r_s） stomatal resistance
気孔を介したガスの自由拡散の制限の度合い。気孔コンダクタンスの逆数。

気孔複合体 stomatal complex
孔辺細胞，副（助）細胞，気孔，これらが一緒になったもので，葉の蒸散を調節する。

凝集力説 cohesion-tension theory（cohesion theory）
道管液が上昇することに関する説。茎の先端部の葉から水が蒸散することが水の張力（負の静水圧）を生み出し，その力が，道管内の長い水柱を引き上げるとする説。

キシログルカン xyloglucan
β-D-グルコース残基がβ-1→4結合で直鎖状につながった主鎖に，キシロース，ガラクトース，それに時にはフコースなどからなる短い側鎖をもつヘミセルロース（架橋性多糖）。大部分の被子植物の一次細胞壁でもっとも多量に存在するヘミセルロース。イネ科植物にも存在するが，量は少ない。

キナーゼ kinase
ATPのリン酸基を他の分子に転移する触媒活性をもつ酵素。**プロテインキナーゼ**を見よ。

キネマティクス kinematics
流動性粒子の運動と流体がうける形状変化に応用される概念と数値的方法。分裂組織の成長を解析するのに用いられる。

キノン quinone
低分子の非極性分子であり，膜の非極性領域内を容易に拡散し，還元されヒドロキノンになる。

基部細胞 basal cell
胚形成の過程で，受精卵の第一分裂により生まれる二つの細胞の中，液胞の発達した大きい方の細胞のこと。胚柄になる。

基部 basal
器官のより植物体の中心に近い側のことをいう。軸の頂端の他端。

基本分裂組織 ground meristem
将来，表皮系と維管束系以外の組織となる分裂組織。シュートでは皮層と髄，根と胚軸では内皮をつくる。

キャビテーション cavitation
道管内の小さな気泡が大きく膨張することによりおこる水柱の張力の崩壊。

キャリア carrier
溶質分子に結合し，立体配座変化をおこし，溶質分子を膜の反対側に放出する膜輸送タンパク質。

キャリア仲介性輸送 carrier-mediated transport
キャリアにより行われる溶質の能動的，または受動的な輸送。

求基的 basipetal
茎や根の頂端から基部（すなわち，茎と根のつけね）に向かうこと。

求基的輸送 basipetal transport
茎と根のそれぞれの頂端分裂組織から個体の中心部に向かう輸送。

吸収スペクトル absorption spectrum
物質が光のエネルギーを吸収する量を光の波長に対してプロットしたグラフ。

球状型胚 globular stage embryo
胚発生の最初の段階。放射相称ではあるが発生上は均一ではない球状の細胞集団で，受精卵の同期分裂により生まれたもの。**心臓型胚**，**魚雷型胚**を見よ。

求頂的 acropetal
茎や根，葉などの器官の基部（中心部）から先端へ。

休眠 dormancy
通常の生育環境条件下にありながら，成長がおこらない生理状態。

Qサイクル Q cycle
プラストヒドロキノンの酸化を伴う電子とプロトンの流れを表す機構。二つの電子のうち一つは非循環型電子伝達鎖に沿い光化学系Iに流れ，もう一つの電子はチラコイド膜を介したプロトン放出の数を増加させる循環過程に使用される。

境界規定遺伝子 cadastral gene
花器官決定遺伝子類の発現領域を定めることにより，その発現場所の制御に関わる遺伝子のこと。

境界層 boundary layer
葉の表面の薄い空気。この空気層の厚さは，水蒸気拡散の抵抗に比例する。

共生 symbiosis

たがいに利益を得る，あるいは片方が利益を得る関係にある2種類の生物の密接な共存状態。しばしば，相互に利益のある（mutualistic）関係に使われる。

共生体　symbiont
共生関係にある2種類の生物のどちらか一方。相互に利益を得る場合とそうでない場合がある。

共鳴移動　resonance transfer
非放射性の，励起分子から他の分子への分子間エネルギー移動。例としてアンテナ複合体から反応中心へのエネルギー転移があげられる。

共役　coupling
自由エネルギーを放出する化学反応と自由エネルギーを吸収する化学反応とが連動している反応系。

共輸送　cotransport（symport）
2種類の溶質を同じキャリアにより同時に輸送すること。通常，一方の溶質は化学ポテンシャル勾配を降りながら動き，もう一方の溶質は勾配に逆らって昇る。**対向輸送**を見よ。

共輸送　symport
二つの物質が膜を介して同じ方向に輸送される二次的能動輸送の型。

共輸送体　symporter
共輸送に関与するタンパク質の輸送体。

魚雷型胚　torpedo stage embryo
胚発生の3段階め。心臓型胚の軸伸長により形成された構造で，子葉のさらに発達した構造。**球状型胚**を見よ。

キレート　chelate（chelator）
2価の陽イオンと結合する化合物質の総称（たとえば，EGTA）。また，陽イオンと複合体を形成し，植物体内へのイオンの取り込みを促進する天然の化合物（たとえば，リンゴ酸，クエン酸）。

菌根　mycorrhizae（単数形はmycorrhiza，ギリシア語の「菌」と「根」が由来）
ある種の菌と植物根が相利共生関係にある群集。根からの無機栄養の取り込みを促進させる。

菌糸　hypha（複数形は，hyphae）
カビの微細なチューブ状の繊維。

菌糸体　mycelium
菌類の体を形づくる菌糸の塊。

空間的　spatial
空間に属すること。ある物質が空間に分布した形。

クェルセチン　quercetin
内在性のフラボノイド化合物でオーキシン流出を抑えることにより，オーキシン輸送を阻害あるいは調節すると考えられる。

クエン酸回路（クレブス回路，トリカルボン酸回路）　citric acid cycle（Krebs cycle, tricarboxylic acid cycle）
ミトコンドリアのマトリックス内に局在する回路反応で，ピルビン酸を酸化して二酸化炭素とATP，NADHを生成する。

クエンチング（消光）　quenching
光により励起されたクロロフィルに蓄積されたエネルギーが，励起移動や光化学反応により急速に散逸される過程。

クタン　cutan
長鎖炭化水素が重合してできた脂質高分子で，クチクラの構成成分。**クチン**を見よ。

クチクラ　cuticle
表皮の外側の細胞壁を覆う多層構造で，植物体と外界との間の水や気体の出入りを制限している。クチン，クタン，ワックスを含む。

クチン　cutin
ヒドロキシル基をもつ脂肪酸が，たがいにエステル結合で架橋しあいながら立体的に重合した強固な高分子。クチクラの主要な構成成分。

屈曲試験　curvature test
オートムギの幼葉鞘の片側にオーキシンを含む寒天片を載せ，その屈曲角よりオーキシン濃度を測定する生物検定法。

屈性　tropism
植物の方向づけられた成長。光，重力，接触などの方向性のある刺激に対する反応。

クマリン　coumarin
フェニールプロパノイド化合物群の中の一つのグループで，光毒性（肌につけて光に当たると炎症をおこす）をもつフラノクマリン類やまぐさの臭いの原因となる化合物が含まれる。

組合せモデル　combinatorial model
トウモロコシのシュートが成熟していく過程では，独立に制御される個別の発生プログラム（幼期，成熟期，生殖期など）が，それぞれオーバーラップしながら共通の発生過程を制御しているという仮説。

クラウンゴール　crown gall
腫瘍をつくる植物病で，土壌に棲息する土壌細菌*Agrobacterium tumefaciens*が，茎や幹の傷口から感染することによりおこる。また，その病気によって生じる瘤。

グラナラメラ　grana lamellae
葉緑体内の積み重なり合ったチラコイド膜。それぞれの積み重なりをグラナラメラとよび，重なりのない一層のチラコイド膜からなる領域をストロマラメラという。

クランツ構造　kranz anatomy（kranz；ギリシア語で花輪もしくは光輪）
大きな維管束鞘細胞の層を環状の葉肉細胞が取り囲む配列構造。維管束を同心円状の二層の光合成組織が取り囲んでいる。この構造的特徴はC_4植物の葉に典型的に見られる。

グリオキシソーム　glyoxysome
油脂を多量に含む種子の貯蔵組織で見られるオルガネラの一つで，脂肪酸の酸化が行われる。ミクロボディーの一種。

グリオキシル酸回路　glyoxylate cycle
グリオキシソーム内で，2分子のアセチルCoAをコハク酸に変える一連の反応。

グリシン酸化　glycine oxidation
光呼吸による炭素サイクルの一部で，ミトコンドリアのマトリックス内でグリシンがセリンに変わるとともに，NADHとCO_2，NH_4^+が生成する反応。

クリステ　cristae
ミトコンドリア内膜がひだ状にマトリックス内に突出している構造。電子伝達系と酸化的リン酸化に関わる酵素群が局在する。

グリセロ脂質　glycerolipid
生体膜の脂質二重層を構成する極性脂質。

グリセロ糖脂質　glyceroglycolipid
グリセロ脂質のうち，糖が極性の頭部を構成しているもの。グリセロ糖脂質は葉緑体膜にもっとも多く存在する。

グリセロリン脂質　glycerophospholipid（phospholipid）
極性の頭部にリンが含まれるグリセロ脂質のこと。光合成組織以外の細胞ではもっとも重要なグリセロ脂質。

クリプトクロム　cryptochorome
茎の伸長抑制に関与しているフラビンタンパク質。青色光受容体またはその情報伝達経路の中間体として機能していると考えられている。

クリマクテリック　climacteric
エチレンに反応して成熟する果実や切除された葉や花の成熟の開始時に見られる顕著な呼吸の上昇。

グルコシノレイト　glucosinolate（mustard oil glycoside）
分解すると揮発性物質を遊離する植物の配糖体類。遊離された揮発成分は，草食動物への防御反応となる場合がある。また，ブリッコリー，キャベツ，その他のアブラナ科植物の芳香の原因となる。

グルタチオン　glutathione
同化された硫黄が葉からタンパク質合成の場であるシュートや根，果実へ移送されるときの分子形態。根での硫酸イオンとシュートでの硫酸イオンの同化を調和させるシグナル分子。

グルタミン酸合成酵素　glutamate synthase
グルタミンのアミノ基を2-オキソグル

タル酸に転移し，2分子のグルタミン酸を生成する酵素。グルタミン：2-オキソグルタル酸アミノ基転移酵素（GOGAT）ともいう。

グルタミン酸脱水素酵素（GDH） glutamate dehydrogenase
窒素固定の過程で，グルタミン酸の合成と脱アミノの二つの可逆反応を触媒する酵素。

クレブス回路 Krebs cycle
クエン酸回路を見よ。

クロロシス chlorosis
植物体の基部の齢の進んだ葉が黄色くなること。長期にわたる窒素元素不足に特徴的な兆候。

クロロフィラーゼ chlorophyllase
クロロフィル分解の過程で，クロロフィルからフィトールを除く酵素。

クロロフィル chlorophyll
光合成で働く光を吸収する緑色色素類。

クロロフィル *a/b* アンテナタンパク質 chlorophyll *a/b* antenna protein
集光性タンパク質複合体を見よ。

蛍光 fluorescence
光を吸収した後，吸収した光よりも若干長い波長（低いエネルギー）の光を放射する現象。

形質転換植物 transgenic plant
遺伝子工学技術により外来遺伝子を導入した植物。

形成層（維管束形成層） cambium (vascular cambium)
木部と篩部の間に存在する分裂細胞の層で，維管束組織を形成し，茎や根の側方成長（二次成長）を引きおこす。

茎頂 shoot apex
頂端分裂組織ともっとも新しい葉原基（頂端分裂組織に由来する器官）から構成される。

茎頂分裂組織 shoot apical meristem
シュート先端の分裂組織。外皮層，中心帯，周辺帯，髄状領域からなる。

桂皮酸 cinnamic acid
多くのフェノール化合物の生合成過程で鍵となる中間体であるフェニルアラニン由来のフェニルプロパノイドの一つ。

結果，結実 fruit set
受粉の後の果実の成長の開始。

結晶性 crystalline
高度に規則的で，かつ繰り返しのある幾何学的構造をもつ固体を表す。

決定 determination
植物体またはその部分が，それまで置かれていた物理的あるいは生物的な状況から隔離されても，されなくても，ある特定の発生過程が進む場合，その発生過程は決定されているという。

ゲート gate
チャネルの構造領域の一つ。電位の変化やホルモンの結合，光などの外部からのシグナルに応答してチャネルの開閉を行う。

ゲラニルゲラニルニリン酸（GGPP） geranylgeranyl diphosphate
ジベレリン合成の前駆体の一つ。

ゲル gel
高度に水和し，分散した長鎖の高分子の網状構造。通常，液体と固体の中間の粘弾性を示す。

原基 primordia
茎頂分裂組織に局在する領域。高い細胞分裂能をもち，たとえば葉のように，特定の細胞の形成へと進む。

原形質 protoplasm
古典的には，すべての細胞の生きている物質の意味。細胞膜，すべての活性のあるオルガネラ，種々の物質，生命維持に必要な過程で，細胞膜の内側にあるもの。

原形質分離 plasmolysis
細胞が高張液（低い水ポテンシャル液）に置かれたときの原形質の収縮。水分を失い，細胞壁から分離する。

原形質連絡 plasmodesmata（単数形は，plasmodesma）
細胞壁を貫通して，隣接する細胞と連絡する膜に並んだチャネル。細胞質とデスモチューブルとよばれる小胞体由来の中心桿体で満たされている。シンプラストを通して細胞から細胞への分子の移動を可能にする。孔の大きさはチャネルの内側表面に並んだ球状タンパク質によって制御され，デスモチューブルはウイルスと同じ大きさまでの小胞を通過させる。

原根層 hypophysis
種子植物の胚発生では基部細胞のもっとも頂端細胞に近い細胞のことで，胚形成で役割を担い，将来は根端分裂組織の一部になる。

原糸体 protonema（複数形は，protonemata）
コケの胞子が発芽によって作り出す，藻類のような繊維状のコケ細胞。

限定要因 limiting factor
どのような生理学的な過程においても存在する，全体の速度を制限する要因。たとえば，葉における光合成は，光または周囲のCO_2濃度により制限される。

顕熱損失 sensible heat loss
葉の表面から葉のまわりの循環空気への熱消失。空気の温度より葉の表面温度が高い状況下でおこる。

光化学 photochemistry
非常に速い化学反応で，分子自身によって吸収される光エネルギーが化学反応を引きおこす。

光化学系 photosystem
葉緑体内の機能単位で光エネルギーを捕集し，電子伝達に力を与えATP合成に用いられるプロトン駆動力を生み出す。

光化学系 I（PSI） photosystem I
遠赤外光（700nm）に吸収極大をもつ光反応システムで，プラストシアニンを酸化し，フェレドキシンを還元する。

光化学系 II（PSII） photosystem II
赤色光（680nm）に吸収極大をもつ光反応システムで，水を酸化しプラストキノンを還元する。遠赤外光下ではほとんど機能しない。

厚角組織 collenchyma
不均一に肥厚したペクチンを豊富に含む一次細胞壁をもつ特殊化した柔細胞からなる組織。茎や葉の成長する部分を支持する働きをもつ。

後期遺伝子 late gene
二次応答遺伝子を見よ。

光合成 photosynthesis
水とCO_2を用いて，光合成色素によって光エネルギーを化学エネルギーに変換し，炭水化物を生成する反応。

光合成光量子束密度（PPFD） photosynthetic photon flux density
光量子の数に基づいた（$mol\ m^{-2}\ s^{-1}$）光合成に有効な光。

光合成産物 photosynthate
光合成の炭素を含んだ産物。

光合成電子伝達 photosynthetic electron transport
光で励起されたクロロフィルと水の酸化から生じた電子が，PSIIとPSIを通して最終的電子受容体である$NADP^+$まで流れる過程。

光合成有効放射（PAR） photosynthetically active radiation
光合成色素によって吸収される波長に相当する400～700nmの範囲の光。

光呼吸 photorespiration
大気中のO_2を取り込むと同時にCO_2を放出する反応で，光照射葉でおこる。分子状酸素がルビスコの基質として働き，生成した2-ホスホグリコール酸が光呼吸炭素酸化サイクルに入る。この回路の活性によって，2-ホスホグリコール酸中の炭素のいくつかは回収されるが，一部は大気中に失われる。

交差連絡（吻合） anastomosis（複数形は，anastomoses）
直接連結していないシンク組織とソース組織の間をつなぐ，維管束を介した経路。

向軸 adaxial

軸に対して，その中心に向かう側性器官の面。葉では上面。背軸と対比される。

向日性　heliotropism
植物の葉が，太陽に向かって，または太陽を避けて動くこと。

光周期　photoperiod
植物が一日あたり，光または暗黒にさらされる時間の量。開花や結実を含む生殖成長，もしくは栄養成長のさまざまな側面を制御していると考えられる。

光周性　photoperiodism
昼と夜の持続時間と時期に対する生物応答。一年の特定の時期に反応をおこすことができる。

光周性誘導　photoperiodic induction
光周期によって制御される過程で，葉で生じ，シュートの先端に花をつける刺激を伝達する。

合成オーキシン　synthetic auxin
オーキシン活性をもつ物質で植物では合成できないものをいう。たとえば，2,4-DやNAAがある。IAAほどすぐには植物体内では分解されないため，しばしば除草剤として用いられる。

構成的　constitutive
必要のいかんにかかわらず，常時存在するか，あるいは発現していること。特定のタンパク質が合成されつづけていることをいう。誘導的と対比される。

構成的エチレン応答突然変異体　constitutive ethylene response mutant
外部よりエチレンを投与しなくともエチレン三重反応を示す突然変異体。***ctr*突然変異体**を見よ。

抗凍結タンパク質　antifreeze protein
水溶液に熱ヒステリシスの性質を与えるタンパク質類のこと。これらのタンパク質は，低温により誘導され，氷結晶の表面に結合することにより，結晶がさらに成長することを抑制し，遅延させ，それによって凍結による傷害を防ぐ。抗凍結タンパク質類の中には，病原関連タンパク質と同じものが含まれる。

孔辺細胞　guard cell
気孔の開口部の周辺を取り囲む一対の特殊化した表皮細胞で，気孔の開閉を制御する。

厚膜細胞　sclereid
一般に種皮のような硬い構造に見られる伸長しない厚壁細胞の一つ。

厚膜組織　sclerenchyma
植物の組織で，しばしば成熟すると死に，厚くリグニン化した二次細胞壁をもつ細胞から構成される。植物体の非生長部位を支持するのに機能する。

光量子　photon
放射エネルギーの量子単位。

光量子入射光量　photon irradiance
mol m^{-2} s^{-1}で表れる光エネルギーの測定法。1molの光＝6.02×10^{23}photon（アボガドロ数）である。**入射光量**を見よ。

光リン酸化　photophosphorylaton
光エネルギーを用いてADPと無機リン酸（P_i）からATPを形成する反応。光エネルギーはチラコイド膜を横切るプロトン勾配として蓄えられる。

CoA　coenzyme A
補酵素Aを見よ。

呼吸　respiration
炭素化合物のCO_2とH_2Oへの完全酸化で，最終電子受容体として酸素を用いる。遊離エネルギーはATPとして保存される。

呼吸根　pneumatophore
水から突き出し，水中もしくは水で飽和した土壌で成長する根に酸素拡散経路を供給する植物の構造。

呼吸商　respiratory quotient
CO_2発生とO_2消費の比。

呼吸調節比　respiratory control ratio
単離したミトコンドリアにおけるADP存在と，非存在下での酸素消費速度の比。調製したミトコンドリアの質の評価に使われる。

穀類種子　cereal grain
イネ科植物の種子で，二倍体の胚と三倍体の胚乳，合着した種皮と果皮からなる。

ココナッツミルク　coconut milk
ココヤシ種子の液状の胚乳。サイトカイニンやその他の栄養素を含む。液体培地に加えると，茎の組織の正常な成長を促進する。

ゴシポール　gossypol
ワタに含まれるセスキテルペン2分子が結合した芳香族30炭素からなる化合物の一つで，昆虫，カビ，病原細菌に対する防御機能をもつ。

固定された炭素　fixed carbon
光合成産物を見よ。

瘤（こぶ）　gall
制御されない細胞分裂により生じる，不定形の腫瘍様の植物組織塊。

糊粉層（こ）　aleurone layer
糊粉層細胞からなる細胞層で，イネ科植物の種子のデンプン胚乳の周囲に位置し，明確に区別される。

糊粉層細胞（こ）　aleurone cell
糊粉層を構成する細胞で，厚い一次細胞壁に包まれ，タンパク質顆粒とよばれるタンパク質貯蔵オルガネラを多数含む。

コルク形成層　cork cambium
側生分裂組織の一つで，皮層と二次篩部の間に成熟細胞群より分化する。周皮とよばれる二次的な保護層を形成する。

ゴールドマン拡散電位　Goldman diffusion potential
ゴールドマンの式によって算出される拡散電位。

ゴールドマンの式　Goldman equation
膜を横切る拡散電位を，膜を透過する全イオン（K^+，Na^+，Cl^-など）の濃度と透過性の関数によって予測する式。

コルヒチン　colchicine
微小管を破壊し，細胞分裂を阻害する薬剤。

コルメラ幹細胞　columella stem cell
根冠のコルメラを分裂により生み出す根冠の幹細胞。

コルメラ根冠　columella root cap
平衡細胞を含む根冠の中央領域のこと。平衡細胞は大きな，比重の大きいデンプン粒を含み，根の重力屈性反応における重力感受の機能を担う。

コロドニー・ヴェント説　Cholodny-Went model
屈曲の初期反応に関して提唱された説で，光や重力，接触などの刺激に反応してオーキシンの側方輸送がおこることにより，植物の軸が屈曲するとするもの。当初の説は最近の実験結果により支持され，より一般化されている。

根圧　root pressure
根の木部における静水圧。

根冠　root cap
根の頂端の細胞で，土壌中を根が動く際に分裂細胞を被い，損傷から保護する細胞。重力の感知や重力屈性反応のシグナリングを行う場でもある。

根冠幹細胞　root cap stem cell
根冠を生じる分裂組織の細胞。

根冠-表皮幹細胞　root cap-epidermal stem cell
成長方向と垂直な分裂により根冠の表皮を生じ，この垂直方向の分裂に引きつづいて並層分裂により側面の根冠を生じる。

根圏　rhizosphere
根を取り巻く隣接の微環境。

混合肥料　compound（mixed）fertilizer
2種類以上の無機栄養素を含んだ肥料。たとえば10-14-10のような表記により，窒素，リン，カリウムの実効比率を示す。

根毛　root hair
根の表皮細胞が先端成長により変形したもので，根の表面積を著しく増加させ，特に土壌中のイオンの吸収能を増大させ，同時に水分の吸収能力をも向上させる。

根粒　nodule

宿主植物の特殊化した器官で，中に窒素固定原核生物が共生している。

根粒形成遺伝子（*Nod*） nodulation gene
リゾビウム属根粒バクテリアの遺伝子で，その産物は根粒形成に関与する。

根粒原基 nodule primordium
リゾビウム属根粒バクテリアが感染した根の皮層細胞。脱分化して分裂を始める。

サイクリン cyclin
細胞周期の制御に重要な役割を担うCDKに結合する調節タンパク質。

サイクリン依存タンパク質キナーゼ（CDK） cyclin-dependent protein kinase
細胞周期の過程で，G_1期からS期とS期からG_2期への移行を制御するタンパク質キナーゼ。

サイトカイニン cytokinin
植物に多様な発生学的作用をもつ化合物群。葉の老化，栄養分の移動，頂芽優勢，茎頂分裂組織の形成と働き，花器官の発生，休眠打破，種子発芽などに関与する。サイトカイニン類はまた，葉緑体の発達や代謝，葉や子葉の展開など，光の制御を受ける多くの過程の制御にも関わる。遊離型と結合型の双方で存在する。便宜上トランス-ゼアチンの作用と同様の生物活性をもつ化合物群として定義される。

サイトカイニン合成酵素 cytokinin synthase
イソペンテニル二リン酸からイソペンテニル基をAMPに転移し，サイトカイニン合成の最初の中間産物であるイソペンテニルアデニンリボチドを合成する植物酵素。イソペンテニル基転移酵素の一つ。

サイトカイニン酸化酵素 cytokinin oxidase
サイトカイニン類からイソペンテニル基を除去することにより不活性化させる酵素。

サイトカラシンB cytochalasin B
アクチ微繊維を分解する薬剤。

サイトソル cytosol
細胞質内のコロイド状の水相。溶質を含むが，リボソームや細胞骨格のような超分子構造は含まない。

細胞横断電流 transcellular current
正電流でカルシウムイオンに由来する部分が多く，細胞の片側から流入して，環状に一回転して外液を通して出ていく。褐藻ヒバマタの接合子，根毛，そして発芽中の花粉粒の発生の初期に極性を決める。

細胞間間隙抵抗 intercellular air space resistance
葉の内部で気孔の直下の窪みから，柔組織細胞の細胞壁に至るまでの二酸化炭素の拡散速度を低下させるような抵抗。

細胞質 cytoplasm
原形質膜内に存在する核以外の細胞を構成する物質。サイトソルやリボソーム，細胞骨格を含む。真核生物の原形質には細胞内の膜で仕切られたオルガネラ（葉緑体，ミトコンドリア，小胞体など）が存在する。

細胞質性の雄性不稔（*cms*） cytoplasmic male sterility
ミトコンドリアDNA内の突然変異によりおこる植物の形質。生きた花粉が形成されない。

細胞質分裂 cytokinesis
植物細胞の核分裂後におこる過程で，分裂でできた二つの娘核が新しくできた細胞壁により分離される過程のこと。

細胞数 cell number
多細胞生物の成長を計測するための便宜的な方法の一つ。多細胞植物では細胞数の増加は，通常，特に分裂組織での細胞拡大と関連している。

細胞組織帯 cytohistological zone
茎頂分裂組織内で，形態にも分裂速度の点でも異なる数種の領域のこと。

細胞内共生（内部共生） endosymbiosis
葉緑体とミトコンドリアの進化上の起源についての学説。この説では，原核細胞が原始的な非光合成真核細胞内に共生関係の成立した後，遺伝子の大部分を核へ移転させたとされる。

細胞板 cell plate
細胞分裂によって生まれる二つの細胞を隔てる壁のような構造。隔膜形成体により作られ，いずれ細胞壁になる。

細胞壁クリープ wall creep
単離された一次細胞壁において，細胞壁ポリマーのたがいのずれによって生じる時間に依存した不可逆的な伸展。

細胞壁伸展性（*m*） wall extensibility
一次細胞壁の伸展過程で，細胞の成長速度と臨界降伏点を上まわる膨圧との間をつなぐ係数。

細胞壁マトリックス cell wall matrix
ヘミセルロース，ペクチンその他の微量の構造タンパク質よりなる植物細胞壁の構成成分。

細胞膜（原形質膜）H^+-ATPase plasma membrane H^+-ATPase
細胞膜（原形質膜）を介してプロトンを輸送するP型ATPaseの一つ。

細胞膜（原形質膜）中心制御モデル（PCCモデル） plasmalemma central control model（PCC model）
重力屈性を説明するために提唱されたモデル。プロトプラスト，細胞骨格，細胞壁によって発揮される力の分布の重力誘導性の変化に応じて，細胞膜にあるカルシウムチャネルが開くというもの。デンプン粒重力感知仮説と対照をなす。

再幼若化 rejuvenation
成長したシュートが幼芽に戻ること。ホルモンやミネラル不足，弱光，水ストレス，落葉，低温により促進されると考えられている。

酢酸生成細菌 acetogenic bacteria
二酸化炭素と水素をそれぞれ電子受容体と電子供与体に用いて，嫌気呼吸によりアセチルCoAを合成する絶対嫌気性細菌類。アセチルCoAは細胞構造の合成に使われ，残りは酢酸として体外に分泌される。

柵状細胞 palisade cell
葉の表側表皮の下にある柱状の光合成細胞。柱状の光合成細胞の上の1層から3層めまでが相当する。

サブユニット subunit
タンパク質複合体の一部のポリペプチド。

サポニン saponin
ステロイドやトリテルペンの毒性グリコシドで界面活性作用をもつ。ステロール吸収阻害，あるいは細胞膜を破壊すると考えられている。

作用スペクトル action spectrum
ある生物学的反応を引きおこすのに必要な光量子数の逆数を，その光の波長に対してプロットしたグラフ。

サリチル酸 salicylic acid
*SAR*の内在性シグナルと考えられている安息香酸誘導体。

サリチルヒドロキサム酸 salicyl hydroxamic acid
ミトコンドリアシアン耐性呼吸の酸化酵素の特異的阻害剤。

酸化 oxidation
ある物質から電子または水素原子が除かれる化学反応。

酸化還元反応 redox reaction
化学反応の一種で，分子種の酸化と還元が同時におこる。

酸化数 oxidation number
化学反応において，電子の再配分を調べるために使われる数。中性化合物ではすべての原子の酸化数の総和はゼロになる。酸化還元式をつり合わせるのに役立つ方法。

酸化的ペントースリン酸経路 oxidative pentose phosphate pathway
ペントースリン酸経路を見よ。

酸化的リン酸化 oxidative phosphorylation
ミトコンドリアの電子伝達系における電子の酸素への受け渡しで，この反応は

ATP合成酵素によってADPとリン酸からATPを合成する反応に共役している。

酸成長　acid growth
伸展中の細胞壁の特性の一つで，中性pHよりも酸性pHで細胞壁の伸展速度が高まること。

酸成長仮説　acid-growth hypothesis
原形質膜の内側から細胞壁中に輸送される水素イオンにより，一次細胞壁の応力緩和が誘導され，細胞壁が伸展するという学説。

酸素生成生物　oxygenic organism
光合成の最終産物として分子状酸素を産生する光合成生物。

酸素添加反応　oxygenation
オキシゲナーゼによって触媒される反応で，有機分子中の炭素がO_2分子中の酸素原子と結合する反応。

ザントフィル（キサントフィル）　xanthophyll
非光化学的消光に関与するカロテノイド。ザントフィルの一種のゼアザンチンはPSIIの消光状態に関連し，ビオラザンチンは非消光状態に関連する。

ザントフィルサイクル（キサントフィルサイクル）　xanthophyll cycle
ビオラザンチンとゼアザンチンが中間体であるアンテラザンチンを経由して，相互転換する系。ゼアザンチンは過剰なエネルギー条件下で蓄積する。

3′-ホスホアデノシン-5′-ホスホ硫酸（PAPS）　3′-phosphoadenosine-5′-phosphosulfate
バクテリアと菌類において硫酸（SO_4^{2-}）を亜硫酸（SO_3^{2-}）に，その後硫化物（S^{2-}）にまで還元する反応過程の最初の安定な中間体。adenosine-5′-phosphosulfate（APS）とATPの反応により形成されると考えられている。

***CRE1*遺伝子**　*CRE1* gene
シロイヌナズナのサイトカイニン受容体タンパク質をコードしている遺伝子。受容体タンパク質は細菌の二成分型ヒスチジンキナーゼに類似している。

***CRY1*遺伝子**　*CRY1* gene
多くの青色反応に関わると考えられているフラビンタンパク質の一つ，クロプトクロムをコードする遺伝子。フォトリアーゼに似ている。従来*HY4*とよばれていた遺伝子。*hy4*突然変異体を見よ。

***cry1*突然変異体**　*cry1* mutant
青色光による胚軸の伸長阻害が見られないシロイヌナズナの突然変異体。

***cry*^{s}突然変異体**　*cry*^{s} mutant
*la*突然変異体を見よ。

シアン化物　cyanide
複合体IVやヘムをもつ酵素の阻害剤。

シアン化物耐性経路　cyanide-resistant pathway
シアン耐性経路を見よ。

シアン耐性経路　alternative pathway
シアン耐性呼吸末端酸化酵素によるユビキノールの酸化と酸素の還元よりなる代謝経路。シアン化物耐性経路ともよばれる。

シアン耐性呼吸末端酸化酵素　alternative oxidase
ミトコンドリアの電子伝達系に関与する，植物およびカビに特異的な酵素で，酸素を水に還元する。

GA
ジベレリンを見よ。

***GAI*遺伝子**　*GAI* gene
GAシグナルがないときに，GA応答を抑制する働きをもつ制御因子をコードするシロイヌナズナの遺伝子。

GA_1
ジベレリンA_1を見よ。

***GH3*遺伝子**　*GH3* gene
ダイズとシロイヌナズナにおいて，オーキシン処理後5分以内に転写が促進される一次応答遺伝子ファミリーの一つ。

***GA1*突然変異体**　*GA1* mutant
生物活性をもつジベレリン合成能を欠損したシロイヌナズナの矮性の表現型を示す突然変異体。

GA_{12}-アルデヒド　GA_{12}-aldehyde
ジベレリン合成の第二段階の最終産物で，他のすべてのジベレリンの前駆体。

CAM植物　CAM plant
夜間に二酸化炭素を4-炭素化合物（リンゴ酸）に固定し，液胞に蓄えたのち，日中に液胞外へ輸送し，脱炭酸する植物。放出された二酸化炭素は，葉緑体のストロマでカルビン回路により同化される。

GA_3
ジベレリンA_3を見よ。

***GSA*遺伝子**　*GSA* gene
青色光感受系のみにより発現が制御される単細胞藻類のクラミドモナス（*Chlamydomonas reinhardtii*）の遺伝子で，クロロフィル生合成経路の鍵となるグルタミン酸-1-セミアルデヒドアミノ基転移酵素をコードする。

***GNOM*遺伝子**　*GNOM* gene
根と子葉の発生に必要なシロイヌナズナの遺伝子。*GNOM*の欠損変異体のホモ接合体は根と子葉を欠く。

CF_0CF_1ATPアーゼ　CF_0CF_1ATPase
チラコイド膜に結合した多量体タンパク質の複合体で，膜を横切る水素イオンの濃度勾配に沿った移動とADPとリン酸からATPを生成する過程を共役させる働きをもつ。酸化的リン酸化過程におけるF_0F_1ATP合成酵素に似ているが，オリゴマイシンに対する感受性ははるかに低い。

ジオキシゲナーゼ　dioxygenase
酸素分子由来の二つの酸素原子を1分子あるいは2分子の炭素化合物に付加する酵素。

GOGAT
グルタミン酸合成酵素を見よ。

COP
臨界酸素圧を見よ。

しおれ　wilting
膨圧がゼロになり，植物がかたさを失い柔らかい状態になること。

篩管　sieve tube
個々の篩管要素が，末端の細胞壁部位でたがいに結合して形成された管。

篩管要素　sieve tube element
高度に分化した篩要素で，被子植物に典型的なものが見られる。篩細胞と対照をなす。

シキミ酸経路　shikimic acid pathway
単純な炭化水素前駆体を芳香属アミノ酸（フェニルアラニン，チロシン，トリプトファン）に転換する反応。

軸（植物軸）　axis（plant axis）
植物体の中心を通る仮想上の線で，この線の周囲に器官が配置される。上下軸，放射軸を見よ。

シグナル伝達　signal transduction
細胞外のシグナル（典型的には光，ホルモン，神経伝達物質）が細胞表層の受容体に作用し，細胞内のセカンドメッセンジャーの濃度を変化させ，最終的に細胞の機能を変化させる一連の過程。

シグナル伝達カスケード　signal transduction cascade
カスケード，シグナル伝達を見よ。

シクロヘキシミド　cycloheximide
真核生物の80Sリボソーム上でのタンパク質合成を阻害するが，原核生物やミトコンドリア，葉緑体でのタンパク質合成は阻害しない。

***CKI1*遺伝子**　*CKI1* gene
過剰発現により，シロイヌナズナ培養細胞がサイトカイニンなしでも成長可能となる遺伝子。情報伝達の役割をもつ細菌のヒスチジンキナーゼによく似たタンパク質をコードする。

篩（ふるい）効果　sieve effect
光合成に有効な光が複数の細胞層を通過すること。葉緑体間の間隙が光の通過を可能にする。

自己集合　self-assembly
巨大分子が適切な条件下で自発的に集まり，組織化された構造を作る傾向。

自己触媒 autocatalysis
カルビン回路の中で，固定化された炭素（トリオースリン酸）の大部分を使って高濃度の代謝中間体プールを維持し，反応の定常状態を維持する能力。その結果，二酸化炭素受容体基質（リブロース-1,5-二リン酸）はカルビン回路が5回，回るごとに2倍になる。

自己触媒的 autocatalytic
（1）ある代謝系の中より単離された複数の構成成分を試験管内で混合するだけで，特にタンパク質や補酵素を加えることなく，自発的に反応が進むこと。
（2）正のフィードバック制御を受ける生理過程。たとえば，エチレンがエチレン自身の生合成を促進するような場合。

自己阻害ドメイン autoinhibitory domain
細胞膜 H^+-ATPaseのC末端に位置し，自身の酵素活性を阻害するドメイン。リン酸化やフジコッキンなどの薬剤による制御を受ける。

篩細胞 sieve cell
裸子植物における比較的特殊化されていない篩要素。篩管要素と対照的。

C_3 植物 C_3 plant
光合成による二酸化炭素固定の最初の安定な産物が3-炭素化合物（たとえば，3-ホスホグリセリン酸）である植物。**カルビン回路**を見よ。

C_3 代謝 C_3 metabolism
カルビン回路を見よ。

CCCP carbonyl cyanide *m*-chlorophenylhydrazone
原形質膜のプロトンに対する透過性を非常に高め，膜の両側でのプロトン勾配を消失させるイオノフォア。

脂質二重層 lipid bilayer
細胞膜のコア部分で，たがいに非極性末端が向かい合ったリン脂質分子二重層によって形づくられている。

GGPP
ゲラニルゲラニル二リン酸を見よ。

システミン systemin
ポリペプチド性の植物ホルモンで，この防御反応のシグナル（ポリペプチド）生成は植物体内で連続しておきているわけではない。ジャスモン酸の生合成を開始させる。

Gタンパク質 G-protein
情報伝達にあずかるGTP結合タンパク質。

ジチオスレイトール（DTT） dithiothreitol
S—S結合を—SHに還元する還元剤。ビオラザンチンをゼアザンチンに変換する酵素の阻害剤の一つ。青色光により促進される気孔開口を阻害する。

湿地 wetland
基盤が水で飽和された土地。

質量スペクトル分析（MS） mass spectrometry
化合物を同定する方法で，質量と電荷の比（*m/z*）と分子の断片化のされかたに基づく。MSでは植物抽出物中のIAAを最小 10^{-12} g（1pg）まで検出できる。

***CTR1* 遺伝子** *CTR1* gene
エチレン応答に関わる負の制御因子をコードする遺伝子。

CTR1タンパク質 CTR1 protein
エチレン三重反応の制御因子。情報伝達にあずかるセリン/トレオニンタンパク質キナーゼに類似。

***ctr1* 突然変異体** *ctr1* mutant
構成的にエチレン三重反応を示す（constitutive triple response 1）シロイヌナズナの劣性突然変異体。

GDH
グルタミン酸脱水素酵素を見よ。

CDK
サイクリン依存タンパク質キナーゼを見よ。

cdc2タンパク質 cdc2 protein
主要なサイクリン依存タンパク質キナーゼである（cell division cycle 2）。オーキシンにより合成が促進される。

ジテルペン diterpene
炭素数20からなるテルペンの総称。四つの5炭素数イソテルペン単位からなる。

シトクロム*c* cytochrome *c*
ミトコンドリア電子伝達系の表層に局在する流動的な成分で，複合体IIIを酸化し，複合体IVを還元する。

シトクロム b_6f 複合体 cytochrome b_6f complex
2分子の*b*型ヘム，1分子の*c*型ヘム（シトクロム*f*），1分子のリスケ鉄-硫黄タンパク質を含む巨大な多量体タンパク質。グラナラメラとストロマラメラの双方に同じように分布する非移動性のタンパク質。

篩板 sieve plate
被子植物の篩管要素に見られる篩い領域。他の篩い領域よりも大きな穴をもち，一般的に篩管要素の末端壁に見られる。

篩部 phloem
光合成産物を，成熟葉から根を含めた成長・貯蔵部位に輸送する組織。

篩部積み下ろし phloem unloading
篩要素から光合成産物を貯蔵または代謝するシンク器官の細胞へ移動させること。篩要素から積み下ろすことと短距離輸送も含んでいる。**篩部積み込み**も見よ。

篩部積み込み phloem loading
成熟葉において，葉肉細胞葉緑体から篩要素に光合成産物を移動させること。短距離輸送や篩要素への積み込みも含んでいる。**篩部積み下ろし**も見よ。

ジベレリン（GA） gibberellin
テルペノイド経路由来の経路をへて合成される*ent*-ジベレラン骨格をもつ一群の化合物で，植物ホルモンおよびその中間体からなる。茎伸長（特に矮性植物やロゼット植物の伸長）や種子発芽，その他さまざまな機能を担う。**ジベレリン酸，ジベレリンアルデヒド，ジベレリン A_1** を見よ。

ジベレリンアルデヒド gibberellin-aldehyde
GA_{12}-**アルデヒド**を見よ。

ジベレリン A_1（GA_1） gibberellin A_1
代表的なジベレリン。ほとんどの植物種で，茎伸長において主要な働きをもつGA。

ジベレリン A_3（GA_3） gibberellin A_3
カビの培養液に見い出される主要なジベレリン。入手しやすく，果実生産や大麦の発芽，サトウキビを成長させショ糖含量を高めるために利用される。植物にはほとんど含まれない。

ジベレリン配糖体 gibberellin-glycoside
不活性型または貯蔵型のジベレリンで，ジベレリンに糖（通常はグルコース）が共有結合でついたもの。

ジベレリン酸 gibberellic acid
ジベレリン A_3 と同じ化合物。

Gボックス G-box
Gボックス型のシス作用転写因子が結合する特異的なDNAの塩基配列で，結合により遺伝子の転写を活性化する。

ジャスモン酸 jasmonic acid
膜脂質内に存在するリノレン酸（18：3）由来の植物のシグナル分子。昆虫や病原性カビに対する防護反応を活性化させ，葯や花粉の分化を含め，植物の成長を制御する。プロテアーゼ阻害剤などのような，生物的および非生物的ストレスによって惹起されるタンパク質をコードする遺伝子の発現を活性化する。

雌雄異株 dioecious
雄花と雌花が異なる個体につく植物をいう（たとえばホウレンソウ（*Spinacia*），アサ（*Cannbis sativa*））。雌雄同株と対比。

自由エネルギー free energy
仕事を遂行する容量を表す熱力学用語の一つ。

周期 period
周期的（律動的）な現象において，繰り返しおこる周期の中で比較の対象となる点（たとえば，ピークや谷）と次の点との間の時間。

自由継続リズム　free-running rhythm
暗黒条件などに置いて，外部からの刺激（ツァイトゲーバー）を除いたときに現れる，その生物に固有の生物リズム。

集光性タンパク質複合体　light harvesting complex protein（LHC protein）
真核生物において，二つの光化学系のうちの一つ，あるいはもう一つと結合するクロロフィル含有タンパク質。クロロフィル *a/b* アンテナタンパク質としても知られている。

重合タンニン　condensed tannin
フラボノイド単位が重合してできたタンニン。加水分解するには強酸が必要。

十字対生葉序　decussate phyllotaxy
一つの節に二つの葉が向かい合ってつき，次の節では，その葉とは直角になるように，二つの向かい合った葉がつく葉序のこと。

従属栄養細胞　heterotrophic cell
細胞の構造要素の合成と代謝エネルギー供給のために，還元型の炭素化合物に依存する生物。

柔組織　parenchyma
薄い細胞壁からなる代謝的活性の高い植物組織。細胞の間隙に，空気で満たされた空間をもっている。

雌雄同株　monoecious
植物では，たとえばキュウリ（*Cucumis sativus*）やトウモロコシ（*Zea mays*）のように同じ個体に雄花と雌花があること。雌雄異株と対照。

周皮　periderm
コルク形成層によって作り出される組織。樹木の二次成長において茎や根の表皮が樹皮に置き換わるのに寄与する。また，植物の一部が剥離した後の離層や傷を覆う。

周辺帯　peripheral zone
茎頂分裂組織の中心部を取り巻くドーナッツ型領域。目立たない液胞をもつ小さな分裂中の細胞からなる。葉原基はこの周辺領域内で形成される。

就眠運動　nyctinasty
葉の就眠運動。日中は葉を光に向けるように水平に広げ，夜は垂直にたたむ。

重量オスモル濃度　osmolality
1 l あたりの水に溶けている溶質を総モル数で表した濃度の単位（mol l^{-1}）。

重力屈性（屈地性）　gravitropism
重力に応答して進む植物の成長で，根が下方に成長し土壌に入り，茎は上方に成長する。

重力ポテンシャル（Ψ_g）　gravity potential
水ポテンシャルの構成要素の一つで，水の自由エネルギーに対する重力の影響として定義される。

樹液（サップ）　sap
道管や篩要素，あるいは細胞の液胞中の液体。

主観的な昼　subjective day
生物が完全な暗闇に置かれたとき，先行する明/暗周期の明期と一致するリズムの相。

主観的な夜　subjective night
生物が完全な暗闇に置かれたとき，先行する明/暗周期の暗期と一致するリズムの相。

主根　taproot
1本の主要な根の軸。そこから側根が形成される。

種子　seed
卵の受精後の胚珠から発生し，種子植物では胚を囲む保護層からなる。胚から分離し，栄養になる胚乳組織を含む。

樹枝状体　arbuscule
菌根菌が細胞内に侵入して形成する枝状の構造のこと。菌体と宿主植物との間の栄養輸送の場。

種子植物　seed plant
胚が保護され，種子内に栄養が備わった植物。被子植物と裸子植物に分かれる。

種子の土砂層保存法　stratification
植物種によっては，発芽に低温を必要とする。この用語は，以前，休眠打破に実践された方法に由来し，種子と土壌を交互に重ねた小さな土盛りを越冬させたことによる。

受動輸送　passive transport
膜を横切る拡散。（電気）化学的勾配の方向（ポテンシャルが高い方から低い方へ）に従った膜を介した溶質の自発的な動き。下り坂の輸送。

樹皮　bark
樹木の茎および根の形成層より外側のすべての組織の総称。篩部と周皮からなる。

珠皮　integument
胚珠の珠心を取り囲む外側の組織。将来種皮になる。

種皮　seed coat
種子の外層であり，胚珠の外皮から派生したもの。

受粉　pollination
葯から柱頭への花粉の輸送。

腫瘍　tumor
急速に分裂し，未分化，無秩序な細胞のかたまり。

馴化（順化）　acclimation（hardening）
植物が過去に経験したストレスに対して耐性を強めること。遺伝子発現を介する場合もある。適応（adaptation）とは区別される。

春化処理　vernalization
種によっては開花に低温を必要とする。この用語は「春（vernal）」という言葉に由来する。

循環型電子伝達　cyclic electron flow
光化学系Iでは，電子受容体からシトクロム b_6f 複合体をへてP700に戻る電子の流れは，内腔へのプロトンのくみ出しと共役している。この電子の流れがATP合成にエネルギーを賦与するが，水の酸化や $NADP^+$ の還元は行わない。

子葉　cotyledon
種子植物の種子内に存在する1枚または2枚の種子葉。植物によっては，芽ばえが光合成を行うまでの期間，その成長を支えるための貯蔵器官として働く。別の植物では，内乳に蓄えられている養分を吸収し，芽ばえに転流する働きをもつ。**単子葉**，**双子葉**を見よ。

傷害カロース　wound callose
傷害を受けた篩要素の篩孔内に分泌されるカロース。

上下軸　linear axis（apical-basal axis）
ほとんどすべての植物で見られる根とシュートが反対向きの末端をもつ体の様式。**放射軸**を見よ。

蒸散　transpiration
葉や茎の表面からの水の蒸発。

硝酸還元酵素　nitrate reductase
硝酸（NO_3^-）を亜硝酸（NO_2^-）に還元する酵素。根から吸収した硝酸が有機物の形に同化される第一段階を触媒する。

蒸散比　transpiration ratio
蒸散による水消失と光合成による炭素獲得との比。水分の不足が中程度で，光合成による CO_2 吸収が十分なときの植物の効率の目安。

篩要素　sieve element
植物体内の糖や他の有機物質を輸送する篩部の細胞。篩管要素（被子植物）と篩細胞（裸子植物）の両方を指す。

篩要素からの積み下ろし　sieve element unloading
シンクの篩要素から輸入された糖が出ていく過程。

篩要素-伴細胞複合体　sieve element-companion cell complex
篩要素と伴細胞からなる機能単位。

篩要素への積み込み　sieve element loading
ソース葉からの篩要素と伴細胞への糖の輸送。篩要素と伴細胞では葉肉細胞よりも糖が濃縮されている。

上胚軸　epicotyl
芽ばえの子葉より上部の茎。

蒸発熱損失　evaporative heat loss
水の蒸発による冷却で熱を失うこと。

上偏成長　epinasty
葉柄の非対称的な成長に起因する下向きの葉の成長。冠水過程でのエチレン生成に対する反応の一つ。

初期遺伝子　early gene
一次応答遺伝子を見よ。

植物エクジソン　phytoecdysone
昆虫に毒性をもつ植物ステロイドのグループ。化学的に昆虫の脱皮ホルモンに似ている。

植物成長物質　plant growth substance
植物ホルモンを見よ。

植物ホルモン　plant hormone (phytohormone)
低濃度で植物の成長と形態形成に影響を与える物質。主なものに，アブシジン酸，オーキシン，ブラシノステロイド，サイトカイニン，エチレン，ジベレリンがあげられる。

ショ糖-プロトン共輸送体　sucrose-H^+ symporter
プロトン勾配のエネルギー散逸に共役する輸送体。濃度勾配に従ってプロトンが細胞内に拡散して戻る力を利用してショ糖の取り込みがおきる。アポプラストから篩要素-伴細胞複合体へのショ糖の取り込みを仲介し，アポプラストからの積み込みを行う植物種のソース葉でおこる。

C_4回路　C_4 cycle
二酸化炭素固定反応とその後還元反応が，それぞれ柔組織細胞と維管束鞘で，別個に進む植物での光合成による炭素代謝。最初のカルボキシル化は，ホスホエノールピルビン酸カルボキシラーゼ（C_3植物でのルビスコではなく）により触媒され，4-炭素化合物（オキサロ酢酸）を生成し，この生成物はただちにリンゴ酸やアスパラギン酸に代謝変換される。

C_4植物　C_4 plant
柔組織細胞内での炭酸同化の最初の安定な反応産物が4-炭素化合物で，それがただちに維管束鞘細胞へ輸送され，脱炭酸化が行われる植物。維管束鞘で遊離する二酸化炭素はカルビン回路に入る。C_4回路を見よ。

C_4代謝　C_4 metabolism
C_4回路を見よ。

シロイヌナズナレスポンスレギュレーター　*arabidopsis* response regulator
レスポンスレギュレーターとよばれる細菌の二成分情報伝達タンパク質群によく似たシロイヌナズナのタンパク質をコードする遺伝子。二つの族があり，A型ARR族は転写がサイトカイニンにより高まる。B型ARRの発現はサイトカイニンの影響を受けない。

シンク　sink
光合成産物を輸入する器官で，非光合成器官，自身の生育の維持，貯蔵に十分な光合成産物を生産できない器官を含む。根，塊茎，成長中の果実，未成熟葉など。

シンク活性　sink activity
シンク組織の単位重量あたりの光合成産物の吸収速度。

シンク強度　sink strength
シンク器官が光合成産物を自分に向かって集める能力。シンクサイズとシンク活性の二つの要因で決まる。

シンクサイズ　sink size
シンクの総重量。

親水性　hydrophilic
原子または分子が水分子を引きつける性質をいう。たとえば，水素結合を形成できる物質は親水性である。

心臓型胚　heart stage embryo
胚発生の第二段階。将来の茎頂となる側の二つの箇所での，速い細胞分裂によって形成される左右相称の構造をもつ。**球状型胚**，**魚雷型胚**を見よ。

シンタキシン　syntaxin
膜に融合するタンパク質で，膜どうしの融合を可能にする。

伸長（拡大）　expansion (enlargement)
細胞数ではなく，細胞体積が増加することによる細胞および組織の成長。

伸長検定　straight-growth test
オーキシンが，カラスムギ子葉鞘切片の伸長を促進する作用に基づいた生物検定法。

伸長領域　elongation
根の分裂領域と成熟領域の間の細胞が伸びる部分。

浸透圧（π）　osmotic pressure
浸透ポテンシャル（Ψ_s）にマイナスをつけたもの。（Ψ_s）は負の値であるので，πは正の値になる。

浸透現象　osmosis
選択透過性の膜を横切って，より水ポテンシャルの低い方（水の濃度が低い方）に水が動くこと。

振動数（ν）　frequency
波の性質，特に光エネルギーを表す尺度の一つ。一定時間内に観察者の地点を通り過ぎる波の山の数。

浸透調整　osmotic adjustment
細胞が浸透ストレスにさらされたとき，細胞自身に無害な溶質（適合溶質）を蓄積させ，水ポテンシャルを下げる能力。

浸透調節　osmoregulation
細胞もしくは生物の浸透ポテンシャルの調節のこと。

浸透溶質　osmotic solute
孔辺細胞においては浸透ポテンシャルを変化させる活性をもつ主要な溶質。カリウム，塩素，リンゴ酸，ショ糖など。

心皮　carpel
顕花植物において，胚珠を内部に包む構造。子房，花柱，柱頭からなる。心皮は成熟すると果実となり，中の胚嚢は種子になる。**胚嚢**，**がく片**，**花弁**，**雄ずい**を見よ。

振幅　amplitude
生物リズムの山から谷までの距離。周期が一定でも，振幅が変わることはよくある。

シンプラスト　symplast
原形質連絡により内部で連絡した細胞プロトプラストの連続的システム。

シンプラスト経路　symplast pathway
道管や篩管の液が一つの細胞から隣の細胞へ原形質連絡を通して輸送される経路。

随状分裂組織帯　rib meristem zone
茎頂分裂組織の中の中心帯の直下に位置する分裂細胞群。

垂層　anticlinal
細胞質分裂時の細胞板面がある基準を定めた場合，それに対して直交する場合をいう。横断的。

水素結合　hydrogen bond
水素原子と，酸素原子または窒素原子の間に形成される弱い化学結合。

水分受動的気孔閉鎖　hydropassive closure
孔辺細胞が直接水を失い，その結果膨圧が減少することにより気孔が閉じること。湿度が低く，水の損失がすばやく埋め合わせられない場合に働く。

ストレス　stress
非生物的あるいは生物的な外部因子により，植物に悪影響を与えること。たとえば，感染，熱，水，酸素欠乏などがある。植物の生存や，作物収量，バイオマスの蓄積，あるいはCO_2吸収との関係が測定されている。

ストレス耐性　stress tolerance (stress resistance)
植物が好ましくない環境に対処する能力のこと。

ストレス抵抗性　stress resistance
ストレス耐性を見よ。

ストロマ反応　stroma reaction
光合成の炭素固定と還元反応。葉緑体のストロマで行われる。

ストロマラメラ　stroma lamellae
葉緑体中の重なりのないチラコイド膜部分。

砂時計仮説　hourglass hypothesis
植物が夜の長さを計る方法についての仮説の一つ。暗期の開始点で，開始する一方向への一連の生化学的反応により時間が計測されるとするもの。**時計仮説**を見よ。

スーパーオキシド（O_2^-）　superoxide
酸素の還元型で，生体膜に損傷を与える。

スーパーオキシドジスムターゼ（SOD）　superoxide dismutase
この酵素は，スーパーオキシドラジカルをH_2O_2に変換する。

スベリン　suberin
クチンと同様な脂質重合体。内皮のカスパリー線，地下器官の外側細胞壁，周皮のコルク細胞，葉の脱離，傷害部位において水と溶質の移動に対する障壁として働く。

ゼアザンチン（ゼアキサンチン）　zeaxanthin
青色光受容体であると想定されているカロテノイド。葉緑体内のザントフィルサイクルの構成成分で，過剰な励起エネルギーから光化学系IIを防御する。

ゼアチン　zeatin
天然のサイトカイニンであり，オーキシンとともに培地に加えると，成熟した植物細胞の分裂を促進する。化学的には *trans*-6-(4-hydroxy-3-methybut-2-enylamino) purineである。**トランス-ゼアチン**を見よ。

ゼアチンリボシド　zeatin riboside
アミノプリン部分に結合したリボースをもつゼアチン。木部滲出液中の主要なサイトカイニン。

性決定　sex determination
単性花が形成される過程で，雄ずい，あるいは雌ずいの初期における選択的生育停止によりおこる。遺伝的に規定されているが，日長や栄養条件によって影響を受ける。GAによって誘導される。

正向日性　diaheliotropism
葉の太陽追尾運動により，太陽光と葉面との角度が最大になるようにし，光の照射量を最大にすること。負向日性（paraheliotropism）と対比される。

青酸配糖体　cyanogenic glycoside
非アルカロイドではない窒素含む保護物質で，植物体が押しつぶされると分解して有毒な気体状のシアン化水素を発生する。

静止中心　quiescent center
根の分裂組織の中心部位で，まわりの細胞に比べて細胞分裂が遅いか，あるいはまったく分裂しない。

生重量　fresh weight
生きている組織の重量。

成熟領域　maturation zone
分化を終えた根の領域で，水や溶質を吸収する根毛を有し，維管束としての能力を示す。

青色光反応　blue-light response
植物の器官や細胞の青色光（400～500 nm）に対して示す応答。光屈性や細胞内の葉緑体運動，葉の太陽追尾，胚軸伸長抑制，クロロフィルやカロテノイド合成促進，遺伝子発現の活性化，気孔運動などが含まれる。

静水圧　hydrostatic pressure
密閉空間内に水を押し込むときに発生する圧力。パスカル（Pa）の単位，便宜上メガパスカル（MPa）で表される。

生物検定　bioassay
既知または未同定の生物活性をもつ物質について，それを生体試料に投与してその効果を測定することにより物質の量を定量する方法。

生物的　biotic
生きていることに関すること。

生物的窒素固定　biological nitrogen fixation
細菌やラン藻（シアノバクテリア）による窒素固定。地球上で固定される窒素のおよそ90％に達する。

精油　essential oil
植物より抽出される揮発性テルペン類その他の二次代謝産物の混合物で，植物種によっては独特の臭いをもつものがある。ペパーミント，レモン，バジル，セージなど。

セカンドメッセンジャー　second messenger
細胞内分子（たとえば，サイクリックAMP，サイクリックGMP，カルシウム，IP_3，ジアシルグリセロールなど）で，全身に存在するホルモン（プライマリーメッセンジャー）の受容体（細胞膜に存在することが多い）への結合によって生成が誘発される。細胞内を拡散して標的酵素，あるいは細胞内受容体に達し，反応を生じ増幅させる。

セスキテルペン　sesquiterpene
15の炭素，すなわち三つの5炭素イソプレン単位をもつ。

セスキテルペンラクトン　sesquiterpene lactone
草食動物を忌避するための15の炭素からなる苦味のあるテルペンで，ヒマワリやヨモギのようなキク科植物に見られる。

節　node
葉がついている茎の部位。

節間　internode
節と節の間の茎の部分。

接合子　zygote
卵と精子が合体した単細胞産物。

接触屈性　thigmotropism
触屈性。接触に応答する植物の成長。根が石のまわりで成長することや，よじ登っていく植物のシュートが支持体のまわりに巻きつくことを可能にする。

Z（ジグザグ）スキーム　Z（"zigzag"）scheme
反応中心と光化学系IとIIのアンテナ複合体，それらを標準酸化還元電位に沿ってつなぐ電子伝達鎖の配置。こうして生じた配列は，Zの文字の形に似ている。

セルロース　cellulose
β-D-グルコースが1→4で結合した直鎖分子。セロビオースが繰り返し構造単位となる。

セルロース合成酵素　cellulose synthase
セルロース微繊維の構成成分である1→4結合β-D-グルカン分子鎖の合成を触媒する酵素。

セルロース微繊維　cellulose microfibril
1→4結合β-D-グルカン鎖が，結晶性配列領域と非結晶性の不定形領域を共存させながら強固に接着した細いリボン状の構造。長さや幅は多様。植物細胞壁の構造を取りまとめる役割をもち，細胞伸張の方向を決定する。

セロビオース　cellobiose
1→4結合でβ-D-グルコースが結合した二糖で，セルロースの繰り返し構成単位。

繊維　fiber
維管束植物の支持機能を担う，長く先細りの形状の厚壁細胞。

前期前微小管束　preprophase band
細胞分裂の直前に細胞質の表層に形成される微小管とマイクロフィラメントの環状配列。核を取り囲み，有糸分裂後の細胞質分裂の分裂面を予測させる。

前形成層　procambium
道管，篩管，形成層に分化する一次分裂組織の細胞。

穿孔板　perforation plate
道管要素の末端にある穴の空いた細胞壁。

全身獲得抵抗（SAR）　systemic acquired resistance
1か所で病原体の感染がおこると，ある範囲の病原体に対して植物体全体の抵抗力が増加すること。

センス鎖RNA　sense RNA
機能をもったタンパク質に翻訳できるRNA。**アンチセンスDNA**を見よ。

選択性フィルター　selectivity filter
チャネルタンパク質において，輸送の特異性を決定するドメイン。

選択透過性（膜の）　selectively permeability (of a membrane)
膜の特質。膜を横切る拡散において，あ

る分子を他の分子よりもより多く通すこと。

先端成長　tip growth
植物細胞の先端における局所的な成長。新しく作られた細胞壁重合体が局所的に分泌されることによりおこる。花粉管や根毛，厚壁細胞の繊維のあるもの，綿繊維，コケの原糸体，菌類の菌糸などでおこる。

全能性　totipotency
分化した細胞において，完全な植物体を形成するのに十分な遺伝的能力を保持していること。

前表皮　protoderm
植物の胚において，胚の両半分を包んでいる細胞一層の厚さの表面層。表皮を作り出す。

前分裂組織　promeristem (protomeristem)
シュートもしくは根の分裂組織の一部。幹細胞とそれから派生し，まだ分化を開始していない幹細胞をもつ。

増強効果　enhancement effect
赤色と遠赤色光の光合成速度に対する相乗効果のこと。両波長の光を別々に植物に照射するときより，同時に照射する方が光合成速度が大きい。

造形分裂　formative division
根端分裂組織などで見られるように，伸長軸に新たな細胞列を形成するような細胞分裂。通常，軸に対して平行に進行する。

双子葉植物　dicot
被子植物門の二つの綱のうちの一つで，胚に二枚の種子葉（子葉）があるのが特徴。単子葉植物と対比される。

草食動物　herbivore
植物を食う動物で，多くの昆虫と哺乳類が含まれる。

相反則　law of reciprocity
植物の光に対する形態形成反応や多くの光化学的反応における光量子密度（mol m^{-2} s^{-1}）と照射時間の間の相互関係。総光量子量は，光量子密度と照射時間の二つの要因に依存する。強い光では短時間の光照射で効果的であり，逆に弱い光では長い照射時間を必要とする。ブンゼン・ロスコー（Bunsen–Roscoe）則ともよばれる。

相変換　phase change
構造の新しい型を作り出すために，分裂組織の細胞の運命が変えられる現象。

草本　herb
永続的な地上部をもたない植物で，樹木や灌木と区別される。

相利共生　mutualism
両方の生物が利益を得る共生関係。

束一的性質　colligative property
溶解している粒子の数に依存し，その粒子の化学特性には依存しない溶液の性質。

側芽　lateral bud
腋生の分裂組織，短茎，未成熟の葉からなる未発達のシュート。しばしば芽鱗に覆われ，葉と茎の連結部の上に局在している。腋芽を見よ。

促進拡散　facilitated diffusion
輸送体による膜を横切る受動輸送。

側方分裂組織　lateral meristem
成熟，木化した茎や根において，筒状の分裂細胞として見られる二次分裂組織。この細胞の活性は茎や根を周囲に増大させる。**維管束形成層**，**コルク形成層**を見よ。

組織生成層　histogenic layer
茎頂分裂組織の中の組織を作り出す領域。外衣と内体。

組織培養　tissue culture
単離した植物細胞や組織，または器官を人工培地で生育させること。人工培地は種々の必須なミネラルやビタミン，ホルモン，炭素源を含む。

ソース　source
自身の必要以上に光合成産物を生産することができ，それを他の器官へ輸出する器官。成熟葉，シンクの対照。

疎水性　hydrophobic
水分子を排除する物質，分子または原子団の性質をいう。

側根（分枝根）　lateral root (branch root)
根の成熟部位の内鞘から生じる側方の根。皮層や表皮を介して成長する二次分裂組織の形成や新たな成長軸の形成を伴う。

対向輸送　antiport
プロトンあるいはその他のイオンの受動的（下り坂）移動が，反対方向への別の溶質の能動（登り坂）輸送の駆動力になる能動輸送の一形態。

対向輸送体　antiporter
対向輸送に関わるタンパク質。

体積流　bulk flow (mass flow)
塊となった分子集団の協調した動きのこと。圧力の勾配などによりおこることが多い。

太陽追尾（追跡）　solar tracking
一日の葉身の動きのこと。これにより葉身の平らな表面は太陽光に対して垂直に保たれる。

多重性　pleiotropic
一つ以上の（おそらく多くの）表現型に影響を与える遺伝子のこと。

脱共役　uncoupling
一つの反応により遊離される自由エネルギーが，もう一つの別の反応を駆動できないように共役反応が分離される過程。

脱共役剤　uncoupler
膜のプロトン透過性を増加させる化合物で，プロトン勾配の形成とATP合成との共役をはずす。

脱共役タンパク質　uncoupling protein
ミトコンドリア内膜のプロトン透過性を増加させるタンパク質で，それによりエネルギーの保存を低下させるタンパク質。

脱水延期　desiccation postponement
植物体のまわりの水分が不足する際に，組織の水和状態を維持するための植物の能力。

脱水応答配列（DRE）　dehydration-response element
植物ホルモンであるアブシジン酸により制御される遺伝子群のプロモーター内に存在する9塩基よりなる調節配列。

脱水耐性　desiccation tolerance (drought avoidance)
脱水状態でも機能できるような植物の能力。

脱窒　denitrification
土壌の嫌気性微生物が硝酸（NO_3^-）または亜硝酸（NO_2^-）を気体の亜酸化窒素（N_2O）や分子窒素（N_2）に変え，大気に放出すること。

脱分化　de-differentiation
細胞が分化した特徴を失い，細胞分裂を再開すること。適切な条件を与えれば植物個体を再生する。

脱分極　depolarization
植物の原形質膜を隔てて，通常は外部に対して内部が負となっている膜電位が減少すること。陰イオンチャネルの活性化により，負の電位をもつ細胞内から，塩素イオンなどの陰イオンが流出することが原因となる。

脱離（器官脱離）　abscission
葉，花，果実などが，生きた植物体から離脱すること。この過程で，葉柄内の特殊な細胞が分化し，離層を形成することにより，死につつある（あるいは死んだ）器官を植物体より切り離すことが可能になる。**離層**を見よ。

脱離領域　abscission zone
葉の葉柄の基部に近い部分で，離層を含む一帯。

多糖類　polysaccharide
多数の糖残基からなる重合体。

多量養素　macronutrient
土から得られ，植物組織内に通常乾燥重量1gあたり30μmol以上存在する無機栄養素。窒素，カリウム，カルシウム，マグネシウム，リン，硫黄，ケイ素など。

単為結実　parthenocarpy
受精を伴わない果実の生産。この果実は機能をもった成熟種子を欠く。バナナやパイナップルで自然に見られる現象。

単一化学肥料　straight fertilizer
窒素，リン，カリウムという三つの多量要素のうち，一つだけを含む化学肥料（たとえば過リン酸，硝酸アンモニウム，カリウム源としてのカリウム塩化物）。

短距離輸送　short-distance transport
細胞直径の2，3倍ほどの距離の輸送。糖がソース葉の葉肉細胞から近接する葉脈に移動するときの篩部への積み込みや，糖が葉脈からシンク細胞へ移動する際の積み下ろしなどがある。

短日植物（SDP）　short-day plant
短日条件でのみ開花する植物（質的SDP），あるいは短日条件により開花が促進される植物（量的SDP）。

単子葉植物　monocot
被子植物の二つの綱の一つで，胚の子葉が一枚であることによって特徴づけられる。双子葉植物と対比される。

タンニン　tannin
植物のフェノール重合体でタンパク質と結合して微生物や昆虫，多くの哺乳類（ウシ，シカ，サルなど）に対して防御的に機能する。

チオスルホン酸塩（$R-SO_3^-$）　thiosulfonate
硫酸塩の還元過程における酵素結合型中間体。APSから生成される。**チオ硫化物**を見よ。

チオ硫化物（$R-S^-$）　thiosulfide
硫酸塩の還元過程における中間体。チオスルホン酸塩から生成される。*O*-アセチルセリンと反応し，システインを生成する。

窒素固定　nitrogen fixation
大気中の窒素（N_2）が，自然または工業的にアンモニア（NH_3），あるいは硝酸（NO_3^-）に転換される過程。

チャネル　channel
イオンや水の膜を横切る受動輸送際に，選択的な通り道となる膜貫通タンパク質。

中央帯　central zone
茎頂分裂組織内の中心に位置する，比較的大きな，液胞化した分裂速度の遅い細胞集団。根の分裂組織の静止中心に対応する。

中間細胞　intermediary cell
伴細胞の一つで，おびただしい数の原形質連絡により周囲の細胞，特に維管束鞘細胞と連絡している。

中間日長植物　intermediate-day plant
狭い日長時間幅（たとえば12～14時間の間）のときにのみ，花成を行う植物。

中日植物　indeterminate plant（day-neutral plant）
花成の時期が日長に依存しない植物。

中心柱幹細胞　stele stem cell
静止中心のすぐ上に位置する根の幹細胞で内鞘や維管束組織を生じる。

中性植物　day-neutral plant
中日植物と同じ。

抽だい　bolting
ロゼット植物の茎が成熟する途上で伸長する。通常，開花と連動している。

柱頭　stigma
花柱の頂上にある花粉を受容する表面。

中葉　middle lamella
一次細胞壁内のペクチンに富んだ薄い層で，隣接する細胞と細胞のつなぎ目に存在する。細胞質分裂中に生じる細胞板に由来する。

頂芽優勢　apical dominance
多くの高等植物で，成長している頂芽が側芽（腋芽）の成長を抑制すること。

長日植物（LDP）　long-day plant
長日条件でのみ花をつける植物（質的LDP），またはその開花が長日条件で促進される植物（量的LDP）。

頂端　apical
頂端または先端に関係していること。軸の明確な一端。基部の逆。

頂端細胞　apical cell
シダなどの原始的な維管束植物では，植物体の全器官を作り上げることになる，根とシュートの単一の始原細胞，すなわち幹細胞のこと。被子植物の胚発生では，受精卵の第一分裂によってできる二つの娘細胞の中の，原形質に満ちた小さい方の細胞のこと。

張力　tension
気体の分圧について用いられることが多い。

直接阻害モデル　direct-inhibition model
頂芽優勢を説明するためのモデル。側芽の成長が，茎頂で合成され，茎内で高濃度になるオーキシンにより直接阻害されるとする。

直列　orthostichy
他の葉のすぐ上または下に，茎に直接挿入されているような葉。

チラコイド　thylakoid
葉緑体の特殊化された，クロロフィルを含む内膜。そこでは，光合成の光吸収と化学反応がおこる。

チラコイド反応　thylakoid reaction
光合成の化学反応で，葉緑体の特殊化された内膜系（チラコイド膜といわれる）でおきる。光合成電子伝達やATP合成を含む。

ツァイトゲーバー　zeitgeber
環境シグナルの一種。明から暗，暗から明などへのシグナルで，内在性の振動子を24時間の周期に同調させる。

通気組織　aerenchyma
酸素欠乏条件下で見られる根の解剖学的特徴のこと。皮層内に空気を含んだ大きな細胞間隙ができる。

通常伴細胞　ordinary companion cell
伴細胞の一つ。隣接する篩要素以外のまわりのどの細胞に対しても比較的少ない原形質連絡をもつ。

***tir3* 突然変異体**　*tir3* mutant
シロイヌナズナの突然変異体（*transport inhibitor response 3*）。オーキシンの極性輸送とNPAの結合が低下している。***tir3*** はBIG-calossin様タンパク質の突然変異であり，***dog1*** 変異体でもこのタンパク質が欠損している。

TIBA　2,3,5-triiodobenzoic acid
オーキシンの極性輸送の拮抗阻害剤。

Tiプラスミド　Ti plasmid
感染力をもつアグロバクテリウムの種類に見られる腫瘍を誘発する巨大なプラスミド。

***de novo* 合成**　*de novo* synthesis
ある分子を，それより単純な分子種より新たに合成，あるいは組み立て，またはその双方を行うこと。

TAM
トリプタミンを見よ。

***tmr* 遺伝子座**　*tmr* locus
T-DNAのこの遺伝子座の変異は根の異常増殖を示し，奇形腫を形成する。「根状（rooty）」変異という。***ipt*遺伝子**を見よ。

***tms* 遺伝子座**　*tms* locus
T-DNAのこの遺伝子座の変異はシュートの異常増殖を招く。「苗条状（shooty）」変異という。

低温感受性植物　chilling-sensitive plant
気温が0～12℃の条件で急激な成長速度の低下を示す植物。

低温傷害　chilling injury
25～35℃で生育させている植物を10～15℃に冷やしたときにおこる変化。成長低下，葉の退色，傷害などが含まれる。凍結傷害と区別される。

低酸素状態　hypoxic
酸素濃度（または分圧）が低いことをいう。無酸素状態と対比される。

DCMU　dichlorophenyldimethylurea, diuron
QBを置換することにより，光化学系IIからの電子の流れをブロックする除草剤の一つ。光により促進される気孔開口を部分的に阻害する。

定常状態 steady state
膜によって隔てられた二つの区画において，溶質の流入と流出が等しい状態。能動輸送が存在する条件では，定常状態は平衡状態とは異なってくる。

T-DNA
Tiプラスミド由来のDNA断片で，宿主植物の核DNAに組み込まれたもの。トランスゼアチン，オーキシン，オパインの合成に必須な遺伝子をもつ。これらのプロモーターは植物型真核生物のプロモーターであるため，細菌の中ではまったく発現せず，植物の染色体に組み込まれてはじめて転写される。

***d8*突然変異体** *d8* mutant
トウモロコシの矮性突然変異体の一つで，GAを投与しても応答しない。

適応（ストレスへの） adaptation (to stress)
何世代にもわたる淘汰の過程により獲得された遺伝性のストレス耐性。馴化とは異なる。

適合溶質 compatible solute (compatible osmolyte)
細胞の浸透圧調節の際に細胞質に蓄積する有機化合物類で，他のイオン類とは異なり，高濃度でも細胞質内の酵素を阻害しない。プロリン，ソルビトール，マニトール，グリシンベタインなどがある。

テトラテルペン tetraterpen
40の炭素，すなわち八つの5炭素イソプレン単位からなるテルペン。イソプレンは同化過程の構築単位として働き，過剰なものは酢酸として排出される。

テルペノイド（イソプレノイド） terpenoid (isoprenoid)
カロテノイドやステロールを含む植物脂質の種類。

テルペン（テルペノイド，またはイソプレノイド） terpene (terpenoid, isoprenoid)
5炭素イソプレン単位から形成される非常に大きなグループに属する植物の化合物。多くは草食動物から身を守るための二次代謝産物である。

電位差形成（起電性）輸送 electrogenic transport
膜を隔てた電荷の移動を伴う能動輸送。

電気陰性 electronegative
負の電荷をもつこと。

電気化学ポテンシャル electrochemical potential
電荷をもつ溶質の化学ポテンシャルのこと。

電気的に中立な輸送 electroneutral transport
膜を横切る正味の電荷の移動のない能動輸送。

電子スピン共鳴（ESR） electron spin resonance
分子内の不対電子を検出する磁気共鳴法の一つ。光合成電子伝達系内の中間電子担体を同定する機器測定法。

電子伝達系（ミトコンドリア） electron transport chain (mitochondrion)
ミトコンドリア内膜の一連のタンパク質複合体で，流動的な電子担体であるユビキノンとシトクロム*c*とにつながり，NADHからO_2への電子伝達を触媒する。この過程で多量の自由エネルギーが放出され，一部は電気化学ポテンシャルであるプロトン勾配として保存される。

転写因子 transcription factor
DNAのプロモーター領域と相互作用するタンパク質。遺伝子発現を調節する。

デンプン鞘 starch sheath
シュートや子葉鞘（幼葉鞘）の維管束組織を取り囲む細胞層であり，根の内皮に連続する。シロイヌナズナのシュートの重力屈性に必要。

デンプン平衡石仮説 starch-statolith hypothesis
重力屈性に対して提案されている機構で，平衡細胞中の平衡石の沈降が関与するとする説。

転流 translocation
篩部におけるソースからシンクへの光合成産物の移動。

同化 assimilation
無機栄養同化を見よ。

同化力 assimilatory power
NADPHおよびATPの形で利用可能なエネルギーの合計で，光合成により大気中の二酸化炭素を有機化合物に固定する過程を駆動するために用いられるもの。

道管への積み込み xylem loading
イオンがシンプラストを出て，木部の通道細胞に入っていく過程。

道管要素 vessel element
細胞の上下に穴のあいた末端壁をもつ水を透過させる死んだ細胞で，被子植物に見られる。裸子植物ではほんの一部にだけ見られる。

凍結傷害 freezing injury
植物が氷点下に冷却されるときに生じる傷害。低温傷害と区別される。

糖新生 gluconeogenesis
解糖反応の逆反応による炭水化物の合成。

動的光阻害 dynamic photoinhibition
量子収量が低下するが，最大光合成速度が変わらない光化学系の光阻害。中程度の光量で見られ，強い光ではおこらない。

等方性 isotropic
全方向に対して均質な構造と物性をもつこと。異方性と対比される。

毒性効果 toxicity effect
低い水ポテンシャルの細胞内に高濃度のイオン（特にNa^+，Cl^-，SO_4^{2-}）が蓄積することによって引きおこされる傷害。

独立栄養的 autotrophic
細胞の構造成分を，それを構成している元素のもっとも酸化された状態から（たとえば糖質なら二酸化炭素から）合成できる細胞または生物であること。還元反応は通常は吸熱反応であるため，エネルギーは太陽光より供給されるか（光独立栄養的），あるいは化学エネルギーとして供給される（化学独立栄養）。

時計仮説 clock hypothesis
植物が夜の長さを測る方法として，近年広く受け入れられている学説。光周性の計時機構は概日リズムの内在性振動子に依存するとする提案。**砂時計仮説**を見よ。

土壌の水透過性 soil hydraulic conductivity
水が土壌中を移動する際の動きやすさを示す尺度。

トランジットペプチド transit peptide
N末端のアミノ酸配列で，前駆体タンパク質が葉緑体のような細胞小器官の外膜や内膜の両方の通過を促進する。トランジットペプチドはその際に切り取られる。

トランス-シクロオクテン *trans*-cyclooctene
エチレン受容体に結合しエチレンと拮抗する阻害剤。

トランス-ゼアチン *trans*-zeatin
主要な遊離性のサイトカイニン。化学的にはカイネチンと同じである。オーキシンが存在する条件で外から与えられると，カルス細胞の分裂やカルス培養からの芽や根の形成を促進する。内在性トランスゼアチンは葉の老化を遅らせ，双子葉植物の子葉の展開を促進する。**ゼアチン**を見よ。

トランスロケーター translocator
一つもしくはそれ以上の物質の，膜を横切る輸送の担体として働く膜局在性のタンパク質。

トリアシルグリセロール（トリグリセリド） triacylglycerol (triglyceride)
グリセロールの三つの水酸基に脂肪酸の三つのアシル基がエステル結合したもの。脂肪と油脂。

トリテルペン triterpene
30の炭素，つまり5炭素イソプレン単位を六つもつテルペン。

トリプタミン（TAM） tryptamine
植物におけるIAA合成の三つの合成経路のうちの一つにおける中間体。アミノ酸であるトリプトファンの脱炭酸により生成される。

トールス　torus
多くの裸子植物の仮道管にある壁孔膜中心部の厚くなっている部分。

内腔　lumen
管や嚢の中の空洞もしくは空間。特に，チラコイド膜の内部空間をいう。

内在性膜タンパク質　integral membrane protein
生体膜の脂質二重層の内部に埋め込まれて，あるいは横切って存在するタンパク質。

内生　endogenous
生体システムの内部に関すること。生体システムに内包されるか，あるいはそのシステムに由来すること。

内生振動子　endogenous oscillator
恒明環境あるいは恒暗環境下で，概日リズムを維持する植物体内に存在する分子ペースメーカー。

内生リズム　endogenous rhythm
光のような外部からの制御要因がなくてもつづくリズム。

内体　corpus
茎頂分裂組織の内部の細胞組織帯。中央帯と周辺帯，随状領域からなる。

内皮　endodermis
カスパリー線をもち，根およびある種の茎の維管束を取り囲むように配置した，特殊な細胞層。

内膜　inner membrane
ミトコンドリアまたは葉緑体の二重膜の中，内側の膜。

2-クロロエチルホスホン酸　2-chloroethylphosphonic acid
エテフォンを見よ。

二酸化炭素補償点　carbon dioxide compensation point
光合成による二酸化炭素の固定（消費）と呼吸による二酸化炭素の生産が等しくなる二酸化炭素濃度（細胞間空気間隙中の二酸化炭素分圧で表す）。

二次応答遺伝子（「後期遺伝子」）　secondary response gene (“late gene”)
発現にタンパク質合成を必要とし，一次応答遺伝子に引きつづいて発現する遺伝子。

二次細胞壁　secondary cell wall
成長していない細胞の細胞壁。多層構造をとることが多く，リグニンを含有し，一次細胞壁とは構造および組成が異なる。細胞拡大が終了した後，細胞分化の間に形成される。

二次代謝産物　secondary metabolite
植物の成長や発生には直接的な役割をもたない化合物。しかし，草食動物や病原性のある微生物の感染に対する防御作用をもち，一方で，花粉媒介者や種子を分散させる動物をひきつけ，さらに植物間の競争にも機能を有する。

二次能動輸送　secondary active transport
プロトン駆動力や他のイオン勾配によって蓄積されたエネルギーを用いる能動輸送。共輸送と対向輸送がある。

二次分裂組織　secondary meristem
種子の発芽後に形成される分裂組織のことで，頂端分裂組織と側芽分裂組織を含む。これらの活性は一次分裂組織により抑制されると考えられている。

二重層　bilayer
脂質二重層を見よ。

ニトロゲナーゼ　nitrogenase
酵素複合体で窒素（N_2）を2分子のアンモニア（NH_3）に還元する反応を触媒する。この反応は2分子のプロトンがH_2に還元される反応と共役している。

二年生　biennial
開花，結実するのに二季節を要する植物。

乳液　latex
ある種の植物の切り口からしみ出る乳状の化合物で，乳管の細胞質の存在を表し防御物質を含んでいると思われる。

乳管　laticifer
多くの植物において，しばしば相互に内部連絡し伸長した篩細胞。ゴム，乳液やその他の二次代謝物質を含む。

乳酸脱水素酵素（LDH）　lactate dehydrogenase
ピルビン酸を乳酸に転換する反応を可逆的に触媒する酵素。NADを補酵素とする。

乳酸発酵　lactic acid fermentation
解糖から生じたピルビン酸が，乳酸に還元される反応。反応にはNADHが用いられ，NAD^+が再生する。

入射光量　irradiance
単位時間あたりに一定の面積の平面に入射するエネルギー量。平方メートルあたりのワット（$W\,m^{-2}$）で表す。ワット（$1\,W = 1\,J\,s^{-1}$）は時間の項を含むことに注意。1秒あたり，1平方メートルの面積に入射する光量子のモル数（$mol\,m^{-2}\,s^{-1}$）で，光量子入射光量として表すこともある。**光量子入射光量，光強度**を見よ。

熱ショック応答　heat shock response
死なない程度の強い熱ストレスの後におこる，HSPsの合成の増加と，それ以外のタンパク質の合成の低下。

熱ショックタンパク質（HSP）　heat shock protein
温度の急上昇その他，タンパク質の変性を引きおこすような要因により誘導される特定のタンパク質群。そのほとんどは分子シャペロンとして働く。

熱ショック同族タンパク質　heat shock cognate protein
構成的に発現している分子シャペロンタンパク質で，熱ショックタンパク質（HSPs）様の働きをもつ。

熱ヒステリシス（熱履歴現象）　thermal hysteresis
液体から固体へ転換する温度が，固体から液体へ転換する温度より低い温度で進行する現象。

ネルンスト電位　Nernst potential
ネルンストの式で表される電位。

ネルンストの式　Nernst equation
膜を介して荷電したイオンが平衡状態にあるときの電位を予測する方程式。この電位は，膜の両側にあるイオンの相対濃度の関数となる。

粘弾性　viscoelastic property
固体と液体との中間の性質で，粘性と弾性の特徴が入り交じっている。

能動輸送　active transport
膜の両側の濃度やポテンシャル，または両者（電気化学ポテンシャル）の勾配に逆らったエネルギーを用いた溶質分子の輸送。登り勾配輸送。

ノーザンブロット解析　northern-blot analysis
特異的なRNAを検出・定量する方法。（RNAを電気泳動で分離し，ニトロセルロース紙またはナイロンメンブレンフィルターに転写した後）相補的なRNA鎖もしくはDNA鎖とハイブリダイゼーションすることによる。RNAブロット法。

ノジュリン遺伝子（*Nod*）　nodulin gene
根粒形成に特異的に働く植物の遺伝子。

延び　yielding
伸展中の細胞壁に特徴的な，長時間にわたって進行する，不可逆的な伸展過程。伸展しない細胞壁では，ほとんど見られない。

胚　embryo
有性生殖または無性生殖の後に形成される未成熟な生命体。種子植物では種子内に存在し，頂芽（幼芽），根（幼根），1枚または2枚の葉（子葉）を備えた胚軸よりなる。

胚形成　embryogenesis
接合体から多細胞の胚が発生する過程。植物の場合には，胚珠と未熟種子の中で進行する細胞分裂と分化が成熟植物体の基本的な発生パターンを作り上げる。すなわち，放射パターン，上下軸（頂基軸），および一次分裂組織である。

胚軸　hypocotyl
植物芽ばえの子葉と根に挟まれた部分。

胚軸フック部　hypocotyl hook
双子葉植物が種皮を破って発芽する際に見られる構造で，胚軸の先端が“J”の字を逆さにした形状に折り曲がった部分。土壌の中を成長する際に茎頂を保護する。

胚珠　ovule
種子植物において胚嚢を含む構造。この中にある卵細胞が受精して，胚珠は種子に発達する。

胚除去　de-embryonate
穀類の種子からデンプン性の胚乳と糊粉層，合着した種皮/果皮を残し，胚を除去すること。胚を除去された半種子は，外部より投与するGAに依存してα-アミラーゼを合成する。

排水　guttation
根圧により葉から液体が排出されること。

排水構造　hydathode
葉の周辺部の葉脈の末端に連結した特殊な孔で，道管内に正の静水圧がかかると木部液がしみ出す。また，シロイヌナズナの未熟葉ではオーキシン合成の場でもある。

配糖体　glycoside
糖が結合した化合物。

ハイドロキノン（QH_2）　hydroquinone
キノンの完全に還元されたもの。

胚嚢　embryo sac
被子植物の胚珠の中の大きな広楕円形の細胞（大胞子由来）で，雌性配偶体に分化し，その中で卵の受精がおこり，胚に分化する。

胚の中心軸　embryonic axis
仮想的な胚の中心線で，それを取り巻いて側生器官が配置される。

胚盤　scutellum
イネ科植物胚の一つの子葉で，胚乳からの栄養吸収に特化している。

配分（資源の）　allocation (of resource)
光合成産物を貯蔵，消費，輸送に調整しながら分配すること。

麦芽作り　malting
ビール醸造過程の第一段階。オオムギの種子を加水分解酵素の産生が最大になる温度で発芽させること。

バクテリオクロロフィル　bacteriochlorophyll
非酸素発生性光合成生物の光合成過程で働く光吸収色素。

バクテロイド　bacteroid
宿主由来の信号が引き金となり，内部共生バクテリアから発達する窒素固定を行うオルガネラ。

パクロブトラゾール　paclobutrazol (Bonzi)
市販のジベレリン生合成阻害剤。パクロブトラゾールはP450モノオキシゲナーゼを阻害し，小胞体におけるGA_{12}-アルデヒドの合成を阻害する。

運び出し　export
光合成産物を篩要素を通してソース組織より外に移動させること。

パスカル（Pa）　pascal
圧力の国際単位。$1\,Pa = 1\,kg\,m^{-1}\,s^{-2}$，もしくは$1\,Pa = 1\,J\,m^{-3}$.

波長（λ）　wavelength
光エネルギーを特徴づける単位。連続する波の頂上間の距離。可視光域では色に相当する。

発芽　germination
胞子や種子，芽などが，成長を開始または再開すること。

発酵代謝　fermentative metabolism
無酸素状態でのピルビン酸の代謝。解糖によって生成したNADHをNAD^+に酸化する。**アルコール発酵**，**乳酸発酵**を見よ。

発色団　chromophore
光を吸収する色素分子で，通常はタンパク質（アポタンパク質）に結合している。

パッチクランプ　patch-clamp
イオンポンプや1分子のイオンチャネルなどを研究するために用いられる電気生理学的方法。

花　flower
被子植物の特殊化した茎構造。がく片と花弁の非生殖構造と雄ずいと雌ずいの生殖構造からなる。

花器官　floral organ
有性生殖に直接あるいは間接的に関与する被子植物の器官。がく片，花弁，雄ずい，心皮からなる。

花器官決定遺伝子　floral organ identity gene
花の形態形成を直接制御している遺伝子群。その産物が花器官の形成と機能の両方，あるいはそのどちらかに関与している遺伝子の発現を調節している転写因子をコードする遺伝子。

花原基　floral primordia
原基とは細胞集団がある構造をつくり出す際に，最初に識別される段階の構造をいう。シロイヌナズナの花の発生過程では，花芽分裂組織から花原基となる四つの環域が形成され，がく片，花弁，雄ずい，胚珠，花柱，柱頭になる。

バナジン酸　vanadate
細胞膜H^+-ATPaseの阻害剤。H^+-ATPaseはATP加水分解の触媒サイクルの一部としてアスパラギン酸がリン酸化される。このリン酸化過程の存在によって，細胞膜ATPaseはオルトバナジン酸（HVO_4^{2-}）に著しく阻害される。オルトバナジン酸はリン酸（HPO_4^{2-}）の類似化合物で，アスパラギン酸のリン酸化部位にATP由来のリン酸と競合する。

花分裂組織決定遺伝子　floral meristem identity gene
花器官の最初の誘導に必要な遺伝子群。

パラコート　paraquat
光化学系Iから電子を受容することによって，光合成の電子伝達を妨げる除草剤。

伴細胞　companion cell
被子植物の篩要素に，大きく分岐した原形質連絡によりつながっている代謝活性をもつ細胞で，篩要素の代謝活性を掌握している。ソース葉では光合成産物を篩要素に輸送する働きをもつ。

搬入　import
篩要素からシンク器官への光合成産物の移動。

反応中心複合体　reaction center complex
電子伝達タンパク質の複合体であり，アンテナ複合体からエネルギーを受け取り，酸化還元反応により光エネルギーを化学エネルギーに変換する。

反応能　competence
ある種の細胞あるいは細胞集団が，適切な発生シグナルを受けた場合に，予想される特定の反応を示す能力。

PIN1
オーキシンを輸送する複合体の一部を構成する膜タンパク質で，オーキシンの極性輸送において通道細胞の基部末端からオーキシンを排出する。

***pin1* 突然変異体**　*pin1* mutant
シロイヌナズナの突然変異体で，オーキシン輸送阻害剤で処理した植物の花に似た花をつける。開花は損なわれ，オーキシンの極性輸送の変異に原因がある。花の形成におけるオーキシン極性輸送の役割を調べるのに用いられる。

Pr
フィトクロムの赤色光吸収型。これはフィトクロムが会合しているときの形である。青色のPr型は赤色光によって遠赤色光吸収型のPfr型に変換する。

***pro* 突然変異**　*pro* mutant
ネガティブレギュレーターの機能不全によって，構成的に背丈が極端に高くなるトマトの突然変異体。

PRタンパク質　pathogenesis-related protein (PR protein)
病原体の攻撃によって生成するタンパク質の部類で，病原体，特に菌類の細胞壁を攻撃する加水分解酵素を含んでいる。グルカナーゼやキチナーゼなど。

避陰反応　shade avoidance response
遮光に対する反応。茎の伸長を含む。

PAR

光合成有効放射を見よ。

***PHY*遺伝子**　*PHY* gene
フィトクロム遺伝子族のメンバーで，フィトクロムのアポタンパク質をコードする遺伝子。シロイヌナズナでは，*PHYA*，*PHYB*，*PHYC*，*PHYD* および *PHYE* がある。

PAPS
3′-リン酸アデノシン-5′-リン酸硫酸を見よ。

Pfr
フィトクロムの遠赤色光吸収型で，赤色光の作用によって Pr 型から変換される。青緑色の Pfr は遠赤色光によって Pr に転換される。Pfr がフィトクロムの生理学的に活性な型である。

非塩生植物　glycophyte
塩生植物のような塩類耐性をもたない植物。閾値を超える濃度の塩類を含む土壌では成長阻害，葉の退色，乾燥重量の減少などの兆候を示す。塩生植物と対比される。

P型ATPase　P-ATPase
ATP により酵素タンパク質がリン酸化される過程を触媒サイクルに含むイオンポンプ。細胞膜 H^+-ATPase など。

光　light
粒子と波動の両特性をもつ放射エネルギーの形状。

光可逆性　photoreversibility
フィトクロムが Pr 型と Pfr 型で相互変換すること。

光可逆性からのエスケープ　escape from photoreversibility
フィトクロムを介した赤色光により誘導される過程が，短時間にかぎり，遠赤色光に対する光可逆性を失うこと。

光強度（フルエンス速度）　fluence rate
全方向より球面に入射する光の量を表わす単位。平方メートルあたりのワット数（$W\,m^{-2}$），または1秒間あたり，平方メートルの面積に入射する光量子数（$mol\,m^{-2}\,s^{-1}$）で表す。入射光量を見よ。

光屈性　phototropism
入射光方向に反応する植物の成長の変化。

光形態形成　photomorphogenesis
植物の形態形成に対する光の作用と特定の役割。実生において，遺伝子発現における光誘導性の変化は，光のあたる地上部でより大きな影響を及ぼすが，光のあたらない地下部にはほとんど作用しない。

光散乱　light scattering
空気と水との界面において，光が反射や屈折をおこし，植物組織内における光量子の運動方向がランダム化されること。これによって葉の内部での光量子の吸収確率が著しく増大する。

光修復酵素　photolyase
青色光によって活性化される酵素で，UV 照射によって損傷を受けた DNA 内のピリミジンダイマーを修復する。FAD とプテリンを含んでいる。

光障害防御　photoprotection
クロロフィルによって吸収された過剰な光エネルギーを散逸させるためのカロテノイドをもとにしたシステム。一重項酸素の生成と色素の損傷を防ぐ。消光反応を伴う。

光阻害　photoinhibition
過剰な光による光合成阻害。

光チャネリング　light channeling
光合成細胞において，入射光が柵状細胞の中心液胞を通過し，あるいは細胞の間の間隙を通ったりして，入射光の伝播が変化すること。

光定常状態　photostationary state
フィトクロムが自然光条件下では 97％の Pr 型と 3％の Pfr 型で平衡状態を保っていること。

光同化　photoassimilation
栄養同化と光合成の電子伝達系の共役。

光補償点　light compensation point
光合成を行っている葉において，光合成による CO_2 取り込みと呼吸による CO_2 の放出がちょうどつり合う光量。

非還元糖　nonreducing sugar
分子内のアルデヒドもしくはケトン基がアルコールに還元されるか，あるいは他の糖が同様な基で結合している糖。ショ糖など。還元糖より反応性が低い。

非還元末端　nonreducing end
デンプン分子末端のグルコース部分。そのC-1炭素は前にあるC-4炭素と β 結合している。

非クリマクテリック果実　nonclimacteric fruit
柑橘類やブドウの果実。クリマクテリック果実で見られるような呼吸とエチレン合成の増加が見られない。

ひげ根系　fibrous root system
単子葉植物の複雑な根系。主根軸を欠き根の直径がほぼ同じ。

非光化学的消光　nonphotochemical quenching
クロロフィル蛍光が，光化学反応以外の反応過程により消光すること。つまり，過剰な励起エネルギーが熱に転化する。

微好気性条件　microaerobic condition
アゾトバクターのような好気性窒素固定細菌の高い呼吸速度によって維持される低酸素条件。

非酸素発生生物　anoxygenic organism
光合成生物の中，分子酸素を発生しないもの。

PCMBS　*p*-chloromercuribenzene-sulfonic acid
自身は細胞膜を透過しないが，細胞膜を介したショ糖の輸送を阻害するなどの働きを有する試薬。

被子植物　angiosperm
顕花植物。種子を包む心皮をもつ点で裸子植物と区別される。

PCD
プログラム細胞死を見よ。

非重力屈性突然変異体　agravitropic mutant
重力に応答しない突然変異体。重力屈性の機構を理解するのに利用される。

微小管　microtubule
チューブリンからなる細胞骨格の構成要素で，有糸分裂の紡錘体の構成成分である。細胞壁におけるセルロース微小繊維の配向にも関与する。

微小繊維　microfilament
細胞骨格の構成要素の一つ。アクチンタンパク質からなり，細胞内でのオルガネラの運動に関与する。

非生物的　abiotic
生きていないもの。植物のストレスに関して用いた場合には，環境要因に起因するストレスを指す。

皮層-内皮幹細胞　cortical-endodermal stem cell
静止中心をリング状に取り巻く幹細胞群で，根の皮層と内皮を作る。

ビタミンB$_6$　vitamin B_6
ピリドキサルリン酸を見よ。

Pタンパク質　P-protein
篩要素に豊富な一群のタンパク質。ほとんどの被子植物に存在するが，裸子植物以下の植物はもっていない。細胞の種類や成熟に依存して，管状，繊維状，粒状，結晶の形で存在している。損傷した篩要素の篩板孔などを塞ぐことによって密封する。他の役割として，篩管から養分を吸い取る昆虫に対する防御が考えられ，以前は「スライム」（slime）とよばれていた。

Pタンパク質体　P-protein body
不連続な回転楕円面状や紡錘状，ねじれた，あるいはコイル状の構造をもつPタンパク質で，未成熟の篩管要素の細胞質に存在する。一般的に，細胞の成熟に伴って管状もしくは繊維状になって分散する。

必須元素　essential element
植物の構造や代謝に固有の分子を構成する元素。この元素の供給が不足すると，植物の成長や発生，生殖などが異常となる。

引張り強度（抗張力） tensile strength
引っ張る強さに抵抗する能力。水は高い抗張力をもつ。

ヒドロキシプロリン-リッチタンパク質（HRGP） hydroxyproline-rich protein
細胞壁構造タンパク質の一群で，ヒドロキシプロリン残基に富み，病原菌や乾燥からの保護の役目を担っていると考えられる。

P700
光化学系Iの反応中心クロロフィルで，基底状態では700 nmの波長に吸収極大をもつ。Pは色素を表す。

比熱 specific heat
ある物質と標準物質（通常は水）との熱容量の比。熱容量は物質の単位質量を1℃変化させるのに必要な熱量。水の熱容量は，1 gを1℃変化させるのに1 calである。

P870
紅色光合成細菌の反応中心のバクテリオクロロフィル。基底状態では870nmに吸収極大をもつ。Pは色素を表す。

PP$_i$
ピロリン酸を見よ。

PPFD
光合成光量子束密度を見よ。

ビュニング仮説 Bünning hypothesis
花成の光周性による制御は，誘導性の光周期の暗期または明期が，概日リズムの振動の特定の位相と一致することによりおこるとする仮説。

病原体 pathogen
他の生物に感染し，病気を引きおこす能力をもつ微生物。

氷晶核形成 ice nucleation
水分子が安定な氷の結晶を形成しはじめる過程。ある種の多糖類やタンパク質の表面の性質が氷の結晶形成を促進する。

表層原形質 cortical cytoplasm
原形質の中，原形質膜近傍の周辺領域。

漂白された bleached
酸化などにより，クロロフィルが別の構造に変換され，それによって，特徴的な吸収特性を失うこと。

表皮（表皮細胞） epidermis（epidermal cell）
植物体の最外層の細胞層で，通常の一層の細胞層からなる。

表面張力 surface tension
空気と水の境界面で水分子が発揮する力。水分子の凝集力や粘着性に起因する。この力は空気と水の境界面の表面積を最小にする。

ピリドキサルリン酸（ビタミンB$_6$） pyridoxal phosphate（vitamin B$_6$）
すべてのアミノ基転移反応に必要とされる補因子。

微量養素 micronutrient
土から得られ，植物組織内に通常乾燥重量1 gあたり3 μmol以下で存在する無機栄養素。塩素，鉄，ホウ素，マンガン，ナトリウム，亜鉛，銅，ニッケル，モリブデンなど。

ピレスロイド pyrethroid
強力な殺虫毒素性をもつモノテルペンエステル。天然型と合成型があり，商業用殺虫剤として知られている。

P680
光化学系IIの反応中心クロロフィルで，基底状態では680nmに吸収極大をもつ。Pは色素を表す。

ピロリン酸（PP$_i$） pyrophosphate
リン酸エステル結合により結合した二つのリン酸基。

ファントホッフの式 van't Hoff equation
溶質ポテンシャルΨ_sを溶質濃度と関連づけたもの。

VA菌根 vesicular-arbuscular mycorrhizal fungi
根の中にあるまばらな菌糸体で土壌中へと伸びる。菌糸の中には，細胞と細胞の間の領域を伸長するのみならず，個々の細胞の皮層を貫通するものもある。

V-ATPase
液胞型H$^+$-ATPase.

VLFR very low fluence response
フィトクロムの低光量領域における反応で，反応の大きさは光量（1～100 nmol m^{-2}）に比例する。

フィックの第一法則 Fick's first law
拡散速度は濃度勾配に比例する。ここで濃度勾配はΔxの距離を隔てた2点間での濃度の差として定義される。

フィトアレキシン phytoalexin
強い抗微生物活性をもった，化学的には広範な二次代謝産物のグループ。感染後に産生され，感染した場所に蓄積する。

フィトクロム phytochrome
植物の成長制御に関与する光受容体タンパク質。主に赤色光と遠赤外光を吸収するが，青色光も吸収する。ホロタンパク質は，発色団としてフィトクロモビリンをもっている。

フィトクロモビリン phytochromobilin
フィトクロムの直鎖状テトラピロール発色団。

フィトフェリチン phytoferritin
鉄-タンパク質複合体で，植物細胞において過剰な鉄を蓄える。

フィトマー phytomere
一つまたは複数の葉腋芽からなる形態形成の単位。一枚または複数の葉，葉が付着する節，節の下にある節間のこと。

フィトール phytol
クロロフィル分子内にある長鎖炭化水素。クロロフィルをチラコイド膜に固定する。

フェオフィチン pheophytin
中心のマグネシウム原子が二つの水素原子に置換されたクロロフィル。

フェニルアラニンアンモニアリアーゼ（PAL） phenylalanine ammonia lyase
フェニルアラニンからアンモニア1分子をうばい，桂皮酸に転換する反応を触媒する。一次代謝と二次代謝の間の重要な制御段階である。

フェニルプロパノイド phenylpropanoid
桂皮酸のフェノール性誘導体で，ベンゼン環と炭素数3の側鎖をもつ。

フェノール類 phenolic
芳香族環状化合物のヒドロキシル（水酸基）群であるフェノールを含む植物の二次代謝産物。多くの植物のフェノール性化合物は，草食昆虫や病原体に対する防御やUVからの保護，受粉媒介者誘引物質，アレロパシー要因物質として機能している。

フェレドキシン（Fd） ferredoxin
低分子量の水溶性鉄-硫黄タンパク質で，光化学系Iの電子伝達系に関与する。

フェレドキシン-チオレドキシン系 ferredoxin-thioredoxin system
3種類の葉緑体タンパク質（フェレドキシン，フェレドキシン-チオレドキシン，チオレドキシン）。この三つのタンパク質が，光合成電子伝達系由来の還元力を利用してチオール/ジスルフィド交換反応のカスケードにより，タンパク質のジスルフィド結合を還元する。その結果，カルビン回路の中の数種の酵素の活性を光が制御することができる。

フォトトロピン phototropin
*PHOT1*遺伝子にコードされるタンパク質で，光屈性，葉緑体定位運動，気孔の開口における青色光受容体であると考えられている。

不完全花 imperfect flower
雌ずいまたは雄ずいのいずれかを欠く花。単性花。

複合体I complex I
ミトコンドリア電子伝達系に存在するタンパク質の複合体で，NADHを酸化し，ユビキノンを還元する。

複合体V complex V
F_0F_1ATP合成酵素を見よ。

複合体III complex III
ミトコンドリア電子伝達系に存在するタンパク質の複合体で，還元型ユビキノン（ユビキノール）を酸化し，シトクロム*c*を還元する。

複合体II complex II

ミトコンドリア電子伝達系に存在するタンパク質の複合体で，コハク酸を酸化し，ユビキノンを還元する。

複合体IV　complex IV
ミトコンドリア電子伝達系に存在するタンパク質の複合体で，還元型シトクロム c を酸化し，O_2 を H_2O に還元する。

副（助）細胞　subsidiary cell
孔辺細胞の側面に位置する特殊化された表皮細胞。孔辺細胞とともに気孔開度の調節に働く。

複素環　heterocyclic ring
炭素と炭素以外の原子（窒素や酸素）を含む環構造。

負向日性　paraheliotropism
入射光を避ける葉の動き。

フジコッキン（フシコクシン）　fusicoccin
細胞膜 H^+-ATPase を活性化し，植物細胞壁の酸性化を引きおこすカビ毒。フジコッキンは茎や幼葉鞘で早い成長促進をおこす。また，孔辺細胞の細胞膜のプロトンポンプを促進し，気孔開口を促進する。

物質輸送速度　mass transfer rate
仮定した篩管もしくは篩要素の断面を，単位時間あたりに通過する物質の量。

不定根　adventitious root
茎や葉などの根以外の器官から発生する根。

プテリジン　pteridine
二つの六炭環によって構成される窒素化合物。リボフラビンの構成要素で，プテリンのもとになる化合物。

プテリン　pterin
モリブデンを含む炭素化合物で，高等植物の硝酸還元酵素の補欠分子族を構成する。また，DNA修復酵素のフォトリアーゼの青色光を吸収する発色団である。化学的にはプテリジンから生じる。

プラストキノン　plastoquinone
低分子量の非極性分子で，チラコイド膜の非極性部分をたやすく拡散し，還元されてプラストヒドロキノンになる。PSIIとPSIとをつなぐ移動性のある電子担体である。化学的，かつ機能的にミトコンドリア電子伝達系におけるユビキノンに似ている。

プラストシアニン　plastocyanin
水溶性の銅を含む低分子量（10.5 kDa）のタンパク質で，シトクロム b_6f 複合体とP700の間の電子を伝達する。このタンパク質はチラコイド膜内腔に存在する。

プラストヒドロキノン（PQH_2）　plastohydroquinone
プラストキノンの完全に還元されたもの。

プラスミド　plasmid
細菌の染色体外にある環状DNAで，細菌の生命に必須ではない。プラスミドは，細菌が特別な環境で生き残る能力を高める遺伝子を含むことが多い。

フラノクマリン　furanocoumarin
フラン環のついたクマリン。光にあたると毒性をもつことがある。

フラビンアデニンジヌクレオチド（FAD）　flavin adenine dinucleotide
リボフラビンを含む補因子で，可逆的な1または2電子還元を受け，FADHまたは $FADH_2$ を生成する。

フラビン仮説　flavin hypothesis
いまは信じられていない仮説で，青色光により活性化されたリボフラビンがオーキシンの光分解に関わるとする考え方。青色光はたしかに試験管内では，リボフラビンなどのフラビン化合物を還元し，還元されたフラビンがシトクロム c を還元するが，生体内でこの反応がおこることは示されていない。

フラビンタンパク質フェレドキシン-NADP還元酵素（Fp）　flavoprotein ferredoxin-NADP reductase
光化学系Iの膜結合型フラビンタンパク質の一つで，フェレドキシンからの電子を用いて $NADP^+$ を還元する。この反応により水の酸化に始まる非環状電子伝達が完了する。

フラビンモノヌクレオチド（FMN）　flavin mononucleotide
リボフラビンを含む補因子で，可逆的な1または2電子還元を受け，FMNHまたは $FMNH_2$ を生成する。

フラボノイド　flavonoid
二つの芳香環が三つの炭素を介して連結された基本構造をもつ植物のフェノール性化合物の大きなグループ。アントシアニン類，フラボン類，フラボノール類，イソフラボン類などを含む。植物色素，紫外線照射からの保護，捕食者や病原体からの防御などの働きをもつ。

フラボノール　flavonol
紫外線を吸収する保護フラボノイド類の中の一群の化合物で，受粉昆虫を花に引き寄せることもある。他のフラボノイド類とともにマメ科の根から土壌中に分泌され，窒素固定共生菌との相互作用を仲介する。

フラボン　flavone
紫外線を吸収する保護フラボノイド類の中の一群の化合物。

フルエンス　fluence
単位面積あたりに吸収されるエネルギーまたは光量子数。

プログラム細胞死（PCD）　programmed cell death
個々の細胞が本来の老化プログラムを活性化する過程で，それぞれに特有の形態学的，生化学的な変化を伴う。アポトーシスはその一つ。

プロテインキナーゼ（タンパク質リン酸化酵素）　protein kinase
自身のタンパク質，もしくは他のタンパク質の特定のアミノ酸，たとえば，ヒスチジン，セリン，スレオニン，チロシン残基にATP由来のリン酸を転移させる能力をもつ酵素。酵素活性の制御や遺伝子発現，シグナル伝達に重要な役割を果たしている。

プロテインホスファターゼ（タンパク質脱リン酸化酵素）　protein phosphatase
タンパク質から調節の役割をもつリン酸を除く酵素。酵素活性の調節や遺伝子発現，シグナル伝達に重要な役割を果たしている。

プロテイン・ボディ　protein body
一層の単位膜に囲まれたタンパク質を貯蔵するオルガネラ。主に種子に存在する。

プロトプラスト　protoplast
細胞膜によって囲まれた細胞構造。細胞質，オルガネラ，核など。細胞壁を除いた残り。

プロトン駆動力（PMF，Δp）　proton motive force
膜を介したプロトンの電気化学ポテンシャル勾配で，電気ポテンシャルの単位で表される。

プロプラスチド　proplastid
分裂組織に存在する未成熟で未発達なプラスチド。形態形成の過程で，葉緑体，アミロプラスト，クロモプラストのようなさまざまな特殊化したプラスチド型に転換できる。

プロヘキサジオン（BX-112）　prohexadione
ジベレリン酸（GA）生合成の阻害剤。不活性な GA_{20} を成長活性のある GA_1 に転換するジベレリン 3β-ヒドロキシラーゼを阻害する。

フロリゲン　florigen
葉で合成され，篩部を通って茎頂分裂組織へ輸送される，普遍的な仮説上の花成ホルモン。現時点でいまだ単離同定はなされていない。

分化　differentiation
細胞が，分裂前の細胞とは明確に異なる代謝や構造，機能などの特性を獲得する過程。植物では分化した細胞を単離して組織培養すると，分化が可逆的になることが多い。

分光光度計　spectrophotometer
物質によって異なる波長ごとの光の吸収量を測定する装置。

分光測光法　spectrophotometry

試料によって吸収される光を測定するために用いられる技術。

分散成長　diffuse growth
細胞成長の一つの様式で，細胞拡大が細胞表面全域で，おおむね均一におこる成長。先端成長と対比される。

分子モーター　molecular motor
微小管に結合する大きなタンパク質複合体で，鞭毛，小胞，染色体，セルロース合成複合体を動かす。

分配　partitioning
光合成産物を植物体内の多くのシンク器官へ分配すること。

分裂組織領域　meristematic zone
根の先端領域。根の本体を生み出す分裂組織を含む。根冠のすぐ上の部分。**伸長領域**，**成熟領域**を見よ。

平衡　equilibrium
ある特定の溶質に注目した場合，その電気化学的な勾配がなく，したがってその溶質が受動輸送をおこさない状態または条件をいう。

平衡細胞　statocyte
重力を感知する特殊化した植物細胞で，平衡石を含む。

平衡石　statolith
アミロプラストのような細胞内含有物で，細胞質よりも高密度で，細胞の底に沈殿することにより重力センサーとして働く。

並層分裂　periclinal division
表面もしくは長軸に平行な細胞分裂。

壁孔　pit
仮道管において二次細胞壁がなく，多くの小孔のある薄い一次細胞壁の微小な領域で，隣接する仮道管との間の道管液の移動を促進する。

壁孔対　pit pair
隣接する仮道管細胞の近接した小孔。仮道管間の水移動のおこりやすい経路。

壁孔膜　pit membrane
壁孔対の間の小孔の多い層。二つの薄い一次細胞壁と中間ラメラからなる。

ヘキソースリン酸分路　hexose monophosphate shunt
ペントースリン酸経路を見よ。

ペクチン　pectin
ホモガラクツロナン，ラムノガラクツロナンI，II，中性複合多糖類などからなるヘテロな多糖類。ペクチン類は，細胞壁中ではゲルを形成し，セルロース–ヘミセルロースの網状構造の内部を埋めるように存在する。ガラクツロン酸のような酸性糖と，ラムノース，ガラクトース，アラビノースのような中性糖を含むものが典型例である。構成成分として，カルシウムおよびホウ素を含む。キレート剤や薄い酸で細胞壁から抽出できる。

β酸化　β-oxidation
脂肪酸類を酸化して脂肪酸アシルCoAに変えたのち，次々に分解し，脂肪酸由来の2原子の炭素を含むアセチルCoA分子に変える反応。その際，NADHと$FADH_2$が生成する。

ヘテロ三量体Gタンパク質　heterotrimeric G protein
膜結合型GTP結合タンパク質の一つで，α，β，γ三つのサブユニットからなり，Gタンパク質に結合した膜受容体の情報伝達に関与する。

ペルオキシソーム　peroxisome
O_2によって有機基質が酸化されるオルガネラ。これらの反応はH_2O_2を発生するが，ペルオキシソームに存在する酵素カタラーゼによって水に分解される。

ベンケイソウ型有機酸代謝（CAM）　crassulacean acid metabolism
ルビスコによるカルボキシル化の際に，二酸化炭素を濃縮する生化学的反応の一つ。ベンケイソウ科（*Crassula*, *Kalanchoe*, *Sedum*）をはじめ，種子植物の多数の科の植物で見られる。これらの植物では，二酸化炭素の取り込みと固定は夜間に進行し，日中は，脱炭酸反応とそれによって細胞内で遊離する二酸化炭素の還元が進む。

ペントースリン酸経路　pentose phosphate pathway（hexose monophosphate shunt）
細胞質に存在するグルコースを酸化する経路で，NADPHと多くの糖リン酸を生成する。

膨圧（静水圧）　turgor pressure（hydrostatic pressure）
液体の単位面積あたりの圧力。植物細胞では膨圧はかたい細胞壁に向かって細胞膜を押し，細胞拡大の駆動力となる。

放射軸　radial axis
根または茎において，外側から中心に向かう同心円状の組織のパターン。**上下軸**を見よ。

放射状幹細胞　ray stem cell
放射状に並んだ放射組織として知られる柔細胞の束を造る。

紡錘型幹細胞　fusiform stem cell
維管束形成層の長く液胞化した幹細胞で，縦に分裂し，生まれた細胞は二次木部および二次篩部の通道細胞を形成する。

ほう葉　bract
花や花序を取り囲む小さな葉の形をした未分化の葉。

飽和　saturation
刺激が増大してもそれ以上反応が増加しない状況。最大の状態。それ以上増加，移動，含有不可能な状態。

ボーエン比　Bowen ratio
顕熱の損失に対する潜熱の損失の比。蒸散による潜熱の損失は，葉の温度を制御するうえで，もっとも重要な過程。

ホーグランド溶液　Hoagland solution
植物を育成するための栄養溶液で，Dennis R. Hoaglandが考案したもの。

補欠分子族　prosthetic group
タンパク質複合体中の，アミノ酸以外の金属イオンや低分子量の炭素化合物。タンパク質に共有結合し，そのタンパク質の機能に不可欠なもの。

補酵素A　coenzyme A
多くの酵素反応でアシル基の担体となる—SH基をもつ補酵素の一つ。

補充（反応）　anaplerotic（reaction）
他の反応や代謝経路で不足している反応基質を供給するような特性をもった反応のこと。たとえば，PEPカルボキシラーゼによる反応は，生合成に利用されるクエン酸回路にオキサロ酢酸を供給する。

圃場（野外）容水量　field capacity
土壌に十分な水が与えられた後，余剰の水を排水により除いた後，土壌に保持されている水の量。土壌の保湿能力。

ホメオティック遺伝子　homeotic gene
最初に発見されたショウジョウバエのホメオティック遺伝子は，ハエの体の各部の配置を制御する。ホメオティック遺伝子がコードする典型的な転写因子は，ホメオドメインをもつ点が特徴である。

ホメオティック突然変異体　homeotic mutation
ショウジョウバエでは，ホメオボックス遺伝子内のホメオティック突然変異によって，体節その他の構造が本来の位置とは異なる場所にできる。植物でも，類似の表現型上の変化が花の発生過程で見られる変異体があるが，これにはホメオボックス遺伝子は関与していない。

ホメオボックス　homeobox
DNAの特異的な領域に結合するある種の転写因子内の60アミノ酸からなるドメインであるホメオドメインをコードする塩基配列。

ポリテルペノイド　polyterpenoid
50以上の炭素をもつテルペン。

ポリテルペン（$[C_5]_n$）　polyterpene
1,500から15,000のイソプレンユニットを含む高分子量テルペン。ゴムなど。

ポリマートラップ説　polymer-trapping model
シンプラスト経路で積み込みを行う植物種の，糖の篩要素への特異的な蓄積を説明するモデル。

ホルモン　hormone

多くの場合，生体内のある特定の部位で合成される有機化合物（そうでない場合もある）で別の部位に輸送され，そこで成長や発生過程に対して，ごく微量で劇的な作用を引きおこすもの。

ホロタンパク質　holoprotein
アポタンパク質に，発色団などの非タンパク質性低分子が結合したもの。

ポンプ　pump
生体膜を介した一次的能動輸送を行う膜タンパク質。多くのポンプはH^+やCa^{2+}などのイオンを輸送する。

膜横断経路　transmembrane pathway
道管液の通る道筋の一つで，細胞から細胞へと連続して通過する。細胞に入るときと細胞の外に出るときの両方に細胞膜を横切る。液胞膜を横切る輸送も含まれると考えられる。

膜間腔　intermembrane space
ミトコンドリアや葉緑体の二重膜に挟まれた液体に満たされた空間。

膜透過性　membrane permeability
膜が物質を通すか，抑制するかの程度。

マグネシウムデキラターゼ　magnesium dechelatase
クロロフィル分解過程で，クロロフィルからマグネシウムを除く酵素。

膜の脱分極　membrane depolarization
脱分極を見よ。

マトリックス（基質）　matrix
（1）ミトコンドリアの内膜中に含まれるコロイド状の水性相。
（2）細胞壁内のセルロース微繊維以外の非結晶性の領域。

マトリックポテンシャル（Ψ_m）（マトリック圧）　matric potential (matric pressure)
浸透ポテンシャル（Ψ_s）と静水圧（Ψ_p）の和。（Ψ_s）と（Ψ_p）の別々の測定が困難もしくは不可能な状況（乾燥した土，種子，細胞壁）で用いられる。

マメ科植物　legume
リゾビウム属の根粒バクテリアと共生することが多い。マメ科植物にはエンドウ（*Pisum*），クローバー（*Trifolium*），ソラマメ（*Vicia*），ヒラマメ（*Lens*），ダイズ（*Glycine*），インゲン（*Phaseolus*），ピーナッツ（*Arachis*），ササゲ（*Vigna*）などが含まれる。

慢性光阻害　chronic photoinhibition
光合成活性の光阻害の一つで，量子収量，光合成最大速度ともに低下するものをいう。光が過剰なときにおこる。

水栽培　hydroponic
土壌を使わず，植物の根を栄養溶液につけて植物を生育される方法。

水能動的気孔閉鎖　hydroactive stomatal closure
水ストレスなどの気孔を閉鎖するシグナルに応答して，気孔が閉まること。孔辺細胞の溶質含量を低下させ，それにより水を失うような代謝過程に依存する。

水の化学ポテンシャル　chemical potential of water
水ポテンシャルを見よ。

水不足　water deficit
水を十分に与えたときの水分含量を下まわる植物細胞や組織の水分含量。

水ポテンシャル（Ψ_w）　water potential
単位体積あたりの水の自由エネルギーの単位（$J\ m^{-3}$）。単位はパスカル（Pa）。Ψ_wは溶質ポテンシャル，圧ポテンシャル，重力ポテンシャルの関数。$\Psi_w = \Psi_s + \Psi_p + \Psi_g$と表記される。$\Psi_g$は5m以下の高さでは通常無視できる。

水ポテンシャル差（ΔY_w）　water potential difference
原形質膜を横切る水ポテンシャルの差（メガパスカルで表される）。

ミハエリス・メンテン定数（K_m）　Michaelis－Menten constant
酵素反応速度論（キネティクス）を表すミハエリス・メンテン反応式における定数。この定数は基質の酵素に対する結合親和性，あるいは溶質の輸送担体に対する結合親和性を反映しており，酵素の触媒速度が最大速度の半分になるのに必要な基質濃度に相当する。

無機栄養　mineral nutrient
土壌から吸収される無機イオン。**多量養素**，**微量養素**も見よ。

無機栄養液　nutrient solution
無機塩類のみを含んだ溶液。日光のもとでは，土や有機物なしで植物の成長を維持できる。

無機栄養同化　nutrient assimilation
無機栄養を色素，補酵素，脂質，核酸，アミノ酸のような炭素化合物に取り込むこと。

無機化　mineralization
土壌微生物によって有機化合物が分解される過程。この過程で，植物によって同化できる無機養分の形で放出される。

無限成長　indeterminate growth
栄養成長と花成の両過程を長期にわたって継続できる成長様式。成長は一般に制限されず，環境条件と栄養資源が許すかぎり，成長をつづける。

無酸素　anoxic
酸素がない状態をいう。酸素欠乏と区別される。

メガパスカル（MPa）　megapascal
10^6Pa．圧力の単位。

メタン生成細菌　methanogenic bacteria
絶対嫌気性細菌。CO_2を電子受容体，H_2を電子供与体として利用し，嫌気呼吸によりメタンを生成する。

メトヘモグロビン血症　methemoglobinemia
ヒトと家畜の病気で，硝酸値が高い植物を食べることで引きおこされる。肝臓内で硝酸は亜硝酸に還元され，亜硝酸はヘモグロビンに結合し，酸素とヘモグロビンが結合するのを妨げる。

免疫細胞化学　immunocytochemistry
抗原性をもつ分子の存在と，それが存在する部位を明らかにするために，標識分子をつけた特異的な抗体分子を用いる方法。

毛管現象　capillarity
ガラスの細い管の中や細胞壁の中を，水が擬集力や接着力，表面張力によりのぼる運動。

木部　xylem
根からの水やイオンを植物体の他の部分に輸送する組織。

モノオキシゲナーゼ　monooxygenase
酸素分子から酸素原子一つだけを炭素化合物に組み込む酵素群。もう一つの酸素原子は，NADHやNADPHを電子供与体として水に還元される。

モノテルペン　monoterpene
テルペンは炭素数10からなり，炭素数5のイソプレンユニットを二つもっている。

葯　anther
雄ずいの先端部分の構造で，その中で花粉が作られ，そこから放出される。

有機肥料　organic fertilizer
合成添加物をまったく含まない天然由来の栄養成分の肥料。

有限成長　determinate growth
植物個体が成熟した生殖成長基に達した後は，分裂組織活性を失うために成長できなくなること。たとえば，あらかじめ定まった数の葉が発生した後に花器官が形成される。花成の時期は一般に短く，植物の分裂組織はすべて花器官の形成の過程で使い果たされてしまう。

雄ずい　stamen
花の生殖器官で花粉をつくる。柄と葯からなる。**がく片**，**花弁**，**心皮**を見よ。

誘導期　induction period
シグナルの受容から応答の活性化までの間の時間（時間のずれ）。カルビン回路では，光照射を開始してからサイクルが完全に稼働するまでに経過する時間。

誘導性　inducible
ホルモンなどの外部からの特定のシグナルに応答して，特定のタンパク質（群）の合成を高めることができること。

誘導耐熱性　induced thermotolerance

致死温度より低い温度に短時間，繰り返し植物を曝すことにより得られる，致死的高温に対する耐性。

輸送 transport
分子やイオンのある位置から別の位置への移動。一つあるいはそれ以上の膜のような拡散抵抗の横断を含む。

輸送細胞 transfer cell
通常の伴細胞と似ているが，指のような突起のある細胞壁をもち，細胞膜の表面積を大幅に増大させ，アポプラストを経由して膜を横切る溶質の輸送能を増加させる。

輸送速度（J_s） flux density
物質sが単位面積を単位時間内に輸送される速度。J_sは毎秒，平方メートルあたりのモルの単位で表すことができる（$mol\ m^{-2}\ s^{-1}$）。

ユビキチン ubiquitin
低分子量のポリペプチドで，ATPのエネルギーを用いてユビキチンリガーゼによりタンパク質と共有結合する。この部位は，タンパク質分解性の高分子量複合体，プロテアソームの認識部位として働く。

ユビキチン化 ubiquitination
低分子量タンパク質のユビキチンによって，特定のタンパク質に目印をつけ，そのタンパク質をプロテアソームによる分解の標的とすること。

ユビキノン ubiquinone
ミトコンドリア電子伝達鎖における可動性の電子担体。化学的にも機能的にも光合成電子伝達鎖のプラストキノンと類似している。

陽イオン交換 cation exchange
土壌粒子表面に吸着されている無機陽イオンを他の陽イオン類により置換すること。

葉腋 axil of leaf
葉の上面と，その葉がつく茎の間の鋭角の部分。通常，この部分から腋芽が発生する。

葉原基 leaf primordia
通常の形態形成過程において，葉を形づくる茎頂分裂組織部位。

幼根 radicle
未発達の根。通常，発芽時に最初に現れる器官。

溶質ポテンシャル（浸透ポテンシャル）（Ψ_s） solute potential (osmotic potential)
水ポテンシャルのうち溶質の寄与する部分。$\Psi_s = -RTc_s$，Rは気体定数，Tは絶対温度（Kで表示），c_sは溶液中の溶質濃度でオスモル濃度として表される。

葉序 phyllotaxy
茎上の葉の配列。

葉身 leaf blade
葉の平たい部分。

葉枕 pulvinus（複数形は，pulvini）
葉身と葉柄の間のつなぎ目に見られる膨圧運動を行う器官。葉の運動を駆動する。

葉投与 foliar application
無機栄養素を葉に噴霧して投与し，吸収させること。

葉肉 mesophyll
上・下の両表皮層の間にある葉組織。柵状柔組織と海綿状組織からなる。

葉肉細胞 mesophyll cell
光合成細胞。C_4植物とC_3植物の両方の葉肉組織に見られる。

陽斑 sunfleck
林冠の開口部を通して林床に到達する斑状の太陽光（木漏れ日）。林冠の下に生育している植物の主要な入射光源。

養分の臨界濃度 critical concentration (of a nutrient)
最大の成長または収量を維持するうえで必要な，無機栄養素の組織内最小濃度のこと。

葉柄 petiole
葉身と茎とをつなぐ葉の軸。

葉脈 vein
葉の維管束の小さな枝分かれと，複雑なネットワーク。

葉面境界層抵抗（r_b） boundary layer resistance
葉の表面近くに存在する流動しない薄い空気層に起因する水蒸気の拡散抵抗のこと。拡散抵抗の要素の一つ。

幼葉鞘（子葉鞘） coleoptile
葉が変形して鞘状になったもので，イネ科植物の芽ばえが土壌の中より成長して伸びる際に若い一次葉を包み，保護する。幼葉鞘の先端が一方向からの光，特に青色光を受容すると，光側と影側でオーキシンが不均等に分布し，非対称な伸張がおこり，曲がる。

緑藻類 chlorophyceae
葉緑体内にクロロフィルa, bをもつ単細胞の光合成真核生物。

落葉樹 deciduous tree
季節によって葉を落とす木。

裸子植物 gymnosperm
種子植物の進化的に初期の形態。球果の中にむきだしの種子をもつ点で，被子植物と区別される。

らせん葉序 spiral phyllotaxy
葉は1節に1葉ずつ生じる。その後に生じる葉は，前に形成された葉と137°の角度を保って配列すること。

リグニン lignin
高度に分枝したフェノール類ポリマーで，フェニルプロパノイドアルコールからなる複雑な構造をもち，セルロースやタンパク質と結合する。二次細胞壁に沈着し，上方向の成長や，陰圧条件下における木部を介した物質の通道を可能にする機械強度をもつ。リグニンは重要な防御機能をもっている。

リスケ鉄-硫黄タンパク質 Rieske iron-sulfur protein
二つの鉄原子が二つの硫黄原子で架橋され，二つのヒスチジン，二つのシステインリガンドをもつタンパク質。

離層 abscission layer
器官脱離帯内に形成される，もろい細胞壁からなる特殊な細胞層。葉や果実などでは，この層で器官脱離がおこる。

リゾビウム属 rhizobia
マメ科植物と共生関係をもつ土壌微生物属の総称。

リゾホスファチジルコリン lysophosphatidylcholine
PLA_2（ホスホリパーゼA_2）によるリン脂質分解産物で，プロテインキナーゼを活性化する。植物膜上に存在し，オーキシンのシグナル伝達においてセカンドメッセンジャーの一つと考えられている。

リプレッサー，抑制因子 repressor
単独あるいは他のタンパク質とともに遺伝子の発現を抑制するタンパク質。**転写因子**を見よ。

リボフラビン riboflavin
FADやFMNの一部であるビタミン。

リモノイド limonoid
抗草食動物性のトリテルペノイド（炭素数30）で，柑橘類果実の苦みの原因である。

量子 quantum（複数形は，quanta）
一個の光子に含まれるひとかたまりのエネルギー。

量子効率 quantum efficiency
吸収された光の光量子束あたりの光合成収率。

量子収率 quantum yield
吸収された総量子数と光化学的過程により生じた特定産物の収率の比。

両日長要求性 ambiphotoperiodic
長日条件，短日条件いずれでも開花するが，中間の日長では開花しない植物のことをいう。

両親媒性 amphipathic
一つの分子内に疎水性と親水性の領域をもつ性質のこと。

両性花 hermaphroditic flower
雌ずいと雄ずいの双方をもつ花。**完全花**を見よ。

両方向輸送 bidirectional transport

単一の篩要素内を同時に両方向に輸送すること。

葉緑体　chloroplast
真核光合成生物の光合成の場となるオルガネラ。

緑化　de-etiolation
光の作用による，黄化形態の消失を伴う急激な発生変化。**光形態形成**を見よ。

緑色植物　chlorophyte
葉緑体内にクロロフィル a, b をもつ植物。

臨界降伏点（*Y*）　yield threshold
細胞壁の伸展が始まるときの，測定可能な膨圧の最小値。

臨界酸素圧（COP）　critical oxygen pressure
酸素欠乏により呼吸速度が低下しはじめる酸素分圧。

臨界日長　critical day length
長日植物では花成に必要な最小の日長，短日植物では花成に必要な最大の日長。しかし，重要なのは昼間の長さでなく，夜の長さである。

リン酸　phosphate
オルトリン酸。無機リン酸。HPO_4^{2-}, Pi.

リン酸トランスロケーター　phosphate translocator（phosphate/triose phosphate translocator）
葉緑体包膜を介してトリオースリン酸（または3-ホスホグリセリン酸）と無機リン酸の可逆的な交換輸送を触媒する膜タンパク質。光照射下で，このタンパク質は細胞質のトリオースリン酸の増加を促進し，同時に光合成による CO_2 固定に用いられる無機リン酸の葉緑体内への補充を行う。

輪生葉序　whorled phyllotaxy
複数の葉や花器官が同じ節から生じる状態。

ルビスコ　Rubisco
葉緑体の酵素であるribulose bisphosphate carboxylase/oxigenaseの頭文字。カルボキシル化反応では，ルビスコは大気中の CO_2 とリブロース-1,5-二リン酸から2分子の3-ホスホグリセリン酸を生成する。ルビスコはまた，酸素添加酵素としても機能し，大気中の O_2 とリブロース-1,5-二リン酸から1分子の3-ホスホグリセリン酸と2-ホスホグリコール酸を生成する。リブロース-1,5-二リン酸に対する CO_2 と O_2 の競合は，正味の CO_2 固定を規定する。

ルビスコアクティベース　Rubisco activase
糖二リン酸-ルビスコ複合体の解離の促進により，ルビスコを活性化する酵素。

レオロジー特性　rheological property
物質の流動性に関する用語。**粘弾性**を見よ。

レクチン　lectin
糖質に結合する植物の防御タンパク質，あるいは草食動物による消化を妨げる糖質含有タンパク質。

レグヘモグロビン　leghemoglobin
感染した根粒細胞の細胞質で見られる酸素結合型ヘムタンパク質で，呼吸している共生バクテリアへの酸素拡散を促進する。

レポーター遺伝子　reporter gene
解析しようとする遺伝子のプロモーターや構造領域に融合させ，遺伝子の発現や遺伝子産物の動態を見やすくするための遺伝子。*LUX*, *GFP*, *GUS* など。

老化　senescence
遺伝的に規定された発生過程。この過程では細胞内の構造や大きな分子が分解され，老化器官（通常は葉）から成長のさかんな部位へ栄養源として輸送される。環境変化によって開始され，ホルモンに制御される。

ロゼット顆粒　particle rosette（terminal complex）
正六角形状に整然と並んだタンパク質複合体で細胞膜に埋め込まれて存在し，セルロース合成酵素を含む。

ロテノン　rotenone
ミトコンドリア電子伝達系の複合体Iの特異的阻害剤。

ワックス（ろう）　wax
きわめて疎水性の高い合成脂質の複雑な混合物。表皮細胞により分泌され，保護的クチクラを作り，露出した植物組織からの水分損失を減少させる。ワックスはほとんど25～30個の炭素原子からなるアルカンとアルコールからなる。

人名索引

事項索引

ABA　621
ABAアルデヒド　ABA-aldehyde　548
ABA依存的遺伝子　ABA-dependent gene　612
ABA応答性遺伝子　ABA-responsive gene　611
ABA応答配列　ABA response element　611
ABA欠乏　ABA-deficient　611
ABA非依存的　ABA-independent　612
ABA非感受性　ABA-insensitive　611
ABCモデル　ABC model　572, 573
ABP1（オーキシン結合タンパク質1）　371, 459
ABSCISIC ACID INSENSITIVE 3（*ABI3*）　353
ACC（1-アミノシクロプロパン-1-カルボン酸）　460
ACC合成酵素　ACC synthase　377, 527
ACC酸化酵素　ACC oxidase　377, 527, 528
ADP-グルコースピロホスホリラーゼ　ADP-glucose pyrophosphorylase　160
ADP/ATP（アデニンヌクレオチド）トランスポーター　ADP/ATP（adenine nucleotide）transporter　237
AGAMOUS（*AG*）　571
AGAMOUS-LIKE 20（*AGL20*）　570
AHP　519, 520
APETALA1（*AP1*）　570
APETALA2（*AP2*）　571
APETALA3（*AP3*）　571
ARF（オーキシン応答因子）　461
ARR　517
ASYMMETRIC LEAVES 1（*AS1*）　368, 369, 370
ATP加水分解酵素　ATPase　132
ATP合成酵素　ATP synthase　14, 132, 222
ATPスルフリラーゼ　ATP sulfurylase　272
AUX1　438, 442
Aux/IAA　460
AuxRD（オーキシン応答ドメイン）　461
AuxRE（オーキシン応答配列）　461
*avr*遺伝子　*avr*（avirulence）gene　309
axr1　534

BRI1　366

C_4回路　C_4 cycle　154
C_3植物　C_3 plant　154
C_4植物　C_4 plant　154, 184
Cリピート結合因子　C-repeat binding factor　622
Ca^{2+}署名　Ca^{2+} signature　559
Ca^{2+}振動　Ca^{2+} oscillation　558
CAM植物　CAM plant　158, 184
CF_0-CF_1　132
*cis*ゼアチン　*cis*-zeatin　501
CKI1　516
CLAVATA 1（*CLV1*）　366, 367, 369
CLAVATA 2（*CLV2*）　366, 367
CLAVATA 3（*CLV3*）　366, 367, 369
CO_2濃縮機構　CO_2 concentrating mechanism　154
CO_2濃度　CO_2 concentration　180
CO_2補償点　CO_2 compensation point　183
CONSTANS（*CO*）　595
CRE1　502, 517
CRT/DRE配列　C-repeat/dehydration-responsive element　622
ctr1（*constitutive triple response*）　541, 544
CYCD3　510

D-タイプサイクリン　D-type cyclin　510
DCMU　131
DNA修復酵素　DNA photolyase　418

ein2（*ethylene-insensitive2*）　536, 541, 544
EIN3　543, 544
EIN4　539, 540
elf3　*early flowering 3*　588
ERE　543, 544
ERE結合タンパク質（EREBP）　ERE-binding protein　543
ERF1（ethylene response factor 1）　543, 544
ERS1　539, 540
ERS2　539, 540
etr1（*ethylene-resistant*）　536, 539, 540
ETR2　539, 540

FASS　354
F_0F_1-ATP合成酵素　F_0F_1-ATP synthase　237
FLORICAULA（*FLO*）　373, 570
FLOWERING LOCUS C（*FLC*）　591
FUSCA 3　353

Gタンパク質　G protein　403, 406
Gボックス配列　G-box element　632
GA 2酸化酵素　GA 2-oxidase　473
GA 3酸化酵素　GA 3-oxidase　473, 474, 477
GA 20酸化酵素　GA 20-oxidase　473, 479
GA-MYB　492
GACC　1-（γ-L-glutamylamino cyclopropane-1-carboxylic acid　528
GAI　486
GH3　449, 460
GNOM　350, 370, 371

H^+-ATPase　89
H^+-ピロホスファターゼ　H^+-pyrophosphatase　93, 101
H^+ポンプ　H^+ pump　90, 398
H^+輸送性ATP加水分解酵素　H^+-ATPase　205, 338
HOBBIT（*HBT*）　351, 353
HOOKLESS1　534
hy1　588
*hy*変異体　*hy* mutant　384, 385, 386

IAA（インドール-3-酢酸）　428
IAA-グルカン　IAA-glucan　433
IAA-*myo*イノシトール　IAA-*myo*-inositol　434
IAA-アスパラギン酸　IAA-aspartate　433, 435
IPT　505
ipt　508, 516

K^+チャネル　K^+ channel　398
KNAT　365, 368
KNOLLE　355
KNOTTED1（*KN1*）　365, 366, 368
KNOX　365

L1層　L1 layer　356, 358, 359
L2層　L2 layer　356, 358, 359
L3層　L3 layer　356, 359, 367
Le　474
LEA　610
LEAタンパク質　LEA protein　611
LEAFY（*LFY*）　570
LEAFY COTYLEDON 1（*LEC1*）　353
Letham, D. S.　501
LHC I　121
LHC II　121

MADSボックス　MADS box　365
MADSボックス遺伝子　MADS box gene

571
MAPキナーゼ　MAP kinase　460
MAPKカスケード　MAPK cascade　367
Mendel, G.　474
MONOPTEROS (*MP*)　350, 371

N^6-(Δ^2-イソペンテニル)-アデニン　N^6-(Δ^2-isopentenyl)-adenine　501
N-1-ナフチルフタラミン酸(NPA)　*N*-1-naphthylphthalamic acid　371
1-*N*-ナフチルフタルアミド酸　1-*N*-naphthylphthalamic acid　439
N-マロニルACC　*N*-malonyl-ACC　527, 528
never-ripe　531
Nodファクター　Nod factor　268
NPA(1-*N*-ナフチルフタラミン酸)　439, 457, 534

O-アセチルセリン　*O*-acetylserine　273

p-クマル酸　*p*-coumaric acid　291
Pタンパク質　P-protein　192
Pタンパク質体　P-protein body　192
P450　473
P680　122
P700　122
P870　124
PEPカルボキシラーゼ　PEP carboxylase　185, 233
Pfr　382, 383, 384
*phyA*変異体　*phyA* mutant　395
phyA　384, 385, 386
*PHYA*遺伝子　*PHYA* gene　386, 395, 398
*phyB*変異体　*phyB* mutant　395
PIN1タンパク質　PIN1 protein　370, 371
PINタンパク質　PIN protein　439, 452, 457
PISTILLATA (*PI*)　571
Pr　382, 383, 384
PRタンパク質　pathogenesis related (PR) protein　307, 341
PsaA　130
PsaB　130

Qサイクル　Q cycle　128
Q_A　127
Q_B　127

*R*遺伝子　*R* gene　308
RAB/LEA/DHN　621
RAN1　541, 544
RGA　486
rhoGTPase関連タンパク質　rhoGTPase　366
Rubisco(ルビスコ)　169, 183
RuBP再生　RuBP regeneration　169, 183

S-アデノシルメチオニン(AdoMet)　*S*-adenosylmethionine　526, 527
S状態　S state　126, 127
SAUR　449, 460
SCARECROW (*SCR*)　351, 352, 371
SHOOTMERISTEMLESS (*STM*)　352, 353, 365
SHORTROOT (*SHR*)　350, 352, 371
Skoog, F.　501
*SOS*遺伝子ファミリー　*SOS* gene family　625
SPY　488

T-DNA　511
Tiプラスミド　Ti plasmid　505
TIBA(2,3,5-トリヨード安息香酸)　439, 454
tmr　511
TON　354
*trans*桂皮酸　*t*-cinnamic acid　291
*trans*ゼアチン　*trans*-zeatin　501
tRNA　505

UDP-グルコースピロホスホリラーゼ　UDP-glucose pyrophosphorylase　160
UV-A　391

VA菌根菌　vesicular arbusucular mycorrhizal fungus　80

WUSCHEL (*WUS*)　368, 370

Zスキーム　Z scheme　122

α-アミラーゼ　*α*-amylase　489, 491
α-アミラーゼ・インヒビター　*α*-amylase inhibitor　304
β-D-グルカナーゼ　*β*-D-glucanase　342
β-アミラーゼ　*β*-amylase　491
β-カロテン　*β*-carotene　113
β-グルクロニダーゼ　*β*-glucuronidase　491
*β*酸化　*β*-oxidation　254
(1→4) *β*-D-グルカナーゼ　(1→4) *β*-D-glucanase　340
(1→4) *β*-D-グルカン　(1→4) *β*-D-glucan　322
(1→3, 1→4) *β*-D-グルカン　(1→3, 1→4) *β*-D-glucan　326, 341
γ-アミノ酪酸(GABA)　*γ*-aminobutyric acid　616

あ　行

アイスプラント　ice plant　609
アイソザイム　isozyme　163
アカウキクサ　*Azolla*　361, 362, 364
アクアポリン　aquaporin　37, 97, 337
アクチン　actin　20, 441
アクチン微小繊維　actin microfilament　451
アグリコン　aglycone　295
アグロバクテリウム ツメファシエンス　*Agrobacterium tumefaciens*　499, 500, 504, 511
亜硝酸　nitrite　260
亜硝酸還元酵素　nitrite reductase　261
アシルACP　acyl-ACP　248
アシル基キャリアタンパク質　acyl carrier protein　248
アスコルビン酸ペルオキシダーゼ　ascorbate peroxidase　136
アスパラギン合成酵素　asparagine synthetase　264
アスパラギン酸アミノ基転移酵素　aspartate aminotransferase　264
アセチルCoA　acetyl-CoA　231
アセチルCoAカルボキシラーゼ　acetyl-CoA carboxylase　248
圧ポテンシャル　pressure potential　40
圧流説　pressure-flow model　199
アブシジン酸(ABA)　abscisic acid　288, 305, 370, 451, 455, 482, 547, 604
油　oil　246
アブラムシ　aphid　197
アベナ幼葉鞘(子葉鞘)屈曲テスト　Avena coleoptile curvature test　430
アポタンパク質　apoprotein　385, 418
アポトシス　apoptosis　377
アポプラスト　apoplast　45, 49, 101, 194, 369
アミド　amide　196, 271
アミノエトキシビニルグリシン(AVG)　aminoethixy-vinyl-glycine　527, 529
アミノオキシ酢酸(AOA)　aminooxyacetic acid　527, 529
アミノ酸　amino acid　196
1-アミノシクロプロパン-1-カルボン酸合成酵素　1-aminocyclopropane-1-carboxylic acid synthase　460
1-アミノシクロプロパン-1-カルボン酸(ACC)　1-aminocyclopropane-1-carboxylic acid　526, 527
アミロプラスト　amyloplast　15, 450
アラビナン　arabinan　327
アラビノガラクタン　arabinoglactan　327
アラビノガラクタンタンパク質(AGP)　arabinogalactan protein　330, 369
アラントイン　allantoin　197
アラントイン酸　allantoic acid　197
アルカリ度　sodicity (alkalinity)　623
アルカロイド　alkaloid　298, 299
アルコール発酵　alcoholic fermentation　227
アルビノ　albino　211
アレロパシー　allelopathy　293
アンカー型タンパク質　anchored protein　8
暗呼吸　dark respiration　244
アンチセンス　antisense　479
アンチセンスDNA　antisense DNA　536
アンチフロリゲン　antiflorigen　594
暗中断　night break　584
アンテナ　antenna　114
アンテナ複合体　antenna complex　114
アントシアニジン　anthocyanidin　295
アントシアニン　anthocyanin　295, 390, 403
アントラザンチン　antheraxanthin　135
アントラニル酸　anthranilate　433
暗反応　dark reaction　142
アンモニウムイオン　ammonium ion　259

イオンの流れ　ion flux　393, 398
イオン排除　ion exclusion　625
維管束　vascular bundle (vasculature)　431
維管束形成層　vascular cambium　357, 358
維管束鞘　bundle sheath　189
維管束鞘細胞　bundle sheath cell　154
維管束組織　vascular tissue　3, 347, 350, 358
維管束分化　vascular differentiation　457
移行タンパク質　movement protein　217
異性化　isomerization　424
位相(概日リズムの)　phase　578
イソキノリンアルカロイド　isoquinoline alkaloid　299
イソフラボノイド　isoflavonoid　294, 297, 307
イソフラボン　isoflavon　295, 297, 307
イソプレノイド　isoprenoid　286, 471
イソプレン　isoprene　503
イソプレン合成　isoprene synthesis　179
イソプレン単位　isoprene unit　286
イソペンテニルアデノシン　isopentenyl adenosine　503
イソペンテニル基転移酵素　isopentenyl trans-

ferase 505
イソペンテニル二リン酸（IPP） isopentenyl diphosphate 286
一次応答遺伝子 primary response gene 460, 492
一次花序分裂組織 primary inflorescence meristem 568
一次休眠 primary dormancy 552
一次根 primary root 77, 350, 358
一次細胞壁 primary wall 319
一次能動輸送 primary active transport 92
一次分裂組織 primary meristem 347, 357
一重項酸素 singlet oxygen 134
位置情報 positional information 366
一回結実老化（捻性老化） monocarpic senescence 376, 513
一酸化窒素 nitric oxide 558
遺伝的腫瘍 genetic tumor 512
遺伝的優位性 epistatic order 543
移動タンパク質 movement protein 373
イノシトール1,4,5-三リン酸 inositol 1,4,5-trisphosphate 558
イールディン yieldin 340
陰イオンチャネル anion channel 412, 416, 422, 559
陰イオントラップ anion trap 550
陰生植物 shade plant 392
インドール indole 433
インドールアルカロイド indole alkaloid 299
インドール-3-アセトアミド indole-3-acetamide 432
インドール-3-アセトニトリル経路 indole-3-acetonitrile pathway 432
インドール-3-酢酸 indole-3-acetic acid 428, 430
インドール-3-ピルビン酸経路 indole-3-pyruvic acid pathway 431
インドール-3-酪酸 indole-3-butyric acid 430
インベルターゼ invertase 210, 214
陰葉 shade leaf 174

ウイルス virus 216
ウキイネ deep-water rice 482, 535
内向き整流性K^+チャネル inward-rectifying (inward) K^+ channel 92
ウリジン二リン酸D-グルコース（UDPG） uridine diphosphate D-glucose 322
ウレイド ureide 197, 271

永久しおれ点（永久凋萎点） permanent wilting point 49, 607
栄養成長期 vegetative stage 345, 356, 358
腋芽 axillary bud 358, 454
腋芽分裂組織 axillary meristem 357
液相抵抗 liquid resistance 182
エキソサイトシス exocytosis 323
液胞 vacuole 14
液胞内pH pH of the vacuole (vacuolar pH) 100
液胞膜 vacuolar membrane (tonoplast) 14, 88, 625
液胞膜H^+-ATPase vacuolar H^+-ATPase 93, 99
エクスパンシン expansin 340, 445, 484
壊死 necrosis 376
壊死傷害 necrotic lesion 377
壊死斑 necrotic spot 71
エスケープ時間 escape from photoreversibility 388, 406
枝切り反応 debranching reation 331
エチオプラスト etioplast 17, 515
エチレン ethylene 341, 370, 376, 444, 459, 460, 482, 629
エチレン応答配列 ethylene response element 543
エチレン生成の翻訳後制御 posttranslational regulation of ethylene production 529
エテフォン ethephon 538
エーテル結合 ether linkage 329
エネルギー移動 energy transfer 111
エネルギー効率 energy efficiency 115
エピジェネティックな制御 epigenetic regulation 590
エリシター elicitor 306, 308, 341
塩害 salt injury 624
塩ストレス salt stress 77, 623
塩生植物 halophyte 44, 77, 623
塩耐性植物 salt-tolerant plant 77
塩抵抗性 salt resistant 624
エンド型キシログルカン加水分解酵素（XEH）活性 xyloglucan-endohydrolase activity 331
エンド型キシログルカン転移酵素/加水分解酵素（XTH） xyloglucan-endotransglucosylase/hydrorase 331, 340, 484
エンド型キシログルカン転移酵素（XET）活性 xyloglucan-endotransglucosylase activity 331
エンド型ポリガラクツロナーゼ endopolygalacturonase 342
エンドグルカナーゼ endoglucanase 322
エンドサイトーシス endocytosis 14, 556, 559
エンドサイトーシス小胞 endocytotic vesicle 440
エンドソーム区画 endosomal compartment 440
塩分 salinity 623
エンボリズム embolism 54

オイルボディー oilbody 247
黄化 etiolated (growth) 381, 382, 386, 515
黄化子葉鞘（幼葉鞘） etiolated coleoptile 410
黄化組織 etiolated tissue 385, 386, 387
黄化芽ばえ etiolated seedling 412
黄色カメレオン yellow cameleon 558
応力 stress 334, 336
応力緩和 stress-relaxation 336
オキサロ酢酸 oxaloacetate 231
オキシゲナーゼ oxygenase 277
オキシダティブバースト oxidative burst 307, 341
オーキシン auxin 297, 338, 370, 371, 427, 481
オーキシン応答因子（ARF） auxin response factor 371, 461
オーキシン応答ドメイン（AuxRD） auxin response domain 461
オーキシン応答配列（AuxRE） auxin response element 461
オーキシン極性輸送阻害剤 auxin transport inhibitor 370, 439, 454
オーキシン結合タンパク質 auxin-binding protein 445, 459
オーキシン取り込み auxin uptake 437
オーキシン排出 auxin efflux 437, 438, 452
オーキシン誘導性エチレン生成 auxin-induced ethylene production 529
オーキシン流入 auxin influx 437
オクトピン octopine 504
オスモル濃度 osmolality 39
オートラジオグラフ autoradiograph 205
オパイン opine 504
オリゴサッカリン oligosaccharin 341
オリゴ糖 oligosaccharide 209
オルニチン ornithine 299
オレオソーム oleosome 19, 247
オレンジ剤 agent orange 537
温室効果 greenhouse effect 181
温度補償性（概日リズムの） temperature compensation 580
温度補償点 temperature compensation point 613

か 行

塊茎 tuber 479
介在分裂組織 intercalary meristem 357, 468, 482
概日振動子 circadian oscillator 580
概日時計 circadian clock 419, 578
概日リズム circadian rhythm 393, 394, 395, 425, 578
外生菌根菌 ectotrophic mycorrhizal fungus 80
解糖 glycolysis 221, 225
カイネチン kinetin 500, 501
外皮 exodermis (hypodermis) 49
外膜 outer membrane 230
海綿状組織 spongy mesophyll 172
花芽 floral bud 457
化学浸透圧機構 chemiosmotic mechanism 131
化学浸透圧説 chemiosmotic hypothesis 236
化学浸透モデル chemiosmotic model 437
化学ポテンシャル chemical potential 84, 131, 236
花芽分裂組織 floral meristem 357, 358, 366
花芽分裂組織決定遺伝子 floral meristem identity gene 570
架橋性多糖 cross-linking glycan 320
核 nucleus 8
核移行シグナル nuclear localization signal 9
核ゲノム nuclear genome 8
拡散 diffusion 37, 180, 181
拡散係数 diffusion coefficient 37
拡散抵抗 diffusion resistance 57
拡散電位 diffusion potential 86
核酸分解酵素 nuclease 377
核小体 nucleolus 9
がく片 sepal 346, 358
核膜 nuclear envelope 8
隔膜形成体 phragmoplast 22, 330, 354
核膜孔 nuclear pore 8
核様体 nucleoid 15
果実 fruit 457
——の形成 fruit formation 346
花序分裂組織 inflorescence meristem 357, 358
加水分解型タンニン hydrolyzable tannin 297
加水分解酵素 hydrolytic enzyme 376, 377

ガス交換 gas exchange 409, 413
カスパリー線 Casparian strip 49, 79, 102, 283, 347, 624
花成 flowering 567
花成刺激 floral stimulus 567, 586
花成惹起 floral evocation 567, 573
化成肥料 compound fertilizer 74
活性酸素分子種（ROS） reactive oxygen species 307, 341, 556
仮道（導）管 tracheid 51
過熱 excessive heating 614
過敏感反応 hypersensitive response 306, 378
カフェー酸 caffeic acid 292
過分極 hyperpolarization 416, 560
花弁 petal 346, 358
カーボニックアンヒドラーゼ carbonic anhydrase 154
芥子油配糖体 glucosinolate 298, 303
芽鱗 bud scale 554
カーリング curling 269
カルコン合成酵素 chalcone synthase 296
カルシウム calcium 399, 403, 447, 454, 459, 493
カルシウム架橋 calcium bridging 329
カルシウムポンプ calcium pump 101
カルス組織 callus tissue 500
カルデノライド cardenolide 289
カルバミル化 carbamylation 148
カルビン回路 Calvin cycle 116, 142, 213
カルボキシアラビニトール-1-リン酸（CA1P） carboxyarabinitol-1-phosphate 148
カルボキシレーション carboxylation 143
カルモジュリン calmodulin 71
カロース callose 193, 307
カロテノイド carotenoid 113, 288, 295, 418, 423, 548
環域 whorl 568
還元的ペントースリン酸回路 reductive pentose phosphate cycle 142
還元力 reductant 279
幹細胞 stem cell 356, 357, 361
含シアン配糖体 cyanogenic glycoside 298, 301
管状要素 tracheary element 51, 190, 330, 361, 363, 364, 459
冠水 flooding 533
冠水感受性植物 flooding-sensitive plant 626
冠水耐性植物 flooding-tolerant plant 626
間接的花成誘導 indirect induction 592
感染糸 infection thread 269
乾燥 descication 551
乾燥重量 dry weight 373
乾燥待避 drought escape 602
含窒素化合物 nitrogen-containing compound 298
灌木 shrub 208

機械刺激感受性イオンチャネル mechanosensitive ion channel 451
器官脱離 abscission 376
気孔 stoma（単数），stomata（複数） 57, 181, 413, 418, 423, 550, 605
気孔運動 stomatal movement 409, 413, 423
気耕栽培システム aeroponic growth system 66
気孔装置 stomatal apparatus（complex） 57, 59
気孔抵抗 leaf stomatal resistance 58, 181
気孔伝導度 stomata conductance 633
気孔閉鎖 stomatal closure 554
基質レベルのリン酸化 substrate-level phosphorylation 226
キシラン xylan 322
キシログルカン xyloglucan 322, 325
キシログルカンオリゴ糖 xyloglucan oligomer 342
キチナーゼ chitinases 307
拮抗効果 antagonistic effect 553
基底状態 ground state 110
起電性（電位差形成性） electrogenic 89
起電性（電位差形成性）イオン輸送 electrogenic ion transport 89
起電性（電位差形成性）ポンプ electrogenic pump 89
起電性（電位差形成性）輸送 electrogenic transport 92
キネシン kinesin 23
キネティクス解析 kinetic analysis 96
キネマティックス kinematics 373, 374, 375
機能獲得 gain-of-function 365
機能欠損 loss-of-function 365, 369
機能欠損変異体 loss-of-function mutant 484
キノリジジンアルカロイド quinolizidine alkaloid 299
基部細胞 basal cell 348
基部-先端軸 proximodistal 359
気泡体 pneumatophore 245
基本組織 ground tissue 3
基本分裂組織 ground meristem 348, 350, 351
キメラ chimera 367, 368
キャビテーション cavitation 36
キャリアー（担体） carrier 90, 91
キャリアー輸送 carrier transport 96
休止期 lag 374
吸収スペクトル absorption spectrum 110, 409, 420
球状型胚 globular stage 348, 350, 352
吸水 water uptake 336
休眠 dormancy 535, 547
境界規定遺伝子 cadastral gene 569
境界層 boundary layer 181
凝集 cohesion（aggregation） 35, 331
凝集力説（樹液上昇の） cohesion-tension theory of sap ascent 54
共焦点レーザー顕微鏡 confocal laser scanning microscopy 372
共生 symbiosis（単数），symbioses（複数） 75
共鳴励起移動 resonance transfer 121
共輸送 symport 94
極性 polarity 349
極性グリセロ脂質 polar glycerolipid 246
極性輸送 polar transport 436
魚雷型胚 torpedo stage 348, 349, 350
キレーター chelator 68
キンギョソウ *Antirrhinum* 363, 373
菌根 mycorrhiza（単数），mycorrhizae（複数） 80

クエン酸 citric acid 276
クエン酸回路 citric acid cycle 222, 230
茎 stem 1, 356, 358
クチクラ cuticle 57, 205, 282, 283
クチクラ蒸散 cuticular transpiration 608
クチン cutin 282
駆動タンパク質 motility protein 203
クマリン coumarin 292
組合せモデル（シュート成長の） combinatorial model 575
組み立て assembly 331
クラウンゴール crown gall 499, 500, 504
クラスリン被覆小胞 clathrin-coated vesicle 13
グラナ grana 15
グラナラメラ grana lamella 117
グリオキシソーム glyoxysome 18, 252
グリオキシル酸回路 glyoxylate cycle 254
グリカン glycan 320
グリコシド glycoside 294, 501
グリシンデカルボキシラーゼ複合体 glycine decarboxylase multienzyme complex 150
グリシンベタイン glycine betaine 610
グリシンリッチタンパク質 glycine-rich protein 329
クリステ cristae 14, 230
グリセロ脂質 glycerolipid 250
グリセロ糖脂質 glyceroglycolipid 7, 248
グリセロリン脂質 glycerophospholipid 248
クリープ creep 336, 339
グリフォサート gylphosate 291
クリプトクロム cryptochrome 391, 400, 406, 418, 422, 580, 588
クリプトクロム1 CRY1 588
クリプトクロム2 CRY2 588
クリマクテリック climacteric 530
グルカナーゼ glucanase 307
グルカンオリゴ糖 glucan oligomer 342
グルクロノアラビノキシラン glucuronoarabinoxylan 326
グルクロン酸糖転移酵素 glucuronosyltransferase 329
グルコシダーゼ glucosidase 331
グルコシノレート glucosinolate 299, 303
グルコマンナン glucomannan 326
グルタチオン glutathion 274
グルタミン合成酵素 glutamine synthetase 263
グルタミン酸合成酵素 glutamate synthase 263
グルタミン酸脱水素酵素 glutamate dehydrogenase 263
グルタミン酸デカルボキシラーゼ（GAD） glutamate decarboxylase 616
クロロシス chlorosis 70
クロロフィル chlorophyll 109
クローン clone 366, 367

蛍光 fluorescence 111
形成層 cambium 3, 459
茎生葉 cauline leaf 346, 358
茎頂 shoot apex 431, 454
茎頂分裂組織 shoot apical meristem 349, 350, 352, 574
結合型オーキシン bound auxin 435
結晶化 crystalization 322
決定（発生における） determination 576
欠乏領域 deficiency zone 73
ゲート gate 92
ケラチン keratin 20
原核経路 prokaryotic pathway 251
原基 primordium 358, 368

嫌気ストレス配列　anaerobic stress element　632
嫌気生活　anaerobiosis　627
嫌気性微生物　anaerobic microorganism　627
原形質分離　plasmolysis　41, 45
原形質膜（細胞膜）　plasma membrane　5
原形質流動　cytoplasmic streaming　22
原形質連絡（プラズモデスマ）　plasmodesma（単数），plasmodesmata（複数）　25, 49, 102, 193, 319, 372, 373
原根層　hypophysis　349, 350, 351
原色素体　proplastid　17
原糸体　protonema　512
原生篩部　protophloem　442
原生木部　protoxylem　347
顕熱損失　sensible heat loss　178
顕微注入　microinjection　556

光化学　photochemistry　111
光化学系 I　photosystem I　117
光化学系 II　photosystem II　117
光可逆性　photoreversibility　381, 382, 385
後期遺伝子　late gene　460
好気呼吸　aerobic respiration　221
光屈性　phototropism　409, 410, 419
光合成　photosynthesis　244, 605
光合成細菌　photosynthetic bacteria　113
光合成有効放射　photosynthetic active radiation　171, 424
光呼吸　photorespiration　149
交差耐性　cross-tolerance　602
交差連絡（吻合）　anastomosis（単数），anastomoses（複数）　195
向軸　adaxial　359
向日性　heliotropism　174
光周期　photoperiod　479
——による花成制御経路　photoperiodic pathway　595
光周性　photoperiodism　574, 581
光周性花成誘導　photoperiodic induction　585
後熟　afterripening　552
高照射反応（HIR）　high-irradiance response　389, 390, 391, 587
恒常的応答変異体　constitutive response mutant　488
口針　stylet　197
合成オーキシン　synthetic auxin　430, 459
光走性　phototaxis　409
構造タンパク質　structural protein　321
抗凍結タンパク質　antifreezing protein　619, 622
孔辺細胞　guard cell　59, 359, 413, 418, 420
孔辺細胞プロトプラスト　guard cell protoplast　414, 416, 559
光量子　photon　170
光リン酸化　photophosphorylation　131, 274
呼吸調節比　respiratory control ratio　237
穀粒　cereal grain　554
ココナッツミルク　coconut milk　500
互性葉序　alternative phyllotaxy　359, 360
糊粉層　aleurone layer　489, 549
コルク形成層　cork cambium　357, 358
ゴルジ装置　Golgi apparatus　12, 325
ゴルジ体　Golgi body　12
ゴールドマンの式　Goldman equation　89
コルヒチン　colchicine　363, 364
コルメラ　columella　349, 350, 353, 443, 451, 453
コルメラ幹細胞　columella stem cell　361, 362
コロドニー・ヴェントモデル　Cholodny-Went model　447
根圧　root pressure　51
根冠　root cap　78, 350, 360, 443, 451, 453
根冠側部　lateral root cap　443
根冠-表皮幹細胞　root cap-epidermal stem cell　361, 362
根圏　rhizoshpere　77
コンダクタンス　conductance　182
根端　root apex　77
根端分裂組織　root apical meristem　349, 351, 360
コンパートメント　compartment　212
根毛　root hair　49, 532, 535
根粒　nodule　266

さ 行

サイクリックADPリボース　cyclic ADP-ribose　558
サイクリックGMP　cGMP　403, 406
サイクリン　cyclin　25, 374
サイクリン依存性タンパク質キナーゼ　cyclin-dependent protein kinase　24, 460, 484, 510
サイズ排除限界　size exclusion limit　26
サイトカイニン　cytokinin　370, 376, 427, 455
サイトカイニン-*O*-キシロシド　*O*-xyloside cytokinin　508
サイトカイニン-*O*-グルコシド　*O*-glucoside cytokinin　508
サイトカイニン酸化酵素　cytokinin oxidase　507, 508, 509
サイトカイニン受容体　cytokinin receptor　516
サイトカイニン情報伝達　cytokinin signaling　521
サイトカイニンの生合成経路　biosynthetic pathway for cytokinin biosynthesis　506
サイトカラシンD　cytochalasin D　441
細胞間隙　intercellular air space　181
細胞間隙抵抗　intercellular air space resistance　182
細胞系譜　cell lineage　360, 366
細胞骨格　cytoskeleton　19, 556
細胞質型フルクトース-1,6-二リン酸ホスファターゼ　cytosolic fructose-1,6-bisphosphatase　163
細胞質分裂　cytokinesis　22, 330, 354, 355, 356
細胞質雄性不稔　cytoplasmic male sterility　244
細胞周期　cell cycle　23, 373, 510
細胞自律的　cell autonomous　369
細胞伸長　cell expansion（elongation）　332, 443
細胞伸長速度　rate of cell elongation　336
細胞数　cell number　373
細胞組織学的領域構造　cytohistological zonation　357
細胞内カルシウム　intracellular calcium　101
細胞内pH　intracellular pH　447, 459
細胞板　cell plate　22, 319, 330, 355, 356
細胞非自律的　non autonomous　369, 370
細胞分化　cell differentiation　345, 362
細胞分裂　cell division　354, 355, 357, 499
細胞壁　cell wall　3, 317, 355, 369, 370, 483
——の伸展性　cell wall extensibility　337
——のゆるみ　cell wall loosening　336
——のゆるみ因子　cell wall loosening factor　445
細胞壁クリープ　wall creep　339
細胞壁構造タンパク質　cell wall structural protein　330
細胞壁伸展　cell wall expansion　336
細胞壁分解　cell wall degradation　341
細胞膜　plasma membrane　84, 409, 415, 425, 625
細胞膜 H^+-ATPase　plasma membrane H^+-ATPase　93, 98, 415, 416, 423, 437, 445, 454, 559
再幼若化　rejuvenation　575
サクシニルCoA　succinyl-CoA　231
柵状組織　palisade　172
サトウキビ　sugarcane　470
サポニン　saponin　289, 306
左右相称性　bilateral symmetry　348, 371
作用スペクトル　action spectrum　113, 388, 389, 390, 409, 414, 420
サリチル酸　salicylic acid　293, 305, 309
サリチルヒドロキサム酸（SHAM）　salicylhydroxamic acid　240
酸化酵素　oxidase　331
酸化的 C_2 炭素回路　oxidative C_2 carbon cycle　150
酸化的バースト　oxidative burst　307, 341
酸化的ペントースリン酸経路　oxidative pentose-phosphate pathway　228, 262
酸化的リン酸化　oxidative phosphorylation　222, 234, 274
三重反応　triple response　525, 532, 533
酸成長　acid growth　338
酸成長仮説　acid growth hypothesis　336, 445, 448
酸素　oxygen　245
酸素欠乏　oxygen deficiency　626
酸素添加反応（オキシゲネーション）　oxygenation　149
酸素発生複合体　oxygen-evolving complex　127
酸素発生マンガン複合体　Mn oxygen-evolving complex　126
ザントザール　xanthoxal　548
ザントフィル（キサントフィル）　xanthophyll　134
ザントフィル（キサントフィル）サイクル　xanthophyll cycle　177, 420, 424
サンフレック（陽斑）　sunfleck　175

ジアシルグリセロール　diacylglycerol　251
シアノバクテリア（ラン藻）　cyanobacterium（単数），cyanobacteria（複数）　154, 266
シアン耐性呼吸経路　alternative respiratory pathway　235
シアン耐性呼吸末端酸化酵素　alternative oxidase　236, 240
雌花　pistillate flower　469
紫外線　ultraviolet light　296
篩管　sieve tube　192
篩管液　phloem sap　193
篩管要素　sieve tube element　189
色素体　plastid　14, 385
シキミ酸経路　shikimic acid pathway　285, 290, 294

シグナルペプチド　signal peptide　10
シクロヘキシミド　cycloheximide　444
2,4-ジクロロフェノキシ酢酸（2,4-D）　2,4-dichlorophenoxyacetic acid　430
始原細胞　initial cell　356
自己集合　self-assembly　331
自己触媒的　autocatalytic　530
自己リン酸化　autophosphorylation　419
篩細胞　sieve cell　189
システイン　cystein　274
システミン　systemin　305
シス配列　*cis*-acting regulatory element　401, 406
湿地帯植物　wetland species　631
質量分析装置　mass spectrometry　471
至適温度　optimal temperature　186
シトクロム b_6f　cytochrome b_6f　119
シトクロム P450　cytochrome P450　277
シトルリン　citrulline　197
篩板　sieve plate　192
ジヒドロゼアチン　dihydrozeatin　501
篩部　phloem　33, 79, 189, 348, 358, 436, 442, 458
——からの積み下ろし　phloem unloading　199, 209
——への積み込み　phloem loading　199
ジベレリン（GA）　gibberellin　288, 370, 393, 399, 403, 466, 553
——による花成制御経路　gibberellin pathway　596
ジベレリン応答配列　gibberellin response element　492
ジベレリン欠損変異体　gibberellin-deficient mutant　485
ジベレリン配糖体　gibberellin glycoside　473
脂肪　fat　246
脂肪酸　fatty acid　248
脂肪酸合成酵素　fatty acid synthase　248
脂肪酸分解酵素（リパーゼ）　lipase　377
ジメチルアリル二リン酸（DPP）　dimethylallyl diphospate　286
ジャスモン酸　jasmonic acid　306
自由エネルギー　free energy　225
周縁　margin　359
周縁キメラ　periclinal chimera　368
収穫前発芽　preharvest sprouting　553
周期（概日リズムの）　period　578
集光性クロロフィル *a/b* 結合タンパク質　light-harvesting chlorophyll *a/b*-bindin　394, 395, 399
集合反応　accumulation response　420
柔細胞　parenchyma cell　189
十字対生葉序　decussate phyllotaxy　359, 360
自由走行（概日リズムの）　free-running　580
周皮　periderm　283, 358
周辺帯　peripheral zone　357, 371
就眠運動　nyctinasty　393, 398, 407
柔毛　pubescence　608
14-3-3 タンパク質　14-3-3 protein　261
重力　gravity　450
重力応答　gravitropic response　78
重力屈性（屈地性）　gravitropism　446
主観的な昼　subjective day　580
主観的な夜　subjective night　580
縮合型タンニン　condensed tannin　297
主根　taproot　77
種子　seed　347
——の成熟　seed maturation　547
種子休眠　seed dormancy　552
種子形成　seed formation　346, 347
樹枝状体　arbuscule　80
受精　fertilization　345
シュート　shoot　1, 352, 356, 360
受動輸送　passive transport　84, 88
樹皮　bark　358
種皮性休眠　coat-imposed dormancy　552, 553
樹木限界　timberline　620
受容体型タンパク質キナーゼ　receptor protein kinase　366, 369, 370
受容体型リガンド　receptor type ligand　366, 369
春化　vernalization　480, 574, 588
——による花成制御経路　vernalizaion pathway　595
馴化　acclimation　601
循環型電子伝達　cyclic electron flow　130
子葉　cotyledon　348, 349, 350
傷害　wound　341, 458
上下のパターン　axial patterning　347, 349, 350
条件的 CAM 植物　facultative CAM species　421
照合モデル（光周性に関する）　coincidence model　585
蒸散　transpiration　33, 550
硝酸イオン　nitrate ion　259
硝酸還元酵素　nitrate reductase　261
蒸散比　transpiration ratio　62
蒸散冷却　transpirational cooling　613
子葉鞘（幼葉鞘）　coleoptile　410, 423, 547
篩要素　sieve element　189
篩要素-伴細胞複合体　sieve element-companion cell complex　204, 209
蒸発熱損失（潜熱損失）　evaporative heat loss (latent heat loss)　178
上偏成長　epinasty　532
小胞体　endoplasmic reticulum　10, 451, 459
小胞融合　vesicle fusion　355
初期応答遺伝子　primary response gene　460, 492
植物癌遺伝子　phyto-oncogene　505
植物組織分析　plant tissue analysis　73
植物の生産性　the productivity of plant　607
除草剤　herbicide　428, 459
ショ糖（スクロース）　sucrose　160
ショ糖合成酵素　sucrose synthase　214, 322
ショ糖-プロトン共輸送体　sucrose-H^+ symporter　205
ショ糖リン酸合成酵素　sucrose-phosphate synthase　161
ショ糖-6-リン酸ホスファターゼ　sucrose-6-phosphatase　161
自律的な花成制御経路　autonomous　595
真核経路　eukaryotic pathway　251
深過冷却　super cooling　620
シンク　sink　195, 514
——からソースへの変換　sink-source transition　211
——の大きさ　sink size　214
——の活性　sink activity　214
シンク強度　sink strength　214
心臓型胚　heart stage　348, 350, 351
シンタキシン　syntaxin　355
伸長成長　elongation growth　443
伸長領域　elongation zone　78, 360, 361, 451
伸展性　extensibility　444
浸透　osmosis　38
浸透圧　osmotic pressure　606
浸透圧ストレス　osmotic stress　609
浸透圧調節　osmotic adjustment　606, 607
浸透調節　osmoregulation　416
浸透ポテンシャル　osmotic potential　39, 414, 418
心皮　carpel　346, 358
振幅（概日リズムの）　amplitude　578
シンプラスト　symplast　25, 49, 101, 372

水耕　hydroponics　66
髄状領域（髄状分裂組織帯）　rib zone　357
水素イオン放出　proton extrusion　445
垂層分裂　anticlinal division　349, 352, 357
水分生理　water relation　58
水飽和　water saturation　245
水和　hydration　323
スタキオース　stachyose　207
ステロイド　steroid　289
ステロール　sterol　288
ステロールグルコシド　sterolglycoside　322
ストレス耐性　stress tolerance　601
ストロマ　stroma　15, 116, 377
ストロマ反応　stroma reaction　116
ストロマラメラ　stroma lamella　117
スーパーオキシド　superoxide　134, 307
スーパーオキシドジスムターゼ　superoxide dismutase　136
スベリン　suberin　50, 282, 283

ゼアザンチン（ゼアキサンチン）　zeaxanthin　135, 418, 421, 424
ゼアザンチンエポキシダーゼ　zeaxanthin epoxidase　548
ゼアチン　zeatin　501
ゼアチンリボシド　zeatin riboside　503
正逆交雑　reciprocal cross　553
性決定　sex determination　469
正向日性　diaheliotropic　608
青酸配糖体　cyanigenic glycoside　298, 301
精子　sperm　345, 346
静止（休止）　resting　551
静止中心　quiescent center　78, 349, 350, 352
成熟　maturation　340
成熟（果実の）　ripening (fruit)　528, 530
成熟栄養成長相（成熟相）　adult vegetative phase　574
成熟期の胚　maturation stage　348
成熟領域　maturation zone　79, 360, 361
青色光　blue light　447
青色光受容体　blue-light photoreceptor　418, 588
青色光反応　blue light response　409, 410, 424
生殖成長期　reproductive stage　345
生殖成長相　reproductive phase　574
静水圧　hydrostatic pressure　33, 40
成長　growth　345
成長速度　growth rate　337, 375, 603
成長速度図　growth velocity profile　375
成長方程式　growth equation　337
成長領域　growth zone　428
共生窒素固定　symbiotic nitrogen fixation　265

生物検定　bioassay　430, 470, 547
精油　essential oil　288
セイヨウキズタ　*Hedera helix*　367, 368
セカンドメッセンジャー　second messenger　399, 447, 459
赤色/遠赤色の可逆反応　red/far-red reversibility　409, 587
赤色低下　red drop　116
節　node　358, 360
節間　internode　1, 358, 374
接合子（受精卵）　zygote　345, 346, 347, 551
節根　nodal root　77
切除　amputation　552
接触屈性　thigmotropism　446
背-腹軸　dorsiventral　359
セミキノン　semiquinone　129
セルロース　cellulose　363
セルロース合成　cellulose synthesis　324
セルロース合成酵素　cellulose synthase　322
セルロース微繊維　cellulose microfibril　319, 321, 335
前期前微小管束　preprophase band of microtubules　21, 354
前形成層　procambium　348, 350, 358
穿孔板　perforation plate　53
センサー　sensor　206
染色質　chromatin　9
染色体　chromosome　9
全身獲得抵抗性（SAR）　systemic acquired resistance　292, 306, 309
先端成長　tip growth　332
セントロメア領域　centromeric region　21
前表皮　protoderm　348, 350
前分裂組織　promeristem　351

早期遺伝子　early gene　460
増強効果　enhancement effect　116
相対成長率　relative elemental growth rate　375, 376
相転換　phase change　574
相反則　law of reciprocity　389
草本　herbaceous plant　208
藻類　algae　154
側芽　lateral bud　454
促進拡散　facilitated diffusion　92
側生器官　lateral organ　356, 358, 360
側壁　side wall　332
側方軸　lateral　359
組織要素　tissue element　373, 374, 375
ソース　source　195, 514
側根　lateral root　456
側根分裂組織　branch root meristem　357, 360
外向き整流性 K^+ チャネル　outward-rectifying (outward) K^+ channel　92
外向き電流　outward electric current　415

た　行

対向輸送　antiport　94
体細胞　somatic cell　345
対数増殖期　logarithmic phase　374
胎生発芽　vivipary　548, 553, 555
対生葉序　opposite phyllotaxy　359, 360
体積弾性率　volumtetric elastic modulus　43
体積流　bulk flow　38, 199
耐凍性　freezing tolerance　621
ダイニン　dynein　23
タイプA ARR　type-A ARR　517, 518
タイプB ARR　type-B ARR　517
太陽追跡（追尾）　solar tracking　174
多層構造細胞壁　multilayered wall　318
脱エステル化　de-esterification　341
脱共役剤　uncoupler　237
脱共役タンパク質　uncoupling protein　241
脱春化　devernalization　589
脱水応答配列（DRE）　dehydration response element　611
脱水耐性　desiccation tolerance　602
脱水遅延　desiccation postponement　602
脱分化　dedifferentiation　363
脱分極　depolarization　425, 556
脱離　abscission　457, 536
脱離領域　abscission zone　457
脱リン酸化　dephosphorylation　560
多糖類マトリックス　polysaccharide matrix　319
種なしブドウ　seedless grape　469
単為結実　parthenocarpy　459
短距離輸送　short distance transport　203
炭酸固定反応　carbon fixation reaction　109
短日植物（SDP）　short-day plant　581
単純拡散　simple diffusion　96
炭水化物あるいは糖による花成制御経路　carbohydrate or sucrose pathway　596
炭素還元反応　carbon reduction　142
炭素同位体　carbon isotope　184
短長日植物（SLDP）　short-long-day plant　583
タンニン　tannin　297
タンパク質間相互作用　protein-protein interaction　563
タンパク質キナーゼ（タンパク質リン酸化酵素）　protein kinase　400, 403, 406, 441, 447, 494, 561
タンパク質担体　protein carrier　437
タンパク質分解　proteolytic degradation　461
タンパク質分解酵素　protease　377
タンパク質ホスファターゼ（タンパク質脱リン酸化酵素）　protein phosphatase　441, 561
単肥　straight fertilizer　74
団粒　crumb　47

チオ硫酸銀塩（STS）　silver thiosulfate　529, 532
チオレドキシン　thioredoxin　148
チジアズロン　thidiazuron　502
窒素固定　nitrogen fixation　259
窒素固定細菌　nitrogen-fixing symbiont　297
窒素サイクル（窒素循環）　nitrogen cycle　260
着果　fruit set　457
チャネル　channel　90, 91
チャネル輸送体　channel transporter　90
中央液胞　central vacuole　349
中央帯　central zone　357, 370
中間径フィラメント　intermediate filament　19
中間細胞　intermediary cell　193
中日植物（DNP）　day-neutral plant　583
中心柱　stele　79
中心柱幹細胞　stele stem cell　361, 362
中葉　middle lamella　3, 319
中ろく　midrib　359
チューブリン　tubulin　20
頂芽　apical bud　454, 547
長角果　silique　346
頂芽優勢　apical dominance　454, 511
長距離輸送　long distance transport　204
長日条件　long day　478
長日植物（LDP）　long-day plant　582
頂端細胞　apical cell　348
長短日植物（LSDP）　long-short-day plant　582
超低光量反応　very-low fluence response　389, 396, 406
重複受精　double fertilization　346, 347
張力活性化カルシウムチャネル　stretch-activated calcium channel　451
貯蔵根　storage root　482
貯蔵プール　storage pool　213
チラコイド　thylakoid　15, 117
チラコイド反応　thylakoid reaction　109, 116

ツァイトゲーバー　zeitgeber　580
対イオン　counterion　418
通気組織　aerenchyma　245, 630
接木　grafting　507
接木（実験）　grafting　591
接木伝達性（花成刺激に関する）　graft-transmissible　591
つる性の植物　vine　208

低温感受性植物　chilling-sensitive plant　252
低温耐性植物　chilling-tolerant plant　252
低光量反応　low-fluence response　389, 390, 391
低酸素状態　hypoxic　628
定常期　stationary phase　374
適応　adaptation　601
適合溶質　compatible solute　562, 606
適切領域　adequate zone　73
デスモ小管　desmotubule　26
鉄-硫黄センター　iron-sulfur center　130, 234
テルペノイド経路　terpenoid pathway　470
転移RNA　transfer RNA　10, 502
電位依存性　voltage-gated　559
電位依存性カリウムチャネル　voltage-regulated potassium channel　416
電位差形成性（起電性）　electrogenic　89
電位差形成性ポンプ　electrogenic pump　415
電気化学ポテンシャル　electrochemical potential　85
電気化学ポテンシャル勾配　gradient of electrochemical potential　91
電気的中性の法則　principle of electrical neutrality　86
電気的に中立な輸送　electroneutral transport　93
天狗の巣　witches' broom　503
テンサイ（サトウダイコン）　sugar beet　482
電子スピン共鳴　electron spin resonance　125
電子伝達鎖　electron transport chain　222
転写　transcription　10
転写因子　transcription factor　365, 371, 399, 401, 403
テンセグリティーモデル　tensegrity model　451
天然化合物　natural product　284

デンプン　starch　160, 491
デンプン鞘　starch sheath　351, 450
デンプン-平衡石仮説　starch-statolith hypothesis　451
伝令 RNA　messenger RNA　10

同位体分別　isotope discrimination　185
同化　assimilation　258
道管（導管）　vessel　53
道（導）管要素　vessel element　51
凍結傷害　freezing injury　618
動原体　kinetochore　21
糖新生　gluconeogenesis　226
同調化　entrainment　579
糖-デンプン仮説　sugar-starch hypothesis　416, 418
糖ヌクレオチド：多糖グルコシル転移酵素　sugar-nucleotide polysaccharide glycosyltransferase　323
逃避反応　avoidance response　420
等方的　isotropic　333
トウモロコシ　maize　363, 365, 366
時計遺伝子　clock gene　395, 400
土壌-植物-大気連続体　soil-plant-atmosphere continuum　62
土壌分析　soil analysis　73
土壌水透過性　soil hydraulic conductivity　49
ドーミン（ドルミン）　dormin　547
トランジットペプチド　transit peptide　137
トランス因子　*trans*-acting factor　401
トランスゴルジ網　*trans* Golgi network　12
トランス-シクロオクテン　*trans*-cyclooctene　529
トランスロケーター　translocator　156
トリアシルグリセロール　triacylglycerol　246
トリオースリン酸　triose phosphate　146
トリカルボン酸回路　tricarboxylic acid cycle　231
トリプタミン経路　tryptamine pathway　432
トリプトファン　tryptophan　431, 433
トリプトファン合成酵素　tryptophan synthase　433
トリプトファン生合成経路　tryptophan biosynthetic pathway　434
トリプトファンモノオキシゲナーゼ　tryptophan monooxygenase　433
2,3,5-トリヨード安息香酸（TIBA）　2,3,5-triiodobenzoic acid　439
トロパンアルカロイド　tropane alkaloid　299

な　行

ナイアシン　niacin　299
内在性タンパク質　integral protein　8
内鞘　pericycle　347, 348, 350, 456
内生振動子　endogenous oscillator　578
内皮　endodermis　49, 78, 102, 347, 348, 350
内部共生　endosymbiosis　137
内膜　inner membrane　230

ニコチン　nicotine　299
ニコチンアミドアデニンジヌクレオチド（NAD$^+$/NADH）　nicotinamide adenine dinucleotide　223
ニコチンアミドアデニンジヌクレオチドリン酸（NADP$^+$/NADPH）　nicotinamide adenine dinucleotide phosphate　223
ニコチン酸　nicotinic acid　299
二次応答遺伝子　secondary response gene　460
二次花序分裂組織　secondary inflorescence meristem　568
二次細胞壁　secondary cell wall　319, 332, 363, 364
二次代謝産物　secondary metabolite　284
二次代謝物　secondary product　284
二次能動輸送　secondary active transport　93
二次分裂組織　secondary meristem　357
二成分制御系　two-component signaling system　516, 517, 539
日長　day length　581
ニトリラーゼ　nitrilase　432
ニトロゲナーゼ　nitrogenase　265
乳酸発酵　lactic acid fermentation　227
入射光　incident radiation　409
入射光量　irradiance　170

ヌクレオソーム　nucleosome　9, 377

根　root　1, 346, 362, 350, 356, 360
ネオザンチン（ネオキサンチン）　neoxanthin　548
熱安定性　thermostability　616
熱ショックタンパク質（HSP）　heat shock protein　614
熱ショック同族タンパク質　heat shock cognate protein　615
熱ショック配列（HSE）　heat shock element　615
熱履歴タンパク質　thermal hysteresis protein　622
根の水透過性　root hydraulic conductance　50
ネルンスト電位　Nernst potential　87
ネルンストの式　Nernst equation　87
粘弾性　viscoelastic property　336

嚢状体　vesicle　80
能動輸送　active transport　84, 88
ノデュリン　nodulin　268
ノパリン　nopaline　504
延びる性質　yielding property　336

は　行

葉　leaf　1, 356, 358
胚　embryo　346, 349
胚休眠　embryo dormancy　552
胚形成　embryogenesis　551
配合肥料　mixed fertilizer　74
胚軸　hypocotyl　348, 349, 350
背軸　abaxial　359
胚軸伸長の抑制　inhibition of hypocotyl elongation　409, 412, 419
胚珠　ovule　347, 349, 358
排水　guttation　51
排水組織　hydathode　51, 431
配糖体　glycoside　295
胚乳（内乳）　endosperm　346, 347, 348, 490, 551
胚乳（内乳）形成　endosperm formation　345
胚嚢　embryo sac　347, 349
胚発生　embryogenesis　345, 346, 347
胚柄　suspensor　349
馬鹿苗　foolish seedling　466
麦芽　malt　470
白色体　leucoplast　15
バクテリオクロロフィル　bacteriochlorophyll　111
バクテロイド　bacteroid　270
運び込み　import　209
運び出し　export　204
パスツール効果　Pasteur effect　227
パターン形成　pattern formation　345, 346
8細胞　octant　348, 351, 371
発芽　germination　382, 389, 392, 553
発酵　fermentation　631
発酵経路　fermentation pathway　225
発酵代謝　fermentation metabolism　227
発色団　chromophore　384, 385, 395, 409, 418, 425
パッチクランプ法　patch clamp electrophysiology　92, 415
花器官決定遺伝子　floral organ identity gene　569
バナジン酸（HVO_4^{2-}）　orthovanadate　98
花のホメオティック突然変異体　floral homeotic mutant　570
葉の基礎細胞　leaf founder cell　358
パラコート　paraquat　131
ハルティヒ ネット　Hartig net　80
斑入り　variegate　367
伴細胞　companion cell　189
反応中心複合体　reaction center complex　114
反応能（発生における）　competence　576
半優性　semidominant　485

避陰反応　shade avoidance response　391, 392, 395
非塩生植物　glycophyte　623
ビオラザンチン（ビオラキサンチン）　violaxanthin　135, 548
ビオラザンチンデエポキシダーゼ　violaxanthin de-epoxidase　135
光強度（フルエンス速度）　fluence rate　171
光屈性　phototropism　428, 446
光形態形成　photomorphogenesis　381, 382, 396
光形態形成反応　photomorphogenetic response　410
光-光合成曲線　light-response curve of photosynthesis　175
光呼吸　photorespiration　244, 263
光阻害　photoinhibition　135, 179
光チャネリング　light channelling　172
光同化　photoassimilation　278
光平衡状態　photostationary state　383, 396, 406
光補償点　light compensation point　175
非還元糖　nonreducing sugar　197
非クリマクテリック　nonclimacteric　531
ヒゲカビ　phycomyces　411
非光化学的消光　nonphotochemical quenching　134
肥厚した二次細胞壁　thickened secondary cell wall　319
被子植物　angiosperm　1
非湿地帯植物　nonwetland species　631
微小管　microtubule　19, 322, 324
微小管重合阻害剤　antimicrotubule agent　363
微小繊維　microfilament　19
微小電極法　microelectrode　88

ヒスチジンキナーゼ histidine kinase 517, 539
ヒスチジンリン酸転移タンパク質 histidine phosphotransfer protein 519
ヒストン histone 9
皮層 cortex 79, 347, 350, 351
皮層-内皮幹細胞 cortical-endodermal stem cell 361, 362
非タンパク質性アミノ酸 nonprotein amino acid 299, 303
必須元素 essencial element 65
非等方的 anisotropic 333
ヒドロキシプロリンリッチ糖タンパク質 hydroxyproline-rich glycoprotein 329
ヒドロキシルラジカル hydroxyl radical 307, 339
ピニトール pinitol 610
ピペリジンアルカロイド piperidine alkaloid 299
非メンデル型遺伝 non-Mendelian inheritance 137
皮目 lenticel 629
氷核形成 ice nucleation 619
氷核(形成)物質 ice nucleator 619
表在性タンパク質 peripheral protein 8
標準自由エネルギー standard free energy 221, 226
標準自由エネルギー変化 standard free-energy change 227
表層微小管 cortical microtubule 334, 534
表皮 epidermis 347, 350, 352, 359
表皮組織 dermal tissue 3
表面張力 surface tension 35
ピリドキサルリン酸 pyridoxal phosphate 529
ビリン色素 bilin pigment 112
ピルビン酸 pyruvate 225
ピルビン酸脱水素酵素複合体 pyruvate dehydrogenase complex 241
ピルビン酸リン酸ジキナーゼ pyruvate orthophosphate dikinase 154
ピレスロイド pyrethroid 288
ピロリジジンアルカロイド pyrrolizidine alkaloid 299, 300
ピロリジンアルカロイド pyrrolidine alkaloid 299

ファイトアレキシン phytoalexin 297, 307, 341
ファイトエクジソン phytoecdysone 289
ファイトフェリチン phytoferritin 276
ファイトマー phytomere 358
ファゼイン酸(PA) phaseic acid 550
ファルネシル化 farnesylation 563
ファルネシルトランスフェラーゼ farnesyl transferase 563
ファント・ホッフ van't Hoff 39
フィコエリスリン phycoerythrin 113
フィコビリソーム phycobilisome 112
フィックの第一法則 Fick's first law 37
フィトクロム phytochrome 137, 409, 412, 477, 580, 587
フィトクロムA PHYA 587
フィトクロムB PHYB 587
フィトクロモビリン phytochromobilin 385
フィードバック feedback 476
フィードバック阻害 feedback inhibition 228
フィトール phytol 288
フィロキノン phylloquinone 130
フェニルアラニン phenylalanine 290
フェニルアラニン アンモニアリアーゼ(PAL) phenylalanine ammonia-lyase 291
フェニルプロパノイド phenyl propanoid 291
フェノール性化合物 phenolics (phenolic compounds) 290
フェレドキシン ferredoxin 123, 148, 262
フェレドキシン-NADP還元酵素 ferredoxin-NADP reductase 123
フェレドキシン-チオレドキシンシステム ferredoxin-thioredoxin system 147
フォトトロピン phototropin 419, 422, 447
複合体I(NADH脱水素酵素) complex I (NADH dehydrogenase) 234
複合体III(シトクロム bc_1 複合体) complex III (cytochrome bc_1 complex) 234
複合体II(コハク酸脱水素酵素) complex II (succinate dehydrogenase) 234
複合体IV(シトクロム *c* オキシダーゼ) complex IV (cytochrome *c* oxidase) 234
副細胞 subsidiary cell 59
複素環状構造 heterocyclic ring 299
負向日性 paraheliotropic 608
節 node 1
フジコッキン(フシコクシン) fusicoccin 338, 415, 445
付着 adhesion 35
復帰変異体 revertant 553
フック hook 374
不定根 adventitious root 358, 436, 456
負の制御因子 negative regulator 563
負のフィードバック negative feedback 370
不飽和化酵素 desaturase 250, 618
ブラシノステロイド brassinosteroide 370
プラストキノン plastoquinone 119
プラストシアニン plastocyanin 123
プラストヒドロキノン plastohydroquinone 128
フラノクマリン furanocoumarin 293
フラビンアデニンジヌクレオチド (FAD/$FADH_2$) flavin adenine dinucleotide 232
フラビンモノヌクレオチド flavin mononucleotide 234
フラボノイド flavonoid 294, 440, 452
フラボノール flavonol 295, 296
フラボン flavone 295, 296
ふるい効果 sieve effect 172
フルエンス fluence 388, 389, 390
フルエンス速度(光強度) fluence rate 171
フルクトース-1,6-二リン酸ホスファターゼ fructose-1,6-bisphosphatase 147
フルクトース-2,6-二リン酸 fructose-2,6-bisphosphatase 165
プレッシャーチェンバー pressure chamber 54
プレッシャープローブ pressure probe 49, 54, 338
ブレフェルジンA brefeldin A 440
プロアントシアニジン pro-anthocyanidin 297
プログラム細胞死(PCD) programmed cell death 245, 306, 307, 377, 630
プロシステミン prosystemin 304
プロテアソーム proteasome 24, 386, 401, 461
プロテイナーゼインヒビター proteinase inhibitor 304
プロテインボディ protein body 491
プロトプラスト protoplast 40
プロトポルフィリンIX protoporphyrin IX 138
プロトン駆動力 proton motive force 93, 132, 437
プロトン勾配 proton gradient 260
プロトンの電気化学的勾配 electrochemical proton gradient 234
フロリゲン florigen 591
プロリン proline 610
プロリンリッチタンパク質 prolin-rich protein 329, 341
分化全能性 totipotency 363
分散成長 diffuse growth 332
分配 partitioning 212, 217
分泌小胞 secretory vesicle 13
分裂組織(メリステム) meristem 3, 345, 356, 431, 554
分裂領域 meristematic zone 78, 360, 374

平衡細胞 statocyte 450, 453
平衡状態 equilibrium 87
平衡石 statolith 450
並層分裂 periclinal division 349, 352, 357
壁孔(ピット) pit 52
壁孔対 pit pair 53
壁孔膜 pit membrane 53
ペクチナーゼ pectinase 341
ペクチン pectin 321
ペクチンエステラーゼ pectin esterase 329
ペクチンメチルエステラーゼ pectin methylesterase 331
ベタレイン betalain 295
ペチュニア petunia 363
ヘテロ三量体型GTP結合タンパク質 heterotrimeric GTP-binding protein 493, 560
ヘミセルロース hemicellulose 320
ペルオキシソーム peroxisome 18, 150
ペルオキシダーゼ peroxidase 331, 341
変異体 mutant 350, 351, 352
ベンケイソウ型有機酸代謝(CAM) crassulacean acid metabolism 609
偏差成長 differential growth 430, 446, 448
ベンジルアデニン benzyladenine 502
ペントースリン酸経路 pentose-phosphate pathway 222

ポアズイユ Poiseuille 38
補因子(補酵素) cofactor (coenzyme) 223, 419
膨圧 turgor pressure (turgor) 33, 332, 336, 337, 416, 445, 555
防御応答 defense response 341
芳香族アミノ酸 aromatic amino acid 290
包合体型オーキシン conjugated auxin 433
ホウ酸ジエステル結合 borate diester 329
胞子嚢柄 sporangiophore 411
放射状幹細胞 ray stem cell 358
放射照度 irradiance 388
放射状パターン radial patterning 347, 350, 351
紡錘形幹細胞 fusiform stem cell 358
紡錘体 spindle 21
包膜 envelope 117
飽和 saturate 176

ボーエン比　Bowen ratio　178
ホーグランド養液　Hoagland nutrient solution　67
補欠分子族　prosthetic group　262
補酵素A（CoA）　coenzyme A　231
補助色素　accessory pigment　113
ホスファチジルイノシトール　phosphatidylinositol　251
ホスファチジルイノシトール-4,5-二リン酸　phosphatidylinositol-4,5-bisphosphate　252
ホスファチジルエタノールアミン　phosphatidylethanolamine　251
ホスファチジルグリセロール　phosphatidylglycerol　251, 252
ホスファチジルコリン　phosphatidylcholine　251
ホスファチジン酸　phosphatidic acid　250
ホスホエノールピルビン酸（PEP）　phosphoenolpyruvate　154, 226
ホスホエノールピルビン酸カルボキシラーゼ　phosphoenolpyruvate carboxylase　154
3-ホスホグリセリン酸　3-phosphoglycerate　143
2-ホスホグリコール酸　2-phosphoglycolate　150
母性遺伝　maternal inheritance　137
母性遺伝子　maternal genotype　551
ボトムアップ制御　bottom-up regulation　228, 242
圃場（野外）容水量　field capacity　47
ホメオティック遺伝子　homeotic gene　571
ホメオボックス　Homeobox　365
ホモガラクツロナン　homogalacturonan　327
ポリガラクツロナン　polygalacturonan　327
ポリガラクツロン酸　polygalacturonic acid　274
ポリフェノール　polyphenol　297
ポリマートラッピングモデル　polymer trapping model　207
ポルフィリノーゲン　porphobilinogen　138
ホルモン　hormone　427
ホロタンパク質　holoprotein　385, 395, 397
ポンプ　pump　90, 91
翻訳　translation　10

ま　行

膜横断　transmembrane　49
膜横断電位　transmembrane potential　236
膜間腔　intermembrane space　230
膜脂質　membrane lipid　633
膜電位　membrane potential　87, 398, 407, 437
膜透過性　membrane permeability　85
膜の安定性　membrane stability　614
マスフロー　mass flow　38, 202
末端複合体　terminal complex　322
末端壁　end wall　332
マトリックス　matrix　14, 230
マトリックス多糖　matrix polysaccharide　325
マトリックポテンシャル　matric potential　40, 49, 606
マニトール　mannitol　214
マメ科植物　legume　297
マルチネット仮説　multinet hypothesis　334
マルトース　maltose　491
マロン酸経路　malonic acid pathway　285, 290, 294

ミオシン　myosin　22
ミクロボディー　microbody　18
水受動閉鎖　hydropasive closure　604
水ストレス　water stress　44, 550
水チャネル　water channel　97, 562
水透過性　hydraulic conductivity　43, 607
水能動閉鎖　hydroactive closure　604
水不足量　water deficit　602
水ポテンシャル　water potential　34, 39, 85, 200, 214, 336, 555
水利用効率　water-use efficiency　62, 158
ミトコンドリア　mitochondrion（単数），mitochondria（複数）　14, 150, 230
ミトコンドリアゲノム　mitochondrial genome　239
緑の革命　green revolution　488

無機栄養　mineral nutrition　65
無機栄養素　mineral nutrient　258
無機化　mineralization　74
ムギネ酸　mugineic acid　276
無限成長　indeterminate　345, 358
無限成長的　indeterminate　603
無酸素環境　anoxic environment　628
無酸素状態　anoxia　627, 628
娘細胞　daughter cell　356, 357, 367

メチオニン　methionine　274
メチルエリスリトールリン酸（MEP）経路　methylerythritol phosphate pathway　285, 286
メチルサリチル酸　methyl salicylate　309
1-メチルシクロプロペン（MCP）　1-methylcyclopropene　530
芽ばえ　seedling　350
メバロン酸経路　mevalonic acid pathway　285, 286

毛管現象　capillarity　35
毛状突起（トライコーム）　trichome　353, 359, 376
木部　xylem　47, 79, 348, 358, 458, 550
――への積み込み　xylem loading　103
木部柔細胞　xylem parenchyma cell　194
モータータンパク質　motor protein　22

や　行

ヤン回路　Yang cycle　526

雄花　staminate flower　469
有害領域　toxic zone　73
有機肥料　organic fertilizer　74
有限　determinante　358
有限成長植物　determinate plant　603
有糸分裂　mitosis　21
有色体　chromoplast　15
雄ずい　stamen　346, 358
優性　dominant　365
雄性不稔　male sterility　244
誘導耐熱性　induced thermotolerance　612
輸送細胞　transfer cell　193
輸送速度　mass transfer rate　37, 199
輸送体遺伝子　transpoter gene　97
輸送タンパク質　transport protein　90
ユビキチン　ubiquitin　386, 398, 401
ユビキチンリガーゼ　ubiquitin ligase　461
ユビキノン　ubiquinone　234

陽イオン交換　cation exchange　76
養液　nutrient solution　66
養液フィルム栽培システム　nutrient film growth system　66
溶質ポテンシャル　solute potential　39, 200
幼若栄養成長相（幼若相）　juvenile phase　574
幼若性　juvenility　576
葉序　phyllotaxy　359
葉身　blade　359
陽生植物　sun plant　392
葉沈　pulvinus　174, 393, 398
葉肉細胞　mesophyll cell　154
葉肉抵抗　mesophyll resistance　182
養分欠乏領域　nutrient depletion zone　79
葉面境界層抵抗　leaf boundary layer resistance　58
葉面散布　foliar application　74
陽葉　sun leaf　174
幼葉鞘（子葉鞘）　coleoptile　428, 443, 447
葉緑素分解酵素　chlorophyll-degrading enzyme　377
葉緑体　chloroplast　14
葉緑体運動　chloroplast movement　173, 409, 420
横輸送　lateral transport　447

ら　行

落葉　defoliation　536
裸子植物　gymnosperm　1
らせん状葉序　spiral phyllotaxy　359, 360
ラッカーゼ　laccase　332
ラフィノース　raffinose　207
ラミン　lamin　20
ラムノガラクツロナンI　rhamnogalacturonan I　327
ラムノガラクツロナンII　rhamnogalacturonan II　329
卵　egg　345, 346

リグニン　lignin　3, 294, 307, 319, 363
リグニン架橋　lignin cross-link　331
リスケ鉄-硫黄タンパク質　Rieske iron-sulfur protein　128
離層　abscission layer　457, 536
律速　limitation　169, 183
律速段階　limiting step　169
律速要因　limiting factor　169
リノレン酸　linolenic acid　306
リパーゼ（脂肪酸分解酵素）　lipase　252
リブロース-1,5-二リン酸　ribulose-1,5-bisphosphate　143
リブロース-1,5-二リン酸カルボキシラーゼ/オキシゲナーゼ　ribulose-1,5-bisphosphate carboxylase/oxygenase　143
リボシド　riboside　501
リボシルゼアチン　ribosylzeatin　503
リボソーム　ribosome　10
リボソームRNA　ribosomal RNA　10
リボチド　ribotide　501
リモノイド　limonoid　289
硫酸同化　sulfate assimilation　272
流動モザイクモデル　fluid-mosaic model　5
量子収率　quantum yield　115, 176
量的形質　quantitative trait　554
緑化　de-etiolation　423

緑色蛍光タンパク質（GFP） green fluorescent protein 216, 372, 401, 487
臨界降伏点 yield threshold 337
臨界酸素圧（COP） critical oxygen pressure 628
臨界日長 critical day length 582
臨界濃度 critical concentration 73
臨界夜長 critical night length 585
リンゴ酸 malic acid 276
リンゴ酸-オキサロ酢酸シャトル malate-oxaloacetate shuttle 150
リンゴ酸酵素 malic enzyme 233
リン酸化 phosphorylation 366, 560
リン酸化酵素結合タンパク質脱リン酸化酵素（KAPP） kinase associated protein phosphatase 366
リン酸化・脱リン酸化 phosphorylation-dephosphorylation 158
リン酸トランスロケーター phosphate translocator 149
リン脂質 phospholipid 5, 560
輪性葉序 whorled phyllotaxy 359, 360

ルビスコ Rubisco 143
ルビスコアクチベース Rubisco activase 148
ルーメン lumen 118

冷温感受性植物 chilling-sensitive plant 617
冷温傷害 chilling injury 617
励起状態 excited state 110
レクチン lectin 304
レグヘモグロビン leghemoglobin 268
レスポンスレギュレーター response regulator 517, 518, 539
劣性 recessive 365
レポーター遺伝子 reporter gene 387, 395
レンズ効果 lens effect 411

老化 senescence 376, 513, 535, 556
老化関連遺伝子群（SAG） senescence associated genes 377
老化で活性が低下する遺伝子群（SDG） senescence down regulated genes 377
ロゼット rosette 468
ロゼット顆粒 particle rosette 322, 324
ロゼット葉 rosette leaf 346

わ 行

ワックス（ろう） wax 282, 283
割り当て allocation 212, 217

2004年 6月30日　第 3 版 発 行
2015年 9月25日　第3版5刷発行

テイツ
ザイガー 植 物 生 理 学
第 3 版

編 者 L. テ イ ツ
E. ザイガー
監訳者 西 谷 和 彦
島崎研一郎
発行者 山本 格

発 行 所 株式会社 培 風 館
東京都千代田区九段南4-3-12・郵便番号102-8260
電話(03)3262-5256(代表)・振替00140-7-44725

中央印刷・牧 製本

PRINTED IN JAPAN

ISBN978-4-563-07784-6 C3045